高等学校教材

有机化学

颜朝国 主编
吴锦明 黄丹 孙晶 副主编

化学工业出版社
·北京·

本书按照有机化学的官能团体系编排教学内容，系统地介绍了各类有机化合物的结构、化学反应、合成反应和相关反应机理，也简要介绍了广泛用于有机化合物结构鉴定的现代物理方法。全书共分二十二章，每章都有相应化合物的反应总结，以及相当数量的习题。

本书可作为高等院校本科化学、应用化学、化学工程、高分子材料和制药工程等专业的有机化学教材，也可供其他专业和相关人员参考。

图书在版编目（CIP）数据

有机化学/颜朝国主编．—北京：化学工业出版社，2009.2（2025.2 重印）
高等学校教材
ISBN 978-7-122-04145-6

Ⅰ．有…　Ⅱ．颜…　Ⅲ．有机化学-高等学校-教材
Ⅳ．O62

中国版本图书馆 CIP 数据核字（2008）第 199334 号

责任编辑：宋林青　　　文字编辑：李姿娇
责任校对：陶燕华　　　装帧设计：史利平

出版发行：化学工业出版社（北京市东城区青年湖南街 13 号　邮政编码 100011）
印　　装：北京建宏印刷有限公司
787mm×1092mm　1/16　印张 42　字数 1134 千字　2025 年 2 月北京第 1 版第 7 次印刷

购书咨询：010-64518888　　　售后服务：010-64518899
网　　址：http://www.cip.com.cn
凡购买本书，如有缺损质量问题，本社销售中心负责调换。

定　价：75.00 元

前　　言

根据教育部组织实施的“高等教育面向21世纪教学内容和课程体系改革计划”的要求，我校对化学、应用化学、化学工程、高分子材料和制药工程等专业的基础课程教学体系和教材内容进行了全方位的改革，实施宽口径、厚基础、理工交融的办学模式，提出了在大学本科化学基础教学方面，既要注重学生基础知识、基本技能的培训，又要加强学生创新能力的培养；既要注重各专业的共性，统一基本要求，又要结合各专业自身的个性，带有鲜明的专业特色。为了达到上述目的，在有机化学的教学工作中，非常希望有一本既适合各专业学生，又能反映新世纪特点的有机化学教材。过去的几十年中，我国在理工科有机化学教材方面已经出版了一批有影响的优秀教材，但由于多种原因，这些教材还不能很好地适应我校理工交融的办学模式和人才培养计划的实际需要，为此我们组织编写了这本有机化学教材，在教学改革方面做了一点尝试。编写一本适应当前教学改革特点、适合现代教学方式与学习方法、在照顾到传统有机化学知识体系的同时，为学生提供高水平的知识源泉、体例新颖的教材，是一项很有挑战性的工作。

本书仍然按照有机化学的官能团体系编排教学内容，系统地介绍了各类有机化合物的结构、化学反应、合成反应和相关反应机理，较系统地介绍了有机化学的基础知识和基本理论，也简要介绍了广泛用于有机化合物的结构鉴定的现代物理方法，并对近期有机化学的一些新发展和新成就作了适当的介绍。全书共分二十二章，为方便学生学习，每章都有相应化合物的反应总结，以及相当数量习题，可以帮助学生熟练掌握和灵活应用所学知识。

参加本书编写工作的均是扬州大学、南通大学和江南大学多年从事有机化学教学的教师：颜朝国（第一、二、十一、十九章）、孙晶（第三、六、十章）、景崤壁（第四、八章）、吴锦明（第五、十二章）、张湛赋（第七、十八章）、袁宇（第九、十七章）、刘永红（第十三、十四章）、黄丹（第十六章）、韩莹（第十五、二十章）、陈建村（第二十一章）、李增光（第二十二章）。全书由颜朝国负责统稿。

扬州大学化学化工学院有机化学教研室的其他教师对本书的编写提出了许多宝贵的意见和建议，本书还得到了扬州大学出版基金和江苏省高等学校精品教材建设项目资助，在此一并致谢。

限于编者的水平，书中的不足之处在所难免，恳请读者批评指正。

编者

2008年12月

目　录

第一章　绪　论

第一节　有机化学的研究对象

一、有机化合物和有机化学的起源

有机化学（organic chemistry）是化学科学的一个分支，它是研究有机化合物的组成、结构、性质及其变化规律的科学。

有机化合物简称有机物。那什么是有机物呢？19 世纪初，有机物都来之于动、植物体，有机物的含义是“有生机之物”；而当时研究过的大量无机化合物都来自矿物。那时的化学家们把有机化合物和无机化合物看成截然不同的两类化合物，错误地认为有机化合物都来源于生物体，且只有在一种神秘的“生命力”支配下才能产生，人工是无法合成有机化合物的。到了 19 世纪中期，人工合成了不少有机化合物。由此说明，有机物既可从生物体取得，也可人工合成。

自从 Lavoisier A. L.（1743—1794）和 Von Liebig J. F.（1803—1873）创立有机化合物的分析方法之后，人们才发现有机化合物均含有碳元素，绝大多数还含有氢元素。此外，很多有机化合物还含有氧、氮等元素。于是，Gmelin L.（1788—1853）、Kekülé A.（1826—1896）认为碳是有机化合物的基本元素，把碳化合物称为有机化合物，把有机化学定义为碳化合物的化学。后来，Schorlemmer C.（1834—1892）在此基础上发展了这个观点，即碳的四个价键除自相连接外，其余与氢结合，于是就形成了各种各样的烃，其他的碳化合物都是由别的元素取代烃中的氢衍生出来的，因此，把有机化学定义为碳氢化合物及其衍生物的化学。

二、有机化学的产生和发展

科学的产生和发展都是与当时的社会生产力水平和科学水平相联系的。18 世纪欧洲工业革命之后，由于科学技术的进步，分离提纯有机物的技术进展很快，先后分离出酒石酸（1769年）、乳酸（1780 年）、奎宁（1820 年）等。随着有机物纯品的增加和分离技术的发展，科学家们测定了不少有机化合物的组成，这对于认识有机化合物无疑是一个重要阶段。但由于那时还未能用人工方法合成出有机物，因而当时盛行的“生命力论”还统治着大多数化学家的头脑。不过，科学总是不断前进的，1828 年 Wöhler F.（1800—1882）蒸发氰酸铵溶液得到了尿素：

$$NH_4CNO \xrightarrow{\triangle} (NH_2)_2CO$$

其中，氰酸铵是一种无机化合物，尿素是一种有机化合物，氰酸铵可由氯化铵和氰酸银反应制得。

$$NH_4Cl + AgCNO \longrightarrow NH_4CNO + AgCl\downarrow$$

尿素的人工合成，提供了第一个从无机物人工合成有机物的例证，强有力地动摇了“生命力论”。后来科学家又陆续合成了不少有机物，如 1845 年 Kolbe A. W. H.（1818—1884）合成了醋酸，1854 年 Berthelot P. E. M.（1827—1907）合成了属于油脂的物质等。这样不但彻底冲垮了唯心的“生命力论”的统治，而且开创了有机合成的新时代。

从 19 世纪初期至 50 年代，有机化学逐渐发展成为一门学科。为了研究有机物，需要进行分子结构的研究和有机合成工作。在人们对有机物的组成和性质已有了一定认识的基础上，1858 年，Kekülé 和 Couper A. S.（1831—1892）分别独立地指出有机化合物分子中碳原子都是四价的，而且碳碳可相互结合成碳链，这一概括奠定了有机化学结构理论的基础；接着，Butlerov A. M.（1828—1886）在1861年提出了化学结构的概念；1865年，Kekülé 提出了苯的构造式；1874年，Van't Hoff J. H. 和 Le Bel J. A.（1847—1930）分别提出碳四面体构型的学说，建立了分子的立体概念，说明了旋光异构现象；1885年，Von Baeyer A.（1835—1917）提出了张力学说。至此，经典的有机结构理论基本上建立起来了。

到了20世纪初，在物理学一系列新发现的推动下，建立了价键理论。30年代量子力学原理和方法引入化学领域以后，建立了量子化学，使化学键理论获得了理论基础，阐明了化学键的微观本质，从而出现了诱导效应、共轭效应理论及共振论。自60年代起，由于现代物理方法应用到分子结构的测定上，使有机化学面貌一新，60年代在合成维生素 B_{12} 过程中发现了分子轨道守恒原理，使人们对有机化学过程有了比较深入的认识。

三、有机化合物的特性

有机化合物与典型的无机化合物有着不同的特性，过去人们常用有机化合物的一些特性来初步区分有机物和无机物。但随着科学的进步，发现有机化合物和无机化合物之间并无截然不同的界线。现将有机化合物的共同特性叙述如下：

(1) 有机化合物一般可以燃烧，而大多数无机化合物则不易燃烧；

(2) 有机化合物的熔点较低，一般不超过400℃，而无机化合物一般熔点较高，难于熔化；

(3) 有机化合物大多数难溶于水，易溶于非极性或极性小的溶剂中，不过，也有一些有机化合物在水中有较大的溶解度；

(4) 有机化合物反应速率较慢，通常要加热，或加催化剂，副反应也较多。而很多无机化合物的反应瞬间就能完成。

必须再次指出，上述有机化合物的共同性质是就大多数有机化合物来说，而不是绝对的。例如，四氯化碳不但不易燃烧，而且可用作灭火剂；糖和乙醇极易溶于水中；有的有机反应速率很大，可以爆炸方式进行。但这仅仅是个别情况，作为一般特性如上所述。

四、有机化学的作用

有机化学是一门基础科学，它是有机化学工业的理论基础，与经济建设和国防建设密切相关，不论是化学工业、能源工业、材料工业，还是国防工业的发展，都离不开有机化学的成就。

有机化合物与人们的生活也密切相关，人们的衣、食、住、行都离不开有机化合物。例如，脂肪、蛋白质、碳水化合物是食品的重要成分，属于有机化合物；木材、煤、石油、天然气的主要成分是有机化合物；橡胶、纸张、棉花、羊毛、蚕丝的主要成分是有机化合物；尤其现代的合成纤维、合成橡胶、合成塑料、各种药物、添加剂、燃料、化妆品等无一不是有机化合物。可以说，有机化合物是人类日常生活中一刻也离不开的必需品。

有机化学基本原理对于掌握和发展其他学科理论也是必不可少的，尤其是对生物学和医学。例如，生物化学就是有机化学和生物学相结合的一门学科，它已能从分子水平来研究许多生物问题。再如研制药物、进一步探索生命的奥秘等，都需要有坚实的有机化学知识基础。

第二节　有机化合物的分子结构

一、化学结构与构造式的写法

（一）化学结构

化学结构是指分子中原子相互结合的顺序和方式。（注意“结构”和“构造”两个术语的区别：分子中原子间相互连接的顺序及各原子或基团在空间的排列方式称为结构。结构包括内容较广泛，它包括构造、构型和构象。）

结构理论认为：分子是由原子组成的，但不是原子的杂乱堆积，而是各原子依照一定的分布顺序，相互影响、相互作用而结合起来的整体。这种分布顺序和相互关系就叫“化学结构”。由于这种相互影响和相互作用的结果，分子的性质不仅决定于组成元素的性质和数量，而且也决定于分子的化学结构。例如，乙醇和二甲醚虽然组成相同，分子式都是C_2H_6O，但分子中原子相互结合的顺序和方式不同，即化学结构不同，因而性质各异，是两种不同的化合物。

	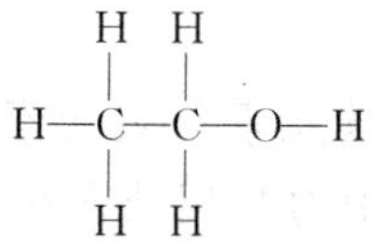	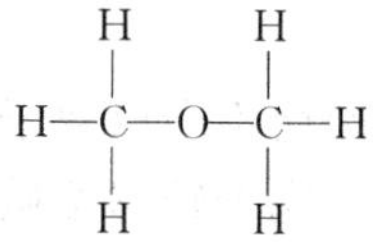
	乙醇	二甲醚
沸点/℃：	78.5	－23.6
化学性质：	与金属钠剧烈反应，放出氢气	不与金属钠反应

因此，根据化合物的性质可以推断化合物的结构，也可以根据化合物的结构预测化合物的性质，这就为有机化学的理论打下了基础。

（二）构造式的写法

有机化合物分子中的化学键是共价键，分子中各原子之间的相互连接次序叫做分子的构造。表示分子中原子间的连接顺序和方式的式子叫做构造式。构造式通常有电子式、价键式、键线式三种写法，现简单介绍如下。

电子式　用元素符号和电子符号表示化合物的化学式叫电子式，也叫路易斯式。例如：

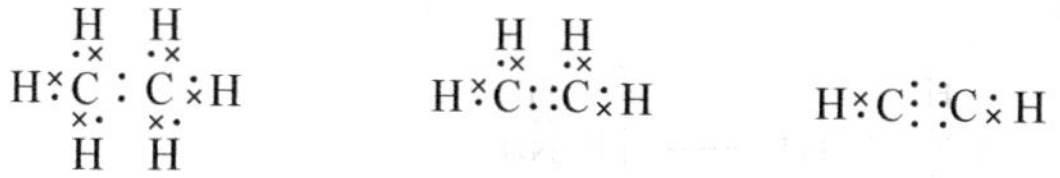

电子式
（路易斯式）

价键式　用元素符号和价键符号表示化合物构造的化学式叫价键式，也叫短线式。例如上述电子式可写成以下形式：

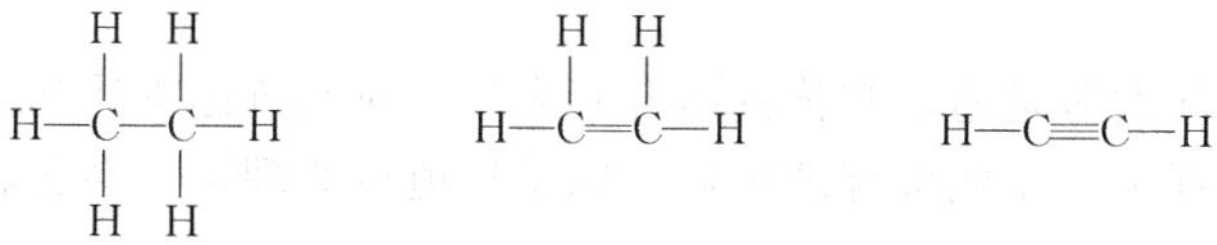

价键式
（短线式）

键线式　把碳、氢元素符号省略，只写出碳原子的锯齿形骨架的表示式，叫键线式。在键线式中，碳原子和氢原子都不需标出，只将每条线画成一定的角度，键线的端点或键线的交点代表碳原子。但若碳原子与氢原子以外的其他原子或基团相连，则应标出。为了更方便些，常把构造式缩写成简写式或键线式。例如：

	价键式	简写式	键线式
正戊烷	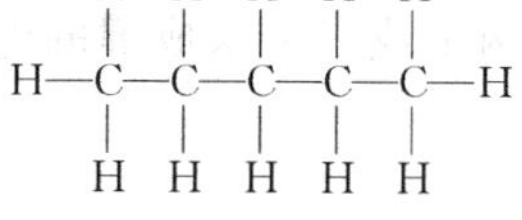	$CH_3CH_2CH_2CH_2CH_3$	
2-氯戊烷	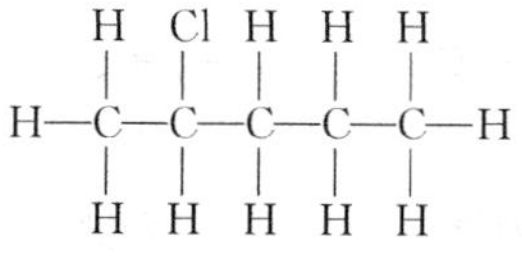	$CH_3CHClCH_2CH_2CH_3$	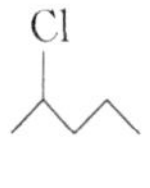
4-甲基-2-戊醇	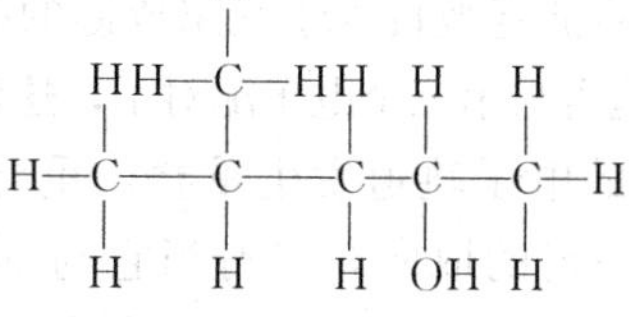	$(CH_3)_2CHCH_2CH(OH)CH_3$	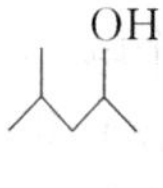

二、化学键

有机化合物分子中常见的化学键有三种：离子键、共价键、配位键。

离子键 离子键（ionic bond）是由原子间发生电子转移形成的，带相反电荷的离子间的静电引力就是离子键。有机化合物以离子键结合的不多。碳原子之间不会发生一个碳原子把电子完全转移给另一个碳原子，再以静电引力互相结合起来的情况。因此，碳原子间不能形成稳定的离子键。

碳原子和氢原子之间会不会以离子键结合呢？由于碳元素与氢元素的电负性相差不够大，通常氢原子也不会把电子完全转移给碳原子，再靠静电引力互相结合在一起，所以碳原子和氢原子间亦不以离子键结合。但是在碳酸盐、磺酸盐、季铵盐等有机盐类和其他某些分子中却有离子键存在。

共价键 共价键（covalent bond）是通过电子对共用，彼此达到稳定的电子层结构，同时共用电子对与两个成键原子的原子核相互吸引而成键。例如：

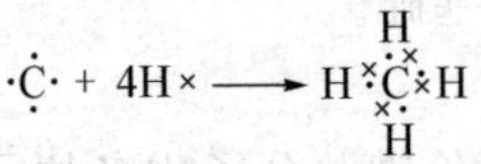

在有机化合物中，主要的、典型的化学键是共价键，以共价键结合是有机化合物的基本特点和共同结构特征，所以，在有机化学中主要研究的化学键是共价键。

配位键 配位键（coordinate bond）是一种特殊的共价键。它的特点是由一个原子提供一对电子与另一个原子共享。例如：

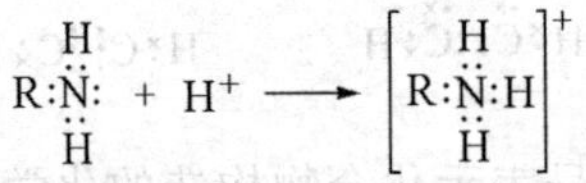

由成键原子之一提供电子形成的化学键叫配位键，前者叫电子给予体，后者叫电子接受体。

三、价键理论

有机化合物中，原子之间大多是通过共价键结合起来的。对共价键本质的解释，其中最常用的是价键理论和分子轨道理论。现代价键理论包含原子轨道重叠理论、杂化轨道理论以及共振论等。

（一）原子轨道重叠理论

（1）价键的形成可看作是原子轨道的重叠或电子配对的结果　成键的电子只处于以化学键相连的原子的区域内。两个原子如果都有未成键的电子，并且自旋相反，就能配对，也就是原子轨道可重叠形成共价键。重叠的部分越大，所形成的共价键越牢固。由一对电子形成的共价键叫单键，用一条短直线表示。如果两个原子各有两个或三个未成键的电子，则构成的共价键是双键或叁键。

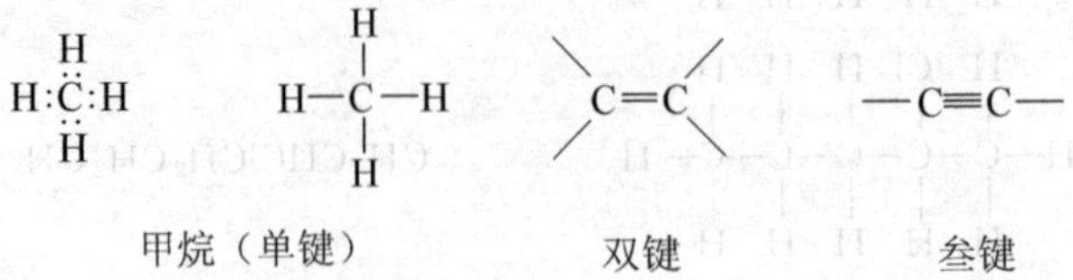

甲烷（单键）　　双键　　叁键

（2）共价键的饱和性　一般情况下，8 原子的价键数目等于它未成键的电子数，当原子未成键的一个电子与某原子的一个电子配对之后，就不能再与第三个电子配对了，这就是共价键的饱和性。

（3）共价键的方向性　成键时，两个原子的电子轨道发生重叠，重叠部分的大小决定共价键的牢固程度。p 电子的原子轨道在空间具有一定的取向，只有当它与别的原子轨道以某一方向互相接近时，才能使原子轨道得到最大的重叠，生成的分子的能量得到最大程度的降低，形

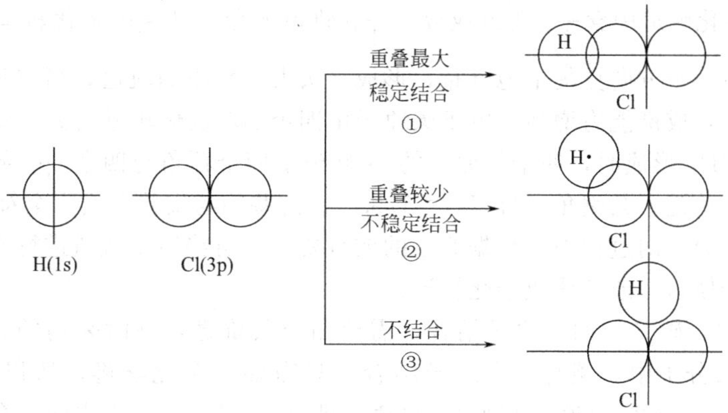
重叠最大
稳定结合
①
H
Cl
H·
重叠较少
不稳定结合
②
Cl
H(1s)
Cl(3p)
H
不结合
③
Cl
图 1-1　s 和 p 电子原子轨道的三种重叠情况

成稳定的分子。现以 H 和 Cl 为例，如图 1-1 所示：①H 沿 x 轴向 Cl 接近，重叠最大，结合稳定；②H 沿另一方向接近 Cl，重叠较少，结合不稳定；③H 沿 y 轴向 Cl 接近，不能结合。

（二）杂化轨道理论

（1）CH_4 分子——sp^3 杂化　在 CH_4 分子中，碳原子基态的电子构型是 $1s^2 2s^2 2p^2$，其中 2p 轨道上有两个自旋平行的未成对电子，能与两个氢原子形成两个 C—H 键，但实验事实清楚地指出，碳原子是四价的，且四个 C—H 键是等同的。为了解释以上实验事实，价键理论进一步提出了杂化轨道的概念。

杂化轨道的概念是价键理论的自然引申。价键理论的核心是两个自旋相反且平行的未成对电子进行最大程度的重叠，形成一个能量比两个孤立原子的能量还要低的化学键。基于这一理论，考虑到碳的化合价是四价的实验事实，提出原子在化合过程中为了使形成的化学键强度更大，更有利于体系能量的降低，趋向于将原有的原子轨道进一步线性组合成新的原子轨道，这种线性组合就称为杂化（hybridization），线性组合成的原子轨道（或杂化后的原子轨道）称为杂化轨道（hybrid orbital）。例如 CH_4 分子，碳原子为了形成四个 C—H 化学键，必须将 2s 轨道上的电子激发到空的 2p 轨道上，从而形成 $1s^2 2s^1 2p_x{}^1 2p_y{}^1 2p_z{}^1$ 的电子构型。这个激发过程所需要的能量较小（约 402kJ/mol），完全可以被成键后放出的巨大键能所补偿。这时，四个轨道若单独直接形成化学键，从电子云重叠程度来看，对整个体系的能量降低还不是最有利的，而且根据碳原子的四个键是等同的实验事实，必须把这两种轨道混合起来。即把一个 2s 轨道、三个 2p 轨道（即 $2p_x$、$2p_y$、$2p_z$）线性组合（即杂化）成四个等同的杂化轨道。这四个杂化轨道图形完全一致，只是它们的空间取向不同。常用 sp^3 表示这种杂化轨道。sp^3 杂化轨道图形及空间取向如图 1-2 所示。

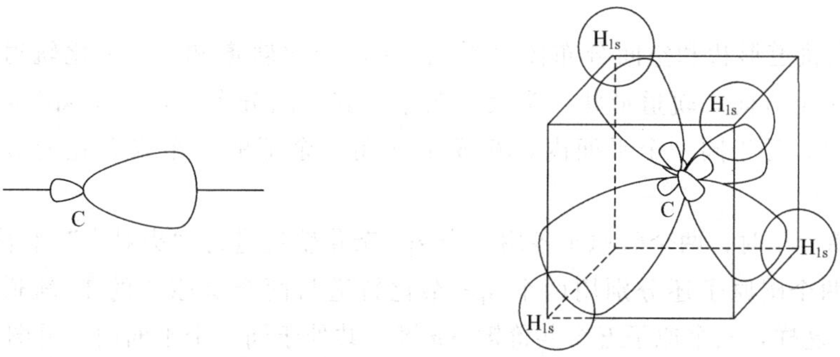
C
H1s
H1s
C
H1s
H1s
(a) sp^3杂化轨道　　(b) C的sp^3杂化轨道与4个原子的1s轨道

图 1-2　C 的 sp^3 杂化轨道和空间取向

每一个 sp^3 杂化轨道中含$\frac{1}{4}$s 轨道成分、$\frac{3}{4}$p 轨道成分。从 sp^3 杂化轨道的图形来看，杂化后的原子轨道沿一个方向更集中地分布，形成一头大一头小的轨道，当与其他原子轨道成键时，重叠部分增大，成键能力增强。由于碳原子中四个 sp^3 杂化轨道大头一瓣指向四面体的四个顶角，所以当 CH_4 形成时，四个氢原子的 1s 轨道沿四个顶角与四个 sp^3 杂化轨道进行重叠形成四个 C—H 共价键。其键角∠HCH 为 109.5°。这些均与实验事实完全符合。

原子在化合成分子的过程中，根据原子的成键要求，可将原子轨道进行不同类型的线性组合，形成新的原子轨道（或杂化成杂化轨道）。

在烷烃分子中，碳是与四个原子结合，需要四个共价键，这时采用的是四个等同的 sp^3 杂化轨道。在乙烯分子中，碳与三个原子结合，只需要三个化学键，所以碳在化合成乙烯分子时，用的是有一个 2s 轨道、两个 2p 轨道（即 $2p_x$、$2p_y$）杂化成的三个等同的 sp^2 杂化轨道，余下一个未杂化的 p 轨道。在乙炔分子中，碳和两个原子相连，只需要两个化学键，所以碳在化合成乙炔分子时，用的是由一个 2s 轨道、一个 2p 轨道（即 $2p_x$）杂化成的两个等同的 sp 杂化轨道，余下两个未杂化的 p 轨道。下面分别介绍一下碳原子的 sp^2 杂化轨道和 sp 杂化轨道。

(2) 乙烯分子结构——sp^2 杂化　在乙烯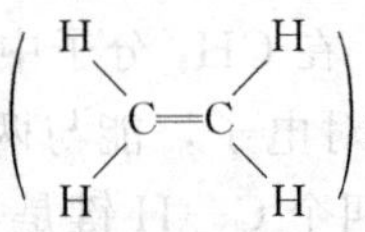分子中，一个碳原子和另一个碳原子相连，这时碳原子只需要一个 2s 轨道和两个 2p 轨道（例如 $2p_x$、$2p_y$）杂化成三个等同的 sp^2 杂化轨道。每一个 sp^2 杂化轨道包含$\frac{1}{3}$s 轨道成分、$\frac{2}{3}$p 轨道成分。碳原子就是用这三个 sp^2 杂化轨道构成乙烯分子骨架的。sp^2 杂化轨道的形状和空间分布如图 1-3 所示。

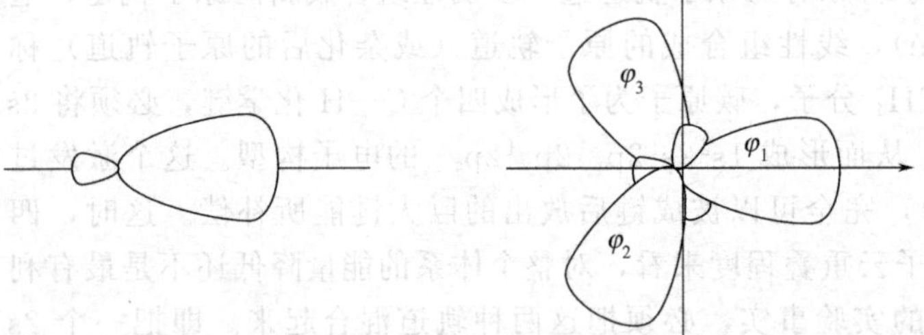

φ_3
φ_1
φ_2

(a) sp^2杂化轨道　(b) C的三个sp^2杂化轨道的空间取向

图 1-3　C 的 sp^2 杂化轨道和空间取向

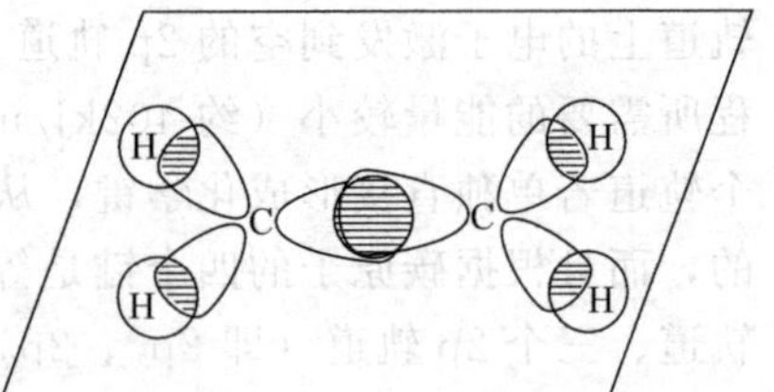

H
H
C
C
H
H

图 1-4　CH_2═CH_2 中的 σ 键

从 sp^2 杂化轨道形状和空间分布图可看出，sp^2 杂化轨道和 sp^3 杂化轨道一样，电子云分布也集中在一个方向，轨道形状一头大一头小，其空间分布是：三个 sp^2 杂化轨道的对称轴经过碳原子核，处于同一个平面内，互成 120°角。余下的一个未杂化的 p 轨道垂直于该平面。

在形成乙烯分子时，两个碳原子各用一个 sp^2 杂化轨道进行“头对头”重叠，形成一个共价键（σ 键）；两个碳原子还分别用两个 sp^2 杂化轨道与两个氢原子的 1s 轨道重叠形成两个 C—H 共价键。这样，六个原子五个共价键（σ 键）共处于同一个平面内（见图 1-4）。

两个碳原子余下的 p 轨道互相平行，进行另一种重叠——侧面重叠，形成另一种共价键——π键。由此可以看出，乙烯分子中的C═C双键，一个是σ键，另一个是 π 键（见图 1-5）。

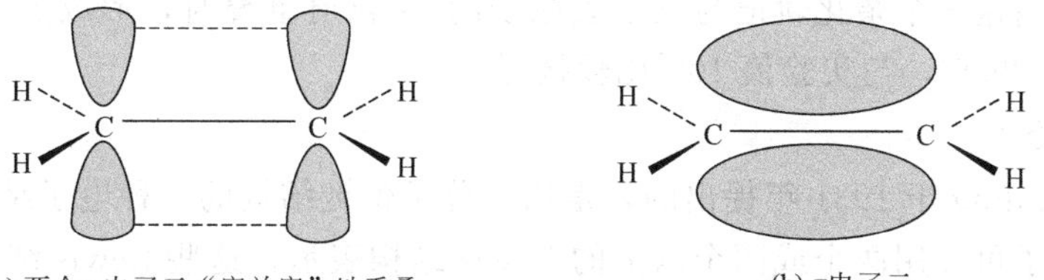
H
C
C
H
H
H
H
C
C
H
H
H

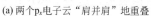

(a) 两个p_x电子云“肩并肩”地重叠　　(b) π电子云

图 1-5　CH_2═CH_2 分子中的 π 电子云

(3) 乙炔分子结构——sp 杂化　在乙炔分子（H—C≡C—H）中，一个碳原子只与另一个碳原子和一个氢原子相连。碳原子成键时，一个 2s 轨道和一个 2p 轨道（例如 $2p_x$）线性组合成两个等同的新的原子轨道（或杂化成两个等同的杂化轨道）。每一个 sp 杂化轨道包含$\frac{1}{2}$s 轨道成分、$\frac{1}{2}$p 轨道成分。碳原子就是利用这两个 sp 杂化轨道构成乙炔分子骨架的。sp 杂化轨道的形状和空间取向如图 1-6 所示。

(a) sp杂化轨道　　(b) C的两个sp杂化轨道的空间取向

图 1-6　C 的 sp 杂化轨道和空间取向

由图 1-6 可见，sp 杂化轨道的电子云也集中在一个方向，一头大一头小。其空间分布是：两个 sp 杂化轨道的对称轴经过碳原子核，处于同一条直线上，互成 180°角。余下的两个未杂化的 p 轨道互相垂直且垂直于分子所在的直线。

在形成乙炔分子时，每个碳原子分别用一个 sp 杂化轨道进行“头对头”重叠，形成 C—C 共价键（σ 键），还分别用一个 sp 杂化轨道与氢原子的 1s 轨道重叠形成 C—H σ 键（见图 1-7）。每个碳原子上还有两个未杂化的 p 轨道，进行侧面重叠形成两个 π 键（见图 1-8）。

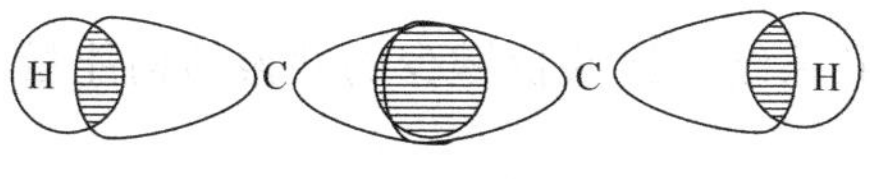
H
C
C
H

图 1-7　C 的 sp 杂化轨道、H 的 1s 轨道及它们的重叠

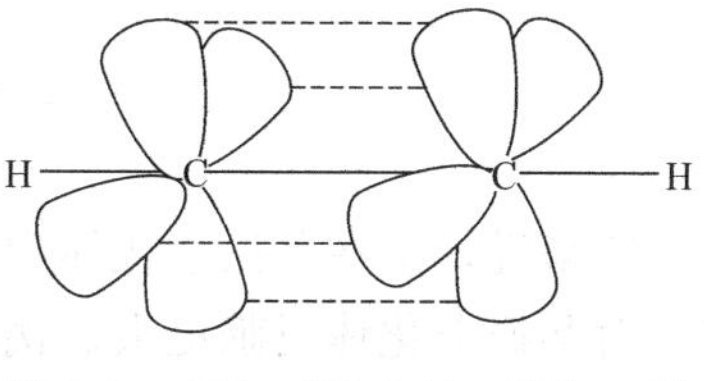
H
C
C
H

图 1-8　CH≡CH 中的 σ 键和 π 键

所以，在乙炔分子中 C≡C 叁键有一个是 σ 键，两个是 π 键。

从以上讨论可以看出，原子轨道杂化后形成的杂化轨道一般均与其他原子形成较强的 σ 键。从以下的例子中可以看出，杂化轨道中也可存在孤对电子。

(4) H_2O 分子　在 H_2O 分子中，氧原子基态的电子构型是 $1s^2 2s^2 2p^4$。在 2s 和 2p 轨道上共有六个电子，当进行 sp^3 杂化时，形成四个等同的 sp^3 杂化轨道，其中有两个 sp^3 杂化轨道各填入一对电子，还有两个 sp^3 杂化轨道各填入一个电子。这样，当氧原子用含有两个未成对电子的 sp^3 杂化轨道与氢原子的 1s 轨道重叠时，就形成两个 O—H 键，其夹角为 109.5°，与实验值 104.5°比较接近。

(5) NH_3 分子　在 NH_3 分子中，氮原子基态的电子构型是 $1s^2 2s^2 2p^3$。在 2s 和 2p 轨道上共有五个电子，当一个 2s 轨道和三个 2p 轨道（p_x、p_y、p_z）进行 sp^3 杂化时，形成四个等同的 sp^3 杂化轨道。有一对电子占据一个杂化轨道，而余下的三个未成对电子则分别占据其余三个杂化轨道。当这三个杂化轨道与三个氢原子的 1s 轨道重叠时，形成了三个 N—H 键，其键角∠HNH 为 109.5°，与实验值 108°比较接近。

（三）共振论

共振论是 Pauling 于 1931 年提出的，是描述分子价键结构的一种电子结构理论。

如果一个分子可以用两个或两个以上的 Lewis 结构表示，这些 Lewis 结构中各原子核的位置没有改变，它们的差别仅仅是电子（一般是 π 电子和未共用电子）的排列不同，而且其中任何一个 Lewis 结构都不能圆满地描述这个分子的性质，在这种情况下，共振论认为：在这些 Lewis 结构之间存在共振（共振用双箭头表示）。这些 Lewis 结构称为共振结构（resonance structure），这样的分子叫做共振分子。共振分子是所有这些共振结构组成的共振杂化体。共振分子应该用共振杂化体表示，用任何一个共振结构单独地表示共振分子都是不确切、不恰当的。每个共振结构贡献的大小取决于该共振结构的稳定性。例如甲酸根负离子 $HCOO^-$ 可以用两个 Lewis 结构表示：

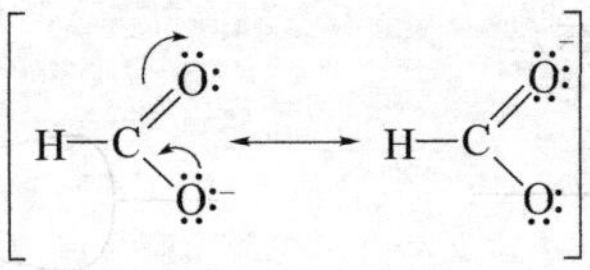

共振结构(Ⅰ)　　共振结构(Ⅱ)

共振杂化体

不论是（Ⅰ）还是（Ⅱ），单独用一个来表示甲酸根负离子的结构都是不合适的。因为在（Ⅰ）或（Ⅱ）中，碳氧键都是不相同的，一个是 C═O 双键，另一个是 C—O 单键。而实验测得甲酸根负离子中的两个碳氧键是相同的，键长都是 0.126nm，介于 $H_2C═O$ 分子中的 C═O 双键键长 0.120nm 和 $H_3C—OH$ 分子中的 C—O 单键键长 0.143nm 之间。所以用（Ⅰ）和（Ⅱ）中的任何一个来表示甲酸根负离子的结构都是不合适的，只能用（Ⅰ）和（Ⅱ）的共振杂化体来表示甲酸根负离子的结构。

对于苯，可写出下面五种共振杂化体：

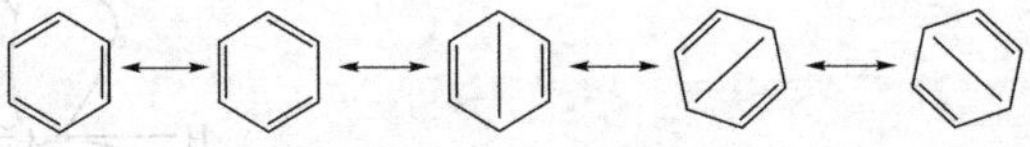

一般来说，①在共振杂化体中，共价键多的共振结构比共价键少的共振结构能量更低、更稳定，对共振杂化体贡献更大。例如：

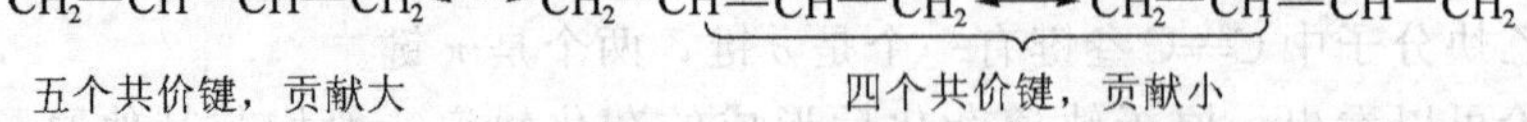

五个共价键，贡献大　　四个共价键，贡献小

② 在共振杂化体中，没有电荷分离的或有电荷分离但电负性较大的原子带负电荷的共振结构较稳定，对共振杂化体贡献大。例如：

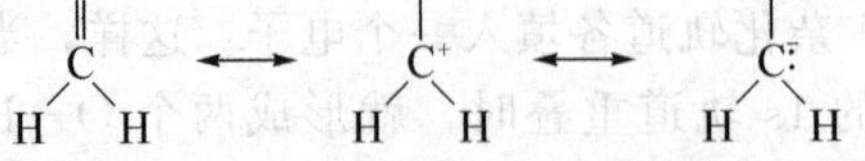

贡献最大　　贡献较小　　贡献很小，可忽略不计

所以，甲醛实际上只是由 $CH_2═O$ 和 $\overset{+}{C}H_2—\overset{-}{O}$ 组成的共振杂化体。又如丙烯醛 $CH_2═CH—CH═O$，可写出如下共振结构：

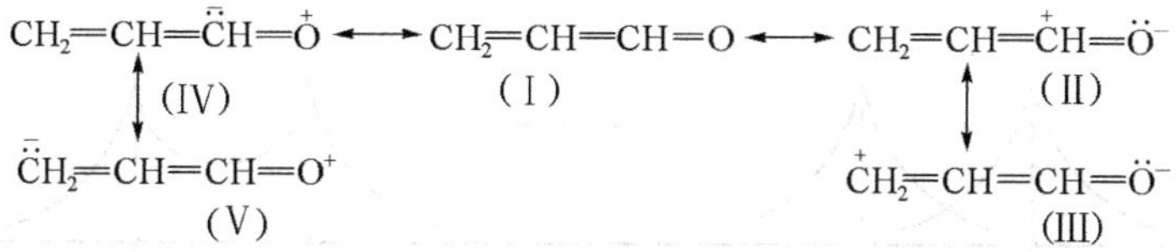
CH₂=CH—C̄H—Ö⁺
CH₂=CH—CH=O
CH₂=CH—C⁺H—Ö⁻
(IV)
(I)
(II)
C̄H₂—CH=CH—O⁺
C⁺H₂—CH=CH—Ö⁻
(V)
(III)

贡献很小，可忽略不计　　贡献最大　　贡献较小

所以，丙烯醛实际上是由共振结构Ⅰ、Ⅱ和Ⅲ组成的共振杂化体。

共振能　当一个分子可以用两个或两个以上的 Lewis 结构（也叫共振结构）表示时，真实的分子结构是所有这些 Lewis 结构组成的共振杂化体。每个共振结构都有能量，若以能量最低、稳定性最大的共振结构作为标准，则共振杂化体（分子的真实结构）与能量最低的共振结构之间的能量差叫做共振能（resonance energy）。共振能是真实分子由于电子离域而产生的共振结构所降低的能量。共振能越大，共振稳定作用也越大，说明该真实分子比能量最低的共振结构更稳定。

在有机化学中，对于共轭分子，共轭和共振这两种说法实际上相同的，是一个问题的两种不同表示法。共轭、共振和离域，共轭能、共振能和离域能的含义也都是相同的。所以共振能也像共轭能一样可通过实验测得。

四、分子轨道理论

分子轨道理论是在 1932 年提出来的，它从分子的整体出发去研究分子中每一个电子的运动状态，认为形成化学键的电子是在整个分子中运动的。通过薛定谔方程的解，可以求出描述分子中的电子运动状态的波函数 Ψ。Ψ 称为分子轨道。每一个分子轨道 Ψ 有一个相应的能量 E，E 近似地表示在这个轨道上的电子的电离能。各分子轨道所对应的能量通常称为分子轨道的能级，分子的总能量为各电子占据着的分子轨道的能量的总和。

求解分子轨道 Ψ 很困难，一般采用近似解法，其中最常用的方法是把分子轨道看成是所属原子轨道的线性组合，这种近似的处理方法叫做原子轨道线性组合法，用英文缩写字母 LCAO 表示（Linear Combination of Atomic Orbitals），简称 LCAO 法。波函数的近似解需要复杂的数学运算，相关内容在结构化学课程中介绍，这里只介绍求解结果所得的直观图形，以了解共价键形成的过程。

分子轨道理论认为化学键是原子轨道重叠产生的，当任何数目的原子轨道重叠时，可以形成同样数目的分子轨道。定域键重叠的原子轨道是两个，结果组成两个分子轨道，其中一个比原来的原子轨道能量低，叫成键轨道，另一个叫反键轨道，比原来的原子轨道能量高。

现以最简单的氢分子的形成过程为例进行说明。如果氢分子由 H_A 原子的原子轨道 Ψ_A 和 H_B 原子的原子轨道 Ψ_B 线性组合成氢分子轨道 Ψ_1 和 Ψ_2，其近似表示如下：

$$\Psi_1 = C_1\Psi_A + C_2\Psi_B$$

$$\Psi_2 = C_1\Psi_A - C_2\Psi_B$$

在 Ψ_1 轨道中，原子 H_A 和 H_B 的原子轨道 Ψ_A 和 Ψ_B 的符号相同，即波函数的位相相同（见图 1-9），这两个波相互作用的结果，使两个原子之间有相当高的电子几率，显然抵消了原子核相互排斥的作用，原子轨道重叠达到最大的程度，把两个原子结合起来，因此 Ψ_1 称为成键轨道。当 Ψ_A 和 Ψ_B 的符号相反，即波函数的位相不同时（见图 1-10），这两个波相互作用的结果，使两个原子核之间的波函数值减小或抵消，在原子核之间的区域，电子几率为零，也就是说，在原子核之间没有电子使它们结合，两个原子轨道不重叠，故不能成键，Ψ_2 称为反键轨道。

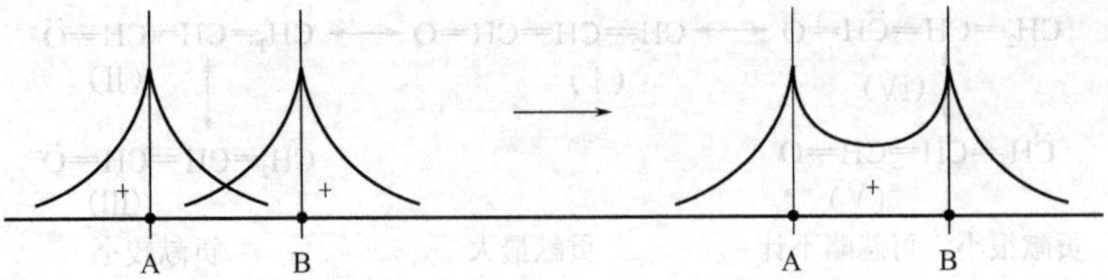

+
+
+
A
B
A
B

图 1-9　位相相同的波函数相互作用结果的示意图

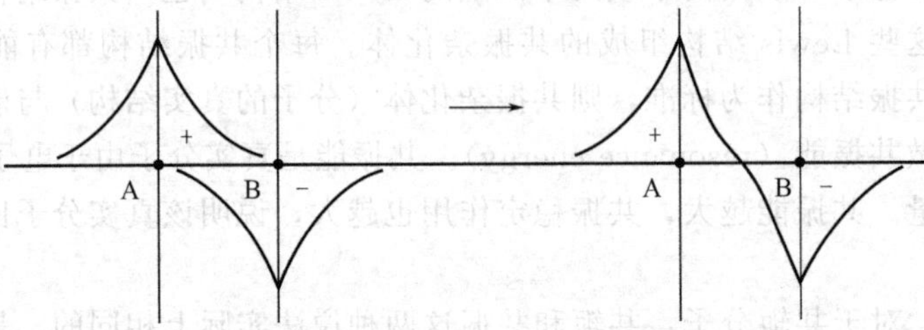

+
+
A
B
−
A
B
−

图 1-10　位相不同的波函数相互作用结果的示意图

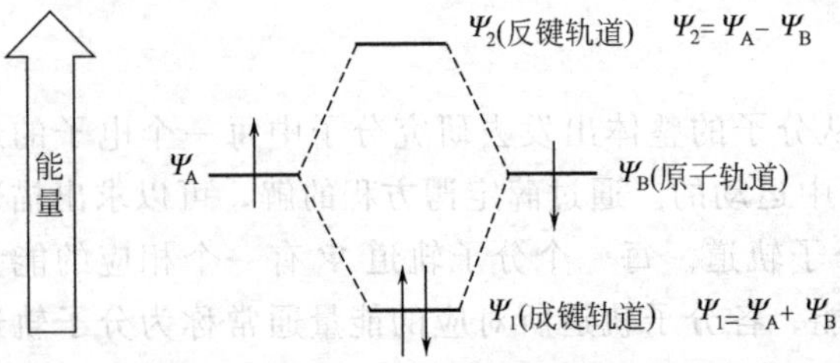

能量
Ψ_2(反键轨道)　$\Psi_2 = \Psi_A - \Psi_B$
Ψ_A
Ψ_B(原子轨道)
Ψ_1(成键轨道)　$\Psi_1 = \Psi_A + \Psi_B$

图 1-11　氢分子轨道能级图

从图 1-11 中可见，两个电子从 1s 原子轨道转入氢分子的分子轨道 Ψ_1 时，体系的能量大大降低，这样，成键轨道 Ψ_1 的能量低于氢原子 1s 态的电子能量。相反，反键轨道 Ψ_2 的能量则高于氢原子 1s 态的电子能量。所以，氢原子形成氢分子时，一对自旋相反的电子进入能量低的成键轨道中，电子云主要集中于两个原子之间，从而使氢分子处于稳定的状态。反键轨道恰好相反，电子云主要分布于两个原子核的外侧，有利于核的分离而不利于原子的结合。所以，当电子进入反键轨道时，反键轨道的能量高于原子轨道，则体系不稳定，氢分子自动离解为两个氢原子。

每一个分子轨道最多只能容纳两个自旋方向相反的电子，从最低能级的分子轨道开始，逐个地填充电子。

综上所述，由原子轨道组成分子轨道时，必须符合三个条件：

(1) 对称匹配　上面的讨论已经清楚地说明，组成分子轨道的原子轨道的符号（即位相）必须相同，才能匹配组成分子轨道；否则，就不能组成分子轨道。现在再举一个例子，如 s 轨道和 p_y 轨道沿 x 轴接近重叠时，在 x 轴上方的原子轨道的波函数的符号均为正值，故重叠部分为正值；而 p_y 轨道在 x 轴下方的部分为负值，但 s 轨道的符号为正值，这样 s 轨道和 p_y 轨道的符号相反，重叠部分恰好抵消，就不会有效地组成分子轨道而成键，也就是说，不符合对称匹配的条件（见图 1-12）。所以，参加成键的各原子轨道是对称匹配还是不匹配，将决定其线性组合成分子轨道的可能性有还是无的问题。

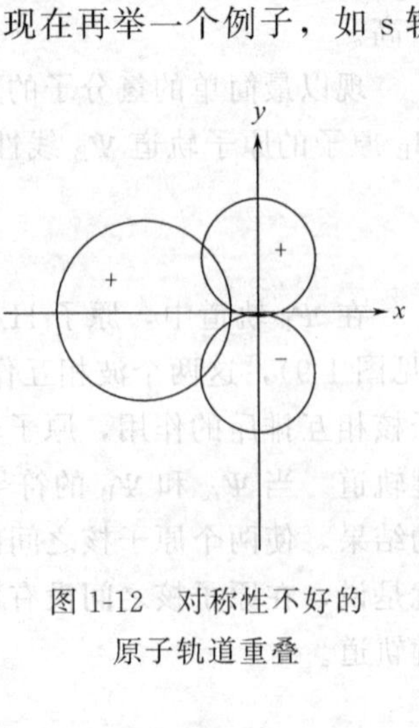

y
x
+
+
−

图 1-12　对称性不好的原子轨道重叠

(2) 最大重叠　原子轨道重叠的部分最大时，才能使形成的键最稳定。

(3) 能量相近　成键的原子轨道的能量要相近，能量差愈小愈好，这样才能够最有效地组成分子轨道，才能解释不同原子轨道所形成的共价键的相对稳定性。

条件（2）和（3）决定线性组合多或少以及组合效率高或低的因素，所以，在这三个条件中，条件（1）起着重要的作用。

根据分子轨道的对称性，可将分子轨道分为 σ 轨道和 π 轨道。例如，氢原子形成氢分子所形成的分子轨道称为 σ 轨道。s 轨道是球形对称的，如以 x 轴为键轴，是呈圆柱形对称，形成的分子轨道，还保留着对轴呈圆柱形对称的特性，即沿键轴旋转，它的形状和符号都不变。这种分子轨道称为 σ 轨道，如 s-s，见图 1-13。由 1s-1s 形成的 σ 分子轨道用 σ_{1s} 表示；s-2p_x 以 σ_{2p} 表示；反键 σ 分子轨道用 σ^* 表示，如 σ_{1s}^*、σ_{2p}^*。

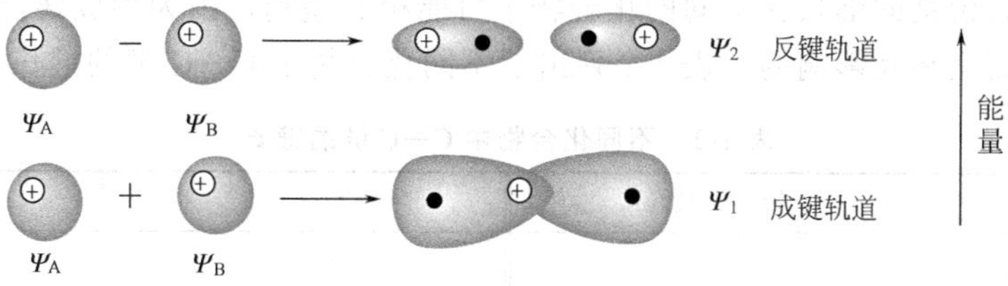
Ψ2 反键轨道
能量
ΨA
ΨB
Ψ1 成键轨道
ΨA
ΨB

图 1-13　σ 轨道的示意图

当由两个相互平行的 p 轨道在侧面重叠形成分子轨道（如 p_z-p_z 或 p_y-p_y 所形成的分子轨道）时，还保留着对称面，即有节面，这种分子轨道叫做 π 轨道。π 轨道的特点是：电子云集中在键轴的上面和下面，通过键轴的参考平面可把电子云分成两半。这种把原子轨道或分子轨道分割为符号相反的两半的参考平面，称为原子轨道或分子轨道的节面。在节面上电子云等于零，见图 1-14。成键 π 轨道的符号为 π_{2p_z}、π_{2p_y}，反键 π 轨道用 $\pi_{2p_z}^*$、$\pi_{2p_y}^*$ 表示。

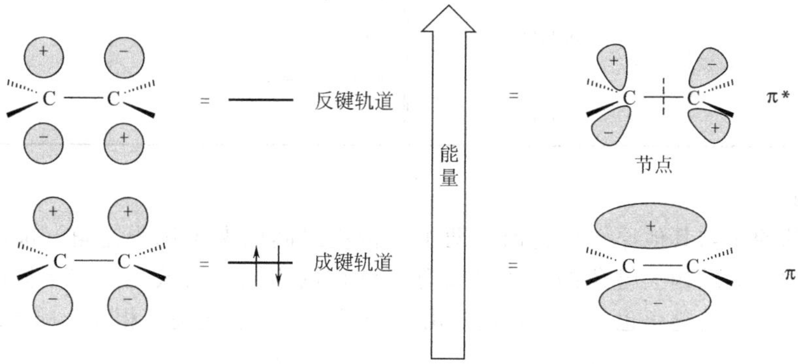
反键轨道
能量
π*
节点
成键轨道
π

图 1-14　π 轨道的示意图

习题 1-1　有机化合物为什么可以与众不同？这与碳原子的电子层结构有什么关系？

习题 1-2　价键理论和分子轨道理论的主要区别是什么？

五、共价键的键参数

共价键的重要性质表现于键长、键角、键能、键矩等物理量。

（一）键长

形成共价键的两个原子之间存在着一定的吸引力和排斥力，使原子核之间保持着一定的距离，这个距离称为键长（bond distance）。键长的单位为 nm。一定的共价键的键长是一定的。例如，C—H 键的键长为 0.109nm，C—C 键的键长为 0.154nm。表 1-1 中为常见共价键的键长。

表 1-1　常见共价键的键长

键	键长/nm	键	键长/nm	键	键长/nm
C—H	0.109	N—H	0.103	C═N	0.130
C—C	0.154	O—H	0.097	C≡N	0.116
C—Cl	0.176	C═C	0.134	C—N	0.147
C—Br	0.194	C═O	0.122		
C—I	0.214	C≡C	0.120		

同一类型的共价键的键长在不同的化合物中可能稍有差别，因为构成共价键的原子在分子中不是孤立的，而是相互影响的。表 1-2 列出了不同化合物中 C—C 键的键长。

表 1-2　不同化合物中 C—C 键的键长

键　型	键　长/nm	键　型	键　长/nm
sp^3-sp^3		sp^2-sp^2	
CH_3—CH_3	0.1543	CH_2═CH—CH═CH_2	0.1483
CH_3—CH_2—CH_3	0.154	CH_3—CH═CH—CH═O	0.146
金刚石	0.1544	sp^2-sp	
sp^3-sp^2		CH_2═CH—C≡CH	0.1446
CH_3—CH═CH—CH_3	0.154	CH_2═CH—C≡N	0.1426
CH_3—C_6H_5	0.152	sp-sp	
sp^3-sp		CH≡C—C≡CH	0.1379
CH_3—C≡CH	0.1459	CH≡C—C≡N	0.1378
CH_3—C≡N	0.1458	N≡C—C≡N	0.1380
CH_3—C≡C—C≡N	0.1458		

（二）键角

两价以上的原子与其他原子成键时，两个共价键之间的夹角称为键角（bond angle），键角反映了分子的空间结构。键角的大小随着分子结构的不同有所改变。在不同的化合物分子中，相同的原子形成的键角也有差别，这是由于分子中各原子或基团相互影响的结果。例如：

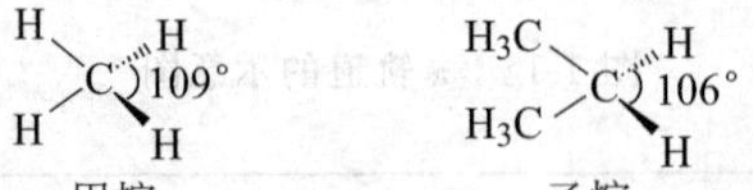
H
H
C
109°
H
H
H₃C
H
C
106°
H₃C
H

甲烷　　　　乙烷

（三）键能

当 A 和 B 两个原子（气态）结合生成 A—B 分子（气态）时，放出的能量称为键能（bond energy）。

$$A(气) + B(气) \longrightarrow A—B(气)$$

显然，使 1mol 双原子分子 A—B（气态）共价键解离为原子（气态）时所需要的能量也是键能，或叫键的离解能。也就是说，共价键断裂时，必须吸热，ΔH 为正值；形成共价键时放热，ΔH 为负值。键能的单位为 kJ/mol。

$$H:H \longrightarrow H\cdot + H\cdot \qquad \Delta H = +436\text{kJ/mol}$$

$$Cl:Cl \longrightarrow Cl\cdot + Cl\cdot \qquad \Delta H = +242\text{kJ/mol}$$

$$Cl\cdot + Cl\cdot \longrightarrow Cl_2 \qquad \Delta H = -242\text{kJ/mol}$$

对于多原子分子，共价键的键能一般是指同一类的共价键的键离解能的平均值。例如，从下面所列的甲烷四个 C—H 键的离解能的大小，可以看出这四个 C—H 键的离解能是不相同的。

$$CH_4 \longrightarrow \cdot CH_3 + H\cdot \quad D(CH_3—H)=435.1kJ/mol$$

$$\cdot CH_3 \longrightarrow \cdot CH_2 + H\cdot \quad D(CH_2—H)=443.5kJ/mol$$

$$\cdot CH_2 \longrightarrow \cdot CH + H\cdot \quad D(CH—H)=443.5kJ/mol$$

$$\cdot CH \longrightarrow \cdot C + H\cdot \quad D(C—H)=338.9kJ/mol$$

$$CH_4 \longrightarrow \cdot C + 4H\cdot \quad \Delta H=1661kJ/mol$$

故 E(C—H)=1661/4=415.3(kJ/mol)。

键能反映了共价键的强度，常见共价键的键能见表 1-3。通常键能愈大，键愈牢固。

表 1-3 常见共价键的键能

键	键能/(kJ/mol)	键	键能/(kJ/mol)	键	键能/(kJ/mol)	键	键能/(kJ/mol)
C—H	415.3	C≡N	889.5	N—N	163.2	Cl—Cl	242.2
C—C	345.6	C—F	485.3	N═N	418.4	H—Cl	431
C═C	610	C—Cl	338.9	N≡N	944.7	Br—Br	188.3
C≡C	835.1	C—Br	284.5	N—O	200.8	H—Br	368.2
C—O	357.7	C—I	217.6	O—H	462.8	I—I	150.6
C═O(醛)	736.4	C—B	372.4	S—H	347.3	H—I	198.7
(酮)	743.9	C—S	272	S—O	497.9	O═O	498
C—N	304.6	H—H	436	F—F	154.8		
C═N	615	H—N	390.8	H—F	564.8		

习题 1-3 键能和键的离解能是否为同一概念？是否有什么区别？

习题 1-4 利用共价键键能数值计算 1mol 甲烷完全燃烧时所放出的热量。

$$CH_4(g)+2O_2(g) \longrightarrow CO_2(g)+2H_2O(g)$$

（四）键矩

当由两个相同的原子形成共价键时，电子云对称地分布在两个原子核之间，在两核正中位置电子出现的几率最大。当由不同的原子成键时，由于电负性的差异，使电子云靠近电负性较强的原子一端，于是在这种分子中，电负性较强的原子具有微负电荷（或叫部分负电荷），电负性较弱的原子则具有微正电荷，前者用 δ^- 表示，后者用 δ^+ 表示，例如 C—Cl 键的电子云偏向于氯原子。

$$\overset{\delta^+}{CH_3} \longrightarrow \overset{\delta^-}{Cl}$$

这样的键有一个键矩（bond dipole moment），其定义为正、负电荷中心的电荷（e）与正负电荷中心之间的距离（d）的乘积：

$$键矩\ \mu = ed$$

键矩是用来衡量键极性的物理量，为一矢量，有方向性，通常规定其方向由正到负，用箭头表示，键矩的单位采用德拜（D）：

$$1D=3.33\times10^{-30}C\cdot m$$

表 1-4 列举了一些极性键的键矩数值。有机化合物中一些常见的共价键键矩为0.4～3.5D。

表 1-4 一些共价键的键矩

键	键 矩/D	键	键 矩/D	键	键 矩/D
C—H	0.4	C—I	1.19	C═O	2.3
C—O	0.74	N—H	1.3	C≡N	3.5
C—Cl	1.46	C—N	0.22		
C—Br	1.38	H—O	1.5		

分子的偶极矩（dipole moment）是各键的键矩矢量和。甲烷和四氯化碳是对称分子，各键矩的矢量和为零，故为非极性分子。一氯甲烷分子中 C—Cl 键矩未被抵消，$\mu=1.86D$，为极性分子。

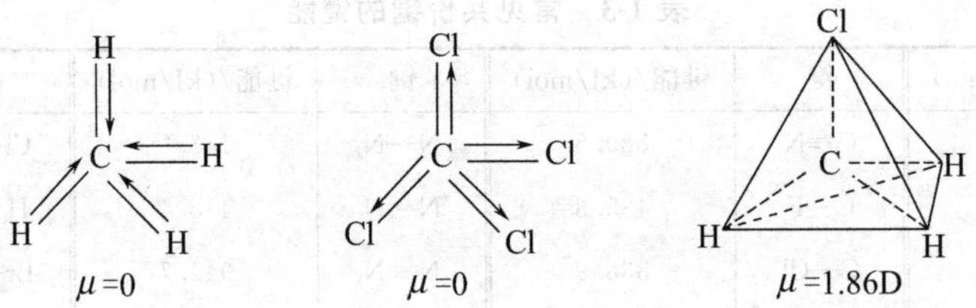

μ=0
μ=0
μ=1.86D

甲烷　四氯化碳　一氯甲烷

所以，键的极性和分子的极性是不相同的，某些共价键表现有极性，而整个分子可能无极性（如四氯化碳），也可能有极性（如一氯甲烷）。

共价键的极性与成键原子的电负性密切相关。如 C—Cl 键，由于氯原子的电负性较强，键上的电子云不是平均分布，而是偏向于氯原子。当氯取代碳链上的氢时，如下式：

$$C \longrightarrow C \longrightarrow C \longrightarrow C \longrightarrow Cl$$

氯原子的电负性不只影响 C—Cl，而且可以影响不直接相连的部分，沿着分子的碳链依次传递，向电负性所决定的方向而“转移”，只不过这种影响随着距离的增加而迅速下降乃至消失，经过三个原子以后，影响就极弱了，超过五个原子便没有了。由于原子的电负性不同引起的极性效应，是通过静电诱导而影响到分子的其他部分，这种作用称为诱导效应。诱导效应是一种静电作用，是一种永久性效应，没有外界电场的影响时也存在。由于电负性不同，卤、硝基、氰基等为吸电子的原子或原子团。烷基诱导效应的方向决定于烷基与什么样的原子或原子团相连，当与电负性比烷基强的原子或原子团相连时，表现为供电子的诱导效应。

六、分子间作用力和氢键

（一）分子间作用力

分子间作用力又称为范德华力（van der Waals forces），按作用力产生的原因和特性可分为三种，即取向力、诱导力、色散力（详见无机化学）。

取向力 极性分子与极性分子之间，偶极定向排列产生的作用力。显然，分子间偶极矩愈大，取向力愈大。

诱导力 当极性分子与非极性分子靠近时，极性分子的偶极使非极性分子变形，产生的偶极叫诱导偶极。诱导偶极与极性分子的固有偶极相吸引产生的作用力称为诱导力。

色散力 由于分子中的电子和原子核皆处于不断的运动之中，因此，经常会发生电子云和原子核之间的瞬时相对位移，结果产生了瞬时偶极。两个瞬时偶极必然是处于异极相邻的状态，其相互吸引的力称为色散力。

分子间作用力有以下特点：

(1) 一般只有几个至几十个 kJ/mol，比化学键键能小 1～2 个数量级。

（2）分子间作用力的范围约为几百皮米（pm），一般不具有方向性和饱和性。

（3）对于大多数分子，色散力是主要的。只有极性很大的分子，取向力才占较大比重。诱导力通常都较小。

分子间作用力的大小直接影响物质的许多物理化学性质，如熔点、沸点、溶解度、表面吸附等。

（二）氢键

当氢原子与电负性很强且原子半径较小的原子相连时，电子云偏向电负性较强的原子，使氢原子变成正离子状态，此时若与另一个电负性很强的原子相遇，则发生静电吸引作用，使氢原子在两个电负性很强的原子间形成桥梁，这样的键为氢键（hydrogen bond）。

氢键与一般的分子间作用力有两个不同点，即具有饱和性和方向性。

第三节　酸　和　碱

很多有机化合物具有酸性和碱性，酸碱反应是有机反应中最简单、最基本和应用最多的一类反应。有的反应只涉及酸和碱的反应，有的反应在某一步骤中涉及酸碱反应。在药学领域中，因很多药物是酸和碱，药物的酸碱性及其强度对药物的吸收、代谢和药效都有一定的影响，在药物合成、分离提纯、质量控制和新药设计等方面都常用到有关酸和碱的知识。

一、Arrhenius 电离理论

酸碱理论最早是由 Arrhenius（阿累尼乌斯）于 1884 年提出的。Arrhenius 把在水中能电离出质子的称为酸，能电离出氢氧负离子的称为碱。能在水中产生质子的有机化合物有羧酸（RCOOH）、磺酸（RSO_2OH）、酚（ArOH）、硫醇（RSH）等化合物；能产生氢氧负离子的主要是胺类化合物。例如：

$$CH_3-\overset{\overset{\displaystyle O}{\|}}{C}-OH \rightleftharpoons CH_3COO^- + H^+$$

醋酸

$$CH_3NH_2 + H_2O \rightleftharpoons CH_3\overset{+}{N}H_3 + OH^-$$

甲胺

其他化合物如烃、卤代烃、醇、醛、酮和酰胺在水中不能电离出氢质子，属中性化合物。Arrhenius 的酸碱概念在有机化合物的分离和提纯等方面是十分有用的，但具有较大的局限性。随着科学的发展和对酸碱的深入研究，1923～1938 年又出现了新的酸碱理论。

二、Brönsted 质子理论

根据 Brönsted（布朗斯台德）理论，酸是质子的给予体，碱是质子的接受体，因此 Brönsted 质子理论也称为质子酸碱理论。

$$B: + H-A \rightleftharpoons \overset{+}{B}-H + A^-$$

碱　　酸　　共轭酸　　共轭碱

$$CH_3-\overset{\overset{\displaystyle O}{\|}}{C}-OH + H-\ddot{O}-H \rightleftharpoons CH_3-\overset{\overset{\displaystyle O}{\|}}{C}-O^- + H_3\overset{+}{O}$$

酸　　碱　　共轭碱　　共轭酸

酸失去质子形成的离子或分子称为这个酸的共轭碱（conjugate base），碱得到质子形成的离子或分子称为这个碱的共轭酸（conjugate acid）。

按此理论，除水中能电离出质子的酸以外，其他含 O－H、N－H 和 C－H 的有机化合物都可看作酸，它们在适当的碱存在下都可给出质子。如：

$$\underset{\text{酸}}{H—C\equiv C—H} + \underset{\text{碱}}{NaNH_2} \longrightarrow H—C\equiv CNa + NH_3$$

除负离子（B^-）可作碱以外，具有未共用电子对的中性分子（B:）亦可作为碱。例如：NH_3、H_2O、ROH（醇）、R—O—R（醚）、$R_2C═O$（酮）、RCHO（醛）。

同一种物质所表现出的酸碱性取决于介质，如乙酸在酸性比它弱的 H_2O 中，表现为酸；而在酸性比它强的 H_2SO_4 中，表现为碱。

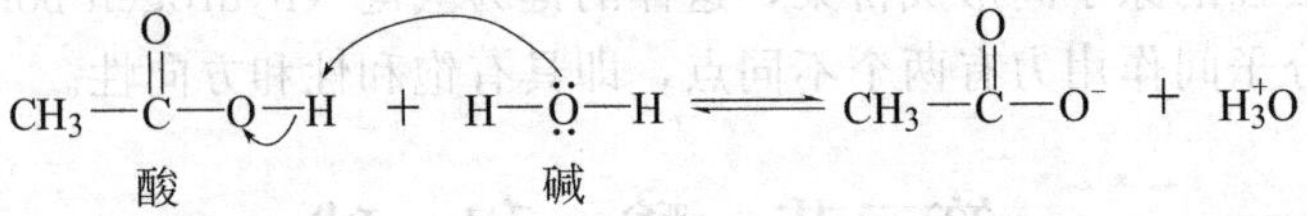

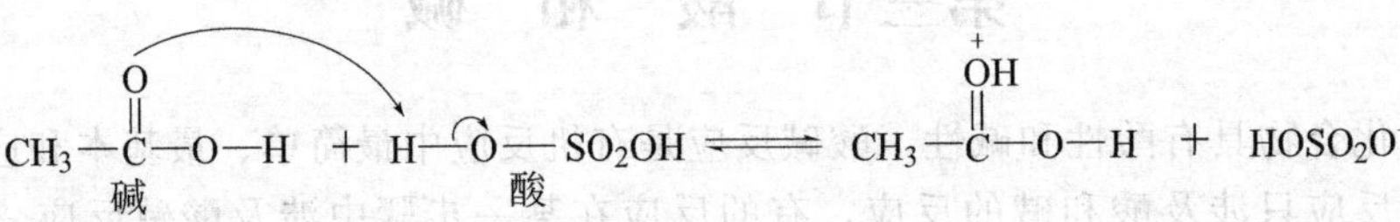

（一）酸碱强度的表示

各种酸的酸性强度是不同的，酸的强度可用在一定溶剂（一般用水）中测得的电离平衡常数 K_a 表示。

$$H—A + H—OH \rightleftharpoons A^- + H_3^+O$$

$$K_a = \frac{[A^-][H_3^+O]}{[HA]}$$

但现多用 pK_a 表示，$pK_a = -\lg K_a$。化合物的 pK_a 越小或 K_a 越大，其酸性越强；反之，pK_a 越大或 K_a 越小，酸性越弱。表 1-5 为一些无机和有机化合物的酸的 pK_a 值。

化合物的酸性越强，电离出质子后生成的负离子（共轭碱）越难和质子结合，即其共轭碱的碱性越弱。因此，酸和其共轭碱的相互关系是：酸的酸性越强，其共轭碱的碱性越弱；反之，酸的酸性越弱，其共轭碱的碱性越强。例如：

表 1-5　一些无机和有机化合物的酸的 pK_a 值（25℃）

分子式	pK_a	分子式	pK_a	分子式	pK_a
H—I	−5.2	C_6H_5OH	10.00	HCN	9.22
H—Br	−4.7	CH_3CH_2SH	10.60	$\overset{+}{N}H_4$	9.24
H—Cl	−2.2	$CH_3\overset{+}{N}H_3$	10.62	$CO_2(H_2O)$	(1)6.35
H—F	3.18	$CH_3CO\overset{H}{C}HCOOC_2H_5$	11.0		(2)10.3
$HONO_2$	−1.3			CH_3OH	15.5
	(1)2.15			CH_3CH_2OH	15.9
$(HO)_3PO$	(2)2.7	CF_3CH_2OH	12.4	CH_3COCH_3	20.0
	(3)2.38	$(HO)_2SO_2$	(1)−5.2	$HCH_2COOC_2H_5$	24.5
H_2S	(1)7.01		(2)1.99	HC≡CH	约 25
H_2Se	(1)3.77	$(HO)_2SO$	(1)1.8	$C_6H_5CH_2—H$	约 41
CF_3COOH	0.2		(2)3.18	$H_2C═CH_2$	约 44
CH_3COOH	4.74	HOH	14.0	CH_4	约 49

化合物	RCH_2OH		HOH		$RCOOH$
pK_a	16～18		14.0		4～5
酸的强度次序	RCH_2OH	<	HOH	<	$RCOOH$
共轭碱的强度次序	RCH_2O^-	>	HO^-	>	$RCOO^-$

碱的强度可以类似地用 K_b 或者 pK_b 表示。

$$B + H—O—H \rightleftharpoons B—H + HO^- \qquad K_b = \frac{[BH][HO^-]}{[B]}$$

酸　　　　　　　　共轭碱

K_b 越大或 pK_b 越小，碱性越强；反之，K_b 越小或 pK_b 越大，碱性越弱。

碱的强度还可以用其共轭酸的 K_a 或 pK_a 表示。

$$B—H + HO^- \rightleftharpoons B^- + HO—H$$

$$K_a = \frac{[B^-][HO—H]}{[BH][HO^-]} \qquad pK_a = -\lg K_a$$

碱性越强，pK_b 越小，其共轭酸的 pK_a 越大。反之，碱性越弱，pK_b 越大，其共轭酸的 pK_a 越小。如在乙胺、氨和苯胺中，前者的碱性最强，氨次之，苯胺最弱，它们的 pK_b 和其共轭酸 pK_a 的关系如下：

碱性	乙胺	>	氨	>	苯胺
	$CH_3CH_2NH_2$		NH_3		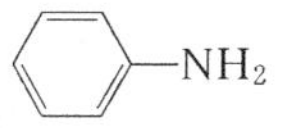
pK_b	3.29		4.74		9.38
共轭酸	$CH_3CH_2\overset{+}{N}H_3$		$\overset{+}{N}H_4$		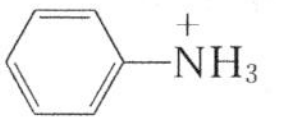
pK_a	10.81		9.25		4.57

习题 1-5　从表 1-5 列出的数据推测下列化合物酸性强弱的次序。

（1）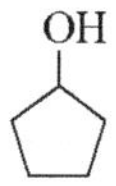　（2）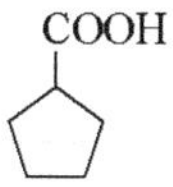　（3）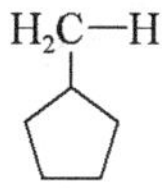

（二）酸性强度和结构的关系

可通过查阅表 1-5 或其他有关资料得知化合物的 pK_a，从而比较它们的酸性强度，但如何从化合物的结构理解和预测它们酸碱性的相对强度呢？从结构上分析，化合物 HA 的酸性主要取决于其电离出 H^+ 后留下的负离子（共轭碱）的结构的稳定性。负离子（A^-）越稳定，A^- 与 H^+ 结合的倾向就越小，该酸的酸性就越大。

$$H—A + H_2O \longrightarrow A^- + H_3^+O$$

影响负离子稳定性的因素如下。

（1）中心原子的电负性　中心原子是指与酸性氢直接相连的原子，如几种酸的中心原子处于元素周期表同一周期，它们的电负性增大，原子核对负电荷的束缚加大，使这些负离子的稳定性增大，酸性增强。例如，甲烷、氨、水和氟化氢几种酸的中心原子碳、氮、氧和氟处于同一周期，它们的酸性随中心原子的电负性递增而递增。

中心原子电负性	C	N	O	F	→ 递增
负离子的稳定性	CH_3^-	H_2N^-	HO^-	F^-	→ 递增
酸性	$H_3C—H$	$H_2N—H$	$HO—H$	$H—F$	→ 递增
pK_a	约 49	35	14.0	3.8	递增

(2) 中心原子的原子半径　如中心原子处于元素周期表同一族，如氧、硫和硒，它们的原子半径增大，有利于负电荷的分散，与质子结合的倾向减小，使负离子的稳定性增大，相应酸的酸性增强。下列水、硫化氢和硒酸的酸性随中心原子半径的增大而增强。

原子半径	O	S	Se	⟶ 递增
负离子的稳定性	HO^-	HS^-	HSe^-	⟶ 递增
酸性	HOH	HS—H	HSe—H	⟶ 递增
pK_a	14.0	7.0(1)	3.77(2)	

一个带电体的稳定性随电荷的分散而增大，这是个重要规律。在以后的有关章节中如讨论碳正离子和碳负离子的稳定性时都要提及和应用这个规律。

(3) 取代基　当中心离子相同时，如下列甲磺酸、乙酸和苯酚的中心原子都是氧，中心原子上分别连接甲磺酰基、乙酰基和苯基，酸性有明显区别，磺酸是强酸，乙酸和苯酚都是弱酸，但苯酚更弱。

酸性	甲磺酸	乙酸	苯酚
	CH_3SO_2—O—H	$CH_3C(=O)$—O—H	C_6H_5—O—H
pK_a	约 1.2	4.74	10
取代基	甲磺酰基	乙酰基	苯基

负离子的稳定性还受中心原子杂化状态和溶剂种类的影响，关于这些现象的理论解释在以后的有关章节中逐一讨论。

习题 1-6　比较下列负离子的碱性强弱次序。

(1) F^-　Cl^-　Br^-　I^-　(2) CH_3O^-　CH_3NH^-

(3) 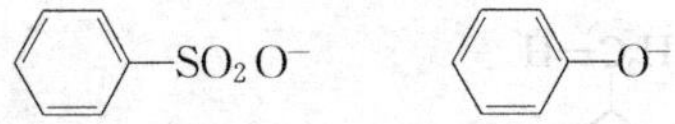　HO^-

---

（三）酸碱反应

酸碱反应的一般规律是较强的酸和较强的碱形成较弱的碱和较弱的酸。例如在下面反应中，由于反应物苯酚比产物水的酸性强，推知相应的共轭碱苯氧负离子的碱性比氢氧负离子弱，所以此反应能进行。

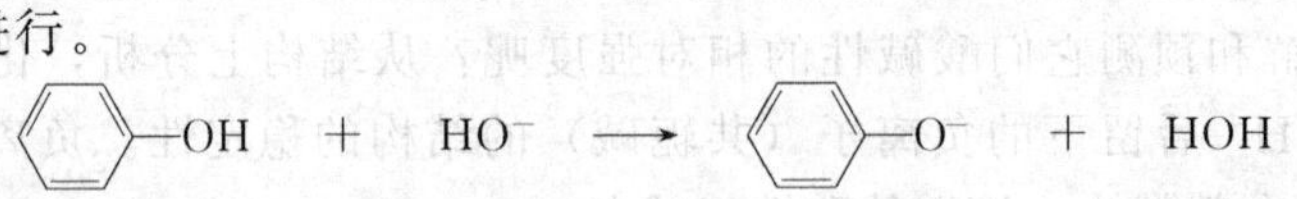

苯酚较强的酸	氢氧负离子	苯氧负离子	水较弱的酸
pK_a=10	较强的碱	较弱的碱	pK_a=15.7

在下式中，CH_3OH 和 CH_3COOH 的 pK_a 分别为 15.5 和 4.74，CH_3COOH 的酸性比 CH_3OH 强，共轭碱 CH_3O^- 的碱性比 CH_3COO^- 强，因此反应不能进行。

CH_3OH + CH_3COO^- ⟶(×) CH_3O^- + CH_3COOH

较弱的酸	较弱的碱	较强的碱	较强的酸
pK_a=15.5			pK_a=4.74

习题 1-7　从 CH_3CH_2OH、CH_3CH_2SH、氨和水等的 pK_a 值，推测下列反应能否发生。

(1) $CH_3CH_2OH + NaNH_2 \longrightarrow$　(2) $CH_3C{\equiv}CH + NaOH \longrightarrow$

(3) $CH_3CH_2SH + NaOH \longrightarrow$　(4) $CH_3COONa + HOH \longrightarrow$

三、Lewis 电子理论

Lewis 在 20 世纪 30 年代提出了更广泛的酸碱定义：酸是电子对的接受体，碱是电子对的给予体，所以 Lewis 酸碱理论亦称 Lewis 电子理论。

按此理论，酸碱反应是酸从碱接受一对电子的反应。例如，下式中三氟化硼的硼原子外层电子只有六个，可以接受电子，是电子的接受体，三氟化硼为 Lewis 酸；氨的氮原子上有一对未共用的电子对，是电子的给予体，氨为 Lewis 碱。

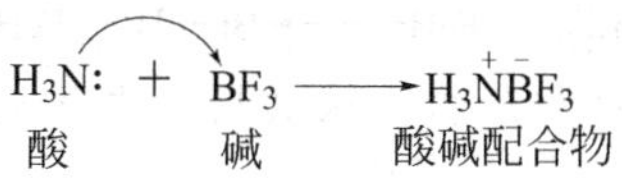
H3N: + BF3 ⟶ H3NBF3
酸
碱
酸碱配合物

又如下式中 $ZnCl_2$ 的锌原子外层有空轨道，可以接受电子，是电子的接受体，为 Lewis 酸；醇的氧原子上有未共用电子对，有给出电子的能力，可作 Lewis 碱，两者可形成酸碱配合物。

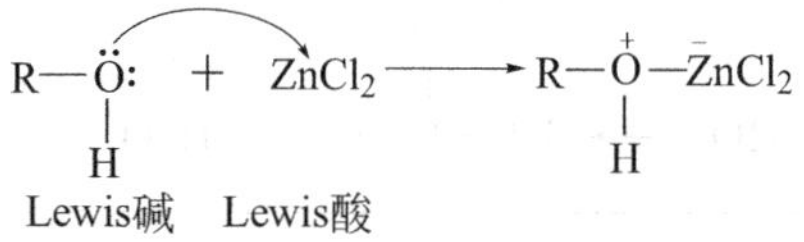
R—O: + ZnCl2 ⟶ R—O—ZnCl2
H
H
Lewis碱
Lewis酸

Lewis 酸具有下列几种类型：①中心原子缺电子或有空轨道，如 BF_3、$AlCl_3$、$SnCl_4$、$ZnCl_2$ 和 $FeCl_3$ 等；②正离子，如 Li^+、Ag^+ 和 Cu^{2+} 等金属离子及 R^+（如碳正离子）、Br^+、NO_2^+ 和 H^+ 等。H^+、BF_3、$AlCl_3$ 和 $ZnCl_2$ 等在有机反应中常作为催化剂。

Lewis 碱主要有下列几种类型：①具有未共用电子对的化合物，如 $\ddot{N}H_3$、$R\ddot{N}H_2$（胺）、$R\ddot{O}H$（醇）、$R\ddot{O}R$（醚）、$R_2C{=}\ddot{O}$（酮）、$R\ddot{S}H$（硫醇）等；②负离子，如 R^-、OH^-、RO^-、SH^-；③烯或芳香化合物等。与 Brönsted 酸碱定义相比，Lewis 酸碱扩大了酸的范围，而碱的范围是一致的。Lewis 酸碱几乎包括了所有的有机和无机化合物，因此，又称广泛酸碱。

Lewis 碱都是富电子的，在反应中倾向于和有机化合物中缺电子的部分结合，是“喜欢”核的试剂，因此称为亲核性试剂（nucleophile）。

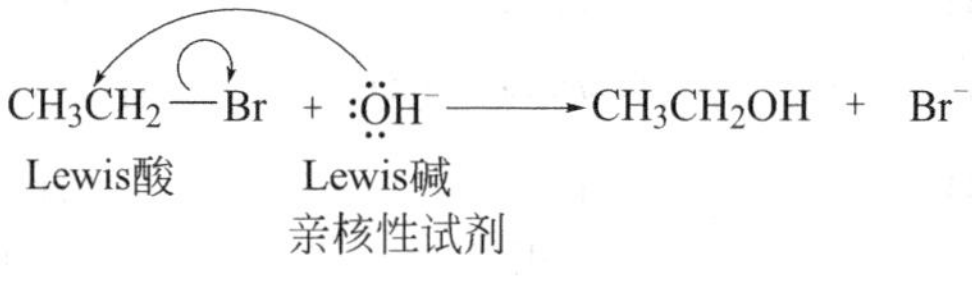
CH3CH2—Br + :OH⁻ ⟶ CH3CH2OH + Br⁻
Lewis酸
Lewis碱
亲核性试剂

而 Lewis 酸一般都是缺电子的，在反应中倾向于和有机化合物中富电子的部分结合，是“喜欢”电子的试剂，称为亲电性试剂（electrophile）。

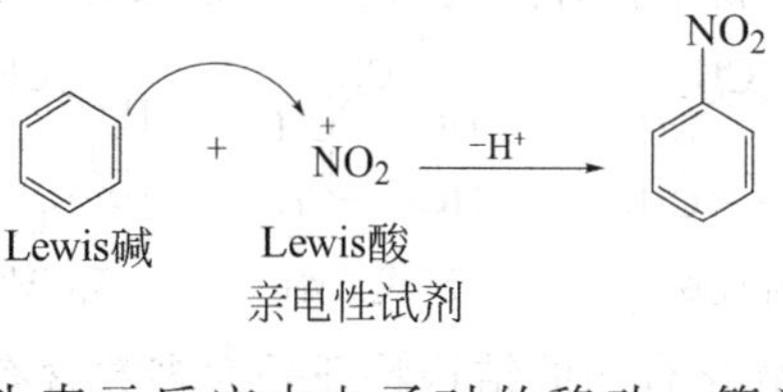
NO2
+
NO2
-H+
Lewis碱
Lewis酸
亲电性试剂

在有机反应中，常用弯箭头表示反应中电子对的移动，箭头由共价键或未共用电子对开始，终点为反应物的缺电子部分。在下面羧酸与碱的反应中，一个弯箭头由氢氧负离子中的未共用电子对处开始，终点为羧酸中缺电子的氢，形成水的 O—H 键；另一个弯箭头表示羧酸的 O—H 键异裂，该共价键的一对电子转移到氧原子上，O—H 键断裂，同时形成羧基负离子。

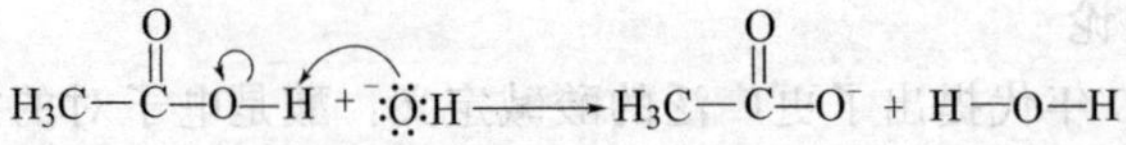

用弯箭头表示反应过程中电子的转移在以后理解众多的有机反应及其机理等方面是十分有用的。

习题 1-8 指出下面反应物中的 Lewis 酸和 Lewis 碱，并用弯箭头表示反应中的电子转移：

$$:\ddot{\underset{..}{Br}}:\ddot{\underset{..}{Br}}: + FeBr_3 \longrightarrow Br—\overset{+}{Br}—\overset{-}{Fe}Br_3$$

习题 1-9 标出下列各反应中反应物和产物中未共用的电子对，并表示反应中的电子转移：

(1) $CH_3NH_2 + H—O—H \longrightarrow CH_3\overset{+}{N}H_3 + HO^-$

(2) $H_3C—\overset{\overset{O}{\|}}{C}—O^- + H^+ \longrightarrow H_3C—\overset{\overset{O}{\|}}{C}—O—H$

(3) $RC{\equiv}C^- + H—O—H \longrightarrow RC{\equiv}CH + HO^-$

(4) $H_3C—\overset{\overset{O}{\|}}{C}—OH + HO^- \longrightarrow H_3C—\overset{\overset{O}{\|}}{C}—O^- + H_2O$

第四节 有机化合物的分类

有机化合物的数目众多，为了给学习和科学研究创造有利条件，把它们进行分类是非常必要的。用严谨的科学分类系统把复杂的事物系统化，突出事物的主要矛盾，加强对事物本身的理解，能预见新事物，促进有机化学的发展。

一、按碳架分类

传统的有机化学分类法是根据碳骨架的不同把它们分成以下三大类。

1. 开链化合物

在开链化合物分子中，碳原子互相结合形成链状，而不形成环状。例如：

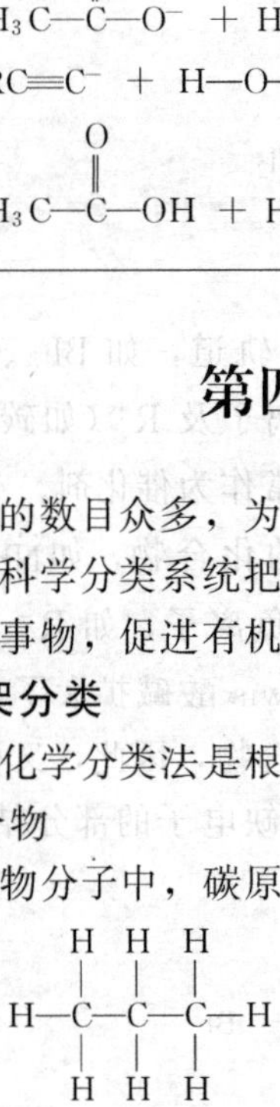

丙烷

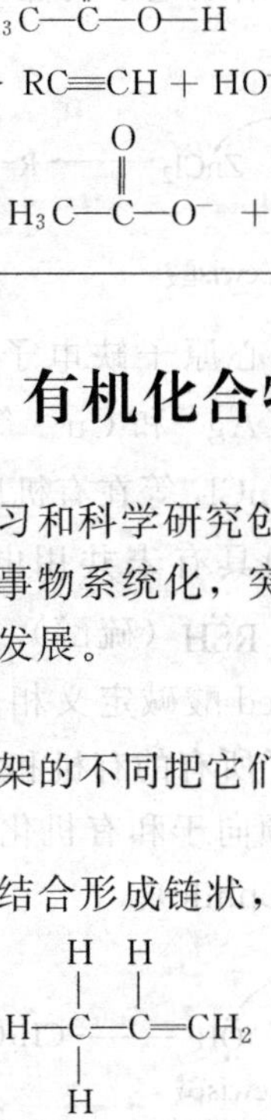

丙烯

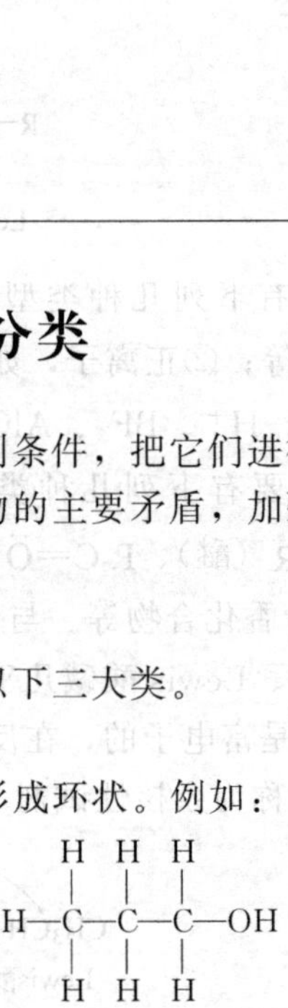

丙醇

2. 碳环化合物

碳环化合物是含有由碳原子组成的碳环的化合物。它们又可分为两类。

(1) 脂环化合物 这类化合物中含有由碳原子组成的碳环，其化学性质与开链化合物相似。

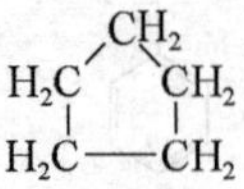

环戊烷

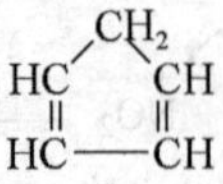

环戊二烯

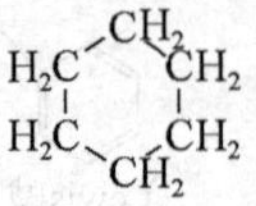

环己烷

(2) 芳香族化合物 芳香族化合物的结构特征是大多数含有由六个碳原子组成的苯环，它们的化学性质和脂环化合物有所不同。例如：

C_6H_6

苯

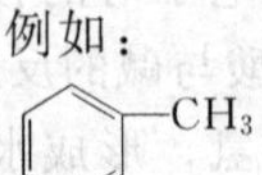

$C_6H_5—OH$

甲苯

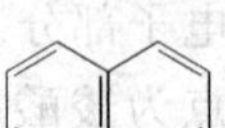

$C_{10}H_8$

萘

3. 杂环化合物

杂环化合物也是环状化合物，不过，这种环是由碳原子和其他元素的原子（如氧、硫、氮等）共同组成的，故称为杂环。含有杂环的有机化合物称为杂环化合物。例如：

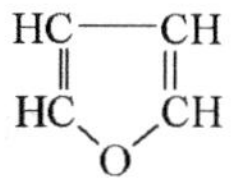

呋喃

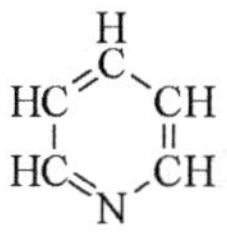

吡啶

以上的分类方法只是从有机化合物的母体（或碳干）结构的形式，即链状和环状来分类，并不反映其特性，实际上也不能反映出其结构的本质。例如，由于脂环化合物的性质与开链化合物的性质相似，所以，二者也可分为一类，统称为脂肪族化合物。又如杂环化合物的母体如呋喃和吡啶等也都有一定的芳香性。

碳氢化合物从性质上又可分为饱和烃、不饱和烃和芳香烃三大类。其中饱和烃包括烷烃和环烷烃，不饱和烃包括烯烃和炔烃，芳香烃可划分为苯系芳烃和非苯系芳烃，而其他有机化合物都可视为这三大烃的衍生物。

二、按官能团分类

实验证明，有机化合物的反应主要在官能团处发生。所谓官能团，是指有机化合物分子中能起化学反应的一些原子或原子团，它常常可以决定化合物的主要性质。例如，氯乙烷分子中的氯原子、乙醇分子中的羟基（—OH），在有机化学中都可称为官能团（functional groups）。一般来说，含相同官能团的有机化合物能发生相似的化学反应，可把它们视为一类化合物。例如，含羟基的分子可归为醇类或酚类。但要注意碳干的结构也会影响官能团的性质。常见的重要官能团见表 1-6。

表 1-6　重要官能团的名称和式子

化合物类别	官能团的式子	官能团的名称	实　　例	
烯烃	$>C=C<$	双键	$H_2C=CH_2$	乙烯
炔烃	$—C\equiv C—$	叁键	$HC\equiv CH$	乙炔
卤代烃	—X	卤素	C_6H_5Cl	氯苯
醇和酚	—OH	羟基	CH_3CH_2OH C_6H_5OH	乙醇 苯酚
醚	C—O—C	醚键	$H_5C_2—O—C_2H_5$	乙醚
醛和酮	$—\overset{O}{\overset{\|}{C}}—$	羰基	$H_3C—C(=O)—H$ $H_3C—CO—CH_3$	乙醛 丙酮
羧酸	—COOH	羧基	$H_3C—COOH$	乙酸
硝基化合物	$—NO_2$	硝基	$C_6H_5NO_2$	硝基苯
胺	$—NH_2$	氨基	$C_6H_5NH_2$	苯胺
偶氮化合物和 重氮化合物	—N=N—	偶氮基 重氮基	$C_6H_5—N=N—C_6H_5$ $C_6H_5—N=N—Cl$	偶氮苯 氯化重氮苯
硫醇和硫酚	—SH	巯基	$C_2H_5—SH$ $C_6H_5—SH$	乙硫醇 苯硫醇
磺酸	$—SO_3H$	磺酸基	$C_6H_5SO_3H$	苯磺酸

一般常先按碳干分类，再按官能团分类。本书按烃及其衍生物系统即官能团体系讲解各类化合物的结构、性质及合成方法。

习　题

1. 简要解释下列术语。

(1) 有机化合物　(2) 杂化轨道　(3) 键能　(4) 键长　(5) 键角

(6) 官能团　(7) 分子式　(8) 构造式　(9) 均裂反应　(10) 异裂反应

2. 下列化合物的化学键如果都为共价键，而且外层价电子都达到稳定的电子层结构，同时原子之间可以共用一对以上的电子，试写出化合物可能的简单电子结构式。

(1) H_2SO_4　(2) HONO　(3) C_2H_6　(4) C_2H_4

(5) CH_4　(6) CH_2O　(7) CH_3OH

3. 根据键能数据，当乙烷（$CH_3—CH_3$）分子受热裂解时，哪种共价键首先断裂？为什么？整个过程是吸热反应还是放热反应？

4. 写出下列各反应能量的变化。

$H\cdot + Cl\cdot \longrightarrow HCl$　　$\Delta H = -431.0kJ/mol$

$Br_2 \longrightarrow Br\cdot + Br\cdot$　　$\Delta H = +188.3kJ/mol$

$CH_3—H \longrightarrow CH_3\cdot + H\cdot$　　$\Delta H = +435.1kJ/mol$

$CH_3\cdot + Cl\cdot \longrightarrow CH_3Cl$　　$\Delta H = -338.9kJ/mol$

5. 根据电负性数据，用 δ^+ 和 δ^- 表示下列键或分子中带部分正电荷和部分负电荷的原子。

HCl　C═O　CH_3I　CH_3CH_2OH　N—H

6. 下列有机化合物的偶极矩，哪些等于零？哪些不等于零？若不等于零，请指出方向。

CH_3CH_3　Cl_3CCCl_3　$CH_3—Cl$　CH_3CH_2Br

7. 比较下列化合物在水中的溶解度，并说明理由。

乙醇　正丁醚　正丁醇　正丁烷

8. 比较下列共振结构式贡献的大小。

(1) $CH_2═CH—Cl \longleftrightarrow {}^-CH_2—CH═Cl^+$

(2) $CH_3—\overset{+}{C}H—Cl \longleftrightarrow CH_3—CH═Cl^+$

(3) $CH_2═CHCH_2^+ \longleftrightarrow {}^+CH_2CH═CH_2$

(4)

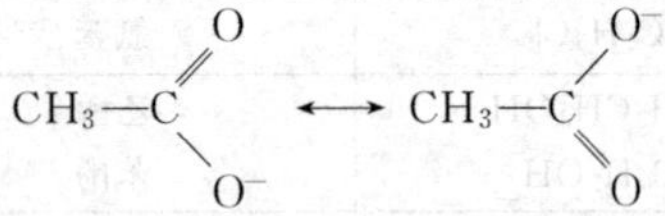

9. 胰岛素含硫 3.4%，其相对分子质量为 5734，问每一个分子中有多少个硫原子？

10. 元素定量分析结果指出某一化合物的实验式为 CH，测得其相对分子质量为 78，问它的分子式是什么？

11. 甲基橙是一种含氧酸的钠盐，它含碳 51.4%、氢 4.3%、氮 12.8%、硫 9.8%和钠 7.0%，问甲基橙的实验式是什么？

12. 一个含有异丙基的酰胺 C 的相对分子质量为 87，元素分析结果为：含 C 55.14%，H 10.41%，N 16.08%，试写出其分子式。

13. 指出下列化合物中的官能团。

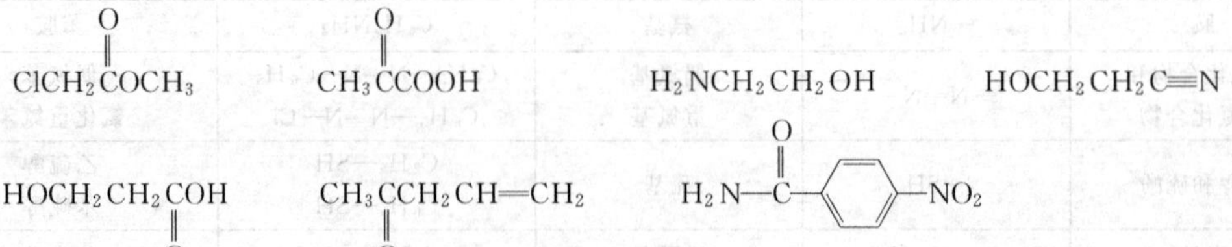

（扬州大学，颜朝国）

第二章　烷烃　环烷烃

由碳和氢两种元素组成的化合物叫做碳氢化合物，常称为烃（hydrocarbon）。分子中所有的化学键都是单键的烃称为烷烃（alkane）。分子中碳原子连接成链状的烃，称为链烃；分子中的碳原子相互连接成环状，而在化学性质上与开链烷烃相似的烃，称为环烷烃。

第一节　烷　　烃

一、烷烃的同系列和构造异构

（一）烷烃的同系列

在烷烃分子中，氢原子数与碳原子数之比达到了最高值，属于饱和烃。最简单的烷烃是甲烷，分子式为 CH_4。依次有乙烷、丙烷、丁烷、戊烷等，其分子式分别是 C_2H_6、C_3H_8、C_4H_{10}、C_5H_{12}等。从这些分子的组成可以看出，它们分子中碳原子和氢原子数目之比为 $n:(2n+2)$，因此烷烃的通式为 C_nH_{2n+2}。相邻的两种烷烃分子组成相差一个碳原子和两个氢原子。像这样结构相似，而在组成上相差一个或几个“CH_2”的一系列化合物称为同系列。同系列中的成员之间，互称为同系物。其组成上的差异“CH_2”称为系差。

同系物的结构相似，性质也相近。这是有机化合物的特性所在，这一规律为归类学习和研究有机化合物带来了很大方便，因为只要掌握同系列中几种代表物的性质，就能推导出这类化合物的主要性质。

（二）烷烃的构造异构

分子组成相同，但分子中原子的连接方式和次序不同而产生的同分异构现象，称为构造异构（constitutional isomers）。在含一个、两个和三个碳原子的烷烃中，碳原子只有一种连接方式，因此甲烷、乙烷和丙烷无构造异构体。从丁烷开始，碳原子不止一种连接方式，出现了碳链异构。如丁烷有两种碳链异构体：

$CH_3—CH_2—CH_2—CH_3$

正丁烷

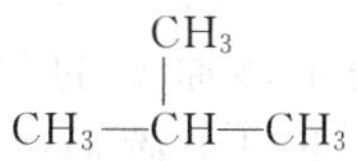

异丁烷

而戊烷有三种碳链异构体：

$CH_3—CH_2—CH_2—CH_2—CH_3$

正戊烷

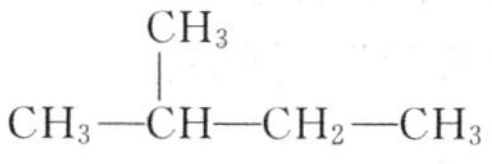

异戊烷

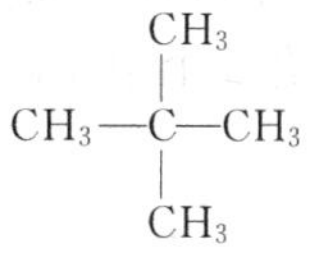

新戊烷

随着分子中碳原子数目的增加，烷烃碳链异构体的数目迅速增多。表 2-1 中列出了几种烷烃碳链异构体的数目。从表 2-1 可以看出，虽然烷烃仅由碳和氢两种原子组成，但碳原子可以有多种连接方式，形成多种性质不同的化合物。在一种结构中，由于碳原子所处的部位不同，它们所连接的碳原子和氢原子的数目也不相同，有的碳原子只与另一个碳原子相连，而另连有

表 2-1 烷烃碳链异构体的数目

分子式	异构体个数	分子式	异构体个数	分子式	异构体个数
C_4H_{10}	2	C_8H_{18}	18	$C_{12}H_{26}$	355
C_5H_{12}	3	C_9H_{20}	35	$C_{15}H_{32}$	4374
C_6H_{14}	5	$C_{10}H_{22}$	75		
C_7H_{16}	9	$C_{11}H_{24}$	159		

3 个氢原子；有的与 2 个碳原子和 2 个氢原子相连；有的与 3 个碳原子和 1 个氢原子相连；有的与 4 个碳原子相连。在有机化学中，将它们分别称为一级碳原子（常称为伯碳原子或 1°碳原子，primary carbon）、二级碳原子（仲碳原子或 2°碳原子，secondary carbon）、三级碳原子（叔碳原子或 3°碳原子，tertiary carbon）、四级碳原子（季碳原子或 4°碳原子，quarternary carbon）。而与伯、仲、叔碳原子相连的氢原子，相应地称为一级（伯）、二级（仲）、三级（叔）氢原子，即 1°H、2°H、3°H。不同级别的碳原子或氢原子，其化学活性是不相同的。

例如下面结构的烷烃分子中，含有 4 种级别的碳原子：

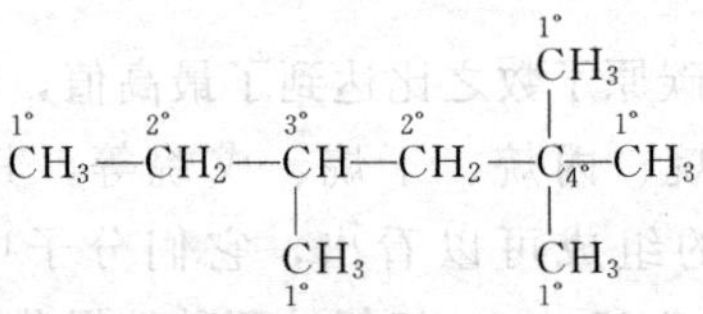

习题 2-1 写出六个碳原子的开链己烷（C_6H_{14}）的所有碳链异构体，以构造式或结构简式表示。

二、烷烃的命名

由于有机化合物具有多种同分异构现象，结构复杂，种类繁多。给每种化合物一个准确而简便地反映其组成和结构的名称，是非常必要的。有机化合物的命名方法有多种，最常用的有普通命名法和系统命名法。

1. 烷烃的普通命名法

对于结构较简单的烷烃，常用普通命名法（common names）命名。其基本原则是：①含有 10 个或 10 个以下碳原子的直链烷烃，用天干顺序甲、乙、丙、丁、戊、己、庚、辛、壬、癸 10 个字分别表示碳原子的数目，后面加"烷"字。例如 $CH_3CH_2CH_2CH_3$ 命名为"正丁烷"。②含有 10 个以上碳原子的直链烷烃，用小写中文数字表示碳原子的数目。如 $CH_3(CH_2)_{10}CH_3$ 命名为"正十二烷"。③对于直链烷烃，则必须在"某烷"前面加上一个"正"字来区别。在链端第二位碳原子上连有 1 个甲基时，称为"异某烷"；在链端第二位碳原子上连有 2 个甲基时，称为"新某烷"。例如：

$CH_3—CH_2—CH_2—CH_2—CH_2—CH_3$ 正己烷（*n*-己烷）

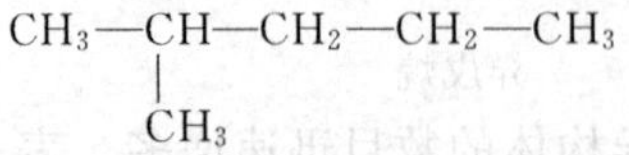

异己烷（*iso*-己烷）

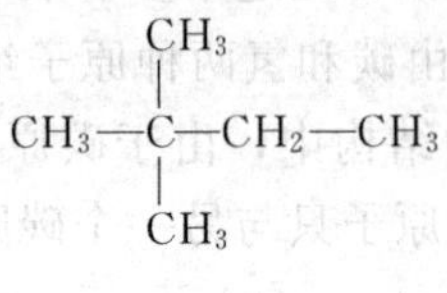

新己烷（*neo*-己烷）

普通命名法只适用于结构较简单的烷烃，具有局限性，对于结构复杂的烷烃普通命名法就不适用了。

2. 烷烃的系统命名法

对于较复杂的烷烃，目前采用的是 IUPAC 系统命名法。它是由国际纯粹与应用化学联合会（International Union of Pure and Applied Chemistry）讨论制定并通过多次修改确定的。我国的命名法是以 IUPAC 命名法为原则，结合我国文字特点拟定的，也称为系统命名法（systematic names）。其原则如下：

（1）直链烷烃命名时不需要加正字，根据碳原子的个数叫“某烷”。如 $CH_3CH_2CH_2CH_3$ 叫丁烷（butane）。

（2）把支链烷烃作为直链烷烃的衍生物命名。选择最长的碳链为主链，看作母体，称为“某烷”。主链外的支链作为取代基。

选择主链时要注意碳原子的四面体结构在纸上的平面投影可以是转弯的。例如：

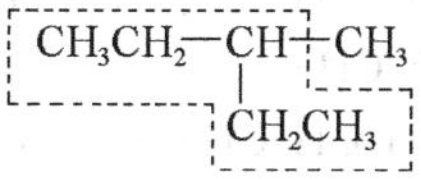

正确的选择是虚线内的五碳链，而不是直线所代表的四碳链。

如果出现两个等长的碳链，则选择取代基多的为主链。例如：

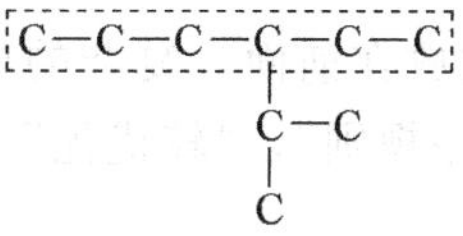

1

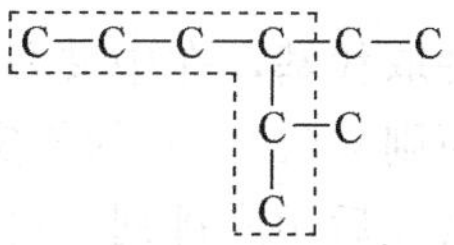

2

正确的选择是 **2** 而不是 **1**。

（3）从最接近取代基的一端开始，用阿拉伯数字（1,2,3,…）对主链碳进行编号，使取代基编号依次最小。例如下面两种编号：

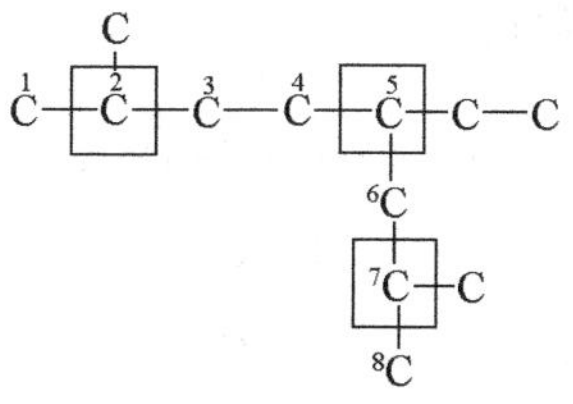

3

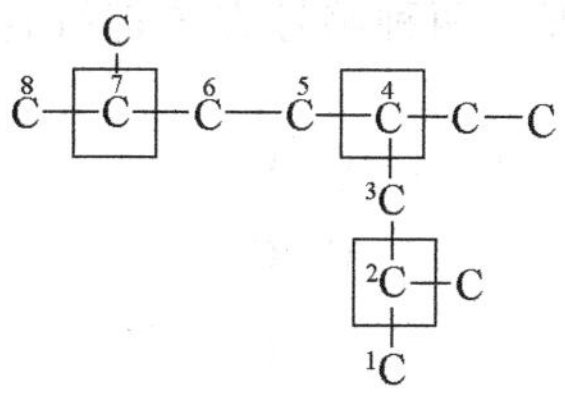

4

在 **3** 中的编号，取代基的位置为 2、5、7。在 **4** 中的编号，取代基的位置为 2、4、7。按照取代基编号依次最小的规则，在 **4** 中的编号是正确的。又如：

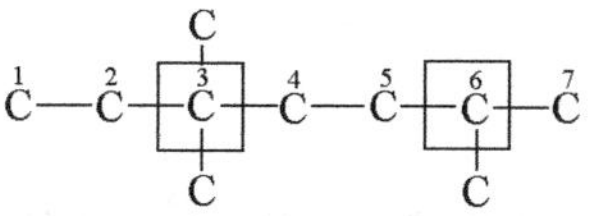

5

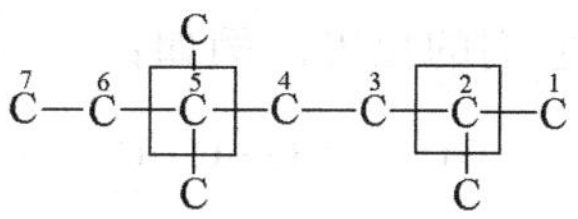

6

在 **5** 中的编号，取代基的位置为 3、3、6。在 **6** 中的编号，取代基的位置为 2、5、5。按照取代基编号依次最小的规则，在 **6** 中的编号是正确的。

（4）名称的排列顺序是将母体名称放在取代基后面，称为“*X* 基 *X* 烷”。例如：

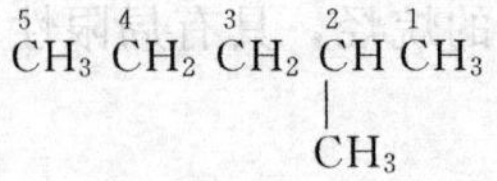

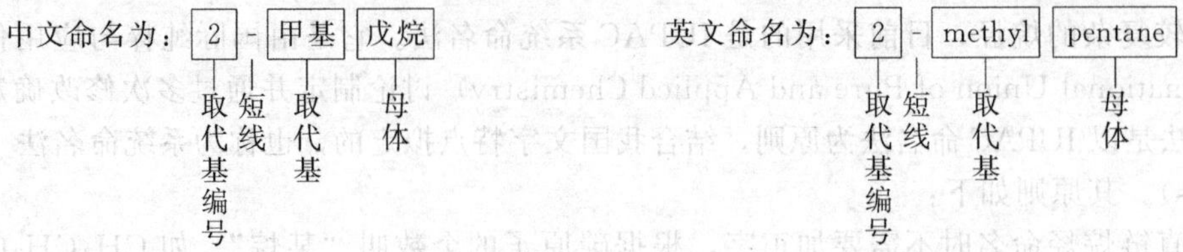
中文命名为：
2
-
甲基
戊烷
取代基编号
短线
取代基
母体
英文命名为：
2
-
methyl
pentane
取代基编号
短线
取代基
母体

此处的取代基都是烷基（alkyl），即烷烃分子去掉一个氢原子后余下的部分，其通式为 C_nH_{2n+1}—，常用 R－表示。常见的烷基有：

甲基	CH_3—	methyl	(Me)
乙基	CH_3CH_2—	ethyl	(Et)
正丙基	$CH_3CH_2CH_2$—	*n*-propyl	(*n*-Pr)
异丙基	$(CH_3)_2CH$—	*iso* propyl	(*iso* Pr)
正丁基	$CH_3CH_2CH_2CH_2$—	*n*-butyl	(*n*-Bu)
异丁基	$(CH_3)_2CHCH_2$—	*iso* butyl	(*iso* Bu)
仲丁基	$CH_3CH_2CHCH_3$ (CH 上连 —)	*sec*-butyl	(*sec*-Bu)
叔丁基	$(CH_3)_3C$—	*tert*-Butyl	(*tert*-Bu)

如果分子中有多种取代基，在中文命名中简单的放在前面，复杂的放在后面［根据中国化学会《有机化学命名原则》(1980) 的规定，按“次序规则”，“较优先”的基团放在后面］。而英文命名中是按字母表先后顺序排列。例如：

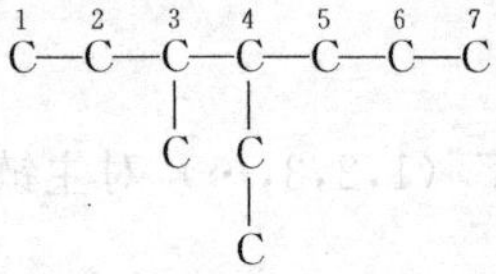

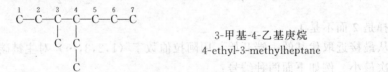

3-甲基-4-乙基庚烷
4-ethyl-3-methylheptane

下面的特别情况，两种编号方式都符合编号原则：

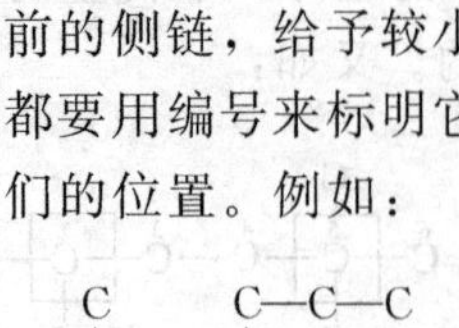

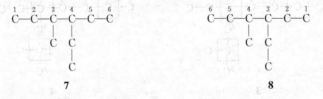

7

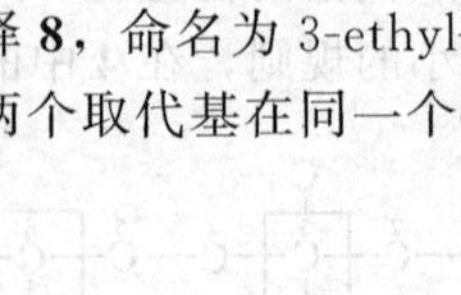

8

中文命名时，给小的取代基较小的编号，选择 **7**，命名为 3-甲基-4-乙基已烷。英文命名时，将名称中字母在前的侧链，给予较小的编号，选择 **8**，命名为 3-ethyl-4-methylhexane。

(5) 每一个分支都要用编号来标明它的位置。当两个取代基在同一个碳上时，每一个取代基都要编号来标明它们的位置。例如：

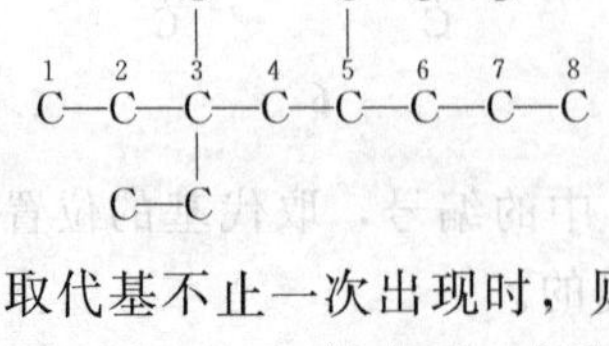

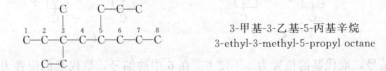

3-甲基-3-乙基-5-丙基辛烷
3-ethyl-3-methyl-5-propyl octane

分子中同一取代基不止一次出现时，则用词头二、三、四等标明。英文命名时则采用相应的词头“di”、“tri”、“tetra”等表示。例如：

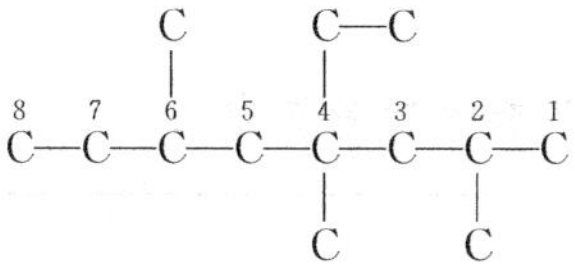

2,4,6-三甲基-4-乙基辛烷
4-ethyl-2,4,6-trimethyloctane

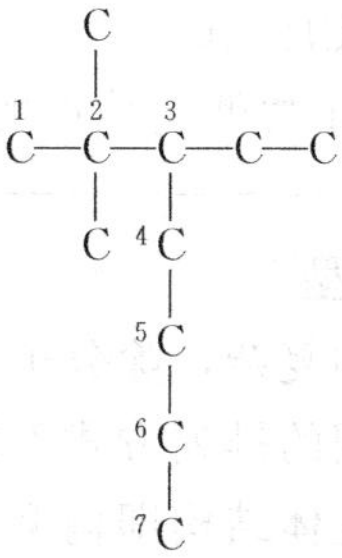

2,2-二甲基-3-乙基庚烷
3-ethyl-2,2-dimethylheptane

上面的英文名称是将取代基按字母顺序排列好，然后插入表示个数的词头，即表示数字的字母不参与排列顺序。

英文命名中，表示烃基位置的字头“*sec*-”、“*tert*-”不参加排序，只有“*iso*”与取代基连为一体，作为一整体参与排序。例如：

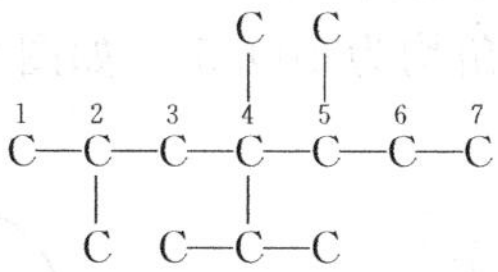

4-isopropyl-2,4,5-trimethylheptane
2,4,5-三甲基-4-异丙基庚烷

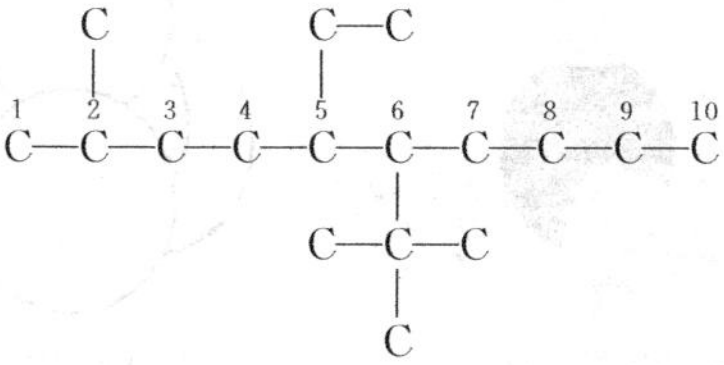

6-*tert*-butyl-5-ethyl-2-methyldecane
2-甲基-5-乙基-6-叔丁基癸烷

（6）如果烷烃比较复杂，在支链上连有取代基，可用带撇的数字标明取代基在支链中的位次，或把此支链的全名放在括号中。例如：

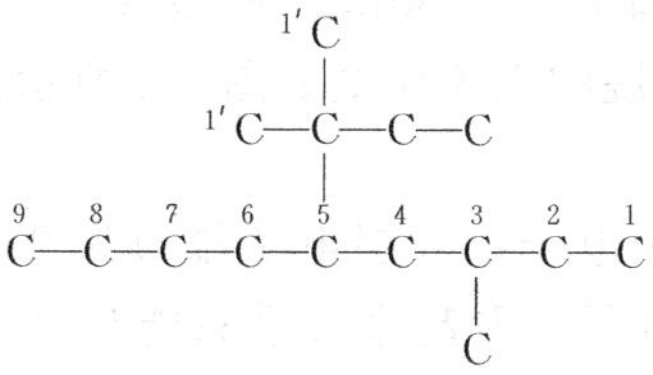

3-甲基-5-1′,1′-二甲基丙基壬烷 或
3-甲基-5-(1,1-二甲基丙基)壬烷

习题 2-2 写出下列化合物的构造式。

（1）3,3-二乙基戊烷　　（2）2,4-二甲基-3,3-二异丙基戊烷

（3）isohexane　　（4）3-乙基-5-叔丁基壬烷

（5）tetramethylbutane　　（6）4-isopropyl-5-propyloctane

习题 2-3 用系统命名法命名。

（1）$(CH_3)_2CHCH_2CH_2CH(CH_3)_2$

（2）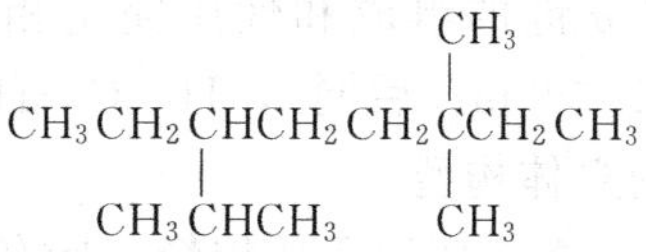

（3）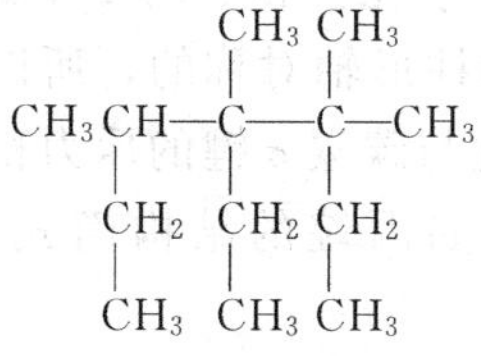

（4）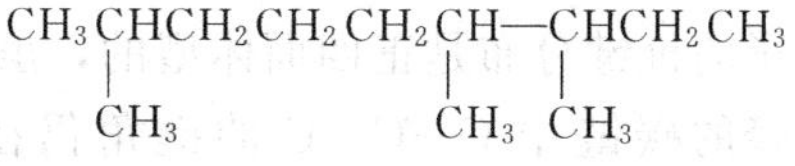

（5）$(CH_3CH_2)_4C$

习题 2-4　将习题 2-1 的开链己烷的各碳链异构体以系统命名法命名。

三、烷烃的构型

有机化合物结构复杂，除分子中原子的连接方式和次序不同而产生的构造异构外，还有由于分子中原子在空间的排列方式不同而产生的立体异构。因此，在研究有机化合物时，还必须掌握有机化合物的立体结构即构型（configuration）。

1. 甲烷的立体构型

有机化合物的构造式，只能说明分子中原子的连接方式和次序，不能表示出分子的立体形状。例如甲烷的构造式，只能说明甲烷分子中的碳原子与 4 个氢原子以共价键相连，并没有表示出碳原子和 4 个氢原子的相对位置，也就是说，从甲烷的构造式不能判断甲烷分子的立体形状。

实验证明，甲烷分子是正四面体型的。4 个氢原子占据正四面体的四个顶点，碳原子处在正四面体的中心，四个碳氢键的键长完全相等，所有键角均为 109.5°。如图 2-1 所示。

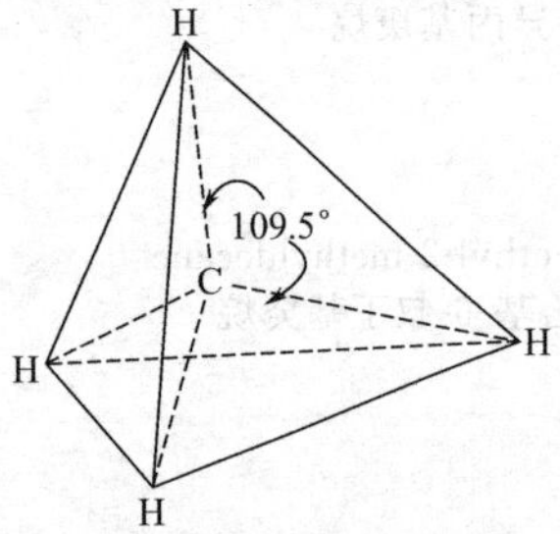
H
109.5°
C
H
H
H

图 2-1　甲烷的分子构型

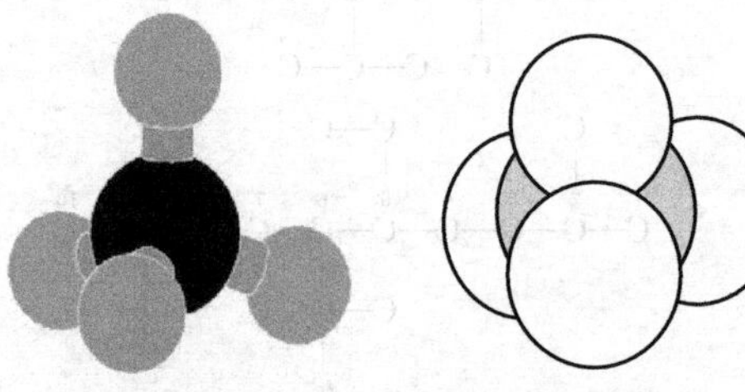

(a) 凯库勒模型　(b) 斯陶特模型

图 2-2　甲烷的立体模型

为了形象地表示甲烷分子的立体结构，常用凯库勒（Kekülé）模型（又称球棍模型）和斯陶特（Stuart）模型（又称比例模型）来演示。甲烷的立体模型如图 2-2 所示。

2. 甲烷的分子结构

碳元素是第六号元素，碳原子的最外层上有 4 个电子，外层电子排布为 $2s^2 2p_x^{\ 1} 2p_y^{\ 1}$。其中 2s 上的 2 个电子已经配对，只有 2p 上有 2 个单电子，看起来似乎只能与 2 个氢原子结合。而甲烷分子中碳原子与 4 个氢原子结合，并且形成 4 个完全相同的碳氢 σ 键，这用普通的原子轨道重叠成键理论是不能解释的。根据杂化轨道理论，由 1 个 s 轨道与 3 个 p 轨道通过杂化后所形成 4 个能量相等的 sp^3 杂化轨道，它们对称地排布在碳原子周围，它们的轴在空间的取向即相当于从正四面体的中心伸向 4 个顶点的方向，各轴之间的夹角均为 109.5°，所以 sp^3 杂化又称正四面体杂化。在形成甲烷分子时，4 个氢原子的 s 轨道分别沿着碳原子的 sp^3 杂化轨道的对称轴靠近，当它们之间的引力与斥力达到平衡时，形成了 4 个等同的碳氢 σ 键。由于 4 个碳氢 σ 键的组成和性质完全相同，所以甲烷分子为正四面体结构。C—H 键长为 1.09Å(1Å$=10^{-10}$m；后同)，H—C—H 键角为 109.5°。

3. 烷烃的立体构型

含有两个或多个碳原子的烷烃，所有的碳原子都是 sp^3 杂化。相邻的 2 个碳原子，各用 1 个 sp^3 杂化轨道重叠形成 C—C 键，其电子云分布也是呈圆柱形轴对称的，所以也是 σ 键。由于碳原子的价键分布是正四面体型的，虽然形成的碳氢 σ 键与碳碳 σ 键的斥力稍有不同，但在各种烷烃的碳链中 C—C—C 的键角仍在 109.5°左右。例如丙烷的结构简式书写成 CH_3—CH_2—CH_3，但丙烷的碳链不是直线型的，而是：

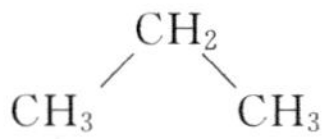
CH2
CH3
CH3

同理，戊烷的结构式应为：

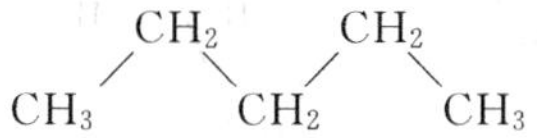
CH2
CH2
CH3
CH2
CH3

因此，含有多个碳原子的烷烃，碳链呈锯齿形。若用键线式来表示，戊烷可简写为。在键线式中，每一个拐角处及链端均有一个碳原子，氢原子全部省去了。

四、烷烃的构象

在含有两个或两个以上碳原子的烷烃分子中，当围绕分子中的C—C σ键旋转时，分子中的氢原子或烷基在空间的排列方式即分子的立体形象不断改变。这种由于围绕σ键旋转而产生的分子中原子或原子团在空间的不同排列形式称为构象。这种由σ键旋转而产生的不同空间排列，也可看成同一化合物的异构体，称为构象异构体。由σ键旋转而产生构象异构体的现象，称为构象异构（conformation isomers）。

从理论上说，乙烷有无数种构象异构体。但最极端的构象只有两种，一种是最稳定的交叉式构象，另一种是最不稳定的重叠式构象。

常用来表达构象的书面方式有透视式和纽曼（Newman）投影式两种。透视式是表示从斜面看到的乙烷分子模型的形象。而纽曼投影式则是在碳碳键轴的延长线上观察到的分子模型形象。离观察者最远的碳原子用空心圆圈表示，圆圈边缘上向外伸展三条短线，每条线接一个氢原子。离观察者近的碳原子，用中心黑点表示，从该点发出三条线段，末端各接一个氢原子。在同一碳原子上的3个碳氢键，在投影图中互成120°的夹角。图2-3为乙烷的交叉式构象的透视式和纽曼投影式。

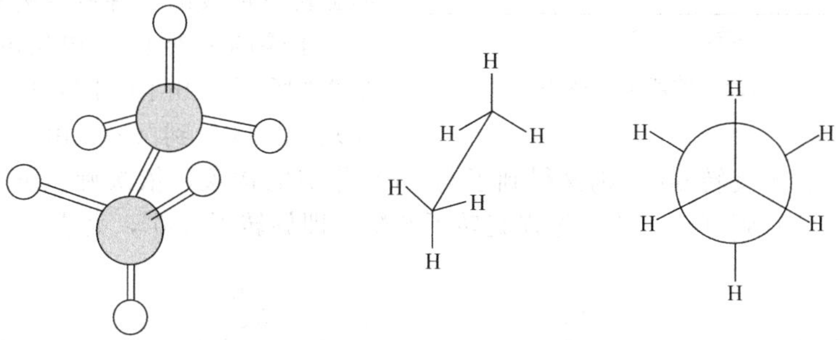
H
H
H
H
H
H
H
H
H
H
H
H

(a) 球棍模型　　(b) 透视式　　(c) 纽曼投影式

图2-3　乙烷的交叉式构象

从乙烷的交叉式构象开始，沿碳碳键的键轴旋转60°，则由交叉式构象变为重叠式构象。图2-4为乙烷的重叠式构象的透视式和纽曼投影式。

交叉式和重叠式是乙烷无数构象中的两个特殊情况，其他构象都介于两者之间。在交叉式构象中，两个碳原子上所连接的氢原子交叉排列，氢原子之间的距离最远，互相之间的斥力最小，分子的内能最低，最稳定。与此相反，在重叠式构象中，两个碳原子上所连的氢原子之间的距离最短，相互之间的斥力最大，分子的内能最高，最不稳定。重叠式的能量比交叉式的能量大约高2.8kcal/mol❶，这个能量差叫做能垒。即交叉式需要得到大约2.8kcal/mol的能量才能旋转至重叠式。也就是说，乙烷中的两个甲基沿碳碳键轴旋转从一个交叉式到另一个交叉

❶ 1cal=4.1868J；后同。

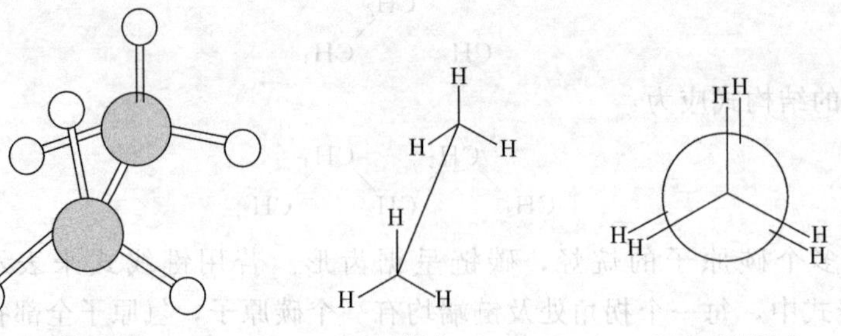

(a) 球棍模型　　(b) 透视式　　(c) 纽曼投影式

图 2-4　乙烷的重叠式构象

式，必须经过重叠式，即必须越过这个能垒。如图 2-5 所示。

不过这个能垒并不高，即使在常温下，乙烷分子间的碰撞，也可产生比此能垒高得多的能量，足以使碳碳键“自由”旋转。也就是说，在室温下，乙烷是一个包括无数构象式的混合物。当然，此时有大多数乙烷分子以能量最低、最稳定的交叉式构象存在，或者说任一个乙烷分子在大多数时间是处于交叉式构象的状态。但要分离出单一构象的乙烷，目前还不可能。

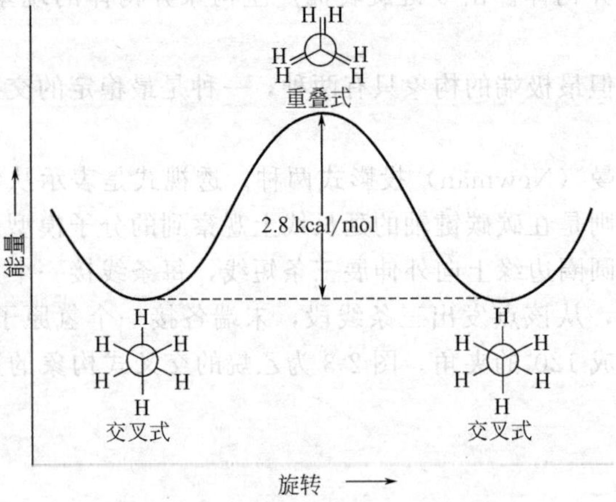
重叠式
2.8 kcal/mol
能量
交叉式
交叉式
旋转

图 2-5　乙烷分子的能量曲线图

丁烷分子中，有 3 个碳碳 σ 键，每一个碳碳键的旋转，都可产生无数个构象式。在这里，主要讨论沿 C2 与 C3 之间的 σ 键的键轴旋转所形成的 4 种典型构象。

丁烷的 4 种典型构象的纽曼投影式如图 2-6 所示。由图可以看出，由（a）到（b）、由（b）到（c）、由（c）到（d）都是依次旋转了 60°。若再旋转 60°，则又得到了与（c）相似的构象，依次旋转下去，即可由（c）到（b），最后由（b）到（a）。整个过程旋转了 6 次，即旋转了 360°，完成了一个大循环。

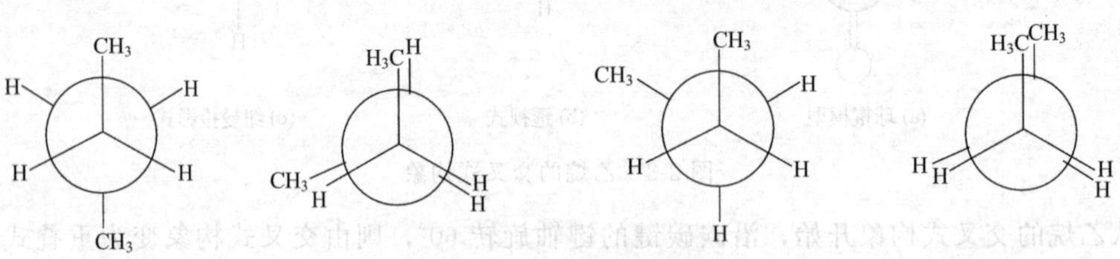

(a) 对位交叉式　　(b) 部分重叠式　　(c) 邻位交叉式　　(d) 全重叠式

图 2-6　丁烷的 4 种典型构象

图 2-7 是丁烷 4 种典型构象的能量关系图。由图可见，丁烷的所有构象异构体中，能量最低的是对位交叉式，因分子中两个体积较大的基团（甲基）相距最远，斥力最小，最稳定；其次是邻位交叉式；再次是部分重叠式；全重叠式能量最高，因其分子中两个较大的基团相距最近，斥力最大，是丁烷最不稳定的构象。

室温下，在丁烷的各种构象的平衡混合物中，最稳定的对位交叉式构象约占 72%，邻位交叉式约占 28%，其余两种构象含量极少。从图 2-7 还可看出，丁烷各种构象之间能垒不大，在室温下也可越过能垒相互转变，这也给分离带来了很大的困难。

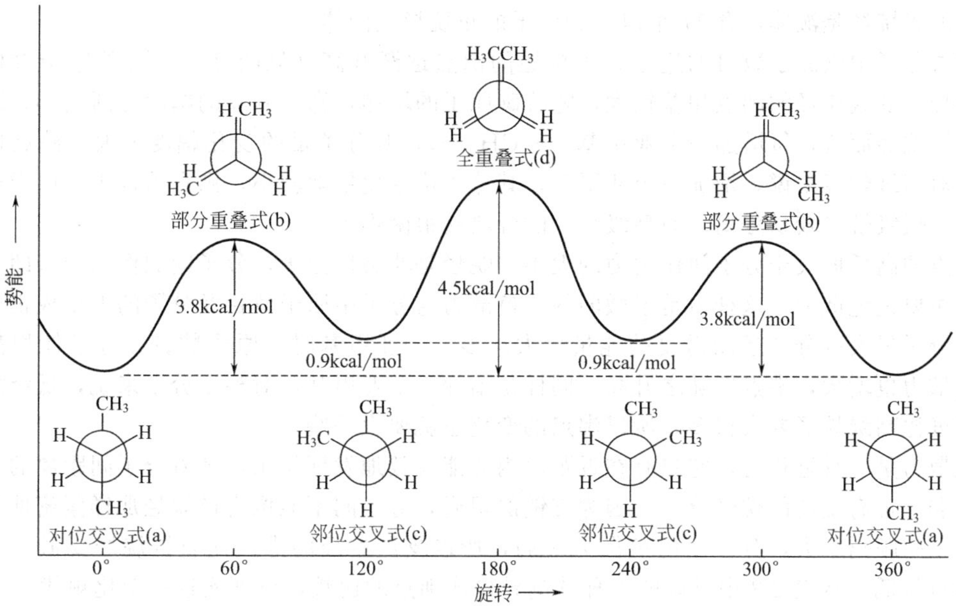
势能
旋转
部分重叠式(b)
全重叠式(d)
部分重叠式(b)
3.8kcal/mol
4.5kcal/mol
3.8kcal/mol
0.9kcal/mol
0.9kcal/mol
对位交叉式(a)
邻位交叉式(c)
邻位交叉式(c)
对位交叉式(a)
0°
60°
120°
180°
240°
300°
360°

图 2-7　丁烷分子各种构象的能量曲线图

习题 2-5　用 Newman 投影式表示丙烷沿 C1 与 C2 间旋转的典型构象式。

习题 2-6　用 Newman 投影式表示 2-甲基丁烷沿 C2 与 C3 间旋转的典型构象式。

五、烷烃的物理性质

有机化合物的物理性质，通常是指聚集状态、沸点、熔点、密度、溶解度、光谱性质和偶极矩等。在一定条件下，有机化合物的物理性质都有固定的数值，这些数值称之为物理常数。表 2-2 列出一些正烷烃的物理常数。从表中可以看出，随着烷烃分子中碳原子的递增，物理性质呈现出规律性的变化。

表 2-2　正烷烃的物理常数

名称	分子式	沸点/℃	熔点/℃	相对密度	名称	分子式	沸点/℃	熔点/℃	相对密度
甲烷	CH_4	−161.7	−182.6	—	十二烷	$C_{12}H_{26}$	216.3	−9.6	0.7493
乙烷	C_2H_6	−88.6	−172	—	十三烷	$C_{13}H_{28}$	230	−6	0.7568
丙烷	C_3H_8	−42.2	−187.1	0.5005	十四烷	$C_{14}H_{30}$	251	5.5	0.7636
丁烷	C_4H_{10}	−0.5	−135.0	0.5788	十五烷	$C_{15}H_{32}$	268	10	0.7688
戊烷	C_5H_{12}	36.1	−129.7	0.6263	十六烷	$C_{16}H_{34}$	280	18.1	0.7749
己烷	C_6H_{14}	68.7	−94.0	0.6594	十七烷	$C_{17}H_{36}$	303	22.0	0.7767
庚烷	C_7H_{16}	98.4	−90.5	0.6837	十八烷	$C_{18}H_{38}$	308	28.0	0.7767
辛烷	C_8H_{18}	125.6	−56.8	0.7028	十九烷	$C_{19}H_{40}$	330	32.0	0.7776
壬烷	C_9H_{20}	150.7	−53.7	0.7179	二十烷	$C_{20}H_{42}$	—	36.4	0.7777
癸烷	$C_{10}H_{22}$	174.0	−29.7	0.7298	三十烷	$C_{30}H_{62}$	—	66	—
十一烷	$C_{11}H_{24}$	195.8	−25.6	0.7404	四十烷	$C_{40}H_{82}$	—	81	—

在常温常压（25℃，1.013×10²kPa）下，含1～4个碳原子的正烷烃是气体，含5～16个碳原子的正烷烃是液体，含17个以上碳原子的正烷烃是固体。

随着分子中碳原子数目的递增，正烷烃的沸点逐渐升高（见图2-8）。对碳原子数相近的两种烷烃，低级烷烃的沸点相差较大，随着碳原子的增加，沸点升高的幅度逐渐变小。这是因为对低级烷烃而言，每增加一个亚甲基（$—CH_2—$），其分子量的变化幅度很大，沸点相差也大；而对高级烷烃来说，增加一个亚甲基，其分子量变化幅度较小，沸点差也小。由于这种性质差别，低级烷烃较易分离，而高级烷烃的分离就很困难了。

沸点的高低取决于分子间作用力的大小。烷烃是非极性分子，分子间的作用力（即范德华引力）主要是色散力，这种力是很微弱的。色散力与分子中原子数目及分子的大小成正比，这是由于分子量大的分子运动需要的能量也大。多一个亚甲基时，原子数目和分子体积都增大了，色散力也增大，沸点即随之升高。同样是增加一个亚甲基，对整个分子来说，低级烷烃的变化幅度比高级烷烃要大得多，所以沸点的变化也就要大一些。

色散力是一种近程力，它只有在近距离内才能有效地发挥作用，随着分子间距离的增大而迅速减弱。带有支链的烷烃分子，因为支链的阻碍，分子间不能像直链烷烃那样紧密地靠在一起，分子间距离增大，分子间的色散力减弱，所以支链烷烃的沸点比直链烷烃要低。支链越多，沸点越低。从表2-3中戊烷的三种碳链异构体沸点的比较，可证实这一变化规律。

表 2-3　戊烷的三种碳链异构体的沸点

名　　称	结构简式	沸　　点/℃	熔　　点/℃
正戊烷	$CH_3CH_2CH_2CH_2CH_3$	36.1	−129.7
异戊烷	$(CH_3)_2CHCH_2CH_3$	27.9	−159.9
新戊烷	$C(CH_3)_4$	9.5	−16.6

随着分子中碳原子数目的递增，正烷烃的熔点逐渐升高。但偶数碳原子的烷烃熔点增高的幅度比奇数碳原子的要大一些，形成一条锯齿形的曲线（见图2-8）。

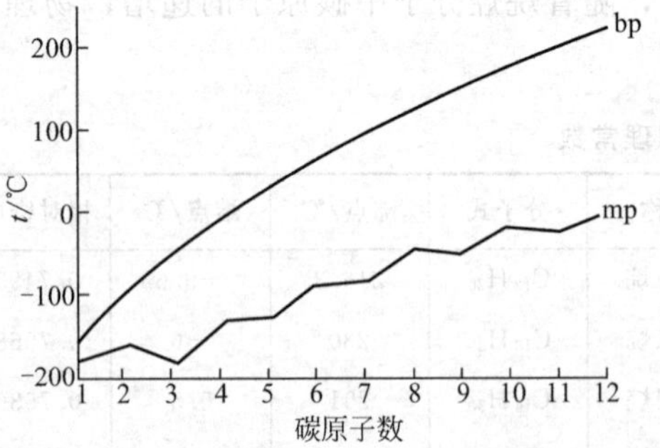
bp
mp
200
100
0
-100
-200
t/℃
1
2
3
4
5
6
7
8
9
10
11
12
碳原子数

图 2-8　直链烷烃的沸点（bp）和熔点（mp）

烷烃的熔点也主要是由分子间的色散力所决定的。固体分子的排列很有秩序，分子排列紧密，色散力强。固体分子间的色散力，不仅取决于分子中原子的数目和多少，而且也取决于它们在晶体中的排列状况。X光结构分析证明，固体直链烷烃的晶体中，碳链为锯齿形的。由奇数碳原子组成的锯齿状链中，两端的甲基处在一边；由偶数碳原子组成的锯齿状链中，两端的甲基处在相反的位置。即偶数碳原子的烷烃有较大的对称性，因而使偶数碳原子链比奇数碳原子链更为紧密，链间的作用力较大，所以偶数碳原子的直链烷烃的熔点要高一些。

对于含有相同碳原子数的烷烃来说，分子的对称性越好，其熔点也越高。因分子越对称，它们在晶格中的排列越紧密，分子间的色散力也越大，则熔点越高。在戊烷的三种碳链异构体中，新戊烷的对称性最好，正戊烷次之，异戊烷最差，因此新戊烷的熔点最高，异戊烷的熔点最低。表2-3中列出了这一变化情况。

由于烷烃分子间的作用力很弱，排列疏松，单位体积内所容纳的分子数少，因此密度较低。烷烃是有机化合物中密度最小的一类化合物。无论是液态烷烃还是固态烷烃，密度均小于水。随着烷烃分子中碳原子数目的增加，烷烃的密度也逐渐增大。

烷烃是非极性分子，又不能与水形成氢键，根据相似相溶的经验规律，烷烃不溶于极性大的水，而溶于非极性或弱极性的有机溶剂，如苯、四氯化碳、氯仿等。

1. 红外光谱

烷烃分子中只含有C—C σ 键和C—H σ 键，而C—C σ 键对红外线的吸收很弱，烷烃的特征吸收峰主要是C—H键的伸缩振动和弯曲振动。伸缩振动在3000～2850cm^{-1}之间，一般有强吸收。弯曲振动在1465～1340cm^{-1}之间（详见第六章）。

2. 核磁共振氢谱

由于分子中化学键的相互影响，烷烃分子中的C—H键近似非极性键，氢核的屏蔽效应较大，共振吸收出现在高场，化学位移较小，δ 值在0.9～1.8之间。

六、烷烃的化学性质

烷烃是饱和烃，分子中的C—C σ 键和C—H σ 键是非极性键或弱极性键，键能较高，又不易极化，因此烷烃的化学性质不活泼。烷烃与强酸、强碱、活泼金属、强氧化剂和强还原剂都不发生反应，只能在一定条件下，参加某些化学反应。

（一）氧化反应

氧化反应分激烈氧化和缓慢氧化两类。燃烧是激烈氧化反应，被氧化剂所氧化属于缓慢氧化反应。

1. 燃烧

烷烃很易燃烧，燃烧时发光并放出大量的热，生成二氧化碳和水。例如：

$$CH_4 + 2O_2 \xrightarrow{\text{点燃}} CO_2 + 2H_2O + 890\text{kJ/mol}$$

沼气、天然气、液化石油气、汽油、柴油等燃料的燃烧，就其化学反应来说，主要是烷烃的燃烧，由烷烃的燃烧可以获取大量的热能。烷烃燃烧可用如下通式表示：

$$C_nH_{2n+2} + \frac{3n+1}{2}O_2 \xrightarrow{\text{点燃}} nCO_2 + (n+1)H_2O + Q$$

烷烃是上述重要能源的主要成分，但使用这些能源时必须注意通风。若燃烧时供氧不足，烷烃燃烧不完全，将会产生大量的一氧化碳等有毒物质，危害人身安全。

2. 氧化剂氧化

烷烃很难被氧化剂氧化，但烷烃在特定催化剂的作用下，控制反应条件，可发生部分氧化，生成烃的含氧衍生物。例如石蜡（含20～40个碳原子的高级烷烃的混合物）在特定条件下氧化得到高级脂肪酸。

$$RCH_2CH_2R' + O_2 \xrightarrow[107\sim110℃]{MnO_2} RCOOH + R'COOH$$

工业上用此反应得到含12～18个碳原子的高级脂肪酸来代替天然油脂生产肥皂。

（二）裂解反应

化合物在高温和没有氧气存在下的分解反应称为裂解反应（或裂化反应，pyrolysis）。在一定条件下，烷烃分子中的C—C键或C—H键发生断裂，生成较小的分子，这种反应称为烷烃的裂解反应。烷烃的键离解能很大，因此裂解反应在高温下才能进行。裂解反应可分为热裂解和催化裂化。

1. 热裂解

烷烃在隔绝空气的条件下加强热，发生裂解，称为热裂解，生成小分子烷烃、烯烃和氢。例如：

$$CH_3CH_2CH_2CH_3 \xrightarrow{500℃} \begin{cases} CH_4 + CH_2=CHCH_3 \\ CH_3-CH_3 + CH_2=CH_2 \\ CH_2=CHCH_2CH_3 + H_2 \end{cases}$$

2. 催化裂化

在较低的温度下，使用催化剂使烷烃裂化，称为催化裂化。例如：

$$C_{20}H_{42} \xrightarrow{AlCl_3} C_{10}H_{22} + C_{10}H_{20}$$

裂化是一类复杂的反应，产物是多种烃类的混合物，烷烃分子中所含碳原子数越多，产物越复杂。反应条件不同，产物也不同。石油工业中，利用裂化反应，可将廉价的重油成分裂化成价值高的轻油成分，如十六烷裂化成辛烷和辛烯，以提高轻油的产量和质量，从而提高石油的利用率和汽油的质量。在裂化反应过程中，还同时有异构化、环化和芳构化等反应发生，可由此获取多种化工原料。

(三) 卤代反应

1. 甲烷的氯代

烷烃与氯气在光照或加热条件下，可剧烈反应，生成氯代烷烃及氯化氢。例如，甲烷与氯气反应，生成一氯甲烷和氯化氢。

$$CH_4 + Cl_2 \xrightarrow[或\triangle]{h\nu} \underset{一氯甲烷}{CH_3Cl} + HCl$$

反应式中的“$h\nu$”表示光照，“△”表示加热。

甲烷的氯代反应（chlorination）较难停留在一取代阶段。一氯甲烷可继续氯代生成二氯甲烷、三氯甲烷（氯仿，chloroform）、四氯化碳。

$$CH_4 \xrightarrow[h\nu]{Cl_2} CH_3Cl \xrightarrow[h\nu]{Cl_2} CH_2Cl_2 \xrightarrow[h\nu]{Cl_2} CHCl_3 \xrightarrow[h\nu]{Cl_2} CCl_4$$

	一氯甲烷	二氯甲烷	氯仿	四氯化碳
bp	−24.2℃	40.2℃	61.2℃	76.8℃

这些氯代烷的混合物在工业上常作为溶剂或有机合成原料。利用它们在沸点上的差别，进行精馏，制得纯品。其中二氯甲烷、氯仿、四氯化碳是实验室常用溶剂。如想得到其中单一产物，可采用不同比例的反应物进行反应。例如，要使反应限制在一氯代阶段，可采用极过量的甲烷进行反应。

$$\underset{10\ :\ 1}{CH_4 + Cl_2} \xrightarrow{400\sim500℃} \underset{一氯甲烷}{CH_3Cl} + HCl$$

调整比例，可使产物主要为四氯化碳：

$$\underset{0.263\ :\ 1}{CH_4 + Cl_2} \xrightarrow{约\ 400℃} \underset{四氯化碳}{CCl_4} + HCl$$

2. 反应机理

一般有机反应比较复杂，它并不是由反应物到产物的一步反应。反应历程描述了反应所经历的一步步过程，是了解有机反应的重要内容，反应历程也称为反应机理（reaction mechanism）。了解反应历程，有助于认清反应本质，从而达到控制和利用反应的目的。了解反应历程还有助于认清各种反应之间的内在联系，以利于归纳、总结和记忆大量的有机反应。

反应机理是在综合实验事实后提出的理论假说。如果一个假说能圆满地解释观察到的实验事实和新发现的现象，同时根据这个假说所作的推断能被实验所证实，它与其他有关的反应机理又不矛盾，这个假说则称为反应机理。

氯气与甲烷的反应有如下实验现象：①甲烷与氯气的反应在室温及暗处不能进行，只有在加热或光照条件下才能进行；②当反应由光引发时，体系每吸收一个光子，可产生许多个（几千个）氯甲烷分子；③有少量氧存在时会使反应推迟一段时间，在这段时间后，反应又正常进行。

为了解释这些现象，化学家对氯气与甲烷的反应历程提出了以下假设：

(1) $Cl_2 \xrightarrow[\text{或}\triangle]{h\nu} 2Cl\cdot$ 链引发

(2) $Cl\cdot + CH_4 \longrightarrow H_3C\cdot + HCl$
甲基自由基

(3) $H_3C\cdot + Cl_2 \longrightarrow CH_3Cl + Cl\cdot$
一氯甲烷

(2)、(3) 链增长

再重复（2）、(3)，…

(4) $\cdot CH_3 + Cl\cdot \longrightarrow CH_3Cl$

(5) $\cdot CH_3 + \cdot CH_3 \longrightarrow CH_3CH_3$

(6) $Cl\cdot + Cl\cdot \longrightarrow Cl_2$

(4)～(6) 链终止

反应第一步（1）是氯分子分裂为两个氯原子。如同任何键的断裂一样，它需要能量。这个能量由光和热提供。因此在常温或暗处这种裂解是不能进行的。

$$:\ddot{Cl}:\ddot{Cl}: + \text{能量} \longrightarrow :\ddot{Cl}\cdot + :\ddot{Cl}\cdot$$

裂解后的两部分各保留一个电子，这种裂解称为均裂（homolytic fission）。裂解所得的带有（不成对）电子的原子或原子团称为自由基（free radical）。在书写时用“·”表示单电子，如甲基自由基表示为 $\cdot CH_3$，烷基自由基表示为 R·。凡是有自由基参加的反应均称为自由基反应（free radical reaction）。

自由基在离解时获得能量，其单电子又有强烈的配对倾向，因此自由基非常活泼，在反应中只能短暂存在，它是一种反应活性中间体（reactive intermediate）。甲烷碳周围有 4 个氢原子，活泼的氯原子与甲烷碰撞，夺取甲烷分子中的氢形成氯化氢分子，甲烷变成甲基自由基［见反应（2）］。一般情况下，自由基总是夺取分子中的一价原子。甲基自由基也十分活泼，当它与氯分子碰撞时，夺取一个氯原子，形成一氯甲烷，同时释放出一个新的氯原子［见反应（3）］。新产生的氯原子重复上面的步骤，反复进行反应，整个反应就像一个锁链，一经引发，就一环扣一环地不断进行，因此自由基反应又称为链式反应（chain reaction）。在氯气与甲烷的反应中，体系只要吸收一个光子，反应就反复进行，可产生许多个（几千个）氯甲烷分子。这是反应的第二步［包括（2）、(3)］。

这个反应是不是会无限制地进行下去呢？不是的。活泼的、低浓度的自由基也有相互作用的机会，这种碰撞一旦发生，链的反应就终止了。由于反应（5）的存在，反应产物中总有一定比例的乙烷，这是反应的第三步［包括（4）、(5)、(6)］。

链式反应是自由基反应的共同特点，整个过程可分为三个阶段：第一步（1）是链的引发步骤（chain initiation step），就是产生自由基的阶段；第二步（2）和（3）为链的传递或链的增长（chain propagation step），这个阶段不断产生新的自由基，不断形成产物，整个过程循环进行，是自由基反应最重要的阶段；第三步（4）、(5)、(6) 为链的终止步骤（chain termination step），这些步骤使自由基消失，因而使反应终止。

如果体系中存在少量的氧，则氧与甲基自由基生成新的自由基 $CH_3—O—O\cdot$：

$$CH_3\cdot + \cdot\ddot{O}:\ddot{O}\cdot \longrightarrow CH_3-O-O\cdot$$

其活性远远低于甲基自由基，几乎使链反应不能进行下去。因此只要发生一个这样的反应，就终止了一条连锁反应，不再形成几千个氯甲烷分子，大大减慢了反应速率。但如果外界条件依然存在，过一段时间，氧完全消耗，反应又能继续进行，反应停滞的时间与体系中氧的多少有关。这种抑制作用是自由基反应的一个特征。

这种只要有少量存在，就会使反应减慢或停止的物质称为抑制剂（inhibitor）。抑制剂常被利用来抑制不需要发生的自由基链式反应，或以次为依据确定反应是否为自由基历程。常用的自由基抑制剂有对苯二酚(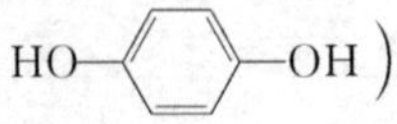)、硝基甲烷（CH_3NO_2）等。

甲烷氯代不仅可以得到一氯代产物，而且可以得到二氯代、三氯代与四氯代产物。它们的链增长步骤如下：

$$CH_3Cl + Cl\cdot \longrightarrow \cdot CH_2Cl + HCl$$
$$\cdot CH_2Cl + Cl_2 \longrightarrow CH_2Cl_2 + Cl\cdot$$
$$CH_2Cl_2 + Cl\cdot \longrightarrow \cdot CHCl_2 + HCl$$
$$\cdot CHCl_2 + Cl_2 \longrightarrow \cdot CCl_3 + HCl$$
$$\cdot CCl_3 + Cl_2 \longrightarrow CCl_4 + Cl\cdot$$

因此甲烷氯代产物较复杂。但由于CH_3Cl、CH_2Cl_2、$CHCl_3$、CCl_4的沸点差距较大，可以用分馏方法将它们分开，所以工业上仍用此法生产氯甲烷。

以上假说很好地解释了实验现象。近年来随着仪器分析方法的发展，自由基反应已不再是一种设想，利用电子顺磁共振光谱（ESR）可捕捉到反应过程中的自由基信息，证实自由基历程的真实性。

习题 2-7 解释甲烷氯代反应中观察到的下列现象。

(1) 将氯气先用光照射，然后在黑暗中与甲烷混合，可以得到氯代产物。

(2) 将氯气用光照射后在黑暗中放一段时间再与甲烷混合，不发生氯代反应。

(3) 将甲烷先用光照射后，在黑暗中与氯气混合，不发生氯代反应。

---

3. 烷烃氯代反应的反应活性

烷烃的氯代反应与甲烷的氯代反应一样，也属于自由基反应历程。决定反应速率的步骤是氯原子夺取烷烃中的氢的一步：

$$RH + Cl\cdot \longrightarrow R\cdot + HCl$$

由于结构的原因，产物较甲烷复杂。例如丙烷与氯气的反应，由于丙烷分子存在两种氢——伯氢和仲氢，因此得到两种不同的氯代产物——1-氯丙烷和2-氯丙烷，其比例如下：

$$CH_3CH_2CH_3 \xrightarrow[h\nu]{Cl_2} \underset{\substack{\text{1-氯丙烷} \\ 45\%}}{CH_3CH_2CH_2Cl} + \underset{\substack{| \\ Cl \\ \text{2-氯丙烷} \\ 55\%}}{CH_3CHCH_3}$$

丙烷分子中有6个伯氢和2个仲氢，氯原子与伯氢相遇的机会为仲氢的3倍，但一氯代产物中2-氯丙烷反而比1-氯丙烷多，说明仲氢比伯氢活性大，更容易被取代。排除碰撞几率因素的影响，计算出伯氢和仲氢的相对活性：

$$\frac{\text{伯氢的速率}}{\text{仲氢的速率}} = \frac{45\%/6}{55\%/2} = 1:3.7$$

其活性比为1∶3.7。这里相对活性是指有机化合物分子中不同位置对同一试剂的反应活性。

氯气与异丁烷的反应也产生两种产物，产物比例如下：

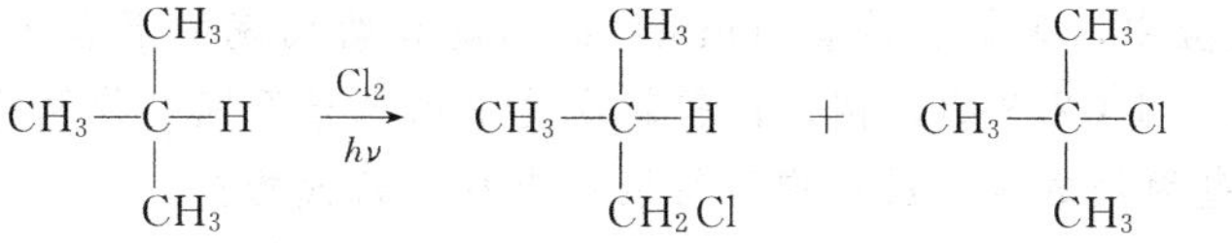

异丁烷　　　　2-甲基-1-氯丙烷　　　　2-甲基-2-氯丙烷

63%　　　　37%

计算出伯氢与叔氢的活性比为 1∶5。

$$\frac{\text{伯氢的速率}}{\text{叔氢的速率}}=\frac{63\%/9}{37\%/1}=1:5$$

许多实验表明，氢原子的反应活性主要取决于它的种类，而与它所连接的烷基无关。例如丙烷的伯氢几乎与正丁烷或异丁烷的伯氢活性相同。基于上述实验事实，可得出三种氢的反应活性的比为：

$$\text{伯氢}:\text{仲氢}:\text{叔氢}=1:3.7:5$$

在实验室中，总是需要纯的化合物，因此要尽可能选择生成高产率的单一化合物的反应。在烷烃的氯代反应中，尽管氯原子对三种氢原子有选择性，但选择性不高，因此，常常得到不容易分离提纯的混合物，在制备上用处不大。如果分子中只有一种氢，则生成的一氯代物与多氯代物比较容易分离，此反应可用于合成。或者通过控制反应物比例，取得比较纯的产物。例如新戊烷的氯代：

$$(CH_3)_4C + Cl_2 \xrightarrow{h\nu} (CH_3)_3CCH_2Cl + HCl$$

新戊烷（过量）　　　　氯代新戊烷

将等物质的量（mol）的甲烷和乙烷混合，与少量的氯气反应，相应得到的氯乙烷约为氯甲烷的 400 倍。

$$\underset{1}{CH_3Cl} \xleftarrow[h\nu,\ 25℃]{CH_4} Cl_2 \xrightarrow[h\nu,\ 25℃]{CH_3CH_3} \underset{400}{CH_3CH_2Cl}$$

除去几率因子的影响，可知乙烷上伯氢比甲烷上的氢活泼 267 倍。这里采用竞争法来测定不同有机化合物对同一试剂的反应活性。

$$\frac{\text{乙烷上的氢}}{\text{甲烷上的氢}}=\frac{400/6}{1/4}=267:1$$

烷烃在氯代反应中不同氢的反应活性顺序可扩大为：

$$\text{叔氢}>\text{仲氢}>\text{伯氢}>CH_4$$

研究反应活性是有机化学的重要内容。所谓反应活性就是指反应速率。到目前为止已研究了两种应用广泛的反应活性：

① 有机分子中的不同位置对同一试剂的反应活性。用于反应取向及反应产物的判断。

② 在同一条件下不同有机物对同一试剂的反应活性。用于比较类似的有机物的反应活性。

习题 2-8 丁烷氯代可得 1-氯丁烷和 2-氯丁烷。其比例如下：

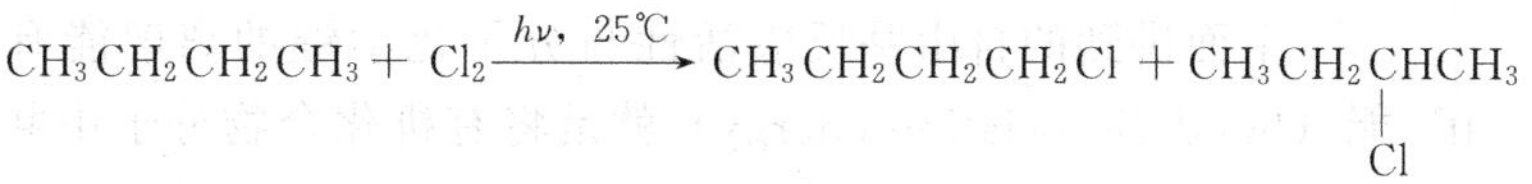

1-氯丁烷　　　　2-氯丁烷

28%　　　　72%

计算伯氢和仲氢的相对反应活性。

习题 2-9 在氯代反应中，等物质的量（mol）的乙烷和新戊烷的混合物所产生的氯乙烷与新戊烷基氯呈 1∶2.3 的比例，比较新戊烷中伯氢与乙烷中伯氢的活性。

习题 2-10 从 2-甲基丙烷的氯代反应中可得到多少种二氯代物？

习题 2-11 乙烷氯代有多少种一、二、三氯代物？写出产物并命名。

---

4. 反应活性与自由基稳定性的关系

上面列出了烷烃在氯代反应中不同氢的活性顺序，怎样解释这个活性顺序呢？反应中的能量变化是关键。

下面列出不同氢的均裂能：

$$CH_4 \longrightarrow H_3C\cdot + H\cdot \qquad \Delta H = 435kJ/mol$$

甲基自由基

$$CH_3CH_2CH_3 \xrightarrow{\text{伯氢}} CH_3CH_2CH_2\cdot + H\cdot \qquad \Delta H = 410kJ/mol$$

伯自由基

$$CH_3CH_2CH_3 \xrightarrow{\text{仲氢}} CH_3\dot{C}HCH_3 + H\cdot \qquad \Delta H = 397kJ/mol$$

仲自由基

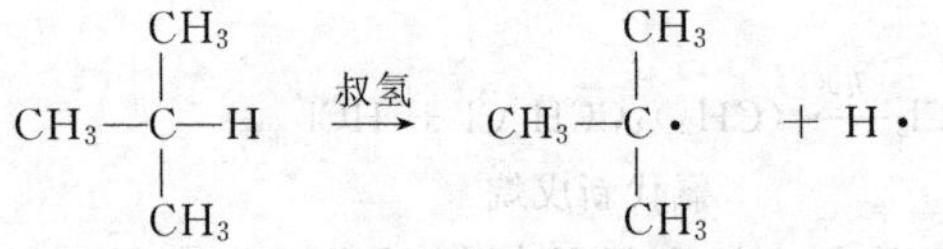

$\Delta H = 381kJ/mol$

叔自由基

不同的氢均裂能不同。均裂能较小，形成自由基需要的能量也较小，即相对于原有的烷烃更稳定。自由基的稳定性也可用电子效应来解释（见第三章第四节）。

形成类似的自由基所需的能量基本上是相同的，因此可得出自由基稳定性顺序为：

$$\text{叔}(3^\circ) > \text{仲}(2^\circ) > \text{伯}(1^\circ) > \cdot CH_3$$

越是稳定的自由基，越容易形成，与之相应的氢也越活泼。

甲烷去掉一个氢原子，形成甲基自由基。

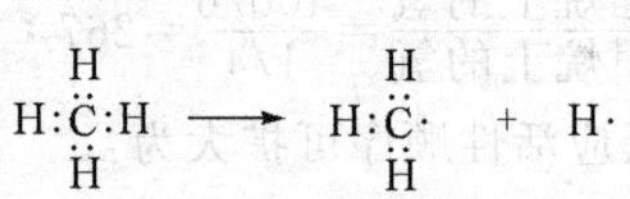

甲基自由基

甲基自由基最外层有 7 个电子，其中 6 个电子处于三个成键轨道中，剩下 1 个未成对的孤电子，整个质点呈中性。为了使三个成键轨道远离，设想碳为 sp^2 杂化，三个键键角为 120°，在同一平面，剩下的一个孤电子在垂直于这个平面的 p 轨道中，自由基的四个原子处于一个平面上。甲基自由基的平面结构已为光谱研究进一步证实，其他的烷基自由基结构与甲基自由基类似，为平面或近乎平面的浅锥形结构（见图 2-9）。

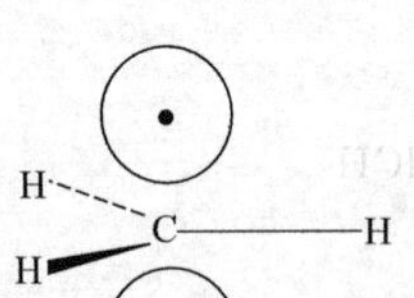

图 2-9 甲基自由基

5. 键的离解能

上面讲到的自由基反应活性与分子化学键的离解能有关。键的离解能（bond dissociation energy）就是将有机化合物分子中共价键连接的原子或原子团，拆开成原子或自由基状态时（A—B ⟶ A· + B·）所吸收的能量。键的离解能的大小表示两个原子结合的程度，结合愈牢固，强度愈大，键能愈高。例如：

$$Cl—Cl \longrightarrow 2Cl\cdot \qquad H—CH_3 \longrightarrow \cdot H + CH_3\cdot$$

$$243kJ/mol \qquad\qquad 435kJ/mol$$

由于氯分子中 Cl—Cl 键能比甲烷中 H—C 的键能低许多，因此氯气在加热或光照下即离解，而甲烷中的 C—H 键离解很难。

表 2-4 列出了一些常见共价键的离解能，虽然其值可能因实验的差别或改进有所变动，但整个趋势是清楚的。

表 2-4　常见共价键的离解能

共价键	离解能/(kJ/mol)	共价键	离解能/(kJ/mol)	共价键	离解能/(kJ/mol)
H—H	436	CH_3—F	452	CH_3—H	435
F—F	159	CH_3—Cl	351	C_2H_5—H	410
Cl—Cl	243	CH_3—Br	293	$(CH_3)_2CH$—H	397
Br—Br	192	CH_3—I	234	$(CH_3)_3C$—H	381
I—I	151	CH_2═CH—Cl	377	CH_2═CH—H	461
H—F	565	CH_2═$CHCH_2$—Cl	285	CH_2═$CHCH_2$—H	360
H—Cl	431	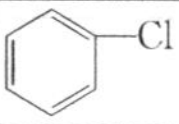Cl	402	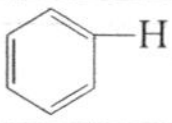H	465
H—Br	368				
H—I	297	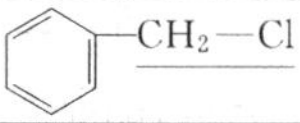CH2—Cl	301	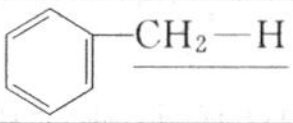CH2—H	368

习题 2-12　利用键能判断下列自由基的稳定性，并把它插入上述自由基稳定性的顺序中去。

(1) 乙烯基自由基 CH_2═CH·　　(2) 烯丙基自由基 CH_2═$CHCH_2$·

(3) 苄基自由基 $C_6H_5CH_2$·

习题 2-13　离解 2,4-二甲基戊烷的 C—H 键可得多少种碳自由基？写出其结构，并指出哪个自由基最稳定。

6. 过渡态和活化能

化学反应是参加反应的分子或原子的重新组合，其中涉及原有分子或原子中键的断裂和新键的形成。如果把反应物的变化过程设想成一个连续的过程，把其中经历的中间阶段的原子排列看成是一个真实的分子，则称这种状态为过渡态（transition state）。例如，在氯气与甲烷的反应中，当具有足够能量的氯原子与甲烷的分子碰撞时，它们互相作用，使微粒的动能转变为势能，C—H 键开始拉长，但并未断裂，H—Cl 键开始形成，但还未完成；同时 H—C—Cl 键角逐渐增大，甲基部分地但并未完全变成扁平，键角大于 109.5°，小于 120°，碳的构型介于 sp^2 杂化与 sp^3 杂化之间。这种状态就是过渡态，如图 2-10 所示。

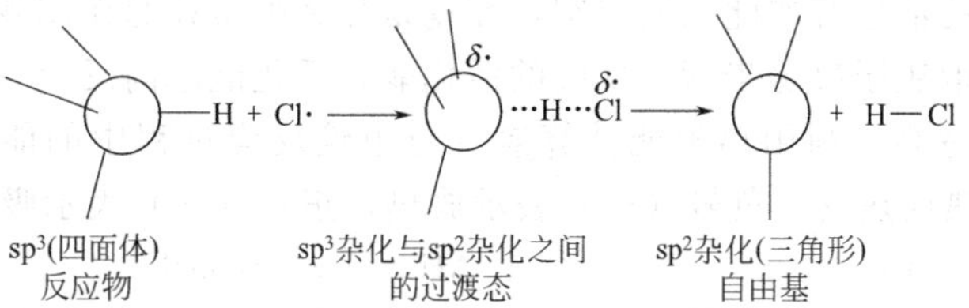
H + Cl·
δ·
···H···Cl
δ·
+ H—Cl
sp3(四面体)
反应物
sp3杂化与sp2杂化之间
的过渡态
sp2杂化(三角形)
自由基

图 2-10　甲烷氯代的中间步骤

其中虚线表示部分断裂或部分形成的键。

过渡态是反应物之间的中间状态。过渡态的形状逐渐接近自由基，过渡态中的孤电子既不像反应物那样全部集中在氯上，也不同于产物全部分布在碳上，而是介于碳与氯之间，由此可见过渡态已具有部分自由基的性质。

反应进程中的能量关系可以以反应进程为横坐标，反应物、过渡态、中间体及产物的位能为纵坐标来作图表示，称这种图为反应的位能图（见图 2-11）。图中过渡态与反应物之间的能量差称为活化能（activation energy），用 $E_{活}$（或 E_{act}）表示。反应物与自由基的能量差 ΔH 为 C—H 键的离解能。

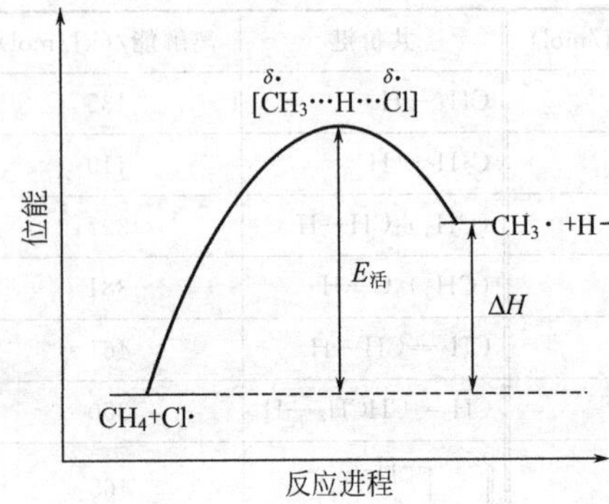

位能
δ· δ·
[CH₃···H···Cl]
CH₃· +H—Cl
E活
ΔH
CH₄+Cl·
反应进程

图 2-11 $CH_4 + \cdot Cl \longrightarrow CH_3\cdot + HCl$ 的位能图

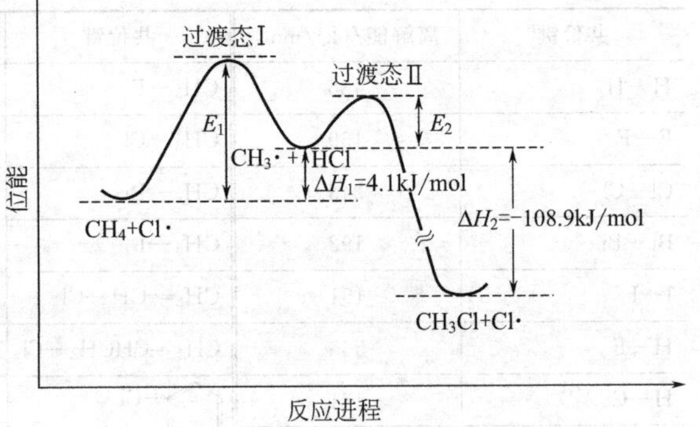

位能
过渡态Ⅰ
过渡态Ⅱ
E₁
E₂
CH₃· + HCl
ΔH₁=4.1kJ/mol
ΔH₂=−108.9kJ/mol
CH₄+Cl·
CH₃Cl+Cl·
反应进程

图 2-12 甲烷与氯气反应的位能图

活化能是反应中必须越过的最高能垒，它决定了反应的速率，是衡量反应活性的标准。换句话说，过渡态越稳定，反应速率越快。但是过渡态是一种短暂的原子排列，它的寿命几乎为零，目前还不能进行分离考察。因此，研究过渡态的稳定性，往往只需研究与它稳定性一致的中间体的稳定性，并以此作为判断反应速率的依据。如比较乙烷与甲烷的反应活性，只需比较乙基自由基（$CH_3CH_2\cdot$）与甲基自由基（$CH_3\cdot$）的稳定性。又如丙烷与氯气的反应，仲氢比伯氢活泼，是由于叔自由基比仲自由基稳定。C—H 键的离解能是判断自由基稳定性的标准，离解能越低，自由基越稳定，越容易形成。因此在自由基反应中，可利用不同 C—H 离解能的大小，定性地说明烷烃分子中不同氢的反应活性顺序。自由基是一种反应活性中间体，它有确切的能量及一定的几何形状。中间体比过渡态稳定，它的能量介于稳定态与过渡态之间。在反应位能图中，过渡态处于波峰（见图 2-12）。图中反应物（$CH_4 + Cl\cdot$）与产物（$CH_3Cl + Cl\cdot$）之间的能量差 ΔH，称为反应热或热焓。对于多步反应，活化能最高的一步，反应速率最慢，是决定速率的步骤。如图 2-12 所示，甲烷氯代时氯夺取烷烃中氢的一步是决定速率的步骤。

7. 卤素的活性和反应选择性

研究卤素与甲烷反应的相对反应活性结果表明，卤素与甲烷反应的相对活性顺序为：$F_2 > Cl_2 > Br_2 > I_2$。氟反应激烈无法控制，以致爆炸，碘基本不反应，氯和溴居中。

卤素与甲烷反应的活性有如此大的差别，究竟是什么因素在起作用呢？从上面的叙述中可知，反应的活性主要取决于决定步骤中反应的活化能，活化能越高反应越难进行，相反，反应活化能越低反应活性越高。利用离解能计算氯气与甲烷反应过程中的能量变化，用符号 ΔH 表示，ΔH 也称反应热或热焓。负号（—）表示放热，正号（+）表示吸热。

① $Cl:Cl \longrightarrow Cl\cdot + Cl\cdot$ $\Delta H_1 = +243kJ/mol$

② $Cl\cdot + \underset{435}{H—CH_3} \longrightarrow CH_3\cdot + \underset{431}{H—Cl}$ $\Delta H_2 = 435 - 431 = +4kJ/mol$

③ $CH_3\cdot + \underset{243}{Cl—Cl} \longrightarrow \underset{351}{CH_3—Cl} + Cl\cdot$ $\Delta H_3 = 243 - 351 = -108kJ/mol$

总反应为：

$$\underset{435}{CH_3—H} + \underset{243}{Cl—Cl} \longrightarrow \underset{351}{CH_3—Cl} + \underset{431}{H—Cl}$$

$$\Delta H_{总} = (435+243)-(351+431) = -104(kJ/mol)$$

第一步氯分子裂解成氯原子的离解能，等于氯分子的键能。第二步断裂一个 C—H 键吸收 435kJ/mol 的能量，形成一个 H—Cl 键放出 431kJ/mol 的能量，假如放出的热量完全为断键所吸收，则还需补充 4kJ/mol 的能量。第三步断裂 Cl—Cl 键，共放出 108kJ/mol 的能量。总反应是一个放热反应。因此甲烷氯代一经引发即迅速进行。

根据同样的方法计算出其他卤素与甲烷反应的能量变化（见表 2-5）。

表 2-5　甲烷卤代的反应热　　　　单位：kJ/mol

反　应	卤素			
	F	Cl	Br	I
(1) $X_2 \longrightarrow 2X·$	+159	+243	+192	+151
(2) $X· + CH_4 \longrightarrow CH_3· + HX$	−130	+4	+67	+138
(3) $CH_3· + X_2 \longrightarrow CH_3X + X·$	−293	−108	−101	−83
总 $CH_4 + X_2 \longrightarrow CH_3X + HX$	−423	−104	−34	+55

在链传递中经历（2）、（3）两步，（2）步均为放热反应，（2）步为决定速率步骤。经验说明，一般放热反应容易进行，即在常温下反应很快；而吸热反应难以进行，即除非在高温及强烈条件下，反应很慢，难以察觉。它们在（3）步的活化能大小顺序与热焓变化顺序基本一致。氟大量放热，速率快；碘需大量吸热，反应几乎不能进行，已产生的碘原子相互结合成碘分子；氯吸收少量的热，反应即可进行；溴反应比较困难。因此其活性顺序为：

$$F_2 > Cl_2 > Br_2 > I_2$$

由此可知，实际运用的卤代反应，主要是氯代和溴代。下面讨论同一烷烃在氯代和溴代反应时活性的差别。在本节前面得出烷烃氯代时，不同类型的氢的反应活性比为：

伯氢：仲氢：叔氢＝1：3.7：5

但烷烃溴代时，溴原子对伯、仲和叔三种氢原子的选择性较高。例如：

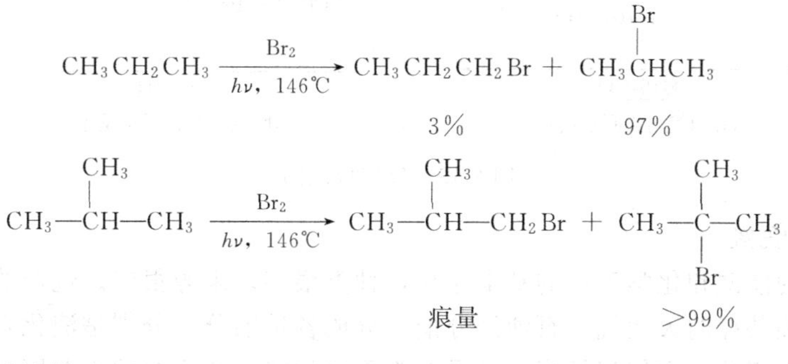

Br
CH3CH2CH3
Br2
hν，146℃
CH3CH2CH2Br
CH3CHCH3
3%
97%
CH3
CH3—CH—CH3
Br2
hν，146℃
CH3
CH3—CH—CH2Br
CH3
CH3—C—CH3
Br
痕量
>99%

三种氢的相对活性为：

叔氢：仲氢：伯氢＝1600：82：1

为什么溴代反应的选择性比氯代反应的高？这是由于溴原子的活性比氯原子小，绝大部分溴原子只能夺取较活泼的氢，这也是一个普遍规律。一般地说，在一组相似的反应中，试剂越不活泼，它在进攻中的选择性越强。

溴原子与氯原子的活性差别，也反映在相应的过渡态的能量上。哈蒙特（Hammond）假说认为，过渡态的结构应当与能量相近的分子（反应物、中间体或产物分子）近似。具体来说，在一组相似反应中，活性低的试剂进攻，反应活化能高，过渡态迟到达，过渡态更接近于产物（或中间体）；活性高的试剂进攻，反应活化能低，过渡态早到达，过渡态更接近于反应物。氯原子与溴原子同丙烷反应时，氯原子活性较高，反应活化能低，过渡态早到达，两种过渡态都接近同一原料（丙烷），因此它们能量差别小（仅 4.2kJ/mol），反应选择性低［见图 2-13(a)］。溴原子活性较差，反应活化能高，过渡态迟到达，过渡态接近于自由基中间体，有较多的自由基特征，而丙烷形成的两种自由基（$CH_3CH_2CH_2\cdot$ 和 $CH_3\dot{C}HCH_3$）在结构和能量上都有差别，因此过渡态能量差别大（12.6kJ/mol），反应选择性高［见图 2-13(b)］。

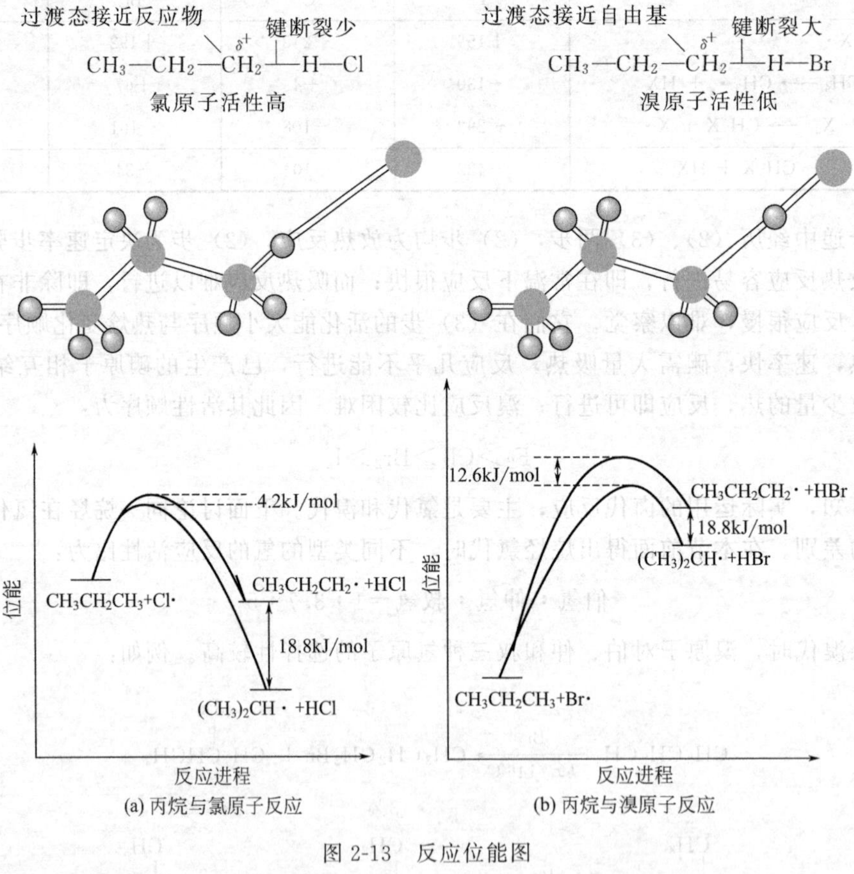
过渡态接近反应物
键断裂少
CH3—CH2—CH2—H—Cl
氯原子活性高
过渡态接近自由基
键断裂大
CH3—CH2—CH2—H—Br
溴原子活性低
4.2kJ/mol
CH3CH2CH3+Cl·
CH3CH2CH2· +HCl
18.8kJ/mol
(CH3)2CH · +HCl
位能
反应进程
12.6kJ/mol
CH3CH2CH2· +HBr
18.8kJ/mol
(CH3)2CH· +HBr
CH3CH2CH3+Br·
位能
反应进程

(a) 丙烷与氯原子反应　　(b) 丙烷与溴原子反应

图 2-13　反应位能图

七、重要的烷烃

烷烃是重要的能源和化学工业的基本原料，种类很多，来源很广。烷烃的工业来源主要是石油，以及与石油共存的天然气。石油经分馏，分成各种馏分，分别是液化石油气、汽油、柴油、重油和沥青等组分。它们都是当今世界非常重要的能源和重要的工业原料。下面简单介绍几种常见的烷烃。

1. 甲烷

甲烷大量存在于自然界，是天然气、沼气、石油气的主要成分。甲烷是无色、无臭、无味的气体，燃烧时产生淡蓝色的火焰，生成二氧化碳和水，放出大量的热。甲烷不完全燃烧时，可生成炭黑。

$$CH_4 + O_2 \xrightarrow{\text{不完全燃烧}} C + 2H_2O$$

这是生产炭黑的一种方法。炭黑是黑色颜料，可用来制造油墨，也可用作橡胶的填料。甲烷和水蒸气的混合物在725℃时通过镍催化剂可生成一氧化碳和氢气的混合物。产生的混合气体常称为合成气，可用来合成氨、尿素和甲醇等。

$$CH_4 + H_2O \xrightarrow[725℃]{Ni} CO + 3H_2$$

甲烷高温裂解可制得乙炔，乙炔是有机合成的重要原料。

$$2CH_4 \xrightarrow{1600℃} CH\equiv CH + 3H_2$$

2. 石油醚

石油醚是轻质石油产品中的一种，主要是戊烷和己烷等低分子量烃类的混合物。常温下为无色澄清的液体，有类似乙醚的气味，故称石油醚。石油醚不溶于水，溶解于大多数有机溶剂，它能溶解油和脂肪。相对密度为0.63～0.66，沸点范围为30～90℃。石油醚由天然石油或人造石油经分馏而得到，主要用作有机溶剂。石油醚容易挥发和着火，使用时应注意。

3. 石蜡

石蜡是高级烷烃的混合物，由天然石油、人造石油或页岩油的含蜡馏分经冷榨或溶剂脱蜡等方法制得，无臭无味，有晶体结构。石蜡有白蜡和黄蜡两大类。按熔点的高低，有48度、50度、52度、54度、56度、58度等品级。石蜡用于制造高级脂肪酸和高级醇，也用于制造蜡烛、蜡纸、蜡笔、火柴、软膏、防水剂和电绝缘材料等。

第二节　环　烷　烃

一、脂环烃的分类和命名

（一）分类

脂环烃分为饱和脂环烃和不饱和脂环烃两大类。饱和脂环烃即为环烷烃；不饱和脂环烃可分为环烯烃和环炔烃。本章重点讨论环烷烃（cyclic alkane）。

根据成环碳原子的数目，脂环烃可分为小环（C_3～C_4）、常见环（C_5～C_6）、中环（C_7～C_{12}）及大环（C_{12}以上）四类。

根据所含环的数目，脂环烃还可分为单环、双环和多环脂环烃。在双环和多环烃中，根据环的结合方式，又分为螺环烃和桥环烃两类。螺环烃是指分子中仅公用一个碳原子的多环脂环烃，桥环烃则指分子中共用两个或两个以上碳原子的多环脂环烃。

（二）命名

1. 单环脂环烃的命名

单环脂环烃的命名与脂肪烃类似，只是在脂肪烃名称前加上“环”字。环上双（叁）键及取代基的表示规则与脂肪烃相同。有多个取代基时，需要标出取代基的位次。环上取代基的编号要尽量使各取代基的位次最小，编号次序从最小取代基开始。为了书写简便，常用几何图形来表示环烃。图形上，每个顶角代表一个碳原子和适当数目的氢原子。环上的烷基也可以简化骨架形式表示。例如：

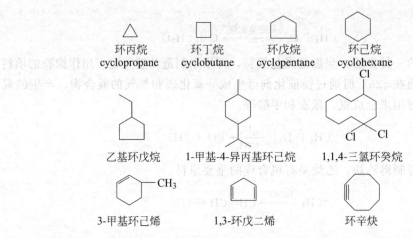

环丙烷
cyclopropane

环丁烷
cyclobutane

环戊烷
cyclopentane

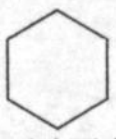
环己烷
cyclohexane

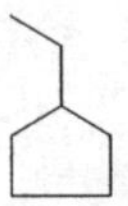
乙基环戊烷

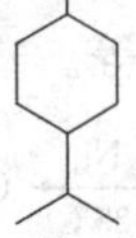
1-甲基-4-异丙基环己烷

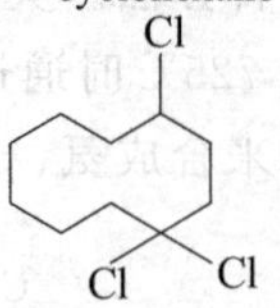
Cl
Cl
Cl
1,1,4-三氯环癸烷

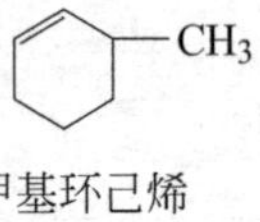
CH3
3-甲基环己烯

1,3-环戊二烯

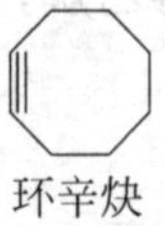
环辛炔

当环上的取代基比较复杂时，也可把环作为取代基命名。例如：

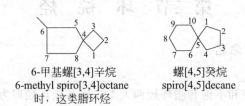

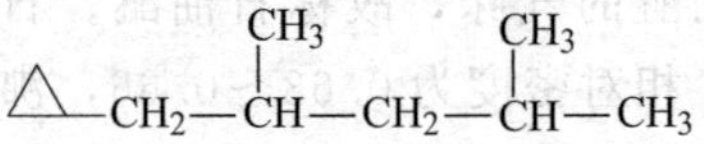
CH3
CH3
CH2—CH—CH2—CH—CH3
2,4-二甲基-1-环丙基戊烷

2. 螺环烃的命名

当脂环烃分子中两个碳环共用一个碳原子相结合时，这类脂环烃称为螺环烃（spirocyclic hydrocarbon)，其共用的碳原子称为螺原子。螺环烃在命名时，首先根据螺环中所有碳原子的总数称为“螺某烃”。在碳原子上需编号，编号从较小的环开始，以与螺原子相邻的碳原子为第一位顺次编号，经螺原子最后至大环；再将连接在螺原子上两个环的碳原子数目，按由小到大的顺序，以方括号标在“螺”字后面，方括号内的阿拉伯数字标出除螺原子外，每个环上的碳原子数目。数字中间用下角圆点隔开。例如：

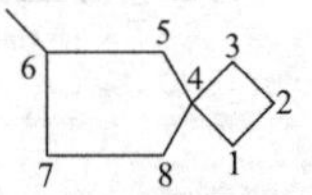
6-甲基螺[3,4]辛烷
6-methyl spiro[3,4]octane

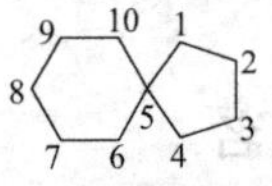
螺[4,5]癸烷
spiro[4,5]decane

3. 桥环烃的命名

当脂环烃分子中两个环共用两个或两个以上的碳原子时，这类脂环烃称为桥环烃（bridged bicyclic hydrocarbon)。

桥环烃在命名时，根据共用碳原子的环的数目，用“二环”、“三环”等为词头。然后在方括号内用阿拉伯数字标明每一个桥上的碳原子数（不包括桥头碳原子），数字按从大到小的顺序排列，并以下角圆点隔开。根据桥环上的总碳原子数称为“某烃”。环上碳原子的编号顺序先从一个桥头碳原子（即共用碳原子）开始，沿最长的桥路到第 2 个桥头；再沿次长的桥路回到第一个桥头；最后给最短的桥路编号。并尽可能使不饱和键或取代基编号最小。例如：

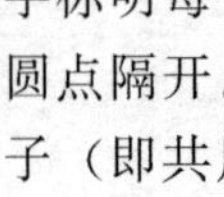
二环[3.2.0]庚烷
bicyclo[3.2.0]heptane

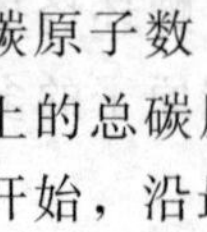
二环[3.2.1]-2-辛烯
bicyclo[3.2.1]-2-octene

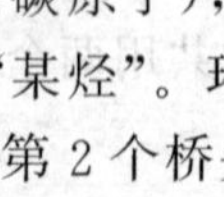
6-甲基二环[3.2.1]辛烷
6-methylbicyclo[3.2.1]octane

天然产物中较复杂的脂环烃及其衍生物则常以其来源命名。例如：

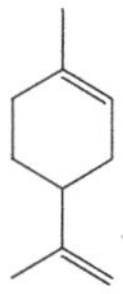

柠檬烯

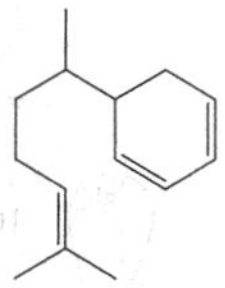

姜烯

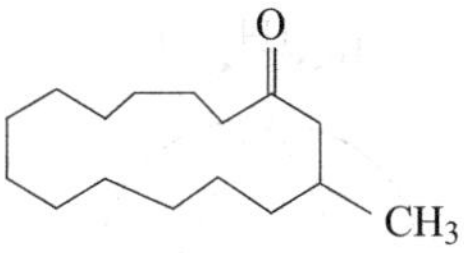
O
CH3

麝香酮

习题 2-14 命名下列化合物：

(1) 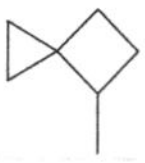 (2) 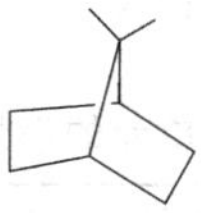 (3) 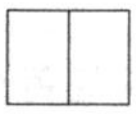 (4) 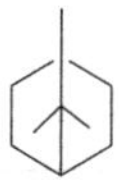

习题 2-15 写出下列化合物的结构：

(1) 2-甲基-3-环丙基丁烷 (2) 5-甲基螺[3.5]壬烷 (3) 7,7-二氯双环[4.1.0]庚烷

二、脂环烃的结构与稳定性

脂环烃环的稳定性与环的大小有关。小环不稳定，三元环的稳定性最差，四元环次之，五元环、六元环较稳定。随着环的增大，脂环烃的结构、性质逐渐接近于脂肪烃。这个事实可从 Baeyer 的张力学说及价键理论来解释。

1885 年 Von Baeyer 提出了张力学说，假定所有成环的碳原子都在同一平面上，且形成正多边形。环烷烃分子中的碳原子是 sp^3 杂化的，键角应为 109.5°。而环丙烷的环是三角形，键角应该是 60°，环丁烷是正方形，键角是 90°。因此在小环中，碳原子之间键的夹角就不是正常的四面体键角 109.5°，而必须压缩到 60°或 90°以适应环的几何形状。Baeyer 认为，环中碳原子之间的夹角“偏离”109.5°时，将产生张力，这种张力是由于键角的偏差所引起的，所以称为角张力（angle strain）。“偏离”的程度越大，角张力越大，环的稳定性越小，有生成更稳定的开链化合物的倾向。环丙烷键角的偏差比环丁烷的大，因此环丙烷比环丁烷更不稳定，更易发生开环反应。环戊烷中正五边形的夹角（108°）非常接近于 109.5°，所以环戊烷基本上没有角张力。但 Baeyer 张力学说也有其局限性，它主要适用于 C_3～C_4 环，而不适用于大环，因为大环中碳不会共平面。六元及更大的环，由于非平面结构，无张力而稳定。

从价键理论角度来看，碳与碳之间的两个 sp^3 杂化轨道只有沿着它们的键轴方向重叠才能达到最大程度的重叠，形成牢固的共价键，键角应为 109.5°。而在环丙烷分子中，虽然碳原子也是 sp^3 杂化的，但是为了使三个碳原子处于同一平面上，其键角不可能保持在 109.5°。根据量子力学计算，环丙烷分子的 C—C—C 键的键角为 105.5°，H—C—H 键的键角为 114°。因此两个相邻碳原子的 sp^3 杂化轨道在成键时，轨道对称轴不在同一条直线上，而是以弯曲的方向进行重叠，好像“香蕉”的形状（见图 2-14）。这种 C—C 键被形象地称为“弯曲键”或“弯键”。“弯曲键”的形成使得两个 sp^3 杂化轨道的重叠程度减小，C—C σ 键的稳定性变差，而且还使电子云分布在成键两原子间直线的外侧，犹如烯烃分子中的 π 键，易于接受亲电试剂的进攻而发生开环加成反应。

另外，还可以从热化学实验数据的角度来考查环的稳定性。有机物的燃烧热（heat of combustion）是指 1mol 某化合物完全燃烧生成二氧化碳和水时所放出的热量，它的大小反映分子内能的高低，从而可提供相对稳定性的依据。环烷烃的结构单元为 CH_2，比较环烷烃的同系物中每个 CH_2 结构单元的平均燃烧热数值，就可以比较它们的相对稳定性。有关环烷烃燃烧热的数值见表 2-6。

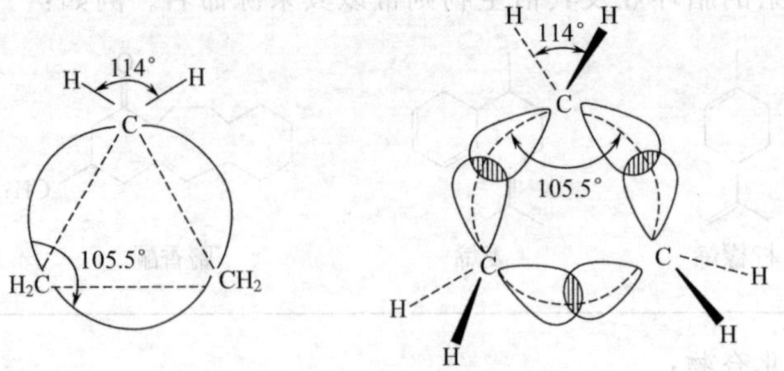
114°
H
H
C
105.5°
H₂C
CH₂
114°
H
H
C
105.5°
C
C
H
H
H
H

图 2-14　环丙烷的弯曲键

表 2-6　环烷烃每个 CH_2 结构单元的燃烧热

环烷烃	每个 CH_2 结构单元的燃烧热/(kJ/mol)	环烷烃	每个 CH_2 结构单元的燃烧热/(kJ/mol)
环丙烷	697.1	环辛烷	663.6
环丁烷	686.0	环壬烷	664.4
环戊烷	663.6	环癸烷	663.6
环己烷	658.6	环十五烷	658.9
环庚烷	661.8	环十七烷	657.7

从表 2-6 中的燃烧热数据可以看出，环丙烷的每个 CH_2 结构单元放出的热量最大，表明它是环烷烃中稳定性最小的。从环丙烷到环己烷，分子中每个 CH_2 结构单元的平均燃烧热逐渐降低，分子内能逐渐减小，稳定性逐渐提高。六元环以上的环烷烃，其每个 CH_2 结构单元的平均燃烧热都大约为 660kJ/mol，与开链烃中每个 CH_2 结构单元的平均燃烧热 658.6kJ/mol 接近，说明大环是稳定的无张力环。但需要说明的是，C_7～C_{12}的环虽然近乎没有角张力，但环上氢原子比较拥挤，产生了扭转张力，所以不如环己烷稳定，只有相当大的环才有很高的稳定性。

中环及大环化合物虽然可以比较稳定，但它们并不容易形成。因为当链状化合物头尾结合成环时，碳链越长，两端碳原子碰撞接触的机会越小，成环的概率自然就降低了。

习题 2-16　顺式 1,2-二甲基环丙烷比反式 1,2-二甲基环丙烷具有较大的燃烧热，试回答哪一个化合物更稳定？并说明理由。

三、环烷烃的性质

（一）物理性质

在常温常压下，脂环烃中小环为气态，常见环为液态，中环及大环为固态。环烷烃的熔点、沸点和相对密度都较相应的饱和链烃高。这是因为环烷烃的结构较对称，排列较紧密，分子间的作用力较大的缘故。一些环烷烃的熔点、沸点和相对密度见表 2-7。

表 2-7　一些环烷烃的熔点、沸点和相对密度

名　称	分子式	熔点/℃	沸点/℃	相对密度 d_4^{20}
环丙烷	$(CH_2)_3$	−127.4	−32.9	0.720(−79℃)
环丁烷	$(CH_2)_4$	−50	12	0.703(0℃)
环戊烷	$(CH_2)_5$	−93.8	49.3	0.745
环己烷	$(CH_2)_6$	6.5	80.7	0.779
环庚烷	$(CH_2)_7$	−12	118.5	0.810

（二）化学性质

环烷烃的化学性质与烷烃相似。小环即环丙烷和环丁烷由于结构上存在有角张力，不稳定，从而具有某些不同于烷烃的反应活泼性，如可与卤素、氢卤酸及氢气发生加成反应。可以想象，环烷烃的环越稳定，它们的化学性质就越像烷烃。

下面介绍小环烷烃的特殊反应。

由于结构上的原因，小环烷烃与烯烃很相似，它与氢气、卤素、卤化氢等都可以发生开环作用，因此小环可以看作一个双键。随着环的增大，它的反应性能逐渐减弱，五元、六元环烷烃及中环烷烃，即使在相当强烈的条件下也不开环。

（1）加氢　在催化剂的存在下，环丙烷和环丁烷易开环加上一分子氢，生成烷烃。

$$\triangle \quad + \quad H_2 \xrightarrow[80℃]{Ni} CH_3CH_2CH_3$$

$$\square \quad + \quad H_2 \xrightarrow[120℃]{Ni} CH_3CH_2CH_2CH_3$$

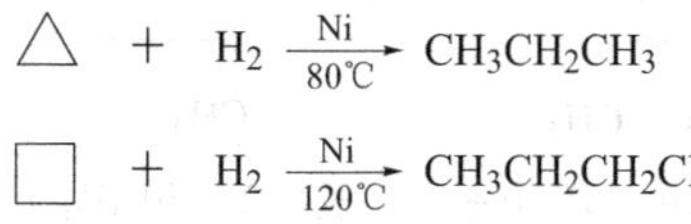

环戊烷比较稳定，须在较强烈的条件下，才能进行加氢反应。环己烷以上的环烷烃一般不与氢气发生加成反应。

$$\pentagon + H_2 \xrightarrow[300℃]{Ni} CH_3CH_2CH_2CH_2CH_3$$

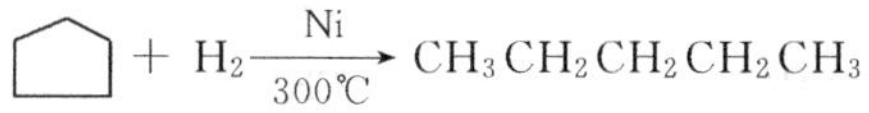

（2）加卤素　环丙烷与溴在常温下即可发生加成反应，溴与环丁烷的反应则须在加热条件下才可进行。

$$\triangle \quad + \quad Br_2 \xrightarrow{室温} BrCH_2CH_2CH_2Br$$

$$\square \quad + \quad Br_2 \xrightarrow{加热} BrCH_2CH_2CH_2CH_2Br$$

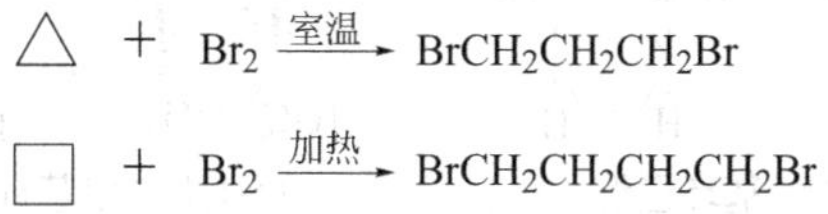

环戊烷以上的环烷烃与卤素只发生取代反应，而不易发生加成反应。所以可用溴水或溴的四氯化碳溶液区分环丙烷（及其衍生物）与烷烃及其他环烷烃。

（3）加卤化氢　小环烷烃还可与卤化氢发生加成反应：

$$\triangle \quad + \quad HBr \longrightarrow CH_3CH_2CH_2Br$$

$$\square \quad + \quad HI \longrightarrow CH_3CH_2CH_2CH_2I$$

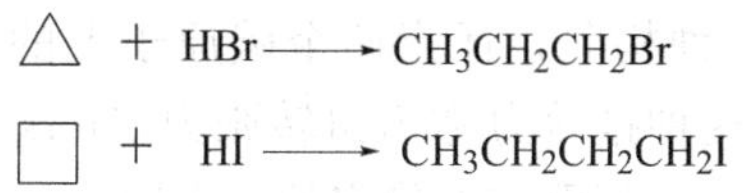

环丙烷的烷基衍生物与 HX 加成时，环的断裂发生在含氢最多和最少的两个碳原子之间，且符合马氏规则。这是由于在立体效应上有利于 H^+ 进攻含氢最多的碳原子，在电子效应上有利于形成较稳定的碳正离子的原因。

$$CH_3\!-\!\triangle \quad + \quad HBr \longrightarrow \underset{\underset{Br}{|}}{CH_3CHCH_2CH_3}$$

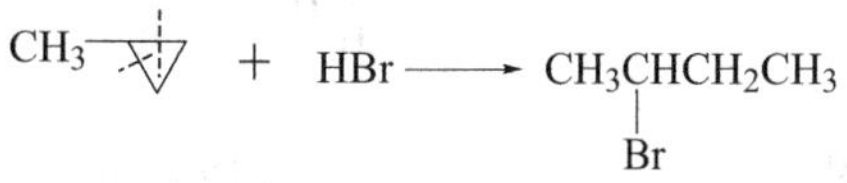

总之，从化学性质来看，环戊烷以上的环烷烃与烷烃相似，而环丙烷及环丁烷较不稳定，易于开环发生加成反应，这一点的性质与烯烃相似，但是环丙烷又不同于烯烃，它对氧化剂较稳定，不与高锰酸钾溶液或臭氧作用。所以可用高锰酸钾溶液来区别烯烃和环丙烷衍生物。当环丙烷中含有少量烯烃时，也可用此试剂将烯烃除去。

习题 2-17　写出环丙烷和环己烷各自与溴作用的产物。

习题 2-18　写出 1-甲基环戊烯与氯气反应的产物。

习题 2-19　用化学方法区别 1-戊烯、1,2-二甲基环丙烷、环戊烷。

四、环烷烃的立体化学

(一) 环烷烃的顺反异构

脂环化合物中，由于碳环的存在，限制了环上碳碳单键的自由旋转。当两个碳原子连接不同的基团时，就存在顺反异构现象。如果把环近似地看作平面，那么取代基在环面的同侧或异侧，即分别为顺式（*cis*）或反式（*trans*）异构体。

书写时，可以把碳环表示为垂直于纸面，把碳上的基团排布在碳环的上面或下面。也可以把碳环表示为在纸平面上，把取代基排布在纸前面（指向读者）或纸后面，实线表示伸向前面的键，虚线表示指向后面的键。

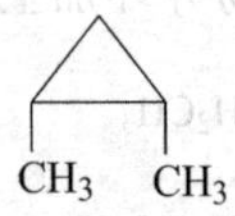
顺-1,2-二甲基环丙烷

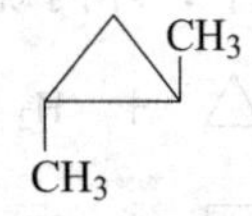
反-1,2-二甲基环丙烷

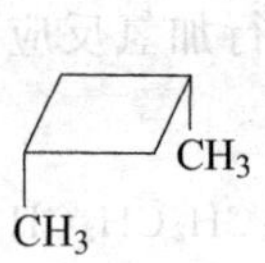
顺-1,3-二甲基环丁烷

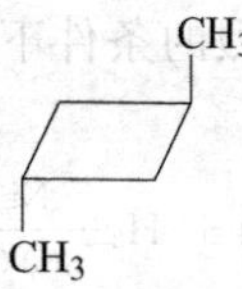
反-1,3-二甲基环丁烷

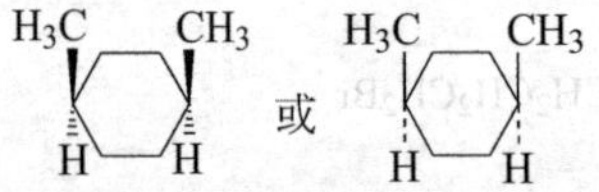
顺-1,4-二甲基环己烷

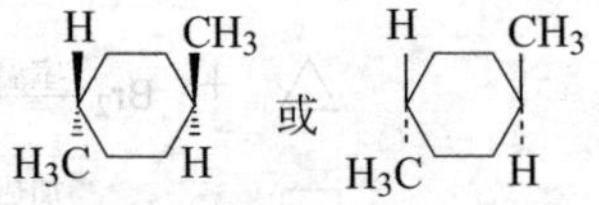
反-1,4-二甲基环己烷

(二) 环烷烃的构象

1. 环丙烷和环丁烷的构象

通过前面对环烷烃结构的介绍，可以知道，环烷烃中只有环丙烷是平面结构，其三个碳原子必须在同一平面上，它只有一种构象，任意两个碳原子上的 C—H 键都处于重叠式位置上，氢原子间存在着较强的排斥力，这种排斥力称为扭转张力（torsional strain）。除了前面所说的环张力之外，这种扭转张力的存在也是环丙烷不稳定的一个因素。图 2-15 为环丙烷的平面构象。

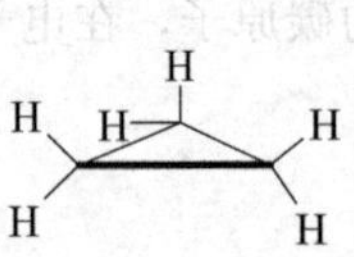
图 2-15　环丙烷的平面构象

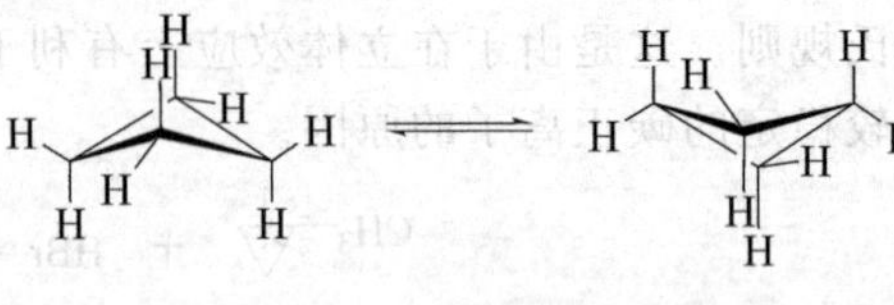
图 2-16　环丁烷的蝶式构象

经物理方法测定表明：环丁烷的四个碳原子不在同一平面内，呈折叠式构象，又称蝶式构象（见图 2-16），两翼上下摆动。成环的四个碳原子中三个分布在同一平面上，另一个处于这个平面之外。环丁烷的这种构象虽较平面构象能量有所降低，但环张力还是相当大的，所以环丁烷也是不稳定的化合物。

环丁烷的两个折叠式构象可通过平面构象互相转化，它们之间能垒很小，约为 6.3kJ/mol。在室温时分子的热运动所产生的能量（83.80kJ/mol）足以克服该能垒，所以构象的平衡混合物中也有平面型构象。

2. 环戊烷的构象

环戊烷如果采取平面结构，其碳碳键夹角将为 108°，非常接近正常的正四面体键角

109.5°，所以不存在环张力，但是这样的平面结构中，所有的氢原子都将处于全重叠式，存在较大的扭转张力。因此，环戊烷中五个碳原子并不在同一平面上，而是其中四个碳原子在一个平面上，另一个碳原子在这个平面的上方或下方，形成所谓“信封式”构象。这样，离开平面的 CH_2 与相邻碳原子以接近交叉式构象的方式连接，C—H 键的扭转张力减小，较为稳定，所以是环戊烷的优势构象。环上的每一个碳原子都可以依次离开平面，从一个信封式构象转换成另一个信封式构象。图 2-17 为环戊烷的信封式构象。

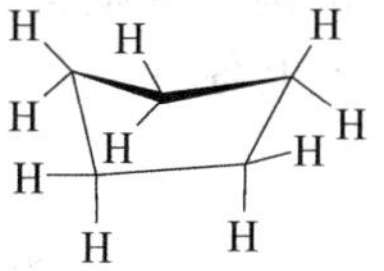

图 2-17　环戊烷的信封式构象

(a) 椅式　(b) 船式

图 2-18　环己烷的椅式和船式构象

3. 环己烷的构象

环己烷是脂环烃中最重要的结构。在自然界中，这是一种广泛存在的母体结构单元。在烷烃中，构象对于化学反应的影响并不突出，但在脂环烃中却影响甚大。

(1) 椅式与船式构象　在环己烷分子中，碳原子为 sp^3 杂化，六个碳原子不在同一平面内，碳碳键之间的夹角可以保持 109.5°，因此很稳定。环己烷有两种极限构象：一种像椅子，故叫做椅式（chair form）；另一种像船，则称为船式（boat form）。见图 2-18。

船式构象和椅式构象可以相互转变，它们不需要键的断裂，只要经过键的旋转，以及各种构象的过渡，即可达到二者的互变，并组成动态平衡体系。将椅式构象的一端翻转即变为船式构象；将船式构象的一个船头向下翻转，即变为椅式构象。但由于船式构象比椅式构象的能量高 24kJ/mol，所以在室温时 99.9%的环己烷以较稳定的椅式构象存在。

那么，为什么椅式构象比船式构象稳定呢？这个问题用纽曼投影式可以表示得比较清楚。将椅式构象的透视式改画成纽曼投影式时，可将透视式绕其立轴旋转，使 C_1、C_2、C_6 离观察者眼睛最近，C_3、C_4、C_5 离得最远。即可画出其投影式如下：

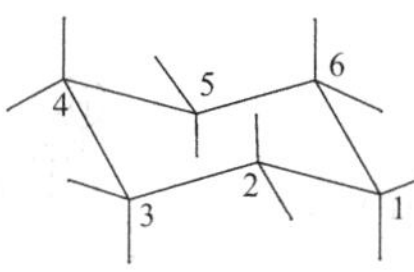

透视式

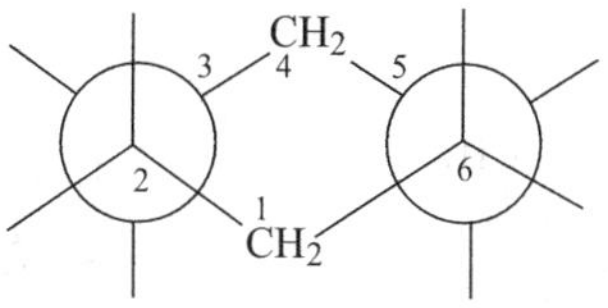
CH2
CH2

纽曼投影式

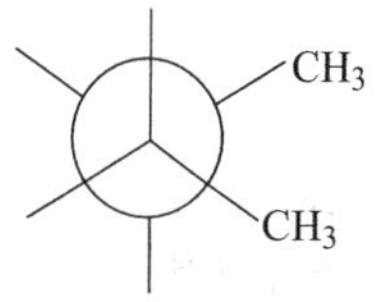
CH3
CH3

正丁烷的邻位交叉式

从椅式构象的纽曼投影式可以看出，椅式构象中任何两个相邻的碳原子上的氢原子都处在交叉式的位置上（类似于正丁烷的邻位交叉式构象）。它既没有角张力，又没有扭转张力，因此是环己烷多种构象中最稳定的构象。

同样，可将环己烷的船式构象改画成纽曼投影式：

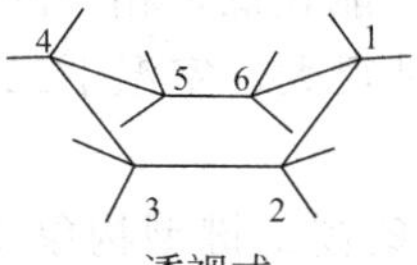

透视式

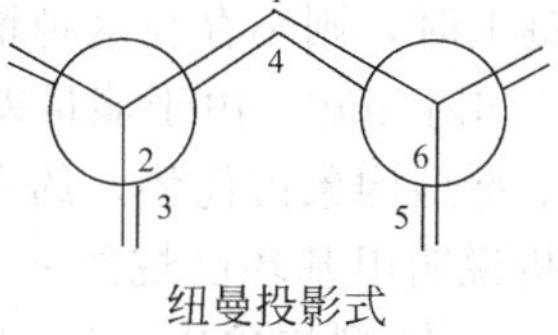

纽曼投影式

CH3
CH3

正丁烷的全重叠式

从船式构象的纽曼投影式可以看出，船式构象中 C_2 与 C_3、C_5 与 C_6 上的氢原子完全处于重叠式的位置上（类似于正丁烷的全重叠式构象），不稳定。另外，从透视式可以看出，船头

C_1 和船尾 C_4 碳原子上的氢原子都伸向环内，距离较近，会产生较大的斥力。这种由 C_2 与 C_3、C_5 与 C_6 上的重叠式氢原子及船头和船尾上氢原子之间产生的斥力（即为扭转张力），使得船式构象内能较高，不如椅式构象稳定，很容易转变为椅式构象。

（2）直立键与平伏键　进一步考察环己烷的椅式构象，环上的六个碳原子中，C_1、C_3 和 C_5，C_2、C_4 和 C_6 可看作两个相互平行的平面，这样环己烷的十二个碳氢键可以分为两种类型，其中六个是垂直于平面的，称为直立键（或竖键），简称为 *a* 键（axial bond），三个向上，三个向下，交替排列；另一组是伸向环外的六个碳氢键，称为平伏键（或横键），简称 *e* 键（equatorial bond），也是三个向上斜伸，三个向下斜伸。每个碳原子上各有一个 *a* 键、一个 *e* 键，若 *a* 键向上，则 *e* 键向下，在环中上下交替排列（见图 2-19）。

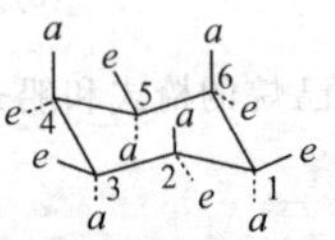

图 2-19　椅式构象中的直立键与平伏键

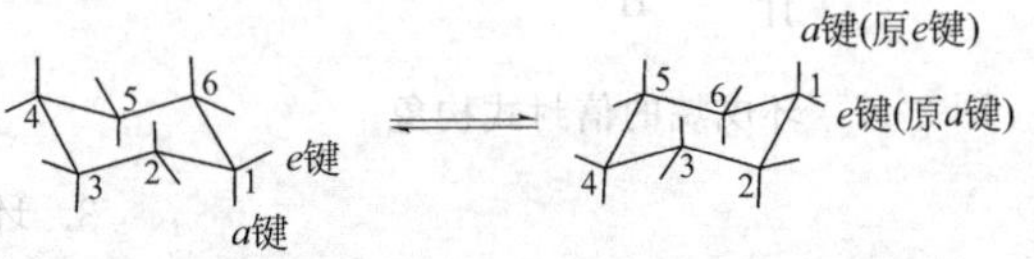

a键(原e键)
e键(原a键)
e键
a键

图 2-20　椅式构象中直立键与平伏键的互变

在室温下，环己烷的一个椅式构象可通过 C—C 键转动转变为另一种椅式构象，并达到两种椅式构象之间的平衡。这种构象的互变，叫转环作用（ring inversion）。发生这种转变时，一种椅式构象中的每一个直立键（*a* 键）都随之转变为另一种椅式构象中的平伏键（*e* 键），同时，每一个平伏键也变成了直立键，反之亦然（见图 2-20）。环己烷两个椅式构象之间的转环作用，是由于分子热运动而产生的，并不经过碳碳键的断裂。这种转环作用，在室温下就能进行，每秒钟可转环 $10 \sim 10^4$ 次。但是，当环上连有取代基时，转环速度就会减慢。特别是如果连有像叔丁基这样大的基团时，转环作用就可受到控制。

4. 一元取代环己烷的构象

当环己烷的一个氢原子被其他原子和基团取代后，生成一元取代环己烷。例如甲基环己烷。取代基可以在直立键上，也可以在平伏键上，即甲基环己烷可以有两种不同的椅式构象。甲基在直立键上的称为 *a* 键型，在平伏键上的称为 *e* 键型。甲基环己烷的两种不同椅式构象见图 2-21。

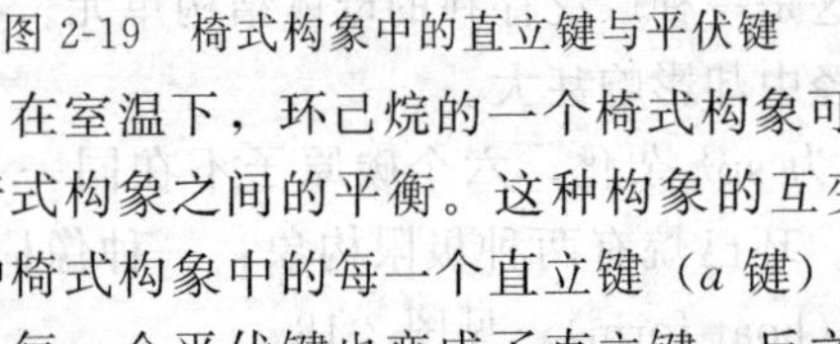

e键型
a键型

图 2-21　甲基环己烷的两种不同椅式构象

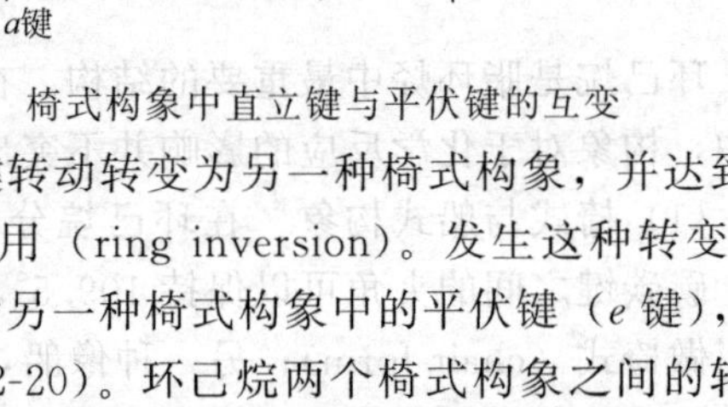

e键型
a键型

图 2-22　甲基环己烷两种构象中基团间的斥力

甲基环己烷究竟以哪一种椅式构象为主，则取决于这两种构象的稳定性。甲基在 *a* 键上时，它和处于环同侧的 C_3、C_5 上两个 *a* 键氢原子距离比较近，会受到这两个氢原子的斥力（见图 2-22），因此内能较高，不稳定。显然，*a* 键上取代基的体积越大，产生的斥力就越大，这种构象就越不稳定。而甲基在 *e* 键上时，则不存在这种情况，内能较低，相应的构象就比较稳定。这两种构象的能量相差大约 7.6kJ/mol。由于能量差别不是很大，室温下二者可相互转换而达到动态平衡，其中较稳定的 *e* 键型构象占优势，约占 95%。

此外还可以从纽曼投影式来分析说明甲基环己烷的 *e* 键型构象较 *a* 键型构象稳定的原因。从纽曼投影式可以看出（见图 2-23），*e* 键型构象中，C_1 上甲基与 C_6 上亚甲基处于对位交叉的位置；而 *a* 键型构象中，C_1 上甲基与 C_6 上亚甲基则处于邻位交叉的位置。显然，前者比后者具有更高的稳定性。

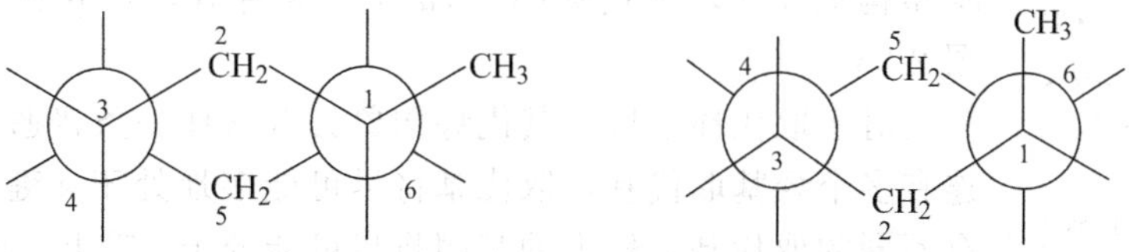
CH2
CH3
CH2
CH2
CH3
CH2

*e*键型　　　　*a*键型

图 2-23　甲基环己烷两种椅式构象的纽曼投影式

不仅是甲基环己烷，对于其他一元取代的环己烷，都具有同样的规律：存在 *e* 键型和 *a* 键型两种椅式构象，且 *e* 键型构象的稳定性较 *a* 键型的高。其稳定性的差别与取代基的体积有关。取代基的体积愈大，两种构象稳定性差别就愈大。例如取代基为叔丁基时，在室温下 *e* 键型构象几乎占到 100%。

5. 二元取代环己烷的构象

二元取代环己烷的构象情况比较复杂，因为它同时存在位置异构和顺反异构。下面以二甲基环己烷为例，对这些异构体分别进行讨论。

(1) 1,2-二甲基环己烷的构象　对于反式 1,2-二甲基环己烷而言，这两个甲基可以都处在 *e* 键上或都处在 *a* 键上，分别称为 *ee* 型构象和 *aa* 型构象。根据前面的分析，显然，*ee* 型构象要比 *aa* 型构象稳定。因此反式 1,2-二甲基环己烷主要以 *ee* 型构象存在。

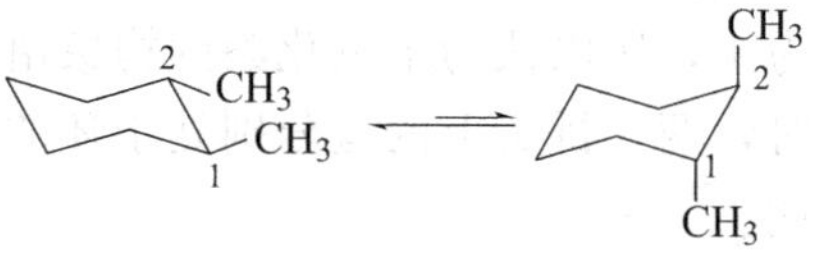
CH3
CH3
CH3
CH3

*ee*型构象　　　　*aa*型构象

而对于顺式 1,2-二甲基环己烷，这两个甲基必然有一个处于 *e* 键上，另一个处于 *a* 键上，都得到 *ea* 型构象。显然，这两个 *ea* 型构象的键能相同，稳定性相同。即顺式 1,2-二甲基环己烷都以 *ea* 型构象存在。

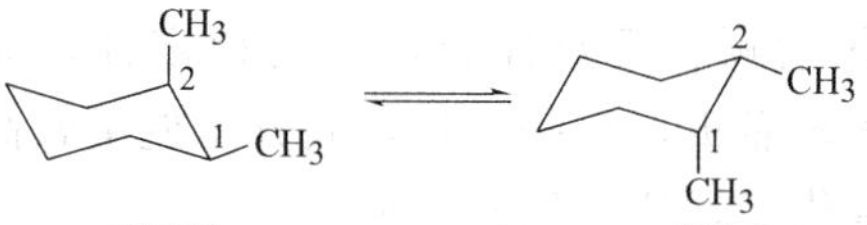
CH3
CH3
CH3
CH3

*ea*型构象　　　　*ea*型构象

对于 1,2-二甲基环己烷所有可能的构象来说，*ee* 型构象最稳定，*ea* 型构象次之，*aa* 型构象最不稳定。这也说明 1,2-二甲基环己烷的反式比顺式稳定。

(2) 1,3-二甲基环己烷的构象　对于反式 1,3-二甲基环己烷，两个取代基只能是一个在 *e* 键上，另一个在 *a* 键上（为 *ea* 型构象）。而顺式 1,3-二甲基环己烷中，两个取代基可以都位于 *e* 键上（为 *ee* 型构象），或者都位于 *a* 键上（为 *aa* 型构象）。*ee* 型构象的内能比 *aa* 型构象的低，是顺式的优势构象（见图 2-24）。显然，1,3-二甲基环己烷的顺式比反式稳定。

(3) 1,4-二甲基环己烷的构象　与 1,2-二甲基环己烷类似，反式 1,4-二甲基环己烷主要以

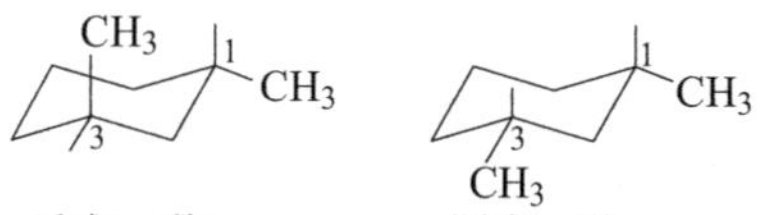
CH3
CH3
CH3
CH3

反式(*ea*型)　　顺式(*ee*型)

图 2-24　1,3-二甲基环己烷的优势构象

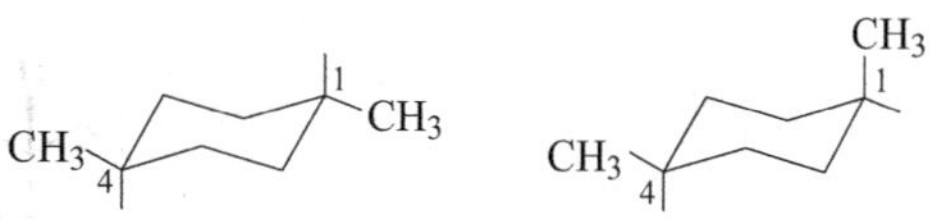
CH3
CH3
CH3
CH3

反式(*ee*型)　　顺式(*ea*型)

图 2-25　1,4-二甲基环己烷的优势构象

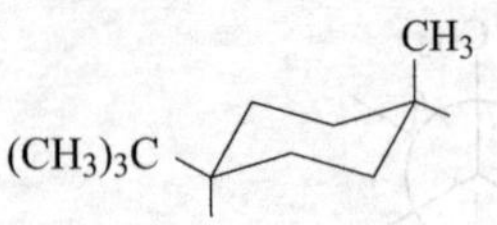
CH3
(CH3)3C

图 2-26 顺 1-叔丁基-4-甲基环己烷的优势构象

ee 型构象存在，顺式则都以 *ea* 型构象存在，反式比顺式更稳定。见图 2-25。

对于取代环己烷，其优势构象具有这样一条普遍规律：如果环上连有多个烃基取代基，取代基将尽可能多地处于 *e* 键上；如果环上连有不同的取代基，较大的基团将尽可能处于 *e* 键上。例如顺 1-叔丁基-4-甲基环己烷（见图 2-26），其优势构象是叔丁基在 *e* 键上、甲基在 *a* 键上的 *ea* 型构象。

习题 2-20 写出下列化合物稳定构象的透视式。

（1）异丙基环己烷　　（2）顺-1-甲基-2-异丙基环己烷

（3）反-1-甲基 2-异丙基环己烷　　（4）反-1-乙基-3-叔丁基环己烷

习题 2-21 写出 1,1-二甲基-3-乙基环己烷的构象异构体，并指出其中稳定的构象和不稳定的构象。

习题 2-22 写出六六六(1,2,3,4,5,6-六氯环己烷）所有异构体的稳定构象，并指出其中哪一个异构体最稳定。

---

6. 十氢化萘的构象

二环［4.4.0］癸烷又名十氢化萘（decalin)，由两个环己烷环稠合而成，有顺、反两种异构体。由于环己烷以椅式构象为主，所以认为十氢化萘的构象由两个椅式六元环稠合而成。反式十氢化萘即两个六元环稠合时，两个桥头上的氢分别处于环的两侧；顺式即两环稠合时，两个桥头上的氢都处于环的同一侧。

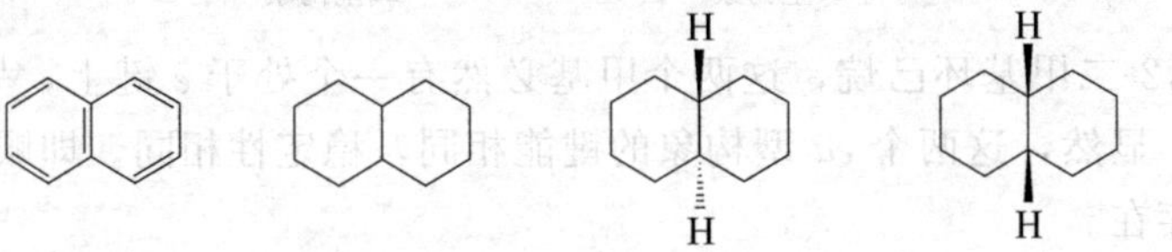
H
H
H
H

萘　　十氢化萘　　反式十氢化萘　　顺式十氢化萘

从构象上可以分析十氢化萘顺、反两种异构体的稳定性，见图 2-27。顺式十氢化萘中，环下方几个 *a* 键上的氢原子比较靠拢，有些拥挤，故分子能量较高，比较不稳定。也可以把两个环互相看作是环上的两个取代基，那么反式中两个取代基都在 *e* 键上，属 *ee* 型；而顺式中则一个在 *e* 键上，另一个在 *a* 键上，属 *ea* 型。显然，反式比顺式稳定。从燃烧热数据也可说明这一点，反式的燃烧热要比顺式低 8.8kJ/mol。

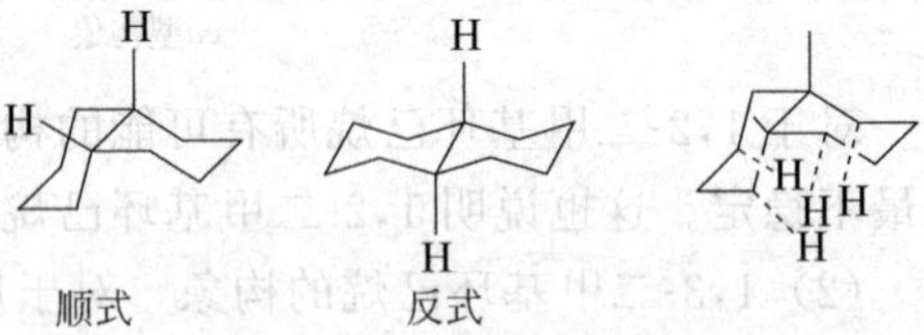
H
H
H
H
H
H
顺式
反式

图 2-27 十氢化萘的构象

同样，对于十氢化萘取代物，取代基一般处于 *e* 键较稳定。对于多环化合物，椅式构象最多的构象较稳定。

习题 2-23 写出下列化合物的优势构象：

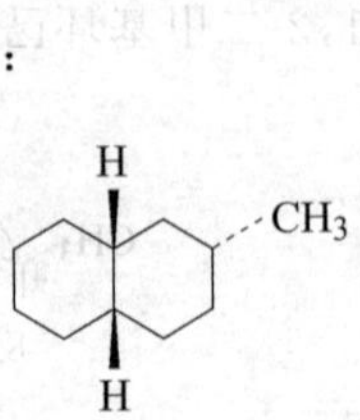
H
CH3
H

习题 2-24 比较下列两个化合物的稳定性：

（1） 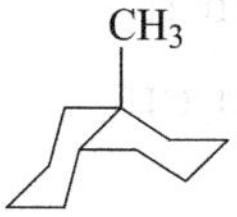　　（2） 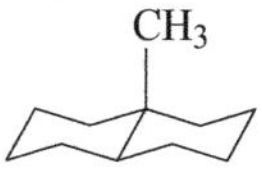

习　题

1. 命名下列化合物：

（1） $(CH_3)_2CHCH_2CH_2CH_3$　　（2） $(CH_3CH_2)_4C$

（3） $(CH_3)_2CHCH_2CH_2CH(CH_3)_2$　　（4） 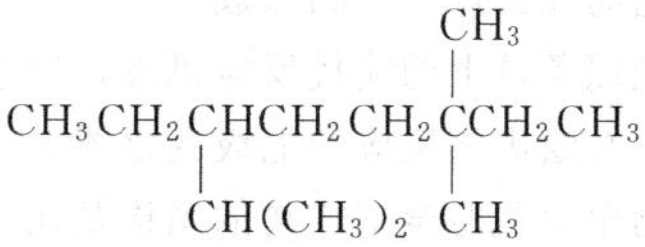

（5） $(CH_3)_3CCH_2CH_2CH_2CH_3$　　（6） $(CH_3)_2CHCH_2CH_2CH_2CH(CH_2CH_3)_2$

（7） 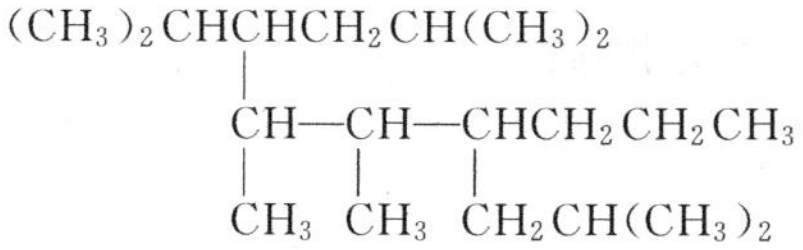　　（8） 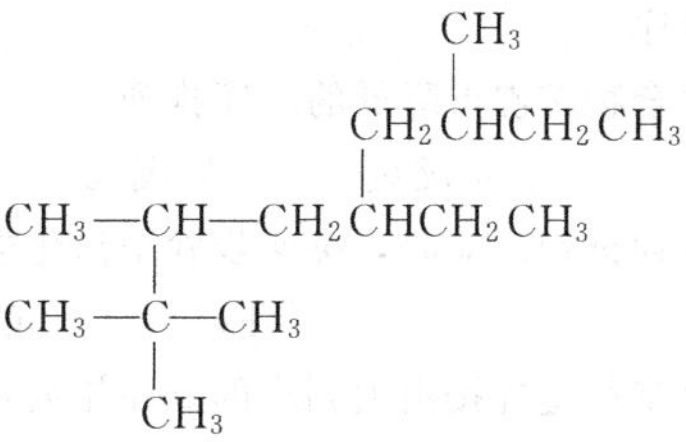

（9） 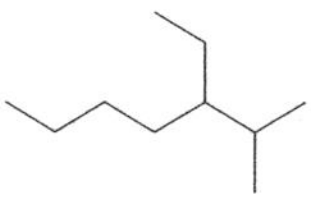　　（10） 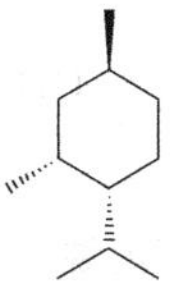　　（11） 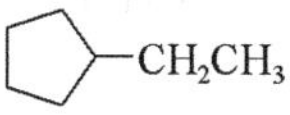

（12） 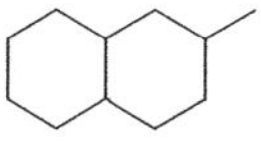　　（13） 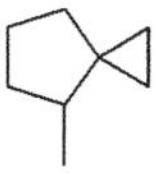　　（14） 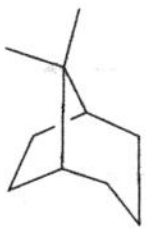

（15） 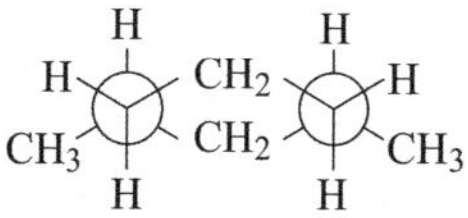　　（16） 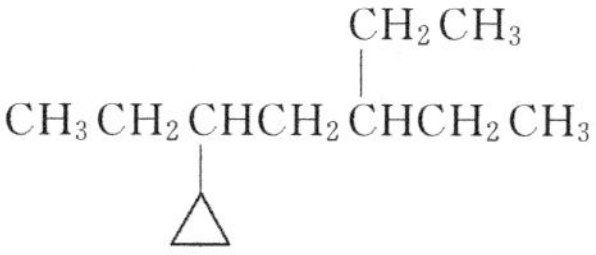

（17） 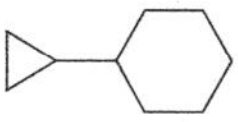　　（18） 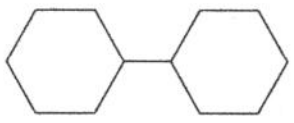

2. 写出下列化合物或烷基的构造式：

（1） 3-乙基戊烷　（2） 2,2,4,4-四甲基己烷　（3） 4-异丙基壬烷　（4） 异庚烷
（5） Et　（6） *i*-Pr　（7） *sec*-Bu　（8） 异戊基
（9） 新戊基　（10） 仲丁基　（11） 顺-1,3-二乙基环戊烷
（12） 反-1,2-二甲基环丙烷　（13） 二环[2.2.0]己烷　（14） 2,7,7-三甲基二环[2.2.1]庚烷
（15） 1-甲基-4-异丙基环己烷　（16） 反-1-甲基-4-异丙基环己烷　（17） 6-甲基螺[3.4]辛烷
（18） 顺式十氢化萘　（19） 丁烷的典型构象（Newman 式），并指出最不稳定的一种
（20） 顺-1-甲基-3-乙基环己烷的最稳定构象（透视式）
（21） 反-1-甲基-4-叔丁基环己烷的最稳定构象（Newman 式）

3. 标出下列化合物中每个碳原子的类型：

(1) 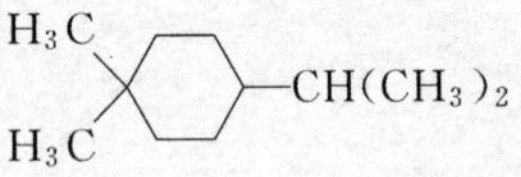

(2) 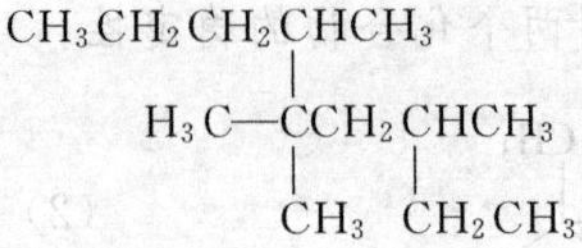

(3) 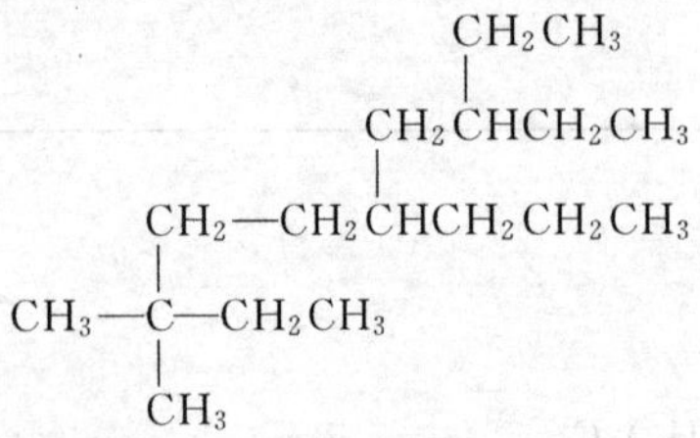

(4) 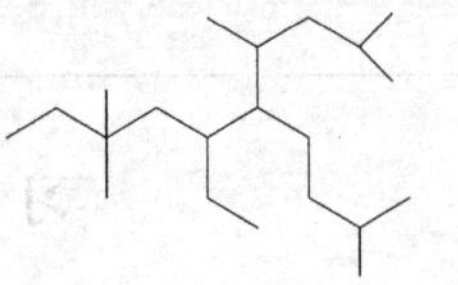

4. 用杂化轨道理论简述乙烷分子的形成。

5. 写出叔丁烷在光照条件下的溴代反应机理，描述反应中心碳原子杂化形式的变化过程，说明该反应可以认为产物为一个，并绘出该反应的能级变化图。

6. 预测下列化合物单氯代时全部产物的结构及比例。

(1) 正己烷 (2) 异己烷 (3) 2,2-二甲基丁烷 (4) 甲基环丁烷

7. 按指定要求排序。

(1) 将下列化合物按沸点降低的顺序排列：

正戊烷　　异戊烷　　正戊醇　　正戊酸　　正己烷

(2) 甲烷与下列试剂反应时，决速步骤中活化能按由大到小的顺序排列：

F_2　　Cl_2　　Br_2　　I_2

(3) 下列自由基稳定性按由大到小的顺序排列：

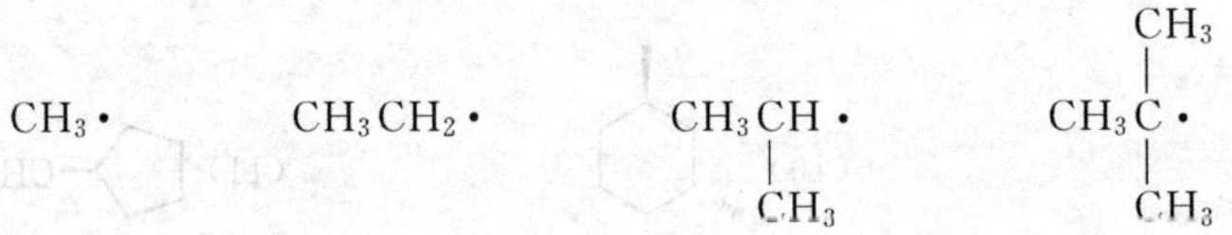

8. 用化学方法鉴别环戊烷、甲基环丁烷、1,2-二甲基环丙烷。

9. 完成下列反应式。

(1) $CH_4 + Cl_2$（过量）$\longrightarrow$

(2) $CH_3CH_3 \xrightarrow[\text{光照，127℃}]{Br_2\text{（1mol）}}$

(3) $CH_3(CH_2)_5CH_2Br \xrightarrow[\triangle]{Na}$

(4) 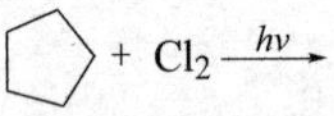

(5) 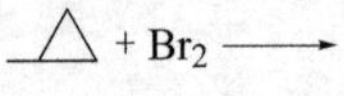

(6) 

(7) 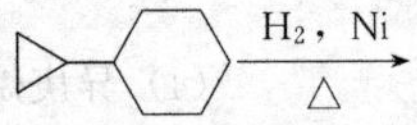

10. 写出分子式为 C_8H_{18}、分子中的氢原子完全为伯氢的结构。

11. 写出相对分子质量为 72、二溴代物有两个的烷烃结构。

12. 有 A、B、C、D 四个互为同分异构体的饱和脂环烃。A 是含一个甲基、一个叔碳原子及四个仲碳原子的脂环烃；B 是最稳定的环烷烃；C 是具有两个不同的取代基，有顺、反异构体的环烷烃；D 是只含有一个乙基的环烷烃。试写出 A、D 的结构式，B 的优势构象，C 的顺、反异构体。

13. 化合物 A(C_6H_{12})，室温下不能使高锰酸钾水溶液褪色，与氢碘酸反应得 B($C_6H_{13}I$)。A 氢化后得 3-甲基戊烷，推测 A 和 B 的结构式。

14. 叔丁基过氧化物是一个稳定而便于操作的液体，可作为一个方便的自由基来源：

$$(CH_3)_3CO—OC(CH_3)_3 \xrightarrow[\text{或光}]{130℃} 2(CH_3)_3CO\cdot$$

异丁烷和四氯化碳的混合物在130～140℃时十分稳定。假如加入少量的叔丁基过氧化物就会发生反应，主要生成叔丁基氯和氯仿，同时也有少量的叔丁醇 $(CH_3)_3COH$ 生成，其量相当于所加的过氧化物。试写出这个反应的可能的所有步骤。

15. 简要回答下列问题：

(1) 直链烷烃的熔点和沸点都比同碳原子的支链烷烃高？

(2) 为什么汽油着火时不能用水作为灭火剂？

(3) 下列两个化合物中哪一个具有较大的旋转能垒？为什么？

$$(CH_3)_3C—C(CH_3)_3 \qquad (CH_3)_3Si—Si(CH_3)_3$$

(4) 为什么 1,2-二溴乙烷的偶极矩随温度的下降而减小？

(扬州大学，颜朝国)

第三章　烯　烃

烯烃(alkenes)是一类含有碳碳双键（C═C）的碳氢化合物。含有一个碳碳双键的烯烃叫做单烯烃，又称烯烃。链状单烯烃比同碳的直链烷烃少两个氢原子，其通式为 C_nH_{2n}。含有多于一个碳碳双键的烯烃称为多烯烃。碳碳双键是烯烃的官能团。

第一节　烯烃的结构

一、烯烃的结构

最简单的烯烃是乙烯，分子式为 C_2H_4。电子衍射等现代物理方法测定证实，乙烯分子中的所有原子均在同一平面上，碳碳键的键长为 134pm，比乙烷分子中碳碳键的键长（154pm）短，H—C—H 键角和 H—C—C 键角分别为 116.7°和 121.6°，如图 3-1 所示。

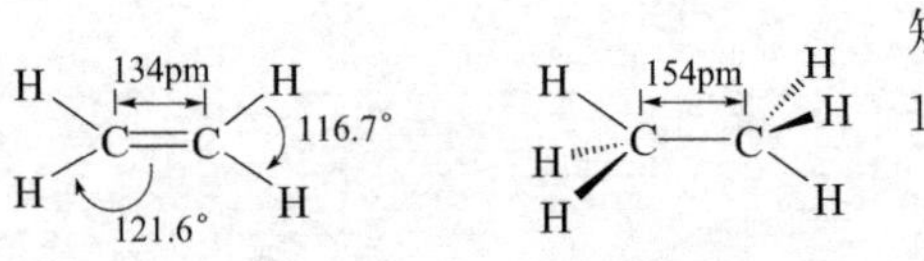
134pm
116.7°
121.6°
154pm

图 3-1　乙烯分子的键长和键角

1. 杂化轨道理论对乙烯结构的解释

杂化轨道理论认为，组成乙烯分子的两个碳原子分别是以一个 2s 轨道和两个 2p 轨道进行杂化，各组成三个能量相等的 sp^2 杂化轨道。sp^2 杂化轨道的形状与 sp^3 杂化轨道的形状相似，也是不对称的葫芦形，只是小的一头比 sp^3 杂化轨道略小，大的一头比 sp^3 杂化轨道略大。三个 sp^2 杂化轨道的对称轴分布在同一平面上，以碳为中心，分别指向三角形的三个顶点，对称轴的夹角为 120°，每个碳原子没有参加杂化的 2p 轨道，仍保持原来的形状，其对称轴垂直于三个 sp^2 杂化轨道的对称轴所在的平面。如图 3-2 所示。

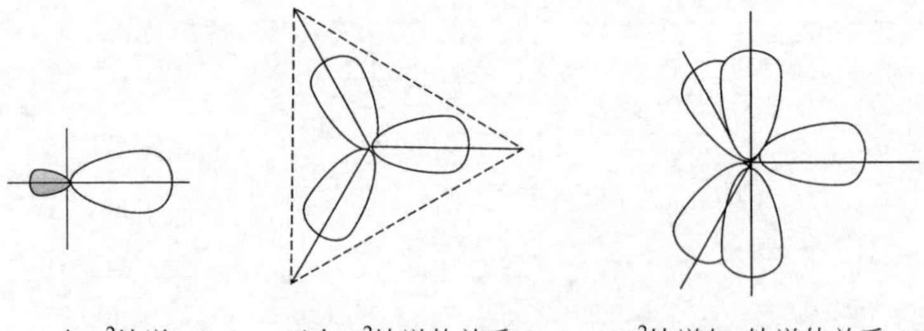
一个sp²轨道
三个sp²轨道的关系
sp²轨道与p轨道的关系

图 3-2　乙烯分子的三个 sp^2 杂化轨道的形状

形成乙烯分子时，成键的两个碳原子各以一个 sp^2 杂化轨道彼此重叠，形成一个 C—C σ 键，各以另外两个 sp^2 轨道和四个氢原子的 s 轨道重叠，形成四个 C—H σ 键。两个碳原子上未参加杂化的 p 轨道，当乙烯分子中的五个 σ 键都处在同一平面即所有原子在同一平面时，能侧面肩并肩重叠成键。这种由 p 轨道侧面重叠形成的共价键叫做 π 键。如图 3-3 所示。

π 键是由两个 p 轨道肩并肩重叠而成的，重叠程度没有头对头重叠形成的 σ 键大，从而键能比 σ 键小。乙烯分子中碳碳双键是由一个 σ 键和一个 π 键组成的，因此碳碳双键比碳碳单键的键能要大，但其强度并不是碳碳单键的两倍。实验测得乙烯分子中碳碳双键的键能为

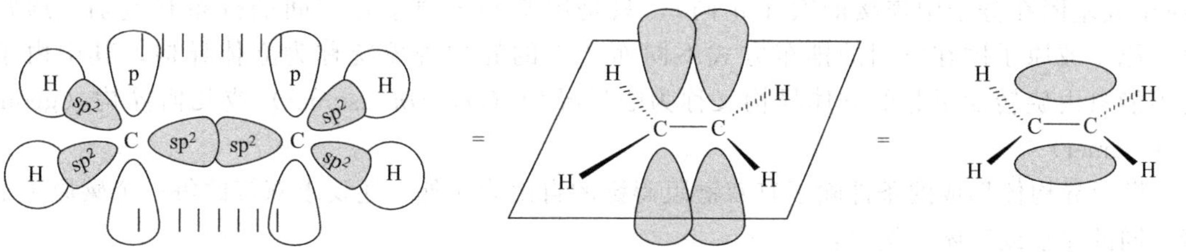
H
H
H
H
p
p
sp2
sp2
sp2
sp2
sp2
sp2
C
C
=
H
H
H
H
C
C
=
H
H
H
H
C
C

图 3-3　乙烯分子结构中的 σ 键和 π 键

611kJ/mol，碳碳单键的键能（乙烷）为 347kJ/mol，两者差值约为 264kJ/mol（< 347kJ/mol），即为 π 键的键能。乙烯分子中的 π 键是由 p 轨道侧面重叠而成，只有当 p 轨道互相平行时才能进行最大程度的重叠，形成稳定的化学键，因此碳碳双键不能像碳碳单键那样能自由旋转。

2. 分子轨道理论对乙烯结构的解释

分子轨道理论认为，两个碳原子的 p 轨道可以通过线性组合形成两个分子轨道，一个是 π 成键轨道，另一个是 π* 反键轨道。在基态时，两个 p 轨道的两个电子填充到能量低的 π 成键轨道中，形成了 π 键。反键轨道比成键轨道多一个节面，能量较高，在基态时，反键轨道是空的。如图 3-4 所示。

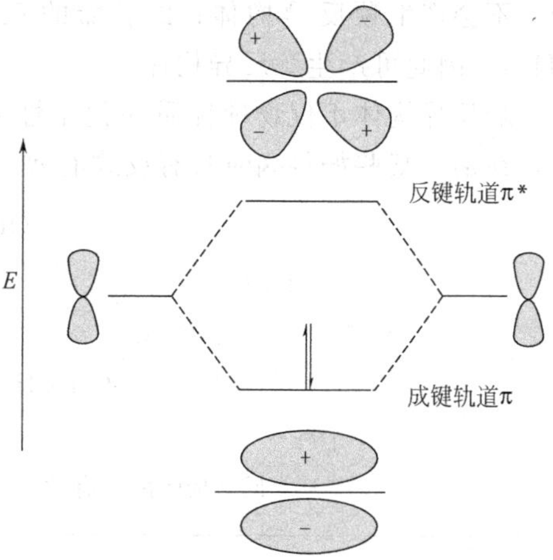
+
−
−
+
反键轨道π*
E
成键轨道π
+
−

图 3-4　乙烯分子的 π 成键轨道和 π* 反键轨道形成示意图

其他烯烃的形成与乙烯相似，分子结构中的双键也都是由一个 σ 键和一个 π 键组成。如丙烯分子中的三个碳原子和双键上的氢原子在同一平面上，碳碳双键的键长为 134pm，H—C═C 键角和 C═C—C 键角分别为 121.5°和 124.3°。π 键的电子云暴露在分子平面的上方和下方，受核的束缚较小，具有较大的流动性，易受到亲电试剂的进攻，具有较大的反应活性。

二、同分异构现象

1. 构造异构

烯烃的构造异构比烷烃复杂得多，除了与烷烃有相同的碳干异构外，还有碳碳双键在碳干上的位置不同引起的异构，如四个碳原子的烯就有碳干异构体和双键位置异构体三个。

$CH_2{=}CHCH_2CH_3$	$CH_3CH{=}CHCH_3$	$CH_2{=}C(CH_3)CH_3$
1-丁烯	2-丁烯	2-甲基-1-丙烯

随着碳原子数目的增加，烯烃的异构体的数目会增加得更多。

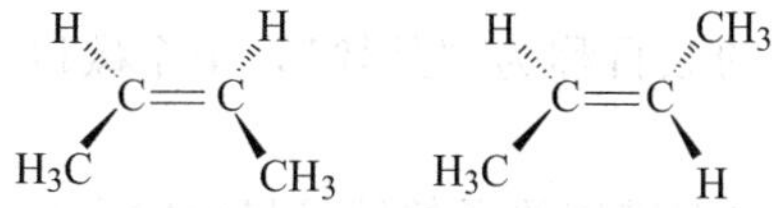
H
H
C═C
H3C
CH3
H
CH3
C═C
H3C
H

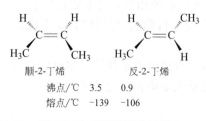

	顺-2-丁烯	反-2-丁烯
沸点/℃	3.5	0.9
熔点/℃	−139	−106

图 3-5　2-丁烯的顺反异构

2. 顺反异构

π 键是 p 轨道侧面重叠形成的，以双键相连的两个碳原子之间不能自由旋转，当双键的两个碳原子都与不同的基团相连时，烯烃就会产生一对顺反异构体。如 2-丁烯（见图 3-5），两个甲基在 π 键平面的同侧（两个氢原子在同一侧），称为顺-2-丁烯；两个甲基在 π 键平面的异侧，称为反-2-丁烯。这两个异构体的构造是相同的

（原子或基团在分子中连接的次序相同），只是甲基和氢原子在空间的排布有差别。通常把由于原子或原子团在空间的排布方式不同而产生的异构现象统称为立体异构，其中由于双键不能自由旋转而引起的立体异构又称为顺反异构（*cis-trans* isomer）或几何异构（geometrical isomer）。

顺反异构体形成的条件除了有双键阻碍键的自由旋转外，还要求双键的每一个碳原子上连接不同的原子或基团。例如：

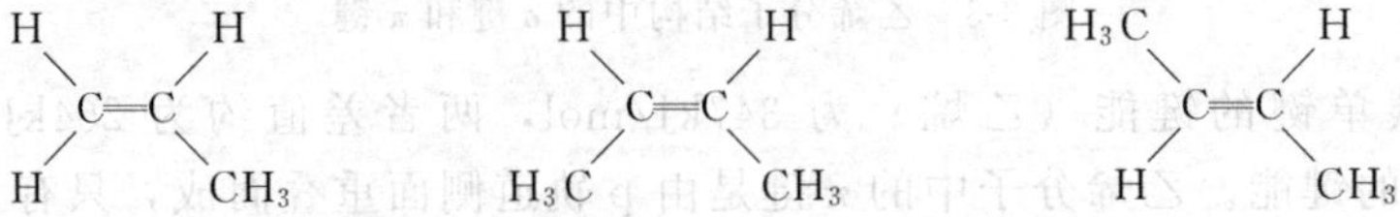

由于丙烯 1 位碳上连接的两个原子皆为氢原子，因此 2 位的甲基在任一边皆为同一化合物，不会产生顺反异构体；2-丁烯的双键每一个碳上都连接着不同的原子或基团（H 与 CH_3），因此可产生顺反异构体。

顺反异构体不仅物理性质和化学性质有差别，生理活性也有差别。如己烯雌酚顺反异构体，在治疗某些妇科病时只有反式有效。

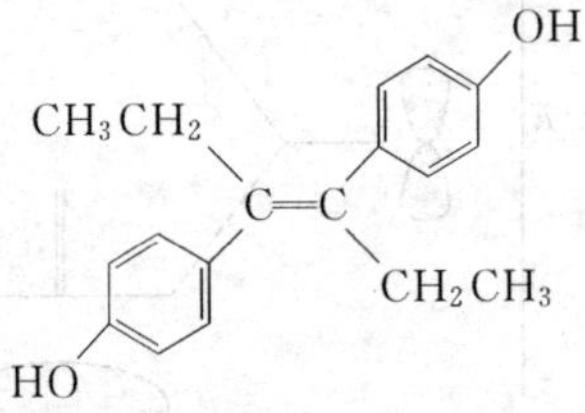

反己烯雌酚（有效）

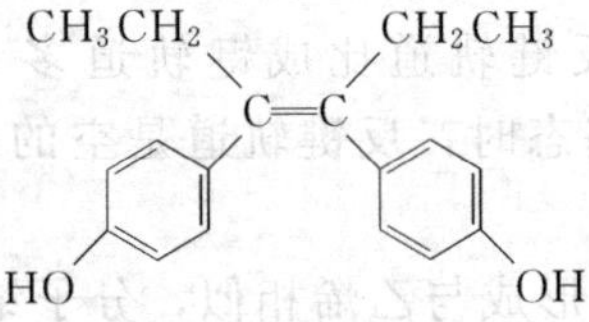

顺己烯雌酚（无效）

习题 3-1　比较 σ 键和 π 键的性质有何不同。

习题 3-2　写出分子式为 C_6H_{12} 的烯烃的所有可能异构体。

第二节　烯烃的命名

一、普通命名法

简单的烯烃可用普通命名法命名，与烷烃相似，将“烷（ane）”改为“烯（ylene）”即可。

$CH_2{=}CH_2$　乙烯（ethylene）

$CH_2{=}CHCH_3$　丙烯（propylene）

$CH_2{=}C(CH_3)CH_3$　异丁烯（isobutylene）

二、系统命名法（IUPAC）

烯烃的命名一般采用系统命名法（IUPAC），其命名原则与烷烃相似，基本要点如下：

（1）选择含双键在内的最长碳链为主链，依主链碳原子的数目称为“某烯”，十个碳以上用汉语数字表示，再加“碳”字；

（2）从最靠近双键的一端开始，对主链碳原子依次编号（双键碳原子的编号尽可能小）；

（3）将双键的位置标明在烯烃名称的前面（只写出双键碳原子中位次较小的一个）；

（4）其他同烷烃的命名原则。

烯烃的命名也体现了“最长”和“最近”的原则，所谓“最长”即选择含双键在内的最长碳链为主链，“最近”即为从最靠近双键的碳链的一端对主链进行编号。

$H_2C{=}CH{-}CH_2{-}CH_3$

1-丁烯（1-butene）

$H_3C{-}CH{=}CH{-}CH_3$

2-丁烯（2-butene）

$\overset{1}{C}H_2{=}\overset{2}{C}H\overset{3}{C}H_2\overset{4}{C}H_2\overset{5}{C}H_3$

1-戊烯（1-pentene）

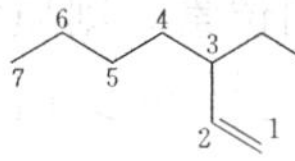

6
4
3
7
5
2
1

3-正丙基-1-庚烯（3-propyl-1-heptene）

$CH_2{=}CH(CH_2)_9CH_3$

1-十二碳烯（1-dodecene）

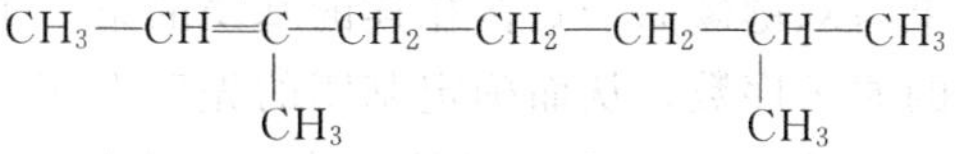

CH₃—CH═C—CH₂—CH₂—CH₂—CH—CH₃
CH₃
CH₃

3,7-二甲基-2-辛烯（3,7-dimethyl-2-heptene）

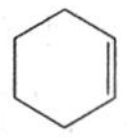

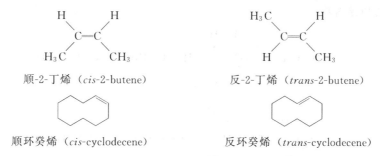

环己烯
(cyclohexene)

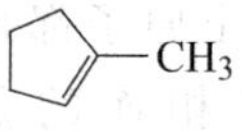

CH₃

1-甲基环戊烯
(1-methyl cyclopentene)

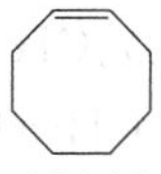

环辛烯
(cyclooctene)

烯烃去掉一个氢原子后剩下的基团叫做烯基。烯基的编号从带有自由价的碳原子开始，其英文名称用词尾“enyl”代替相应烷基词尾“yl”。常见的烯基如下：

	$H_2C{=}CH{-}$	$CH_3CH{=}CH{-}$	$H_2C{=}CH{-}CH_2{-}$
普通命名法	乙烯基（vinyl）	丙烯基（propenyl）	烯丙基（allyl）
系统命名法	乙烯基（ethenyl）	1-丙烯基（1-propenyl）	2-丙烯基（2-propenyl）

注意丙烯基和烯丙基结构的差异，而且丙烯基和烯丙基是 IUPAC 允许使用的俗名。

顺反异构体的命名只需将顺（*cis*-）或反（*trans*-）写在全名的前面即可。

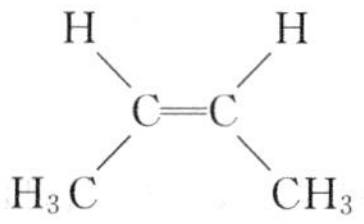

H
H
C═C
H₃C
CH₃

顺-2-丁烯（*cis*-2-butene）

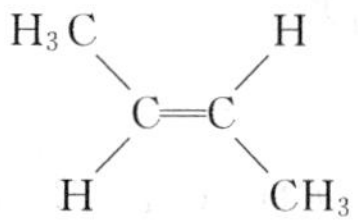

H₃C
H
C═C
H
CH₃

反-2-丁烯（*trans*-2-butene）

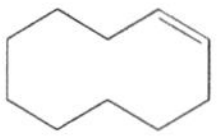

顺环癸烯（*cis*-cyclodecene）

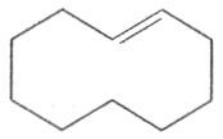

反环癸烯（*trans*-cyclodecene）

三、*Z*、*E* 命名法

当双键的两个碳原子连接有四个不同的基团时，如下列两个异构体（a）和（b）：

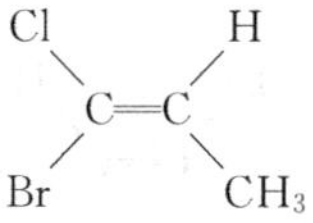

Cl
H
C═C
Br
CH₃

（a）

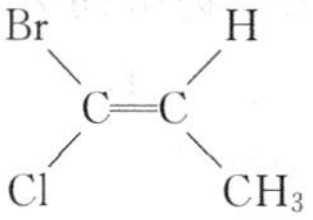

Br
H
C═C
Cl
CH₃

（b）

这时无法用“顺”或“反”表示化合物的构型。对于这类烯烃，可用 *Z*、*E* 的方法来表示异构体的构型。按次序规则，双键每个碳原子上的两个原子（或基团）的优先基团在同一侧叫 *Z* 型（德文，Zusammen，在一起之意）；在异侧的叫 *E* 型（德文，Entgegen，相反之意）。如上例中 Br 原子序数比 Cl 原子序数大，因而说 Br 比 Cl 优先；CH_3 中 C 原子序数比 H 原子序数大，CH_3 比 H 优先。异构体（a）中两个优先原子或基团（Br 和 CH_3）在同侧，因此是 *Z* 型；（b）中两个优先原子或基团在异侧，故为 *E* 型。

Z、E 命名法是根据双键碳原子所连接的基团在“次序规则”中的先后次序来决定一个化合物的 Z、E 构型。“次序规则”的主要内容如下：

（1）如果与双键碳原子直接相连的原子是不相同的，比较原子的原子序数，原子序数较大的原子较优先；若是同位素，则质量数大的优先。例如：

$$I > Br > Cl > S > P > F > O > N > C > D > H$$

$$—Br > —OH > —NH_2 > —CH_3 > H$$

（2）如果与双键碳原子直接相连的基团的第一个原子相同，则要依次比较相连的第二、第三……原子的原子序数，从而确定基团的先后次序。

例如 CH_3—和 CH_3CH_2—的第一个原子都是碳，在 CH_3—中，与碳相连的是 H、H、H，在 CH_3CH_2—中，与碳相连的是 C、H、H，因此 CH_3CH_2—优先于 CH_3—。又如 $CH_3CH_2CH_2$—和 $(CH_3)_2CH$—的第一个原子都是碳，在 $CH_3CH_2CH_2$—中，与碳相连的是 C、H、H，在 $(CH_3)_2CH$—中，与碳相连的是 C、C、H，因此 $(CH_3)_2CH$—优先于 $CH_3CH_2CH_2$—。几个常见的烃基的优先顺序为：

$$(CH_3)_3C— > CH_3CH_2CH(CH_3)— > (CH_3)_2CH— > (CH_3)_2CHCH_2— > CH_3CH_2CH_2CH_2— >$$
$$CH_3CH_2CH_2— > CH_3CH_2— > CH_3—$$

（3）当取代基为不饱和基团时，则把双键或三键当作两个或三个单键看待。例如：$—CH{=}CH_2$

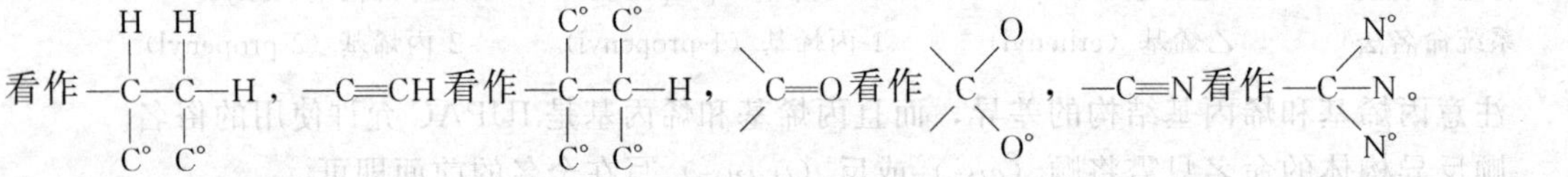
看作
，—C≡CH 看作
，
C=O 看作
，—C≡N 看作
。

比较乙烯基和异丙基：

—CH=CH₂ 即 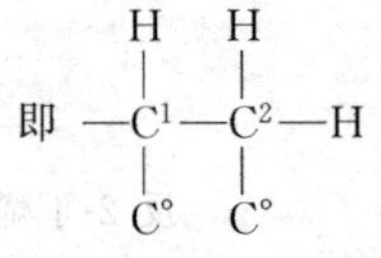 $C^1(C,C,H),C^2(C,H,H)$

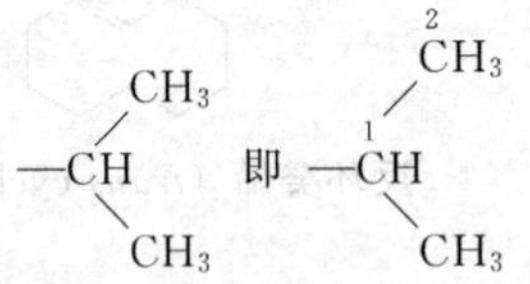 $C^1(C,C,H),C^2(H,H,H)$

可得出乙烯基优先于异丙基。

依据次序规则，下列化合物可命名为：

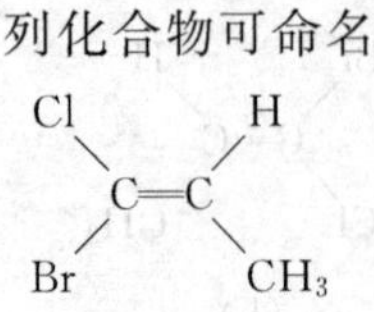

(Z)-1-氯-1-溴丙烯

(Z)-1-bromo-1-chloropropene

$$\underset{\overset{|}{Cl}}{\overset{\overset{|}{Br}}{C}}=\underset{\overset{|}{CH_3}}{\overset{\overset{|}{H}}{C}}$$

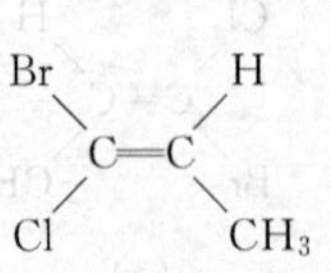

(E)-1-氯-1-溴丙烯

(E)-1-bromo-1-chloropropene

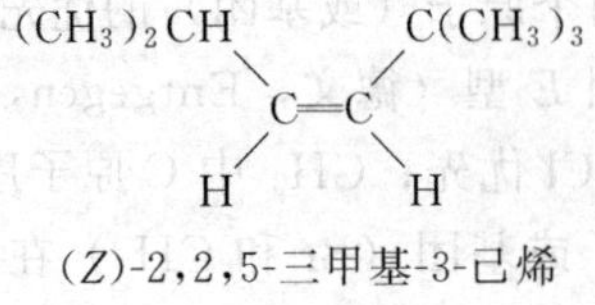

(Z)-2,2,5-三甲基-3-己烯

(Z)-or *cis*-2,2,5-trimethyl-3-hexene

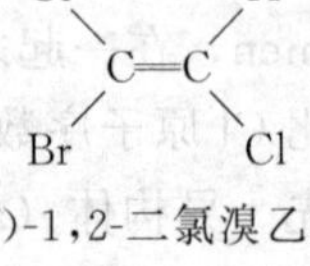

(Z)-1,2-二氯溴乙烯

(Z)-or *trans*-1-bromo-1,2-dichloroethylene

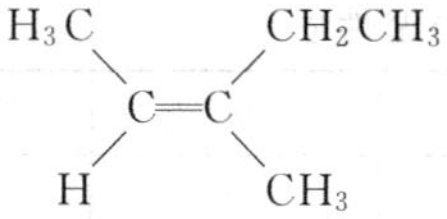

(*Z*)-3-甲基-2-戊烯

反-3-甲基-2-戊烯

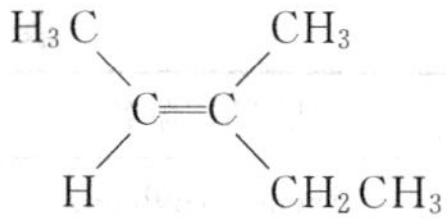

(*E*)-3-甲基-2-戊烯

顺-3-甲基-2-戊烯

从上述例子可以看出，用顺、反命名的异构体同样可用 *Z*、*E* 来命名。顺与 *Z*、反与 *E* 没有对等关系，顺式不一定是 *Z*-构型，反式不一定是 *E*-构型。

习题 3-3 判断下列化合物有无顺反异构，如果有则写出其构型和名称。

（1）$CH_2{=}CHCH_2CH_2CH_3$　　（2）$CH_3CH{=}CHCH_2CH_3$

（3）$CH_3CH_2CH{=}C(CH_2CH_3)CH_2CH_3$　　（4）$CH_3CH{=}CCl_2$

（5）$CH_3CH{=}CHCH{=}CH_2$　　（6）$BrCH{=}CHBr$

习题 3-4 将习题 3-2 的各种异构体以系统命名法命名。

习题 3-5 以系统命名法命名下列化合物。

（1）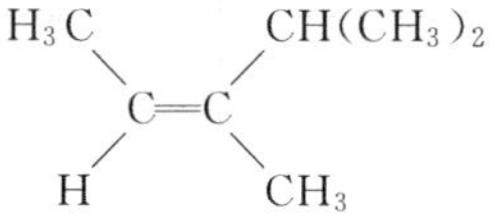　（2）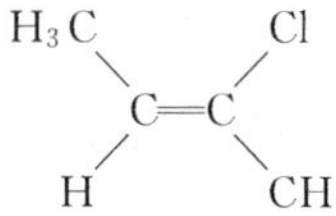

（3）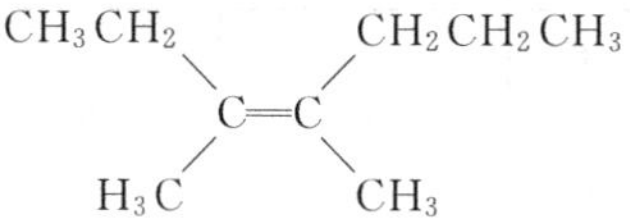　（4）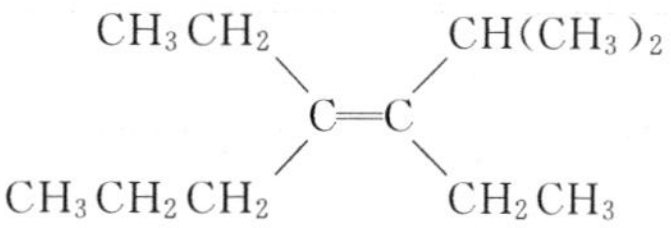

第三节　烯烃的物理性质

烯烃的物理性质与相应的烷烃相似，在常温下，2～4 个碳原子的烯烃为气体，5～18 个碳原子的烯烃为液体，19 个碳原子以上的烯烃为固体。烯烃的沸点、熔点和相对密度随碳原子的增加而上升，与烷烃相同，支链的增多会使沸点下降，烯烃的相对密度都小于 1。烯烃都是无色的物质，燃烧时，火焰明亮。一些烯烃的物理常数见表 3-1。

烯烃的极性很弱，几乎不溶于水，易溶于非极性的有机溶剂中。烯烃分子中双键的 π 电子云容易极化，因此烯烃的偶极矩比烷烃的大。烯烃为什么具有一定的极性？杂化轨道理论认为，在 sp^n 杂化轨道中，p 成分越少（*n* 值越小），s 成分越大，则该 sp^n 杂化轨道的电负性越大（由于 s 轨道比 p 轨道更靠近原子核，s 电子比 p 电子与核结合会更紧）。轨道的电负性有如下顺序：$s > sp > sp^2 > sp^3 > p$。

在烯烃中，双键碳原子是 sp^2 杂化，比 sp^3 杂化的碳原子电负性要大，因此能形成极性化学键。如丙烯的偶极矩为 0.35D，与其类似的同系物 $RCH{=}CH_2$（R 为烷基）的偶极矩为 0.35～0.4D。

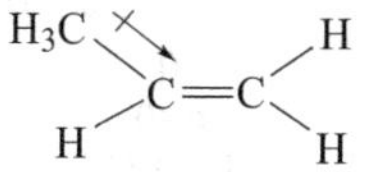

μ=0.35D

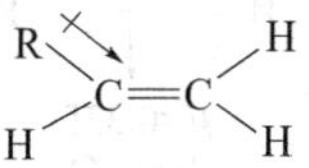

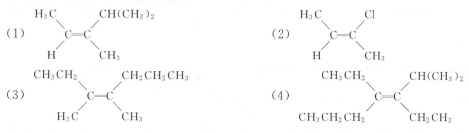

μ=0.35～0.4D

表 3-1　一些典型烯烃的物理性质

名称	IUPAC 命名	结构	n	沸点/℃	相对密度
乙烯	ethene(ethylene)	$CH_2{=}CH_2$	2	−104	0.52
丙烯	propene(propylene)	$CH_3CH{=}CH_2$	3	−47	0.59
2-甲基丙烯	2-methylpropene(isobutylene)	$CH_3C(CH_3){=}CH_2$	4	−7	0.59
1-丁烯	1-butene	$CH_3CH_2CH{=}CH_2$	4	−6	0.59
反-2-丁烯	*trans*-2-butene	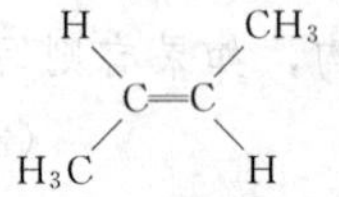	4	1	0.60
顺-2-丁烯	*cis*-2-butene	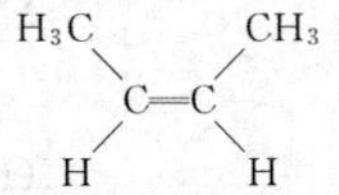	4	4	0.62
3-甲基-1-丁烯	3-methyl-1-butene	$(CH_3)_2CHCH{=}CH_2$	5	25	0.65
1-戊烯	1-pentene	$CH_3CH_2CH_2CH{=}CH_2$	5	30	0.64
反-2-戊烯	*trans*-2-pentene	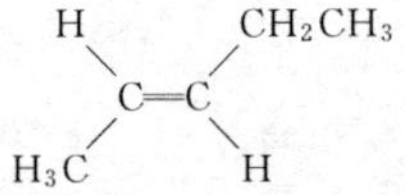	5	36	0.65
顺-2-戊烯	*cis*-2-pentene	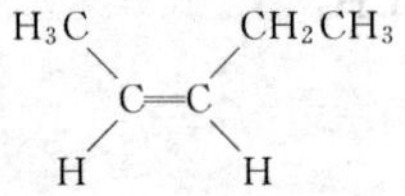	5	37	0.66
2-甲基-2-丁烯	2-methyl-2-butene	$(CH_3)_2C{=}CHCH_3$	5	39	0.66
1-己烯	1-hexene	$CH_3(CH_2)_3CH{=}CH_2$	6	64	0.68
1-庚烯	1-heptene	$CH_3(CH_2)_4CH{=}CH_2$	7	93	0.7
1-辛烯	1-octene	$CH_3(CH_2)_5CH{=}CH_2$	8	122	0.72
1-壬烯	1-nonene	$CH_3(CH_2)_6CH{=}CH_2$	9	146	0.73
1-癸烯	1-decene	$CH_3(CH_2)_7CH{=}CH_2$	10	171	0.74
环戊烯	cyclopentene			44	0.772
环己烯	cyclohexene	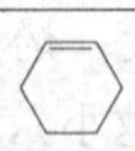		83	0.810

顺反异构体中，顺式异构体的沸点比反式高，反式异构体的熔点比顺式高。这是因为顺式异构体具有一定的偶极矩，分子间的范德华力大，从而沸点高；反式异构体极性方向相反，极性抵消，但由于分子的对称性高，在晶体中能更紧密地排列在一起，从而熔点高。

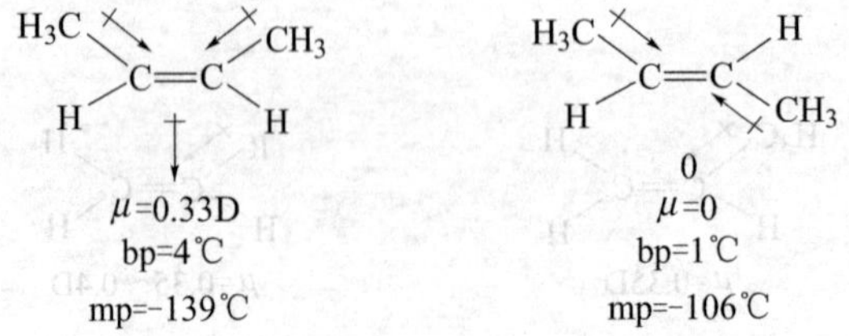
μ=0.33D
bp=4℃
mp=-139℃
0
μ=0
bp=1℃
mp=-106℃

第四节 烯烃的化学性质

烯烃的官能团是碳碳双键，碳碳双键由一个σ键和一个π键组成。由于碳碳双键中π键的电子云暴露在分子平面的上方和下方，从而π电子云受原子核束缚较弱，可极化性较大，容易给出电子，故容易受到亲电试剂的进攻，发生化学反应。烯烃最典型的反应就是分子中的π键被打开，形成两个新的σ键，不饱和的烯烃变成了饱和的取代烷烃，这类反应称为加成反应(addition reaction)。

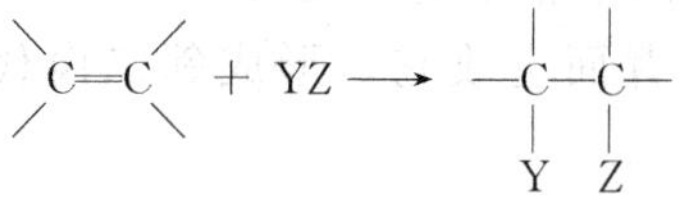

加成反应中，不仅是π键断裂和新σ键形成，与此同时碳原子的杂化状态也发生了变化，由 sp^2 杂化转变为 sp^3 杂化，其他的σ键也会有相应的变化。

一、烯烃的亲电加成反应

（一）加卤素

烯烃遇卤素后，立即发生加成反应，生成相邻两个碳原子上各带有一个卤原子的邻二卤代物。此类反应在常温时就可迅速定量地进行。

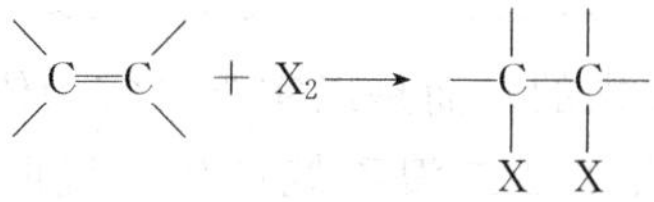

烯烃与卤素的反应活性顺序为 $F_2>Cl_2>Br_2>I_2$。氟与烯烃的反应非常剧烈，往往使碳链断裂；碘不活泼，与烯烃一般难以反应。烯烃加卤素一般是指加氯或加溴，加氯的反应速率比加溴快。用溴的四氯化碳（溶剂）溶液与烯烃反应，溴的红棕色很快褪去，表明发生了加成反应，此反应可用于烯烃的定性与定量分析。如将丙烯或环戊烯通入溴的四氯化碳溶液中，溴的红棕色立即褪去，表明反应迅速进行。

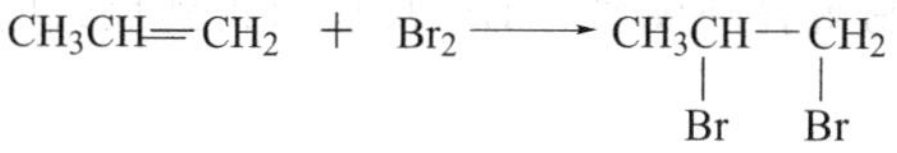

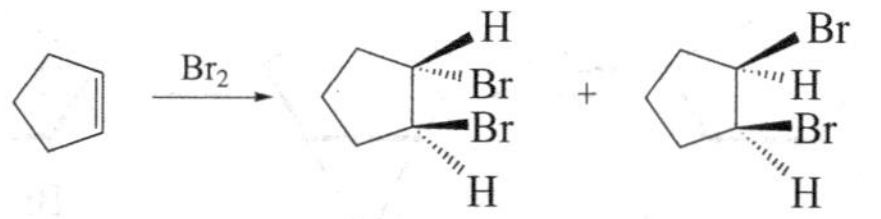

(92%)　　没有形成

烯烃与溴的反应在常温、常压和没有催化剂等条件下就能顺利进行。如果烯烃与溴在干燥无水的四氯化碳溶液中进行反应，反应却很难进行，有时反应几天才能完成；烯烃与溴的反应在玻璃器皿中能顺利进行，若在玻璃器皿的内壁涂上一层石蜡，反应则很难进行，如在溶液中滴入几滴水，则反应迅速进行，由此可见烯烃与溴的反应需要一定的极性条件。

卤素与烯烃的反应生成邻二卤代物，那么两个卤原子是同时加上去的还是分两步加上去的？

乙烯与溴在不同介质中反应，可得到如下结果：

$$CH_2{=}CH_2 + Br_2 \xrightarrow{NaCl} BrCH_2CH_2Br + BrCH_2CH_2Cl$$

$$CH_2{=}CH_2 + Br_2 \xrightarrow{H_2O} BrCH_2CH_2Br + BrCH_2CH_2OH$$

$$CH_2{=}CH_2 + Br_2 \xrightarrow{CH_3OH} BrCH_2CH_2Br + BrCH_2CH_2OCH_3$$

如果加成是一步进行的，即两个溴原子是同时加上去的，产物应该只有1,2-二溴乙烷。上述反应说明，在不同介质中，产物除了1,2-二溴乙烷外还有1-氯-2-溴乙烷、2-溴乙醇或1-甲氧基-2-溴乙烷，说明反应是分步进行的。乙烯与溴反应的过程如下：在极性物质的影响下，乙烯分子中的π电子云发生极化，极化后的双键上一个碳原子带微量正电荷，另一个碳原子带微量负电荷（$\overset{\delta^+}{CH_2}=\overset{\delta^-}{CH_2}$），当溴接近π键时，受到极化的π键的影响，也发生极化，一个溴原子带微量正电荷，另一个溴原子带微量负电荷（$\overset{\delta^+}{Br}-\overset{\delta^-}{Br}$），极化的溴分子带微量正电荷的一端与π电子结合，形成含溴的带正电的三元环中间体，称为溴鎓离子（bromonion），溴鎓离子不稳定，溴负离子很快从背面进攻它，形成邻二卤代物。两个溴原子分别从双键的两侧加上，称这种加成为反式加成。

烯烃与溴加成的反应机理：

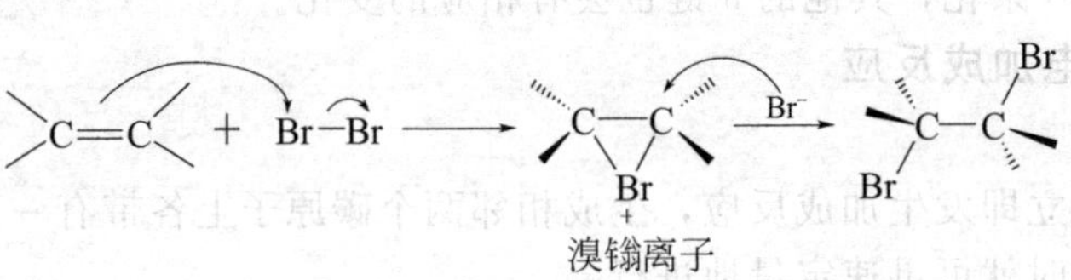
Br—Br
Br⁻
Br
Br
Br
溴鎓离子

有机反应机理不是凭空想象出来的，而是以实验事实为依据的。

上述三个反应中每个反应皆有1,2-二溴乙烷产生，说明反应第一步是Br^+与双键加成，第二步才受到亲核试剂的进攻，其机理如下：

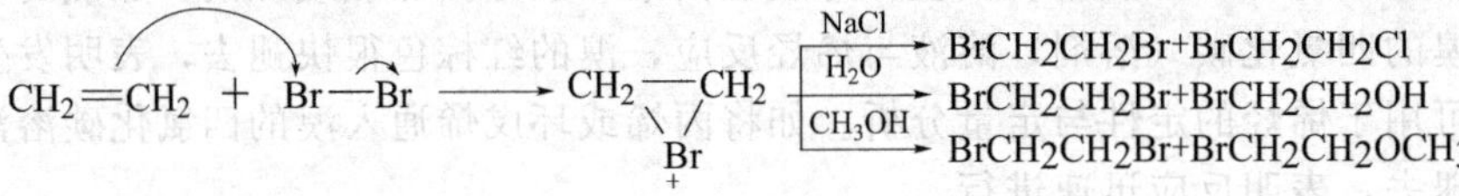
CH2═CH2 + Br—Br
CH2—CH2
Br
NaCl
H2O
CH3OH
BrCH2CH2Br+BrCH2CH2Cl
BrCH2CH2Br+BrCH2CH2OH
BrCH2CH2Br+BrCH2CH2OCH3

依据上述反应机理，很容易解释环戊烯与Br_2反应只得到反式的1,2-二溴环戊烷。反应过程如下：

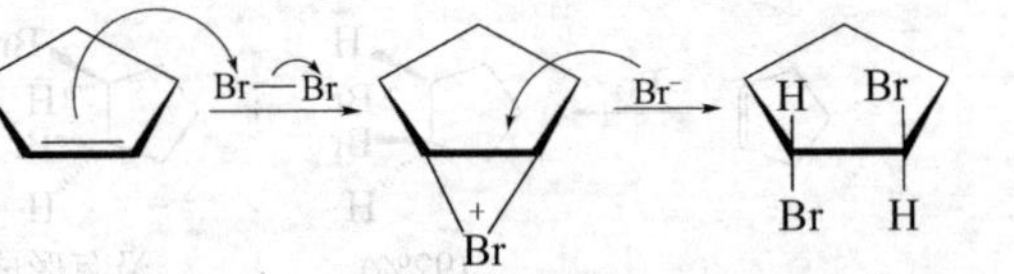
Br—Br
Br⁻
Br
H
Br
Br
H

形成的中间体不是碳正离子，而是环状的溴鎓离子，第二步负离子只能从环溴鎓离子的背面进攻，得到反式的1,2-二溴环戊烷加成产物。

氯对烯烃的加成反应与溴相似，也是通过环状氯鎓离子（chloroniumion）中间体进行的。

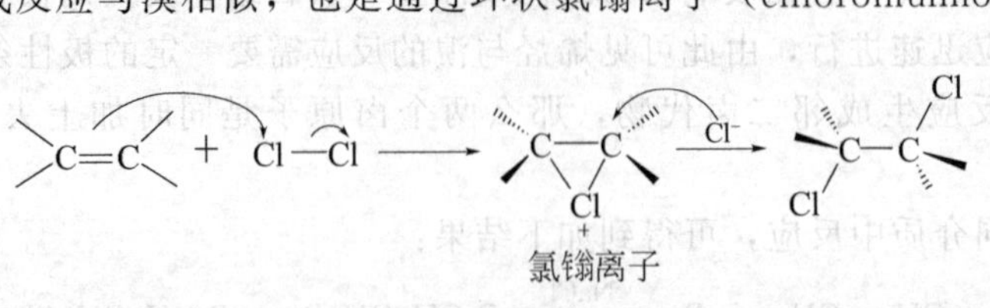
Cl—Cl
Cl⁻
Cl
Cl
Cl
氯鎓离子

综上所述，烯烃与卤素的加成是一个亲电加成的两步历程，第一步是烯与卤素作用得到环状卤鎓离子，第二步是卤负离子从环状卤鎓离子的背面进攻得到产物。第一步反应较困难，是决定反应速率的步骤。

习题 3-6　为什么将溴通入氯化钠的水溶液中，加成产物为 1,2-二溴乙烷和 1-氯-2-溴乙烷，却没有 1,2-二氯乙烷生成？

习题 3-7　为什么烯烃与卤素进行亲电加成时，卤负离子总是从卤鎓离子环的背面进攻？

（二）加卤化氢

烯烃可与卤化氢气体或浓的氢卤酸溶液反应生成相应的卤代烷。

$$\diagdown C = C \diagup + HX \longrightarrow \ -\overset{|}{\underset{\underset{H}{|}}{C}}-\overset{|}{\underset{\underset{X}{|}}{C}}- \qquad (X=Cl,\ Br,\ I)$$

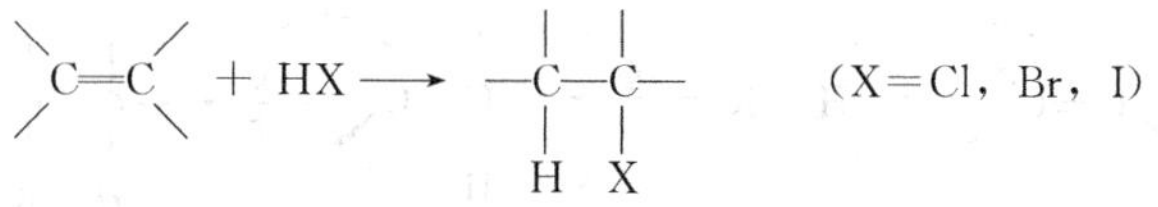

卤代烷

该反应常用二硫化碳、石油醚或冰醋酸作溶剂。通常是将干燥的卤化氢气体直接通入烯烃中进行反应，浓的氢碘酸和氢溴酸也能进行该反应，用浓盐酸反应时需加三氯化铝作催化剂。工业上制备氯乙烷的方法之一就是乙烯在三氯化铝催化下与氯化氢进行加成反应。

$$CH_2=CH_2\ +\ HCl\ \xrightarrow[\text{AlCl}_3]{130\sim250℃}\ CH_3CH_2Cl$$

不同卤化氢的反应活性顺序为：HI＞HBr＞HCl。

1. 区域选择性

乙烯是对称分子，无论卤原子或氢原子加到哪个碳原子上，产物都是一样的。丙烯与卤化氢加成时，可能生成两种产物。

$$CH_2{=}CHCH_3\ +\ HX\longrightarrow \begin{cases} CH_3CH_2CH_2X & \text{1-卤丙烷}\\[2mm] CH_3\underset{\underset{X}{|}}{C}HCH_3 & \text{2-卤丙烷} \end{cases}$$

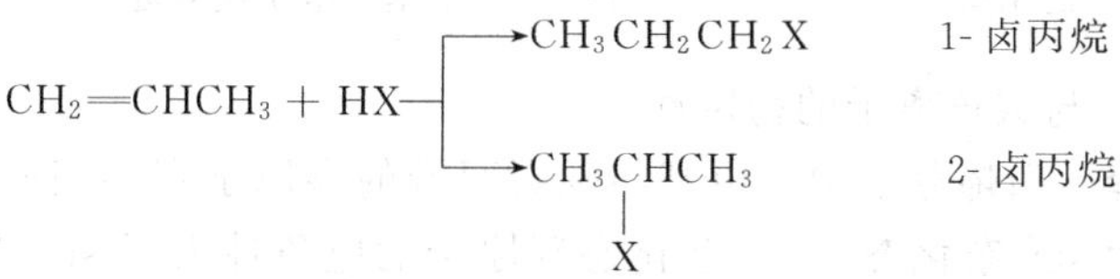

实验证明，丙烯与卤化氢加成的主要产物是 2-卤丙烷。依据大量实验事实，俄国化学家马尔科夫尼科夫（Markovnikov）发现了不对称烯烃加 HX 时的经验规则，又称马氏规则。即当卤化氢等极性试剂与不对称烯烃发生加成反应时，氢原子（试剂中带正电的部分）总是加到含氢较多的双键碳原子上，试剂中带负电的部分则加到含氢较少的双键碳原子上。利用马氏规则可以预测不对称烯烃与卤化氢的加成产物。

$$CH_3CH_2CH{=}CH_2\ +\ HBr\ \xrightarrow{CH_3COOH}\ CH_3CH_2\underset{\underset{Br}{|}}{C}HCH_3$$
$$(80\%)$$

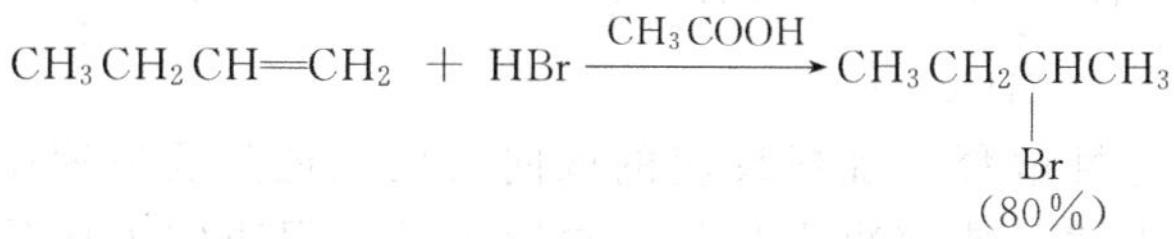

$$(CH_3)_2C{=}CH_2\ +\ HCl\ \longrightarrow\ CH_3\overset{\overset{CH_3}{|}}{\underset{\underset{Cl}{|}}{C}}CH_3$$
$$(100\%)$$

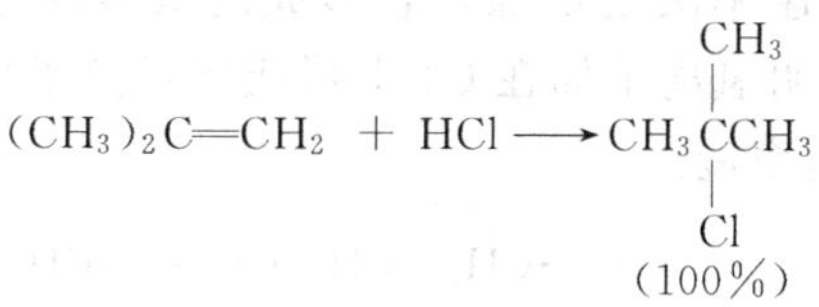

$$(CH_3)_2C{=}CH_2\ +\ HBr\longrightarrow \begin{cases} (CH_3)_2CHCH_2Br\\ (10\%)\\[2mm] CH_3\overset{\overset{CH_3}{|}}{\underset{\underset{Br}{|}}{C}}CH_3\\ (90\%) \end{cases}$$

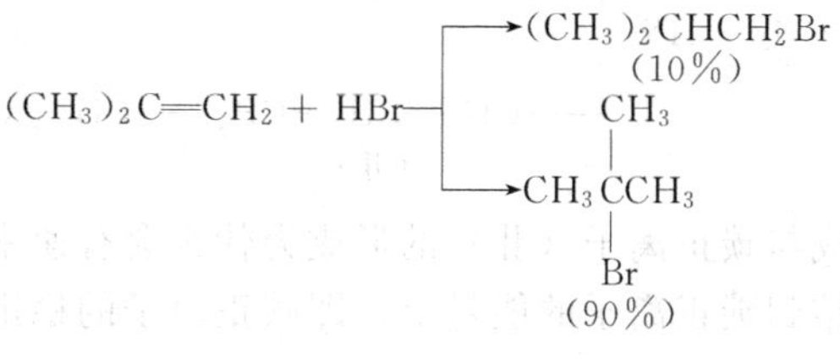

丙烯与卤化氢的加成反应符合马氏规则。2-卤代烷是主要产物，1-卤代烷是副产物。这个加成反应称为区域选择性反应（regioselective reaction）。区域选择性反应是指当反应的取向有可能产生几个异构体时，只生成或主要生成一个产物的反应。

2. 反应机理

卤化氢和烯烃的加成反应机理与烯烃和卤素的加成反应机理相似，也是离子型的亲电加成，反应分两步进行。HX 分子是极性分子，带部分正电荷的氢首先进攻 π 键，然后 π 键断开与氢形成 σ 键，形成一个碳正离子，最后碳正离子与卤负离子结合，生成卤代烃。

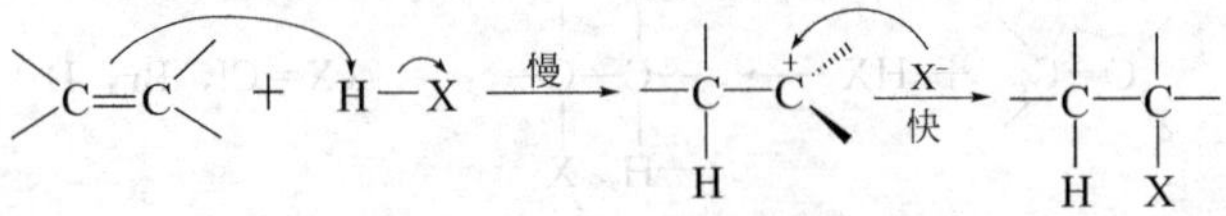

慢
快
X^-
碳正离子

第一步碳正离子的形成涉及共价键的断裂，反应速率较慢，是决定反应速率的步骤。反应中生成的碳正离子与碳自由基一样，也是活性中间体，一般只能瞬间存在。碳正离子就是含有一个外层只有 6 个电子的碳原子作为中心碳原子的正离子，带正电荷的碳原子为 sp^2 杂化，3 个 sp^2 轨道与 3 个原子（或原子团）形成三个 σ 键，与碳原子同处一个平面，碳原子剩余的 p 轨道是空的，并且与这个平面垂直。碳正离子结构如图 3-6 所示。

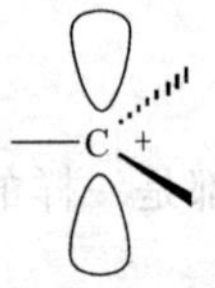

图 3-6　碳正离子的结构

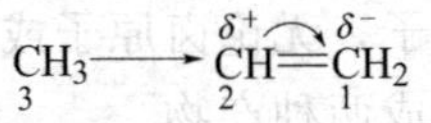

图 3-7　甲基给电子使双键上的 π 电子云发生偏移

3. 马氏规则的解释与碳正离子的稳定性

（1）诱导效应解释　丙烯分子中，甲基与碳碳双键的碳原子直接相连，甲基碳原子为 sp^3 杂化态，双键碳原子为 sp^2 杂化态。sp^2 杂化态碳原子的电负性大于 sp^3 杂化态碳原子，因此甲基表现出向双键给电子的性质，使得碳碳双键上的 π 电子云发生偏移（见图 3-7）。C1 上的电子云密度增加，带部分负电荷（用 δ^- 表示），C2 上的电子云密度减小，从而带部分正电荷（用 δ^+ 表示），即双键上的 π 电子云发生了极化。当不对称烯烃与 HX 等极性试剂发生加成反应时，试剂中带正电荷的部分加到双键带有部分负电荷的碳原子上。

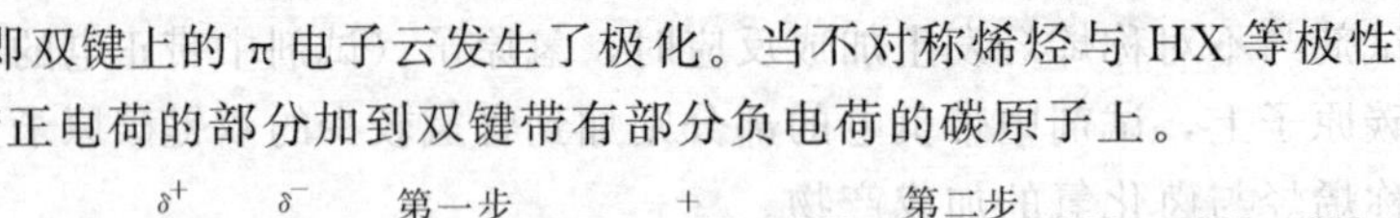

第一步
第二步

（2）碳正离子的稳定性解释　加成反应的取向实质上还是反应速率的问题。在反应机理中，第一步碳正离子的形成是速率决定步骤，它形成的快慢决定加成的取向。丙烯与 HX 的加成产物主要是 2-卤丙烷，说明氢离子加在 C1 上形成碳正离子（Ⅰ）的速率快，而氢离子加在 C2 上形成碳正离子（Ⅱ）的速率慢。

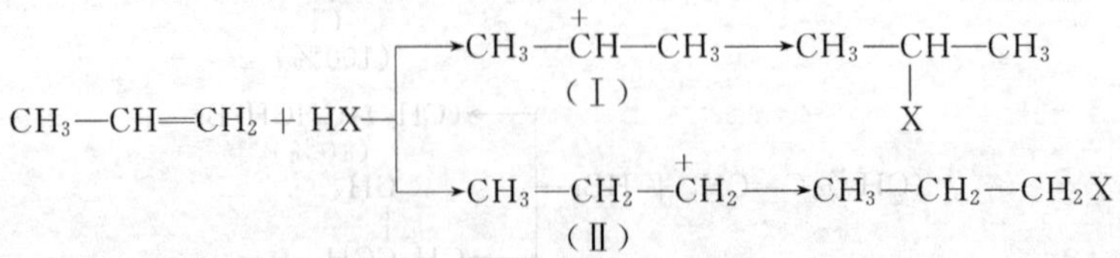

碳正离子（Ⅰ）的形成与碳正离子（Ⅱ）的形成为什么会有速率差异？反应速率与反应活化能有关，可以把问题归结到碳正离子的能量上，即碳正离子的稳定性上。生成的碳正离子越

稳定，其生成速率就越快，反应也越容易进行。根据物理学的规律，一个带电体系的稳定性取决于其所带电荷的分布情况，电荷越分散，体系越稳定。碳正离子的稳定性同样取决于其电荷的分布情况，以下面几个碳正离子为例：

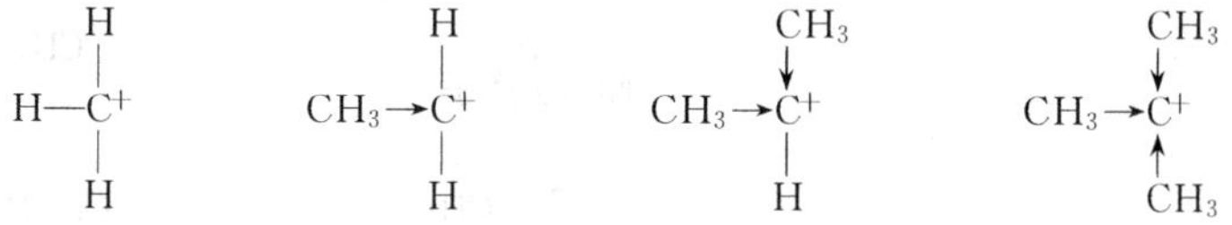

（1）　（2）　（3）　（4）

把碳正离子（1）中的氢依次换成甲基，可以得到碳正离子（2）、（3）和（4），甲基是给电子取代基（用符号 $CH_3\rightarrow$ 表示），当甲基与带正电荷的中心碳原子相连时，甲基表现出向带正电荷的中心碳原子给电子，中心碳原子上的正电荷会减少一部分，甲基相应地取得一部分正电荷，结果使碳正离子上的电荷得到分散，碳正离子的稳定性提高。与中心碳原子相连的甲基越多，碳正离子上的电荷越分散，其稳定性越好。因此上面几个碳正离子的稳定性顺序为 (1)＜(2)＜(3)＜(4)。即碳正离子稳定性顺序是：$3° > 2° > 1° > CH_3^+$。丙烯与 HX 加成，可以生成（Ⅲ）和（Ⅳ）两种碳正离子，碳正离子（Ⅲ）比碳正离子（Ⅳ）稳定，形成时所需活化能较低，形成较容易，因此丙烯与 HX 的加成以 2-卤丙烷为主产物。

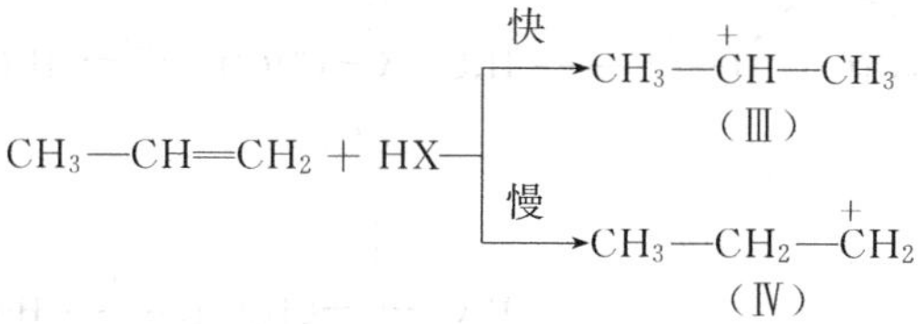

不同结构的烯烃与同一亲电试剂发生反应时，双键碳上烷基越多，烯烃的活性越大。几个不同烯烃的亲电加成活性次序为：

$$(CH_3)_2C{=}CH_2 > CH_3CH{=}CH_2 > CH_2{=}CH_2$$

需要提醒的是，马氏规则只适用于双键碳上连接有给电子基团的不对称烯烃，若双键碳上连接的是吸电子基团，加成反应的方向有时是反马氏规则的。例如：

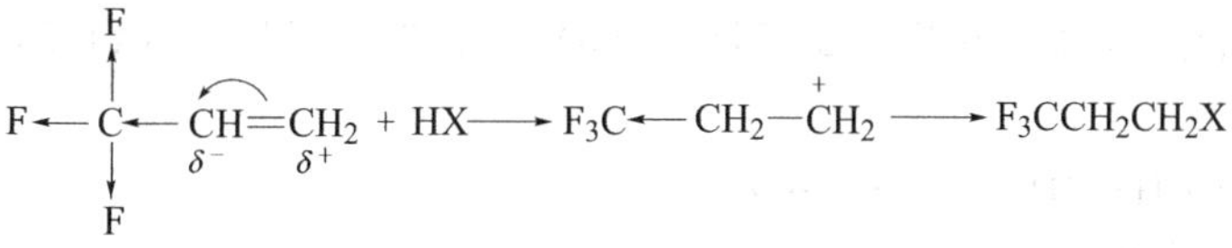

主产物（反马氏规则）

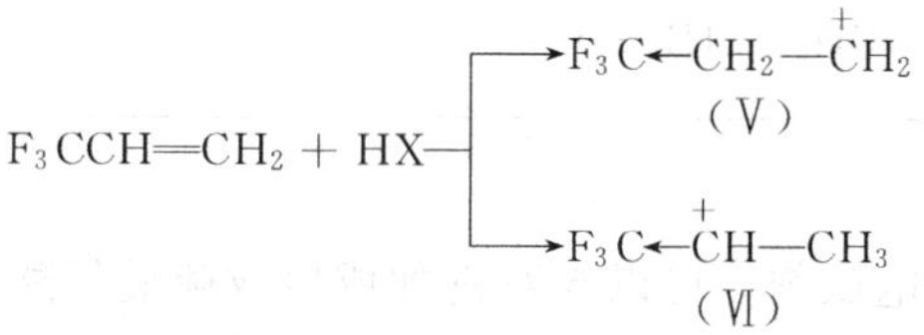

若按马氏规则得到的活性中间体碳正离子应为（Ⅵ），但由于 F_3C—是强吸电子基，使得此处仲碳正离子没有伯碳正离子（Ⅴ）稳定，因此得到反马氏规则的产物。

4. 碳正离子的重排

2,2-二甲基-1-丁烯与氯化氢加成时，按马氏规则应主要得到 2,2-二甲基-3-氯丁烷，但得到的主要产物是 2,3-二甲基-2-氯丁烷。

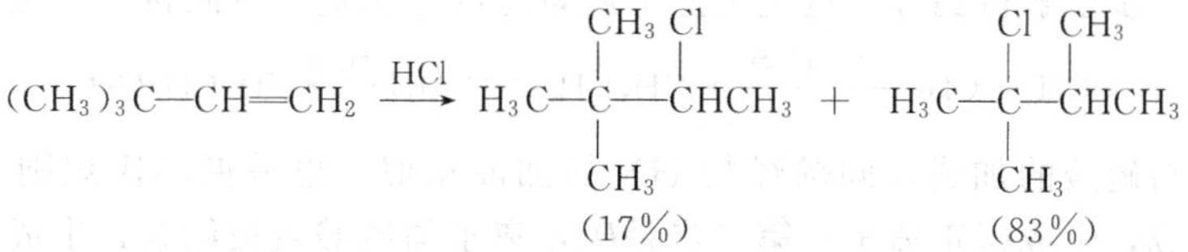

这是因为碳正离子发生了重排，其过程如下：

$$(CH_3)_3C-CH=CH_2 + H-Cl \longrightarrow H_3C-\overset{\overset{\displaystyle CH_3}{|}}{\underset{\underset{\displaystyle CH_3}{|}}{C}}-\overset{+}{C}HCH_3 \xrightarrow{Cl^-} H_3C-\overset{\overset{\displaystyle CH_3}{|}}{\underset{\underset{\displaystyle CH_3}{|}}{C}}-\overset{\overset{\displaystyle Cl}{|}}{C}HCH_3$$

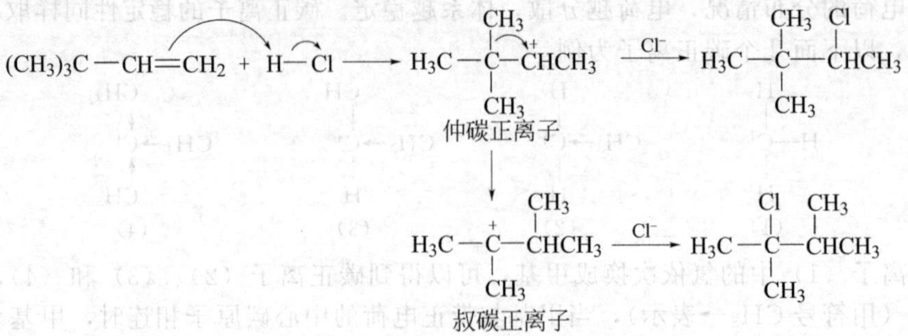

仲碳正离子

$$\downarrow$$

$$H_3C-\overset{+}{\underset{\underset{\displaystyle CH_3}{|}}{C}}-\overset{\overset{\displaystyle CH_3}{|}}{C}HCH_3 \xrightarrow{Cl^-} H_3C-\overset{\overset{\displaystyle Cl}{|}}{\underset{\underset{\displaystyle CH_3}{|}}{C}}-\overset{\overset{\displaystyle CH_3}{|}}{C}HCH_3$$

叔碳正离子

2,2-二甲基-1-丁烯与 HCl 加成形成了仲碳正离子后，有一部分与 Cl⁻ 作用生成了预定产物；与此同时，3 位甲基带着一对电子迁移至 2 位，正电荷从 2 位转移至 3 位，生成叔碳正离子，因为叔碳正离子比仲碳正离子稳定。在生成碳正离子中间体的反应中，常伴有从不稳定的碳正离子转变成相对稳定的碳正离子的过程，称为碳正离子的重排。碳正离子重排有时是烃基带着一对电子迁移，有时氢也会带着一对电子迁移。例如：

$$(CH_3)_2CH-CH=CH_2 + H-Cl \longrightarrow H_3C-\overset{\overset{\displaystyle H}{|}}{\underset{\underset{\displaystyle CH_3}{|}}{C}}-\overset{+}{C}HCH_3 \xrightarrow{Cl^-} H_3C-\overset{\overset{\displaystyle H}{|}}{\underset{\underset{\displaystyle CH_3}{|}}{C}}-\overset{\overset{\displaystyle Cl}{|}}{C}HCH_3$$

$$(40\%)$$

$$\downarrow$$

$$H_3C-\overset{+}{\underset{\underset{\displaystyle CH_3}{|}}{C}}-CH_2CH_3 \xrightarrow{Cl^-} H_3C-\overset{\overset{\displaystyle Cl}{|}}{\underset{\underset{\displaystyle CH_3}{|}}{C}}-CH_2CH_3$$

$$(60\%)$$

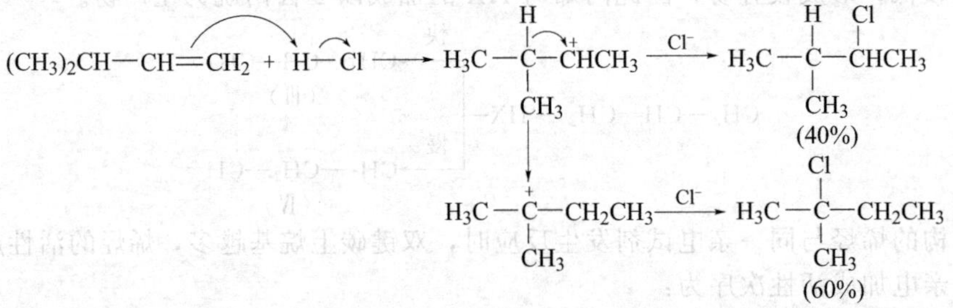

习题 3-8 将①碘化氢、②溴化氢、③氯化氢、④水与 2-丁烯发生加成反应按由难到易的顺序排列。

习题 3-9 写出下列化合物与 HI 进行亲电加成时的主要产物。

(1) 1-戊烯　　(2) 2-甲基-2-丁烯　　(3) 3-甲基-1-丁烯　　(4) 2,4-二甲基-2-戊烯

习题 3-10 完成下列反应。

(1) $CH_3CH=CH_2 + HBr \longrightarrow$?

(2) $CH_3OCH=CH_2 + HCl \longrightarrow$?

(3) $(CH_3)_3\overset{+}{N}CH=CH_2 + HI \longrightarrow$?

（三）加硫酸和水

硫酸也是一个很好的亲电试剂，可以与双键加成生成硫酸氢酯。

$$\overset{|}{\underset{|}{C}}=\overset{|}{\underset{|}{C}} + HOSO_2OH \longrightarrow -\overset{|}{\underset{\underset{\displaystyle H}{|}}{C}}-\overset{|}{\underset{\underset{\displaystyle OSO_2OH}{|}}{C}}-$$

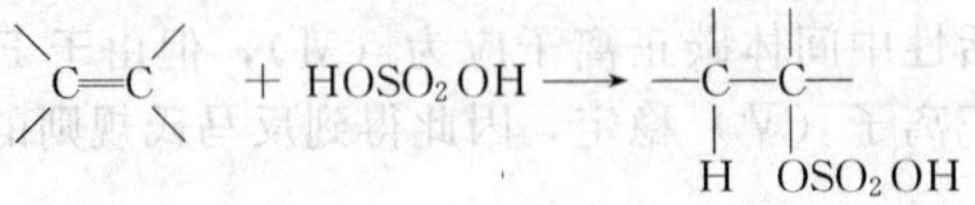

硫酸氢酯

硫酸氢酯可溶于浓硫酸中，从而可以用浓硫酸除去烷烃中的烯烃杂质。

硫酸氢酯进一步水解得到醇，这是工业上制备醇的方法之一（间接水合法）。

$$CH_2=CH_2 \xrightarrow{98\% \; H_2SO_4} CH_3CH_2OSO_2OH \xrightarrow[\triangle]{H_2O} CH_3CH_2OH$$

不对称烯烃与硫酸的加成，同烯烃与 HX 的加成相似，也遵循马氏规则。反应的第一步是烯烃与质子加成，生成碳正离子；第二步是碳正离子与硫酸氢根结合，生成硫酸氢酯。

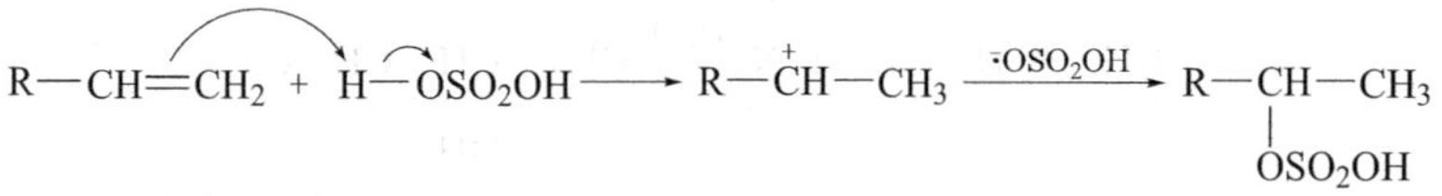

几种烯烃与硫酸的反应如下：

$$CH_2{=}CH_2 \xrightarrow{98\%H_2SO_4} CH_3CH_2OSO_2OH \xrightarrow[\triangle]{H_2O} CH_3CH_2OH$$

$$CH_3CH{=}CH_2 \xrightarrow{80\%H_2SO_4} CH_3\underset{\displaystyle OSO_2OH}{\underset{|}{C}}HCH_3 \xrightarrow[\triangle]{H_2O} CH_3\underset{\displaystyle OH}{\underset{|}{C}}HCH_3$$

$$(CH_3)_2C{=}CH_2 \xrightarrow{63\%H_2SO_4} CH_3\overset{\displaystyle CH_3}{\overset{|}{\underset{\displaystyle OSO_2OH}{\underset{|}{C}}}}CH_3 \xrightarrow[\triangle]{H_2O} CH_3\overset{\displaystyle CH_3}{\overset{|}{\underset{\displaystyle OH}{\underset{|}{C}}}}CH_3$$

从上面的反应可以看出，不同烯烃与硫酸的反应，所需硫酸的浓度有所不同。异丁烯用63％的硫酸即可反应，丙烯则需用80％的硫酸才能发生反应，乙烯则需用98％的浓硫酸。不同的烯烃与硫酸加成反应的活性不同，异丁烯最快，丙烯次之，乙烯最慢。可以看出烯烃的双键碳上烷基越多，越容易与硫酸发生加成反应。

烯烃与硫酸的加成反应活性顺序如下：

$$R_2C{=}CR_2 > R_2C{=}CHR > R_2C{=}CH_2 > RCH{=}CHR > RCH{=}CH_2 > CH_2{=}CH_2$$

烯烃在酸催化下，亦可直接加水生成醇（直接水合法）。例如：

$$CH_2{=}CH_2 + H_2O \xrightarrow[300℃，70atm❶]{H_3PO_4} CH_3CH_2OH$$

$$CH_3CH{=}CH_2 + H_2O \xrightarrow[195℃，70atm]{H_3PO_4} CH_3\underset{\displaystyle OH}{\underset{|}{C}}HCH_3$$

此法比较简单，乙烯、丙烯来源充足，乙醇、异丙醇可用此法大规模生产。

（四）加次卤酸

烯烃与氯或溴的水溶液（或稀碱水溶液）反应，生成β-卤代醇，相当于在双键上加了一分子次卤酸。

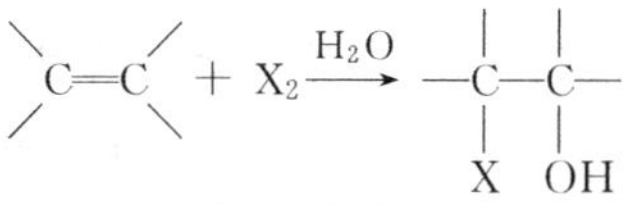

β-卤代醇

反应机理亦是典型的亲电加成：

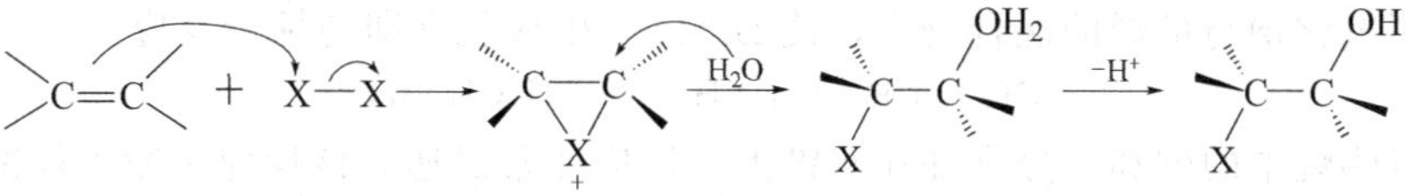

反应第一步形成卤鎓离子（haloniumion），第二步为水从卤鎓离子的背面进攻，形成鉾盐，然后鉾盐失去质子形成β-卤代醇。第二步卤鎓离子也可与溶液中的卤负离子反应，因此常有副产物邻二卤化物的生成。

不对称烯烃在上述条件下反应，卤素加在含氢较多的双键碳原子上。

---

❶ 1atm＝101325Pa；后同。

$$\underset{3}{CH_3}-\underset{2}{CH}=\underset{1}{CH_2}+X_2\xrightarrow{H_2O}CH_3-\underset{\underset{OH}{|}}{CH}-CH_2X$$

这种区域选择性是由于C2上有给电子基团甲基的存在，有利于分散正电荷，因此C2带有较多的正电荷，带有孤对电子的水当然要进攻带正电荷较多的C2。

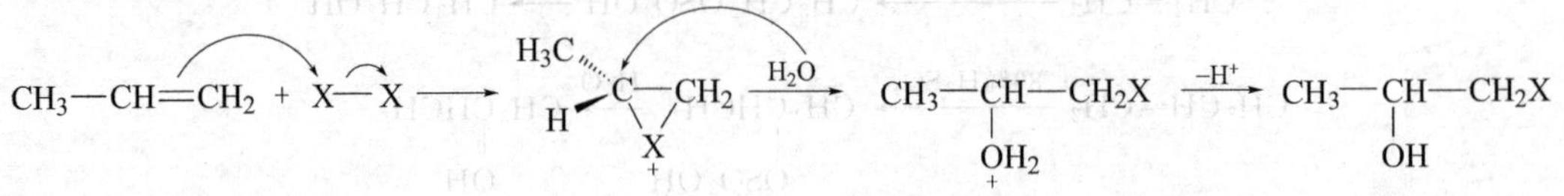

习题 3-11 将①乙烯、②异丁烯、③1-丁烯、④2-丁烯与硫酸反应的速率按由大到小的次序排列。

习题 3-12 完成下列反应。

(1) $CH_3CH=CH_2+HCl\longrightarrow ?$

(2) $(CH_3)_2CHCH=CH_2\xrightarrow{H_2SO_4}\xrightarrow{H_2O}?$

(3) $(CH_3)_2C=CH_2+Br_2/H_2O\longrightarrow ?$

（五）硼氢化-氧化反应（hydroboration-oxidation）

硼烷中最简单的为甲硼烷（BH_3），其分子中硼原子最外层只有6个电子，是一个缺电子化合物，极不稳定，因此在常态下并不单独存在，而是形成二聚体乙硼烷，其结构如下：

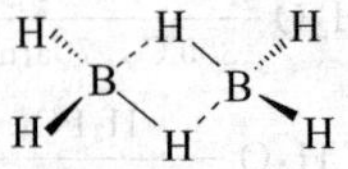

乙硼烷两个硼原子外层共有12个电子，其中有8个电子形成了四个B—H键（在与纸面垂直的平面上），在此平面上下有两个三中心（B—H—B）两电子键，使得两个硼原子外层都达8电子结构。乙硼烷是一个缺电子化合物，是一种很强的亲电试剂，能与烯烃发生亲电加成，在反应时乙硼烷是以单体甲硼烷的形式与烯烃反应。B—H键对烯烃双键进行加成的反应，称为硼氢化反应。

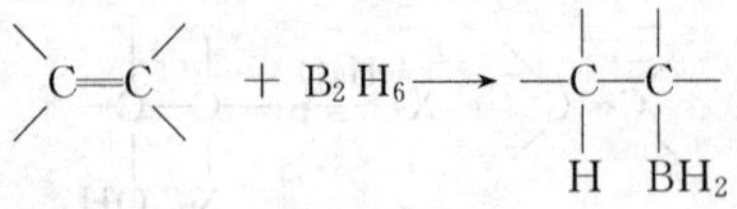

乙（基）硼烷可由三氟化硼与硼氢化钠作用制得。

$$4BF_3+3NaBH_4\longrightarrow 2B_2H_6+3NaBF_4$$

乙（基）硼烷为剧毒的气体，在空气中能自燃，一般不预先制备，而是将三氟化硼的乙醚溶液滴加到硼氢化钠与烯烃的混合物中，使B_2H_6一生成就立即与烯烃反应。

$$CH_2=CH_2+HBH_2\longrightarrow CH_3CH_2BH_2$$

反应时甲硼烷中的硼和氢分别加在双键上，反应非常迅速。该反应一般不停留在乙基硼烷（$CH_3CH_2BH_2$）阶段，乙基硼烷分子中的B—H键能继续与乙烯加成，直至生成三乙基硼烷。

$$CH_3CH_2BH_2\xrightarrow{CH_2=CH_2}\underset{\text{二乙基硼烷}}{(CH_3CH_2)_2BH}\xrightarrow{CH_2=CH_2}\underset{\text{三乙基硼烷}}{(CH_3CH_2)_3B}$$

氢的电负性（2.1）比硼的电负性（2.0）大，硼氢键的极性如下：

$$\overset{\delta^+}{B}-\overset{\delta^-}{H}$$

因此，硼氢化物与不对称烯烃反应时，氢原子加到含氢较少的双键碳原子上，硼原子则加到含氢较多的双键碳原子上。

$$CH_3CH{=}CH_2 + HBH_2 \longrightarrow CH_3CH_2CH_2BH_2$$

$$CH_3CH_2CH_2BH_2 \xrightarrow{CH_3CH{=}CH_2} (CH_3CH_2CH_2)_2BH \xrightarrow{CH_3CH{=}CH_2} (CH_3CH_2CH_2)_3B$$

从形式上看，硼氢化反应是按反马氏规则进行加成的；但从其本质来看，仍是遵循马氏规则的。

硼氢化反应的机理与典型的亲电加成反应机理有所不同，反应是通过一个四中心过渡态进行的。

硼氢化反应机理：

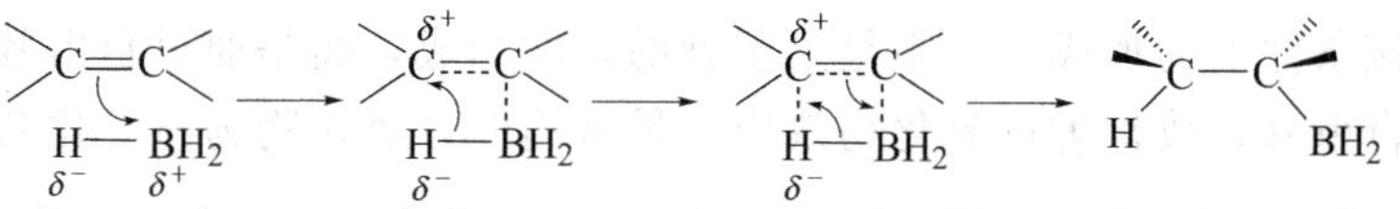

从反应机理可见，硼原子和氢原子是从烯烃的同侧加上去的，称为顺式加成，这是一个立体专一性的反应（stereospecific reaction）。

硼氢化反应生成的烷基硼烷化合物可以经过不同的反应转化为其他产物。最有应用价值的是把三烷基硼在碱性溶液中用过氧化氢氧化，最终生成醇。例如：

$$(CH_3CH_2CH_2)_3B \xrightarrow{H_2O_2/OH^-} CH_3CH_2CH_2OH + H_3BO_3$$

硼氢化反应和过氧化氢氧化结合在一起，总称为硼氢化-氧化反应，总的反应结果是把烯烃转化为醇。硼氢化反应的区域选择性是反马氏规则的，虽然水合方法也可以用来从烯烃制备醇，但羟基位置不同。例如不对称末端烯烃用水合法得到仲醇，用硼氢化-氧化法得到伯醇。

$$RCH{=}CH_2 \xrightarrow{B_2H_6} \xrightarrow[NaOH]{H_2O_2} RCH_2CH_2OH$$

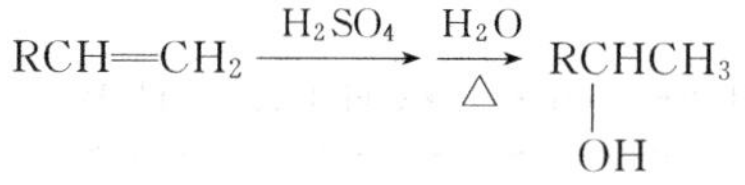

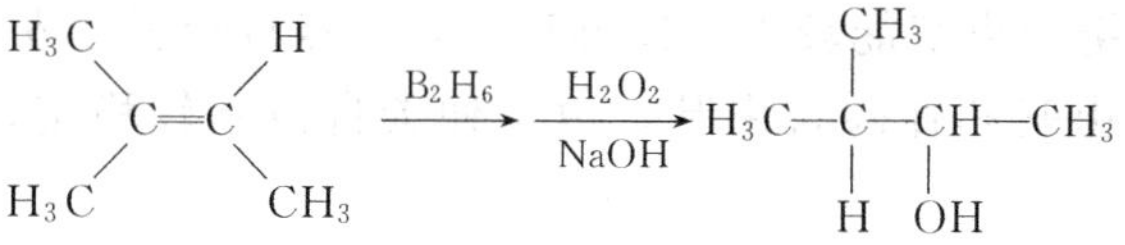

（＞90%）

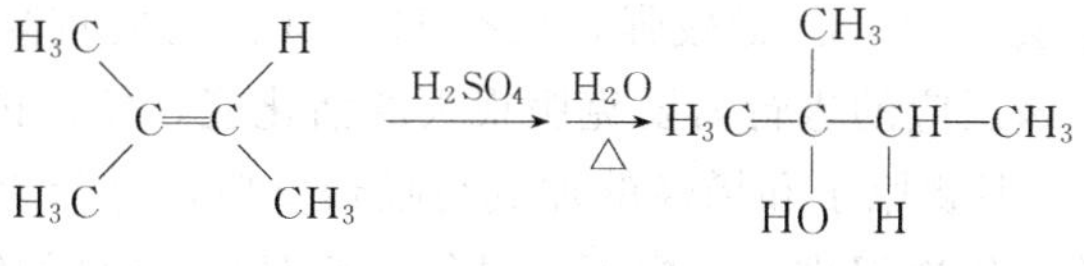

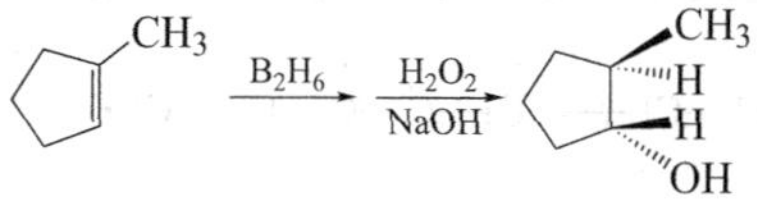

(85%)

习题 3-13 用电子效应解释不对称烯烃与乙硼烷的加成反应本质上也服从马氏规则。

习题 3-14 完成下列反应。

(1) $(CH_3)_2C{=}CHCH_2CH_2CH_3 \xrightarrow{B_2H_6} \xrightarrow[NaOH]{H_2O_2} ?$

(2) 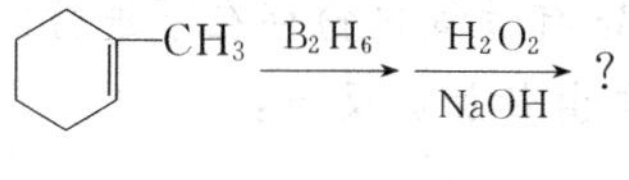

习题 3-15 如何完成下列转化？

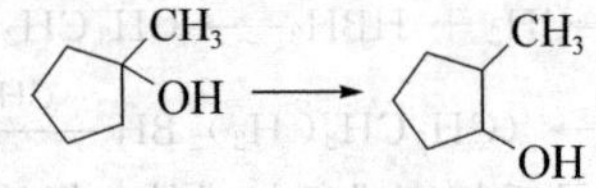

二、烯烃的自由基加成

在光照或过氧化物作用下，不对称烯烃与溴化氢的加成是反马氏规则的。

$$CH_3CH{=}CH_2 \xrightarrow[ROOR]{HBr} CH_3CH_2CH_2Br$$

研究证实，该条件下的加成反应不是离子型的亲电加成，而是通过自由基机理进行的。过氧化物用来产生自由基，故称为过氧化物效应。最常用的过氧化物为过氧化苯甲酰。

烯烃的自由基加成机理：

链引发 $$Ph{-}\overset{O}{\overset{\|}{C}}{-}O{-}O{-}\overset{O}{\overset{\|}{C}}{-}Ph \longrightarrow 2\,Ph{-}\overset{O}{\overset{\|}{C}}{-}O\cdot$$

$$Ph{-}\overset{O}{\overset{\|}{C}}{-}O\cdot + HBr \longrightarrow Ph{-}\overset{O}{\overset{\|}{C}}{-}OH + Br\cdot$$

链传递 $$CH_3CH{=}CH_2 + Br\cdot \longrightarrow CH_3{-}\dot{C}H{-}CH_2Br \quad \text{仲碳自由基}$$

$$CH_3CH{=}CH_2 + Br\cdot \longrightarrow CH_3{-}\underset{Br}{\underset{|}{CH}}{-}\dot{C}H_2 \quad \text{伯碳自由基}$$

$$CH_3{-}\dot{C}H{-}CH_2Br + HBr \longrightarrow CH_3{-}CH_2{-}CH_2Br + Br\cdot$$

链终止 $$2Br\cdot \longrightarrow Br_2$$

$$CH_3{-}\dot{C}H{-}CH_2Br + Br\cdot \longrightarrow CH_3CHBrCH_2Br$$

链引发阶段，过氧键的离解能较小（150kJ/mol），容易断裂形成自由基；链增长是循环进行的，可生成伯碳自由基和仲碳自由基，由于仲碳自由基较稳定，故主产物为反马氏规则的。

烯烃只能与 HBr 发生自由基加成。氯化氢和碘化氢不能与烯烃发生自由基加成，无过氧化物效应。这是因为氯化氢中 H—Cl 键较强，均裂 H—Cl 键需要较高的能量，HCl 和烷基自由基的反应是吸热反应，该反应的进行需要克服很大的活化能，使得链传递不能顺利进行。而碘化氢中 H—I 键虽较弱，但碘原子和烯烃的加成是吸热反应，进行以下加成时，也必须克服较大的活化能，从而使链的传递困难，反应不易进行，而且 I· 易自相结合成 I_2。

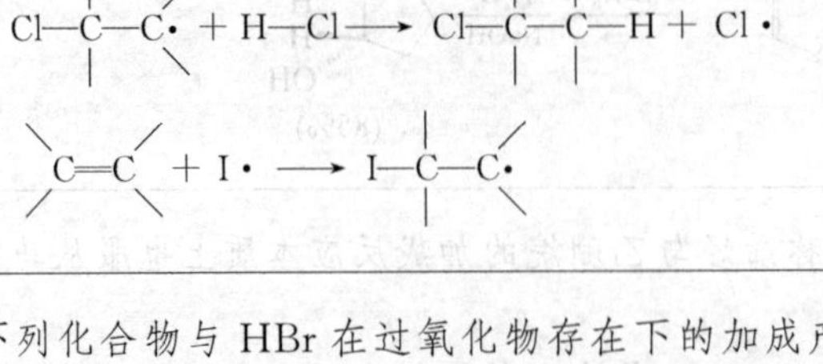

$\Delta H = 42$kJ/mol

$\Delta H = 54$kJ/mol

习题 3-16 写出下列化合物与 HBr 在过氧化物存在下的加成产物。

（1）1-戊烯 （2）2-甲基-2-丁烯 （3）3-甲基-1-丁烯 （4）2,4-二甲基-2-戊烯

习题 3-17 比较烷烃的卤化反应和不对称烯烃与 HBr 有过氧化物存在下进行的反应的机理。

习题 3-18 丙烯与四氯化碳在过氧化物存在下进行自由基加成反应：

$$CH_3CH{=}CH_2 + CCl_4 \xrightarrow{R\overset{O}{\overset{\|}{C}}OO\overset{O}{\overset{\|}{C}}R} CH_3\underset{\underset{Cl}{|}}{C}HCH_2CCl_3$$

试写出该反应的反应机理。

习题 3-19 完成下列反应。

（1）$(CH_3)_2C{=}CH_2 + HBr \xrightarrow{CH_3\overset{O}{\overset{\|}{C}}OO\overset{O}{\overset{\|}{C}}CH_3} ?$

（2）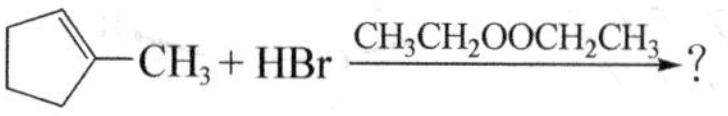

三、烯烃的催化加氢

烯烃在催化剂存在下可与氢加成形成烷烃。

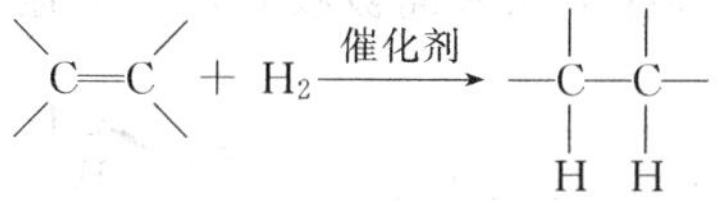

$$CH_3CH{=}CHCH_3 + H_2 \xrightarrow{Pt} CH_3CH_2CH_2CH_3$$

常用的催化剂为铂、钯或镍。铂和钯一般制成很细的粉末，或将细的金属粉末吸附在活性炭或碳酸钙等载体上使用；镍则使用铝镍合金和碱反应，碱将铝镍合金晶格中的铝反应掉后，剩下骨架中的镍，称为兰尼（Raney）镍。这一类催化剂活性较强，一般在较低温度及较低压力下可使碳碳双键顺利氢化，但其价格较贵。工业上有时也用铁、钴或铜等作催化剂，虽然价廉，但需要较高反应温度和压力。

烯烃的催化氢化是放热反应。反应过程中，生成两个新的 C—H σ 键所放出的能量大于断裂一个 π 键和一个 H—H σ 键所需的能量。1mol 烯烃催化加氢放出的能量叫做氢化热。氢化热的具体数值随烯烃结构的不同略有差别。体系释放能量，当然化合物的稳定性增加了，这就解释了为什么烷烃比烯烃稳定。可以根据氢化热的数值测定，比较不同烯烃的相对稳定性。

$$CH_3CH_2CH{=}CH_2 \xrightarrow[\text{催化剂}]{H_2} CH_3CH_2CH_2CH_3 \qquad \Delta H = -126.8\text{kJ/mol}$$

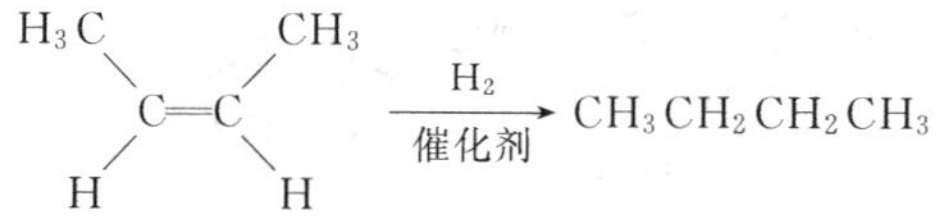

$\Delta H = -119.6\text{kJ/mol}$

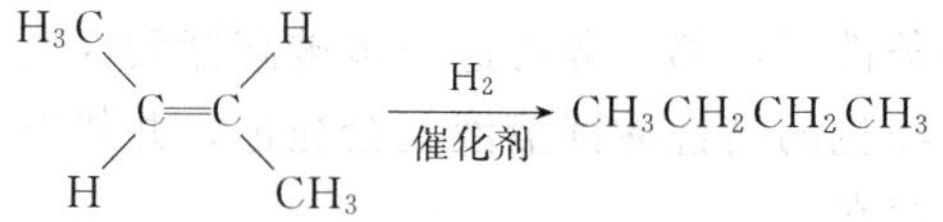

$\Delta H = -115.6\text{kJ/mol}$

放热越多，说明形成烷烃前的烯烃分子能量越高，稳定性越差，可见反-2-丁烯比顺-2-丁烯稳定；烯烃的稳定性还与双键的位置有关，如 2-丁烯比 1-丁烯稳定。烯烃的稳定性与连接在双键碳原子上的烷基数目有关，烷基越多，烯烃越稳定。一般烯烃的稳定性顺序如下：

$$R_2C{=}CR_2 > R_2C{=}CHR > R_2C{=}CH_2 \sim RCH{=}CHR > RCH{=}CH_2 > CH_2{=}CH_2$$

烯烃的催化加氢虽然是放热反应，反应的活化能却很高，需加催化剂降低活化能。烯烃的加氢反应是在催化剂表面进行的，烯烃和氢首先被吸附在催化剂的表面上，在金属表面形成金属氢化物及金属与烯烃结合形成的络合物，然后在金属表面金属氢化物的一个氢原子和双键碳原子结合，得到的中间体再与金属氢化物的另一个氢原子结合生成烷烃。催化剂表面对烷烃的吸附能力小于烯烃，烷烃一旦生成，就立即从催化剂表面解吸而去。

烯烃催化氢化机理：

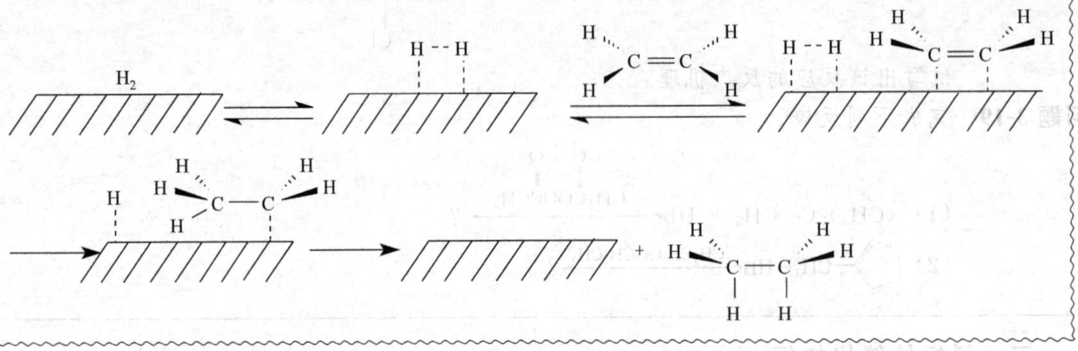

烯烃的催化加氢一般为顺式加氢，加氢难易程度与双键上取代基的多少有关。烯烃的取代基越多，空间位阻越大，烯烃越难在金属表面被吸附，反应速率越慢。

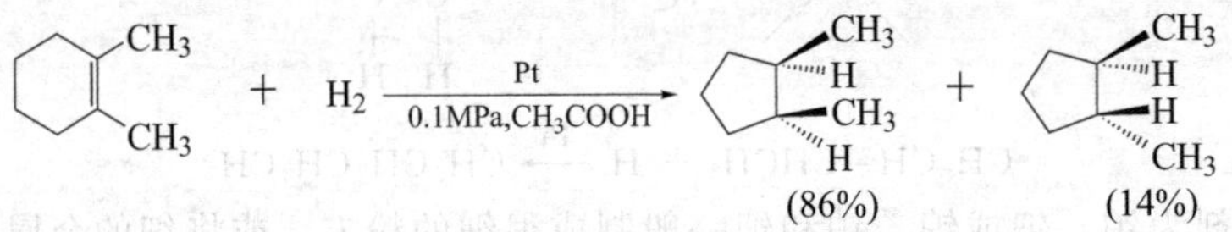

四、烯烃的氧化反应

烯烃中 π 键受核的控制较小，容易给出电子被氧化剂氧化。烯烃的氧化反应较复杂，不同的氧化剂、不同的反应条件会得到不同的氧化产物。

1. 高锰酸钾氧化

高锰酸钾是一种强氧化剂，强酸介质下氧化能力更强，因此烯烃与高锰酸钾在不同酸碱介质中其氧化产物有所不同。烯烃与冷、稀的高锰酸钾溶液反应生成邻二醇，反应中间体为环状锰酸酯，其进一步水解得到邻二醇，因反应中间体为环状锰酸酯，因此得到的是顺式加成物。

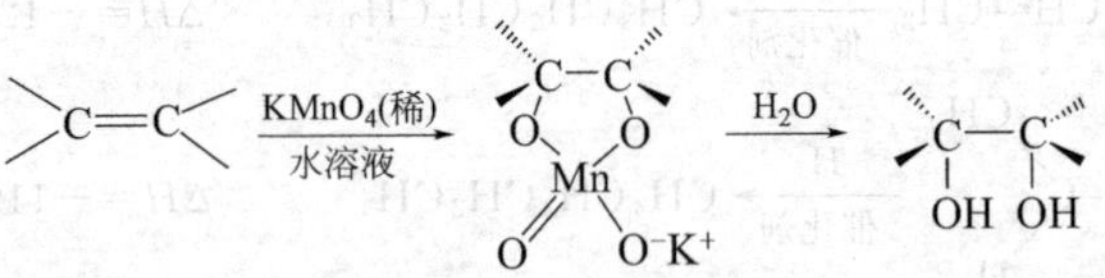

如果有过量的高锰酸钾存在或加热条件下，邻二醇可进一步被高锰酸钾所氧化。该反应用于制备产率不高，但反应一经发生，紫红色的高锰酸钾溶液就会褪色，并伴有二氧化锰沉淀生成，可用于定性鉴定分子中是否有双键存在。

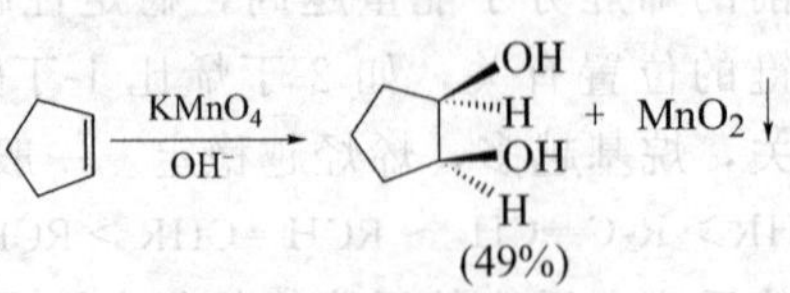

若在强酸性条件下，烯烃与高锰酸钾的反应迅速发生，不仅 π 键打开，σ 键也断裂，发生碳碳双键的断裂，生成酮、酸或二氧化碳。氧化产物取决于双键碳上取代基的情况，$R_2C=$ 结构部分氧化成酮，$RCH=$ 部分氧化成羧酸，$CH_2=$ 部分氧化成 CO_2。故可根据氧化产物的结构来推测烯烃的结构。

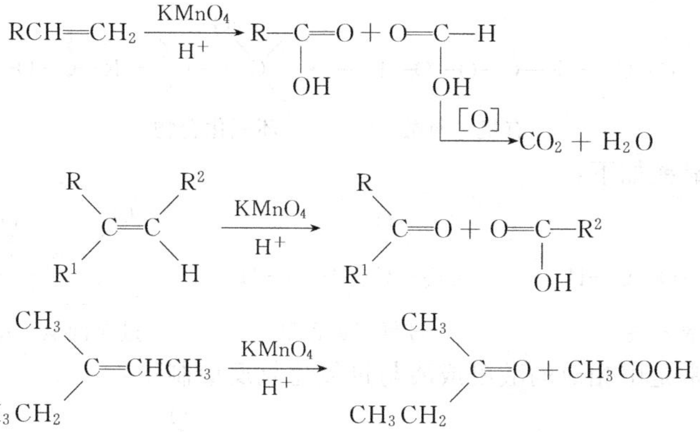

2. 臭氧化

将含有6%～8%臭氧的氧气在低温下通入烯烃溶液中，烯烃立即被臭氧氧化生成臭氧化物。臭氧化物不稳定，容易发生爆炸，一般很少把臭氧化物分离出来，大多数情况下是加入还原剂（锌粉或二甲硫醚）还原分解。

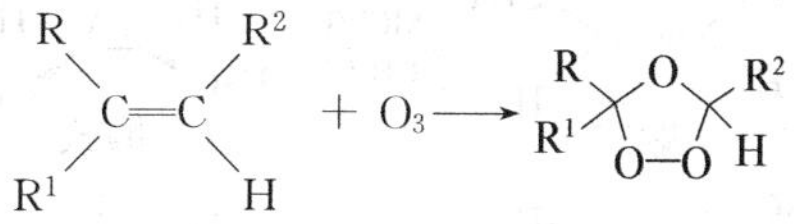

臭氧化物

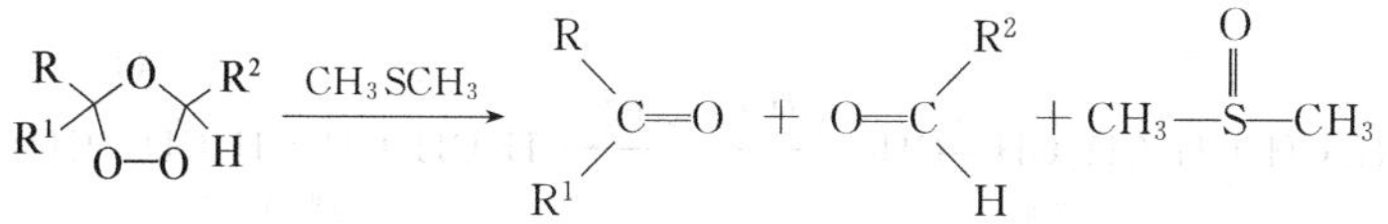

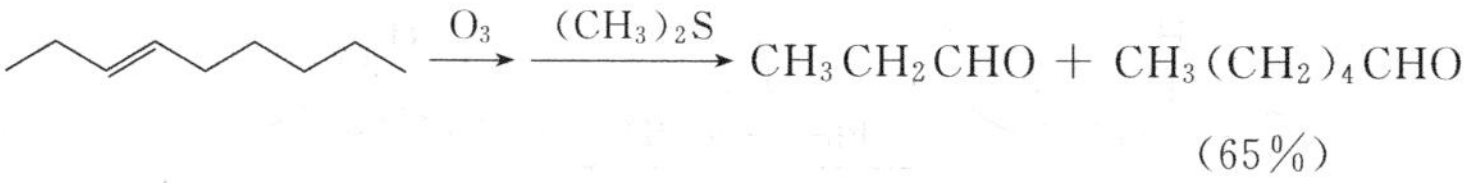

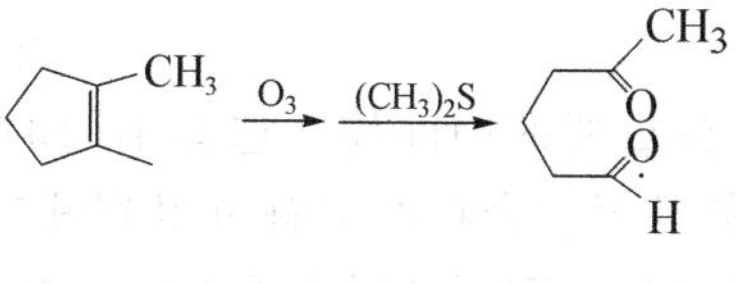

烯烃中的R_2C═结构部分变成酮，(H)RCH═结构部分变成醛。此类反应早期用于烯烃结构的测定。

习题 3-20 试用两种化学方法鉴别己烷和1-己烯。

习题 3-21 一化合物分子式为C_5H_{10}，1mol该化合物能吸收1mol的氢气，与$KMnO_4/H_2SO_4$作用生成一分子的C_4酸；但经臭氧化还原水解后得到两个不同的醛，试写出该化合物的可能结构式。

习题 3-22 一化合物分子式为C_8H_{16}，它可以使溴的四氯化碳溶液褪色，也可溶于浓硫酸；经臭氧化反应后并在锌粉存在下水解只得到一种产物丁酮（$CH_3CH_2COCH_3$），试写出该烯烃的可能结构式。该烯烃有没有顺反异构体？

---

3. 过氧酸氧化

烯烃在有机过氧酸的作用下，生成环氧化合物，称为环氧化反应。过氧酸是高度立体选择性的氧化剂。

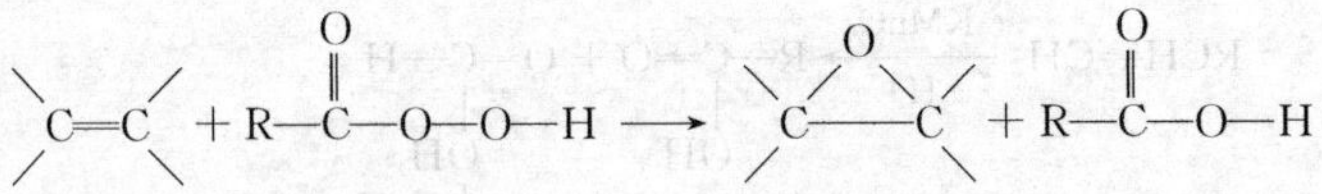

有机过氧酸　　环氧化合物

常见的有机过氧酸如下：

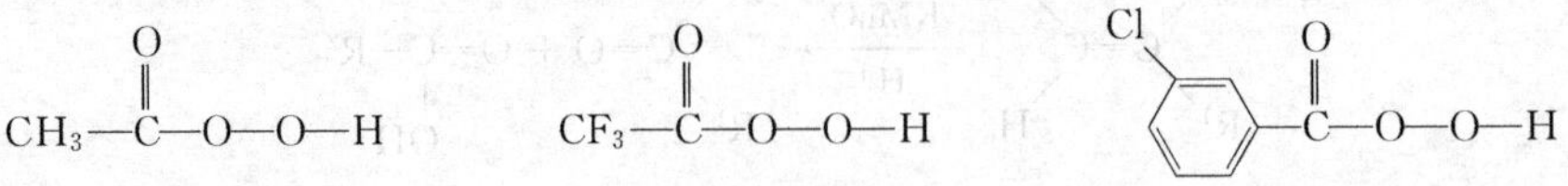

过氧乙酸　　过氧三氟乙酸　　过氧间氯苯甲酸（MCPBA）

有机过氧酸通常是由相应的酸酐或酸与过氧化氢反应制得：

$$(CF_3CO)_2O + H_2O_2(90\%) \xrightarrow{0℃} CF_3-\overset{O}{\overset{\|}{C}}-O-O-H$$

烯烃经环氧化反应后仍保持原双键碳原子上基团间的相对空间取向，因此烯烃的环氧化反应是立体专一性的顺式加成反应。

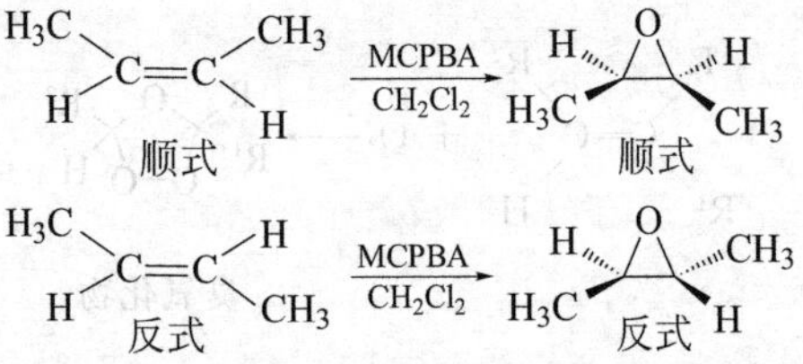
顺式
顺式
反式
反式

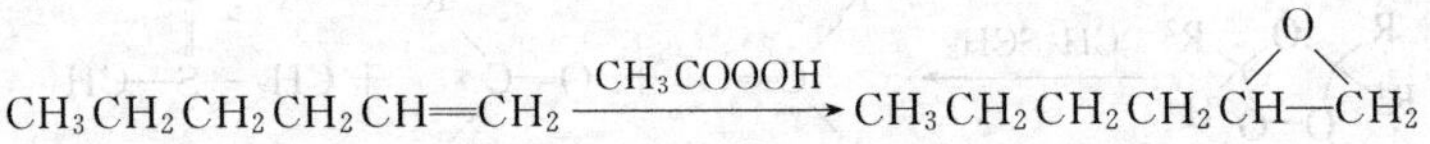

(60%)

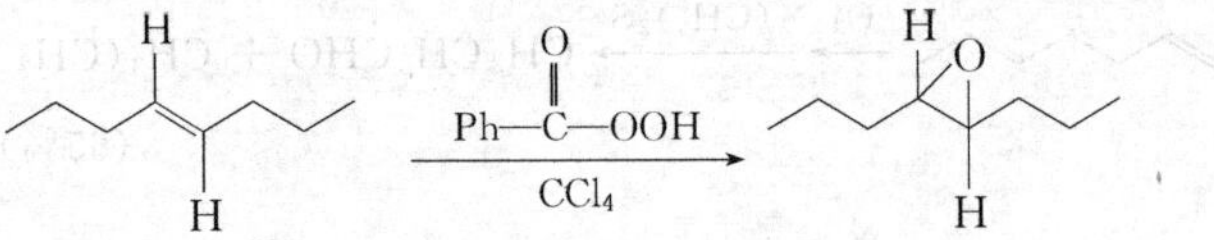

(90%)

环氧化合物是有机合成上十分重要的中间体，选择不同的试剂与其反应可得到不同的β-取代醇（详见本书有关章节）。如环氧化合物经水解可得到邻二醇，因开环时试剂只能从含氧环的背面进攻，得到的是反式邻二醇。而用高锰酸钾氧化，得到的是顺式邻二醇。

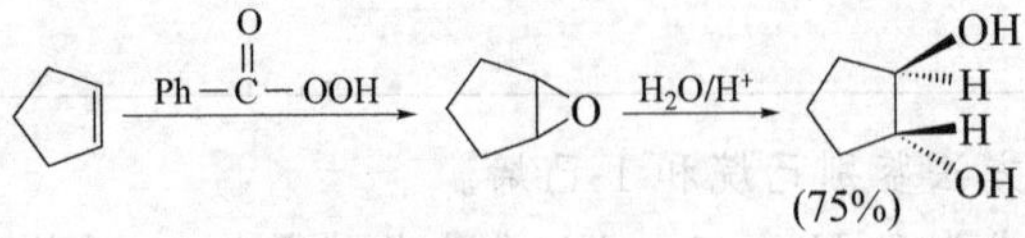

(75%)

环氧化合物中最重要的化合物是环氧乙烷，工业上常用银催化氧化乙烯的方法来制备。

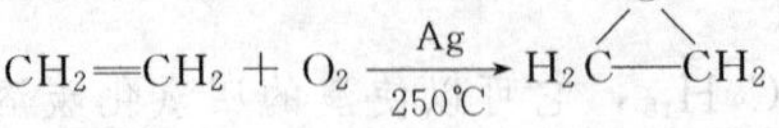

环氧乙烷

五、烯烃的聚合反应

烯烃在催化剂或引发剂作用下π键断裂，分子间一个接一个地互相加合，碳链不断增长，最后成为相对分子质量巨大的高分子化合物。例如，在低压下，于适当的溶剂中，在烷基铝-四氯化钛络合催化剂的催化下，乙烯能发生聚合生成聚乙烯。反应的烯烃如乙烯叫单体，形成的产物叫聚合物。

$$n\,CH_2{=}CH_2 \xrightarrow[0.1\sim1MPa,60\sim75℃]{TiCl_4\text{-}Al(C_2H_5)_3} \lbrack CH_2{-}CH_2 \rbrack_n$$

乙烯(单体)　　　　聚乙烯(高分子)

有时也把该反应称为络合聚合反应，烷基铝-四氯化钛称为络合催化剂。络合催化剂首先由德国化学家齐格勒（K. Ziegler，1898—1973）和意大利化学家纳塔（G. Natta，1903—1979）在 20 世纪 50 年代发明，因此又称为齐格勒-纳塔催化剂。1959 年齐格勒、纳塔利用此催化剂首次合成了立体定向高分子——人造天然橡胶，为有机合成做出了巨大的贡献。为此，两人共享了 1963 年的诺贝尔化学奖。

由于单体的结构差异，生成的聚合物的性质就有很大不同。现在大量使用的塑料、橡胶等高分子材料有很多是经烯烃聚合而成的。

六、烯烃的 α-氢卤代反应

大多数烯烃分子中还有烷基存在，这些烷基也会发生烷烃的一些典型反应，如卤代反应。在烯烃分子中烷基上的氢，尤其是与碳碳双键直接相连的碳原子（α-碳原子）上的氢（α-氢原子），受双键的影响较大，比较活泼，在一定的反应条件下容易被取代。丙烯和氯气在低温或没有光的存在下发生双键与卤素的加成反应；在高温（500～600℃）下，得到的主要是取代产物。

$$CH_3CH{=}CH_2 + Cl_2 \xrightarrow[CCl_4\ 溶液]{低温} CH_3\underset{\displaystyle Cl}{\underset{|}{C}H}{-}\underset{\displaystyle Cl}{\underset{|}{C}H_2} \quad（加成反应）$$

$$CH_3CH{=}CH_2 + Cl_2 \xrightarrow[气相]{500\sim600℃} Cl{-}CH_2CH{=}CH_2 \quad（取代反应）$$

3-氯-1-丙烯是制造甘油和环氧树脂等的重要化工原料。

丙烯和氯气在低温下发生的是亲电加成反应，在高温（500～600℃）下主要发生的是 α-氢的取代反应。反应机理如下：

链引发　$Cl{-}Cl \longrightarrow 2Cl\cdot$

链传递　$CH_2{=}CHCH_2{-}H + Cl\cdot \longrightarrow CH_2{=}CH\dot{C}H_2 + HCl$

$CH_2{=}CH\dot{C}H_2 + Cl{-}Cl \longrightarrow CH_2{=}CHCH_2{-}Cl + Cl\cdot$

链终止　略

在上述条件下，为什么主要发生 α-氢的氯代呢？在自由基反应中，自由基是由键的均裂产生的，键均裂的离解能越小，生成自由基越容易。丙烯分子中三种 C—H 键及几个烷烃分子中 C—H 键的离解能如下：

$H{-}CH_2CH{=}CH_2$	$CH_3\underset{\displaystyle H}{\underset{|}{C}}{=}CH_2$	$CH_3CH{=}CH{-}H$
360kJ/mol	435kJ/mol	435kJ/mol
$CH_3CH_2{-}H$	$(CH_3)_2CH{-}H$	$(CH_3)_3C{-}H$
410kJ/mol	393kJ/mol	381kJ/mol

α-C—H 键的离解能最小，烯丙基自由基最容易形成，比烯基自由基稳定，甚至比叔丁基自由基还稳定。几个常见自由基的稳定性顺序如下：

$$\dot{C}H_2CH{=}CH_2 > 3^\circ > 2^\circ > 1^\circ > \dot{C}H_3 > CH_2{=}\dot{C}H$$

烯丙基自由基之所以稳定，是因为自由基的 p 轨道与双键 π 轨道重叠，形成 p-π 共轭，使单电子分散在三个碳原子上，得到了大范围的离域，从而稳定性增强。

上述反应需要较高温度并在气相条件下进行，实验室一般不易达到。实验室 α-氢的溴代常用 *N*-溴代丁二酰亚胺（*N*-bromosuccinimide，简称 NBS）作溴化试剂，在光或引发剂（如过氧化苯甲酰）作用下，在惰性溶剂（如 CCl_4）中与烯烃作用生成 α-溴代烯烃。NBS 是一个很好的区域选择性溴化剂，反应过程中只溴化 α-氢。

$$\underset{\text{C-H}}{\overset{\text{C=C}}{\bigg|}} \xrightarrow[h\nu]{\text{NBS}} \underset{\text{C-Br}}{\overset{\text{C=C}}{\bigg|}}$$

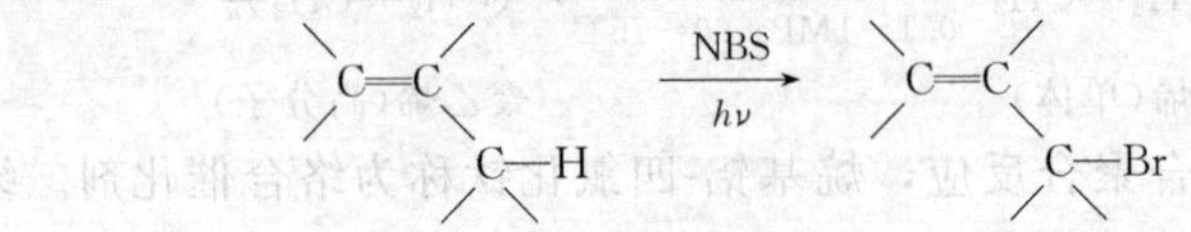

$$CH_3(CH_2)_4CH=CH_2 \xrightarrow[\substack{PhCOOCPh \\ \parallel\ \parallel \\ O\ \ O}]{NBS/CCl_4,\ \triangle} CH_3(CH_2)_4\underset{\underset{Br}{|}}{CH}CH=CH_2$$

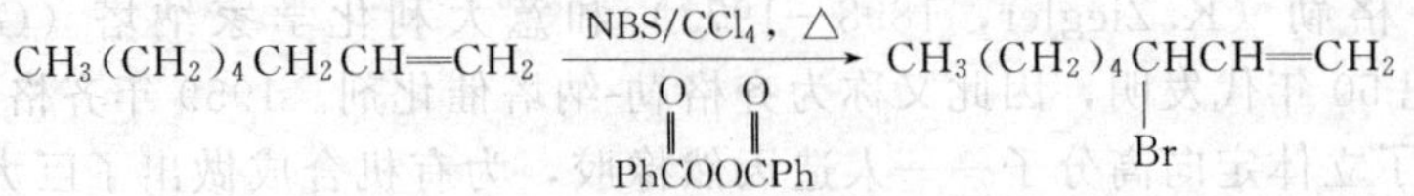

反应机理如下：NBS 可与取代反应中生成的溴化氢反应，提供恒定的低浓度的溴，然后按如下过程反应：

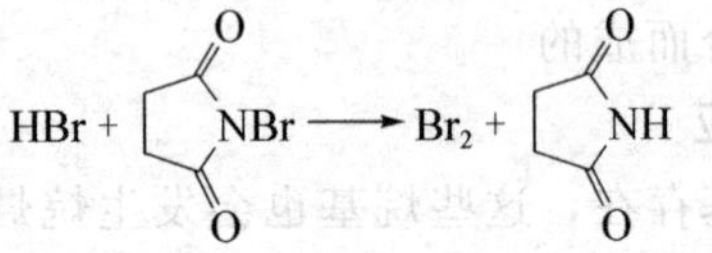

$$HBr + \underset{\overset{O}{\parallel}}{\underset{\underset{O}{\parallel}}{NBr}} \longrightarrow Br_2 + \underset{\overset{O}{\parallel}}{\underset{\underset{O}{\parallel}}{NH}}$$

链引发　$Ph-\overset{O}{\overset{\parallel}{C}}-O-\overset{O}{\overset{\parallel}{C}}-Ph \longrightarrow 2Ph-\overset{O}{\overset{\parallel}{C}}-O\cdot$

$$Ph-\overset{O}{\overset{\parallel}{C}}-O\cdot \xrightarrow{\text{自发分解}} Ph\cdot$$

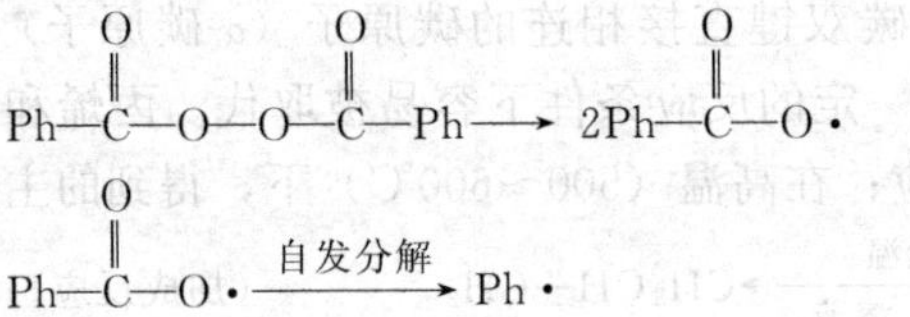

$$Ph\cdot + Br_2 \longrightarrow PhBr + Br\cdot$$

链传递　$\underset{\text{C-H}}{\overset{\text{C=C}}{\bigg|}} + Br\cdot \longrightarrow \underset{\text{C}\cdot}{\overset{\text{C=C}}{\bigg|}} + HBr$

$$\underset{\text{C}\cdot}{\overset{\text{C=C}}{\bigg|}} + Br_2 \longrightarrow \underset{\text{C-Br}}{\overset{\text{C=C}}{\bigg|}} + Br\cdot$$

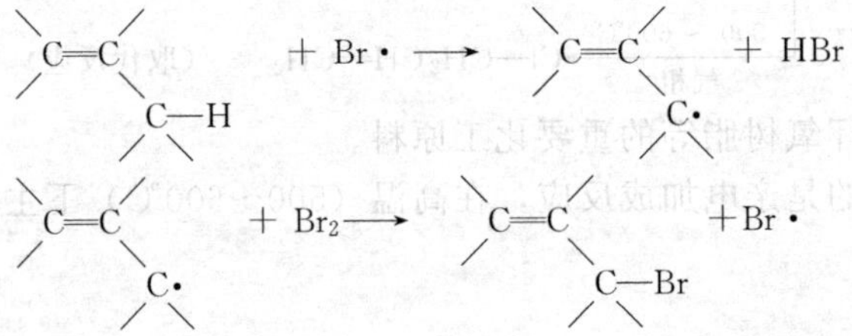

链终止　略

习题 3-23　光催化下 2,3-二甲基-2-丁烯与低浓度的溴反应如下：

$$\underset{H_3C}{\overset{H_3C}{>}}C=C\underset{CH_3}{\overset{CH_3}{<}} \xrightarrow{Br_2,\ h\nu} \underset{H_3C}{\overset{H_3C}{>}}C=C\underset{CH_3}{\overset{CH_2-Br}{<}} + Br-\underset{CH_3}{\overset{CH_3}{|}}\overset{|}{C}-C\underset{CH_3}{\overset{CH_2}{<}}$$

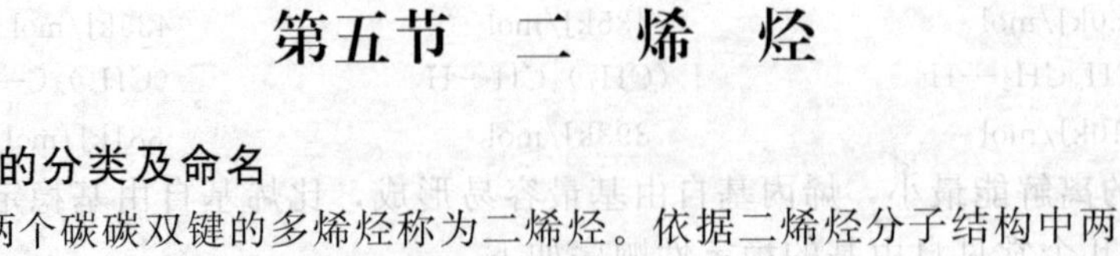

试写出该反应的反应机理。

第五节　二烯烃

一、二烯烃的分类及命名

分子中含有两个碳碳双键的多烯烃称为二烯烃。依据二烯烃分子结构中两个双键的相对位置又把二烯烃分为以下三类。

(1) 累积二烯烃　分子中两个双键合用一个碳原子，即含有 —C=C=C— 结构的二烯烃，如丙二烯 CH_2=C=CH_2。此类二烯烃势能较高，不稳定，数量少，实际应用不多。

(2) 孤立二烯烃　分子中两个双键被一个以上的单键隔开，即含有 —C=C—$(CH_2)_n$—C=C— 结构的二烯烃，如 1,4-戊二烯。此类二烯烃的性质与单烯烃相似。

(3) 共轭二烯烃　分子中两个双键被一个单键隔开，即含有 —C=C—C=C— 结构的二烯烃，如 1,3-丁二烯 CH_2=CH—CH=CH_2。所谓共轭就是单、双键相互交替的意思。共轭二烯烃结构特殊，具有一些特殊的物理性质和化学性质。

多烯烃的命名与单烯烃相似，命名时，取含双键最多的最长碳链为主链，主链碳原子的编号从距离双键最近的一端开始，双键的数目用汉字表示，称为某几烯，双键的位次用阿拉伯数字表示。例如：

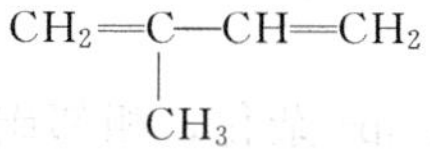

2-甲基-1,3-丁二烯(异戊二烯)

$CH_2{=}CH{-}CH{=}CH{-}CH{=}CH_2$

1,3,5-己三烯

有顺、反异构体时，异构体的构型 *Z* 或 *E* 写在整个名称之前。例如：

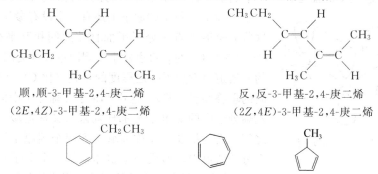

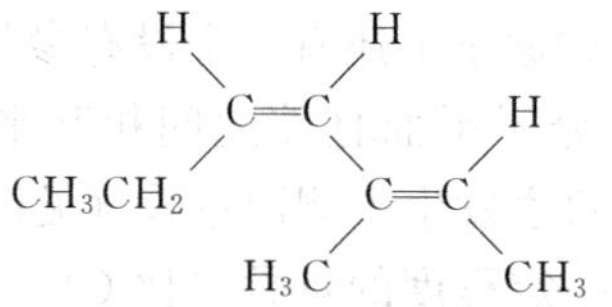

顺,顺-3-甲基-2,4-庚二烯

(2*E*,4*Z*)-3-甲基-2,4-庚二烯

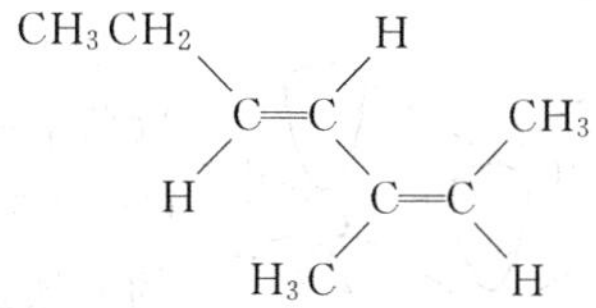

反,反-3-甲基-2,4-庚二烯

(2*Z*,4*E*)-3-甲基-2,4-庚二烯

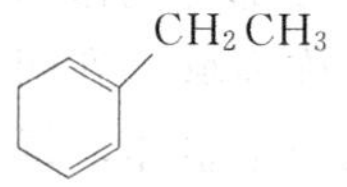

2-乙基-1,3-环己二烯

1,3,5-环庚三烯

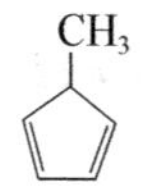

5-甲基-1,3-环戊二烯

多烯烃主链编号在遵循双键的编号尽可能小的原则前提下，还有选择时，则规定从 *Z* 型双键端开始编号。例如：

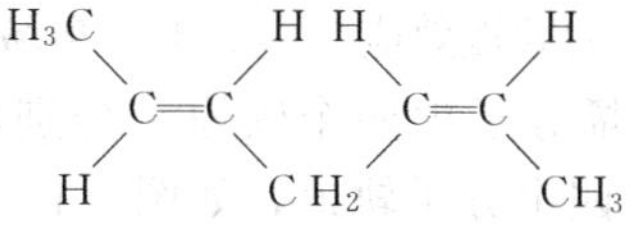

(2*Z*,5*E*)-2,5-庚二烯

二、二烯烃的结构

1. 累积二烯烃的结构

最简单的累积二烯烃是丙二烯，构造式为 $CH_2{=}C{=}CH_2$。丙二烯分子结构中的中间的碳为 sp 杂化，三个碳原子在一条直线上，两边碳为 sp^2 杂化，它们的 p 轨道分别与中间的碳原子两个互相垂直的 p 轨道重叠，形成两个互相垂直的 π 键，两个亚甲基位于互相垂直的平面上。如图 3-8 所示。

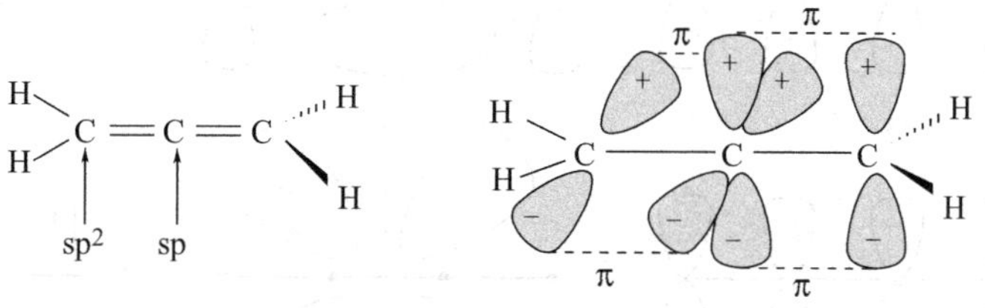

图 3-8　丙二烯的结构

丙二烯不稳定，性质比较活泼，双键可以一个一个打开发生加成反应，也可发生水化和异构化反应。例如：

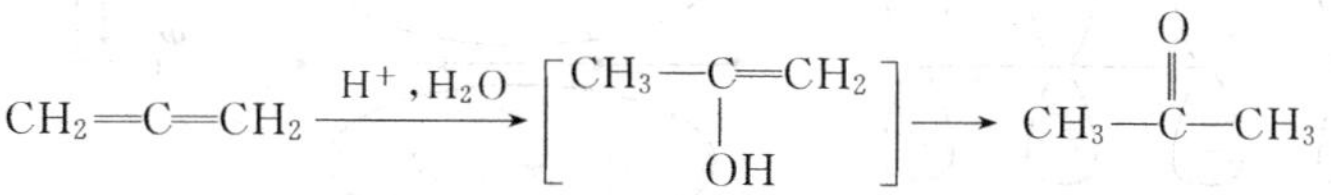

$$(CH_3)_2C{=}C{=}CH_2 \xrightarrow[\text{异构化}]{KOH,\ C_2H_5OH} (CH_3)_2CHC{\equiv}CH$$

2. 共轭二烯烃的结构

最简单的共轭二烯烃是1,3-丁二烯，构造式为$CH_2=CH-CH=CH_2$，它的六个氢原子和四个碳原子处于同一平面。1,3-丁二烯分子中的碳碳单键键长为148pm，比乙烷的碳碳单键键长154pm短；碳碳双键键长为134pm，比乙烯的碳碳双键键长133pm长。1,3-丁二烯分子中的单双键键长有平均化的趋势。

杂化轨道理论认为，1,3-丁二烯分子中四个碳原子都是sp^2杂化，相邻碳原子之间以sp^2杂化轨道相互重叠形成三个碳碳σ键，其余的sp^2杂化轨道分别与氢原子的1s轨道重叠形成六个碳氢σ键。这些σ键都处在同一平面上，即1,3-丁二烯的四个碳原子和六个氢原子都在同一个平面上。每个碳原子上还有一个没有参与杂化的p轨道，这些p轨道垂直于分子平面且彼此间相互平行，不仅C1与C2、C3与C4的p轨道发生了侧面重叠（见图3-9），C2与C3的p轨道也发生了一定程度的重叠（比C1—C2或C3—C4之间的重叠要弱一些），这样1,3-丁二烯分子中的π电子云不像乙烯分子中的π电子云那样局限（又称定域）在两个碳原子之间，而是扩展（又称离域）到四个碳原子周围，分布在整个分子轨道中，形成一个整体，每一个电子不只是受两个核的束缚，而是受四个核的束缚。这种现象称为电子离域或键的离域，形成的化学键称为离域π键或大π键。大π键的形成，不仅使分子结构中的单、双键的键长发生了平均化，分子的内能也有所降低，分子趋于稳定化。在1,3-丁二烯这样的共轭体系中，由于原子间的相互作用，整个分子中的电子云分布趋于平均化的倾向称为共轭效应。由π电子离域产生的共轭效应又称π-π共轭效应。

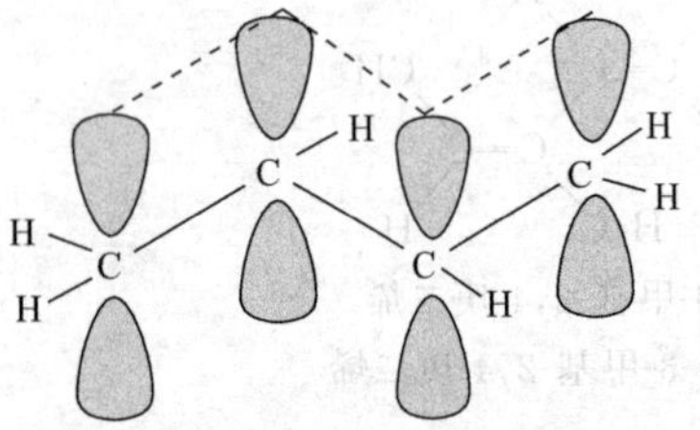
H
C
H
C
H
C
H
C
H
H
图3-9　1,3-丁二烯的大π键

分子轨道理论认为，1,3-丁二烯分子中四个碳原子分别以sp^2杂化成键，形成三个σ键，未杂化的四个p轨道线性组合形成四个分子轨道，如图3-10所示，两个成键轨道中Ψ_1是四个

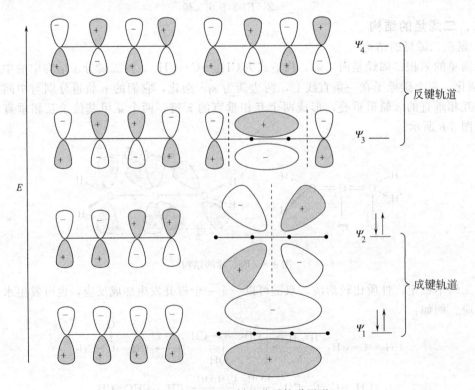

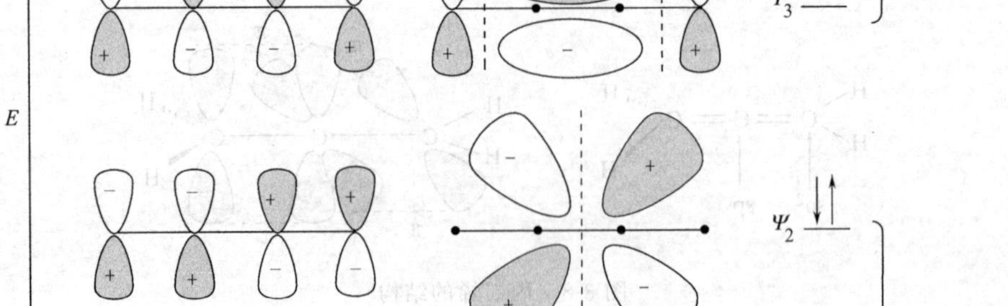
E
Ψ4
Ψ3
反键轨道
Ψ2
Ψ1
成键轨道
图3-10　1,3-丁二烯的分子轨道图形

原子轨道的同位相重叠，原子核之间的电子云密度增大，使体系的能量降低，低于原子轨道；Ψ_2 是在 C1—C2 和 C3—C4 之间电子云密度增大，在 C2—C3 之间形成一个电子云密度为零的节面，节面的存在意味着碳原子之间没有 π 键电子云，使两个原子核相互排斥，削弱了化学键的作用，使体系的能量升高；两个反键轨道中，Ψ_3 分子轨道有两个节面，能量更高，Ψ_4 有三个节面，能量最高，它们的能量高于原子轨道。

基态时，四个电子填充在两个能量较低的成键轨道 Ψ_1 和 Ψ_2 中。在 Ψ_1 轨道中，π 电子云的分布不是局限在 C1—C2、C3—C4 之间，而是分布在四个碳原子的两个分子轨道中，这种分子轨道称为离域轨道，这样形成的键称为离域键。从 Ψ_2 分子轨道中看出，C1—C2、C3—C4之间的键加强了，而 C2—C3 之间的键减弱了，结果，所有的键都具有 π 键的性质，但 C2—C3 键的 π 键的性质弱一些。所以，在 1,3-丁二烯分子中，四个 π 电子是分布在包含四个碳原子的分子轨道中，而不是分布在两个定域的 π 轨道中。

三、共轭体系和共轭效应

1. 共轭体系

分子结构中含有三个或三个以上相邻且共平面的原子时，这些原子中各含有一个相互平行的 p 轨道，p 轨道相互侧面重叠形成离域大 π 键，这样的体系称为共轭体系。1,3-丁二烯中有四个相邻的共平面的碳原子，在这四个碳原子中各有一个相互平行的 p 轨道，能够形成一个共轭体系。同样，1,3,5-己三烯 $CH_2═CH—CH═CH—CH═CH_2$ 也是一个共轭体系。常见的共轭体系有 π-π 共轭体系、p-π 共轭体系和超共轭体系等。

（1）π-π 共轭体系　由 π 键与 π 键相互交盖形成的共轭体系，其特点是单、双键相隔。如 1,3-丁二烯。

π-π 共轭体系

（2）p-π 共轭体系　由 p 轨道和 π 键相交盖形成的共轭体系，其结构特征是单键的一侧是 π 键，另一侧有平行的 p 轨道。如氯乙烯和烯丙基碳正离子、烯丙基自由基等。

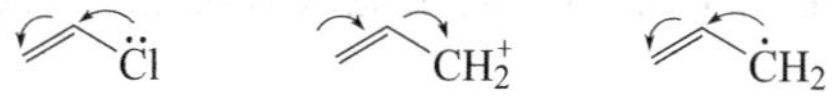
C̈l
CH_2^+
$\dot{C}H_2$

p-π共轭体系

氯乙烯中碳原子和氯原子同平面，氯原子上含有一对 p 电子，可与 π 键发生共轭；烯丙基碳正离子中，碳正离子中 p 轨道不含电子，为空轨道，该空轨道与 π 键发生共轭；烯丙基自由基中，自由基中 p 轨道含有一个电子，与 π 键发生共轭。

（3）超共轭体系　电子的离域不仅存在于 π-π 和 p-π 共轭体系中，分子中的 C—H σ 键也能与处于共轭位置的 π 键、p 轨道发生侧面的部分重叠，产生类似的电子离域现象。例如 $CH_3—CH═CH_2$（见图 3-11）中，CH_3 的 C—H σ 键与 —CH═CH_2 中的 π 键发生共轭；$(CH_3)_3C^+$（见图 3-12）中，CH_3 的 C—H σ 键与碳正离子的 p 轨道能发生共轭。这两种共轭分别称为 σ-π 共轭和 σ-p 共轭，统称为超共轭效应。产生超共轭效应的体系称为超共轭体系。超共轭效应比 π-π 和 p-π 共轭效应弱得多。超共轭效应一般是给电子的，其大小顺序

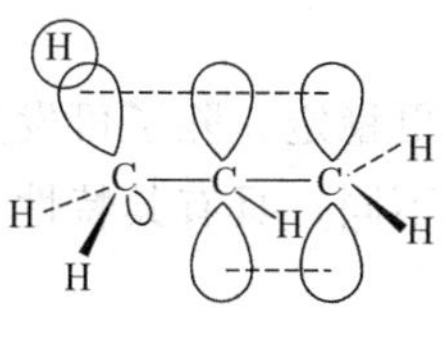

图 3-11　丙烯分子中的超共轭效应

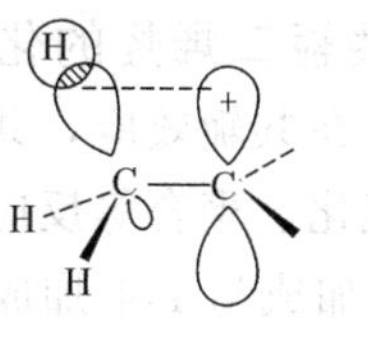

图 3-12　碳正离子的超共轭效应

为：$—CH_3$＞$—CH_2R$＞$—CHR_2$＞$—CR_3$。

碳正离子中带正电的碳具有三个 sp^2 杂化轨道，此外还有一个空的 p 轨道。与碳正原子相连的烷基的 C—H σ 键可以与此空 p 轨道有一定程度的重叠，这就使 σ 电子离域到空 p 轨道上。这种超共轭效应的结果使碳正离子的正电荷有所分散，增加了碳正离子的稳定性。与碳正离子相连的碳氢键越多，能起超共轭效应的 C—H σ 键就越多，越有利于碳正离子上正电荷的分散，碳正离子更趋于稳定。伯、仲、叔碳正离子中，叔碳正离子的 C—H σ 键最多，仲碳正离子次之，伯碳正离子更次，CH_3^+ 不存在超共轭效应。碳正离子的稳定性次序为：3℃＞2℃＞1℃＞CH_3^+。

2. 共轭效应

共轭体系中存在的特殊电子效应称为共轭效应。

(1) 共轭体系能量低　共轭效应的影响使得分子内能小，更加稳定。这可以从烯烃的氢化热数据中看出（见表 3-2）。

表 3-2　烯烃的氢化热数据

烯　　烃	分子的氢化热/(kJ/mol)	平均每个双键的氢化热/(kJ/mol)
$CH_3CH{=}CH_2$	125.2	125.2
$CH_3CH_2CH{=}CH_2$	126.8	126.8
$CH_2{=}CH—CH{=}CH_2$	238.9(预计 253.6)	119.5
$CH_2{=}CH—CH_2—CH{=}CH_2$	254.4(预计 251.8)	127.2
$CH_2{=}CH—CH{=}CHCH_3$	226.4(预计 251.8)	113.2
$CH_2{=}C{=}CH_2$	298.5(预计 261.7)	149.3

由表 3-2 可见，孤立二烯烃的氢化热约为单烯烃的两倍，孤立二烯烃双键可看作是独立的；共轭二烯烃的氢化热比孤立二烯烃低，说明共轭二烯烃比孤立二烯烃稳定。这种能量差值是由于共轭体系内电子离域引起的，故称为离域能或共轭能。共轭体系越大，离域能越大，体系能量越低，化合物越稳定。

(2) 共轭体系中电子云密度部分平均化　由于共轭体系中 π 电子或 p 轨道中的 p 电子将部分离域，转移到单键或共轭体系的其他部分，结果使电子向共轭体系中电子云密度较低的部位转移。

(3) 共轭体系中键长发生平均化　由于电子云密度的改变，使得共轭体系中双键相应增长，单键相应缩短，键长发生平均化。

习题 3-24　判别下列各对化合物中哪一个更稳定？为什么？

(1) 1,3-环已二烯　1,4-环已二烯　(2) 3-甲基-2,4-庚二烯　3-甲基-2,5-庚二烯

习题 3-25　比较化合物 1,3-己二烯、1,4-己二烯、2,3-己二烯、1-已烯的氢化热的大小。

四、共轭二烯烃的化学性质

由于存在共轭效应，共轭二烯烃比单烯烃和非共轭二烯烃更稳定，除了可发生类似单烯烃的加成、氧化、聚合等反应外，在化学性质上与一般烯烃有所不同，具有其特性。

1. 1,2-加成与 1,4-加成

共轭二烯烃如 1,3-丁二烯可以和 X_2、HX 等发生亲电加成反应，也可以发生催化加氢。

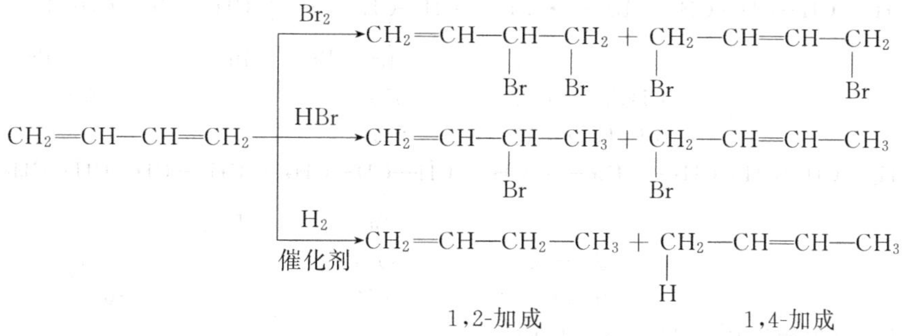

共轭二烯烃与一分子亲电试剂加成时，有两种加成取向：一种是试剂加到一个双键上，另一种是试剂加到共轭体系两端的碳原子上。前者称为1,2-加成，产物在原来的位置上保留一个双键；后者称为1,4-加成，原来的两个双键消失，而在C2—C3之间生成一个新的双键。产物以1,4-加成产物为主，这与共轭二烯烃的结构特征有关。

共轭二烯烃的亲电加成反应是分两步进行的。例如1,3-丁二烯与溴化氢的加成，第一步是亲电试剂H^+的进攻，加成可能发生在C1或C2上，生成两种碳正离子（Ⅰ）或（Ⅱ）：

$$
CH_2=CH-CH=CH_2 + H^+
\begin{cases}
\longrightarrow CH_2=CH-\overset{+}{CH}-CH_3 & \text{（Ⅰ）} \\
\longrightarrow CH_2=CH-CH_2-\overset{+}{CH_2} & \text{（Ⅱ）}
\end{cases}
$$

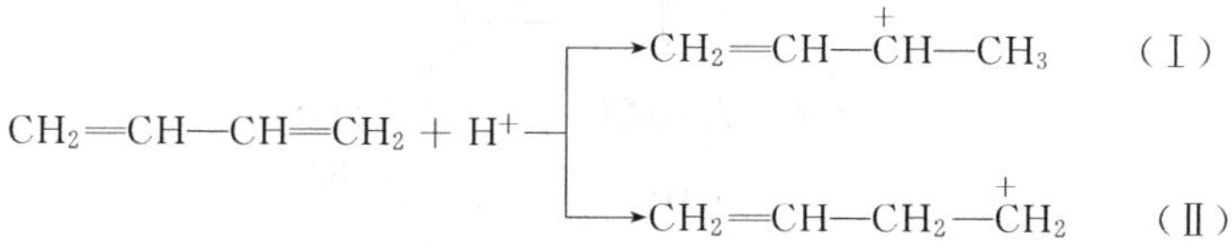

H^+加到C1上，形成碳正离子中间体（Ⅰ）。在（Ⅰ）中，带正电荷的碳原子的空p轨道可以和相邻的π键发生共轭，形成包含三个碳原子两个电子的大π键，π电子离域，使正电荷得到分散，体系能量降低。当H^+加到C2上时，形成碳正离子（Ⅱ）。在（Ⅱ）中，C1的空轨道和π键之间相隔两个单键，带正电荷的碳原子的空p轨道不能和π键发生共轭，正电荷得不到分散，体系能量较高。因此，碳正离子（Ⅰ）比碳正离子（Ⅱ）稳定，加成反应的第一步主要是通过形成碳正离子（Ⅰ）进行的。

由于共轭效应的存在，碳正离子（Ⅰ）整个体系带部分正电荷。共轭体系内正负极性交替存在，碳正离子（Ⅰ）中的π电子云不是平均分布在这三个碳原子上，而是正电荷主要集中在C2和C4上。所以反应的第二步中Br^-既可以与C2结合，也可以与C4结合，分别得到1,2-加成产物（Ⅲ）和1,4-加成产物（Ⅳ）。

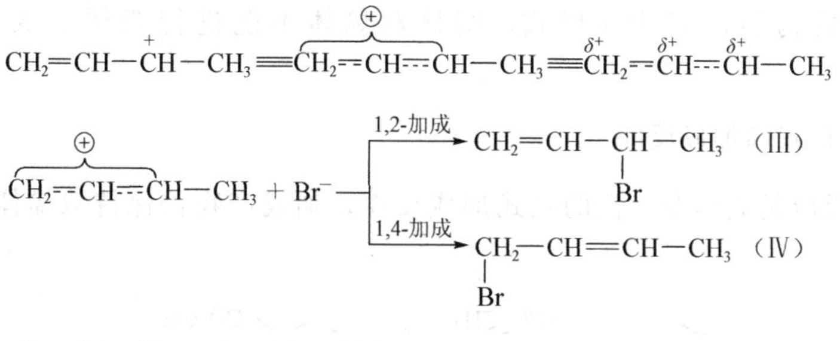

化合物（Ⅳ）的π键可与五个σ键超共轭，而（Ⅲ）的π键只与一个σ键超共轭，化合物（Ⅳ）比（Ⅲ）的超共轭体系大，它的能量低，更易形成。所以，1,3-丁二烯的加成反应以1,4-加成为主。共轭二烯烃的加成反应是以1,2-加成产物为主，还是以1,4-加成产物为主，与反应条件密切相关。一般来说，在较低温度和非极性溶剂中以1,2-加成为主，在较高温度和极性溶剂中以1,4-加成为主。例如：

$$CH_2{=}CH{-}CH{=}CH_2 + Br_2 \longrightarrow \underset{}{CH_2{=}CH{-}}\underset{Br}{CH}{-}\underset{Br}{CH_2} + \underset{Br}{CH_2}{-}CH{=}CH{-}\underset{Br}{CH_2}$$

$CHCl_3$/－15℃	37％	63％
n-C_6H_{14}/45℃	54％	46％

$$CH_2{=}CH{-}CH{=}CH_2 + HBr \longrightarrow CH_2{=}CH{-}\underset{Br}{CH}{-}CH_3 + \underset{Br}{CH_2}{-}CH{=}CH{-}CH_3$$

醚/－80℃	80％	20％
醚/40℃	20％	80％

2. 狄尔斯-阿尔德反应（双烯合成反应）

共轭二烯烃与含有碳碳双键的化合物在加热条件下可发生类似1,4-加成的反应，生成六元环状化合物，这类反应称为狄尔斯-阿尔德（Diels-Alder）反应，又称双烯合成，是由德国化学家狄尔斯（O. Diels）和阿尔德（K. Alder）于1928年发现的。双烯合成中共轭二烯烃称为双烯体，另一不饱和化合物称为亲双烯体。亲双烯体可以是双键，也可以是叁键，尤其当亲双烯体的重键碳上连有吸电子基团（如硝基、羧基、羰基等）时，反应更易进行。这类反应在合成上可用来合成许多环状化合物。狄尔斯和阿尔德因此荣获1950年诺贝尔化学奖。

双烯体　亲双烯体　六元环状化合物

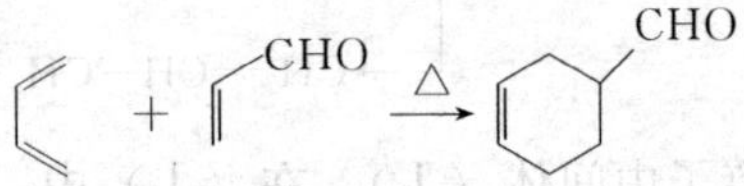

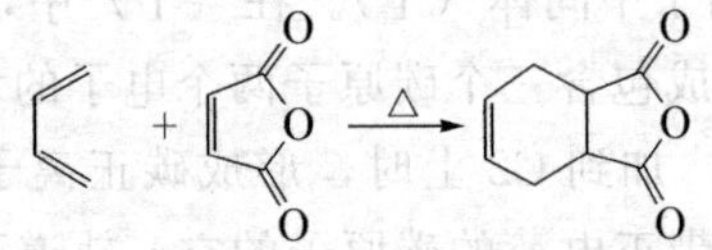

Diels-Alder反应是一步完成的，反应时，反应物分子彼此靠近，互相作用，形成环状过渡态，然后转化为产物分子。新键的生成和旧键的断裂是相互协调、在同一步骤中完成的，没有活性中间体生成，这种类型的反应称为协同反应。双烯体是以 *s*-顺式构象进行反应，*s*-反式在加热的条件下可以转化为 *s*-顺式。

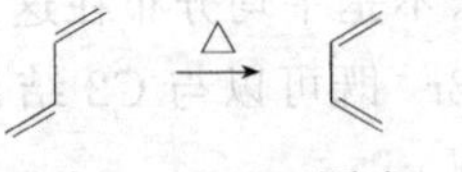

s-反式　　*s*-顺式

如果双烯体的构型固定为 *s*-反式，则该双烯体不能进行双烯加成反应。如 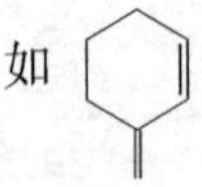、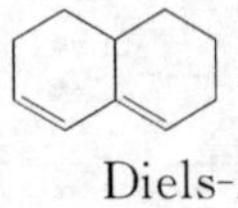 不能进行双烯加成反应。

Diels-Alder反应是立体专一性的顺式加成反应，加成产物仍保持双烯体和亲双烯体原来的构型。例如：

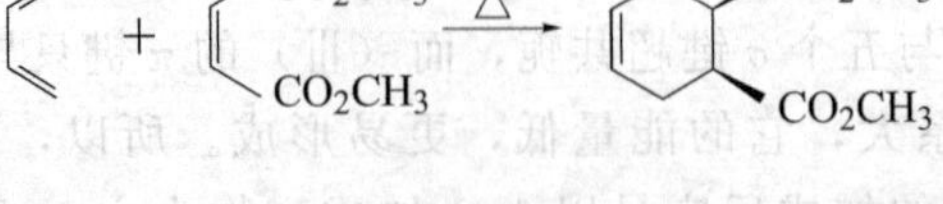

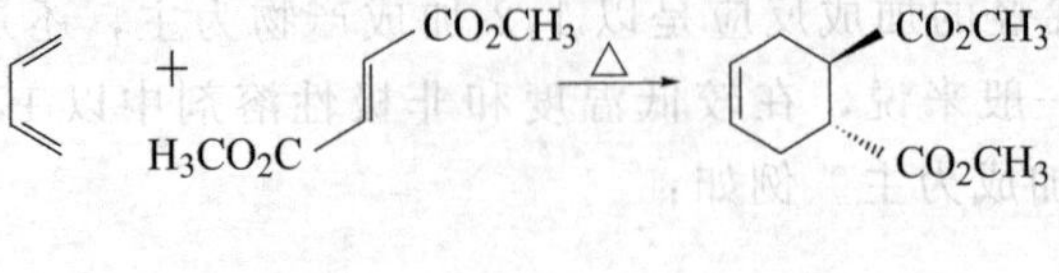

习题 3-26 完成下列反应。

(1) 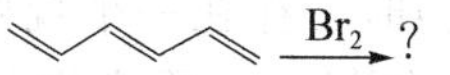
Br_2
?

(2) 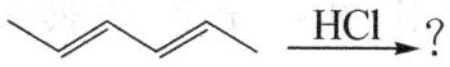
HCl
?

习题 3-27 完成下列反应。

(1) 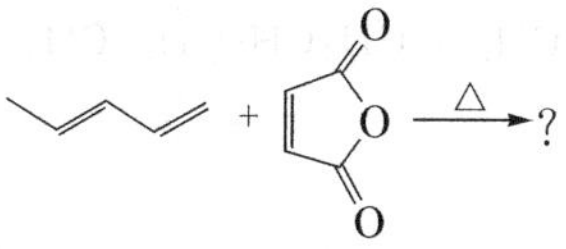
O
O
O
△
?

(2) 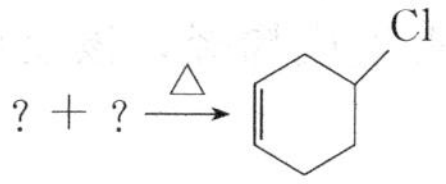
? + ?
△
Cl

(3) 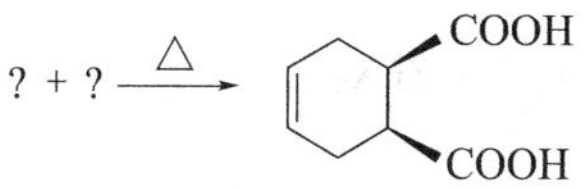
? + ?
△
COOH
COOH

(4) 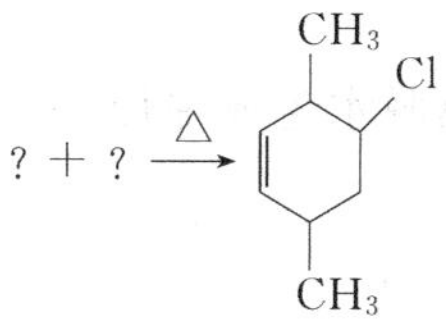
? + ?
△
CH_3
Cl
CH_3

3. 聚合反应

在催化剂存在下，共轭二烯烃可以聚合成高分子化合物。例如 1,3-丁二烯在金属钠催化下聚合成聚丁二烯。这种聚合物具有橡胶的性质，是最早发明的合成橡胶，又称为丁钠橡胶。

$$n\,CH_2{=}CH{-}CH{=}CH_2 \xrightarrow[60℃]{Na} {-}\!\![CH_2CH{=}CHCH_2]\!\!{-}_n$$

丁钠橡胶

第六节 烯烃的工业来源和制法

石油是烯烃的主要来源，大量的低级烯烃是由石油裂解得到的。石油的裂解反应十分复杂，有热裂解和催化裂解两种方法。生成的裂解气是一种复杂的混合气体，裂解气中烯烃含量比较高，它除了主要含有乙烯、丙烯、丁二烯等不饱和烃外，还含有甲烷、乙烷、氢气、硫化氢等。把裂解产物进行分离，可以得到所需的多种化工原料。

实验室制备烯烃的方法就是选择适当的原料，然后从相邻两个碳原子上除去两个基团的消除反应。常用的原料是醇和卤代烃。

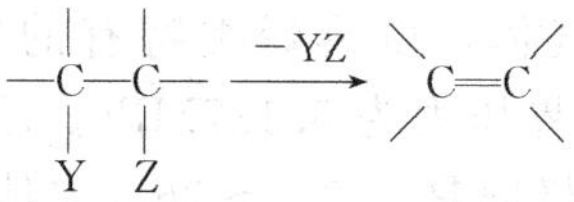
−YZ
C=C
Y Z

一、卤代烷脱卤化氢

卤代烷与强碱 NaOH 或 KOH 的醇溶液共热，卤代烷脱去一分子的卤化氢生成烯烃，该反应的立体化学是反式消除。

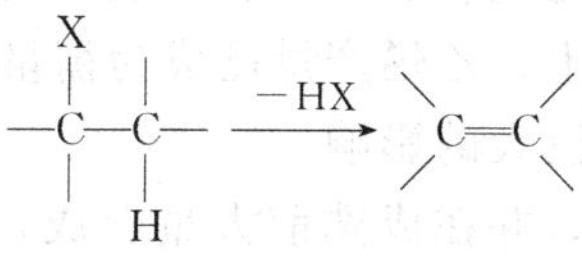
X
−HX
C=C
H

例如：
$$CH_3CH_2CH_2I + KOH \xrightarrow[\triangle]{\text{乙醇}} CH_3CH{=}CH_2 + KI + H_2O$$

实验证明，当卤代烷脱卤化氢的反应存在多种消除产物时，存在一个规则，即查依采夫(Saytzeff) 规则：一般是含氢最少的 β-碳原子提供氢脱卤化氢，主要产物是相对稳定的烯烃——Saytzeff 烯烃。

$$CH_3CH_2\underset{\displaystyle |\atop Br}{C}HCH_3 \xrightarrow[80℃]{KOH，乙醇} \underset{(80\%)}{CH_3CH{=}CHCH_3} + \underset{(20\%)}{CH_3CH_2CH{=}CH_2}$$

二、邻二卤代烷脱卤素

在 Mg、Zn 或 NaI 存在下，邻二卤代烷脱去一分子卤素生成烯烃，该反应的立体化学是反式消除。

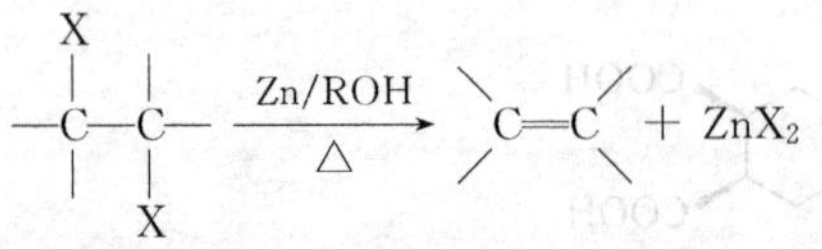

三、醇脱水

在硫酸、磷酸等酸性催化剂或氧化铝存在下，醇经加热脱水生成烯烃。

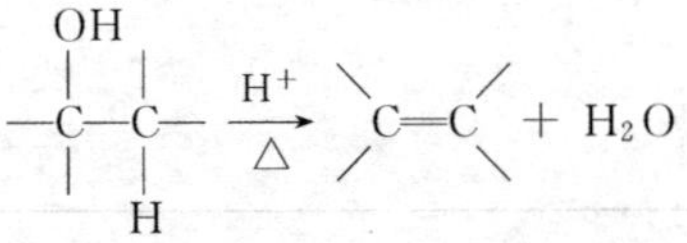

例如：
$$CH_3CH_2OH \xrightarrow[170℃]{H_2SO_4（浓）} CH_2{=}CH_2 + H_2O$$

该反应是经过碳正离子中间体进行的，只适合结构简单的醇，结构复杂的醇会发生重排。特别强调：醇在用 Al_2O_3 作催化剂脱水时，不会发生结构的重排。当存在多种产物时，主要产物是（多取代的）稳定烯烃——Saytzeff 烯烃。不同醇脱水反应的活性顺序是：叔醇＞仲醇＞伯醇。

$$CH_3CH_2\underset{\displaystyle |\atop OH}{C}HCH_3 \xrightarrow[100℃]{60\%H_2SO_4} \underset{(80\%)}{CH_3CH{=}CHCH_3} + \underset{(20\%)}{CH_3CH_2CH{=}CH_2}$$

第七节　重要的烯烃

乙烯和丙烯是工业上最重要的单烯烃，是单烯烃中最典型的代表。

一、乙烯

结构简式为 $CH_2{=}CH_2$，分子式为 C_2H_4，相对分子质量为 28.053。

在常温常压下，乙烯为无色气体，微具烃类特有的气味，熔点为 －169.4℃，沸点为 －103.9℃，临界温度为 9.9℃，临界压力为 5.137MPa。乙烯在空气中易燃，呈明亮的火焰，与空气能形成爆炸性混合物，爆炸极限是 2.7%～36%（体积分数）。乙烯几乎不溶于水，可溶于乙醇、乙醚等有机溶剂。

乙烯是石油化工的基本有机原料，目前约有 75% 的石油化工产品由乙烯生产。乙烯主要用来生产聚乙烯、聚氯乙烯、环氧乙烷、乙二醇、二氯乙烷、苯乙烯、聚苯乙烯、乙醇、醋酸等多种重要的有机化工产品。实际上，乙烯产量已成为衡量一个国家石油化工工业发展水平的标志。乙烯行业对我国经济发展有巨大的影响。

乙烯具有促进果实成熟的作用，并在成熟前大量合成，所以认为它是成熟激素（ripening

hormone），可用作水果和蔬菜的催熟剂。

乙烯气体对皮肤无刺激性，但皮肤接触液态乙烯后会发生冻伤。乙烯对眼和呼吸道黏膜可引起轻微的刺激症状，脱离接触后数小时可消失。

石油裂解气是乙烯最丰富的来源。在实验室中乙烯一般由乙醇脱水制备。

二、丙烯

结构简式为$CH_2{=}CHCH_3$，分子式为C_3H_6，相对分子质量为42.08。

在常温常压下，丙烯为无色、无臭、稍带有甜味的气体，熔点为－185.2℃，沸点为－47.7℃，临界温度为91.9℃，临界压力为4.6MPa，爆炸极限为2.0%～11.0%（体积分数）。丙烯不溶于水，可溶于乙醇、乙醚等有机溶剂。

丙烯是仅次于乙烯的一种重要有机石油化工基本原料，主要用于生产聚丙烯、苯酚、丙酮、丁醇、辛醇、丙烯腈、环氧丙烷、丙烯酸以及异丙醇等，其他还可用于生产烷基化油、高辛烷值汽油调合料等。

丙烯除了在烯键上起反应外，还可在甲基上起反应。丙烯在催化剂存在下与氨和空气中的氧起氨氧化反应，生成丙烯腈，丙烯腈是合成塑料、橡胶、纤维等高聚物的原料。

由烃类裂解制乙烯的过程中同时分离出丙烯。

三、1,3-丁二烯

结构简式为$CH_2{=}CHCH{=}CH_2$，分子式为C_4H_6，相对分子质量为54.09。

常温常压下，1,3-丁二烯为无色无臭的气体，熔点为－108.9℃，沸点为－4.5℃，闪点为－78℃，自燃点为415℃。1,3-丁二烯比空气重，能在较低处扩散到相当远的地方，遇明火会引着回燃。1,3-丁二烯易燃，与空气混合能形成爆炸性混合物，爆炸极限为2.0%～12.0%。接触热、火星、火焰或氧化剂易燃烧爆炸。若遇高热，可发生聚合反应，放出大量热而引起容器破裂和爆炸事故。1,3-丁二烯不溶于水，可溶于丙酮、苯、乙酸、酯等多数有机溶剂。化学性质活泼、易自聚，为防止在贮运过程中自聚，在生产中一般加入阻聚剂（TBC）。1,3-丁二烯具有麻醉和刺激作用。1,3-丁二烯主要用于合成橡胶、ABS树脂、酸酐等。

四、异戊二烯

结构简式为$CH_2{=}C(CH_3)CH{=}CH_2$，分子式为C_5H_8，相对分子质量为68.06。

常温常压下，异戊二烯（2-甲基-1,3-丁二烯）为无色或微黄色易挥发易燃易爆液体，爆炸极限为1.5%～9.7%，相对密度为0.6806，熔点为－147.7℃，沸点为34.1℃，闪点为－53.89℃，自燃点为220℃。异戊二烯不溶于水，溶于苯，易溶于乙醇、乙醚、丙酮等有机溶剂。异戊二烯易聚合，必须低温贮藏，夏季应冷藏（温度应低于15℃），不宜大量存放或久存，应与氧化剂、酸类分开存放。异戊二烯是合成橡胶的重要单体，也是丁基橡胶和SBS热塑性弹性体的共聚单体。工业上异戊二烯由石油裂解制乙烯所得副产物碳五馏分经脱轻、脱重、溶剂抽提精制而得到。

五、1,3-环戊二烯

结构简式为，分子式为C_5H_6，相对分子质量为66.10。

常温常压下，1,3-环戊二烯为有类似萜烯气味的无色易燃液体，其蒸气与空气可形成爆炸性混合物。高温时能强烈分解，与氧化剂能发生剧烈反应；高速冲击、流动、激荡后可因产生静电火花放电引起燃烧爆炸；蒸气比空气重，能在较低处扩散到相当远的地方，遇明火会引着回燃。相对密度为0.80，熔点为－85℃，沸点为42.5℃，闪点＜0℃。1,3-环戊二烯不溶于水，可溶于乙醇、乙醚、苯等多数有机溶剂。1,3-环戊二烯易二聚，用作有机合成中间体及制造农药杀虫剂氯丹。1,3-环戊二烯有麻醉作用，对皮肤及黏膜有强烈刺激作用。

常温常压下二聚环戊二烯为无色晶体，相对密度（水＝1）为 0.98（35℃），熔点为 32.5℃，沸点为 172℃，闪点为 26℃。二聚环戊二烯不溶于水，溶于乙醇、乙醚等有机溶剂。二聚环戊二烯主要用来生产乙丙橡胶、降冰片烯、多聚环戊二烯农药、聚酯、树脂、塑料的阻燃剂、药物、香料等。高浓度二聚环戊二烯蒸气有刺激和麻醉作用，引起头痛、头晕及其他中枢神经系统症状，对肝、肾有可能有损害，皮肤如长期接触会引起皮肤损害。

烯烃的化学反应总结

1. 烯烃的亲电加成反应

（1）加卤素

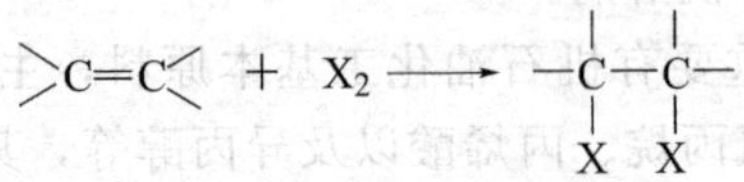

($X=Cl_2$、Br_2、有时是I_2)　(反式加成)

例如：

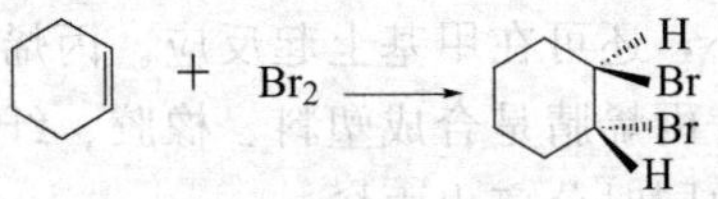

（2）加卤化氢

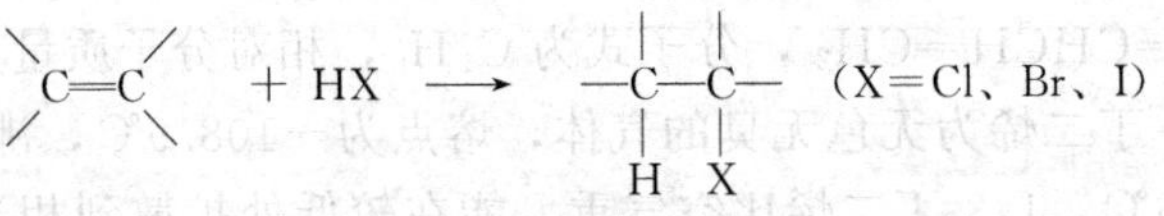

（HX＝HCl、HBr、HI）　马氏规则

（3）加硫酸

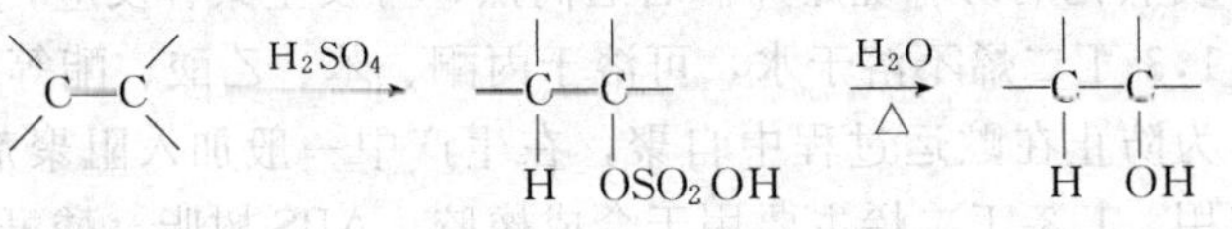

例如：

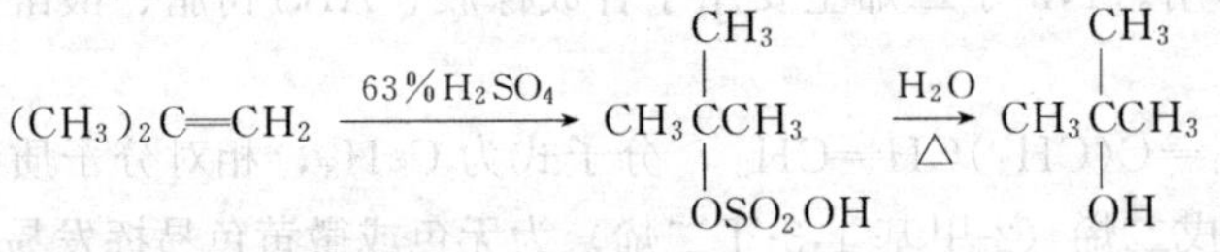

（4）加次卤酸

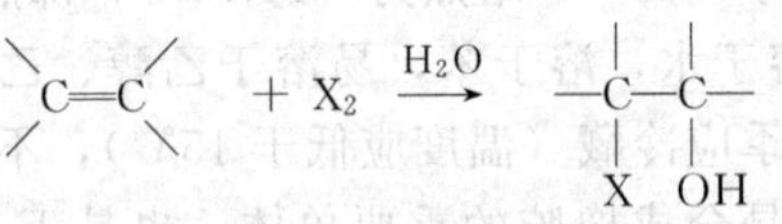

例如：

$$CH_3CH_2CH=CH_2 + Br_2 \xrightarrow{H_2O} CH_3CH_2CHCH_2Br$$
$$\quad\quad\quad\quad\quad\quad\quad\quad OH$$

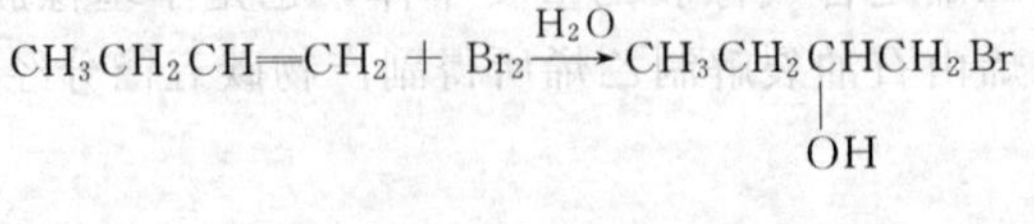

（5）硼氢化-氧化反应

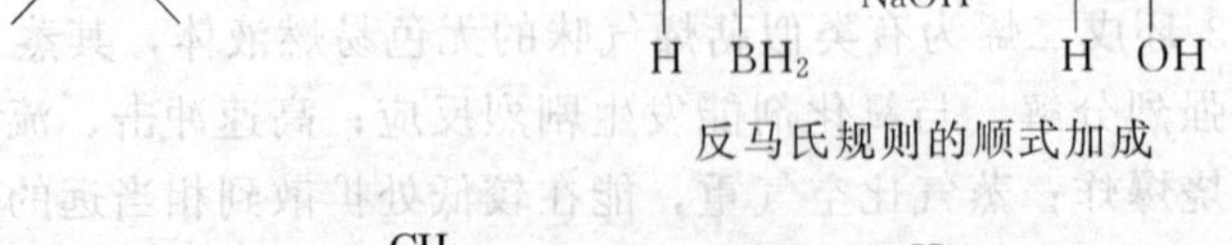

反马氏规则的顺式加成

例如：

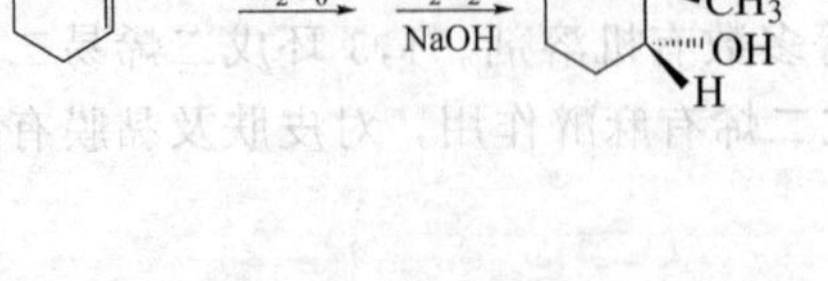

2. 烯烃的氧化

(1) 高锰酸钾氧化

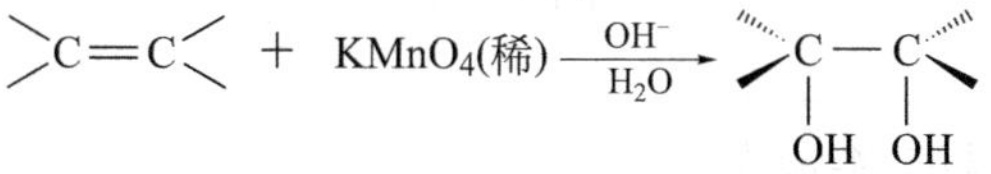

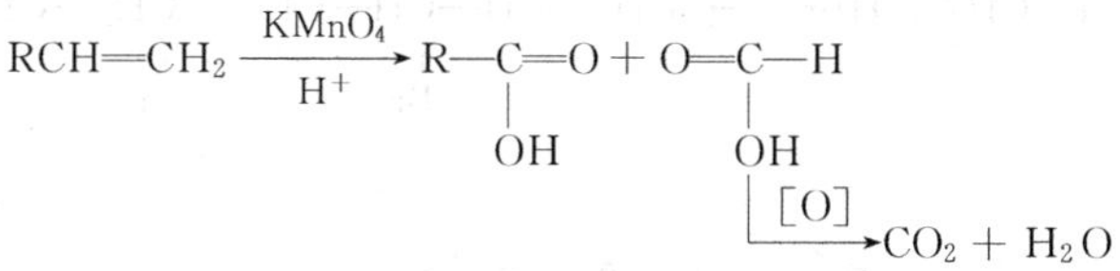

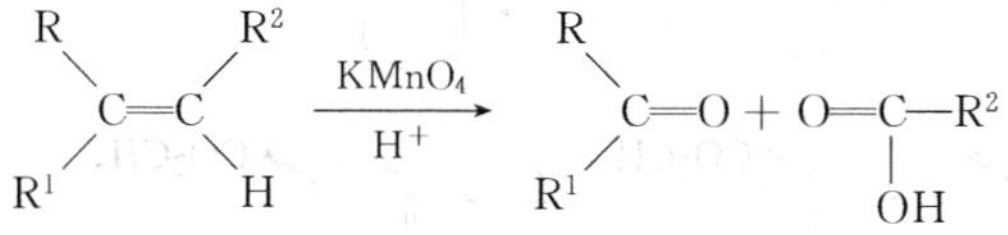

例如：

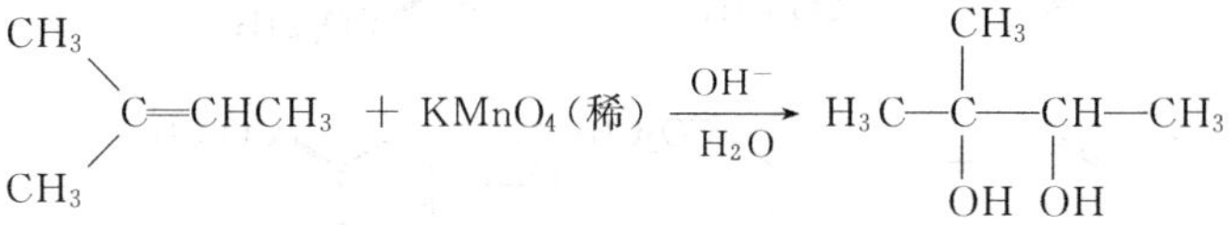

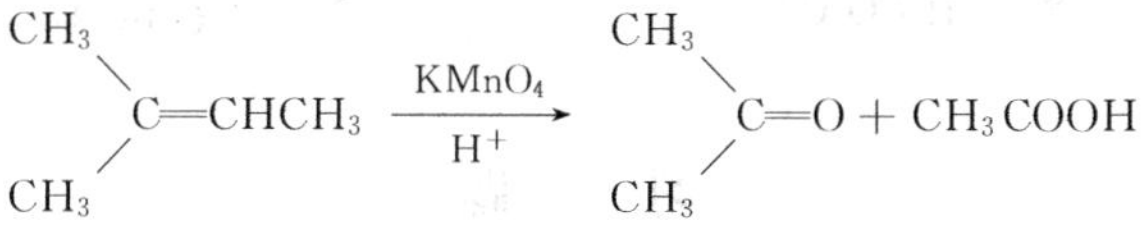

(2) 臭氧化

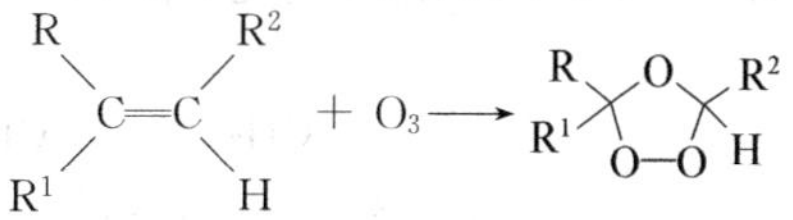

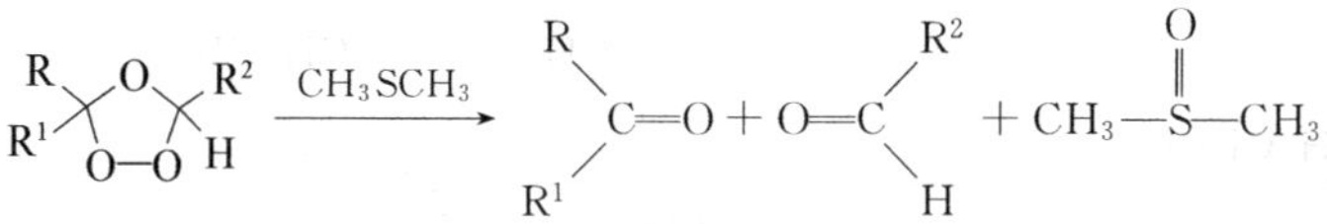

例如：

$$(CH_3)_2C{=\!=}CHCH_3 \xrightarrow{O_3} \xrightarrow[H_2O]{Zn} CH_3COCH_3 + CH_3CHO$$

(3) 过氧酸氧化

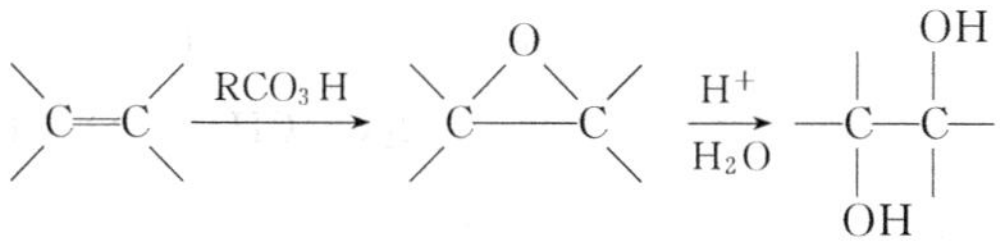

例如：

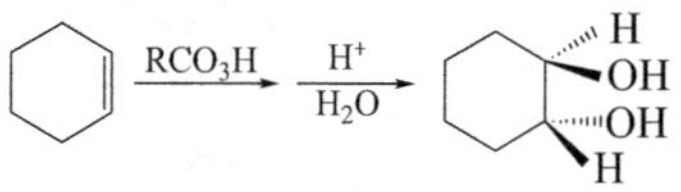

3. 烯烃的催化加氢

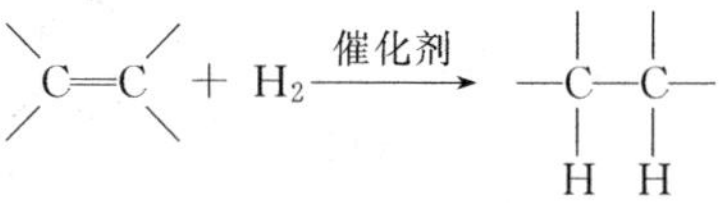

4. 烯烃的 α-氢卤代

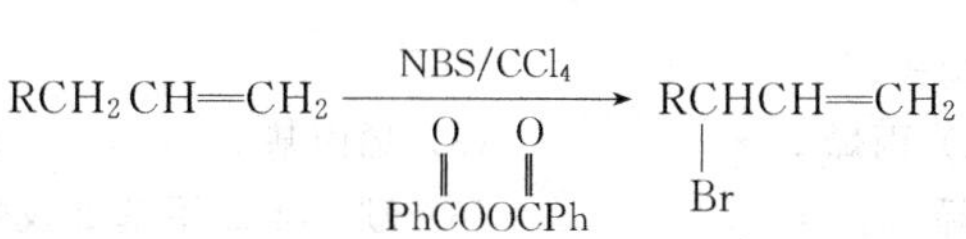

例如：

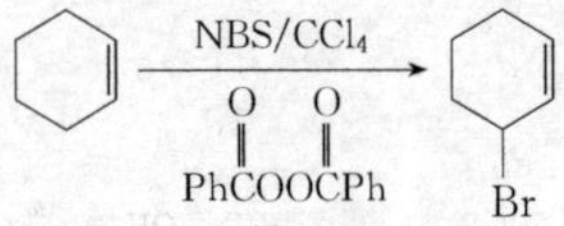
NBS/CCl4
PhCOOCPh
Br

5. 二烯烃的特殊反应

(1) 二烯烃的1,2-加成与1,4-加成

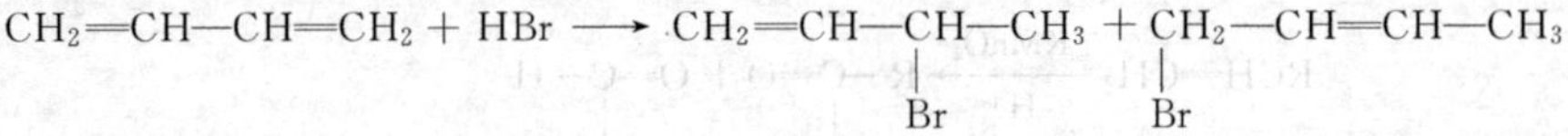
CH2═CH—CH═CH2 + HBr ⟶ CH2═CH—CH—CH3 + CH2—CH═CH—CH3
Br
Br

(2) 双烯加成反应

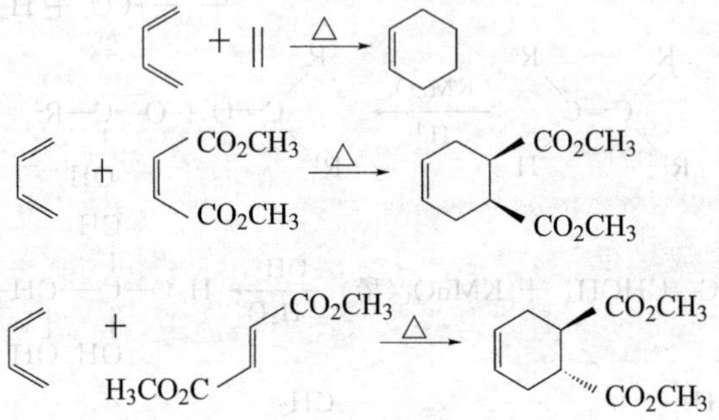
CO2CH3
CO2CH3
CO2CH3
CO2CH3
CO2CH3
H3CO2C
CO2CH3
CO2CH3

习　题

1. 写出分子式为 C_6H_{12} 的最长碳链为五个碳原子的烯烃的可能异构体，并用系统命名法命名。

2. 命名下列化合物。

(1) 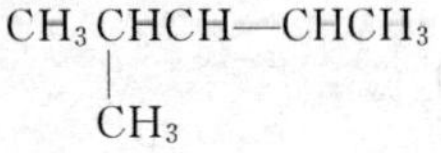
CH3CHCH—CHCH3
CH3

(2) 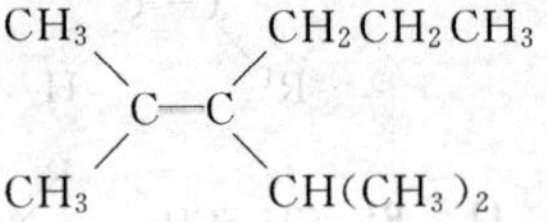
CH3
CH2CH2CH3
C═C
CH3
CH(CH3)2

(3) 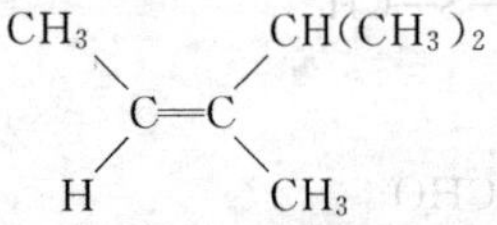
CH3
CH(CH3)2
C═C
H
CH3

(4) 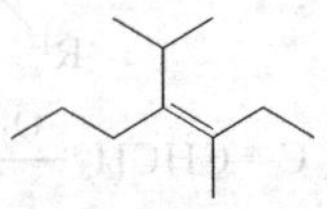

(5) 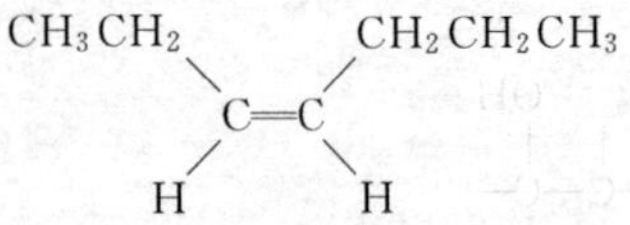
CH3CH2
CH2CH2CH3
C═C
H
H

(6) 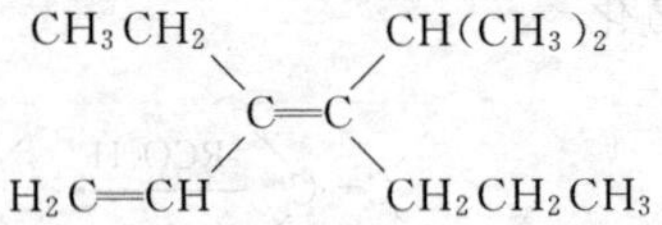
CH3CH2
CH(CH3)2
C═C
H2C═CH
CH2CH2CH3

(7) 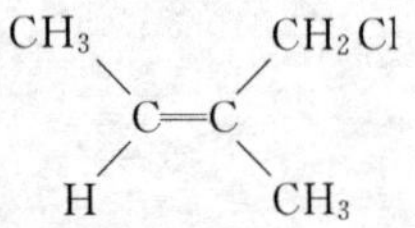
CH3
CH2Cl
C═C
H
CH3

(8) 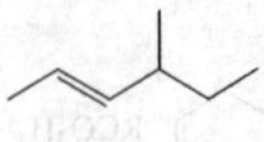

(9) 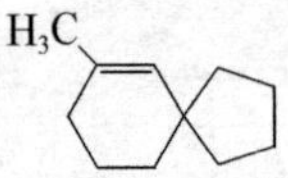
H3C

(10) 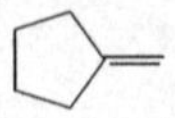

(11) 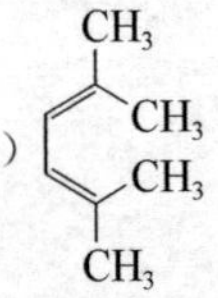
CH3
CH3
CH3
CH3

(12) 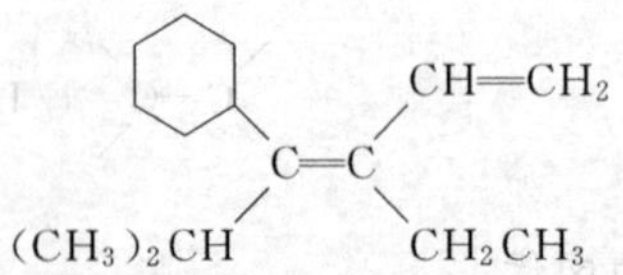
CH═CH2
C═C
(CH3)2CH
CH2CH3

3. 写出下列化合物或烯基的结构式。

(1) 乙烯基　(2) 丙烯基　(3) 烯丙基　(4) 2,3-二甲基-2-戊烯

(5) (*Z*)-3-甲基-4-乙基-3-辛烯　(6) 顺-3,4-二甲基-2-戊烯

(7) 2,2,4,6-四甲基-5-乙基-3-庚烯　　(8) 异戊二烯

(9) (*Z*)-2-氯-3-溴-2-丁烯　　(10) (*Z*)-1-氯-1-溴-1-丁烯

4. 写出异丁烯与下列试剂反应的反应式。

(1) H_2，Ni　(2) Cl_2　(3) I_2　(4) HBr　(5) HBr (过氧化物)　(6) Br_2，H_2O

(7) Br_2＋NaI (水溶液)　(8) $KMnO_4$(稀，冷)　(9) $KMnO_4$(热)　(10) O_3；然后 Zn，H_2O

(11) B_2H_6；然后 H_2O_2/NaOH　(12) RCO_3H；然后 H^+/H_2O

5. 写出1-甲基环己烯与下列试剂反应的反应式。

(1) H_2，Ni　(2) HI　(3) HBr (过氧化物)　(4) Br_2，H_2O　(5) $KMnO_4$(稀，冷)

(6) $KMnO_4$(热)　(7) O_3；然后 Zn，H_2O　(8) B_2H_6；然后 H_2O_2/NaOH

(9) RCO_3H；然后 H^+/H_2O

6. 写出1,3-丁二烯与下列试剂反应的反应式。

(1) H_2(1mol)，Ni　(2) H_2(2mol)，Ni　(3) Br_2(1mol)　(4) Br_2(2mol)

(5) HBr(1mol)　(6) HBr(2mol)　(7) $KMnO_4$(热)　(8) O_3；然后 Zn，H_2O

(9) $KMnO_4$(热)　(10) 顺丁烯二酸酐

7. 按指定要求排序。

(1) 下列化合物与2-丁烯发生加成反应由难到易的排列顺序。

碘化氢　溴化氢　氯化氢　水

(2) 下列化合物与2-丁烯发生加成反应由难到易的排列顺序。

碘　溴　氯　氯化碘

(3) 下列化合物与硫酸发生加成反应由难到易的排列顺序。

乙烯　异丁烯　1-丁烯　2-丁烯　2-甲基-2-丁烯

(4) 下列化合物与溴的四氯化碳溶液发生加成反应由难到易的排列顺序。

3-己烯　1-己烯　2-甲基-2-戊烯　2,3-二甲基-2-丁烯

(5) 下列化合物发生催化加氢反应由难到易的排列顺序。

3-己烯　1-己烯　2-甲基-2-戊烯　2,3-二甲基-2-丁烯

(6) 下列化合物发生亲电加成反应由难到易的排列顺序。

$CH_3CH{=}CH_2$　$CH_3OCH{=}CH_2$　$CH_2{=}CHCOOH$　$CH_2{=}CHBr$

(7) 下列化合物或碳正离子的稳定性由大到小的排列顺序。

① 3-己烯　1-己烯　2-甲基-2-戊烯　2,3-二甲基-2-丁烯

② $CH_2{=}CHCH_2^+$　$CH_3CH_2^+$　$(CH_3)_2CH^+$　$(CH_3)_3C^+$　$CH_3CH{=}CH^+$

(8) 下列化合物的偶极矩由大到小的排列顺序。

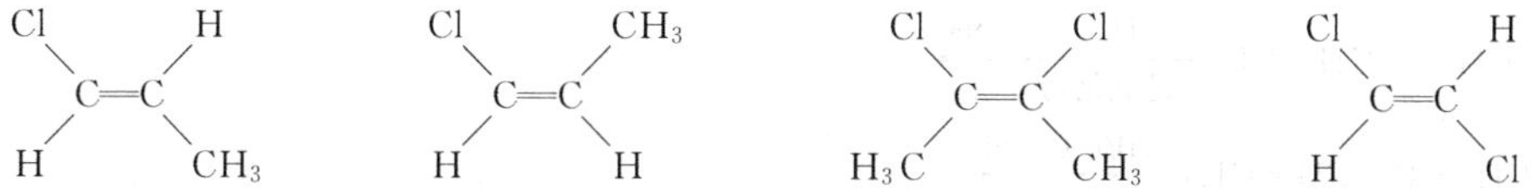

(9) 下列结构中所表示的氢与氯自由基反应的速率常数由大到小的排列顺序。

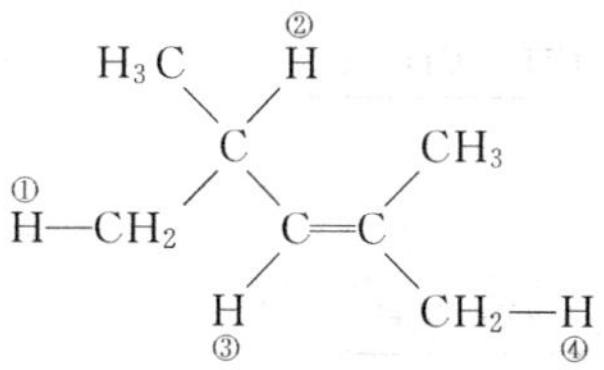

(10) 下列化合物进行狄尔斯-阿尔德反应活性由大到小的排列顺序。

8. 用化学方法鉴别下列各组化合物。

(1) 写出三种鉴别烯烃和烷烃的化学方法。

(2) 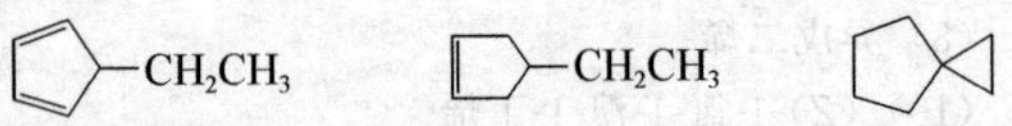

9. 完成下列反应。

(1) $CH_3CH_2CH{=}CH_2 \xrightarrow{Br_2/H_2O}$

(2) $CH_3CH_2CH{=}CH_2 \xrightarrow[ROOR]{HBr}$

(3) $(CH_3)_2C{=}CHCH_3 \xrightarrow[THF]{B_2H_6} \xrightarrow[NaOH]{H_2O_2}$

(4) $(CH_3)_2C{=}CHCH_3 \xrightarrow{CF_3CO_3H}$

(5) $CH_3CH{=}CHCH_2CH_2CH{=}CHCO_2H \xrightarrow{Cl_2}$

(6) $CH_3CH_2CH{=}CHCH_3 \xrightarrow[(2)\ NaHSO_3/H_2O]{(1)\ OsO_4/Et_2O}$

(7) $CH_2{=}CHCN \xrightarrow{HCl}$

(8) 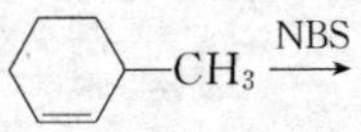

(9) 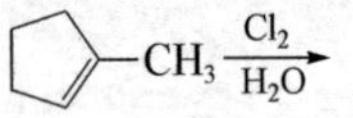

(10) 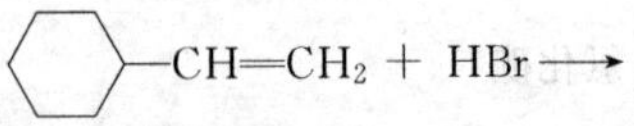

(11) 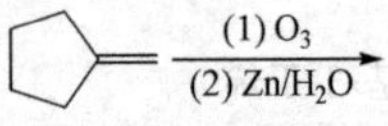

(12) 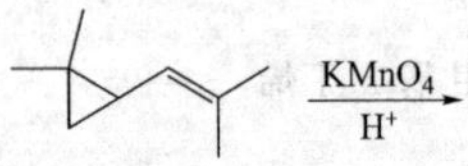

(13) 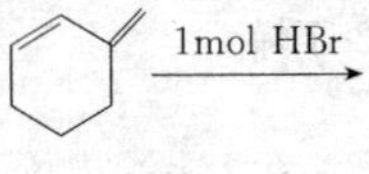

(14) $(CH_3)_3CCH{=}CH_2 \xrightarrow[(2)\ NaBH_4,\ NaOH]{(1)\ Hg(OAc)_2/THF,\ H_2O}$

(15) 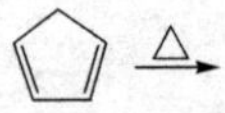

(16) $(CH_3)_3CCH{=}CH_2 \xrightarrow{HBr} \xrightarrow[EtOH]{EtO^-}$

(17) $(CH_3)_3CCH{=}CH_2 \xrightarrow[过氧化物]{HBr} \xrightarrow{Na}$

(18) $CH_2{=}C(CH_3){-}CH{=}CH_2 \xrightarrow{HBr\ (1mol)}$

(19) $CH_2{=}CHC(OH)(CH_3)_2 \xrightarrow[\triangle]{H_2SO_4} \xrightarrow{CH_2{=}CHCN}$

(20) $(CH_3CH_2)(CH_3)C{=}CHCH_2CH_3 \xrightarrow{O_3} \xrightarrow{CH_3SCH_3}$

10. 写出下列反应的反应机理。

(1) 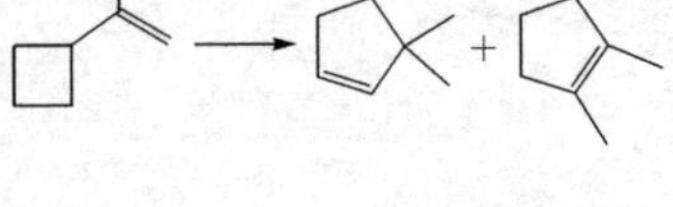

(2) 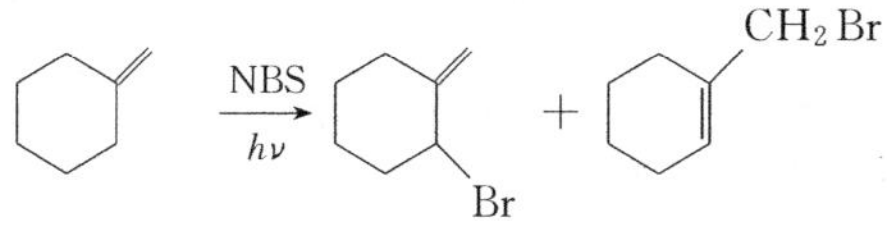

(3) 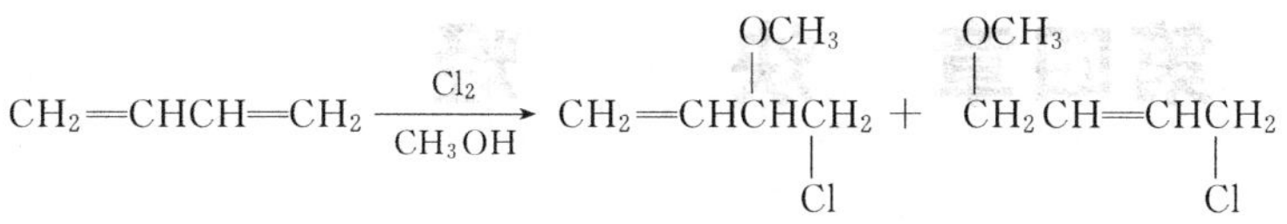

(70%) (30%)

11. 有两种分子式为 C_6H_{12} 的烯烃 A 和 B，用酸性高锰酸钾氧化后，A 只生成酮，B 的产物中一个是羧酸，另一个是酮，试推测 A 和 B 的结构。

12. 化合物 A、B、C 为同分异构体，分子式为 C_7H_{10}。A 在 Pd 催化下加氢生成 C_7H_{14}。B、C 在 Pd 催化下加氢生成 C_7H_{16}。A、B、C 在 Ni/B 为催化剂时不能和氢发生加成反应，A、B、C 经高锰酸钾的酸性溶液氧化都生成 $HOOCCH_2CH_2COCH_2COOH$。试推测化合物 A、B、C 可能的结构。

13. A、B、C 是分子式为 C_5H_{10} 的烯烃的三种异构体，催化氢化都生成 2-甲基丁烷。A 和 B 经酸催化水合都生成同一种叔醇；B 和 C 经硼氢化-氧化得到不同的伯醇。试推测 A、B、C 的结构。

14. 由指定原料和必要的无机试剂合成下列化合物。

(1) $CH_3CHBrCH_3 \longrightarrow CH_3CH_2CH_2Br$

(2) 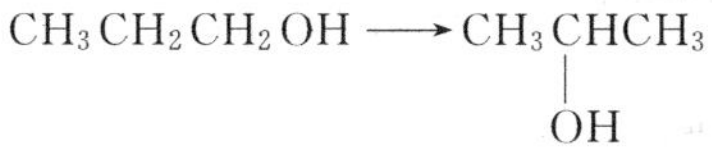

(3) 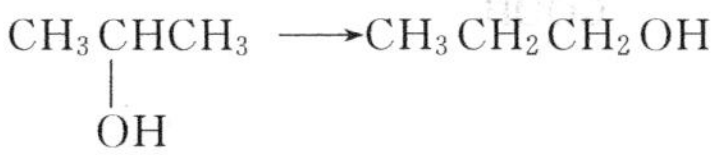

(4) 由丙醇合成 1,2-二溴丙烷

(5) $CH_3CH_2CH_3 \longrightarrow CH_2ClCH_2BrCH_2Br$

(6) 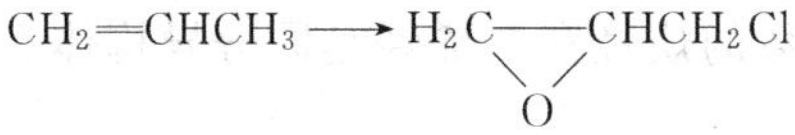

(7) 由丙烷合成 1,6-己二醇

(8) 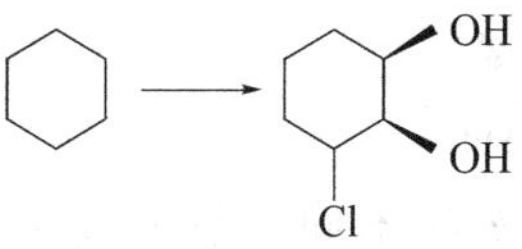

(9) 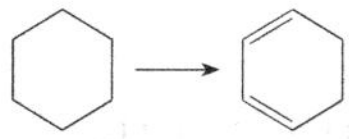

(10) 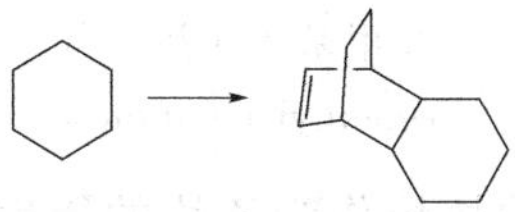

15. 简要回答下列问题。

(1) 为什么顺-1,2-二氯乙烯与反-1,2-二氯乙烯相比，沸点顺式的高，熔点反式的高？

(2) 在甲醇溶液中，溴与乙烯加成不仅产生 1,2-二溴乙烷，还产生 $BrCH_2CH_2OCH_3$，解释反应结果，并写出反应的机理。

(3) 异丁烯与溴化氢的加成反应，为什么在空气中反应与隔绝空气反应得到的产物不一样？

（扬州大学，孙晶）

第四章　炔　烃

具有碳碳叁键（—C≡C—）的烃类化合物称为炔烃。炔烃比相应的烷烃少了四个氢原子，相应的炔烃的通式就变为 C_nH_{2n-2}。炔烃的不饱和度为 2。炔烃的性质和相应的烷烃、烯烃性质类似，能够发生自由基取代等相关反应，但学习炔烃时着眼点应集中在炔基本身的特性上，如炔键的加成反应、端炔上的氢的酸性等。

自然界中，炔类物质的存在没有烯类物质广泛，但在一些药用植物中分离出的炔类已被证明具有很好的生物活性和药用价值，如从海绵当中分离得到的 C_{15} 乙酸原类化合物就是具有很好生理活性的炔类物质。

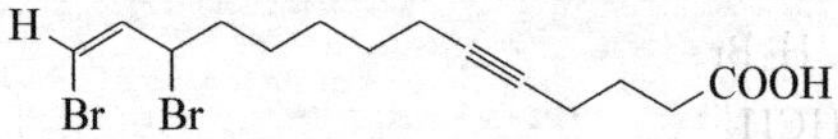

H
COOH
Br Br

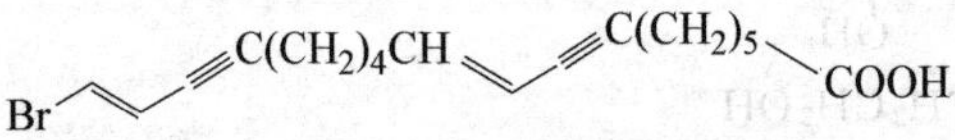

C(CH2)4CH
C(CH2)5
COOH
Br

第一节　炔烃的同分异构和命名

炔烃的通式为 C_nH_{2n-2}，和二烯烃相同，故同碳数的炔烃和二烯烃是同分异构体。

$CH_3CH_2C{\equiv}CCH_3$	$CH_2{=}CHCH{=}CHCH_3$
C_5H_8	C_5H_8
2-戊炔	1,3-戊二烯
2-pentyne	1,3-pentadiene

与烯烃相似，四个碳以上的炔烃由于碳键的异构和叁键位次的不同，都可以引起构造异构。

$HC{\equiv}CCH_2CH_2CH_3$	$CH_3C{\equiv}CCH_2CH_3$	$HC{\equiv}CCH(CH_3)CH_3$
1-戊炔	2-戊炔	3-甲基-1-丁炔
1-pentyne	2-pentyne	3-methyl-1-butyne

炔烃的命名法有两种。一种是把乙炔作为母体，其同系物的炔烃作为乙炔的衍生物来命名。例如：

$CH_3C{\equiv}CCH_3$	$CH_3C{\equiv}CCH_2CH_3$	$(CH_3)_3CC{\equiv}CCH{=}CH_2$
二甲基乙炔	甲基乙基乙炔	乙烯基叔丁基乙炔
dimethylacetylene	ethylmethylacetylene	*t*-butylethenylacetylene

较复杂的炔烃采用 IUPAC 命名法，规则与烯烃相似，也是取含叁键最长的链为主链，编号由距叁键最近的一端开始，但结尾词用“炔”代替“烯”。

$CH_3C{\equiv}CCH_3$	$(CH_3)_2CHC{\equiv}CCH_2CH(Br)CH_3$	$HC{\equiv}CCH_2OH$
2-丁炔	6-溴-2-甲基-3-庚炔	3-羟基-1-丙炔
2-butyne	6-bromo-2-methyl-3-heptyne	2-propyn-1-ol

分子中同时含有双键和叁键的分子称为烯炔。其命名选取含双键和叁键的最长碳链为主链，编号从靠近双键或叁键的一端开始，使不饱和键的编号尽可能小。例如：

$CH_3CH_2CH{=}CHC{\equiv}CH$	$CH_3C{\equiv}CCH{=}CH_2$
3-己烯-1-炔	1-戊烯-3-炔
3-hexen-1-yne	1-penten-3-yne

如果两个编号相同，则使双键具有最小的位次。例如：

$$CH_2{=}CHCH_2CH_2C{\equiv}CH$$

1-己烯-5-炔

1-hexen-5-yne

炔键在 1 位的炔烃因其炔键上氢的特殊性，而导致 1 位炔和其他炔的化学性质差别很大，一般将 1 位的炔烃称为端炔。

第二节　炔烃的结构

一、炔基的结构

炔烃中最简单的成员是乙炔，其结构如下：

$$H{-}C{\equiv}C{-}H$$

乙炔是唯一的直线型分子，碳碳叁键之间的距离为 0.120nm，碳氢键之间的距离为 0.106nm。直线型的炔烃没有几何异构体，因此异构现象比烯烃简单。

二、sp 杂化

构成碳碳叁键的碳原子与饱和碳原子及双键碳原子不同，它只与其他两个原子或基团以 σ 键相连接，只需要两个价电子与其他两个原子或基团构成两个 σ 键。因此叁键碳原子的原子轨道进行的是 sp 杂化，形成了两个相等的 sp 杂化轨道，如图 4-1 所示。

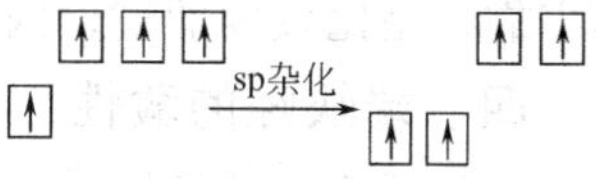
sp杂化

图 4-1　碳原子的 sp 杂化

每个 sp 杂化轨道包含 $\frac{1}{2}$s 轨道成分和 $\frac{1}{2}$p 轨道成分，这两个 sp 杂化轨道的对称轴形成 180°夹角，杂化轨道对称轴在空间分布的几何形状是直线型，两个 sp 杂化轨道的对称轴同处于一条直线上，如图 4-2 所示。

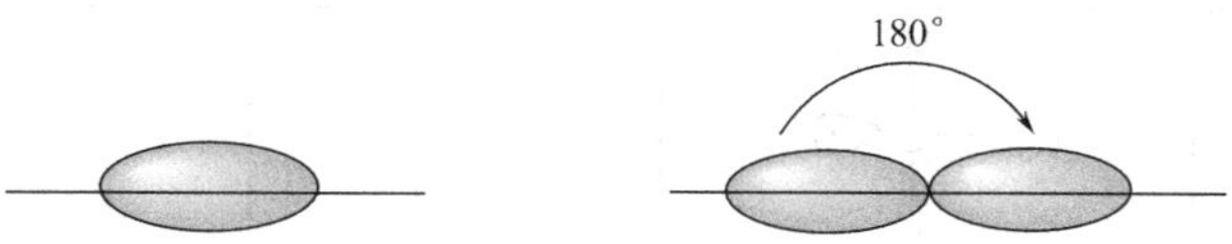
180°

图 4-2　sp 杂化轨道形状

每个叁键碳原子上余下的两个价电子处于不参加杂化的 p 轨道上，而且两个 p 轨道的对称轴互相垂直，并都垂直于 sp 杂化轨道对称轴所在的直线。p 轨道分布图如图 4-3 所示。

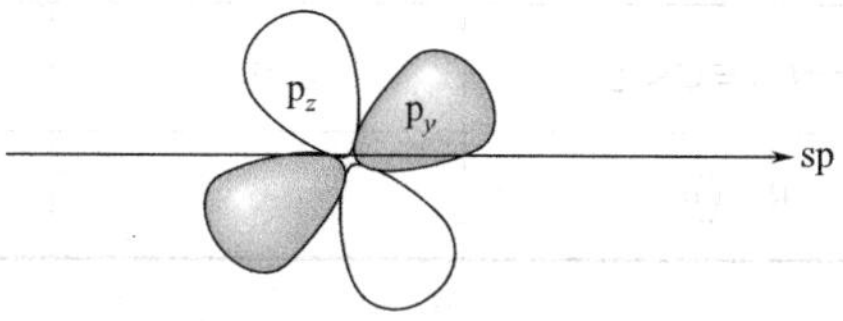
p_z
p_y
sp

图 4-3　p 轨道分布图

三、碳碳叁键的组成

以乙炔为例，两个碳各以一个 sp 轨道互相重叠，形成一个 C—C σ 键。每个碳又各以一个 sp 轨道分别与氢的 1s 轨道重叠，形成两个 C—H σ 键，分子中四个原子处于一条直线上，如图 4-4 所示。

每个碳剩下的两个 p 轨道可以与对方碳上的 p 轨道在侧面重叠，形成两个垂直的 π 键，如图 4-5 所示。

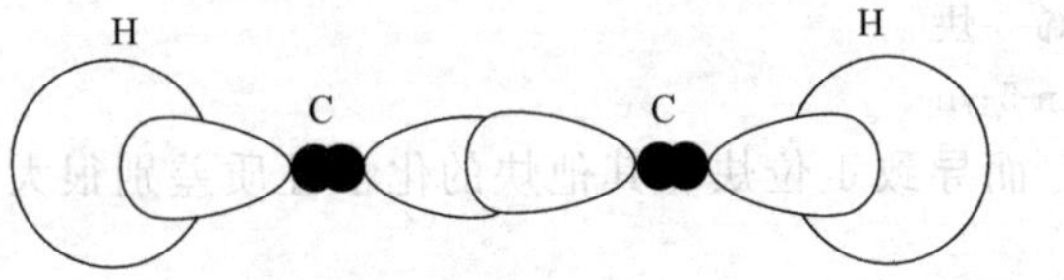
H
C
C
H

图 4-4　乙炔分子结构

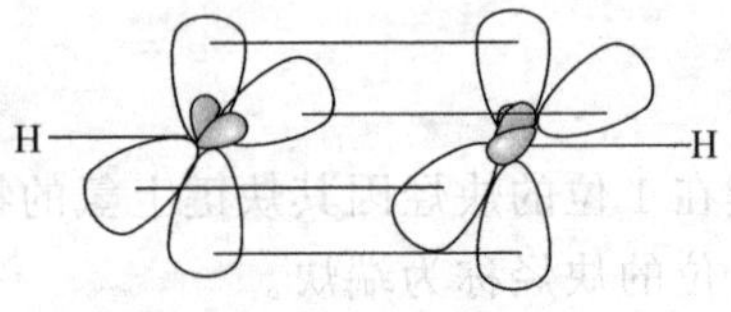
H
H

图 4-5　π 键

两个 π 键电子云围绕在两个碳原子核连线的上下，对称分布在碳碳 σ 键周围，呈圆筒形。

因此，碳碳叁键虽然一般以三条短线表示，但实际上不是简单的三个单键的加和，而是由一个 σ 键和两个 π 键所组成的。不同碳碳键键长、键能的比较见表 4-1。

表 4-1　碳碳键的键长、键能

项　　目	C—C	C═C	C≡C
键长/nm	0.154	0.134	0.120
键能/(kJ/mol)	347	611	837

碳碳叁键的键能并不是单键键能的三倍，由于 π 键是 p 轨道从侧面平行交叠而成，不如 σ 键牢靠，是比较弱的键，因此碳碳叁键也是比较活泼的官能团。

四、端炔烃的酸性

和炔基相连的氢原子（端炔）比一般烃上氢的酸性要强得多。从烷烃到烯烃和炔烃，碳原子的杂化轨道由 sp^3 变为 sp^2 和 sp，碳氢间化学键的 s 轨道成分增加，成键电子更靠近碳原子核，导致氢原子易离去，酸性增强，见表 4-2。

表 4-2　碳原子的杂化轨道及酸性

化合物	相应的碱	杂化方式	s 轨道成分	pK_a
H_3C-CH_2-H	$H_3C-\ddot{C}H_2^-$	sp^3	25%	50
$H_2C=CH_2$	$H_2C=\ddot{C}H^-$	sp^2	33%	44
$:NH_3$	$:NH_2^-$	—	—	35
H—C≡C—H	$H-C\equiv\ddot{C}^-$	sp	50%	25
R—OH	$R-\ddot{O}:^-$	—	—	16～18

从表 4-2 中可以看出，炔基氢的酸性比氨上氢的酸性强，比醇的酸性弱，所以端炔可以被 $NaNH_2$ 转化为炔基阴离子。

$$RC{\equiv}CH + NaNH_2 \longrightarrow NH_3 + RC{\equiv}C^-Na^+$$

第三节　炔烃的物理性质

炔烃的物理性质与烯烃相似，C_4 以下的炔烃为气体，C_4 以上的炔烃为液体，高级炔烃是固体。它们的物理常数（见表 4-3）也随分子量的增加表现出有规律的变化。简单炔烃的沸点、熔点和相对密度比相应的烷烃和烯烃都高一些，这是由于炔烃分子较短而且又细长，在液态和固态中，分子可以彼此靠近，分子间范德华力较强的缘故。炔烃是非极性分子，也难溶于水，易溶于有机试剂，如乙醚、苯和丙酮等。

表 4-3　常见炔烃的物理常数

名 称	构 造 式	熔点/℃	沸点/℃	相对密度(d_4^{20})	折射率(n_D^{20})
乙炔	$HC{\equiv}CH$	−82	−83.4	0.618	
丙炔	$CH_3C{\equiv}CH$	−101	−23	0.671	1.3746(−23℃)
1-丁炔	$CH_3CH_2C{\equiv}CH$	−125.7	8.6	0.668	
2-丁炔	$CH_3C{\equiv}CCH_3$	−32.26	27.2	0.694	1.3939
1-戊炔	$CH_3CH_2CH_2C{\equiv}CH$	−90	39.7	0.695	1.3860
2-戊炔	$CH_3CH_2C{\equiv}CCH_3$	−101	55.5	0.713	1.4075(17℃)
3-甲基-1-丁炔	$CH_3CH(CH_3)C{\equiv}CH$	−89.7	28	0.665	1.3785(19℃)
1-己炔	$CH_3(CH_2)_3C{\equiv}CH$	−131.9	71.3	0.715	1.3990
2-己炔	$CH_3(CH_2)_2C{\equiv}CCH_3$	−89.54	84	0.732	
3-己炔	$CH_3CH_2C{\equiv}CCH_2CH_3$	−103	81.5	0.723	
1-庚炔	$CH_3(CH_2)_4C{\equiv}CH$	−80.9	99.8	0.733	
1-十八碳炔	$CH_3(CH_2)_{15}C{\equiv}CH$	22.5	180	0.869	

第四节　炔烃的化学性质

一、端炔的成盐反应

因为端炔有一定的酸性，故端炔可以和强碱反应生成炔基负离子。常用碱为 $NaNH_2$。

$$CH_3C{\equiv}CH + NaNH_2 \longrightarrow NH_3 + CH_3C{\equiv}C^-Na^+$$

碱金属（如钾、钠等）能与乙炔分子中的活泼氢作用，取代氢而生成炔的金属化合物，也叫金属炔化物，同时放出氢气。

$$HC{\equiv}CH + Na \xrightarrow{液\ NH_3} HC{\equiv}C^-Na^+ + \frac{1}{2}H_2$$

在较高的温度下，乙炔中的两个活泼氢都可以被金属所取代。

$$HC{\equiv}CH + NaNH_2 \longrightarrow NaC{\equiv}C^-Na^+$$

二取代的炔类化合物因为没有活泼氢，故不能发生类似的反应。

$$CH_3C{\equiv}CCH_3 \xrightarrow{NaNH_2} 无反应$$

炔钠可以和卤代烷（一般为伯卤代烷）反应，在炔烃中引入烷基而制备一系列炔烃的同系物。例如：

$$CH_3CH_2C{\equiv}C^-Na^+ + CH_3I \xrightarrow{S_N2} CH_3CH_2C{\equiv}CCH_3 + NaI$$

$$HC\equiv C^-Na^+ + BrCH_2CH_3 \longrightarrow HC\equiv CCH_2CH_3 + NaBr$$

如果卤代物位阻较大且有β-氢，则炔钠就表现出强碱性，使卤代物发生 E2 消除反应。

$$CH_3CH_2C\equiv C^-Na^+ + CH_3CHBrCH_3 \xrightarrow{E2} CH_3CH_2C\equiv CH + H_2C=CHCH_3 + NaBr$$

具有活泼氢的端炔，其活泼氢还可以被一些重金属取代生成金属衍生物。例如，将乙炔通入银盐或亚铜盐的氨溶液中，则生成的白色乙炔银或棕红色的乙炔亚铜沉淀。

$$HC\equiv CH + Ag^+ \longrightarrow {}^+Ag^-C\equiv C^-Ag^+ \downarrow + H^+$$

（白色）

$$HC\equiv CH + Cu^+ \longrightarrow CuC\equiv CCu \downarrow + H^+$$

（棕红色）

$$RC\equiv CH + Ag^+（或 Cu^+）\longrightarrow RC\equiv C^-Ag^+（或 Cu^+）$$

$$CH_3C\equiv CCH_3 + Ag^+（或 Cu^+）\longrightarrow 无反应$$

这些反应非常灵敏，且现象明显，因此常用于鉴别具有活泼氢的炔烃。同时这些金属衍生物容易在盐酸、硝酸等作用下分解为原来的炔烃，所以也可用以分离和提纯具有端炔结构的炔烃。

$$AgC\equiv CAg + HCl \longrightarrow HC\equiv CH + AgCl$$

重金属炔化物与轻金属炔化物不同，潮湿时还比较稳定，而干燥时极不稳定，遇到撞击或受热容易发生爆炸，因此反应结束后必须及时加酸分解，以免发生危险。同时这也是很少用重金属炔盐来制备取代炔烃的原因。

二、炔负离子的亲核加成反应

炔负离子是一种很强的亲核试剂和强碱，它可以和羰基等极性双键发生亲核加成反应。

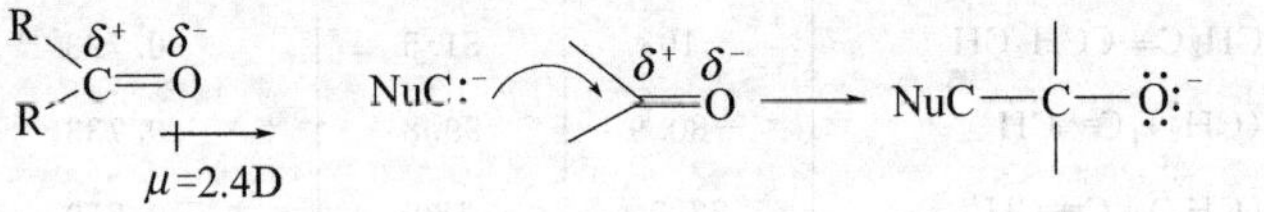

加成后得到的醇负离子，若体系中存在水等活泼质子，则生成稳定的醇。

$$NuC-\overset{|}{\underset{|}{C}}-O^- + H_2O \longrightarrow NuC-\overset{|}{\underset{|}{C}}-OH + OH^-$$

不同的炔基负离子和羰基加成，得到不同的 α-羟基炔类化合物。

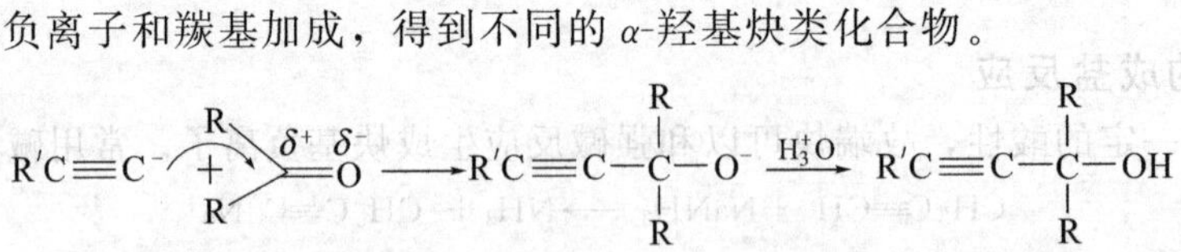

炔基负离子和甲醛反应得到伯醇，和其他醛反应得到仲醇，和酮反应得到叔醇。

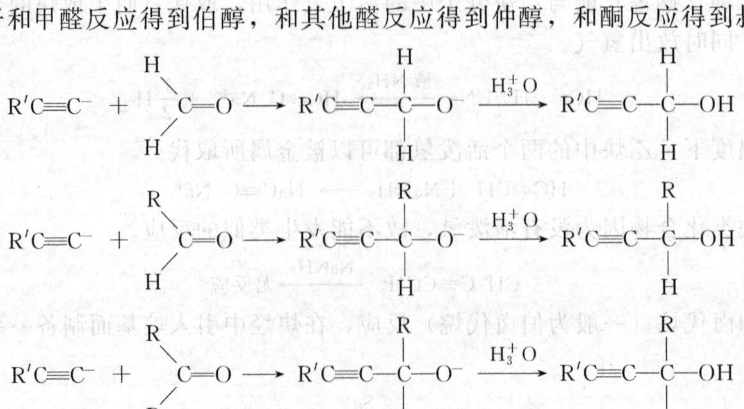

三、炔烃的加成反应

（一）催化加氢

与烯烃相似，炔烃也可以进行催化氢化反应。由于碳碳叁键含有两个 π 键，因此可与一分子氢加成，也可与两分子氢加成，生成相应的烯烃或烷烃。

$$RC\equiv CH \xrightarrow[\text{催化剂}]{H_2} RHC=CH_2 \xrightarrow[\text{催化剂}]{H_2} RH_2C-CH_3$$

在催化氢化反应中，炔烃比烯烃具有更大的反应活性，更易氢化。主要是由于炔烃在催化剂表面吸附作用较快，它的吸附阻止了烯烃在催化剂表面的吸附，而催化氢化主要是靠催化剂表面的吸附作用，因此炔烃更易进行催化氢化。

利用叁键与双键的差别，选择适当的催化剂，控制一定条件，可以使炔烃的加氢停留在烯烃阶段。例如把金属钯沉淀在硫酸钡上，再用喹啉处理，以降低钯的催化活性（中毒了的钯催化剂）。在这种催化剂存在下加氢，可以使炔烃停留在烯烃的阶段。这种催化剂称为林德拉（Lindlar）催化剂。例如：

$$RC\equiv CR' + H_2 \xrightarrow[25^\circ C,\ 0.7MPa]{5\%Pd\text{-}BaSO_4\text{-喹啉}} RHC=CHR'$$

Lindlar 催化剂或硼化镍催化剂不但可以使炔烃部分氢化，而且可以控制产物构型进行顺式加氢，得到顺式烯烃。例如：

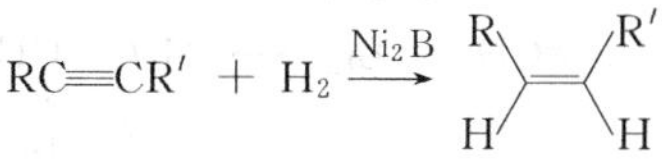

如果在同一分子中同时含有叁键和双键，则催化氢化首先加氢到叁键上，而双键仍可保留。例如：

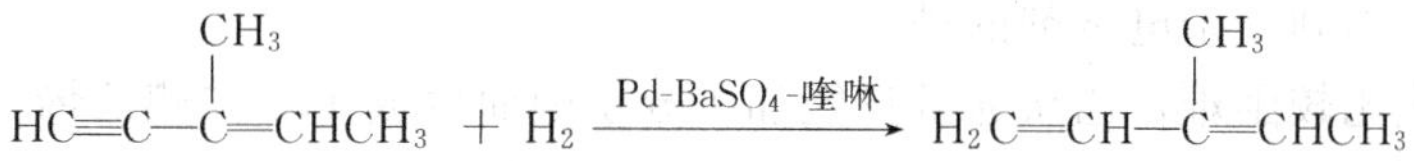

（二）活泼金属还原加氢

若想将炔烃还原为反式烯烃，必须选择反式加氢的条件。金属钠在液氨中可以将炔烃反式加氢还原为反式烯烃。

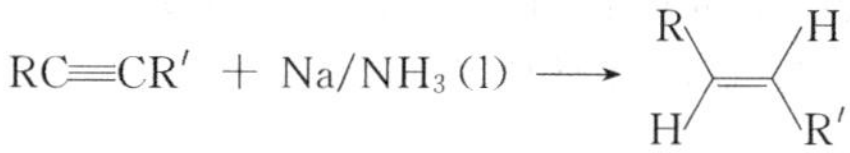

整个反应的机理如下：

$$NH_3 + Na \longrightarrow \underset{\text{溶剂化电子}}{NH_3\text{-}e^-} + Na^+$$

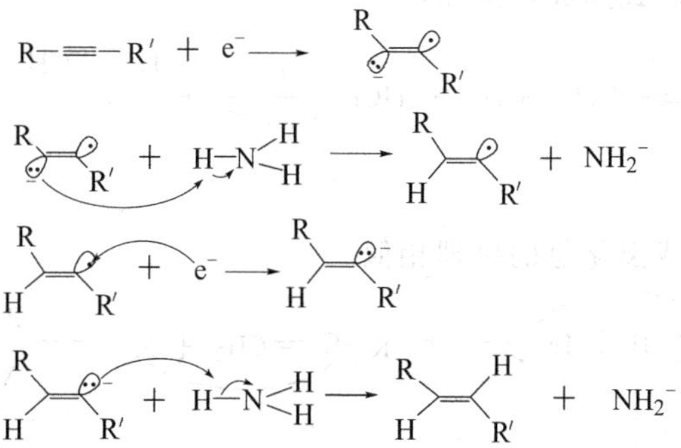

整个反应之所以是反式加成，是因为炔烃加电子后形成的自由基碳和负碳上的电子相互排

斥，形成较稳定的反式构象。

（三）亲电加成

炔烃与烯烃相似，也可以接受亲电试剂的进攻，而进行一系列的亲电加成反应，但不如烯烃活泼。

1. 与卤素加成

溴和氯都很容易与炔烃发生加成反应，1mol 卤素与炔烃反应先生成二卤代乙烯，产物是顺式和反式的混合物，其中以反式产物为主产物。

$$CH_3(CH_2)_3{-}{\equiv}{-}H + Br_2 \longrightarrow \underset{(72\%)}{\overset{CH_3(CH_2)_3}{\underset{Br}{\diagdown}}C{=}C\overset{Br}{\underset{H}{\diagup}}} + \underset{(28\%)}{\overset{CH_3(CH_2)_3}{\underset{Br}{\diagdown}}C{=}C\overset{H}{\underset{Br}{\diagup}}}$$

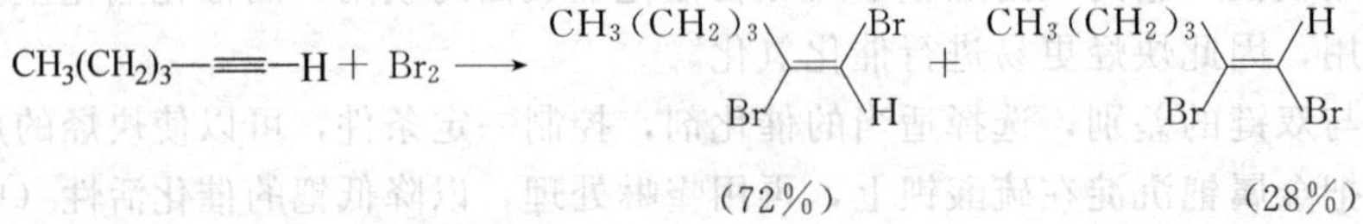

2mol 卤素和炔烃反应时，产物很难停留在二卤代烯烃阶段，一般得到四卤代烷烃。

$$R{-}{\equiv}{-}R' + 2X_2 \longrightarrow R{-}\overset{\overset{X}{|}}{\underset{\underset{X}{|}}{C}}{-}\overset{\overset{X}{|}}{\underset{\underset{X}{|}}{C}}{-}R'$$

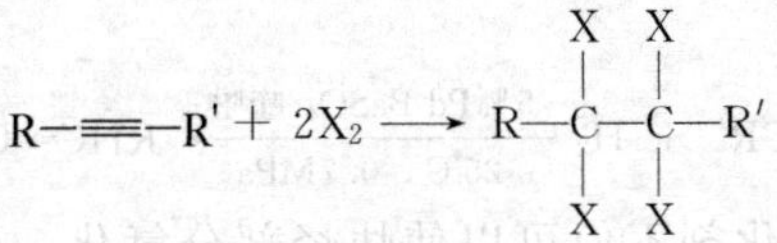

碳碳叁键虽然可以进行亲电加成，却不如双键活泼。如果分子中既有叁键又有双键，控制好卤素的量，则卤素先加到双键上，而叁键仍可保留。例如：

$$H_2C{=}CH{-}CH_2{-}C{\equiv}CH + Br_2 \longrightarrow H_2C{-}\underset{\underset{Br}{|}}{\overset{\overset{}{}}{C}}H{-}CH_2{-}C{\equiv}CH$$

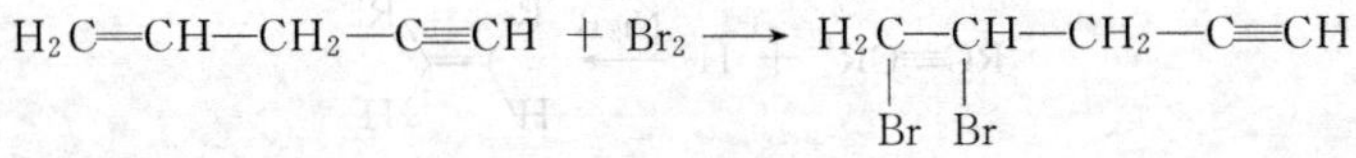

一般解释叁键没有双键活泼的原因是：叁键碳原子 sp 杂化，比 sp^2 杂化的碳原子有较多的 s 轨道成分，电子更靠近原子核，使叁键比双键缩短，所以叁键的 π 电子被束缚得比双键更紧密，难以极化，不利于亲电试剂的进攻。

碘与炔烃加成比较困难，乙炔通常只能加 1 分子碘而生成 1,2-二碘乙烯。

$$HC{\equiv}CH + I_2 \xrightarrow{140\sim160℃} \overset{H}{\underset{I}{\diagdown}}C{=}C\overset{I}{\underset{H}{\diagup}}$$

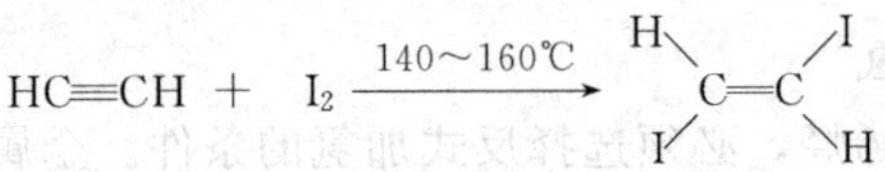

2. 加卤化氢

炔烃与等摩尔卤化氢加成，生成卤代烯烃。进一步加成，形成偕二卤代物（"偕"表示两个卤素连在同一个碳原子上）。反应符合马氏规则。

$$H_3C{-}C{\equiv}CH \xrightarrow{HBr} H_3C{-}\underset{\underset{Br}{|}}{C}{=}CH_2 \xrightarrow{HBr} H_3C{-}\overset{\overset{Br}{|}}{\underset{\underset{Br}{|}}{C}}{-}CH_3$$

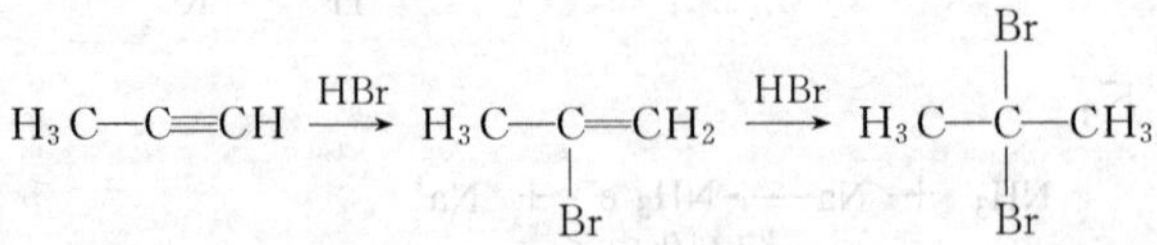

炔烃加卤化氢大多为反式加成，例如：

$$H_3C{-}CH_2{-}C{\equiv}C{-}CH_2{-}CH_3 + HCl \xrightarrow[HAc, 25℃]{Cl^-} \underset{(97\%)}{\overset{H_3C{-}CH_2}{\underset{H}{\diagdown}}C{=}C\overset{Cl}{\underset{CH_2{-}CH_3}{\diagup}}}$$

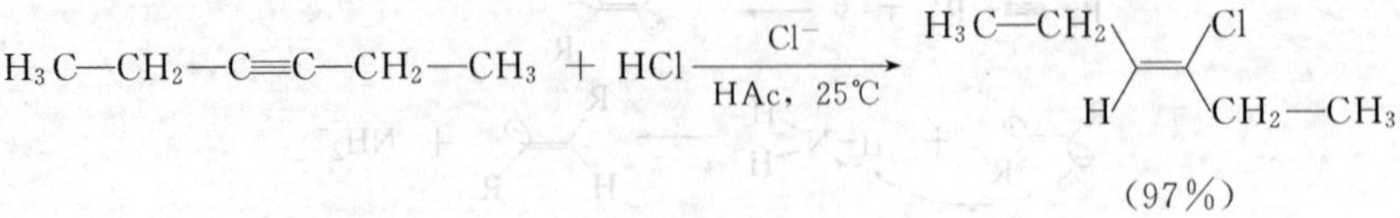

其加成机理和烯烃加成卤化氢的机理相似。

$$R{-}C{\equiv}C{-}H + H{-}X \longrightarrow R{-}\overset{+}{C}{=}CH_2 + X^- \longrightarrow \overset{R}{\underset{X}{\diagdown}}C{=}C\overset{H}{\underset{H}{\diagup}}$$

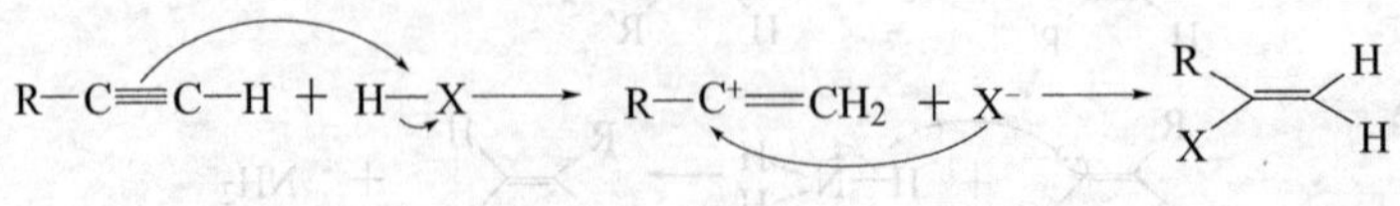

3. 加水

乙炔在 $HgSO_4/H_2SO_4$ 催化下与水加成，产物是乙醛而不是预期的乙烯醇。

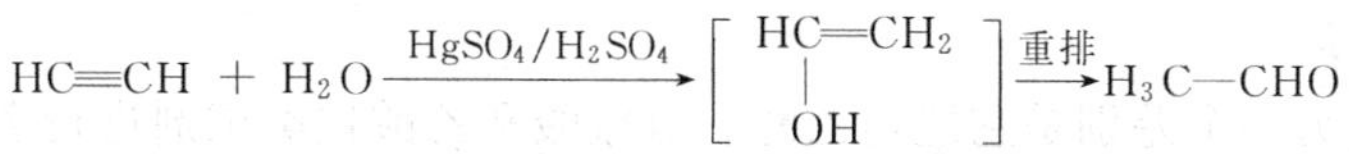

$$HC \equiv CH + H_2O \xrightarrow{HgSO_4/H_2SO_4} \left[\begin{array}{c} HC = CH_2 \\ | \\ OH \end{array} \right] \xrightarrow{\text{重排}} H_3C-CHO$$

炔烃的水合符合马氏规则，只有乙炔的水合生成醛，其他炔烃都生成酮。

$$R-C \equiv CH + H_2O \xrightarrow{HgSO_4/H_2SO_4} \begin{array}{c} O \\ \| \\ R-C-CH_3 \end{array}$$

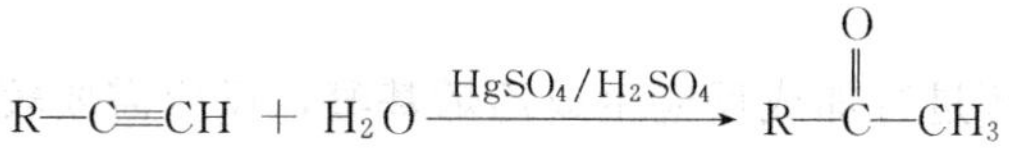

二价汞参与了加成，具体机理如下：

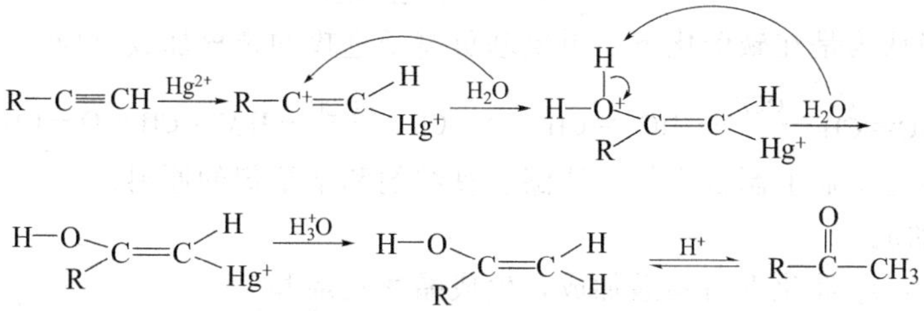

羟基直接连在双键碳上的结构称为烯醇。实验表明烯醇化产物不稳定，它总要发生分子内重排，转变为相应的醛或酮。

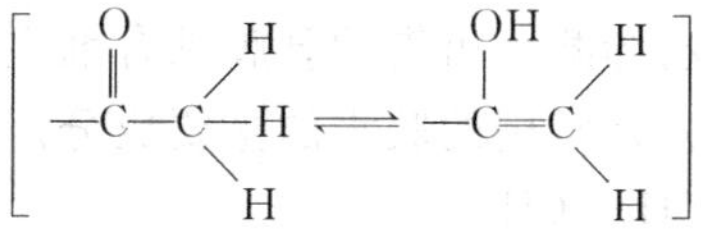

烯醇式与酮式之间的变化是可逆的，一般平衡倾向于酮式。通常称这种异构为互变异构。这种异构在酸存在下更易发生：

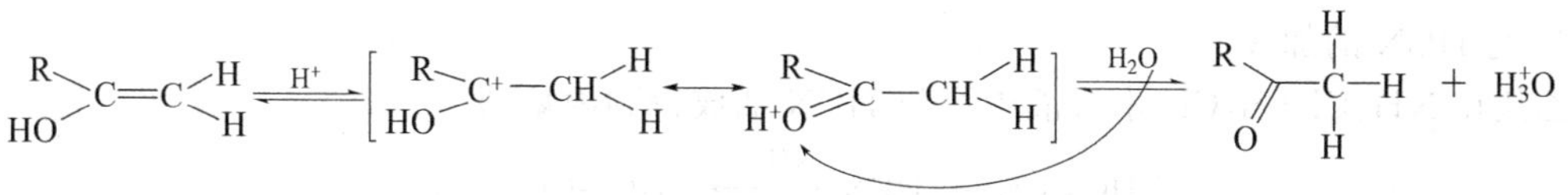

习题 4-1 2-己炔加水产物是两种物质的混合物，写出这两种物质并解释原因。

---

4. 硼氢化-氧化反应

与烯烃相似，炔烃也可以进行硼氢化反应。炔烃硼氢化后酸化，可以得到顺式加氢产物。例如：

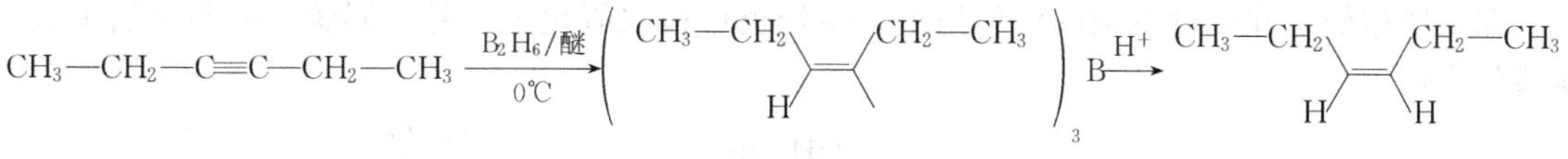

如果硼氢化后氧化水解，则得到间接水合产物。例如：

$$R-C \equiv CH \xrightarrow[OH^-, H_2O]{B_2H_6 \quad H_2O_2} \left[\begin{array}{c} R \quad H \\ C = C \\ H \quad OH \end{array} \right] \longrightarrow R-CH_2-CHO$$

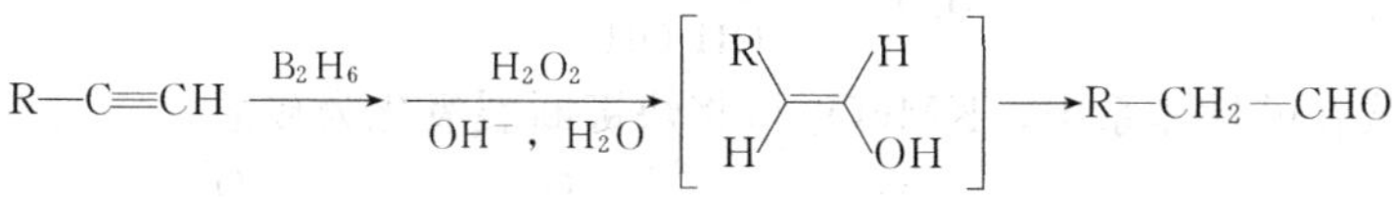

由于硼氢化反应是反马式规则的，因此同汞盐存在下的水合不同，只要是叁键在端位的炔烃，最后产物都是醛。

习题 4-2 解释 2-丁炔在发生硼氢化-氧化反应时得到单一产物，而 2-戊炔却得到两种混合产物的原因。

（四）亲核加成

炔烃与烯烃的另一个差别是它能与乙醇、氢氰酸和乙酸这类试剂进行亲核加成，而简单的烯烃却不行。

1. 与醇加成

在碱存在下，乙炔与醇进行加成反应生成乙烯基醚，反应需要较高的温度和一定的压力。

$$HC\equiv CH + CH_3OH \xrightarrow[160\sim165^\circ C,\ 2\sim2.2MPa]{20\%KOH\text{ 水溶液}} H_2C{=}CH{-}O{-}CH_3$$

反应历程一般认为是在碱催化下，甲氧基负离子进攻的亲核加成反应。

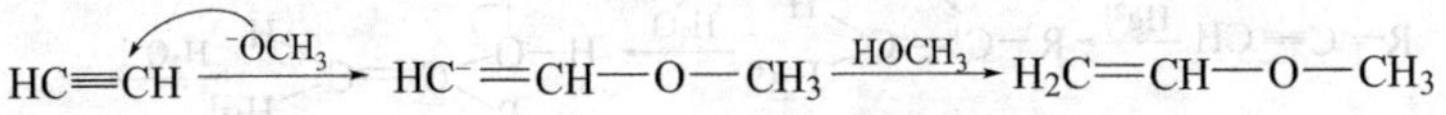

甲基乙烯基醚是工业上制备染料、清漆、黏结剂和增塑剂的原料。

2. 与羧酸的加成

乙炔在 $Zn(OAc)_2$ 催化下与醋酸加成，生成醋酸乙烯酯。

$$HC\equiv CH + H_3C{-}\overset{O}{\overset{\|}{C}}{-}OH \xrightarrow[210\sim250^\circ C]{Zn(OAc)_2} H_2C{=}CH{-}O{-}\overset{O}{\overset{\|}{C}}{-}CH_3$$

醋酸乙烯酯可聚合成聚醋酸乙烯酯。市售的乳胶黏合剂主要就是由它制得的。聚醋酸乙烯酯醇解生成聚乙烯醇，聚乙烯醇就是常用的胶水的主要成分。

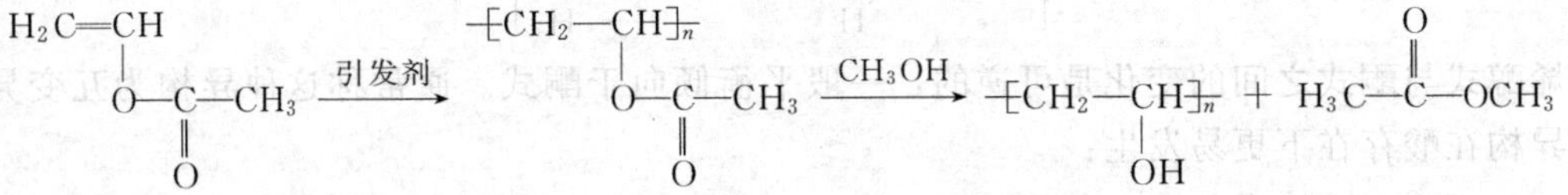

3. 与 HCN 的加成

乙炔在 NH_4Cl/Cu_2Cl_2 水溶液中可与 HCN 加成得到丙烯腈。

$$HC\equiv CH + HCN \xrightarrow[Cu_2Cl_2]{NH_4Cl} H_2C{=}CH{-}CN$$

丙烯腈聚合成聚丙烯腈。聚丙烯腈用来制造人造羊毛。

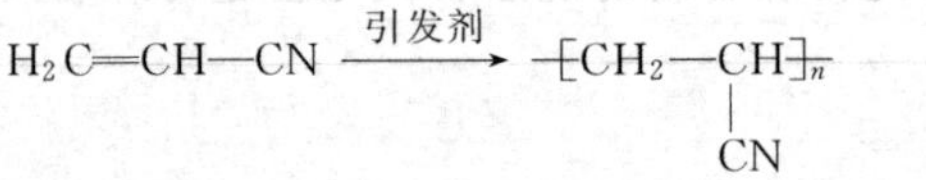

（五）氧化反应

1. $KMnO_4$ 氧化

和烯烃相似，在中性 $KMnO_4$ 作用下，炔烃也可被双氧化为二醇，同碳二醇脱水后形成二羰基化合物。

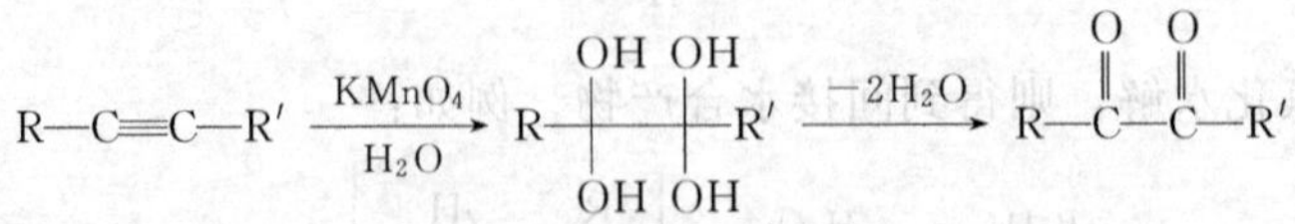

若温度过高或在酸性体系中，$KMnO_4$ 可将炔键断裂氧化为羧酸。

$$R{-}C\equiv C{-}R' \xrightarrow[H_2O,\ \triangle]{KMnO_4,\ KOH} R{-}\overset{O}{\overset{\|}{C}}{-}O^- + {}^-O{-}\overset{O}{\overset{\|}{C}}{-}R' \xrightarrow[H_2O]{HCl} R{-}\overset{O}{\overset{\|}{C}}{-}OH + R'{-}\overset{O}{\overset{\|}{C}}{-}OH$$

端炔往往氧化生成一分子 CO_2，因此根据氧化产物可以推断炔烃中叁键的位置。

$$R{-}C\equiv C{-}H \xrightarrow[2H^+,\ \triangle]{KMnO_4,\ KOH} R{-}\overset{O}{\overset{\|}{C}}{-}OH + CO_2\uparrow$$

2. 臭氧化

炔烃也能发生臭氧化反应，通过臭氧化水解得到与酸性 $KMnO_4$ 反应一样的氧化产物。

$$R—C\equiv C—R' \xrightarrow{O_3} \left[\begin{matrix} R—CH \quad CH—R' \\ O \quad O \\ O \end{matrix} \right] \xrightarrow{H_2O} R—\overset{\overset{O}{\|}}{C}—OH + R'—\overset{\overset{O}{\|}}{C}—OH$$

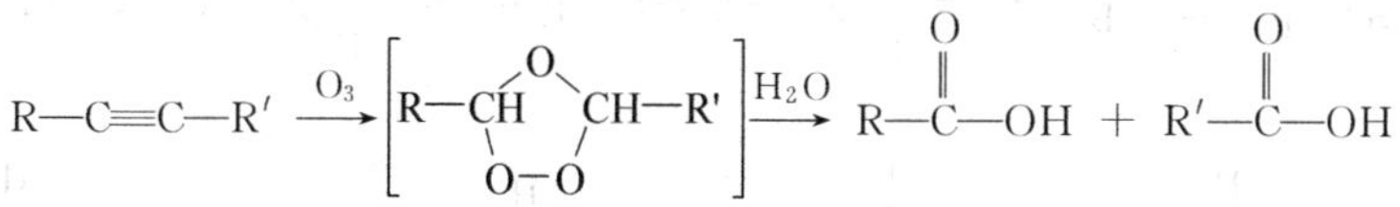

但一般来说，叁键在氧化反应上也比双键活性差，如同一化合物中既有叁键又有双键，在氧化时首先是双键氧化，而叁键仍可保留。

$$HC\equiv C—CH_2—CH\!=\!\overset{\overset{CH_3}{|}}{\underset{\underset{CH_3}{|}}{C}} \xrightarrow{O_3} HC\equiv C—CH_2—COOH + H_3C—\overset{\overset{O}{\|}}{C}—CH_3$$

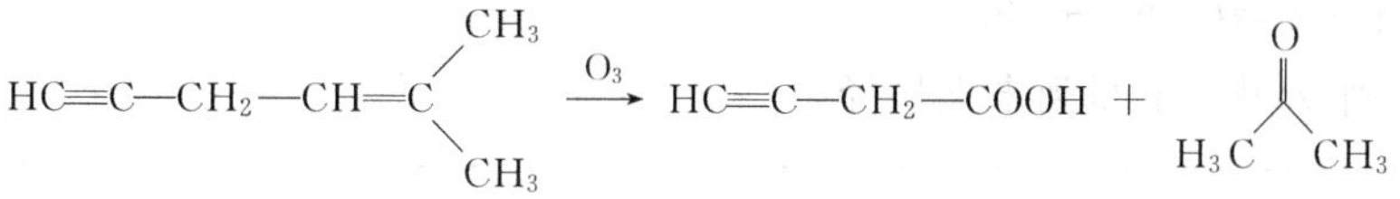

习题 4-3 写出氧化后生成 1mol 丙酮和 2mol 草酸的不饱和化合物的结构，并说明该化合物是否可能含有叁键。

第五节　炔烃的制备

炔烃的制备主要有两种途径：一种是相邻两个碳原子各脱去两个一价的原子或基团，而引入两个 π 键，生成碳碳叁键；另一种是在已有叁键化合物中通过金属炔化再烷基化来制备需要的炔烃。第二种方法在炔烃的成盐反应已有所涉及，本节主要讨论第一种方法，即邻二卤化物在碱作用下分两步可生成炔。

$$R—\overset{\overset{H\;H}{|\;\;|}}{\underset{\underset{X\;X}{|\;\;|}}{C—C}}—R' \xrightarrow[快]{碱} \overset{H}{\underset{R}{}}C\!=\!C\overset{R'}{\underset{H}{}} \xrightarrow[慢]{碱} R—C\equiv C—R'$$

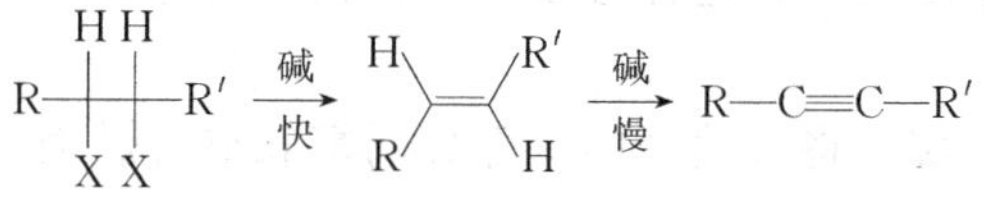

第二步脱卤化氢，由于卤素直接连在双键碳原子上，不活泼，故需要更强的反应条件，一般所用的碱是熔融的 KOH 或 $NaNH_2$。例如：

$$H_3C—CH_2—\overset{\overset{Br}{|}}{C}H—\overset{\overset{Br}{|}}{C}H—CH_3 \xrightarrow[200℃]{KOH} H_3C—CH_2—C\equiv C—CH_3$$

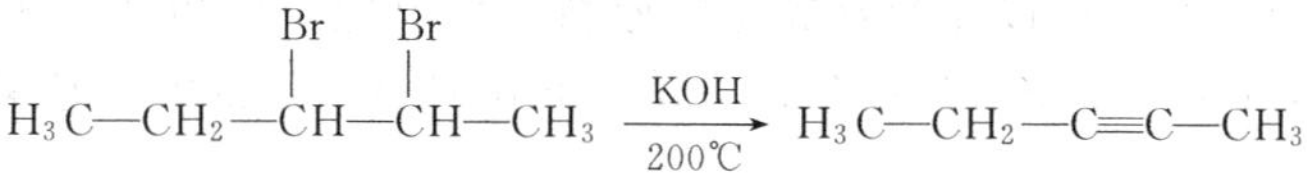

$$(45\%)$$

在如此苛刻的条件下往往得到叁键重排的产物，如下面四种卤代物在熔融的 KOH 作用下最后得到同一种炔烃，因为在高温下 2-戊炔比 1-戊炔稳定，所以得到稳定性好的炔类化合物。

$$H_3C—CH_2—\overset{\overset{Br}{|}}{C}H—\overset{\overset{Br}{|}}{C}H—CH_3, \quad \overset{\overset{Br}{|}}{\underset{\underset{Br}{|}}{HC}}—CH_2—CH_2—CH_2—CH_3$$

$$H_3C—\overset{\overset{Br}{|}}{\underset{\underset{Br}{|}}{C}}—CH_2—CH_2—CH_3, \quad H_2C—\overset{\overset{Br}{|}}{\underset{}{C}}H—\overset{\overset{Br}{|}}{}CH_2—CH_2—CH_3$$

$$\left. \right\} \xrightarrow[200℃]{KOH} H_3C—CH_2—C\equiv C—CH_3$$

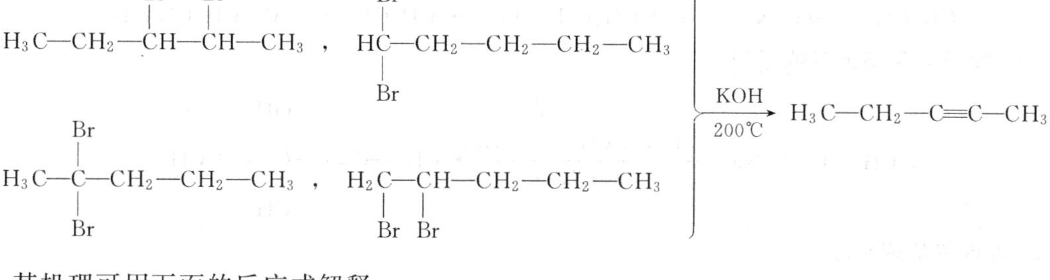

其机理可用下面的反应式解释：

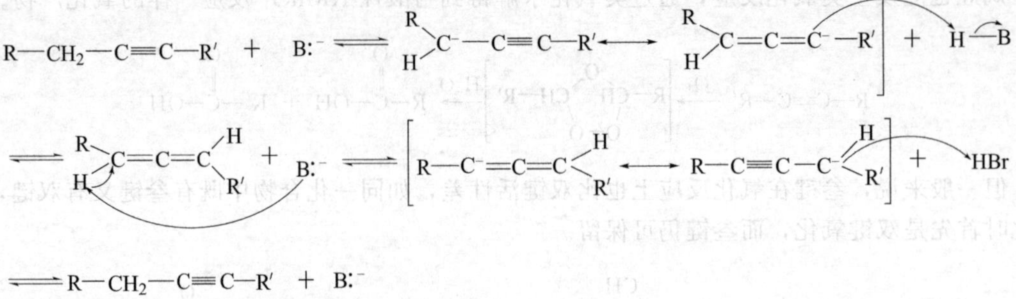

用 $NaNH_2$ 作为碱一般得到末端炔烃。

习题 4-4 解释 1,1-二溴戊烷在熔融 KOH 中是如何转化为 2-戊炔的。

乙炔的工业制法，目前主要有以下三种。

1. 电石法

电石是碳化钙的俗名，是由石灰（CaO）和焦炭在高温电炉中用电弧熔融得到的。电石遇水分解生成乙炔，故乙炔俗名电石气。

$$CaO + 3C \xrightarrow{2500\sim3000℃} CaC_2 + CO\uparrow$$

$$CaC_2 + 2H_2O \longrightarrow HC\equiv CH + Ca(OH)_2$$

该方法的缺点是耗电量大，成本高，目前逐渐为石油裂解法所取代。

2. 石油裂解法

石油高温裂解可以同时获得乙烯和乙炔。一般来说，裂解温度高于 1000℃时有利于乙炔的生成。随着石油工业的不断发展，这种方法是一种较有前途的工业制备乙炔的方法。

3. 甲烷部分氧化法

天然气的主要成分是甲烷，将天然气的一部分同富氧空气燃烧。以其所产生的高温将剩余的甲烷转化为乙炔。

$$2CH_4 \xrightarrow[0.1\sim0.6MPa]{1400\sim1500℃} CH\equiv CH + 3H_2$$

该反应副产物有 CO 和 H_2，可以作为合成氨的原料。该反应虽然生产技术比较复杂，但原料便宜易得。我国天然气资源丰富，这一生产方法在我国具有一定的实际意义。

本章反应小结

1. 炔负离子的形成

(1) 炔钠的生成

$$CH_3—C\equiv C—H + NaNH_2 \longrightarrow CH_3—C\equiv C^- Na^+ + NH_3$$

(2) 炔负离子的烷基化反应

$$CH_3CH_2—C\equiv C^- Na^+ + CH_3CH_2CH_2—Br \longrightarrow CH_3CH_2—C\equiv C—CH_2CH_2CH_3$$

(3) 炔负离子与羰基的反应

$$CH_3—C\equiv C^- Na^+ \xrightarrow[(2)\ H_2O]{(1)\ CH_3CH_2—\overset{\displaystyle O}{\overset{\|}{C}}—CH_3} CH_3—C\equiv C—\underset{\displaystyle CH_3}{\underset{|}{\overset{\displaystyle OH}{\overset{|}{C}}}}—CH_2CH_3$$

2. 叁键的加成反应

(1) 还原成烷烃

$$CH_3CH_2-C\equiv C-CH_2-OH + 2H_2 \xrightarrow{Pt} CH_3CH_2CH_2CH_2CH_2-OH$$

(2) 还原成烯烃

$$CH_3CH_2-C\equiv C-CH_2CH_3 \xrightarrow{H_2,\ Pd\text{-}BaSO_4\text{-}喹啉}$$

$$CH_3CH_2-C\equiv C-CH_2CH_3 \xrightarrow{Na/NH_3}$$

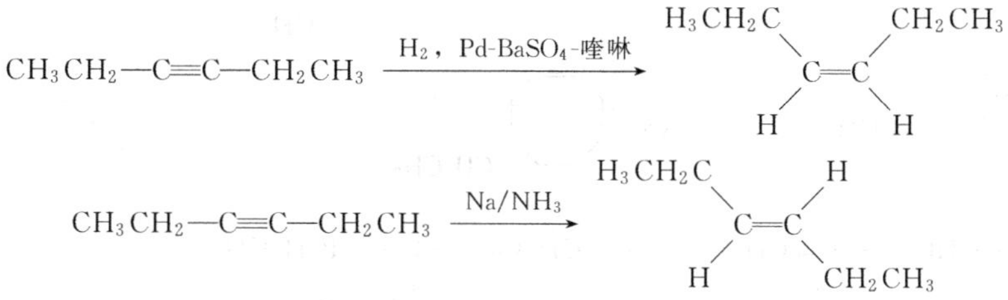

(3) 卤素的加成

$$CH_3C\equiv CCH_2CH_3 \xrightarrow{Br_2} CH_3CBr=CBrCH_2CH_3 \xrightarrow{Br_2}$$

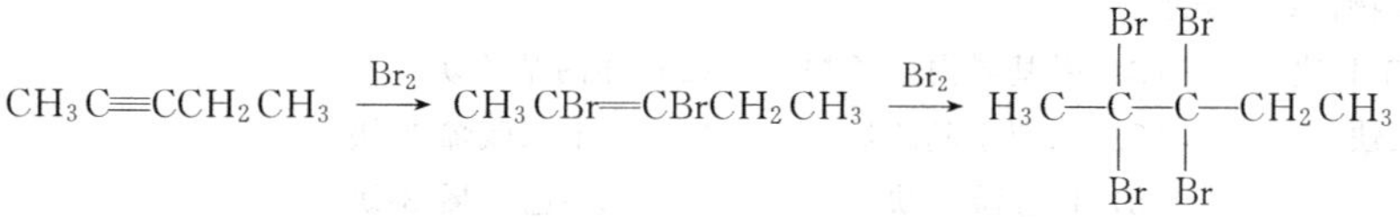

(4) 卤化氢的加成

$$CH_3CH_2-C\equiv C-H \xrightarrow{HCl}$$

$$\xrightarrow{HCl} CH_3CH_2-CCl_2-CH_3$$

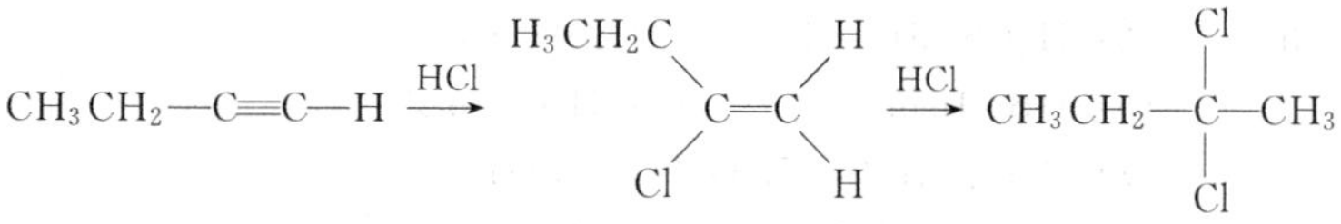

(5) 水的加成

① $HgSO_4/HgSO_4$ 催化

$$CH_3-C\equiv C-H + H_2O \xrightarrow{HgSO_4/H_2SO_4} H_3C-\underset{\underset{O}{\parallel}}{C}-CH_3$$

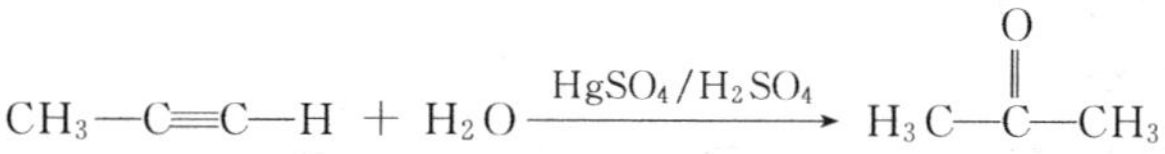

② 硼氢化-氧化

$$CH_3-C\equiv C-H \xrightarrow[\text{(2) } H_2O_2,\ NaOH]{\text{(1) } Sia_2BH \cdot THF} CH_3CH_2-\underset{\underset{O}{\parallel}}{C}-H$$

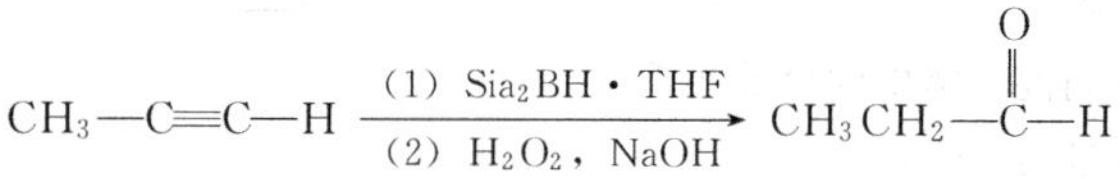

3. 炔烃的氧化反应

(1) 氧化成 α-二酮

$$H_3C-C\equiv C-CH_2CH_3 \xrightarrow[H_2O,\ 中性]{KMnO_4} H_3C-\underset{\underset{O}{\parallel}}{C}-\underset{\underset{O}{\parallel}}{C}-CH_2CH_3$$

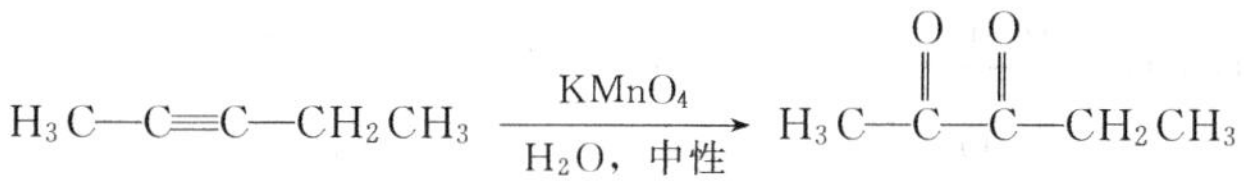

(2) 氧化裂解

$$CH_3-C\equiv C-CH_2CH_3 \xrightarrow[\text{(2) } H^+]{\text{(1) } KMnO_4,\ NaOH} H_3C-\underset{\underset{O}{\parallel}}{C}-OH + CH_3CH_2-\underset{\underset{O}{\parallel}}{C}-OH$$

$$CH_3CH_2CH_2-C\equiv CH \xrightarrow[\text{(2) } H^+]{\text{(1) } KMnO_4,\ NaOH} CH_3CH_2CH_2-\underset{\underset{O}{\parallel}}{C}-OH + CO_2$$

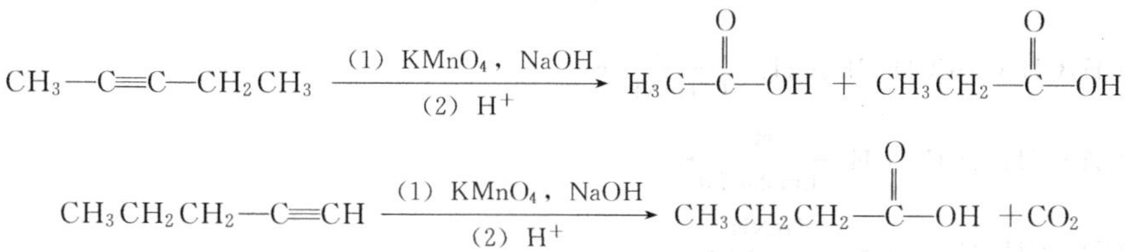

习 题

1. 写出分子式为 C_6H_{10} 的所有炔烃的构造异构体，并用系统命名法命名。

2. 命名下列化合物。

(1) $(CH_3)_3CC\equiv CCH_2CH_3$

(2) 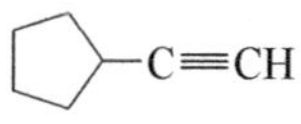

(3) 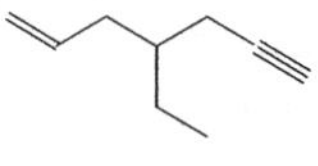

(4) 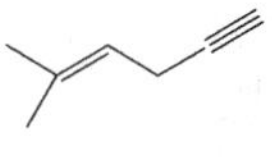

(5) $CH_3C{\equiv}CCH{=}C(CH_3)_2$　　(6) 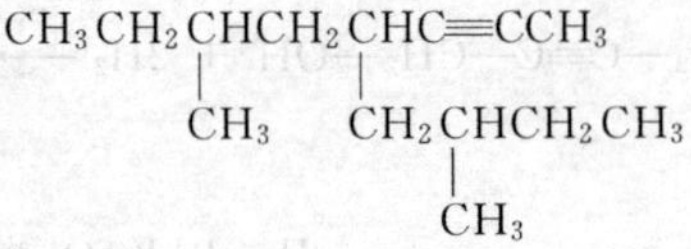

(7) 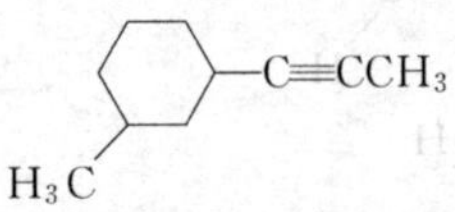　　(8) 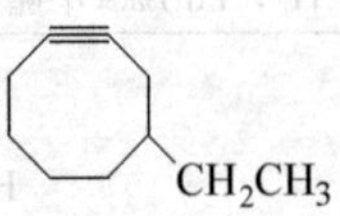

(9) $CH_3CH{=}CHC{\equiv}C{-}C{\equiv}CH$　　(10) 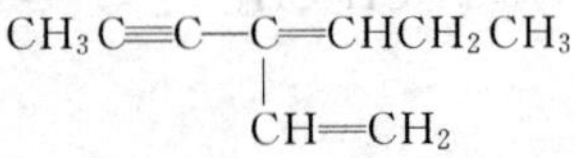

3. 写出下列化合物的结构式。

(1) 反-4-庚烯-1-炔　(2) 甲基异丙基乙炔　(3) 环丙基乙炔

(4) 烯丙基乙炔　(5) 二叔丁基乙炔　(6) 4-十二碳烯-2-炔

(7) 环癸炔　(8) 1-己烯-5-炔　(9) 1,5-己二烯-3-炔

4. 写出 1-丁炔与下列试剂反应的反应式。

(1) H_2(1mol)，Ni　(2) H_2(2mol)，Ni　(3) Br_2(1mol)

(4) Br_2(2mol)　(5) HBr(1mol)　(6) HBr (2mol)

(7) $KMnO_4$(热)　(8) O_3；然后 Zn，H_2O　(9) $NaNH_2$

(10) $Ag(NH_3)_2{}^+OH^-$　(11) B_2H_6；然后 H_2O_2/NaOH

5. 排出乙炔钠、氢氧化钠、氨基钠、水的碱性顺序，并说明理由。

6. 用化学方法鉴别下列各组化合物。

(1) 戊烷　1-戊烯　1-戊炔

(2) 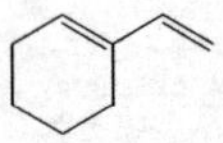　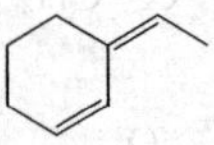　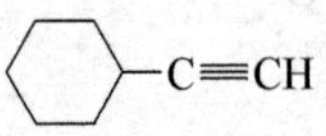　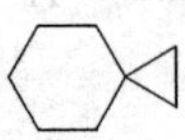

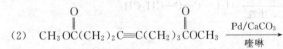

7. 用适当的化学方法除去下列混合物中的少量杂质。

(1) 除去粗乙烷气体中少量的乙炔。

(2) 除去粗乙烯气体中少量的乙炔。

8. 完成下列反应。

(1) $CH_3CH_2C{\equiv}CCH_2CH_3 \xrightarrow{H_2/Pt}$

(2) $CH_3OC(=O)(CH_2)_2C{\equiv}C(CH_2)_3C(=O)OCH_3 \xrightarrow[\text{喹啉}]{Pd/CaCO_3}$

(3) $CH_3CH_2CH_2C{\equiv}CCH_2CH_2CH_3 \xrightarrow[C_2H_5NH_2]{Li}$

(4) $CH_3CH{=}CHCH_2C{\equiv}CH \xrightarrow[\text{Lindlar Pd}]{H_2}$

(5) $CH_3CH{=}CHCH_2C{\equiv}CH \xrightarrow{Na/NH_3}$

(6) 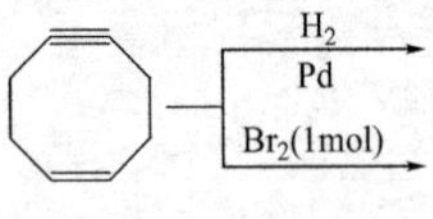

(7) $CH_3CH{=}CHCH_2C{\equiv}CCH_3 \xrightarrow{HCl\ (1mol)}$

(8) $HC{\equiv}CH \xrightarrow{Br_2\ (1mol)} \xrightarrow{HBr(1mol)}$

(9) $(CH_3)_2CHC{\equiv}CH + NaNH_2 \longrightarrow$

(10) $CH_3C{\equiv}CCH_3 \xrightarrow{HCl\ (1mol)} \xrightarrow{HBr\ (1mol)}$

(11) $(CH_3)_2CHCH_2C\equiv CH \xrightarrow{B_2H_6} \xrightarrow[OH^-]{H_2O_2}$

(12) $(CH_3)_2CHCH_2C\equiv CH \xrightarrow[O_2]{HBr}$

(13) 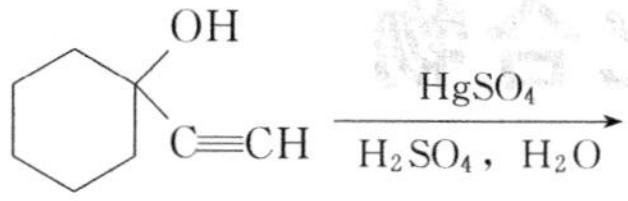

(14) $CH_3C\equiv CCH_2CH_3 \xrightarrow[H_2O]{O_3}$

(15) $HC\equiv CH + CH_3COOH \xrightarrow[150\sim180℃]{KOH}$

(16) $HC\equiv CH + HCN \xrightarrow[NH_4Cl]{Cu_2Cl_2}$

(17) $HC\equiv CH \xrightarrow[NH_4Cl]{CuCl} \xrightarrow[BaSO_4]{H_2/Pt}$

(18) $CH_3CH_2C\equiv CCH_2CH_3 \xrightarrow{KMnO_4}$

(19) $(CH_3)_3CCH_2C\equiv CH + Ag(NH_3)_2NO_3 \longrightarrow$

9. 推测下列化合物的结构。

(1) 分子式为 C_7H_{10} 的某开链烃 A，可发生下列反应：①催化氢化可生成 3-乙基戊烷；②与 $Ag(NH_3)_2NO_3$ 作用可产生白色沉淀；③在 $Pd/BaSO_4$ 作用下吸收 1mol H_2 生成化合物 B，B 可以与顺丁烯二酸酐反应生成化合物 C。试推测 A、B、C 的结构。

(2) 有一链烃 A 的分子式为 C_6H_8，无顺反异构体，用 $AgNO_3/NH_3 \cdot H_2O$ 处理得白色沉淀，用 Lindlar 试剂氢化得 B，其分子式为 C_6H_{10}，B 亦无顺反异构体。A 和 B 与 $KMnO_4$ 发生氧化反应都得 2mol CO_2 和另一化合物 C，C 分子中有酮基，试写出 A～C 的结构式。

10. 由指定原料合成下列化合物。

(1) $CH_3CH_2CH_2CH=CH_2 \longrightarrow CH_3CH_2CH_2C\equiv CH$

(2) 由异丁烷、乙烯合成反-2,7-二甲基-4-辛烯

(3) 由乙炔合成 1,5-己二烯-3-酮

(4) 由丙烷合成 2,2,3,3-四氯戊烷

(5) 由乙炔合成 3-己醇

(6) 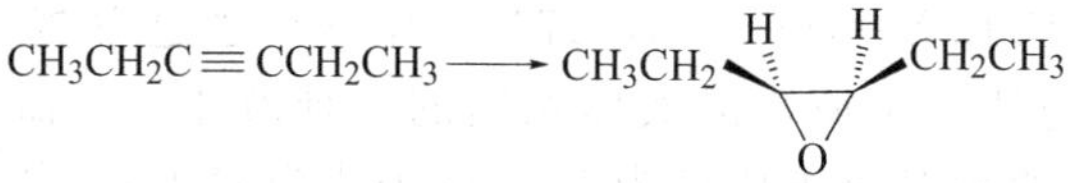

(7) 

(8) 由 1-己炔和丙烯合成 1,4-壬二烯

(9) 由丙烯合成 1-己烯-4-炔

（扬州大学，景崤壁）

第五章　芳香族化合物

所有的有机化合物都可划分为脂肪族化合物和芳香族化合物两大类。脂肪族化合物是指开链化合物和与开链化合物化学性质类似的环状化合物，到目前为止，已学过的烷烃、烯烃、炔烃以及它们的环状类似物都属于脂肪族化合物。

芳香族化合物是指苯和与苯化学性质相似的化合物。最初这类化合物是从植物胶里提取的具有芳香气味的物质。随着研究的深入，芳香族化合物这一名称的含义又有了新的发展，现在人们将具有特殊稳定性的不饱和环状化合物称为芳香族化合物。从结构上看，芳香族化合物一般都具有平面或接近平面的环状结构，键长趋于平均化，并有较高的C/H比值。从性质上看，芳香族化合物中的不饱和环都难以氧化、加成，而易于发生亲电取代反应，上述这些特点，就是人们常说的芳香性。

芳香性源自芳香族化合物的特殊化学结构——环状的稳定的π键。所以本章首先讨论苯及相关化合物结构上的芳香性问题。

第一节　芳　香　性

一、苯的发现和凯库勒结构

苯是在1825年由英国科学家法拉第（Michael Faraday，1791—1867）首先发现的。19世纪初，英国和其他欧洲国家一样，城市的照明已普遍使用煤气，从生产煤气的原料中制备出煤气之后，剩下一种油状的液体却长期无人问津。法拉第是第一位对这种油状液体感兴趣的科学家。他用蒸馏的方法将这种油状液体进行分离，得到一种沸点为80℃的液体，经元素分析，这种液体的H/C比为1∶1，当时法拉第将这种液体称为"氢的重碳化合物"。

1834年，德国科学家米希尔里希（E. E. Mitscherlich，1794—1863）通过蒸馏苯甲酸（benzoic acid）和石灰的混合物，得到了与法拉第所制的液体相同的一种液体，并命名为苯（benzene）。他用蒸气密度测定法确定了苯的相对分子质量为78，分子式为C_6H_6。苯分子中碳的相对含量如此之高，但它又不具有典型的不饱和化合物应具有的易加成的性质，使化学家们感到惊讶，苯分子该是怎样的结构呢？

德国化学家凯库勒是一位极富想象力的学者，他曾提出了碳四价和碳原子之间可以连接成链这一重要学说。在分析了大量的实验事实之后他提出了苯分子的结构，即带有三个双键且单双键交替的环状结构，也就是著名的苯分子的凯库勒结构式：

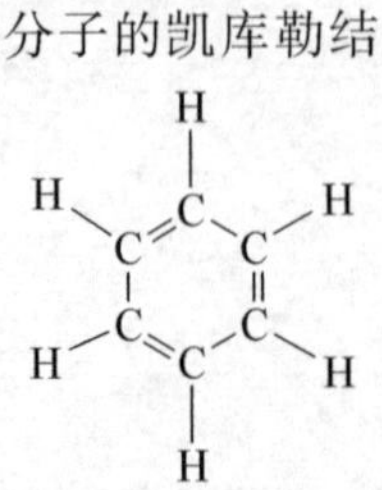

这个结构式虽然可以说明苯分子的组成、原子间连接的次序以及对称性，但也存在着严重的缺点，它不能解释下列现象：

① 按凯库勒结构式，苯分子内既然存在着三个双键，应该容易发生加成反应和氧化反应，但事实是苯不易发生加成反应和氧化反应，而容易发生取代反应，说明苯环具有异常稳定性。

② 从凯库勒结构式来看，苯的邻位二元取代物如邻二氯苯应该有两种异构体：

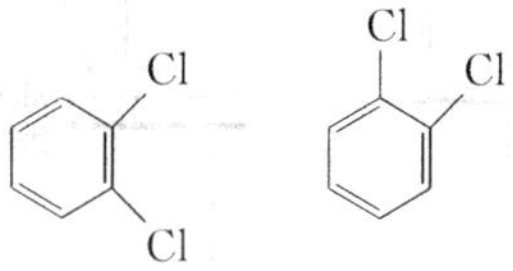

但实际上苯的邻位二元取代物只有一种。

当时凯库勒的解释是，苯分子的结构能动。他用两种结构Ⅰ和Ⅱ来描述苯，苯分子更迭于Ⅰ和Ⅱ之间；同样，两个1,2-二氯苯也处于快速的平衡中，所以不能分开。

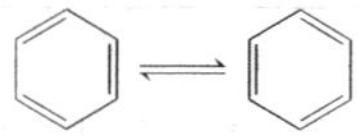

Ⅰ　　　　Ⅱ

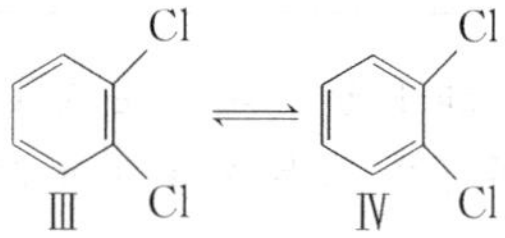

Ⅲ　　　　Ⅳ

凯库勒结构不能解释的事实是苯环的异常稳定性。

二、共振论对苯分子结构的解释

在科学家研究苯分子结构的同时，有机化学结构理论也在不断发展。后来的共振论认为苯共振于两个凯库勒结构Ⅰ和Ⅱ之间，苯是这两个共振结构的杂化体。

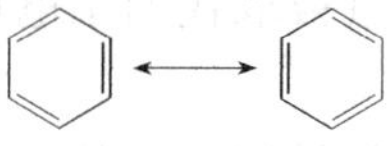

Ⅰ　　　　Ⅱ

Ⅰ和Ⅱ是两个能量很低、稳定性等同的极限结构，共振论认为苯分子的结构介于Ⅰ和Ⅱ之间，也就是π电子不固定。Ⅰ和Ⅱ之间的共振引起的稳定作用是很大的，因此杂化体苯的能量比极限结构低得多。共振论将极限结构的能量与杂化体的能量之差称为共振能，计算公式如下：

共振能 ＝ 极限结构的能量－杂化体的能量

苯的共振能可借助氢化热来估算，苯、环己烯和环己二烯都可以氢化成相同的环己烷，由图5-1显示的从实验测得的氢化热数据和理论预测的氢化热数据之间的差异可以得出1,3-环己二烯和苯的共振能。图5-1具体说明如下：

① 环己烯的氢化热为120kJ/mol。

② 1,4-环己二烯氢化时放热240kJ/mol，大约是环己烯氢化热的两倍，说明1,4-环己二烯中两个隔离的双键的共振能接近于零。

③ 1,3-环己二烯氢化时放热232kJ/mol，比环己烯的氢化热的两倍少8kJ/mol，这与一般的共轭二烯烃的共振能（8kJ/mol）相一致。

④ 苯氢化需要较高的氢气压力和活性更高的催化剂，氢化时放出的热量仅为208kJ/mol，比环己烯的氢化热的三倍少了151kJ/mol，这也就是苯的共振能。

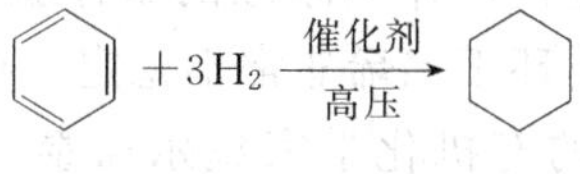
+3H₂
催化剂
高压

$\Delta H^{\ominus}=-208\text{kJ}$

3×环己烯＝$\underline{-359\text{kJ}}$

共振能＝151kJ

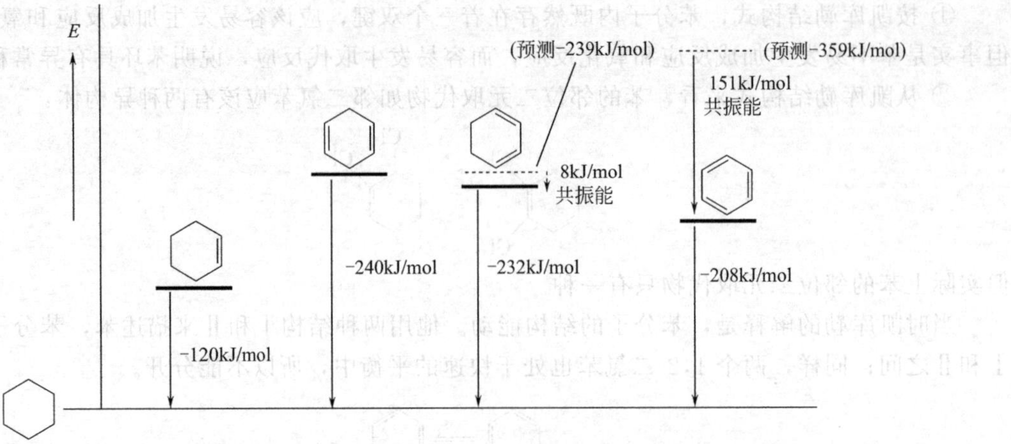
E
(预测-239kJ/mol)
(预测-359kJ/mol)
151kJ/mol
共振能
8kJ/mol
共振能
-120kJ/mol
-240kJ/mol
-232kJ/mol
-208kJ/mol

图 5-1 环己烯、1,4-环己二烯、1,3-环己二烯和苯的氢化热和相应内能

习题 5-1 用图 5-1 的数据，计算苯只加 1 分子氢，生成 1,3-环已二烯的反应热（ΔH）。问此时体系能量是升高还是降低了？为什么苯氢化时，一步就生成了环已烷？

苯分子如此高的共振能正是对苯分子异常稳定性的很好解释。两个等同的极限结构的共振对苯的稳定性贡献是极大的，也是相同的，因此导致了碳碳键长的平均化和电子云的均匀分布。杂化体苯的正六边形结构和 π 电子云的均匀分布是环电流产生的原因。加成反应会破坏极限结构的共振，使稳定的苯转变为不稳定的 1,3-环已二烯，因此难以进行；高密度的 π 电子云有利于亲电试剂的进攻而发生环上的氢被取代的亲电取代反应，因为取代反应最终不会破坏极限结构的共振而易于进行。

至此，似乎可以得出具有单双键交替排列的环状多烯烃应该异常稳定，具有芳香性。

很多年来，化学家确信苯的巨大的共振能来自于苯有两个完全相同的共振结构，因此推测其他类似的单双键交替的共轭体系的碳氢化合物也应很稳定，具有芳香性。这类具有单双键交替的环状结构的碳氢化合物被称为轮烯。例如，苯为六个碳原子组成的轮烯，命名为［6］轮烯，环丁二烯为［4］轮烯，环辛四烯为［8］轮烯，环再大的轮烯也如此命名。

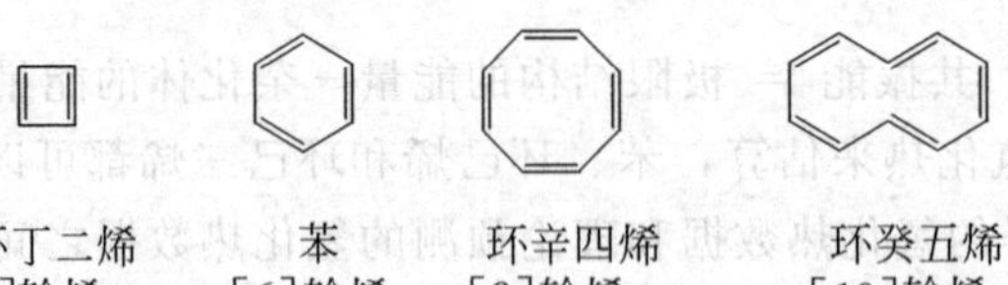

环丁二烯 [4]轮烯　　苯 [6]轮烯　　环辛四烯 [8]轮烯　　环癸五烯 [10]轮烯

从结构式来看，轮烯的双键全部共轭，应是平面分子，π 键的 p 轨道能相互重叠。按照共振论的要求，也能画出轮烯的两个非常相似的凯库勒结构（单双键交替的环状结构），如图 5-2 所示的环丁二烯和环辛四烯的共振结构。按照共振理论，［4］轮烯和［8］轮烯应该像苯一样异常稳定，具有芳香性，但实验证明它们并不稳定。

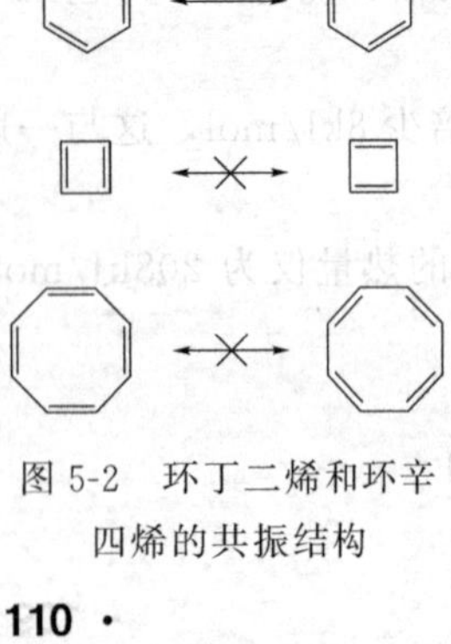

图 5-2 环丁二烯和环辛四烯的共振结构

如环丁二烯从未被分离和纯化过，它能极其迅速地发生 Diels-Alder 二聚反应。为避免 Diels-Alder 反应，制备环丁二烯的反应必须在低温、气相中进行，并用冰冻的氩俘获反应生成的低浓度的环丁二烯分子。这说明环丁二烯非常不稳定，根本没有芳香性。

1911 年，著名的有机化学家魏尔斯泰（Willstätter R）合成了环辛四烯，并且发现它的性质像一般的多烯烃那样，可以与溴加成，可以被高锰酸钾氧化。这些事实说明环辛四烯的稳定性比苯差得多。结构研究显示环辛四烯并不是平面的，而是以船式构象存在，如图 5-3 所示，相邻的 π 键的 p 轨道很少有重叠。

从环丁二烯和环辛四烯的例子说明，用单一的共振结构图有时并不能说明问题。

三、分子轨道理论对苯芳香性的解释

分子轨道理论认为，苯分子中 6 个碳原子均为 sp^2 杂化，相邻碳原子之间以 sp^2 杂化轨道相互重叠，形成 6 个均等的碳碳 σ 键，每个碳原子又各用一个 sp^2 杂化轨道与氢原子的 1s 轨道重叠，形成碳氢 σ 键。所有轨道之间的夹角都为 120°，由于 sp^2 杂化轨道都处在同一平面内，所以苯的 6 个氢原子和 6 个碳原子共平面，这样就形成了苯分子的平面正六边形的基本结构，如图 5-4 所示。除此之外，每个碳原子还剩下一个未参与杂化的垂直于分子平面的 p 轨道，6 个 p 原子轨道彼此作用形成 6 个 π 分子轨道，其中三个是成键轨道，以 π_1、π_2 和 π_3 表示，三个是反键轨道，以 π_4^*、π_5^* 和 π_6^* 表示，如图 5-5 所示。

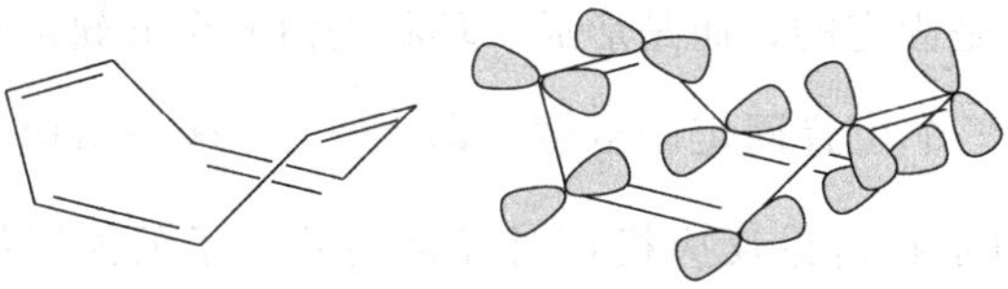

图 5-3　环辛四烯的船式构象

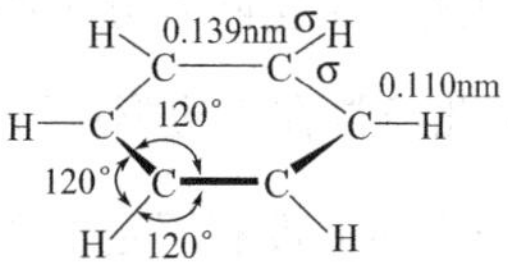

H
0.139nm
σ
H
C
C
σ
0.110nm
H—C
120°
C—H
120°
C
C
H
120°
H

图 5-4　苯分子的形状和大小

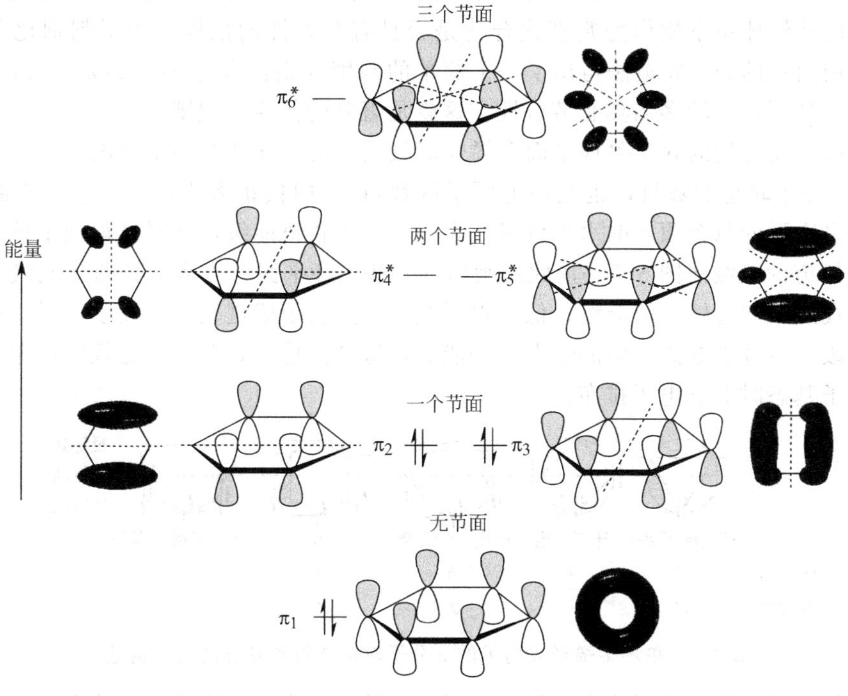

三个节面
π_6^*
能量
两个节面
π_4^*
π_5^*
一个节面
π_2
π_3
无节面
π_1

图 5-5　苯的 π 分子轨道能级图

图 5-5 中虚线表示节面。三个成键轨道中，π_1 没有节面，能量最低；而 π_2 和 π_3 都有一个节面，能量相等，但比 π_1 高，这两个能量相等的轨道称为简并轨道。反键轨道 π_4^* 和 π_5^* 各有两个节面，它们的能量也彼此相等，但比成键轨道要高；π_6^* 有三个节面，是能量最高

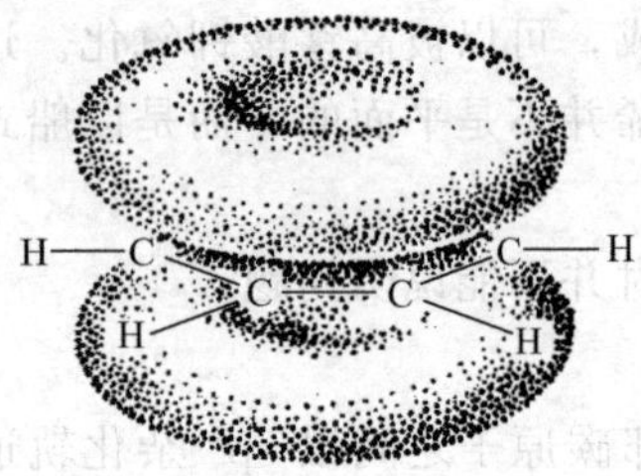
H
C
C
C
C
H
H
H

图 5-6　苯的 π 电子云在环平面的上下

的反键轨道。很明显，基态时苯分子的 6 个 π 电子分布在三个成键轨道 π_1、π_2 和 π_3 上。在这三个轨道上运动的电子是离域的，每一个电子被多于两个碳原子核所吸引，键能较大，体系稳定。

如果将这三个 π 成键轨道的电子云叠加在一起，得到的是苯分子的环平面上下完全匀称的 π 电子云，如图 5-6 所示。

加成反应会导致苯的环状共轭体系被破坏，体系能量升高，所以难以发生。取代反应最终不会破坏这种稳定结构，又由于环状离域的 π 电子的流动性较大，能够向亲电试剂提供电子，因此苯易发生亲电取代反应。

四、苯分子结构的表示方法

到目前为止，没有一种结构式可以完美地表示苯分子的真实结构，沿用的仍是凯库勒结构式，但其含义已与当初的凯库勒结构式不同了。现在的凯库勒结构式只是苯分子共振杂化体的一种极限式，而实际苯分子的 6 个 π 电子不是固定的，而是形成了环状的由 6 个 p 轨道重叠的 π 键。因此经常在六边形中画个圆圈代替画三个位置固定的双键，即 。这一结构式有助于人们记住环上没有固定的单键和双键。但是在讨论反应机理时经常用苯分子的凯库勒结构式，因为凯库勒式有利于表示成对的电子的移动方向。

五、休克尔规则

环丁二烯、苯、环辛四烯虽然都具有环状的共轭体系，但它们的化学性质差别却很大，因此具有环状的共轭体系不能作为判别化合物是否具有芳香性的依据。为了判别化合物的芳香性，休克尔用简单的分子轨道法得出了一个简单的判别规则：含有 $4n+2(n=0, 1, 2, \cdots)$ 个 π 电子的单环平面共轭多烯具有芳香性。这就是著名的休克尔规则。

有一个简单而有趣的导出单环平面多烯烃能级的方法，该法在一个圆内作一个 n 边内接正多边形（n 是分子轨道的数目，也是环上原子的数目），内接正多边形的一个顶点必须位于圆的最低点，多边形的每个顶点的水平位置代表一个分子轨道能级，这样就得到了单环平面共轭多烯烃的 π 轨道的能级。图 5-7 是用此法画出的一些单环平面共轭多烯烃的 π 能级示意图。过圆心的水平线表示非键轨道的能级，低于水平线的顶点表示成键轨道，高于水平线的顶点表示反键轨道能级。将分子或离子中的 π 电子按能级从低到高排布，并按洪德规则排布，即可得到某分子或离子基态时的 π 电子排布。

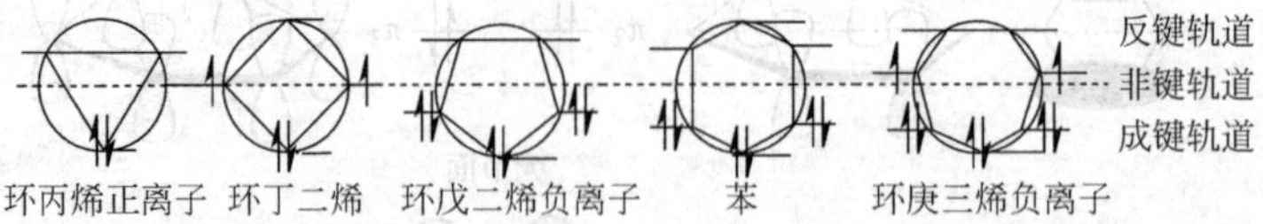
反键轨道
非键轨道
成键轨道

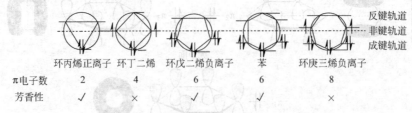

	环丙烯正离子	环丁二烯	环戊二烯负离子	苯	环庚三烯负离子
π电子数	2	4	6	6	8
芳香性	√	×	√	√	×

图 5-7　单环多烯烃或离子的 π 分子轨道能级和基态的电子构型

按分子轨道理论及多边形法则所得的如图 5-7 所示的单环多烯烃或离子的 π 分子轨道能级图和基态的电子构型能满意地解释休克尔规则。图中，能量最低的轨道总是单一的；n 为奇数时，其他轨道都是成对出现的；n 为偶数时，能级最高的轨道也是单一的，其他轨道也是成对出现的。同一分子中能量相等的各分子轨道构成一个壳层，闭壳层（即同一壳层被电子全充满）的电子结构是稳定的。单环平面共轭多烯烃的成键轨道中，第一壳层全充满需要 2 个电子，其他壳层全充满需要 4 个电子，所以只有 π 电子数符合 $4n+2$ 时，才能获得稳定的闭壳层结构，显示出芳香性。图 5-7 中，环丙烯正离子、环戊二烯负离子、苯的 π 电子数分别为 2 个、6 个、6 个（符合休克尔规则），正好填满某一能级的 π 分子轨道，符合闭壳层的稳定结构，具有芳香性；而环丁二烯和环庚三烯负离子的 π 电子数分别为 4 个、8 个，不符合休克尔规则，没有芳香性，并且它们都具有双自由基结构，一般它们的能量比相应的直链多烯烃高，这样的单环共轭多烯烃稳定性很差，通常称为反芳香性化合物。反芳香性的平面共轭多烯烃的 π 电子数与休克尔规则要求的 π 电子数相差 2 个电子，正好为 $4n$ 个 π 电子数。

注意：用“$4n+2$”判断芳香性和用“$4n$”判断反芳香性的前提是，平面的环上要有连续的 p 轨道重叠，不然就是非芳香性。

六、非苯芳香烃

1. 环丙烯正离子

图 5-7 中环丙烯正离子的 π 电子为 2 个，符合休克尔规则，具有芳香性。环丙烯正离子具体怎样的结构呢？可以设想环丙烯正离子由环丙烯转化而来。

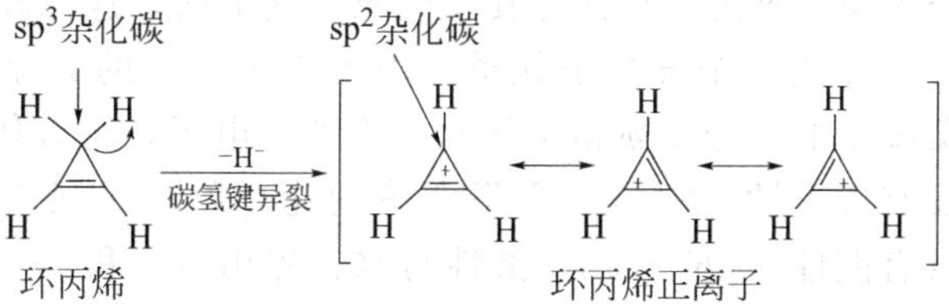

sp³杂化碳
sp²杂化碳
H
−H⁻
碳氢键异裂
环丙烯
环丙烯正离子

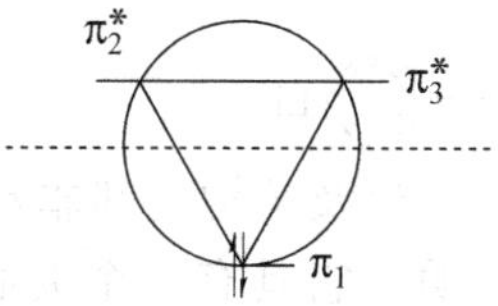

π₂*
π₃*
π₁

环丙烯正离子的π分子轨道能级和电子排布

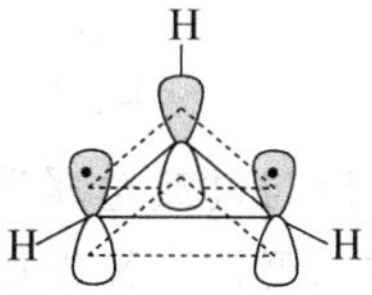

H

能级最低的 π_1 分子轨道

环丙烯的饱和碳原子为 sp^3 杂化，假设它的其中一个 C—H σ 键发生异裂，氢原子带着一对电子离开碳原子，剩下的碳原子则带一价正电荷，杂化类型也变为 sp^2。这样三个碳原子都是 sp^2 杂化，三个 sp^2 杂化轨道分别形成两个碳碳 σ 键和一个碳氢 σ 键，这些 σ 键以及成键的原子在同一平面上。碳原子还有一个没有杂化的 p 轨道，垂直于分子平面，这样三个碳原子的 3 个 p 轨道可以形成 3 个 π 分子轨道。因为带正电荷的碳原子的 p 轨道是空的，所以环丙烯正离子的 π 分子轨道上运动的只有 2 个电子，符合休克尔规则，具有芳香性。这 2 个电子分布在能级最低的 π_1 分子轨道上，如上图所示。这 2 个电子是离域的，在 3 个碳原子组成的环形轨道上运动，出现在每个碳原子周围的几率完全相等，π 电子云也就完全平均化，所以环丙烯正离子的三个碳原子是等同的，上述的共振结构式也说明了这一点。因而在书写非苯芳香性离子结构式时，常用虚线或实线圆圈表示环状的带有电荷的稳定的 π 键，圆圈内标上正电荷数或负电荷数，如环丙烯正离子可以表示为。按休克尔规则预言的环丙烯正离子具有芳香性这一点，已经为后来的实验所证实。现在已经合成了很多环丙烯正离子类型的化合物，例如：

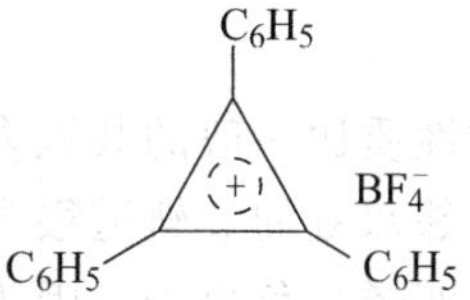

C_6H_5
BF_4^-
C_6H_5
C_6H_5

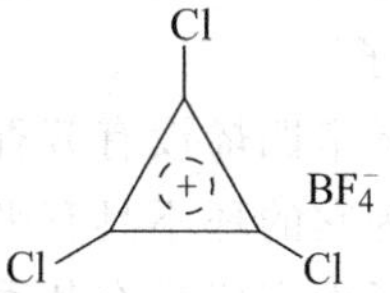

Cl
BF_4^-
Cl
Cl

习题 5-2 画出环丙烯正离子的 π_2、π_3 分子轨道图。

习题 5-3 哥伦比亚大学 R. Breslow 教授发现用 $SbCl_5$ 处理 3-氯环丙烯时，产生一种稳定的晶状固体Ⅰ，其分子式为 $C_3H_3SbCl_6$，不溶于极性溶剂如硝基甲烷、乙腈或二硫化碳，Ⅰ的核磁共振谱显示，有三个完全等同的质子。试解释原因。

2. 环戊二烯负离子

图 5-7 中的环戊二烯负离子可以设想为环戊二烯饱和碳原子上的其中一个氢在一定条件下以氢离子的形式离去后形成的：

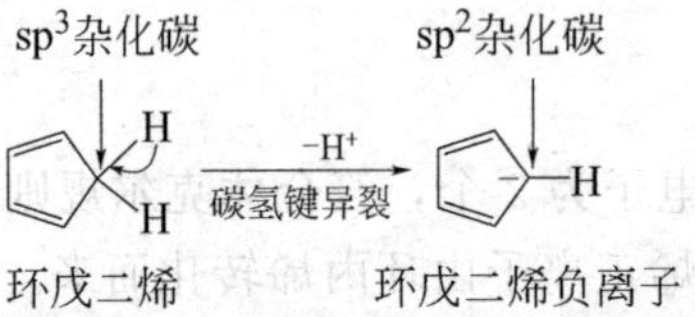
sp³杂化碳
sp²杂化碳
H
H
−H⁺
碳氢键异裂
H
环戊二烯
环戊二烯负离子

带负电荷的碳原子为 sp^2 杂化，并且与其余碳原子共平面，这样环戊二烯负离子的 5 个碳原子的 5 个 p 轨道可以形成 5 个 π 分子轨道。因为带负电荷的碳原子的 p 轨道有 1 对电子，所以在环戊二烯负离子的 π 分子轨道上运动的有 6 个电子，符合休克尔规则，具有芳香性。但环戊二烯本身没有芳香性，它是一个很活泼的化合物，表现出一切烯烃的性质。它的饱和碳原子上的氢具有酸性，$pK_a \approx 16$，酸性与水、醇相当。和苯基锂反应，很容易形成锂盐。

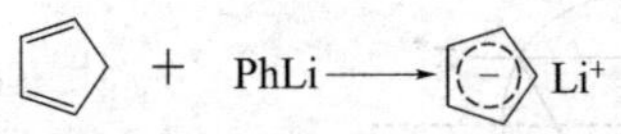
+
PhLi
Li⁺

环戊二烯负离子还可以与过渡金属形成一类在理论及结构上都非常重要的化合物。最简单的就是环戊二烯铁，也称二茂铁。X 光衍射测定表明，它具有一个夹心面包的结构，如图 5-8 所示，环平面的间距为 0.340nm，碳碳键长为 0.144nm，Fe—C 键的键长均相等。从电子结构看，两个环都有 6 个 π 电子，符合 $4n+2$ 规则，具有芳香性。两个环的 π 电子和中心铁原子结合，铁离子本身有 6 个电子，又共享 2 个环戊二烯负离子的 12 个 π 电子，形成一个惰性气体氪的电子结构。由于铁和环戊二烯都具有闭壳层结构，因此二茂铁非常稳定，具有芳香性，它可以发生磺化、烷基化、酰基化等亲电取代反应。

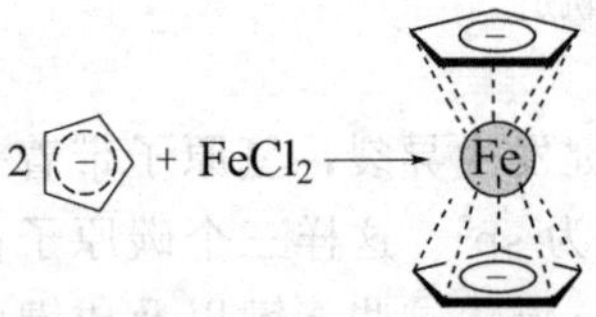
2
+ FeCl₂
Fe

二茂铁

图 5-8 二茂铁的生成和结构

习题 5-4 为什么环戊二烯比环庚三烯的酸性大得多？

3. 环庚三烯正离子

图 5-7 中，环庚三烯负离子 7 个碳原子的 7 个 p 轨道可形成 7 个 π 分子轨道，因为是负离子，所以 π 轨道上运动的电子是 8 个，不符合休克尔规则，并且具有双自由基结构，是不稳定的。但环庚三烯正离子只有 6 个 π 电子，符合休克尔规则，具有芳香性。该正离子现已被制备出来，经各种物理方法证明，它是对称的。

4. 环辛四烯二负离子

前面已经介绍过，环辛四烯没有芳香性，它的性质比一般的共轭多烯烃活泼，容易发生加成和氧化反应，那是因为它的环不具有平面性，相邻双键的 p 轨道很少重叠。但有趣的是，它可以从外界获得 2 个电子而变成具有芳香性的环辛四烯二负离子。因为得到的 2 个电子在环状

的 π 轨道上运动，加上原来的 8 个电子，一共 10 个 π 电子，正好填满第三能级的 π 分子轨道而成闭壳层结构，电子数符合 $4n+2$ 规则，具有芳香性。

目前，环辛四烯二负离子已经制得，并证明其具有芳香性。

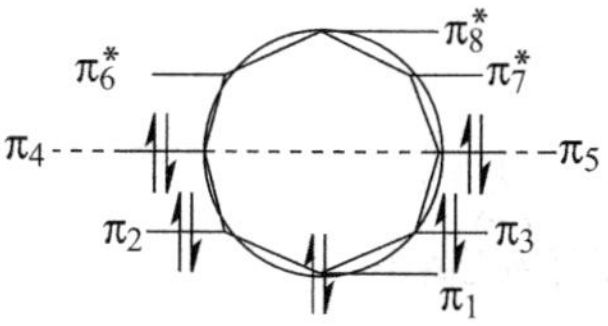

π_8^*
π_6^*
π_7^*
π_4
π_5
π_2
π_3
π_1

环辛四烯二负离子的π分子轨道能级和电子排布

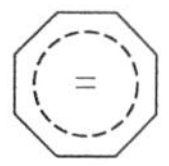

=

环辛四烯二负离子的结构式

5. 薁

薁是一个五元碳环和七元碳环稠合而成的结构，它是萘的异构体，虽然它不是一个单环多烯化合物，但构成环的碳原子都处在最外层的环上，可以把它看成为单环共轭多烯。它的成环原子的外围 π 电子数为 10，符合 $4n+2$ 规则（$n=2$），它又具有平面结构，所以有芳香性，能进行硝化和傅-克反应。薁为蓝色固体，熔点为 99℃，是挥发油的成分，具有明显的抗菌、镇静及镇痛作用。

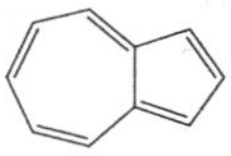

薁

6. 轮烯

环丁二烯、苯、环辛四烯等结构中具有单双键交替的环状多烯烃都可称作轮烯，轮烯的通式为 C_nH_n。前面已经知道环丁二烯为反芳香性，很不稳定，环辛四烯也没有芳香性，性质比较活泼。轮烯有无芳香性，取决于成环的所有碳原子是否在同一平面（平面扭转不能大于 0.1nm），同时 π 电子数是否符合 $4n+2$。两者缺一不可。例如［14］轮烯 $C_{14}H_{14}$ 和［18］轮烯 $C_{18}H_{18}$ 的 π 电子数都符合 $4n+2$ 规则，按理它们都应有芳香性。但［14］轮烯由于环内氢原子的彼此挤压排斥，使环失去了共平面性，阻碍了 π 电子的离域，失去了芳香性；而［18］轮烯的环较大，环内氢的斥力较小，保证了分子的共平面性，因而具有芳香性。不过，环过大，也会失去芳香性，如［30］轮烯，虽然符合休克尔规则，但其芳香性已观察不出来。对于轮烯，用休克尔规则判断的上下限为［18］轮烯～［26］轮烯。

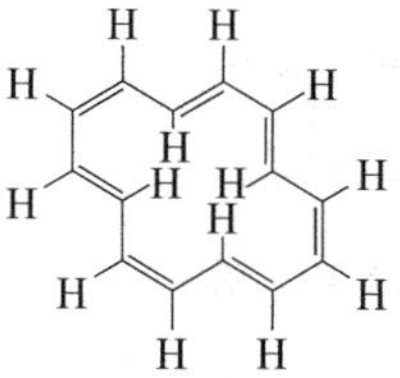

[14]轮烯(无芳香性)

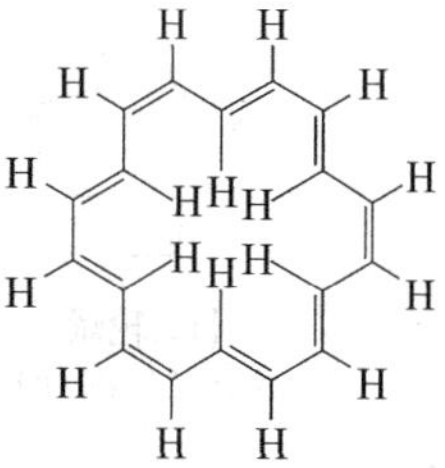

[18]轮烯(芳香性)

习题 5-5 将下列化合物按芳香性、反芳香性和非芳香性分类。

(1) 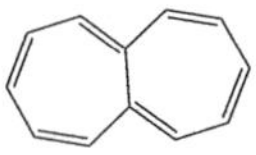 (2) 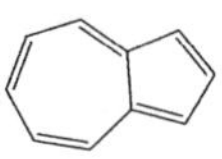 (3) 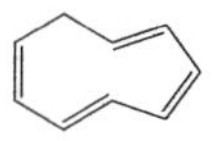 (4) 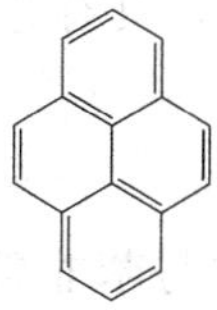

轮烯和芳香离子小结

休克尔规则应用于各种环状的π体系，小结如下。

如果环具有平面性，则π电子数为2、6、10的体系具有芳香性，而π电子数为4、8、12的体系为反芳香性。

2电子体系（芳香性）

环丙烯正离子

4电子体系（反芳香性）

环丁二烯

环丙烯负离子

环戊二烯正离子

6电子体系（芳香性）

苯

环戊二烯负离子

环庚三烯正离子

吡啶

吡咯

呋喃

8电子体系（若为平面环，反芳香性）

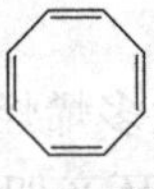

环辛四烯（不是平面环）

环庚三烯负离子

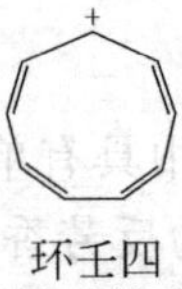

环壬四烯正离子

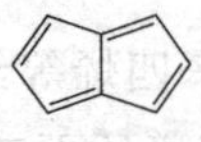

并环戊二烯

10电子体系（芳香性）

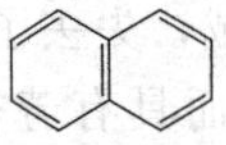

萘

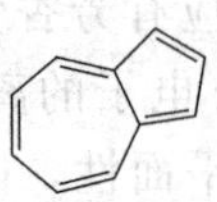

薁

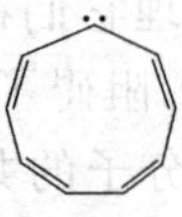

环壬四烯负离子

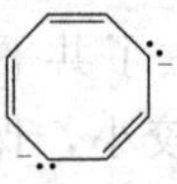

环辛四烯二负离子

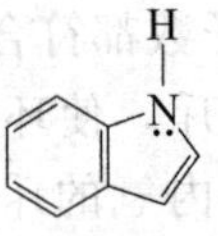

吲哚

12电子体系（若为平面环，反芳香性）

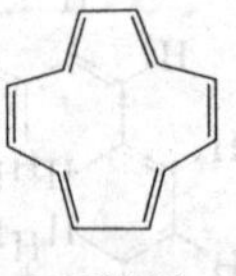

[12]轮烯（不是平面环）

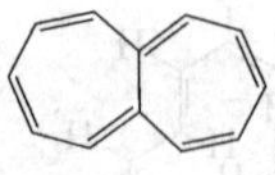

并环庚三烯

七、芳香性杂环化合物

前面讨论的芳香性化合物的成环原子都是碳原子，自然界中还大量存在着含有非碳原子的环，称为杂环化合物。环中的非碳原子称为杂原子，主要有氮原子、氧原子和硫原子。芳香性杂环化合物的杂环与苯一样，具有芳香性。

1. 吡啶（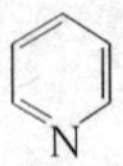）

吡啶（C_5H_5N）的结构与苯非常相似，也是六元环的结构，只是环中有一个sp^2杂化的氮原子，氮原子的一个sp^2杂化轨道上有一对电子，而其未杂化的p轨道上有一个电子（即

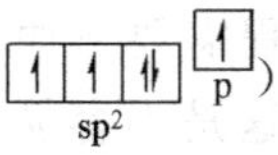)，这样环上 6 个原子的 6 个 p 轨道重叠形成了吡啶的 π 分子轨道。与苯一样，吡啶也是 6 个 π 电子，符合休克尔规则，具有芳香性。吡啶的结构如下图所示：

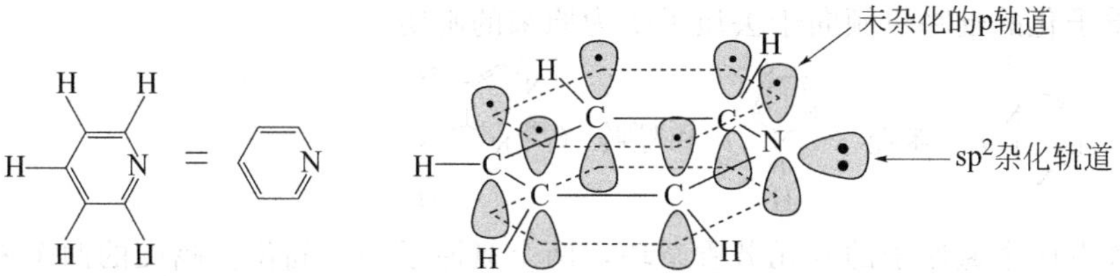

未杂化的p轨道
sp^2杂化轨道

吡啶显示了芳香性化合物的所有特点，它的共振能为 113kJ/mol，通常它的取代反应比加成反应容易。因为吡啶有一对未成键的电子，在酸性溶液中，它提供这对电子与质子成键，从而使吡啶质子化生成吡啶正离子，后者仍具有芳香性，这是因为质子化对构成芳香环的 π 电子没有影响。吡啶也能夺取水分子中一个质子，产生氢氧根负离子，显示吡啶具有弱碱性，其 $pK_b=8.8$。

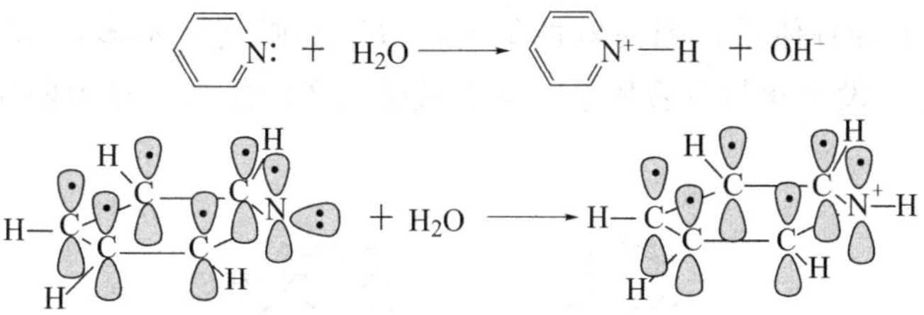

吡啶，pK_b=8.8
(芳香性)

吡啶离子，pK_a=5.2
(芳香性)

2. 吡咯（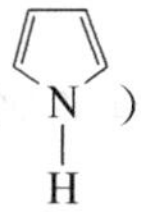）

吡咯是含一个氮原子的五元芳香性杂环化合物，尽管它看起来只有 4 个 π 电子，但吡咯的氮原子也是 sp^2 杂化，它的 p 轨道上有 2 个电子，三个 sp^2 杂化轨道上各有 1 个电子（即 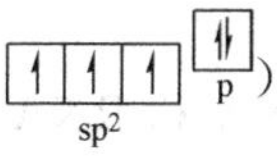）。这一点与吡啶不同，这样由五个 p 轨道相互重叠形成的环状 π 键中有 6 个电子，符合休克尔规则，具有芳香性。吡咯的共振能为 92kJ/mol。吡咯的 p 轨道上的孤对电子已包含在芳香环的 π 键中，不能像吡啶那样比较容易地接受质子而显示碱性，所以碱性非常弱，$pK_b=13.6$。

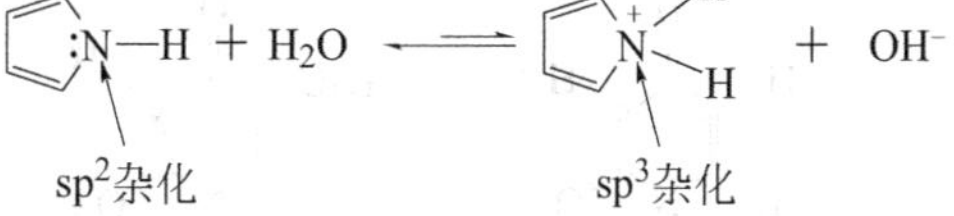

sp^2杂化
sp^3杂化

吡咯，pK_b=13.6
(弱碱)

N-质子化吡咯，pK_a=0.4
(强酸)

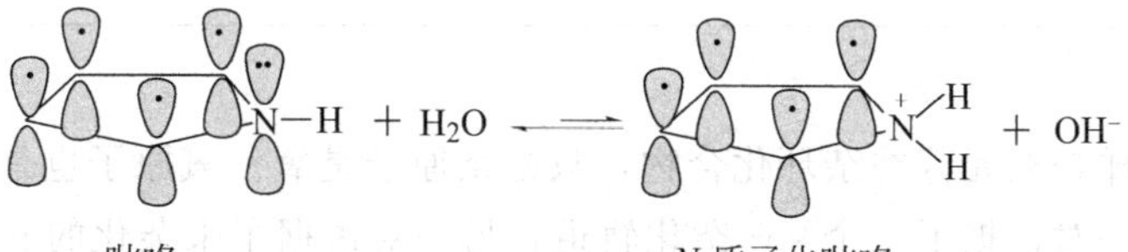

吡咯
(芳香性)

N-质子化吡咯
(非芳香性)

吡咯（$pK_b=13.6$）比吡啶（$pK_b=8.8$）的碱性弱得多，这是因为质子化过程需要氮原子从芳香体系中抽出 2 个电子与质子成键，也就是质子化破坏了芳香体系，显然这是不容易的，再者质子化的吡咯因氮原子转化为 sp^3 杂化，不再具有芳香性，内能升高，稳定性不如原吡咯，所以质子化的吡咯更倾向于去质子变为原来的吡咯。

3. 嘧啶（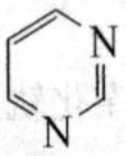）、咪唑（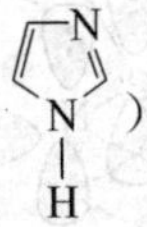）和嘌呤（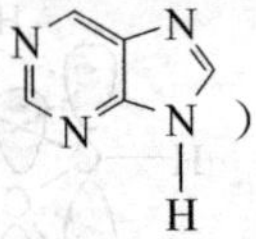）

嘧啶是含有两个氮原子的六元芳香杂环，两个氮原子处于间位。嘧啶的两个氮原子类似吡啶氮原子，p 轨道上都有 1 个电子，与芳香环共平面的 sp^2 杂化轨道上有一对电子，这对电子不参与 6 个 π 电子的芳香体系，像吡啶氮一样都具有弱碱性。

咪唑是含有两个氮原子的五元芳香杂环，这两个氮原子也处于间位，但一个是吡咯氮 N1 (连有 H 的)，p 轨道上有 2 个电子，另一个是吡啶氮 N3，p 轨道上只有 1 个电子，这样两个氮原子共有 3 个 π 电子参与了 6 个 π 电子的芳香体系，另外 3 个 π 电子由三个碳原子提供。N1 的孤对电子参与了芳香体系，因而碱性很弱，pK_b 与吡咯差不多，N3 的孤对电子在它的一个 sp^2 杂化轨道上，没有参与芳香体系，具有接受质子的能力，显示弱碱性，pK_b 与吡啶差不多。

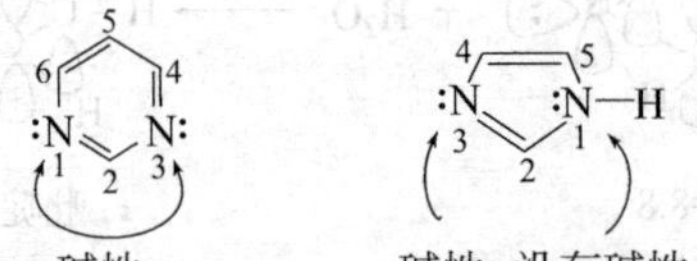

碱性　　　　碱性　没有碱性

嘧啶(芳香性)　　　咪唑(芳香性)

一旦咪唑质子化，这两个氮原子就化学等价了，质子化的咪唑两个氮原子都可以失去一个质子恢复成咪唑分子。

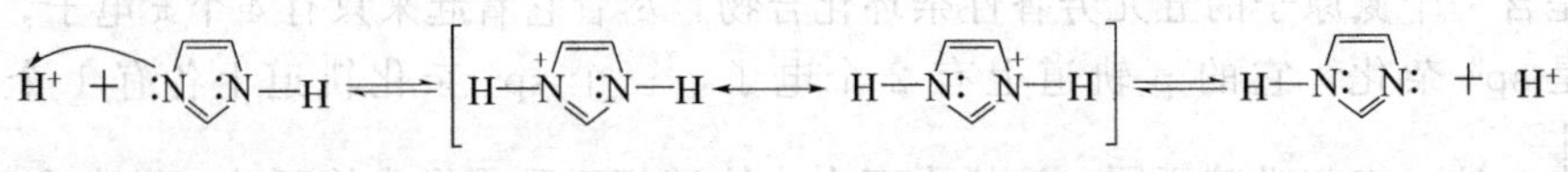

嘌呤是由咪唑环和嘧啶环稠合而成，它有三个碱性的氮原子和一个吡咯氮。DNA 和 RNA 中的嘧啶和嘌呤的衍生物的排列顺序使基因具有特性。咪唑衍生物能增强酶的活性。这些重要的杂环衍生物将在后面的章节中作更详细的讨论。

习题 5-6　用共振论解释下列 2-吡啶酮和胸腺嘧啶具有芳香性。

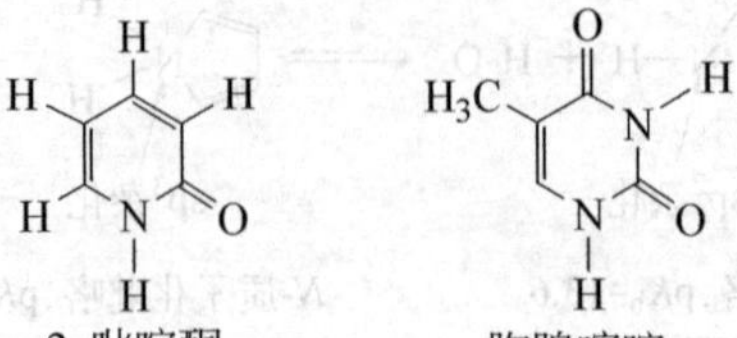

2-吡啶酮　　　　胸腺嘧啶

---

4. 呋喃和噻吩

呋喃与吡咯一样是五元芳香杂环化合物，只是杂原子是氧。氧原子也是 sp^2 杂化，它有两对孤对电子，其中一对占据了一个 sp^2 杂化轨道，另一对占据了未杂化的 p 轨道，并与双键碳原子的 4 个 π 电子结合形成了 6 个 π 电子的芳香体系。呋喃的共振能为 67kJ/mol。

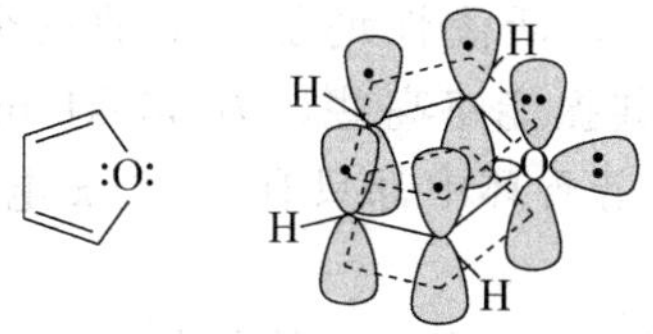

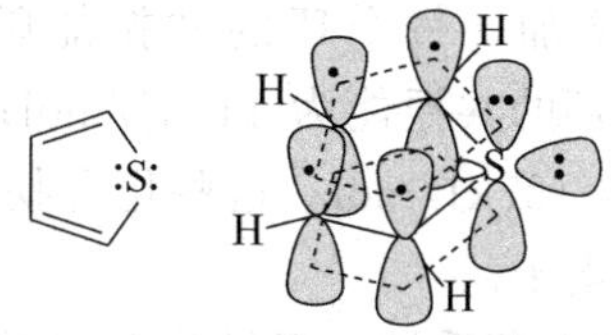

呋喃(芳香性)　　　　噻吩(芳香性)

噻吩与呋喃相似，只是硫原子替代了呋喃中的氧原子。噻吩除了硫原子用一个没有杂化的3p轨道与碳原子的2p轨道重叠成键外，其他与呋喃一样。噻吩的共振能为121kJ/mol。

习题 5-7　吡喃（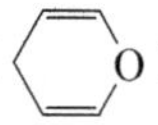）有没有芳香性？

八、多核芳烃

多核芳烃是由两个或两个以上的苯环以两个邻位碳原子并联即稠合在一起的化合物。

1. 萘

萘的分子式为 $C_{10}H_8$，是由两个苯环稠合而成的，它的结构可用三个凯库勒共振结构式表示，或用圆圈表示芳香环。

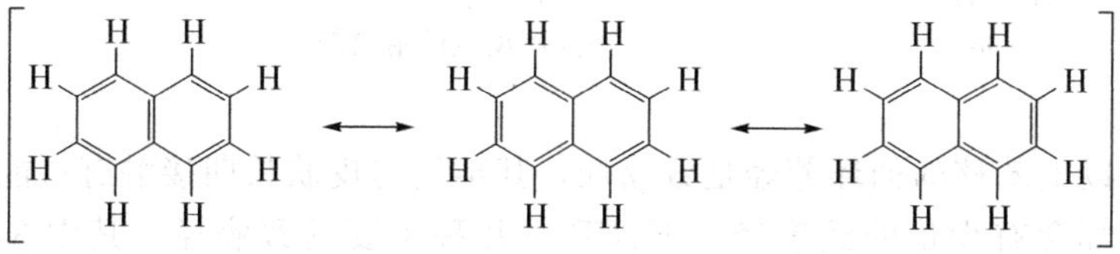

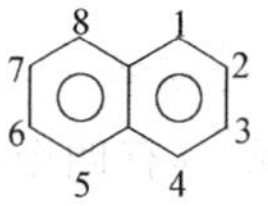

萘
naphthalene

萘的两个苯环因共用两个碳原子，只有10个π电子，两个隔离的苯环为12个π电子，略低的电子密度使得萘的共振能（251kJ/mol）小于苯的共振能的两倍（151×2kJ/mol）。

萘环的编号如下：

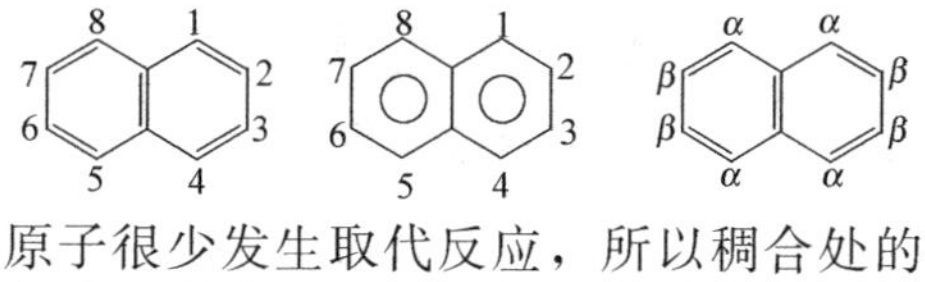

因为稠合芳烃的桥头碳原子很少发生取代反应，所以稠合处的碳原子一般不需要编号。萘环上的碳原子也可以用希腊字母来区分。

2. 蒽和菲

蒽和菲的分子式都是 $C_{14}H_{10}$，二者互为同分异构体，其结构式和碳原子编号表示如下：

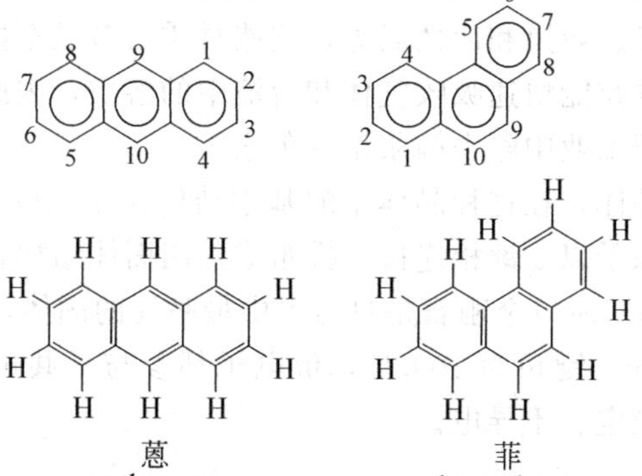

蒽　　　　菲
anthracene　　　　phenanthrene

(这里只显示蒽和菲的凯库勒结构式之一)

随着苯环的增加，每个环的共振能随之降低，活泼性增加。蒽的三个环的共振能为351kJ/mol，一个环的共振能为117kJ/mol；菲的共振能略高些，为380kJ/mol，也就是每个环的共振能大约为127kJ/mol。这些化合物在三个芳香环中都只有14个π电子，而三个独立的苯环有18个π电子。

蒽和菲虽然也有芳香性，但结构上的对称性不如苯，电子云的分布也不完全均等，所以它们不像苯那样稳定，体现在化学性质上比苯容易发生加成和氧化反应，显示出它们非芳香性多烯烃的一面。蒽和菲在9、10位发生1,4-加成后生成含有两个隔离的苯环的产物。

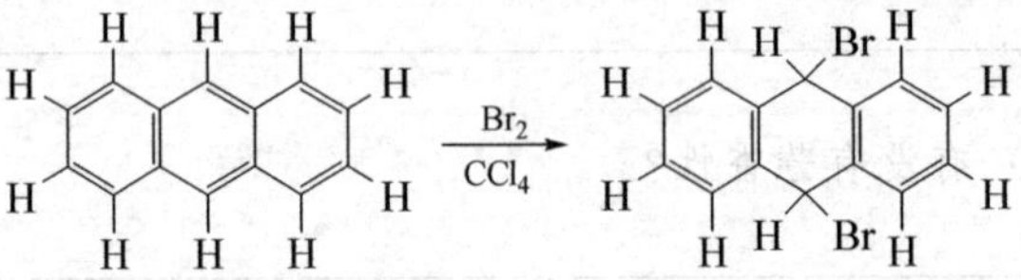

Br_2
CCl_4

蒽　　　　顺式和反式的混合物

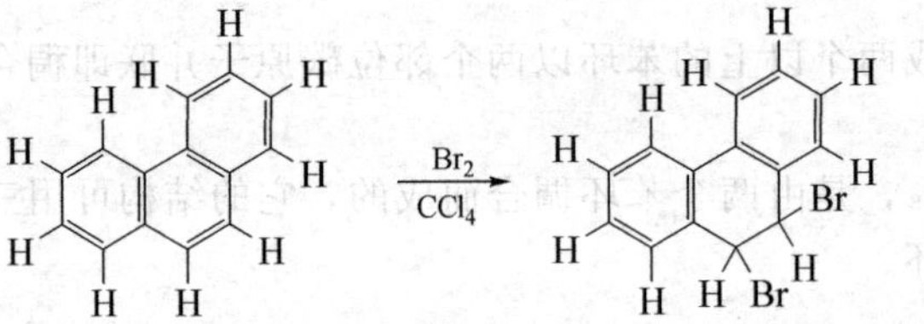

Br_2
CCl_4

菲　　　　顺式和反式的混合物

3. 致癌烃

某些具有四个或四个以上苯核的稠环芳烃是致癌烃，其蒸气与皮肤长期接触有可能引起皮肤癌。在煤焦油和沥青中都含有少量的致癌烃，下面列举几种重要的致癌烃，其中3,4-苯并芘的致癌作用最强。

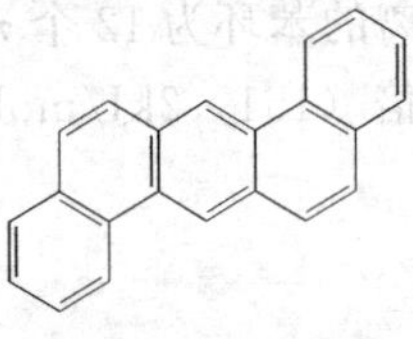

1,2,5,6-二苯并蒽

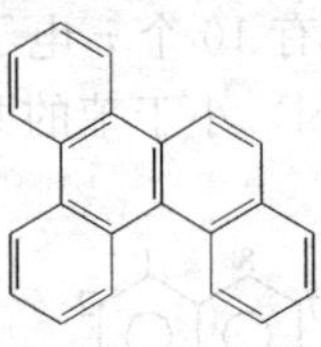

1,2,3,4-二苯并菲

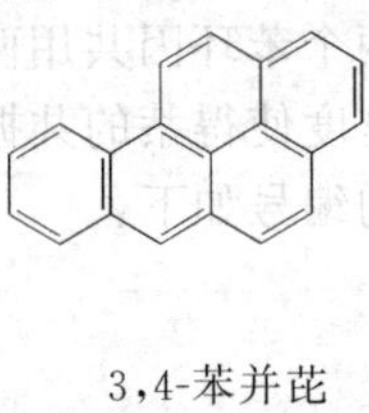

3,4-苯并芘

九、碳的同素异形体

当人们想用成千上万的苯环连接在一起制备巨大的多核芳香烃时，得到的是什么？得到的是一种大家最早知道的纯碳原子组成的石墨。下面讨论芳香性对某些碳单质所起的稳定作用。

1. 碳的同素异形体——金刚石

1985年之前，人们知道碳有三种同素异形体：金刚石、石墨和无定形碳。

无定形碳指木炭、焦炭、炭黑和活性炭等，这些材质大多是石墨的微晶，颗粒小、表面积大是它们的特性。这些小颗粒能快速吸收气体和溶液中的溶质，因此可用来净化某些气体和液体，如制防毒面具以及制糖工业中除去糖浆里的色素等。

金刚石是典型的原子晶体，在这种晶体中的基本结构粒子是碳原子。每个碳原子通过sp^3杂化轨道而同其他4个碳原子以σ键相连接，排布成正四面体结构，在空间构成连续的、坚固的骨架结构，如图5-9所示。所以金刚石是自然界中最坚硬的固体，熔点高达3550℃。金刚石中，C—C键长为0.1540nm，键角为109.5°，价电子都参与了共价键的形成，使得晶体中没有自由电子，所以金刚石稳定、不导电。

2. 石墨

石墨晶体是属于混合键型的晶体。石墨中的碳原子用sp^2杂化轨道与相邻的三个碳原子以

σ 键结合，形成正六角形蜂巢状的平面层状结构，而每个碳原子还有一个 2p 轨道，其中有一个 2p 电子。这些 p 轨道又都互相平行，并垂直于碳原子 sp^2 杂化轨道构成的平面，形成了大 π 键。因而这些 π 电子可以在整个碳原子平面上活动，类似金属键的性质。而平面结构的层与层之间则依靠范德华力结合起来，形成石墨晶体，如图 5-10 所示。同层中的 C—C 键长相等，都是 0.1415nm，与苯中的 C—C 键长（0.1397nm）接近；层间距离为 0.335nm，大约是碳原子范德华半径的两倍，这意味着层间几乎没有成键，这样层间很容易分开滑动，使石墨成为良好的固体润滑剂。石墨有金属光泽，在层平面方向有很好的导电性质，但片层的垂直方向上电导率很小。

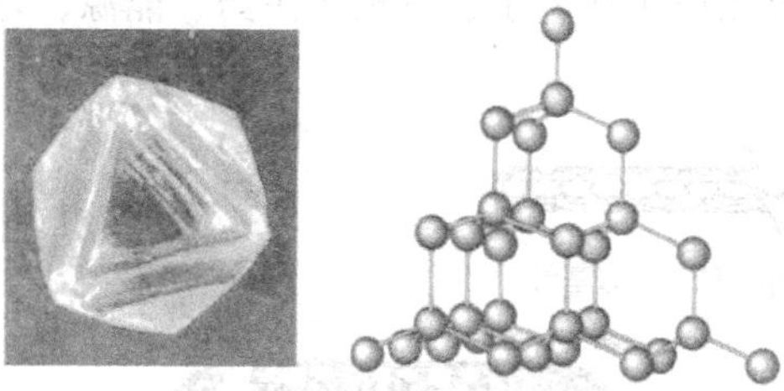

图 5-9　金刚石的结构

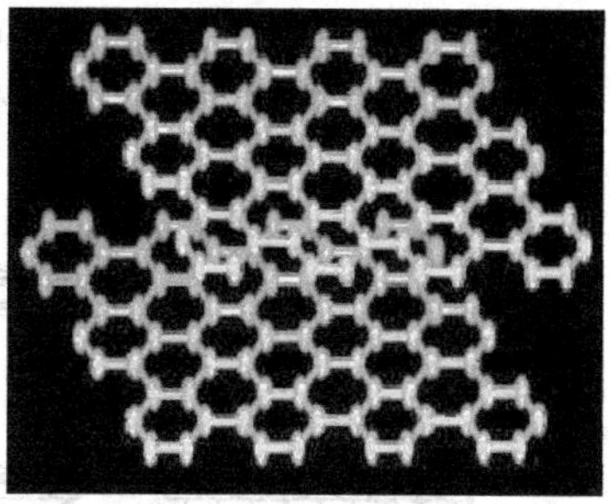

图 5-10　石墨的结构

石墨具有芳香性，是因为它的每一层就像稠环芳烃的无穷晶格，所以石墨比金刚石略为稳定，金刚石转化为石墨轻微放热（$\Delta H=-3kJ/mol$）。幸运的是，对喜欢金刚石的人来说，金刚石转变成石墨的过程非常缓慢。金刚石的密度（$3.51g/cm^3$）比石墨的密度（$2.25g/cm^3$）大，这意味着石墨转变为金刚石需要在很高的压力下进行，工业用的小钻石实际上是通过人工合成的，即石墨在 125000atm 和 3000℃左右高温下，用 Cr 或 Fe 作催化剂，可转化为钻石。

3. 富勒烯

C_{60}是 20 世纪 80 年代中期新发现的一种碳原子簇，它是单质，是石墨、金刚石的同素异形体。很久以前在宇宙光谱中就发现过它，直到 1985 年克罗托（Kroto）等人用激光的方法合成并分离得到较纯的 C_{60}（含 C_{70}），它有确定的组成，分子光谱显示 C_{60} 非常对称，^{13}C NMR（$\delta=143$）证实它只有一种类型的碳原子和两种碳碳键（0.139nm 和 0.145nm）。60 个碳原子构成像足球一样的 32 面体，包括 20 个六边形、12 个五边形，如图 5-11 所示。由于这个结构的提出是受到建筑学家富勒（Buckminster Fuller）的启发，因此科学家把 C_{60} 叫做足球烯，也叫做富勒烯。富勒曾设计一种用六边形和五边形构成的球形薄壳建筑作为加拿大蒙特利尔万国博览会的美国馆的顶部。富勒烯的 60 个碳原子占据了 60 个顶点，处于顶点的碳原子与相邻顶点的碳原子各用 sp^2 杂化轨道重叠形成 σ 键，每个碳原子的三个 σ 键分别为一个五边形和两个六边形的边。碳原子的三个 σ 键不是共平面的，键角约为 108°或 120°，因此整个分子为球状。每个碳原子用剩下的一个 p 轨道互相重叠形成一个含 60 个 π 电子的闭壳层电子结构，因此在近似球形的笼内和笼外都围绕着 π 电子云。分子轨道计算表明：富勒烯具有较大的共振能，富勒烯的共振结构数高达 12500 个，按每个碳原子的平均共振能比较，共振稳定性约为苯的两倍。因此富勒烯是一个具有芳香性的稳定体系。富勒烯丰富的 π 电子可以形成配合物；它还有特殊的物理、光谱性质等。这样一来就吸引了许多人研究它，从合成方法的改进到各种性质的测试，从量子化学的计算到合成各种 C_{60} 的包含物和配合物。有些新的碳簇配合物

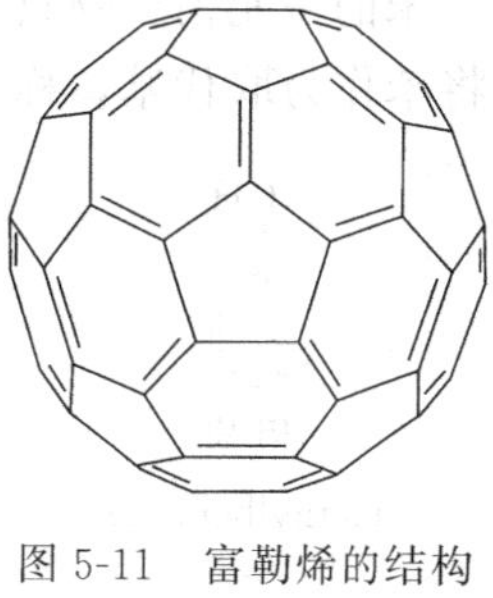

图 5-11　富勒烯的结构

又具有特殊的超导材料性能。为寻求它们的应用价值，人们还在不断努力。富勒烯成为近几年来物理界和化学界研究的热门课题。

4. 纳米碳管

1991年日本科学家饭岛澄男博士发现纳米碳管，又称布基碳管（buckytubes）。石墨具有层状结构，可以看作是由原子纸一层一层堆叠而成。若将一层或几层这样的原子纸，卷成圆管形状，就是纳米碳管了。纳米碳管有多种形状，如图5-12所示，封闭的布基管末端呈半球面结构，类似富勒烯的球面。布基洋葱是一层套一层的类似洋葱状的同心球面结构，它的最中心的球十分接近C_{60}，因此，布基洋葱是以C_{60}为核心生成的同心多层球面套叠结构的分子，层与层之间存在着范德华力，层与层之间的距离约0.340nm。就结构而言，纳米碳管具有三个主要特征，即同化管状、纳米直径和可以有螺旋结构，这同DNA双螺旋结构有相似之处。纳米碳管的特殊结构使其具有许多特殊性能，从而可以应用在电子、机械、医药、能源、化工等工业技术领域。

(a) 直径0.7～3nm、长度1～10μm的单层布基管

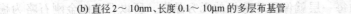

(b) 直径2～10nm、长度0.1～10μm的多层布基管

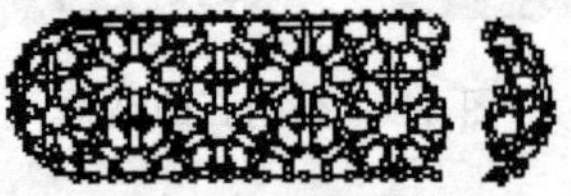

(c) 两端封闭的布基管

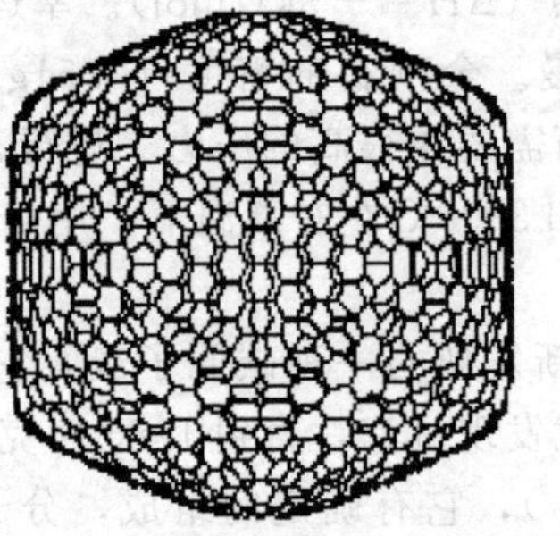

(d) 布基洋葱

图5-12　纳米碳管的结构

上述这些碳的同素异形体性质稳定，这与它们结构上的芳香性有关，金刚石虽然结构上没有芳香性，但它的四面体的紧密结构使其特别稳定。

第二节　苯的衍生物的命名

苯的一元衍生物只有一种。命名方法有两种，一种是将苯作为母体，称为××苯；另一种是将苯作为取代基，称为苯(基)××。例如：

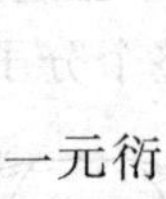
CH_3

甲苯
methylbenzene

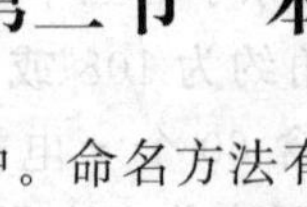
$CH(CH_3)_2$

异丙苯
isopropylbenzene

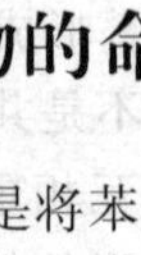
Br

溴苯
bromobenzene

NO_2

硝基苯
nitrobenzene

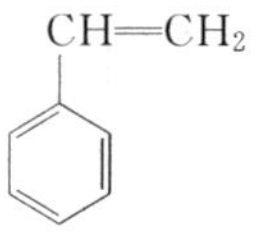

苯乙烯

phenyl ethylene

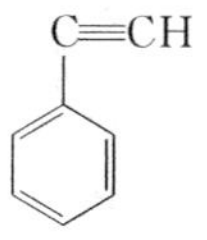

苯乙炔

phenyl acetylene

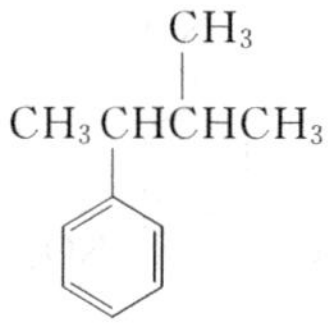

2-甲基-3-苯基丁烷

2-methyl-3-phenylbutane

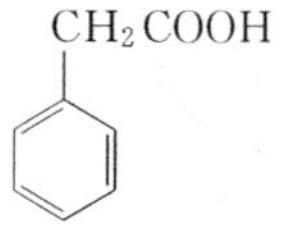

苯乙酸

phenyl acetic acid

在苯的一元取代物中，氨基（$—NH_2$）、羟基（—OH）、酰基（$—\overset{O}{\overset{\|}{C}}—H$ 、$—\overset{O}{\overset{\|}{C}}—R$）、磺酸基（$—SO_3H$）、羧基（—COOH）等都作为母体的官能团，与苯一起分别称为苯胺（anline）、苯酚（phenol）、苯甲醛（benzaldehyde）、苯磺酸（benzenesulfonic acid）、苯甲酸（benzoic acid）等。烷氧基（—OR）既可作为取代基，称为烷氧基苯，也可与苯一起作为母体，称为苯基烷基醚。

苯的二元取代物有三种异构体，它们是由于取代基团在苯环上相对位置的不同而引起的。命名时用“邻或 *o*(ortho)”表示两个取代基团处于邻位，用“间或 *m*(meta)”表示两个取代基团处于间位（间隔一个碳原子），用“对或 *p*(para)”表示两个取代基团处于对角位置。邻、间、对也可分别用 1,2-、1,3-、1,4-表示。例如：

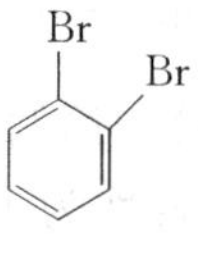

邻二溴苯

1,2-二溴苯

o-dibromobenzene

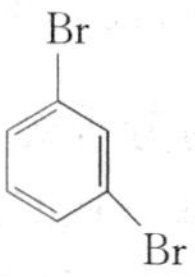

间二溴苯

1,3-二溴苯

m-dibromobenzene

对二溴苯

1,4-二溴苯

p-dibromobenzene

若两个取代基不同，按下面列出的从左到右的顺序，先出现的官能团为主官能团，与苯环一起作为母体，另一个作为取代基。苯环上作为主官能团的顺序为：

—COOH，$—SO_3H$，—COOR，—COX，$—CONH_2$，—CN，—CHO，$\rangle$C=O，—OH（醇），—OH（酚），$—NH_2$，—OR，—R，—X（X=F、Cl、Br、I），$—NO_2$，—NO

例如：

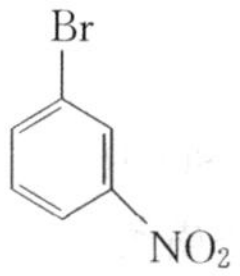

间硝基溴苯

m-nitrobromobenzene

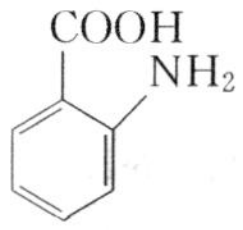

邻氨基苯甲酸

o-aminobenzoic acid

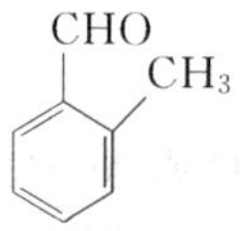

邻甲基苯甲醛

o-methylbenzaldehyde

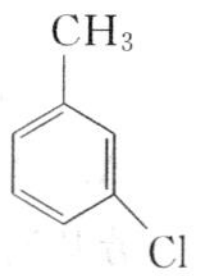

间氯甲苯

m-chlorotoluene

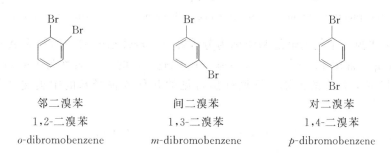

当苯环上有三个或更多的取代基时，异构体的数目与取代基的类别数有关。命名时同样按上述“苯环上作为主官能团的顺序”，先出现的官能团为主要官能团，与苯环一起作母体，母体官能团的位置编号为 1；其他基团作为取代基，取代基的编号以母体官能团为标准计数。编号时，取代基的号码要尽可能小，写名称时，取代基的列出顺序按顺序规则，小基团优先（英文按字母顺序排列）。例如：

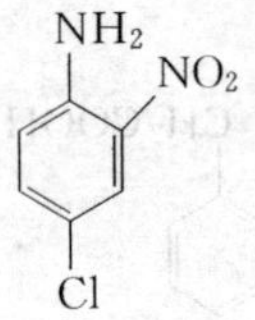

2-硝基-4-氯苯胺

2-nitro-4-chloroaniline

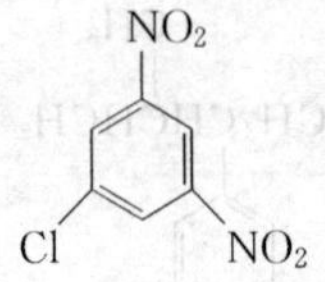

3,5-二硝基氯苯

3,5-dinitrochlorobenzene

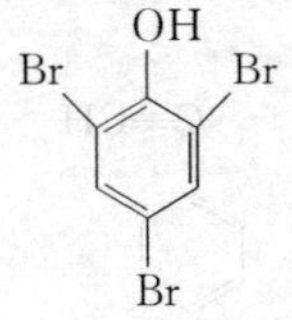

2,4,6-三溴苯酚

2,4,6-tribromophenol

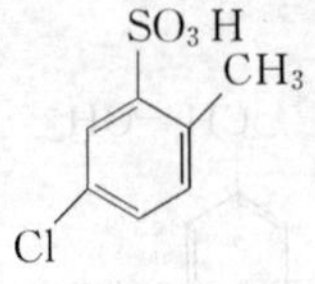

2-甲基-6-氯苯磺酸

6-chloro-2-methylbenzenesulfonic acid

若苯环上的三个取代基相同，常用“连”为词头，表示三个基团处1,2,3-位；用“偏”为词头，表示三个基团处在1,2,4-位；用“均”为词头，表示三个基团处在1,3,5-位。例如三种三甲苯命名如下：

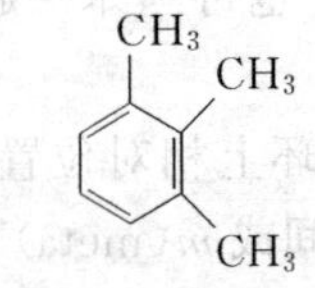

1,2,3-三甲苯

连三甲苯

victrimethylbenzene

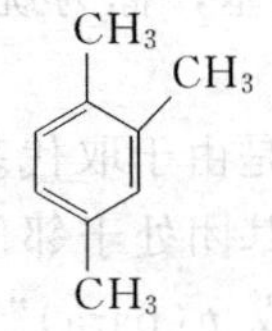

1,2,4-三甲苯

偏三甲苯

unsymtrimethylbenzene

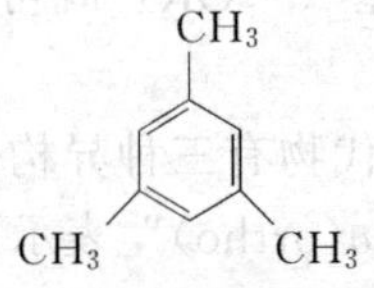

1,3,5-三甲苯

均三甲苯

symtrimethylbenzene

从芳香环上去掉一个氢剩余的基团称为芳香烃基（aryl group），简写为Ar—。单纯的苯基（phenyl group）常用Ph—表示。苯甲基（$PhCH_2$—）的英文名称为benzyl，一般称为苄基，注意与苯基英文名称的区别。下面列出常见的几种芳香烃基的中英文名称及一些表示方法。

苯基

phenyl

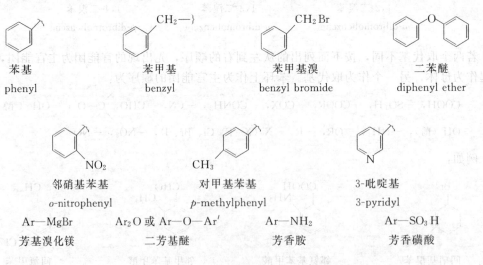

苯甲基

benzyl

苯甲基溴

benzyl bromide

二苯醚

diphenyl ether

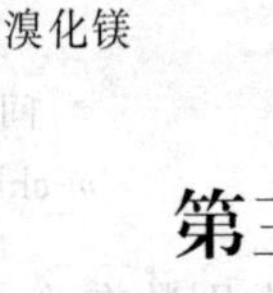

邻硝基苯基

o-nitrophenyl

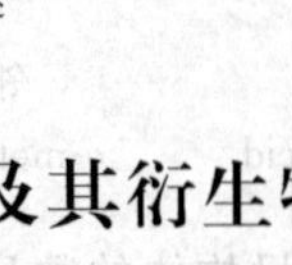

对甲基苯基

p-methylphenyl

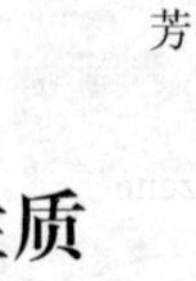

3-吡啶基

3-pyridyl

Ar—MgBr	Ar_2O 或 Ar—O—Ar′	Ar—NH_2	Ar—SO_3H
芳基溴化镁	二芳基醚	芳香胺	芳香磺酸

第三节 苯及其衍生物的物理性质

表5-1列出了苯及其某些衍生物的熔点、沸点和密度。苯的衍生物的对称性比相同碳原子数的脂肪族化合物高，所以它们更容易形成晶体而具有较高的熔点。例如，苯的熔点为6℃，而己烷的熔点为−95℃；同样，对位二取代的苯比邻位、间位二取代的苯的对称性好，也就容易变成晶体而具有更高的熔点。

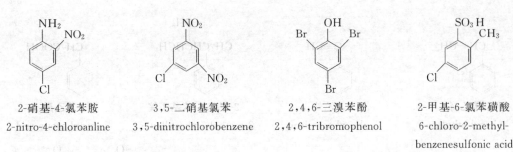

表 5-1　苯及其衍生物的物理性质

化合物	熔点/℃	沸点/℃	密度/(g/L)	化合物	熔点/℃	沸点/℃	密度/(g/L)
苯	6	80	0.88	邻二甲苯	-26	144	0.88
甲苯	-95	11	0.87	间二甲苯	-48	139	0.86
乙苯	-95	136	0.87	对二甲苯	13	138	0.86
苯乙烯	-31	146	0.93	邻氯甲苯	-35	159	1.08
苯乙炔	-45	142	0.93	间氯甲苯	-48	162	1.07
氟苯	-41	85	1.02	对氯甲苯	8	162	1.07
氯苯	-46	132	1.11	邻二氯苯	-17	181	1.31
溴苯	-31	156	1.49	间二氯苯	-25	173	1.29
碘苯	-31	188	1.83	对二氯苯	54	170	1.07
苄基溴	-4	199	1.44	邻二溴苯	7	225	1.62
硝基苯	6	211	1.20	间二溴苯	-7	218	1.61
苯酚	43	182	1.07	对二溴苯	87	218	1.57
苯甲醚	37	156	0.98	邻甲苯甲酸	106	263	1.06
苯甲酸	122	249	1.31	间甲苯甲酸	111	263	1.05
苯甲醇	-15	205	1.04	对甲苯甲酸	180	275	1.06
苯胺	-6	186	1.02	邻甲苯酚	30	192	1.03
二苯醚	28	259	1.08	间甲苯酚	12	202	1.03
均三甲苯	-45	165	0.87	对甲苯酚	36	202	1.03

许多苯的衍生物的沸点与它们的瞬间偶极相关。例如，二氯苯的沸点随瞬间偶极而变化，对称的对二氯苯偶极矩为零，因而沸点最低，间二氯苯有较小的偶极矩，沸点略高，邻二氯苯的偶极矩在三者中最大，因而沸点最高。尽管对二氯苯的沸点最低，但它的对称性最好，所以最容易变成晶体，所以熔点最高。见表 5-1。

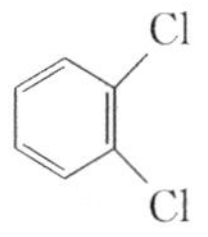

邻二氯苯

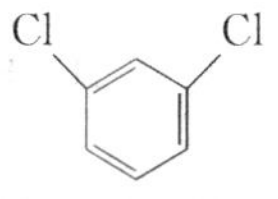

间二氯苯

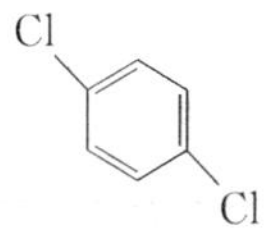

对二氯苯

苯和其他芳香烃的密度比相应的非芳香烃略高，但仍比水的密度小。卤代苯的密度比水大。芳香烃和卤代芳香烃一般不溶于水，某些带有强极性官能团的衍生物如苯酚、苯甲酸等在水中有一定的溶解度。

第四节　芳香族化合物的化学性质

知道了什么样结构的化合物具有芳香性后，下面接着讨论芳香族化合物的化学性质。本节主要讨论芳香族化合物的亲电取代反应及反应机理，并介绍芳香族化合物的其他反应，包括亲核取代反应、加成反应、侧链反应和苯酚的特殊反应。

一、亲电取代反应

苯与烯烃一样，在σ键构成的平面骨架的上下方都有π电子云，虽然苯的π电子处在稳定的芳香体系中，但是它们可用于进攻强亲电试剂而变成共振稳定的碳正离子。因苯环从环状π键中抽出一对与亲电试剂以σ键相连接，所以这一碳正离子又称σ-配合物。

σ-配合物没有芳香性，是因为它的一个 sp^3 杂化的碳原子打断了 p 轨道的环形重叠。所以第一步由芳香性的化合物变成没有芳香性的不稳定的σ-配合物需要吸收热量。接着σ-配合物可通过第一步的逆反应或通过它的 sp^3 杂化的碳原子失去一个质子变成取代产物恢复芳香性。

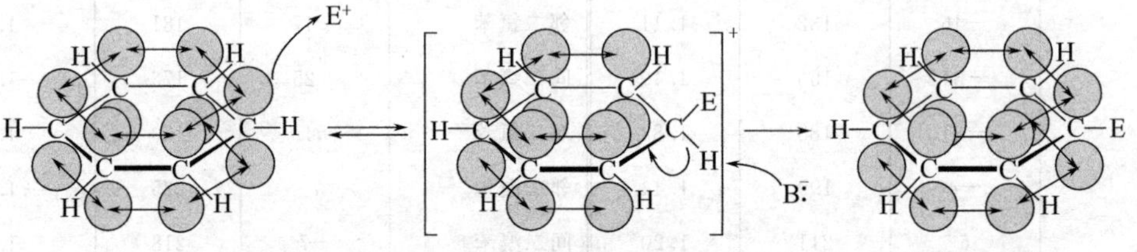

σ-配合物(碳正离子)　　　　取代后产物

芳香族亲电取代反应的关键机理：

第一步，进攻亲电试剂生成σ-配合物。

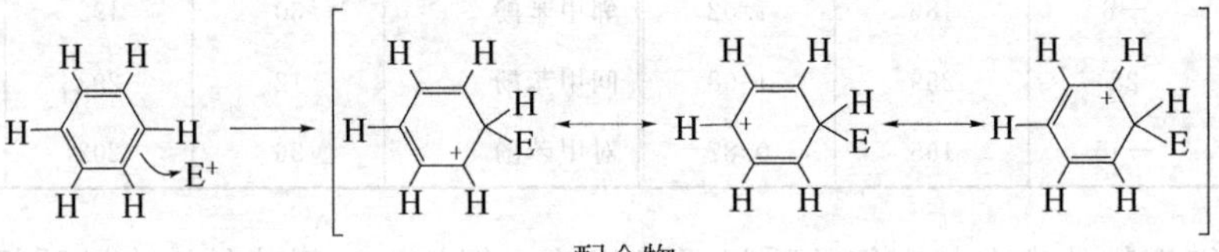

σ-配合物

第二步，失去质子给出取代产物。

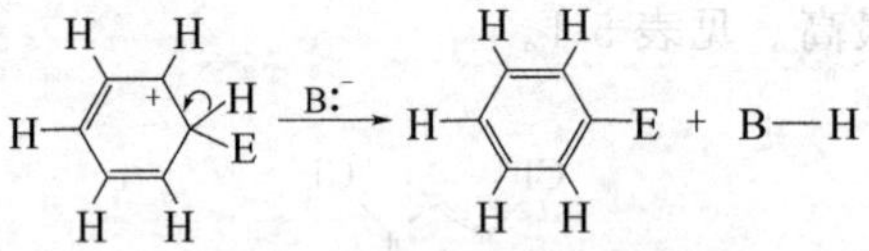

整个反应的结果是芳香环上的氢（H^+）被亲电试剂（E^+）所取代，所以叫芳香族亲电取代反应。芳香族化合物能与多种亲电试剂反应，从而使苯环引入多种不同的官能团，所以这是合成取代的芳香族化合物最重要的方法。

（一）苯的卤代

1. 苯的溴代

苯的溴代遵循芳香族亲电取代反应的一般机理。溴本身不能有效地与苯发生亲电取代反应，但是强的路易斯酸如 $FeBr_3$ 能催化该反应。溴分子中的一个溴给出一对电子与 $FeBr_3$ 成键后，Br—Br 键变弱，且其中一个溴原子带部分正电荷，生成亲电能力较强的溴化试剂（$:\ddot{Br}—\ddot{Br}^{\delta+}—^{\delta-}FeBr_3$），然后进攻苯分子生成σ-配合物和 $FeBr_4^-$，后者作为碱再从σ-配合物中夺走一个质子，生成芳香取代产物、HBr 和催化剂 $FeBr_3$。

苯的溴代的反应机理如下：

第一步：生成较强的亲电试剂。

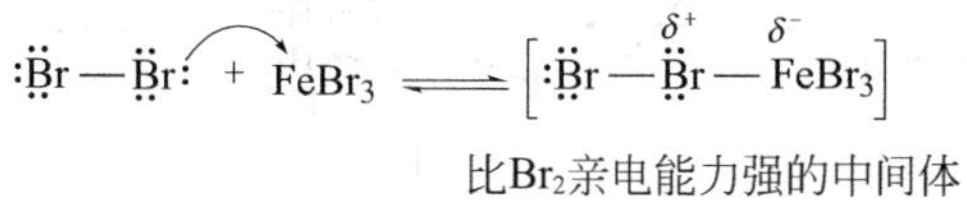

比Br_2亲电能力强的中间体

第二步：亲电试剂进攻继而生成 σ-配合物。

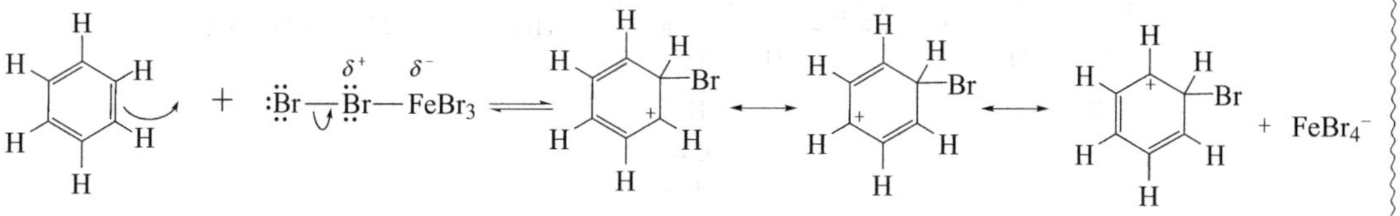

第三步：失去质子生成产物。

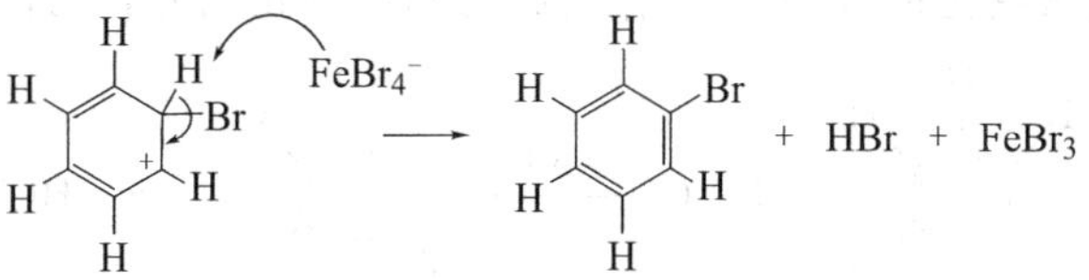

因为形成 σ-配合物的过渡态的内能较高，所以生成 σ-配合物的速率很慢，因此第一步是决定反应速率的一步。这一步因为由稳定的芳香体系变成不稳定的碳正离子（σ-配合物），所以是吸热反应。接着 σ-配合物在碱（负离子）的作用下，很快失去质子，重新形成稳定的芳香体系，这一步只需较少的能量，速率很快，且反应放热。两步反应总体是放热的，反应热为－45kJ/mol。苯的溴代反应的能量变化如图 5-13 所示。

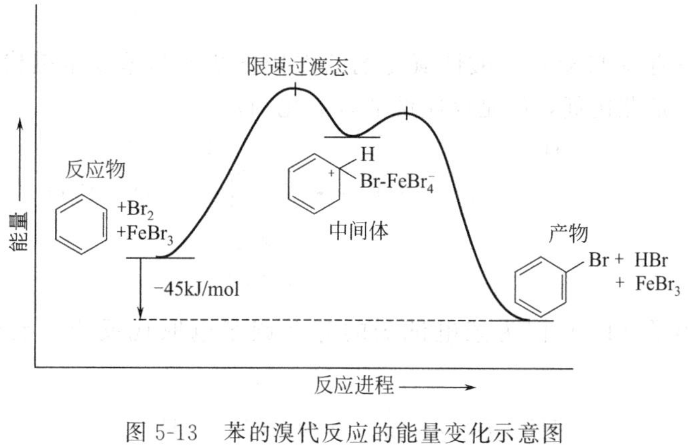

限速过渡态
反应物
+Br2
+FeBr3
H
Br-FeBr4−
中间体
产物
Br + HBr
+ FeBr3
−45kJ/mol
能量
反应进程

图 5-13　苯的溴代反应的能量变化示意图

2. 与烯烃的溴化相比

苯与烯烃不同，烯烃在室温下与溴快速反应生成加成产物。例如环己烯与溴反应生成反-1,2-二溴环己烷，这一反应为放热反应（$\Delta H^{\ominus}=-121$kJ/mol）。

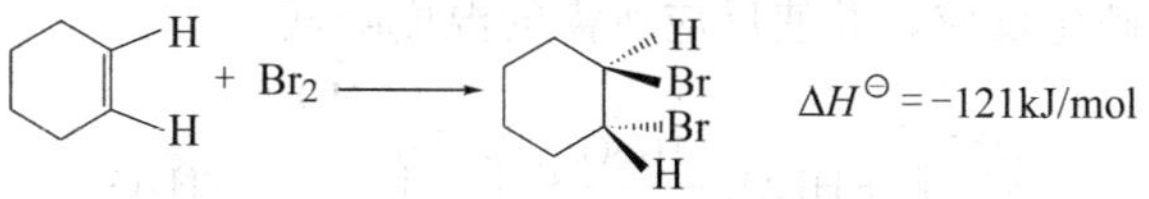

苯与溴发生类似的加成，则会破坏芳香环，反应是吸热的。一般情况下苯与溴不发生加成反应，而是发生保持芳香环的溴代反应。溴代反应是放热的，但需要路易斯酸作为催化剂，将

溴转化为亲电能力较强的试剂。

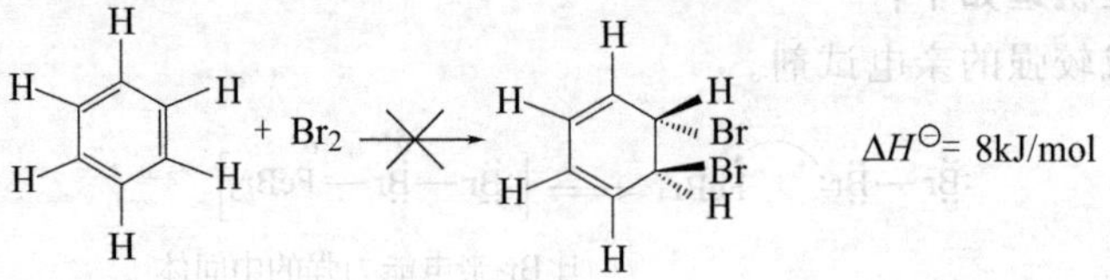

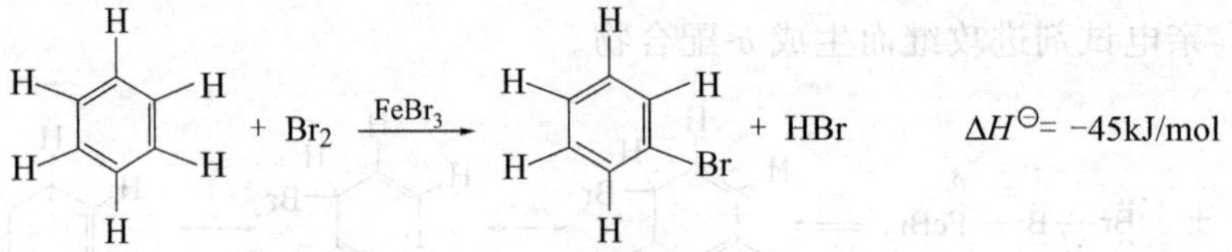

溴苯
(80%)

3. 苯的氯代

苯的氯代除了常用三氯化铝（$AlCl_3$）作为路易斯酸催化剂外，与溴代基本一样。

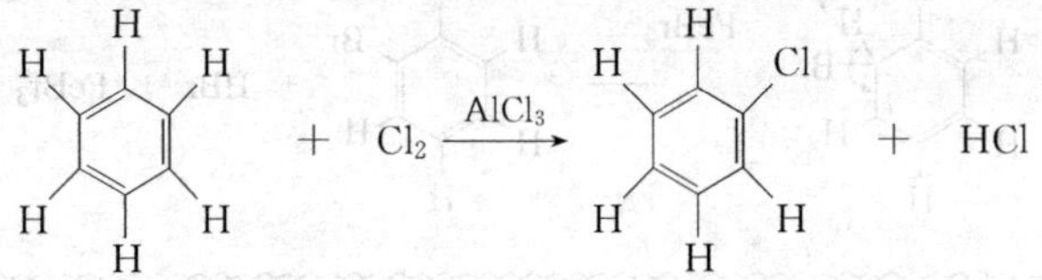

氯苯
(85%)

习题 5-8 写出用三氯化铝作催化剂的苯的氯代的详细机理。

---

4. 苯的碘代

碘很不活泼，只有在 HNO_3 等酸性氧化剂的作用下才能与苯发生碘代反应。硝酸在反应中有消耗，说明它不是催化剂，而是反应试剂（氧化剂）。

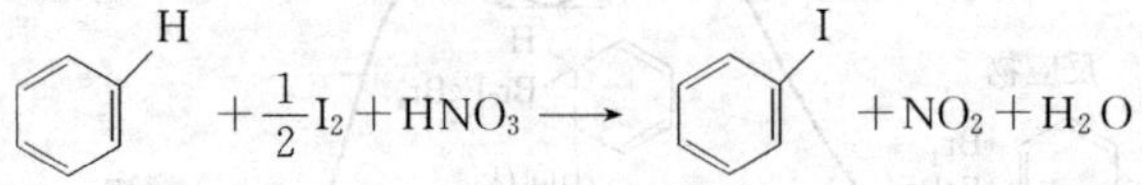

碘苯
(85%)

碘代可能是碘离子（I^+）作为亲电试剂的芳香族亲电取代反应，碘离子由硝酸氧化碘产生：

$$H^+ + HNO_3 + \frac{1}{2}I_2 \longrightarrow I^+ + NO_2 + H_2O$$

（二）苯的硝化

苯与浓硝酸共热生成硝基苯，实际上这一反应并不简单，因为热的浓硝酸与任何可被氧化的材质混合在一起都可能引起爆炸。安全又简单的操作是采用浓硝酸和浓硫酸的混合物，硫酸作为催化剂，可以加快硝化反应，并使反应所需的温度降低。

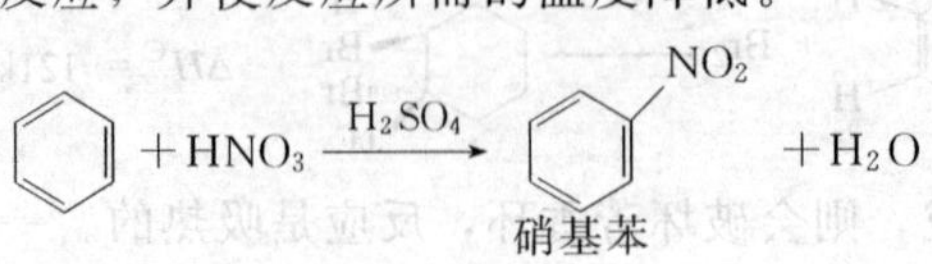

硝基苯
(85%)

苯的硝化的反应机理：

首先生成硝基正离子。

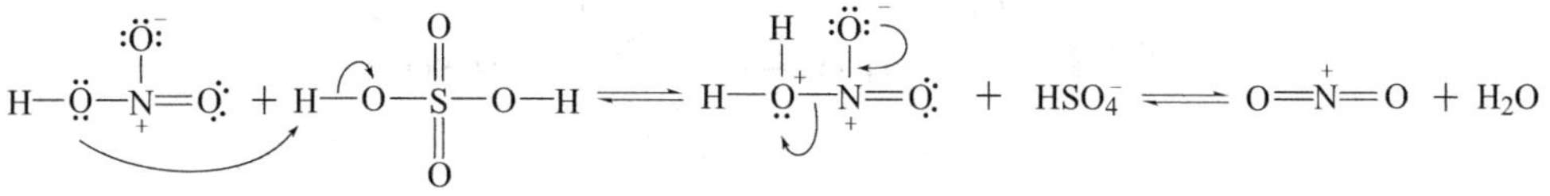

第一步，亲电试剂进攻苯环；第二步，失去质子。

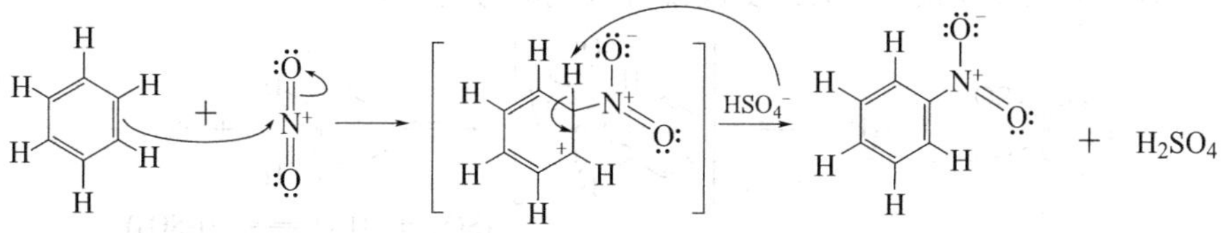

（三）苯的磺化

1. 磺化反应

人们早已利用对甲苯磺酸酯作为醇的活化衍生物，因为后者有较好的离去基团——对甲苯磺酰基。对甲苯磺酸作为芳香族磺酸（一般分子式 Ar—SO_3H）常作为强酸性催化剂，溶于非极性有机溶剂中。芳香族磺酸容易由苯及其衍生物的磺化合成，即用三氧化硫作为亲电试剂的芳香族亲电取代反应来合成。

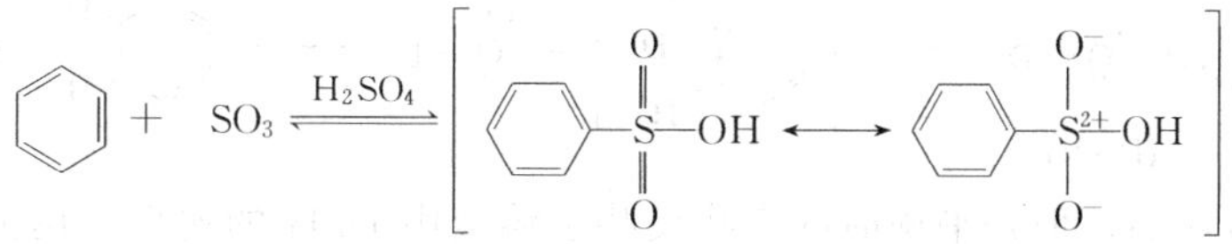

苯磺酸

（95%）

发烟硫酸是指含有7%的 SO_3 的硫酸溶液。三氧化硫是硫酸的酸酐，是指加水于 SO_3 中即得硫酸。尽管 SO_3 不带电荷，但它是强亲电试剂，因为三个 S═O 键中的氧的吸电子作用使硫原子的电子云密度降低，这样苯进攻三氧化硫中的硫形成σ-配合物，后者失去饱和碳原子上的质子和氧原子质子化，生成苯磺酸。

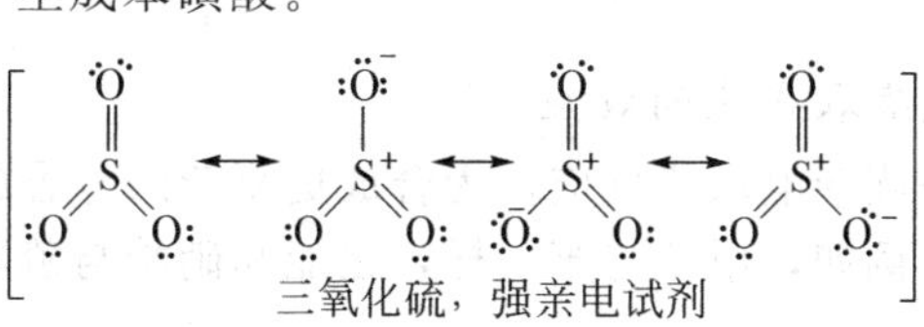

三氧化硫，强亲电试剂

苯的磺化的反应机理：

第一步，亲电试剂进攻形成碳正离子中间体（σ-配合物）；第二步，σ-配合物失去质子形成产物苯磺酸。

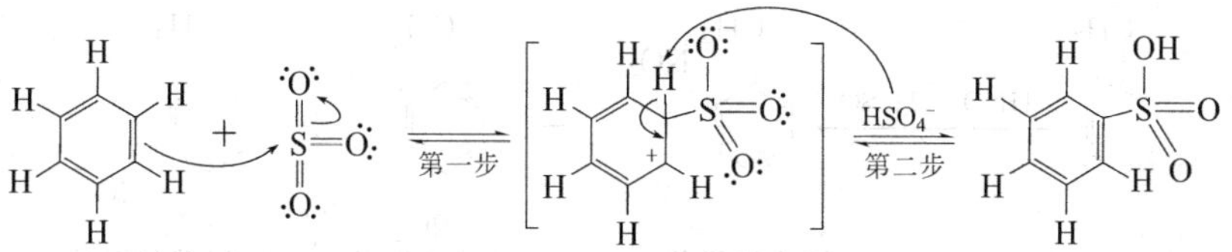
第一步
第二步

2. 去磺化反应

磺化反应是可逆反应，磺酸与稀硫酸共热，磺酸基可以从芳香环上去掉。在实际工作中，水蒸气常被用作去磺化反应所需的水和加热方法。

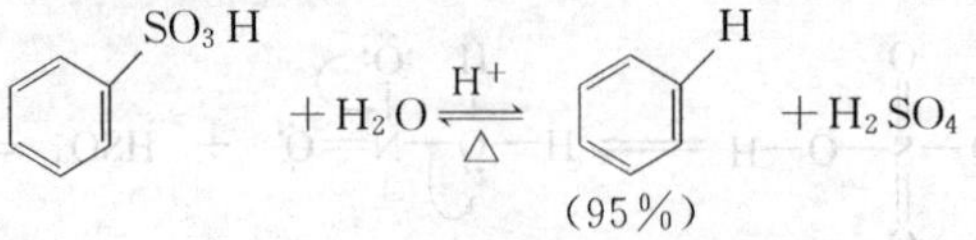

去磺化反应与磺化反应的机理一样，只是按相反的顺序进行。一个质子进攻芳香环后形成σ-配合物，然后失去三氧化硫（SO_3）变成没有取代的芳香环：

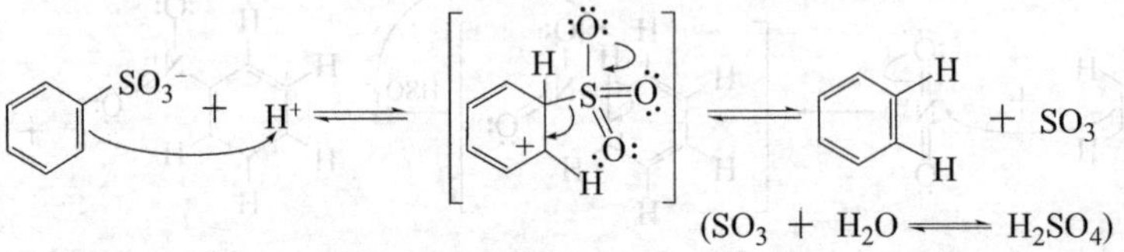

3. 芳香环的质子化、重氢交换

去磺化反应中包含了磺酸的芳香环的质子化，形成σ-配合物。同理，如果一个质子进攻苯分子，苯环质子化后的σ-配合物中的四面体碳原子连接的是两个氢原子，这两个氢原子都可以以质子的形式离去。利用重氢代替氢来试验，看产物中是否有重氢原子代替了氢原子。实验时，将 SO_3 加到 D_2O（重水）中，从而产生 D_2SO_4 的重水溶液。苯与这一溶液反应，结果发现有重氢苯生成。

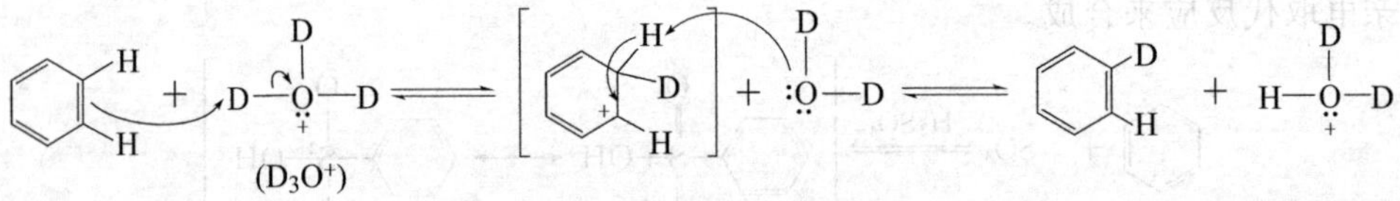

这一反应是可逆的，但是平衡时的产物反映了溶液中 D/H 的比值。用大大过量的重氢试剂反应，可以得到苯分子中 6 个氢都被重氢取代的产物。这一反应用来合成核磁共振的溶剂六氘代苯（C_6D_6）。

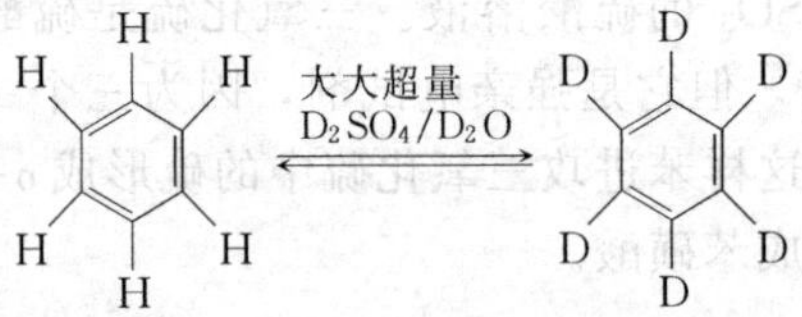

（四）甲苯的硝化：烷基取代基的效应

前面只讨论了苯的芳香族亲电取代反应，为合成更复杂的芳香族化合物，需要考察其他取代基对进一步取代的影响。例如，甲苯与苯一样，也能和硝酸与硫酸的混合物反应，但存在某些差别：

（1）甲苯与苯在相同条件下进行硝化反应，但甲苯的反应速率比苯快 25 倍，说明甲苯容易发生亲电取代反应，其中甲基是致活基团。

（2）甲苯硝化得到的硝化产物是混合物，其中邻位取代和对位取代的产物是主要的。基于这一点，将甲苯上的甲基称为邻对位定位基。

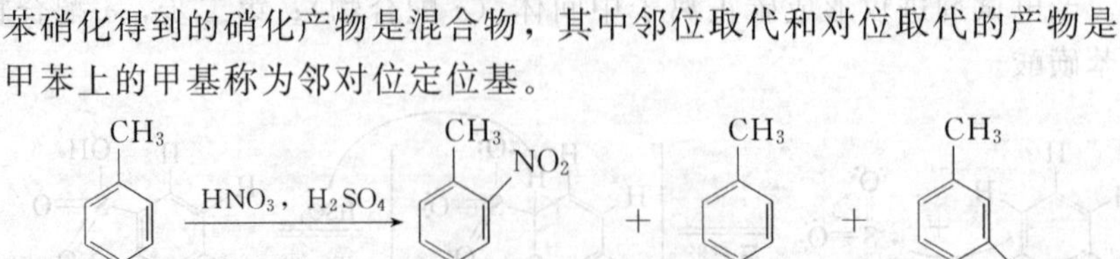
HNO₃，H₂SO₄
CH₃
NO₂

邻硝基甲苯（60%） 对硝基甲苯（36%） 间硝基甲苯（4%）

上述反应产物的比例说明取代的位置不是随机的。如果每个 C—H 键的活性等同的话，邻位取代产物和间位取代的产物的比例应该一样，对位取代的产物的比例应该是它们的一半，即邻位 40%、间位 40%、对位 20%，这是基于甲苯的邻位和间位各有两个氢、对位只有一个氢可以被取代而统计预测的结果。

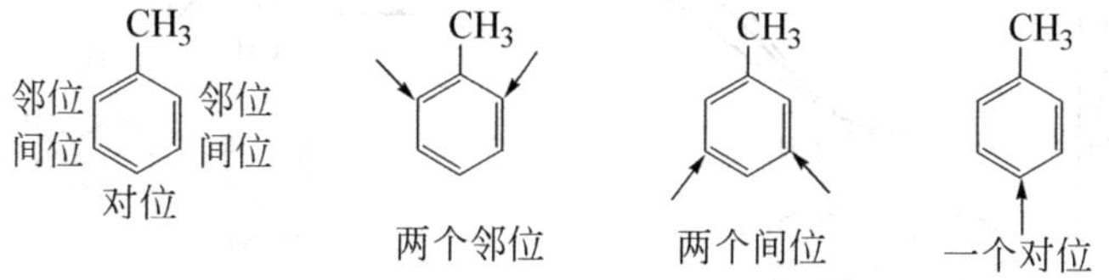
CH3
邻位
邻位
间位
间位
对位
两个邻位
两个间位
一个对位

决定亲电取代反应速率的是第一步，即生成 σ-配合物的一步，这一步亲电试剂与芳香环成键，决定了取代的位置。下面用中间体 σ-配合物的结构解释甲苯反应速率加快和邻对位优先取代的原因。在这一步吸热反应中，过渡态的结构类似于将要生成的 σ-配合物的结构。可以根据 σ-配合物的稳定性推断过渡态的稳定性，从而判断反应的难易和取代的位置。苯与硝基正离子反应产生的 σ-配合物所带的正电荷都分布在二级碳原子上。

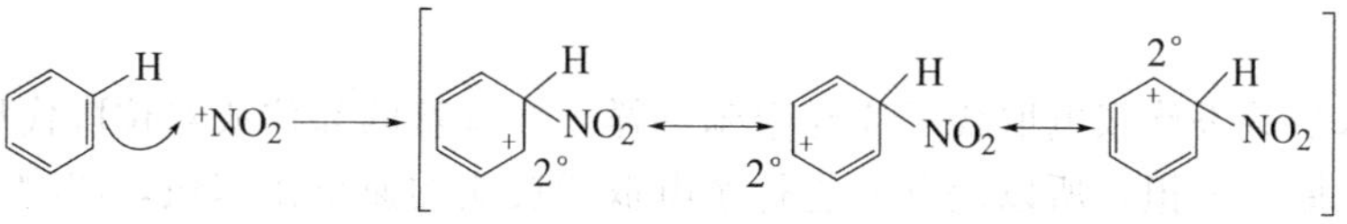

甲苯与苯不同，硝基正离子进攻的位置不同，硝化产物就不同，进攻邻位或对位生成的 σ-配合物所带的正电荷分布在两个二级碳原子和一个连有甲基的三级碳原子上。

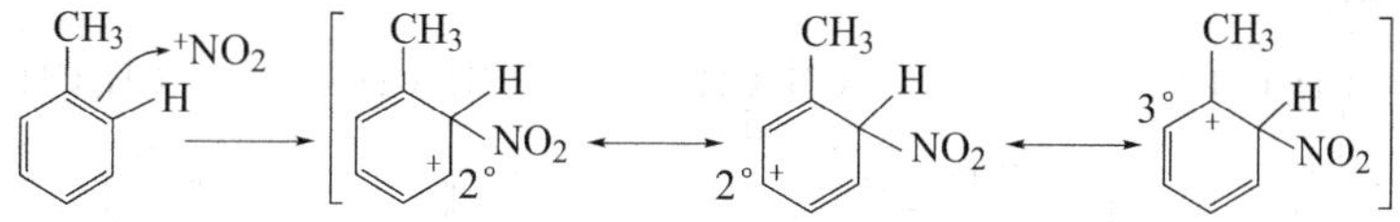
邻位进攻

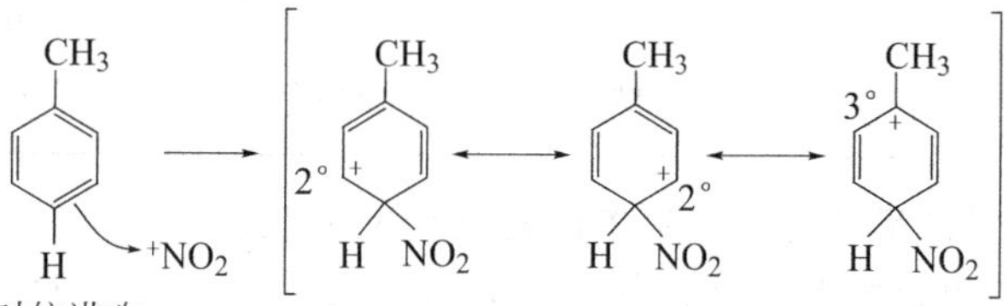
对位进攻

因为邻位和对位进攻形成的 σ-配合物的共振结构中有叔碳正离子，它们比苯硝化形成的 σ-配合物（共振结构中只有仲碳正离子）稳定，所以甲苯的邻对位硝化比苯反应快。

间位进攻形成的 σ-配合物的正电荷都分散在仲碳原子上，它的能量与苯取代形成的 σ-配合物相近，所以甲苯的间位取代不像邻对位取代的反应速率增加明显。

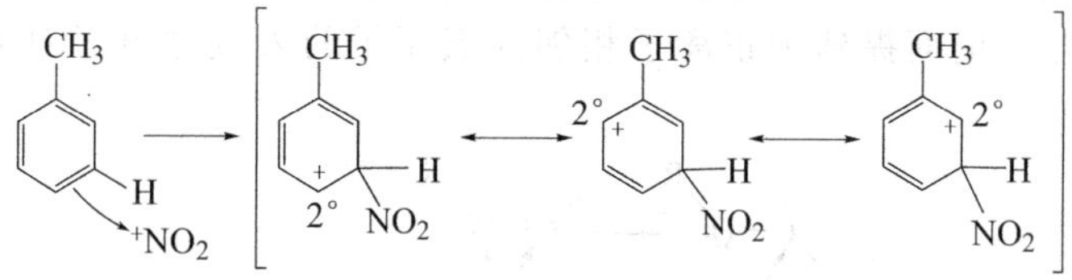
间位进攻

甲苯中的甲基是给电子基团，它使中间体 σ-配合物稳定，有利于关键步的过渡态的形成。这种稳定效应在其邻对位取代时更为明显，因为有正电荷离域到叔碳原子上；当取代发生在间位时，正电荷不会离域到叔碳原子上，这样甲基对 σ-配合物的稳定作用就小。图 5-14 对苯的

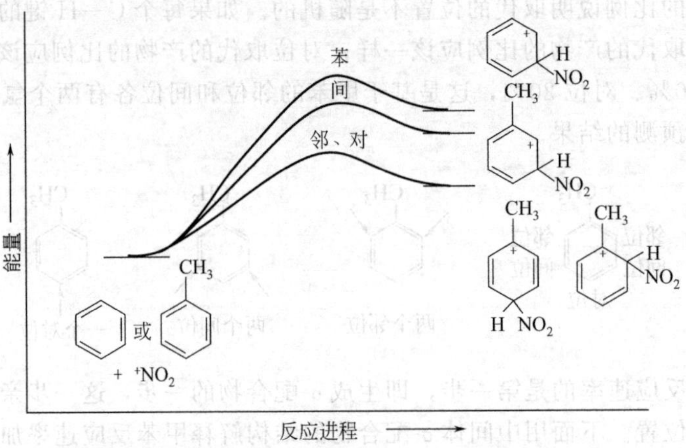
苯
间
邻、对
能量
反应进程
或
+ $^{+}NO_2$

图 5-14　苯和甲苯硝化反应的中间体的能量比较

硝化和甲苯的邻、对、间位硝化的能量变化作了比较。

（五）致活的邻对位定位基

1. 烷基

其他烷基苯的芳香族亲电取代反应与甲苯一样，在烷基的邻位或对位取代形成的中间体所带正电荷由叔碳原子分担，所以烷基苯进行亲电取代反应的速率比苯快，产物主要是邻对位取代的产物，所以烷基是致活的邻对位定位基。

下面所列的是乙苯与溴在溴化铁催化下的反应，邻位和对位取代的异构体的生成比例远大于相应的间位异构体。

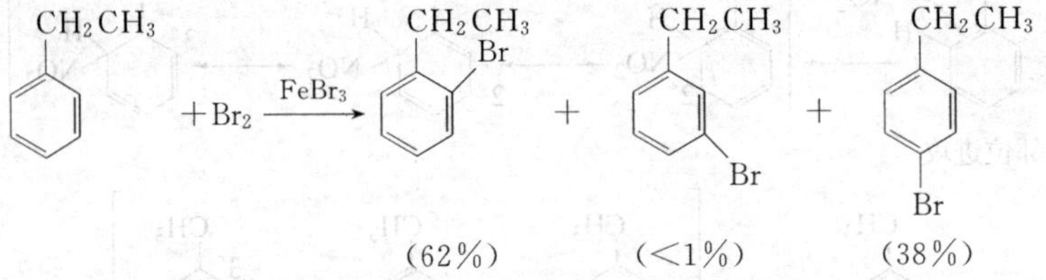
CH_2CH_3
$+Br_2$
$FeBr_3$
Br
(62%)
(<1%)
(38%)

习题 5-9　解释为什么间二甲苯比对二甲苯的硝化反应快 100 倍。

习题 5-10　苯乙烯比苯的亲电取代反应快得多，且产物主要是邻位和对位取代的苯乙烯，用中间体的共振结构解释这些结果。

---

2. 带有未成键电子对的取代基

(1) 甲氧基　茴香醚（苯甲醚）进行硝化反应比苯快约 10000 倍，比甲苯快约 400 倍，这一结果看起来有点特别，因为氧的电负性很强，然而它的给电子作用使 σ-配合物和生成 σ-配合物的过渡态稳定。前面提到碳正离子相邻的氧原子的未成键电子对通过共振使碳正离子稳定。

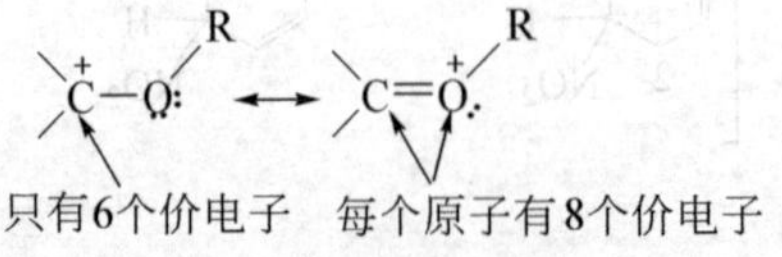
R
只有6个价电子
每个原子有8个价电子

上面第二个共振结构式中，虽然氧原子带有正电荷，但它有更多的共价键，并且每个原子的外层都是八偶体，这是一种稳定的结构，这种稳定作用称为共振稳定作用。此处氧原子称为共振给予体或 π 给予体，因为氧原子在其中的一个共振结构中是通过 π 键给电子的。烷基、茴香醚中的甲氧基能显著地致活其邻位和对位的取代反应。

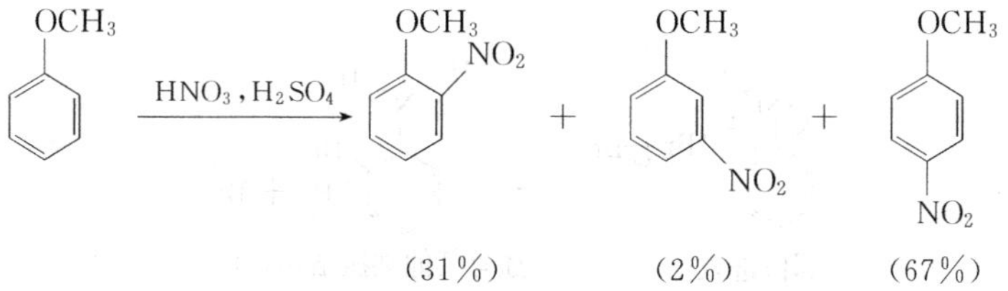

OCH3
HNO3, H2SO4
NO2
(31%)
(2%)
(67%)

如果茴香醚的取代反应发生在邻位或对位，共振式显示甲氧基能有效地稳定σ-配合物；但是如果取代发生在间位，甲氧基就不能起共振稳定作用了。

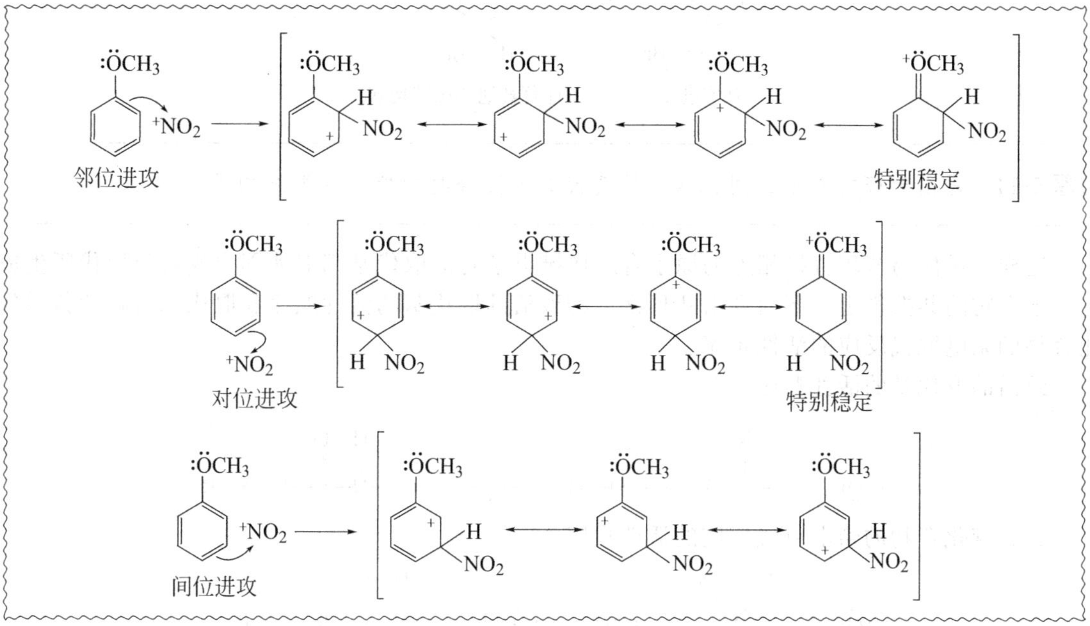

邻位进攻
特别稳定
对位进攻
特别稳定
间位进攻

甲氧基的强致活作用使得茴香醚在没有催化剂的情况下，水中溴代速率很快，在过量溴的存在下，反应最终生成三溴代产物。

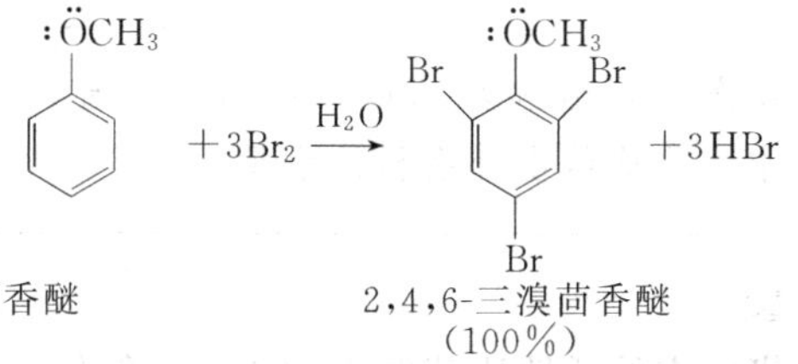

H2O
+3Br2
+3HBr
茴香醚
2,4,6-三溴茴香醚
(100%)

(2) 氨基　像甲氧基中的氧原子一样，氨基中的氮原子也带一对未成键电子，也是强致活基团。例如，苯胺不用催化剂在溴水中就能快速溴化生成三溴代产物。碳酸氢钠用来中和生成的 HBr，防止碱性的氨基（$-NH_2$）质子化。

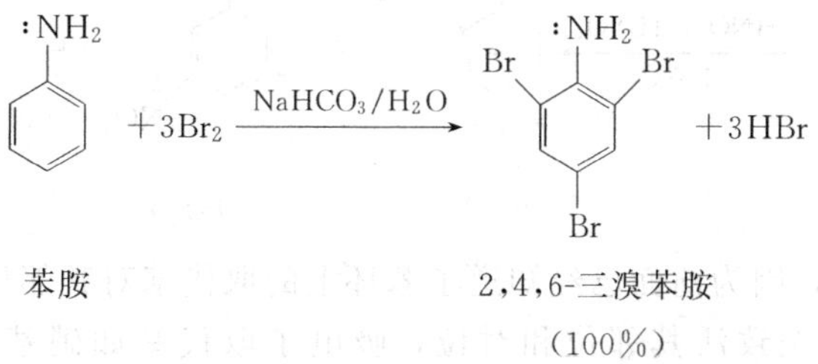

NaHCO3/H2O
+3Br2
+3HBr
苯胺
2,4,6-三溴苯胺
(100%)

如果亲电试剂进攻氨基的邻位或对位，则氮原子的未成键电子对可使σ-配合物的共振稳定。

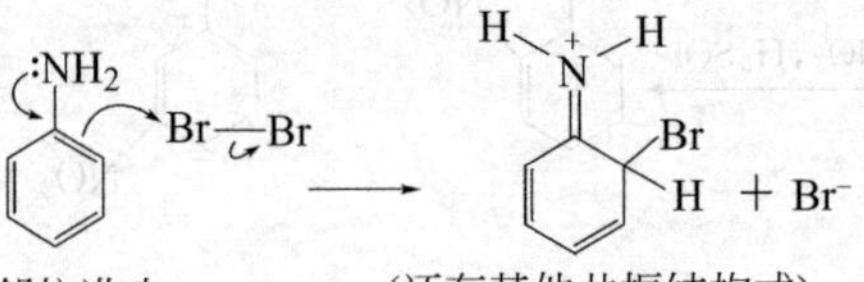

邻位进攻　　　　(还有其他共振结构式)

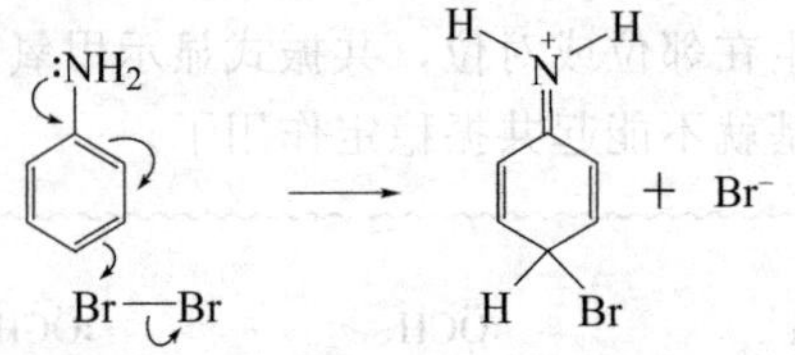

对位进攻　　　　(还有其他共振结构式)

习题 5-11　写出苯胺的邻位、间位和对位溴代的σ-配合物的所有共振结构式。

这样，任何与苯环直接相连的原子有未成键电子对的取代基都能使邻位或对位取代所生成的σ-配合物的共振稳定。下面列出几种常见的致活的取代基的活性顺序和取代基所在的芳香族化合物的亲电取代反应的活性顺序。

致活的取代基的活性顺序：

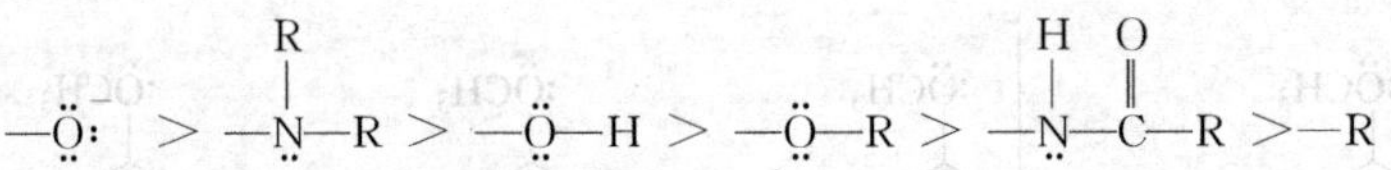

芳香族化合物的亲电取代反应的活性顺序：

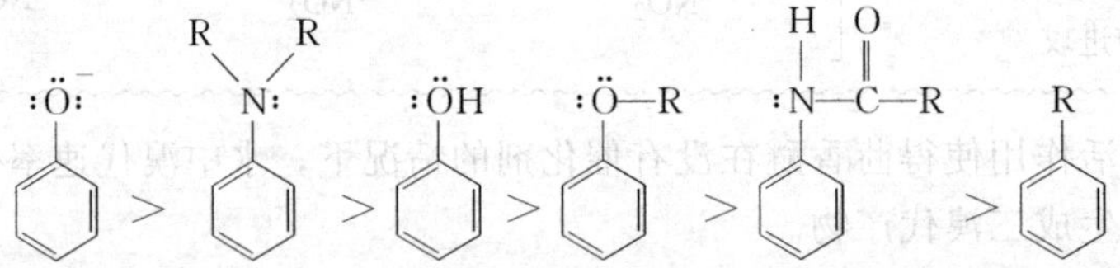

习题 5-12　两个烧杯分别盛有苯异丙醚和环己烯，当加入溴时都褪色，在这个区分烯烃和芳香醚的演示实验中，你能给出什么样的意见？

（六）致钝的间位定位基

硝基苯的芳香族亲电取代反应的活性比苯低 10000 倍。例如，硝基苯的硝化需要浓硝酸和浓硫酸在高于 100℃下进行，反应速率慢，并且其主要产物是间位异构体。

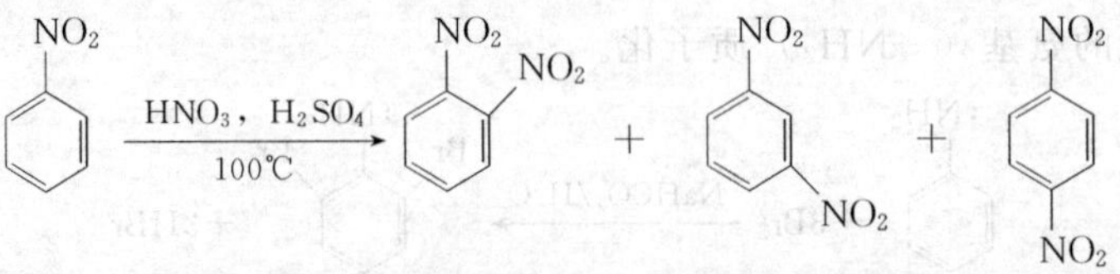

(6%)　　　(93%)　　　(0.7%)

这些结果并不奇怪，因为前面已经知道了苯环上的取代基对其邻位或对位的碳原子的影响最大。给电子取代基优先致活其邻位和对位，吸电子取代基如硝基也是优先致钝其邻位和对位。

这种选择性地致钝使间位的反应活性最大，产物主要是间位异构体。这样的原取代基称为间位定位基，它对间位的致钝作用比对邻位和对位小，这样间位反而容易反应。

可以通过共振结构式说明硝基是一个强致钝基，不管对硝基的路易斯式中的电子对怎样排布，氮原子总是有一价形式上的正电荷。

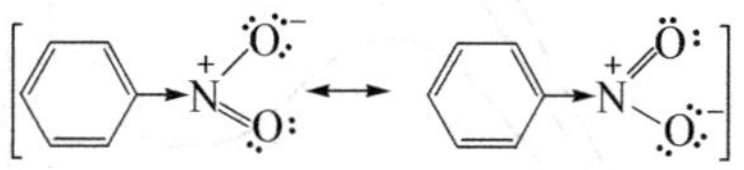

带正电荷的氮原子通过诱导作用从芳香环吸电子，这样芳香环比苯环的电子云密度要小，所以硝基对环上任何位置的亲电取代反应都是致钝的。

下列反应说明为什么邻位和对位的致钝效应是最强的。每个 σ-配合物所带的正电荷都分担在三个碳原子上。但是，邻位取代和对位取代的 σ-配合物所带的正电荷分担的三个碳原子中的一个与带正电荷的硝基氮原子相连。由于同性相斥，这两个紧邻的正电荷非常不稳定。

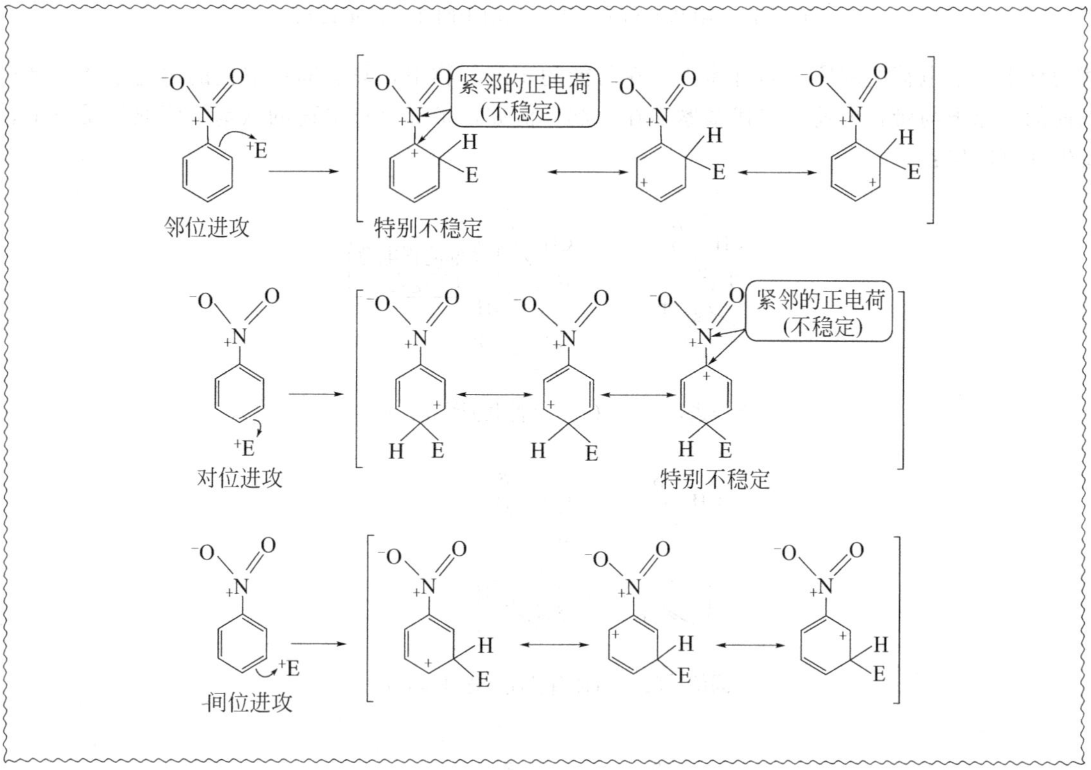
紧邻的正电荷
(不稳定)
邻位进攻
特别不稳定
紧邻的正电荷
(不稳定)
对位进攻
特别不稳定
间位进攻

间位取代的 σ-配合物，与硝基相连的碳原子没有分担环上的正电荷，这样环上的正电荷与硝基氮的正电荷相距较远，斥力较小，所以间位取代的 σ-配合物相对稳定，因此硝基苯优先在间位反应。总的来说，硝基是致钝基团，并且它是间位定位基。

图 5-15 的能级图比较了苯和硝基苯的邻对位进攻和间位进攻所形成的过渡态和 σ-配合物的能量，注意硝基苯的任何位置取代都需要较高的的活化能，导致反应速率比苯慢得多。

致活的取代基都是邻对位的定位基，大多数致钝的取代基是间位定位基。一般情况下，致钝的取代基与苯环直接相连的原子带有正电荷，如硝基中的氮原子，带正电荷的原子与任何紧

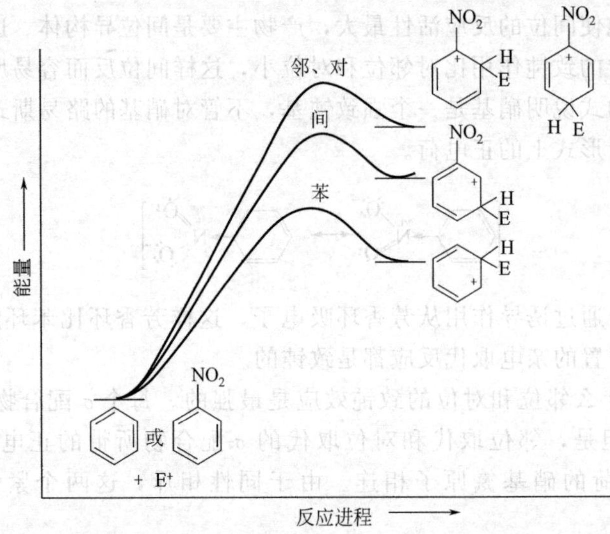

邻、对
间
苯
能量
或
+ E⁺
反应进程

图 5-15　硝基苯和苯亲电取代的中间体的能量比较

邻的环上带正电荷的碳原子间有斥力，在可能的σ-配合物中，只有间位取代的避免了环上带正电荷的碳原子与带正电荷的取代基紧靠在一起，例如，带部分正电荷的羰基碳使取代反应主要发生在其间位：

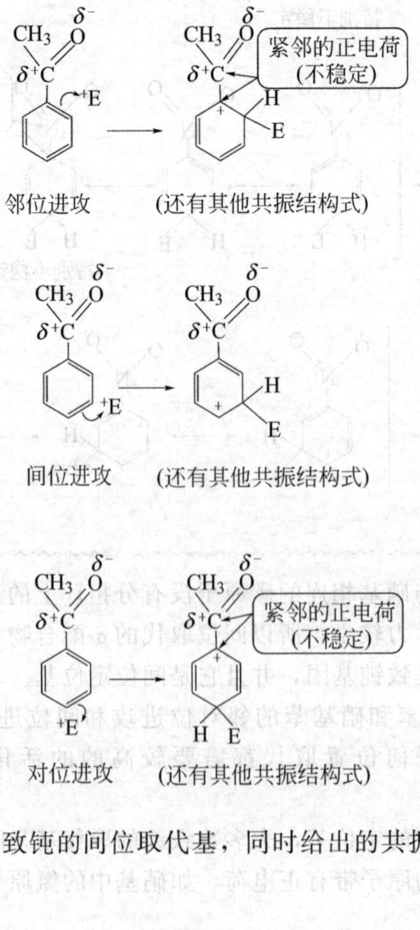

紧邻的正电荷
(不稳定)
邻位进攻
(还有其他共振结构式)
间位进攻
(还有其他共振结构式)
紧邻的正电荷
(不稳定)
对位进攻
(还有其他共振结构式)

表 5-2 列举了一些常见的致钝的间位取代基，同时给出的共振结构式显示正电荷带在与芳香环直接相连的原子上。

表 5-2　致钝的间位定位基

基团	共振结构式	举　例
$-NO_2$ 硝基	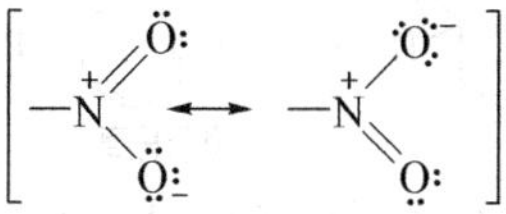	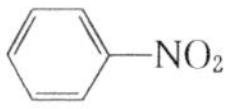 硝基苯
$-SO_3H$ 磺酸基	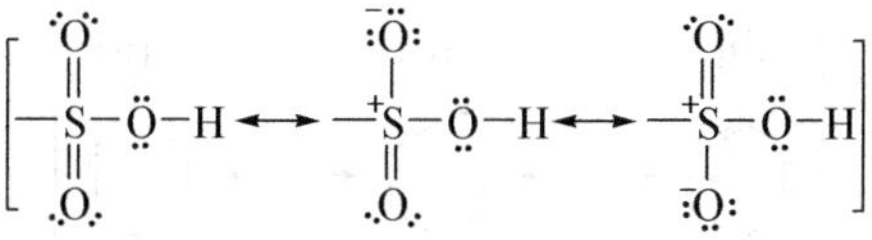	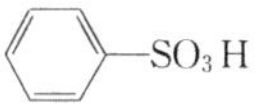 苯磺酸
$-CN$ 氰基		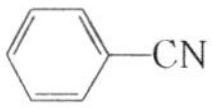 苯腈
$-\overset{O}{\overset{\|}{C}}-R$ 酰基	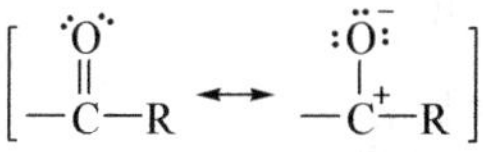	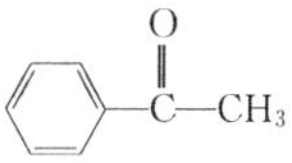 苯乙酮
$-\overset{O}{\overset{\|}{C}}-O-R$ 酯基	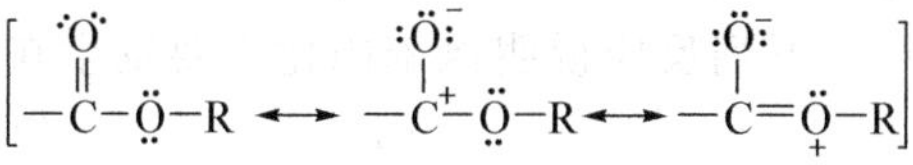	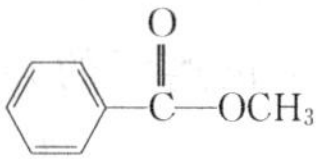 苯甲酸甲酯
$-\overset{+}{N}R_3$ 季铵离子基	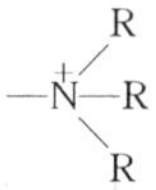	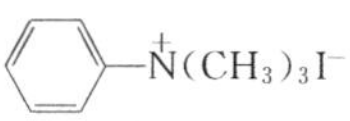 碘化三甲苯铵

（七）卤素取代基：钝化的邻、对位定位基

卤素的取代基效应不同于一般规则。卤素是致钝的基团，然而它们是邻、对位定位基。这种不寻常的性质基于以下解释：①卤素是电负性很强的原子，通过 σ 键从碳原子处吸电子（吸电子的诱导效应）；②卤素有未成键电子对，可以通过 π 键给电子（共振给予）。

诱导和共振效应正好相反，碳卤键（C—X）为强极性键，极性一端的碳原子带正电荷，这一极化导致从苯环吸电子，使苯环的亲电取代反应活性降低。

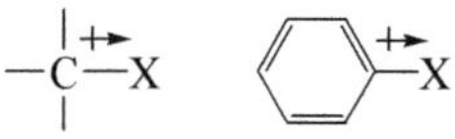

但是，如果亲电试剂在邻位或对位反应，生成的 σ-配合物的正电荷可落在连有卤原子的碳原子上，卤原子的未成键电子对通过离域（π 给予），使正电荷从碳原子转移到卤原子上，成为卤正离子，这种共振稳定作用说明卤原子对 π 键是给电子的，但对 σ 键是吸电子的。

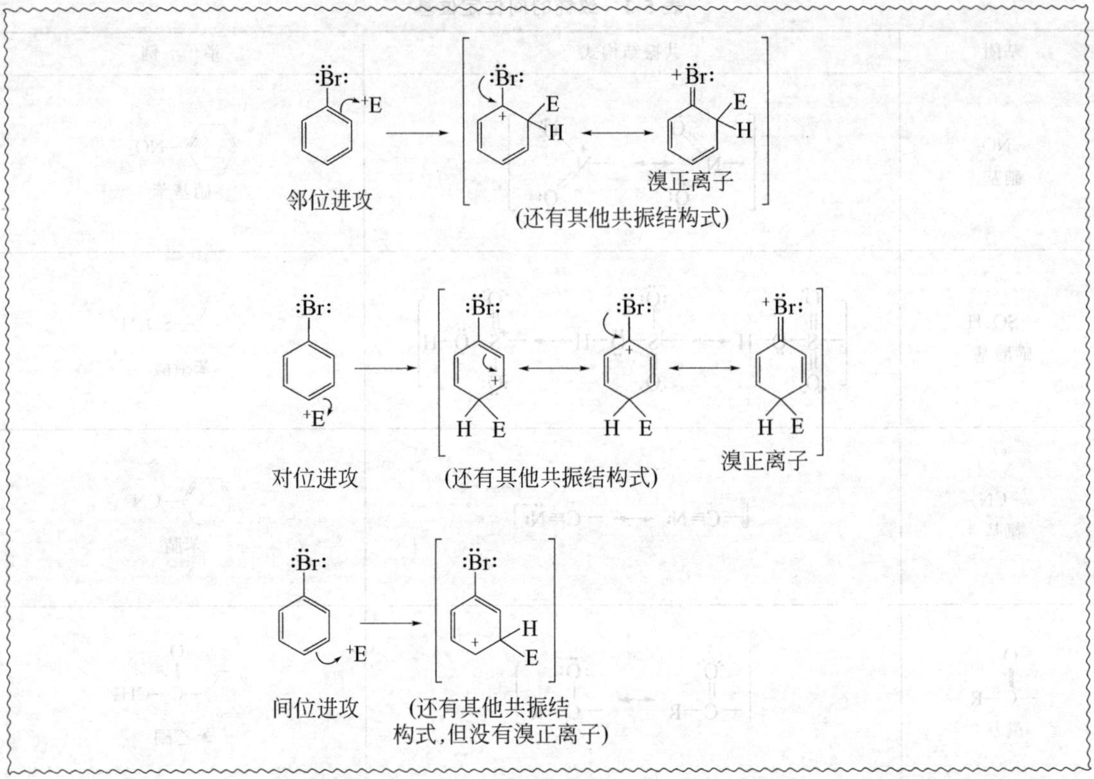
邻位进攻
溴正离子
(还有其他共振结构式)
对位进攻
(还有其他共振结构式)
溴正离子
间位进攻
(还有其他共振结构式,但没有溴正离子)

间位反应生成的σ-配合物的正电荷没有落在连有卤素的碳原子上，所以间位反应的中间体不能通过卤正离子的共振结构而稳定。下列反应说明氯苯硝化主要发生在氯的邻位和对位。

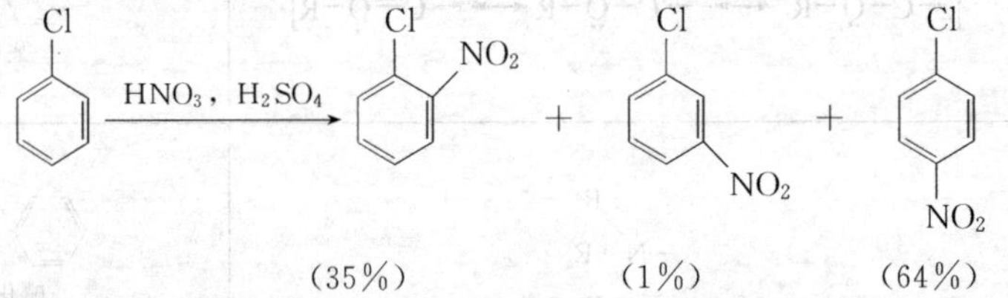
HNO3，H2SO4
(35%)
(1%)
(64%)

图 5-16 为卤原子效应的示意图，图中比较了氯苯、苯与亲电试剂反应的过渡态和σ-配合物的能量变化。氯苯反应需要较高的能量，尤其是氯苯的间位反应。

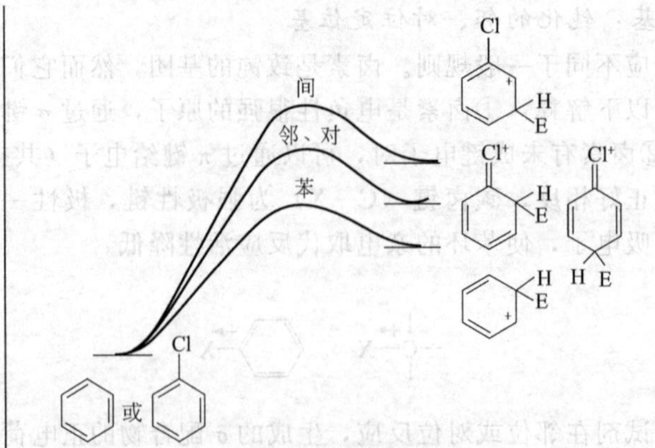
能量
间
邻、对
苯
或
+ E+
反应进程

图 5-16　氯苯和苯亲电取代的中间体的能量比较

习题 5-13 写出溴苯的邻、间、对位硝化的σ-配合物的所有共振结构式，并指出为什么间位取代的σ-配合物比邻位和对位取代的稳定性差。

习题 5-14 (1) 预测 1-溴环己烯加 HCl 的产物的结构；

(2) 用共振的机理支持这一预测；

(3) 解释这一预测怎样与溴在芳香环上的邻对位定位效应相一致。

小结：取代基的定位效应

π电子给予者	σ电子给予者	卤素	羰基	其　他
$-\ddot{N}H_2$	—R	—F	$-\overset{O}{\overset{\|}{C}}-H$	$-SO_3H$
$-\ddot{N}HR$	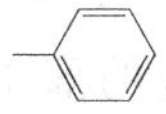	—Cl	$-\overset{O}{\overset{\|}{C}}-R$	—C≡N
$-\ddot{\underset{..}{O}}H$	$-CH{=}CH_2$	—Br	$-\overset{O}{\overset{\|}{C}}-OH$	$-NO_2$
$-\ddot{\underset{..}{O}}R$	—	—I	$-\overset{O}{\overset{\|}{C}}-OR$	$-\overset{+}{N}R_3$
$-\ddot{N}HCOCH_3$	—		$-\overset{O}{\overset{\|}{C}}-Cl$	$-CCl_3$
邻　对　位　定　位　基			间　位　定　位　基	

致活作用
致钝作用

(八) 多个取代基对芳香族亲电取代反应的影响

考虑两个或更多的取代基对芳香环的反应活性的影响，如果取代基的效应是彼此增强的，则容易预测反应的结果。例如，可以预测所有的二甲苯都容易发生亲电取代反应，因为两个甲基都具有致活作用；又如间硝基苯甲酸，硝基和羧基都是致钝的，所以可以预测硝基苯甲酸相对不容易发生亲电取代反应。但邻甲苯甲酸亲电取代反应的活性就不容易预测了，因为羧基是致钝的，甲基是致活的。

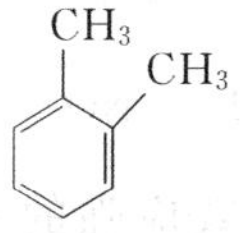

CH3
CH3

邻二甲苯

活化

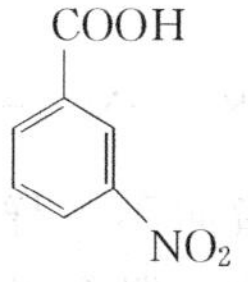

COOH
NO2

间硝基苯甲酸

钝化

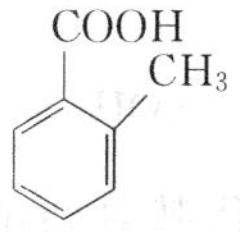

COOH
CH3

邻甲苯甲酸

不明显

多数情况下，比较容易预测取代的位置。例如，间二甲苯有两个等同的位置，这两个位置都是两个甲基的邻位或对位，理所当然反应在这两个位置进行；另外一个位置虽然也是两个甲基的邻位，但这个位置有空间阻碍，所以反应的活性不如前面所说的两个位置。

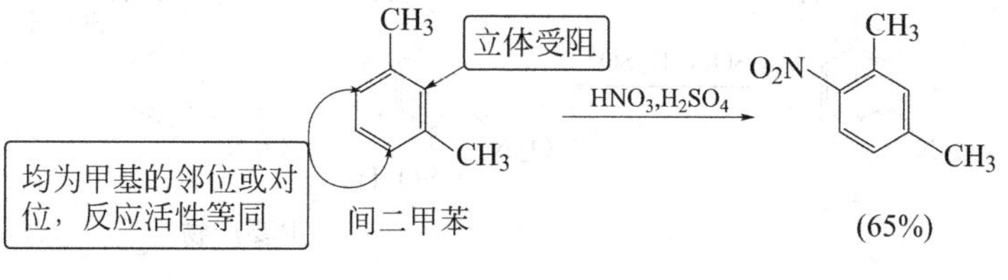

CH3
立体受阻
CH3
均为甲基的邻位或对位，反应活性等同
间二甲苯
HNO3,H2SO4
O2N
CH3
CH3
(65%)

对硝基甲苯发生亲电取代反应时，甲基定向于它的邻位，硝基定向于它的间位，但恰好它们定向于同一个位置。

甲基的邻位，又
恰好是硝基的间位
CH3
NO2
HNO3,H2SO4
NO2
CH3
NO2
(99%)
对硝基甲苯

习题 5-15 预测下列化合物单硝化的主要产物：

(1) 邻硝基甲苯　(2) 间氯甲苯　(3) 邻溴苯甲酸

(4) 对甲氧基苯甲酸　(5) 间甲苯酚

当多个取代基的定位效应相互冲突时，就较难预测亲电取代反应的部位了，在许多情况下，得到的是混合物。例如，邻二甲苯的所有位置都被甲基活化了，所以得到的是两种取代产物的混合物。

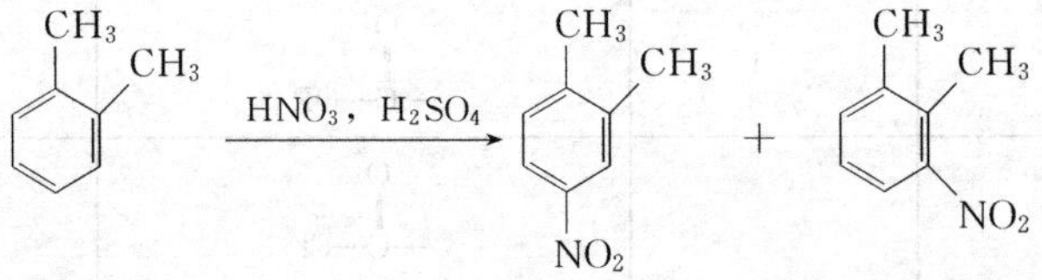
CH3
CH3
HNO3，H2SO4
CH3
CH3
NO2
+
CH3
CH3
NO2

邻二甲苯　(58%)　(42%)

当冲突发生在一个致活基团和一个致钝基团之间时，通常致活基团起定向作用。现在把定位效应归纳如下：

致活基团通常比致钝基团有较强的定位效应。实际上，把取代基分成以下三类比较合适。

(1) 通过共振作用使 σ-配合物稳定的定位效应强的邻对位定位基，如—OH、—OR 和 $—NR_2$ 基团。

(2) 定位效应中等的邻对位定位基，如烷基和卤素。

(3) 所有间位定位基，按从强到弱的顺序排列为：

$$—OH，—OR，—NR_2 > —R，—X > —\overset{\overset{\displaystyle O}{\|}}{C}—R，—SO_3H，—NO_2$$

如果两个取代基对亲电试剂的定位指向不一样，那么由定位效应强的一类取代基主导反应的位置；如果两个取代基属于同一类，那么可能得到的是混合物。如下列反应中，强定位基主导引入取代基的位置。甲氧基比硝基的定位效应强，所以取代反应发生在甲氧基的邻位和对位。由于空间阻碍，亲电试剂较少在拥挤的甲氧基和硝基的共同的邻位发生取代反应。

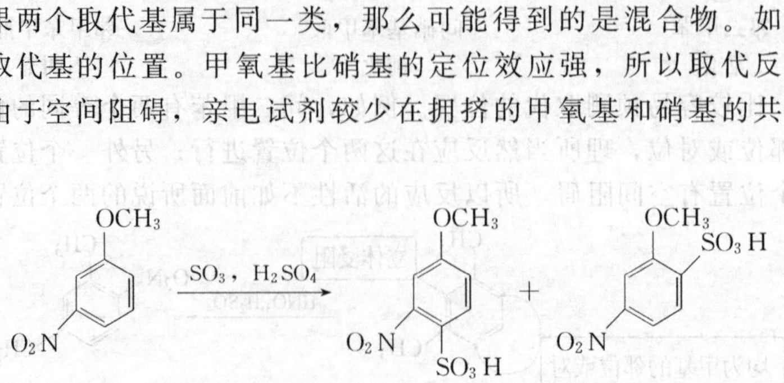
OCH3
O2N
SO3，H2SO4
OCH3
O2N
SO3H
+
OCH3
SO3H
O2N

主要产物

【例题 5-1】 预测对氯乙酰苯胺溴化的主要产物。

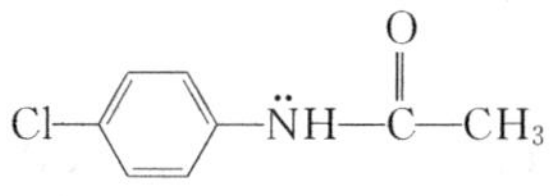

解：酰胺基（—$NHCOCH_3$）因与苯环相连的氮原子带有一对未成键电子，为强致活的定位基；酰胺基又比氯的定位效应强，所以环上的取代主要发生在酰胺基的邻位。像甲氧基一样，酰胺基是强致活基团，反应产生部分二溴代的产物。

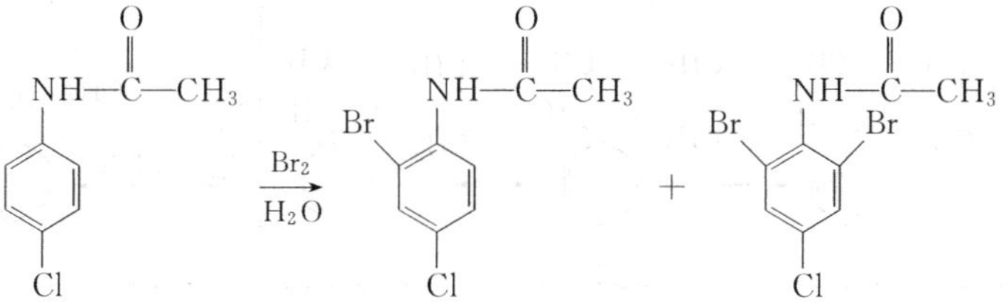

习题 5-16 联苯是两个苯环通过单键连接在一起形成的。运用邻对位定位基的定位效应说明联苯衍生物的哪个苯环较强活化（或较弱钝化），环上哪个位置更为活化。

（九）Friedel-Crafts 烷基化反应

碳正离子可能是芳香环上进行取代反应的最重要的亲电试剂，因为通过碳正离子取代，形成了新的 C—C 键。碳正离子与芳香族化合物的反应是由法国化学家 C. Friedel 和他的美国合作者 J. Crafts 在 1877 年最先研究的，所以在路易斯酸如三氯化铝（$AlCl_3$）或三氯化铁（$FeCl_3$）催化下，卤代烷与苯反应生成烷基苯的重要反应称为 Friedel-Crafts 烷基化反应，简称傅-克反应。

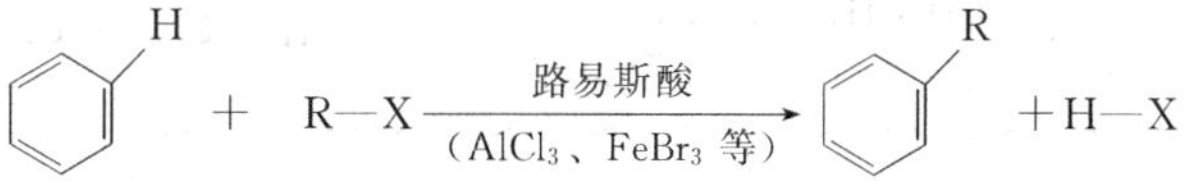

（X＝Cl、Br、I）

例如，三氯化铝催化苯与叔丁基氯的烷基化反应生成叔丁基苯，同时有 HCl 气体放出。

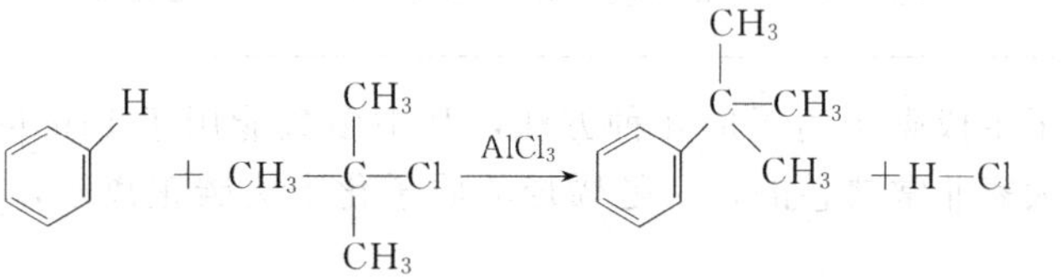

（90%）

上述烷基化反应是以叔丁基碳正离子作为亲电试剂的典型的芳香族亲电取代反应。叔丁基碳正离子是由叔丁基氯与催化剂三氯化铝反应生成的，它与苯反应先生成 σ-配合物，后者再失去质子变成产物叔丁基苯，催化剂三氯化铝在最后一步再生。

Friedel-Crafts 烷基化反应可用各种各样的伯、仲、叔卤代烷，当用仲卤代烷和叔卤代烷时，进行反应的亲电试剂很可能是碳正离子。

$$R—X + AlCl_3 \rightleftharpoons R^+ + AlCl_3X^-$$

（R 为仲或叔烃基）　　亲电试剂

Friedel-Crafts 烷基化的反应机理：

第一步，生成碳正离子。

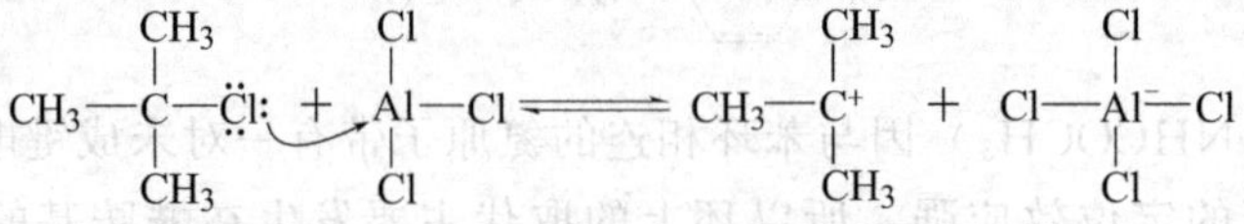

叔丁基氯　　　　叔丁基碳正离子

第二步，亲电进攻。第三步，失去一个质子。

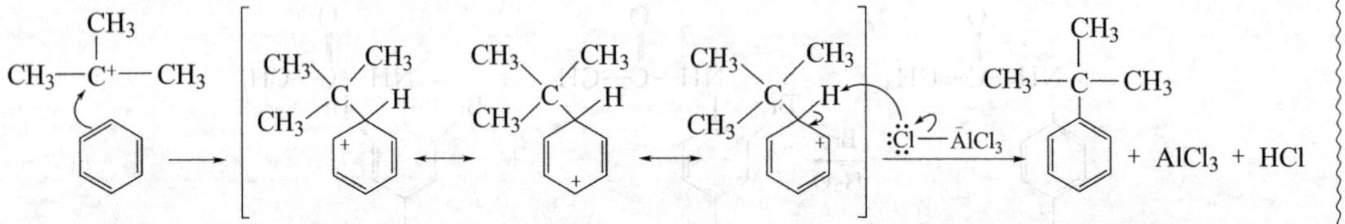

伯卤代烷形成的碳正离子很不稳定，实际的亲电试剂是伯卤代烷与氯化铝的复合物，复合物中碳卤键被削弱了（如虚线所示），这样碳原子带较多的正电荷。下面是氯化铝催化苯与氯乙烷反应的机理：

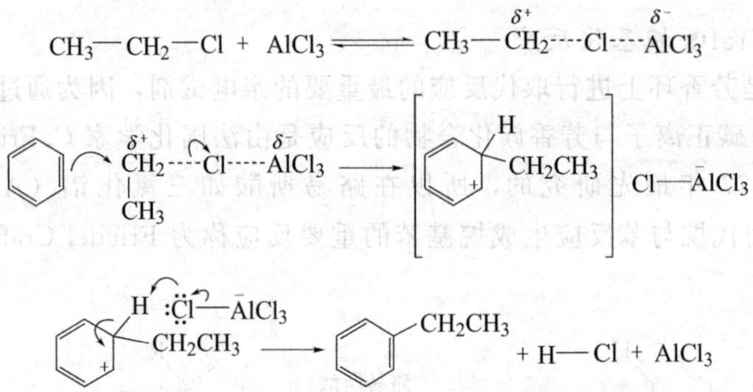

习题 5-17　给出下列反应物用 $AlCl_3$ 催化的反应产物和反应机理：

（1）氯代环己烷与苯　（2）氯甲烷与茴香醚　（3）2,2-二甲基-3-氯丁烷与异丙苯

前面已经介绍了生成碳正离子的几种方法，其中多数能用于 Friedel-Crafts 烷基化反应，这其中又有两种是大家非常熟悉的，一是烯烃的质子化生成碳正离子，二是醇用 BF_3 处理生成碳正离子。

烯烃用 HF 质子化生成碳正离子。生成的碳正离子不会与氟离子（F^-）先结合，因为后者的亲核能力较弱，而是先与苯或活化的苯的衍生物进行芳香族亲电取代反应生成烷基苯。质子化这一步遵循马尔科夫尼科夫规则，生成较为稳定的碳正离子。

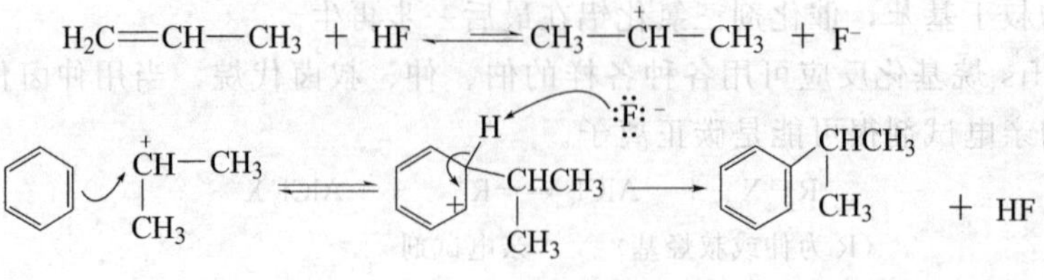

醇是 Friedel-Crafts 烷基化反应所需的碳正离子的另一来源，普遍认为当醇用 Lewis 酸如三氟化硼（BF_3）处理时可产生碳正离子，当有苯或活化的苯的衍生物存在时，则进行芳香族的亲电取代反应，生成烷基苯。

生成碳正离子：

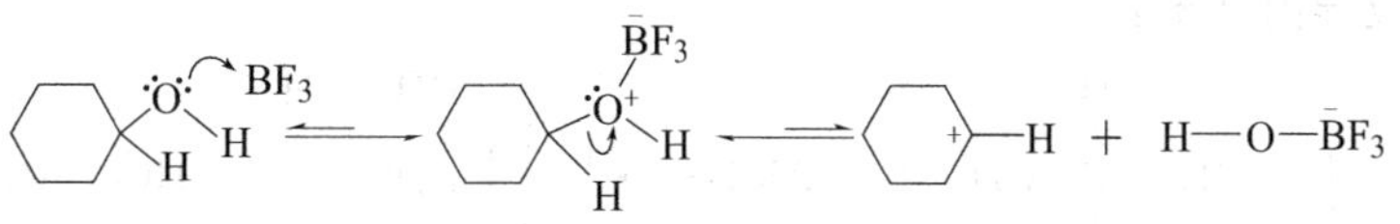

苯的亲电取代：

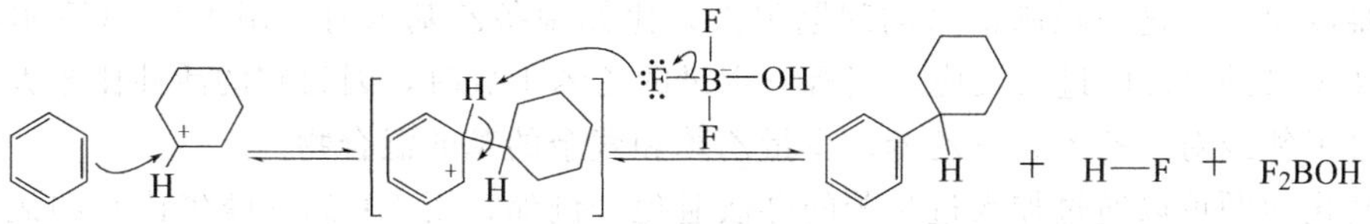

在这一反应中，BF_3 消耗了且没有再生，所以反应至少需要等摩尔的 Lewis 酸。

习题 5-18　给出下面每个反应的亲电试剂和反应产物。

（1）苯 + 环己烯 + HF　　（2）叔丁醇 + 苯 + BF_3

（3）叔丁基苯 + 2-甲基丙烯 + HF　　（4）2-丙醇 + 甲苯 + BF_3

尽管 Friedel-Crafts 烷基化反应在原理上是可行的，但它有三个主要的限制，从而限制了它的应用。

限制 1　Friedel-Crafts 烷基化反应只适用于苯、卤代苯和活化的苯的衍生物，不适用于强钝化的体系，如硝基苯、苯磺酸和苯基酮。在某些情况下，可以避免这种限制，如先进行 Friedel-Crafts 烷基化反应，再引入钝化基团或把钝化基团转化成活化基团。

【例题 5-2】　设计从苯合成对硝基叔丁基苯的路线。

解：要合成对硝基叔丁基苯，首先用 Friedel-Crafts 烷基化反应制备叔丁基苯，接着硝化给出产物。如果先制备硝基苯，再用 Friedel-Crafts 烷基化反应引入叔丁基，反应将会失败。

好的路线：

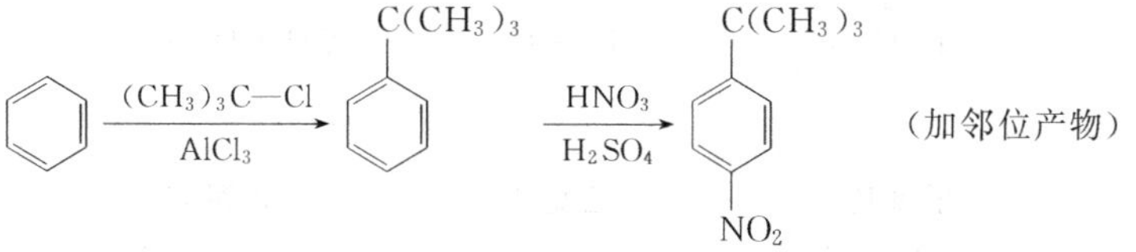

不好的路线：

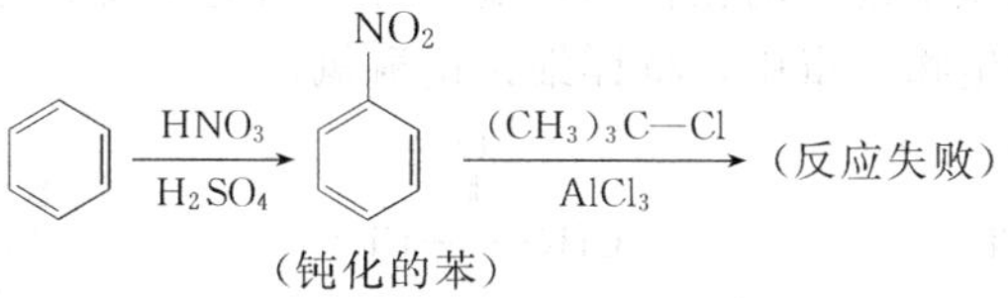

限制 2　像其他碳正离子反应一样，Friedel-Crafts 烷基化反应同样会发生碳正离子重排，结果只能合成某些烷基苯，如叔丁基苯、异丙基苯和乙基苯，因为这些烷基苯相应的碳正离子不会重排。但是当欲通过 Friedel-Crafts 烷基化反应合成正丙基苯时，会发生什么情

况呢？

碳正离子重排产生异丙基碳正离子：

$$CH_3-CH_2-CH_2-Cl + AlCl_3 \rightleftharpoons CH_3-\overset{\overset{H}{|}}{\underset{\underset{H}{|}}{C}}\overset{\delta^+}{\cdots}CH_2\cdots\overset{\delta^-}{Cl}\cdots AlCl_3 \longrightarrow CH_3-\overset{H}{\underset{+}{C}}-CH_3 + AlCl_4^-$$

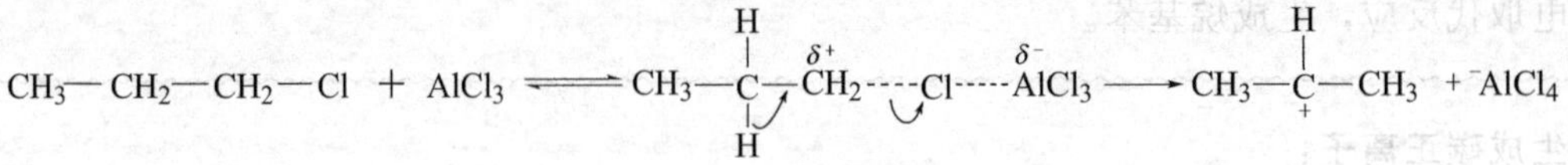

与苯反应生成异丙基苯：

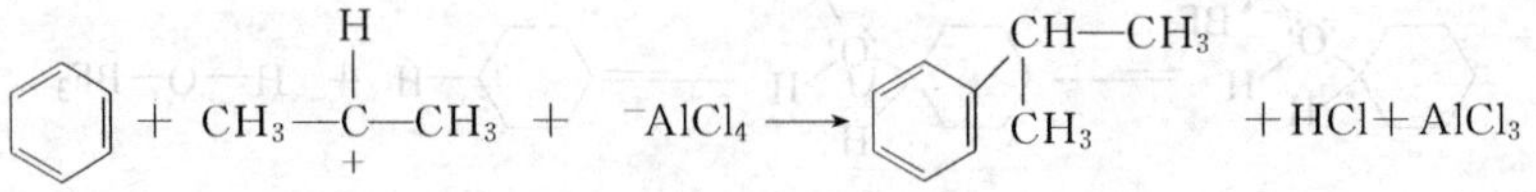

限制 3 因为烷基是致活基团，所以烷基化的产物比反应物更容易发生烷基化反应，结果多烷基化难以避免。这一限制带来的问题很大，比如制备乙基苯时，用 1∶1（摩尔比）的氯乙烷和苯及少量的 $AlCl_3$ 进行反应，当有一定量的乙苯生成时，因为它的活性比苯大，结果得到的是包含了邻或对二乙苯、三乙苯、少量乙苯和残余的苯的混合物。

多烷基化问题可以通过加入过量苯的办法避免。例如，用 1∶50（摩尔比）的氯乙烷与苯反应，生成的乙苯的浓度通常比较低，这样亲电试剂更多地与苯反应，然后用蒸馏的办法把产物乙苯从过量的苯中分离出来。因为连续地蒸馏能将未反应的苯循环使用，所以工业上通常用这一方法制备乙苯。

在实验室，经常需要将芳香族化合物进行烷基化反应，但这些芳香族化合物往往不容易得到，价格又比苯贵得多，所以不可能采用大大过量的办法控制单烷基化。因此需要有选择性的方法。所幸的是还有只引入一个基团的 Friedel-Crafts 酰基化反应，它避免了多烷基化的问题。

习题 5-19 以苯为原料，设计合成路线，合成下列苯的衍生物。

  （1）对叔丁基硝基苯 （2）对甲苯磺酸 （3）对氯甲苯

（十）Friedel-Crafts 酰基化反应

酰基是羰基和烷基连接在一起的基团。简单的酰基的中文名称一般根据碳原子数，称为"某酰基"。酰基的英文系统命名是将烷烃的名称去掉最后一个字母"e"后，加上后缀"oyl"即可，如下列酰基的名称。

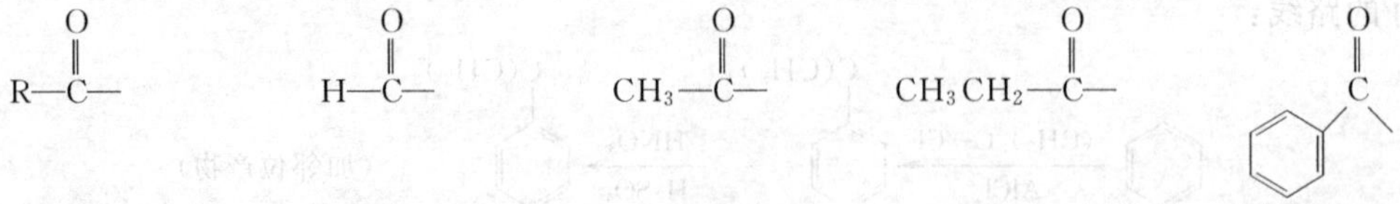

酰基	甲酰基	乙酰基	丙酰基	苯甲酰基
acyl group	methanoyl	ethanoyl	propanoyl	benzoyl

酰氯是一类酰基和氯原子键合的化合物，酰氯可用相应的羧酸与亚硫酰氯反应制得，所以酰氯又称酸氯。在羧酸衍生物一章中，将详细讨论酰氯。

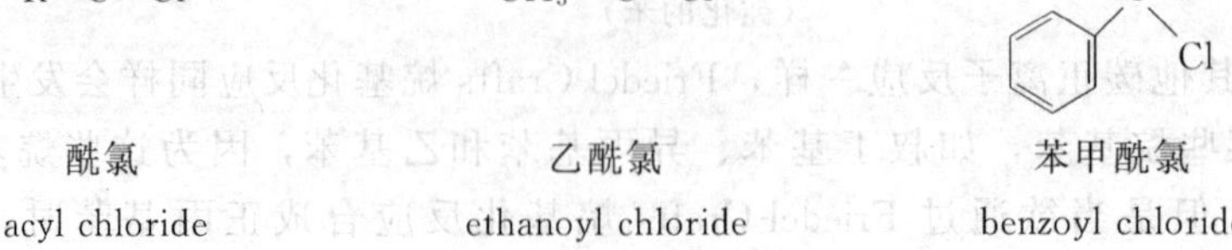

酰氯	乙酰氯	苯甲酰氯
acyl chloride	ethanoyl chloride	benzoyl chloride

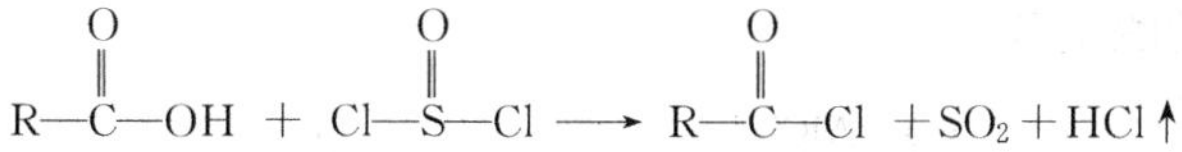

羧酸　　亚硫酰氯　　酰氯

在三氯化铝存在下，酰氯与苯或活化的苯的衍生物反应生成苯基酮，也就是酰基苯，这就是 Friedel-Crafts 酰基化反应。它与 Friedel-Crafts 烷基化反应不同的是试剂酰氯代替了氯代烷，产物酰基苯代替了烷基苯。

苯的 Friedel-Crafts 酰基化反应为：

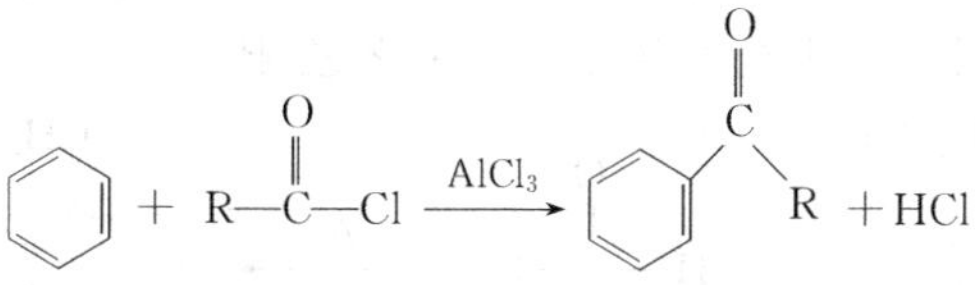

苯　　酰氯　　酰基苯
（苯基酮）

例如：

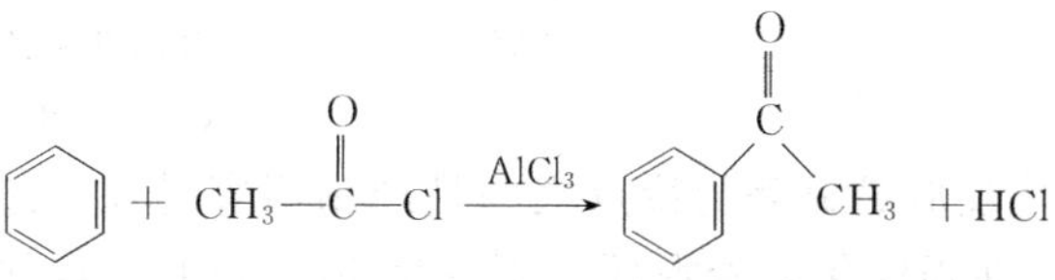

苯　　乙酰氯　　乙酰苯（95%）
（苯乙酮）

1. 酰基化反应机理

除了羰基对碳正离子中间体有稳定作用外，酰基化反应机理与烷基化反应机理一样。酰基卤与三氯化铝反应生成复合物，后者失去四氯化铝离子（$AlCl_4^-$），得到共振稳定的酰基正离子，它是较强的亲电试剂，与苯或活化的苯的衍生物反应生成酰基苯。

酰基化反应机理：

第一步，生成酰基正离子。

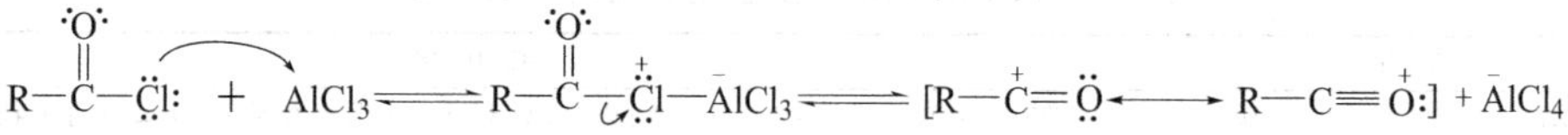

酰氯　　复合物　　酰基正离子

第二步，亲电试剂进攻。

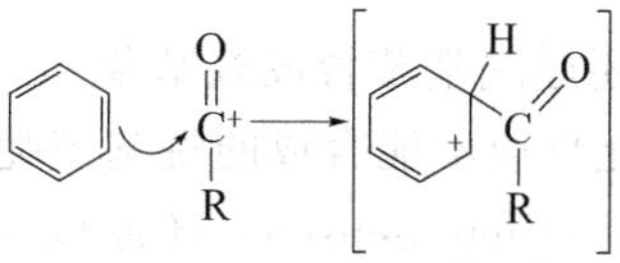

σ-配合物

第三步，失去质子，再与三氯化铝形成复合物。

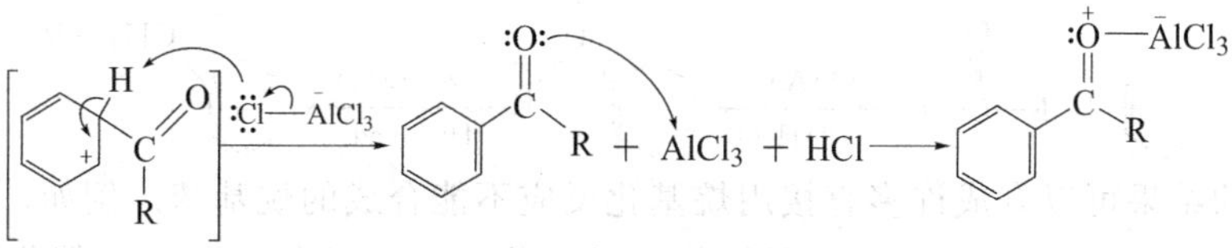

在酰基化反应中，产物是酮，酮的羰基氧的未成键电子对与 Lewis 酸如 $AlCl_3$ 形成复合物需要等物质的量（mol）的 $AlCl_3$。最初生成的产物是酰基苯与三氯化铝的复合物，加水使复

合物水解，得到游离的酰基苯。

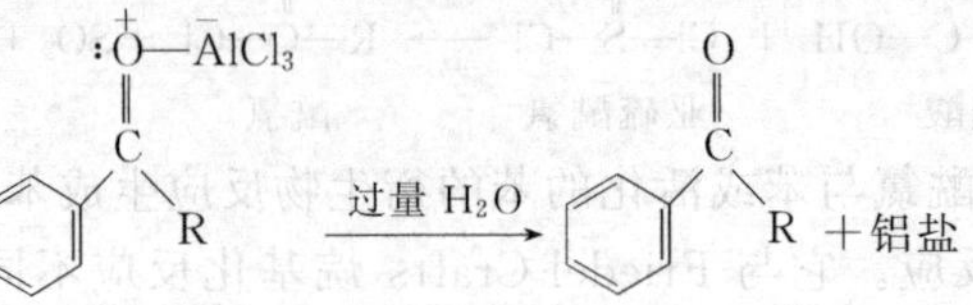

在 Friedel-Crafts 酰基化反应中，因为亲电试剂为庞大的复合物如 $R-\overset{+}{C}=O\overset{-}{A}lCl_4$，以致不能在邻位进行有效的进攻，所以当芳香族化合物有邻对位定位基时，对位取代通常优先。例如，当乙苯与乙酰氯反应时，其主要产物是对乙基苯乙酮。

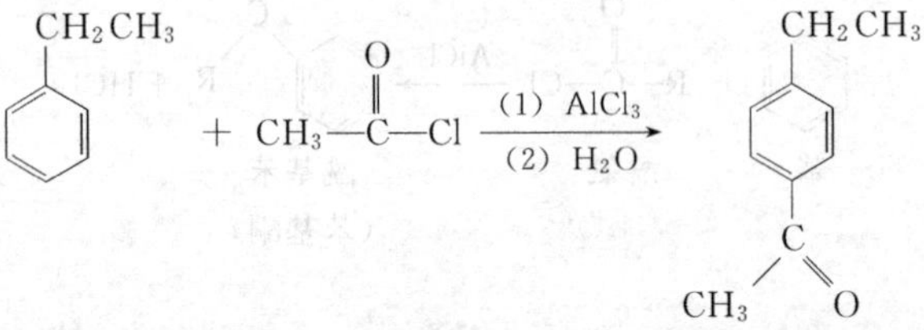

乙苯　　　　乙酰氯　　　　对乙基苯乙酮（70%～80%）

Friedel-Crafts 酰基化反应最显著的特点之一是产物不容易发生进一步的取代，因为酰基苯中的酰基是致钝基团。在强钝化的芳香环上不发生 Friedel-Crafts 酰基化反应，所以一取代后酰基化反应就停止了。

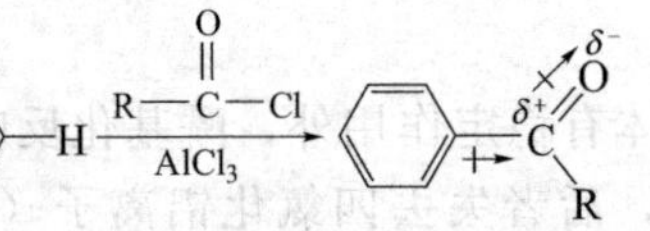

这样，Friedel-Crafts 酰基化克服了烷基化反应中的两个限制：酰基正离子因共振稳定不发生重排；酰基苯是钝化的，不会发生进一步的酰基化。但是与烷基化一样，强钝化的芳香环不会发生酰基化反应。表 5-3 比较了 Friedel-Crafts 烷基化和酰基化反应。

表 5-3　Friedel-Crafts 烷基化和酰基化的比较

烷 基 化	酰 基 化
强钝化的苯的衍生物不发生烷基化	强钝化的苯的衍生物不发生酰基化，只有苯、卤代苯和活化的苯的衍生物适合
烷基化反应中有碳正离子重排	共振稳定的酰基正离子不发生重排
通常存在多烷基化问题	酰基化生成钝化的酰基苯，不再进一步反应

2. 克莱门森（Clemmensen）还原酰基苯合成烷基苯

怎样合成 Friedel-Crafts 烷基化反应不能合成的烷基苯呢？可以用 Friedel-Crafts 酰基化反应先制备酰基苯，然后用克莱门森（Clemmensen）还原成相应的烷基苯，即将酰基苯与锌汞齐和盐酸一起回流反应，还原生成烷基苯。

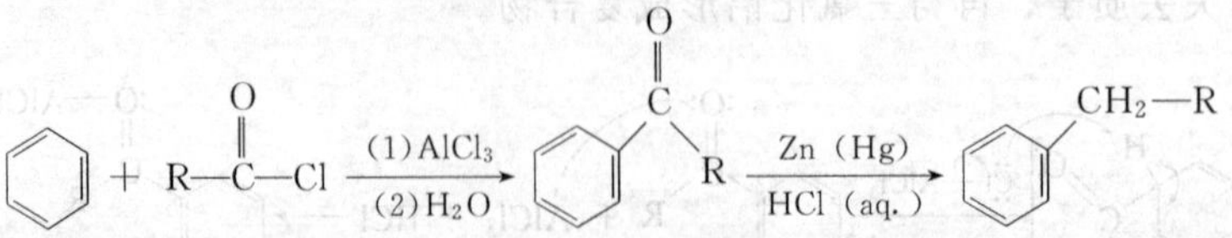

两步反应的结果可以合成许多直接用烷基化反应不能合成的烷基苯。例如，前面介绍了用 Friedel-Crafts 烷基化反应不能合成正丙基苯，因为苯与正丙基氯在 $AlCl_3$ 催化下得到的是异丙基苯以及一些二异丙基苯。但是在酰基化反应中，苯与丙酰氯和 $AlCl_3$ 反应得到乙基苯基酮，后者很容易还原成正丙基苯。

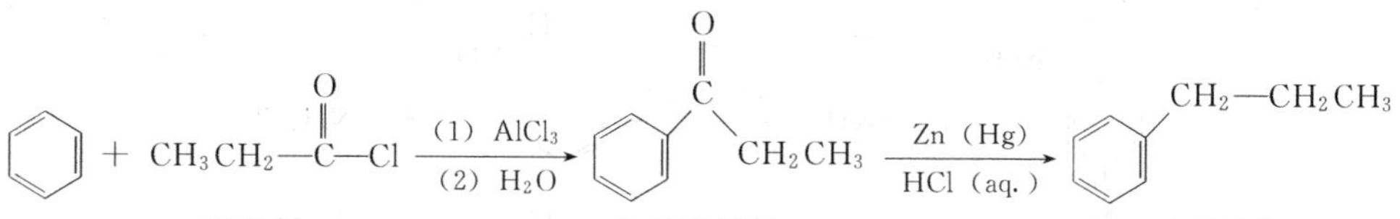

丙酰氯　　　　乙基苯基酮　　　　正丙基苯

羧酸和酸酐也可以作为 Friedel-Crafts 酰基化反应的酰基化试剂，这些酰基化试剂在后面学习羧酸及其衍生物时再讲。

3. 加特曼-科赫甲酰化反应：苯甲醛的合成

在通常情况下，不能用 Friedel-Crafts 酰基化反应将甲酰基引入苯分子中合成苯甲醛，因为这一反应必需的试剂甲酰氯不稳定，买不到也不好贮存。

甲酰基　　　甲酰氯

在路易斯酸及加压情况下，芳香族化合物与等分子一氧化碳和氯化氢的混合气体发生作用可以生成相应的芳香醛。而在实验室中则用加入氯化亚铜来代替工业生产的加压方法。因氯化亚铜可与一氧化碳配位，使之活性提高、浓度增大而易于发生反应。

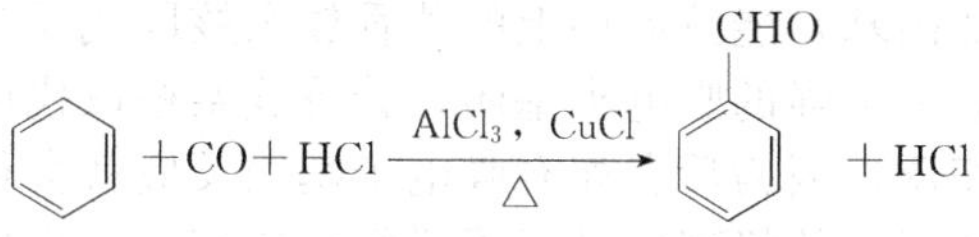

苯甲醛

(90%)

在反应中，一氧化碳与氯化氢作用，生成亲电的中间体 $[HC^{+}{=}O]\bar{A}lCl_4$，其甲酰基碳正离子与苯反应，生成苯甲醛，即在苯环上引入一个甲酰基。此反应叫加特曼-科赫（Gatterman-Koch）反应，广泛用于工业上合成芳香醛。

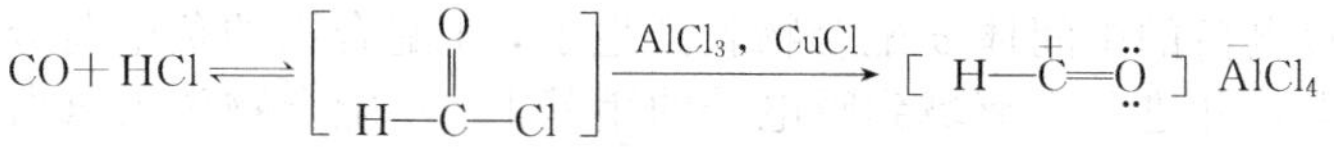

甲酰氯　　　　甲酰正离子

（不稳定）

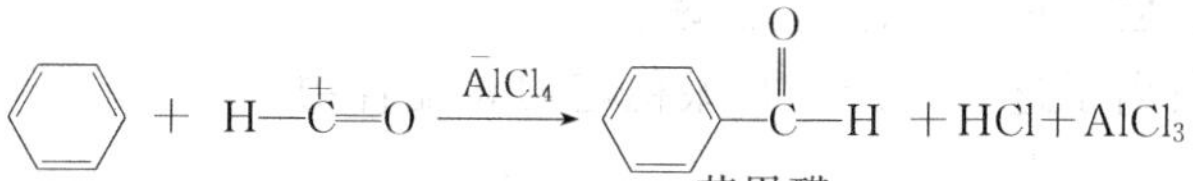

苯甲醛

习题 5-20 利用 Friedel-Crafts 酰基化反应、Clemmensen 还原反应和(或) 加特曼-科赫反应合成下列化合物。

(1) $PhCCH_2CH(CH_3)_2$（C 上为 C=O）　(2) $PhCC(CH_3)_3$（C 上为 C=O）　(3) PhCPh（C 上为 C=O）

(4)对甲氧基苯甲醛　(5) 2,2-二甲基-1-苯基丙烷 (6)正丁基苯

二、芳香族亲核取代反应

亲核试剂能置换芳基卤中的卤离子，尤其是卤素的邻位或对位有强吸电子基团的芳基卤。因为亲核试剂取代了芳香环上的离去基团，所以这类反应称为芳香族亲核取代反应。下面的例子显示了氨和羟基负离子两者都能从 2,4-二硝基氯苯中置换氯。

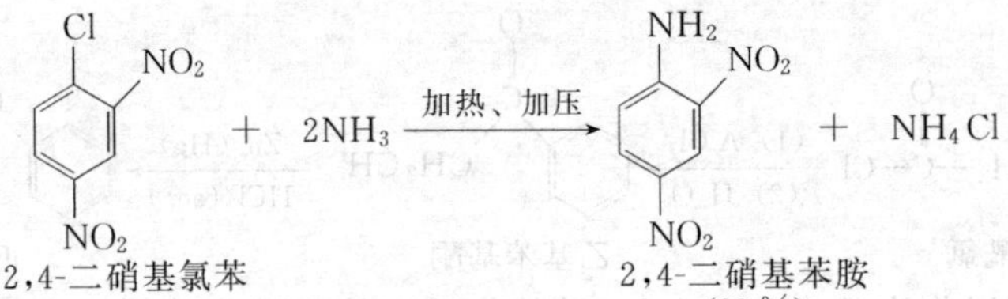

2,4-二硝基氯苯　　　　2,4-二硝基苯胺（90%）

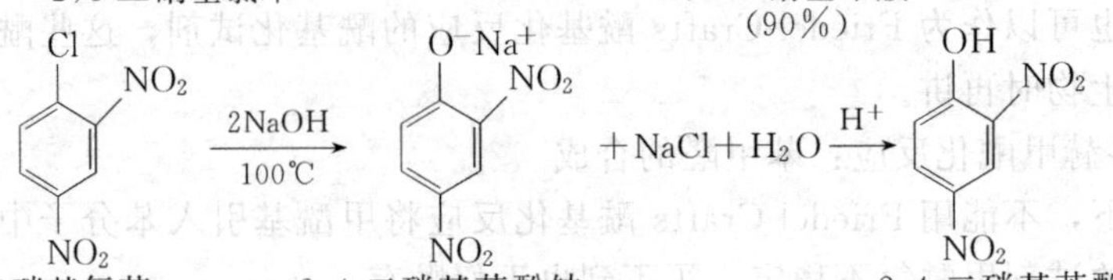

2,4-二硝基氯苯　　2,4-二硝基苯酚钠　　2,4-二硝基苯酚（95%）

芳香族亲电取代反应是芳香族化合物最重要的反应，因为这一反应广泛用于各种芳香族化合物。相反，芳香族亲核取代反应的应用受到限制。在芳香族亲核取代反应中，一个强的亲核试剂置换了离去基团（如卤素）。芳香族亲核取代反应的机理如何呢？它不可能是 S_N2 机理，因为芳基卤不可能达到背面取代的正确几何学，芳香环阻碍了亲核试剂从连有卤素的碳原子的背面接近。S_N1 的机理也不可能，因为芳香族亲核取代反应需要强的亲核试剂，且反应速率与亲核试剂的浓度成正比，这样，亲核试剂必定包含在过渡态中。

基于吸电子取代基（如硝基）能致活环上的芳香族亲核取代反应，因而认为过渡态的环上带有负电荷。实际上，没有一个强的吸电子基团，芳香族亲核取代反应难以进行（这种效应正好与芳香族亲电取代反应相反，因为后者如有吸电子基团反应就会很慢甚至停止）。

人们对芳香族亲核取代反应的机理已进行了详细的研究。根据反应物不同，有两种反应机理：一种机理与芳香族亲电取代反应机理相似，不同的是亲核试剂和碳负离子分别对应于亲电试剂和碳正离子，称为加成-消除机理；另一种机理包含了不同寻常的反应中间体“苯炔”，称为消除-加成机理。

1. 加成-消除机理

下面讨论 2,4-二硝基氯苯与氢氧化钠的反应机理。当亲核试剂羟基负离子进攻连有卤素的碳原子时，带有负电荷的中间体 σ-配合物就产生了，σ-配合物的负电荷分担在卤素的邻位和对位的成环碳原子上，并进一步离域到吸电子的硝基上，σ-配合物失去氯离子即得产物 2,4-二硝基苯酚，后者在碱性溶液中去质子成酚盐。

芳香族亲核取代反应（加成-消除）**机理：**

第一步，羟基负离子进攻，产生共振稳定的 σ-配合物。

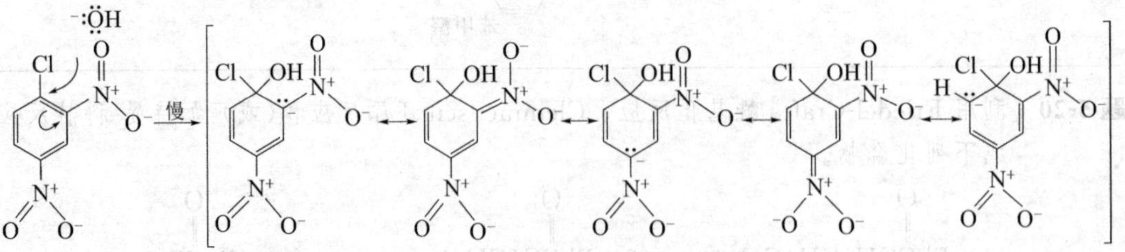

第二步，失去氯离子给出产物，过量的碱使产物去质子。

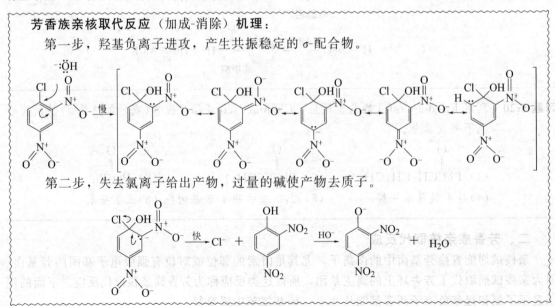

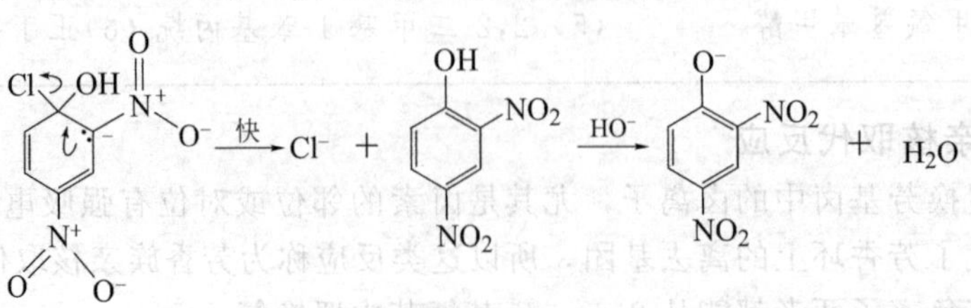

上面显示的共振方式说明卤素邻位或对位的硝基能使中间体稳定，在这些位置没有强吸电子基，带负电荷的 σ-配合物是不可能生成的。

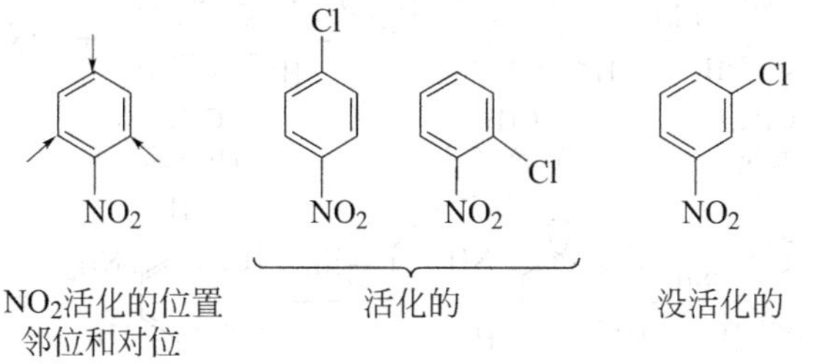
Cl
NO2
Cl
NO2
NO2
Cl
NO2
NO2活化的位置
邻位和对位
活化的
没活化的

2. 消除-加成机理（苯炔机理）

芳香族亲核取代反应的加成-消除机理要求芳香环上有强吸电子取代基。但是在剧烈的条件下，没活化的卤代苯与强碱也能反应。例如，苯酚的一个很经济的合成方法是在 350℃ 的高压釜中氯苯与氢氧化钠和少量的水反应合成苯酚。

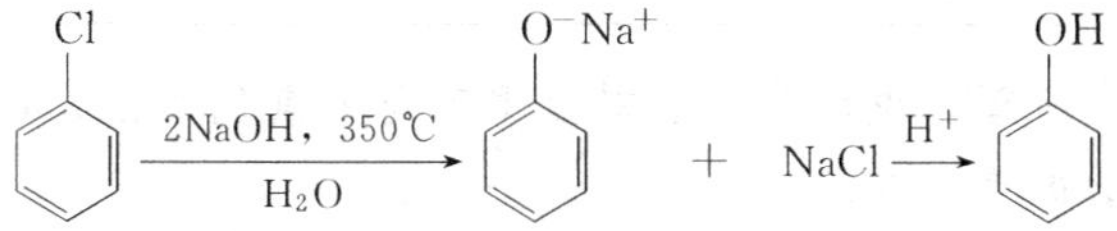
Cl
2NaOH，350℃
H2O
O⁻Na⁺
+ NaCl
H⁺
OH

同样，氯苯与氨基钠（$NaNH_2$，极强的碱）反应生成苯胺（Ph—NH_2）。这一反应不需要高温，而是在 -33℃ 的液氨中进行。

没活化的苯的衍生物的亲核取代反应的机理不同于硝基取代的卤代苯的加成-消除机理。这一反应机理的线索来自于对溴甲苯与氨基钠的反应，反应的产物为 50∶50 的间甲苯胺和对甲苯胺。

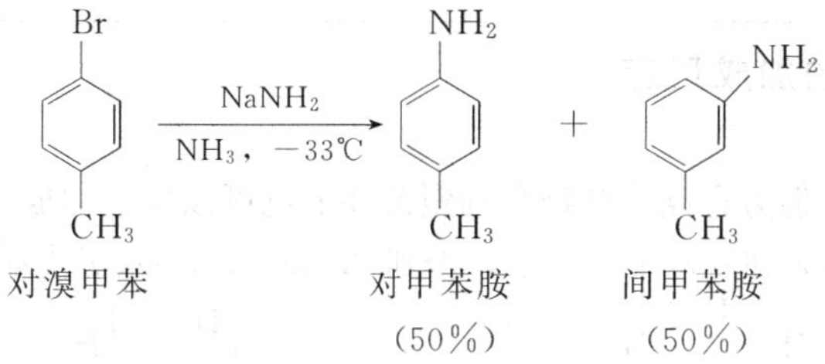
Br
CH3
NaNH2
NH3，−33℃
NH2
CH3
+
NH2
CH3
对溴甲苯
对甲苯胺
(50%)
间甲苯胺
(50%)

这两种产物可以用消除-加成机理解释，这一机理因为有特殊的中间体苯炔，因而又称为苯炔机理。氨基钠（或氢氧化钠）反应时作为碱夺取芳香环上的一个质子，使反应物成为带有一价负电荷和一对未成键电子的碳负离子，其中的未成键电子对在 C 原子的 sp^2 杂化轨道上。接着 Br 带着 C—Br 键的一对成键电子离开苯环，留下 C 原子的空 sp^2 轨道，这一轨道与相邻的带有一对电子的 sp^2 轨道重叠，在两个碳原子间产生一个额外的键。这两个 sp^2 轨道彼此相差 60°，所以它们的重叠程度低，不稳定。这一反应中间体称为苯炔(benzyne)，因此象征性地在两个碳原子间画了个叁键。但是叁键通常呈线性，所以它是反应性强的有高度角张力的叁键。

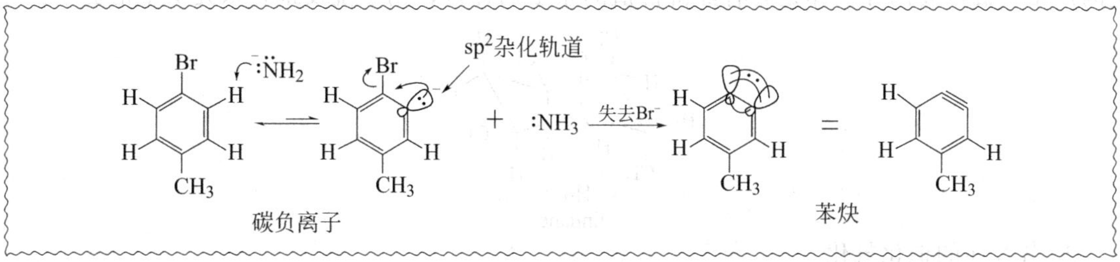
Br
:NH2
H
H
H
H
CH3
sp2杂化轨道
Br
H
H
H
CH3
碳负离子
+ :NH3
失去Br⁻
H
H
H
CH3
=
H
H
H
CH3
苯炔

氨基负离子为强亲核试剂，它可以在反应性高的苯炔的弱的叁键的两边进攻，接着质子化成甲基苯胺。这样导致一半的产物是对甲苯胺，一半的产物是间甲苯胺。

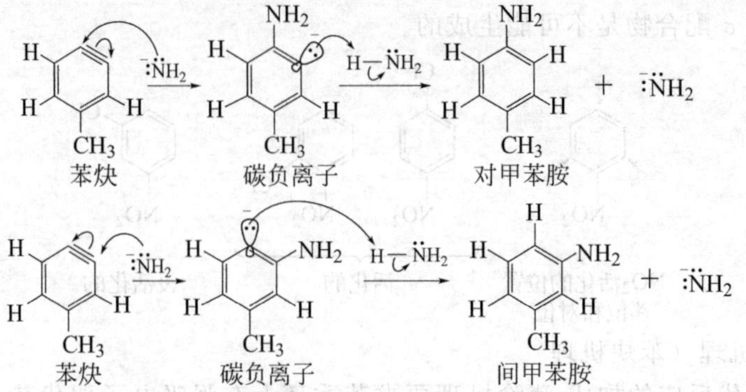
苯炔
碳负离子
对甲苯胺
苯炔
碳负离子
间甲苯胺

当卤代苯没活化时，芳香族的亲核取代反应按苯炔机理进行，必要的条件是用强碱作为亲核试剂。两步消除产生反应性高的苯炔中间体，亲核进攻后接着质子化，得到所要的取代产物。

习题 5-21 给出一个反应机理，说明为什么对氯甲苯与氢氧化钠在350℃反应的产物是对甲苯酚和间甲苯酚的混合物。

习题 5-22 给出反应机理，说明下列反应所预期的产物。

(1) 2,4-二硝基氯苯 + 甲醇钠（$NaOCH_3$）

(2) 2,4-二甲基氯苯 + 氢氧化钠，100℃

(3) 对硝基溴苯 + 甲胺（CH_3NH_2）

(4) 2,4-二硝基氯苯 + 过量肼（$H_2N—NH_2$）

三、苯及其衍生物的加成反应

1. 氯化

尽管取代反应很普遍，但芳香族化合物在剧烈条件下也可以发生加成反应。当苯在加热加压条件下与过量的氯反应时，结果加入六个氯原子，得到1,2,3,4,5,6-六氯代环己烷（简称“六六六”）。

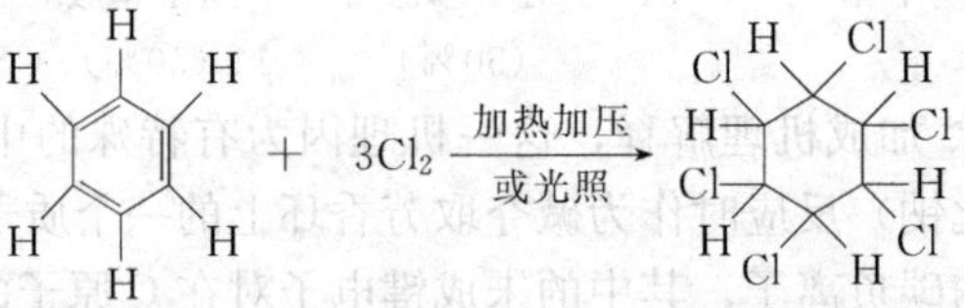
加热加压
或光照

六氯代环己烷

（八种异构体）

人们认为这一加成反应包含了自由基的反应机理。氯与苯的加成一般不可能停留在中间体阶段。第一步加成破坏了环的芳香性，接着很快加2mol的Cl_2。所有八种立体异构体都有一定的产量，最重要的异构体是具有经济价值的杀虫剂林丹，用于洗发剂，杀死头上的虱子。

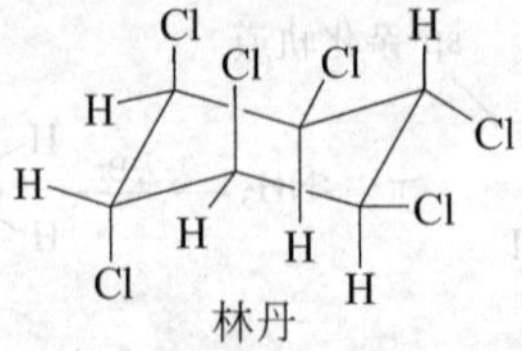

林丹

lindane

2. 芳香环的催化氢化

苯的催化氢化生成环己烷需在高温高压下进行，常用的催化剂是钌和铑。取代苯经催化氢化生成取代的环己烷，二取代苯通常反应后生成顺式和反式异构体的混合物。

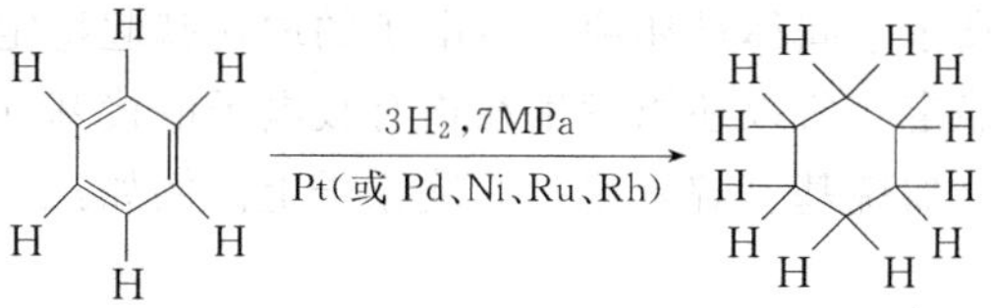

(100%)

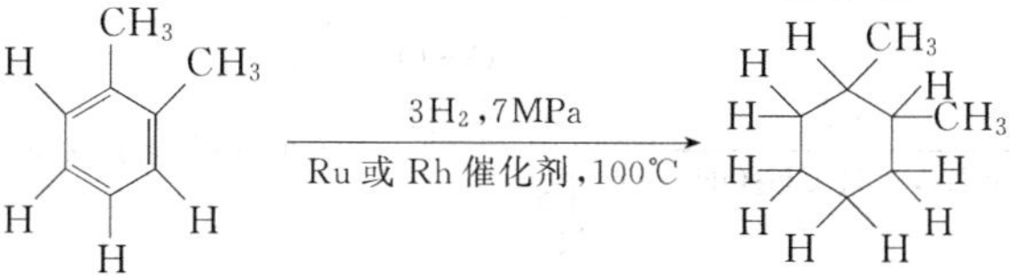

(100%)

顺式和反式的混合物

苯及其同系物的催化氢化是生产环己烷和取代环己烷的经济方法。因为烯烃比苯容易氢化，所以苯的催化氢化不会停留在中间产物环己烯和环己二烯阶段。

3. 伯奇还原

1944 年，澳大利亚化学家 A. J. Birch 发现钠和锂在液氨和酒精的混合物中与苯及其衍生物反应，苯环可以被还原成不共轭的 1,4-环己二烯类化合物，这种反应叫做伯奇还原，它提供了制备大量有用的环己二烯的简单方法。

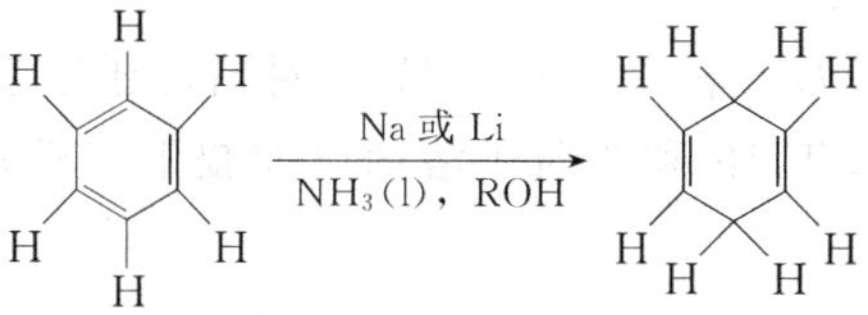

1,4-环己二烯

(90%)

伯奇还原的机理如下所示，它类似于炔烃和反式烯烃的钠氨溶液还原。钠氨溶液含有溶剂化电子，电子和苯加成生成自由基负离子，强碱性的自由基负离子从溶剂酒精中夺取一个质子，生成环己二烯自由基，这个自由基很快结合另一个溶剂化电子，生成环己二烯负离子，后者质子化生成产物。

伯奇还原的反应机理：

溶剂化电子的生成。

$$NH_3 + Na \rightleftharpoons NH_3 \cdot e\ (\text{深蓝色溶液}) + Na^+$$

溶剂化电子

第一步，加一个电子，接着加一个质子，生成自由基。

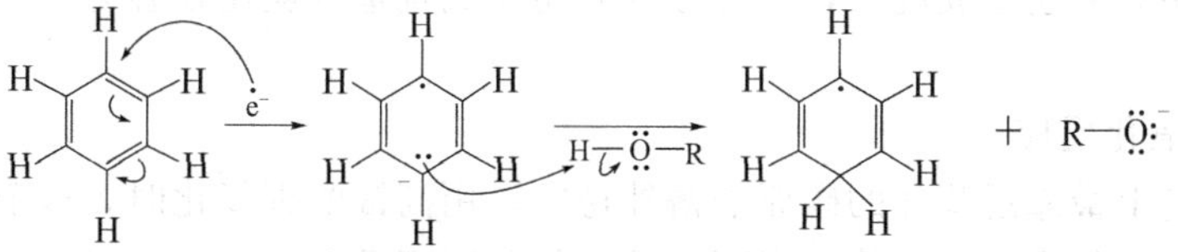

自由基负离子　　自由基

第二步，加第二个电子，接着加第二个质子，生成产物。

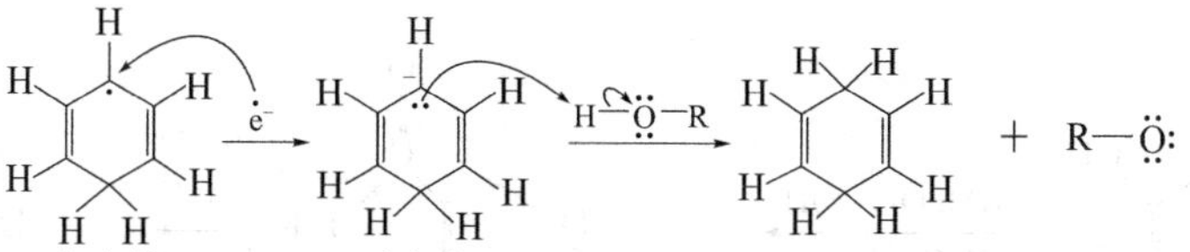

自由基　　碳负离子　　1,4-环己二烯

两个碳原子通过碳负离子中间体被还原，吸电子的取代基起稳定碳负离子的作用，相反给电子取代基使碳负离子不稳定。所以还原发生在连有吸电子取代基（如羰基）的碳原子上，不发生在连有给电子取代基（如烷基、烷氧基）的碳原子上。例如：

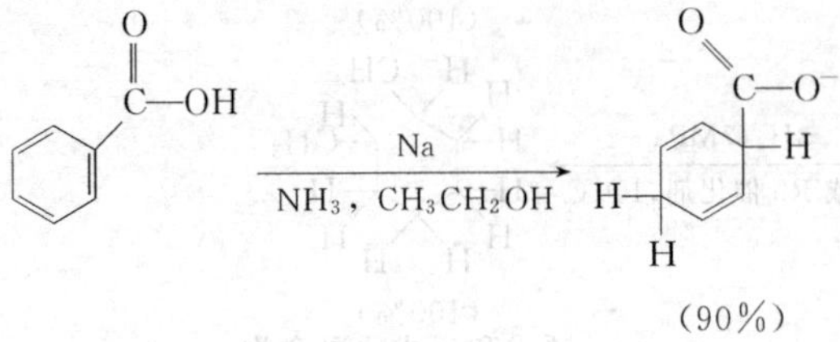

C—OH
Na
NH₃，CH₃CH₂OH
C—O⁻
H
H
(90%)

（连有吸电子羰基的碳原子被还原）

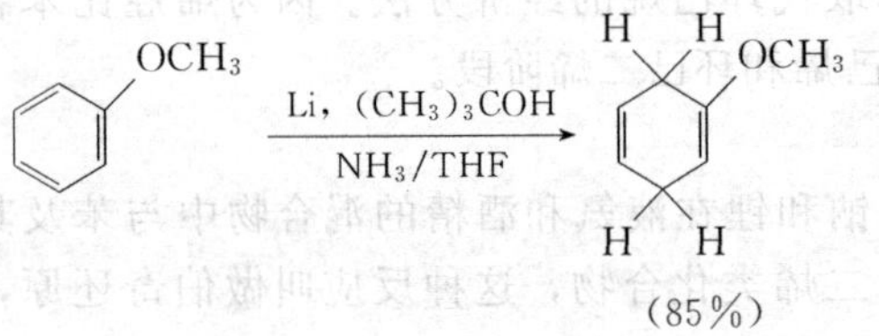

OCH₃
Li，(CH₃)₃COH
NH₃/THF
H H
H H
(85%)

（连有给电子取代基烷氧基的碳原子不被还原）

苯环上的强给电子取代基如甲氧基（$—OCH_3$）对伯奇还原起减弱作用，钝化体系，常用锂还原，溶剂为混合溶剂，如 THF 和弱质子溶剂（如叔丁基醇）。较强的还原剂结合较弱的质子溶剂可以增强还原反应。

习题 5-23 给出上述苯甲酸和茴香醚的伯奇还原的反应机理，说明为什么还原的位置如上所示。

习题 5-24 预测下列反应的主要产物。

(1) 甲苯 + 过量的 Cl_2（加热，加压）

(2) 甲苯 + Na（液氨，乙醇）

(3) 邻二甲苯 + H_2（1000psi，100℃，Rh 催化剂）

(4) 对二甲苯 + Na（液氨，乙醇）

四、苯及其衍生物的侧链反应

有些反应没有苯环也能发生，但是有些反应依赖于芳香环，受芳香环的控制，例如克莱门森还原偶尔能将脂肪酮还原成烷烃，但将芳香酮还原成烷基苯就比较容易。下面介绍另外几种苯环侧链的反应。

1. 高锰酸钾氧化反应

芳香环使侧链上最靠近苯环的碳原子格外稳定，用高锰酸钾氧化时，这个碳原子和芳香环一起被保留下来，产物是苯甲酸盐。当环上的其他基团都具有抗氧化性时，可利用这一氧化反应制备苯甲酸衍生物。热的铬酸同样能用于这一氧化反应。

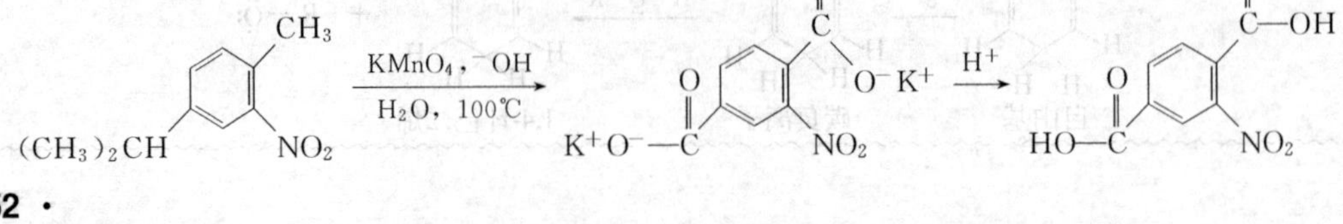

CH₃
(CH₃)₂CH
NO₂
KMnO₄，⁻OH
H₂O，100℃
O⁻K⁺
K⁺O⁻—C
NO₂
H⁺
C—OH
HO—C
NO₂

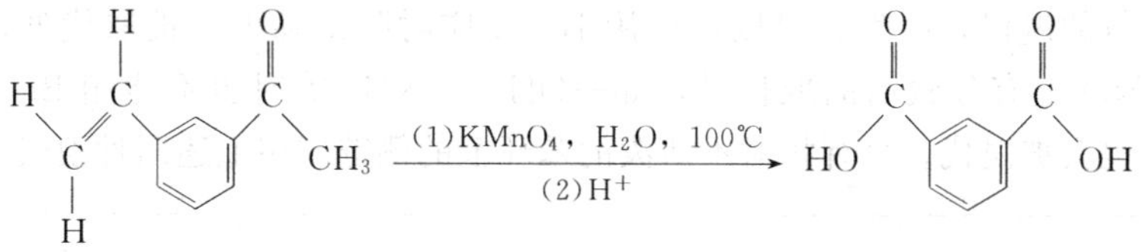

（或 $Na_2Cr_2O_7$，H_2SO_4，加热）

习题 5-25 预测下列化合物用热的浓的高锰酸钾处理，然后用稀盐酸酸化的主要产物。

（1）异丙苯 （2）对二甲苯 （3）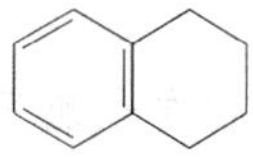

2. 侧链卤代

烷基苯进行自由基卤代反应非常容易，比烷烃还要容易，因为夺取苄基碳原子上的氢可以生成共振稳定的苄基自由基。例如乙基苯与氯在光照下反应生成α-卤代乙基苯，进一步氯化生成二氯代产物。

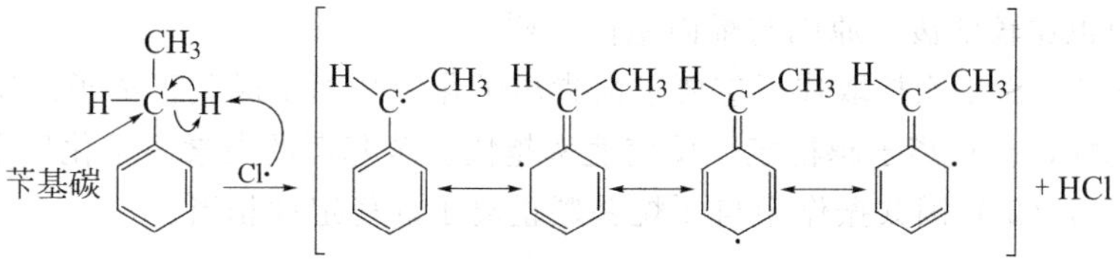

共振稳定的苄基自由基

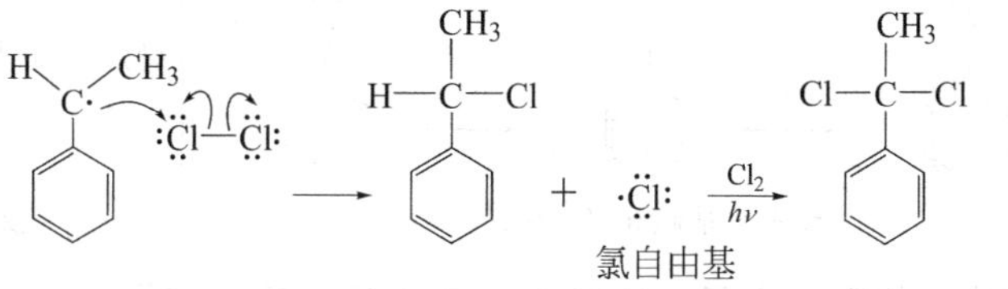

苄基自由基 α-氯代乙基苯 继续与侧链反应 二氯代产物

上述氯代生成α-碳（与苯环直接相连的碳原子，即苄基碳原子）上氢被氯代的产物，因为氯自由基很活泼，苄基碳上的氢都可以被氯代。侧链氯代得到的产物经常是混合异构体，例如在乙基苯的氯代反应中，存在着一定量的β-碳上氢被取代的氯代产物。

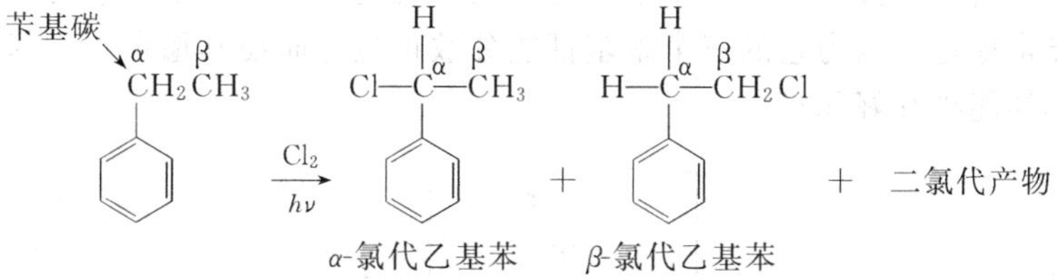

α-氯代乙基苯 β-氯代乙基苯

（56%） （44%）

溴自由基不如氯自由基活泼，所以溴代比氯代有更强的选择性，溴代只发生在苄基碳上。

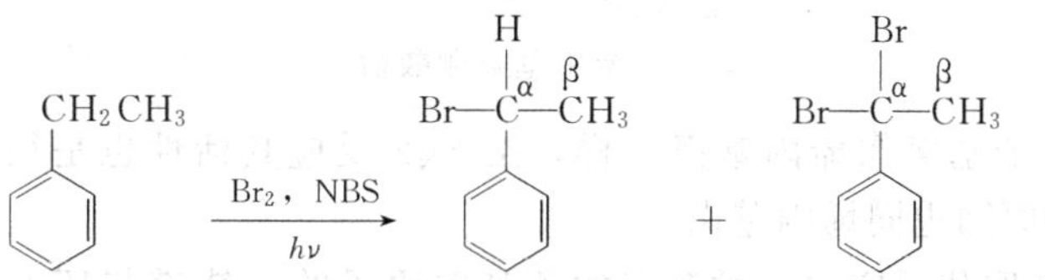

α-溴代乙基苯 α,α-二溴代乙基苯

（痕量）

单质溴（较便宜）和N-溴代琥珀酰亚胺（NBS）都可用作苄基碳上氢的溴代试剂。NBS 更

适合烯丙基碳上氢的溴代，因为它可以避免用 Br_2 反应时除了烯丙位被取代外，碳碳双键也和 Br_2 加成。另外苯环上有强致活的取代基，如—OH、—NH_2 等时也不能用 Br_2 进行侧链溴代，否则苯环上的氢也会被溴代。只有相对不活泼的苯环上的侧链能用上述两种溴代试剂进行溴代。

习题 5-26 给出上述乙苯溴代的反应机理。

习题 5-27 如果氯与乙苯的亚甲基和甲基随机反应，则氯代反应的产物比例是多少？根据上述乙苯氯代反应的产物的实际比例，给出乙苯的亚甲基氢和甲基氢氯代反应的活性比例。

习题 5-28 预测下列化合物在光照下分别与 1mol 的 Br_2、过量的 Br_2 反应的产物。

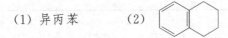

(1) 异丙苯　　(2) 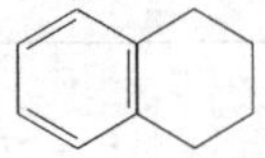

---

3. 苄基碳位的亲核取代

在第三章已经知道烯丙基卤比大多数的烷基卤在 S_N1 和 S_N2 反应中活泼得多，苄基卤在这些取代反应中也比较活泼，原因与烯丙基卤一样。

(1) S_N1 反应　S_N1 亲核取代反应要求卤素离子化，从而生成碳正离子。反应速率取决于碳正离子的稳定性，碳正离子越稳定，反应速率越快。苄基卤的卤素离子化后生成的苄基碳正离子（Ph—CH_2^+）(2°) 因共振作用与 3°烷基碳正离子的稳定性相当。

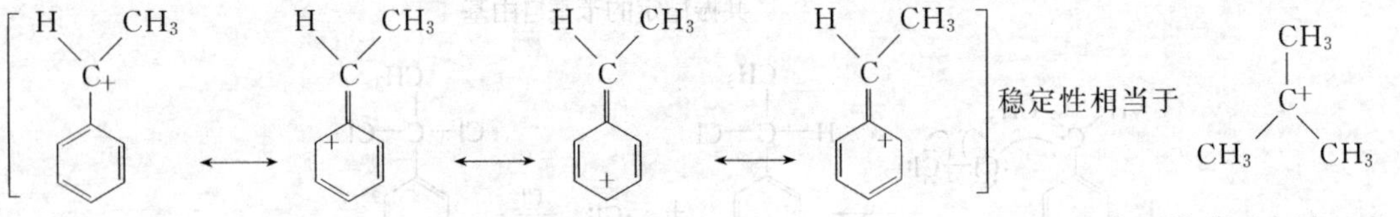
H
CH3
C+
稳定性相当于
CH3
C+
CH3
CH3

1-苯基乙基碳正离子(2°)　　叔丁基碳正离子 (3°)

苄基卤因生成相对稳定的碳正离子，所以进行 S_N1 反应比较容易。

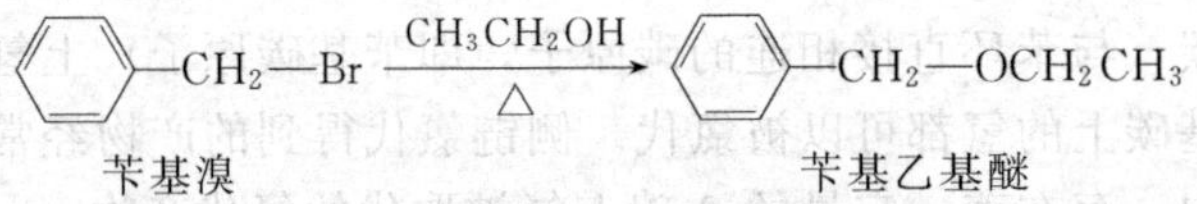
—CH2—Br
CH3CH2OH
△
—CH2—OCH2CH3

苄基溴　　苄基乙基醚

如果苄基碳正离子连接多于一个苯基，稳定效应就更强了。一个极端的例子是三苯基甲基碳正离子，它异常稳定，因为它的三个苯基都能分散正电荷而使其稳定。三苯甲基氟硼酸盐像稳定的离子盐那样能贮存好几年。

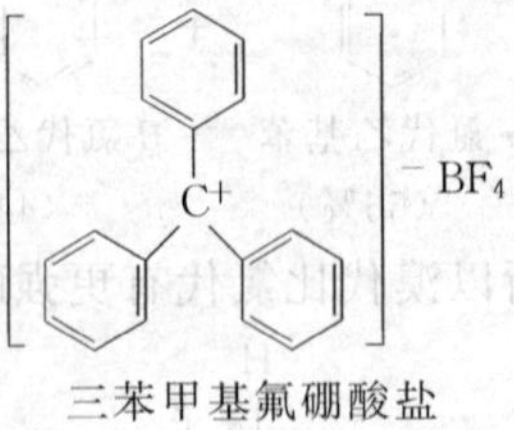
C+
BF4

三苯甲基氟硼酸盐

(2) S_N2 反应　苄基卤像烯丙基卤一样，按 S_N2 反应其活性也是很高的，是伯烷基卤的 100 倍。活性增强的原因也同烯丙基卤。

在苄基卤的 S_N2 取代反应中，过渡态的苄基碳原子的 p 轨道与环上的 π 键共轭，又与亲核试剂 Nu^- 部分键合，背面的离去基团 X 也与 p 轨道部分重叠，这种稳定的共轭降低了过渡态的能量，增强了反应活性。

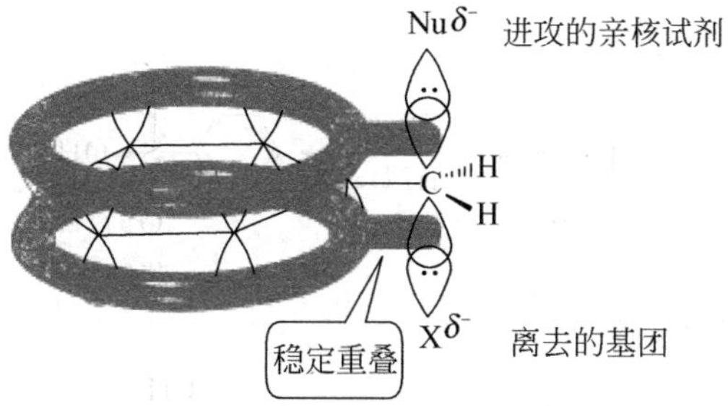

Nuδ^-
进攻的亲核试剂
C
H
H
Xδ^-
稳定重叠
离去的基团

苄基卤的 S_N2 取代反应能有效地将芳香甲基转变成其他官能团。因经卤代反应生成苄基卤后，接着可进行多种亲核取代反应，生成多种官能团的产物。

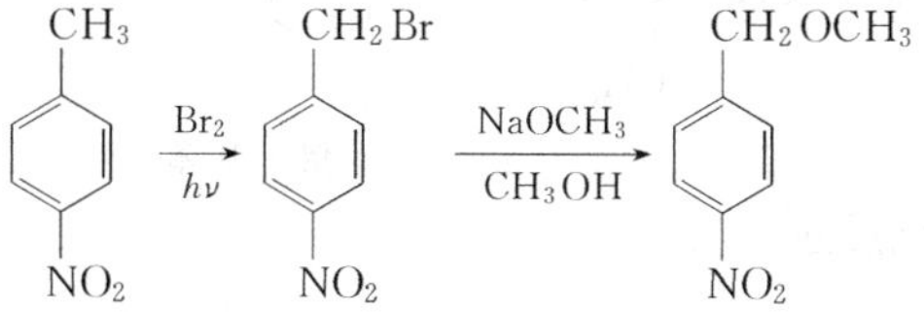

CH_3
NO_2
Br_2
$h\nu$
CH_2Br
NO_2
$NaOCH_3$
CH_3OH
CH_2OCH_3
NO_2

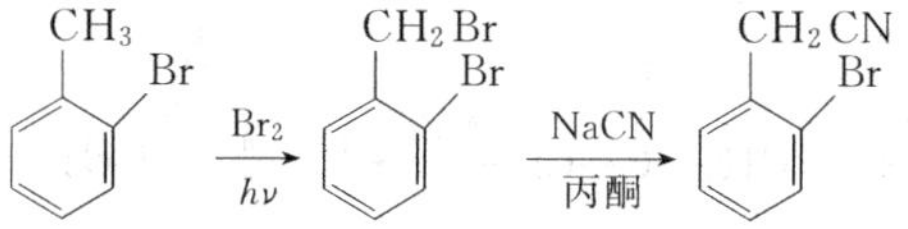

CH_3
Br
Br_2
$h\nu$
CH_2Br
Br
NaCN
丙酮
CH_2CN
Br

习题 5-29 （1）基于你所知道的烷基和苄基碳正离子的稳定性顺序，预测 1-苯基丙烯与 HBr 加成反应的主要产物。

（2）给出这一反应的反应机理。

习题 5-30 （1）基于你所知道的烷基和苄基自由基的稳定性顺序，预测 1-苯基丙烯与 HBr 在自由基引发剂存在下的加成反应的主要产物。

（2）给出这一反应的反应机理。

习题 5-31 用所给的原料合成下列化合物。

（1）3-苯基-1-丁醇，原料：苯乙烯

（2） 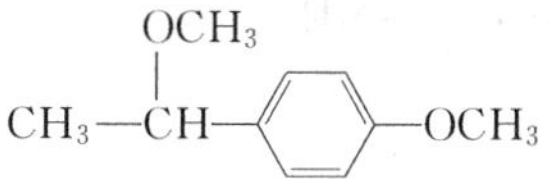

OCH_3
CH_3—CH—
—OCH_3

，原料：茴香醚

（3） 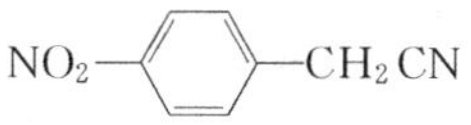

NO_2—
—CH_2CN

，原料：甲苯

芳香族化合物的反应总结

1. 芳香族亲电取代反应

（1）卤代

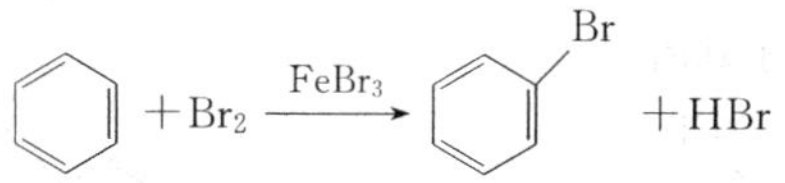

$+Br_2$
$FeBr_3$
Br
$+HBr$

溴苯

（2）硝化

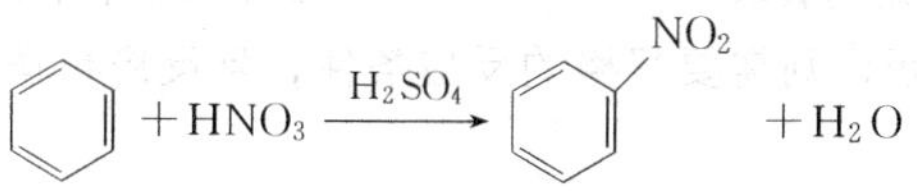

$+HNO_3$
H_2SO_4
NO_2
$+H_2O$

硝基苯

(3) 磺化

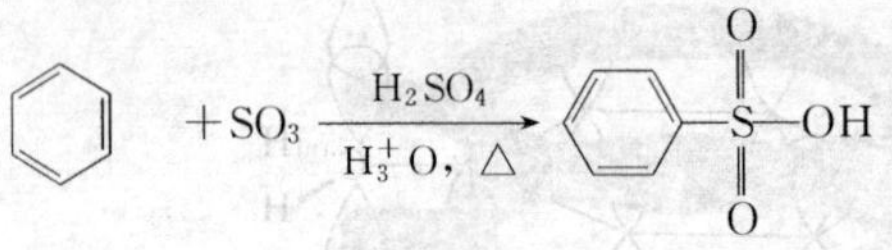

$+SO_3$
H_2SO_4
H_3^+O，△
O
S—OH
O

苯磺酸

(4) Friedel-Crafts 烷基化反应

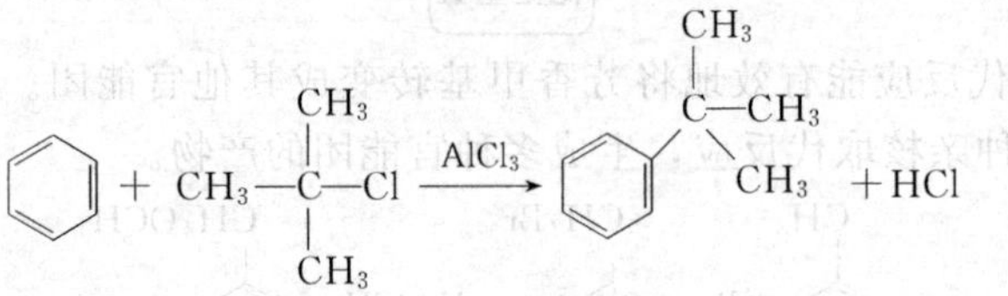

$+ CH_3—C—Cl$
CH_3
CH_3
$AlCl_3$
CH_3
$C—CH_3$
CH_3
$+HCl$

叔丁基苯

(5) Friedel-Crafts 酰基化反应

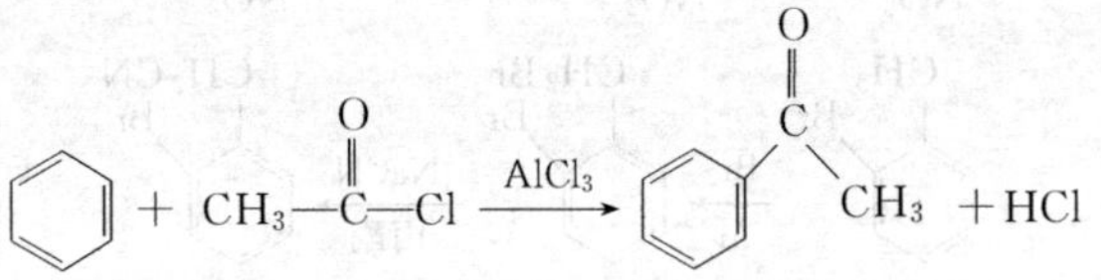

O
$+ CH_3—C—Cl$
$AlCl_3$
O
CH_3
$+HCl$

乙酰苯

(苯乙酮)

(6) 加特曼-科赫 (Gatterman-Koch) 合成

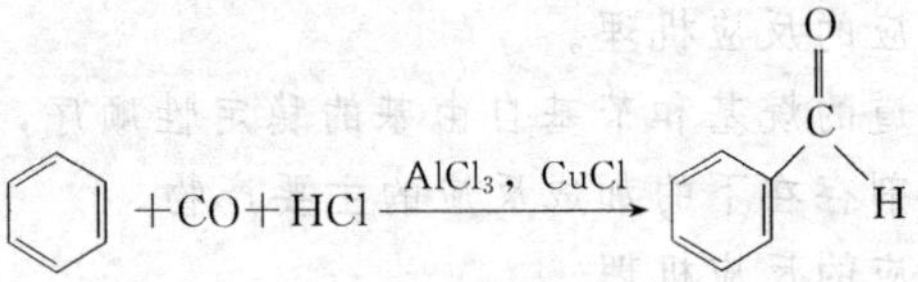

$+CO+HCl$
$AlCl_3$，CuCl
O
C
H

苯甲醛

(7) 取代基效应

致活的邻对位定位基：—R，$—\ddot{\underset{..}{O}}R$，$—\ddot{\underset{..}{O}}H$，$—\ddot{\underset{..}{O}}\!:^-$，$—\ddot{N}R_2$

致钝的邻对位定位基：—Cl，—Br，—I

致钝的间位定位基：$—NO_2$，$—SO_3H$，$—NR_3^+$，$\overset{|}{—C}=O$，—C≡N

2. 芳香族亲核取代反应

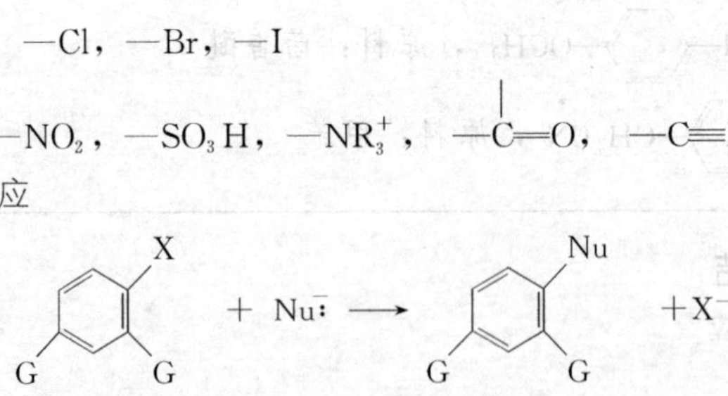

X
G
G
$+ Nu^{:-}$
Nu
G
G
$+X^-$

卤代苯　　强亲核试剂

(G=强吸电子基团)

例如：

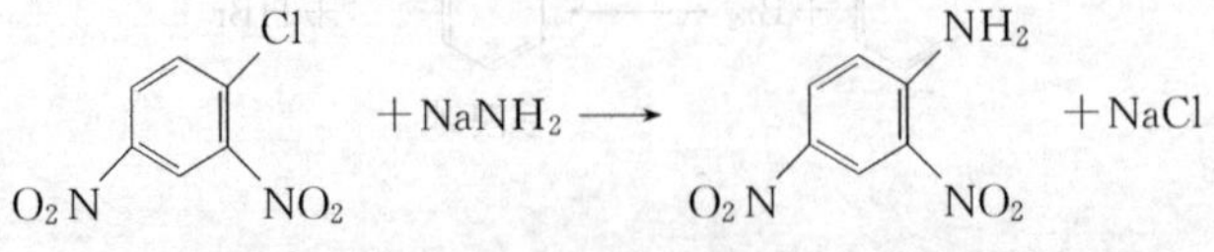

Cl
O_2N
NO_2
$+NaNH_2$
NH_2
O_2N
NO_2
$+NaCl$

2,4-二硝基氯苯　　　　2,4-二硝基苯胺

如果 G 不是强吸电子基团，则需要严格的反应条件，且反应机理中包含了苯炔中间体。

3. 加成反应

(1) 氯化

六氯代环己烷

(2) 催化氢化

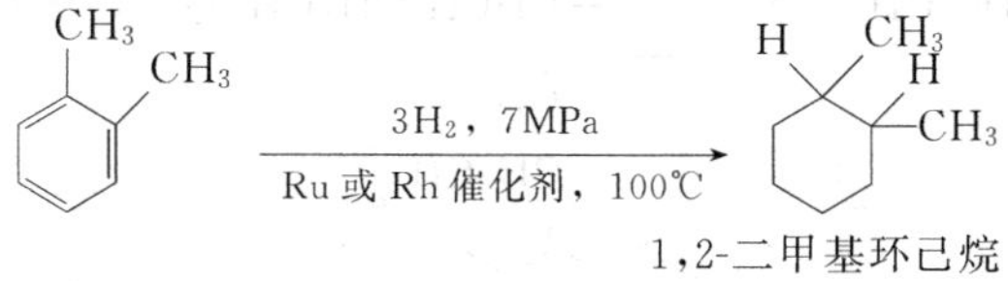

1,2-二甲基环己烷
(顺式和反式的混合物)

(3) 伯奇还原

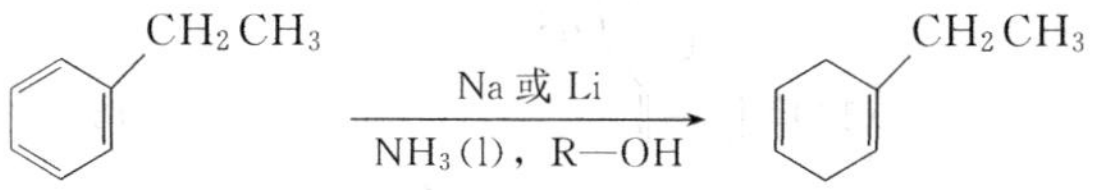

1-乙基-1,4-环己二烯

4. 侧链反应

(1) 克莱门森（Clemmensen）还原

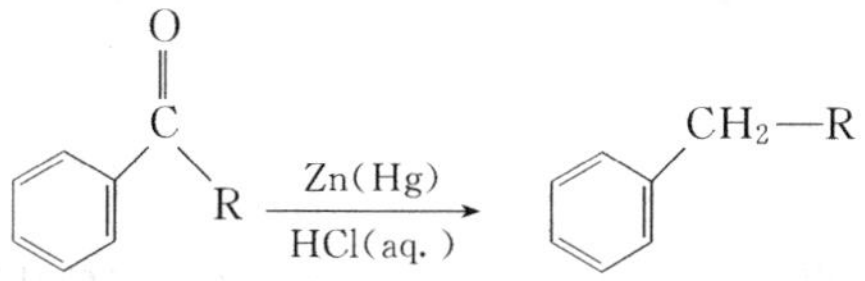

(2) 高锰酸钾氧化反应

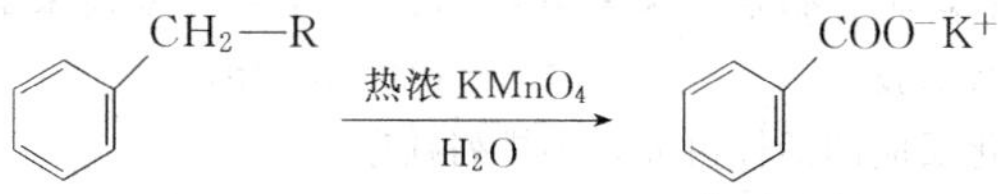

苯甲酸盐

(3) 侧链卤代

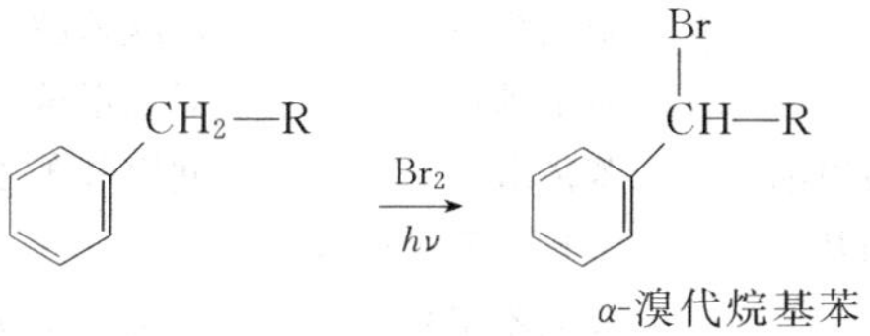

α-溴代烷基苯

(4) 苄基位的亲核取代反应

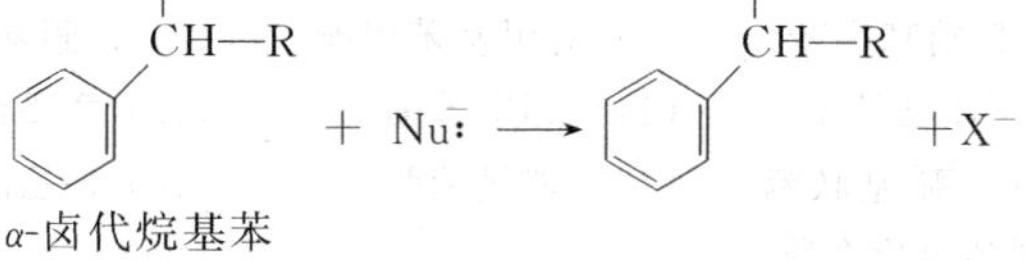

α-卤代烷基苯

习　　题

1. 写出分子式为 C_9H_{12} 的单环芳烃的同分异构体，并用系统命名法命名。

2. 命名下列化合物。

(1) 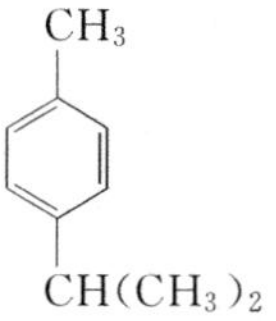

(2) 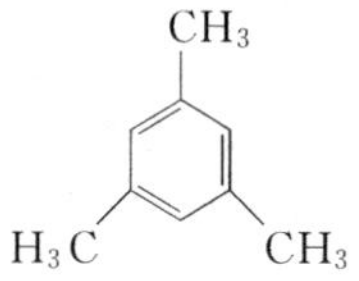

(3) 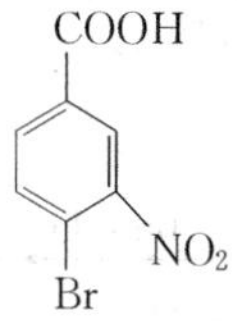

(4) 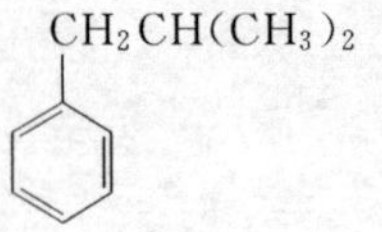
(5) 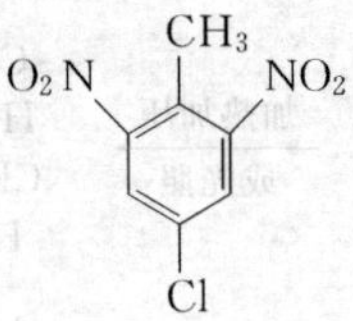
(6) 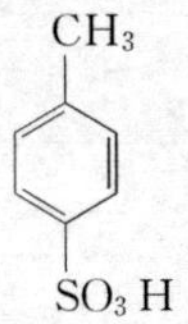

(7) 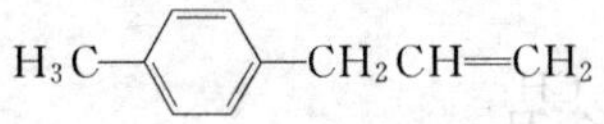
(8) 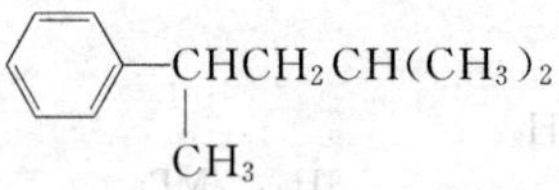
(9) 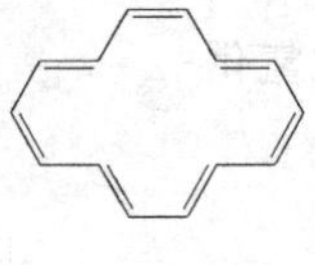

(10) 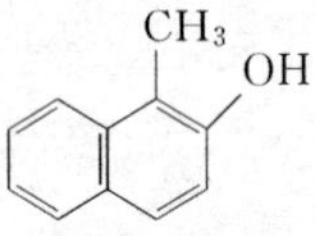
(11) 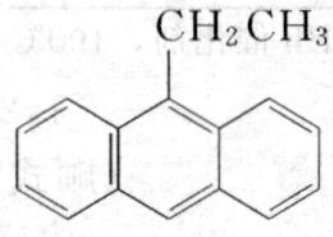
(12) 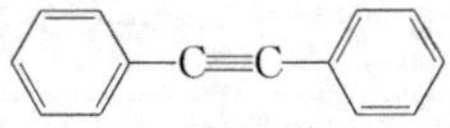

(13) 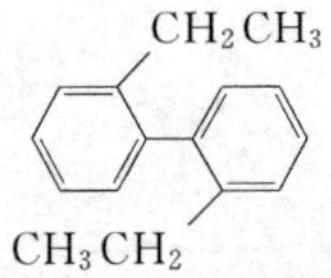
(14) 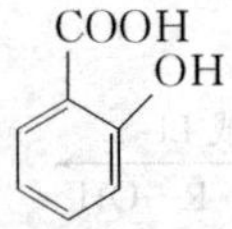
(15) 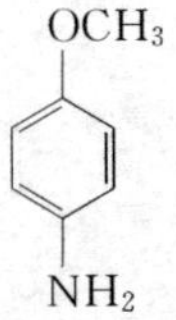

(16) 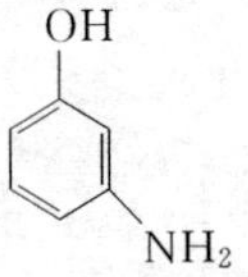

3. 写出下列化合物的结构式。

(1) 对二氯苯　(2) 均三甲苯　(3) 2,4,6-三硝基甲苯　(4) 顺二苯乙烯

(5) 环己基苯　(6) 2-氨基-3-硝基-5-溴苯甲酸　(7) 4-甲基-5-对溴苯基-1-戊炔

(8) 5-硝基-2-萘磺酸　(9) 联苯胺　(10) α-萘酚　(11) 1,2-二苯乙烷

4. 将下列各组化合物按环上硝化反应的活性由大到小排列顺序。

(1) 苯　甲苯　间二甲苯　对二甲苯

(2) 苯　甲苯　氯苯　苯酚　硝基苯

(3) 苯　苯胺　苯乙酮　乙酰苯胺

(4) 对苯二甲酸　甲苯　对甲苯甲酸　对二甲苯

(5) 苯乙醚　苯甲酸甲酯　苯磺酸　间甲基苯乙醚

(6) 氯苯　对氯硝基苯　2,4-二氯硝基苯

(7) 甲苯　苄氯　二氯苯甲烷　三氯苯甲烷

5. 用箭头标出下列化合物进行一次硝化时硝基进入的位置

(1) 三氟甲苯　(2) 苯乙酮　(3) 乙酰苯胺　(4) 乙酸苯酯

(5) 苯甲酸乙酯　(6) 2-硝基甲苯　(7) 对甲基苯甲醚　(8) 3-硝基乙酰苯胺

(9) 间溴苯磺酸　(10) 环己基苯　(11) 邻甲苯酚　(12) β-萘酚

(13) 1-硝基萘　(14) 4-硝基联苯　(15) 邻氯苯胺　(16) 3-乙酰基苯甲酸

6. 用简便的化学方法鉴别下列各组化合物。

(1) 苯　环己烷　环己烯　甲基环丙烷

(2) 苯乙烯　乙苯　苯乙炔

(3) 苯　1-己炔　1,5-己二烯

7. 如何用简便的化学方法除去甲苯催化加氢制得的甲基环己烷中少量的原料?

8. 完成下列反应。

(1) 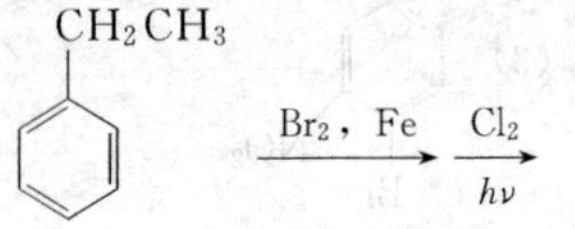

(2) 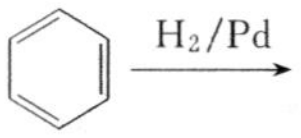
H2/Pd

(3) 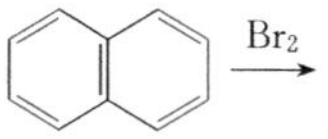
Br2

(4) 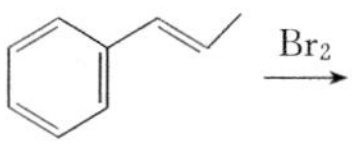
Br2

(5) 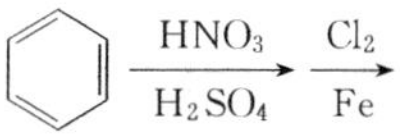
HNO3
H2SO4
Cl2
Fe

(6) 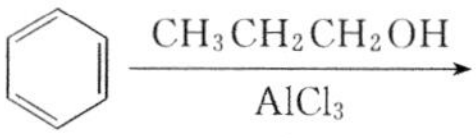
CH3CH2CH2OH
AlCl3

(7) 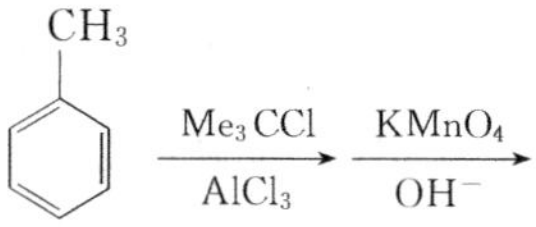
CH3
Me3CCl
AlCl3
KMnO4
OH⁻

(8) 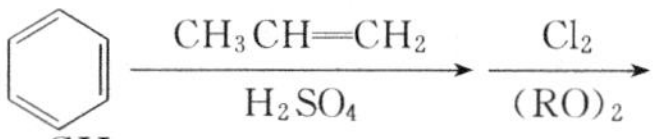
CH3CH═CH2
H2SO4
Cl2
(RO)2

(9) 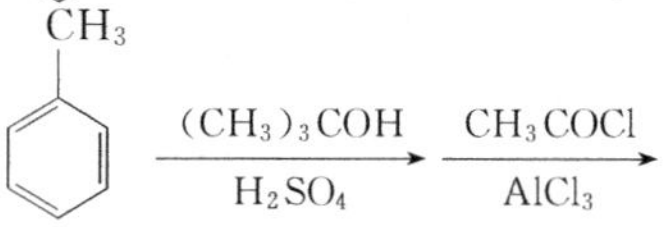
CH3
(CH3)3COH
H2SO4
CH3COCl
AlCl3

(10) 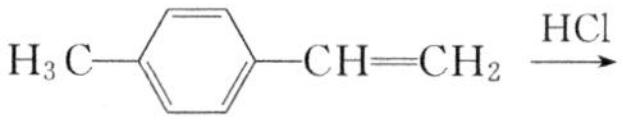
H3C
CH═CH2
HCl

(11) 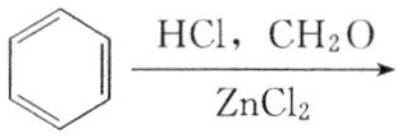
HCl，CH2O
ZnCl2

(12) 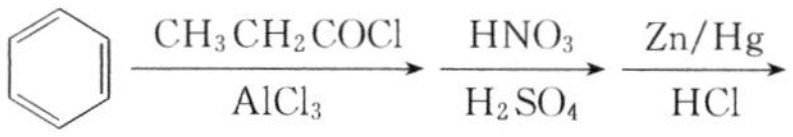
CH3CH2COCl
AlCl3
HNO3
H2SO4
Zn/Hg
HCl

(13) 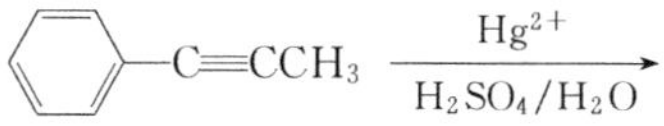
C≡CCH3
Hg2+
H2SO4/H2O

(14) 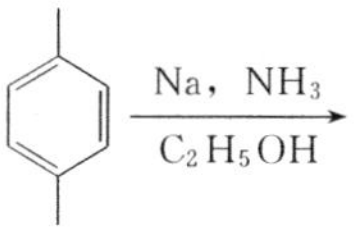
Na，NH3
C2H5OH

(15) 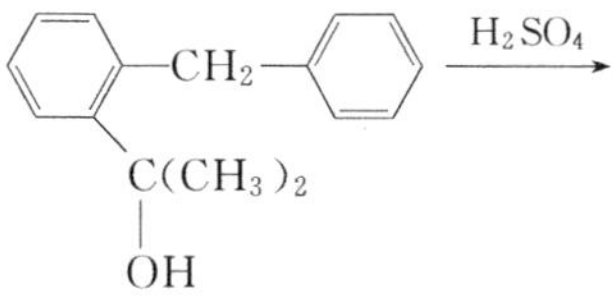
CH2
C(CH3)2
OH
H2SO4

(16) 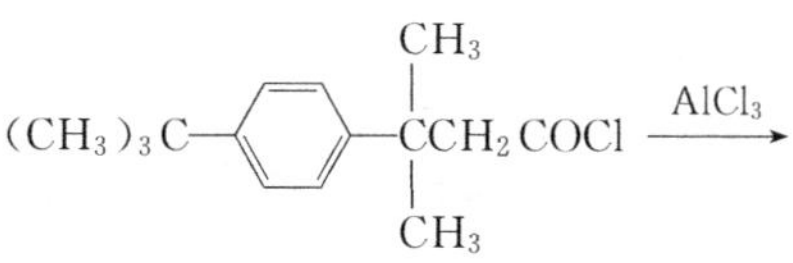
(CH3)3C
CH3
CCH2COCl
CH3
AlCl3

(17) 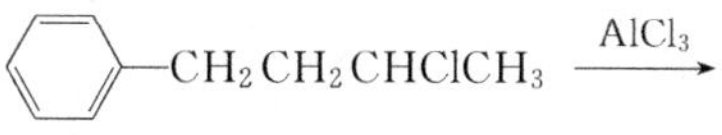
CH2CH2CHClCH3
AlCl3

(18) 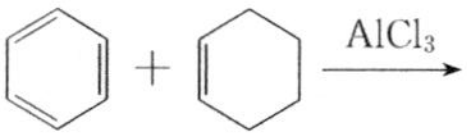
AlCl3

(19) 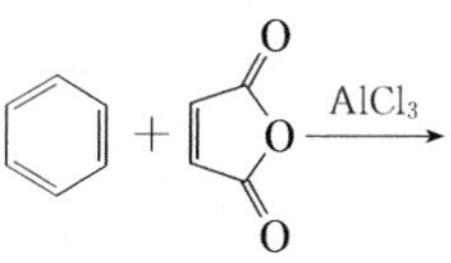
O
O
O
AlCl3

(20) 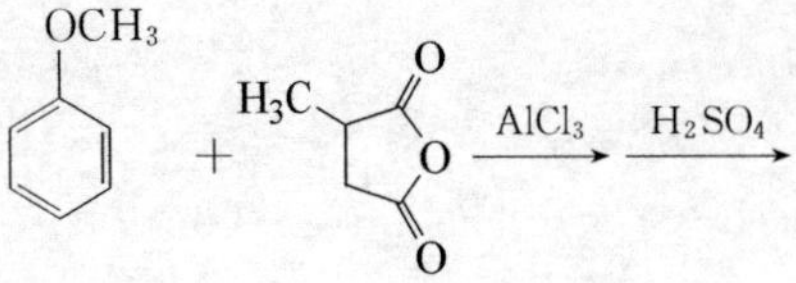
OCH3
H3C
O
O
O
AlCl3
H2SO4

(21) (　　　) $\xrightarrow{O_3}$ $\xrightarrow[HOAc]{Zn}$ $3CH_3COCOCH_3$

(22) 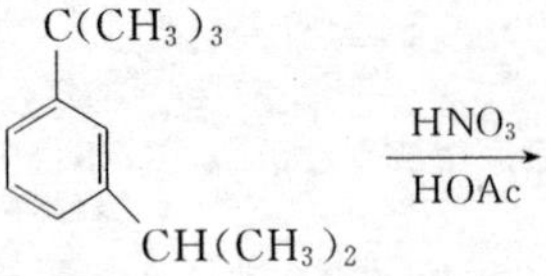
C(CH3)3
CH(CH3)2
HNO3
HOAc

(23) 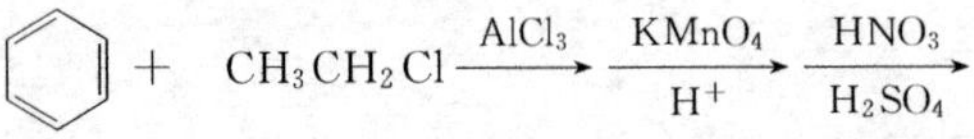
CH3CH2Cl
AlCl3
KMnO4
H+
HNO3
H2SO4

(24) 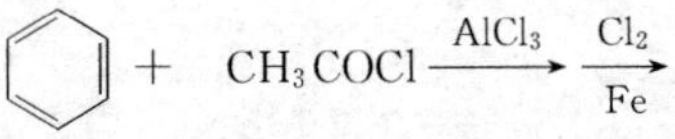
CH3COCl
AlCl3
Cl2
Fe

(25) 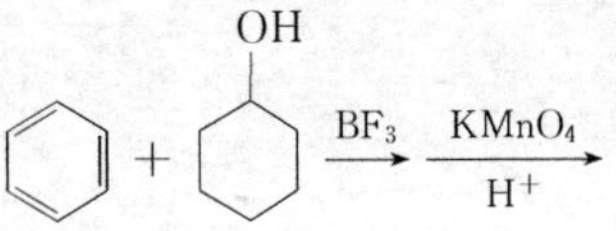
OH
BF3
KMnO4
H+

(26) 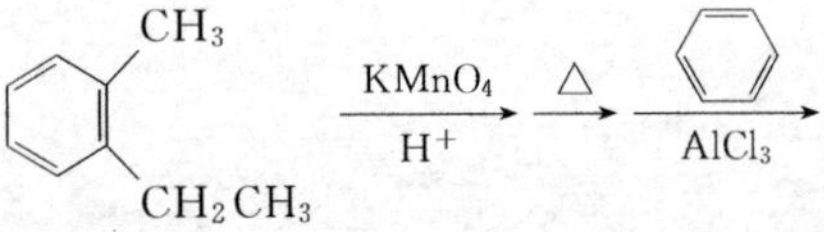
CH3
CH2CH3
KMnO4
H+
△
AlCl3

(27) 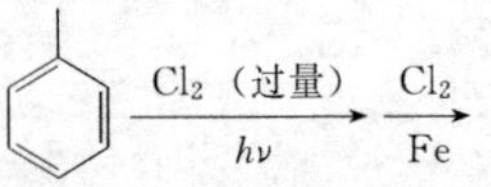
Cl2（过量）
hν
Cl2
Fe

9. 完成下列反应。

(1) 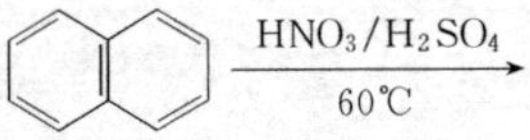
HNO3/H2SO4
60℃

(2) 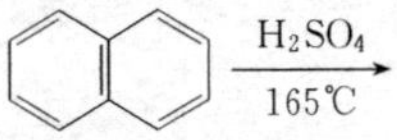
H2SO4
165℃

(3) 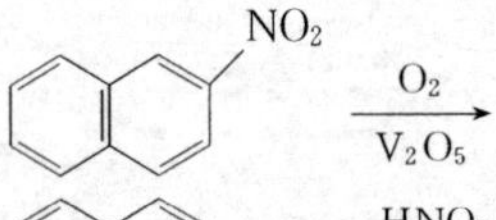
NO2
O2
V2O5

(4) 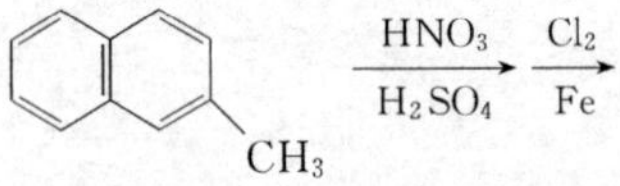
HNO3
H2SO4
Cl2
Fe
CH3

(5) 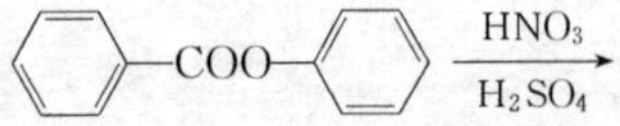
COO
HNO3
H2SO4

(6) 
CONH
Cl2
Fe

(7) 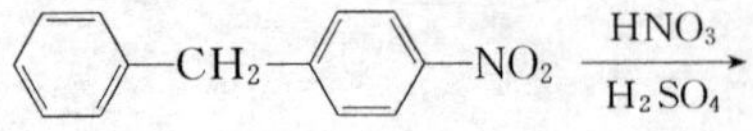
CH2
NO2
HNO3
H2SO4

(8) 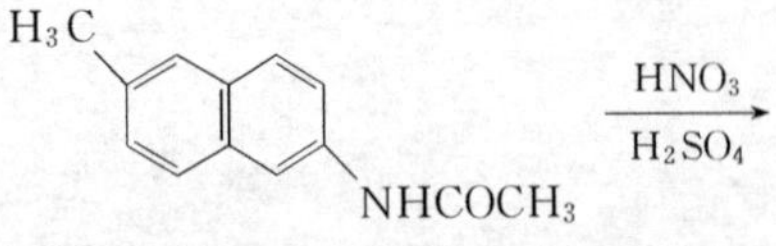
H3C
NHCOCH3
HNO3
H2SO4

(9) 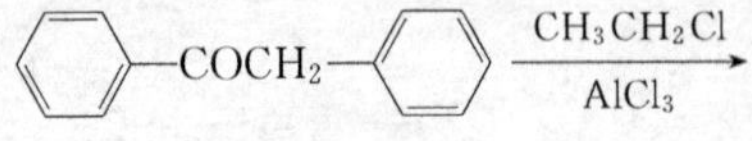
COCH2
CH3CH2Cl
AlCl3

(10) 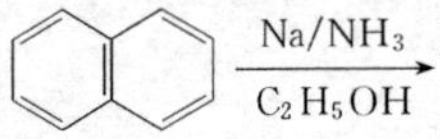
Na/NH3
C2H5OH

10. 写出下列反应的反应机理。

（1） 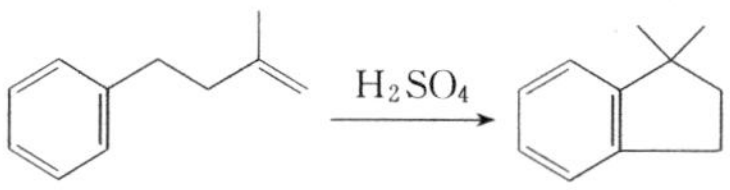
H_2SO_4

（2） 在紫外线的照射下，甲苯和 $CBrCl_3$ 的混合物反应生成等量的溴苄和氯仿。写出这个反应的反应机理。从反应产物中还分离得到少量的 HBr 和 C_2Cl_6，这些产物是怎样形成的？

（3） 苯乙烯与硫酸一起加成有下列两种化合物生成，试写出该反应的反应机理。

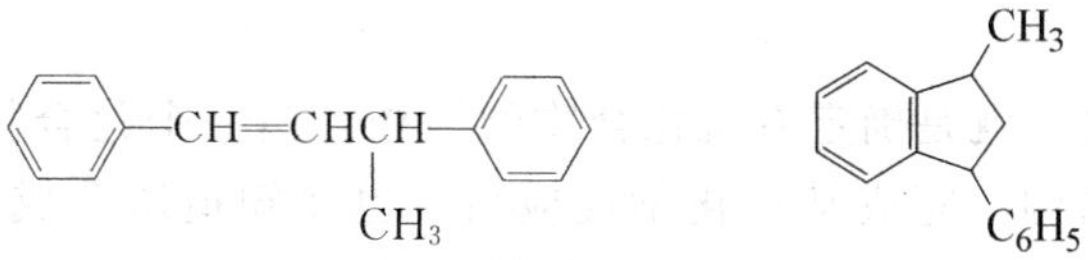
CH=CHCH
CH_3
CH_3
C_6H_5

（4） 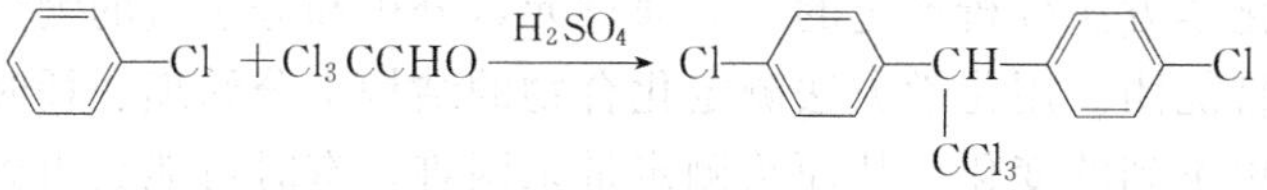
Cl
$+Cl_3CCHO$
H_2SO_4
Cl
CH
Cl
CCl_3

11. 推测下列化合物的结构。

（1） 某不饱和烃 A，分子式为 C_9H_8，它能和氯化亚铜氨溶液反应生成红色沉淀。化合物 A 进行催化加氢得到 B，分子式为 C_9H_{12}。将化合物 B 用酸性高锰酸钾氧化得到酸性化合物 C，分子式为 $C_8H_6O_4$。将 C 加热得到 D，分子式为 $C_8H_4O_3$。若将化合物 A 和 1,3-丁二烯作用，则得到另一不饱和化合物 E，继续进行脱氢反应生成了 2-甲基联苯。试推测 A～E 的结构。

（2） 化合物 A 的分子式为 C_9H_8，在室温下能迅速使溴的四氯化碳溶液和稀的高锰酸钾溶液褪色，在温和的条件下氢化时只吸收 1mol H_2，生成化合物 B，分子式为 C_9H_{10}；A 在强烈的条件下氢化时可吸收 4mol H_2；A 强烈氧化时可生成邻苯二甲酸。试推测 A 和 B 的结构。

（3） 化合物 A 分子式为 $C_{16}H_{16}$，能使 Br_2/CCl_4 及冷稀高锰酸钾溶液褪色，化合物 A 能与 1mol H_2 加成，当它与热的浓的高锰酸钾溶液反应时，只生成一种二元酸 $C_6H_4(COOH)_2$，此二元酸溴化时只生成一种单溴代的二元酸。试推测化合物 A 的可能结构。

（4） 从月桂叶油中分离出两个化合物 A、B，A、B 为同分异构体，分子式为 $C_{10}H_{12}$，A、B 都不溶于稀酸和稀碱，但都能和高锰酸钾溶液、溴的四氯化碳溶液反应，经氧化都生成 C（$C_7H_8O_2$），硝化时只能产生两种一硝基化合物 D、E，其中 D 为主要产物，无论是 A 还是 B 在酸催化下都可以得到以 A 为主的 A、B 混合物。试推测 A～E 的结构。

12. 由苯、甲苯、萘和不超过 4 个碳原子的有机原料合成下列化合物。

（1） α-甲基-α-溴乙苯　（2） 2-硝基-1,4-苯二甲酸　（3） 4-硝基-2-溴苯甲酸

（4） 由苯甲醚合成 4-硝基-2,6-二溴苯甲醚　（5） 对叔丁基苯甲酸　（6） 间硝基苯乙酮

（7） 1,1-二苯基乙烷　（8） 5-硝基-2-萘磺酸　（9） 1-硝基-5-溴萘

（10） 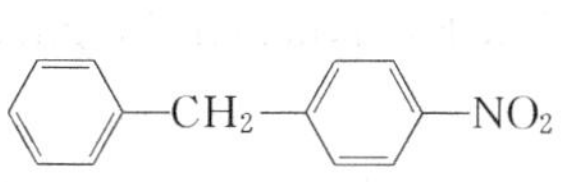
CH_2
NO_2

（11） 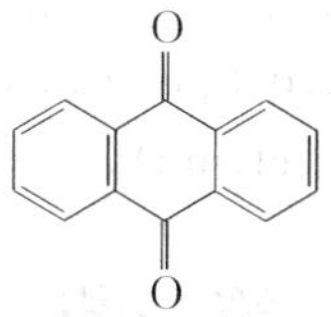
O
O

13. 下列化合物是否具有芳香性？说明理由。

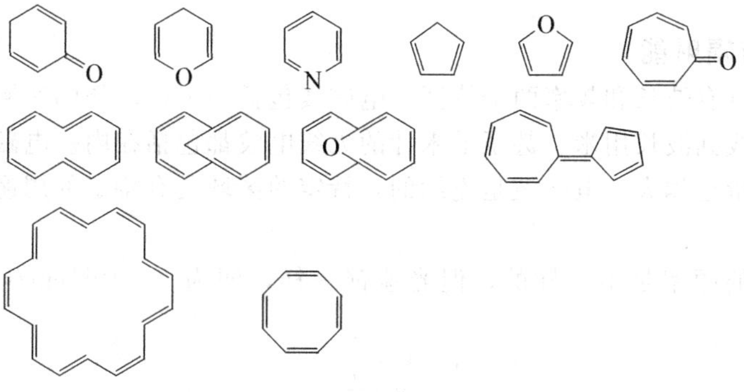
O
O
N
O
O
O

（南通大学，吴锦明）

第六章　红外光谱和紫外光谱

有机化学的任务之一就是确定有机化合物的结构。当一个化合物从自然界中分离得到后，首要的任务是确定其结构；完成某一化学反应后，也要知道所合成的化合物是不是设想的结构。早期有机化合物的结构是用化学方法分析测定的。如通过元素分析和分子量的测定确定分子式，通过化学反应确定特定的官能团。用化学方法测定化合物的结构十分繁琐、耗时，而且在化学反应过程中往往会发生意想不到的变化，从而给测定带来困难，有时可能会得到错误的结果。吗啡（$C_{15}H_{15}O_3N$）从1803年第一次被提纯，至1952年完全清楚其结构，其间经历了150年。

现代物理方法的出现，如波谱技术等的应用，在准确、迅速确定有机化合物结构方面有着明显的优势，大大丰富了有机化合物的鉴定手段。有机化合物的波谱分析是指在电磁波（光）的作用下，对有机分子由于某种运动状态的改变所产生的现象加以分析，从而测定该有机化合物结构的一种分析方法。电磁波具有波粒二重性，不同波长的电磁波具有不同的能量。分子的某些运动是量子化的，对应于相应的能量。分子的运动形式有分子转动、键的振动、电子的跃迁等。当具有相应能量的电磁波作用于分子后，会引起分子某种运动能级的跃迁，而这些跃迁与分子的结构密切相关，对这些跃迁加以综合分析，就能解析分子的结构。应用波谱法可弥补化学分析方法的不足（既快速又准确，样品用量极少）。目前，化学分析方法基本上被现代物理实验方法所取代。某化合物的波谱数据就像该化合物的熔点、沸点、折射率等物理常数一样，成为该化合物结构的重要参数。

波谱法的应用为化合物性质与结构之间的关系提供了实验依据，通过谱图能将分子结构清楚地表达出来。很多物质，如从动植物中分离出的微量生物物质（如昆虫激素）、不稳定分子、反应中间体等，只能用波谱法测定它们的结构。因而，波谱法已成为研究有机物结构的一种重要和主要的手段。有机物的结构测定常用到四大光谱：紫外光谱（UV，Ultraviolet Spectrum）、红外光谱（IR，Infrared Spectrum）、核磁共振谱（NMR，Nuclear Magnetic Resonance）和质谱（MS，Mass Spectrum）。

第一节　基础知识

一、电磁波与辐射能

光是电磁波，具有波长和频率两个特征。电磁波包括一个极广阔的区域，从波长只有千万分之一纳米的宇宙线到波长用米、甚至千米计的无线电波都包括在内。电磁波的波长越短，频率越高，具有的能量也越大。电磁波是连续的，特定的区域具有特定的用途。电磁波谱图如图6-1所示。

每种波长的光的频率是不一样的，但光速都一样，即为3×10^{10} cm/s。波长与频率的关系为：

$$\nu=\frac{c}{\lambda} \qquad (8\text{-}1)$$

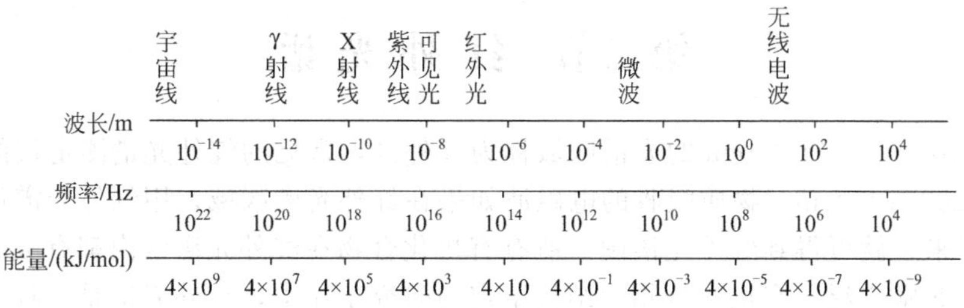
宇宙线
γ射线
X射线
紫外线
可见光
红外光
微波
无线电波
波长/m
10^{-14} 10^{-12} 10^{-10} 10^{-8} 10^{-6} 10^{-4} 10^{-2} 10^{0} 10^{2} 10^{4}
频率/Hz
10^{22} 10^{20} 10^{18} 10^{16} 10^{14} 10^{12} 10^{10} 10^{8} 10^{6} 10^{4}
能量/(kJ/mol)
4×10^{9} 4×10^{7} 4×10^{5} 4×10^{3} 4×10 4×10^{-1} 4×10^{-3} 4×10^{-5} 4×10^{-7} 4×10^{-9}

图 6-1 电磁波谱

式中，ν 为频率，Hz(赫兹)；λ 为波长，cm(厘米)。波长的单位很多，如 cm、μm、nm、Å 等。

例如，$\lambda=300$nm 的光，它的频率为（$1\text{Hz}=1\text{s}^{-1}$）：

$$\nu=\frac{c}{\lambda}=\frac{3\times10^{10}\,\text{cm/s}}{300\times10^{-7}\,\text{cm}}=10^{15}\,\text{Hz}$$

频率的另一种表示方法是波数，即在 1cm 长度内波的数目。如波长为 300nm 的光的波数为 $\frac{1}{300\times10^{-7}\,\text{cm}}=33333\text{cm}^{-1}$。

每一种波长的电磁辐射都伴随着能量，即

$$E=h\nu=\frac{hc}{\lambda} \tag{8-2}$$

式中，h 为普朗克常数，$6.626\times10^{-34}\text{J}\cdot\text{s}$。

二、吸收光谱的产生

物质的分子和分子中的原子、电子、原子核等都是运动着的，每种运动都有不同的能级。如核外电子的运动及电子与原子核的作用所具有的能量称为电子能；分子内原子离开其平衡位置作振动所具有的能量称为振动能；分子本身绕其质心旋转运动时的能量称为转动能。量子理论认为，分子中各种运动状态所对应的能级是量子化的，即能级的能量变化是不连续的。只有当电磁波的能量与分子中两能级之间的能量差相等时，分子才可能吸收该电磁波的能量，并从较低的能级跃迁到较高的能级。如果用 ΔE 表示两个能级 E_1 和 E_2 之间的能量差，当电磁波的频率与 ΔE 符合下列关系，即 $\Delta E=E_2-E_1=h\nu$ 时，电磁波才能为分子所吸收。当不同波长的电磁波作用于分子时，可引起分子内不同能级的改变，即不同的能级跃迁。把某一化合物对不同波长的电磁波的吸收（以透射率或吸光度表示）记录下来，就成为该化合物的吸收光谱。吸收光谱与分子的结构密切相关，每个化合物都有自己特定的吸收光谱。与其他物理性质一样，吸收光谱也是化合物的固有性质，即化合物对光的吸收性质，因此吸收光谱可以作为鉴定一个化合物的重要依据之一。

分子吸收光谱一般分为以下三类：

（1）转动光谱　分子所吸收的电磁波引起分子转动能级的跃迁，转动能级之间的能量差很小，位于远红外及微波区内，在有机化学中用处不大。

（2）振动光谱　分子所吸收的电磁波引起振动能级的跃迁，吸收波长大多位于 2.516μm 内（中红外区内），因此称为红外光谱。

（3）电子光谱　分子所吸收的电磁波使电子激发到较高能级，引起电子能级的跃迁，吸收波长在 100～800nm，为紫外-可见光谱。

第二节　红外光谱

波长 $8\times10^{-5}\sim1\times10^{-2}$cm 的光谱区域称为红外区，常见的红外光谱测定仪的波长范围是 $2.5\times10^{-5}\sim25\times10^{-5}$cm。物质吸收的电磁波如果在红外光谱区域，用红外光谱仪把产生的红外谱带记录下来，就可得到红外光谱图。所有有机化合物在红外光谱区内都有吸收。因此，红外光谱的应用非常广泛。有机化合物的结构鉴定与研究工作中，红外光谱是一种重要手段，用它可以确证两个化合物是否相同，也可以确定一个新化合物中是否存在某一化学键或官能团。

红外光谱图多以波长 λ（nm）或波数 σ（cm^{-1}）为横坐标，表示吸收峰的位置，多以透光率 T 为纵坐标，表示吸收强度。此时谱图中的吸收"峰"，其实是向下的"谷"。所以在红外光谱中"谷"越深（T 越小），吸光度越大，吸收强度越强。如图 6-2 所示为乙醛的红外光谱图。

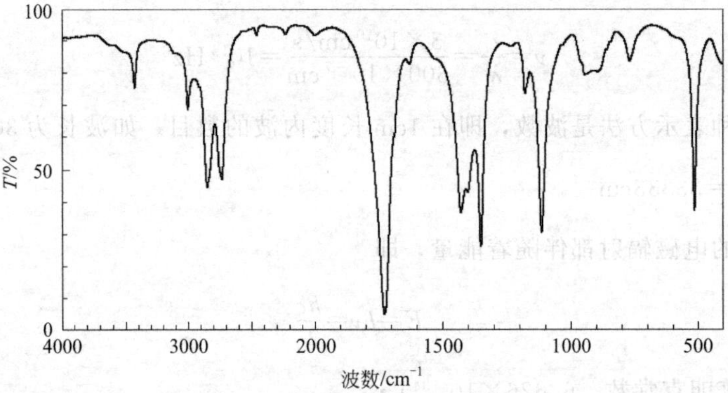

100
50
0
T/%
4000
3000
2000
1500
1000
500
波数/cm⁻¹

图 6-2　乙醛的红外光谱图

一、分子振动

（一）双原子分子的振动

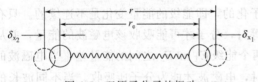

双原子分子的两个原子由化学键相连，就像两个用弹簧连接的球体一样，两个原子的距离可以发生变化。若把两原子间的化学键看成质量可以忽略不计的弹簧，长度为 r（键长），两个原子看成是质量分别为 m_1、m_2 的两个小球，则它们之间的伸缩振动可以近似看成沿轴线方向的简谐振动，如图 6-3 所示。

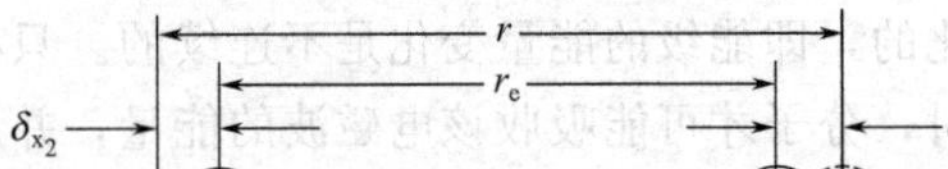

r
rₑ
δx₂
δx₁

图 6-3　双原子分子的振动

可以把双原子分子称为谐振子。这个体系的振动频率 ν 可由经典力学（虎克定律）导出：

$$\nu=\frac{1}{2\pi}\sqrt{\frac{K}{\mu}} \tag{8-3}$$

$$\bar{\nu}=\frac{1}{2\pi c}\sqrt{\frac{K}{\mu}} \tag{8-4}$$

$$\mu=\frac{m_1m_2}{m_1+m_2} \tag{8-5}$$

式中，μ 为折合质量，kg；K 为化学键的力常数，N/m；ν 为频率；$\bar{\nu}$为波数。常见化学键的力学数见表 6-1。

伸缩振动的频率取决于原子的质量和键的强度。重原子的振动频率比轻原子的振动频率小，例如 C—D 的特征频率比 C—H 的小。键能相近的一些化学键的振动频率随着原子质量的增加而减小。同类原子组成的化学键（折合质量相同），键越强，振动频率越高。

表 6-1　常见化学键的力常数

化学键	力常数/(10^5dyn/cm)	化学键	键能/(10^5dyn/cm)
C—H(CH_3X)	4.7～5.0	O—H(H_2O)	7.8
C—H(CH_2═CH_2)	5.1	O—H(游离)	7.12
C—H(CH≡CH)	5.9	C—N	4.7～5.0
C—C	4.5～5.6	C≡N	16～18
C═C	9.5～9.9	C—O	5.0～5.8
C≡C	15～17	C═O	12～13

注：

习题 6-1　根据表 6-1 的力常数数据，分别计算 C—C、C═C、C≡C、C—O、O—H、C═O 的吸收频率。

（二）多原子分子的振动

多原子分子具有复杂的分子振动形式，分子的振动可以分为伸缩振动和弯曲振动两大类。

1. 基本振动类型

（1）伸缩振动　伸缩振动用 v 表示，是指原子沿着键轴方向伸缩，使键长发生周期性的变化而键角不变的振动。

周围环境的改变对伸缩振动频率的影响较小。由于振动偶合作用，原子数 $n \geqslant 3$ 的基团还可以分为对称伸缩振动和不对称伸缩振动，分别用符号为 v_s 和 v_{as} 表示，一般 v_{as} 比 v_s 的频率高。例如亚甲基的伸缩振动可表示为：

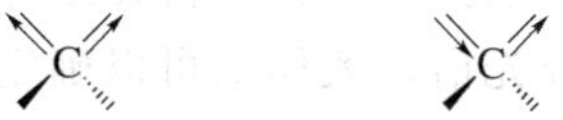

对称伸缩振动　　不对称伸缩振动

伸缩振动的频率一般在 1600～3500cm^{-1} 范围内，都与一定的官能团（化学键）相对应，具有特征性，故该区域又称为特征区，其红外光谱是研究的重点。通过研究发现，同一类型的化学键的振动频率非常接近，总是在某个范围内。例如 CH_3—NH_2 中 NH_2 具有一定的吸收频率（3500～3100cm^{-1}），而很多含有 NH_2 基团的化合物，在这个频率附近也出现吸收峰。因此，凡是能用于鉴定原子团存在并有较高强度的吸收峰，均称为特征峰，对应的频率称为特征频率。一个基团除有特征峰外，还有很多其他振动形式的吸收峰，习惯上称之为相关峰。

（2）弯曲振动　弯曲振动又称变形或变角振动，用 δ 表示，一般是指基团键角发生周期性变化的振动或分子中原子团对其余部分所作的相对运动。弯曲振动的力常数比伸缩振动的小，因此同一基团的弯曲振动在其伸缩振动的低频区出现。另外弯曲振动对环境结构的改变可以在较广的波段范围内出现，所以一般不把它作为特征频率处理。例如亚甲基的弯曲振动有：

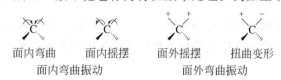

面内弯曲　面内摇摆　面外摇摆　扭曲变形

面内弯曲振动　　面外弯曲振动

没有两个化合物（对映体除外）具有一样的红外光谱吸收。红外光谱能给出在 600～1400cm^{-1} 范围内一个化合物大量的红外吸收峰，而这些吸收峰仅仅显示该化合物的红外特征，犹如人的指纹，因此该区域又称为指纹区。指纹区的吸收峰数目较多，往往大部分不能找到归属。同一化合物在不同的测定条件下，会有不同的指纹吸收。

2. 分子振动自由度

双原子分子只有一种振动方式（伸缩振动），只产生一个基本振动吸收峰。多原子分子的振动比双原子分子的振动要复杂得多。多原子分子随着原子数目的增加，振动方式也越复杂，出现一个以上的吸收峰，这些峰的数目与分子的振动自由度有关。

在研究多原子分子时，常把多原子的复杂振动分解为许多简单的基本振动（又称简正振动），这些基本振动的数目称为分子的振动自由度，简称分子自由度。分子自由度数与该分子中各原子在空间坐标中运动状态的总和相关。经典振动理论表明，含 n 个原子的线型分子其振动自由度为 $3n-5$，非线型分子的振动自由度为 $3n-6$。每种振动形式都有它特定的振动频率，即有相对应的红外吸收峰，因此分子振动自由度数越大，在红外吸收光谱中出现的峰数也就越多。

习题 6-2 计算水、二氧化碳、甲烷、乙炔和环己烷的振动自由度。

（三）产生红外吸收的条件

有机分子中的化学键处于不断地振动之中，振动的瞬间如有偶极矩发生变化，则这种变化称为瞬间偶极矩的变化。只有当电磁波的频率与化学键的某种振动频率一致，而且分子在振动过程中有瞬间偶极矩的改变时，才能在红外光谱中出现相对应的吸收峰，这种振动称为具有红外活性的振动。

例如，CO_2（有 4 种振动形式）分子在红外谱图上只有两个吸收峰（$2349cm^{-1}$、$667cm^{-1}$）。

二、红外光谱的重要区段

1. 红外光谱的重要区段

化合物分子的振动方式多，大多数振动方式都会在红外区产生吸收，所以红外光谱图一般很复杂。研究大量有机化合物的红外光谱，大体上可以确定各种化学键在哪些频率范围内产生吸收。为了便于谱图解析，可将红外光谱区分为八个主要区段，见表 6-2。

表 6-2 红外光谱的八个重要区段

区段	波数/cm^{-1}	基团类型
1	3650～2500	O—H，N—H(伸缩振动)
2	3300～3000	—C≡C—H，—C=C—H，Ar—H(伸缩振动)
3	3000～2700	$—CH_3$，$—CH_2—$，≡C—H，—CHO(伸缩振动)
4	2400～2100	C≡C—，—C≡N（伸缩振动）
5	1900～1650	C=O(伸缩振动)
6	1690～1500	C=C(伸缩振动)，苯环骨架(伸缩振动)
7	1475～1000	X—H（面内弯曲振动），X—Y(伸缩振动)
8	1000～650	C—H（面外弯曲）

烯烃、芳烃的 C—H 键的面外弯曲振动（γ_{C-H}）在 $1000～650cm^{-1}$ 区域出现，对结构很敏感，人们常常借助于这些吸收峰来鉴别各种取代类型的烯烃及芳环上取代基的位置等，见表 6-3 和表 6-4。

表 6-3 =C—H 的面外弯曲振动

烯烃类型	=C—H 面外弯曲振动吸收位置/cm^{-1}
$R^1CH=CH_2$	995～985，910～905
$R^1R^2C=CH_2$	895～885
$R^1CH=CHR^2$(顺)	730～650
$R^1CH=CHR^2$(反)	980～965
$R^1R^2C=CHR^3$	840～740

表 6-4 取代苯的 C—H 的面外弯曲振动

取代类型	=C—H 面外弯曲振动吸收位置/cm^{-1}
苯	670
单取代	770～730，710～690
邻二取代	770～735
间二取代	810～750，710～690
对二取代	833～810

2. 官能团区和指纹区

第 1～6 区的吸收都有一个共同点，即每一红外吸收峰都与一定的官能团相对应，此区域称为官能团区。官能团区的每个吸收峰都表示某一官能团的存在，原则上每个吸收峰均可以找到归属。

第 7 区和第 8 区与官能团区不同，虽然在此区域内的一些吸收也对应着某些官能团，但大量的吸收峰仅仅显示该化合物的红外特征，犹如人的指纹。指纹区的吸收峰数目较多，往往大部分不能找到归属，但大量的吸收峰表示了有机化合物的具体特征。

官能团区和指纹区对红外谱图的分析各有帮助。从官能团区可以找出该化合物存在的官能团；指纹区的吸收则用来和标准谱图进行分析比较，得出未知的结构和已知结构相同或不同的确切结论。官能团区和指纹区的功用正好相互补充。

三、烃的红外光谱

烃类化合物只有碳碳键和碳氢键，红外光谱不能提供足够的信息来确定化合物的结构。由于一般烃类都有这些谱带，从结构解析的角度，它们缺乏"诊断"价值。

1. 碳碳键的伸缩振动

同类原子组成的化学键（折合质量相同），键越强，振动吸收频率越大。碳碳单键的吸收峰处于约 1200cm^{-1}左右，碳碳双键的吸收峰处于约 1660cm^{-1}左右，碳碳叁键的吸收峰处于约 2200cm^{-1}左右。

碳碳单键的吸收峰不特征，对结构的解析帮助不大。碳碳双键的吸收峰对结构的解析很有帮助，大多数不对称取代烯烃在 1600～1680cm^{-1}区域都有中等强度至强的 C═C 键的伸缩振动吸收峰出现。如果有共轭双键存在，则碳碳双键的伸缩振动频率会向低波数方向移动。孤立 C═C 键的吸收峰处于 1640～1680cm^{-1}区域，共轭 C═C 键的吸收峰处于 1620～1640cm^{-1}区域。例如：

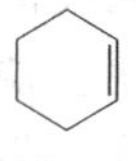
1645cm^{-1}

1620cm^{-1}

苯分子中没有单键与双键之分，碳碳键完全平均化，因此在苯分子中，碳碳键的伸缩振动频率处于约 1600cm^{-1}左右。

碳碳叁键的伸缩振动一般为一较弱的吸收峰，出现在 2100～2200cm^{-1}区域。末端的叁键能给出中等强度的尖峰。若为对称炔烃，则碳碳叁键的吸收峰观察不到。

2. 碳氢键的伸缩振动

烷烃、烯烃、炔烃都有相应的 C—H 键的特征吸收频率。sp^3 杂化碳原子的 C—H 键的特征吸收频率往往低于 3000cm^{-1}；sp^2 杂化碳原子的 C—H 键的特征吸收频率往往高于 3000cm^{-1}；sp 杂化碳原子的 C—H 键的特征吸收频率处于 3300cm^{-1}左右。

3. 烃的红外光谱

烷烃的红外光谱可以用正辛烷的谱图加以说明。由图 6-4 可以看出，烷烃的主要吸收峰为 3000～2845cm^{-1}区域的 C—H 伸缩振动，以及 1470～1450cm^{-1}区域 1380～1370cm^{-1}区域的 C—H 面内弯曲振动。由于一般烷烃都有这些谱带，因此从结构解析的角度，它们缺乏"诊断"价值。

烯烃的红外光谱可以用 1-辛烯的谱图（见图 6-5）加以说明。烯烃中的特征峰由 C═C、═C—H 键的伸缩振动以及 ═C—H 键的变形振动所引起。烯烃双键上的 C—H 键伸缩振动波数在 3100～3000cm^{-1}左右；C═C 键的伸缩振动在 1680～1600cm^{-1}左右；═C—H 键的面外摇摆振动的吸收最有用，在 1000～700cm^{-1}范围内，该振动对结构敏感，其吸收峰特征性

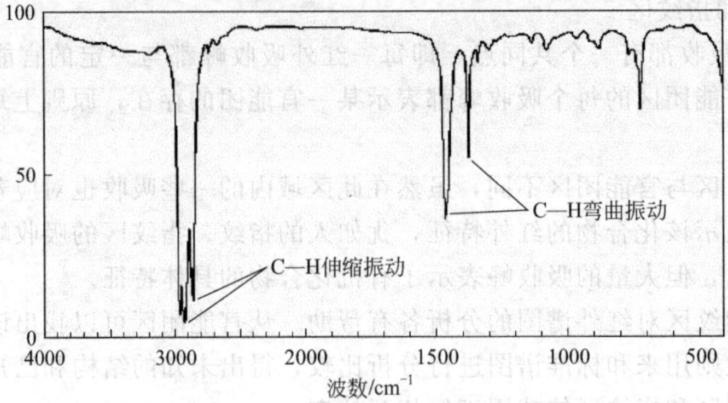
100
T/%
50
0
C—H弯曲振动
C—H伸缩振动
4000
3000
2000
1500
1000
500
波数/cm⁻¹

图 6-4　亚辛烷的红外光谱图

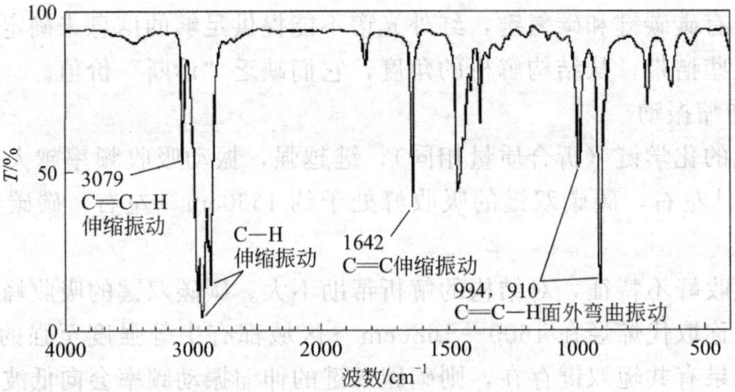
100
T/%
50
0
3079
C═C—H
伸缩振动
C—H
伸缩振动
1642
C═C伸缩振动
994, 910
C═C—H面外弯曲振动
4000
3000
2000
1500
1000
500
波数/cm⁻¹

图 6-5　1-辛烯的红外光谱图

明显，强度也较大，易于识别，可借以判断双键的取代情况和构型。

炔烃的红外光谱可以用图 6-6 和图 6-7 加以说明。炔烃中的特征峰由 C≡C、≡C—H 键的伸缩振动所引起。≡C—H 键的伸缩振动吸收峰位置在 3310～3300cm^{-1}左右，为尖峰；C≡C 键的伸缩振动吸收峰出现在 2140～2100cm^{-1}区域。

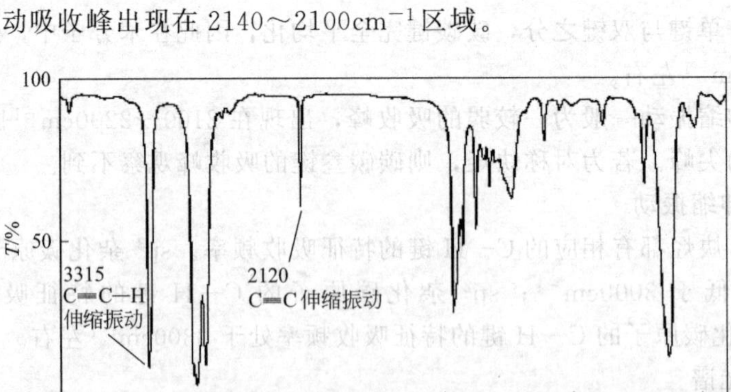
100
T/%
50
0
3315
C≡C—H
伸缩振动
2120
C≡C 伸缩振动
4000
3000
2000
1500
1000
500
波数/cm⁻¹

图 6-6　1-辛炔的红外光谱

芳烃的红外光谱可以用正丙苯的谱图（见图 6-8）加以说明。芳烃的红外吸收主要为苯环上的 C—H 键及环骨架中的 C═C 键振动所引起。芳环上 C—H 键的吸收频率在 3100～3000cm^{-1}附近，有较弱的三个峰，特征性不强；芳环的骨架伸缩振动正常情况下有四条谱带，约为 1600cm^{-1}、1585cm^{-1}、1500cm^{-1}、1450cm^{-1}，这是鉴定有无苯环的重要标志之一；芳烃的 C—H 变形振动吸收峰出现在 1275～1000cm^{-1}和 900～650cm^{-1}两处，900～650cm^{-1}处

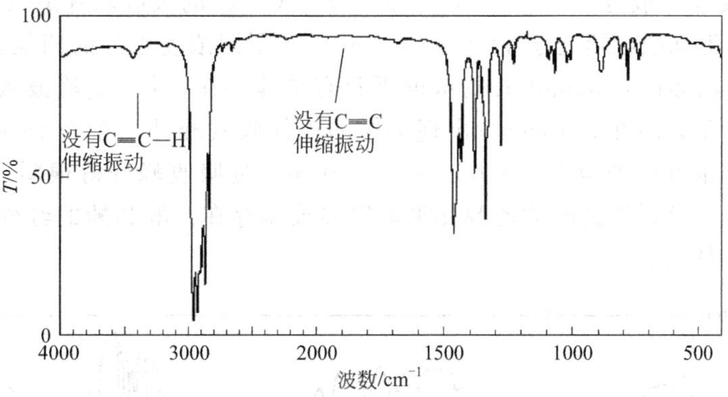
100
50
0
T/%
没有C═C—H
伸缩振动
没有C═C
伸缩振动
4000
3000
2000
1500
1000
500
波数/cm^{-1}

图 6-7　4-辛炔的红外光谱图

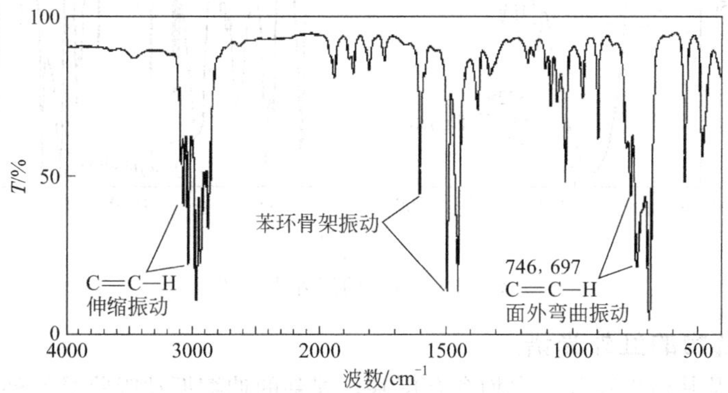
100
50
0
T/%
C═C—H
伸缩振动
苯环骨架振动
746，697
C═C—H
面外弯曲振动
4000
3000
2000
1500
1000
500
波数/cm^{-1}

图 6-8　正丙苯的红外光谱图

吸收较强，是识别苯环上取代基位置和数目的极重要的特征峰。

四、醇、酚的红外光谱

醇和酚分子中都含有羟基，可以用乙醇的谱图（见图 6-9）和苯酚的图谱（见图 6-10）加以说明。醇和酚的红外吸收主要是由 O—H 和 C—O 的伸缩振动所引起。OH 是强极性基团，醇和酚都能发生氢键缔合，这对羟基伸缩振动谱带有显著的影响。游离羟基吸收出现在3640～3610cm^{-1}处，峰形尖锐，无干扰，极易识别（溶剂中微量游离水吸收位于 3710cm^{-1}）。形成

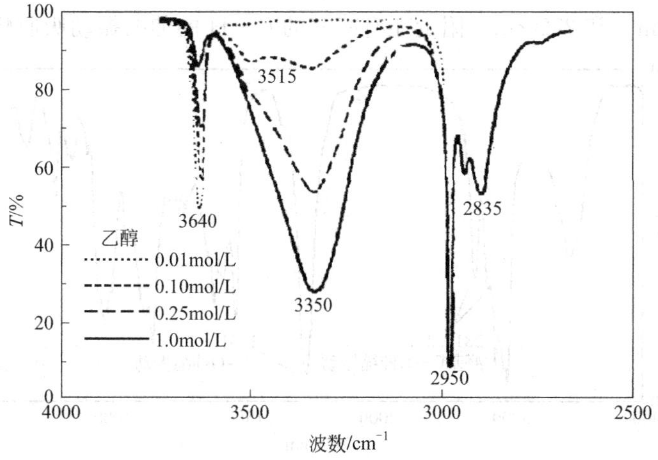
100
80
60
40
20
0
T/%
3515
3640
3350
2950
2835
乙醇
0.01mol/L
0.10mol/L
0.25mol/L
1.0mol/L
4000
3500
3000
2500
波数/cm^{-1}

图 6-9　乙醇在四氯化碳溶液中的红外光谱

氢键的羟基的吸收峰一般处于 3550～3200cm^{-1}处。C—O 的吸收频率在 1205～1000cm^{-1}左右，O—H 的弯曲振动吸收峰处于 1420～1300cm^{-1}。不同浓度乙醇的四氯化碳溶液的红外光谱如图 6-9 所示。乙醇在 0.01mol/L 的浓度下只有单体存在，其 ν_{OH} 峰波数为 3640cm^{-1}；在 0.10mol/L 的浓度下，除在 3640cm^{-1}出现尖锐的单体吸收峰外，在 3515cm^{-1}出现尖而弱的二聚体吸收峰；当浓度增加至 1.0mol/L 时，3640cm^{-1}处吸收峰变得很弱，3350cm^{-1}处多聚体吸收峰变得很强，这说明此时的乙醇几乎都以多聚体存在。醇和酚的红外光谱各有其特点，如酚类有芳环的特征吸收。

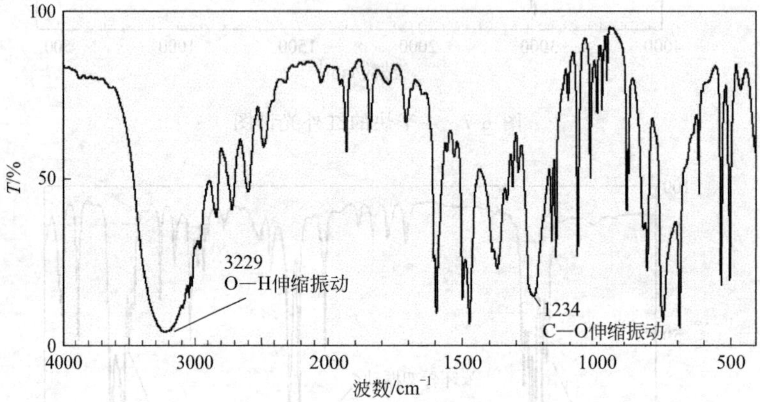

100
50
0
T/%
3229
O—H伸缩振动
1234
C—O伸缩振动
4000
3000
2000
1500
1000
500
波数/cm^{-1}

图 6-10　苯酚的红外光谱图

五、羰基化合物的红外光谱

醛、酮、羧酸及其衍生物分子中均含有羰基，羰基的伸缩振动吸收是红外光谱中最强和最有特征的吸收，处于 1800～1650cm^{-1}附近，很少与其他吸收峰重叠，非常容易辨认，通常是首先查找的谱带之一。不同化合物因羰基力常数不同而有较大差异，诱导效应和共轭效应对羰基化合物的伸缩振动频率也有较大影响，如当羰基碳上连接有氧、氯等电负性较大的原子时，C═O 的伸缩振动频率向高波数方向移动。在本节只讨论醛、酮的特征吸收，其他化合物的红外光谱性质将在后面的章节中讨论。醛、酮的红外光谱可以用正丁醛的谱图（见图 6-11）和苯乙酮的谱图（见图 6-12）加以说明。醛、酮的羰基吸收频率在 1740～1705cm^{-1}附近，一般情况下醛的吸收频率（1730cm^{-1}附近）稍高于酮（1715cm^{-1}附近），芳香醛、酮及 α,β-不饱和醛酮由于不饱和键与 C═O 的共轭，C═O 的吸收频率向低波数移动，在 1705～1680cm^{-1}附近。醛除了羰基的伸缩振动吸收外，在 2820cm^{-1}和 2720cm^{-1}附近还有醛基的 C—H 的伸缩振动吸收峰，这两个吸收峰低

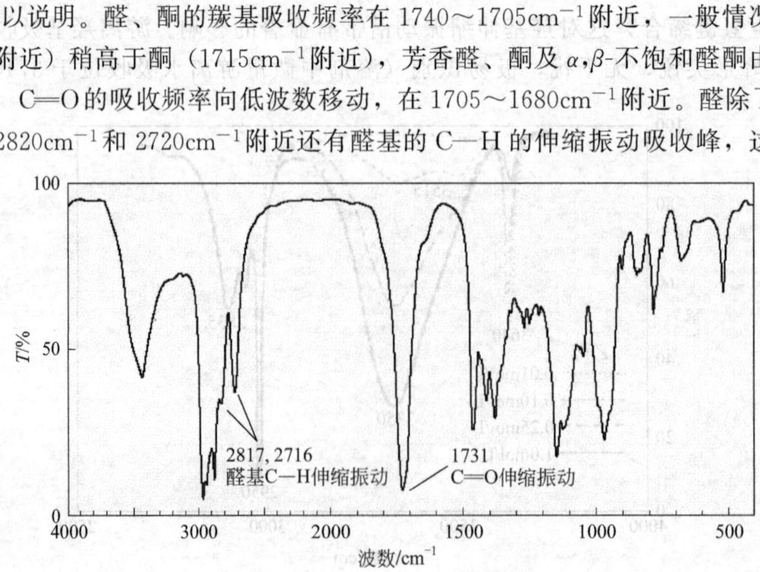

100
50
0
T/%
2817, 2716
醛基C—H伸缩振动
1731
C═O伸缩振动
4000
3000
2000
1500
1000
500
波数/cm^{-1}

图 6-11　正丁醛的红外光谱图

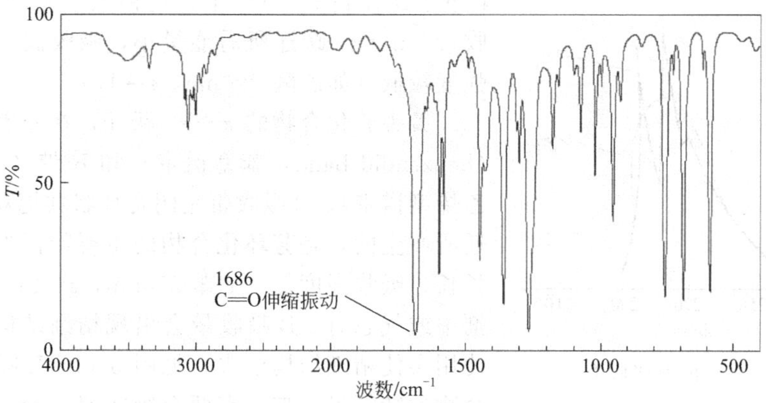
100
T/%
50
0
1686
C═O伸缩振动
4000
3000
2000
1500
1000
500
波数/cm⁻¹

图 6-12　苯乙酮的红外光谱图

于脂肪烃的 C—H 伸缩振动吸收峰，容易辨认，是醛的红外特征吸收峰。

第三节　紫外和可见吸收光谱

一、紫外吸收光谱的基本原理

1. 紫外-可见光的波段

紫外-可见光区位于 X 射线与红外光区之间，波长单位通常用纳米（nm）表示。紫外-可见光区又可分为如下三个区域：①远紫外区（100～200nm），该区域的电磁波能被空气中的氮气、氧气、二氧化碳和水等所吸收，因此只能在真空中进行研究，故又称为真空紫外区；②近紫外区（200～400nm），绝大多数含有共轭体系的有机化合物分子在该区域都有吸收，所以该区域对结构分析最有价值；③可见光谱区，在 400～800nm。

2. 紫外光谱的产生

物质分子吸收一定波长的紫外或可见光辐射引起分子中电子能级的跃迁，从而产生紫外-可见光谱，紫外-可见光谱又称为电子光谱。紫外吸收光谱中分子价电子能级发生跃迁的同时会伴随着振动能级和转动能级的跃迁，所以电子光谱通常不是精锐的吸收峰，而是一些平滑的峰包。常用的分光光度计一般包括紫外和可见两部分。

3. 电子跃迁的类型和吸收带

有机化合物分子中主要有三种价电子：σ 键电子、π 键电子和未成键的孤对电子（也称 n 电子或非键电子）。分子处于基态时，σ 电子处于 σ 成键轨道，π 电子处于 π 成键轨道，n 电子处于非键轨道。分子吸收电磁波后，处在基态的电子跃迁到任一较高能级的反键轨道上。电子跃迁主要有以下几种形式：$\sigma\rightarrow\sigma^*$、$n\rightarrow\sigma^*$、$\pi\rightarrow\pi^*$、$n\rightarrow\pi^*$。跃迁的情况如图 6-13 所示。

几种跃迁所吸收能量的大小顺序为：$\sigma\rightarrow\sigma^* > n\rightarrow\sigma^* > \pi\rightarrow\pi^* > n\rightarrow\pi^*$。$\sigma\rightarrow\sigma^*$ 和 $n\rightarrow\sigma^*$ 跃迁一般需要较高能量，吸收波长较短。如丙烷的 $\sigma\rightarrow\sigma^*$ 跃迁吸收波长为 150nm，甲醇的 $n\rightarrow\sigma^*$ 跃迁吸收波长为 183nm，这些吸收均在真空紫外区，只有环丙烷的 $\sigma\rightarrow\sigma^*$ 跃迁约在 190nm，处于近紫外区的末端。$\pi\rightarrow\pi^*$ 跃迁，对应的波长范围较长。非共轭 π 轨道的 $\pi\rightarrow\pi^*$ 跃迁对应波长范围160～190nm；共轭双键的 $\pi\rightarrow\pi^*$ 跃迁又称为 K 吸收带，其吸收波长由于共轭使得 $\pi\rightarrow\pi^*$ 跃迁能降低，对应波长增大，吸收强度强（$>10^4$）。$n\rightarrow\pi^*$ 跃迁发生在含有氧、硫、氮等杂原子的发色基团（如羰基、硝基）中杂原子上的

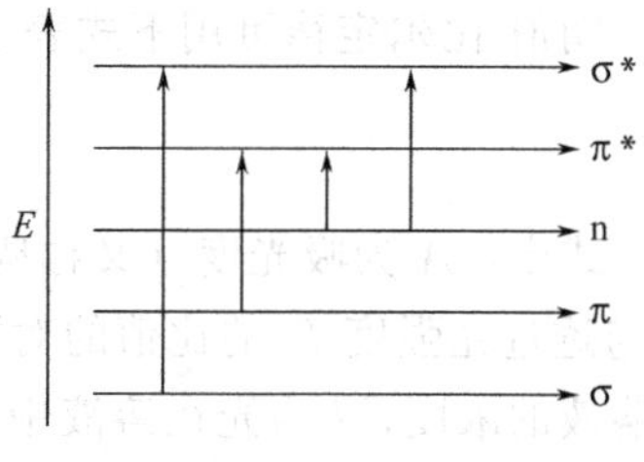
σ*
π*
E
n
π
σ

图 6-13　各种电子跃迁的类型

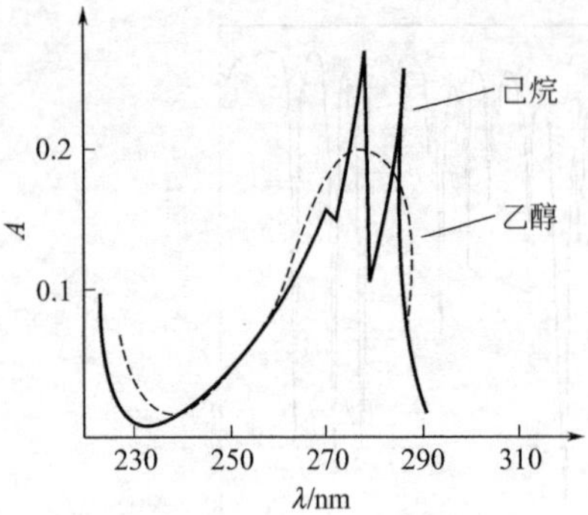
己烷
乙醇
0.2
A
0.1
230
250
270
290
310
λ/nm

图 6-14　苯酚的 B 吸收带

n 电子跃迁到 π^* 轨道上，这种跃迁在光谱学称为 R 吸收带。$n\rightarrow\pi^*$ 跃迁所需能量小，吸收波长较长，但吸收强度较低（如乙醛 290nm，ε=17）。

芳香族化合物的 $\pi\rightarrow\pi^*$ 跃迁，在光谱学上称为 B 带（benzenoid band，苯型谱带）和 E 带（ethylenic band，乙烯型谱带）。B 吸收带是闭合环状共轭双键的 $\pi\rightarrow\pi^*$ 跃迁所产生的，是芳环化合物的主要特征吸收峰，吸收波长长，吸收强度低（如苯 256nm，ε=215）。在非极性溶剂中或气态时，B 吸收带会出现精细结构，极性溶剂的使用会使精细结构消失，见图 6-14。E 吸收带是芳香化合物的特征吸收带，有两个吸收峰，分别为 E_1 带和 E_2 带，E_1 的吸收约在 180nm（$\varepsilon>10^4$），E_2 的吸收约在 200nm（ε=7000），都是强吸收。E_1 的吸收带常常观察不到，当苯环上有发色基团且与苯环共轭时，E_2 的吸收带常和 K 吸收带合并，吸收峰向长波方向移动（如苯乙酮，K 240nm，13000；B 278nm，1100；R 319nm，59）。

电子跃迁类型及相应的吸收能量波长范围与有机化合物的关系见表 6-5。

表 6-5　电子跃迁类型、吸收能量波长范围与有机化合物的关系

跃迁类型	吸收能量的波长范围	有机化合物
$\sigma\rightarrow\sigma^*$	约 150nm	烷烃
$n\rightarrow\sigma^*$	小于 200nm	醇、醚
$\pi\rightarrow\pi^*$	小于 200nm	乙烯(162nm)、丙酮(188nm)
$\pi\rightarrow\pi^*$	200～400nm	苯(256nm)、丁二烯(217nm)
$n\rightarrow\pi^*$	200～400nm	乙醛(292nm)

习题 6-3　某电子跃迁需要 3eV 的能量，它需要吸收波长为多少纳米的光？

习题 6-4　丙烯能发生哪些跃迁？哪一种跃迁最容易发生？

习题 6-5　氯乙烷能发生什么电子跃迁？

二、朗伯-比尔定律和紫外光谱图

1. 朗伯-比尔定律

朗伯（Lambert）-比尔（Beer）定律是吸收光谱的基本定律，也是吸收光谱定量分析的理论基础。朗伯-比尔定律指出：被吸收的入射光的分数与光程中吸光物质的分子数目成正比；对于溶液，如果溶剂不吸收，则被溶液吸收的光的分数正比于溶液的浓度和光在溶液中经过的距离。当一束单色光（I_0）照射溶液时，一部分光（I_1）通过溶液，而另一部分光则被溶液吸收，这种吸收与溶液中物质的浓度和液层的厚度成正比。

朗伯-比尔定律可用下式表示：

$$A=\lg\frac{I_0}{I_1}=\lg\frac{1}{T}=\varepsilon cl$$

式中，A 为吸光度（又称吸收度）表示单色光通过溶液时被吸收的程度，为入射光强度 I_0 与透过光强度 I_1 的比值的对数；T 为透光率，为透过光强度 I_1 与入射光强度 I_0 的比值；c 为溶液的浓度；l 为光在溶液中经过的距离，一般为吸收池（比色皿）的厚度；ε 为摩尔吸光系数，它是浓度为 1mol/L 的溶液在 1cm 厚的吸收池中，在一定波长下测得的吸光度。ε 表示物质对光的吸收程度，是各种物质在一定波长下的特征常数，是鉴定化合物的重要数据。在紫外光谱中，其变化范围从 1 到 10^5。文献资料中，一般给出的是最大吸收波长及其摩尔吸光系数，可表示为：

$$\lambda_{max}^{EtOH}\ 204nm\ (\varepsilon\ 1120)$$

此式表示样品在乙醇溶剂中，最大吸收波长为 204nm，摩尔吸光系数为 1120L/(mol·cm)。各种有机化合物的 λ_{max} 和 ε_{max} 都有定值，同类化合物的 ε_{max} 比较接近，处于一个范围。

习题 6-6 一化合物溶液的浓度为 1.28×10^{-4} mol/L，溶液在 525nm 处用 1cm 的吸收池测得的透光率为 0.500，试求该化合物在 525nm 波长下的摩尔吸光系数。

---

2. 紫外光谱图

紫外光谱图通常以波长 λ 为横坐标，以吸光度 A（或 ε 或 $\lg\varepsilon$）为纵坐标，如图 6-15 所示。

三、紫外光谱中常用的几个术语

1. 发色基团和助色基团

发色基团是指能导致化合物在紫外及可见光区产生吸收的官能团，一般不饱和的基团都是发色基团。有机化合物分子中常见的发色基团有：C═C、C═O、N═N、叁键、苯环等。助色基团是早期引入的一个术语，是指那些原子或基团单独存在时吸收波长小于 200nm，而与发色基团相连时却能使发色基团的吸收带波长移向长波，同时吸收强度增加的基团。助色基团一般由含有孤对电子的元素所组成，如—NH_2、—NR_2、—OH、—OR、—Cl 等，这些基团借助 p-π 共轭使发色基团增加共轭程度，从而使电子跃迁的能量下降。

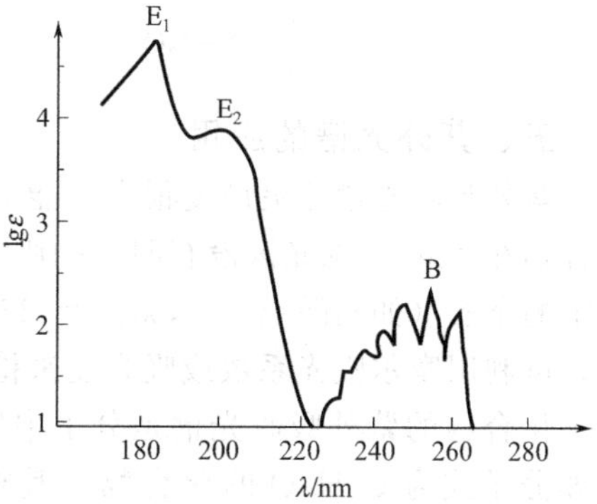

E1
E2
B
lgε
4
3
2
1
180
200
220
240
260
280
λ/nm

图 6-15 苯的紫外吸收光谱图
（溶剂：异辛烷）

2. 红移、蓝移、增色效应和减色效应

有机化合物分子中由于引入了助色基团或其他发色基团而发生结构的改变，或者由于溶剂的影响，使紫外吸收带的最大吸收波长向长波方向移动的现象称为红移；如果吸收带的最大吸收波长向短波方向移动，则称为蓝移。与吸收带波长红移及蓝移相似，化合物分子结构中引入取代基或受溶剂的影响，吸收带的强度（摩尔吸光系数）增大或减小的现象称为增色效应或减色效应。

四、紫外光谱与有机化合物分子结构的关系

紫外光谱是指 200～400nm 的近紫外区，只有 $\pi\rightarrow\pi^*$ 及 $n\rightarrow\pi^*$ 跃迁才有实际意义，即紫外光谱适用于分子中具有不饱和结构，特别是共轭结构的化合物。

(1) 共轭体系与吸收带波长的关系　只含孤立双键的化合物如乙烯，其 $\pi\rightarrow\pi^*$ 跃迁的吸收波长处于真空紫外区。如果有两个或多个双键共轭，则 $\pi\rightarrow\pi^*$ 跃迁的吸收波长随共轭程度的增加而增加。表 6-6 列出了一些共轭烯烃的紫外吸收光谱特征。

表 6-6 一些共轭烯烃的紫外吸收光谱特征

化合物	$\lambda(\pi\rightarrow\pi^*$跃迁$)$/nm	摩尔吸光系数	化合物	$\lambda(\pi\rightarrow\pi^*$跃迁$)$/nm	摩尔吸光系数
乙烯	170	1.5×10^4	二甲基辛四烯	296	5.2×10^4
1,3-丁二烯	217	2.1×10^4	癸五烯	335	11.8×10^4
1,3,5-己三烯	256	3.5×10^4			

从表 6-6 中可以看出每增加一个共轭双键，吸收波长约增加 40nm。当共轭双键数达到 7 时，吸收波长将进入可见光区。不同的发色基团共轭也会引起 $\pi\rightarrow\pi^*$ 跃迁吸收波长红移。如果共轭基团中还含有 n 电子，则 $n\rightarrow\pi^*$ 跃迁吸收波长也会引起红移（如乙醛 $\pi\rightarrow\pi^*$，170nm，$n\rightarrow\pi^*$，290nm；丙烯醛分子中存在碳碳双键与羰基的共轭，$\pi\rightarrow\pi^*$，210nm，$n\rightarrow\pi^*$，315nm）。

（2）助色基团对吸收带波长的影响　在 π 键上引入助色基团（能与 π 键形成 p-π 共轭体系，使化合物颜色加深的基团）后，吸收带波长变长。例如苯环上连接有羟基和硝基时，最大吸收如下：

化合物	λ_{max}（醇）/nm	ε_{max}
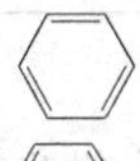	255	215
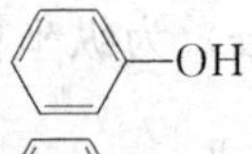	270	1450
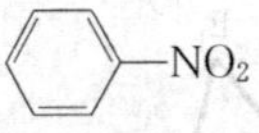	280	1000

五、紫外光谱的应用

紫外吸收光谱法灵敏度很高，能检验出化合物中含有的微量具有紫外吸收的杂质。如一个化合物在紫外-可见光区没有明显的吸收峰，而杂质在紫外区有较强的吸收峰，就可检出化合物中的杂质（如乙醇-苯，苯 $\lambda_{max}=256$nm）。如果一个化合物在紫外-可见光区有明显的吸收峰，可利用摩尔吸光系数或吸光度来检查其纯度。

化合物的紫外吸收光谱是分子中发色基团和助色基团的特性，而不是整个分子的特性。例如分子式为 C_4H_6O 的化合物，其构造式有 30 多种，如测得紫外光谱数据 $\lambda_{max}=230$nm（$\varepsilon_{max}>5000$），则可推测其结构中必含有共轭体系，可把异构体范围缩小到共轭醛或共轭酮：

$CH_3CH{=}CHCHO$　　$CH_2{=}CHCOCH_3$　　$CH_2{=}C(CH_3)CHO$

究竟是哪一种结构，需要进一步利用红外光谱和核磁共振谱来确定。所以单独从紫外吸收光谱不能完全确定化合物的结构，必须与红外光谱、核磁共振谱、质谱及其他方法配合，才能得出可靠的结论。紫外光谱的主要作用是推测化合物的官能团，结构中的共轭体系以及共轭体系中取代基的位置、种类和数目等。

紫外吸收光谱在生产、科研等众多领域有着十分广泛的应用。

习　题

1. 在有机化合物中，由紫外吸收引起的电子跃迁有哪几种类型？其中哪些可在近紫外区中检测出来？
2. 计算下列跃迁的能量（kJ/mol）。
   （1）在 256nm 的紫外光跃迁　（2）在 350nm 的紫外光跃迁
   （3）在 540nm 的可见光跃迁　（4）在 $1720cm^{-1}$ 的红外光跃迁
   （5）在 $3300cm^{-1}$ 的红外光跃迁
3. 指出下列化合物能量最低的电子跃迁类型。
   （1）$CH_3CH_2CH_2CH{=}CH_2$　（2）$CH_3CH_2CH_2OH$　（3）$CH_3CH_2OCH_2CH_3$
   （4）$CH_3COCH_2CH_3$　（5）$CH_2{=}CHCHO$
4. 为什么紫外吸收光谱是带状光谱？
5. 什么是发色基团？什么是助色基团？它们具有什么样的结构特征？

6. 环己烯、环己烷、环己醇、环己酮对紫外光能产生哪些电子跃迁？在紫外光谱中有何种吸收带？

7. 比较下列各化合物的紫外吸收波长的大小。

（1）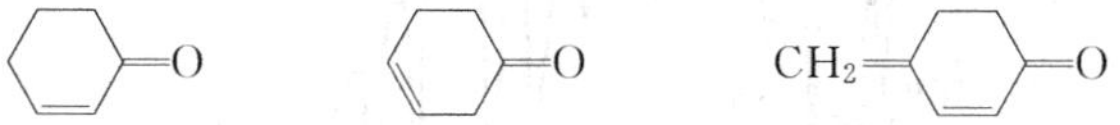

（2）$CH_3CH{=}CH_2$　　$CH_2{=}CH_2$　　$CH_2{=}CHCH{=}CH_2$　　$CH_3CH{=}CHCH{=}CH_2$

（3）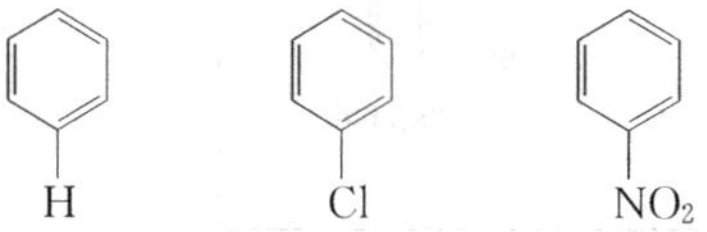

（4）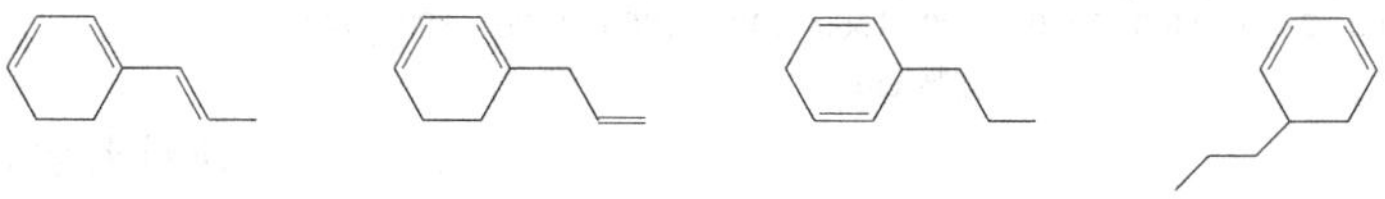

8. 下面三组 λ_{max}/nm (ε) 数据各与乙烯、1,3-丁二烯、1,3,5-己三烯哪个化合物相对应？

（1）285(35000)　　（2）185(10000)　　（3）217(21000)

9. 溶剂对紫外吸收光谱有什么影响？选择溶剂时应考虑哪些因素？

10. 用氯逐个替代1,3-丁二烯中的氢，紫外光谱会发生什么变化？为什么？氯在这里起什么作用？

11. 试解释为什么化合物A的 $v_{C=O}$ 频率（cm^{-1}）大于B的 $v_{C=O}$ 频率（cm^{-1}）。

A　　　　　　B

12. 试用红外光谱法区别下列化合物。

（1）顺-1,2-二氯乙烯　　反-1,2-二氯乙烯

（2）$CH_3CH_2CH_2CH_3$　　$CH_3CH_2CH{=}CH_2$

（3）$CH_3CH_2C{\equiv}CH$　　$CH_3C{\equiv}CCH_3$

（4）苯　　环己烷

13. 为什么2-辛炔的碳碳叁键的伸缩振动吸收比1-辛炔的碳碳叁键的伸缩振动吸收强度低？

14. 下图为1-己炔的红外光谱图，试识别图中的主要吸收峰。

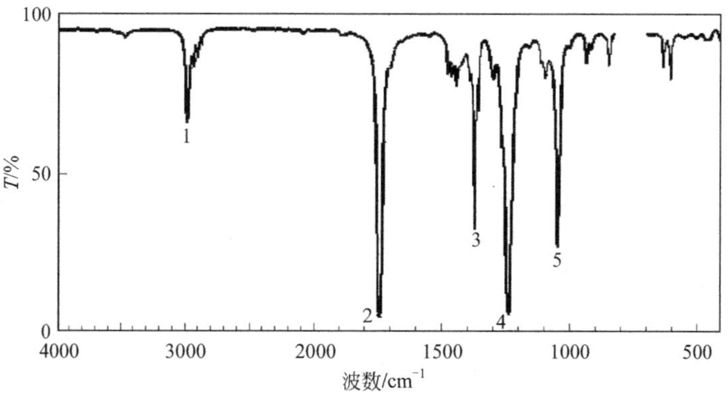
100
50
0
T/%
1
2
3
4
5
4000
3000
2000
1500
1000
500
波数/cm⁻¹

15. 溴甲苯（C_7H_7Br）有一单峰在 $801cm^{-1}$ 处，试推测其结构。

16. 有一化合物，分子式为 C_5H_8，红外光谱在 $3300cm^{-1}$、$2900cm^{-1}$、$2100cm^{-1}$、$1470cm^{-1}$ 及 $1375cm^{-1}$ 处有吸收，试推测该化合物的结构。

17. 一个化合物的分子式为 C_7H_8O，IR的主要吸收如下，试推测该化合物的结构。$3400cm^{-1}$（宽），$3100\sim3000cm^{-1}$（弱），$1600cm^{-1}$（中），$1500cm^{-1}$（中），$1370cm^{-1}$（中），$1220cm^{-1}$（强），$890cm^{-1}$（强）。

18. 某无色或淡黄色有机液体，分子式为 C_8H_8，具有刺激性臭味，沸点为145.5℃，分子式为 C_8H_8，红外光谱如下图，试推断该化合物的结构。

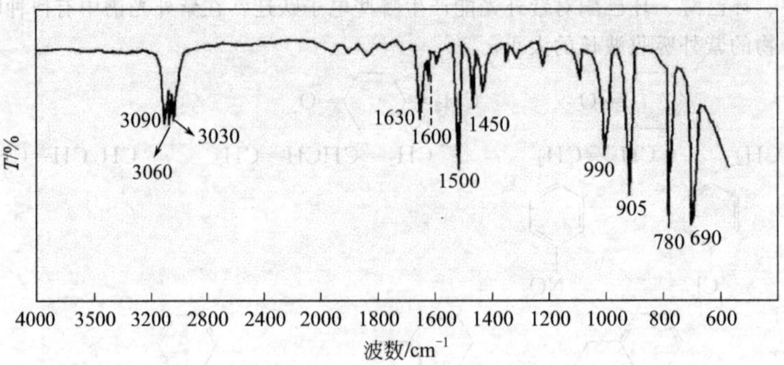
3090
3030
3060
1630
1600
1450
1500
990
905
780
690
T%
4000 3500 3200 2800 2400 2000 1800 1600 1400 1200 1000 800 600
波数/cm⁻¹

（扬州大学，孙晶）

第七章　立 体 化 学

立体化学是在 1874 年荷兰化学家 J. H. Van't Hoff（1852—1911）和法国化学家 J. A. Le Bel（1847—1930）分别提出来的“不对称碳原子”和“碳原子的四面体立体构型”的学说之后发展起来的一个化学分支，它是构成有机化学结构理论的重要组成部分。其主要内容是描述分子中原子在三维空间的排布以及分子的构象对理化性质的影响，立体化学也研究在化学反应过程中原子的空间取向问题。由此可见，立体化学的范畴是巨大的，是多变的。但在大学有机化学里，只讨论立体化学的一个方面——有机化合物的立体异构（包括构象异构、顺反异构和对映异构三部分内容），并特别强调：测定有机化合物所具有结构的立体形象（即构型和构象）的方法和应用，以及这种结构的立体形象和一些物理性质的关系（静态立体化学范畴）；讨论有机分子的立体形象对有机反应性（反应取向）的影响（动态立体化学范畴）；简介立体异构与生物过程有关的重要意义等。为了便于学习，一般将构象异构和顺反异构分散到烷烃、烯烃和环烷烃中进行讨论。

对于有机物质，只有对它的构造、构象和构型三个方面逐一阐述之后，才可以认为对于它的分子结构获得了完整的认识。因而，本章的主要任务是在烃类各章中介绍过的一些有关立体概念，如碳原子的 sp^3、sp^2 和 sp 杂化轨道的几何形象、烷烃和环烷烃的构象分析、烯烃和环烷烃的顺反异构现象等基础上，重点讨论对映异构现象问题，以便了解有机分子结构的全貌，并为有机反应、天然产物及其应用的学习提供必要的理论基础。

第一节　手性和对映异构现象

根据 Van't Hoff 提出的碳原子四面体构型理论，在一定构造的有机分子中，如果有一个碳原子上连接四个不同的原子或原子团，它在空间就有两种不同的排列方式，即两种不同的构型。如果将其中的一种构型看作实物的话，那么另一种构型便是它的镜像，如图 7-1 所示。

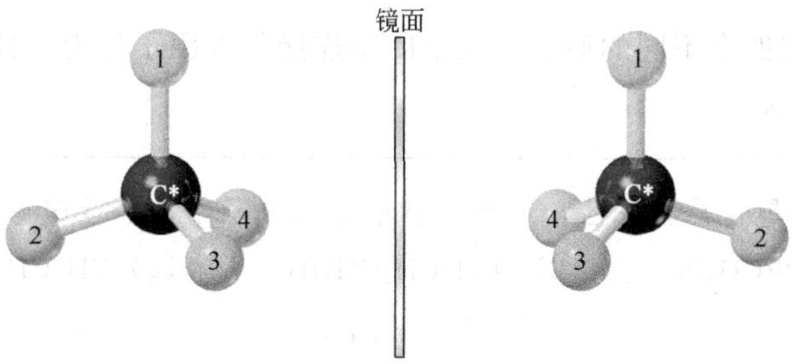
镜面
1
C*
2
3
4
1
C*
4
3
2

图 7-1　Cabcd 型化合物的两种不同构型互呈镜像关系

乳酸分子的 α 碳原子上连有四个不同的原子或原子团，它在空间有两种不同的排列方式，如图 7-2 所示，即两种不同的构型。乳酸的两个模型 A 和 B 都是四面体中心的碳原子上连接 COOH、CH_3、H 和 OH，它们都代表乳酸。那么，它们代表的是否为同一化合物呢？初看

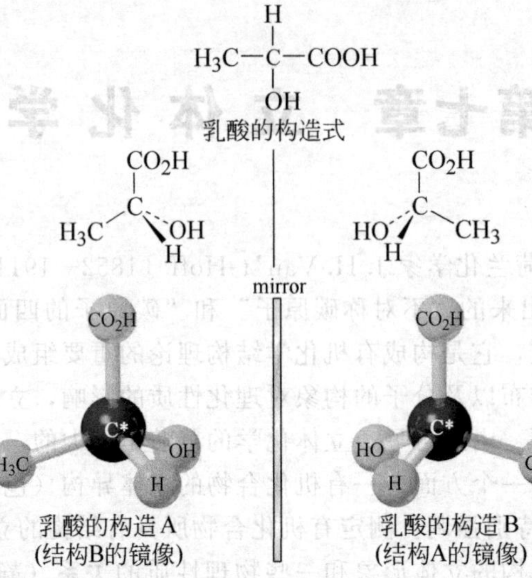
H
H$_3$C—C—COOH
OH
乳酸的构造式
CO$_2$H
H$_3$C C OH
H
CO$_2$H
HO C CH$_3$
H
mirror
CO$_2$H
C*
H$_3$C
OH
H
CO$_2$H
C*
HO
CH$_3$
H
乳酸的构造A
(结构B的镜像)
乳酸的构造B
(结构A的镜像)

图 7-2 乳酸的两种不同构型（镜像结构）——对映异构体

时，它们似乎是相同的，但是如果把这两个模型任意旋转、翻动，虽然能使其中的两个基团重合，但另外的两个基团必然不能重合。因而，这两个结构 A 和 B 代表两个不同的化合物，即代表两种不同的乳酸。

因此，凡是分子中有一个碳原子上连接四个不同的原子或原子团，则该分子在空间就有两种不同的排列方式，它们的关系就像左手和右手一样，互为镜像，相似但不能重合。

我们把物质的分子与其镜像不能重合的现象称为手性或手征性。如果一个分子与其镜像不能重合，这个分子就称为手性分子或具有手性的分子。反之，如果一个分子与其镜像能够重合，这个分子就是非手性分子或不具有手性。凡是手性分子，必然具有互为镜像的两种构型，具有这种关系的一对化合物称为对映异构体，简称对映体，这种现象称为对映异构现象。分子具有手性是存在对映体的必要和充分条件。例如，乳酸就是一个手性分子，它的两个不相重合的镜像 A 和 B 就互为对映体（见图 7-2）。

一对对映体的分子式相同，构造式也相同，只是原子或原子团在空间的排列方式即构型不同，所以它们是立体异构体。立体异构通常包括构象异构、顺反异构和对映异构或旋光异构（光学异构）。

在手性分子中，与四个不同的原子或原子团相连接的碳原子称为手性碳原子，过去称作不对称碳原子，用 *C 表示。

习题 7-1 下列化合物是否具有手性？用星号标出手性分子中的手性碳原子。

（1）$CH_3CHBrCH_2Br$　（2）$CH_3CH_2\underset{\substack{|\\ CH_3}}{C}HOH$　（3）CH_3CH_2COOH

（4）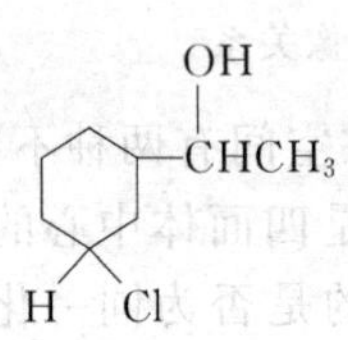　（5）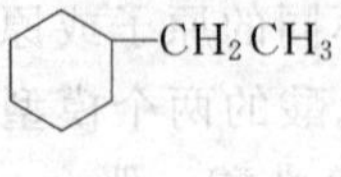　（6）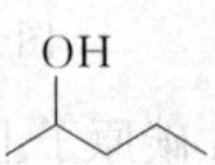

习题 7-2 指出下列各组化合物各属于哪一种异构现象（构造异构或立体异构）？

（1） 

（2） 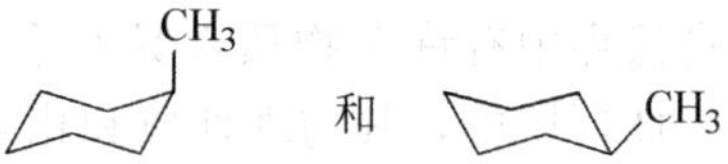

（3） 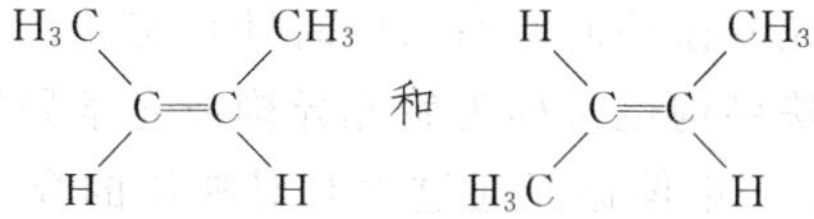

（4） CH_3CH_2OH 和 CH_3OCH_3

（5） 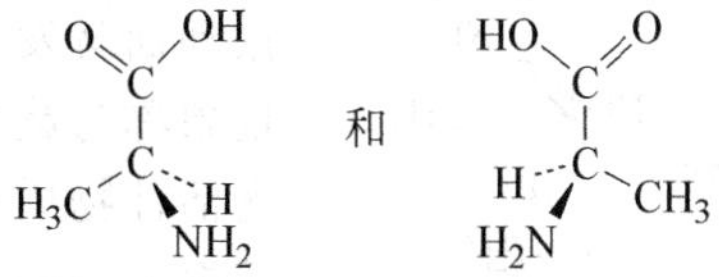

第二节 平面偏振光和物质的旋光性

一、平面偏振光

如果我们在静止的水面上投下一粒石子，在石子的投入处将出现一圈一圈共圆心的水波，一直传导到岸边；水波依靠振动而传播，振动和传播的方向互成直角。光的传播与水波的运动是相似的，它也是通过波动传播的。但和水波不同的是，光波可以在垂直于它的传播方向的任何平面上振动，如图 7-3 所示。

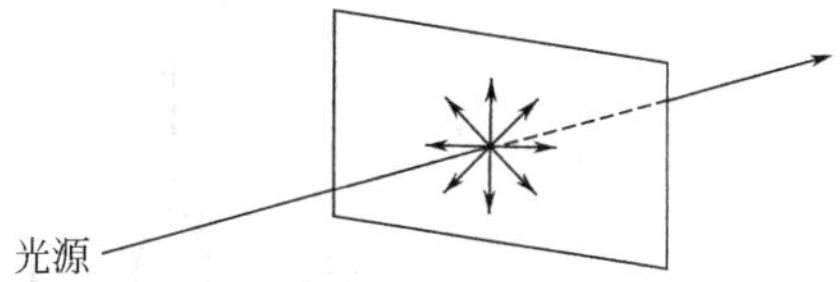
光源

图 7-3 光的传播

如果使一束自然光通过一种根据全反射原理由方解石（或称冰洲石，即 $CaCO_3$）制成的 Nicol 棱晶，则可以将此束光线分裂成两束折射光线，如图 7-4 所示。其中一束光线遵守通常的折射定律（Snell 折射定律，1621 年），称为寻常光线；另一束光线不遵守 Snell 折射定律，称为非常光线。透射出 Nicol 棱晶之后的寻常光线和非常光线与普通光线的差别，是它们所含的光波只在一个平面内振动。这种在一个固定平面内只沿一个固定方向振动的光称为平面偏振光，简称偏振光。寻常光线和非常光线都是偏振光。偏振光的振动方向和传播方向所构成的平面（P_1）称为振动面；和振动方向相垂直而包含传播方向的平面（P_2）称为偏振面。寻常光线的振动面垂直于棱晶的主截面 F（$ABCD$ 面），而非常光线的振动面在主截面内，两者的振动面是互相垂直的关系。

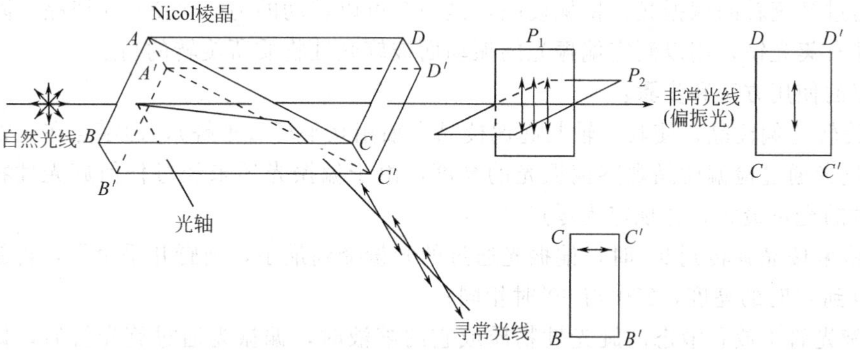
Nicol棱晶
A
D
A'
D'
B
C
B'
C'
自然光线
光轴
P1
P2
非常光线
(偏振光)
D D'
C C'
C C'
B B'
寻常光线

图 7-4 Nicol 棱晶及其所产生的非常光线、寻常光线和光偏振的方向示意图

二、物质的旋光性和旋光度

实验表明，自然界中有许多物质都具有手性。具有手性的物质存在互为镜像的一对对映体。对映体在非手性环境中，其物理性质和化学性质都是相同的，只是对偏振光的作用不同。例如，乳酸的一对对映体中，一个能使偏振光的振动面向右（顺时针）旋转，另一个则使偏振光的振动面向左（反时针）旋转。因而，对映异构也常称为旋光异构或光学异构。

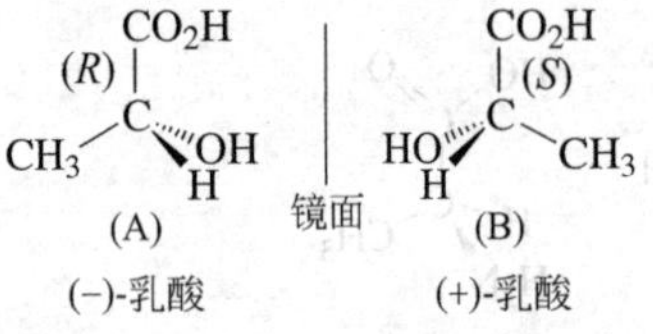

CO_2H
(R)
CH_3
OH
H
(A)
(−)-乳酸
镜面
CO_2H
(S)
HO
H
CH_3
(B)
(+)-乳酸

图 7-5　乳酸的结构

如果使一束偏振光通过含有对映体的介质，则偏振光的振动面就发生旋转，此种物质就具有旋光性或光活性，这种现象称为旋光现象。一切具有手性的物质都是旋光性物质或光活性物质；一切旋光性物质又都是具有手性的物质。能使偏振光的振动面向右旋转的物质称为右旋物质或右旋体，用“d”或“＋”表示；能使偏振光的振动面向左旋转的物质称为左旋物质或左旋体，用“l”或“－”表示。例如从肌肉组织中提取出来的乳酸［见图 7-5 中的结构（B)］能使偏振光的振动面向右旋转，此种乳酸就称为右旋乳酸或（＋）- 乳酸；从葡萄糖在特种酶作用下发酵得到的乳酸［图 7-5 中的结构（A)］，能使偏振光的振动面向左旋转，因而此种乳酸就称为左旋乳酸或（－）- 乳酸。

偏振光的振动面被旋光性物质所旋转的角度称为旋光度，用“α”表示。

三、旋光仪和比旋光度

测定一个物质有没有旋光性，可以使用旋光仪。旋光仪是一种相当简单的仪器。它基本上是由一个光源和两个 Nicol 棱晶组装而成的，旋光仪的装置如图 7-6 所示。

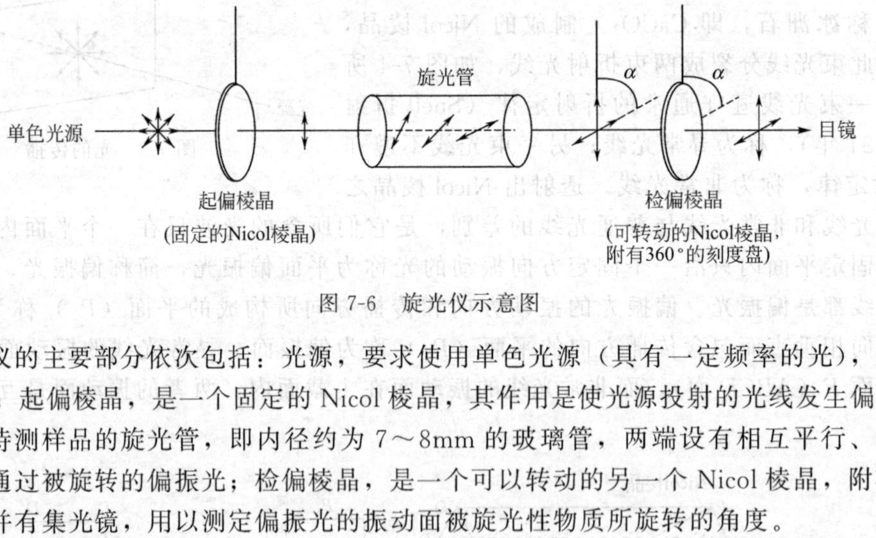

单色光源
旋光管
α
α
目镜
起偏棱晶
(固定的Nicol棱晶)
检偏棱晶
(可转动的Nicol棱晶，
附有360°的刻度盘)

图 7-6　旋光仪示意图

旋光仪的主要部分依次包括：光源，要求使用单色光源（具有一定频率的光），通常用钠光的 D 线；起偏棱晶，是一个固定的 Nicol 棱晶，其作用是使光源投射的光线发生偏振，变成偏振光；待测样品的旋光管，即内径约为 7～8mm 的玻璃管，两端设有相互平行、圆形的玻璃小窗以通过被旋转的偏振光；检偏棱晶，是一个可以转动的另一个 Nicol 棱晶，附有 360°的刻度盘，并有集光镜，用以测定偏振光的振动面被旋光性物质所旋转的角度。

旋光仪的使用方法和步骤：

① 先旋转检偏棱晶，使其光轴与起偏棱晶光轴相互平行（重叠），即零点在立轴位置；

② 测量者通过检偏棱晶观察偏振光的亮度，由于偏振光还未经过任何旋光性物质，所以偏振光通过的光量最大，并规定为零点（0°）；

③ 当检偏棱晶旋转到 90°时，偏振光通过的光量降到最小，视野几乎全黑，再旋转到 180°时，又恢复到 0°时的亮度，270°与 90°时相同；

④ 当旋光管中放置液态的旋光性物质或它的溶液时，偏振光通过旋光管后，偏振光可以向右（顺时针或正向，符号“＋”）或向左（反时针或负向，符号“－”）旋转一定的角度（取决于旋光性物质的特性）；

⑤ 这一角度可以由检偏棱晶转动相同的角度使有最大的光量通过而加以观察和测量，并从刻度盘上读出右旋或左旋的度数，该读数就是这个旋光性物质的旋光度 α。

每一种旋光性物质都有一定的旋光度。但旋光度不是一个不变的常数，它取决于化合物的性质、浓度（溶液）或密度（纯液体）、旋光管的长度（偏振光通过样品的路径长短）、温度、光的波长以及溶剂的性质等。其中浓度（或者密度）和样品的路径长度是重要的因素，因为这些因素决定光束所要经过的旋光性物质分子的平均数目。如果把这些影响因素都规定在一定的条件下，每一种旋光性物质的旋光度的大小及其方向就是一个特征常数，所以通常将测得的旋光度换算成比旋光度 $[\alpha]$：

$$[\alpha]_{\lambda}^{t}=\frac{\alpha}{l\times c} \quad 或 \quad \frac{\alpha}{l\times d}$$

式中，$[\alpha]$ 为比旋光度；t 为测定时的温度；λ 为所用光源的波长；α 为测得的旋转角度（旋光度）；l 为旋光管长度，即路径长度，1dm；c 为浓度，g（溶质）/mL（溶剂）；d 为密度，g/mL，纯液体。

为了说明与旋光度有关的其他可变因素，所用的温度（t）和波长（λ）分别标在比旋光度符号的上角和下角，而所用的溶剂在比旋光度符号和数值后的括号内写明。例如，在 15℃时，用钠光灯作光源测得从肌肉组织中得到的乳酸（结构 B）在水（溶剂）中的比旋光度可表示如下：

$$乳酸结构\ B\ 的\ [\alpha]_{D}^{15}=+3.82°\ (H_2O)$$

从葡萄糖在特种酶作用下发酵得到的乳酸（结构 A）在水（溶剂）中的比旋光度为：

$$乳酸结构\ A\ 的\ [\alpha]_{D}^{15}=-3.82°\ (H_2O)$$

上式中的“D”表示钠光的 D 线（钠光波长＝ 589nm）。

比旋光度在不同的条件下不仅度数不同，旋光方向也可以改变。例如天冬氨酸 HOOCCH$(NH_2)CH_2COOH$ 的水溶液在室温时为右旋的，但在高温时则是左旋的。天然酒石酸的 5%水溶液的比旋光度为＋14.40°，但在乙醇与氯苯（1∶1）的混合溶液中则为－8.09°，它们的比旋光度虽然发生了改变，但其结构并没有改变。在提高温度使天冬氨酸的比旋光度的符号由“＋”变为“－”的过程中，必然有在某一温度时为零，实验表明，这个温度为 75℃。如果改变波长和浓度，也可以使旋光的方向改变。虽然在 $[\alpha]$ 的计算中已将浓度因素考虑在内，不应再受浓度改变的影响，但由于缔合、离解以及溶质与溶剂间的作用等，$[\alpha]$ 与浓度并非线性关系，在浓度改变时，$[\alpha]$ 仍有所改变。

第三节　对映异构现象和分子结构的关系

凡是不能与它的镜像重合的分子就是手性分子。分子具有手性是产生对映异构现象和具有旋光性所必需的条件。虽然分子中具有一个手性碳原子就有手性，但大量的事实表明，用分子中有无手性碳原子来判断它是不是手性分子并不绝对可靠。因为有许多具有手性的物质，其分子中并不含有手性碳原子（见第七节），有些物质分子虽然含有两个或多个手性碳原子，但却不是手性分子（见第五节）。然而，要判断一个分子是否具有手性，也不一定要考虑它与其镜像是否能够重合，因为一个分子是否能够与其镜像重合，与分子的对称性有关，因此判断一个分子是否具有手性，一般常用的方法是研究这个分子的对称性。有机分子的对称因素主要有以下四种：

一、对称面

如果有一个平面穿过分子并把该分子分为互为镜像的两半，或一个分子的所有原子（或原子团）都处在同一平面上，则这个平面就是该分子的对称面，用σ表示。例如，在乙醇分子中就有这样的一个平面，如图 7-7 所示，该平面穿过乙醇分子并把乙醇分子分为互为镜像的两半，因此乙醇分子是对称的。将它即（Ⅰ）的镜像（Ⅱ）绕立轴左旋120°后，便得到（Ⅲ），（Ⅲ）和（Ⅱ）代表同一构型，（Ⅲ）和（Ⅰ）能够完全重合，即（Ⅰ）和它的镜像（Ⅱ）能够重合。又如，在（E）-1,2-二氯乙烯分子中，所有的原子都在同一平面上（见图 7-7），这个平面就是（E）-1,2-二氯乙烯分子的对称面，所以（E）-1,2-二氯乙烯也是一个对称的分子，它和它的镜像能够完全重合。

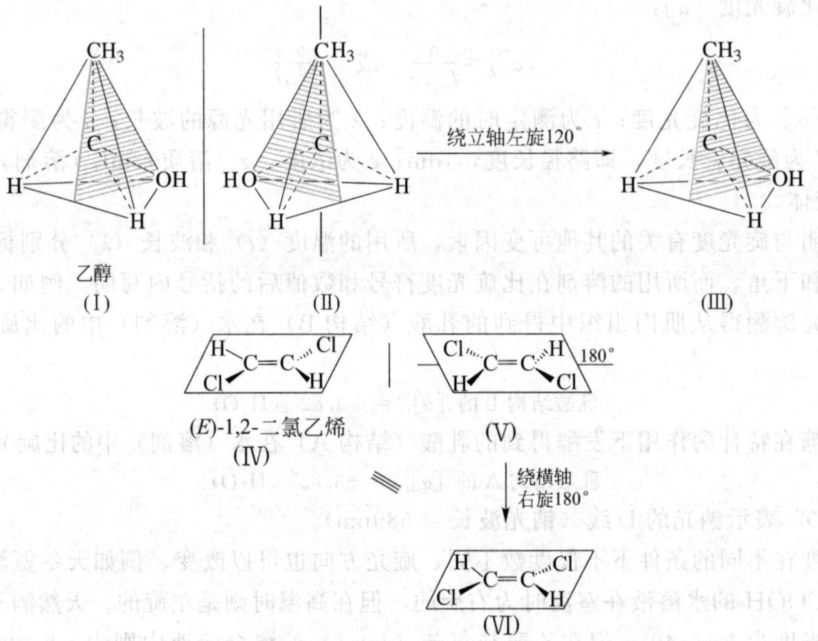
CH3
C
H
OH
H
乙醇
(Ⅰ)
CH3
C
HO
H
H
(Ⅱ)
绕立轴左旋120°
CH3
C
H
OH
H
(Ⅲ)
H
Cl
C=C
Cl
H
(E)-1,2-二氯乙烯
(Ⅳ)
Cl
H
C=C
H
Cl
180°
(Ⅴ)
绕横轴
右旋180°
H
Cl
C=C
Cl
H
(Ⅵ)

图 7-7　含对称面的乙醇分子和（E）-1,2-二氯乙烯分子

凡是含有对称面的分子都能与它的镜像重合，因而都是非手性分子，不呈现对映异构现象和旋光性。

二、简单对称轴

如果一条直线以一定的方式穿过分子，使分子以此直线为轴旋转一定角度后，得到的构型与分子的原来构型相同，则这条直线就是该分子的简单对称轴。当分子围绕此轴旋转 360°/n 后出现上述现象时，此轴就称为n重对称轴，用C_n表示。例如图 7-8 中的（E）-1,2-二氯乙烯分子就有这样的一个简单对称轴，它穿过分子中心且垂直分子所在的平面。当该分子绕此轴旋转 360°/2=180°后，得到的构型（a）′和（a）″与该分子原来的构型（a）相同。三氟化硼分子中同样也有一个穿过分子中心且垂直该分子所在平面的轴（见图 7-8），该分子绕此轴旋转 360°/3=120°后，得到的构型（b）′、（b）″、（b）‴，与三氟化硼原来的构型（b）完全相同。这两个分子旋转轴间的差别在于它们绕对称轴旋转 360°的过程中，出现与原来分子相同的构型的次数（即重合度）不同。例如（E）-1,2-二氯乙烯分子在绕对称轴旋转一周（360°）的过程中，出现相同的构型有 2 次（360°/180°=2），而三氟化硼分子在旋转一周的过程中，出现相同的构型 3 次（360°/120°=3）。前者的轴称为二重对称轴（C_2），后者的轴称为三重对称轴（C_3）。同理，平面环丁烷有一个四重对称轴（C_4）、环戊烷有一个五重对称轴（C_5）、苯有一个六重对称轴（C_6），由于它们的分子中同时含有对称面，因此它们都是非手性分子。

具有简单对称轴的分子不一定都没有手性。例如，反-1,2-二氯环丙烷分子中虽然有二

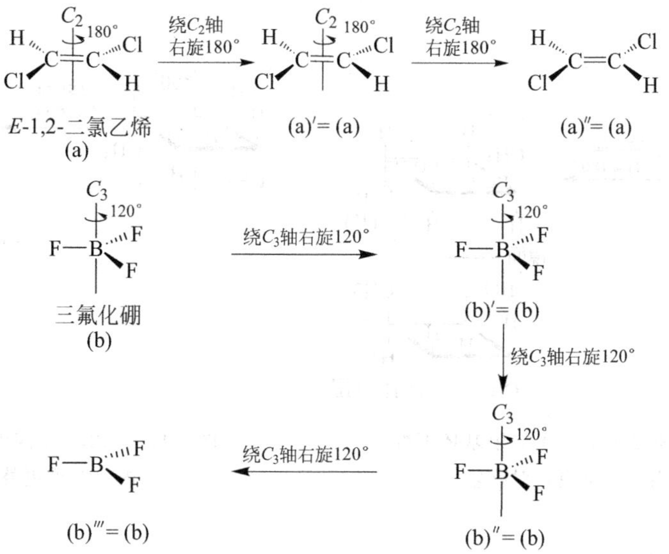
绕C_2轴右旋180°
E-1,2-二氯乙烯 (a)
(a)′= (a)
(a)″= (a)
绕C_3轴右旋120°
三氟化硼 (b)
(b)′= (b)
(b)″= (b)
(b)‴= (b)

图 7-8 (*E*)-1,2-二氯乙烯分子和三氟化硼分子内的简单对称轴

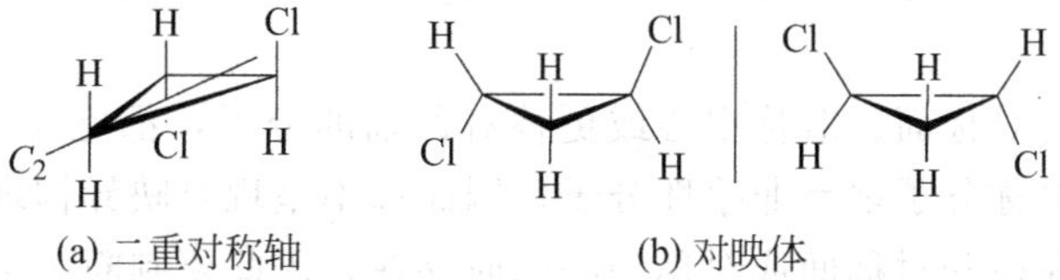
(a) 二重对称轴
(b) 对映体

图 7-9 反-1,2-二氯环丙烷分子内的简单对称轴

重对称轴，但它的镜像不是分子自身，因而不能重合，是手性分子，呈现对映异构现象和旋光性，如图 7-9 所示。所以，分子中有没有简单对称轴不能作为判断分子有无手性的根据。

三、对称中心

所有穿过分子中心的直线在距分子中心等距离处都遇到相同的原子或原子团，这个中心就是该分子的对称中心，用 i 表示。例如 1,3-二羧基-2,4-二甲基环丁烷就有一个对称中心，如图 7-10 所示。该分子（Ⅰ）的镜像（Ⅱ），绕其立轴旋转 180°后变成（Ⅲ），（Ⅲ）与（Ⅰ）代表同一构型，（Ⅱ）是（Ⅰ）的镜像亦是（Ⅲ）的镜像；（Ⅲ）和（Ⅱ）能够完全重合，即（Ⅰ）和它的镜像（Ⅱ）能够完全重合，所以（Ⅰ）是非手性分子，不呈现对映异构现象和旋光性。

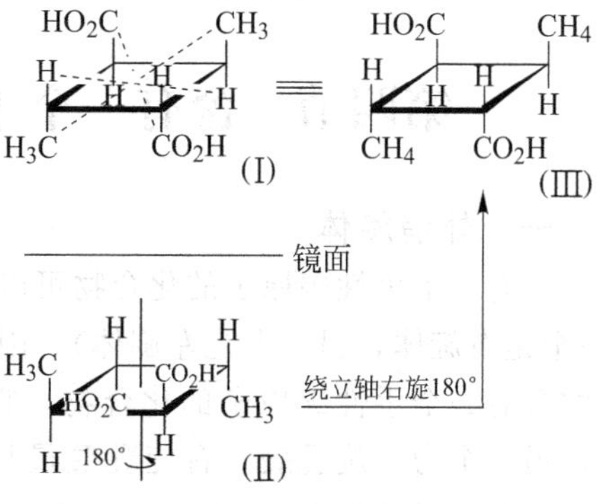
(Ⅰ)
(Ⅱ)
(Ⅲ)
镜面
绕立轴右旋180°

图 7-10 1,3-二羧基-2,4-二甲基环丁烷分子内的对称中心

四、更替对称轴

当一个分子围绕穿过该分子的轴旋转一定角度后，用一个垂直此轴的平面作为镜面对分子进行反映，若所得的镜像与原来分子的构型相同，则此轴就是该分子的更替对称轴。当分子围绕此轴旋转 360°/n 后出现上述现象时，此轴就是该分子的 n 重更替对称轴，用 S_n 表示。例如，图 7-11 中的 1,3-二羧基-2,4-二甲基环丁烷，如果以通过该四元环的中心且与环平面垂直的直线为轴旋转 360°/2＝180°时，就得到构型（Ⅱ），再用镜面对（Ⅱ）进行反映，便得到构型（Ⅲ），（Ⅲ）与（Ⅰ）的构型相同，因此这根轴就是 1,3-二羧基-2,4-二甲基环丁烷的二重更替对

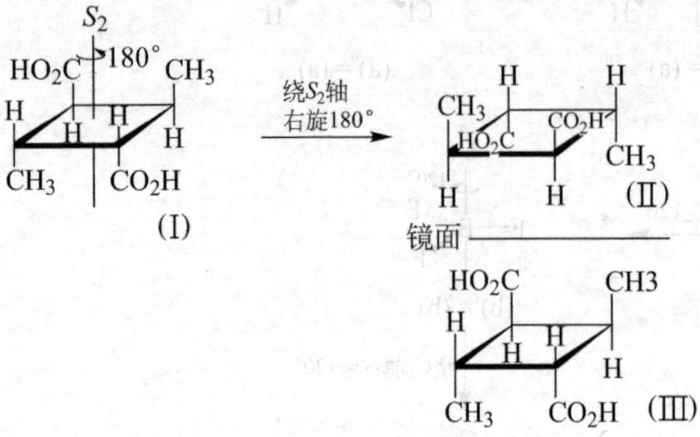

图 7-11　1,3-二羧基-2,4-二甲基环丁烷分子内的二重更替对称轴

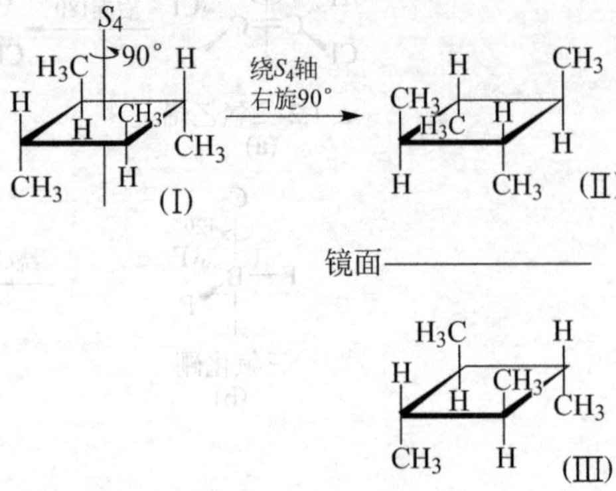

图 7-12　1,2,3,4-四甲基环丁烷分子内的四重更替对称轴

称轴。

再如，1,2,3,4-四甲基环丁烷有一个四重更替对称轴，如图 7-12 所示。

具有二重和四重更替对称轴的分子都能和它们的镜像重合，因此是非手性分子，不呈现对映异构现象和旋光性。

综上所述，凡具有对称面、对称中心或更替对称轴的分子，都能与它们各自的镜像重合，所以都是对称分子。对称分子都是非手性分子，因而都不呈现对映异构现象和旋光性。在一般情况下，更替对称轴往往和对称面或对称中心同时存在，因此要判断一个化合物分子是否具有手性，一般只考虑它是否具有对称面或对称中心就可以了。

习题 7-3　指出下列化合物的构型中具有哪些对称面？

(1) 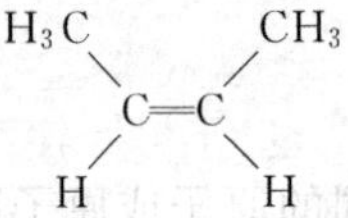　　(2) 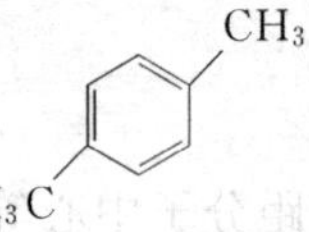　　(3) $CHBr_3$

第四节　含有一个手性碳原子的化合物的对映异构

一、外消旋体

含有一个手性碳原子的化合物可以有两种不同的构型，它们互为对映体，并且具有旋光性（一个是右旋体，另一个是左旋体），因而是一个手性分子。例如，前面曾讨论过的乳酸就是这样的含有一个手性碳原子的化合物，它有一对对映体，并且具有旋光性，其中一个为右旋乳酸，另一个为左旋乳酸。右旋乳酸最早是 Berzelius 在 1807 年从肌肉的水提取液中分离得到的，$[\alpha]=+3.82^\circ$（H_2O），m. p. $=53$℃；左旋乳酸可以从葡萄糖在特种酶作用下发酵得到，$[\alpha]=-3.82^\circ$（H_2O），m. p. $=53$℃。然而，在实验室用化学合成的方法得到的乳酸却没有旋光性，例如丙酮酸（$CH_3COCOOH$）用硼氢化钠还原得到的乳酸就没有旋光性。

$$\underset{\text{丙酮酸}}{CH_3\overset{\overset{O}{\|}}{C}CO_2H} \xrightarrow{NaBH_4} \underset{\text{(无旋光性)}}{CH_3\overset{\overset{OH}{|}}{C}HCO_2H}$$

这是因为丙酮酸是一个非手性分子（它分子内有一个对称面），在非手性条件下，氢化物在羰基的 a 面加成恰好和在 b 面加成的几率相等，因而得到等量的两种不同构型的乳酸，即等量的一对对映体混合物，其中一个是右旋体，另一个是左旋体，并且右旋体对偏振光的作用被左旋体的相等而又方向相反的作用所抵消，因而它们对偏振光没有净效应（$[\alpha]=\pm 0$），所以没有旋光性。

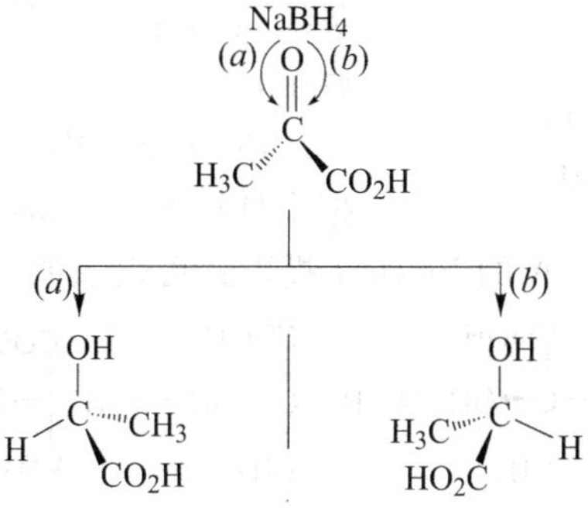
(Ⅰ)　(Ⅱ)

我们把两个对映体的等量混合物称为外消旋体，用符号（±）表示，例如外消旋乳酸可表示为（±）-乳酸。

外消旋体与组成它的每个对映体（即右旋体或左旋体）除旋光性不同以外，其他物理性质也有差异。例如，右旋乳酸和左旋乳酸的熔点都是 53℃，而外消旋的乳酸则为 18℃，但它们的化学性质和生理作用基本相同。

二、构型的表示方法和标记

1. 构型的表示方法——三维表示式和投影表示式

互为镜像的对映体有两种不同的构型。在描述它们的空间结构时，一般都以球棒模型的投影为依据，通常采用三维表示式或费歇尔（E. Fischer，1852—1919，德国化学家）投影表示式。

三维表示式是把模型中的手性碳原子投影在纸面上，纸面上的键用实线表示，伸向纸面前方的键用楔形实线表示，伸向纸面背后的键用虚线表示，如图 7-13 所示。

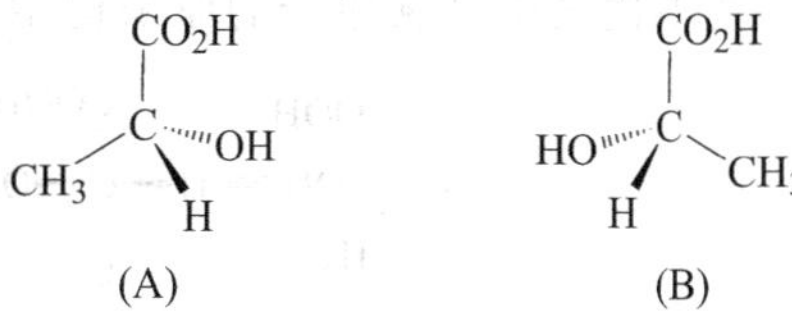
(A)　(B)

图 7-13　乳酸结构（A）和（B）的三维表示式

三维表示式表示构型的方法比较直观形象，但书写起来很不方便。

Fischer 投影式是把模型中手性碳原子和与其相连的四个原子或原子团投影在纸面上，是表示手性碳原子四面体构型的一种更形式化的方法。利用 Fischer 投影式，可以将具有一个手性碳原子的三维分子表示成为二维图像。例如，乳酸的一对对映体 A 和 B 的 Fischer 投影式可表示如下：

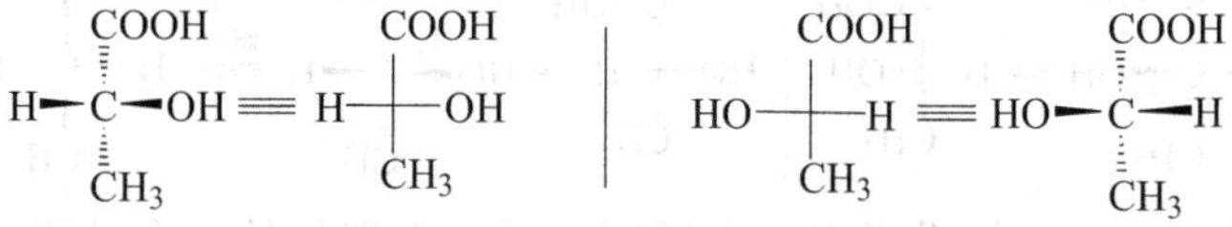
乳酸结构(A)　乳酸结构(B)

Fischer 投影规则：

（1）先把分子模型的主要官能团置于上端；

（2）然后使与手性碳原子相连的两根横键摆向自己，竖立的两根键伸向后方定位；

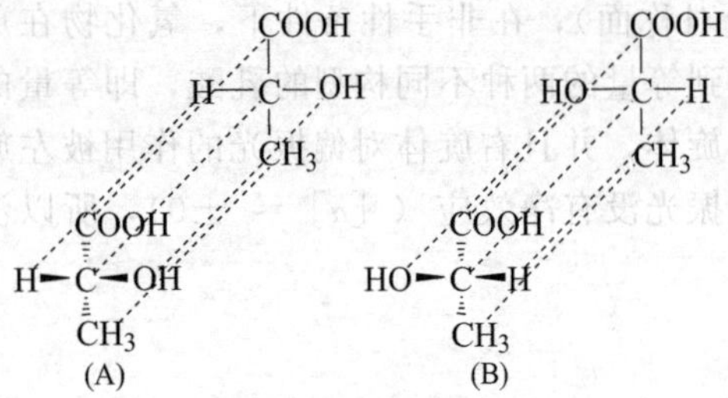

图 7-14　乳酸结构（A）和（B）的 Fischer 投影表示式

（3）最后，把定位的分子模型中的各个原子或原子团及四根键投影在纸面上，如图 7-14 所示。

在 Fischer 投影式中，手性碳原子处在纸面上两条直线的垂直交点上，横线表示模型中伸向纸面前方的键，竖线表示模型中伸向纸面后方的键，竖线顶端为主要官能团（或主链上编号最小的碳原子）。

Fischer 投影式可以有不同的表示方法，通常把手性碳原子（即中心碳原子）省去，以两条直线垂直交点代替。例如乳酸结构 A 的 Fischer 投影式可表示如下：

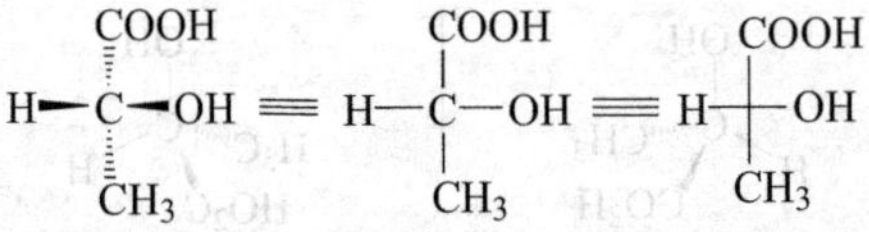

但常有一些 Fischer 投影式不是标准投影式，即竖键不是主链，或官能团不在上端，因此在鉴别两个或多个 Fischer 投影式是否具有相同的构型时，可利用下列规则：

① Fischer 投影式在纸面上旋转 180°，并不改变手性碳原子原来的构型，即旋转后得到的 Fischer 投影式没有改变各基团原来的前后关系。

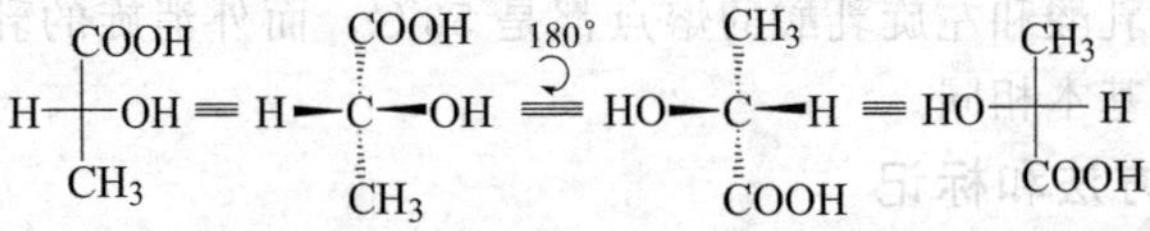

② Fischer 投影式在纸面上旋转 90°或 270°后得到的 Fischer 投影式，原来伸向纸面前方的键变成伸向纸面背后的键，原来伸向纸面背后的键变成伸向纸面前方的键，这个 Fischer 投影式就不代表手性碳原子的原来构型，而变成了它的对映体的 Fischer 投影式。

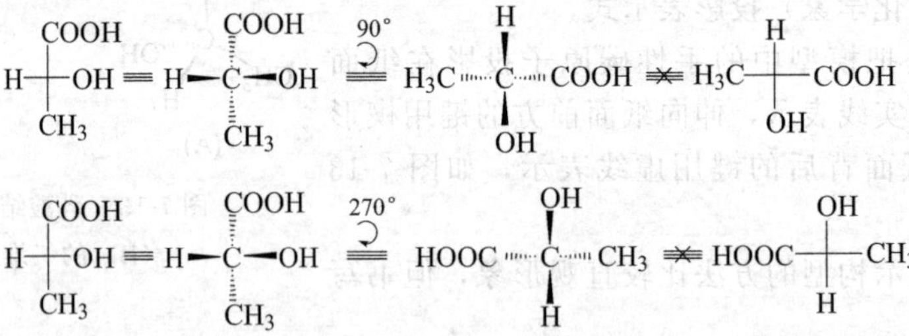

③ Fischer 投影式不能离开纸面翻转。例如，在乳酸结构 A 及其镜像（结构 B）的 Fischer 投影式中，如果将结构 B 的 Fischer 投影式翻转过来，就变成结构 A 的 Fischer 投影式，但同样将结构 B 的透视式翻转，却不会变成结构 A 的透视式，所以 Fischer 投影式不能离开纸面翻转。

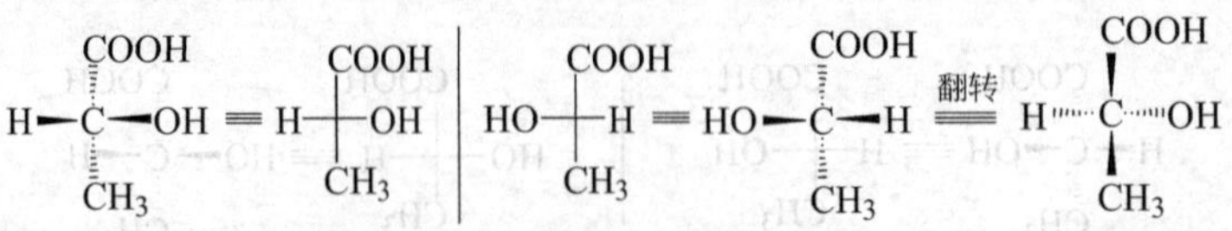

④ 在 Fischer 投影式中，如果指定一个基团不动，而把另外三个基团的位置按顺时针或反时针顺序调换，不改变原化合物中手性碳原子的构型。

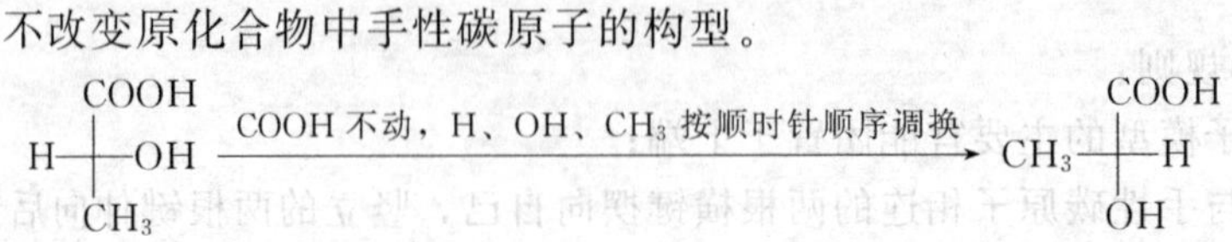
COOH 不动，H、OH、CH3 按顺时针顺序调换

2. 构型的标记——D、L 标记法和 R、S 标记法

(1) D、L 标记法

对映体的特征是具有旋光性，它有两个不同的构型，其中一个是右旋体，另一个是左旋体。例如，乳酸的一对对映体的构型可用两个 Fischer 式表示如下：

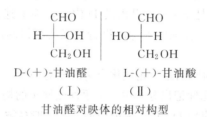

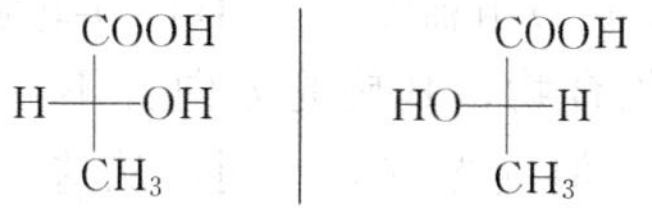

乳酸结构（A）　　乳酸结构（B）

其中之一是（+)-乳酸，另一个是（−)-乳酸，但究竟哪一个代表（+)-乳酸？哪一个代表（−)-乳酸？这个问题在 1891 年以前长期没有得到解决。由于旋光方向和对映体构型之间不存在直接的联系，因此要把多种旋光性化合物的构型相互联系起来的途径，只能是人为地选定某一对对映体作为原始标准，通过化学转变的方法导出旋光性化合物相互的构型关系，即构型关联。由于单糖化合物是碳原子价键的四面体构型理论最早在天然产物中得到广泛应用的对象，所以 Fischer 在 1891 年建议以甘油醛作为这个标准。甘油醛是最简单的单糖，化学名称叫做 2,3-二羟基丙醛。在它的分子里有一个手性碳原子，所以存在一对对映体，它们的立体构型可用 Fischer 式表示如下：

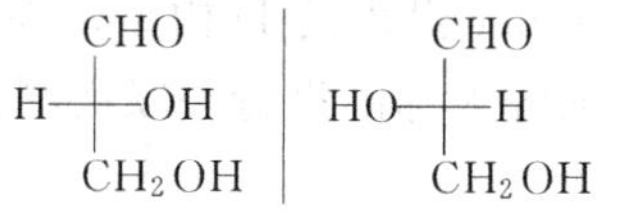

D-(+)-甘油醛　　L-(+)-甘油酸

（Ⅰ）　　（Ⅱ）

甘油醛对映体的相对构型

但在当时根本无法确定上面的两个构型中到底哪一个是右旋甘油醛，哪一个是左旋甘油醛。这个问题曾给有机化学的研究带来巨大的困难。为此，Fischer 任意选定在 Fischer 式中羟基在右侧的构型即（Ⅰ）作为右旋甘油醛的立体构型，并把它的构型标记为 D 构型（dextro，源自拉丁文 dextra 或 dexter，右的意思)，羟基在左侧的构型即（Ⅱ）作为左旋甘油醛的立体构型，并把它的构型标记为 L 构型（laevo 或 levo，源自拉丁文 laevus，左的意思)。D 和 L 表示的只是 Fischer 所任意假定的构型，不表示旋光方向。命名时，如果既要表示构型又要表示旋光方向，则旋光方向用“(+)”或“(−)”表示，例如上述的构型（Ⅰ）的名称为 D-(+)-甘油醛，构型（Ⅱ）的名称为 L-(−)-甘油醛。在这里，(+) 和 (−) 表示的是该化合物通过实验的方法测得的旋光方向。

甘油醛的构型规定之后，其他旋光性化合物的构型就可以通过化学转变的方法把它们与 D-(+)-甘油醛或 L-(−) -甘油醛关联起来确定。例如，D-(+)-甘油醛用 HgO 氧化后可转变成甘油酸，这种甘油酸经旋光仪测定是一个（−)-甘油酸，由于氧化反应在醛基上发生，并不涉及手性碳原子各键的断裂，因此手性碳原子的构型没有改变，即（−)-甘油酸的构型与 D-(+)-甘油醛的构型相同，应标记为 D-(−)-甘油酸，它的对映体则标记为 L-(−)-甘油酸。

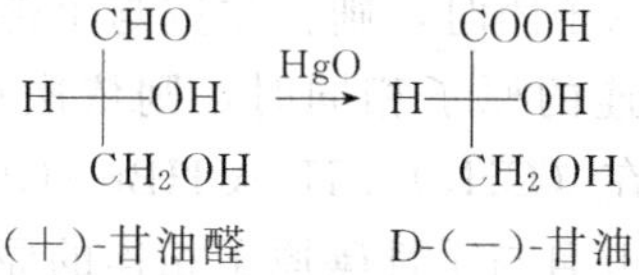

D-(+)-甘油醛　　D-(−)-甘油酸

如果再用适当的化学方法将 D-(−)-甘油酸转变为乳酸，即将—CH_2OH 还原成—CH_3，由于化学转变过程中手性碳原子的构型没有改变，所以与 D-(−)-甘油酸相关联的该乳酸为 D-

(−)-乳酸，它的对映体则为 L-(＋)-乳酸。

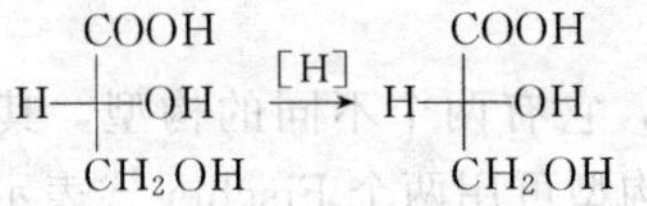

COOH
H
OH
[H]
COOH
H
OH
CH_2OH
CH_2OH

D-(−)-甘油酸　　D-(−)-乳酸

由此可见，具有同一构型的化合物，其旋光方向并不一定相同，例如 D -(＋)-甘油醛和 D-(−)-甘油酸，它们的构型相同，但旋光方向不同。从这个例子可以看出，在构型和旋光方向之间并没有必然的关联。此外，上述通过化学转变而确定的各种旋光性化合物的构型，都是以甘油醛人为指定的构型为标准的，与实际构型也许相符，也许不相符，所以这种硬性指定的构型称为相对构型。

在 Fischer 提出甘油醛的相对构型 60 年之后的 1951 年，荷兰 X-射线结晶衍射学家 J. M. Bijvoet 用 X-光衍射分析法，成功地测定了在 103 年前使 L. Pasteur（巴黎师范大学化学家，1822—1895）发现了旋光异构现象的那个化合物——酒石酸钠铵的真实构型，即绝对构型（用物理和化学方法测得的旋光性化合物分子的实际构型叫做绝对构型）。因此，在这 60 年中，通过与酒石酸进行构型关联的旋光性化合物的绝对构型当然也就全部被确定下来，其中也包括了甘油醛的绝对构型。幸运的是，Fischer 当年所任意选定的假设碰巧是正确的，换句话说，右旋甘油醛的绝对构型正好就是 Fischer 提出的 D 构型，即上述式（Ⅰ）所表示的立体构型。因此，几十年以来采用 D -(＋)-甘油醛为标准进行关联而测得的那些旋光性化合物的相对构型也就是它们的绝对构型了。

由于 D、L 标记法所依据的原则是旋光性化合物的相对构型，它是通过不同的旋光化合物之间的关联对比出来的，并且只能标记出分子中一个手性碳原子的构型，因此用起来很不方便。近年来，除在糖类和氨基酸中还应用 D、L 法标记构型外，一般多被 *R*、*S* 标记法所代替。

（2）*R*、*S* 标记法

R、*S* 标记法是由 R. S. Chan（凯恩，英国化学家，伦敦化学学会）、C. Ingold（英果尔，英国化学家，伦敦大学）、V. Prelog（普雷洛格，瑞士化学家，瑞士联邦工学院）在 1956 年提出来的，并在 1970 年被 IUPAC 所采纳。用这个标记法标记旋光性化合物的构型时，不用标准化合物，而是根据手性碳原子所连的四个基团在空间的排列次序来标记的。其方法是：

① 把与手性碳原子相连的四个基团按“次序规则”由大到小排列成序；

② 使按次序排列在最后的那个基团指向四面体的后方；

③ 对与手性碳原子相连的其余三个基团由大到小确定它是顺时针或反时针方向；

④ 透过四面体观察次序最小的基团，若其余三个基团由大到小按顺时针次序排列，则标记为 *R*（拉丁文 rectus 的缩写，向右之意）构型；若为反时针次序排列，则标记为 *S*（拉丁文 sinister 的缩写，向左之意）构型，如图 7-15 所示。

次序规则要点如下：

① 把与手性碳原子相连的原子按其原子序数从大到小排列成序。对于同位素，质量数大者排在前面。例如 D 排在 H 之前，^{14}C 排在 ^{12}C 之前。

② 当与手性碳原子相连的为原子团时，则首先按与手性碳原子直接相连的原子的原子序数排列，若与手性碳原子直接相连的原子相同时，则依次按原子团中次第相连的第二、第三个原子的原子序数排列。例如在 $(CH_3)_2CH—CHBr—CH_2OH$ 分子中，$(CH_3)_2CH—$ 和 $—CH_2OH$ 都连在手性碳原子上，并且与手性碳原子相连的原子都是碳原子，所以依次排列第二个原子，即：$—CH_2OH$ 中的 O 和 $(CH_3)_2CH—$ 中的 C，O 的原子序数大于 C 的原子序数，应排在前面，即 $—CH_2OH>(CH_3)_2CH—$。如果第二个原子仍然相同，则按第三个原子的原

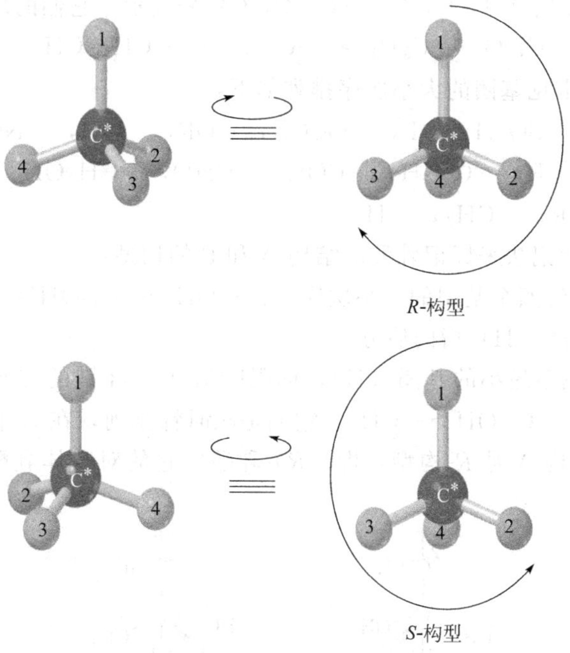
1
C*
2
3
4
R-构型
S-构型

图 7-15　Cabcd 型化合物 *R*、*S* 构型的标记方法

子序数排列，以此类推。

③ 把与手性碳原子相连的各原子（氢除外）都看作四价。凡少于四价的原子如 N、O、碳正离子（R_3C^+）等，可用一个假想原子来补足四价，并把它的原子序数定为零，序次排在最后。例如—$NH^+(CH_3)_2$ 应当在—$N(CH_3)_2$ 之前。

④ 把双键看作两个单键，把叁键看作三个单键。例如：

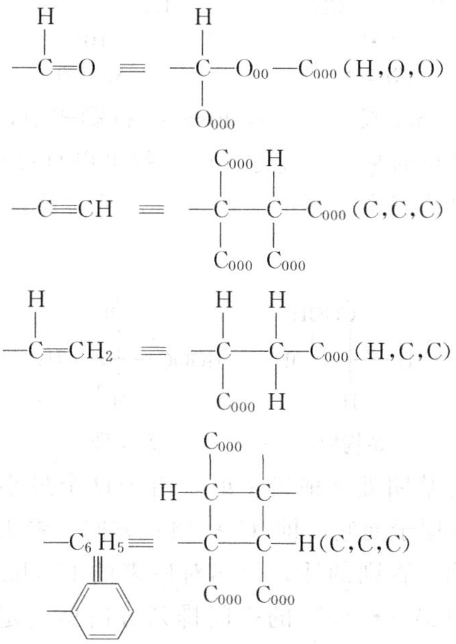
—C═O ≡ —C—O00—C000(H,O,O)
—C≡CH ≡ —C—C—C000(C,C,C)
—C═CH2 ≡ —C—C—C000(H,C,C)
—C6H5 ≡ —C—C—H(C,C,C)

下标$_0$ 表示假想原子，例如 C_{000} 表示碳原子与三个假想原子相连。

在 C═C 双键中，每个碳原子被看作是与两个碳原子相连，其中一个碳原子是与三个假想原子相连，以 C_{000} 表示。在以上四个基团中，它们的第一个原子（C）所连的原子可分别以

(H，O，O)、(C，C，C)、(H，C，C)、(C，C，C) 来表示。它们的次序为：

$$-CHO > -C_6H_5 > -C{\equiv}C > -CH{=}CH_2$$

按以上方法把一些常见基团的大小次序排列如下：

$-I$，$-Br$，$-Cl$，$-SO_3H$，$-F$，$-OCOR$，$-OR$，$-OH$，$-NO_2$，$-NR_2$，$-NHR$，$-NH_2$，$-CO_2R$，$-CO_2H$，$-COR$，$-CHO$，$-CH_2OH$，$-CN$，$-Ph$，$-CR_3$，CHR_2，$-CH_2R$，$-CH_3$，$-H$。

现在我们用 *R*、*S* 标记法来标记乳酸的结构 A 和 B 的构型：

① 手性碳原子所连的四个基团的大小次序是：$-OH > -COOH > -CH_3 > -H$；

② 使次序最小的基团（H）指向后方；

③ 透过四面体 A′观察最小的基团（H），即眼睛沿 $^*C-H$ 键的方向看去，其余三个基团的大小次序是：$-OH > -COOH > -CH_3$，它们是顺时针排列，在 B′中是反时针排列；

④ 所以，乳酸的结构 A 是 *R*-构型，即（*R*)-乳酸，它的对映体乳酸的结构 B 是 *S*-构型，即（*S*)-乳酸。

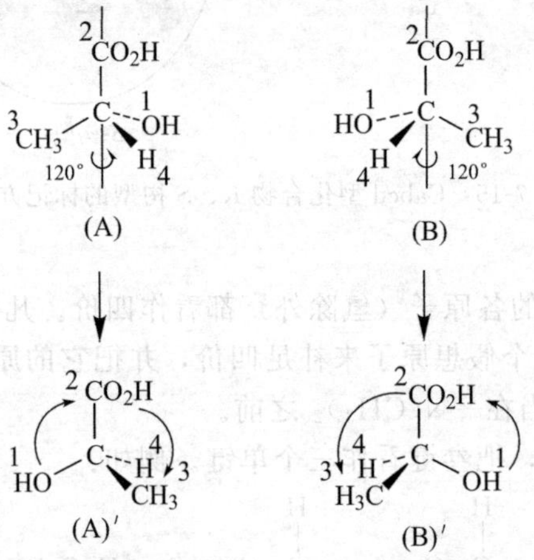

(A)
(B)
(A)′
(B)′

(*R*)-乳酸　　(*S*)-乳酸

R、*S* 标记法也适用于 Fischer 投影式。在 Fischer 投影式中，横键指向纸面前方，竖键指向纸面后方。因此，当次序最小的基团在竖键上时，就可以直接从 Fischer 投影式中另三个基团的排列方向读出构型。如果这三个基团的大小次序是顺时针排列，其构型为 *R*-构型；如果是反时针排列，则为 *S*-构型。

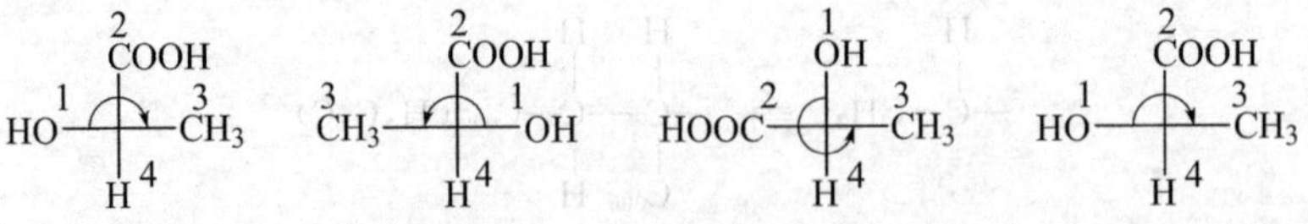

R-构型　　*S*-构型　　*S*-构型　　*R*-构型

但是，当原子序数最小的基团处于横键上时，由于这个最小的基团（H）指向纸面的前方，那么，如果要求从手性碳原子向它［即 $^*C \rightarrow$（4）方向］看去，就需要先将整个分子翻转过去才能得到正确的构型名称。否则的话，仍然对原来的 Fischer 投影式从前即（4）向后即（$^*C$）看去，所看到（1）→（2）→（3）的空间排列方向就一定和 *R*、*S* 标记法规定的必须朝 $^*C \rightarrow$（4）方向看去的观察结果相反。因此，我们对最小基团处在横键上的 Fischer 投影式进行直接观察时，其结果必须翻转，即其他三个基团的排列方向（虚线箭号所示方向）若为顺时针者，经翻转则为反时针，为 *S*-构型；看到的方向为反时针者，经翻转则变为顺时针，为 *R*-构型。

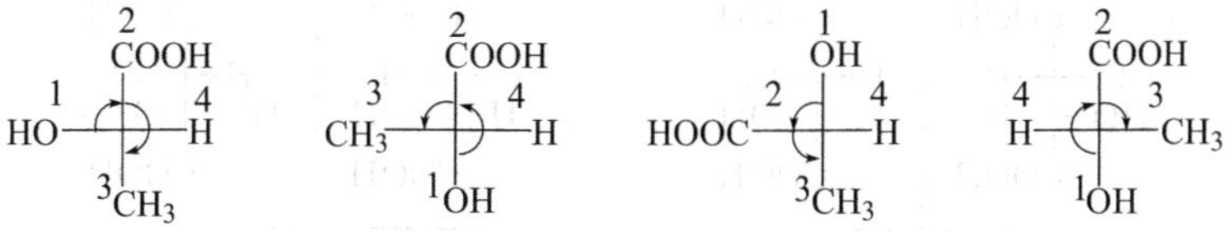

S-构型　　　　*R*-构型　　　　*R*-构型　　　　*S*-构型

习题 7-4　用 *R*、*S* 标记法标定下列各化合物中手性碳原子的构型：

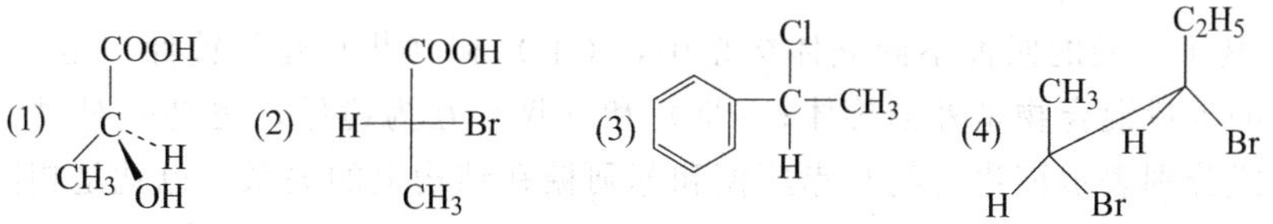

习题 7-5　用 Fischer 投影式表示下列各化合物的构型：

（1）（*R*）-2-溴丁烷　（2）（*R*）-3-甲基-1-戊烯　（3）（*S*）-3-甲基-1-戊烯

习题 7-6　用系统命名法命名下列各化合物：

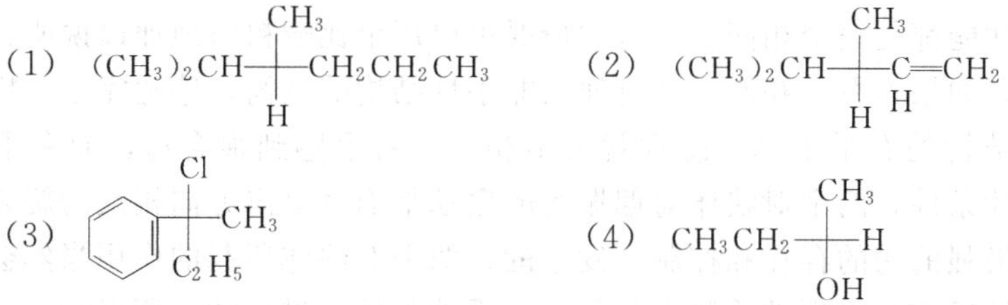

习题 7-7　下列各化合物哪些与（a）是同一化合物？哪些是（a）的对映体？

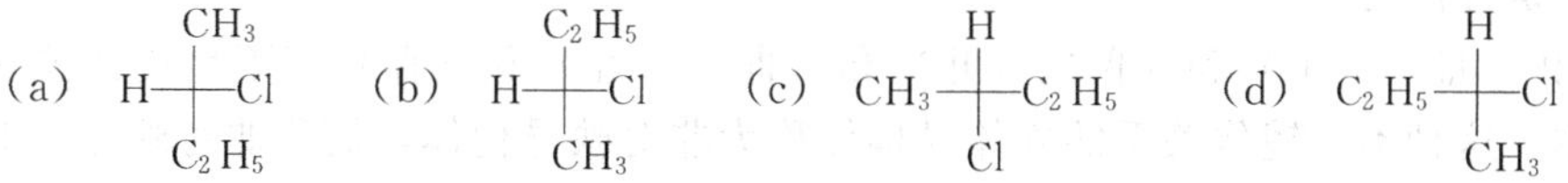

习题 7-8　从下列 Newman 式中找出满足下列条件的化合物：

①一对对映体；②一对非对映体；③表示同一立体异构体的两个结构。

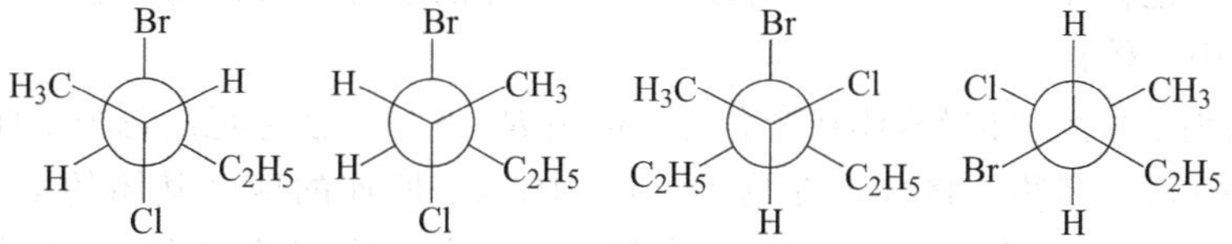

(a)　　(b)　　(c)　　(d)

第五节　含有两个手性碳原子的化合物的对映异构

一、含有两个不同手性碳原子的化合物的对映异构

由于每个手性碳原子上的基团在空间可有两种结合的方式，所以含一个手性碳原子的化合物只可能有两个立体异构体，而含有两个不相同的手性碳原子的化合物便可能有 2×2=4 个立体异构体。

例如，2-氯-3-羟基丁二酸 HOOC—*CHCl—*CHOH—COOH（氯代苹果酸）分子内就含有两个不同的手性碳原子，它的四个立体异构体的立体构型可用 Fischer 式表示如下：

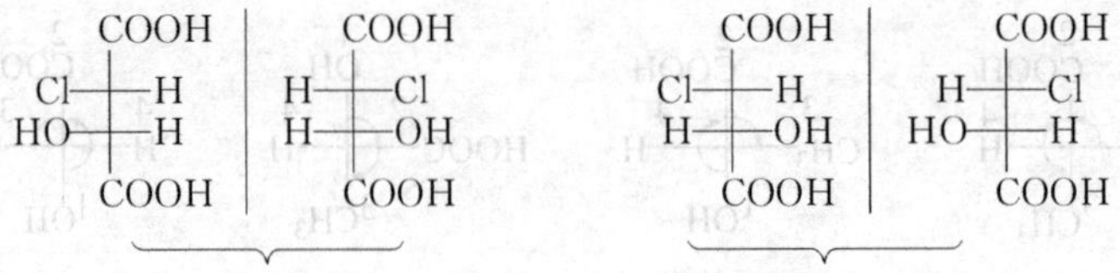

（±）　　　　　　　　（±）

（Ⅰ）　（Ⅱ）　（Ⅲ）　（Ⅳ）

(2*S*，3*S*)　(2*R*，3*R*)　(2*S*，3*R*)　(2*R*，3*S*)

[α] +7.1°　−7.1°　+9.3°　−9.3°

在2-氯-3-羟基丁二酸的四种不同立体构型中，（Ⅰ）和（Ⅱ）互为镜像，是一对对映体，称为赤式，它们的等量混合物是外消旋体；（Ⅲ）和（Ⅳ）互为镜像，也是一对对映体，称为苏式（赤式和苏式分别表示该化合物与赤藓糖和苏阿糖在结构上的关系，也就是相同或相近的两个原子或原子团在同侧的为赤式，在异侧的为苏式），它们的等量混合物是外消旋体。两个对映体一般的化学性质都相同，物理性质除旋光方向相反外其余也都相同，但生理作用往往不同。两个对映体具有这样的特征，是由于两者分子中各原子之间的结合情况、相对距离以及相互作用和影响都完全等同，只是空间取向相反，因此只有在手性条件下才表现出其不同性能，而在非手性条件下的性能都是完全相同的。这种情况可以用个比喻粗略地加以说明：比如我们的双手是两个对映体，如果把右手和左手各自伸入非手性结构的圆筒，感觉完全一样，但是如果两者各自伸入手性结构的右手手套，感觉就大不相同，右手感到很合适，而左手则感到别扭。偏振光是一个手性条件，两个对映体对偏振光的振动平面就显出方向相反的旋光性能。生理作用是在手性条件极强的酶的存在和控制下发生的，两个对映体所起的作用当然会有显著差异。但是，一般的化学反应和物理性质测定都是在非手性条件下进行的，所以两个对映体表现出来的性能是等同的。

（Ⅰ）和（Ⅲ）、（Ⅰ）和（Ⅳ）、（Ⅱ）和（Ⅲ）、（Ⅱ）和（Ⅳ）都不呈镜像关系，它们都不是对映体，这种不呈镜像关系的立体异构体称为非对映异构体，简称非对映体。对于这种具有非对映结构的旋光异构体来说，它们分子中各原子之间的相对距离和相互影响都不尽相同。因此，除旋光性不同（可以是方向不同，也可以是数值不同）外，其他物理性质和一般的化学性质（例如反应速率）也存在一定的差异。所以，非对映体的混合物可以用一般的物理方法将它们分开（在第八节中具体讨论）。

2-氯-3-羟基丁二酸的四个立体异构体在命名时，可用*R*、*S*标记法标记出每个手性碳原子的构型，然后再加上它的系统名称。例如，在构型（Ⅰ）中，C2所连的四个基团的大小次序是：—Cl＞—COOH＞—CHOHCOOH＞—H，是*S*构型；C3所连的四个基团的大小次序是：—OH＞—CHClCOOH＞—COOH＞—H，也是*S*构型，因此这个立体异构体的名称是(2*S*,3*S*)-2-氯-3-羟基丁二酸。同理，构型（Ⅱ）的名称是(2*R*，3*R*)-2-氯-3-羟基丁二酸，构型（Ⅲ）的名称是(2*S*，3*R*)-2-氯-3-羟基丁二酸，构型（Ⅳ）的名称是(2*R*,3*S*)-2-氯-3-羟基丁二酸。

如果把Fischer式和飞楔式（透视式）、锯架式以及C2—C3的Newman式都写出来，就可以更加容易看清这个分子的立体构象。这里以（Ⅰ）式为例，把各种式子表示如下：

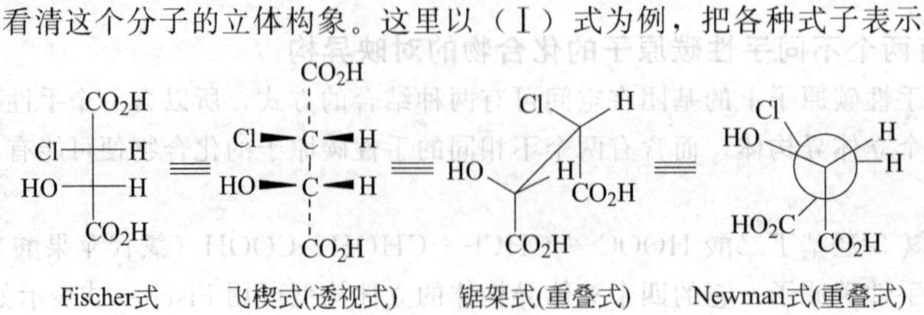

Fischer式　飞楔式(透视式)　锯架式(重叠式)　Newman式(重叠式)

二、含有两个相同手性碳原子的化合物的对映异构

含有两个相同手性碳原子的化合物例如 2,3-二羟基丁二酸（酒石酸）分子中的两个手性碳原子各自与同样的四个不同基团相连接，即它们都和—OH、—COOH、—CHOHCOOH 和—H 相连。如果我们仍按上述方法推算立体异构体的总数，也可以用 Fischer 式写出四种不同的构型：

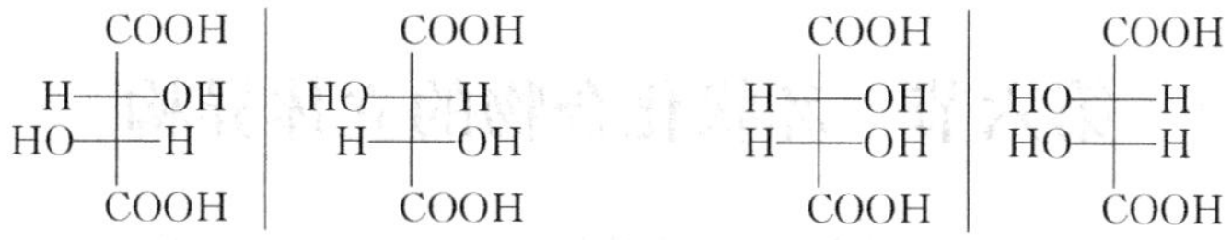

COOH	COOH	COOH	COOH
H——OH	HO——H	H——OH	HO——H
HO——H	H——OH	H——OH	HO——H
COOH	COOH	COOH	COOH
（Ⅰ）	（Ⅱ）	（Ⅲ）	（Ⅳ）
(2R,3R)	(2S,3S)	(2R,3S)	(2S,3R)
[α] +12°	−12°	0°	0°

其中（Ⅰ）和（Ⅱ）互为镜像，是一对对映体，它们的等量混合物是外消旋体。（Ⅲ）和（Ⅳ）也互为镜像，看似一对对映体，但实际上是同一化合物，因为在它们的分子内具有一个对称面，如图 7-16 所示，是一个具有平面对称性的分子。该分子被对称面分割成互为镜像的两半，从而分子其中一半所引起的旋光作用被作为镜像的另一半所引起的旋光作用所抵消，因此（Ⅲ）和（Ⅳ）不是手性分子，没有旋光性。像这种分子中虽然含有手性碳原子但不具有旋光性的化合物称为内消旋化合物或内消旋体。因此，酒石酸只有三种立体异构体，即右旋酒石酸、左旋酒石酸和内消旋酒石酸。右旋酒石酸和左旋酒石酸的等量混合物是外消旋酒石酸，把它们溶于水中所得的溶液没有旋光性。右旋酒石酸或左旋酒石酸同内消旋酒石酸是非对映体。由此可见，虽然含有一个手性碳原子的化合物必然具有手性，但是含有多个手性碳原子的化合物却不一定都具有手性。所以，不能说凡是含有手性碳原子的化合物都是手性分子。

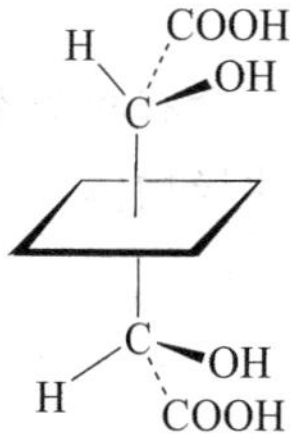

图 7-16 内消旋酒石酸分子中的对称面

内消旋体和外消旋体虽然都没有旋光性，但它们却是两种不同的化合物。内消旋体是一种单纯的化合物，它不能像外消旋体那样可以分离成具有旋光性的两种化合物。表 7-1 列出了四种酒石酸立体异构体的一些物理性质。

表 7-1 酒石酸立体异构体的一些物理性质

酒石酸	熔点/℃	相对密度(20℃)	溶解度/(克/100 毫升 H_2O)	$[α]_D^{25}$ 20%H_2O
右旋体	170	1.76	139	+12°
左旋体	170	1.76	139	−12°
内消旋体	140	1.67	125	0°
外消旋体	206	1.70	20	0°

在旋光性化合物中，含有手性碳原子越多，其立体异构体的数目也就越多。含有 n 个不同手性碳原子的化合物，可以有 2^n 个立体异构体，构成 2^{n-1} 对对映体，组成 2^{n-1} 个外消旋体。含有 n 个相同手性碳原子的化合物（有可能出现内消旋型的立体异构体），其立体异构体的总数少于 2^n 个。当 n 为偶数时，有 2^{n-1} 对对映体和 $2^{(n-2)/2}$ 个内消旋体。当 n 为奇数时，则可以存在总共 2^{n-1} 个立体异构体，其中有 $2^{(n-1)/2}$ 个内消旋体。

习题 7-9 下列化合物中各有多少种立体异构体？试写出它们的 Fischer 表示式，并以 R、S 标记每个手性碳原子的构型。

(1) $CH_3CH(OH)CH(OH)CH_3$

(2) $CH_3CH_2CH(OH)CH(OH)CH_3$
(3) $CH_3CH(Cl)CH(OH)CH_3$
(4) $CH_3CH(Cl)CH(Cl)CH(Cl)CH_2CH_3$
(5) $CH_3CH(OH)CH(OH)CH(Cl)CH_2CH_3$

第六节　环状化合物的立体异构

在环状化合物中，由于环的存在限制了碳碳键的自由旋转，因此当环上有两个碳原子各连有一个取代基（或两个不同的原子或原子团）时，就有顺反异构现象。如果环中含有手性碳原子，则还有对映异构现象。

一取代环丙烷衍生物没有立体异构现象。

含有一个手性碳原子的环丙烷衍生物有一对对映体：

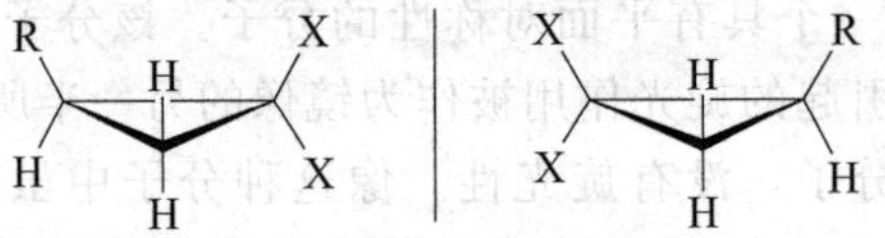

R
X
H
H
X
H
X
R
H
X
H
H

含有两个不同的手性碳原子的环丙烷衍生物如2-羟甲基环丙烷羧酸，它可以有四个（2^2）立体异构体：

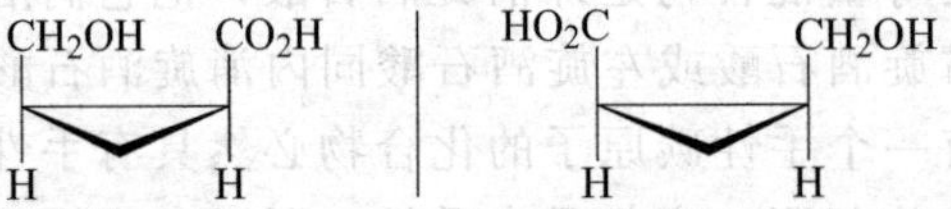

CH₂OH
CO₂H
H
H
HO₂C
CH₂OH
H
H

(Ⅰ)　　(Ⅱ)

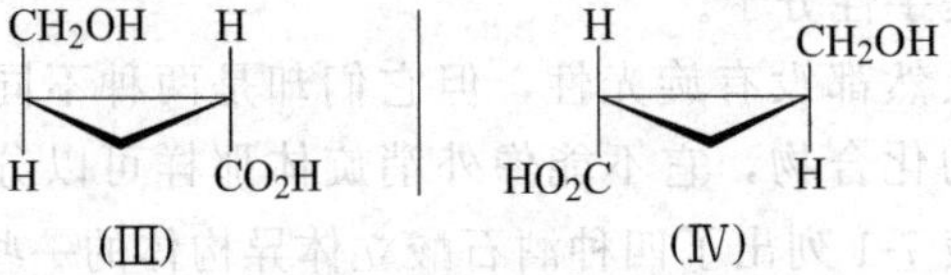

CH₂OH
H
H
CO₂H
H
CH₂OH
HO₂C
H

(Ⅲ)　　(Ⅳ)

（Ⅰ）和（Ⅱ）是顺式异构体，它们是一对对映体；（Ⅲ）和（Ⅳ）是反式异构体，它们又是一对对映体；顺式异构体和反式异构体是非对映体。这种情况和含有两个不同的手性碳原子的开链化合物的立体异构现象是相似的。

含有两个相同的手性碳原子的环丙烷衍生物如1,2-环丙烷二甲酸，它和酒石酸相似，有三个立体异构体：

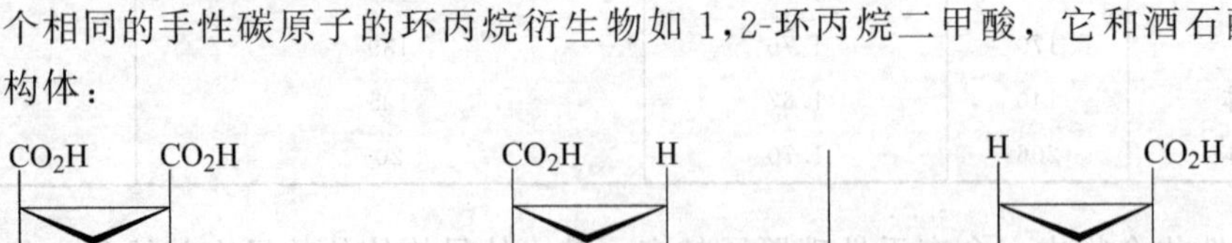

CO₂H
CO₂H
H
H
CO₂H
H
H
CO₂H
H
CO₂H
HO₂C
H

(Ⅰ)　　(Ⅱ)　　(Ⅲ)

（Ⅰ）是顺式异构体，（Ⅱ）和（Ⅲ）是反式异构。（Ⅰ）中虽然有两个手性碳原子，但分子中有一个对称面，不是手性分子，它是一个内消旋体。（Ⅱ）和（Ⅲ）是一对对映体，（Ⅰ）和（Ⅱ）或（Ⅲ）是非对映体。

环己烷是一个可变的非平面的环，所以环己烷的二元取代衍生物，如1,2-环己烷二甲酸的反式异构体，能以多种快速互变的环状构象存在，包括两个羧基都处在直立键上或都处在平伏键上。其中最稳定的构象是两个羧基都处在平伏键上，它的镜像不能与其重合，因此存在一对对映体：

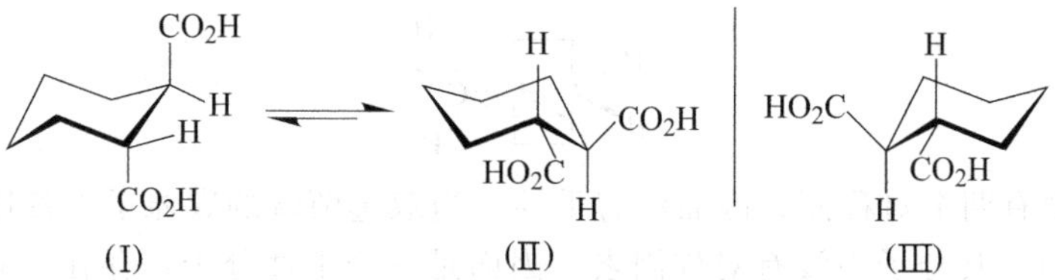
CO2H
H
H
CO2H
(Ⅰ)
H
CO2H
HO2C
H
(Ⅱ)
H
HO2C
CO2H
H
(Ⅲ)

而1,2-环己烷二甲酸的顺式异构体也有快速互变的环状构象（Ⅰ）和（Ⅱ），其中最稳定的构象是两个羧基分别处在平伏键和直立键上。如果将（Ⅱ）用镜面反映，其镜像（Ⅲ）与（Ⅰ）相同，即（Ⅰ）和（Ⅱ）两种不同的构象是互为镜像关系的构象对映体，但由于它们之间可迅速互变而无法将它们拆开，因此只能得到外消旋体，故没有旋光性：

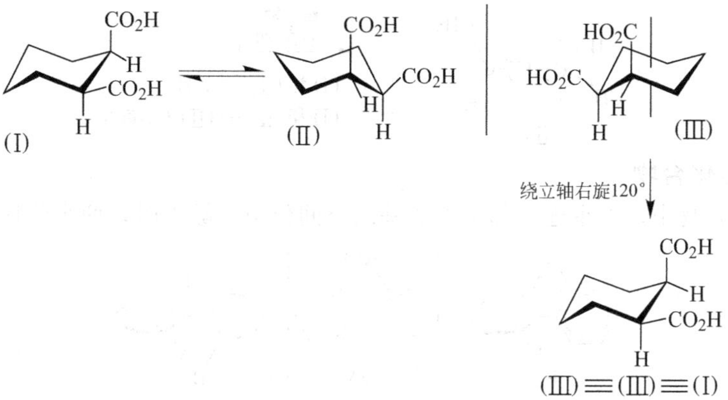
CO2H
H
CO2H
H
(Ⅰ)
CO2H
CO2H
H
H
(Ⅱ)
HO2C
HO2C
H
H
(Ⅲ)
绕立轴右旋120°
CO2H
H
CO2H
H
(Ⅲ)≡(Ⅲ)≡(Ⅰ)

因此，1,2-环己烷二甲酸存在三种立体异构体，即顺式异构体、反式右旋体和反式左旋体。

除三元环外，其他大于三元环的环状化合物都是非平面的。但在研究它们的立体异构现象时，仍然可以把它们看作平面来观察，其结果与实际情况完全相符。例如顺式和反式1,2-环己烷二甲酸的立体异构可用平面表示法图示如下：

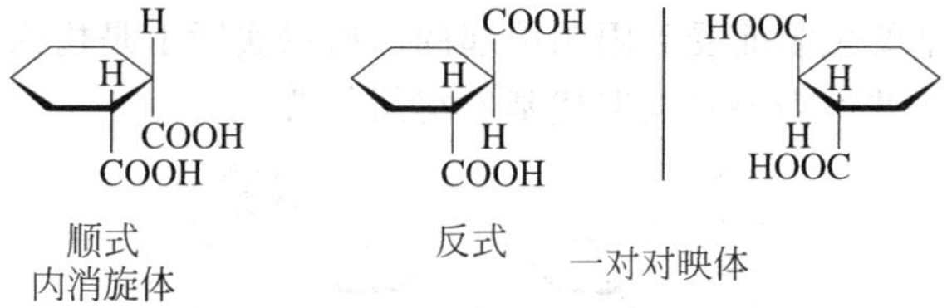
H
H
COOH
COOH
顺式
内消旋体
COOH
H
H
COOH
反式
HOOC
H
H
HOOC
一对对映体

但在偶数环中，如果相互对面的两个碳是手性碳原子，就有一个通过这两个手性碳原子并且垂直于环平面的对称面，所以是非手性分子，没有对映异构体。

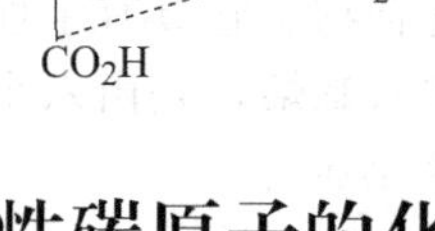
H
H
CO2H
CO2H

第七节　不含手性碳原子的化合物的对映异构

一、丙二烯型化合物

在有机化合物中，具有旋光性的物质一般都含有一个或多个手性碳原子，并存在对映异构现象。而在有些分子中虽然不含有手性碳原子，但也具有旋光性和对映异构现象。例如，具有两个互相垂直π键结构的丙二烯分子：

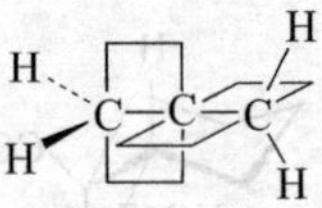
H
H
C
C
C
H
H

由于其分子中有两个对称面，因而没有手性。当双键两端的碳原子上各连有不同的基团时（例如 2,3-戊二烯），其分子中没有对称因素，因而是一个手性分子，存在一对对映体：

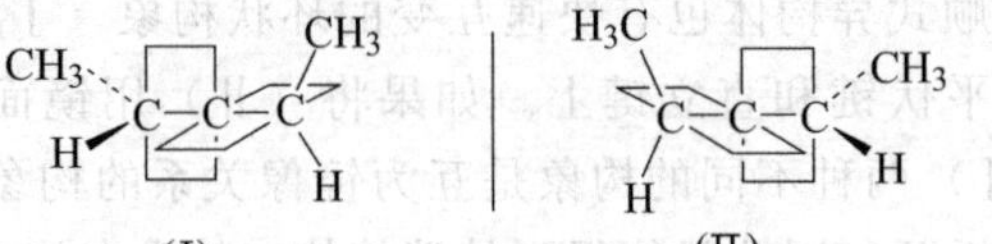
CH_3
CH_3
H
H
H_3C
CH_3
H
H

(Ⅰ)　　　　　　(Ⅱ)

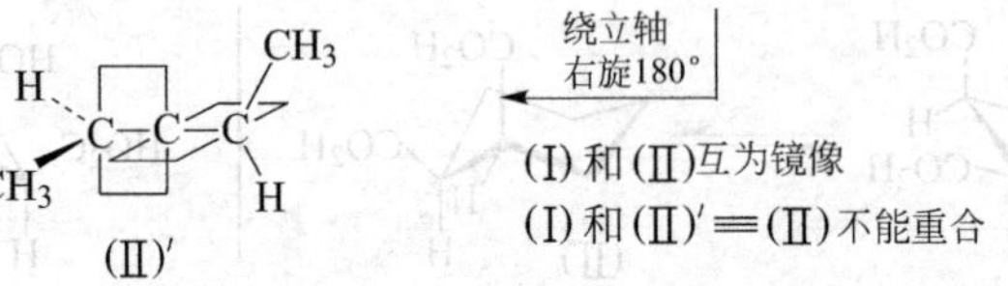
CH_3
H
CH_3
H
绕立轴
右旋180°
(Ⅰ)和(Ⅱ)互为镜像
(Ⅰ)和(Ⅱ)′≡(Ⅱ)不能重合

(Ⅱ)′

二、联苯类化合物

在联苯类化合物中，如果连在邻位上的基团空间位阻足够大时，两个苯环就不会共平面：

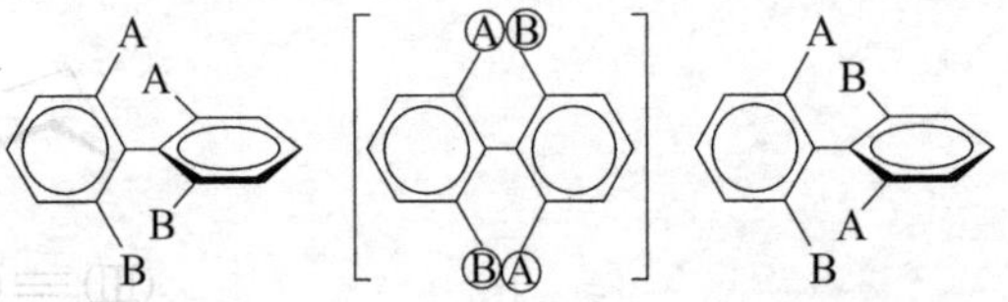
A
A
B
B
A
B
B
A
A
B
A
B

扭转结构1　　平面结构　　扭转结构2

-90°　　　　　　　　+90°

左旋或右旋

当两个苯环是不对称取代时，则该化合物存在一对对映体，例如 6,6′-二硝基联苯-2,2′-二甲酸分子，由于两个苯环的邻位上分别连有不同的取代基，因而分子中没有对称面和对称中心，所以具有手性，它和它的镜像不能重合，互为对映体。这一对对映体是由于连接两个苯环的单键旋转因邻位取代基的位阻而受到限制引起的，所以实际上是构象异构体，它们的互相转换只需要通过键的旋转，并不需要对换取代基的空间位置。

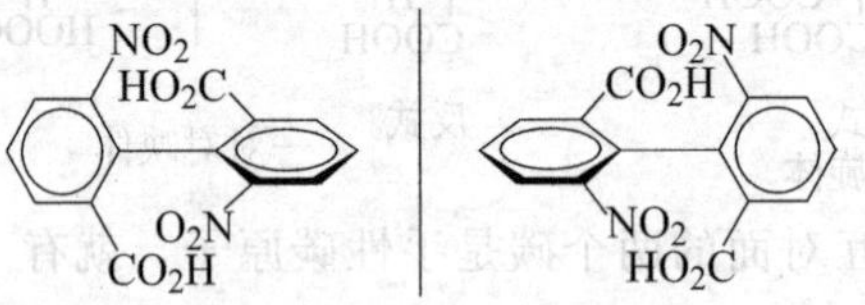
NO_2
HO_2C
O_2N
CO_2H
O_2N
CO_2H
NO_2
HO_2C

(Ⅰ)　　　　(Ⅱ)

三、螺并苯类化合物

螺并苯类化合物是由许多苯环通过邻位稠合而成的。由于它们的分子内部拥挤，使整个分子不能处在一个平面而成为一种螺形化合物。它具有手性结构，所以有旋光性。螺旋方向可以向左，也可以向右，互为对映体。例如六螺烯，是由六个苯环以邻位彼此稠合构成的螺旋化合物，它的比旋光度极高，其 $[\alpha]_D^{25}$ 高达 3700°。

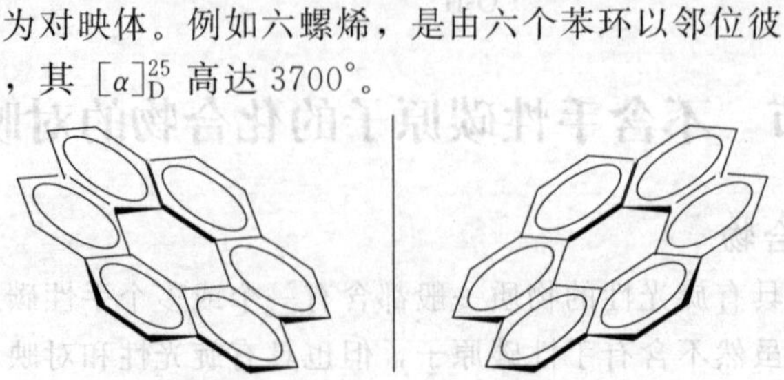

(−)-六螺烯　　　　(+)-六螺烯

第八节　外消旋体的拆分和外消旋化

一、外消旋体的拆分

旋光性物质大多数是从天然生物体中获得的，而人工用非旋光性物质合成旋光性物质时，通常得到的是外消旋体。例如，非旋光性的正丁烷的氯化物 2-氯丁烷就是一个外消旋体（一对等量的对映体）。

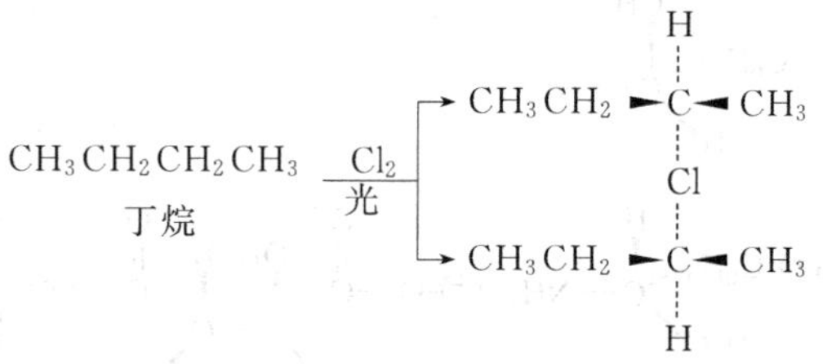

$CH_3CH_2CH_2CH_3$
丁烷
Cl_2
光
H
CH_3CH_2
C
CH_3
Cl
CH_3CH_2
C
CH_3
H

（±）-2-氯丁烷

如果要想得到其中的一个对映体，就得把外消旋体拆开，即把外消旋体分离成两个对映体。我们把外消旋体分离成对映体的过程称为外消旋体的拆分（或称拆解）。

1. 机械分离法

1848 年，Pasteur 重复另一个化学家在酒石酸盐方面的工作时，发现前人未曾注意的现象，即将旋光性的酒石酸钠铵水溶液在室温下（<28℃）经慢慢蒸发后得到的结晶有两种晶形，并且彼此互成镜像关系：

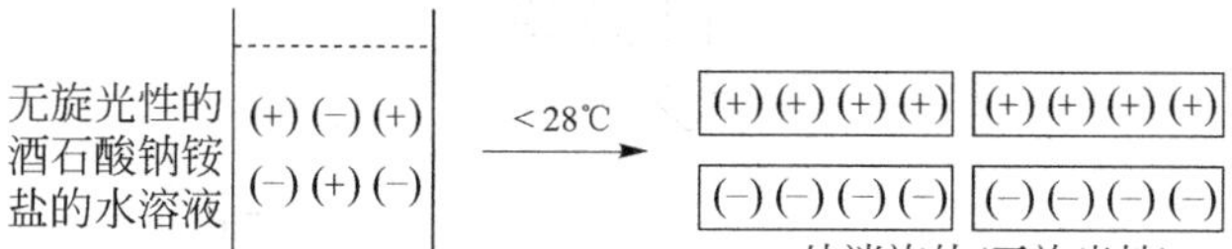

无旋光性的
酒石酸钠铵
盐的水溶液
(+) (−) (+)
(−) (+) (−)
<28℃
(+) (+) (+) (+)
(+) (+) (+) (+)
(−) (−) (−) (−)
(−) (−) (−) (−)

外消旋体(无旋光性)

他用一支放大镜和一把镊子仔细而辛苦地将外形不同的两种结晶（半面晶）分开后，通过旋光测定，发现它们都具有旋光性。其中一种使偏振光右旋，另一种使偏振光左旋，并且旋光强度相等；若将等量的这两种结晶混合起来再测定，便发现混合物没有旋光性。Pasteur 用手拣晶体的方法把外消旋酒石酸钠铵分离出单纯的对映体，在历史上是首次成功的拆分工作。

由于旋光性的差异是在溶液中观察到的，因而 Pasteur 推断这不是晶体的特性而是分子的特性。他认为两个晶形之间在几何结构上的差异必定反映分子本身之间存在镜像关系，并且早在 1860 年，他就提出关于不对称碳原子的理论。Pasteur 在立体化学领域的成就除了发现对映异构现象和手拣晶体拆分外消旋体的方法外，他还发现了其他拆分方法，包括非对映体的方法和生物化学方法。虽然 Pasteur 在生物化学和医药学方面的贡献更为大众所熟悉，但必须承认他是化学界的天才之一和现代立体化学的奠基人。

2. 生成非对映体法（化学法）

由于组成外消旋体的对映体除对偏振光的旋转方向不同外，其他物理性质和一般的化学性质都完全相同，因此用结晶、蒸馏和层析等常规方法是不可能将对映体拆开的。在实验室里，拆分外消旋体最常用的方法是先通过一定的化学反应，在外消旋体的分子中引进一个一定构型的手性结构（手性试剂），使外消旋体转变成两个非对映体的一般混合物，然后再用常规实验操作方法利用这两个非对映体的不同性质（溶解度、沸点以及层析吸附特性等物理性质）将它们加以分离，最后分别除去所引进的手性结构复原组成这个外消旋体的两个对映体，从而达到

拆分的目的。例如，利用旋光性的（＋）-酒石酸（纯对映体）作为拆分试剂对外消旋碱（±）-
α-苯乙胺进行拆分的过程可表示如下：

$$C_6H_5-\overset{\overset{\displaystyle H}{|}}{\underset{\underset{\displaystyle H_3C}{|}}{C}}-NH_2 \quad + \quad (+)-HO-\overset{\displaystyle O}{\underset{\displaystyle}{C}}-\overset{\overset{\displaystyle OH}{|}}{\underset{\underset{\displaystyle H}{|}}{C}}-\overset{\overset{\displaystyle H}{|}}{\underset{\underset{\displaystyle OH}{|}}{C}}-\overset{\displaystyle O}{\underset{\displaystyle}{C}}-OH$$

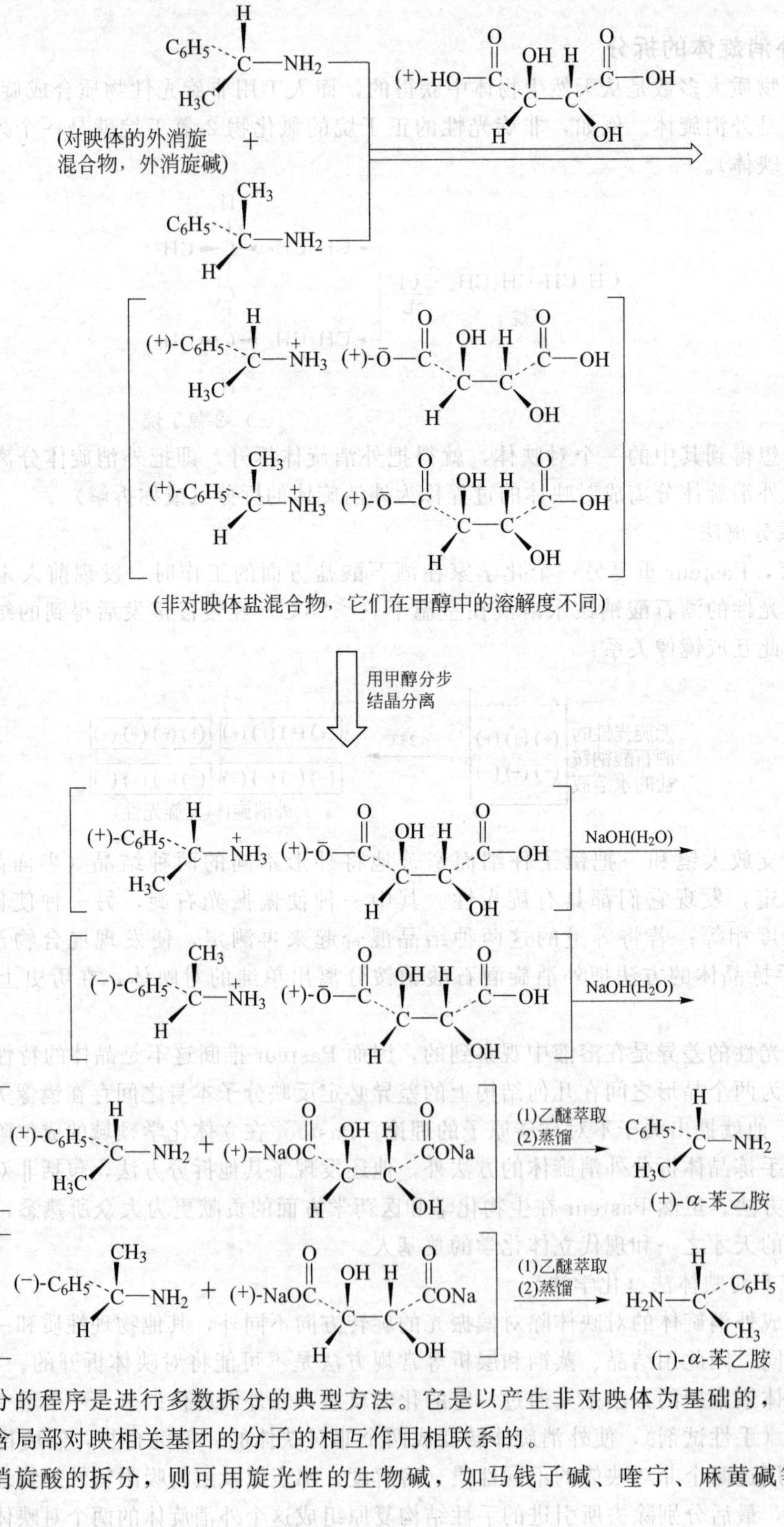

(对映体的外消旋
混合物，外消旋碱)

$$C_6H_5-\overset{\overset{\displaystyle CH_3}{|}}{\underset{\underset{\displaystyle H}{|}}{C}}-NH_2$$

$$\left[(+)-C_6H_5-\overset{\overset{\displaystyle H}{|}}{\underset{\underset{\displaystyle H_3C}{|}}{C}}-\overset{+}{N}H_3 \quad (+)-\overset{-}{O}-\overset{\displaystyle O}{C}-\overset{\overset{\displaystyle OH}{|}}{\underset{\underset{\displaystyle H}{|}}{C}}-\overset{\overset{\displaystyle H}{|}}{\underset{\underset{\displaystyle OH}{|}}{C}}-\overset{\displaystyle O}{C}-OH \right.$$

$$\left. (+)-C_6H_5-\overset{\overset{\displaystyle CH_3}{|}}{\underset{\underset{\displaystyle H}{|}}{C}}-\overset{+}{N}H_3 \quad (+)-\overset{-}{O}-\overset{\displaystyle O}{C}-\overset{\overset{\displaystyle OH}{|}}{\underset{\underset{\displaystyle H}{|}}{C}}-\overset{\overset{\displaystyle H}{|}}{\underset{\underset{\displaystyle OH}{|}}{C}}-\overset{\displaystyle O}{C}-OH \right]$$

(非对映体盐混合物，它们在甲醇中的溶解度不同)

用甲醇分步
结晶分离 ⇓

$$\left[(+)-C_6H_5-\overset{\overset{\displaystyle H}{|}}{\underset{\underset{\displaystyle H_3C}{|}}{C}}-\overset{+}{N}H_3 \quad (+)-\overset{-}{O}-\overset{\displaystyle O}{C}-\overset{\overset{\displaystyle OH}{|}}{\underset{\underset{\displaystyle H}{|}}{C}}-\overset{\overset{\displaystyle H}{|}}{\underset{\underset{\displaystyle OH}{|}}{C}}-\overset{\displaystyle O}{C}-OH \right] \xrightarrow{NaOH(H_2O)}$$

$$\left[(-)-C_6H_5-\overset{\overset{\displaystyle CH_3}{|}}{\underset{\underset{\displaystyle H}{|}}{C}}-\overset{+}{N}H_3 \quad (+)-\overset{-}{O}-\overset{\displaystyle O}{C}-\overset{\overset{\displaystyle OH}{|}}{\underset{\underset{\displaystyle H}{|}}{C}}-\overset{\overset{\displaystyle H}{|}}{\underset{\underset{\displaystyle OH}{|}}{C}}-\overset{\displaystyle O}{C}-OH \right] \xrightarrow{NaOH(H_2O)}$$

$$(+)-C_6H_5-\overset{\overset{\displaystyle H}{|}}{\underset{\underset{\displaystyle H_3C}{|}}{C}}-NH_2 \; + \; (+)-NaOC-\overset{\overset{\displaystyle OH}{|}}{\underset{\underset{\displaystyle H}{|}}{C}}-\overset{\overset{\displaystyle H}{|}}{\underset{\underset{\displaystyle OH}{|}}{C}}-CONa \quad \xrightarrow[\text{(2)蒸馏}]{\text{(1)乙醚萃取}} \quad C_6H_5-\overset{\overset{\displaystyle H}{|}}{\underset{\underset{\displaystyle H_3C}{|}}{C}}-NH_2$$

(+)-α-苯乙胺

$$(-)-C_6H_5-\overset{\overset{\displaystyle CH_3}{|}}{\underset{\underset{\displaystyle H}{|}}{C}}-NH_2 \; + \; (+)-NaOC-\overset{\overset{\displaystyle OH}{|}}{\underset{\underset{\displaystyle H}{|}}{C}}-\overset{\overset{\displaystyle H}{|}}{\underset{\underset{\displaystyle OH}{|}}{C}}-CONa \quad \xrightarrow[\text{(2)蒸馏}]{\text{(1)乙醚萃取}} \quad H_2N-\overset{\overset{\displaystyle H}{|}}{\underset{\underset{\displaystyle CH_3}{|}}{C}}-C_6H_5$$

(−)-α-苯乙胺

　　上述拆分的程序是进行多数拆分的典型方法。它是以产生非对映体为基础的，而且是与手
性化合物和含局部对映相关基团的分子的相互作用相联系的。

　　对于外消旋酸的拆分，则可用旋光性的生物碱，如马钱子碱、喹宁、麻黄碱等作为拆分
试剂。

大多数旋光性化合物是通过拆分外消旋体而得到的，即把外消旋体分离成对映体。大多数的拆分是通过用旋光性的试剂来完成的，这些试剂一般来源于自然界。

二、外消旋化

在旋光性化合物（右旋体或左旋体）分子中，如果手性碳原子上任何两个基团的空间位置通过化学反应发生对换，则该手性碳原子的构型便发生转化。当一个纯的旋光性化合物发生构型转化达到半量时，就得到外消旋体，这个过程称为外消旋化，简称消旋化。如果构型转化尚未达到半量，就称为部分外消旋化。

由于不同类型的旋光性化合物外消旋化的难易程度及影响因素是不同的，因而很难用一种理论来解释所有的外消旋现象。有些容易发生外消旋化的旋光性化合物，通常有互变异构现象。例如，在酮式-烯醇式的互变过程（酸碱可以催化此过程）中，当酮式变成烯醇式时，酮式中的手性碳原子失去了它的手性（在烯醇式中有一个对称面），但当无手性的烯醇式再变成酮式时，由于羟基上的氢原子加到碳-碳双键两面的机会相等，所以生成一对等量的手性酮对映体，从而达到外消旋化。

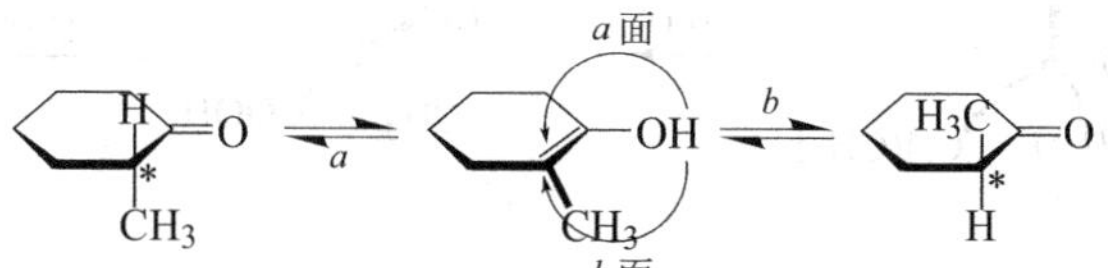
a面
H
O
a
OH
b
H_3C
O
*
CH_3
CH_3
b面
*
H

(Ⅰ) (Ⅱ)

有些旋光性化合物的外消旋化作用是通过离解成碳正离子或自由基中间体进行的。例如，Lewis 酸 $SbCl_5$、$HgCl_2$、$AlCl_3$ 等可使（+）或（−）-α-氯乙苯进行外消旋化：

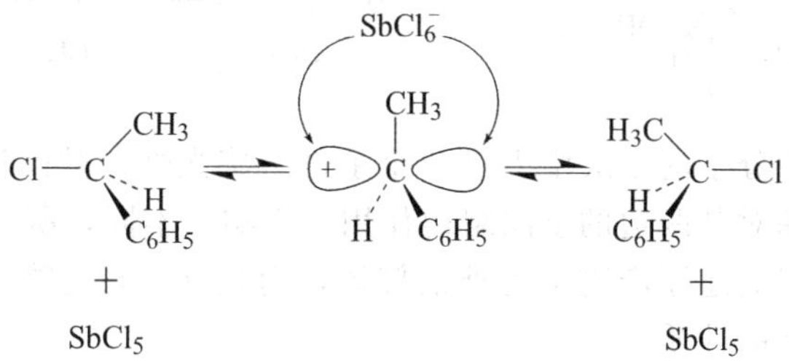
$SbCl_6^-$
CH_3
Cl
C
H
C_6H_5
+
$SbCl_5$
CH_3
+
C
H
C_6H_5
H_3C
C
Cl
H
C_6H_5
+
$SbCl_5$

由于许多有机反应在反应机理中经过了碳正离子、自由基或碳负离子中间体步骤，其结果都发生外消旋化或部分消旋化。关于外消旋化以及在有关反应中由一个旋光性化合物生成外消旋产物的问题，在有关章节中还要进行具体讨论。

第九节　手性合成

在第八节中曾讨论过，在一个非手性分子中通过一般的化学反应可以引进一个手性中心，并且得到的产物是含有等量对映体的混合物，即外消旋体。例如 1904 年，Mekenzie 发现丙酮酸甲酯经还原后再水解，得到没有旋光性的外消旋的乳酸：

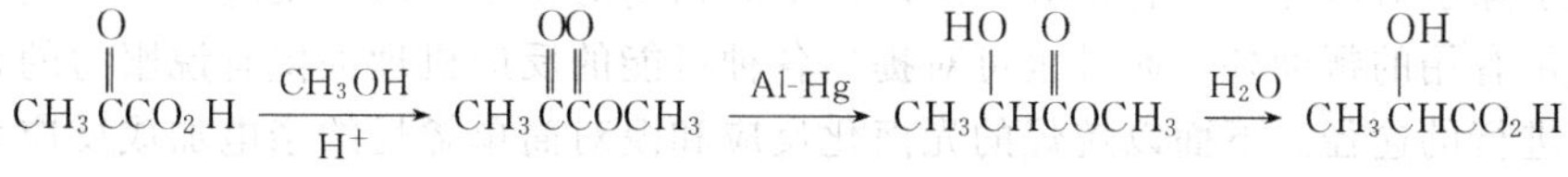
O
CH_3CCO_2H
CH_3OH
H^+
OO
CH_3CCOCH_3
Al-Hg
HO O
$CH_3CHCOCH_3$
H_2O
OH
CH_3CHCO_2H

丙酮酸甲酯　　(±)-乳酸

假如我们的目的产物只是这对对映体中的某一个，就得通过相当困难的拆分才能把它分离提纯。但是，若在反应时存在某种手性条件（手性化合物或手性催化剂存在），则新的手性中心形成时，两种构型的生成机会就不一定相等，从而得到含有不等量的对映体的混合物，此时产物具有旋光性。这种不经过拆分直接合成具有旋光性物质的方法称为手性合成或不对称合成。在参加手性合成的化合物中，至少要有一个是手性化合物或手性催化剂或手性溶剂。例如，把丙酮酸先与天然存在的旋光性（－）-薄荷醇作用，生成旋光性的丙酮酸-(－)-薄荷酯后再还原，最后水解，就可以得到呈旋光性的左旋体占优势的（－）-乳酸：

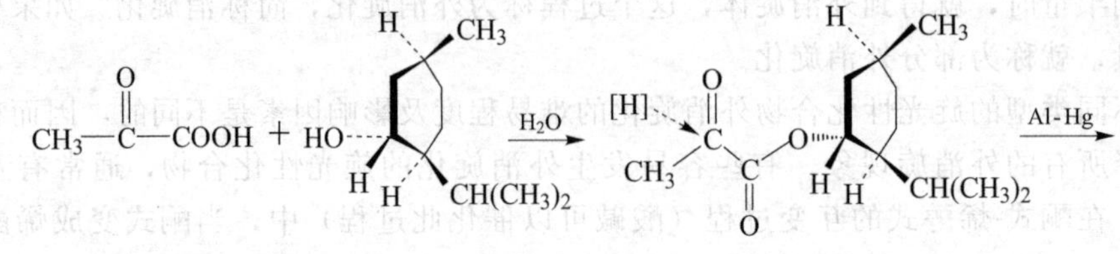
H₂O
[H]
Al-Hg

无旋光性的丙酮酸　　(－)－薄荷醇　　丙酮酸－(－)－薄荷酯

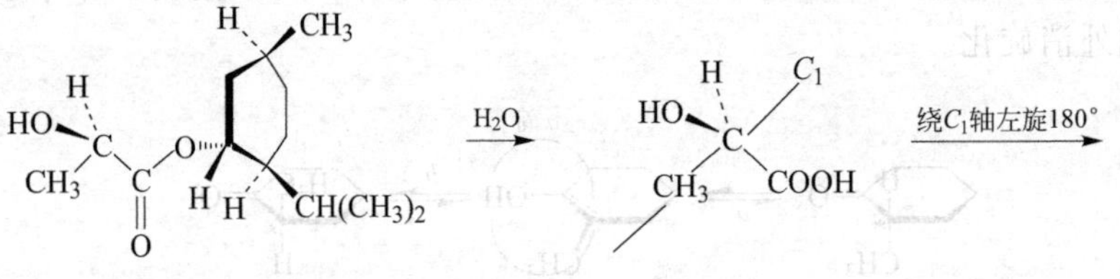
H₂O
绕C₁轴左旋180°

(－)－乳酸 －(－)－薄荷酯(过量)　　R－(－)－乳酸

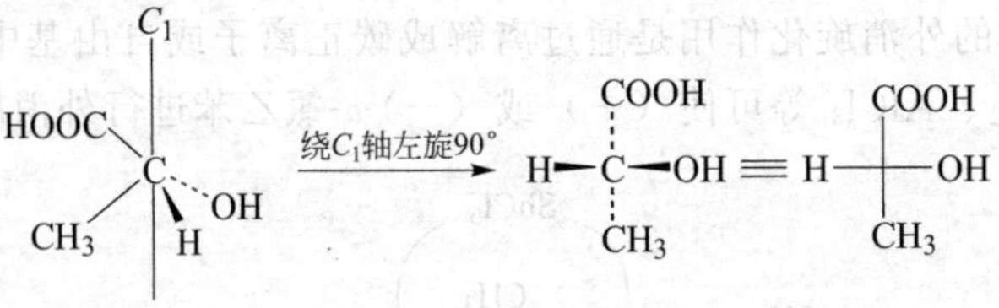
绕C₁轴左旋90°

这是因为，在非手性分子丙酮酸中引进一个手性（旋光性）基团后，丙酮酸-(－)-薄荷酯的酮基因受到手性薄荷基对其两边的空间阻碍作用（影响）不同，所以还原后生成两种构型的乳酸的机会不再均等，因而还原产物不是外消旋体，而是（±）-乳酸和（－）-乳酸组成的混合物，即产物具有一定左旋的性质。

上述反应规律是 Prelog 首先发现的：即应用旋光性辅助试剂时，其 α-酮酸酯的主要还原产物为 R-构型的 α-羟基酸酯。因此，这种规律性被称为 Prelog 规则。

从 Prelog 规则可以看出，这种类型的 α-酮酸酯的还原不但是一个可以应用于手性合成的具有一定程度的立体选择性反应，而且还是一个具有一定程度的立体专一性的反应，因为由 α-酮酸的（－）-薄荷酯可制得比较多的 R-酸，同理也可以由其（＋）-薄荷酯制得比较多的 S-酸。

第十节　立体化学在研究有机反应机理中的应用

立体化学除了对研究一个有机分子的内部空间结构对化学性质、反应速率和反应方向所产生的影响提供有用的帮助外，而且也可对提出各种可能的反应机理提供有说服力的判断，以探明化学反应进行的途径。下面以烷烃的光卤化反应和溴对简单烯烃的亲电加成反应为例，来说明立体化学在研究有机反应机理中的应用。

一、烷烃的光卤化反应

在烷烃的光卤化反应中，其反应机理中的链增长步骤在形式上可能按两种途径进行：

（1）均裂取代在氢原子上

$$X\cdot + H{-}R \longrightarrow HX + R\cdot$$
$$R\cdot + X_2 \longrightarrow RX + X\cdot$$

（2）均裂取代在碳原子上

$$X\cdot + R{-}H \longrightarrow RX + H\cdot$$
$$H\cdot + X_2 \longrightarrow HX + H\cdot$$

为了区别这两种不同的机理，芝加哥大学的 H. C. Brown、M. S. Kharasch 和 T. H. Chao 在 1940 年进行了具有旋光性的 S-(+)-2-甲基-1-氯丁烷的光氯化反应研究，他们在反应混合产物中分离出 2-甲基-1,2-二氯丁烷后，通过旋光测定，发现该产物没有旋光性，即是一个外消旋体：

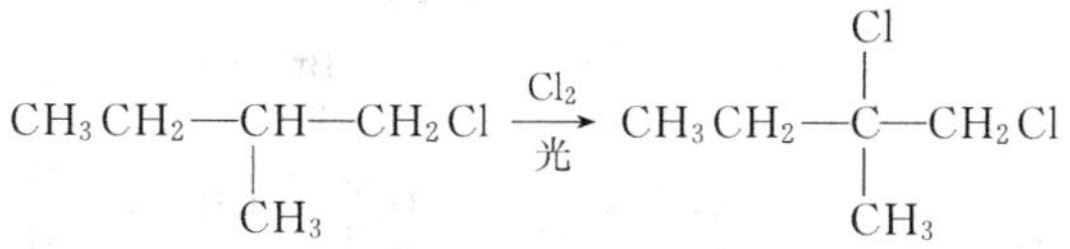

CH_3CH_2—CH—CH_2Cl
CH_3
Cl_2
光
CH_3CH_2—C—CH_2Cl
Cl
CH_3

(S)-(+)-2-甲基-1-氯丁烷　　(±)-2-甲基-1,2-二氯丁烷

由此他们断定，烷烃光卤化反应机理中有烷基自由基生成（见图示）：

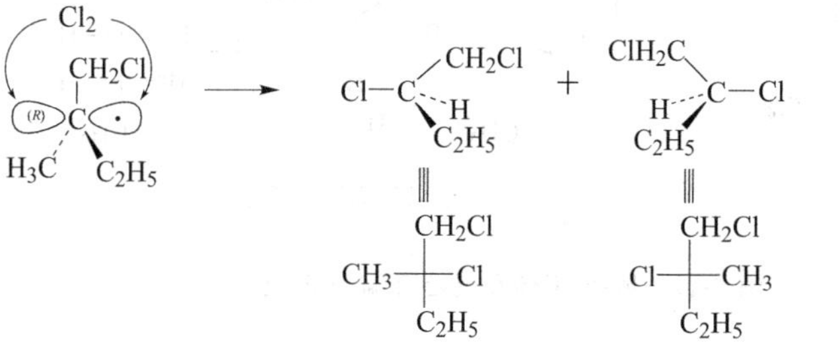

Cl_2
CH_2Cl
(R)
H_3C
C_2H_5
Cl—C
CH_2Cl
H
C_2H_5
+
ClH_2C
H
C—Cl
C_2H_5
CH_2Cl
CH_3
Cl
C_2H_5
CH_2Cl
Cl
CH_3
C_2H_5

(R)-2-甲基-1,2-二氯丁烷　　(S)-2-甲基-1,2-二氯丁烷

从而，Brown、Kharasch 和 Chao 通过自由基的立体化学行为证明了卤化反应机理是按途径（1）进行的。

如果反应按途径（2）进行，则氯直接取代氢形成的产物（$R^1R^2R^3CCl$）将仍然具有旋光性，这与立体化学实验事实不符。因此，烷烃的光卤化反应是通过生成平面构型的烷基自由基中间体进行的连锁反应。

二、烯烃的亲电加成反应

1. 立体专一性反应和立体选择性反应

立体化学实验结果表明，卤素、卤化氢、水以及次卤酸等试剂对 C═C 双键的加成反应一般是反式加成，例如顺-2-丁烯和反-2-丁烯加溴后，分别生成外消旋体 2,3-二溴丁烷和内消旋体 2,3-二溴丁烷。如图 7-17 所示。

图 7-17 中所示反应表明，顺-2-丁烯与溴加成只生成外消旋体而不生成内消旋体，反-2-丁烯与溴加成只生成内消旋体而不生成外消旋体。像这种从不同的立体异构体（顺和反-2-丁烯）与同一试剂作用分别生成互为立体异构体［*meso*-和（±）-2,3-二溴丁烷］的反应称为立体专一性的反应；凡是以生成一种立体异构体（或一对对映体）为主要（或含量较多的）产物的反应称为立体选择性反应。溴对 2-丁烯的加成反应，既是立体选择性的反应［从一个烯烃只得到一种立体异构体（内消旋体或外消旋体）］，又是立体专一性的反应（得到哪一个异构体要取决于它是从哪一个立体异构的烯烃开始的）。

立体专一性的反应都是立体选择性的反应，但立体选择性反应不一定是立体专一性的反

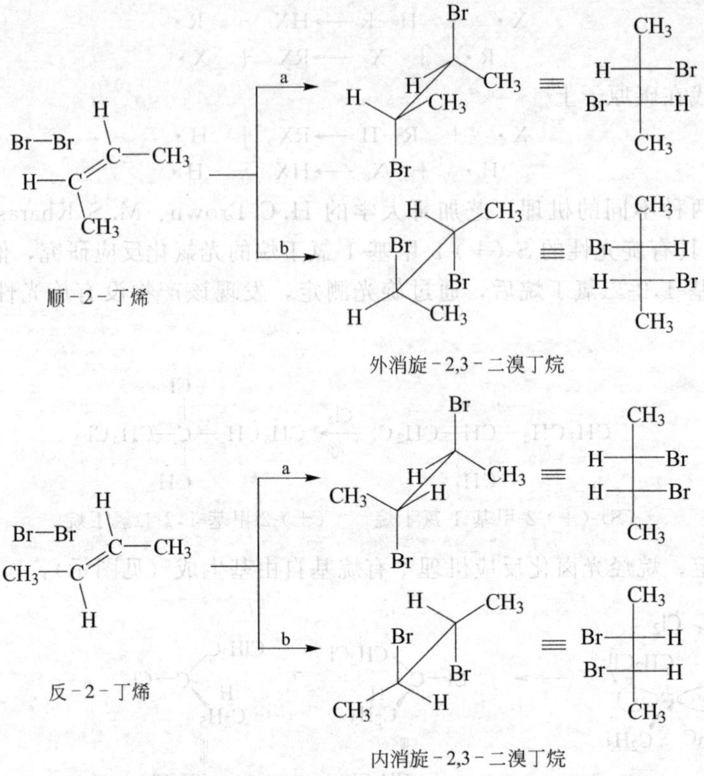
顺-2-丁烯
外消旋-2,3-二溴丁烷
反-2-丁烯
内消旋-2,3-二溴丁烷

图 7-17 顺-2-丁烯和反-2-丁烯加溴反应

应。因为有的化合物没有立体异构体，所以它就没有立体专一性。例如 2-丁炔与金属钠在液态氨中的还原，其产物为反-2-丁烯：

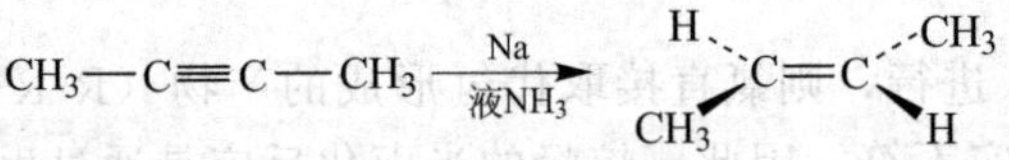

这个反应为反式加成。由于 2-丁炔没有立体异构体，所以这个反式加成反应是立体选择性的反应，而不是立体专一性的反应。

2. 溴对烯烃的亲电加成反应机理

1937 年以前的某些证据表明，卤素对烯烃的加成是经过碳正离子中间体的分步亲电加成反应：

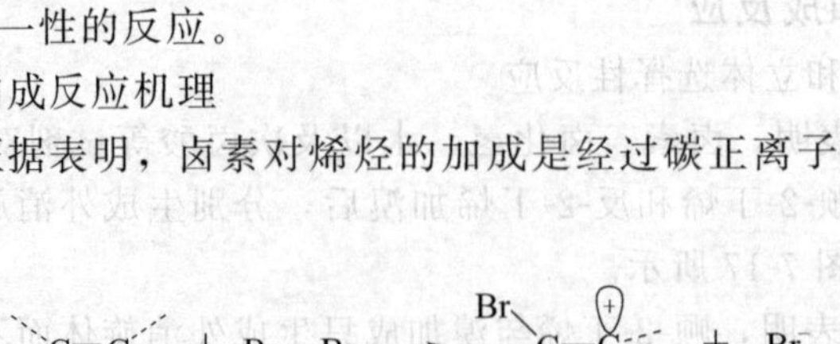

但后来发现，该机理与前面（图 7-17）所观察到的立体化学现象不符。这是因为碳正离子是平面构型，虽然溴离子可以从两面进攻，但由于碳-碳单键可以自由旋转，因此顺-2-丁烯和反-2-丁烯与溴的加成将得到同样的加成产物，即外消旋-2,3-二溴丁烷和内消旋-2,3-二溴丁

烷，这就与立体化学事实不符。

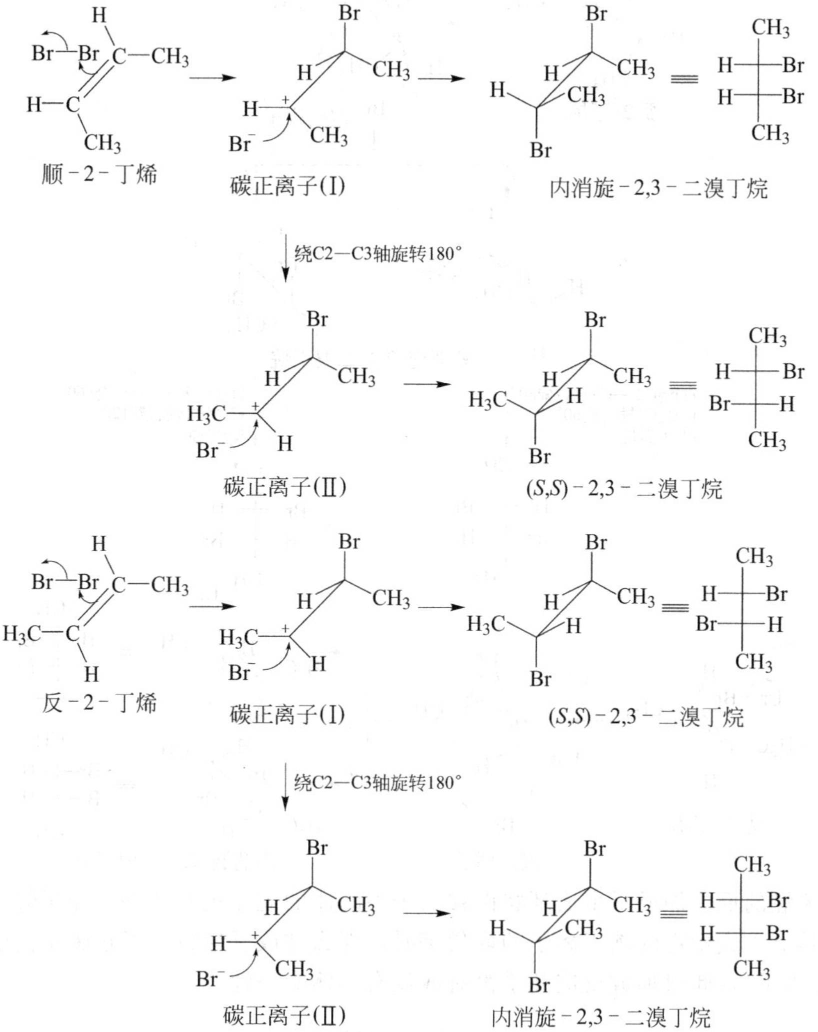

顺-2-丁烯
碳正离子(Ⅰ)
内消旋-2,3-二溴丁烷
绕C2—C3轴旋转180°
碳正离子(Ⅱ)
(S,S)-2,3-二溴丁烷
反-2-丁烯
碳正离子(Ⅰ)
(S,S)-2,3-二溴丁烷
绕C2—C3轴旋转180°
碳正离子(Ⅱ)
内消旋-2,3-二溴丁烷

为了完满地说明所观察到的这种立体化学现象，哥伦比亚大学的 I. Roberts 和 G. E. Kimbal 于 1937 年提出溴对烯烃的亲电加成反应是经过环状溴鎓离子机理进行的：

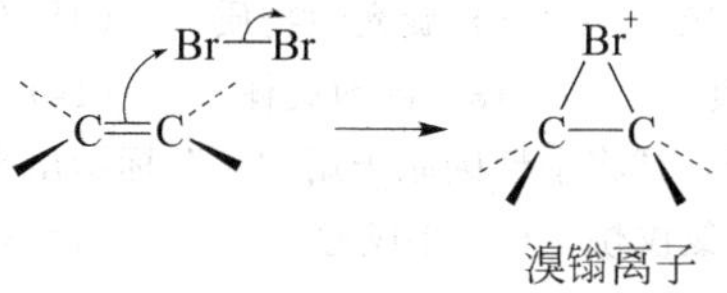

溴鎓离子

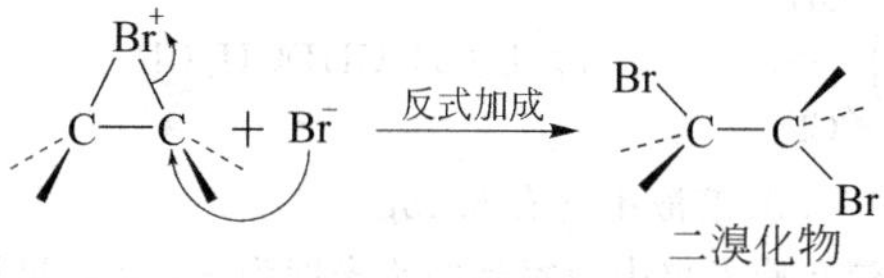

反式加成
二溴化物

环状卤鎓离子机理的提出，合理地解释了溴对烯烃亲电加成反应的立体化学现象，例如在前面（图 7-17）提到的溴对顺-2-丁烯和反-2-丁烯加成后，分别生成外消旋体-2,3-二溴丁烷和内消旋体-2,3-二溴丁烷的立体化学事实，可用溴鎓离子机理说明如下：

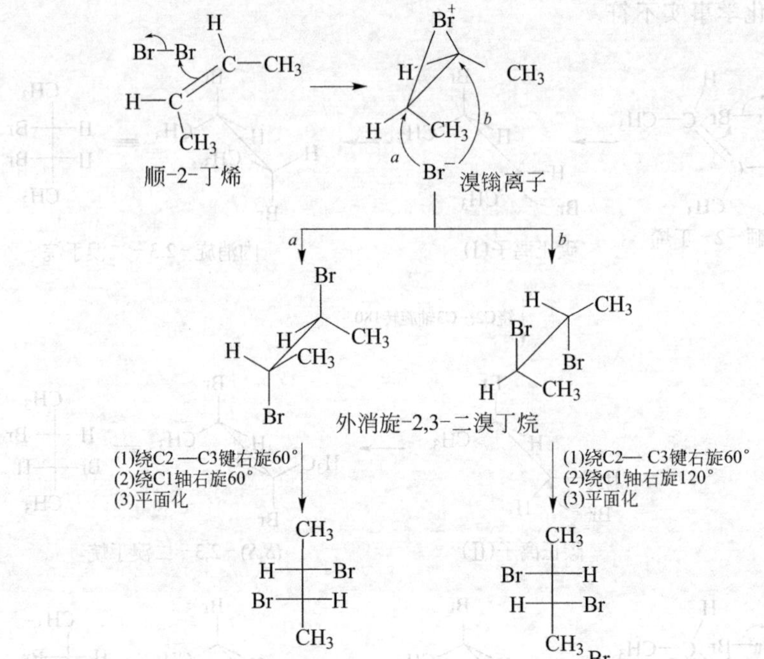
顺-2-丁烯
溴鎓离子
外消旋-2,3-二溴丁烷
(1)绕C2—C3键右旋60°
(2)绕C1轴右旋60°
(3)平面化
(1)绕C2—C3键右旋60°
(2)绕C1轴右旋120°
(3)平面化

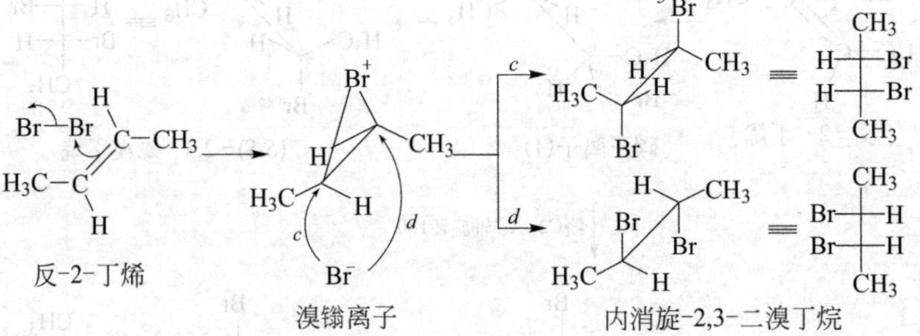
反-2-丁烯
溴鎓离子
内消旋-2,3-二溴丁烷

卤素对烯烃的反式加成只生成环状卤鎓离子中间体的规律也有例外。如果烯烃的双键碳原子上含有使其能生成稳定的碳正离子的取代基时，那么加成反应也可经过碳正离子中间体机理(例如苄基正离子)，此时加成反应几乎没有或没有立体专一性。

习　题

1. 解释下列名词。

（1）手性　（2）手性分子　（3）手性碳原子　（4）对映体　（5）构型异构　（6）对映异构　（7）平面偏振光　（8）旋光性物质　（9）右旋物质　（10）左旋物　（11）旋光度　（12）比旋光度　（13）内消旋体　（14）外消旋体

2. 下列化合物中哪些具有手性碳原子？试将手性碳原子用“*”标示出来。

（1）异丁烷　（2）2-甲基-2-氯戊烷　（3）2-戊醇　（4）3-氯戊烷

（5） 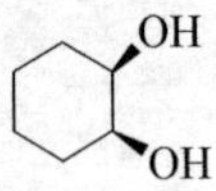　（6） 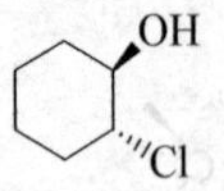　（7）$BrCH_2CHDCH_2Cl$

3. 胆甾醇的氯仿溶液，其浓度为 100mL 溶液中含有 6.15g。

（1）在 25℃时，5cm 长的盛液管在旋光仪中观察到的旋光度为－1.2°，试计算该溶液的比旋光度。

（2）在同样的情况下，如用 10cm 的盛液管，试推测其旋光度。

4. 某一溶液在旋光仪中测得其旋光度为＋25°，怎样证明它的旋光度是＋25°而不是＋385°或＋745°？

5. 简要回答下列问题。

（1）产生对映体的必要和充分条件是什么？

（2）具有手性碳原子的物质是否都具有旋光性？

（3）决定物质具有手性的主要因素有哪些？

6．下列化合物中哪些具有旋光性？

（1）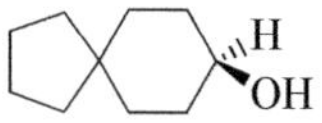　（2）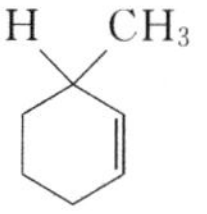　（3）$CH_3CH_2CH_2OH$

（4）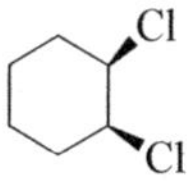　（5）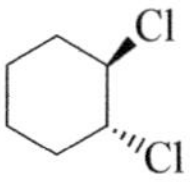　（6）$BrCH_2CHDCH_2Cl$

（7）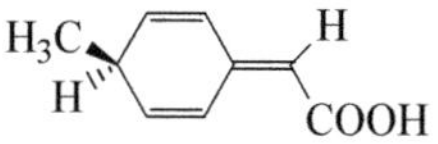　（8）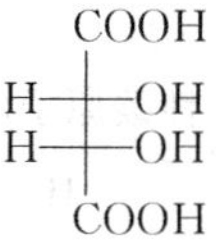　（9）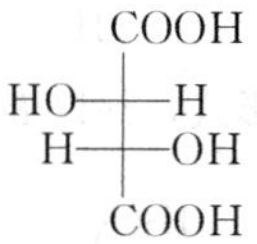

（10）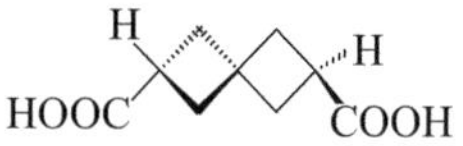　（11）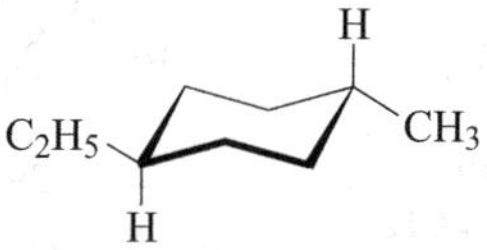

（12）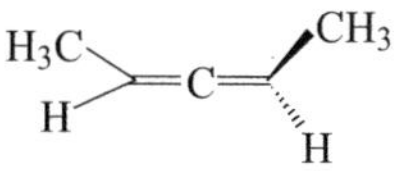　（13）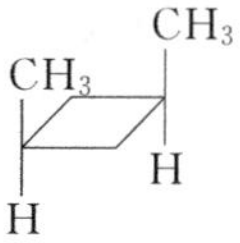　（14）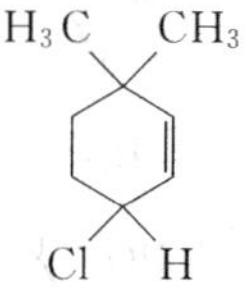

7．用 *R*，*S* 标明下列化合物中所有的手性碳原子。

（1）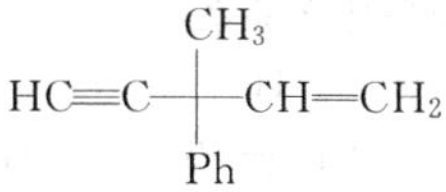　（2）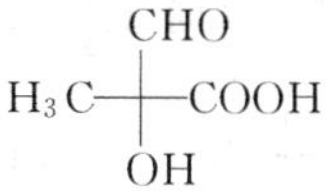　（3）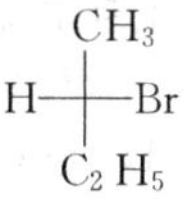

（4）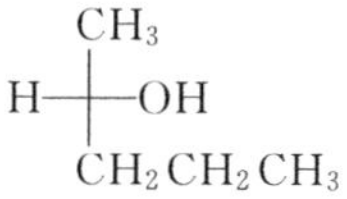　（5）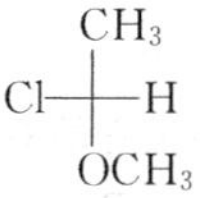　（6）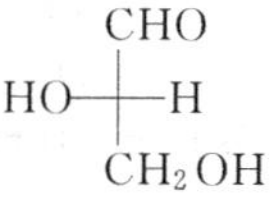

（7）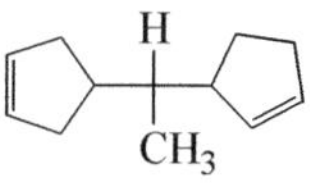　（8）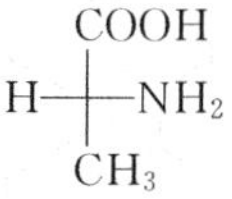　（9）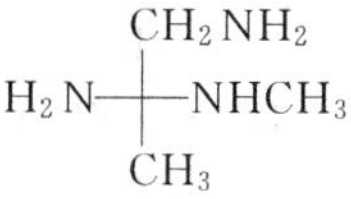

（10）　（11）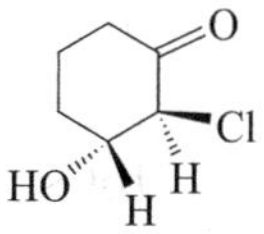　（12）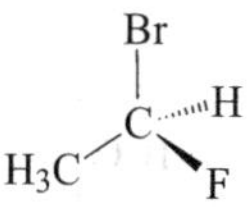

（13）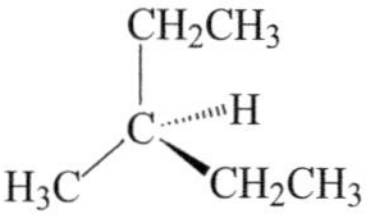　（14）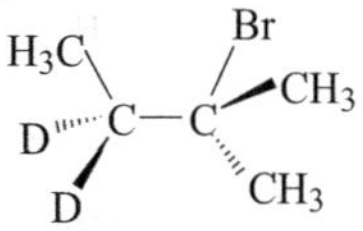　（15）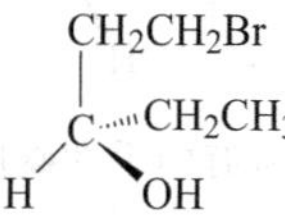

8．指出下列各组化合物的相互关系。

（1）　（2）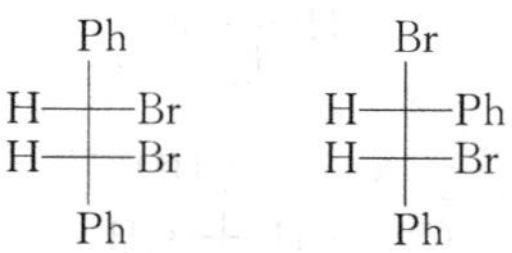

（3）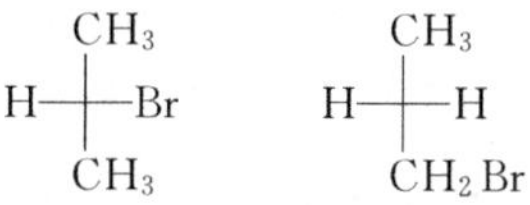　（4）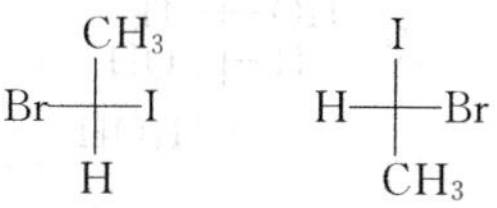

(5) 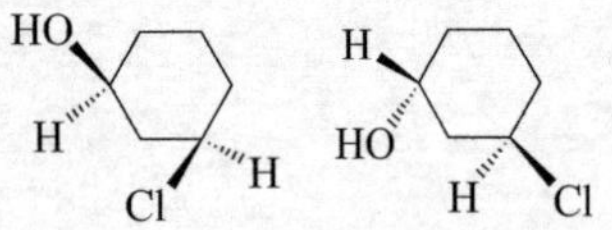 (6) 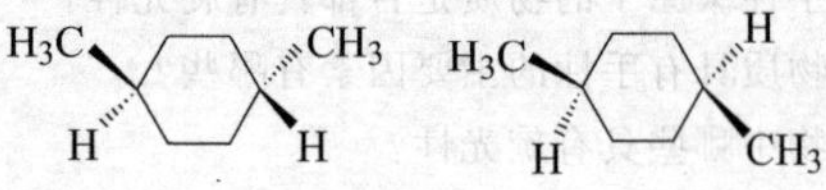

(7) 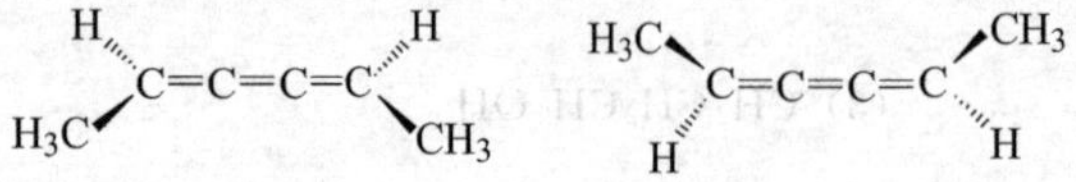

(8) 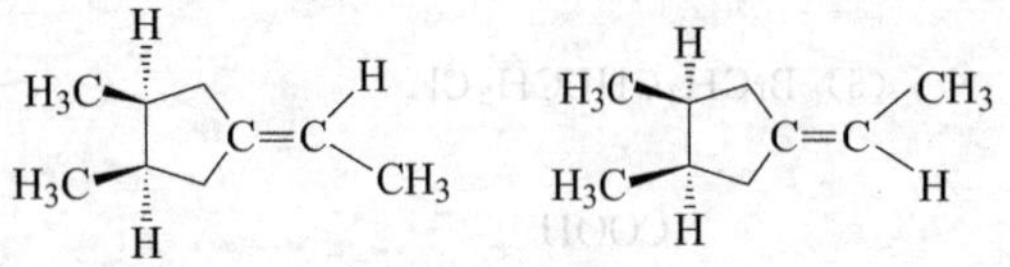

9. 写出下列化合物的 Fischer 投影式，并以 *R*、*S* 标记每个手性碳原子的构型。

(1) 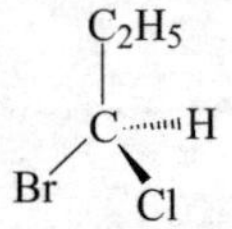 (2) 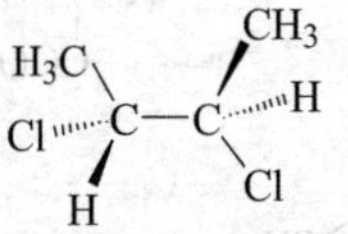 (3) 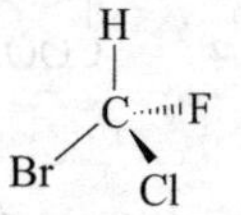

(4) 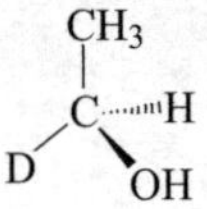 (5) 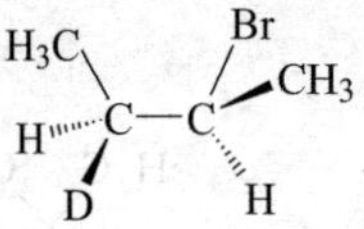 (6) 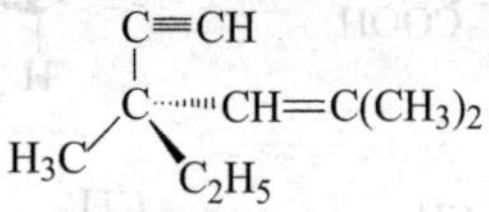

(7) 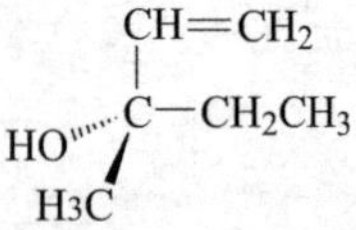 (8) 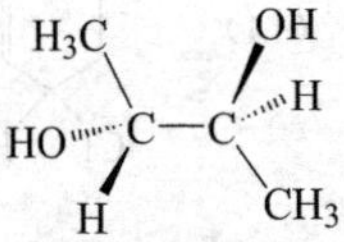

10. CHClBrF 的结构式可写成如下的七种 Fischer 投影式。试问（a）与其他结构呈什么关系？

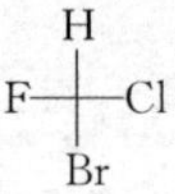
(a)

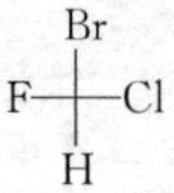
(b)

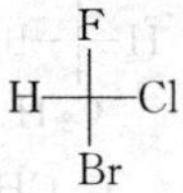
(c)

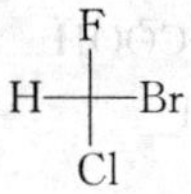
(d)

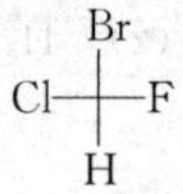
(e)

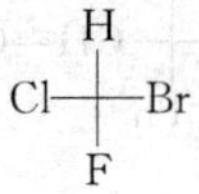
(f)

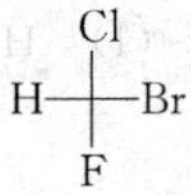
(g)

11. 下列化合物中哪些与（*S*）-2-溴丁烷具有相同的构型？哪些是它的对映体？

(1) 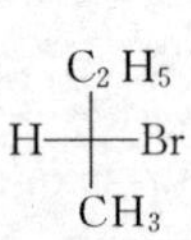 (2) 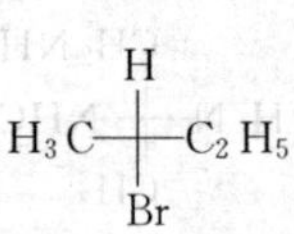 (3) 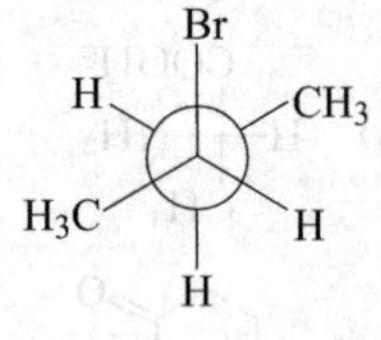

(4) 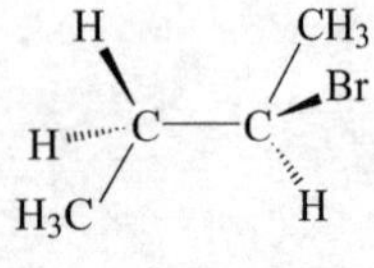 (5) 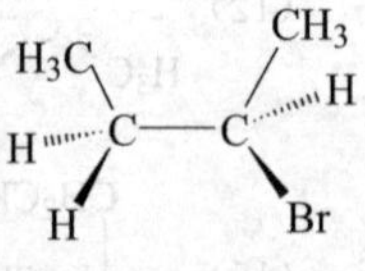 (6) 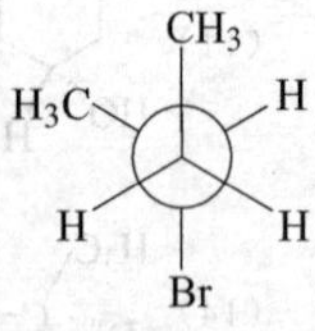

12. 用 *R*，*S* 标明下列化合物中所有的手性碳原子。

(1) 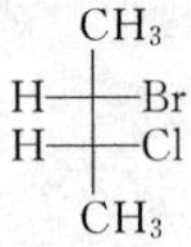 (2) 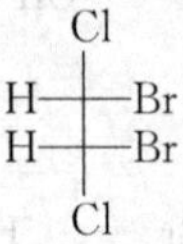 (3) 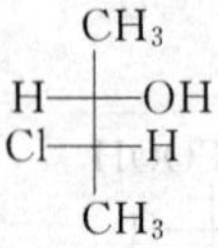

(4) 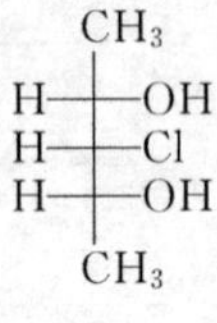 (5) 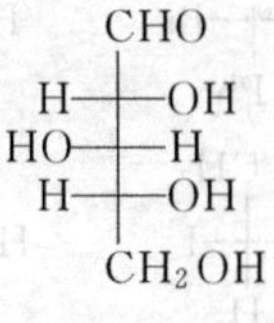 (6) 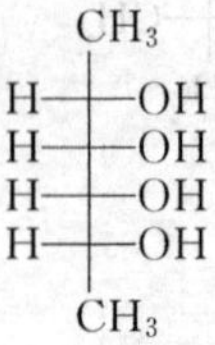

13. 用 Fischer 投影式画出下列各化合物的构型。

(1)(*R*)-2-氯戊烷　　(2)(*R*)-2-羟基丙醛　　(3)(*R*)-3-羟基-1-戊烯

(4)(*S*)-3-羟甲基-1-戊醇(5)(*S*)-2,3-二甲基己烷　　(6)(2*S*,3*R*)-2,3-二氯戊烷

14. 完成下面的 Fischer 式和 Newman 式间的变换，并用 *R* 或 *S* 标定手性碳原子的构型。

(1)

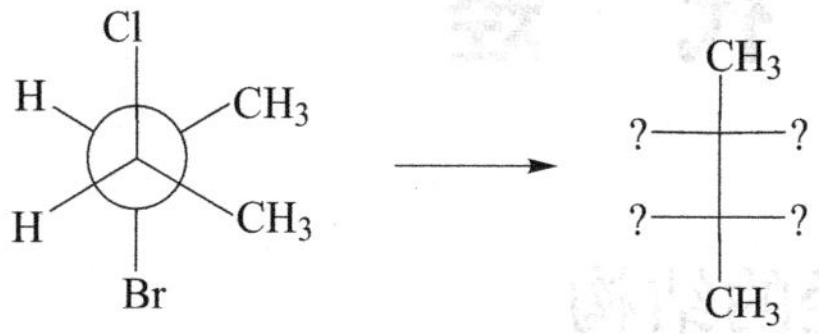

Cl
H
CH3
H
CH3
Br
CH3
?
?
?
?
CH3

(2)

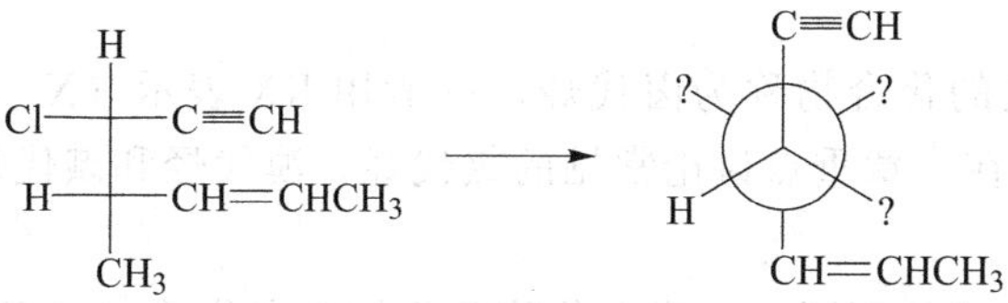

H
Cl
C≡CH
H
CH=CHCH3
CH3
C≡CH
?
?
H
?
CH=CHCH3

15. 写出顺丁烯二酸和反丁烯二酸与下列试剂的反应式，并加以评论。

(1) 溴　(2) 高锰酸钾稀碱溶液　(3) 催化加氢

16. (*R*)-2-溴丁烷在光照下进行氯代反应，写出可能得到的一氯代物的立体结构式和名称，并说明其中哪些是对映异构体，哪些是非对映异构体？

17. 一旋光性化合物 C_8H_{12} (A) 催化加氢得到没有手性的化合物 C_8H_{18} (B)，A 用 Lindlar 催化剂加氢得到手性化合物 C_8H_{14} (C)，但用金属钠在液氨中还原得到另一个没有手性的化合物 C_8H_{14} (D)，试推测 A、B、C、D 的结构。

18. 2-丁烯与次氯酸的水溶液反应可以得到 3-氯-2-丁醇，其中顺-2-丁烯得到（Ⅰ）和它的对映异构体，反-2-丁烯生成的是（Ⅱ）和它的对映异构体。试说明其形成的过程。

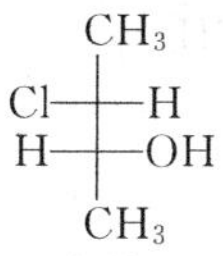

CH3
Cl
H
H
OH
CH3

（Ⅰ）

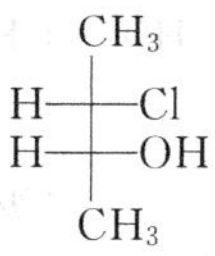

CH3
H
Cl
H
OH
CH3

（Ⅱ）

（南通大学，张湛赋）

第八章　卤　代　烃

第一节　卤代烃的结构

烃分子中的氢原子被卤素取代所生成的化合物称为卤代烃，一般用 RX 表示（X＝F，Cl，Br，I）。氟代烃的性质和制法比较特殊，在本章重点讨论常见的氯代烃，溴代烃和碘代烃。

一、分类

根据卤素与不同杂化方式的碳连接方式的不同，可将卤化物分为烷基卤代物（卤素连接的碳原子为 sp^3 杂化）和烯基卤代物（卤素连接的碳原子为 sp^2 杂化），其中烯基卤代物又可分为乙烯型卤代物和芳香型卤代物。

$H_3C—I$　　　　R—CH═CH—X　　　　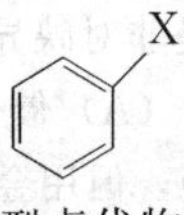

烷基卤代物　　　乙烯型卤代物　　　芳香型卤代物

根据与卤素相连的碳原子级数不同，分为一级卤代烃、二级卤代烃和三级卤代烃。

$H_3C—CH_2—Br$　　　　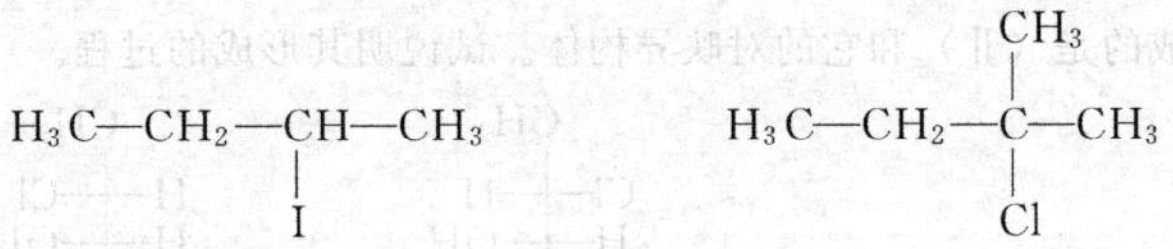

一级卤代烃　　　二级卤代烃　　　三级卤代烃

一级、二级、三级卤代烃也相应称为伯、仲、叔卤代烃。它们的化学活性不同，并呈现一定的规律。

按分子中所含卤原子数目多少分为一卤代烃、二卤代烃和多卤代烃。

根据卤代烃分子中所含卤原子种类可分为氟代烃、氯代烃、溴代烃和碘代烃。

二、卤代烃的物理性质

1. 偶极矩

卤素的电负性比碳大，C—X 键有一定的极性。

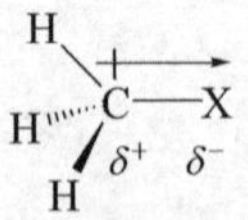

偶极矩是衡量分子极性大小的物理量，偶极矩与原子的电负性和化学键的键长都有关系。卤素的电负性顺序为：

	I	<	Br	<	Cl	<	F
电负性	2.7		3.0		3.2		4.0

碳—卤键的键长顺序为：

	C—F	<	C—Cl	<	C—Br	<	C—I
键长	1.38Å		1.78Å		1.94Å		2.14Å

这两个因素综合下来，卤代烷的偶极矩顺序为：

C—I < C—Br < C—F < C—Cl

偶极矩 1.29D 1.48D 1.51D 1.56D

表 8-1 不同卤代甲烷的偶极矩 单位：D

X	CH_3X	CH_2X_2	CHX_3	CX_4
F	1.82	1.97	1.65	0
Cl	1.94	1.60	1.03	0
Br	1.79	1.45	1.02	0
I	1.64	1.11	1.00	0

表 8-1 中，CX_4 四个方向的卤素使整个分子的偶极矩为 0。

习题 8-1 解释 C—I 键长比 C—Cl 要长，但 C—Cl 键的偶极矩却比 C—I 键要大。

2. 沸点及密度

当分子中引入卤素后，一般都会使沸点升高，密度增加。卤代烃的沸点比同碳数的相应烷烃的高；在烃基相同的卤代烃中，碘代烃的沸点最高，氟代烃的沸点最低。在室温下，除氟甲烷、氟乙烷、氟丙烷、氯甲烷、溴甲烷是气体外，其他常见的卤代烃均为液体。一卤代烃的密度大于同碳原子数的烷烃，随着碳原子数的增加，这种差异逐渐减少。分子中的卤原子增多，密度增大。一些卤代物的沸点和密度见表 8-2。

表 8-2 一些卤代物的沸点（℃）和密度（g/cm^3），20℃

烷 基	氟代物		氯代物		溴代物		碘代物	
	沸点	密度	沸点	密度	沸点	密度	沸点	密度
Me—	−78.4	—	−24.2	—	3.56	1.6755	42.4	2.279
Et—	−37.7	—	12.77	—	38.40	1.440	72.3	1.933
Pr—	−2.5	—	46.60	0.89	71.0	1.335	102.45	1.747
n-Bu—	32.5	0.779	78.44	0.884	101.6	1.276	130.53	1.617
i-Pr—	−9.4	—	35.74	0.862	59.38	1.223	89.45	1.705
i-Bu	25.1	—	68.90	0.875	91.5	1.310	120.4	1.605
C—C—C—C	25.3	0.766	68.25	0.873	91.2	1.258	120	1.595
t-Bu—	12.1	—	52	0.842	73.25	1.222	100(分解)	—
环-C_6H_{11}	—	—	143	1.00	166.2	—	180(分解)	—

第二节 卤代烃的命名

一、普通命名法

普通命名法是按与卤素相连的烃基名称来命名的，称为“某某卤”，也可以在母体烃名称前加上“卤代”，称为“卤代某烷烃”，“代”字可省略。如：

CH_3Cl

甲基氯（氯甲烷）

methyl chloride

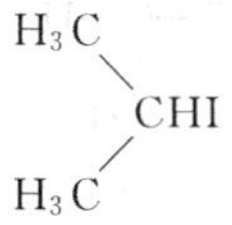

异丙基碘（碘代异丙烷）

iso-propyl iodide

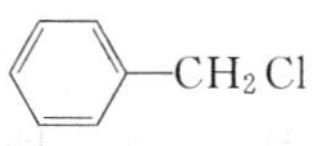

苄基氯（氯化苄）

benzyl chloride

$H_2C{=}CHCl$

乙烯基氯（氯代乙烯）

ethenyl chloride

二、系统命名法

复杂的卤代烃则需要用系统命名法来命名：

(1) 选择连有卤素的碳原子在内的最长碳链为主链，然后根据主链所含碳原子数，称为某烷；

(2) 主链上的编号像烷烃的命名一样，采取最低系列原则；

(3) 主链上的支链或取代基（包括卤素）按照次序规则依次注明，其中卤素之间的次序是：氟、氯、溴、碘；如：

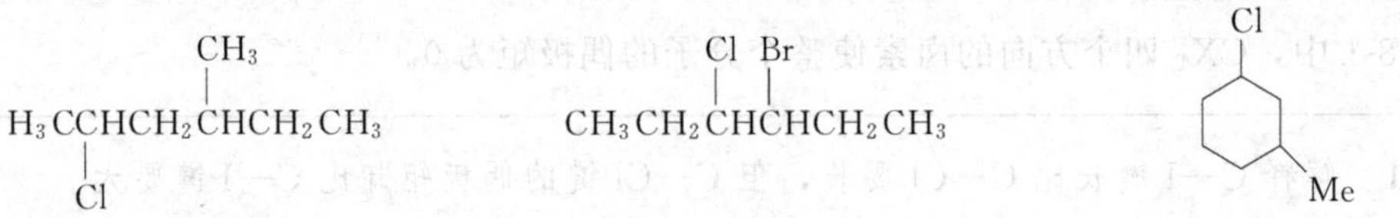

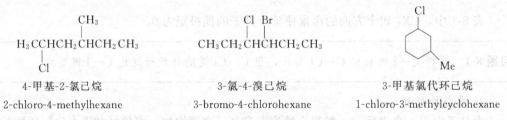

4-甲基-2-氯己烷　　3-氯-4-溴己烷　　3-甲基氯代环己烷

2-chloro-4-methylhexane　　3-bromo-4-chlorohexane　　1-chloro-3-methylcyclohexane

第三节　卤代烃的制法

一、烷烃直接卤代

烷烃的卤代反应为自由基反应，此类反应产物往往较为复杂，一般得到混合物。如：

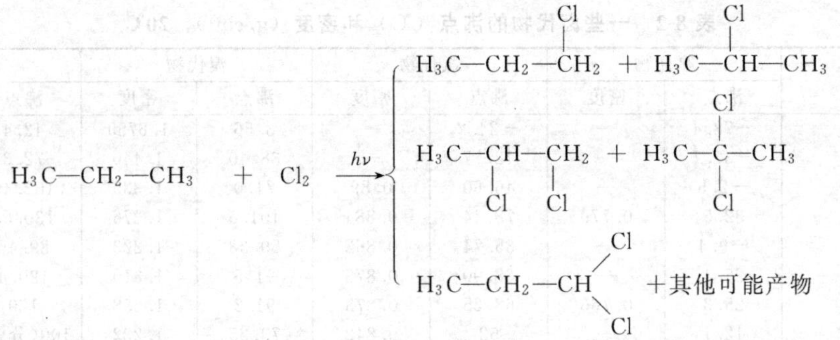

此类反应在工业上应用较为广泛，因为产物虽复杂，但经过精馏分离得到的多个纯馏分都可以作为工业原料或溶剂。在实验室中此类反应仅仅局限在一些特殊化合物的合成上，如：

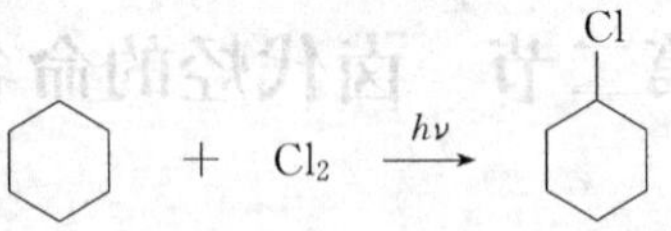

50%

$$H_3C-\underset{CH_3}{\overset{CH_3}{C}}-H \ + \ Br_2 \ \xrightarrow{h\nu} \ H_3C-\underset{CH_3}{\overset{CH_3}{C}}-Br$$

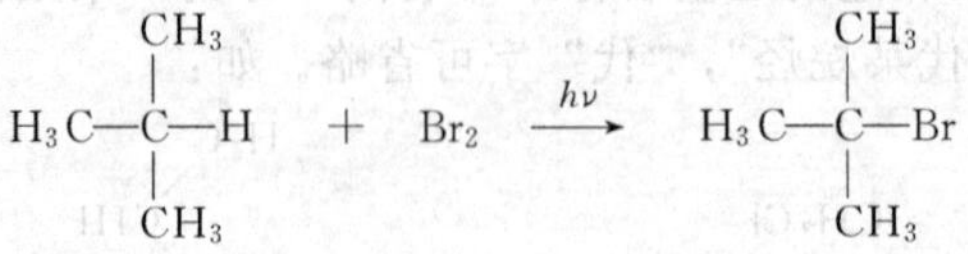

90%

在烷烃的卤代反应中，溴代的选择比氯代高，以适当烷烃为原料可以主要得到一种溴代物。例如：

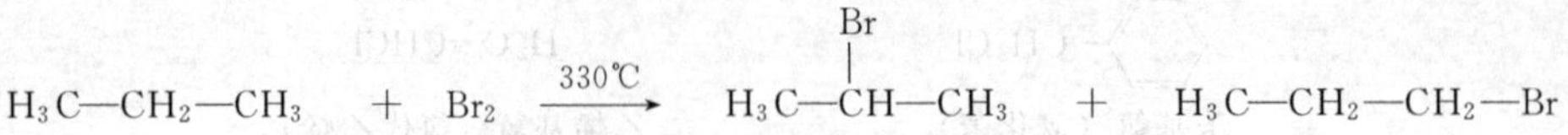

92%　　8%

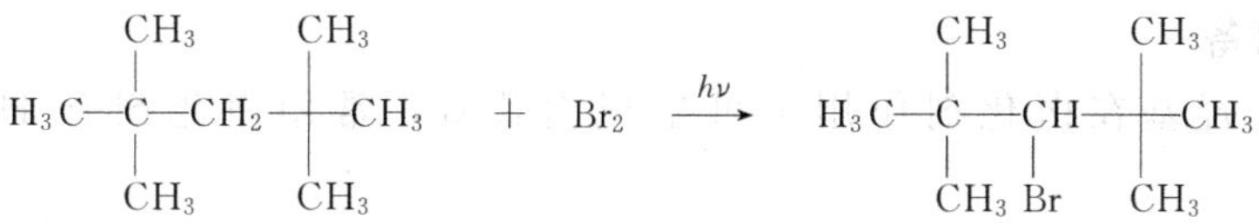

$$H_3C-\underset{\underset{CH_3}{|}}{\overset{\overset{CH_3}{|}}{C}}-CH_2-\underset{\underset{CH_3}{|}}{\overset{\overset{CH_3}{|}}{C}}-CH_3 \quad + \quad Br_2 \quad \xrightarrow{h\nu} \quad H_3C-\underset{\underset{CH_3}{|}}{\overset{\overset{CH_3}{|}}{C}}-\underset{\underset{Br}{|}}{CH}-\underset{\underset{CH_3}{|}}{\overset{\overset{CH_3}{|}}{C}}-CH_3$$

二、烯丙位卤代

在适当的条件下，反应可以仅仅在烯丙位发生自由基卤代反应。

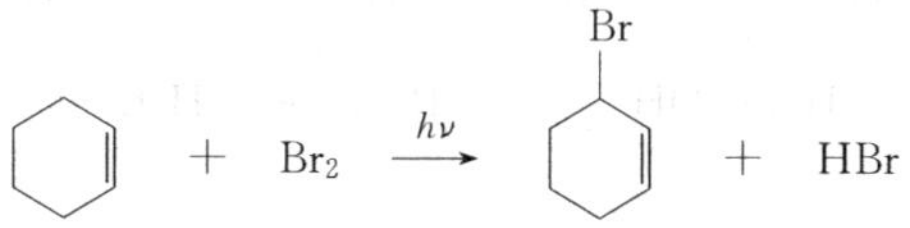

之所以容易在烯丙位上发生自由基取代反应是因为该反应所形成的中间体——烯丙基自由基比较稳定，容易生成。

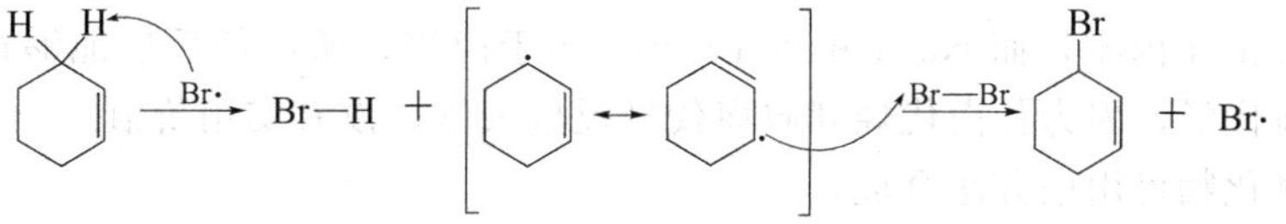

该类反应亦可在高温条件下发生：

$$H_3C-CH_2-CH=CH_2 \quad + \quad Cl_2 \quad \xrightarrow{500℃} \quad H_3C-\underset{\underset{Cl}{|}}{CH}-CH=CH_2$$

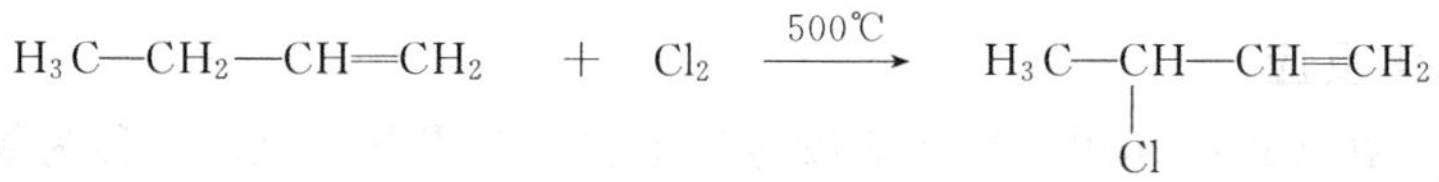

该反应必须控制卤素的量，因为过量卤素会与双键进行加成反应。在实验室中，一般用 *N*-溴代丁二酰亚胺（NBS）作溴化剂来替代卤素，该方法比较方便，反应温度较低，同时不会形成双键加成产物。

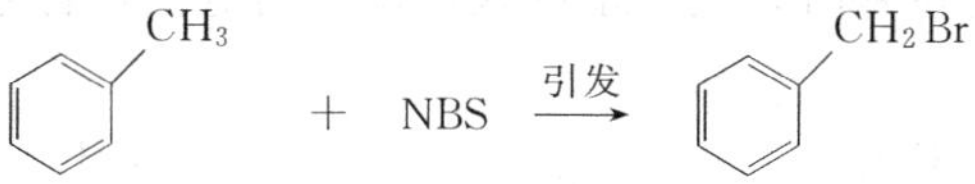

习题 8-2　解释 2,3-二甲基-2-丁烯和溴反应时生成如下两种产物的机理。

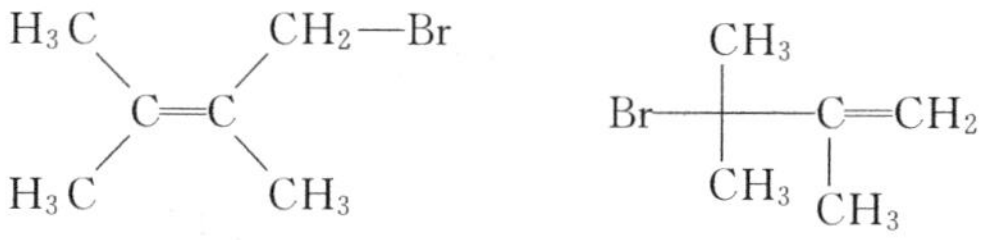

三、烯烃和炔烃的加成

不饱和烃与 HX 或 X_2 加成得到相应的卤代烃。

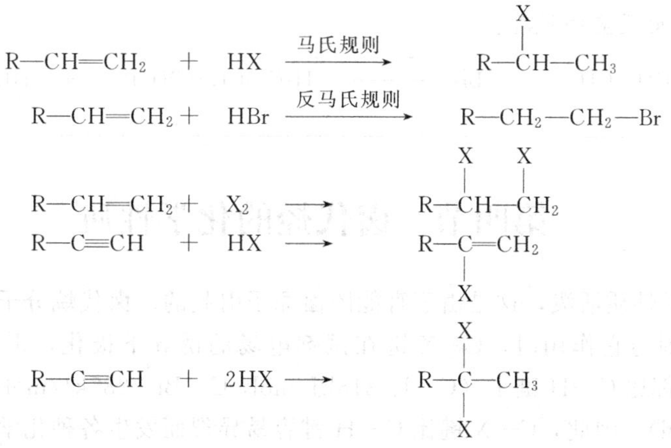

四、由醇制备

醇分子中的羟基在卤化剂作用下可生成卤代烃，常用卤化剂有 HX、PX_3、PX_5、$SOCl_2$ 等。

$$R—OH \xrightarrow[\text{或 } SOCl_2]{HCl,\ PCl_3} R—Cl$$

$$H_3C—CH_2—CH_2—OH + NaBr + H_2SO_4 \longrightarrow H_3C—CH_2—CH_2—Br$$

$$H_3C—OH + HI \xrightarrow{\triangle} H_3C—I$$

五、卤素交换反应

氯代烷或溴代烷在丙酮溶液中与 NaI 相互作用生成相应的碘代烷。

$$R—CH_2—Cl + NaI \xrightarrow{\text{丙酮}} R—CH_2—I + NaCl$$

因为 NaI 可溶于丙酮，而 NaCl 和 NaBr 不易溶于丙酮，所以使反应能够进行。此反应只适用于制备伯卤代烃，因为仲卤代烃和叔卤代烃反应太慢，没有实用价值。

一些有机氟化物可用该方法合成：

$$R—Cl + KF \xrightarrow{18\text{-冠-}6} R—F + KCl$$

六、氯甲基化反应

用甲醛和 HCl 在 $ZnCl_2$ 作用下可在活泼芳环上引入氯甲基，该反应称为氯甲基化反应。

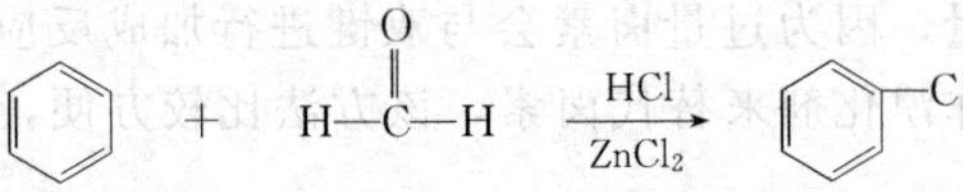

若芳环上有邻、对位定位基时，氯甲基进入定位基的对位，若芳环上有间位定位基时，该反应不易发生。

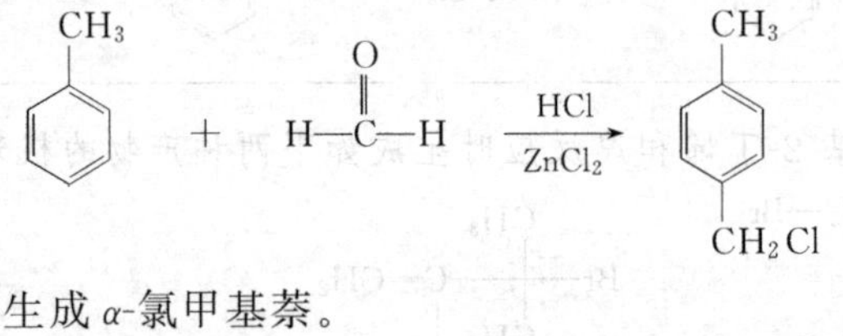

萘进行氯甲基化主要生成 α-氯甲基萘。

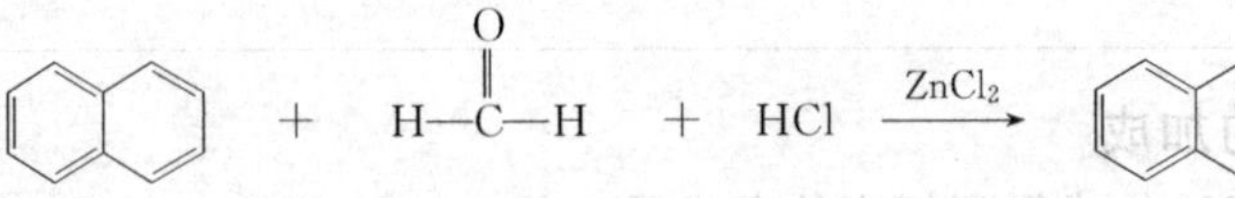

习题 8-3 解释下面反应的机理：

$$H_2C{=}CH—CH_3 + Br_2 \xrightarrow{500℃} H_2C{=}CH—CH_2Br + HBr$$

第四节 卤代烃的化学性质

卤代烷的化学性质活泼，这是由于官能团卤原子引起的。卤代烷分子中的碳卤键是极性共价键，当极性试剂与它作用时，C—X 键在试剂电场的诱导下极化，再加上 C—X 键的键能(除 C—F 键外)都比 C—H 键小(C—I：218kJ/mol，C—Br：285kJ/mol，C—Cl：339kJ/mol，C—H：414kJ/mol)。因此，C—X 键比 C—H 键容易异裂而发生各种化学反应。

一、亲核取代

卤代烷可以和许多试剂作用，使分子中的卤原子被其他基团取代，在卤代烷的取代反应中，卤素常作为卤负离子而被其他基团所置换。卤代烷被 OH^-、RO^-、HS^-、RS^-、CN^-、$RCOO^-$、NH_3 等取代得到相应的取代产物如下所示。

$$RX \quad + \quad \left.\begin{matrix} OH^- \\ R'O^- \\ HS^- \\ R'S^- \\ CN^- \\ R'COO^- \\ NH_3 \end{matrix}\right\} \longrightarrow \begin{matrix} ROH & \text{醇} \\ ROR' & \text{醚} \\ RSH & \text{硫醇} \\ RSR' & \text{硫醚} \\ RCN & \text{腈} \\ R'COOR & \text{酯} \\ RNH_2 & \text{胺} \end{matrix}$$

在该反应中卤素是作为负离子离去的，称为离去基团，相应的 OH^- 等占据了卤素的位置，称为亲核试剂，而原来的卤代物称为反应底物。整个反应是由于亲核试剂的亲核性和离去基团的离去性共同作用的结果，称为亲核取代反应。

1. 水解

活泼卤代烃与水共热，卤原子被羟基取代，生成相应的醇，如：

$$H—OH + (H_3C)_3C—Br \xrightarrow{\triangle} (H_3C)_3C—OH$$

该反应称为卤代烃的水解反应。

卤代烃水解反应是一个可逆反应，为了使反应向生成醇的方向进行，通常都用 NaOH 水溶液代替水，从而增加体系中 OH^- 的浓度，在该反应中直接进攻 RX 的不是 H_2O 而是 OH^-。

与水解类似，卤代烃与 NaSH 反应则生成硫醇：

$$HS^- + R—X \longrightarrow RSH + X^-$$

不活泼的乙烯型卤代烃水解比较困难，欲使它们发生反应，必须提供强烈条件。例如：

$$Ph—Cl \xrightarrow[300℃,\ 20MPa]{NaOH,\ H_2O} Ph—OH$$

卤代烃一般由相应的醇制得，但在一些复杂的分子中引入卤素比引入羟基更容易些，所以合成上也常先引入卤素，然后进行水解，以便引入羟基。

2. 醇解

卤代烃和醇钠作用，卤原子被烷氧基取代，生成相应的醚，该反应可称为卤代烃的醇解。

$$R'O^- + R—X \longrightarrow ROR' + X^-$$

3. 氰解

卤代烃与氰化钠在乙醇溶液中反应，卤原子被氰基取代而生成腈，该反应称为卤代烃的氰解。

$$CN^- + R—X \longrightarrow RCN + X^-$$

4. 氨解

卤代烃与氨作用生成有机胺，卤原子被氨基取代，因此常称为氨解反应。

$$NH_3 + R—X \longrightarrow RNH_2 + NH_4X$$

氨解反应还可以按如下形式继续进行：

$$RNH_2 + R—X \longrightarrow R_2NH \xrightarrow{RX} R_3N$$

所以在氨解反应中，往往得到各种胺的混合物。当 NH_3 大大过量时，则主要生成 RNH_2。

5. 酸解

卤代烃与羧酸钠反应，生成酯，称为酸解。

$$R'COO^- + R—X \longrightarrow R'COOR + X^-$$

6. 与炔钠反应

卤代烃与炔钠反应生成高级炔烃。

$$R'—C\equiv C^-Na^+ + R—X \longrightarrow R'—C\equiv CR$$

7. 与硝酸银作用

卤代烃与 $AgNO_3$ 的酒精溶液作用，生成硝酸酯和卤化银沉淀。

$$Ag^+O^-NO_2 + R—X \longrightarrow RONO_2 + AgX$$

由于生成 AgX 沉淀，因此该反应可用来鉴别卤代烃。不同结构的卤代烃与 $AgNO_3$ 反应的速度有明显的差异。烯丙型卤代烃、三级卤代烃和一般碘代烃在室温下就能和 $AgNO_3$ 酒精溶液迅速作用而生成 AgX 沉淀。一级、二级氯代烃、溴代烃要在加热下才能起反应，生成 AgX 沉淀，而乙烯型卤代烃，芳香型卤代烃即使加热也不发生反应。所以用 $AgNO_3$ 酒精溶液也可鉴别活性不同的卤代烃。

为什么乙烯型卤代物中的卤原子不活泼，而烯丙型卤代物分子中的卤原子却显得特别活泼呢？它们的活性差别可从结构上找到原因。如表 8-3 所示，乙烯卤和芳卤的偶极矩比卤代烷小，其分子中 C—X 键的键长也比卤代烷短，一般的 C═C 和 C—Cl 键长分别为 0.134nm 和 0.177nm，而氯乙烯分子中 C═C 和 C—Cl 键长分别为 0.138nm 和 0.172nm。

表 8-3　一卤代烃分子中碳卤键的键长（nm）**和偶极矩**（D）

X	CH_3CH_2X		$CH_2═CHX$		C_6H_5X	
	偶极矩	键长 C—X	偶极矩	键长 C—X	偶极矩	键长 C—X
F	1.94	0.142	1.43	0.132	1.60	0.130
Cl	2.05	0.177	1.45	0.172	1.69	0.170
Br	2.03	0.191	1.42	0.189	1.70	0.185
I	1.91	—	—	0.209	1.70	0.205

造成这些差别的原因，一方面是由于与卤素直接相连的碳原子杂化态不一样，另一方面是由于卤原子上未共用的 p 电子对与双键或苯环上的 π 电子云相互作用，形成 p-π 共轭体系。

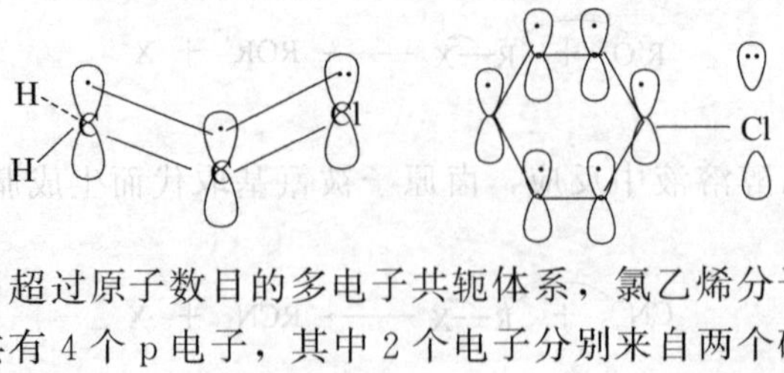

该共轭是 p 电子数目超过原子数目的多电子共轭体系，氯乙烯分子中包括两个碳原子和一个氯原子的共轭体系，共有 4 个 p 电子，其中 2 个电子分别来自两个碳原子，另外 2 个来自氯原子。由于 p-π 共轭的结果，电子云分布趋向平均化，此 C—Cl 键的偶极矩将减小，键长则缩短。氯乙烯分子中电子云的转移可表示如下：

$$H_2C═CH—\ddot{Cl}$$

这种 p-π 共轭的结果，对化学反应性质也有显著影响，由于 C—Cl 键电子云密度的增大，增加了 C—Cl 键的稳定性，因此，在 $CH_2═CHCl$ 中的 Cl 就不如 CH_3CH_2Cl 中的 Cl 活泼，乙烯式卤代烃在一般条件下不发生取代反应。例如，氯乙烯与碱溶液或氨溶液不起作用，分子中氯原子不能被—OH 或—NH$_2$ 取代。

氯乙烯分子的 p-π 共轭效应也表现在它与 H—X 加成的方向上，若只从卤原子的诱导效应考虑，下列反应产物应该是 1,2-二氯乙烷。

$$CH_2=CH \rightarrow Cl \quad + \quad HCl \xrightarrow{\quad\times\quad} CH_2Cl—CH_2Cl$$

然而实际上生成的是偕二卤化物：

$$\overset{\delta^-}{C}H_2=\overset{\delta^+}{C}H—Cl \quad + \quad HCl \longrightarrow CH_3—CHCl_2$$

显然 p-π 共轭效应主导着反应方向。芳香族卤代烃中，卤原子直接连在苯环上，其活性与卤乙烯相似。反之，烯丙基式 CH$_2$=CHCH$_2$Cl 中的氯原子却比 CH$_3$CH$_2$Cl 中的氯活泼，这是因为 Cl 离解后生成的烯丙基正离子可以形成一种缺电子的 p-π 共轭体系。

$$H_2C=CH—CH_2Cl \;\rightleftharpoons\; H_2C=CH—\overset{+}{C}H_2 \;+\; Cl^-$$

$$H_2C\cdots CH\cdots CH_2$$

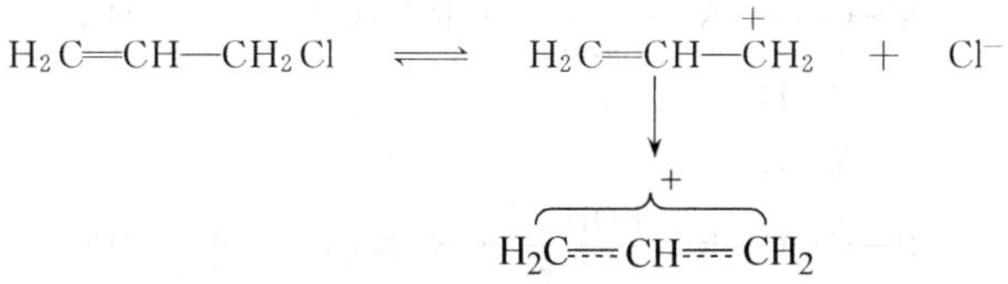

这是由于双键的 π 轨道与相邻 α-碳原子上一个缺电子的空 p 轨道形成 p-π 共轭体系。在烯丙基正离子中，由于产生 p-π 共轭效应，正电荷不再集中在一个碳原子上，而是得到了分散，使体系适当的趋于稳定。烯丙基正离子的稳定性也可用共振式来描述：

$$H_2C=CH—\overset{+}{C}H_2 \;\longleftrightarrow\; H_2\overset{+}{C}—CH=CH_2$$

因此氯丙烯比较容易离解产生碳正离子和卤离子，有利于亲核取代反应的发生。总之，不同卤化物发生亲核取代反应的难易程度为：

$$H_2C=CH—CH_2X \;>\; H_3C—CH_2X \;>\; H_2C=CHX$$

二、消除反应

在亲核取代反应中，亲核试剂往往具有一定的碱性，当碱性强到一定程度时，亲核试剂就可以进攻卤素 β-位的氢原子，从而形成消除反应产物。

$$B^- \;+\; \begin{matrix} | & | \\ -C—C- \\ | & | \\ H & X \end{matrix} \longrightarrow B—H \;+\; \,C=C\,$$

在消除反应中，B$^-$ 是作为碱来用的，在大多数情况下，亲核试剂和卤代物反应时生成取代产物还是消除产物取决于卤代烃的结构和反应条件。

1. β-消除反应

卤代烷与强碱的醇溶液在加热条件下作用，则卤代烷脱去卤化氢生成烯烃。

不同种类的卤代烷进行消除反应的难易程度不同，叔卤代烷最易脱去卤化氢，仲卤代烷次之，伯卤代烷较难。

脱卤化氢反应是在相邻的两个碳原子上发生的，也就是说，卤化氢分子中的氢原子来自卤代烷的 β-碳原子，若分子中存在不同种类的 β-碳原子时，消除反应的产物可能是几种不同的烯烃。

$$\begin{matrix} H_3C—CH—CH—CH_2 \\ | \quad | \quad | \\ H \quad Br \quad H \end{matrix} \xrightarrow[\text{乙醇}]{KOH,\ \triangle} H_3C—CH=CHCH_3 \;+\; CH_3CH_2CH=CH_2$$

$$\qquad\qquad\qquad\qquad\qquad\qquad 81\% \qquad\qquad\qquad 19\%$$

$$\begin{matrix} \qquad CH_3 \\ \quad | \\ H_3C—CH—C—CH_2 \\ | \quad | \quad | \\ H \quad Br \quad H \end{matrix} \xrightarrow[\text{乙醇}]{KOH,\ \triangle} \begin{matrix} CH_3 \\ | \\ H_3C—CH=CCH_3 \end{matrix} \;+\; \begin{matrix} CH_3 \\ | \\ CH_3CH_2C=CH_2 \end{matrix}$$

$$\qquad\qquad\qquad\qquad\qquad\qquad 71\% \qquad\qquad\qquad 29\%$$

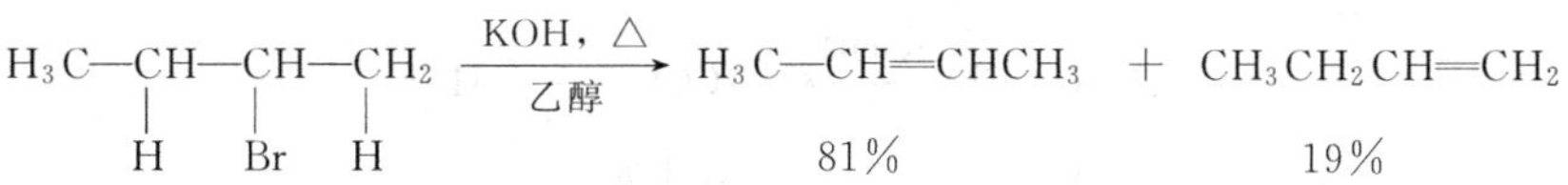

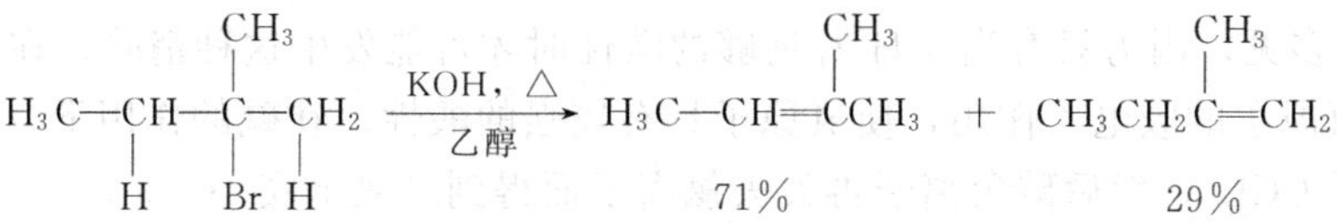

通过大量的事实，俄国化学家 Saytzeff 总结出以下规律：卤代烷脱卤化氢时，主要是从含氢较少的 β-碳原子上脱去氢原子，这就是著名的查依采夫规律。

卤化烯烃脱卤化氢时，消除方向总是倾向于生成稳定的共轭二烯，如：

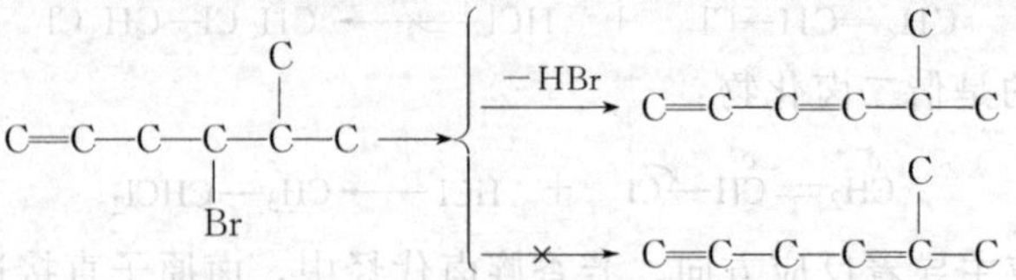

邻二卤代物或偕二卤代物在强碱作用下加热可脱掉两分子卤化氢，生成炔烃。

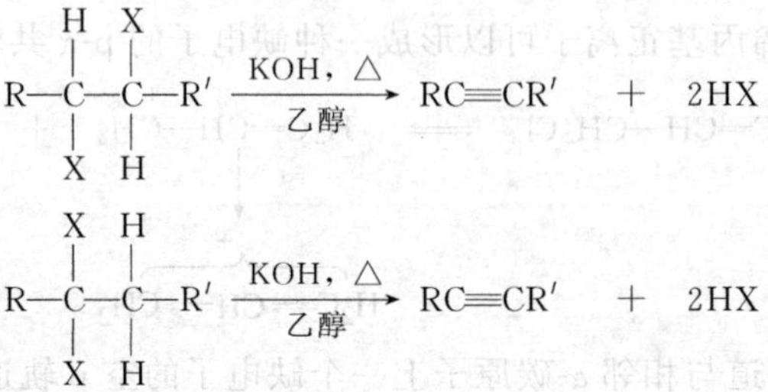

脂环二卤代物脱卤化氢则主要生成共轭双烯。

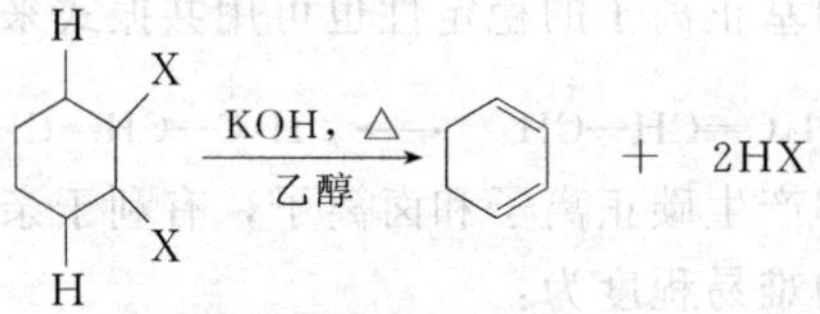

乙烯型卤代烃脱卤化氢比较困难，如果用更强的碱，则效果较好。

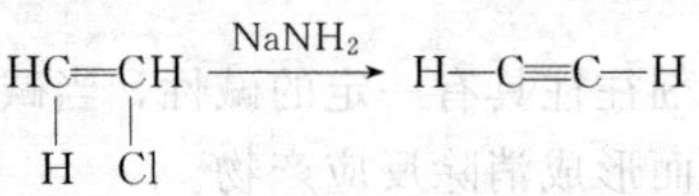

在卤代烃中，叔卤代烃的活性很高，非常容易发生消除反应。在弱碱条件下也生成消除产物。

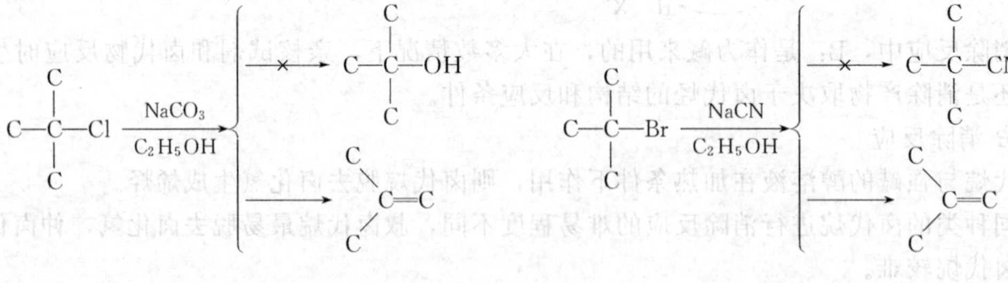

2. α-消除反应

氯仿在 NaOH 作用下生成二氯卡宾是卤代烃 α-消除的典型实例。

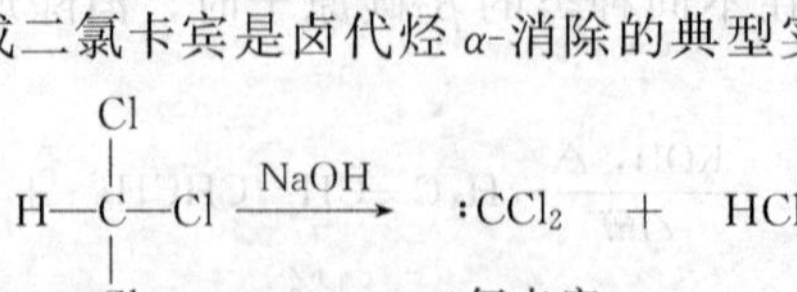

二氯卡宾

α-消除并不多见，因为只有当 α-H 有足够的酸性时才可能发生这种消除。在这里，由于氯仿分子中三个氯原子的吸电子作用，使氢原子具有较强的酸性。在碱的作用下，氯仿先脱掉质子生成碳负离子 CCl_3^-，然后碳负离子再失去氯离子而得到二氯卡宾 $:CCl_2$。

$$HO^- + H—CCl_3 \longrightarrow {}^-CCl_3 \xrightarrow{-Cl^-} :CCl_2$$

卡宾虽然是中性物种，但中心碳原子外层只有六个电子，处于缺电子状态，具有亲电性。卡宾可以发生多种反应，其中比较重要的是对烯烃的插入，生成三元环状化合物。如：

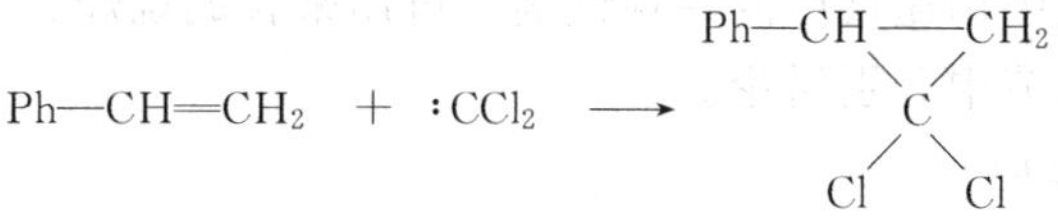

3. 脱卤素

邻二卤化物在锌粉作用下加热，脱掉卤素生成烯烃：

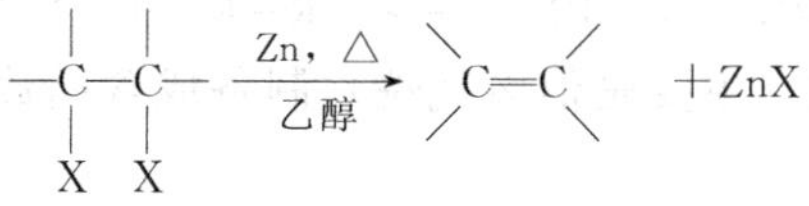

1,3-二卤代物脱卤可生成环丙烷衍生物：

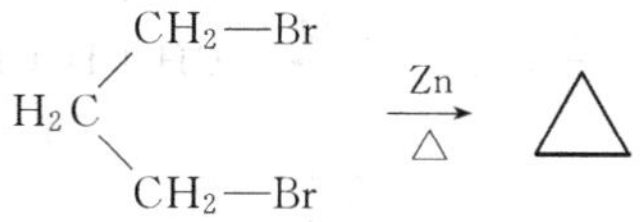

同样的方法也可以制备环丁烷、环戊烷和环己烷衍生物。二卤代物脱卤是制备脂环烷的基本方法之一。

三、卤代物与活泼金属反应

卤代烷能与某些金属发生反应，生成有机金属化合物。有机金属化合物又叫金属有机化合物，是指金属原子直接与碳原子相连的一类化合物。

1. 卤代物与金属镁的反应

常温下，在无水溶剂中，镁可以和卤代烷反应生成有机镁化合物，称为格氏试剂。

$$RX + Mg \xrightarrow{\text{乙醚}} RMgX$$

该试剂不需分离即可直接用于有机合成反应。格氏试剂是由 R_2Mg、MgX_2、$(RMgX)_n$ 等各种成分形成的平衡体系混合物，一般用 RMgX 表示。乙醚与格氏试剂络合生成稳定的络合物：

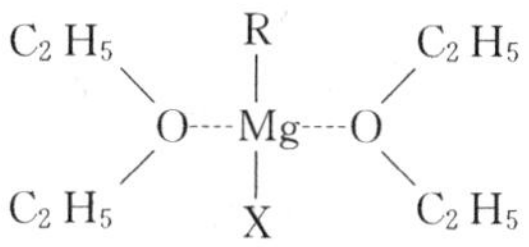

此外，苯、四氢呋喃等其他醚类也可以作为溶剂。

格氏试剂性质非常活泼，能与含活泼氢的化合物作用，生成相应的烃。

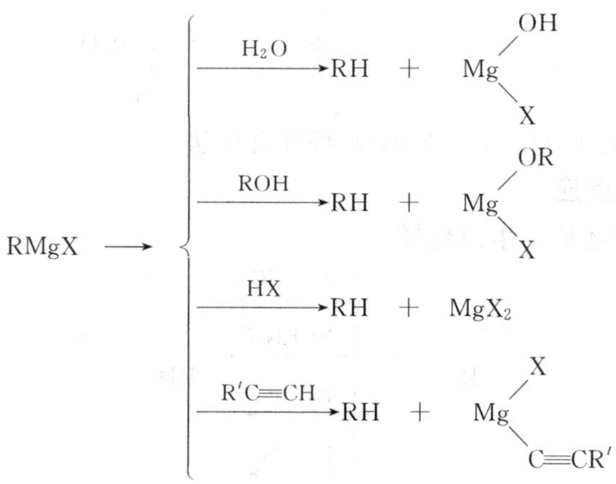

上述反应说明卤代烷通过生成格氏试剂，可以制得相应的烷烃。

由于格氏试剂遇水就分解，所以，在制备格氏试剂时必须用无水溶剂和干燥的反应器，操作时也要采取隔绝空气中的湿气的措施。其他含活泼氢的化合物在制备和使用格氏试剂过程中都须注意避免水的存在。

格氏试剂是有机合成中用途极广的一种试剂，可用来合成烷烃、醇、醛、羧酸等其他各类化合物。这将在以后各章节中分别讨论。

2. 卤代物与碱金属反应

卤代烷可与金属钠反应，生成的有机钠化物立即再与卤代烷反应生成烷烃。

$$RX + Na \longrightarrow RNa + NaX$$
$$RNa + RX \longrightarrow R{-}R + NaX$$

这类反应可用来将卤代烷（主要是伯卤代烷）制备成含偶数碳原子、结构对称的烷烃，称为武慈反应（Wurtz）。

卤代烃与金属锂作用生成锂有机化合物。如：

$$CH_3CH_2CH_2CH_2Br + Li \xrightarrow{乙醚} CH_3CH_2CH_2CH_2Li + LiBr$$

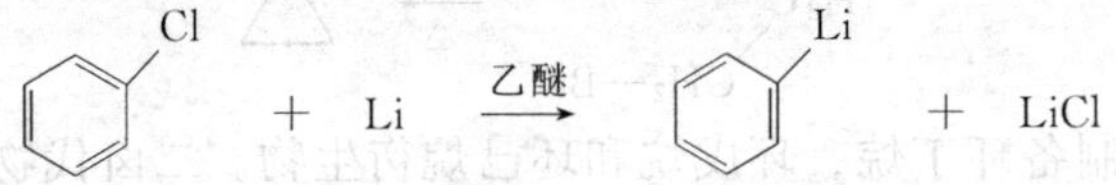

有机锂是一个重要的金属有机试剂，其制法、性质与格氏试剂十分相似。

有机锂与碘化亚铜反应可生成另一重要的试剂——二烷基铜锂（R_2CuLi）：

$$2RLi + CuI \xrightarrow{乙醚} R_2CuLi + LiI$$

二烷基铜锂与卤代烃反应生成烷烃：

$$R_2CuLi + 2R'X \longrightarrow R{-}R' + RCu + LiX$$

在这里，虽然 $R'X$ 仅限于用伯和仲卤代烃，但在 R_2CuLi 分子中的 R 可以为仲烃基或伯烃基，而且 R、R′都可以为乙烯基型的烃基。因此可用二烃基铜锂试剂来合成各种结构的高级烷烃、烯烃或芳香烃。如：

$$(CH_3)_2CuLi + CH_3CH_2CH_2CH_2I \longrightarrow CH_3CH_2CH_2CH_2CH_3 \quad 98\%$$

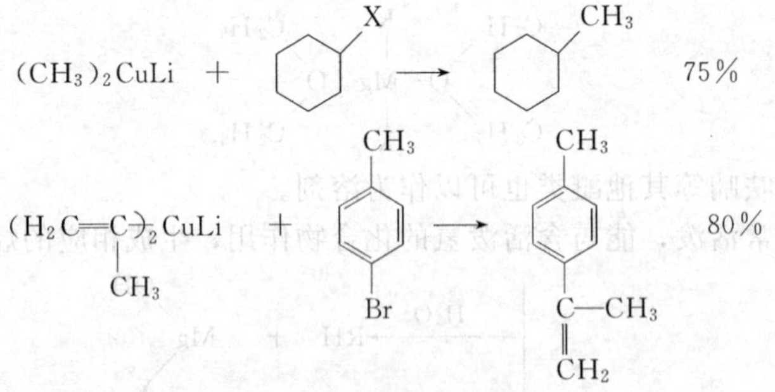

这个方法称为考雷-豪斯（Corey-House）烷烃合成法。

四、卤代烃的还原反应

卤代烃可被各种试剂还原，生成烷烃。

$$RX + \left\{\begin{array}{l} \xrightarrow{Zn+HCl} \\ \xrightarrow{Na+NH_3} \\ \xrightarrow{H_2+Pd} \\ \xrightarrow{LiAlH_4} \end{array}\right. RH$$

因为原料卤代烃往往比相应烷烃要贵，故该方法并不重要，但在一些特殊研究中会用到该方法，比如 1-D 代苯乙烷的合成：

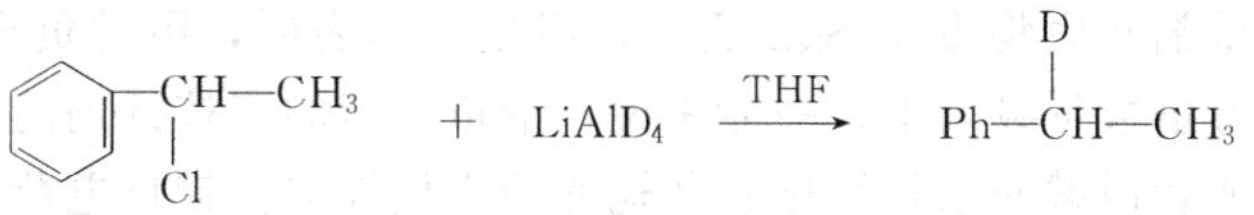

第五节　亲核取代的反应机理

一、双分子亲核取代反应——S_N2 机理

亲核取代反应可以系统地表示为：

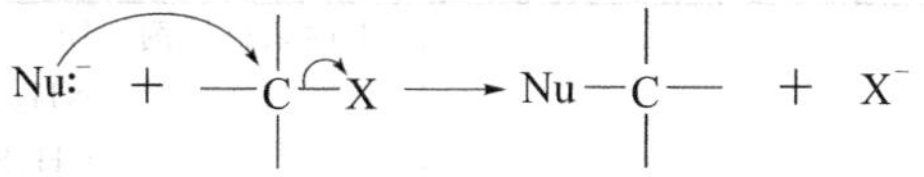

因为卤素的电负性比所连的碳原子要强，故卤代物中和卤素相连的碳原子上要带少量正电荷，亲核试剂就容易和卤素相连的碳发生反应。

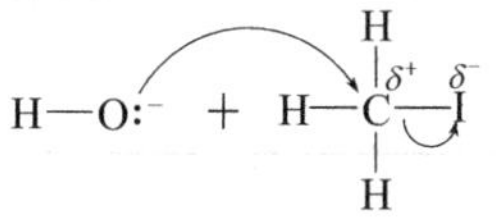

以氢氧根和碘甲烷的反应为例，羟基的氧容易和碘甲烷的碳发生碰撞，在碰撞的同时，氧把自己的一对电子放在碳氧之间，逐渐形成新的 σ 键，与碳原子成键后的稳定态是最外层 8 电子结构，在氧拿出一对电子与碳共用的时候，碳原子最外层超过 8 个电子的稳定态，此时离去基团碘原子就会带着其与碳共用的电子离开，在此过程中，碳氧成键的同时即是碳碘断键的时刻，综合来看，碘原子就像是被羟基取代了。该过程就是经典的双分子亲核取代过程（S_N2 机理），S_N2 反应的过程如下：

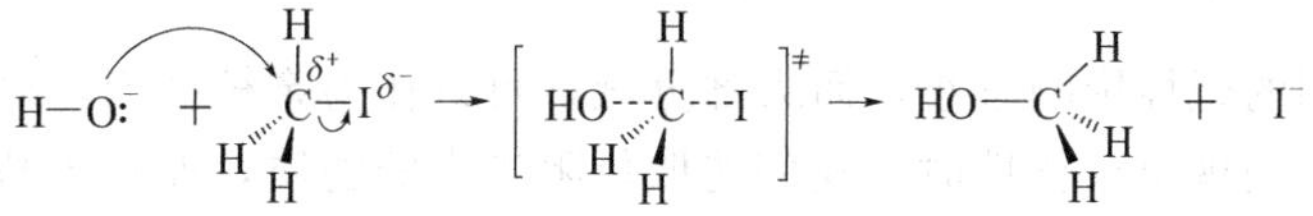

在整个 S_N2 反应中的能量变化如下图所示：

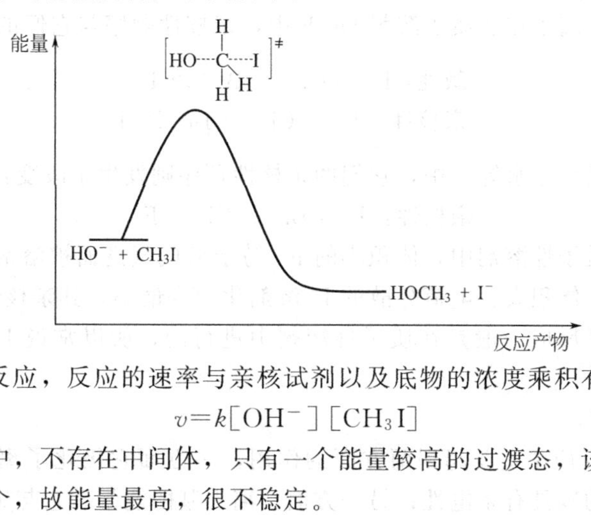
能量
HO---C---I
HO⁻ + CH₃I
HOCH₃ + I⁻
反应产物

整个反应是协同反应，反应的速率与亲核试剂以及底物的浓度乘积有关。

$$v=k[OH^-][CH_3I]$$

在整个反应过程中，不存在中间体，只有一个能量较高的过渡态，该过渡态因为碳原子的最外层电子数超过 8 个，故能量最高，很不稳定。

1. S_N2 反应中亲核试剂的影响

（1）碱性亲核试剂亲核性的强弱，在很大程度上影响 S_N2 反应的速率，比如说甲醇和甲醇钠都可以作为亲核试剂和底物发生 S_N2 反应，但是实验表明，甲醇负离子发生 S_N2 反应的速率是甲醇分子的百万倍数量级以上。一般来说，带负电荷的亲核试剂的亲核性比同元素中性分子的亲核性要强，或者说碱的亲核性比其共轭酸的亲核性强。带负电荷的亲核试剂一般都具有碱性。虽然碱性和亲核性是两个不同的概念，但一般说来碱性越强的试剂亲核性越强。表8-4 列出了常见的亲核试剂。在元素周期表中，同一族元素从上到下原子半径越来越大，相应的原子就越来越容易极化，容易极化的原子就易和底物发生亲核取代反应，故卤素离子的亲核性顺序为：$I^- > Br^- > Cl^- > F^-$

表 8-4　常见亲核试剂（按亲核性递减排列）

强亲核试剂	$(CH_3CH_2)_3P$	中性亲核试剂	Br^-
	SH^-		NH_3
	I^-		CH_3SCH_3
	$(CH_3CH_2)_2NH$		Cl^-
	CN^-		CH_3COO^-
	$(CH_3CH_2)_3N$	弱亲核试剂	F^-
	HO^-		H_2O
	CH_3O^-		CH_3OH

（2）亲核试剂的位阻效应　位阻比较小的亲核试剂比较容易和底物的碳原子发生碰撞并成键，故位阻小的试剂亲核性强。例如：叔丁氧基的碱性比乙氧基要强，但是叔丁氧基的亲核性比乙氧基要弱，关键原因就是叔丁基的位阻比乙基大得多，位阻妨碍了叔丁氧基与底物的碰撞。常见的烷氧负离子亲核性大小：

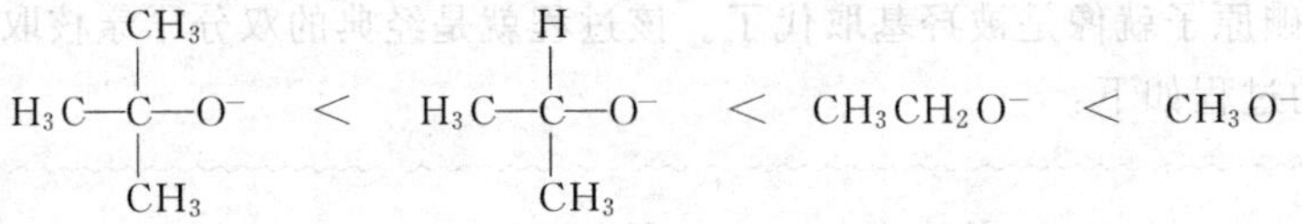

位阻对亲核试剂的碱性影响很小，而大部分碱都可以作为亲核试剂，故当我们希望一个物质只表现出碱性而不表现出亲核性时，我们选取位阻较大的物质，如叔丁基。当我们希望一个物质更多的表现亲核性，我们选择位阻小的物质，如甲基或乙基。

（3）溶剂对亲核试剂的影响　亲核试剂的强弱与溶剂还有一定的关系，这主要是溶剂化作用的影响。例如，卤负离子在非质子溶剂 DMF 中，亲核性顺序与它们的碱性一致。

碱性：$F^- > Cl^- > Br^- > I^-$

亲核性：$F^- > Cl^- > Br^- > I^-$

但在质子溶剂（乙醇，水等）中，它们的亲核性顺序则发生了改变：

亲核性：$I^- > Br^- > Cl^- > F^-$

这主要是因为在质子性溶剂中，体积小的 F^- 易于形成氢键而被溶剂包围，这样大大降低了它的亲核性。相反，体积大、电荷分散的 I^- 溶剂化程度最小，其亲核性最强，Cl^-、Br^- 居中。卤代烃的亲核取代反应一般是在质子性溶剂中进行的，所以常说 I^- 的亲核性比 Br^- 强，是较强的亲核试剂。

2. 离去基团的影响

离去基团在 S_N2 反应中主要起到两方面的作用，一方面它极化了离去基团和碳之间的化学键，使得和它相连的碳具有亲电性；另一方面，离去基团能带着它与碳之间的成键电子以负离子的形式离去。综合考虑，一个好的离去基团应该是：

（1）吸电性强，极化了与碳相连的化学键；

（2）离去后形成的负离子较稳定（碱性不强，表 8-5）；

（3）易极化，但反应过程中稳定。

表 8-5　常见的弱碱性离去基团

离子	Cl^-	Br^-	I^-	$R—SO_3^-$	$RO—SO_3^-$	$ROPO_3^-$
中性分子	H_2O	ROH	R_3N	R_3P	—	

例如，甲醇和 NaBr 很难反应生成溴甲烷，因为此时离去基团是碱性很强的 OH^-，但甲醇质子化后就很容易和 Br^- 反应，因为此时离去基团变为弱碱性的 H_2O 分子。

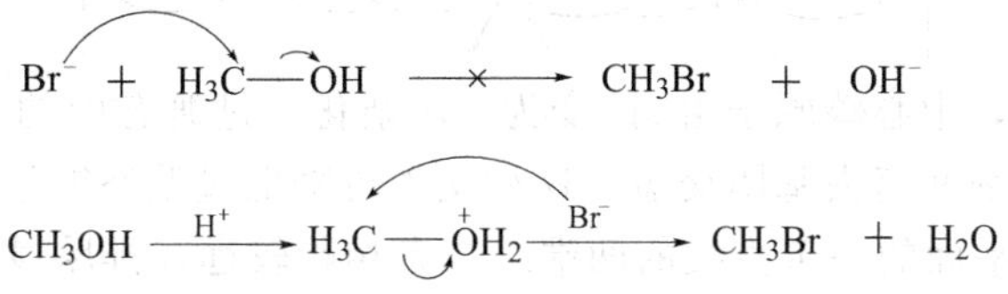

3. 底物的影响

底物的结构对 S_N2 反应速率的影响非常大，甲基卤代物和伯卤代物发生 S_N2 反应的速率非常快，叔卤代物很难发生 S_N2 机理的取代反应。表 8-6 列出了常见卤代物发生 S_N2 反应的速率。

表 8-6　常见卤代物发生 S_N2 反应的速率

底　　物	速　　率	底　　物	速　　率
$CH_3—Br$	>1000	$CH_3CH_2CH_2CH_2—Br$	20
$CH_3CH_2—Br$	50	$(CH_3)_2CHCH_2—Br$	2
$(CH_3)_2CH—Br$	1	$(CH_3)_3CCH_2—Br$	0.0005
$(CH_3)_3C—Br$	<0.001		

总之，发生 S_N2 反应的卤代物速率次序为：$CH_3X > 1^\circ > 2^\circ > 3^\circ$。

合理的解释是：当和卤素相连的碳上取代基越多越大时，亲核试剂进攻该碳的可能性就变小，相关的位阻阻碍了亲核试剂和卤素相连碳的碰撞，使 S_N2 机理难以发生。

4. S_N2 反应的立体化学

英果尔德等用旋光性的 2-碘辛烷与放射性碘负离子进行卤素交换反应，发现在反应过程中外消旋化速度是同位素交换速度的 2 倍。由此可以说明，亲核试剂 I^{*-} 是从背面进攻。

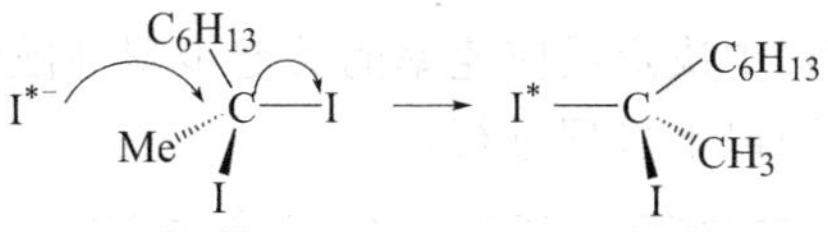
R构型
S构型

在这里，每反应一个分子，就发生一次同位素交换，每交换一次，就有一个 *R* 构型分子转化为 *S* 构型分子。所产生的 *S* 构型分子与另一个未反应的 *R* 构型分子组成一个外消旋体而发生消旋化。也就是说，每交换一次就有一对外消旋分子产生。当交换一半时，其旋光就全部消失（即外消旋化全部完成）。所以，外消旋速度是同位素交换速度的 2 倍。

可以设想，如果 I^{*-} 是前面进攻（即从离去基团的同面接近中心碳原子），反应产物是保持构型，不会发生消旋。如果 I^{*-} 的背面进攻和前面进攻的机会均等，那么外消旋速度和同位素交换速度应该相等。显然这两种设想与实验事实是不符的。

左旋的 2-溴辛烷在 NaOH 含水乙醇中反应得到右旋的 2-辛醇。

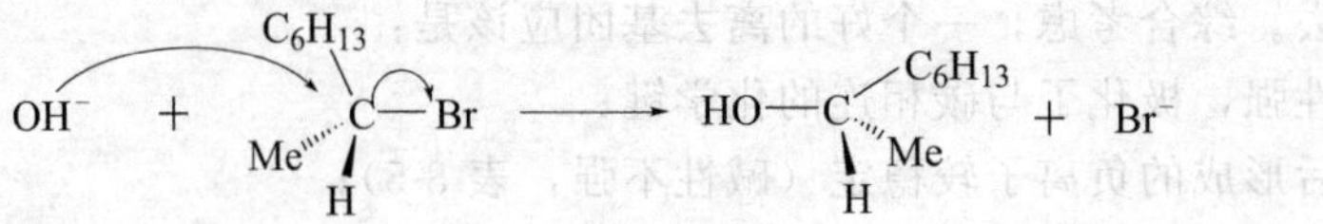

二级动力学证明该反应为 S_N2 反应。在产物中 OH^- 基团不是取代在溴原子占据的位置上，即构型发生了转化。这种构型转化又称为瓦尔登转化。

为什么亲核试剂总是从离去基团背面进攻碳原子呢？原因有二：第一，当亲核试剂从前面进攻中心碳原子时，会受到携带电子离开的离去基团的排斥，而从背面进攻可以避免这种排斥；第二，背面进攻能形成较稳定的过渡态，降低反应活化能。S_N2 反应的过渡态如下：

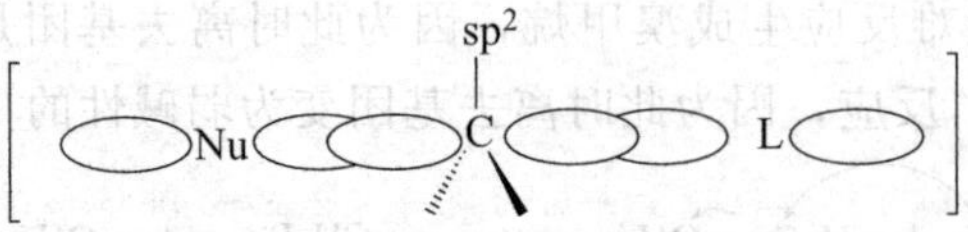

sp2
Nu
C
L

从反应物到过渡态，中心碳原子由 sp^3 变为 sp^2 杂化。过渡态中的中心碳原子未杂化 p 轨道的两瓣分别与亲核试剂和离去基团交盖，这种交盖可降低过渡态能量。此外，离去基团和亲核试剂在垂直 sp^2 杂化平面的一条直线的两端，二者相距较远，排斥最小，对反应是有利的。

习题 8-4 在 S_N2 反应中，*R* 构型的反应物是否一定转变成 *S* 构型的产物？为什么？右旋反应物是否一定变为左旋呢？

二、单分子亲核取代反应——S_N1 反应机理

叔丁基溴和甲醇在加热的情况下可以生成甲基叔丁醚，在该反应中，甲氧基取代了溴的位置，发生了亲核取代反应。但是该反应不可能按照 S_N2 机理进行，因为甲醇是一个很弱的亲核试剂，叔丁基的位阻也比较大。同时，实验表明该反应的反应速率只和叔丁基溴的浓度有关。

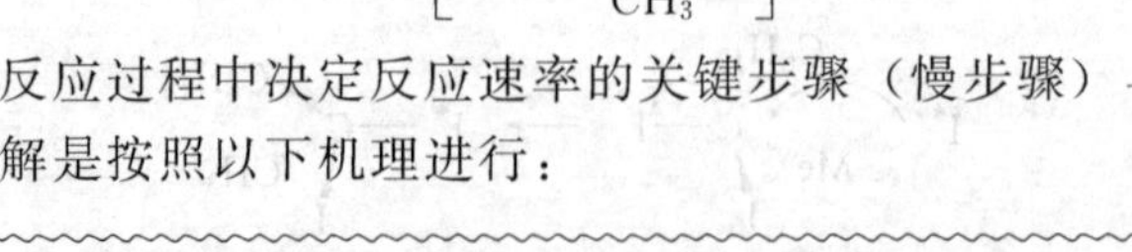

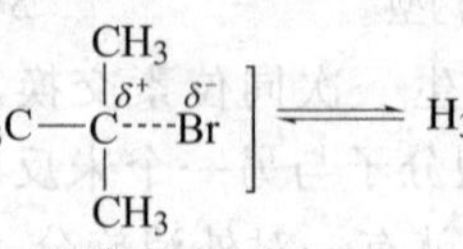

这就是说，在整个反应过程中决定反应速率的关键步骤（慢步骤）与甲醇无关。由此可以推想，溴代叔丁烷的醇解是按照以下机理进行：

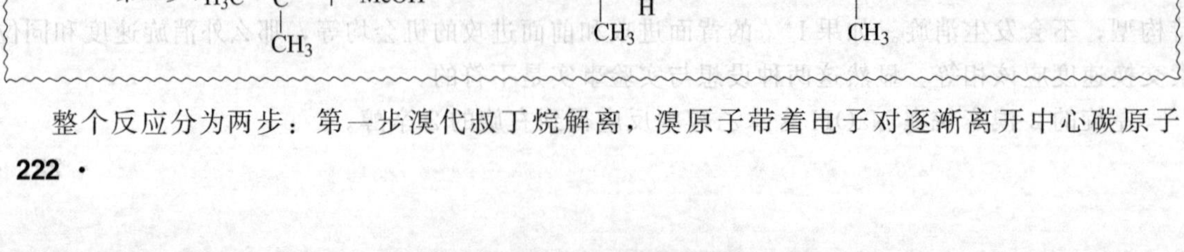

第一步：
过渡态
碳正离子
慢
第二步：
快

整个反应分为两步：第一步溴代叔丁烷解离，溴原子带着电子对逐渐离开中心碳原子，

C—Br 键部分断裂。经由过渡态形成碳正离子中间体；第二步是碳正离子和亲核试剂甲醇分子结合，脱除质子后形成最终的产物醚。该反应（S_N1）的能量变化过程如下图所示。

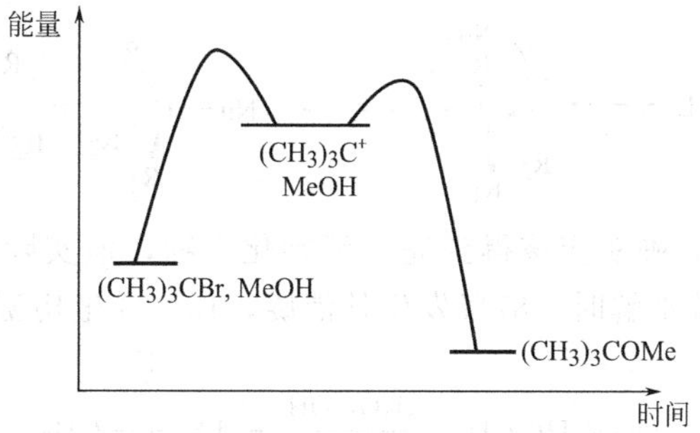

能量
$(CH_3)_3C^+$
MeOH
$(CH_3)_3CBr$, MeOH
$(CH_3)_3COMe$
时间

在该机理中，由于决定反应速率的关键步骤是溴代叔丁烷单分子的裂解，参与形成过渡态的只有一个分子，所以称这种反应为单分子亲核取代反应（S_N1）。

1. 底物结构的影响

在 S_N1 反应中，决速反应步骤是 C—X 键断裂生成碳正离子，反应活性的高低主要取决于碳正离子生成的难易。

从电子效应看，不同碳正离子的相对稳定性是：$(CH_3)_3C^+ > (CH_3)_2CH^+ > CH_3CH_2{}^+ > CH_3{}^+$。从空间因素分析，在叔卤代烃分子中的中心碳原子上连有三个烃基，比较拥挤，当它们解离成碳正离子后，变为平面三角形构型，三个烃基与中心碳原子的键互成 120°角，彼此距离较远，互相排斥较小。也就是说，从四面体构型的 sp^3 碳变为平面构型 sp^2 碳可以缓解基团的拥挤，松弛分子内部的张力。这对碳正离子的生成是一种空间协助效应，显然有叔卤离解成叔碳正离子的空间协助效应最强。由此可见，在 S_N1 反应中，电子效应和空间效应对卤代烃相对活性的影响是一致的。S_N1 反应活性顺序为：叔卤代烃＞仲卤代烃＞伯卤代烃。这种顺序和 S_N2 反应中底物活性顺序刚好相反。

烯丙型（包括苄型）卤代烃的 S_N1 活性和叔卤的相当。因为烯丙型碳正离子有特殊的稳定性。对苄基碳正离子来说，芳环上连有给电子基团，可进一步提高其稳定性，而吸电子基团则降低其稳定性。

习题 8-5 苄溴是一级溴代物，其发生 S_N1 反应的速率和叔卤代溴在同一数量级上，解释其原因。

---

2. 离去基团的影响

不论在 S_N1 反应中还是 S_N2 反应中，离去基团都是带着一对电子离开的，故在两种机理中，离去基团的影响是一致的。

3. 溶剂的影响

在 S_N1 反应中，从反应物至碳正离子的变化过程中，正、负电荷逐渐分离，体系极性逐渐增强，所以极性溶剂有利于稳定它们的过渡态，降低活化能，使反应速率加快。

使用不同的溶剂，不仅影响 S_N1 和 S_N2 反应的活性，有时甚至能够完全改变它们的机理。例如，氯化苄在水中水解按 S_N1 机理，而在丙酮中水解按 S_N2 机理。

$$PhCH_2Cl + OH^- \text{ — } \begin{cases} \xrightarrow[S_N1]{H_2O} PhCH_2OH \\ \xrightarrow[S_N2]{\text{丙酮}} PhCH_2OH \end{cases}$$

4. S_N1 反应中的立体化学

具有旋光性的反应底物进行 S_N1 反应时，由于生成的碳正离子具有 sp^2 平面构型，亲核试剂可以从平面两侧与其结合，取代产物为几乎等量的一对对映体。

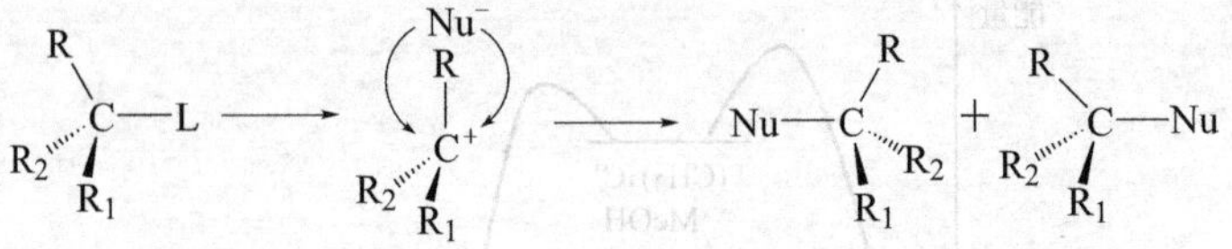

对于理想的 S_N1 来说，确实应该得到完全消旋化产物，但实际上往往只能得到部分消旋产物。例如，2-苯基氯乙烷水解时，87%发生外消旋，13%发生构型转化。

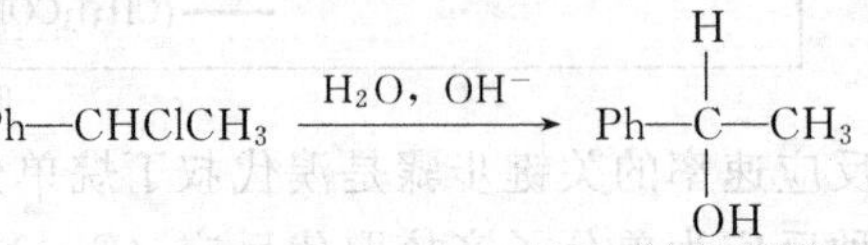

87% 外消旋

关于 S_N1 反应部分外消旋化的原因比较复杂，在此可以简单的解释为：S_N1 反应中的碳正离子不稳定，在它生成的瞬间，就会立即受到亲核试剂的进攻，这时卤负离子可能还来不及离开中心碳原子到相当的距离，因而在一定程度上阻碍了亲核试剂从卤原子这边的进攻，结果生成较多的构型转化产物。

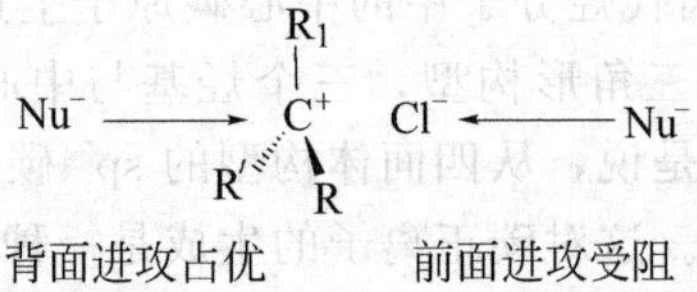

背面进攻占优　　　　前面进攻受阻

外消旋化的比例在不同的反应中各不相同，其比例高低主要取决于碳正离子的稳定性和亲核试剂的浓度。一般来说，碳正离子的稳定性较高，亲核试剂的浓度较小，外消旋比例就高。反之，碳正离子稳定性较低，亲核试剂的浓度较大，则外消旋比例就低。例如，2-卤代乙苯和2-卤代辛烷按 S_N1 机理水解，由于前者解离生成的碳正离子比后者稳定，水解结果是旋光性的2-氯代乙苯生成 83%～98%外消旋产物，而 2-溴代辛烷仅得到 34%外消旋产物。

理想的、典型的亲核取代反应或者表现为 S_N1 机理特征，或者表现为 S_N2 机理特征。但实际上，情况往往是复杂的，有些卤代烃的亲核取代特征介于 S_N1 和 S_N2 之间，既像 S_N1，又像 S_N2。一般认为 S_N1 和 S_N2 是亲核取代反应的两个极限机理，在这两个机理之间还存在一个具有不同程度的 S_N1 和 S_N2 混合机理区域。

5. S_N1 反应中的重排现象

在 S_N1 反应中，往往生成重排产物。重排是 S_N1 反应的特有现象，在 S_N2 反应中不大可能发生重排。例如：

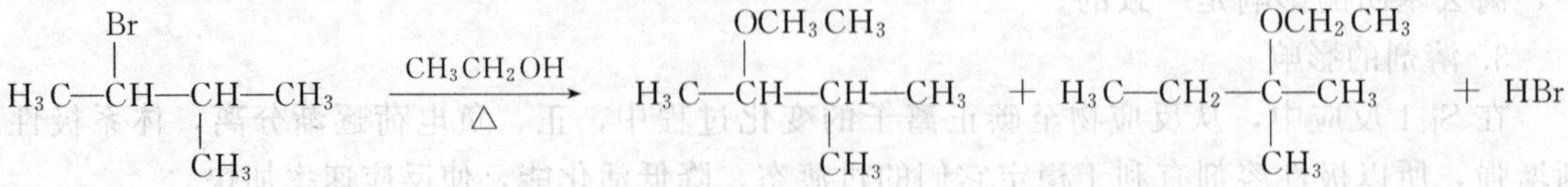

其重排产物 2-乙氧基 2-甲基丁烷来源于碳正离子的氢迁移。氢带着一对电子迁移后将仲碳正离子转变为稳定的叔碳正离子，这就是该迁移的动力。

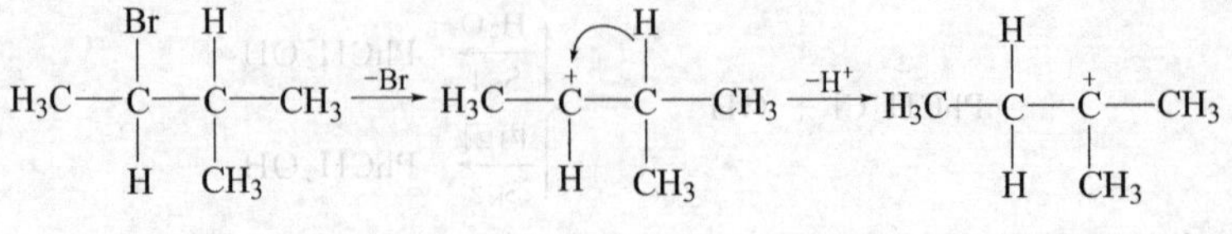

新戊基溴在乙醇中回流时只得到唯一的重排产物，这时候，发生的是甲基迁移。

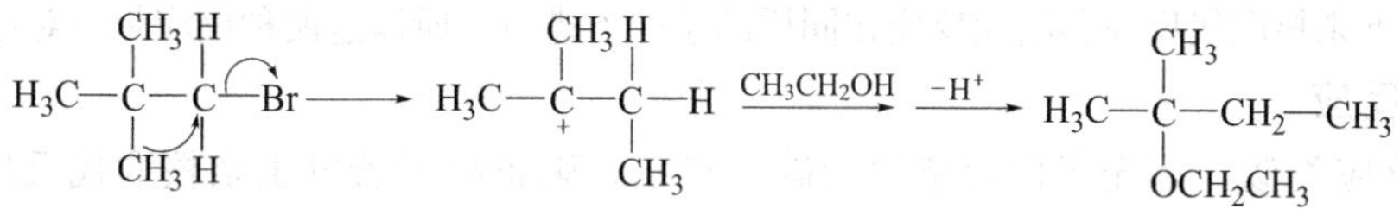

习题 8-6　解释下面反应的机理：

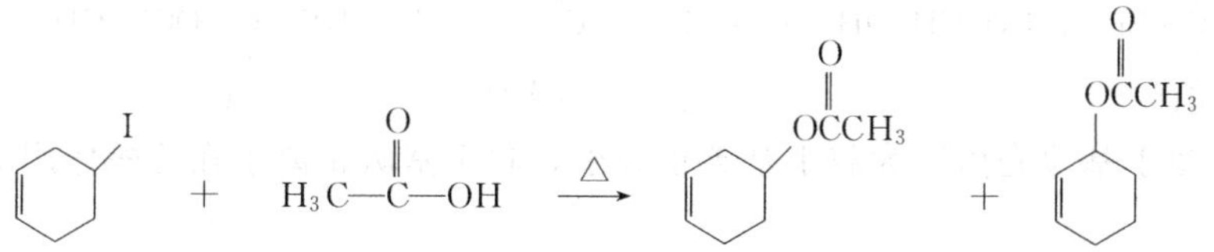

三、S_N1 反应和 S_N2 反应的比较

1. 亲核试剂的影响

亲核试剂在 S_N2 的决速步骤中出现而不在 S_N1 的决速步骤中出现，因此，S_N2 反应中需要强的亲核试剂而 S_N1 反应中对亲核试剂强弱要求不高。因此弱的亲核试剂往往不能发生 S_N2 反应而可以发生 S_N1 反应。

S_N1 反应：亲核试剂的强弱不很重要。

S_N2 反应：必须要强的亲核试剂。

2. 底物的影响

底物的结构对亲核反应的机理影响很大。甲基卤代物和伯卤代物电离后的离子能量很高，所以它们一般不能发生 S_N1 反应，因为位阻小的原因，它们发生 S_N2 反应的可能性要大。叔卤代物因为它们的位阻太大而难以发生 S_N2 反应。相反，因为叔碳正离子的稳定性大而容易发生 S_N1 反应。

S_N1 反应速度：烯丙型 $> 3^\circ > 2^\circ > 1^\circ$；

S_N2 反应速度：烯丙型 $> CH_3X > 1^\circ > 2^\circ$。

3. 溶剂的影响

质子型溶剂有利于 S_N1 反应的发生而非质子型溶剂有利于 S_N2 反应的发生。

4. 立体化学

S_N2 反应构型完全翻转，而 S_N1 反应发生消旋化。

第六节　消除反应的机理

和取代反应类似，消除反应同样具有双分子消除反应（E2）和单分子消除反应（E1）机理。

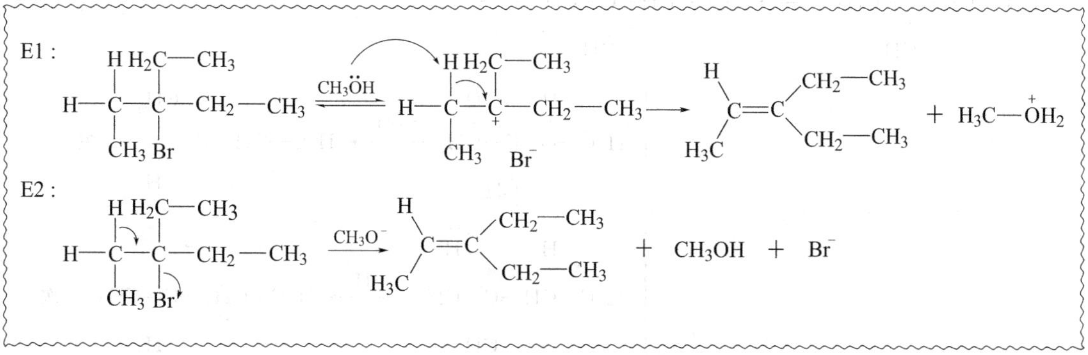

E1:
E2:

一般情况下亲核取代反应和消除反应在同样的条件下进行，所以这两种反应是一对竞争反应。

一、E1 反应

和 S_N1 反应类似，首先卤代烷离解为碳正离子，碳正离子若发生亲核取代反应则生成 S_N1 产物，若发生消除反应，则生成 E1 产物。例如：

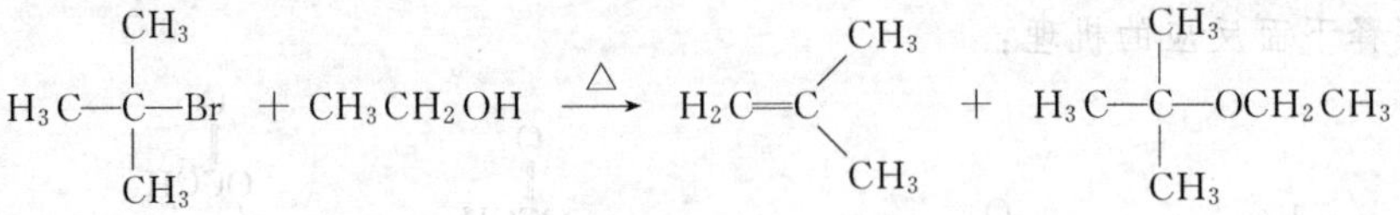

在该反应中，叔丁基溴先离解为叔丁基碳正离子，叔丁基碳正离子在乙醇作用下失去 β 碳上的质子生成烯烃。

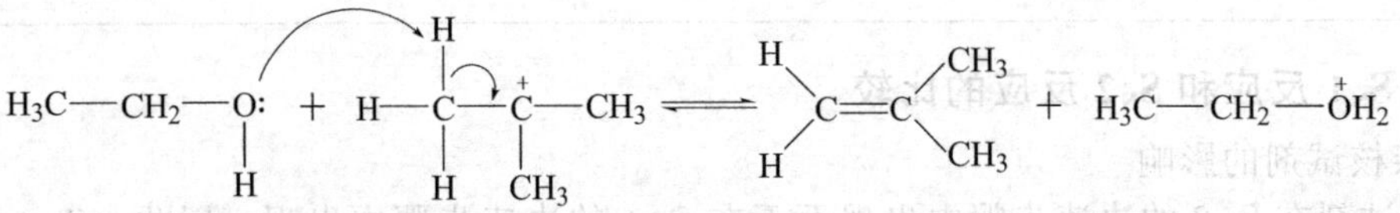

1. E1 反应中的能量问题

在 E1 反应的第二步，碱进攻碳正离子的 β 位氢时，该碳的杂化方式由 sp^3 杂化转化为 sp^2 杂化，形成新的 π 键。在整个 E1 反应过程中的能量变化如下图所示：

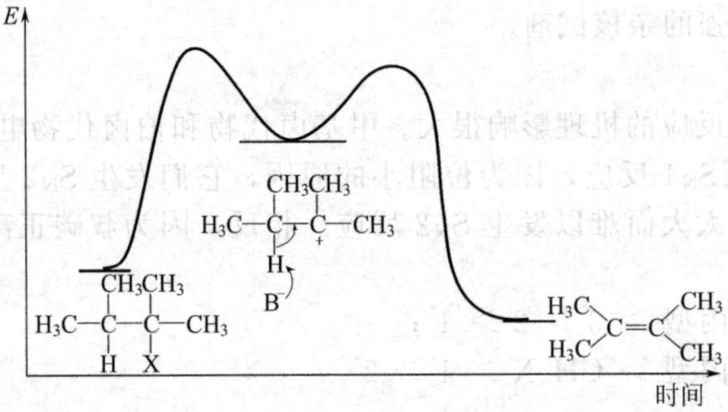

E
时间

2. E1 反应中的重排现象

E1 反应同样先生成了碳正离子，故也存在重排反应，具体参考 S_N1 的重排。

3. E1 消除反应的选择性

在 E1 反应中，第一步的 C—X 键断裂，生成碳正离子，产物的取向与这一步无关，决定产物取向的是第二步，即碳正离子脱掉哪个 β-H？在第二步的过渡态中也已形成了部分双键。当生成双键有较多烷基的烯烃时，相应过渡态比较稳定，活化能较低，能够优先进行反应，因此一般生成取代基较多的烯烃，如：

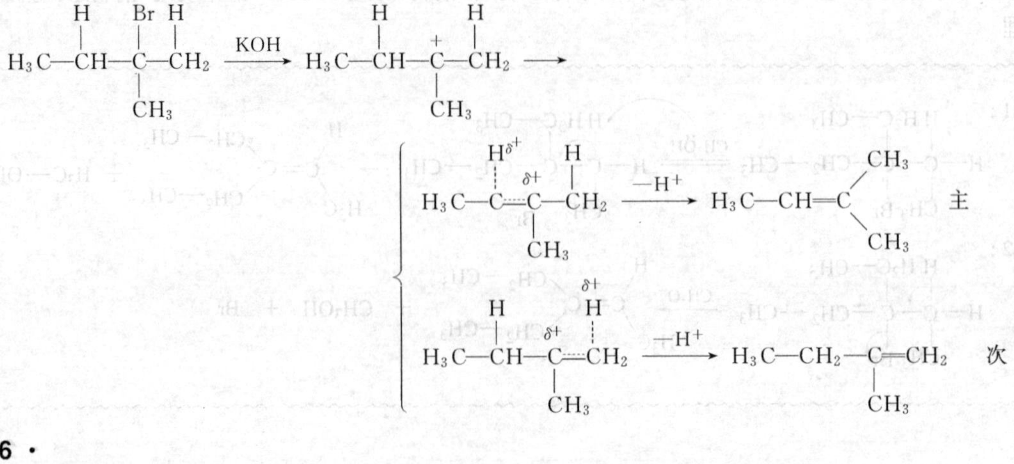

主
次

习题 8-7 解释下面反应中各个产物的产生机理：

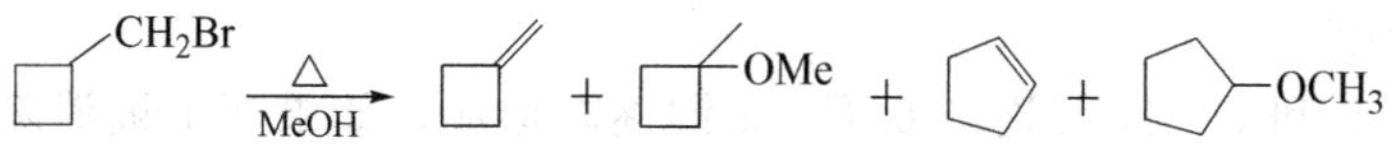

二、E2 反应

在浓碱作用下，卤代物也可以发生双分子消除反应——E2 反应。

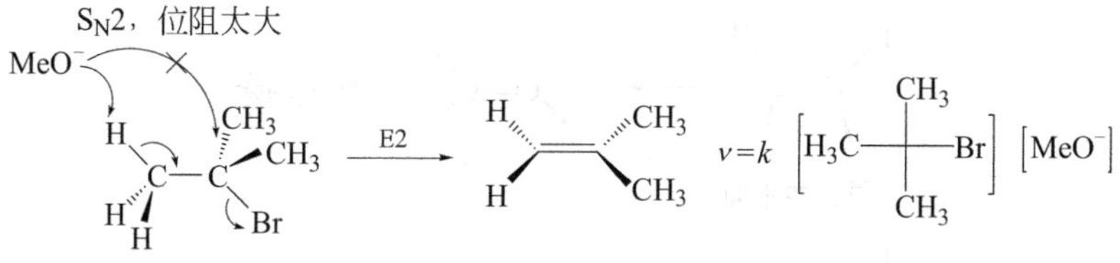

S_N2，位阻太大
E2

在该反应中，MeO^- 既可以作为亲核试剂发生亲核取代反应，也可以作为碱进攻卤素的 β 位碳上的氢，使其脱除成烯，因为卤素所连的碳位阻较大，一定程度上限制了 S_N2 反应的发生，故按照 E2 机理生成了烯烃。

1. 消除反应的方向——Saytzeff 规律

在 E2 反应中，碱试剂进攻 β-H，卤素离开中心原子，经由过渡态生成烯烃。当有两种不同的 β-H 时，碱优先进攻哪个 β-H，主要取决于相应过渡态的稳定性，由于在过渡态已有部分双键形成，所以能够稳定烯烃产物的因素，也能够稳定相应的过渡态。我们知道，双键上含有较多烷基的烯烃比较稳定，因此部分双键上连有较多烷基的过渡态比较稳定。而这种过渡态正是由碱试剂进攻含氢较少的那个 β-碳上的氢而形成的。通过该过渡态所需活化能较低，容易发生消除反应，因此所得到的主要产物是双键上连有较多烷基的烯烃。

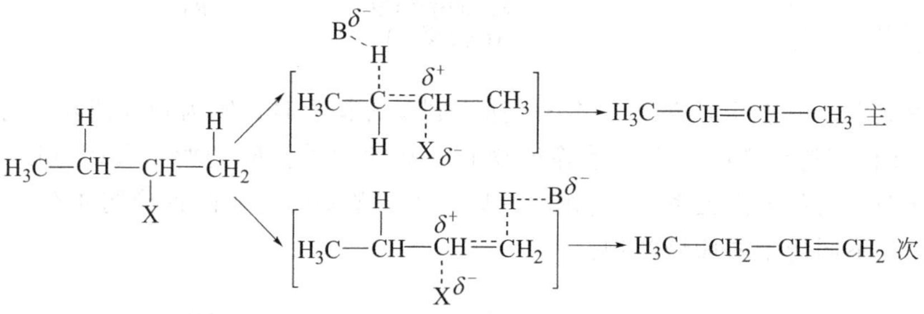

主
次

总之，无论是 E2 还是 E1，消除的取向都是由产物烯烃的稳定性决定的。总是优先消除含 H 较少的 β-C 上的 H，生成双键上烷基较多的烯烃。这就是 Saytzeff 规律。

卤代烃的消除一般都遵循这个规律，但也有例外的情况。

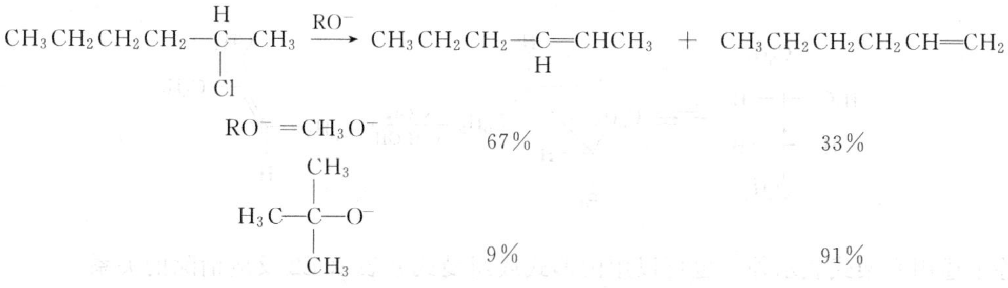

$RO^- = CH_3O^-$
67%
33%
9%
91%

该例说明了碱试剂体积大小对消除取向有影响。$(CH_3)_3C—O^-$ 体积大，它与仲氢接近比较困难，而夺取末端伯氢相对容易一些。所以主要得到双键上连取代基较少的烯烃。

2. E2 消除的立体化学

在 E2 反应中，C—L 和 C—H 键逐渐断裂，π 键逐渐形成，如果两个被消除的基团（L，H）和与它们相连的二个碳原子处于共平面状态（即 L—C—C—H 在同一平面上），在形成过渡态时，二个变形的 sp^3 杂化轨道可以尽可能多地交盖（形成部分 π 键）而降低能量，有利于消除反应的进行。能满足这种共平面的几何要求的有顺叠和反叠两种构象：

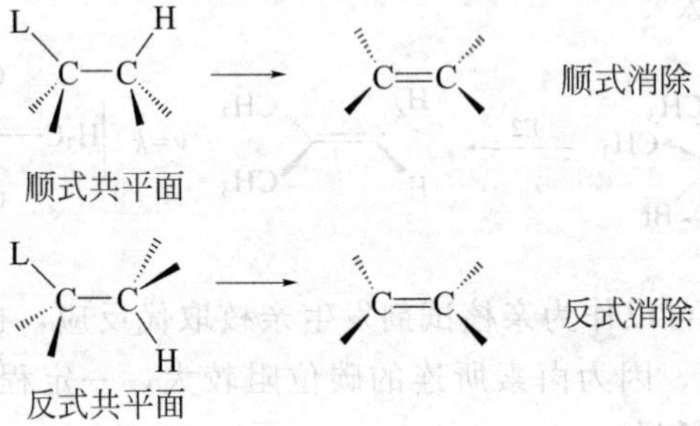
顺式共平面
顺式消除
反式共平面
反式消除

由于反叠是能量较低的优势构象，而且当 H、L 处于反平行关系时，对碱进攻 β-H 和 L 的离开都是有利的，所以大多数 E2 反应为反式消除。E2 反式消除示意图如下：

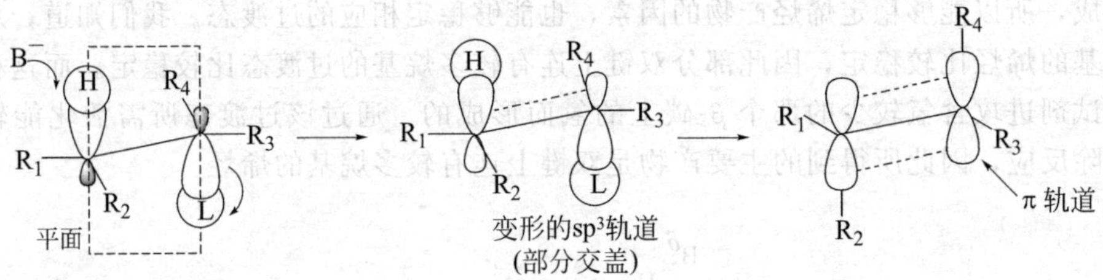
平面
变形的sp³轨道
(部分交盖)
π 轨道

在少数情况下，由于几何原因，当分子达不到反叠构象时，则为顺式消除。对一定构型的反应物，按 E2 机理进行消除，在写消除产物时，必须把被消除的两个基团（L，H）放在反平行的位置（即反式共平面关系）。例如，1-溴-1,2-二苯基丙烷的两种异构体在 NaOH 醇溶液中消除分别得到不同构型的烯烃产物：

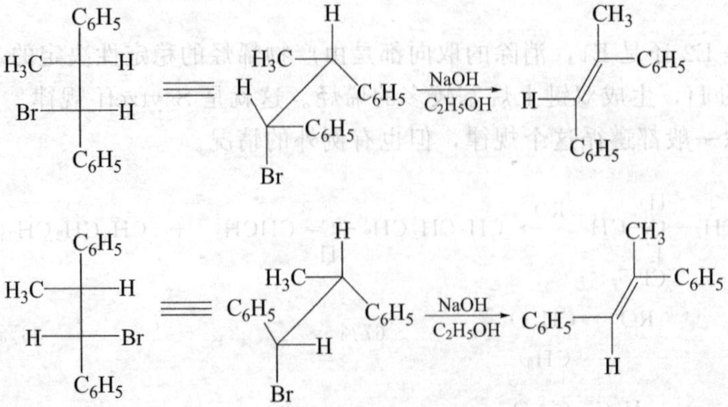

除上述用锯架式表示外，也可以用楔形式或纽曼式来表示 E2 反应消除的关系：

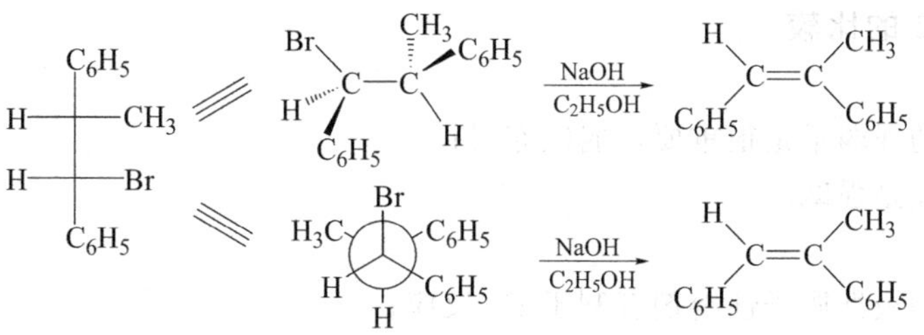

用环己烷的卤代物来研究 E2 反应的立体化学，反应消除的特征表现得更加明显。

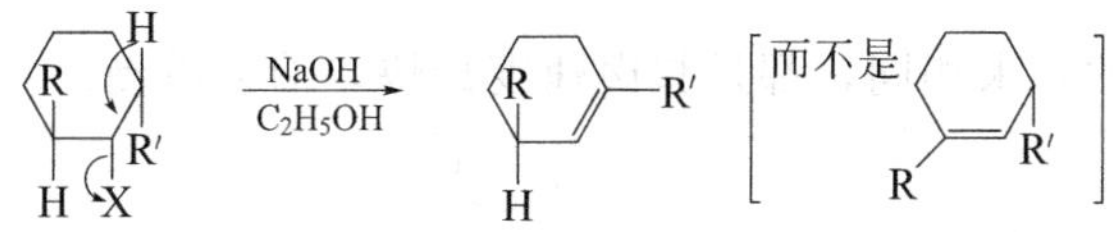

NaOH
C_2H_5OH
而不是

卤代环己烷进行 E2 消除，卤原子总是优先与反式 β-H 消除。在有两种 β-H 的情况下，优势产物再由查伊采夫规律决定。在这里还有一点要特别指出的是，为了满足反式共平面的关系，消除基团必须在 a 键上，如果它们处在 e 键上，则不能共平面。在下列两个反应中，化合物 1 反应速率比 5 慢的事实正说明了这一点。

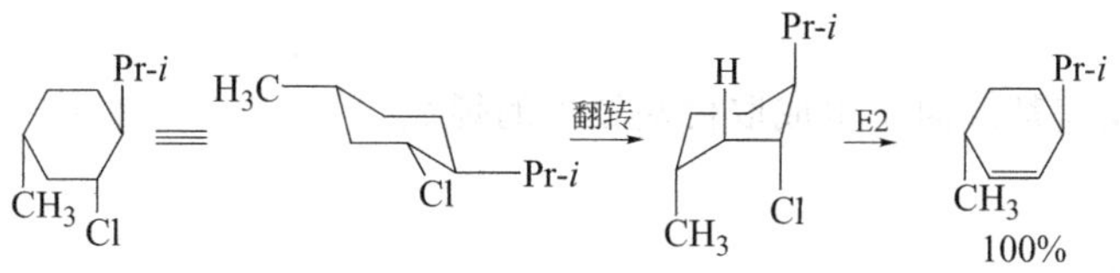

翻转
E2
100%

1 **2** **3** **4**

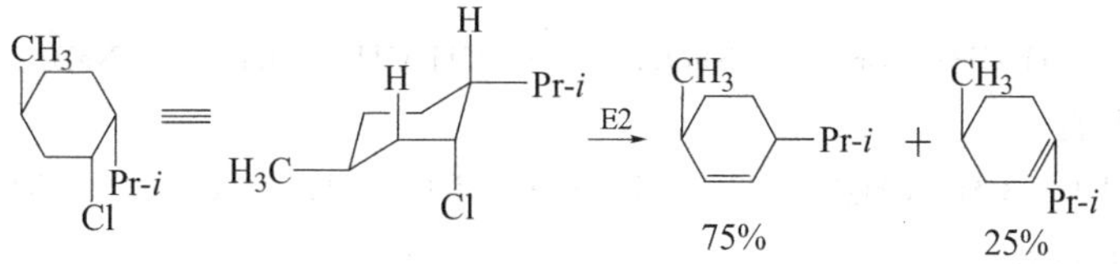

E2
75%
25%

5 **6** **7** **8**

由上式可见，在化合物 **1** 的优势构象中，Cl 处于 e 键，必须经翻转使 Cl 处在 a 键时，再与 a 键 H 进行消除反应。而在 **5** 的优势构象中，Cl 已经处于 a 键，无需翻转，可直接进行消除。因为 **5** 有两种 β-H，所以得到两种消除产物 **7**（75%）和 **8**（25%）。**7** 比 **8** 多是由于查伊采夫规律的支配。由于 **1** 进行消除之前要从优势构象翻转成不稳定的构象，需要吸收一定的能量。所以 **1** 的消除反应速率比 5 慢。

在某些环状化合物中，由于环的刚性，不能使两个消除基团达到反式共平面关系，因此消除反应速率较慢。在这种情况下，顺式消除反而更有利。化合物 **9** 在 $C_5H_{11}ONa$-$C_5H_{11}OH$ 中消除就是此类情况。

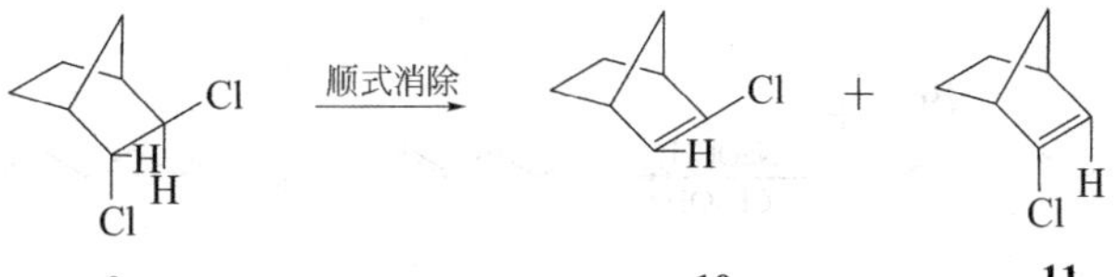

顺式消除

9 **10** **11**

在这里可以看到，化合物 **9** 分子中的 Cl 和 H 处于顺位，基本上能满足 H—C—C—Cl 的共平面关系，可较顺利地消除。

与 E2 不同，E1 消除在立体化学上没有空间定向性，反式消除和顺式消除产物都有，二者的比例随反应物而有所不同，没有明显的规律。

三、E1 和 E2 的比较

1. 碱的影响

E1 反应：碱的强弱不是很重要，弱碱亦可；

E2 反应：必须是强碱。

2. 溶剂的影响

E1 反应：好的极性质子性溶剂有利于 E1 反应；

E2 反应：溶剂极性不是很重要。

3. 底物的影响

E1 反应和 E2 反应的要求相同，都是叔卤速度最快，伯卤最慢。

$$3^{\circ} > 2^{\circ} > 1^{\circ}$$

4. 重排反应

E1 反应有重排产物出现，E2 没有。

5. 立体化学

E1 反应：没有明显的立体化学；

E2 反应：必须要求卤素和被消除的氢原子处于反式共平面，得到反式烯烃。

6. 消除位置

E1 反应和 E2 反应都倾向于生成取代基较多的烯烃。

本章反应小结

1. 亲核取代反应

(1) 水解

$$CH_3CH_2-Br + NaOH \longrightarrow CH_3CH_2-OH + NaBr$$

(2) 卤素交换反应

$$H_2C=CH-CH_2Cl + NaI \longrightarrow H_2C=CH-CH_2I + NaCl$$

(3) Williamson 合成

$$CH_3-I + CH_3CH_2-O^- Na^+ \longrightarrow CH_3-O-CH_2CH_3 + Na^+ I^-$$

(4) 胺解

$$CH_3CH_2CH_2-Br + :NH_3 \longrightarrow CH_3CH_2CH_2-NH_2 + NH_4^+ Br^-$$

(5) 氰解

$$(CH_3)_2CHCH_2CH_2-Cl + NaCN \longrightarrow (CH_3)_2CHCH_2CH_2-CN + NaCl$$

(6) 与炔钠反应

$$CH_3-C\equiv C-H + NaNH_2 \longrightarrow CH_3-C\equiv C^- Na^+ + NH_3$$

$$CH_3-C\equiv C^- Na^+ + CH_3CH_2-I \longrightarrow CH_3-C\equiv C-CH_2CH_3 + NaI$$

2. 消除反应

(1) 脱卤化氢

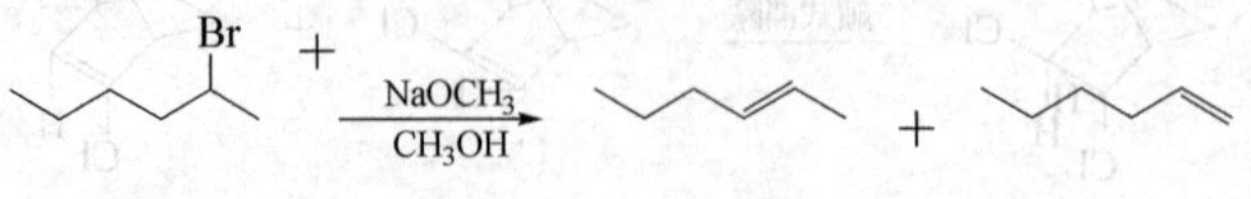
Br
NaOCH3
CH3OH

(2) 脱卤素

H
Br
H
Br
KI
H
H

3. 有机金属试剂的制备

(1) 格氏试剂

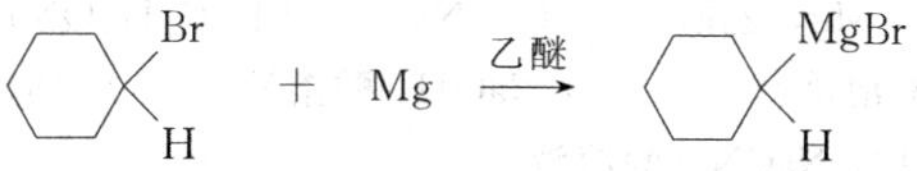

(2) 金属锂试剂

$$CH_3CH_2CH_2CH_2Br + 2Li \xrightarrow{\text{己烷}} CH_3CH_2CH_2CH_2Li + LiBr$$

4. 二烷基铜锂试剂

$$2CH_3I \xrightarrow{4Li} 2CH_3Li + 2LiI \xrightarrow{CuI} (CH_3)_2CuLi$$

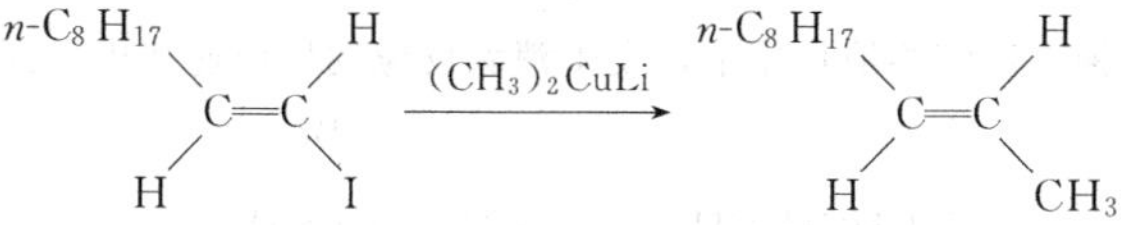

5. 还原反应

$$C_9H_{19}—CH_2—Br \xrightarrow[(2)\ H_2O]{(1)\ Mg,\ ether} C_9H_{19}—CH_3$$

习　题

1. 写出正丙苯各种一氯代物的结构式，用系统命名法命名，并说明它们在化学活性上相应于哪一类卤代烃。

2. 用系统命名法命名下列各化合物。

(1) $(CH_3)_2CHCH_2CHClCH_3$　(2) 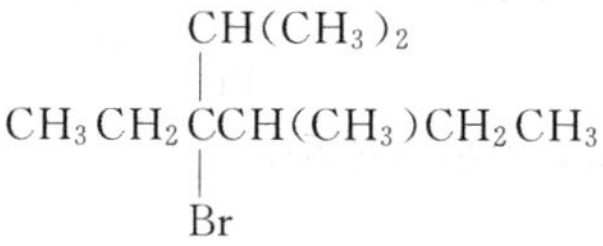　(3) 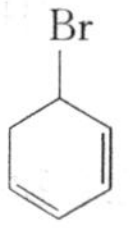

(4) 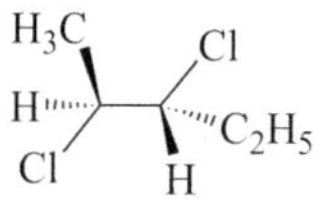　(5) 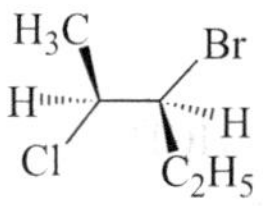　(6) 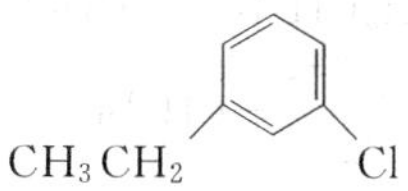

(7) 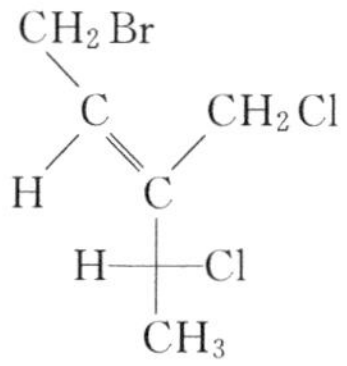　(8) $CHCl_2CH═CBrCH═CHCH_2CH(C_2H_5)CH_2CH_3$

(9) 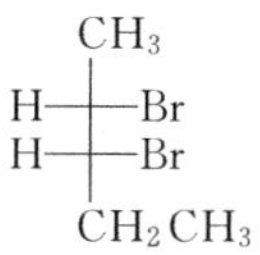　(10) 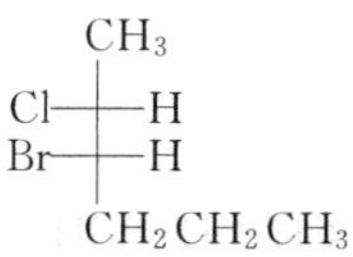　(11) 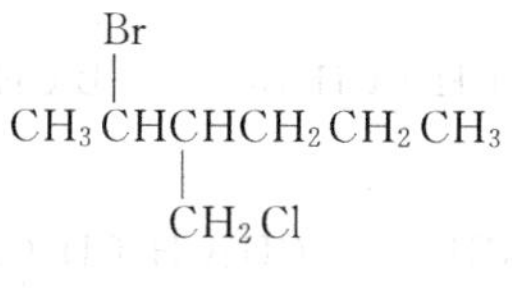

(12) 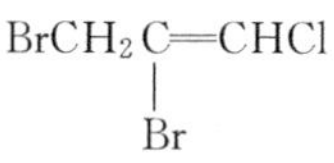　(13) 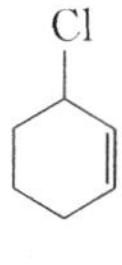　(14) 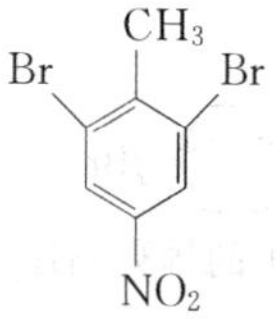

3. 写出下列化合物的结构式。

(1) 内消旋-1，3-二溴环己烷　(2) 反-1-甲基-1,2-二氯环丁烷　(3) 对氯乙苯

(4) 烯丙基氯　(5) 异丙基氯　(6) 溴代环戊烷　(7) 4-甲基-5-氯-2-戊炔

(8) (2*S*,3*R*)-2,3-二溴己烷　(9) 5-溴-2-萘磺酸　(10) (2*R*,3*R*)-3-氯-2-溴戊烷

(11) (2*R*,3*S*)-2,3-二溴戊烷（伞架式）　(12) (*R*) -1-苯基-1-溴-丙烷

（13）(4*S*)-2-氯-4-溴-(*E*)-2-戊烯（Fischer 式）　　（14）(4*R*,2*E*)-3-氯-4-溴-2-己烯

4. 写出 1-溴丁烷与下列试剂反应的反应式。

（1）NaOH（水溶液）　（2）Mg，乙醚　（3）Na　（4）C_2H_5ONa（醇溶液）

（5）丙炔钠　（6）NaI（丙酮溶液）　（7）NaOH（醇溶液）　（8）NH_3

（9）$AgNO_3$（醇溶液）　（10）NaCN（醇溶液）

5. 按指定要求排序。

（1）下列化合物与 CH_3ONa/CH_3OH 发生取代反应的速率由大到小的排列顺序

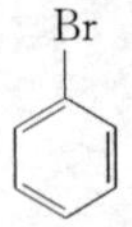 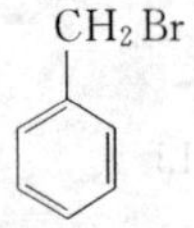 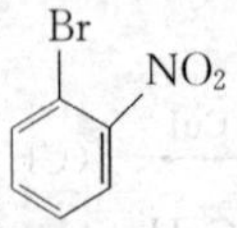 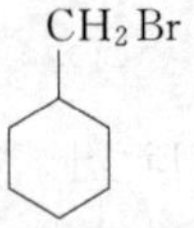 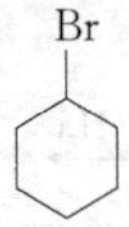

（2）下列化合物在氢氧化钾、乙醇溶液作用下，发生消除反应的反应速率由大到小的排列顺序。

$CH_3CH_2CH_2CH_2Br$　　$CH_3CH(Br)CH_2CH_3$　　$CH_3CH_2CBr(CH_3)CH_3$

（3）下列各组化合物按照指定试剂的反应活性由大到小的排列顺序。

（A）在 $AgNO_3$ 的乙醇溶液中反应。

$CH_3CH_2CH_2Cl$　　$(CH_3)_3CCl$　　$CH_3CH(Cl)CH_3$

（B）在碘化钠的丙酮溶液中反应。

$BrCH_2CH{=}CH_2$　　$CH_2{=}CHBr$　　$CH_3CH(Br)CH_2CH_3$

（4）下列各组化合物按反应速率由大到小排列顺序。

（A）按 S_N1。

（a）$CH_3CH_2CH_2Cl$　　$CH_3CH_2CH_2Br$　　$CH_3CH_2CH_2I$

（b） 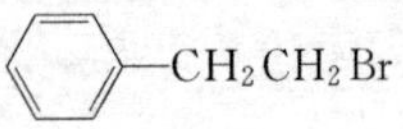 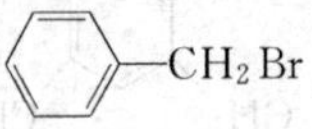 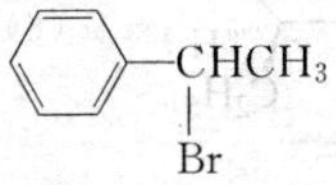

（c） 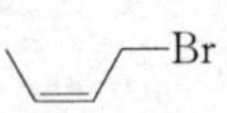 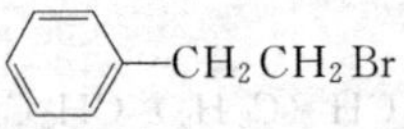 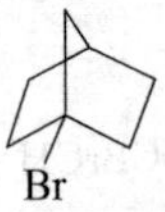 $(CH_3)_3CBr$

（B）按 S_N2。

（a）CH_3CH_2Br　　$CH_3C(CH_3)_2CH_2Br$　　$BrCH_2CH(CH_3)CH_3$

（b）$(CH_3)_2CHC(Br){=}CH_2$　　$CH_3CH_2CH_2CH_2Br$　　$BrCH_2CH{=}CH_2$

（c） 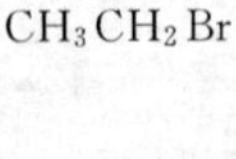 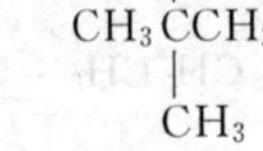 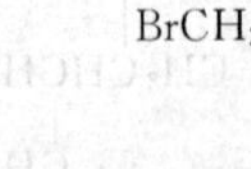

（5）下列碳正离子的稳定性由大到小的排列顺序。

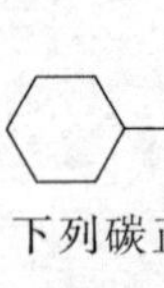 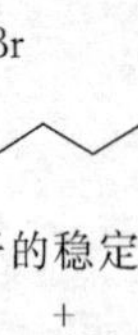 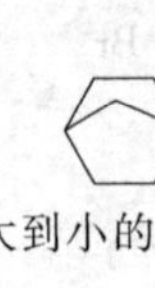 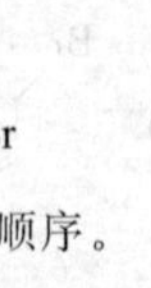

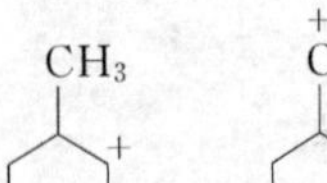　（G=H，CH_3O，CH_3，Cl，NO_2）

6. 卤代烷与 NaOH 在水与乙醇混合物中进行反应，指出下列情况哪些属于 S_N2 历程，哪些属于 S_N1 历程？

（1）产物的构型完全转化　　（2）有重排产物

（3）碱的浓度增加反应速率加快　　（4）叔卤代烷反应速率大于仲卤代烷

（5）增加溶剂的含水量反应速率明显加快　　（6）试剂亲核性越强反应速率越快

（7）产物不分阶段，连续进行

7. 用简便的化学方法区别下列各组化合物。

（1）氯苯、苄氯、苯乙基氯　　（2）苯乙烯、乙基苯、乙基环丙烷

（3）1-氯丁烷、1-溴丁烷、1-碘丁烷　　（4）烯丙基氯、2-氯丙烯、1-氯丙烷

8. 试用化学方法除去 1-溴丁烷中少量的 1-丁烯、2-丁烯和 1-丁醇。

9. 完成下列反应。

（1）$(CH_3)_3CONa + CH_3CH_2CH_2Br \longrightarrow$

（2）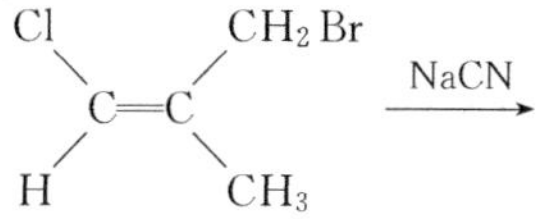

（3）$(CH_3)_3CBr \xrightarrow[CH_3COCH_3]{H_2O}$

（4）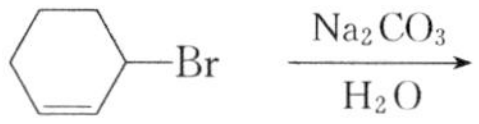

（5）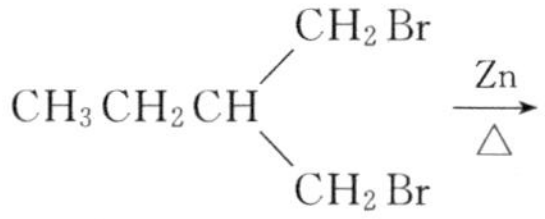

（6）$CH_3(CH_2)_4CH_2Br \xrightarrow[(C_2H_5)_2O]{Mg} \xrightarrow{D_2O}$

（7）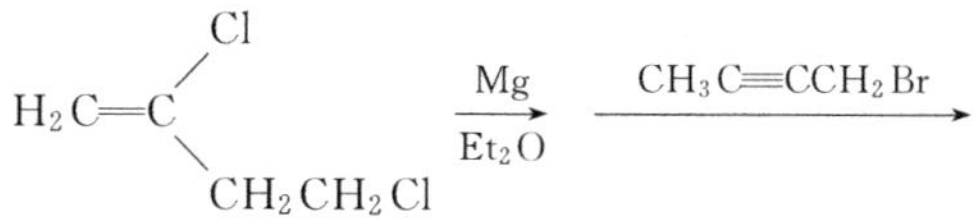

（8）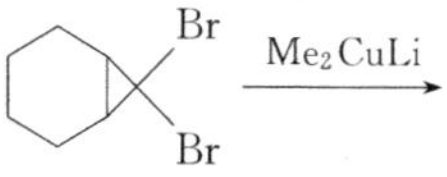

（9）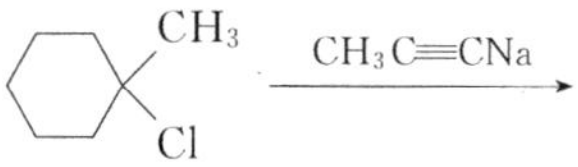

（10）$CH_3C\equiv CMgBr + CH_3COCH_3 \xrightarrow{Et_2O} \xrightarrow{NH_4Cl/H_2O}$

（11）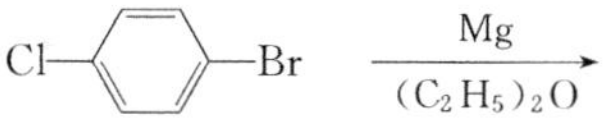

（12）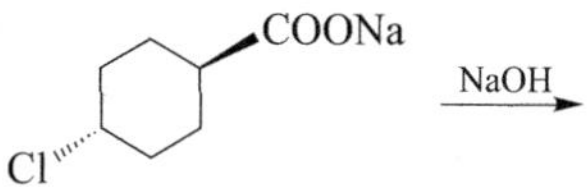

（13）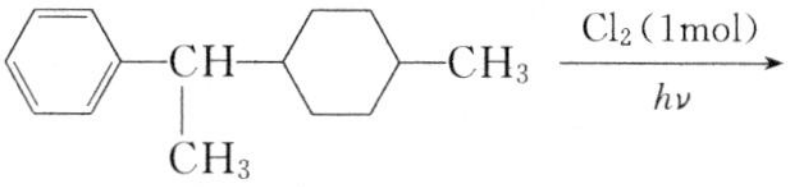

（14）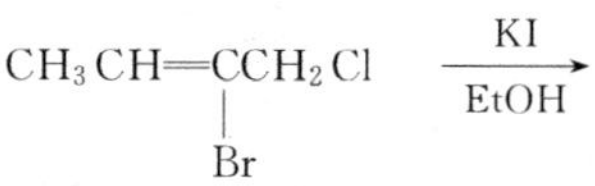

（15）$CH_3CH_2CH_2Br \xrightarrow[(C_2H_5)_2O]{Mg} \xrightarrow{HC\equiv CCH_3}$

(16) 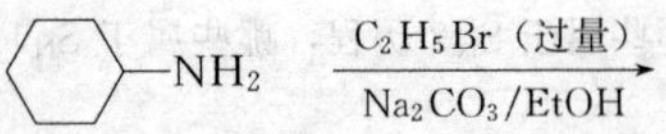

(17) 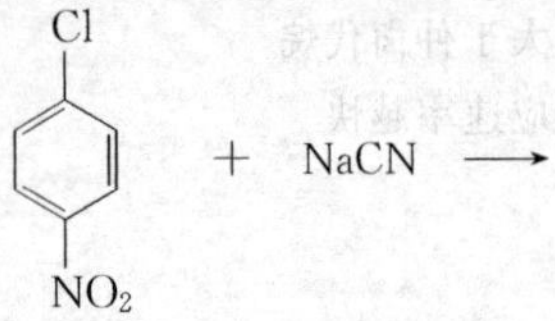

(18) 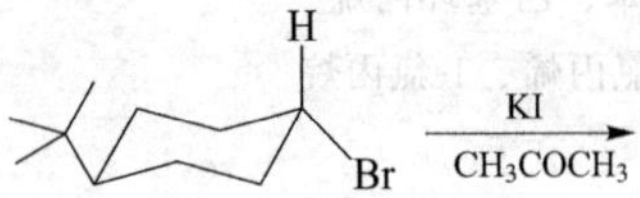

(19) 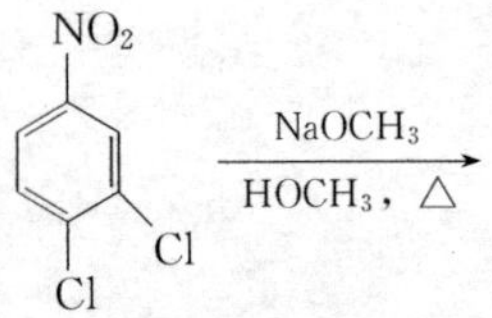

(20) $ClCH_2CH_2CH(Cl)CH_2CH_3 + NaI\ (1mol) \xrightarrow{CH_3COCH_3}$

(21) $(CH_3)_2NCH_2CH_2CH_2CH_2I \xrightarrow{DMF}$

(22) 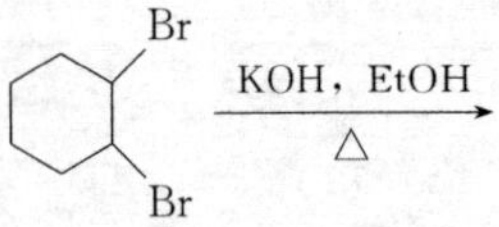

(23) 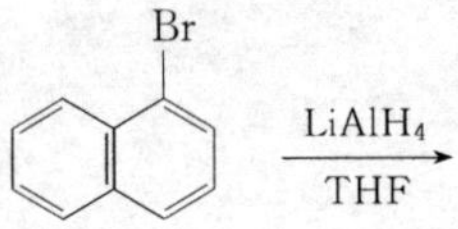

(24) 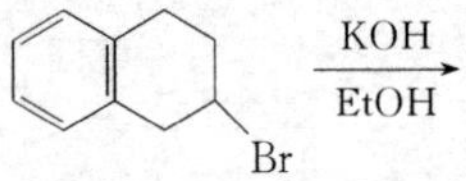

(25) 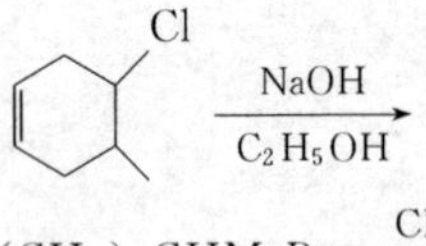

(26) $(CH_3)_2CHMgBr \xrightarrow{CH_3CHO} \xrightarrow{H_2O}$

(27) 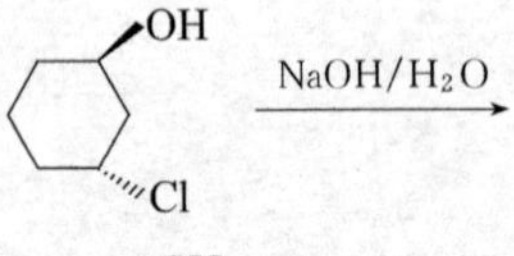

(28) 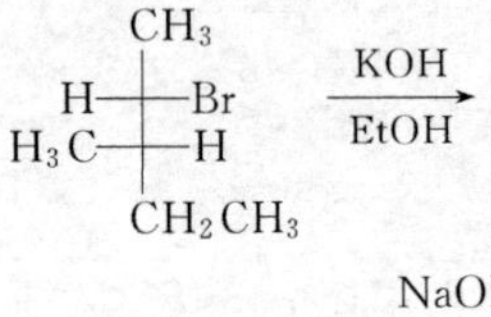

(29) $CH_3CH(Br)CH(CH_3)CH_3 \begin{cases} \xrightarrow{NaOH, H_2O} \\ \xrightarrow[\triangle]{KOH, EtOH} \end{cases}$

10. 写出下列反应的反应机理。

(1) 下列两个反应可能产生两种取代产物，但两个反应中产物 A 均为主要产物，试写出这两个反应的反应机制，并解释为什么产物 A 为主要产物。

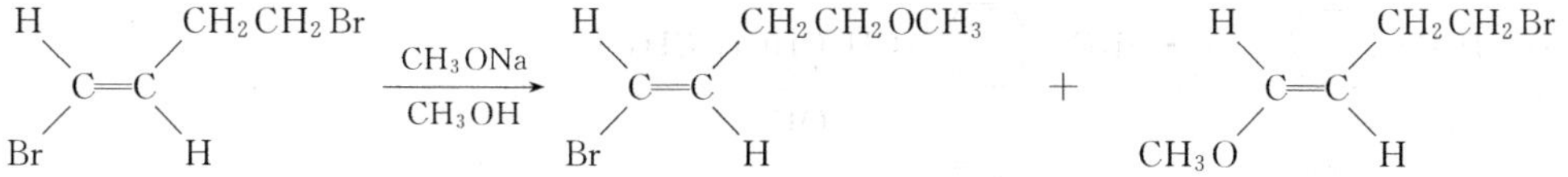

A　　　　　　　　　B

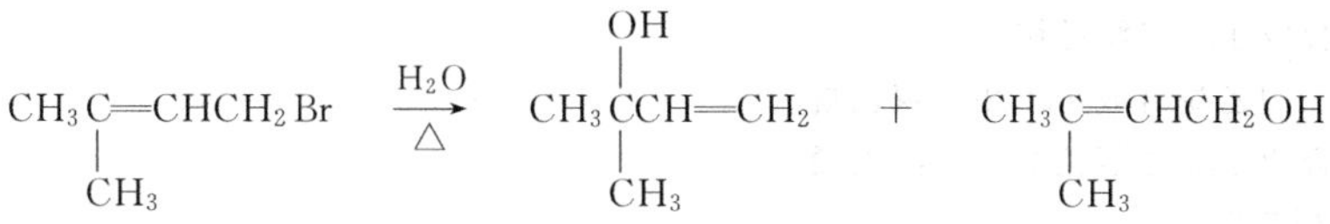

A　　　　　　　　　B

(2) 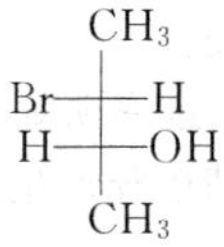 $\longrightarrow$ (*d*, *l*)-2,3-二溴丁烷

11. 推测下列化合物的结构。

(1) 某烃 A，分子式 C_5H_{10}，它与溴水不发生反应，在紫外光照射下与溴作用只得到一种产物 B，分子式为 C_5H_9Br。将化合物 B 与 KOH 的醇溶液作用得到 C，分子式为 C_5H_8。化合物 C 经臭氧化并在锌粉存在下水解得到戊二醛。试推测化合物 A～C 的结构并写出各步反应方程式。

(2) A ($C_7H_{13}Br$) 是一个具有旋光性的脂肪族化合物，A 水解后得到旋光性化合物 B($C_7H_{13}OH$)，B 和 A 构型相同，将 B 用铂进行催化加氢生成 C($C_7H_{15}OH$)，C 不具有旋光性，将 A 和溴化氢在过氧化物存在下加成得到 D($C_7H_{14}Br_2$)，D 也不具有旋光性，但如将 A 和氯化氢反应，生成化合物 E、F，E 和 F 均具有旋光性，试推测 A～F 的结构。

(3) 具有旋光性的化合物 A，能与 Br_2/CCl_4 溶液反应，生成一种具有旋光性的三溴代产物 B；A 在热碱溶液中生成一种化合物 C，C 能使 Br_2/CCl_4 溶液褪色，经测定无旋光性；C 与 $CH_2{=}CHCN$ 反应可以生成 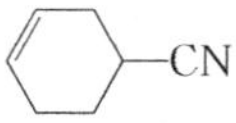，试推测 A～C 的结构。

(4) 有一化合物分子式为 C_8H_{10}，在铁的存在下与溴作用，只生成一种化合物 A，A 在光照下与 1mol 的氯作用，生成两种产物 B 和 C。试推断 A、B、C 的结构，并写出各步反应式。

12. 用 1-溴丙烷及必要的无机试剂合成下列各化合物。

(1) 异丙醇　(2) 2-己炔　(3) 2-溴丙烯　(4) 1,1,2,2-四溴丙烷　(5) 烯丙基溴

13. 由指定原料和不超过 3 个碳原子的有机试剂合成下列各化合物。

(1) 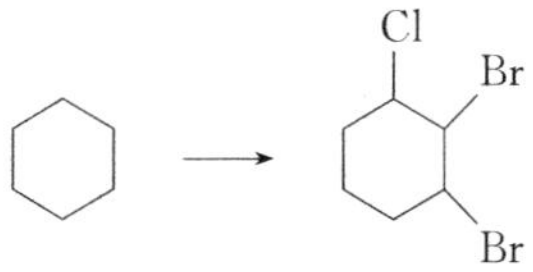

(2) 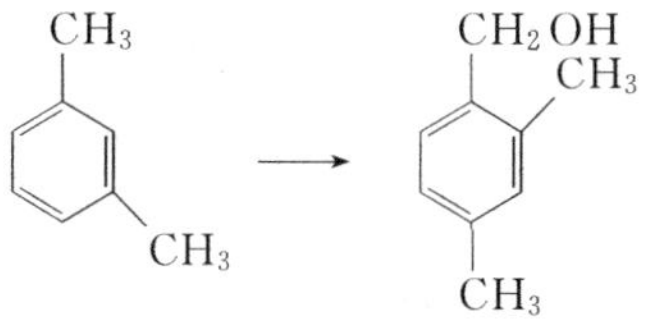

(3) 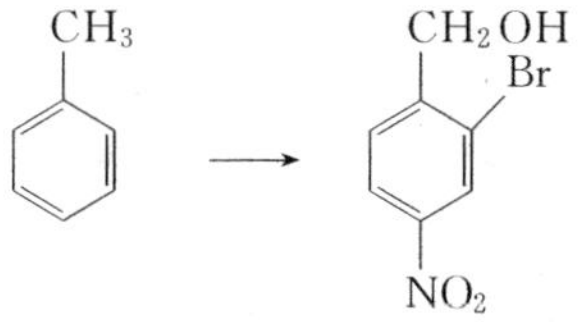

(4) 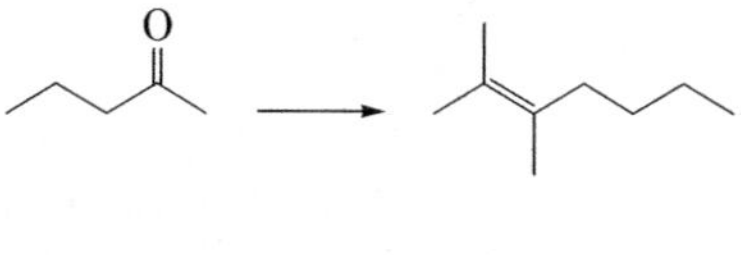

(5) 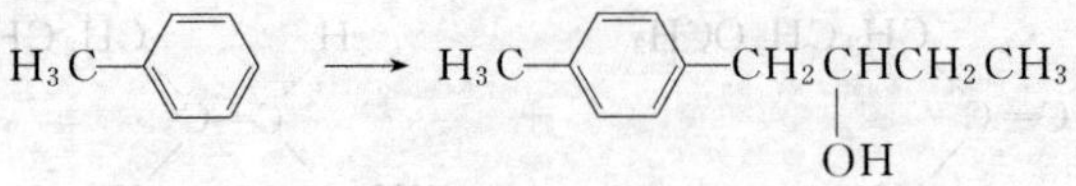

(6) 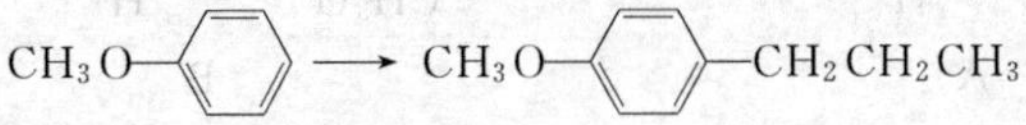

(7) 由丙烷合成 1,6-二溴己烷。

(8) 由 1,2-二溴乙烷合成 1,1,2-三溴乙烷。

(9) 由乙炔合成 1,2-二氯乙烯、三氯乙烯。

14. 简要回答下列问题。

(1) 仲卤代烷水解时，一般可按 S_N1 及 S_N2 两种机理进行，若使反应按 S_N1 机理进行，可采取什么措施？

(2) 无论什么实验条件，为什么新戊基卤［$(CH_3)_3CCH_2X$］的亲核取代反应速率都慢？

(3) CH_3Br 和 C_2H_5Br 在含水乙醇溶液中进行碱性水解时，若增加水的含量则反应速率明显下降，而 $(CH_3)_3CCl$ 在乙醇溶液中进行水解时，如含水量增加，则反应速率明显上升。请解释产生这两种现象的原因。

(4) 异丙基溴脱溴化氢需要在 KOH 醇溶液中回流几个小时，如用二甲亚砜做溶剂、叔丁醇钾做碱，室温不到一分钟就完成了，为什么？

(5) 具有旋光性的 2-碘丁烷无论是在碘化钠的丙酮溶液中还是在硝酸银的乙醇溶液中都逐渐失去旋光性。请解释这个现象，并写出这两个反应的反应机理。

（扬州大学，景崎壁）

第九章　核磁共振和质谱

核磁共振和质谱都是近年来普遍使用的仪器分析技术，对有机化学工作者是很好的结构测定工具。特别是核磁共振，它具有操作方便、分析快速、能准确测定有机分子的骨架结构等优点。近年来傅里叶变换（Fourier Transform）的应用提高了核磁共振仪的灵敏度，使它在微量分析、^{13}C 核磁共振等方面更有效地发挥作用。所以，目前核磁共振是有机化学中应用最普遍而且最好的结构分析技术。质谱只需要微量样品就能提供分子量和分子结构信息，配合其他方法如 NMR、IR、UV 等准确推测结构。质谱和色谱联用、质谱和电子计算机联用更增加了质谱的测试能力，使它成为分析领域不可缺少的工具之一。

第一节　核磁共振基本原理

带电荷的质点会产生磁场，磁场具有方向性，可用磁矩表示。原子核作为带电荷的质点，它的自旋可产生磁矩。但并非所有原子核自旋都具有磁矩，实验证明，只有那些原子序数或质量数为奇数的原子核自旋才具有磁矩，如 ^{1}H、^{13}C、^{15}N、^{17}O、^{19}F、^{29}Si、^{31}P 等。组成有机化合物的主要元素是碳和氢，现以氢核为例说明核磁共振的基本原理。

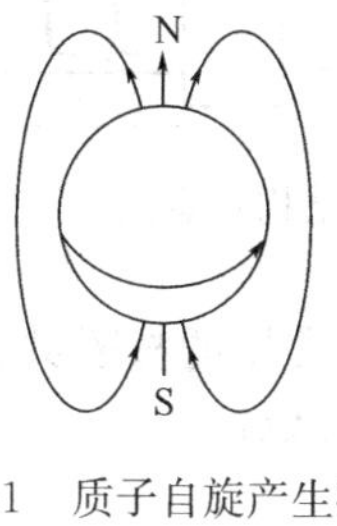
N
S
图 9-1　质子自旋产生磁矩

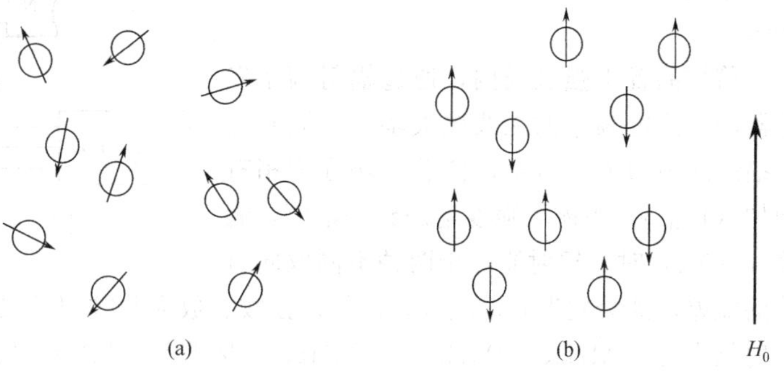
(a)
(b)
H_0
图 9-2　在外磁场不存在（a）与存在（b）时自旋磁矩的取向

氢核（质子）带有正电荷，其自旋会产生磁矩（见图 9-1）。在没有外磁场时，自旋磁矩取向是混乱的［见图 9-2(a)］。但在外磁场 H_0 中，它的取向分为两种，一种与外磁场平行，另一种则与外磁场相反［见图 9-2(b)］。这两种不同取向的自旋具有不同的能量。与外磁场相同取向的自旋能量较低，另一种能量较高，这两种取向的能量差 ΔE 可用式（9-1）表示。

$$\Delta E=\frac{h\nu}{2\pi}H_0 \qquad (9\text{-}1)$$

式中，h 为普朗克（Planck）常数；ν 为磁旋比，对于特定的原子核，ν 为一常数（如质子的 ν 为 2.6750）；H_0 为外加磁场强度。从式（9-1）可知，两种取向的能量差与外加磁场有关，外磁场越强，它们的能量差越大。

图 9-3 清楚地表示出外加磁场强度与两种自旋的能量的关系。当外磁场强度为 H_1 时能量差为 ΔE_1，外加磁场强度为 H_2 时能量差为 ΔE_2，因 $H_2>H_1$，所以 $\Delta E_2>\Delta E_1$。

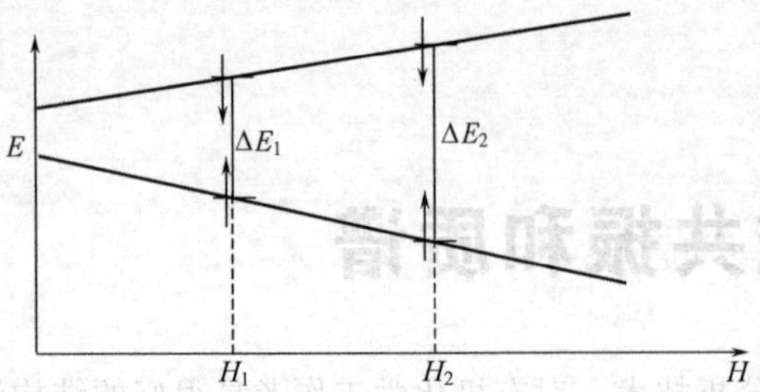

E
ΔE_1
ΔE_2
H_1
H_2
H

图 9-3　不同磁场强度时两种自旋的能量差

与外加磁场方向相同的自旋吸收能量后可以跃迁到较高能级，变为与外磁场方向相反的自旋。电磁辐射可以有效地提供能量，当辐射恰好等于跃迁所需要的能量时，即 $E_{辐} = h\nu = \Delta E$ 时，就会发生这种自旋取向的变化，即核磁共振。

因为两种自旋状态的能量差（ΔE）与外磁场强度有关，所以发生共振的辐射频率也随外加磁场强度的变化而变化，它们之间的关系很容易找到。将式（9-1）代入 $E_{辐} = h\nu = \Delta E$，可得到式（9-2）。

$$h\nu = \frac{h\nu'}{2\pi}H_0$$

$$\nu = \frac{\nu'}{2\pi}H_0 \tag{9-2}$$

由式（9-2）可求得不同磁场强度时发生共振所需的辐射频率 ν'。如果固定磁场强度，根据式（9-2）可求出共振所需频率。如外加磁场强度为 1.4092T，辐射频率 ν' 应为 2.6750/(2π×1.4092)＝60MHz。同样，若固定辐射频率也可求出外加磁场强度。

目前核磁共振主要有两种操作方式：固定磁场扫描；固定辐射频率扫描。后者操作方便，较为通用。

常用核磁共振仪的结构示意图如图 9-4 所示。

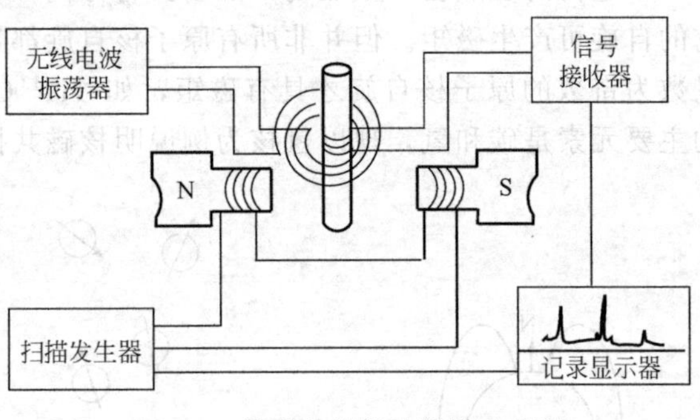

无线电波振荡器
信号接收器
N
S
扫描发生器
记录显示器

图 9-4　核磁共振仪的结构示意图

将样品置于强磁场内，通过辐射频率发生器产生固定频率的无线电波辐射。同时在扫描线圈中通入直流电，使总磁场强度稍有增加（扫描）。当磁场强度增加到一定值，满足式（9-2）时，辐射能等于两种不同取向自旋的能差，则会发生共振吸收。信号被接收、放大并被记录仪记录，目前最常用的核磁共振仪的辐射频率为 60MHz、90MHz、100MHz。一般兆赫（MHz）数越高，分辨率越好。

第二节　屏蔽效应和化学位移

一、屏蔽效应

以上讨论了核磁共振的基本原理。对于一个特定的单独存在的核，共振条件是相同的，这对分析结构并无意义。但在有机分子中，原子以化学键相连，不可能单独存在，在原子的周围总有电子运动。在外磁场作用下，这些电子可产生诱导电子流，从而产生一个诱导磁场，该磁场方向与外加磁场方向恰好相反（见图9-5）。这样使核受到外加磁场的影响（$H_{纯}$）要比实际外加磁场强度（$H_{扫}$）小，这种效应叫做屏蔽效应（shielding effect）。此时，核受到磁场的影响可用式（9-3）表示。式中，$H_{诱}$ 表示与外加磁场方向相反的诱导磁场强度。

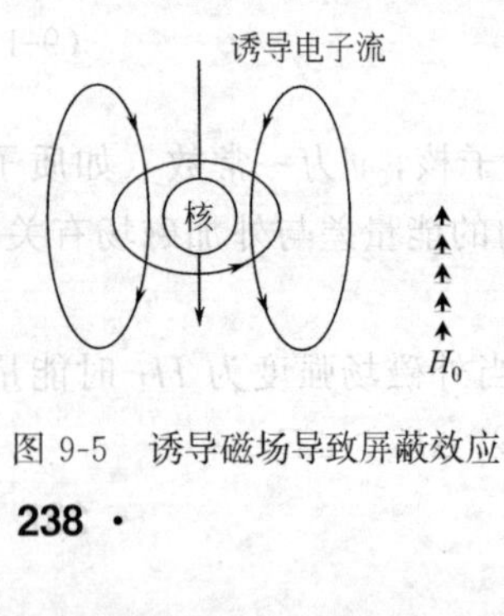

诱导电子流
核
H_0

图 9-5　诱导磁场导致屏蔽效应

$$H_{纯} = H_{扫} - H_{诱} \tag{9-3}$$

在一定辐射频率条件下，假定无屏蔽时氢核发生共振的磁场强度为 H_0，那么此时 $H_{扫} = H_{纯} = H_0$。当屏蔽效应存在时，要发生共振必须使外加磁场强度 $H_{扫}$ 大于 H_0，以抵消与外加磁场方向相反的诱导磁场（$H_{诱}$）的影响。此时外加磁场强度应为 $H_{扫} = H_0 + H_{诱}$（见图 9-6）。

由于氢核在分子中所处的环境不同，产生的抗磁的诱导磁场强度也不同，从而使不同氢核共振所需的外加磁场强度 $H_{扫}$ 不同，在核磁共振谱图上就出现了不同位置的共振吸收峰。如 3-溴丙炔有两种不同环境下的氢，在核磁共振谱图上出现了两个不同位置的共振吸收峰，见图 9-7。

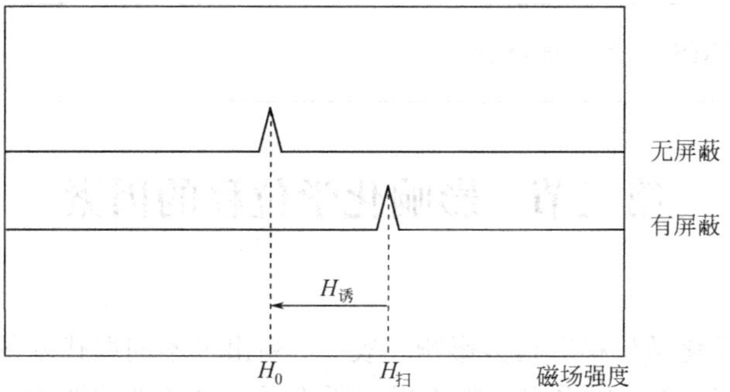

无屏蔽
有屏蔽
$H_{诱}$
H_0
$H_{扫}$
磁场强度

图 9-6　有、无屏蔽效应存在下的核磁共振

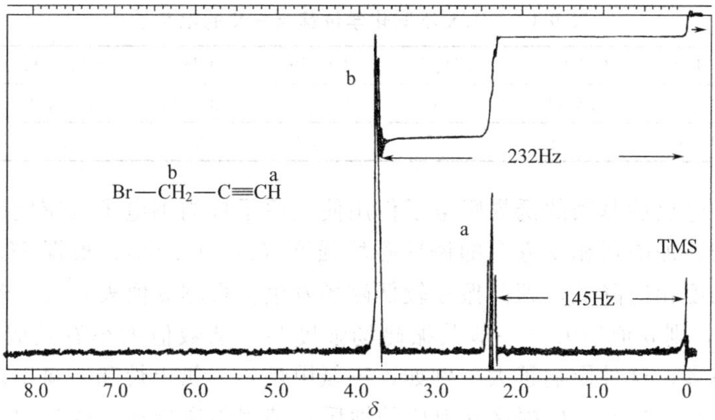

b
232Hz
b　a
Br—CH₂—C≡CH
a
TMS
145Hz
8.0
7.0
6.0
5.0
4.0
3.0
2.0
1.0
0
δ

图 9-7　3-溴丙炔的[1]H NMR 谱图

二、化学位移

由于核在分子中所处环境不同，受到不同的屏蔽效应，它们的共振吸收位置出现在不同磁场强度，用来表示这种不同位置的量叫做化学位移（chemical shift）。一般是以一种参考化合物为标准求出其他核相对于它的位置，用 $\Delta H = \Delta\nu$ 表示，这叫做相对化学位移。在氢核的核磁共振中，最常用的标准物为四甲基硅烷［$(CH_3)_4Si$］，简称 TMS。它作为标准物是因为：①只有一种质子（12 个质子都相同），②硅的电负性比碳小，它的质子受到较大的屏蔽，抗磁的诱导磁场（$H_{诱}$）比一般有机化合物的要大，所以它的共振吸收峰一般出现在高场。把 TMS 的化学位移定为 0Hz，其他化合物质子的相对化学位移，即为各质子的共振吸收相对于 TMS 的位置。如图 9-7 中最右边的峰为 TMS 的共振吸收峰，a 和 b 峰是 3-溴丙炔中≡C—H 和—CH_2—质子的共振吸收。在 60MHz 仪器上，a 峰与 TMS 峰的距离 $\Delta\nu$ 为 145Hz，b 峰的 $\Delta\nu$ 为 232Hz。这两个数值分别表示≡C—H 和—CH_2—质子的相对化学位移。但在不同兆赫仪器上，质子共振所需的外加磁场强度不同，而核外电子的诱导磁场（$H_{诱}$）又与核外磁场强度成正比，所以这种用 ΔH 和 $\Delta\nu$ 表示的化学位移在不同兆赫仪器上测得的数值也不同。如 3-溴丙炔在 100MHz 仪器上，≡C—H 和—CH_2—质子的 $\Delta\nu$ 值分别为 242Hz 和 387Hz。为了使

拥有不同仪器的工作者具有对照谱图的共同标准，通常用δ值表示化学位移。δ值是用样品和标准物 TMS 的共振频率之差除以采用仪器的频率（ν_0）而得到的，由于数值太小，所以乘以10^6。

$$\delta=\frac{\nu_{样}-\nu_{TMS}}{\nu_0}\times 10^6 \qquad (9\text{-}4)$$

$BrCH_2C{\equiv}C{-}H$中两种氢的化学位移，a（$\equiv C{-}H$）的δ值为 2.42，b（$-CH_2-$）的δ值为 3.87。

习题 9-1 试述选择 TMS 作为标准物的原因。

第三节 影响化学位移的因素

一、诱导效应

诱导效应对质子的化学位移有很大影响。表 9-1 列出了不同取代基的甲烷的δ值和甲基相连元素的电负性。从表 9-1 可以看出，随着甲基所连元素电负性的增大，甲基质子的化学位移值δ逐渐增大。

表 9-1 CH_3X不同化学位移与—X 的电负性

化合物 CH_3X	CH_3F	CH_3OH	CH_3Cl	CH_3Br	CH_3I	CH_3-H	$CH_3-Si(CH_3)_3$
电负性(X)	4.0(F)	3.5(O)	3.1(Cl)	2.8(Br)	2.5(I)	2.1(H)	1.8(Si)
δ	4.26	3.40	3.05	2.68	2.16	0.2	0.23

这是由于较强电负性基团的诱导吸电子作用使氢原子核周围电子云密度减小，从而屏蔽效应减小，产生的与外加磁场相反方向的诱导磁场强度（$H_{诱}$）减小。根据$H_{扫}=H_0+H_{诱}$可知共振所需磁场强度相应降低，即共振在较低磁场发生。根据δ值表示式，若共振磁场强度降低也即$\nu_{样}$值变小，则δ值增大（一般共振磁场强度与δ从数值大小看是成反向变化的）。当然，吸电子基团越多，这种影响越大。例如，三氯甲烷、二氯甲烷和一氯甲烷质子的化学位移δ分别为 7.27、5.30、3.05。根据诱导效应的性质，基团距离越远，受到的影响越小。如溴代丙烷，α、β和γ质子的化学位移δ分别为 3.30、1.69、1.25。

二、各向异性

1. 芳环的各向异性

苯环上质子的共振吸收一般出现在低场，化学位移值δ约为 7.3。这是由于芳环π电子屏蔽作用的各向异性（anisotropy）引起的。在外磁场影响下，苯环的π电子产生一个环电流，同时生成一个感应磁场。该磁场方向与外加磁场的方向如图 9-8 所示。苯环上的质子在环外，因此除受外加磁场影响外，还受到这个感应磁场的去屏蔽作用（deshielding）。所以，苯环上的质子共振应出现在低场，δ值较大。可以想象，若环内具有质子，一定会受到较强的屏蔽作用，共振吸收应出现在高场，δ值较小。事实的确是如此。芳香烃 18-轮烯环外质子的化学位移δ为 8.9，而环内质子的δ值为−1.8。由于这种各向异性的影响使不与芳环直接相连的质子的化学位移也相应发生变化。如对环吩（parocyclophane）中苄位碳上的氢（C1 和 C5）处在去屏蔽区，化学位移δ值约为 2，而在环上 C3 处的质子处在屏蔽区，化学位移为−1。

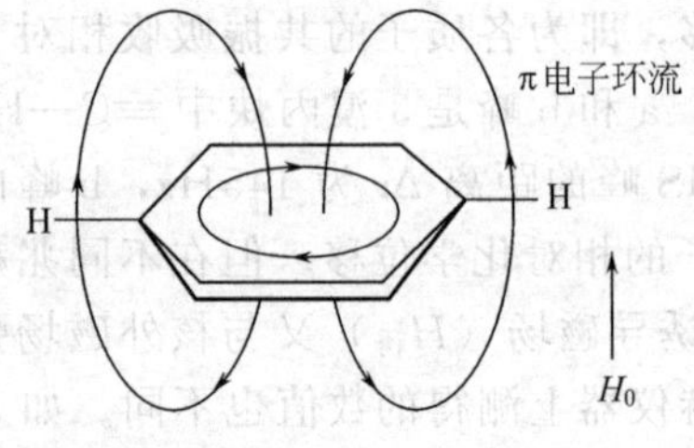

π电子环流
H
H
H_0

图 9-8 苯环π电子感应磁场

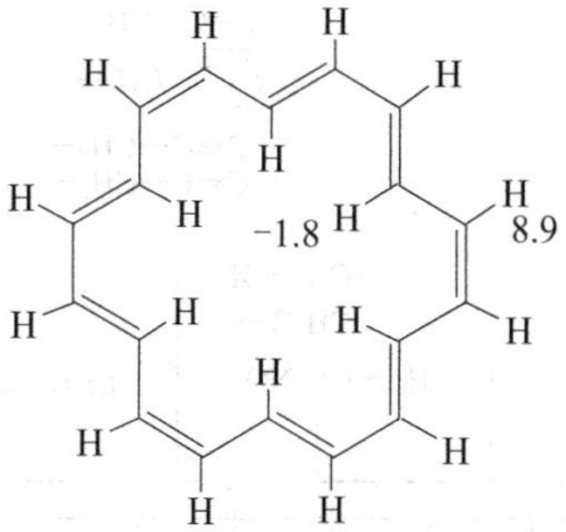

-1.8
8.9

18-轮烯

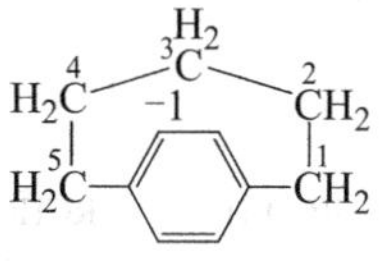

-1

对环吩

2. 双键和叁键化合物的各向异性

乙烷质子的化学位移为0.96，而乙烯质子的化学位移为5.84。烯的氢共振出现在如此低的磁场强度，一方面是烯碳 sp^2 杂化使C—H键电子比 sp^3 杂化更靠近碳，减小对质子的屏蔽，更重要的是，由于外磁场作用下产生 π 电子环流，从而产生感应磁场（见图9-9），质子恰好在去屏蔽区。同样，醛基氢也处于去屏蔽区，使它的共振吸收也出现在低场，δ 值为9～10。

炔也具有各向异性。它的质子处在屏蔽区（见图9-10），因此炔氢共振应出现在较高的磁场强度区。但因炔碳为sp杂化，相对于 sp^2 和 sp^3 杂化的C—H键电子更靠近碳，使质子周围的电子密度减小，这种因素又使质子共振吸收向低场移动。两种相反作用的协调使乙炔质子的化学位移值为2.88。

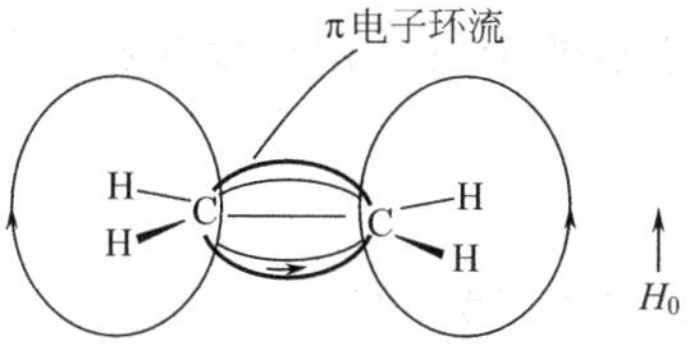

π电子环流
H_0

图9-9　乙烯π电子感应磁场

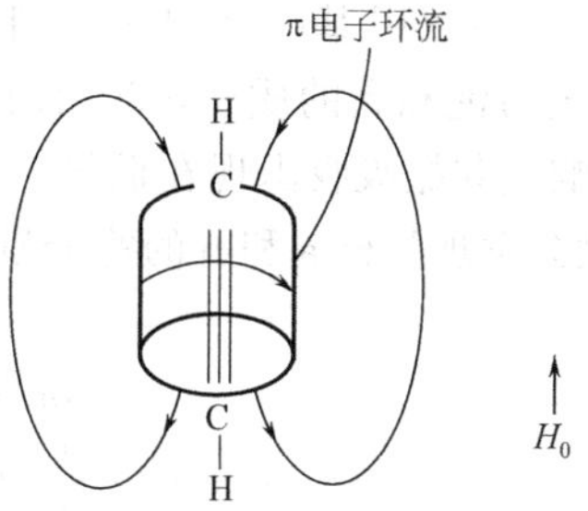

π电子环流
H_0

图9-10　乙炔π电子感应磁场

三、氢键的影响

氢键的形成能较大地改变与氧、氮等元素直接相连的质子的化学位移值。由于氢键的形成可以削弱对氢键质子的屏蔽，使共振吸收移向低场。而氢键形成的程度与样品浓度、温度等有直接关系，因此在不同条件下羟基（—OH）和氨基（$—NH_2$）质子的化学位移变化范围较大。如醇羟基的质子化学位移一般为0.5～5，酚羟基为4～7，胺为0.5～5。羧酸容易以二聚体形式存在（双分子的氢键），它的化学位移为10～13。

分子内氢键同样可以影响质子的共振吸收。如 β-二酮的烯醇式可以形成分子内氢键，该羟基质子的化学位移 δ 为11～16。

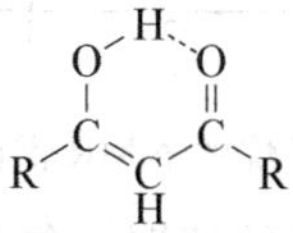
β-二酮烯醇式的分子内氢键

四、常见化合物的化学位移范围

有机化合物中不同环境的质子，受到诱导效应、各向异性、氢键等的影响，具有不同的化学位移。根据实验数据把不同类型质子的化学位移大致范围总结如下：

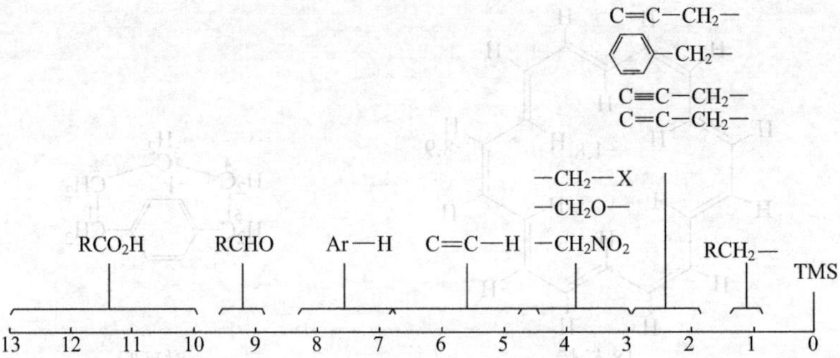
C═C—CH₂—
—CH₂—
C≡C—CH₂—
C═C—CH₂—
—CH₂—X
—CH₂O—
RCO₂H
RCHO
Ar—H
C═C—H
—CH₂NO₂
RCH₂—
TMS
13
12
11
10
9
8
7
6
5
4
3
2
1
0

有机化学工作者应熟记这些常见有机结构的化学位移范围，同时掌握以上讨论的各种影响因素，能判定质子的共振吸收移动的方向，这样才可能根据 NMR 谱图准确地推断结构。

习题 9-2 苯环上质子的共振吸收化学位移是多少？为什么会出现在这个区域？

习题 9-3 说出烯基氢质子、醛基氢质子和羧基氢质子的化学位移的大致范围。

第四节 自旋偶合-裂分

一、两个相邻氢的偶合

化合物 3,3-二甲基-1,1,2-三溴丁烷有三种氢，它的 NMR 谱图中出现三组峰（见图 9-11）。甲基氢为饱和碳的质子，$\delta=1.1$ 为它的共振吸收峰。C1 上的氢（a）因受两个吸电子基（Br）的影响，共振吸收出现在低场（$\delta=6.4$），图中 $\delta=4.5$ 的峰为 C2 氢（b）的共振吸收峰。仔细观察就会发现氢核 a 和 b 的峰分别为两重峰。这是由于这两个质子相互影响发生自旋偶合-裂分的结果。

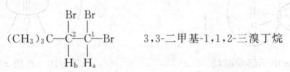

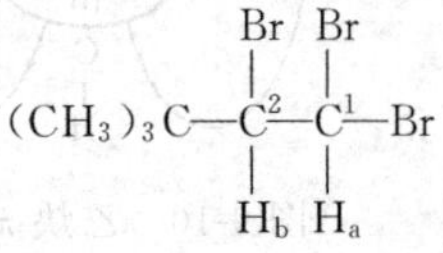
Br Br
(CH₃)₃C—C²—C¹—Br
Hb Ha

3,3-二甲基-1,1,2-三溴丁烷

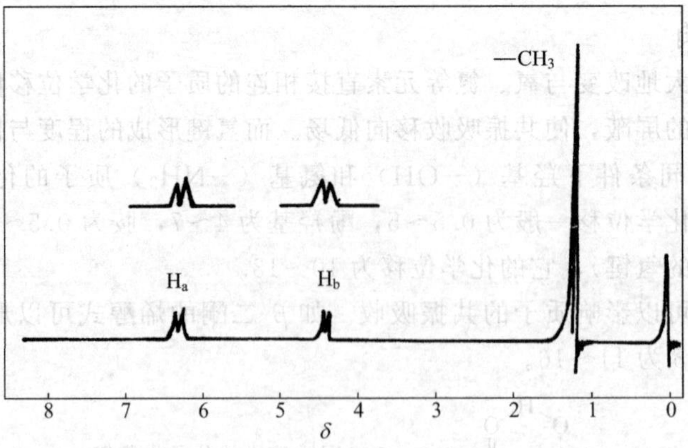
—CH₃
Ha
Hb
8
7
6
5
4
3
2
1
0
δ

图 9-11 3,3-二甲基-1,1,2-三溴丁烷的 NMR 谱图

先考虑氢核 a 的共振吸收峰受氢核 b 影响发生分裂的情况。氢核 a 除受到外加磁场和屏蔽效应的影响外，还受到相邻氢核 b 自旋产生的磁场（$H_{自}$）的影响。在外加磁场 H_0 中，氢核 b 有两种自旋吸收在影响 H_a。当受到氢核 b 自旋产生的与外磁场方向相反的磁场时，氢核 a 真正受到的磁场影响就小于 H_0，此时不可能发生共振。只有当外加磁场强度增加到足以抵消

氢核 b 的抗磁影响时才能发生共振吸收。所以，共振时上述外加磁场强度为 $H_{扫}=H_0+H_{自}$（式中，$H_{自}$ 为正值）。当然，氢核 a 受到氢核 b 自旋产生的与外加磁场方向相同的磁场影响时，氢核 a 共振吸收应向低场移动（此时 $H_{扫}=H_0-H_{自}$，式中 $H_{自}$ 为正值）。这样氢核 a 的共振吸收就分裂为两重峰（见图 9-12），同理，氢核 b 受到氢核 a 的影响也分裂为两重峰。这种因自旋偶合发生裂分的现象叫自旋-自旋偶合-裂分（spin-spin coupling-splitting）。

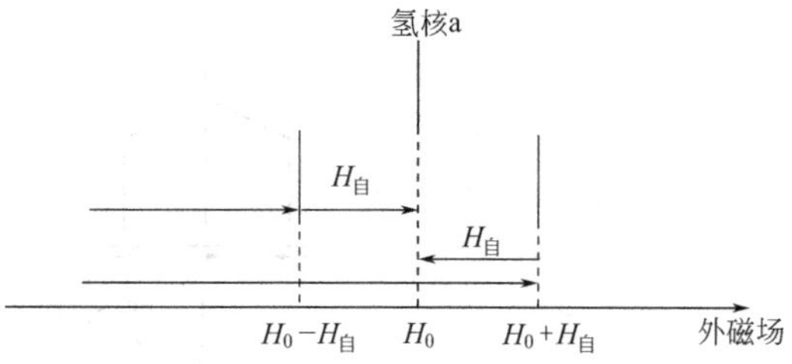

氢核a
$H_{自}$
$H_{自}$
$H_0-H_{自}$
H_0
$H_0+H_{自}$
外磁场

图 9-12　质子自旋偶合-裂分

在核磁共振中，一般来说，相邻碳上不同种的氢才可以发生偶合，相间碳上的氢（H—C—C—C—H）不容易发生偶合，同种氢相邻也不发生偶合。如 $Br_2CHCHBr_2$ 中两个氢所处环境相同，尽管相邻也不发生偶合，该化合物的 NMR 谱图上只有一个单峰。

二、偶合常数

偶合-裂分的一组峰中，两个相邻峰之间的距离，即两峰的频率差 $|\nu_a-\nu_b|$ 称为偶合常数，用符号 J 表示，单位为 Hz。氢核 a 与 b 的偶合常数叫 J_{ab}，氢核 b 与 a 的偶合常数为 J_{ba}，相互偶合的两个氢核偶合常数相等，即 $J_{ab}=J_{ba}$。两种不同氢与同一质子偶合，偶合常数一般不同，如 $J_{ab}=J_{ba}\neq J_{ac}$。偶合常数与化学键的性质有关，而与外加磁场强度无关，它是 NMR 谱图分析的重要参数之一。

三、多个相同氢与相邻氢的偶合

1. 溴乙烷氢核偶合-裂分

溴乙烷有两种氢，在 ^{1}H NMR 谱图中出现两组峰（见图 9-13）。δ 值高的为亚甲基质子的共振吸收，由于溴诱导吸电子的影响，它出现在低场。另一组峰为甲基质子的共振吸收峰。这两组峰均为偶合-裂分峰，这是由于甲基和亚甲基氢核相互偶合的结果。亚甲基氢核自旋存在三种组合：①两个氢核自旋产生的磁场与外加磁场方向均相同；②一个相同另一个相反；③两个均相反。相邻的甲基氢受到它们的影响裂分为三重峰［见图 9-14(a)］。亚甲基氢核与相邻甲基氢核发生偶合，因为甲基三个氢核自旋有四种组合方式［见图 9-14(b)］，所以亚甲基氢核受到它们的影响裂分为四重峰。

2. $n+1$ 规律

多个相同氢与相邻氢偶合-裂分峰数为 $n+1$ 个，n 为相邻氢的个数，这称为 $n+1$ 规律。溴乙烷甲基相邻氢为 2 个，裂分峰数为 $2+1=3$。亚甲基相邻氢为 3 个，裂分峰数为 $3+1=$

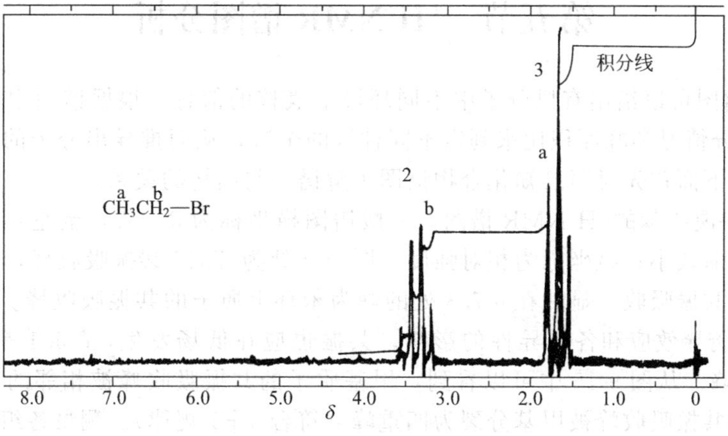

积分线
3
a
2
b
$\overset{a}{CH_3}\overset{b}{CH_2}$—Br
8.0
7.0
6.0
5.0
4.0
3.0
2.0
1.0
0
δ

图 9-13　$BrCH_2CH_3$ 的 NMR 谱图

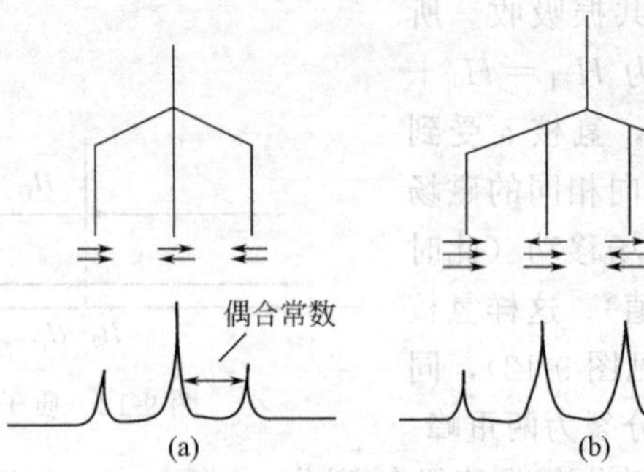
偶合常数
(a)
(b)

图 9-14　溴乙烷甲基氢(a) 和亚甲基氢(b) 的峰裂分

4。若相邻氢不完全相同但所处环境相近，一般也符合这个规律。但两种相邻氢（如 H_a—C—CH_b—C—H_c 中 H_b 有 H_a 和 H_c 两种相邻氢）与同一氢偶合，偶合常数不等时（$J_{ba} \neq J_{bc}$），不遵守这一规律。自旋偶合-裂分的 $n+1$ 规律是 NMR 谱图分析中极重要的依据。

四、积分面积和裂分峰的相对强度

图 9-13 中的积分线表明溴乙烷中甲基质子和亚甲基质子的峰面积比为 3∶2，积分线的高度比即为各组峰的面积比，它表示化合物中不同氢的比值，因而可以测得不同种氢的个数。这是 NMR 谱图分析中又一重要依据。

裂分的一组峰中各峰的相对强度也有一定规律。它们的峰面积比一般等于二项式（$a+b$)^m 的展开式各系数之比，式中 $m = n$(裂分峰数)-1。如溴乙烷甲基质子被裂分为三重峰，这三重峰的相对强度比为（$a+b$)^2 展开式的三项系数比，为 1∶2∶1。也可用图示法表示各种裂分峰的相对强度。

1　　一重峰
1 1　　二重峰
1 2 1　　三重峰
1 3 3 1　　四重峰
1 4 6 4 1　　五重峰
1 5 10 10 5 1　　六重峰

习题 9-4　解释自旋偶合-裂分产生的原因及其规律。

第五节　^{1}H NMR 谱图分析

^{1}H NMR 谱图可以给出有机分子中不同环境下氢核的信息。根据谱图中各峰的化学位移(δ 值)、峰的裂分情况和峰面积比来判定不同种氢的个数，从而推导出分子的可能结构。为达到识谱的目的，下面首先对照已知化合物谱图了解谱图与结构的关系。

图 9-15 为 α-溴乙苯的^{1}H NMR 谱图。一般谱图横坐标为 δ，从右至左 δ 值增大，而相应外加磁场强度逐渐减小；纵坐标为相对强度。图中 0 处为 TMS 共振吸收峰，其他三组峰分别表示三种氢核的共振吸收。显然在 δ 7.3 处的峰为苯环上质子的共振吸收峰。α-碳连有溴和苯环，α-质子受到诱导效应和各向异性的影响，共振也应在低场发生，δ 5.1 是它的吸收峰。δ 2.0 为甲基共振峰。从图 9-15 中可以看到，甲基质子的共振吸收峰被相邻的 α-氢分裂为二重峰，而 α-质子的共振吸收峰被甲基分裂为四重峰（符合 $n+1$ 规律）。测量各组峰上方的积分线高度，它们分别为 25mm、5mm、15mm。积分线高度之比即为各种氢个数之比。总的积分高

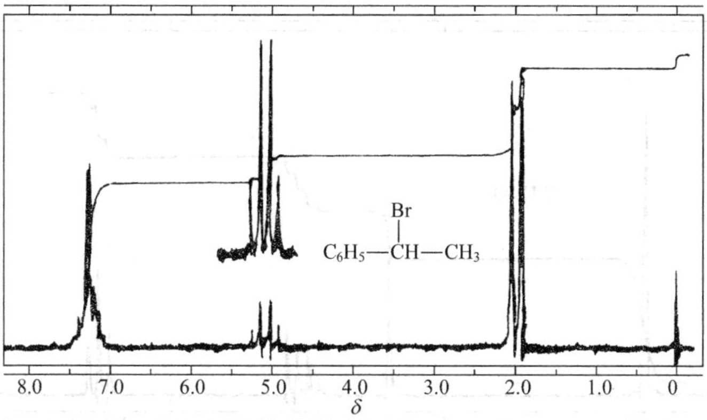
Br
C6H5—CH—CH3
8.0
7.0
6.0
5.0
4.0
3.0
2.0
1.0
0
δ

图 9-15 α-溴乙苯的1 H NMR 谱图

度表示化合物中所有氢的个数，那么代表一个氢的积分高度为（25＋5＋15)mm/9＝5mm。这样不难算出各组峰代表氢的个数。δ 7.3 为芳环上的氢，个数为 25/5＝5；δ 5.1 的 α-氢个数为 5/5＝1；δ 2.0 为 β-碳上的氢，个数为 15/5＝3。

图 9-16 是 α-羟基丙酸乙酯的1 H NMR 谱图。对照结构如何找出各峰的归属呢？首先醇羟基质子一般不与相连碳上的氢偶合，通常为单峰，尽管它的共振范围较宽（δ 为 0.5～5），但在该谱图中很容易找到积分比为 1 的羟基质子共振峰（δ 3.3）。在 δ 1.3 的三重峰的积分面积比为 6，说明是两个甲基质子的共振吸收峰。根据化合物的结构，甲基质子 a 应被裂分为三重峰，而甲基质子 b 应被裂分为二重峰。由于它们的化学位移相近，发生了峰的重叠，显示出强度不同的三重峰。与氧相连碳上质子的共振应在较低场，δ 4.2 的四重峰积分比为 3，即为质子 d 和 e 的共振吸收。这两种与氧相连碳上的氢分别被甲基质子 a 和 b 裂分为四重峰，化学位移相近，重叠后呈四重峰。这个例子说明，在利用 NMR 谱图推断结构时，不能只从峰的裂分去判定，而应以 δ 值、峰的裂分和峰面积比三者作为依据，并使它们与结构相符，这样才能得出正确答案。

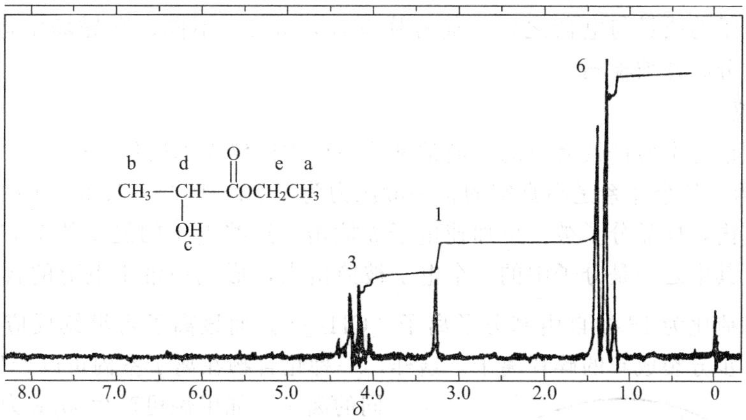
6
b d O e a
CH3—CH—COCH2CH3
OH
c
1
3
8.0
7.0
6.0
5.0
4.0
3.0
2.0
1.0
0
δ

图 9-16 α-羟基丙酸乙酯的1 H NMR 谱图

下面举例说明利用谱图判定结构的推导方法。

【例题 9-1】 有一化合物分子式为 $C_9H_{12}O$，图 9-17 是它的1 H NMR 谱图，写出它的结构式。

根据不同环境下质子的化学位移（δ 值）和图中偶合裂分情况分析如下。①δ 7.2 为苯环质子的共振峰。②δ 3.4 为与氧相连碳上的氢核的共振峰，因被裂分为四重峰，说明相邻有甲基。δ 1.2 一般为饱和碳上质子的共振峰，它被裂分成三重峰，说明连有亚甲基。这两组 δ 值

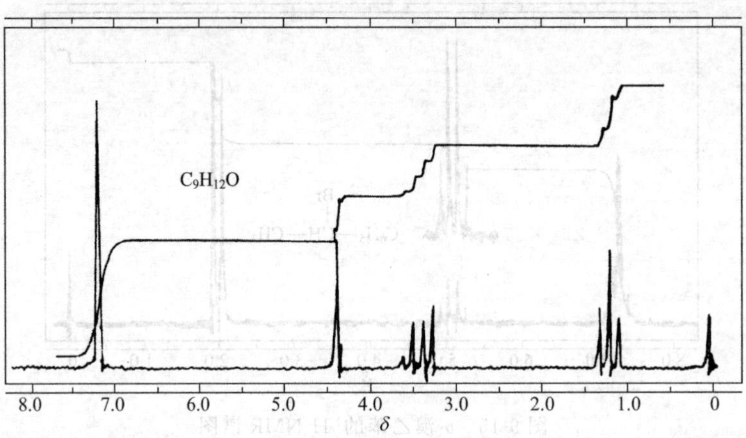

$C_9H_{12}O$
8.0 7.0 6.0 5.0 4.0 3.0 2.0 1.0 0
δ

图 9-17 化合物 $C_9H_{12}O$ 的 ^1H NMR 谱图

和裂分情况表明分子中含有—OCH_2CH_3。③δ 4.3 可能为与氧相连碳上的氢，因为是单峰，表明无相邻氢，另一端可能与苯环相连。这样初步判定为苄基乙基醚。

根据积分线高度比求出各组峰相应氢数，δ 7.2，5H；δ 4.3，2H；δ 3.4，2H；δ 1.2，3H。这个结果与上述结构式相符，证明判断正确。

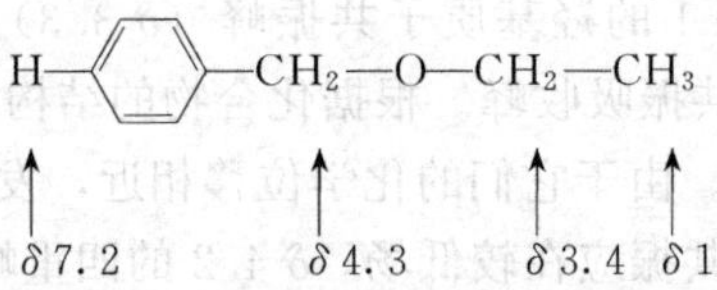

H—
—CH₂—O—CH₂—CH₃
δ 7.2
δ 4.3
δ 3.4
δ 1.2

第六节 质谱的基本原理

一般获得质谱的基本方法是将分子离解为不同质量带电荷的离子，将这些离子加速引入磁场，由于这些离子的质量与电荷之比（简称质荷比，m/z）不同，在磁场中运行轨道偏转不同，使它们得以分离并被检测。

一、质谱仪

化合物的质谱是由质谱仪完成的。最常见的一种质谱仪为单聚焦（磁偏转）质谱仪，其结构如图 9-18 所示。整个体系是高真空的，一般压力为 $1.33\times10^{-4}\sim1.33\times10^{-5}$ Pa。气体样品从 a 进入离解室内，样品分子被一束加速电子 b 撞击，这些电子的能量约 70eV，结果使分子发生各种反应。其中之一是分子中的一个电子被撞击出，形成一带正电荷的自由基分子离子。如甲烷能生成质荷比为 16 的自由基分子离子 $[CH_4]^{+\cdot}$。而该离子可继续反应形成碎片离子，碎片离子可进一步分裂成新的碎片离子。这样，一种化合物在离子室内可以产生若干质荷比不同的离子。如甲烷可产生 m/z 为 16、15、14 等的离子碎片。这些离子进入具有几千伏电压的区域 c 加速后，通过狭缝 d 进入磁场 f。质量为 m 的离子在电场加速后，动能与势能相等，这个关系可用式（9-5）表示。

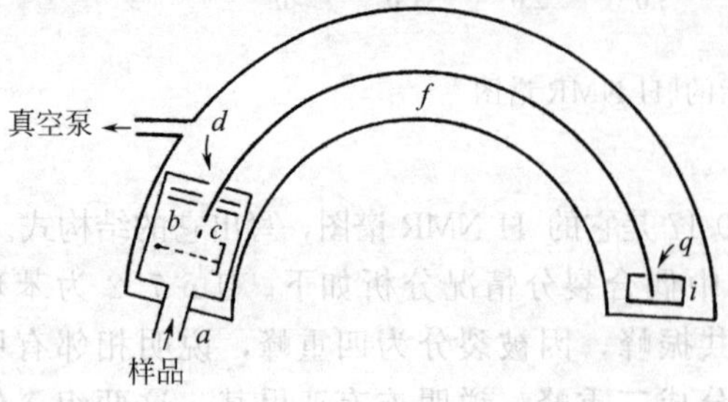

真空泵
d
f
b
c
q
i
a
样品

图 9-18 质谱仪示意图

$$M + e \longrightarrow M^{+\cdot} + 2e$$

$$CH_4 + e \longrightarrow [CH_4]^{+\cdot} + 2e$$

$$CH_4 \xrightarrow{e} [CH_4]^{+\cdot},\ CH_3^+,\ [CH_2]^{+\cdot},\ CH^+,\ [C]^{+\cdot}$$

m/z 16 15 14 13 12

$$eV=\frac{1}{2}mv^2 \quad (9\text{-}5)$$

在磁场中离子运动的向心力（Hev）应与它的离心力（mv^2/r）相等［见式(9-6)］，由此可得到式（9-7）。

$$Hev=\frac{mv^2}{r} \quad （r\text{为离子运动半径}） \quad (9\text{-}6)$$

$$r=\frac{mv}{eH} \quad (9\text{-}7)$$

从式（9-7）可知，在一定速度和一定磁场强度时，不同质荷比的离子运行半径 r 不同。质荷比大的离子将有大的运行半径。图 9-19 表示不同质荷比离子的运行轨道。在图 9-19(a) 中，m/z 为 y 的离子按它的运行轨道通过狭缝 q 进入离子收集器 i。若把式（9-5）代入式（9-7），则消去速度 v 可得到式（9-8），为直观起见可将式（9-8）稍作变化得式（9-9）。

$$\frac{m}{e}=\frac{H^2r^2}{2V} \quad (9\text{-}8)$$

$$r^2=\frac{2Vm}{eH^2} \quad (9\text{-}9)$$

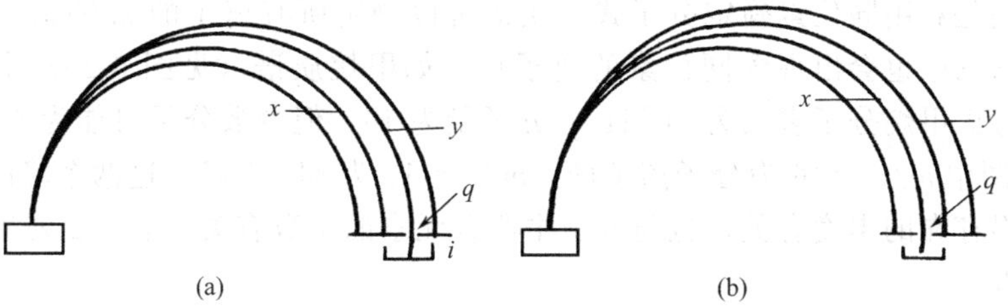

x
y
q
i
(a)
x
y
q
(b)

图 9-19 不同质荷比的离子运动轨道

从式（9-9）可清楚地看到，质荷比一定的离子运行（或偏转）半径 r 可通过提高加速电压 V 和减小磁场强度 H 而增大。图 9-19(b) 是增大加速电压或减小磁场强度后各离子运行轨道变化的情况。此时 x 离子通过狭缝 q 进入离子收集器 i，而 y 离子因增大运行半径而不能通过。在操作中可以固定磁场改变加速电压（电扫描），也可以固定加速电压改变磁场强度（磁扫描），使不同质荷比的离子改变运行轨道，从而使它们逐一进入离子收集器。离子收集器内光电倍增管被撞击后产生微电流，该电流的大小与碎片离子的多少成正比。信号放大后由记录仪获得化合物的质谱图。

二、质谱图

一般质谱图横坐标为不同离子的质荷比 m/z，纵坐标为各峰的相对强度。图 9-20 是甲烷的质谱图。在不同的 m/z 值处有高低不等的竖线，为强度不同的各峰。最高的峰作为基峰，如图中 $m/z=16$ 的峰为基峰，把它的强度定为 100。其他峰高相对于它的百分数为各峰的相对强度。峰的相对强度不同表示质荷比离子的相对含量。图中 $m/z=16$ 的基峰是甲烷去掉一个电子生成 $[CH_4]^{+\cdot}$ 所显示的峰，叫做分子离子峰，用 $M^{+\cdot}$ 表示。在甲烷中分子离子$[CH_4]^{+\cdot}$是稳定的，所以它的峰强度最大，可作为基峰，但在很多化合物质谱中分子离子峰并非最强峰。

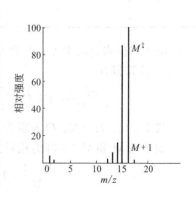

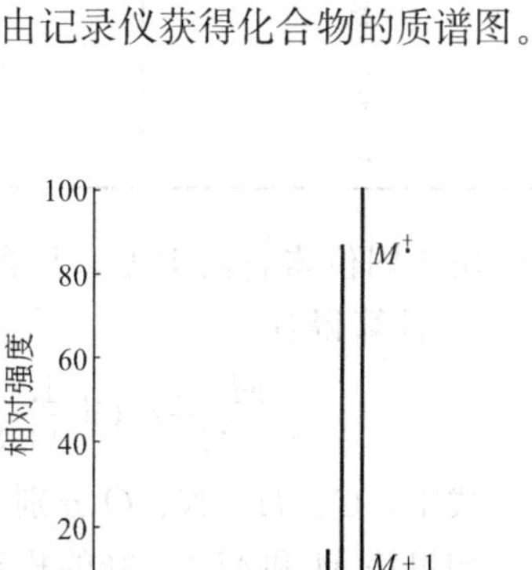

100
80
60
40
20
相对强度
M+·
M+1
0
5
10
15
20
m/z

图 9-20 甲烷的质谱图

第七节　分子离子和分子量、分子式的确定

一、分子离子和分子量

分子失去一个电子生成自由基的分子正离子叫做分子离子。由于它只带有一个正电荷，质荷比 m/z 在数值上与分子的质量相同，因此在质谱中找到分子离子峰就可确定分子量。这是质谱的重要应用。该法比用冰点降低法、沸点升高法测定分子量简单得多。分子离子峰一般处于质荷比最高值。有些化合物分子离子较稳定，峰的强度大，在质谱图中容易找到；但有些化合物分子离子不够稳定，容易生成碎片，此时分子离子峰很弱或不存在（如支链烷烃和醇类），可采用降低质谱仪撞击电子流能量的方法或其他经验方法来确定分子离子。

二、分子式的确定

确定了分子量并不能写出分子式，这是因为多种分子可具有相同分子量。如 CO、N_2 和 C_2H_4 的分子离子峰 m/z 均为 28。如何确定分子式呢？一种方法是采用高分辨质谱仪（high resolution spectrometer）增加数据的精确度，可确定唯一的分子式。在分子式中 C、O、N、H 原子实际的原子质量为：^{12}C，12.000000（标准）；^{1}H，1.007825；^{16}O，15.994914；^{14}N，14.003050。这样 CO 原子量为 27.9949，N_2 为 28.0081，C_2H_4 为 28.0314。若应用高分辨质谱仪，数据可精确到万分之一，就可根据分子离子峰的 m/z 值写出唯一的分子式。

另一种方法是利用同位素确定分子式。质谱可以测定所有离子的 m/z 值，化合物中存在同位素，因此谱图中也会出现含同位素的离子峰。如甲烷质谱（见图 9-20）中具有 $m/z=17$ 的同位素峰。考虑甲烷分子多数为 $^{12}C^{1}H_4$，分子量为 16，但少数分子可能为 $^{12}C^{2}H^{1}H_3$，它的分子量为 17。图中 $m/z=16$ 为分子离子峰，$m/z=17$ 为 M+1 峰。这两个峰的相对强度比与同位素在自然界存在的丰度有关，也与分子中所含元素的个数有关。表 9-2 列出了一些元素同位素的自然丰度。

表 9-2　一些元素同位素的自然丰度

元　素	丰度/%		
氢	99.985(^{1}H)	0.015(^{2}H)	
碳	98.983(^{12}C)	1.017(^{13}C)	—
氮	99.634(^{14}N)	0.366(^{15}N)	—
氧	99.759(^{16}O)	0.037(^{17}O)	0.204(^{18}O)
硫	95.0(^{32}S)	0.76(^{33}S)	4.22(^{34}S)
氟	100(^{17}F)		—
氯	75.53(^{35}Cl)	—	24.47(^{37}Cl)
溴	50.54(^{79}Br)	—	49.46(^{81}Br)
碘	100(^{127}I)		

由于同位素自然丰度，只含 C、H、O、N 的化合物的 M 和 $M+1$ 峰的相对强度比可由式(9-10) 计算得到。

$$\frac{M+1}{M}=C\left(\frac{1.017}{98.893}\right)+H\left(\frac{0.015}{99.985}\right)+N\left(\frac{0.366}{99.634}\right)+O\left(\frac{0.037}{99.759}\right) \qquad (9\text{-}10)$$

式中，C、H、N、O 分别为分子中含碳、氢、氮、氧的原子个数。

如甲烷 M 和 $M+1$ 峰的相对强度比为：

$$\frac{M+1}{M}=1\times\left(\frac{1.170}{98.893}\right)+4\times\left(\frac{0.015}{99.985}\right)=0.0118$$

用类似的方法可求出 $M+2$ 峰的相对强度。只要分子式确定，其 M、$M+1$ 和 $M+2$ 峰的

相对强度比是一定的，从质谱中得到它们的相对强度可以反过来推分子式。贝农（Beynon）根据同位素比与组成分子的元素间的关系编制了只含 C、H、O、N 的化合物的 M、$M+1$ 和 $M+2$ 峰相对强度数据与分子式的对照表（称为贝农表），可根据实测波谱图中同位素相对强度比查找此表，获得相应分子式。

只含 C、H、O、N 的化合物的 $M+2$ 峰非常弱，几乎可以忽略。但含 Br、Cl、S 等元素的化合物 $M+2$ 峰却非常强。这是因为 ^{81}Br、^{37}Cl、^{34}S 的自然丰度较大。如 2-氯丙烷和 2-溴丁烷质谱（见图 9-21）中就出现了较强的 $M+2$ 峰。2-溴丁烷质谱中 $M+2$ 与 M 峰强度比为 97∶100，恰好是 ^{81}Br 和 ^{79}Br 的自然丰度比。这些强的 $M+2$ 峰对含 Br、Cl、S 的化合物分子式确定提供了极大方便。

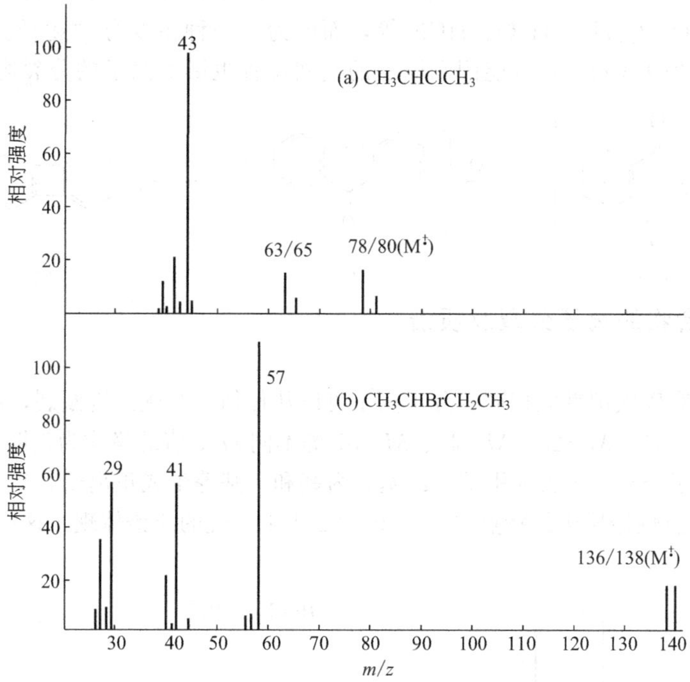

100
80
60
40
20
相对强度
43
(a) CH3CHClCH3
63/65
78/80(M+)
100
80
60
40
20
相对强度
57
(b) CH3CHBrCH2CH3
29
41
136/138(M+)
30
40
50
60
70
80
90
100
110
120
130
140
m/z

图 9-21　2-氯丙烷和 2-溴丁烷的质谱

习题 9-5　试解释同位素效应，并说明其在质谱解析中的应用。

第八节　碎片离子和分子结构的推断

分子离子在实验条件下，不能稳定地存在，它会分裂为碎片离子，这些碎片离子再分裂成更小的碎片离子。各种碎片离子在质谱中以不同的 m/z 值和不同强度显示各种峰，提供判定分子结构的信息。利用质谱推断结构的过程就像把器皿碎片拼成完整的器皿一样。要想完好地拼装，就必须了解碎片特征与原器皿的关系。同样利用质谱推断结构时，应首先了解分子结构与碎片离子的关系。

一、离子分裂的一般规律

1. 偶数电子规律

离子的分裂一般都遵循“偶数电子规律”。也就是说，含奇数电子的离子分裂可产生自由基和正离子，或产生含偶数电子的中性分子和自由基正离子；含偶数电子的离子分裂不能产生自由基，而只能生成偶数电子的中性分子和正离子。

$$\text{奇数电子离子}\begin{cases} M^{+\cdot} \longrightarrow A^{+} + B^{\cdot} \\ M^{+\cdot} \longrightarrow C^{+\cdot} + D\ \text{（偶数电子分子）} \end{cases}$$

$$\text{偶数电子离子}\quad A^{+} \longrightarrow E^{+} + F\ \text{（偶数电子分子）}$$

2. 影响离子分裂的主要因素

离子分裂的主要影响因素有三种：①碎片离子的稳定性。离子分裂主要通过形成最稳定离子的途径。质谱中正离子的稳定性与普通有机化学中正离子的稳定性是一致的。如 $[(CH_3)_2CHCH_2CH_3]^{+\cdot}$ 分裂时可能产生 $CH_3\overset{+}{C}HCH_3$ 或 $CH_3\overset{+}{C}HCH_2CH_3$ 仲碳正离子，很少可能产生 $(CH_3)_2CHCH_2{}^+$ 伯碳正离子。②稳定中性分子的生成。离子分裂中由于可产生稳定的中性分子，如 CO、C_2H_4、H_2O、HCN 等，而成为另一种主要分裂途径。如蒽醌分子离子的主要分裂方式是失去 CO。③官能团和原子的空间位置也影响离子的分裂途径。

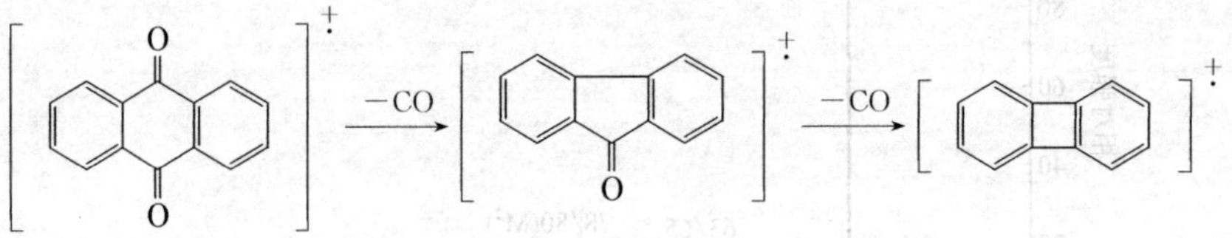

O
O
−CO
O
−CO

相对强度：　100　　78　　51

二、几类化合物的离子分裂及质谱

1. 烷烃

正链烷烃中所有碳碳键键能相同，分子离子可以从任何一个碳碳键断裂，形成含不同碳数的碎片离子。一般 $M-15$、$M-29$、$M-43$、$M-57$ 等不同 m/z 值的峰均为正链烷烃质谱中的较强峰，它们分别相当于分子离子去掉甲基、乙基、丙基和丁基等生成正离子。烷烃质谱相邻峰 m/z 之差为 14，这是正链烷烃质谱的特点之一。图 9-22 正十二烷的质谱体现了这一特点。

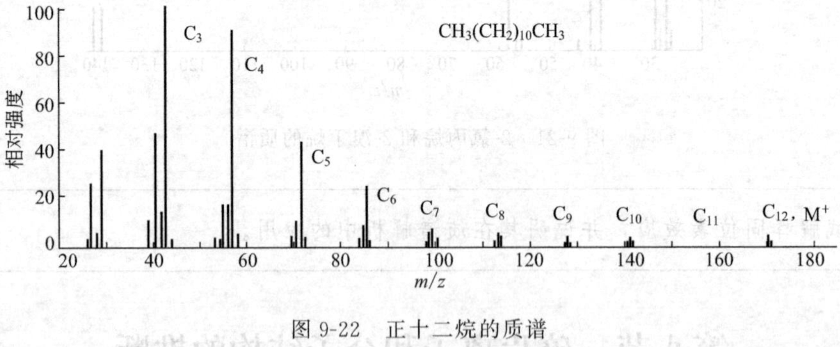

100
80
60
40
20
0
相对强度
C3
C4
C5
C6
C7
C8
C9
C10
C11
C12，M+
CH3(CH2)10CH3
20
40
60
80
100
120
140
160
180
m/z

图 9-22　正十二烷的质谱

从该图还可以看到随着质荷比的增大，各峰强度依次减弱，这是正链烷烃质谱的另一特点。m/z 值较小的碎片离子除由分子离子直接分裂生成外，还可由较大离子再分裂生成。例如 $[C_3H_7]^+$ 和 $[C_4H_9]^+$ 可由分子离子分裂生成，也可由多于四个碳的离子分裂产生。如 $[C_6H_{13}]^+$ 为多于 4 个碳的碎片离子，它可再分裂生成 $[C_4H_9]^+$、C_2H_4 或 $[C_3H_7]^+$、C_3H_6。这样小的碎片离子相对强度增加，呈现规律性谱图。而且分裂中往往伴随着重排，最可能生成的较稳定的碎片离子为 $CH_3\overset{+}{C}HCH_3$ 和 $(CH_3)_3C^+$，所以 $m/z=43$、$m/z=57$ 在正链烷烃质谱中常常是最高峰。

具有支链的烷烃分子离子分裂一般在支链位置，这样可以生成较稳定的仲碳或叔碳正离子。支链烷烃质谱中各峰的强度不像正链烷烃那样随 m/z 的增加有规律地递减。如 2-甲基戊烷分子离子峰的分裂主要有如下三种方式：

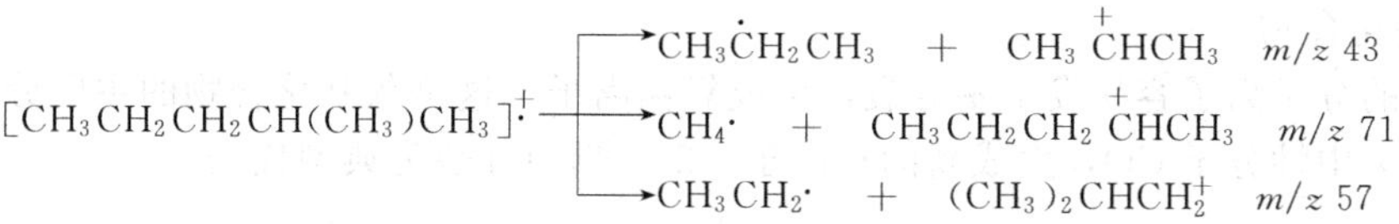
[CH3CH2CH2CH(CH3)CH3]+·
CH3ĊH2CH3 + CH3 +CHCH3 m/z 43
CH4· + CH3CH2CH2 +CHCH3 m/z 71
CH3CH2· + (CH3)2CHCH2+ m/z 57

由以上三种正离子的稳定性可知，m/z 值为 43 和 71 的仲碳正离子碎片容易产生，而产生 57 的裂分较为困难。这样使 m/z 值为 43 和 71 的相对强度比 57 峰大（见图 9-23）。

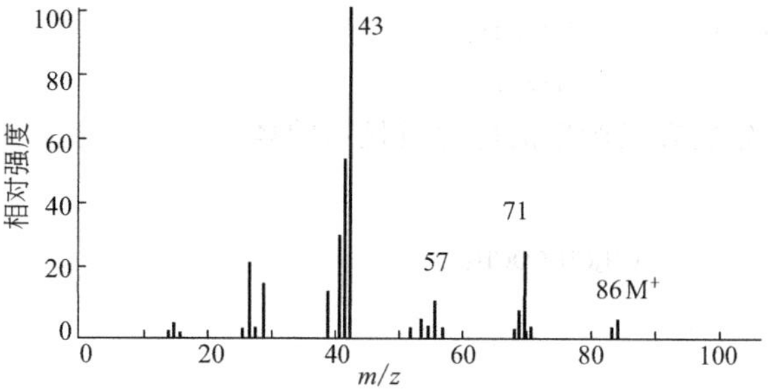
相对强度
100
80
60
40
20
0
43
57
71
86M+
0
20
40
60
80
100
m/z

图 9-23　2-甲基戊烷的质谱

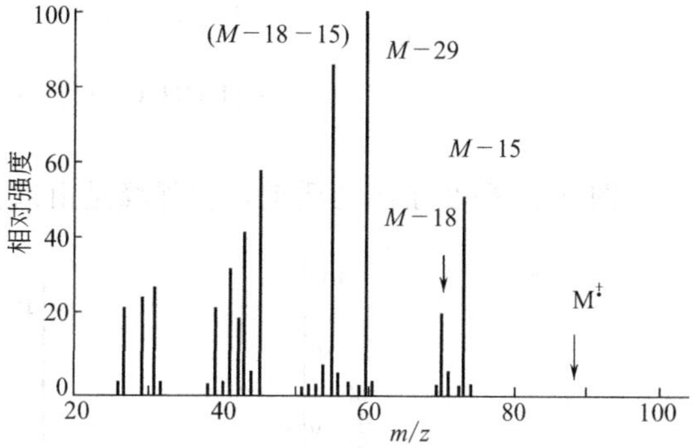
相对强度
100
80
60
40
20
0
(M−18−15)
M−29
M−15
M−18
M+·
20
40
60
80
100
m/z

图 9-24　2-甲基-2-丁醇的质谱

2．醇

以 2-甲基-2-丁醇为例说明醇的一般分裂规律。图 9-24 是它的质谱。该化合物的分子离子峰应出现在 $m/z=88$ 的位置，但在图中却观察不到。醇类的分子离子峰一般非常弱或不存在，是因为它的分子离子峰稳定性较差，容易发生 α-分裂生成较稳定的氧鎓离子。

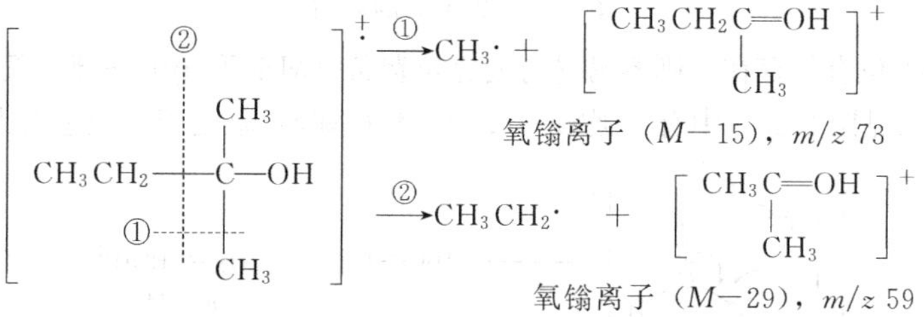
CH3CH2—C—OH
CH3
CH3
①
②
CH3· +
CH3CH2C═OH
氧鎓离子（M−15），m/z 73
CH3CH2· +
CH3C═OH
氧鎓离子（M−29），m/z 59

醇的另一种常见的分裂方式为脱水生成含双键的自由基正离子。图 9-24 中 $M-18$ 的峰即为脱水碎片。

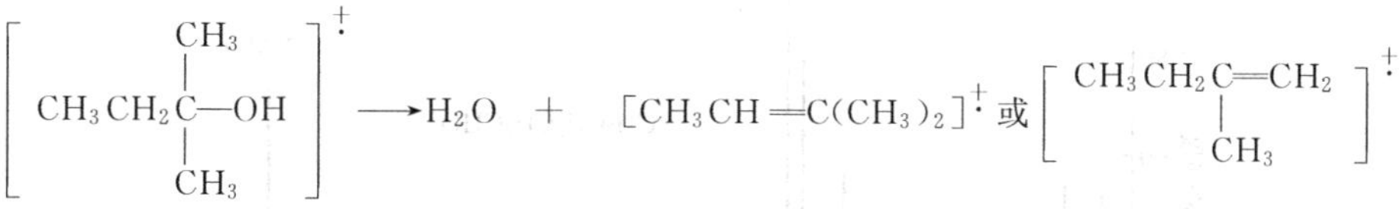
CH3CH2C—OH
H2O +
[CH3CH═C(CH3)2]+· 或
CH3CH2C═CH2

（$M-18$），m/z 70

图 9-24 中较小的 m/z 峰很多是由碎片离子再分裂生成的。如 55、45 碎片分别是由分子离子脱水和氧鎓离子继续分裂生成。

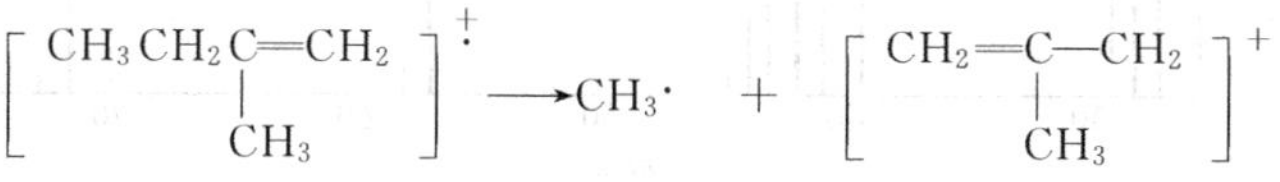
CH3CH2C═CH2
CH3· +
CH2═C—CH2

（$M-18-15$），$m/z=55$

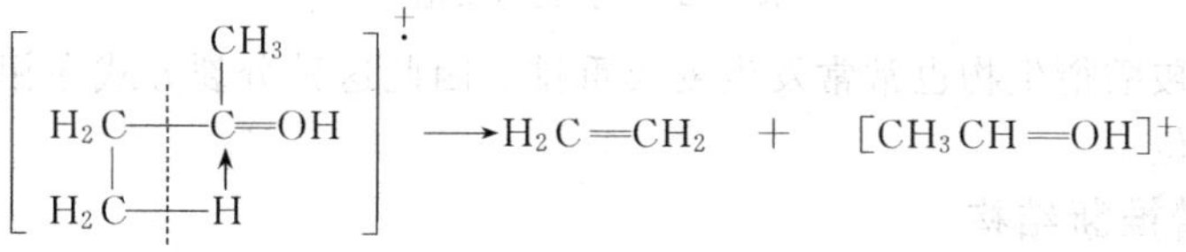
H2C—C═OH
H2C—H
H2C═CH2 +
[CH3CH═OH]+

（$M-15-28$），$m/z=45$

3. 羰基化合物

酮和醛的分子离子容易发生 α-分裂，生成氧鎓离子。这是羰基化合物的主要分裂途径。氧鎓离子可失去中性分子 CO，生成新的正离子。2-丁酮的分裂为典型代表。

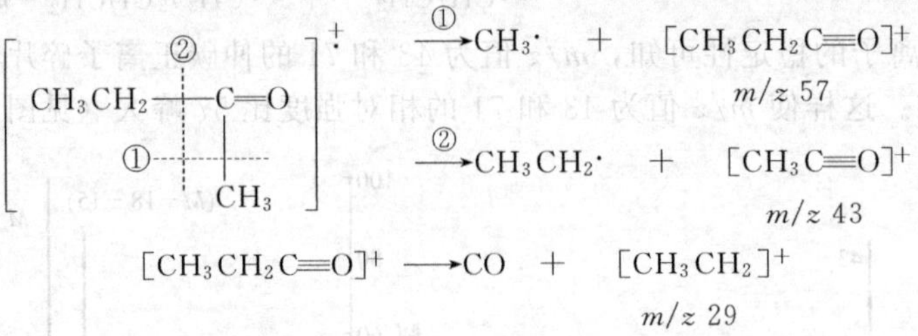

CH₃CH₂—C═O
CH₃
① → CH₃· + [CH₃CH₂C≡O]⁺
m/z 57
② → CH₃CH₂· + [CH₃C≡O]⁺
m/z 43
[CH₃CH₂C≡O]⁺ → CO + [CH₃CH₂]⁺
m/z 29

图 9-25 是 2-丁酮的质谱，较强峰是由以上分裂方式产生的碎片所显示的峰。

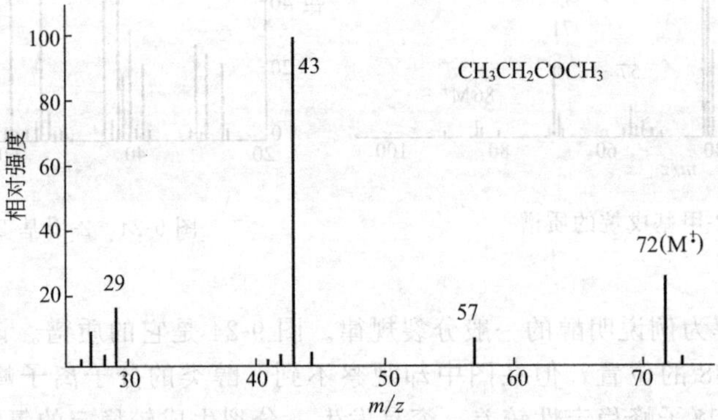

CH₃CH₂COCH₃
相对强度
m/z
43
29
57
72(M⁺·)

图 9-25　2-丁酮的质谱

若羰基化合物 γ 位有氢存在，则容易进行麦克拉费蒂（Mclafferty）重排（简称麦氏重排）而分裂，如丁醛的质谱（见图 9-26）中有一强峰 $m/z = 44$（基峰）就是碎片经过麦氏重排而产生的。

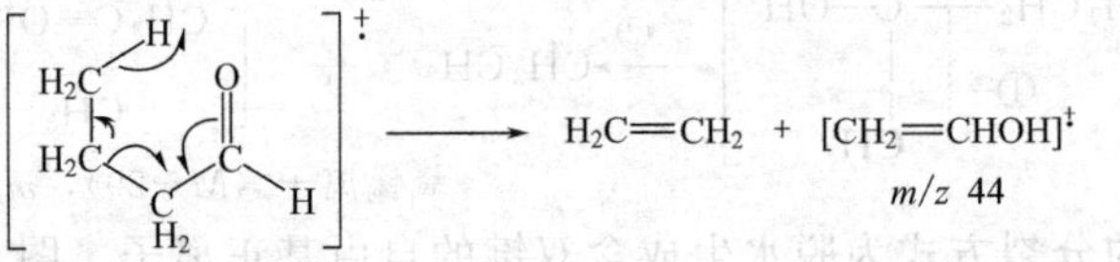

H₂C═CH₂ + [CH₂═CHOH]⁺·
m/z 44

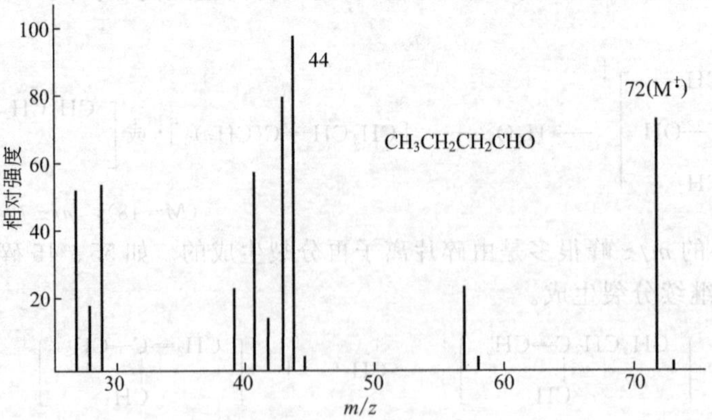

CH₃CH₂CH₂CHO
相对强度
m/z
44
72(M⁺·)

图 9-26　丁醛的质谱

除醛、酮外，羧酸衍生物也常常发生麦氏重排。因此这种分裂方式在相关化合物的质谱分析方面占有重要地位。

三、利用质谱推断结构

了解化合物的分裂规律就可以根据获得的质谱推断化合物的结构。如一种羰基化合物，经

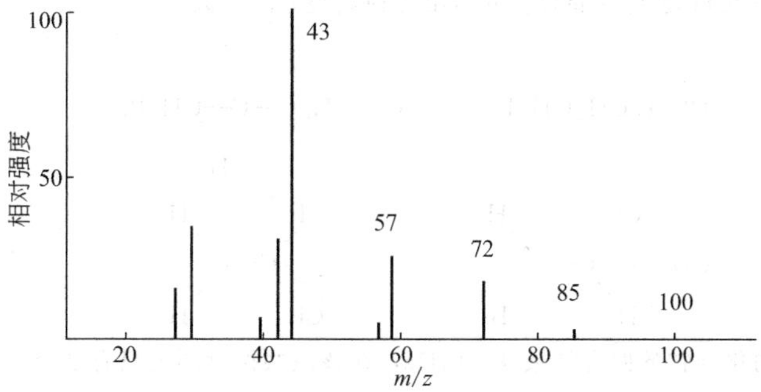
100
50
相对强度
43
57
72
85
100
20
40
60
80
100
m/z

图 9-27　化合物 $C_6H_{12}O$ 质谱

验式为 $C_6H_{12}O$，质谱见图 9-27。图中 m/z 100 的峰可能为分子离子峰，那么它的分子量为 100，分子式当然应为 $C_6H_{12}O$。观察图中其他较强峰为 85、72、57、43 等。通过分析可知，$m/z=85$ 为 $M-15$ 碎片，它是由分子离子去掉甲基产生的；$m/z=43$ 即 $M-57$，是分子离子去掉 C_4H_9 的碎片；$m/z=57$ 可能为 $C_4H_9^+$ 碎片，可看作 85 碎片失去 CO（28）产生的。根据酮的分裂规律，可初步判定为甲基丁基酮。它的分裂方式为：

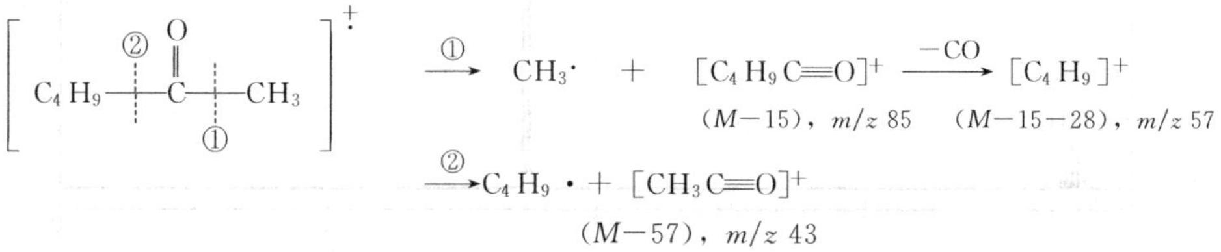
O
②
C4H9
C
CH3
①
①
CH3·
+
[C4H9C≡O]+
−CO
[C4H9]+
(M−15), m/z 85
(M−15−28), m/z 57
②
C4H9 · + [CH3C≡O]+
(M−57), m/z 43

以上结构 C_4H_9 · 可以是伯、仲、叔丁基，哪一个是正确的结构呢？图中 $m/z=72$ 的峰提供了信息。它可能是 $M-28$，即分子离子峰分裂出乙烯（28）后生成的碎片离子。只有 C_4H_9 · 为仲丁基，这个酮进行麦氏重排后，才能得到 $m/z=72$ 的碎片。伯丁基虽可进行麦氏重排，但不能得到 72 的碎片。所以化合物为 3-甲基-2-戊酮。

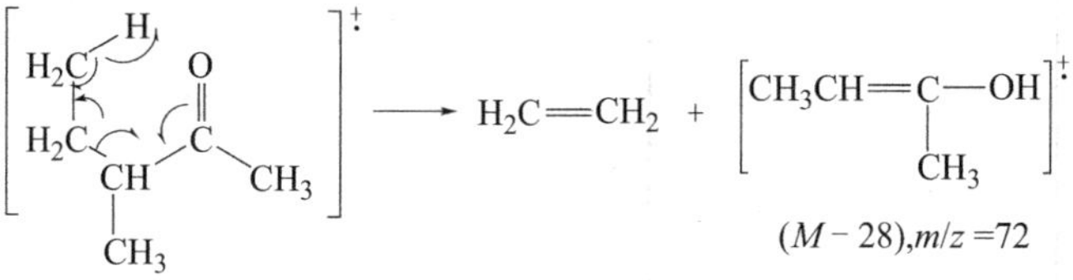
H
H2C
O
H2C
C
CH
CH3
CH3
H2C=CH2
+
CH3CH=C—OH
CH3
(M−28),m/z =72

习　　题

1. 在下列化合物中，有多少组等性质子，分别用 a、b、c 等标示。

（1） 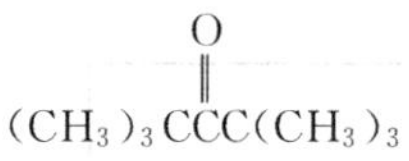
O
(CH3)3CCC(CH3)3

（2） 
H3CH2C
CH2CH3

（3） $CH_3CH_2CH_2OH$

（4） $ClCH_2CH_2Cl$

（5） 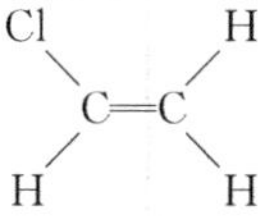
Cl
H
C=C
H
H

（6） 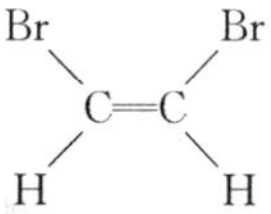
Br
Br
C=C
H
H

（7） 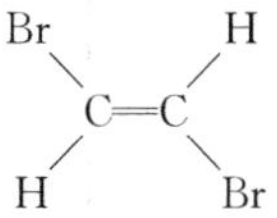
Br
H
C=C
H
Br

（8） $H_2C=CH_2$

（9） 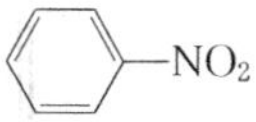
NO2

（10） 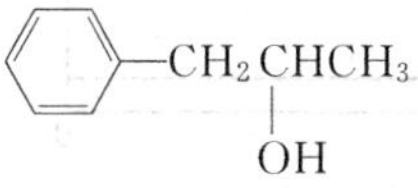
CH2CHCH3
OH

（11） $CH_3CHClCH_2CH_3$

2. 指出下列化合物哪些存在自旋-自旋偶合？并给出各种氢裂分的峰数。

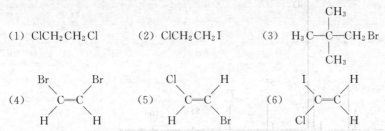

（1）$ClCH_2CH_2Cl$　　（2）$ClCH_2CH_2I$　　（3）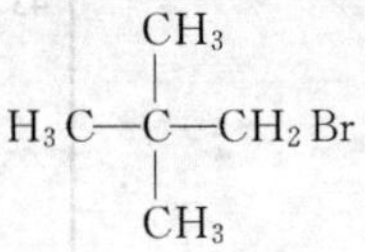

CH_3
H_3C—C—CH_2Br
CH_3

（4）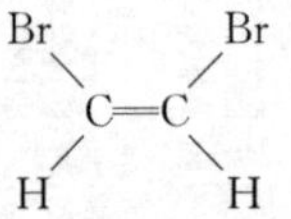

Br
Br
C=C
H
H

（5）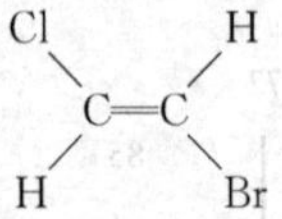

Cl
H
C=C
H
Br

（6）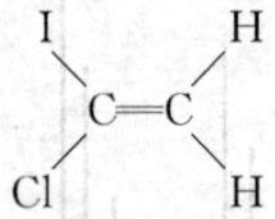

I
H
C=C
Cl
H

3. 分子式为 C_2H_2BrCl 的化合物的偶合常数 $J=16Hz$，在核磁共振谱图上只有 2 个二重峰，试写出其结构。

4. 给出符合下列谱图的结构。

（1）C_3H_7Br

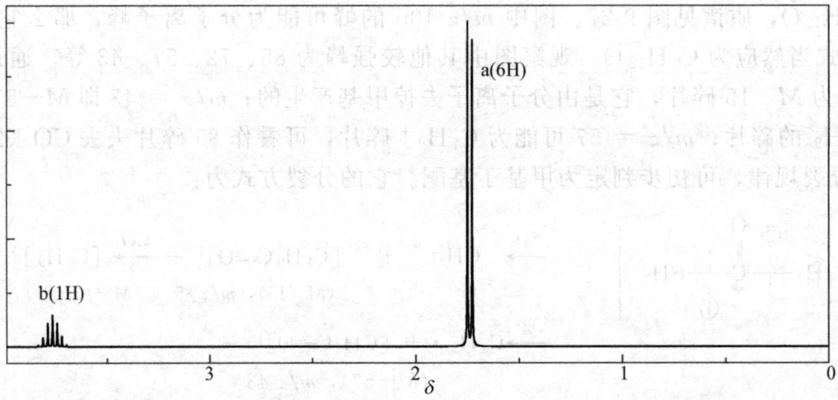

a(6H)
b(1H)
3
2
1
0
δ

（2）C_7H_8O

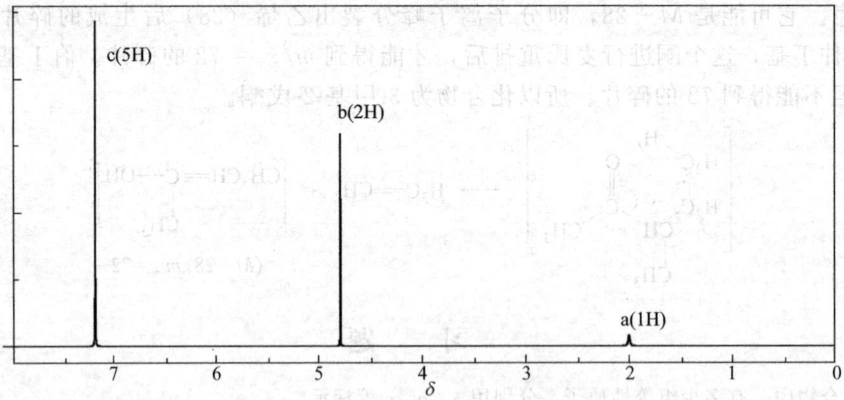

c(5H)
b(2H)
a(1H)
7
6
5
4
3
2
1
0
δ

（3）C_2H_5Br

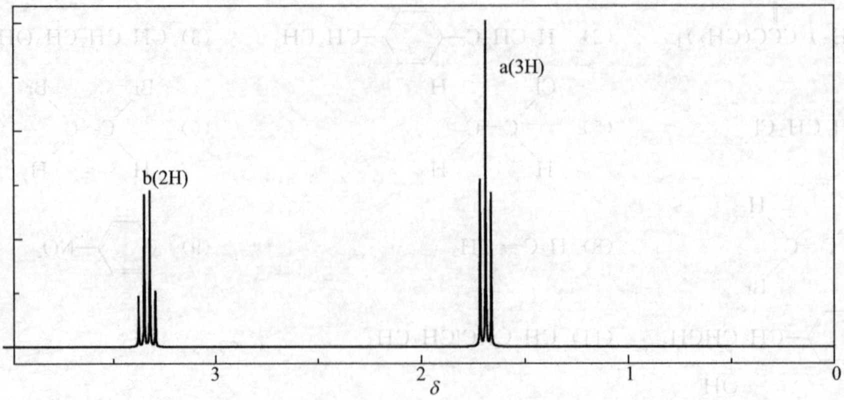

a(3H)
b(2H)
3
2
1
0
δ

(4) $C_4H_8Br_2$

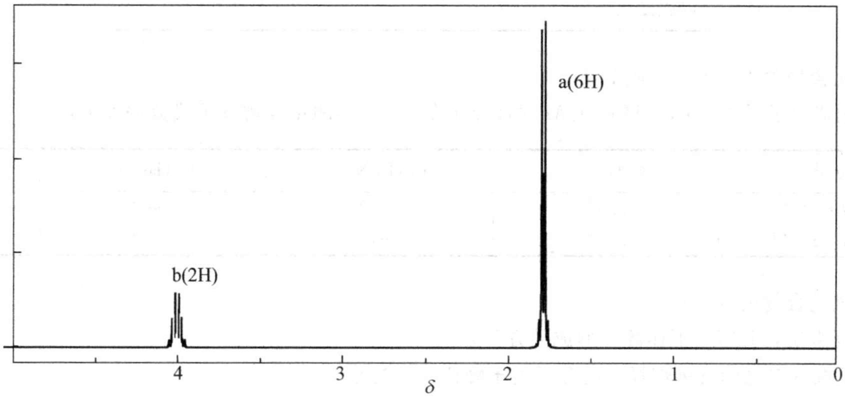

a(6H)
b(2H)
4
3
2
1
0
δ

(5) $C_3H_6Cl_2$

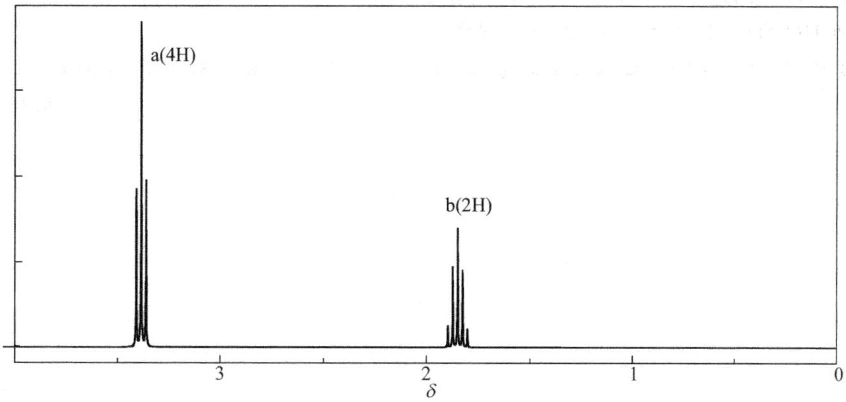

a(4H)
b(2H)
3
2
1
0
δ

5. 从分子式和核磁共振谱推出下面化合物的结构。

(1) $C_4H_7Cl_3$：δ=1.4（单，3H）；4.0（单，4H）

(2) $C_4H_7Cl_3$：δ=1.3（双，3H）；2.4（单，3H）；4.6（四，1H）

(3) C_4H_7Br：δ=1.4（双，3H）；2.6（三，2H）；3.6（多，1H）；5.4（三，1H）

(4) $C_4H_8Br_2$：δ=1.0（双，3H）；2.5（多，1H）；3.3（多，4H）

6. 当2,3-二甲基-2,3-二溴丁烷与 SbF_5 在液体 SO_2 中，于−60℃反应时，NMR 谱不是两个单峰，而是一个单峰（δ=2.9）。这个实验说明什么？请问本实验是否产生碳正离子 $(CH_3)_2CBr\overset{+}{C}(CH_3)_2$？

7. 化合物 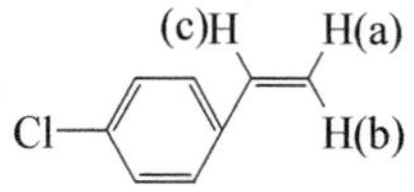 的化学位移为 H_a($\delta\approx$5.7)，H_b($\delta\approx$5.3)，H_c($\delta\approx$6.7)；偶合常数 $J_{ac}\approx$18Hz，$J_{bc}\approx$11Hz，$J_{ab}\approx$2Hz。试指出其中乙烯的质子 H_a、H_b、H_c 的裂分情况。

(c)H
H(a)
Cl
H(b)

8. 分子式为 $C_4H_8O_2$ 的化合物，溶于 $CDCl_3$ 中，测得的 NMR 谱为 δ=1.35（双峰，3H），δ=2.15（单峰，3H），δ=3.75（单峰，1H），δ=4.25（四重峰，1H）；溶于 D_2O 中测 NMR，其谱图相同，但 δ=3.75 的峰消失。此化合物的红外光谱在 1720cm^{-1} 处有强吸收峰。推写出此化合物的结构，并解释为什么用重水时，NMR 在 δ=3.75 处的峰消失。

9. 在碘甲烷质谱中，m/z 数值为 142 和 143 的两个峰叫什么峰？两峰的相对强度比值应为多少？

10. 某主要化合物在质谱图上只有 3 个主要峰，其 m/z 数值为 15、94 和 96，其中 94 和 96 两峰的相对强度近似相等（96 峰略低），试写出该化合物的结构式。

11. 某化合物的质谱数据如下：

m/z	$M(150)$	$M+1(151)$	$M+2(152)$
峰强度比	100	9.9	0.9

(1) 此化合物含不含 S、Cl 或 Br?

(2) 查表知分子量为 150，$(M+1)/M$ 的百分比在 0～11%的化合物分子式数据如下：

分子式	$C_7H_{10}N_4$	$C_8H_{16}N_2O$	$C_9H_{10}O_2$	$C_9H_{14}N_2$
$(M+1)/M$	9.25%	9.61%	9.96%	10.71%
$(M+2)/M$	0.38%	0.61%	0.84%	0.52%

试写出该化合物的分子式。

12. 解释下列事实，并写出下述碎片形成的方程。

(1) 异丁烷（典型的支链烷烃）的分子离子峰比正丁烷小。

(2) 所有一级醇 RCH_2OH 都在 $m/z=31$ 处有强碎片峰。

(3) 所有 $C_6H_5CH_2R$ 型的芳烃都在 $m/z=91$ 处有强碎片峰。

(4) $RCH_2CH=CH_2$ 型烯烃都在 $m/z=41$ 处有强峰。

(5) 醛 RCHO 均在 $M-1$ 和 $m/z=29$ 处有强峰。

13. 某化合物 $C_{10}H_{12}O$ 质谱的主要 m/z 数值为 15、43、57、91、105 和 148，推出其结构。

（扬州大学，袁宇）

第十章 醇、酚

有机含氧化合物很多，重要的有机含氧化合物有醇、酚、醚、醛、酮、羧酸、酯及酸酐等。醇和酚分子中都含有羟基（—OH），它们可以看作是烃类分子中氢原子被羟基所取代的化合物。羟基与脂肪烃或芳烃侧链碳原子相连的称为醇，羟基直接与芳环相连的称为酚。醇和酚的结构与水相似，又可以看作是水分子中的氢原子被烃基所取代的化合物，其通式为ROH。醇、酚都含有羟基，羟基是其官能团，因此二者在性质上有共同之处；由于二者所连烃基的不同，性质上又有一定的差异。

第一节 醇的结构、分类及命名

醇（alcohol）可以看成是烃分子中的氢原子被羟基（—OH）取代后的产物，或看成水分子中的氢原子被烃基取代后的产物，常用ROH表示。羟基（—OH，hydroxyl）是醇的官能团。

一、醇的结构

醇的结构与水相似。现以最简单的醇——甲醇为例来讨论醇的结构。在水分子中，氧原子处于 sp^3 杂化状态；甲醇分子中，碳原子处于 sp^3 杂化状态，氧原子也处于 sp^3 杂化状态，外层的六个电子分布在四个 sp^3 轨道，其中两对未共用电子对占据两个 sp^3 杂化轨道，剩下两个杂化轨道分别与氢及碳成键（见图10-1）。

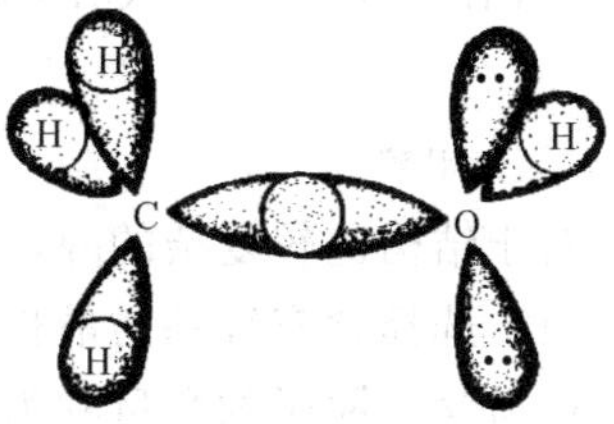

H
H
H
C
O
H

图10-1 甲醇分子中原子轨道示意图

由于醇分子中氧原子的电负性比碳原子强，因此氧原子上的电子云密度较高，而碳原子上的电子云密度较低，这样使醇分子具有较强的极性。醇的偶极矩在2D左右，与水相似，H_2O 的偶极矩为1.8D，CH_3OH 为1.7D。

醇中的羟基是与 sp^3 杂化碳原子相连的。羟基如与 sp^2 杂化碳原子相连，这类结构大多数不稳定，如乙烯醇很快异构化为乙醛。羟基如果与苯环的 sp^2 杂化碳原子相连，则形成另一类化合物——酚，这种结构是稳定的。一个 sp^3 杂化碳原子不能同时连接有两个羟基，或者和羟基相连又与X（卤素）相连，这类化合物不稳定，会脱水或脱HX形成羰基。

$$CH_2{=}CHOH \rightleftharpoons CH_3CHO$$

OH
C
OH
−H₂O
C═O
X
C
OH
−HX
C═O

二、醇的分类

醇的分类方法很多，可以根据醇分子中羟基所连接的烃基的类别分类，分为饱和醇、不饱和醇、脂肪醇、脂环醇、芳香醇等。例如：

$CH_3CH_2CH_2OH$	$CH_2{=}CHCH_2OH$	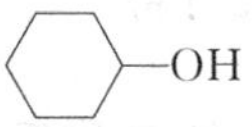	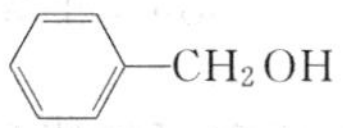
饱和醇（脂肪醇）	不饱和醇（脂肪醇）	脂环醇	芳香醇

按羟基所连接碳原子的类型，醇可分为伯醇（1°醇）、仲醇（2°醇）、叔醇（3°醇）。例如：

伯醇　$CH_3CH_2CH_2OH$　　$(CH_3)_2CHCH_2OH$　　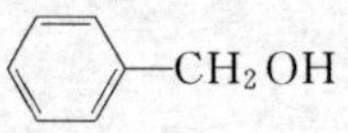

1-丙醇　　2-甲基-1-丙醇　　苯甲醇

仲醇　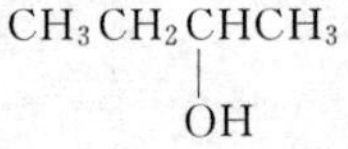　　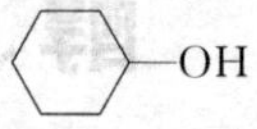

2-丁醇　　环己醇

叔醇　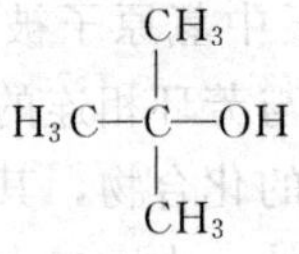　　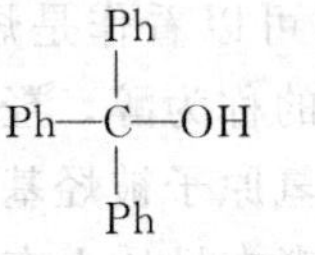　　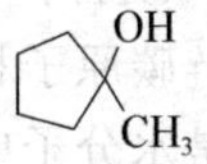

2-甲基-2-丙醇　　三苯甲醇　　1-甲基-1-环戊醇

按分子中所含羟基的数目，醇又可分为一元醇、二元醇及多元醇。含两个以上羟基的醇统称为多元醇。例如：

CH_3CH_2OH　　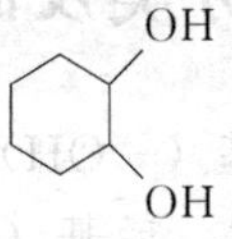　　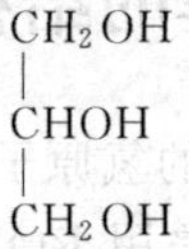　　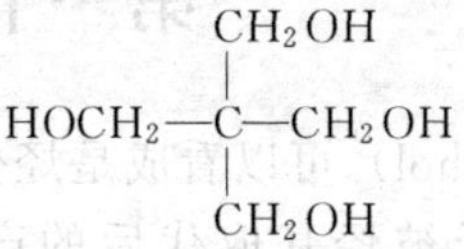

乙醇　　1,2-环己二醇　　丙三醇　　季戊四醇

三、醇的命名

简单的一元醇可根据与羟基所连接的烃基来命名，在“醇”字前面加上烃基的名称即可，一般情况下“基”字省略。例如：

$CH_3—OH$　　$CH_3CH_2CH_2—OH$　　$CH_2=CHCH_2—OH$　　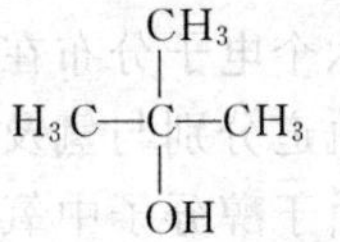

甲醇　　正丙醇　　烯丙醇　　叔丁醇

对于结构比较复杂的醇，普通命名法不适用，必须采用系统命名法来命名，其原则如下：

（1）选择含有羟基的最长碳链作为主链，从靠近羟基的一端对主链的碳原子进行编号，按照主链所含碳原子的数目称为某醇。命名时把取代基的位次、名称及羟基的位次写在母体名称“某醇”的前面，其余规则类同烃类化合物的命名。例如：

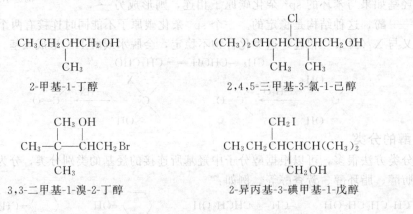

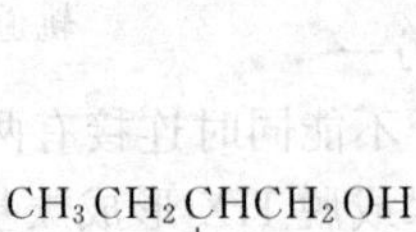　　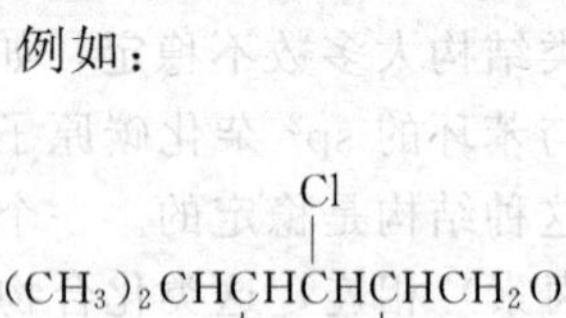

2-甲基-1-丁醇　　2,4,5-三甲基-3-氯-1-己醇

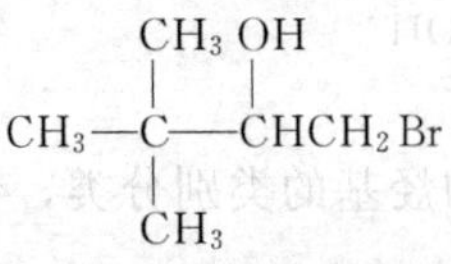　　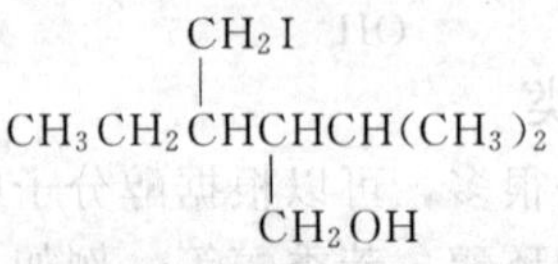

3,3-二甲基-1-溴-2-丁醇　　2-异丙基-3-碘甲基-1-戊醇

（2）脂环醇可按脂环烃基的名称后加“醇”字来命名，羟基所连接的碳是“1”号位。例如：

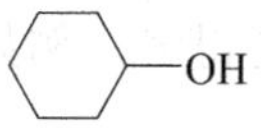 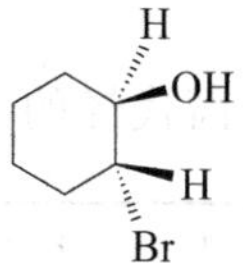 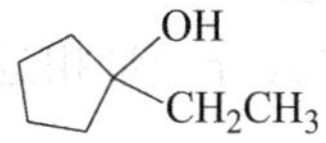

环己醇　　反-2-溴-1-环己醇　　1-乙基-1-环戊醇

（3）分子中含有双键或叁键的不饱和醇命名时应选择既含有羟基又含有不饱和键在内的最长碳链作为主链，从靠近羟基的一端对主链进行编号，命名为烯醇或炔醇。例如：

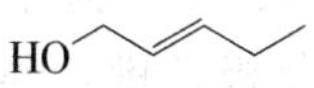 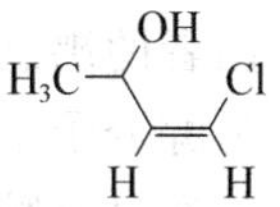 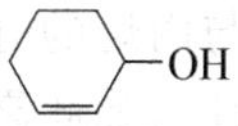

反-2-戊烯-1-醇　　(*Z*)-4-氯-3-丁烯-2-醇　　2-环己烯-1-醇

（4）多元醇的命名应尽可能选择连有羟基最多的最长的碳链为主链，根据其碳原子数和羟基的数目称某醇；主链的编号从靠近羟基的一端开始，并在醇名前再标明羟基位置。例如：

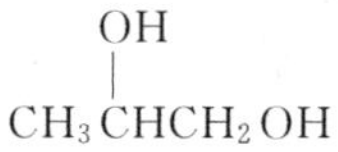 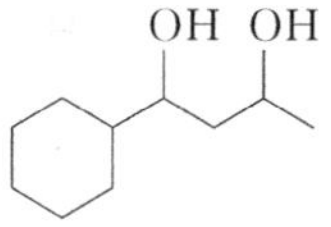

1,2-丙二醇　　1-环己基-1,3-丁二醇

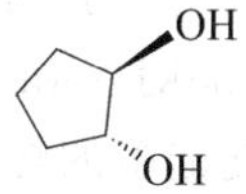　　$C(CH_2OH)_4$

反-1,2-环戊二醇　　2,2-二(羟甲基)-1,3-丙二醇
(季戊四醇)

习题 10-1　用系统命名法命名下列醇或写出其结构式，并指出它是伯醇、仲醇还是叔醇。

（1）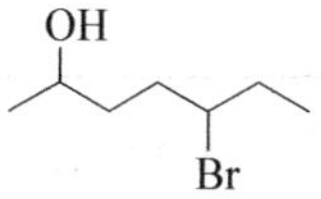　（2）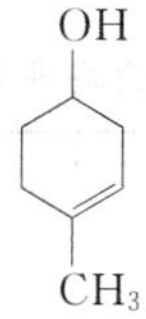　（3）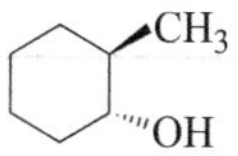

（4）仲戊醇　（5）异戊醇　（6）新戊醇　（7）2-丁烯-1-醇

（8）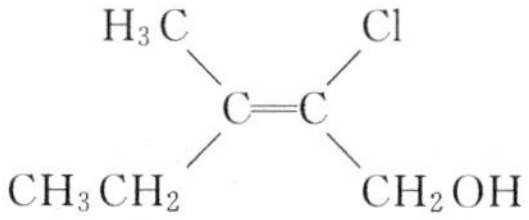　（9）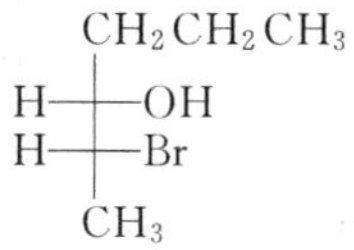

（10）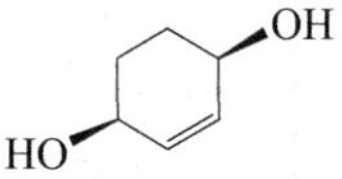　（11）$CH_3CH(OH)(CH_2)_4CH(OH)C(CH_3)_3$

第二节　醇的物理性质

含 1 个碳原子到 11 个碳原子的饱和一元醇在室温下是液体。含 4 个碳原子以下的醇为无色的具有酒味的流动液体，$C_{5\sim11}$的醇为具有不愉快气味的油状液体，C_{12}以上的醇为无臭无味的蜡状固体。低级的二元醇或三元醇是无色具有甜味的黏稠液体。

一、醇的物理性质

低级醇的沸点比与其分子量相近的烷烃、卤代烃的沸点高得多。例如：

化合物	相对分子质量	沸点/℃	化合物	相对分子质量	沸点/℃
$CH_3CH_2CH_3$	44	−42	$CH_3CH_2CH_2CH_3$	58	−0.5
CH_3Cl	50	−24.2	CH_3CH_2Cl	64	+12.3
CH_3CH_2OH	46	+78.5	$CH_3CH_2CH_2OH$	60	+97.4

乙醇的分子量与丙烷的分子量相近，两者的沸点却相差近 120℃。为什么会出现如此大的差异，醇的沸点为什么如此高呢？这是因为醇分子中的氢氧键是极性键，醇分子间可形成类似于水分子间形成的氢键，液态的醇实际上是通过氢键形成的缔合体：

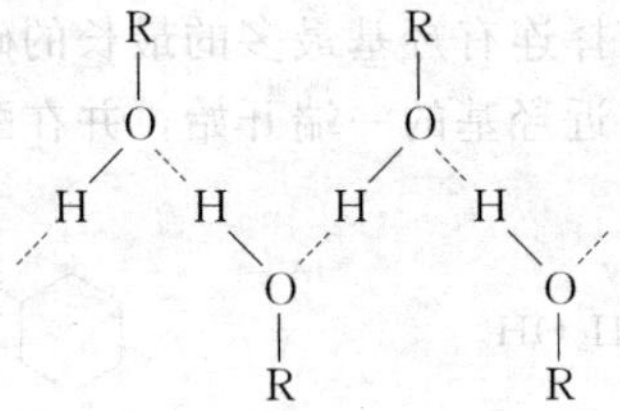

由于醇分子间的相互缔合，因此要使醇汽化，首先必须供给足够的能量来破坏分子间的范德华力，还得有足够的能量使氢键断裂，氢键的键能一般为 25kJ/mol。这是醇具有高沸点的原因。随着醇分子中的碳链增长或支链增多，大的烃基以及支链多的烃基对羟基形成氢键的空间阻碍作用增大，从而使高级醇与相应烷烃间的沸点差距缩小。例如，正十二醇（相对分子质量为 186）的沸点为 255～259℃，正十三烷（相对分子质量为 184）的沸点为 235.4℃。碳原子数相同的醇中，直链醇的沸点最高，支链越多，沸点越低。例如正丁醇的沸点为 117.3℃，异丁醇为 107.9℃，仲丁醇为 99.5℃。常见醇的物理常数见表 10-1。

表 10-1 醇的物理常数

名称	结构式	熔点/℃	沸点/℃	相对密度 d_4^{20}	溶解度 /(g/100g 水)
甲醇	CH_3OH	−97.8	65	0.7914	∞
乙醇	CH_3CH_2OH	−114.7	78.5	0.7893	∞
正丙醇	$CH_3CH_2CH_2OH$	−126.5	97.4	0.8035	∞
异丙醇	$CH_3CH(OH)CH_3$	−89.5	82.4	0.7855	∞
正丁醇	$CH_3CH_2CH_2CH_2OH$	−80.5	117.3	0.8098	8
仲丁醇	$CH_3CH_2CH(OH)CH_3$	−114.7	99.5	0.8063	12.5
异丁醇	$(CH_3)_2CHCH_2OH$	−108	107.9	0.8021	11.1
叔丁醇	$(CH_3)_3COH$	25.5	82.2	0.7337	∞
正戊醇	$CH_3CH_2CH_2CH_2CH_2OH$	−79	138	0.8114	2.2
新戊醇	$(CH_3)_3CCH_2OH$	53	114	0.812	∞
正己醇	$CH_3(CH_2)_5OH$	−46.7	158	0.8136	0.7
烯丙醇	$CH_2{=}CHCH_2OH$	−129	97.1	0.8540	∞
苯甲醇	$PhCH_2OH$	−15.3	205.3	1.0419	4
乙二醇	CH_2OHCH_2OH	−11.5	198	1.1088	∞
丙三醇	$CH_2OHCHOHCH_2OH$	18	290(分解)	1.2613	∞

从表 10-1 中可以看出，与烷烃相似，直链饱和一元醇的沸点也是随着碳原子数目的增加而上升，每增加一个碳原子，沸点升高 18～20℃。

醇和水都含有能形成氢键的—OH 结构，因此醇分子能与水分子形成氢键。

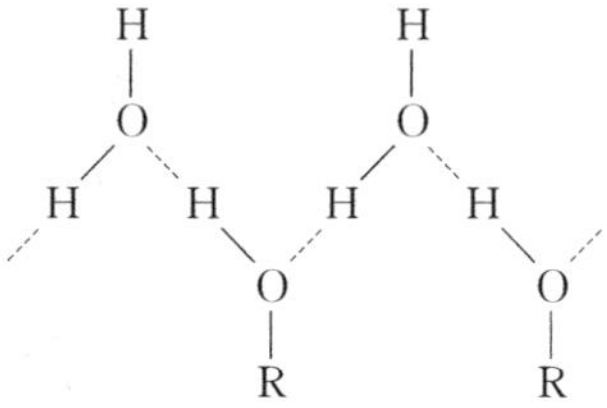

醇在水中的溶解度与烷烃不同。一些低级的醇能与水混溶。从表 10-1 中又可看出，随着醇分子量的增大，醇在水中的溶解度逐渐降低，这是因为随着醇分子中的烃基增大，羟基在分子中所占比例减小，醇羟基与水形成氢键的能力减小，醇在水中的溶解度也随着降低。另外醇也是很好的有机极性溶剂。一些低级的醇也能溶解 NaCl 等离子化合物，有时将醇中的—OH 结构称为亲水基团，醇中的烃基称为疏水基团。

低级醇与水类似，能与氯化钙、氯化镁等无机盐形成结晶醇配合物，又称醇化物。结晶醇溶于水而不溶于有机溶剂。例如：

$CaCl_2 \cdot 4CH_3OH$　　　$CaCl_2 \cdot 4CH_3CH_2OH$

$MgCl_2 \cdot 6CH_3OH$　　　$MgCl_2 \cdot 6CH_3CH_2OH$

因此，常可利用醇的这一性质从其他有机化合物中除去少量醇类杂质。醇类化合物不能用氯化镁、氯化钙等作干燥剂除去其中的水。

二、醇的光谱性质

醇的红外光谱中游离羟基（未形成氢键）的伸缩振动在 3650～3590cm^{-1} 区域产生一个尖峰，强度不定。醇分子间形成氢键后，羟基的伸缩振动吸收峰出现在 3400～3200cm^{-1} 区域，峰强而宽，是醇的特征吸收峰。C—O 键伸缩振动的吸收峰通常出现在 1260～1000cm^{-1} 区域。图 10-2 为 2-丁醇的红外吸收光谱图。图中 3350cm^{-1} 及 1100cm^{-1} 处分别为 O—H 及 C—O 键的伸缩振动吸收峰。

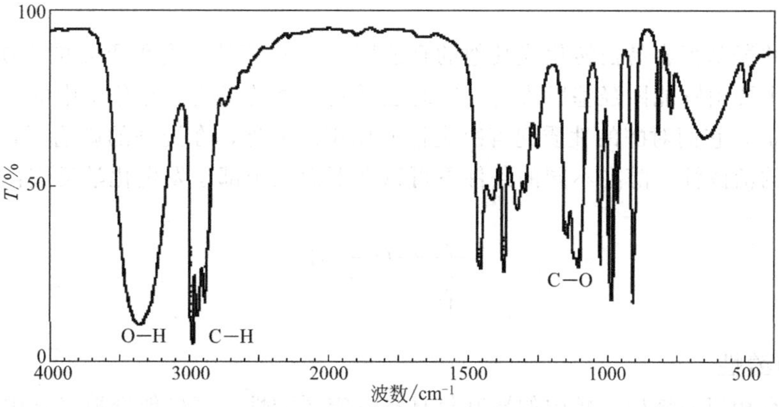
100
50
0
T/%
O—H
C—H
C—O
4000
3000
2000
1500
1000
500
波数/cm⁻¹

图 10-2　2-丁醇的红外吸收光谱图

醇的核磁共振氢谱受醇分子间氢键的影响，羟基质子（O—H）的化学位移值受温度、溶剂、浓度的影响而变化，可出现在 δ 1～5.5 的范围内。氢键的形成能降低羟基质子周围的电子云密度，使质子的吸收向低场位移。当溶液被稀释（用作质子溶剂）或升高温度时，分子间形成氢键的程度减弱，质子化学位移将向高场移动。图 10-3 为乙醇的核磁共振氢谱。

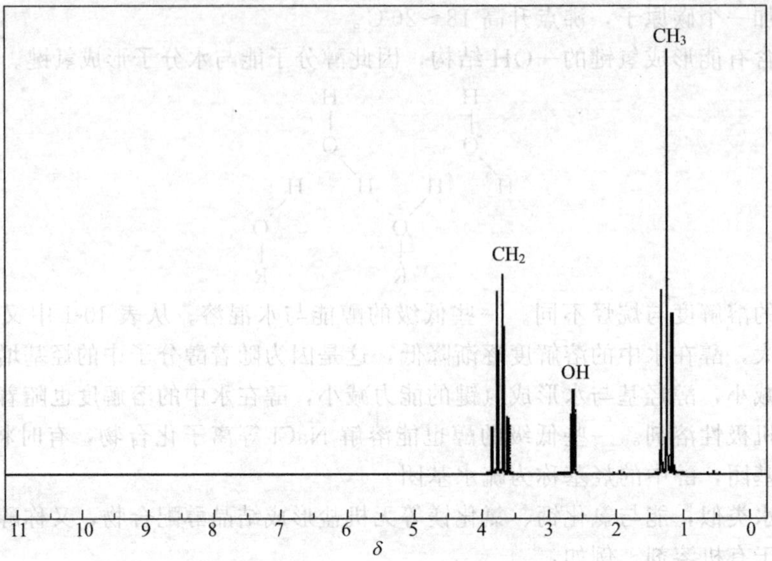
CH3
CH2
OH
11 10 9 8 7 6 5 4 3 2 1 0
δ

图 10-3　乙醇的核磁共振氢谱

习题 10-2　不用查表，将下列化合物的沸点由低到高排列成序。

(1) 正己醇　(2) 3-己醇　(3) 正己烷　(4) 二甲基正丙基甲醇

(5) 正辛醇

习题 10-3　乙醇与氯甲烷具有相近的分子量，它们之中哪个沸点高？为什么？

习题 10-4　如何区别乙醇与正丁醇？

第三节　醇的化学性质

醇分子中的羟基很容易被转化成其他的官能团，因此醇是一类很重要的有机合成中间体。醇的化学性质主要由官能团羟基所决定，同时也受到烃基的影响。醇分子中的 C—O 键和 O—H 键均为极性键，它们对醇的性质起着决定性的作用。另外，在羟基的影响下，α-碳上的氢原子也具有一定的活泼性。醇在不同的条件下可以在下面三个部位发生化学反应：

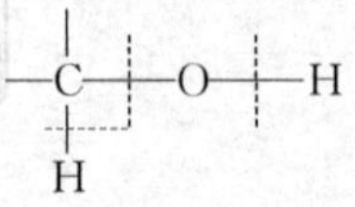

一、醇的酸性

醇与水具有相似的结构，醇中的羟基氢具有一定弱酸性。强碱能夺取羟基中的氢形成烷氧基负离子。

$$R—\ddot{O}—H + B^- \rightleftharpoons R—\ddot{O}:^- + B—H$$

$$CH_3CH_2—\ddot{O}—H + B^- \rightleftharpoons CH_3CH_2—\ddot{O}:^- + B—H$$

醇的酸性变化很大，表 10-2 列出了常见醇的离解常数。

表 10-2　常见醇的离解常数

醇	结　构	K_a	pK_a
甲醇	$CH_3—OH$	3.2×10^{-16}	15.5
乙醇	$CH_3CH_2—OH$	1.3×10^{-16}	15.9
2-氯乙醇	$Cl—CH_2CH_2—OH$	5.0×10^{-15}	14.3
2,2,2-三氯乙醇	$Cl_3C—CH_2—OH$	6.3×10^{-13}	12.2
异丙醇	$(CH_3)_2CH—OH$	3.2×10^{-17}	16.5
叔丁醇	$(CH_3)_3C—OH$	1.0×10^{-18}	18.0
环己醇	$C_6H_{11}—OH$	1.0×10^{-18}	18.0
水	H_2O	1.8×10^{-16}	15.7
乙酸	CH_3COOH	1.6×10^{-5}	4.8
盐酸	HCl	1.6×10^{2}	−2.2

醇的离解常数从甲醇的 10^{-16} 级变化到叔丁醇的 10^{-18} 级，随着烃基碳原子个数的增加，醇的酸性减弱。这是因为大的烃基阻碍了烷氧基负离子的溶剂化，降低了它的稳定性。从表 10-2 可以看出，有吸电子的卤素存在时，醇的酸性增加。例如 2-氯乙醇的酸性比乙醇的酸性强，就是因为吸电子氯的存在使得 2-氯乙氧基负离子更加稳定。

$$CH_3CH_2OH + H_2O \rightleftharpoons CH_3CH_2O^- + H_3^+O \qquad K_a = 1.3\times10^{-16}$$

$$ClCH_2CH_2OH + H_2O \rightleftharpoons ClCH_2CH_2O^- + H_3^+O \qquad K_a = 5.0\times10^{-15}$$

醇与水相似，也能与活泼金属如钠作用产生氢气和醇钠：

$$H_2O + Na \longrightarrow NaOH + \frac{1}{2}H_2$$

$$ROH + Na \longrightarrow RO^-Na^+ + \frac{1}{2}H_2$$

$$CH_3CH_2OH + Na \longrightarrow CH_3CH_2O^-Na^+ + \frac{1}{2}H_2$$

醇的酸性比水弱，醇羟基中的氢原子不如水分子中的氢原子活泼，醇与金属钠的反应比水与金属钠的反应要缓和得多，放出的热量也不足以使生成的氢气燃烧。因此，常利用这个反应销毁在某些反应过程中残余的金属钠，而不致引起燃烧和爆炸。随着醇中烃基碳链的增长，醇与金属钠反应的速率减小。甲醇、乙醇会很快地与金属钠反应生成甲醇钠或乙醇钠，2-丙醇（仲醇）与金属钠的反应很慢，叔丁醇（叔醇）与金属钠的反应更慢，高级醇与金属钠的反应缓慢，有些醇甚至很难进行。这时会用活性比金属钠更高的金属钾与仲醇或叔醇反应制备醇钾。

$$(CH_3)_3COH + K \longrightarrow (CH_3)_3CO^-K^+ + \frac{1}{2}H_2$$

有些醇与金属钠或金属钾的反应都很慢，可以用活性更高的氢化钠作为反应试剂。该反应通常在 THF 溶剂中进行，氢化钠可以很快地与醇反应形成醇钠。

$$ROH + NaH \longrightarrow RO^-Na^+ + H_2$$

各类醇与金属钠反应的速率是：甲醇＞伯醇＞仲醇＞叔醇。

根据酸碱定义，较弱的酸失去氢离子后就成为较强的碱，所以，醇钠的碱性比氢氧化钠的碱性强。醇钠是白色固体，可溶于醇中，遇水即分解成为醇和氢氧化钠。

$$\underset{\text{较强的碱}}{RONa} + \underset{\text{较强的酸}}{H_2O} \rightleftharpoons \underset{\text{较弱的酸}}{ROH} + \underset{\text{较弱的碱}}{NaOH}$$

该酸碱平衡反应主要向生成醇和氢氧化钠的方向进行，如想由醇和氢氧化钠制备醇钠，必须设法将平衡体系中的水不断除去。在工业生产上，为了避免使用昂贵的又非常危险的金属钠，就是利用上述反应原理制备醇钠的。一般是在反应体系中加进苯，使苯、乙醇和水的三元共沸物不断蒸出，使反应混合物中的水分子不断地被带出，破坏了平衡而使反应有利于生产醇钠。醇钠的化学性质相当活泼，是有机合成中重要的强碱性试剂，也可以作为亲核试剂在分子中引入烷氧基。

其他活泼金属如镁、铝汞齐等也可与醇作用生成醇镁、醇铝等。异丙醇铝 $[(CH_3)_2CHO]_3Al$ 和叔丁醇铝 $Al[OC(CH_3)_3]_3$ 在有机合成上有着重要的用途。

$$6(CH_3)_2CHOH + 2Al \longrightarrow 2[(CH_3)_2CHO]_3Al + 3H_2$$

习题 10-5 预测下列各组化合物中谁的酸性更强。

(1) 甲醇和叔丁醇 (2) 2-氯乙醇和 2,2-二氯乙醇

习题 10-6 比较下列化合物的酸性，并说明其理由。

(1) 水 (2) 乙醇 (3) 2-氯乙醇 (4) 叔丁醇 (5) 氨 (6) 硫酸

习题 10-7 列出 1-丁醇、2-丁醇和 2-甲基-2-丙醇与金属钠反应的活性次序；再列出三种醇钠的碱性大小次序。

习题 10-8 列出 CH_3CH_2ONa、$(CH_3)_3CCH_2ONa$ 和 CF_3CH_2ONa 三种醇钠的碱性大小次序。

二、醇与氢卤酸的反应

醇容易与氢卤酸发生亲核取代反应，生成卤代烃和水，这是实验室中制备卤代烃的一种方法。

$$R—OH + H—X \rightleftharpoons R—X + H_2O$$

该反应是一个可逆反应，如果使一种反应物过量或移去一种生成物，可使平衡向右移动，从而提高卤代烃的产量。

在酸性体系中，醇与其质子化的形式处于一种平衡状态中，醇的质子化使得取代反应中离去基团从不易离去的 HO^- 转化为容易离去的 H_2O。醇一旦质子化后，是发生消除反应还是取代反应，取决于醇的结构及反应条件。

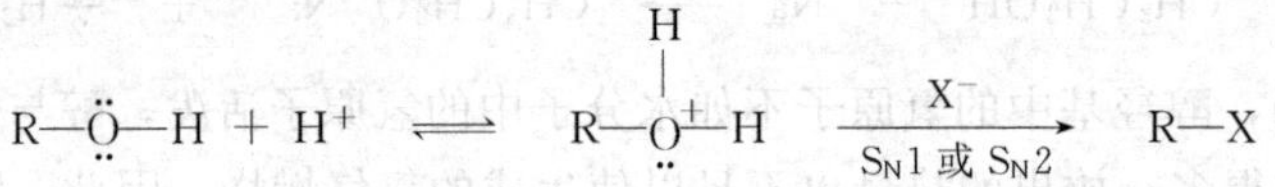

大多数的亲核试剂是碱，在酸性溶液中会质子化，失去亲核性，卤负离子是个例外，它是弱碱，因此 HCl 和 HBr 的溶液含有亲核的 Br^- 和 Cl^-，在 HCl 和 HBr 的溶液中，醇很容易被转化为相对应的卤代烃。

1. 醇与 HBr 的反应

$$R—OH + HBr/H_2O \rightleftharpoons R—Br$$

叔丁醇可以很快地与氢溴酸作用生成叔丁基溴，由于位阻的影响，反应按照 S_N1 机理进行。

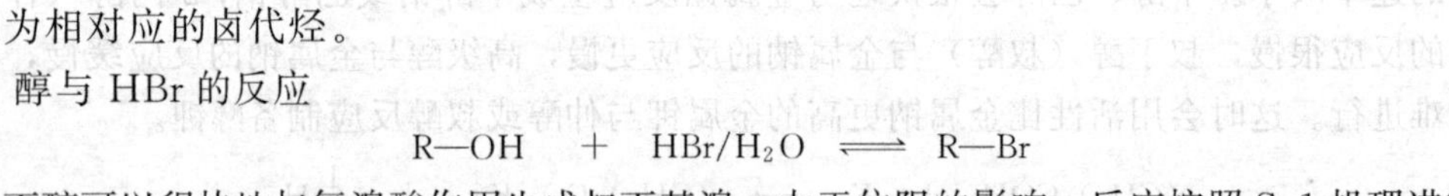

醇与 HBr 反应的机理取决于醇的结构。例如 1-丁醇在硫酸存在下与 HBr 作用生成 1-溴丁烷是按 S_N2 反应机理进行的。

$$CH_3(CH_2)_2CH_2OH \xrightarrow[H_2SO_4]{HBr} CH_3(CH_2)_2CH_2Br \quad (90\%)$$

反应机理如下：

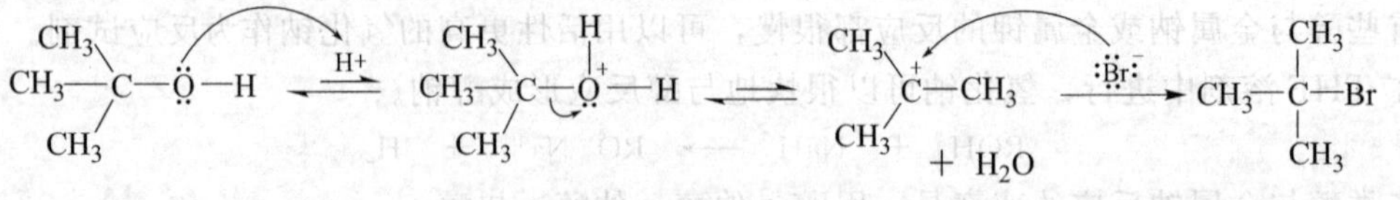

仲醇与 HBr 的反应通常情况下按 S_N1 机理进行。

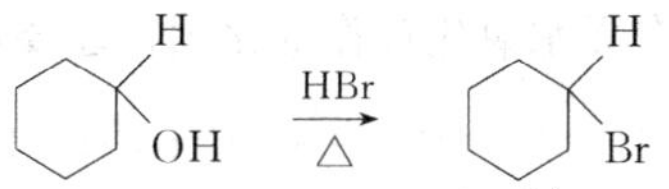

(80%)

2. 醇与 HCl 的反应

$$R—OH + HCl/H_2O \xrightarrow{ZnCl_2} R—Cl$$

醇和 HCl 的反应与醇和 HBr 的反应相似，例如叔丁醇可以很快地与浓盐酸反应生成叔丁基氯。

$$(CH_3)_3C—OH + HCl/H_2O \longrightarrow (CH_3)_3C—Cl + H_2O$$

氯负离子的亲核性没有溴负离子强，当伯醇、仲醇与 HCl 反应时，有时需要加入路易斯酸（如 $ZnCl_2$ 等）作为催化剂来促进反应的进行。无水 $ZnCl_2$ 与浓盐酸配成的溶液称为卢卡斯（K. Lucas，1879—1916）试剂。仲醇、叔醇与卢卡斯试剂的反应按 S_N1 机理进行。

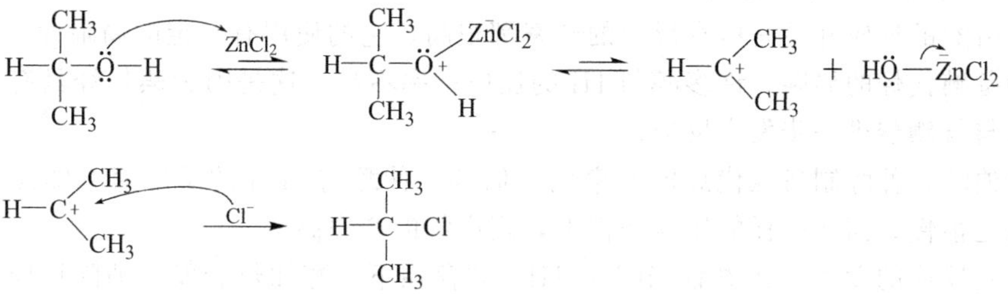

伯醇与卢卡斯试剂的反应按 S_N2 机理进行。

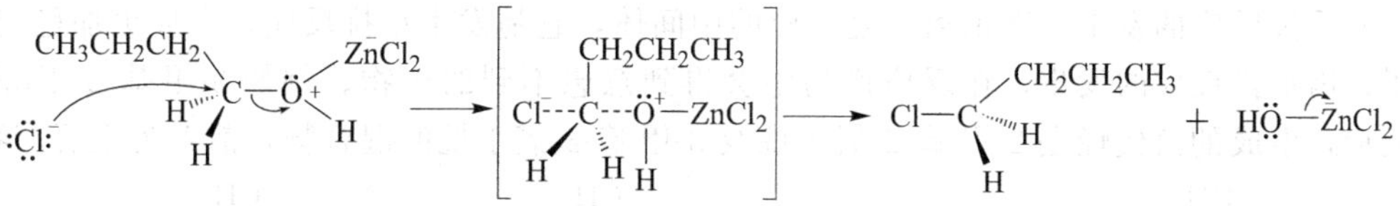

卢卡斯试剂与伯醇、仲醇和叔醇的反应速率不同，可以用来区别伯、仲、叔醇。卢卡斯试剂与叔醇反应很快，立即生成氯代烷而使溶液变浑浊；仲醇则较慢，放置片刻才能浑浊，或分成两层；伯醇在常温下不发生反应，烯丙基醇的伯醇例外。溶液中出现浑浊或分层，表示醇已转变为氯代烃。卢卡斯试剂可用于区别伯、仲、叔醇，但一般仅适用于 6 个碳以下、3 个碳以上的醇。这是因为：一是含 1～2 个碳的产物（卤代烷）沸点低，易挥发；二是 6 个碳以上的高级醇（苄醇除外）本身就不溶于卢卡斯试剂，将它们加到卢卡斯试剂中，不管是否发生反应，都会出现浑浊，从而无法鉴别。

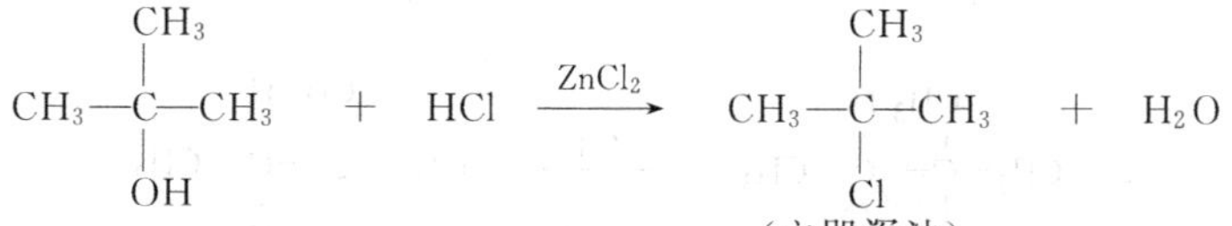

（立即浑浊）

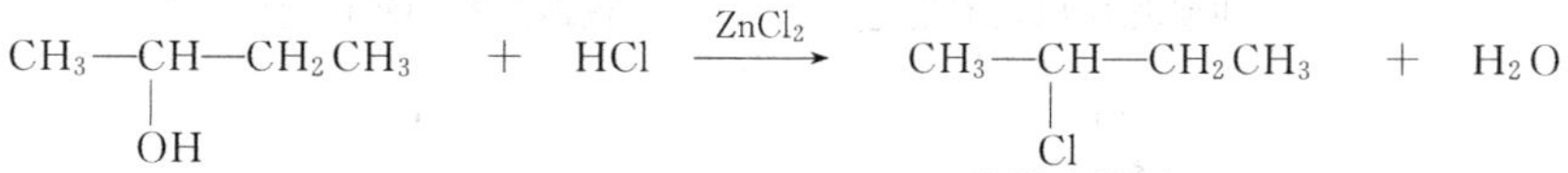

（几分钟内浑浊）

$$CH_3CH_2CH_2CH_2OH + HCl \xrightarrow{ZnCl_2} CH_3CH_2CH_2CH_2Cl + H_2O$$

（长时间不出现浑浊）

不同的醇与 HX 反应的活性顺序是：烯丙基醇＞叔醇＞仲醇＞伯醇。烯丙基醇（$CH_2=CHCH_2OH$）虽然为伯醇，但由于烯丙基正离子比较稳定，故在亲核取代反应中易于按 S_N1 进行反应。

醇和氢卤酸反应的速率与氢卤酸的类型及醇的结构有关。氢卤酸的活性顺序是：HI ＞ HBr ＞ HCl。伯醇与浓氢碘酸一起加热可以生成碘代烃；与浓氢溴酸作用必须在浓硫酸催化作用下加热才能生成溴代烃；与浓盐酸作用必须有无水氯化锌作催化剂，还要加热才能产生氯代烃。例如：

$$CH_3CH_2CH_2CH_2OH + HI \xrightarrow{\triangle} CH_3CH_2CH_2CH_2I + H_2O$$

$$CH_3CH_2CH_2CH_2OH + HBr \xrightarrow[\triangle]{H_2SO_4} CH_3CH_2CH_2CH_2Br + H_2O$$

$$CH_3CH_2CH_2CH_2OH + HCl \xrightarrow[\triangle]{ZnCl_2} CH_3CH_2CH_2CH_2Cl + H_2O$$

一般情况下，醇与氢卤酸的反应中烯丙基醇、叔醇、仲醇可能是按 S_N1 机理进行，因为烯丙型碳正离子、叔碳正离子、仲碳正离子较稳定；伯醇与 HX 作用，则一般按 S_N2 机理进行。由于伯碳正离子的稳定性较低，质子化的伯醇也不容易解离，因此需要在亲核试剂（X^-）向中心碳原子进攻的推动下，H_2O 才慢慢离开，即反应按 S_N2 机理进行。

3. 氢卤酸与醇反应的局限性

醇与氢卤酸的反应并不是所有反应的产率都很高，它的使用有一定的局限性。

（1）制备碘代烃的局限　许多醇与 HI 的反应产率不高，这是因为碘代烃具有很高的反应活性，能够与氢碘酸进一步发生反应。

（2）由伯醇、仲醇制备氯代烃的产率低　伯醇、仲醇与 HCl 的反应速率即使在加了催化剂氯化锌后也很慢，而在同样的反应条件下，副产物的产率高。

（3）消除反应的发生　在浓酸 HCl 或 HBr 的存在下，醇加热会发生消除反应，当羟基质子化转化成好的离去基团后，消除反应与取代反应会同时存在。

（4）重排反应的发生　碳正离子是反应的中间体，它易发生重排反应，生成更加稳定的碳正离子，因重排反应的发生，在反应产物中会得到意想不到的产物。例如 3-甲基-2-丁醇与浓盐酸反应，生成的卤代烃是 2-甲基-2-氯丁烷及 3-甲基-2-氯丁烷的混合物，前者为主要产物。

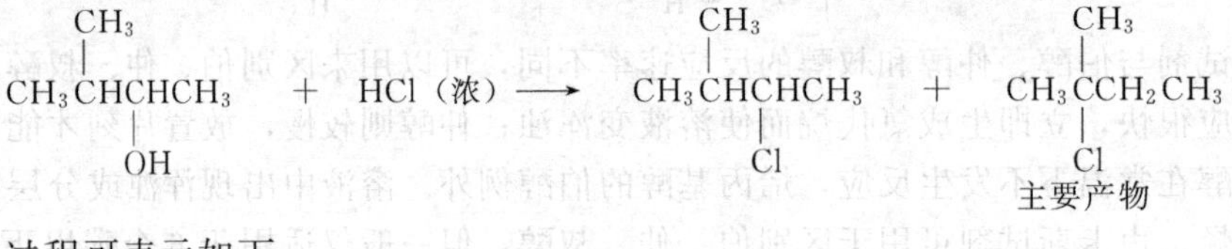
HCl（浓）
主要产物

重排的过程可表示如下：

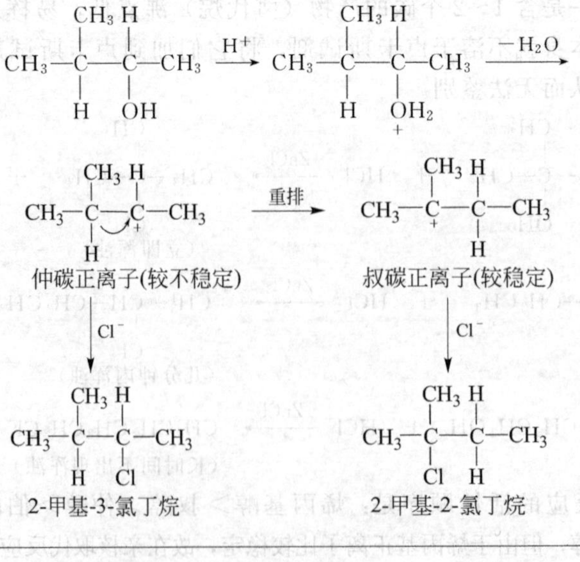
重排
仲碳正离子(较不稳定)
叔碳正离子(较稳定)
2-甲基-3-氯丁烷
2-甲基-2-氯丁烷

习题 10-9　如何区别 2-甲基-2-丙醇、正丁醇和 2-丁醇？

习题 10-10　如何区别叔戊醇、异戊醇和 2-戊醇？

习题 10-11 醇与氢卤酸的反应，为什么伯醇的相对活性（总的）处在最低点？

习题 10-12 为什么顺-2-甲基环己醇与卢卡斯试剂作用生成的主要产物是1-甲基-1-氯环己烷？写出反应可能的机理。

习题 10-13 为什么由2-戊醇与HBr反应所制得的2-溴戊烷中总含有3-溴戊烷？

三、醇与 PX_3、$SOCl_2$ 的反应

醇与卤化磷作用生成卤代烃，这也是实验室中制备卤代烃的一种方法。常用的卤化磷有三溴化磷、三氯化磷和五氯化磷。

$$3R{-}OH + PCl_3 \longrightarrow 3R{-}Cl + H_3PO_3$$

$$3R{-}OH + PBr_3 \longrightarrow 3R{-}Br + H_3PO_3$$

$$R{-}OH + PCl_5 \longrightarrow R{-}Cl + POCl_3 + HCl$$

例如：

$$3(CH_3)_2CHCH_2OH + PBr_3 \xrightarrow[4h]{-10\sim0^\circ C} 3(CH_3)_2CHCH_2Br + H_3PO_3$$

PI_3 很不稳定，可将红磷、碘及醇直接混合制备碘代烷。

$$6R{-}OH + 2P + 3I_2 \longrightarrow 6R{-}I + 2H_3PO_3$$

$$CH_3(CH_2)_{14}CH_2OH + P/I_2 \longrightarrow \underset{(85\%)}{CH_3(CH_2)_{14}CH_2I}$$

伯醇、仲醇与卤化磷的反应产率很高，叔醇的反应产率较低。对于在强酸性介质中易发生重排的醇，如与 PX_3 反应，则得到不发生分子重排的相应的卤代烃。例如：

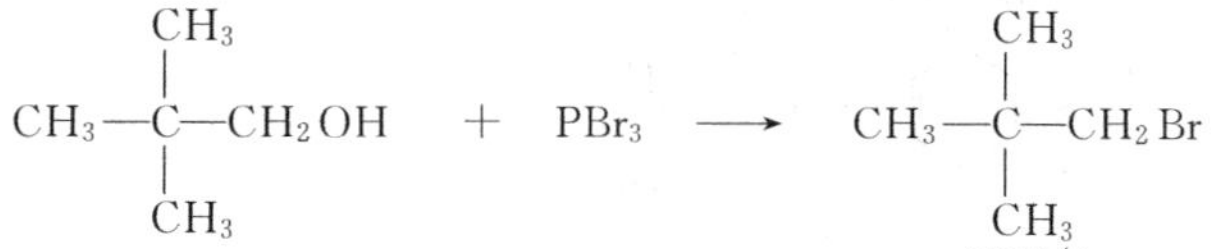

(60%)

醇与三卤化磷的反应机理分为两步，以 PBr_3 与醇反应为例加以说明。

溴离子被取代，形成离去基团：

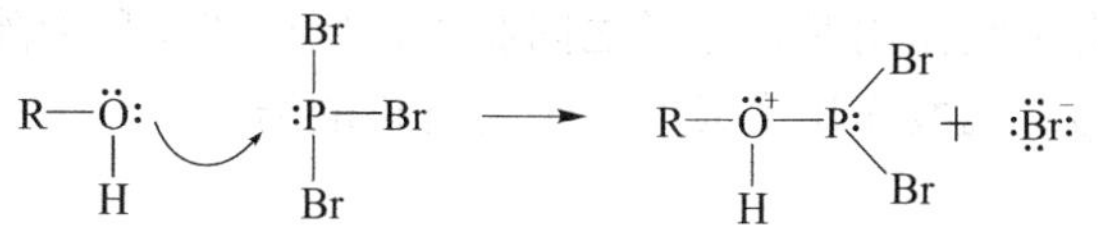

S_N2 亲核取代：

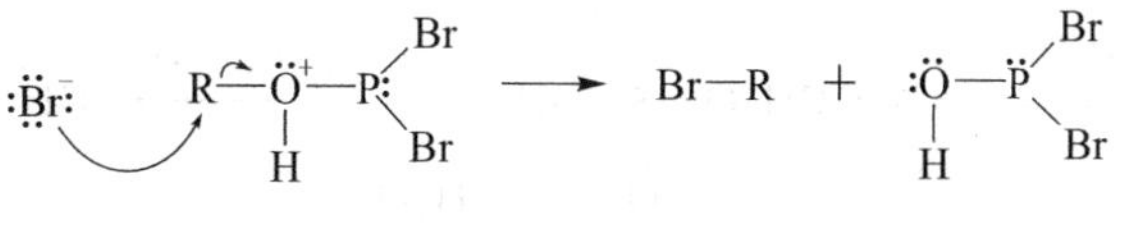

从反应机理来看，反应过程中没有碳正离子的生成，不会发生重排反应。在第二步反应过程中，溴负离子从烃基的背面进攻，如果烃基是叔烃基，则进攻受阻，这就解释了为什么叔醇与三卤化磷的反应产率低的原因。

由醇制备氯代烃最常用的试剂是二氯亚砜（$SOCl_2$）。

$$R{-}OH + SOCl_2 \xrightarrow{\triangle} R{-}Cl + SO_2\uparrow + HCl\uparrow$$

副产物 SO_2、HCl 都是气体，可以不断地离开反应体系，从而有利于向着生成物的方向进行，而且最终没有其他的副产物，氯代烃的分离提纯特别方便。

醇与 $SOCl_2$ 的反应具有一定的立体化学特征。当与羟基相连的碳原子具有手性时，产物

氯代烃中氯原子处在羟基原来所占据的位置，即产物是构型保持的。可能的反应机理如下：

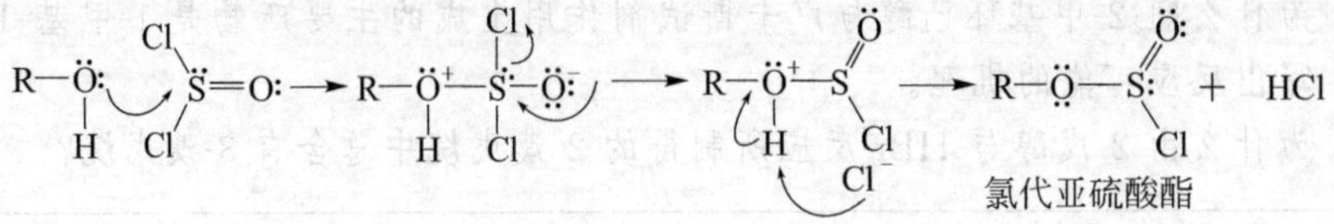

氯代亚硫酸酯

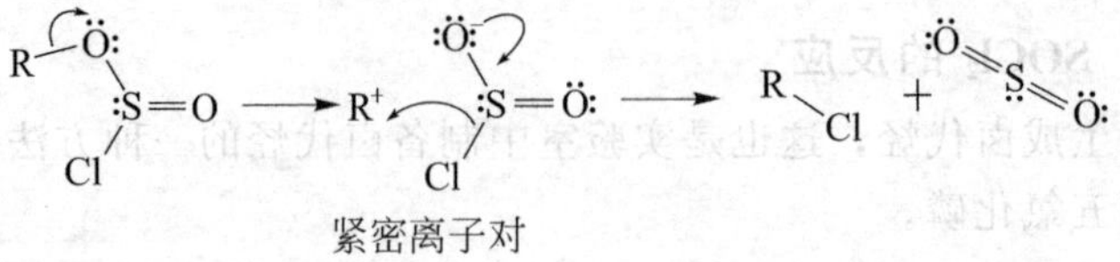

紧密离子对

首先醇羟基中未成键的电子对进攻 $SOCl_2$ 亲电的硫原子，氯离子离开，形成氯代亚硫酸酯，离去基团（$ClOSO^-$）离开中心碳原子，形成紧密离子对，最后 Cl^- 作为离去基团的一部分向碳正离子正面进攻，从而得到构型保持的产物。又如：

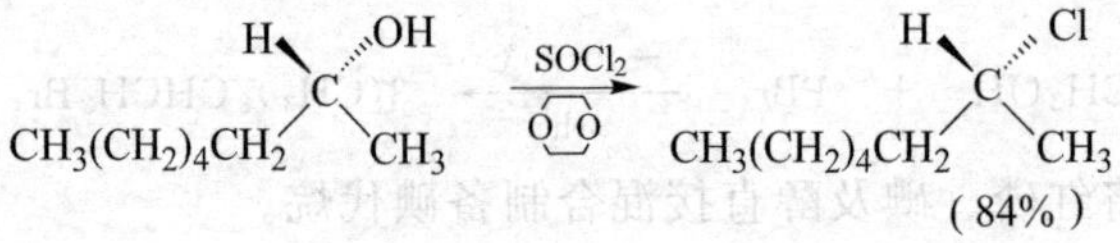

习题 10-14 (*R*)-2-辛醇与下列试剂作用后所得到的 2-氯辛烷是否仍是 *R* 构型？

(1) PCl_3　　(2) $SOCl_2$　　(3) $HCl/ZnCl_2$

习题 10-15 写出下列反应的可能机理：

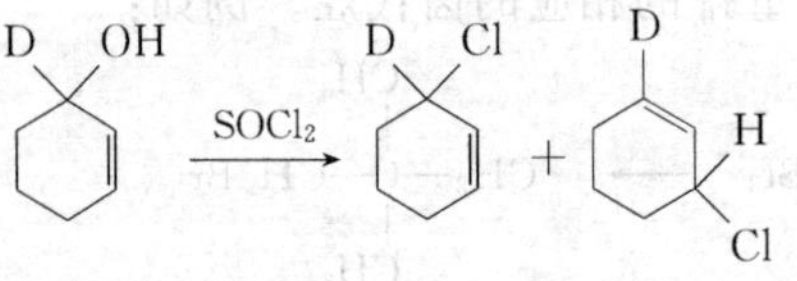

习题 10-16 完成下列转化。

$$(CH_3)_2CHCH_2CH_2CH_2CH_2OH \longrightarrow (CH_3)_2CHCH_2CH_2CH_2CH_2Br$$

四、醇的酯化

醇与含氧无机酸或有机酸作用时，分子之间脱水，所得产物称为酯。与含氧无机酸作用生成的产物为无机酸酯；与有机酸作用生成的产物为有机酸酯。

1. 硫酸酯的生成

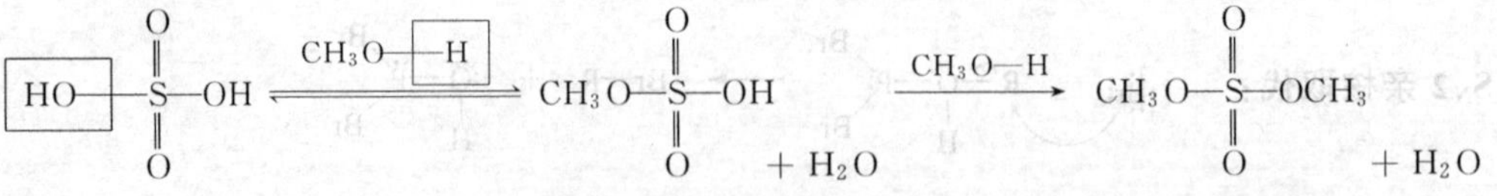

硫酸氢甲酯（酸性酯）　　硫酸二甲酯（中性酯）

该反应是一个可逆反应，生成的酸性硫酸酯用碱中和后，得到烷基硫酸钠 $ROSO_2ONa$。当 R 为 C_{12}～C_{16}时，烷基硫酸钠常用作洗涤剂、乳化剂。这类表面活性剂的缺点是高温易水解。酸性硫酸酯经减压蒸馏，可得中性硫酸酯。

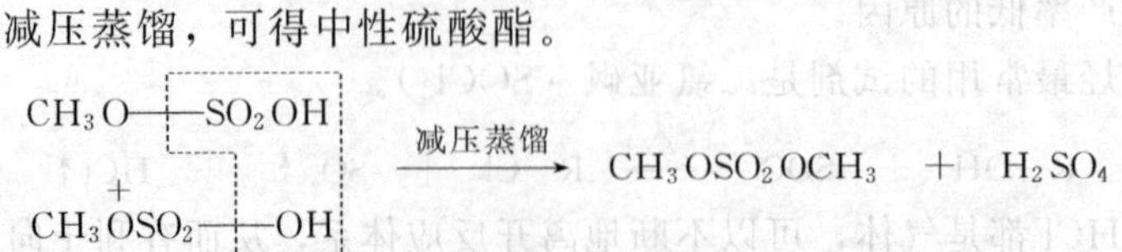

重要的中性硫酸酯是硫酸二甲酯［$(CH_3O)_2SO_2$］和硫酸二乙酯［$(CH_3CH_2O)_2SO_2$］，它们在工业上和实验室中都是重要的甲基化和乙基化试剂。硫酸二甲酯有剧毒，对呼吸器官及

皮肤有强烈刺激作用，使用时应加以注意。

2. 硝酸酯的生成

醇与硝酸作用生成硝酸酯。

$$RO{-}H \ + \ HO{-}NO_2 \longrightarrow RO{-}NO_2 \ + \ H_2O$$

有名的硝酸酯是硝酸甘油，学名为三硝酸甘油酯。用浓硫酸和浓硝酸处理甘油即可得到三硝酸甘油酯：

$$\begin{array}{c} CH_2OH \\ | \\ CHOH \\ | \\ CH_2OH \end{array} \ + \ 3HNO_3 \ \xrightarrow[10℃]{H_2SO_4} \ \begin{array}{c} CH_2ONO_2 \\ | \\ CHONO_2 \\ | \\ CH_2ONO_2 \end{array} \ + \ 3H_2O$$

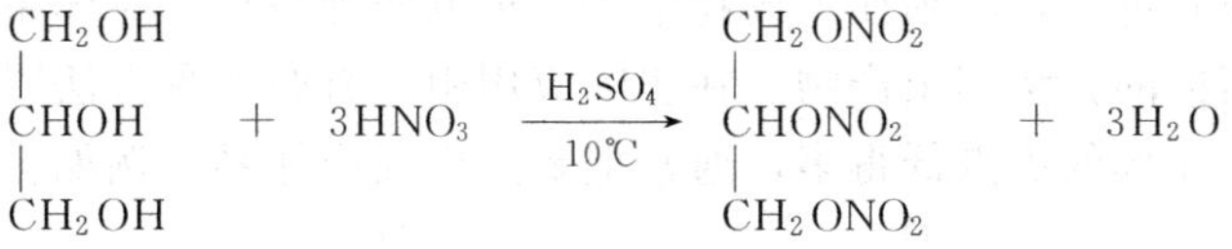

三硝酸甘油酯

多元醇的硝酸酯是烈性炸药，受热或受震动后易发生爆炸。如三硝酸甘油酯受热或撞击立即引起爆炸，如将它与木屑、硅藻土混合制成甘油炸药，对震动较稳定，只有在起爆剂引发下才会爆炸，是常用的炸药。三硝酸甘油酯微溶于水，与乙醇、苯等混溶。它有扩张冠状动脉的作用，在医药上可用来治疗心绞痛。

3. 磷酸酯的生成

磷酸是三元酸，有三种类型的磷酸酯。

$$\boxed{HO}{-}\!\!\overset{\overset{O}{\|}}{\underset{OH}{P}}\!\!{-}OH \ \xrightarrow{CH_3O\boxed{H}} \ CH_3O\!\!\overset{\overset{O}{\|}}{\underset{OH}{P}}\!\!{-}OH \ + H_2O \ \xrightarrow{CH_3OH} \ CH_3O\!\!\overset{\overset{O}{\|}}{\underset{OCH_3}{P}}\!\!{-}OH \ + H_2O \ \xrightarrow{CH_3OH} \ CH_3O\!\!\overset{\overset{O}{\|}}{\underset{OCH_3}{P}}\!\!{-}OCH_3 \ + H_2O$$

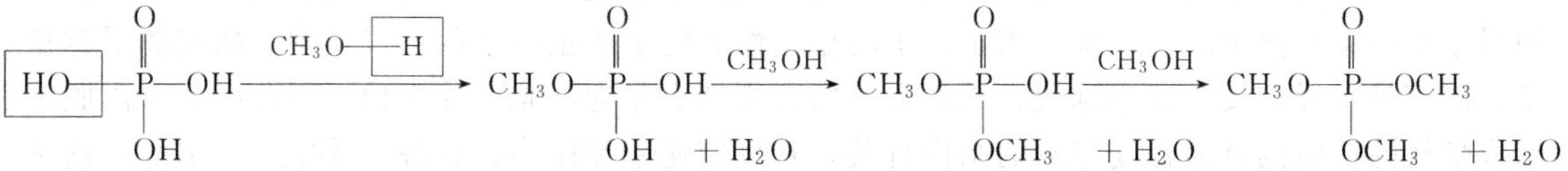

磷酸一甲酯　　　　　　磷酸二甲酯　　　　　　磷酸三甲酯

磷酸的酸性比硫酸、硝酸弱，因此，磷酸与醇的反应较困难，磷酸酯一般是由醇与三氯氧磷作用制得：

$$Cl\!\!\overset{\overset{O}{\|}}{\underset{Cl}{P}}\!\!{-}Cl \ + \ 3ROH \longrightarrow RO\!\!\overset{\overset{O}{\|}}{\underset{OR}{P}}\!\!{-}OR \ + \ 3HCl$$

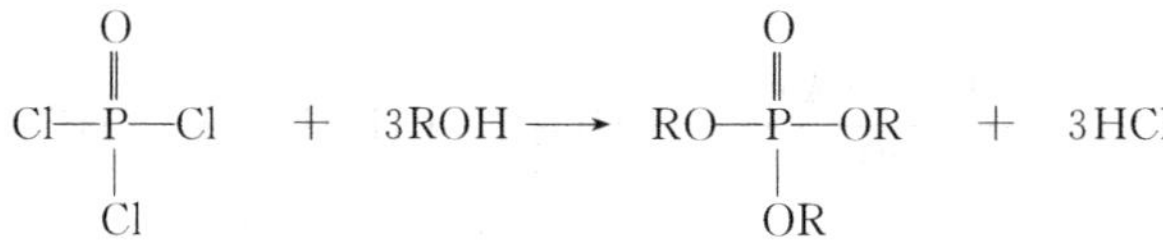

$$Cl\!\!\overset{\overset{O}{\|}}{\underset{Cl}{P}}\!\!{-}Cl \ + \ 3C_4H_9OH \longrightarrow C_4H_9O\!\!\overset{\overset{O}{\|}}{\underset{OC_4H_9}{P}}\!\!{-}OC_4H_9 \ + \ 3HCl$$

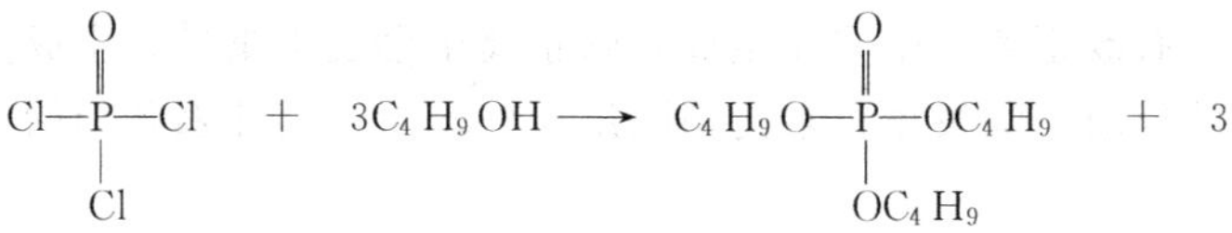

磷酸三丁酯

磷酸酯是一类很重要的化合物，一些脂肪醇的磷酸三酯常用作织物阻燃剂、塑料增塑剂；较高级的脂肪醇的单或双磷酸酯则常作为合成纤维油剂用的一类表面活性剂。

4. 有机酸酯的生成

醇与有机酸反应生成有机酸酯，有机酸酯将在后面的章节中详细讨论。

五、醇的脱水反应

醇与强酸（H_2SO_4 或 H_3PO_4）共热则发生脱水反应，脱水方式随反应温度而异，一般在较高温度下主要发生分子内脱水（消除反应）产生烯烃，而在稍低温度下则发生分子间脱水生成醚。

1. 分子内脱水

醇的分子内脱水是制备烯烃的常用方法之一。例如实验室制备乙烯的反应如下：

$$CH_3CH_2OH \ \xrightarrow[170℃]{H_2SO_4(浓)} \ CH_2{=\!=}CH_2 \ + \ H_2O$$

醇的脱水反应需要在酸性条件下进行，因为酸的存在可使醇羟基质子化，从而产生一个较好的离去基团 H_2O，然后脱水、脱质子，形成烯烃。反应机理如下：

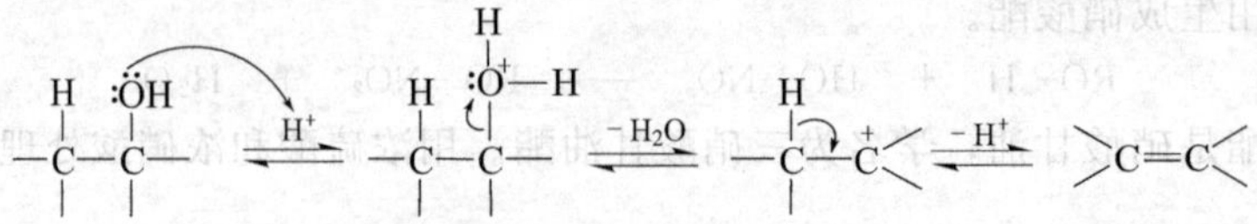

为了促使反应向右进行，必须使生成物中的一种或两种脱离反应体系。常用的方法是加入脱水剂除水或采用蒸馏的方法蒸出产物。在实际应用中，有时两种方法同时采用。醇分子间可形成氢键，烯的沸点比醇的沸点低得多，通常把烯蒸出反应体系。例如：

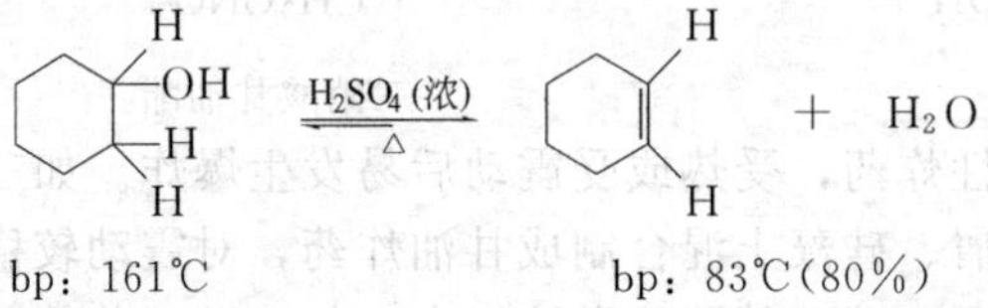

醇的脱水反应一般情况下按 E1 机理进行，醇的羟基质子化后脱水形成碳正离子，然后碳正离子脱掉一个 β-质子形成烯烃。

醇脱水形成烯烃的三个步骤中，羟基的质子化和形成的碳正离子去掉一个 β-质子形成烯烃的反应步骤是快速的，质子化的醇脱水形成碳正离子是慢步骤，因此决速步骤就是质子化的醇脱水形成碳正离子的这一步。碳正离子的稳定性决定了碳正离子的形成速率。碳正离子越稳定，越容易生成，反应速率越快。碳正离子的稳定性次序为：叔＞仲＞伯。因此醇分子内脱水形成烯烃的反应的难易程度与醇的结构有关，其反应速率顺序为：叔醇 ＞仲醇 ＞ 伯醇，这是由碳正离子的稳定性决定的。

仲醇和叔醇在进行分子内脱水反应时，遵循查依采夫（Saytzeff）规则，即主要产物总是倾向于生成双键上取代基最多的烯烃。例如：

$$(CH_3)_2CHCH(OH)CH_3 \xrightarrow[170℃]{H_2SO_4（浓）} \underset{（主）}{(CH_3)_2C{=}CHCH_3} + \underset{（次）}{(CH_3)_2CHCH{=}CH_2}$$

醇分子内脱水时，有碳正离子中间体生成，碳正离子会发生重排，生成更加稳定的碳正离子。因此醇脱水成烯的反应，除发生正常的消除反应外，往往会伴随碳架的改变，发生了分子重排。例如：

$$CH_3CH_2CH_2CH_2OH \xrightarrow{H_2SO_4（浓）} \underset{(70\%)}{CH_3CH{=}CHCH_3} + \underset{(30\%)}{CH_3CH_2CH{=}CH_2}$$

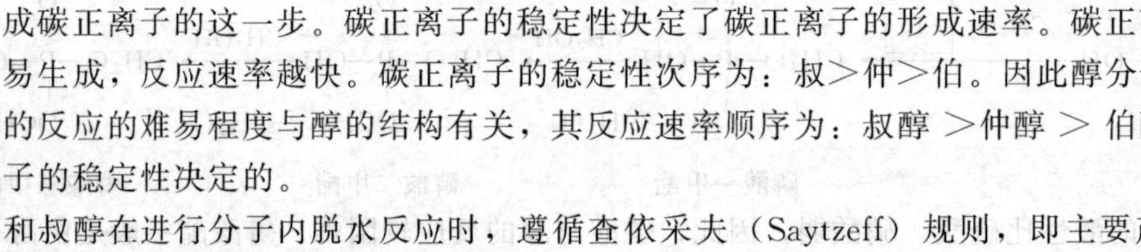

若采用氧化铝为催化剂，醇在高温气相条件下脱水，往往不发生重排。例如：

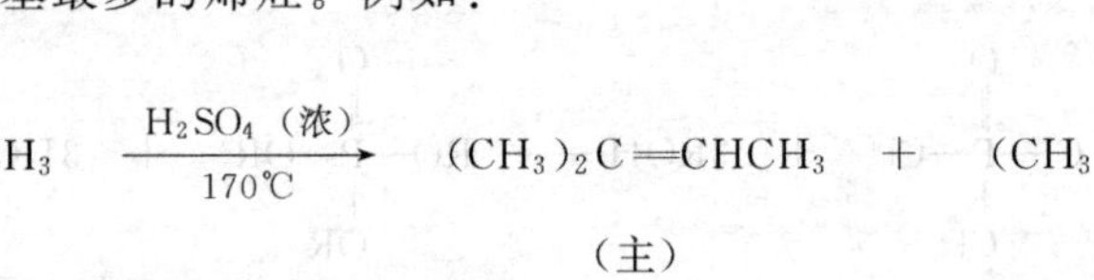

2. 分子间脱水

在某些情况下，质子化的伯醇会受到另外一分子醇的进攻，发生 S_N2 的亲核取代反应，即两分子醇之间脱去一分子水而生成醚。例如：

$$2CH_3CH_2OH \xrightarrow[140℃]{H_2SO_4(浓)} CH_3CH_2OCH_2CH_3$$

伯醇分子间的脱水反应的机理：

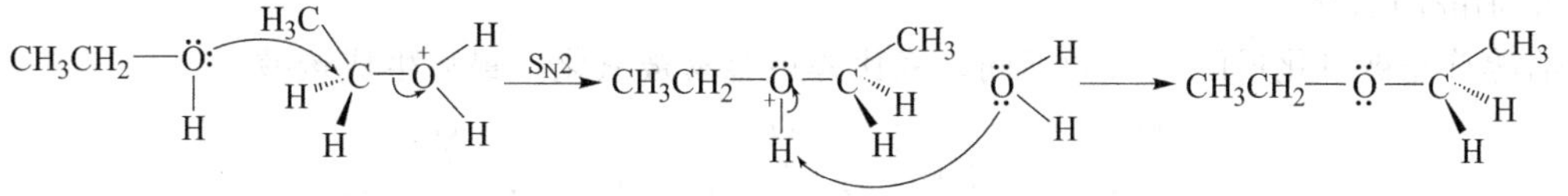

这一方法可以用来制备简单的醚。工业生产上就是采用此方法合成甲醚、乙醚的。如果用两种结构相近的醇进行分子间脱水，将会得到三种醚的混合物。

$$ROH + R'OH \xrightarrow{H_2SO_4(浓)} ROR + ROR' + R'OR'$$

因而在合成上没有意义。但如果两种醇的结构差异较大，可以用来进行合成。例如：

$$CH_3CH_2OH + HOC(CH_3)_3 \xrightarrow[\triangle]{H_2SO_4(浓)} CH_3CH_2OC(CH_3)_3$$

一般混合醚还是用卤代烃与醇钠来制备。仲醇和叔醇在同样条件下脱水的主要产物是烯烃。

醇的分子间脱水与分子内脱水是一对互相竞争的反应。一般来说，较低温度有利于生成醚；较高温度有利于生成烯烃。控制反应条件，可以使其中一种产物为主。叔醇脱水的主要产物总是烯烃。

习题 10-17 写出哪些醇经脱水后主要生成下列烯烃：

(1) $CH_3CH_2CH_2CH_2CH{=}CH_2$　　(2) $(CH_3)_2C{=}CHCH_3$

(3) $(CH_3)_2C{=}C(CH_3)_2$　　(4) $(CH_3)_2C{=}CH_2$

(5) $(CH_3)_2C{=}CHCH_2CH_2OH$（脱去一分子水）

习题 10-18 写出下列反应的可能机理：

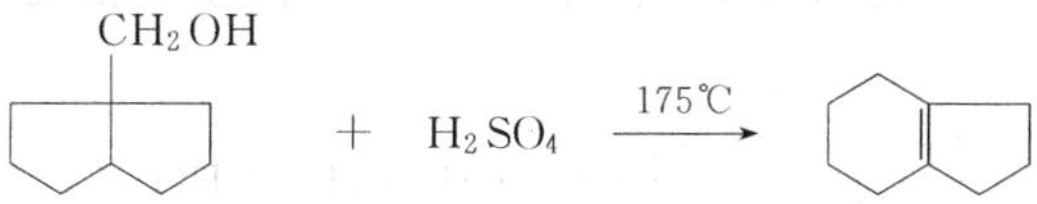

习题 10-19 醇脱水为什么需要酸性条件？为什么都是 E1 机理？

习题 10-20 用戊醇制备 1-戊烯应选择 1-戊醇还是 2-戊醇作为反应试剂？应选择浓硫酸还是三氧化二铝作为催化剂？

六、醇的氧化和脱氢反应

伯醇、仲醇能够被许多氧化剂氧化。醇的结构不同，氧化剂不同，氧化产物也各异。

1. 仲醇的氧化

仲醇很容易被氧化成酮。酮较稳定，同样条件下不易继续被氧化。实验室常用的氧化剂是 $Na_2Cr_2O_7/H_2SO_4$。

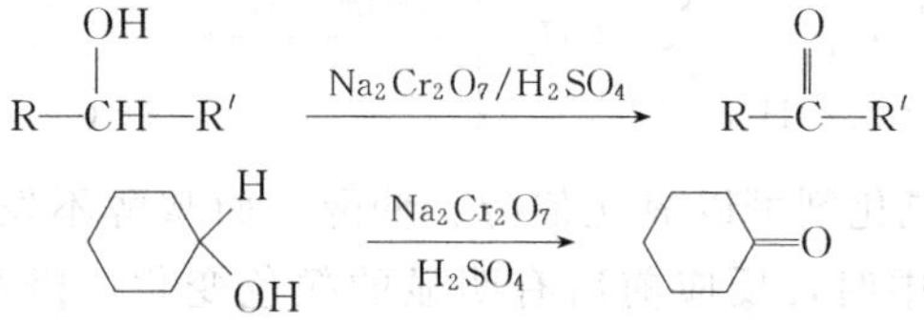

(90%)

当用氧化性更强的氧化剂（如高锰酸钾）且条件较剧烈时，酮也可继续被氧化，且发生碳碳键断裂。例如：

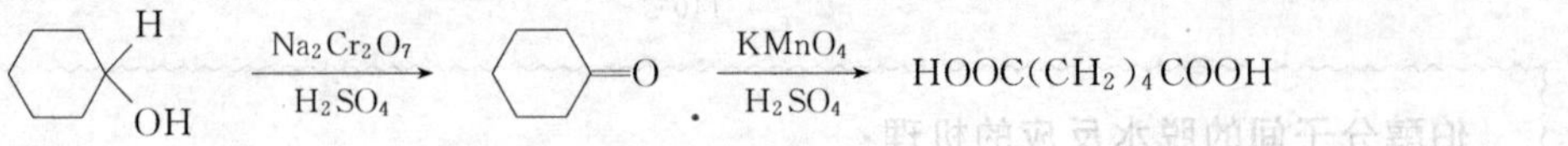

H
OH
Na2Cr2O7
H2SO4
O
KMnO4
H2SO4
HOOC(CH2)4COOH

2. 伯醇的氧化

伯醇首先被氧化成醛，与酮不同，醛比醇更容易被氧化，最后生成羧酸。

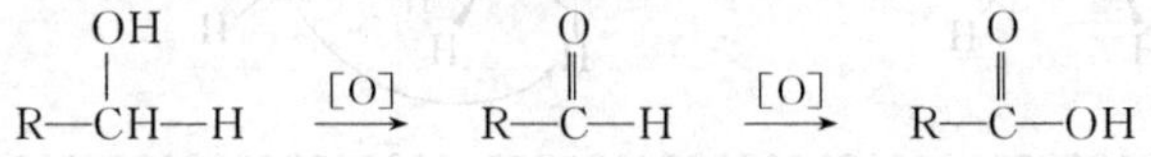

OH
R—CH—H
[O]
O
R—C—H
[O]
O
R—C—OH

伯醇　　　　醛　　　　羧酸

从伯醇氧化制备醛常常很困难，大多数的氧化剂既能氧化伯醇又能氧化醛，如 $Na_2Cr_2O_7/H_2SO_4$ 氧化剂氧化伯醇得到的就是羧酸。例如：

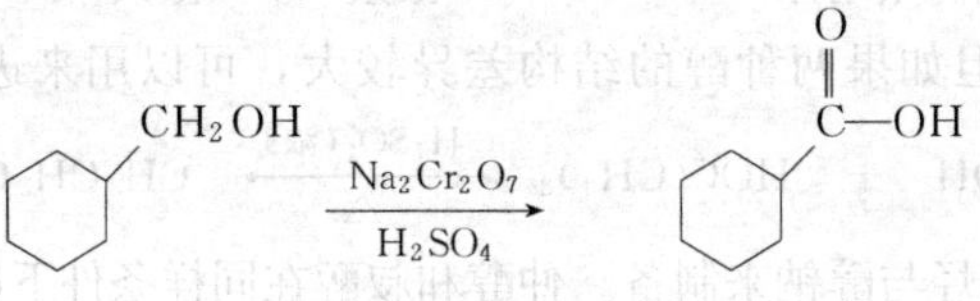

CH2OH
Na2Cr2O7
H2SO4
O
C—OH

(92%)

若想用该类氧化剂从伯醇制备醛，则必须将生成的醛立即从反应体系中蒸出，以防其被继续氧化。这只能限于产物醛的沸点比原料醇的沸点低的情况。但一般收率较低，使应用受到限制。

$$\underset{\text{bp: 97℃}}{CH_3CH_2CH_2OH} \xrightarrow[75℃]{Na_2Cr_2O_7/H_2SO_4/H_2O} \underset{\text{bp: 49℃ (50\%)}}{CH_3CH_2CHO}$$

近年来研究出多种高选择性的氧化剂，其中以沙瑞特试剂（PCC）的应用比较广泛。它是三氧化铬与吡啶（C_5H_5N）、HCl 的络合物，PCC 可把伯醇的氧化控制在生成醛的阶段，产率较高，对分子结构中的双键无影响。PCC 也可以氧化仲醇到酮，不同于其他的氧化剂，PCC 可溶于 CH_2Cl_2 等有机溶剂中。

$$CH_3(CH_2)_5CH_2OH \xrightarrow[CH_2Cl_2,25℃]{CrO_3\cdot C_5H_5N\cdot HCl} CH_3(CH_2)_5CHO$$

$$CH_3CH{=}CHCH_2OH \xrightarrow[CH_2Cl_2,25℃]{C_5H_5NH^+CrO_3Cl^-} CH_3CH{=}CHCHO$$

$$CH_3CH{=}CHCHOHCH_3 \xrightarrow[CH_2Cl_2,25℃]{PCC} CH_3CH{=}CHCOCH_3$$

3. 叔醇的氧化

叔醇无 α-H，因此叔醇不易被氧化。用氧化性强的氧化剂如酸性高锰酸钾时，则先脱水成烯，烯再被氧化而发生碳碳键的断裂，生成小分子的羧酸及酮的混合物，在有机合成上无意义。例如：

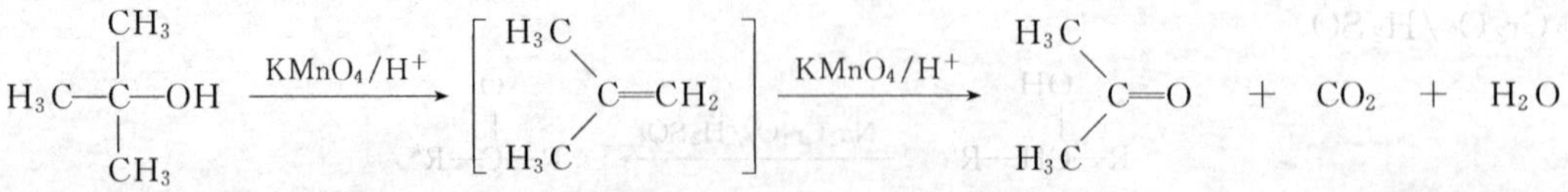

CH3
H3C—C—OH
CH3
KMnO4/H+
H3C
C═CH2
H3C
KMnO4/H+
H3C
C═O
H3C
+ CO2 + H2O

$Na_2Cr_2O_7/H_2SO_4$ 作氧化剂可以氧化伯醇、仲醇，而叔醇不发生反应。当把伯醇、仲醇滴加到 $Na_2Cr_2O_7/H_2SO_4$ 中时，反应前后有明显的颜色变化（橙黄到绿或蓝），故可用于伯醇、仲醇的定性鉴别。

4. 醇的其他氧化方法

（1）欧芬脑尔氧化法　在异丙醇铝或叔丁醇铝存在下，将仲醇和丙酮一起加热，发生醇被氧化成酮、丙酮被还原成异丙醇的反应，称为欧芬脑尔（Oppenauer）氧化法，可用通式表示如下：

$$R_2CH{-}OH + CH_3COCH_3 \xrightarrow[\text{或 } Al[OC(CH_3)_3]_3]{Al[OCH(CH_3)_2]_3} R{-}\overset{\overset{\displaystyle O}{\|}}{C}{-}R + CH_3\overset{\overset{\displaystyle OH}{|}}{C}HCH_3$$

（2）$KMnO_4/H^+$ 或 HNO_3　高锰酸钾和硝酸是相对于重铬酸钾稍便宜的两种强氧化剂，都可以氧化仲醇到酮、氧化伯醇到羧酸，但用这两种氧化剂时，必须控制反应条件，否则会发生碳碳键的断裂。

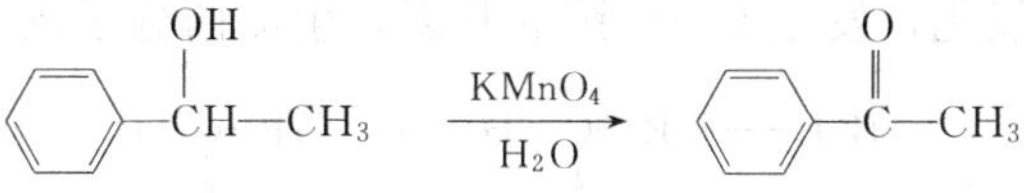

（72%）

（3）催化脱氢　将伯醇或仲醇的蒸气在高温下通过活性铜（或者银、镍）等催化剂可发生脱氢反应，分别生成醛和酮。

$$R{-}\underset{\underset{\displaystyle H}{|}}{\overset{\overset{\displaystyle O{-}H}{|}}{C}}{-}R' \xrightarrow[\triangle]{CuO} R{-}\overset{\overset{\displaystyle O}{\|}}{C}{-}R'$$

$$CH_3CH_2OH \xrightarrow[250\sim300^\circ C]{Cu} CH_3CHO + H_2$$

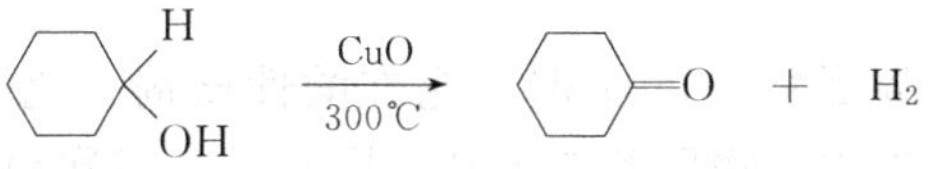

（90%）

脱氢反应的优点是产品较纯，但脱氢反应是一个吸热的可逆反应，反应过程中要消耗大量热，一般在约 300℃的高温下进行，许多有机化合物不能耐此高温。若将醇与适量的空气或氧气通过催化剂进行氧化脱氢，则氧和氢结合成水，反应可以进行到底。例如：

$$CH_3CH_2OH + O_2 \xrightarrow[500^\circ C]{Cu/Ag} CH_3CHO + H_2O$$

氧化脱氢时，氧与氢结合放出大量的热，把脱氢的吸热过程转变为放热过程，这样可以节省热量。氧化脱氢反应的缺点是产品复杂，分离困难。

叔醇分子中没有 α-氢原子，不能脱氢，只能脱水生成烯烃。

习题 10-21　分别用 $Na_2Cr_2O_7/H_2SO_4$ 和 PCC 作为氧化剂，预测下列化合物的反应产物。
（1）环己醇　（2）1-甲基环己醇　（3）2-甲基环己醇　（4）丙烯醇　（5）乙醇

七、多元醇

多元醇由于分子结构中含有多个羟基，故有多个位置可以形成氢键，因此，多元醇的沸点和在水中的溶解度均比分子量相近的一元醇高。多元醇多为无色、黏稠状且沸点较高的液体，在水、乙醇及丙酮等极性溶剂中的溶解度较大。如乙二醇为无色有甜味的液体，其沸点为 197℃，而乙醇的沸点仅为 78.5℃；乙二醇易溶于极性溶剂，而难溶于醚。多元醇除具有普通醇的一般化学性质外，还具有一些特殊的化学性质，在此，只讨论邻二醇的一些特殊的性质。

1. 与氢氧化铜作用

由于相邻羟基的相互影响，邻二醇类化合物的酸性比一元醇要大些，可与氢氧化铜生成蓝色的铜盐。例如：

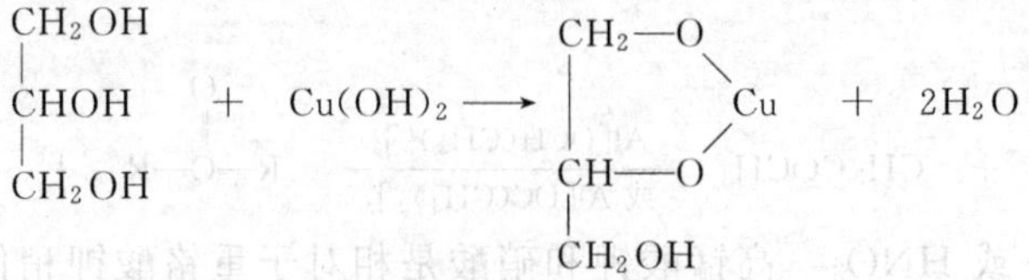

实验室常用此法鉴别具有两个相邻羟基的多元醇。

2. 高碘酸氧化

邻二醇可以被高碘酸氧化，发生 C—C 键的断裂，生成两分子羰基化合物。

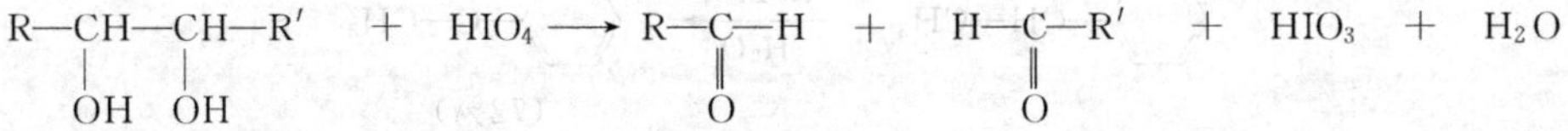

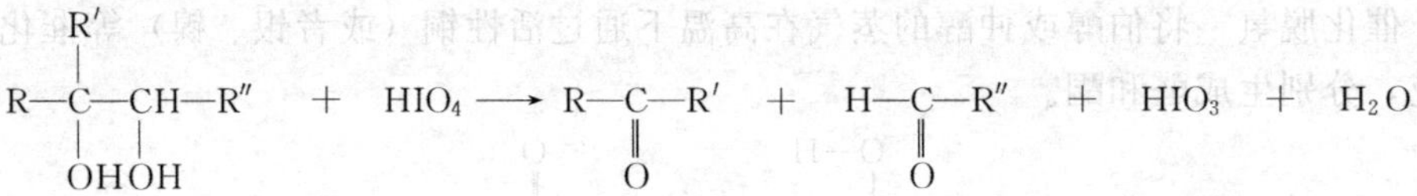

$$HIO_3 + AgNO_3 \longrightarrow AgIO_3 \downarrow \text{（白色）}$$

在反应混合物中加入硝酸银溶液，有白色碘酸银沉淀生成。1,3-二醇或两个羟基相隔更远的二元醇与 HIO_4 不发生反应，根据是否有碘酸银白色沉淀生成可鉴别邻二醇。

3. 频哪醇重排

四甲基乙二醇俗名叫频哪醇（pinacol），它在酸性试剂（硫酸或盐酸）作用下脱去一分子水，并且碳架发生重排，生成产物甲基叔丁基（甲）酮，俗称频哪酮（pinacolone），这个反应叫做频哪醇重排。

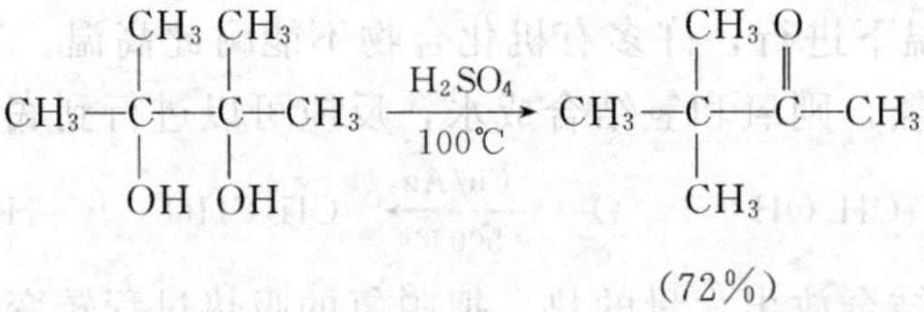

(72%)

频哪醇重排反应机理如下：

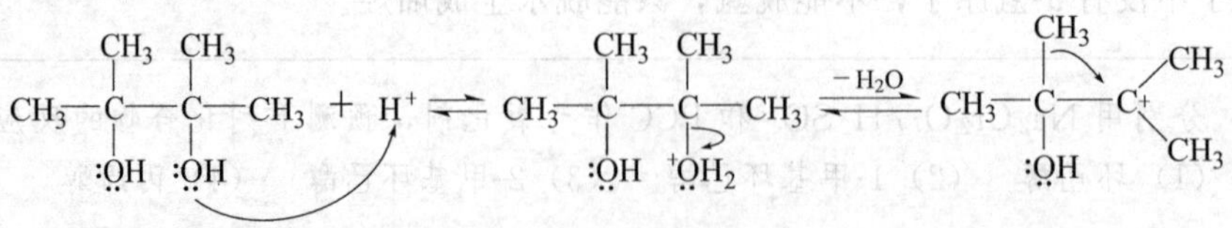

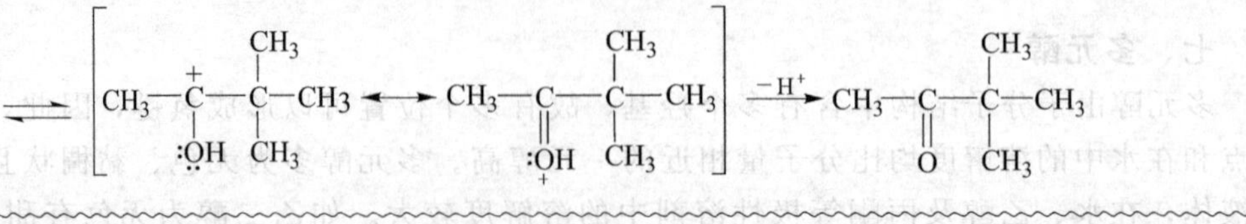

频哪醇重排反应包括四步：①羟基的质子化；②脱水形成碳正离子；③甲基的迁移；④脱氢形成产物。

频哪醇重排反应常用于一般方法不易得到的化合物的制备。例如从环戊酮制备螺［4,5］-

6-癸酮：

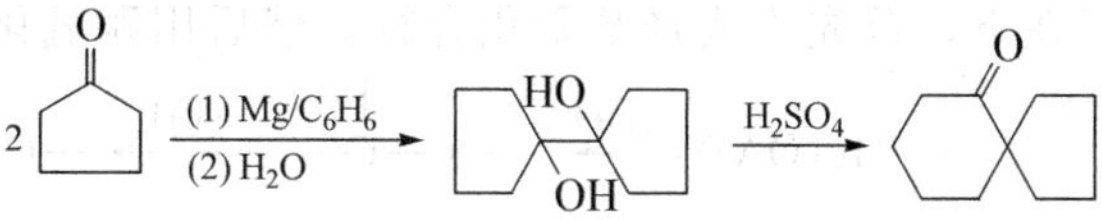

频哪醇可由酮与镁、镁汞齐或铝汞齐在苯等非质子溶剂中反应后水解制备，也可以由烯烃的氧化制备。

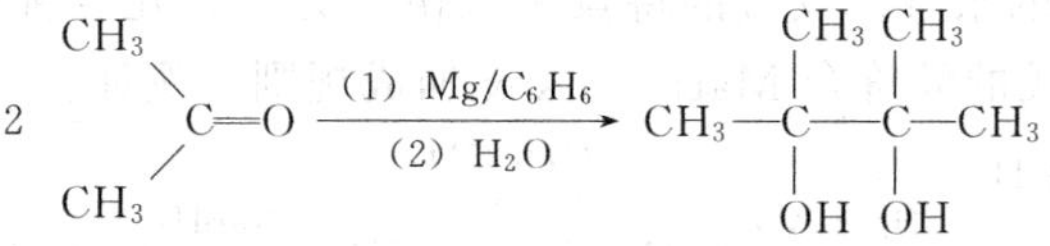

习题 10-22 写出化合物 A 的构造式。

$A + 3HIO_4 \longrightarrow 2HCOOH + 2HCHO$

习题 10-23 下列化合物用 HIO_4 处理，产物是什么？

（1）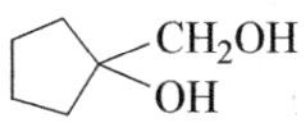　（2）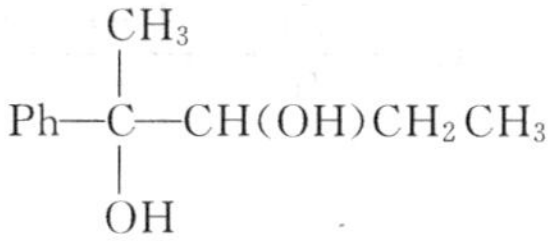　（3）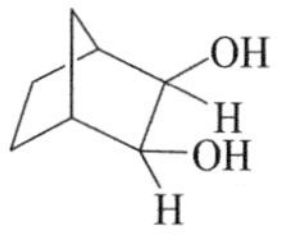

习题 10-24 写出下列反应机理。

（1）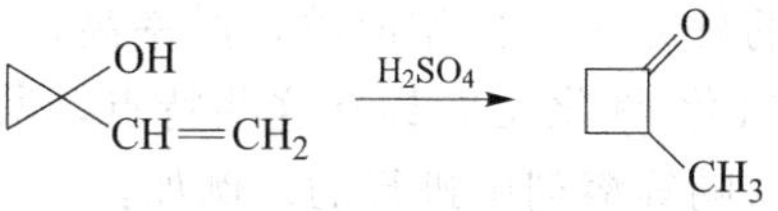

（2）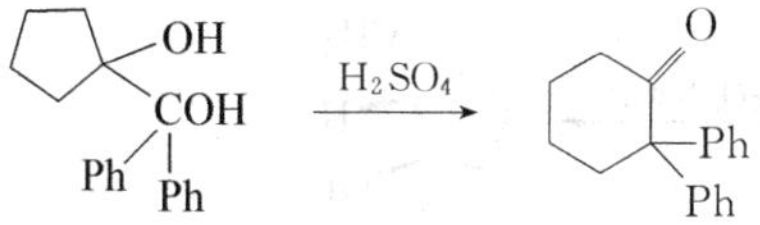

第四节　醇的制备

醇是非常重要的化工原料，可以用多种方法制备。工业上以石油裂解气中的烯烃为原料合成醇。实验室制备醇的方法很多，可以看作是在有机化合物分子中引入羟基的方法。

一、由烯烃制备

1. 烯烃的水合

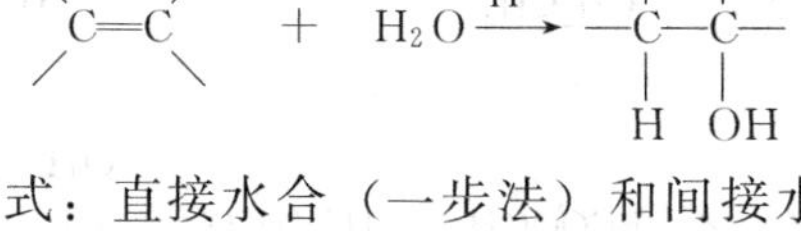

烯烃的酸性水合有两种方式：直接水合（一步法）和间接水合（两步法）。不对称烯烃与水的加成方向符合马氏规则，除乙醇外，所得到的是仲醇、叔醇。例如：

$$CH_3CH{=}CH_2 + H_2O \xrightarrow[300℃,\ 10MPa]{H_3PO_4\text{-硅藻土}} CH_3CH(OH)CH_3$$

$$(CH_3)_2C{=}CH_2 \xrightarrow{63\%\ H_2SO_4} (CH_3)_3C{-}OSO_3H \xrightarrow[\triangle]{H_2O} (CH_3)_3C{-}OH$$

2. 羟汞化-脱汞反应

烯烃和醋酸汞在水存在下，首先生成羟基汞化合物，然后用硼氢化钠还原即生成醇。

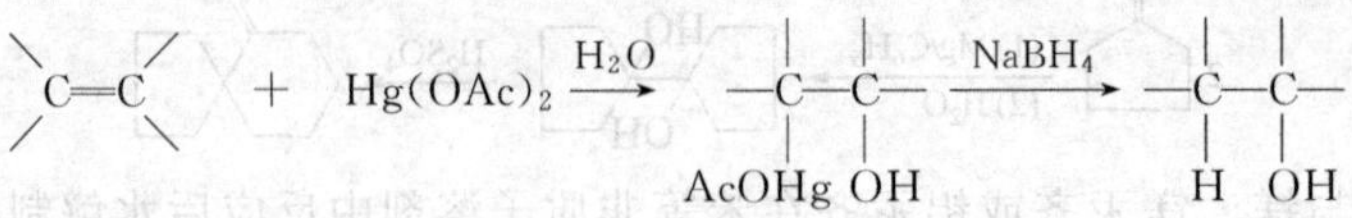

羟汞化是—OH 和—HgOAc 对碳碳双键的加成，然后在脱汞反应中—HgOAc 被氢所取代，整个反应相当于烯烃的水合。反应的特点是既快又方便，几分钟内就可完成，条件缓和，产率高（超过 90%）。生成的醇符合 Markocnikov 加成规则。例如：

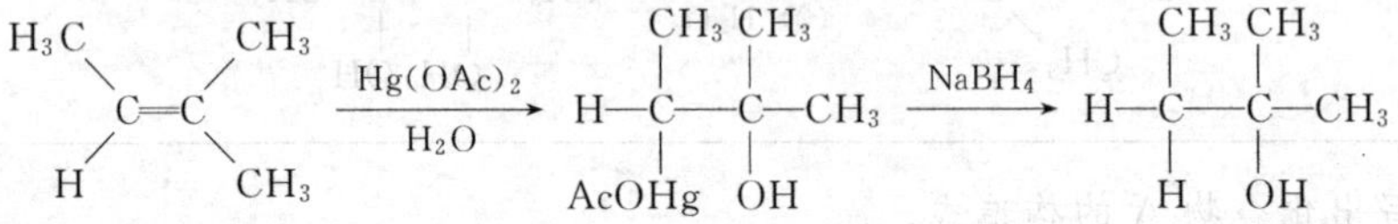

（≥90%）

3. 硼氢化-氧化反应

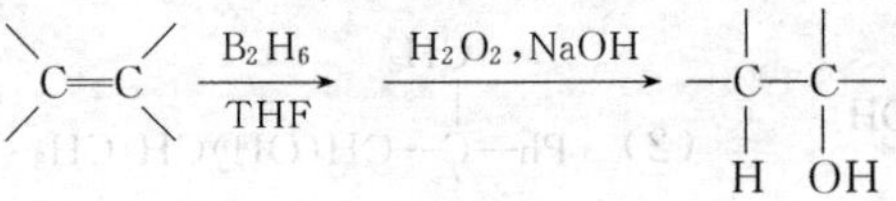

顺式，反马氏规则

硼氢化-氧化反应可制得伯醇、仲醇和叔醇。该反应的产物相当于水与烯烃的反 Markocnikov 规则的加成产物，是末端烯烃制备伯醇的好方法，操作简单，产率高，无重排产物生成，立体化学为立体专一性的顺式加成。由于硼氢化-氧化反应具有这些特点，所以它在有机合成上得到广泛的应用。反应一般是在醚或四氢呋喃等溶剂中进行的。例如：

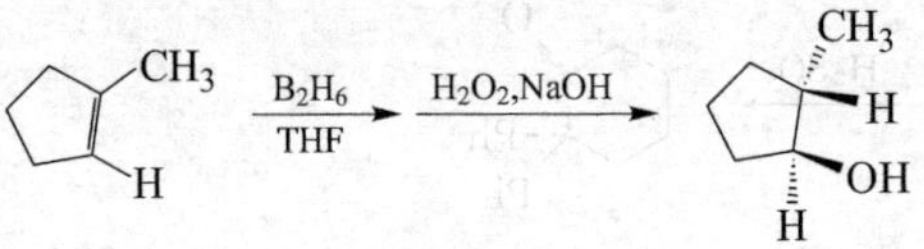

反-2-甲基环戊醇(85%)

4. 烯烃的氧化（由烯烃制备 1,2-二醇）

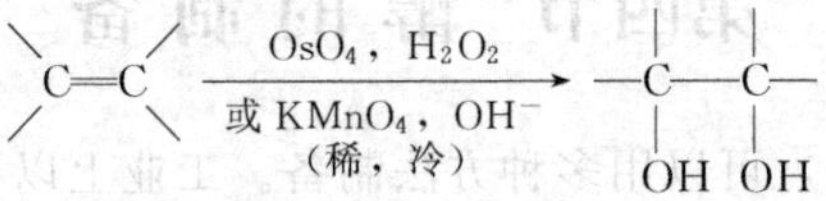

顺式二醇

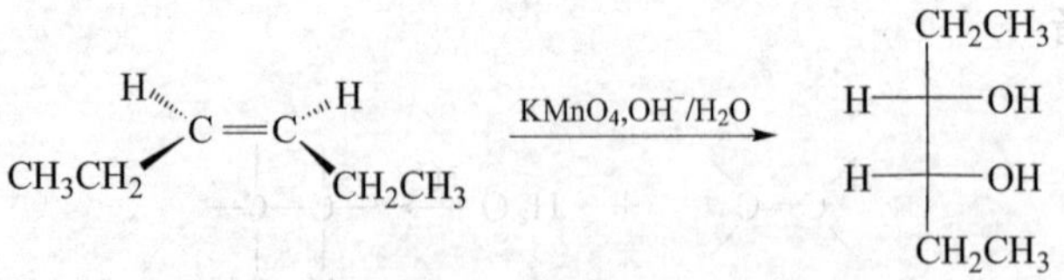

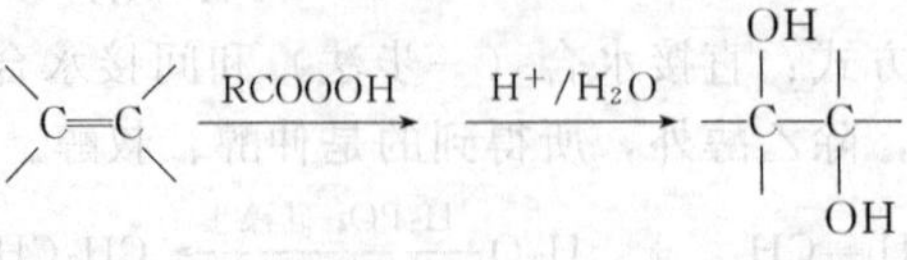

反式二醇

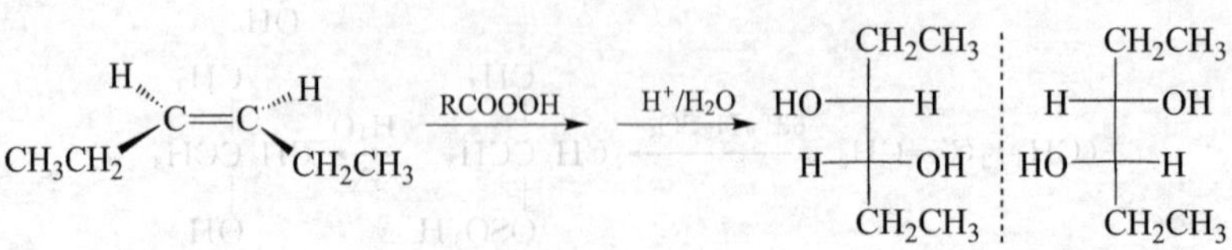

二、由卤代烃制备

卤代烃的水解反应可以生成醇。

$$RX + HOH \longrightarrow ROH + HX$$

该方法受到一定的限制，在反应过程中有消除产物——烯烃的生成，此外，在一般条件下，醇往往比相应的卤代烃容易得到。只有容易制备的一些卤代烃才采用此方法。例如，烯丙醇的制备：

$$CH_3CH{=}CH_2 \xrightarrow[500\sim600℃]{Cl_2} ClCH_2CH{=}CH_2 \xrightarrow[Na_2CO_3]{H_2O} HOCH_2CH{=}CH_2$$

三、由格氏试剂制备

格氏试剂（Grignard 试剂）与不同的醛或酮作用，可以分别生成伯醇、仲醇或叔醇。反应分两步进行，首先 Grignard 试剂进攻羰基化合物形成盐；第一步完成后，用水或稀酸水解盐得到产物。

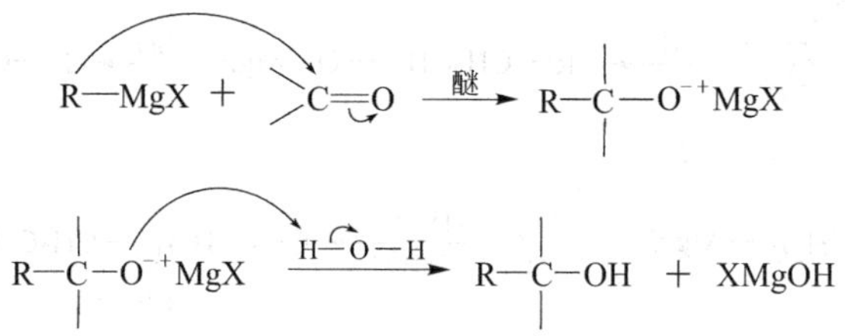

1. 与甲醛作用生成伯醇

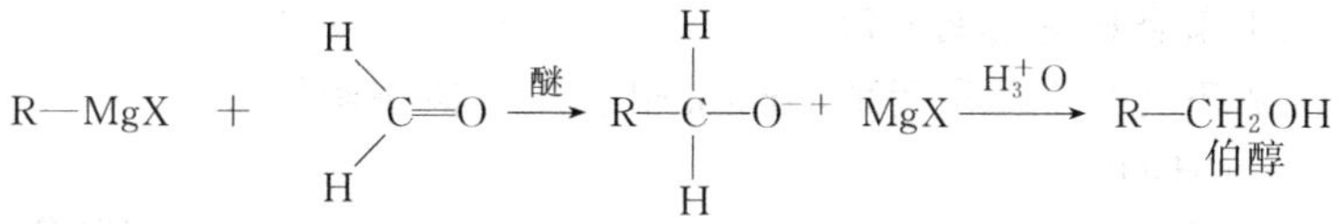

伯醇

Grignard 试剂与甲醛作用得到伯醇，生成的醇比所用的 Grignard 试剂多含一个碳原子。例如：

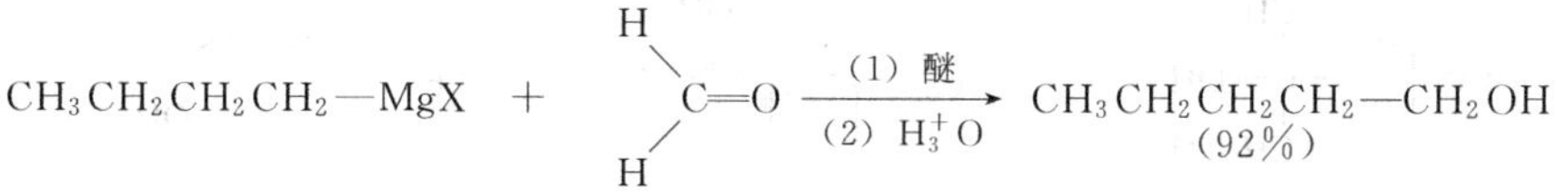

(92%)

2. 与其他醛作用生成仲醇

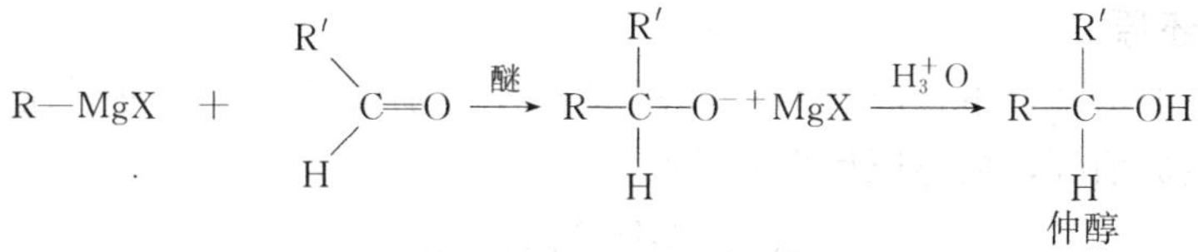

仲醇

例如：

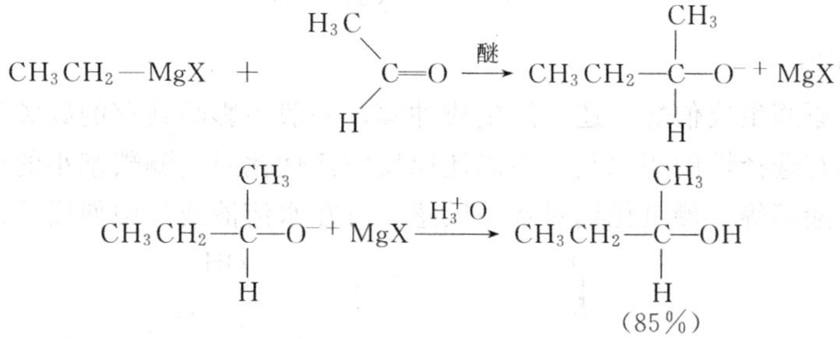

(85%)

3. 与酮作用生成叔醇

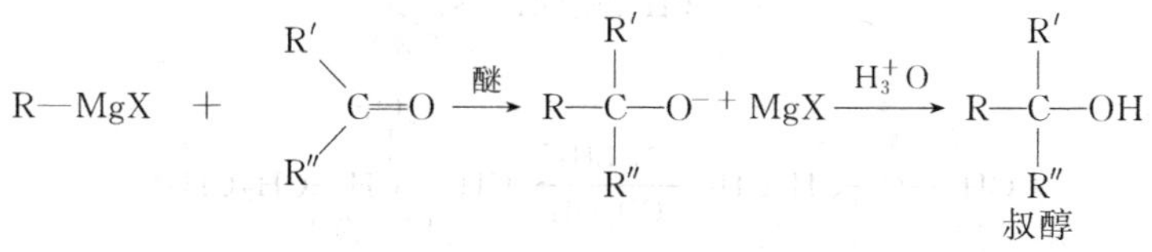

叔醇

例如：

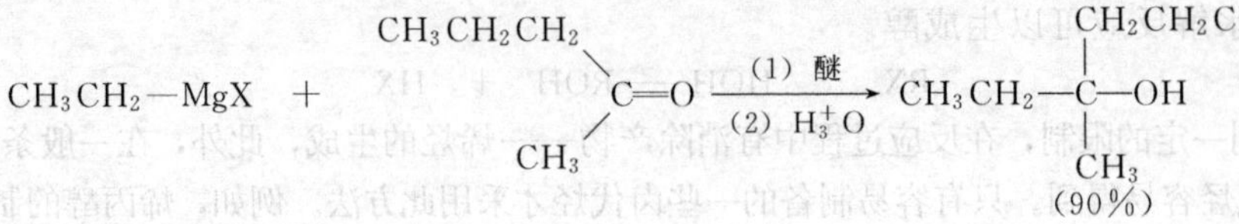

选择适当的 Grignard 试剂和适当的醛、酮可以制备出各类醇，此法是合成醇的重要方法之一。

4. 与环氧乙烷反应生成伯醇

Grignard 试剂与环氧乙烷作用可生成比 Grignard 试剂多两个碳原子的伯醇，这也是增长碳链的方法之一。

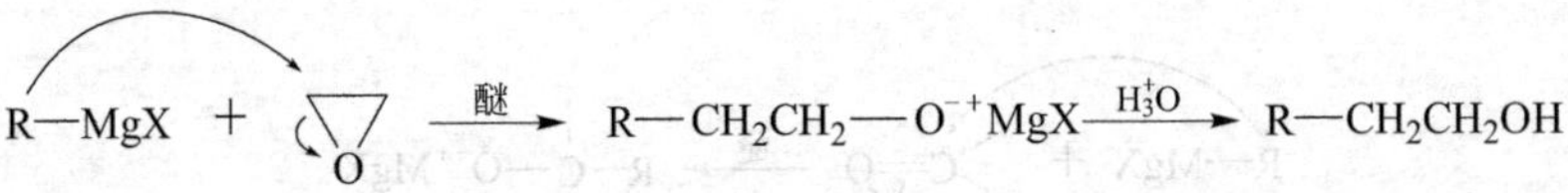

例如：

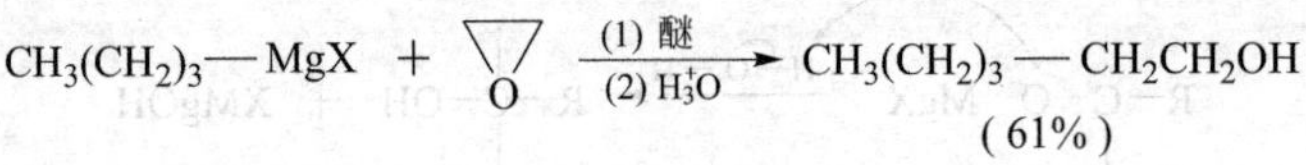

习题 10-25 如何从甲苯合成对硝基苄醇？

习题 10-26 给出合成下列化合物所用的 Grignard 试剂和醛酮结构。

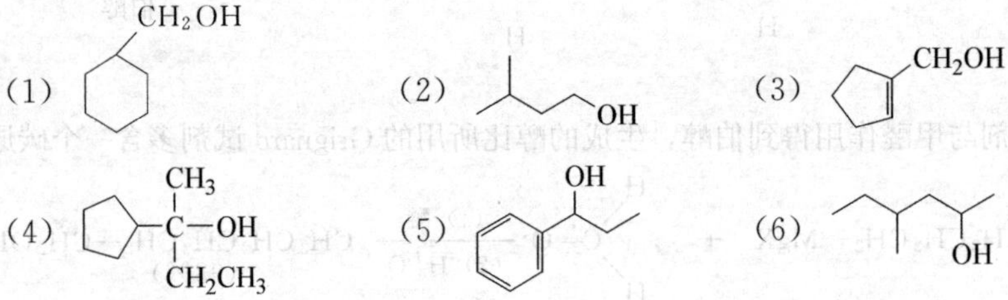

四、由醛酮还原

醛、酮分子中的羰基，不仅能与 Grignard 试剂发生加成反应，也可以在适当的条件下加氢还原，醛还原生成伯醇，酮还原后生成仲醇。

$$\gt C=O \xrightarrow{[H]} \gt CH-OH$$

1. 硼氢化钠还原

硼氢化钠能还原醛生成伯醇，还原酮生成仲醇，一般不影响共存的碳碳双键。硼氢化钠是一种中等强度的具有选择性的还原剂，不能还原反应活性比醛、酮羰基小的羰基，例如硼氢化钠不能还原羧基、酯基等。硼氢化钠对水不敏感，可在水溶液或醇中使用。例如：

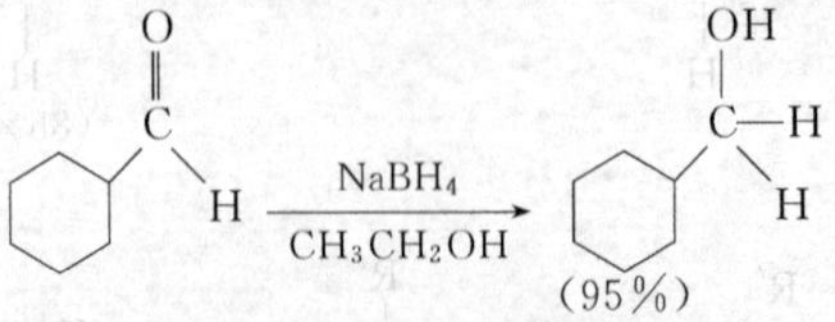

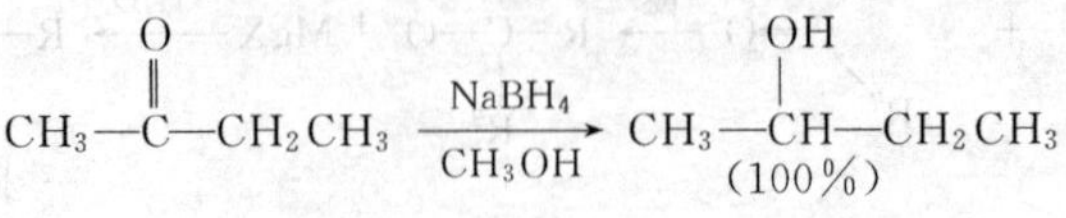

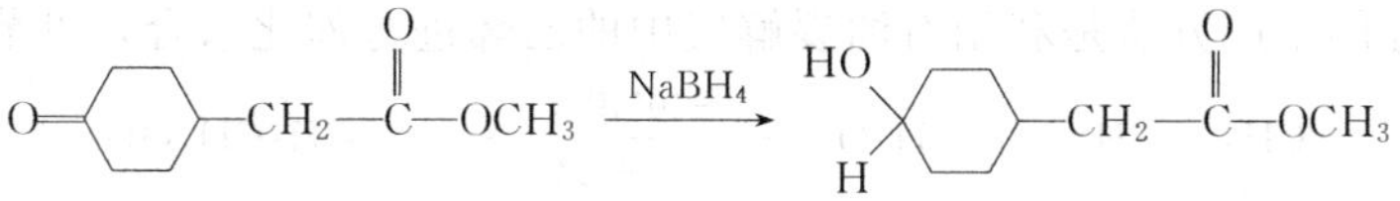

2. 四氢铝锂还原

四氢铝锂是比硼氢化钠还原能力强的还原剂，不仅能使醛、酮还原，而且能使羧基、酯基等还原，遇水剧烈反应，通常只能在无水的醚或四氢呋喃中使用。例如：

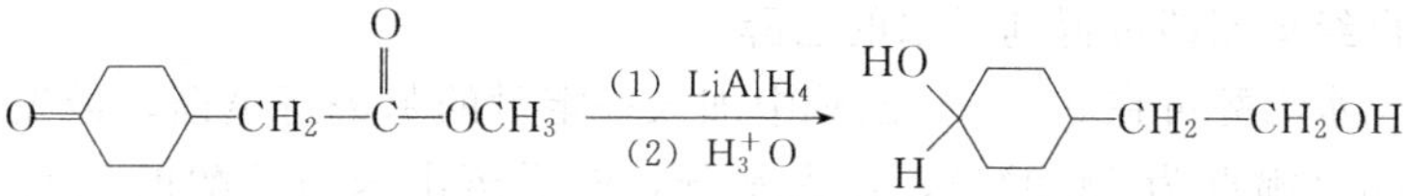

3. 催化加氢

醛、酮的羰基催化加氢往往需要加压和加热，醛生成伯醇，酮生成仲醇，反应产率很高。

$$-\overset{O}{\overset{\|}{C}}- \quad + \quad H_2 \xrightarrow{\text{Raney Ni}} -\overset{OH}{\overset{|}{C}H}-$$

如果分子结构中存在碳碳双键，则碳碳双键也能催化加氢。例如：

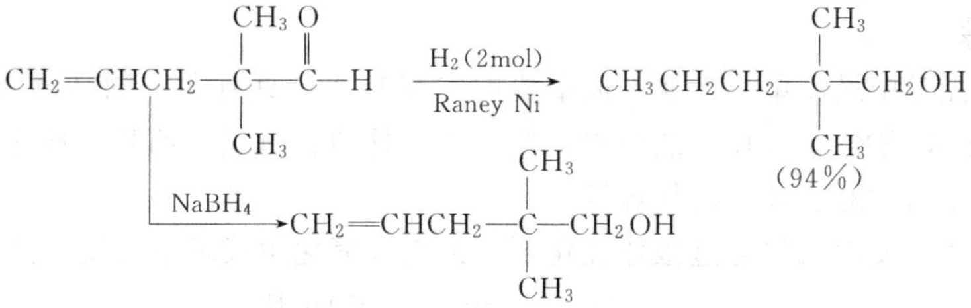

第五节　重要的醇

一、甲醇

甲醇是最简单的一元醇，最早由木材干馏得到，又名木精（或木醇）。常温下甲醇为无色透明的易燃液体，爆炸极限为 6.0%～36.5%（体积分数）。具有类似酒味的气味，沸点为 65℃，能与水及大多数的有机溶剂互溶。与乙醇不同，甲醇与水不形成恒沸混合物，因此甲醇和水的混合物可以用分馏方法分开。甲醇具有麻醉作用，且毒性很强，饮用 10mL 就能使眼睛失明，服用多量可使人中毒致死。

目前，工业上甲醇可用 CO 和 H_2 在一定条件下经催化反应制得。

$$CO \quad + \quad 2H_2 \xrightarrow[\text{CuO-ZnO/Al}_2\text{O}_3]{300\sim400℃，20\sim30\text{MPa}} CH_3OH$$

这种合成方法原料便宜、产品纯、产率高，但需要高温、高压以及大的复杂的反应器。甲醇是常用的工业溶剂（价格便宜，毒性比卤代烃小）；甲醇在工业上也作原料用来合成甲醛及其他化合物，也可用作抗冻剂及甲基化试剂等，还可加入汽油或单独用作汽车或飞机的燃料。

二、乙醇

乙醇是无色透明的易燃液体，沸点为 78.5℃，蒸气的爆炸极限为 3.28%～18.95%，闪点为 14℃，能与水及大多数的有机溶剂互溶。由于各种酒类及饮料中都含有不等量的乙醇，故又称酒精。乙醇是人类利用最早的有机物之一，我国古代就知道用谷类发酵酿酒，是最早发明酿酒的国家。至今发酵法在我国仍是制备乙醇的重要方法之一。发酵是一系列复杂的生物化学过程，反应是在微生物分泌的酶的催化作用下进行的。具体步骤可概括如下：

$$(C_6H_{10}O_4)_n \xrightarrow[\text{糖化酶}]{H_2O} C_{12}H_{22}O_{11} \xrightarrow[\text{麦芽糖酶}]{H_2O} C_6H_{12}O_6 \xrightarrow{\text{酒化酶}} CH_3CH_2OH \quad + \quad CO_2$$

目前乙醇更好的生产方法是利用石油裂解气中的乙烯进行催化水合，可节省大量粮食。

$$CH_2{=}CH_2 \ +\ H_2O \xrightarrow[\text{催化剂}]{10\sim30MPa,\ 300℃} CH_3CH_2OH$$

95.57%（质量分数）乙醇与 4.43% 水组成恒沸混合物，沸点为 78.15℃，直接分馏不能把水完全去掉。实验室中制备无水乙醇常加生石灰回流，使水分与生石灰结合再蒸馏，所得产物仍含 0.5% 水，如需继续除去剩余的水，可用金属镁处理，生成的乙醇镁与水作用，生成氢氧化镁及乙醇，再经蒸馏即可得到无水的乙醇。

工业上制备无水乙醇可在 95.57% 乙醇中加入一定量的苯进行蒸馏，最先蒸出的是苯、乙醇、水三元共沸物（沸点为 64.9℃），带去水分，然后蒸出苯与乙醇的二元共沸物（沸点为68.25℃），苯全部蒸出后，最后蒸出的是无水乙醇。近年来也有采用分子筛去水制备无水乙醇的报道。

工业或试剂用乙醇按规定添加少量甲醇变性，这种酒精不可饮用。

乙醇是一种重要的化工原料，也是常用的有机溶剂。医药上，一定含量的乙醇溶液可作外用消毒剂、防腐剂、制备酊剂以及用于提取中草药有效成分等。

三、乙二醇

乙二醇是多元醇中最简单、工业上最重要的二元醇，是具有甜味的黏稠液体，俗名甘醇，沸点为 198℃，相对密度为 1.13。能与水、低级醇、甘油、丙酮、乙酸、吡啶等混溶，微溶于乙醚，几乎不溶于石油醚、苯、卤代烃等。

工业上乙二醇主要由乙烯通过银作催化剂，经空气氧化生成环氧乙烷，然后水合而制得。

$$CH_2{=}CH_2 \ +\ O_2 \xrightarrow[250℃,\ 1MPa]{Ag} \overset{\triangle}{O} \xrightarrow[190\sim220℃,\ 2.2MPa]{H_2O,\ H^+} \underset{\underset{OH\quad OH}{|\quad\ |}}{CH_2{-}CH_2}$$

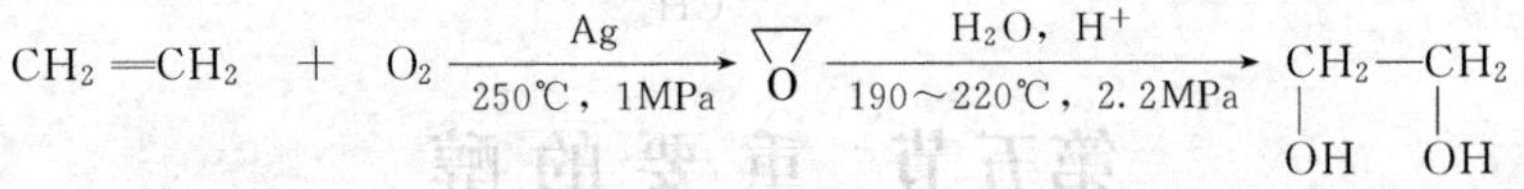

乙二醇是重要的有机化工原料，可用于合成树脂、增塑剂、合成纤维（涤纶）、常用的高沸点溶剂［如二甘醇（一缩二乙二醇）、三甘醇（二缩三乙二醇）］等。60% 的乙二醇水溶液的凝固点为 −40℃，是很好的抗冻剂，可在寒冷地区汽车散热器的冷却水系统中使用，以防结冰。

四、丙三醇

丙三醇俗称甘油，为无色黏稠状具有甜味的液体，沸点为 290℃，与水能以任意比例混溶，能吸收空气中的水分，不溶于乙醚等有机溶剂。甘油以酯的形式广泛存在于自然界中，是油脂的主要成分。甘油的用途很广，例如，甘油具有很强的吸湿性，对皮肤没有刺激性，其水溶液可作皮肤润滑剂。俗称硝酸甘油的三硝酸甘油酯，常用作炸药或医药，它具有扩张冠状动脉的作用，可用来治疗心绞痛。

甘油可以通过油脂水解得到。工业上目前主要以石油裂解气中的丙烯为原料，通过高温氯化法来制备。

$$CH_3CH{=}CH_2 \xrightarrow[500\sim600℃]{Cl_2} ClCH_2CH{=}CH_2 \xrightarrow{Cl_2/H_2O} \underset{\underset{Cl\ \ \ Cl\ \ \ OH}{|\ \ \ |\ \ \ |}}{CH_2{-}CH{-}CH_2} \text{或} \underset{\underset{Cl\ \ \ OH\ \ \ Cl}{|\ \ \ |\ \ \ |}}{CH_2{-}CH{-}CH_2}$$

$$\xrightarrow[60℃]{Ca(OH)_2} \underset{\underset{Cl\ \ \ \ O}{|\ \ \ \diagdown\diagup}}{CH_2{-}CH{-}CH_2} \xrightarrow[150℃]{10\%NaOH} \underset{\underset{OH\ \ \ OH\ \ \ OH}{|\ \ \ |\ \ \ |}}{CH_2{-}CH{-}CH_2}$$

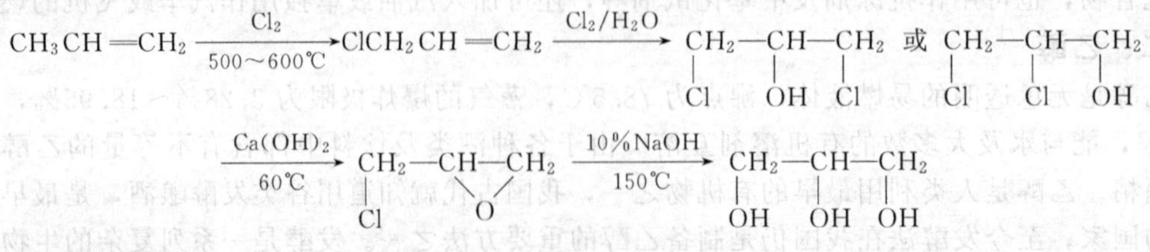

五、苯甲醇

苯甲醇又称苄醇，为无色液体，沸点为 205℃，是最简单、最重要的芳香醇，存在于植物精油中，具有芳香气味，微溶于水。苯甲醇具有微弱的麻醉作用和防腐性能，用于配制注射剂可减轻疼痛。工业上以苄氯为原料在碳酸钾或碳酸钠存在下水解而得。

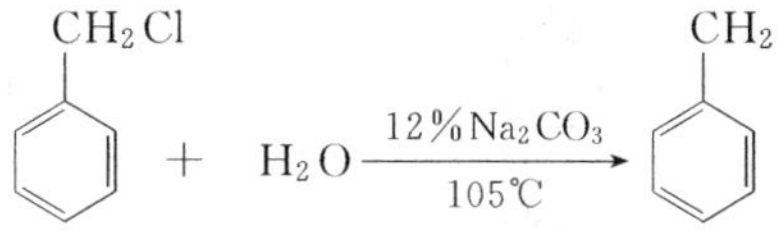
CH2Cl
+ H2O
12%Na2CO3
105℃
CH2OH

第六节　酚的结构、分类及命名

酚是一类很重要的有机化合物。苯酚是合成高分子材料、燃料、药物等的重要化工原料。消毒用的“来苏水”，即为甲酚和肥皂的混合物。杀菌和防腐是酚类化合物的重要特征之一。例如，五氯酚是木材防腐剂，其钠盐可以用作杀虫剂，在血吸虫病区，可以用它杀钉螺。目前，在生物体系中已发现的酚类化合物有数千种，酚能和醌共同参与生物的整个生命过程，可与蛋白质的α-氨基、巯基等反应，成为动植物体的生长调节剂和抑制微生物生长的抗毒素。

一、酚的结构

酚是羟基直接连在芳环上的一类有机物，用 ArOH 表示。

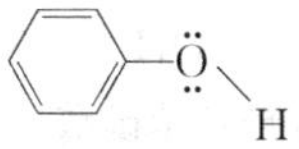
O
H

苯酚是一个平面分子，由于氧原子上有未共用电子对，能产生 p-π 共轭作用，作用的结果是氧原子上的电子云密度降低，C—O 键更加牢固，O—H 键被削弱，从而使酚羟基的氢易电离成为氢离子，表现出弱酸性。p-π 共轭效应的影响又使苯环上的电子云密度相对增加，苯环活化，使苯环易于发生亲电取代反应。醇与酚虽然都含有羟基，但由于两者结构上的差异，从而表现出不同的性质。

二、酚的分类

依据酚类化合物分子中所含羟基的数目，酚可分为一元酚、二元酚以及多元酚等。此外依据母体芳环的不同，又可分为苯酚和萘酚等。

一元酚：

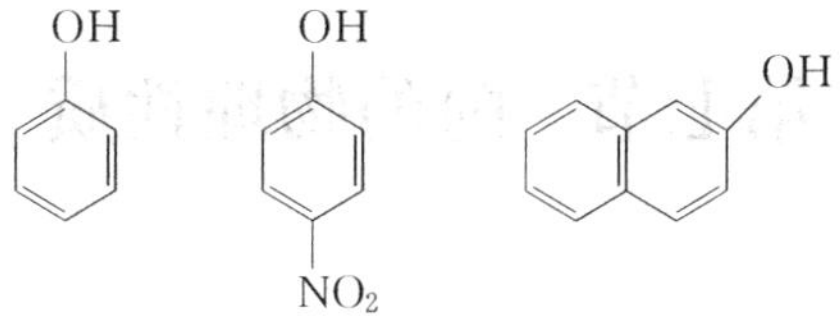
OH
OH
OH
NO2

二元酚：

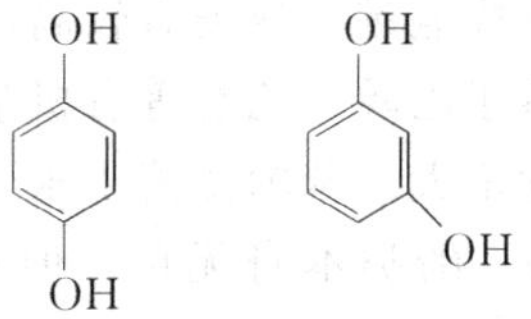
OH
OH
OH
OH

三元酚：

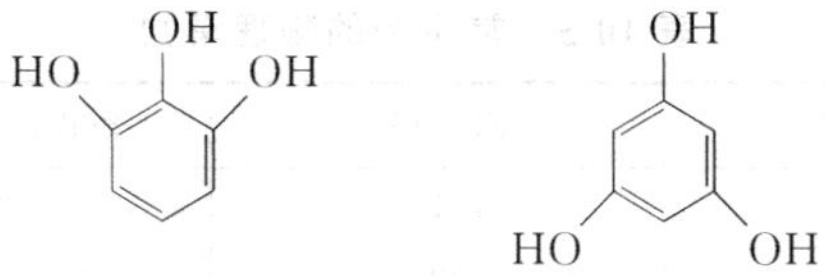
OH
HO
OH
OH
HO
OH

三、酚的命名

酚的命名一般是在“酚”字前面加上芳环的名称，以此作为母体，然后再加上取代基的名称和位置。含有两个或两个以上羟基的多元酚命名时，则需表明酚羟基的数目和相对位置。当取代基的序列优先于酚羟基时，则按取代基的排列次序的先后来选择母体。例如：

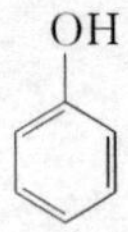

苯酚

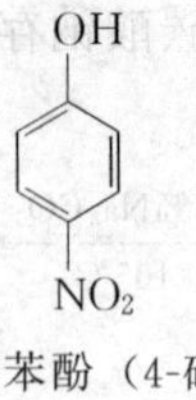

对硝基苯酚（4-硝基苯酚）

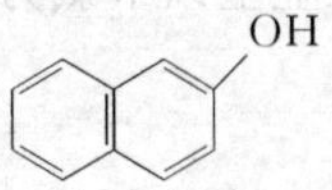

2-萘酚（β-萘酚）

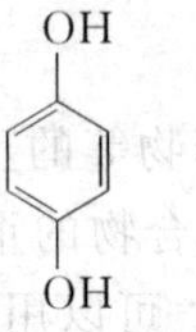

对苯二酚（1,4-苯二酚）

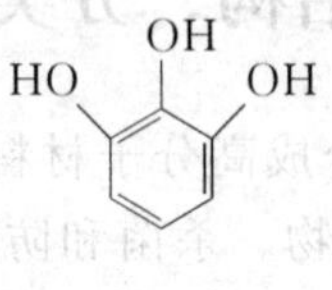

1,2,3-苯三酚（连苯三酚）

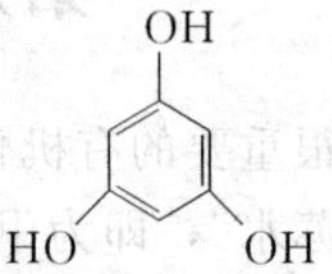

1,3,5-苯三酚（均苯三酚）

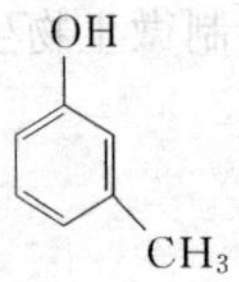

间甲苯酚

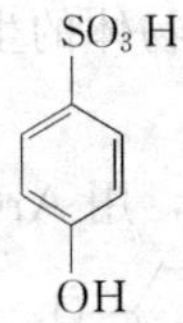

对羟基苯磺酸

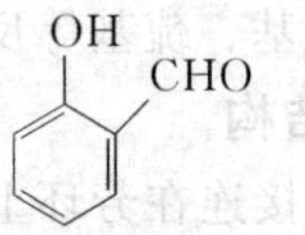

邻羟基苯甲醛（水杨醛）

习题 10-27 用系统命名法命名下列化合物或写出其结构式。

(1) 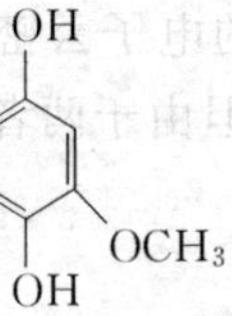

(2) 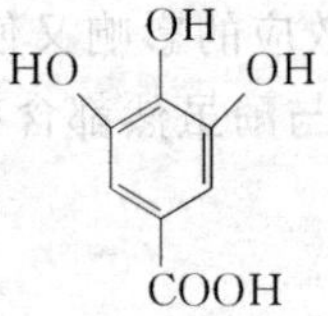

(3) 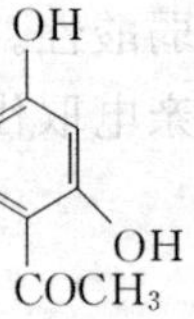

(4) 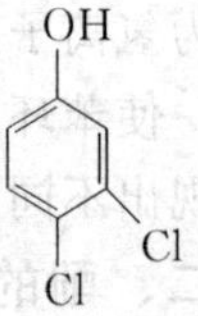

(5) 对甲氧基苯酚 (6) 对羟基苯甲醇 (7) 邻羟基苯甲醛 (8) 石炭酸

第七节 酚的物理性质

一、酚的物理性质

酚分子中含有羟基，分子间能形成氢键，故酚有较高的沸点和熔点，除少数烷基酚是液体外，多数酚是固体。酚类化合物能溶于乙醇、乙醚等有机溶剂，在水中的溶解度很小，随着羟基数目的增多，多元酚在水中溶解度增大。苯酚微溶于水，加热时可以在水中无限溶解。酚的毒性很大，口服致死量为 530mg/kg。酚类本身无色，但很容易氧化成醌类化合物而呈粉红色。酚的物理常数见表 10-3。

表 10-3 常见酚的物理常数

名称	熔点/℃	沸点/℃	溶解度/(g/100g 水)	pK_a
苯酚	43	181.8	9.3	9.86
邻甲苯酚	30.9	191	2.5	10.20
间甲苯酚	11.5	202.2	2.6	10.17
对甲苯酚	34.8	201.9	2.3	10.01
邻硝基苯酚	45.3	214.5	0.2	7.21
间硝基苯酚	97	194(9333Pa)	2.2	8.0

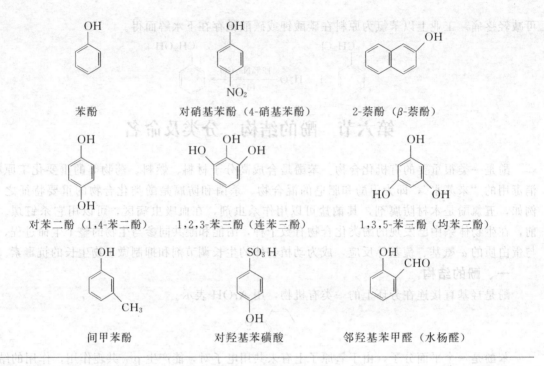

续表

名称	熔点/℃	沸点/℃	溶解度/(g/100g 水)	pK_a
对硝基苯酚	114.9	279(分解升华)	1.3	7.15
邻苯二酚	105	245	45	9.4
间苯二酚	110	281	123	9.4
对苯二酚	170	285.2	8	10.0
α-萘酚	96	279	难溶	9.31
β-萘酚	123	286	0.1	9.55

二、酚的光谱性质

酚的红外光谱中，未形成氢键的 O—H 键的伸缩振动峰出现在 3600～3500cm^{-1}处，缔合的 O—H 键的伸缩振动峰在 3500^{-1}～3200cm^{-1}区域出现，且为一宽峰。酚的碳氧键伸缩振动在 1220cm^{-1}左右。^{1}H NMR 中，受氢键的影响，酚的羟基质子吸收峰通常出现在 δ 4.5～10 范围处。对甲苯酚的红外光谱图和核磁共振谱图分别见图 10-4 和图 10-5。

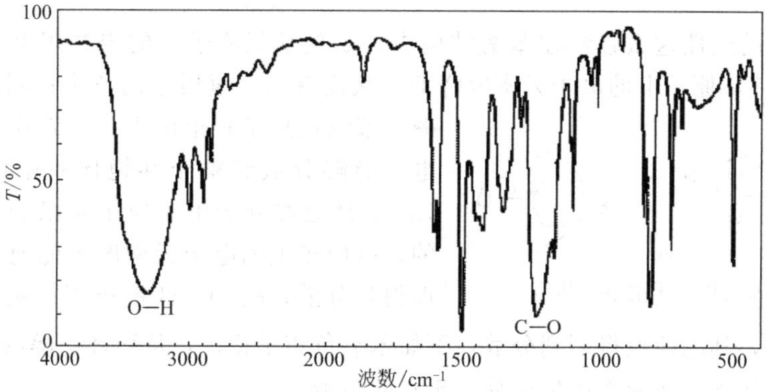
100
50
0
T/%
O—H
C—O
4000
3000
2000
1500
1000
500
波数/cm^{-1}

图 10-4　对甲苯酚的红外光谱图

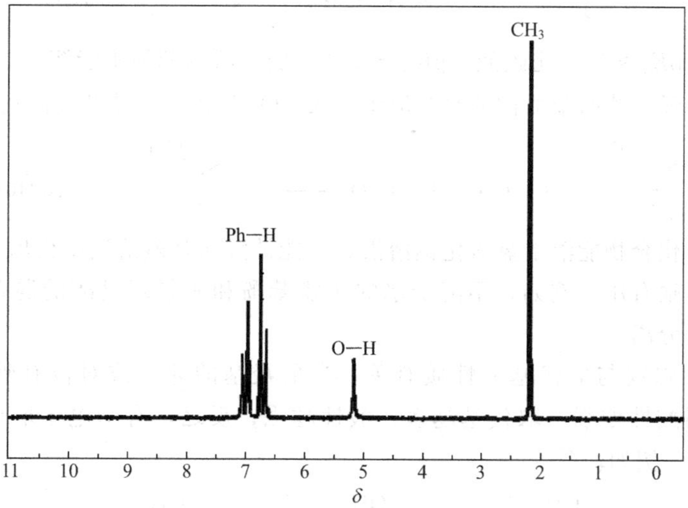
CH$_3$
Ph—H
O—H
11
10
9
8
7
6
5
4
3
2
1
0
δ

图 10-5　对甲苯酚的核磁共振谱图

习题 10-28　如何用红外光谱区分对甲苯酚与苯甲醇？

第八节　酚的化学性质

酚与醇一样都含有羟基，具有一些相同的性质，但由于两者结构上的差异，又表现出不同的性质。

一、酚羟基的反应

1\. 酚的酸性

苯酚与环己醇具有相似的结构，酸性的强度应该相近，但事实上苯酚的酸性强度是环己醇的 10^8 倍。

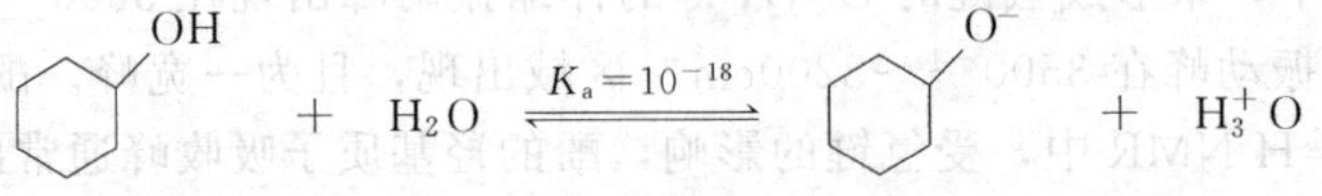

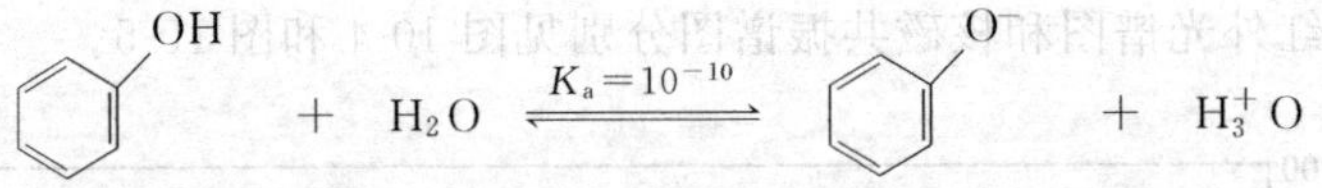

为什么苯酚的酸性这么强？在苯酚结构中，酚羟基氧原子上的未共用电子对与苯环形成 p-π 共轭体系，使氧原子上的电子云密度降低，从而有利于氢质子的离去；同时，生成的共轭碱（苯氧负离子）也由于共轭效应，氧原子上的负电荷能够分散到整个共轭体系中而更稳定，见图 10-6。环己醇分子中氧原子是以 sp^3 杂化状态成键的，氧原子上的电子云密度不能通过电子共轭效应而得到分散，故 O—H 键牢固；从环己醇解离后形成的负离子来看，其电荷也得不到分散，不如苯氧负离子稳定，从而环己醇的酸性比苯酚弱。

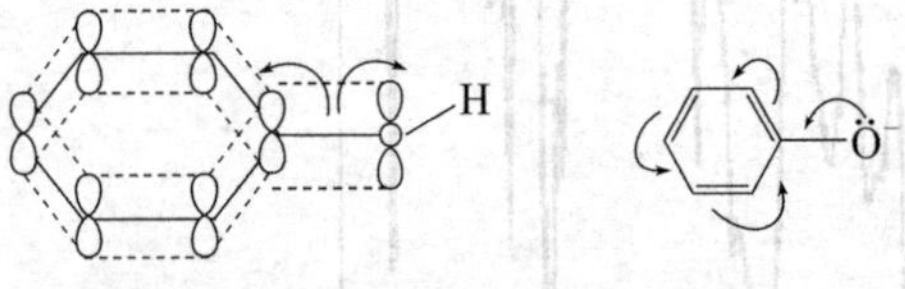

图 10-6　苯氧负离子的 p-π 共轭

酚能与氢氧化钠水溶液作用生成易溶于水的酚钠。

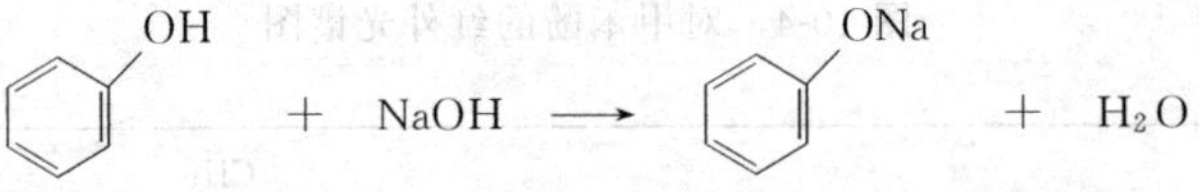

苯酚的酸性（$pK_a \approx 10$）比碳酸（$pK_a \approx 6.37$）弱，所以苯酚不能溶于 $NaHCO_3$ 的水溶液中，但比水和醇要强。若向苯酚钠的水溶液中通入 CO_2 气体，可使苯酚游离出来。

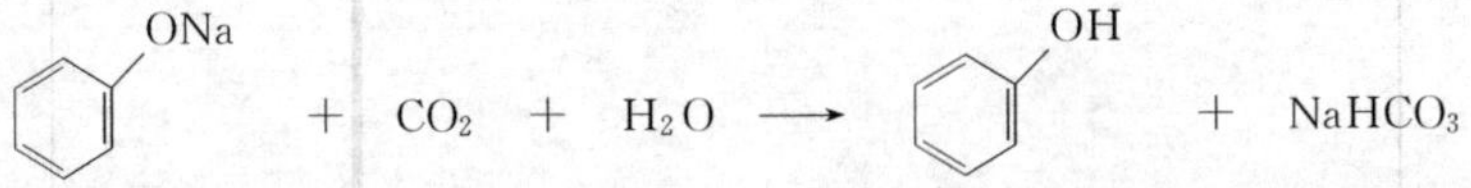

绝大多数酚类化合物能溶于氢氧化钠溶液，又能被酸从其碱溶液中析出来。酚的这一性质在其分离和提纯上很有用。例如，不溶于水的 4-氯苯酚和 4-氯环己醇的混合物，就可利用氢氧化钠水溶液进行分离。

取代酚的酸性强弱与取代基的性质有关。当酚羟基的邻位或对位有吸电子取代基（如 $—NO_2$ 等）时，则酸性增强，取代基越多，酸性越强；反之，有给电子取代基时（如 $—CH_3$ 等），则 pK_a 减弱。例如：

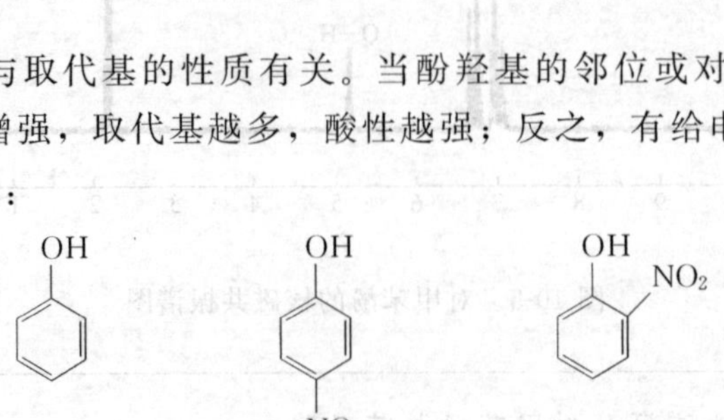

pK_a　　10.00　　7.15　　7.22

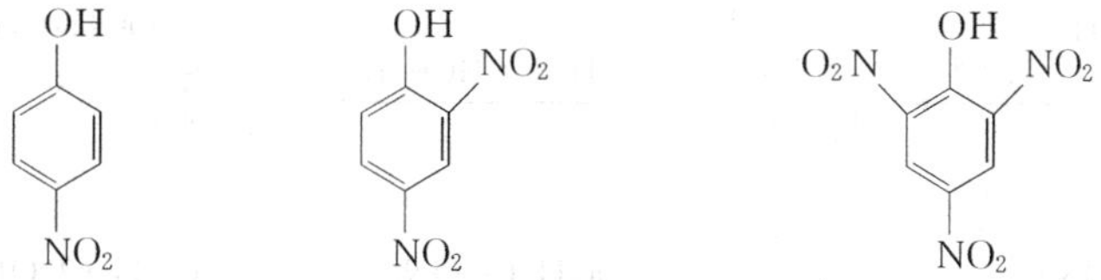

pK_a　7.15　　4.09　　0.25

间位取代基对酸性的影响不及邻、对位影响大。例如当硝基处于羟基的间位时，吸电子共轭效应作用受阻，只有吸电子诱导效应的影响，因此酸性虽然是增加的，但不十分明显。某些取代酚的 pK_a 见表 10-4。

表 10-4　某些取代酚的 pK_a（25℃）

取代基	邻	间	对	取代基	邻	间	对
—H	10.00	10.00	10.00	—Cl	8.48	9.02	9.38
—CH_3	10.29	10.09	10.26	—Br	8.42	8.87	9.26
—OCH_3	9.98	9.65	10.21	—NO_2	7.22	8.39	7.15
—F	8.81	9.28	9.81				

习题 10-29　如何分离苯酚和苯甲醇的混合物？

习题 10-30　试比较对甲氧基苯酚、苯酚、间甲氧基苯酚的酸性大小，并解释之。

习题 10-31　列出下列各化合物的酸性强弱次序：

（1）苯酚　（2）对甲苯酚　（3）对硝基苯酚　（4）对氯苯酚　（5）间氯苯酚

2. 酯的生成

酚与醇相似，也能成酯，反应却比醇困难得多，不能直接用酸酯化。通常用酸酐或酰氯与酚或酚盐作用制备酚酯。

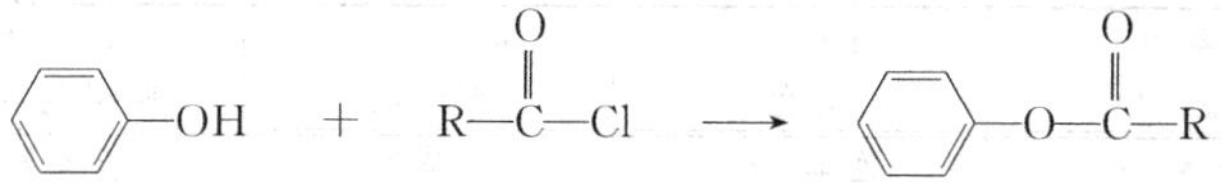

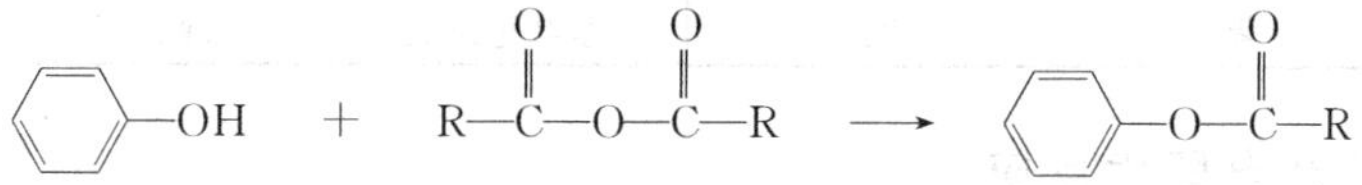

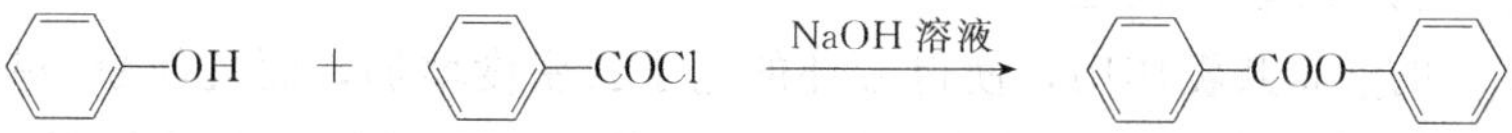

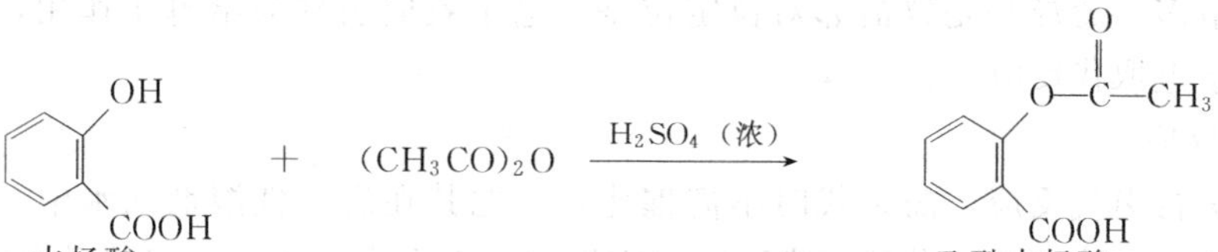

水杨酸　　乙酰水杨酸

乙酰水杨酸是白色针状结晶，熔点为 143℃，微溶于水。乙酰水杨酸就是常见的解热镇痛药阿司匹林（aspirin），用水杨酸与醋酐在浓硫酸催化下加热即可制得。

3. 成醚反应

与醇相似，酚也能成醚。但与醇不同，酚不能两分子间脱水生成醚。芳基烷基醚可采用威廉姆森合成法制备。它是通过芳氧基负离子与卤代烷或硫酸酯发生 S_N2 反应完成的。

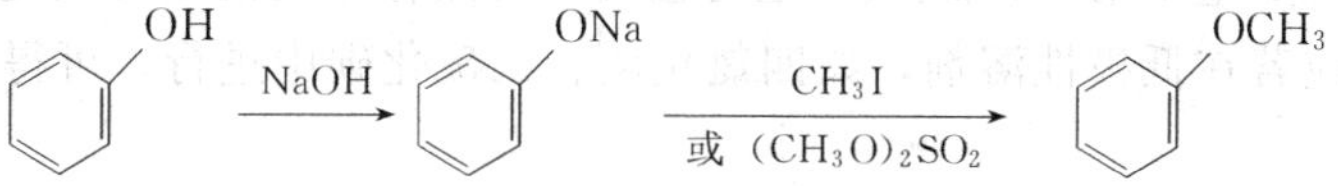

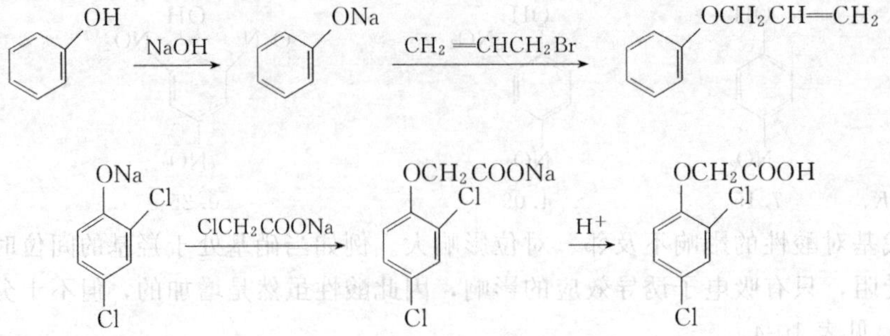

2,4-二氯苯氧乙酸

2,4-二氯苯氧乙酸又称 2,4-D（2,4-dichlorophenoxyacetic），其纯品是无色晶体，熔点为138℃。其钠盐、铵盐和酯类在农业上用作植物生长调节剂，也是一种除双子叶杂草的除草剂。

习题 10-32 为什么酚成醚、成酯都困难？

---

4. 与三氯化铁的显色反应

大多数的酚与三氯化铁溶液作用能生成带颜色的络离子，不同的酚往往显示不同的颜色（见表 10-5）。例如苯酚遇三氯化铁显蓝紫色，邻苯二酚显深绿色，对甲苯酚显蓝色。这种特殊的颜色反应，可作为酚的定性分析。与三氯化铁的显色反应并不限于酚，具有烯醇式结构的化合物一般均能与三氯化铁发生显色反应。

$$6C_6H_5OH + FeCl_3 \longrightarrow \underset{\text{蓝紫色}}{H_3[Fe(OC_6H_5)_6]} + 3HCl$$

表 10-5 各类酚与三氯化铁反应所显颜色

酚	苯酚	对甲苯酚	间甲苯酚	对苯二酚	邻苯二酚
与 $FeCl_3$ 反应显色	蓝紫色	蓝色	蓝紫色	暗绿色结晶	深绿色
酚	间苯二酚	连苯三酚	α-萘酚	β-萘酚	—
与 $FeCl_3$ 反应显色	蓝紫色	淡棕红色	紫红色沉淀	绿色沉淀	—

二、芳环上的亲电取代反应

酚羟基与芳环的 p-π 共轭作用，使得芳环的电子云密度增加，而且使酚羟基的邻对位电子云密度增加最多。酚羟基是致活邻对位定位基，电子效应表现为给电子作用，能强烈活化苯环，易发生亲电取代反应。

1. 卤代反应

酚极易进行卤代反应，酚卤代时不需催化剂，尤其在质子性溶剂如水中，卤代更容易发生，生成2,4,6-三卤代物。苯酚在常温下可立即与溴水生成2,4,6-三溴苯酚白色沉淀。

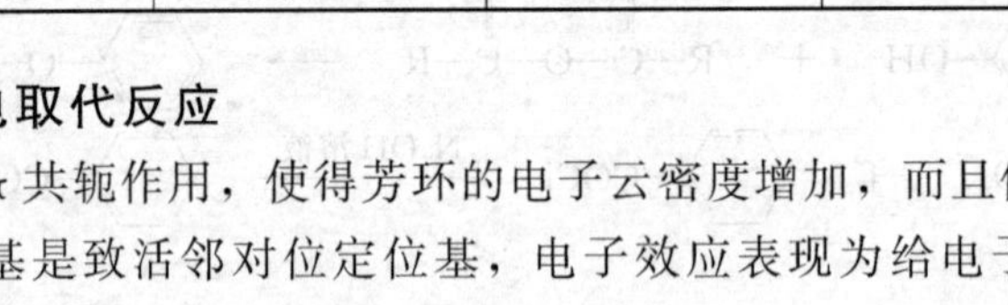

此反应很灵敏，少量苯酚（10μg/g）也可检出，可用作苯酚的定性鉴定和定量测定。

苯酚的溴化反应若在低极性溶剂，如四氯化碳、二硫化碳中进行，可得一卤代酚，且以对位产物为主。

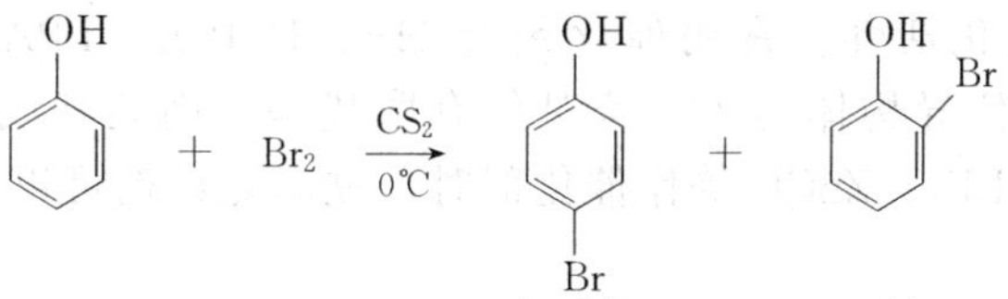

（67%）　（33%）

2. 硝化反应

苯酚比苯容易硝化，苯酚在室温下与稀硝酸作用生成邻硝基苯酚和对硝基苯酚两种产物。因酚易被硝酸氧化，故产率较低。

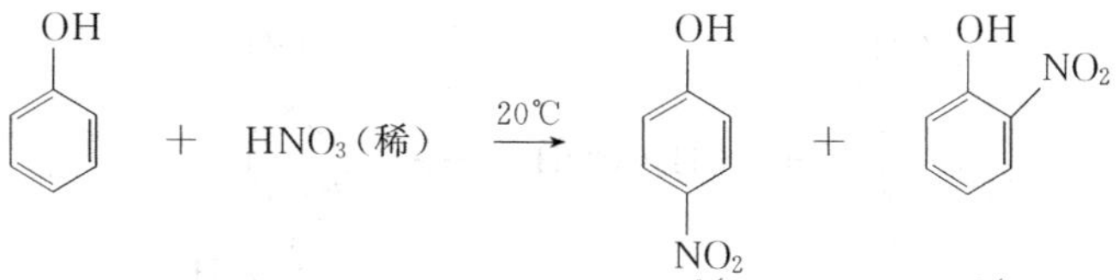

（13%）　（40%）

邻硝基苯酚和对硝基苯酚两种异构体可用水蒸气蒸馏法分离。邻位异构体可通过分子内氢键形成螯合环，不再与水形成氢键，故水溶性小，挥发性大，可随水蒸气蒸出；对位异构体分子间形成氢键，故水溶性大，挥发性小，不能随水蒸气蒸出。

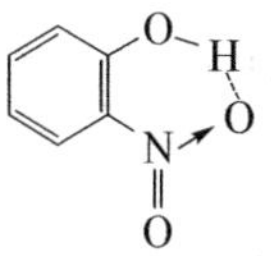

分子内氢键

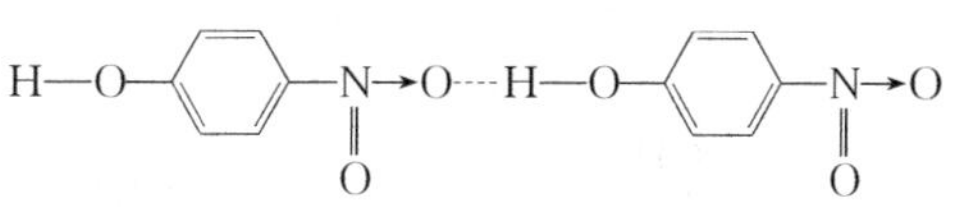

分子间氢键

3. 亚硝化反应

苯酚和亚硝酸作用生成对亚硝基苯酚。

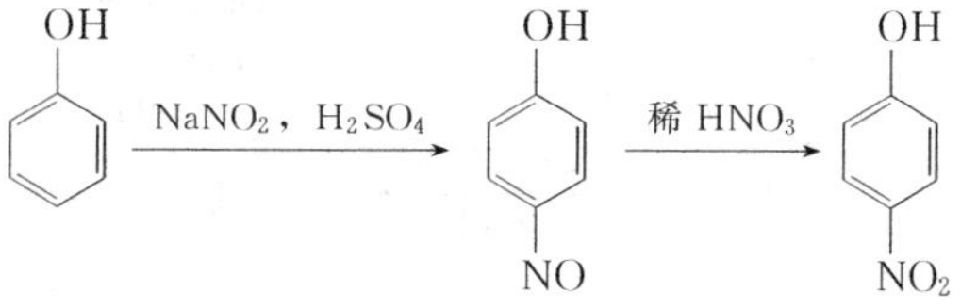

（80%）

虽然^{+}NO的亲电性较弱，但因羟基对苯环的活化，可以得到较好的取代产物。对亚硝基苯酚可用稀 HNO_3 顺利地氧化成对硝基苯酚，这样就可以得到不含邻位异构体的对硝基苯酚。

4. 磺化反应

苯酚的磺化反应所生成的产物与温度有密切的关系，随着磺化温度的升高，对位异构体增多。继续磺化或用浓硫酸在加热下直接与酚作用，可得苯酚二磺酸：

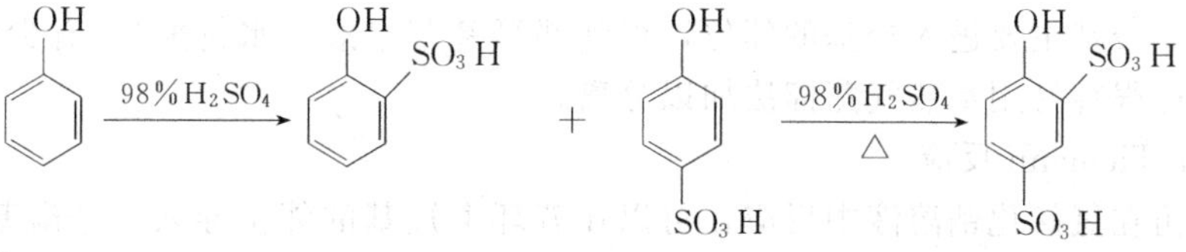

20℃	49%	51%
100℃	10%	90%

5. Friedel-Crafts 反应

酚很容易进行 Friedel-Crafts 反应，一般不用 $AlCl_3$ 作催化剂，因 $AlCl_3$ 可与酚羟基形成铝的络盐，从而失去催化活性。常用催化剂有 HF、H_3PO_4、PPA、BF_3、$ZnCl_2$、H_2SO_4 等。所得产物一般以对位异构体为主。若对位有取代基，则烷基或酰基进入羟基的邻位。在酰基化反应中，当用 BF_3、$ZnCl_2$ 等作催化剂时，酰基化试剂可以直接使用羧酸，不必用酰氯。

$$ArOH + AlCl_3 \longrightarrow ArOAlCl_2 + HCl$$

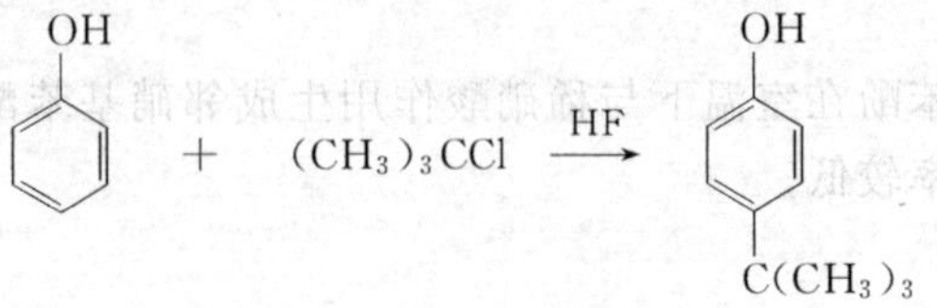

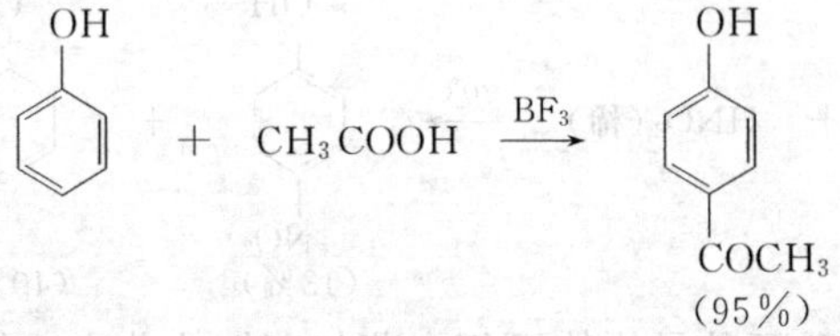

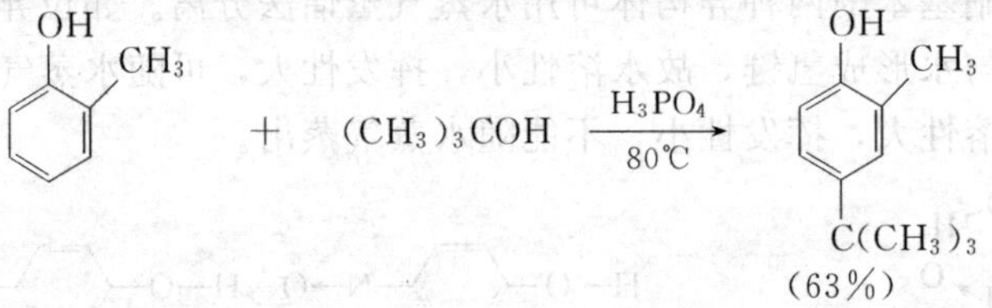

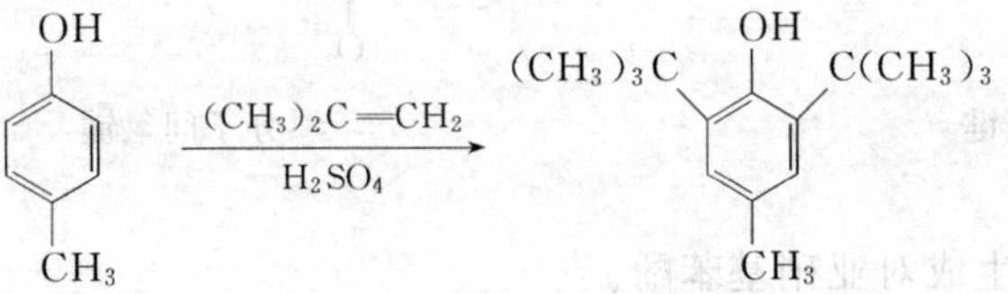

二六四抗氧剂

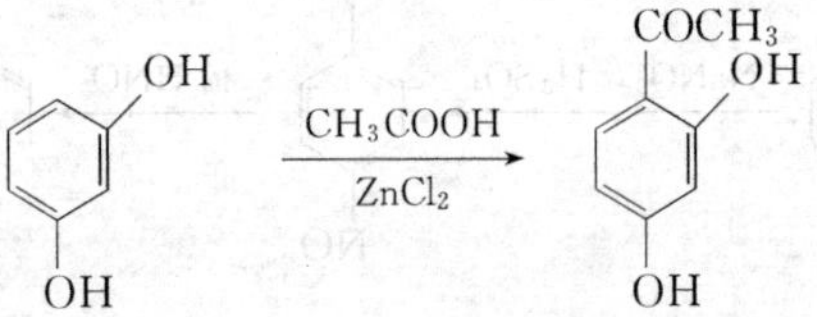

6. Koble-Schmitt 反应

干燥的酚钠和二氧化碳在加压下于 125～150℃ 反应，生成羧酸盐，经酸化得羧酸，该反应叫做 Koble-Schmitt 反应。这是制备酚酸，特别是水杨酸的重要方法。

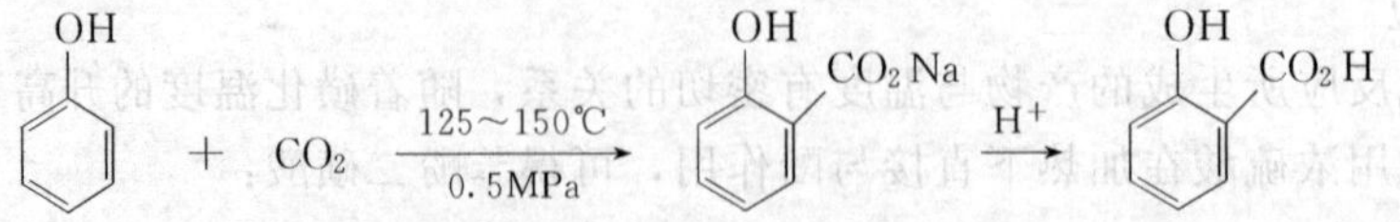

该反应中，羧基主要进入羟基的邻位，得到邻羟基苯甲酸（水杨酸），有少量的对羟基苯甲酸生成，不过很容易用水蒸气蒸馏法加以分离。

7. Reimer-Tiemann 反应

苯酚和氯仿在氢氧化钠溶液中反应，可以在芳环上羟基的邻位导入一个酰基，经酸化后，生成邻羟基苯甲醛（水杨醛）。

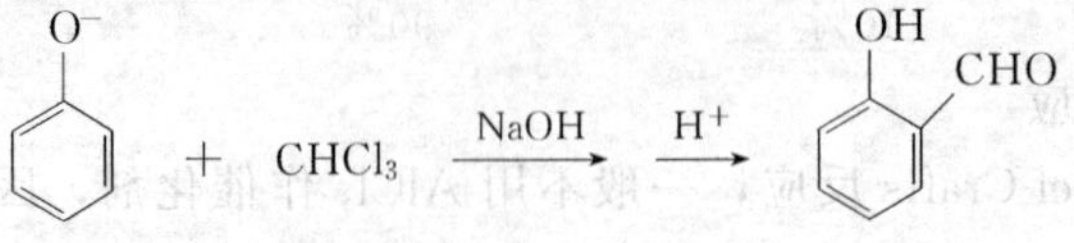

该反应称为 Reimer-Tiemann 反应，这是制备酚醛，特别是水杨醛的重要方法。如氯仿与对甲苯酚反应，则生成 5-甲基-2-羟基苯甲醛。

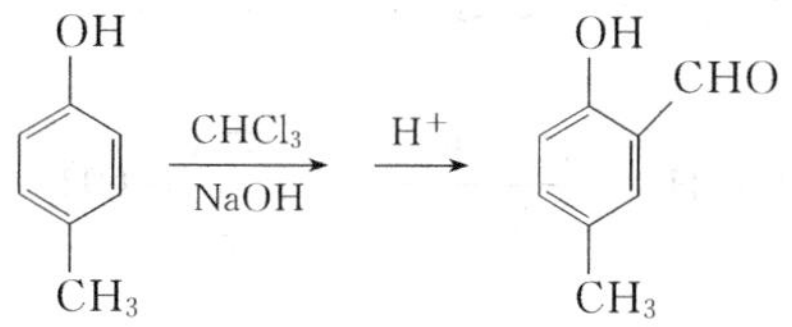

8. 缩合反应

酚羟基邻、对位上的氢还可以与羰基化合物发生缩合反应。例如在稀碱存在下，苯酚与甲醛作用，首先在苯酚的邻位或对位上引入羟甲基，进一步生成酚醛树脂。

三、氧化反应

酚类化合物很容易被一些氧化剂所氧化，如被重铬酸钠甚至空气所氧化生成醌。这是苯酚在空气中久置后颜色逐渐加深的原因。用重铬酸钠与苯酚作用，得到黄色的苯醌。

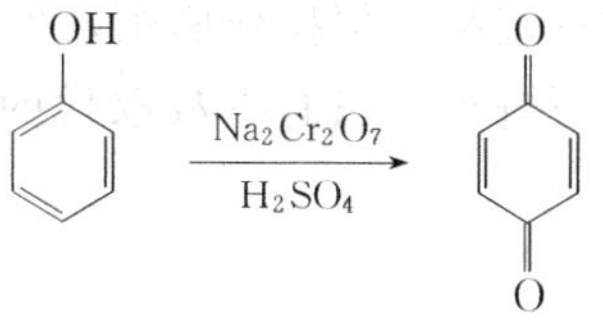

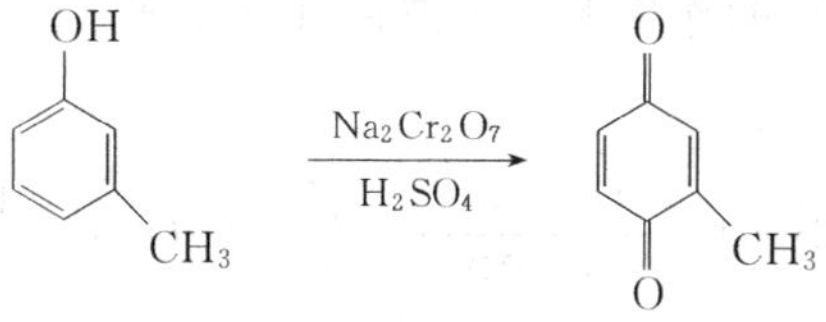

多元酚更容易氧化，两个或两个以上的羟基互为邻对位的多元酚更容易被氧化。例如对苯二酚可作为显影剂，就是利用其能将曝光活化了的溴化银还原成金属银的性质。

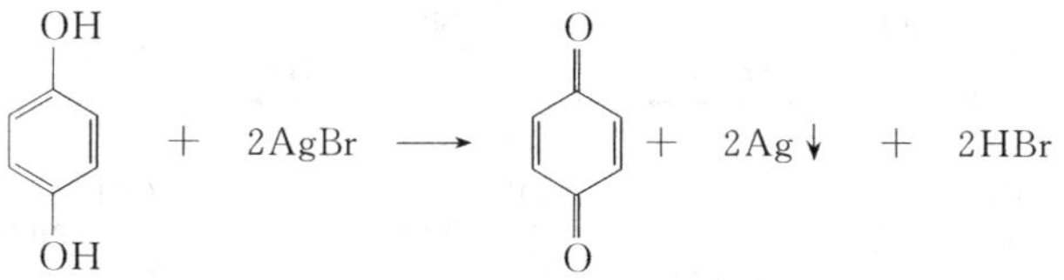

习题 10-33 苯酚为无色固体，但实验室中使用的苯酚常具有粉红色，为什么？

习题 10-34 2,4,6-三硝基苯酚不能用苯酚直接硝化制得，为什么？一般用什么方法制得？

习题 10-35 试写出下列变化的可能机理。

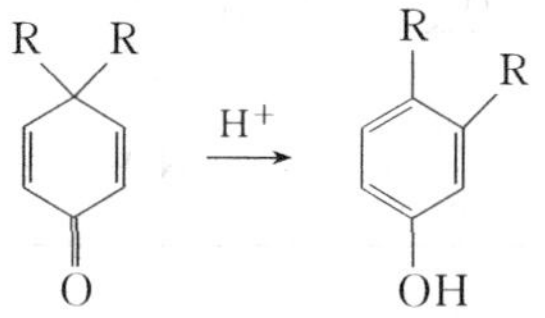

第九节 酚的制备

一、异丙苯法

异丙苯法是目前工业上合成苯酚的主要方法。异丙苯在 100～120℃ 通入空气，经过催化氧化生成过氧化氢异丙苯。后者与稀 H_2SO_4 作用，分解为苯酚和丙酮。其优点为：反应所需原料廉价易得，且可连续化生产，所得产物除苯酚外，还有重要的有机原料丙酮。

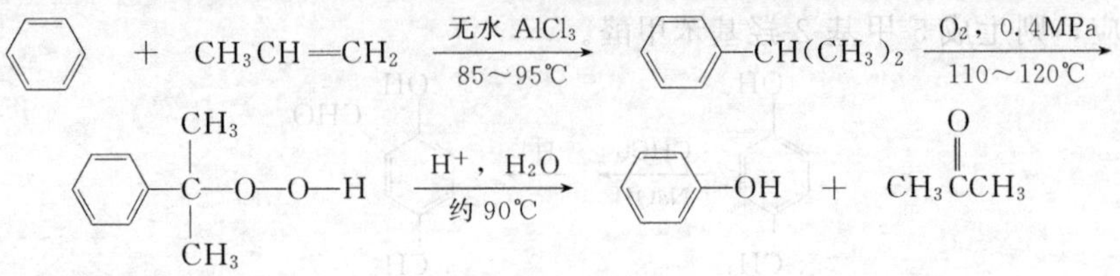

二、芳香磺酸盐碱熔法

芳香磺酸钠与氢氧化钠共熔，生成酚钠，最后经酸化得到相应的酚。

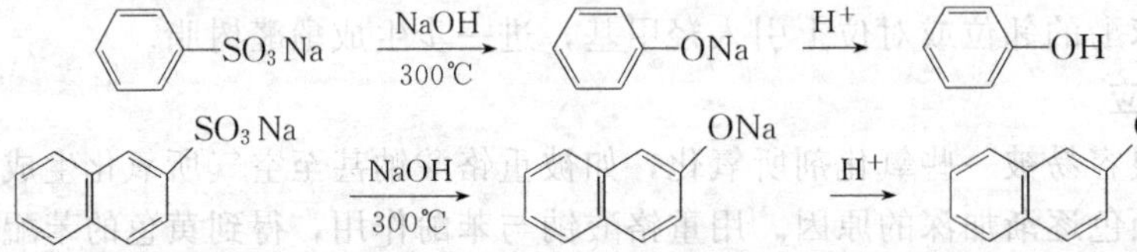

碱熔法所要求的设备简单，产率较高，但操作麻烦，生产不能连续化；同时要消耗大量的硫酸和烧碱；反应需要在较高温度下进行，只有少数取代的磺酸能经受得起这样强烈的条件，因此该法的应用范围较小。

三、芳香卤衍生物的水解

氯苯在高温、高压和催化剂的作用下，可被稀氢氧化钠溶液水解，得到苯酚钠，再经酸化即得苯酚。

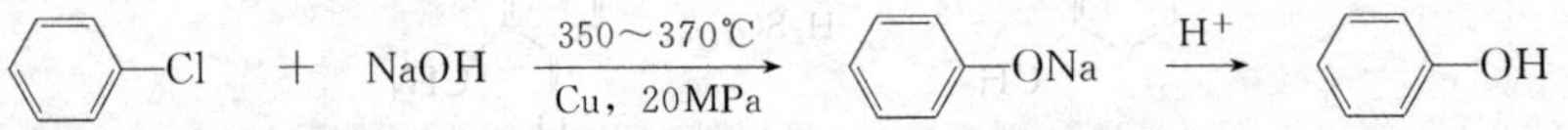

卤原子的邻位或对位有强吸电子基团时，芳卤化合物的水解比较容易，不需要高温高压。

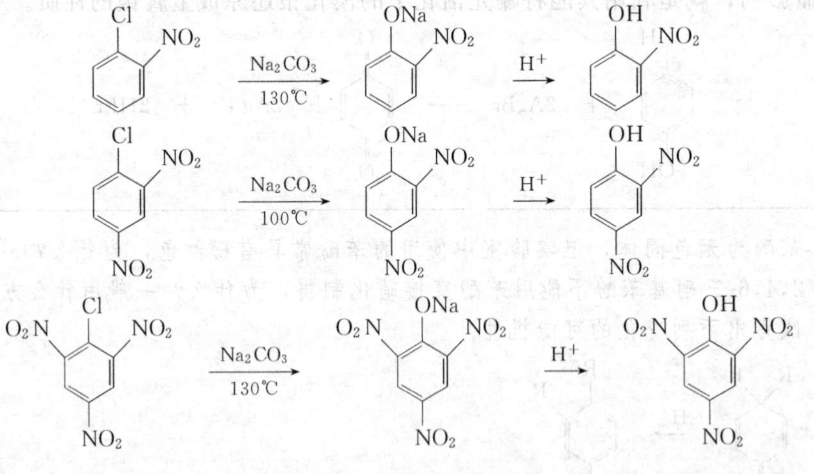

习题 10-36 完成下列转化：

(1) 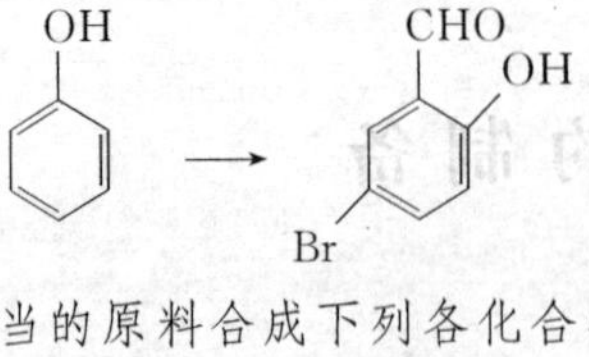 (2) 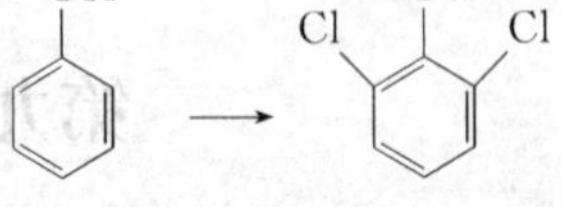

习题 10-37 用适当的原料合成下列各化合物：

(1) 2,4-二氯苯氧乙酸 (2) 4-乙基-2-溴苯酚 (3) 4-乙基-1,3-苯二酚

第十节 重要的酚

一、苯酚

苯酚俗称石炭酸，是一种具有特殊气味的无色晶体。熔点为43℃，沸点为181℃，在空气中逐渐氧化呈微红色，平时应贮藏于棕色瓶内并注意避光。苯酚微溶于水，25℃时溶解度为8g/100g水，65℃以上可与水混溶，苯酚易溶于乙醇、乙醚等有机溶剂中。苯酚有毒，对皮肤有强烈的腐蚀性。苯酚在医药上常用作消毒剂，3%～5%的苯酚水溶液可用以消毒外科手术用具。在工业上，苯酚是一种重要的化工原料，大量用于制造酚醛树脂（电木粉）、其他高分子材料、离子交换树脂、合成纤维（尼龙-6、尼龙-66）、染料、农药、炸药等。

二、甲酚

甲酚（cresol）因来源于煤焦油，又称煤酚。它是邻、间、对三种甲酚的混合物。煤酚的杀菌力比苯酚强，因难溶于水，故常配成47%～53%的肥皂溶液，俗称来苏尔（lysol），临时使用加水稀释即可，可用于消毒。

三、苯二酚

苯二酚有三种异构体：

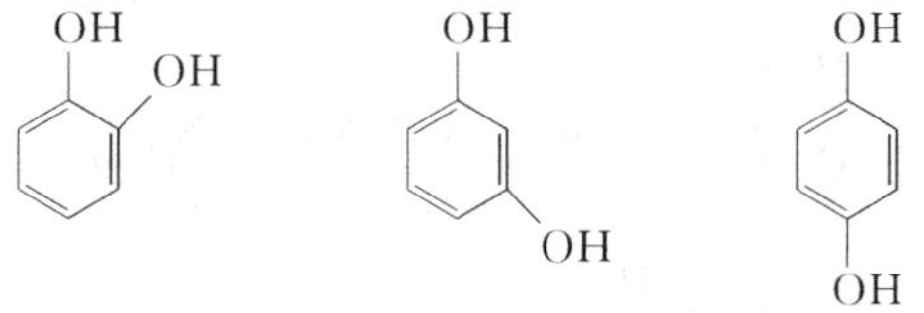

OH
OH
OH
OH
OH
OH

（1）邻苯二酚　又称儿茶酚，存在于自然界的许多植物中，为无色晶体，熔点为105℃，易溶于水、醇和醚中。许多药物结构中都含有邻苯二酚单元。例如，肾上腺素与去甲肾上腺素是体内肾上腺髓质分泌的主要激素，具有收缩血管、升高血压和兴奋心脏等重要的生理作用。无色的肾上腺素溶液呈微黄色，暴露在空气中会因氧化而呈淡红色，最后呈棕色。因此药用肾上腺素制剂须在阴暗处保存。

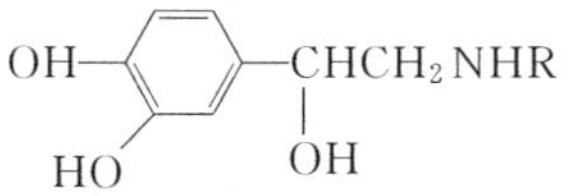

OH
CHCH₂NHR
OH
HO

R＝ —CH_3　肾上腺素

R＝ —H　去甲肾上腺素

（2）间苯二酚　又称树脂酚或雷锁辛，由人工制得，为无色结晶，熔点为110℃，易溶于水、醇或乙醚中。它具有杀菌作用，强度较小，2%～10%的油膏及洗剂可用于治疗皮肤病。

（3）对苯二酚　又称鸡纳酚或氢醌，存在于植物中。系无色晶体，熔点为170.5℃，易溶于醇或乙醚中。其还原能力较强，常用作显影剂、抗氧剂、阻聚剂等。

四、双酚 A

苯酚与丙酮在酸的催化作用下，两分子苯酚可在羟基的对位与丙酮缩合，生成2,2-二对羟苯基丙烷，俗称双酚A。

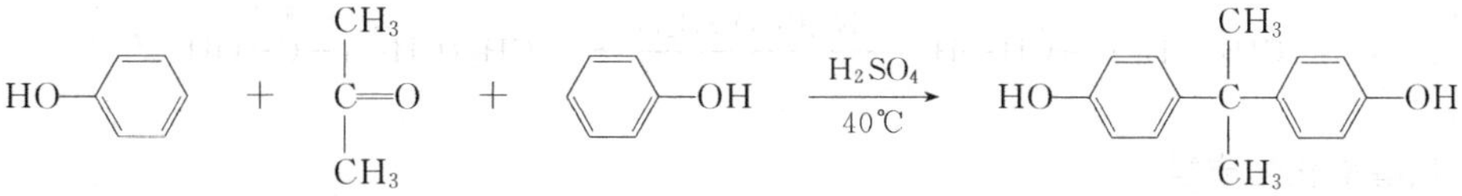

HO
CH₃
C═O
CH₃
OH
H₂SO₄
40℃
HO
CH₃
C
CH₃
OH

双酚A是一种白色粉末，熔点为154℃，是制造环氧树脂、聚砜、聚碳酸酯等的重要原料。

醇和酚的反应总结

Ⅰ. 醇的反应

1. 羟基中氧氢键的断裂

(1) 醇的酯化

(2) 烷氧基离子的生成

$$ROH + Na \longrightarrow RO^- Na^+ + \frac{1}{2}H_2$$

例如：
$$CH_3CH_2OH + Na \longrightarrow CH_3CH_2O^- Na^+ + \frac{1}{2}H_2$$

2. 醇羟基碳氧键的断裂

(1) 醇转化为卤代烃

$$R—OH \xrightarrow{HCl 或 SOCl_2/C_5H_5N} R—Cl$$

$$R—OH \xrightarrow{HBr 或 PBr_3} R—Br$$

$$R—OH \xrightarrow{HI 或 P/I_2} R—I$$

例如：
$$(CH_3)_3C—OH \longrightarrow (CH_3)_3C—Cl$$

$$(CH_3)_2CH—CH_2OH \xrightarrow{PBr_3} (CH_3)_2CH—CH_2Br$$

$$CH_3(CH_2)_4—CH_2—OH \xrightarrow{P/I_2} CH_3(CH_2)_4—CH_2I$$

(2) 醇脱水成烯

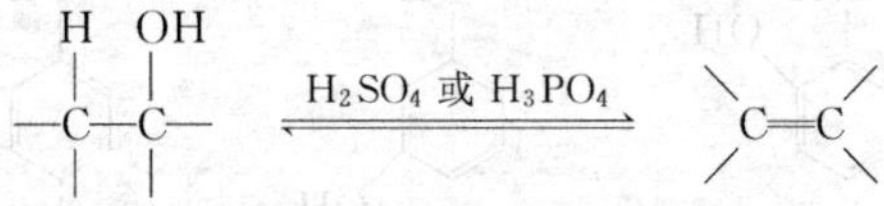

例如：
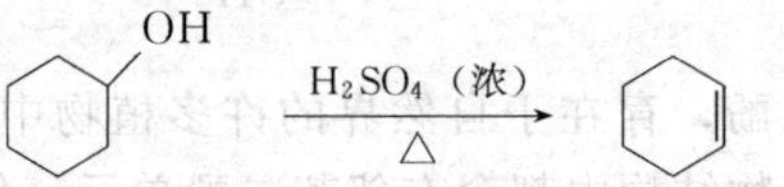

(3) 醇分子间脱水成醚

$$2R—OH \overset{H^+}{\rightleftharpoons} R—O—R + H_2O$$

例如：
$$CH_3(CH_2)_2CH_2—OH \xrightarrow[\triangle]{H_2SO_4} CH_3(CH_2)_2CH_2—O—CH_2(CH_2)_2CH_3$$

3. 氧化反应

(1) 仲醇氧化成酮

$$R—CH(OH)—R' \xrightarrow{Na_2Cr_2O_7/H_2SO_4} R—C(=O)—R'$$

例如：
$$CH_3—CH(OH)—CH_2CH_3 \xrightarrow{Na_2Cr_2O_7/H_2SO_4} CH_3—C(=O)—CH_2CH_3$$

(2) 伯醇氧化最终生成羧酸

$$R—CH(OH)—H \xrightarrow{Na_2Cr_2O_7/H_2SO_4} R—C(=O)—OH$$

例如：
$$CH_3(CH_2)_4—CH(OH)—H \xrightarrow{Na_2Cr_2O_7/H_2SO_4} CH_3(CH_2)_4—C(=O)—OH$$

(3) 伯醇氧化生成醛

$$R—CH_2—OH \xrightarrow{PCC} R—C(=O)—H$$

例如：$CH_3(CH_2)_4—CH_2—OH \xrightarrow{PCC} CH_3(CH_2)_4—\overset{\overset{O}{\|}}{C}—H$

Ⅱ. 酚的反应

1. 羟基中氧氢键的断裂

(1) 酚的酸性

(2) 酯的生成

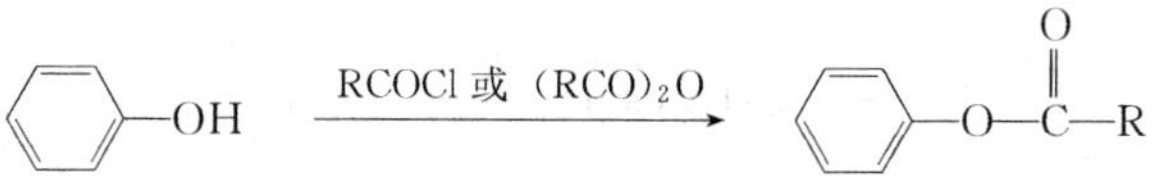

OH
RCOCl 或 (RCO)₂O
O
O—C—R

例如：

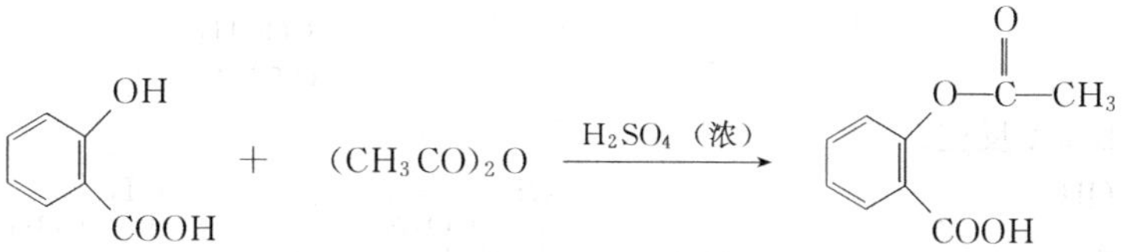

OH
COOH
+
(CH₃CO)₂O
H₂SO₄ (浓)
O
O—C—CH₃
COOH

(3) 醚的生成

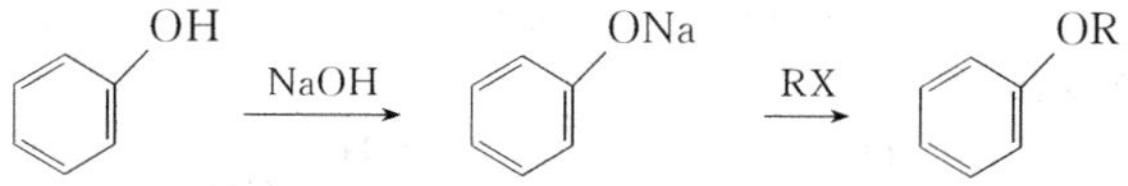

OH
NaOH
ONa
RX
OR

例如：

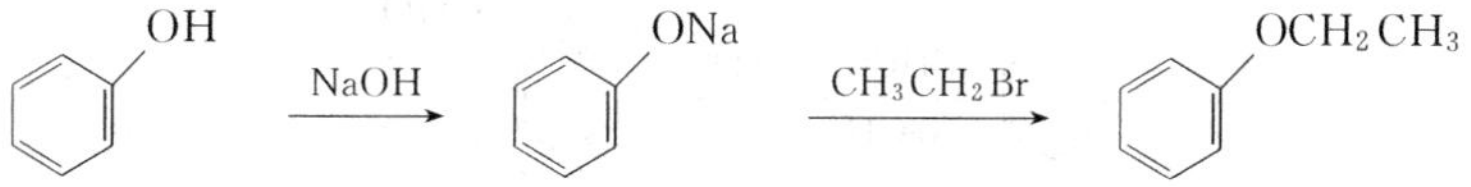

OH
NaOH
ONa
CH₃CH₂Br
OCH₂CH₃

(4) 显色反应

$$6C_6H_5OH + FeCl_3 \longrightarrow H_3[Fe(OC_6H_5)_6] + 3HCl$$

2. 芳环上的亲电取代反应

(1) 卤化反应

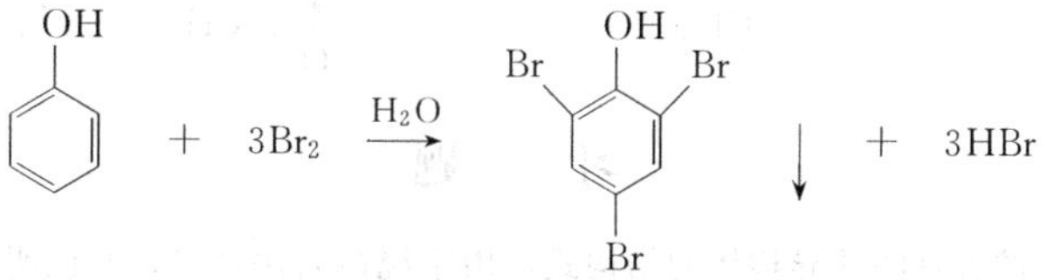

OH
+ 3Br₂
H₂O
OH
Br
Br
Br
+ 3HBr

(2) 硝化反应

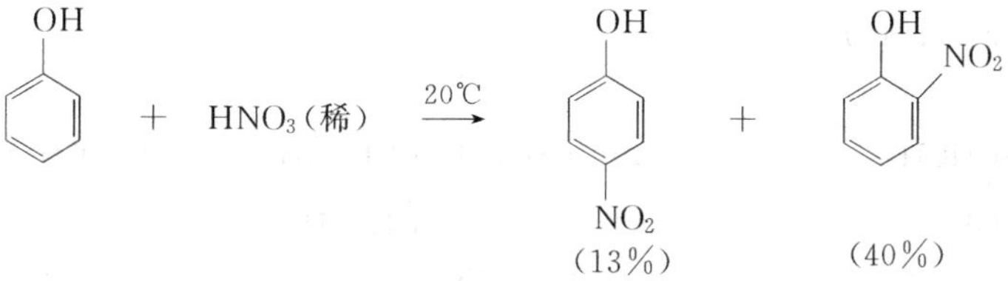

OH
+ HNO₃(稀)
20℃
OH
NO₂
(13%)
+
OH
NO₂
(40%)

(3) 亚硝化反应

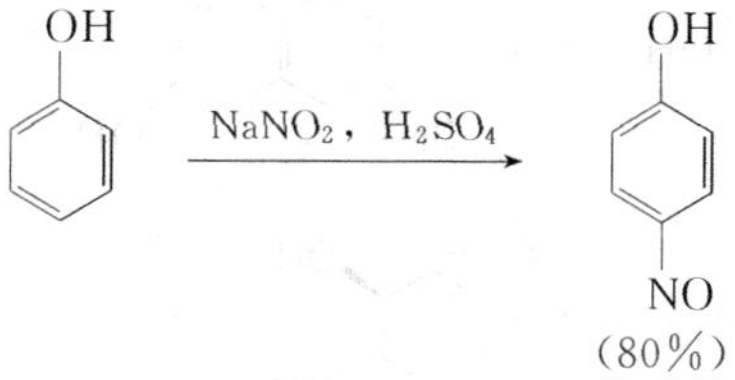

OH
NaNO₂，H₂SO₄
OH
NO
(80%)

(4) 磺化反应

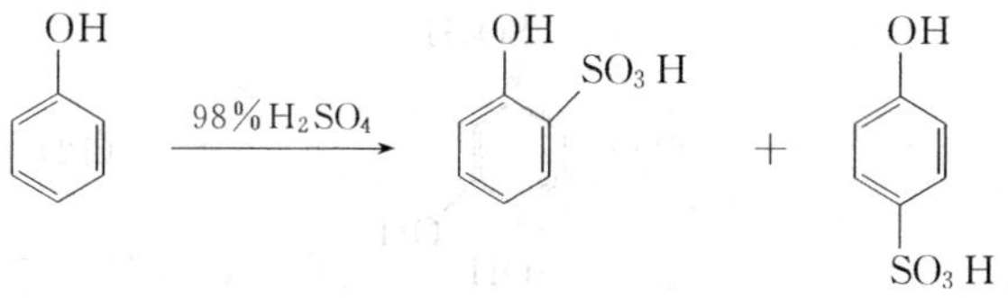

OH
98%H₂SO₄
OH
SO₃H
+
OH
SO₃H

(5) Friedel-Crafts 反应

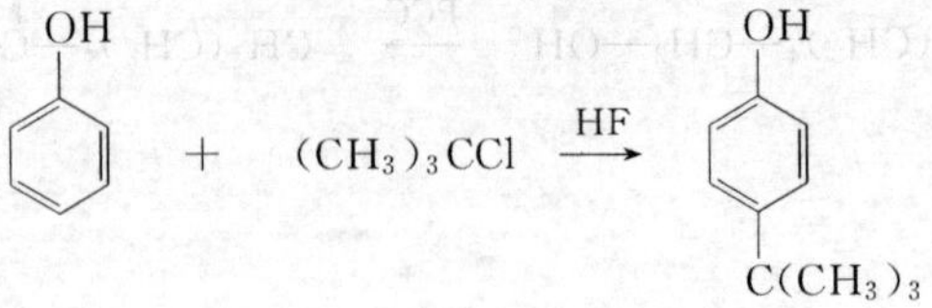

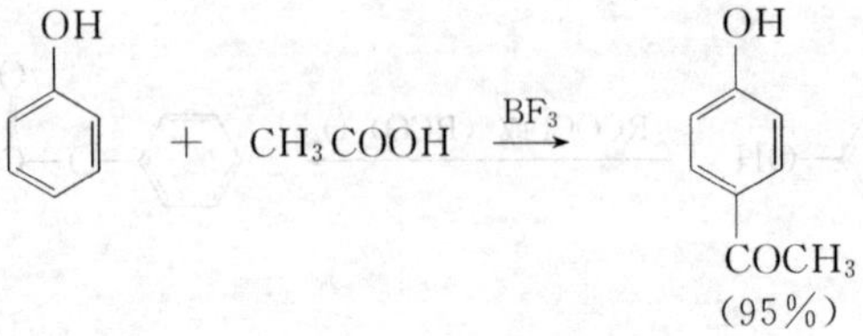

(6) Koble-Schmitt 反应

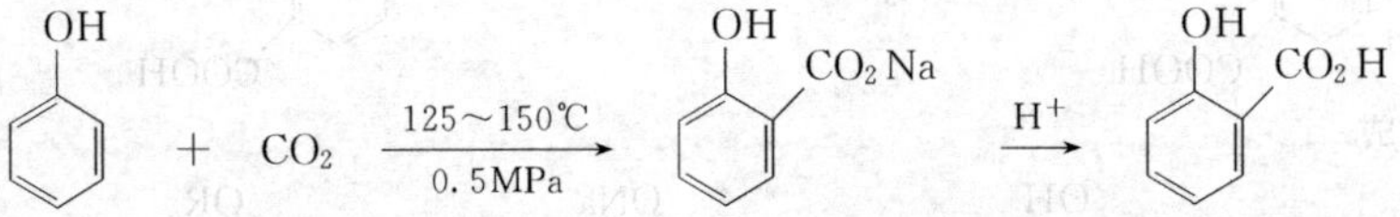

(7) Reimer-Tiemann 反应

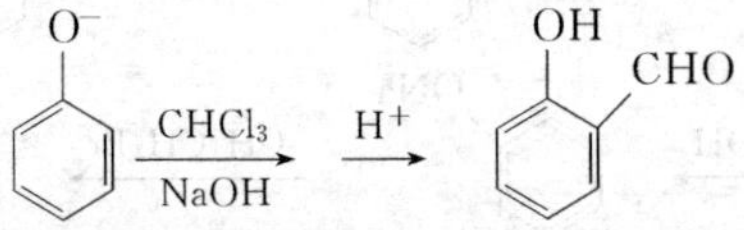

3. 氧化反应

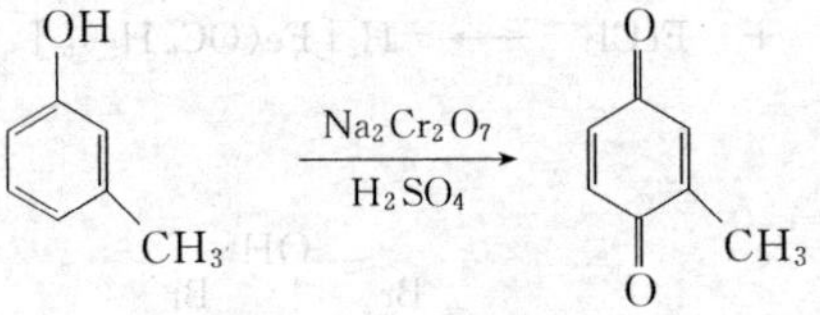

习 题

1. 写出分子式为 $C_5H_{12}O$ 的各种醇的异构体的结构式，用系统命名法命名，并说明其中哪些醇容易脱水，哪些醇容易与金属钠反应，哪些醇容易与卢卡斯试剂反应。
2. 用系统命名法命名下列化合物。

(1) 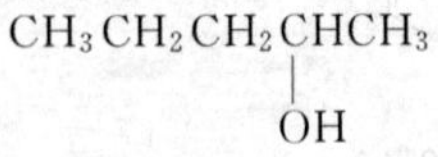

(2) 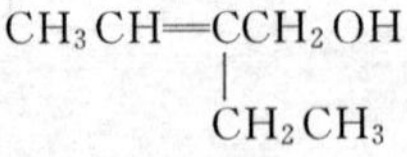

(3) 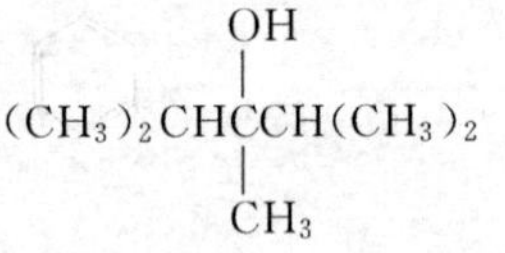

(4) 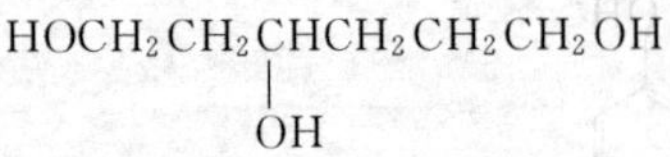

(5) 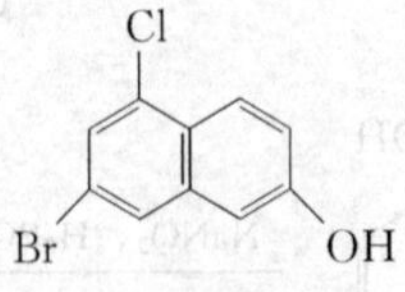

(6) 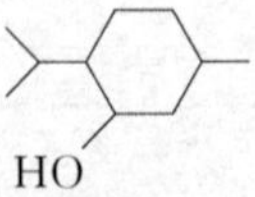

(7) 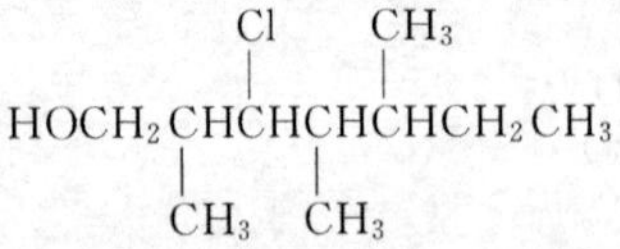

(8) 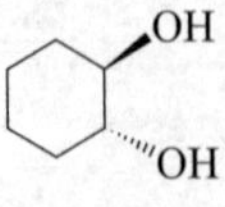

(9) 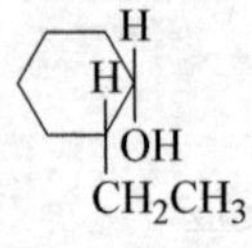

(10) 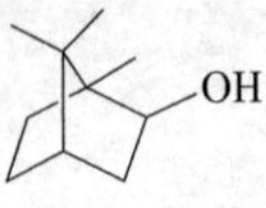

(11) 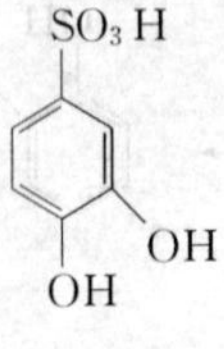

(12) 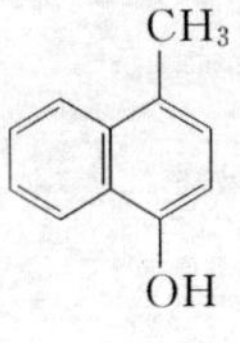

（13） 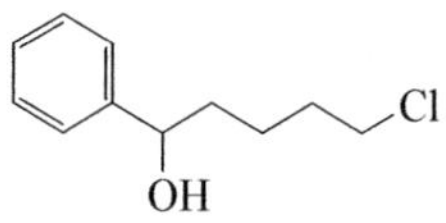　（14） 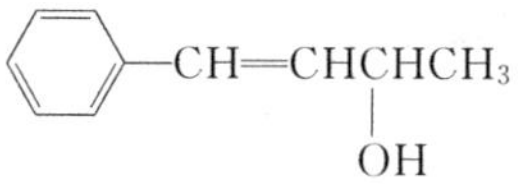　（15） 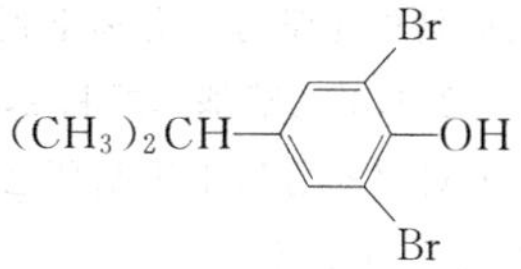

（16） 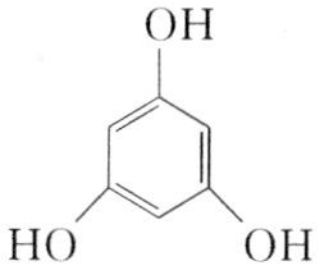　（17） 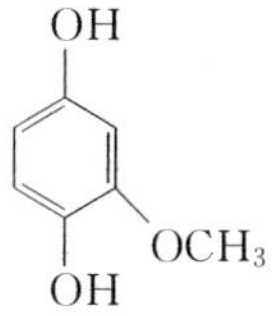　（18） 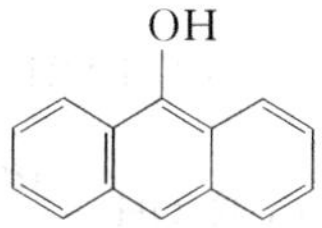

3. 写出下列化合物的结构式。

（1）连苯三酚　（2）季戊四醇　（3）对烯丙基苯甲醇　（4）苦味酸　（5）甘油

（6）（1*R*,3*R*)-3-羟甲基环己醇　（7）（1*R*,3*S*)-1-甲基-1,3-环己二醇的最稳定构象

（8）双酚 A　（9）邻氨基酚　（10）（3*E*,2*R*)-3-戊烯-2-醇　（11）石炭酸

4. 写出异丙醇与下列试剂反应的反应式。

（1）Na　（2）$NaBr/H_2SO_4$　（3）$SOCl_2$　（4）H_2SO_4，>160℃

（5）I_2/P（红）　（6）Al　（7）CH_3COOH/H^+　（8）H_2SO_4，<140℃

5. 写出对甲苯酚与下列试剂反应的反应方程式。

（1）$FeCl_3$　（2）Br_2/H_2O　（3）氢氧化钠溶液　（4）CH_3COCl

（5）乙酸酐　（6）HNO_3（稀）　（7）H_2SO_4（浓）　（8）硫酸二甲酯的碱性溶液

6. 按指定要求排序。

（1）下列各组化合物沸点由高到低的排列顺序。

① 3-己醇　正己烷　二甲基正丙基甲醇　正辛醇　正己醇

② CH_2OH—CH_2OH　　CH_2OH—CH_2OCH_3　　CH_2OCH_3—CH_2OCH_3

（2）下列化合物在水中的溶解度由大到小的排列顺序。

甲乙醚　丁烷　异丙醇　丙三醇

（3）下列各组化合物与 HBr 反应的相对活性由大到小的排列顺序。

① 甲基乙基甲醇　丙烯醇　正丙醇

② 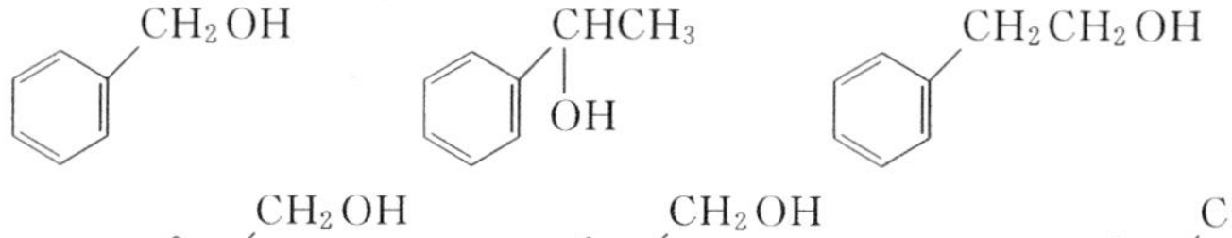

③ 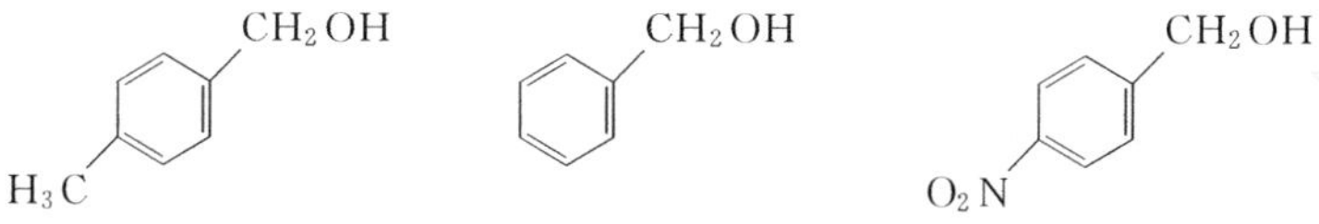

（4）下列化合物发生脱水反应时的活性由大到小的排列顺序。

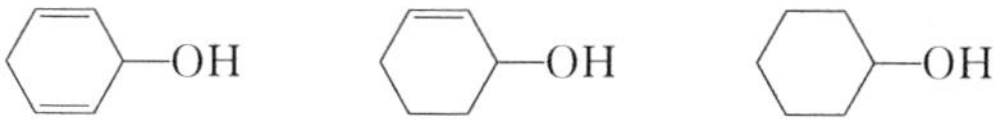

（5）下列化合物稳定性大小的排列顺序。

$CH_3CH(OH)CH(OH)CH_3$　　$CH_3CH_2CH_2CH(OH)$—OH

7. 用化学方法鉴别下列各组化合物。

（1）2,3-丁二醇　2-氯丁醇　丁醇　叔丁醇

（2）氯苯　苯酚　环己醇　苯乙烯

（3）己烷　丁醇　丁醚

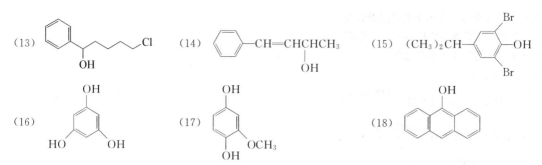

（4）丙烯醇　丙炔醇　1-丙醇

8. 用简便的化学方法分离下列各组混合物。

(1) 2,4,6-三硝基苯酚和 2,4,6-三硝基甲苯

(2) 对甲苯酚和 4-甲基环己醇

9. 完成下列反应。

(1) $(CH_3CH_2)_3CCH_2OH \xrightarrow[\triangle]{HBr/H_2SO_4}$

(2) $(CH_3)_3CCH_2OH \xrightarrow[\triangle]{HCl/ZnCl_2}$

(3) 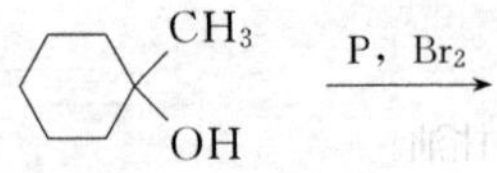
CH3
OH
P，Br2

(4) $(R)\text{-}CH_3\underset{\underset{OH}{|}}{C}HCH_2CH_3 \xrightarrow[C_5H_5N]{SOCl_2}$

(5) $CH_3CH_2CH_2CH_2OH \xrightarrow[\triangle]{Al_2O_3}$

(6) $(CH_3)_3CBr + CH_3CH_2CH_2ONa \longrightarrow$

(7) 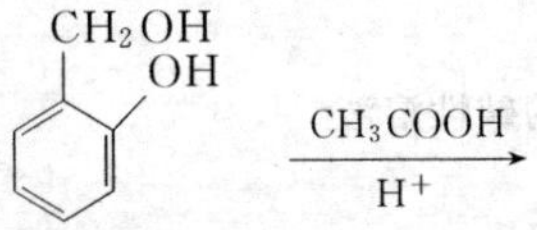
CH2OH
OH
CH3COOH
H+

(8) 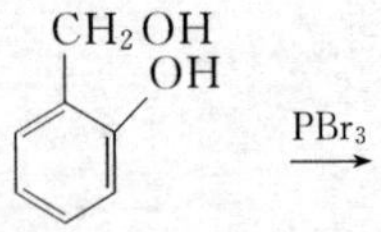
CH2OH
OH
PBr3

(9) 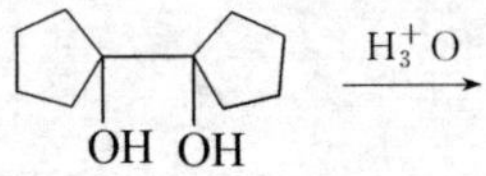
OH OH
H3+O

(10) $H_3C-\underset{OH}{\overset{Ph}{C}}-\underset{OH}{\overset{Ph}{C}}-CH_3 \xrightarrow{H^+}$

(11) 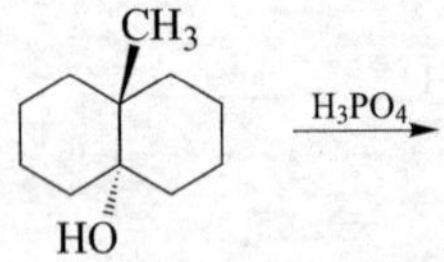
CH3
HO
H3PO4

(12) 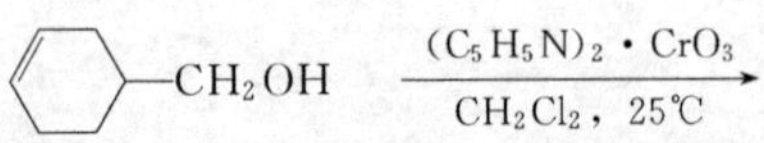
CH2OH
(C5H5N)2 · CrO3
CH2Cl2，25℃

(13) 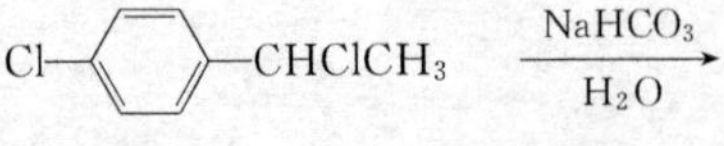
Cl
CHClCH3
NaHCO3
H2O

(14) 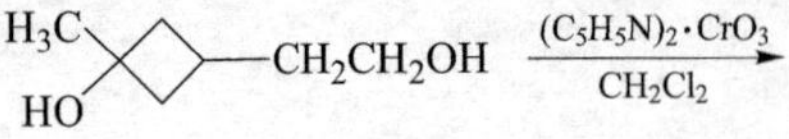
H3C
HO
CH2CH2OH
(C5H5N)2·CrO3
CH2Cl2

(15) $CH_3CH_2CH_2CH_2\underset{\underset{C_2H_5}{|}}{C}HCH_2OH \xrightarrow[OH^-]{KMnO_4} \xrightarrow{H_3^+O}$

(16) 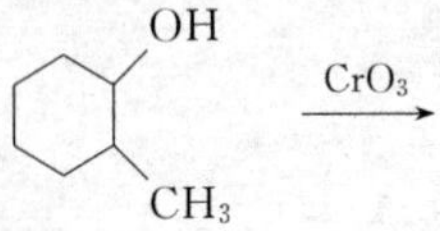
OH
CH3
CrO3

(17) $CH_2(OH)-CH(OH)CH_2CH(OH)CH_2(OH) + HIO_4 \longrightarrow$

(18) 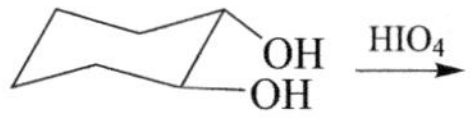

(19) 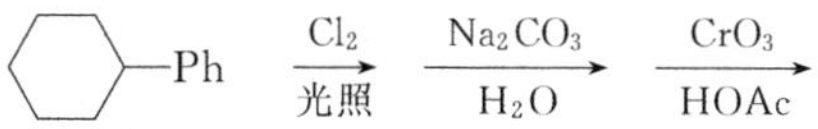

(20) $HOCH_2CH_2CH(OH)CH_2OH \xrightarrow[200℃]{TsOH}$

(21) 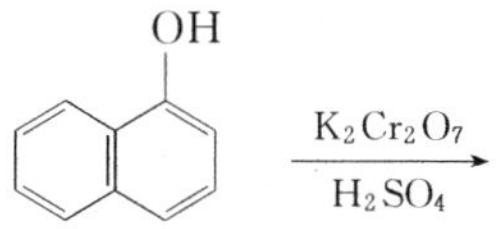

(22) 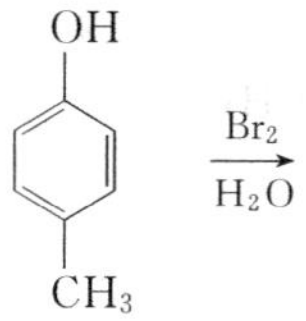

(23) 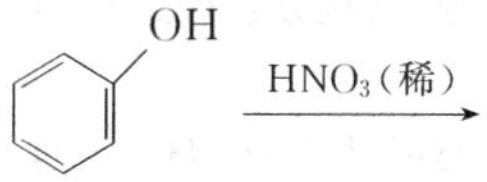

(24) 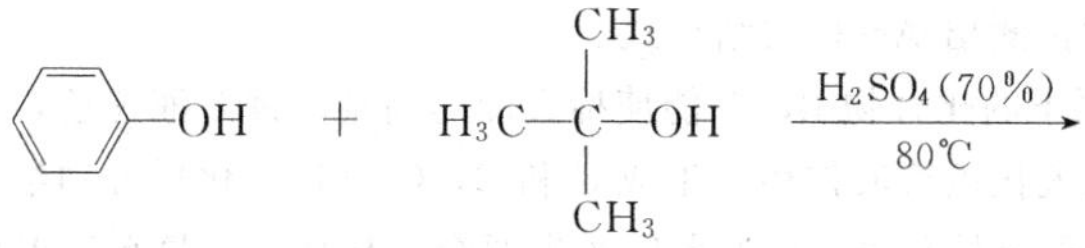

(25) 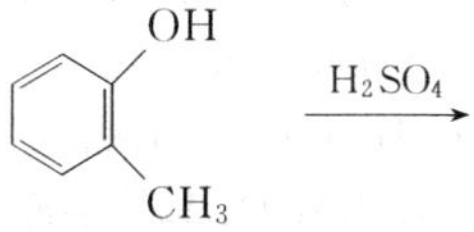

(26) 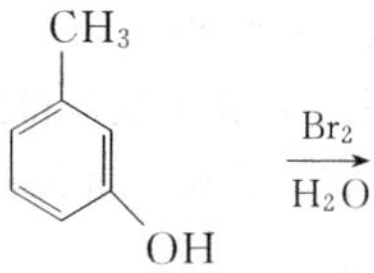

(27) $ClCH_2CH_2CH_2OH \xrightarrow{PBr_3}$

(28) 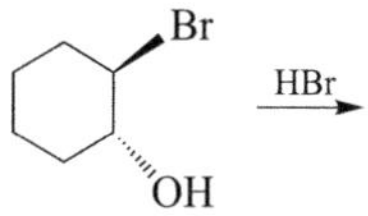

(29) 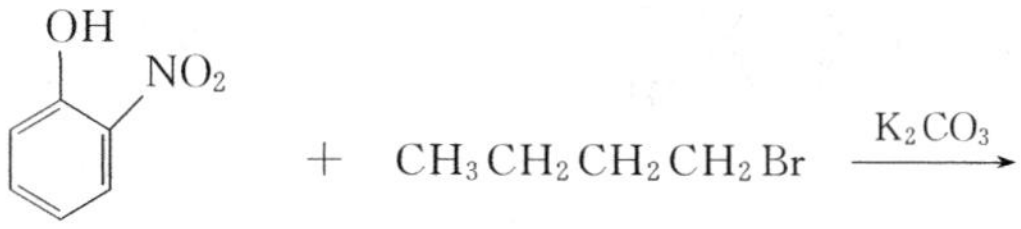

(30) $(CH_3)_2C{=}CHCH(OH)CH_3 \xrightarrow[CH_3COCH_3]{[(CH_3)_3CO]_3Al}$

(31) 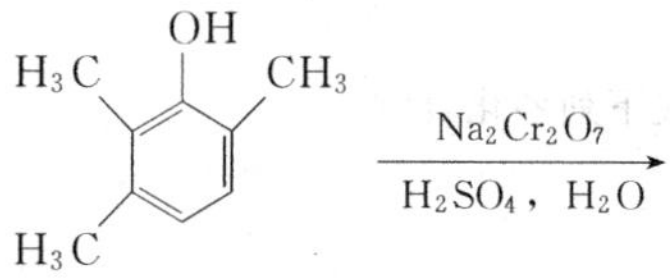

(32) 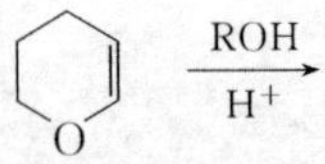

10. 写出下列反应的反应机理。

(1) 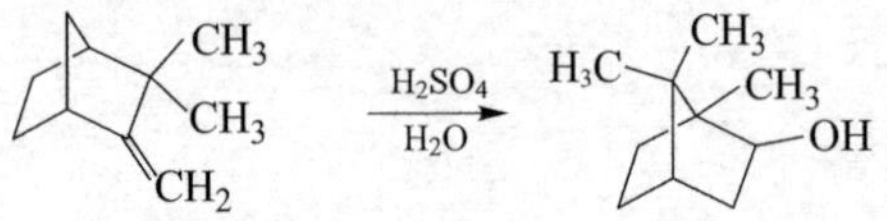

(2) 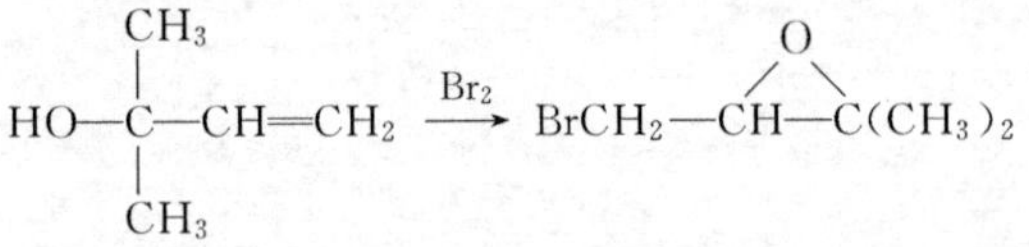

(3) 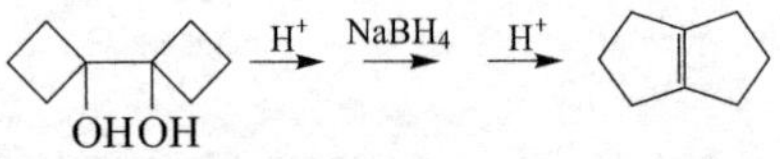

(4) 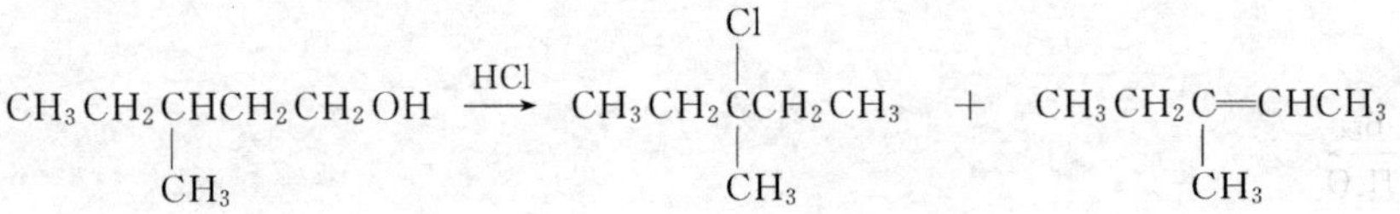

11. 推测下列化合物的结构。

(1) 化合物 A 为具有光学活性的仲醇，A 与浓硫酸作用得到 B（C_7H_{12}），B 经臭氧分解得到 C（$C_7H_{12}O_2$）。C 与 I_2/NaOH 作用生成戊二酸钠盐和碘仿。试推测 A～C 的结构。

(2) 化合物 A（$C_5H_{12}O$）在酸催化下易失水生成 B，B 用冷、稀 $KMnO_4$ 处理得 C（$C_5H_{12}O_2$），C 与高碘酸作用得 CH_3CHO 和 CH_3COCH_3。试推测出 A～C 的结构式。

(3) 某化合物 A 与溴作用生成含有三个卤原子的化合物 B，A 能使稀、冷的高锰酸钾溶液褪色，生成含有一个溴原子的 1,2-二醇。A 很容易与氢氧化钠溶液作用，生成 C 和 D，C 和 D 氢化后分别给出两种互为异构体的饱和一元醇 E 和 F，E 比 F 更容易脱水，E 脱水后产生两个异构体，F 脱水后仅生成一个化合物，这些脱水产物都被还原成正丁烷。试推测 A～F 的结构并完成各步反应式。

(4) 化合物 A（$C_6H_{10}O$）经催化加氢生成 B（$C_6H_{12}O$），B 经氧化生成 C（$C_6H_{10}O$），C 与碘化甲基镁反应再水解得到 D（$C_7H_{14}O$），D 在硫酸作用下加热生成 E（C_7H_{12}），E 与冷 $KMnO_4$ 碱性溶液反应生成一个内消旋化合物 F。又知 A 与卢卡斯试剂反应立即出现浑浊，试推测 A～F 的结构。

(5) A 为一烃类化合物，其分子式为 C_9H_{12}，A 用 *N*-溴代丁二酰亚胺在过氧化物存在下反应得到 1 个单溴代物 B（$C_9H_{11}Br$）；B 在丙酮的水溶液中溶剂解生成醇 C（$C_9H_{11}OH$）；C 不和三氧化铬-吡啶反应，但在热的高锰酸钾酸性溶液中氧化生成苯甲酸。试写出 A～C 的结构式。

12. 选择适当的醛或酮和 Grignard 试剂合成下列化合物。

(1) 3-苯基-1-丙醇　(2) 2-苯基-2-丙醇　(3) 1-环己基乙醇　(4) 1-甲基环己烯

13. 用苯、甲苯及不超过三个碳原子的有机物及必要无机试剂合成下列各化合物。

(1) 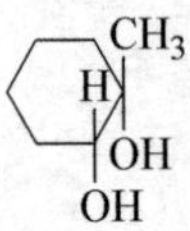　(2) 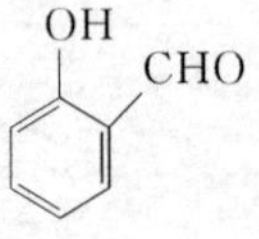　(3) 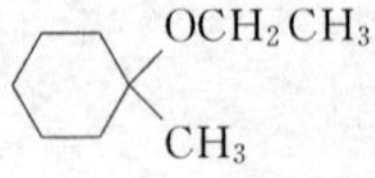

(4) 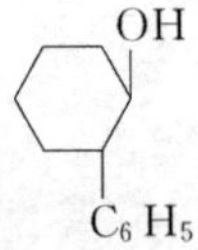　(5) 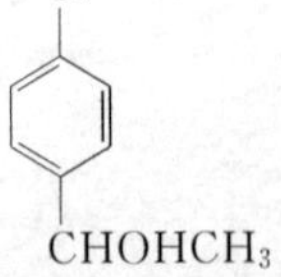

14. 从指定原料出发，用三个碳以下的有机物及合适的无机试剂合成下列各化合物。

(1) 由甲醇、乙醇合成正丙醇、异丙醇。

(2) 由异戊醇合成 2-甲基-2-丁烯。

(3) 

(4) 由乙基异丙基甲醇合成2-甲基-2-氯戊烷。

(5) 由苯酚合成2,4-二氯苯氧乙酸。

(6) $(CH_3)_3COH \longrightarrow (CH_3)_3CCH_2CH_2OH$

(7) 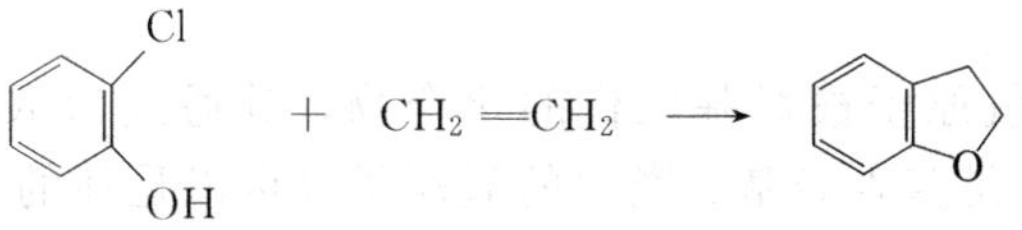

(8) 由碳化钙为唯一碳源合成1-环己基环己醇。

(9) 由苯酚合成2,6-二氯苯酚。

(10) 由正丁醇和 C_1 化合物为原料合成顺1,2-二甲基环丙烷。

(11) 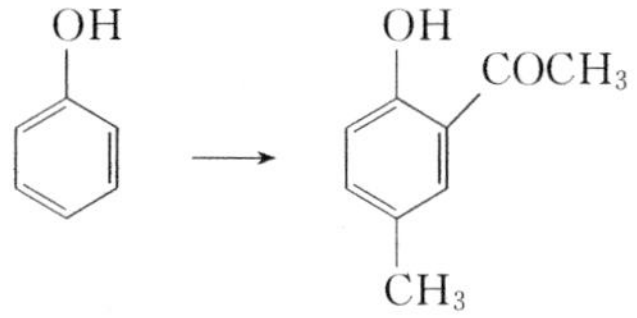

(12) 由苯酚合成4-乙基-2-溴苯酚。

15. 简要回答下列问题。

(1) 有光学活性的（2*R*,3*S*)-3-氯-2-丁醇，在氢氧化钠的乙醇溶液中反应，得到有光学活性的环氧化合物，此环氧化合物用氢氧化钾的水溶液处理，得2,3-丁二醇。请用反应式写出这两个反应的立体化学过程，并指出2,3-丁二醇的构型、有无光学活性。

(2) 反-2-氯异丙基环己烷在乙醇钠的作用下主要生成3-异丙基环己烯，而顺-2-氯异丙基环己烷在乙醇钠的作用下主要得到1-异丙基环己烯。试解释这一实验事实。

(3) 试从反应历程的角度解释（3*R*,4*S*)-4-溴-3-己醇和氢溴酸反应、反-3-己烯和溴的四氯化碳溶液反应得到同一化合物。

(4) 当1-环己基乙醇和氢溴酸反应时，生成的主要产物是1-乙基-1-溴环己烷而不是1-乙基-2-溴环己烷。试写出该反应的反应历程。如何从1-环己基乙醇得到高产率的（1-溴乙基）环己烷？

(5) 当 R = C_2H_5 时，用酸处理A，可得B和C；当 R = C_6H_5 时，用酸处理A，只得到B，写出这两个反应的历程并予以解释。

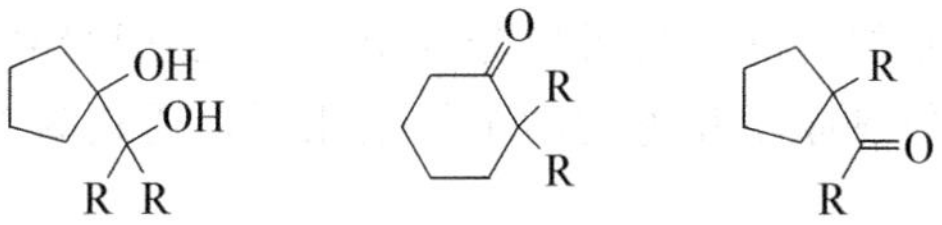

A　　B　　C

（扬州大学，孙晶）

第十一章　醚和环氧化合物

醚（ether）可看作是醇或酚羟基上的氢原子被烃基取代的化合物，其通式为 R—O—R（R′）。醚中的烃基可以是脂肪烃基，也可以是芳香烃基。醚中的氧原子也可以是环的一部分，形成含氧的环状化合物，称为环醚（cyclic ether），其中三元环醚，如环氧乙烷，性质比较特殊，又称为环氧化合物（epoxide）。

第一节　醚

一、醚的结构、分类和命名

1. 醚的结构

醚是水分子中的两个氢原子都被烃基取代的衍生物，醚也可看作是醇或酚上羟基的氢被烃基取代所得到的化合物（R—O—R′、R—O—Ar、Ar—O—Ar′）。醚分子中的 C—O—C 键俗称醚键，是醚的官能团。

醚分子中，与氧相连的两个烃基是脂肪族烃基时，氧原子为 sp^3 杂化，两对孤对电子处于两个 sp^3 杂化轨道中，两个碳氧键的夹角与水分子中两个氢氧键的夹角相似，其键角接近 110°。例如，二甲醚中两个碳氧键角为 111.7°。若在醚分子中与氧相连的两个烃基至少有一个是芳烃基时，氧原子为 sp^2 杂化，孤对电子所处的 p 轨道与苯环的 π 电子形成 p-π 共轭体系，醚键的键角接近 120°。例如，苯甲醚分子中醚键键角为 121°。

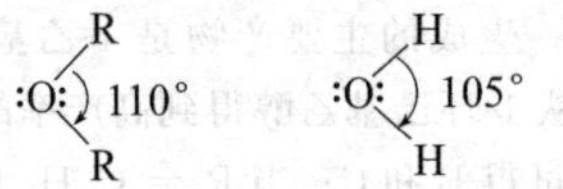

R
:O:
110°
R
H
:O:
105°
H

2. 醚的分类

根据醚分子中两个烃基的情况，醚可以分为单醚、混醚和环醚。

单醚又称为对称醚，与氧原子相连的两个烃基相同，通式为 R—O—R 或 Ar—O—Ar。例如：$CH_3CH_2OCH_2CH_3$。

混醚又称不对称醚，与氧原子相连的两个烃基不相同，通式为 R—O—R′、Ar—O—Ar′ 或 R—O—Ar。例如：

$CH_3OCH_2CH_3$

甲乙醚

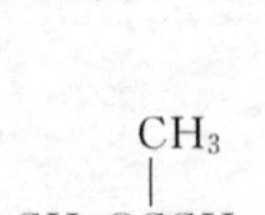

甲基叔丁基醚

环醚为具有环状结构的醚（醚中的氧原子是环的一部分）。例如：

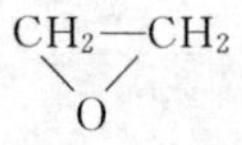

环氧乙烷

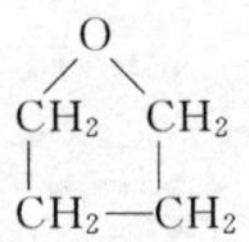

四氢呋喃

3. 醚的命名

简单的醚一般都用习惯命名法，即在“醚”字前冠以两个烃基的名称。单醚在烃基名称前加“二”字（一般可省略，但芳醚和某些不饱和醚除外）；混醚则将次序规则中较优的烃基放在后面；芳醚则是芳基放在前面。例如：

CH_3OCH_3
二甲醚简称甲醚
dimethyl ether

$C_2H_5OC_2H_5$
二乙醚简称乙醚
ethyl ether

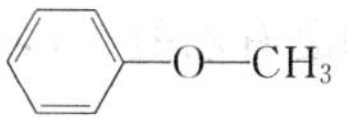
苯甲醚
phenyl methyl ether

对于结构比较复杂的醚，可用系统命名法命名。命名时，常把其中较小的烷氧基（RO—）作为取代基来命名。例如：

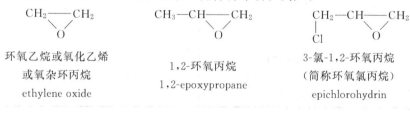

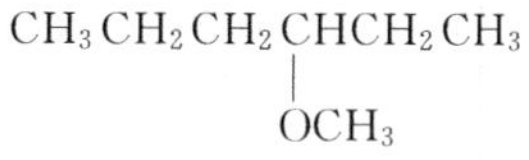
3-甲氧基己烷
3-methoxyhexane

$CH_3OCH_2CH_2OCH_3$
1,2-二甲氧基乙烷
1,2-dimethoxyethane

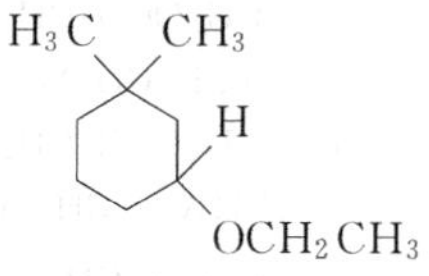
3-乙氧基-1,1-二甲基环己烷
3-ethoxy-1,1-dimethylcyclohexane

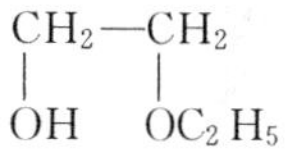
2-乙氧基乙醇
2-ethoxyethanol

环状醚一般称为环氧某烷，或者按杂环化合物命名。例如：

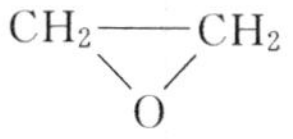
环氧乙烷或氧化乙烯或氧杂环丙烷
ethylene oxide

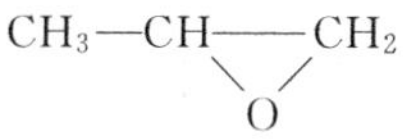
1,2-环氧丙烷
1,2-epoxypropane

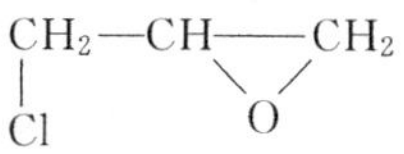
3-氯-1,2-环氧丙烷
（简称环氧氯丙烷）
epichlorohydrin

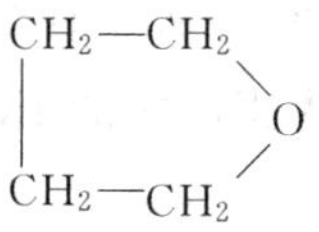
1,4-环氧丁烷或四氢呋喃
tetrahydrofuran

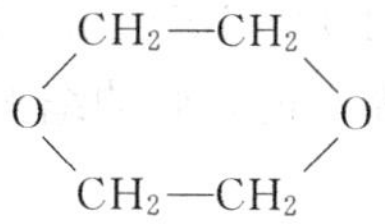
1,4-二氧六环或二噁烷
1,4-dioxane

习题 11-1 命名下列化合物或写出结构式。

（1）
（2）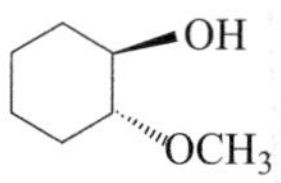
（3）$C_2H_5OCH{=}CHCH_2CH_3$
（4）$C_2H_5OCH{=}CHCH_3$
（5）3-甲氧基己烷
（6）1,2-环氧丙烷
（7）反-1,3-二甲氧基环戊烷
（8）2-甲氧基苯酚（愈疮木酚）
（9）4-甲氧基苯甲醇（茴香醇）
（10）1-丙烯基-4-甲氧基

二、醚的物理性质

除甲醚和甲乙醚为气体外，一般醚在常温下为无色液体，有特殊气味。低级醚的沸点比同数碳原子醇类的沸点要低。例如乙醚的沸点 34.5℃，而正丁醇的沸点 117.3℃。这是因为在醚分子间不能以氢键缔合的缘故。多数醚难溶于水，每 100g 水约溶解 8g 乙醚，但四氢呋喃能与水互溶。四氢呋喃是一种环醚，分子量与乙醚相近，因前者氧和碳架形成环，氧原子突出在外，容易与水形成氢键，而乙醚中的氧原子被包围在分子之内，难以与水形成氢键，所以乙醚在水中溶解度较低。

由于醚化学性质不活泼，因此它是良好的有机溶剂，常用来萃取有机物或作有机反应的溶剂。常用作溶剂的醚有乙醚、1,4-二氧六环、四氢呋喃及二(β-甲氧基乙基)醚等。醚的一些物理常数见表 11-1。

表 11-1 醚的物理常数

名 称	构造式	熔点/℃	沸点/℃
甲醚	CH_3OCH_3	−135	−23
甲乙醚	$CH_3OCH_2CH_3$	—	10.8
乙醚	$(CH_3CH_2)_2O$	−116.62	34.5
乙丙醚	$CH_3CH_2OCH_2CH_2CH_3$	−79	63.6
正丙醚	$(CH_3CH_2CH_2)_2O$	−122	91
异丙醚	$(CH_3—CH)_2O$（CH 上连 CH_3）	−86	68
正丁醚	$(CH_3CH_2CH_2CH_2)_2O$	−65	142
环氧乙烷	$CH_2—CH_2$ 经 O 成环	−111	13.5
四氢呋喃	$CH_2—CH_2$、$CH_2—CH_2$ 经 O 成五元环	−65	67
1,4-二氧六环	$CH_2—CH_2$、O、O、$CH_2—CH_2$ 成六元环	12	101

醚的红外光谱在 1200～1050cm^{-1}区域有 C—O 键的伸缩振动。但要注意，其他含氧化合物如醇、羰基化合物等，也有此伸缩振动吸收峰。图 11-1 为正丙醚的 IR 图谱。

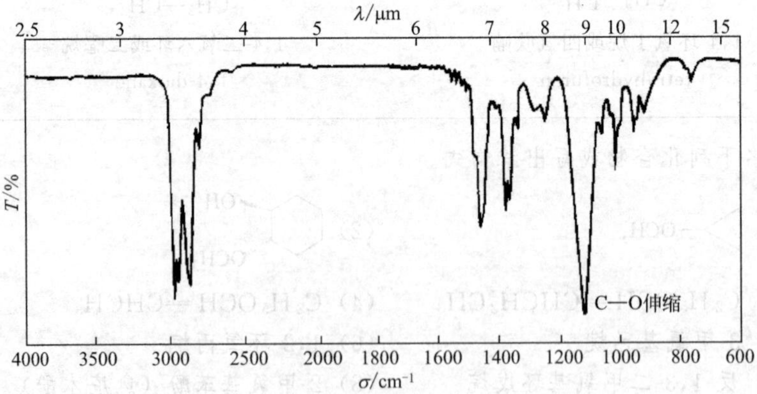
λ/μm
2.5
3
4
5
6
7
8
9
10
12
15
T/%
C—O伸缩
4000
3500
3000
2500
2000
1800
1600
1400
1200
1000
800
600
σ/cm⁻¹

图 11-1 正丙醚的红外光谱

醚的核磁共振氢谱中，与氧直接相连的碳上的质子化学位移 δ 一般在 3.3～3.9 处；β-H 的信号在 0.8～1.4 处。图 11-2 为正丙醚的^{1}H NMR 谱图。

习题 11-2 选择合适的方法合成下列化合物。

(1) 正丁醚 (2) 乙基异丙基醚 (3) 乙基叔丁基醚

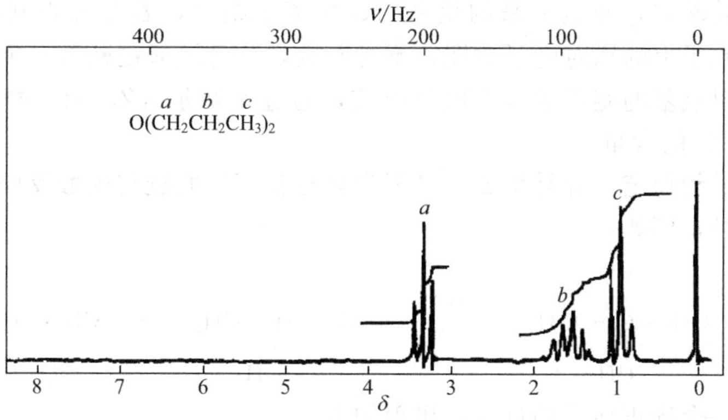

ν/Hz
400
300
200
100
0
a b c
O(CH2CH2CH3)2
a
b
c
8
7
6
5
4
3
2
1
0
δ

图 11-2　正丙醚的核磁共振氢谱

三、醚的化学性质

醚键（C—O—C）是相当稳定的，因为氧原子与两个烷基相连，分子的极性较小。醚键对于碱、氧化剂、还原剂都十分稳定。在常温下和金属钠也不起反应，因此常用金属钠来干燥醚。在许多有机反应中可用醚作溶剂（酸性不宜太强）。但是，稳定性是相对的，醚还是可以发生一些特有反应的，主要体现在分子中的碳氧键以及氧的未共用电子对上。

1. 镁盐的形成

醚分子中的氧原子具有未共用电子对，可以和强无机酸，如浓盐酸或浓硫酸等作用，形成镁盐。

$$R\ddot{\underset{..}{O}}R + H^+Cl^- \longrightarrow R\overset{H}{\underset{+}{O}}R + Cl^-$$

醚由于生成镁盐而溶解于浓酸中，利用此现象可区别醚与烷烃或卤代烃，烷烃和卤代烃不溶于浓硫酸。镁盐是一种弱碱强酸形成的盐，仅在浓酸中才稳定，镁盐用冰水稀释，则在水中分解而又析出醚层，利用这一性质可分离提纯醚。

醚还通过氧原子上的未共用电子对与缺电子试剂如三氟化硼、三氯化铝、Grignard 试剂形成络合物。例如：

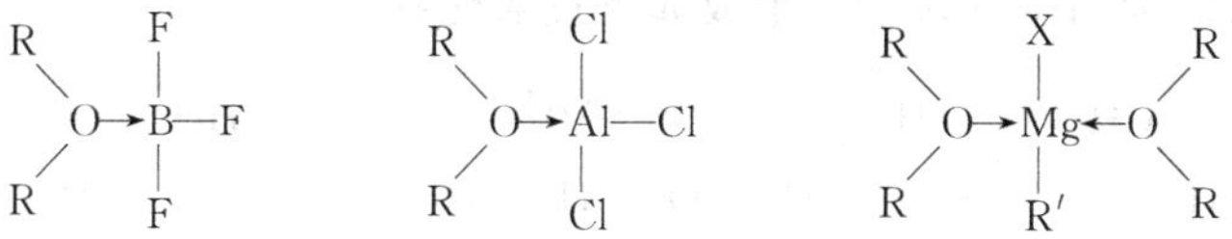

R
F
R
O→B—F
F
R
Cl
R
O→Al—Cl
Cl
R
X
R
O→Mg←O
R
R′
R

2. 醚键的断裂

镁盐或络合物的生成使得醚分子中的 C—O 键变弱，因此在酸性试剂的作用下醚键会断裂。使醚键断裂的最有效试剂为浓氢卤酸（一般用 HI 或 HBr）。浓氢碘酸的作用最强，在常温下就可使醚键断裂，生成碘代烷和醇。例如：

$$CH_3CH_2OCH_2CH_3 + HI \rightleftharpoons [CH_3CH_2\overset{H}{\ddot{\underset{..}{O}}}CH_2CH_3]\,I \longrightarrow CH_3CH_2OH + CH_3CH_2I$$

$$CH_3CH_2OH \xrightarrow{HI} CH_3CH_2I + H_2O$$

伯烷基醚与氢碘酸作用，首先生成镁盐与碘负离子，碘负离子与镁盐的反应按照 S_N2 历程进行：

$$CH_3CH_2OCH_2CH_3 + HI \rightleftharpoons CH_3CH_2\overset{H}{\underset{+}{O}}CH_2CH_3 + I^-$$

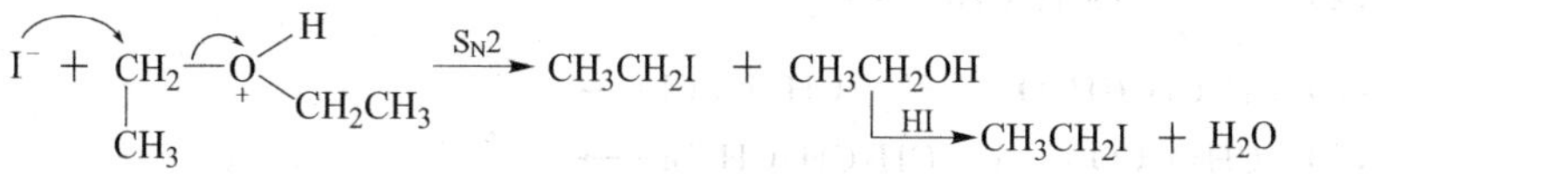

I⁻ + CH2—O
H
CH2CH3
CH3
SN2
CH3CH2I + CH3CH2OH
HI
CH3CH2I + H2O

在过量氢碘酸存在下，所产生的醇进一步反应生成碘代烷。对于混醚的断裂，一般是在含碳原子较少的烷基处断裂，断裂下来的烷基与碘负离子结合，若是芳香基烷基醚与氢碘酸作用，由于芳环与氧原子上的孤对电子共轭，不易断裂，总是烷氧键断裂，生成酚和碘代烷。此反应可用来使含有甲氧基的醚定量地生成碘甲烷，通过蔡塞尔（Zeisel）测定法可确定醚分子中甲氧基（$—OCH_3$）的含量。

由于叔正碳离子较稳定，容易生成，又因为含有叔丁基的醚与硫酸反应就能使它裂解，得到的主要产物是烯烃，例如：

$$CH_3—\underset{\displaystyle CH_3}{\overset{\displaystyle CH_3}{\underset{|}{\overset{|}{C}}}}—OCH_3 \xrightarrow[\triangle]{H_2SO_4} CH_3—\underset{\displaystyle CH_3}{\underset{|}{C}}=CH_2 + CH_3OH$$

这应该经历了一个碳正离子的过程，机理如下：

$$(CH_3)_3COCH_3 \xrightarrow{H_2SO_4} (H_3C)_3C—\underset{H}{\overset{+}{O}}—CH_3$$

$$(CH_3)_3C—\underset{H}{\overset{+}{O}}—CH_3 \longrightarrow (H_3C)\overset{+}{C} + CH_3OH$$

$$(CH_3)_2\overset{+}{C}—CH_2—H \longrightarrow (CH_3)_2C=CH_2$$

甲基、乙基、苄基醚易形成，也易被酸分解，所以，在有机合成实验中，经常被用来保护醇和酚的羟基，以免在反应中发生干扰。

在酸催化醚键断裂的反应中，最常用的强酸是 HI。这是由于：①酸性 HI ＞ HBr ＞ HCl；②在强酸介质中，亲核性 $I^- > Br^- > Cl^-$。

3. 醚的自动氧化

醚对氧化剂是稳定的，但在放置过程中与空气长期接触或经光照，则醚分子中与氧原子相连的 α-碳可被氧化，逐渐形成过氧化物，它与过氧化氢相似，具有过氧键（—O—O—）。

$$R—O—CH_2—R' \xrightarrow{O_2} R—O—\overset{\displaystyle OOH}{\overset{|}{C}H}—R' + R—O—O—CH_2—R'$$

例如，异丙醚长时期与空气接触，生成如下过氧化物：

$$(H_3C)_2CH—O—CH(CH_3)_2 \xrightarrow{O_2} (H_3C)_2CH—O—\underset{\displaystyle CH_3}{\overset{\displaystyle OOH}{\underset{|}{\overset{|}{C}}}}—CH_3 + (H_3C)_2CH—O—O—CH(CH_3)_2$$

有机过氧化物遇热分解容易引起爆炸。因此醚类化合物应尽量避免暴露在空气中，一般应放在深色玻璃瓶内保存，也可以加些抗氧剂（如对苯二酚）防止过氧化物的生成。在蒸馏醚时注意不要蒸干，以免发生爆炸事故。醚中是否有过氧化物，可用淀粉-碘化钾试纸来检查，如果试纸变蓝，表明有过氧化物存在。过氧化物可用还原剂（例如 $FeSO_4/H_2SO_4$）除去。

习题 11-3 完成下列反应。

（1）$CH_3CH_2OCH_3 \xrightarrow{H\text{-}I}$

（2）$C_6H_5—OCH_2CH_3 \xrightarrow{HBr}$

（3）$CH_3CH_2CH_2O^- + (CH_3)_3CCl \longrightarrow$

（4）$(CH_3)_3CO^- + CH_3CH_2CH_2Br \longrightarrow$

四、醚的制法

1. 醇分子间脱水

醇与浓硫酸或氧化铝共热，分子间能脱去水而生成醚。

$$R—OH \quad + \quad HOR \xrightarrow[\text{或 } Al_2O_3]{\text{浓 } H_2SO_4} R—O—R \quad + \quad H_2O$$

例如：
$$2CH_3CH_2OH \xrightarrow[140℃]{\text{浓 } H_2SO_4} C_2H_5—O—C_2H_5 \quad + \quad H_2O$$

工业上制备乙醚是先将乙醇与浓硫酸（等摩尔）在 65℃以下混合，生成硫酸氢乙酯，随后升温至 140℃，再将过量的乙醇逐渐加入混合物中，这时生成的乙醚就被蒸馏出来。

上述方法只适合制备单醚，不能用来制备混醚，因为使用不同的醇进行脱水反应时，副产物太多且不易分离。在控制一定的温度条件下，利用醇脱水制备醚时，伯醇产量最高，仲醇次之，而叔醇只能得到烯烃。

2. 威廉森（Williamson）合成法

醇钠、酚钠与卤代烃反应是制备醚的重要方法，称为威廉森（Williamson）合成法，反应按 S_N2 反应历程进行：

$$RX \quad + \quad NaOR' \longrightarrow ROR' \quad + \quad NaX$$

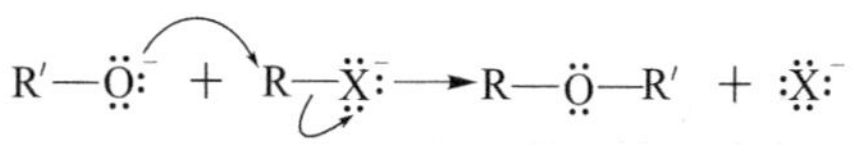

一般是选用伯氯代烷为原料，因为在碱性的条件下，仲氯代烷或叔氯代烷易得到消除反应的产物——烯烃（按 E2 历程）。因此在合成混醚时，必须选择适当的原料，不仅要经济合理，而且尽量减少副反应。例如制备乙基叔丁基醚时，可选用溴乙烷及叔丁醇钠为原料，而不选用叔丁基溴与乙醇钠。

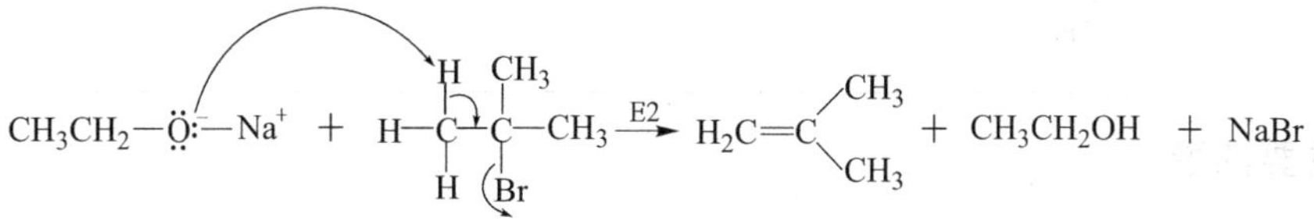

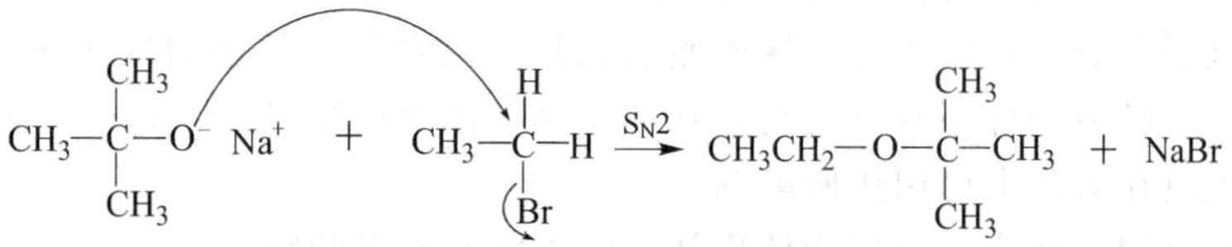

3. 烯烃的烷氧汞化——脱汞法

烯烃与醋酸汞（或三氟醋酸汞）在醇中反应生成烷氧基有机汞化物，随后用硼氢化钠还原生成醚。例如：

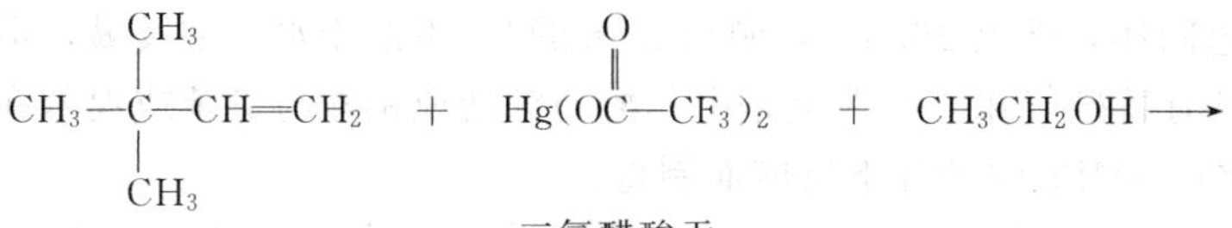

三氟醋酸汞

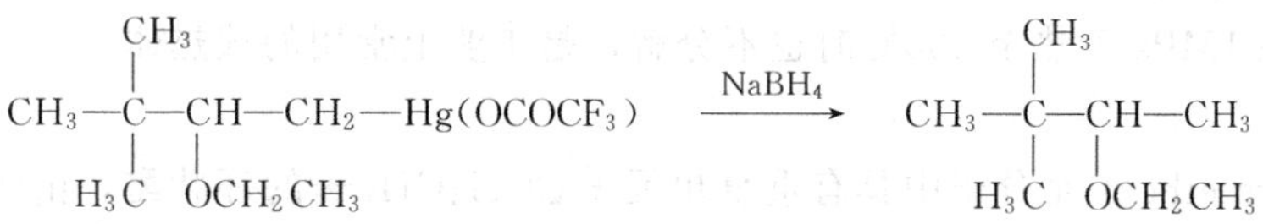

2-乙氧基-3,3-二甲基丁烷

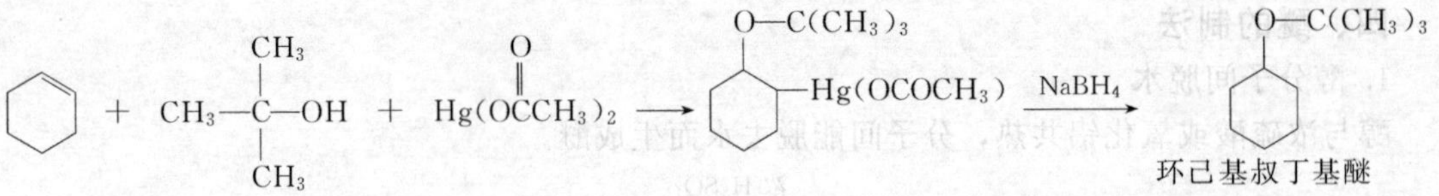

环己基叔丁基醚

上述反应与羟汞化制醇相似，只是用醇代替水，引入烷氧基制得醚，也相当于醇与碳碳双键的 Markovnikov 加成。它与 Williamson 合成法相比，其优点是没有消除反应的副产物。因此，它也可用来合成各种烷基醚，但二叔烷基醚例外，其原因可能是由于空间位阻之故。

4. 乙烯基醚的合成法

乙炔在醇钠或氢氧化钠的催化下与醇进行反应制得乙烯基醚（详见炔烃一章）。

$$HC\equiv CH + H-OC_2H_5 \xrightarrow[160\sim180^\circ C]{NaOH} CH_2=CHOC_2H_5$$

乙基乙烯基醚

因为乙烯醇不存在，故不能用乙烯醇钠和氯代烷反应，也不能用氯乙烯和醇钠来制备乙烯基醚，这是因为氯乙烯中的氯不活泼。

习题 11-4 完成下列反应。

(1) 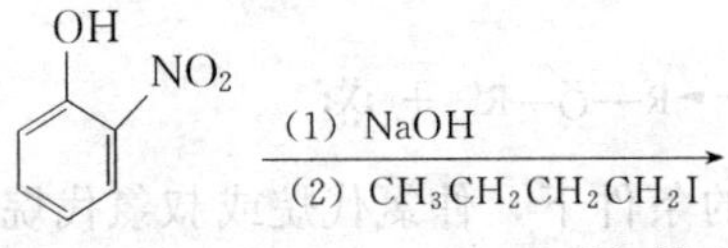

(2) $CH_3(CH_2)_3-CH=CH_2 \xrightarrow[(2)\ NaBH_4]{(1)\ Hg(OAc)_2,\ CH_3OH}$

(3) $CH_3-\underset{OH}{\underset{|}{CH}}-CH_3 \xrightarrow{H_2SO_4,\ 140^\circ C}$

五、重要的醚

1. 乙醚

乙醚是最常见和最重要的醚，乙醚是易挥发的无色液体，沸点 34.5℃。乙醚很容易着火，它的蒸气与空气混合成一定比例时，遇火能引起猛烈的爆炸。使用时应远离火源，注意安全。乙醚微溶于水，而易溶于许多有机溶剂，其本身化学性质较稳定，因此它又是一种良好的有机溶剂。纯粹的乙醚在医药上可用作麻醉剂。

工业上乙醚是用硫酸或氧化铝为催化剂，将乙醇脱水而制得。

普通乙醚中常含有少量的水和乙醇。在有机合成中需要使用无水乙醚时，先用固体氯化钙处理，再用金属钠处理，以除去水和乙醇。

2. 二苯醚

二苯醚（PhOPh）为无色固体，熔点 26.8℃，沸点 250.8℃，不溶于水、酸及碱，但能溶于醚、苯和冰醋酸。二苯醚具有特殊气味。工业上是由苯酚的钾盐或钠盐与氯苯或溴苯在催化剂作用下，于 300～400℃、约 10MPa 的条件下反应而制得。

二苯醚可作为载热体。73.5%二苯醚和 26.5%联苯的低共熔混合物（熔点 12℃，沸点 260℃），即使在 1MPa 下热至 400℃时也不分解，是工业上常用的载热体。

六、冠醚

冠醚（crown ether）是分子中具有重复单元 $\leftarrow OCH_2CH_2 \rightarrow_n$ 的环状醚，由于它们的形状似皇冠，故称为冠醚，又称大环多醚。

冠醚的系统命名较复杂，使用不方便，一般使用特有的简化命名法，其形式是“x-冠-y”，前面的 x 代表环上的原子总数，后面的 y 代表氧原子数。例如：

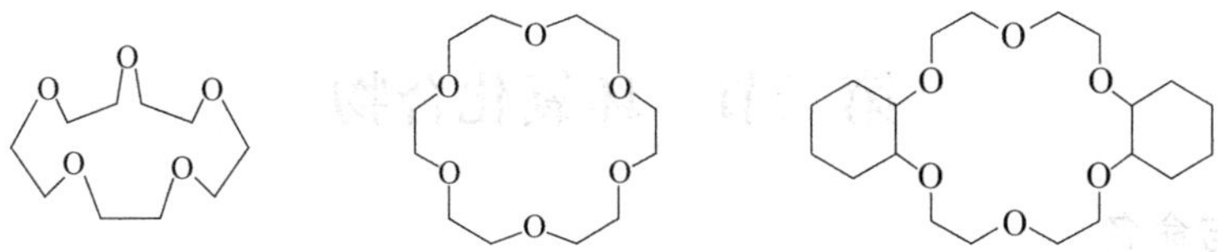

15-冠-5　　18-冠-6　　二环己基并-18-冠-6

冠醚中处于环上的氧原子由于具有未共用电子对，其一个重要的特点是可与金属离子形成配位键；且不同结构的冠醚，其分子中的空穴大小不同，因此对金属离子具有较高的络合选择性。例如，18-冠-6 能与 K^+ 形成稳定的络合物，而 12-冠-4 能与 Li^+ 形成稳定的络合物。18-冠-6 能与高锰酸钾形成络合物，后者溶解于苯中而显紫色，这样就可以把不溶于非极性溶剂的高锰酸钾带入苯中。

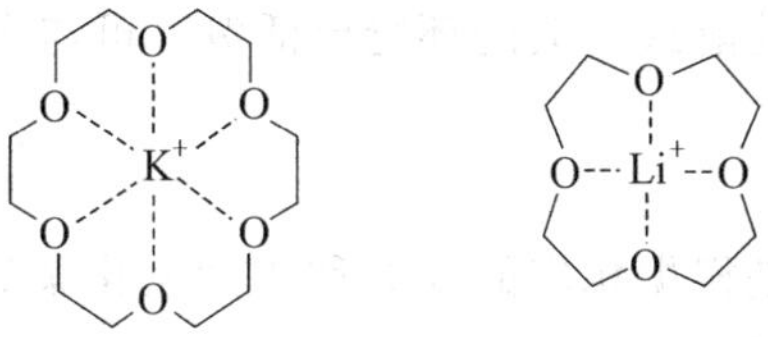

由于冠醚具有上述性质，同时，冠醚又具有亲油性的亚甲基排列在环的外侧，因而可使盐溶于有机溶剂，或者使其从水相中转移到有机相中，在有机合成中常用冠醚作为相转移催化剂使用，以使非均相反应得以顺利进行，并提高收率。例如环己烯用高锰酸钾氧化，因高锰酸钾不溶于环己烯，反应速率较慢。但加入 18-冠-6 后，反应迅速进行，就是因为 18-冠-6 与高锰酸钾形成络合物，使高锰酸钾由水相转入有机相，两者充分接触，反应加快。

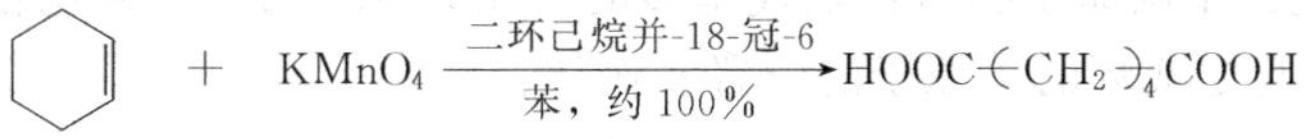
+ KMnO4
二环己烷并-18-冠-6
苯，约 100%
HOOC-(CH2)4-COOH

冠醚有一定毒性，使用时应小心，避免吸入其蒸气或与皮肤接触。另外，冠醚价格较贵，使用后回收较难，故应用受到一定限制。

冠醚主要用 Williamson 合成法制备。例如将三甘醇和相应的二氯化物与氢氧化钾一起加热，可以得到 18-冠-6，它是由三甘醇和二氯化物经过两次 S_N2 反应生成的，第一次 S_N2 反应后，钾离子与产物中的 6 个氧原子络合，使长链两端的氯原子和羟基互相靠近，再通过第二次 S_N2 生成冠醚，因此 K^+ 离子在反应中起到模板作用。为了提高反应收率和减低副产物的生成，往往需要采用高度稀释技术，如二苯并-18-冠-6 的合成。

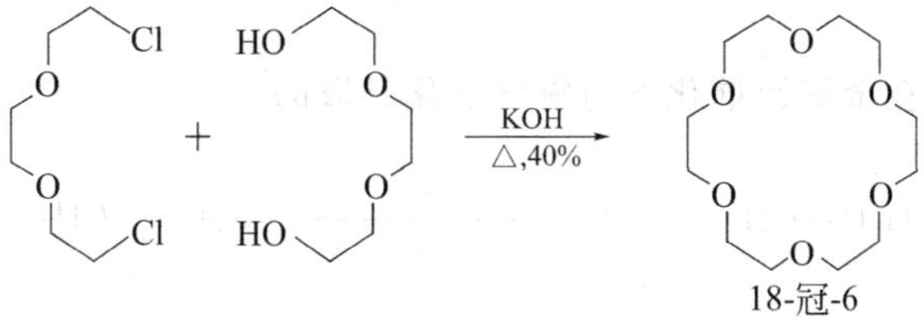
Cl
HO
Cl
HO
KOH
△,40%

18-冠-6

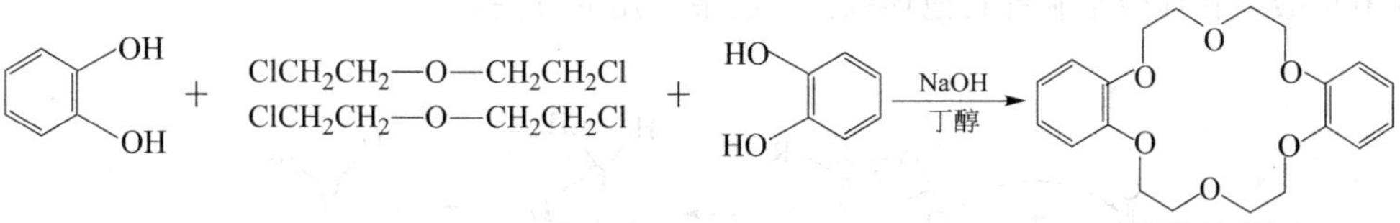
OH
OH
ClCH2CH2—O—CH2CH2Cl
ClCH2CH2—O—CH2CH2Cl
HO
HO
NaOH
丁醇

二苯并-18-冠-6

冠醚是二十世纪有机化学的明星分子，由于冠醚具有选择性络合作用和显著的分子识别能力，极大地推动了主客体化学和超分子化学的发展。C. J. Pedersen，C. J. Cram，J. M. Lehn 三人由于在冠醚化学研究中的突出贡献而共同获得了 1987 年诺贝尔化学奖。

第二节　环氧化合物

一、结构与命名

1. 结构

环氧化合物（epoxide）是指含有环状的醚及其衍生物。最简单的化合物是环氧乙烷。因为是三元环，所以同环丙烷类似，是一个张力很大的环，其张力是 114.1kJ/mol。

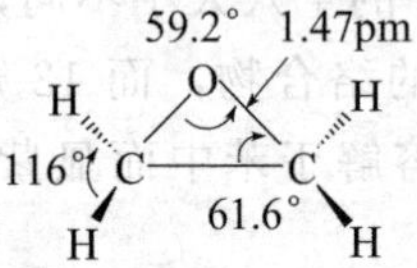

59.2°
1.47pm
O
H
H
116°
C
C
61.6°
H
H

因此，环氧化合物比开链的醚或一般的环醚要活泼，可与多种试剂作用而开环，使环的张力得到缓解。

2. 命名

环氧化合物的普通命名法是根据相应的烯烃称为“氧化某烯”。最简单的环氧化合物是氧化乙烯，又称为环氧乙烷。例如：

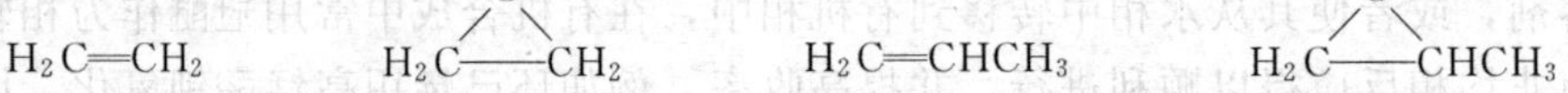

乙烯　　氧化乙烯　　丙烯　　氧化丙烯

有两种环氧化合物的命名法：(1) 将环氧化合物的母体命名为“环氧乙烷”，三元环中氧原子编号为 1，其他二个碳原子编号按取代基多的一端为 2；(2) 环氧化合物命名为“环氧某烷”，并标明氧原子与之成环的碳原子的位置。例如：

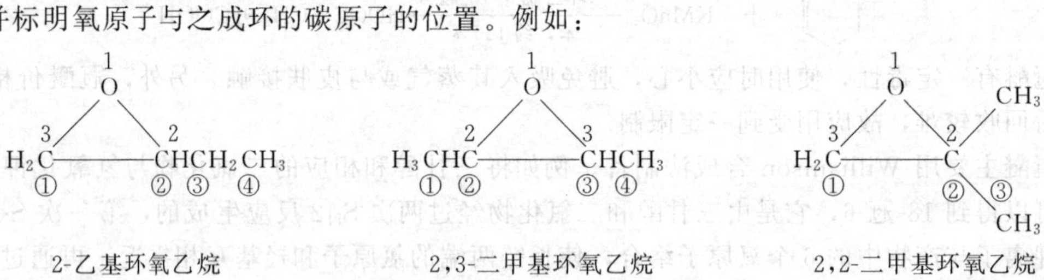

2-乙基环氧乙烷　　2,3-二甲基环氧乙烷　　2,2-二甲基环氧乙烷

1,2-环氧丁烷　　2,3-环氧丁烷　　2-甲基-1,2-环氧丙烷

二、制备

1. 烯烃氧化

在工业上是用乙烯在金属银催化下与氧气氧化制取的：
$H_2C=CH_2$ + O_2 $\xrightarrow[250℃，高压]{Ag}$ $H_2C——CH_2$

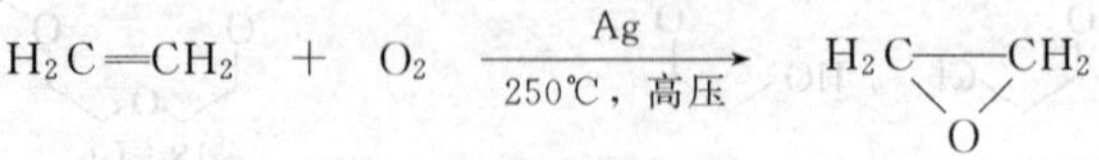

用有机酸氧化烯烃是制备其他环氧化合物最常用的方法。

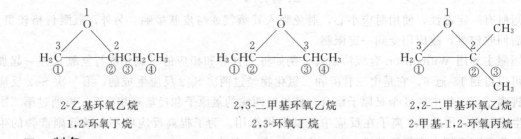

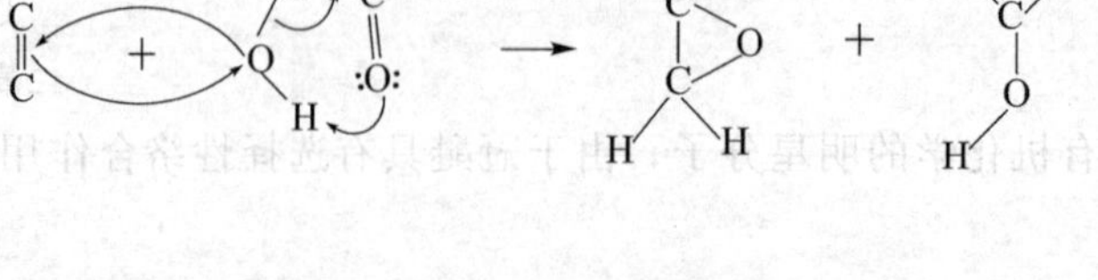

例如：

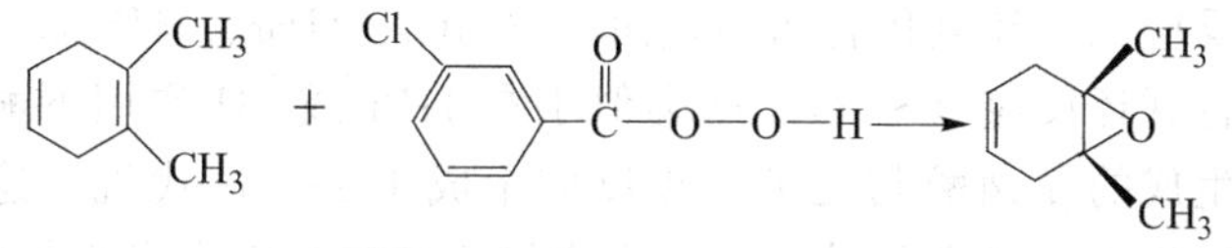

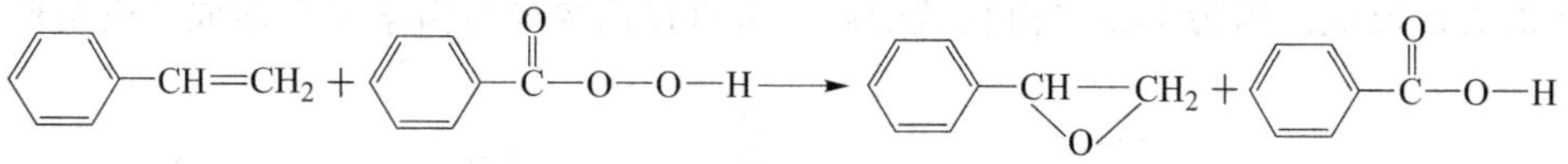

2．β-卤醇消除

制备环氧化合物的另外一种方法是碱处理β-卤代醇，发生分子内亲核取代反应，消除一分子卤化氢，机理如下：

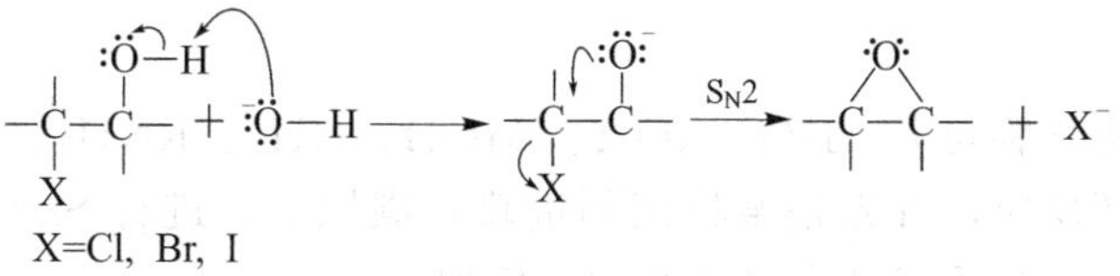

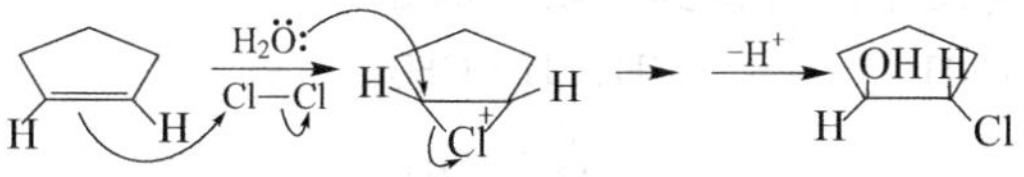

例如：

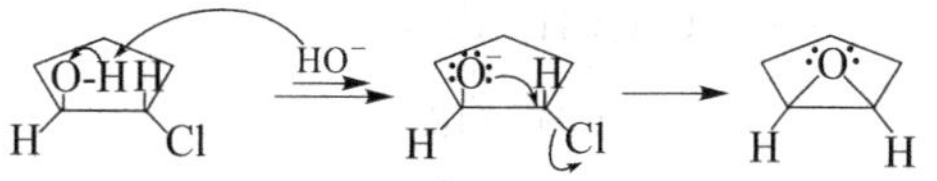

三、开环反应

由于三元环存在很大的张力，所以环氧化合物与其他醚相比，是极为活泼的化合物。在酸或碱催化下，环氧化合物可与许多含活泼氢的化合物或亲核试剂作用发生开环作用。

1．酸催化开环

环氧化合物在酸催化下，可与 H_2O、ROH、ArOH、RCOOH、HX 等进行开环反应。酸催化时，环氧化合物首先发生质子化形成𨦡盐，增强了碳氧键的极性使碳氧键容易断裂。然后亲核试剂从氧的背面进攻与之相连的碳原子，进行碳氧键断裂的开环反应（S_N2），发生反式取代，其产物取决于所用亲核试剂。

（1）与水反应　通过前面的学习，我们已经知道环氧乙烷在酸的催化下水解生成反式结构的乙二醇，水解机理是氧原子先发生质子化作用形成了一个很好的离去基团，然后水从氧桥背面进攻中心碳原子（S_N2），导致中心碳原子构型转变，故环氧乙烷发生开环反应生成反式结构的乙二醇。又如：

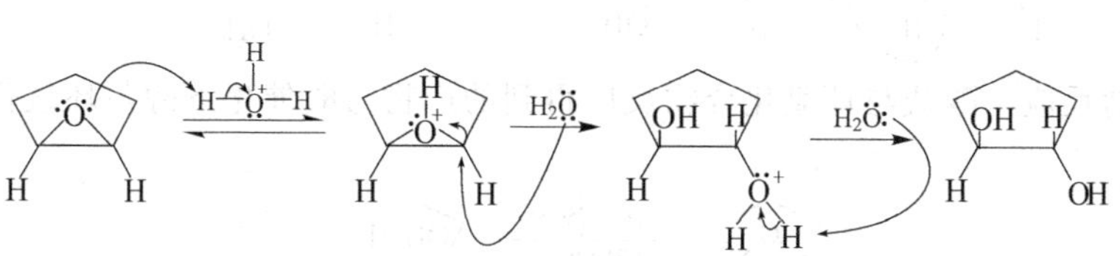

（2）与醇反应　在酸催化下，以醇作为亲核试剂进行开环反应时，醇也是从氧桥背面进攻发生反式取代（S_N2），所得产物也具有反式结构。这是合成邻位醇、醚功能性基团的一种非常好的方法。例如：

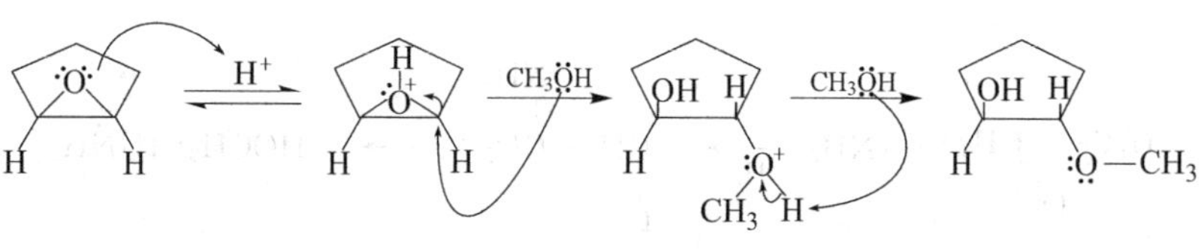

（3）与氢卤酸反应　当环氧化合物和氢卤酸（HCl、HBr、HI）反应时，卤离子进攻质子化的环氧化合物进行开环反应（S_N2）。这类似于在 HBr 或 HI 作用下醚键的断裂。在过量氢卤酸存在下，起始生成的β-卤醇与之进一步反应生成 1,2-二卤代烷。这是一种很少见但却很有效的合成反应。因为 1,2-二卤代烷的制备可直接用烯烃与卤素发生加成反应制得。

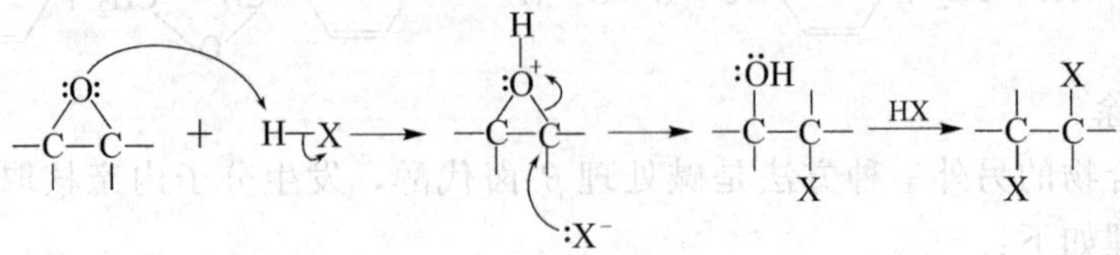

2. 碱催化开环

碱催化下，环氧化合物可与 H_2O、ROH、ArOH、NH_3、RNH_2、R_2NH 等进行开环加成反应。碱催化的开环反应，首先是亲核试剂进攻环碳原子，进行 S_N2 反应，发生碳氧键断裂得到烷氧负离子，然后与质子结合得到产物。例如：

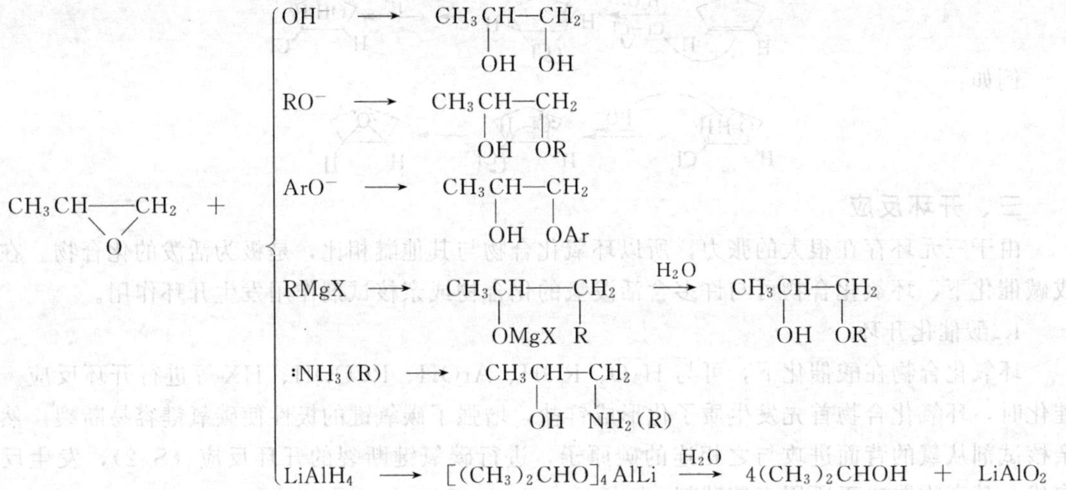

（1）与水、醇反应　与酸催化开环反应一样，在碱催化下，水、醇与环氧化合物反应同样得到反式结构的 1,2-二醇。例如：

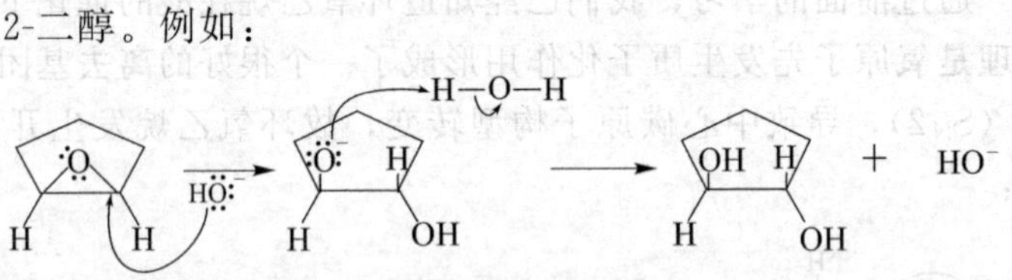

（2）与醇盐反应　醇盐与环氧化合物反应得到的产物与酸催化下醇与环氧化合物反应得到的产物相同。

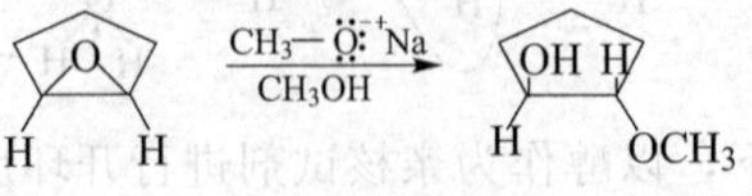

（3）与氨反应　氨也可以与环氧化合物进行开环反应。环氧乙烷与氨水反应可得到重要的工业试剂乙醇胺。乙醇胺中氮原子可以作为亲核试剂继续进攻环氧乙烷得到二乙醇胺和三乙醇胺。

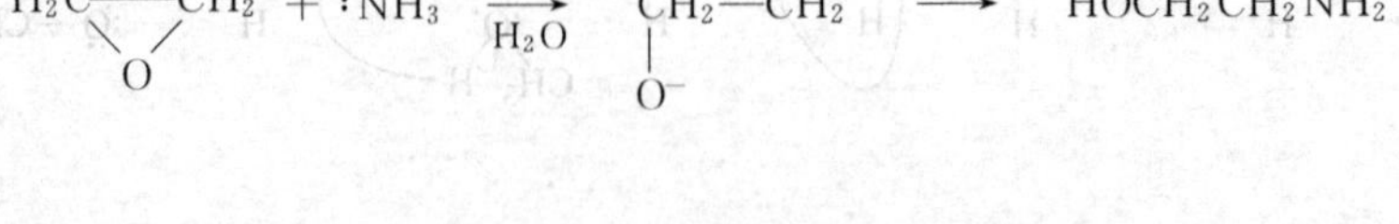

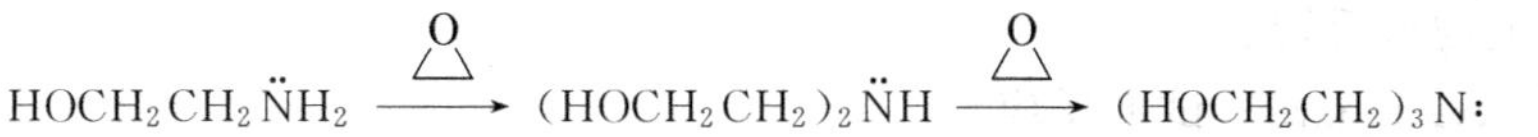

3. 开环反应的方向

环氧乙烷环上有取代基时，开环方向与反应条件有关，一般规律是：在酸催化下开环反应主要发生在含烃基较多的碳氧键之间；在碱催化下反应开环处主要发生在含烃基较少的碳氧键之间。例如：

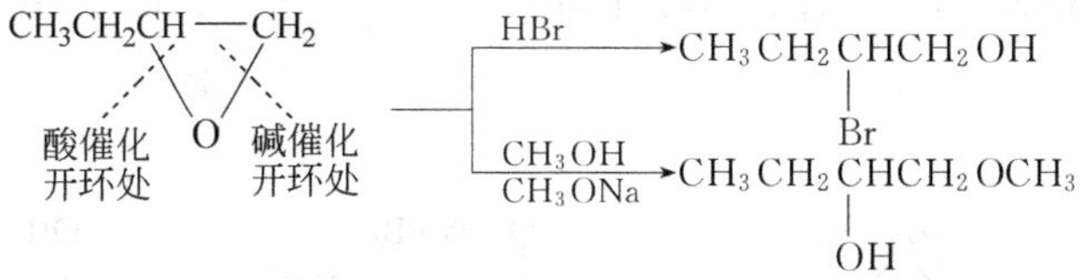
酸催化
开环处
碱催化
开环处
HBr
CH3OH
CH3ONa

这是因为酸的作用是使环氧化物的氧质子化，并使环碳原子带部分正电荷，增加了与亲核试剂结合的能力，取代基的给电子效应使正电荷分散而稳定，因此亲核试剂主要与含取代基的较多的环碳原子结合，是电子效应起主要作用的结果。

进攻位置

(1) (2)

（1）是二级碳原子带部分正电荷，（2）是一级碳原子带部分正电荷，因此（1）比（2）稳定，容易形成，在这个反应中，C—O 的断裂超过亲核试剂与环碳原子之间键的形成，这是一个 S_N2 反应，但具有 S_N1 反应的性质，电子效应控制了产物的生成，空间因素不重要。用同位素方法也可以证明：

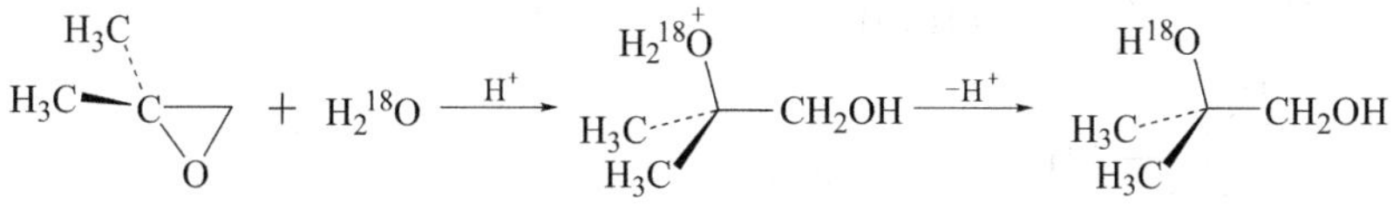

如果被进攻的环碳原子是手性碳，就导致构型转化：

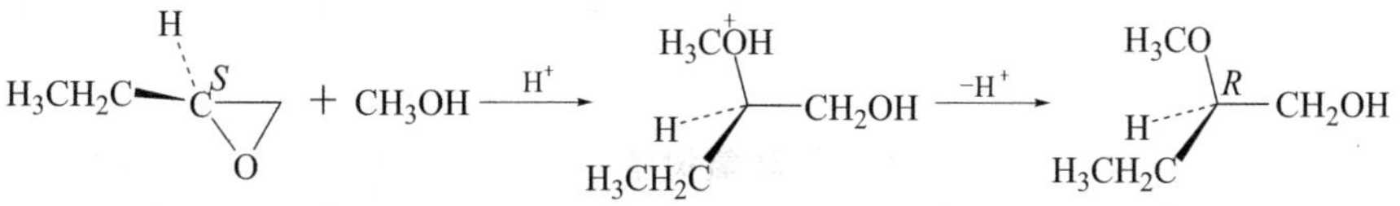

碱催化下开环时，所用试剂亲核性强，是典型的 S_N2 反应，C—O 键的断裂与亲核试剂和环碳原子键的键几乎同时进行，这是试剂选择进攻含取代基的较少的环碳原子，空间位阻小，是空间效应起主要作用的结果。

例如：

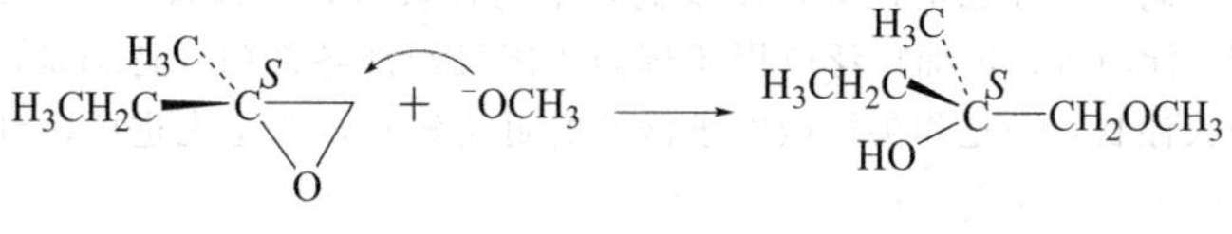

上述反应中因进攻试剂未涉及手性碳，因此不涉及构型问题。若受进攻的是手性碳原子，

则反应后，发生构型反转。

4. 与格氏（Grignard）试剂反应

环氧乙烷与格氏（Grignard）试剂作用后，所得产物经水解可得比格氏试剂中的烷基多两个碳原子的伯醇。这是有机合成中一步增加两个碳原子的有效方法。

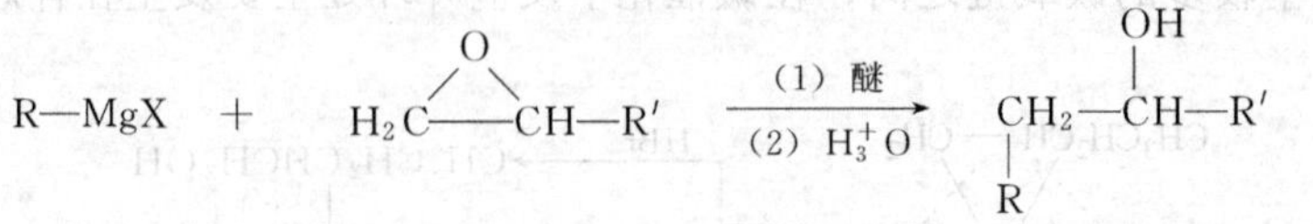

例如：

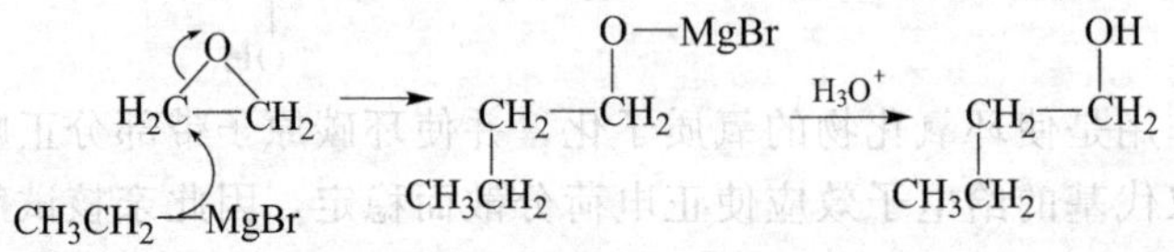

习题 11-5 完成下列反应。

(1)

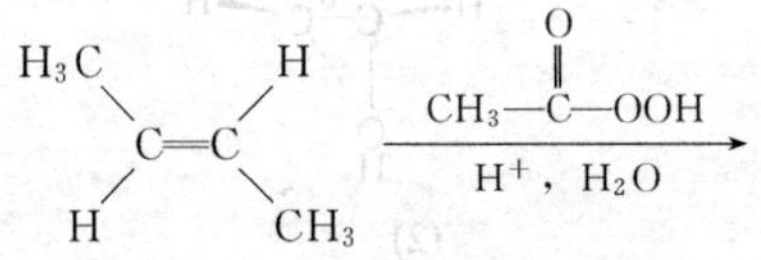

(2)

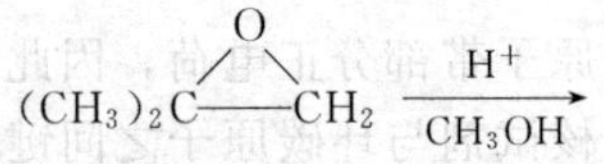

(3)

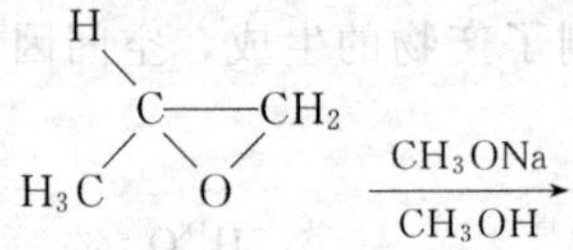

(4)

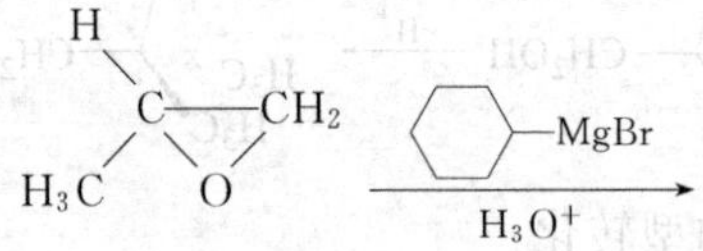

阅读材料：

环氧树脂

环氧树脂是指分子中含有二个或二个以上环氧基并在适当化学助剂如固化剂存在下能形成三向交联结构的化合物之总称。

环氧树脂的历史是从 1938 年 P. Castan 申请瑞士专利开始的，工业化生产是在四十年代，汽巴公司于 1942 年研制生产。1946 年美国开始大量生产环氧氯丙烷，于次年开始工业化生产环氧树脂。1946 年发表了最初的环氧黏结剂，1947 年瑞士汽巴公司牌号为 Araldite 的黏结剂开始引人注目，环氧树脂从此以万能胶闻名于世。

固化后的环氧树脂具有良好的物理化学性能，它对金属和非金属材料的表面具有优异的粘接强度，介电性能良好，收缩率小，制品尺寸稳定性好，硬度高，柔韧性较好，对碱及大部分溶剂稳定，可作浇注、浸渍、层压料、黏结剂、涂料等。因而广泛应用于国防、国民经济各部门，特别是近几年来，环氧树脂在尖端技术领域的应用引人注目，一是作尖端微电子器件的封装塑料，二是先进的磁纤维增强塑料在航天工程上的应用。

制造环氧树脂的原料很多，但不外乎下面二大类：一类是分子中具有环氧基团或是在反应过程中能够生成环氧基团的化合物。另一类是含有多元羟基的化合物。通常见到的环氧树脂是环氧氯丙烷（ECH）和双酚 A（BPA）在氢氧化钠（NaOH）的催化作用下不断地进行开环、闭环得到的线型树脂。如下式所示：

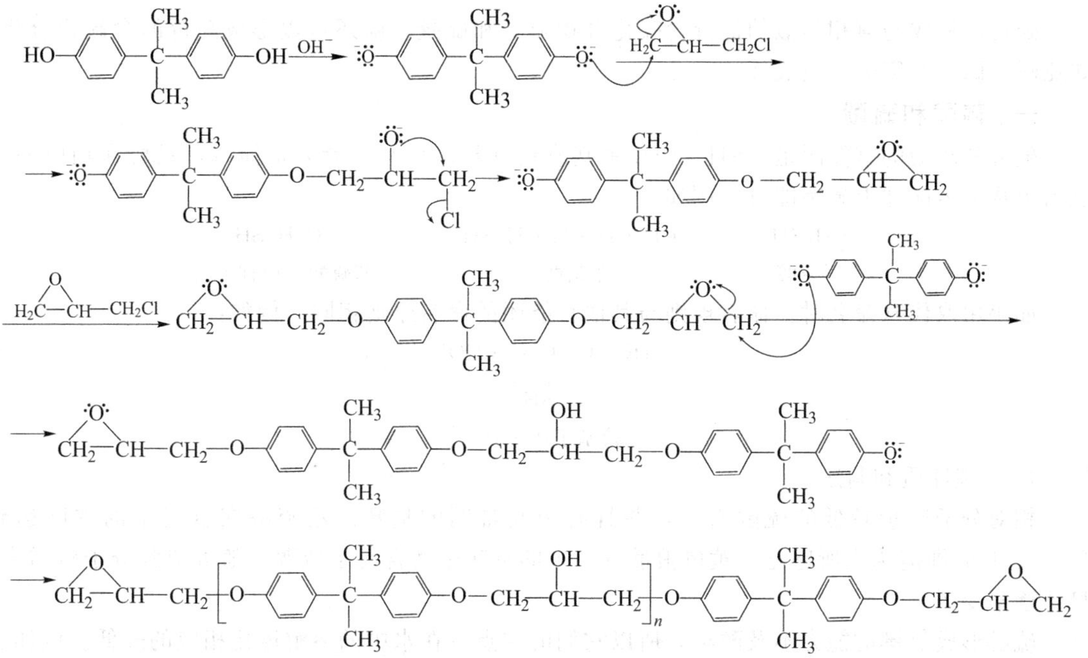

上式中 n 一般在 0～12 之间，分子量相当于 340～3800，$n=0$ 时为淡黄色黏滞液体，$n\geqslant 2$ 时则为固体。n 值的大小由原料配比（环氧氯丙烷和双酚 A 的摩尔比）、温度条件、氢氧化钠的浓度和加料次序来控制。

环氧树脂不能单独使用，环氧树脂本身具有热塑性，它必须在固化剂催化剂的存在下固化成三向交联结构，才呈现出各种宝贵的使用性能。环氧树脂两末端的环氧基赋予反应性，双酚 A 骨架提供强韧性和耐热性，亚甲基链赋予柔软性，醚键赋予耐药品性，羟基赋予反应性和粘接性。胺类和酸酐是使其交联的固化剂。乙二胺、二亚乙基三胺等伯胺类含有活泼氢原子，可使环氧基直接开环，属于室温固化剂。酐类（如邻苯二甲酸酐和马来酸酐）作固化剂时，因其活性较低，须在较高的温度（150～160℃）下固化。下式是伯胺分别进攻环氧基和羟基所形成的构型不同的树脂：

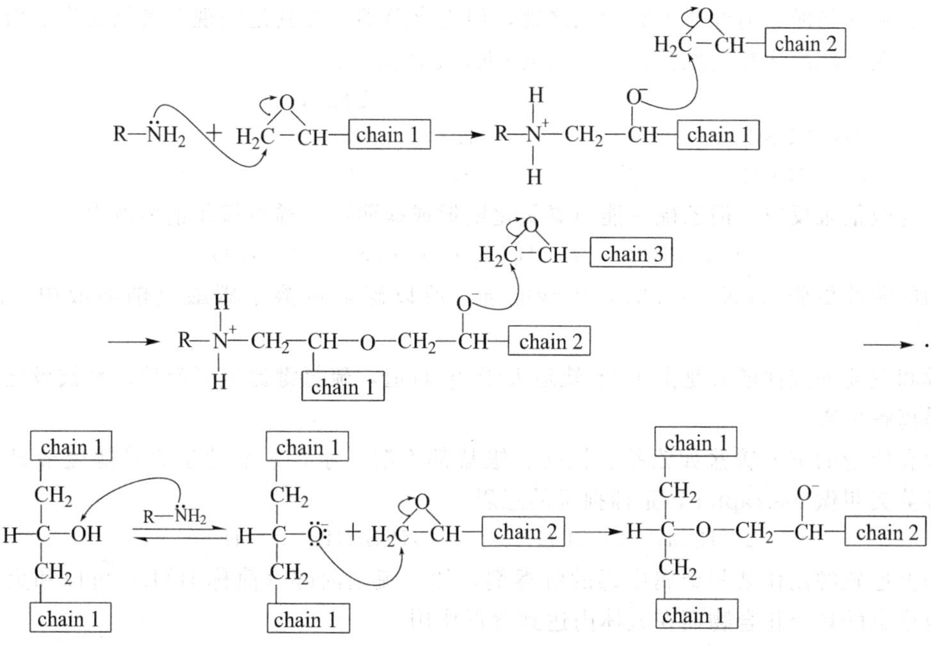

第三节　含硫有机化合物

硫可以形成与氧相类似的低价含硫化合物硫醇和硫醚。硫还可以形成高价的含硫化合物，如亚砜、砜、亚磺酸、磺酸等。

一、硫醇和硫酚

硫醇和硫酚的官能团是—SH，叫作巯基或硫氢基。它们的命名很简单，只要在相应的含氧衍生物类名前加上硫字即可。例如：

CH_3SH	$CH_3CH_2CH_2CH_2SH$	C_6H_5SH
甲硫醇	丁硫醇	苯硫醇（简称硫酚）

如果用取代基命名时，命名规则与其他官能团的命名原则相同。例如：

$$HC\equiv C-\underset{\displaystyle SH}{\underset{|}{CH}}-COOH$$

2-巯基丁炔-3-酸

1. 物理性质和制法

相对分子质量较低的硫醇有毒，并且有极其难闻的臭味。乙硫醇在空气中的浓度达到 10^{-11} g/L 时即能为人所感觉。黄鼠狼散发出来的臭味中就含有丁硫醇。随着硫醇分子量增大，臭味逐渐变弱。

硫醇形成氢键的能力不及醇类，所以它们的沸点及在水中的溶解度比相应的醇低。例如乙醇的沸点78℃，与水完全混溶，但乙硫醇的沸点37℃，它在100mL水中只溶解1.5g。

硫醇一般由卤代烃与硫氢化钠在乙醇溶液中共热来制备。

$$RX + NaSH \xrightarrow[\triangle]{\text{乙醇}} RSH + NaX$$

硫酚由高价含硫化合物还原来制备，例如苯磺酰氯同锌和硫酸反应，被还原为硫酚。

$$2C_6H_5SO_2Cl + 6Zn + 5H_2SO_4 \xrightarrow[\triangle]{} 6C_6H_5SH + ZnCl_2 + 5ZnSO_4 + 4H_2O$$

2. 化学性质

硫醇、硫酚与醇、酚性质上有相似之处，但也有差别，尤其是表现在氧化反应上面。

(1) 酸性　硫醇比醇的酸性大，它们的 pK_a 比较如下：

	pK_a		键长/Å
CH_3CH_2SH	10.5	S—H	1.82
CH_3CH_2OH	17	O—H	1.44

乙醇与碱很难反应，但乙硫醇能与氢氧化钠形成盐而溶于稀氢氧化钠溶液中。

$$C_2H_5SH + NaOH \longrightarrow C_2H_5SNa + H_2O$$

硫酚的酸性更强（$pK_a=7.8$），比碳酸强，所以硫酚可溶于碳酸氢钠溶液中，而苯酚不能。

硫醇和硫酚的酸性增大是由于3p轨道大于2p轨道，硫氢键比氢氧键长，易被极化，使氢离子容易离解出来。

硫醇和硫酚的重金属盐如铅盐、铜盐、银盐都不溶于水，汞盐的生成是醇硫最显著的性质，硫醇英文叫做mercaptan，是捕捉汞的意思。

$$2C_2H_5SH + HgO \longrightarrow (C_2H_5S)_2Hg + H_2O$$

医药上把硫醇用作某些金属中毒的解毒剂，如二巯基丙醇（简称BAL）可以和金、汞等离子生成稳定的环硫化合物而在人体内达到解毒作用。

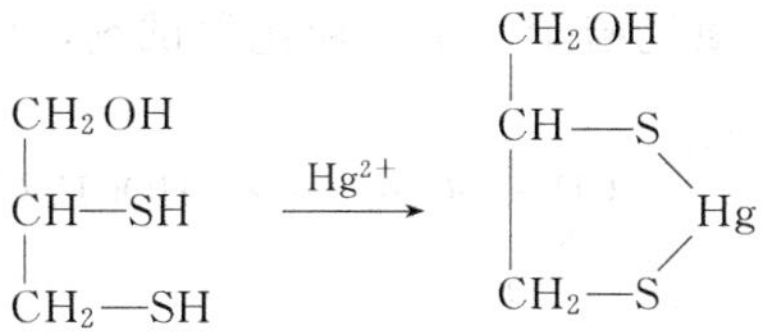

（2）氧化反应　硫醇可以被氧化，但是它的氧化方程式与醇类完全不同。醇类的氧化反应是发生在与羟基相连的碳原子上，即碳的氧化数提高了，氧化产物为醛、酮。但是硫醇的氧化则发生在硫原子上，例如硫醇在 I_2 和稀 H_2O_2 溶液中，甚至在空气中氧的作用下，进行温和的氧化反应，生成二硫化物。

$$R\text{—}SH \underset{Zn + CH_3COOH}{\overset{[O]}{\rightleftharpoons}} R\text{—}S\text{—}S\text{—}R$$

这个反应可能是按自由基历程进行的。从键能来看，S—H 键的键能为（83kcal/mol）比 O—H 键的键能（110kcal/mol）小得多，易于均裂产生 RS· 自由基。所以硫醇进行温和的氧化反应，可直接得到二硫化物。但是与它相对应的过氧化物 R—O—O—R，一般不能用醇类的直接氧化来制得。S—S 键容易形成，说明它要比 O—O 键稳定。例如在 C_2H_5—O—O—C_2H_5 中 O—O 键的键能仅为 37kcal/mol。

在生物体中，S—S 键对于保持蛋白质的特殊分子构型起着重要作用。S—S 键与—SH 键间的氧化还原反应，二者的相互转变，在某些生理变化中有重要意义。

硫醇和硫酚在高锰酸钾、硝酸等强氧化剂作用下，发生较强烈的氧化反应，生成磺酸。例如：

$$C_2H_5SH \xrightarrow[H_2SO_4]{KMnO_4} C_2H_5SO_3H$$

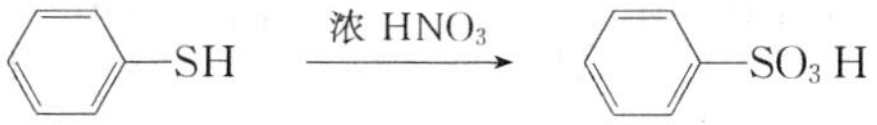

（3）亲核反应　硫醇与醇一样是亲核试剂，它与酰氯或酰酐反应，生成硫代羧酸酯；与醛、酮反应（在酸催化剂存在下），生成硫代缩醛或缩酮。

$$RCOCl + R'SH \longrightarrow RCOSR' + HCl$$

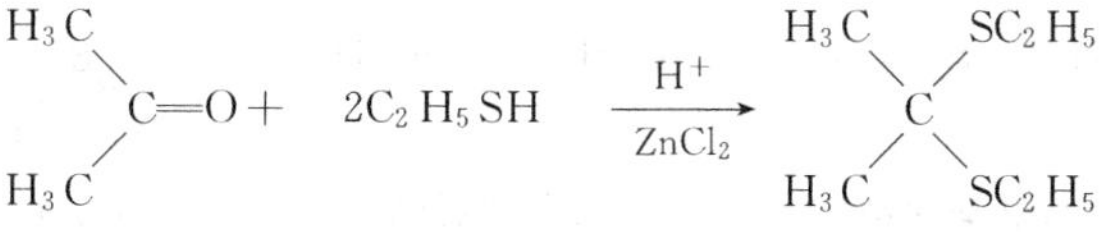

丙酮缩二乙硫醇

二、硫醚

硫醚的命名在相应的醚前面加一硫字即可。

CH_3SCH_3　　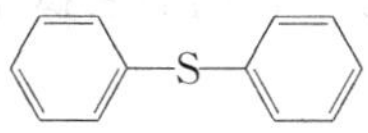　　H_3C—S—$CH_2CH(CH_3)_2$

二甲硫醚　　二苯硫醚　　甲基异丁基硫醚

1. 物理性质

硫醚为无色液体，不溶于水，可溶于醇和醚。纯品不具有恶臭，它的沸点比相应的醚高。

硫醚常用卤代烷与硫化钠反应来制得。

$$2RX + Na_2S \longrightarrow R\text{—}S\text{—}R + 2NaX$$

此法与威廉逊法合成醚相类似。

此外，在工业上还利用环氧乙烷与硫醇、硫化氢等反应来制备 β-羟乙基硫醚。作为有机合成中间体。芥子气，化学名称β-氯乙硫醚，是一种化学试剂，就是用硫化氢与环氧乙烷作用，随后用氯化氢处理制备。例如：

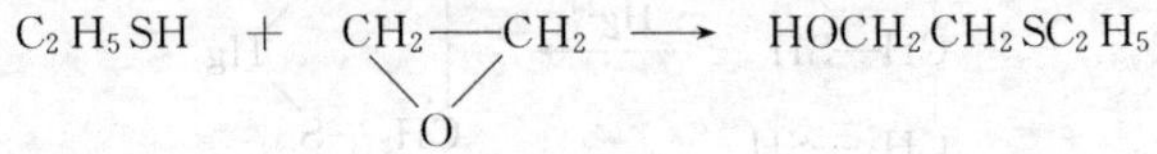

C2H5SH + CH2—CH2 → HOCH2CH2SC2H5
O

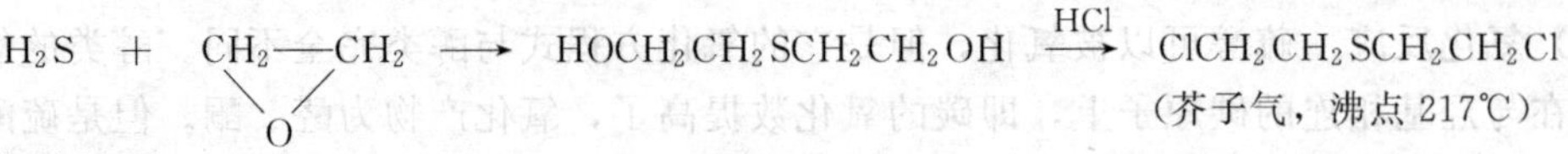

H2S + CH2—CH2 → HOCH2CH2SCH2CH2OH
O
HCl
ClCH2CH2SCH2CH2Cl
（芥子气，沸点217℃）

2. 化学性质

（1）路易斯碱　由于硫原子的价电子离核较远，受核的束缚力小，加上硫原子周围空间大，空间障碍小。因此硫醚的给电子能力比醚强，路易斯碱性要比醚强，可与一些重金属生成稳定的配合物，如 $(C_2H_5)_2S \cdot HgCl_2$；$[(C_2H_5)_2S]_2 \cdot PtCl_4$ 等。

乙醚仅与强的质子酸，如硫酸在低温下形成锌盐，但极不稳定。而硫醚则像叔胺那样，可与卤代烷形成锍盐。例如二甲硫醚与碘甲烷反应，生成碘化三甲锍。

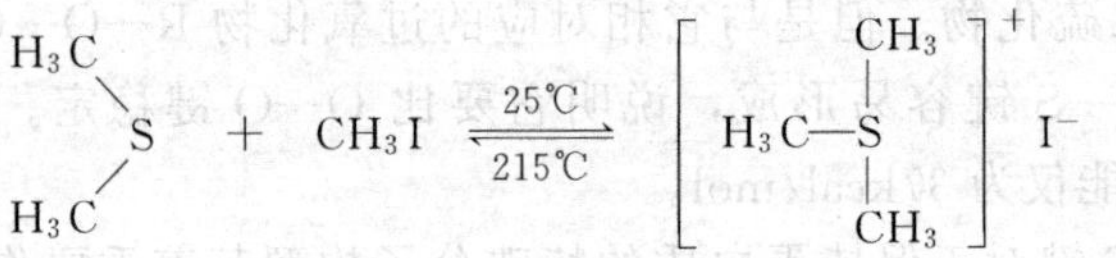

H3C
S
H3C
+ CH3I
25℃
215℃
CH3
H3C—S
CH3
+
I−

碘化三甲锍为晶体，易溶于水，略溶于酒精。当被加热到215℃时，又分解为碘甲烷与甲硫醚。

（2）氧化反应　硫醚同硫醇一样，也可以被氧化为高价含硫化合物。例如硫醚在等量的过氧化氢作用下，被氧化为亚砜；如用过量的过氧化氢并且在稍高温度下进行反应，则进一步被氧化为砜。例如：

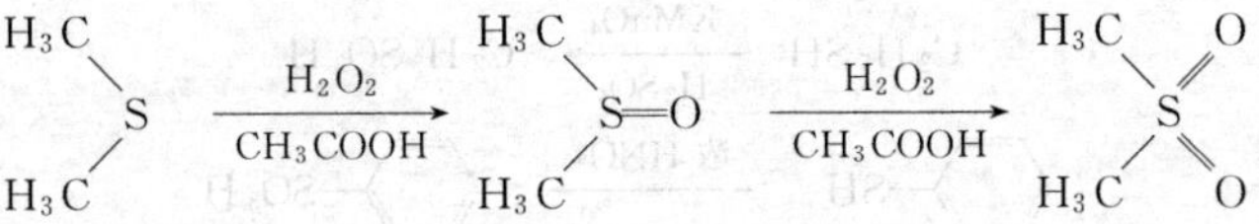

H3C
S
H3C
H2O2
CH3COOH
S=O
O

三、亚砜和砜

前面已经讲过，硫醚氧化成亚砜，亚砜氧化为砜，砜对氧化剂很稳定。

亚砜和砜的命名，只要在名称前加上相应的烃基的名称就可以了。如：

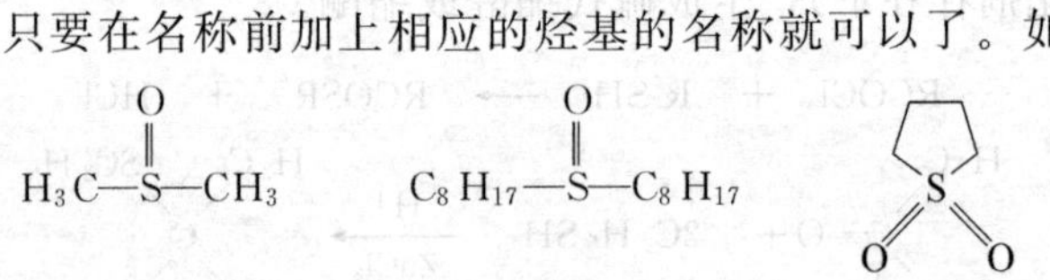

O
H3C—S—CH3
C8H17—S—C8H17
S
O

二甲基亚砜　　二辛基亚砜　　环丁砜

1. 结构

亚砜与砜的成键方式相似，下面以二甲基亚砜为例，进行讨论。

亚砜中硫氧键多用双键表示，但它与羰基中的碳氧双键在性质上有所区别。例如，二甲基亚砜与丙酮具有不同的立体结构，前者是锥形分子，而后者碳氧原子在同一平面上。

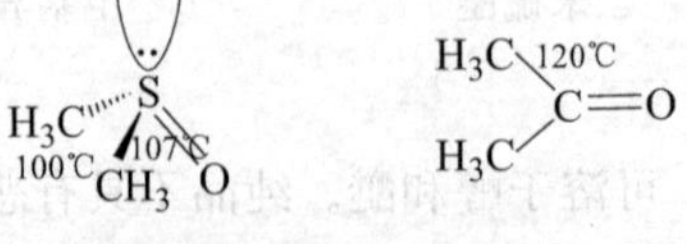

S
H3C
100℃
CH3
107℃
O
H3C
120℃
C=O
H3C

因此在二甲基亚砜中，硫以 sp^3 杂化轨道成键，而在丙酮中碳以 sp^2 杂化轨道成键。对亚砜中的硫氧键曾有不同的解释，可以认为双键是由硫原子提供一对电子与氧原子形成σ键（$S^+ \rightarrow O^-$），同时氧原子上的未共享电子反馈到硫原子的空 d 轨道中形成 d-p π 键，这样双键

中一个是 σ 配键，另一个是 d-p π 键。

亚砜分子呈锥形，当分子中两个烃基不相同时，就具有手性，例如：甲基甲苯基亚砜可以分离出旋光异构体来。

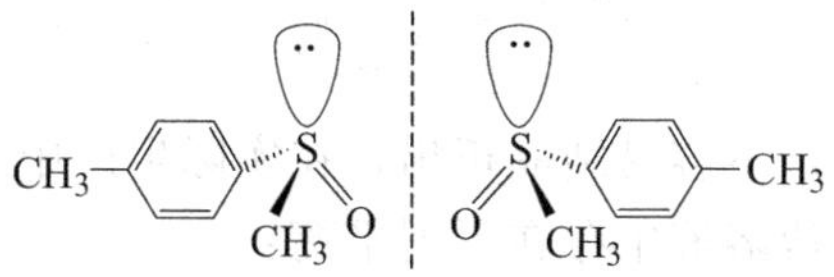

2. 性质与用途

二甲基亚砜在有机合成中应用很多，下面仅就它是一种优良非质子极性溶剂进行讨论。

溶剂可分为质子溶剂和非质子溶剂，例如水、醇属于质子溶剂，而苯、乙烷、二甲基亚砜属于非质子溶剂。二甲基亚砜是优良的非质子溶剂。二甲基亚砜具有很高的介电常数（$\varepsilon=45$），偶极矩达到 3.9D，比丙酮（2.9D）高得多，这说明 S═O 键具有很大的极性。它不但能溶解有机物，并且具有溶解无机金属盐的性质。二甲基亚砜这一优良的特性在有机合成中得到了应用。

从二甲基亚砜（DMSO）和 *N*,*N*-二甲基甲酰胺（DMF）等非质子极性溶剂的结构来看，它们分子中带部分正电荷的一端被甲基包围，对负离子有最大的屏蔽作用；但带部分负电荷的一端却暴露在外，因此，这些溶剂溶解离子化合物时，对正离子发生强烈的溶剂化作用，而负离子几乎是裸露的。

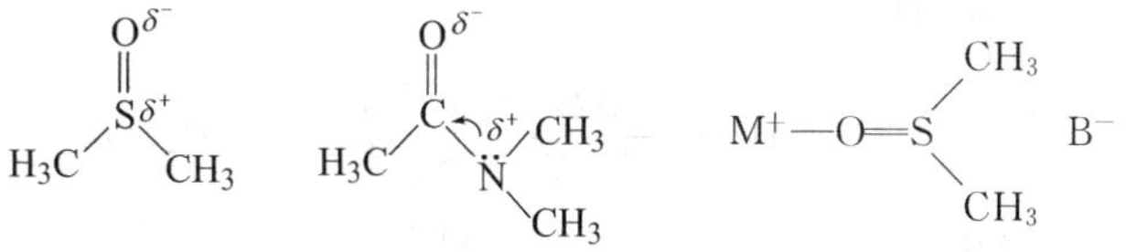

在进行亲核反应时，亲核试剂如 NaOH、NaCN 等在二甲基亚砜中，其阳离子如 Na^+ 等被强烈的溶剂化，使亲核离子（如 OH^-、CN^- 等）脱离了阳离子的束缚而被裸露出来，成为异乎寻常强烈的亲核试剂，与在水溶液或醇溶液中相比，反应速率可以提高几个数量级。

此外环丁砜具有高介电常数（$\varepsilon=40$），高偶极矩（$\mu=4.2$D），也是一个亲核反应的良好溶剂。

四、磺酸及其衍生物

磺酸可以被看成硫酸分子中一个—OH 基取代后的衍生物，其通式为 R—SO_3H，它们的结构应同硫酸氢酯区别开来。在磺酸分子中硫原子直接与烃基相连，而在硫酸氢酯中硫原子是通过氧原子与烃基相连接的。

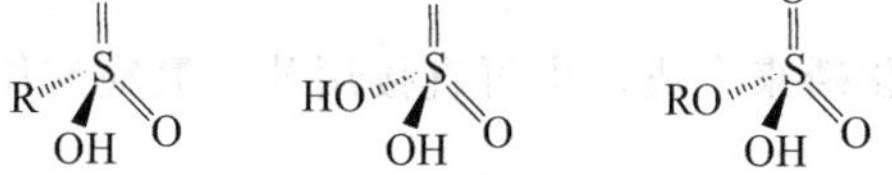

磺酸　　硫酸　　硫酸氢酯

磺酸的命名很简单，只需在磺酸前面加上相应的烃基名称就可以了，如 $C_2H_5SO_3H$ 乙磺酸，$C_6H_5SO_3H$ 苯磺酸等。

磺酸可分为脂肪族磺酸和芳香族磺酸两类，两者相比，芳香族磺酸在工业生产上要重要得多。所以此处着重讨论芳香族磺酸。

芳香族磺酸主要是依靠芳烃的直接磺化来制备的。将芳香族化合物与浓硫酸、发烟硫酸或氯磺酸（$ClSO_3H$）一起加热，即得相应的磺酸。

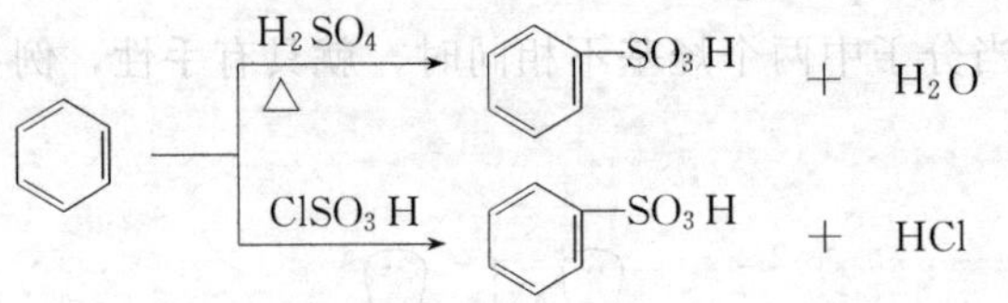
H2SO4
△
SO3H
+ H2O
ClSO3H
SO3H
+ HCl

磺酸易溶于水，且易潮解，不容易结晶析出，在实际生产中通常是以其钠盐（或钙盐）的形式分离纯化的。它在饱和食盐溶液中存在下列平衡：

SO3H
+ NaCl
SO3Na
+ HCl

生成的苯磺酸钠在饱和食盐溶液中溶解度很低，以固体沉淀物析出。在实际生产中是将磺化产物注入饱和食盐溶液中，使其转变为相应的磺酸钠沉淀分离出来。

磺酸是有机化合物中的强酸，强度与硫酸相仿，因此常用磺酸作催化剂以代替硫酸，可减少反应时由浓硫酸所引起的有机物炭化。

磺酸在有机合成中除了可以做催化剂外，芳磺酸钠碱熔是合成酚的方法。芳磺酸中的磺酸根可被水解除去，在有机合成上可以利用此反应来除去化合物中的磺酸基，或者先让磺酸基占据环上的某些位置，使其反应完成后，再经水解将磺酸基除去。例如由苯酚直接溴化不易制得邻溴苯酚，但可通过下列反应来制得。

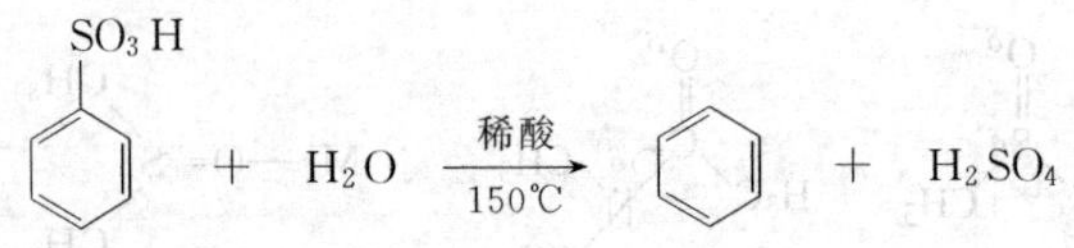
SO3H
+ H2O
稀酸
150℃
+ H2SO4

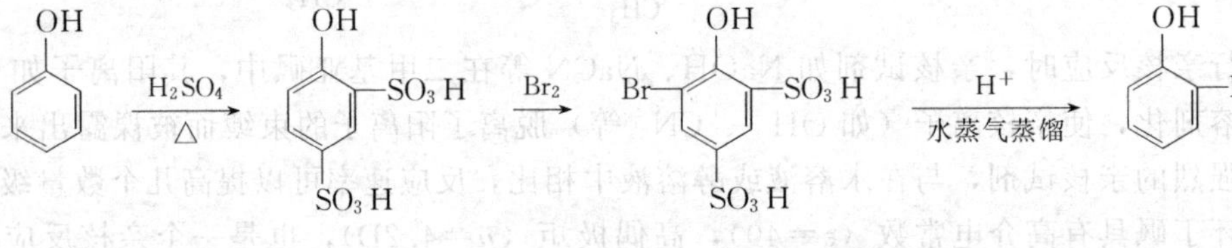
OH
H2SO4
△
OH
SO3H
SO3H
Br2
OH
Br
SO3H
SO3H
H+
水蒸气蒸馏
OH
Br

磺酸与羧酸相类似，磺酸分子中除去 OH 后剩下的基团叫做磺酰基（RSO_2—），磺酸的酰基衍生物有：

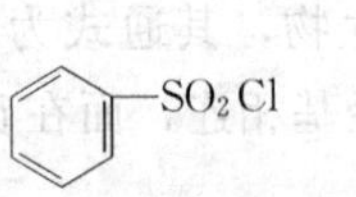
SO2Cl

磺酰氯

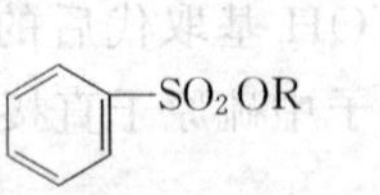
SO2OR

磺酸酯

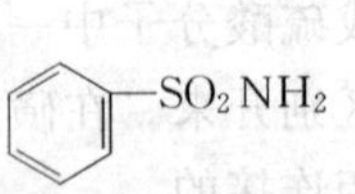
SO2NH2

磺酰胺

磺酰氯可由磺酸与五氯化磷来合成，也可直接用苯与氯磺酸作用来合成。

$$C_6H_5SO_2OH + PCl_5 \xrightarrow{170\sim180℃} C_6H_5SO_2Cl + POCl_3 + HCl$$

$$C_6H_6 + ClSO_2OH \xrightarrow{20\sim25℃} C_6H_5SO_2Cl + H_2O$$

苯磺酰氯为油状液体，有刺激性气味，不溶于水（熔点 14.4℃，沸点 251.5℃）。

磺酰氯易于水解、醇解和氨解，是重要的磺酰化试剂。

$$C_6H_5SO_2Cl + H_2O \longrightarrow C_6H_5SO_2OH + HCl$$

$$C_6H_5SO_2Cl + ROH \longrightarrow C_6H_5SO_2OR + HCl$$

$$C_6H_5SO_2Cl + NH_3 \longrightarrow C_6H_5SO_2NH_2 + HCl$$

但它与水、醇等亲核试剂反应时不像羧酸、酰氯那样活泼。例如：苯甲酰氯与乙醇反应，在室温下放置一小时，反应进行得完全。可是将苯磺酰氯与醇在室温下即使放置好几天后，还不能进行完全。又如将间-磺酸基苯甲酸的二酰氯化物与水混摇，则分子中的酰氯基首先被水解：

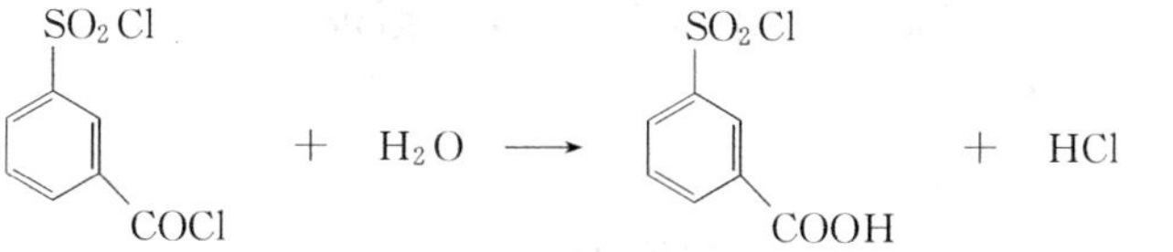

磺酰胺与酰胺类似，可以水解，但水解速率要比酰胺缓慢。磺酰胺与酰胺另一个不同之处，就是由伯胺所形成的磺酰胺分子中氮上的氢原子具有酸性，其酸性要比酰胺大的多，可与 NaOH 水溶液反应生成盐。

$$Ar—SO_2\overset{H}{N}R + OH^- \longrightarrow Ar—SO_2N^-R + H_2O$$

磺酰胺分子中 N—H 上的 H 呈现酸性的原因，一方面是磺酰基（$R—SO_2^-$）为强吸电子基，另一方面硫原子可接受与它相邻的氮原子上的一对未共享电子对填充它的空 d 轨道，所以强碱可以以质子形式夺走与氮连接的氢。利用苯磺酰氯区别伯、仲、叔胺（兴士堡反应），就是根据上述原理。

糖精、磺胺类药物都是我们常见的磺酰胺类化合物。

糖精属于磺酰亚胺类化合物，它的化学名称叫邻-磺酰苯甲酰亚胺钠，味很甜，约比蔗糖甜 500 倍。

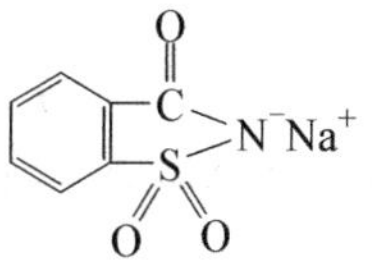
(糖精)

磺胺药物是一类对氨基苯磺酰胺的衍生物。它们具有抗菌性能，尤其是对球菌类特别有效。1932 年发现含有磺酰胺的偶氮染料“百浪多息”对于链球菌有很好的抑制作用。

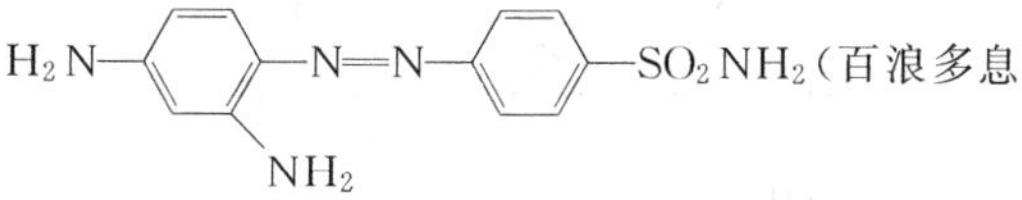
(百浪多息)

后来确证它的有效成分是在体内的代谢产物——对氨基苯磺酰胺。从而推动了对磺胺药物一系列的合成和研究。

本章反应总结

一、醚的制法

1. 醇分子间脱水

$$2R—OH \rightleftharpoons R—O—R + H_2O$$

2. 威廉森（Williamson）合成法

$$R'—\ddot{\underset{..}{O}}:^- + R—\ddot{\underset{..}{X}}: \longrightarrow R—\ddot{\underset{..}{O}}—R' + :\ddot{\underset{..}{X}}:^-$$

3. 烯烃的烷氧汞化-脱汞法

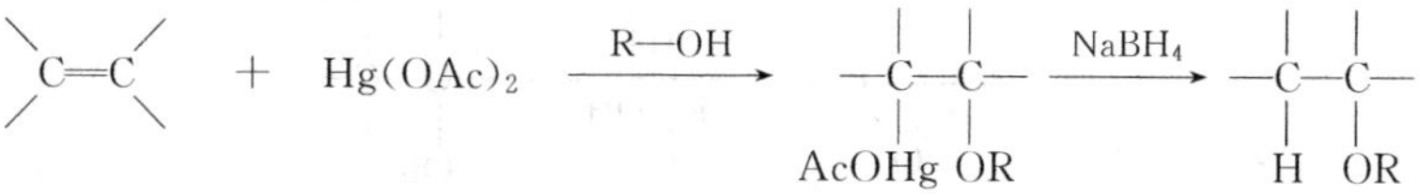

4. 乙烯基醚的合成法

$$HC\equiv CH + H-OC_2H_5 \xrightarrow[160\sim180℃]{NaOH} CH_2=CHOC_2H_5$$

乙基乙烯基醚

二、醚的化学性质

1. 锌盐的形成

$$R\ddot{O}R + H^+Cl^- \longrightarrow R\overset{H}{\underset{+}{O}}R + Cl^-$$

2. 醚键的断裂

$$R-O-R' \xrightarrow[(X=Br,\ I)]{过量\ HX} R-X + R'-X$$

3. 醚的自动氧化

$$R-O-CH_2-R' \xrightarrow{O_2} R-O-\overset{OOH}{CH}-R' + R-O-O-CH_2-R'$$

三、环氧化合物的制备

1. 烯烃氧化

在工业上是用乙烯在金属银催化下与氧气氧化制取的：

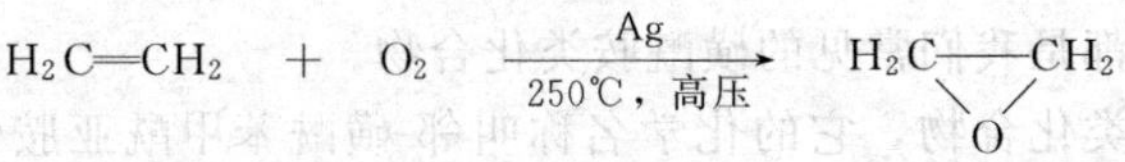

用有机酸氧化烯烃是制备其他环氧化合物最常用的方法。

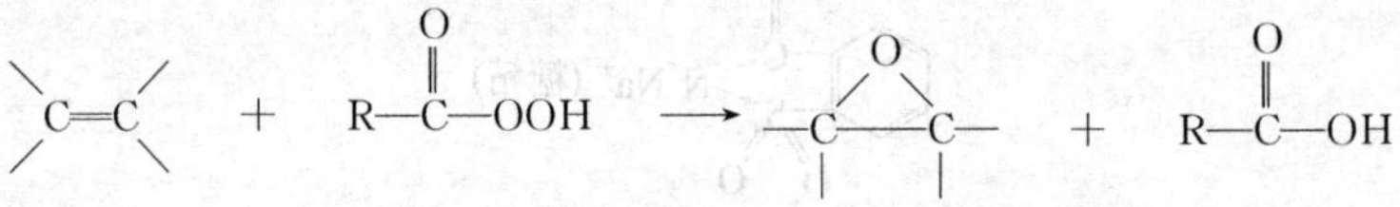

2. β-卤醇消除

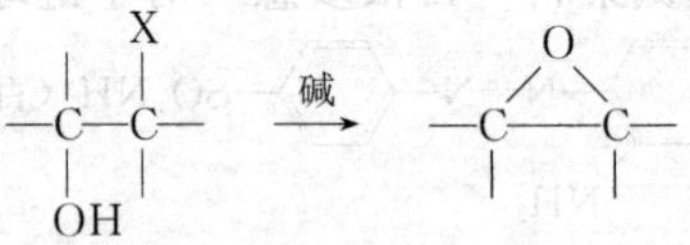

X=Cl，Br，I，OTs，etc

四、开环反应

1. 酸催化开环

(1) 与水反应

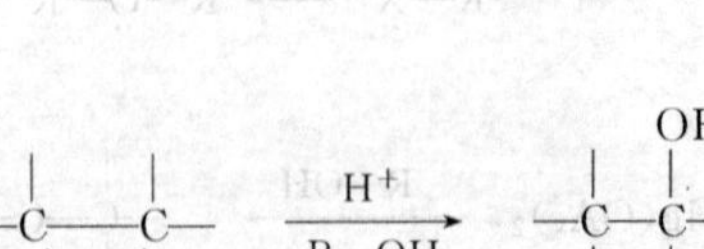

反式

(2) 与醇反应

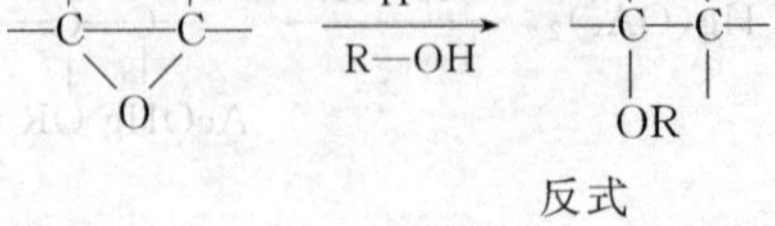

反式

(3) 与氢卤酸反应

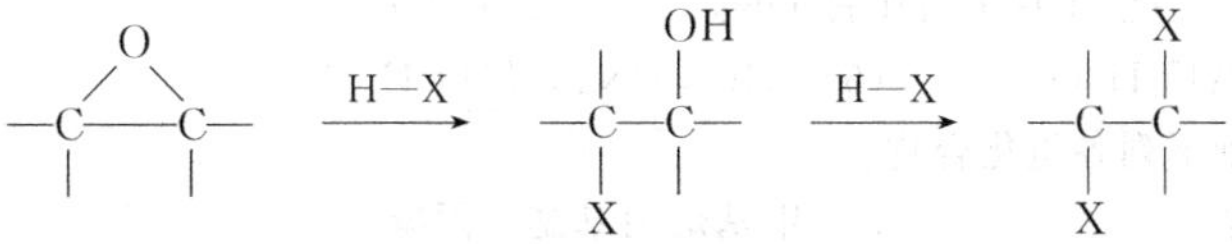

2. 碱催化开环

(1) 与水、醇反应

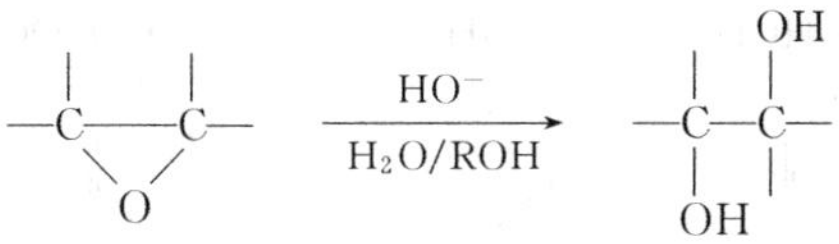

反式

(2) 与醇盐反应

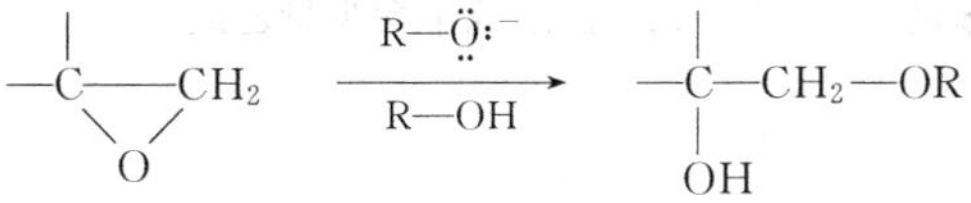

(3) 与氨反应

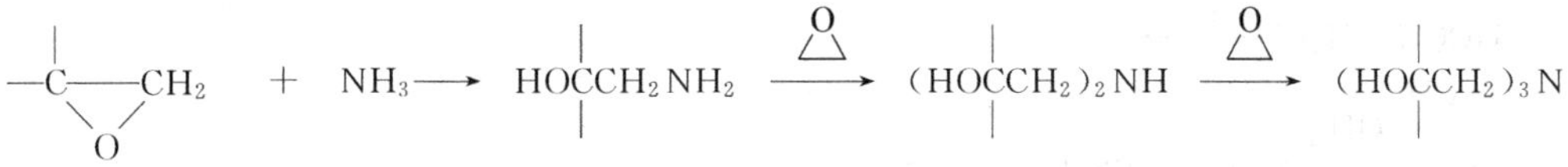

3. 与格氏 (Grignard) 试剂反应

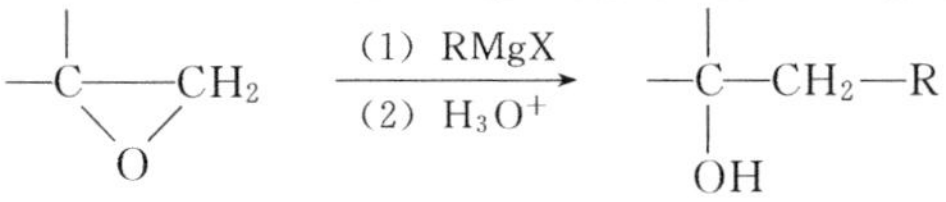

习　　题

1. 命名下列化合物。

(1) 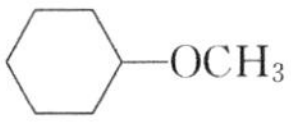　(2) 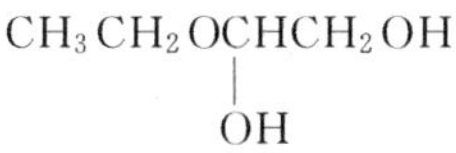　(3) 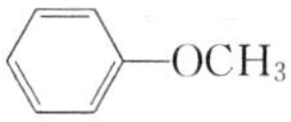

(4) 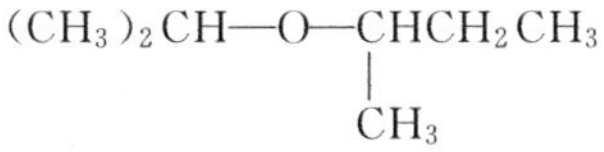　(5) $(CH_3)_3COCH_2CH(CH_3)_2$

(6) 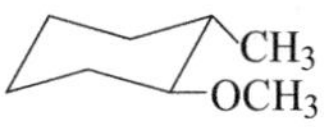　(7) 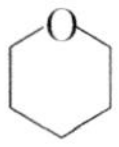　(8) 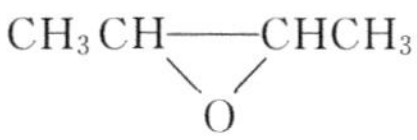

(9) 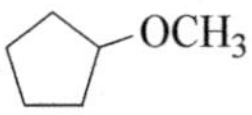　(10) 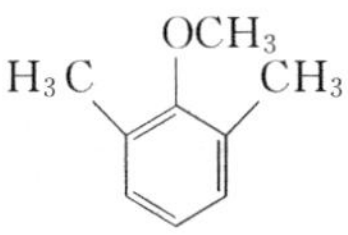

(11) 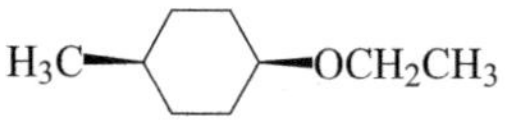　(12) $ClCH_2CH_2OCH_2CH_2Cl$

2. 写出下列化合物的结构。

(1) 正丙基乙烯基醚　(2) 烯丙基甲基醚　(3) 正丙基乙烯基醚　(4) 2-乙氧基辛烷

(5) 1,4-二氧六环　(6) 乙二醇二乙醚　(7) THF　(8) 环氧氯丙烷

(9) 二苯并-18-冠-6　　　(10) 4-硝基-4′-甲基二苯醚

3. 写出1,2-环氧丙烷与下列试剂反应的反应方程式。

(1) CH_3OH/H^+　　　(2) CH_3OH/CH_3ONa　　　(3) NH_3

(4) CH_3CH_2MgBr，然后 H_2O　　　(5) $HC\equiv CNa$，然后 H_2O

4. 用简便的化学方法区别下列各组化合物。

(1) 己烷　丙醚　丙醇　　　(2) 甲基烯丙基醚　丙醚

(3) 己烷　丁醇　正丁醚　苯酚　　　(4) 氯苯　苯酚　苯甲醚　苯乙烯

(5)

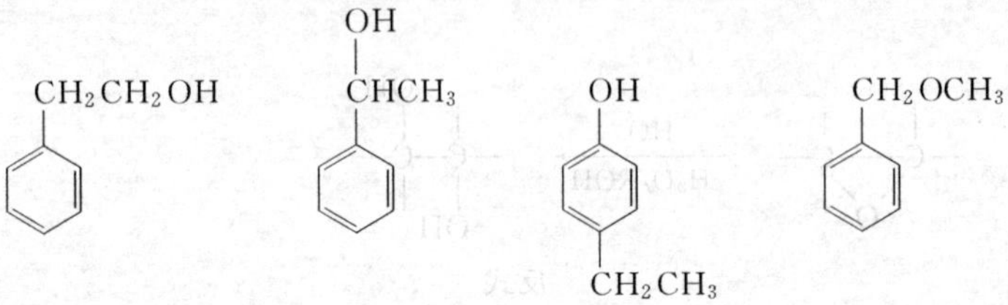

5. 分离提纯下列各组混合物。

(1) 苯甲醚中含少量对甲苯酚　　　(2) 正己烷中含少量乙醚

6. 完成下列反应。

(1) $CH_3CH(CH_3)OCH_2CH_2CH_2CH_3 + HBr \xrightarrow{\triangle}$

(2) $HOCH_2CH_2Cl \xrightarrow{H_2SO_4}$

(3)

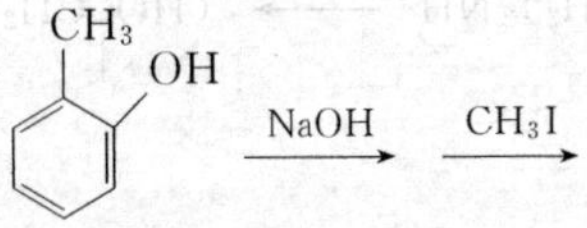

(4)

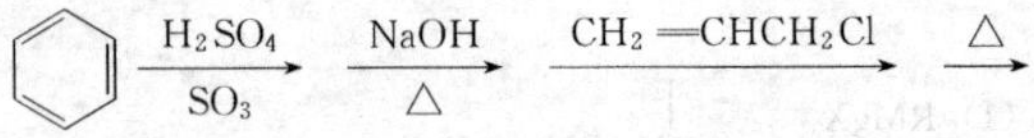

(5)

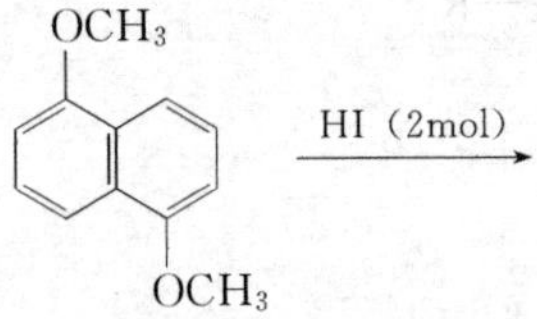

(6) $CH_3C(OC_2H_5)=CHCH_3 \xrightarrow{H_3O^+}$

(7)

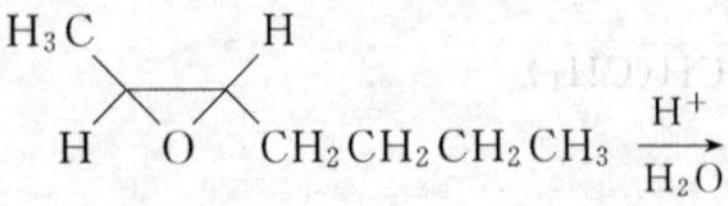

(8)

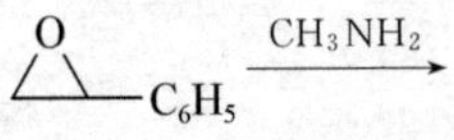

(9)

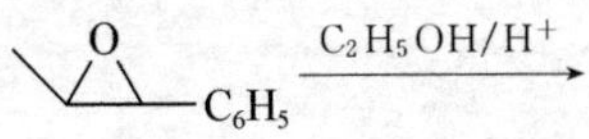

(10)

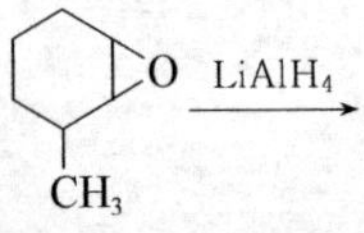

(11)

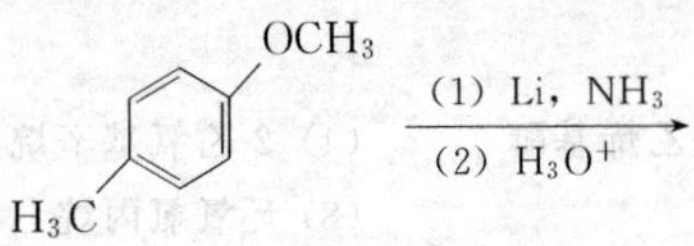

(12) 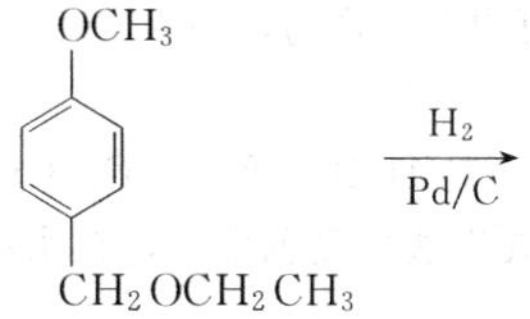

$$\xrightarrow[\text{Pd/C}]{\text{H}_2}$$

(13) 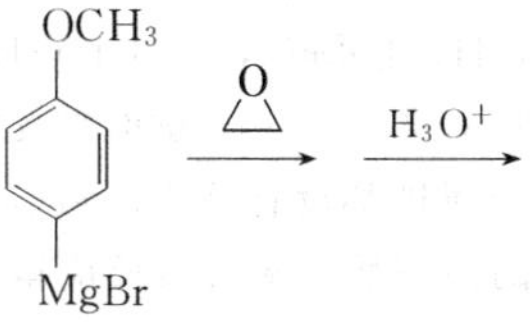

(14) 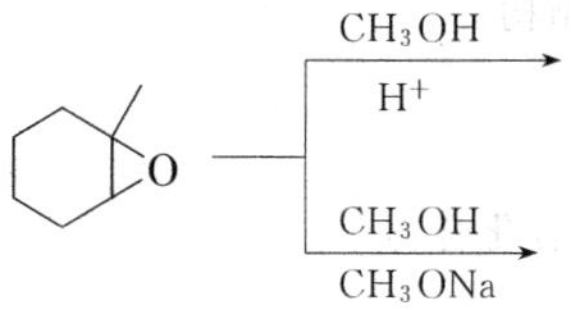

$$\begin{array}{c}\xrightarrow[\text{H}^+]{\text{CH}_3\text{OH}}\\[4pt]\xrightarrow[\text{CH}_3\text{ONa}]{\text{CH}_3\text{OH}}\end{array}$$

(15) $CH_2=CHCH_2CH_2CH_2CH_3 \xrightarrow[(CH_3)_2CHOH]{Hg(OAc)_2} \xrightarrow{NaBH_4}$

(16) 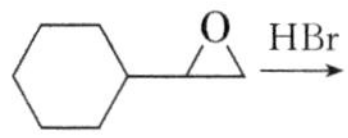

(17) 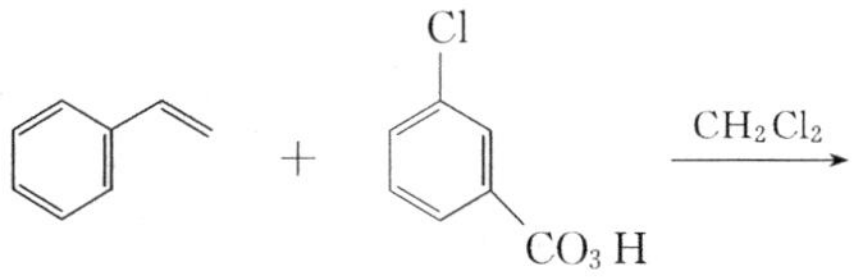

$$\xrightarrow{\text{CH}_2\text{Cl}_2}$$

(18) $CH_3CH_2CH_2CH_2OCH_3 + HI(1mol) \longrightarrow$

(19) 

(20) 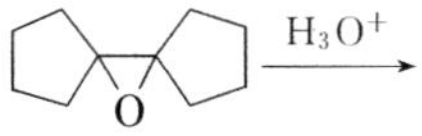

(21) 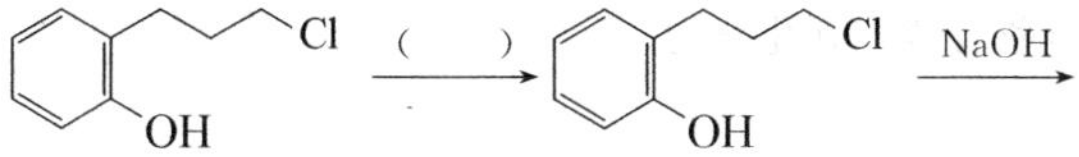

(22) 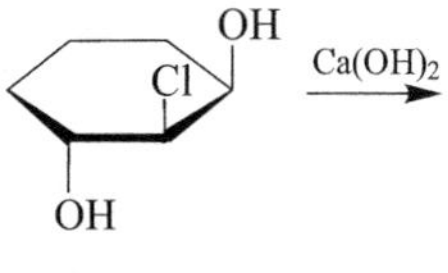

7. 写出下列反应的反应机理。

(1) 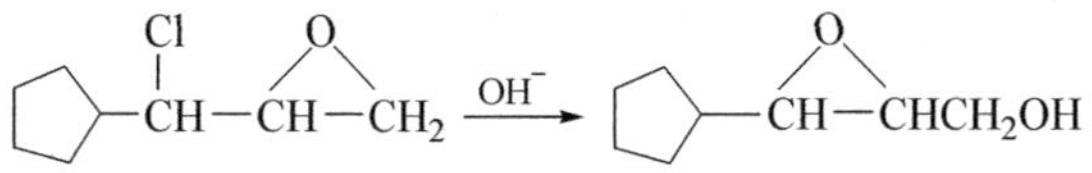

(2) 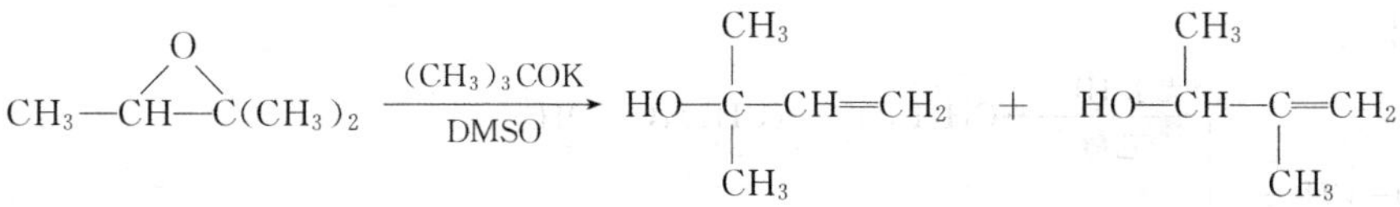

8. 推测化合物的结构。

(1) 化合物 A，分子式为 $C_9H_{12}O$，不溶于水，也不溶于 NaOH 溶液。A 和过量的 HI 作用得到化合物 B、C。B 和 C 与 NaOH 水溶液共热，产物遇 $FeCl_3$ 溶液均不显色，C 的产物为乙醇。试推测 A、B 和 C 的结构。

(2) 某化合物 A（C_7H_8O）与金属钠或 $SOCl_2$ 无反应，A 与浓 HI 共热可得两个产物，一为 CH_3I，另一为 B（C_6H_6O），B 可溶于 NaOH 水溶液。试推测 A 和 B 的结构。

(3) 化合物 A（$C_{11}H_{16}O$）在足够的时间下用氢溴酸加热处理后，得到 B（C_4H_9Br）和 C（C_7H_8O）；B 以中等速率和碘化钠的丙酮溶液以及硝酸银的乙醇溶液反应。C 和三氯化铁呈显色反应，在水溶液中与溴反应得到 D（$C_7H_5Br_3O$）。推测 A～D 的结构，并说明理由。

(4) 化合物 A（$C_4H_{10}O$）不与金属钠反应，其核磁共振氢谱数据：$\delta=4.1$（1H，七重峰），$\delta=3.1$（3H，单峰），$\delta=1.55$（6H，二重峰）；红外光谱在 $2000cm^{-1}$ 以上仅显示出一个吸收带（$2950\ cm^{-1}$）。试推测 A 的结构。

(5) 化合物 A 的分子式为 $C_5H_{10}O$，不溶于水，与溴的四氯化碳溶液或金属钠都没有反应，和稀盐酸或稀的氢氧化钠溶液反应，得到化合物 B（$C_5H_{12}O$），A 与等物质的量的高碘酸的水溶液反应得到甲醛和化合物 C（C_4H_8O），C 可进行碘仿反应，试推测化合物 A～C 的结构。

9. 以乙烯、丙烯为原料合成下列物质。

(1) 异丙醚　　(2) 乙二醇乙醚　　(3) 乙异丙醚

10. 从指定原料出发，用三个碳以下的有机物及合适的无机试剂合成下列各化合物。

(1) 由乙烯合成丁醚

(2) 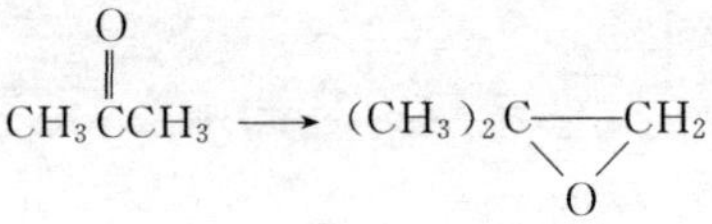

(3) 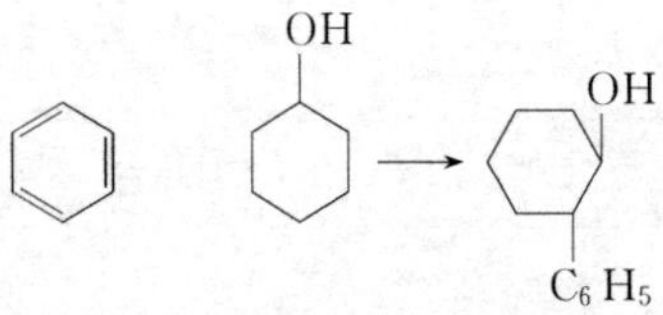

(4) 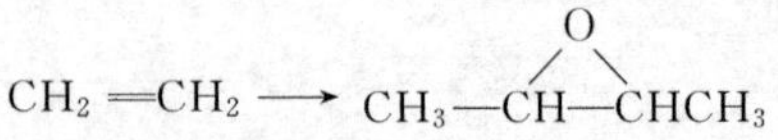

(5) 用苯及异丁烯合成 4-硝基苯基叔丁醚

(6) $CH_2{=}CHCH_3 \longrightarrow CH_2{=}CHCH_2{-}O{-}C(CH_3)_2{-}CH_2CH_2CH_3$

11. 以苯、甲苯、环己醇和四个碳以下的有机化合物合成下列化合物。

(1) $C_6H_5CH(OH)CH_2OC_6H_5$

(2) 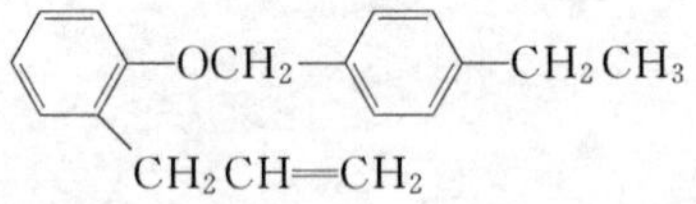

(3) 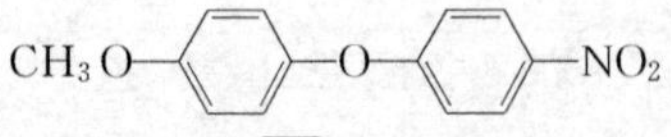

(4) 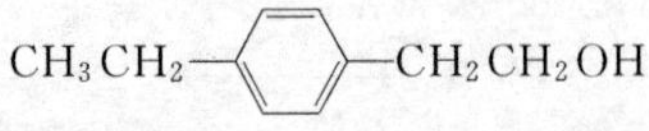

12. 简要回答下列问题。

(1) 如何用久置的乙醚制备无水乙醚？

(2) 解释下列事实。

$(CH_3)_3C{-}O{-}CH_3 \xrightarrow[\text{乙醚}]{\text{无水 HI}} CH_3I + (CH_3)_3C{-}OH$

$(CH_3)_3C{-}O{-}CH_3 \xrightarrow{\text{HI 水溶液}} CH_3OH + (CH_3)_3C{-}I$

（扬州大学，颜朝国）

第十二章　醛、酮

含有羰基的化合物在有机化学、生物化学和生物学中占有重要地位，表 12-1 列出了几类含羰基的化合物。

表 12-1　几类含羰基的化合物

类　别	通　式	类　别	通　式
酮	$R-C(=O)-R'$	醛	$R-C(=O)-H$
羧酸	$R-C(=O)-OH$	酰氯	$R-C(=O)-Cl$
酯	$R-C(=O)-OR'$	酰胺	$R-C(=O)-NH_2$

最简单的羰基化合物是醛和酮。羰基与两个烃基相连的是酮（RCOR′），与一个烃基及一个氢相连的是醛（RCHO）。醛和酮具有相似的结构和性质，主要区别在于对氧化剂和亲核试剂反应活性的不同，一般情况下，醛比酮的反应活性高。

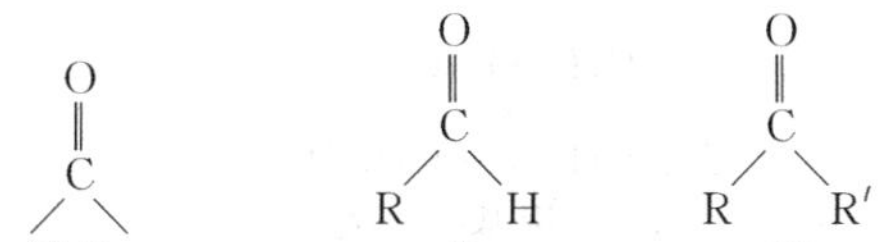

羰基　　　　醛　　　　酮

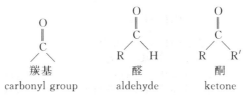

carbonyl group　　aldehyde　　ketone

第一节　羰基官能团的结构

羰基碳原子为 sp^2 杂化，与其他三个原子形成同平面的 σ 键，键角约 120°，碳原子还有一个未参与杂化的 p 轨道和氧原子的 p 轨道彼此重叠形成一个 π 键。碳与氧形成的双键与烯烃的 C═C 双键相似，只是羰基的双键较短、键能较大、极性较强。

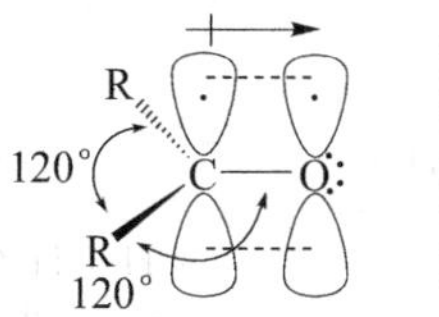
R
120°
C
O
R
120°

	键长	键能
C═O	0.123nm	745kJ/mol
C═C	0.134nm	611kJ/mol

羰基的双键有较大的偶极矩。由于氧的电负性较碳大，吸引电子的能力很强，所以成键电子不是平均分布，而是偏向电负性大的氧原子，尤其是被束缚得较松的 π 电子明显地偏向氧原子，这样使醛和酮比卤代烷和醚的极性还大。下面的共振结构显示了 π 电子的偏向。

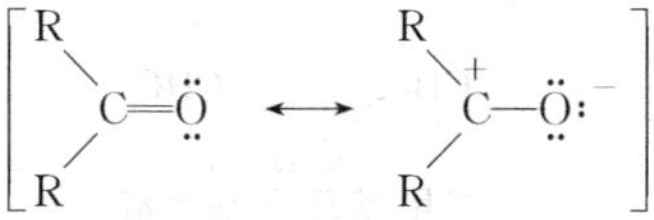

主　　　　次

第一个共振结构更为重要，因为它有较多的键和较少的电荷分离，第二个共振结构的作用在于证实了下列所示的醛和酮较大的偶极矩。

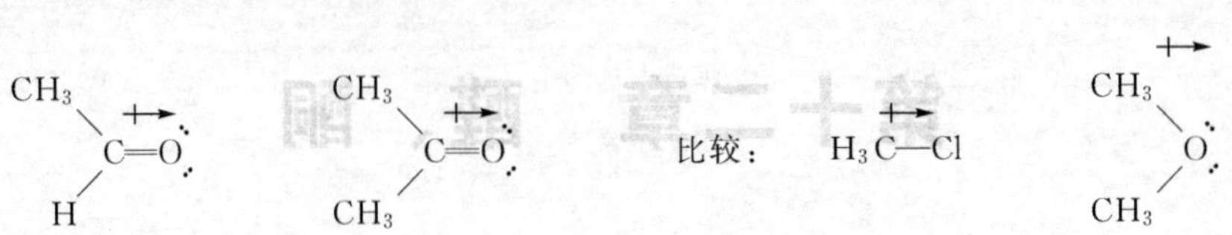
比较：

$\mu=2.7D$　　$\mu=2.9D$　　$\mu=1.9D$　　$\mu=1.3D$

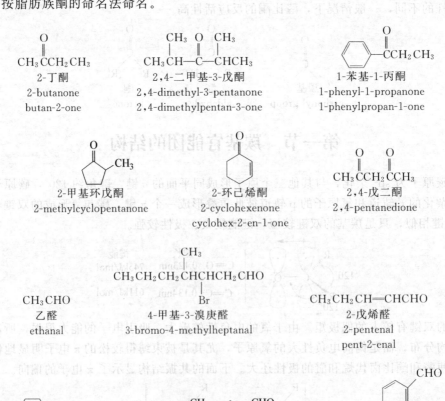

羰基的极化对醛和酮的反应性能有重要的影响，极化后带正电荷的羰基碳具有亲电性，容易与亲核试剂发生反应。

第二节　醛和酮的命名

一、IUPAC 命名法

选择含羰基最多的最长碳链为主链，醛从醛基碳原子一端开始编号；酮从靠近羰基的一端开始编号，使羰基的位次最小，把羰基的位次写在名称前面，如主链上有支链或取代基，就在某醛或某酮名称之前写上支链或取代基的位次及名称。如含有两个以上的羰基，可以用二醛、二酮等。醛作取代基时，可用词头“甲酰基”或“氧代”表示；酮作取代基时，用词头“氧代”表示。脂环酮的羰基在环内，称环某酮；如羰基在环外，则将环作取代基，含羰基的脂链作母体，按脂肪族酮的命名法命名。

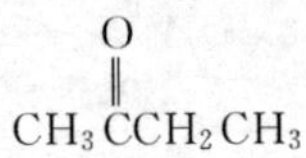

2-丁酮
2-butanone
butan-2-one

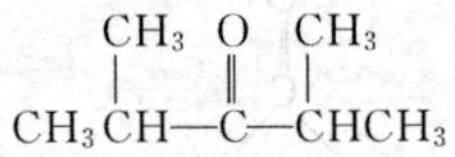

2,4-二甲基-3-戊酮
2,4-dimethyl-3-pentanone
2,4-dimethylpentan-3-one

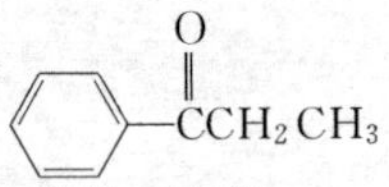

1-苯基-1-丙酮
1-phenyl-1-propanone
1-phenylpropan-1-one

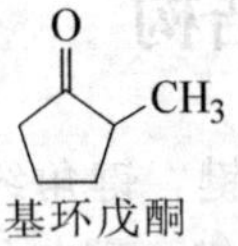

2-甲基环戊酮
2-methylcyclopentanone

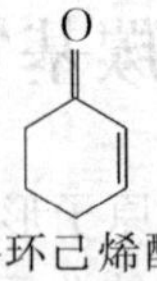

2-环己烯酮
2-cyclohexenone
cyclohex-2-en-1-one

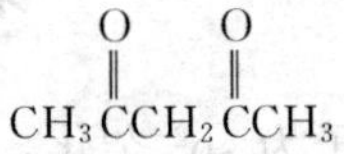

2,4-戊二酮
2,4-pentanedione

CH_3CHO
乙醛
ethanal

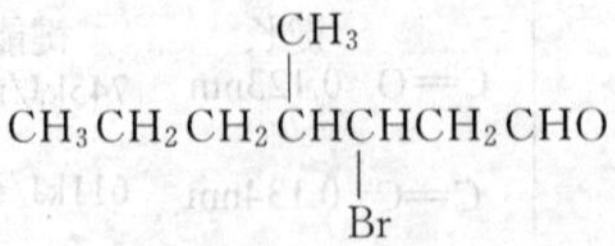

4-甲基-3-溴庚醛
3-bromo-4-methylheptanal

$CH_3CH_2CH{=}CHCHO$
2-戊烯醛
2-pentenal
pent-2-enal

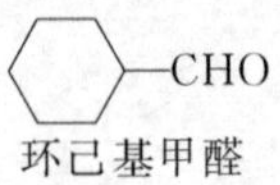

环己基甲醛
cyclohexanecarbaldehyde

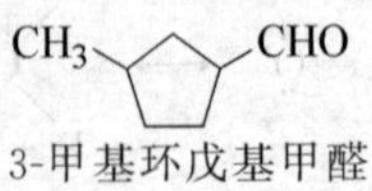

3-甲基环戊基甲醛
3-methylcyclopentanecarbaldehyde

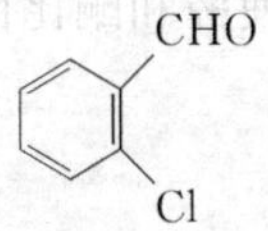

邻氯苯甲醛
o-chlorobenzaldehyde

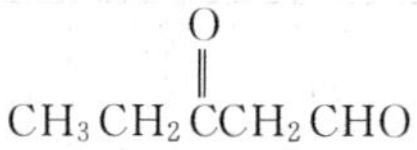

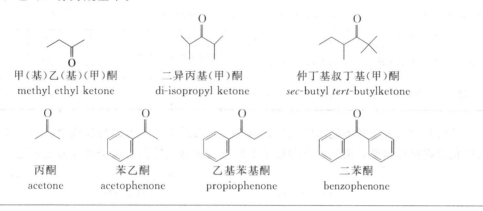

3-氧代戊醛
3-oxopentanal

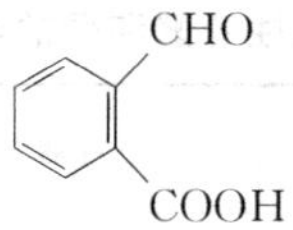

邻甲酰基苯甲酸
o-formylbenzoic acid

3-氧代丁酸（3-丁酮酸）
3-oxobutanoic acid

二、普通命名法

简单的醛和酮，用普通命名法，醛按氧化后所生成的羧酸的名称来命名，将相应的“酸”改成“醛”字，碳链可以从醛基相邻的碳原子开始，用 α、β、γ、…编号。酮按羰基所连接的两个烃基的名称来命名，按顺序规则，简单在前，复杂在后，然后加“甲酮”，下面括号中的“基”字或“甲”字可以省去，但对于比较复杂的基团的“基”字，则不能省去。酮的羰基与苯环连接时，也可以称为酰基苯。

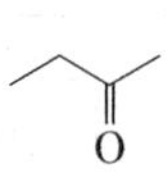

甲(基)乙(基)(甲)酮
methyl ethyl ketone

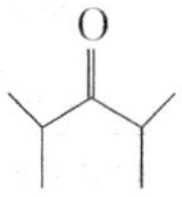

二异丙基(甲)酮
di-isopropyl ketone

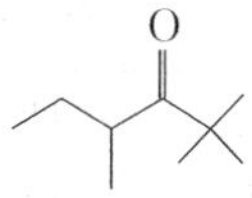

仲丁基叔丁基(甲)酮
sec-butyl *tert*-butylketone

丙酮
acetone

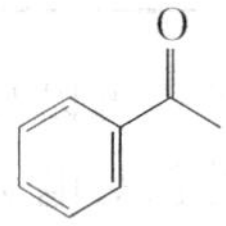

苯乙酮
acetophenone

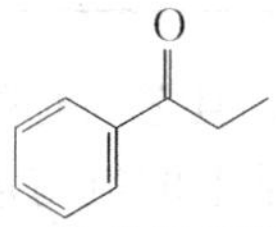

乙基苯基酮
propiophenone

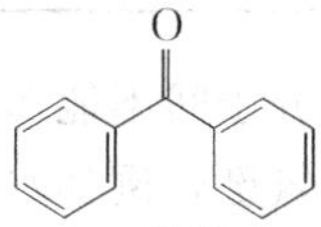

二苯酮
benzophenone

习题 12-1　用普通命名法命名下列化合物（用中英文）：

(a) 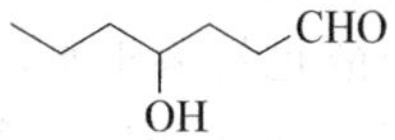　(b) 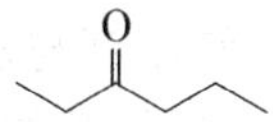　(c) 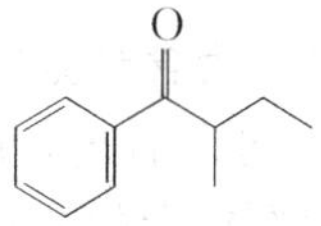

习题 12-2　用系统命名法命名下列化合物（用中英文）：

(a) 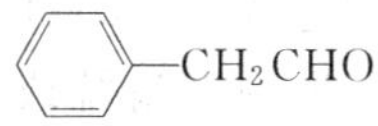　(b) 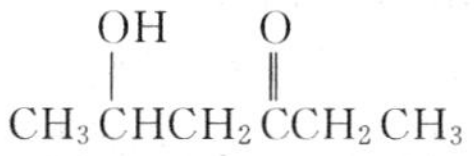　(c) 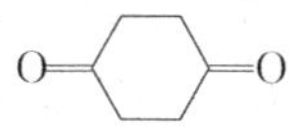

第三节　醛和酮的物理性质

羰基的偶极矩增加了分子间的吸引力，因此，醛和酮的沸点比相应分子量的烃和醚高。由于分子中没有 O—H 键或 N—H 键，所以醛或酮分子间不能形成氢键，沸点比相应分子量的醇低。下列化合物的相对分子质量为 58 和 60，它们的沸点按从低到高排列如下，醛和酮的极性比醚和烷烃高，因而沸点也较它们高，但比带有氢键的醇低。

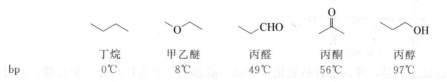

	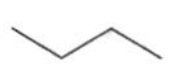	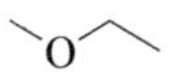	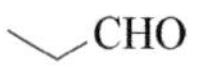		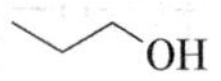
	丁烷	甲乙醚	丙醛	丙酮	丙醇
bp	0℃	8℃	49℃	56℃	97℃

一些代表性的醛和酮的熔点、沸点和在水中的溶解度等物理性质列于表 12-2 中。

表 12-2　某些代表性的醛和酮的名称及物理性质

化合物	IUPAC 命名法	普通命名法	熔点/℃	沸点/℃	溶解度/[g/(100gH_2O)]
甲醛 HCHO	formaldehyde	formaldehyde	−92	−21	易溶
乙醛 CH_3CHO	acetaldehyde	acetaldehyde	−121	21	16
丙醛 CH_3CH_2CHO	propanal	propionaldehyde	−81	49	7
丁醛 $CH_3CH_2CH_2CHO$	butanal	*n*-butyraldehyde	−99	76	微溶
戊醛 $CH_3CH_2CH_2CH_2CHO$	pentanal	*n*-valeraldehyde	−92	103	微溶
苯甲醛 C_6H_5CHO	benzaldehyde	benzaldehyde	−26	178	0.3
丙酮 CH_3COCH_3	2-propanone	acetone	−95	56	∞
丁酮 $CH_3COCH_2CH_3$	2-butanone	methyl ethyl ketone	−86	80	25.6
2-戊酮 $CH_3COCH_2CH_2CH_3$	2-pentanone	methyl *n*-propyl ketone	−78	102	6.3
3-戊酮 $CH_3CH_2COCH_2CH_3$	3-pentanone	diethyl ketone	−40	102	5
环己酮 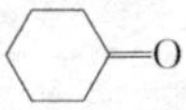	cyclohexanone	cyclohexanone	−45	155	2.4
苯乙酮 $C_6H_5COCH_3$	1-phenyl-1-ethanone	acetophenone	21	202	不溶
苯丙酮 $C_6H_5COCH_2CH_3$	1-phenyl-1-propanone	ethyl phenyl ketone propiophenone	21	218	不溶
二苯酮 $C_6H_5COC_6H_5$	diphenyl methanone	diphenyl ketone benzophenone	48	306	不溶

尽管醛和酮分子间不能形成氢键，但它们有孤对电子，可以与其他含有 O—H 键或 N—H 键的化合物形成氢键，例如水或醇羟基上的氢与羰基氧的孤对电子可以形成氢键。

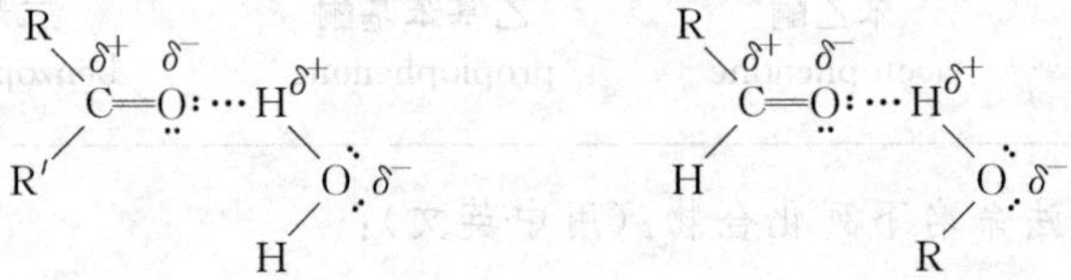

所以醛和酮可作为含羟基的极性化合物如醇的良好溶剂，醛和酮在极性的水中也有一定的溶解度。从表 12-2 可以看出，丙酮能以任何比例与水混溶，甲醛也易溶于水，小于四个碳原子的醛和酮在水中有较大的溶解度，随着碳原子数的增多，溶解度明显下降，含苯环的酮都不溶于水。这些溶解性与醚和醇的溶解性相似。

甲醛和乙醛是大家最熟悉的醛，甲醛在室温下为气体，所以它常以 40% 的水溶液（福尔马林）保存。当需要干燥的甲醛时，可以通过加热甲醛的固态衍生物三噁烷或多聚甲醛获得。三噁烷是甲醛的环状三聚体，包含了三个甲醛单位。这些固体的甲醛衍生物由纯甲醛加少量的酸性催化剂加热生成。

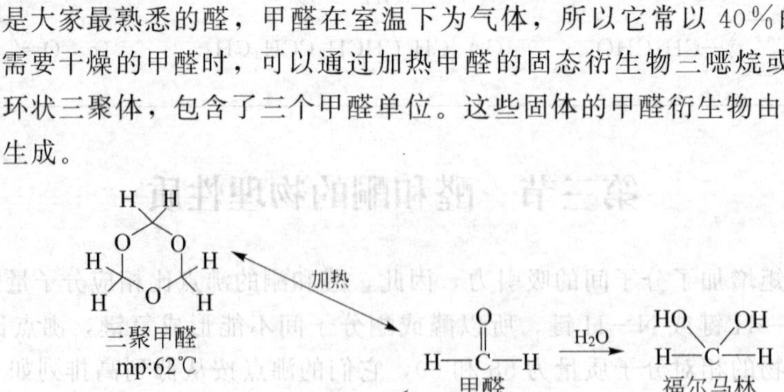

加热
三聚甲醛
mp:62℃
H_2O
甲醛
bp:−21℃
福尔马林
加热
多聚甲醛

乙醛的沸点接近室温，并且很容易氧化，所以一般都把它变为环状的三聚乙醛、四聚乙醛保存，三聚乙醛是一种有香味的液体，沸点 124℃，难溶于水，四聚乙醛为白色固体，熔点

246℃，也不溶于水，它们与稀酸一起加热蒸馏时解聚为乙醛。

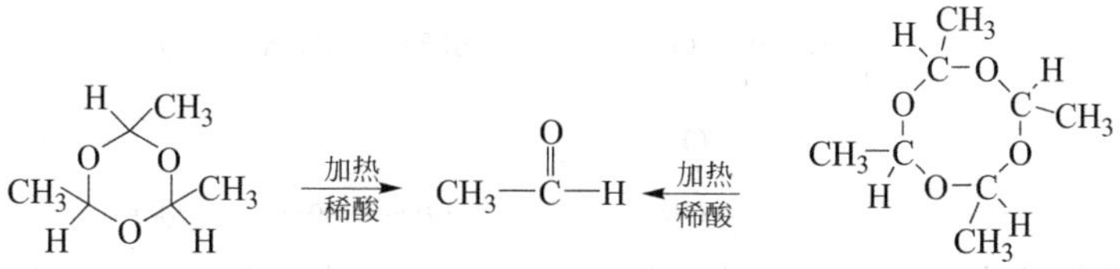

三聚乙醛 bp:125℃　　乙醛 bp:21℃　　四聚乙醛 mp: 246℃

阅读材料：

醛和酮重要的工业用途

醛和酮在化学工业中作为溶剂、原料和试剂，用于产品的合成。虽然大家对甲醛作为福尔马林用于保存生物标本更为熟悉，但实际每年多达 40 万吨的甲醛用于生产酚醛树脂、脲醛树脂和其他高分子产品，乙醛主要用作生产乙酸、聚合物和药物的原料。

丙酮是很重要的化学品，每年消耗 30 多万吨。丙酮和 2-丁酮都是常见的工业溶剂，它们能溶解大部分有机物质，易于蒸馏、毒性又低。

某些醛和酮可用作调料、食品和药物的添加剂，表 12-3 列出了某些带有大家熟悉气味的简单的醛和酮。除虫菊酯可以从除虫菊的花中分离得到，具有毒杀昆虫的活性，但对哺乳动物毒性较小，是常见的农药。

表 12-3　日常用品中的某些醛和酮

结构及名称	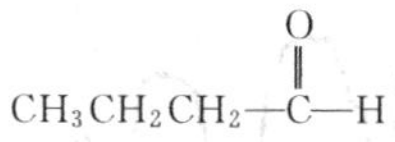 丁醛	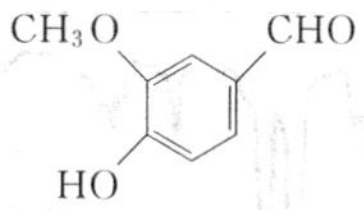 香草醛	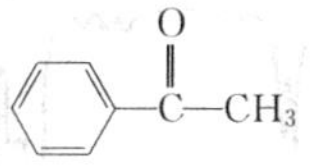 苯乙酮	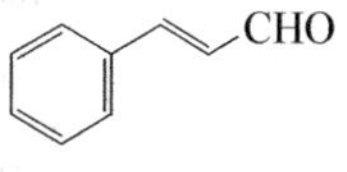 反式-肉桂醛
气味	奶油味	香草味	开心果味	肉桂味
用途	人造奶油	食品、香水	冰淇淋	糖果、食品、药物
结构及名称	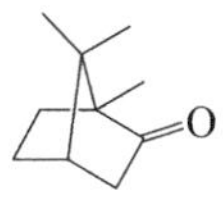 樟脑	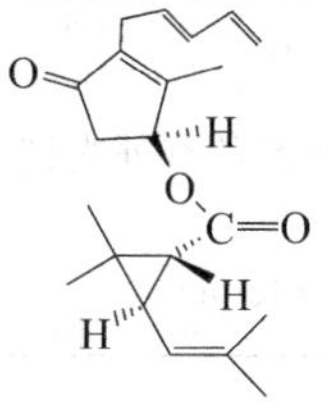 除虫菊酯	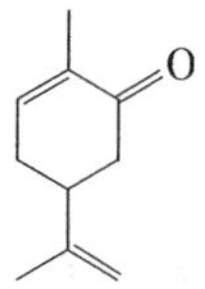 香草芹	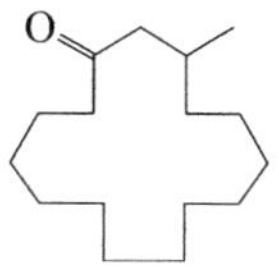 麝香酮
气味	樟脑味	花味	左旋：绿薄荷 右旋：葛缕子味	麝香气味
用途	搽剂、药剂	植物杀虫剂	糖果、牙膏	香水、香精

第四节　醛和酮的光谱性质

一、醛和酮的红外光谱

羰基的红外光谱在 1750～1680cm^{-1}之间有一个非常强的伸缩振动吸收峰，这是鉴别羰基最迅速的一个方法，下面为各类醛、酮中羰基的吸收位置：

RCHO　　1740～1720cm^{-1}（强）

—C═C—CHO（C 上各有一根竖键）　　1705～1680cm^{-1}（强）

ArCHO	1717～1695cm^{-1}	（强）
$R_2C{=}O$	1725～1705cm^{-1}	（强）
$-\overset{\vert}{C}{=}\overset{\vert}{C}-\overset{\vert}{C}{=}O$	1685～1665cm^{-1}	（强）
$Ar\overset{O}{\overset{\Vert}{C}}R$	1700～1680cm^{-1}	（强）

酮羰基的力常数较醛小，故吸收位置较醛低，一般不易区别，但—CHO中C—H键在约2720cm^{-1}区域的伸缩振动吸收峰比较特征，可用来区别是否有—CHO存在。

当羰基与双键共轭，吸收向低波数位移；与苯环共轭时，芳环在1600cm^{-1}区域的吸收峰分裂为两个峰，即在约1580cm^{-1}位置又出现一个新的吸收峰，称环振动吸收峰。

环张力的影响相反，三元、四元、五元环酮均有环张力，随着环张力的增大，羰基的伸缩振动向高波数位移。如环丙酮的羰基峰在1815cm^{-1}，环戊酮的羰基峰在1745cm^{-1}。

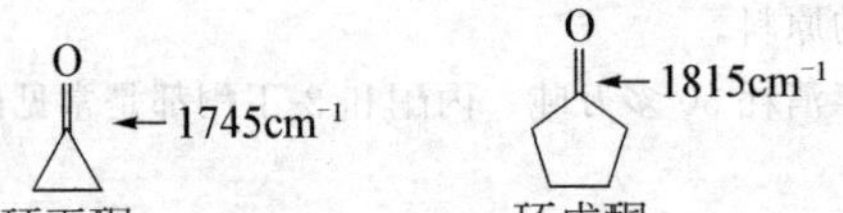
O
1745cm-1
O
1815cm-1
环丙酮
环戊酮

图12-1和图12-2分别给出了苯甲醛和丁酮的红外光谱。

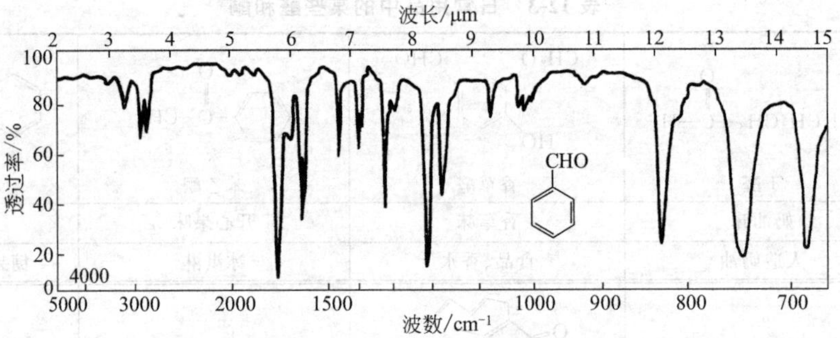
波长/μm
2
3
4
5
6
7
8
9
10
11
12
13
14
15
100
80
60
40
20
0
透过率/%
4000
CHO
5000
3000
2000
1500
1000
900
800
700
波数/cm-1

图12-1　苯甲醛的红外光谱

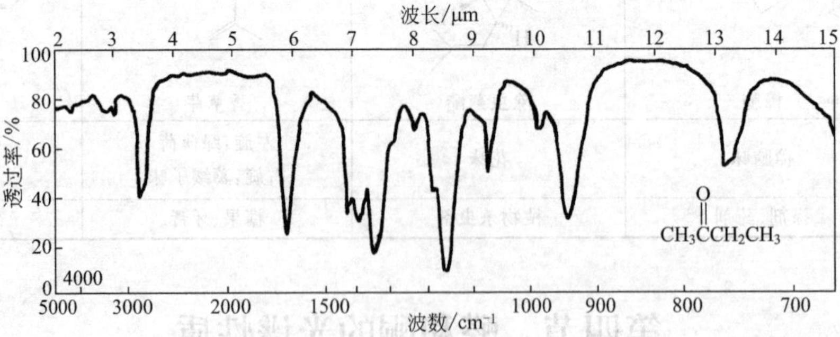
波长/μm
2
3
4
5
6
7
8
9
10
11
12
13
14
15
100
80
60
40
20
0
透过率/%
4000
O
CH3CCH2CH3
5000
3000
2000
1500
1000
900
800
700
波数/cm-1

图12-2　丁酮的红外光谱

二、醛和酮的核磁共振氢谱

醛和酮的核磁共振氢谱，主要看与羰基相连的氢（—CHO）和与羰基相连的碳（α-C）上的氢（$-CH_2-CO-$）的化学位移值。一般醛基氢的δ为9～10，如果醛的α-C上有氢，则吸收峰可能分裂（J=1～5Hz）。α-C上氢的化学位移一般为2.1～2.4，如甲基酮的特征峰为δ在2.1左右的单峰。

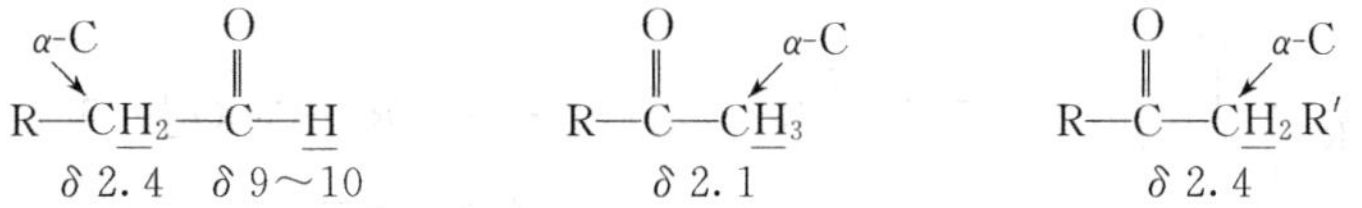
α-C
O
R—CH₂—C—H
δ 2.4 δ 9～10
O
α-C
R—C—CH₃
δ 2.1
O
α-C
R—C—CH₂R′
δ 2.4

当 α-C 邻近有其他吸电子基团存在时，δ 增大。

图 12-3 是乙醛的 NMR 图谱。在 δ=2.20 处是甲基的质子被醛基的质子所裂分的二重峰，在 δ=9.5 处，是醛基质子被甲基质子所裂分的四重峰。

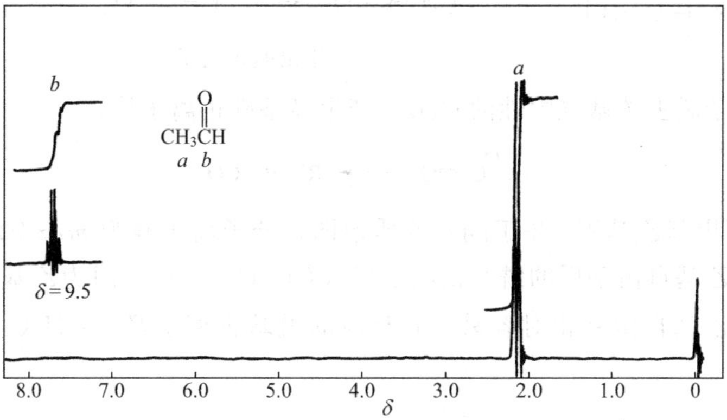
b
O
CH3CH
a b
δ=9.5
a
8.0
7.0
6.0
5.0
4.0
3.0
2.0
1.0
0
δ

图 12-3　乙醛的 NMR 图谱

三、醛和酮的核磁共振碳谱

羰基碳原子在 ^{13}C NMR 图谱中的化学位移在 200 附近，酮因为羰基碳没有连接氢，其吸收峰一般较弱；α-C 的化学位移一般在 30～40 之间，图 12-4 给出了 2-庚酮的自旋去偶合的核磁共振碳谱，图中，羰基碳在 208 吸收，两个 α-C 分别在 30（—$\underline{C}H_3$）和 44（—$\underline{C}H_2$—）处吸收。

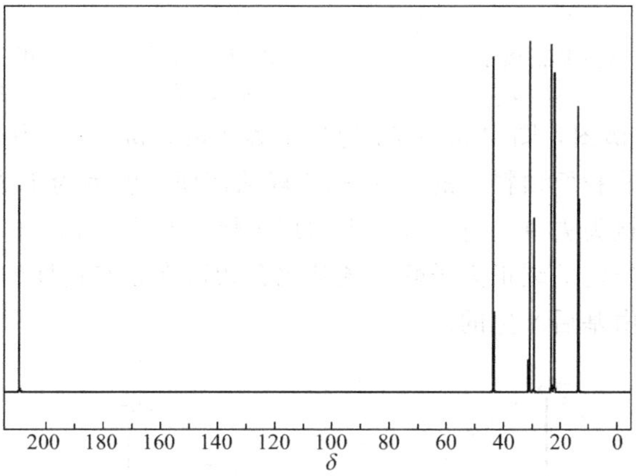
200
180
160
140
120
100
80
60
40
20
0
δ

图 12-4　2-庚酮的碳自旋去偶合核磁共振谱

四、醛和酮的质谱

醛和酮的质谱中，除了分子离子峰，一般还有分子离子失去一个烷基自由基变成共振稳定的酰基正离子峰，酰基正离子就是在 Friedel-Crafts 酰基化反应中的亲电试剂，酮有如下两种断裂方式和相应的两种碎片离子峰：

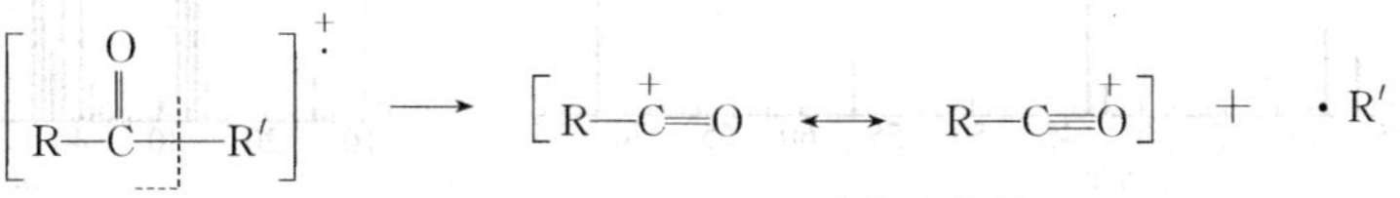

酰基正离子

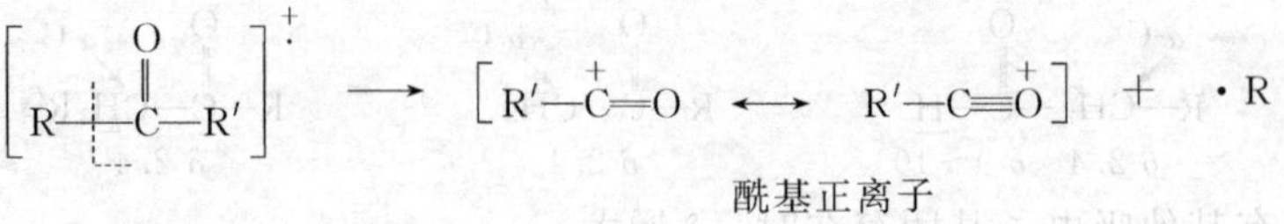
酰基正离子

醛有一个甲酰基正离子峰 m/z 29：

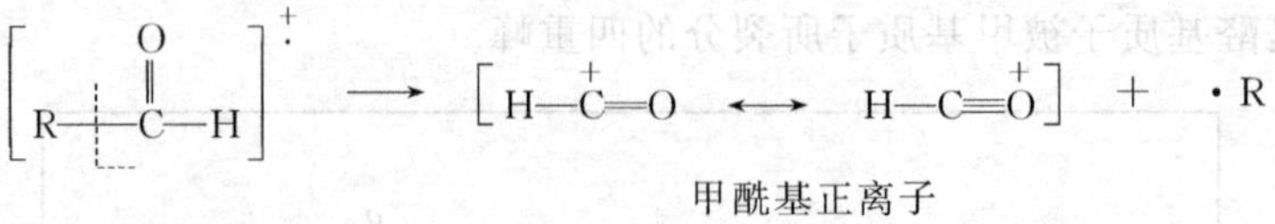
甲酰基正离子

有时酰基正离子脱去羰基（中性的 CO），产生烃基碳正离子峰：

$$R-C\equiv O^{+} \longrightarrow R^{+} + CO$$

图 12-5 给出了甲基乙基酮（2-丁酮）的质谱图，分子离子峰为 m/z 72，基峰为 m/z 43，它是分子离子失去乙基自由基后的酰基正离子峰（$CH_3C^{+}{=}O$），因为乙基自由基比甲基自由基稳定，所以丢失乙基自由基相对容易，其相应的酰基正离子峰（$CH_3C^{+}{=}O$）m/z 43 的丰度就比较大。

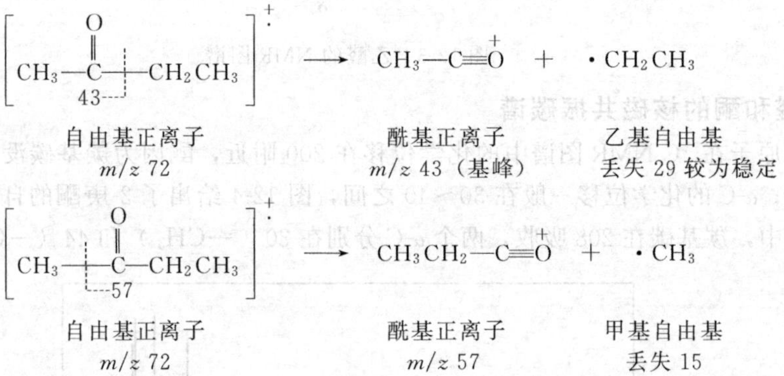
自由基正离子
m/z 72
酰基正离子
m/z 43（基峰）
乙基自由基
丢失 29 较为稳定
自由基正离子
m/z 72
酰基正离子
m/z 57
甲基自由基
丢失 15

图 12-6 为丁醛的质谱图，图中 m/z 72 为分子离子峰，m/z 29 为分子离子失去丙基自由基碎片后的离子峰，这是我们预料中的。m/z 57 峰从何而来？因为丁醛羰基碳没有连接甲基，它不可能由分子离子直接失去甲基自由基所得的离子峰。其实，m/z 57 峰是分子离子的 β 和 γ 碳之间裂解产生的共振稳定的碳正离子峰，羰基化合物通常会有这样的碎片峰，就像其他的奇数峰，都是失去烷基自由基后产生的。

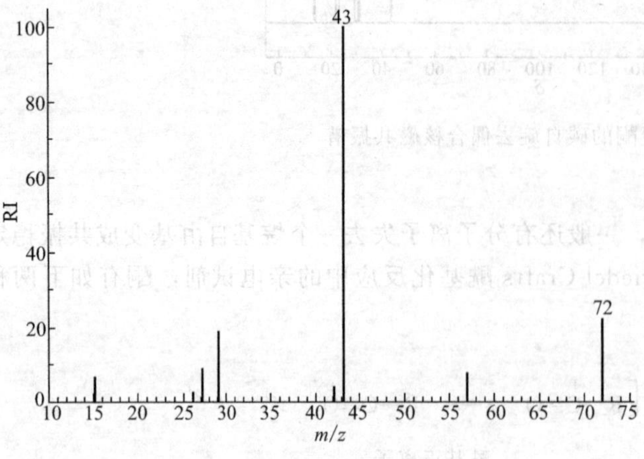
RI
m/z
43
72
图 12-5　丁酮的质谱图

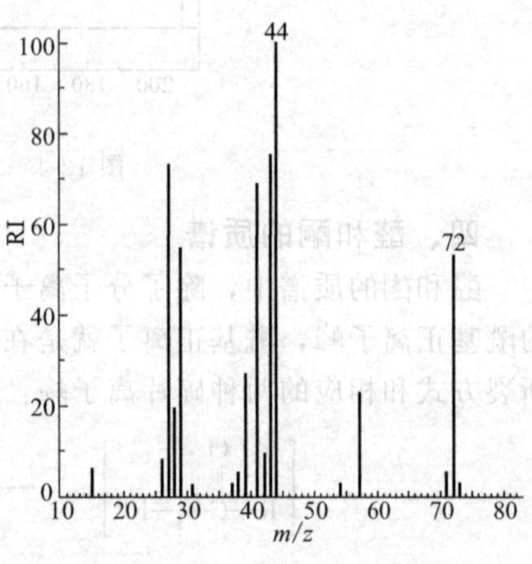
RI
m/z
44
72
图 12-6　丁醛的质谱图

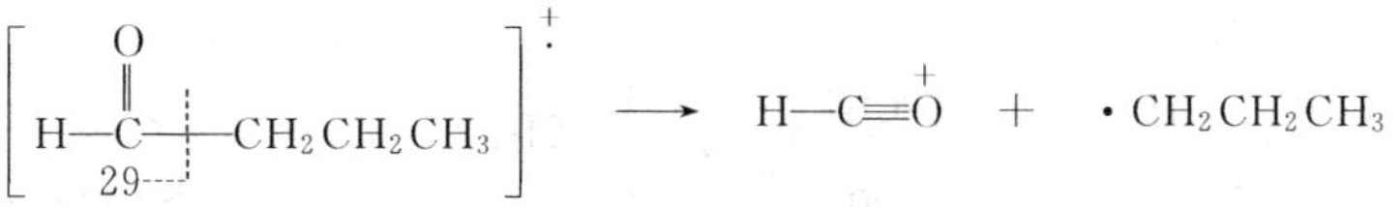

m/z 72　　*m/z* 29　　丢失 43

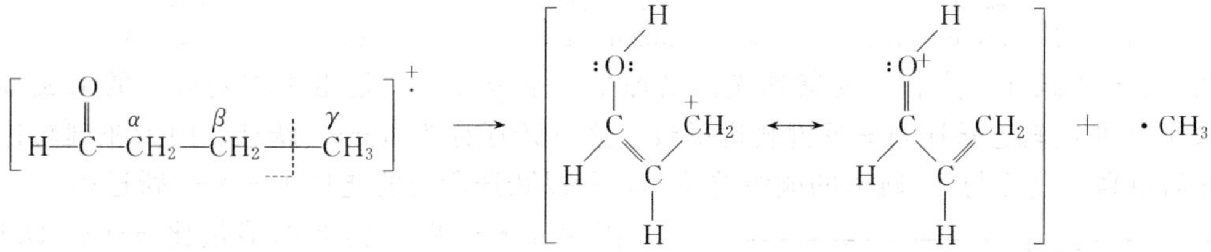

β,γ 裂解　　共振稳定的碳正离子　　丢失 15

m/z 72　　*m/z* 57

图中，基峰位于 *m/z*44，它是分子离子失去质量为 28 的碎片，丢失的质量为偶数的碎片，对应的是稳定、中性的乙烯分子（就像从醇分子丢失一分子水），它是在被称为麦克拉夫悌（Mclafferty）重排裂解的过程中丢失的，这一重排裂解包含了环状的分子内 γ 碳原子上的氢向羰基氧的转移，其机理见图 12-7。

麦克拉夫悌重排裂解峰是有 γ 氢的醛和酮的特征碎片峰。它相当于 α 和 β 碳原子间的裂解，再加一个转移的氢的质量。

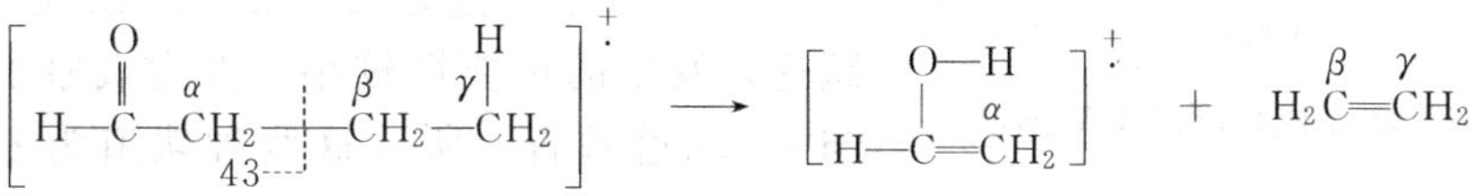

m/z 44

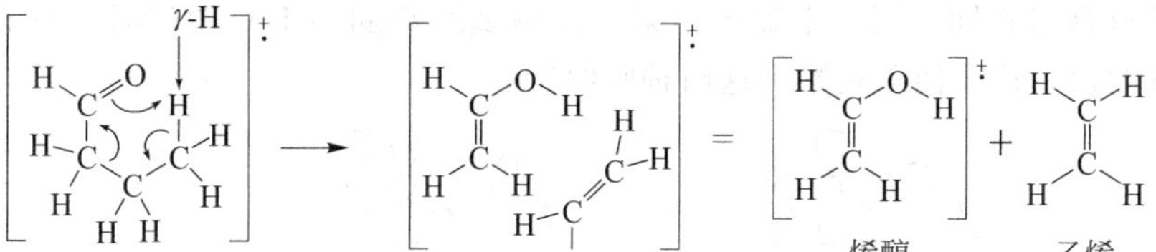

m/z 72　　烯醇 *m/z* 44　　乙烯 丢失28

图 12-7　麦克拉夫悌（Mclafferty）重排裂解的机理

这种重排可能如上面显示的是协同进行，或者是 γ-H 先转移后重排。

习题 12-3　为什么 2-丁酮的质谱图（图 12-5）上没有麦克拉夫悌（Mclafferty）重排裂解的产物？

五、醛和酮的紫外光谱

（1）$\pi\rightarrow\pi^*$ 跃迁　虽然醛和酮的紫外光谱最强吸收源自 $\pi\rightarrow\pi^*$ 跃迁，但只有羰基与另外双键共轭时，吸收才明显（$\lambda_{max}>200$nm），最简单的共轭羰基体系是如下所示的丙烯醛，它的 $\pi\rightarrow\pi^*$ 跃迁的 λ_{max} 在 210nm（$\varepsilon=11000$），其他的共轭羰基体系在此基础上每取代一个烷基，λ_{max} 增加约 10nm，每增加一个共轭的双键，λ_{max} 增加约 30nm。共轭羰基体系的 $\pi\rightarrow\pi^*$ 跃迁的摩尔吸收系数就像在共轭烯烃的 $\pi\rightarrow\pi^*$ 跃迁中看到的，也较大（$\varepsilon>5000$）。

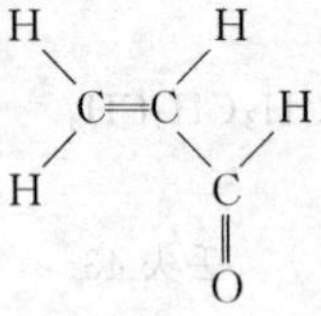

丙烯醛

$\lambda_{max}=210nm$，$\varepsilon=11000$

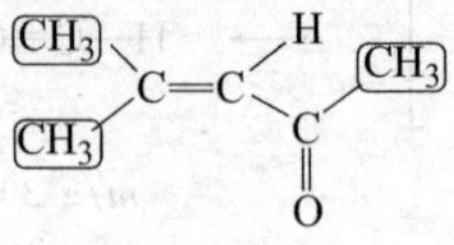

三个烷基

$\lambda_{max}=237nm$，$\varepsilon=12000$

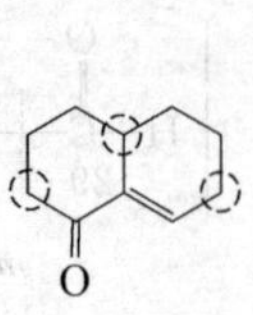

三个烷基

$\lambda_{max}=244nm$，$\varepsilon=12500$

（2）n→π* 跃迁　醛和酮的紫外光谱增加了一个吸收带，是由于羰基氧上的未成键电子（n 电子）从非键轨道跃迁到 π 反键轨道所致，这一跃迁称为 n→π* 跃迁。因为非键轨道的能级比 π 轨道高，这样与 π* 轨道的能级差就小，所以跃迁所需的能量比 π→π* 跃迁小。

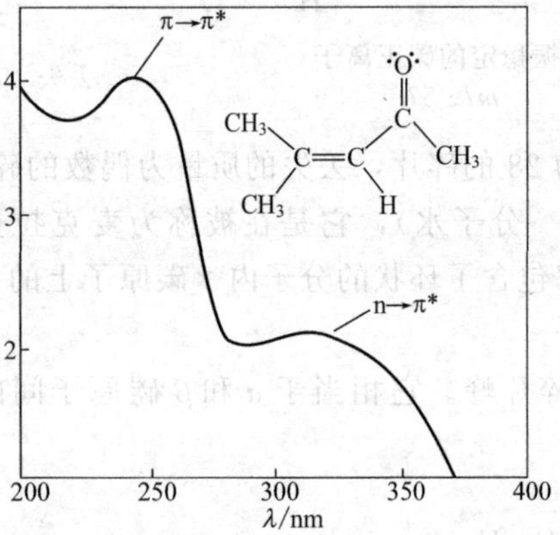
π→π*
n→π*
lgε
λ/nm

图 12-8　4-甲基-3-戊烯酮的 UV 图谱

因为 n→π* 跃迁需要的能量比 π→π* 跃迁小，所以在低频（长波）吸收。最简单的未共轭的醛和酮的 n→π* 跃迁的 λ_{max} 在 280～300nm，在此基础上，每增加一个共轭双键，λ_{max} 增加约 30nm，例如，丙酮的 n→π* 跃迁的 λ_{max} 在 280nm（ε＝15），图 12-8 给出了与一个双键共轭的酮的 UV 图谱，它的 λ_{max} 在 315～330nm（ε＝110）。

图 12-8 和图 12-9 显示 n→π* 跃迁的摩尔吸收系数较小，一般在 10～200，其吸收强度比 π→π* 跃迁小 1000 倍左右，这是因为 n→π* 跃迁属于电子禁阻跃迁，发生的可能性较小，因为氧原子的非键轨道与 π* 轨道垂直，所以这两种轨道为零重叠，如图 12-9，这种禁阻跃迁有时也发生，但比 π→π* 跃迁发生的几率低很多。

注意图 12-8 中，UV 吸收光谱的纵坐标是 ε 的对数值，这样便于将很强的 π→π* 跃迁和很弱的 n→π* 跃迁两者在同一图谱上显示出来。在测试醛和酮的 UV 图谱时，有必要用不同浓度的样品测试两次，这样便于观察到这两种吸收带。

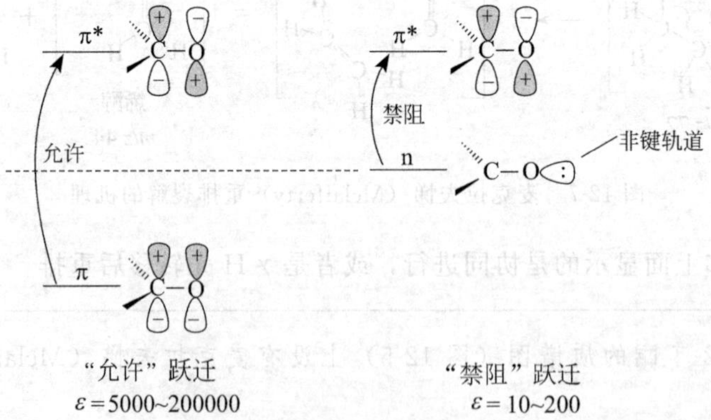
π*
允许
π
禁阻
n
非键轨道
"允许"跃迁
ε=5000~200000
"禁阻"跃迁
ε=10~200

图 12-9　π→π* 跃迁与 n→π* 跃迁的比较

习题 12-4　指出下列每个化合物 π→π* 跃迁和 n→π* 跃迁估计的 λ_{max}。

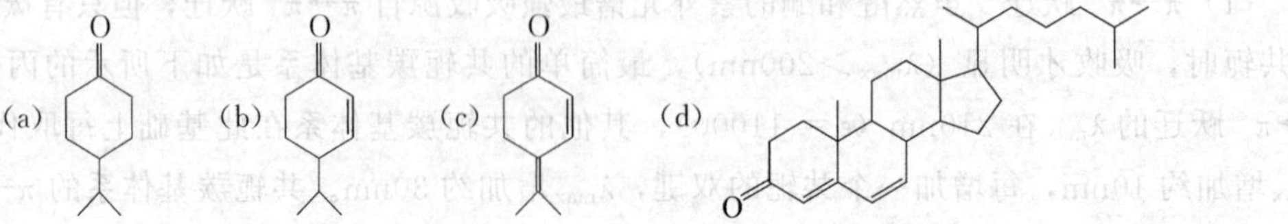
(a)
(b)
(c)
(d)

第五节　醛和酮的合成方法

醛和酮处在醇和羧酸的中间氧化态，所以制备醛和酮的主要方法就是通过醇的氧化或羧基的还原。除此外，还有烃的氧化等。

一、用醇氧化

由于合成醇的方法很多，氧化醇得到相应的醛或酮就成为一个很重要的方法。

1. 仲醇氧化得到酮

仲醇容易被重铬酸钠的硫酸溶液或高锰酸钾氧化成酮。

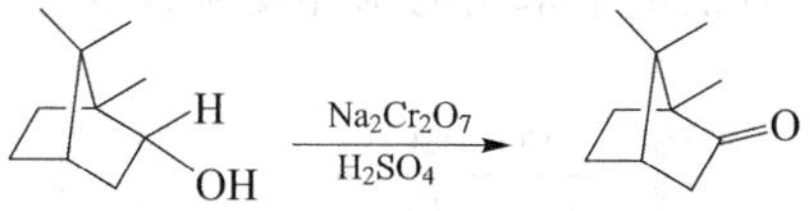

H
OH
$Na_2Cr_2O_7$
H_2SO_4
O

龙脑　　　　樟脑（88%）

2. 伯醇氧化得到醛

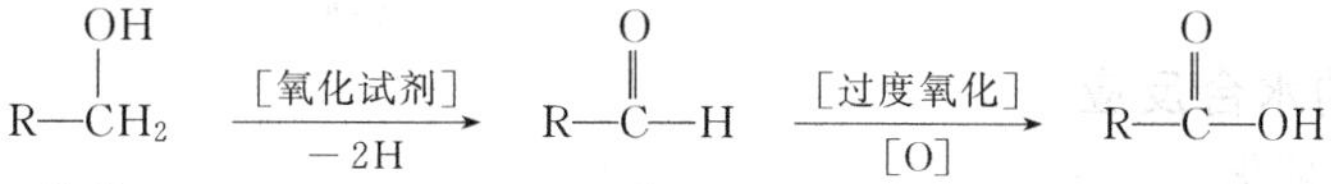

OH
R—CH₂
［氧化试剂］
－2H
O
R—C—H
［过度氧化］
［O］
O
R—C—OH

伯醇　　　　醛　　　　羧酸

伯醇氧化成醛需要注意选择合适的氧化剂。因为如用强氧化剂，生成的醛很容易被过度氧化成羧酸。用三氧化铬与吡啶、盐酸的配合物——吡啶三氧化铬盐酸盐（PCC）氧化伯醇可以避免过度氧化，得到高产率的醛。

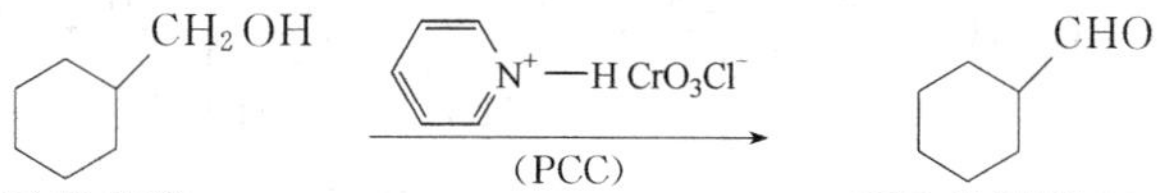

CH_2OH
N^+—H CrO_3Cl^-
(PCC)
CHO

环己基甲醇　　　　环乙基甲醛（90%）

二、用烯烃的臭氧分解

烯烃经过臭氧分解，温和的还原裂解成醛或酮。

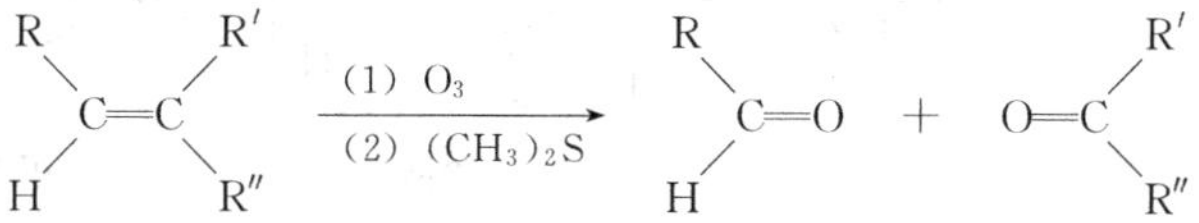

R
R′
C═C
H
R″
(1) O_3
(2) $(CH_3)_2S$
R
C═O
H
+
O═C
R′
R″

臭氧分解的方法既可以用于合成醛或酮，也可以用于烯烃的结构分析，产率一般较好。

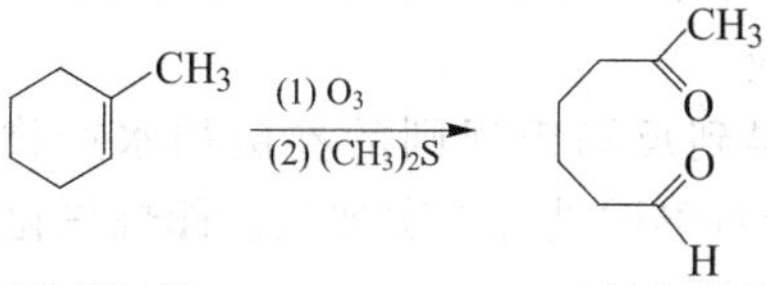

CH_3
(1) O_3
(2) $(CH_3)_2S$
CH_3
O
O
H

1-甲基环己烯　　　　6-氧代庚醛（65%）

三、用傅-克（Friedel-Crafts）酰基化反应

傅-克酰基化反应是非常好的合成烷基芳基酮或二芳基酮的方法，但具有强吸电子基团的芳环不能发生傅-克酰基化反应。

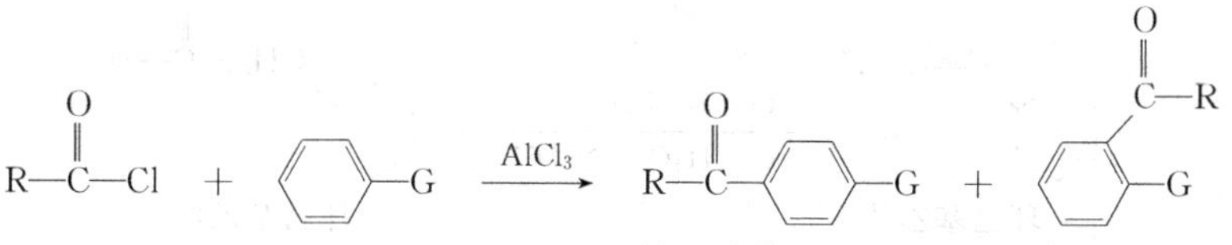

O
R—C—Cl
+
G
$AlCl_3$
O
R—C
G
+
O
C—R
G

R＝烷基或芳基；G＝氢、卤素或致活基团

例如：

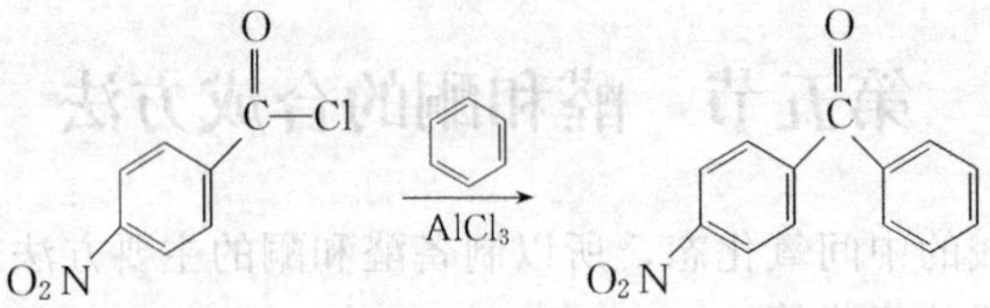

对硝基苯甲酰氯　　　　对硝基二苯酮

（90%）

加特曼-科赫（Gatterman-Koch）反应是傅-克酰基化反应的变体，因为甲酰氯（HCOCl）只有在极低的温度（−190℃）下才能稳定存在，所以用一氧化碳与氯化氢反应产生的甲酰基正离子（$H—\overset{+}{C}═O$）与苯或具有供电子基团的苯环反应合成芳醛。

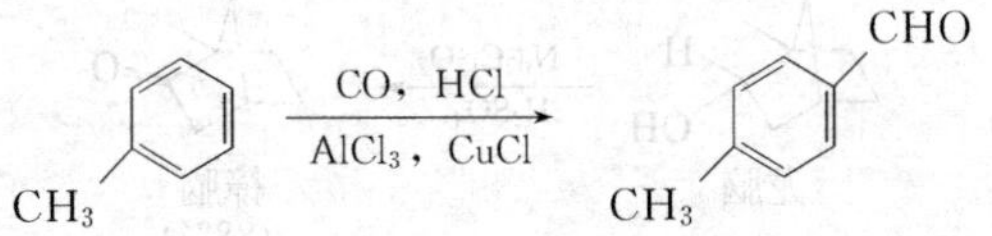

甲苯　　　　对甲基苯甲醛

（50%）

四、用炔烃的水合反应

1. 用酸和汞盐催化

端基炔烃经过水合反应得到甲基酮。该反应是在硫酸与汞离子的共同催化下完成的。第一步水合按马尔科夫尼科夫规则得到烯醇，后者迅速重排成稳定的酮。

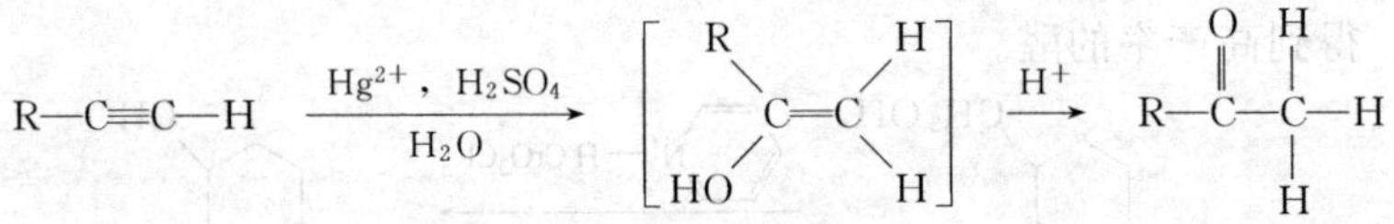

炔烃　　　　烯醇　　　　甲基酮

例如：

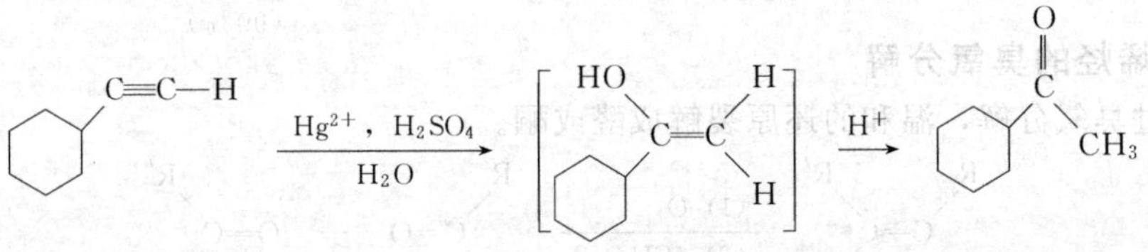

环己基乙炔　　　　烯醇　　　　甲基环己基酮

（90%）

当叁键碳连接不相同的烃基时，经过水合反应往往得到的是酮的混合物。

2. 炔烃的硼氢化-氧化反应

炔烃的硼氢化-氧化反应得到反马氏规则的叁键加水产物。硼氢化反应用二异戊基硼烷（Sia_2BH），因其体积大，不会对叁键进行二次加成。硼烷氧化产生的烯醇迅速重排成醛。

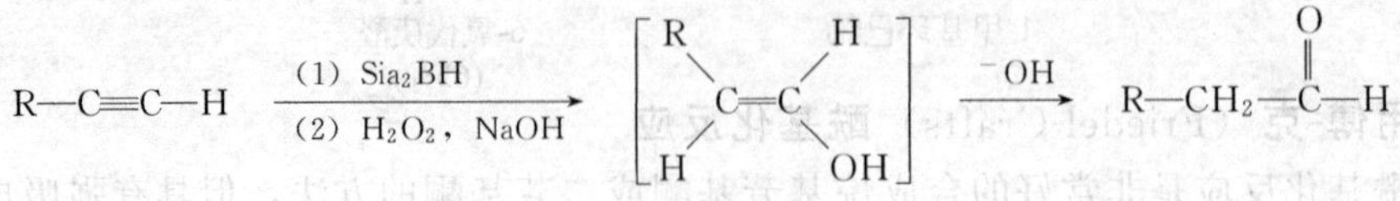

炔烃　　　　烯醇　　　　醛

例如：

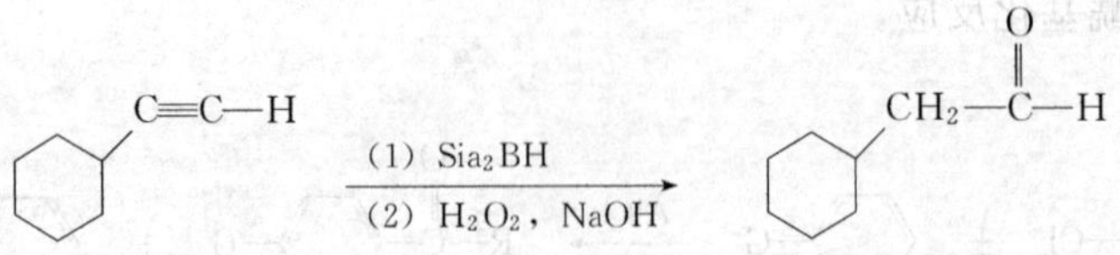

环己基乙炔　　　　环己基乙醛

（65%）

习题 12-5 从不多于 6 个碳原子的原料开始，合成下列化合物：

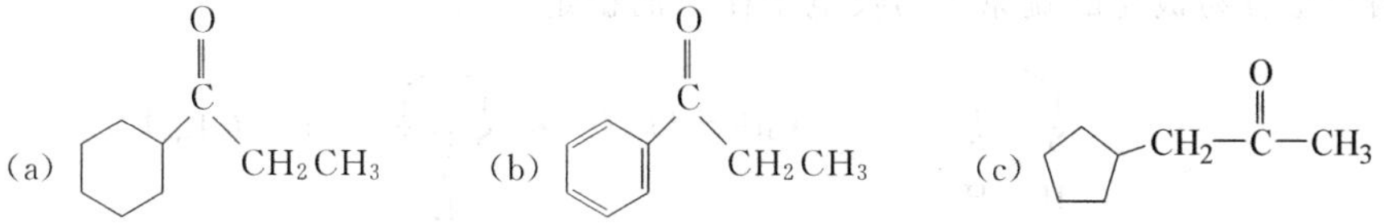

【例题 12-1】 从 6 个以下碳原子的原料开始，合成下列化合物：

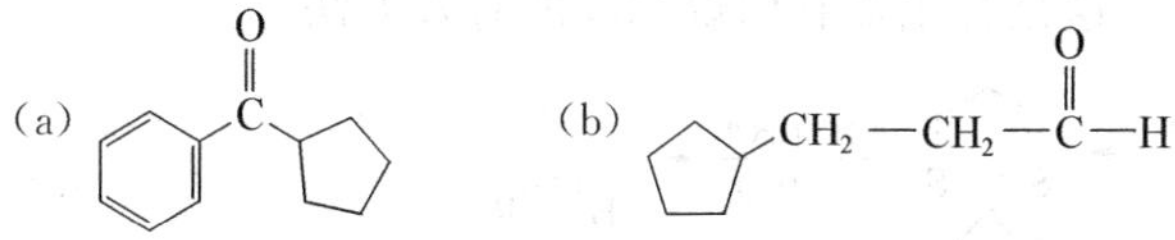

解：

(a) 这是一个含 12 个碳原子的酮，可以通过两个含六个碳的碎片用格氏反应结合起来，格氏反应得到的是醇，然后氧化变成目标化合物。

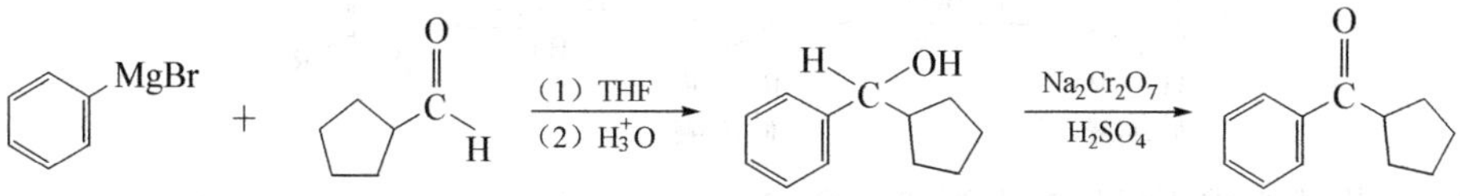

另一种路线包含了傅-克酰基化反应：

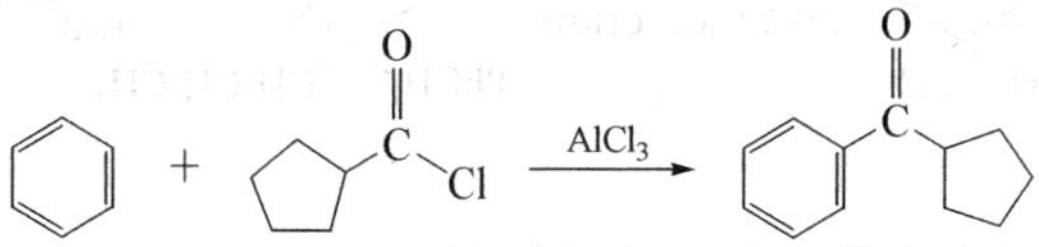

(b) 这是一个含 8 个碳原子的醛，醛可以由伯醇氧化得到，也可以用炔烃的硼氢化氧化反应制备，如果用格氏试剂，六碳原子为原料的限制意味着需要用环戊基甲基加两个碳原子后生成伯醇，格氏试剂与环氧化物的加成可以制备伯醇，所以可按下式合成：

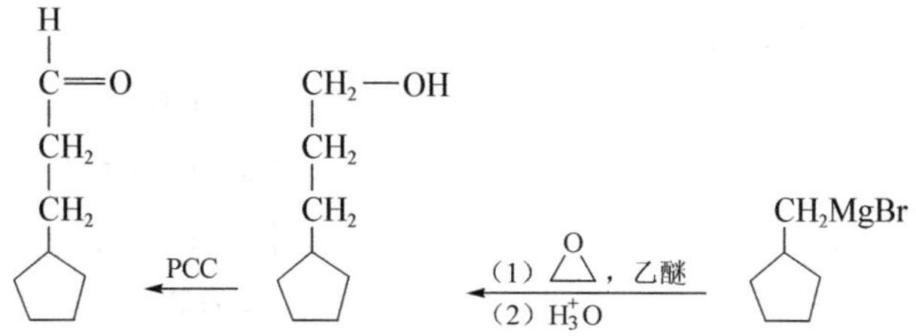

另外，可以用乙炔作为两个碳原子的碎片构成 (b) 的骨架，然后末端的 C≡C 经硼氢化氧化变成醛。

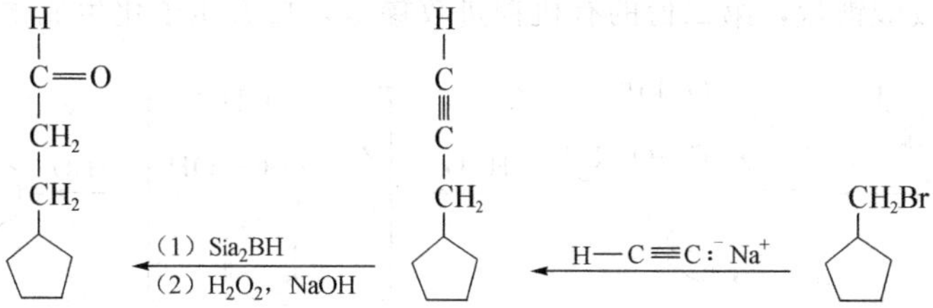

五、利用1,3-二硫烷合成醛和酮

1,3-二硫烷是一个弱的质子酸（$pK_a=32$），可以用强碱如丁基锂去质子，产生的碳负离子因两个很容易极化的硫原子的吸电子作用而稳定。

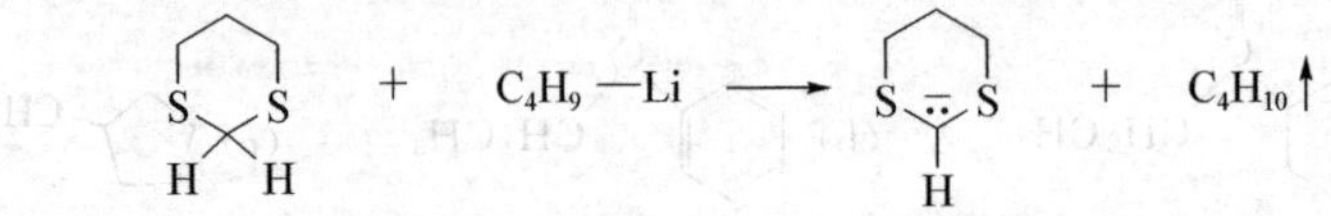

1,3-二硫烷，$pK_a=32$　丁基锂　二硫烷负离子　丁烷

二硫烷负离子与伯烷基卤或对甲苯磺酸酯反应，烷基化生成硫缩醛，后者用氯化汞的酸性溶液分解产生由烷基化试剂带入的烷基醛，这是合成带有伯烷基醛的有效方法。

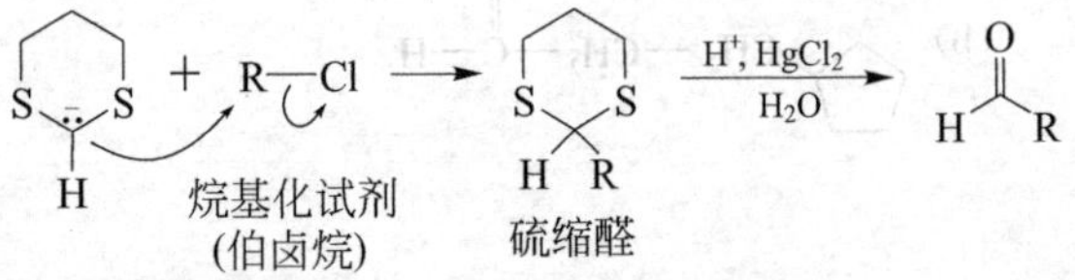
烷基化试剂
(伯卤烷)
硫缩醛

硫缩醛再进行烷基化，生成硫缩酮，后者分解产生酮。

硫缩醛
硫缩酮

例如，1-苯基-2-戊酮可以按下列路线合成：

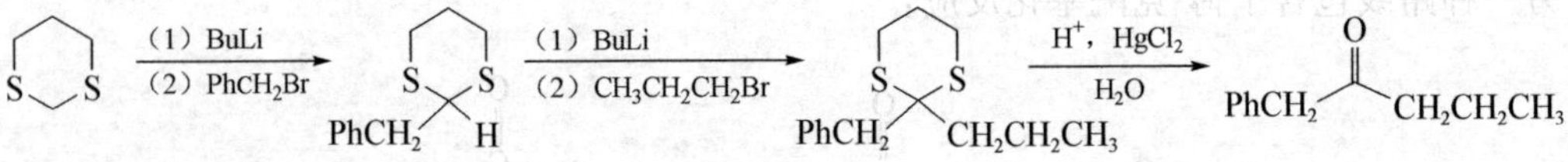

六、从羧酸合成酮

有机锂试剂用于从羧酸合成酮，合成路线如下：

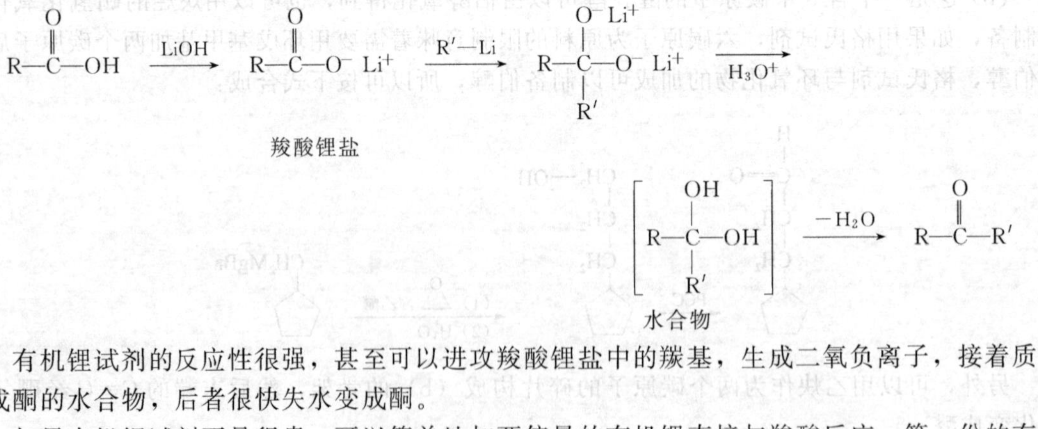
羧酸锂盐
水合物

有机锂试剂的反应性很强，甚至可以进攻羧酸锂盐中的羰基，生成二氧负离子，接着质子化成酮的水合物，后者很快失水变成酮。

如果有机锂试剂不是很贵，可以简单地加两倍量的有机锂直接与羧酸反应，第一份的有机锂与羧酸反应生成羧酸锂盐，第二份的有机锂进攻羰基，接着质子化生成酮。

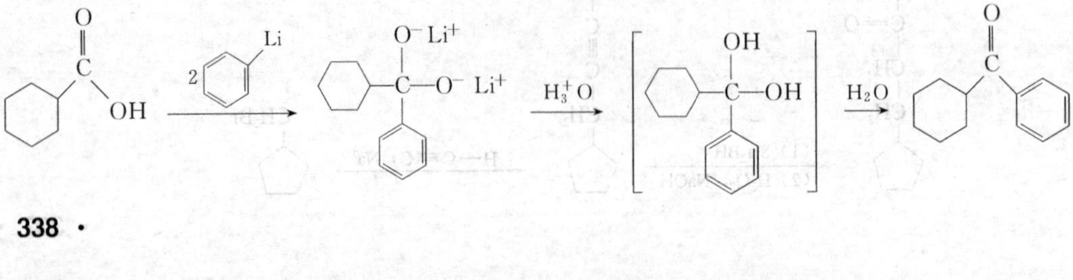

七、从腈合成酮

1. 斯蒂芬（H. Stephen）还原

将氯化亚锡悬浮在乙醚溶液中，并用氯化氢气体饱和，将芳腈加入反应，水解后得到芳醛：

$$ArC{\equiv}N \xrightarrow{HCl} \left[\begin{array}{c} Cl \\ | \\ ArC{=}NH \end{array}\right] \xrightarrow[H^+]{SnCl_2} [ArCH{=}NH] \xrightarrow[H^+]{H_2O} ArCHO$$

2. 腈与格氏试剂合成酮

腈与格氏试剂反应，生成亚胺盐，亚胺盐不再与格氏试剂加成，经水解得到酮，用这种方法得到的酮纯度较好：

$$ArC{\equiv}N + RMgBr \xrightarrow{醚} \underset{亚胺盐}{\begin{array}{l} ArC{=}NMgBr \\ \;\;\;| \\ \;\;\;R \end{array}} \xrightarrow{H_2O} \underset{亚胺}{\begin{array}{l} ArC{=}NH \\ \;\;\;| \\ \;\;\;R \end{array}} \xrightarrow{H_3^+O} \begin{array}{c} O \\ \| \\ ArCR \end{array}$$

如果两个反应物均为脂肪族化合物，产率不高，因此，此法适用于制备芳香酮。

八、从酰氯合成醛和酮

1. 合成醛

强还原剂如 $LiAlH_4$ 会将酰氯还原成伯醇，而三叔丁基氧氢化铝锂［$LiAlH(O\text{-}t\text{-}Bu)_3$］为温和的还原剂，它与酰氯的反应比与醛反应快，用它还原酰氯到醛这一步产率较好。

$$R{-}\overset{\overset{O}{\|}}{C}{-}Cl \xrightarrow{LiAlH(O\text{-}t\text{-}Bu)_3} R{-}\overset{\overset{O}{\|}}{C}{-}H$$

$$CH_3\overset{\overset{CH_3}{|}}{C}HCH_2{-}\overset{\overset{O}{\|}}{C}{-}OH \xrightarrow{SOCl_2} CH_3\overset{\overset{CH_3}{|}}{C}HCH_2{-}\overset{\overset{O}{\|}}{C}{-}Cl \xrightarrow{LiAlH(O\text{-}t\text{-}Bu)_3} CH_3\overset{\overset{CH_3}{|}}{C}HCH_2{-}\overset{\overset{O}{\|}}{C}{-}H$$

2. 合成酮

格氏试剂、有机锂试剂与酰氯反应可以生成酮，但是生成的酮还能与格氏试剂、有机锂试剂继续反应，最后生成叔醇。

$$R'{-}\overset{\overset{O}{\|}}{C}{-}Cl \xrightarrow[快]{RMgX} \left[R'{-}\overset{\overset{O}{\|}}{C}{-}R\right] \xrightarrow[快]{RMgX} R'{-}\underset{\underset{R}{|}}{\overset{\overset{OMgX}{|}}{C}}{-}R \xrightarrow{H_3^+O} R'{-}\underset{\underset{R}{|}}{\overset{\overset{OH}{|}}{C}}{-}R$$

为停留在酮这一步，需用较弱的有机金属试剂，它与酰氯的反应比与酮反应快，二烷基铜锂（Gilman 试剂）就是这样的试剂。

$$\underset{Gilman\ 试剂}{R_2CuLi} + R'{-}\overset{\overset{O}{\|}}{C}{-}Cl \longrightarrow R'{-}\overset{\overset{O}{\|}}{C}{-}R + R{-}Cu + LiCl$$

例如：

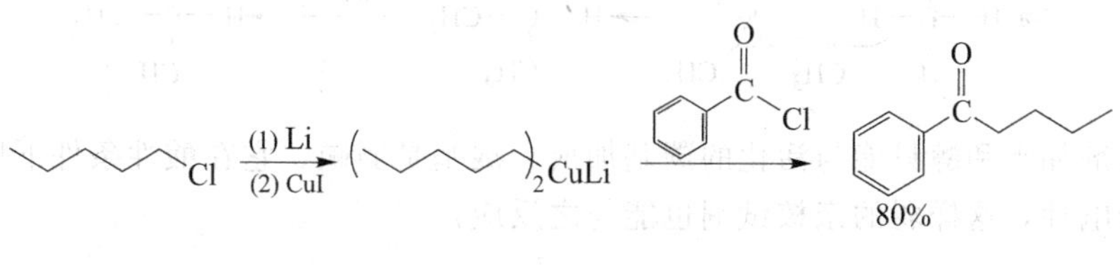

Cl
(1) Li
(2) CuI
2CuLi
O
Cl
O
80%

习题 12-6 预测下列反应的产物：

(a) 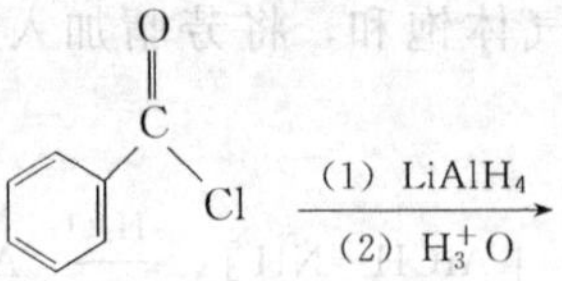

(b) 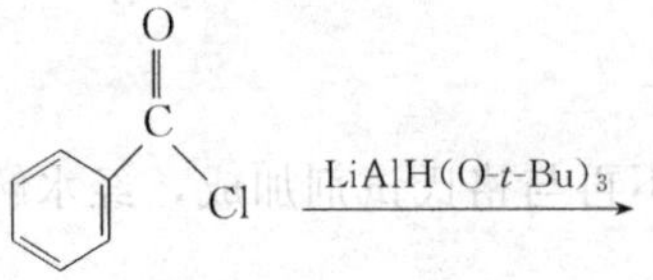

(c) 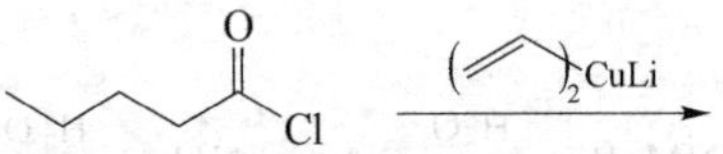

第六节 醛和酮的亲核加成反应

一、亲核加成反应总述

醛和酮能发生很多反应，其中最普遍的反应是羰基的亲核加成反应。羰基（$\overset{\delta^+}{C}=\overset{\delta^-}{O}$）具有较强的极性，带正电荷的羰基碳具有亲电性，容易受到亲核试剂的进攻。羰基碳原子为 sp^2 杂化，其形成的三个 σ 键在同一平面上，极化的 π 电子云位于平面的上方和下方，亲核试剂可以在平面的两面进攻羰基碳。当亲核试剂进攻羰基碳时，碳原子的杂化类型由 sp^2 转为 sp^3，π 键电子异裂归氧原子，使其成为氧负离子，后者质子化生成加成反应的产物。

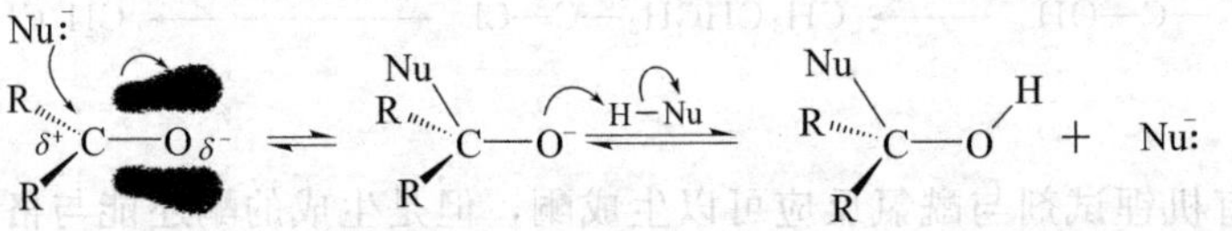

前面至少看到过亲核试剂与醛和酮加成的两个例子，① 格氏试剂进攻亲电的羰基碳，生成氧负离子中间体，接着质子化生成醇：

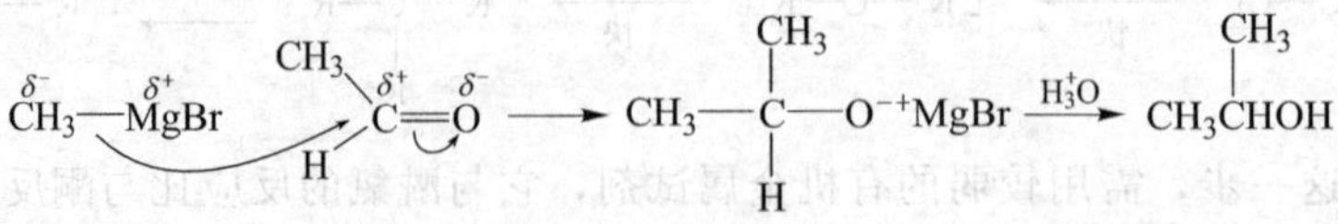

② 醛和酮的氢化，也是亲核加成，这里的 H⁻ 起亲核试剂的作用，它进攻羰基碳后生成氧负离子，然后质子化生成醇：

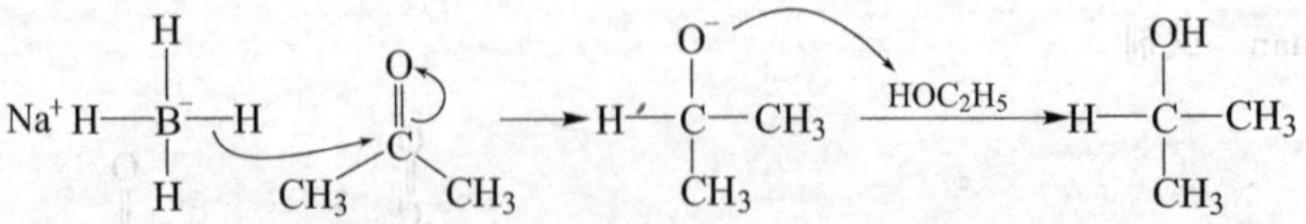

弱亲核试剂如水和醇只能与活化的羰基加成。羰基是弱碱，它在酸性条件下质子化，增强了羰基碳的亲电性，这样弱的亲核试剂也能与之反应：

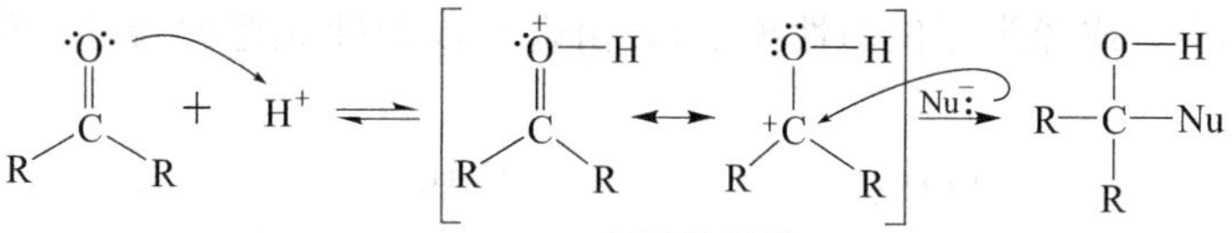

活化的羰基

下列反应是酸催化的羰基与水的亲核加成反应。醛和酮的水合在本节稍后将作更详细的讨论。

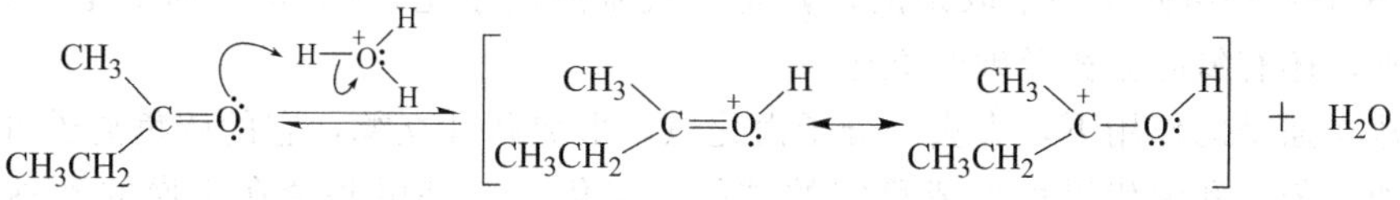

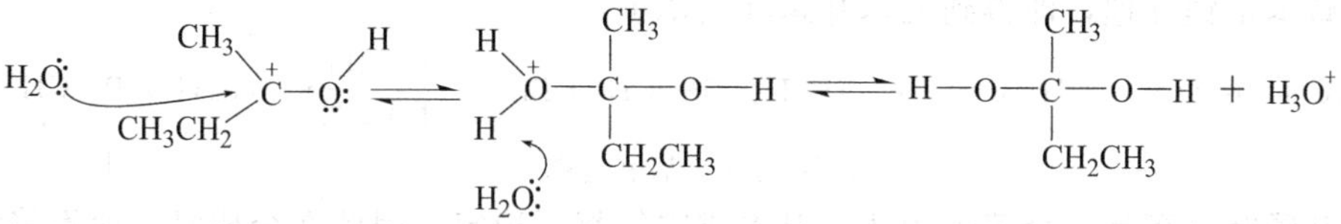

实际上，羰基的碱催化加成产物来自于强亲核试剂亲核进攻后质子化的结果。酸催化加成是先质子化后弱亲核试剂进攻。许多加成是可逆的，平衡取决于反应物和产物的相对稳定性。

在很多情况下，醛的亲核加成反应活性比酮强，反应比酮快，反应平衡更多偏向产物，醛比酮活性强的原因是醛的羰基碳只连接一个给电子烷基，使羰基碳缺电子的性质更为明显，亲电性更强；另外从空间效应考虑，醛只有一个体积大的烷基，亲核试剂进攻羰基碳的位阻较小。

羰基亲核加成的主要机理：

碱性条件（强亲核试剂）

第一步，亲核试剂加成；第二步，质子化。

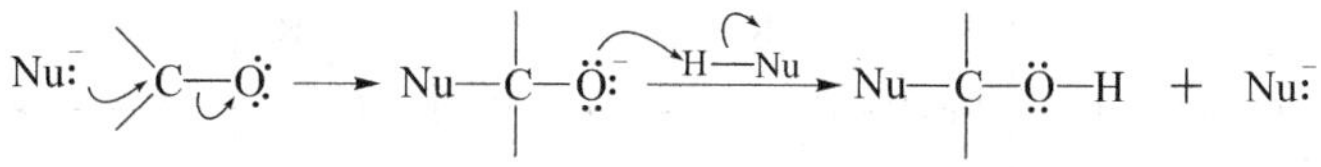

逆反应：

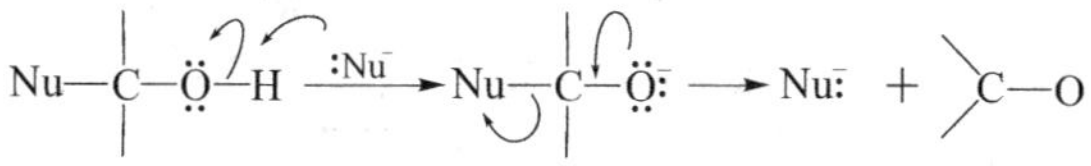

酸性条件（弱亲核试剂，活化的羰基）

第一步，质子化；第二步，亲核试剂加成。

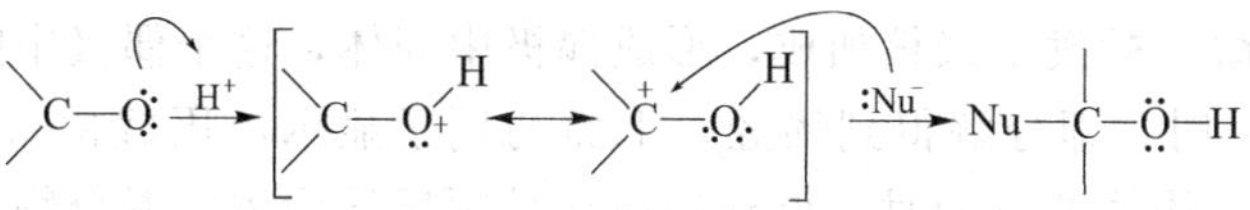

逆反应：

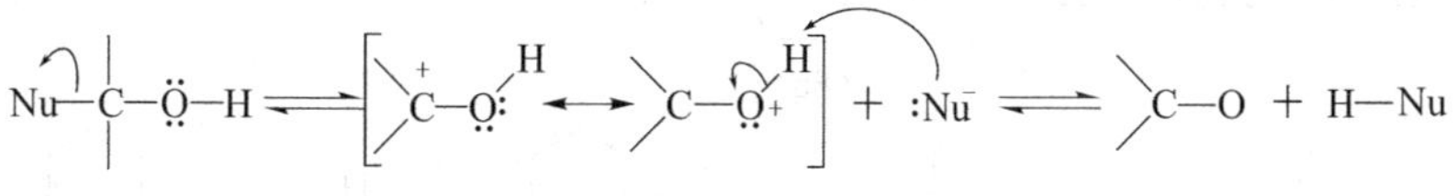

二、魏悌希反应

周期表的第三周期元素，特别是硫和磷，与碳结合，碳带负电荷，硫或磷带正电荷，带相反电荷的两原子彼此相邻，同时保持着完整的电子隅（碳是 8，磷、硫可以超过 8），这样的结构叫做叶立德（ylide，或译为邻位两性离子），由磷形成的叶立德称磷叶立德，其结构可用下式表示：

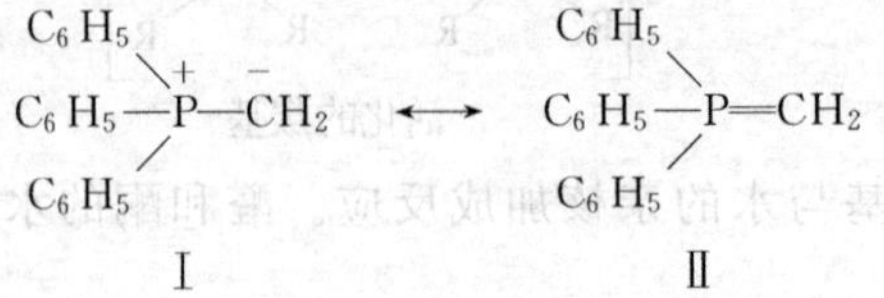

$$
\begin{array}{cc}
\underset{\underset{C_6H_5}{|}}{\overset{\overset{C_6H_5}{|}}{C_6H_5-\overset{+}{P}}}-\overset{-}{C}H_2 & \longleftrightarrow & \underset{\underset{C_6H_5}{|}}{\overset{\overset{C_6H_5}{|}}{C_6H_5-P}}=CH_2 \\
\text{I} & & \text{II}
\end{array}
$$

ylide 这个字是由西文字中取来的，yl 是有机基团的字尾，ide 是盐的字尾，除磷叶立德、硫叶立德外，还有氮叶立德及砷叶立德。

季鏻盐在强碱的作用下，失去一分子卤化氢，形成磷叶立德，它的碳负离子可以发生亲核反应。例如三苯磷和溴代甲烷形成稳定的鏻盐，溴化三苯基甲基鏻在干燥的乙醚中和氮气流下，用强碱苯基锂处理，即得到三苯基磷叶立德 I：

$$
(C_6H_5)_3P + CH_3Br \longrightarrow (C_6H_5)_3\overset{+}{P}-CH_3\cdot Br^- \xrightarrow[\text{干燥乙醚}]{C_6H_5Li} (C_6H_5)_3\overset{+}{P}-\overset{-}{C}H_2
$$

$$
\text{溴化三苯基甲基鏻} \qquad\qquad \text{I}
$$

三苯基磷叶立德是一个黄色固体，对水或空气都不稳定，因此在合成时一般不将它分离出来，直接进行下一步的反应。I 也可以写成 II 的形式，这叫作叶林（ylene），ene 是烯的字尾。由于磷原子可以形成五价的化合物，它的外层电子可以有 10 个，因为它可以利用其 3d 轨道，与碳 p 轨道重叠成 p-d π 键，这个 π 键具有很强的极性，可以和酮或醛的羰基进行亲核加成，形成烯烃，称魏悌希（Wittig G.）反应：

$$
\underset{CH_3CH_2}{\overset{CH_3}{>}}C=O + \overset{-}{C}H_2-\overset{+}{P}(C_6H_5)_3 \longrightarrow \underset{CH_3CH_2}{\overset{CH_3}{>}}C=CH_2 + O=P(C_6H_5)_3
$$

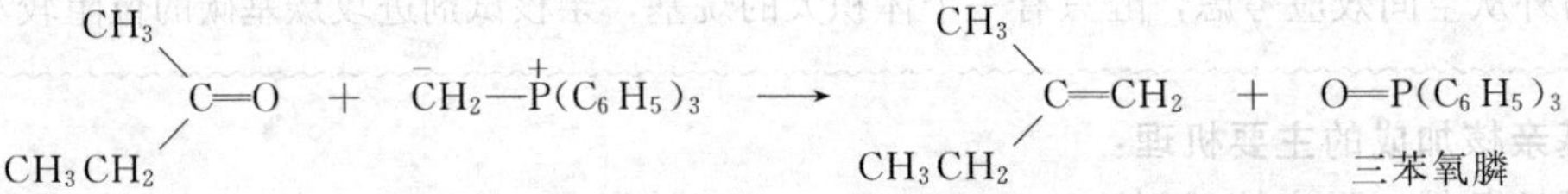

$$
\text{三苯氧膦}
$$

反应机理：

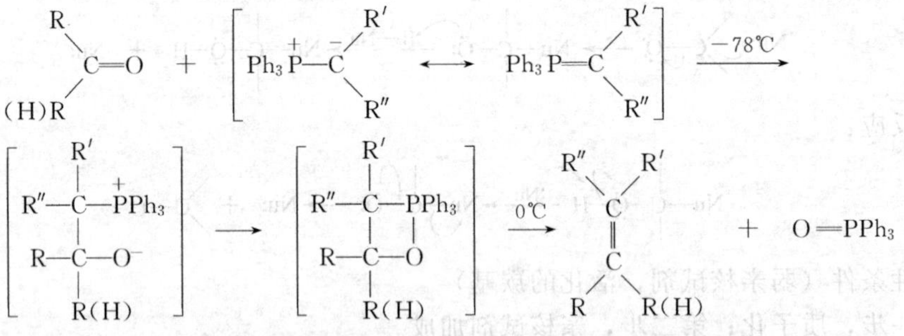

磷叶立德试剂与醛、酮发生亲核加成，形成偶极中间体，这个偶极中间体在 -78℃ 时比较稳定，当温度升至 0℃ 时，即分解得到烯烃。下面的例子显示，用魏悌希反应形成碳碳双键，当形成的烯烃有顺反异构体的可能时，得到的往往是顺反异构体的混合物。

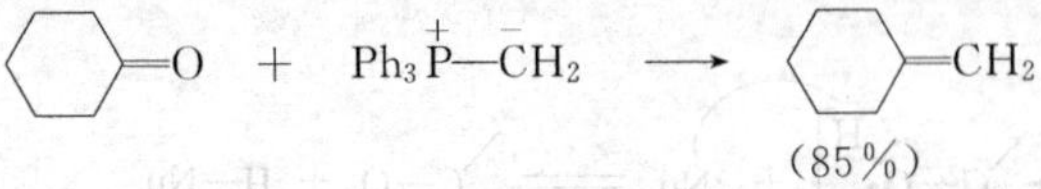

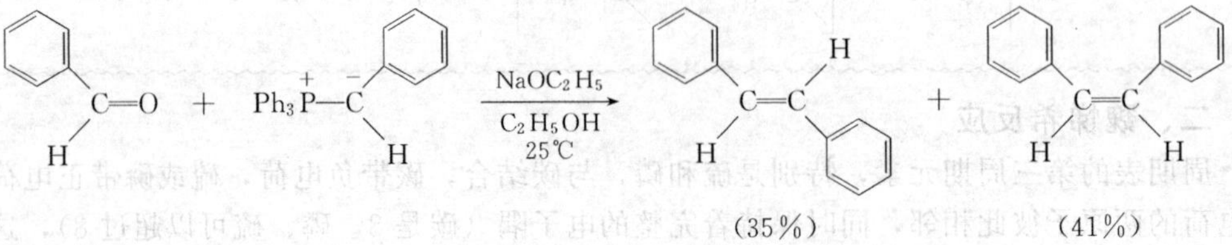

魏梯希反应是很有价值的合成工具，它可以将羰基转化为碳碳双键。很多烯烃可以用魏梯希反应合成，在决定需要什么试剂前，先把目标分子在双键处断开，看看双键的哪一边来自羰基化合物，哪一边来自叶立德。

一般叶立德来自没有空间阻碍的卤代烷，三苯基磷的体积较大，最好与体积小的伯卤代烃或甲基卤代烷反应。偶尔也与没有阻碍的仲卤代烷反应，但是这些反应比较迟缓且产率不高。下面的例子和例题说明了如何利用魏梯希反应进行合成。

分析： 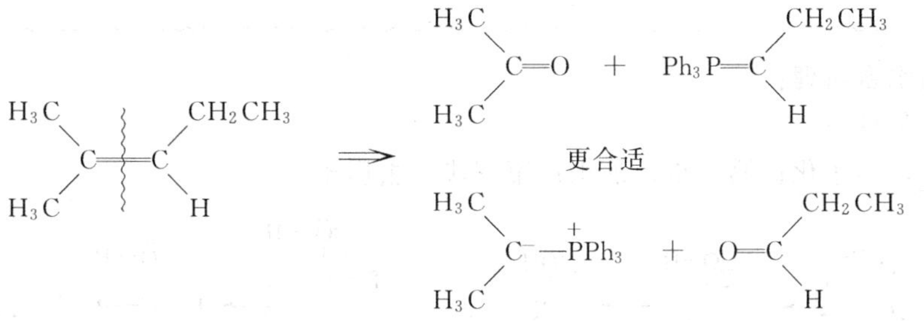

$$\underset{H_3C}{\overset{H_3C}{>}}C=C\underset{H}{\overset{CH_2CH_3}{<}} \Longrightarrow \underset{H_3C}{\overset{H_3C}{>}}C=O + Ph_3P=C\underset{H}{\overset{CH_2CH_3}{<}} \quad 更合适$$

$$\underset{H_3C}{\overset{H_3C}{>}}\overset{-}{C}—\overset{+}{P}Ph_3 + O=C\underset{H}{\overset{CH_2CH_3}{<}}$$

合成： 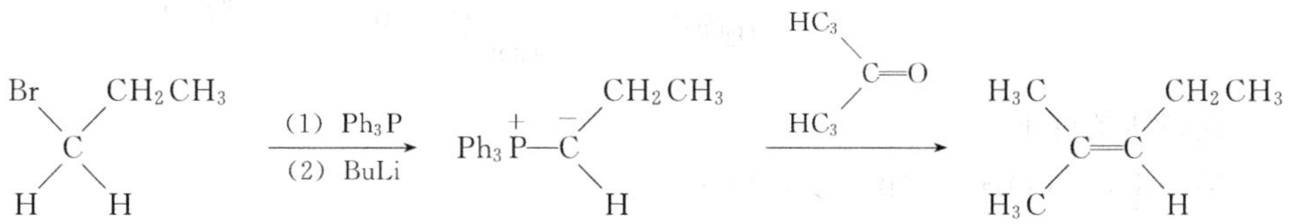

$$\underset{H}{\overset{Br\quad CH_2CH_3}{>}}C\underset{H}{<} \xrightarrow[\text{(2) BuLi}]{\text{(1) Ph}_3P} Ph_3\overset{+}{P}—\overset{-}{C}\underset{H}{\overset{CH_2CH_3}{<}} \xrightarrow{\underset{HC_3}{\overset{HC_3}{>}}C=O} \underset{H_3C}{\overset{H_3C}{>}}C=C\underset{H}{\overset{CH_2CH_3}{<}}$$

【例题 12-2】 如何用魏梯息反应合成 1-苯基-1,3-丁二烯

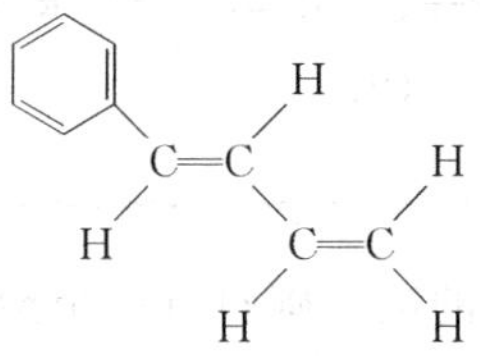

1-苯基-1,3-丁二烯

解：

分子中有两个双键，都可以由魏梯希反应引入。中间的双键可以由下列两条路线合成，这两种合成都可以进行，但是都可能产生顺反异构体。即：

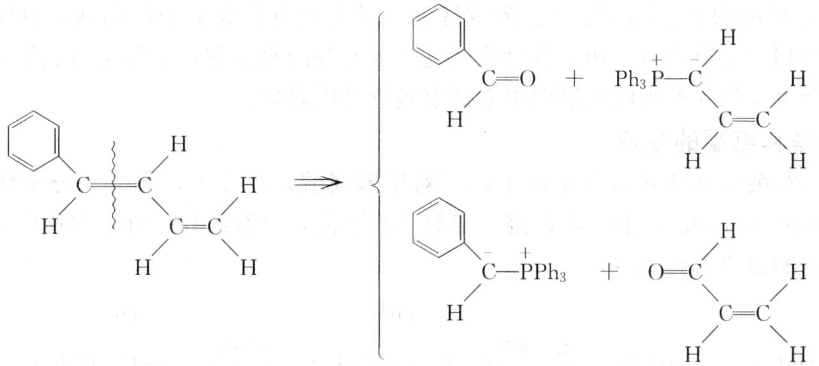

三、醛和酮的水合

水溶液中醛或酮与它的水合物（一种同碳二醇，偕二醇）处在平衡之中，对多数酮来说，平衡偏向于未水合的酮。

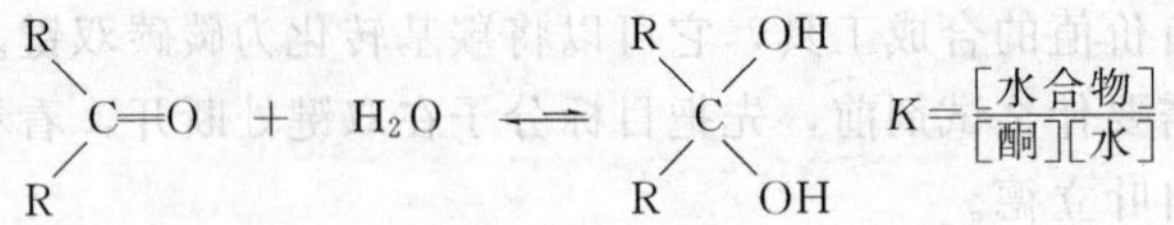

$$R-C=O + H_2O \rightleftharpoons \begin{array}{c} R \\ | \\ C \\ | \\ R \end{array}\begin{array}{c} OH \\ \\ OH \end{array} \qquad K=\dfrac{[\text{水合物}]}{[\text{酮}][\text{水}]}$$

例如： $CH_3-\overset{O}{\overset{\|}{C}}-CH_3 + H_2O \rightleftharpoons CH_3-\overset{HO}{\underset{OH}{C}}-CH_3 \qquad K=0.002$

水合按亲核加成反应机理进行，水或 HO^- 作为亲核试剂。

醛和酮的水合机理：

在酸性条件下

第一步，质子化；第二步，加水；第三步，去质子。

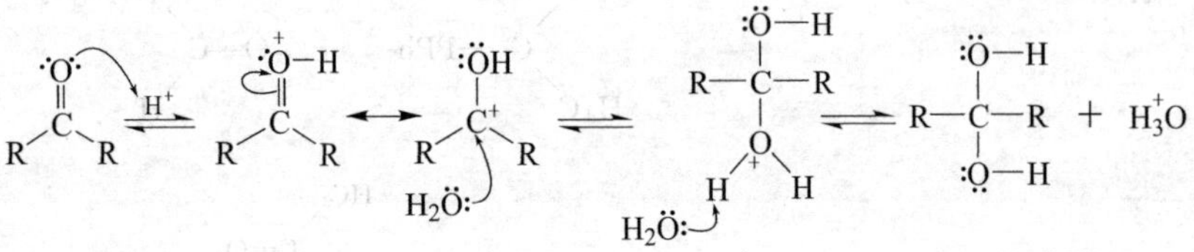

在碱性条件下

第一步，加 OH^-；第二步，质子化。

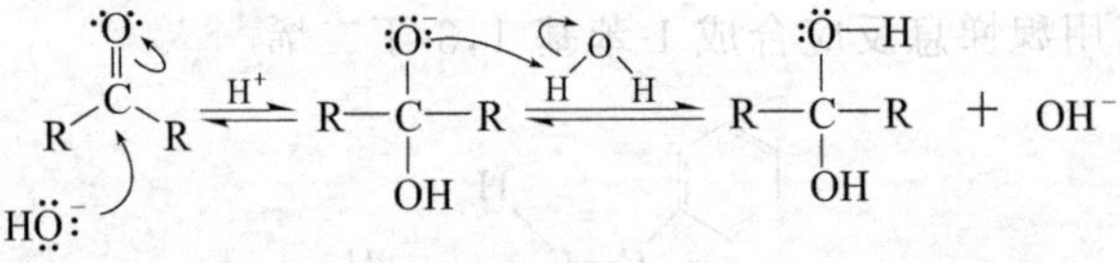

醛的水合比酮相对容易，因为醛的羰基碳只有一个给电子的烷基，而酮有两个。给电子的烷基，一是降低了羰基碳的正电性，使其亲电能力减弱，反应活性降低；二是烷基的体积较大，反应时的过渡态、中间体及产物都会比较拥挤，内能升高，不稳定，使反应不容易进行，所以醛的水合及其他的亲核加成反应都比酮容易。甲醛没有给电子的烷基，它的反应活性最强。

烷基对醛和酮水合反应的平衡常数影响显著，酮的 K_{eq} 值 $10^{-4}\sim 10^{-2}$，对大多数醛来说，K_{eq} 值接近 1，甲醛的 K_{eq} 值约为 40。酮或醛的烷基上若有强吸电子取代基，也使羰基碳的正电性增强，有利于水合反应，如水合氯醛就是三氯乙醛的水合物，是稳定的晶体，曾用作镇静麻醉药，水合氯醛的红外吸收光谱图中未观察到羰基吸收峰。

四、缩醛和缩酮的生成

一分子醛在酸性催化剂（如干燥 HCl、对甲苯磺酸）存在下，先与一分子醇发生亲核加成，生成半缩醛（hemiacetal）。半缩醛一般是不稳定的，可继续与一分子醇反应，失去一分子水，生成稳定的缩醛（acetal）。

$$R-\overset{O}{\overset{\|}{C}}-H(R') + R''OH \underset{\text{无水 HCl}}{\rightleftharpoons} R-\overset{OH}{\underset{OR''}{C}}-H(R') \underset{H^+}{\overset{R''OH}{\rightleftharpoons}} R-\overset{OR''}{\underset{OR''}{C}}-H(R') + H_2O$$

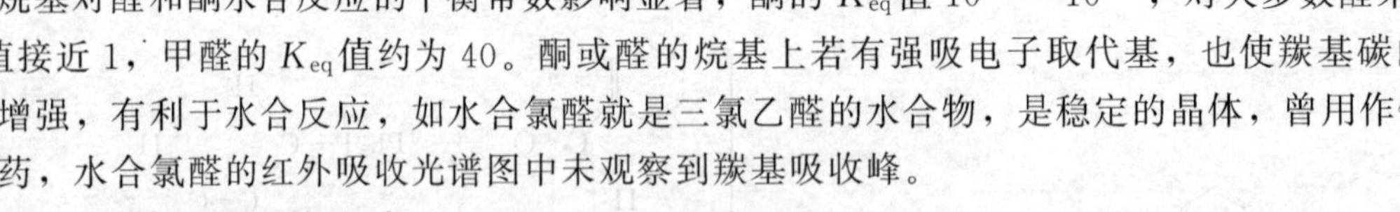

缩醛可看成是同碳二元醇的醚，其性质与醚相似，对碱、氧化剂、还原剂稳定。但缩醛又与醚不同，它在稀酸中易水解成原来的醛，故该反应可用来保护羰基。例如：

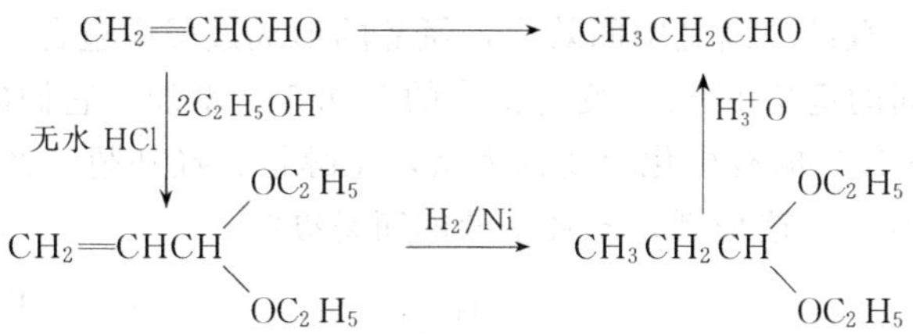

$$CH_2\!=\!CHCHO \longrightarrow CH_3CH_2CHO$$

无水 HCl ↓ $2C_2H_5OH$　　　　　　　↑ H_3^+O

$$CH_2\!=\!CHCH\begin{matrix}OC_2H_5\\OC_2H_5\end{matrix} \xrightarrow{\ H_2/Ni\ } CH_3CH_2CH\begin{matrix}OC_2H_5\\OC_2H_5\end{matrix}$$

若使酮在酸催化下与乙二醇作用，并设法移去反应生成的水，可得到环状缩酮（cycloketal），利用这种方法也可以保护酮的羰基。例如：

$$R-\overset{\overset{\displaystyle O}{\|}}{C}-R' \ + \ \begin{matrix}HO-CH_2\\HO-CH_2\end{matrix} \ \underset{}{\overset{H^+}{\rightleftharpoons}} \ \begin{matrix}R\\R'\end{matrix}\!C\!\begin{matrix}O-CH_2\\O-CH_2\end{matrix} \ + \ H_2O$$

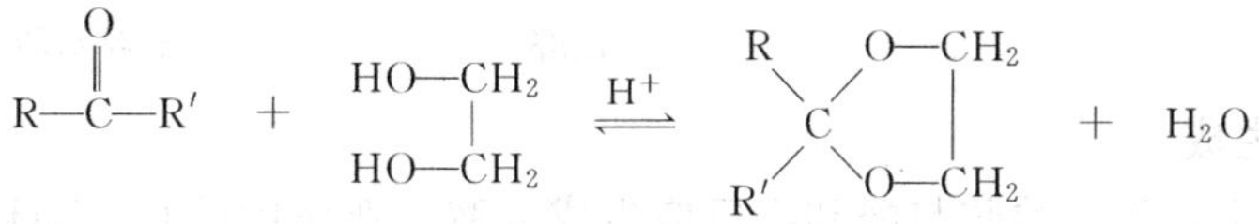

五、氰醇的生成

氰化氢（H—C≡N）是有毒性的可溶于水的液体，沸点 26℃。因为有一定的酸性，有时称氢氰酸。

$$H-C\!\equiv\!N\!: \ + \ H_2O \ \rightleftharpoons \ H_3^+O \ + \ :C\!\equiv\!N\!: \qquad pK_a=9.2$$

氢氰酸的共轭碱是氰基负离子（$^-\!:C\!\equiv\!N\!:$），它是强的亲核试剂，它进攻醛和酮的羰基碳，反应生成的加成产物称为氰醇。反应机理为碱催化的亲核加成：氰基负离子进攻羰基碳形成中间体氧负离子，接着质子化形成加成产物氰醇。

氰醇形成机理：

　　第一步，氰基负离子进攻；第二步，质子化。

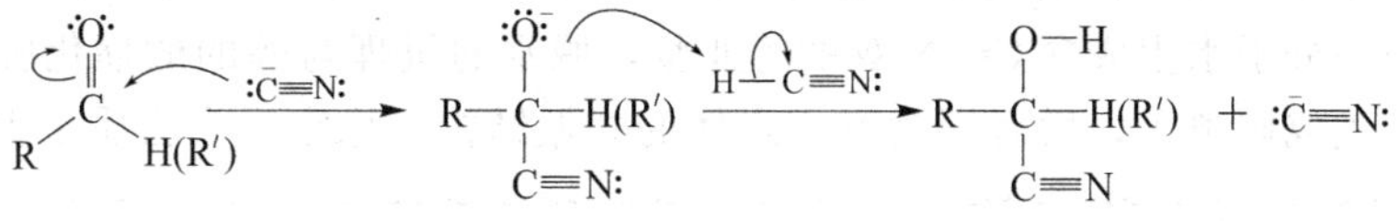

醛或酮　　　　　　　　　中间体　　　　　　　　氰醇

氰醇的制备可用液体的 HCN 加催化量的氰化钠或氰化钾。但是 HCN 有很大的毒性和挥发性，操作时有危险性。所以很多时候是将等量的氰化钠或氰化钾（也有毒性，但比 HCN 危险小些）溶于某些质子溶剂中，与醛或酮反应。甲醛与 HCN 反应又快又定量，其他多数醛与 HCN 反应的平衡常数有利于氰醇的生成，酮与 HCN 反应的平衡常数的偏向与酮的结构有关，有大的烷基的酮因空间阻碍与 HCN 反应较慢，且氰醇的产率也低。

$$CH_3CH_2\overset{\overset{\displaystyle O}{\|}}{C}H \ + \ HCN \longrightarrow CH_3CH_2\overset{\overset{\displaystyle HO}{}}{\underset{\overset{\displaystyle }{H}}{C}}CN$$

（100%）

$$CH_3CH_2\overset{\overset{\displaystyle O}{\|}}{C}CH_3 \ + \ HCN \ \rightleftharpoons \ CH_3CH_2\overset{\overset{\displaystyle HO}{}}{\underset{\overset{\displaystyle }{CH_3}}{C}}CN$$

（95%）

$$(CH_3)_3C\overset{\overset{\displaystyle O}{\|}}{C}C(CH_3)_3 \ + \ HCN \ \rightleftharpoons \ (CH_3)_3C\overset{\overset{\displaystyle HO}{}}{\underset{\overset{\displaystyle }{C(CH_3)_3}}{C}}CN$$

（<5%）

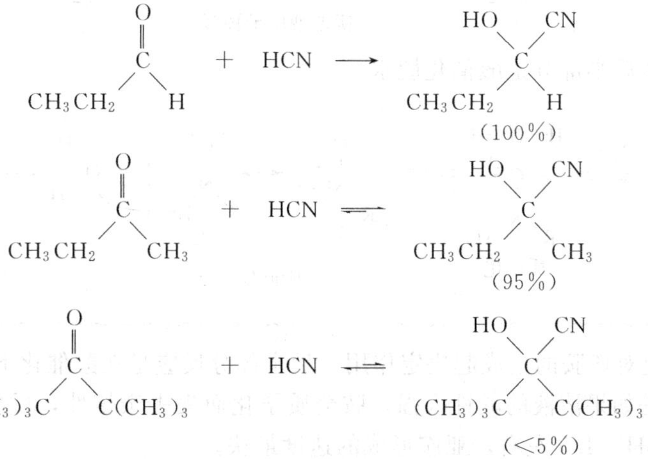

体积大的酮反应失败的原因是空间效应，氰醇的形成过程中包含了羰基碳由 sp^2 杂化转化为 sp^3 杂化，烷基之间的键角由 120° 变为狭小的 109.5°，增加了它们的空间阻碍。

包含氰基（—C≡N）的有机化合物称为腈，氰醇是 α-羟基腈。氰在酸性条件下水解得羧酸，氰醇水解得 α-羟基酸。这是制备 α-羟基酸的简易办法：

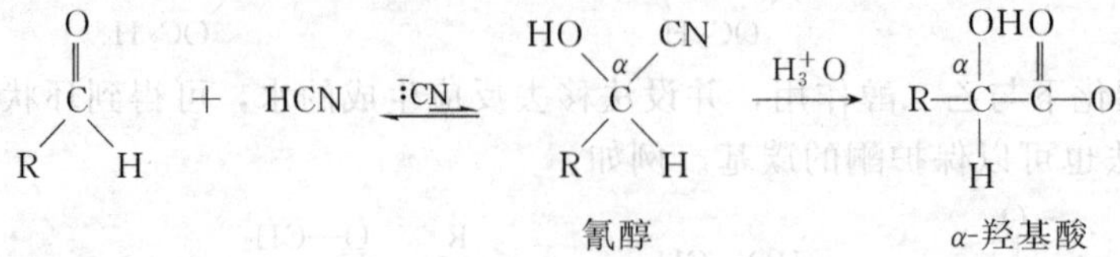

HCN
:CN
HO CN
α
H_3^+O
OHO
氰醇
α-羟基酸

六、亚胺的生成

在合适的条件下，氨、伯胺与醛和酮反应生成亚胺，亚胺中的 C═NH 键代替了醛和酮的 C═O 键，胺、亚胺都显碱性，N 上的 H 被烃基 R 取代的亚胺又叫希夫碱（Schiff base），亚胺的生成反应属于缩合反应，反应时两个或更多的有机物相互结合，同时失去水等小分子化合物。

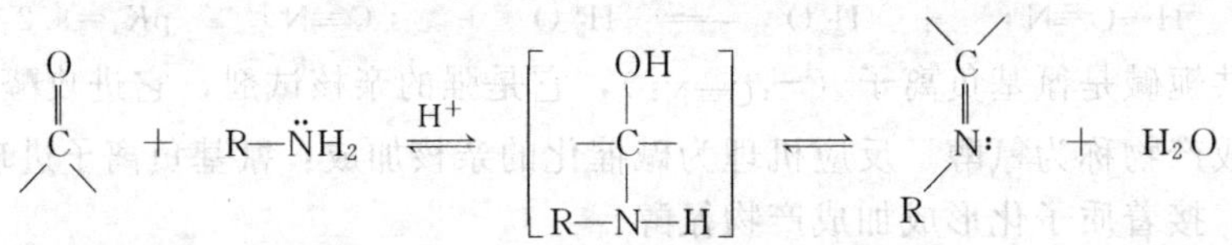

醛或酮
伯胺
亚胺（Schiff base）

亚胺生成的机理开始于胺与羰基的亲核加成，胺进攻羰基碳形成中间体氧负离子，接着氧原子质子化、氮原子去质子，生成不稳定的中间产物甲醇胺（carbinolamine）。

甲醇胺脱去一分子水生成含 C═N 双键的亚胺，脱水的机理与醇的酸催化脱水一样，羟基质子化后脱水，生成阳离子，后者因为有八隅体的共振结构而稳定，失去质子生成亚胺。

亚胺生成的主要机理：

第一步，胺与羰基加成；第二步，质子化和去质子。

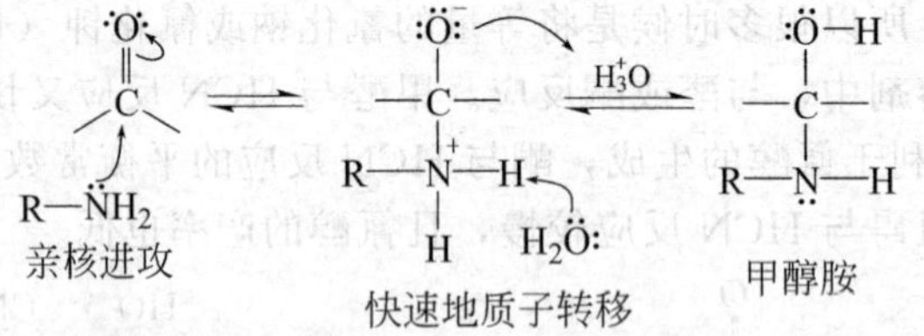

亲核进攻
快速地质子转移
甲醇胺

这一机理的后半部分是酸催化脱水。

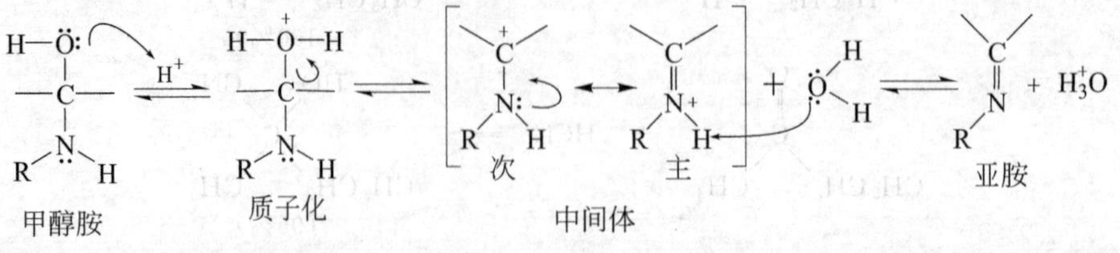

甲醇胺
质子化
次
主
中间体
亚胺

合适的 pH 值对亚胺的生成起决定作用。后半部分反应是在酸催化下进行，所以溶液要有一定的酸性，但是如果溶液的酸性太强，胺会质子化而失去亲核性，反应第一步就难以进行，图 12-10 表明在 pH=4.5 左右，亚胺形成的速度最快。

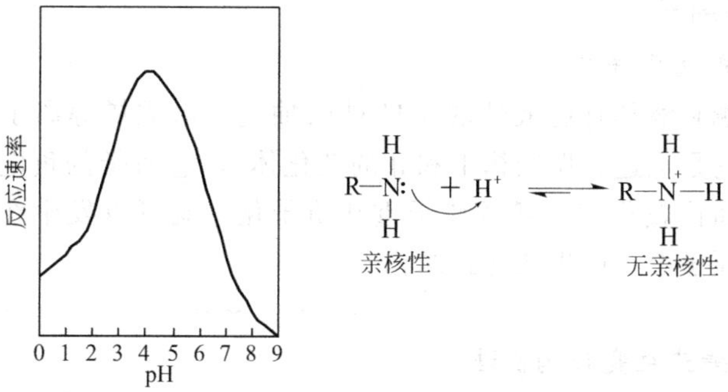
反应速率
0 1 2 3 4 5 6 7 8 9
pH
亲核性
无亲核性

图 12-10　亚胺在 pH=4.5 左右时生成的速度最快

某些醛或酮与胺类化合物的反应如下：

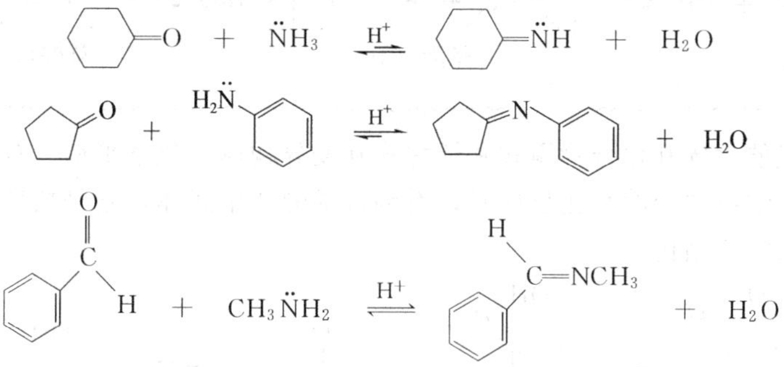

亚胺的生成是可逆的，特别是脂肪族的化合物，很容易分解。芳香族的亚胺比较稳定，可以分离。亚胺在稀酸中水解，又回到原来的羰基化合物及胺。亚胺水解的机理与它的生成机理正好相反。

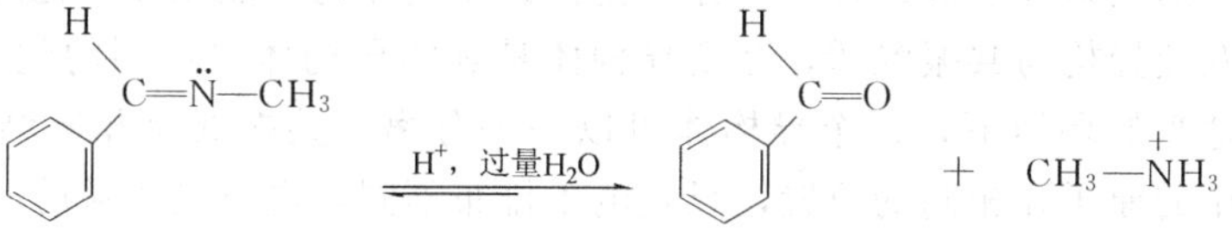

第七节　醛和酮的 α-取代反应

至此，已经学习了羰基化合物主要的两类反应：亲核加成和氧化还原反应。亲核加成反应里，羰基作为亲电试剂从进攻的亲核试剂接受电子。这一节学习另外一类非常重要的反应，与羰基相邻的碳原子（α-C）上的氢（α-H）被取代的反应，称为 α-取代反应，它包括 α-卤代和 α-H 失去后碳负离子作为亲核试剂进攻引起的羟醛缩合等一系列羰基缩合反应。

α-C 上的 H 受吸电子羰基的影响，酸性明显增强，另外，α-H 解离后的碳负离子因与羰基共振而稳定，也使 α-H 的酸性增强。α-取代一般在羰基化合物转化成碳负离子或其互变异构体烯醇离子时发生，失去 α-H 的这两者都具有亲核性，进攻亲电试剂完成取代反应。

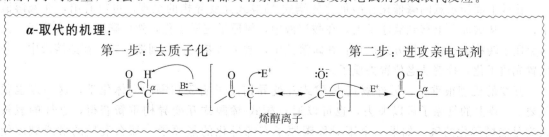

α-取代的机理：

第一步：去质子化　　　　　　第二步：进攻亲电试剂

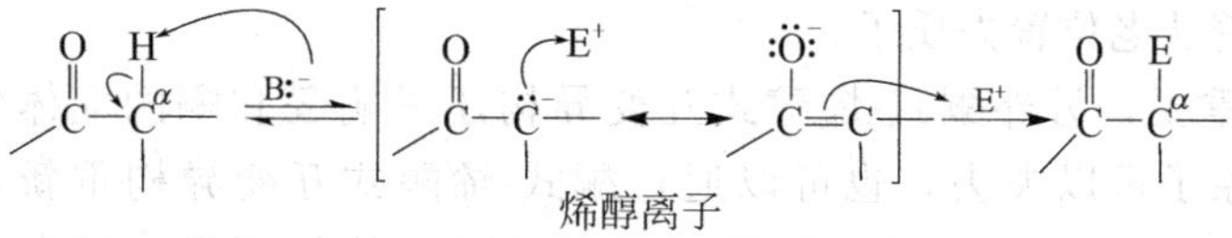
烯醇离子

一、烯醇和烯醇离子

（一）酮式-烯醇式互变异构

在强碱存在下，酮和醛具有弱酸性的 α-H 被碱抽走，形成烯醇离子（注意烯醇离子不是互变异构体烯醇式，它是上述共振结构Ⅰ和Ⅱ的杂化体），它所带的负电荷通过共振分散在碳原子和氧原子上，因而比较稳定。烯醇离子重新质子化，既可以发生在 α-C 上，回到酮式结构，也可以发生在氧原子上，产生烯醇式结构。

碱催化的酮式-烯醇式互变异构机理：

第一步：α-C 去质子化　　　　第二步：O 原子再质子化

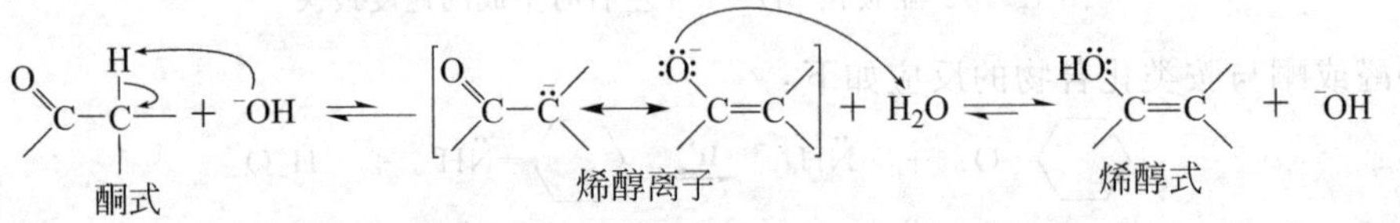
酮式
烯醇离子
烯醇式

碱以这种方式催化羰基化合物酮式和烯醇式互变异构体的化学平衡。对简单的酮和醛，酮式占优势。之前，学习炔烃的水化反应时，看到过烯醇式中间体，它是炔烃加水的产物，但快速异构化为稳定的酮式结构。

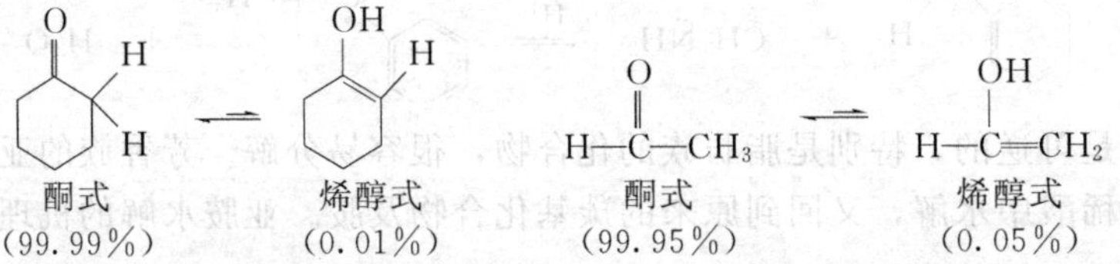
酮式
(99.99%)
烯醇式
(0.01%)
酮式
(99.95%)
烯醇式
(0.05%)

这种通过质子的迁移和双键的移动的异构化称为互变异构，能相互转化的异构体称为互变异构体。不要把互变异构与共振混淆，互变异构体是真的异构体（不同的化合物），它们的原子排列不同，在适当的环境下，每个异构体可以一一分离。共振式是相同结构的不同表示方式，不同共振式中的原子在相同的位置，只是电子排布不同，电子是离域的。

酮式-烯醇式互变异构也可被酸催化。在酸溶液里，先是氧原子质子化，然后再从碳原子移走一个质子，其结果相当于从 α-C 移走一个质子到 O 上。

酸催化的酮式-烯醇式互变异构机理：

第一步：O 上质子化　　　　第二步：C 上去质子

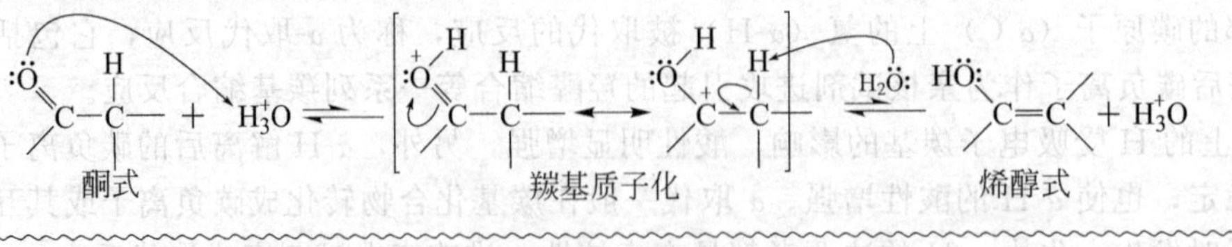
酮式
羰基质子化
烯醇式

比较上面所示意的碱催化和酸催化的酮式-烯醇式互变异构的机理，可以看出，在碱溶液中，质子从碳原子上移到氧原子上，在酸溶液中，氧原子先质子化，然后碳原子再去质子。大多数质子转移以这样一种方式进行：在碱溶液中，质子从老位置移到新位置，在酸溶液中，新位置先质子化，接着从老位置去质子。

互变的机理很重要，另外酮式-烯醇式互变异构还影响醛和酮的立体化学，这一点也很重要。α-碳上的氢原子可以失去，也可以通过酮式-烯醇式互变异构重新获得，这样的氢被认为是能烯醇化的氢。如果一个不对称碳原子有烯醇化的氢原子，那么痕量的酸或碱能使这个碳原子通过烯醇式中间体转变构型，结果得到两种立体异构体的平衡混合物（一个外消旋体混合物）。

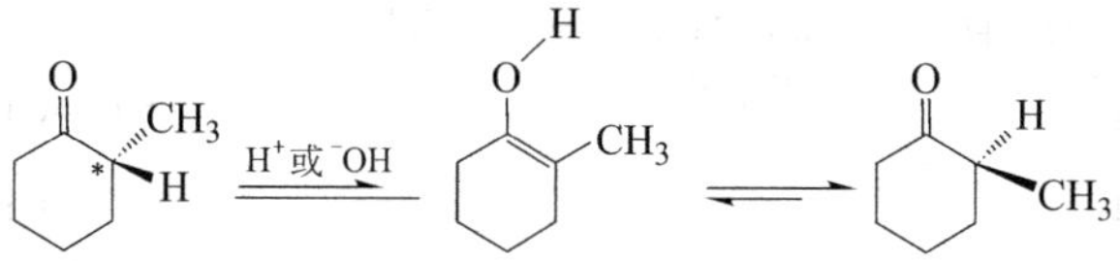

O
CH3
H
H+或-OH
R构型
H
O
CH3
烯醇(非手性)
O
H
CH3
S构型

习题 12-7 1-苯基-2-丙酮能形成两种不同的烯醇式。

(a) 给出这些烯醇式的结构；

(b) 预测哪一个以较大的平衡浓度存在；

(c) 提出两种烯醇式在酸和碱中形成的机理。

（二）烯醇离子的形成和稳定性

羰基使 α-C 上氢的酸性显著增强，这是因为大多数烯醇离子的负电荷分散在电负性大的氧原子上，典型醛和酮的 α-H 的 pK_a 约为 20，比烷烃或烯烃的酸性（pK_a>40）强得多，甚至比炔烃的酸性（pK_a=25）还要强。但比水（pK_a=15.7）、醇（pK_a=16～18）的酸性小。当一个简单的醛或酮用氢氧负离子（$^-$OH）或烃氧负离子（$^-$OR）处理时，平衡混合物只含少量的烯醇离子。

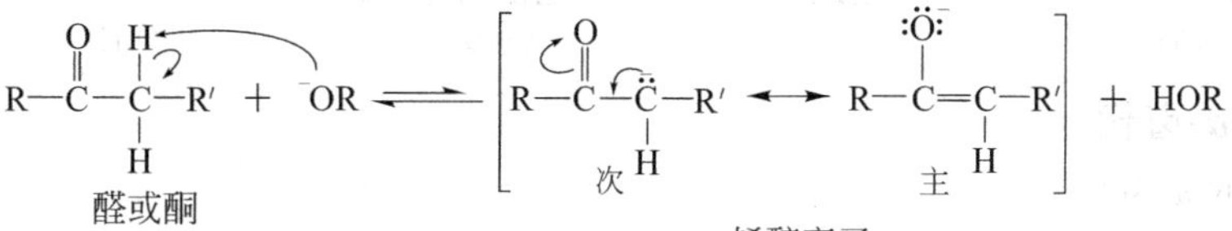

R—C—C—R′ + -OR
醛或酮
R—C—C—R′
次
R—C=C—R′
主
+ HOR
烯醇离子

例如：

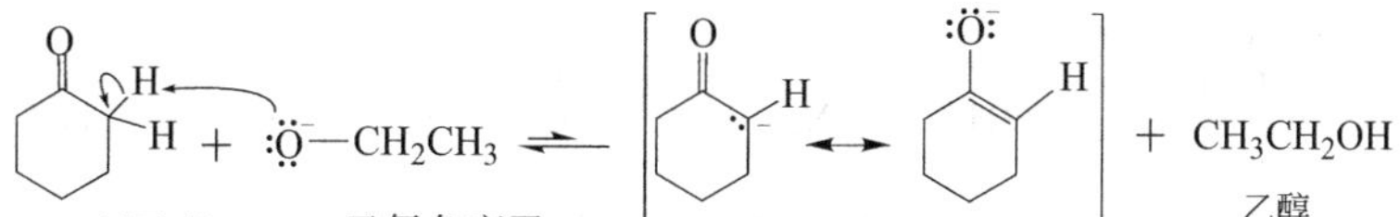

环己酮
pKa=19
乙氧负离子
CH2CH3
环己酮烯醇离子
+ CH3CH2OH
乙醇
pKa=15.9
(平衡偏向左边)

尽管烯醇离子的平衡浓度也许较少，但它是有效的发生反应的亲核试剂。当烯醇离子与亲电试剂（除了质子）反应时，烯醇离子的浓度降低，平衡向右移动，最终所有的羰基化合物都以低浓度的烯醇离子反应。

习题 12-8 给出下列化合物烯醇离子的重要共振式：

(a) 丙酮　　(b) 环戊酮　　(c) 2,4-戊二酮

有时与碱处于平衡体系的烯醇离子并不反应，因为这些碱（$^-$OH 或 $^-$OR）也是亲核试剂，它们与亲电试剂的反应比烯醇离子的快。在这种情况下，需要一种碱，它能把羰基化合物在加入亲电试剂之前完全转化为烯醇离子。尽管氢氧化钠和醇钠的碱性已经很强，但还不足以使羰基化合物完全转化为烯醇离子，能达到这一目的的最有效的碱是二异丙基胺的锂盐（LDA），它是用烷基锂试剂使二异丙基胺去质子得到的：

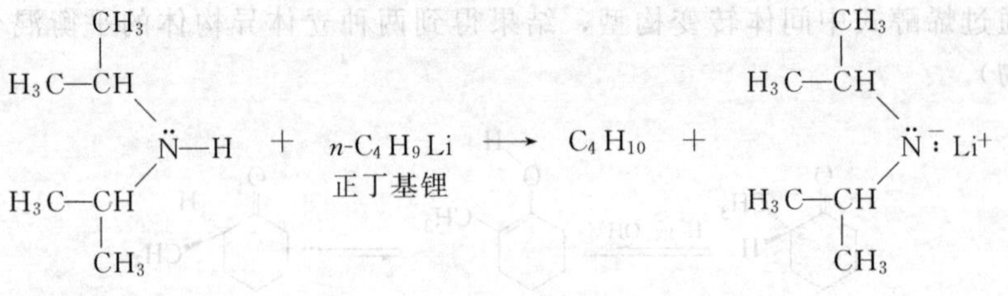

二异丙基胺　　　　　　　　　　　　　　　　　　　　　LDA

二异丙基胺的 pK_a 约 40，说明它比典型的醛和酮的酸性弱得多，而它的共轭碱 LDA 的碱性比氢氧化钠、醇钠强得多。LDA 有两个体积庞大的异丙基，因而不容易进攻羰基碳或与羰基加成，这样，它虽是强碱，但不是强亲核试剂，当 LDA 与酮或醛反应时，它从酮或醛的 α-C 抽走质子，使其变成烯醇的锂盐，可以看到这些烯醇的锂盐在有机合成上非常有用。

酮（pK_a＝20）　　LDA　　烯醇的锂盐　　二异丙基胺（pK_a＝40）

（平衡偏向右边）

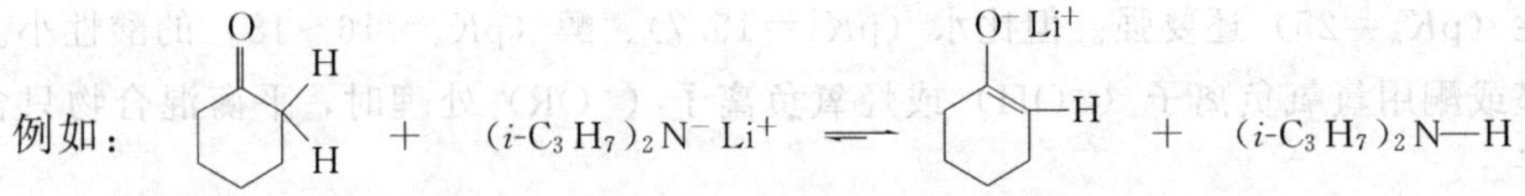

环己酮（pK_a＝19）　　LDA　　环己酮烯醇锂盐（100%）　　（pK_a＝40）

二、酮的 *α*-卤代

1. 碱促进的 α-卤代

当酮用卤素和碱处理时，酮的 α-H 即被卤素取代：

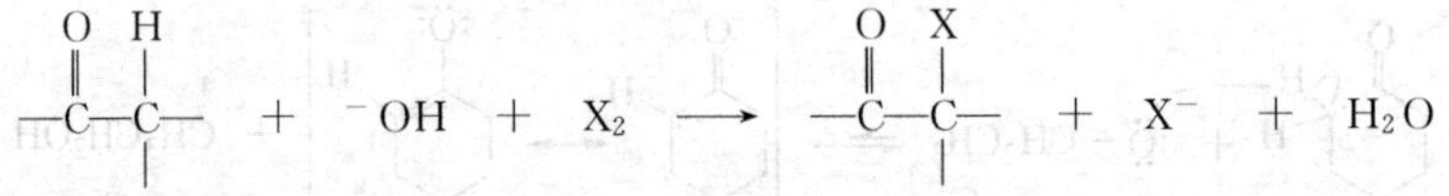

酮　　X_2＝Cl_2、Br_2 或 I_2

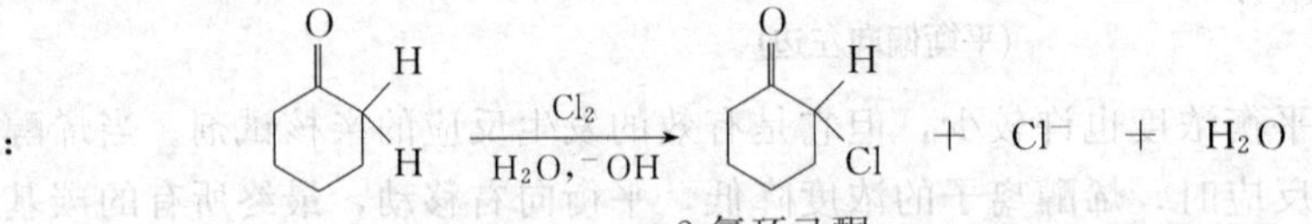

2-氯环己酮

碱促进的卤代反应是通过烯醇离子对亲电的卤素分子的亲核进攻完成的，产物为卤代酮和卤离子。

碱促进的卤代反应机理：

第一步：去质子　　　　　　　　　　第二步：进攻亲电试剂

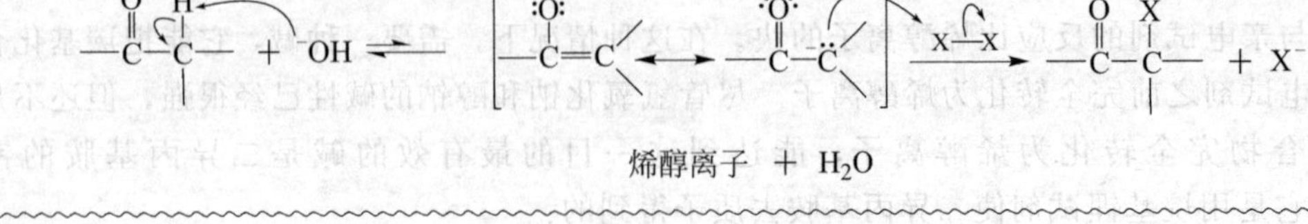

因为碱在酮的卤代反应中等量消耗，所以称这一反应为碱促进的反应，而不是碱催化的反应。

【例题 12-3】 给出 3-戊酮与氢氧化钠和溴反应生成 2-溴-3-戊酮的反应机理。

解：在氢氧化钠存在下，少量的 3-戊酮以烯醇离子存在：

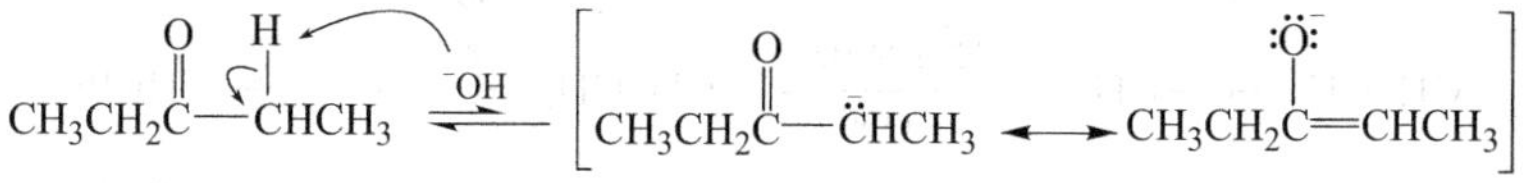

烯醇离子 ＋ H_2O

烯醇离子与溴反应生成题中所给的产物：

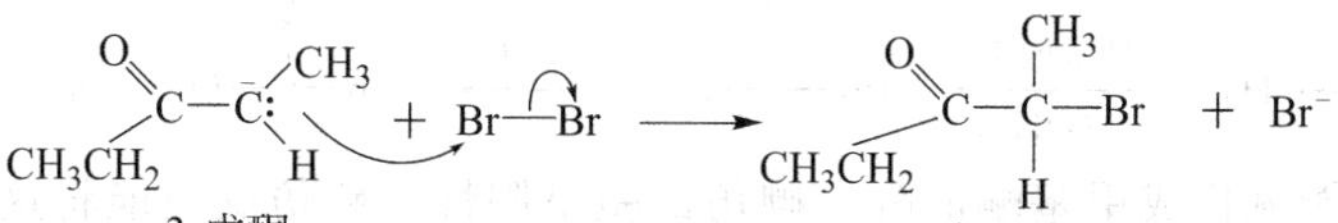

3-戊酮　　　　α-溴-3-戊酮

2. 多卤代反应

在大多数情况下，碱促进卤代不会停留在一卤代，因为吸电子的卤素使烯醇离子稳定，促进其形成，使得一卤代产物比原反应物更容易卤代，

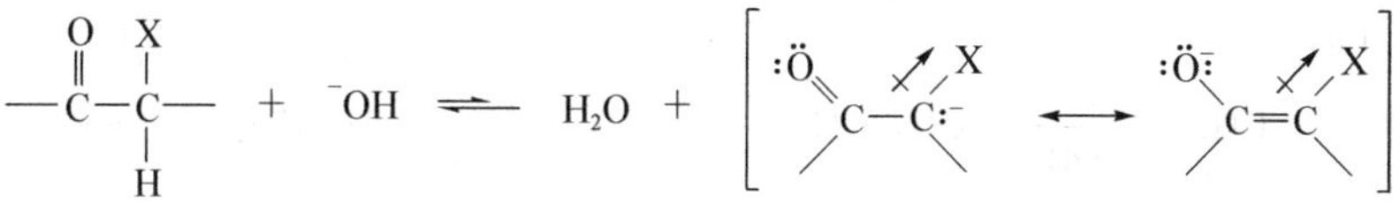

卤素使烯醇离子稳定

例如，3-戊酮溴代多数生成 2,2-二溴-3-戊酮，一个氢原子被溴取代后，溴和羰基都使烯醇离子稳定，二溴代比一溴代更快，二溴代发生在同一碳原子上，因为这个碳原子已经有了使烯醇离子稳定的卤素。

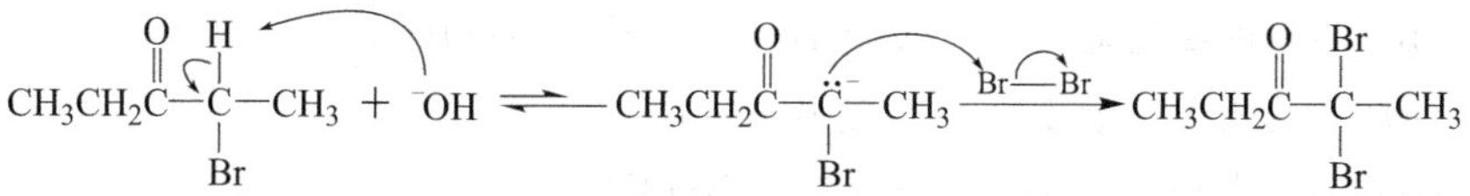

这种多卤代的倾向，使碱促进卤代很少用于制备单卤代酮。酸催化卤代将在后面讨论。

3. 卤仿反应

对多数酮，碱促进的卤代反应一直到 α-碳的 H 全部被卤代，甲基酮的甲基有三个 α-H，经三次卤代，生成三卤代甲基酮。

$$\underset{\text{甲基酮}}{R-\overset{O}{\overset{\|}{C}}-CH_3} + 3X_2 + 3HO^- \longrightarrow \longrightarrow \longrightarrow \underset{\text{三卤代甲基酮}}{R-\overset{O}{\overset{\|}{C}}-CX_3} + 3X^- + 3H_2O$$

带三个吸电子卤原子的三卤代甲基（—CX_3）是易于离去的基团，所以三卤代甲基酮在 ^-OH的作用下，—CX_3 被—OH 取代，生成羧酸和卤仿（氯仿 $CHCl_3$、溴仿 $CHBr_3$、碘仿 CHI_3），羧酸继而在碱作用下变成羧酸盐，整个反应称为卤仿反应。

卤仿反应最后几步反应机理：

第一步：加入亲核试剂　第二步：消除离去基团　第三步：质子转移

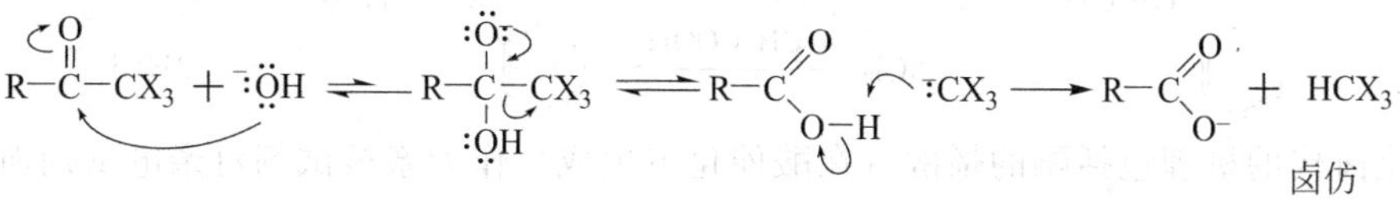

卤仿

整个卤仿反应总结如下，在强碱性条件下，甲基酮与卤素反应生成羧酸根离子和卤仿。

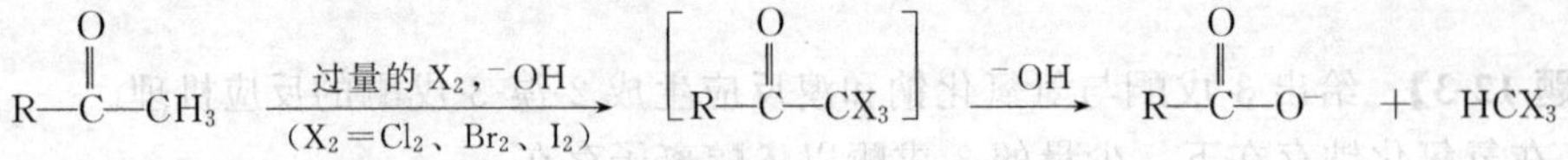

$$R-\overset{\overset{O}{\|}}{C}-CH_3 \xrightarrow[\text{(X}_2=Cl_2、Br_2、I_2)]{\text{过量的 X}_2，^-OH} \left[R-\overset{\overset{O}{\|}}{C}-CX_3\right] \xrightarrow{^-OH} R-\overset{\overset{O}{\|}}{C}-O^- + HCX_3$$

例如：

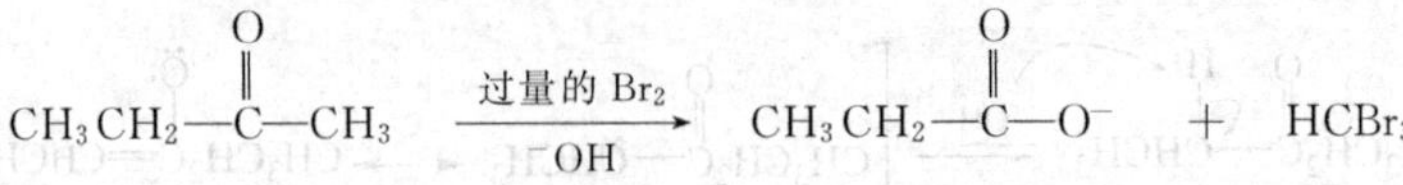

$$CH_3CH_2-\overset{\overset{O}{\|}}{C}-CH_3 \xrightarrow[^-OH]{\text{过量的 Br}_2} CH_3CH_2-\overset{\overset{O}{\|}}{C}-O^- + HCBr_3$$

溴仿

当卤素为碘时，生成的碘仿是黄色沉淀，现象明显，因此碘仿试验常用来鉴定甲基酮。

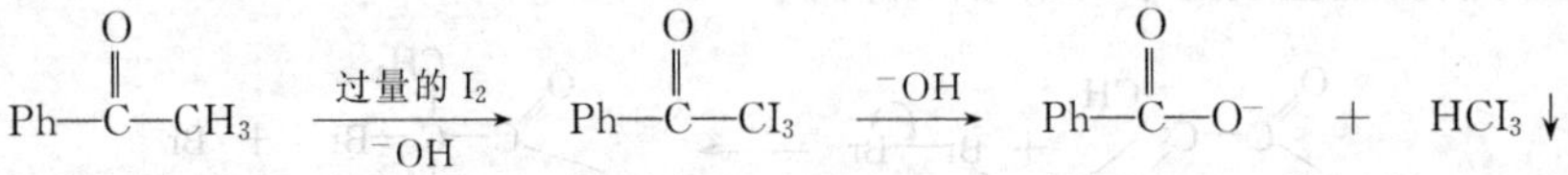

$$Ph-\overset{\overset{O}{\|}}{C}-CH_3 \xrightarrow[^-OH]{\text{过量的 I}_2} Ph-\overset{\overset{O}{\|}}{C}-CI_3 \xrightarrow{^-OH} Ph-\overset{\overset{O}{\|}}{C}-O^- + HCI_3 \downarrow$$

碘是氧化剂，能氧化成甲基酮的醇，碘仿试验呈阳性。碘仿反应能将这样的醇转化成少一个碳原子的羧酸：

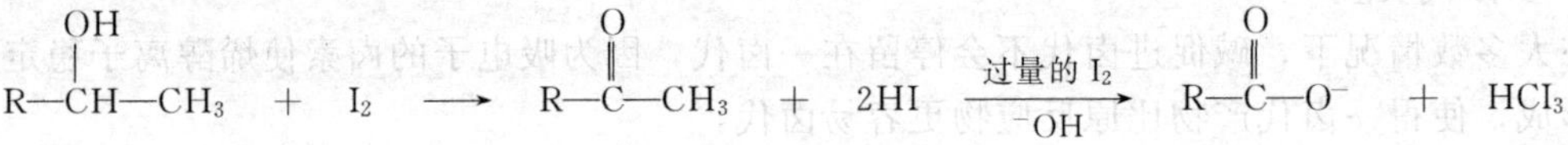

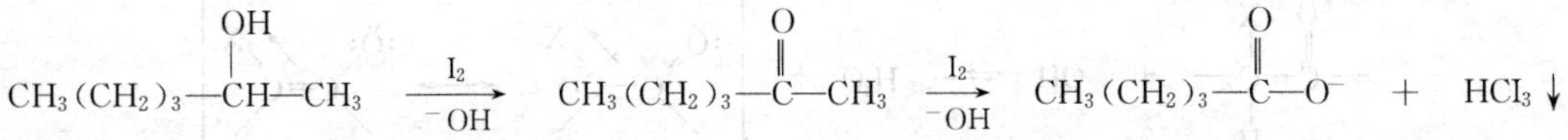

$$R-\overset{\overset{OH}{|}}{CH}-CH_3 + I_2 \longrightarrow R-\overset{\overset{O}{\|}}{C}-CH_3 + 2HI \xrightarrow[^-OH]{\text{过量的 I}_2} R-\overset{\overset{O}{\|}}{C}-O^- + HCI_3 \downarrow$$

$$CH_3(CH_2)_3-\overset{\overset{OH}{|}}{CH}-CH_3 \xrightarrow[^-OH]{I_2} CH_3(CH_2)_3-\overset{\overset{O}{\|}}{C}-CH_3 \xrightarrow[^-OH]{I_2} CH_3(CH_2)_3-\overset{\overset{O}{\|}}{C}-O^- + HCI_3 \downarrow$$

习题 12-9 提出甲基环己基酮在氢氧化钠存在下与过量溴反应的反应机理。

习题 12-10 指出下列反应的产物

(a) 甲基环戊基酮 ＋ 过量 Cl₂ ＋ 过量 NaOH

(b) 1-环戊基乙醇 ＋ 过量 I₂ ＋ 过量 NaOH

(c) 环己酮＋过量 I₂ ＋ 过量 NaOH

(d) 丙酰苯＋过量 Br₂ ＋ 过量 NaOH

习题 12-11 下列哪些化合物能发生碘仿反应？

(a) 1-苯基乙醇　　(b) 2-戊酮　　(c) 2-戊醇

(d) 3-戊酮　　　　(e) 丙酮　　　(f) 异丙醇

---

4. 酸催化的 α-卤代

酮也能在酸催化下 α-卤代，最有效的步骤之一是将酮溶于乙酸，乙酸既是溶剂又是催化剂，与碱催化卤代相比，如果卤素的量合适，酸催化卤代能选择性地只取代一个或多于一个的氢。

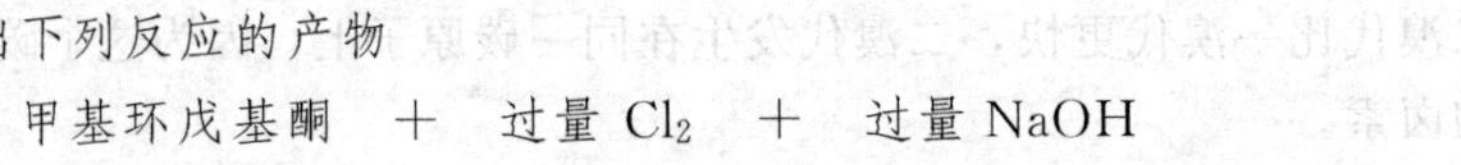

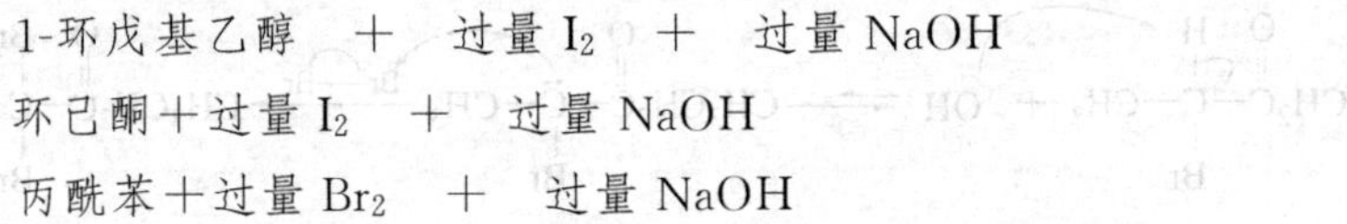

酸催化卤代的机理包括酮的烯醇（在酸催化下生成）作为亲核试剂对亲电试剂卤素分子的进攻，然后失去质子生成 α-卤代产物和卤化氢。

酸催化卤代的反应机理：

第一步：烯醇进攻卤素　　　　第二步：失去质子

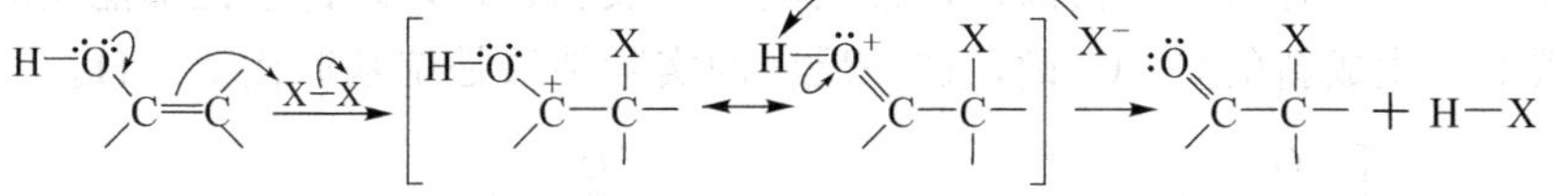

碳正离子中间体

这一反应与烯烃和卤素的加成反应相似，但烯醇的 π 键与卤素反应的活性更强，因为烯醇进攻卤素后生成的碳正离子通过与烯醇羟基的共振而稳定，碳正离子中间体失去质子转化成产物 α-卤代酮。

醛不同于酮，醛容易被氧化，卤素是较强的氧化剂，若用此法使醛卤代，通常得到的是氧化产物羧酸。

$$R-\overset{O}{\overset{\|}{C}}-H + X_2 + H_2O \longrightarrow R-\overset{O}{\overset{\|}{C}}-OH + 2H-X$$

【例题 12-4】 给出环己酮在酸催化下转化成 2-氯环己酮的反应机理。

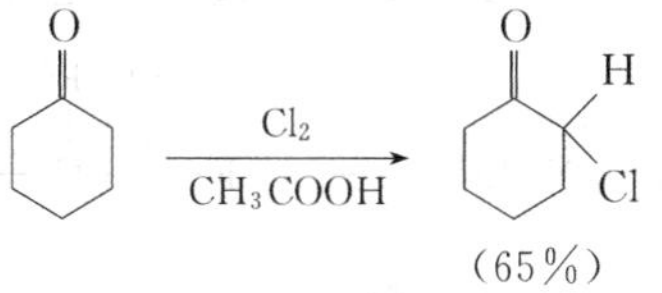

(65%)

解：在酸催化下，酮与烯醇式处于平衡之中：

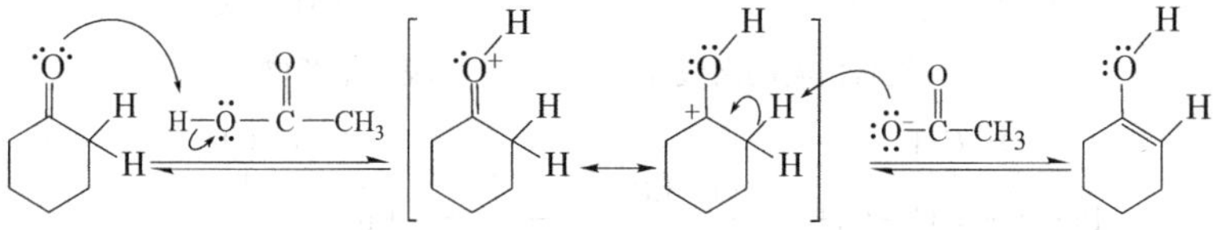

酮式　　　　烯醇式

烯醇作为弱的亲核试剂，进攻氯，生成共振稳定的中间体，然后失去质子给出产物：

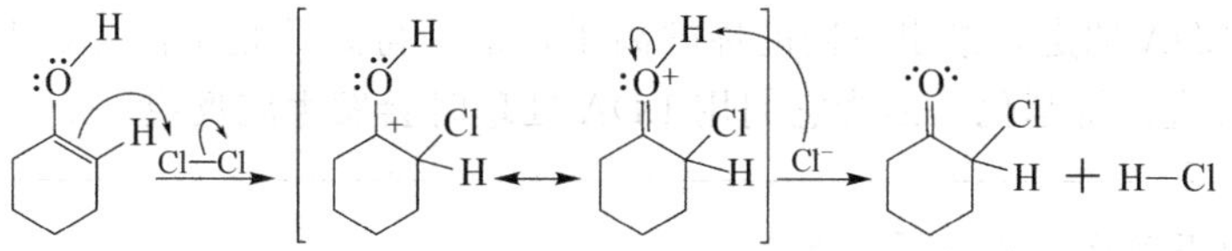

习题 12-12 提出 3-戊酮在酸催化下溴代的反应机理。

习题 12-13 酸催化卤代在有机合成上非常有用，它可以将酮转化为 α,β-不饱和酮，后者在 Michael 反应中非常有用，给出由环己酮转化为 2-环己烯酮（又名 2-环己烯-1-酮，重要的合成原料）的方法。

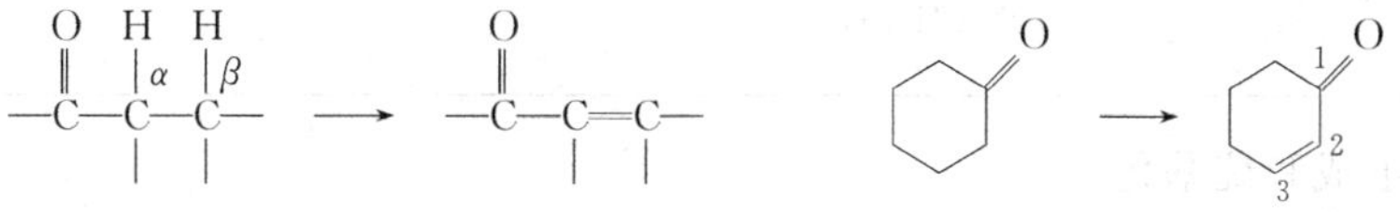

酮　　α,β-不饱和酮　　环己酮　　2-环己烯酮

---

5. 烯醇离子的烷基化

很多反应里，亲核试剂通过 S_N2 机理进攻没有空间阻碍的卤代烷和对甲苯磺酸酯，烯醇离子作为亲核试剂，也能按 S_N2 机理进攻没有空间阻碍的卤代烷和对甲苯磺酸酯，发生烷基化反应。因为烯醇离子有两个亲核部位，带负电荷的氧和 α-碳，理论上说都能反应，但反应通常发生在 α-碳上，生成新的C—C 键，这一反应的实际结果是烷基取代了 α-H。

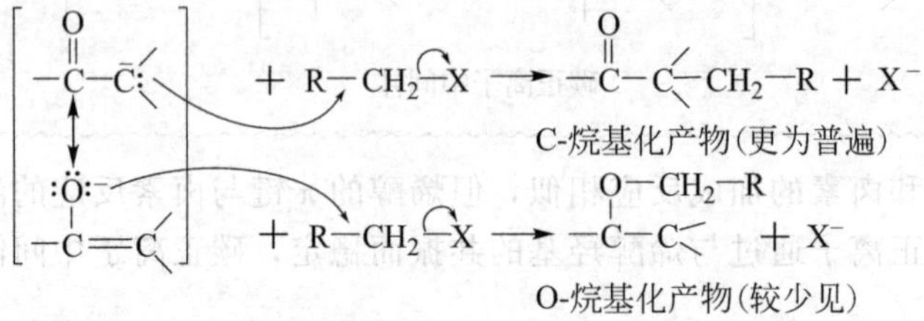

C-烷基化产物(更为普遍)
O-烷基化产物(较少见)

常用的碱如氢氧化钠或醇钠不能用于这一反应中烯醇离子的生成，因为在酮与烯醇离子的平衡体系中，大量的$^-$OH 或$^-$OR 依然存在，这些强亲核性的碱会与卤代烷或对甲苯磺酸酯发生副反应。而二异丙基胺化锂（LDA）能避免这些副反应，因为它是非常强的碱，能将酮完全转化成烯醇离子，而自身也在烯醇离子生成时全消耗掉了，留下烯醇离子反应，没有LDA 的干扰。实际上 LDA 一般不与卤代烷或甲苯磺酸酯反应，因为它的体积庞大，进攻带正电荷的碳原子有较大的空间阻碍。所以 LDA 是强碱但不是强的亲核试剂。

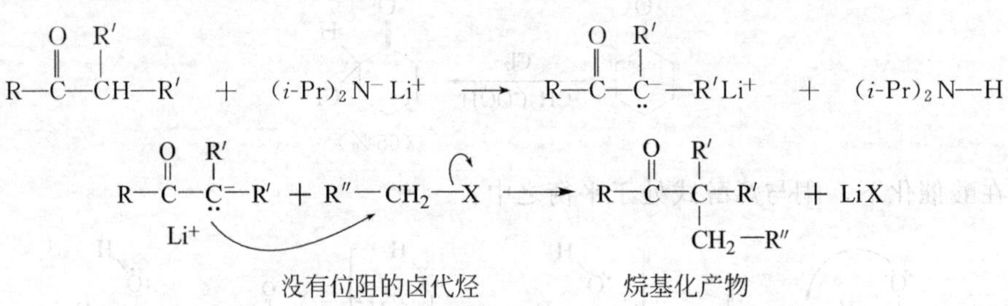

没有位阻的卤代烃
烷基化产物

例如：

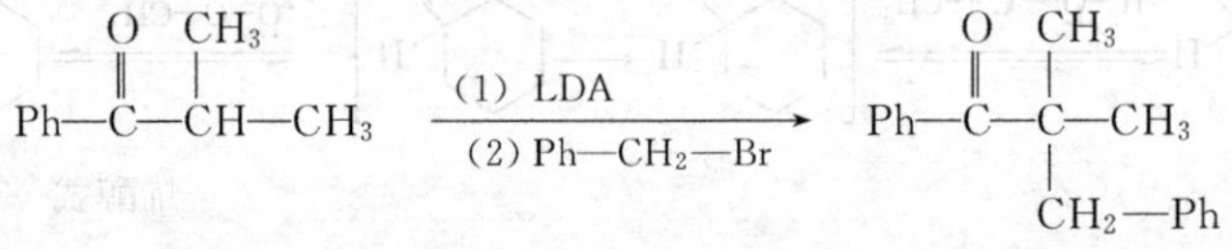

当 α-H 只有一种时，烯醇离子直接烷基化（用 LDA）的产率最好，如果有两种不同的 α-H 时，都可能被 LDA 抽走，给出不同的烯醇离子，最后得到的是不同 α-C 上烷基化的产物的混合物。醛不适合直接烷基化，因为它们用 LDA 处理时会发生副反应。

习题 12-14　预测下列反应的主要产物：

(a) 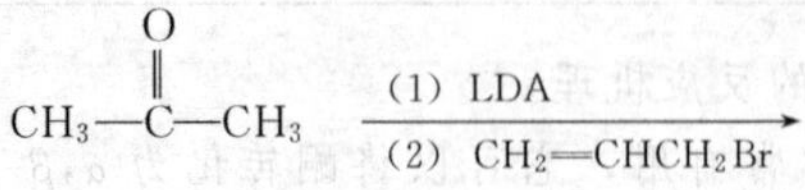

(b) 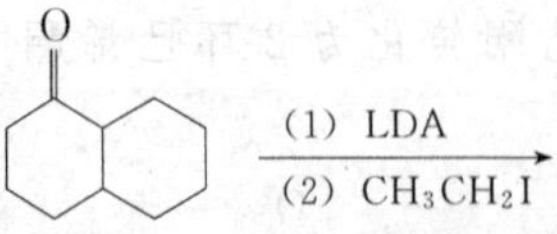

---

6. 烯胺的生成和烷基化

一种温和的方法可以代替烯醇离子的直接烷基化，这就是利用胺的衍生物——烯胺的生成和烷基化，烯胺只是氮取代了烯醇中的氧，烯胺的共振图显示它的 α-C 有部分碳负离子的性质，具有亲核性。

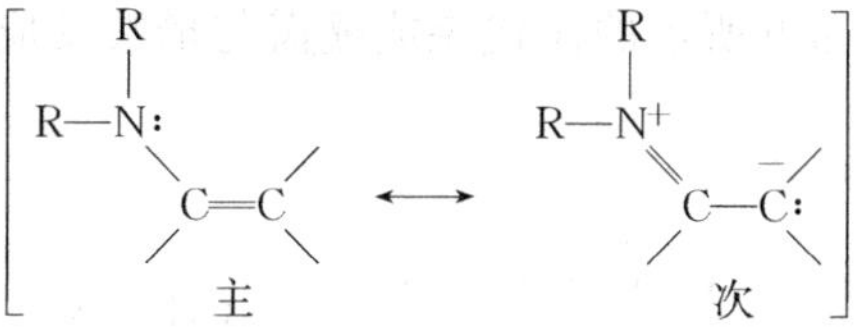
主
次

烯胺比烯醇的亲核能力强，但在烷基化反应中仍有较强的选择性，亲核的碳原子进攻亲电试剂生成共振稳定的阳离子中间体。

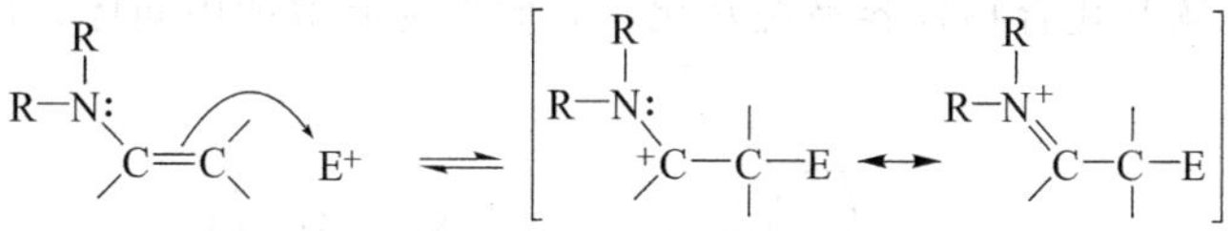
次
主

烯胺由酮或醛与仲胺反应生成，伯胺与酮或醛反应先生成醇胺，后者脱水生成含C═N双键的亚胺。但仲胺与酮或醛反应生成的醇胺因氮上没有氢可供消除，所以不能生成含C═N双键的亚胺，但可以从 α-C 移走一个质子，生成含C═C双键的烯胺。

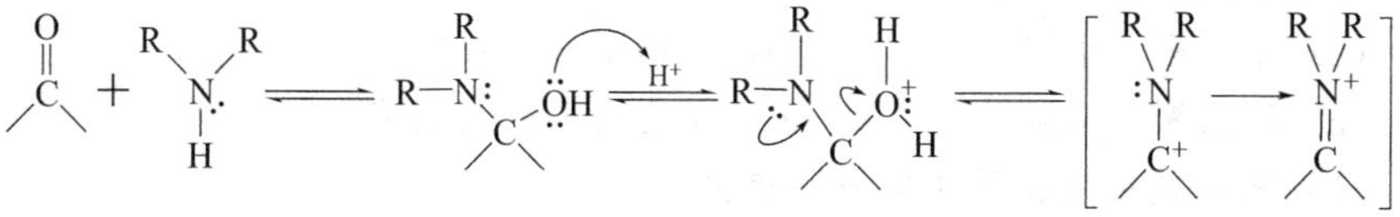
氮上没有质子

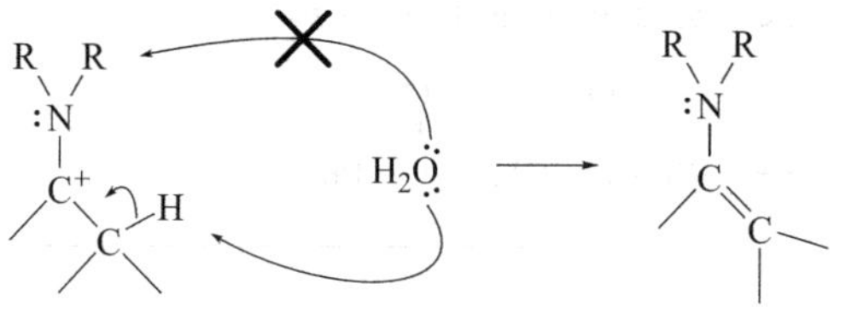
移走一个 α 质子
烯胺

例如：

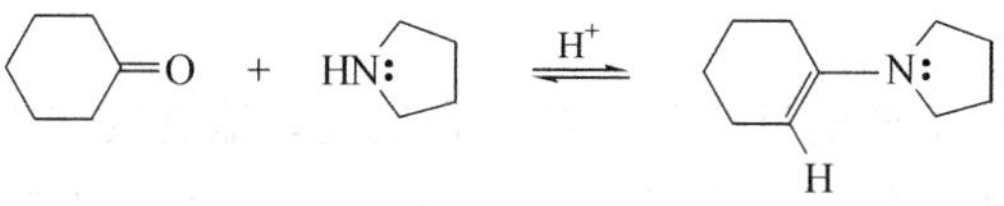

烯胺与卤代烷反应，取代了卤代烷中的卤素，生成烯胺 α-C 烷基化的亚胺盐，亚胺离子不会进一步烷基化或酰基化。下面的例子显示苯甲基溴与环己酮的吡咯烷烯胺的反应。

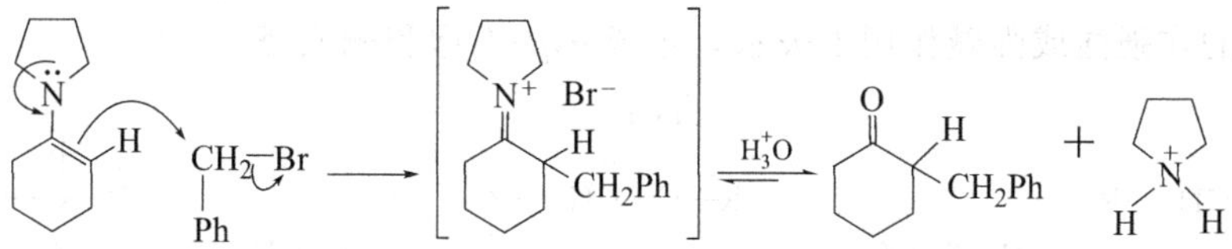

烷基化亚胺盐分解成烷基化酮，分解的机理与酸催化亚胺水解的机理相似。即：

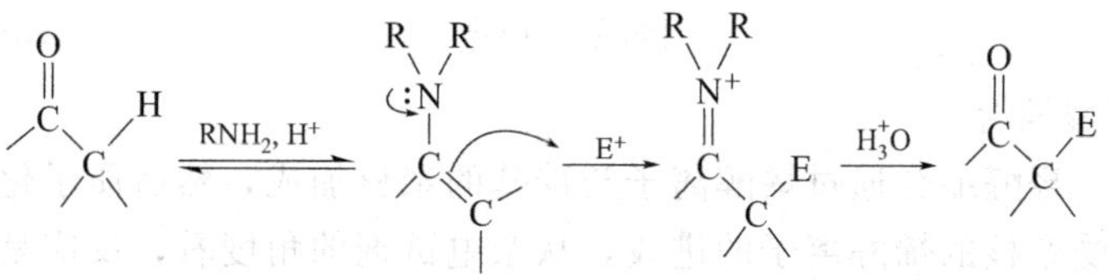
烯胺
亚胺离子

烯胺烷基化反应由哥伦比亚大学 Stork G. 发明，因而又称 Stork 反应，该反应常作为酮烷基化或酰基化的最好方法。如下所示的卤代烷或酰卤与烯胺反应，能较好地生成酮的烷基化或酰基化衍生物。

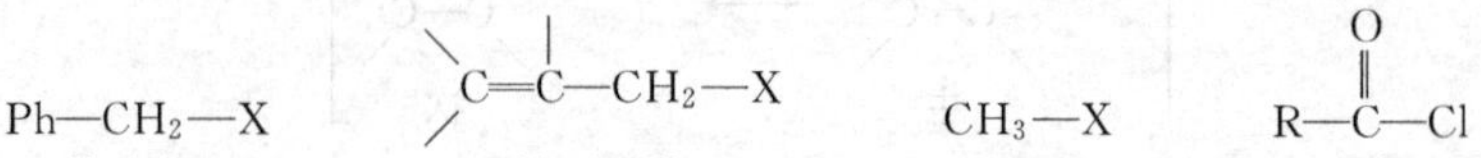

苄基卤　　烯丙基卤　　甲基卤　　酰氯

下面的反应显示了烯胺酰基化合成 β-二酮的方法。最初酰化生成酰基亚胺盐，后者分解成产物 β-二酮。β-二羰基化合物很容易烷基化，它们作为有效的中间体，用于合成更复杂的有机分子。

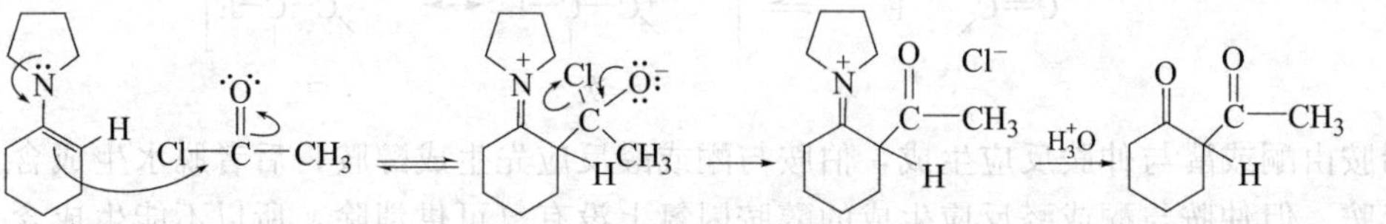

习题 12-15　写出下列酸催化反应的产物：

(a) 苯乙酮＋甲胺　　(b) 苯乙酮＋二甲胺

(c) 环己酮＋苯胺　　(d) 环己酮＋六氢吡啶

习题 12-16　用烯胺合成法完成下列每一个转化

(a) 环戊酮 ⟶ 2-烯丙基环戊酮

(b) 3-戊酮 ⟶ 2-甲基-1-苯基-3-戊酮

(c) 苯乙酮 ⟶ $Ph-\overset{\overset{O}{\|}}{C}-CH_2-\overset{\overset{O}{\|}}{C}-Ph$

第八节　醛和酮的缩合反应

羰基化合物烯醇离子最重要的反应是一些缩合反应，缩合反应将两分子或更多的分子结合起来。在碱性条件下，醛或酮的烯醇离子与另一分子羰基化合物进行亲核加成，产物为 β-羟基酮或醛，因为最初发现这类反应是由乙醛缩合成 β-羟基醛，β-羟基醛的英文名称为 aldol，即 aldehyde-alcohol，这一反应称为羟醛缩合（aldol condensation）。β-羟基酮或醛有的在反应时就失水，有的在强酸或强碱作用下失水，生成 α,β-不饱和酮或醛。

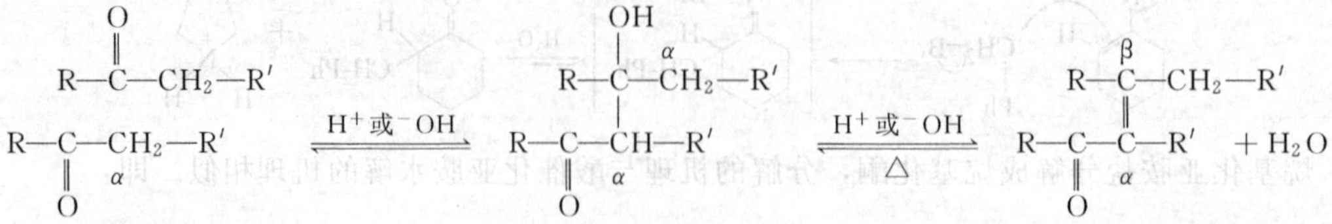

酮或醛　　羟醛缩合产物　　α,β-不饱和酮或醛

1. 碱催化的羟醛缩合

在碱性条件下，羟醛缩合通过烯醇离子与羰基的亲核加成，然后质子化生成产物，注意羰基作为亲电试剂接受亲核的烯醇离子的进攻，从亲电试剂的角度看，反应是羰基双键的亲核加成反应，从烯醇离子角度看，发生了 α-取代反应：另一个羰基化合物取代了 α-氢。

碱催化的羟醛缩合反应机理：

第一步：烯醇离子加成　　　　　　　　第二步：质子化

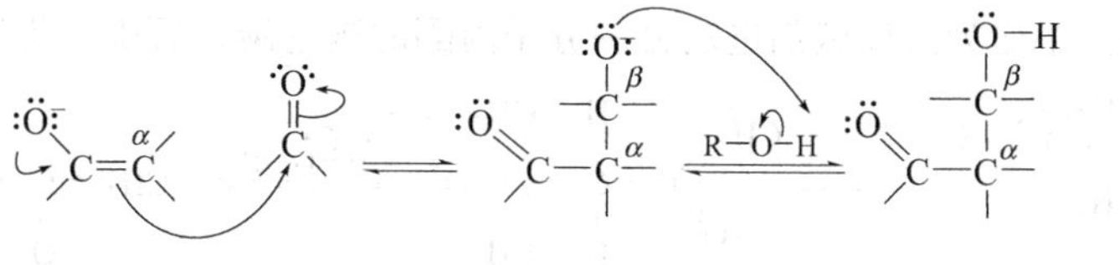

烯醇离子　　　　　　　　　　　　产物

下面是乙醛的羟醛缩合机理，乙醛在碱作用下失去质子，生成烯醇离子，接着烯醇离子作为强亲核试剂进攻另一分子醛的羰基，生成羰基双键的加成产物，即羟醛缩合产物。

第一步：烯醇离子的生成

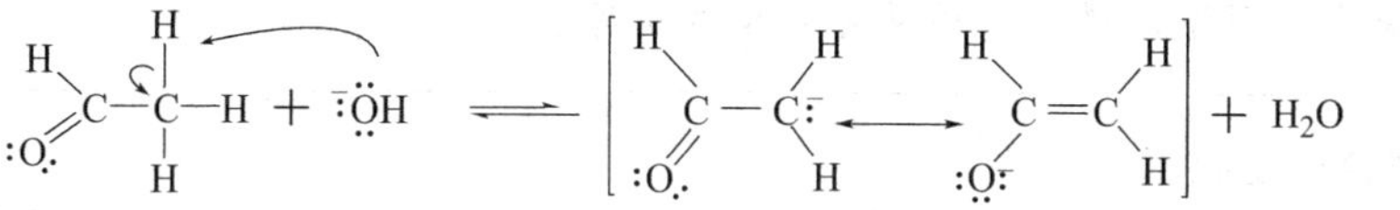

乙醛　　碱　　　　　　烯醇离子

第二步：亲核试剂进攻羰基

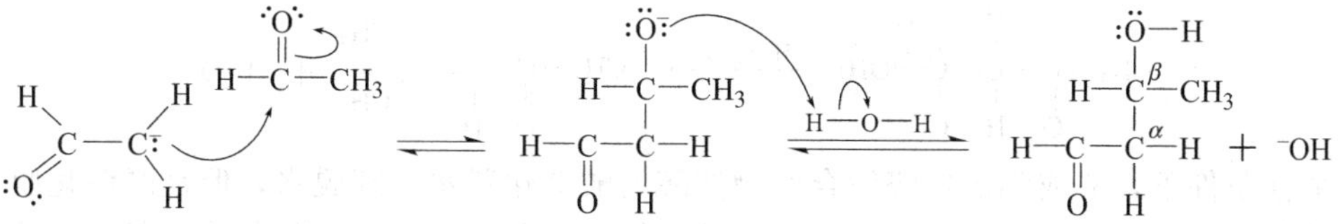

烯醇离子　　乙醛　　　　　　　　　　　　羟醛缩合产物(50%)

羟醛缩合反应属可逆反应，反应物和产物处于平衡之中，如乙醛转化成羟醛缩合产物约 50%。酮也能进行羟醛缩合反应，但产物的平衡浓度一般较少。有时通过一种巧妙的实验装置可使羟醛缩合反应趋于完成。例如，丙酮的羟醛缩合用普通方法操作，几乎得不到产物，但通过图 12-11 的装置，丙酮的羟醛缩合可以获得很高的产率。图 12-11 显示，丙酮通过回流冷凝滴到氢氧化钡中，在氢氧化钡的作用下，丙酮发生羟醛缩合，生成的产物随丙酮（产物的浓度约 1%）下滴至烧瓶内，因产物的沸点高，不发生回流而留在烧瓶内积存。此反应的关键是氢氧化钡不溶于丙酮及丙酮的羟醛缩合产物，因此氢氧化钡不会到烧瓶中，这样烧瓶内的产物不再和氢氧化钡接触，使产物移出平衡体系，而丙酮不断地加入反应，这样使平衡朝产物方向进行，几个小时后，几乎所有的丙酮转化成了产物。

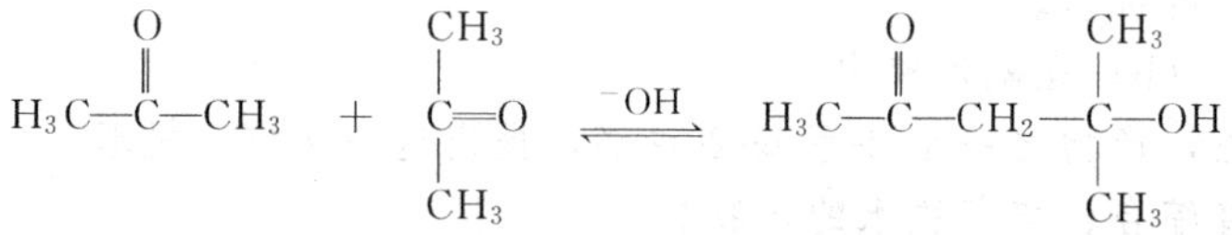

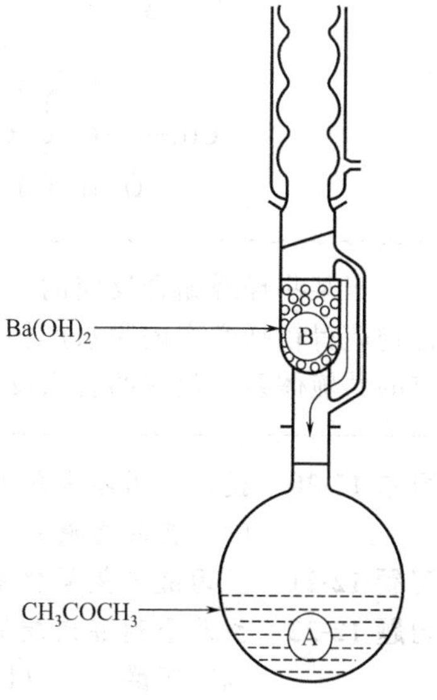

$Ba(OH)_2$
B
CH_3COCH_3
A

图 12-11　丙酮羟醛缩合的一种装置

【例题 12-5】　提出一种碱催化丙酮羟醛缩合的机理

解：第一步，作为亲核试剂的烯醇离子的形成。

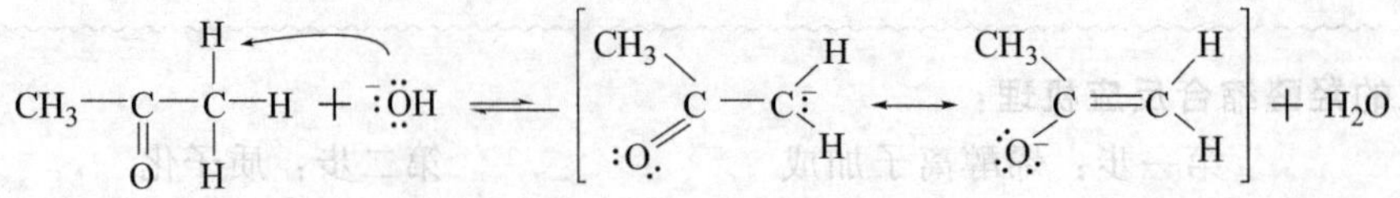

第二步，烯醇离子作为亲核试剂进攻另一分子丙酮的羰基碳，后质子化生成羟醛缩合产物。

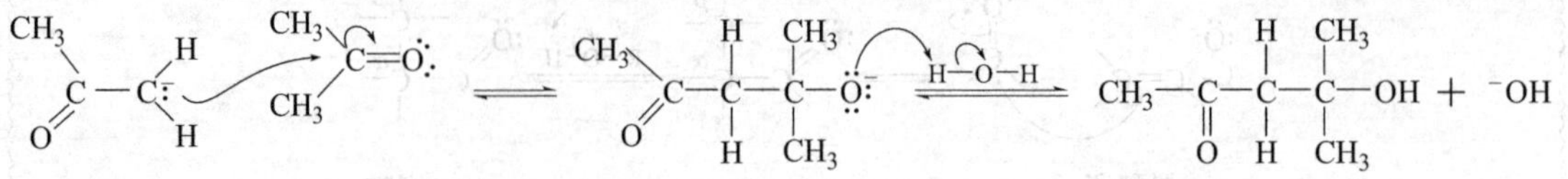

习题 12-17 提出环己酮羟醛缩合的机理。你认为平衡偏向反应物还是产物？

习题 12-18 指出下列化合物羟醛缩合的产物

(a) 丙醛　　　　　　(b) 苯乙醛

习题 12-19 一学生想干燥丙酮的羟醛缩合物，用无水碳酸钾处理一周，一周后，发现样品全变成了丙酮，提出这种反应发生的机理。

---

2. 羟醛缩合产物脱水

加热与碱或酸混合的羟醛缩合产物，羟基马上脱水生成α,β-不饱和的醛或酮，醛或酮经羟醛缩合、脱水，生成新的碳碳双键。在魏悌希反应发现之前，羟醛缩合加脱水反应是用双键连接两个分子的最好办法。现在仍然是常用的最便宜、最容易的方法。

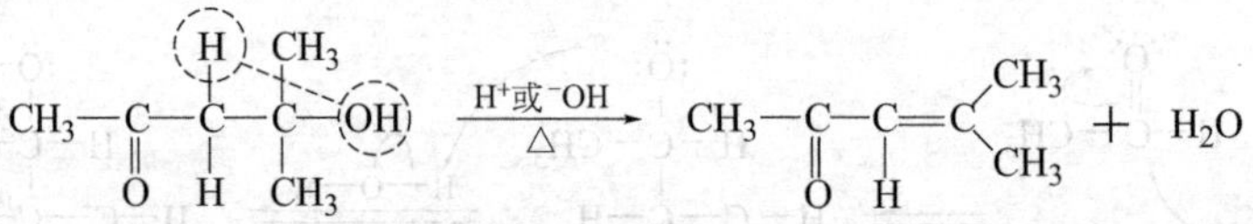

在酸性条件下，醛或酮的羟醛缩合产物按醇的酸催化脱水机理脱水，但是碱催化脱水未见过。碱催化脱水建立在羟醛缩合产物α-质子的酸性，α-质子被碱抽走生成烯醇离子，烯醇离子迫使羟基带着一对电子离开，生成更稳定的产物。在 E2 消除反应中羟基不是好的离去基团，但是它在强放热这一步，可作为离去基团。下面的机理显示碱催化的 3-羟基丁醛的脱水反应。

羟醛缩合产物碱催化脱水的主要机理：

第一步：烯醇离子的生成　　　　　第二步：氢氧根的消除

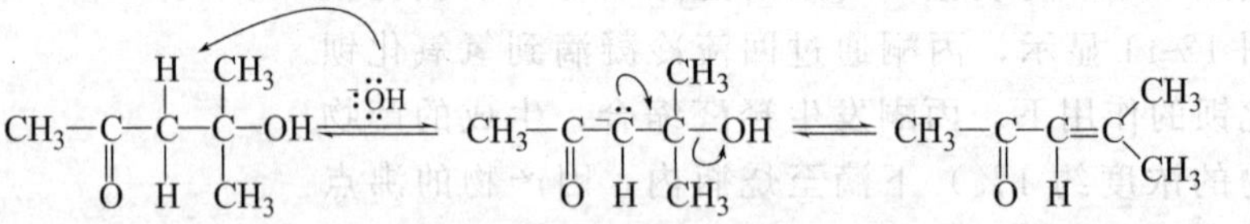

当某些羟醛缩合反应的平衡不利于β-羟基醛或酮的生成时，仍然可以通过加热反应的混合物获得较高产率的脱水产物。β-羟基醛或酮的脱水反应一般为放热反应，因为它生成更为稳定的共轭体系，放热的脱水反应驱使羟醛缩合反应的平衡向右移动。

习题 12-20 提出二丙酮醇脱水生成的机理。

(a) 在酸溶液中　　　　(b) 在碱溶液中

习题 12-21 当丙醛与氢氧化钠共热，产物之一是 2-甲基-2-戊醛，提出这一反应的机理。

习题 12-22 预测下列醛或酮的羟醛缩合、接着脱水的产物。

(a) 丁醛　　　(b) 苯乙酮　　　(c) 环己酮

---

3. 交叉羟醛缩合

当醛或酮的烯醇离子进攻另一种分子的羰基时，其结果称为交叉羟醛缩合。用于交叉羟醛缩合反应的化合物需经过选择，否则得到的产物为混合物。

如乙醛和丙醛的羟醛缩合反应，这两种化合物都能形成烯醇离子。乙醛的烯醇离子进攻丙醛的产物不同于丙醛的烯醇离子进攻乙醛。另外，乙醛和丙醛还会自身缩合，产物的比例取决于反应条件。

乙醛的烯醇离子与丙醛加成

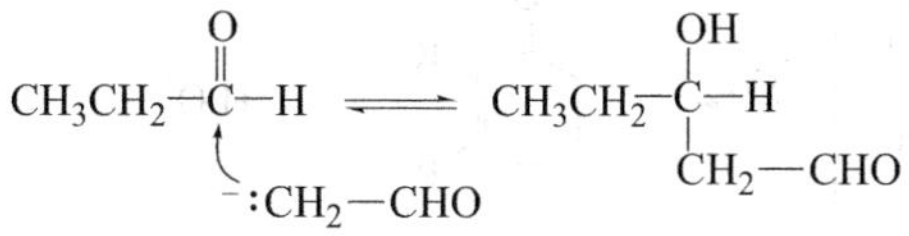

丙醛的烯醇离子与乙醛加成

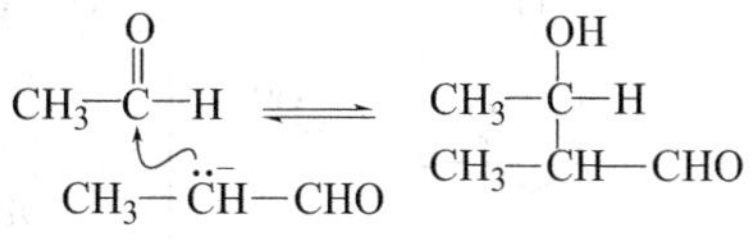

乙醛的自身缩合

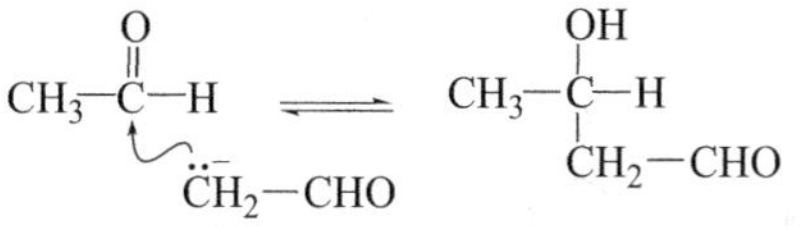

丙醛的自身缩合

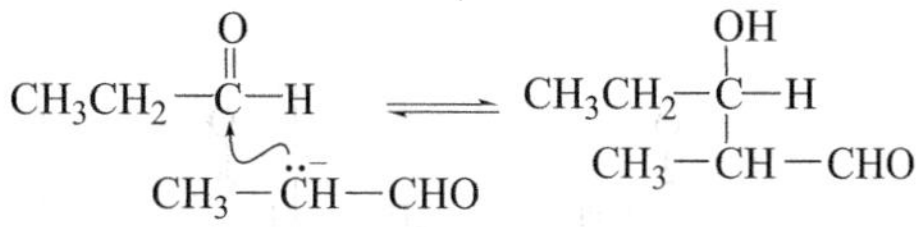

交叉羟醛缩合如果计划合理，还是能达到好的效果的，例如：只有一种反应物有α-氢，这样只有一种烯醇离子能形成并存在于溶液中。烯醇离子与另一不含α-H的羰基化合物缩合。下面两个交叉缩合反应很成功，羟醛缩合产物是不是脱水，看反应条件和产物的结构。

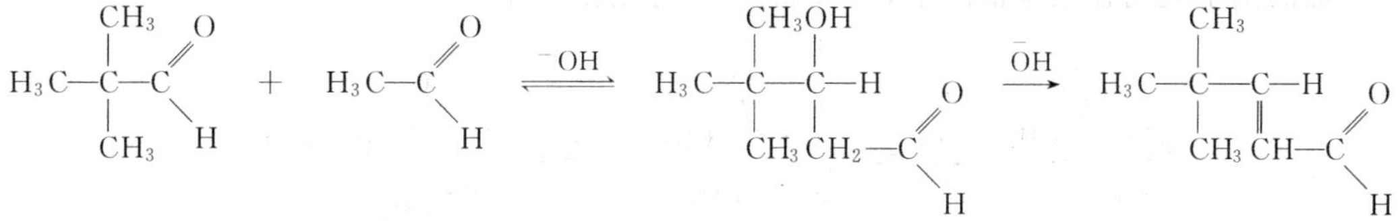

过量，无α-质子　　有α-质子　　羟醛缩合产物　　脱水产物（75%）

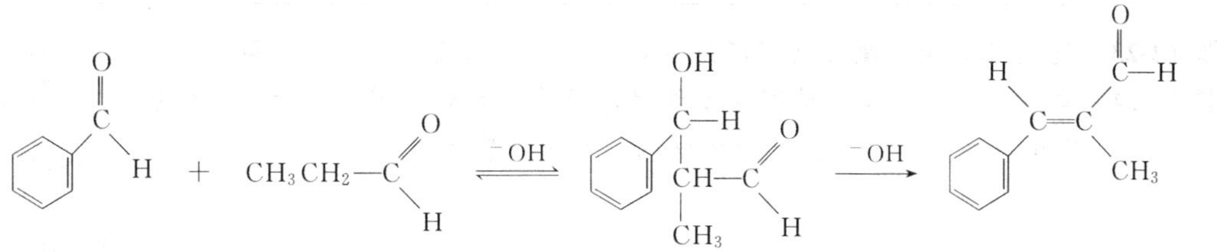

过量，无α-质子　　有α-质子　　羟醛缩合产物　　脱水产物（80%）

反应时，将含α-氢的化合物慢慢加到不含α-氢的化合物的碱性溶液中，烯醇离子在过量的另外一种反应物存在下形成，对反应有利。

4. 环化的羟醛缩合

二酮分子内羟醛缩合经常用来制备五元环和六元环。大于六元环或小于五元环的羟醛缩合环较少见，因为大环或小环不利于它们的内能和熵。下面的反应显示 1,4-二酮如何缩合、脱水成环戊烯酮及 1,5-二酮如何生成环己烯酮。

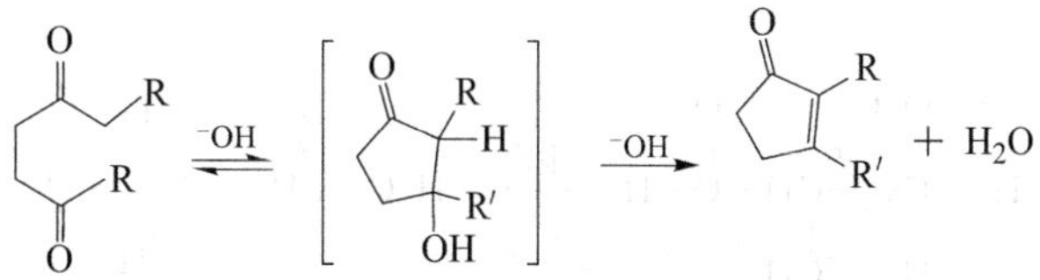

1,4-二酮的烯醇离子　　羟醛缩合产物　　环戊烯酮类

例如：

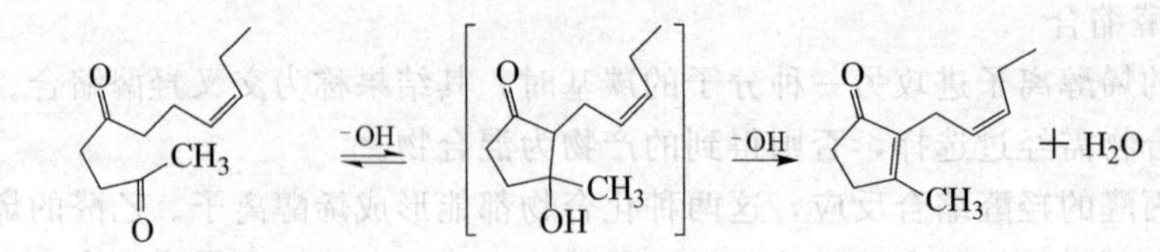

顺-8-十一烯-2,5-二酮　　　　羟醛缩合产物　　　　顺-茉莉酮(一种香水)

(90%)

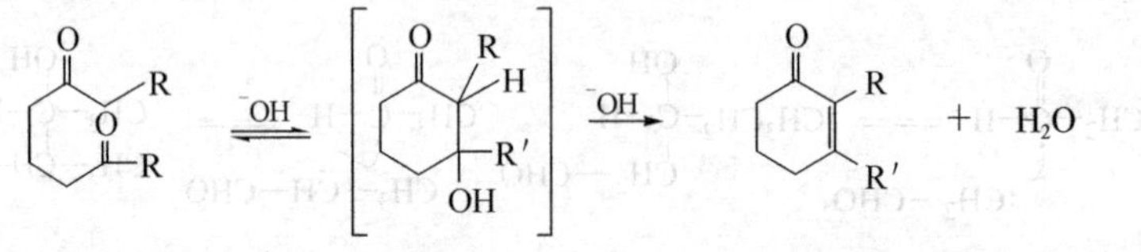

1,5-二酮的烯醇离子　　　　羟醛缩合产物　　　　环己烯酮类

例如：

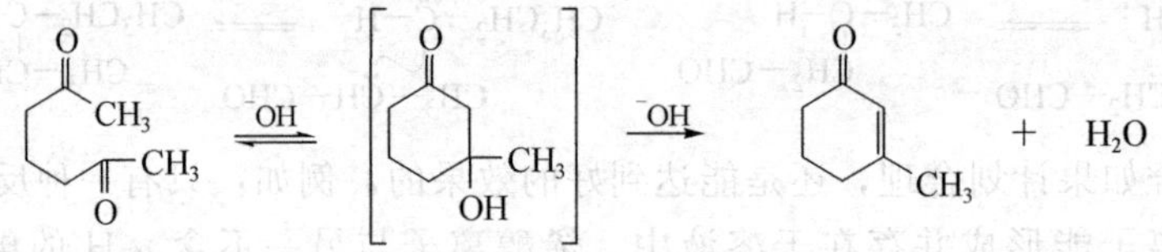

2,6-庚二酮　　　　羟醛缩合产物　　　　3-甲基-2-环己烯酮

下面的例子表明在某些情况下，产物的羰基可能在环外。

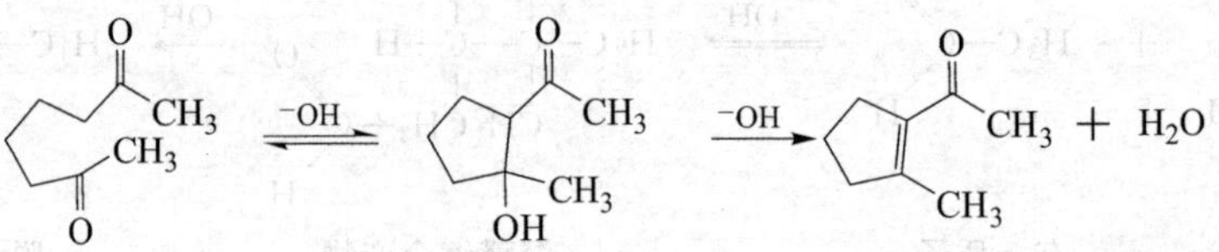

习题 12-23　说明 2,7-辛二酮如何羟醛缩合，解释为什么看不到环庚烯酮。

习题 12-24　当 1,6-环癸二酮用碳酸钠处理时，产物的 UV 光谱类似于 1-乙酰基-2-甲基环戊烯。提出产物的结构，给出产物生成的机理。

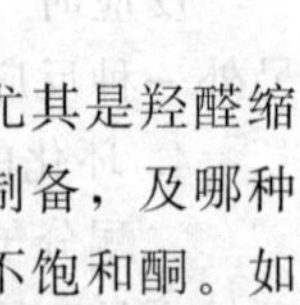

1,6-环癸二酮

---

5. 用羟醛缩合设计合成

尽管羟醛缩合反应有一定的限制，但它是合成很多有机化合物的有效反应。尤其是羟醛缩合可以形成碳碳双键，可以用一般的原理确定某个化合物是否可以由羟醛缩合来制备，及哪种试剂作为起始原料。羟醛缩合产生 β-羟基醛或 β-羟基酮，和 α,β-不饱和醛或 α,β-不饱和酮。如果目标分子是如上说的 β-羟基醛或酮或 α,β-不饱和醛或酮，那么就可以考虑用羟醛缩合反应。为了确定起始反应物，可以将 α,β-键断开。在脱水产物的情况下，将 α,β-不饱和键断开来，可以决定起始原料。

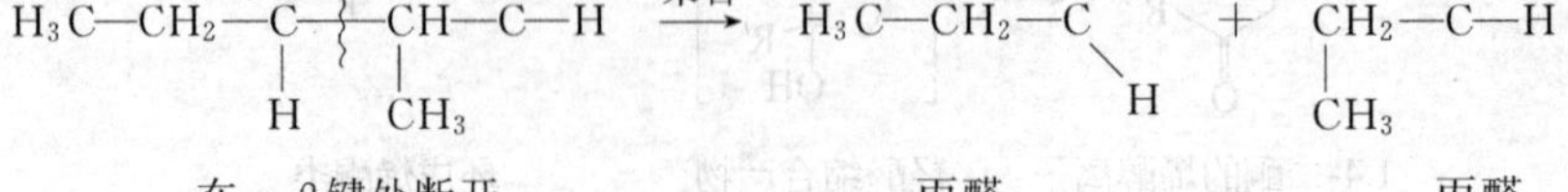

在 α,β 键处断开　　　　丙醛　　　　丙醛

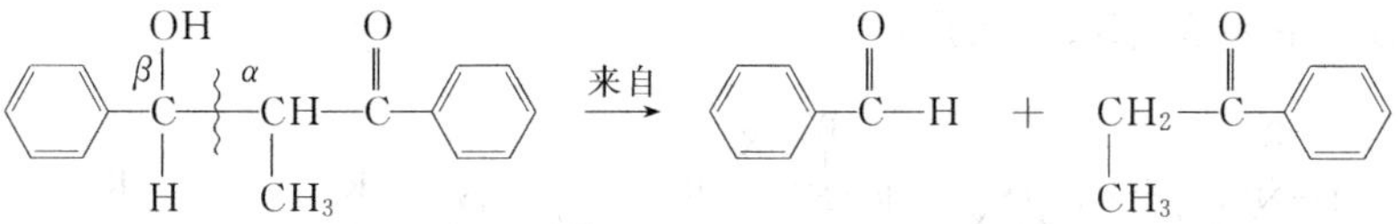
来自

在α，β键处断开　　苯甲醛　　丙酰苯

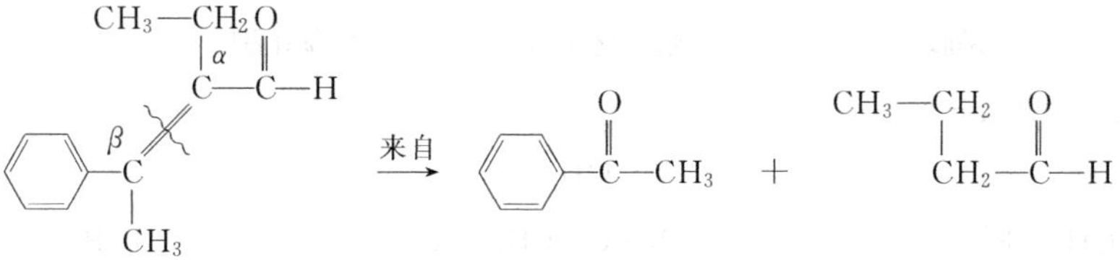
来自

在双键处断开　　苯乙酮　　丁醛

习题 12-25　将下列化合物分割成羟醛缩合的两部分，然后看看用羟醛缩合是否可行。

(a) 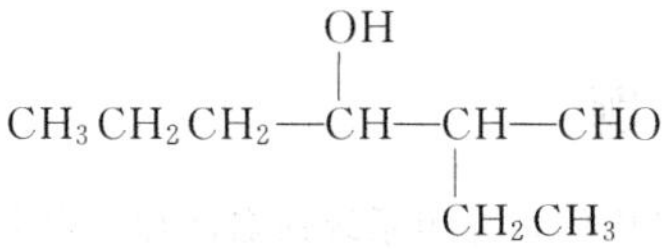　(b) 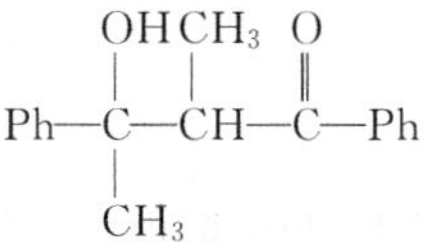

(c) 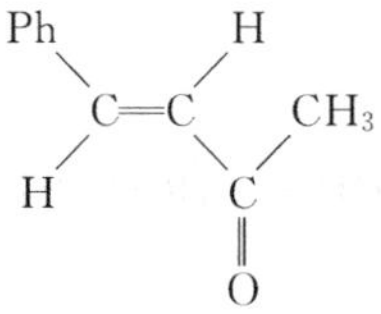　(d) 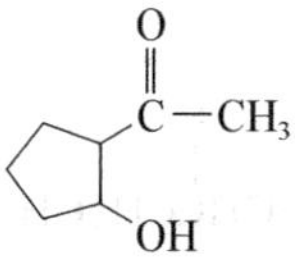　(e) 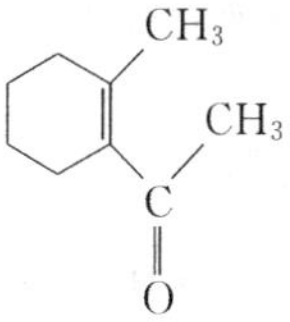

习题 12-26　图示化合物来自碱催化下 2-取代环己酮的羟醛缩合环化产物。

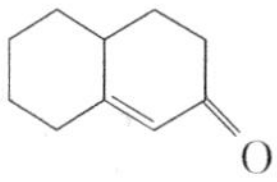

(a) 写出这个二酮的结构式

(b) 提出一种环化的机理

本章小结：烯醇离子的加成和缩合

1. 卤代

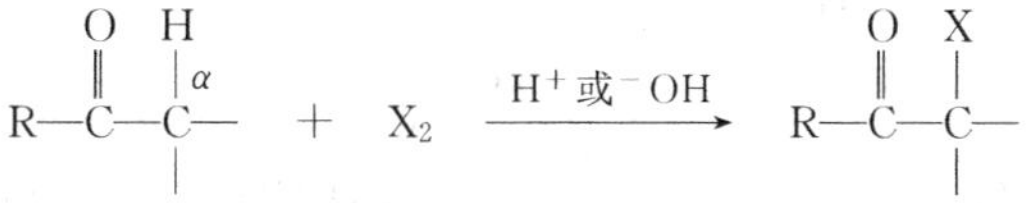

a. 碘仿反应（或卤仿反应）

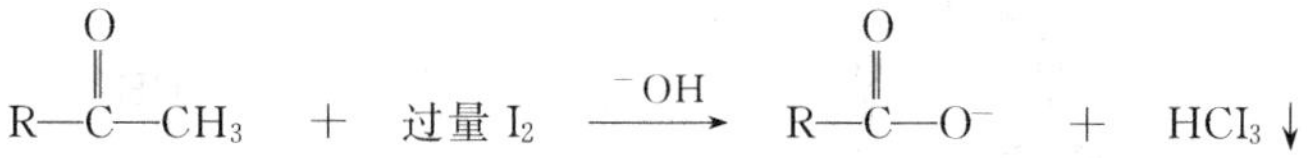

b. HVZ 反应

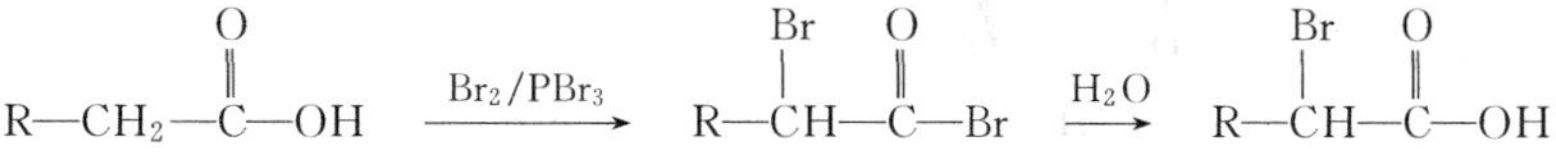

2. 烯醇锂的烷基化反应

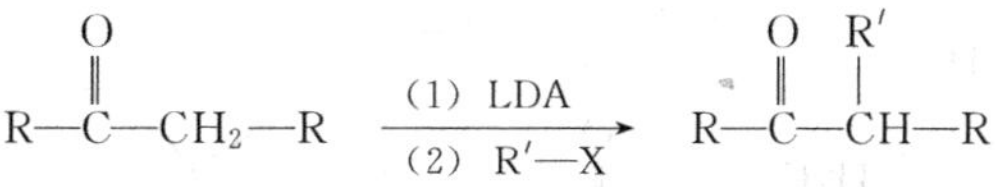

（LDA＝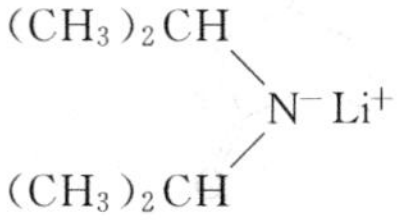，R′—X＝没有位阻的伯卤代烷或对甲苯磺酸酯）

3. 烯胺的烷基化反应（Stork 反应）

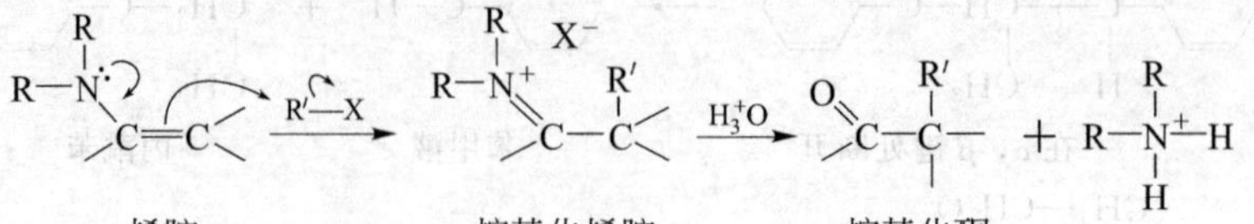

烯胺　　　　烷基化烯胺　　　　烷基化酮

4. 羟醛缩合、脱水反应

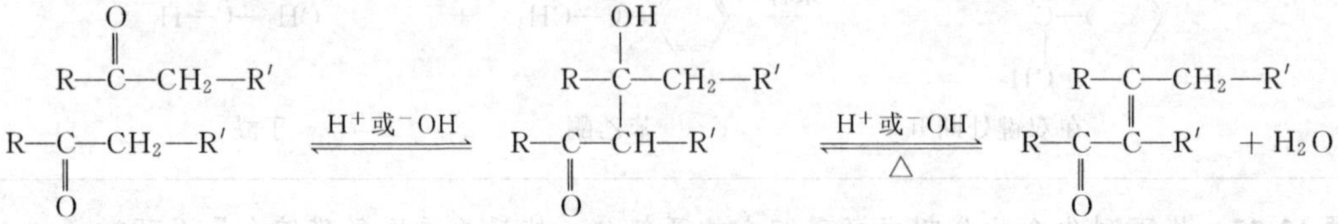

酮或醛　　　　羟醛缩合产物　　　　α,β-不饱和酮或醛

习　题

1. 写出分子式为 $C_5H_{10}O$ 的饱和一元醛、酮的所有同分异构体，并用系统命名法加以命名

2. 命名下列化合物

（1） 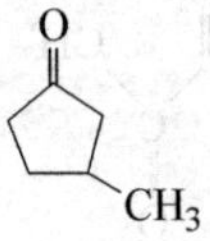　（2） $CH_3CH=CHC(=O)CH_2CH_2OH$　（3） $CH_2=CHCH_2CH_2CHO$

（4） 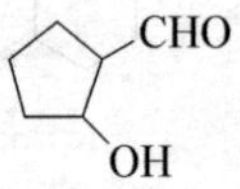　（5） $HOOCCH_2CH(CH_3)CH_2CHO$　（6） 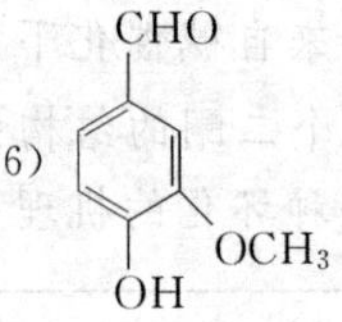

（7） 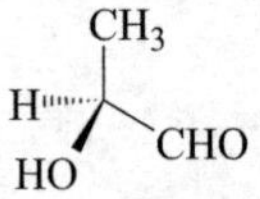　（8） 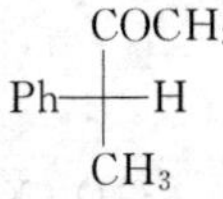　（9） 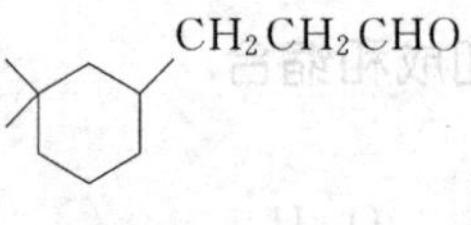

（10） 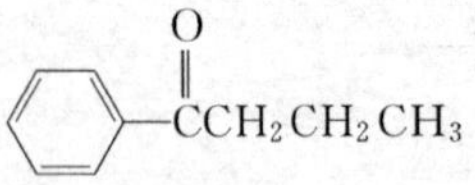　（11） 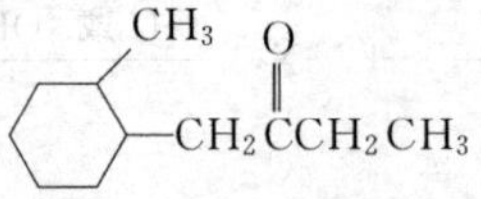　（12） $CH_3C(=O)CH_2CH(CH_3)CHO$

（13） 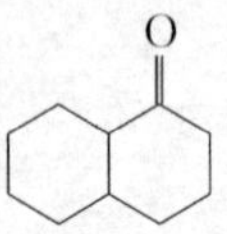　（14） 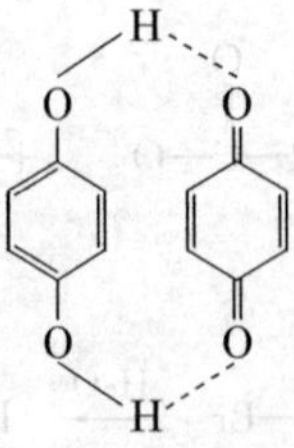　（15） 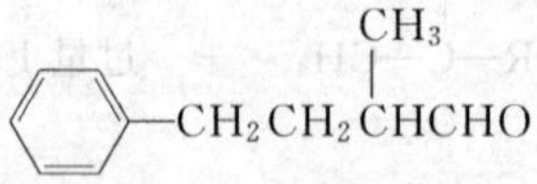

（16） $CH_3CH_2CH_2CH(OCH_3)_2$　（17） 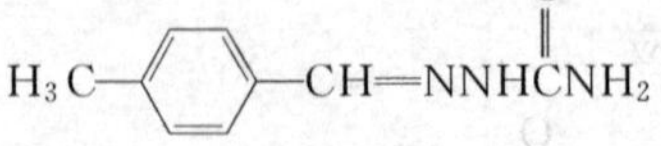

（18） 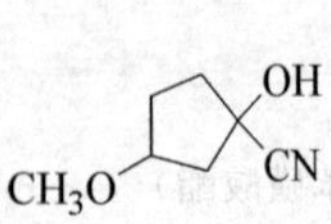　（19） 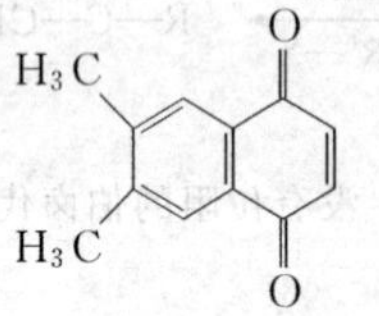　（20） 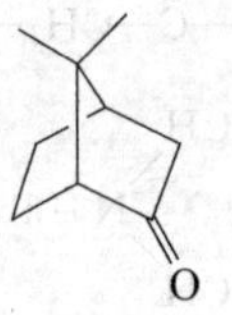

3. 写出下列化合物的结构式

(1) 三甲基乙醛 (2) 3-甲基-2-丁酮 (3) 4,4′-二羟基二苯酮 (4) 2-丁烯醛苯腙

(5) (*R*)-3-苯基-2-丁酮 (Fischer 式) (6) 甲基异丁基甲酮 (7) 1,3-环己二酮

(8) α-萘甲醛 (9) 肉桂醛 (10) (*Z*)-对氯苯甲醛肟 (11) 苯乙酮苯腙

4. 写出丙醛与下列试剂反应的反应方程式

(1) NaCN (2) $NaHSO_3$ (饱和水溶液) (3) CH_3OH (过量)/H^+ (4) 羟胺与弱酸

(5) 苯肼与弱酸 (6) $Ph_3P{=}CH_2$ (7) $HOCH_2CH_2OH$/TsOH (8) 托伦试剂

(9) 乙炔钠,然后稀 H_3^+O (10) 肼,然后与 KOH 熔融 (11) PhMgBr,然后稀 H_3^+O

(12) PhCHO/NaOH (稀) (13) $NaBH_4$ (14) $LiAlH_4$ (15) H_2/Ni (16) $KMnO_4/H^+$

5. 写出环己酮与下列试剂反应的反应方程式

(1) NaCN (2) $NaHSO_3$ (饱和水溶液) (3) CH_3OH (过量)/H^+ (4) 羟胺与弱酸

(5) 苯肼与弱酸 (6) $Ph_3P{=}CH_2$ (7) $HOCH_2CH_2OH$/TsOH (8) 托伦试剂

(9) 乙炔钠,然后稀 H_3^+O (10) 肼,然后与 KOH 熔融 (11) PhMgBr,然后稀 H_3^+O

(12) PhCHO/NaOH (稀) (13) $NaBH_4$ (14) $LiAlH_4$ (15) H_2/Ni (16) $KMnO_4/H^+$

6. 按指定要求排序

(1) 按下列化合物的沸点由高到低排列顺序

(a) 丁醛 乙醚 1-丁醇 丁烷

(b) 

CH2OH
CH2CH3
CHO
OCH3

(2) 按下列化合物与 HCN 反应的活性由大到小排列顺序

(a) 丙醛 2-氯丙醛 3-氯丙醛 丙酮 苯乙酮

(b) 丁醛 丁酮 2-丁烯醛 3-丁烯-2-酮

(c) 甲醛 苯甲醛 对甲基苯甲醛 对硝基苯甲醛 对甲氧基苯甲醛

(d) 苯乙醛 苯乙酮 对甲基苯甲醛 二苯甲酮

(3) 按下列化合物水合反应平衡常数的增加排列顺序

(a) CH_3COCH_2Cl $ClCH_2CHO$ HCHO CH_3COCH_3 CH_3CHO

(b) 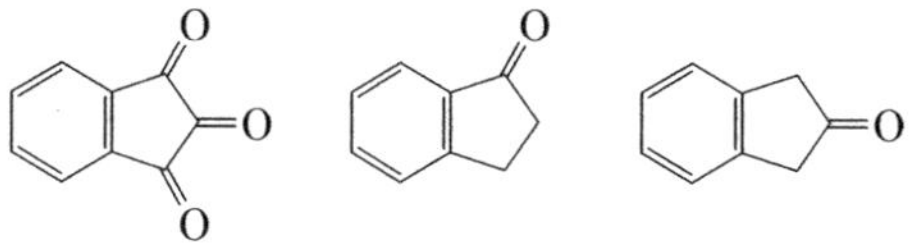

(4) 下列化合物中,按烯醇含量由高到低排列顺序

丙酮 环己酮 2,4-环己二烯-1-酮 乙酰乙酸乙酯 2,4-戊二酮

7. 下列化合物中哪些能发生碘仿反应?哪些能发生银镜反应?哪些能发生斐林反应?哪些能发生羟醛缩合反应?哪些能发生康尼查罗反应?

丙醛 2-戊醇 1-丙醇 丁酮 苯乙酮 2,5-己二酮 苯乙醇 2-苯乙醇 苯甲醛 环己酮

8. 用化学方法鉴别下列各组化合物

(1) 甲醛 乙醛 丙酮

(2) 苯乙醛 苯乙酮 对甲基苯甲醛

(3) 正戊醛 2-戊酮 3-戊酮 2-戊醇

(4) 2-己醇 2-己酮

(5) 苯乙酮 1-苯乙醇 2-苯乙醇 苯酚 苯甲醛

9. 试设计一简便的化学方法,帮助某工厂分析其排出的废水中是否含有醛类,是否含有甲醛?并说明理由

10. 试用化学方法分离丁醚和2-庚酮的混合物

11. 完成下列反应

(1) $CH_3CH_2CH_2CHO \xrightarrow{NaHSO_3\text{(饱和)}} \xrightarrow{Na_2CO_3}$

(2) $(CH_3)_2CHCHO \xrightarrow{Ag(NH_3)_2^+}$

(3) $CH_3CH_2CH_2\underset{\underset{C_2H_5}{|}}{C}HCHO \xrightarrow[H_2O,\ NaOH]{KMnO_4} \xrightarrow{H_3^+O}$

(4) $CH_3CH_2CH_2CHO \xrightarrow{CH_3CH_2MgBr} \xrightarrow{H_3^+O}$

(5) 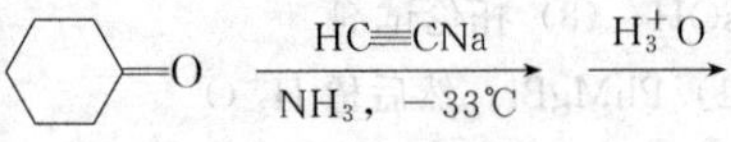

(6) 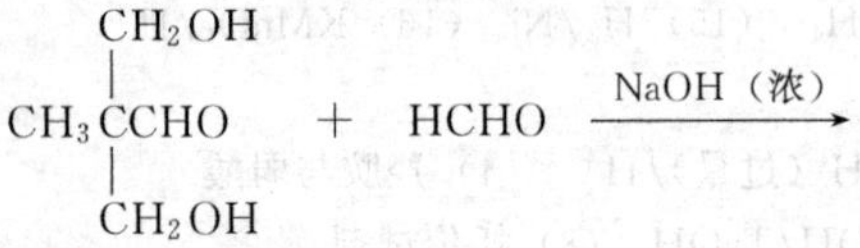

(7) 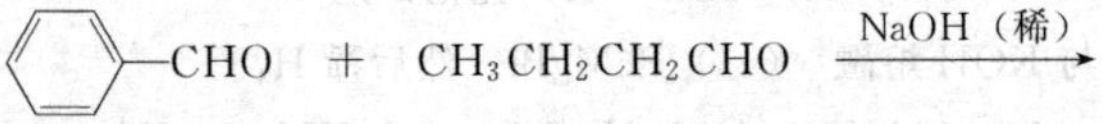

(8) 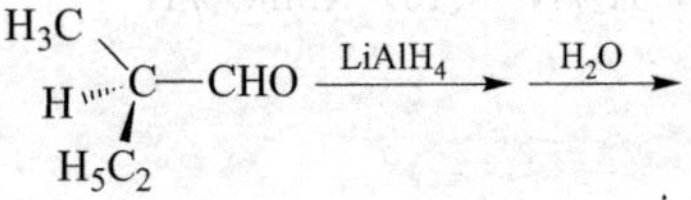

(9) 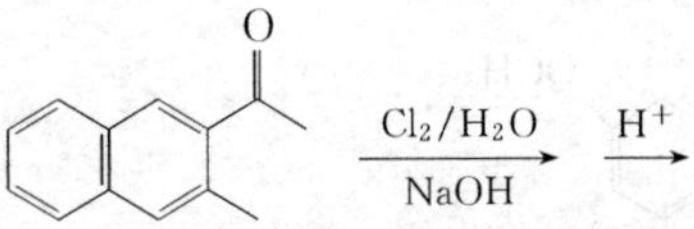

(10) 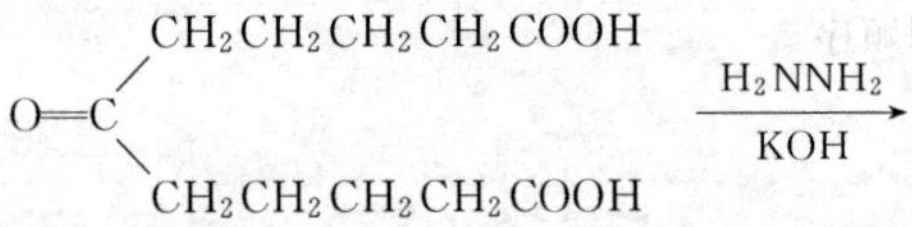

(11) 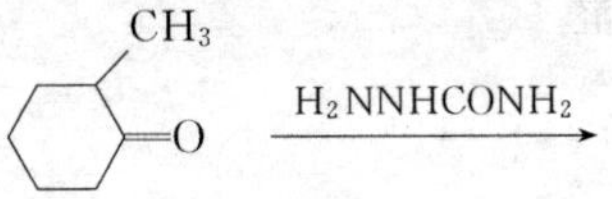

(12) 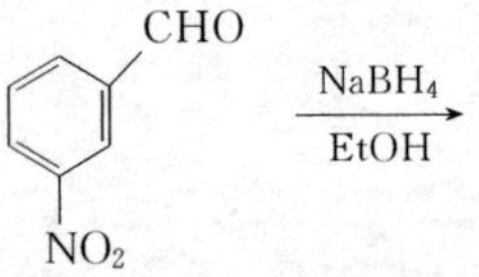

(13) $CH_3CH{=}CHCH_2CHO \xrightarrow{(\quad)} CH_3CH_2CH_2CH_2CH_2OH$

(14) $CH_3CH{=}CHCH_2CHO \xrightarrow{(\quad)} CH_3CH{=}CHCH_2CH_2OH$

(15) 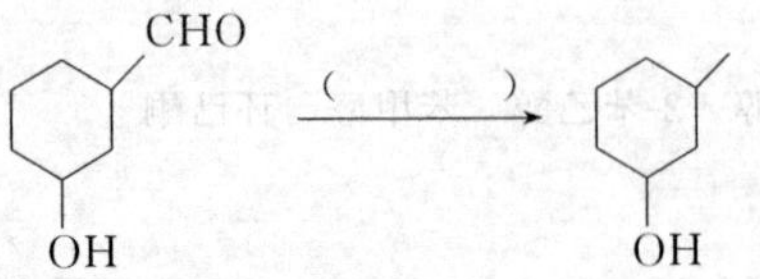

(16) 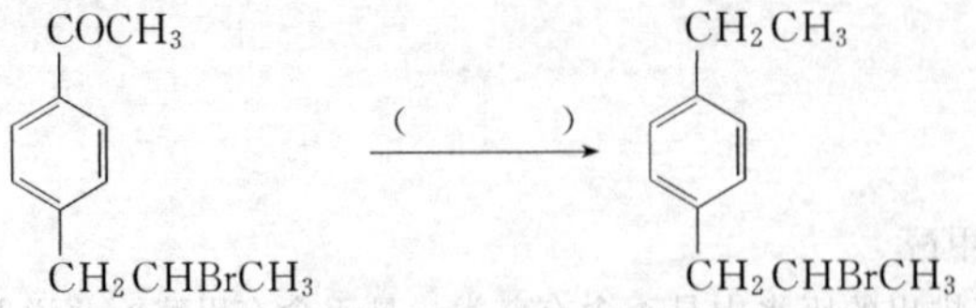

(17) $CH_3CH{=}CHCHO \xrightarrow{(\quad)} CH_3CH{=}CHCOOH$

(18) $CH_3CH{=}CHCHOHCH_3 \xrightarrow{(\quad)} CH_3CH{=}CH\overset{\overset{O}{\|}}{C}CH_3$

(19) 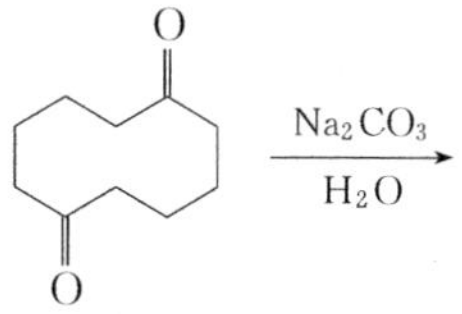
O
O
Na2CO3
H2O

(20) 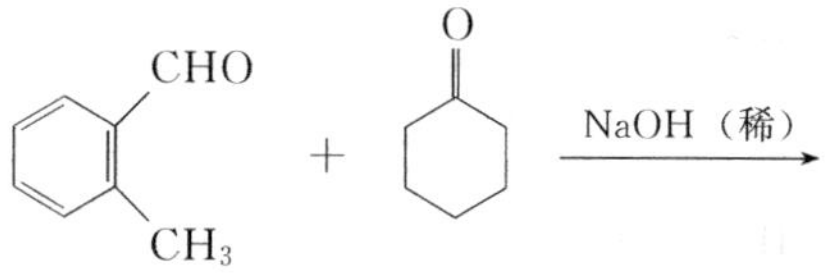
CHO
CH3
O
NaOH（稀）

(21) 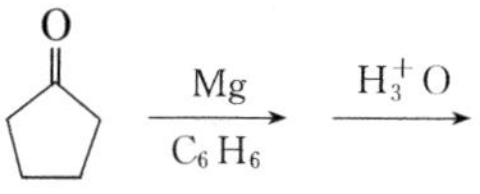
O
Mg
C6H6
H3+O

(22) 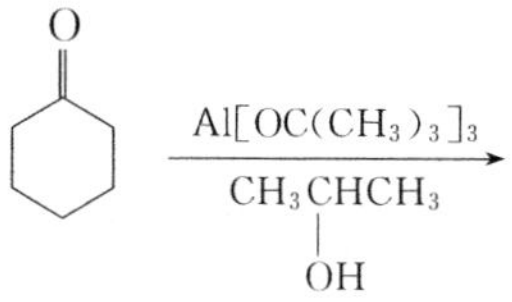
O
Al[OC(CH3)3]3
CH3CHCH3
OH

(23) 
O
HCHO
H
N

(24) 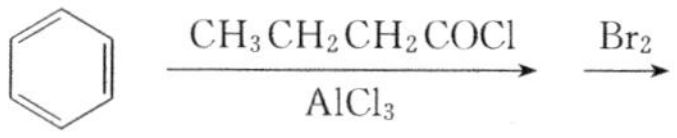
CH3CH2CH2COCl
AlCl3
Br2

(25) 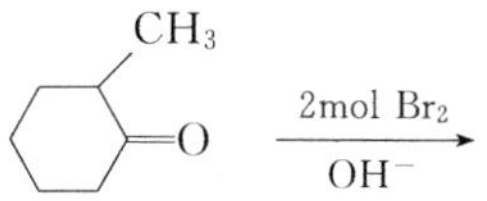
CH3
O
2mol Br2
OH−

(26) 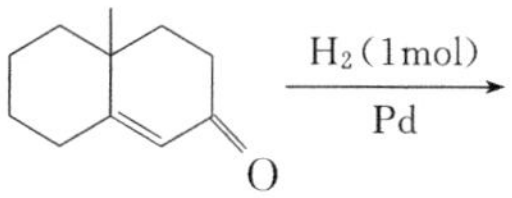
O
H2(1mol)
Pd

(27) 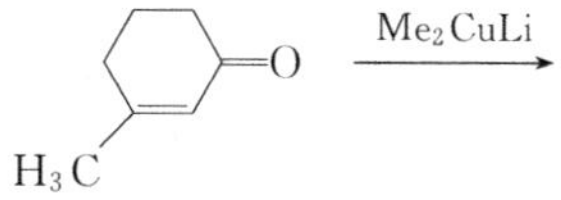
O
H3C
Me2CuLi

(28) 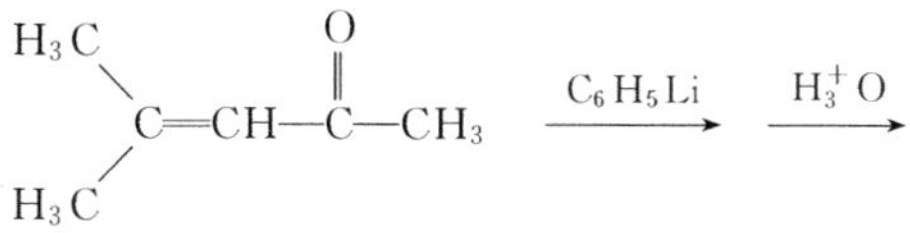
H3C
H3C
C=CH—C—CH3
O
C6H5Li
H3+O

(29) 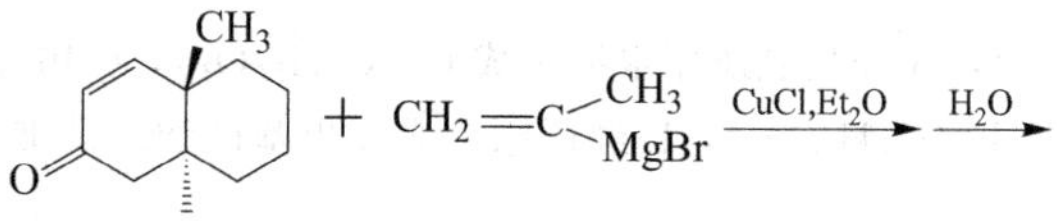
CH3
O
CH2=C
CH3
MgBr
CuCl,Et2O
H2O

(30) 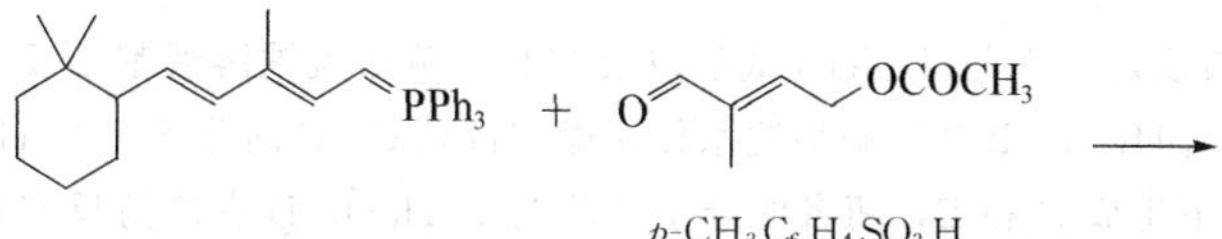
PPh3
O
OCOCH3

(31) $(HOCH_2\underset{\displaystyle CH_3}{\underset{|}{C}}HCH_2CH_2)_2CO \xrightarrow[\triangle]{p\text{-}CH_3C_6H_4SO_3H}$

(32) 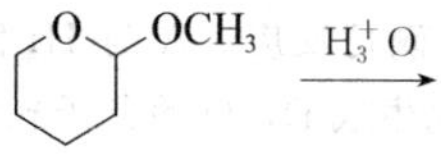
O
OCH3
H3+O

(33) 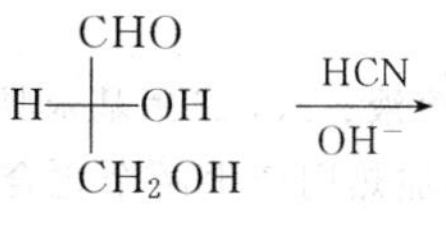
CHO
H
OH
CH2OH
HCN
OH−

(34) 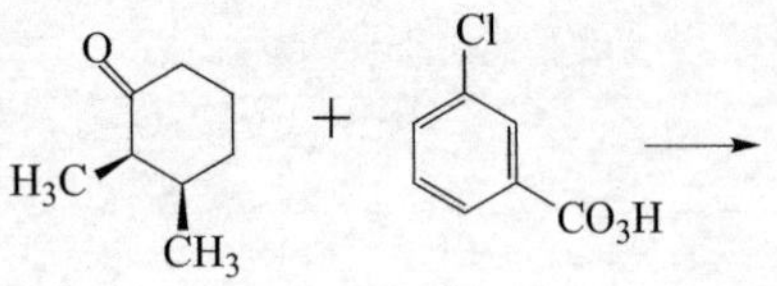

(35) 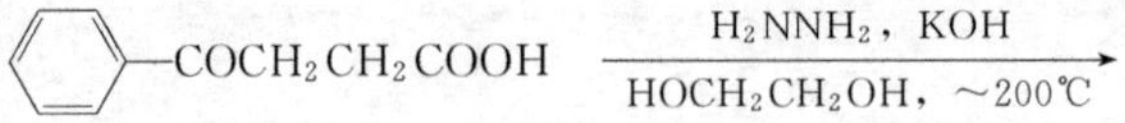

(36) 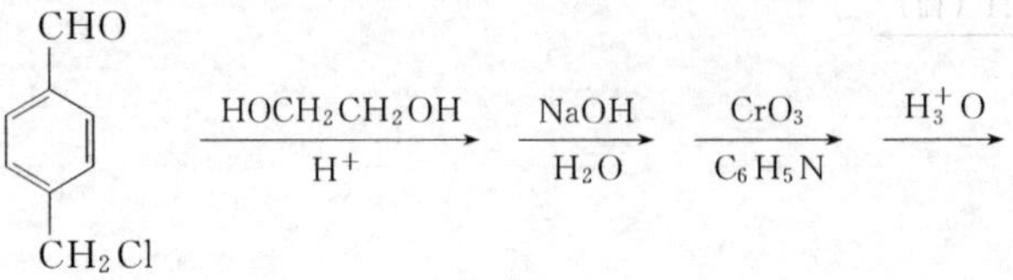

(37) 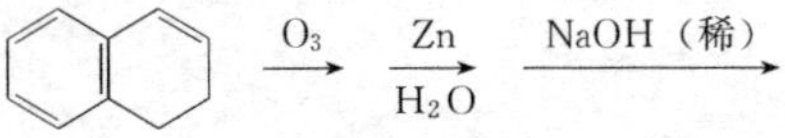

12. 写出下列反应的反应机理

(1) $CH_3CH_2CHO \xrightarrow{\text{NaOH（稀）}} CH_3CH_2CH{=}C(CH_3)CHO$

(2) 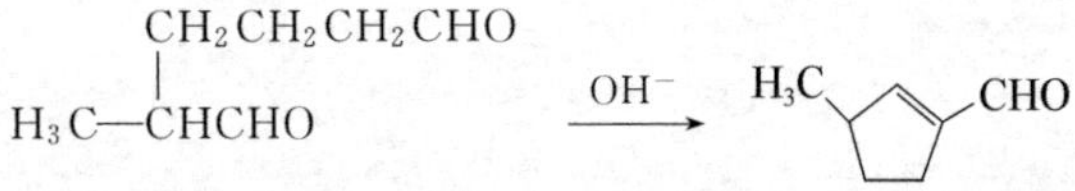

(3) 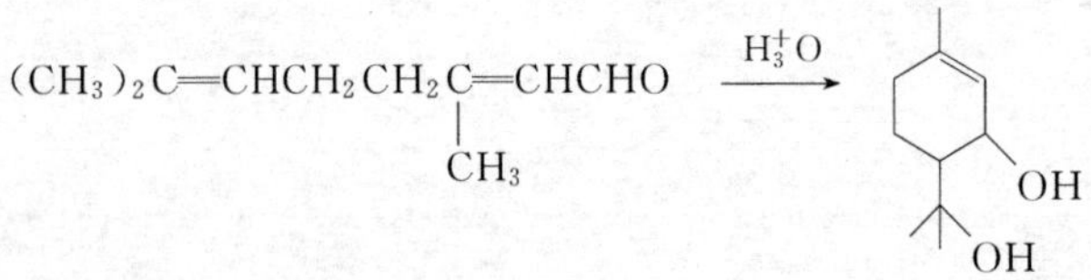

(4) $PhC(=O)CHO \xrightarrow{OH^-} PhCH(OH)COO^-$

13. 写出下列反应的主要产物及相应的反应机理

(1) 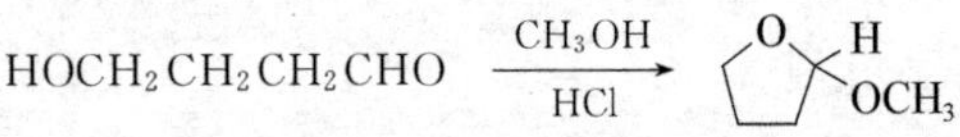

(2) $CH_3C(=O)CH_2Br \xrightarrow[KOH]{RC\equiv CH}$

14. 推测下列化合物的结构

(1) 化合物 A（C_7H_{12}）催化氢化得 B（C_7H_{14}），A 经臭氧还原水解生成 C（$C_7H_{12}O_2$），C 用 Tollens 试剂氧化得到 D，C 在 NaOH-I_2 作用下得到 E（$C_6H_{10}O_4$），D 经还原生成 3-甲基己酸。试推测 A、B、C、D、E 的可能结构式。

(2) 化合物 A（$C_6H_{12}O$）能够与羟胺反应，而与 Tollens 试剂以及饱和亚硫酸氢钠溶液都不反应。A 催化加氢能得到 B，B 的分子式是 $C_6H_{14}O$，B 和浓硫酸脱水作用能够得到 C，C 的分子式 C_6H_{12}，C 经过臭氧化，在锌还原性水解条件下生成 D 和 E，两者的分子式均为 C_3H_6O。D 有碘仿反应而无银镜反应，E 有银镜反应而无碘仿反应。试推测 A～E 的结构。

(3) 某化合物 A，分子式为 $C_{10}H_{12}O_2$，不溶于氢氧化钠溶液，能与羟胺等反应，但不与托伦试剂作用。A 经氢化锂铝还原得到 B，B 的分子式为 $C_{10}H_{14}O_2$，A 与 B 都能发生碘仿反应。A 与 HI 作用生成 C，C 的分子式为 $C_9H_{10}O_2$，C 能溶于氢氧化钠溶液，经克莱门森还原生成 D，D 的分子式为 $C_9H_{12}O$。A 经高锰酸钾氧化生成对甲氧基苯甲酸。试推测 A～D 的结构。

(4) 一个天然化合物 A（$C_{12}H_{26}O_2$），具有旋光性，A 不和溴的四氯化碳溶液、2,4-二硝基苯肼反应，也不和金属钠反应。A 在加热的条件下不发生反应，但在酸性条件下加热则产生两个化合物 B、C，

1mol A 产生 1mol B（$C_6H_{12}O$）和 2mol C（C_3H_8O），B 具有旋光性，B 和羟胺反应得到肟，但不和银氨溶液反应。B 用碘的氢氧化钠溶液反应后，用酸中和得到 D（$C_5H_{10}O_2$）和碘仿；推测 A、B、C、D 的结构。

（5）分子式为 $C_6H_{10}O_2$ 化合物 A 的核磁共振氢谱中只显示两个吸收峰：2.67 单峰和 2.15 单峰，两峰的面积比为 2∶3，红外光谱显示在 $1708cm^{-1}$ 处有强吸收峰，推测化合物 A 的结构。

（6）分子式为 $C_6H_{12}O_3$ 化合物 A 在 $1710cm^{-1}$ 处有强的红外吸收峰，A 用 I_2/NaOH 的溶液处理时得到黄色沉淀，A 与 Tollens 试剂作用不发生银镜反应，然而 A 先用稀硫酸处理然后再与 Tollens 试剂作用有银镜反应。A 的 NMR 数据如下：δ2.1(3H，s)，δ 2.6(2H，d)，δ 3.2(6H，s)，δ 4.6(1H，t)。推测化合物 A 的结构。

（7）化合物 A（$C_{10}H_{16}Cl_2$）与冷的高锰酸钾碱性溶液作用得到内消旋化合物 B（$C_{10}H_{18}Cl_2O_2$），A 与硝酸银的乙醇溶液作用，加热后才出现沉淀。A 用锌粉处理得到 C（$C_{10}H_{16}$），C 经臭氧氧化-锌粉还原水解生成 D（$C_{10}H_{16}O_2$），D 在稀碱作用下得到 E（$C_{10}H_{14}O$）。试推测 A～E 的结构。

15. 用不超过四个碳原子的卤代烃或醇合成下列各化合物：

（1）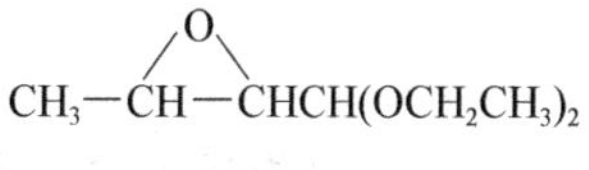

（2）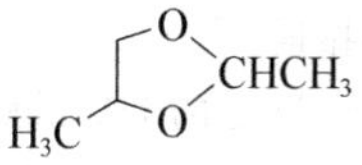

（3）$CH_3CH_2\underset{\displaystyle CHO}{\underset{|}{C}}HCHO$

（4）$CH_3CH_2CH_2CH{=}\underset{\displaystyle CH_2CH_3}{\underset{|}{C}}CH_2OH$

（5）$(CH_3)_2C{=}CH\underset{\displaystyle O}{\underset{\|}{C}}CH_3$

16. 由苯、甲苯、苯甲醛及不超过 4 个碳原子的有机试剂合成下列各化合物：

（1）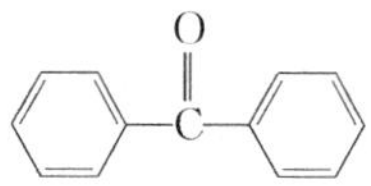

（2）$CH_3\underset{\displaystyle OH}{\underset{|}{C}}HCOOH$

（3）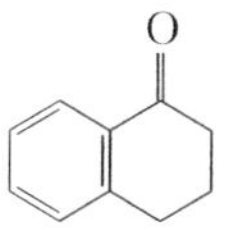

（4）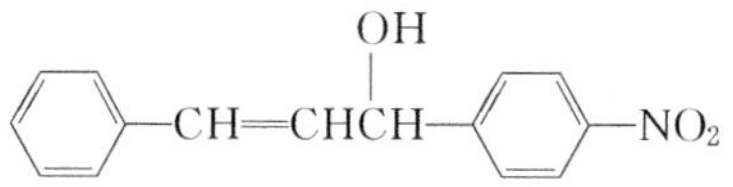

（5）$C_6H_5CH_2CH(CH_3)_2$

（6）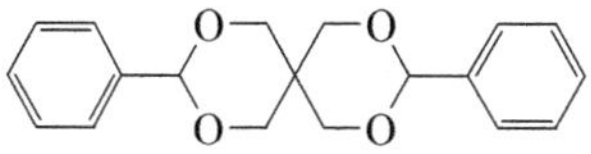

（7）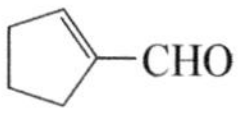

（8）$(CH_3)_3C\overset{\displaystyle O}{\overset{\|}{C}}CH_3$

（9）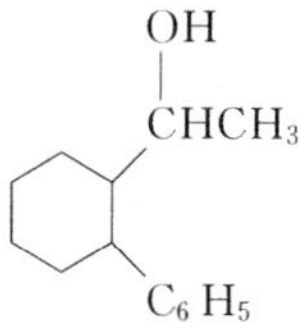

（10）$HOCH_2\overset{\displaystyle CH_3}{\overset{|}{\underset{\displaystyle CH_3}{\underset{|}{C}}}}CH_2OH$

17. 由指定原料及不超过 3 个碳原子的有机试剂合成下列各化合物：

（1）$ClCH_2CH_2CHO \longrightarrow CH_3\overset{\displaystyle OH}{\overset{|}{C}}HCH_2CH_2CHO$

（2）

（3）

（4）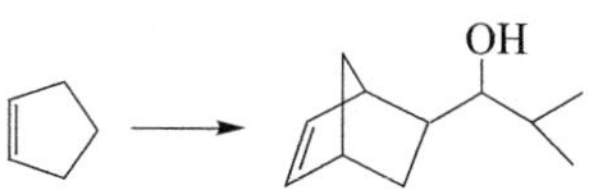

（5）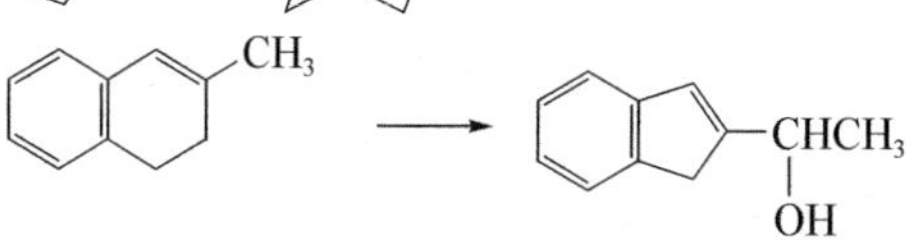

(6) 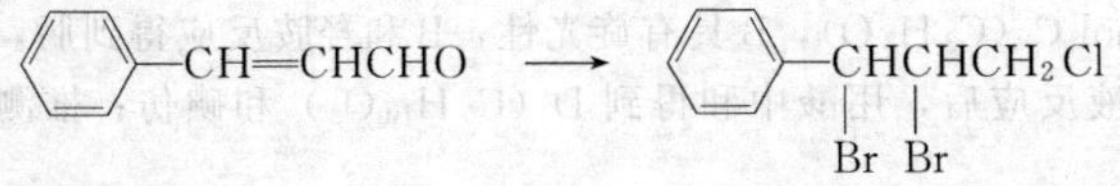

18. 简要回答下列问题：

(1) 丁酮在碱性溶液中溴代主要生成 1-溴-2-丁酮，而在酸性溶液中主要生成 3-溴-2-丁酮。试解释这一现象。

(2) 顺十氢萘和反十氢萘在碱性溶液中不能相互转变，而无论是顺-1-萘烷酮还是反-1-萘烷酮的溶液用碱处理都生成含有 95%的反-1-萘烷酮和 5%的顺-1-萘烷酮的混合物。试解释之。

(3) 2,4-戊二酮以互变异构体的混合物存在，其中酮式占 8%，烯醇式占 92%，写出烯醇式的结构式，解释其稳定的原因。

(4) 某化合物与 2,4-硝基苯肼呈正反应，与托伦试剂呈负反应。它的质谱显示在 m/z 128、100、86、85 和 71 处有显著的离子峰，下列哪个化合物最有可能：2-辛酮、4-辛酮、2-辛烯-3-醇、5-丙氧基-1-戊醇，并对上述观察到的离子峰予以解释。

(5) 简述 3,3-二甲基丁醛预期的氢核磁共振谱。

(6) 预测 3-甲基-2-环己烯酮 $\pi\rightarrow\pi^*$、$n\rightarrow\pi^*$ 跃迁的 UV 谱的 λ_{max}。

（南通大学，吴锦明）

第十三章　羧酸及取代羧酸

第一节　羧　　酸

一、羧酸的分类与命名

（一）羧酸的分类

羧酸是指分子中含有羧基（—COOH）的有机化合物，一元羧酸的通式为 RCO_2H，其中 R 为氢或烃基。从结构上看，羧酸是烃基与羧基相连而成的一类化合物。可按烃基结构不同和羧基数目不同进行分类。根据羧酸分子中所含羧基的数目可分为一元羧酸、二元羧酸、多元羧酸等；根据烃基的结构不同，又可分为饱和羧酸、不饱和羧酸和芳香酸；根据不饱和羧酸中不饱和键与羧基的位置不同，又可分为共轭羧酸和非共轭羧酸等。例如：

（1）按羧基的数目分

一元酸：CH_3CH_2COOH　丙酸　　　二元酸：$HOOCCH_2COOH$　丙二酸

（2）按烃基的结构分

饱和羧酸：$CH_3CH_2CH_2COOH$　丁酸

不饱和羧酸：$CH_2=CHCOOH$　丙烯酸

芳香酸：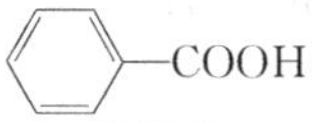

苯甲酸

（3）按不饱和键与羧基的位置分

共轭羧酸：$CH_3CH=CHCOOH$　2-丁烯酸　　　非共轭羧酸：$CH_2=CH-CH_2COOH$　3-丁烯酸

（二）羧酸的命名

1. 羧酸的俗名

羧酸的命名常用俗名和系统命名。羧酸的俗名是根据羧酸的来源命名的，如 HCOOH 是1670 年从蚂蚁蒸馏液中分离得到，故称蚁酸；CH_3COOH 是 1700 年从食醋得到，故称醋酸。一些从自然界中得到的取代酸也常用俗名，如 $CH_3CH(OH)COOH$ 是在 1850 年从酸奶中得到的，称为乳酸，大多数羧酸和取代酸都有俗名。表 13-1 是一些常见羧酸的俗名。

2. 羧酸的系统命名

羧酸的系统命名原则与醛相同，即以含羧基的最长碳链为主链，从羧基碳原子开始用阿拉伯数字标明主链碳原子的位次，根据主链上碳原子的数目称为某酸；再以此为母体，在母体名称的前面加上取代基的名称和位置；即将相应的烃名改为某酸，羧基编号始终为 1。主链若含不饱和键改为某烯酸或某炔酸，并在其前面用阿拉伯数字标明不饱和键位次。结构简单的羧酸习惯上也常用希腊字母标位，即以与羧基直接相连的碳原子位置为 α、β、γ、δ……，依次为序，最末端的碳原子用 ω 表示。

表 13-1　一些常见羧酸的俗名

名　称	俗　名	名　称	俗　名
甲酸	蚁酸	正己酸	羊油酸
乙酸	醋酸	十二酸	月桂酸
丙酸	初油酸	十四酸	豆蔻酸
正丁酸	酪酸	十六酸	软脂酸
正戊酸	缬草酸	十八酸	硬脂酸
乙二酸	草酸	丙二酸	缩苹果酸
丁二酸	琥珀酸	戊二酸	胶酸
己二酸	肥酸	顺丁烯二酸	马来酸
反丁烯二酸	富马酸	3-苯基丙烯酸	肉桂酸

羧酸的英文命名是把相应烷烃 Alkane 改为 Alkanoic acid 或 Alkanedioic acid 或 Alkane carboxylic。

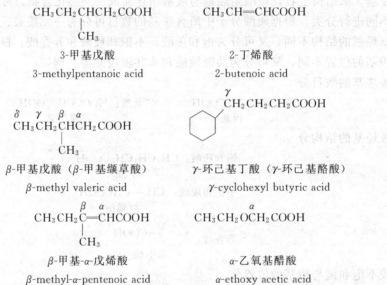

$CH_3CH_2CHCH_2COOH$
|
CH_3

3-甲基戊酸

3-methylpentanoic acid

$CH_3CH{=}CHCOOH$

2-丁烯酸

2-butenoic acid

δ　γ　β　α

$CH_3CH_2CHCH_2COOH$
|
CH_3

β-甲基戊酸（β-甲基缬草酸）

β-methyl valeric acid

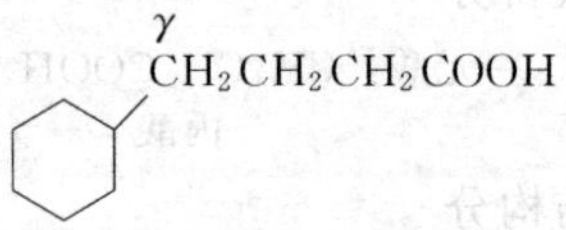

γ-环己基丁酸（γ-环己基酪酸）

γ-cyclohexyl butyric acid

β　α

$CH_3CH_2C{=}CHCOOH$
|
CH_3

β-甲基-α-戊烯酸

β-methyl-α-pentenoic acid

α

$CH_3CH_2OCH_2COOH$

α-乙氧基醋酸

α-ethoxy acetic acid

羧基直接连在环上的脂肪酸则是将环作为取代基命名，即用烃基名加甲酸表示；羧基直接连在环上的芳香酸，用芳基名再加甲酸表示；二元羧酸则依据连接两个羧基碳链的长度称为某二酸，取代基应让其编号尽可能小；多元酸选择连有最多羧基的碳链（不包括羧基）为主链，称某多羧酸。例如：

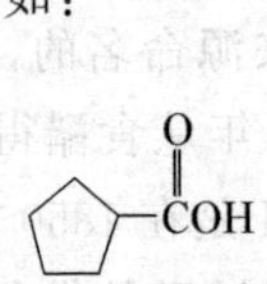

环戊基甲酸

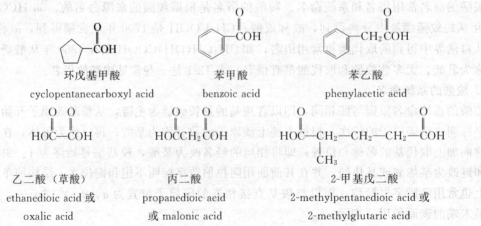

cyclopentanecarboxyl acid

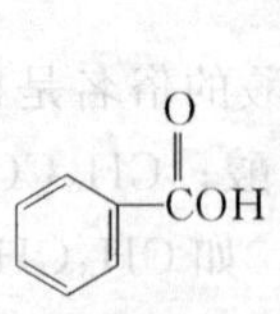

苯甲酸

benzoic acid

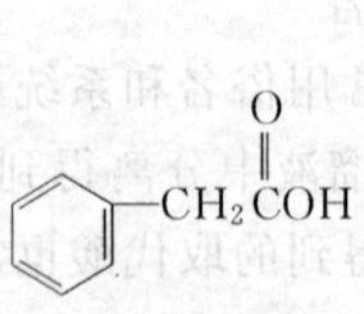

苯乙酸

phenylacetic acid

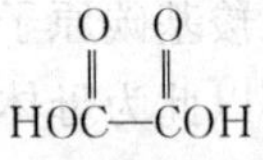

乙二酸（草酸）

ethanedioic acid 或

oxalic acid

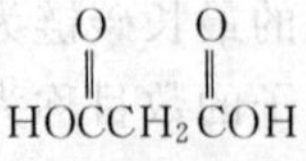

丙二酸

propanedioic acid

或 malonic acid

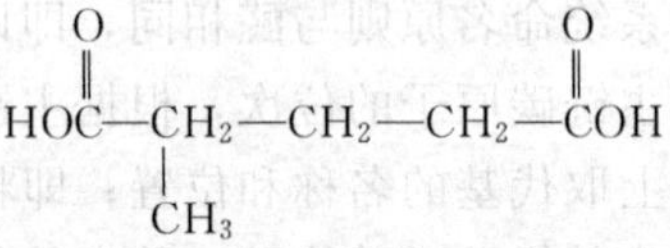

2-甲基戊二酸

2-methylpentanedioic acid 或

2-methylglutaric acid

羧酸分子中除去羧基中的羟基后所余下的部分为酰基（acyl），根据相应的羧酸命名。例如：

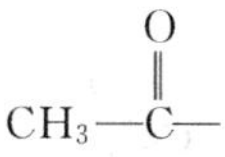

乙酰基（acetyl）

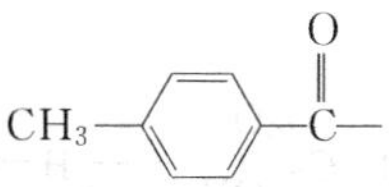

4-甲基苯甲酰基（4-methylbenzoyl）

二、羧酸和羧酸根的结构

羧酸中羧基的碳原子是 sp^2 杂化，三个 sp^2 杂化轨道在一个平面内，键角约 120°，与羰基氧原子、羟基氧原子、氢原子（甲酸）或碳原子（乙酸等）形成三个 σ 键。羰基碳原子的 p 轨道与羰基氧原子的 p 轨道都垂直于 σ 键所在平面，它们相互平行在侧面交盖形成一个 π 键；同时，羟基氧原子的未共用电子对所在的 p 轨道与碳氧双键的 π 轨道平行在侧面交盖，形成共轭体系（图 13-1）。

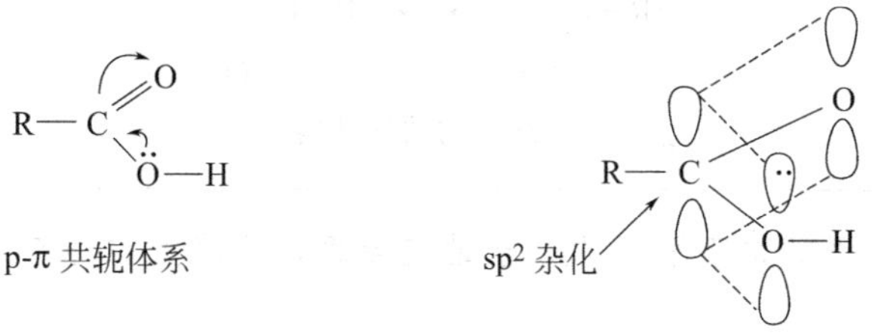

p-π 共轭体系
sp2 杂化

图 13-1　羧酸的结构图

特别是在甲酸分子中，所有的原子在同一平面内。

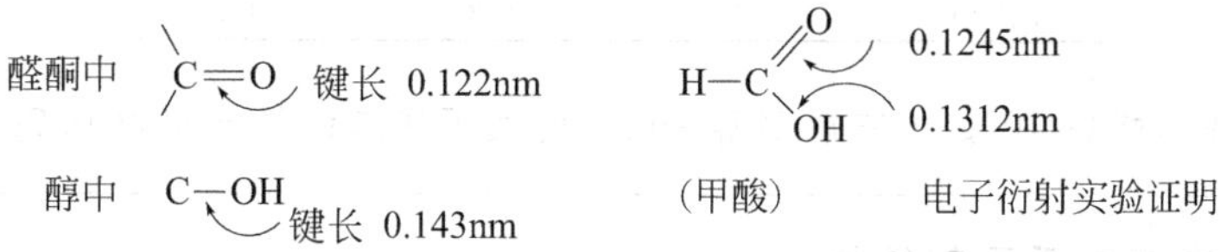

醛酮中
键长 0.122nm
0.1245nm
0.1312nm
醇中
键长 0.143nm
(甲酸)
电子衍射实验证明

一元羧酸的结构可用共振式表示：

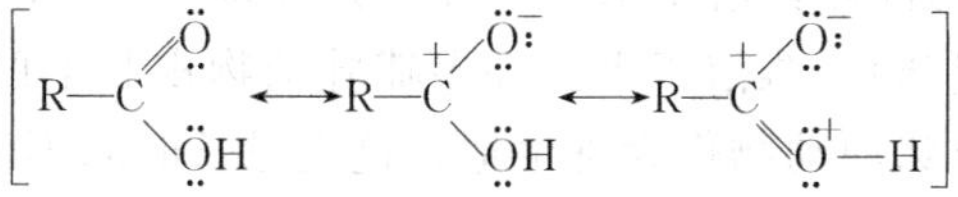

几个经典结构式中正负电荷分离的能量较高，在共振杂化体中的贡献较小。两分子羧酸容易通过氢键缔合成二缔合体：

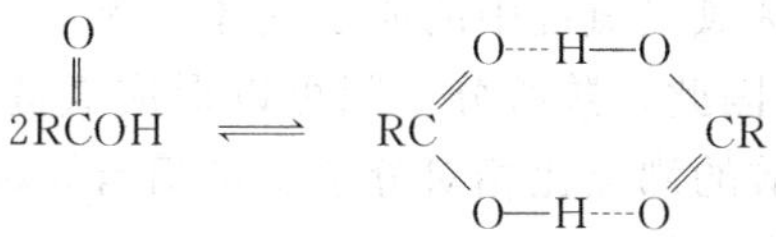

$\Delta H^{\ominus} = -58.6\text{kJ/mol}$

(R=H)

在固态、液态和中等压力的气态下一元羧酸主要以二缔合体的形式存在，在稀溶液中或高温蒸汽中二缔合体离解。一元羧酸二缔合体用物理方法测定的键长、键角平均值为 C═O 123pm，∠OCO 122°～123°，C—O 136pm，O—H…O 260～270pm。羧酸分子中碳氧双键的键长与醛酮分子中的碳氧双键相近。

羧酸在水溶液中电离成羧酸根负离子：

$$\underset{\text{羧酸}}{RC(=O)-OH} + H_2O \rightleftharpoons \underset{\text{羧酸根}}{RCO_2^-} + H_3O^+$$

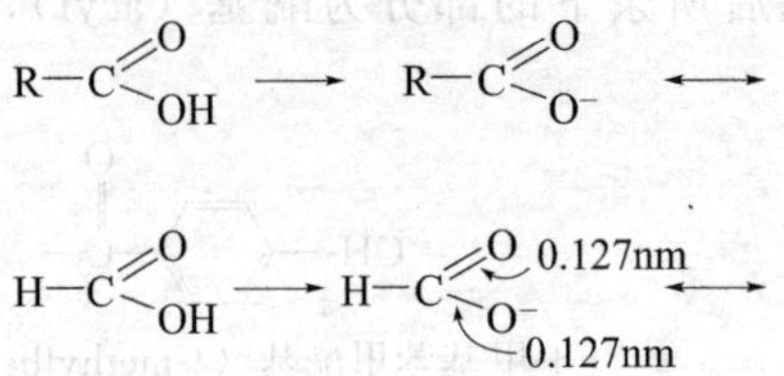
R—C
O
OH
R—C
O
O⁻
H—C
O
OH
0.127nm
0.127nm

羧酸解离质子后生成羧酸根（$RCOO^-$）负离子，由于共轭效应的存在，氧原子上的负电荷不是集中在一个氧原子上，而是均匀分布在两个氧原子上（可以从甲酸及其酸根的键长比较看出），羧酸根中两个C-O键是等长的，其键长在126pm左右（用羧酸盐测定）。可用共振式表示：

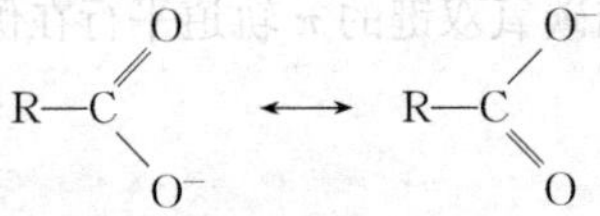
R—C
O
O⁻

羧酸根的共振结构

习题 13-1　苯甲醛、苯甲酸和苯甲醇的分子量较接近，而熔点和沸点却相差较大，此现象如何解释？

	苯甲醛	苯甲酸	苯甲醇
分子量	106	122	108
沸点/℃	178	249	205
熔点/℃	−26	122	−15.3

习题 13-2　顺丁烯二酸在100g水中能溶解79g，而反丁烯二酸只能溶解0.7g，试给予解释。

三、羧酸的物理性质及其结构

C_1～C_3的低级脂肪酸为液体，溶于水，具有刺鼻气味。C_4～C_9的中级脂肪酸为有酸腐臭味的油状液体（丁酸为脚臭味），难溶于水。许多哺乳动物皮肤上的排泄物就含有这些酸，而虱子就专找带有微量丁酸臭味的动物作为寄生地，这也是长时间不洗澡、不换衣服长虱子的一个重要原因。C_9以上的高级脂肪酸为蜡状固体，挥发性低，无气味。脂肪族二元酸和芳香族羧酸都是结晶固体，在水中溶解度不大。

在羧酸分子的羧基中，羰基氧是氢键中的质子受体，羰基氢则是质子给体（羟基氧由于和羰基共轭，很难作质子受体），因此，羧酸分子间可以形成氢键。大多数羧酸在固态和液体是以二缔合体形式存在。因此羧酸的沸点比相对分子质量相当的烷烃、卤代烃的沸点高，甚至比相对分子质量相近的醇的沸点高（见表13-2）。

羧酸与水也能形成很强的氢键，所以丁酸比同数碳原子的丁醇在水中的溶解度要大。在饱和一元酸中，甲酸至丁酸可与水混溶；其他羧酸随碳链的增长，憎水的烃基愈来愈大，水溶性迅速降低。高级一元酸不溶于水，而溶于有机溶剂中。多元酸的水溶性大于同碳原子的一元羧酸；而芳香羧酸水溶性小（表13-3）。

表 13-2　一些酸、醇、卤代烃的沸点

化合物	相对分子质量	沸点/℃	化合物	相对分子质量	沸点/℃
甲酸	46	100.7	乙酸	60	117.9
一氯甲烷	50.5	−24.2	正丙醇	60	97.4
乙醇	46	78.5	氟代丙烷	61	−2.5

表 13-3 一些羧酸的物理性质常数

名称(俗名)	熔点/℃	沸点/℃	溶解度/g·(100g 水)$^{-1}$	相对密度 d_4^{20}
甲酸(蚁酸)	8.4	100.7	∞	1.220
乙酸(醋酸)	16.6	117.9	∞	1.0492
丙酸(初油酸)	−20.8	141.1	∞	0.9934
正丁酸(酪酸)	−4.5	165.6	∞	0.9577
正戊酸(缬草酸)	−34.5	186～187	4.97	0.9391
正己酸(羊油酸)	−1.5～−2	205	0.968	0.9274
正辛酸	16.5	239.3	0.068	0.9088
正癸酸	31.5	270	0.015	0.8858(40℃)
十二酸(月桂酸)	44	225/13.3kPa	0.0055	0.8679(50℃)
十四酸(豆蔻酸)	58.5	326.2	0.0020	0.8439(60℃)
十六酸(软脂酸)	63	351.5	0.00072	0.853(62℃)
十八酸(硬脂酸)	71.2	383	0.00029	0.9408
丙烯酸	13.5	141.6	溶	1.0511
顺-9-十八碳烯酸(油酸)	16.3	286/13.3kPa	不溶	0.8935
顺,顺-9,12-十八碳二烯酸(亚油酸)	−5	230/2.13kPa	不溶	0.9022
乙二酸(草酸)	189.5(无水物)	157(升华)	9	1.650
丙二酸(缩苹果酸)	135.6	140	74	1.619(16℃)
丁二酸(琥珀酸)	187～189	235(脱水分解)	5.8	1.572(25℃)
戊二酸(胶酸)	98	302～304	63.9	1.424(25℃)
己二酸(肥酸)	153	265/13.3kPa	1.5	1.360(25℃)
顺丁烯二酸(马来酸)	138～140	160(脱水成酐)	78.8	1.590
反丁烯二酸(富马酸)	287	165/0.23kPa 升华	0.7	1.635
苯甲酸(安息香酸)	122.4	249	0.34 溶于热水	1.2659(15℃)
邻苯二甲酸(邻酞酸)	206～208(分解)		0.7	1.593
对苯二甲酸(对酞酸)	300(升华)		0.002	1.510
3-苯基丙烯酸(肉桂酸)	135～136	300	溶于热水	1.2475(4℃)

羧酸熔点的变化规律是随羧酸碳原子数增加呈锯齿形上升。偶数碳原子的羧酸比它前后相邻的两个同系物的熔点高（见图 13-2），这一结果和直链烷烃类似。

四、羧酸的波谱性质

1. 红外光谱

羧酸的特征官能团羧基最有价值的红外吸收是 O—H 、C═O 、C—O 的振动吸收。液体或固体状羧酸常形成二聚物，氢键削弱了羰基的双键特性，C═O 伸缩振动吸收一般在 1725～1700cm^{-1}；而在四氯化碳或氯仿稀溶液中向高波数移动，一般在 1760cm^{-1}处出现吸收峰；如果 C═O 与双键共轭则降低吸收频率，此时 $\nu_{C=O}$ 在 1700～1680cm^{-1}范围内。如脂肪族羧酸中的羰基在 1700～1725cm^{-1}处有中等强度的吸收，而芳香族羧酸的羰基在较低的 1680～1700cm^{-1}处有吸收；而羧酸盐的 $\nu_{C=O}$ 在 1550～1630cm^{-1}范围内，是所有羰基化合物中吸收最低的。

单体羧酸 O—H 伸缩振动吸收在 3550cm^{-1}附近有一弱的锐峰；该峰可涵盖烃基中的 CH_3 和 CH_2 的 C—H 伸缩振动吸收峰的区域。羧酸二聚体在 3300～2500cm^{-1}处有一强的宽峰。在 2500～2700cm^{-1}处，还有 O—H 键的伸缩振动。另外，O—H 的弯曲振动（面外摇摆）在 925cm^{-1}处有一个比较宽的特征吸收峰。

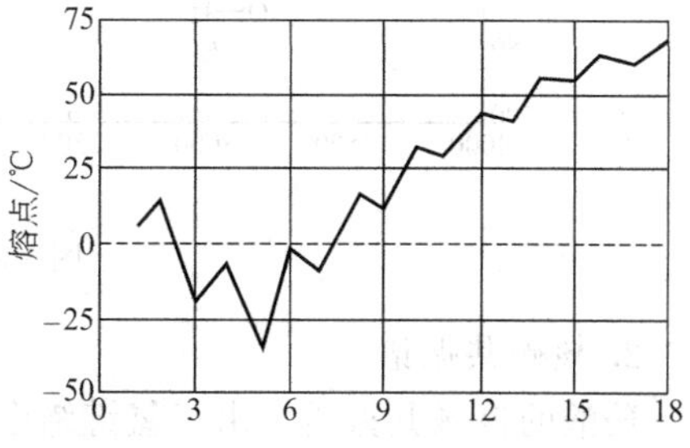

75
50
25
0
−25
−50
熔点/℃
0
3
6
9
12
15
18

图 13-2 直链饱和一元羧酸的熔点与其碳原子数关系图

C—O 伸缩振动在 1320～1210cm^{-1} 处出现吸收峰。羧酸的红外特征吸收归纳如表 13-4。

表 13-4　羧酸的红外特征吸收

振动类型＼羧酸状态	单　体		二　聚　体
O—H 伸缩振动	3560～3500cm^{-1}		3000～2500cm^{-1}
$-\overset{O}{\overset{\|\|}{C}}-$ 伸缩振动	$R-\overset{O}{\overset{\|\|}{C}}-OH$	约 1760cm^{-1}	约 1710cm^{-1}
	$\rangle C=\overset{\|}{C}-\overset{O}{\overset{\|\|}{C}}-OH$	约 1720cm^{-1}	1715～1690cm^{-1}
	$Ar-\overset{O}{\overset{\|\|}{C}}-OH$		1700～1680cm^{-1}
C—O 伸缩振动	约 1250cm^{-1}		
O—H 弯曲振动	约 1250cm^{-1} 和约 900cm^{-1}		

例如，正丙酸和邻甲苯甲酸的红外光谱（图 13-3 和图 13-4）。

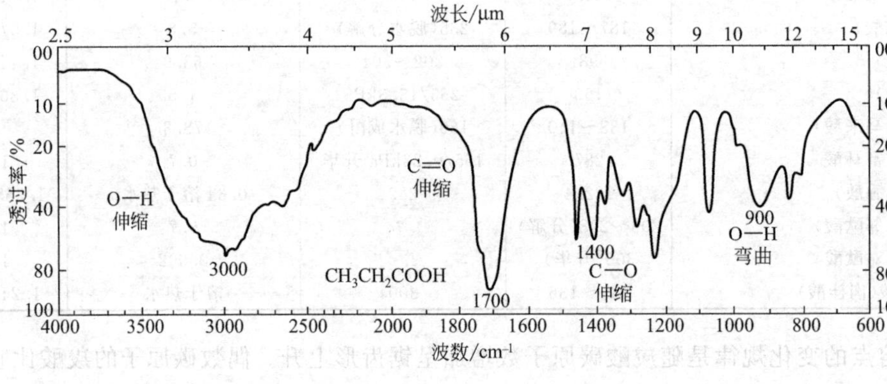

波长/μm
2.5
3
4
5
6
7
8
9
10
12
15
透过率/%
O—H
伸缩
3000
C=O
伸缩
CH$_3$CH$_2$COOH
1700
1400
C—O
伸缩
900
O—H
弯曲
波数/cm^{-1}
4000
3500
3000
2500
2000
1800
1600
1400
1200
1000
800
600

图 13-3　正丙酸的红外光谱

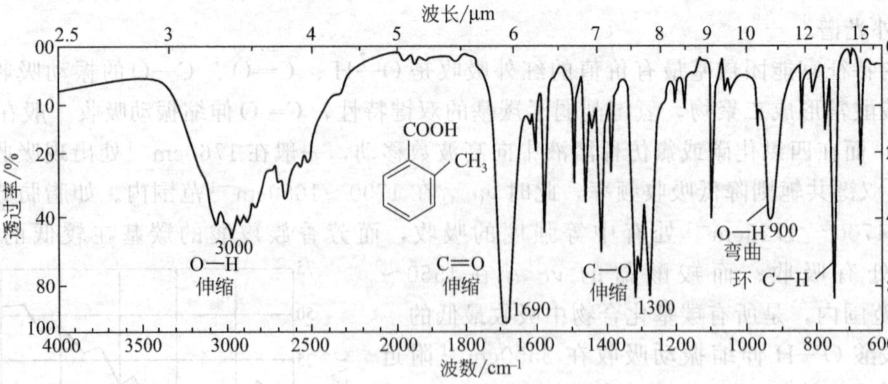

波长/μm
透过率/%
COOH
CH$_3$
3000
O—H
伸缩
C=O
伸缩
1690
C—O
伸缩
1300
O—H
弯曲
900
环 C—H
波数/cm^{-1}

图 13-4　邻甲苯甲酸红外光谱

2. 核磁共振谱

羧酸的核磁共振谱，由于氢键缔合的去屏蔽作用，羧基中质子的吸收峰应出现在很远的低场。羧酸中羧基的质子由于受氧原子的诱导作用以及羧基间的共轭等因素影响，屏蔽作用大大降低，化学位移出现低场，δ 值为 10～13。羧酸中烷基的 α-H 在羰基的影响下，其化学位移多

在 $\delta=2.2\sim2.5$。例如，在丁酸 $\underset{a}{CH_3}\underset{b}{CH_2}\underset{c}{CH_2}-\overset{O}{\overset{\|}{C}}-\underset{d}{OH}$ 分子中，$\delta_{Ha}=1.08$；$\delta_{Hb}=2.70$；$\delta_{Hc}=4.23$；$\delta_{Hd}=10.95$。又如异丁酸的质子核磁共振谱（图 13-5）。

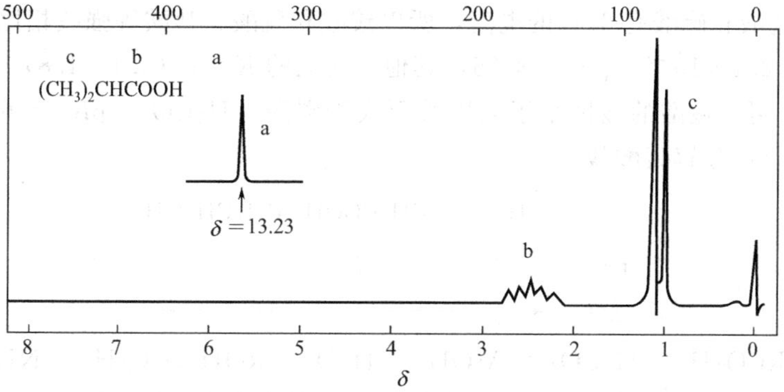
500
400
300
200
100
0
c b a
(CH3)2CHCOOH
a
δ=13.23
b
c
8
7
6
5
4
3
2
1
0
δ

图 13-5 异丁酸的质子核磁共振谱

3. 羧酸的质谱

脂肪族羧酸的分子峰不明显，经麦氏重排后，再发生 β-裂解得一强峰 m/z 60（基峰）。

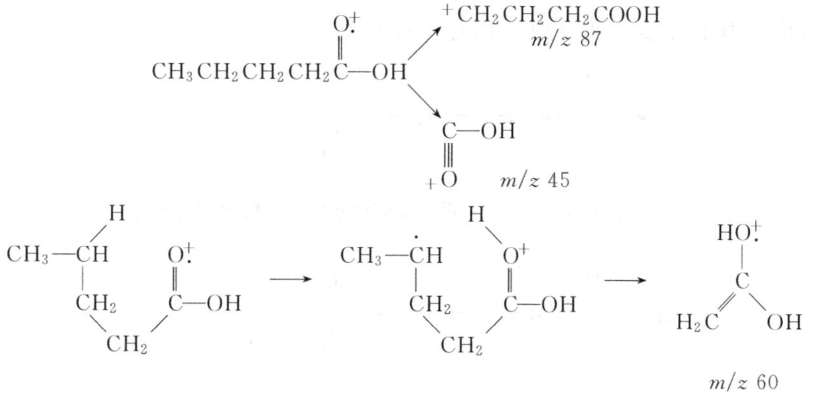
m/z 87
m/z 45
m/z 60

但芳香族羧酸其分子离子峰表现的很强，经 β-裂解得酰基离子（基峰），然后再失去一氧化碳得芳基离子。

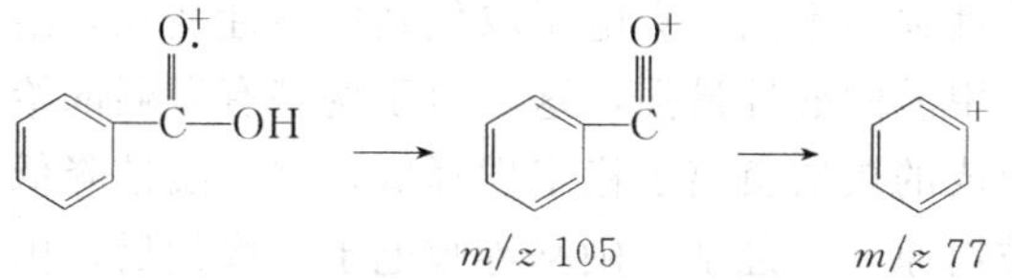
m/z 105
m/z 77

五、羧酸的化学性质

羧酸的化学性质可以用下图表示为四大部分：

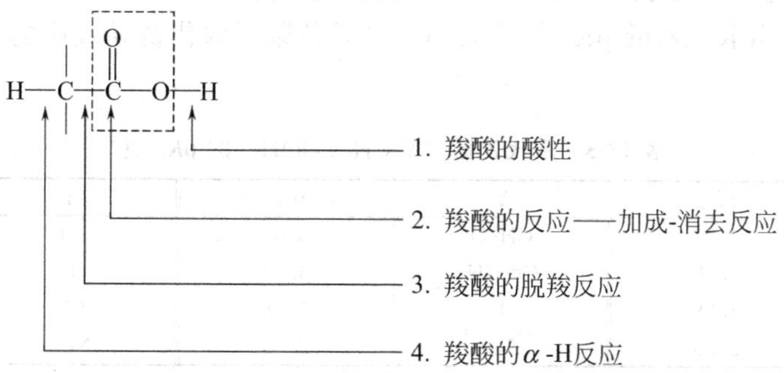
1. 羧酸的酸性
2. 羧酸的反应——加成-消去反应
3. 羧酸的脱羧反应
4. 羧酸的α-H反应

(一) 羧酸的酸性

羧酸具有弱酸性，在水溶液中存在着如下平衡：

$$RCOOH \rightleftharpoons RCOO^- + H^+$$

乙酸的离解常数 K_a 为 1.75×10^{-5}，$pK_a=4.75$，即 0.1mol/L 的乙酸仅有 1.3%离解，而 0.1mol/L 的盐酸和硫酸有 60%的电离，所以羧酸和硫酸、盐酸等强酸相比为弱酸。

甲酸的 $K_a=2.1\times10^{-4}$，$pK_a=3.75$，其他一元酸的 K_a 在 $(1.1\sim1.8)\times10^{-5}$之间，$pK_a$ 在 4.7～5 之间。可见羧酸的酸性小于无机酸而大于碳酸（H_2CO_3　$pK_{a_1}=6.73$）。故羧酸能与碱作用成盐，也可分解碳酸盐。

	HCl	CH_3COOH	CH_3CH_2OH
pK_a	−7	4.75	16

酸性 ←————————

酸性顺序：$RCO_2H > H_2CO_3 > ArOH > H_2O > ROH > C_2H_2 > NH_3 > RH$。

羧酸是比碳酸要强的有机弱酸，pK_a值在 3～5。羧酸可与 NaOH、Na_2CO_3、$NaHCO_3$ 等碱作用生成羧酸盐，后者与无机强酸作用又可游离出羧酸，常用于羧酸的分离、回收和提纯。

羧酸酸性的强弱取决于电离后所生成的羧酸根负离子的稳定性。总的原则是：若烃基上的取代基有利于负电荷分散，羧酸根负离子稳定，酸性增强；反之则会酸性减弱。取代基对酸性强弱的影响与取代基的性质、数目以及相对位置有关。

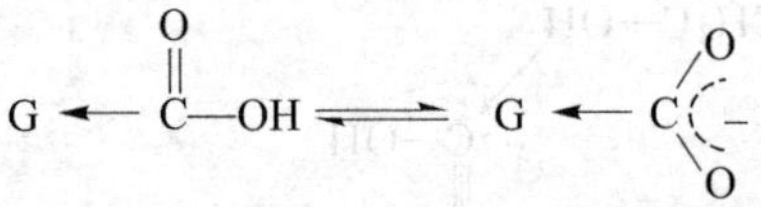

酸性强　　　　　　吸电子取代基提高羧酸盐的稳定性

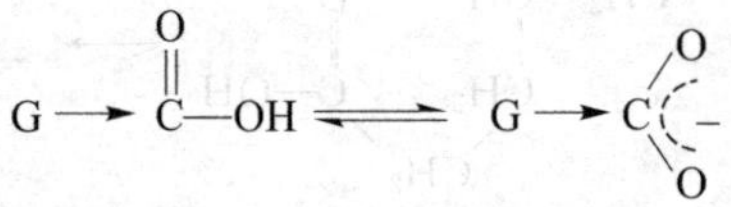

酸性弱　　　　　　给电子取代基降低羧酸盐的稳定性

1. 取代基对脂肪族羧酸酸性的影响

结构不同的羧酸其酸性强弱不同。吸电子取代基使酸性增强，给电子取代基使酸性减弱。

脂肪族一元羧酸中，甲酸的酸性最强，这是由于烷基有微弱的给电子效应，同时又有超共轭作用，使羧酸离解后形成的羧酸负离子稳定性降低，因而酸性降低。

当烷基上的氢原子被卤原子、羟基、硝基等吸电子基取代后，由于这些基团的吸电子诱导效应使羧酸根负离子的负电荷得到分散而稳定性增加，因而酸性增强。取代基的吸电子能力愈强，羧酸的酸性就愈强，见表 13-5。

根据表 13-5 列出取代乙酸 pK_a 值的大小，可对各原子取代诱导效应的方向及强弱排出相应的次序：

表 13-5　取代乙酸（Y-CH_2COOH）的 pK_a 值

Y	pK_a	Y	pK_a	Y	pK_a
H	4.75	CH_3O	3.53	Cl	2.86
$CH{=}CH_2$	4.35	$C{\equiv}CH$	3.32	F	2.57
C_6H_5	4.28	I	3.18	CN	2.44
OH	3.83	Br	2.94	NO_2	1.08

吸电子诱导效应：$CF_3 > NO_2 > CN > F > Cl > I > C{\equiv}CH > CH_3O > OH > C_6H_5 > CH{=}CH_2 > H$

供电子诱导效应：$(CH_3)_3C > (CH_3)_2CH > CH_3CH_2 > CH_3 > H$

（1）诱导效应　吸电子诱导效应使酸性增强；吸电子基越多酸性越强；吸电子取代基的位置距羧基越远，酸性越小。

	FCH_2COOH	>	$ClCH_2COOH$	>	$BrCH_2COOH$	>	ICH_2COOH	>	CH_3COOH
pK_a 值	2.66		2.86		2.89		3.16		4.76

	$ClCH_2COOH$	<	$Cl_2CHCOOH$	<	Cl_3CCOOH
pK_a 值	2.86		1.29		0.65

	$CH_3CH_2\underset{\underset{Cl}{\vert}}{C}HCO_2H$	>	$CH_3\underset{\underset{Cl}{\vert}}{C}HCH_2CO_2H$	>	$\underset{\underset{Cl}{\vert}}{C}H_2CH_2CH_2CO_2H$	>	$\underset{\underset{H}{\vert}}{C}H_2CH_2CH_2CO_2H$
pK_a 值	2.86		4.41		4.70		4.87

供电子诱导效应使酸性减弱。

	CH_3COOH	>	CH_3CH_2COOH	>	$(CH_3)_3CCOOH$
pK_a 值	4.76		4.87		5.05

（2）共轭效应　当能与基团共轭时，则酸性增强，例如：

	CH_3COOH	Ph-COOH
pK_a 值	4.76	4.20

（3）共振效应　羧酸的酸性也可用共振论来解释。羧酸一旦在水中解离，生成羧酸根负离子，其结构可用共振式来表示：

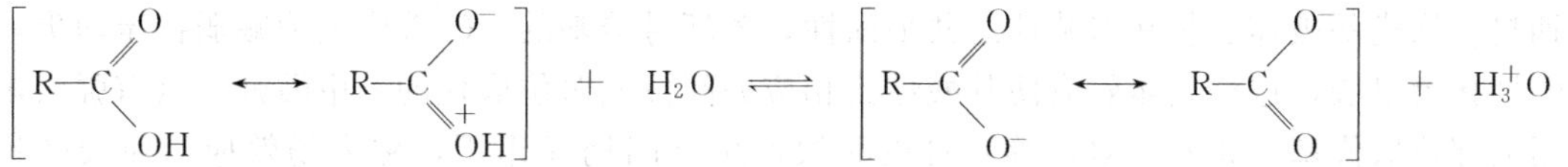

（1）　　（2）　　（3）　　（4）

极限式（3）和（4）能量相同，它们之间是等性共振，这种共振对杂化体有较强的稳定作用。但羧酸的两个极限式（1）和（2）能量不同，极限式（2）中两个氧原子各带有相反的电荷，能量高，不如极限式（1）稳定，它们之间的共振是非等性的。因此，共振对羧酸根负离子的稳定作用比对羧酸大，平衡移向电离增大的方向，使羧酸具有明显的酸性。在醇解离后生成的烷氧负离子中没有上述的稳定化作用，这是羧酸酸性比醇强的原因。

二元羧酸有两个 pK_a 值，一般 $pK_{a_1} < pK_{a_2}$，但这种差别随着两个羧基的距离增大而减小，见表 13-6。

表 13-6　一些二元羧酸的两个 pK_a 值

	$HO_2C—CO_2H$	$HO_2C—CH_2—CO_2H$	$HO_2C(CH_2)_2CO_2H$	$HO_2C(CH_2)_4CO_2H$
pK_{a_1}	1.27	2.85	4.21	4.43
pK_{a_2}	4.27	5.70	5.64	5.41

在丁烯二酸的顺反两个异构体中，虽然都是 $pK_{a_1} < pK_{a_2}$，但是顺式 pK_{a_1} < 反式 pK_{a_1}，而反式 pK_{a_2} < 顺式 pK_{a_2}，这是由于顺丁烯二酸可通过分子内氢键来稳定一级电离生成的羧酸根，使其 pK_{a_1} 较反式的小，但又由于氢键的形成，使第二个质子不易电离出去，则 pK_{a_2} 较反式的大。

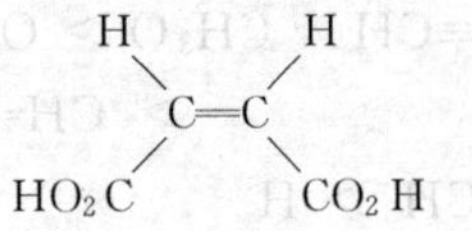

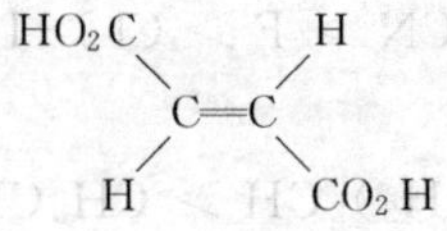

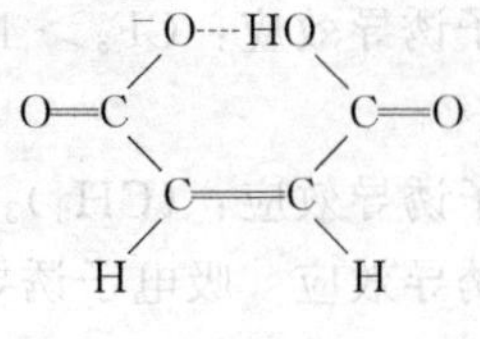

pK_{a_1}	1.92	3.03
pK_{a_2}	6.59	4.54

2. 取代基位置对取代苯甲酸酸性的影响

表 13-7　取代苯甲酸（Y-C_6H_4-COOH）的 pK_a 值（25℃）

Y	*o*-	*m*-	*p*-	Y	*o*-	*m*-	*p*-
H	4.17	4.17	4.17	CF_3	—	3.77	3.66
CH_3	3.91	4.27	4.38	OH	2.98	4.08	4.57
C_2H_5	3.79	4.27	4.35	OCH_3	4.09	4.09	4.47
F	3.27	3.86	4.14	C_6H_5	3.46	4.14	4.21
Cl	2.92	3.83	3.97	NO_2	2.21	3.49	3.42
Br	2.85	3.81	3.97	COOH pK_{a_1}	2.89	3.54	3.51
I	2.86	3.85	4.02	pK_{a_2}	5.41	4.60	4.82
CN	3.44	3.64	3.55				

从表 13-7 中的间位和对位取代酸酸性可以看出，取代基的吸电子作用（－I，－C）使酸性增强，而取代基的供电子作用（＋I，＋C）则使酸性减弱。邻位取代基对取代苯甲酸的酸性影响，除了有基团的电子效应外，还有基团的场效应（field-effect）、立体效应（steric effect）、氢键的形成等因素，总称为邻位效应（orthe-effect）。如邻位的 CH_3、C_2H_5 由于空间的拥挤，取代基破坏了羧基与苯环的共平面性，苯环对羧基的＋C 效应大为减弱甚至消失，使其酸性接近甲酸，这种立体效应使其酸性比相应的间位或对位取代的苯甲酸强。具有强吸电子作用的邻位取代基（如 F、NO_2 等）对羧酸根产生空间诱导作用，称为场效应，使羧酸根上的负电荷通过空间场直接分散到邻位的吸电基上，结果使羧酸根的稳定性大为增加，使该取代酸的酸性增强。

有些邻位取代苯甲酸如邻羟基苯甲酸（水杨酸），由于羧酸根与相邻的羟基可以通过氢键的形成使其稳定性增加，所以邻羟基苯甲酸的酸性比其间位和对位异构体都强。

可以看出，取代苯甲酸的酸性与取代基的位置、共轭效应与诱导效应的同时存在有关，还有邻位效应、场效应的影响，情况比较复杂。可大致归纳如下：

① 邻位取代基（氨基除外）都使苯甲酸的酸性增强（是因为位阻作用破坏了羧基与苯环的共轭）。

② 间位取代基一般使其酸性增强。

③ 对位上是第一类定位基时，酸性减弱；是第二类定位基时，酸性增强。

习题 13-3　试解释为什么 2,6-二羟基苯甲酸（pK_a＝2.32）的酸性强于邻羟基苯甲酸（pK_a＝2.98）的酸性。

习题 13-4　试解释邻氯苯丙炔酸弱于其对位和间位异构体的酸性。

3. 成盐反应

羧酸具有明显的酸性，故能与氢氧化钠、碳酸钠、碳酸氢钠和氧化镁反应生成羧酸盐。

$$RCOOH \xrightarrow{MgO} (RCO_2)_2Mg + H_2O$$

$$RCOOH \xrightarrow{NaOH} RCO_2Na + H_2O$$

$$RCOOH \xrightarrow{Na_2CO_3} RCO_2Na + CO_2\uparrow + H_2O$$

$$RCOOH \xrightarrow{NaHCO_3} RCO_2Na + CO_2\uparrow + H_2O$$

羧酸盐具有盐类的一般性质，是离子化合物，不能挥发。羧酸的钠盐和钾盐不溶于非极性溶剂，一般少于 10 个碳原子的一元羧酸的钠盐和钾盐能溶于水（10～18 个碳原子羧酸的钠盐或钾盐在水中形成胶体溶液）。利用羧酸的酸性和羧酸盐的性质，可以把它与中性或碱性化合物分离。

（二）羧羰基的反应

羧酸中也有一个羰基，但由于与羟基氧上的孤电子对共轭，降低了羰基碳的亲电能力，一些很容易与醛酮反应的亲核试剂，却不易与羧酸反应，但羧酸在酸或碱的催化下，可以发生下列反应。

1. 形成酰卤

羧酸与 PX_3（或 PX_5）、$SOCl_2$ 作用，羧基中的羟基被卤原子取代形成酰卤，其中最重要的是酰氯。酰氯是由羧酸和亚硫酰氯、三氯化磷或五氯化磷等氯化剂反应制得，通式：

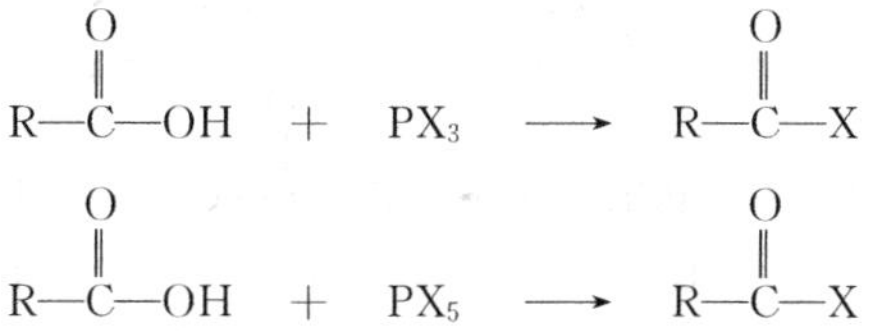

（X＝Br、Cl）

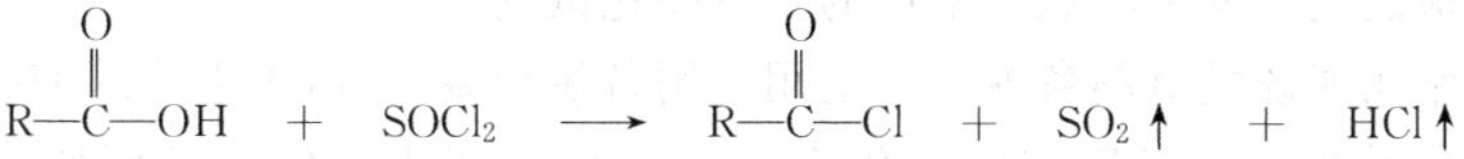

（产率高、纯度好）

例如：

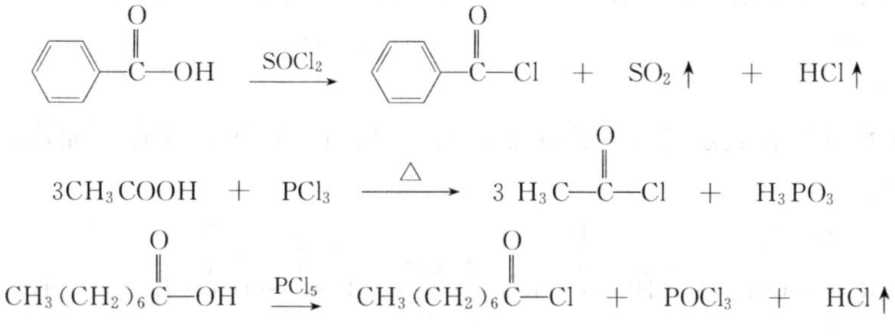

羧酸与亚硫酰氯（$SOCl_2$）的反应机理：

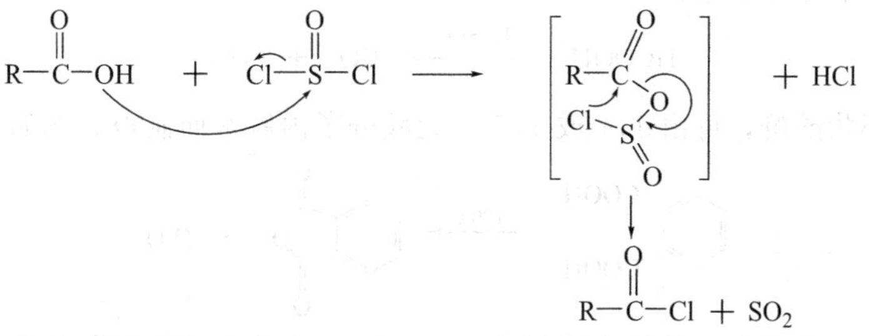

$$R-\overset{\overset{\textstyle O}{\|}}{C}-OH \ + \ PCl_5 \ \xrightarrow{-HCl} \ \left[R-\overset{\overset{\textstyle O}{\cdots}}{\underset{\underset{\textstyle Cl}{|}}{C}}-O-\overset{\overset{\textstyle Cl}{|}}{\underset{\underset{\textstyle Cl}{|}}{P}}-Cl \right]$$

$$\longrightarrow \ R-\overset{\overset{\textstyle O^-}{|}}{\underset{\underset{\textstyle Cl}{|}}{C}}-\overset{+}{O}-PCl_3 \ \longrightarrow \ R-\overset{\overset{\textstyle O}{\|}}{C}-Cl \ + \ POCl_3$$

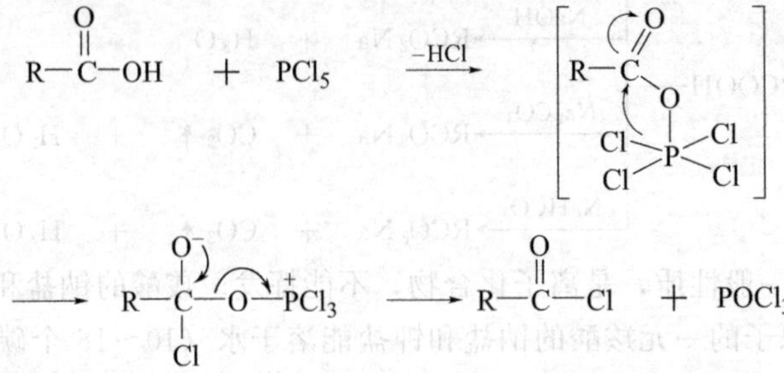

酰氯很活泼，容易水解，因此不能用水洗的方法除去反应中的无机物，通常用蒸馏的方法分离产物。故采用哪种氯化剂，主要决定于原料、产物和副产物之间的沸点差。亚磷酸在 200℃分解，因此，三氯氧磷适合制备沸点低的酰氯；三氯化磷的沸点为 107℃，可以蒸馏除去，因此，五氯化磷适合制备沸点较高的酰氯。例如：

$$3H_3C-\overset{\overset{\textstyle O}{\|}}{C}-OH \ + \ PCl_3 \ \longrightarrow \ 3H_3C-\overset{\overset{\textstyle O}{\|}}{C}-Cl \ + \ H_3PO_3$$

bp   118℃   75℃   52℃

$$Ph-\overset{\overset{\textstyle O}{\|}}{C}-OH \ + \ PCl_5 \ \longrightarrow \ Ph-\overset{\overset{\textstyle O}{\|}}{C}-Cl \ + \ POCl_3 \ + \ HCl$$

bp   249℃   166℃   197℃   107℃

芳香族酰氯一般是由五氯化磷或亚硫酰氯与芳酸作用制取的，芳香族酰氯的稳定性较好，在水中的水解反应缓慢，苯甲酰氯是常用的苯甲酰化试剂。

在实验室中常用亚硫酰氯制备酰氯（也用于制备氯代烷）。由于生成的 HCl 和 SO₂ 可以方便地从反应体系中移出，所以反应的转化率可高达 90% 以上；但由于要使用过量的 SOCl₂，应当注意回收 SOCl₂ 或吸收，以避免对环境造成污染。例如：

$$CH_3(CH_2)_4COOH \ + \ SOCl_2 \ \longrightarrow \ CH_3(CH_2)_4COCl \ + \ HCl\uparrow \ + \ SO_2\uparrow$$

bp   205℃   76℃   153℃

2. 形成酸酐

羧酸（除甲酸外）在脱水剂（如乙酰氯、乙酸酐、P₂O₅ 等）存在下加热，分子间失去一分子水生成酸酐。

$$R-\overset{\overset{\textstyle O}{\|}}{C}-OH \ + \ HO-\overset{\overset{\textstyle O}{\|}}{C}-R \ \xrightarrow[\triangle]{脱水剂} \ R-\overset{\overset{\textstyle O}{\|}}{C}-O-\overset{\overset{\textstyle O}{\|}}{C}-R \ + \ H_2O$$

高级羧酸与乙酰氯或乙酸酐加热得高级酸酐。此法适合制备沸点高的酸酐。但甲酸与脱水剂共热，分解为一氧化碳和水：

$$HCOOH \ \xrightarrow[60\sim80℃]{H_2SO_4} \ CO \ + \ H_2O$$

五元或六元环状酸酐，可由 1,4-或 1,5-二元酸分子内脱水而制得。例如：

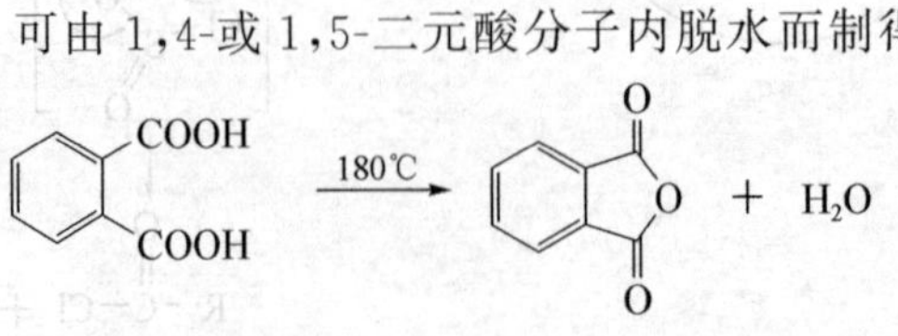

混合的酸酐可由酰卤与羧酸盐作用得到，也可以由乙烯酮与羧酸作用得到：

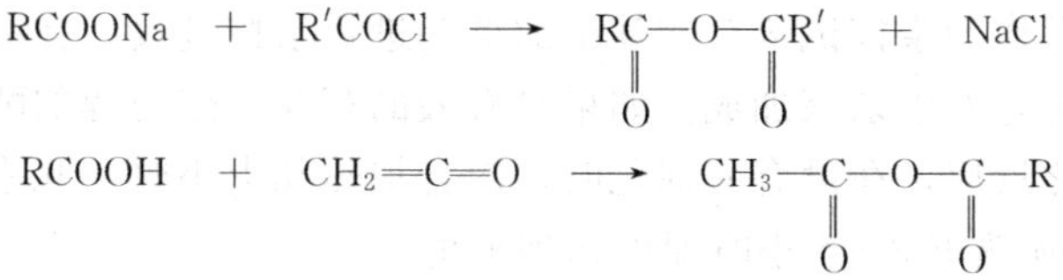

$$RCOONa + R'COCl \longrightarrow RC\underset{O}{\overset{}{-}}O-CR' + NaCl$$

$$RCOOH + CH_2\!=\!C\!=\!O \longrightarrow CH_3-\underset{O}{\overset{}{C}}-O-\underset{O}{\overset{}{C}}-R$$

3. 酯化反应

羧酸与醇在强酸性催化剂作用下生成酯和水的反应称为酯化反应。在同样条件下，酯和水也可作用生成羧酸和醇，称酯的水解反应。这是一个典型的可逆反应。

$$R-COOH + R'OH \underset{}{\overset{H^+}{\rightleftharpoons}} RCOOR' + H_2O$$

酯化反应的特点：可逆反应，需酸催化。常用催化剂为浓 H_2SO_4、对甲苯磺酸、强酸型离子交换树脂、过渡金属氧化物等。例如：

$$CH_3CO_2H + CH_3CH_2OH \underset{\triangle}{\overset{H_2SO_4}{\rightleftharpoons}} CH_3CO_2CH_3CH_3 + H_2O$$

酯化反应机理：羧酸的酯化反应随着羧酸和醇的结构以及反应条件的不同，可以按照不同的机理进行。羧酸和醇之间脱水的两种方式：

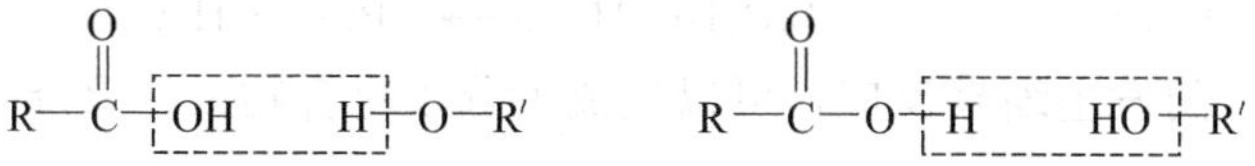

酰氧键断裂　　　　　　　烷氧键断裂
R'OH为一级、二级醇　　R'OH为三级醇

羧酸与醇生成酯的反应是在酸催化下进行的；在一般情况下，羧酸与伯醇或仲醇的酯化反应，羧酸发生酰氧键断裂，其反应过程为：

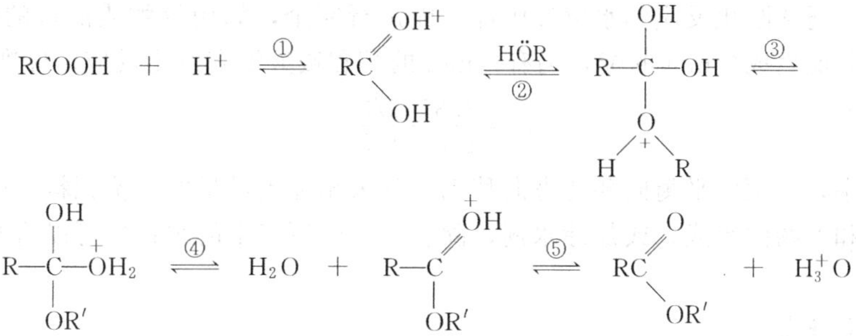

在酯化反应中，存在着一系列可逆的平衡反应步骤。步骤②是酯化反应的控制步骤，而步骤④是酯水解的控制步骤。这一反应是 S_N2 反应，经过加成-消除过程。

采用同位素标记醇的办法已经证实了酯化反应中所生成的水是来自于羧酸的羟基和醇分子中的氢。

$$RC\underset{O-18R'}{\overset{O}{-}}\boxed{OH + H}\!\!-\!\!^{18}O-R' \overset{H^+}{\rightleftharpoons} R-\underset{}{\overset{O}{C}}-O-^{18}R' + H_2O$$

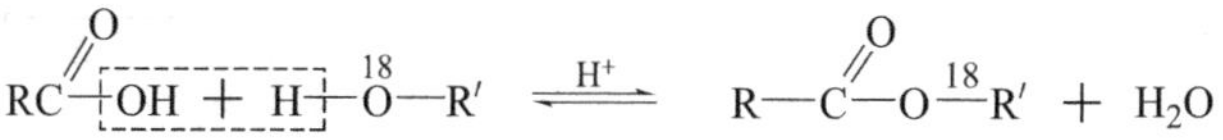

羧酸与叔醇的酯化则是醇发生了烷氧键断裂：

$$RC\underset{O-H}{\overset{O}{\diagup}}\boxed{+ HO^{18}}-CR'_3 \overset{H^+}{\longrightarrow} RCOOCR' + H_2O^{18}$$

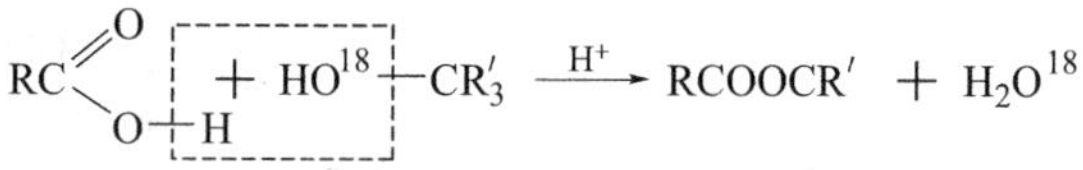

反应机理：

$$CR'_3-OH + H^+ \longrightarrow R'_3C^+ + H_2O$$

$$RC\underset{O-H}{\overset{O}{\diagup}} + R'_3C^+ \longrightarrow RC\underset{CR'_3}{\overset{O}{-}}O^+\!-H \longrightarrow RC\underset{O-CR'_3}{\overset{O}{\diagup}} + H^+$$

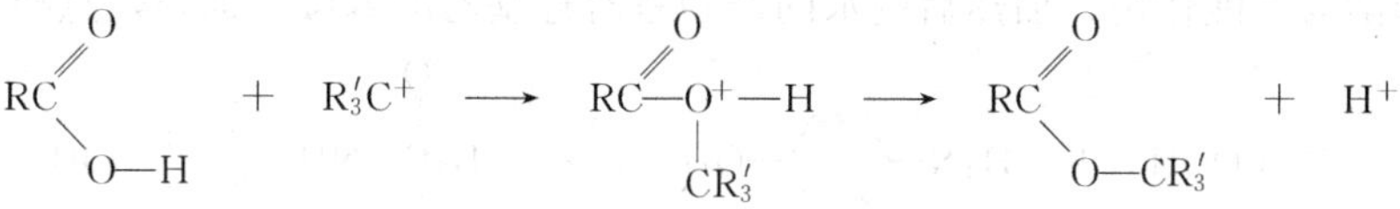

在酯化反应中，醇作为亲核试剂对羧基中的羰基进行亲核进攻，在酸催化下，羰基碳才更为缺电子而有利于醇对它发生亲核加成。如果没有酸的存在，酸与醇的酯化反应很难进行。例如：乙酸与乙醇的酯化反应，在没有酸催化时，混合加热几十小时，几乎不反应；如在极少量的 H_2SO_4 存在时，在加热下 3～4 小时即可达到平衡。

不同的羧酸和醇进行酯化反应的活性是不同的；一般有如下的反应活性顺序：

醇的活性　$CH_3OH > 1^\circ ROH > 2^\circ ROH > 3^\circ ROH$

酸的活性　$HCO_2H > CH_3COOH > RCOOH > R_2CHCOOH > R_3COOH$

芳香族羧酸的酯化反应要比脂肪族的难一些。对苯二甲酸与乙二醇或环氧乙烷作用可生成对苯二甲酸二羟乙酯，它是合成涤纶的中间体：

乙酸酯还可通过醇与乙烯酮的反应得到；活泼的卤代烃与羧酸根负离子的反应也得到酯。

$$ROH + CH_2{=}C{=}O \longrightarrow CH_3CO_2R$$

$$RCOO^- Na^+ + BrCH_2C_6H_5 \longrightarrow RCOOCH_2C_6H_5 + NaBr$$

多元酸与多元醇之间发生缩聚反应，可以生成大分子化合物——聚酯，在合成纤维工业上有重要的应用。例如：

$$nHO_2C(CH_2)_4CO_2H + (n+1)HOCH_2CH_2OH \longrightarrow$$

$$HOCH_2CH_2{-}\!\!\left[O_2C(CH_2)_4{-}CO{-}O{-}CH_2CH_2O\right]_n\!{-}H + 2nH_2O$$

酯化反应是可逆反应，而且一般较慢，催化剂和温度在加速酯化反应速率的同时，也加速水解反应速率。通常酯化反应和水解反应都不能进行完全，如用等物质的量的醇和羧酸反应，达到平衡时，只能生成⅔mol 的酯，仍有⅓mol 的醇和羧酸没有发生反应。标准平衡常数为：

$$K=\frac{2/3\times2/3}{1/3\times1/3}=4$$

为提高产率，必须使平衡向酯化方向移动。常采用加入过量的廉价原料，以改变反应达到平衡时反应物和产物的组成；或加除水剂，除去反应中所产生的水；也可以将酯从反应体系中不断蒸出。

4. 形成酰胺和腈

羧酸与氨或胺作用生成羧酸铵，然后加热脱水得到酰胺或 N-取代酰胺，这是一个可逆反应。伯酰胺在 P_2O_5 作用下继续加热脱水得腈。

$$CH_3CO_2H + NH_3 \longrightarrow CH_3CO\overset{+}{O}NH_4 \xrightarrow{100^\circ C} CH_3CONH_2 + H_2O$$

$$CH_3CONH_2 \xrightarrow[\triangle]{P_2O_5} CH_3CN$$

$$C_6H_5{-}\overset{O}{\overset{\|}{C}}{-}OH + H_2NC_6H_5 \longrightarrow C_6H_5COONH_3C_6H_5 \overset{\triangle}{\rightleftharpoons} C_6H_5CONHC_6H_5 + H_2O$$

（80%～84%）

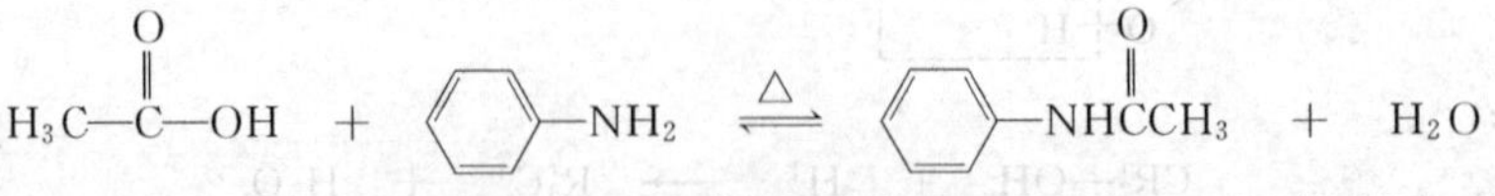

对氨基苯酚与乙酸作用，加热后脱水的产物是对羟基乙酰苯胺（即扑热息痛）：

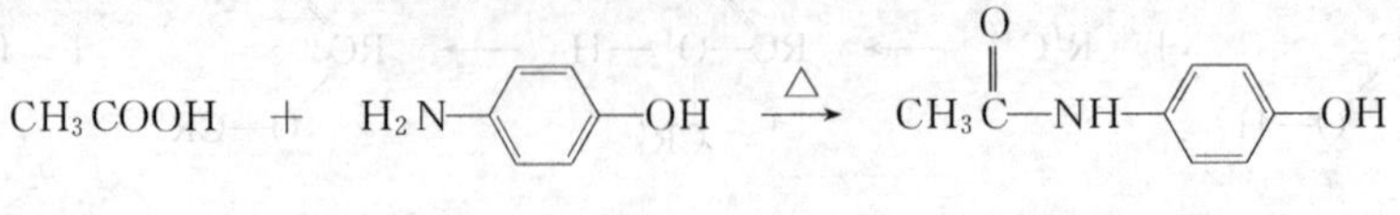

己二酸与己二胺缩聚生成聚酰胺纤维“尼龙-66”：

$$nH_2N\text{-}(CH_2)_6\text{-}NH_2 + nHOOC\text{-}(CH_2)_4\text{-}COOH \xrightarrow{250℃}$$

$$H\text{-}\left[NH(CH_2)_6NH\text{-}\overset{O}{\overset{\|}{C}}\text{-}(CH_2)_4\text{-}\overset{O}{\overset{\|}{C}}\right]_n\text{-}OH + (2n-1)H_2O$$

（三）羧酸的还原反应

羧酸中的羰基在烃基给电子共轭效应的影响下，其活性降低，在一般情况下不起醛酮中羰基所特有的加成反应，醛酮中的羰基容易被还原，而羧酸只能用还原能力特别强的试剂还原。羧酸与氢化铝锂在乙醚中迅速反应，生成伯醇，产率较高，且不影响碳碳不饱和键。

$$C_{17}H_{35}\overset{O}{\overset{\|}{C}}OH \xrightarrow[(2)\ H_2O]{(1)\ LiAlH_4,\ Et_2O} C_{17}H_{35}CH_2OH$$

硬脂酸　　　1-十八烷醇　91%

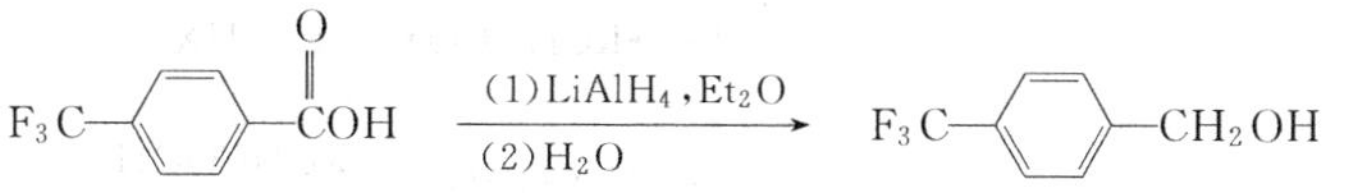

对三氟甲基苯甲酸　　　对三氟甲基苯甲醇　96%

例如：

$$(CH_3)_3CCOOH \xrightarrow{LiAlH_4,乙醚} \xrightarrow{H_2O} (CH_3)_3CCH_2OH$$

$$H_2C{=}CH{-}CH_2COOH \xrightarrow{LiAlH_4,\ 乙醚} \xrightarrow{H_2O} H_2C{=}CH{-}CH_2CH_2OH$$

反应历程：

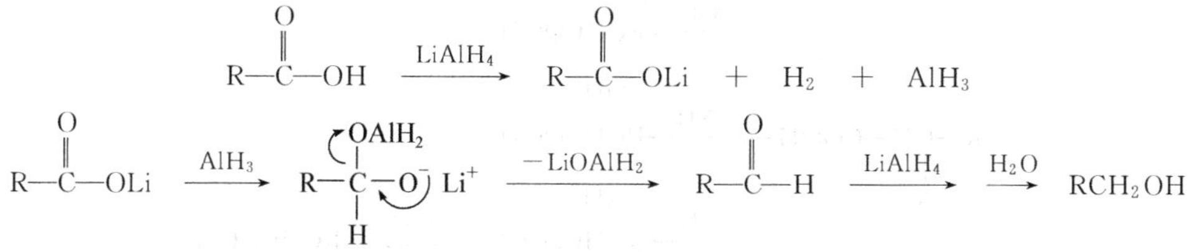

硼氢化钠不能使羧基还原成伯醇基，但乙硼烷在四氢呋喃溶液中和室温下能使羧酸还原为伯醇，而分子中同时存在的酯基则不还原。

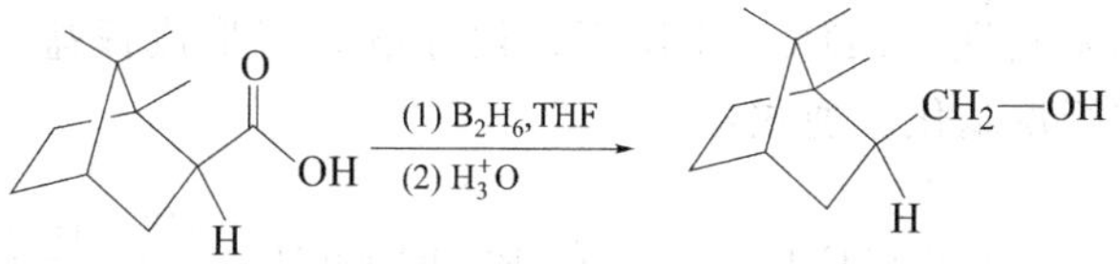

习题 13-5　排列出下列醇在酸催化下与丁酸发生酯化反应的活性次序：

(1) $(CH_3)_3CCH(OH)CH_3$　　(2) $CH_3CH_2CH_2CH_2OH$

(3) CH_3OH　　(4) $CH_3CH(OH)CH_2CH_3$

习题 13-6　由苯甲酸制备苯甲酰氯，为什么氯化剂不能选用 PCl_3？

习题 13-7　已知在用 $RO^{18}H$ 与一般羧酸进行催化酯化时，O^{18} 全部在酯中；而用 $CH_2=CHCH_2O^{18}H$ 进行酯化时，发现有一些 H_2O^{18} 生成。为什么？

习题 13-8　解释 (1) 除非加入强的无机酸，否则大多数羧酸的酯化都失败；(2) 高浓度的无机酸产生抗催化效应，使酯化率锐减。

（四）α-氢的反应

1. 羧酸 α-H 的卤代

羧酸 α-碳上的氢原子受羧基吸电子的影响，具有一定的活性，但较醛、酮的 α-氢原子活性差，很难直接卤代；但在少量红磷或三氯化磷存在下与卤素（Cl_2 或 Br_2）发生反应，生成 α-卤代酸，此反应称为赫尔-乌尔哈-泽林斯基（Hell-Volhard-Zelinsky）反应。例如：

$$(CH_3)_2CHCH_2CH_2COOH \xrightarrow{Br_2,\ P} (CH_3)_2CHCH_2\underset{}{\overset{Br}{\overset{|}{C}}}HCOOH$$

$$CH_3COOH \xrightarrow{Cl_2,\ P} ClCH_2COOH \xrightarrow{Cl_2,\ P} Cl_2CHCOOH \xrightarrow{Cl_2,\ P} Cl_3CCOOH$$

反应机理：

$$2P + 3X_2 \longrightarrow PX_3$$

$$3\ RCH_2COOH + PX_3 \longrightarrow 3\ RCH_2COX + H_3PO_3$$

$$RCH_2COX \xrightarrow{X_2} RCHXCOX + HX$$

$$RCHXCOX + RCH_2COOH \longrightarrow \underset{X}{\underset{|}{RCH}}COOH + RCH_2COX$$

红磷的作用是使羧酸与卤素反应先转变为酰卤，酰卤比羧酸容易发生 α-卤代反应，得 α-卤代酰卤，后者再与羧酸作用就生成 α-卤代酸。羧酸卤代时，控制卤素用量，可生成一元或多元卤代酸，这是制备 α-卤代酸的常用方法。

α-卤代酸是重要的有机合成中间体，它能与多种亲核试剂反应生成不同的产物。例如：

$$\underset{X}{\underset{|}{R-CH}}-COOH \xrightarrow{OH^-} \underset{OH}{\underset{|}{RCH}}COOH$$

$$\underset{X}{\underset{|}{R-CH}}-COOH \xrightarrow{NH_3} \underset{NH_2}{\underset{|}{RCH}}COOH$$

$$\underset{X}{\underset{|}{R-CH}}-COOH \xrightarrow{CN^-} \underset{CN}{\underset{|}{RCH}}COOH \xrightarrow{H_3^+O} \underset{COOH}{\underset{|}{RCH}}COOH$$

2. 羧酸 α-氢的烷基化

羧酸在强碱二异丙基胺锂（LDA）作用下，被夺取 α-氢形成锂盐，锂盐与卤代烷作用后水解可在羧酸的 α 位进行烷基化。通式：

$$RCH_2COOH + \underset{(LDA)}{2LiN(i\text{-}C_3H_7)_2} \longrightarrow \underset{Li^+}{R\bar{C}HCOOLi^+} \xrightarrow{R'X} \xrightarrow{H_2O} \underset{}{\overset{R'}{\overset{|}{RCH}}}COOH$$

例如：

$$(CH_3)_2CHCOOH + LDA \xrightarrow[0℃]{THF,C_6H_{14}} (CH_3)_2CLiCOOLi \xrightarrow{CH_3(CH_2)_3Br} \xrightarrow{H_2O} CH_3(CH_2)_3-\underset{CH_3}{\underset{|}{\overset{CH_3}{\overset{|}{C}}}}-COOH \quad 89\%$$

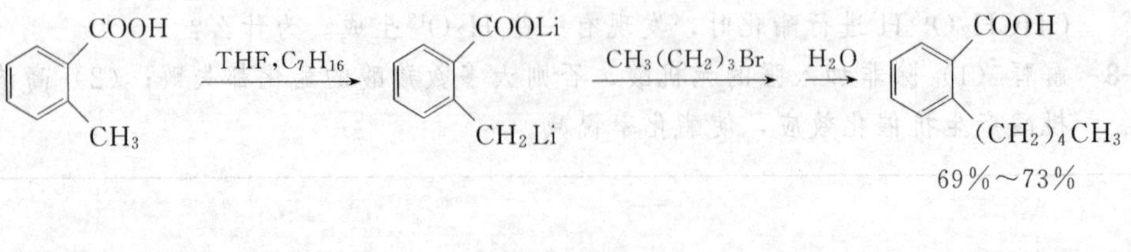

69%～73%

（五）与有机金属化合物反应

羧酸羟基中的活性氢能使格氏试剂分解：

$$RCOOH + R'MgX \longrightarrow RCOOMgX + R'H$$

羧酸可以与 α-碳上取代基少、空间位阻小的有机锂试剂反应形成酮。例如：

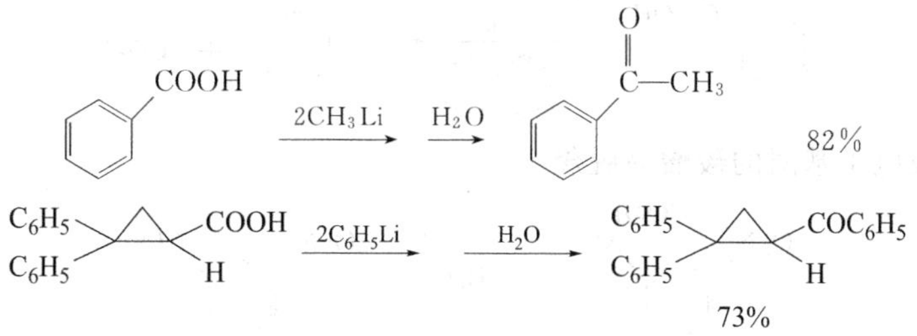

机理：

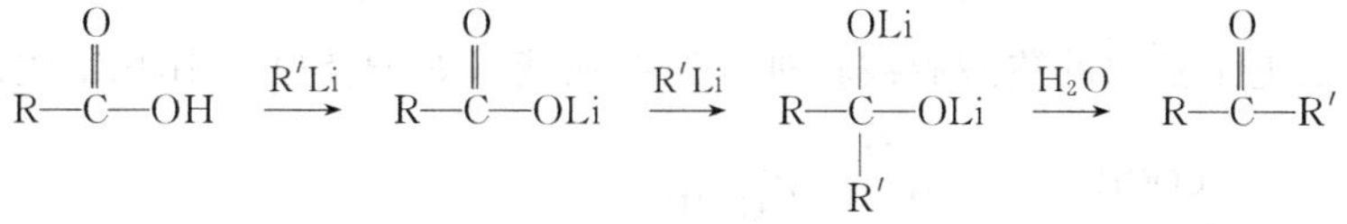

（六）羧酸的脱羧反应

1. 饱和一元羧酸的脱羧反应

羧酸分子中脱去羧基并放出二氧化碳的反应称为脱羧反应。饱和一元羧酸一般在加热下较难脱羧，当 α-碳原子上连有吸电子基团，例如硝基、卤素、酮基等羧酸盐或羧酸容易进行脱羧反应。例如：

$$Cl_3C—COONa \xrightarrow[H_2O]{55℃} HCCl_3 + CO_2\uparrow + NaOH$$

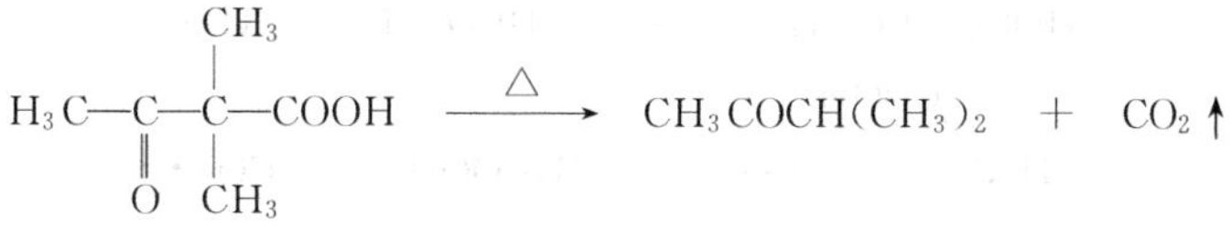

机理：

通过负离子进行脱羧反应

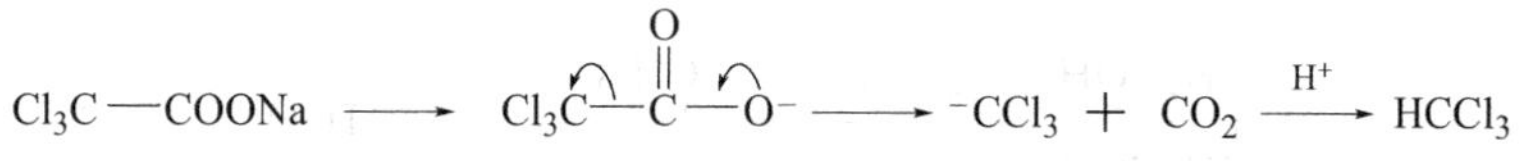

通过六中心过渡态脱羧反应

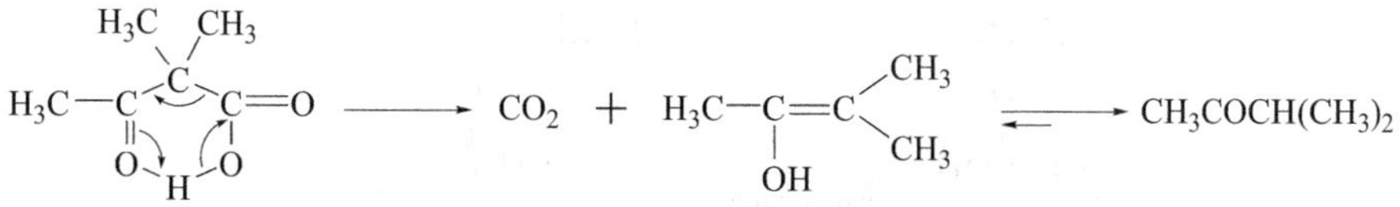

各类羧酸脱羧的反应机理并不完全一样。例如，β-酮酸脱羧是由于羰基和羧基以氢键配合形成六元环过渡态，然后发生电子转移失去二氧化碳，先生成烯醇，再重排得到酮。β-酮酸及丙二酸型的脱羧反应在有机合成上常被采用。

2. 芳香族羧酸的脱羧反应

芳香族羧酸比脂肪酸容易脱羧，因为苯基可以作为一个吸电子基团，有利于碳碳键的断裂。

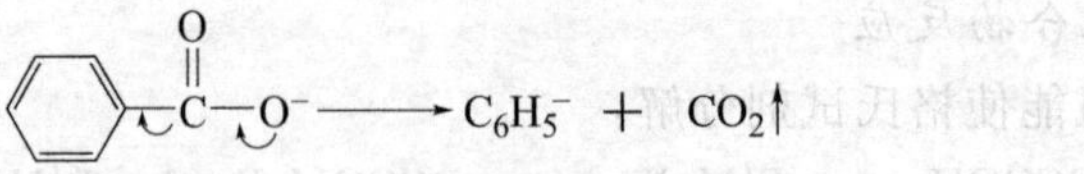

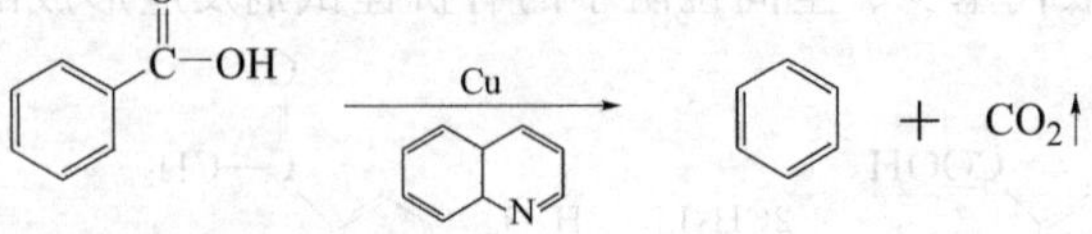

邻、对位有吸电子基团的羧酸易脱羧。

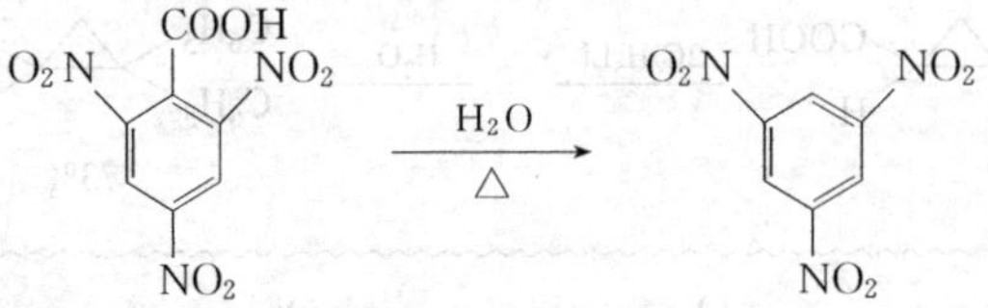

邻、对位有给电子基团的羧酸脱羧较难，但在强酸（如 H_2SO_4）作用下也能脱羧。

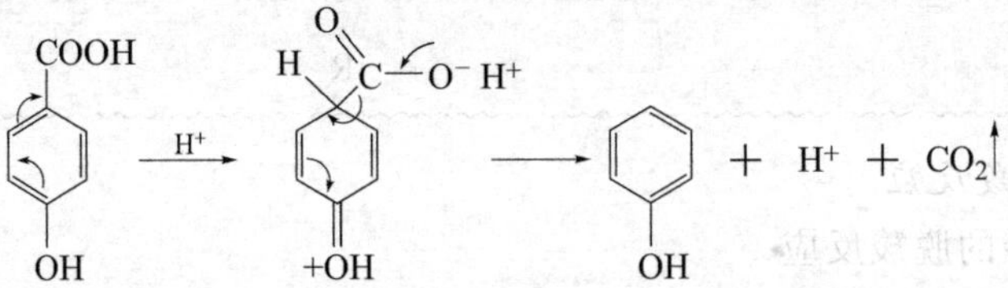

3. 二元羧酸脱羧反应

二元羧酸对热较敏感，当单独加热或与脱水剂共热时，随着两个羧基间距离不同而发生脱羧、脱水或两者兼有的反应。

两个羧基直接相连或连在同一碳原子上的二元羧酸，受热后易脱羧生成一元羧酸。

$$HOOC—COOH \xrightarrow{\triangle} HCOOH + CO_2\uparrow$$

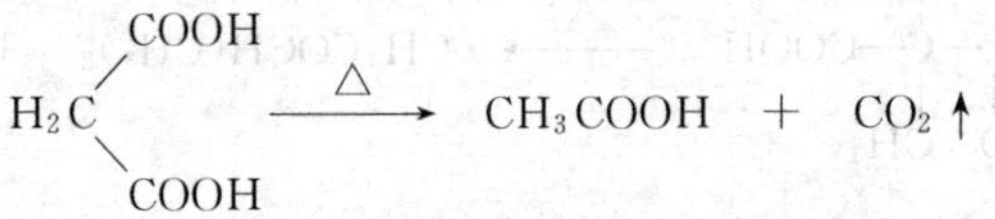

两个羧基间隔两个或三个碳原子的二元羧酸，受热发生脱水反应，生成环状酸酐。此反应用于合成时，常与脱水剂共热，反应更易进行，常用的脱水剂有乙酰氯、乙酸酐、五氧化二磷等。

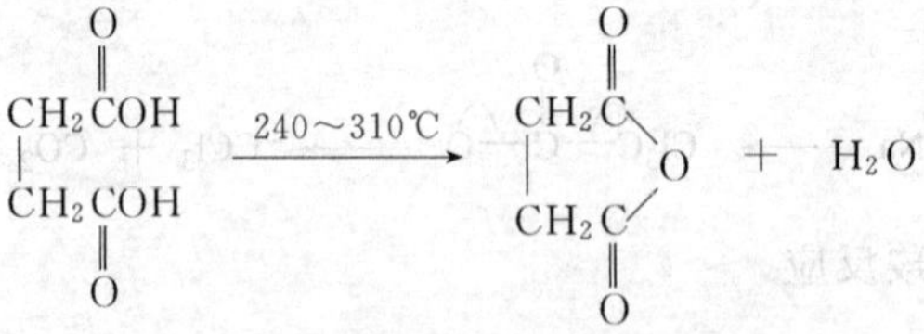

丁二酸　　　　　　　　丁二酐

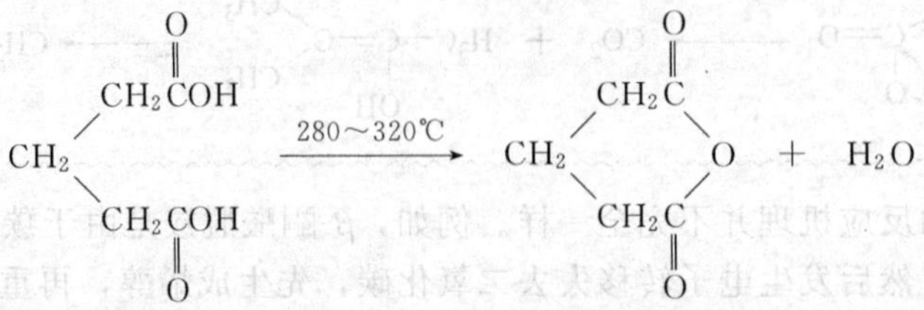

戊二酸　　　　　　　　戊二酐

己二酸和庚二酸则在脱水的同时，脱去一个羧基形成环戊酮和环己酮，但也有少量酸酐生成；更长碳链的二元酸受热往往生成聚酐。

己二酸在单独加热或与乙酐共热时，也可生成聚酐：

$$2n\mathrm{HO_2C(CH_2)_4CO_2H} \xrightarrow{300\sim320℃} \mathrm{HO}\!\left[\overset{\mathrm{O}}{\overset{\|}{\mathrm{C}}}-(\mathrm{CH_2})_4\overset{\mathrm{O}}{\overset{\|}{\mathrm{C}}}-\mathrm{O}-\overset{\mathrm{O}}{\overset{\|}{\mathrm{C}}}(\mathrm{CH_2})_4\right]_n\overset{\mathrm{O}}{\overset{\|}{\mathrm{C}}}\mathrm{OH}$$

己二酸　　　　　　　　聚己二酐

聚己二酐在减压下蒸馏可以得到不稳定的环酐，后者在储存或加热时又转变成聚酐。庚二酸以上的二元酸在加热时都生成聚酐。

布朗克（Blanc）规则：在有机反应中有可能成环时，一般以形成五元环或者六元环的化合物最稳定。这是 Blanc 在用各种二元羧酸和乙酐加热时总结的规律。

4．羧酸盐脱羧

羧酸的碱金属盐与碱石灰共熔，可脱羧生成烃。由于副反应多，实际上只能用于低级羧酸盐的脱羧。例如：

$$\mathrm{CH_3COONa} \xrightarrow[\triangle]{\mathrm{NaOH(CaO)}} \mathrm{CH_4} + \mathrm{Na_2CO_3}$$

丁二酸、戊二酸和邻苯二甲酸的铵盐在加热时，生成二酰亚胺：

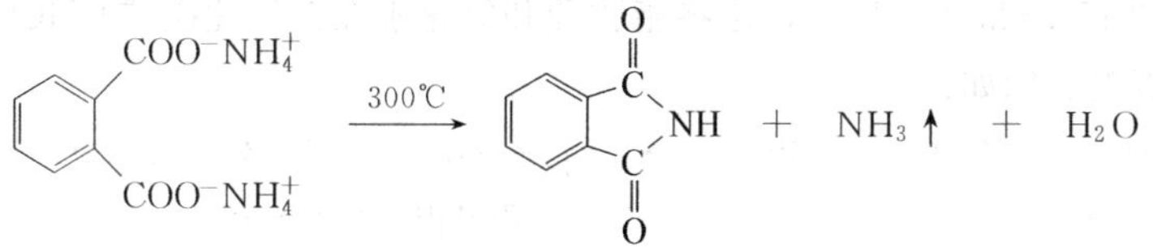

邻苯二甲酸铵盐　　　邻苯二甲酰亚胺

庚二酸、己二酸在氢氧化钡存在下加热时，既脱羧又脱水，分别生成环己酮和环戊酮，而不生成相应的酸酐：

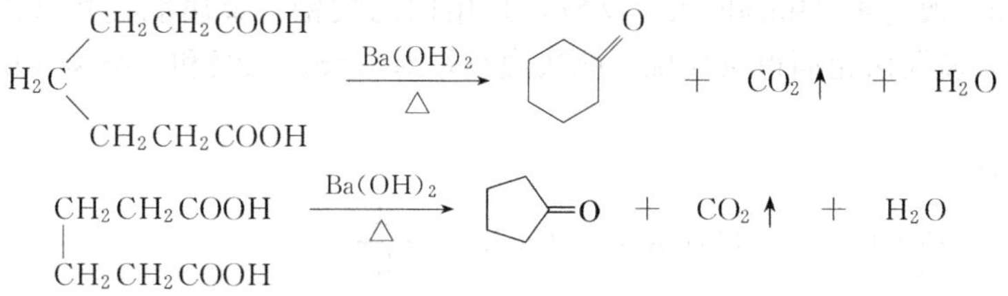

羧酸盐的电解脱羧：电解羧酸盐溶液，在阳极发生烷基偶联生成烃。此法称为合成法。此法也成功地用于二元单酯盐电解合成长链的二元酸酯。例如：

$$2\mathrm{CH_3(CH_2)_{12}COONa} \xrightarrow{电解} \mathrm{CH_3(CH_2)_{24}CH_3}$$

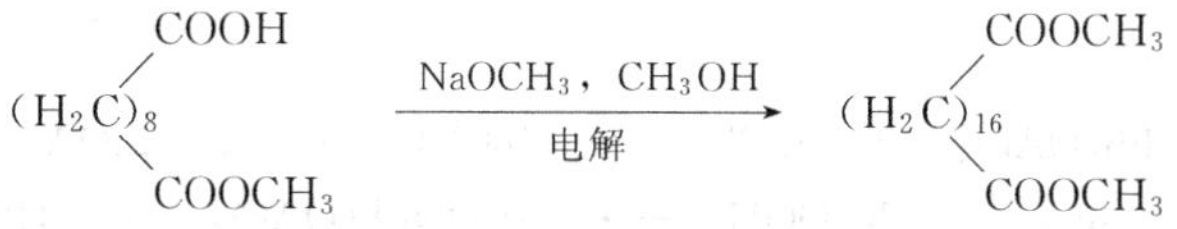

其他一元饱和羧酸电解生成的烃，产率和纯度都较低。

$$\mathrm{CH_3(CH_2)_{12}\overset{\mathrm{O}}{\overset{\|}{\mathrm{C}}}OH} \xrightarrow{电解} \mathrm{CH_3(CH_2)_{24}CH_3}$$

十四酸　　　　　　二十六烷（60%）

这个反应称为科尔伯（H. Kolbe）反应。科尔伯反应可能是自由基反应，羧酸根负离子在阳极上失去一个电子，转变为相应的自由基，后者脱去二氧化碳成为烃基自由基，两个烃基自由基再偶联而生成烃：

$$\mathrm{RCOO^-} \xrightarrow{阳极} \mathrm{RCOO\cdot} + e$$

$$\mathrm{RCOO\cdot} \longrightarrow \mathrm{R\cdot} + \mathrm{CO_2}\uparrow$$

$$2R\cdot \longrightarrow R{-}R$$

将羧酸的银盐悬浮在四氯化碳中，再滴加 1mol 液溴，则脱羧而生成溴化烃：

$$RCOOAg + Br_2 \longrightarrow RBr + CO_2\uparrow + AgBr$$

这种脱羧卤代反应称为亨斯狄克（Hunsdiecker）反应。此反应可能是通过自由基中间体进行的，银盐先与溴反应，生成次溴酸的酰基取代物，后者通过均裂反应产生溴代烃：

$$RCOOAg + Br_2 \longrightarrow RC(=O)OBr + AgBr$$

$$RC(=O)OBr \longrightarrow RCO_2\cdot + Br\cdot$$

$$RCO_2\cdot \longrightarrow R\cdot + CO_2\uparrow$$

$$R\cdot + Br\cdot \longrightarrow RBr$$

亨斯狄克反应在无水条件下进行，溴代烃的产率一般较低。例如：

$$(CH_3)_3CCH_2CO_2Ag + Br_2 \longrightarrow (CH_3)_3CCH_2Br + AgBr$$

3,3-二甲基丁酸银　　　　新戊基溴　62%

Cristol 改进的 Hunsdiecker 反应，是将脂肪酸和氧化汞在四氯化碳或 $CHCl_2{-}CHCl_2$ 中回流，再滴加等摩尔的液溴。例如：

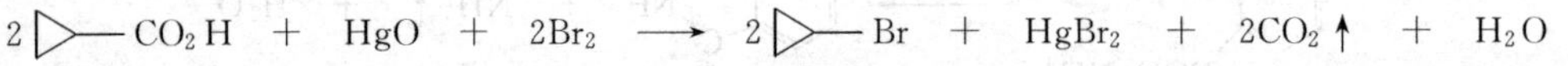

环丙基甲酸　　　　环丙基溴　41%～46%

$$n\text{-}C_{17}H_{35}COOH + HgO + Br_2 \xrightarrow[\text{避光回流 1h}]{CCl_4} n\text{-}C_{17}H_{35}Br + HgBr_2 + CO_2\uparrow + H_2O$$

93%

科奇（Kochi）改进的 Hunsdiecker 反应，是用四乙酸铅、金属氯代物（锂、钾、钙的氯代物）和羧酸反应，脱羧卤化而得氯代烷。此法便宜，对一级、二级和三级卤代烷产率均很好。

例如：

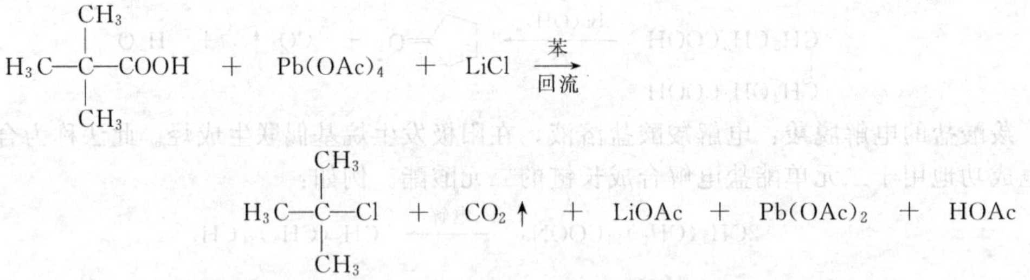

机理：

$$Pb(OAc)_4 + LiCl \longrightarrow PbCl(OAc)_3 + LiOAc$$

$$Pb(OAc)_4 + RCOOH \longrightarrow RCOOPb(OAc)_3 + HOAc$$

$$\xrightarrow{-\cdot Pb(OAc)_3} RCHO\cdot \longrightarrow R\cdot + CO_2\uparrow$$

$$R\cdot + PbCl(OAc)_3 \longrightarrow RCl + [\cdot Pb(OAc)_3]$$

习题 13-9　环已烷甲酸在 270℃（无 PCl_3 存在）与氯反应得到多种一氯代物；而在 PCl_3 存在下氯代时得到 1-氯环已烷甲酸，如何解释？

习题 13-10　下列羧酸哪些能形成环状羧酸，哪些不能形成，为什么？

(1) 顺(或反)-1,2-环戊烷二羧酸　　(2) 顺(或反)-1,3-环已烷二羧酸

(3) 顺(或反)-1,2-环已烷二羧酸

六、羧酸的制备

1. 通过氧化反应制备

羧酸可通过醇、醛、酮、烯、炔及芳烃侧链氧化来制备。由醇氧化制备羧酸是最普通的方法，而醛氧化制备羧酸较少应用。酮也能氧化成羧酸，如环己酮氧化制备己二酸；甲基酮通过氯仿反应制备减少一个碳原子的羧酸，而且氧化时不影响分子中的碳碳双键；而其他开链酮因氧化产物复杂，一般不作为制备羧酸的原料。

芳香侧链的氧化常用于芳香羧酸的制备。常用的氧化剂有重铬酸钾（钠）与硫酸、三氧化铬与冰醋酸、高锰酸钾、硝酸等。例如：

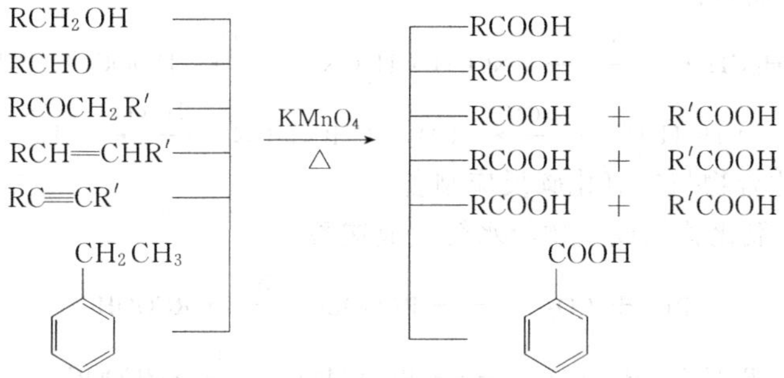

此外，利用康尼查罗反应，可由无 α-H 的醛合成羧酸。

用酮过氧酸氧化的拜尔-维利格反应，发生分子内重排，两个 α-碳中取代基较多的一个转移到氧原子上并保持原来的构型，再水解可得羧酸：

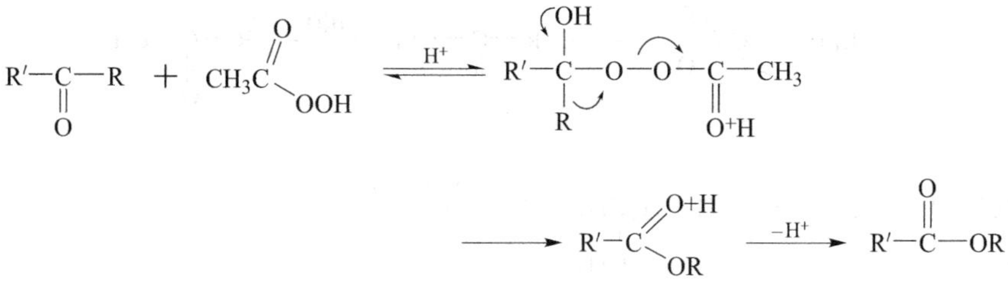

而环酮经过氧酸氧化得内酯，内酯再水解得羟基酸：

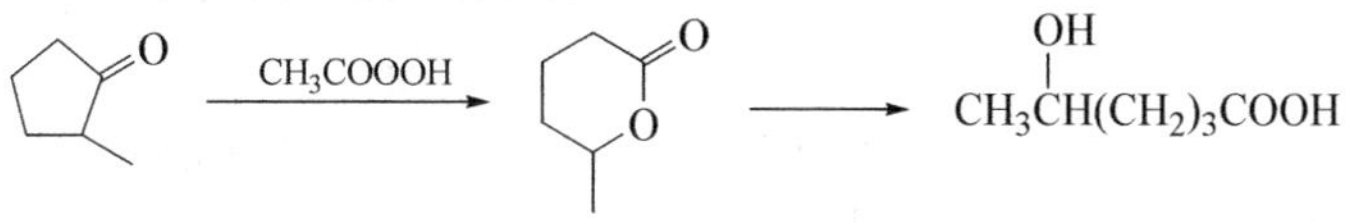

甲基酮或甲基仲醇在碱液中卤化成三卤甲酮，后者在碱液中分解为卤仿和羧酸盐。

2. 由羧酸衍生物水解

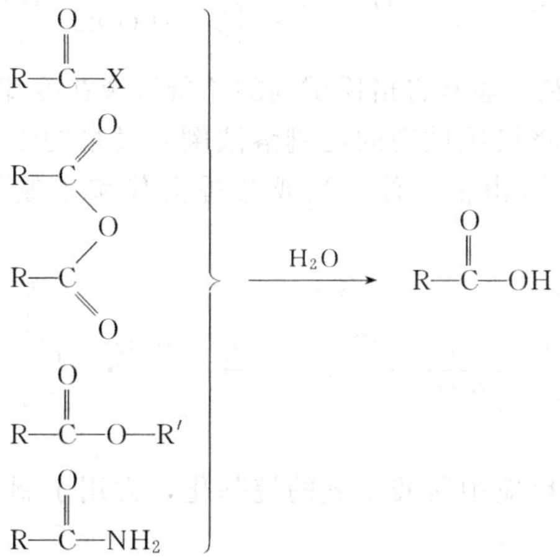

3. 由腈水解

腈在酸或碱性水溶液中，可水解生成羧酸。利用此反应，可由卤代烃制备增加一个碳原子的羧酸。

$$RCN \xrightarrow[H^+ \text{或} OH^-]{H_2O} R\overset{\overset{\displaystyle O}{\|}}{C}-OH \qquad 其中 \quad R—X \xrightarrow{NaCN} R—CN$$

此法只适用于伯卤代烷，因仲、叔卤代烷在氰化钠中易发生消除反应。芳香族腈水解得芳香族羧酸，但芳香腈不能通过卤代芳香烃制得，芳香族腈可由重氮盐制取。二元羧酸和不饱和羧酸也可通过此法制备：

$$BrCH_2CH_2Br \xrightarrow{NaCN} NCCH_2CH_2CN \xrightarrow{H_3^+O} HOOCCH_2CH_2COOH$$

$$CH_2{=}CHCH_2Cl \xrightarrow{NaCN} CH_2{=}CHCH_2CN \xrightarrow{H_3^+O} CH_2{=}CHCH_2COOH$$

4. 有机金属化合物与二氧化碳反应制备

格氏试剂与二氧化碳加成产物经水解生成羧酸。

$$RLi + CO_2 \longrightarrow RCOOLi \xrightarrow[H^+]{H_2O} RCOOH$$

通式：
$$R^-MgX^+ + CO_2 \longrightarrow RCO_2MgX \xrightarrow[H^+]{H_2O} RCOOH$$

历程：

$$R^-MgX^+ + \overset{\displaystyle O}{\underset{\displaystyle O}{C}} \longrightarrow R-\overset{\overset{\displaystyle O}{\|}}{C}-OMgX \xrightarrow{H_3^+O} R-\overset{\overset{\displaystyle O}{\|}}{C}-OH$$

$$\overset{-\;+}{RLi} + \overset{\displaystyle O}{\underset{\displaystyle O}{C}} \longrightarrow R-\overset{\overset{\displaystyle O}{\|}}{C}-OLi \xrightarrow{H_3^+O} R-\overset{\overset{\displaystyle O}{\|}}{C}-OH$$

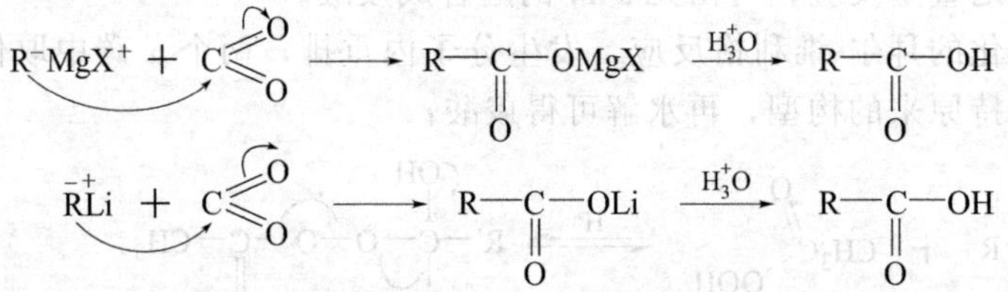

例如：

$$CH_3CH_2\underset{\underset{\displaystyle CH_3}{|}}{C}HCl + Mg \longrightarrow CH_3CH_2\underset{\underset{\displaystyle CH_3}{|}}{C}HMgCl \xrightarrow{O{=}C{=}O}$$

$$CH_3CH_2\underset{\underset{\displaystyle CH_3}{|}}{C}HCOOMgCl \xrightarrow[H^+]{H_2O} CH_3CH_2\underset{\underset{\displaystyle CH_3}{|}}{C}HCOOH$$

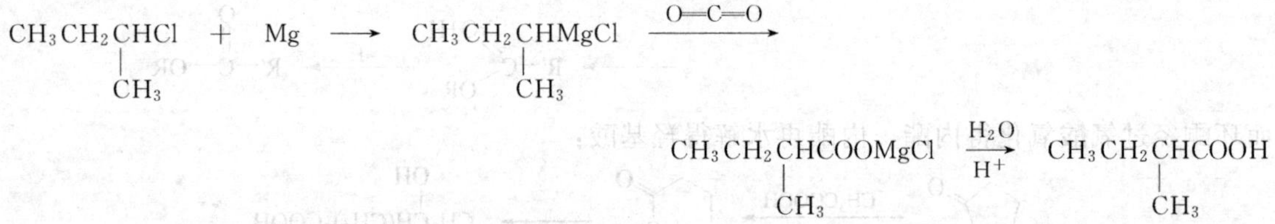

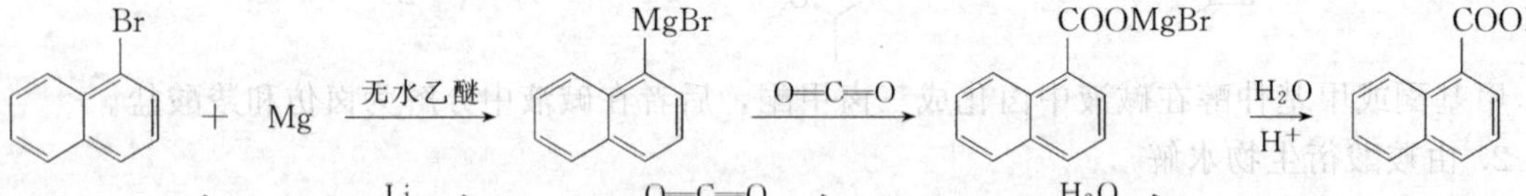

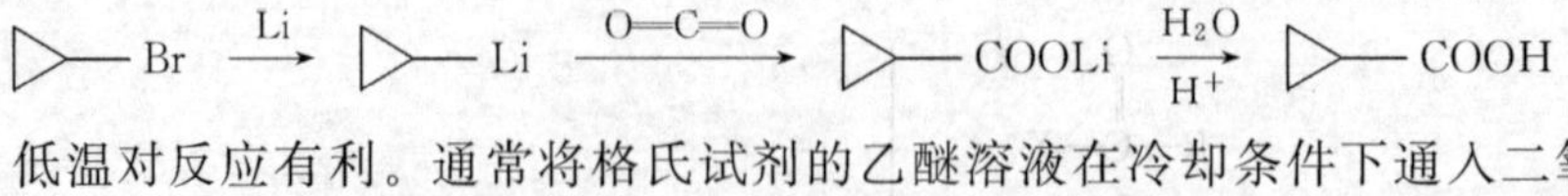

反应时，低温对反应有利。通常将格氏试剂的乙醚溶液在冷却条件下通入二氧化碳，一般温度在−10～10℃左右；或将格氏试剂的乙醚溶液倒入过量的干冰中，这时干冰既作反应试剂，又作冷却剂。利用此法可由伯、仲、叔或芳香卤代烷来制备增加一个碳原子的羧酸。例如：

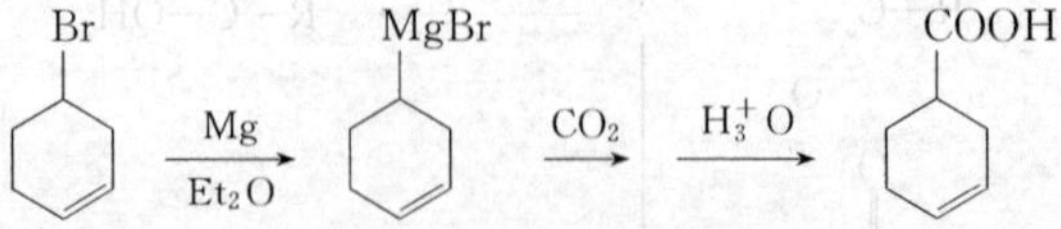

5. 羧酸 α-氢的烷基化

见本章（四）中 α-氢的反应中羧酸 α-氢的烷基化，常用于制备高附加值的 α-碳含支链的羧酸。

$$RCH_2COOH + \underset{(LDA)}{2LiN(i\text{-}C_3H_7)_2} \longrightarrow R\overset{-}{C}HCOOLi^+ \ \ (Li^+) \xrightarrow{R'X} \xrightarrow{H_2O} RCH(R')COOH$$

6. 酚酸的合成

苯酚的钠盐在一定的压力下与二氧化碳生成水杨酸的反应，叫柯尔柏-施科密特（Kolbe-Schimitt）反应。

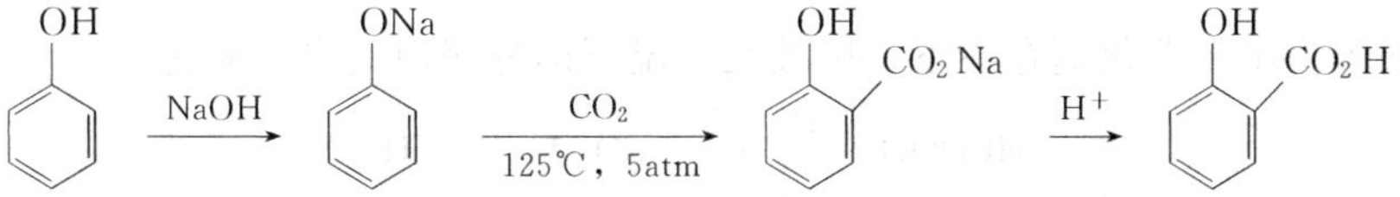

OH
NaOH
ONa
CO2
125℃，5atm
OH
CO2Na
H+
OH
CO2H

一般来说，使用钠盐及在较低的温度下反应主要得到邻位产物，而用钾盐及在较高温度下反应则主要得对位产物：

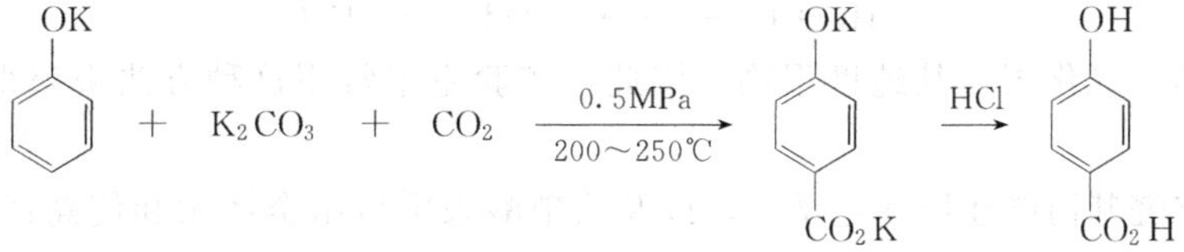

OK
+ K2CO3 + CO2
0.5MPa
200～250℃
OK
CO2K
HCl
OH
CO2H

7. 丙二酸二乙酯法

丙二酸二乙酯法常用于制备结构较复杂的羧酸（详见第十四章）。

8. 油脂皂化水解法

用于工业合成长链脂肪酸。

习题 13-11 选择合适方法，完成下列转化

（1）$HOCH_2CH_2Cl \longrightarrow HOCH_2CH_2COOH$

（2）$CH_2{=}CHBr \longrightarrow CH_2{=}CHCOOH$

（3）$CH_3C{\equiv}CH \longrightarrow CH_3C{\equiv}CCOOH$

（4）$CH_3CH_2CH_2Br \longrightarrow CH_3(CH_2)_3COOH$

七、重要的羧酸

（一）甲酸

甲酸是由烃类液相氧化生产乙酸过程的副产品。一氧化碳和氨在甲醇溶液中有甲醇钠存在下加热，生成甲酰胺：

$$CO + NH_3 \xrightarrow[80\sim100℃,\ 10\sim30MPa]{CH_3OH,\ CH_3ONa} \underset{\text{甲酰胺}}{HCONH_2}$$

甲酰胺再用硫酸水解生成甲酸：

$$\underset{\text{甲酰胺}}{2HCONH_2} + 2H_2O + H_2SO_4 \longrightarrow \underset{\text{甲酸}}{2HCOOH} + (NH_4)_2SO_4$$

甲酰胺也可由甲酸甲酯氨解得到，甲酸甲酯则由甲醇与一氧化碳生产：

$$\underset{\text{甲醇}}{CH_3OH} + CO \xrightarrow[\triangle]{CH_3ONa} \underset{\text{甲酸甲酯}}{HCO_2CH_3}$$

$$\underset{\text{甲酸甲酯}}{HCO_2CH_3} + NH_3 \xrightarrow{80\sim100℃} \underset{\text{甲酰胺}}{HCONH_2} + CH_3OH$$

生产甲酸的另一种方法是使一氧化碳与粉末状的氢氧化钠一起加热，以制备甲酸钠：

$$\underset{\text{一氧化碳}}{CO} + NaOH \xrightarrow{120\sim130℃,\ 0.6\sim0.8MPa} \underset{\text{甲酸钠}}{HCOONa}$$

将干燥的甲酸钠加入含有硫酸的甲酸中，再减压蒸馏，可以得到100%的甲酸。

无水甲酸为无色有刺激性的液体，刺激性很强，酸性也比其他一元羧酸强。

甲酸分子中的羧基直接与氢相连而不是与烃基相连，这使得它具有一些特殊的性质。例如：

在铂、钯等贵金属催化剂存在下，甲酸在室温下即分解而放出二氧化碳。

$$HCOOH \xrightarrow{Pt,\ Pd} CO_2\uparrow + H_2$$

甲酸与浓硫酸等脱水剂一起加热，则分解成一氧化碳和水。

$$H\overset{O}{\overset{\|}{C}}OH \xrightarrow{H_2SO_4} CO\uparrow + H_2O$$

这样得到的一氧化碳，其纯度很高，因此，实验室中常用这种方法来获得少量纯的一氧化碳。

甲酸由于有醛基而能还原托伦试剂，以及从硝酸汞中析出金属汞和使高锰酸钾溶液褪色，这些反应可用于甲酸的检验。

甲酸是价格较便宜、且腐蚀性较小的挥发性酸，在工业上某些用途中用来代替无机酸。在饲料和谷物的储存中可用甲酸来抑制霉菌的生长。

（二）乙酸

工业上用几种方法来生产乙酸。

1. 乙醛氧化法

$$\underset{\text{乙醛}}{CH_3CHO} \xrightarrow{O_2,\ Mn(OAc)_2} \underset{\text{乙酸}}{CH_3COOH}$$

2. 丁烷或轻油的液相氧化法

$$\text{丁烷} \xrightarrow[95\sim100℃,\ 1\sim5.5MPa]{O_2/\text{催化剂}} \text{乙酸} + \text{副产品}$$

催化剂为Co、Cr、V或Mn的乙酸盐。

3. 甲醇的羰基化（carbonylation）法

$$\underset{\text{甲醇}}{CH_3OH} + CO \xrightarrow[3.3\sim6.6MPa,\ 150\sim200℃]{\text{催化剂}} \underset{\text{乙酸}}{CH_3COOH}$$

反应在羰基铑催化剂存在下进行。

乙酸作为重要的工业原料，广泛用于有机合成中，主要用于合成醋酸乙烯、醋酸纤维、醋酸酯及氯代醋酸。醋酸也是制药、染料、农药及其他有机合成的重要原料，醋酸及其金属盐也是重要的化学试剂。醋酸可与金属氧化物、氢氧化物及碳酸金属盐作用制得醋酸金属盐。例如：

$$CH_3COOH + KOH \longrightarrow CH_3COOK + H_2O$$

$$2CH_3COOH + MnO \longrightarrow (CH_3CO_2)_2Mn + H_2O$$

$$2CH_3COOH + PbO \longrightarrow (CH_3CO_2)_2Pb + H_2O$$

$$2CH_3COOH + ZnO \xrightarrow[\triangle]{H_2O_2} (CH_3CO_2)_2Zn\cdot 2H_2O$$

$$10CH_3COOH + (CoCO_3)_2\cdot 3Co(OH)_2 \longrightarrow 5(CH_3CO_2)_2Co + 2CO_2\uparrow + 8H_2O$$

醋酸钾常用作脱水剂、纤维处理剂、分析化学试剂及用作青霉素培养基和其他药用。醋酸锰可用作乙醛和二甲苯的氧化催化剂、纤维染色氧化催化剂、媒染剂、涂料和清漆的干燥剂。

醋酸锌主要用作合成醋酸乙烯等的催化剂，也可用于印染的媒染剂和木材的防腐剂，玻璃钢固化促进剂及隐显墨水等。醋酸铅在医药、农药、染料、涂料等工业中有大量的应用，用醋酸铅可以制取各种铅盐、抗污涂料、水质防护剂、颜料填充剂、涂料干燥剂及纤维染色剂。

（三）丙烯酸

丙烯酸为无色液体，熔点 13.5℃，沸点 141℃，工业上由丙烯的催化氧化生产：

$$\underset{\text{丙烯}}{H_2C{=}CHCH_3} + O_2 \xrightarrow{\text{催化剂}} \underset{\text{丙烯醛}}{H_2C{=}CHCHO} + H_2O$$

$$\underset{\text{丙烯醛}}{H_2C{=}CH\ CHO} + \frac{1}{2}O_2 \xrightarrow{\text{催化剂}} \underset{\text{丙烯酸}}{H_2C{=}CH\overset{\overset{O}{\|}}{C}OH}$$

或由丙烯腈的水解生产：

$$\underset{\text{丙烯腈}}{H_2C{=}CHCN} + 2H_2O \xrightarrow{85\%\ H_2SO_4} \underset{\text{丙烯酸}}{H_2C{=}CH\overset{\overset{O}{\|}}{C}OH} + NH_3$$

丙烯酸及其衍生物都容易聚合，是高分子工业中的重要原料。

（四）乙二酸

工业上由淀粉或乙二醇的氧化生产乙二酸：

$$\underset{\text{淀粉}}{(C_8H_{10}O_5)_n} \xrightarrow{HNO_3,V_2O_5} \underset{\text{草酸}}{HOOC{-}COOH}$$

也可以由甲酸钠的热分解生产：

$$\underset{\text{甲酸钠}}{2\ HCOO^-Na^+} \xrightarrow{\triangle} \underset{\text{草酸钠}}{Na^{+-}OOCCOO^-Na^+} + H_2\uparrow$$

从水溶液中结晶出来的草酸含有两分子结晶水，二水合草酸的熔点是 101.5℃。草酸与浓硫酸一起加热生成二氧化碳、一氧化碳和水。

$$HOOCCOOH \xrightarrow{H_2SO_4,\ 90℃} CO_2\uparrow + CO\uparrow + H_2O$$

草酸在酸性溶液中用高锰酸钾氧化，生成二氧化碳和水，用不同的还原剂还原，生成乙醇酸或乙醛酸：

$$\underset{\text{草酸}}{\begin{matrix}COOH\\|\\COOH\end{matrix}} \xrightarrow{H_2SO_4,\ Zn} \underset{\text{乙醇酸}}{\begin{matrix}CH_2OH\\|\\COOH\end{matrix}}$$

$$\underset{\text{草酸}}{\begin{matrix}COOH\\|\\COOH\end{matrix}} \xrightarrow{H_2SO_4,\ Mg} \underset{\text{乙醛酸}}{\begin{matrix}CHO\\|\\COOH\end{matrix}}$$

（五）己二酸

工业上由环己烷大量生产己二酸，环己烷经催化氧化后，生成环己醇和环己酮的混合物，后者再氧化成己二酸：

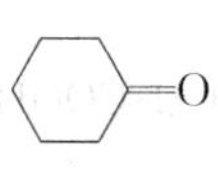

$$\xrightarrow{HNO_3,\ V_2O_5} \underset{\text{己二酸}}{\begin{matrix}CH_2CH_2COOH\\|\\CH_2CH_2COOH\end{matrix}}$$

环己酮

己二酸是合成尼龙 66 的原料，它的酯可用做增塑剂。

（六）苯二甲酸

邻苯二甲酸由邻苯二甲酸酐水解得到，邻苯二甲酸酐由邻二甲苯或萘的氧化生产：

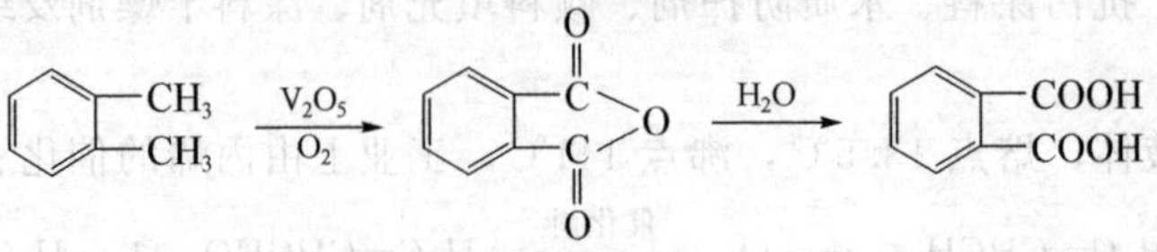

邻二甲苯　　　　邻苯二甲酐　　　　邻苯二甲酸

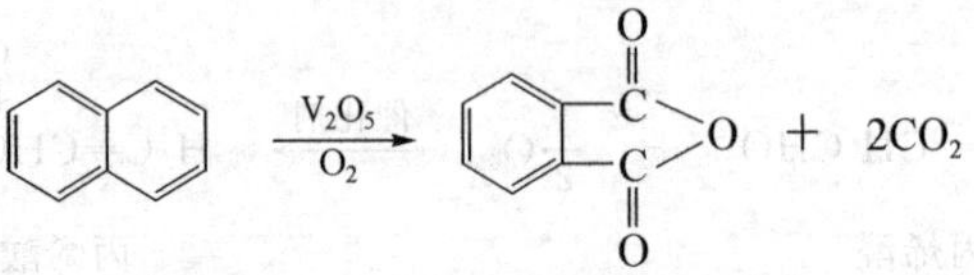

萘　　　　邻苯二甲酐

邻苯二甲酸是医药、塑料、油漆等化学工业中的重要原料。

第二节　卤代酸

一、卤代酸的制法

（一）α-卤代酸的合成

$$(CH_3)_2CHCH_2CH_2COOH \xrightarrow{Br_2、P} (CH_3)_2CHCH_2\overset{Br}{\overset{|}{C}}HCOOH$$

$$CH_3COOH \xrightarrow{Cl_2,\ P} ClCH_2COOH \xrightarrow{Cl_2,\ P} Cl_2CHCOOH \xrightarrow{Cl_2,\ P} Cl_3CCOOH$$

（二）β-卤代酸的合成

α,β-不饱和酸与卤化氢共轭加成得β-卤代酸。

$$RCH{=}CHCOOH + HBr \longrightarrow R\underset{Br}{\underset{|}{C}}HCH_2COOH$$

（三）γ,δ-等卤代酸的合成

由相应的二元羧单酯用 Hunsdiecker 反应制卤代酯，再水解得相应卤代酸。

二、卤代酸的性质

（一）酸性

卤原子是吸电子基，所以一般卤代酸比母体的羧酸酸性强。卤原子对酸性强弱的影响取决于卤原子的种类及卤原子和羧基的相对位置。

（二）卤代酸的亲核取代反应

1. α-卤代酸的亲核取代反应

α-卤代酸是制备其他α-取代酸的母体。α-卤代酸中的卤原子由于受羧基影响，活性增强，极易发生水解反应。例如：

① $BrCH_2COOH + 2NH_3$（过量）$\longrightarrow \underset{60\%\sim64\%}{H_2NCH_2COOH} + NH_4Br$

② $ClCH_2COOH \xrightarrow{NaOH\text{-}H_2O} HOCH_2COONa \xrightarrow{H^+} HOCH_2COOH$

③ $CH_3\underset{Br}{\underset{|}{C}}HCOOH \xrightarrow{Na_2CO_3} CH_3\underset{Br}{\underset{|}{C}}H{-}COONa \xrightarrow{NaCN} CH_3\underset{CN}{\underset{|}{C}}H{-}COONa \xrightarrow{H^+} CH_3\underset{COOH}{\underset{|}{C}}H{-}COOH$

当 α-卤代酸有光学活性时，在不同条件下反应可得不同构型的产物。如（S)-2-溴丙酸在 NaOH 溶液中发生 S_N2 反应，构型反转得（R)-乳酸。

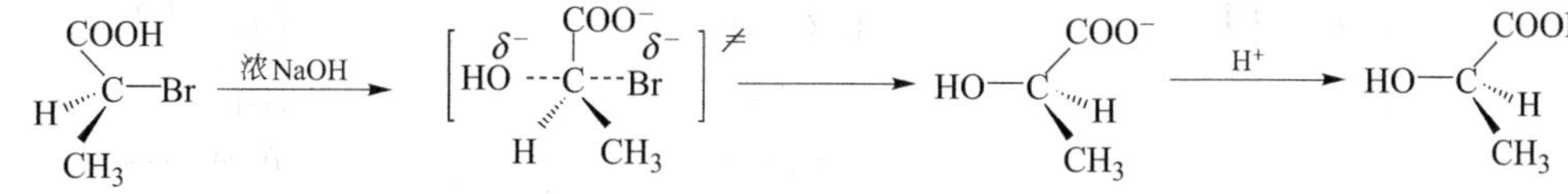
浓NaOH
H⁺

(S)-2-溴丙酸　　　　(R)-乳酸

（S)-2-溴丙酸在稀 NaOH 溶液和 Ag_2O 存在下反应得构型保持的（S)-乳酸。

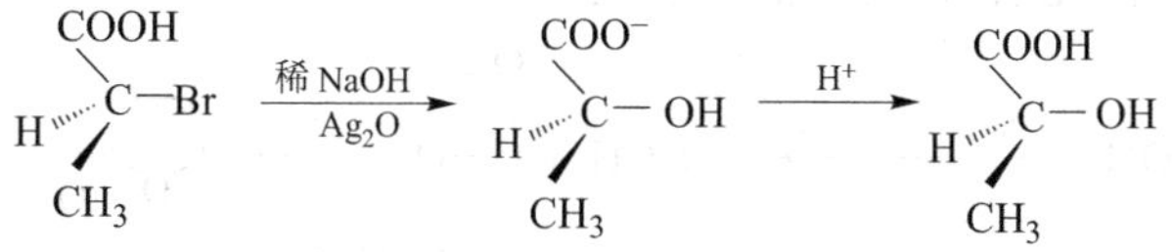
稀 NaOH
Ag₂O
H⁺

这一结果无法用 S_N1、S_N2 和离子对反应机理来解释。经研究表明在这个反应中 Ag^+ 首先接近 Br^-，促使 Br^- 带着一对电子离去，与此同时，邻近的—COO^- 作为亲核性试剂从溴原子的背面进攻中心碳原子，及时补充碳原子上的电子不足，形成环状中间体（R)-α-丙内酯，接着 OH^- 再从内酯环背面进攻，同时，三元环中 C—O 键断裂恢复原来的—COO^- 得最终产物。在整个过程中，中心碳原子上发生了两次 S_N2 反应，构型两次转化，所以得最终保持构型产物。

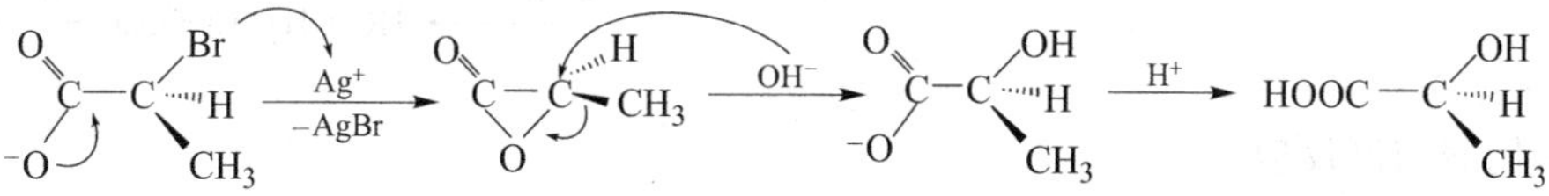
Ag⁺
−AgBr
OH⁻
H⁺

在上述反应中—COO^- 作为中心碳原子的邻近基团参与了反应，协助离去基团离去，称为邻基参与效应。邻基参与效应这一概念是由 S. Winstein 于 1942 年首先提出的。许多事实证明，在亲核取代反应中，若中心碳原子邻近有提供电子的负离子或具有未共用电子对的基团或 C═C 或 Ar 等，反应先形成一个环状中间体，外加的亲核试剂再从环的背面进攻中心碳原子。若邻近基团具有未用电子对，其参与过程可用下式表示：

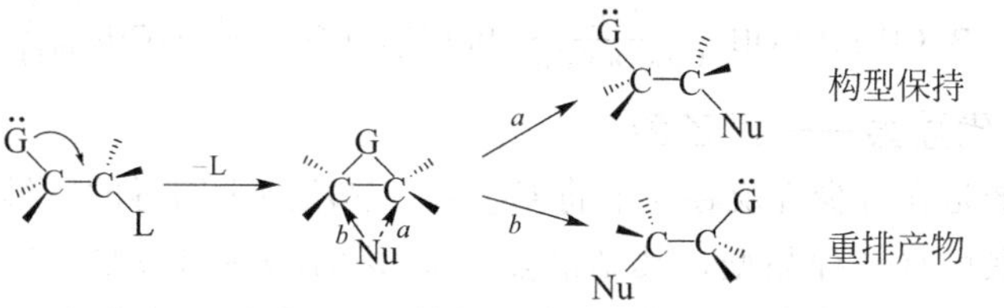
−L
构型保持
重排产物

在有邻基参与的亲核取代反应中，邻基参与效应使反应产物都有一定的立体化学特征，或能使反应速率明显加快（称邻基促进），或者两种情况都有，有时还会有重排产物生成。

2. β-卤代酸与碱反应

有 α-H 的 β-卤代酸与碱反应生成 α,β-不饱和酸。这与 α-氢原子比较活泼，以及产物中可形成较稳定的共轭体系有关。

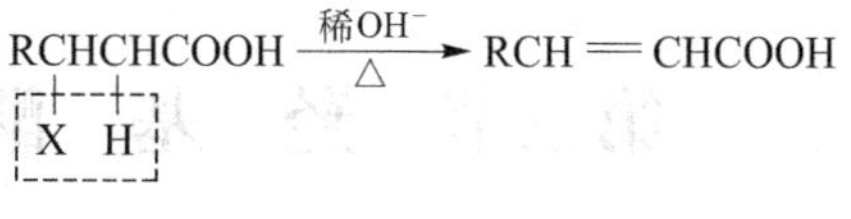

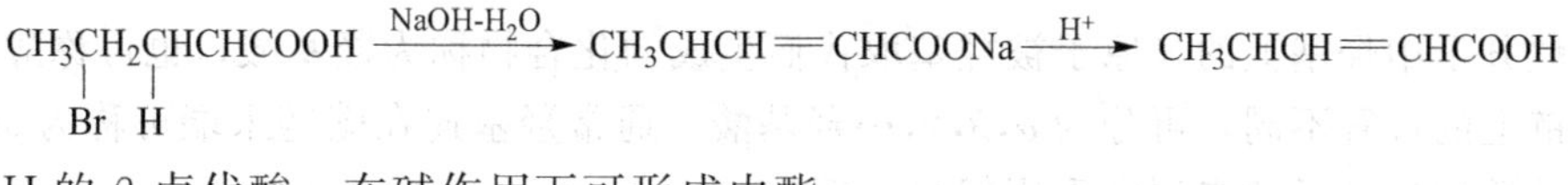

无 α-H 的 β-卤代酸，在碱作用下可形成内酯。

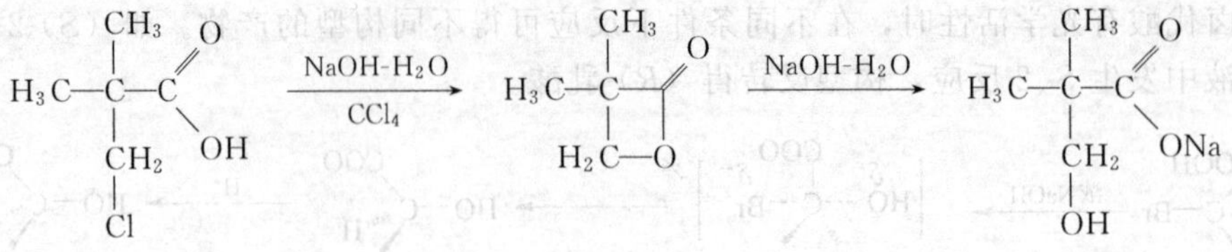

在 CCl_4 中　　　　在 H_2O 中

3. γ 与 δ-卤代酸与碱反应

γ 与 δ-卤代酸在等量的碱作用下，先形成羧酸盐，再发生 S_N2 反应形成内酯。用热碱处理内酯可得 γ-羟基酸盐，酸化后又得内酯。例如：

(1)

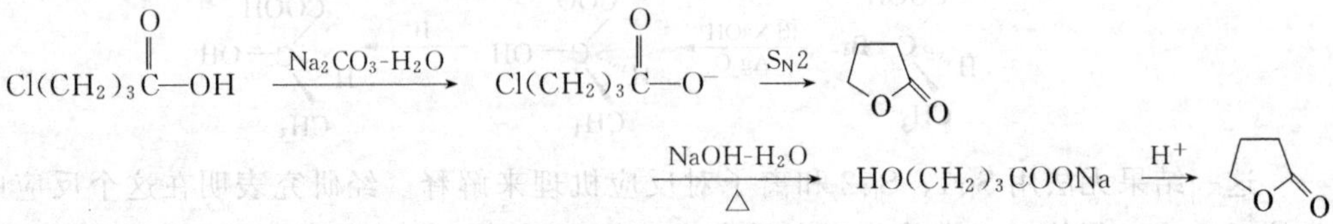

(2)

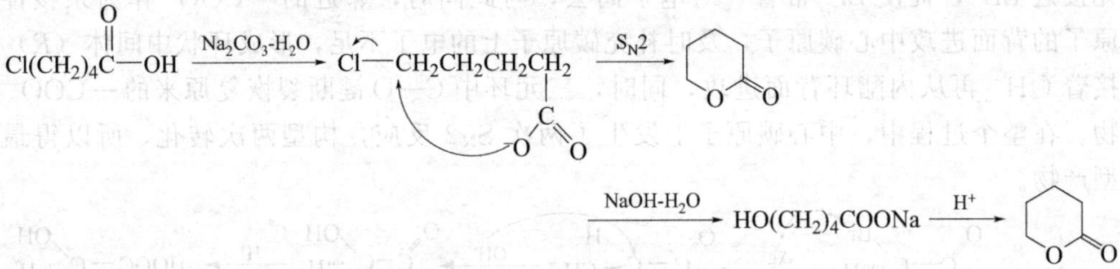

4. ε-卤代酸与碱反应

ε-卤代酸在碱中反应生成 ε-羟基酸。例如：

$$Br(CH_2)_5COOH \xrightarrow{NaOH\text{-}H_2O} HO(CH_2)_5COONa$$

5. 长链的 ω-卤代酸与碱反应

长链的 ω-卤代酸在等量的碱作用下于极稀的溶液中也可形成内酯：

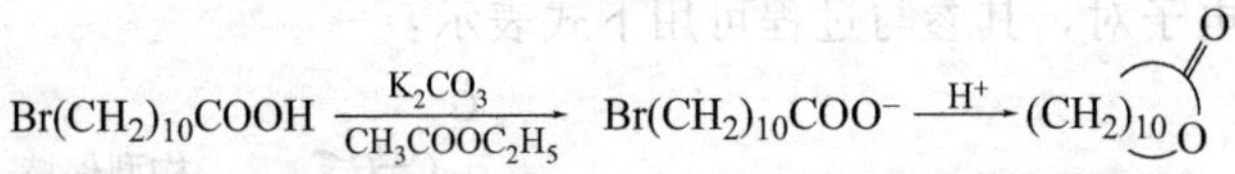

三、重要的卤代羧酸——氯乙酸

工业上一氯乙酸是在有少许硫存在下将 Cl_2 通入热乙酸中制得的，继续反应则可得到三氯乙酸。纯的一氯乙酸可有三种晶型，其结晶点为 α-型 61.0～61.7℃，β-型 55.5～56.5℃，γ-型 50℃。一氯乙酸是染料、医药、农药、树脂及其他有机合成的重要中间体。三氯乙酸不但可作农药的原料，还用于蛋白质的沉淀剂，生化药品的提取剂。

其制备方法是将乙酸中氢原子在红磷或者硫催化下被取代得一氯乙酸，三个氢都可以被卤代，可生成多卤代乙酸。例如：

$$CH_3CO_2H \xrightarrow[90℃]{Cl_2/S} ClCH_2CO_2H \xrightarrow[90\sim100℃]{Cl_2/S} Cl_2CHCOOH \xrightarrow[>100℃]{Cl_2/S} Cl_3CCOOH$$

第三节　羟　基　酸

在羧酸分子中烃基上的氢原子被羟基取代而生成的化合物称为羟基酸，也可称醇酸。由于羟基在碳链上的位置不同，可分为 $\alpha,\beta,\gamma,\cdots$羟基酸。通常羟基连在碳链末端可称为 ω-羟基酸。有许多羟基酸根据其天然来源常采用俗名。例如：

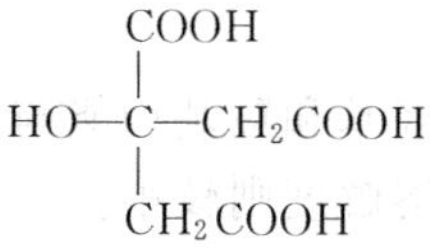

3-羟基-3-羧基戊二酸
或β-羟基-β-羧基戊二酸
（柠檬酸）

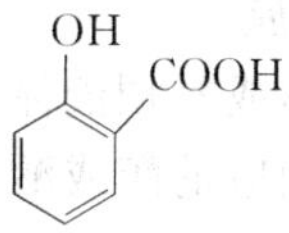

2-羟基苯甲酸
或邻羟基苯甲酸
（水杨酸）

一、羟基酸的制法

（一）卤代酸水解

α-羟基酸可从α-卤代酸水解得到。例如：

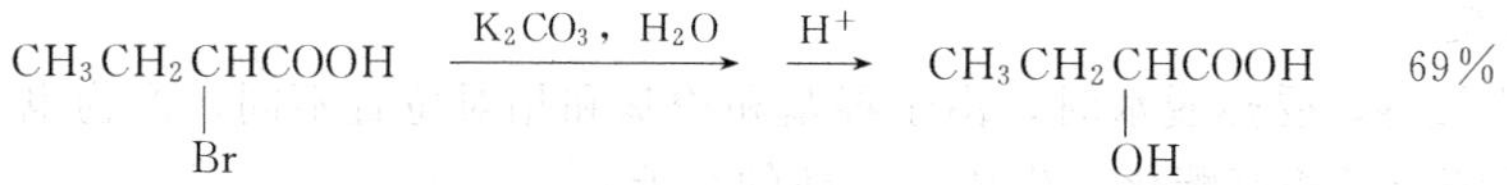

（二）羟基腈水解

羟基腈水解是制备α和β-羟基酸常用的一种方法。例如：

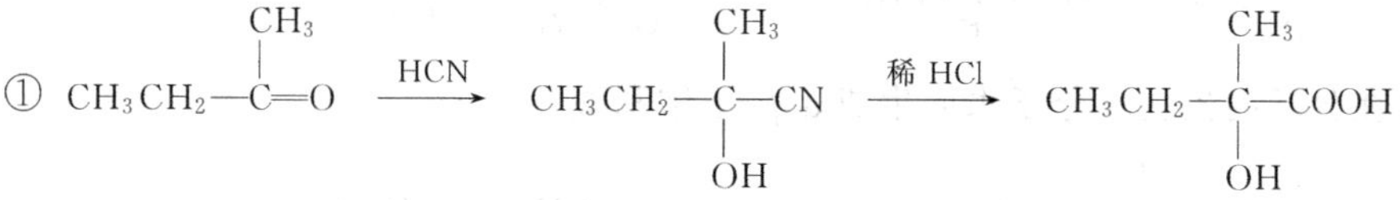

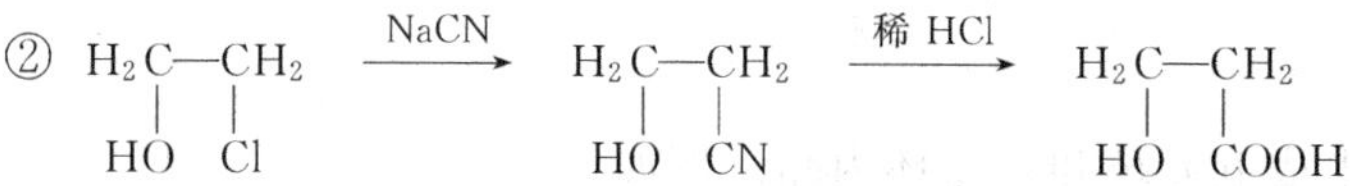

（三）Reformatsky 反应

羰基化合物与α-卤代酸酯在惰性溶剂中有锌粉存在下发生缩合反应，生成物经水解制得β-羟基酸酯的反应叫 Reformatsky 反应。

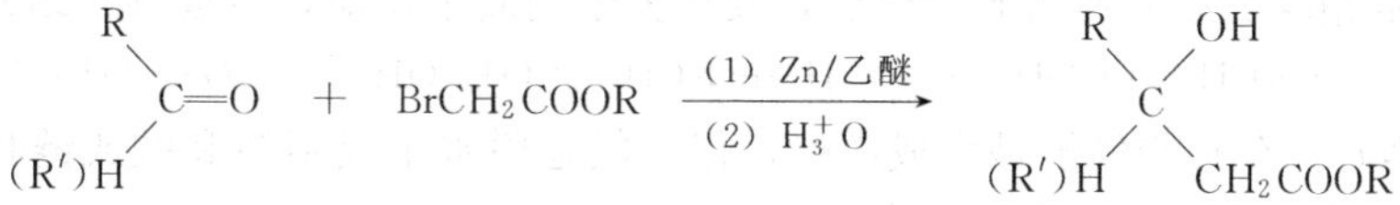

此反应类似格氏试剂与羰基化合物的加成反应。其反应机理如下：

$$BrCH_2COOR \xrightarrow{\text{乙醚}} BrZnCH_2COOR$$

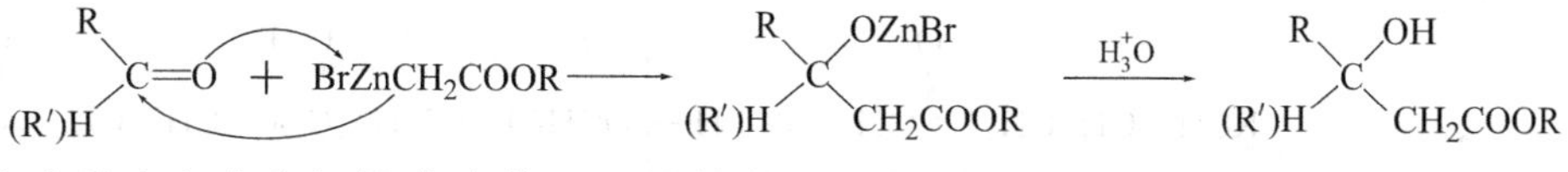

反应中首先生成有机锌化合物，活性较低，不与酯羰基加成，所以可得到β-羟基酸酯，此法可避免β-羟基酸或β-羟基酸酯受热易脱水生成α,β-不饱和酸或酯的缺点，因而产率较高，是合成β-羟基酸酯的一个重要方法。例如：

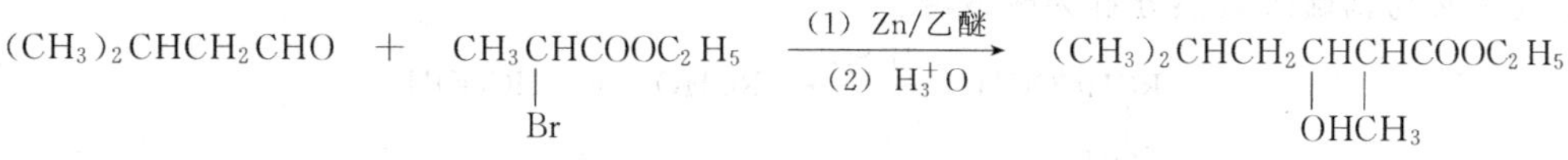

制得的β-羟基酸酯，水解即可得β-羟基酸，再经脱水成α,β-不饱和酸。

（四）二元酸单酯的酯基还原制备ω-羟基酸

$$HOOC(CH_2)_nCOOC_2H_5 \xrightarrow[\text{或 } LiBH_4]{Na + C_2H_5OH} \xrightarrow{H_3^+O} HOOC(CH_2)_nCH_2OH$$

二、羟基酸的性质

羟基酸一般是晶体或黏稠液体。由于羟基酸中的羟基和羧基均能与水形成氢键，因此羟基酸在水中的溶解度较相应的醇或酸都大。在乙醚中的溶解度则较小。

羟基酸具有羟基和羧基的各种反应，但由于两个官能团的相互影响，还有一些特性。

羟基是吸电子基团，所以一般羟基酸比母体羧酸的酸性强。羟基对酸性强弱的影响取决于羟基和羧基的相对位置，羟基距羧基愈远，对于酸性的影响愈小。例如：

	CH_3CH_2COOH	$CH_2(OH)CH_2COOH$	$CH_3CH(OH)COOH$
pK_a	4.87	4.51	3.87

（酸性增强 →）

（一）脱水反应

羟基酸对热敏感，受热脱水时，由于羟基和羧基和相对位置不同，产物也不同。

α-羟基酸是两分子相互酯化，生成六元环的交酯：

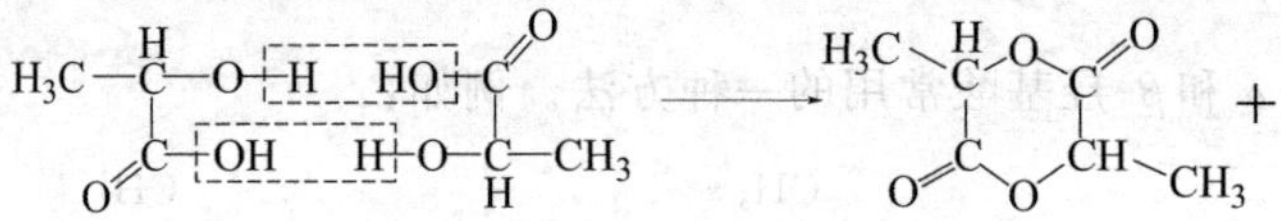

β-羟基酸是在分子内失去一分子水而生成 α,β-不饱和酸。

$$H_2C(OH)-CH(H)-COOH \longrightarrow H_2C=CH-COOH + H_2O$$

加热时，γ 和 δ-羟基酸很快生成五元环和六元环内酯。例如：

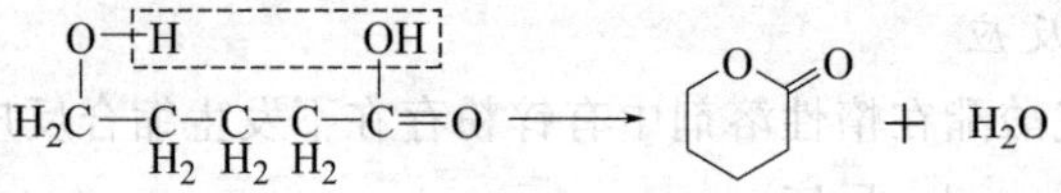

羟基与羧基相隔更远的羟基酸受热后，发生分子间脱水反应，生成链状结构的聚酯。

$$m\,HO(CH_2)_nCOOH \longrightarrow H\!-\!\!\left[O(CH_2)_nCO\right]_m\!\!-OH + (m-1)H_2O$$

ε-醇酸加热时，在有些例子是生成内酯，但一般是脱水生成不饱和酸或链状的聚酯。羟基离羰基更远的醇酸也是生成不饱和酸或聚酯。

$$RCH(OH)CH_2(CH_2)_nC(=O)OH \xrightarrow{\triangle}$$

$$RCH=CH(CH_2)_nC(=O)OH + H\!-\!\!\left[OCH(R)CH_2(CH_2)_nC(=O)OCH(R)CH_2(CH_2)_nC(=O)\right]_m\!\!-OH$$

含两个以上羟基或羰基的酸在加热时随实验条件的不同，能生成多种产物。

（二）α-羟基酸热分解

α-羟基酸与稀硫酸共热分解为醛或酮。

$$RCH(OH)COOH \xrightarrow{H_2SO_4} RCHO + HCOOH$$

加热时，脱水速度更快，同时还有一部分分解为甲酸和醛：

$$RCH(OH)COOH \xrightarrow{\triangle} RCHO + HCOOH$$

α-烷氧基羧酸或酰基取代的 α-醇酸在加热时更容易分解，同时得到高产率的醛：

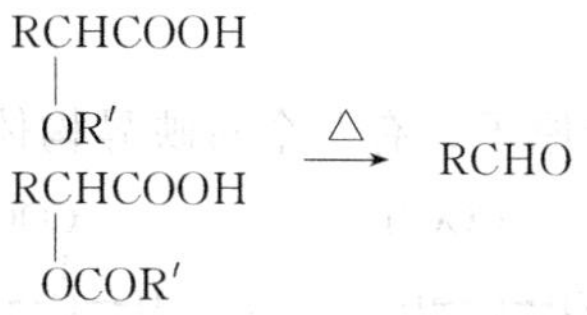

如 α-羟基所在的碳原子为叔碳原子，则在加热时生成 α,β-不饱和酸和酮的混合物：

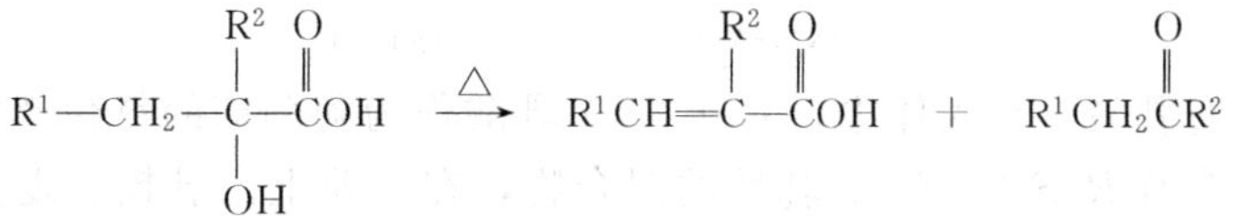

（三）与醛反应

α 和 β-醇酸与醛一起加热，都生成环状化合物：

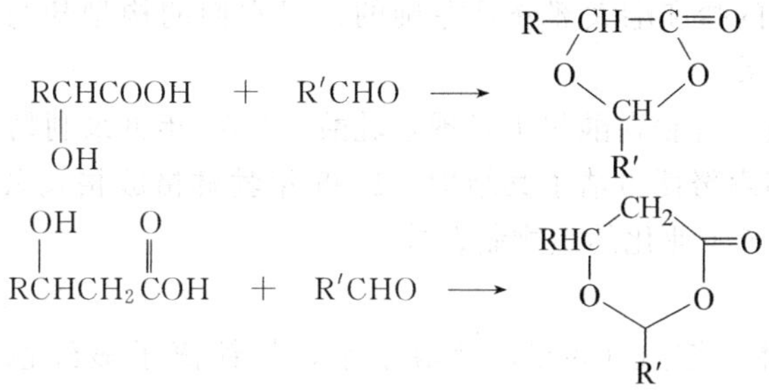

（四）α 和 β-醇酸的降解

α-醇酸与浓硫酸一起加热时，分解为醛（酮）、一氧化碳和水，如与稀硫酸一起加热，则分解为醛（酮）和甲酸：

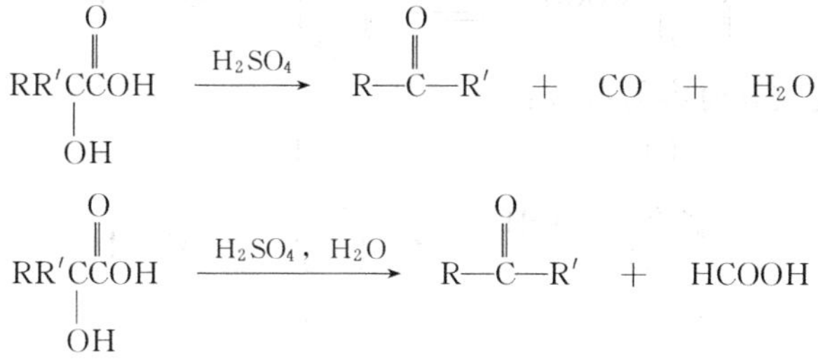

利用此反应，可以从羧酸经过 α-溴代酸合成高级醛：

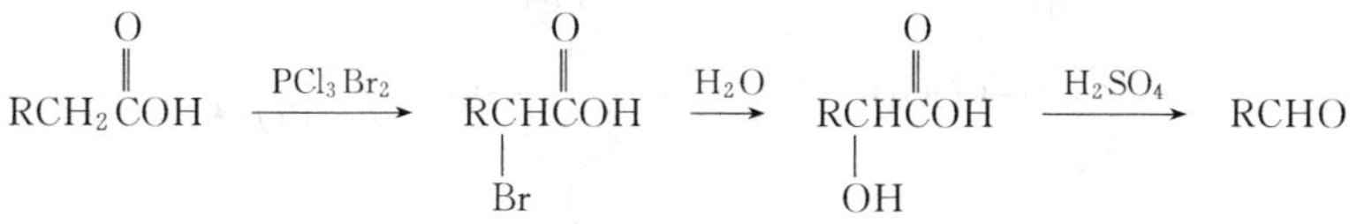

在酸或碱催化下，β-醇酸可以发生逆羟醛缩合反应：

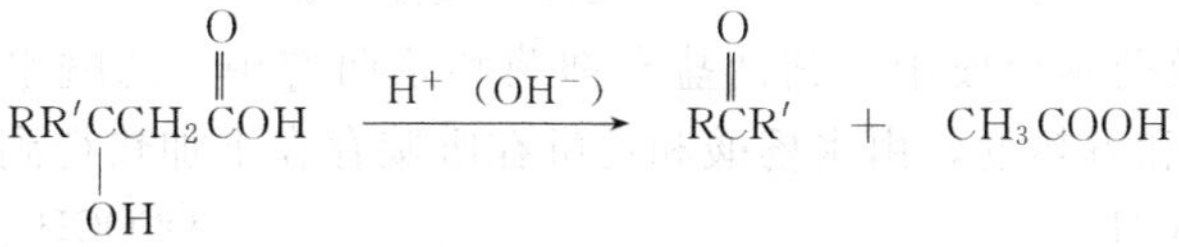

此外，α-醇酸作为螯合剂，是因为容易与金属离子生成螯合物：

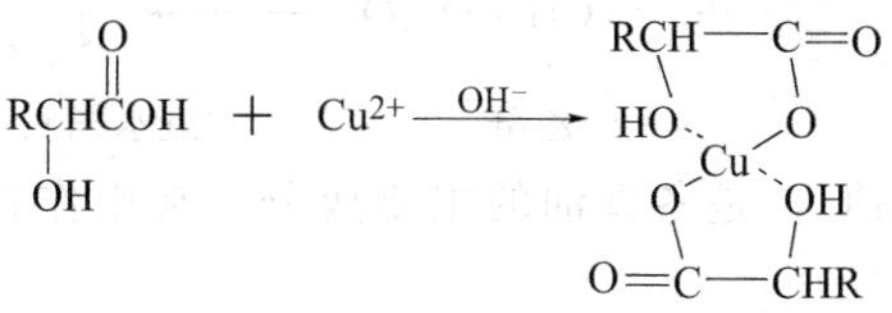

三、重要的羟基酸

（一）乳酸

乳酸分子中含有一个不对称碳原子，有两个对映异构体：

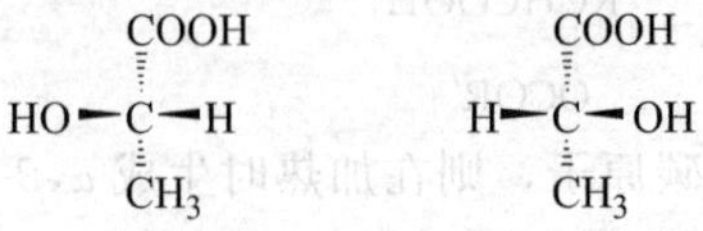

(S)-(+)　　　　(R)-(–)

许多水果中含有乳酸，在人体中，(S)-(+)-乳酸作为葡萄糖的氧化产物而存在于血液和肌肉中。酸牛奶中含有 R/S-(+/−)-乳酸的混合物，在工业上由乳糖、麦芽糖或葡萄糖的发酵生产乳酸，选用不同菌类，可以得到 (S)-(+)-乳酸或 (R)-(−)-乳酸。

(R)-(−)-和 (S)-(+)-乳酸为固体，熔点 28℃，(S)-(+)-乳酸的 20% 水溶液的比旋光度为 $[\alpha]_D^{25}=+2.53°$，它的盐和酯大部分是左旋的，但它们的构型却与酸相同，说明构型与旋光方向之间没有直接联系。

1780 年卡尔·威廉·舍勒在酸奶中发现了乳酸。1808 年贝采利乌斯发现了肌肉内的乳酸，1873 年约翰内斯·威利森努斯澄清了其结构。1895 年勃林格殷格翰公司发明了使用细菌制备乳酸的方法，从而开始了工业化的生物制造技术。

（二）水杨酸

水杨酸为无色晶体，熔点 159℃，微溶于水，与铁离子显红色，其酸性较强（$pK_a=2.96$），可能是由于它的共轭碱能生成分子内氢键，使其稳定性增加：

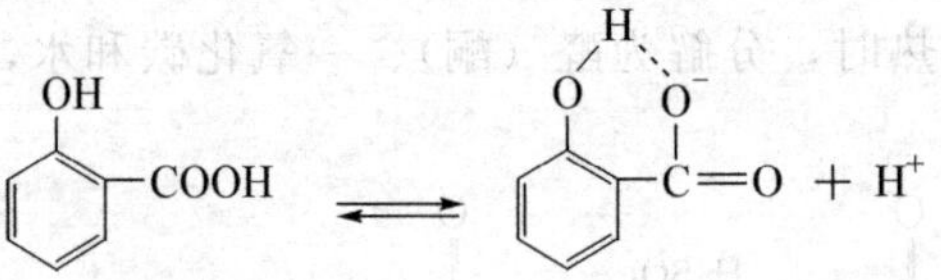

水杨酸在加热温度较高时容易脱羧：

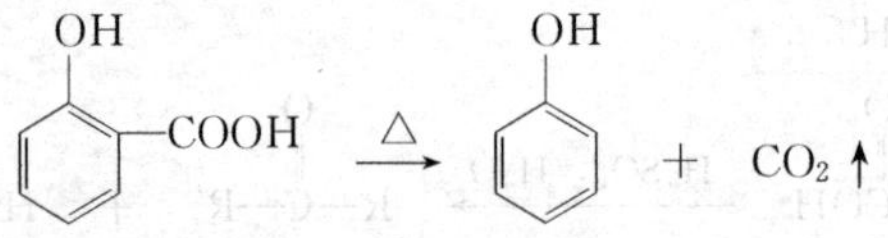

水杨酸　　　　苯酚

溴化时，羧基被溴原子取代：

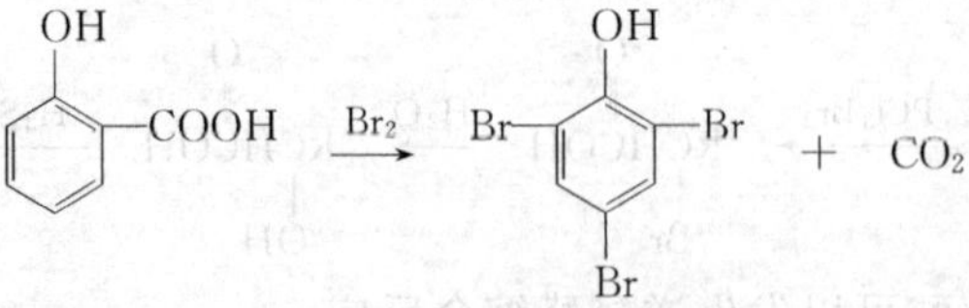

水杨酸　　　　2,4,6-三溴苯酚

水杨酸用于染料及药物合成中，其钠盐有抑菌和杀菌作用。乙酰水杨酸即阿司匹林（aspirin），可用作止痛剂和解热剂，由水杨酸和乙酐在吡啶存在下加热得到。

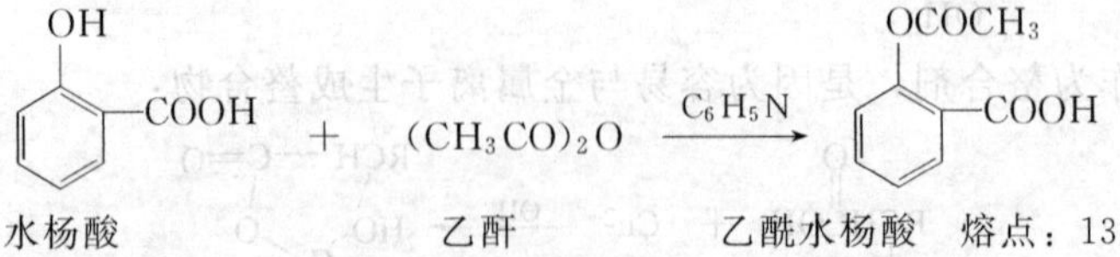

水杨酸　　　　乙酐　　　　乙酰水杨酸　熔点：137℃

水杨酸甲酯的沸点为 234℃，是冬青油的主要成分，常用作香料。水杨酸苯酚又名萨罗，熔点 43℃，是温和的抗菌剂。

习题 13-12 完成反应式：

（1）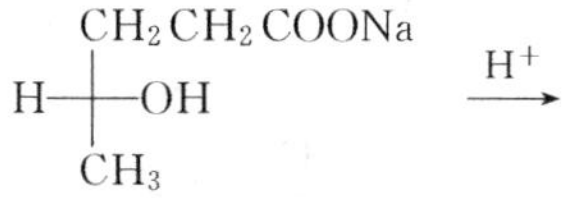

（2）

（3）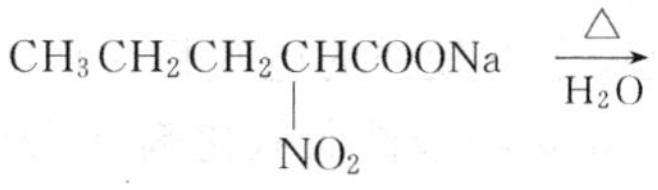

习题 13-13 合成下列化合物：

（1）由甲醇及乙醛合成 2-羟基-2-甲基丙酸。

（2）由 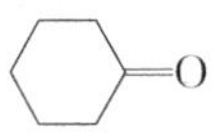 合成 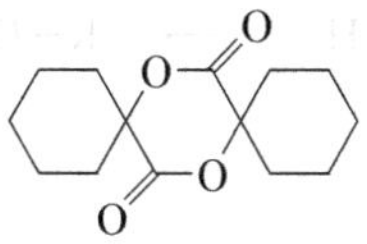

第四节 羰 基 酸

碳链上有羰基的羧酸叫羰基酸，包括醛酸和酮酸。按羰基的位置可分为 α-羰基酸、β-羰基酸和 γ-羰基酸。

酮酸分子中羰基的吸电子诱导效应使羧酸的酸性增强，羰基的影响随其与羧基之间距离的增加而减小。

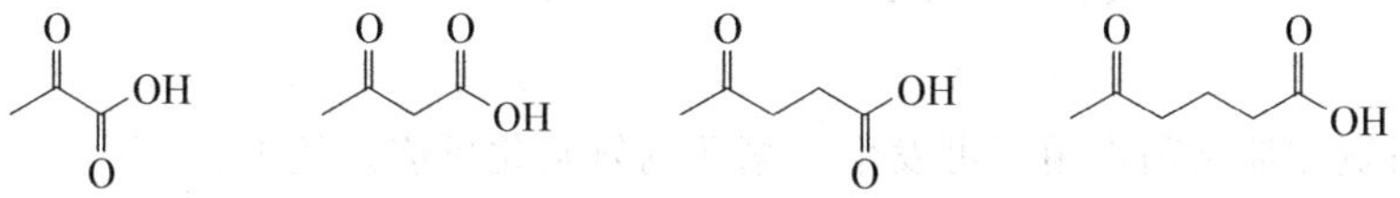

pK_a	2.49	3.51	4.63	4.66

一、α-羰基酸

最简单的 α-羰基酸是乙醛酸和丙酮酸。乙醛酸存在于未成熟的水果中，果实成熟，糖分增加，乙醛酸消失。丙酮酸是动物体内代谢的中间产物，酒石酸经脱水，再脱羧也可得丙酮酸，所以丙酮酸又叫焦性酒石酸。

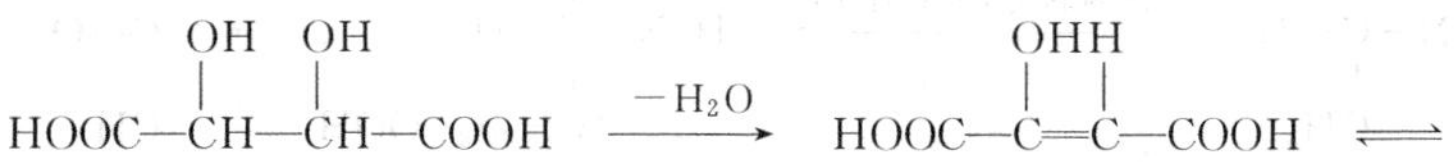

酒石酸

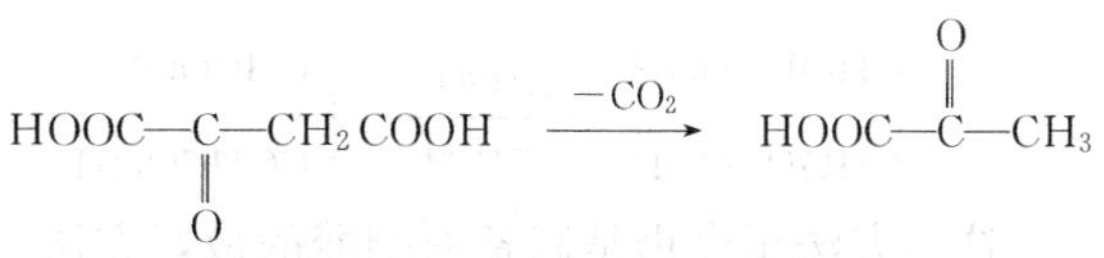

草酰乙酸　　　　丙酮酸

乙醛酸由草酸还原或二氯乙酸水解得到：

$$\underset{\text{草酸}}{HOOCCOOH} \xrightarrow{Mg,\ H_2SO_4} \underset{\text{乙醛酸}}{OHCCOOH}$$

$$Cl_2CHCOOH \xrightarrow[\triangle]{H_2O} OHCCOOH$$

二氯乙酸　　　　　　乙醛酸

丙酮酸也可以由相应腈水解得到：

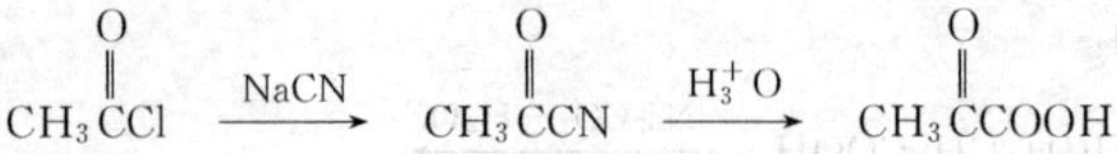

乙酰氯　　　　α-氧代丙腈　　　　丙酮酸

丙酮酸为无色液体，沸点为165℃，能与水混溶。

α-酮酸分子中的酮基与羧基直接相连，由于氧原子有较强的电负性，使酮基与羧基碳原子间的电子云密度较低，因而此碳碳单键容易断裂。如α-酮酸被弱氧化剂（Tollens试剂）氧化，发生银镜反应。

丙酮酸用硝酸氧化得草酸：

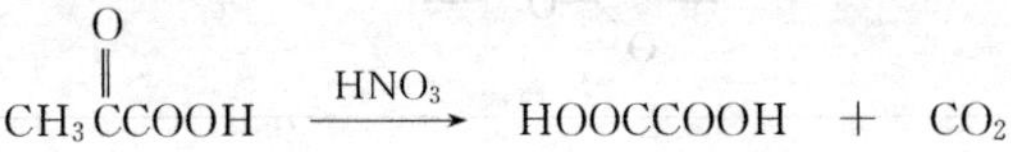

丙酮酸　　　　　　草酸

α-酮酸与稀硫酸加热，发生脱羧反应：

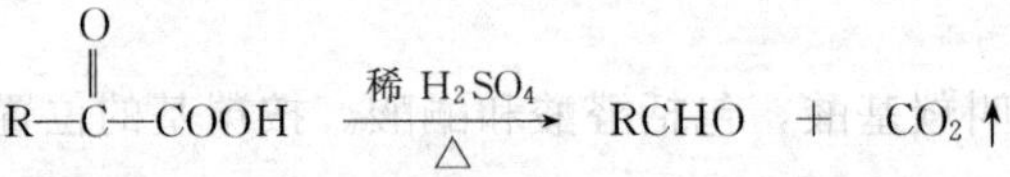

α-酮酸与浓硫酸一起加热，则脱去一氧化碳：

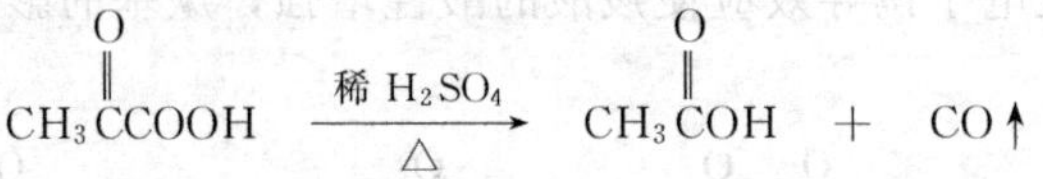

丙酮酸　　　　　　乙酸

α-酮酸与氨在催化剂作用下可发生α-酮酸的氨基化反应。例如：

生物体内α-酮酸与α-氨基酸在转氨酶的作用下，可相互转换产生新的α-酮酸和α-氨基酸，该反应称为氨基转移反应。例如：

α-酮酸是Berzelius在1835年首次由酒石酸与硫酸氢钾蒸馏制得的。

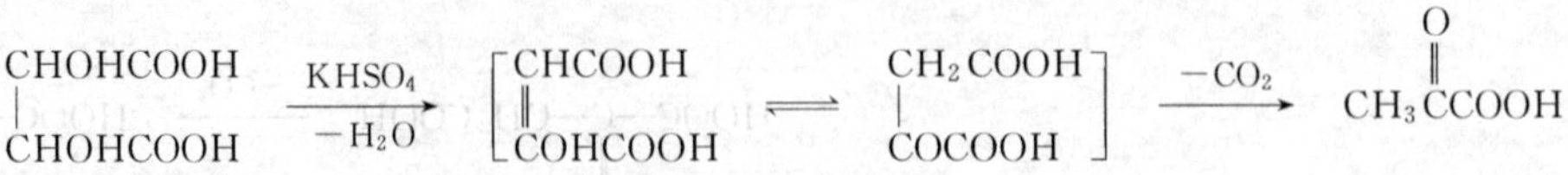

这一方法至今仍是制备丙酮酸的最好方法。

其他α-酮酸可由酰氰水解制得，酰氰可由酰氯和氰化物反应制得。

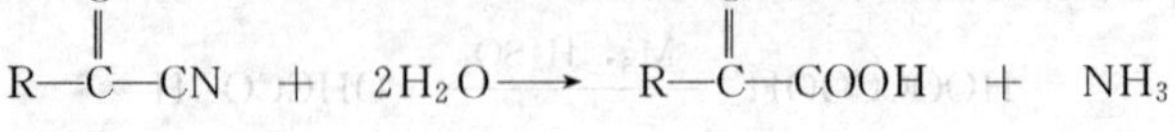

酰氰醇解则得α-酮酯酸。例如：

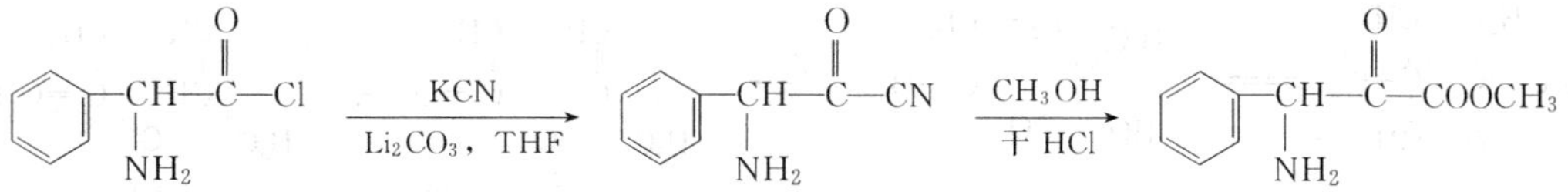

二、β-酮酸

最简单而且最重要的 β-酮酸是乙酰乙酸，即 3-丁酮酸。它可由乙酸乙酯的缩合或二乙烯酮与乙醇反应的产物水解后制得。β-酮酸受热时易脱羟变为甲基酮：

$$R\overset{\overset{O}{\|}}{C}CH_2\overset{\overset{O}{\|}}{C}OH \xrightarrow{\triangle} R\overset{\overset{O}{\|}}{C}CH_3 + CO_2$$

一般的 β-酮酸可由 β-卤代酮与 NaCN 作用再水解制得，在有机合成中往往是通过 β-酮酸酯的水解制得。即：

$$R\overset{\overset{O}{\|}}{C}CH_2Cl + NaCN \longrightarrow R\overset{\overset{O}{\|}}{C}CH_2CN \xrightarrow{H_3^+O} R\overset{\overset{O}{\|}}{C}CH_2CO_2H$$

$$CH_3CO\underset{R''}{\overset{R'}{C}}COOR \xrightarrow[-OH]{H_2O} \xrightarrow{H_3^+O} CH_3CO\underset{R'}{\overset{R'}{C}}COOH$$

β-酮酸只在低温下稳定，在室温以上易脱羧生成甲基酮，这是 β-酮酸的共性。生物体内 β-酮酸在脱羧酶的催化下也能发生类似的脱羧反应。

$$R-\overset{\overset{O}{\|}}{C}-CH_2-COOH \xrightarrow{\triangle} R-\overset{\overset{O}{\|}}{C}-CH_3 + CO_2\uparrow$$

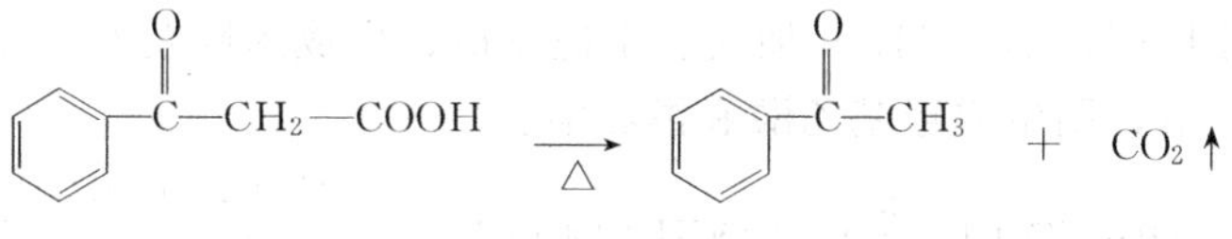

β-酮酸与浓碱共热时，α,β-碳原子之间的 σ 键断裂，生成两分子羧酸盐，称为 β-酮酸的酸式分解。例如：

$$R\overset{\overset{O}{\|}}{C}CH_2COOH \xrightarrow[\triangle]{浓\ NaOH} RCOONa + CH_3COONa$$

β-酮酸受热时比较 α-酮酸更易脱羧，一方面是由于酮基上的氧原子的吸电子诱导效应，另一方面是由于酮基上氧原子与羧基上的氢形成分子内氢键，故受热时易于脱羧。

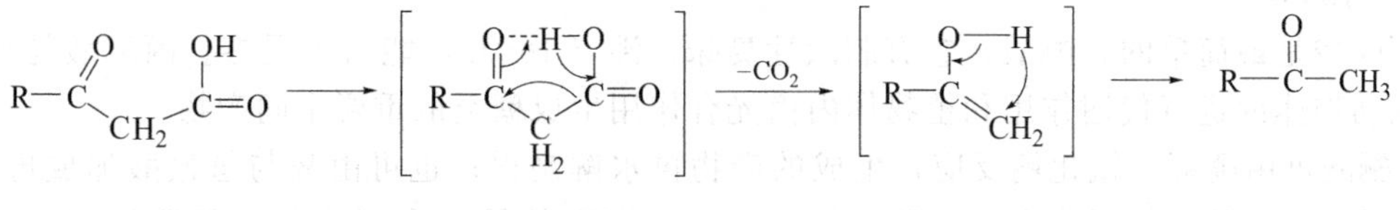

β-酮酸酯特别是乙酰乙酸乙酯在有机合成中有重要的应用。

三、γ-酮酸

4-戊酮酸是最简单的 γ-酮酸，为无色晶体，熔点 34℃，易溶于水，具有酮和羧酸的独立性质，加热时脱水生成 α-和 β-当归内酯：

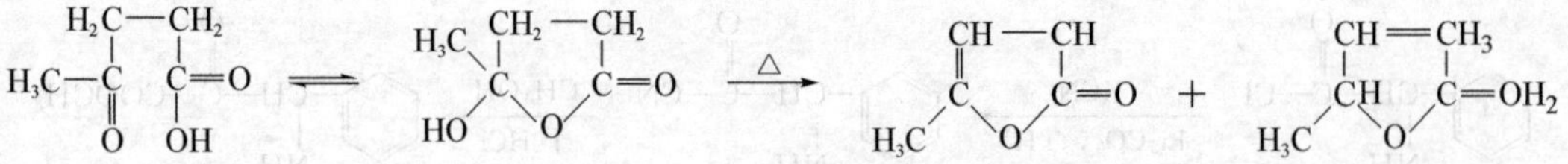

α-当归内酯　　β-当归内酯

当用 PCl_5 或 $SOCl_2$ 与 γ-戊酮酸作用时，生成的产物不是酰氯，而是一个 γ-氯代-γ-戊内酯。

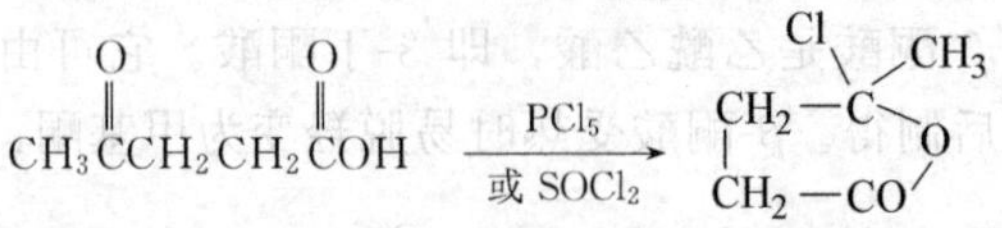

γ-酮酸可以由乙酰乙酸乙酯合成法制得。用浓 HCl 处理蔗糖或果糖是制取-γ-戊酮酸的常用方法。

$$C_{12}H_{22}O_{11} \xrightarrow{\text{浓 HCl}} 2CH_3COCH_2CH_2COOH + 2HCOOH + H_2O$$

四、重要的羰基酸

1. 乙醛酸

乙醛酸是最简单的醛酸，它存在于未成熟的水果中，乙醛酸是合成香料及药物等的原料。纯的无水乙醛酸是熔点为 98℃的晶体，它极易吸水生成浆状液体，其半水化物熔点为 70～75℃，一水化物熔点为 50～52℃。工业上使用的是 20%～50%的水溶液。工业上乙醛酸是由乙二醛的控制氧化和草酸的电解还原制得；也可以由二卤乙酸或水合三氯乙醛的水解来制得乙醛酸。

$$HOOCCOOH + 2H^+ \xrightarrow{\text{电解}} OHCCOOH + H_2O$$

$$OHCCHO + \frac{1}{2}O_2 \xrightarrow{Cat} OHCCOOH$$

$$Cl_2CHCOOH \xrightarrow{H_2O} (HO)_2CHCOOH \longrightarrow OHCCOOH + H_2O$$

$$Cl_3CCH(OH)_2 \xrightarrow{H_2O} HOOCCH(OH)_2 \xrightarrow{-H_2O} OHCCOOH$$

乙醛酸有腐蚀性，对皮肤和黏膜有强刺激作用；沾及皮肤时要用大量清水冲洗。乙醛酸中的醛基有羰基的特征反应，如与 HCN 加成、银镜反应、生成苯腙及 Cannizzaro 反应等。乙醛酸在金属和酸的还原下，则生成羟基乙酸和酒石酸：

$$OHCCOOH \xrightarrow[H^+]{Mg} HOCH_2COOOH + \begin{array}{c} HOCHCOOH \\ | \\ HOCHCOOH \end{array}$$

乙醛酸作为化工原料，可用于香兰素（食用香料）的合成。例如：

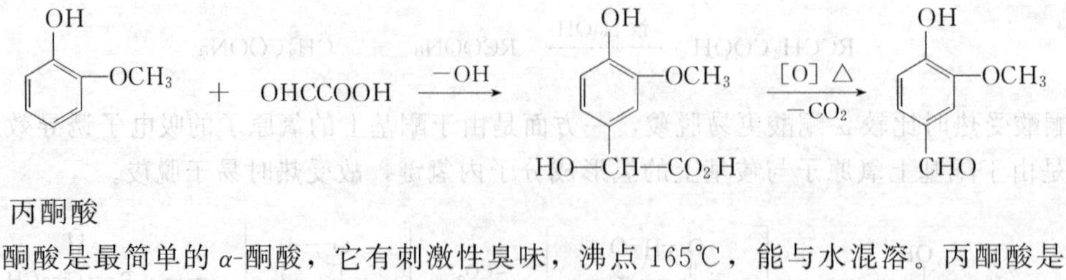

2. 丙酮酸

丙酮酸是最简单的 α-酮酸，它有刺激性臭味，沸点 165℃，能与水混溶。丙酮酸是糖类化合物在动物体内进行代谢作用和植物体内由光合作用生成糖类的重要中间产物。

α-酮酸可由酰氯与氰化钠反应，生成的产物再水解制得；也可由醛与氢氰酸加成再氧化、水解制取；α-羟基酸的氧化也可得到 α-羰基酸。丙酮酸的另一个制法是酒石酸与 $NaHSO_4$ 或 $KHSO_4$ 共热（副产丙醛酸）。

$$Ph\overset{O}{\overset{\|}{C}}Cl \xrightarrow{NaCN} Ph\overset{O}{\overset{\|}{C}}CN \xrightarrow{H_3^+O} Ph\overset{O}{\overset{\|}{C}}COOH$$

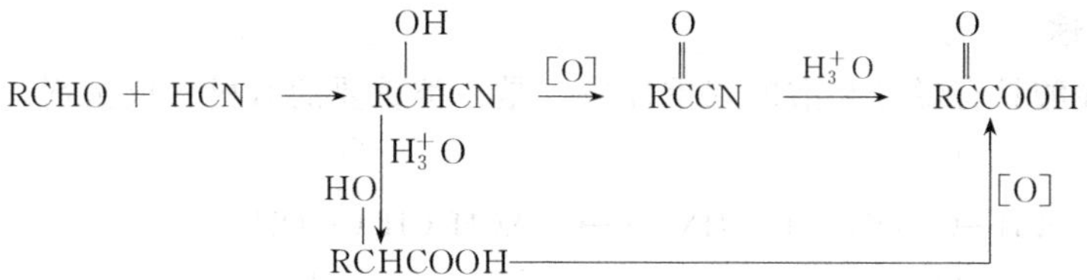

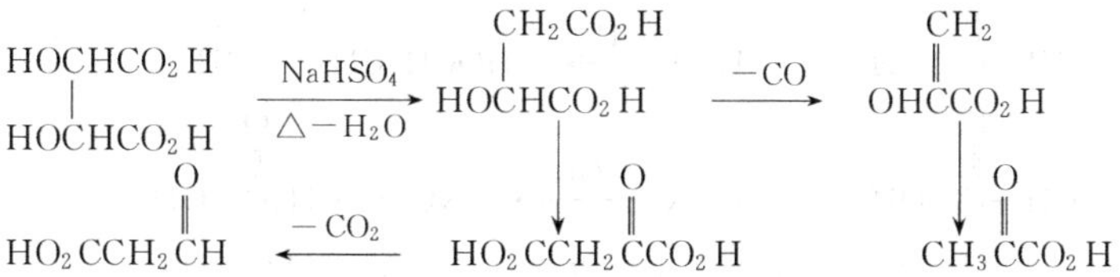

β-羟基丁酸、β-丁酮酸和丙酮，在医学上称为酮体。它是脂肪酸在肝中不完全氧化的产物。正常人的血液中酮体的含量低于 10mg/L

第五节　α,β 不饱和羧酸

一、α,β-不饱和羧酸的制备

可以用含 α-氢的 α-氯代酸、羟基酸及含 α-氢的 β-氯代酸、β-羟基酸分别脱氯化氢或水制得 α,β-不饱和羧酸（见前面内容）；也可用羰基化合物在碱催化下和酸酐或含活泼亚甲基的化合物发生类似羟醛缩合反应，得到 α,β-不饱和羧酸。

芳香醛和酸酐在相应羧酸盐存在下进行亲核加成，然后失去一分子羧酸，生成 β-芳基-α,β-不饱和酸，称为柏琴（Perkin）反应。

$$\text{ArCHO} + (\text{RCH}_2\text{CO})_2\text{O} \xrightarrow{\text{RCH}_2\text{COOK}} \text{ArCH}{=}\underset{\substack{|\\ \text{R}}}{\text{C}}\text{COOH} + \text{RCH}_2\text{COOH}$$

一般生成的 β-芳基-α,β-不饱和酸为反式构型，即芳基与羧基处于反式。例如：

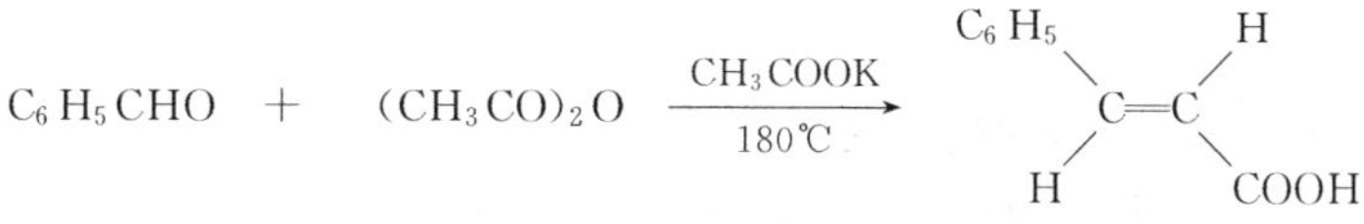

肉桂酸

反应机理：

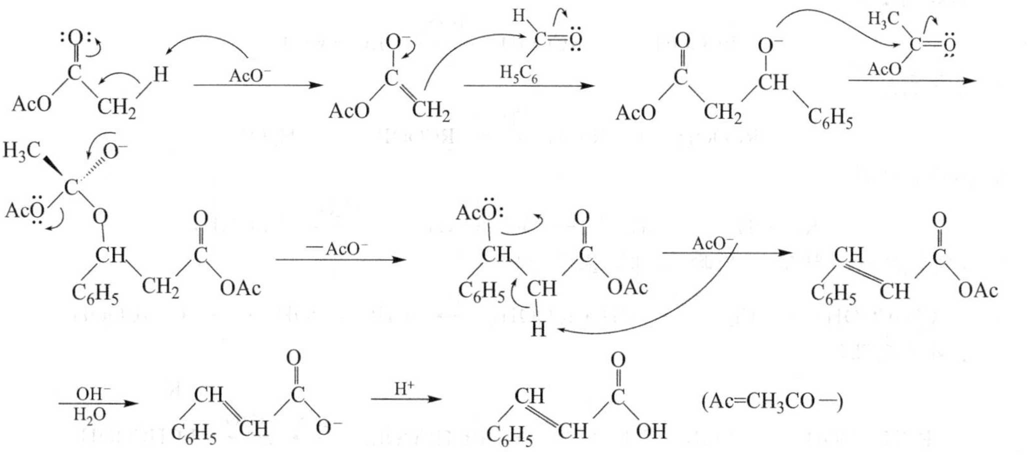

二、重要用途

α,β-不饱和羧酸具有烯烃和酸的双重性质，是一类重要的有机合成试剂。例如：

$$CH_2{=}CH{-}C(=O){-}OH \quad + \quad HX \longrightarrow XCH_2CH_2C(=O){-}OH$$

$$CH_2{=}CH{-}C(=O){-}OH \quad + \quad H_2O \xrightarrow{H^+} HOCH_2CH_2C(=O){-}OH$$

$$CH_2{=}CH{-}C(=O){-}OH \quad + \quad HCN \xrightarrow{OH^-} NCCH_2CH_2C(=O){-}OH$$

$$CH_2{=}CH{-}C(=O){-}OH \quad + \quad NH_3 \longrightarrow H_2NCH_2CH_2C(=O){-}OH$$

$$CH_2{=}CH{-}C(=O){-}OH \quad + \quad H_2NCH_2CH_2C(=O){-}OH \longrightarrow HN(CH_2CH_2COOH)_2$$

$$CH_2{=}CH{-}C(=O){-}OH \quad + \quad HN(CH_2CH_2COOH)_2 \longrightarrow N(CH_2CH_2COOH)_3$$

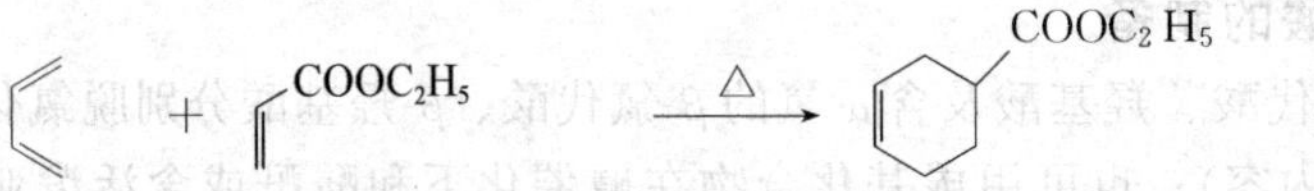

酸及其衍生物

$$(CH_3)_2C{=}O \xrightarrow{HCN} (CH_3)_2C(OH){-}CN \xrightarrow{H_2SO_4} (CH_3)_2C(OSO_3H){-}CN \xrightarrow{CH_3OH} CH_2{=}C(CH_3){-}COOCH_3$$

有机玻璃单体-甲基丙烯酸甲酯

α,β-不饱和酸的酯还可以发生迈克尔加成反应（见后面章节）。

本章反应小结

1. 酸性

羧酸具有酸性，因为羧基能离解出氢离子。

$$RCOOH \rightleftharpoons RCOO^- \quad + \quad H^+$$

$$RCOOH \quad + \quad NaOH \longrightarrow RCOONa \quad + \quad H_2O$$

2. 酰卤的生成

$$RCOOH \quad + \quad PCl_3\ (PCl_5、SOCl_2) \longrightarrow RCOCl$$

3. 酸酐的生成

$$RCOOH \quad + \quad RCOOH \xrightarrow[\triangle]{P_2O_5} RCOOOCR$$

4. 酯化反应

$$RCOOH \quad + \quad R'OH \underset{}{\overset{H^+}{\rightleftharpoons}} RCOOR' \quad + \quad H_2O$$

5. 酰胺的生成

$$RCOOH \quad + \quad NH_3 \longrightarrow RCOONH_4 \xrightarrow{-H_2O} RCONH_2$$

6. α-氢被取代（赫尔-乌尔哈-泽林斯基反应）

$$CH_3COOH \quad + \quad Cl_2 \xrightarrow{P} CH_2ClCOOH \xrightarrow{P} CHCl_2COOH \xrightarrow{P} CCl_3COOH$$

7. α-氢被烷基化

$$RCH_2COOH \quad + \quad \underset{(LDA)}{2LiN(i\text{-}C_3H_7)_2} \longrightarrow R\overset{-}{C}HCOO\overset{+}{L}i\ \ Li^+ \xrightarrow{R'X} \xrightarrow{H_2O} RCH(R')COOH$$

8. 还原反应

$$RCH_2CH{=}CHCOOH \xrightarrow[(2)\ H_2O]{(1)\ LiAlH_4,\ 干醚} RCH_2CH{=}CHCH_2OH$$

$$RCOOH \xrightarrow[CH_3NH_2]{Li} \underset{亚胺}{RCH{=}NCH_3} \xrightarrow[H_2O]{H^+} RCHO$$

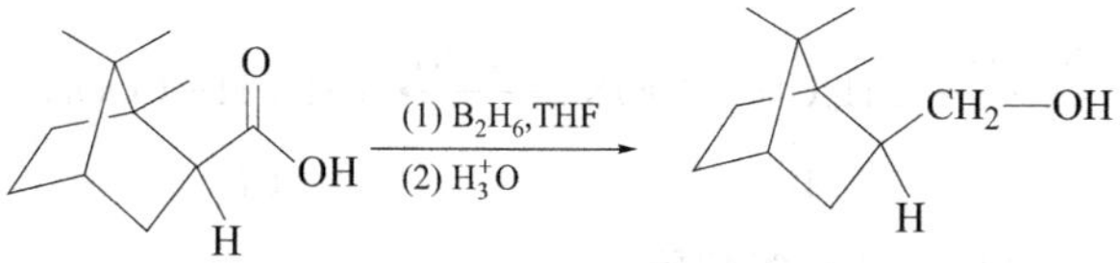

9. 脱羧反应

$$CH_3COONa \xrightarrow[\triangle]{碱石灰} CH_4\uparrow + Na_2CO_3$$

$$2CH_3COOH \xrightarrow[400℃]{Th_2O_3} CH_3COCH_3 + CO_2\uparrow + H_2O$$

$$2CH_3(CH_2)_{12}COONa \xrightarrow{电解} CH_3(CH_2)_{24}CH_3$$

$$(H_2C)_{16}\begin{matrix}/COOH \\ \backslash COOCH_3\end{matrix} \xrightarrow[电解]{NaOCH_3,\ CH_3OH} (H_2C)_{16}\begin{matrix}/COOCH_3 \\ \backslash COOCH_3\end{matrix}$$

10. 科尔伯（H. Kolbe）电解偶联反应

$$CH_3(CH_2)_{12}\overset{\overset{\displaystyle O}{\|}}{C}OH \xrightarrow{电解} CH_3(CH_2)_{24}CH_3$$

11. 亨斯狄克（Hunsdiecker）反应

$$RCOOAg + Br_2 \longrightarrow RBr + CO_2\uparrow + AgBr$$

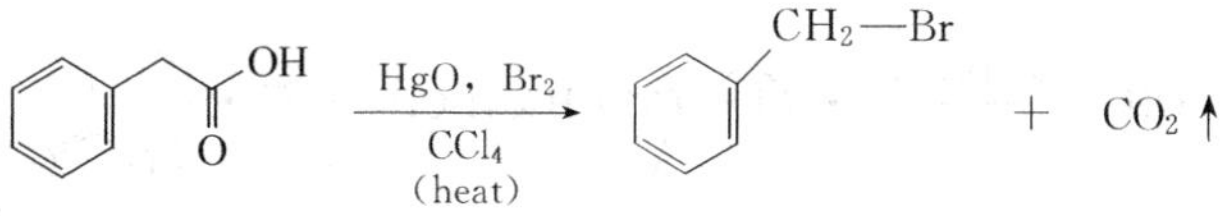

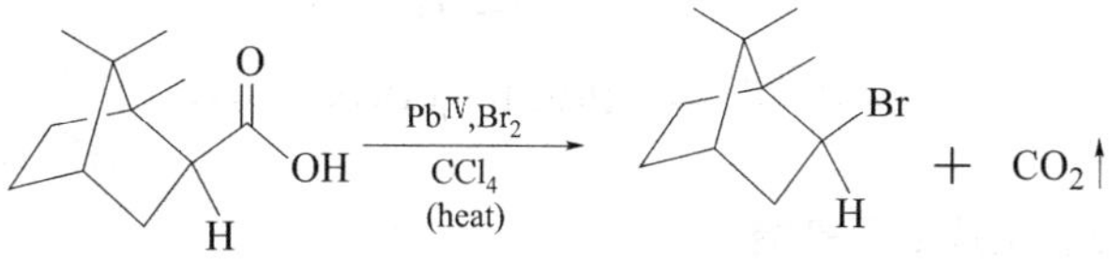

12. Kochi 反应

$$H_3C{-}CH_2{-}\underset{\displaystyle CH_3}{\overset{\displaystyle CH_3}{\underset{|}{\overset{|}{C}}}}{-}COOH + Pb(OAc)_4 + LiCl \xrightarrow[回流]{苯}$$

$$H_3C{-}CH_2{-}\underset{\displaystyle CH_3}{\overset{\displaystyle CH_3}{\underset{|}{\overset{|}{C}}}}{-}Cl + CO_2 + LiOAc + Pb(OAc)_2 + HOAc$$

13. 柏琴反应

$$ArCHO + (RCH_2CO)_2O \xrightarrow{RCH_2COOK} ArCH{=}\underset{\displaystyle R}{\underset{|}{C}}COOH + RCH_2COOH$$

卤代酸反应小结

1. α-卤代酸的亲核取代反应

① $BrCH_2COOH + 2NH_3$（过量）$\longrightarrow H_2NCH_2COOH + NH_4Br$ 60%～64%

② $ClCH_2COOH \xrightarrow{NaOH\text{-}H_2O} HOCH_2COONa \xrightarrow{H^+} HOCH_2COOH$

③ $CH_3CH(Br)—COOH \xrightarrow{Na_2CO_3} CH_3CH(Br)—COONa \xrightarrow{NaCH} CH_3CH(CN)—COONa \xrightarrow{H^+} CH_3CH(COOH)—COOH$

2. β-卤代酸与碱反应，生成 α,β-不饱和酸

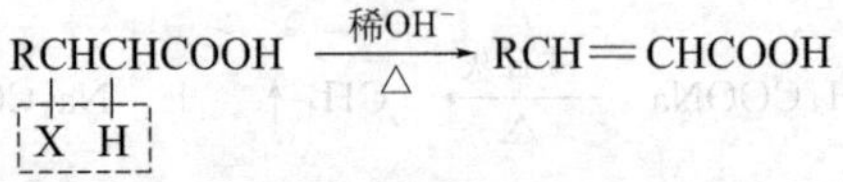

RCHCHCOOH
X H
稀OH⁻
△
RCH═CHCOOH

无 α-H 的 β-卤代酸，在碱作用下可形成内酯。

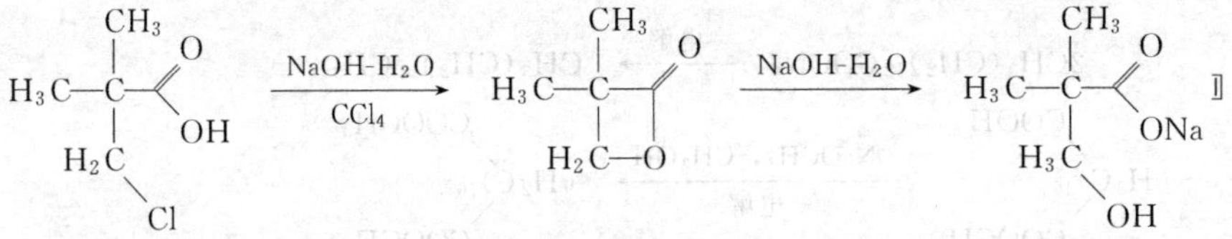

NaOH-H₂O
CCl₄
NaOH-H₂O

在 CCl_4 中　　在 H_2O 中

3. γ-与 δ-卤代酸与碱反应，得内酯

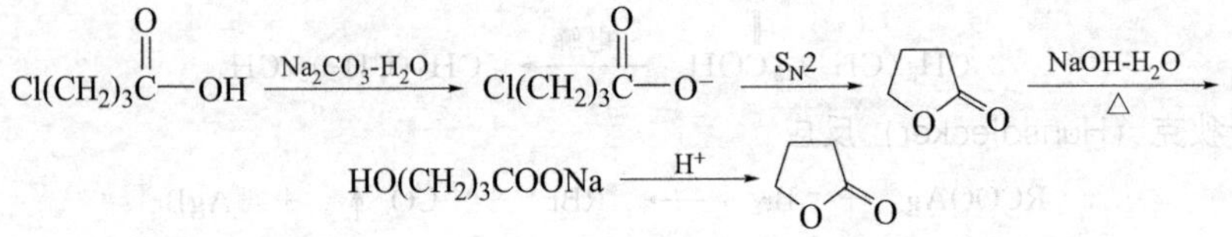

Cl(CH₂)₃C—OH
Na₂CO₃-H₂O
Cl(CH₂)₃C—O⁻
Sɴ2
NaOH-H₂O
△
HO(CH₂)₃COONa
H⁺

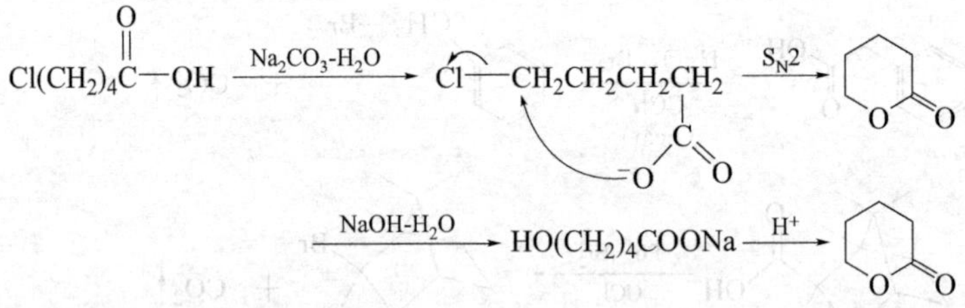

Cl(CH₂)₄C—OH
Na₂CO₃-H₂O
Cl—CH₂CH₂CH₂CH₂
Sɴ2
NaOH-H₂O
HO(CH₂)₄COONa
H⁺

4. ε-卤代酸与碱反应，生成 ε-羟基酸

$$Br(CH_2)_5COOH \xrightarrow{NaOH-H_2O} HO(CH_2)_5COONa$$

5. 长链的 ω-卤代酸与碱反应，形成内酯

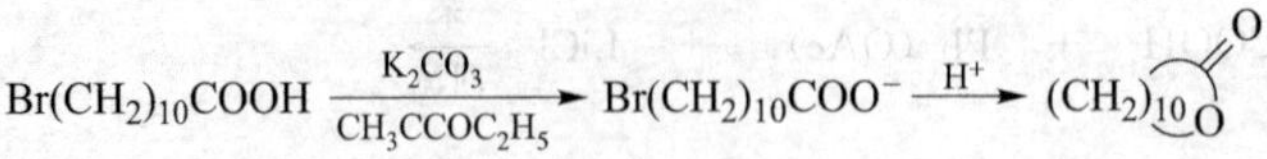

Br(CH₂)₁₀COOH
K₂CO₃
CH₃CCOC₂H₅
Br(CH₂)₁₀COO⁻
H⁺
(CH₂)₁₀

羟基酸反应小结

1. α-醇酸的分解反应

$$RCHOHCO_2H \xrightarrow[\triangle]{稀硫酸} RCHO + HCOOH$$

2. 脱水反应

① α-醇酸生成交酯：

$$RCHOHCO_2H + RCHOHCOOH \xrightarrow[\triangle]{} 交酯$$

② β-醇酸生成 α,β-不饱和羧酸：

$$RCHOHCH_2COOH \xrightarrow{\triangle} RCH{=}CHCOOH + H_2O$$

③ γ-和 δ-醇酸生成内酯：

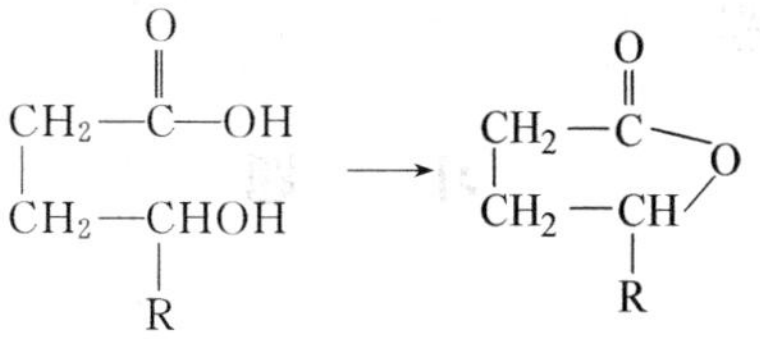

④ 羟基与羧基相隔 5 个或 5 个以上碳原子的醇酸，生成链状的聚酯。

酮酸反应小结

1. α-酮酸的脱羧和脱羰反应

$$RCOCOOH + 稀\ H_2SO_4 \xrightarrow{150℃} RCHO + CO_2\uparrow$$

$$RCOCOOH + 浓\ H_2SO_4 \xrightarrow{\triangle} RCOOH + CO\uparrow$$

2. α-酮酸很容易被氧化，生成羧酸和二氧化碳。

$$RCOCOOH + [Ag(NH_3)_2]^+ \xrightarrow{\triangle} RCOONH_4 + Ag\downarrow$$

3. β-酮酸的酮式分解在高于室温的情况下，即脱去羧基生成酮。

$$RCOCH_2COOH \xrightarrow{\triangle} RCOCH_3 + CO_2\uparrow$$

4. β-酮酸的酸式分解与浓碱共热时，生成两分子羧酸盐。

$$RCOCH_2COOH + 40\%\ NaOH \xrightarrow{\triangle} RCOONa + CH_3COONa$$

5. 氨基化反应 α-酮酸与氨在催化剂作用下可发生 α-酮酸的氨基化反应。例如：

二元羧酸脱羧反应

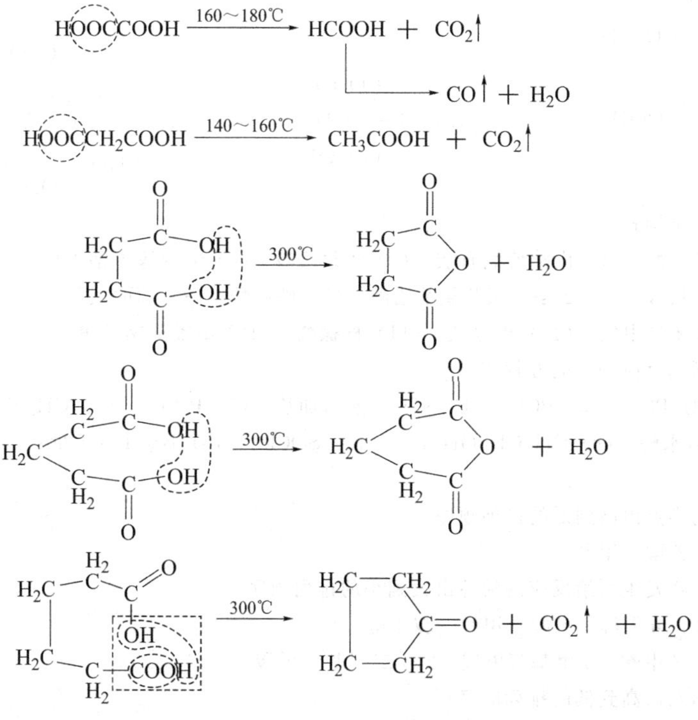

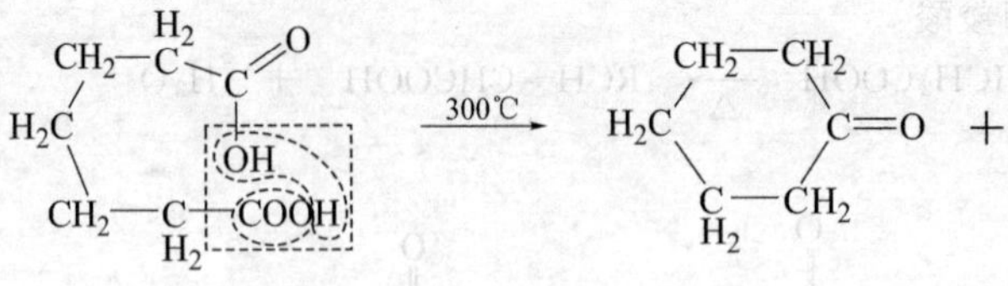

习　　题

1. 命名下列化合物

(1) 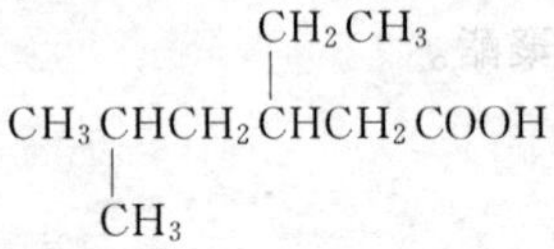　(2) 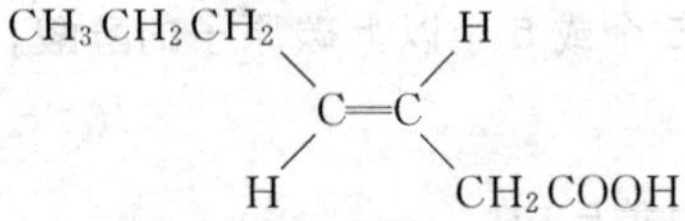

(3) 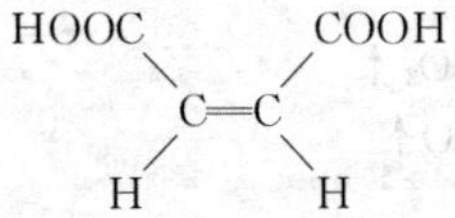　(4) 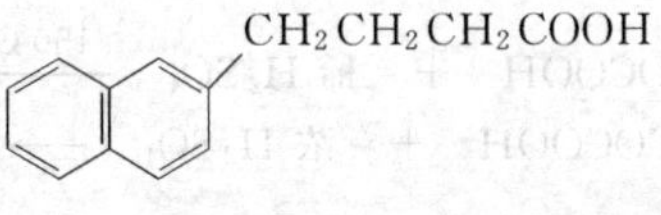

(5) 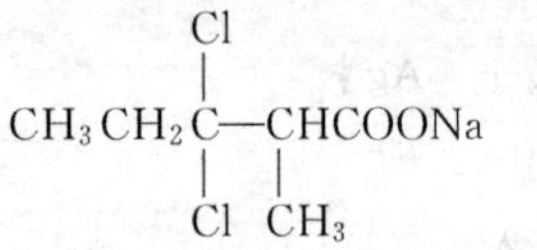　(6) 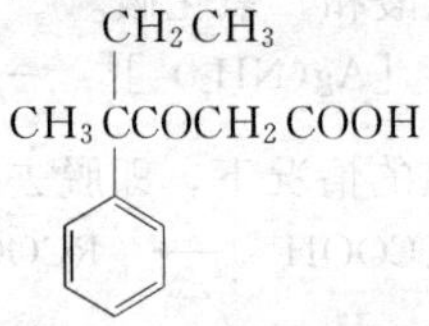

(7) 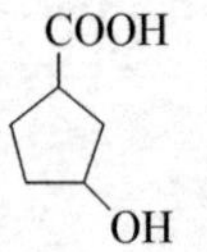　(8) 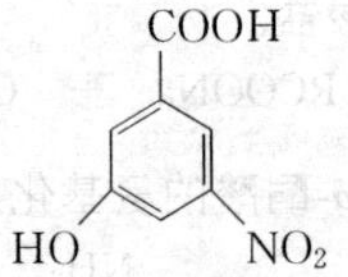　(9) 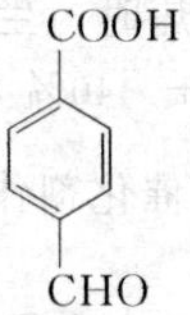

(10) 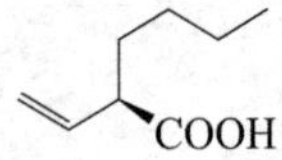　(11) 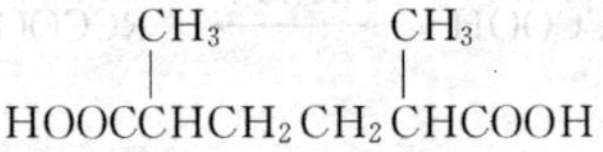

(12) 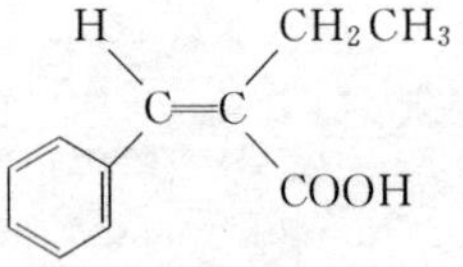　(13) 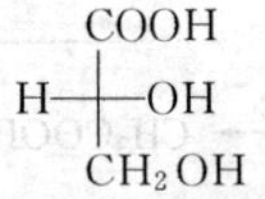　(14) 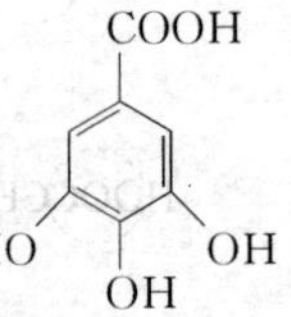

2. 写出下列化合物的结构式

(1) 4-乙基-2-丙基辛酸　(2) 内消旋酒石酸　(3) β-萘乙酸　(4) 6-羟基-1-萘甲酸

(5) (E)-3-己烯-5-炔酸　(6) 2,4-二氯苯氧基乙酸　(7) 硬脂酸　(8) 苯丙氨酸

(9) 5-异丙基-1,3-苯二甲酸　(10) 巴豆酸　(11) 柠檬酸　(12) α-羧基戊二酸

3. 写出丙酸与下列试剂反应的反应方程式

(1) $NaHCO_3$　(2) PCl_3　(3) PCl_5　(4) NH_3，然后加热　(5) P_2O_5　(6) CH_2N_2

(7) $LiAlH_4$，然后水解　(8) CH_3CH_2OH/H^+　(9) $SOCl_2$　(10) Br_2/P（少量）

4. 按要求排序

(1) 下列化合物的沸点由高到低的排列顺序

丙烷　甲酸　乙醇　甲醚

(2) 下列各组化合物发生所给反应的活性由大到小的排列顺序

(a) 用苯甲酸酯化：异丙醇　乙醇　甲醇　叔丁醇

(b) 用乙醇酯化：苯甲酸　2-甲基苯甲酸　2,6-二甲基苯甲酸

(3) 下列化合物熔点由高到低的排列顺序

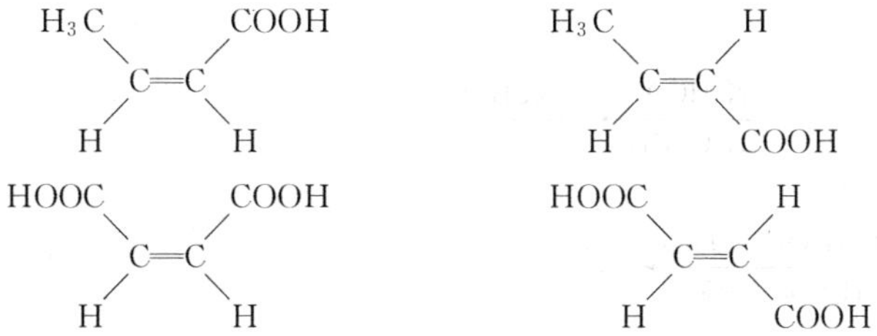

(4) 下列化合物酸性由强到弱的排列顺序

(a) 乙酸　氯乙酸　三氯乙酸　甲酸

(b) 苯甲酸　对硝基苯甲酸　间硝基苯甲酸 对甲基苯甲酸　对甲氧基苯甲酸

(c) 2-硝基丁酸　3-硝基丁酸　4-硝基丁酸　丁酸　2-甲基丁酸

(d) FCH_2COOH　$ClCH_2COOH$　$BrCH_2COOH$　ICH_2COOH　CH_3COOH

(e) 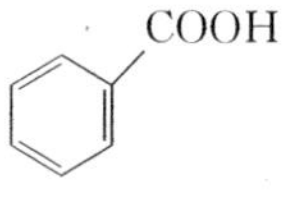　　CH_3COOH　$ClCH_2COOH$

(f) 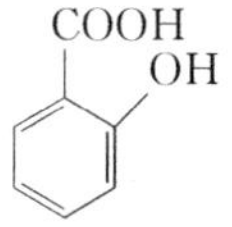　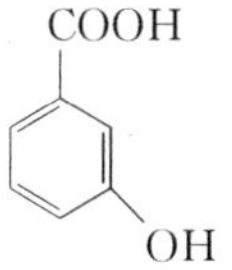　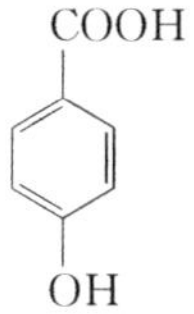

(g) 丙二酸　2-羟基丙酸　2-氯丙酸　丙酸

(h) 乙醇　乙酸　碳酸　苯酚

5. 用简便的化学方法鉴别下列各组化合物

(1) 甲酸　乙酸　草酸　丙二酸

(2) 肉桂酸　安息香酸　水杨酸　苯酚

(3) 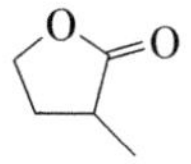　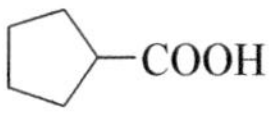　　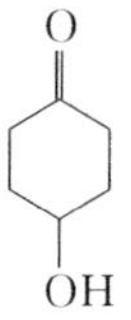

(4) 　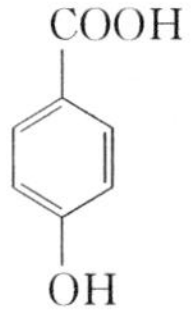　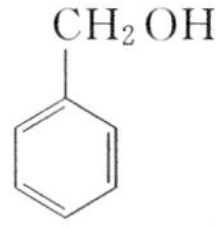　

(5) 乙醇　乙醛水溶液　乙酸　乙醚

6. 试用化学方法分离下列混合物

(1) 苯甲酸和苄醇的混合物

(2) 戊醇、戊醛和戊酸的混合物

7. 完成下列反应

(1) 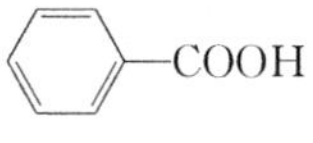 $\xrightarrow[H_2SO_4]{HNO_3}$

(2) $CH_2{=}CHCH_2CH_2COCOOH \xrightarrow{NaBH_4} \xrightarrow{H_3^+O}$

(3) 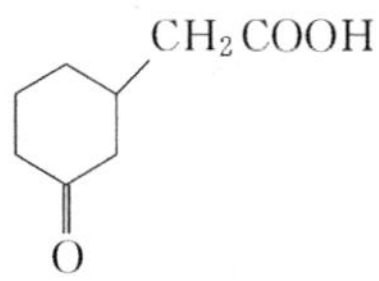 $\xrightarrow{NaBH_4} \xrightarrow{H_3^+O}$

(4) 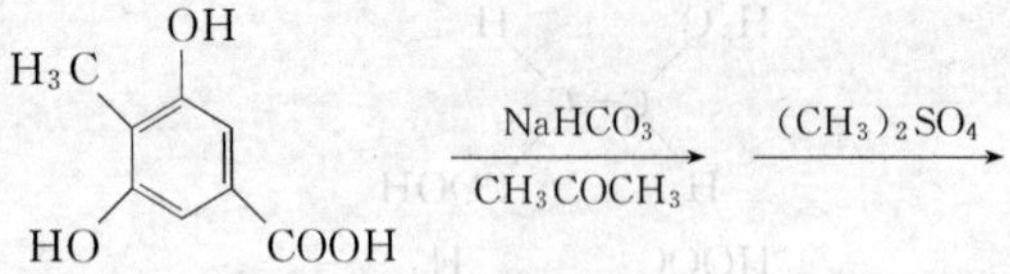

(5) 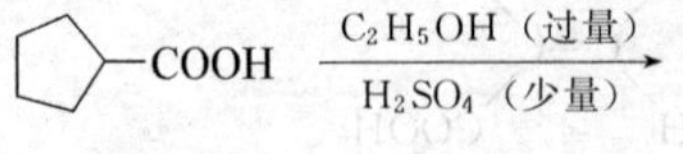

(6) 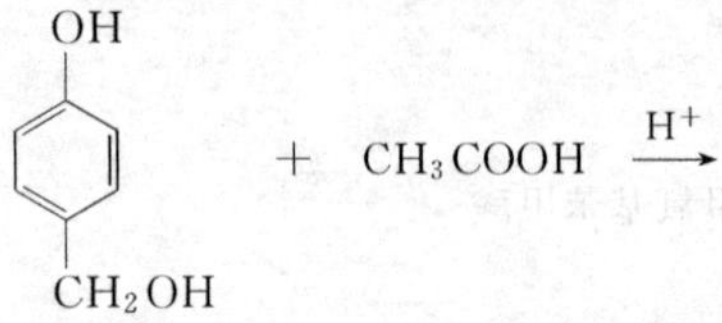

(7) $CH_3CH_2CH_2COOH \xrightarrow{SOCl_2} \xrightarrow{C_6H_6,\ AlCl_3} \xrightarrow{H_3^+O}$

(8) 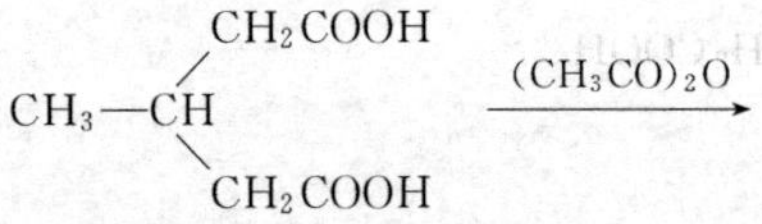

(9) 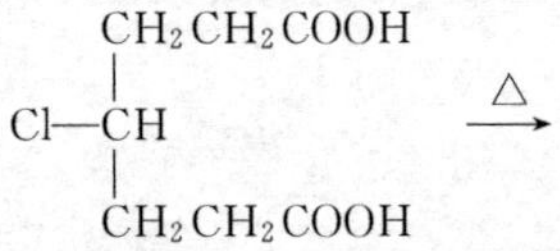

(10) 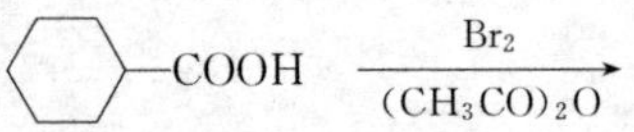

(11) 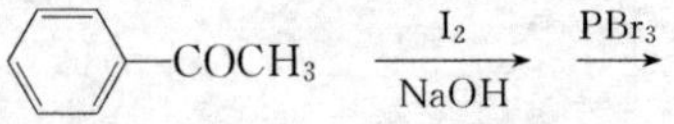

(12) 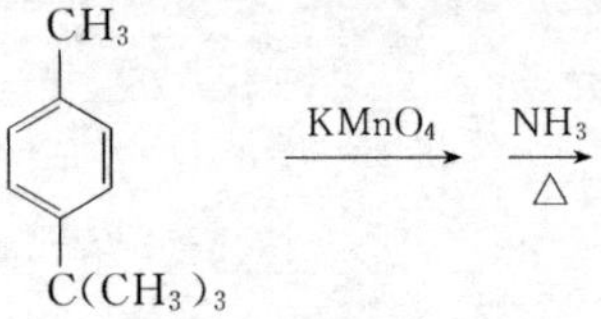

(13) 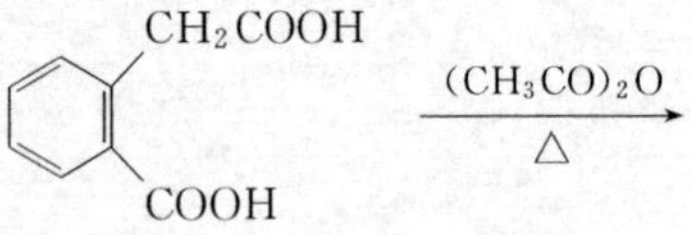

(14) 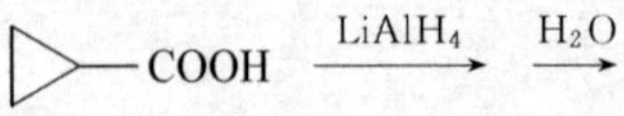

(15) 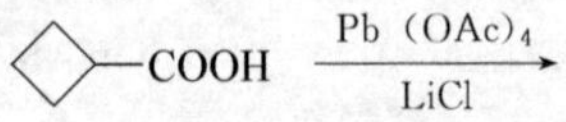

(16) 

(17) 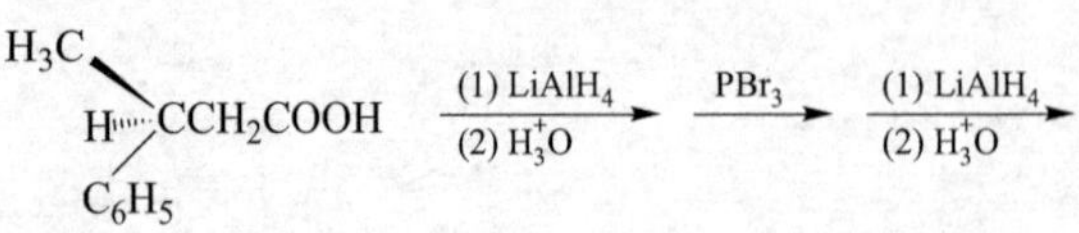

(18) 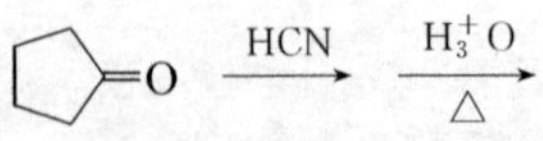

(19) 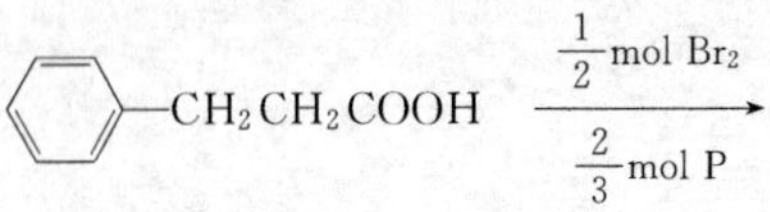

(20) 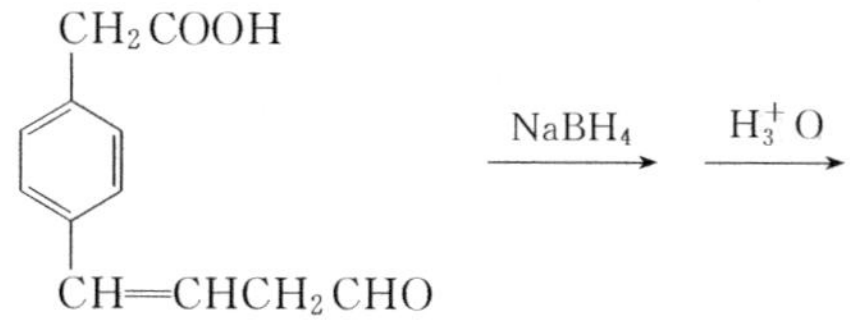

(21) 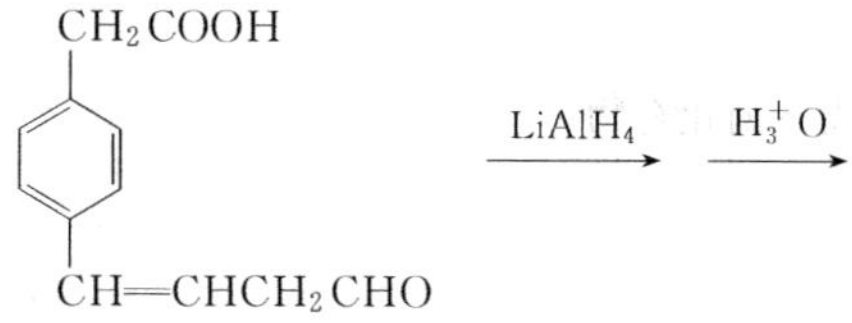

(22) $CH_3CH_2COCH_2COOH \xrightarrow[p\text{-}CH_3C_6H_4SO_3H]{HOCH_2CH_2OH} \xrightarrow{LiAlH_4，Et_2O} \xrightarrow[\triangle]{H_3^+O}$

(23) 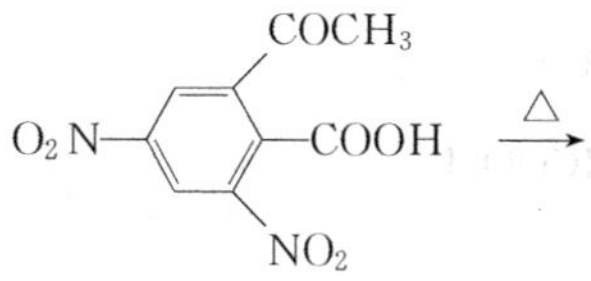

(24) $CH_3COCH_2C(CH_3)(COOH)_2 \xrightarrow{\triangle}$

(25) 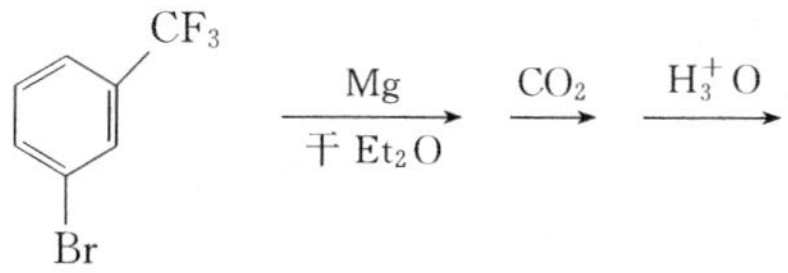

(26) 

(27) 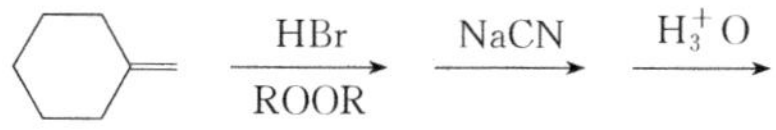

(28) $ClCH_2CO_2C_2H_5 \xrightarrow[Et_2O]{Zn} \xrightarrow{CH_3CHO} \xrightarrow{H_3^+O}$

(29) $HOOCCH_2CH_2CH(COOH)COOH \xrightarrow{\triangle}$

(30) 

8. 请写出下列化合物加热后生成的主要产物

(1) α-甲基-α-羟基丙酸　　(2) δ-羟基戊酸

(3) β-甲基-γ-羟基戊酸　　(4) β-羟基丁酸

9. 写出下列反应的机理

(1) 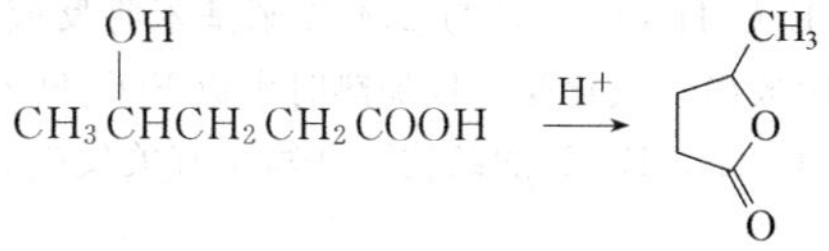

(2) $C_6H_5CH_2COOH \xrightarrow[P（催化剂）]{Br_2} C_6H_5CHBrCOOH$

10. 由卤代烃制备酸常常通过格氏试剂与 CO_2 反应或通过腈的水解法，请选择适当方法完成下列转化。

(1) 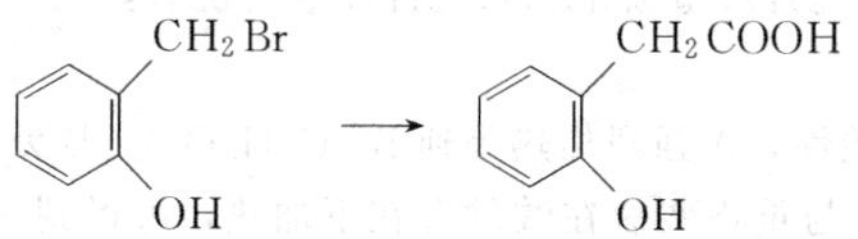

(2) $CH_3\overset{O}{\overset{\|}{C}}CH_2CH_2CH_2I \longrightarrow CH_3\overset{O}{\overset{\|}{C}}CH_2CH_2CH_2COOH$

(3) 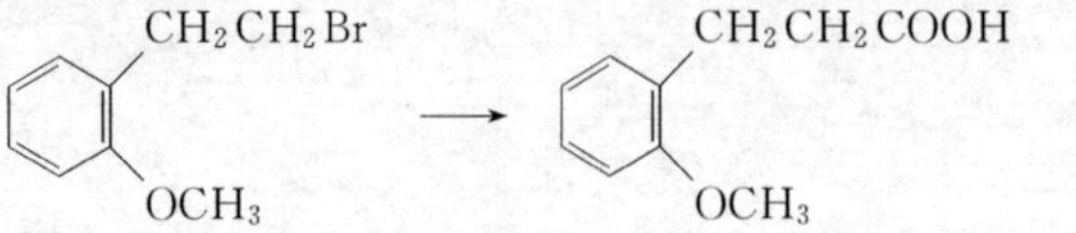

11. 用苯、甲苯及不超过三个碳原子的有机物及无机试剂合成下列化合物

(1) 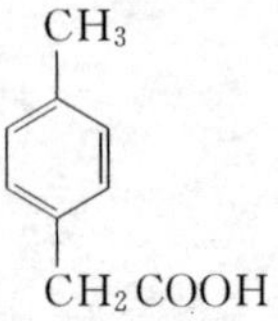
(2) 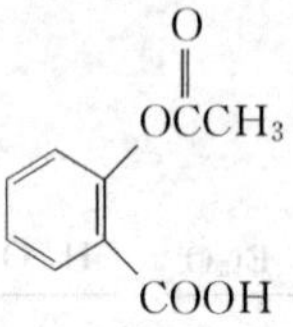
(3) 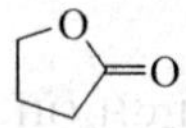

(4) 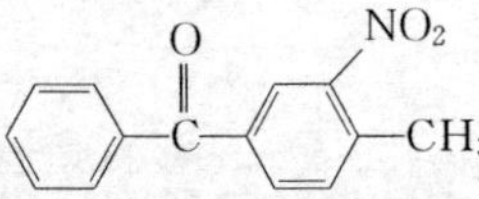
(5) $(CH_3)_2CHCH_2\overset{OH}{\overset{|}{C}}HCOOH$

12. 由指定原料和不超过 2 个碳原子的化合物合成下列化合物

(1) 由乙醛合成 3-溴丁酸

(2) 由乙醛合成 2-甲基-2-羟基丁酸

(3) 由苯及丁二酸酐合成 4-苯基丁醇

(4) 由丙醛合成丁交酯

(5) 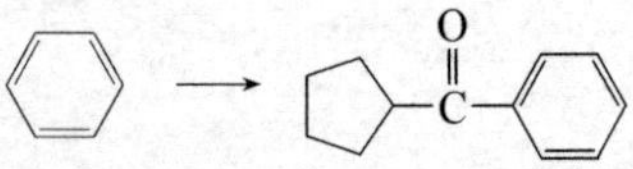

(6) 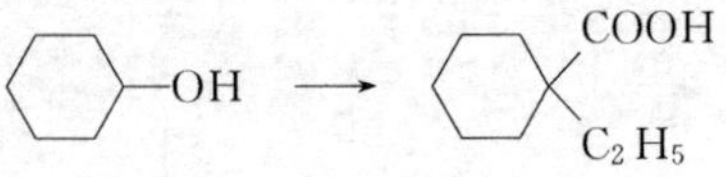

(7) 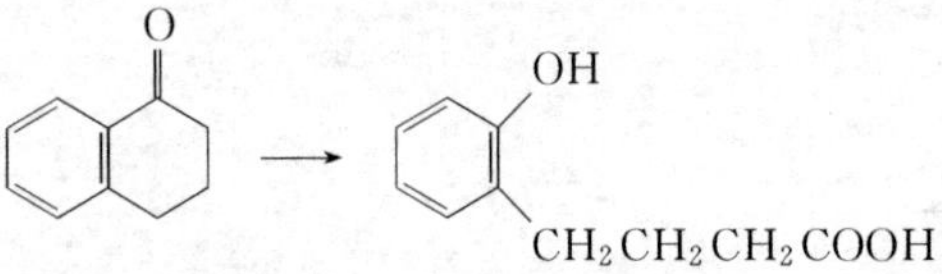

(8) 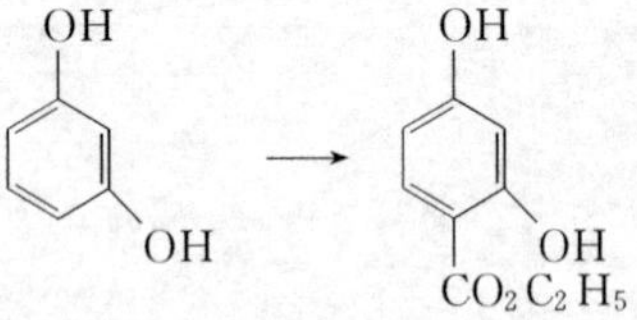

(9) $(CH_3)_2CHOH \longrightarrow (CH_3)_3CCOOC_2H_5$

13. 推测下列化合物的结构

(1) 有一烃 A 分子式为 $C_{11}H_{20}$，进行催化加氢时每摩尔 A 吸收 2mol 氢得化合物 $B(C_{11}H_{24})$，A 经高锰酸钾氧化可得三个化合物 $C(C_4H_8O)$、$D(C_4H_6O_4)$、$E(C_3H_6O_2)$。C 与 2,4-二硝基苯肼反应生成黄色沉淀，但不发生银镜反应；D 能与碳酸氢钠溶液作用放出二氧化碳，D 加热时生成 $F(C_4H_4O_3)$；E 也与碳酸氢钠水溶液作用放出二氧化碳。推测 A、B、C、D、E、F 的结构，并写出有关反应方程式。

(2) 一羧酸 $A(C_{11}H_{14}O_2)$，经下列反应得到化合物 D。

$$A + PCl_3 \longrightarrow B(C_{11}H_{13}ClO) \xrightarrow[CS_2]{AlCl_3} C(C_{11}H_{12}O) \xrightarrow[\triangle]{H_2NNH_2/KOH} D(C_{11}H_{14})$$

D 的 ^1H NMR 数据为 δ 1.22 (s, 6H)，δ 1.85 (t, 2H)，δ 2.33 (t, 2H)，δ 7.02 (s, 4H)。根据以上的事实推测 A、B、C、D 的结构。

(3) 化合物 A ($C_4H_8O_3$) 具有旋光性，A 的水溶液呈酸性，A 强烈加热得到 B ($C_4H_6O_2$)，B 无旋光性，它的水溶液也呈酸性，B 比 A 更容易被氧化，当 A 与重铬酸盐在酸的存在下加热，可得到一个易挥

发的化合物 C（C_3H_6O），C 不容易与高锰酸钾反应，但可以给出碘仿实验正性结果，试推测化合物 A、B、C、的可能结构，并用反应式表示反应过程。

（4）有一酸性化合物 A（$C_6H_{10}O_4$），经加热得到化合物 B（$C_6H_8O_3$）。B 的 IR 在 $1820cm^{-1}$，$1755cm^{-1}$ 有特征吸收，B 的 ^1H NMR 数据为 δ1.0（d，3H），δ2.1（m，1H），δ2.8（d，4H）。推测 A、B 的结构式。

（5）有一化合物 A $C_6H_{12}O$ 与 NaOI 在碱中中反应产生大量黄色沉淀，母液酸化后得到一个酸 B，B 在红磷存在下加入溴，只形成一个单溴代化合物 C，C 用 NaOH 的醇溶液处理能失去溴化氢产生 D，D 能使溴水褪色，D 用过量的铬酸在硫酸中氧化后蒸馏，只得到一个一元酸产物 E，E 的相对分子质量为 60，试推测化合物 A、B、C、D、E 的结构，并用反应式表示反应过程。

14. 简要回答下列问题

（1）试比较醋酸、一氯醋酸、二氯醋酸、三氯醋酸在水中的溶解度，并说明理由。

（2）顺丁烯二酸被加热到 200℃时，失去一分子水变成马来酸酐，而反丁烯二酸失水需要更高的温度，也生成马来酸酐。

（3）羧酸的沸点比相对分子质量相近的烃高，甚至比醇还高。这是由什么原因造成的？

（扬州大学，刘永红）

第十四章　羧酸衍生物

第一节　羧酸衍生物的种类和物理性质

一、羧酸衍生物的结构

羧酸分子中羧基的一部分被其他原子或原子团取代而生成的化合物，并能水解成羧酸的，称为羧酸的官能团衍生物，简称羧酸衍生物。本章讨论的羧酸衍生物为酯、酰氯、酐、酰胺和腈，除腈以外，都含有酰基。羧酸衍生物的通式：R—C(=O)—Y。腈是指分子中含有氰基（—CN）的一类有机化合物，它可以看成是氢氰酸分子中的氢原子被烃基取代后的产物。常用通式 RCN 或 ArCN 表示。

Y	通　　式	名　　称
—OH	R—C(=O)—OH	羧酸(carboxylic acid)
—X(F、Cl、Br、I)	R—C(=O)—X	酰卤(acyl halide)
—OC(=O)—R	R—C(=O)—OC(=O)—R	酸酐(acid anhydride)
—OR′	R—C(=O)—OR′	酯(ester)
NH_2(—NHR′、—NR'_2)	R—C(=O)—NH_2 (R—C(=O)—NHR′，R—C(=O)—NR'_2)	酰胺(amide)

酯、酰氯、酸酐和酰胺分子中都含有羰基，用通式表示为：

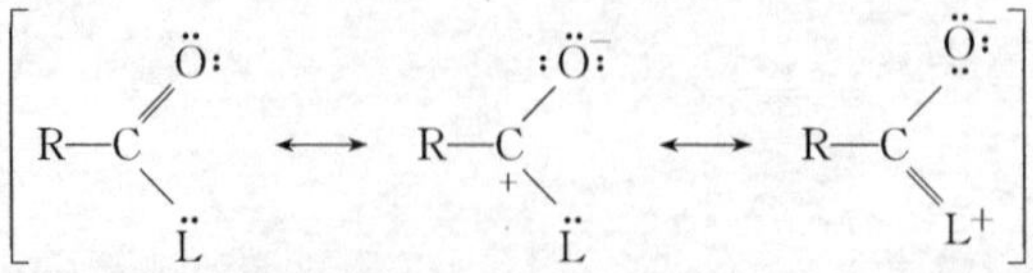

L 中与羰基碳原子直接相连的原子（O、N、Cl）上都有孤电子对，可与羰基上的 π 电子共轭，因此，羧酸衍生物的结构最好用共振式表示。电荷分离的经典结构式在共振杂化体中的贡献大小与 L 的性质有关。在酯、酰氯、酸酐和酰胺分子中，与羰基碳原子直接相连的三个原子和碳原子在同一平面内。

在酰氯分子中，氯原子的电负性大，正电荷在氯原子上的经典结构式不稳定，在共振杂化体中的贡献很小，这可以从C—Cl的键长与氯甲烷分子中的碳氯键（178.4pm）相近看出。如乙酰氯分子中键长键角的数值为：

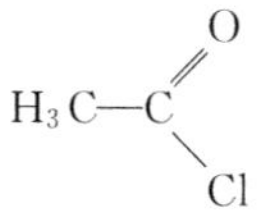

C—C	149.4pm	∠CCO 127.08°
C═O	119.2pm	∠OCCl 120.06°
C—Cl	178.9pm	

在酯分子中氧原子的电负性比氯原子小，酯电荷分离的经典结构式在共振式中的贡献相应的大于酰氯，而与羧酸相近。甲酸甲酯和乙酸甲酯分子中的键长键角数值为：

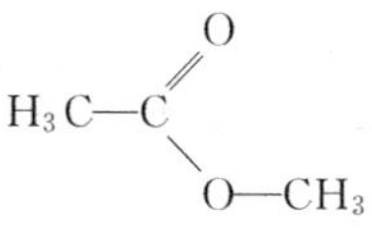

H—C	152pm	∠OCO 124°
C═O	120.0pm	∠COC 113°
C(sp^2)—O	136pm	
C(sp^3)—O	146pm	

酸酐分子中两个羰基竞争中间氧原子上的孤电子对，其共振杂化体可表示为：

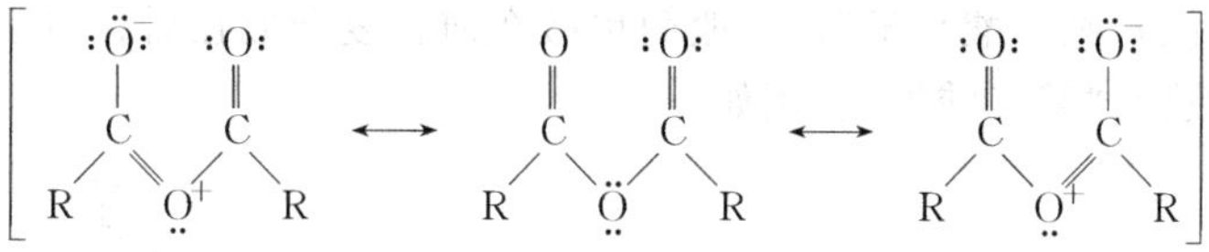

电荷分离的经典结构式在共振杂化体中的贡献比酯小。乙酐分子中键长键角的数值为：

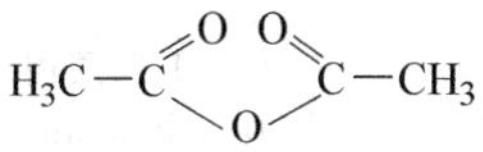

C—C	150pm	∠CCO 108°
C═O	118pm	∠OCO 122°
C—O	140pm	∠COC 116°

两个羰基所在平面之间的夹角约为50°。

在酰胺分子中，氮原子p轨道上的一对孤对电子参与了p-π共轭。如在甲酰胺分子中，两个N—H键键长有所不同（100.2pm 和 101.4pm），并且碳氮键长为138pm，比正常值147pm短。

腈分子中组成氰基（—CN）的氮原子和碳原子均为sp杂化，它们各提供一个sp杂化轨道以头碰头结合形成一个碳氮σ键，两个未杂化的相互垂直的p轨道肩并肩重叠形成两个碳氮π键。因此氰基的氮原子和碳原子以叁键结合，并且在氮原子的另一sp杂化轨道上有一对孤对电子。

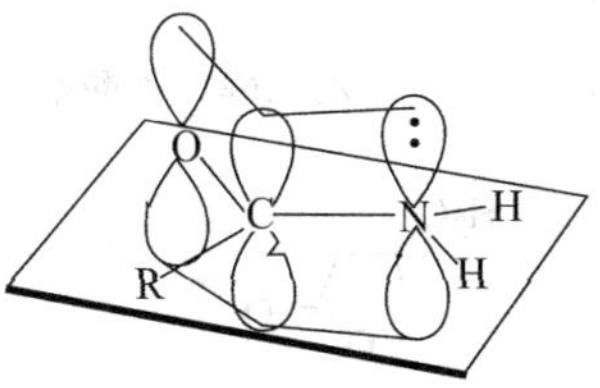
O
C
N
H
H
R

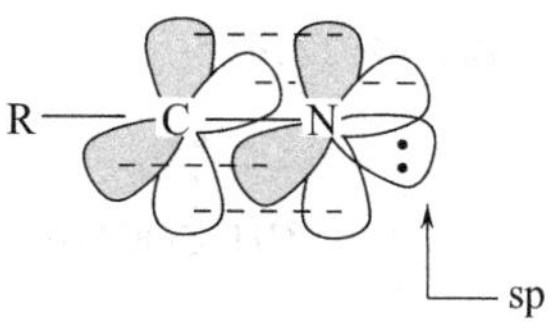
R
C
N
sp

习题 14-1　试比较酰氯、酐、酯、酰胺中与酰基相连接的杂原子参与酰基共轭的强度大小，这对酰基的电子云密度有什么影响？

习题 14-2　试解释酰氯、酐、酯、酰胺中酰基的氧原子和碳原子的杂化方式与腈分子中氰基的氮原子和碳原子有什么不同？

二、羧酸衍生物命名

1. 酰卤的命名

酰卤的命名是把相应羧酸名称“某酸”改为“某酰卤”；酰卤作为取代基时，其名称为：卤甲酰。例如：

命名法	$CH_3CH_2\underset{Br}{\underset{\mid}{CH}}\overset{O}{\overset{\|}{C}}Br$	$Cl\overset{O}{\overset{\|}{C}}\overset{O}{\overset{\|}{C}}Cl$	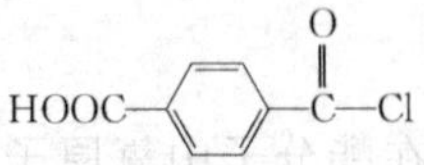
普通命名法	2-溴丁酰溴 2-bromobutyryl bromide	草酰氯 oxalyl chloride	对-(氯甲酰)苯甲酸 *p*-(chloroformyl)benzoic acid
IUPAC 命名法	2-溴丁酰溴 2-bromobutanoyl bromide	乙二酰二氯 ethanedioyl dichloride	4-(氯甲酰)苯甲酸 4-(chlorocarbonyl)benzoic acid

2. 酸酐的命名

如果是单酐，把羧酸名称“某酸”改为“某（酸）酐”；如果是混酐，把两个羧酸名称“某酸”改为“某（酸）某（酸）酐”，一般简单酸在前，复杂酸在后；对于环状酸酐，把二元酸名称“某二酸”改为“某二酸酐”。例如：

$CH_3\overset{O}{\overset{\|}{C}}O\overset{O}{\overset{\|}{C}}CH_3$

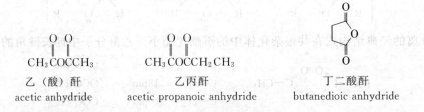

乙（酸）酐
acetic anhydride

$CH_3\overset{O}{\overset{\|}{C}}O\overset{O}{\overset{\|}{C}}CH_2CH_3$

乙丙酐
acetic propanoic anhydride

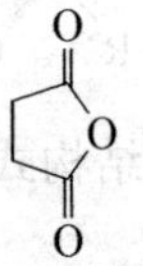

丁二酸酐
butanedioic anhydride

单酐：两分子相同羧酸失去一分子水后的生成物。混酐：两分子不相同羧酸失去一分子水后的生成物。环状酸酐：二元羧酸分子内失去水形成的化合物。

3. 酯的命名

根据相应羧酸和醇（或酚）的名称，叫“某酸某酯”。内酯是分子内的羟基和羧基失水形成的化合物。内酯命名是：烃基位次-某内酯。例如：

多元酸酯

$$\begin{array}{l}COO—CH_2CH_3\\ \mid\\ COO—CH_2CH_3\end{array}$$

乙二酸二乙酯

多元醇酯（某醇某酸酯）

$$\begin{array}{l}CH_2—ONO_2\\ \mid\\ CH—ONO_2\\ \mid\\ CH_2—ONO_2\end{array}$$

丙三醇三硝酸酯

$$\begin{array}{l}CH_2—OCOCH_3\\ \mid\\ CH_2—OCOCH_3\end{array}$$

乙二醇二乙酸酯

$CH_3\overset{O}{\overset{\|}{C}}OCH_2C_6H_5$

乙酸苄酯
benzyl acetate

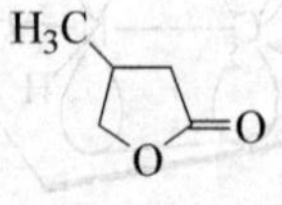

3-甲基-4-丁内酯
3-methyl-4-butanolide

$H_3COOCCH_2COOCH_3$

丙二酸二甲酯
dimethyl propanedioate

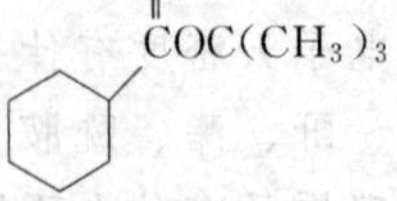

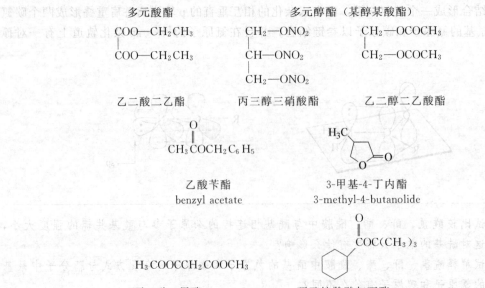

环己烷羧酸叔丁酯
tert-butyl cyclohexane carboxylate

4. 酰胺的命名

当 N 上无取代基时，命名为“某酰胺”；当 N 上有取代基时，命名为“*N*-某烃基某酰胺”。

$(CH_3)_2CH\overset{O}{\overset{\|}{C}}NH_2$

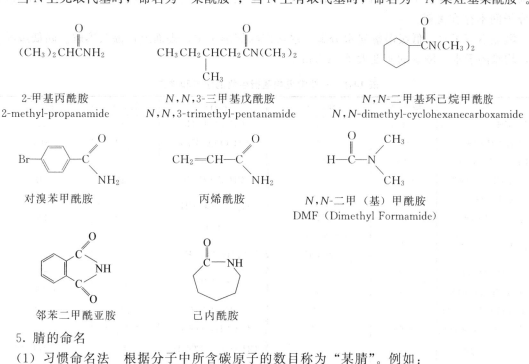

2-甲基丙酰胺
2-methyl-propanamide

$CH_3CH_2\underset{\underset{CH_3}{|}}{C}HCH_2\overset{O}{\overset{\|}{C}}N(CH_3)_2$

N,*N*,3-三甲基戊酰胺
N,*N*,3-trimethyl-pentanamide

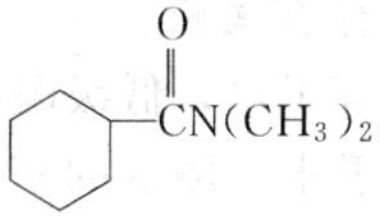

N,*N*-二甲基环己烷甲酰胺
N,*N*-dimethyl-cyclohexanecarboxamide

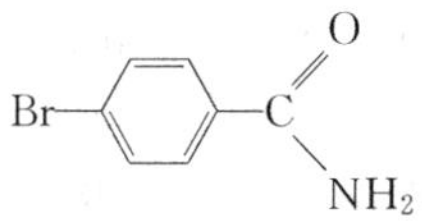

对溴苯甲酰胺

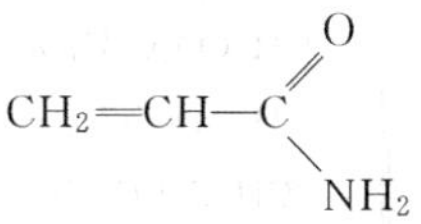

丙烯酰胺

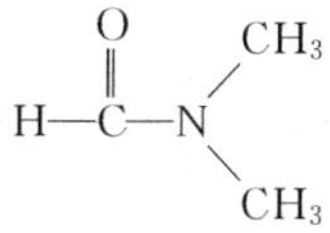

N,*N*-二甲（基）甲酰胺
DMF（Dimethyl Formamide）

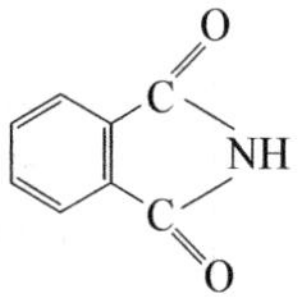

邻苯二甲酰亚胺

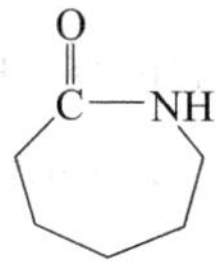

己内酰胺

5. 腈的命名

（1）习惯命名法　根据分子中所含碳原子的数目称为“某腈”。例如：

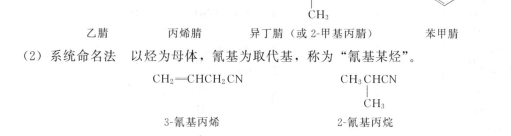

CH_3CN

乙腈

$CH_2{=}CHCN$

丙烯腈

$CH_3\underset{\underset{CH_3}{|}}{C}HCN$

异丁腈（或 2-甲基丙腈）

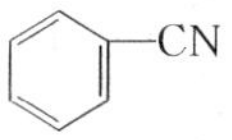

苯甲腈

（2）系统命名法　以烃为母体，氰基为取代基，称为“氰基某烃”。

$CH_2{=}CHCH_2CN$

3-氰基丙烯

$CH_3\underset{\underset{CH_3}{|}}{C}HCN$

2-氰基丙烷

习题 14-3　命名下列化合物：

（1）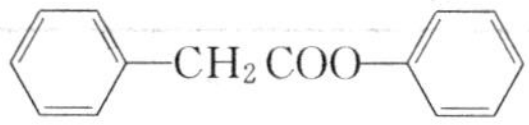

（2）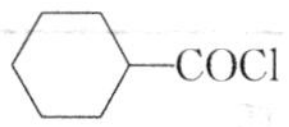

（3）$CH_3-\overset{O}{\overset{\|}{C}}-O-\overset{O}{\overset{\|}{C}}-CH(CH_3)_2$

（4）$\begin{array}{c}CONH_2\\ |\\ (CH_2)_4\\ |\\ CONH_2\end{array}$

（5）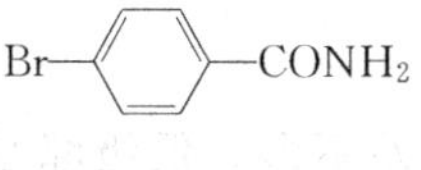

（6）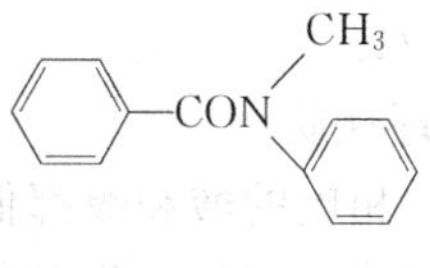

三、物理性质

1. 酰氯的物理性质

常见最简单的酰氯为乙酰氯（由于甲酰氯在－60℃以上是不稳定的，立即分解为一氧化碳和氯化氢，其沸点为－26℃），沸点 52℃，常温时是无色有刺激气味的液体。苯甲酰氯的沸点为 197℃（表 14-1）。高级酰氯为固体。酰氯沸点低于相应羧酸的沸点，其原因是酰氯分子间不存在氢键。

酰氯不溶于水，低级酰氯遇水分解。水解产物能溶于水，表面上像酰氯溶解。除低级酰氯外，均难溶于水。酰氯的密度大于 1g/cm³。

表 14-1　一些常见羧酸衍生物的熔点和沸点

化合物	熔点/℃	沸点/℃	化合物	熔点/℃	沸点/℃
CH_3COCl	－112	52	$CH_3CO_2C_2H_5$	－84	77
CH_3CH_2COCl	－94	80	$CH_3CO_2C_3H_7$-*n*	－92	102
$CH_3(CH_2)_2COCl$	－898	102	$CH_3CO_2C_4H_9$-*n*	－77	126
$CH_3(CH_2)_3COCl$	－110	120	$CH_3CO_2C_6H_5$	－35	213
C_6H_5COCl	－1	197	$H_2C{=}C(CH_3)CO_2CH_3$	－50	100
p-BrC_6H_4COCl	42	247			
p-$O_2NC_6H_4COCl$	75	150～152 (15mmHg)	$C_6H_5CO_2C_2H_5$	－35	213
$(CH_3CO)_2O$	－73	140	$HCONH_2$	3	200 (分解)
$(CH_3CH_2CO)_2O$	－45	169			
$(CH_3CH_2CH_2CO)_2O$	－75	198	CH_3CONH_2	82	221
$[CH_3(CH_2)_4CO]_2O$	－56	228	$CH_3CH_2CONH_2$	79	213
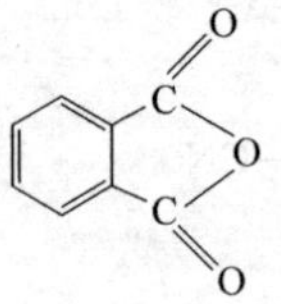	131	284 (升华)	$CH_3(CH_2)_2CONH_2$	116	216
			$CH_3CONHCH_3$	28	204
			$CH_3CON(CH_3)_2$	－20	166
			$C_6H_5CONH_2$	130	290
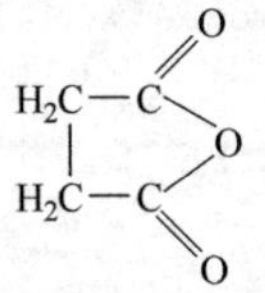	210	261	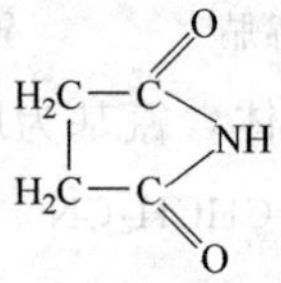	125	288
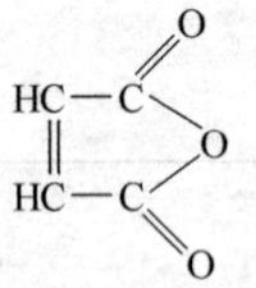	60	202	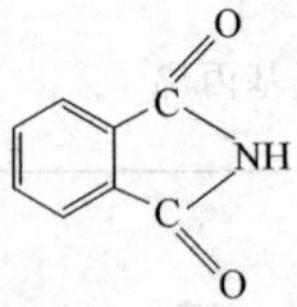	238	—

2. 酸酐的物理性质

低级酸酐是有刺激气味的液体，高级酸酐是固体。甲酸的酐是未知化合物，乙酸酐的沸点为 140℃，比乙酸高，苯甲酸酐和邻苯二甲酐为固体，熔点为 42℃和 131℃，丁二酸酐也是固体，熔点是 119℃。低级酸酐微溶于水，高级酸酐不溶于水。例如常温下，乙酐在水中的溶解度为 12g/100g 水。

3. 酯的物理性质

酯的沸点比相应的酸和醇都低，与含相同碳原子的醛酮差不多。低级酯是有香味的液体；高级酯为蜡状固体。例如，相对分子质量都是 74 的乙酸甲酯、丙酸和丁醇，它们的沸点分别为 57.5℃、141.1℃和 117.8℃。

酯在水中的溶解度较小，但能溶于一般的有机溶剂。挥发性的酯具有芬芳的气息，许多花果的香气就是由酯引起的。有些酯可用作食用香料。例如，乙酸异戊酯、戊酸异戊酯和丁酸丁酯分别具有与香蕉、苹果和菠萝相似的香气。

4. 酰胺的物理性质

酰胺的沸点较高，除甲酰胺在常压下为高沸点液体外，其余的酰胺都是有固定熔点的固体。原因是酰胺分子间存在氢键。分子中氮原子上的氢原子被取代后，酰胺形成氢键的能力降低，沸点也相应降低。例如：

化合物	CH_3CONH_2	$CH_3CH_2CONH_2$	$HCONH_2$	$CH_3CONHCH_3$	$CH_3CON(CH_3)_2$
bp/℃	221	216	211	204	165

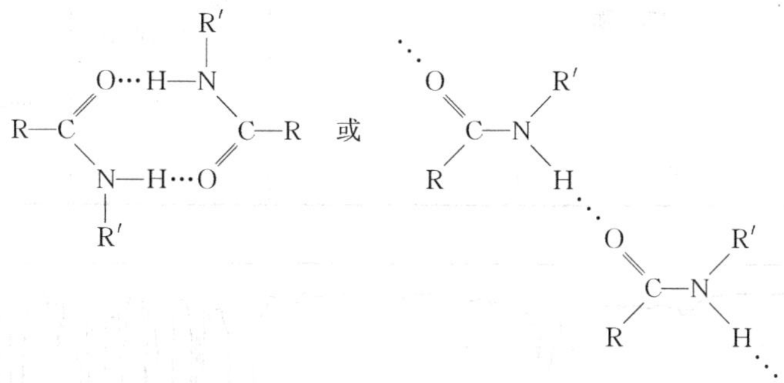

高度缔合使酰胺的沸点高于相应的酸。氮原子上的氢被烃基取代，使缔合程度减小，沸点降低。例如：*N*,*N*-二甲基甲酰胺（沸点 153℃）、*N*-甲基甲酰胺（沸点 180～185℃）的沸点都比甲酰胺（210.5℃）低。低级的酰胺可溶于水，但随分子量的增加，在水中的溶解度降低。如甲酰胺、*N*-甲基甲酰胺和 *N*,*N*-二甲基甲酰胺都能与水混溶，*N*,*N*-二甲基乙酰胺不溶于冷水，而苯甲酰胺只溶于热水。

二元酸生成的酰亚胺都是结晶固体。

习题 14-4 试比较 *N*,*N*-二甲基甲酰胺、*N*-甲基甲酰胺、甲酰胺、*N*,*N*-二甲基乙酰胺、乙酰胺、丙酰胺的沸点大小，并解释原因。

四、羧酸衍生物的波谱性质

1. 羧酸衍生物的红外光谱

醛、酮的羰基吸收峰在 1650～1740cm^{-1}，羧酸及其衍生物在 1550～1920cm^{-1} 均有强的羰基伸缩振动产生的吸收峰，是因为羰基在羧酸及其各种衍生物中所处的化学环境不同，受到的诱导或共轭效应大小不同，因而频率有一定的差别，再加上这些化合物中各自含有不同的官能团，在红外光谱的特定区域还会出现特征吸收峰（见表 14-2）。

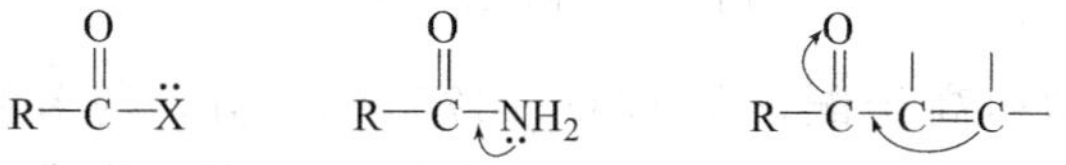

－I 效应使波数升高，＋C 效应使波数降低。例如：

酰卤 R—C(=O)—Cl　$\nu_{C=O}$ 约 1800cm^{-1}；R—C(=O)—F　$\nu_{C=O}$ 约 1920cm^{-1}（图 14-1）；

酸酐在 1800～1860cm^{-1}（强）和 1750～1800cm^{-1}（强）区域有两个 C=O 伸缩振动吸收峰，这两个峰往往相隔 60cm^{-1} 左右。对于线形酸酐，高频峰强于低频峰，而环状酸酐则反之。另外 C—O 的伸缩振动在 1045～1310cm^{-1} 处有强吸收峰（图 14-2）。

表 14-2　酰卤、酸酐、酯、腈的特征振动吸收

化合物	C═O 伸缩振动/cm^{-1}	C—X 面内弯曲振动/cm^{-1}	C—O 伸缩振动/cm^{-1}	C≡N 伸缩振动/cm^{-1}	N—H
RC(=O)—X	1815～1770	约 645			
R—C(=O)—O—C(=O)R	1850～1770 1790～1735 } 双峰		1300～1050		
R—C(=O)—OR	1750～1735 强		1300～1000 两个强吸收峰		
R—C≡N				2260～2240	
RCONHR	1650				3500～3200

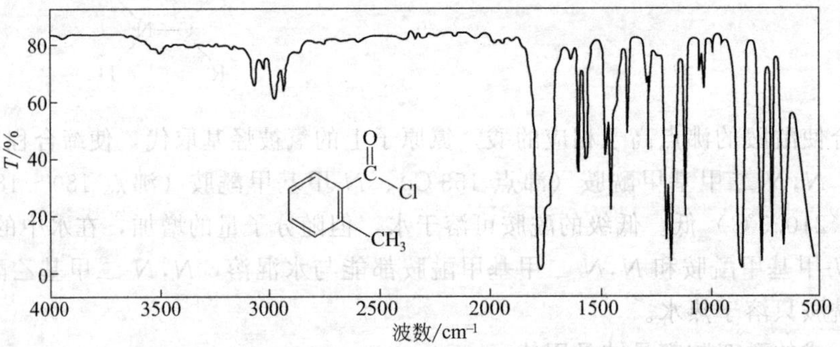

80
60
40
20
0
T/%
4000
3500
3000
2500
2000
1500
1000
500
波数/cm⁻¹
O
Cl
CH3

图 14-1　邻甲苯甲酰氯 IR 图

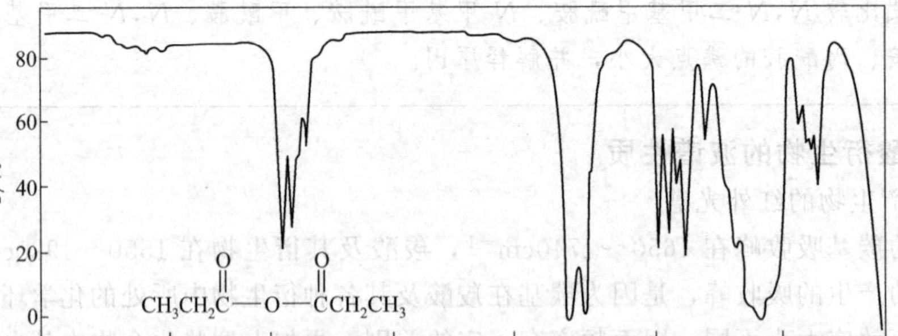

80
60
40
20
0
T/%
4000
3500
3000
2500
2000
1500
1000
500
波数/cm⁻¹
CH3CH2C(=O)—O—C(=O)CH2CH3

图 14-2　丙酸酐 IR 图

酯的 C═O 伸缩振动稍高于酮，在 1735～1750cm^{-1} 处，与芳基相连的则降至 1715～1730cm^{-1}，酯在 1015～1300cm^{-1} 区域内有两个强的 C—O 伸缩谱带（图 14-3）。

酰胺的 $\nu_{C=O}$ 在 1630～1690cm^{-1}，ν_{N-H} 在 3050～3550cm^{-1}；一级酰胺中 —NH_2 的 N—H 吸收为两个峰。二级酰胺 N—H 为一个尖峰（图 14-4）。

2. 羧酸衍生物的核磁共振

酯中烷基上的质子 RC(=O)—OCH 的化学位移 δ_H 3.7～4。

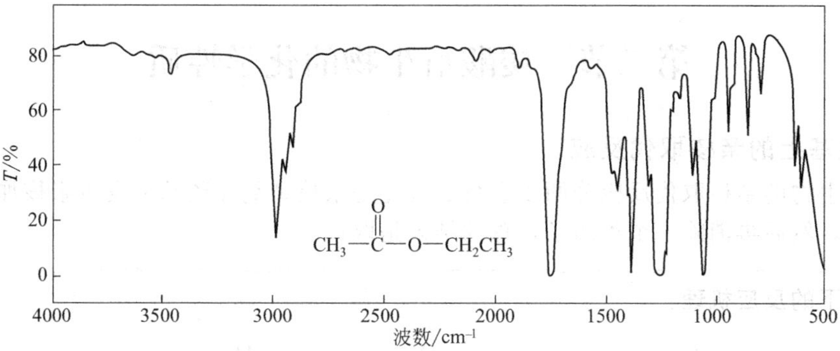

80
60
40
20
0
T/%
$CH_3-\overset{O}{\overset{\|}{C}}-O-CH_2CH_3$
4000
3500
3000
2500
2000
1500
1000
500
波数/cm⁻¹

图 14-3 乙酸乙酯 IR 图

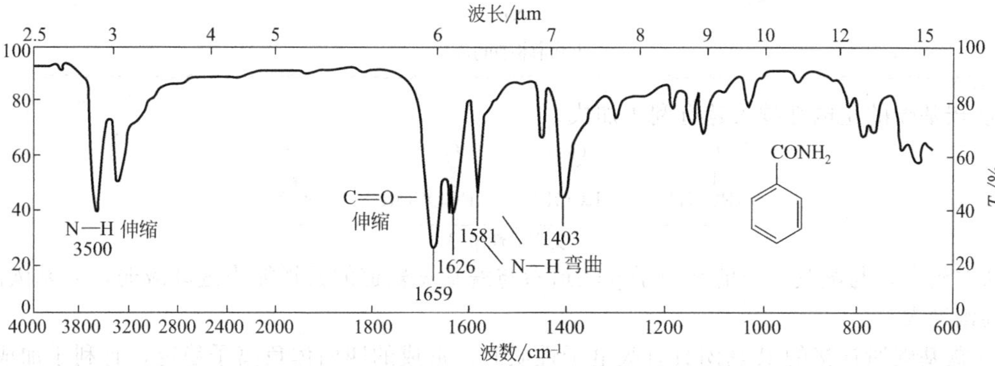

波长/μm
2.5
3
4
5
6
7
8
9
10
12
15
100
80
60
40
20
0
T/%
C═O—
伸缩
N—H 伸缩
3500
1659
1626
1581
1403
N—H 弯曲
CONH₂
4000
3800
3200
2800
2400
2000
1800
1600
1400
1200
1000
800
600
波数/cm⁻¹

图 14-4 苯甲酰胺 IR 图

酰胺中氮上的质子 $\mathrm{R\overset{O}{\overset{\|}{C}}-\overset{|}{N}H}$ 的化学位移一般在 5～9.4 之间，往往不能给出一个尖锐的峰。羰基附近 α 碳上的质子具有类似的化学位移，δ 为 2～3。

羧酸衍生物 α 碳上质子的化学位移见表 14-3。

表 14-3 羧酸衍生物 α 碳上质子的化学位移

化合物	$\mathrm{CH_3\overset{O}{\overset{\|}{C}}Cl}$	CH_3COOCH_3	$\mathrm{CH_3\overset{O}{\overset{\|}{C}}NH_2}$	CH_3CN
δ_H	2.67	2.03	2.08	1.98

乙酸乙酯的核磁共振氢谱如图 14-5 所示。

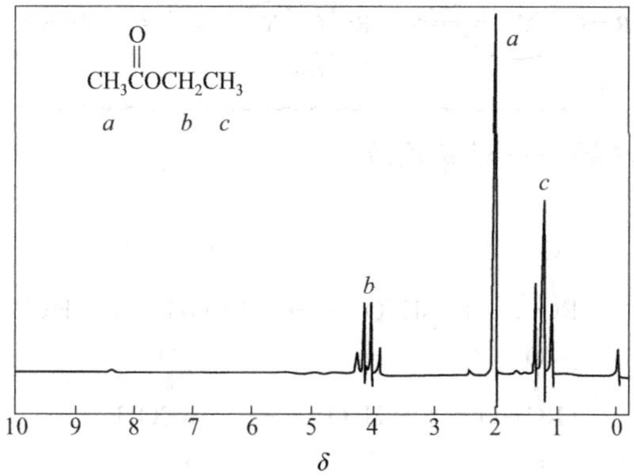

$\mathrm{CH_3\overset{O}{\overset{\|}{C}}OCH_2CH_3}$
a b c
a
b
c
10 9 8 7 6 5 4 3 2 1 0
δ

图 14-5 乙酸乙酯的 ^{1}H NMR

第二节　羧酸衍生物的化学性质

一、酰基上的亲核取代反应

羧酸衍生物的亲核取代反应分两步进行。首先是亲核试剂在羰基上发生亲核加成，形成四面体中间体，然后再消除一个负离子，总的结果是取代。

碱催化下的反应机理：

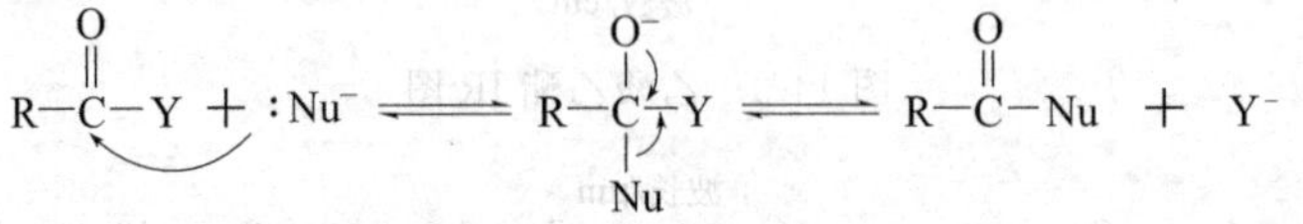

四面体中间体

① 羰基碳的正电性越大越有利于加成。

$$\underset{\text{RCNH}_2}{\overset{\text{O}}{\|}} \qquad \text{RCOR}' \qquad \text{RCOCOR}' \qquad \text{RCX}$$

$\xrightarrow{\quad\text{反应活性增强}\quad}$

从左到右，与酰基相连的杂原子 p 轨道参与酰基 π 轨道的共轭能力逐渐减弱，羰基碳的正电性逐渐增大。

② 羰基碳所连接的 R 基团具有吸电子性质时，形成的四面体负离子稳定，有利于加成。

$$\text{FCH}_2\text{COC}_2\text{H}_5 \qquad \text{ClCH}_2\text{COC}_2\text{H}_5 \qquad \text{BrCH}_2\text{COC}_2\text{H}_5$$

$\xrightarrow{\quad\text{反应活性减弱}\quad}$

③ 羰基碳所连接的 R 基团空间体积大，因拥挤不利加成。

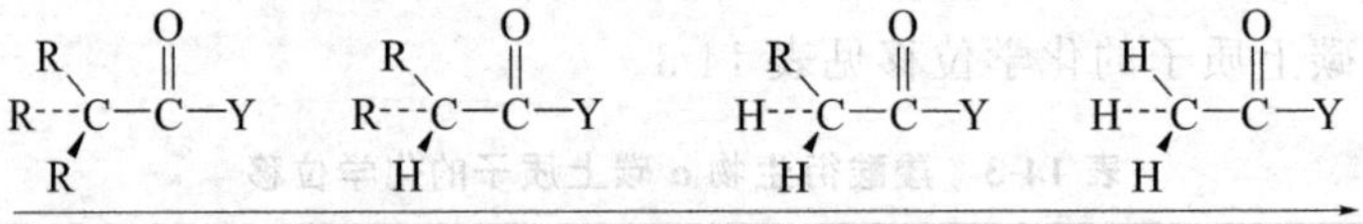

反应活性增强

④ L^- 愈易离去，越有利于第二步反应（消除反应）；离去能力：$Cl^- > RCOO^- > R'O^- > NH_2^-$。

酸催化下的反应机理：

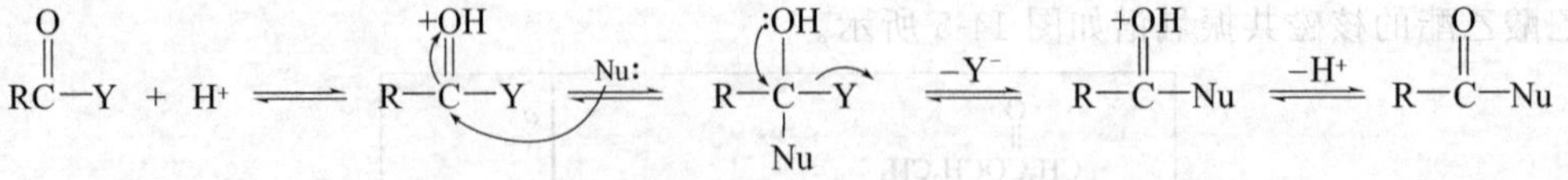

（一）羧酸衍生物的水解——形成羧酸

反应通式如下：

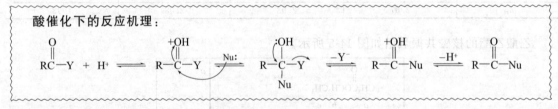

$$\text{RCCl} + H_2O \longrightarrow \text{RCOH} + \text{HCl}$$

$$(\text{RC})_2\text{O} + H_2O \longrightarrow 2\text{RCOH}$$

$$\text{RCOR}' + H_2O \rightleftharpoons \text{RCOH} + \text{R}'\text{OH}$$

$$RCONR'_2 + H_2O \longrightarrow RCOOH + R'_2NH$$

$$RC{\equiv}N \xrightarrow{H_2O} RCONH_2 \xrightarrow{H_2O} RCOOH$$

其中，只有酯和腈的水解用于羧酸的制备。

1．酰卤的水解

酰卤的水解速率很快，小分子酰卤水解很猛烈。相对分子质量较大的酰卤，由于在水中溶解度较小，反应速率很慢，如果加入使酰卤与水能互溶的溶剂，反应可顺利进行。卤离子是很好的离去基团，不需催化剂帮助水就可进攻酰羰基碳进行水解反应，在有些情况下，需要碱作催化剂。例如：

$$(C_6H_5)_2CHCH_2COCl \xrightarrow[(2)\ H^+]{(1)\ H_2O,\ Na_2CO_3} (C_6H_5)_2CHCH_2COOH$$

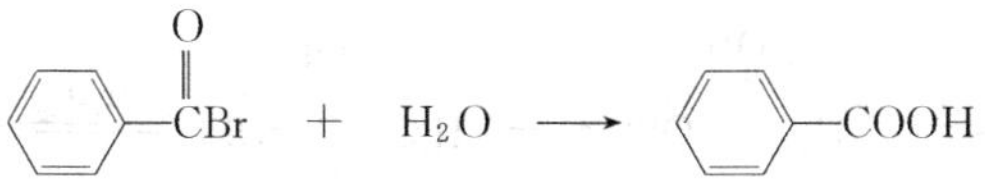

2．酸酐的水解

酸酐可以在中性、酸性、碱性溶液中水解。

酸酐不溶于水，在室温水解很慢，如果选择一合适的溶剂使其成为均相，或加热使其成为均相，不用酸或碱催化，水解也能进行。例如：

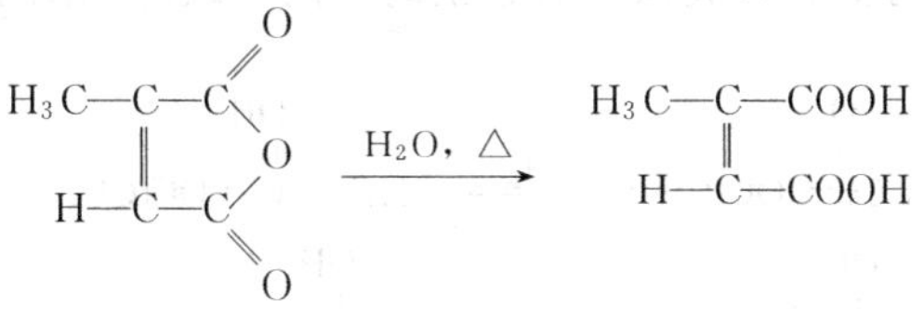

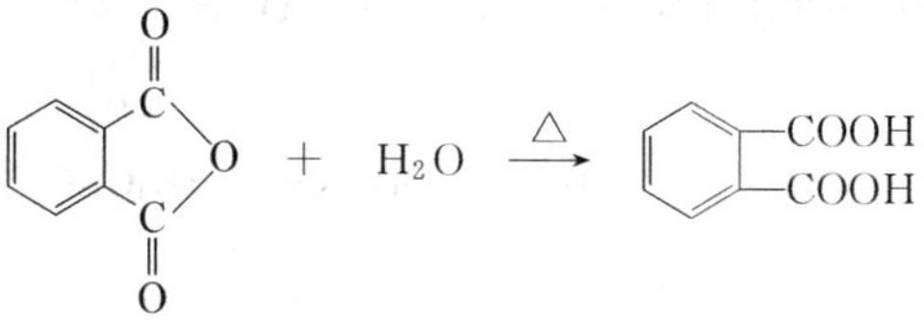

3．酯的水解

低分子量的酯在没有催化剂存在时也能缓慢水解。升高温度或在酸、碱存在下，水解速度加快。酯的水解是酯化的逆反应，在中性或酸性溶液中，酯、水、羧酸和醇形成动态平衡：

$$\underset{\text{酯}}{RCOOR'} + H_2O \overset{H^+}{\rightleftharpoons} \underset{\text{羧酸}}{RCOOH} + \underset{\text{醇}}{R'OH}$$

在酯化反应中，除去反应中生成的水，可使平衡向生成酯的方向移动，而酯在酸性溶液中的水解，则是在大量水存在下反应，使平衡向生成羧酸和醇的方向移动。例如：

$$\underset{\alpha\text{-氯苯乙酸乙酯}}{C_6H_5CH(Cl)COOCH_2CH_3} + H_2O \xrightarrow[\triangle]{HCl} \underset{\substack{\alpha\text{-氯苯乙酸} \\ 80\%\sim82\%}}{C_6H_5CH(Cl)COOH} + \underset{\text{乙醇}}{CH_3CH_2OH}$$

酯的水解比酰氯、酸酐困难，需酸或碱催化。碱作催化剂效果比较好。

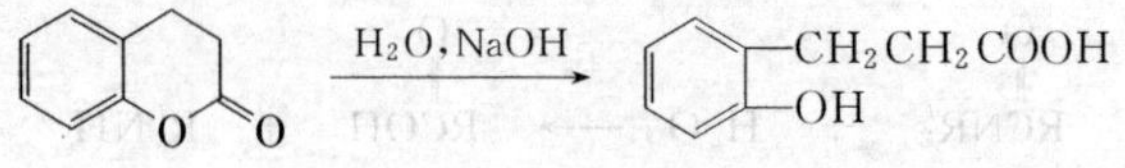

90%

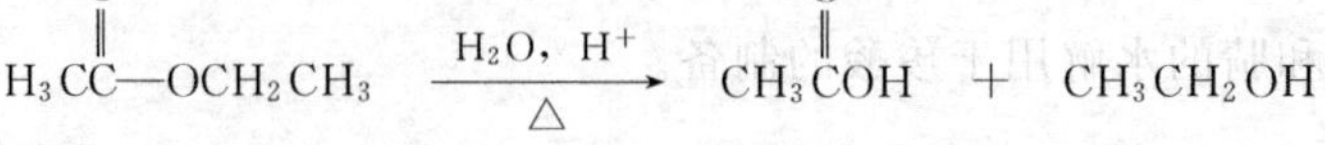

在碱性溶液中水解时，碱与生成的羧酸作用使其转变为盐而从平衡中除去，使水解进行到底。由于酯的碱性水解是不可逆反应，速度又比较快，是一般采用的方法。很久以来，一直用油脂的碱性水解生产肥皂，因此，酯的碱性水解常称为皂化（saponification）。

酸催化下酯的水解反应机理：

酰氧断裂机理（适用于一级醇酯、三级醇酯的水解）

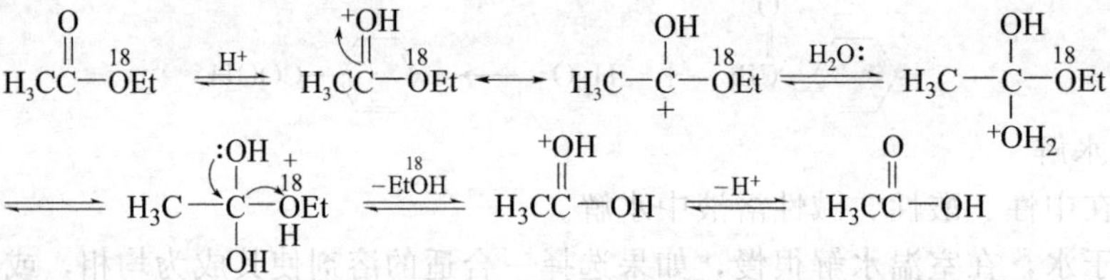

烷氧断裂机理（适用于能形成稳定的碳正离子的三级醇的酯水解）

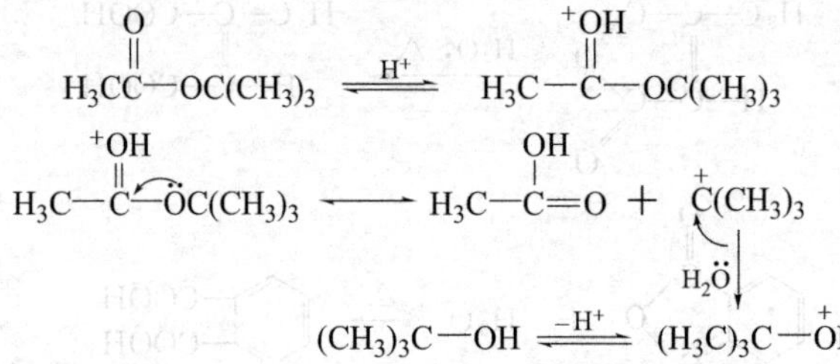

碱催化下酯的水解反应机理：

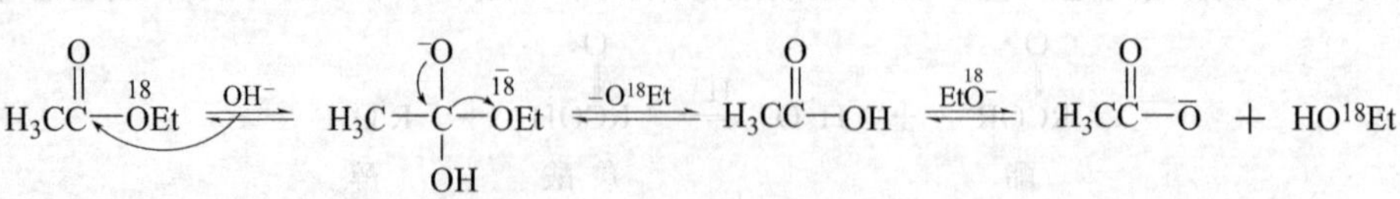

碱催化下酯的水解过程中形成一个四面体中间体的负离子，较拥挤。

但是羰基附近的碳原子上有吸电子基团时，可以使负离子稳定而促使反应的进行。

例如：碱催化水解相对速率　$CH_3CO_2C_2H_5 < ClCH_2CO_2C_2H_5$

1　　296

空间位阻小，有利于反应。

例如，碱催化水解相对速率$(CH_3)_3CCO_2C_2H_5 < CH_3CO_2C(CH_3)_3 < CH_3CO_2C_2H_5$

0.01　　0.022　　1

4. 酰胺的水解

酰胺的水解需在催化剂（H^+或OH^-）存在下，长时间回流才能完成。

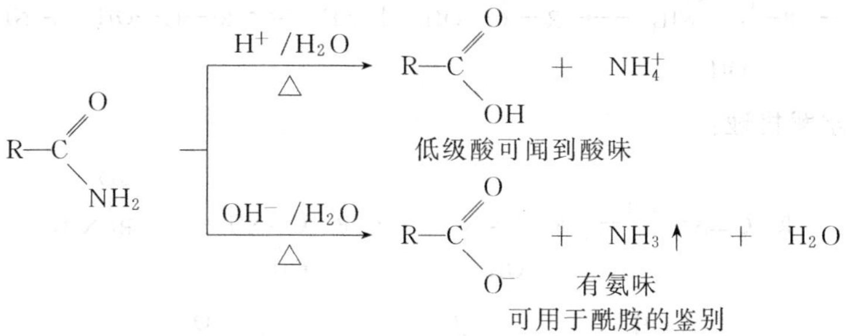
H+ /H2O
△
低级酸可闻到酸味
OH− /H2O
△
有氨味
可用于酰胺的鉴别

例如：

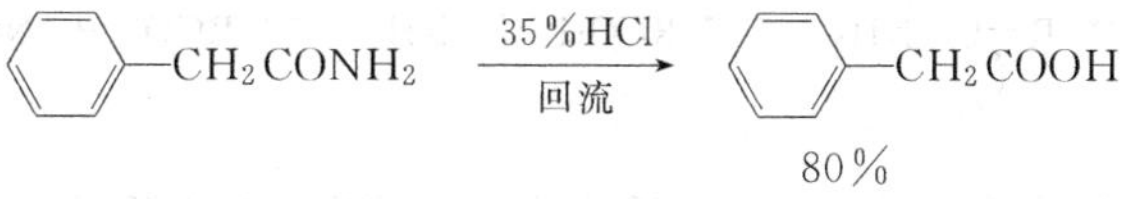
CH2CONH2
35%HCl
回流
CH2COOH
80%

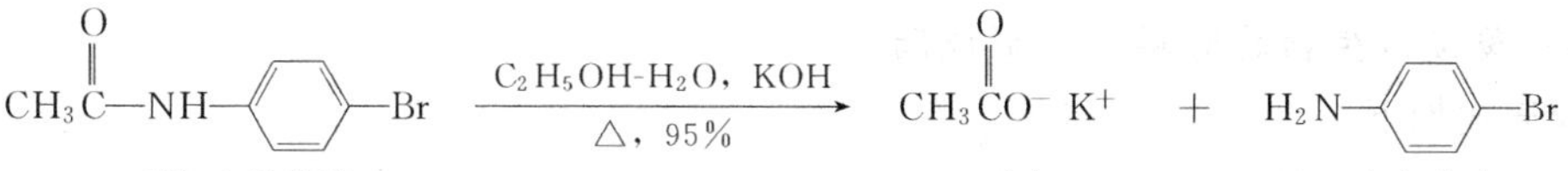
C2H5OH-H2O，KOH
△，95%
对溴乙酰苯胺
乙酸钾
对溴苯胺

空间位阻大的酰胺较难水解，可用亚硝酸处理，以提高产率。例如：

$$(CH_3)_3CCONH_2 + HNO_2 \xrightarrow[35℃]{H_2SO_4,\ H_2O} (CH_3)_3CCOOH \quad 80\%$$

反应机理：

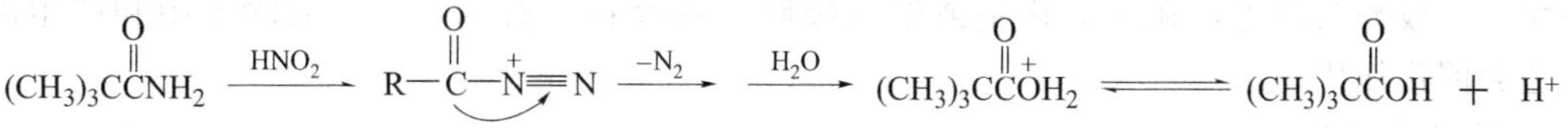
HNO2
−N2
H2O

5. 腈的水解

腈在酸或碱作用下加热，可水解为羧酸。例如：

$$CH_3CH_2CH_2CN + H_2O \xrightarrow{OH^-} CH_3CH_2CH_2COO^-$$

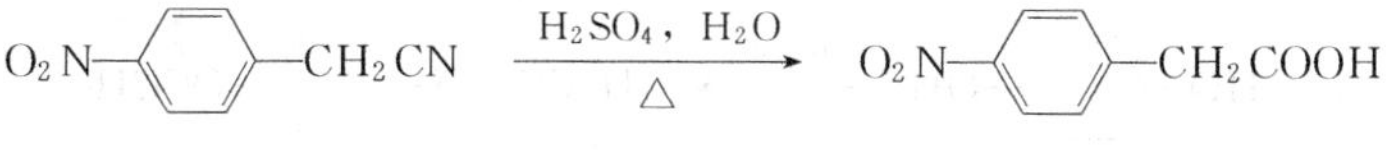
O2N
CH2CN
H2SO4，H2O
△
CH2COOH

酸催化下腈水解机理：

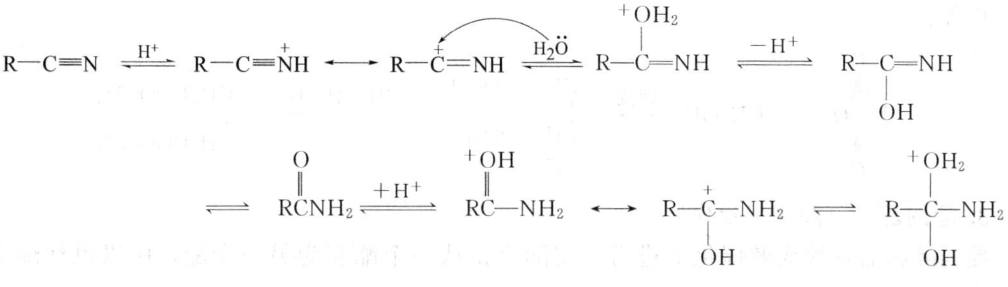
H+
H2Ö
−H+
+H+

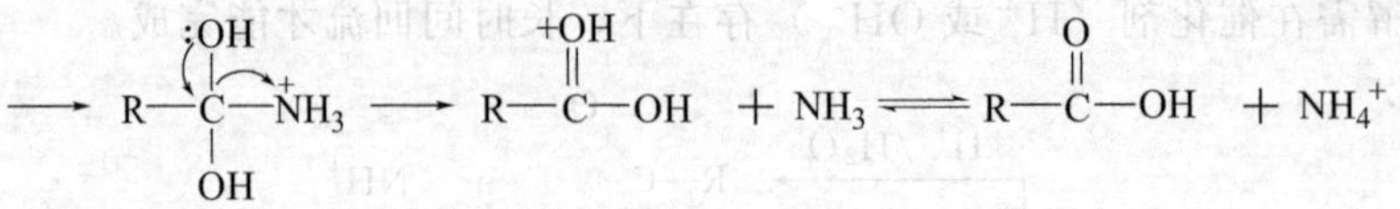

$$\longrightarrow R-\overset{\overset{\displaystyle :OH}{|}}{\underset{\underset{\displaystyle OH}{|}}{C}}-\overset{+}{N}H_3 \longrightarrow R-\overset{\overset{\displaystyle +OH}{\|}}{C}-OH + NH_3 \Longrightarrow R-\overset{\overset{\displaystyle O}{\|}}{C}-OH + NH_4^+$$

碱催化下腈水解机理：

$$R-C\equiv N: \xrightarrow{OH^-} R-\overset{\overset{\displaystyle N^-}{\|}}{\underset{\underset{\displaystyle OH}{|}}{C}} \xrightarrow{H_2O} R-\overset{\overset{\displaystyle NH}{\|}}{\underset{\underset{\displaystyle OH}{|}}{C}} \Longrightarrow R\overset{\overset{\displaystyle O}{\|}}{C}NH_2$$

$$\xrightarrow{OH^-} R-\overset{\overset{\displaystyle OH}{|}}{\underset{\underset{\displaystyle O^-}{|}}{C}}-NH_2 \longrightarrow RCOH + \bar{N}H_2 \longrightarrow RCO^- + NH_3$$

$$\overset{O}{\underset{}{}} \quad\quad\quad\quad \overset{O}{\underset{}{}}$$

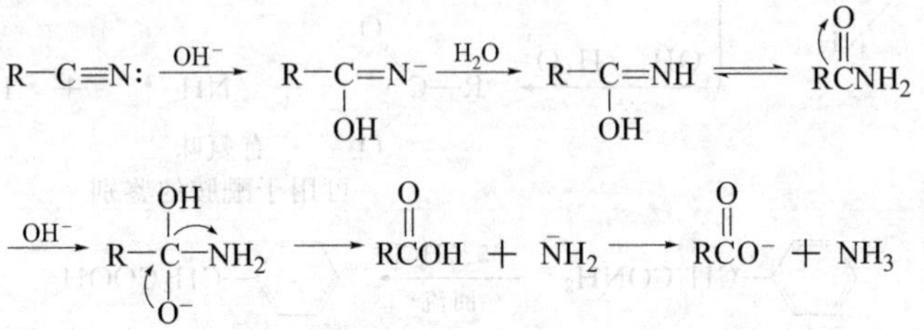

（二）羧酸衍生物的醇解——形成酯

反应通式如下：

$$\left.\begin{array}{c} RC\overset{\overset{\displaystyle O}{\|}}{-}X \\[4pt] (RC)_2O \\[4pt] RC\overset{\overset{\displaystyle O}{\|}}{-}OR' \end{array}\right\} + R''OH \longrightarrow R-\overset{\overset{\displaystyle O}{\|}}{C}-OR'' + \left\{\begin{array}{l} HCl \\[4pt] RC\overset{\overset{\displaystyle O}{\|}}{-}OH \\[4pt] R'-OH \end{array}\right.$$

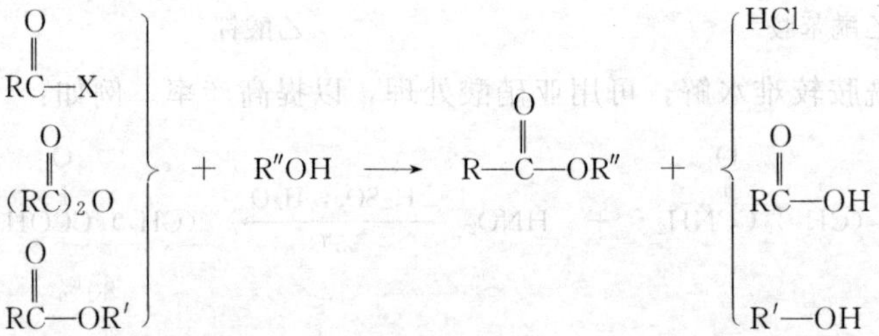

1. 酰卤的醇解

酰卤与醇发生反应很容易形成酯，产率很高。对于反应性弱的芳香酰卤、空间位阻大的脂肪酰卤、三级醇及酚等，在氢氧化钠或者三级胺等碱存在下有利反应。碱除了中和产生的酸外，还起催化作用。

2. 酸酐的醇解

酸酐与酰卤一样很易进行醇解形成酯。例如：

$$\underset{O}{\bigcirc}-CH_2OH + (CH_3CO)_2O \xrightarrow{CH_3COONa} \underset{O}{\bigcirc}-CH_2OCOCH_3 + CH_3COOH$$

$$87\%\sim93\%$$

$$2(CH_3CO)_2O + HO-\bigcirc-OH \xrightarrow{K_2SO_4} H_3C\overset{\overset{\displaystyle O}{\|}}{C}-O-\bigcirc-O\overset{\overset{\displaystyle O}{\|}}{C}CH_3 + 2CH_3COOH$$

$$93\%$$

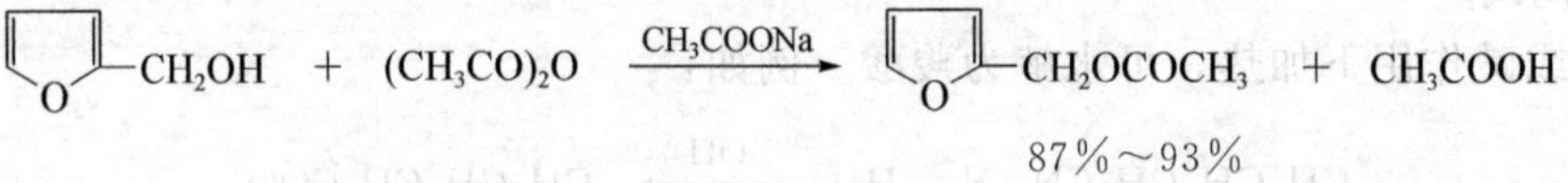

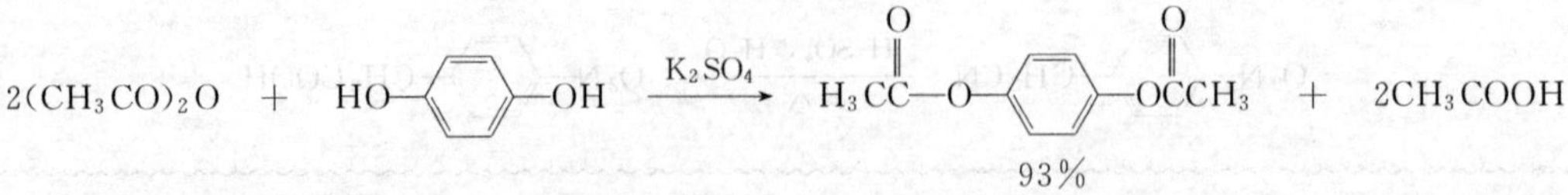

环状酸酐醇解，得到分子内具有酯基的酸；具有酯基的酸欲进一步酯化，需在酸催化下进行。例如：

$$\underset{O}{\overset{O}{\bigcirc}}O + CH_3OH \xrightarrow{回流} \begin{array}{l} CH_2COOCH_3 \\ | \\ CH_2COOH \end{array} \xrightarrow{CH_3OH,\ H^+} \begin{array}{l} CH_2COOCH_3 \\ | \\ CH_2COOCH_3 \end{array}$$

$$95\%\sim96\%$$

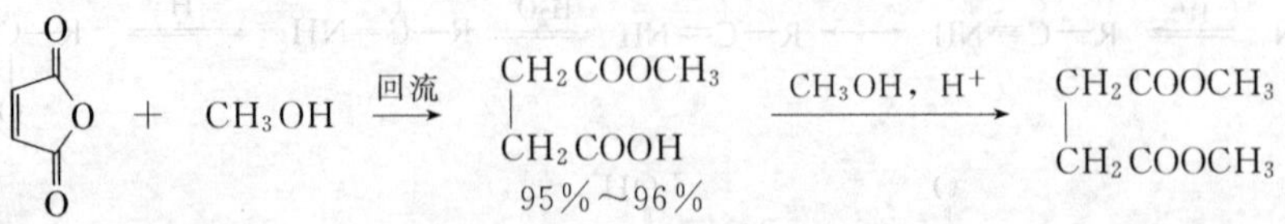

3. 酯的醇解（酯交换反应）

酯的醇解需在酸或碱催化下进行。实际上是从一个酯变为另一个酯，所以也称酯交换反应。即：

$$\text{RCOOR}' \ + \ \text{R}''\text{OH} \ \underset{}{\overset{\text{H 或 OR}''}{\rightleftharpoons}} \ \text{RCOOR}'' \ + \ \text{R}'\text{OH}$$

酯的醇解通常用于将一个低沸点醇的酯转为高沸点醇的酯。一般把溶解性差的羧酸先甲酯化或者乙酯化后再通过此反应合成目标酯。例如：

$$\text{H}_2\text{C}\!=\!\text{CHCOOCH}_3 \ + \ n\text{-C}_4\text{H}_9\text{OH} \ \xrightarrow{\text{H}_3\text{C}-\!\!\!\bigcirc\!\!\!-\text{SO}_3\text{H}} \ \underset{94\%}{\text{H}_2\text{C}\!=\!\text{CHCOOC}_4\text{H}_9\text{-}n} \ + \ \text{CH}_3\text{OH}$$

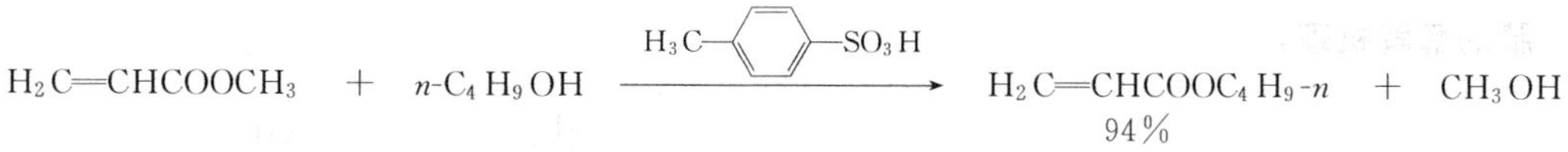

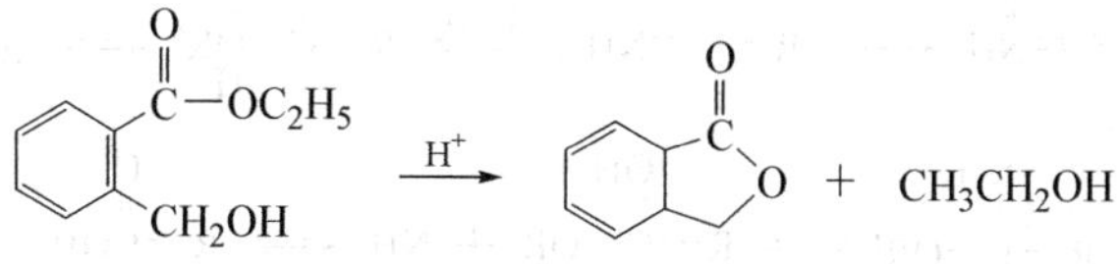

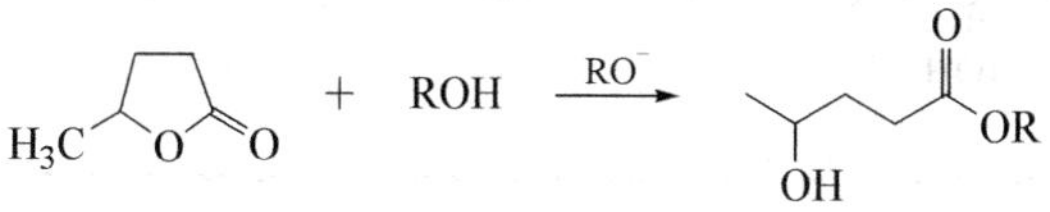

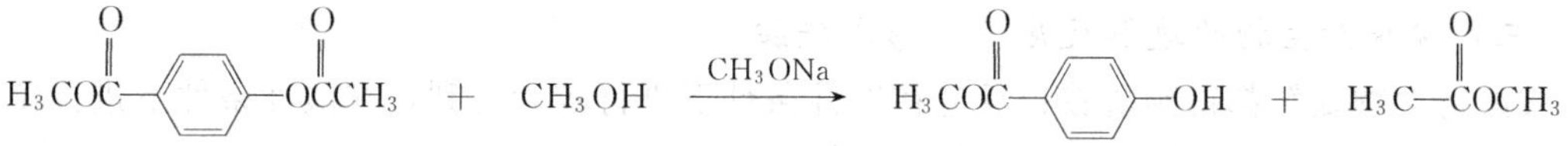

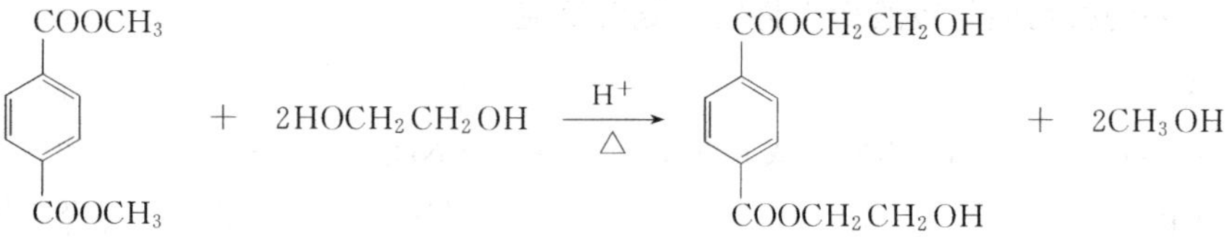

工业上利用酯交换合成维尼纶与涤纶。

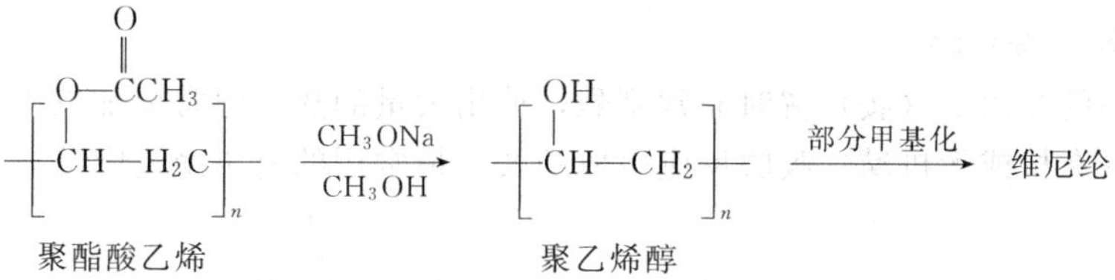

聚酯酸乙烯   聚乙烯醇   部分甲基化   维尼纶

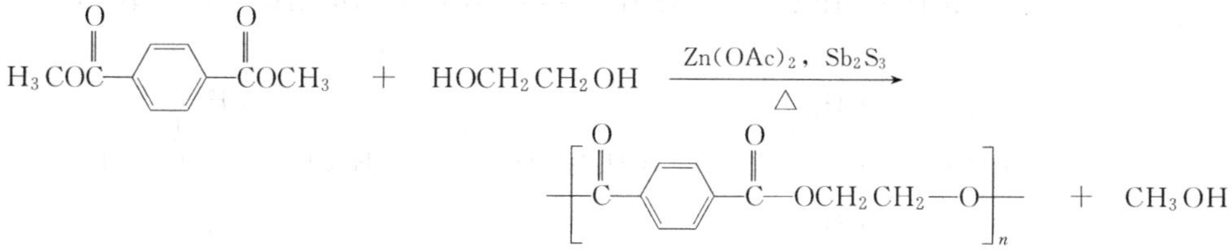

4. 酰胺的醇解

酰胺在酸催化下可发生醇解。例如：

$$\text{H}_2\text{C}\!=\!\text{CH}\!-\!\overset{\text{O}}{\overset{\|}{\text{C}}}\!-\!\text{NH}_2 \ \xrightarrow[\text{H}^+]{\text{C}_2\text{H}_5\text{OH}} \ \text{H}_2\text{C}\!=\!\text{CH}\!-\!\overset{\text{O}}{\overset{\|}{\text{C}}}\!-\!\text{OC}_2\text{H}_5$$

酰胺在碱条件下醇解较困难，因为在碱催化下，酰胺的醇解是由较弱的碱交换出一个较强的碱，可由下面的机理说明。

$$\text{R}\!-\!\overset{\text{O}}{\overset{\|}{\text{C}}}\!-\!\text{NH}_2 \ + \ \text{R}'\text{O}^- \ \rightleftharpoons \ \text{R}\!-\!\overset{\text{O}^-}{\underset{\text{OR}'}{\overset{|}{\underset{|}{\text{C}}}}}\!-\!\text{NH}_2 \ \rightleftharpoons \ \text{R}\!-\!\overset{\text{O}}{\overset{\|}{\text{C}}}\!-\!\text{OR}' \ + \ \text{NH}_2^-$$

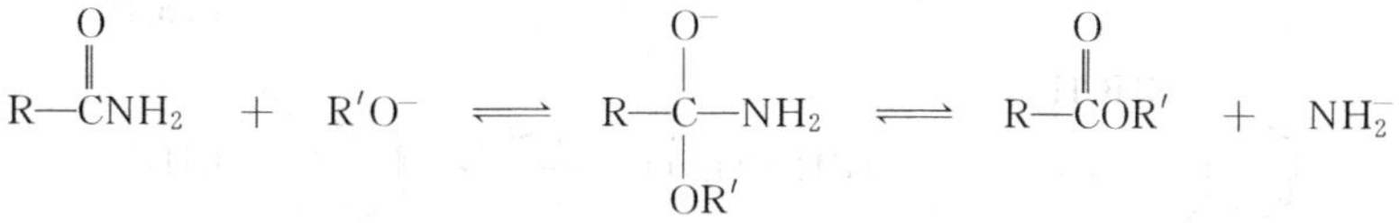

由于 NH_2^- 的碱性大于 RO^- 碱性使反应难于发生，实际上没有实用价值。

5. 腈的醇解

腈在酸性条件下发生醇解得酯。

$$CH_3CN + C_2H_5OH \xrightarrow{HCl} CH_3COC_2H_5$$

腈的醇解机理：

$$RC \equiv N \xrightarrow{H^+} \left[R-C \equiv \overset{+}{N}H \longleftrightarrow R-\overset{+}{C}=NH \right] \xrightarrow{R'OH} R-\overset{+}{\underset{H}{C}}-OR' \rightleftharpoons R-\overset{\overset{+}{N}H_2}{\underset{}{C}}-OR' \xrightarrow{H_2O} $$

$$R-\overset{NH_2}{\underset{\overset{+}{O}H_2}{C}}-OR' \rightleftharpoons R-\overset{\overset{+}{N}H_3}{\underset{:OH}{C}}-OR' \rightleftharpoons R-\overset{\overset{+}{O}H}{C}-OR + NH_3 \rightleftharpoons R-\overset{O}{C}-OH + NH_4^+$$

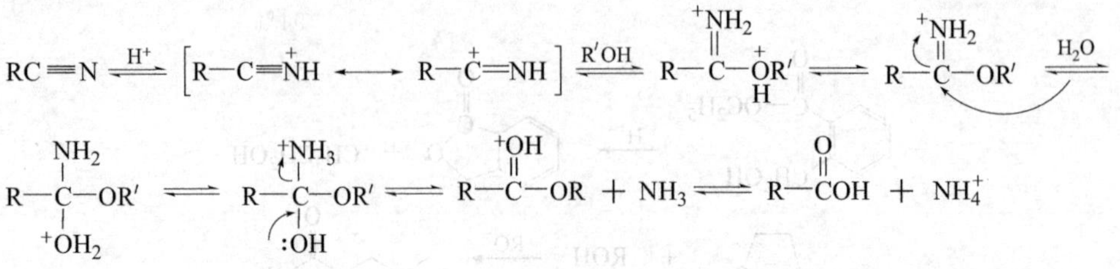

（三）羧酸衍生物的氨解反应——形成酰胺

羧酸衍生物氨解都得到酰胺；反应在碱性条件下进行较为有利，在酸性条件下进行较为不利，除了叔胺外的胺均能与羧酸衍生物发生氨解反应。

$$\left. \begin{array}{c} RCOCl \\ (RCO)_2O \\ RCO_2R' \end{array} \right\} + NH_3\ (RNH_2\ 或\ R_2NH) \longrightarrow \overset{O}{RCNH_2} + \begin{array}{c} HCl \\ RCO_2H \\ R'-OH \end{array}$$

$$(\overset{O}{RC}-NHR'\ 或\ \overset{O}{RC}-NR_2')$$

1. 酰卤的氨（胺）解

分子量较小的酰卤氨（胺）解时非常剧烈，放出大量的热。通常要加以冷却和稀释。反应时一般加入碱（有机或无机碱）吸收反应生成的酸，最常用的有机碱是吡啶。例如：

$$(CH_3)_2CH\overset{O}{C}Cl + 2NH_3 \longrightarrow (CH_3)_2CH\overset{O}{C}NH_2 + NH_4Cl$$
$$83\%$$

$$CH_3CH_2-\overset{CH_3}{\underset{CH_3}{C}}-\overset{O}{C}Cl + (CH_3)_2NH \xrightarrow{吡啶} CH_3CH_2-\overset{CH_3}{\underset{CH_3}{C}}-\overset{O}{C}N(CH_3)_2$$

2. 酸酐的氨（胺）解

酸酐的氨（胺）解比酰卤略慢，由于酸酐的水解比较慢，因此酸酐的氨（胺）解反应通常可以在水溶液中进行。例如：

$$(CH_3CO)_2O + NH_2CH_2COOH \xrightarrow{H_2O} CH_3\overset{O}{C}NHCH_2COOH + CH_3COOH$$
$$89\%\sim92\%$$

$$\underset{\underset{NO_2}{}}{\overset{NHCH_3}{\bigcirc}} + (CH_3CO)_2O \xrightarrow{H_2SO_4} \underset{\underset{NO_2}{}}{\overset{COCH_3}{\underset{CH_3}{N}}\bigcirc}$$

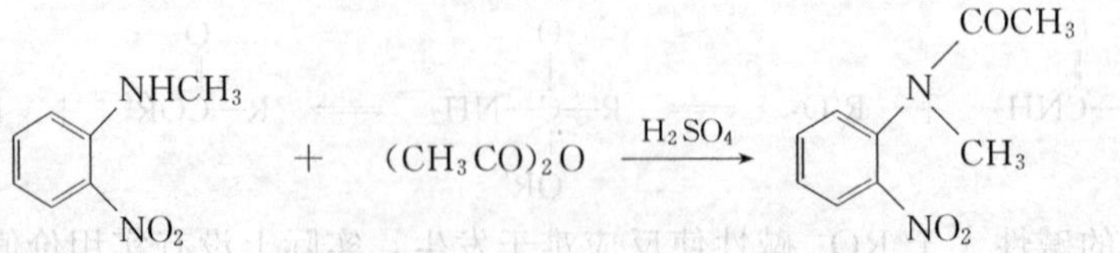

3. 酯的氨（胺）解

酯的氨（胺）解比较温和，用于制备不能由酰氯、酸酐直接反应得到的酰胺。例如：

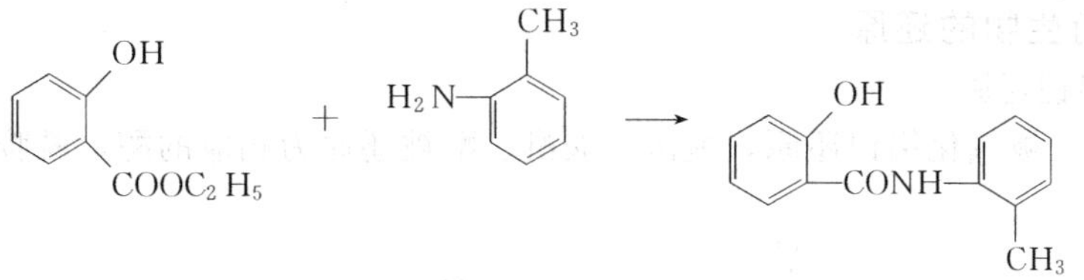

77%

$$NCCH_2\overset{O}{\overset{\|}{C}}OC_2H_5 + NH_3 \longrightarrow NCCH_2\overset{O}{\overset{\|}{C}}NH_2$$

88%

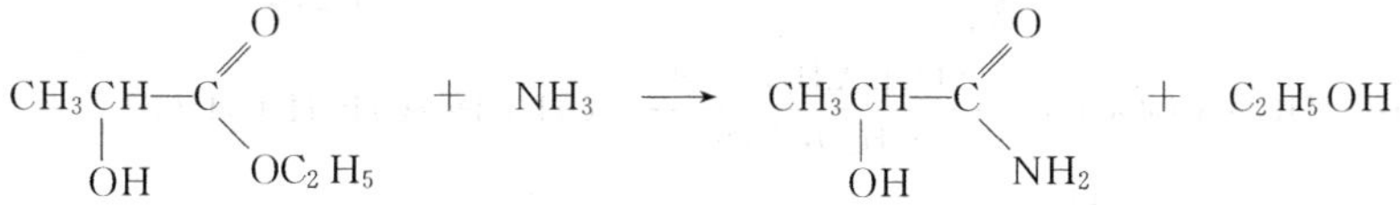

此外酯能与羟氨反应生成羟肟酸。羟肟酸与氯化铁作用生成红色含铁的络合物。这是鉴定酯的一种好方法。酰卤、酸酐也呈阳性反应。

$$RCOOC_2H_5 + NH_2OH \cdot HCl \longrightarrow \underset{\text{羟肟酸}}{RCONHOH} + C_2H_5OH$$

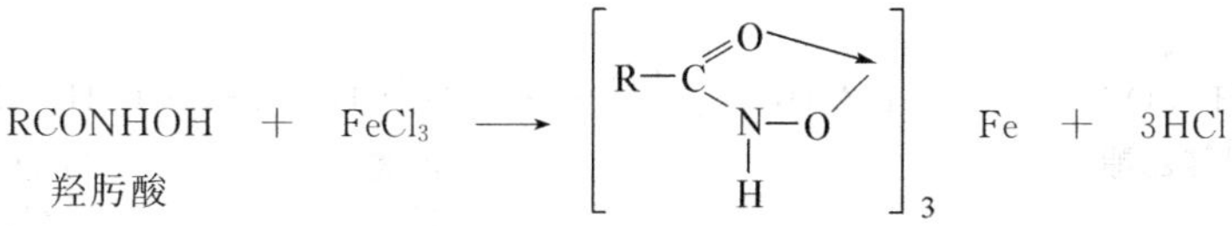

红色含铁络合物

4. 酰胺的氨（胺）解

酰胺的氨解是一个可逆的胺交换反应，用 *N*-未取代的酰胺与胺反应制备 *N*-取代酰胺。其要求和酯交换反应类似，是由高沸点胺置换出低沸点胺或氨，一般用相应的盐酸盐。例如：

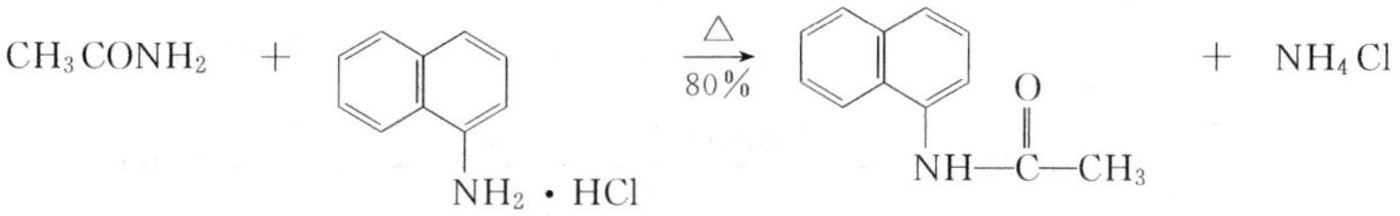

$$CH_3\overset{O}{\overset{\|}{C}}NH_2 + CH_3NH_3^+Cl^- \xrightarrow{\triangle} CH_3\overset{O}{\overset{\|}{C}}NHCH_3 + NH_4Cl$$

75%

习题 14-5　下列化合物中，羰基氧的碱性强弱顺序如何：

$$H_3C-\overset{O}{\overset{\|}{C}}-NH_2,\ H_3C-\overset{O}{\overset{\|}{C}}-OC_2H_5,\ H_3C-\overset{O}{\overset{\|}{C}}-Cl,\ (CH_3CO)_2O。$$

习题 14-6　给出下列化合物氨解反应的速率顺序：

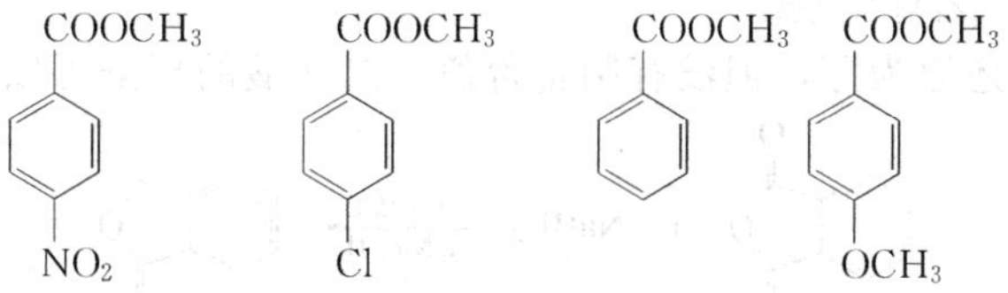

二、羧酸衍生物的还原

1. 用氢化铝锂还原

羧酸衍生物可被氢化铝锂还原，酰卤、酸酐、酯被还原为相应的醇，酰胺和腈被还原成相应的胺。例如：

$$C_{15}H_{31}\overset{O}{\overset{\|}{C}}Cl \xrightarrow[(2)\ H_2O,\ 98\%]{(1)\ LiAlH_4,\ 乙醚} C_{15}H_{31}CH_2OH$$

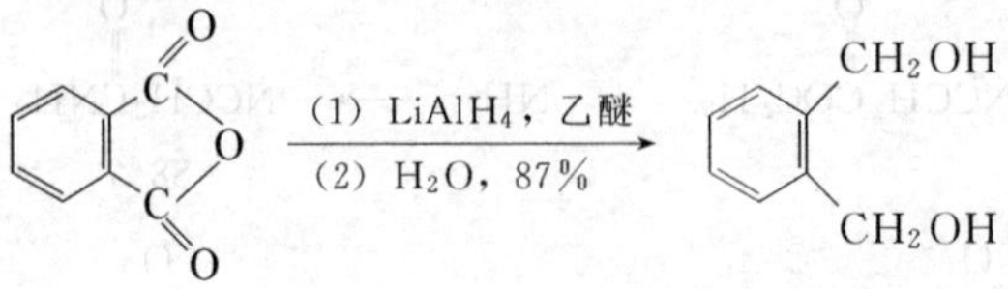

$$CH_3CH{=}CHCH_2COOCH_3 \xrightarrow[(2)\ H_2O,\ 75\%]{(1)\ LiAlH_4,\ 乙醚} CH_3CH{=}CHCH_2CH_2OH + CH_3OH$$

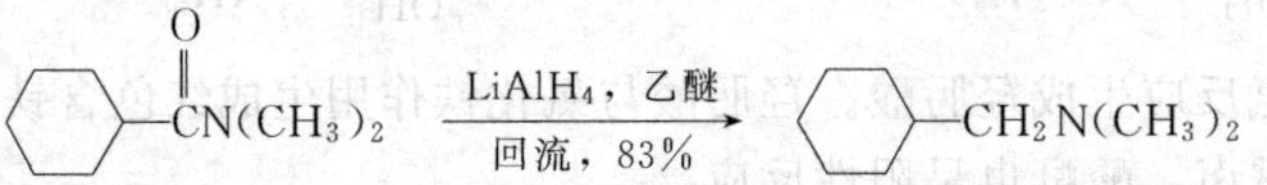

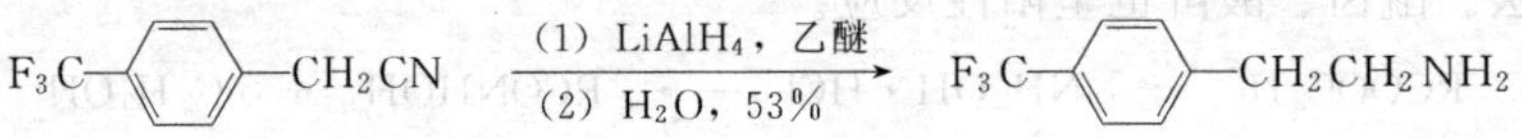

酯在低温下还原可以得到醛和醇的混合物：

$$n\text{-}C_5H_{11}\overset{O}{\overset{\|}{C}}OC_2H_5 + LiAlH_4 \xrightarrow{-78℃} n\text{-}C_5H_{11}CHO + n\text{-}C_5H_{11}CH_2OH$$

己酸乙酯　　　　乙醛 49%　　　　1-己醇 22%

氢化铝锂中的氢被烷氧基取代后，还原性逐渐减弱。若烷基位阻加大，则还原性能更弱。利用这种试剂可进行选择性还原。例如：

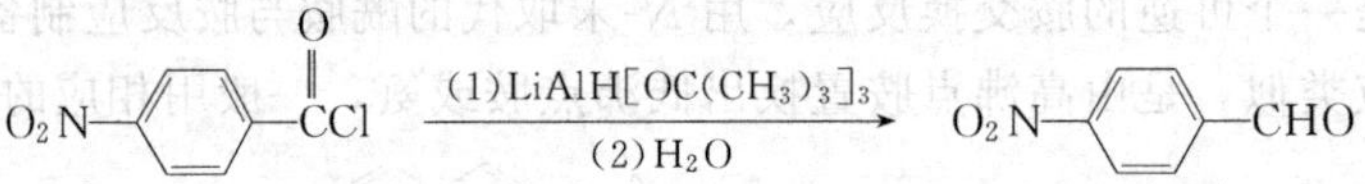

80%

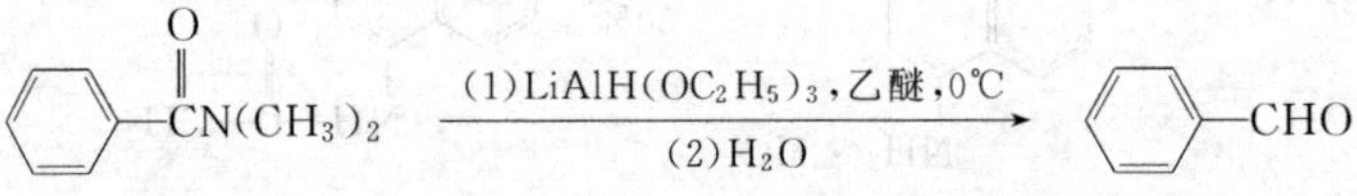

78%

过量的 *N*,*N*-二烃基取代酰胺于低温下还原，也可以得到醛：

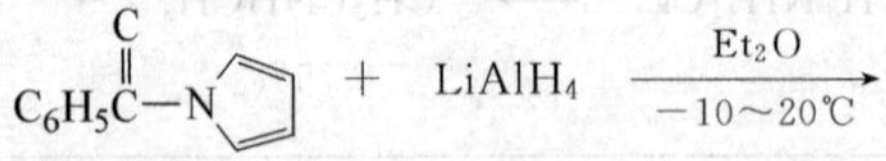

1mol　　0.25mol　　1.5h

N-苯甲酰基吡咯　　　　苯甲醛 54%

$$CH_3\overset{O}{\overset{\|}{C}}N(C_2H_5)_2 + LiAl(OCMe_3)_3 \xrightarrow[1.5h,\ 0℃]{Et_2O} CH_3CHO$$

N,*N*-二乙基乙酰胺

一元羧酸的酐可以还原为醇，但没有制备价值。二元酸的环酐可以还原成内酯：

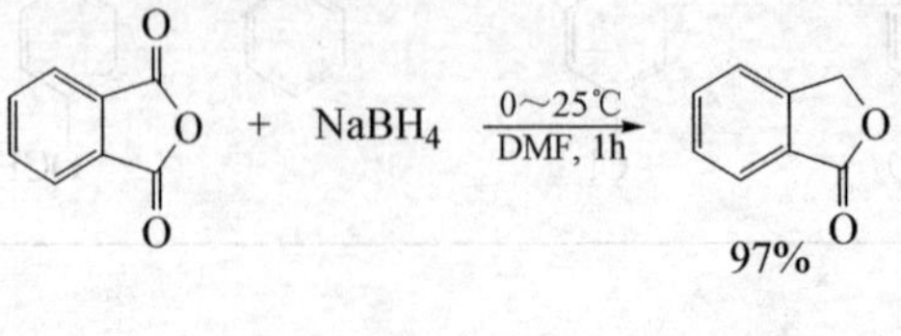

97%

2. 用金属钠/质子溶剂还原

酯与金属钠，在醇（常用乙醇、丁醇或戊醇等）溶液中加热回流，可被还原成相应的伯醇，此反应称为玻维尔脱-布兰克（Bouveault-Blanc）反应。

$$\underset{\overset{\|}{\text{O}}}{R-C-OR'} \xrightarrow[R''OH]{Na} RCH_2OH$$

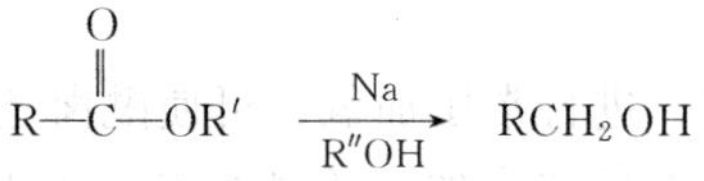

机理：

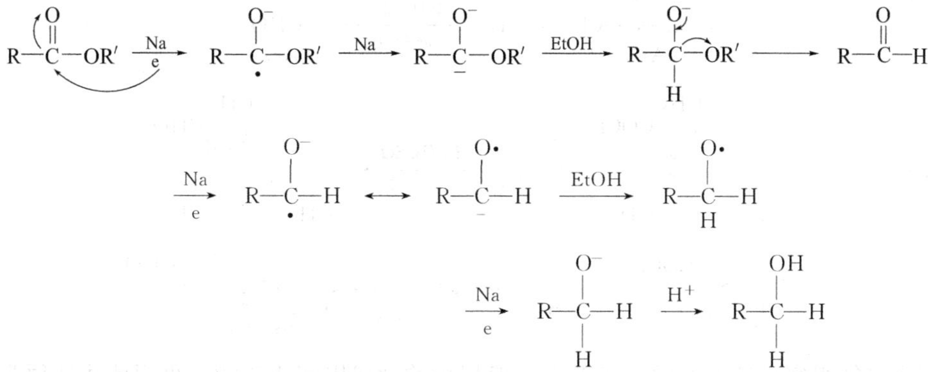

实验室一般把羧酸做成甲酯或乙酯，再用钠和乙醇还原为醇。

$$H_3C(H_2C)_7HC=CH(CH_2)_7COOC_2H_5 \xrightarrow{Na,\ C_2H_5OH} H_3C(H_2C)_7CH=CH(CH_2)_7CH_2OH$$

酯与金属钠在惰性溶剂（如乙醚、甲苯、二甲苯）中、纯氮气存在下，剧烈搅拌和回流，发生双分子还原，得 α-羟基酮。此反应称为酮醇（acyloin）缩合，也叫偶姻缩合。

$$2\ \underset{\overset{\|}{\text{O}}}{R-C-OR'} \xrightarrow[\text{乙醚或甲苯}]{Na,\ N_2} \underset{\overset{\|}{\text{O}}\ \ \ \text{OH}}{R-C-CH-R}$$

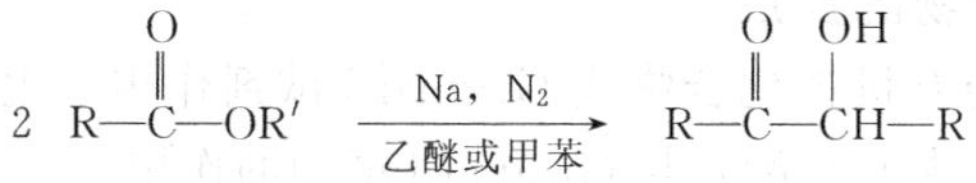

机理：

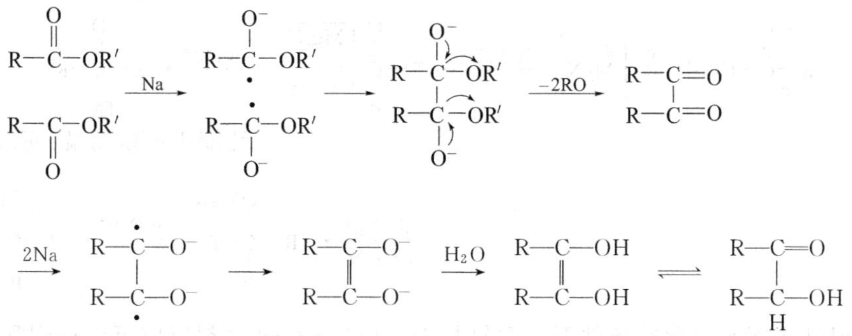

例如：

$$2\ (CH_3)_2CHCOOCH_3 \xrightarrow[\text{甲苯，}\triangle]{Na,\ N_2} \xrightarrow{H_2O} \underset{\overset{\ \ \ \ \ \ \ \ \ \ |\ \ \ \ \ \|}{\ \ \ \ \ \ \ \ \ \ OH\ \ O}}{(CH_3)_2CHCH-CCH(CH_3)_2}$$

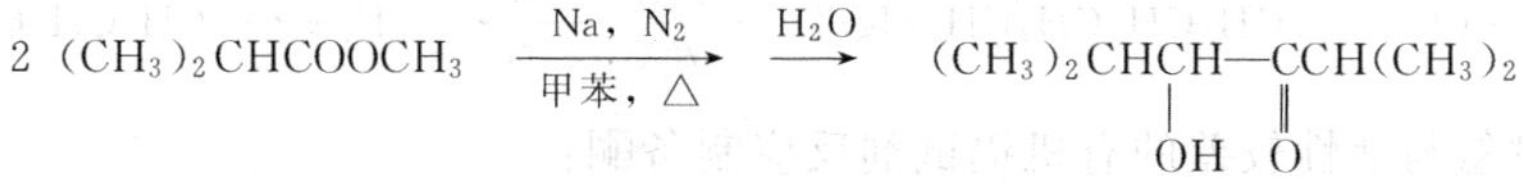

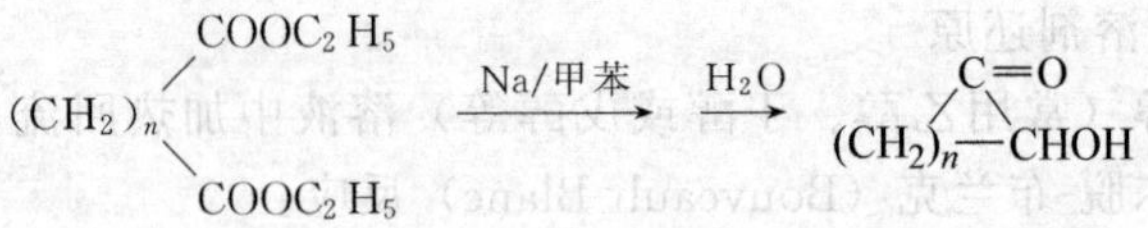

3. 催化加氢

在 $Pd/BaSO_4$ 催化剂存在下，进行常压加氢，可使酰卤还原成相应的醛，此反应称为罗斯蒙德（Rosenmund）还原。一般在反应中加入适量的喹啉或硫脲等作为“抑制剂”可降低催化剂的活性，以使反应较高产率地生成醛。

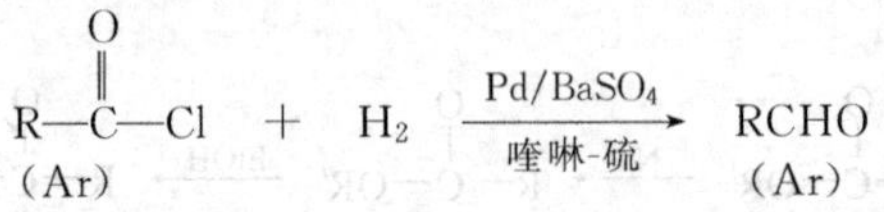

例如：

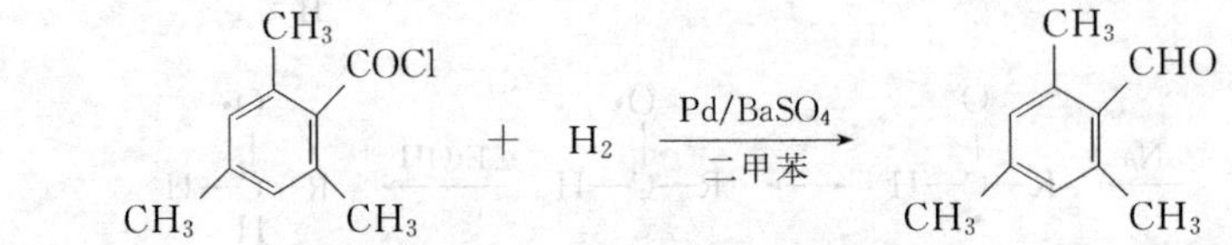

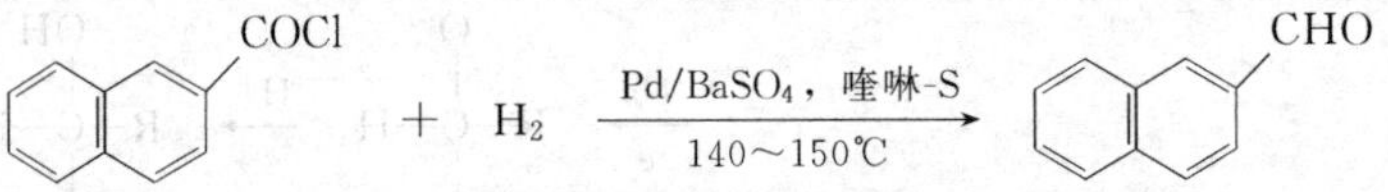

酯催化加氢很容易还原至醇，工业上一般把羧酸做成甲酯或乙酯，再用此法还原为醇。

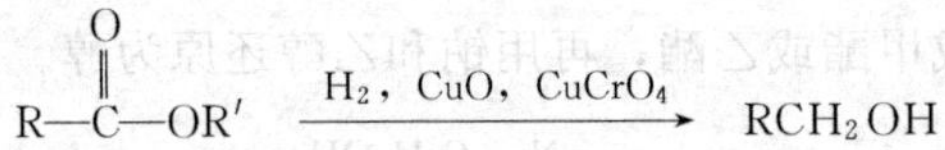

腈催化加氢被还原成相应的伯胺。

$$CH_3CH_2CN \xrightarrow{H_2,\ Ni} CH_3CH_2CH_2NH_2$$

三、与有机金属化合物的反应

四种羧酸衍生物均可与有机锂化合物或 Grignard 试剂作用，生成相应的叔醇。在合成中用途比较大的是酯和酰卤（尤其是酯）与 Grignard 试剂的作用。

1. Grignard 试剂与酰氯的反应

此反应快于酮，生成的酮可存在于体系中：

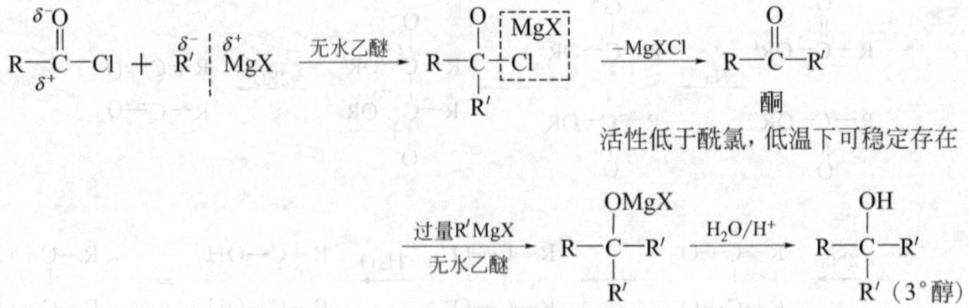
无水乙醚
−MgXCl
酮
活性低于酰氯，低温下可稳定存在
过量R′MgX
无水乙醚
(3°醇)

低温且在无水氯化铁条件下，酰氯与 1mol Grignard 试剂反应可以得到酮：

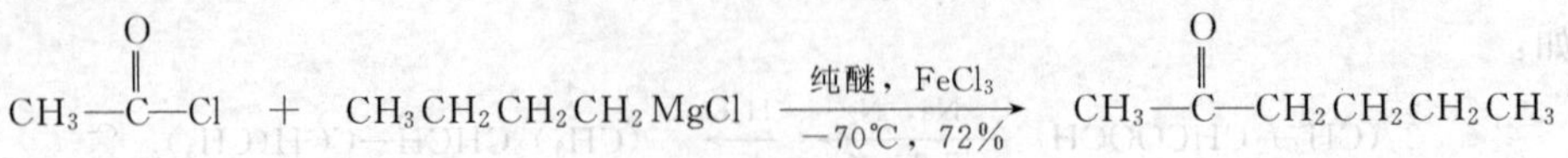

一般可用酰氯与活性较差的有机镉试剂反应制备酮：

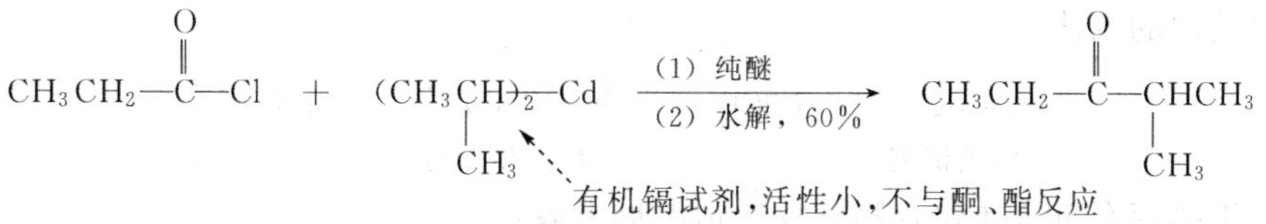
(1) 纯醚
(2) 水解，60%
有机镉试剂,活性小,不与酮、酯反应

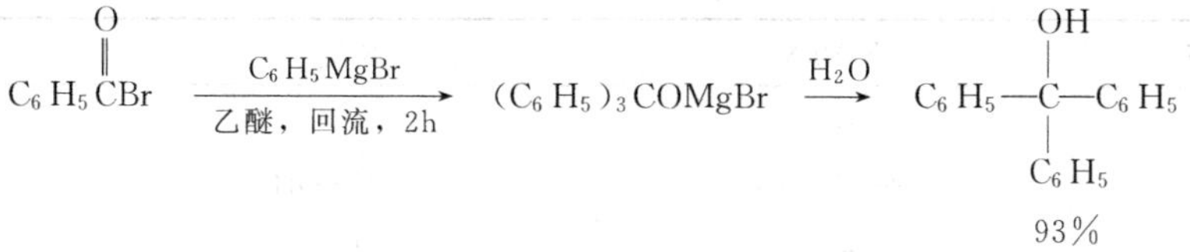
乙醚，回流，2h
93%

另外空间位阻大的酰卤与格氏试剂也主要生成酮。

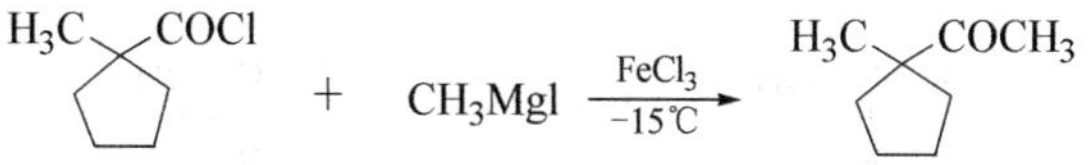
FeCl3
-15℃

2. Grignard 试剂与酯的反应

此反应慢于酮，生成的酮不能存在于体系中，是制备含有两个相同烃基的 3°醇的好方法，但甲酸酯产物为仲醇。

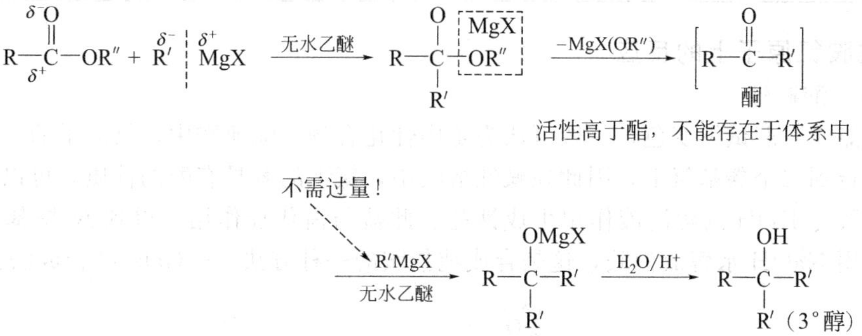
无水乙醚
酮
活性高于酯，不能存在于体系中
不需过量！
无水乙醚
(3°醇)

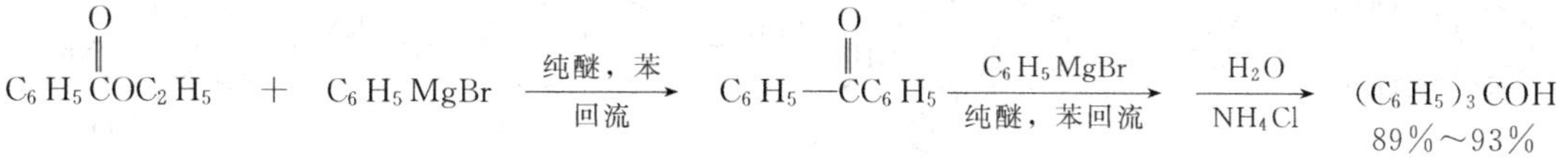
纯醚，苯
回流
纯醚，苯回流
89%～93%

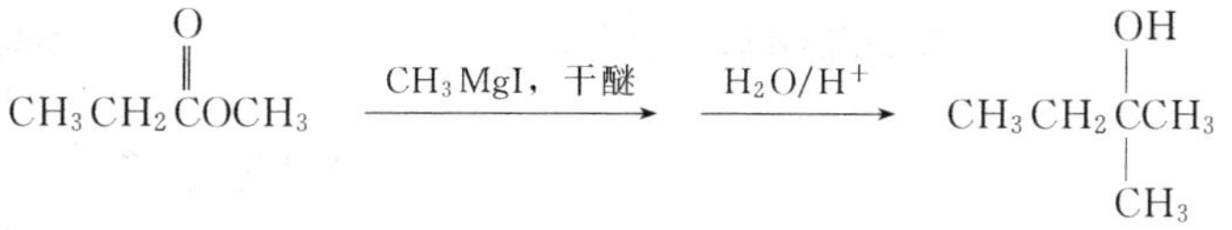
CH3MgI，干醚

但空间位阻大的反应物，主要得到酮。例如：

乙醚

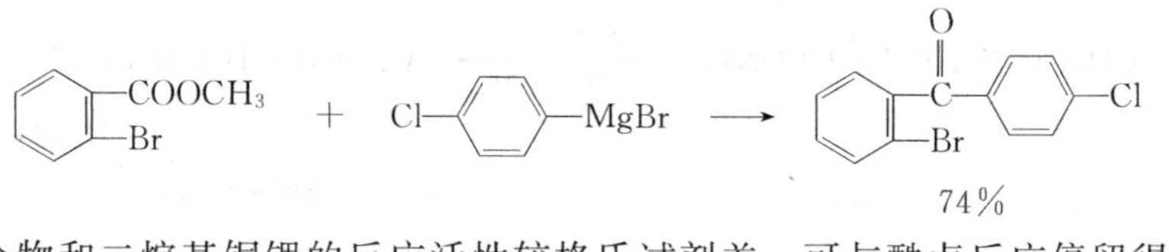
74%

有机镉化合物和二烷基铜锂的反应活性较格氏试剂差，可与酰卤反应停留得到酮，而酮不进一步发生反应，而酯、酰胺和腈则不起反应，可用于酮的合成。

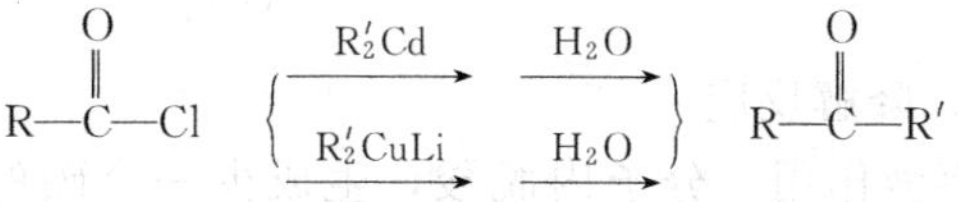

有机镉试剂的制法：

$$\underset{\text{格氏试剂}}{2RMgX} + CdCl_2 \xrightarrow{\text{纯醚}} \underset{\text{有机镉试剂}}{R_2Cd} + 2MgXCl$$

羧酸衍生物与有机金属化合物的反应情况见下表：

羧酸衍生物	R′MgX	R′Li	$R_2'CuLi$
RCOX	$R—C(R')_2—OH$	$R—C(R')_2—OH$	$R—C(=O)—R'$
RCO_2R''	$R—C(R')_2—OH$	$R—C(R')_2—OH$	
RCN	$R—C(=O)—R'$	RCN	
$RCONH_2$	酸酐、酰胺需消耗较多的有机金属化合物，一般不用它们进行合成		

四、酰胺氮原子上的反应

1. 酰胺的酸碱性

酰胺不能使石蕊试纸变色，一般可认为是中性化合物。酰亚胺中，氮原子的一对孤电子可以部分离域转到二个羰基氧上，因此在碱性溶液中，氮上的氢具有酸的性质，可以成盐。例如邻苯二甲酰胺与 KOH 的醇溶液作用生成钾盐。此盐与卤代烃作用，得到 *N*-烷基邻苯二甲酰亚胺，后者用 NaOH 水解成伯胺，这是合成纯伯胺的一种方法——Gabriel 合成法：

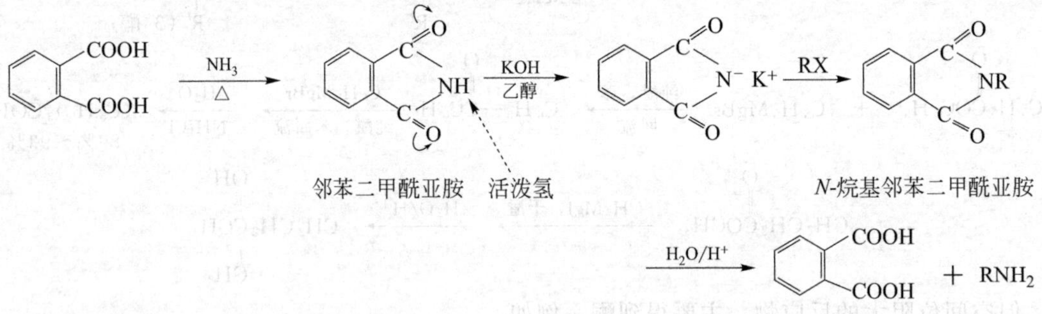

COOH
COOH
NH_3
△
NH
KOH
乙醇
N^- K^+
RX
NR
邻苯二甲酰亚胺
活泼氢
N-烷基邻苯二甲酰亚胺
H_2O/H^+
COOH
COOH
+ RNH_2

2. 酰胺脱水

酰胺与强脱水剂共热或高温加热，则分子内脱水生成腈，这是合成腈最常用的方法之一。常用的脱水剂有五氧化二磷和亚硫酰氯等。例如：

$$CH_3CH_2CH_2CH_2CH(CH_2CH_3)CONH_2 \xrightarrow[75\%\sim80\%]{SOCl_2,\text{苯}} \underset{86\%\sim94\%}{CH_3CH_2CH_2CH_2CH(CH_2CH_3)CN}$$

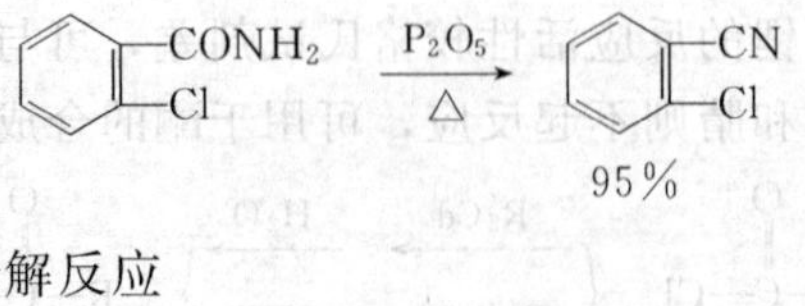

$CONH_2$
Cl
P_2O_5
△
CN
Cl

95%

3. 霍夫曼（Hofmann）降解反应

伯酰胺与次卤酸钠水溶液作用，分子内脱羧，生成少一个碳的伯胺，称为霍夫曼（Hofmann）降解反应。也可以用 NaOH 水溶液与卤素（Cl_2、Br_2）代替卤酸钠。产品纯度好、产率高，是合成伯胺最常用的方法之一。

$$R-\overset{\overset{\displaystyle O}{\|}}{C}-NH_2 + NaOBr + NaOH \longrightarrow RNH_2 + Na_2CO_3 + NaBr + H_2O$$

机理：

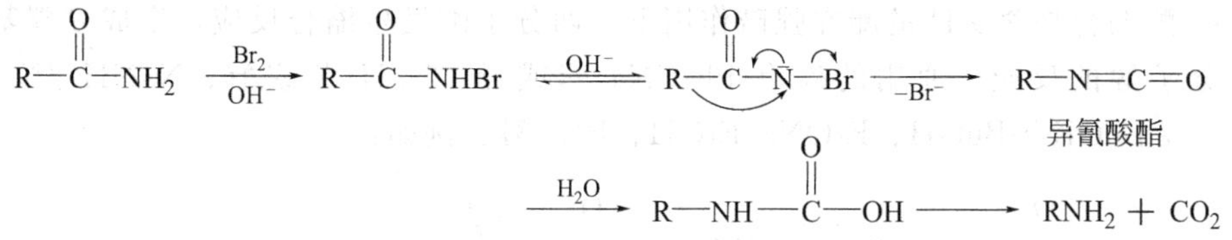

Br2
OH⁻
OH⁻
−Br⁻
异氰酸酯
H2O
RNH2 + CO2

例如：

$$(CH_3)_3CCH_2\overset{\overset{\displaystyle O}{\|}}{C}NH_2 + Br_2 + 4NaOH \xrightarrow[94\%]{} (CH_3)_3CCH_2NH_2 + 2NaBr + Na_2CO_3 + 2H_2O$$

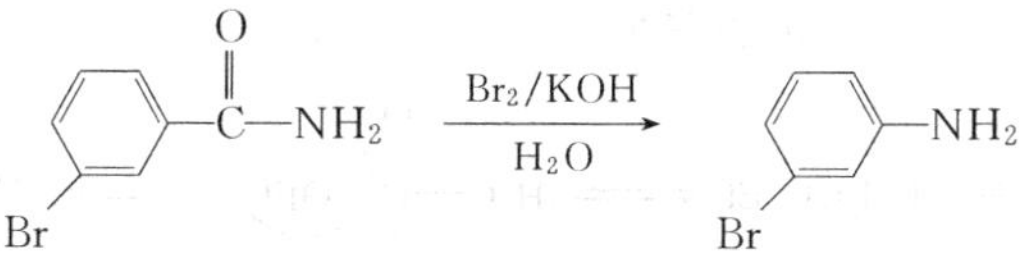

Br2/KOH
H2O

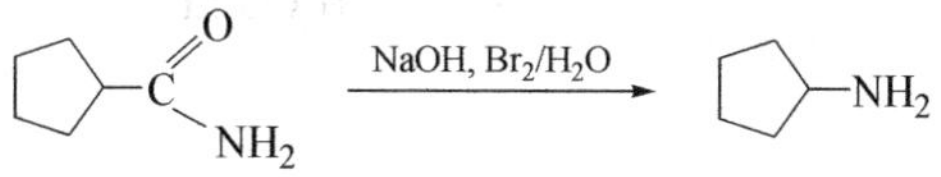

NaOH, Br2/H2O

当手性碳原子与酰胺基相连时，Hofmann 降解后，手性碳的构型不变：

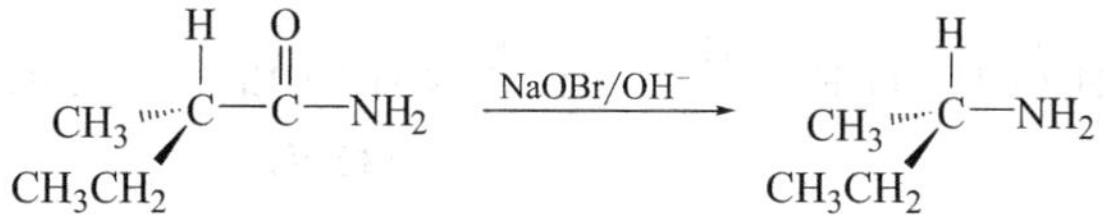

NaOBr/OH⁻

(*S*) (*S*)

4. 与亚硝酸反应

伯酰胺与亚硝酸（一般用浓盐酸和亚硝酸钠）作用，放出氮气，生成相应的羧酸。

$$R-\overset{\overset{\displaystyle O}{\|}}{C}-NH_2 + HONO \longrightarrow R-\overset{\overset{\displaystyle O}{\|}}{C}-OH + N_2\uparrow + H_2O$$

习题 14-7

从 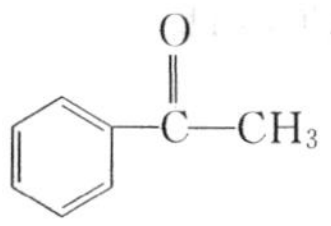 合成 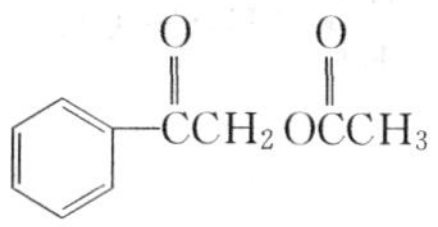

习题 14-8 从 CH_3CH_2OH 合成 $CH_3CH_2\underset{}{\overset{\overset{\displaystyle CH_2OH}{|}}{C}}HCOOC_2H_5$

习题 14-9 根据反应机理，推测下列反应的最终产物的构型是 *R* 还是 *S*？

$$\underset{(S)\text{-}(+)}{C_6H_5CH_2\overset{\overset{\displaystyle CH_3}{|}}{C}HCOOH} \xrightarrow[\substack{(2)\ NH_3 \\ (3)\ Br_2,\ OH^-}]{(1)\ SOCl_2} \underset{(-)}{C_6H_5CH_2\overset{\overset{\displaystyle CH_3}{|}}{C}HNH_2}$$

习题 14-10 偏苯三酸酐是合成牙科材料——偶联剂 4-META 的原料之一。试以苯为原料，其他试剂任选，合成偏苯三酸酐酰氯：

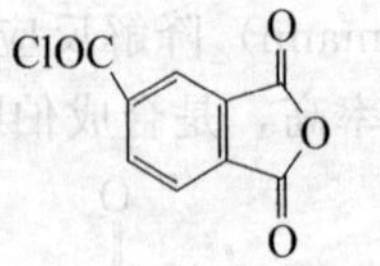

ClOC
O
O
O

五、酯的缩合反应

1. Claisen 酯缩合

Claisen 酯缩合是含 α-H 的酯在强碱作用下，两分子酯发生缩合反应，生成 β-羰基酸酯同时消去一分子醇的反应。通用的碱有 Ph_3CNa/苯或醚、NaH/苯或醚、$NaNH_2$/苯（甲苯、醚、液氨）、t-BuOK/t-BuOH、EtONa/EtOH、RLi/醚。例如：

$$2CH_3\overset{O}{\overset{\|}{C}}OC_2H_5 \xrightarrow[EtOH]{EtONa} \xrightarrow[H^+]{H_2O} CH_3\overset{O}{\overset{\|}{C}}-CH_2\overset{O}{\overset{\|}{C}}OC_2H_5 + CH_3CH_2OH$$

机理：

$$CH_3CO_2Et + EtO^- \rightleftharpoons {}^-CH_2CO_2Et + EtOH$$

（CH_3CO_2Et：$pK_a = 24.5$）

$$CH_3\overset{O}{\overset{\|}{C}}OEt + {}^-CH_2CO_2Et \rightleftharpoons H_3C-\underset{CH_2CO_2Et}{\underset{|}{\overset{O^-}{\overset{|}{C}}}}-OEt \rightleftharpoons CH_3\overset{O}{\overset{\|}{C}}CH_2CO_2Et + EtO^-$$

（$CH_3COCH_2CO_2Et$：$pK_a =$ 约11；$\downarrow\uparrow EtO^-$）

$$CH_3\overset{O}{\overset{\|}{C}}CH_2CO_2Et \xleftarrow{H^+} CH_3\overset{O}{\overset{\|}{C}}-\overset{-}{C}HCO_2Et + EtOH$$

（稳定）

只含一个 α-H 的酯缩合时需用更强的碱才能把酯变为负离子，当 α-碳上有两个氢时，一般使用碱性较弱的醇钠。

$$(CH_3)_2CHCOOC_2H_5 + (C_6H_5)_3\overset{-}{C}Na^+ \xrightarrow{Et_2O} \xrightarrow[H^+]{H_2O} (CH_3)_2CH\overset{O}{\overset{\|}{C}}-\underset{CH_3}{\underset{|}{\overset{CH_3}{\overset{|}{C}}}}-COC_2H_5$$

$$CH_3CH_2\overset{O}{\overset{\|}{C}}OC_2H_5 \xrightarrow{NaOC_2H_5} \xrightarrow[H^+]{H_2O} H_3C-CH_2-\overset{O}{\overset{\|}{C}}-\underset{CH_3}{\underset{|}{CH}}-\overset{O}{\overset{\|}{C}}OC_2H_5$$

2. 迪克曼（Dieckmann）酯缩反应

二元羧酸酯分子中的两个酯基被四个或四个以上的碳原子隔开时，在碱作用下，发生分子内的酯缩合反应，形成五元环或更大环的酯，这种环化酯缩合反应称为 Dieckmann 反应。例如：

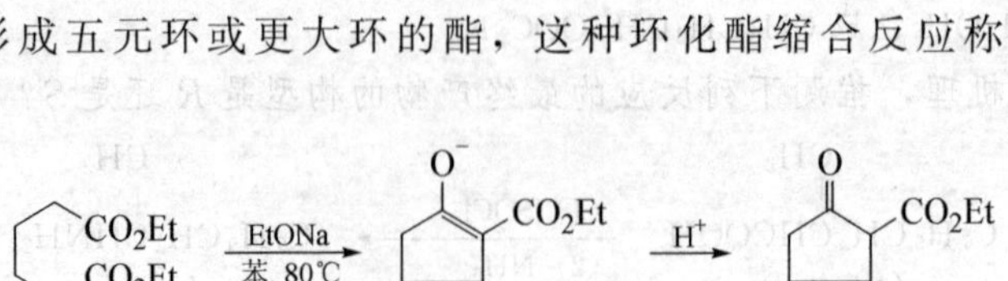

CO2Et
CO2Et
EtONa
苯, 80℃
O-
CO2Et
H+
O
CO2Et
86%

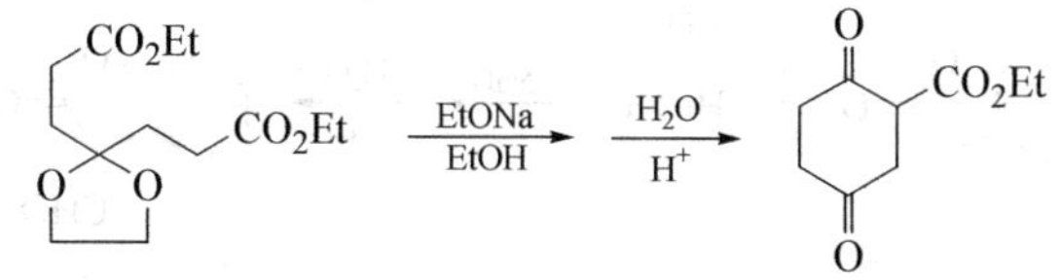

不对称二酯的缩合反应总是酸性较大的 α-H 优先被碱夺取，形成热力学稳定的产物。例如：

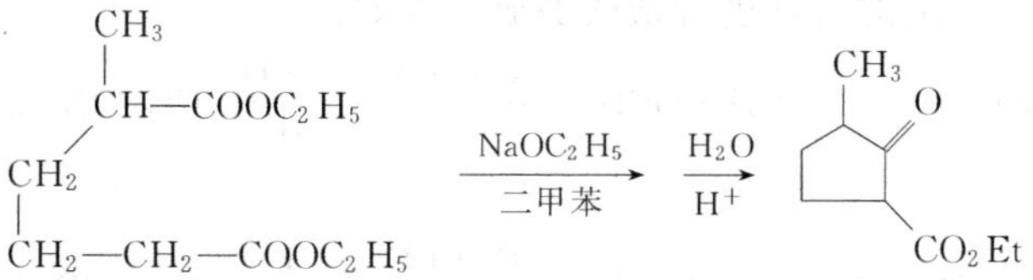

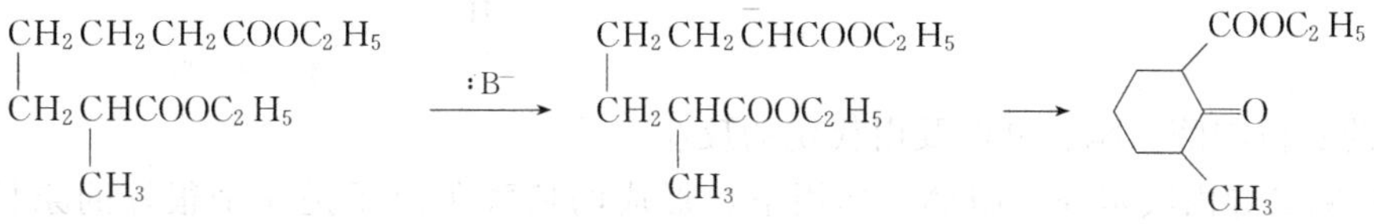

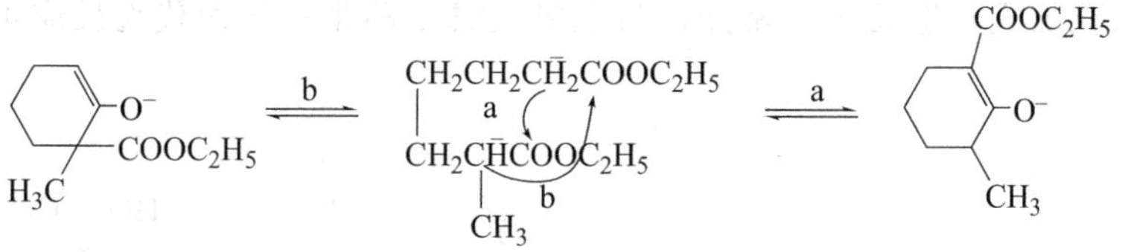

3．混合酯缩合

两个不同的并都含有 α 活泼氢的酯进行酯缩合作用，理论上可得到四种不同的产物，在制备上没有太多价值。因此一般进行这种混合酯缩合作用时，只用一个含有活泼氢的和一个不含活泼氢的进行缩合，就得到一个单纯的产物。经常用的不含活泼氢的酯有苯甲酸酯、甲酸酯、草酸酯、碳酸酯等。此外芳香酸酯羰基一般不够活泼，缩合时，需用较强的碱，有足够浓度的碳负离子，才能保证反应进行。例如：

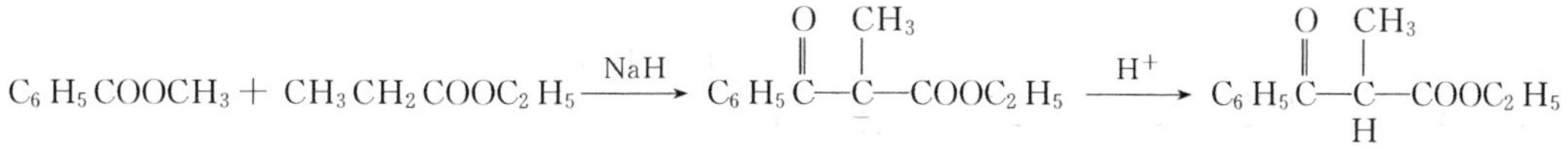

56%

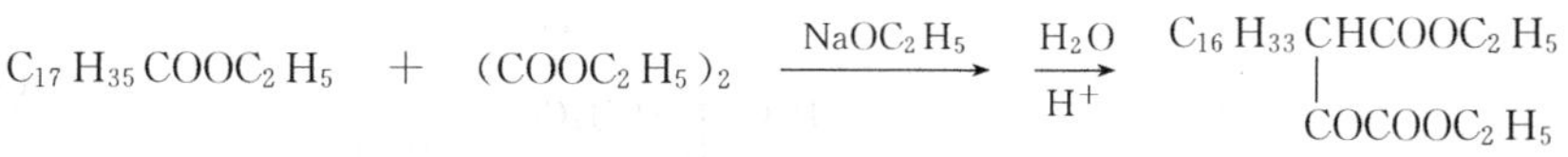

68%～71%

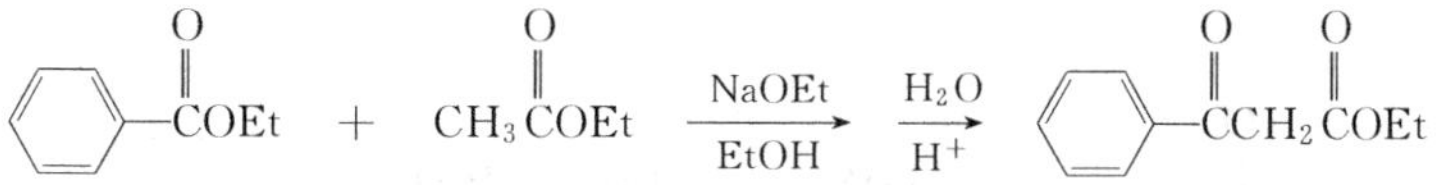

55～70℃

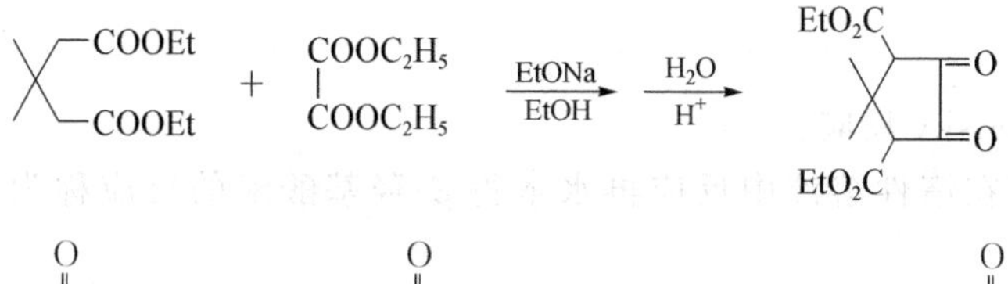

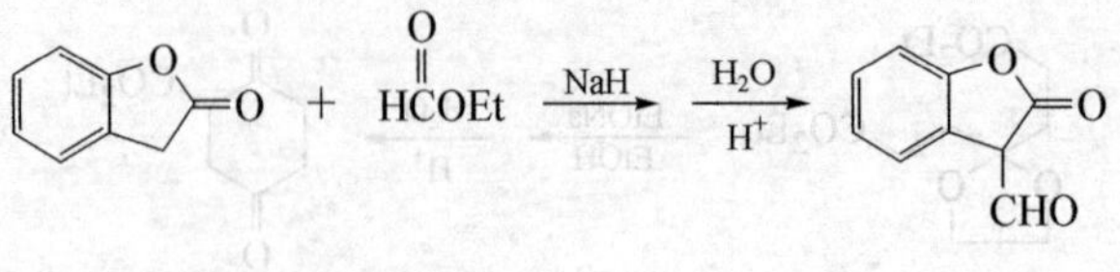

4．酮和酯的缩合

酮和酯可以进行混合缩合，得 β-羰基酮。酮是比酯较强的“酸”，在碱的催化作用下，酮首先形成负离子，然后和酯的羰基进行亲核加成。例如：

$$CH_3COOC_2H_5 + CH_3COCH_3 \xrightarrow{C_2H_5ONa} \xrightarrow[H^+]{H_2O} CH_3COCH_2COCH_3 \quad 38\%\sim45\%$$

$$C_6H_5COOC_2H_5 + CH_3COC_6H_5 \xrightarrow{C_2H_5ONa} \xrightarrow[H^+]{H_2O} C_6H_5COCH_2COC_6H_5 \quad 62\%\sim71\%$$

5．酯的 α-位与醛、酮、酰卤及卤代烷的反应

酯在强碱二异丙胺基锂（LDA）作用下，形成的烯醇负离子是一个很好的亲核试剂，可以与醛酮进行亲核加成，生成 β-羟基酯；与酰氯生成 β-酮酯；与卤代烷反应可使酯 α-位烷基化。例如：

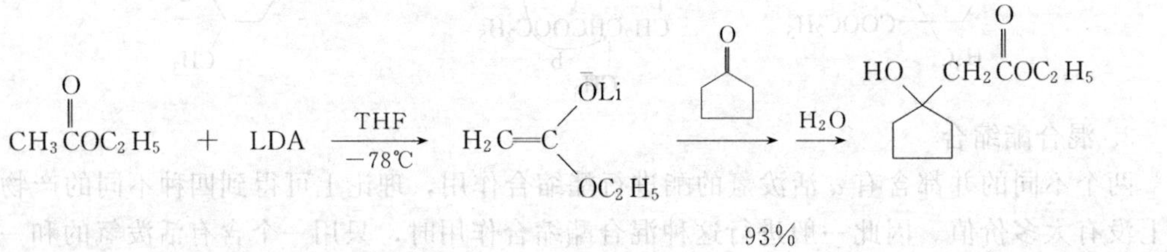

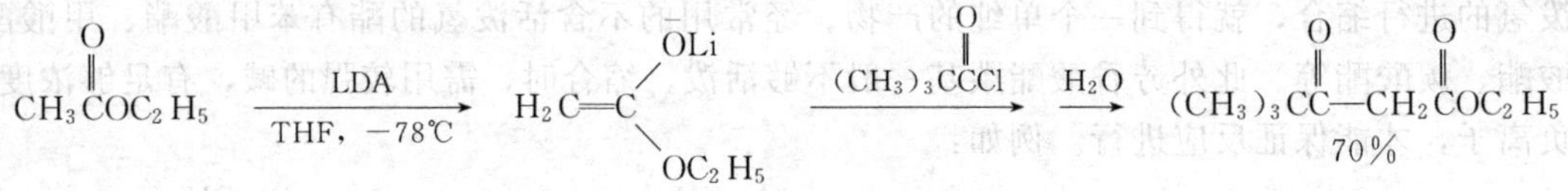

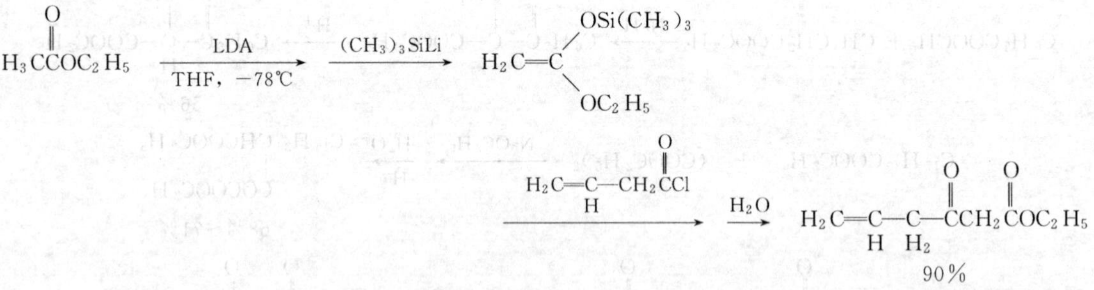

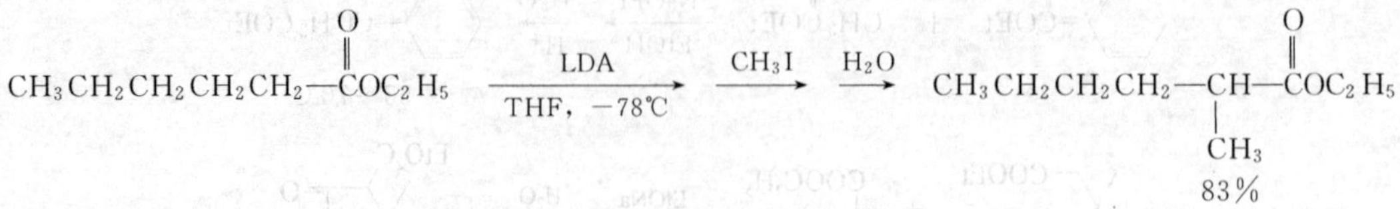

6．酯的 Reformatsky 反应

α-溴代酸酯和锌在惰性溶液中反应再水解得 β-羟基酸酯的反应称为 Reformatsky 反应。例如：

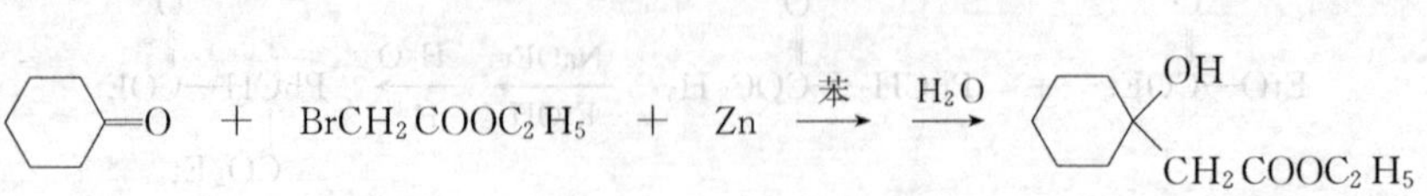

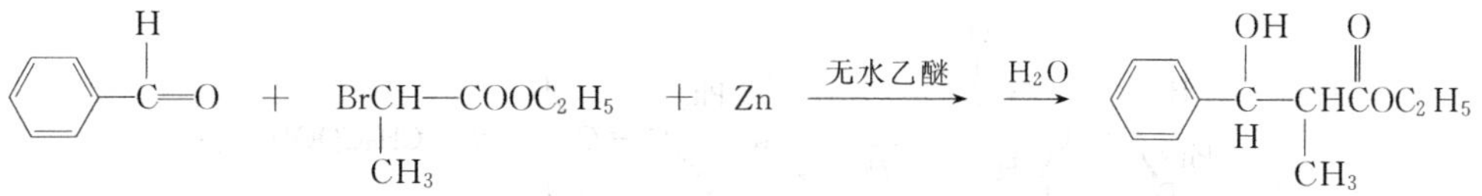

机理：

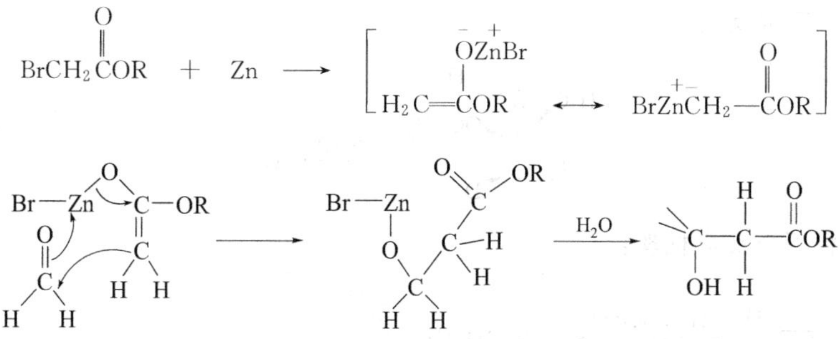

此反应的特点是不能用镁代替锌，因为有机镁试剂较活泼，一生成就和未反应的α-卤代酸酯中的羰基发生反应。有机锌试剂较稳定，不与酯反应而会与醛、酮反应。

α-卤代酸酯与醛、酮在醇钠作用下，生成α,β-环氧羧酸酯。

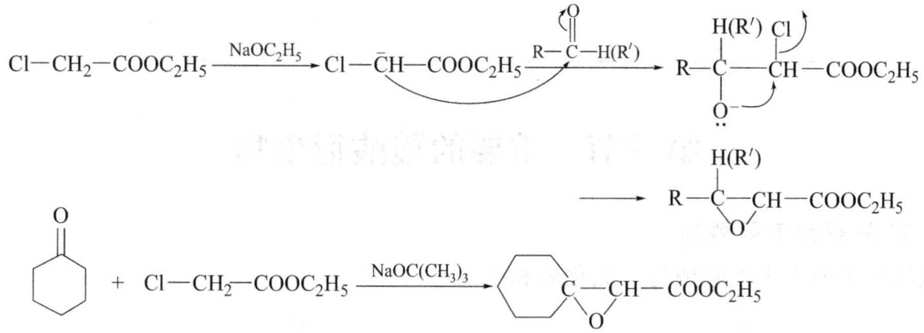

六、酯的热消除

酯在高温下分解生成相应的羧酸和烯烃的反应称为酯的热解。产物存在 Z，E 异构体时，以 E-型为主，而且酯的热解趋向于消除酸性较强、空间位阻较小的β-H。例如。

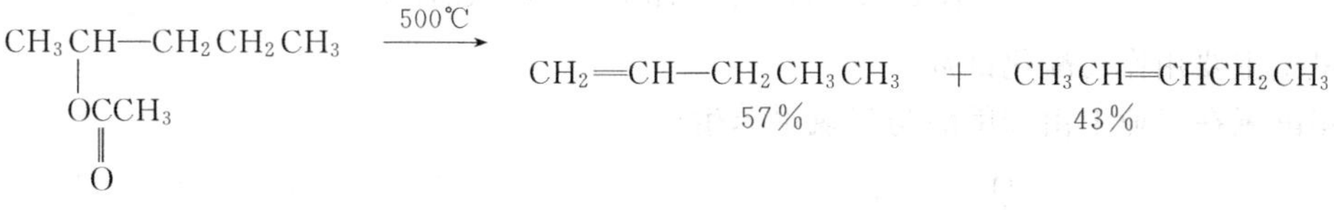

酯的热解没有重排现象，也没有烯烃的异构化，适合于末端烯烃的合成。

反应机理：

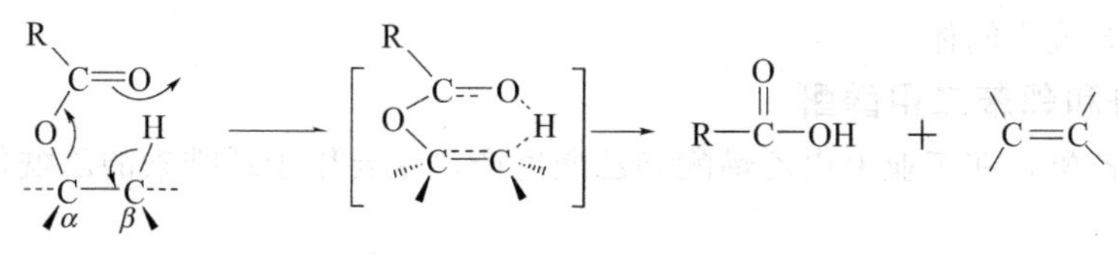

可以看出，通过六元环状过渡态的协同反应，形成顺式消除产物。

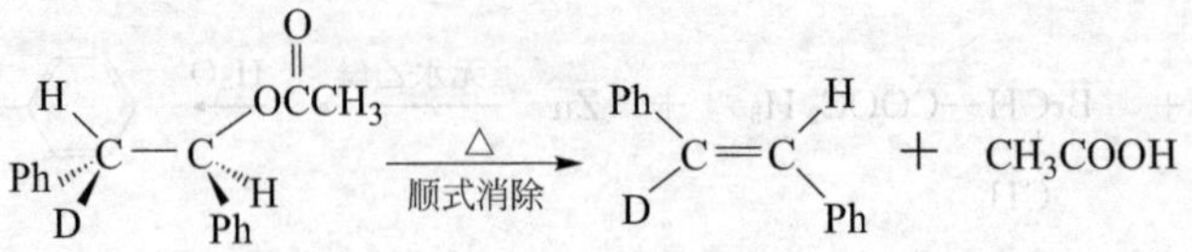
顺式消除

$$\underset{\substack{\text{Ph}\ \ \text{D}\\ |\\ \text{C}}}{\overset{\text{H}}{\underset{|}{\text{C}}}}-\underset{\substack{|\\ \text{H}}}{\overset{\overset{\displaystyle\text{O}}{\|}}{\underset{|}{\text{C}}}}\xrightarrow[\text{顺式消除}]{\triangle}\ \underset{\text{D}}{\overset{\text{Ph}}{}}\text{C}=\text{C}\underset{\text{Ph}}{\overset{\text{H}}{}}\ +\ \text{CH}_3\text{COOH}$$

习题 14-11 完成下列反应：

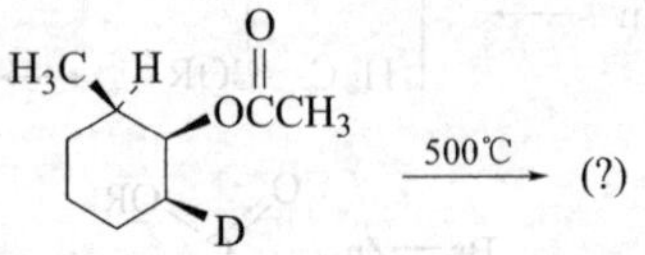

习题 14-12 解释下列反应机理：

(1) 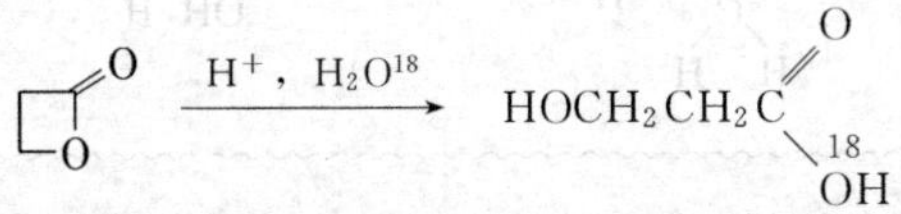
$$\xrightarrow{\text{H}^+,\ \text{H}_2\text{O}^{18}}\ \text{HOCH}_2\text{CH}_2\overset{\overset{\displaystyle\text{O}}{\|}}{\text{C}}\overset{18}{\underset{\text{OH}}{}}$$

(2) 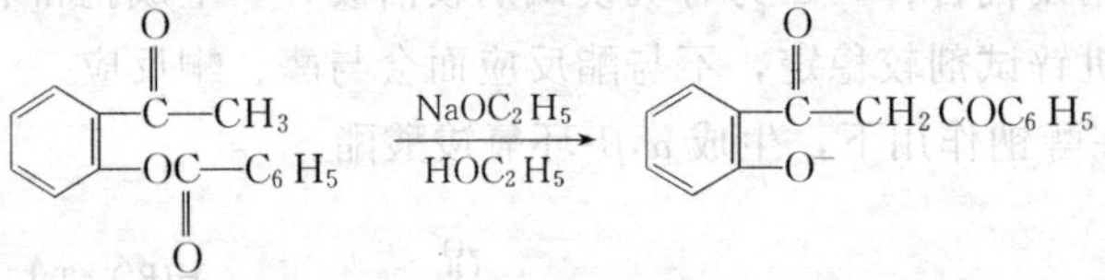
$$\xrightarrow[\text{HOC}_2\text{H}_5]{\text{NaOC}_2\text{H}_5}$$

第三节 重要的羧酸衍生物

一、乙酰氯和苯甲酰氯

乙酰氯在工业上由乙酸钠与二氧化硫和氯气生产：

$$2CH_3\overset{\overset{O}{\|}}{C}ONa + SO_2 + Cl_2 \longrightarrow 2CH_3\overset{\overset{O}{\|}}{C}Cl + Na_2SO_4$$

也可以由乙烯酮与氯化氢加成得到：

$$H_2C{=}C{=}O + HCl \longrightarrow CH_3\overset{\overset{O}{\|}}{C}Cl$$

乙酰氯主要用作乙酰化试剂。

苯甲酰氯在工业上由苯甲酸与三氯甲苯生产：

$$C_6H_5\overset{\overset{O}{\|}}{C}OH + C_6H_5CCl_3 \xrightarrow{\triangle} 2C_6H_5\overset{\overset{O}{\|}}{C}Cl + HCl$$

苯甲酰氯为无色液体，在气态下有催泪性，能与乙醚、苯、二硫化碳等溶剂混溶。可用作苯甲酰化试剂或合成中间体。

二、乙酸酐和邻苯二甲酸酐

乙酸酐简称乙酐，在工业上由乙烯酮和乙酸生产，主要用于纤维素的乙酰化，也用作合成中间体。

邻苯二甲酸酐简称苯酐，在工业上由邻二甲苯或萘的催化氧化生产，是染料、聚酯和增塑剂生产中的原料。

三、重要的酯

乙酸乙酯毒性比较小，是重要的有机溶剂；乙酸的乙酯、异丁酯和异戊酯可用作食用香料；乙酸的异丙酯、苯酯、辛酯、香叶醇酯、芳樟醇酯、3-萜醇酯等可用作香料添加剂。一些二元酸的酯用作润滑剂，其优点是适用温度范围较广。丙烯酸酯、甲基丙烯酸酯、乙酸乙烯酯及二元酸和多元醇生成的酯则是高分子工业的原料。邻苯二甲酸二丁酯（DOP）、邻苯二甲酸二辛酯广泛用作增塑剂，此外，酯还用作药物、表面活性剂、合成中间体等。

四、酰胺

甲酰胺用作溶剂及合成中间体，加热到300℃时，能脱水生成剧毒的氰化氢，使用时应当注意。

N,*N*-二甲基甲酰胺（DMF）在工业上由一氧化碳和二甲胺在甲醇中有甲醇钠存在下反应得到：

$$CO + NH(CH_3)_2 \xrightarrow{CH_3OH,\ CH_3ONa} H\overset{\overset{\displaystyle O}{\|}}{C}N(CH_3)_2$$

N,*N*-二甲基甲酰胺的分子量小，介电常数高，是电子给予体，能与电子接受体生成络合物或溶剂化物，而且是良好的极性非质子性溶剂。它是乙炔、丁二烯、异戊二烯、二氧化碳和氯化氢等的良好溶剂，与溴的反应异常猛烈，有爆炸的危险。

乙酰胺在工业上由乙酸铵蒸馏得到，是优良的溶剂。

N,*N*-二甲基乙酰胺（DMAC）在工业上由乙酸与二甲胺合成：

$$CH_3\overset{\overset{\displaystyle O}{\|}}{C}OH + NH(CH_3)_2 \xrightarrow{\triangle} CH_3\overset{\overset{\displaystyle O}{\|}}{C}N(CH_3)_2 + H_2O$$

DMAC为无色液体，沸点166.1℃，能与水和乙醚等有机溶剂混溶，是良好的溶剂，可用于化合物在较高温度下的重结晶，它比DMF稳定，用后可以回收。

第四节　碳酸及原酸衍生物

一、碳酸衍生物

碳酸的酰卤、酰胺、酯等化合物具有羧酸衍生物的某些性质。从结构上看，碳酸是一个二元酸，也可把它看作是羟基甲酸。碳酸不稳定，在通常情况下，其水溶液的最高浓度为0.4mol/L；受热时碳酸水溶液便放出CO_2。碳酸的酸性衍生物也都是不稳定的物质，极易分解或水解而放出CO_2：

$$HO-\overset{\overset{\displaystyle O}{\|}}{C}-Y \longrightarrow CO_2\uparrow + HY\ (Y=Cl、OR、NH_2\ 等)$$

中性的碳酸衍生物较稳定，可游离存在，也有很高的化学活性。常见的中性化合物有碳酰氯（ClCOCl，光气）、碳酸二甲酯（$CH_3OCOOCH_3$）、碳酸二乙酯（$C_2H_5OCOOC_2H_5$）、脲（H_2NCONH_2，尿素）、氯甲酸乙酯（$ClCOOC_2H_5$）、氨基甲酸乙酯（$H_2NCOOC_2H_5$）、二甲基氯甲酰胺［$ClCON(CH_3)_2$］等。

（一）碳酸酯

碳酸是二元酸，可形成碳酸单酯和碳酸二酯。碳酸二酯较稳定，是活泼的烷基化试剂；碳酸单酯虽然不稳定而难于游离存在，但它的盐较稳定。如当CO_2通入甲醇钠的甲醇溶液中时，生成碳酸单酯钠盐，但酸化时分解：

$$CO_2 + CH_3ONa \xrightarrow{CH_3OH} CH_3OC\overset{-}{O}_2\overset{+}{Na} \xrightarrow[H_2O]{HCl} CH_3OH + CO_2\uparrow + NaCl$$

碳酸二酯可由光气与醇作用得到：

$$\mathrm{Cl\overset{\overset{O}{\|}}{C}Cl} + 2ROH \xrightarrow[\triangle]{C_5H_6N} \mathrm{RO\overset{\overset{O}{\|}}{C}OR} + 2HCl$$

此反应相当于酰氯的醇解；若用氯甲酸酯与醇或酚作用，则可以生成不同烃基的碳酸二酯，即混合酯。

$$\mathrm{RO\overset{\overset{O}{\|}}{C}Cl} + R'OH \xrightarrow[\triangle]{C_5H_6N} \mathrm{RO\overset{\overset{O}{\|}}{C}OR'} + HCl$$

碳酸酯常用于有机合成的烃基化试剂、硝酸纤维素及树脂的溶剂、制造工程塑料——聚碳酸酯的单体，常见的碳酸二酯的物理性质见表 14-4。

表 14-4　常见的碳酸二酯的物理性质

名称	状态	熔点/℃	沸点/℃	d_4^{20}
碳酸二甲酯	无色透明液体	2～4	90～91	1.0694
碳酸二乙酯	无色透明液体	约 43	126	0.9764
碳酸二苯酯	白色结晶固体	83	306	1.1215

碳酸二酯不溶于水，溶于醇、醚等有机溶剂。当碳酸二酯与醇或羧酸作用时，可发生酯交换或酯转移反应：

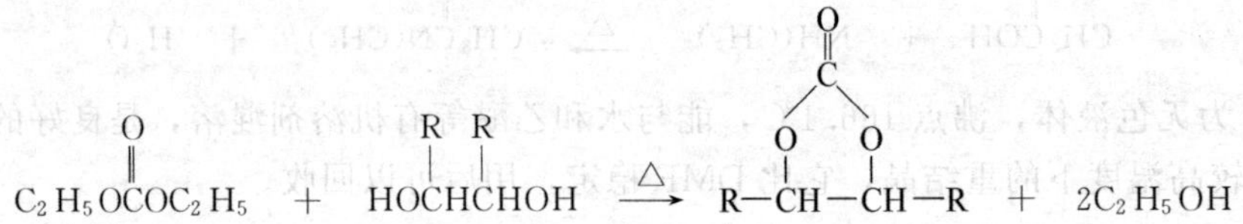

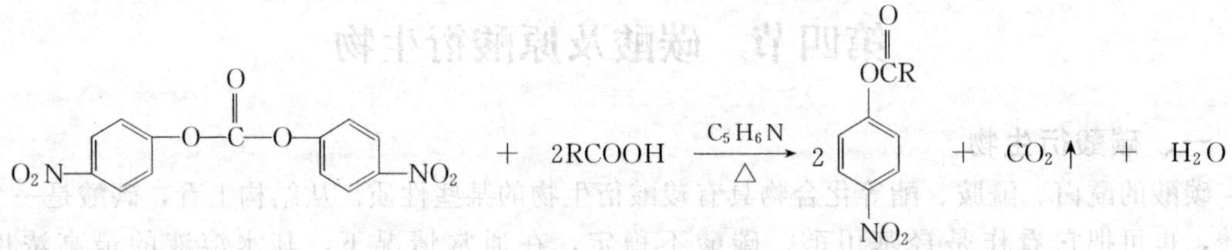

碳酸二甲酯（DMC）、二乙酯（DEC）都是剧毒性物质，在使用时要特别小心！

（二）碳酰氯（光气）

碳酰氯最初是由 CO 和 Cl_2 在光照下作用得到的，因而得名光气；为无色无味剧毒气体(phosgene)，沸点 8.2℃，有毒，第一次世界大战中曾被用作毒气弹。

工业上是在 200℃时，以活性炭作催化剂，用氯气与一氧化碳作用来制备光气。

$$CO + Cl_2 \xrightarrow[\text{活性炭}]{200℃} COCl_2$$

在实验室中可由 CCl_4 和 80% 的发烟硫酸作用制备光气：

$$CCl_4 + 2SO_3 \xrightarrow{H_2SO_4 \cdot SO_3} COCl_2 + S_2O_5Cl_2$$

1. 水解、醇解和氨解反应

碳酰氯非常活泼，遇水立刻分解生成 CO_2 和 HCl；还可发生酰氯的典型反应，其完全醇解、氨解的反应产物为碳酸酯、尿素：

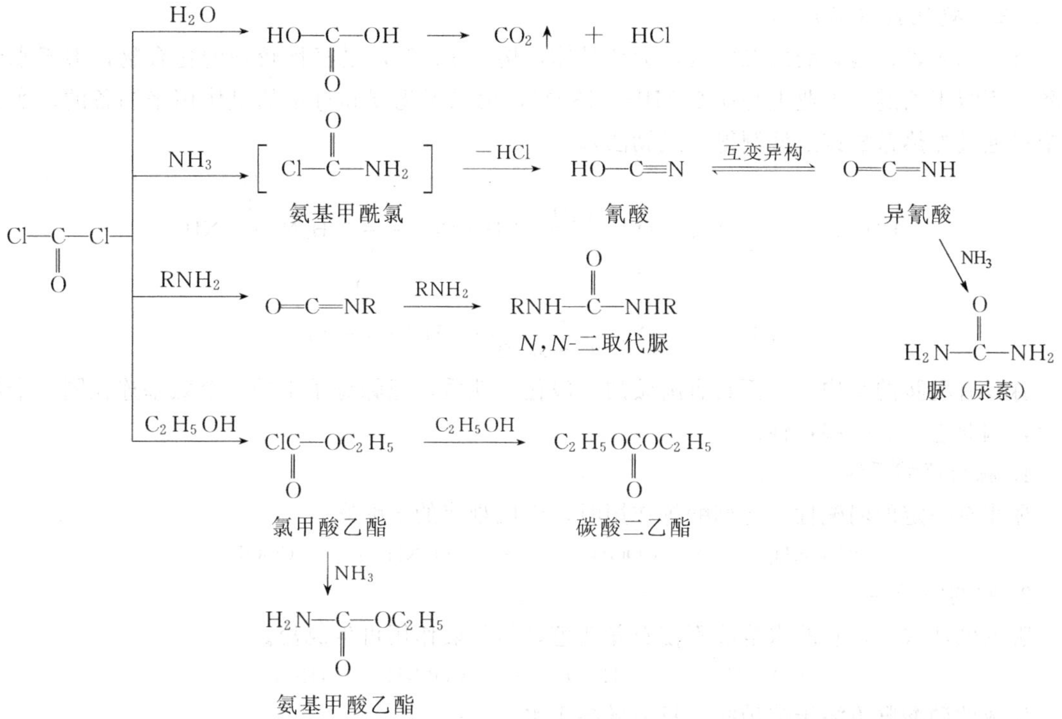

H₂O
HO—C—OH
O
CO₂↑ + HCl
NH₃
Cl—C—NH₂
氨基甲酰氯
−HCl
HO—C≡N
氰酸
互变异构
O═C═NH
异氰酸
NH₃
H₂N—C—NH₂
脲（尿素）
Cl—C—Cl
RNH₂
O═C═NR
RNH—C—NHR
N,N-二取代脲
C₂H₅OH
ClC—OC₂H₅
氯甲酸乙酯
C₂H₅OCOC₂H₅
碳酸二乙酯
H₂N—C—OC₂H₅
氨基甲酸乙酯

光气与酚钠作用得碳酸二苯酯，与双酚 A 作用可得聚碳酸酯，光气在精细化学品及高分子合成中有重要的应用。

光气与一分子醇作用得到氯代甲酸酯，它的活性较光气低很多，可作为产品得到。例如，环己醇与光气反应得氯代甲酸环己酯，后者与过氧化钠作用生成过氧化二碳酸二环己酯(DCPD)：

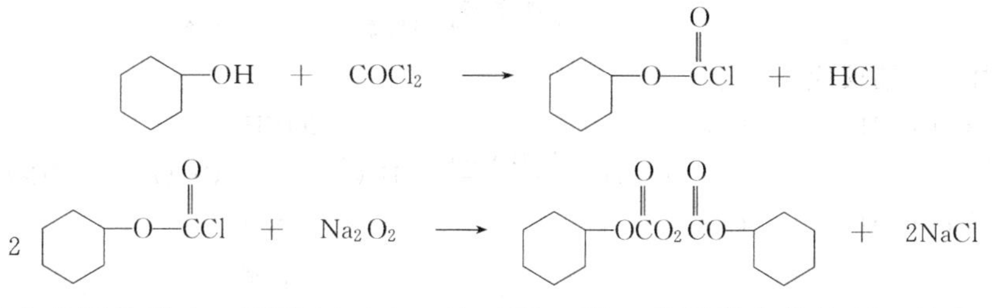

OH
COCl₂
O—CCl
HCl
2
Na₂O₂
OCO₂CO
2NaCl

DCPD 为白色固体粉末，不溶解于水，溶于酮、酯、芳烃等有机溶剂，熔点为 44～46℃，但受热到 42℃时便分解产生自由基，是用于氯乙烯、乙烯、丙烯酸酯、甲基丙烯酸酯等聚合反应的高效自由基引发剂。

光气与伯胺或仲胺作用，可得到烃基氯甲酰胺：

$$2RNH_2 + ClC(=O)Cl \longrightarrow RNHC(=O)Cl + R\overset{+}{N}H_3\overset{-}{Cl}$$

$$2R_2NH + ClC(=O)Cl \longrightarrow R_2NC(=O)Cl + R_2\overset{+}{N}H_2\overset{-}{Cl}$$

2. 与芳香烃发生傅-克反应

$$C_6H_5 + Cl-C(=O)-Cl \xrightarrow{AlCl_3} C_6H_5-C(=O)Cl \xrightarrow[AlCl_3]{C_6H_5} C_6H_5-C(=O)C_6H_5$$

（三）碳酰胺（脲）

脲俗称尿素，是碳酸的二酰胺，无色晶体，熔点 133℃，是极性较强的化合物，溶于水和乙醇，不溶于乙醚。工业上是在 20MPa、180℃，用二氧化碳和过量的氨作用来制备的，实验室中可通过加热氰酸铵溶液制得（武勒法）。

$$KOCN + \frac{1}{2}(NH_4)_2SO_4 \xrightarrow{H_2O} NH_4OCN \xrightarrow{\triangle} H_2N-\overset{\overset{\displaystyle O}{\|}}{C}-NH_2$$

$$NH_3 + CO \xrightarrow[100\sim200MPa]{190℃} H_2N-\overset{\overset{\displaystyle O}{\|}}{C}-NH_2$$

脲具有酰胺的结构，因而具有酰胺的一般化学性质，但脲分子中的两个氨基连在同一个羰基上，因此它还有一些特性。

1. 脲与草酸反应

尿素有一定的弱碱性，与草酸等作用时，生成难溶的草酸脲：

$$2CO(NH_2)_2 + (COOH)_2 \longrightarrow [CO(NH_2)_2]_2 \cdot (COOH)_2$$

2. 脲的弱碱性

脲的碱性很弱，它的水溶液不使石蕊变色，与强酸作用可生成盐。

$$CO(NH_2)_2 + HNO_3 \longrightarrow CO(NH_2)_2 \cdot HNO_3$$

生成的硝酸脲不溶于浓硝酸，只能微溶于水。

3. 脲的水解

脲与酸或碱共热或在尿素酶作用下能水解。

$$CO(NH_2)_2 \begin{cases} \xrightarrow{H^-} NH_4^+ + CO_2 \uparrow \\ \xrightarrow{OH^-} NH_3 \uparrow + CO_3^{2-} \\ \xrightarrow{尿素酶} NH_3 \uparrow + CO_2 \uparrow \end{cases}$$

4. 脲与丙二酸酯反应

$$H_2C\begin{matrix} COOC_2H_5 \\ COOC_2H_5 \end{matrix} + \begin{matrix} H_2N \\ H_2N \end{matrix}C=O \xrightarrow{C_2H_5ONa} H_2C\begin{matrix} CONH \\ CONH \end{matrix}C=O + 2C_2H_5OH$$

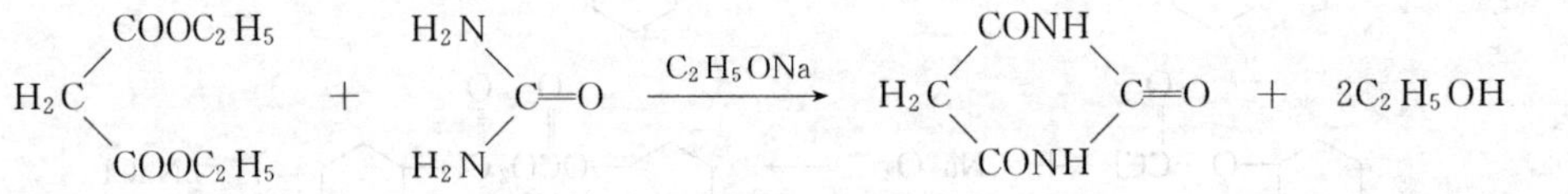

丙二酰胺

5. 脲与亚硝酸反应

$$CO(NH_2)_2 + 2HNO_2 \longrightarrow CO_2 \uparrow + 2N_2 \uparrow + 3H_2O$$

可利用此性质来除亚硝酸。

6. 热分解

将尿素慢慢加热到 150～160℃时，发生分子间脱氨，变成缩二脲：

$$H_2N\overset{\overset{\displaystyle O}{\|}}{C}NH_2 + H_2N\overset{\overset{\displaystyle O}{\|}}{C}NH_2 \xrightarrow{\triangle} H_2N\overset{\overset{\displaystyle O}{\|}}{C}NH\overset{\overset{\displaystyle O}{\|}}{C}NH_2 + NH_3 \uparrow$$

如果快速加热尿素，则分解成氨和异氰酸，后者由于高度活泼而聚合成三聚氰酸。

$$H_2N\overset{\overset{\displaystyle O}{\|}}{C}NH_2 \xrightarrow{\triangle} NH_3 \uparrow + NH=C=O$$

尿素与肼作用发生酰胺的交换反应，生成结晶固体氨基脲，是用于鉴定醛、酮的羰基试剂：

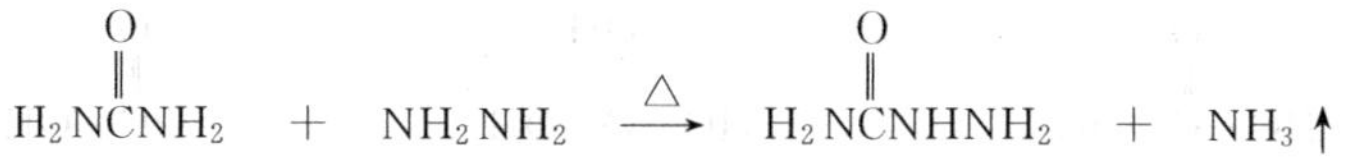

（氨基脲）

（四）胍

在脲的衍生物中，胍是一个强碱性物质；胍是氨基腈与氨的加成产物（可将胍视为尿素中的羰基与 NH_3 加成后的脱水产物），熔点为 50℃，是易潮解的晶体。

1. 制法

（1）氨基氰氨解法

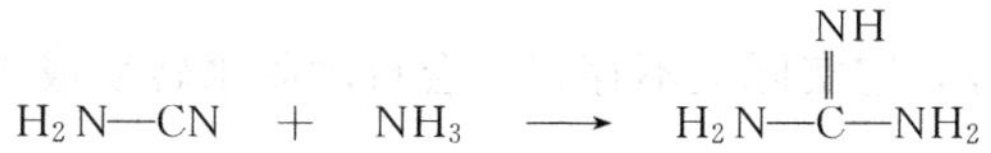

或 $H_2NC{\equiv}N + NH_4Cl \longrightarrow (H_2N)_2C{=}NH \cdot HCl$

氨基氰

（2）双氰胺氨解法

双氰胺

2. 性质

（1）强碱性

胍的碱性强，是由于它与质子形成的正离子是稳定的共振极限结构：

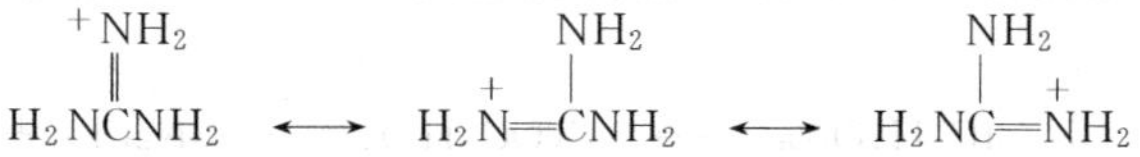

其碱性与氢氧化钠相当，可吸收空气中的二氧化碳而生成碳酸盐。

（2）水解

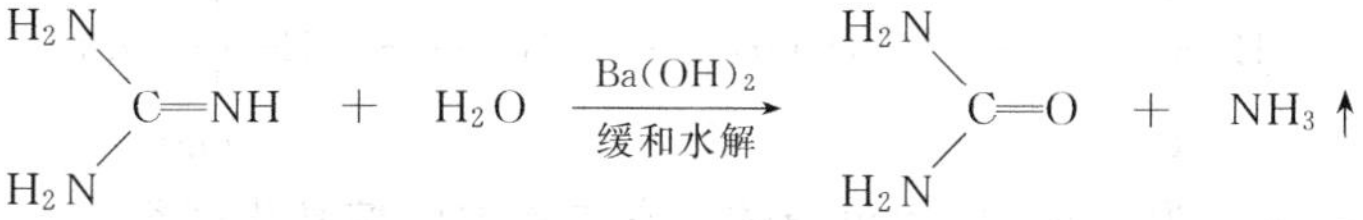

（3）脱氨

两分子胍加热时可发生分子间脱氨生成双胍：

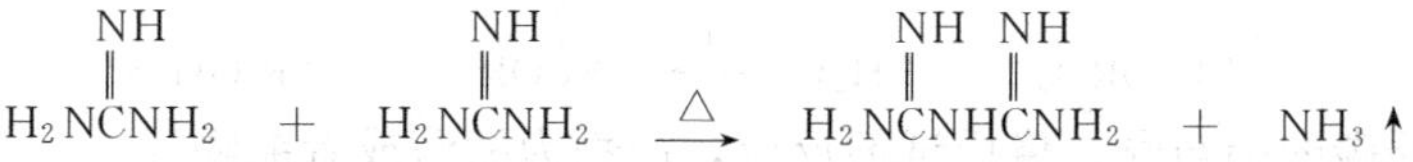

双胍是白色结晶粉末，具有抗病毒作用。

一般胍类化合物具有强烈的生理作用，作为药物使用，例如：

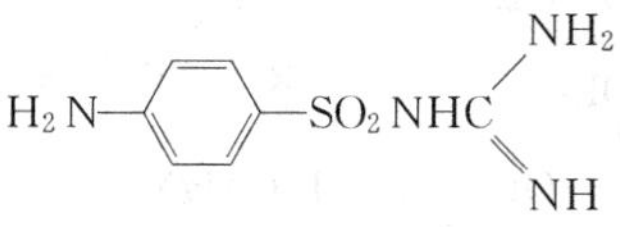

对氨基苯磺酰胍

肠道消炎药

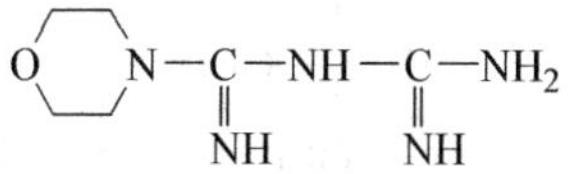

吗啉胍

预防流感药

二、原酸及其衍生物

（一）原酸及原酸酯

原酸可以看成是羧酸的羰基水合的产物。原酸不稳定，但原酸的三酰氯（氯仿）、三酯是稳定的。

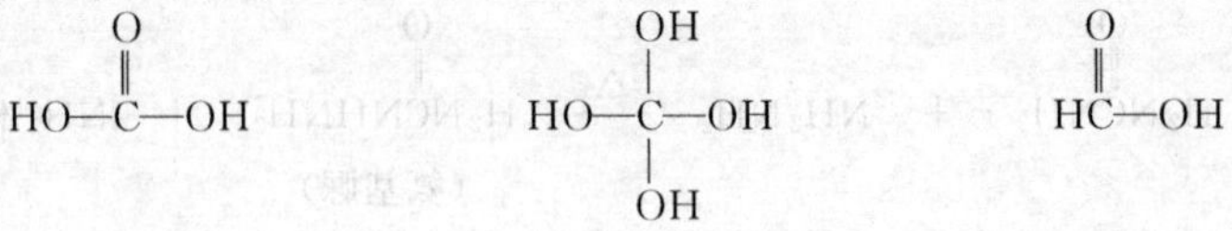

碳酸　　　　　　　原碳酸　　　　　　　甲酸

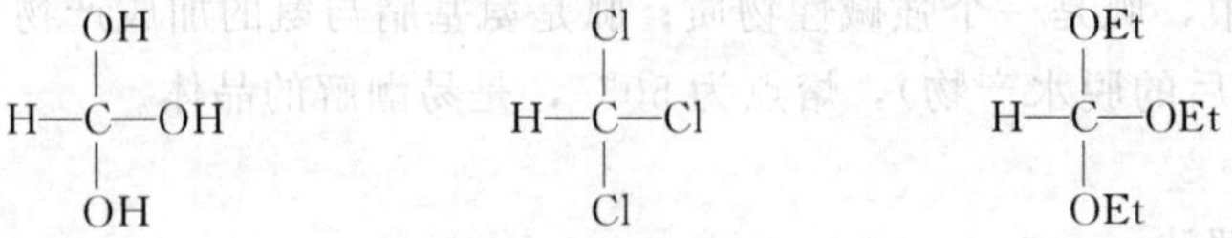

原甲酸　　　　原甲酸三酰氯（氯仿）　　原甲酸三乙酯

原酸是一个同碳三元醇，它实际上不存在，会自动脱水转变成羧酸：

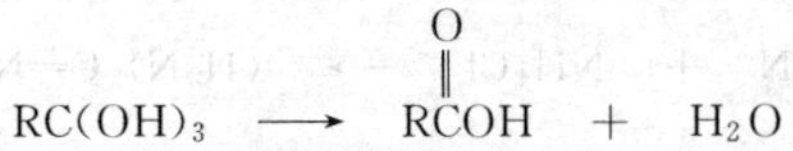

原酸酯可看作是 $RC(OH)_3$ 的三烃基衍生物 $RC(OR)_3$，它能稳定存在；其制备是通过腈的醇解而得到：

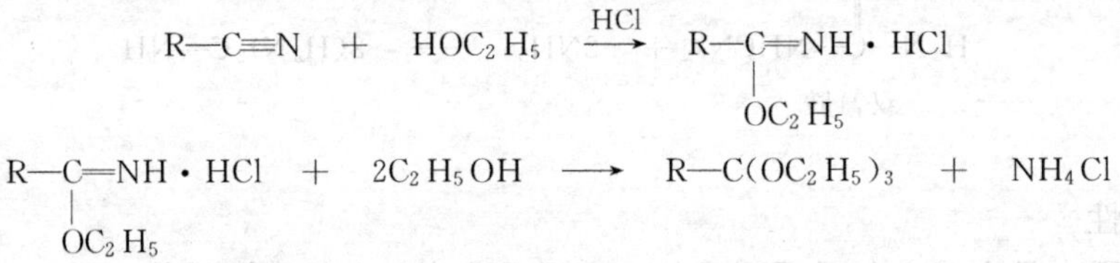

原碳酸酯四烷氧基碳在游离态下也是比较稳定的，它是由醇钠与三氯硝基甲烷反应得到的。例如：

$$O_2NCCl_3 + 4C_2H_5ONa \longrightarrow C(OC_2H_5)_4 + 3NaCl + NaNO_2$$

原甲酸三乙酯可用醇钠和氯仿来制备。

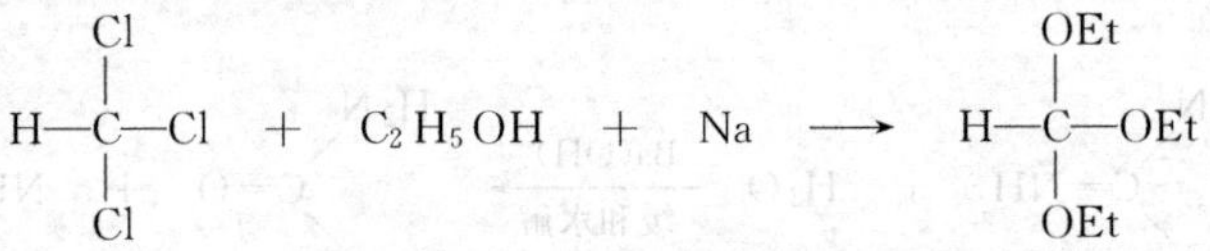

原甲酸三乙酯是沸点为 146℃ 的无色液体，它是重要的烷基化试剂。

原酸酯分子中存在醚键，对碱是稳定的，但在酸性溶液中则极易水解生成羧酸酯：

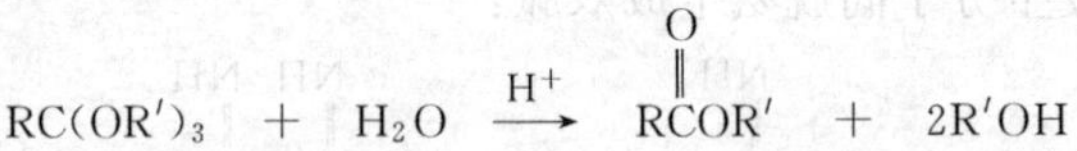

原甲酸酯或原碳酸酯与酮、格氏试剂反应，产物为缩醛或者缩酮。

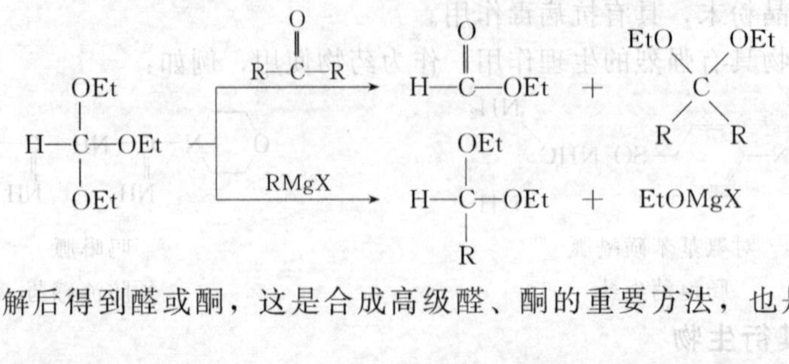

缩醛或缩酮水解后得到醛或酮，这是合成高级醛、酮的重要方法，也是保护酮羰基的方法。例如：

$$n\text{-}C_6H_{13}MgBr + CH(OC_2H_5)_3 \longrightarrow n\text{-}C_6H_{13}CH(OC_2H_5)_2 + C_2H_5OMgBr$$

$$n\text{-}C_6H_{13}CH(OC_2H_5)_2 + H_3^+O \longrightarrow n\text{-}C_6H_{13}CHO + 2C_2H_5OH$$

原甲酸乙酯与 β-酮酸酯很容易制备 β-酮酸酯的烯醇式醚，例如从乙酰乙酸乙酯制 β-乙氧基巴豆酸乙酯：

$$HC(OC_2H_5)_3 + CH_3COCH_2COOC_2H_5 \longrightarrow CH_3-\underset{\displaystyle OC_2H_5}{\underset{|}{C}}=CHCOOC_2H_5$$

（二）黄原酸酯

将醇与二硫化碳在碱性条件下反应生成黄原酸盐，黄原酸盐再用卤代烷处理，生成黄原酸酯。

$$ROH + CS_2 + NaOH \longrightarrow \underset{\text{黄原酸钠}}{RO\overset{\displaystyle S}{\overset{\|}{C}}S^-\ Na^+} \xrightarrow{CH_3I} \underset{\text{黄原酸甲酯}}{R-O-\overset{\displaystyle S}{\overset{\|}{C}}SCH_3}$$

黄原酸酯与羧酸酯类似，是也可进行热解生成烯烃。其热解温度只要 100～200℃ 就可进行，比羧酸酯的热解温度低。

$$RCH_2CH_2-O-\underset{\displaystyle S}{\underset{\|}{C}}-SCH_3 \xrightarrow{\triangle} RCH=CH_2 + CH_3SH + O=C=S$$

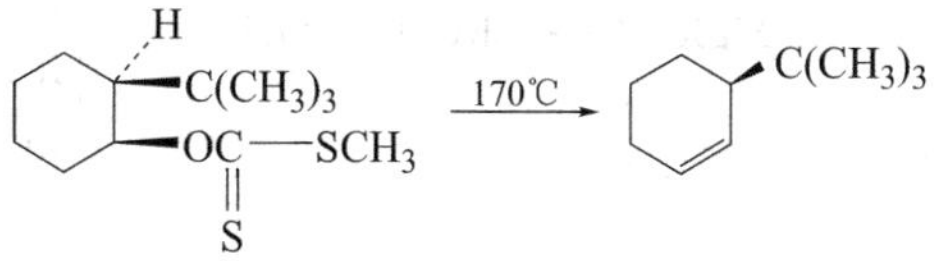

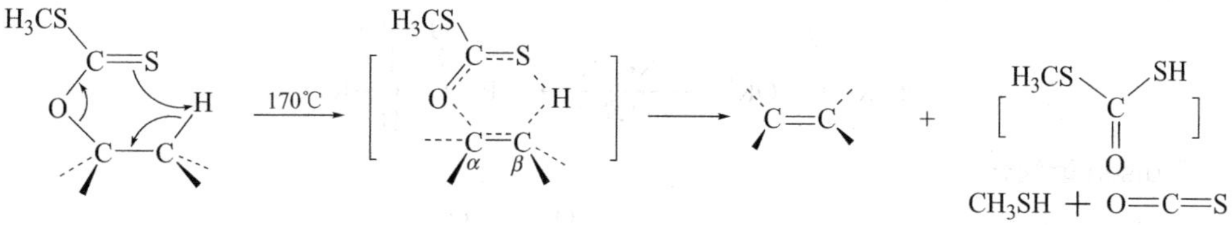

可以看出，通过六元环状过渡态的协同反应，形成顺式消除产物。这和酯的高温热解历程一样。

本章反应小结

1. 羧酸衍生物的相互转化

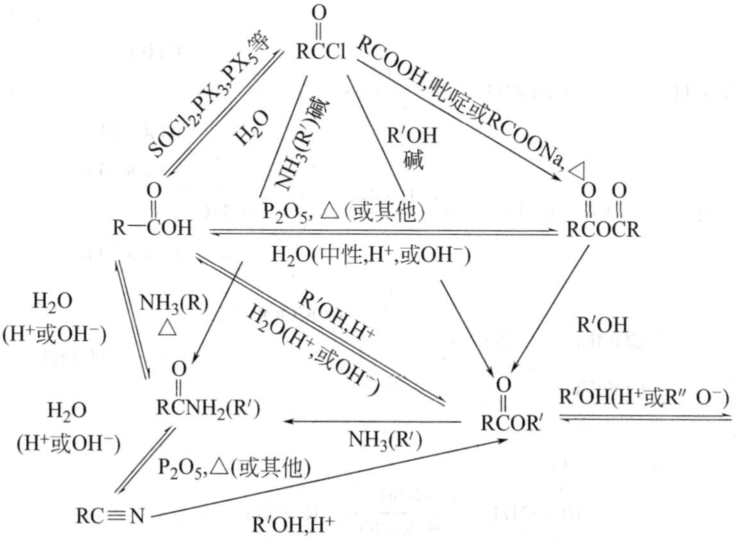
RCCl
SOCl₂,PX₃,PX₅等
H₂O
NH₃(R')碱
R'OH
碱
RCOOH,吡啶或RCOONa,△
R—COH
P₂O₅, △(或其他)
H₂O(中性,H⁺,或OH⁻)
RCOCR
H₂O
(H⁺或OH⁻)
NH₃(R)
△
R'OH,H⁺
H₂O(H⁺,或OH⁻)
R'OH
RCNH₂(R')
NH₃(R')
RCOR'
R'OH(H⁺或R'' O⁻)
RCOR''
P₂O₅,△(或其他)
RC≡N
R'OH,H⁺

2. 还原反应

(1) 被 $LiAlH_4$ 还原

$$\left.\begin{matrix} RCOCl \\ RCOOCOR' \\ RCOOR' \\ RCN \end{matrix}\right. + LiAlH_4 \longrightarrow RCH_2OH + \begin{matrix} AlCl_3 \\ R'CH_2OH \\ R'OH \\ RNH_2 \end{matrix}$$

(2) 罗斯蒙德 (Rosenmund) 还原反应

$$RCOCl + H_2 \xrightarrow{Pd/BaSO} RCHO$$

(3) 玻维尔脱-布兰克 (Bouveault-Blanc) 还原反应

$$CH_3(CH_2)_7HC{=}CH(CH_2)_7COOC_2H_5 \xrightarrow{Na,\ C_2H_5OH} CH_3(CH_2)_7HC{=}\underset{H}{C}{-}(CH_2)_7CH_2OH$$

3. 与格氏试剂反应

$$\left.\begin{matrix} RCOCl \\ RCOOCOR \\ RCOOR' \\ RCN \end{matrix}\right\} + R^2MgX \longrightarrow RC(R^2)_2OH + \left\{\begin{matrix} MgCl_2 \\ RC(R^2)_2OH \\ R'OH \\ RCOR^2 \end{matrix}\right.$$

4. 缩合反应

(1) 酮醇 (acyloin) 缩合

$$2\ R{-}\overset{O}{\overset{\|}{C}}{-}OR' \xrightarrow[\text{乙醚或甲苯}]{Na,\ N_2} R{-}\overset{O}{\overset{\|}{C}}{-}\overset{OH}{\underset{H}{C}}{-}R$$

(2) Claisen 酯缩合

$$2\ CH_3\overset{O}{\overset{\|}{C}}OC_2H_5 \xrightarrow[EtOH]{EtONa} \xrightarrow[H^+]{H_2O} CH_3\overset{O}{\overset{\|}{C}}{-}CH_2\overset{O}{\overset{\|}{C}}OC_2H_5 + CH_3CH_2OH$$

(3) 迪克曼 (Dieckmann) 酯缩合反应

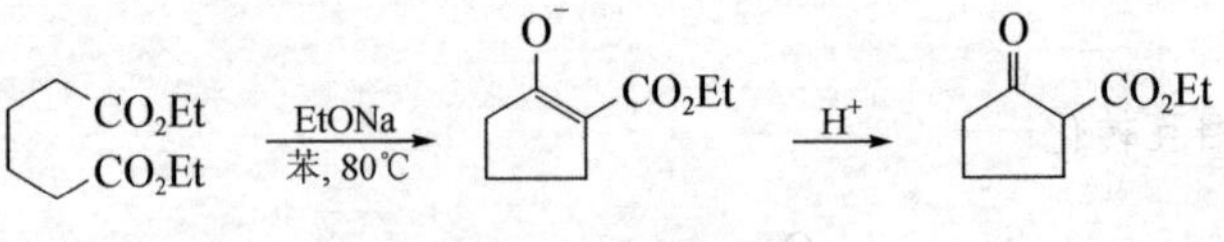

(4) 交叉酯缩合

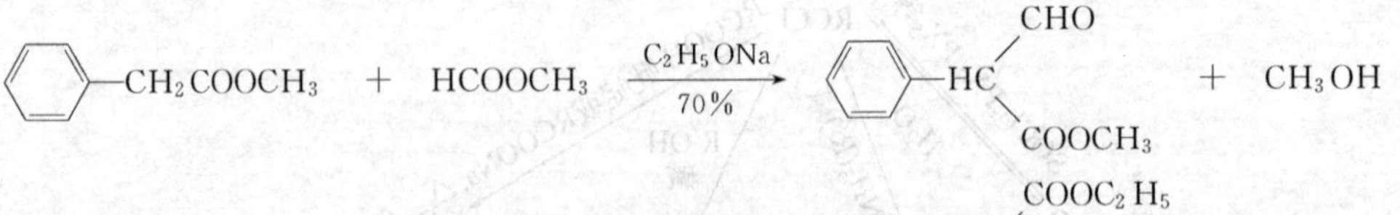

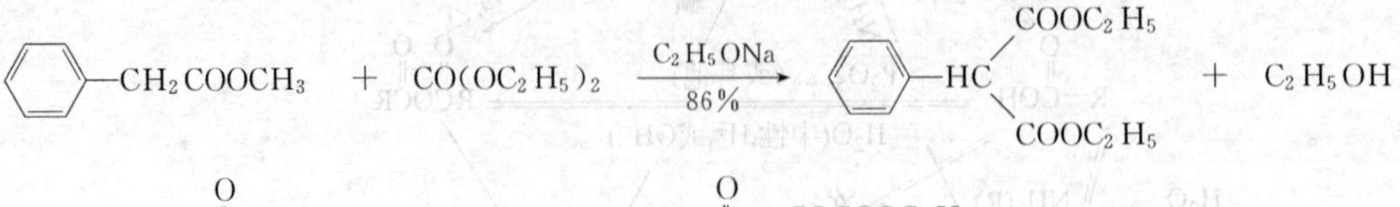

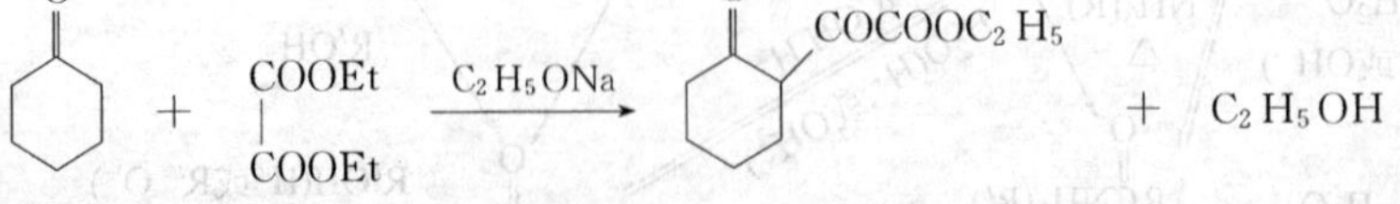

5. 霍夫曼降解反应

$$R\overset{O}{\overset{\|}{C}}{-}NH_2 \xrightarrow[\text{或 } NaClO]{NaBrO} R{-}NH_2$$

6. 酯的热裂解反应

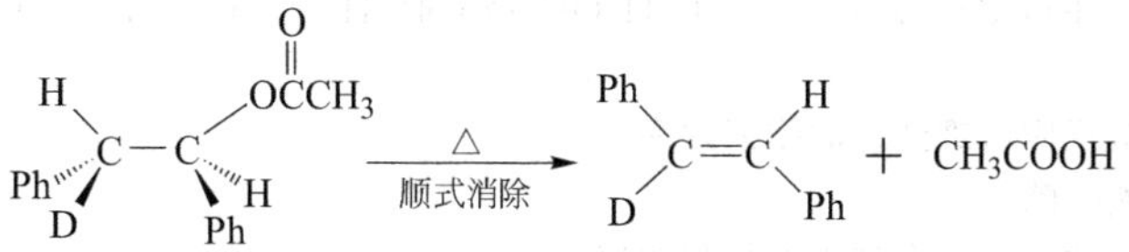

习　　题

1. 命名下列化合物

(1) 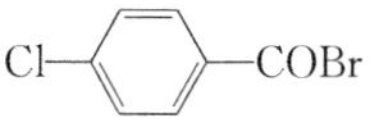　(2) 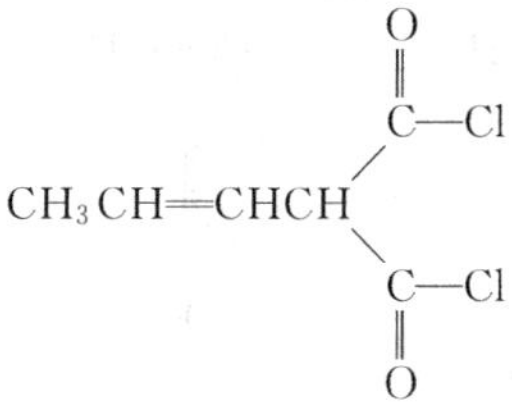　(3) 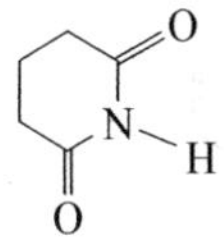

(4) 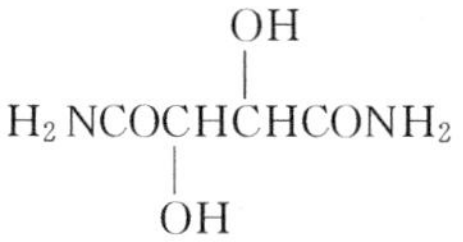　(5) 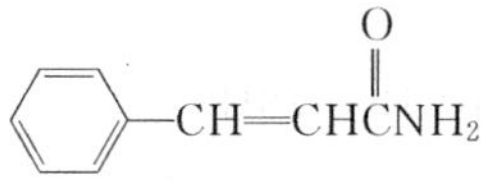　(6) 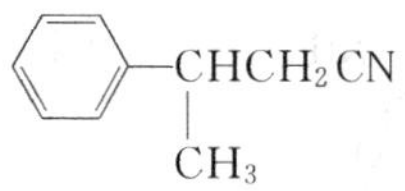

(7) 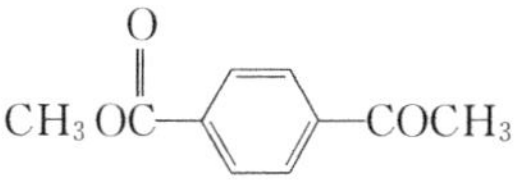　(8) 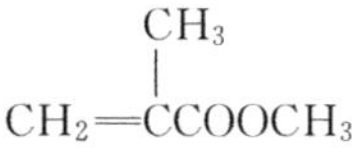　(9) 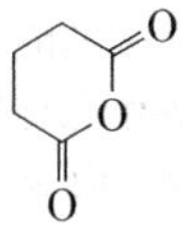

(10) 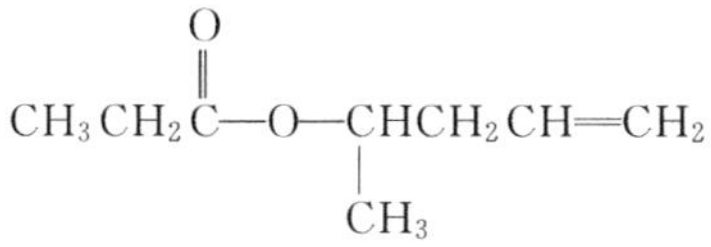　(11) 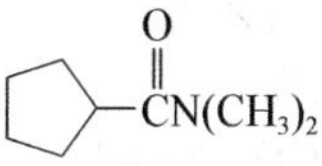　(12) 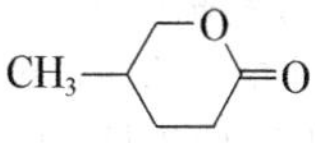

(13) 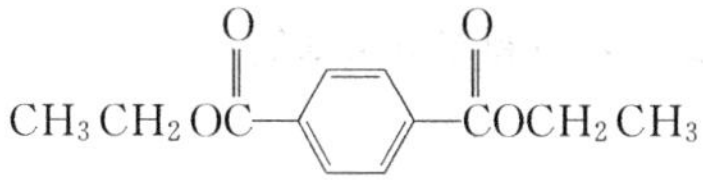　(14) 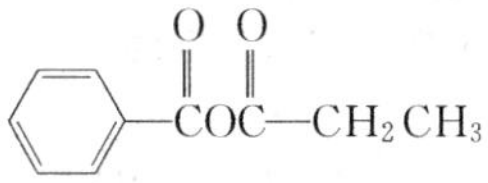

(15) 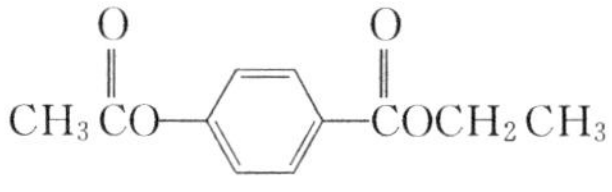　(16) 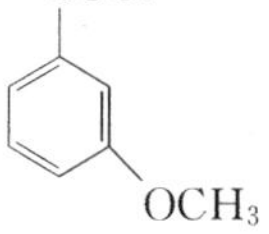

2. 写出下列化合物的结构式

(1) 乙酰溴 (2) 邻苯二甲酰亚胺 (3) 邻苯二甲酸酐 (4) 邻苯二甲酸二丁酯

(5) *N*-苯基乙酰胺 (6) 乙酰水杨酸 (7) 己内酰胺 (8) 对硝基苯甲酰氯

(9) 马来酸酐 (10) NBS (11) DMSO (12) α-氰基乙酸乙酯

(13) α-甲基-γ-丁内酯 (14) 3-甲氧基丁酰胺

3. 写出异丁酰氯与下列试剂反应的方程式

(1) H_2O (2) $(CH_3)_2CHOH$ (3) NH_3 (4) $C_6H_5CH_3/AlCl_3$ (5) C_6H_5OH

(6) $(CH_3)_2NH$ (7) $LiAlH_4$ (8) $H_2/Pd/BaSO_4$ (9) $NaHCO_3$ (水溶液)

4. 写出丁酰胺与下列试剂反应的反应方程式

(1) H_2O/H^+ (2) H_2O/OH^- (3) P_2O_5/加热 (4) $Br_2/NaOH$ (5) C_2H_5OH (过量)/H^+

5. 写出苯甲酸乙酯与下列试剂反应的反应方程式

(1) H_2O/H^+ (2) H_2O/OH^- (3) NH_3 (4) $LiAlH_4$ (5) n-C_4H_9OH (过量)/H^+

(6) $(CH_3)_2NH$ (7) Na/C_2H_5OH (8) C_2H_5MgBr，然后水解

6. 写出邻苯二甲酸酐与下列试剂反应的方程式

（1）H_2O/H^+　（2）C_2H_5OH（1mol）　（3）C_2H_5OH（2mol）$/H^+$　（4）$C_6H_6/AlCl_3$，然后 H_2SO_4（浓）

7. 按要求排序

（1）下列化合物的水解反应由难到易的排列顺序

酸酐　酰卤　酰胺　酯

（2）下列化合物亚甲基的酸性由大到小的排列顺序

$CH_3COCH_2COCH_3$　　$CH_3COCH_2COOCH_2CH_3$　　$CH_3CH_2OCOCH_2COCH_3$　　CH_3COCH_2Ph

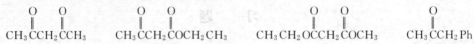

（3）下列酯类化合物水解的活性由大到小的排列顺序

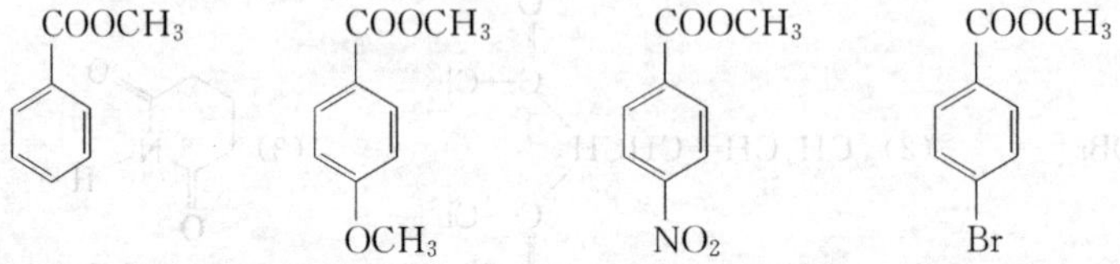

COOCH3
COOCH3
OCH3
COOCH3
NO2
COOCH3
Br

（4）下列化合物的酸性由大到小的排列顺序

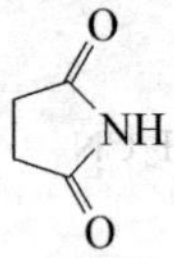

O
NH
O

　NH_3　$CH_3CH_2CH_2CONH_2$

（5）下列化合物与格氏试剂反应的活性由大到小的排列顺序

正己醛　苯甲醛　苯乙酮　乙酸苯酯

8. 用化学方法区别下列各组化合物

（1）2-氯丙酸　丙酰氯　丙酸

（2）丙酸乙酯　丙酰胺　丙酸酐

（3）丙烯酸甲酯　丙酸甲酯　丙二酸乙酯

（4）丁酸　乙酸乙酯　乙酰乙酸乙酯

（5）CH_3COCH_2COOH 和 $HOOCCH_2COOH$

9. 用简便的化学方法提纯下列化合物（括号内为杂质）

（1）邻苯二甲酸二丁酯（邻苯二甲酸酐）（2）邻氯苯乙酸（邻氯苯乙腈和邻氯苄基氯）

10. 完成下列反应

（1）$(CH_3CO)_2O + (CH_3)_3COH \longrightarrow$

（2）CH_3COCl ＋ 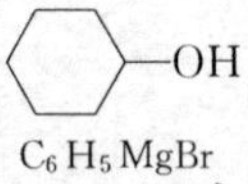

OH

$\longrightarrow$

（3）$CH_3CH_2COCl \xrightarrow[\text{低温}]{C_6H_5MgBr}$

（4）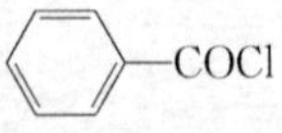

COCl

$\xrightarrow[\text{硫，喹啉}]{H_2,\ Pd/BaSO_4}$

（5）$(CH_3CO)_2O$ ＋ 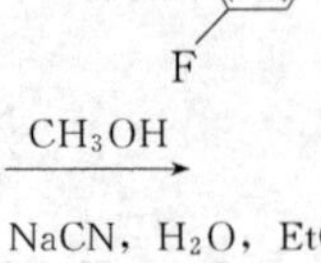

CH3O
F

$\xrightarrow{AlCl_3}$

（6）$CH_3CH{=}C{=}O \xrightarrow{CH_3OH}$

（7）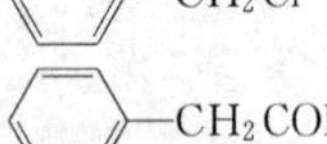

CH2Cl

$\xrightarrow{NaCN,\ H_2O,\ EtOH}$

（8）

CH2CONH2

$\xrightarrow[\triangle]{P_2O_5}$

（9）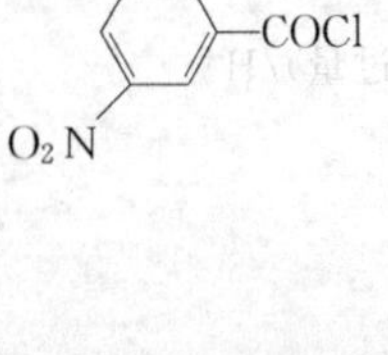

O2N
COCl
O2N

＋ $(CH_3)_2CHCH_2OH \xrightarrow{\text{吡啶}}$

(10) 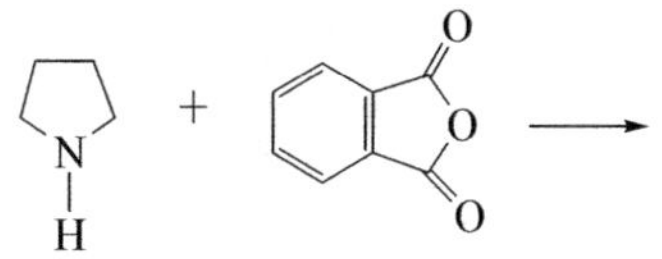

(11) $CH_3COOC(CH_3)(C_2H_5)CH_2CH_2CH_2CH(CH_3)_2 \xrightarrow[H_2O]{H^+}$

(12) 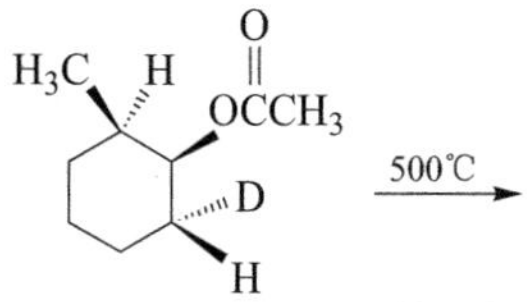

(13) $CH_3COOCH{=}CH_2 \xrightarrow[CH_3ONa]{CH_3OH}$

(14) 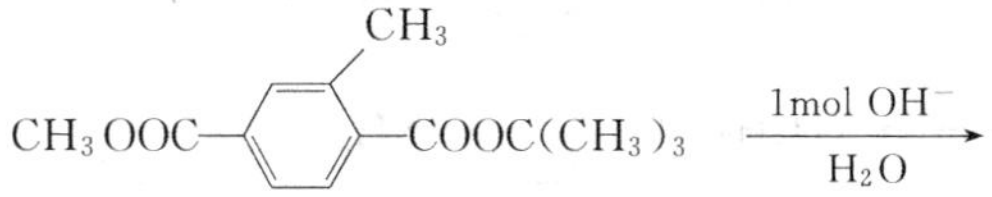

(15) 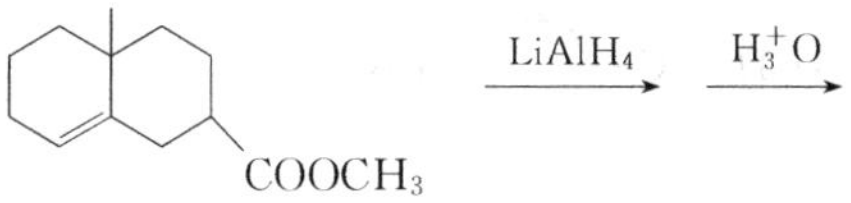

(16) 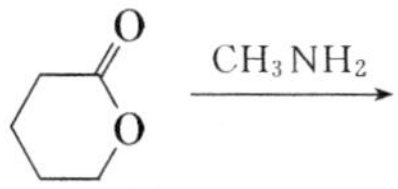

(17) $CH_3CH_2CH_2COOEt \xrightarrow[C_6H_6]{Na} \xrightarrow{H_3^+O}$

(18) $CO(OC_2H_5)_2 + HOCH_2CH_2OH \longrightarrow$

(19) 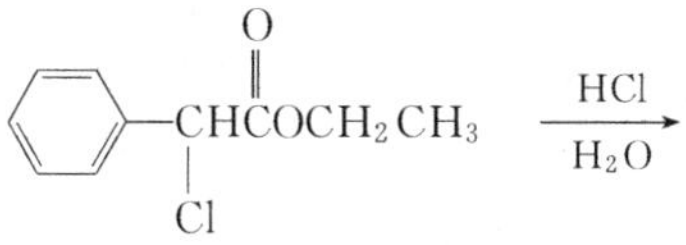

(20) 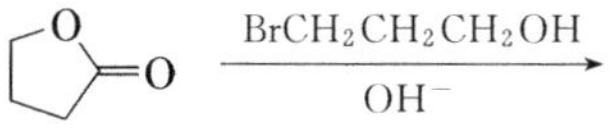

(21) 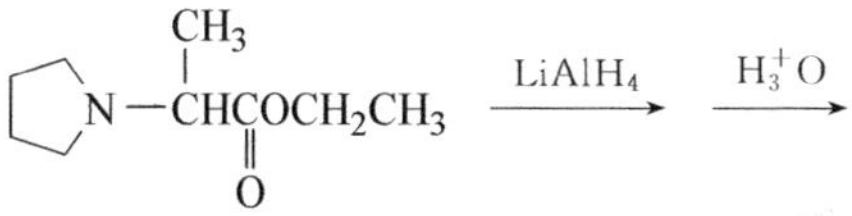

(22) $(CH_3)_2C(NH_2)CH_2CH_2COOCH_3 \xrightarrow{CH_3OH}$

(23) 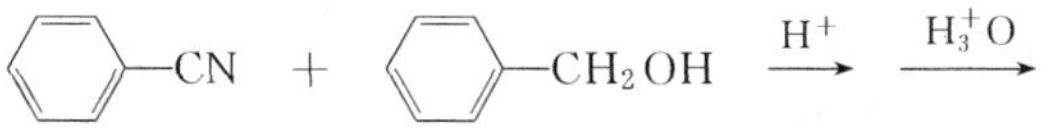

(24) 

(25) 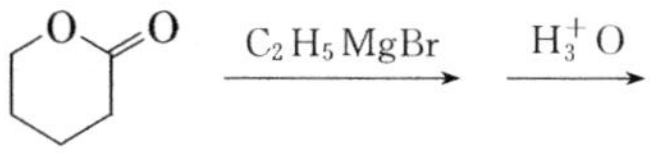

11. 完成下列反应，写出各步的主要产物或所需主要试剂

(1) 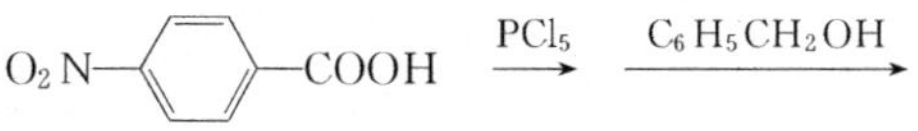

(2) CH_3CH_2COCl + (　　　) $\xrightarrow{-78℃} \xrightarrow{H_2O} CH_3CH_2COCH_3$

(3) 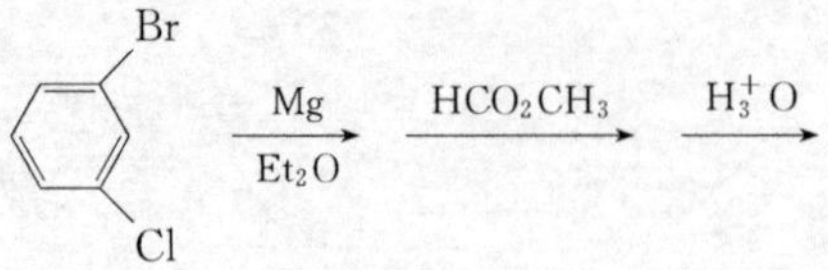

(4) 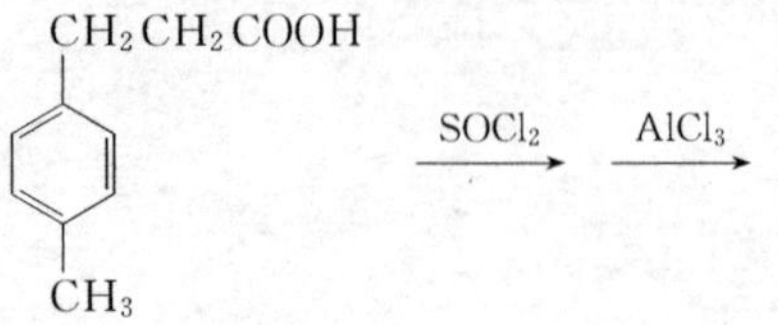

(5) 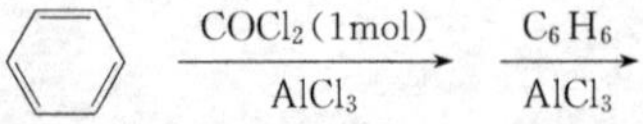

(6) 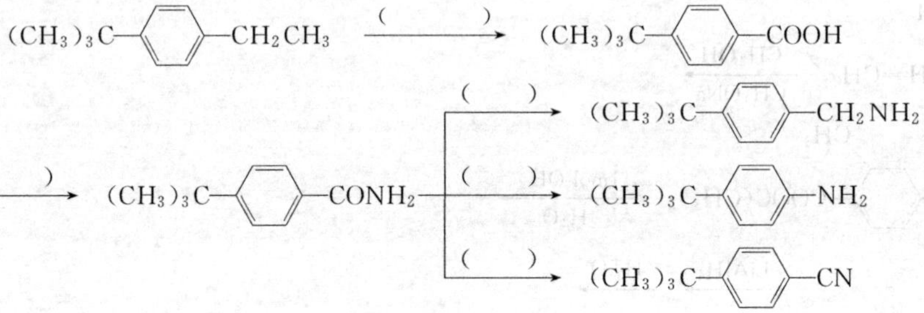

(7) 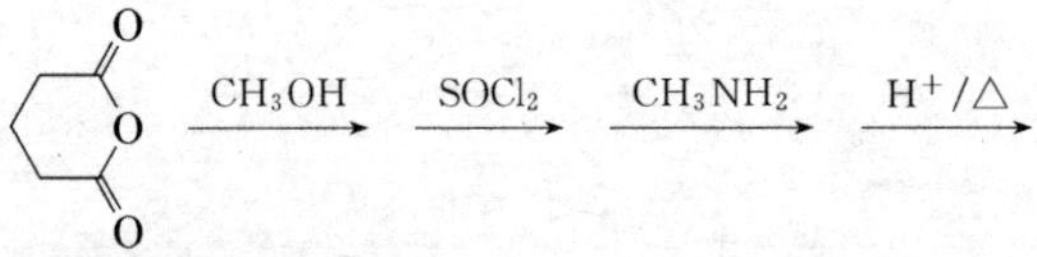

12. 写出下列反应的反应机理

(1) $CH_3CH{=}CHCOCl + EtOH \longrightarrow CH_3\underset{Cl}{\underset{|}{C}}HCH_2COOEt$

(2) 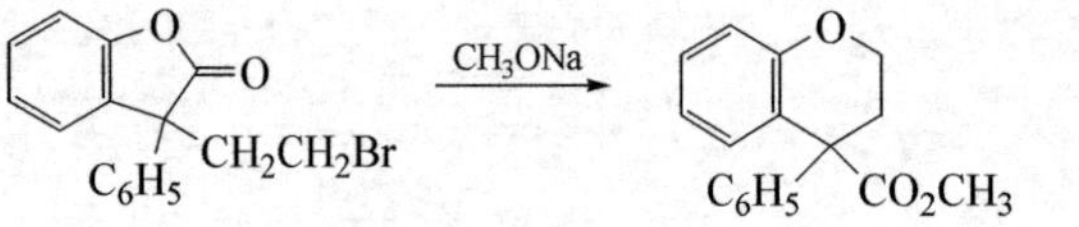

(3) 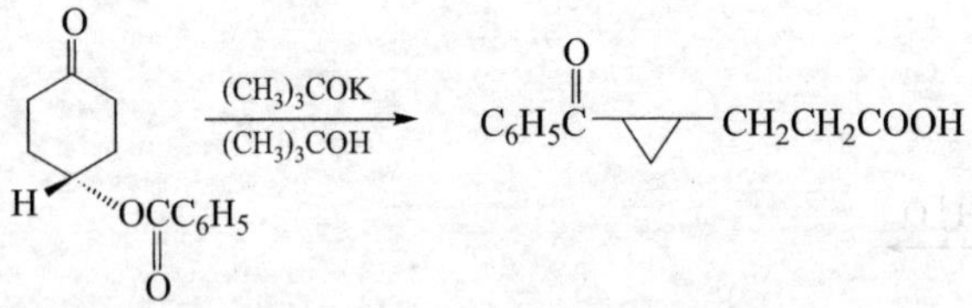

13. 由指定原料和不超过2个碳原子的化合物合成下列化合物

(1) 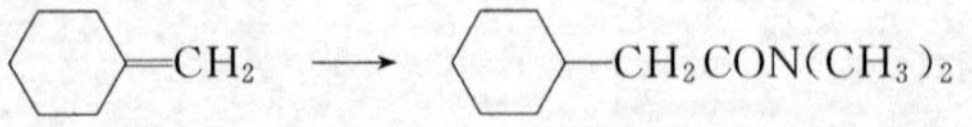

(2) 由甲苯合成苯乙酸苄酯

(3) 由甲苯和一碳化合物合成1,3-二苯基-2-丁酮

(4) 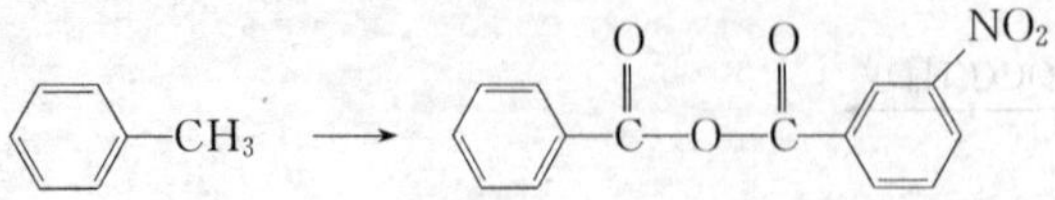

(5) 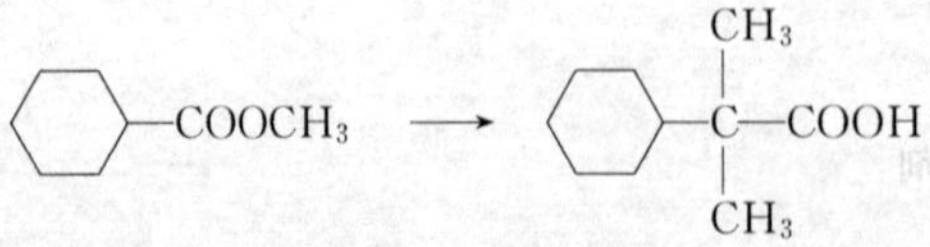

(6) 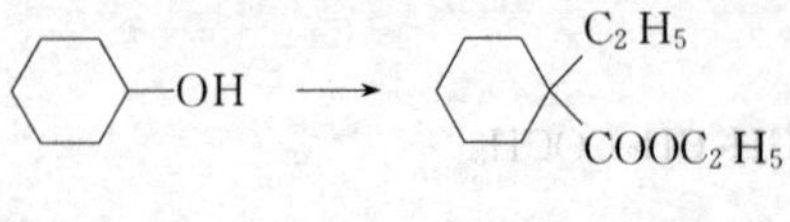

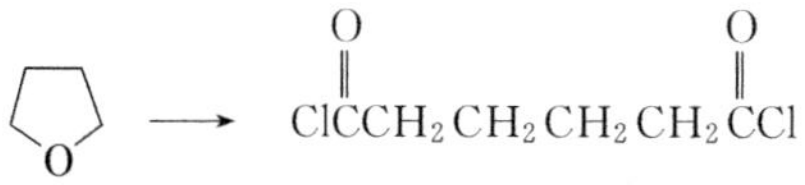
(7)

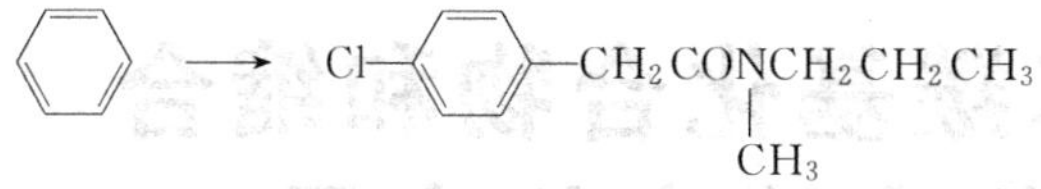
(8)

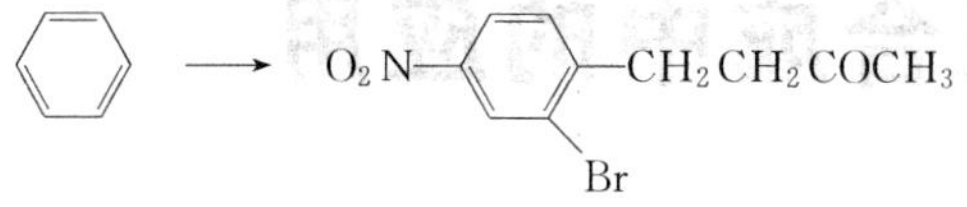
(9)

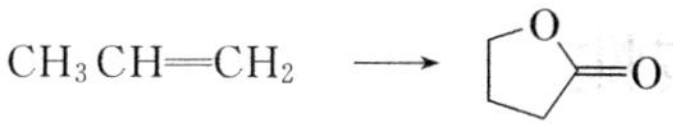
(10)

14. 推测下列化合物的结构

（1）A、B、C 三种化合物的分子式都是 $C_3H_6O_2$，C 能与 $NaHCO_3$ 反应放出 CO_2 气体，A、B 不能。把 A、B 分别放入 NaOH 溶液中加热，然后酸化，从 A 得到酸 a 和醇 a，从 B 得到酸 b 和醇 b，酸 b 能发生银镜反应而酸 a 不能。醇 a 氧化得酸 b，醇 b 氧化得酸 a。推测 A、B、C 的结构。

（2）化合物 A 的分子式为 $C_5H_6O_3$，它与乙醇作用可得到两个互为异构体的化合物 B 和 C；用 $SOCl_2$ 分别处理 B 和 C，再加入过量的乙醇则二者生成同一化合物 D。试推测 A～D 的结构。

（3）化合物 A($C_{12}H_{18}O_2$) 不与苯肼作用，将 A 用稀酸处理得 B($C_{10}H_{12}O$)，B 与苯肼作用生成黄色沉淀。B 用 NaOH/I_2 处理，酸化后得 C($C_9H_{10}O_2$) 和 CHI_3。B 用 Zn-Hg/浓 HCl 处理得 D($C_{10}H_{14}$)。A、B、C、D 用 $KMnO_4$ 氧化都得到邻苯二甲酸。试推测 A～D 可能的结构。

（4）化合物 A 的红外光谱：主要吸收峰位于 $1050cm^{-1}$、$1786cm^{-1}$ 和 $1850cm^{-1}$；核磁共振谱：在 $\delta=3.00$ 处有一个单峰；缓慢加热 A 的甲醇溶液得到化合物 B（$C_5H_8O_4$），化合物的红外光谱：主要吸收峰位于 2500～$3000cm^{-1}$（宽峰）、$1730cm^{-1}$ 和 $1701cm^{-1}$，用 D_2O 为溶剂测定 B 的核磁共振谱：在 $\delta=2.7$ 和 $\delta=3.7$ 处有两个单峰，峰面积比为 4∶3。试推测化合物 A、B 的结构。

（5）某酯类化合物 A($C_4H_8O_2$)，用乙醇钠的醇溶液处理得 B($C_6H_{10}O_3$)；B 能使溴水褪色，若将 B 依次用乙醇钠、溴乙烷处理则生成酯 C($C_8H_{14}O_3$)，该酯在室温下能与溴水作用；若将 C 用稀碱水解，再经酸化与加热，可得到一个酮 D($C_5H_{10}O$)；D 能发生碘仿反应。试推测 A～D 的结构。

（6）某化合物 A 的熔点为 53℃，MS 分子离子峰在 480，A 不含卤素、氮和硫。A 的 IR 在 $1600cm^{-1}$ 以上只有 3000～$2900cm^{-1}$ 和 $1735cm^{-1}$ 处有吸收峰。A 用 NaOH 溶液进行皂化得到一个不溶于水的化合物 B，B 可用有机溶剂从水相萃取出来。萃取后的水相用酸酸化得到一个白色的固体 C，C 不溶于水，熔点 62～63℃，B 和 C 的 NMR 证明它们都是直链化合物。B 用铬酸氧化得到一个相对分子质量为 242 的羧酸。试推测 A、B、C 的结构。

15. 简要回答下列问题

（1）β-酮酸的脱羧反应为什么比 β-二羧酸容易发生？

（2）用丙酰氯和丙酸酐分别与乙醇作用制备丙酸乙酯，哪个反应更容易些？为什么？

（扬州大学，刘永红）

第十五章 β-二羰基化合物和缩合反应及在有机合成中的应用

第一节 α-氢的酸性

在醛、酮和羧酸及其衍生物等章节中，已经学习了羰基官能团的基本性质，即醛、酮羰基的亲核加成，以及亲核试剂进攻羧酸衍生物的羰基（经加成—消除）而发生的亲核取代反应。分子中含有两个羰基官能团的化合物，统称为二羰基化合物。其中两个羰基由一个亚甲基间隔的化合物，叫做β-二羰基化合物。例如：

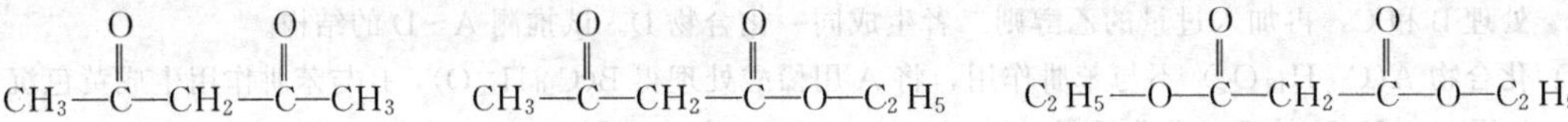

$$CH_3-\overset{\underset{\displaystyle \|}{O}}{C}-CH_2-\overset{\underset{\displaystyle \|}{O}}{C}-CH_3 \qquad CH_3-\overset{\underset{\displaystyle \|}{O}}{C}-CH_2-\overset{\underset{\displaystyle \|}{O}}{C}-O-C_2H_5 \qquad C_2H_5-O-\overset{\underset{\displaystyle \|}{O}}{C}-CH_2-\overset{\underset{\displaystyle \|}{O}}{C}-O-C_2H_5$$

乙酰丙酮　　　　　　　　　乙酰乙酸乙酯　　　　　　　　丙二酸二乙酯

（2,4-戊二酮）　　　　　　（β-丁酮酸酯）

在这些化合物中，亚甲基对于两个羰基来说，都是α位置，在两个羰基的共同影响下，这个碳原子上的α氢原子显得特别活泼，β-二羰基化合物也常叫做含有活泼亚甲基的化合物。β-二羰基化合物因此具有自已独特的反应，在有机合成上有着多方面的应用。

酯、腈、酰氯等羰基化合物中，α-氢呈现一定酸性，与烷烃相比有较强的酸性。这是由于它们离解后产生的负离子比烷基负离子稳定得多，例如：丙酮离解后的负离子具有两种共振形式，负电荷可由氧和α-碳分担，因而较烷基负离子稳定。

$$CH_3CH_3 \rightleftharpoons H^+ + CH_3CH_2^-$$

$$CH_3-\overset{\underset{\displaystyle \|}{O}}{C}-CH_3 \rightleftharpoons H^+ + \left[CH_3-\overset{\underset{\displaystyle \|}{O}}{C}-CH_2^- \longleftrightarrow CH_3-\overset{\underset{\displaystyle |}{O^-}}{C}=CH_2 \right]$$

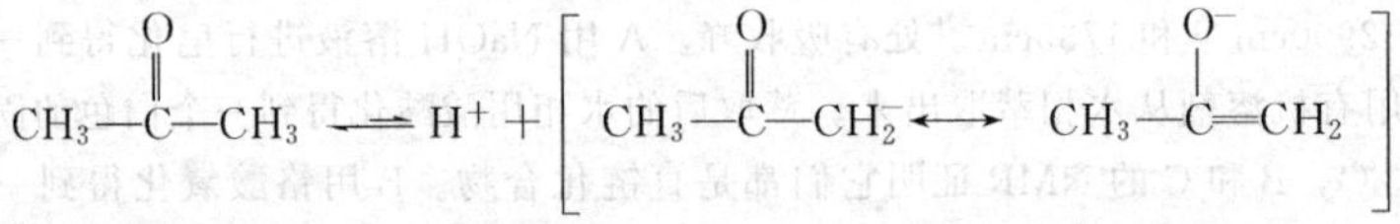

离解平衡越向右，酸性越强（乙烷 $pK_a=42$，丙酮 $pK_a=20$）。碳原子上吸电子基团的能力越强，离解的负离子越稳定，酸性就越强。例如：$-NO_2$ 比 $-CO_2CH_3$ 的吸电子能力强，硝基甲烷的酸性比乙酸甲酯强，前者 pK_a 为 10，后者 pK_a 为 25。当同一碳原子连有两个吸电子基团时，离解后生成的负离子因体系共轭分散电子而十分稳定，酸性明显增强。

$$CH_3-\overset{\underset{\displaystyle \|}{O}}{C}-CH_2-\overset{\underset{\displaystyle \|}{O}}{C}-OC_2H_5 \rightleftharpoons H^+ + \left[\begin{array}{c} CH_3-\overset{\underset{\displaystyle \|}{O}}{C}-\overset{-}{C}H-\overset{\underset{\displaystyle \|}{O}}{C}-OC_2H_5 \\ \updownarrow \\ CH_3-\overset{\underset{\displaystyle |}{O^-}}{C}=CH-\overset{\underset{\displaystyle \|}{O}}{C}-OC_2H_5 \\ \updownarrow \\ CH_3-\overset{\underset{\displaystyle \|}{O}}{C}-CH=\overset{\underset{\displaystyle |}{O^-}}{C}-OC_2H_5 \end{array} \right]$$

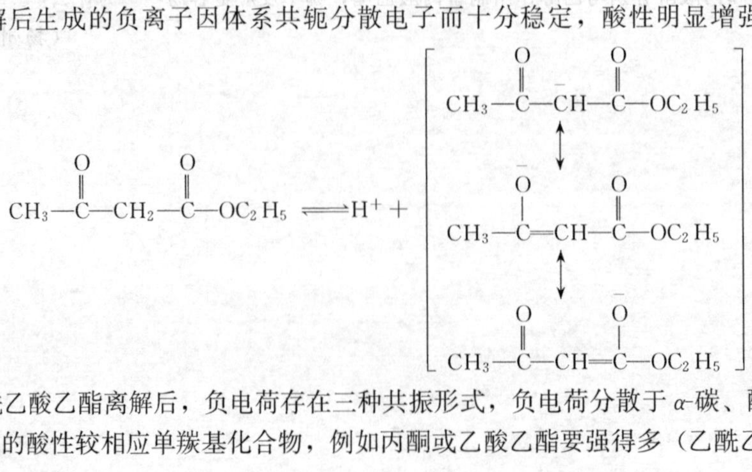

例如：乙酰乙酸乙酯离解后，负电荷存在三种共振形式，负电荷分散于α-碳、酮的羰基和酯的羰基氧上，使它的酸性较相应单羰基化合物，例如丙酮或乙酸乙酯要强得多（乙酰乙酸乙酯的 pKa

表 15-1　一些化合物的 pK_a 值

化　合　物	pK_a	化　合　物	pK_a
$CHOCH_2CHO$	5	RCH_2COCl	约 16
$CH_3COCH_2COCH_3$	9	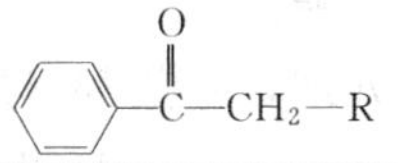	19
$CH_3CH_2NO_2$	9		
$NCCH_2CN$	11	$R-\overset{O}{\overset{\Vert}{C}}-CH_2-R$	20～21
$CH_3COCH_2COOC_2H_5$	11	RCH_2COOR	24.5
$C_2H_5OOCCH_2COOC_2H_5$	13	RCH_2CN	25

值为 11)。表 15-1 按酸性强弱列出了一些化合物 α-氢的酸性，从中可看出结构与酸性的关系。

表 15-1 中的化合物可与碱作用生成负离子，其烯醇式结构的共振式一般称为烯醇负离子，亚甲基碳原子上带有负电荷的共振式，一般称为碳负离子。尽管负电荷主要分散在杂原子上，如丙酮负离子，主要共振结构为 $CH_3-\overset{O^-}{\overset{|}{C}}=CH_2$ ，但有机反应中往往以碳负离子形式参与。例如：羟醛缩合中可看作碳负离子对羰基的亲核加成，所以本章把 α-氢化合物的相应负离子称作 α-碳负离子。

习题 15-1　写出下列负离子的共振结构式，并比较两对负离子的碱性。

(1)　$CH_3\overset{O}{\overset{\Vert}{C}}\bar{C}H\overset{O}{\overset{\Vert}{C}}CH_3$　　　(2)　$CH_3CH=CH\,\bar{C}H\overset{O}{\overset{\Vert}{C}}CH_3$

第二节　酯缩合反应

一、酯缩合反应

由上节可知，具有 α-氢的酯呈现一定酸性，在醇钠作用下生成 α-碳负离子（烯醇负离子）。该负离子对另一酯羰基进行亲核加成-消去反应（取代反应）生成 β-酮酸酯，这个反应叫做克莱森（Claisen）酯缩合。反应机理可分为三步。

$$2CH_3COOC_2H_5 \xrightarrow[(2)\ H^+]{(1)\ NaOC_2H_5} CH_3COCH_2COOC_2H_5 \quad 75\%$$

反应机理：

(1) $CH_3COOC_2H_5 + NaOC_2H_5 \rightleftharpoons \bar{C}H_2COOC_2H_5 + C_2H_5OH$

pK_a 24　　　　　　　　pK_a 16

(2)
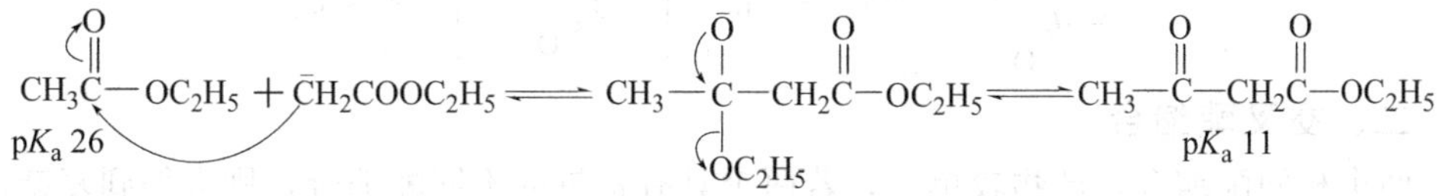

(3) $CH_3\overset{O}{\overset{\Vert}{C}}CH_2\overset{O}{\overset{\Vert}{C}}OC_2H_5 + NaOC_2H_5 \longrightarrow CH_3\overset{O}{\overset{\Vert}{C}}\underset{}{\overset{Na}{C}}H\overset{O}{\overset{\Vert}{C}}OC_2H_5 + HOC_2H_5$

pK_a 11　　　　　　　　pK_a 16

第一步是酯的烯醇离子的形成，平衡偏向左边，只有小部分的酯被乙氧负离子去除了氢。烯醇离子进攻另一分子酯，去除乙氧负离子生成乙酰乙酸乙酯。在过量 $NaOC_2H_5$ 存在下，乙酰乙酸乙酯去质子生成烯醇离子，这一放热的去质子步骤促使反应完成。当反应完成时，烯醇离子再质子化生成乙酰乙酸乙酯。

有两个 α-氢的酯用醇钠处理，一般都可顺利地发生酯缩合，通式是：

$$2RCH_2COOR' \xrightarrow[(2)\ H^+]{(1)\ NaOR} R{-}CH_2CO\underset{\substack{|\\R}}{CH}COOR'$$

只有一个 α-氢的酯在一般条件下缩合较为困难，原因在于无第二个 α-氢与碱反应生成 β-酮酸酯的钠盐（不存在上述历程的第（3）步），对于反应的完成极为不利，当用更强的碱时则可使反应完成。

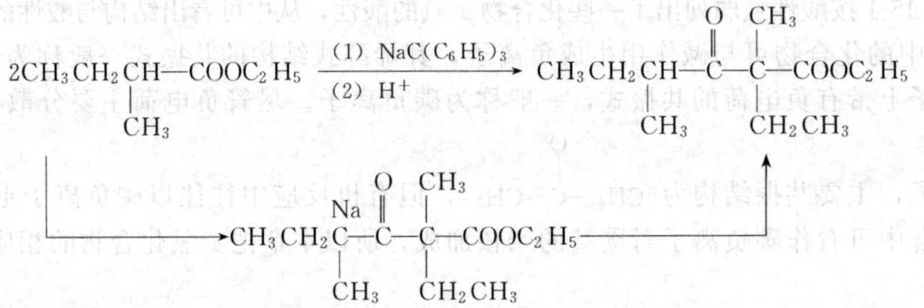

适当位置的开链双酯在醇钠存在下可进行分子内酯缩合，该反应叫做狄克曼（Dieckmann）缩合，常用来合成五、六元环化合物。

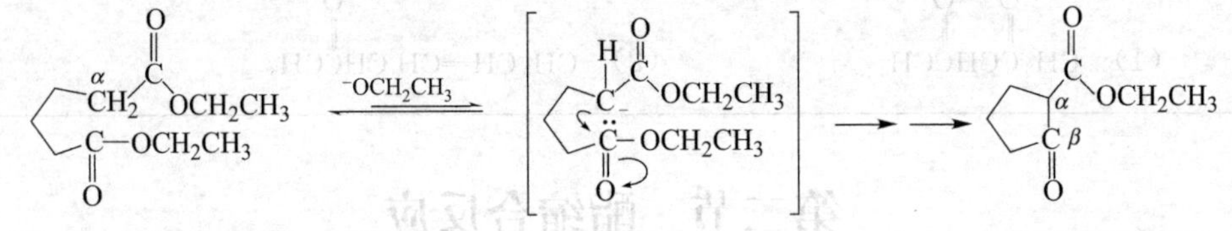

己二酸二乙酯(1,6-二酯)　　　　环状的 β-酮酯

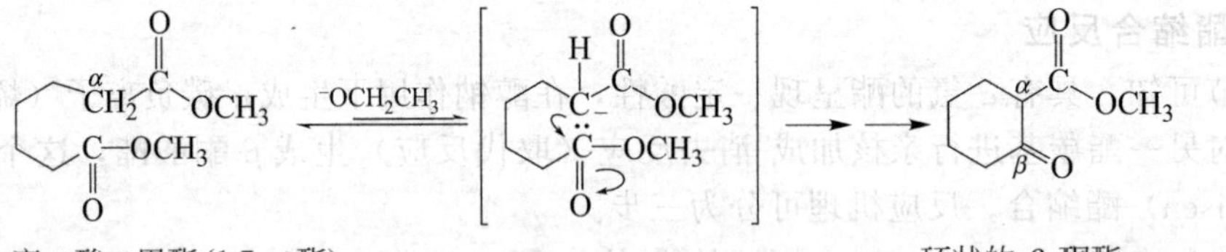

庚二酸二甲酯(1,7-二酯)　　　　环状的 β-酮酯

并不是所有的二元酸酯都能发生环缩合，一般局限于生成稳定的五碳环和六碳环，所以狄克曼反应是合成五、六元碳环的重要方法。产物在酸性水溶液中水解，最初生成 β-羰基酸，由于 β-羰基酸不稳定，容易脱羧，最后得到的是环酮。

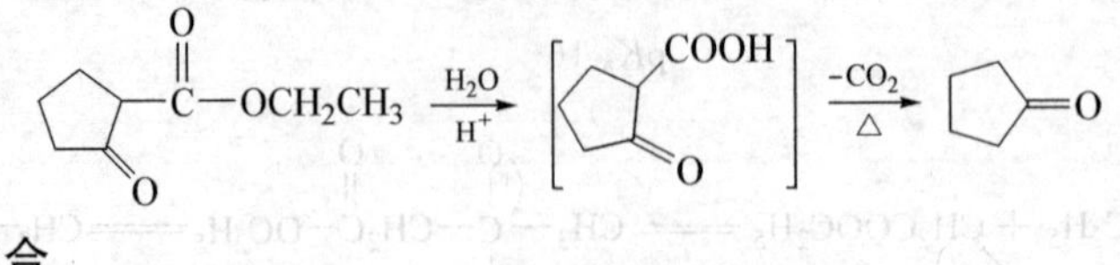

二、交叉酯缩合

两个相同酯缩合，产物较单一；若两个具有 α-氢的不同酯缩合，则会得到复杂产物；但一个无 α-氢的酯与一个有 α-氢的酯缩合，又可得到较为单一的产物。这种缩合称为交叉酯缩合（crossed ester condensation）。

$$CH_3CH_2COOC_2H_5\ (A) + CH_3COOC_2H_5\ (B) \xrightarrow{NaOC_2H_5} A{-}A + B{-}B + A{-}B + B{-}A$$

$$HCOOC_2H_5 + CH_3COOC_2H_5 \xrightarrow[(2)\ H^+]{(1)\ NaOC_2H_5} HCOCH_2COOC_2H_5 \quad 79\%$$

无 α-氢的酯，如甲酸酯、碳酸酯和草酸酯，可与其他有 α-氢的酯缩合。它们在反应中提供羰基，在另一酯的 α 位导入相应酰基。

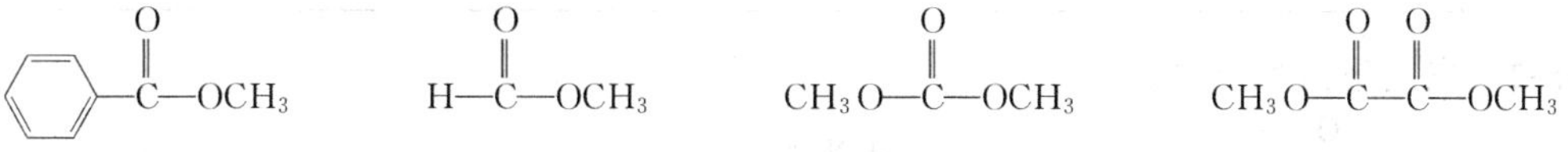

苯甲酸甲酯　　甲酸甲酯　　碳酸二甲酯　　草酸二甲酯

$$HCOOC_2H_5 + CH_3COOC_2H_5 \xrightarrow[(2)\ H^+]{(1)\ NaOC_2H_5} HCOCH_2COOC_2H_5 \quad 79\%$$

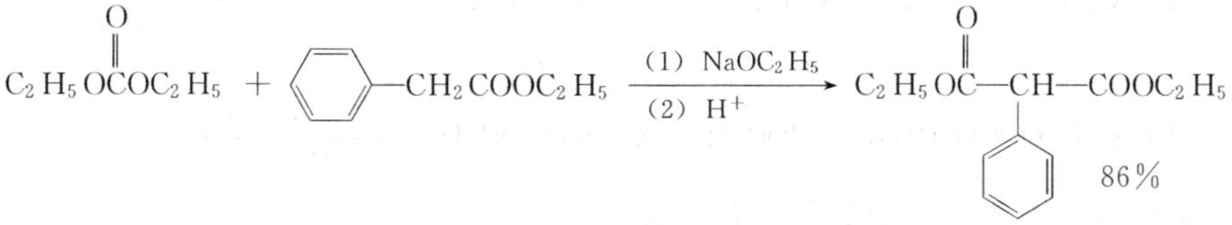

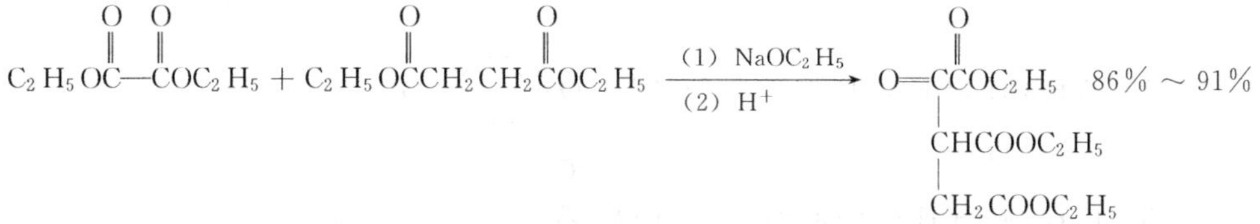

有 α-氢的酮也可与酯在碱作用下发生交叉酯缩合，由于酮的 α-氢酸性较酯的强（酮 pK_a = 20～21，酯 pK_a = 24.5），反应中酮生成 α-碳负离子，结果是酯酰基导入酮的 α 位。

反应机理：

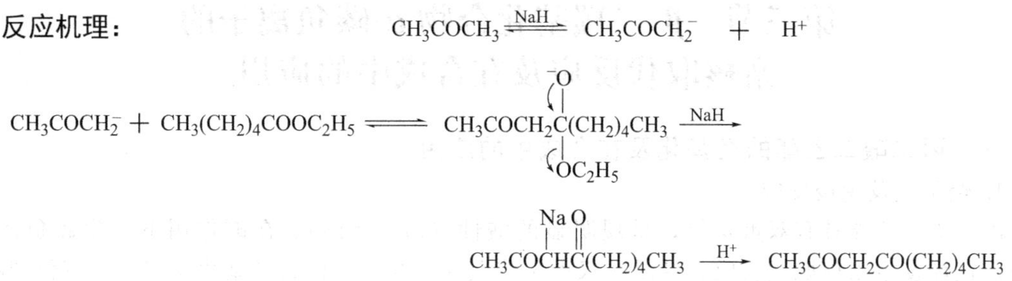

即使酯有 α-氢，因为与酮的酸性有差异，这种酯和酮的缩合还是很成功的。下面的几个例子显示了酯和酮之间的交叉克莱森缩合。注意各种二官能团和三官能团化合物可以通过选择合适的酯来制备。

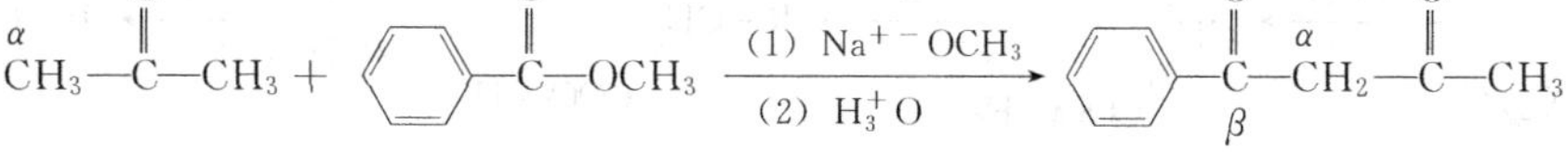

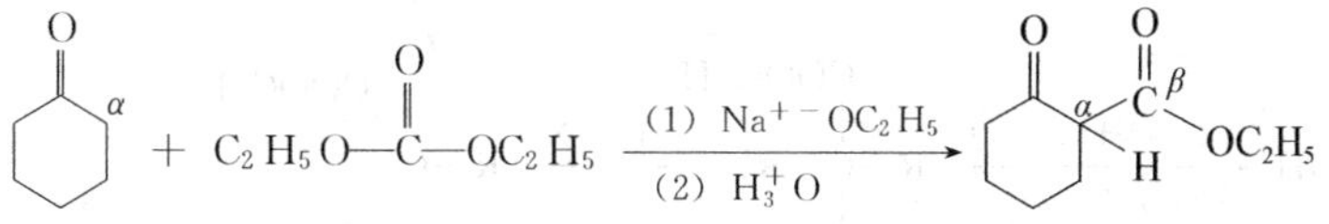

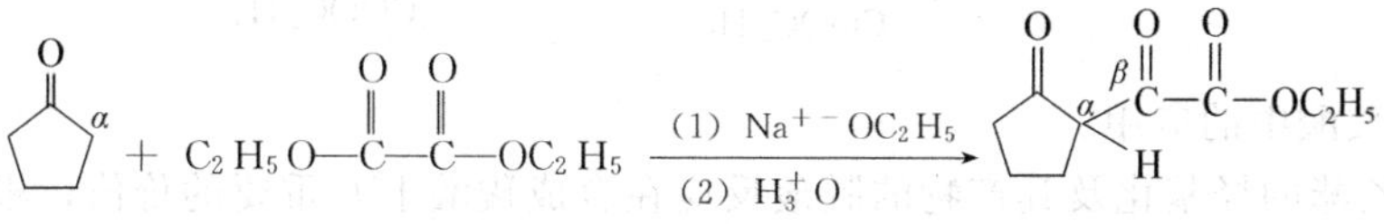

当然，无 α-氢的酯与酮缩合产物更为单一。

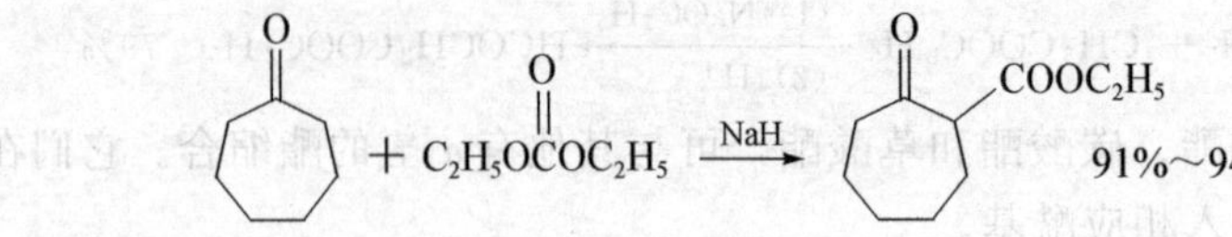

习题 15-2　完成下列反应式。

（1）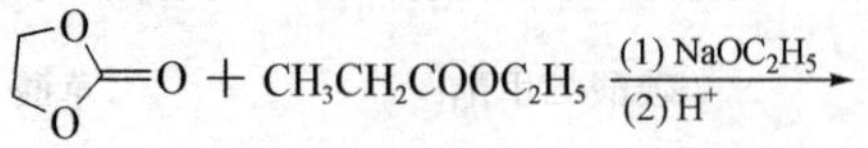

（2）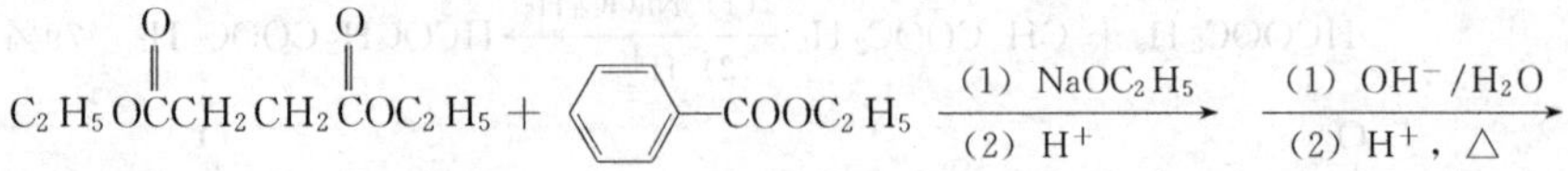

（3）$C_2H_5OCCH_2CH_2CH_2COC_2H_5 + C_2H_5OCOC_2H_5 \xrightarrow[(2)\ H^+]{(1)\ NaOC_2H_5}$（各羰基 C=O）

习题 15-3　通过酯缩合反应，合成下列化合物。

（1）$C_6H_5CH_2\overset{O}{\overset{\|}{C}}CH_2C_6H_5$　（2）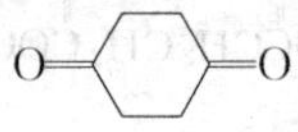

（3）$C_2H_5O\overset{O}{\overset{\|}{C}}—\underset{CH_3}{\underset{|}{CH}}—COOC_2H_5$　（4）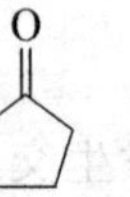

第三节　β-二羰基化合物α-碳负离子的亲核取代反应及在合成中的应用

一、丙二酸二乙酯的烃基化及在合成中的应用

1. 烃基化及脱羧反应

丙二酸二乙酯具有双重α-氢，呈现明显的酸性（pK_a＝13）。在碱作用下产生碳负离子，可与卤代烃发生亲核取代反应，结果在双重α-碳上导入烃基，称为烃基化反应。烃基化产物碱性水解并酸化生成丙二酸类化合物，该化合物不稳定，受热脱酸生成一烃基乙酸。若一烃基丙二酸二乙酯再用 $NaOC_2H_5$ 处理并与另一卤代烃作用，碱性水解，酸化加热可得到二烃基乙酸。

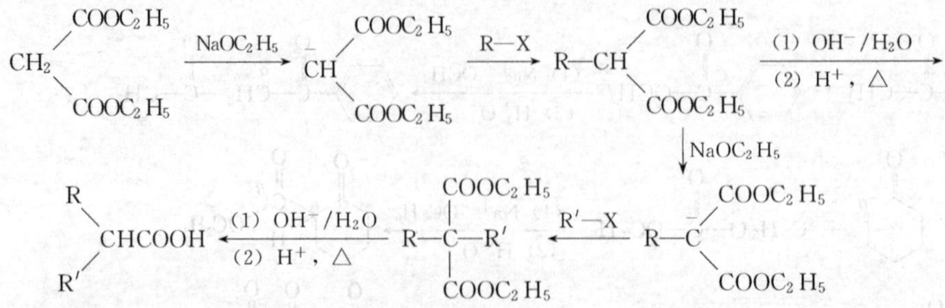

2. 在合成羧酸中的应用

丙二酸二乙酯的烃基化及其产物的脱羧反应在合成羧酸上有重要的价值，根据反应物 R—X 中 R 的不同可以制备各种羧酸。

（1）取代乙酸的制备

当采用丙二酸二乙酯合成羧酸时，反应物为单卤代烃，则可以制备取代乙酸。例如：己酸可通过该法由丙二酸二乙酯和卤代丁烷制备。

$$C_2H_5O_2CCH_2CO_2C_2H_5 \xrightarrow[(2)\ CH_3CH_2CH_2CH_2Cl]{(1)\ NaOC_2H_5} CH_3CH_2CH_2CH_2CH(CO_2C_2H_5)_2$$

$$\xrightarrow[(2)\ H^+,\ \triangle]{(1)\ OH^-/H_2O} CH_3CH_2CH_2CH_2\boxed{CH_2COOH}$$

（2）二元羧酸的制备

2mol 丙二酸二乙酯，2mol 醇钠和 1mol 双卤代烃作用，可以制备二元羧酸。

$$2C_2H_5O_2CCH_2CO_2C_2H_5 \xrightarrow{2NaOC_2H_5} 2\,(C_2H_5O_2C\bar{C}HCO_2C_2H_5) \xrightarrow{BrCH_2CH_2Br}$$

$$(C_2H_5O_2C)_2CH—CH_2CH_2—CH(CO_2C_2H_5)_2 \xrightarrow[(2)\ H^+,\ \triangle]{(1)\ OH^-/H_2O} \boxed{HOOCCH_2}—CH_2CH_2—\boxed{CH_2COOH}$$

（3）环烷酸制备

1mol 丙二酸二乙酯用 2mol 醇钠处理得到双钠盐。该盐与 1mol 双卤代烃反应可以制备三、四、五和六元环的环烷酸。

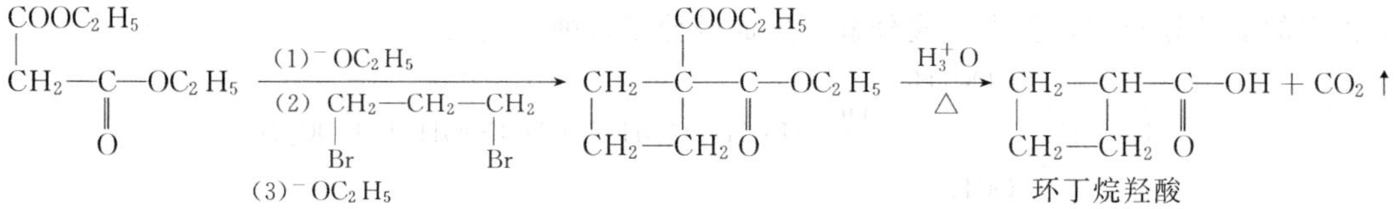

（4）1,4-官能团化合物制备

当用 α-卤代化合物进行上述反应，可以成功地合成 1,4-官能团化合物。

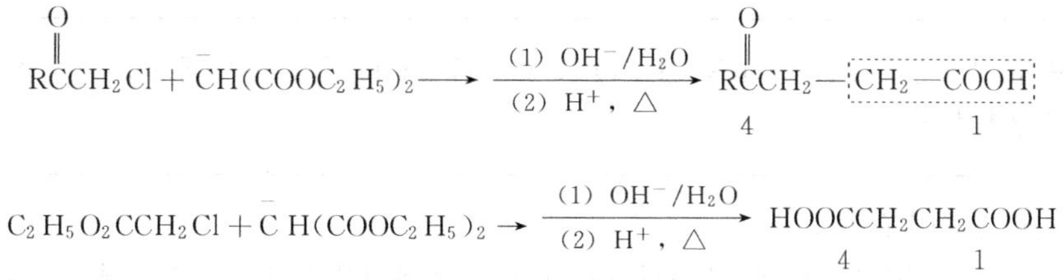

通过丙二酸酯合成羧酸是一个选择适当卤代烃的问题。被合成的化合物中丙二酸酯提供的部分是 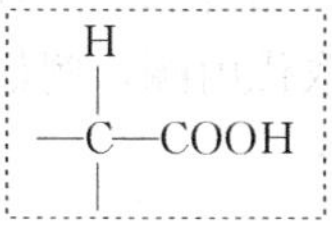，此外的部分为卤代烃提供。这个规律为设计合成路线提供了方便，例如：2-乙基丁酸合成，当划出丙二酸酯提供的部分后，就会很快找出反应的卤代烷是卤代乙烷。

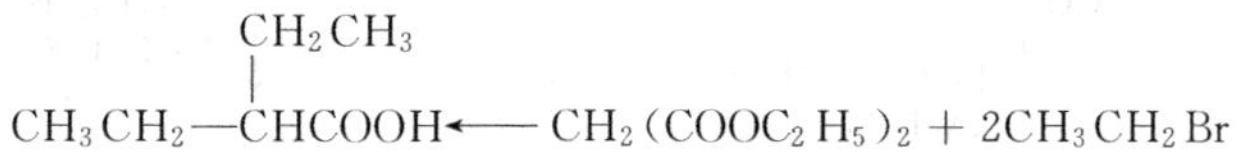

习题 15-4 完成下列反应式。

（1）$2CH_2(COOC_2H_5)_2 \xrightarrow[(2)\ I_2]{(1)\ 2NaOC_2H_5}$

（2）$CH_3COCH_2Cl + CH_2(COOC_2H_5)_2 \xrightarrow{NaOC_2H_5} \xrightarrow[(2)\ H^+,\ \triangle]{(1)\ OH^-/H_2O}$

习题 15-5 由丙二酸二乙酯合成 3-甲基丁酸和庚二酸。

二、“三乙”的烃基化及在合成中的应用

1. “三乙”的烃基化及脱羧反应

乙酰乙酸乙酯为双重 α-氢化合物，它的 pK_a 为 11，能与碱作用生成碳负离子，像丙二酸二乙酯负离子一样能与卤代烃发生亲核取代反应，在双重 α-碳上导入烃基。“三乙”的另一个结构特征是在碱的作用下可以发生酮式分解或酸式分解。烃基化的“三乙”在稀碱的作用下使酯水解生成 β-羰基酸，酸化加热后，脱羧生成一取代或二取代的丙酮。

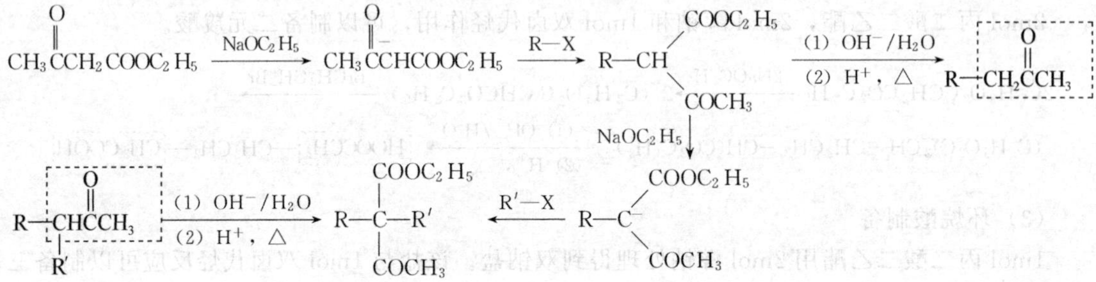

当用浓碱水解“三乙”的烃基化产物时，OH^- 浓度高，除了和酯作用外，还可以使乙酰乙酸乙酯的酮基处断裂，发生酸式分解，生成两分子羧酸（盐）。

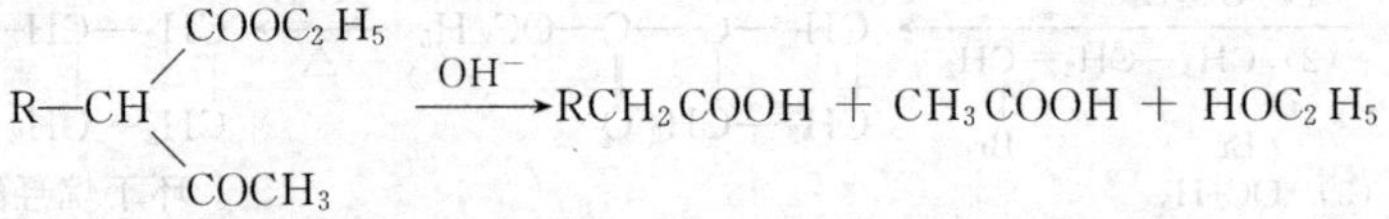

由于酸式分解时往往伴随着一些酮式分解，因此，合成羧酸最好用前述的丙二酸二乙酯法。乙酰乙酸乙酯主要用于制备酮。

习题 15-6 写出“三乙”钠盐与 RX，RCOX，$ClCH_2COR$ 反应的中间体，进行酮式分解和酸式分解的产物。

---

2. 在合成甲基酮中的应用

通过“三乙”的亲核取代及其产物的脱羧，可以合成各种甲基酮类。被合成的产物中，“三乙”提供的部分是 $—\overset{|}{C}HCOCH_3$ ，其余部分由相应的卤代烃提供，如同丙二酸二乙酯合成酸一样，“三乙”合成甲基酮也是一个卤代烃选择问题。当采用单卤代烃时，该法可合成取代丙酮，例如：3-甲基-2-己酮的合成，根据如下图示可知可由“三乙”和卤代甲烷和卤代丙烷制备。

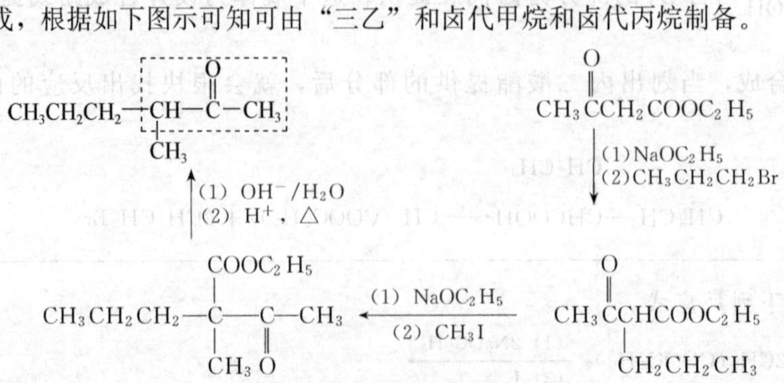

当采用双卤代烃，且“三乙”钠盐与双卤代烃物质的量比为 2∶1 时可以制备二酮，例如：2,6-庚二酮是由 1mol CH_2Cl_2 和 2mol“三乙”制备的。

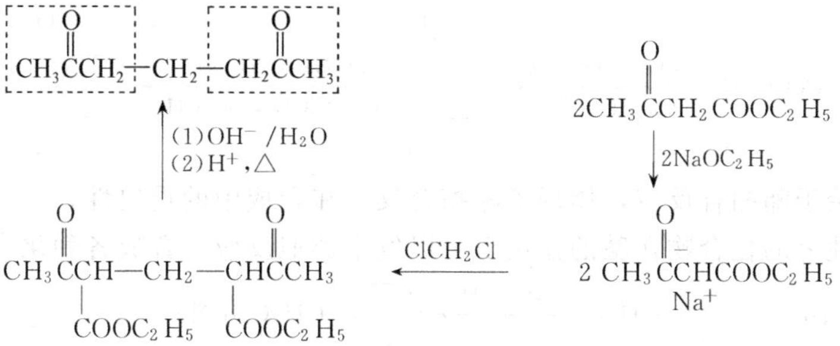

当用 1mol 1,4-二卤代丁烷，1mol “三乙” 和 2mol 醇钠时，则得到环戊基甲基酮。

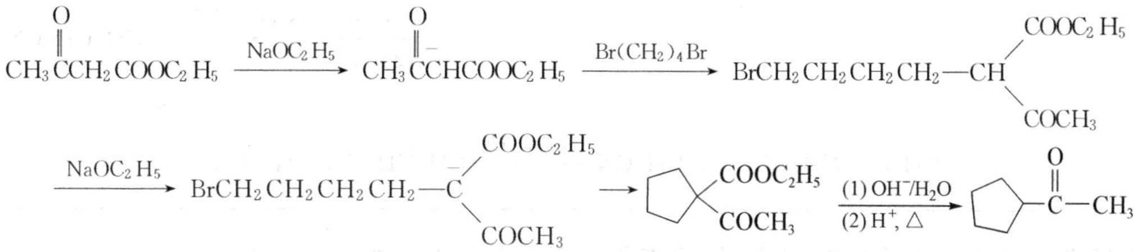

“三乙” 不像丙二酸二乙酯那样，它不能生成双钠盐，反应中是以两次单钠盐的生成并分别进行亲核取代关环而成。由于 “三乙” 不能生成双钠盐，因此不能合成三、四元环。

带有官能团的 α-卤代化合物与 “三乙” 反应，与丙二酸二乙酯一样，可合成双官能团化合物，例如：2,4-己二酮可由 “三乙” 和 α-卤代丙酮制备。

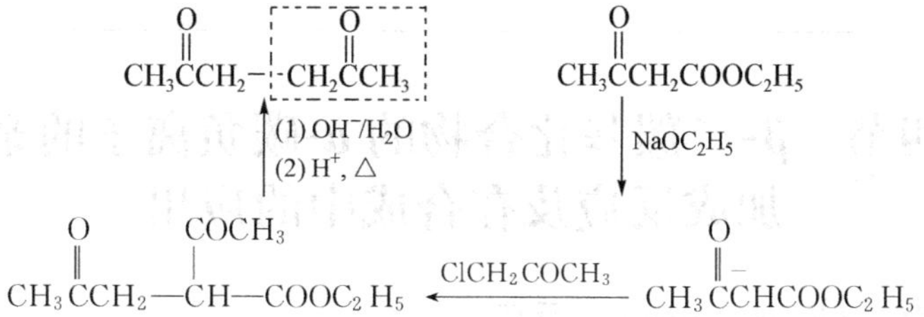

习题 15-7 写出由 “三乙” 合成下列化合物选用的卤代化合物。

(1) 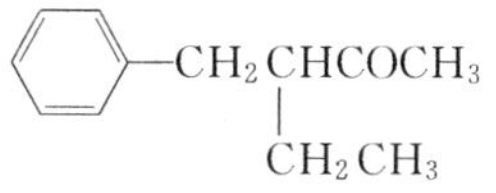

(2) 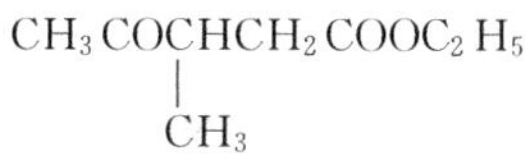

习题 15-8 由 “三乙” 合成下列化合物：

(1) 2-己醇　　(2) 2,5-己二酮　　(3) 正戊酸

三、酯缩合产物和其他双重 α-氢化合物的烃基化及在合成中的应用

通过酯缩合可以得到 β-酮酸酯（两个酯缩合产物）和 1,3-二酮（酯和酮缩合产物），这两种产物均存在双重 α-氢，能与 $NaOC_2H_5$、NaH、$NaNH_2$、OH^- 等碱作用生成碳负离子。像 “三乙” 一样可以与卤代烃进行亲核取代反应，获得烃基化产物。这种形成 C—C 键的反应比 “三乙” 在合成上有更广泛的意义。“三乙” 只是酯缩合产物之一，它一般只能用来合成甲基酮，而不同结构的 β-酮酸酯和 1,3-二酮与不同的卤代烃可合成各种酮类。下面两例说明它们在合成上的应用。

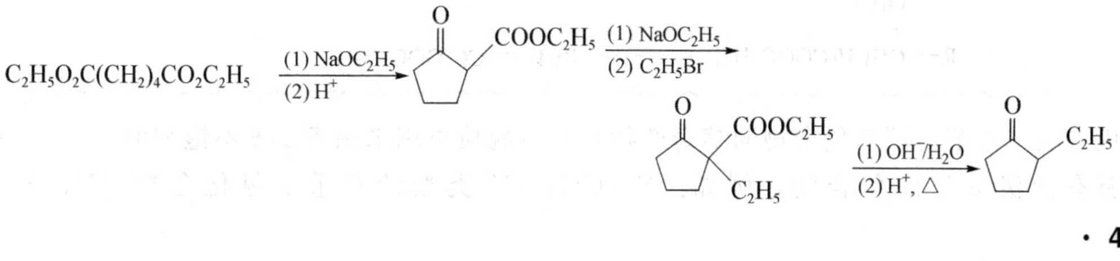

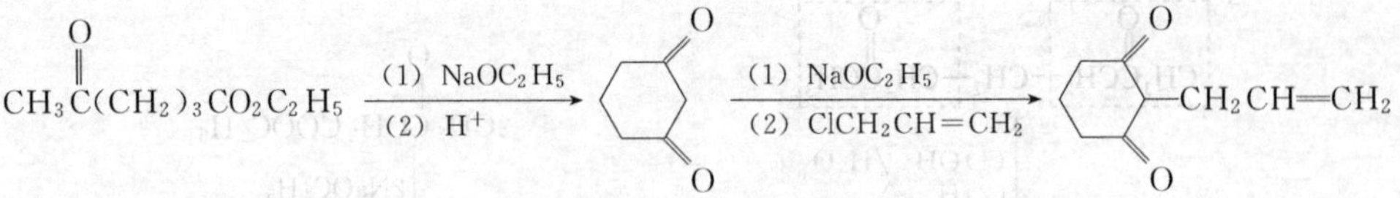

以上两例起始于酯缩合反应，体现了酯缩合反应在合成中的重要性。

其他具有酸性氢的化合物在碱的作用下可以发生类似反应，合成各种化合物。

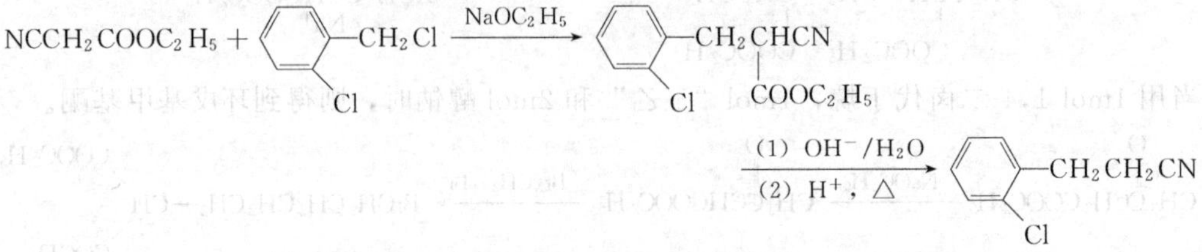

$$CH_3CH_2CH_2Cl + NCCH_2CN \xrightarrow{NaOC_2H_5} CH_3CH_2CH_2CH_2(CN)_2$$

习题 15-9 写出二苯乙腈在 $NaNH_2$ 存在下与苄氯反应的产物。

习题 15-10 完成下列转化：

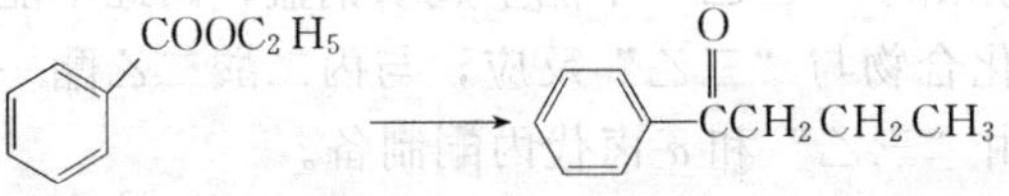

第四节 β-二羰基化合物的 α-碳负离子的亲核加成反应及在合成中的应用

一、克诺文盖尔（Knoevenagel）反应

醛、酮在弱碱（胺、吡啶等）催化下与具有活泼 α-氢的化合物缩合的反应叫做克诺文盖尔反应，机理类似于羟醛缩合。

$$RCHO + CH_2(COOC_2H_5)_2 \longrightarrow RCH=C(COOC_2H_5)_2 \xrightarrow[(2) H^+, \triangle]{(1) OH^-/H_2O} RCH=CHCOOH$$

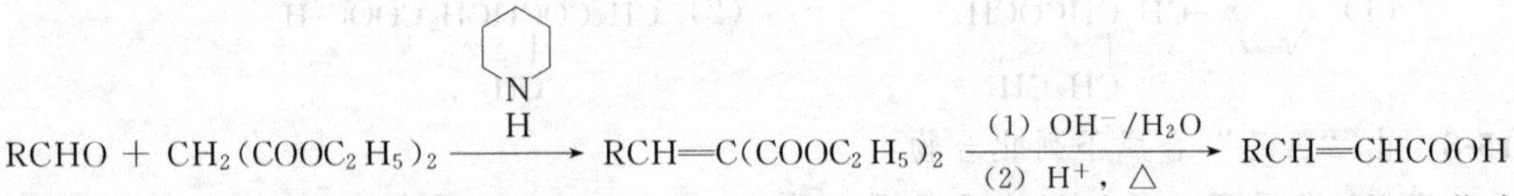

碱夺取 α-氢生成碳负离子，对羰基加成，加成产物非常容易脱水生成 α,β-不饱和化合物。

反应机理：

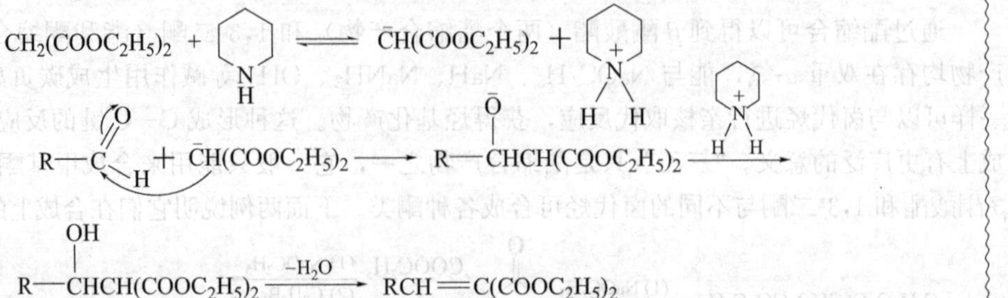

丙二酸二乙酯与羰基化合物的缩合产物水解后脱羧可用来制备 α,β-不饱和酸。

具有活泼 α-氢的化合物，例如：Y—CH₂—Y′ 类型的双重 α-氢化合物（Y、Y′可为

—$CO_2C_2H_5$、—CN、RCO—、—NO_2 等吸电子基团）进行该反应均有较好的收率。

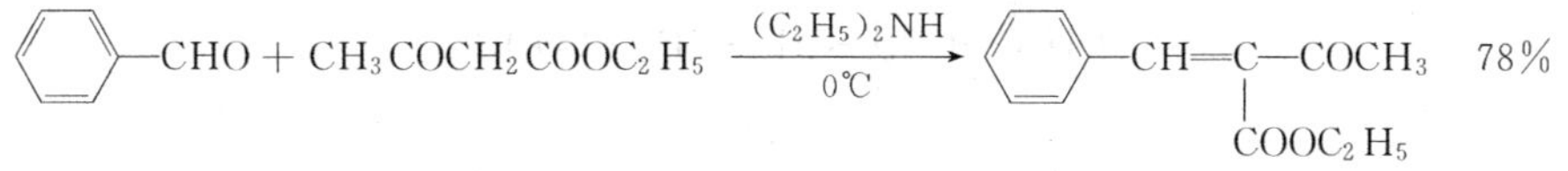

$$CH_3(CH_2)_5CHO + CH_2(COOH)_2 \xrightarrow{\text{吡啶}} CH_3(CH_2)_5CH{=}C(COOH)_2 \xrightarrow{-CO_2} CH_3(CH_2)_5CH{=}CHCOOH \quad 75\%\sim85\%$$

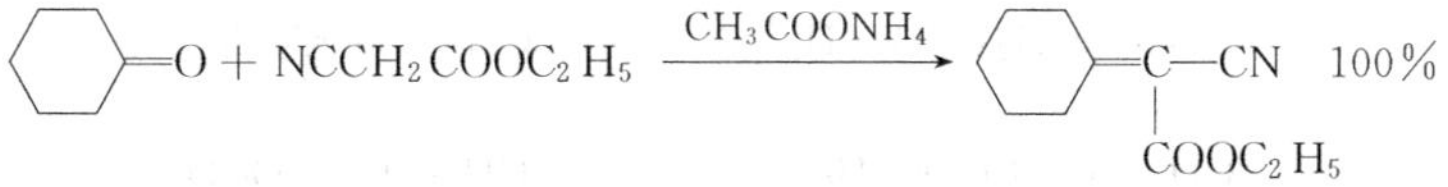

二、麦克尔（Michael）加成

丙二酸二乙酯、“三乙”在碱存在下与 α,β-不饱和化合物的 1,4-加成叫做麦克尔加成。反应起始于 α-碳负离子的亲核进攻，进行共轭加成。

$$CH_2(COOC_2H_5)_2 + CH_2{=}CH-CHO \xrightarrow[HOC_2H_5]{NaOC_2H_5} (C_2H_5OOC)_2CHCH_2CH_2CHO$$

反应机理：

$$CH_2(COOC_2H_5)_2 + NaOC_2H_5 \rightleftharpoons HOC_2H_5 + \bar{C}H(COOC_2H_5)_2$$

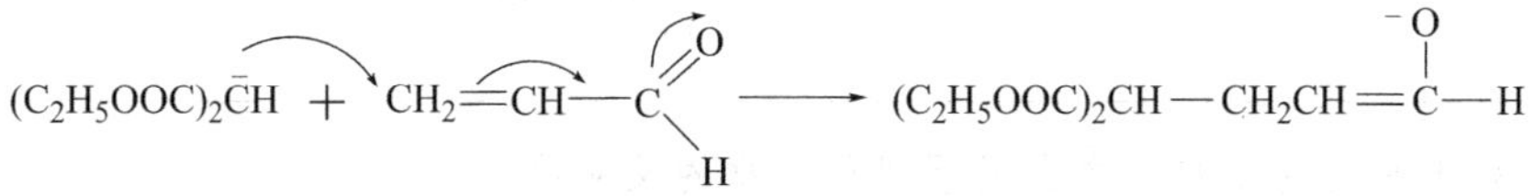

$$\xrightarrow{HOC_2H_5} (C_2H_5OOC)_2CHCH_2CH_2CHO$$

反应中常采用的碱为醇钠、季铵碱、氢氧化钾、氢氧化钠等。活泼 α-氢化合物为 Y—CH_2—Y′（Y、Y′可以为—CN，—$CO_2C_2H_5$，—COR、—NO_2 等）。α,β-不饱和化合物为 α,β-不饱和酯、醛、酮、腈等。

$$CH_2(COOC_2H_5)_2 + CH_2{=}\underset{\displaystyle C_6H_5}{\underset{|}{C}}-COOC_2H_5 \xrightarrow{NaOC_2H_5} (C_2H_5OOC)_2CH-CH_2-\underset{\displaystyle C_6H_5}{\underset{|}{\overset{\displaystyle H}{\overset{|}{C}}}}-COOC_2H_5 \quad 55\%\sim66\%$$

$$CH_2(COOC_2H_5)_2 + 2\ CH_2{=}\underset{\displaystyle H}{C}-COCH_3 \xrightarrow{OH^-} (CH_3COCH_2CH_2)_2C(COOC_2H_5)_2 \quad 85\%$$

$$C_6H_5-\overset{\displaystyle CN}{\overset{|}{C}}HCOOC_2H_5 + CH_2{=}CHCN \xrightarrow[(CH_3)_3COH]{KOH} C_6H_5-\underset{\displaystyle CH_2CH_2CN}{\underset{|}{\overset{\displaystyle CN}{\overset{|}{C}}}}COOC_2H_5 \quad 68\%\sim83\%$$

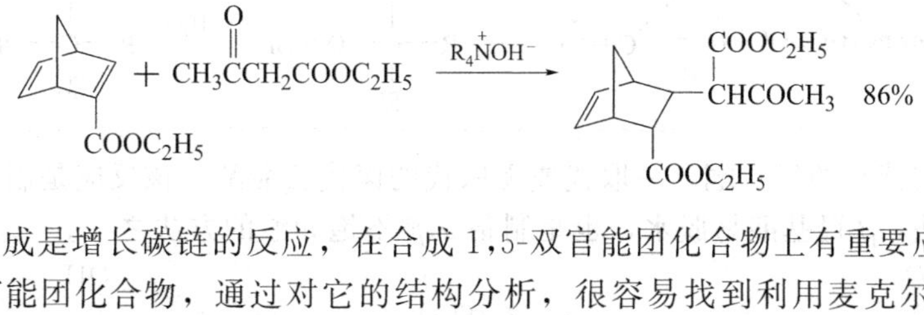

麦克尔加成是增长碳链的反应，在合成 1,5-双官能团化合物上有重要应用。例如：5-己酮酸为 1,5-双官能团化合物，通过对它的结构分析，很容易找到利用麦克尔加成进行合成的两种途径。合成设计中对合成化合物的肢解方式如下图所示。如按①肢解，则起始化合物应为“三乙”和丙烯酸酯。若按②肢解应则为丙二酸二乙酯和 3-丁烯-2-酮。

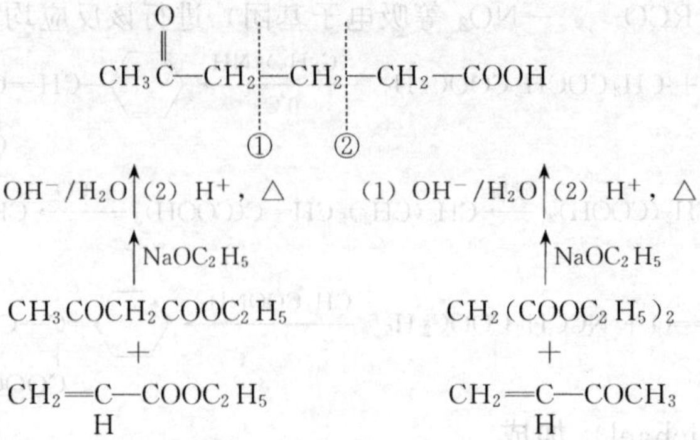

麦克尔加成中若具有羰基的酸性氢化合物和具有 α-氢的 α,β-不饱和酮进行反应，得到的1,5-二羰基化合物在碱作用下可继续反应发生环合。例如：2-甲基-1,3 环己二酮和 3-丁烯-2-酮在碱作用下反应，产生的麦克尔加成产物可进行分子内羟醛缩合反应，得到环合产物。一般采用催化量的碱主要得到1，4-加成产物，采用等量碱则主要为环合产物，可以利用这个两步合一的反应方便地合成六元环。

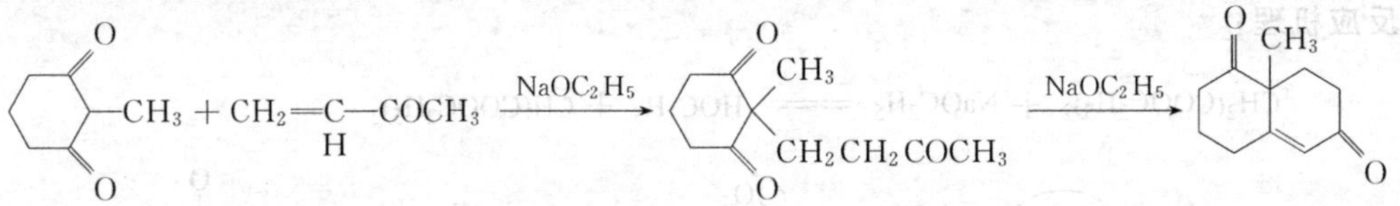

习题 15-11　写出利用麦克尔加成合成下列化合物的反应物。

（1） 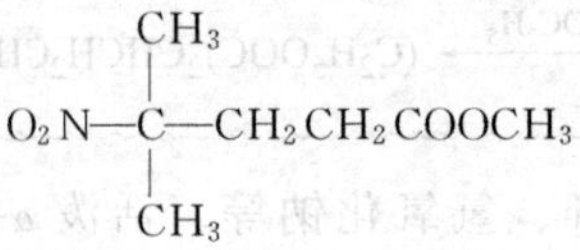　　（2） 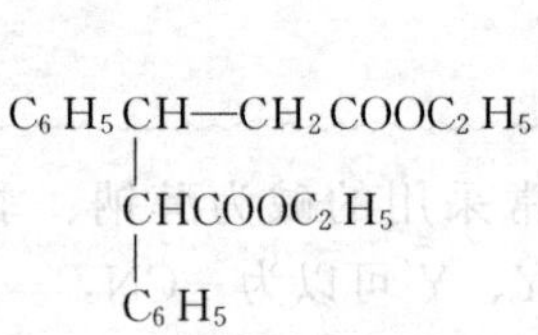

三、瑞佛马斯基（Reformatsky）反应

在惰性溶剂中 α-溴代乙酸酯与锌和醛或酮作用生成 β-羟基酸酯的反应叫瑞佛马斯基反应。

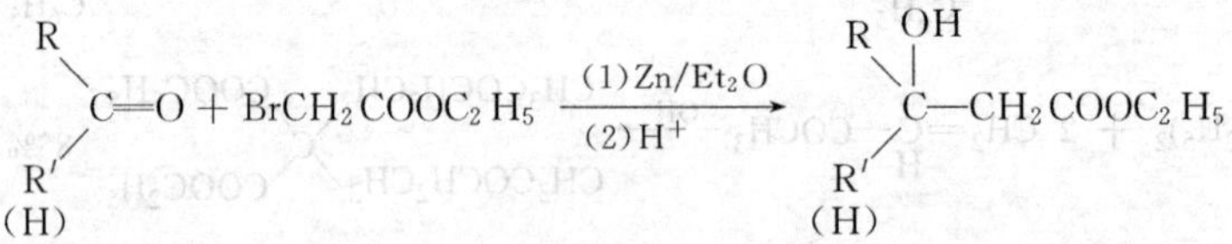

反应中首先生成有机锌化合物，然后对醛、酮羰基进行亲核加成。反应类似于格氏试剂对羰基化合物的加成，但有机锌化合物活性较差，在反应条件下不与酯羰基加成，可以得到 β-羟基酸酯。

反应机理：

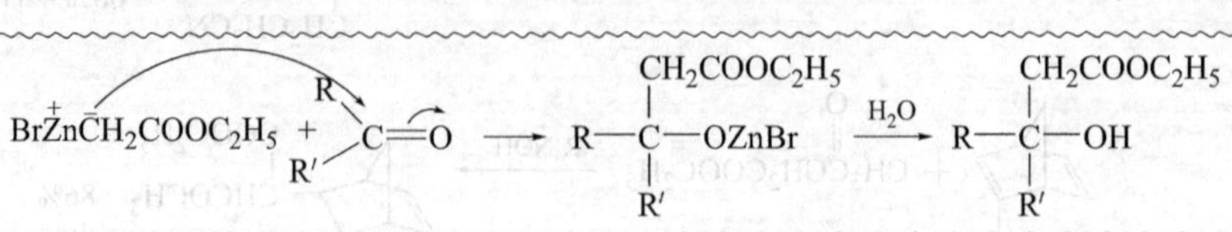

反应可用脂肪或芳香的醛、酮，一取代或无取代的卤代乙酸酯。该反应是制备 β-羟基酸及其衍生物的常用方法，β-羟基酸易脱水，也是制备 α,β-不饱和酸的方法之一。

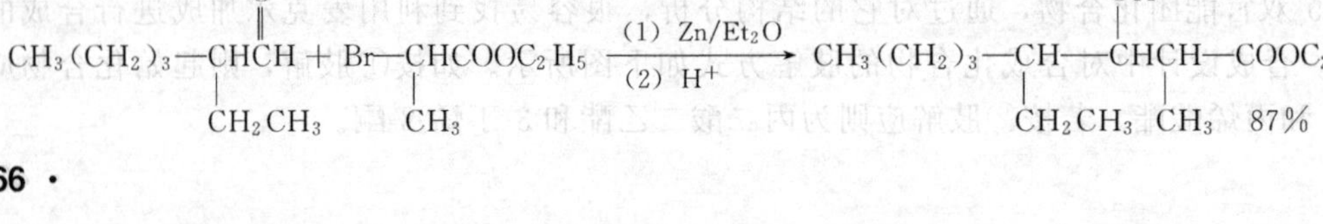

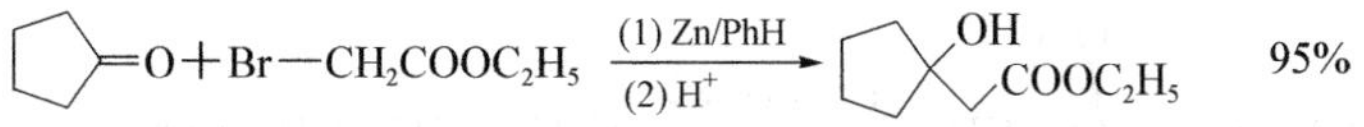

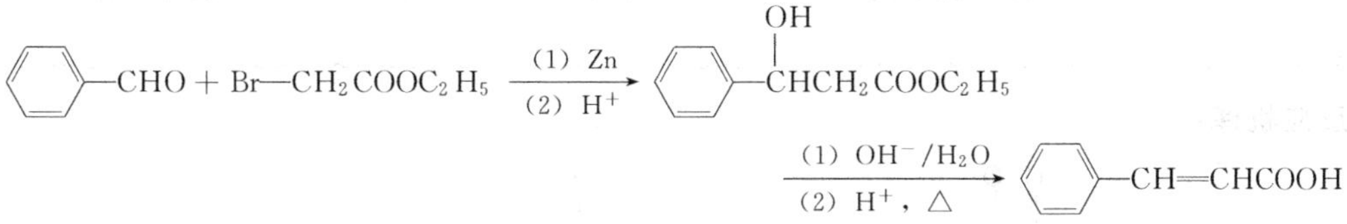

习题 15-12 草酸二乙酯与乙酸乙酯在 $NaOC_2H_5$ 存在下反应生成 A($C_8H_{12}O_5$)，A 用 Zn 和 α-溴代乙酸乙酯处理后酸化得到 B ($C_{12}H_{20}O_7$)，B 经碱性水解而后酸化加热得到 C ($C_6H_6O_6$)。写出 A，B，C 的结构式。

四、达尔森（Darzens）反应

醛酮与 α-卤代酸酯在强碱存在下反应，生成 α,β-环氧酸酯的反应过程也起始于碳负离子的亲核加成。

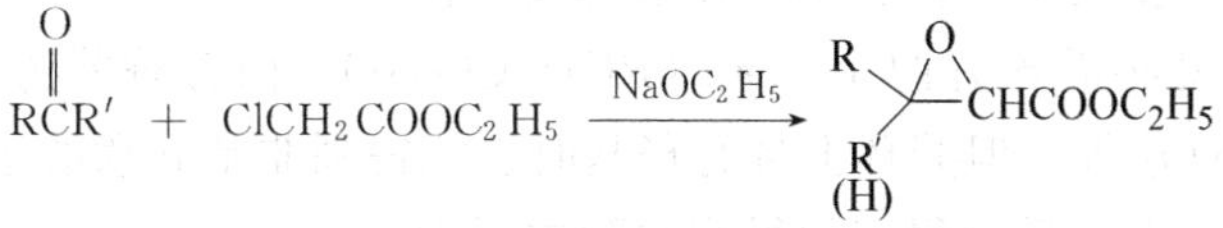

反应机理：

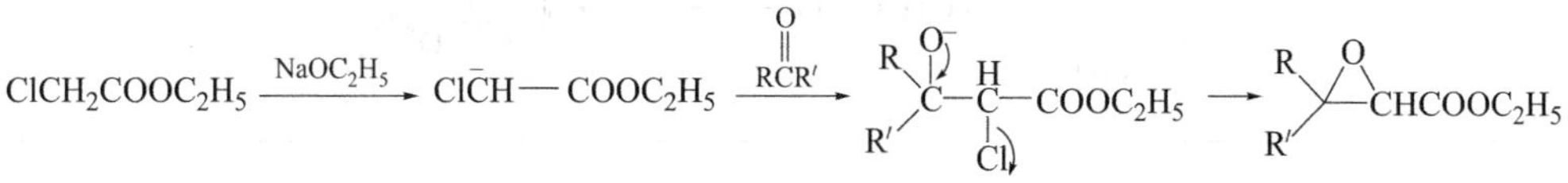

加成后氧负离子中间体不稳定，容易发生分子内亲核取代反应，生成环氧化合物，以下是该反应的实例。

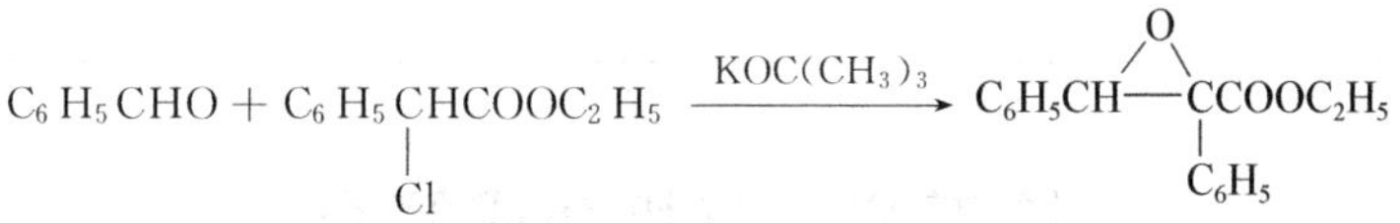

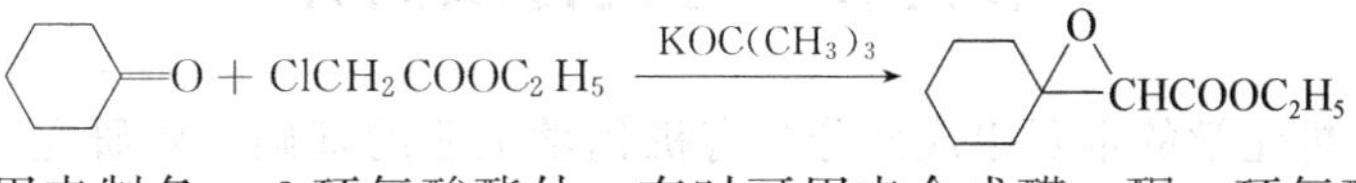

达尔森反应除用来制备 α,β-环氧酸酯外，有时可用来合成醛、酮。环氧酸酯水解后再酸化加热，可脱羧生成醛、酮。

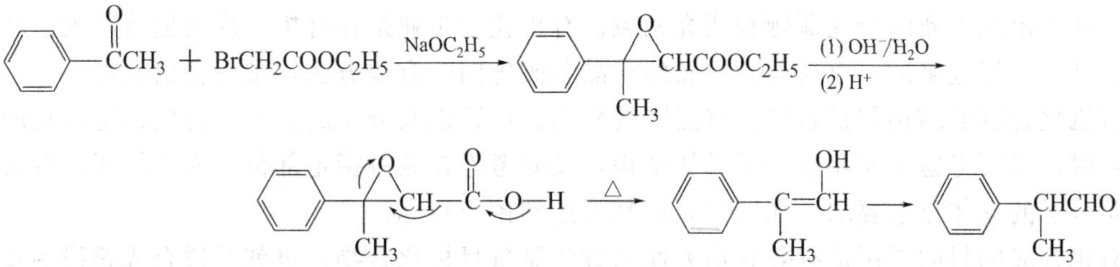

五、普尔金（Perkin）反应

芳香醛和酸酐在相应羧酸钠（或钾）盐存在下可发生类似羟醛缩合的反应，最终得到 α,β-不饱和芳香酸。这个反应称作普尔金反应。一般可用来制备肉桂酸及其同系物。

$$C_6H_5-CHO + CH_3-\overset{O}{\overset{\|}{C}}O\overset{O}{\overset{\|}{C}}CH_3 \xrightarrow[\triangle]{CH_3COONa} C_6H_5-CH=CH-COOH + CH_3COOH$$

反应机理：

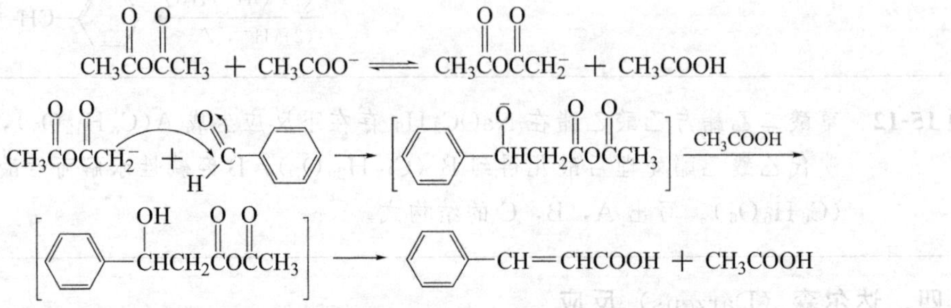

酸根负离子作为质子的接受体，把酸酐变为负离子，该负离子对芳香醛发生亲核加成，生成的中间体从乙酸中接受质子，再脱水，并水解成产物。

反应中使用的酸酐必需含有两个 α-氢 $(RCH_2CO)_2O$，而芳香醛芳环上可带有吸电子基团，例如：—X、$—NO_2$ 等。但芳环上带有羟基时也能得到非常满意的结果。例如：邻羟基苯甲醛与醋酐在乙酸钠存在下反应很容易得到内酯香豆素。

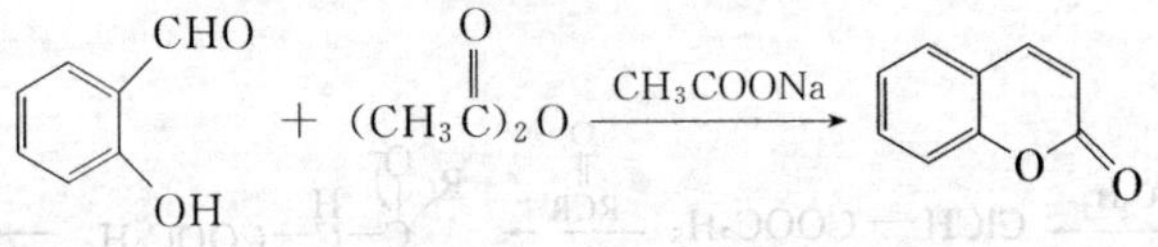

习题 15-13　用不同的方法合成下列 α,β-不饱和酸。

(1) 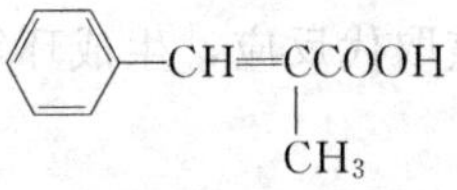

(2) $CH_3CH_2\underset{CH_3}{\underset{|}{C}}=CHCOOH$

第五节　有机合成简介

有机合成是有机化学的重要组成部分和有机化学工业的基础。要研究有机化合物的物理、化学和生理性质，一定要先有样品，在几百万种有机化合物中，已成为商品的毕竟是少数，因此在科学研究中离不开合成工作。新研究领域的探索更离不开合成，往往是合成了一类新化合物后，随之出现了新的研究课题和研究领域。有机化学工业是在有机合成所创造的大量新化合物的基础上发展起来的，也需要合成新的产品和改进旧的合成方法，求得新的发展。

有机化合物的结构包括碳胳、官能团的种类和位置以及分子的构型。合成指定结构的目标化合物时，既要考虑如何建立分子骨架结构，又要考虑在碳链指定部位引入官能团，有时还需要满足分子的立体化学要求，在这三方面都要达到预定目标。

有机合成的目的是用最有效和最方便的方法制备目标化合物，也就是说合成路线的步骤要尽可能少，总产量要高，中间产物和最后产物要容易提纯，需要的时间也要合理。从众多的可能途径中选择最有效的，这就需要合成策略。

本章将针对这些问题，在以前各章内容的基础上进行总结和讨论。

一、碳胳的形成

在有机合成中往往是简单的化合物作原料制备复杂的化合物，因此生成新的碳碳键的反应在合成中都有一定的用途。如原料分子中碳链比目标化合物长，则需要使碳链缩短。例如：从天然产物黄樟素合成胡椒醛。

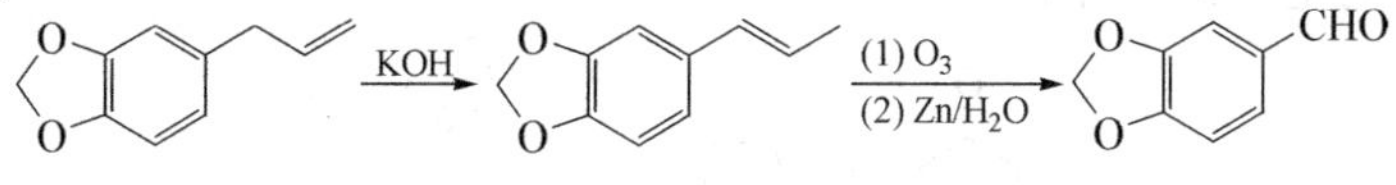

KOH
(1) O3
(2) Zn/H2O
CHO

黄樟素　　　　　　　　胡椒醛

目标化合物如为碳环化合物，往往需要从开链化合物通过闭环反应合成。而有的开链化合物最方便的合成方法也可能是环状化合物的开环反应。

（一）碳碳单键的生成

碳碳单键可以通过均裂或异裂方式断裂，也可以通过自由基反应或离子反应生成：

$$\gt C\cdot + \cdot C\lt \Longleftarrow \gt C-C\lt \Longrightarrow \gt C^- + \overset{+}{C}\lt$$

自由基的化学活性很高，可以起多种反应，控制自由基反应使其按指定的方向进行，牵涉的问题较多，因此，在基础有机化学中讨论的生成碳碳单键的反应多数为离子反应，即由一个能给予电子的碳（电子给予体）和一个能接受电子的碳（电子接受体）生成共价键。

1. 碳负离子或潜在的碳负离子（亲核试剂）都是电子给予体

格利雅试剂、有机锂试剂和二烃基铜锂都能提供碳负离子，它们都可以从卤代烃制备：

$$CH_3CH_2CH_2Br + Mg \longrightarrow CH_3CH_2CH_2MgBr$$

$$CH_3CH_2CH_2Br + 2Li \longrightarrow CH_3CH_2CH_2Li + LiBr$$

$$2CH_3Li + CuI \longrightarrow (CH_3)_2Cu^- Li^+ + LiI$$

$$RCH{=}CHBr + Mg \longrightarrow RCH{=}CHMgBr$$

$$Ar{-}Br + Mg \longrightarrow Ar{-}MgBr$$

$RC{\equiv}CH$ 型的炔烃可用强碱或格利雅试剂转变为碳负离子，其负电荷在 sp 杂化的碳上：

$$RC{\equiv}CH + Na^+\ NH_2^- \xrightarrow{NH_3\ (l)} RC{\equiv}C^-\ Na^+ + NH_3$$

$$RC{\equiv}CH + EtMgBr \longrightarrow RC{\equiv}CMgBr + EtH$$

氰离子（$^-C{\equiv}N$）也是负电荷在 sp 杂化碳上的电子给予体。

一些吸电子的取代基，例如：—COR、—C≡N、—COOR、—CH═CH$_2$、—NO$_2$ 等能使 α-氢活化，如有两个吸电子取代基，活化作用更强。这类化合物在碱存在下能转变为烯醇盐型的电子给予体：

$$CH_3\overset{O}{\overset{\|}{C}}CH_3 \xrightleftharpoons{LDA/THF} \left[\overset{-}{C}H_2\overset{O}{\overset{\|}{C}}CH_3 \longleftrightarrow CH_2{=}\overset{O^-}{\overset{|}{C}}CH_3\right]$$

$$CH_3\overset{O}{\overset{\|}{C}}OEt \xrightleftharpoons{LDA/THF} \left[\overset{-}{C}H_2\overset{O}{\overset{\|}{C}}OEt \longleftrightarrow CH_2{=}\overset{O^-}{\overset{|}{C}}OEt\right]$$

$$CH_2(COOEt)_2 \underset{EtOH}{\overset{NaOEt}{\rightleftharpoons}} \overset{-}{C}H(COOEt)_2$$

$$CH_3\overset{O}{\overset{\|}{C}}CH_2\overset{O}{\overset{\|}{C}}OEt \underset{H_2O}{\overset{NaOH}{\rightleftharpoons}} CH_3\overset{O}{\overset{\|}{C}}\overset{-}{C}H\overset{O}{\overset{\|}{C}}OEt$$

$$CH_2(CN)_2 \underset{H_2O}{\overset{NaOH}{\rightleftharpoons}} \overset{-}{C}H(CN)_2$$

$$CH_3NO_2 \underset{H_2O}{\overset{NaOH}{\rightleftharpoons}} \overset{-}{C}H_2NO_2$$

$$CH_3COCH_2COCH_3 \underset{H_2O}{\overset{K_2CO_3}{\rightleftharpoons}} CH_3CO\bar{C}HCOCH_3$$

为了保证烯醇盐有足够的浓度，必须根据化合物的酸性大小选择强度适当的碱。

烯胺也可以作为电子给予体：

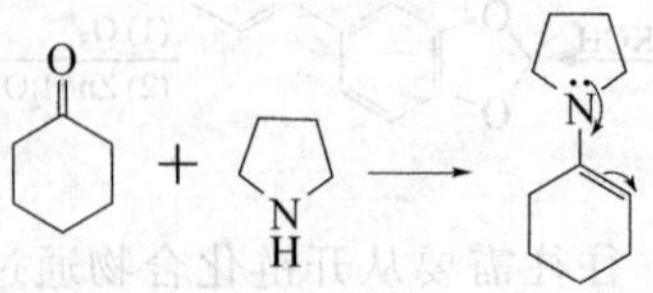

在芳烃的烃化和酰化反应中，芳烃是电子给予体：

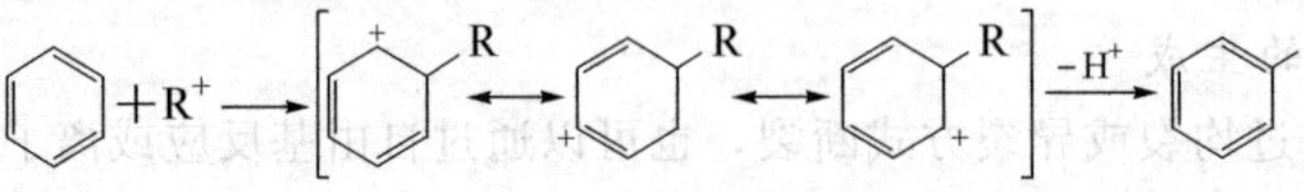

2. 亲电试剂

卤代烷和磺酸烷基酯是常用的亲电试剂，R—X 相当于 R^+（X＝Cl、Br、I、OTs）。

羰基碳是广泛的电子接受体：

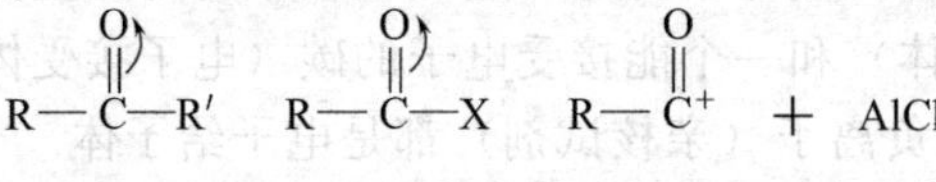

X=Cl、OAc、OR′

二氧化碳也是电子接受体：

$$O{=}C{=}O + RMgX \longrightarrow RC(=O)OMgX$$

环氧化合物接受电子后开环，生成含羟基的产物：

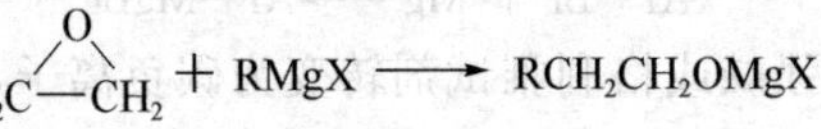

在迈克尔反应中，不饱和羰基化合物也起着电子接受体的作用。

$$CH_2(COOC_2H_5)_2 + NaOC_2H_5 \rightleftharpoons HOC_2H_5 + \bar{C}H(COOC_2H_5)_2$$

$$(C_2H_5OOC)_2\bar{C}H + CH_2{=}CH{-}CHO \longrightarrow (C_2H_5OOC)_2CH{-}CH_2CH{=}C(O^-){-}H$$

$$\xrightarrow{HOC_2H_5} (C_2H_5OOC)_2CHCH_2CH_2CHO$$

3. 生成碳碳单键的反应

生成碳碳单键的反应主要有以下几类。

（1）亲核取代　例如：

$$RX + {}^-CN \longrightarrow RCN$$

$$RX + {}^-C{\equiv}CR' \longrightarrow RC{\equiv}CR'$$

$$RX + LiCu(CH_3)_2 \longrightarrow RCH_3$$

$$RX + \bar{C}H(COOEt)_2 \longrightarrow RCH_2(COOEt)_2$$

（2）亲核加成　例如：

$$RMgX + {>}C{=}O \longrightarrow R{-}\overset{|}{\underset{|}{C}}{-}OMgX$$

$${}^-CN + {>}C{=}O \longrightarrow {>}C(O^-)(CN)$$

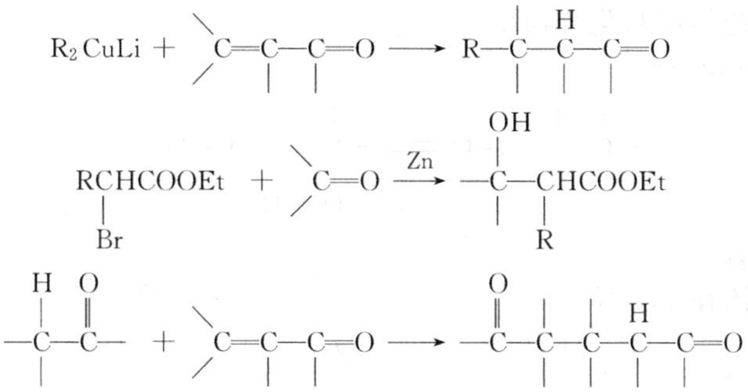

(3) 芳环上的亲电取代　例如：

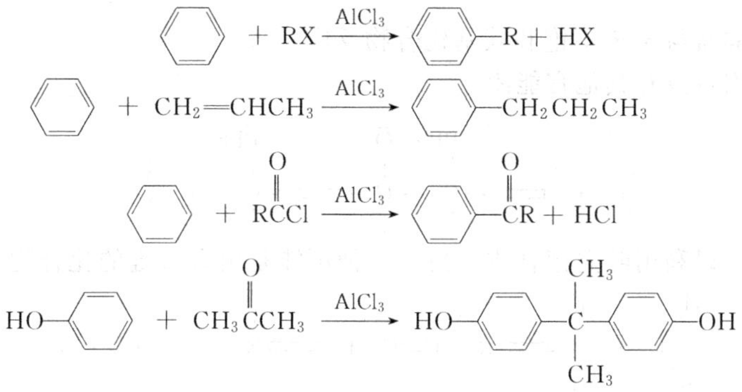

4. 碳碳双键的生成

生成碳碳双键的方法中用途最广的是利用叶立德的反应，如维悌希反应。

利用消除反应也能生成碳碳双键，不过这是官能团的转变。

5. 小结

综上所述，可以根据目标化合物的结构，适当选择组合所需碳胳的方法。

(1) C—C 单键附近没有官能团

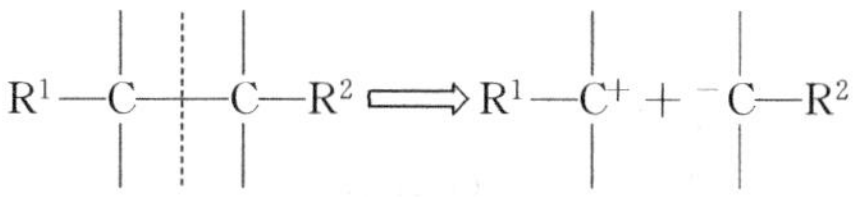

可选择适当的有机金属化合物与卤代烃或磺酸酯反应。

(2) C—C 单键上有含氧官能团

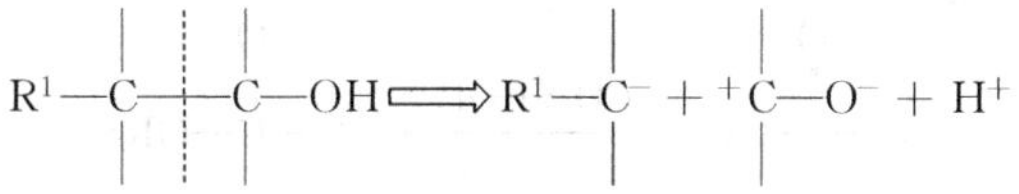

选择适当的有机金属化合物与羰基化合物反应。

(3) C—C 单键在烯键的 β 位

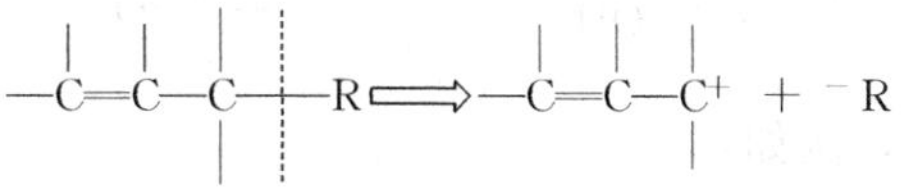

可选择含烯丙基的亲电试剂与有机金属化合物反应。

(4) 两个含氧官能团在 1,3-位

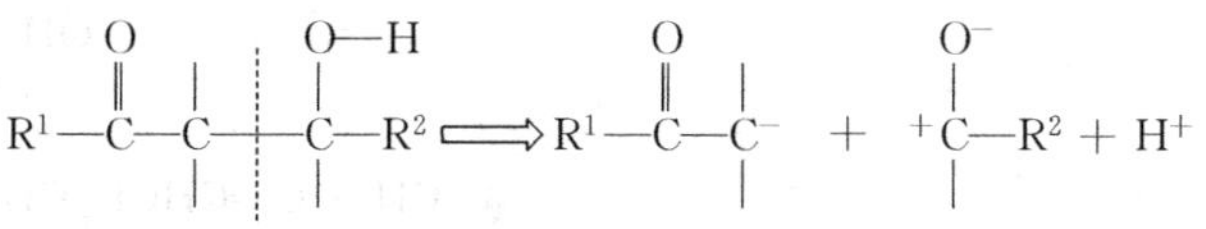

可选择适当的烯醇盐与羰基化合物反应。

（5）α,β-不饱和羰基化合物

$$-\overset{|}{C}=\overset{|}{C}-\overset{|}{C}=O \Longrightarrow -\overset{|}{\underset{OH}{C}}-\overset{|}{\underset{H}{C}}-\overset{|}{C}=O$$

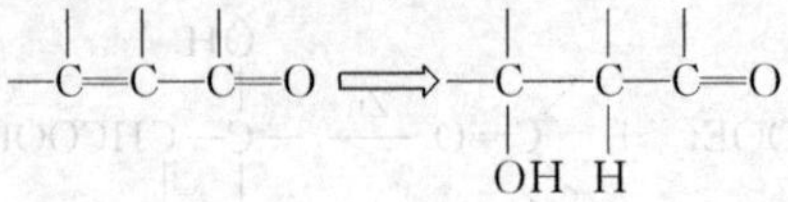

下一步与（4）相同。

（6）两个含氧官能团在 1,5-位

$$R^1-\overset{O}{\overset{\|}{C}}-\overset{|}{\underset{|}{C}}\ \vdots\ \overset{|}{\underset{|}{C}}-\overset{|}{\underset{|}{C}}-\overset{O}{\overset{\|}{C}}-R^2 \Longrightarrow R^1-\overset{O}{\overset{\|}{C}}-\overset{|}{\underset{|}{C}}^- + {}^+\overset{|}{\underset{|}{C}}-\overset{|}{C}=\overset{O^-}{\overset{|}{C}}-R^2 + H^+$$

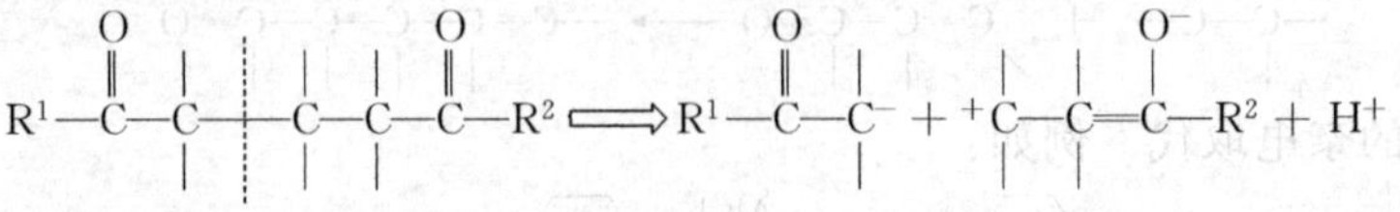

选择适当的烯醇盐与 α,β-不饱和羰基化合物反应。

（7）碳碳双键附近没有其他官能团

$$\overset{|}{\underset{|}{C}}=\overset{|}{\underset{|}{C}} \Longrightarrow \overset{PPh_3}{\overset{|}{\underset{|}{C}}}-\overset{\overset{-}{O}}{\overset{|}{\underset{|}{C}}} \Longrightarrow \overset{PPh_3}{\overset{|}{\underset{|}{C}}^-} + \overset{O}{\overset{\|}{\underset{|}{C}}}$$

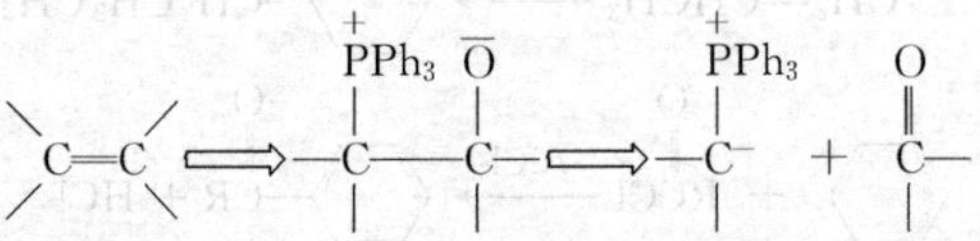

在这种情况下可以利用叶立德合成。另外一种可能是由含叁键的化合物合成：

$$\overset{H}{\underset{R^1}{C}}=\overset{H}{\underset{R^2}{C}} \Longrightarrow R^1-C\equiv C-R^2 \Longrightarrow R^1 + {}^-C\equiv C^+ + \overset{+}{R^2}$$

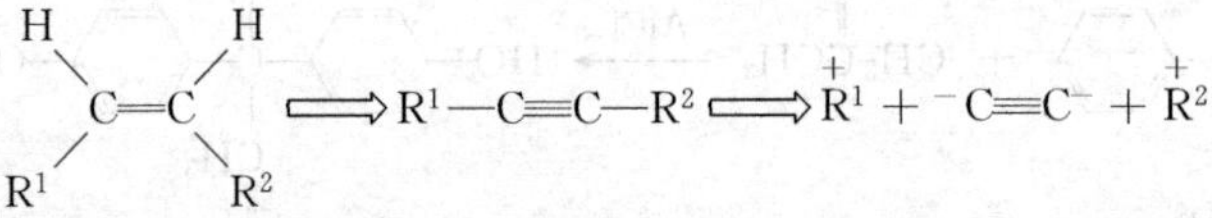

（二）碳链的断裂

碳碳单键的断裂在有机合成中也常常用到。

（1）脱羧　在乙酰乙酸乙酯和丙二酸酯合成中都有脱羧步骤：

$$CH_2(COOEt)_2 \longrightarrow RCH(COOEt)_2 \longrightarrow RCH(COOH)_2 \longrightarrow RCH_2COOH + CO_2\uparrow$$

（2）卤仿反应

$$-\overset{OH}{\underset{H}{\overset{|}{C}}}-CH_3 \ \text{或} \ \overset{O}{\overset{\|}{C}}-CH_3 \xrightarrow{Br_2/OH^-} -\overset{O}{\overset{\|}{C}}-OH + CHBr_3$$

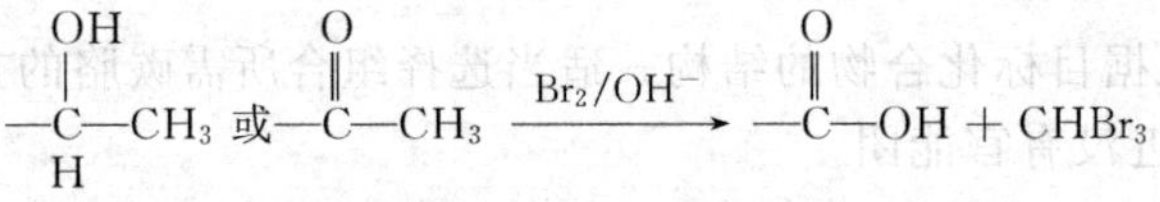

（3）霍夫曼重排

$$R-\overset{O}{\overset{\|}{C}}-NH_2 \xrightarrow{Br_2/OH^-} R-NH_2$$

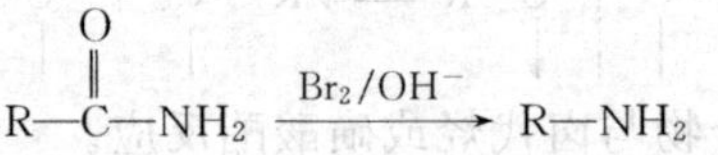

（4）Baeyer-Villiger 反应

$$R^1-\overset{O}{\overset{\|}{C}}-R^2 \xrightarrow{CH_3COOH} R^1-\overset{O}{\overset{\|}{C}}-OR^2$$

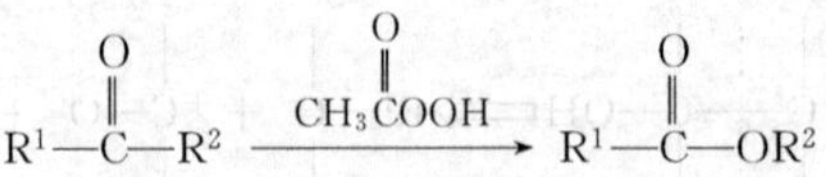

（5）1,2-二醇的氧化

$$\begin{array}{c}-\overset{|}{C}-OH\\ -\overset{|}{C}-OH\end{array} + IO_4^- \longrightarrow \begin{array}{c}-\overset{|}{C}=O\\ -\overset{|}{C}=O\end{array}$$

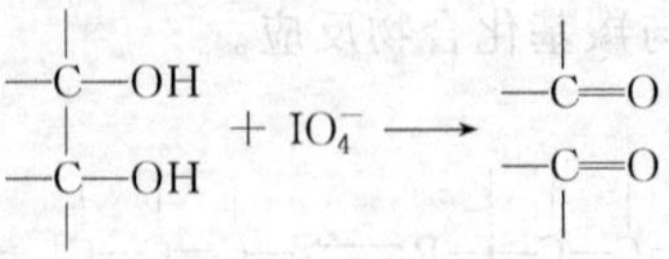

（6）加成反应的逆反应，例如：

$$(CH_3)_2C=CHCH_2CH_2\overset{CH_3}{\underset{}{C}}=CHCHO \xrightarrow{OH^-/H_2O} (CH_3)_2C=CHCH_2CH_2\overset{CH_3}{\underset{OH}{C}}-CH_2CHO \longrightarrow$$

$$(CH_3)_2C=CHCH_2CH_2\overset{CH_3}{\underset{}{C}}=O + CH_3CHO$$

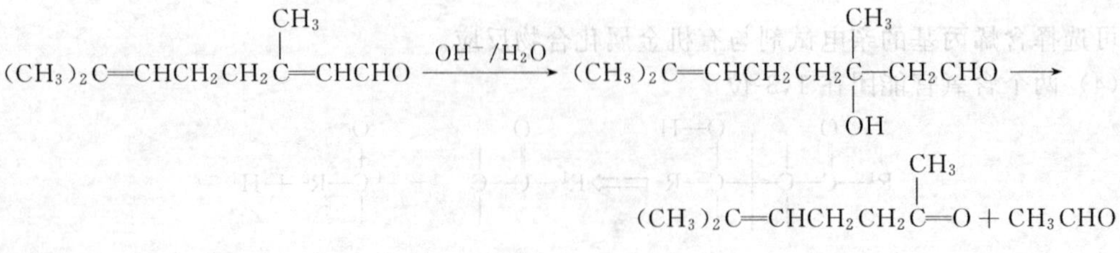

（三）成环和开环

在成环反应中除应用一般的形成碳碳单键的反应外，还要用到一些特殊的方法。

（1）三元环　三元环除由分子内的取代反应合成外，用途较广的合成方法是烯键与碳烯及类碳烯的加成。例如：

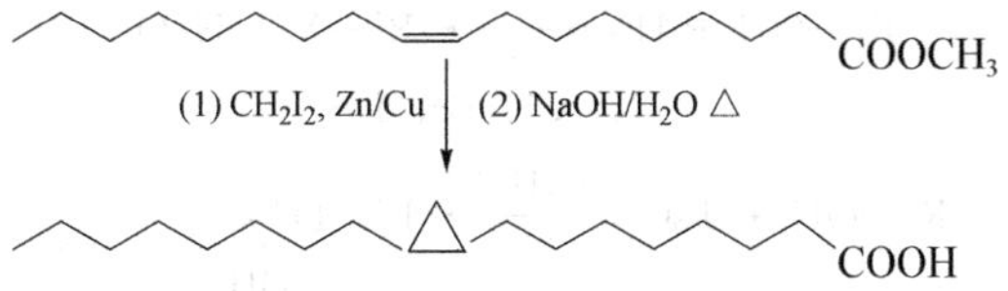

（2）四元环　四元环除由丙二酸酯法合成外，还可以由［2＋2］环加成反应合成。

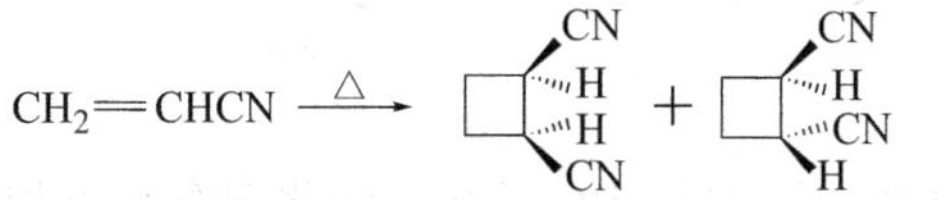

（3）五元环　五元环容易由缩合反应得到：

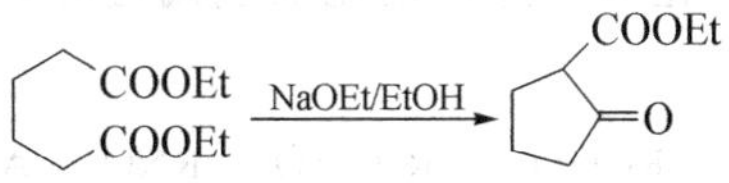

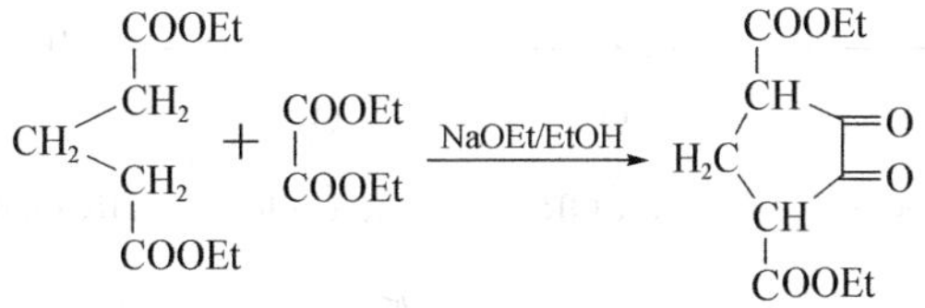

（4）六元环　六元环可以由芳香族化合物的还原得到，另外一种广泛应用的方法是［4＋2］环加成。

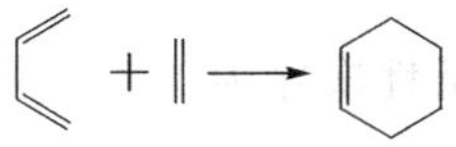

（5）开环反应　利用开环反应可以合成一些结构特殊的化合物。例如：1,6-双官能团化合物容易由含六元环的化合物得到。

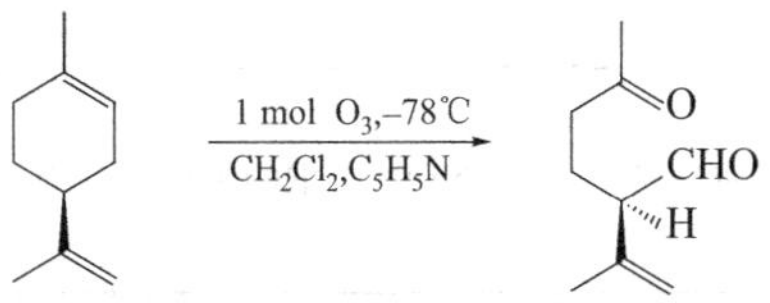

习题 15-14　用方程式表示下列化合物的合成路线。

（1）2,3,6-三甲基庚烷　　（2）$CH_3CH_2CH_2CHCOOH$（CH 上连 $CH_2CH_2CH_3$）

二、官能团

在合成目标化合物时，最理想的情况是在组成碳胳的过程中，就把官能团引入指定的位置，在多数情况下则必须进行官能团的转变、导入或除去。利用官能团化合物作原料时，往往需要把一个官能团保护起来，经过一步或几步反应后，再去掉保护基。

（一）官能团的互相转变

氧化程度相同的官能团可以通过取代反应互相转换，氧化程度不同的官能团则通过还原和氧化互相转变，烯键和炔键则利用消去反应导入。

1. 取代反应

许多官能团可以通过取代反应互相转变。例如：

$$R'—X + Nu^- \longrightarrow R'—Nu + X^-$$

$$X = Cl^-、Br^-、I^-、OTs^-；Nu^- = {}^-OR^2、{}^-OCOR^2、{}^-SR^2、{}^-NHR^2$$

$$R'—OH + HX \longrightarrow R'—X + H_2O$$

$$X = Cl、Br、I$$

$$R'—OH + TsCl \xrightarrow{C_5H_5N} R'—OTs$$

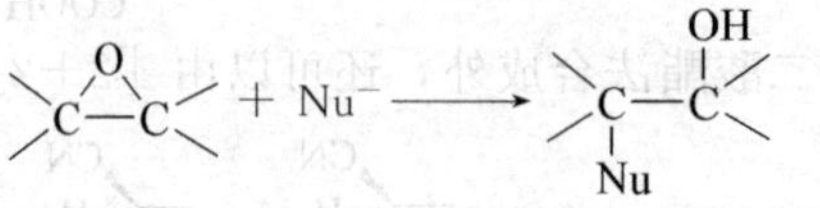

2. 还原

常用的还原剂有氢气（在 Ni、Pd、Pt、Rh 等催化剂存在下加氢或氢解）以及络合氢化物（$LiAlH_4$、$NaBH_4$ 等）和肼等。一些化合物进行催化加氢或氢解的活性次序为：

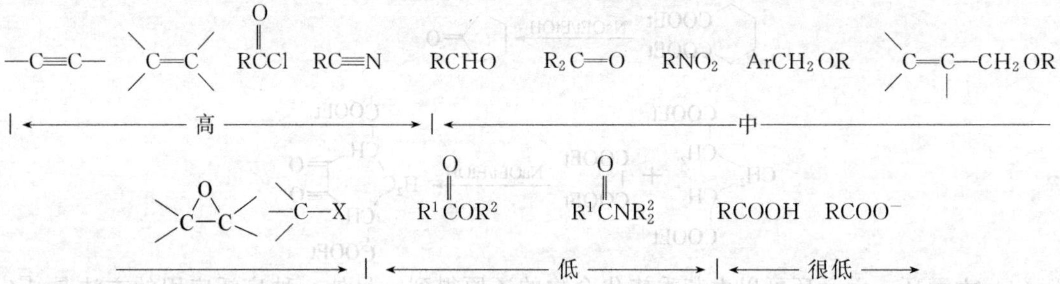

催化加氢主要用来使炔键变成烯键，使烯烃转变为烷烃，与烯丙基或苄基相连的杂原子可以通过氢解被氢取代。

一些化合物被络合氢化物还原的活性次序为：

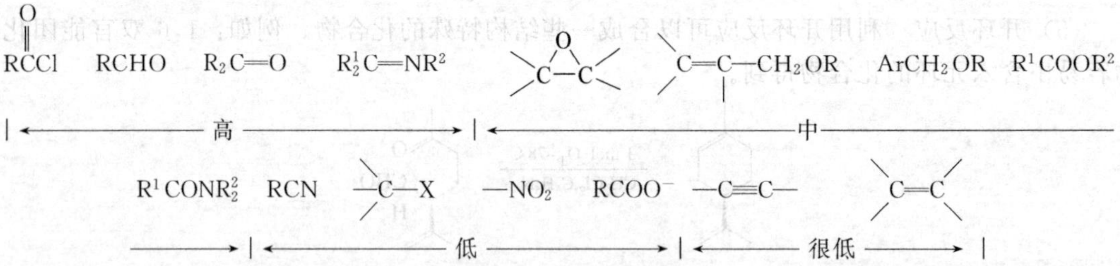

氢化铝锂的还原能力很强，可以使炔和烯烃以外的其他官能团化合物还原，硼氢化钠的还原能力较弱，只用来使醛、酮还原为醇。肼主要用来将醛、酮转变为烃。

3. 氧化

（1）被活化的甲基、亚甲基和次甲基

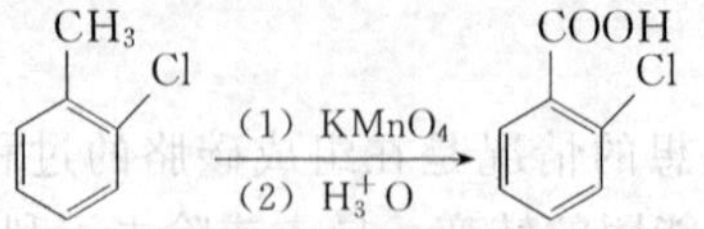

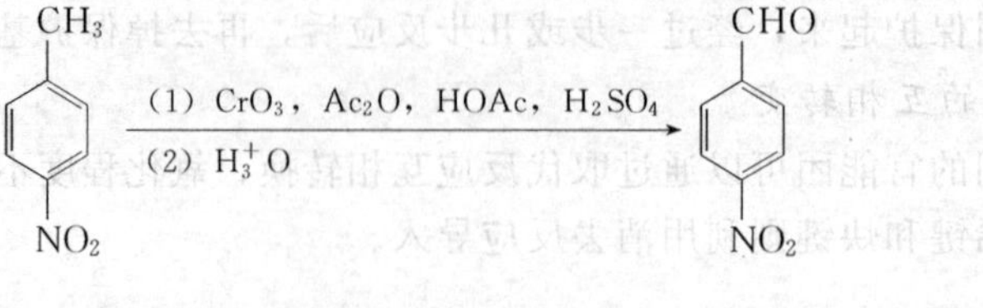

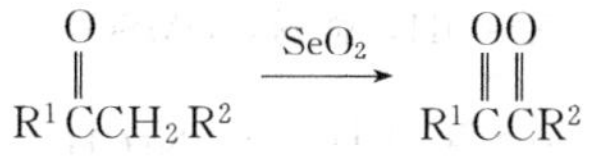

（2）双键碳原子

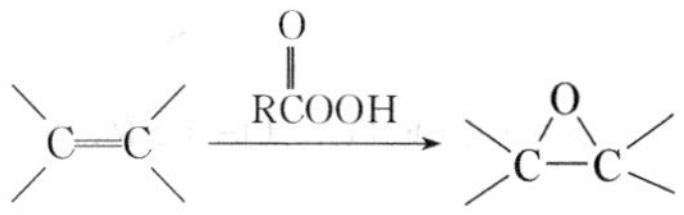

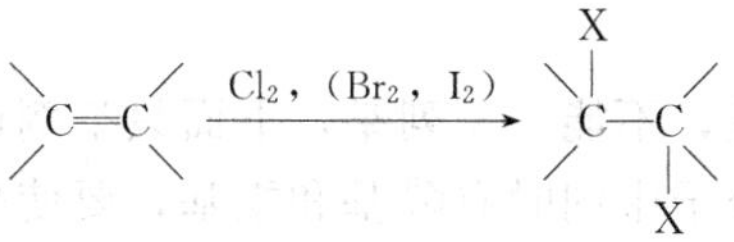

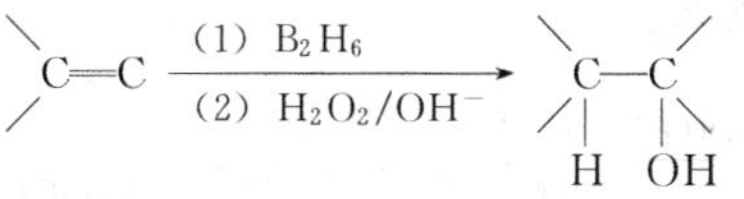

（3）叁键碳原子

$$R{-}C{\equiv}CH \xrightarrow[(2)\ H_2O_2/OH^-]{(1)\ B_2H_6} RCH_2CHO$$

$$R{-}C{\equiv}CH \xrightarrow{Hg^{2+}/H^+} RCOCH_3$$

（4）含氧官能团

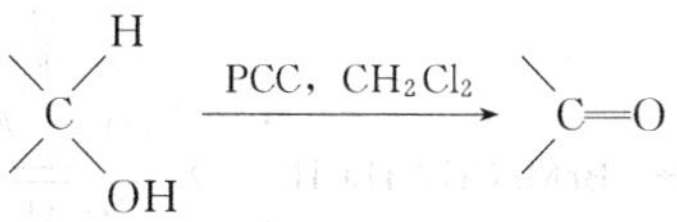

$$RCH_2OH \xrightarrow{KMnO_4} RCOOH$$

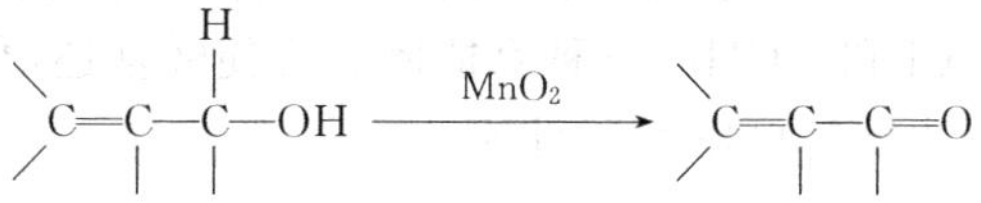

（5）酮的氧化裂解

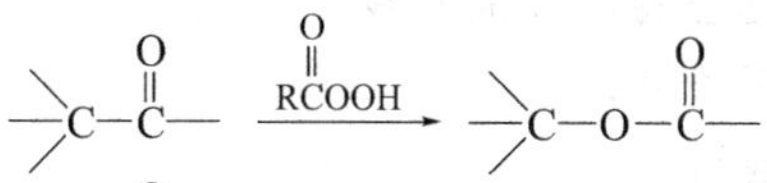

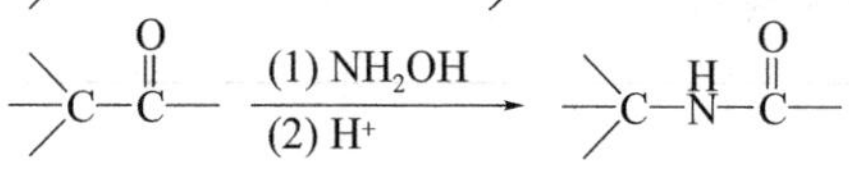

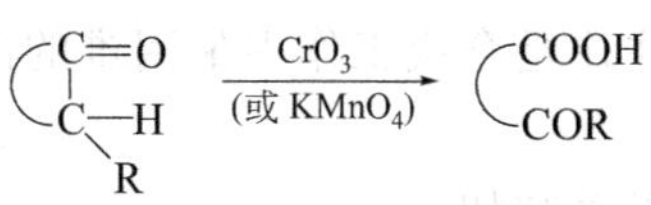

4. 消除反应

（1）酸碱催化的消除

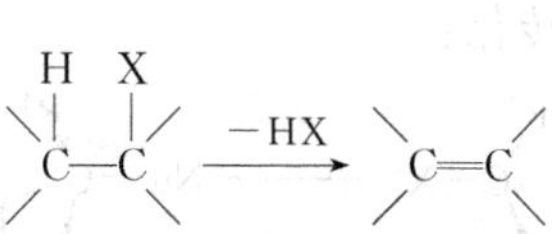

X=Cl、Br、I，强碱，△

$X=OH$，强碱，DMSO，△

$X=\overset{+}{N}(CH_3)_3$，$\overset{+}{N}(CH_3)_2$—O^- 碱，△

$X=OCOCH_3$，$O—\overset{S}{\overset{\|}{C}}SR$，△

（2）还原消除

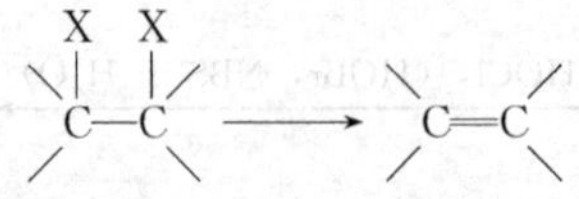

$X=Cl$、Br、I、Zn，NaI/CH_3COCH_3

（二）官能团的保护

各种官能团都有多种保护基，不能一一列举，下面只举例说明保护基的应用。

醛基比酮基更容易还原，分子中同时有醛基和酮基，要使醛基保持不变而将酮基还原成羟基，就必须对醛基进行保护。例如：

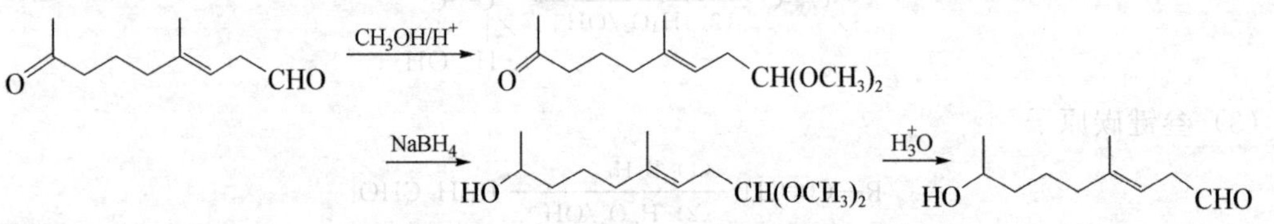

3-溴丙醛不能转变为格利雅试剂，把醛基保护起来以后，就成为很有用的试剂，可以用来导入—CH_2CH_2CHO基：

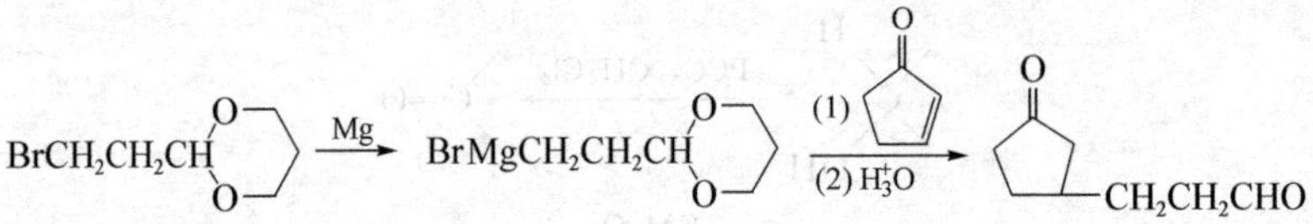

官能团的保护使合成步骤增加，在有些情况下可以用特殊的选择性试剂。例如：分子中同时含有—$COOCH_3$、—CH_2Cl和—CHO三种官能团，要使醛基还原而其他两个官能团保持不变，采用选择性较好的硼氢化钠就可以达到目的。

习题 15-15 用方程式表示下列化合物的合成路线。

（1）由氯丙烷合成丁酰胺；

（2）由丁酰胺合成丙胺。

三、构型

使目标化合物具有指定的构型，往往是合成工作中最困难的部分，必须采用立体选择性的反应。

本书中介绍的立体选择性反应可以总结如下：

1. 取代反应

在 S_N2 反应中碳原子发生构型转化：

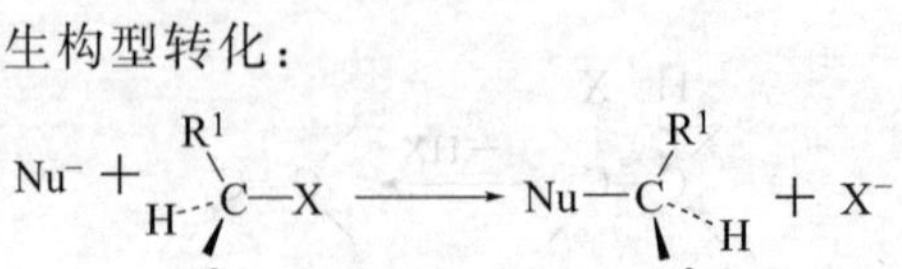

2. 消除反应

E2 为反式消除：

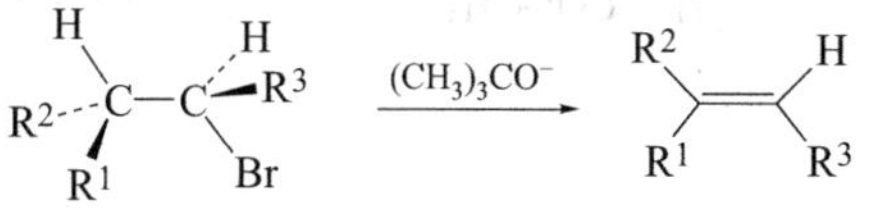

黄原酸酯加热生成烯烃为顺式消除：

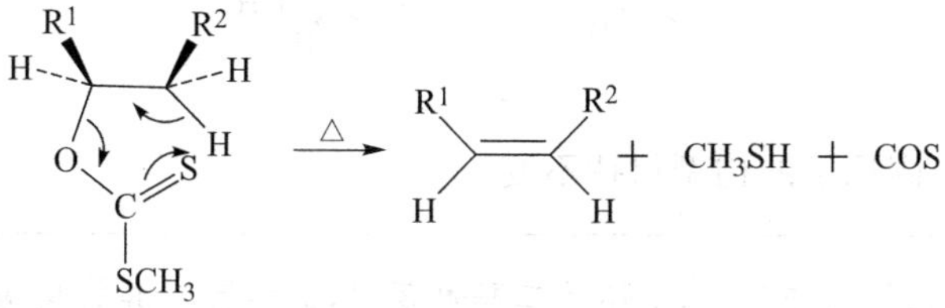

3. 加成反应

炔键在 Lindlar 催化剂存在下加氢得到顺式加成产物：

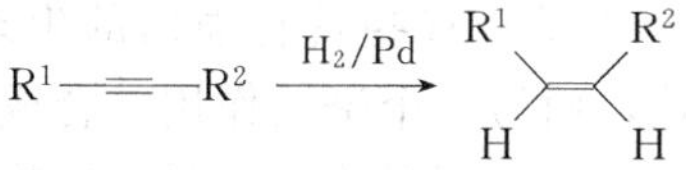

炔烃在液氨中用碱金属还原，得到反应加成产物：

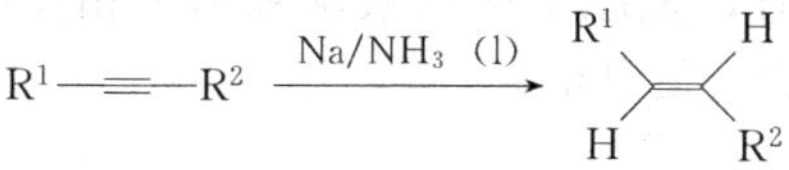

烯炔与卤素的反应为反式加成：

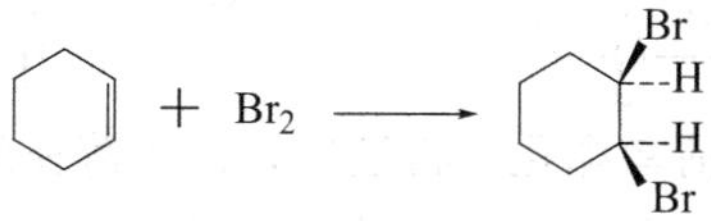

烯烃在 OsO_4 存在下与过氧化氢的反应为顺式加成：

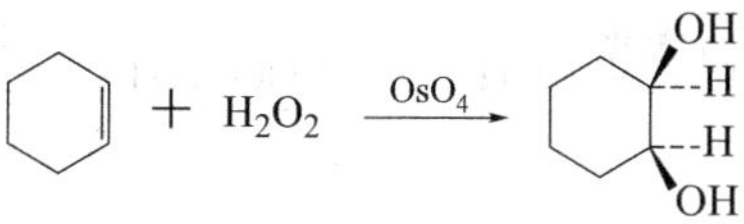

烯烃的硼氢化为顺式加成：

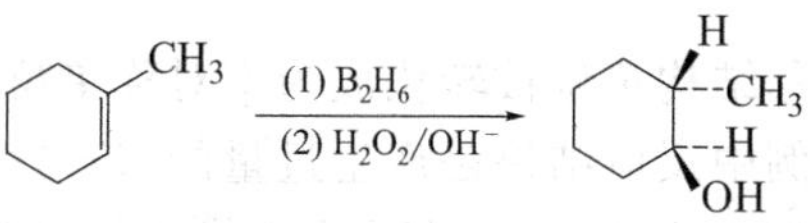

烯烃用过氧酸氧化生成环氧化物为顺式加成：

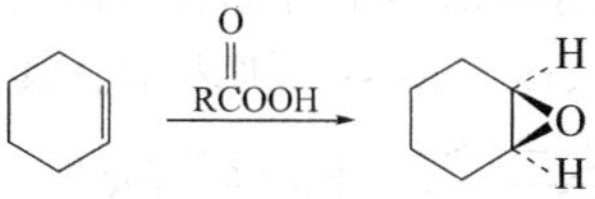

烯烃与碳烯或类碳烯的反应为顺式加成：

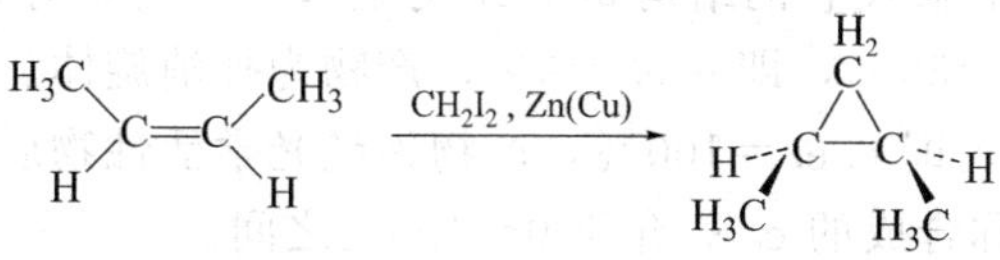

［4＋2］环加成为顺式加成：

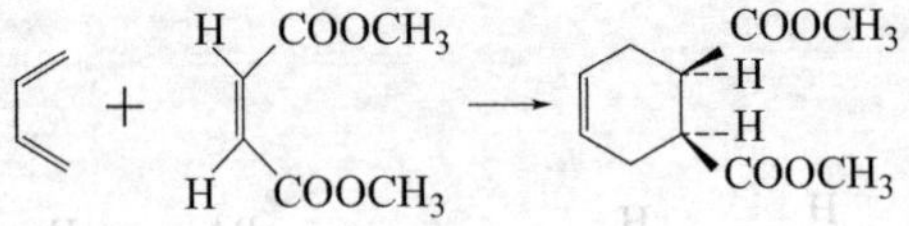
COOCH3
H
H
COOCH3
H COOCH3
H COOCH3

4. 环氧合物的开环

为反式开环：

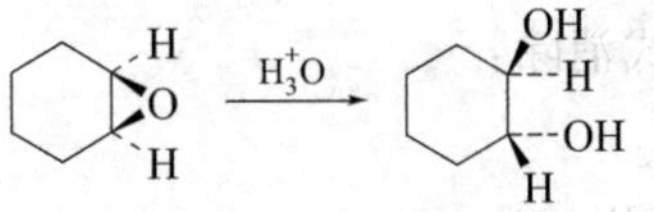
H
O
H
H3+O
OH
H
OH
H

5. 重排反应

在霍夫曼重排中 α-碳原子的构型保持不变。

习题 15-16　写出由环己烯合成顺-1,2-环己二醇和反-1,2-环己二醇的反应条件。

---

6. 不对称合成（手性合成）

许多天然有机物含有不对称碳原子，有些具有强烈的生理作用，它们都有严格的立体要求。往往是对映体中的一个有药效，而另一个毫无作用。合成具有一定手性的分子是非常复杂的工作，因为一个非手性分子，引入一个不对称中心时，产物是等量的左旋体和右旋体组成的外消旋体。例如，丙酮酸还原时，氢原子可以从羰基两个相反的空间方向进攻，几率是相等的。得到的产品是等量的左旋和右旋乳酸。

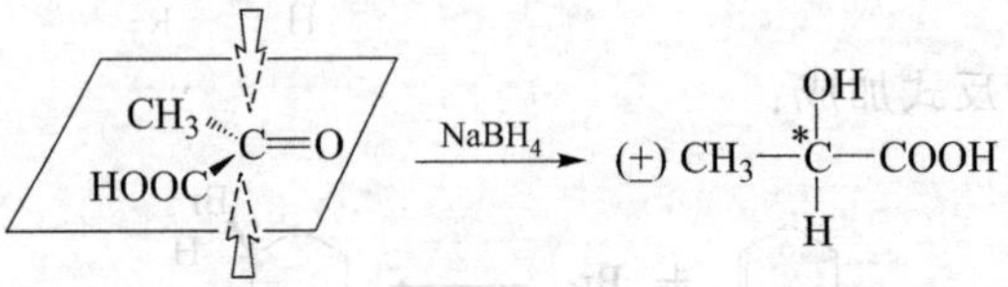
CH3
C=O
HOOC
NaBH4
(±) CH3—C—COOH
OH
H

如果丙酮酸被手性（—)-薄荷醇酯化后再还原，由于薄荷醇中不对称因素的指导作用，使还原产物的某一对映体占优势。水解后（—)-乳酸过量。

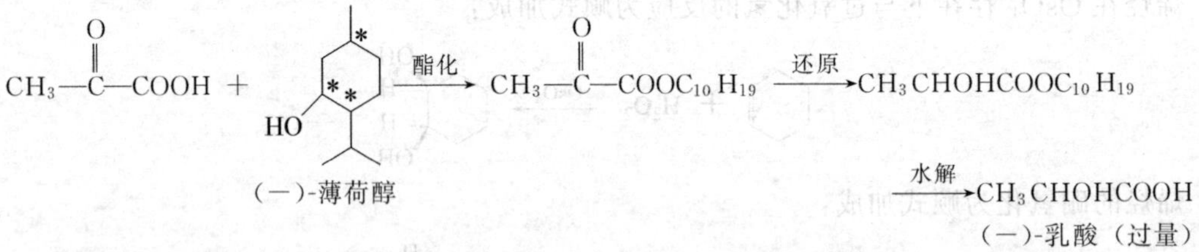
CH3—C—COOH +
HO
酯化
CH3—C—COOC10H19
还原
CH3CHOHCOOC10H19
(—)-薄荷醇
水解
CH3CHOHCOOH
(—)-乳酸（过量）

当反应物分子中的一个对称结构单位被转化成为不对称单位时，产生不等量的立体异构产物，这就是不对称合成。如上例中反应结果是产生过量的（—)-乳酸。又如在羰基加成的立体化学中所讲到的克拉姆规则，即连有不对称碳原子的羰基与格氏试剂反应或被氢化锂铝还原时，可使其中一旋光产物占优势。这些都是不对称合成的例子。不对称合成的程度，一般用对映体过量百分数（e. e. 即 enantiomeric excess）来表示。其含义为

$$e.e=\frac{[R]-[S]}{[R]+[S]}\times 100\%=[R]\%-[S]\%$$

其中$[R]$为过量的手性产物(假设它的结构属于 R 构型)，$[S]$为其对映体。

如果$[R]=50\%$，$[S]=50\%$，即 e. e. $=0\%$，产物为外消旋体。

$[R]=100\%$，$[S]=0$，即 e. e. $=100\%$，产物为纯光学活性物质。

这是两个极端，一般不对称合成的 e.e. 介于 $0\sim100\%$之间。

反应物含有不对称因素时，可以导致不对称合成。如果使用不对称试剂，即使反应分子中

没有不对称因素，也可以实现不对称合成。例如，麦尔外因-庞道夫反应。

$$H—*\overset{\underset{\displaystyle C_2H_5}{|}}{\underset{}{\overset{\displaystyle CH_3}{|}}}C—OH \ + \ \overset{\underset{\displaystyle i\text{-}C_6H_{13}}{|}}{\underset{}{\overset{\displaystyle CH_3}{|}}}C=O \ \xrightarrow{\ Al(OR)_3\ } \ \overset{\underset{\displaystyle C_2H_5}{|}}{\underset{}{\overset{\displaystyle CH_3}{|}}}C=O + H—*\overset{\underset{\displaystyle i\text{-}C_6H_{13}}{|}}{\underset{}{\overset{\displaystyle CH_3}{|}}}C—OH \ + \ HO—*\overset{\underset{\displaystyle i\text{-}C_6H_{13}}{|}}{\underset{}{\overset{\displaystyle CH_3}{|}}}C—OH$$

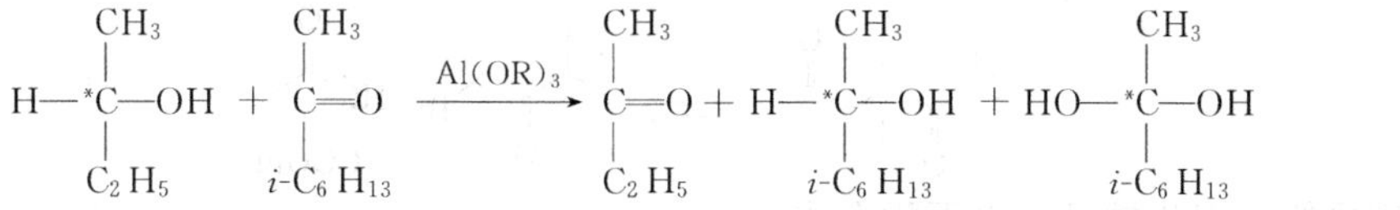

$$(S) \qquad\qquad (R) \ \ 6\%e.e.$$

总而言之，要实现不对称合成需有不对称因素的影响，也就是不对称合成是在化学或物理的不对称因素存在下实现的。这些不对称因素，可以是不对称的反应物，不对称试剂，也可以是手性介质或溶剂，或手性催化剂，还可以是左旋或右旋圆偏振光等。例如：使用不对称催化剂来进行不对称合成。不对称合成是近年来有机合成的一个重要领域，进展很快，有些反应已经可以做到高达 80%e.e. 以上的产品。

四、合成路线

（一）合成路线的推导

推导合成路线可以从原料出发，也可以从产物出发。

1. 从原料出发

在工业生产中要利用某种便宜的原料或某种副产品来生产其他的化合物，在这种情况下只能从原料出发，选择适当的反应把它变成产物。甾族化合物中有许多不对称碳原子，最方便的方法是利用天然的化合物作原料进行分子的改造。

2. 从目标化合物出发

常用的推导合成路线的方法是从目标化合物出发，把它分割成两部分找出可能的前体，这些前体可用可靠的反应结合成目标化合物。如前体中的一种或几种仍较复杂，则把它们当作新的目标化合物，继续推导其可能的前体，到所有的前体都是市售商品为止。

在一般情况下容易得到的原料有：①含五个碳原子以下的单官能团化合物；②环己烯和环己酮；③简单的一取代苯；④含双数碳原子的直链羧酸及其甲酯和乙酯；⑤含六个以下碳原子的直链羧酸及其甲酯或乙酯。

从目标化合物出发用逆合成法推导出来的合成路线不止一条。对于结构复杂的化合物，往往要依靠逻辑推理再加上化学工作者本身的洞察力和直觉才能找到最适当的途径。

3. 合成路线推导举例

（1）2-羟基-2-甲基-3-辛酮　这是一个 1,2-双官能团化合物，许多 1,2-双官能团化合物可以由双键的氧化得到，目标化合物也可以由 2-甲基-2-辛烯的氧化合成，2-甲基-2-辛烯则可以用维悌希反应制备：

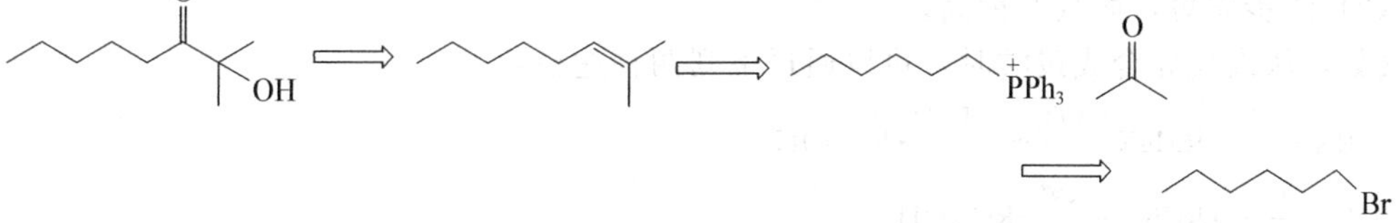

（2）2,4-壬二酮　这是一个 1,3-双官能团化合物。二酮可由酮的酰化得到：

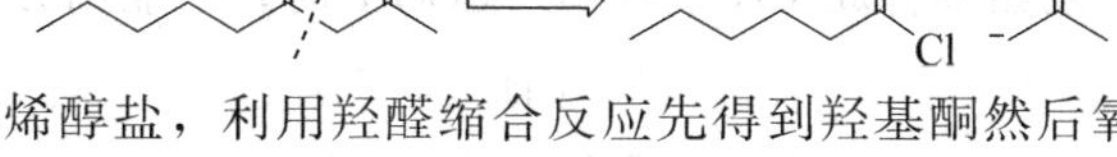

丙酮可以直接变成烯醇盐，利用羟醛缩合反应先得到羟基酮然后氧化，表面上看也可以得到 β-二酮，但要使酮的 α-氢与醛羰基缩合，虽然也可以实现，但较复杂。

（3）6,6-二甲基-2,5-庚二酮　这是一个 1,4-二羰基化合物。比较上面的例子，只要用一个 α-卤代酮作烃化剂使丙酮的烯醇盐烃化就可以得到目标化合物，丙酮的烯醇盐可以用乙酰乙酸乙酯的烯醇盐代替：

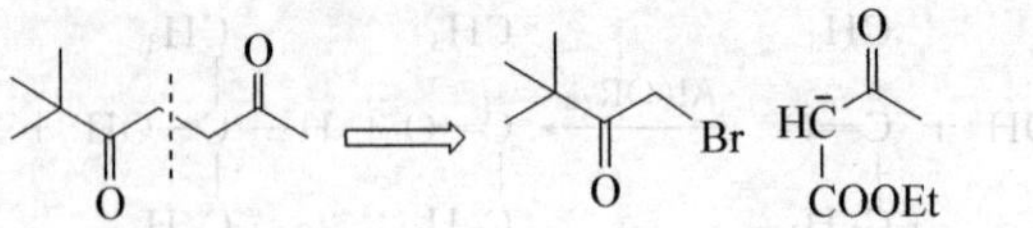

所需要的 α-溴代酮可以由丙酮合成：

$$2CH_3COCH_3 \longrightarrow (CH_3)_2\underset{\underset{OH}{|}}{C}-\underset{\underset{OH}{|}}{C}(CH_3)_2 \longrightarrow (CH_3)_3CCOCH_3 \longrightarrow (CH_3)_3CCOCH_2Br$$

(4) 3-甲基-1,2-苯二甲酸二乙酯　这是一个 1,2,3-三取代的苯衍生物，用苯衍生物作原料难以达到定位要求。在这种特殊情况下，可以考虑将脂环化合物转变为芳环，所需的脂环化合物容易由［4＋2］环加反应得到：

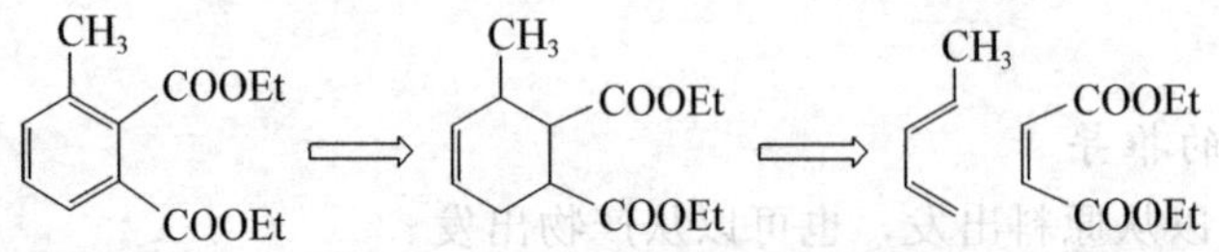

（二）合成路线的选择

一个有机化合物的合成路线可以有多种，但选择正确的路线是极为重要的，其要求是①反应原料易得；②反应产率高，副反应少，容易纯化；③反应步骤少；④实验操作方便安全。

合成需要原料。哪些原料易得，必须经常注意才能掌握。例如，天然脂肪酸都是偶数碳原子的直链酸，故十个碳原子以上的奇数的羰酸（包括醇、醛等）就很难获得，不能作为合成的原料。但合成原料又是随着工业生产的发展而发展的，奇数碳或异构的羧酸可能随着石蜡氧化、分离和精制技术的发展而将较易得到。反应的得率和反应步骤的多少也是选择合成路线的重要因素。一个具有十步的合成，如果每步得率为 80%，最后总得率只有 10.7%；如果每步得率为 70%，最后总得率只有 2.8%。而有机反应得率在 60%～70%是常见的，合理的合成路线要求合成步骤少，每步的得率要高。因此，选择适当的合成路线在实际工作中是经常遇到的。例如，由苯合成苯乙酮可以按下列两种方法：

(1) 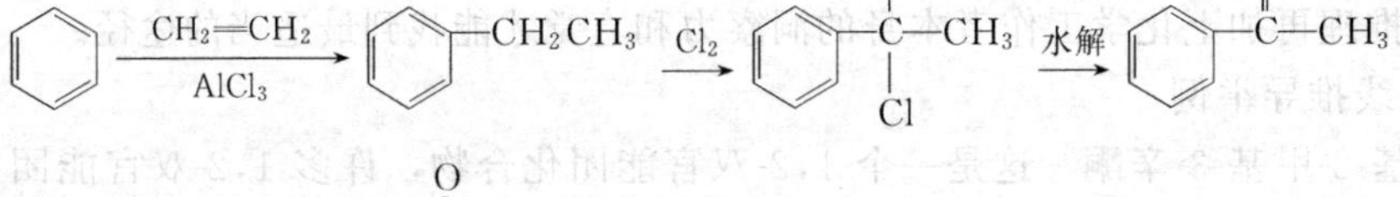

(2) 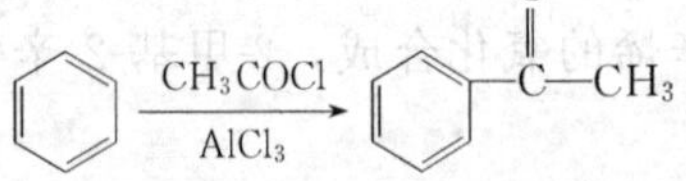

显然（2）法步骤短，而且产量高。

又如，从卤代烃合成羧酸时，可以通过下列两种途径：

$$(1)\ RX \xrightarrow{Mg} RMgX \xrightarrow{CO_2} \xrightarrow{H_2O} RCOOH$$

$$(2)\ RX \xrightarrow{CN^-} RCN \xrightarrow{水解} RCOOH$$

这两种方法都可以使用，但如果合成 $CH_3CH_2-\overset{\overset{CH_3}{|}}{\underset{\underset{CH_3}{|}}{C}}-COOH$ 时，只能用方法（1）。

$$CH_3CH_2-\overset{\overset{CH_3}{|}}{\underset{\underset{CH_3}{|}}{C}}-Br \xrightarrow{Mg} CH_3CH_2-\overset{\overset{CH_3}{|}}{\underset{\underset{CH_3}{|}}{C}}-MgBr \xrightarrow{CO_2,\ H_2O} CH_3CH_2-\overset{\overset{CH_3}{|}}{\underset{\underset{CH_3}{|}}{C}}-COOH$$

而方法（2）不能用，因为在亲核试剂作用下，叔卤代烃容易发生消除反应。

$$CH_3CH_2\underset{\underset{CH_3}{|}}{\overset{\overset{CH_3}{|}}{C}}-Br \xrightarrow{CN^-} CH_3CH=\underset{\underset{CH_3}{|}}{C}-CH_3 + CH_3CH_2\underset{\underset{CH_3}{|}}{C}=CH_2$$

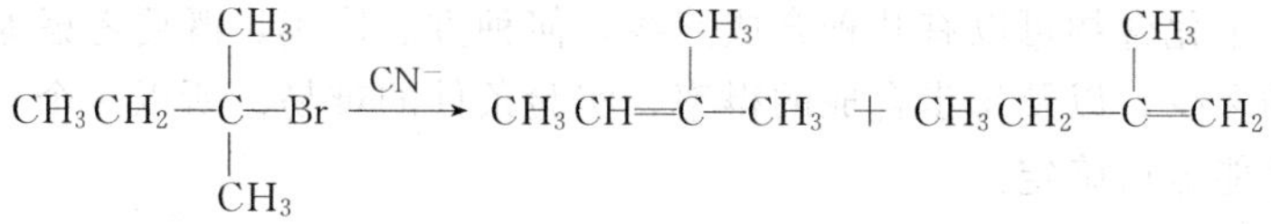

又如，梨小食心虫性外激素的合成。性外激素是一种昆虫激素，它由雌性昆虫尾腹部放出，借以引诱异性昆虫。昆虫对性外激素识别能力很强，很多性外激素是长链脂肪醇的酯。不同种类昆虫仅靠双链位置不同和顺反关系加以区别，因此在合成时必须注意它的立体要求。梨小食心虫的性诱剂为顺-8-十二碳烯醋酸酯。

$$CH_3\overset{\overset{O}{||}}{C}-O-(CH_2)_7-\overset{\overset{H}{|}}{C}=\overset{\overset{H}{|}}{C}-(CH_2)_2CH_3$$

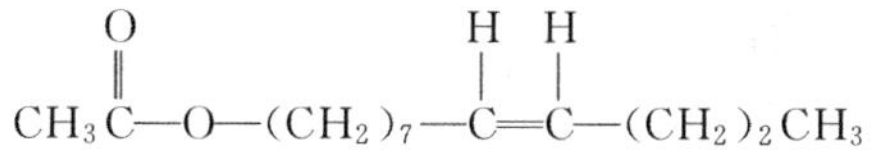

合成的关键是顺式烯键，它可由炔键加氢获得，也可由魏悌希反应得到。但是魏悌希反应形成的烯键立体专一性并不太强，一般得到的是顺式和反式的混合物。只有在非质子极性溶液中才能得到顺式占优势的烯类，仅含少量反式。采用炔成烯的合成方法中，又可以先引入羟基加以保护，再引入炔键，也可以先生成炔键骨架，再引入羟剂。下面介绍这三种合成路线：

（1）先形成—OH，再引入炔键

$$HO(CH_2)_5OH \xrightarrow{HBr} Br(CH_2)Br \xrightarrow[C_2H_5O^-]{CH_2(COOC_2H_5)_2} Br(CH_2)_5CH(COOC_2H_5)_2$$

$$\longrightarrow Br(CH_2)_6COOC_2H_5 \xrightarrow{Na/醇} Br(CH_2)_6CH_2OH \xrightarrow{} \underset{O}{\bigcirc}O(CH_2)_7Br$$

$$\xrightarrow{NaC\equiv C(CH_2)_2CH_3} \underset{O}{\bigcirc}O(CH_2)_7C\equiv C(CH_2)_2CH_3 \xrightarrow{林德拉催化剂}$$

$$\underset{O}{\bigcirc}O(CH_2)_7\overset{\overset{H}{|}}{C}=\overset{\overset{H}{|}}{C}(CH_2)_2CH_3 \xrightarrow[CH_3COCl]{H^+} CH_3\overset{\overset{O}{||}}{C}-O-(CH_2)_7-\overset{\overset{H}{|}}{C}=\overset{\overset{H}{|}}{C}-(CH_2)_2CH_3$$

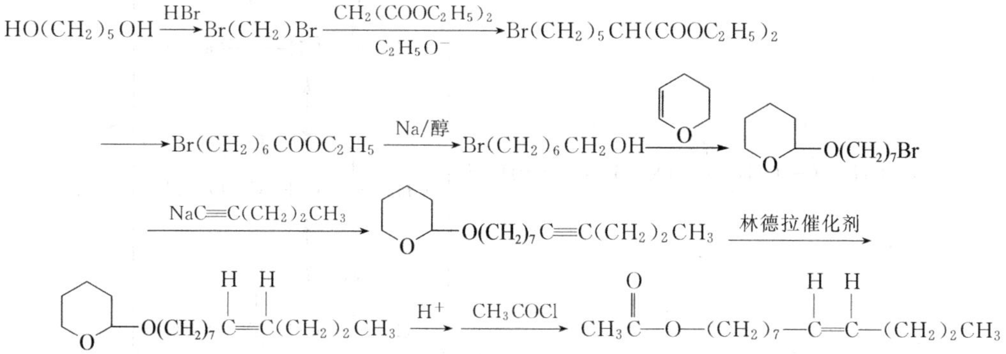

（2）先形成炔键骨架，再引入羟基

$$HO(CH_2)_6OH \xrightarrow{SOCl_2} Cl(CH_2)_6Cl \xrightarrow{NaC\equiv C(CH_2)_2CH_3} Cl(CH_2)_6C\equiv C(CH_2)_2CH_3$$

$$\xrightarrow{NaCN} NC(CH_2)_6C\equiv C(CH_2)_2CH_3 \xrightarrow{水解} HOOC(CH_2)_6C\equiv C(CH_2)_2CH_3 \xrightarrow{LiAlH_4}$$

$$HO(CH_2)_7C\equiv C(CH_2)_2CH_3 \xrightarrow{CH_3COCl} CH_3\overset{\overset{O}{||}}{C}-O-(CH_2)_7C\equiv C(CH_2)_2CH_3$$

$$\xrightarrow{林德拉催化剂} CH_3\overset{\overset{O}{||}}{C}-O-(CH_2)_7-\overset{\overset{H}{|}}{C}=\overset{\overset{H}{|}}{C}-(CH_2)_2CH_3$$

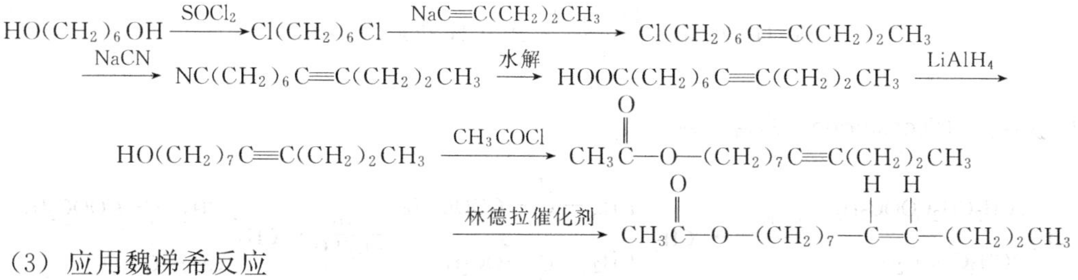

（3）应用魏悌希反应

$$HO(CH_2)_6OH \xrightarrow{HBr} Br(CH_2)_6Br \xrightarrow[C_2H_5O^-]{CH_2(COOC_2H_5)_2} Br(CH_2)_6CH(COOC_2H_5)_2$$

$$\longrightarrow Br(CH_2)_6CH_2COOH \xrightarrow{Ph_3P} [PH_3P^+CH_2(CH_2)_6COOH]Br^- \xrightarrow{C_4H_9Li}$$

$$\xrightarrow{CH_3CH_2CH_2CHO} CH_3(CH_2)_2\overset{\overset{H}{|}}{C}=\overset{\overset{H}{|}}{C}(CH_2)_6COOH \xrightarrow{LiAlH_4} HO(CH_2)_7\overset{\overset{H}{|}}{C}=\overset{\overset{H}{|}}{C}(CH_2)_2CH_3$$

$$\xrightarrow[吡啶]{CH_3COCl} CH_3\overset{\overset{O}{||}}{C}-O-(CH_2)_7-\overset{\overset{H}{|}}{C}=\overset{\overset{H}{|}}{C}-(CH_2)_2CH_3$$

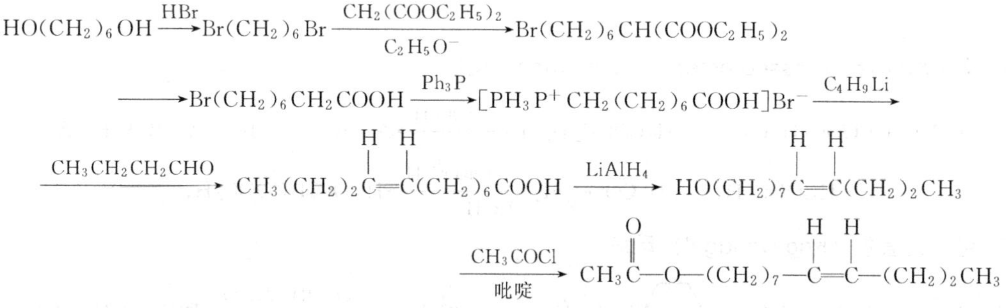

上面介绍的三种方法，（3）法因产品中混有反式产物将影响性诱剂的活性，除特殊要求外

一般不采用，三种方法中以（1）法最为常用。

总之，对于一个化合物可以有几种合成路线，何种方法优越，既要考虑原料来源，又要考虑合成路线步骤的多少，以及每步合成的得率，实验条件的难易。所以一个合理的路线需要衡量各方面因素，才能最后确定。

习题 15-17 合成下列化合物。

(1) 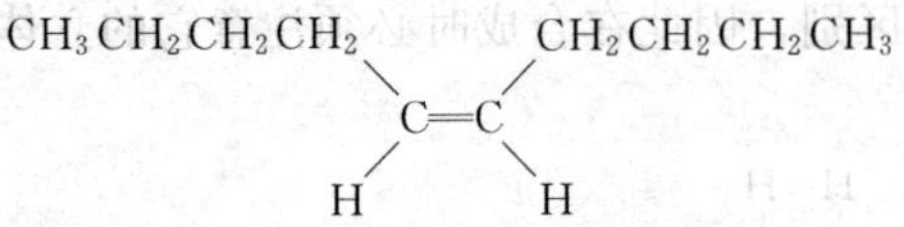

(2) 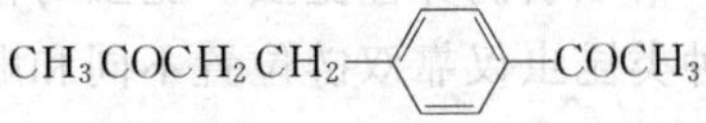

(3) 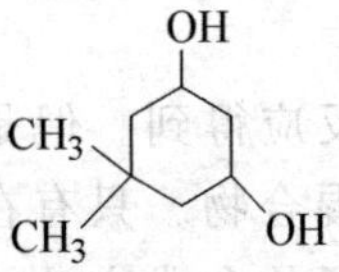

(4) 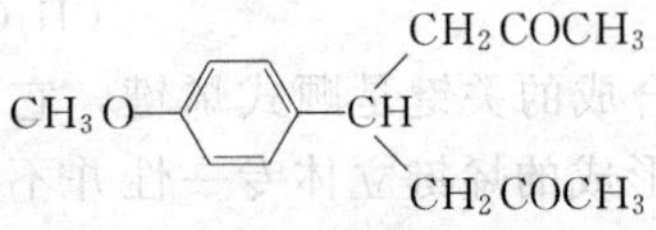

本章反应总结

1. α-氢的酸性

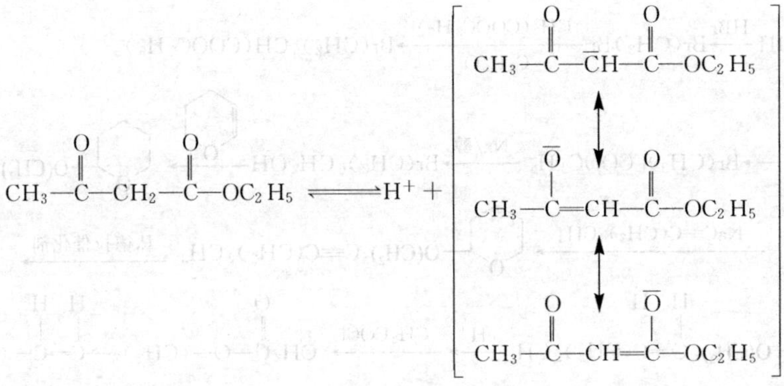

2. 克莱森（Claisen）酯缩合反应

$$2RCH_2COOR' \xrightarrow[(2)\ H^+]{(1)\ NaOR} R-CH_2COCHCOOR' \ (\text{R on CH})$$

3. 狄克曼（Dieckmann）缩合反应

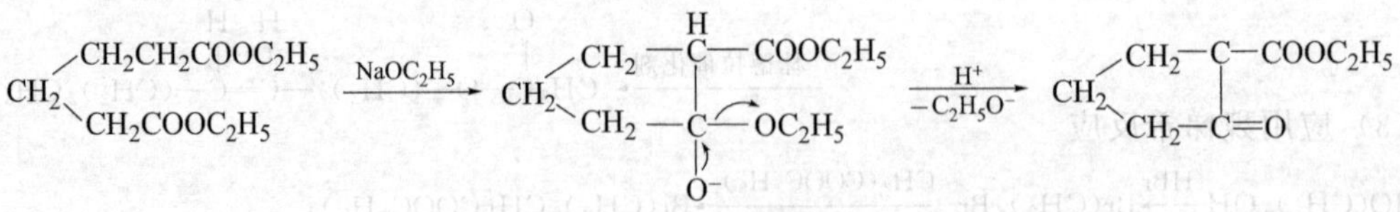

4. 交叉酯缩合（crossed ester condensation）反应

$$CH_3CH_2COOC_2H_5(A) + CH_3COOC_2H_5(B) \xrightarrow{NaOC_2H_5} A-A + B-B + A-B + B-A$$

$$HCOOC_2H_5 + CH_3COOC_2H_5 \xrightarrow[(2)H^+]{(1)NaOC_2H_5} HCOCH_2COOC_2H_5$$

5. 克诺文盖尔（Knoevenagel）反应

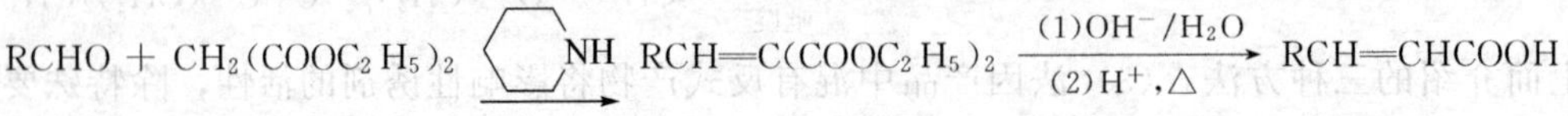

6. 麦克尔（Michael）加成反应

$$CH_2(COOC_2H_5)_2 + CH_2{=}CH{-}CHO \xrightarrow[HOC_2H_5]{NaOC_2H_5} (C_2H_5OOC)_2CHCH_2CH_2CHO$$

7. 瑞佛马斯基（Reformatsky）反应

$$\underset{(H)}{R'}\!\!\overset{R}{\diagdown}C{=}O + BrCH_2COOC_2H_5 \xrightarrow[(2)\ H^+]{(1)\ Zn/Et_2O} \underset{\underset{(H)}{R'}}{}\overset{R\ \ OH}{}C{-}CH_2COOC_2H_5$$

8. 达尔森（Darzen）反应

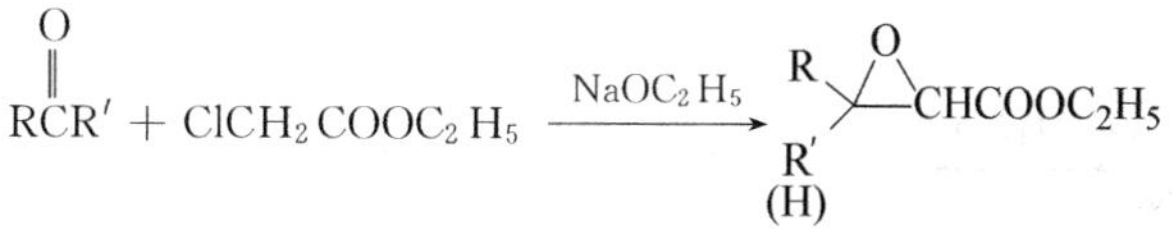

9. 普尔金（Perkin）反应

$$C_6H_5{-}CHO + CH_3\overset{O}{\overset{\|}{C}}O\overset{O}{\overset{\|}{C}}CH_3 \xrightarrow[\triangle]{CH_3COONa} C_6H_5{-}CH{=}CH{-}COOH + CH_3COOH$$

习　题

1. 命名下列化合物或写出其结构

（1）“三乙”　（2）2-甲基-2-乙基乙酰乙酸乙酯　（3）苯甲酰丙酮　（4）2-甲基-4-羰基戊酸

（5） 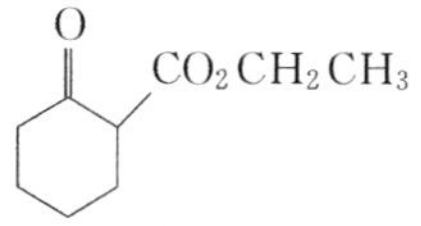　（6）$CH_3CO\underset{C_2H_5}{\underset{|}{C}H}COOC_2H_5$　（7）CH_3COCH_2CHO

（8）β-戊二酮　（9）异丁酰乙酸乙酯　（10）三乙酰基甲烷　（11）腈乙酸乙酯

（12）$CH_3COCH(CO_2C_2H_5)_2$　（13）$CH_3CH_2CH_2\overset{O}{\overset{\|}{C}}\underset{CH_3}{\underset{|}{C}H}\overset{O}{\overset{\|}{C}}CH_2CH_3$　（14）$(C_6H_5)_2\underset{OH}{\underset{|}{C}}COOH$

2. 用化学方法鉴别下列各组化合物

（1）乙酸乙酯　乙酰乙酸乙酯

（2）丙二酸　乙酰乙酸

（3）2-甲基乙酰乙酸乙酯　2-甲基-2-乙基乙酰乙酸乙酯

3. 完成下列反应

（1）$CH_3CH_2CO_2C_2H_5 \xrightarrow{NaOC_2H_5} \xrightarrow[H_2O]{HAc}$

（2）$C_6H_5CO_2C_2H_5 + C_6H_5COCH_3 \xrightarrow{NaOC_2H_5} \xrightarrow[H_2O]{HAc}$

（3）$CH_3O\overset{O}{\overset{\|}{C}}(CH_2)_{12}\overset{O}{\overset{\|}{C}}OCH_3 \xrightarrow[CH_3C_6H_4CH_3]{Na,\ N_2,\ \triangle} \xrightarrow{H_3^+O}$

（4） 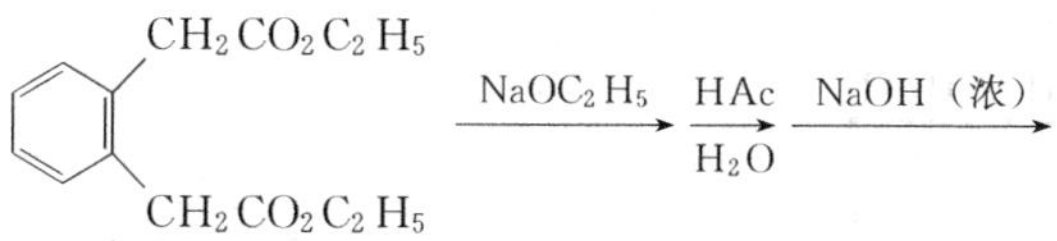

(5) 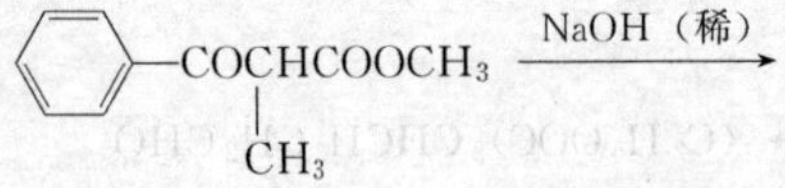

(6) $C_6H_5COCH_2CH_3 + HCO_2C_2H_5 \xrightarrow{NaOC_2H_5} \xrightarrow[H_2O]{HAc}$

(7) 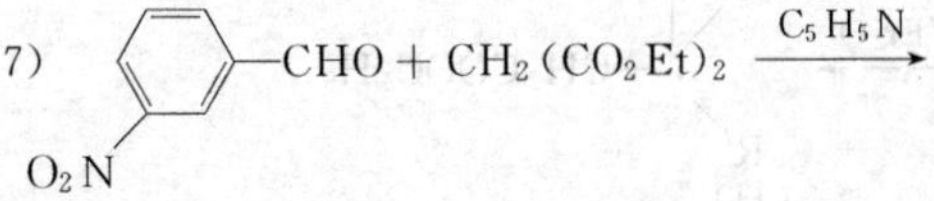

(8) $PhCHO \xrightarrow{CN^-}$

(9) 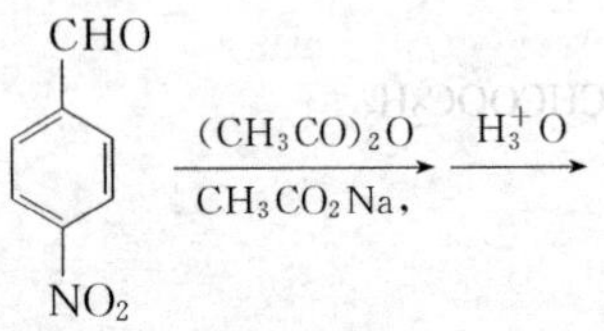

(10) 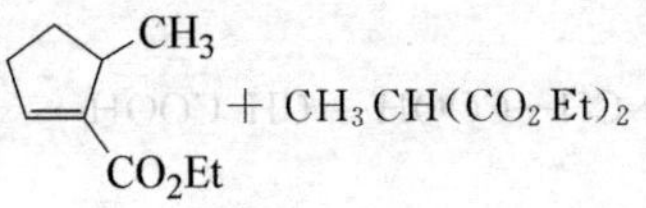

(11) 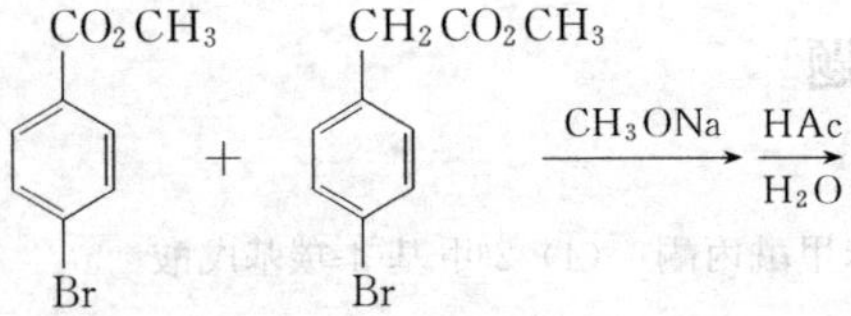

(12) 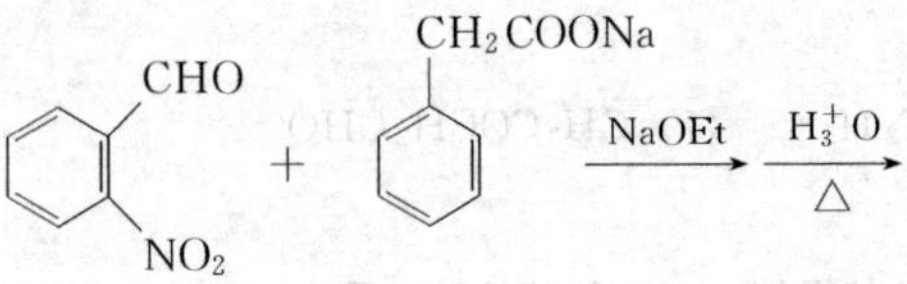

(13) $PhCHO + PhCH(Cl)CO_2Et \xrightarrow{(CH_3)_3COK}$

(14) 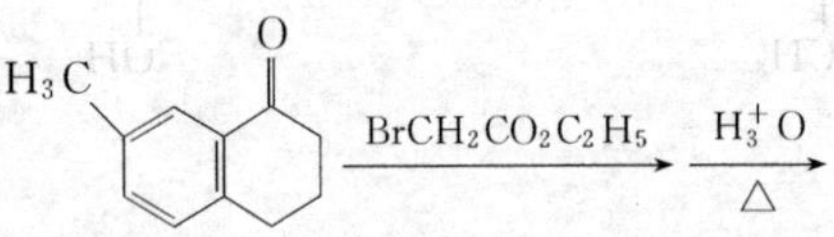

(15) $CH_2(CO_2Et)_2 + BrCH_2CH_2CH_2Cl \xrightarrow{NaOEt}$

(16) $H_3C-N(CH_2CH_2CO_2Et)_2 \xrightarrow{NaOC_2H_5} \xrightarrow[H_2O]{HAc}$

(17) $EtOC(=O)(CH_2)_3C(=O)OEt + EtOC(=O)-C(=O)OEt \xrightarrow{NaOC_2H_5} \xrightarrow[H_2O]{HAc}$

(18) 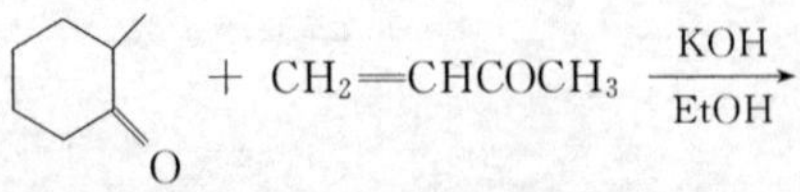

(19) $H_3C-C(=O)-CH_2-C(CH_3)_2-CH(COOEt)-COOEt \xrightarrow{NaH} \xrightarrow{H_3^+O}$

(20) 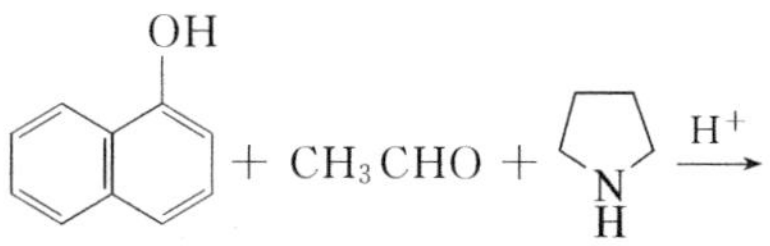

4. 完成下列反应，写出每步反应的中间产物

(1) $CH_3CH_2COCH_3 + BrCH_2CO_2C_2H_5 \xrightarrow[C_6H_6]{Zn} \xrightarrow{H_2O} \xrightarrow[C_6H_6,\ \triangle]{LiAlH_4} \xrightarrow[p\text{-}CH_3C_6H_4SO_3H]{CH_3COCH_3}$

(2) 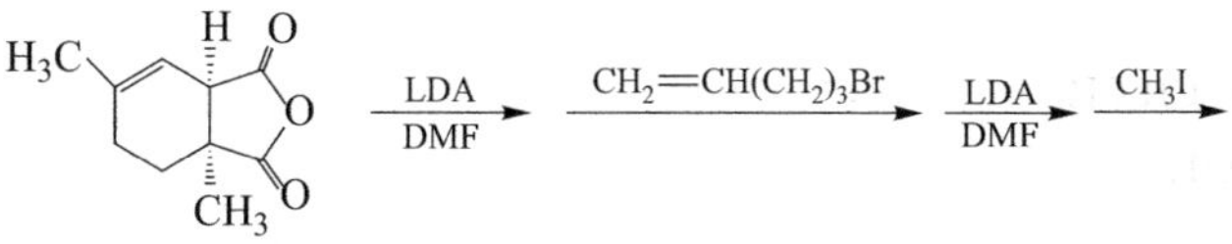

(3) $Ph_2CHCN \xrightarrow{NaNH_2} \xrightarrow{PhCH_2Cl}$

(4) $CH_3COCH_2COOC_2H_5 \xrightarrow[HCl]{HOCH_2CH_2OH} \xrightarrow{2C_6H_5MgBr} \xrightarrow[H_2O]{H^+}$

(5) 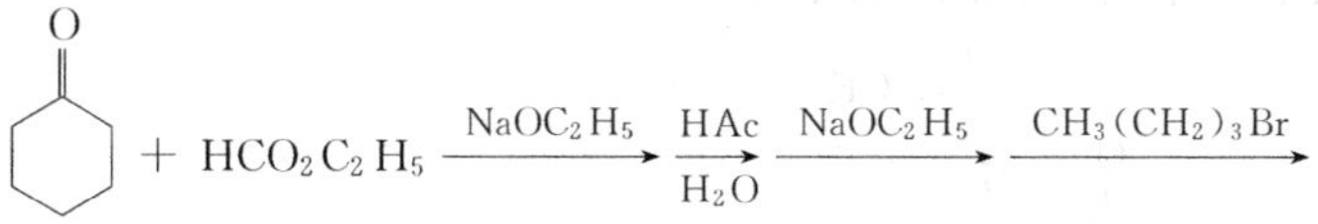

5. 写出下列反应的机理

(1) 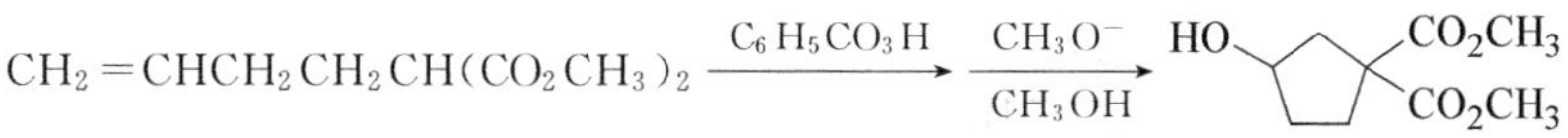

(2) 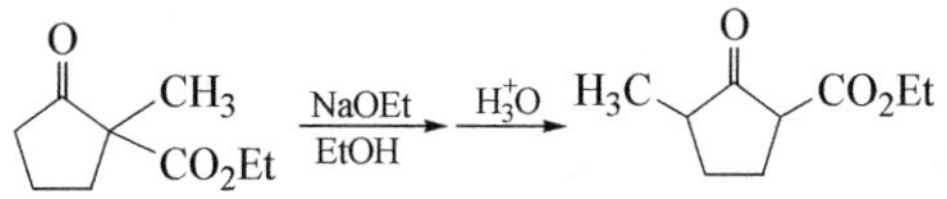

(3) 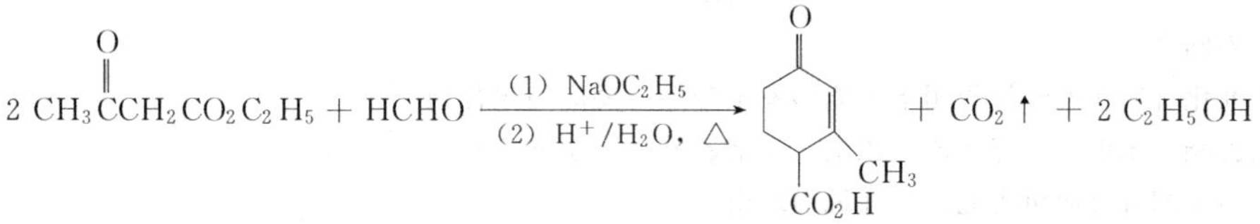

6. 推测下列化合物的结构

(1) 一酮酸经 $NaBH_4$ 还原后，依次用 HBr、Na_2CO_3 和 KCN 处理后生成腈，水解后得到 2-甲基戊二酸，试推测此酮酸的结构，并写出各步的反应方程式。

(2) 一酯类化合物 A($C_5H_{10}O_2$)，用乙醇钠的乙醇溶液处理，得到另一酯 B($C_8H_{14}O_3$)，B 能使溴水褪色，将 B 用乙醇钠的乙醇溶液处理后再与碘乙烷反应，又得到另一个酯 C($C_{10}H_{18}O_3$)，C 和溴水在室温下不发生反应，把 C 用稀碱水解后再酸化，加热，即得到一个酮 D($C_7H_{14}O$)，D 不发生碘仿反应，用锌汞齐还原 D 则生成 3-甲基己烷。试推测 A～D 的结构。

(3) 2-甲基-3-丁酮酸乙酯在乙醇中用乙醇钠处理后加入环氧乙烷得到一个化合物 A，其分子式 $C_7H_{10}O_3$，A 的 ^1H NMR 数据为 δ1.7（三重峰，2H），δ1.3（单峰，3H），δ2.1（单峰，3H），δ3.9（三重峰，2H），试推测 A 的结构并写出反应的机理。

7. 以 C_3 以下的有机物为原料，通过丙二酸二乙酯或乙酰乙酸乙酯法合成下列各化合物

(1) 正己酸　(2) 2-甲基-4-羰基戊酸　(3) 庚二酸　(4) 2-己醇

(5) 3-甲基丁酸　(6) 1-环己基-2-丙酮　(7) 环己基甲酸

(8) 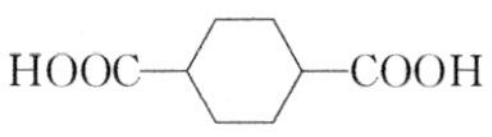　(9) 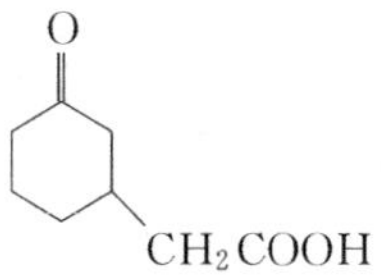　(10) 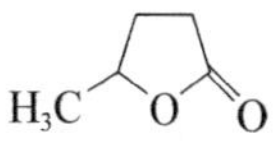

(11) $CH_2{=}CHCH_2CH(CH_3)COOH$　(12) $CH_3C(=O)CH_2CH_2CH_2COOH$

(13) 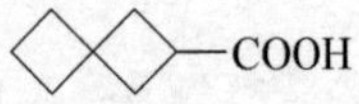 (14) 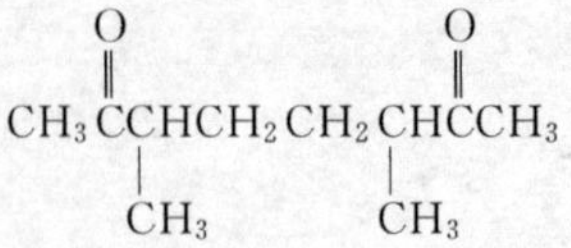

8. 由指定原料和不超过 2 个碳原子的化合物合成下列各化合物

(1) 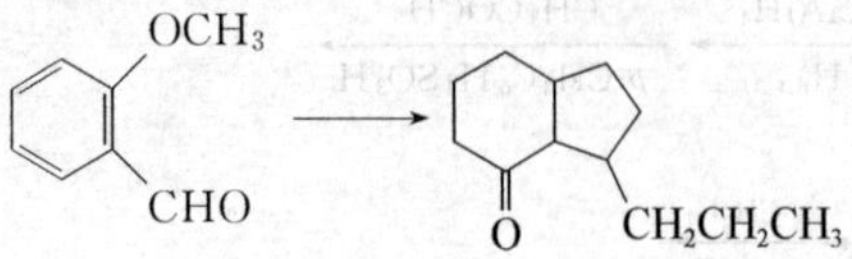

(2) 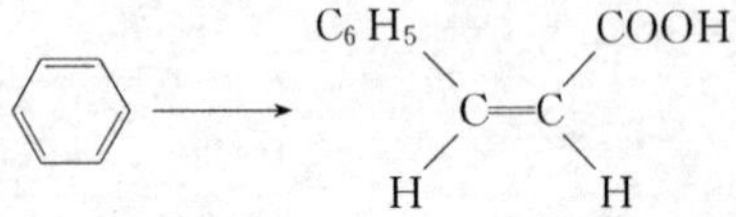

(3) 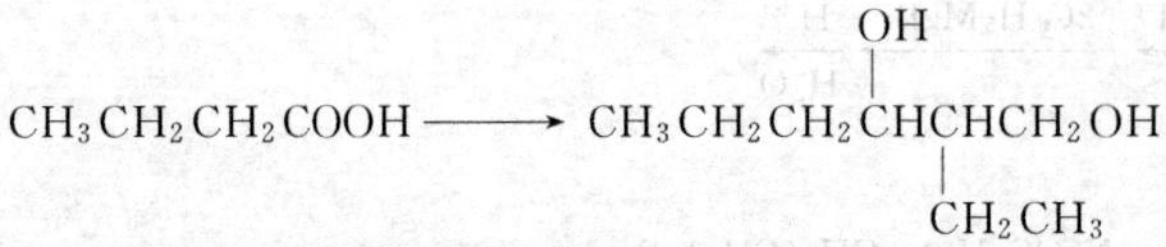

(4) 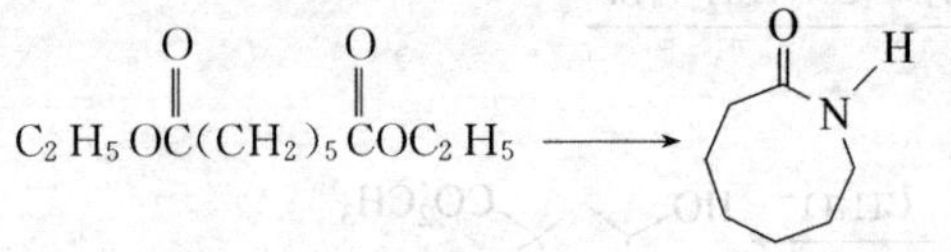

(5) 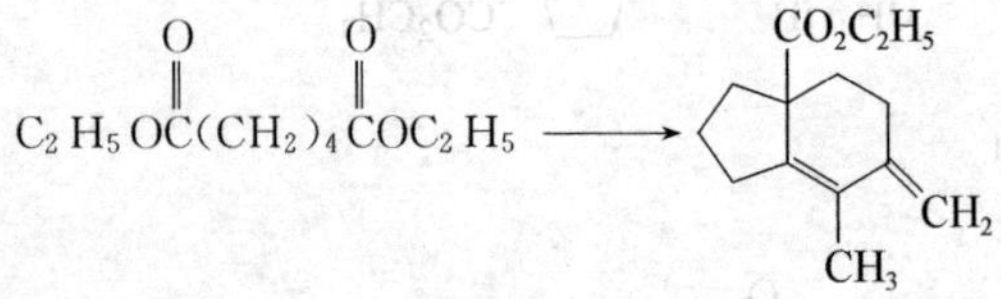

9. 简要回答下列问题

(1) 指出下列化合物在乙醇钠作用下不能够发生酯缩合反应的化合物

苯甲酸乙酯　苯甲酸乙酯和乙酸乙酯　丁酸乙酯　异丁酸乙酯

(2) 判断下列酯缩合反应可否完成，并说明理由。

(a) 乙酸乙酯在少量的乙醇钠作用下

(b) 乙酸乙酯在稍大于等物质的量的乙醇钠作用下

(c) 乙酸苯酯在稍大于等物质的量的苯酚钠作用下

（扬州大学，韩莹）

第十六章 含氮化合物

含氮有机化合物是指分子中含有 C—N 键的有机化合物，它们的种类颇多，包括了腈、酰胺、硝基化合物、胺类化合物、重氮和偶氮化合物等。本章重点讨论胺、重氮盐和硝基类化合物。

第一节 胺的结构、分类和命名

胺可以看作是烃分子中的氢被氨基取代后的衍生物，也可以看作是氨分子中的氢被烃基取代后的衍生物。它是一类最重要的有机含氮化合物，广泛存在于生物界，许多胺具有高度的生理活性，可被用作药物。诸如来源于植物的麻黄碱（一种生物碱）具有解痉镇痛作用，可用于治疗感冒和咳喘；莨菪碱（阿托品）能解有机磷中毒并具有散瞳的作用。但相当多的生物碱也具有毒性，过量服用将致死，例如：吗啡、尼古丁、可卡因等。图 16-1 列出了一些具有生物活性的胺的结构。

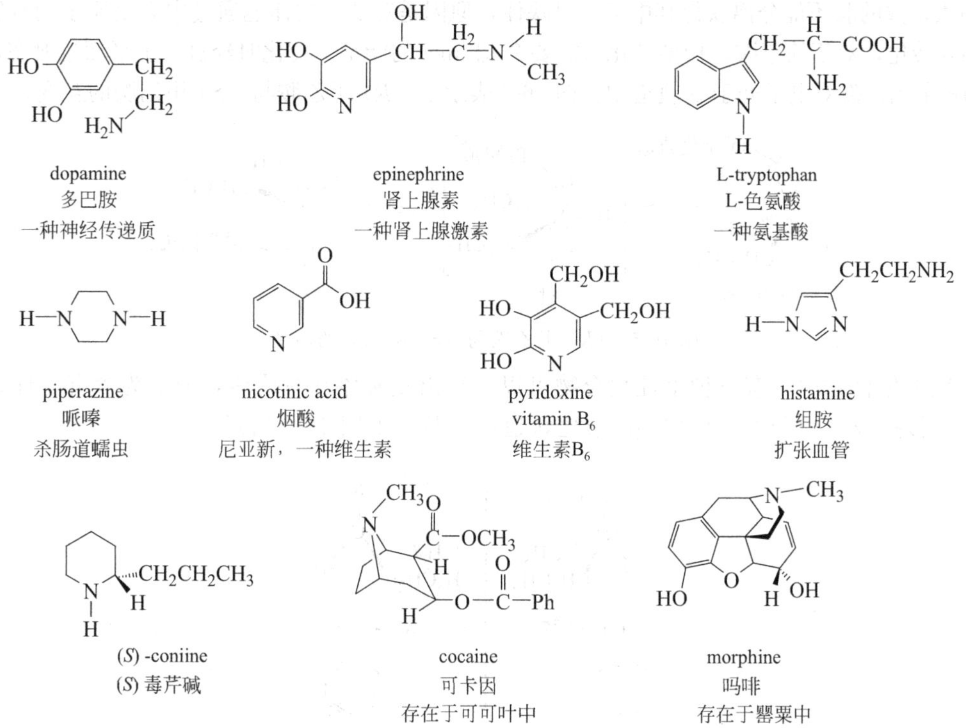
dopamine
多巴胺
一种神经传递质
epinephrine
肾上腺素
一种肾上腺激素
L-tryptophan
L-色氨酸
一种氨基酸
piperazine
哌嗪
杀肠道蠕虫
nicotinic acid
烟酸
尼亚新，一种维生素
pyridoxine
vitamin B6
维生素B6
histamine
组胺
扩张血管
(S)-coniine
(S) 毒芹碱
cocaine
可卡因
存在于可可叶中
morphine
吗啡
存在于罂粟中

图 16-1 一些具有生物活性的胺

一、胺的结构

氮原子的电子结构为 $1s^2 2s^2 2p^3$，在氨分子中，N 原子以 sp^3 杂化轨道与三个氢原子的 s 轨道重叠，形成三个 sp^3-s σ 键，故氨分子为棱锥体结构，氮原子上还有一对孤对电子占据第四个 sp^3 杂化轨道，处于棱锥体的顶端，类似于第四个“基团”，这样氨的空间排布基本上近似碳的四面体结构。胺的结构和氨相似，氮原子位于四面体中心，氮上的三个 sp^3 杂化轨道与三个氢原子的 s 轨道或其他基团的碳原子的杂化轨道重叠成键，也具有棱锥形的结构，如图 16-2 所示。

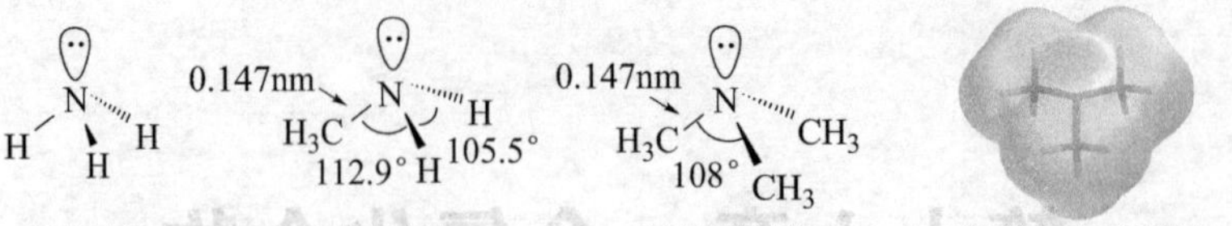
0.147nm
105.5°
112.9°
0.147nm
108°

氨的结构　　甲胺的结构　　三甲胺的结构　　三甲胺的电子相位图

图 16-2　氨及胺的结构

在芳香胺中，氮原子上孤对电子所处的 sp^3 杂化轨道较氨中氮原子上的 sp^3 杂化轨道有更多的 p 轨道性质，能和苯环的 π 电子轨道重叠，形成包括氮和苯环在内的分子轨道，当这两种分子轨道接近平行时重叠最多，共轭最有效。在苯胺中，H—N—H 键角为 113.9°，H—N—H 平面与苯环平面之间的夹角为 39.4°。如图 16-3 所示。

由于胺是棱锥形结构，当氮原子上连有三个不同的取代基时，分子具有手性。如图 16-4。

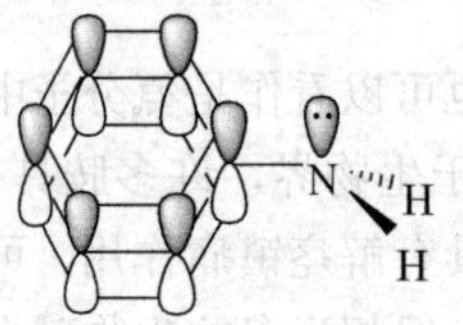

图 16-3　苯胺的结构

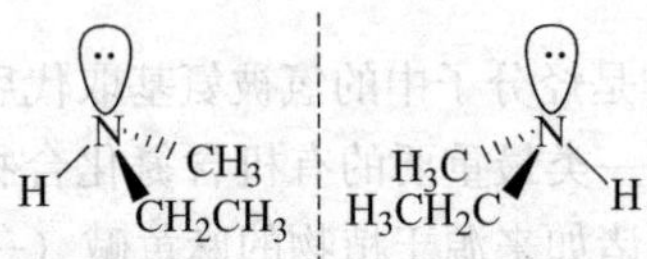

(*R*)甲乙胺　　(*S*)甲乙胺

图 16-4　甲乙胺的一对对映体

但大多数的胺不能分离获得其中某一对映体，原因是对映异构体能通过中心氮原子的翻转而迅速地相互转化，对于简单胺，构型转化只需要 25kJ/mol 的能量。转化时经过一个平面过渡态，此时氮呈 sp^2 杂化，孤对电子处于 p_z 轨道中。图 16-5 表示了（*R*)-甲乙胺与（*S*)-甲乙胺的互变。

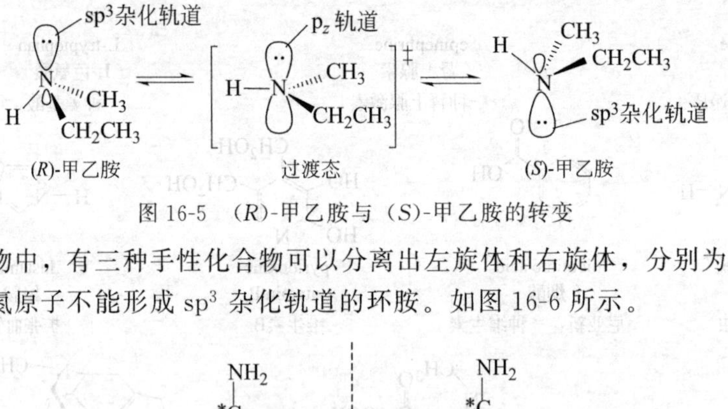
sp³杂化轨道
p_z 轨道
sp³杂化轨道

(*R*)-甲乙胺　　过渡态　　(*S*)-甲乙胺

图 16-5　(*R*)-甲乙胺与（*S*)-甲乙胺的转变

在胺类化合物中，有三种手性化合物可以分离出左旋体和右旋体，分别为含有手性碳原子的胺、季铵盐及氮原子不能形成 sp^3 杂化轨道的环胺。如图 16-6 所示。

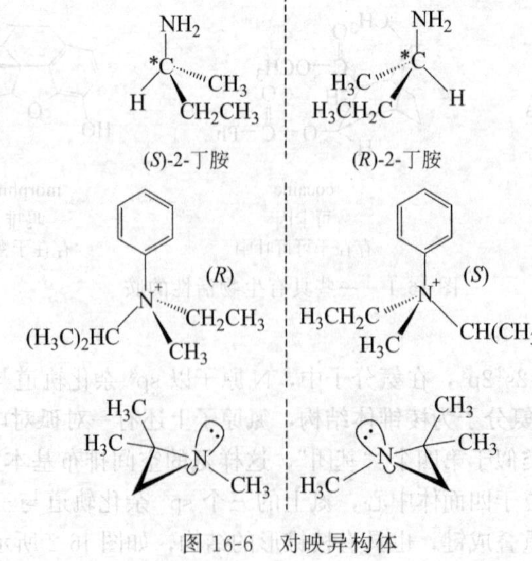
(S)-2-丁胺
(R)-2-丁胺
(R)
(S)

图 16-6　对映异构体

习题 16-1 下列那些化合物能分离出对映体？并说明理由。

(1) 顺-2-甲基环己胺　　(2) *N*-甲基-*N*-乙基环己胺

(3) 碘化甲基乙基异丙铵　　(4) *N*-甲基氮丙啶

二、胺的分类

根据氨基上烃基取代的数目，可分为一级（伯）胺、二级（仲）胺、三级（叔）胺。

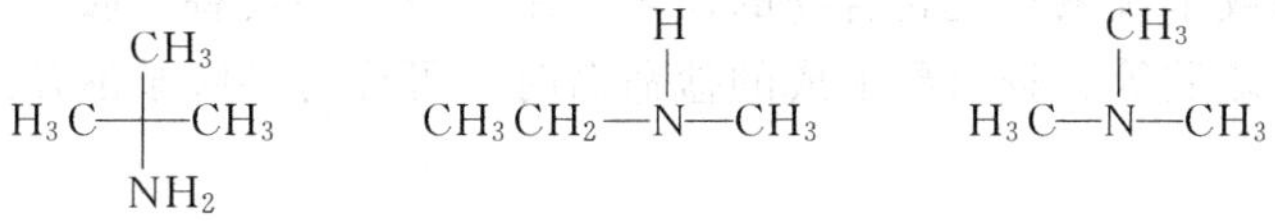

CH3
H3C—CH3
NH2
H
CH3CH2—N—CH3
CH3
H3C—N—CH3

伯胺　　仲胺　　叔胺

（1°胺）　（2°胺）　（3°胺）

铵盐或氢氧化铵中的四个氢原子被四个烃基取代而生成的化合物，称为四级（季）铵盐或四级（季）铵碱。

$NH_4^+Cl^-$　　$(CH_3)_4N^+Cl^-$　　$NH_4^+OH^-$　　$(CH_3)_4N^+OH^-$

氯化铵　　季铵盐（氯化四甲铵）　　氢氧化铵　　季铵碱（氢氧化四甲铵）

根据胺分子中烃基的种类不同，分为脂肪胺和芳香胺（图 16-7）。

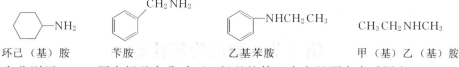

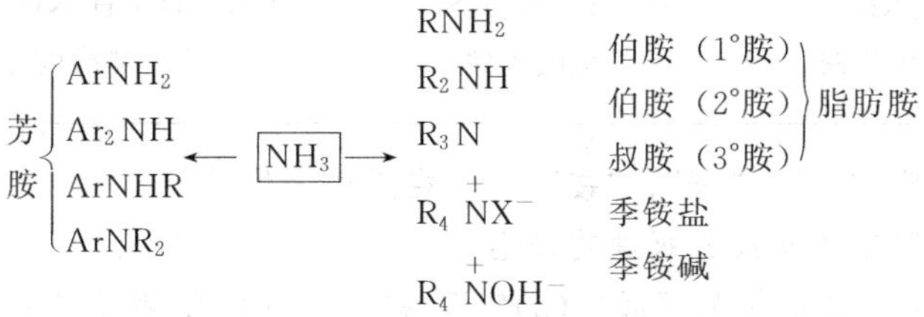

芳胺
ArNH2
Ar2NH
ArNHR
ArNR2
NH3
RNH2
R2NH
R3N
R4 N+ X−
R4 N+ OH−
伯胺（1°胺）
伯胺（2°胺）
叔胺（3°胺）
脂肪胺
季铵盐
季铵碱

图 16-7　胺的分类

三、命名

1. 普通命名法

简单的胺通常以普通命名法命名，即以胺为母体，烃基为取代基，把所含烃基的名称和数目写在前面，按简单到复杂先后列出，后面加上胺字，称为某胺。

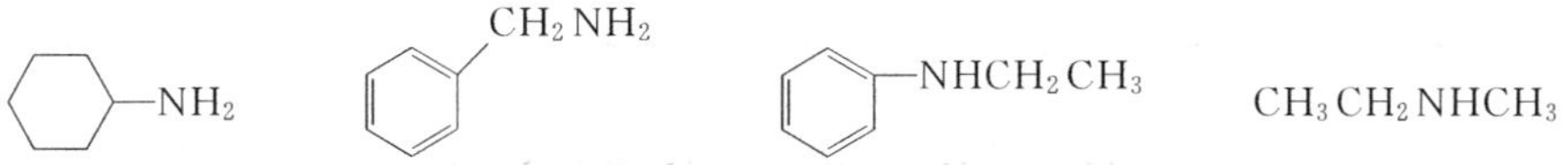

NH2
CH2NH2
NHCH2CH3
CH3CH2NHCH3

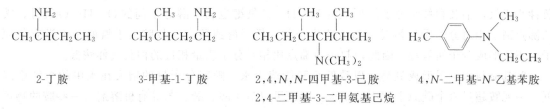

环己（基）胺　　苄胺　　乙基苯胺　　甲（基）乙（基）胺

英文名称则用 amine 写在烃基名称后面，烃基按第一个字母顺序先后写出。

2. IUPAC 命名法

胺的 IUPAC 命名法类似于醇的命名，选含氮最长的碳链为母体，用阿拉伯数字表示氨基在碳链中的位置，称为某胺，氮上其他烃基作为取代基，并用 N 定位。结构比较复杂的胺，是以烃为母体，将氨基和烷基作为取代基来命名。

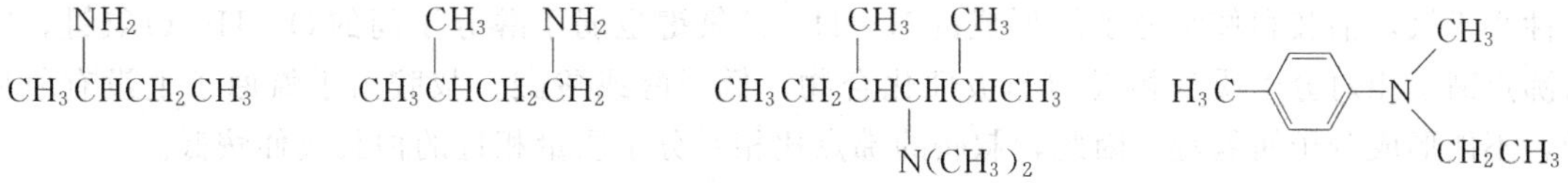

NH2
CH3CHCH2CH3
CH3　NH2
CH3CHCH2CH2
CH3　CH3
CH3CH2CHCHCHCH3
N(CH3)2
CH3
H3C—N
CH2CH3

2-丁胺　　3-甲基-1-丁胺　　2,4,*N*,*N*-四甲基-3-己胺　　4,*N*-二甲基-*N*-乙基苯胺

2,4-二甲基-3-二甲氨基己烷

杂环胺的命名有两种方法，一是取外文名称的译音，并加口字旁表示为环状化合物。另一

命名方法则按环的大小来进行，如五元环含氮芳香化合物称为氮杂茂，茂中戊表示为五元环，草头表示具有芳香性。音译法在文献中更为普遍。命名时编号从杂原子开始。

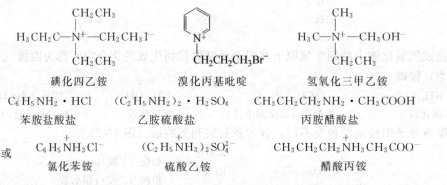

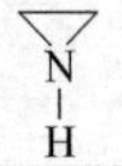

氮丙啶（吖啶）

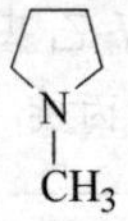

1-甲基吡咯烷

N-甲基吡咯烷

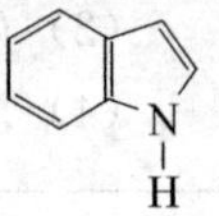

吲哚

苯并氮杂茂

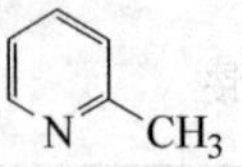

2-甲基吡啶

2-甲基氮杂苯

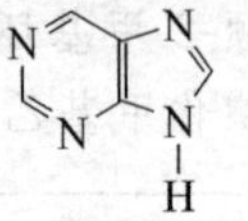

嘌呤

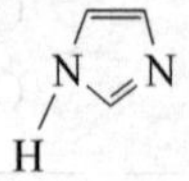

咪唑

2,3-二氮杂茂

四级胺（季铵盐或季铵碱）类化合物的命名，用“铵”字代替“胺”字，并在前面加负离子的名称，如氯化、硫酸等。胺与酸形成的盐命名时，可称为某胺某酸盐或用与命名四级胺一样的方法，例如：

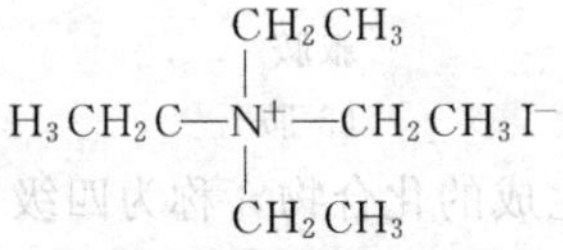

碘化四乙铵

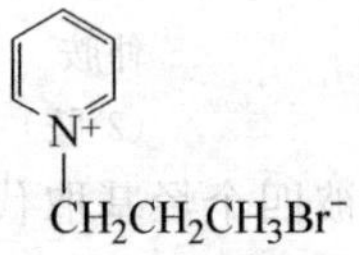

溴化丙基吡啶

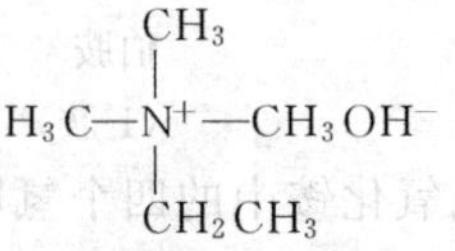

氢氧化三甲乙铵

$C_6H_5NH_2 \cdot HCl$ 苯胺盐酸盐　　$(C_2H_5NH_2)_2 \cdot H_2SO_4$ 乙胺硫酸盐　　$CH_3CH_2CH_2NH_2 \cdot CH_3COOH$ 丙胺醋酸盐

或　$C_6H_5\overset{+}{N}H_3Cl^-$ 氯化苯铵　　$(C_2H_5\overset{+}{N}H_3)_2SO_4^{2-}$ 硫酸乙铵　　$CH_3CH_2CH_2\overset{+}{N}H_3CH_3COO^-$ 醋酸丙铵

习题 16-2　请举例说明“氨”、“胺”、“铵”三字在用法上的差异。

习题 16-3　根据名称写出结构或根据结构命名

(1)叔丁胺　(2)α-氨基丙醛　(3)2-甲基吖啶　(4)*N*-甲基-*N*-乙基-3-己胺

(5)$(C_6H_5CH_2)_2NH$　(6)$CH_2{=}CHCH_2NHCH_2CH_2CH_3$　(7)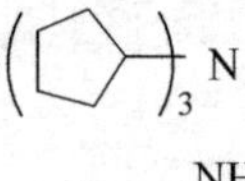

(8)$C_6H_5CH_2\overset{+}{N}(CH_3)_3Br^-$　(9)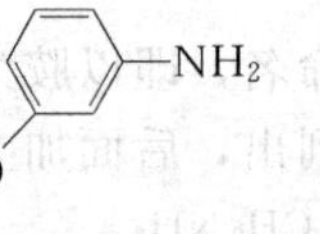　(10)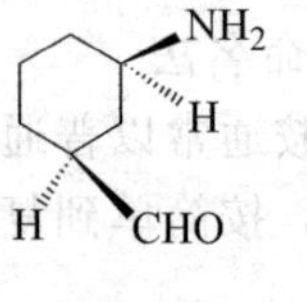

第二节　胺的物理性质

胺除易燃外其他物理性质与氨非常相似，低级胺是气体或易挥发的液体，有氨的气味或鱼腥味，高级胺为固体。纯粹的芳香胺为无色的高沸点液体或低熔点固体，具有特殊的气味，但由于易被氧化，常带有一点黄色或棕色。大多数芳香胺都具有一定的毒性，应避免接触皮肤和经口鼻食入或吸入。

与醇相似，胺也是极性化合物。除叔胺外，伯胺和仲胺都能形成分子间氢键，由于氮的电负性小于氧，伯胺和仲胺分子间形成的N—H┈N氢键也弱于醇分子间的O—H┈O氢键，胺的沸点高于相对分子质量相近的非极性化合物，低于醇或羧酸。叔胺由于氮原子上没有氢原子，不能形成分子间氢键，因此，叔胺的沸点比相对分子质量相近的伯胺或仲胺低。

胺都能与水分子形成氢键，以致低级胺能溶于水，随着分子量的增大在水中的溶解度降低，一元胺超过六个碳原子就不溶于水。胺也可以溶于醇、醚、苯等有机溶剂。一些胺的物理常数见表16-1。

表 16-1　一些胺的物理常数

名　　称	结构式	熔点/℃	沸点/℃	溶解度/(g/100gH_2O)
甲胺	CH_3NH_2	−93	−7	易溶
乙胺	$CH_3CH_2NH_2$	−81	17	∞
正丙胺	$CH_3CH_2CH_2NH_2$	−83	48	∞
异丙胺	$(CH_3)_2CHNH_2$	−101	33	∞
正丁胺	$CH_3CH_2CH_2CH_2NH_2$	−50	77	∞
异丁胺	$(CH_3)_2CHCH_2NH_2$	−86	68	∞
2-丁胺	$CH_3CH_2CH(NH_2)CH_3$	−104	63	∞
叔丁胺	$(CH_3)_3CNH_2$	−68	45	∞
环己胺	cyclo—$C_6H_{11}NH_2$		134	微溶
烯丙胺	$CH_2{=}CH{-}CH_2NH_2$		53	易溶
苯胺	$C_6H_5NH_2$	−6	184	3.7
苄胺	$C_6H_5CH_2NH_2$		185	∞
二甲胺	$(CH_3)_2NH$	−96	7	易溶
甲乙胺	$CH_3NHCH_2CH_3$		37	易溶
二乙胺	$(CH_3CH_2)_2NH$	−42	56	易溶
二正丙胺	$(CH_3CH_2CH_2)_2NH$	−40	111	微溶
二异丙胺	$[(CH_3)_2CH]_2NH$	−61	84	微溶
二正丁胺	$(CH_3CH_2CH_2CH_2)_2NH$	−59	159	微溶
N-甲基苯胺	$C_6H_5NHCH_3$	−57	196	微溶
二苯胺	$(C_6H_5)_2NH$	54	302	不溶
三甲胺	$(CH_3)_3N$	−117	3.5	91
三乙胺	$(CH_3CH_2)_3N$	−115	90	14
三正丙胺	$(CH_3CH_2CH_2)_3N$	−94	156	微溶
N,*N*-二甲基苯胺	$C_6H_5N(CH_3)_2$	2	194	1.4
三苯胺	$(C_6H_5)_3NH$	126	365	不溶

习题 16-4　将下列化合物按沸点从低到高的次序排列

(1) 三乙胺，二正丙胺，正丙醚 (2) 乙醚，二甲胺，甲醚 (3) 三乙胺，二乙胺，二异丙胺

一、红外光谱

游离伯胺的 N—H 伸缩振动在 3490～3400cm^{-1}（中）处有两个吸收峰，强度中到弱（图 16-8）。缔合的 N－H 伸缩振动向低波数方向移动，但位移一般不超过 100cm^{-1}。仲胺的 N－H 伸缩振动在 3500～3300cm^{-1} 区域内有一个吸收峰，脂肪仲胺此峰的吸收强度通常很弱，芳仲胺则要强得多，且峰形尖锐对称见图 16-8 和图 16-9。叔胺则无 N—H 吸收。

伯胺 N—H 面内变形振动吸收在 1650～1590cm^{-1}（强、中）区域，可用于鉴定；N—H 的面外变形振动吸收在 900～650cm^{-1}（宽）区域，非常特征。脂肪族仲胺 N—H 的面内变形振动吸收很弱，不能用于鉴定，而 N－H 的面外变形振动吸收在 750～700cm^{-1} 区域有强的吸收（图 16-10）。芳香族仲胺在 1600cm^{-1} 附近有较强吸收，常与芳环的骨架振动偶合，导致峰的强度增加和峰的裂缝（图 16-11）。

C—N 伸缩振动吸收位置与碳上所连的基团有关，脂肪胺在 1230～1030cm^{-1} 区域，芳香胺在 1340～1250cm^{-1} 区域，氮上取代基也能影响吸收位置，因此不易区别。

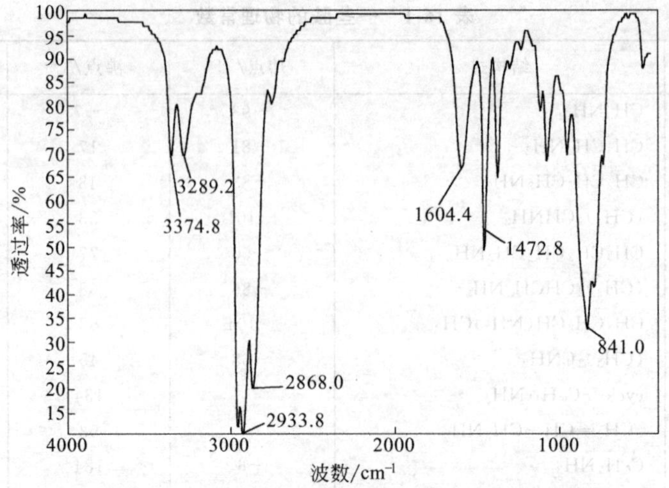
透过率/%
波数/cm⁻¹
3289.2
3374.8
2868.0
2933.8
1604.4
1472.8
841.0

图 16-8 正丁胺的红外吸收光谱

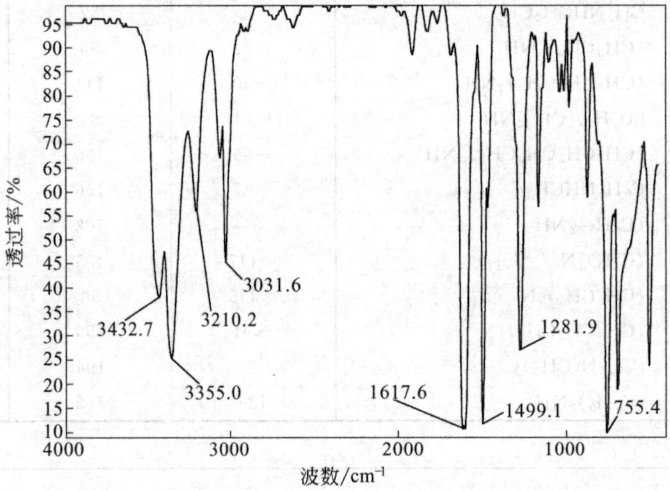
透过率/%
波数/cm⁻¹
3031.6
3432.7
3210.2
3355.0
1281.9
1617.6
1499.1
755.4

图 16-9 苯胺的红外光谱

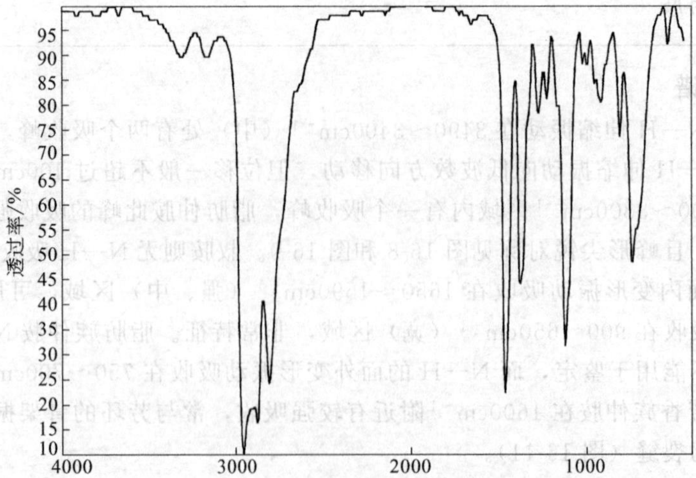
透过率/%
波数/cm⁻¹

图 16-10 二异丁基胺的红外吸收光谱

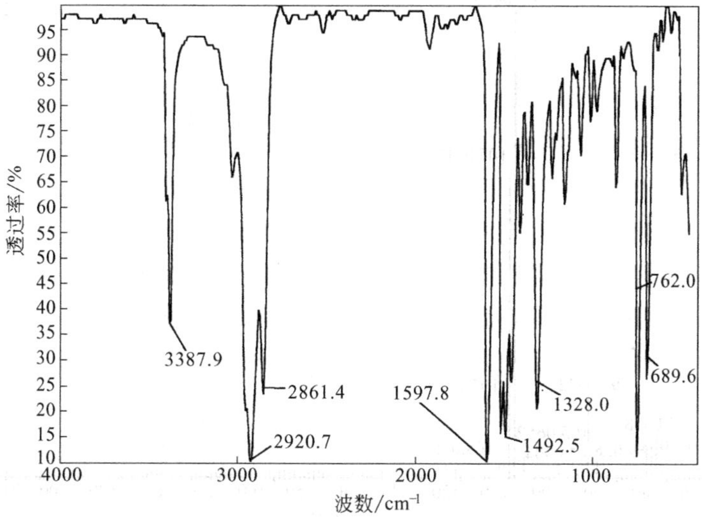
透过率/%
95
90
85
80
75
70
65
60
55
50
45
40
35
30
25
20
15
10
3387.9
2861.4
2920.7
1597.8
1492.5
1328.0
762.0
689.6
4000
3000
2000
1000
波数/cm⁻¹

图 16-11　二苯胺的红外吸收光谱

二、核磁共振

氮上质子因氢键缔合，化学位移随测定的温度、浓度和溶剂不同而在一定范围内变化，脂肪伯、仲胺的 δ_{NH} 在 0.5～4.0 范围内，芳香胺在 2.5～5.0 范围内。峰形受交换反应的影响，大多数情况下呈现宽峰。有时 N—H 和 C—H 质子的化学位移非常接近，以致不容易分辨。正丙胺的 ^1H NMR 如图 16-12 所示。

$$\begin{array}{ccccc} & CH_3- & CH_2- & CH_2- & NH_2 \\ \delta & 0.9 & 1.4 & 2.6 & 1.7 \end{array}$$

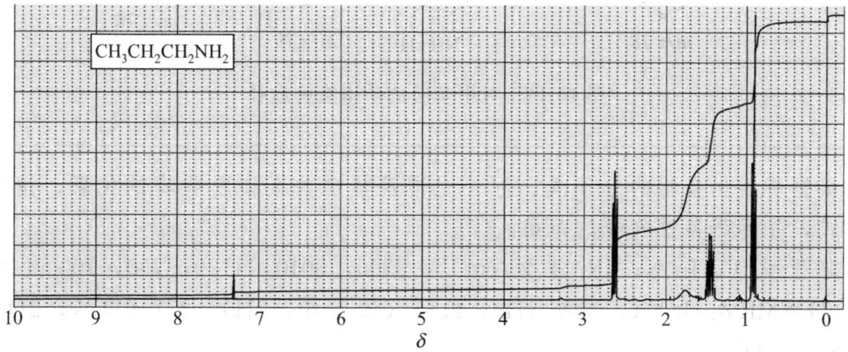
CH3CH2CH2NH2
10
9
8
7
6
5
4
3
2
1
0
δ

图 16-12　正丙胺的 ^1H NMR 谱

三、质谱

氮原子为奇数化合价和偶数的原子质量，因此胺的分子离子峰为奇数，而裂分得到的碎片质量为偶数。脂肪胺的分子离子峰较弱，而脂环胺及芳胺的分子离子峰较强。饱和脂肪胺主要发生 β-裂解，且通常倾向于丢失最大的烷基自由基，生成 m/z 30＋14n 的特征离子。芳香胺容易生成中等强度的 $M+1]^{+\cdot}$、$M-HCN]^{+\cdot}$、$M-H_2CN]^{+\cdot}$ 的离子峰。

图 16-13 为对甲苯胺的质谱图，由图可见对甲苯胺可以消去 HCN 和 H_2CN 生成 m/z 79 和 78 的离子峰，它的裂解途径见图 16-14。

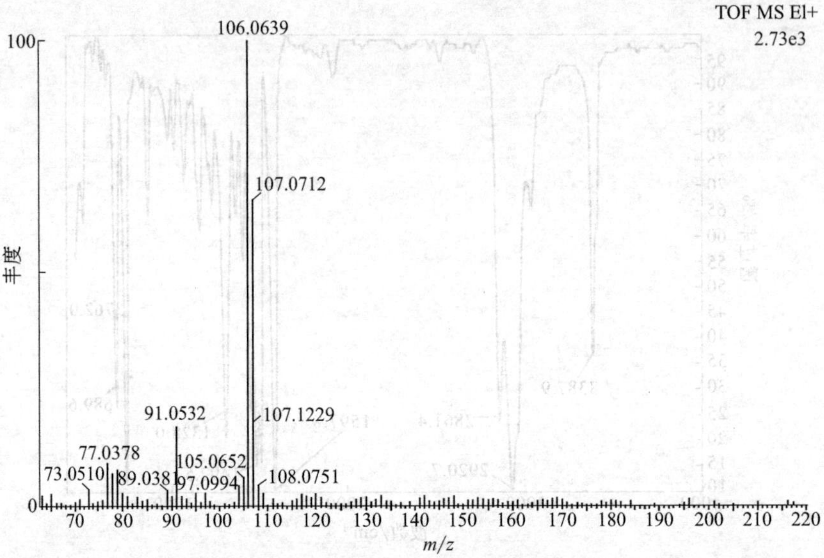
TOF MS EI+
2.73e3
100
106.0639
107.0712
丰度
91.0532
107.1229
77.0378
105.0652
73.0510
89.038
97.0994
108.0751
0
70 80 90 100 110 120 130 140 150 160 170 180 190 200 210 220
m/z

图 16-13　对甲苯胺的质谱图

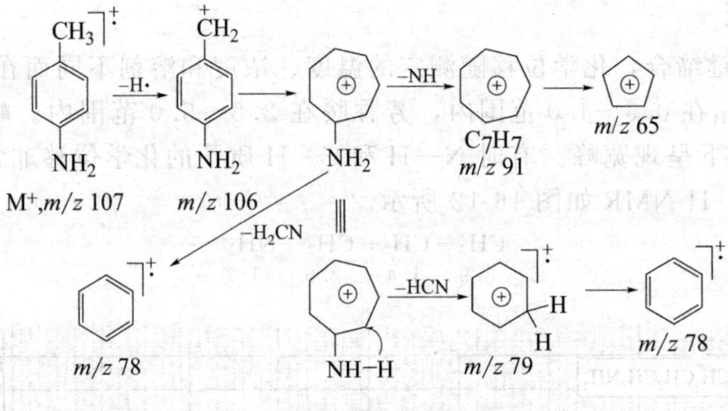
CH3
NH2
M+,m/z 107
–H·
CH2
NH2
m/z 106
NH2
–NH
C7H7
m/z 91
m/z 65
–H2CN
m/z 78
NH–H
–HCN
H
H
m/z 79
m/z 78

图 16-14　对甲苯胺的质谱裂解途径

习题 16-5　根据所给化合物的分子式、红外光谱及核磁共振谱吸收峰的位置，请推测其构造式，并标明各吸收峰的归属。

分子式 $C_9H_{13}N$；IR 波数/cm^{-1}：3300，3010，1120，730，700 处有吸收峰；^1H NMR δ：1.1（三重峰 3H），2.65（四重峰，2H），3.7（单峰，2H），7.3（单峰，5H）

第三节　胺的化学性质

一、胺的碱性及影响因素

1. 胺的碱性

胺和氨相似，氮原子上有未共用电子对，能接受一个质子，故具有碱性。

$$RNH_2 + H^+ \rightleftharpoons RNH_3^+$$

胺的水溶液和氨水一样发生解离反应而呈碱性：

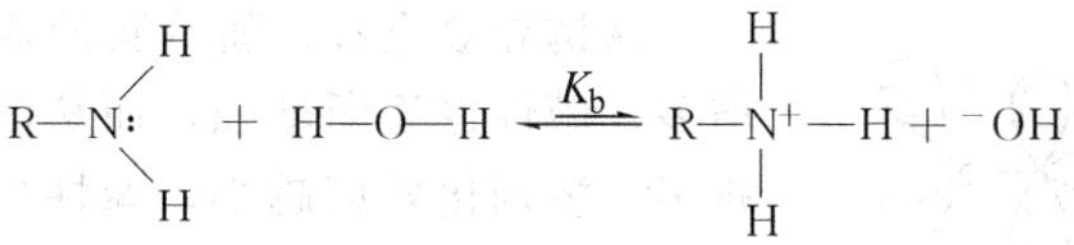

碱　　　　　　　　共轭酸

解离程度的大小即碱性强弱，可用胺的水溶液的解离常数 K_b 或其对数的负值 pK_b 表示：

$$K_b=\frac{[RNH_3^+][OH^-]}{[RNH_2]} \qquad pK_b=-\lg K_b$$

胺的碱性强弱也可用其共轭酸 RNH_3^+ 的酸解离常数 K_a 或其对数的负值 pK_a 来表示：

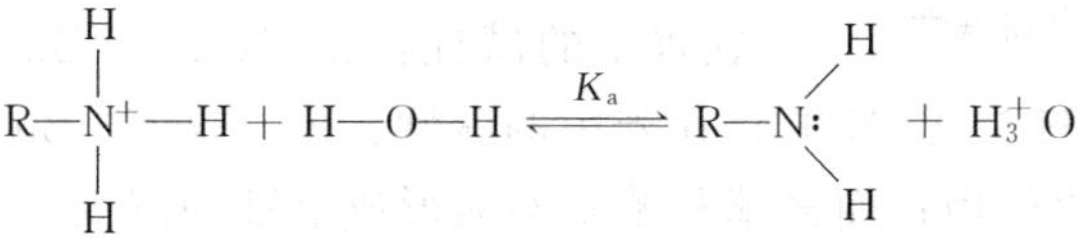

$$K_a=\frac{[RNH_2][H_3^+O]}{[RN^+H_3]} \qquad pK_a=-\lg K_a$$

胺的 K_b 值越大或 pK_b 值越小，说明与质子的结合能力越强，表明碱性越强；而胺的共轭酸的 K_a 值越大或 pK_a 值越小，则表明胺的碱性越弱。一些胺的 pK_b 和共轭酸的 pK_a 值见表 16-2。

表 16-2　胺的 pK_b 和共轭碱的 pK_a

胺	pK_b(25℃)	共轭酸	pK_a(25℃)
NH_3	4.76	$\overset{+}{N}H_4$	9.24
CH_3NH_2	3.38	$CH_3\overset{+}{N}H_3$	10.62
$(CH_3)_2NH$	3.27	$(CH_3)_2\overset{+}{N}H_2$	10.73
$(CH_3)_3N$	4.21	$(CH_3)_3\overset{+}{N}H$	9.79
$CH_3CH_2NH_2$	3.36	$CH_3CH_2\overset{+}{N}H_3$	10.64
$(CH_3CH_2)_2NH$	3.06	$(CH_3CH_2)_2\overset{+}{N}H_2$	10.94
$(CH_3CH_2)_3N$	3.25	$(CH_3CH_2)_3\overset{+}{N}H$	10.75
$C_6H_5NH_2$	9.40	$C_6H_5\overset{+}{N}H_3$	4.60
$(C_6H_5)_2NH$	13.8	$(C_6H_5)_2\overset{+}{N}H_2$	1.20
$C_6H_5NHCH_3$	9.6	$C_6H_5\overset{+}{N}H_2CH_3$	4.40
$C_6H_5N(CH_3)_2$	9.62	$C_6H_5\overset{+}{N}H(CH_3)_2$	4.38

2. 影响胺碱性强度的因素

胺的碱性取决于铵正离子的稳定性，一般情况下，铵正离子越稳定，碱性越强。

在脂肪胺中，由于烷基的给电子诱导效应，使氮原子的电负性增强，形成的铵正离子的正电荷得到分散而稳定，脂肪胺的碱性比氨强。胺中的烷基越多，应该碱性越强，但由表 16-2 看出在一级胺中引入第二个烷基，碱性虽有增强，但所增大的幅度不如引入第一个基团时大，而引入第三个烷基，碱性反而下降。这是因为脂肪胺在水中的碱性强度不只取决于氮原子的负电性，同时取决于铵正离子是否容易溶剂化，胺的氮原子上的氢越多，则与水形成氢键的机会越多，溶剂化的程度也就越大，铵正离子就比较稳定，胺的碱性也就越强。

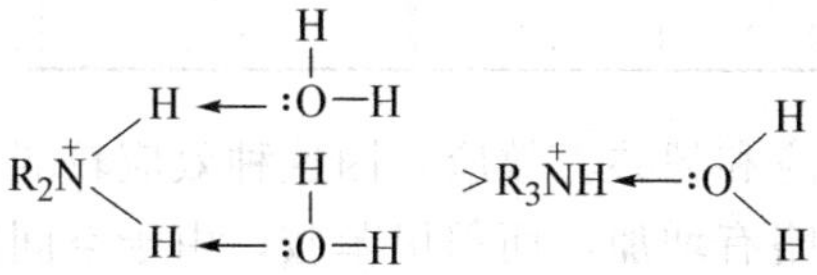

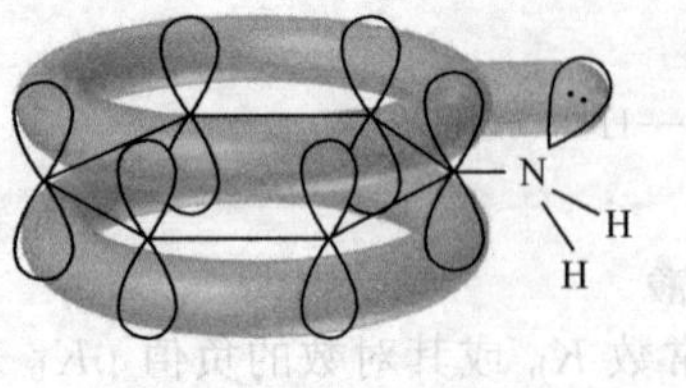
N
H
H

碱性：　脂肪胺　>　氨　>　芳香胺

pK_b　<4.70　4.75　>8.40

图 16-15　苯胺的结构和碱性

从诱导效应看，随着胺的氮原子上烷基取代的逐渐增多，碱性也逐渐增强；而从溶剂化效应看，烷基取代越多，溶剂化效应越小，碱性也就越弱。因此，脂肪胺水溶液的碱性强弱是基团电子效应和溶剂化效应二者综合的结果。此外，立体效应也有一定影响，胺中的烷基越大，占据的空间地位也越大，使质子不易与氮原子接近，也不利于溶剂化效应，使叔胺的碱性降低。在不同溶剂中，伯、仲、叔胺的碱性强弱次序也不同，例如，在水中的碱性：$Bu_2NH > BuNH_2 > Bu_3N$；在氯苯中的碱性：$Bu_3N > Bu_2NH > BuNH_2$；在苯中的碱性：$Bu_2NH > Bu_3N > BuNH_2$。因为在水中，有形成氢键的溶剂化作用；而氯苯和苯是不能形成氢键的溶剂。

在水溶液中芳香胺的碱性比脂肪胺弱得多，且比氨还弱。这是由于氮原子上的孤对电子和苯环共轭（图 16-15），它的电子或多或少有移向苯环的倾向，使氮原子上的电子云密度有所降低，导致苯胺的碱性比氨弱。

芳香胺在水溶液中的溶剂化效应较氨小，苯环的体积较一般的脂肪烃大得多，空间效应也使溶剂化离子的稳定性降低。这些因素都使芳香胺的碱性减弱。

芳胺的碱性：	$ArNH_2$　>	Ar_2NH　>	Ar_3N
例如：NH_3	$PhNH_2$	$(Ph)_2NH$	$(Ph)_3N$
pK_b　4.75	9.38	13.21	中性

苯环上的取代基对苯胺的碱性影响很大。如果苯环上有—OH、—OR、—OCOR、—NH_2、—NHR、—NHCOR 等基团，这些基团有吸电子诱导效应，它们的氧原子或氮原子上有孤对电子，也有给电子的共轭效应，给电子共轭效应的影响大于吸电子的诱导效应，总结果是给电子，但只能使这些基团的邻、对位电子云密度增加，因此氨基的对位［图 16-16(1)］有这些取代基时苯胺的碱性增强。

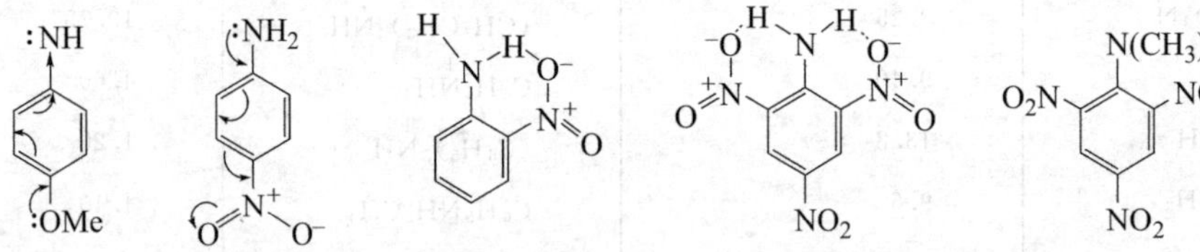
:NH
:OMe
NH2
N+
O
O-
H
N
H
O-
N+
O
H H
N
O-
N+
O
O-
N+
O
NO2
N(CH3)2
O2N
NO2
NO2

(1)　(2)　(3)　(4)　(5)

图 16-16　苯胺上取代基的影响

间位取代苯胺的碱性比苯胺弱，这是因为给电子共轭效应通过共轭体系交替传递，使邻、对位电子云密度增高，间位主要是吸电子诱导效应。在邻位，由于取代基与氨基之间的空间位阻和形成氢键等原因，对碱性有不同程度的影响。表 16-3 列出了各种取代苯胺的碱性。

表 16-3　取代苯胺的碱性

取代基	pK_b			取代基	pK_b		
	邻	间	对		邻	间	对
H	9.40	9.40	9.40	CH_3	9.56	9.28	8.90
OH	9.28	9.83	8.50	NO_2	11.26	11.53	13.00
OMe	9.48	9.77	8.66	Cl	11.83	10.48	10.92

烷基也有给电子的诱导效应和超共轭效应，因这种效应较弱，对碱性的影响较小，如间甲苯胺和对甲苯胺的碱性比苯胺略有增加，而邻甲苯胺，由于空间位阻，碱性比苯胺还弱。

如果苯环上有吸电子取代基，例如铵离子、硝基、磺酸离子、羧基、卤素等，这些基团有些带正电荷，有强的吸电子能力；有的具有双键，同时存在吸电子的诱导效应和共轭效应，导致氨基氮原子上的孤对电子向取代基转移而使碱性减弱。当两个基团处于邻位和对位时碱性减弱较为明显［图 16-16(2)、(3)］。邻位因距离近，有明显的吸电子诱导效应，同时存在空间位阻及形成氢键等原因，邻位取代的苯胺的碱性降低更加明显。

2,4,6-三硝基苯胺［图 16-16(4)］，由于邻近两个硝基与氨基氢形成氢键，氨基氮的孤对电子所占的 p 轨道与苯环共轭，电子均匀化使碱性降低。而 *N*,*N*-二甲基-2,4,6-三硝基苯胺［图 16-16(5)］，由于两个甲基的存在不仅使氨基氮原子不能与苯环共轭，氨基氮不起给电子作用，而其邻位的两个硝基也不易与苯环共平面，从而使其吸电子共轭效应受到影响，因此 (5) 的碱性是 (4) 的 40000 倍。同样，分子中的刚性结构能阻止氮原子上的孤对电子与苯环的共轭效应，从而使碱性增强，如图 16-17 所示。

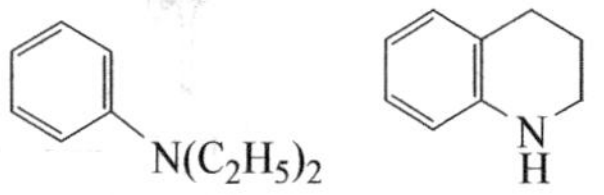

pK_b 7.4　　6.2

图 16-17　分子结构对碱性的影响

胺的碱性也与杂化轨道的类型有关，氮原子的孤对电子所处的杂化轨道的 s 成分越多，吸电子的能力越强，碱性越弱。如吡啶的碱性要比哌啶的弱得多。

N
sp²杂化轨道
H
N
sp³杂化轨道

吡啶　pK_b=8.75　　　哌啶　pK_b=2.88

习题 16-6　将下列各组化合物按碱性从强到弱的顺序排列

(1) 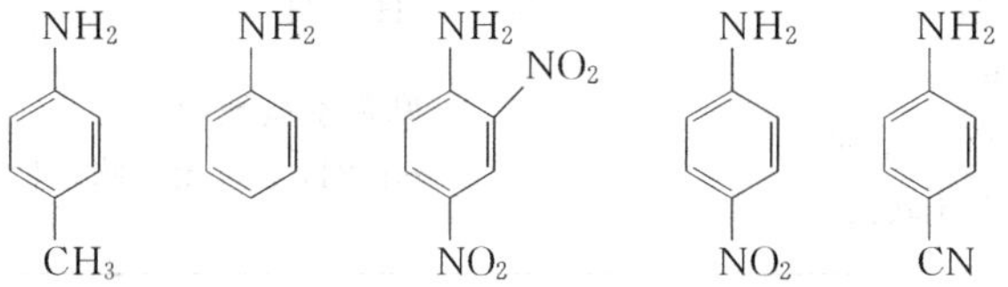

(2) 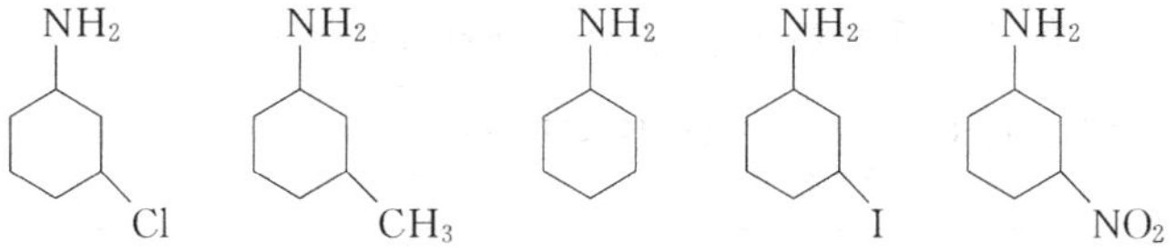

(3) 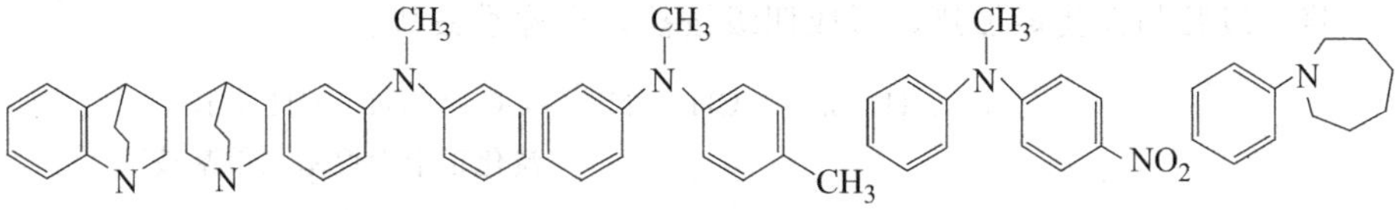

(4) 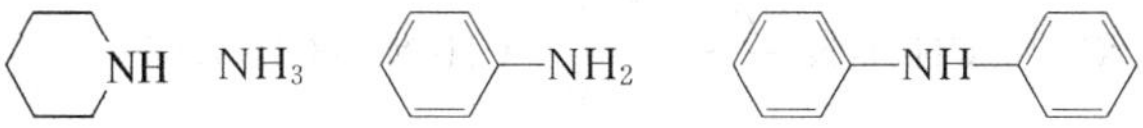

二、季铵盐及相转移催化剂

胺与盐酸、硫酸、硝酸、醋酸、草酸等质子酸成盐，也可以用碱将其转变为原来的胺。成盐时氨基氮原子上的孤对电子与氢离子结合形成一个共价键，氮由三价变成铵盐正离子。

$$CH_3CH_2CH_2NH_2 + HCl \longrightarrow CH_3CH_2CH_2NH_3^+Cl^-$$

铵盐是离子型固体化合物，它的无机酸盐在水中的溶解度大，有机酸盐在水中的溶解度较小，二者均不溶于非极性的有机溶剂。由于铵盐是弱碱形成的盐，一遇到强碱就游离出胺来，

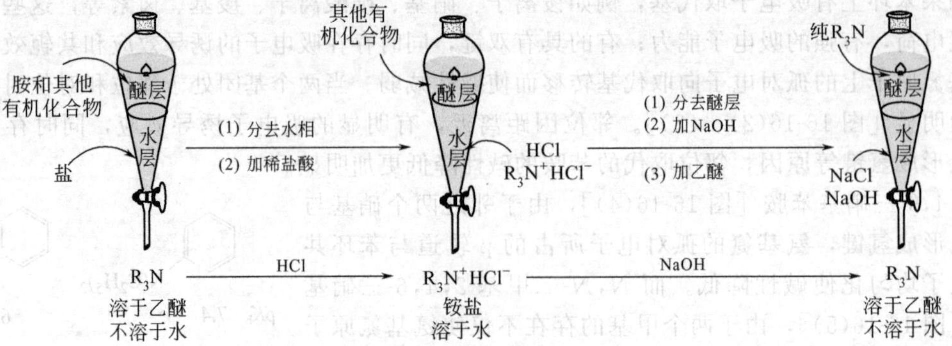

胺和其他
有机化合物
醚层
水层
盐
(1) 分去水相
(2) 加稀盐酸
其他有
机化合物
HCl
R₃N⁺HCl⁻
(1) 分去醚层
(2) 加NaOH
(3) 加乙醚
纯R₃N
NaCl
NaOH
R₃N
溶于乙醚
不溶于水
HCl
R₃N⁺HCl⁻
铵盐
溶于水
NaOH
R₃N
溶于乙醚
不溶于水

图 16-18　胺的提纯过程

利用该性能可将胺与其他的化合物分离。例如：将含胺的混合物用稀盐酸处理，胺与盐酸成盐并溶于稀盐酸中，而其他的化合物不溶于酸，将二者分开，铵盐溶液用碱中和，以醚或烷烃等有机溶剂萃取回收胺。分离过程如图 16-18 所示。

胺的盐酸盐或其他一些盐具有一定的熔点或分解点，可用于鉴定胺。一些有光学活性的天然有机碱常用于拆分外消旋的有机酸。

铵盐无气味，不易被氧化等反应分解，易溶于水且在水中能稳定存在，据此特点，许多药物和生物活性的胺通常以铵盐的形式保存和使用。例如：麻黄素是广泛用于治疗感冒和抗过敏症的药物，它的熔点低，有一股难闻的气味，易被空气氧化，将其转化为盐酸盐后，熔点从 79℃提高到 217℃，没有了鱼腥味，也不易被氧化，麻黄素的盐酸盐更适合于药物治疗。

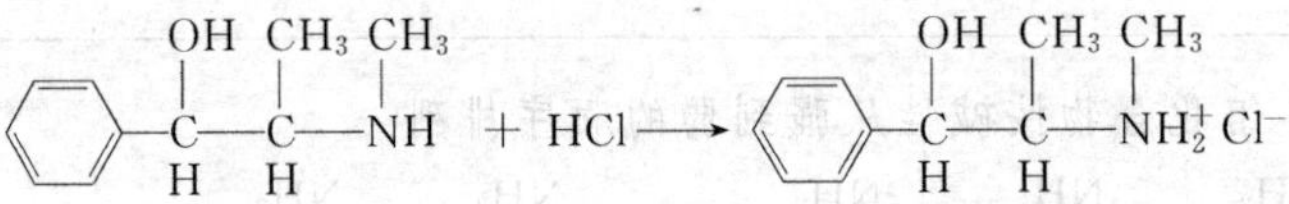

麻黄素　　　　　　　　　　　　麻黄素盐酸盐

mp 79℃，恶臭，　　　　　　　mp 217℃，无气味，稳定

易被空气氧化

习题 16-7　一种混合物中含有以下三种物质。请予与分离提纯。

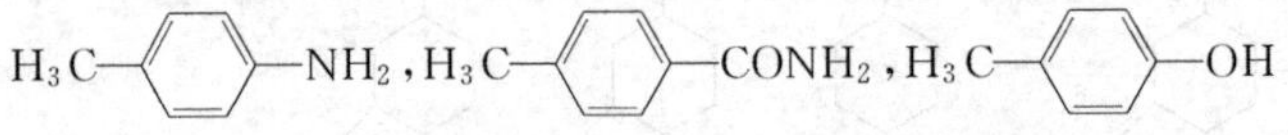

将三级胺与卤代烃加热，形成四级铵盐，也称季铵盐。

$$n\text{-}C_{16}H_{33}Br + (CH_3)_3N \xrightarrow{\triangle} n\text{-}C_{16}H_{33}N^+(CH_3)_3Br^-$$

溴化正十六烷基三甲基铵

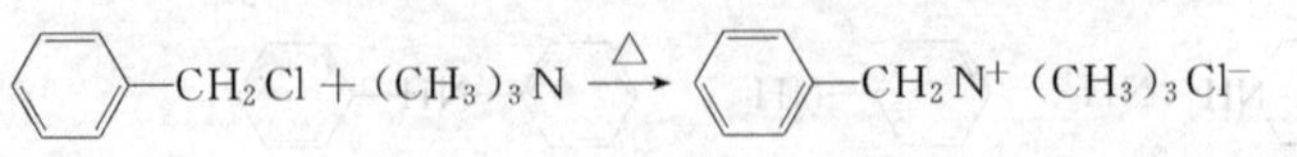

氯化苯甲基三甲基铵

季铵盐的特点是固体，具有离子性，可溶于水和非极性的有机溶剂，季铵盐的熔点很高，加热达到熔点时常有分解现象。季铵盐和伯、仲、叔胺的盐不同之处是遇碱不能放出胺来，而是反应形成一个平衡体系，得到季铵碱。

$$R_4N^+X^- + NaOH \rightleftharpoons R_4N^+OH^- + NaX$$

很多的季铵盐具有实际用途，例如，可作表面活性剂，降低表面张力。四个烃基中有一个为长链的，可作为“肥皂”使用，称为反转的肥皂，因为普通肥皂油溶部分是负离子，而季铵盐肥皂的油溶部分是正离子；季铵盐还可常用作农药中的分散剂，使与水不能互溶的农药成细粒分散在水中。

季铵盐与冠醚相似，可用作相转移催化剂，催化效果好，应用范围广的催化剂有：氯化三正辛基甲基铵、氯化四正丁基铵等。

季铵盐作为相转移催化剂能催化二氯卡宾的产生及反应。催化过程如图 16-19 所示，这个反应是氯仿在碱的作用下 α-消除生成二氯卡宾，然后二氯卡宾与环己烯加成生成新的环丙烷。

图中左边锥形瓶表示在加入相转移催化剂之前的反应，水在上层，氯仿在下层，氢氧化钠完全溶解在水中，不溶于氯仿，相反环己烯完全溶于氯仿，不溶于水，在该条件下环丙烷化反应几乎不发生，即使是使用高速的搅拌器也不能使反应有效地发生。图右边的锥形瓶则表明加入相转移催化剂氯化四丁基铵后的反应，四丁基铵离子与氢氧根离子形成一种离子对，该离子对含有大的烷基，提高了其在有机溶剂中的溶解度，以致溶入氯仿，在有机相中，氢氧根离子活性更大，与氯仿反应放出二氯卡宾，卡宾与环己烯加成得到环丙烷化产物。

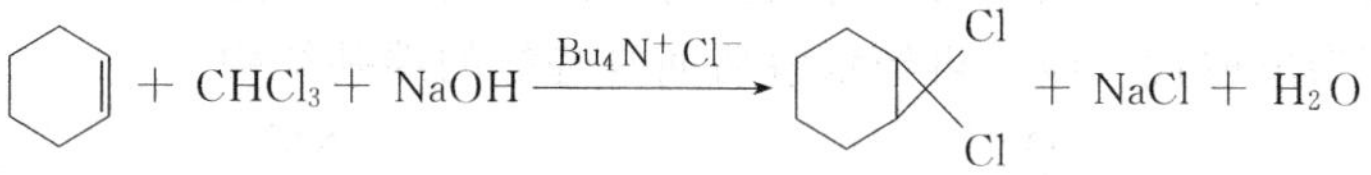

+ CHCl3 + NaOH
Bu4N+Cl−
Cl
Cl
+ NaCl + H2O

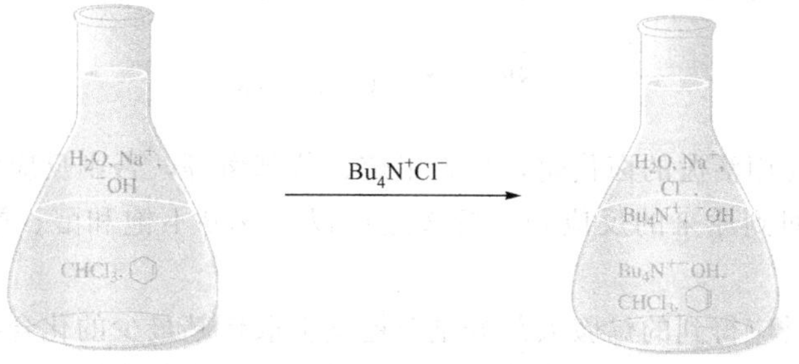

H2O, Na+, −OH
CHCl3,
Bu4N+Cl−
H2O, Na+, Cl−,
Bu4N+, −OH
Bu4N+ −OH,
CHCl3,

无机相：$Nu_4N^+Cl^- + Na^{+}{}^-OH \rightleftharpoons Nu_4N^+\,{}^-OH + Na^+Cl^-$

离子对

有机相：$Nu_4N^+{}^-OH + CHCl_3 \rightleftharpoons Nu_4N + {}^-CCl_3 + H_2O$

$$Nu_4N^+\,{}^-CCl_3 \rightleftharpoons Nu_4N^+\,Cl^- + :CCl_2$$

二氯卡宾

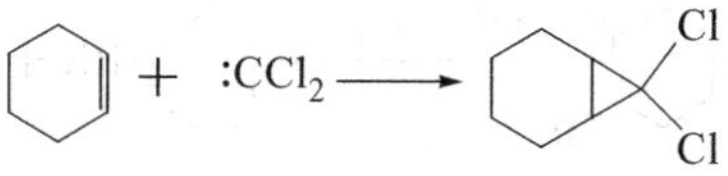

+ :CCl2
Cl
Cl

图 16-19　在 50%的氢氧化钠水溶液中相转移催化剂催化环己烯与氯仿的反应

相转移催化剂还能催化脂肪族的亲核取代反应、氧化反应等。用量少，在很多情况下能增加产率，缩短反应时间，有时能使有些无法进行的反应得以实现。

三、胺与醛、酮的反应

伯胺和仲胺与醛、酮的羰基发生加成-消除反应，分别生成亚胺（又称席夫碱）和烯胺，亚胺不稳定，特别是脂肪族的化合物，很容易分解。芳香族的亚胺比较稳定，可分离出来。伯胺与醛、酮反应生成亚胺的反应历程如下：

$$RCH_2\overset{O}{\overset{\|}{C}}H(R') \underset{}{\overset{H^+}{\rightleftharpoons}} RCH_2\overset{^+OH}{\overset{\|}{C}}H(R') \overset{R''NH_2}{\rightleftharpoons} RCH_2-\underset{H(R')}{\underset{|}{\overset{OH}{\overset{|}{C}}}}-\overset{+}{N}H_2R'' \overset{-H^+}{\rightleftharpoons} RCH_2-\underset{H(R')}{\underset{|}{\overset{OH}{\overset{|}{C}}}}-NHR''$$

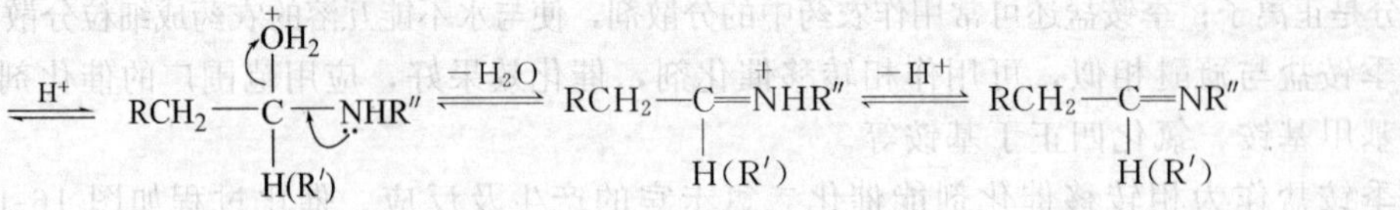

$$\xrightleftharpoons{H^+} RCH_2\underset{\overset{|}{H(R')}}{\overset{\overset{+}{O}H_2}{\underset{|}{C}}}\ddot{N}HR'' \xrightleftharpoons{-H_2O} RCH_2\underset{\overset{|}{H(R')}}{\overset{|}{C}}=\overset{+}{N}HR'' \xrightleftharpoons{-H^+} RCH_2\underset{\overset{|}{H(R')}}{\overset{|}{C}}=NR''$$

反应一般在 pH 值为 3~4 的条件下进行，在太强的酸性条件下进行时，胺将成为铵盐不能与质子化的醛酮起亲核加成，但酸性不够，不能形成质子化的醛酮也不利于胺的进攻，所以要调整适当的酸碱性并加入脱水剂使反应完全。亚胺在稀酸中水解，又回到原来的羰基化合物和胺，因此可用于保护羰基化合物；亚胺氢化得到取代胺。

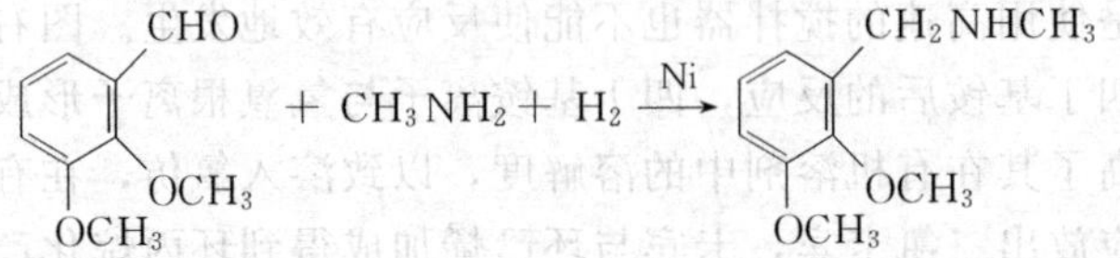

醛、酮和仲胺反应生成烯胺在有机合成上有广泛的用途，在醛、酮的 α-碳原子上可以发生烷基化、酰基化等亲电取代反应，再经水解后回复醛酮的羰基结构。

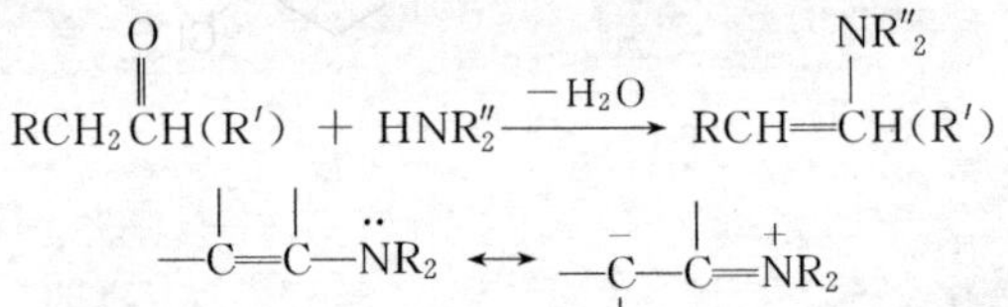

烯胺的烷基化反应要用活泼的卤代烷，如碘甲烷、苄基卤等，否则反应将易在烯胺的氮上发生烃基化，水解后又回到原来的反应物。烯胺还可以与 α,β-不饱和醛、酮、酯、腈等发生 Michael 反应。

不对称的酮和仲胺反应得到的烯胺大部分是双键碳上取代基最少的化合物，这里位阻效应起到重要作用。邻苯二胺和 α-二羰基化合物还能生成苯并吡嗪类化合物：

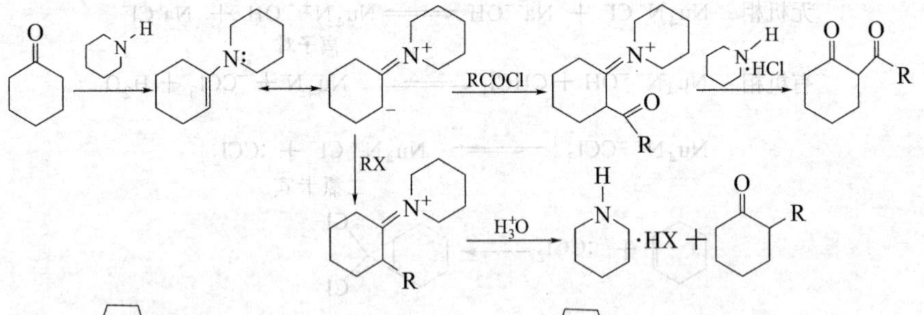

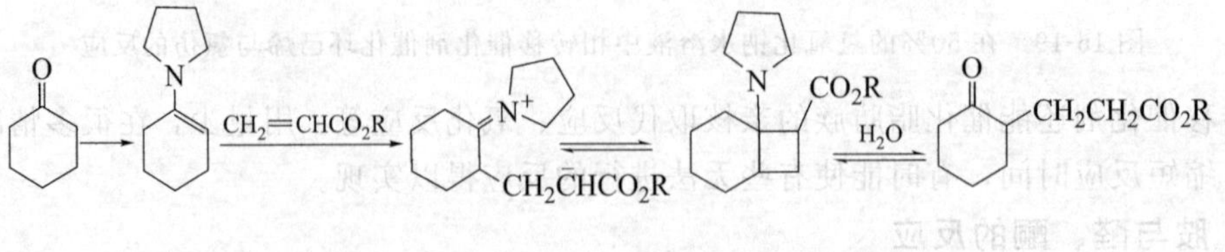

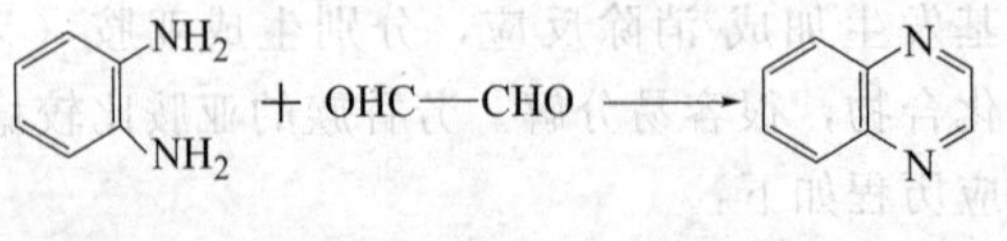

习题 16-8 完成下列反应，写出主要产物。

(1) $CH_3CH_2CH_2CHO$ + H_2N—⬡ $\longrightarrow$ 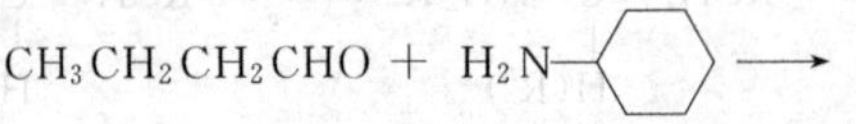

(2) 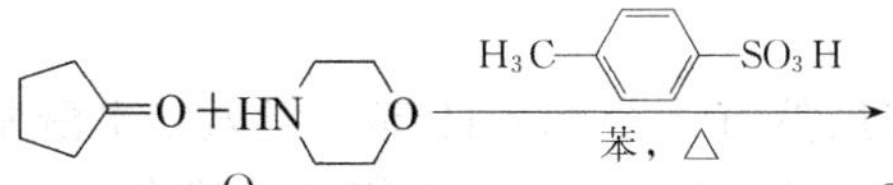

(3) 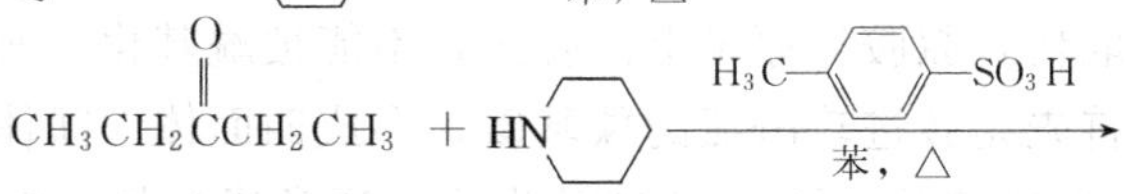

四、胺的烃基化反应

胺的氮原子上有一对孤对电子，容易对卤代烃发生亲核取代反应，反应是按 S_N2 机理进行。一般条件下，除非有较大的位阻影响因素，胺的烃基化反应不易停留在仲胺或叔胺一步。反应得到的是多种产物的混合物。

$$RNH_2 + R'CH_2Br \longrightarrow RNH_2^+CH_2R'Br^-$$

$$RNH_2^+CH_2R'Br^- + RNH_2 \rightleftharpoons RNHCH_2R' + RNH_3^+Br^-$$

$$RNHCH_2R' + R'CH_2Br \longrightarrow RN^+H(CH_2R')_2Br^-$$

$$RN^+H(CH_2R')_2Br^- + RNH_2 \rightleftharpoons RN(CH_2R')_2 + RNH_3^+Br^-$$

$$RN(CH_2R')_2 + R'CH_2Br \longrightarrow RN^+(CH_2R')_3Br^-$$

烷基化后的混合物的沸点如果有一定的差距，可以用分馏的方法将它们一一分离，这适用于工业上大规模生产。也可以利用原料的不同物质的量比，以及控制反应温度、时间和其他条件，使其中某一种胺为主要产物，但此法所得的胺的纯度不高。例如：

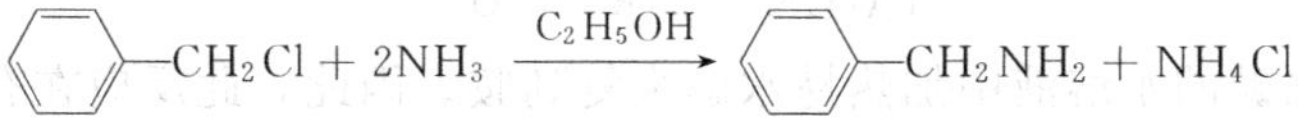

过量 40 倍　　　　90%

若要得到完全烃基化的季铵盐，可以用过量的卤代烃与胺反应，同时加入 $NaHCO_3$ 或 NaOH 增加烷基化胺的去质子能力并中和反应中形成的大量的 HX。例如：

$$CH_3CH_2CH_2NH_2 + 3CH_3I \xrightarrow{NaHCO_3} CH_3CH_2CH_2N^+(CH_3)_3I^-$$

脂肪卤代烷的反应活性是 RI>RBr>RCl，仲卤代烷和叔卤代烷在反应中易于脱卤化氢成烯，烯基卤代物的活性很差。芳香卤代物也不易与氨或胺作用，当芳香卤代物的邻、对位有强吸电子基团存在时或在高温、高压及催化剂的作用下才能发生此反应。但在液态氨中氯苯和溴苯能与强碱 KNH_2（或 $NaNH_2$）作用，卤素被氨基取代生成苯胺。

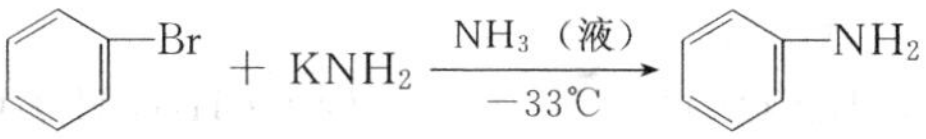

该反应不是按 S_N2 历程进行，而是通过消除加成的反应历程，其反应历程如下：

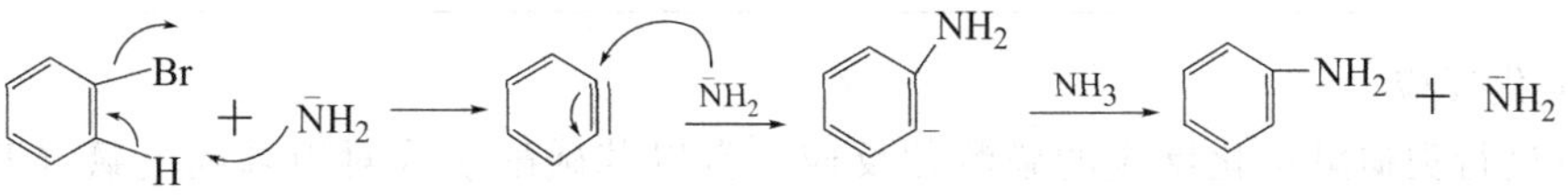

苯炔(中间体)
在8K时能短暂存在

反应的第一步是氨离子引起消除反应，生成一个极不稳定和非常活泼的苯炔中间体，接着苯炔和氨离子发生加成反应生成碳负离子，然后碳负离子从氨分子接受一个质子生成苯胺。

硫酸二甲酯可以代替碘甲烷进行氮原子上的甲基化反应并控制在仲胺阶段。

五、胺的酰基化反应和磺酰化反应

伯胺和仲胺用酰氯、酸酐及磺酰氯酰化，生成酰胺。该反应是亲核取代反应。

1. 酰基化反应

胺的酰基化反应比烃基化简单，伯胺虽然有二个 N—H 键，但第二次酰基化很困难，酰基化一般也只有一个氢原子被取代，叔胺氮原子上没有氢，不能被酰基化。所用的酰化试剂可以是酰卤、酸酐或酯。该反应首先是胺进攻酰氯的羰基碳，形成四面体中间体，接着离去氯离子（氯是一个好的离去基团），形成酰胺，同时有 HCl 生成，通常通过加入吡啶或氢氧化钠将其中和。

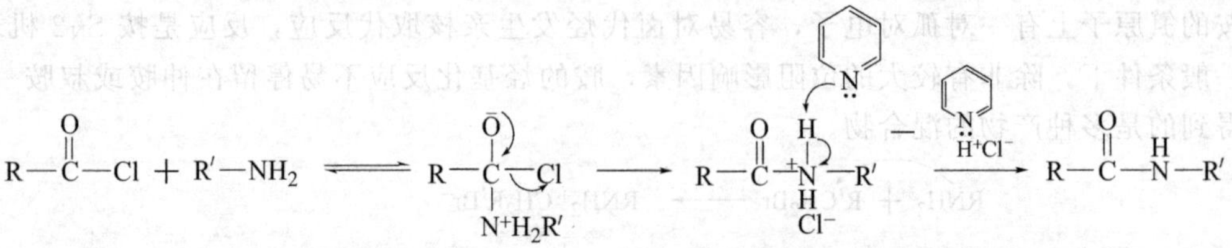

酰胺是具有一定熔点的固体，由此可推测原来胺的结构。利用胺的酰基化反应可以将叔胺从伯胺和仲胺中分离出来，因为胺有碱性，而酰胺是中性物质，不和稀酸成盐。

$$RNH_2 \xrightarrow[\text{或}\ (R'CO)_2O]{R'COCl} RNHCOR'$$

$$R_2NH \xrightarrow{R'COCl} R_2NCOR'$$

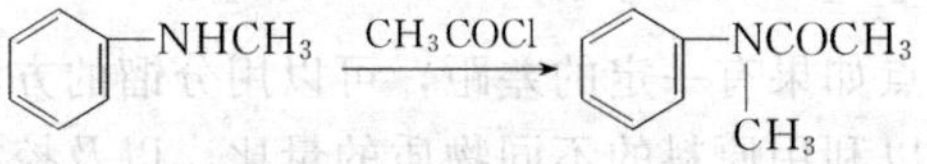

$$\begin{matrix} R_3N \\ (Ar)_3N \end{matrix} \xrightarrow[\text{或}\ (R'CO)_2O]{R'COCl} \times$$

酰胺在强酸或强碱的水溶液中加热易水解恢复到胺。因此，此反应在有机合成上常用来保护氨基和降低氨基对苯环活化供电子的作用（见苯胺的亲电取代）。

习题 16-9 用苯胺为原料合成 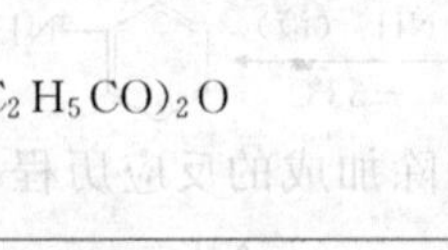

习题 16-10 完成下列反应

(1) $CH_3COCl + CH_3CH_2NH_2$

(2) 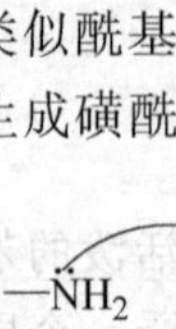 $+ (C_2H_5CO)_2O$

(3) $CH_3(CH_2)_4COCl +$ 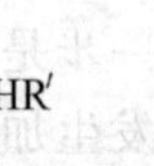

---

2. 磺酰化反应

胺可以进行类似酰基化反应的磺酰化反应，常以苯磺酰氯或对甲苯磺酰氯（TsCl）为磺酰化试剂，反应生成磺酰胺。该反应类似于磺酰氯与醇的酯化。

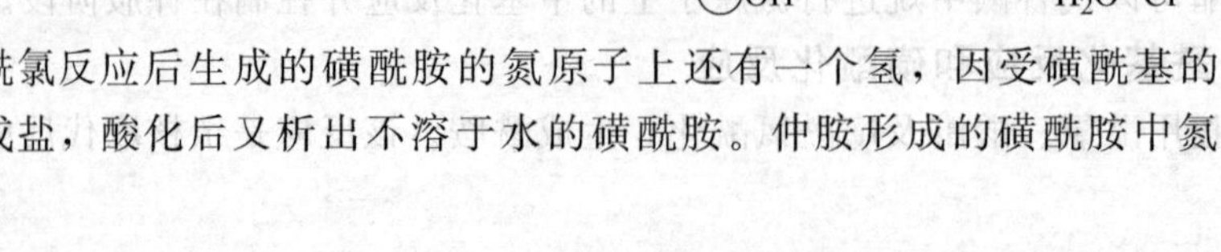

伯胺与磺酰氯反应后生成的磺酰胺的氮原子上还有一个氢，因受磺酰基的影响，具有酸性，可溶于碱成盐，酸化后又析出不溶于水的磺酰胺。仲胺形成的磺酰胺中氮原子上无氢原

子，不溶于碱。叔胺虽然与磺酰氯反应生成磺酰化季铵盐（$RSO_2N^+R_3Cl^-$），但被水分解而回到叔胺，故认为不发生这个反应。这些性质上的差异，可用于三类胺的鉴定和分离（图 16-20），该反应称为兴斯堡（Hinsberg O.）反应。

苯磺酰氯　　　　对甲基苯磺酰氯（TsCl）

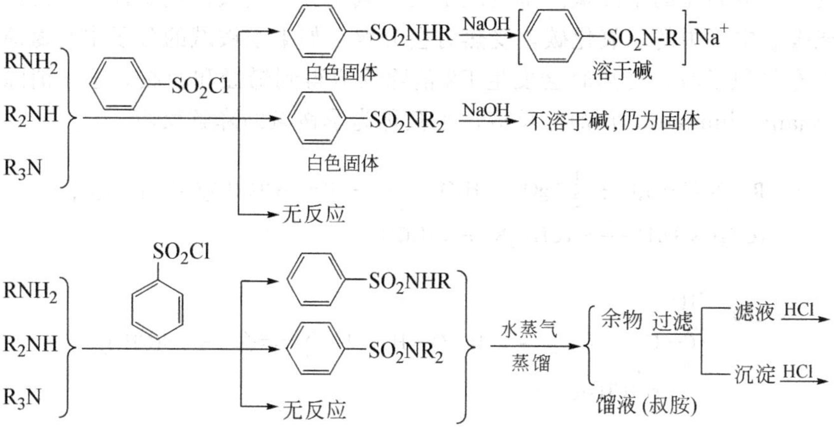

RNH2
R2NH
R3N
SO2Cl
SO2NHR
NaOH
SO2N-R
Na+
白色固体
溶于碱
SO2NR2
不溶于碱,仍为固体
白色固体
无反应
SO2Cl
RNH2
R2NH
R3N
SO2NHR
SO2NR2
无反应
水蒸气
蒸馏
余物
过滤
滤液
HCl
沉淀
HCl
馏液 (叔胺)

图 16-20　伯、仲、叔胺的分离和鉴定

磺酰胺类化合物的用途是可用作重要的抗菌素药物——磺胺药。在 1936 年，人们发现对氨基苯磺酰胺能有效地抵抗链球菌的感染，它可由乙酰苯胺合成，反应如下：

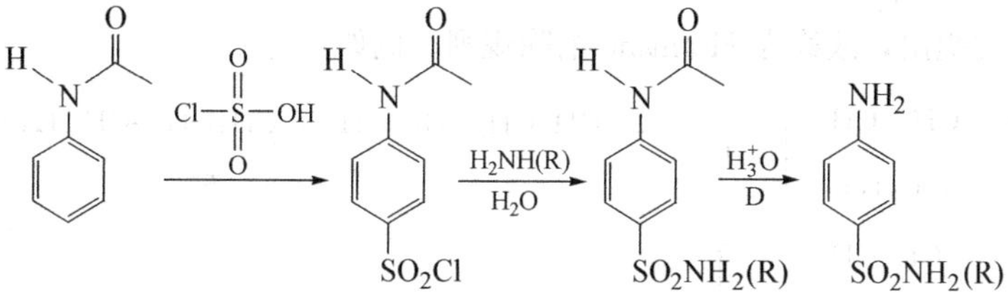

Cl—S—OH
H2NH(R)
H2O
H3+O
D
SO2Cl
SO2NH2(R)
NH2
SO2NH2(R)

对磺酰胺的生物活性研究表明，磺胺药并不直接杀灭细菌，而是扰乱了它们的新陈代谢。细菌的生命活动中需要一种叫叶酸的物质，该物质是由酶催化对氨基苯甲酸等化合物的反应获得。磺胺类药物的导入使它和对氨基苯甲酸竞争酶的活性部位，结合了磺胺的酶失去了将对氨基苯甲酸转化为叶酸的能力，细菌因缺乏叶酸，生长受到抑制而死亡。

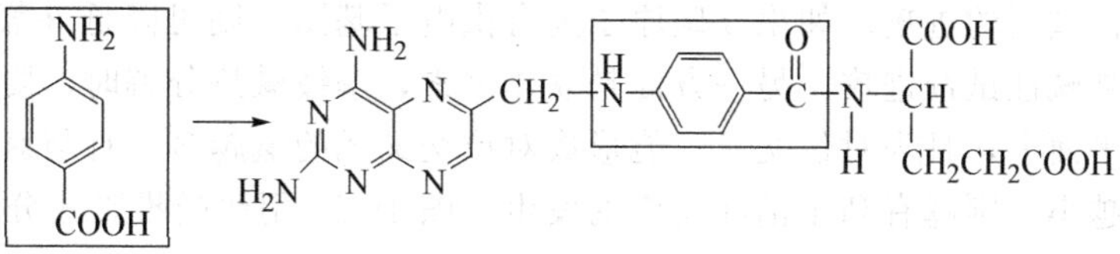

习题 16-11　请用乙酰苯胺合成下列化合物

（1） 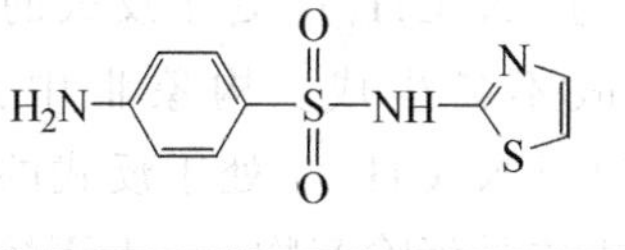　　（2） 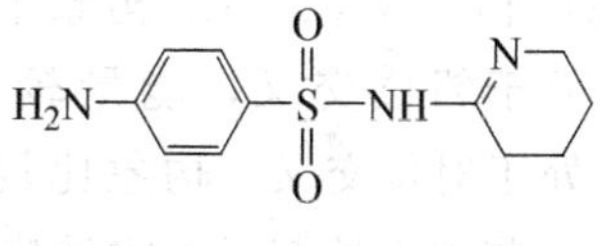

六、季铵碱和霍夫曼消除反应

胺能通过消除反应转化为烯烃，该反应类似于卤代烃的消除。但因为离去基团是胺负离子

($^-NH_2$ 或 ^-NHR)，而它们是非常强的碱，是一个差的离去基团，因此需通过彻底甲基化反应将胺转化为季铵盐以使氨基转化为一个好的离去基团。

$$\underset{\text{差的离去基团}}{R\text{—}\underset{\uparrow}{N}H_2} + 3CH_3I \longrightarrow \underset{\text{好的离去基团}}{R\text{—}\underset{\uparrow}{N^+}(CH_3)_3I^-} + 2HI$$

通常季铵盐的消除为 E2 反应机理，必须在强碱的作用下才能进行，为此常用潮湿的氧化银与季铵盐反应生成固体的季铵碱。季铵碱是与氢氧化钾、氢氧化钠碱性相当的强碱。季铵碱易吸潮，也能吸收空气中的二氧化碳，受热时会分解。如果季铵碱的分子中与氮原子相连基团的 β-碳原子上有氢原子时，受热时会发生 E2 消除反应得到烯烃和叔胺，这一消除反应被称为霍夫曼（Hofmann elimination）消除反应，也被称为季铵碱的降解反应。

$$R\text{—}N^+(CH_3)_3I^- + \frac{1}{2}AgO + H_2O \longrightarrow R\text{—}N^+(CH_3)_3OH^- + AgI\downarrow$$

$$(CH_3)_4N^+OH^- \xrightarrow{\triangle} (CH_3)_3N + CH_3OH$$

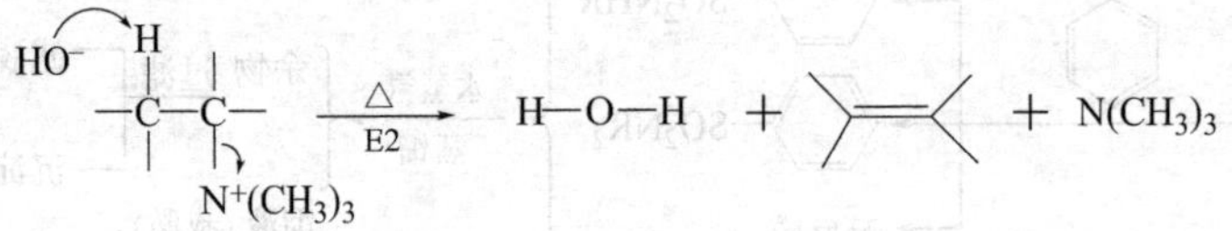

当季铵碱的一个基团上有两种 β-位的氢时，消除就有两种可能，主要被消除的是酸性较强的氢，也就是 β-碳上取代基较少的 β-氢，消除后得到的产物往往以含有取代基较少的烯烃为主。这与卤代烃发生消除反应的扎依采夫（Saytzeff）规则正好相反。如果在季铵碱分子中有多于两种以上的烃基能进行消除反应时，β-氢被消除的难易程度为：$CH_3\text{—} > RCH_2\text{—} > R_2CH\text{—}$。该取向规则由 Hofmann A. W. 首先提出，故称为 Hofmann 消除规则。例如：

$$\left[\begin{array}{c} CH_3\text{—}CH_2\text{—}\underset{\underset{^+N(CH_3)_3}{|}}{CH}\text{—}CH_3 \end{array}\right]OH^- \xrightarrow{\triangle} \underset{95\%}{CH_3CH_2CH\text{═}CH_2} + \underset{5\%}{CH_3CH\text{═}CHCH_3} + (CH_3)_3N$$

$$\left[(CH_3)_2\text{—}\overset{+}{N}\begin{array}{l} \diagup CH_2CH_3 \\ \diagdown CH_2CH_2CH_3 \end{array}\right]OH^- \xrightarrow{\triangle} \underset{98\%}{CH_2\text{═}CH_2} + \underset{2\%}{CH_3CH\text{═}CH_2} + (CH_3)_3NC_3H_7\text{-}n$$

导致 Hofmann 取向规则的因素主要有两个方面。一是 β-H 的酸性，季铵碱的热分解是按 E2 历程进行的，由于氮原子带正电荷，它的诱导效应影响到 β-碳原子，使 β-氢原子的酸性增加，容易受到碱性试剂的进攻。如果 β-碳原子上有供电子基团，则可降低 β-氢原子的酸性，β-氢原子也就不易被碱性试剂进攻。另一方面是立体因素，季铵碱热分解时，要求被消除的氢和氮基团处在同一平面上，且为对位交叉。能形成对位交叉式的氢越多，且与氮基团处于邻位交叉的基团的体积越小，则越有利于消除反应的发生。图 16-21 用纽曼投影式分析了氢氧化三甲基-2-丁基铵的 C1—C2 与 C2—C3 的构象。

C1—C2 构象Ⅰ中，C1 上的三个氢均可与 $^+N(CH_3)_3$ 成对位交叉构象进行反式消除，得霍夫曼消除产物。在 C2—C3 构象中，Ⅱ式中虽有与 $^+N(CH_3)_3$ 处于反式的氢，但—CH_3 和 $^+N(CH_3)_3$ 处于邻位交叉，能量较高，不稳定，故不易生成。构象Ⅲ中大基团—CH_3 和 $^+N(CH_3)_3$ 处于对位交叉，构象比较稳定，但没有与 $^+N(CH_3)_3$ 处于反式的氢，Ⅲ不能发生消除反应。这些因素控制了消除反应的主要产物是霍夫曼消除产物——1-丁烯。

霍夫曼消除反应适用于 β-碳上的取代基是烷基，如 β-碳上连有苯基、乙烯基、羰基、氰基等取代基，这些取代基由于共轭及吸电子等原因，使得 β-碳上氢的酸性比未取代的 β-碳上氢

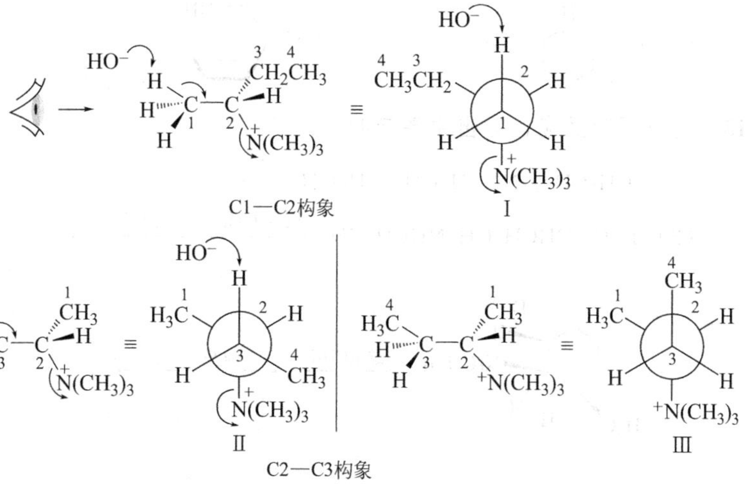
C1—C2构象
I
II
C2—C3构象
III

图 16-21　氢氧化三甲基-2-丁基铵的 C1—C2 与 C2—C3 的构象

强，反应就不服从霍夫曼规则。例如：

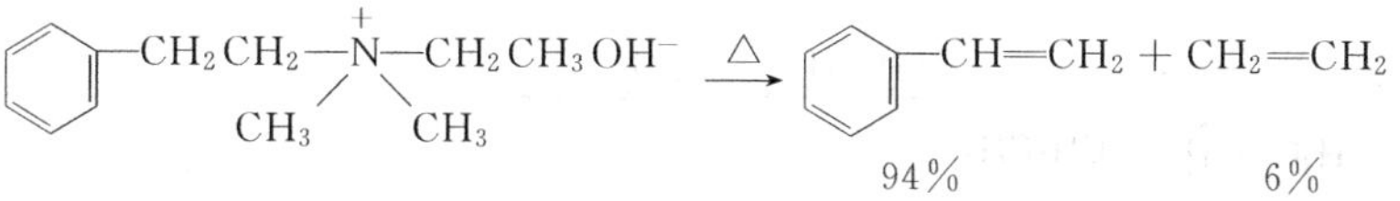
94%
6%

霍夫曼消除反应可用来测定胺的结构和制备烯烃。一个未知的胺，用碘甲烷进行彻底甲基化反应，生成季铵盐。不同类型的胺与碘甲烷反应的物质的量不一样，伯胺上三个，仲胺上二个，叔胺上一个，从上的甲基数可判断原来胺属哪一类。然后将季铵盐转化为季铵碱，并加热分解干燥的季铵碱，C—N 键有选择地断裂分解为叔胺和烯烃，分析烯烃的结构即可推测出原来胺的分子结构。例如：

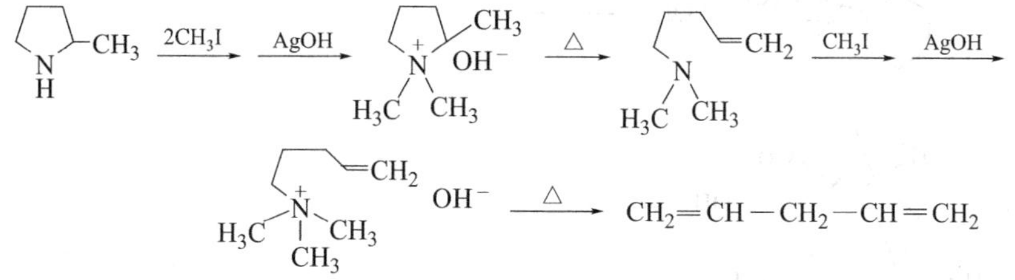

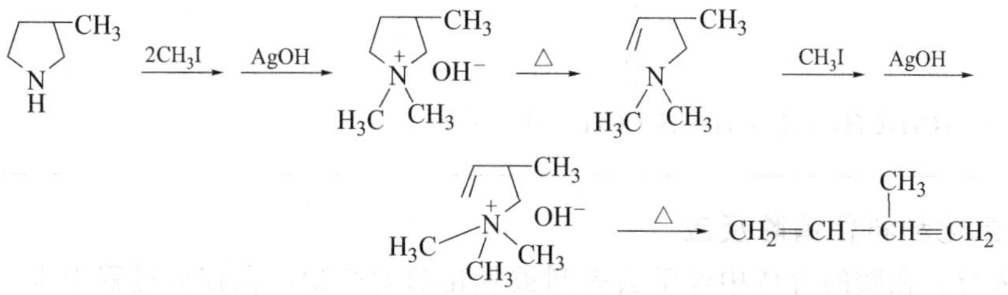

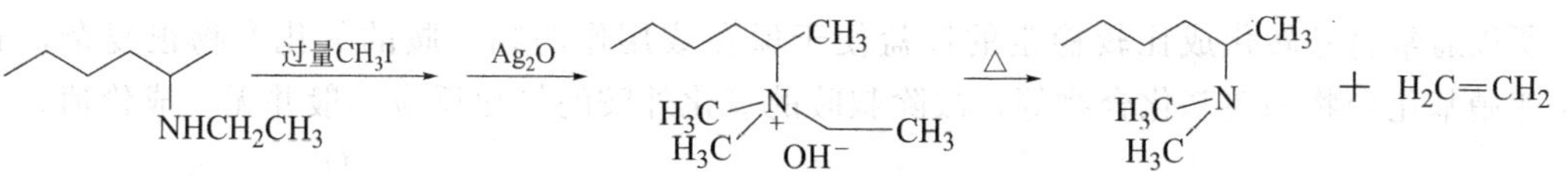

习题 16-12　请预测下列胺经彻底甲基化，用湿氧化银处理并加热后的主要产物。

（1）2-甲基环己胺　　（2）2-甲基哌啶　　（3）*N*-乙基哌啶

（4）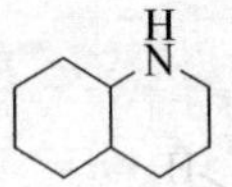　（5）　（6）

习题 16-13　完成下列反应，写出主要产物。

（1）$(CH_3CH_2)_3N^+CH_2CH_2C_6H_5\,OH^- \xrightarrow{\triangle}$

（2）$H_2C{=}CHCH_2CH_2NHCH_2CH_3 \xrightarrow{过量\ CH_3I} \xrightarrow{Ag_2O} \longrightarrow$

（3）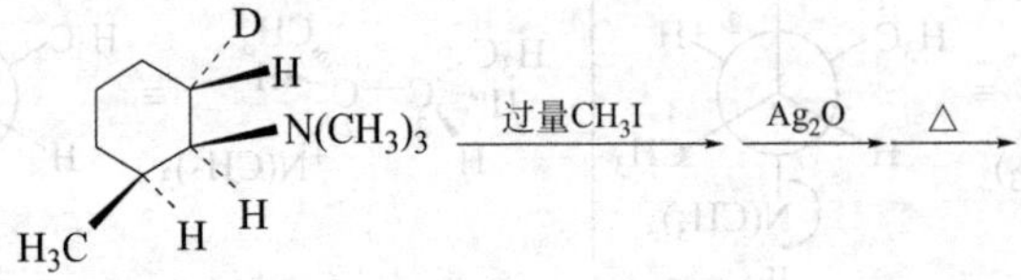
D
H
N(CH3)3
H3C
H
H
过量CH3I
Ag2O
△

（4）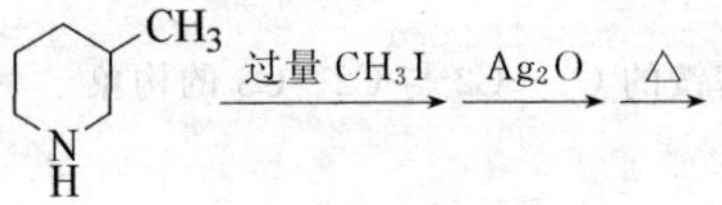
CH3
N
H
过量 CH3I
Ag2O
△

（5）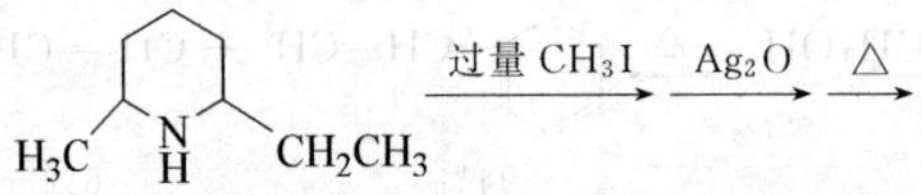
H3C
N
H
CH2CH3
过量 CH3I
Ag2O
△

（6）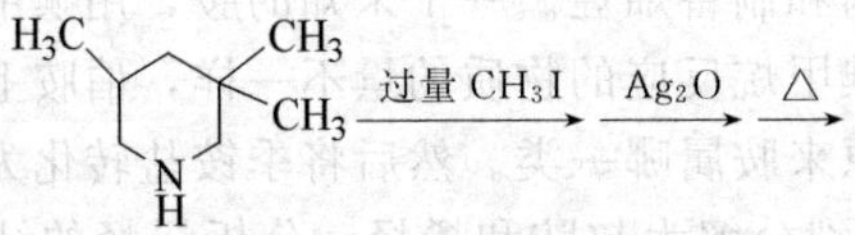
H3C
CH3
CH3
N
H
过量 CH3I
Ag2O
△

（7）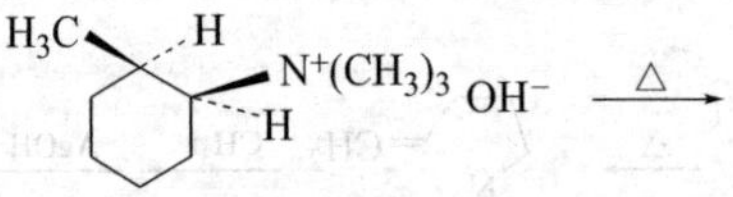
H3C
H
N+(CH3)3
H
OH−
△

（8）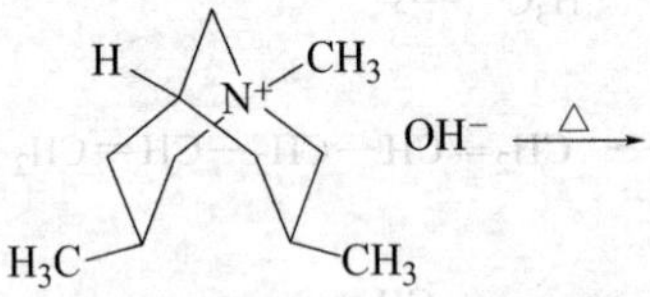
H
N+
CH3
H3C
CH3
OH−
△

（9）$(CH_3CH_2)_3N^+CH_2CH_2\overset{O}{\overset{\|}{C}}CH_3\,OH^- \xrightarrow{\triangle}$

七、胺的氧化和科普消除反应

胺极易被氧化，在胺的合成中经常会得到被氧化的副产物，在存放过程中也易被空气氧化，所以通常将胺转化成比较稳定的铵盐便于保存或用作药物。胺的氧化产物很复杂，有羟胺、亚硝基化合物和硝基化合物等，故除叔胺的氧化外胺的氧化反应一般并无合成价值。

$$R{-}NH_2 \xrightarrow{[O]} R{-}NH{-}OH \xrightarrow{[O]} R{-}N{=}O \xrightarrow{[O]} R{-}N\overset{O}{\underset{O}{\lessgtr}}$$

叔胺能被过氧化氢、过氧酸等氧化为氧化胺，例如：

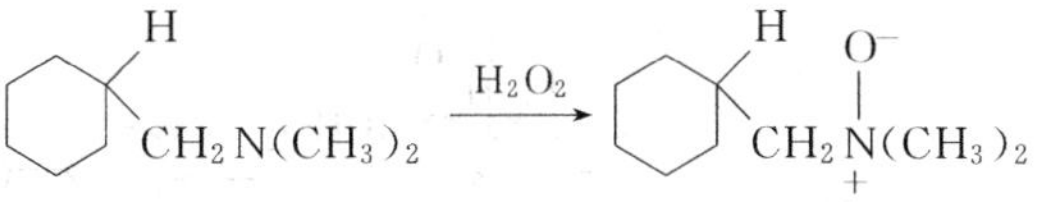

N,*N*-二甲基环己基甲胺-*N*-氧化物

氧化胺中氮原子上的孤对电子与氧原子以配位键结合，具有四面体构型，氮在四面体中心，三个取代基与氧原子在四面体的四个顶端，当氮原子上的三个取代基不同时，应具有一对光活性的对映体。如图 16-22。

氧化胺的偶极矩较大，因此这类化合物极性大，熔点高，易溶于水而不溶于醚、苯等非极性溶剂。

人体内也存在着胺的氧化反应。在体内伯胺被单胺氧化酶（MAO）氧化为亚胺，亚胺水解生成醛和氨，MAO 的功能是调节体内神经传递素——含于血液中的复合胺和去甲肾上腺素（图 16-23）的水平。单胺氧化酶抑制剂能避免神经传递素的氧化（钝化），因此，能激发情绪，是最早用于治疗抑郁症的药物，但由于有很多的副作用，现在已很少使用。

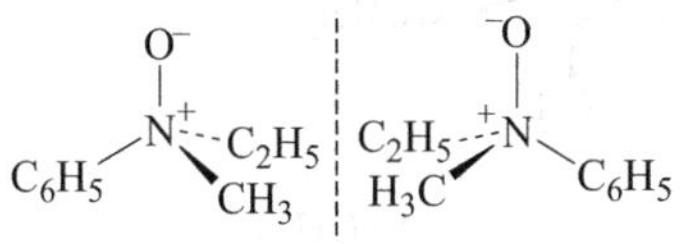

图 16-22　氧化甲基乙基苯基胺的对映体

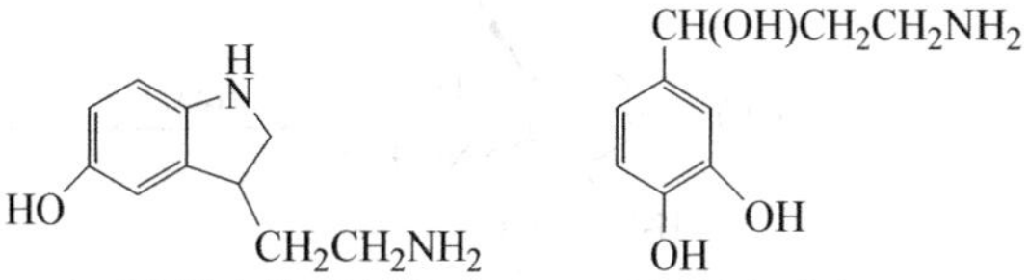

含于血液中的复合胺　　去甲肾上腺素

图 16-23　复合胺与去甲肾上腺素

当氧化胺的 *β*-碳上有氢原子时，受热（150～200℃）分解得到烯烃和羟胺。该反应称为科普（Cope A. C.）消除反应，产率较高，故可用于烯烃尤其是热敏感烯烃的合成及除去化合物中的氮原子。

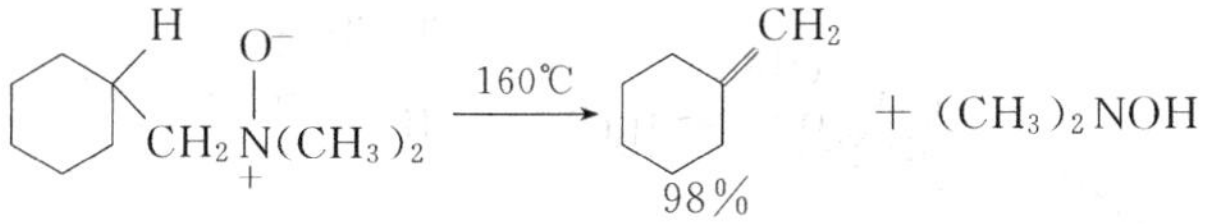

当氧化胺分子中有两种不同的 *β*-氢存在时，得到混合产物，但以霍夫曼产物为主。如得到的烯烃有顺反异构体时，一般以反式异构体为主，当分子中有两个不同位的 *β*-氢原子时，一般得到的产物是混合物。科普消除反应是一种立体选择性很高的顺式（同侧）消除反应。反应形成平面五元环的过渡态，要产生这样的环状结构，氨基和 *β*-氢必须在同一侧，而且形成环时，*α*,*β*-碳原子上的基团呈重叠型，这样的过渡态需要较高的活化能，形成后也很不稳定，使消除反应易于进行。

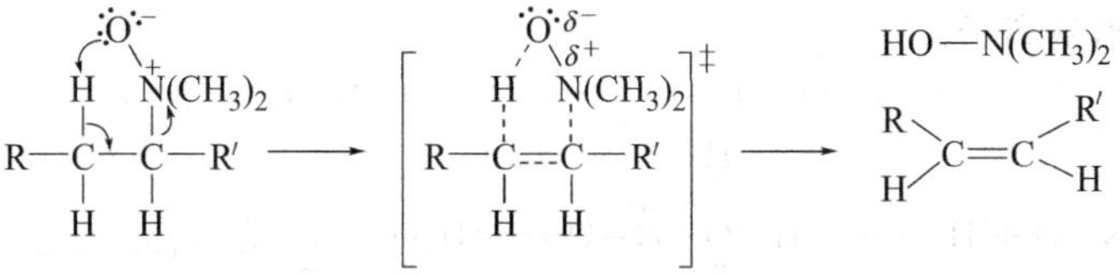

过渡态

例如：

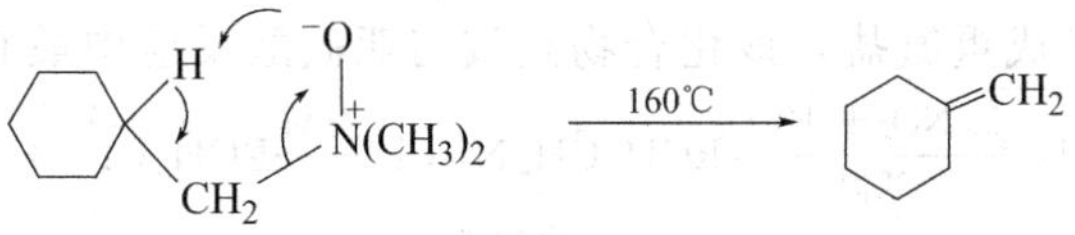

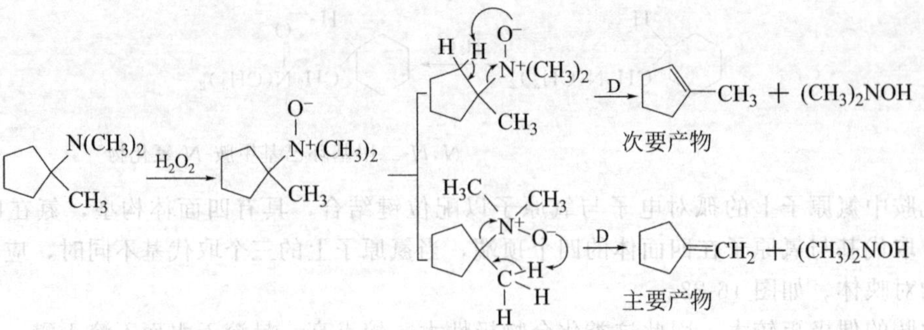

次要产物
主要产物

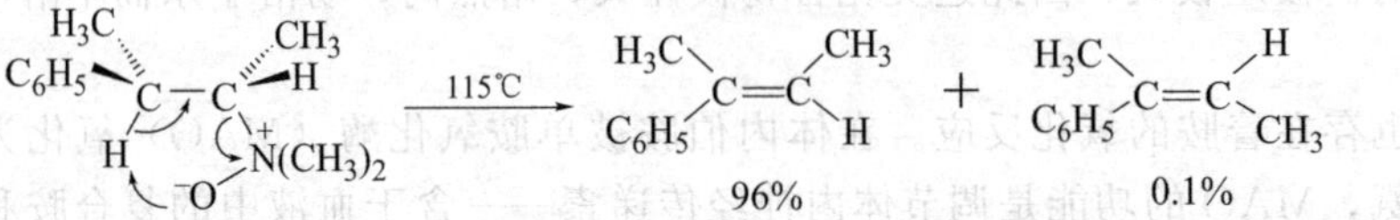

115℃
96%
0.1%

习题 16-14 完成下列反应，写出主要产物。

(1) 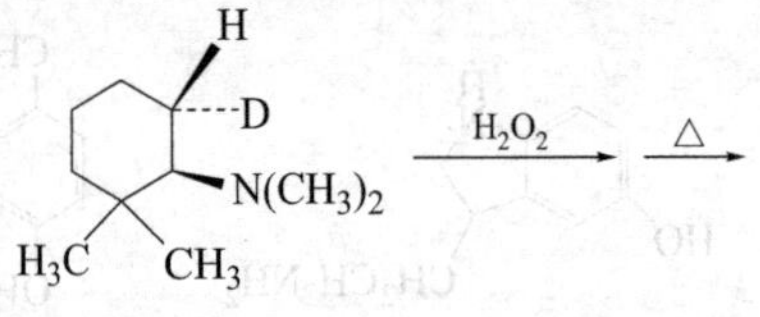

(2) 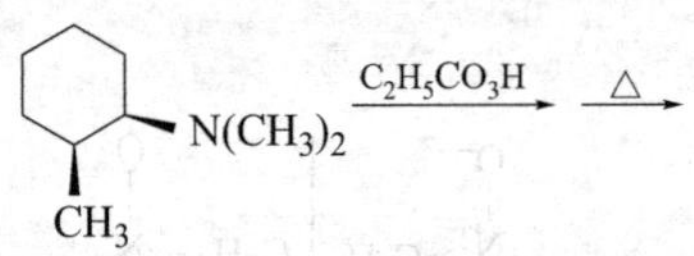

(3) 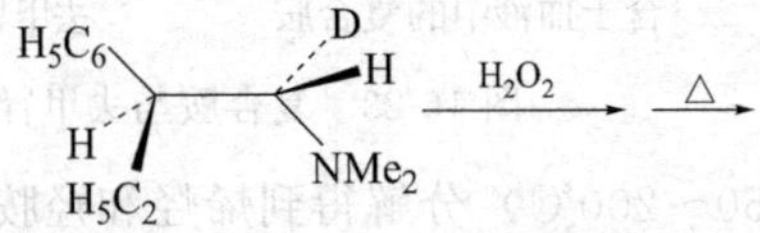

(4) 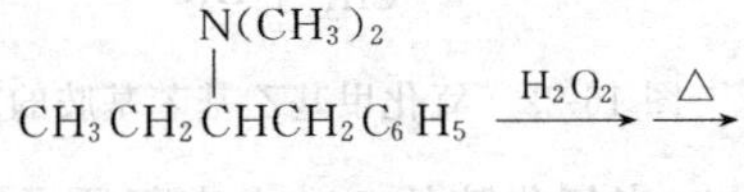

习题 16-15 下列反应在生成霍夫曼产物为主的同时，有扎依采夫产物生成，在霍夫曼降解反应中该产物为 *E* 型，而在科普消除反应中该产物为 *Z* 型，请解释这一现象。

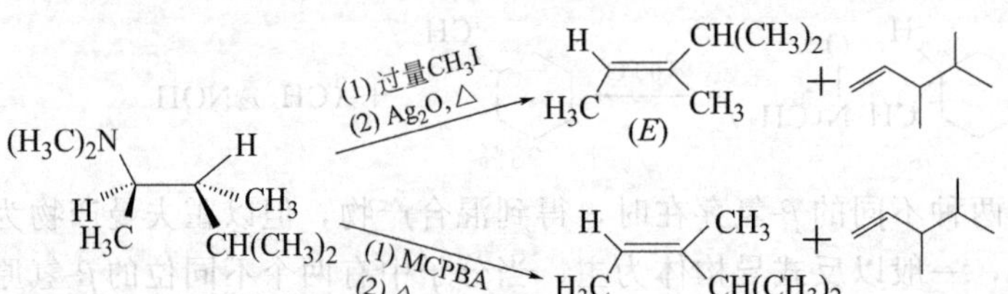

(1) 过量CH3I
(2) Ag2O, △
(E)
(1) MCPBA
(2) △
(Z)

八、胺与亚硝酸的反应

胺与亚硝酸的反应在合成上非常有用，不同种类的胺与亚硝酸的反应各不相同。亚硝酸（HNO_2）不稳定，反应时由亚硝酸钠与盐酸或硫酸作用而得。在酸溶液中亚硝酸发生质子化，然后失去水给出亚硝基离子。

$$Na^{+}\,{}^{-}O{-}N{=}O + H^{+}\,Cl^{-} \rightleftharpoons H{-}O{-}N{=}O + Na^{+}\,Cl^{-}$$

$$H{-}O{-}N{=}O + H^{+} \rightleftharpoons H{-}\overset{H}{\underset{..}{\overset{|+}{O}}}{-}\ddot{N}{=}\ddot{O} \rightleftharpoons H_2O + \left[{}^{+}\ddot{N}{=}O \longleftrightarrow \ddot{N}{\equiv}O^{+}\right]$$

亚硝基离子

1. 伯胺与 HNO_2 的反应——重氮盐的生成

伯胺与亚硝酸反应形成重氮盐，该化合物是胺与亚硝酸反应中最有用的产物。

$$RCH_2CH_2NH_2 \xrightarrow[\text{低温}]{NaNO_2 + HCl} \underset{\text{重氮盐}}{RCH_2CH_2N_2^{+}\,Cl^{-}} \xrightarrow{\text{分解}} RCH_2\overset{+}{C}H_2 + N_2\uparrow + Cl^{-}$$

伯胺与亚硝酸反应的机理是首先伯胺对亚硝根离子亲核进攻获得 *N*-亚硝胺，然后氮原子上的质子迁移到氧原子上，最后羟基质子化，失去水形成重氮盐离子。

反应机理：

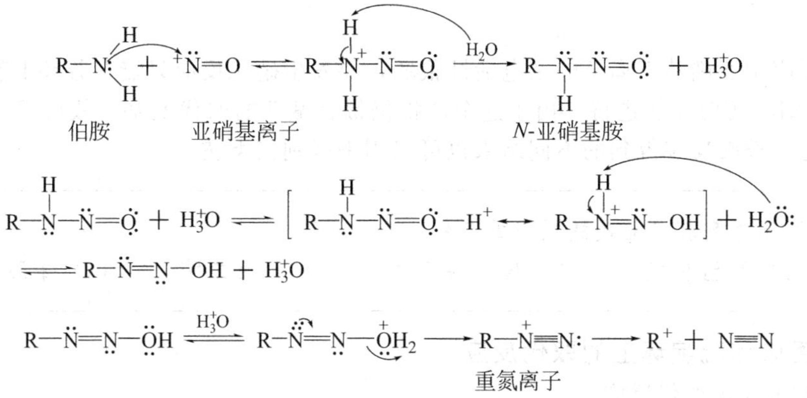
伯胺
亚硝基离子
N-亚硝基胺
重氮离子

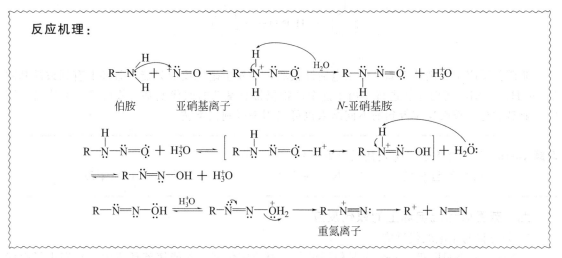

脂肪族重氮盐稳定性差，易分解生成碳正离子放出氮气，生成的碳正离子可以发生各种不同的反应生成烯烃、醇和卤代烃。例如：

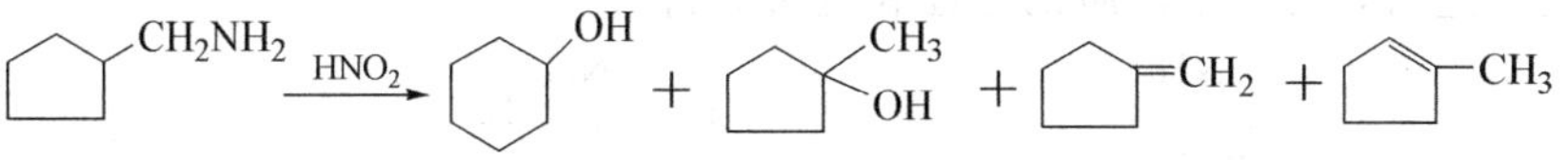

所以，脂肪伯胺与亚硝酸的反应在有机合成上用途不大。而芳香重氮盐较稳定，可与多种试剂发生反应，见芳香重氮盐的反应。

$$Ar-NH_2 \xrightarrow[HCl]{NaNO_2} Ar-\overset{+}{N}\equiv N:Cl^-$$

2. 仲胺与 HNO_2 的反应

仲胺与 HNO_2 反应，生成黄色油状或固体的 *N*-亚硝基化合物。

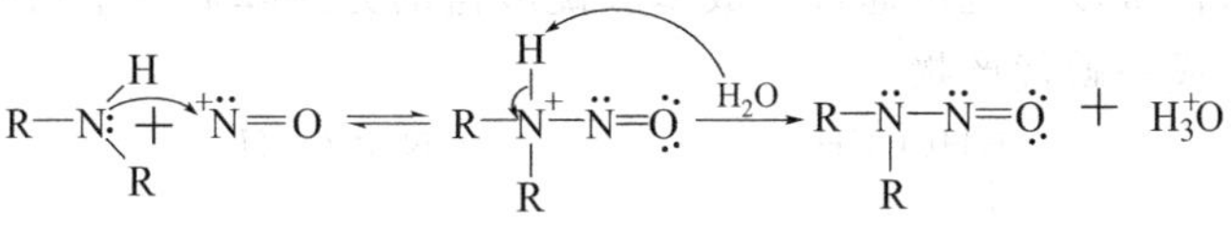

N-亚硝基胺(黄色油状物)

芳香仲胺和亚硝酸作用的结果和脂肪仲胺一样生成 *N*-亚硝基化合物。这也是一种中性的黄色油状物或固体物，比较稳定，它是亚硝酸的酰胺，不溶于稀酸。用还原方法将亚硝基去掉仍得到原来的仲胺，因此也可用于提纯芳香仲胺。

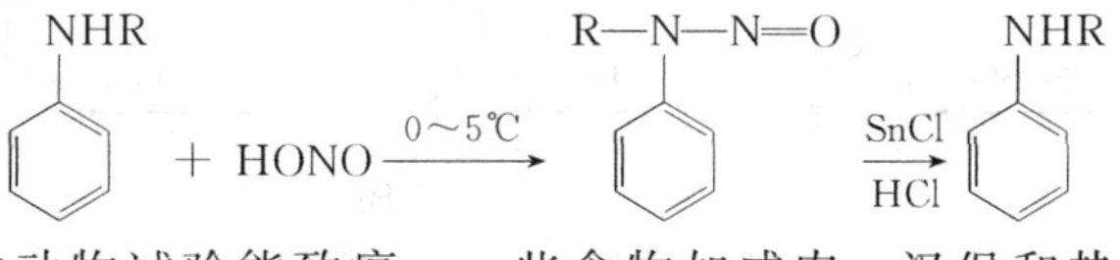

N-亚硝基化合物的动物试验能致癌，一些食物如咸肉、汉堡和热狗等中含有亚硝酸钠，食用这些食物后，亚硝酸钠与胃酸中的酸作用形成亚硝酸。亚硝酸会将食物中的胺转化为 *N*-亚硝基化合物，事实上在很多食物中存在亚硝酸盐，所以用亚硝酸钠保存肉类引起的危险有多大尚不清楚，更深入的研究正在进行中。

在同样条件下，脂肪叔胺与 HNO_2 不发生类似的反应。因而，脂肪胺与亚硝酸的反应可以区别伯、仲、叔胺。

芳香叔胺和亚硝酸在芳香环上发生亚硝化反应，主要在胺基的对位上引入一个亚硝基，当对位已被占据也可在邻位发生。

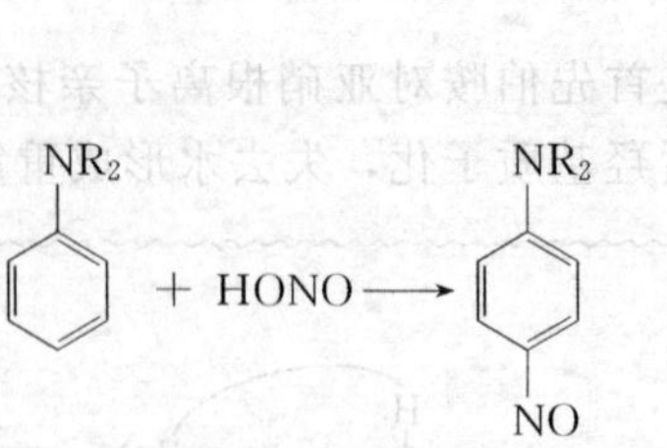

亚硝化反应中亚硝基正离子的亲电活性很弱，要发生硝化反应只能在芳环上有强致活基团如—OH、—NR_2 等时才能进行。由于这个产物仍带有碱性的取代氨基，故可溶于酸成盐。因此，亚硝酸与芳香胺反应得到的不同结果也可以用来区别三类胺。

习题 16-16 写出下列胺与亚硝酸反应的产物。

（1）环己基胺　（2）*N*-乙基己胺　（3）丙二胺　（4）苯胺

九、芳香胺和吡啶环上的取代反应

1. 芳香胺的亲电取代反应

—NH_2、—NHR 和—NR_2 都是较强的邻、对位定位基，并能使芳环活化。它们进行卤代反应时生成多卤取代物，在苯胺水溶液中滴加溴水，立即生成白色的 2,4,6-三溴苯胺沉淀。反应灵敏且定量进行，可用于苯胺的定性和定量分析。

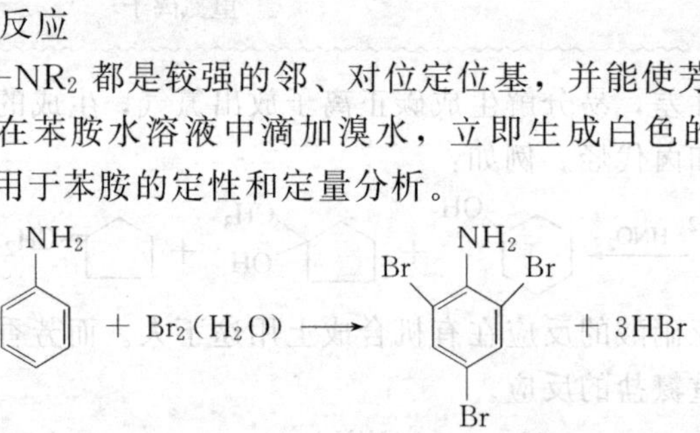

2,4,6-三溴苯胺（白↓），可用于鉴别苯胺

如只需引入一个卤原子，则必须降低氨基的致活能力。通常可以用乙酰化的方法将氨基变成乙酰氨基，这样氮原子上的孤对电子受到乙酰基的影响对苯环的活化能力大大降低，使卤代反应可以控制在单取代阶段。也可通过生成苯胺硫酸盐的方法降低氨基的致活性。苯胺与活性较小的碘反应，能生成一碘代产物。

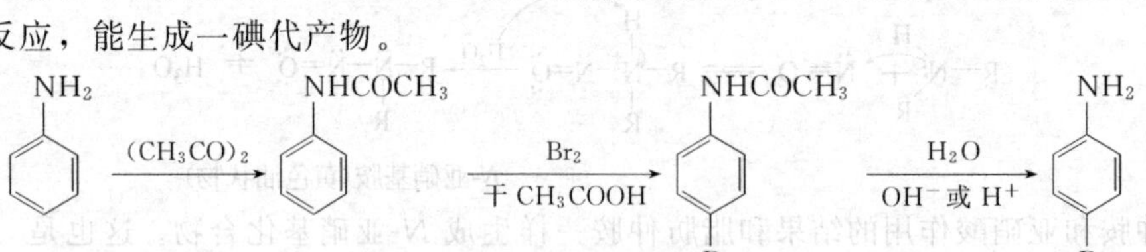

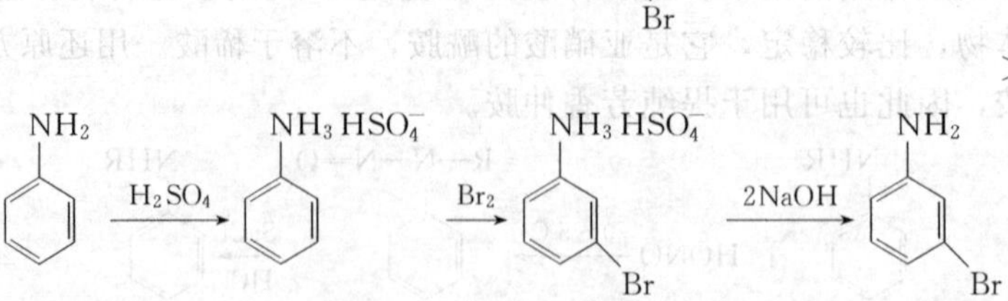

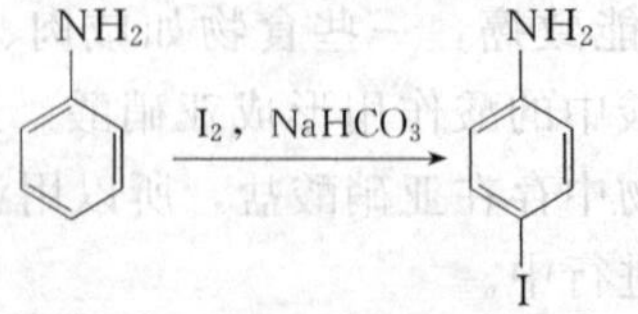

芳香胺的硝化必须在低温下进行以避免硝酸对氨基的氧化作用。主要产物为间硝基苯胺，因为苯胺与酸首先形成铵盐，铵基正离子为吸电子的间位定位基。与苯胺的卤代一样也可以先将氨基转化为乙酰胺基再硝化，得一取代的产物。

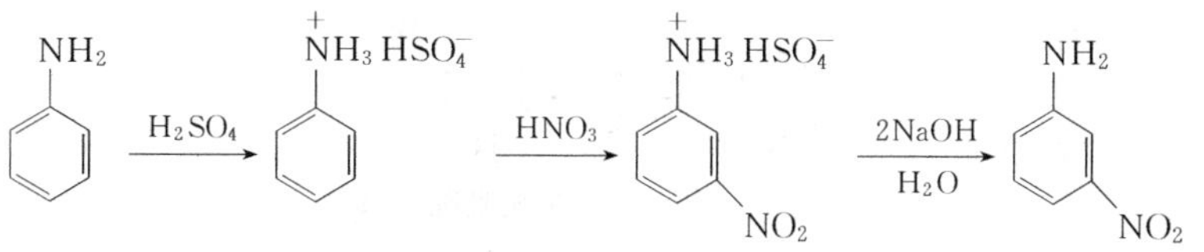

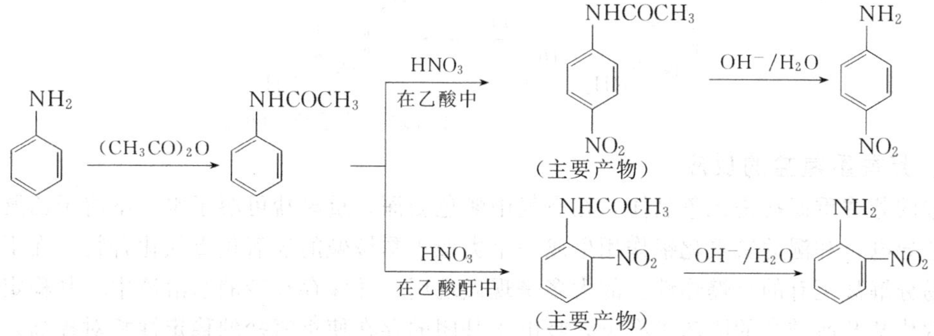

苯胺的磺化是苯胺与浓硫酸生成的硫酸盐，在200℃高温下烘焙失去一分子水后分子内重排，得到对位取代的产物。对氨基苯磺酸形成内盐。

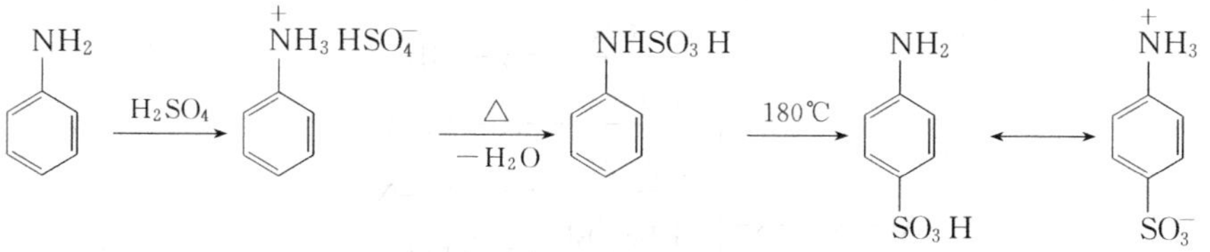

习题 16-17　由苯或甲苯为起始原料制备下列化合物

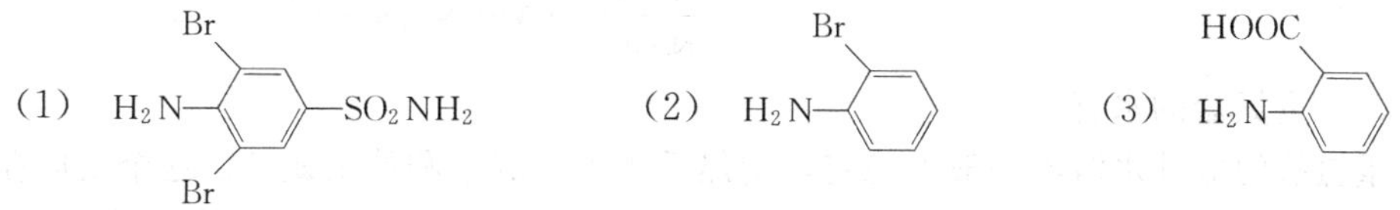

---

2. 吡啶的亲电取代反应

吡啶环上发生的亲电取代反应活性较苯小得多，因此，吡啶不发生傅-克反应，但可以与RX、RCOCl作用。卤代、硝化、磺化等反应的条件较为剧烈，产率也较低，取代基进入β-位。如环上有给电子基团，能增进吡啶环的反应活性。

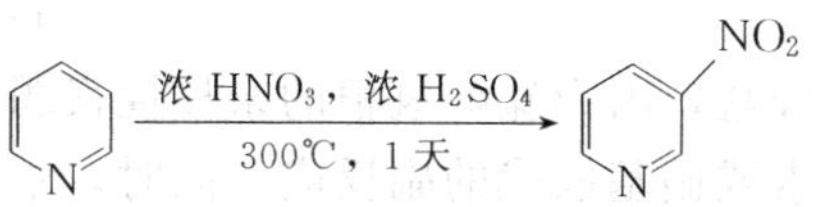

3-硝基吡啶　6%

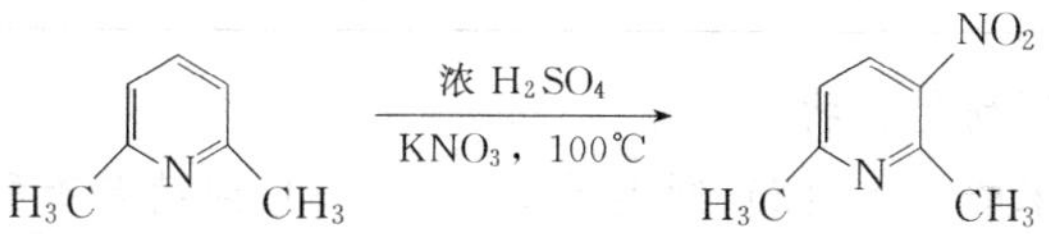

2,6-二甲基-3-硝基吡啶　66%

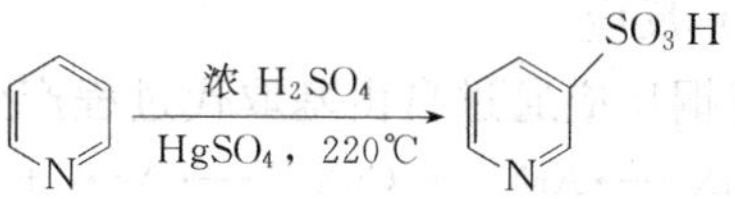

3-吡啶磺酸　70%

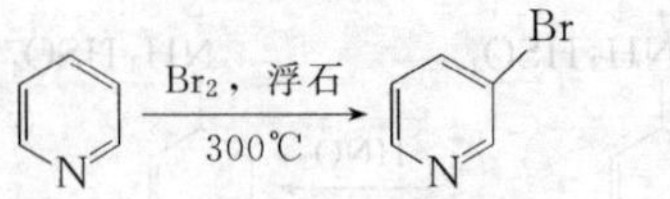

3-溴吡啶　39%

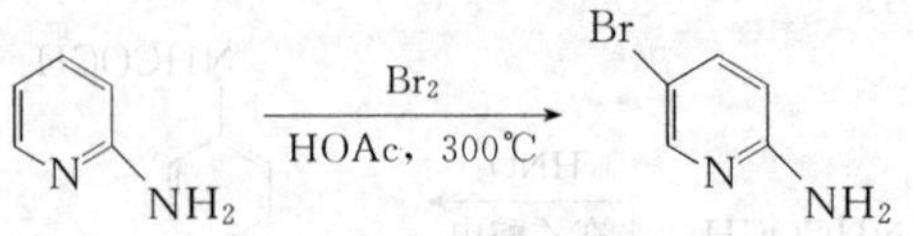

2-氨基-5-溴吡啶　99%

十、芳香重氮盐的反应

一般的芳香重氮盐是无色晶体，在空气中颜色变深。重氮盐可溶于水，不溶于乙醚，它的水溶液能导电，和湿的氢氧化银作用生成一个类似于季铵碱的氢氧化重氮化合物。在干燥时不稳定，易分解甚至有的有爆炸性。故大多是现做现用，并保存在冷的水溶液中。其稳定性与芳环上的取代基及所结合的阴离子有关，吸电子基团的存在使重氮盐的稳定性相对提高。

1. 取代反应

重氮基团能被 OH、X、H、CN、芳基等基团取代。

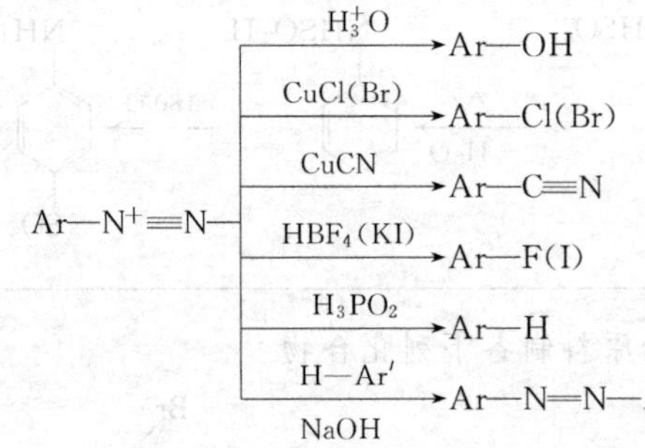

(1) 重氮盐的水解

重氮盐的酸性水溶液一般不稳定，受热后水解生成酚和放出氮气。这个反应在合成上的用途并不大，因为经重氮制酚的路线比较长，产率也不高，不如通过磺化、碱熔制酚的方法好。但是当环上有卤素或硝基等取代基时，不能用碱熔法制酚，则可通过重氮盐的途径。

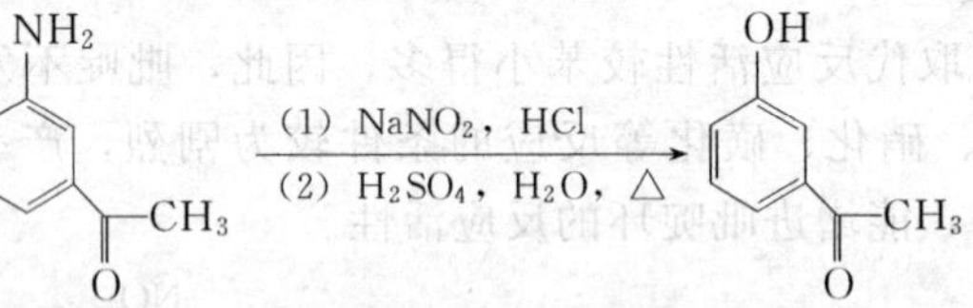

重氮盐水解制酚最好用硫酸盐，因为硫酸氢根的亲核性很弱，而其他重氮盐如卤酸盐或硝酸盐等还容易产生重氮基被卤素或硝基取代的副反应。同时，水溶液要保持一定的酸性，如果酸性不够，产生的酚会和未反应的重氮盐原料发生偶联反应得到偶联产物。

习题 16-18　请用苯制备下列化合物

(1) 对乙基苯酚　(2) 间溴苯酚　(3) 间硝基苯酚　(4) 对硝基苯酚

---

(2) 桑德迈尔 (Sandmeyer) 反应

重氮盐和氯化亚铜或溴化亚铜反应通过自由基取代过程产生芳香氯代物或溴代物。

$$ArN_2^+X^- + CuX \longrightarrow ArN_2^+ + CuX_2^- \longrightarrow Ar\cdot + N_2\uparrow + CuX_2$$

$$Ar\cdot + CuX_2 \longrightarrow ArX + CuX$$

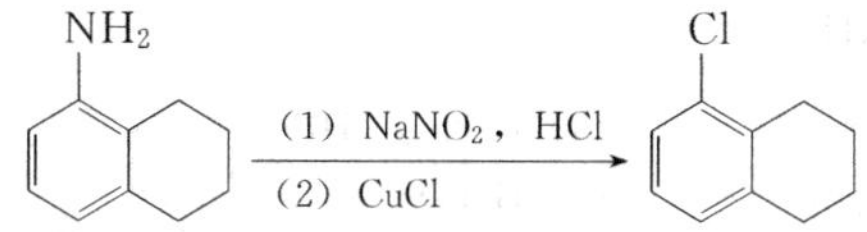

NH2
(1) NaNO2，HCl
(2) CuCl
Cl

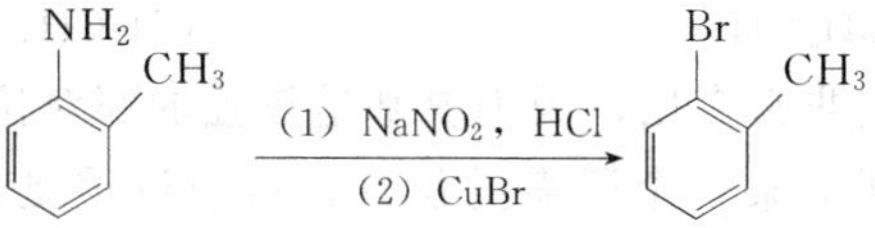

NH2
CH3
(1) NaNO2，HCl
(2) CuBr
Br
CH3

上述反应俗称桑德迈尔（Sandmeyer）反应，卤化亚铜在反应中起到反应剂和催化剂的作用。经同样的机制，重氮盐和氰化亚铜反应生成芳香腈。

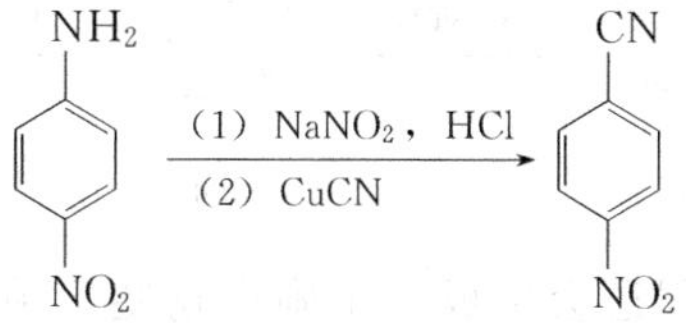

NH2
(1) NaNO2，HCl
(2) CuCN
NO2
CN
NO2

习题 16-19 请应用重氮化反应，用苯制备邻甲苯甲腈，并写出重氮基转化成氰基这一步的反应机理。

（3）重氮基被氟和碘的取代

重氮盐与碘化钾反应能生成碘代芳烃，该反应是制备碘代苯衍生物的最好方法。例如：

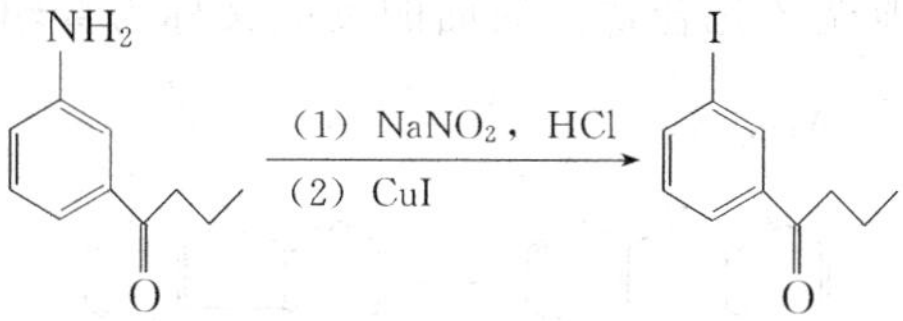

NH2
(1) NaNO2，HCl
(2) CuI
O
I
O

重氮盐与氟硼酸作用得到重氮氟硼酸盐，干燥的重氮氟硼酸盐受热分解生成氟苯，这是一个制备芳香族氟化物的好方法，俗称席曼（Schiemann）反应，反应主要经过单分子芳香亲核取代机理。

$$ArNH_2 \longrightarrow ArN_2^+X^- \xrightarrow{NaBF_4} ArN_2^+BF_4^- \xrightarrow[\triangle]{-N_2} Ar^+ + [F—BF_3]^- \longrightarrow ArF + BF_3$$

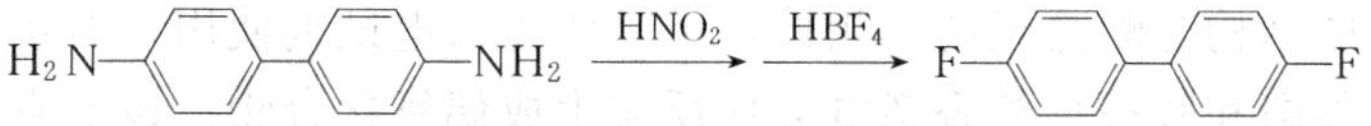

H2N
NH2
HNO2
HBF4
F
F

重氮氟硼酸盐由重氮盐酸盐与氟硼酸钠反应得到，这是一个相对比较稳定的盐，重氮氟磷酸盐的溶解度较小，由它制氟苯的产率有时很好。

$$ArN_2^+X^- + HPF_6 \longrightarrow ArN_2^+PF_6^- \xrightarrow{\triangle} ArF$$

习题 16-20 请用苯合成对氯氟苯。

习题 16-21 请用萘制备邻氯苯甲酸。

（4）重氮去氨基还原

重氮盐在乙醇或次磷酸等还原剂作用下，发生重氮基被氢原子取代的反应，因为重氮基来自氨基，故这个过程又称去氨基反应。

$$ArN_2^+X^- + CH_3CH_2OH \xrightarrow[\triangle]{} ArH + N_2\uparrow + HX + CH_3CHO$$

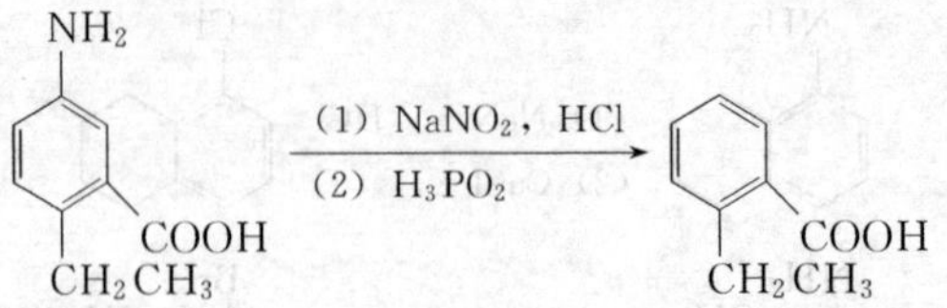

去氨化反应在有机合成上非常有用，因为氨基是较强的邻对位定位基，借助于它的定位效应可以将某一个基团引入芳环上某一个所需的位置，再通过重氮化反应将氨基去掉。如1,3,5-三溴苯无法由苯直接卤化得到，但由苯胺出发经溴化、重氮化和去氨基反应即可完成制备。

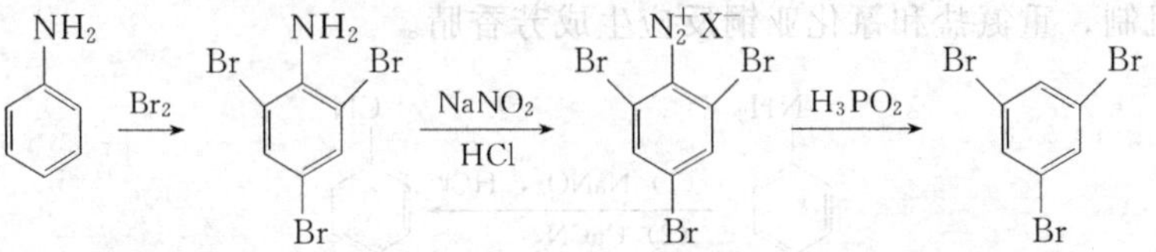

用醇作还原剂去氨基化的过程还会生成一个副产物醚，用次磷酸代替乙醇可避免醚类副产物，产率也相对较高，它们都是在重氮盐水溶液中使用的。

$$ArN_2^+X^- + C_2H_5OH \longrightarrow ArH + ArOC_2H_5 + N_2\uparrow + HX$$

$$ArN_2^+X^- + H_3PO_2 + H_2O \longrightarrow ArH + H_3PO_3 + N_2\uparrow + HX$$

碱性溶液中重氮盐和其他芳基化合物反应生成联苯化合物，相当于重氮基被另一个芳香基团所取代，该反应称为刚穆伯-巴赫曼（Gomberg-Bachmann）反应，收率虽然不高，但这是一个合成不对称联苯衍生物的有用方法，反应经过一个自由基机理过程，重氮盐还可以经过分子内的芳基化反应得到菲和其他稠环化合物。后面的反应又称为普塑尔（Pshorr）反应。

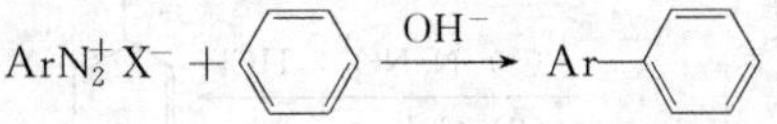

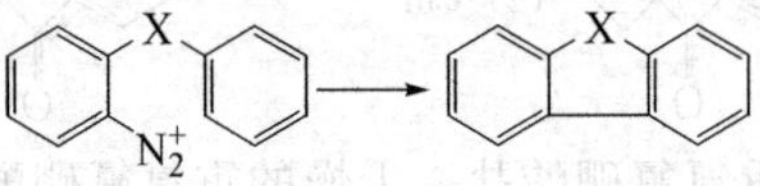

习题 16-22　硝基苯制备2,6-二溴苯甲酸。

2. 偶联反应

重氮盐正离子的结构与酰基正离子相似，可以作为亲电试剂使用，但亲电性很弱，只能与活泼的芳香化合物如酚和胺进行芳香亲电取代反应生成偶氮化合物。该反应俗称重氮盐的偶联反应或偶合反应，反应主要在对位进行，这是由于位阻效应的关系。若对位已被占据，则在邻位偶联。

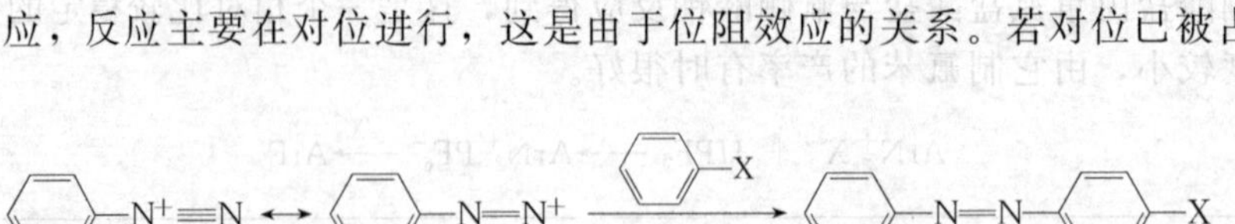

X=OH、OR、NH_2、NHR、NR_2

酚是弱酸性物质，在碱性条件下以酚盐负离子形式存在，该结构有利于重氮正离子的进攻。但是，若碱性太强（pH不能大于10），重氮盐会因受到羟基进攻而变成重氮酸或重氮酸盐离子致使不能发生偶联反应。

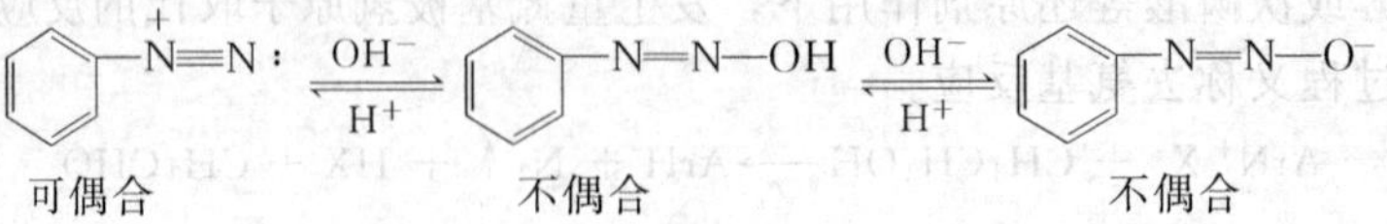

可偶合　　　　不偶合　　　　不偶合

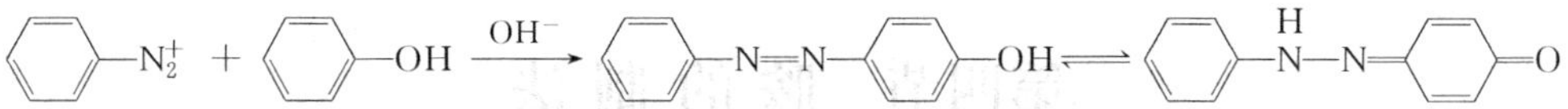

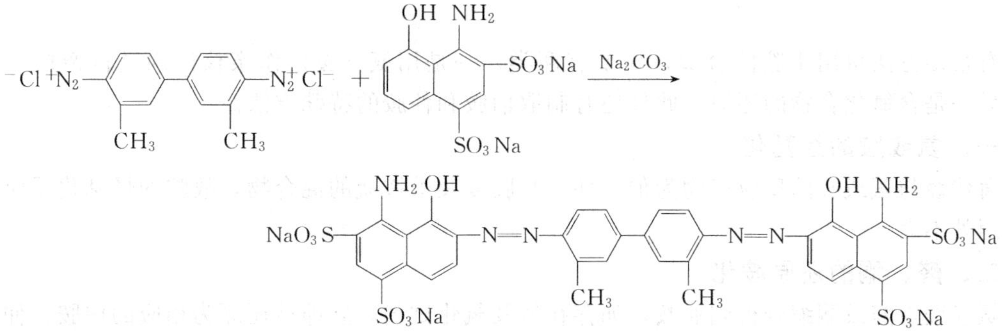

重氮盐与芳香胺的偶联反应要在弱酸性溶液中进行，因为胺在碱性溶液中不溶解；在强酸性溶液中会成盐，使得苯环失去活性，不利于重氮离子的进攻。

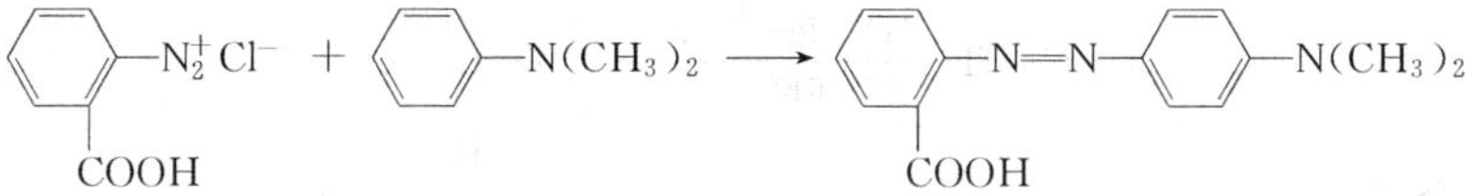

因此，当分子中同时含有氨基和酚羟基时，可以在不同的 pH 值条件下与不同的重氮盐进行偶联，得到各种偶氮产物。

偶氮基是一种发色团，并与苯环共轭，因此，偶氮化合物都是有颜色的物质，是一类极好的染料，常称为偶氮染料。偶氮染料分子中含有一个或多个磺酸基或羧基，这些基团的存在能提高染料在水中的溶解度，有利于染料结合到棉、毛等纤维的极性表面。

习题 16-23 完成下列反应

（1）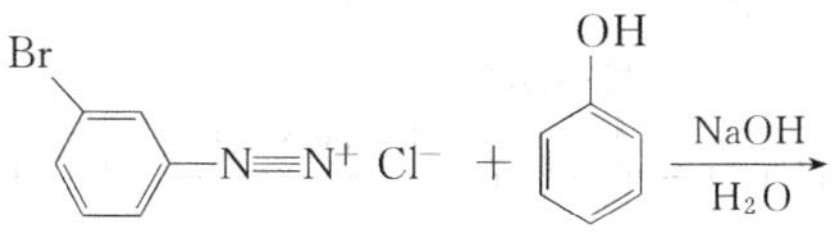

（2）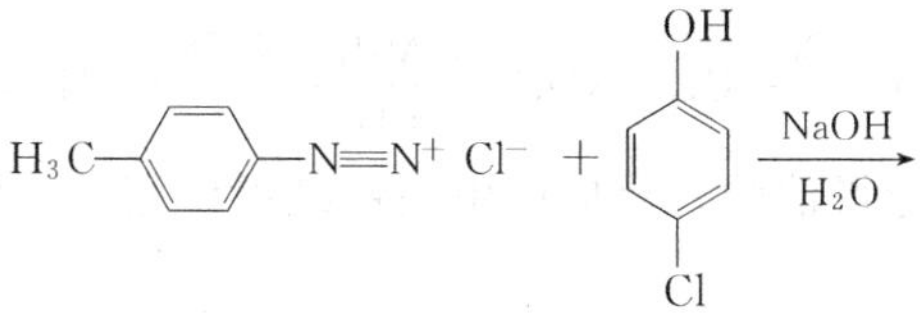

（3）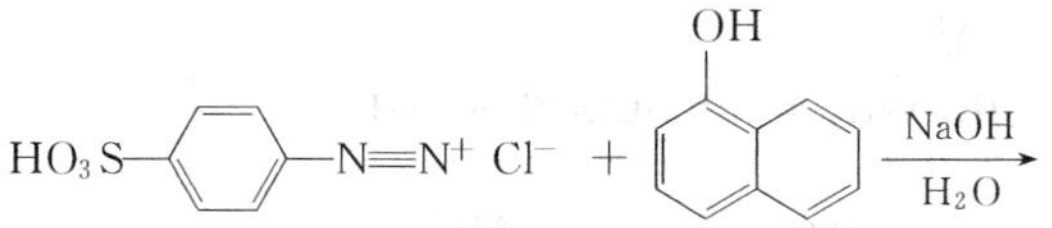

（4）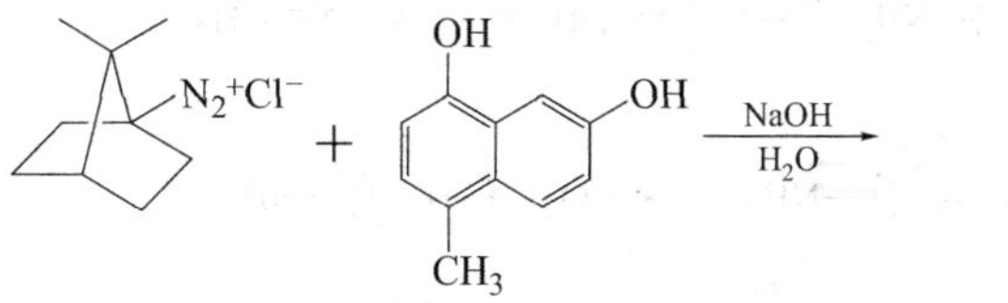

习题 16-24 以苯为起始原料，合成下列化合物

（1）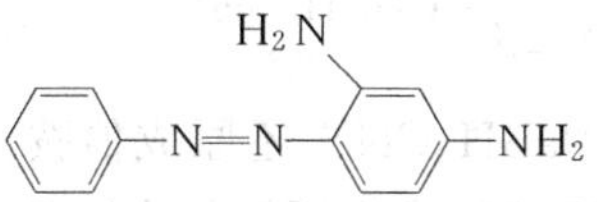　（2）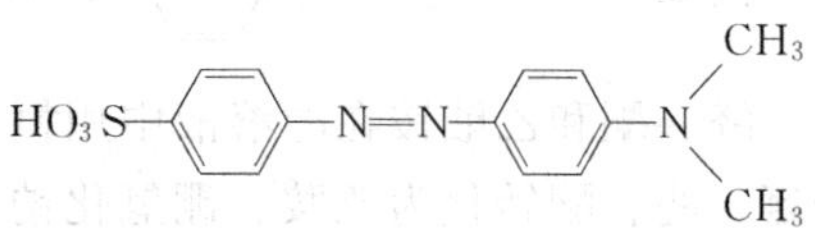

第四节 胺的制法

有很多方法可用于胺的合成，主要有两类，一是用氨（胺）作亲核试剂进行亲核取代反应，另一是含氮化合物的还原。此外还有制取伯胺和仲胺的特殊方法。

一、氨或胺的烃基化

卤代烃与氨或胺的反应产物为伯、仲、叔胺以及季铵盐的混合物，故胺的烃基化反应在合成上用处不大。

二、醛、酮的还原胺化

氨或胺与醛或酮缩合得到亚胺，如存在氢及氢化试剂，立即被还原为相应的伯胺、仲胺或叔胺，这个方法称为还原胺（氨）化（或称胺的烷基化）。该方法是制备胺最普遍的方法。

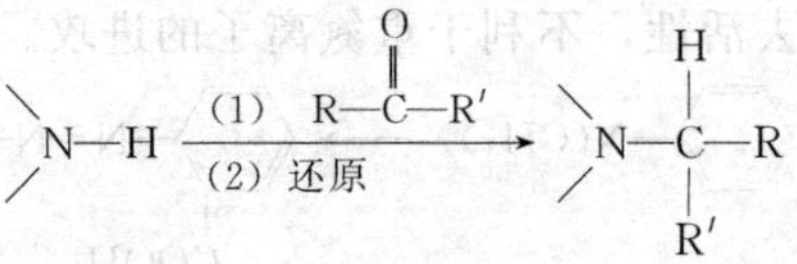

1. 伯胺的合成

$$\text{C}_6\text{H}_5\text{—CHO} + \text{NH}_3 \xrightarrow{\text{Raney Ni-H}_2} \underset{89\%}{\text{C}_6\text{H}_5\text{—CH}_2\text{NH}_2}$$

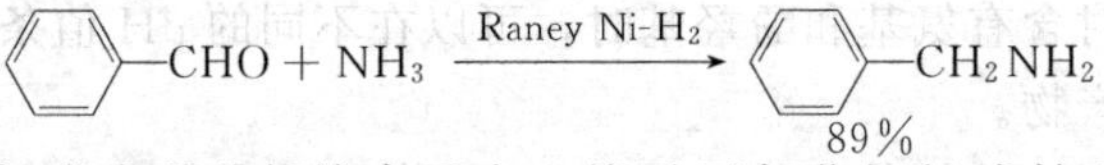

可以用羟氨代替氨与醛或酮进行缩合反应，然后用氢化锂铝或锌和盐酸将肟还原为伯胺。因为大多数肟是稳定的，且容易分离。例如：

$$\begin{array}{c} R \\ \diagdown \\ C=O \\ \diagup \\ H \\ (R') \end{array} \xrightarrow[\text{H}^+]{\text{H}_2\text{NOH}} \begin{array}{c} R \\ \diagdown \\ C=NOH \\ \diagup \\ H \\ (R') \end{array} \xrightarrow{\text{还原}} \begin{array}{c} R \\ \diagdown \\ CH-NH_2 \\ \diagup \\ H \\ (R') \end{array}$$

$$\text{CH}_3\text{CH}_2\text{CH}_2\text{—}\overset{\overset{\displaystyle O}{\|}}{C}\text{—CH}_3 \xrightarrow[\text{H}^+]{\text{H}_2\text{N—OH}} \text{CH}_3\text{CH}_2\text{CH}_2\text{—}\overset{\overset{\displaystyle N-OH}{\|}}{C}\text{—CH}_3 \xrightarrow{\text{Raney Ni-H}_2} \text{CH}_3\text{CH}_2\text{CH}_2\text{—}\overset{\overset{\displaystyle NH_2}{|}}{\underset{\displaystyle H}{C}}\text{—CH}_3$$

$$\text{C}_6\text{H}_5\text{—CHO} \xrightarrow[\text{H}^+]{\text{H}_2\text{N—OH}} \text{C}_6\text{H}_5\text{—CH}=\text{NOH} \xrightarrow[\text{H}_2\text{O}]{\text{LiAlH}_4} \text{C}_6\text{H}_5\text{—CH}_2\text{NH}_2$$

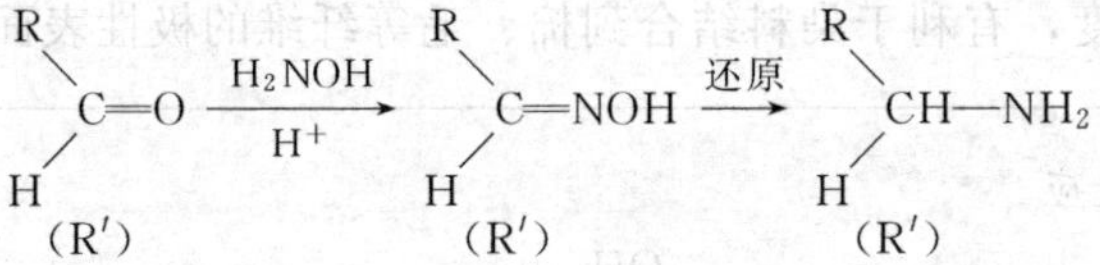

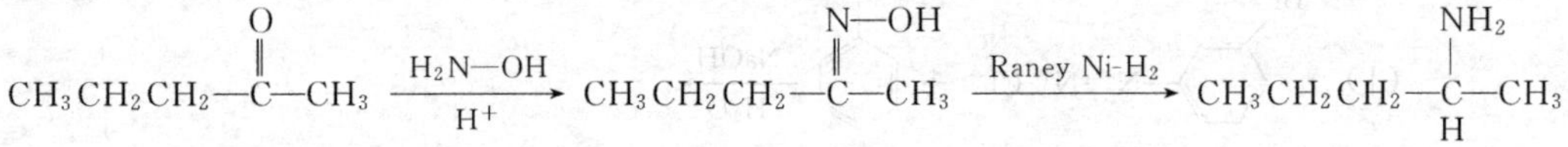

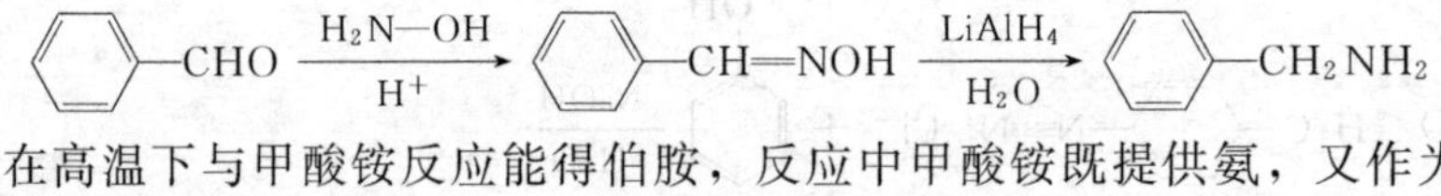

用醛或酮在高温下与甲酸铵反应能得伯胺，反应中甲酸铵既提供氨，又作为还原剂，这个反应称为卢卡特（Leuckart）反应。

$$\text{H}\overset{\overset{\displaystyle O}{\|}}{C}\text{O}^-\text{NH}_4^+ \rightleftharpoons \text{HCOOH} + \text{NH}_3$$

$$\begin{array}{c} \diagdown \\ \diagup \end{array}\text{O} + \text{NH}_3 \xrightarrow{\text{H}_2\text{O}} \begin{array}{c} \diagdown \\ \diagup \end{array}\text{NH} \underset{}{\overset{\text{NH}_4^+}{\rightleftharpoons}} \begin{array}{c} \diagdown \\ \diagup \end{array}\overset{+}{\text{NH}}_2$$

$$\overset{\overset{\displaystyle O}{\|}}{-\text{OC}}\text{—H} \,\, \overset{+}{\text{NH}}_2 \longrightarrow \text{CO}_2\uparrow + \text{H}\text{—}\overset{|}{\underset{|}{C}}\text{—NH}_2$$

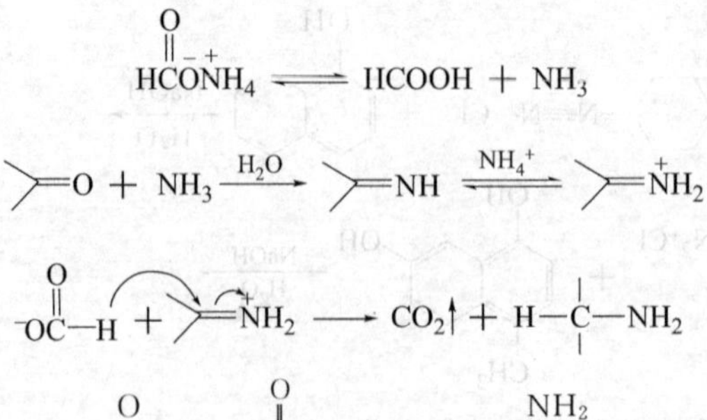

例如：

$$\text{C}_6\text{H}_5\text{—}\overset{\overset{\displaystyle O}{\|}}{C}\text{CH}_3 \xrightarrow[185℃]{\overset{\overset{\displaystyle O}{\|}}{\text{HCONH}_4}} \underset{66\%}{\text{C}_6\text{H}_5\text{—}\overset{\overset{\displaystyle NH_2}{|}}{C}\text{HCH}_3}$$

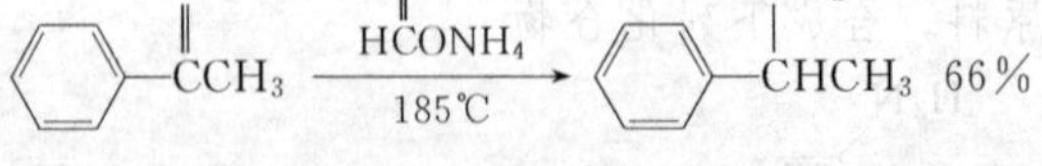

醛、酮和乙酸铵在醇溶液中用氰基硼氢化钠（$NaBH_3CN$）还原成伯胺。反应中乙酸铵供给氨，醛、酮转化为亚胺。硼氢化钠中的一个氢被氰基取代后还原能力降低，对醛、酮不再有还原作用，但可将亚胺还原。

2. 仲胺的合成

可用伯胺与羰基化合物进行缩合反应，如果用 2mol 羰基化合物与 1mol 氨反应，可以形成对称的仲胺。

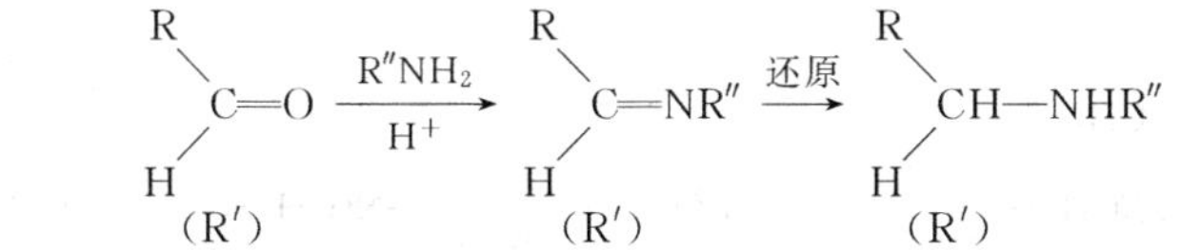

例如：

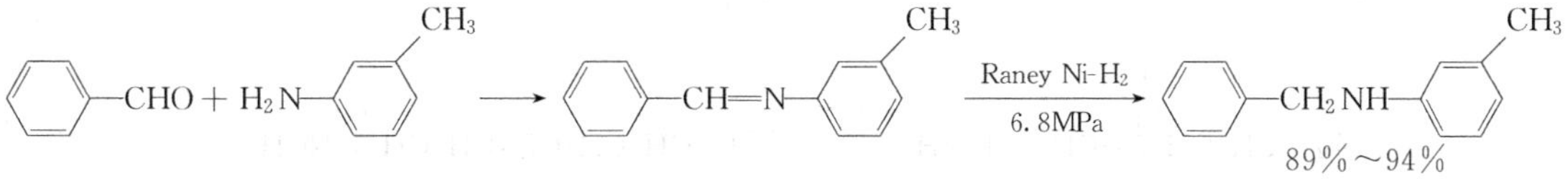

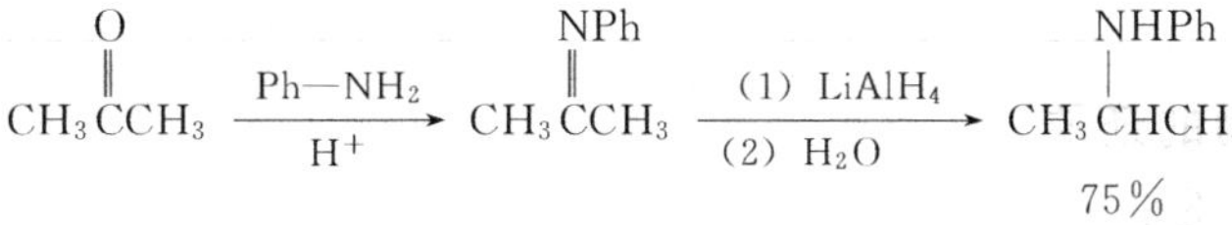

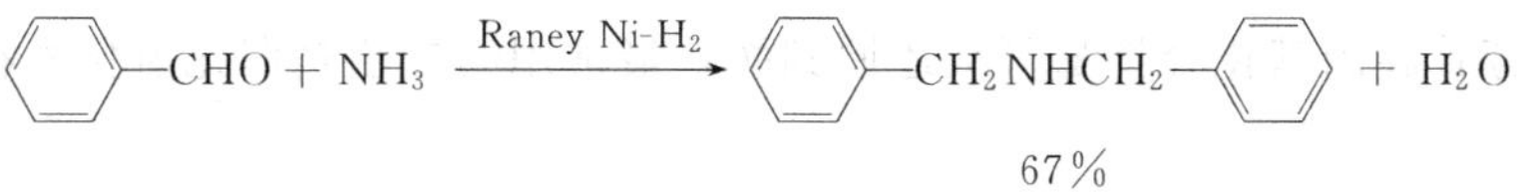

3. 叔胺的合成

醛、酮和仲胺反应生成极不稳定的铵盐，直接用还原能力较低的三乙酸硼氢化钠[Na(CH$_3$COO)$_3$BH]或氰基硼氢化钠还原得到叔胺。但因为氰基硼氢化钠的还原效果较前者差，且毒性较大，因此已被三乙酸硼氢化钠代替。

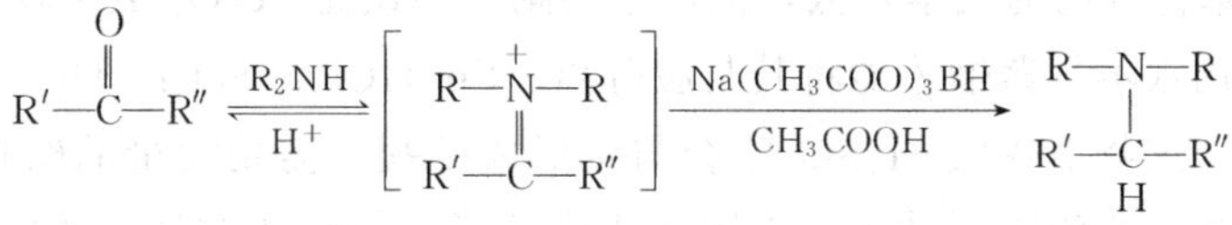

例如：

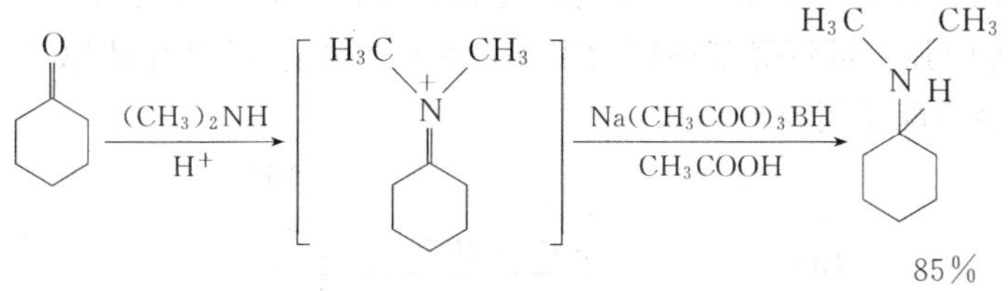

在过量甲酸存在下，甲醛与伯胺或仲胺反应，产物为叔胺，反应温度较低，反应不很强烈。甲醛再次作为一个甲基化试剂。该反应是卢卡特反应的改进，被称为埃斯韦勒—克拉克(Eschweiler W.-Clake H. T.) 甲基化反应。

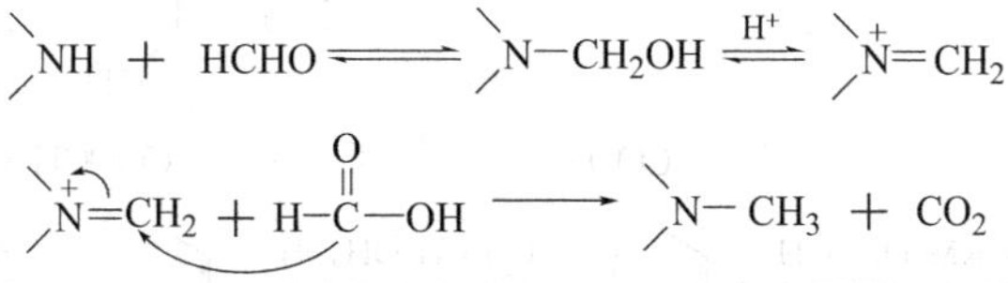

例如：

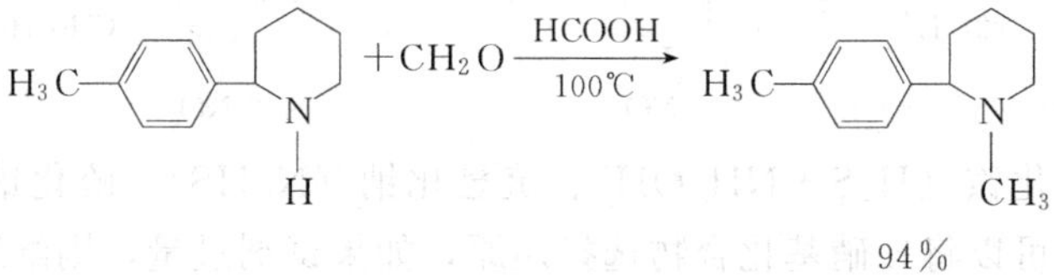

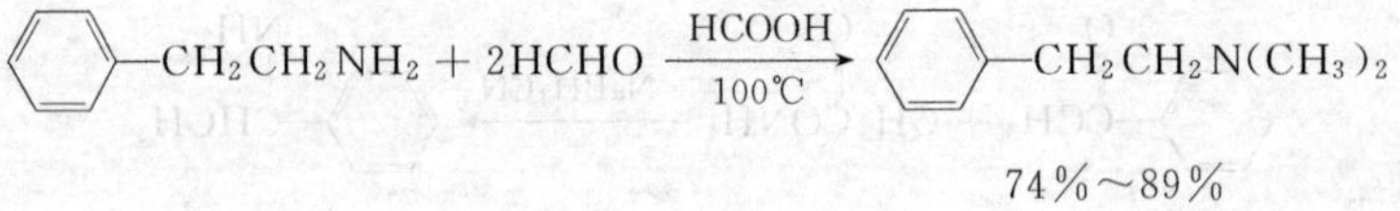

习题 16-25 从苯、不超过五个碳的有机化合物及其他必要试剂通过还原氨（胺）化方法合成下列化合物

（1） 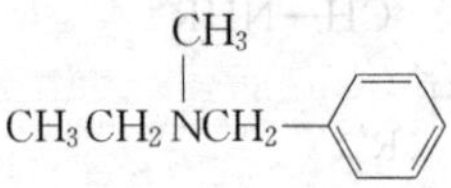 （2） 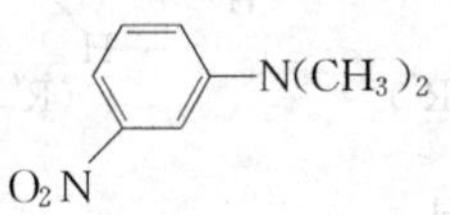 （3） 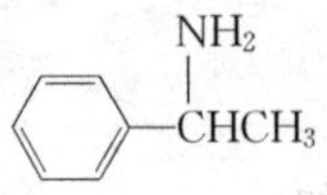

（4） $CH_3CH_2CH(CH_3)CH_2CH_2NH_2$ （5）$(CH_3CH_2CH_2CH_2CH_2)_2NCH_3$

三、含氮化合物的还原

1. 硝基化合物的还原

脂肪族和芳香族硝基化合物都可被还原到胺，最常用的方法是催化氢化和在酸性条件下用活泼金属还原。

$$R{-}NO_2 \xrightarrow[\text{或活泼金属 + }H^+]{H_2/\text{催化剂}} R{-}NH_2$$

这个方法特别适用于芳香胺的制备，因为芳香硝基化合物较易得到。化学方法还原芳香硝基化合物的试剂有 Fe/HCl、Zn/HCl、Sn/HCl 或 $SnCl_2$/HCl 体系，酸也可用硫酸或醋酸。其中 Fe/HCl 还原硝基化合物的成本较低，但产生的副产物铁泥 Fe_3O_4 数量较多，又是一个松散黏稠的浆状物，需用水蒸气蒸馏才能将其与胺分离。Sn/HCl 或 $SnCl_2$/HCl 的作用较快，但价格较贵，反应的另一产物氯锡酸 H_2SnCl_6 会与胺形成复盐，需用大量的碱将其分解后才能分离出胺，有大量废液、废渣需要处理，否则会造成环境污染；相对适合于实验室的小量制备。Zn/HCl 的还原能力较强，可将醛基还原为甲基，而用 $SnCl_2$/HCl 作还原剂，则可避免醛的还原，但 Zn/HCl 不会将酯基还原。例如：

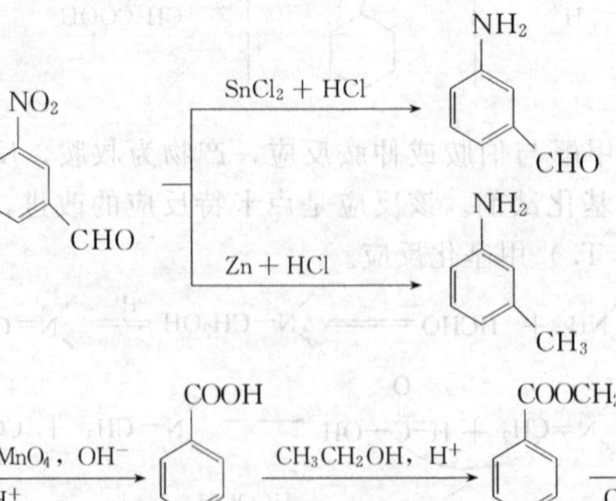

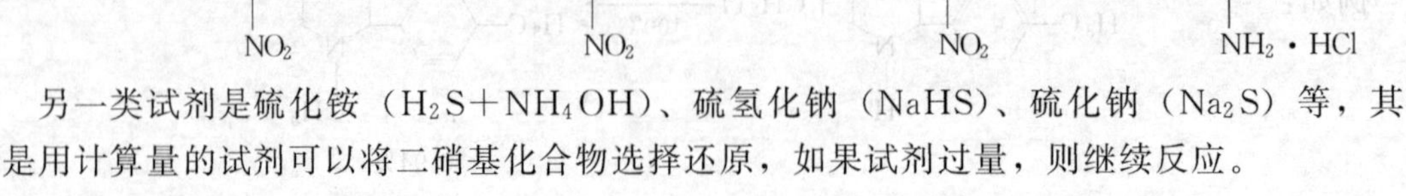

另一类试剂是硫化铵（H_2S+NH_4OH）、硫氢化钠（NaHS）、硫化钠（Na_2S）等，其特点是用计算量的试剂可以将二硝基化合物选择还原，如果试剂过量，则继续反应。

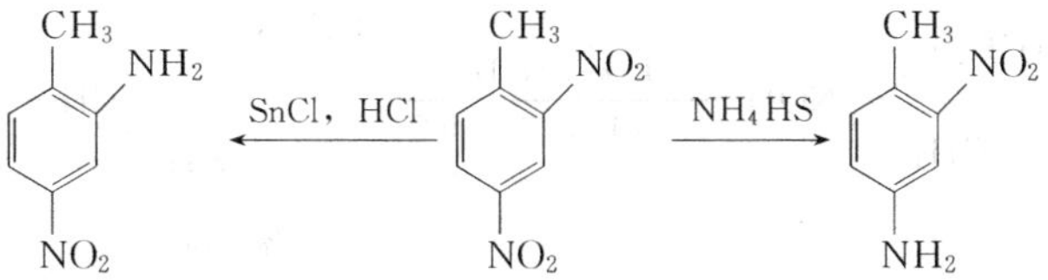

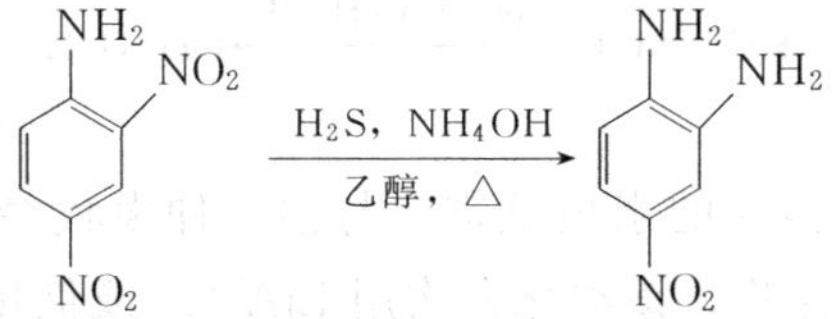

这种部分还原，到底选择哪一个硝基首先还原还无法预测，以上是通过实验得出的结果。

用催化氢化法还原硝基的方法环境污染少，现已逐步替代化学方法，常用催化剂为 Ni、Pt、Pd 等，其中工业上常用 Raney 镍或铜在加压下氢化，反应在中性条件下进行。因此，对于带有酸性或碱性条件下易水解的基团的化合物可用此法还原。

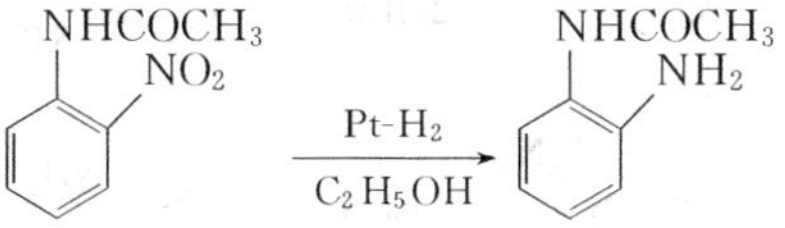

90%

习题 16-26 从给定原料和必要试剂合成下列化合物

（1）从苯合成 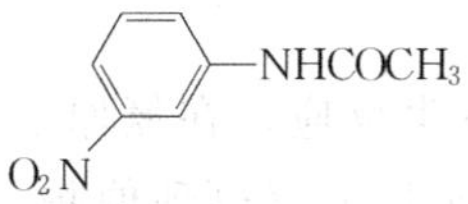

（2）从甲苯合成 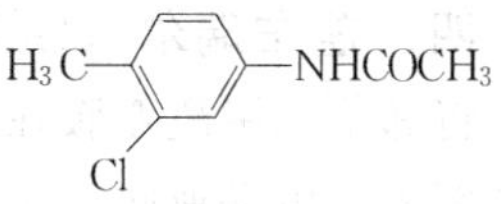

（3）从苯合成 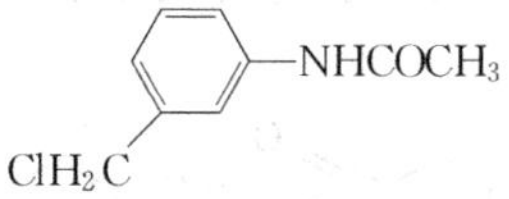

（4）从苯合成 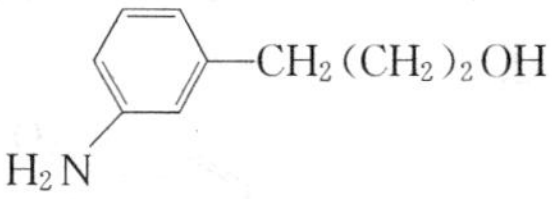

---

2. 酰胺、腈、肟和叠氮化合物的还原

酰胺、腈、肟和叠氮化合物都可被还原为胺。腈和肟及叠代化合物被还原为伯胺，酰胺则随氮原子上的取代不同被还原为相应的伯、仲、叔胺。

$$NH_3(R) + R\overset{O}{\overset{\|}{C}}—Cl \xrightarrow{\text{酰基化}} R\overset{O}{\overset{\|}{C}}NH_2(R) \xrightarrow[\substack{(1)LiAlH_4 \\ (2)H_3^+O}]{\text{还原}} RCH_2NH_2(R)$$

腈可用催化氢化或用 $LiAlH_4$ 还原，但催化氢化需要较高的温度和压力，有时伴有仲胺的生成。用 $LiAlH_4$ 还原比较方便，产品较纯，尤其适合实验室制备。腈可以由伯、仲卤代烃与氰根离子作用得到，故能制备较卤代烃多一个碳原子的伯胺。腈也可由醛、酮与氰根离子作用得到，用此法可制得 β-羟基胺。例如：

$$CH_3CH_2CH_2Br \xrightarrow{KCN} CH_3CH_2CH_2C{\equiv}N \xrightarrow[(2)\ H_3^+O]{(1)\ LiAlH_4} CH_3CH_2CH_2CH_2NH_2$$

70%

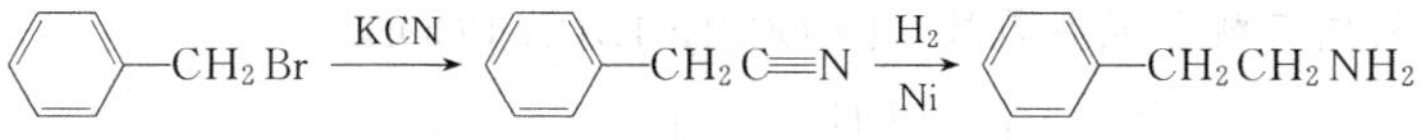

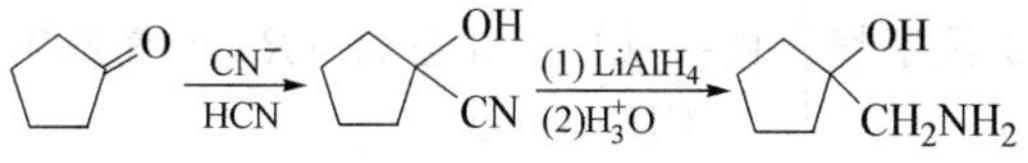

肟除可用 $LiAlH_4$ 还原外，还可用下列试剂还原，例如：

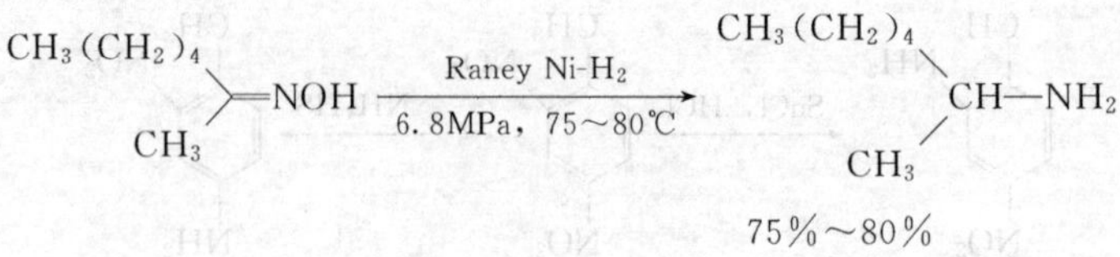

$$CH_3(CH_2)_5HC{=}NOH \xrightarrow{Na + C_2H_5OH} CH_3(CH_2)_5CH_2NH_2$$

73%

叠氮离子（$^-N_3$）是一个很好的亲核试剂，与伯、仲卤代烃、芳基重氮盐或酰基离子反应，生成烷基、芳基或酰基叠氮物，该类化合物用 $LiAlH_4$ 或催化氢化还原生成伯胺。

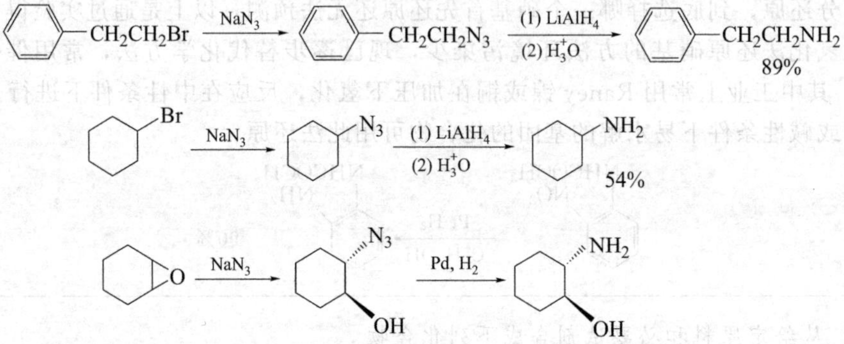

四、盖布瑞尔（Gabriel S.）合成法

将邻苯二甲酰亚胺在碱性溶液中与卤代烃发生反应，在氮原子上引入一个烃基，生成 *N*-烷基邻苯二甲酰亚胺，再将 *N*-烷基邻苯二甲酰亚胺水解得到伯胺。此法是制取纯净伯胺的好方法。

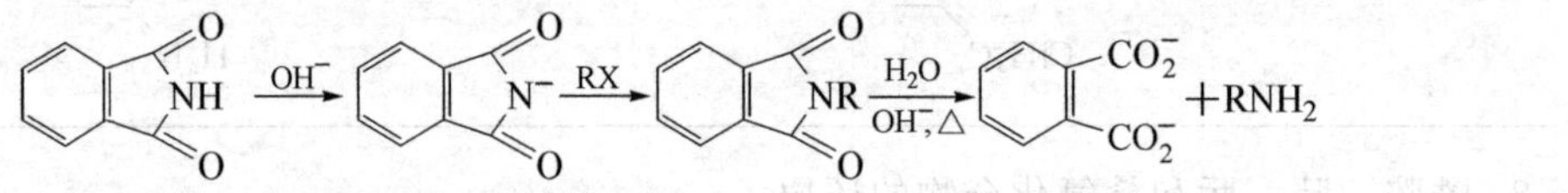

例如：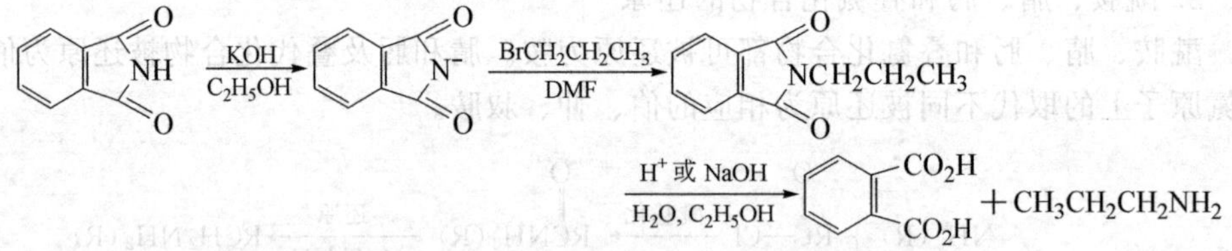

对于水解很困难的情况，可以用肼解代替，生成胺的同时放出邻苯二甲酰肼。

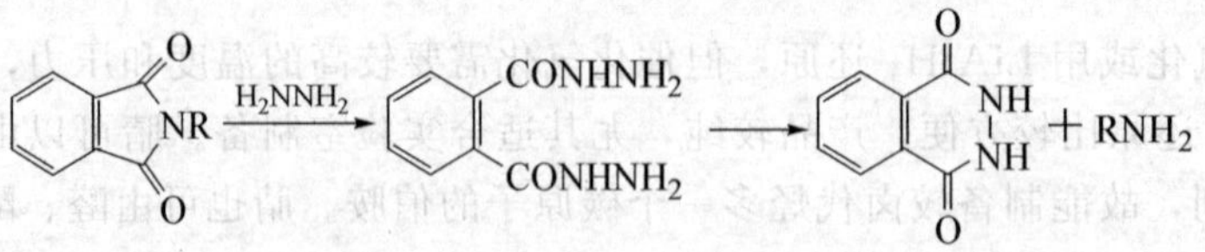

习题 16-27 从指定原料合成指定产物

(1) 从戊二酸合成谷氨酸（$HOOC\overset{NH_2}{\overset{|}{C}}HCH_2CH_2COOH$）

(2) 从（*S*）-2-氯丁烷 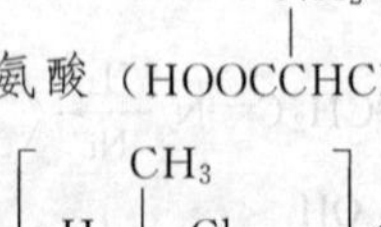 合成（*R*）-2-氨基丁烷

五、用羧酸及其衍生物制胺

霍夫曼（Hofmann）降解反应、克尔提斯（Curtius T.）反应及斯密特（Schmidt C. L. A.）反应时分别用羧酸及其衍生物为原料，通过不同途径，但都经过一个共同的中间体酰基氮宾，再重排为异氰酸酯，得到比原料少一个碳的伯胺。

1. 霍夫曼降解反应

酰胺在次卤酸盐（$NaOH+X_2$）作用下，发生分子内的重排水解反应，生成比原料酰胺的碳链少一个碳原子的伯胺，称为霍夫曼降解反应（或霍夫曼重排反应）。

$$RCONH_2 + X_2 + 4NaOH \longrightarrow RNH_2 + 2NaX + Na_2CO_3 + 2H_2O$$

$$(X_2 = Cl_2 \text{ 或 } Br_2)$$

反应过程如下：

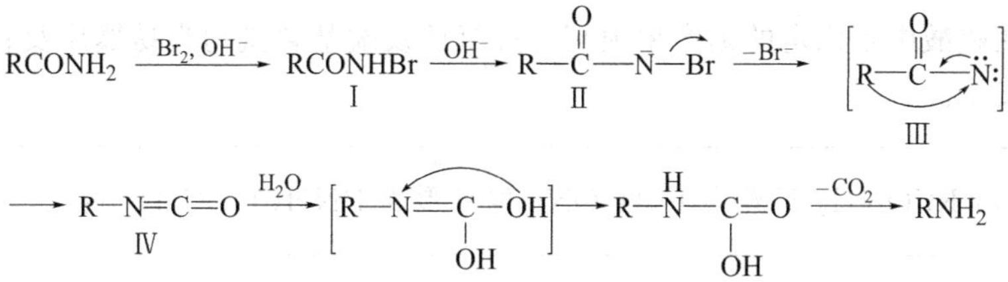

酰胺在强碱作用下形成酰胺负离子，继而与卤素反应生成 *N*-卤代酰胺Ⅰ，由于卤原子的吸电子诱导效应，Ⅰ的酸性比酰胺强，故更易与碱作用形成相应的负离子Ⅱ，接着卤素离子离去，生成酰基氮宾Ⅲ，氮宾有高度的反应性，随即烷基转移到氮上，生成异氰酸酯Ⅳ。但也有许多实验结果表明，反应中并无氮宾中间体生成，而是一个协同的过程，即 *N*-溴代酰胺的氮负离子生成后烷基带着一对电子以如同 S_N2 的反应进攻氮原子，同时溴原子带着一对电子离去。迁移基团若有旋光活性，反应后其手性碳原子的构型保持不变。生成的异氰酸酯中间体产物很易水解，包括了水与羰基加成，氢迁移，然后脱羧得到伯胺。这个反应的产率很好，操作简单，是制备胺的一种好方法，迁移基团可以是烷基、芳基等各种基团，故用此方法可以制备带有 1°、2°、3°烷基或芳基的胺。例如：

$$CH_3CH_2CH_2CH_2CH_2CONH_2 \xrightarrow[H_2O]{Cl_2,\ OH^-} CH_3CH_2CH_2CH_2CH_2NH_2 \quad 90\%$$

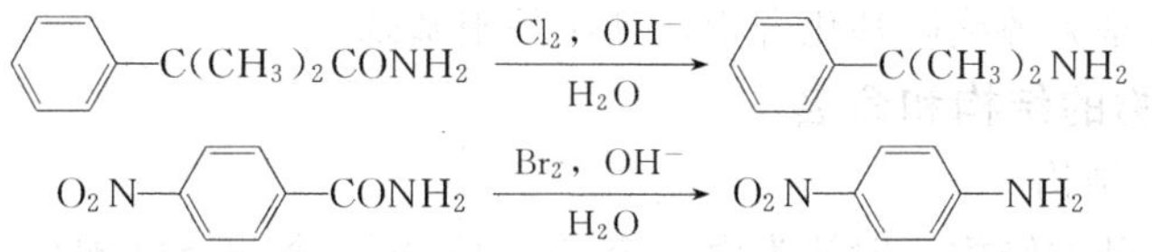

用邻苯二甲酰亚胺经霍夫曼降解可得到邻氨基苯甲酸。

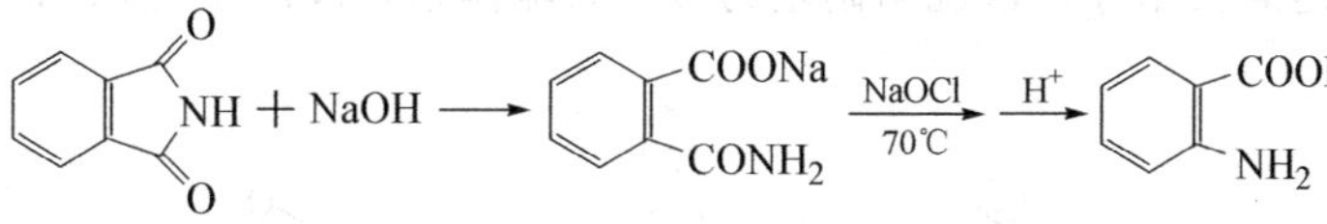

2. 克尔提斯反应

酰氯和叠氮化钠反应生成酰基叠氮，酰基叠氮在惰性溶剂中加热分解，失去氮后重排成异氰酸酯，然后水解得伯胺。

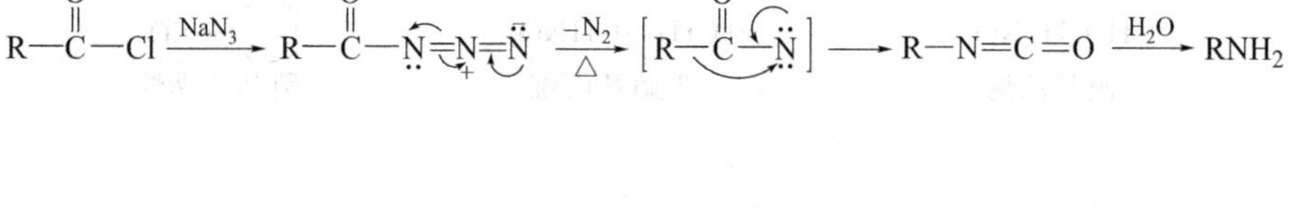

$$(CH_3)_2CHCH_2COCl \xrightarrow{NaN_3} (CH_3)_2CHCH_2CON_3 \xrightarrow[-N_2]{CHCl_3} \xrightarrow{H_2O} (CH_3)_2CHCH_2NH_2$$

70%（总产率）

3. 斯密特反应

斯密特反应是对上法的改进，将羧酸与等物质的量的叠氮酸在惰性溶剂中用硫酸作缩合剂缩合，生成的酰基叠氮在无机酸作用下分解，重排，最后水解为伯胺。

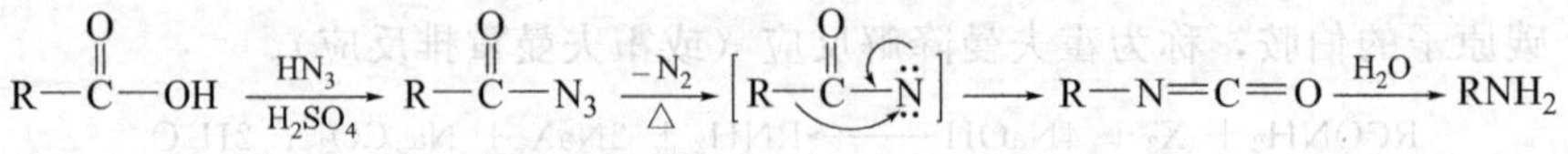

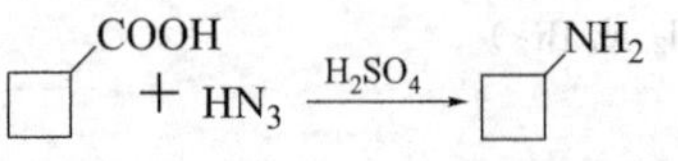

60%～80%

如果原料在硫酸中是稳定的则产率很高。叠氮酸及酰基叠氮均为易爆炸及有毒化合物，使用时必须注意安全。

习题 16-28 写出 $RCONH_2$ 用溴与 C_2H_5ONa 作用形成 $RNHCOOC_2H_5$ 的反应机理。

第五节 硝基化合物

烃分子中的一个或多个氢原子被硝基（—NO_2）取代后的衍生物称为硝基化合物。根据与硝基相连的烃基的结构可将硝基化合物分为芳香族硝基化合物（Ar—NO_2）和脂肪族硝基化合物（R—NO_2）。例如：

CH_3NO_2　　$(CH_3)_2C{=}CHNO_2$　　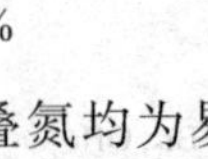

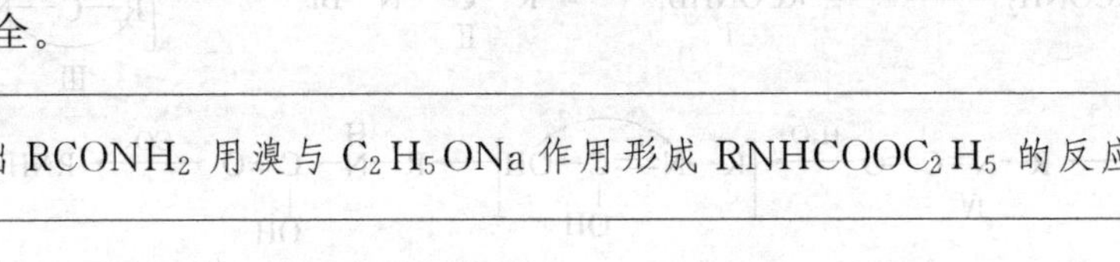

其中，最重要的是芳香族硝基化合物，其次是硝基烷。

一、硝基化合物的结构和命名

1. 硝基化合物的结构

硝基化合物中硝基的结构一般认为由一个 N═O 和一个 N→O 配位键组成。经物理测试表明，两个 N—O 键键长相等，这说明硝基为 p-π 共轭体系，N 原子是以 sp^2 杂化成键的，其结构表示如下：

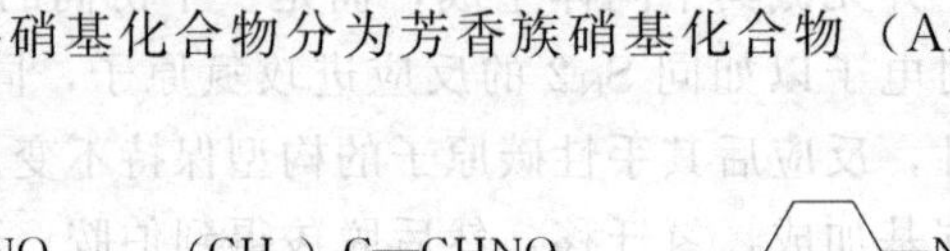

2. 硝基化合物的命名

硝基化合物的命名与卤代烃相似，即以烃为母体，硝基作为取代基。例如：

$CH_3CH_2NO_2$	$(CH_3)_2CHNO_2$	
硝基乙烷	2-硝基丙烷	硝基环戊烷

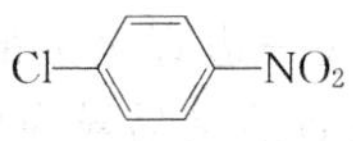

对硝基氯苯

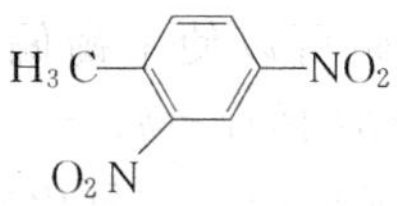

2,4-二硝基甲苯

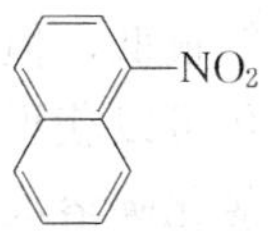

α-硝基萘

二、硝基化合物的物理性质

脂肪族硝基化合物为无色具有香味的液体，难溶于水易溶于醇和醚等有机溶剂，硝基烷能与芳烃、醇、羧酸、酯等混溶，并且因硝基烷的毒性不大，故可作为溶剂。例如硝基甲烷、硝基乙烷和硝基丙烷是油漆、染料、蜡、醋酸纤维等的良好溶剂。芳香一元硝基化合物为无色或浅黄色的液体或固体，有苦杏仁味；多硝基化合物都为黄色固体，具有极强的爆炸性，有的具有类似于天然麝香的香气，被用作香水、香皂和化妆品等的定香剂。

硝基化合物由于硝基 N→O 配位共价键的特征而具有较大的偶极矩和分子间力。因此它们的沸点较相应的烃高。

硝基化合物的红外光谱特征是：硝基氮氧键（N—O）的不对称伸缩振动和对称伸缩振动，在 1390～1260 cm^{-1} 和 1660～1500cm^{-1} 处。硝基烷烃的谱带出现在 1372cm^{-1} 和 1550 cm^{-1}附近（图 16-24），芳香硝基化合物由于共轭作用使这两个谱带向低频方向移动，相应的振动峰出现在 1340cm^{-1}和 1530 cm^{-1}附近。

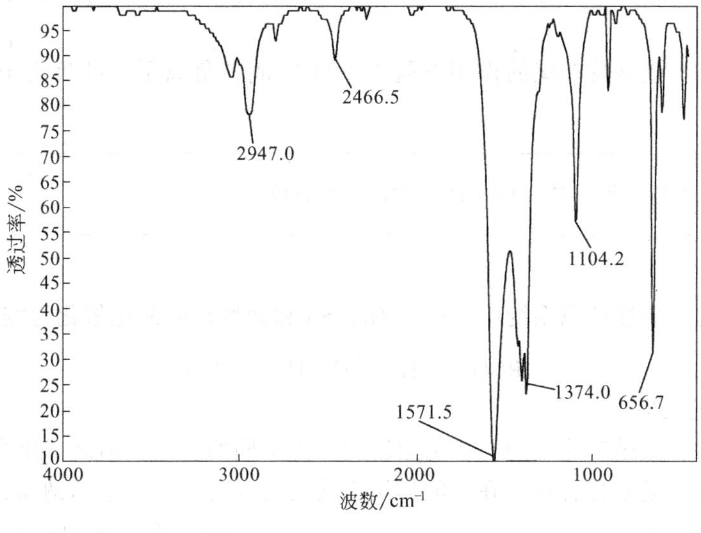
透过率/%
波数/cm⁻¹
2947.0
2466.5
1104.2
1571.5
1374.0
656.7

图 16-24　硝基甲烷的红外光谱

三、硝基化合物的化学性质

（一）脂肪族硝基化合物的性质

1. 酸性

脂肪族伯或仲硝基化合物中的 α-H 由于受到硝基强吸电子作用的影响，使得化合物与含活泼亚甲基的化合物相似，能产生假酸式（硝基式）-酸式两种互变异构，从而具有一定的酸性。

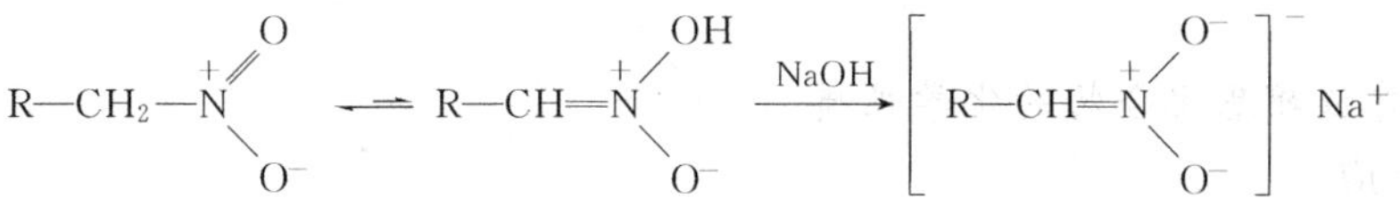

假酸式（主）　　酸式（较少）

酸式的含量一般很低，但是加入碱可以使平衡偏向于酸式一边直至全部转化为酸式的钠盐，将该盐小心酸化可以获得纯酸式结构的产物，酸式结构放置后又易异构化为假酸式。酸式分子可以和溴的四氯化碳溶液进行加成反应，与氯化铁发生显色反应。下面是几种硝基烷的酸性值：

	CH_3NO_2	$CH_3CH_2NO_2$	$(CH_3)_2CHNO_2$	$CH_2(NO_2)_2$	$CH(NO_2)_3$
pK_a	11	9	8	4	强酸

因此，具有 α-H 的脂肪族硝基化合物在碱作用下可生成稳定的碳负离子，并发生亲核反应。

2. 与羰基化合物缩合

有 α-H 的硝基化合物在碱性条件下能与某些羰基化合物起缩合反应。

$$R—CH_2—NO_2 + R'—\overset{O}{\overset{\|}{C}}\!\!\!-\!\!\underset{H\,(R'')}{\ } \xrightarrow{OH^-} R'—\overset{OH}{\underset{H}{\overset{|}{C}}}—\overset{H}{\underset{R'(R'')}{\overset{|}{C}}}—NO_2 \xrightarrow[\triangle]{-H_2O} R'—\overset{}{\underset{H}{\overset{}{C}}}=\overset{}{\underset{R'(R'')}{\overset{}{C}}}—NO_2$$

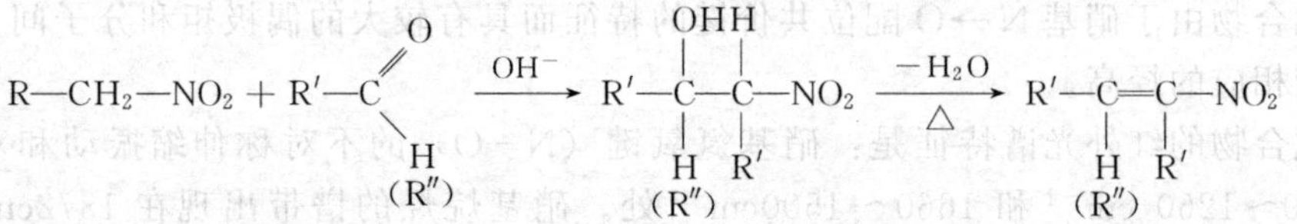

例如，硝基丙烷与甲醛的反应：

$$H—\overset{CH_3}{\underset{CH_3}{\overset{|}{C}}}—NO_2 \xrightarrow{OH^-} -\overset{CH_3}{\underset{CH_3}{\overset{|}{C}}}—NO_2 \xrightarrow{H_2C=O} \overset{CH_3}{\underset{CH_3}{\overset{|}{C}}}—NO_2 \xrightarrow{H_2O} HOH_2C\overset{CH_3}{\underset{CH_3}{\overset{|}{C}}}—NO_2$$

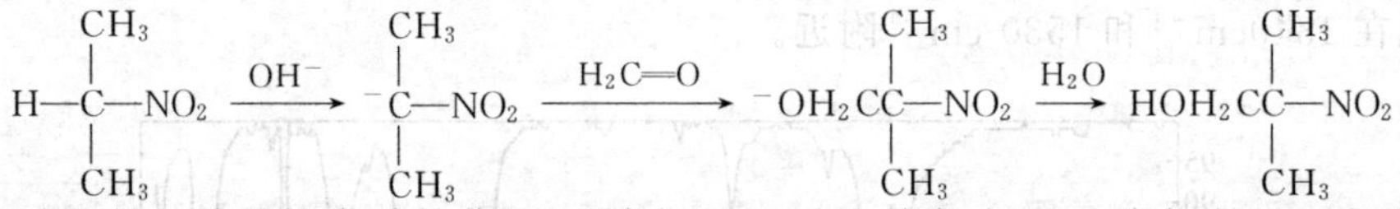

其缩合过程是：硝基烷在碱的作用下脱去 α-H 形成碳负离子，碳负离子再与羰基化合物发生缩合反应。

习题 16-29　请你提出一种合成 $(HOCH_2)_3CNO_2$ 的路线

---

3. 还原

硝基化合物可在酸性还原系统中（Fe、Zn、Sn 和盐酸）或催化氢化为胺。

$$RNO_2 + 3H_2 \xrightarrow{Ni} RNH_2 + 2H_2O$$

4. 与亚硝酸的反应

脂肪族伯、仲、叔硝基化合物与亚硝酸反应产生不同的现象。伯硝基化合物反应后得到蓝色的 α-亚硝基取代的硝基化合物，在碱的作用下转变为红色的硝肟酸的钠盐：

$$R—CH_2—NO_2 + HONO \longrightarrow R—\underset{NO}{\overset{|}{C}H}—NO_2 \xrightarrow{NaOH} \left[R—\underset{NO}{\overset{|}{C}}—NO_2 \right] Na^+$$

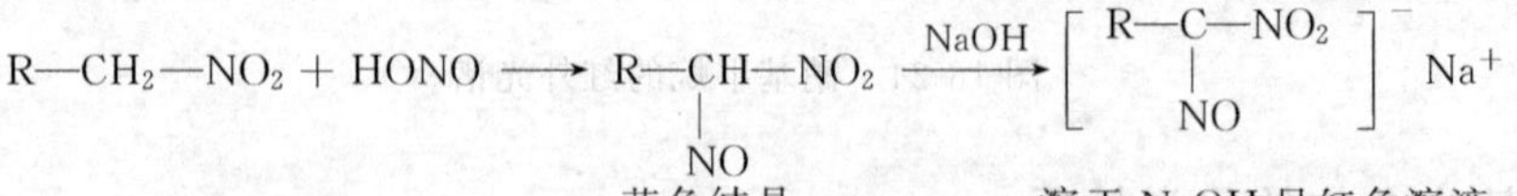

蓝色结晶　　　　　　　　　　　溶于 NaOH 呈红色溶液

仲硝基化合物与亚硝酸反应后生成 α-亚硝基取代的硝基化合物，不溶于碱。

$$R_2—CH—NO_2 + HONO \longrightarrow R_2—\underset{NO}{\overset{|}{C}}—NO_2 \xrightarrow{NaOH} 不溶于 NaOH，蓝色不变$$

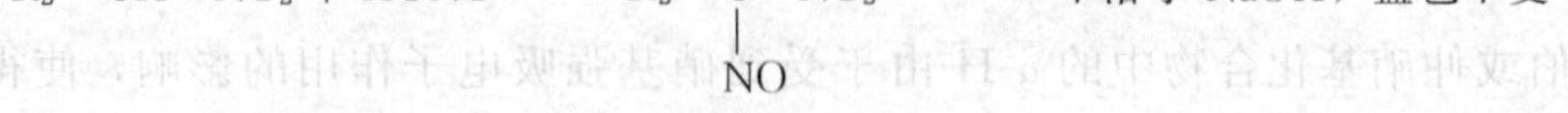

蓝色结晶

叔硝基化合物中没有 α-H，它和亚硝酸不起反应。因此，此性质可用于区别三类脂肪族硝基化合物。

（二）芳香族硝基化合物的化学性质

1. 还原反应

在催化氢化或较强还原剂的作用下，芳环上的硝基可直接转化成相应的胺。芳香硝基化合物的还原反应受到反应介质的影响，在酸性或中性介质中，发生单分子还原；在碱性介质中，发生双分子还原。

在酸性介质中，硝基苯用金属铁、锌或氯化亚锡可将硝基直接还原为相应的胺。

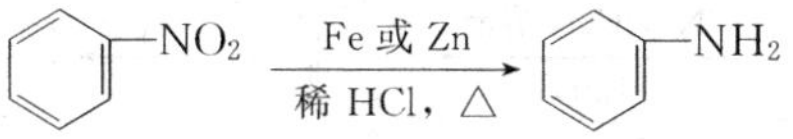

NO2
Fe 或 Zn
稀 HCl，△
NH2

在中性或弱酸性介质中，硝基苯的主要还原产物是 *N*-羟基苯胺。

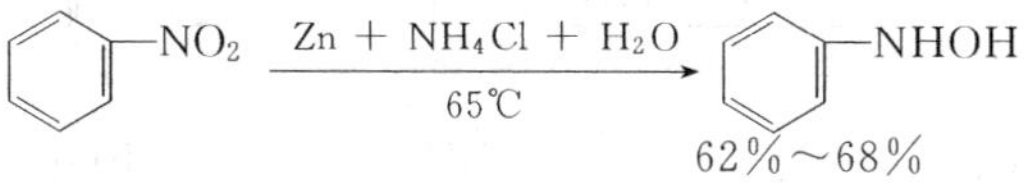

NO2
Zn + NH4Cl + H2O
65℃
NHOH
62%～68%

在碱性介质中，硝基苯用亚砷酸钠作还原剂，主要生成氧化偶氮苯。

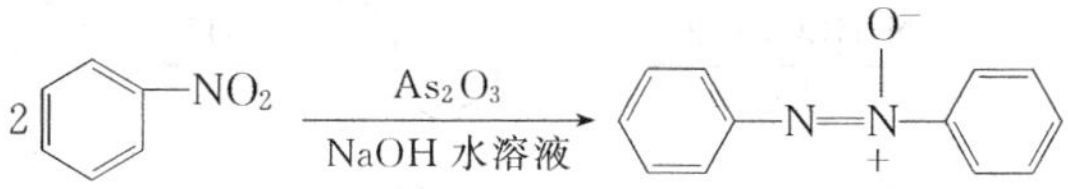

2
NO2
As2O3
NaOH 水溶液

氧化偶氮苯（85%）

若选用适当的还原剂，可使硝基苯还原成各种不同的中间还原产物，这些中间产物又在一定的条件下互相转化。各产物之间的关系如下所示。

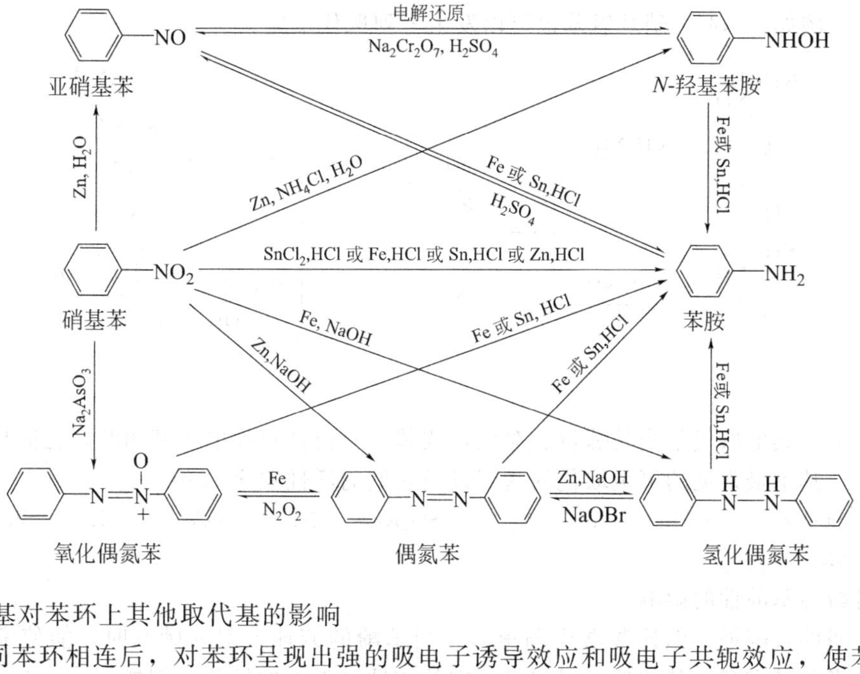

电解还原
Na2Cr2O7, H2SO4
NO
NHOH
亚硝基苯
N-羟基苯胺
Zn, H2O
Zn, NH4Cl, H2O
Fe 或 Sn,HCl
H2SO4
Fe或 Sn,HCl
SnCl2,HCl 或 Fe,HCl 或 Sn,HCl 或 Zn,HCl
NO2
NH2
硝基苯
苯胺
Fe, NaOH
Fe 或 Sn, HCl
Zn,NaOH
Fe 或 Sn,HCl
Na2AsO3
Fe或 Sn,HCl
Fe
N2O2
Zn,NaOH
NaOBr
氧化偶氮苯
偶氮苯
氢化偶氮苯

2. 硝基对苯环上其他取代基的影响

硝基同苯环相连后，对苯环呈现出强的吸电子诱导效应和吸电子共轭效应，使苯环上的电子云密度大为降低，亲电取代反应变得困难，但硝基可使邻位基团的亲核取代反应活性增加。

(1) 对卤原子活泼性的影响

在通常情况下，氯苯很难发生水解反应（即亲核取代反应），只有在高温、高压和催化剂存在下，才能水解成苯酚。但当氯原子的邻、对位有硝基时，由于硝基吸电子效应的影响，使与氯原子相连的碳原子电子云密度大大降低，有利于亲核试剂的进攻并生成稳定的中间体，从而使氯原子活泼性增强，容易被亲核试剂取代。氯原子的邻、对位上硝基数目越多，氯原子的活泼性越大。例如：

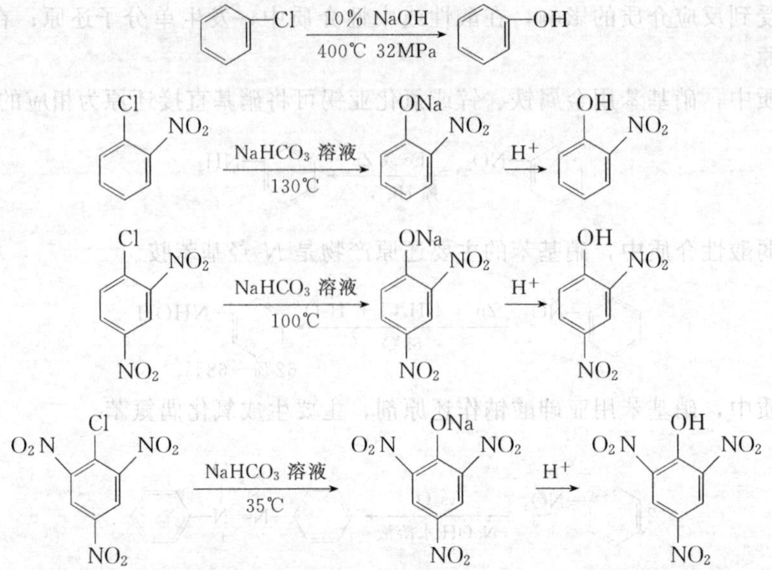
Cl
10% NaOH
400℃ 32MPa
OH
NO2
NaHCO3 溶液
130℃
ONa
H+
NaHCO3 溶液
100℃
NaHCO3 溶液
35℃
O2N

除了羟基外，其他带负电荷或含有孤电子对的亲核试剂，例如：H^-、HS^-、RO^-、^-CN、^-SCN、^-OH、$-\bar{C}H_2$、$-\bar{C}H$、$-\ddot{N}$、$R\bar{C}H_2M^+$（金属有机化合物）等也能进行芳环的亲核取代反应。例如，2,4-二硝基氯苯也可以发生下列取代反应。

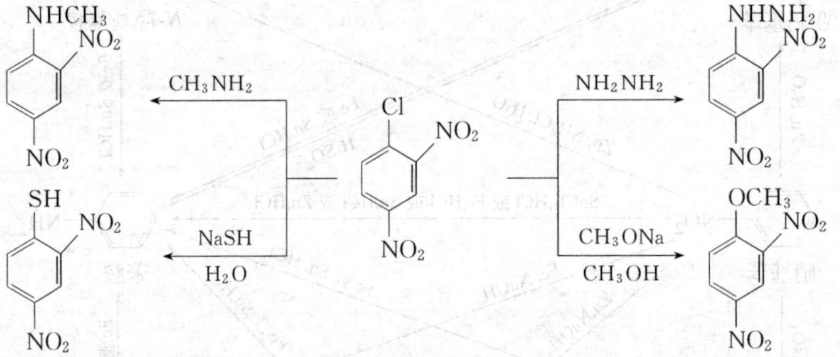
NHCH3
NO2
CH3NH2
Cl
NH2NH2
NHNH2
SH
NaSH
H2O
CH3ONa
CH3OH
OCH3

除了卤素，其他取代基当其邻位、对位，或邻、对位都有吸电子基团时，也同样可以被亲核试剂取代，其中最常见的可被取代的基团以及它们的活性顺序如下：

$-F > -NO_2 > -Cl > -Br > -I > -N_2 > -OSO_2R > -NR_3 > -OAr > -OR > -SR > -SAr > -SO_2R > -NR_2$

(2) 对酚羟基酸性的影响

苯酚的酸性较醇强，但比羧酸要弱得多。当苯酚的芳环上引入硝基时，能使酚的酸性增强，尤其是当硝基在酚羟基的邻、对位时，它的酸性增强更加显著。例如：2,4,6-三硝基苯酚（苦味酸）的酸性已与强无机酸相近。

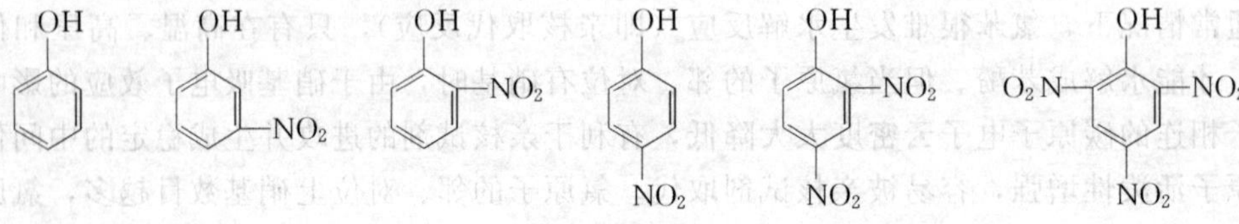
OH
NO2
O2N

pK_a	9.89	8.0	7.21	7.15	4.09	0.38

习题 16-30 完成下列反应

(1) 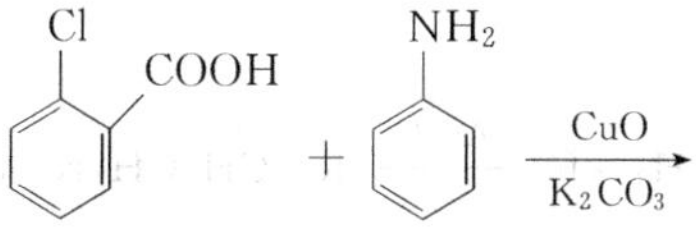

(2) 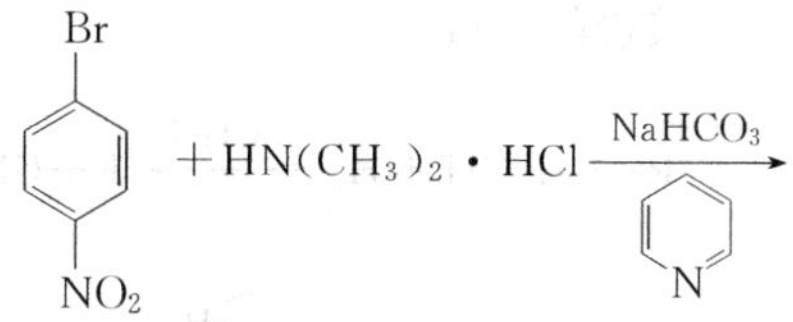

(3) 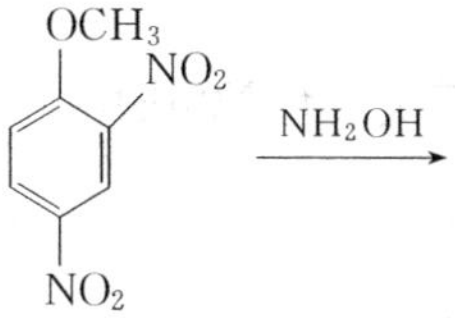

(4) 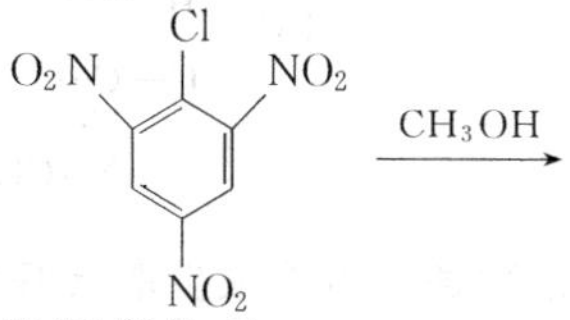

习题 16-31 将下列化合物按氯原子发生亲核取代反应的难易顺序排列

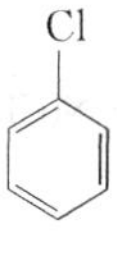
(1)

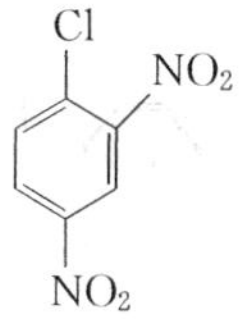
(2)

(3)

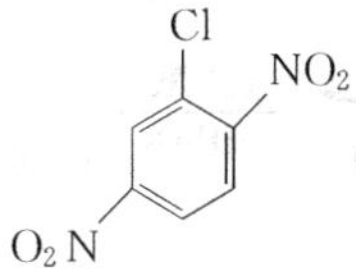
(4)

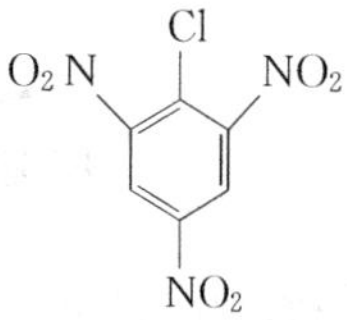
(5)

本章反应总结

胺的反应的总结

1. 碱性

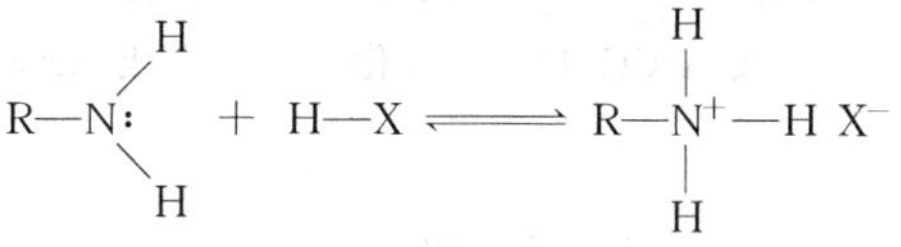

碱　　　　　铵盐

2. 与醛酮反应

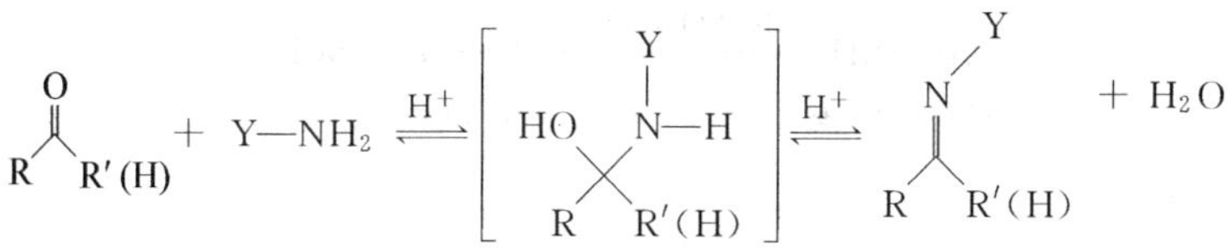

酮或醛

Y＝H 或烷基生成亚胺（希夫碱）

Y＝OH 生成肟

Y＝NHR 生成腙

3. 烷基化

$$RNH_2 + R'CH_2Br \longrightarrow RNH_2^+CH_2R'Br^-$$

4. 酰基化

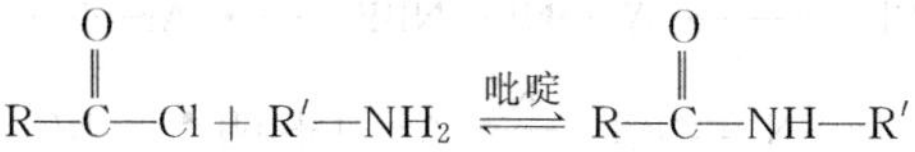

5. 磺酰化

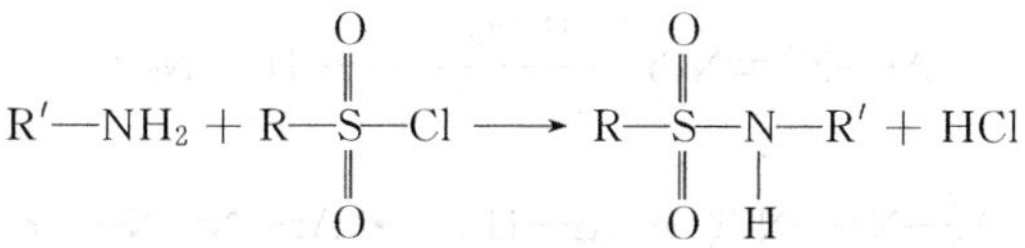

6. 霍夫曼消除和科普消除

(1) 霍夫曼消除

季铵碱的生成

$$R-CH_2CH_2NH_2 \xrightarrow{3CH_3I} R-CH_2CH_2N^+(CH_3)_3I^- \xrightarrow{Ag_2O} R-CH_2CH_2N^+(CH_3)_3OH^-$$

消除

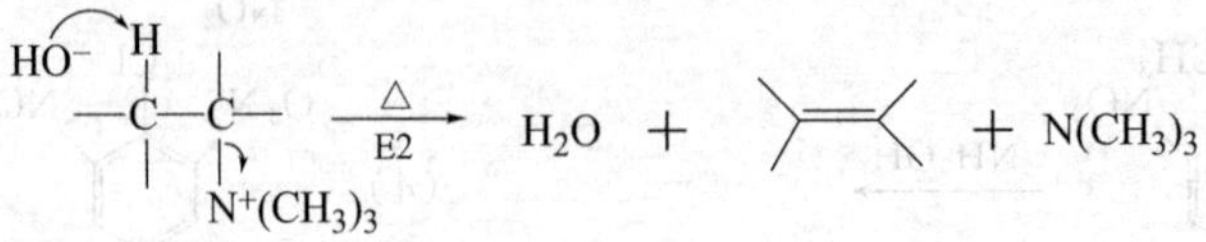

霍夫曼消除通常得到最少取代基的烯烃。

(2) 氧化叔胺的科普消除

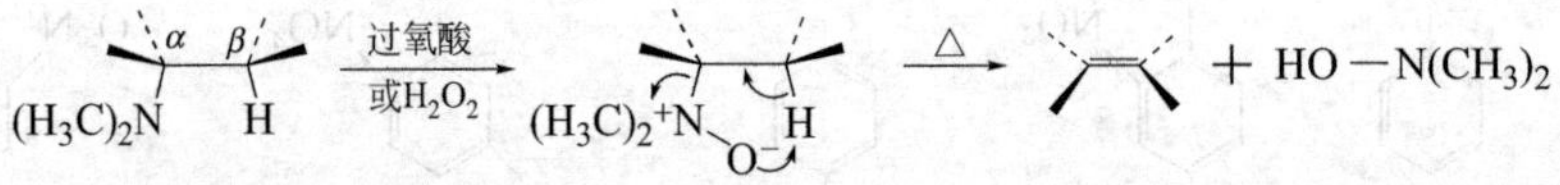

科普消除也得到最少取代基的烯烃。

7. 氧化

(1) 仲胺

$$R_2N-H + H_2O_2 \longrightarrow R_2N-OH + H_2O$$

羟胺

(2) 叔胺

$$NR_3 + H_2O_2 \longrightarrow R_3N^+-O^- + H_2O$$

或 $ArCO_3H$　　氧化胺　　或 ArCOOH

8. 重氮化

$$R-NH_2 \xrightarrow{NaNO_2, HCl} R-N^+\equiv NCl^-$$

脂肪族伯胺　　脂肪族重氮盐

$$Ar-NH_2 \xrightarrow{NaNO_2, HCl} Ar-N^+\equiv NCl^-$$

芳香族伯胺　　芳香族重氮盐

9. 重氮盐的反应

(1) 水解

$$Ar-N^+\equiv NCl^- \xrightarrow[H_2O]{H_2SO_4, \triangle} Ar-OH + N_2\uparrow + H_2O$$

(2) 桑德迈尔反应

$$Ar-N^+\equiv NCl^- \xrightarrow[X=Cl、Br、CN]{CuX} Ar-X + N_2\uparrow$$

(3) 氟代和碘代

$$Ar-N^+\equiv NCl^- \xrightarrow{HBF_4} Ar-N^+\equiv NBF_4^- \xrightarrow{\triangle} Ar-F + N_2\uparrow + BF_3$$

$$Ar-N^+\equiv NCl^- \xrightarrow{KI} Ar-I + N_2\uparrow + KCl$$

(4) 氢化

$$Ar-N^+\equiv NCl^- \xrightarrow{H_3PO_2} Ar-H + N_2\uparrow$$

(5) 偶联反应

$$Ar-N^+\equiv NCl^- + Ar-H \longrightarrow Ar-N=N-Ar$$

胺的制备的总结

1. 还原氨化

(1) 伯胺

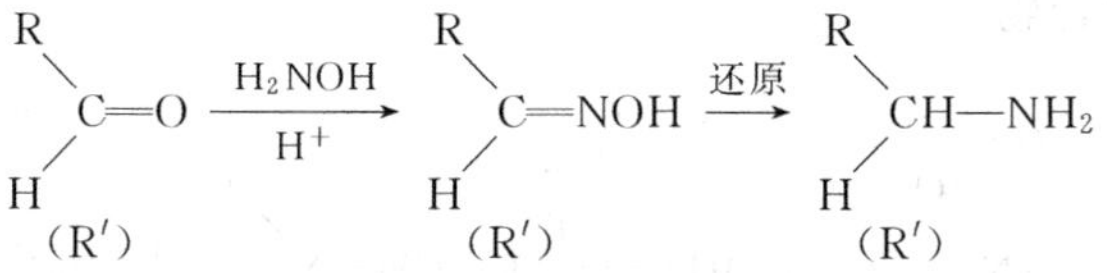

(2) 仲胺

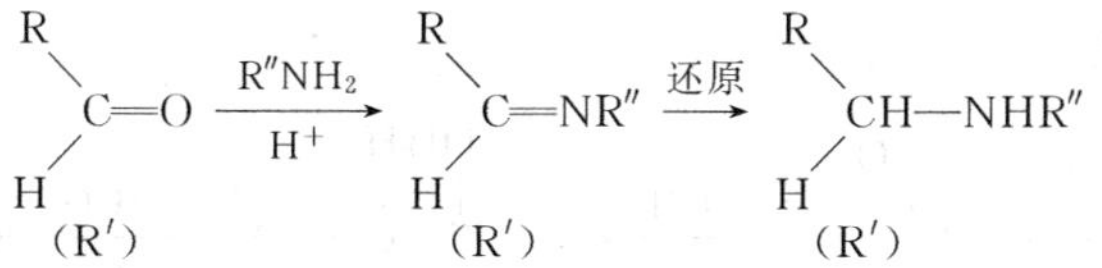

(3) 叔胺

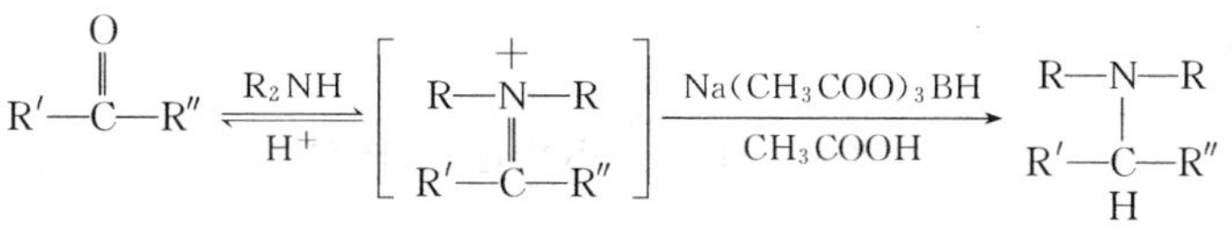

2. 胺的酰基化还原

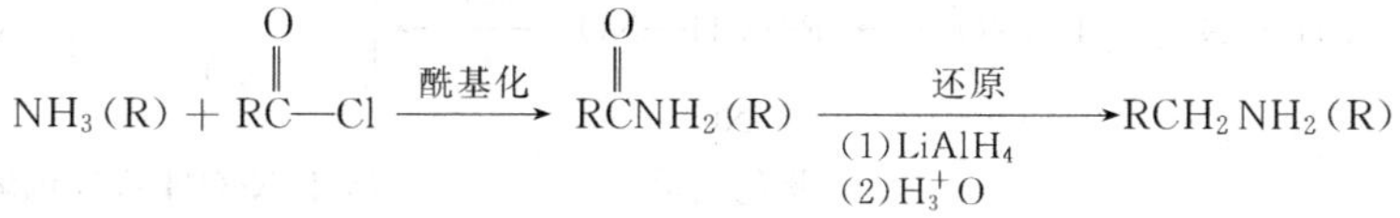

3. 胺的烃基化

$$R—CH_2—X + NH_3(\text{过量}) \longrightarrow R—CH_2—NH_2 + HX$$

4. 伯胺的盖布瑞尔合成

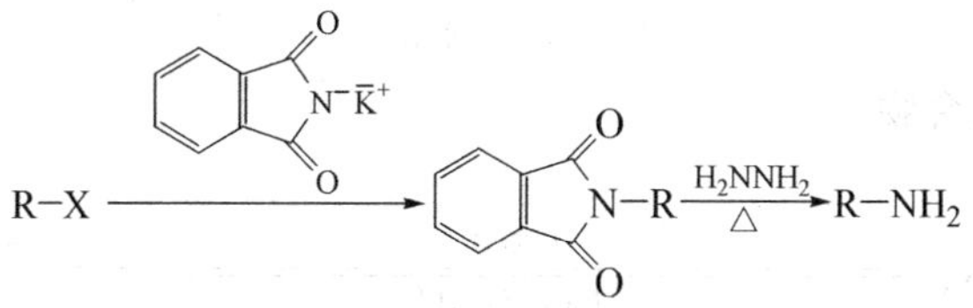

5. 叠代化合物的还原

$$R—N{=}N^+{=}N^- \xrightarrow[\text{或 } H_2/Pd]{LiAlH_4} R—NH_2$$

6. 腈的还原

$$R—C{\equiv}N \xrightarrow[\text{或 } LiAlH_4]{\text{催化氢化}} R—CH_2—NH_2$$

7. 硝基化合物的还原

$$R—NO_2 \xrightarrow[\text{或活泼金属 } + H^+]{H_2/\text{催化剂}} R—NH_2$$

催化剂：Ni、Pd、Pt 等

活泼金属：Fe、Zn、Sn 等

8. 霍夫曼重排

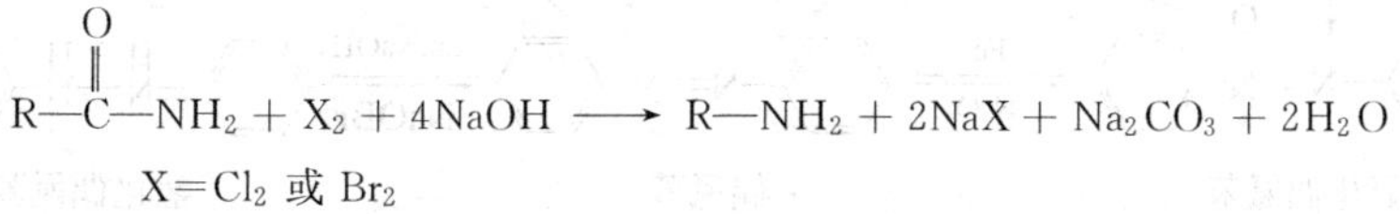

$X = Cl_2$ 或 Br_2

9. 芳香烃的亲核取代

$$R—NH_2 + Ar—X \longrightarrow R—NH—Ar + HX$$

硝基化合物性质总结

(一) 脂肪族硝基化合物

1. 酸性

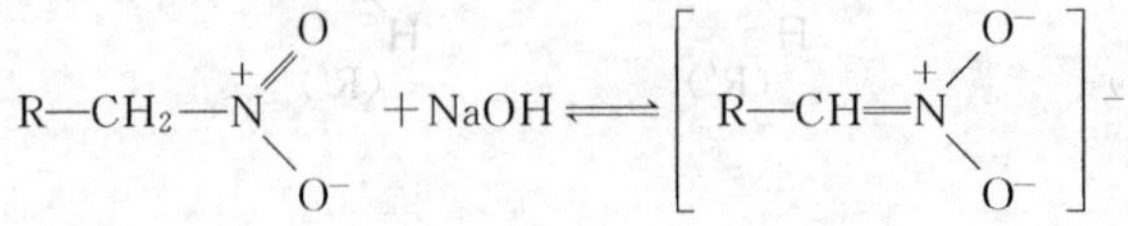

2. 与羰基化合物缩合

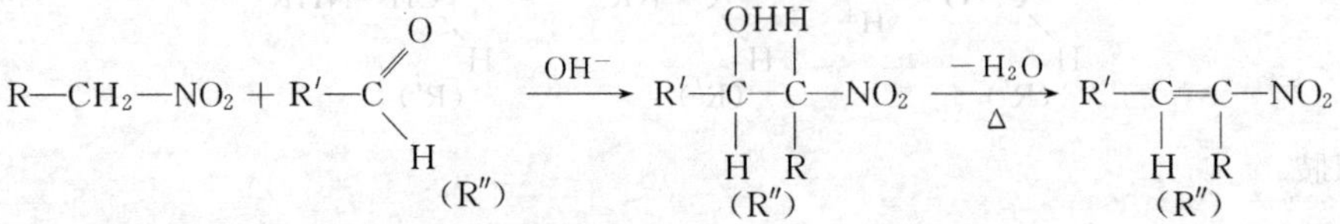

3. 还原

$$RNO_2 + 3H_2 \xrightarrow{Ni} RNH_2 + 2H_2O$$

4. 与亚硝酸的反应

伯硝基烷

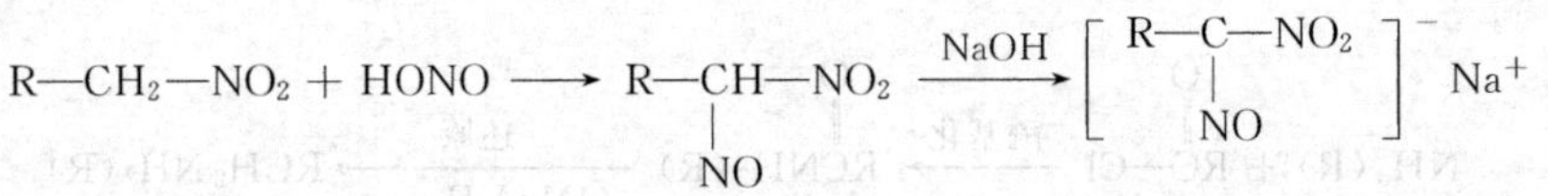

蓝色结晶　　　　溶于 NaOH 呈红色溶液

仲硝基烷

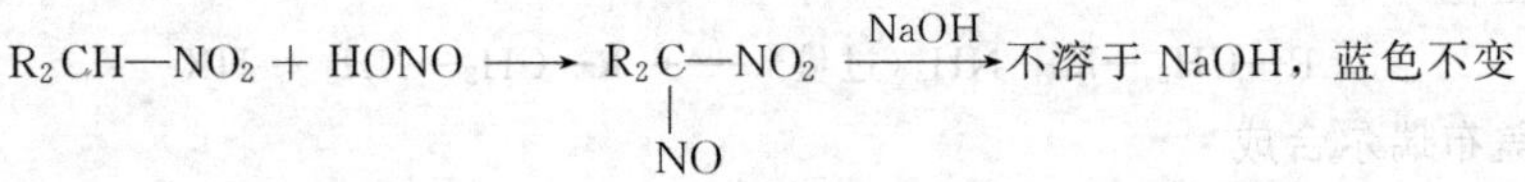

蓝色结晶

(二) 芳香族硝基化合物

1. 还原反应

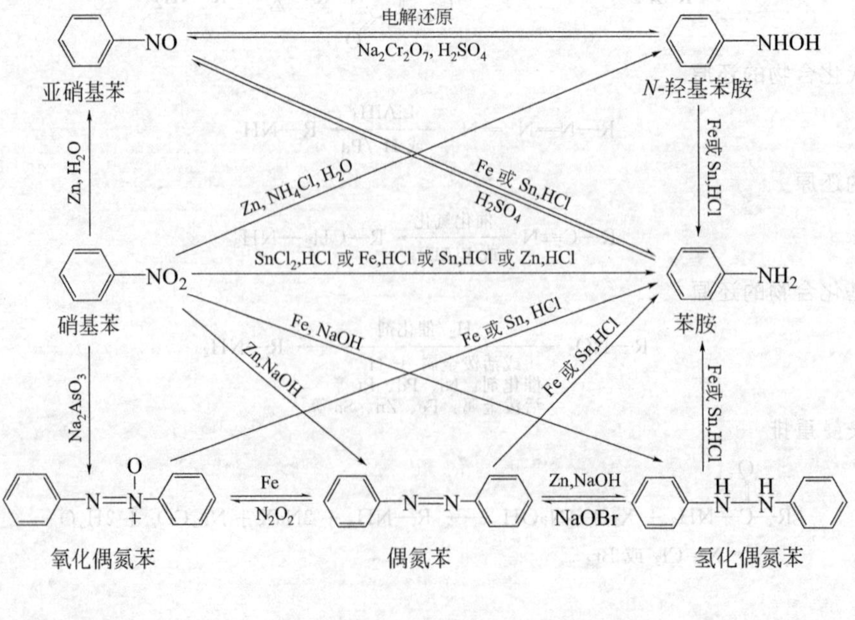
NO
亚硝基苯
电解还原
$Na_2Cr_2O_7, H_2SO_4$
NHOH
N-羟基苯胺
Zn, H_2O
Fe或 Sn,HCl
Zn, NH_4Cl, H_2O
Fe 或 Sn,HCl
H_2SO_4
NO_2
硝基苯
$SnCl_2$,HCl 或 Fe,HCl 或 Sn,HCl 或 Zn,HCl
NH_2
苯胺
Fe, NaOH
Zn,NaOH
Fe 或 Sn, HCl
Fe 或 Sn,HCl
Na_2AsO_3
Fe或 Sn,HCl
Fe
N_2O_2
Zn,NaOH
NaOBr
氧化偶氮苯
偶氮苯
氢化偶氮苯

2. 硝基对苯环上其他取代基的影响

(1) 对卤原子活泼性的影响

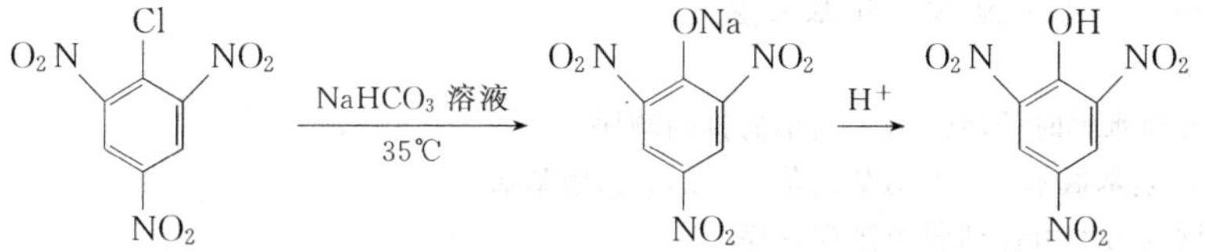

$NaHCO_3$ 溶液
35℃
H^+

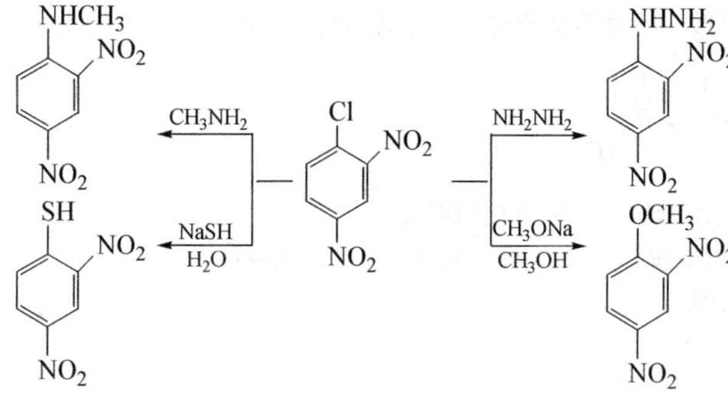

CH_3NH_2
$NaSH$
H_2O
NH_2NH_2
CH_3ONa
CH_3OH

(2) 对酚羟基酸性的影响

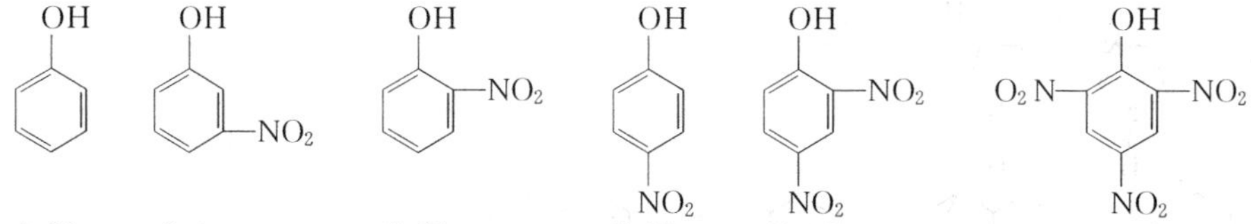

pK_a	9.89	8.0	7.21	7.15	4.09	0.38

习　　题

1. 命名下列化合物

(1) 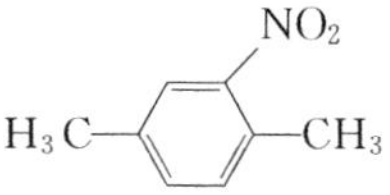　(2) 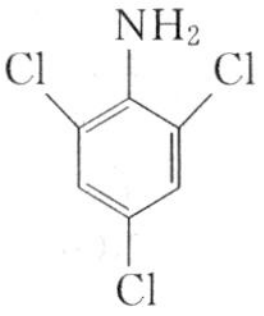　(3) 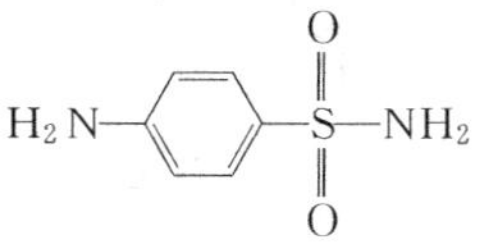

(4) 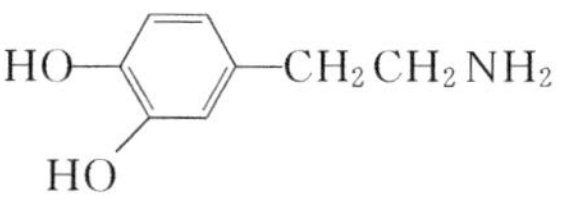　(5) 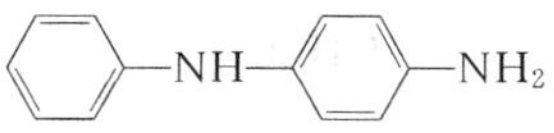

(6) 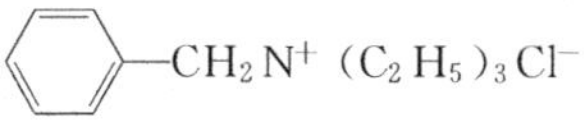　(7) 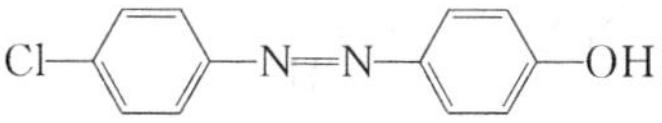

(8) 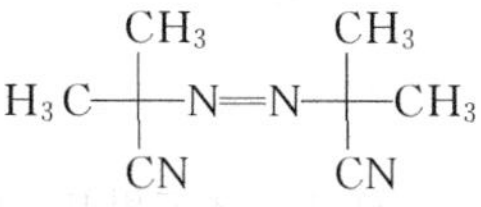　(9) $H_2NCH_2CH_2NH_2$

(10) $CH_3CH(NHCH(CH_3)_2)CH_2CH(CH_3)_2$　(11) $CH_2{=}CHCH_2N^+(CH_3)_3Br^-$

2. 写出下列化合物的构造式

(1) *N*-苯甲基对乙基苯胺　(2) 乙异丙胺　(3) *N*-异丁基苯胺　(4) 对氨基苯甲酸乙酯　(5) 碘化四异丙铵　(6) 4-甲基-1,3-苯二胺　(7) 1,4,6-三硝基萘　(8) 氢化偶氮苯　(9) 重氮乙酸正丁酯　(10) 三乙醇胺　(11) 氯化-3-氰基-5-硝基重氮苯　(12) 乌洛托品　(13) 苦味酸　(14) TNT

3. 写出下列化合物与亚硝酸钠和盐酸作用的反应方程式

（1）正丙胺　（2）二丙胺　（3）*N*,*N*-二正丙基丙胺　（4）邻甲苯胺

（5）*N*-甲基苯胺　（6）*N*,*N*-二甲基苯胺

4. 按要求排列顺序

（1）下列卤代芳烃水解时的活性由大到小的排列顺序

氯苯　3-硝基氯苯　4-硝基氯苯　2,4-二硝基氯苯

（2）下列化合物的碱性由强到弱的排列顺序

（a）苯胺　2,4-二硝基苯胺　对硝基苯胺　对氯苯胺　乙胺　二乙胺　对甲氧基苯胺

（b） 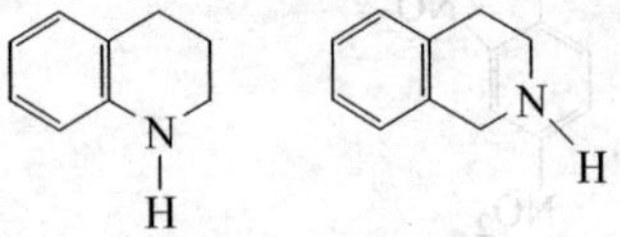

（c）苄胺　苯胺　乙酰苯胺　氢氧化四甲铵

（d）乙酰胺　*N*-甲基乙酰胺　*N*-苯基乙酰胺　丁二酰亚胺

（e）苯胺　环己胺　二苯胺

（f） 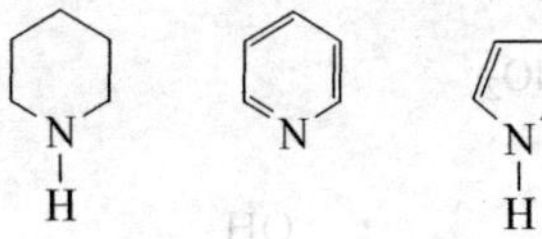

（g） 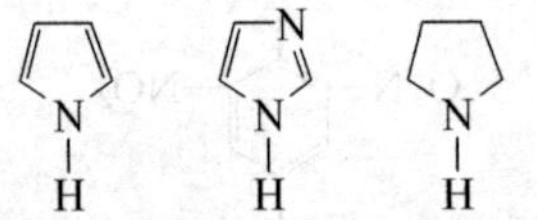

（h） 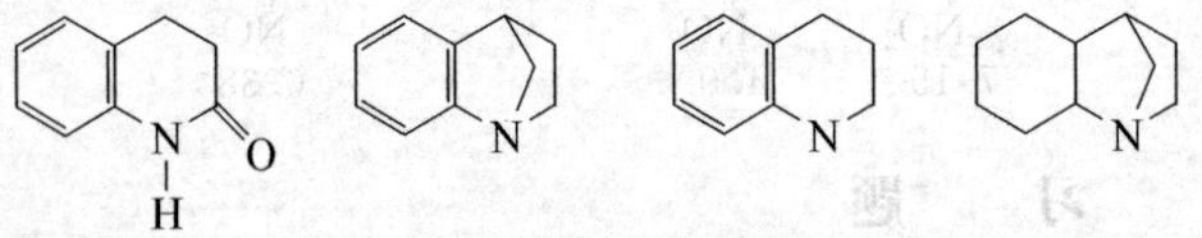

（3）下列氧负离子的碱性由强到弱的排列顺序

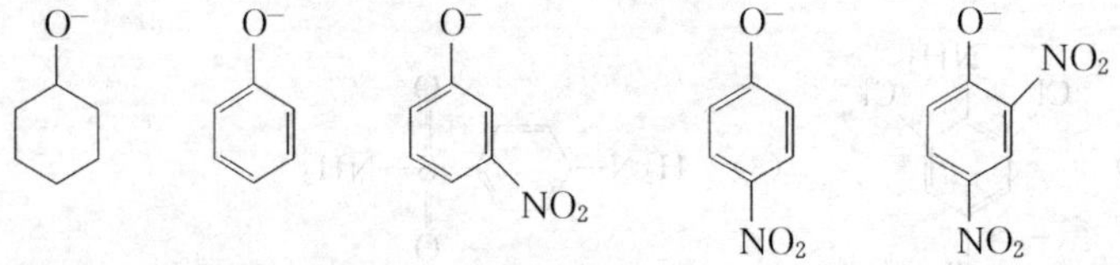

（4）下列化合物的酸性由强到弱的排列顺序

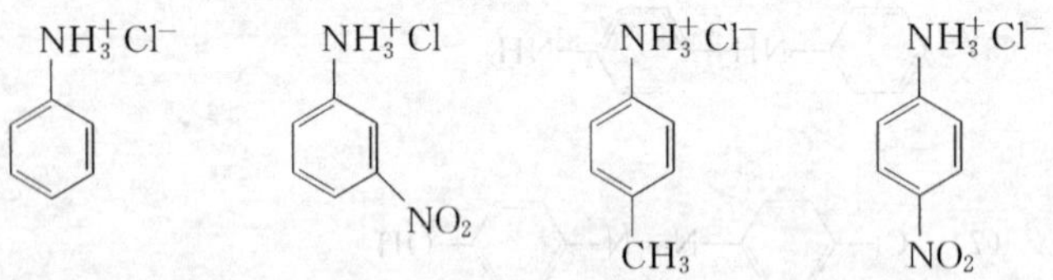

（5）下列化合物的沸点由高到低的排列顺序

丙醇　正丙胺　甲乙胺　三甲胺

5. 下列化合物那些能拆分出对映异构体

（1）*N*-乙基-*N*-甲基苯胺　（2）2-甲基环丙烷　（3）1-甲基环戊胺　（4）1,2,2-三甲基环丙烷

（5） 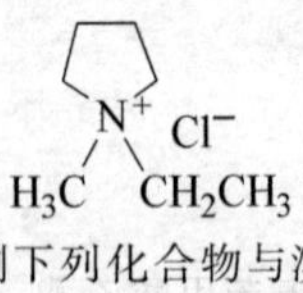　（6） 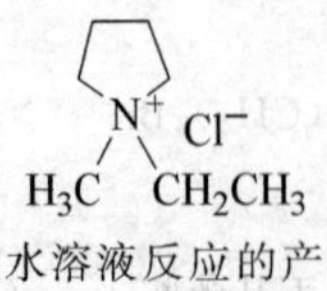　（7） 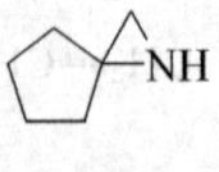

6. 预测下列化合物与溴的碱性水溶液反应的产物

（1）$PhCH_2CH_2\overset{O}{\overset{\|}{C}}NH_2$　（2）$H_2N\overset{O}{\overset{\|}{C}}(CH_2)_4\overset{O}{\overset{\|}{C}}NH_2$　（3） 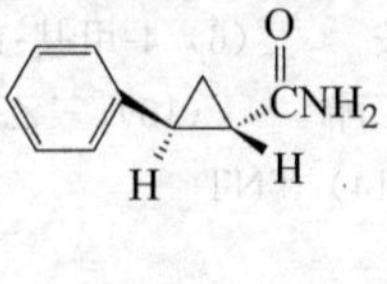

7. 用简便的化学方法鉴别下列各组化合物

（1）乙醛　　乙醇　　乙酸　　乙胺

（2）氯苯　　苯胺盐酸盐

（3）邻甲苯胺　　*N*-甲基苯胺　　苯甲酸　　邻羟基苯甲酸

（4）苯胺　　苄胺　　*N*,*N*-二甲基苄胺　　*N*,*N*-二甲基苯胺

（5）

（6）

（7）丙胺　　烯丙胺

（8）苯胺　　苯酚　　环己醇　　环己胺

8. 如何提纯下列化合物（指主要成分）

（1）三乙胺含少量乙胺及二乙胺　　（2）二乙胺含少量乙胺及三乙胺

（3）乙胺含少量二乙胺及三乙胺

9. 用化学方法分离下列混合物

（1）苯胺　　对甲苯酚　　苯甲酸　　甲苯

（2）邻硝基甲苯　　邻甲苯胺

（3）间甲苯胺　　乙酰苯胺　　苯胺盐酸盐

（4）苯胺　　对氨基苯甲酸　　苯酚

（5）硝基丙烷　　丙胺　　2-甲基-2-硝基丙烷

10. 完成下列反应

（1）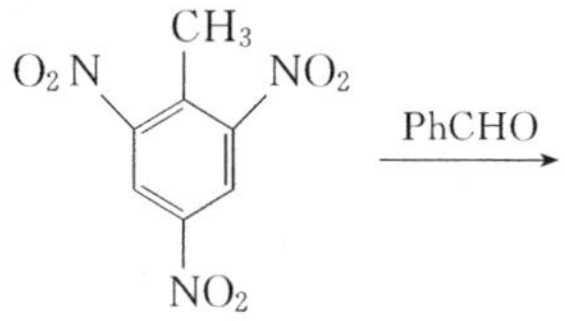

（2）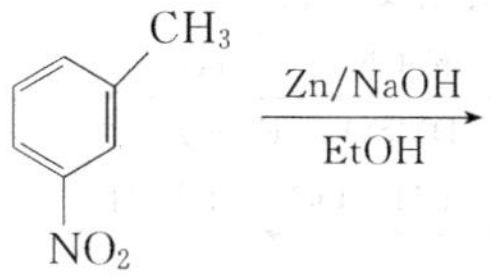

（3）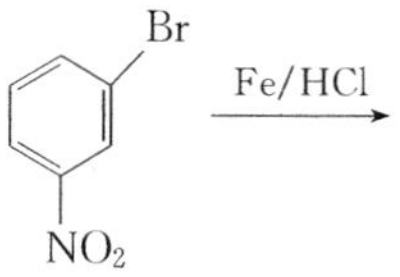

（4）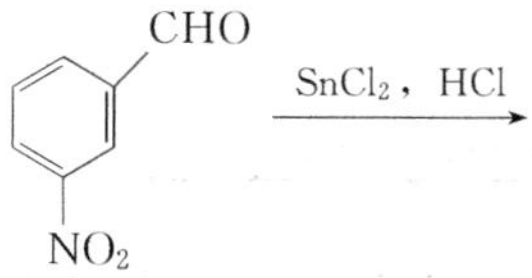

（5）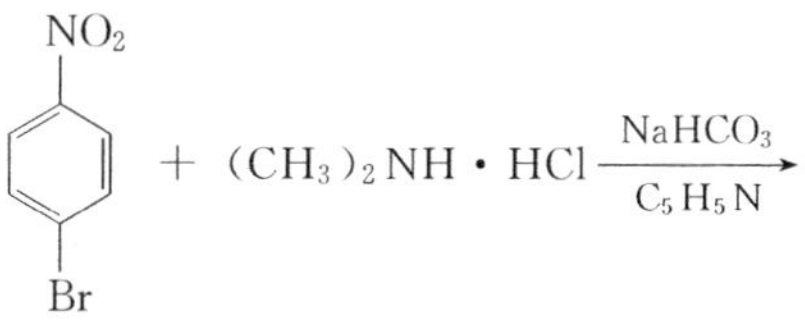

（6）

（7）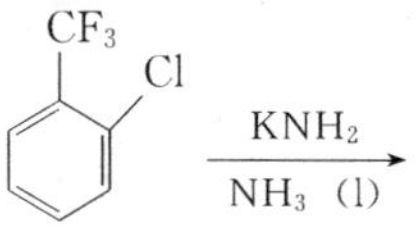

（8）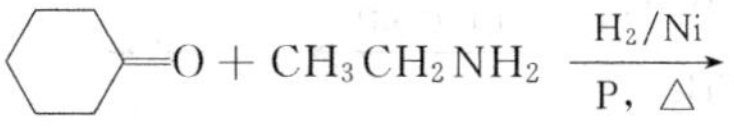

（9）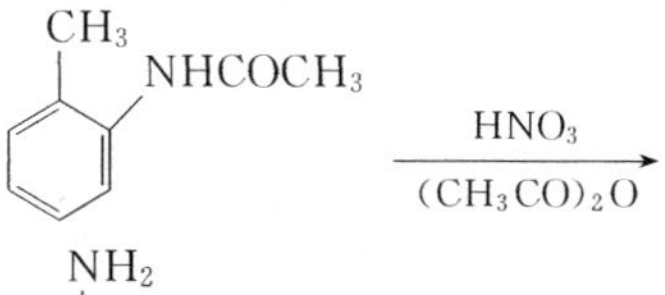

（10）$C_6H_5CHO + C_6H_5NH_2 \xrightarrow[EtOH]{NaBH_4}$

（11）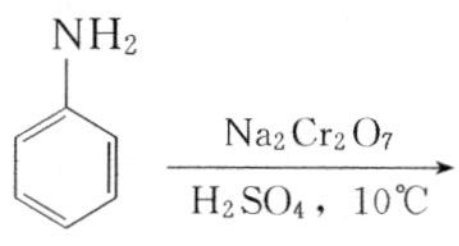

（12）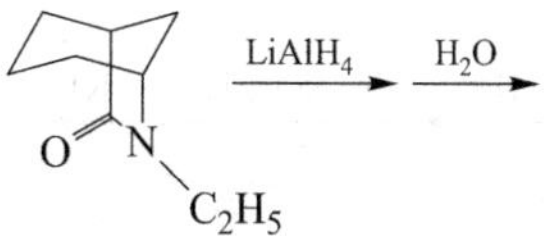

（13）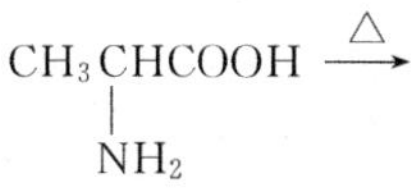

（14）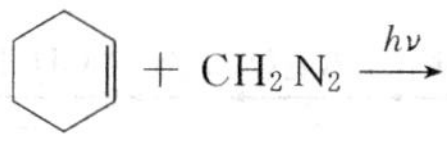

(15) 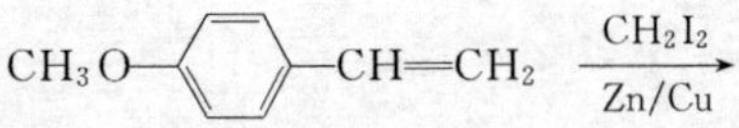

(16) 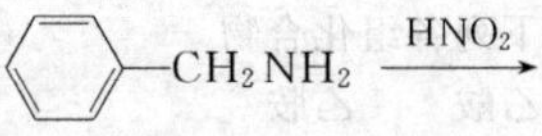

(17) 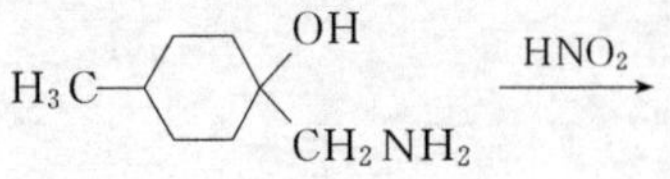

(18) 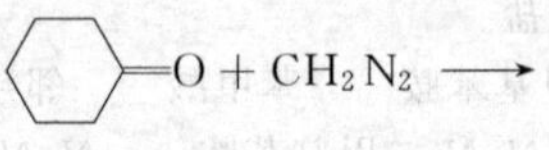

(19) 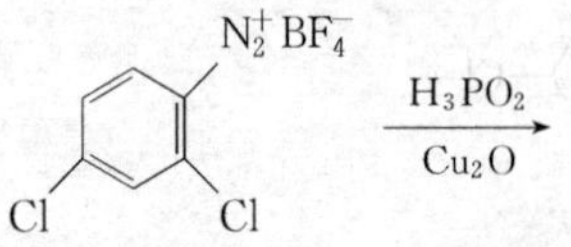

(20) 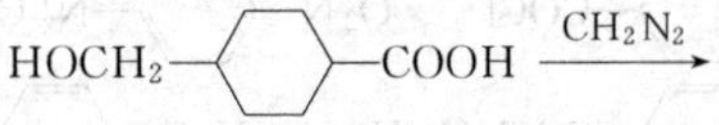

(21) 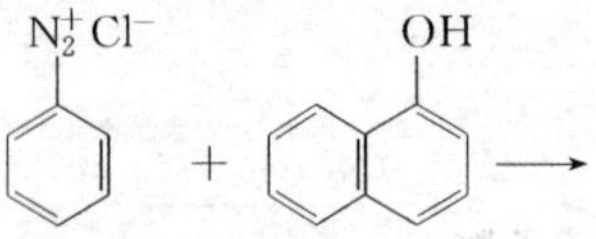

(22) 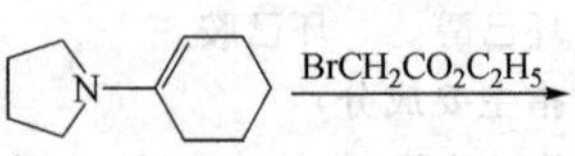

(23) 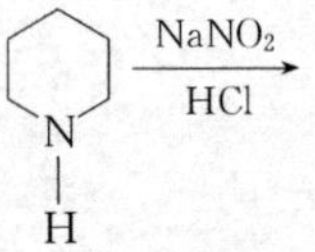

(24) 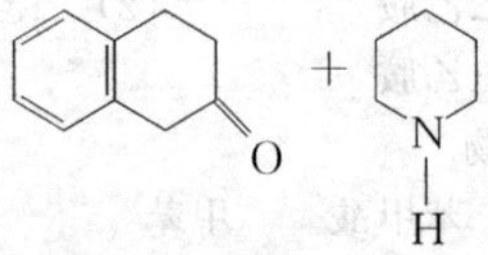

(25) 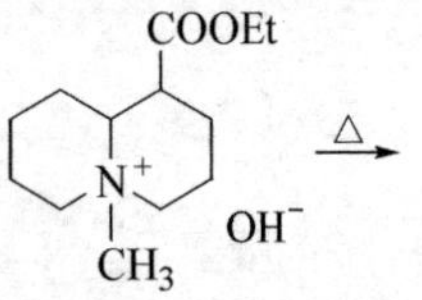

(26) 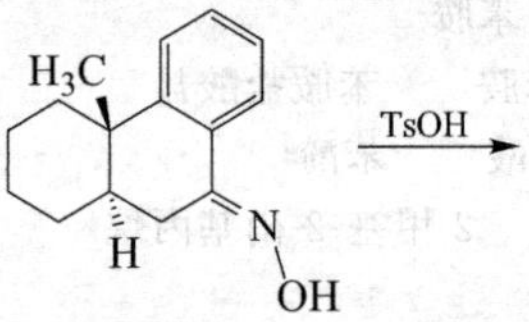

11. 完成下列反应，写出各步的主要产物

(1) $BrCH_2(CH_2)_6CH_2Br \xrightarrow[DMSO]{NaCN} \xrightarrow[Raney\ Ni]{H_2}$

(2) $C_6H_5CH_2CN \xrightarrow[NH_3]{H_2/Ni} \xrightarrow{CH_3COCl} \xrightarrow{LiAlH_4}$

(3) 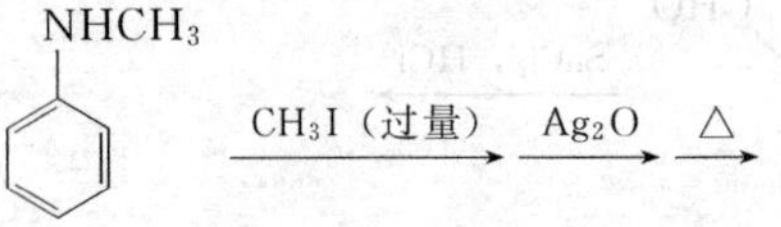

(4) 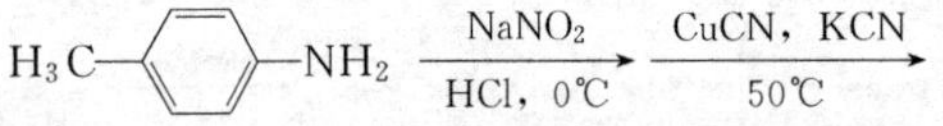

(5) 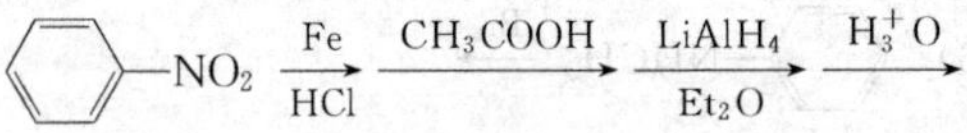

(6) 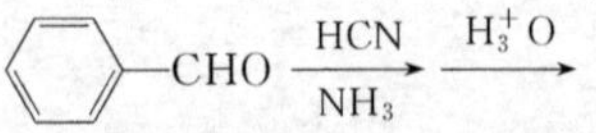

(7) 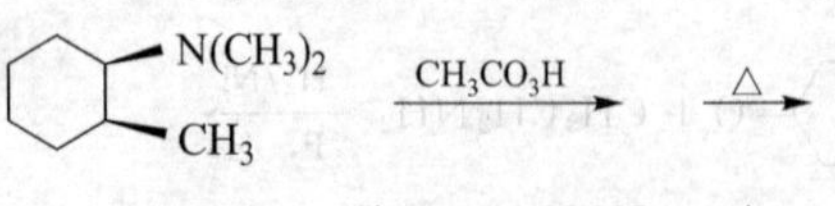

(8) $CH_3COOH \xrightarrow[(CH_3CO)_2O]{Cl_2} \xrightarrow{NaNO_2} \xrightarrow{\triangle}$

(9) 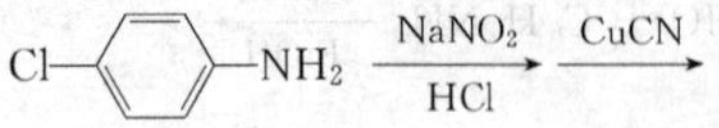

(10) 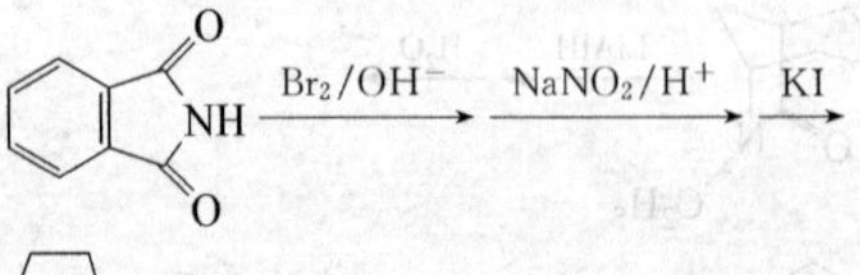

(11) 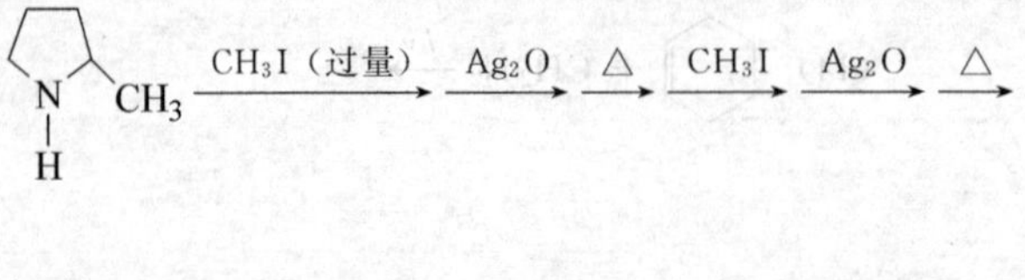

(12) 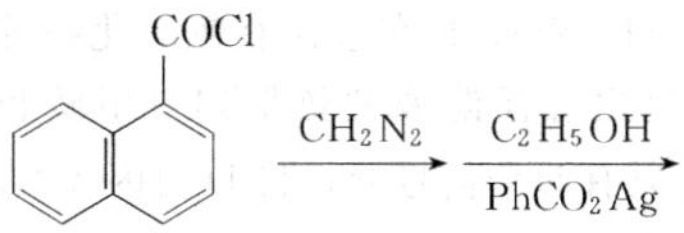

(13) 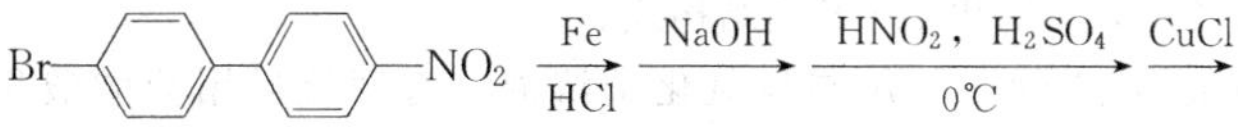

(14) 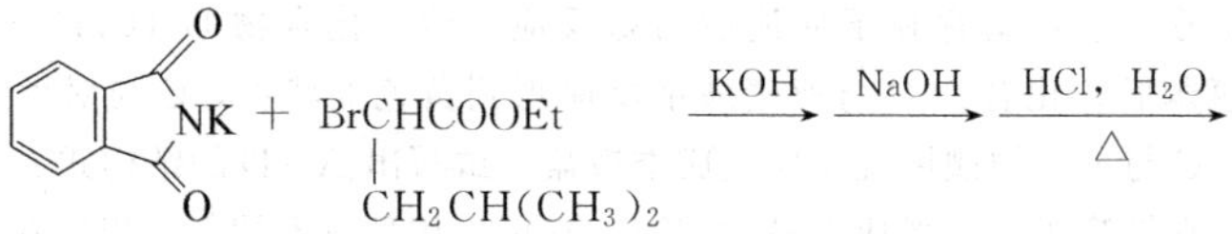

12. 推测下列反应的反应机理

(1) 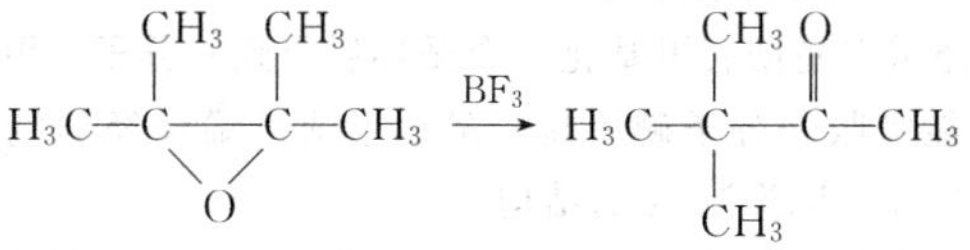

(2) $RCONH_2 \xrightarrow[C_2H_5ONa]{Br_2} RNHCOOC_2H_5$

13. 由指定原料合成下列化合物

(1) 由苯胺合成对溴苯胺　　(2) 由对甲苯胺合成间溴苯胺

(3) 由正丁醇合成正戊胺　　(4) 由乙烯合成丁二胺

(5) 由乙烯合成丙腈　　(6) 丙烯合成 2-甲基丁二酸

14. 由甲苯或苯合成下列化合物

(1) 

(2) 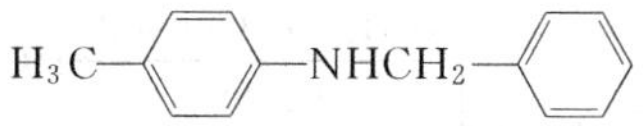

(3) 

(4) 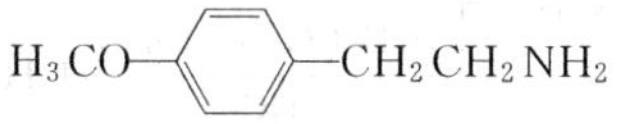

(5) 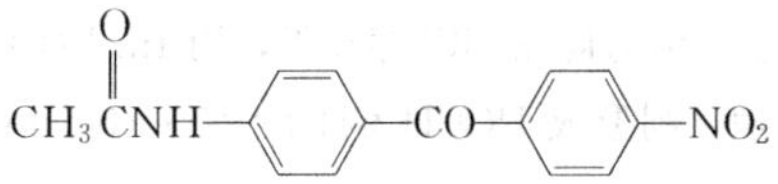

(6) 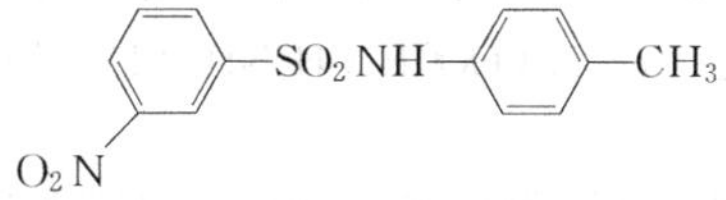

(7) 

15. 以苯或甲苯为原料，通过重氮盐，合成下列化合物：

(1) 间硝基苯甲酸　(2) 间二氯苯　(3) 对硝基苯甲酸　(4) 间甲苯酚

(5) 3,5-二溴硝基苯　(6) 3,4,5-三溴苯酚　(7) 间碘苯酚　(8) 3,5-二溴苯乙酸

(9) 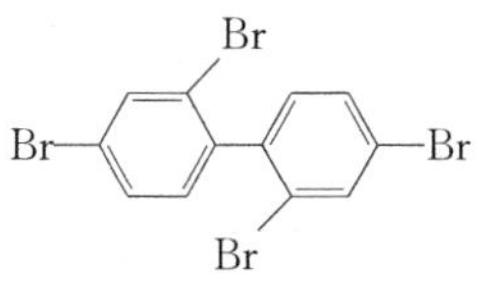

(10) 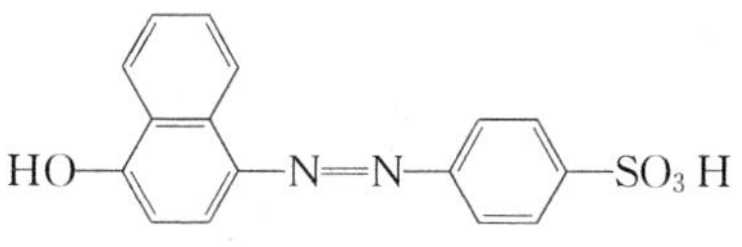

16. 推测下列化合物的结构

(1) 分子式都为 $C_5H_{13}N$ 的三种胺 A、B、C，其彻底甲基化和霍夫曼消除的有关情况如下，A：消耗 1mol 的 CH_3I，且最终生成丙烯；B：消耗 2mol 的 CH_3I，且最终生成乙烯和一个叔胺；C：消耗 3mol 的 CH_3I，原胺有旋光性。试推测 A、B、C 三种胺的结构。

(2) 有毒生物碱 A，分子式为 $C_8H_{17}N$，是一个仲胺，经霍夫曼消除反应后生成 5-(*N*,*N*-二甲基胺基) 辛烯。试推测其结构。

(3) 化合物 A，分子式为 $C_4H_7O_2Br$，^1H MNR：1.0 (3H，t)、3.5 (2H，q)、3.1 (2H，s)；与 NH_3 作用生成 B ($C_4H_9O_2N$)；酸性水解并中和后得 C ($C_2H_5O_2N$)；C 与苯甲酰氯作用生成 D；D 与乙酐作用生成 E；E 在碱性条件下和苄基溴作用生成 F；F 酸性水解并中和后生成苯甲酸和 *β*-苯基-*α*-丙氨酸。推测化合物 A～F 的结构。

(4) 化合物 A ($C_7H_{15}N$) 用碘甲烷处理得到水溶性的盐 B ($C_8H_{18}NI$)，B 在悬浮有氢氧化银的水溶液中加热得到 C ($C_8H_{17}N$)，将 C 用碘甲烷处理后再与氢氧化银悬浮溶液共热得到三甲胺和化合物 D (C_6H_{10})，D 吸收 2mol 氢后生成化合物 E，E 的 ^1H NMR 只有两个信号峰，将 D 与丙烯酸乙酯作用，得到 3,4-二甲基-3-环己烯甲酸乙酯，试写出 A～E 的结构式。

(5) 有一个天然固体化合物 A ($C_{14}H_{12}NOCl$)，A 与氢氧化钠溶液一起回流后用盐酸酸化可得到 B ($C_7H_5O_2Cl$) 和 C(C_7H_9N)，在三氯化磷存在下回流后与氨反应，给出化合物 D (C_7H_6NOCl)，D 在次氯酸钠溶液作用生成对氯苯胺，化合物 C 与亚硝酸钠反应得到黄色油状物，C 与对甲苯磺酰氯反应生成不溶于碱的化合物，C 与过量的碘甲烷反应生成季铵盐，试写出 A～D 的结构式。

(6) 胆碱具有分子式 $C_5H_{15}O_2N$，它易溶于水，形成强碱性溶液。它可以用环氧乙烷与三甲胺在有水存在下反应制得。请写出胆碱以及胆碱的乙酰衍生物乙酰胆碱的结构。

(7) 化合物 A 的分子式为 $C_9H_{17}N$，不含双键，经霍夫曼彻底甲基化三个循环后得到一分子三甲胺和一分子烯烃。已知每一霍夫曼彻底甲基化循环只能吸收一分子碘甲烷，最后形成的烯烃经臭氧化反应后生成两分子的甲醛，一分子丙醛和一分子丁二醛。试推测 A 的结构。

(8) 化合物 A 的分子式 $C_4H_9NO_2$，有旋光性，不溶于水，可溶于盐酸，亦可逐渐溶于 NaOH 水溶液，A 与亚硝酸在低温下作用会立即放出氮气，试推测该化合物可能的立体结构，用费歇尔投影式表示。

(9) 化合物 A 分子式为 $C_{15}H_{17}N$，易溶于稀盐酸，但不与苯磺酰氯作用。A 的核磁共振数据如下：δ 1.2（三重峰，3H），δ 3.4（四重峰，2H），δ 4.3（单峰，2H），δ 6.8（多重峰，5H），δ：7.2（多重峰，5H），试写出 A 的结构

17. 简要回答下列问题

(1) 解释下列现象

$$HOCH_2CH_2NH_2 \begin{cases} \xrightarrow[K_2CO_3]{(CH_3CO)_2O(1mol)} HOCH_2CH_2NHCOCH_3 \\ \xrightarrow[HCl]{(CH_3CO)_2O(1mol)} CH_3COOCH_2CH_2NH_3^+Cl \end{cases}$$

(a) 为何在 K_2CO_3 存在下，用 1mol $(CH_3CO)_2O$，氨基被酰化；(b)为何在 HCl 存在下，用 1mol $(CH_3CO)_2O$，羟基被酰化；(c)$CH_3COOCH_2CH_2NH_3^+Cl^-$ 如用 K_2CO_3 用处理，则形成 $HOCH_2CH_2NHCOCH_3$。请写出合理的反应机理。

(2) 请说出对氨基苯磺酸熔点高达 228℃的原因。

(3) 试解释三甲胺的沸点比其异构体正丙胺和甲乙胺低的原因。

(4) *N*,*N*-二甲基苯胺的碱性比苯胺大 3 倍，而 *N*,*N*-二甲基-2,4,6-三硝基苯胺的碱性却比苯胺大 40000 倍，试给出合理的解释。

（江南大学，黄丹）

第十七章　杂环化合物和生物碱

环状有机化合物中，构成环的原子除了碳原子外还有诸如氮、氧、硫等其他原子，这类有机化合物都属于杂环化合物。组成杂环的原子除碳原子以外都叫杂原子。杂环上可以有一个、两个或者多个杂原子。

杂环化合物氢化后可以形成饱和的或部分饱和的环。习惯上把这种氢化后的环状化合物看作杂环的衍生物。例如，四氢呋喃可以看作呋喃的衍生物。所以，含有杂环的化合物，不论饱和的、不饱和的或者芳香结构的都可以称为杂环化合物。

四氢呋喃

呋喃

至于某些含有杂原子的环状化合物如环状酸酐、内酯、环氧乙烷等，因它们的性质与一般酸酐、酯、醚相同，所以习惯上不看作杂环化合物。

第一节　杂环化合物的分类和命名

杂环化合物可以按照有无芳香性分为非芳香性杂环和芳香性杂环两大类。非芳香性杂环化合物具有环内杂原子所具有的典型性质，例如，四氢呋喃是典型的醚，六氢吡啶是典型的胺类化合物。

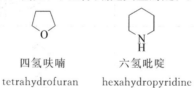

四氢呋喃
tetrahydrofuran

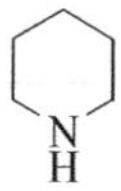
六氢吡啶
hexahydropyridine

杂环类化合物按照环来分类可以分为单杂环和稠杂环两大类。常见的单杂环为五元杂环和六元杂环。稠杂环是由苯环与单杂环或由两个以上的单杂环稠合而成的。

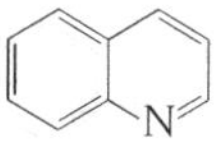
喹啉
quinoline

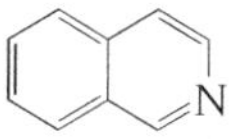
异喹啉
isoquinoline

杂环的命名有两种，一种为译音法。按照外文名词音译，用带“口”字旁的同音汉字表示。例如：

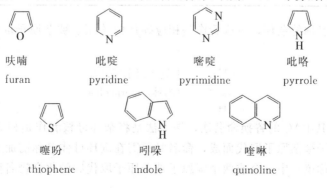

呋喃
furan

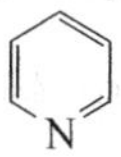
吡啶
pyridine

嘧啶
pyrimidine

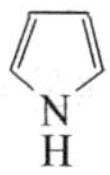
吡咯
pyrrole

噻吩
thiophene

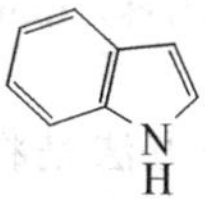
吲哚
indole

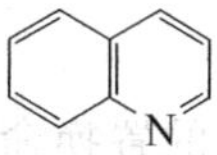
喹啉
quinoline

如杂环上有取代基时，取代基的位次从杂原子算起依次用 1、2、3、4 等（或 α、β、γ、δ 等）编号。如杂环上不止一种杂原子时，则从 O、S、N 顺序依次编号。编号时杂原子的位次数字之和应最小。例如：

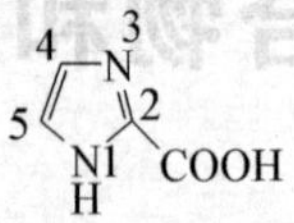

2-羧基咪唑
1*H*-imidazole-2-carboxylic acid

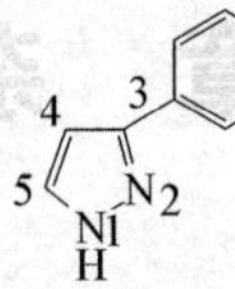

3-苯基吡唑
3-phenyl-1*H*-pyrazole

常见杂环化合物的分类和名称见表 17-1。

表 17-1　常见杂环化合物的分类和名称

类别	含一个杂原子	含二个杂原子
五元单环	 呋喃 furan  噻吩 thiophene 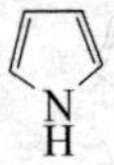 吡咯 pyrrole	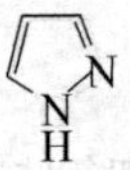 吡唑 pyrazole 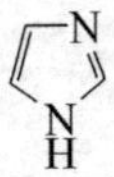 咪唑 imidazole 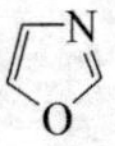 噁唑 oxazole  噻唑 thiazole
五元稠环	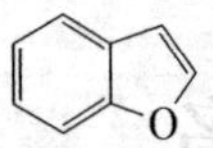 苯并呋喃 benzofuran 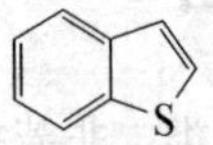 苯并噻吩 thionaphthene 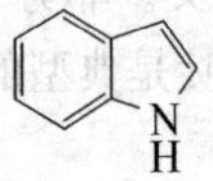 吲哚 indole	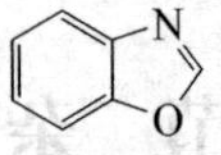 苯并噁唑 benzoxazole 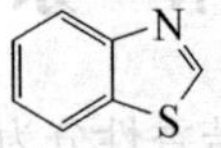 苯并噻唑 benzothiazole 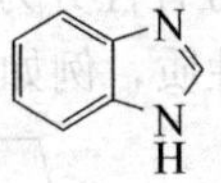 苯并咪唑 benzoimidazole
六元单环	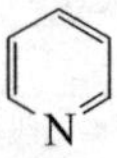 吡啶 pyridine	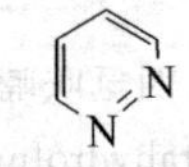 哒嗪 pyridazine 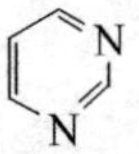 嘧啶 pyrimidine 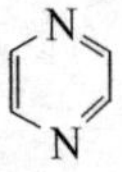 吡嗪 pyrazine
六元稠环	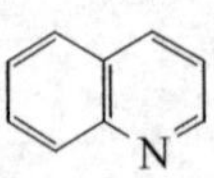 喹啉 quinoline 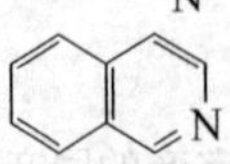 异喹啉 isoquinoline	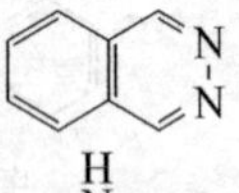 酞嗪 phthalazine 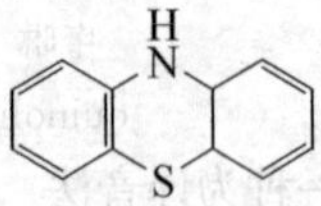 酚噻嗪 phenothiazine

对于没有特定名称的杂环，可以看作是相应碳环中碳原子被杂原子取代的衍生物来命名。例如：

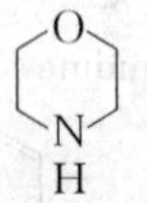

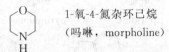

1-氧-4-氮杂环己烷
（吗啉，morpholine）

另一种方法是 IUPAC 的置换命名法，该方法是将杂环母核看作是相应碳环母核中的一个碳原子或多个碳原子被杂原子取代而成，命名时只需在碳环母体名称前加上某杂。例如，碳环母核环戊二烯（也称茂）中一个或两个碳原子被杂原子取代后的化合物名称如下：

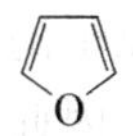　　

氧杂茂　　氮杂茂　　硫杂茂

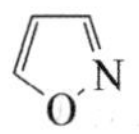　　

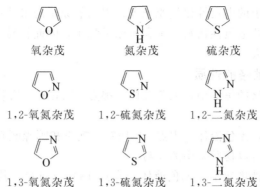

1,2-氧氮杂茂　　1,2-硫氮杂茂　　1,2-二氮杂茂

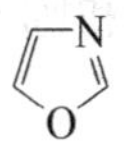　　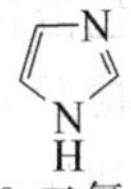

1,3-氧氮杂茂　　1,3-硫氮杂茂　　1,3-二氮杂茂

当环中有多种原子时，杂原子按 O、S、Se、Te、N、P、As、Sb、Bi、Si、Ge、Sn、Pb、B、Hg 的次序排列。

习题 17-1　给出下列杂环化合物的命名：

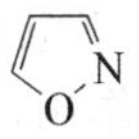　　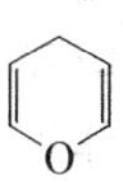　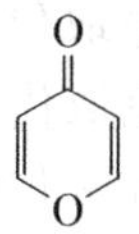　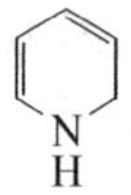

第二节　五元杂环化合物

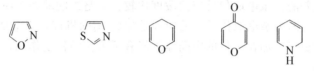

含有一个杂原子的典型五元杂环化合物是呋喃、噻吩和吡咯。含有两个杂原子的有噻唑、咪唑和吡唑。本节重点讨论单杂五元环化合物。

一、呋喃、噻吩、吡咯杂环的结构

从这三种杂环的经典结构式来看，它们都具有共轭二烯的结构，具有醚、硫醚、胺的化学性质。但是它们的典型化学性质却类似于苯，能发生硝化、磺化、卤化等亲电取代反应，具有一定的芳香性。根据物理方法证明，呋喃、噻吩、吡咯是一个平面结构，环上每个碳原子的 p 轨道上有一个电子，杂原子 p 轨道上有两个电子，p 轨道垂直于五元环的平面，互相重叠构成闭合共轭体系，符合 $(4n+2)$ 规则。可以看出，杂原子上的一对电子可离域到整个吡咯环。核磁数据表明，环上氢质子的位移都在 7 左右。以上情况表明它们具有一定程度的芳香性，其结构如下图：

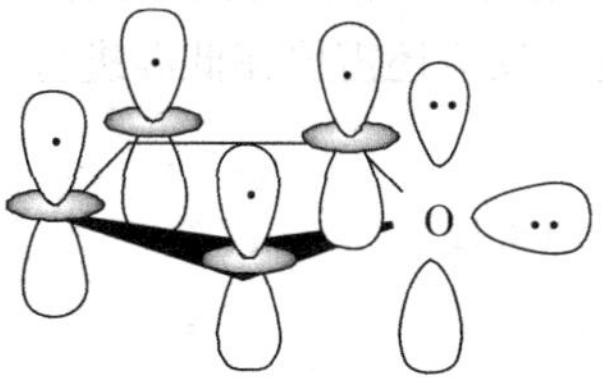　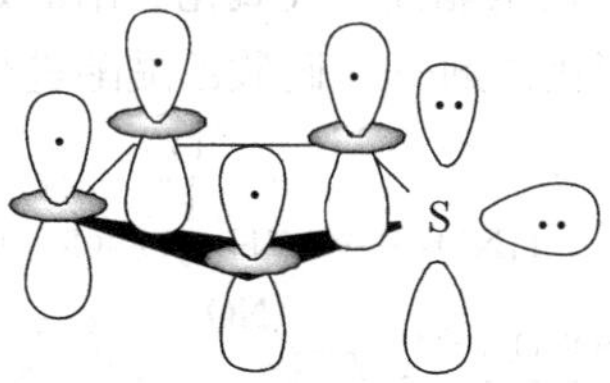　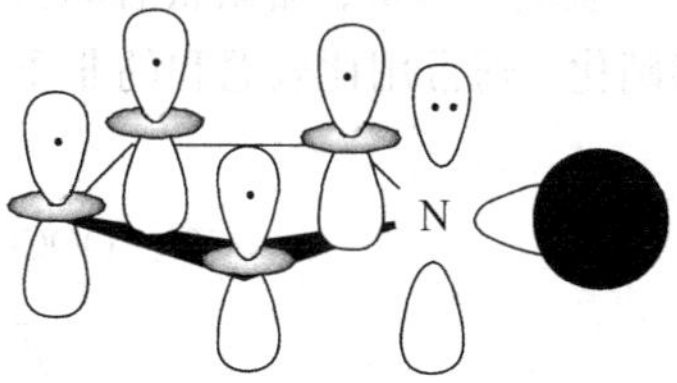

为了表示呋喃、噻吩、吡咯的芳香结构，也可以用下列的结构代替经典构造式。

呋喃　　噻吩　　吡咯

实验证明，噻吩比吡咯有较大的芳香性，在这三者之中呋喃的芳香性最小。吡咯的芳香性

比呋喃大，这是因为氧原子的电负性比氮原子大，因而氧原子的未共用电子对参与π体系的离域程度较小所致。硫原子的电负性比氧原子和氮原子都小，因此较易向环上给出电子，所以噻吩的芳香性在这三者中最大。

二、呋喃、噻吩、吡咯的性质

呋喃存在于松木等木材的焦油中，无色液体，沸点 31.36℃，有特殊的香气，遇到盐酸浸湿的松木片呈绿色。

噻吩存在于煤焦油中，无色液体，沸点 84.16℃。噻吩和吲哚醌在硫酸作用下发生反应生成蓝色物质，利用此性质可以检验苯中的噻吩。

吡咯存在于煤焦油和骨焦油中，无色液体，沸点 130～131℃。其蒸气遇盐酸浸湿的松木片呈红色，可借此检验吡咯以及其低级同系物。

（一）亲电取代反应

呋喃、噻吩、吡咯为五元环，五个原子共有六个π电子，故π电子云密度比苯环大，它们在亲电取代中反应速率也比苯环快得多，其活泼性与苯酚、苯胺相似。吡咯和呋喃比较活泼，噻吩是三者中活性最差的。亲电取代反应活泼度比较：吡咯＞呋喃＞噻吩＞苯。这些取代反应差不多都是进入 2 位，因为亲电取代反应的历程是加成-消除机理，亲电加成生成的中间体在 2 位的要比 3 位的来的稳定。加在 2 位的中间体可能有烯丙位的稳定作用，如果加在 3 位，这种稳定作用是不可能的。

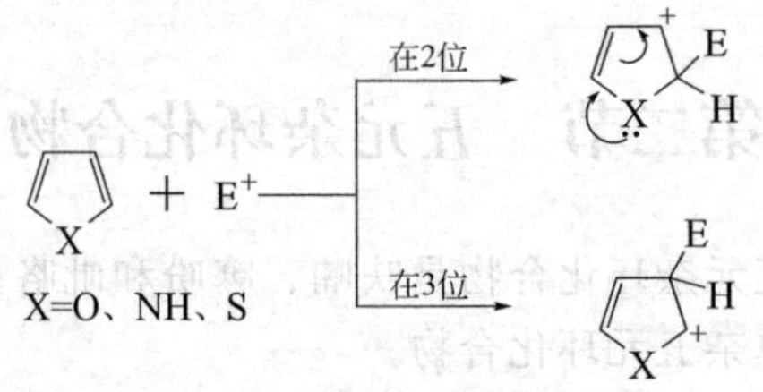
在2位
在3位
X=O、NH、S

从共振论的角度来看，反应发生在 2 位和 3 位生成的共振杂化体分别如下：

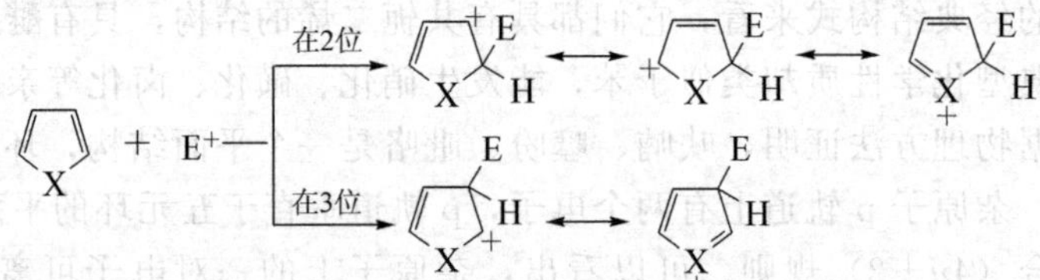
在2位
在3位

前者正电荷的分散较后者为广，因而比较稳定，有利于取代反应发生在 2 位。

1. 硝化反应

呋喃、噻吩、吡咯很容易被氧化，甚至能被空气氧化。硝酸是强氧化剂，因此一般不用硝酸直接硝化。通常用比较温和的非质子的硝化试剂——硝酸乙酰酯进行硝化。反应还需要在低温进行。

$$CH_3COOCOCH_3 + HNO_3 \longrightarrow CH_3\overset{\overset{\displaystyle O}{\|}}{C}ONO_2 + CH_3COOH$$

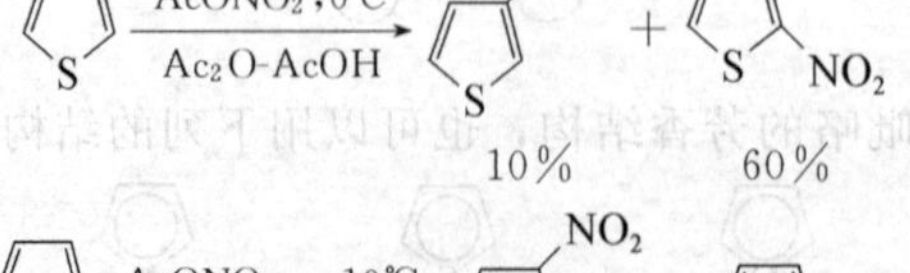
AcONO₂，0℃
Ac₂O-AcOH
NO₂
10%
60%

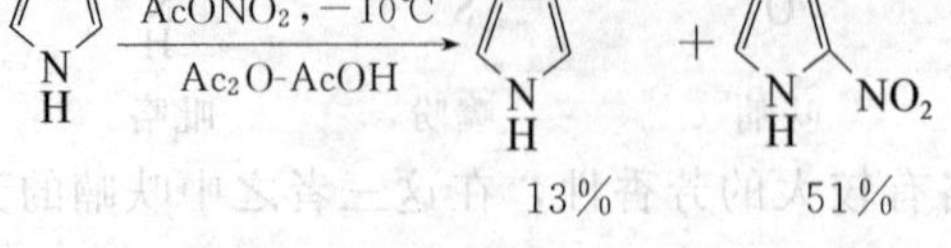
AcONO₂，−10℃
Ac₂O-AcOH
NO₂
13%
51%

呋喃比较特殊，反应中先生成 2,5-加成产物，然后加热或用吡啶除去乙酸，得硝化产物：

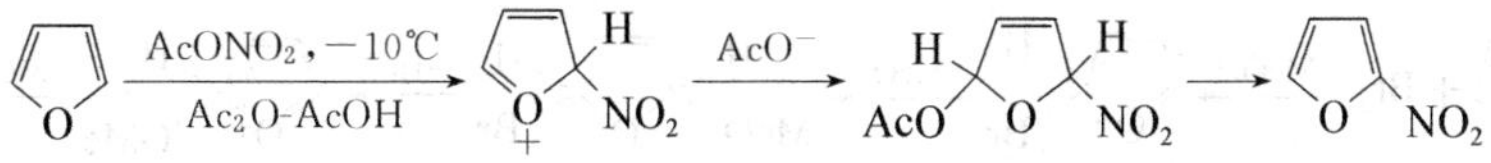

噻吩可以用一般的硝化试剂进行硝化，但是反应非常剧烈。

2. 磺化

呋喃、噻吩、吡咯也需要避免直接用硫酸进行磺化，常用温和的非质子的磺化试剂，例如，吡啶与三氧化硫的加合化合物作为磺化剂进行反应：

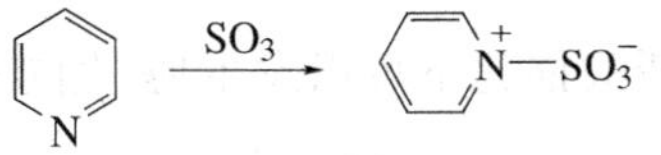

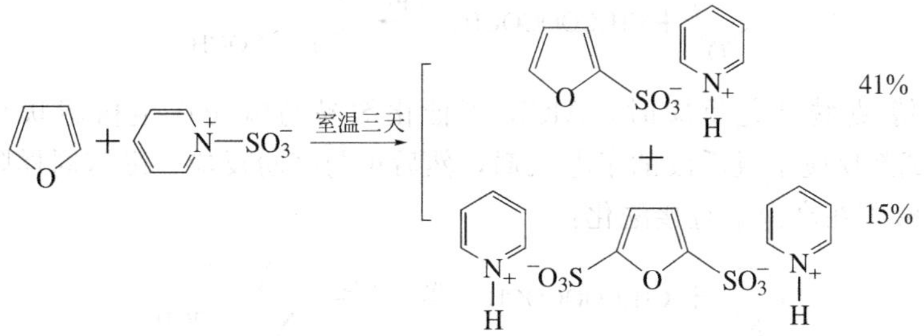

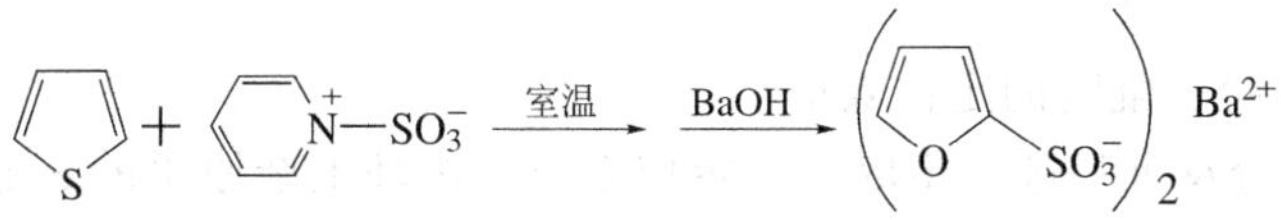

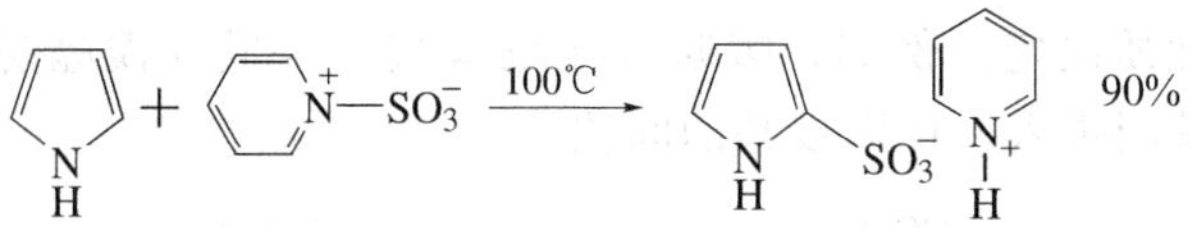

反应首先得到吡啶的磺酸盐，再用无机酸转化为游离的磺酸。

噻吩比较稳定，可以直接用硫酸进行磺化，但是产率不如上述试剂所得到的高。此反应可以用于噻吩和苯的分离提纯。

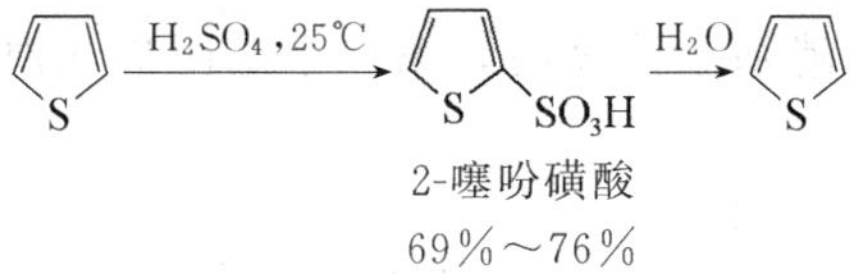

3. 卤化

呋喃、噻吩在室温与氯或溴反应很强烈，得到多卤代的产物，如想得到单卤代的产物，需要在温和条件下，如用稀释的溶剂及在低温下进行反应。不活泼的碘需要在催化剂作用下进行。

吡咯卤化常得到四卤化物，唯一能直接卤化制得的是 2-氯吡咯。

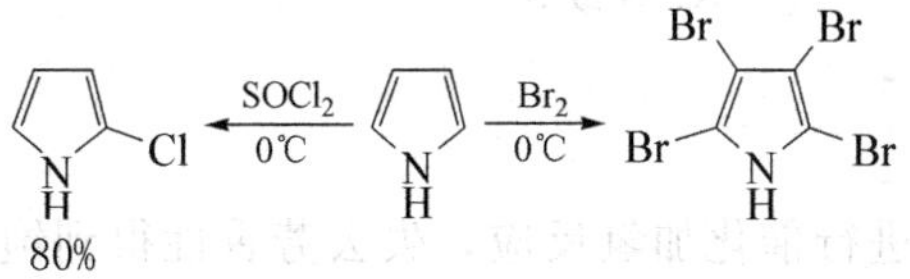

呋喃在醇中与溴反应得到二甲氧基二氢呋喃（A），利用此反应可以制备琥珀醛。

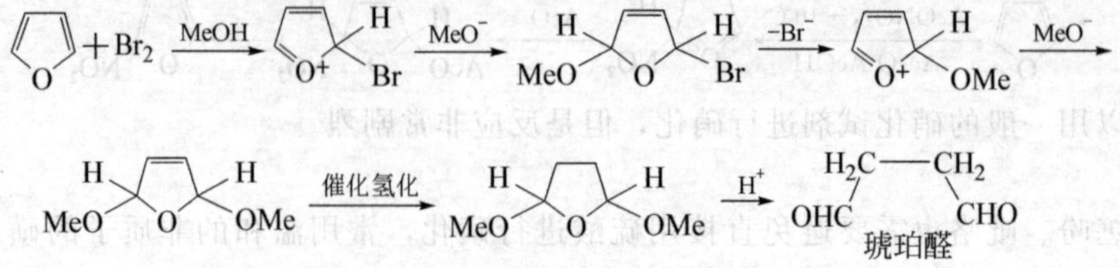
MeOH
MeO⁻
-Br⁻
MeO⁻
催化氢化
H⁺
琥珀醛

4. 傅-克酰基化

呋喃用酸酐或酰氯在 BF_3 等路易斯酸催化下可以发生傅-克酰基化反应：

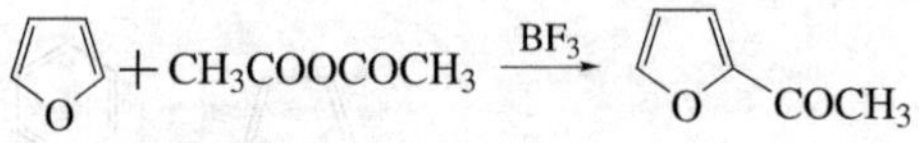

噻吩在发生傅-克酰基化反应时，$AlCl_3$ 等催化剂易与噻吩产生树脂状物质，故必须将 $AlCl_3$ 先与酰化试剂反应生成活泼的亲电试剂，然后再与噻吩反应。酰基同样限取代于 2 位。

吡咯可用乙酸酐在高温下直接酰化：

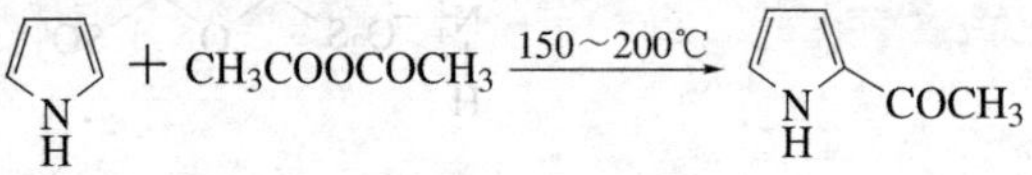

5. 取代呋喃、噻吩、吡咯的定位效应

一取代呋喃、噻吩及吡咯进一步取代，定位效应应由环上杂原子的 α 定位效应及取代基共同决定。例如，3 位上有取代基，第二个基团进入环的 1 位或 5 位（即 α 位），是 1 位还是 5 位又由环上原有取代基的性质决定。例如，噻吩-3-甲酸溴代，生成 5-溴噻吩-3-甲酸。羧基是间位定位基，因此第二个基团进入 5 位即羧基的间位。

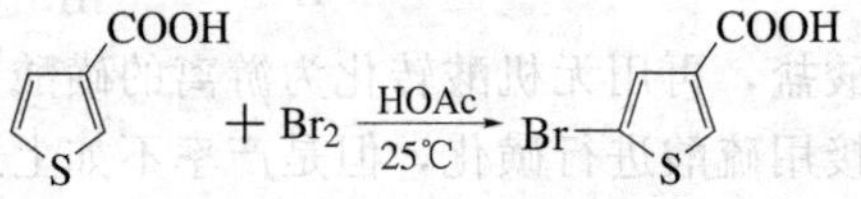
噻吩-3-甲酸
5-溴噻吩-3-甲酸

3-溴噻吩硝化主要得到 2-硝基-3-溴噻吩，第二个基团进入溴的邻位，因为溴是邻对位定位基。

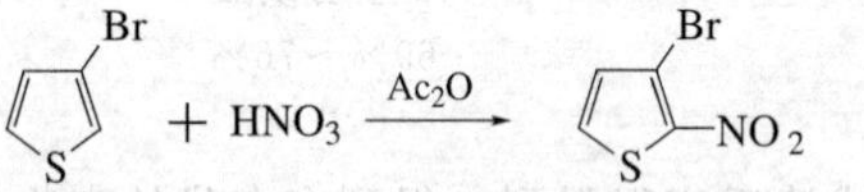
3-溴噻吩
2-硝基-3-溴噻吩
55%～60%

如果 α 位上有取代基，则环的 α 定位效应与取代基效应不一致，情况比较复杂。α-呋喃的取代物比较单一，无论取代基属于何类，第二个基团都进入 5 位（即另一 α 位）。噻吩和吡咯两种选择性不明显，两种产物差别不大。

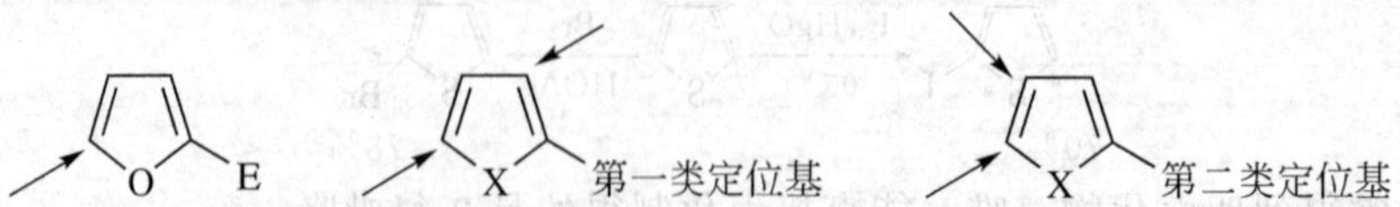
第一类定位基
X：N或S
第二类定位基

（二）加成反应

1. 催化氢化

呋喃、噻吩、吡咯均可进行催化加氢反应，失去芳香性得到饱和杂环化合物。呋喃和吡咯可用一般催化剂还原，噻吩能使一般催化剂中毒，故需使用特殊催化剂：

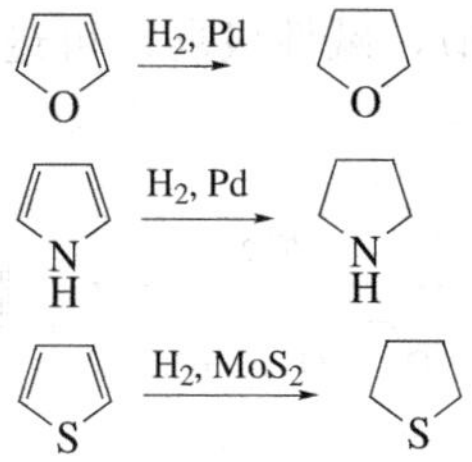

2. 双烯加成反应

呋喃很容易与亲双烯体发生 Diels-Alder 反应。例如：

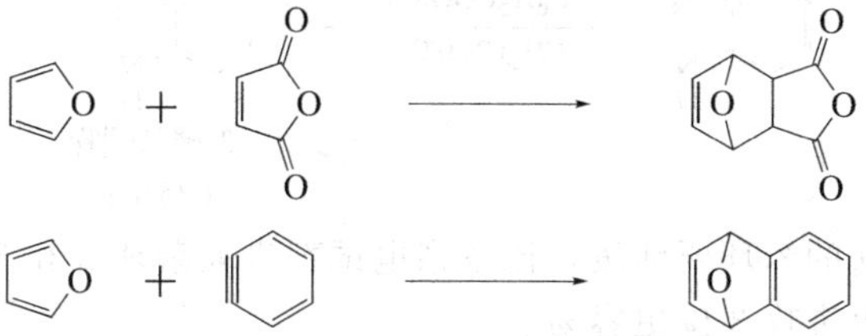

吡咯可以和某些亲双烯体发发生 Diels-Alder 反应。例如：

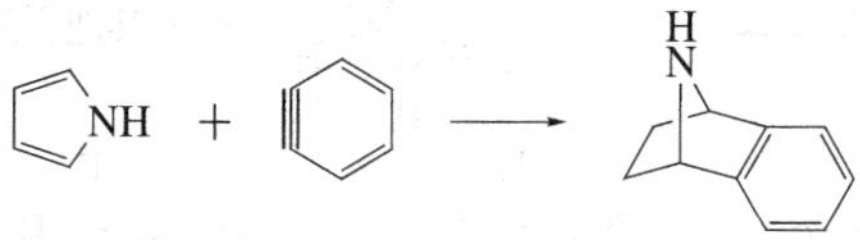

三氯化铝等 Lewis 酸能加速呋喃、吡咯的双烯加成速率，升温时加成物会发生重排，形成多取代的芳香化合物。

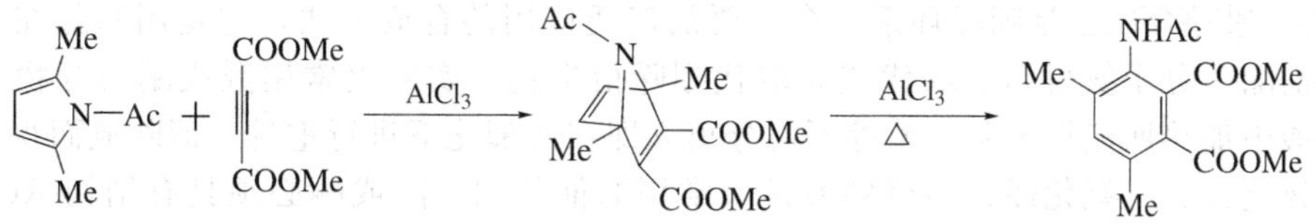

噻吩基本上不发生双烯加成，即使在个别情况下发生，生成物也是不稳定的，会直接失硫转化为别的产物。

三、呋喃、吡咯的衍生物

（一）糠醛

糠醛，无色液体，沸点 162℃，在空气中容易变黑，可由糠、玉米芯等来制取。糠醛和苯甲醛极为相像，因此可以发生类似的反应：

糠醛偶联（安息香反应）

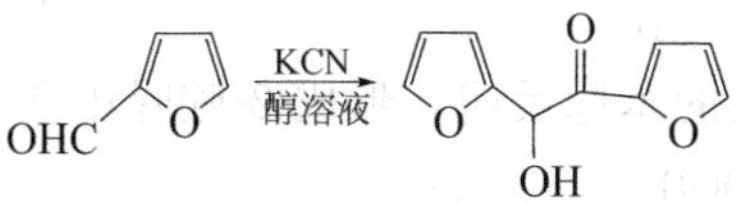

糠醛和酸酐缩合（普尔金反应）

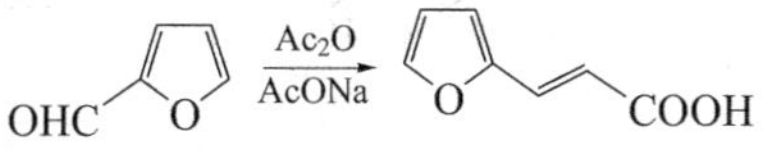

糠醛歧化（康尼查罗反应）

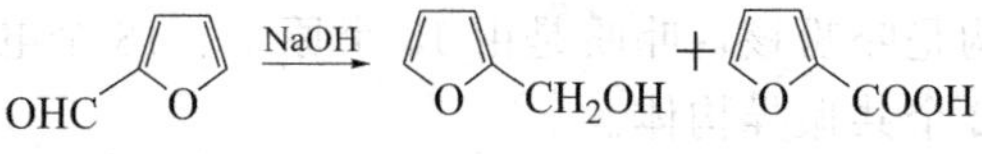

（二）吲哚

吲哚为白色片状结晶，熔点 52.5℃，具有极臭的气味，但纯粹的吲哚在极稀薄时有素馨花的香味，可作香料。

吲哚为苯并吡咯，性质与吡咯相似，碱性极弱。可进行亲电取代反应，反应发生在较活泼的杂环的第 3 位。例如：

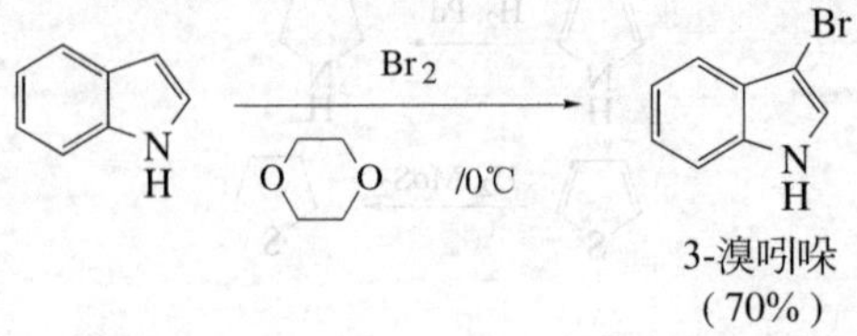
Br
Br_2
/0℃
H
3-溴吲哚
(70%)

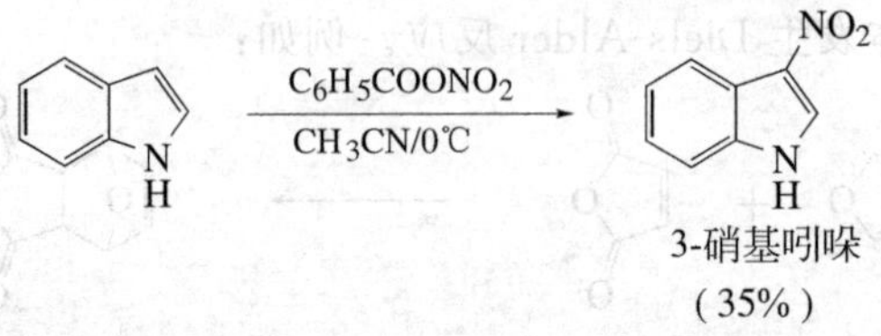
NO_2
$C_6H_5COONO_2$
CH_3CN/0℃
H
3-硝基吲哚
(35%)

带杂原子的环比并联的苯环要活泼，比较亲电试剂进攻杂环 2 和 3 位形成的中间体的碳正离子的稳定性，可以看出进攻 3 位更容易。

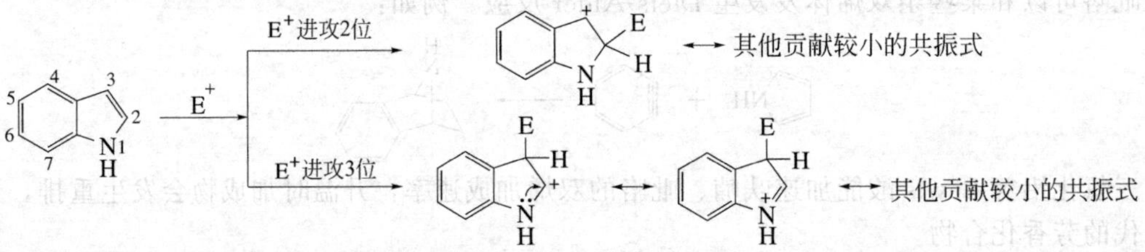
E^+进攻2位
其他贡献较小的共振式
E^+
E^+进攻3位
其他贡献较小的共振式

Fischer 吲哚合成法是吲哚环系一个重要的广泛应用的合成方法，它是用苯腙在酸催化下加热重排消除一分子氨得到 2-取代或 3-取代吲哚衍生物。实际上常用醛或酮与等物质的量的苯肼在醋酸中加热回流得苯腙，苯腙不需分离立即在酸催化下进行重排，消除氨而得吲哚环系化合物。氯化锌、三氟化硼、多聚磷酸是最常用的催化剂。醛或酮必须具有结构 $RCOCH_2R'$ (R 或 R′=烷基、芳基或氢)，现列举两个例子：

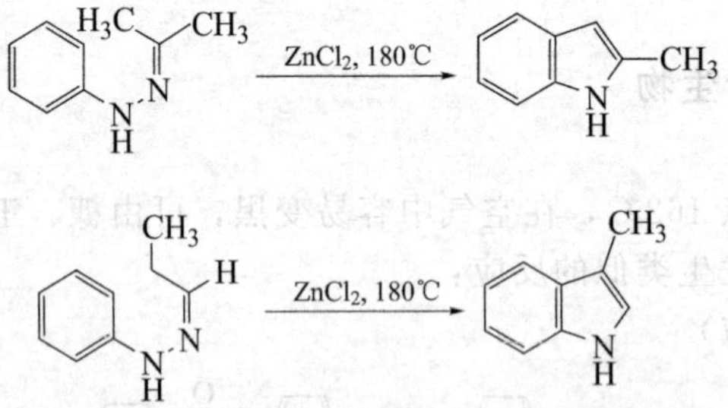
$ZnCl_2$, 180℃
$ZnCl_2$, 180℃

要制吲哚本身，须用丙酮酸的苯腙反应，形成 2-吲哚甲酸，然后失羧得到吲哚：

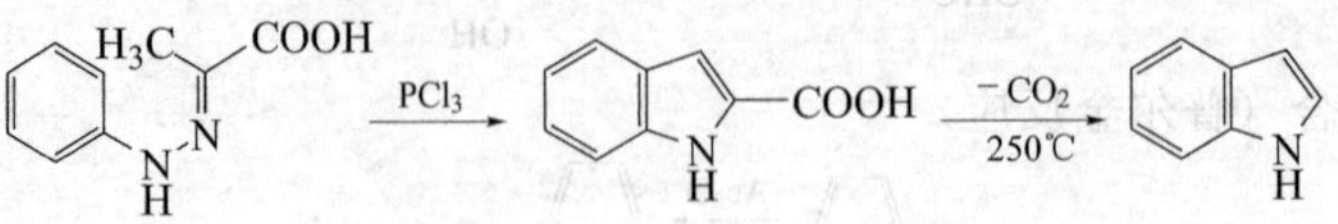
PCl_3
$-CO_2$
250℃

（三）卟啉

卟啉是四个吡咯环通过四个次甲基偶联的大共轭体系：

该类化合物的共同结构是卟吩核，卟吩是由 18 个原子、18 个电子组成的大 π 体系的平面性分子，具有芳香性，有 2 个共振异构体。

卟啉和金属卟啉都是高熔点的深色固体，多数不溶于水和碱，但能溶于无机酸，溶液有荧光，对热非常稳定。卟啉体系最显著的化学特性是其易与金属离子生成 1∶1 配合物，卟啉与元素周期表中各类金属元素（包括稀土金属元素）的配合物都已得到，大多数具有生理功能的吡咯色素都以金属配合物形式存在，如镁元素存在于叶绿素中，铁元素存在于血红素中。

NH
N
N
HN
卟啉

应用 Adler-Longo 法，人们已经合成了大量的取代苯基卟啉。

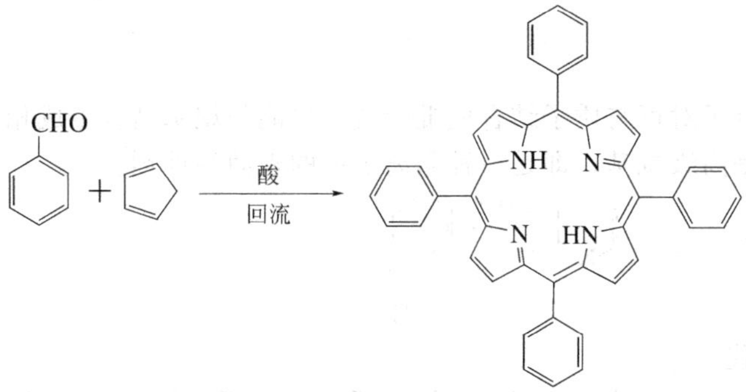
CHO
酸
回流
NH
N
N
HN

生理上诸如叶绿素、血红蛋白质、维生素 B_{12} 等很多重要的物质都是卟啉的衍生物。

由于卟啉具有独特的结构及性能，近年来在生物化学、医学、分析化学、合成化学、材料科学等领域有着广泛的应用。卟啉化学的研究也有迅速的发展。

习题 17-2 为什么呋喃能与顺丁烯二酸酐进行加成反应，而噻吩和吡咯则不能？试解释之。

习题 17-3 为什么呋喃、噻吩及吡咯容易进行亲电取代反应？试解释之。

第三节　六元杂环化合物

六元杂环化合物最重要的有吡啶和嘧啶，它们的衍生物广泛存在于自然界中，不少合成药物也含有吡啶环和嘧啶环，本节主要讨论吡啶。

一、吡啶

（一）吡啶的来源和制法

吡啶为有特殊臭味的无色液体，沸点 115.5℃，密度比水轻，可以与水、乙醇、乙醚等任意混合。

吡啶存在于煤焦油、页岩油和骨焦油中。天然界亦存在吡啶的简单衍生物，如甲基吡啶、吡啶甲酸等。

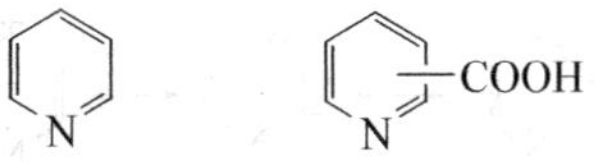
N
N
COOH
吡啶　　吡啶甲酸

工业上吡啶的制备除了从自然界分离以外，可以从廉价的糠醛或乙炔制备。

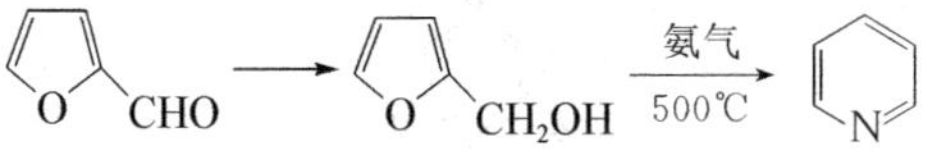
O
CHO
O
CH_2OH
氨气
500℃
N

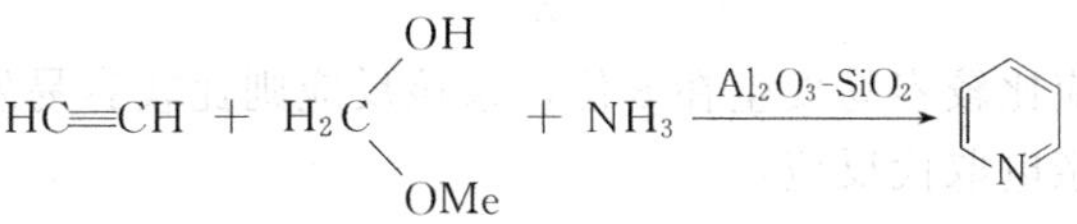
OH
HC≡CH + H_2C
+ NH_3
Al_2O_3-SiO_2
OMe
N

（二）吡啶的结构

吡啶环上的碳原子和氮原子均以 sp^2 杂化轨道成键，每个原子上有一个 p 轨道，p 轨道上

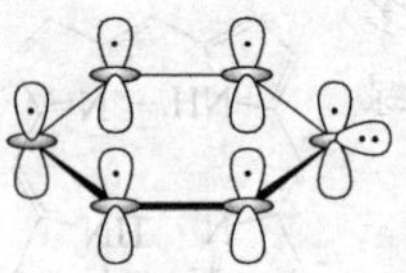

有一个 p 电子，一共有（$4n+2$）个 p 电子形成环状封闭的共轭体系，具有芳香性。氮原子上还有一个 sp^2 杂化轨道，被一对电子占据，未参与成键，可以与质子结合，具有碱性。因此吡咯具有酸性，性质类似于苯胺。吡啶具有碱性，性质类似于硝基苯。

（三）吡啶的化学性质

1. 成盐反应

吡啶氮原子上的未共用电子对可与质子结合成吡啶盐，也能与烷基结合生成相当于季铵盐的产物——吡啶𬭩盐。如果是高级烷基，即是一种阳离子型的表面活性剂。

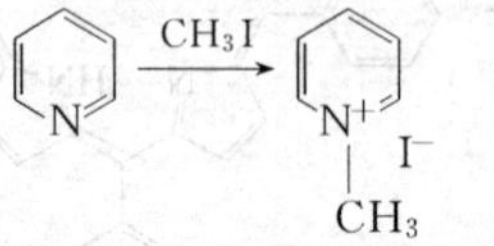

CH3I
N
N+
I−
CH3

2. 吡啶的亲电和亲核取代

吡啶环上的氮原子为吸电子的，故吡啶环属于缺电子的芳杂环，与富电子芳杂环的呋喃、吡咯、噻吩相反，吡啶在亲电取代反应中很不活泼，比苯的取代反应难得多，反应条件要求高，它和硝基苯相似，不发生傅-克酰基化和烷基化反应。由于氮的电负性比碳强，使得 α 位的电子云密度有较大的降低，β 位的电子云密度则比 α 位为高。亲电取代反应比较容易发生在 β 位，亲核取代反应则容易发生在 α 位。

例如：吡啶与苯不同，可以与氨基钠作用而生成 α-氨基吡啶。

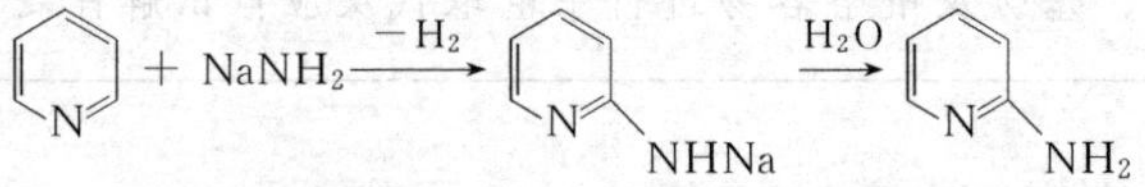

+ NaNH2
−H2
NHNa
H2O
NH2

吡啶与苯基锂作用生成 α-苯基吡啶。

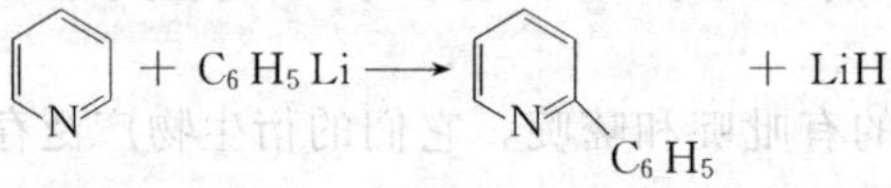

+ C6H5Li
C6H5
+ LiH

从亲电取代过程的中间体也可以看出，进攻 β 位时的中间体比进攻 α 位时来的稳定，因为后者有六电子氮。

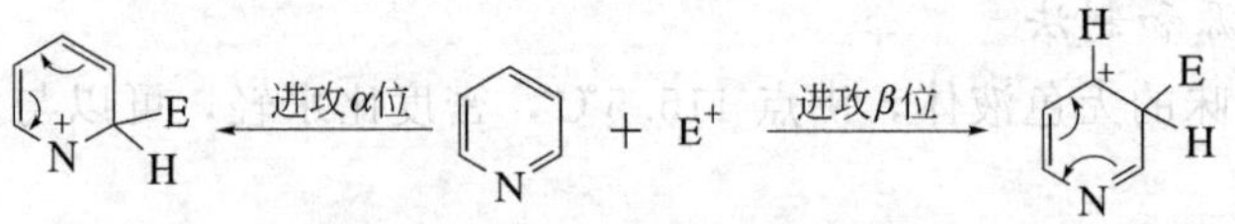

进攻α位
+ E+
进攻β位

同六电子碳比较，六电子氮是不稳定结构，因为氮原子的电负性较大。

再从吡啶的共振杂化体来看，同样可以得到这个结论。

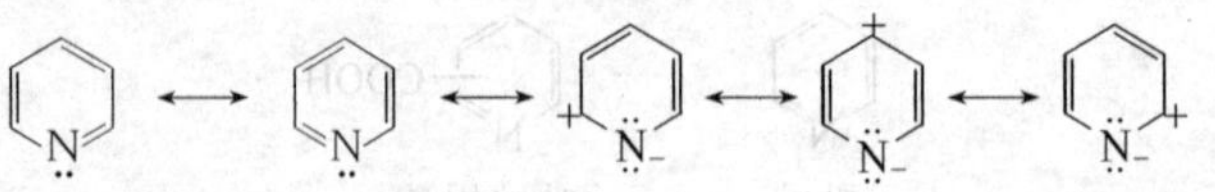

这些极限结构可综合表示为：

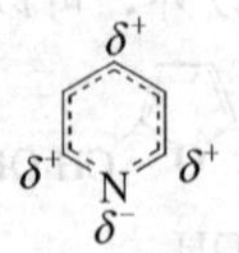

δ+
δ+
δ+
δ−

吡啶的亲电取代反应比较容易发生在 β 位，亲核反应则比较容易发生在 α 位。

下面为吡啶主要的亲电取代反应：

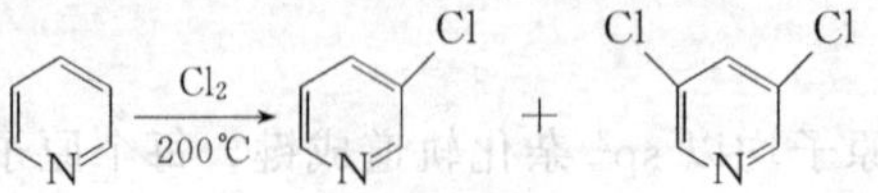

Cl2
200℃
Cl
+
Cl
Cl

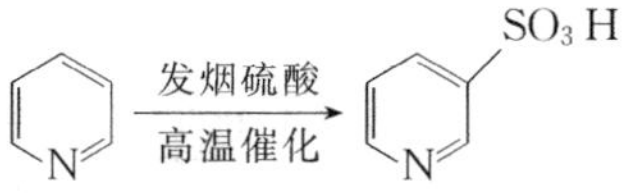
发烟硫酸
高温催化
SO_3H

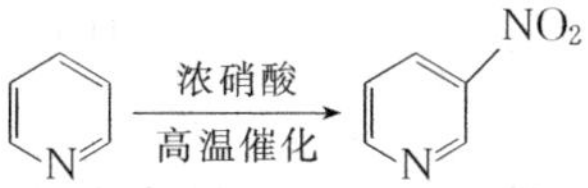
浓硝酸
高温催化
NO_2

3. 氧化和还原反应

吡啶可被加氢而成饱和的六氢吡啶。这个反应比苯的氢化温和。六氢吡啶也叫做哌啶(piperidine)，沸点106℃，能溶于水、乙醇、乙醚等混溶，它的性质与一般仲胺相似。在乙醇中，金属钠即可还原吡啶。

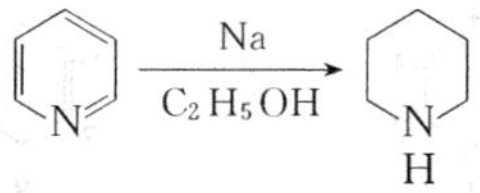
Na
C_2H_5OH

吡啶可与过氧化氢作用生成吡啶-*N*-氧化物。

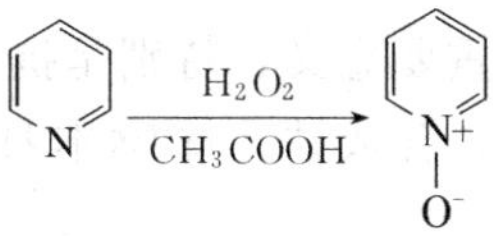
H_2O_2
CH_3COOH

吡啶-*N*-氧化物可以改变吡啶与亲电试剂作用的位置，而且反应条件还可以温和些。例如吡啶-*N*-氧化物的溴化和硝化都发生在4位。

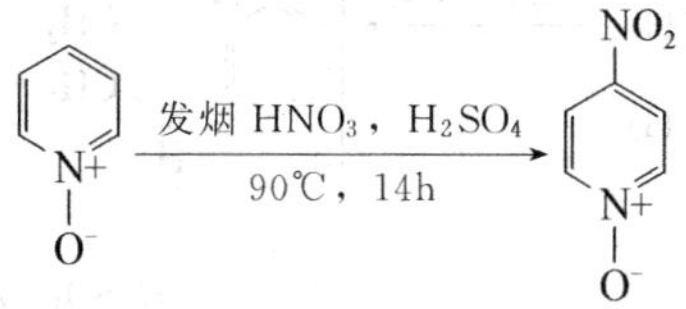
发烟 HNO_3，H_2SO_4
90℃，14h

这个反应提供了一个合成4-取代吡啶较为方便的方法。氧原子可有多种方法除去，例如同三氯化磷作用或在钯催化剂存在下加氢。

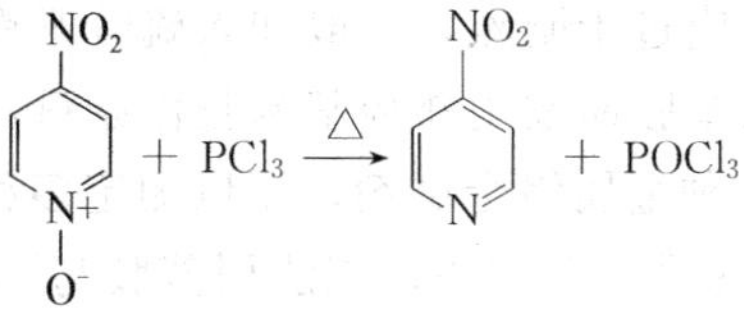
$+ PCl_3$
$+ POCl_3$

(四) 吡啶环系的合成

吡啶同系物最重要的合成方法是Hantzsch合成法，该法用两分子*β*-羰基酸酯、一分子醛和一分子氨发生缩合作用制备吡啶及其衍生物。这个反应应用范围很广，利用不同的醛及不同的*β*-羰基酸酯可以制备不同的取代吡啶。

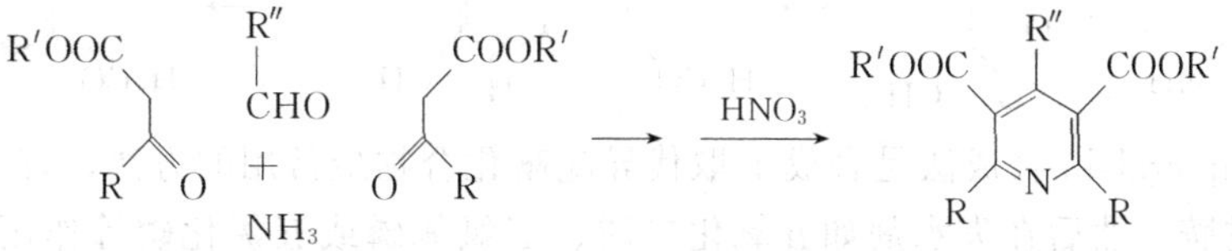
HNO_3

类似的另一种方法是用*β*-二羰基化合物与氰乙酰胺，在碱作用下合成3-氰基-2-吡啶酮，然后互变异构转为吡啶环，此方法也被广泛应用，例如：

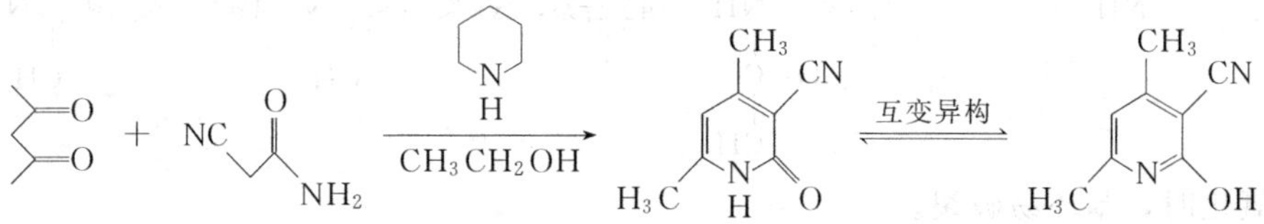
CH_3CH_2OH
互变异构

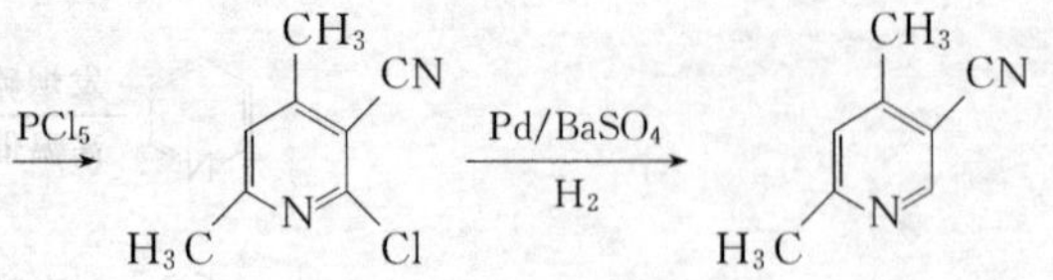

二、喹啉和异喹啉

喹啉在常温时是无色油状液体，沸点 238℃，异喹啉的熔点 26℃，沸点 243℃。

喹啉和异喹啉都存在于煤焦油和骨油中。它们的衍生物也存在于许多生物碱的结构中，它们也是有关生物碱分解的产物。它们都难溶于水，易溶于有机溶剂。与吡啶相似，它们都有弱碱性。

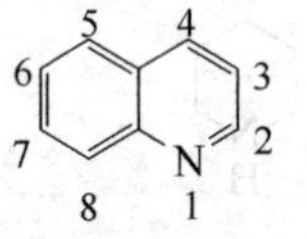

喹啉

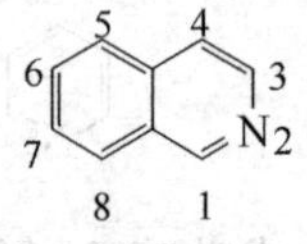

异喹啉

喹啉的许多衍生物在医药上具有重要意义，特别是抗疟药很多是喹啉的衍生物。

合成喹啉及其衍生物常用 Skraup 合成法。喹啉本身可由苯胺、甘油、浓硫酸和氧化剂（硝基苯或砷酸）共同加热而得。

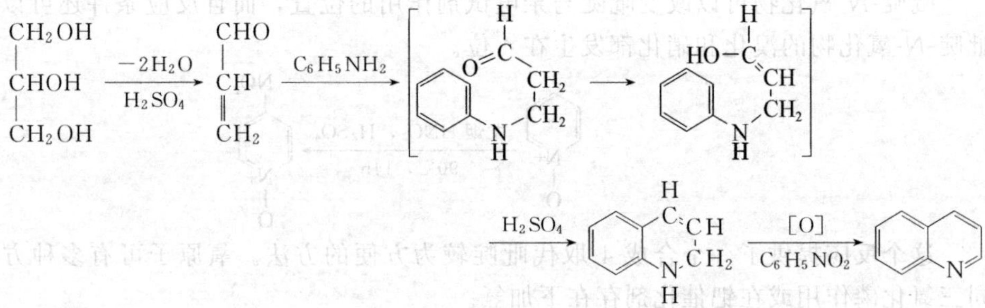

此反应是放热反应，为了避免反应过于剧烈，一般加入硫酸亚铁使反应趋于缓和。

在上述合成法中，如果不用苯胺而改用邻羟基苯胺作原料，并用邻硝基苯酚为氧化剂，则所得产物是 8-羟基喹啉，它是一种金属络合试剂，用以测定多种金属。

Combes 合成法是合成喹啉的另一个方法，该法用芳胺与 1,3-二羰基化合物反应，首先得到高产率的 β-氨基烯酮，然后在浓硫酸作用下，羰基氧质子化，然后带正电性的羰基碳原子向氨基邻位苯环上碳原子进行亲电取代，关环后，再失去水得到芳香性的喹啉：

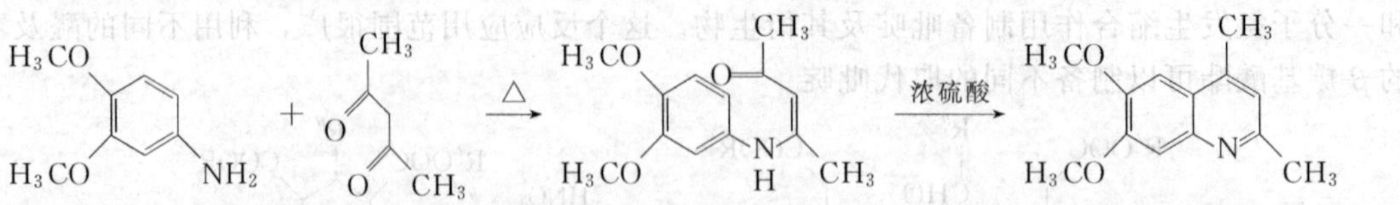

Bischler-Napieralski 合成法是合成 1-取代异喹啉化合物最常用的方法，首先用苯乙胺与羧酸或酰氯形成酰胺，然后在失水剂如五氧化二磷、三氯氧磷或五氯化磷等作用下，失水关环，再脱氢得 1-取代异喹啉化合物。

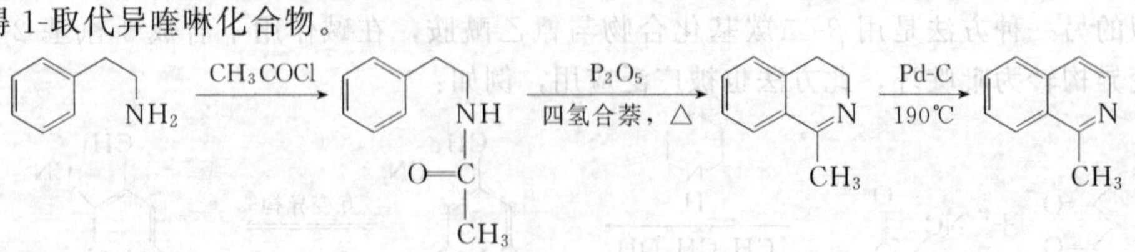

喹啉氧化时，苯环易破裂。

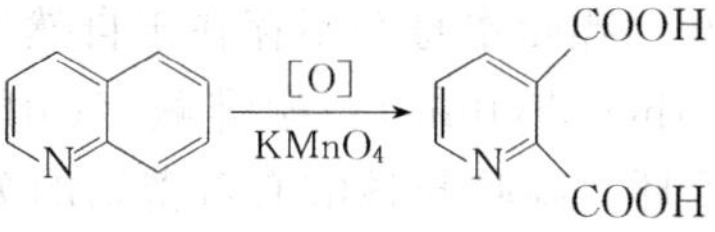

2,3-吡啶二甲酸

2,3-吡啶二甲酸脱羧则成β-吡啶甲酸。

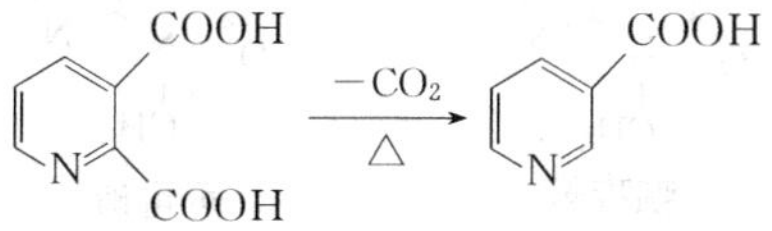

β-吡啶甲酸也叫烟酸，因为最初由烟碱（俗称尼古丁，烟草中的主要生物碱）氧化而得，故名烟酸。

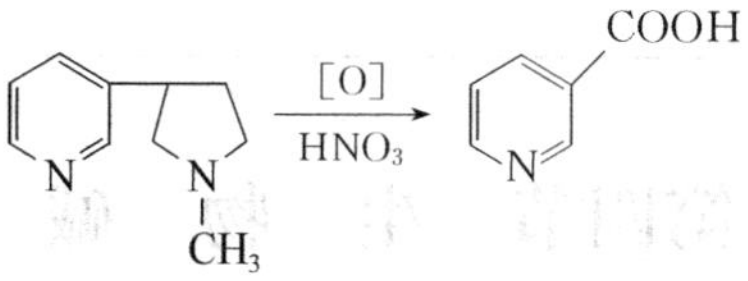

烟碱　　　　烟酸

喹啉的亲电取代反应比吡啶容易进行，因为亲电试剂比较容易地进攻喹啉分子中的苯环部分。例如：

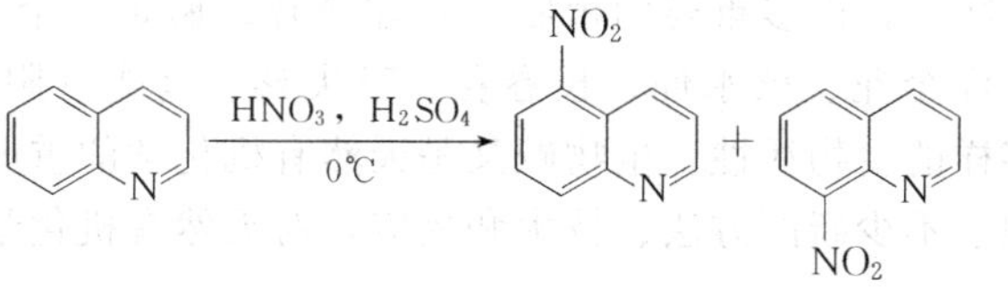

5-硝基喹啉　　8-硝基喹啉

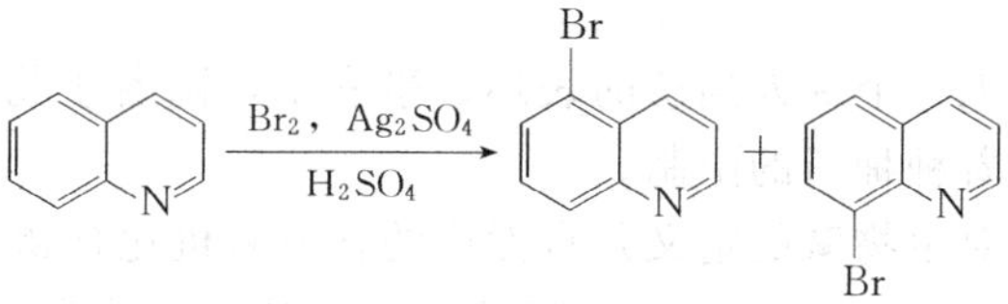

5-溴喹啉　　8-溴喹啉

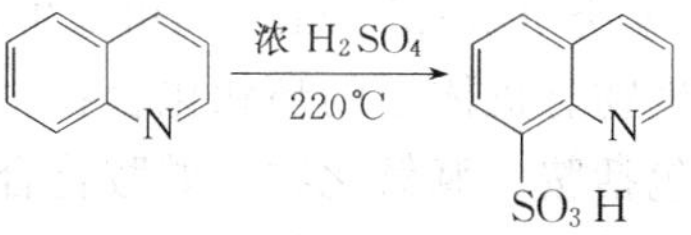

8-喹啉磺酸

亲核取代反应发生在吡啶环，例如：

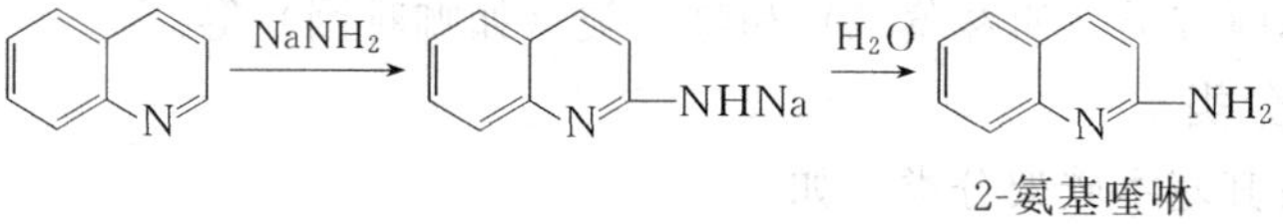

2-氨基喹啉

三、嘌呤

嘌呤（purine）是由两个稠合杂环组成的一类重要化合物。从结构上看，它是由一个咪唑环和一个嘧啶环稠合而成的稠杂环体系，环中含有四个氮原子。

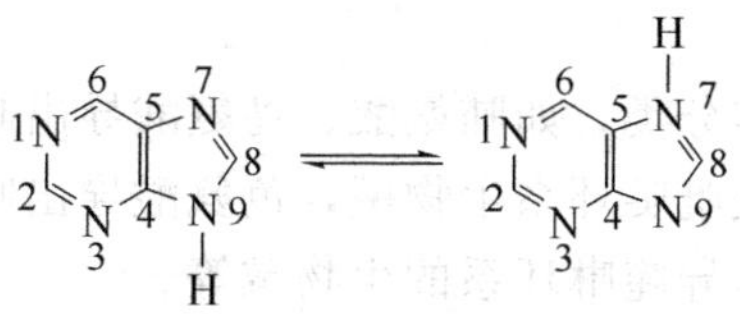

嘌呤是无色晶体，熔点 217℃。嘌呤本身并不存在于自然界中，但它的羟基和氨基衍生物在自然界分布很广。例如茶碱（theophylline）、咖啡碱（caffeine）、可可碱（theobromine）、尿酸（uric acid）等分子都有嘌呤环。嘌呤与核酸有着密切的关系（见第十九章）。

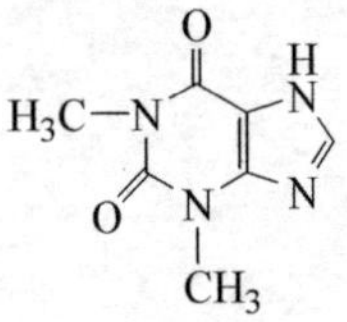
茶碱

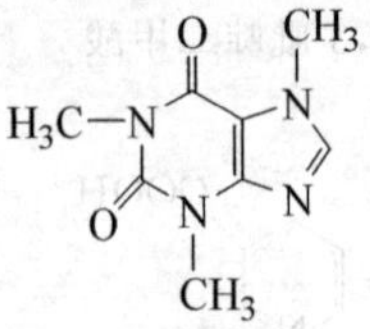
咖啡碱

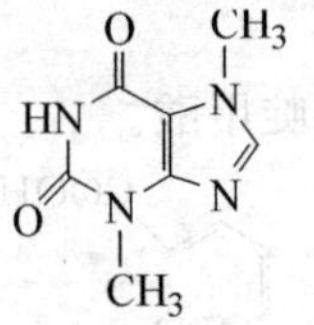
可可碱

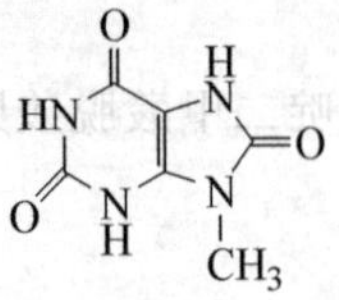
尿酸

习题 17-4 比较吡咯与吡啶两种杂环。从酸碱性、环对氧化剂的稳定性、取代反应及受酸聚合性等角度加以讨论。

第四节 生 物 碱

生物碱（alkalodis）是一类重要的天然有机化合物。自从 1806 年德国学者 F. W. Sertürner 从鸦片中分出吗啡碱（morphine）以后，迄今已从自然界分出 10000 多种生物碱。生物碱广泛地分布于植物界，许多重要的植物药，如鸦片、麻黄、金鸡纳、番木鳖、汉防己、莨菪、延胡索、苦参、洋金花、秋水仙、长春花、三尖杉、乌头（附子）等都含有生物碱成分。生物碱具有多种多样的生物活性。生物碱又是天然有机化学的重要研究领域之一。在生物碱研究中，创立和发现了不少新的方法、技术和反应，对天然有机化学的发展有着重要的促进作用。

一、生物碱的定义

生物碱的定义至今尚无一个令人满意的表述。事实上，随着生物碱研究的不断深入发展，其定义的严格性总是伴随着种种新的限制。

目前，多数教科书上对生物碱的定义是自然产的含氮有机化合物，但不包括低分子胺类如甲胺、乙胺等，非环甜菜因类（betaines），氨基酸，氨基糖，肽类（除肽类生物碱如麦角克碱），蛋白质，核酸，核苷酸，卟啉类（porphyrines）和维生素类。比较确切的表述是：生物碱是含负氧化态氮原子、存在于生物有机体中的环状化合物；环状结构除了小分子的胺类、非环的多胺和酰胺。负氧化态氮则包括胺、氮氧化物、酰胺化合物，但排除含硝基和亚硝基的化合物。生物有机体是从实用考虑将其范围限于植物、动物和其他生物有机体，而排除上述简单定义中所限制的所有的化合物。但同时却包括经典定义中例外的大多数化合物，如水仙碱、胡椒碱（piperine）、苯丙胺类（如麻黄碱）和嘌呤类（如咖啡因）等。

二、生物碱的分类

生物碱一般可按其基本碳架分类，如

（1）苯乙胺及四氢吡咯、六氢吡啶、咪唑等杂环结构体系；

（2）吲哚、喹啉、异喹啉、嘌呤等苯并杂环（稠杂环）结构体系；

（3）特殊并合杂环结构体系；

（4）萜类与甾族结构体系。

生物碱也可按生化合成前体分类，如脯氨酸、鸟氨酸导出吡咯环系生物碱，组氨酸导出咪唑环系生物碱，赖氨酸导出六氢吡啶环系生物碱，色氨酸导出吲哚环系生物碱，苯丙氨酸和酪氨酸导出苯乙胺体系及含有苄基异喹啉环系的生物碱等。

三、典型生物碱化合物

1. 麻黄碱

麻黄碱是含于草药麻黄中的一种生物碱，又称麻黄素。它是一个仲胺，不具含氮杂环，结构与肾上腺素相似。麻黄碱属于苯乙胺体系生物碱。

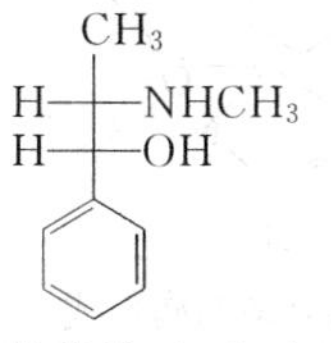

(一)-麻黄碱（ephedrine）

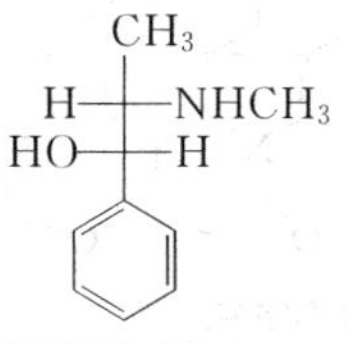

(＋)-假麻黄碱（pseudoephedrine）

麻黄素分子中含两个不相同的手性碳原子，应有两对对映异构体，其中一对叫麻黄碱，一对叫假麻黄碱，天然存在的是（一)-麻黄碱及（＋)-假麻黄碱。前者的生理作用最强。我国出产的麻黄碱含（一)-麻黄碱最多，质量最好。

麻黄碱为无色结晶，易溶于水和氯仿、乙醇、乙醚等有机溶剂。麻黄碱的生理作用也与肾上腺素相似，有兴奋交感神经、增加血压、扩张气管的作用，可用于支气管哮喘症。

2. 烟碱

烟草中含有十余种生物碱，烟碱是其中之一，它是结构比较简单的生物碱，以苹果酸盐及柠檬酸盐的形式存在，属于四氢吡咯类生物碱。

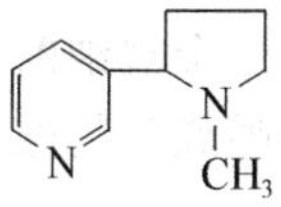

烟碱（nicotin）

烟碱又名尼古丁，属于吡啶族生物碱，它是无色能溶于水的液体，沸点246℃，天然存在的是左旋体。烟碱有剧毒，少量对中枢神经有兴奋作用，能增高血压，量大时能抑制中枢神经系统，使心脏麻痹以致死亡。（＋)-烟碱的毒性比（一)-烟碱小得多。烟碱可用作农业杀虫剂。

3. 颠茄碱

颠茄碱也叫阿托平，它是含于许多茄科植物，如颠茄、曼陀罗、天仙子等中的一种生物碱，属于六氢吡啶类生物碱。

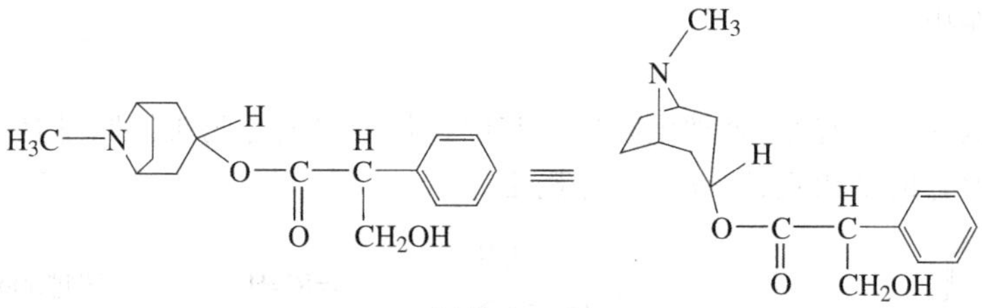

颠茄碱(atropine)

分子中所含氮杂环叫托烷（或莨菪烷），属于托烷族（莨菪族）生物碱。

托烷

颠茄碱是白色结晶，熔点114～116℃，难溶于水，易溶于乙醇，有苦味。医药上用作抗胆碱药，能抑制汗腺、唾液、泪腺、胃液等多种腺体的分泌并能扩散瞳孔，用于医治平滑肌痉挛、胃和十二指肠溃疡病；也可用作有机磷及锑剂中毒的解毒剂。

4. 番木鳖碱

番木鳖（又称马钱子）是马钱科植物番木鳖树的种子，主要产于印度。从番木鳖中提取的生物碱主要是番木鳖碱和马钱子碱，分子结构相当复杂，经过多年的工作，于1946年将其结构完全测定，1954年经全合成得到证实，1957年通过X射线衍射进一步得到确定，属于吲哚类生物碱，其结构如下：

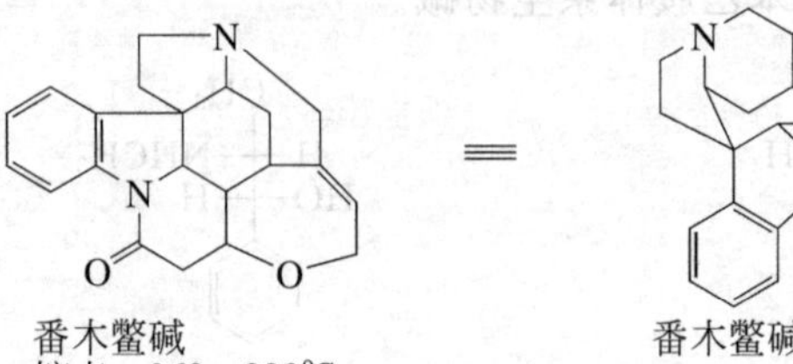

番木鳖碱 熔点：268~290℃ $[\alpha]_D=-139.5°$ 　　番木鳖碱的构想式

马钱子碱是2,3-二甲氧基番木鳖碱（熔点178℃，$[\alpha]_D=-129°$）。

番木鳖碱及马钱子碱在有机合成中常用作拆分（解析）剂。味很苦，有剧毒，它们的盐酸盐可做药用，极小剂量作为健胃剂，中剂量作为中枢神经兴奋剂，大剂量可用作苏醒药，但易中毒，现常用于杀鼠及捕获皮毛动物。

5. 金鸡纳碱

金鸡纳碱俗称奎宁，是存在于金鸡纳树皮中的一种主要生物碱，分子中含有喹啉环，属于喹啉族生物碱。

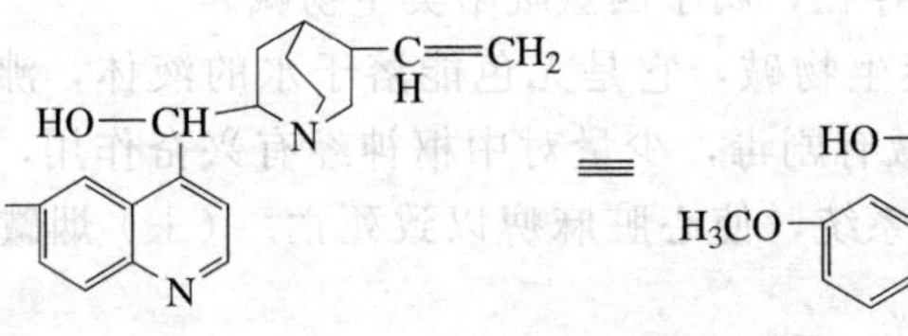

金鸡纳碱(quinine)

奎宁是无色晶体，微溶于水，易溶于乙醇、乙醚等有机溶剂。奎宁能抑制疟原虫的繁殖并有退热作用，早在300多年前人们就知道用金鸡纳树皮医治疟疾。奎宁对恶性疟原虫无效，并有引起耳聋的副作用。

6. 吗啡碱

罂粟科植物鸦片中含有20余种生物碱，其中含量最多的是吗啡。吗啡是1817年被提纯的第一个生物碱，但它的结构直到1952年才确定。

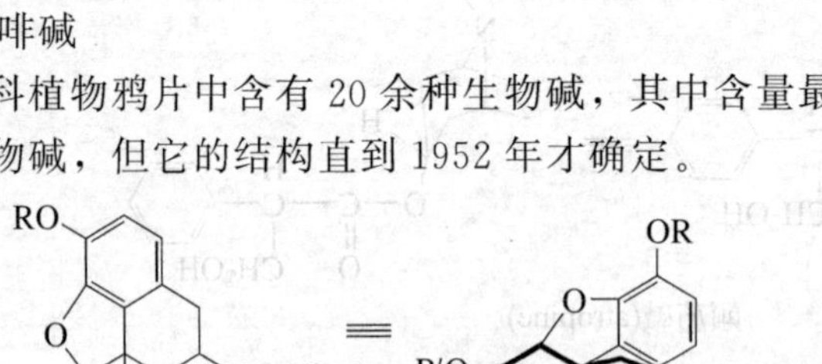

$R=R'=H$　吗啡(morphin)

$R=CH_3, R'=H$　可待因(codeine)

$R=R'=-COCH_3$　海洛因(heroin)

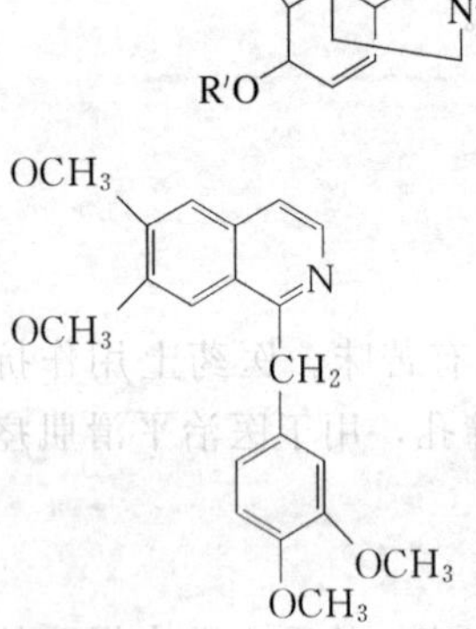

罂粟碱（papaverine）

吗啡属于异喹啉族生物碱，是微溶于水的结晶，有苦味。吗啡对中枢神经有麻醉作用，有极快的镇痛效力，是医学上使用的局部麻醉剂。但它是一种成瘾性药物，因此必须严格控制使用。

可待因是吗啡的甲基醚，与吗啡有同样的生理作用，成瘾性较吗啡差，用于镇咳。存在于大麻中的毒品海洛因是吗啡的二乙酰基衍生物。

罂粟碱也是存在于鸦片中的异喹啉族生物碱。在医药上可作用平滑肌松弛剂及脑血管扩张剂。

7. 咖啡碱

咖啡碱（咖啡因）是存在于咖啡、茶叶中的一种生物碱，属于嘌呤族生物碱。

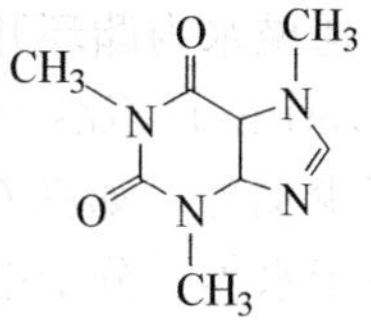

咖啡碱 (caffeine)

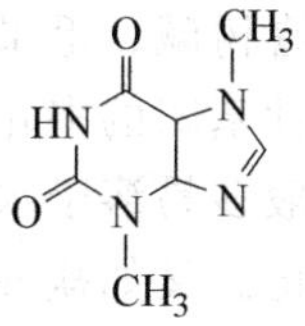

可可碱 (theobromine)

咖啡碱是白色针状结晶，有苦味，能溶于热水；有兴奋中枢神经的作用，并能止痛和利尿。因此咖啡及茶一直被人们当作饮料。可可碱存在于可可豆及茶叶等中，也有与咖啡碱相似的生理作用。

四、生物碱的理化性质

1. 性状

绝大多数生物碱由 C、H、O、N 元素组成。极少数分子尚含有 Cl、S 等元素。多数生物碱呈结晶形固体，有些为非晶形粉末，而少数是液体，如烟碱、毒芹碱等。除个别生物碱如槟榔碱等外，液体生物碱（分子中多无氧原子）以及某些生物碱如麻黄碱等，常压下可随水蒸气蒸馏而逸出。生物碱多具苦味，有些味极苦，如盐酸小檗碱。有些刺激唇舌有焦灼感。固体生物碱多具确定的熔点，极个别有双熔点，如防级诺林等。少数有升华性，如咖啡因等。

绝大多数生物碱呈无色状态，仅少数具有高度共轭体系结构的生物碱显种种颜色。如小檗碱（黄色）、蛇根碱（serpentine)（黄色）、小檗红碱（红色）等。

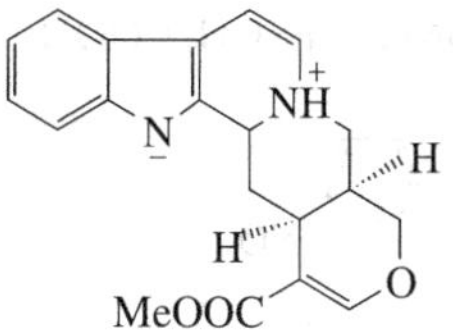

蛇根碱

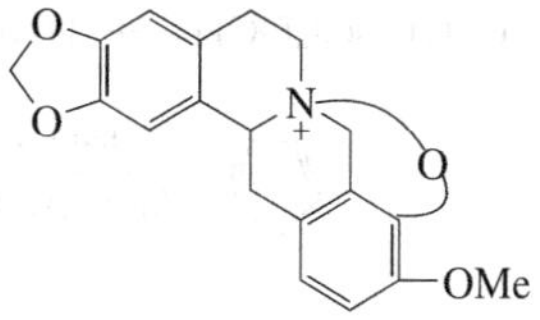

小檗红碱

2. 旋光性

凡是具有手性碳原子或本身为手性分子的生物碱都具有旋光性质。反之，如小檗碱、罂粟碱等则无这种性质。某些情况下，生物碱的旋光性易受 pH、溶剂等因素影响。如中性条件下，烟碱、北美黄连碱（hydrastine）呈左旋光性，但在酸性条件下，则变成右旋光性。麻黄碱在氯仿中呈左旋光性，但在水中，则变成右旋光性。有时，游离碱与其相应盐类的旋光性质并不一致。如氯仿中，蛇根碱呈左旋光性，但其盐酸盐则呈右旋光性。生物碱的生理活性与其旋光性密切相关。一般地，左旋体呈显著的生理活性，而右旋体则无或很弱。如 *l*-莨菪碱的散瞳作用大于 *d*-莨菪碱的 100 倍。去甲乌药碱仅 *l*-体具有强心作用。与其相反，少数生物碱如 *d*-古柯碱的局部麻醉作用则大于 *l*-古柯碱。

3. 溶解度

生物碱及其盐类的溶解度与其分子中 N 原子的存在形式、极性基团的有无、数目以及溶剂等密切有关。绝大多数仲胺和叔胺生物碱具有亲脂性，溶于有机溶剂，如甲醇、乙醇、丙酮、乙醚、苯和卤代烷类（如 CH_2Cl_2、$CHCl_3$、CCl_4）等，不溶于碱水中。但有不少例外，如伪石蒜碱不溶于有机溶剂，而溶于水。喜树碱仅溶于酸性 $CHCl_3$ 中。含酚羟基的吗啡碱难溶于一般的有机溶剂中，小分子的麻黄碱同时溶于有机溶剂和水中。水溶性生物碱主要包括季铵碱类和某些含 *N*-氧化物的生物碱。前者如小檗碱、益母草碱甲等，后者如氧化苦参碱等，二者均易溶于水。某些分子中含有酸性基因，如含羧基的生物碱，由于本身形成内盐而易溶于水，如那碎因等。另外，液体生物碱，如烟碱等也易溶于水。苷类生物碱多数水溶性较大。某些生物碱分子中具有酸性基团（如酚、羧基等），如含酚基的药根碱易溶于稀碱水中。另外，某些含有内酯的生物碱，如喜树碱、毛果坛香碱等，遇碱水内酯环开裂成盐而溶解，加酸复又还原。但是，不具有上述酸性基团的多花水仙碱（tazettine）不溶于有机溶剂，而溶解于氢氧化钠溶液中。生物碱盐类一般多易溶于水。但仍有不少例外，如高石蒜碱（homolycorine）的盐酸盐不溶于水，而溶于氯仿。又如盐酸小檗碱难溶于水等。分子中含有两个氮原子的喹啉碱与硫酸可成酸性盐（一元盐基）和中性盐（二元盐基）。前者溶于水（1∶9），难溶于氯仿。而后者难溶于水（1∶180），溶于氯仿，且任意溶于氯仿/无水乙醇（2∶1）溶剂中。同一生物碱与不同酸所成的盐类溶解度不同。一般地，无机酸盐的水溶性大于有机酸的盐类。

4. 生物碱的检识

在生物碱的预试、提取分离和结构鉴定中，常常需要一种简便的检识方法。最常用的是生物碱的沉淀反应和显色反应。沉淀反应是利用大多数生物碱在酸性条件下，与某些沉淀剂反应生成弱酸不溶性复盐或络合物沉淀。生物碱的沉淀剂种类较多，其中最常用的碘化铋钾试剂（Magner's reagent）、碘化汞钾试剂（Mayer's reagent）和硅钨试剂（Bertrad's reagent）等。对大多数生物碱来说，最常用的显色剂是改良的碘化铋钾试剂，主要用于薄层色谱中。此外，在生物碱的检识中应注意假阳性结果的排除。

本章反应总结

硝化反应

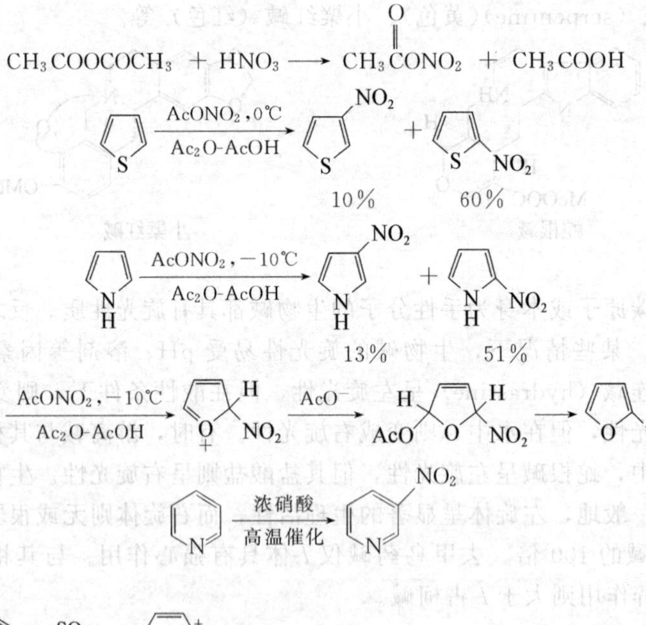
CH3COOCOCH3 + HNO3 ⟶ CH3CONO2 + CH3COOH
O
AcONO2，0℃
Ac2O-AcOH
NO2
S
10%
60%
AcONO2，−10℃
Ac2O-AcOH
N
H
13%
51%
AcO−
AcO
浓硝酸
高温催化

磺化反应

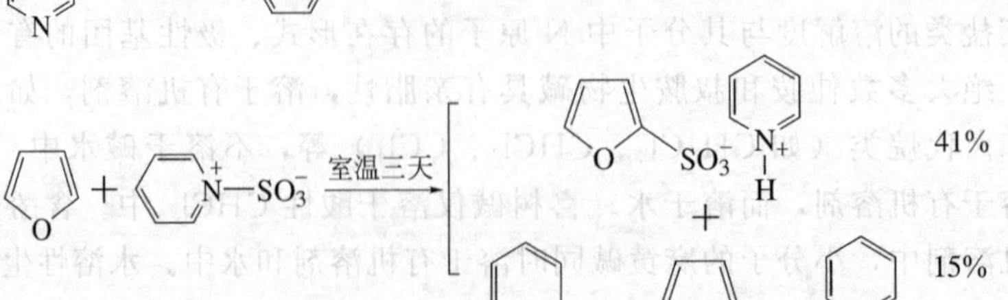
SO3
N
SO3−
室温三天
41%
15%
H

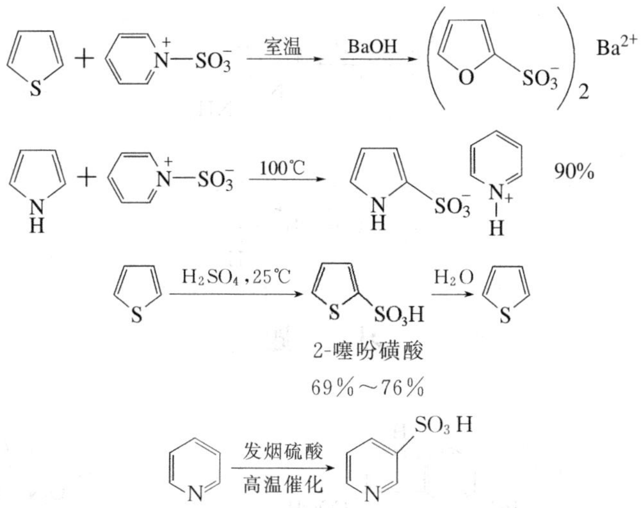

室温
BaOH
100℃
90%
2-噻吩磺酸
69%～76%
发烟硫酸
高温催化

卤化反应

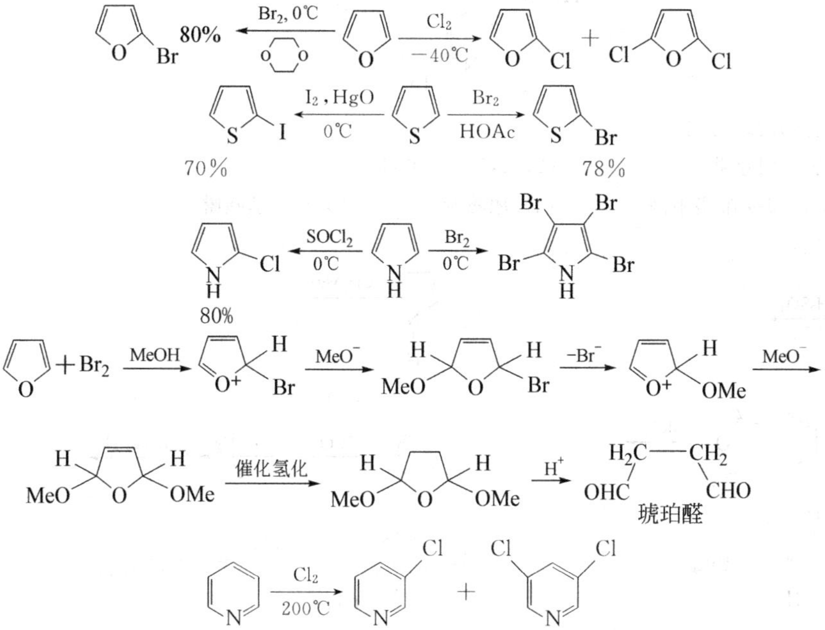

80%
70%
78%
80%
催化氢化
琥珀醛

傅-克酰基化反应

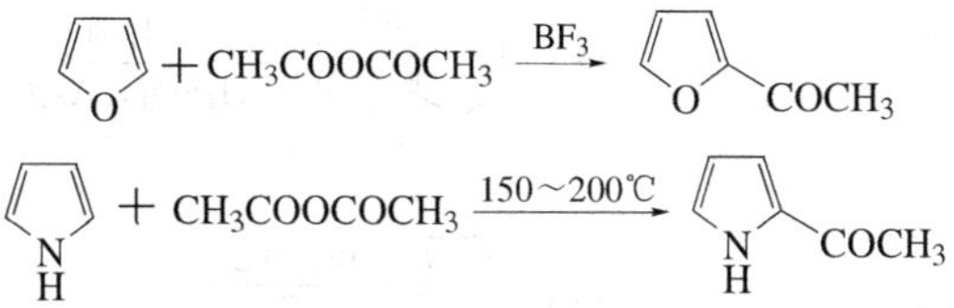

加成反应

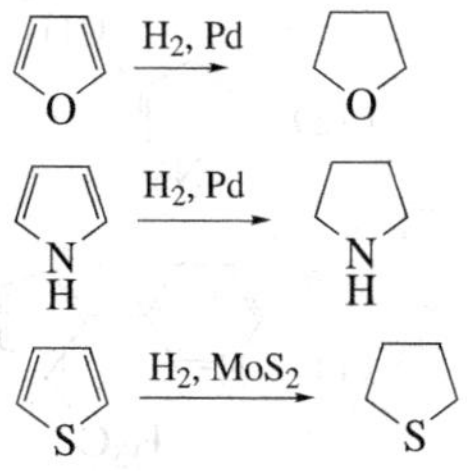

亲核取代反应

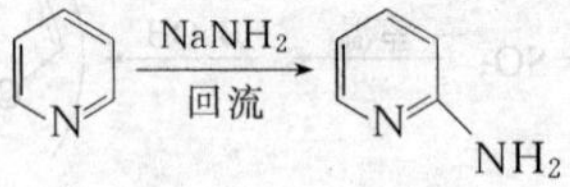

还原反应

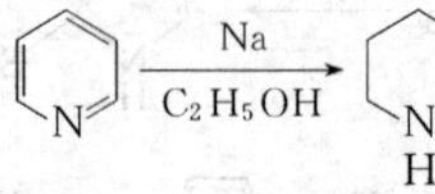

习　题

1. 命名下列化合物。

(1) 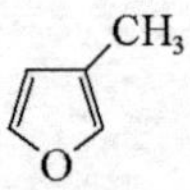　(2) 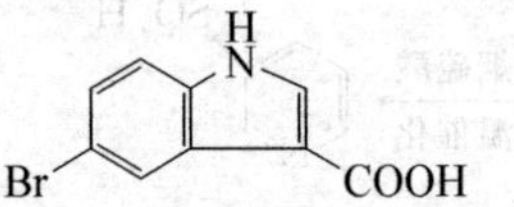　(3) 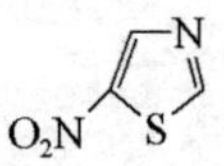

(4) 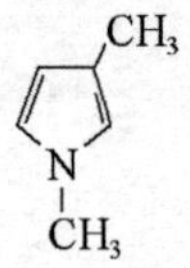　(5) 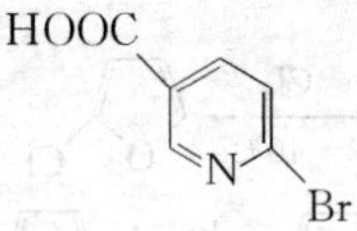

2. 写出下列化合物的结构式。

(1) 6-甲氧基-8-溴喹啉　(2) 2,5-二氢呋喃

(3) *N*-乙基-*α*′-溴-*α*-吡咯甲醛　(4) 尿嘧啶　(5) 8-羟基喹啉

3. 完成下列反应。

(1) 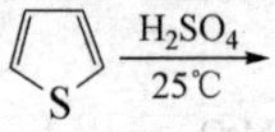　(2) 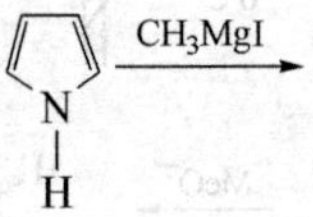

(3) 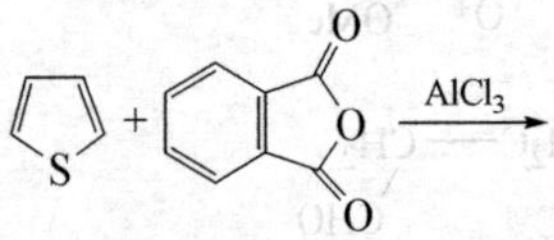　(4) 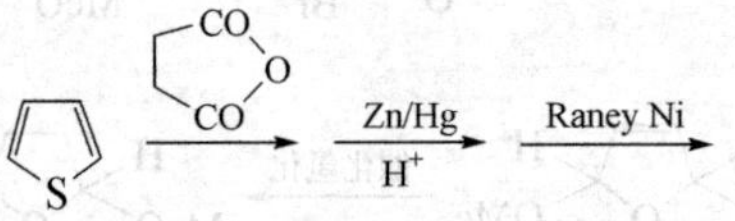

(5) 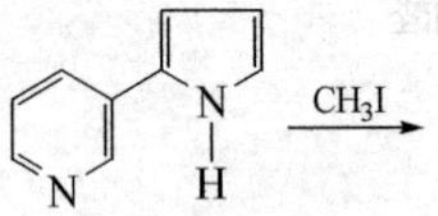　(6) 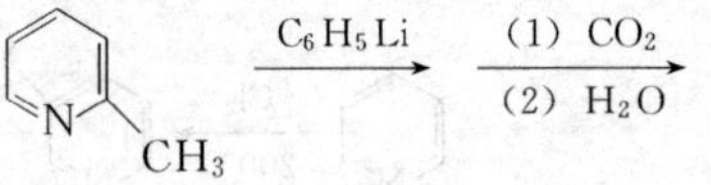

(7) 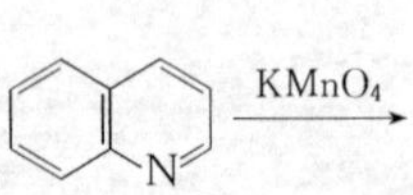　(8) 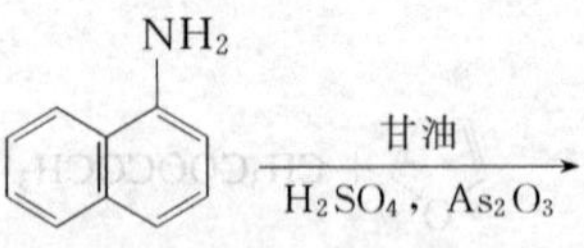

(9) 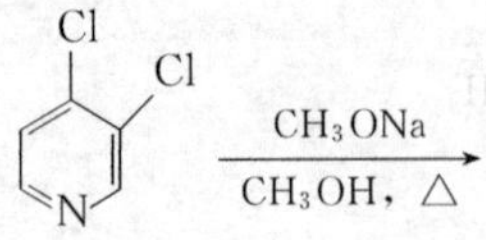　(10) 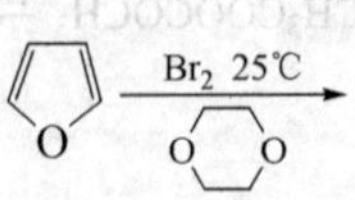

(11) 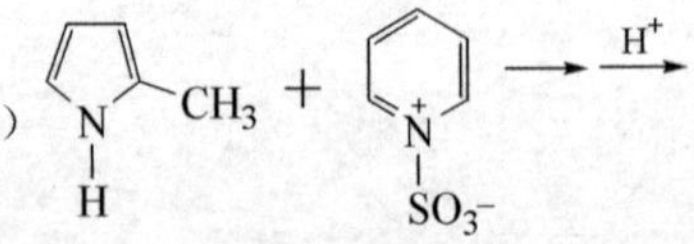　(12) 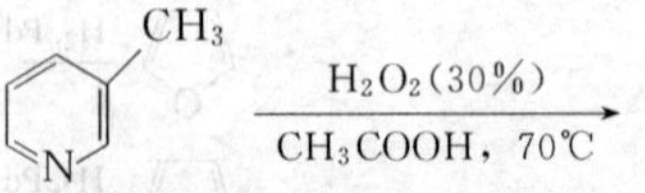

(13) 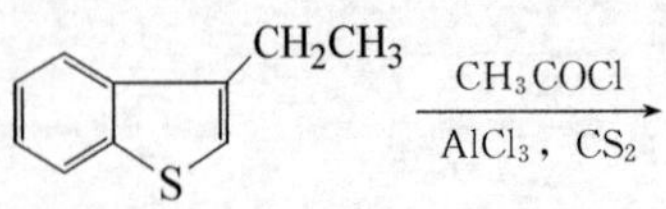　(14) 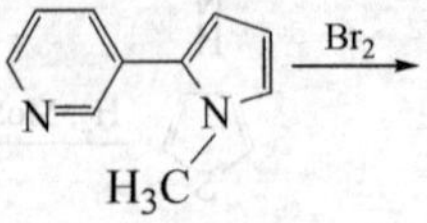

(15) 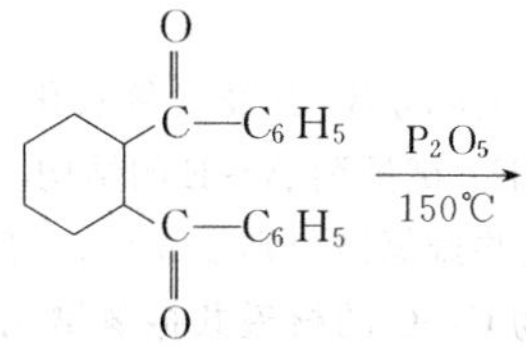   (16) 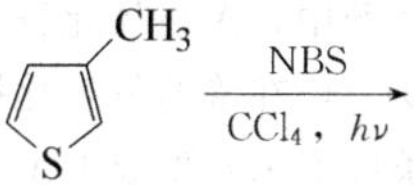

(17) 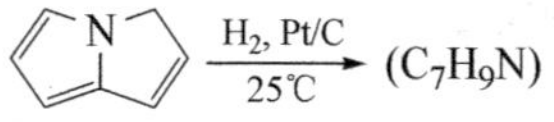   (18) 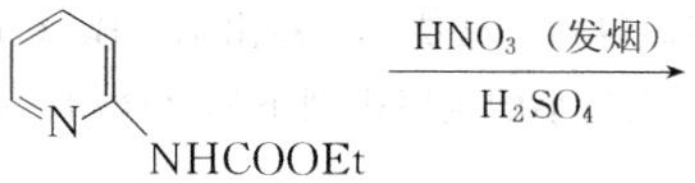

(19) 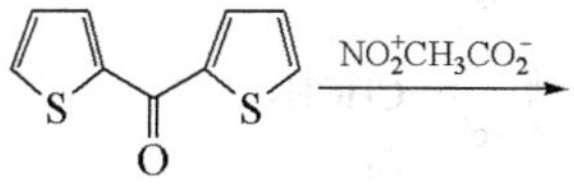   (20) 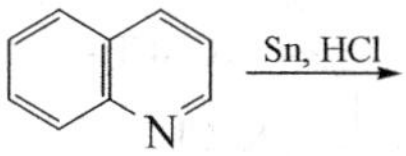

4. 用化学方法除去焦化苯中的噻吩。

5. 用化学方法除去混在甲苯中的少量吡啶。

6. 用化学方法区分 1-乙基吲哚和 2-甲基吲哚。

7. 用化学方法区别吡啶和苯胺。

8. 写出下列反应的反应历程。

(1) 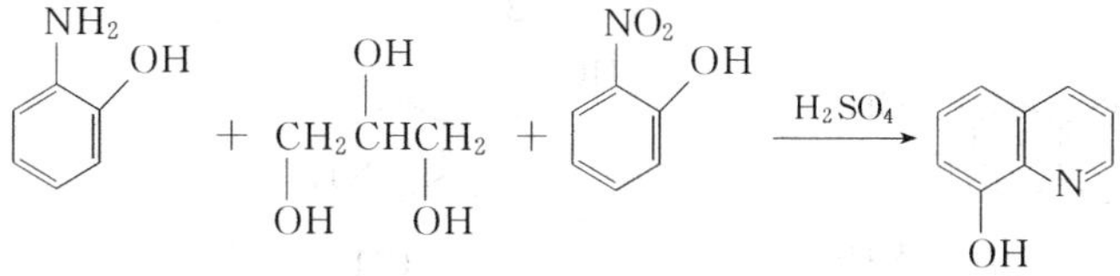

(2) 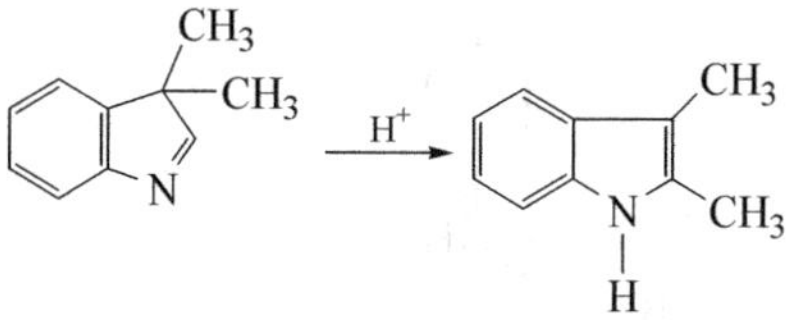

(3) $CH_3COCH_2COOEt + CH_3COCH_2Cl$ 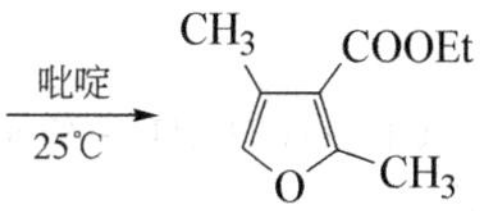

(4) $OHCCH{=}CHCHO$ 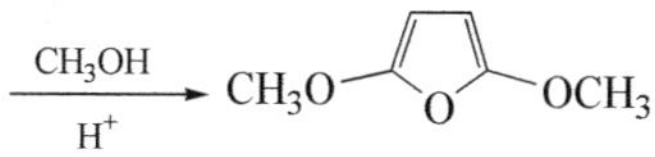

9. 由指定原料和不超过 2 个碳原子的试剂合成。

(1) 由噻吩合成 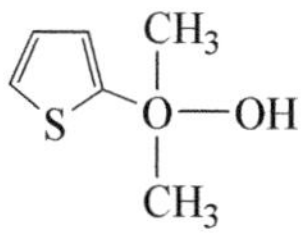   (2) 由呋喃合成 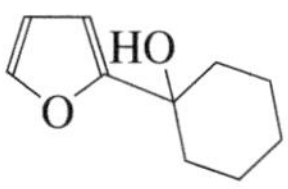

(3) 由苯合成 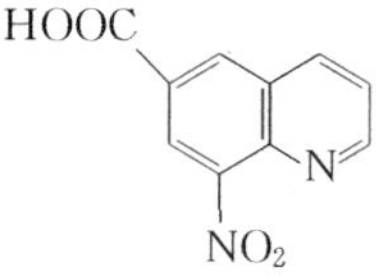   (4) 由吡啶合成 

(5) 由甲苯和不超过 3 个碳原子的试剂合成 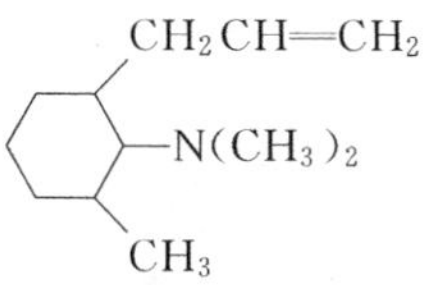

10. 杂环化合物 $C_5H_4O_2$ 经氧化后生成羧酸 $C_5H_4O_3$，把此羧酸的钠盐与碱石灰作用，转变为 C_4H_4O，后者不与金属钠反应，也不具有醛和酮的性质，原来的 $C_5H_4O_2$ 是什么？

11. 吡啶羧酸 $(C_5H_4N)COOH$ 有三种异构体，其熔点分别为 A 137℃，B 234～237℃，C 317℃，它们的结构是通过下列反应证实的：喹啉用碱性高锰酸钾氧化得到一个二元酸，加热这个二元酸得到 A；而用异喹啉经过同样的反应得到 B 和 C。写出 A、B 和 C 的结构式。

12. 化合物 A(C_6H_7N) 能溶解于稀盐酸中，A 在氧化锌存在下和苯甲醛作用生成 B。B 经臭氧氧化、锌粉还原水解生成苯甲醛和 C(C_6H_5NO)，C 在浓的氢氧化钠作用下生成 D 和 E。试推测 A～E 的结构。

13. 杂环化合物 A(C_6H_8O) 在碱性条件下水解生成 B($C_6H_{10}O_2$)；B 的核磁共振氢谱分别在 $\delta=2.1$ 和 $\delta=2.6$ 处有两个单峰，其峰面积比为 3∶2，用 NaOD / D_2O 处理 B 得到化合物 C，C 的核磁共振氢谱无吸收峰。B 用锌汞齐盐酸还原得到正己烷。试写出 A、B、C 的结构式，并说明理由。

14. 按 S_N1 反应速率由大到小的次序排列下列化合物，并说明理由。

① 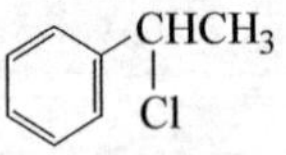
② 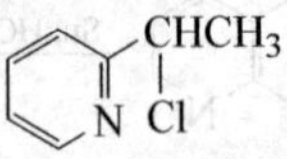
③ 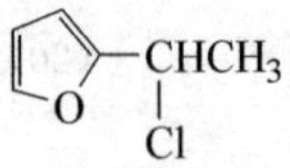
④ 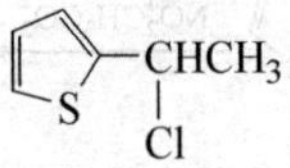

15. 比较碱性大小：

(1) 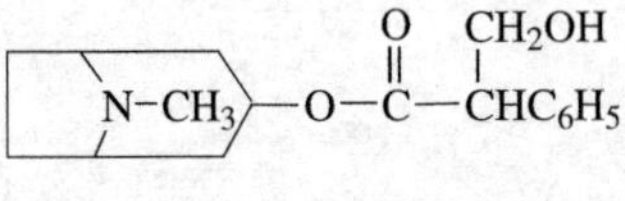
A
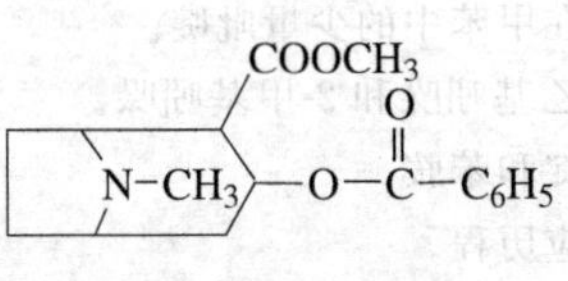
B

(2) 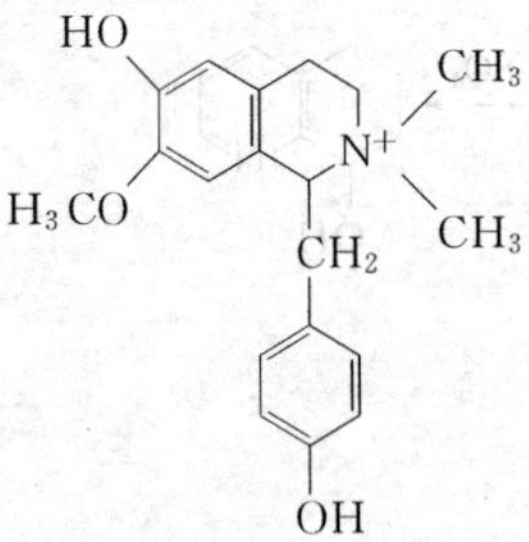
A
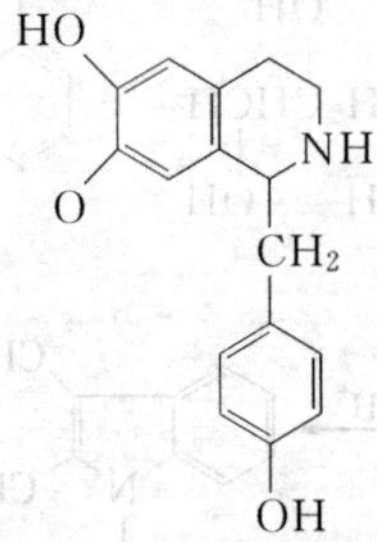
B

16. 用适当的物理化学方法区别下列化合物：

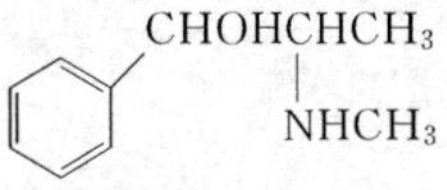
A
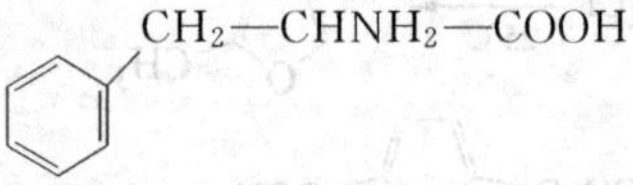
B
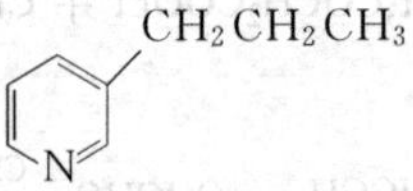
C

（扬州大学，袁宇）

第十八章 周环反应

第一节 周环反应和分子轨道对称守恒原理

一、周环反应及其分类

1928 年，Diels-Alder 发现的双烯加成反应是大家所熟知的。其特点是反应在加热或光照的条件下进行，且在多数情况下基本上不被酸或碱所催化，也不受自由基引发剂的诱发（或抑制）。反应进行时，旧键的断裂和新键的生成协同发生，即断键和成键涉及的电子重排是同时进行的，并且具有高度的立体专一性。因此，这类反应既不是离子型反应，也不是自由基型反应，而是通过环状过渡态进行的协同反应（concerted reaction）。这种在光照或加热条件下经由环状过渡态进行的协同反应叫做周环反应（pericyclic reaction）。Diels-Alder 反应就属于周环反应的一种。

周环反应主要包括电环化反应、环加成反应和 σ-迁移反应等三种类型。

1. 电环化反应（electrocyclic reaction）

在热或光的作用下，一个线性共轭多烯烃通过共轭链端分子内协同环化或它的逆反应，即一个环型烯烃协同开环而生成一个共轭多烯烃的反应，称为电环化反应。例如，美国化学家 R. B. Woodward（伍德沃德）等 19 个国家大约 100 位化学家在合成维生素 B_{12} 的过程中就涉及共轭己三烯的电环化反应，并发现当共轭己三烯两端有取代基时，例如 (E,Z,E)-2,4,6-辛三烯在加热条件下环化（反应过程中发生三个 π 键的断裂及一个 σ 键和两个新 π 键的生成）只生成顺式的环己二烯，即顺-5,6-二甲基-1,3-环己二烯，而在光照条件下，环化只生成反式的环己二烯，即反-5,6-二甲基-1,3-环己二烯：

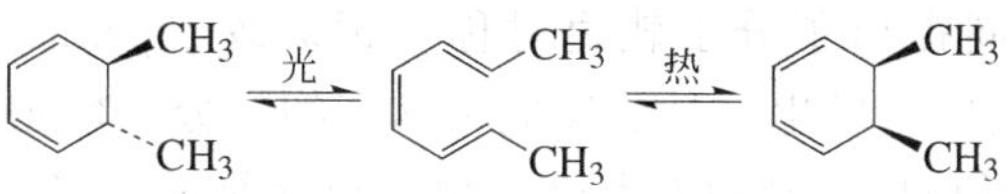

CH3
CH3
光
CH3
CH3
热
CH3
CH3

但是，分子的两端有取代基的丁二烯，例如 E,E-2,4-己二烯环化的结果恰好与共轭己三烯的相反，即加热环化（反应过程中发生两个 π 键的断裂及一个 σ 键和一个新 π 键的生成）只生成反式产物，而光照环化只生成顺式产物：

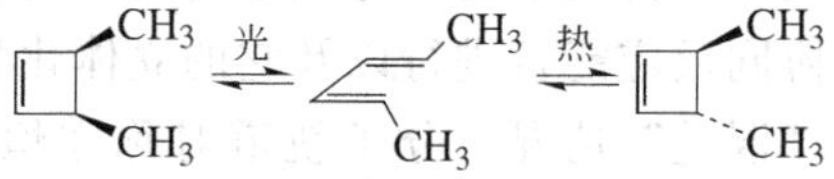

CH3
CH3
光
CH3
CH3
热
CH3
CH3

实验证明，许多类似的电环化反应［$(4n+2)\pi$ 电子体系或 $4n\pi$ 电子体系，$n=1$］都具有立体专一性，并且这种立体专一性是由反应所用能源的种类决定的，即有些反应在加热的条件下就能进行，有些反应却要在光照的条件下才能进行，而且热和光的作用对环化产物的立体化学构型有相反的结果；热和光对三烯的立体专一性恰恰与对二烯的立体专一性相反。

2. 环加成反应（cycloaddition reaction）

在热或光的作用下，两个独立的 π 电子体系［4+2］或［2+2］彼此加成（如共轭烯烃与单烯烃或单烯烃与单烯烃等），通过旧的 π 键破裂和同时生成两个新的 σ 键及一个 π 键而形成环状化合物的反应，称为环加成反应。环加成反应是一个可逆的双分子协同反应，并且具有顺式加成的立体专一性，其中最著名的例子是 Diels-Alder 双烯合成（四个 π 电子的双烯体与两个 π 电子的亲双烯体即六个 π 电子的［4＋2］环加成）：

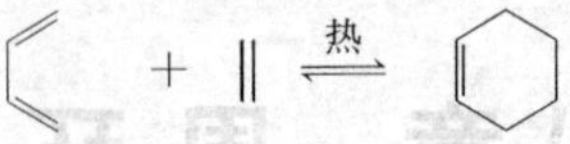
热

两分子乙烯在光照下的二聚反应即 4 个 π 电子的［2＋2］环加成：

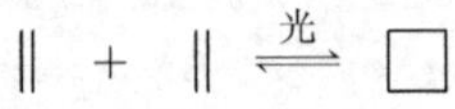
光

3. σ-迁移反应（sigmatropic reaction）

在加热或光照条件下，一个 π 电子体系中的原子或原子团带着它的 σ 键从一端迁移到另一端，并伴随着 π 键移位的反应，称为 σ-迁移反应，也叫 σ-重排反应。该反应也是经过环状过渡态，但并不形成环状化合物的周环反应。例如：

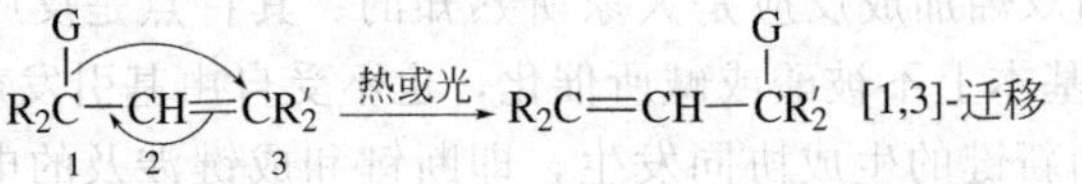
热或光
[1,3]-迁移

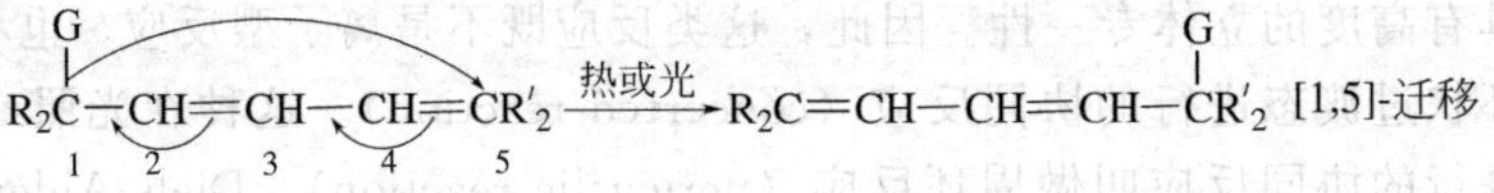
热或光
[1,5]-迁移

σ-迁移反应最著名的例子是 1,5-己二烯类的 Cope 重排反应的 C—C 键迁移，其中 G 和 π 骨架的连接位置都有改变，G 本身实际上也是一个 π 骨架：

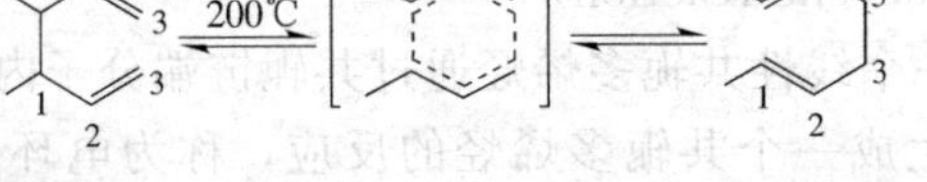
200℃

二、分子轨道对称守恒原理

对于上述周环反应的特殊性质，在 1960 年以前人们是不理解的，甚至有人认为是没有历程的反应。直到 1965 年，Woodward 在从事维生素 B_{12} 的全合成过程中首先认识到，热和光在周环反应中的行为及其导致反应立体化学结果的差别，一定受到前人尚未认识到的更重要的因素所控制。于是，激发他进一步去深入研究，并经过 R. Hoffman 采用了量子力学中的分子轨道法进行计算和推广，共同提出了分子轨道对称守恒原理（principle of conservation of MO symmetry)，即一个化学反应的发生，是受反应物和产物的分子轨道的对称性所控制的，在通过环状过渡态进行的协同反应中，轨道对称性守恒。也就是说，当反应物、过渡态和产物的分子轨道有一共同的对称元素（如对称面），即反应体系轨道的对称性保持不变时，协同反应就容易发生，而对称性不同时，反应则难于进行，因此在协同反应中，分子总是倾向于以保持其轨道对称性不变的方式发生反应，并得到轨道对称性不变的产物。根据这一原理，可以推导出一系列的选择规律，用以预测协同反应能否进行以及它的立体化学进程，从而解释了立体化学中那些迷惑人的变化和产物的“混乱”情况。分子轨道对称守恒原理的提出，开创了一条研究化学反应的新途径，极大地推动了由轨道控制的协同反应的研究。它说明了分子轨道的对称性对化学反应进行难易程度以及产物构型的决定作用，使人们对反应动力学和反应历程的认识深入到了物质微观结构的一个新层次，成为 20 世纪 60 年代理论有机化学和量子化学最大的成果之一。由于这一贡献，他们分别获得了 1965 年和 1981 年的 Nobel（诺贝尔）化学奖。

目前，对周环反应的解释主要有三种理论，即前线轨道理论、能级相关理论和芳香过渡状态理论，而且这三种理论都已被确认是支配周环反应的基本原理，它们都是以分子轨道理论为基础的，并且所得结论都是相同的。本章重点介绍前线轨道理论和能级相关理论。

第二节　π电子体系的分子轨道对称性和前线轨道理论

一、π电子体系的分子轨道和对称性

为了解释周环反应，需先介绍π电子体系的分子轨道及其对称性的问题。

分子轨道是由原子轨道线性组合得到的。例如，乙烯分子中两个相邻碳原子的 $2p_z$ 轨道相互重叠产生的两个π分子轨道，如图 18-1 所示。

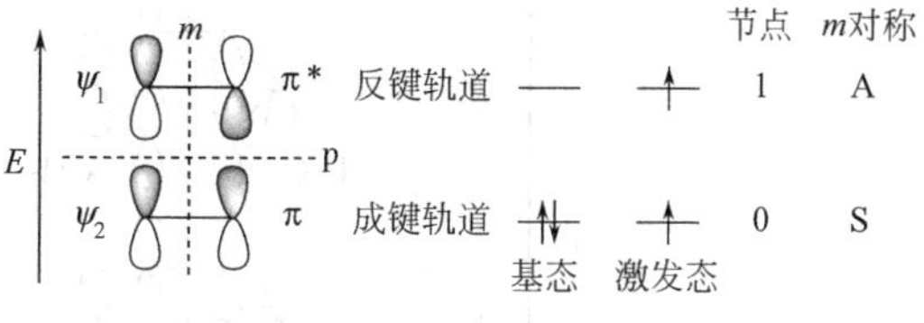

节点
m对称
m
ψ_1
π*
反键轨道
1
A
E
p
ψ_2
π
成键轨道
0
S
基态
激发态

图 18-1　乙烯的π和π* 分子轨道

从图 18-1 中可以看出，只有相同位相的原子轨道才能彼此重叠成键，位相相反的原子轨道不能重叠成键，而构成反键分子轨道。π成键轨道和π* 反键轨道的一个区别，在于它们具有不同的对称性（在这里仅考虑在化学反应中发生变化的π体系分子轨道的对称性），即π成键轨道对垂直并等分C—C键的平面 *m* 是对称的（S），而π* 反键轨道对平面 *m* 则是反对称的（A）。

丁二烯的四个 p 轨道经线性组合可以得到 4 个π分子轨道，即 Ψ_1、Ψ_2、Ψ_3 和 Ψ_4，其中 Ψ_1（没有节点）、Ψ_2（有一个节点）的能量比 p 轨道的低，为成键轨道，而 Ψ_3（有两个节点）、Ψ_4（有三个节点）的能量比 p 轨道高，为反键轨道。在基态时，Ψ_1、Ψ_2 各被两个自旋相反的电子所占据，Ψ_3、Ψ_4 是空轨道。*s*-顺式构象的丁二烯（*s* 表示连接两个双键之间的单键）的四个π分子轨道及其对称性如图 18-2 所示。

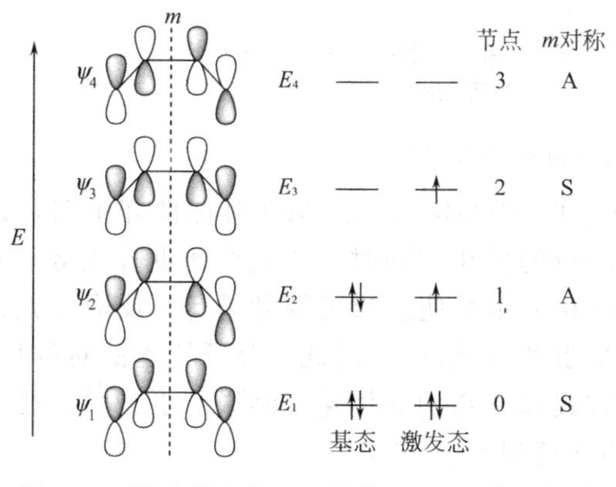

m
节点
m对称
ψ_4
E_4
3
A
ψ_3
E_3
2
S
E
ψ_2
E_2
1
A
ψ_1
E_1
0
S
基态
激发态

图 18-2　顺式构象的丁二烯的π和π* 分子轨道

从图 18-2 中可以看出，丁二烯的四个π分子轨道的对称性从 Ψ_1 到 Ψ_4（从低能级到高能级）呈现 S→A→S→A 交替变化。分子轨道的这种对称性不只丁二烯如此，其他链状共轭多烯烃也总是从稳定的分子轨道 Ψ_1 趋向不稳定的 Ψ_n，并呈现 S→A→S→A…交替变化。例如，2,4,6-辛三烯的六个π分轨道的对称性如图 18-3 所示。

二、前线轨道理论

前线轨道理论认为（日本量子化学家福井谦一于 1972 年提出），分子在反应过程中分子轨道发生变化（微扰），而且化学键的断裂和形成时优先起作用的是前线分子轨道（frontier molecular obital，简称 FMO），即已经被电子所占据的分子轨道中能级最高的分子轨道，简称最高被占轨道，记为 HOMO（highest occupied molecular obital）和未填充电子的空分子轨道中能级最低的分子轨道，简称最低未占轨道，记为 LUMO（lowest unoccupied molecular obital）。由于前线轨道理论涉及一个分子的 HOMO 和另一个分子的 LUMO 之间的相互作用，并且参加反应的两个分子中的一个分子的 HOMO 上的电子能量较高，原子核对其束缚比较松弛，很容易激发（在光或热作用下），并流向另一分子对电子具有较强亲和力的 LUMO，因此 HOMO 具有供给电子的性质，LUMO（是空的）具有接受电子的性质。由于 HOMO 与 LUMO 都处在反应前线，故称为前线轨道。当参加反应的分子只有一个型体时（例如电环化反应或σ-迁移反应），则只考虑 HOMO。然而，在进行周环反应时，前线轨道能否相互作用成键，

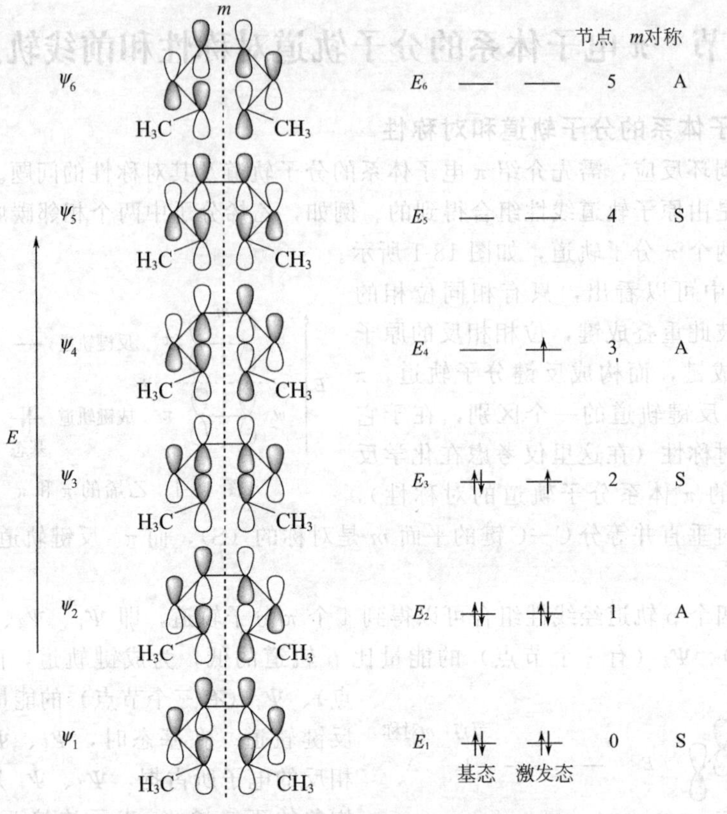
m
节点 m对称
ψ_6
E_6 —— —— 5 A
H_3C CH_3
ψ_5
E_5 —— —— 4 S
H_3C CH_3
ψ_4
E_4 —— ↑ 3 A
H_3C CH_3
E
ψ_3
E_3 ↑↓ ↑ 2 S
H_3C CH_3
ψ_2
E_2 ↑↓ ↑↓ 1 A
H_3C CH_3
ψ_1
E_1 ↑↓ ↑↓ 0 S
H_3C CH_3
基态 激发态

图 18-3　2,4,6-辛三烯的 π 和 π* 分子轨道

关键在于它们的对称性，只有参加反应的两个分子的 HOMO 和 LUMO 对称性守恒时，即 HOMO（p 轨道）的两瓣与 LUMO（p 轨道）的两瓣的位相相同时，才能彼此重叠成键，并且重叠越大成键越牢固，反应活性也越大。相同位相的重叠使反应可顺利进行，反应是允许的，而不同位相的重叠使反应不能进行，反应是禁阻的（反键）。因此，分子轨道的对称性，特别是前线轨道的对称性决定着周环反应进行的方式和产物的立体化学结果。丁二烯、己三烯、乙烯的 π 电子体系中最高被占轨道和最低未占轨道列于表 18-1 中。

表 18-1　丁二烯、己三烯、乙烯基态的最高被占轨道和最低未占轨道

丁二烯	己三烯	乙烯
+−+− —— A ○+−−+ —— S ●++−− ↑↓ A ++++ ↑↓ S 基态	+−+−+− —— A +−++−+ —— S ○+−−++ —— A ●++−−++ ↑↓ S +++−−− ↑↓ A ++++++ ↑↓ S 基态	○+− —— A ●++ ↑↓ S 基态

注：●表示最高占据轨道；○表示最低未占轨道。

第三节　电环化反应

一、[4n+2] π 电子体系的电环化反应

电环化反应是开链共轭多烯在热或光作用下，发生异构化反应生成一个顺式或反式的环状

化合物（完全立体专一性）的反应，反应的结果减少了一个 π 键，形成了一个 σ 键。这个反应的逆过程（开环）亦称为电环化反应。例如，2,4,6-辛三烯的闭环反应，1965 年 Woodward 和 Hoffman 在哈佛大学所作的题为“分子轨道对称性守恒原理”的报告中的第一个报告，就是关于对该反应的解释。2,4,6-辛三烯是一个 6π 电子［4n+2］体系，其 π 分子轨道波函数为：

$$\Psi_6 = 0.232X_1 - 0.418X_2 + 0.521X_3 - 0.521X_4 + 0.418X_5 - 0.232X_6$$
$$\Psi_5 = 0.418X_1 - 0.521X_2 + 0.232X_3 + 0.232X_4 - 0.521X_5 + 0.418X_6$$
$$\Psi_4 = 0.521X_1 - 0.232X_2 - 0.418X_3 + 0.418X_4 + 0.232X_5 - 0.521X_6$$
$$\Psi_3 = 0.521X_1 + 0.232X_2 - 0.418X_3 - 0.418X_4 + 0.232X_5 + 0.521X_6$$
$$\Psi_2 = 0.418X_1 + 0.521X_2 + 0.232X_3 - 0.232X_4 - 0.521X_5 - 0.418X_6$$
$$\Psi_1 = 0.232X_1 + 0.418X_2 + 0.521X_3 + 0.521X_4 + 0.418X_5 + 0.232X_6$$

经计算可以看出，从 Ψ_1 到 Ψ_6 对 m 面呈现 S→A→S→A→S→A 的交替变化。按 Woodward 和 Hoffman 的观点，2,4,6-辛三烯的闭环为“热反应时涉及最高被占函数（轨道）的状态，经光激发进行反应时则涉及最低未占函数（轨道）的状态”。由于热反应是在基态下发生的（热能不足以激发电子构型处于基态的分子，因为热能分散在大群分子上），所以加热条件下 2,4,6-辛三烯的 HOMO 是 Ψ_3，它对 m 面是对称的，共轭体系中两个末端双键的 p 轨道位相相同，见图 18-3 和表 18-1。

根据前线轨道理论，在周环反应中，从反应物到产物，其 HOMO 及 LUMO 的对称性保持不变。因此，为了环化生成 C—C σ 键，2,4,6-辛三烯共轭体系中两个末端双键的 p 轨道必须进行重新杂化成 sp^3 轨道，并且都需按顺时针或反时针方向转动 90°，以实现轨道的可能重叠。键的转动有两种不同的方式，即顺旋（共轭体系中两个末端双键的 p 轨道绕 π 体系中的 C=C 双键的轴旋转方向相同）和对旋（共轭体系中两个末端双键的 p 轨道绕 π 体系的 C=C 双键的轴旋转方向相反），这两种旋转方式决定了周环反应是否能够进行和产物的立体化学结果，如图 18-4 所示。

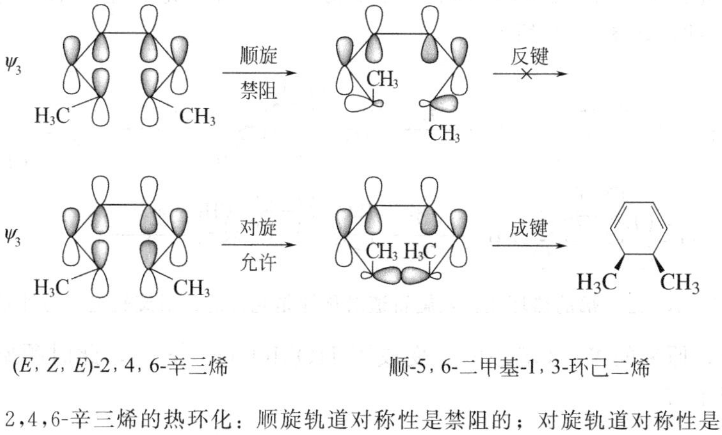

ψ3
顺旋
禁阻
反键
H3C
CH3
CH3
CH3
ψ3
对旋
允许
成键
H3C
CH3
CH3 H3C
H3C
CH3
(E, Z, E)-2, 4, 6-辛三烯
顺-5, 6-二甲基-1, 3-环己二烯

图 18-4　2,4,6-辛三烯的热环化：顺旋轨道对称性是禁阻的；对旋轨道对称性是允许的

从图 18-4 中可以看出，在共轭体系中两个末端双键的 p 轨道顺旋的结果使两个相同位相的 p 轨道转变成两个位相相反的 sp^3 杂化轨道（轨道对称性不守恒），导致体系的总能量增高，在共轭体系中两个末端双键碳原子之间不能成键；而对旋（一个按顺时针，另一个按反时针）的结果则使共轭体系中两个末端双键的相同位相的 p 轨道转变成位相一致的两个 sp^3 杂化轨道（符合轨道对称守恒原理），导致体系的能量降低，可以形成稳定的 σ 键而闭环，其中两个甲基是顺式的。因此，2,4,6-辛三烯的热电环化反应是通过对旋进行的，即对旋是轨道对称性允许

的，而顺旋则是轨道对称性禁阻的。当2,4,6-辛三烯光照环化时，由于光化学能使处于基态的部分2,4,6-辛三烯分子的电子构型发生变化，即2,4,6-辛三烯吸收了光量子后，一个电子从基态的HOMO（即 Ψ_3）跃迁到高一级的能级即邻近的LUMO（Ψ_4）上去，此时HOMO便不是 Ψ_3 而是 Ψ_4（激发态）了。因为 Ψ_4 的对称性（A）与 Ψ_3 中的C2和C7的对称性（S）正好相反，即C2和C7的p轨道位相相反，所以根据对称守恒原理，光照条件下顺旋是允许的，对旋是禁阻的，导致反式异构体的生成，如图18-5所示。

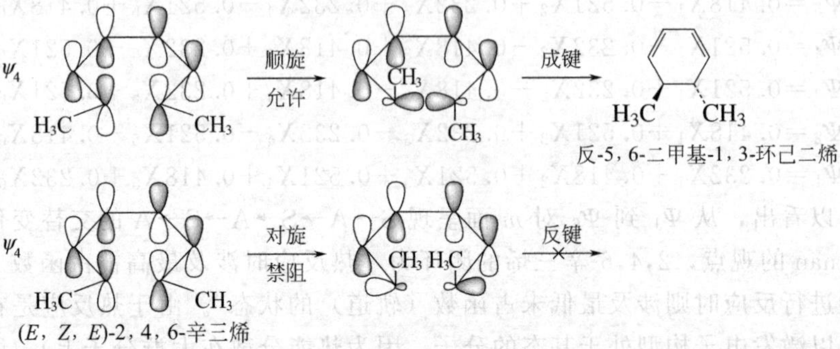

Ψ4
顺旋
允许
成键
反-5, 6-二甲基-1, 3-环己二烯
对旋
禁阻
反键
(E, Z, E)-2, 4, 6-辛三烯

图 18-5　2,4,6-辛三烯的光照环化：顺旋轨道对称性是允许的；对旋轨道对称性是禁阻的

二、[4n]π 电子体系的电环化反应

2,4-己二烯电环化反应的立体化学相互关系与2,4,6-辛三烯有相反的结果，即反,反-2,4-己二烯热环化生成反-3,4-二甲基环丁烯，光环化则生成顺-3,4-二甲基环丁烯异构体：

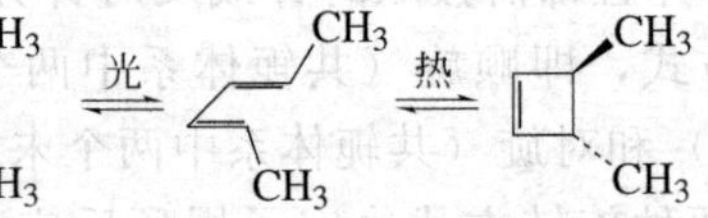

光
热

在热反应中，Ψ_2 为HOMO（见图18-2），由于共轭体系末端p轨道的位相相反，所以顺旋是轨道对称性允许的，在C2和C5间可以形成σ键，对旋是轨道对称性禁阻的，在C2和C5间不能形成σ键，如图18-6所示。

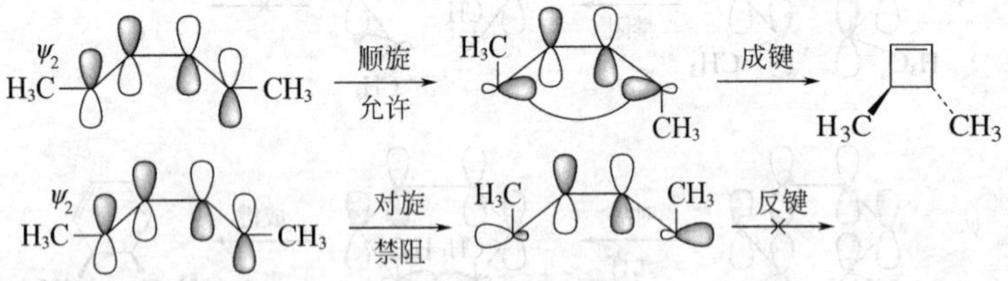

Ψ2
顺旋
允许
成键
对旋
禁阻
反键

图 18-6　2,4-己二烯的热环化：顺旋轨道对称性是允许的；对旋轨道对称性是禁阻的

但在光化时，原来的 Ψ_3（基态的）变成了HOMO（$\pi \rightarrow \pi^*$），此时顺旋是禁阻的，对旋是允许的，见图18-7。

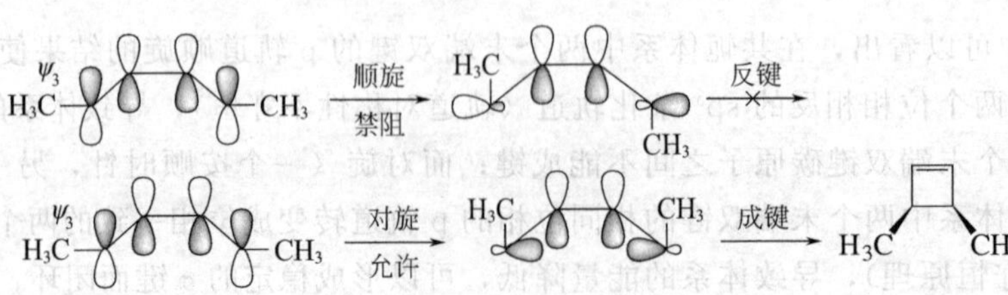

Ψ3
顺旋
禁阻
反键
对旋
允许
成键

图 18-7　2,4-己二烯的光环化：顺旋轨道对称性是禁阻的；对旋轨道对称性是允许的

三、[4n]π 和 [4n+2]π 电子体系的开环反应

根据基元反应的可逆性原理，[4n]π 和 [4n+2]π 电子体系的电环化反应的逆反应即电开环反应与电环化反应应有相同的历程，只是成键和断键的过程相反，因此可以把电开环反应看作是 σ 键对 π 键的环加成，其反应途径同样受两组分的前线轨道的控制，即电子转移应该在被断裂键的 HOMO 和 LUMO 间发生。例如，在 3,4-二甲基环丁烯的热化学开环反应中（发生一个 π 键和一个 σ 键的断裂及两个新 π 键的生成），是双中心的 σ 键的 HOMO（对 m 面是对称的）与 π 键（乙烯）的 LUMO（对 m 面是反对称的）或 π 键（乙烯）的 HOMO 与双中心的 σ 键的 LUMO 之间的相互作用。为实现图 18-8 所示的轨道相同位相匹配成键，σ 键的两个 sp^3 轨道必须顺旋破裂，而 σ 键的两个 sp^3 轨道对旋破裂使轨道反位相重叠，导致生成反键。所以，基态 3,4-二甲基环丁烯的热开环反应顺旋是对称性允许的（符合 Woodward-Hoffman 规则），对旋是对称性禁阻的。

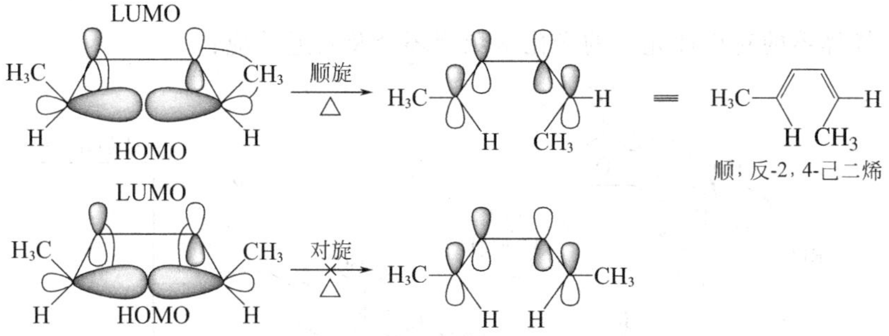
LUMO
H₃C
CH₃
H
HOMO
H
顺旋
△
H₃C
H
H
CH₃
H₃C
H
H CH₃
顺，反-2，4-己二烯
LUMO
H₃C
CH₃
H
HOMO
H
对旋
△
H₃C
CH₃
H H

图 18-8 顺-3,4-二甲基环丁烯的热化学开环：顺旋轨道对称性是允许的；对旋轨道对称性是禁阻的

光化学开环时，由于分子吸收了光能，假定参加反应的两组分之一，例如 π 键（乙烯）中的一个电子（或 σ 键中的一个电子）被激发，原来的 LUMO 变成了 HOMO。依据微扰理论，它与另一组分 σ 键的 LUMO（实际上是 σ 键的反键轨道）之间的相互作用最大。两个前线轨道对 m 面对称性相同（AA 型），所以对旋是对称性允许的，而顺旋则是对称性禁阻的，如图 18-9所示。

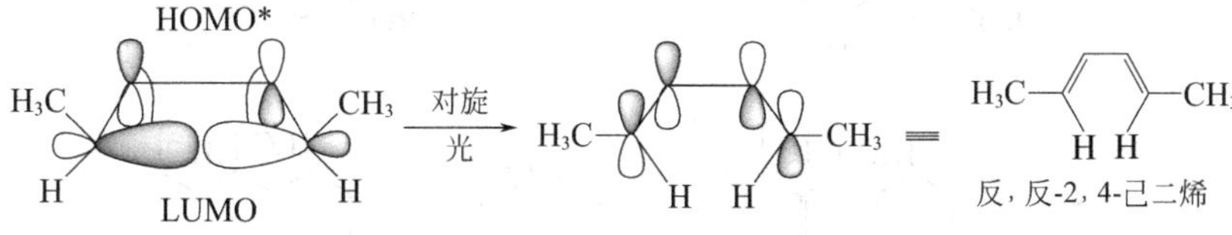
HOMO*
H₃C
CH₃
H
LUMO
H
对旋
光
H₃C
CH₃
H H
H₃C
CH₃
H H
反，反-2，4-己二烯

图 18-9 顺-3,4-二甲基环丁烯的光化学开环：对旋轨道对称性是允许的；顺旋轨道对称性是禁阻的

用同一方法处理 5,6-二甲基-1,3-环己二烯的开环反应，即双中心的 σ 键的 HOMO 与共轭 π 键（丁二烯）的 LUMO 或共轭 π 键（丁二烯）的 HOMO 与双中心的 σ 键的 LUMO 之间的相互作用，由于共轭 π 键（丁二烯）的前线轨道的对称性与 π 键（乙烯）的恰好相反，所以其立体化学结果与 3,4-二甲基环丁烯是不同的，所以，5,6-二甲基-1,3-环己二烯热化学开环时 σ-键的两个 sp^3 轨道对旋是对称性允许的，光化学开环时 σ-键的两个 sp^3 轨道顺旋是对称性允许的，如图 18-10 所示。

环化反应的逆反应也具有立体专一性。例如：图 18-8 和图 18-9 中的顺-3,4-二甲基环丁烯，只有热化学开环才能得到顺,反-2,4-己二烯，而在光化学反应中就不能得到相同构型的己二烯。实验证明，热电环化反应和光电环化反应之间电子状态上的差异在于参与热反应的分子处于基态，而参与光反应的分子处于激发态，上述预期的结果几乎没有例外。例如，维生素 D

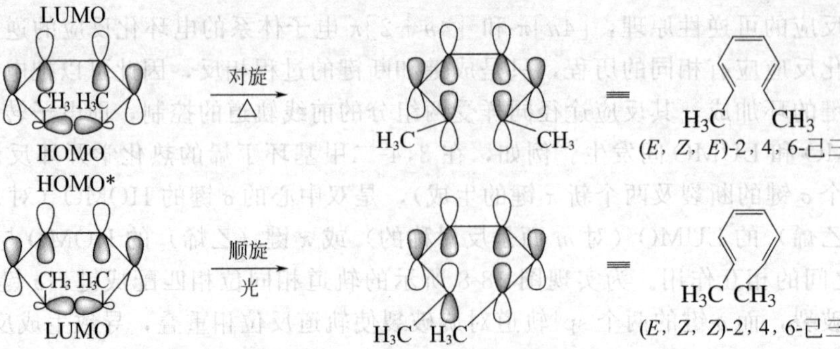
LUMO
CH₃ H₃C
HOMO
对旋
△
H₃C
CH₃
H₃C
CH₃
(E, Z, E)-2, 4, 6-己三烯
HOMO*
CH₃ H₃C
LUMO
顺旋
光
H₃C H₃C
H₃C CH₃
(E, Z, Z)-2, 4, 6-己三烯

图 18-10　顺-5,6-二甲基-1,3-环己二烯的开环反应：热化学对旋是轨道对称性允许的；光化学顺旋是轨道对称性允许的

领域中顺己三烯体系的对称性允许的光化学顺旋环合及其逆反应：

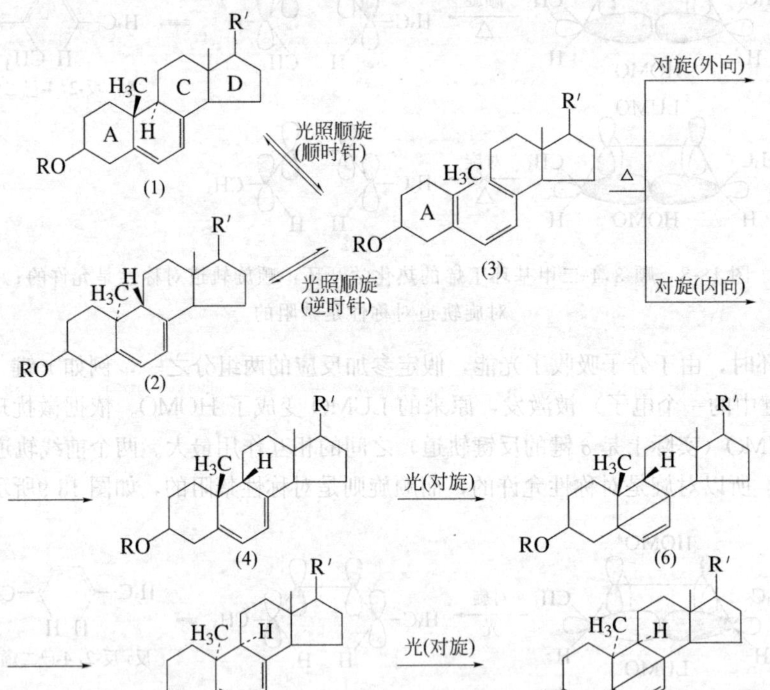
R′
H₃C
C
D
A
H
RO
(1)
光照顺旋
(顺时针)
R′
H₃C
A
RO
(3)
△
对旋(外向)
对旋(内向)
R′
H
H₃C
RO
(2)
光照顺旋
(逆时针)
R′
H₃C
H
RO
(4)
光(对旋)
R′
H₃C
H
RO
(6)
R′
H₃C
H
RO
(5)
光(对旋)
R′
H₃C
H
RO
(7)

从（1）→（7）的转变全是对称性允许的，尤其是环己二烯体系（4）和（5），由于不可克服的几何因素的限制，不发生对称性允许的开环反应（开环产物的 A 环或 C 环中必然生成一个有张力的反式双键），而通过另外一种对称性允许的过程光异构化为（6）和（7）。

从己三烯和丁二烯衍生物的电环化反应可以看出，其立体化学结果取决于开链多烯烃的 HOMO 上两端碳原子 p 轨道的位相对称性：$(4n+2)\pi(n=0,1,2,\cdots)$电子体系的 HOMO（$\Psi_3$）和 $4n\pi$ 电子体系的 LUMO（Ψ_3）的位相都是相同的；而 $4n\pi$ 电子体系的 HOMO（Ψ_2）和 $4n+2\pi$ 电子体系的 LUMO（Ψ_4）的位相都是不同的。相同的位相导致对旋出现成键或断键，相反的位相导致顺旋出现成键或断键。热和光所导致键的运动的对立现象一般称为 Woodward-Hoffmann 选择规律，见表 18-2。

表 18-2　电环化反应的选择规律

π电子数	热反应(基态)	光化学反应(激发态)	涉及的前线轨道
$4n$	顺旋	对旋	Ψ_{2n}(HOMO);Ψ_{2n+1}(LUMO);
$4n+2$	对旋	顺旋	Ψ_{2n+1}(HOMO);Ψ_{2n+2}(LUMO);

由于电环化反应具有严格的立体化学专一性，因此在有机合成上相当重要，并且在指导天然产物的半合成工作上也是卓有成效的。例如，有人巧妙地利用了分子内开环后再闭环的电环化反应合成了二氢化山道年（山道年为驱肠虫药，是一般宝塔糖中的主要成分），下述反应物与产物的差别仅在于构象的不同。

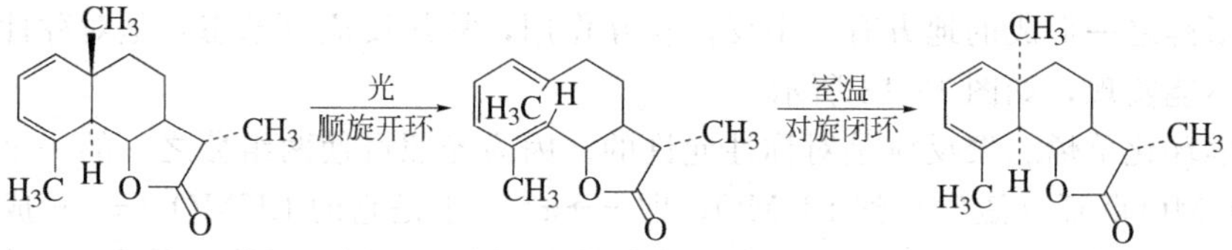

CH3
H3C
H
CH3
O
O
光
顺旋开环
H3C
H
CH3
CH3
O
O
室温
对旋闭环
CH3
H3C
H
CH3
O
O

第四节　环加成反应

一、环加成反应选择规律

前线轨道理论认为，属于加热引起的双分子环加成反应（或其逆过程），是一个π电子组分的 HOMO 与另一个π电子组分的 LUMO 相同位相相互作用（重叠）的结果。例如：在最简单的 Diels-Alder 反应，即丁二烯与乙烯的环加成反应中，发生新键的生成和旧键的破裂，依据前线轨道理论，这一过程将是电子从丁二烯的 HOMO 流向乙烯的 LUMO，或从乙烯的 HOMO 流向丁二烯的 LUMO，而只有两个相互作用的前线轨道的能量相近和对称性匹配（即位相相同）的情况下，才能重叠成键。由于丁二烯的 HOMO 和乙烯的 LUMO 的能级差与乙烯的 HOMO 和丁二烯的 LUMO 的能级差没有显著的差别（见图 18-11），并且丁二烯的 HOMO（Ψ_2）与乙烯的 LUMO（π^*）或丁二烯的 LUMO（Ψ_3）与乙烯的 HOMO（π）都具有相同的对称性，即对 m 面都是反对称的或都是对称的，在加热条件下（基态时）可以发生同面-同面，即［4S+2S］相互作用（电子从一个分子的 HOMO 流入另一个分子的 LUMO）形成两个σ键，并使体系的能量降低，反应符合轨道对称性守恒原理，是对称性允许的，可以按协同加成的途径进行反应，如图 18-11 所示。

然而，在光作用下的 Diels-Alder 反应都是禁阻的，因为处于激发态的丁二烯分子的 HOMO（Ψ_3）和基态乙烯分子的 LUMO（π^*）或基态的丁二烯分子的 LUMO（Ψ_3）与激发态

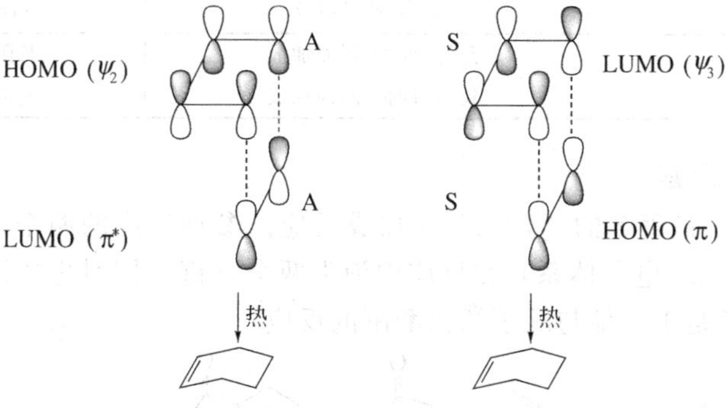

HOMO (Ψ2)
A
A
LUMO (π*)
热
S
LUMO (Ψ3)
S
HOMO (π)
热

图 18-11　丁二烯与乙烯的热反应环加成，HOMO 和 LUMO 之间的作用是对称性允许的

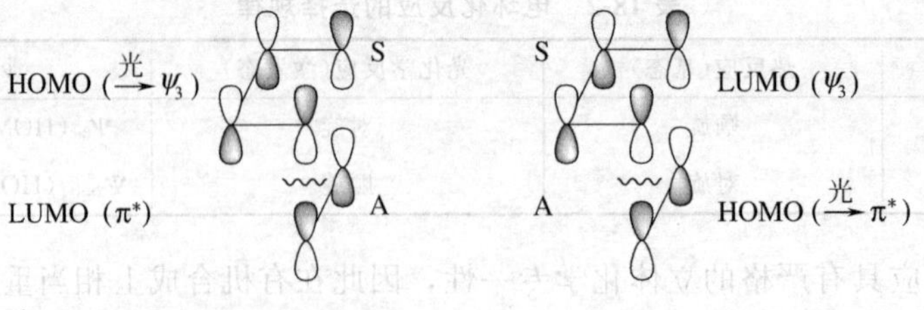
HOMO (光→ ψ_3)
S
LUMO (π^*)
A
S
LUMO (ψ_3)
A
HOMO (光→ π^*)

图 18-12 丁二烯与乙烯的光化学环加成，HOMO 和 LUMO 之间的作用是对称性禁阻的

的乙烯分子的 HOMO（π^*）的对称性都是禁阻的，如图 18-12 所示。

如果两个 π 电子组分都是单烯，它们基态的 HOMO 和 LUMO 具有不同的对称性，这时前线轨道在新键之一形成的地方有一个反键相互作用，故热反应（基态）是对称性禁阻的，协同加成反应不能实现，如图 18-13 所示。

但光化学环化单烯二聚反应是对称性允许的。因为光照可使两组分之一的一个 π 电子从一个原来的 HOMO 跃迁（激发）到 LUMO，即 $\pi \rightarrow \pi^*$，于是它的 LUMO（π^*）成了 HOMO，此时激发态的乙烯分子的 HOMO 与基态下的乙烯分子的 LUMO 对称性是允许的见图 18-14。

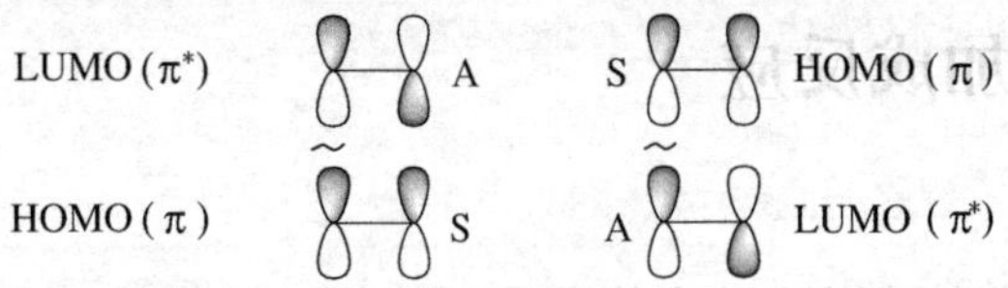
LUMO (π^*)
A
HOMO (π)
S
S
HOMO (π)
A
LUMO (π^*)

图 18-13 两个乙烯分子的热环化加成，HOMO 与 LUMO 之间的作用是禁阻的，环加成反应不能实现

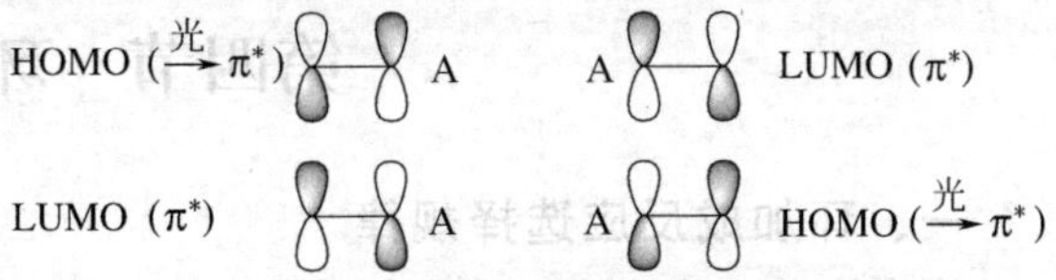
HOMO (光→ π^*)
A
LUMO (π^*)
A
A
LUMO (π^*)
A
HOMO (光→ π^*)

图 18-14 激发态的乙烯分子与基态的乙烯分子光化学环化，前线轨道间的作用是允许的，可以发生环加成反应

但这个反应不是协同反应，而是通过双自由基进行的，即光化学反应历程，因此这类反应不能在这里作进一步的讨论。

综上所述，环加成反应有两种类型，即涉及四个 π 电子组分和两个 π 电子组分的［4＋2］环加成反应，例如 Diels-Alder 反应，它们的 HOMO 和 LUMO 两端碳的 p 轨道都具有相同的位相，在加热的条件下同面-同面加成符合轨道对称性守恒原理，可以相互作用形成两个 σ 键，但光照下对称性是禁阻的；而那些涉及［2＋2］个 π 电子的两个 π 电子组分的［2＋2］环加成反应，例如，单烯的二聚化，由于 HOMO 和 LUMO 两端碳的 p 轨道位相不同，因此在加热条件下同面-同面加成是对称性禁阻的，但在光照下同面-同面加成是对称性允许的，这个规律总结于表 18-3 中。

表 18-3 环加成反应选择规律

π 电子数(m_1+m_2)	热反应(基态)	光化学反应(激发态)
$4n+2$[4＋2]	允许(同面-同面加成)	禁阻(同面-同面加成)
$4n$(2＋2)	禁阻(同面-同面加成)	允许(同面-同面加成)

二、Diels-Alder 反应

Diels-Alder 反应是最著名的［4＋2］环加成反应。参加反应的两个组分即双烯体（4π 电子体系）与亲双烯体（2π 电子体系）在反应中消失两个 π 键，同时生成两个新的 σ 键。Diels-Alder 反应的典型例子是丁二烯与顺丁烯二酸酐的反应：

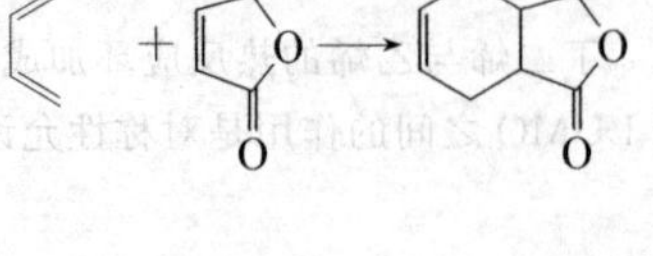

这一反应涉及亲双烯体对双烯体的1,4-加成。由于Diels-Alder反应为协同反应（经过六元环状过渡状态），因此在许多双烯的*s*-反式构象体和*s*-顺式构象体的平衡体系中，只有较稳定的*s*-反式构象体转变成较不稳定的*s*-顺式构象体时反应才能进行。

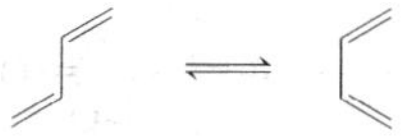

s-反式构象体　　*s*-顺式构象体

例如，锁定顺式构象的环戊二烯很活泼，在室温下就能自身加成生成三元环型二聚体，而非环型的双烯类的反应要慢得多。这是因为非环型的双烯在进行反应时需要把*s*-反式构象扭转，而这种扭转则需要一定的能量。

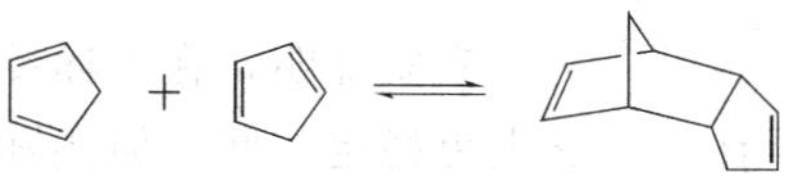

（一）Diels-Alder反应的立体化学

1. 顺式加成立体专一性

Diels-Alder反应具有顺式加成立体专一性。也就是说，双烯体和亲双烯体取代基的相对位置在加成产物中保持不变，即顺式取代的亲双烯体生成取代基为顺式的加成产物，反式取代的亲双烯体生成取代基为反式的加成产物；反,反-1,4-取代的双烯体生成取代基互为顺式的加成产物，顺,反-1,4-二取代的双烯体生成取代基互为反式的加成产物。例如：

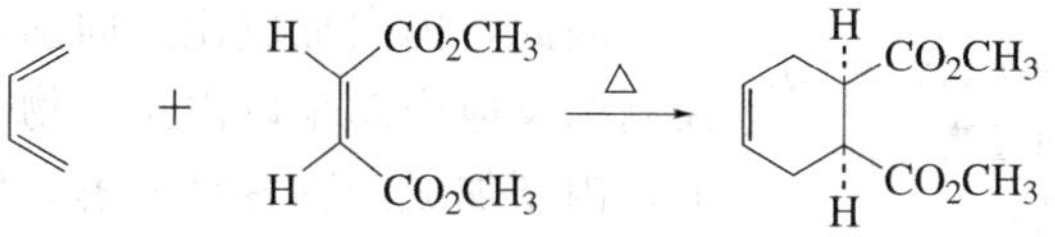

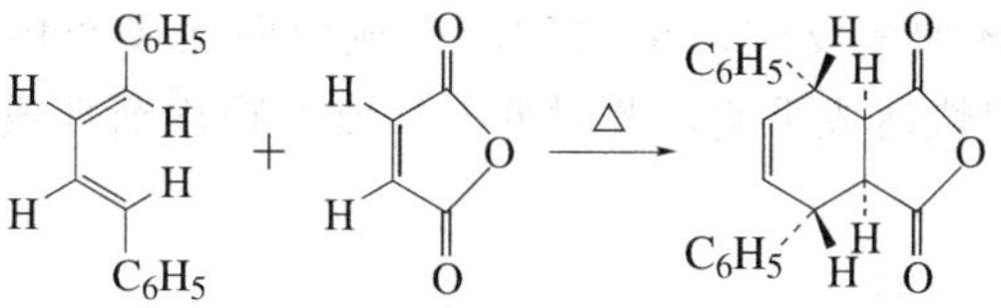

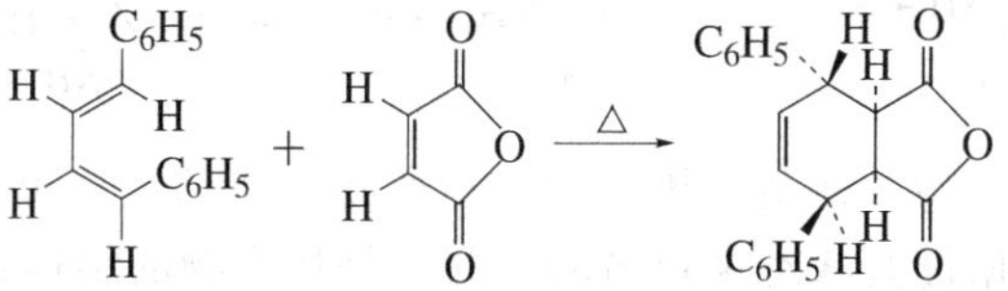

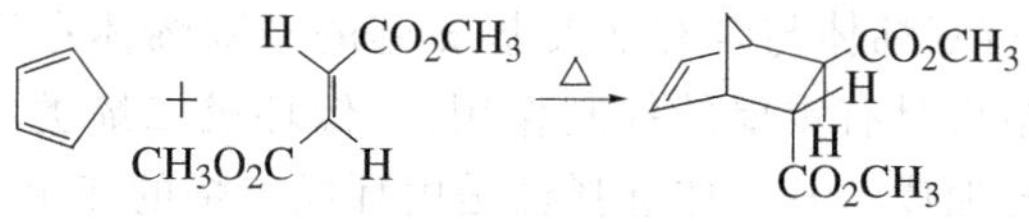

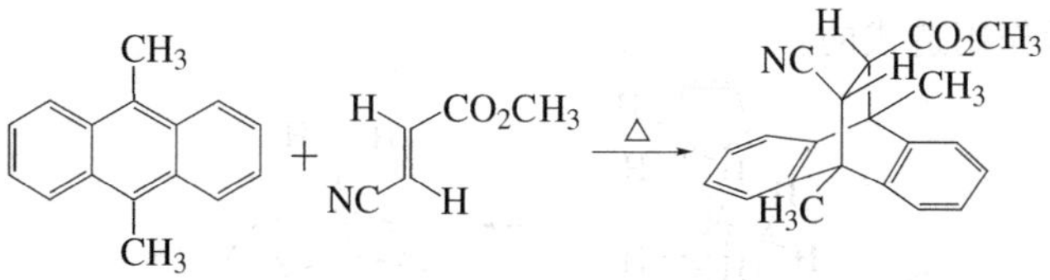

上述反应的立体化学结果，是由于双烯体与亲双烯体的前线轨道的对称性相匹配，按同面-同面进行协同加成，导致两组分在反应中都严格地保持顺式加成立体专一性。同时，该立体化学结果也为Diels-Alder反应历程提供了强有力的证据。

2. 内向加成立体选择性——次级轨道效应

在Diels-Alder反应中，双烯体和亲双烯体可以按两种方式发生内向（endo）加成和外向

(exo) 加成而形成两种不同构型，即内向构型和外向构型的产物。例如，环戊二烯与顺丁二酸酐（马来酸酐）的加成：

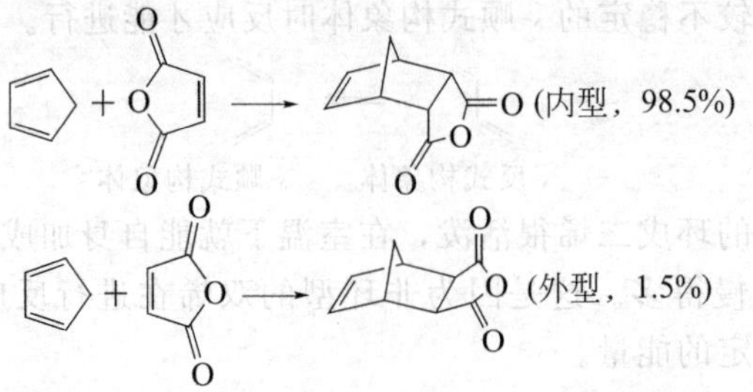
(内型，98.5%)
(外型，1.5%)

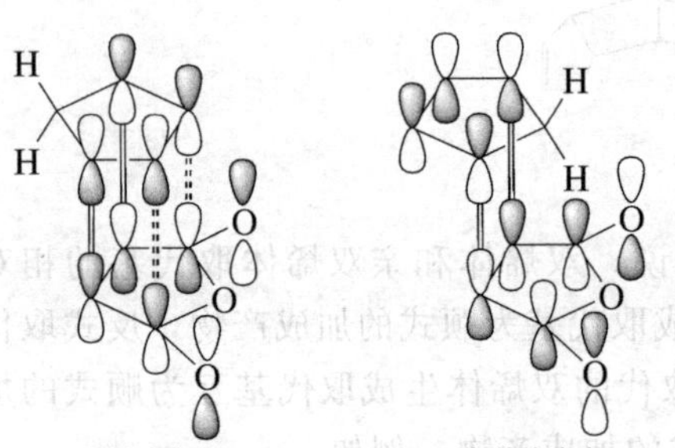
内型过渡态
外型过渡态

图 18-15　Diels-Alder 反应的次级轨道效应
（虚线表示稳定内向过渡
状态的成键重叠）

实验证明，在上述反应中，虽然外型加成物在热力学上更稳定一些，但实际上，几乎全部生成不稳定的内型产物。这是因为在内向加成的过渡状态中，除成键的前线轨道对称性匹配成键外，还存在对称性的不直接参与形成新键的那部分前线轨道的相互作用，即所谓的次级轨道效应（“不饱和键最大重叠原理”），使内向加成的过渡状态的能量降低，而外向加成的过渡状态却没有这样的额外稳定化作用，如图 18-15 所示。

因此，内向加成比外向加成反应速率快，在动力学控制的反应中总是以内型产物占优势。但在一定的温度下，内型加成产物容易分解，使得动力学控制的内型产物转化成在热力学上更稳定的外型异构体。例如，环戊二烯与顺丁烯二酰亚胺的环加成反应，在 25℃时生成内向加成产物占优势的异构体（反应不可逆）；在 90℃时，反应很快达成平衡，此时外向加成产物逐渐形成，并成为优势产物，甚至是唯一产物。

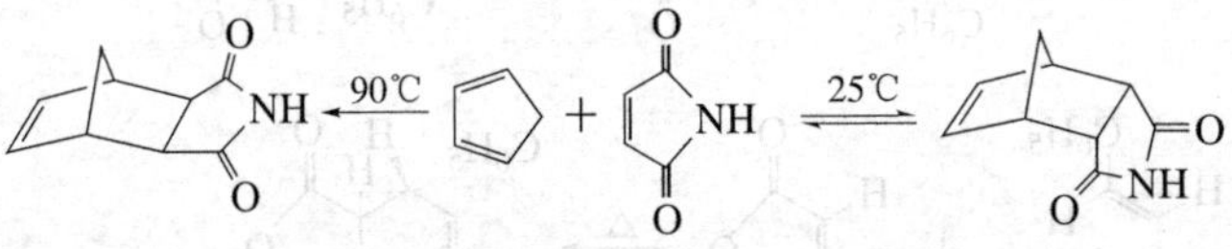

因此，内型是动力学控制产物，外型是热力学控制产物。所谓“内型”是相对于“外型”的构型而言。而“内型”是根据过渡状态来定名的，并不是从产物的结构定名的。

在 Diels-Alder 反应中，只有双烯体与含有活泼基 π 键的亲双烯体在反应过渡状态中才存在次级轨道效应（对立体化学结果具有重要的控制作用）。像环戊二烯类与环戊烯、降冰片烯和环丙烯等一元烯烃的内向优先加成，其立体选择性是由环戊二烯的亚甲基氢和一元烯烃的取代基之间的空间排斥作用造成的：

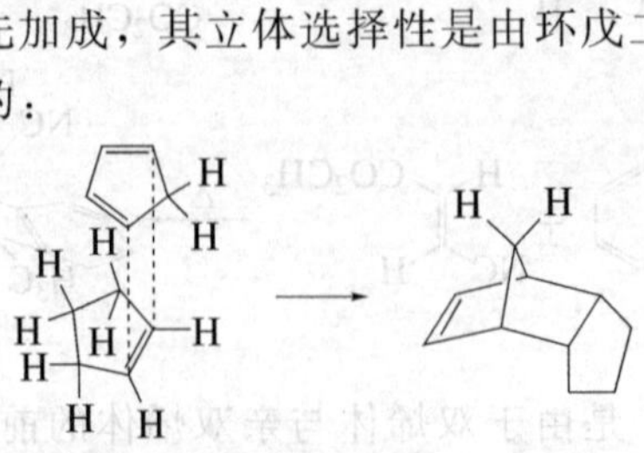

（二）Diels-Alder 反应的活泼性和区域选择性

1. 活泼性

实验结果表明，取代基的电子效应及空间效应对 Diels-Alder 反应的活性具有显著的影响，见表 18-4 和表 18-5。在正常的 Diels-Alder 反应中，由于是一个双烯体的 HOMO（富电子的）

和一个亲双烯体的 LUMO（缺电子的）之间的相互作用，所以它们的前线轨道能量差越小，重叠越好，反应就越容易发生。因此，当双烯体上键连供电子取代基［如 —$N(CH_3)_2$、—OCH_3、—CH_3 等，使 HOMO 能量升高］或亲双烯体上键连吸电子的取代基（如 —CO—、—COOR、—C≡N 和 —NO_2 等，使 LUMO 能量降低）时，有利于两个前线轨道的能量更为接近［此时 HOMO-LUMO 间的能级差比未取代时要小，见图 18-16(A) 和 (B)］和促进电子从 HOMO 流向 LUMO，从而提高反应的活泼性，加速反应的进行。

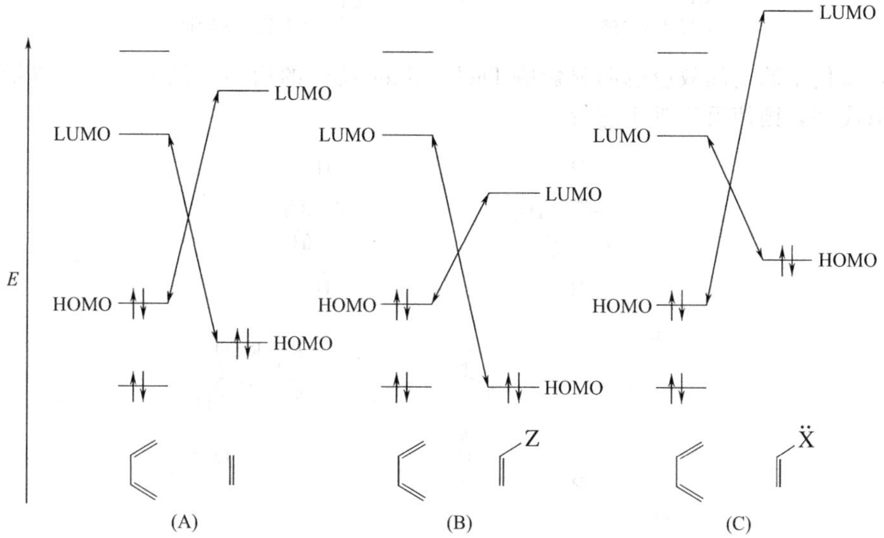

LUMO
LUMO
E
HOMO
HOMO
LUMO
LUMO
HOMO
HOMO
Z
LUMO
LUMO
HOMO
HOMO
X
(A)
(B)
(C)

图 18-16　Diels-Alder 反应的前线轨道相互作用

两组分间的这种互补性越强，其反应活性越大。亲双烯体上缺乏吸电子基的，反应进行非常困难。例如：

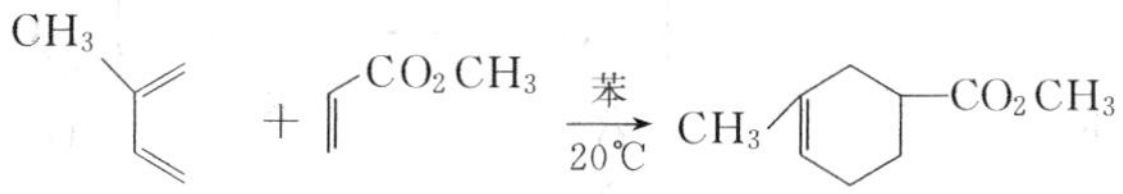

CH3
CO2CH3
苯
20℃
CH3
CO2CH3

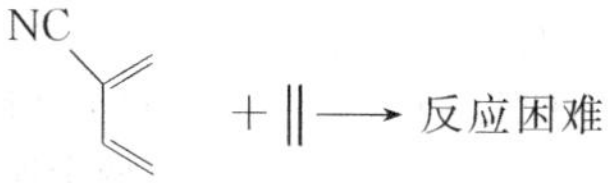

NC
反应困难

表 18-4　环戊二烯与亲双烯体的反应速率

亲双烯体	k(20℃,二氧六环)
四氰基乙烯	43000000
三氰基乙烯	483000
1,1-二氰基乙烯	45000
丙烯腈	1.04
反-丁烯二酸二甲酯	74.20

表 18-5　某些双烯与马来酸酐的反应速率

双烯	k(30℃,二氧六环)
2-氯丁二烯	0.69
丁二烯	6.83
2-甲基丁二烯	15.40
2,3-二甲基丁二烯	33.60
2-苯基丁二烯	60.90
2-甲氧基丁二烯	84.10

另一方面，如果双烯体上键连吸电子基（使其 HOMO 和 LUMO 的能量降低），而亲双烯体上键连带有未共用电子对的杂原子取代基（使其 HOMO 和 LUMO 的能量升高），则反应［倒转型的 Diels-Alder 反应，见图 18-16(A)］可能在富电子的亲双烯体的 HOMO 与缺电子的

双烯体的 LUMO 之间发生反应，反应活性也将增加。因此，反应时对电子的要求是由亲双烯体的 HOMO 流向双烯体的 LUMO，其基本特点是两个组分有互补的电子特性。尽管这种类型的反应在合成上有一定的应用，但反应实例极少。

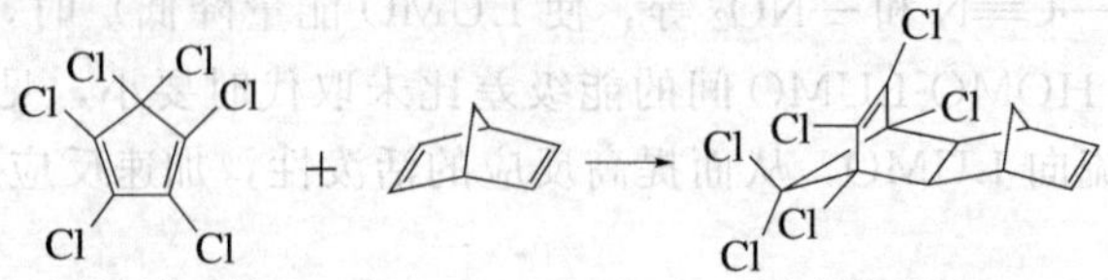

六氯环戊二烯　　　　　　　　杀虫剂艾氏剂(Aldrin)

此外，取代基的空间效应也明显影响 Diels-Alder 反应的活性。例如，阻碍双烯体成 *s*-顺式构象的取代基，则使反应难于进行：

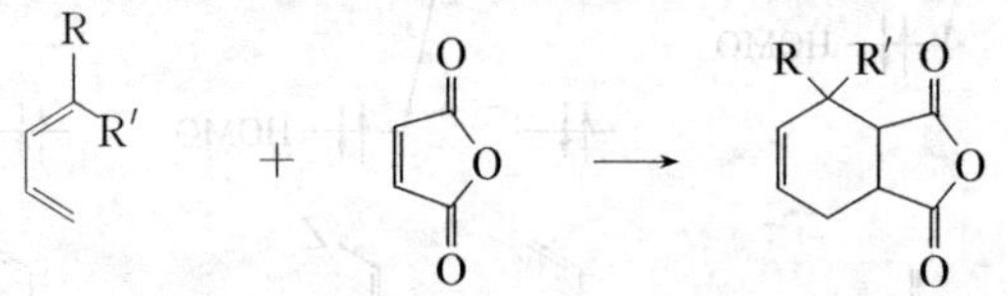

R	R′	$K_{相对}$
H	H	1
CH_3	H	4.2
H	CH_3	0.4
H	$(CH_3)_3C$	0.05

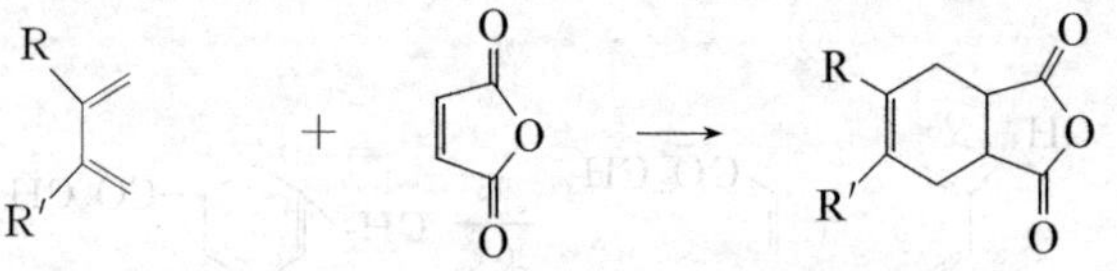

R	R′	$K_{相对}$	
H	H	1	
CH_3	CH_3	10	
H	$(CH_3)_3C$	27	（叔丁基使 *s*-顺式构象比 *s*-反式更稳定）
$(CH_3)_3C$	$(CH_3)_3C$	不反应	（两个庞大的叔丁基的位阻效应使分子不能采取必需的平面 *s*-顺式构象）

同样，取代基的空间效应也明显影响亲双烯体的加成产物，其产率随亲双烯体分子中 α-位取代基的引入而降低。例如，它们与甲基顺丁烯二酸酐反应时，要比顺丁烯二酸酐反应需要更苛刻的条件。

2. 区域（定向）选择性（regioselectivity）

在 Dies-Alder 反应中，具有供电子取代基的双烯体和具有吸电子基的亲双烯体的加成可以有两种不同的取向（方式），导致生成两种构型的异构体，但常常有一种异构体为主要产物。在多数情况下，1-取代的双烯体有利于邻位异构体的生成，而 2-取代的双烯体则对位异构体产物占优势。例如：

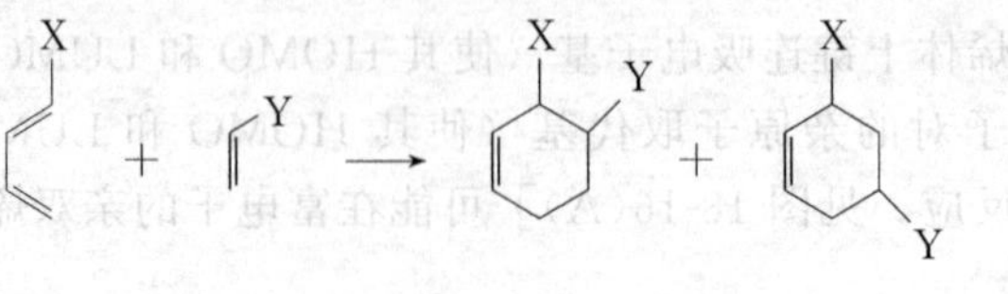

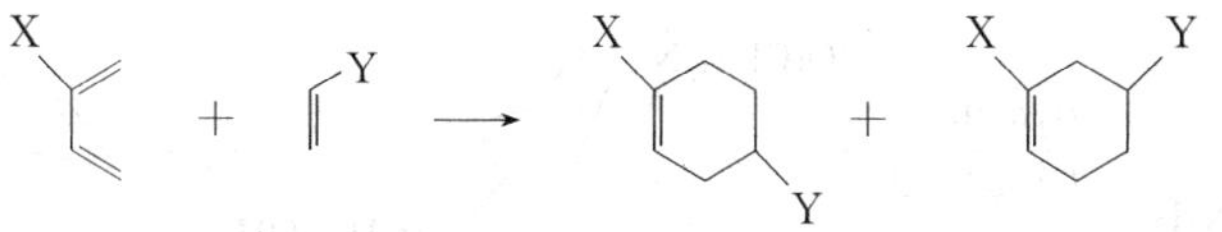
X=供电子基；Y=吸电子基

这种选择性称为区域（定向）选择性。这是因为 Diels-Alder 反应的过渡状态是双烯体的 HOMO 和亲双烯体的 LUMO 之间的相互作用，所以不对称双烯体和不对称亲双烯体（其 HOMO 和 LUMO 也是不对称的）反应所得产物的取向主要取决于所涉及的 π 体系末端原子的轨道系数［即电荷密度分布（伸展程度）］。根据 Hock 定向性规则，在过渡状态中，轨道系数大的末端原子优先相互作用成键（使轨道重叠较好）。由于 1-位上具有供电子取代基的双烯体的 HOMO 偏向 4-位上有较大的系数［即较大的电荷密度（负电荷）］，而在 1-位上有吸电子取代基的亲双烯体的 LUMO 偏向 2-位上也有较大的系数［电荷密度（正电荷）］，所以，根据反应活性微扰理论的 GP 方程式，双烯体和亲双烯体的前线轨道系数大的原子间、前线轨道系数小的原子间相互作用具有更大的共价稳定化能（使轨道重叠较好），故当两组分相互作用时生成的主要产物是邻位异构体；当双烯体的 2-位有供电子取代基时，由于 HOMO 的轨道系数在 1-位处大，故生成的主要产物是对位异构体。

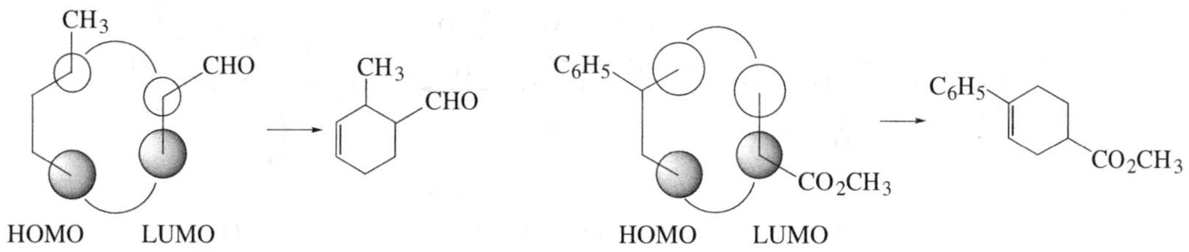

在 1,3-二取代的双烯体中，取代基的直接影响是叠加的。例如，1,3-二甲基丁二烯与丙烯酸的反应，几乎只生成 2,4-二甲基环己烯甲酸：

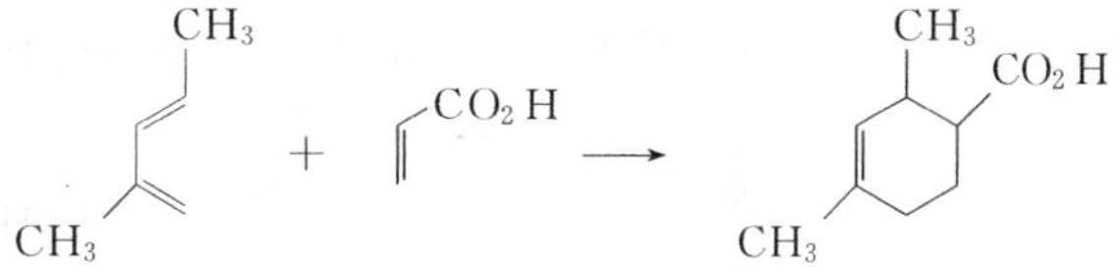

然而，两种取代基的性质不同，其影响也不同，而且与它们在双烯体上的位置有关。一般在 1-位上的取代基比在 2-位上的取代基有较明显的影响，2,3-位上的取代基取决于它们的性质。例如，2-甲基-3-苯基丁二烯与丙烯酸的反应，主要生成 3-甲基-4-苯基环己烯甲酸：

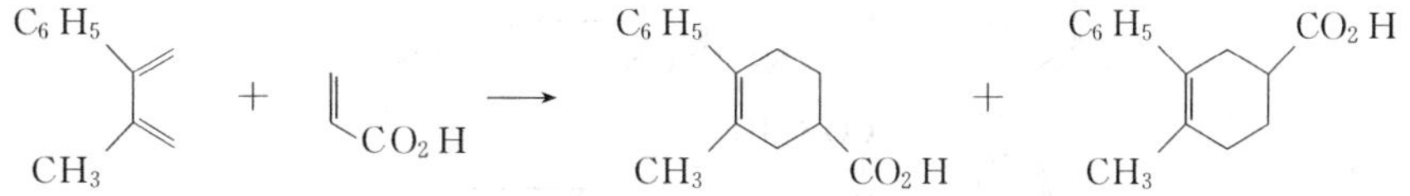

（主要）　　　　（少量）

Diels-Alder 反应是［4＋2］环加成中的重要反应。由于在分子内、分子间均可以进行，并且反应具有高度的顺式加成立体专一性和内向加成选择性及区域选择性，因此对于特殊结构的化合物和天然产物的合成以及杂环化合物的合成具有重要的意义。例如：

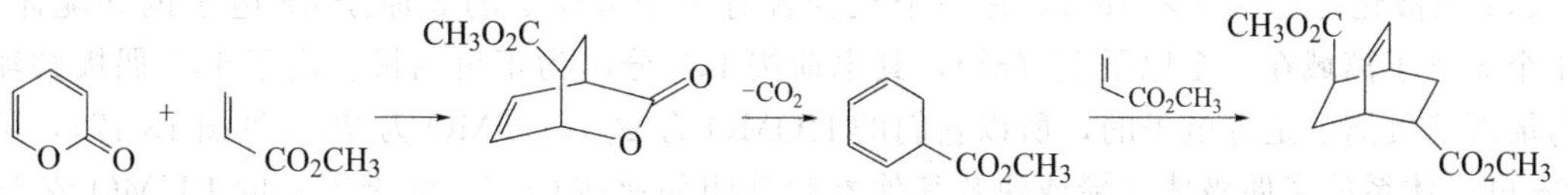

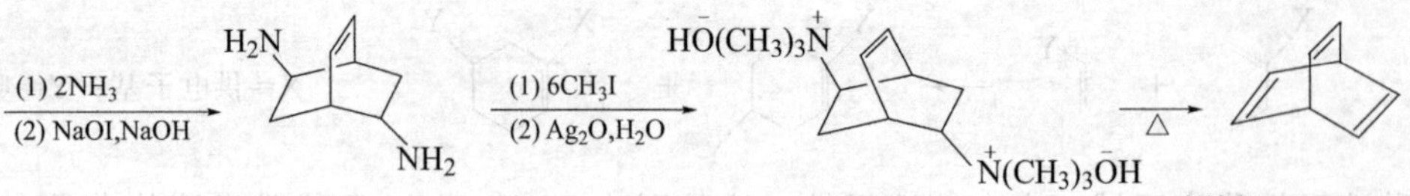

(1) 2NH3
(2) NaOI,NaOH
(1) 6CH3I
(2) Ag2O,H2O

桶烯(barrelene)

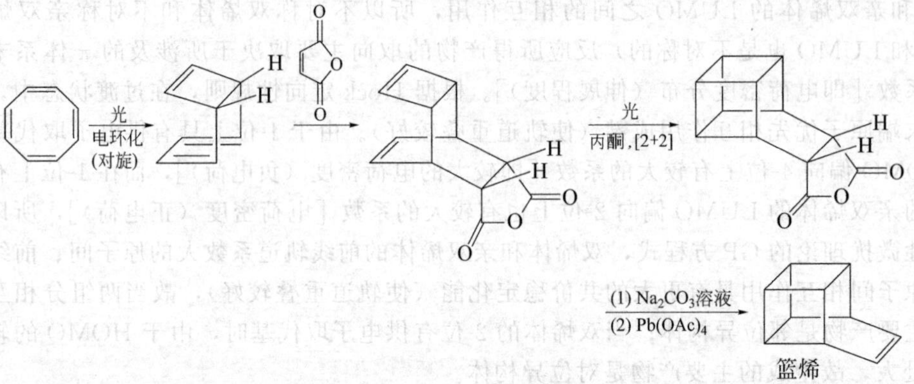

光
电环化
(对旋)
光
丙酮，[2+2]
(1) Na2CO3溶液
(2) Pb(OAc)4

篮烯

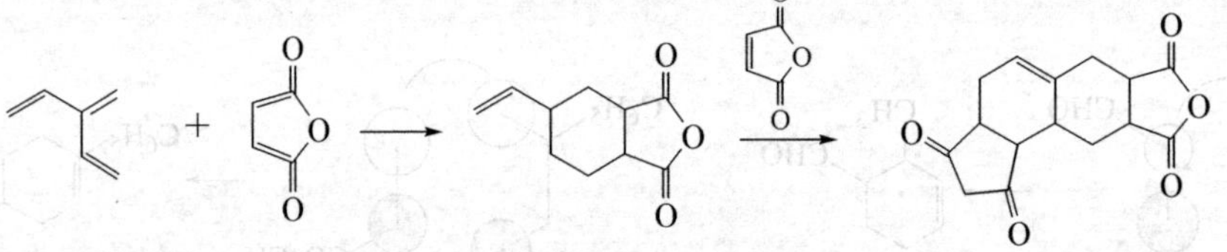

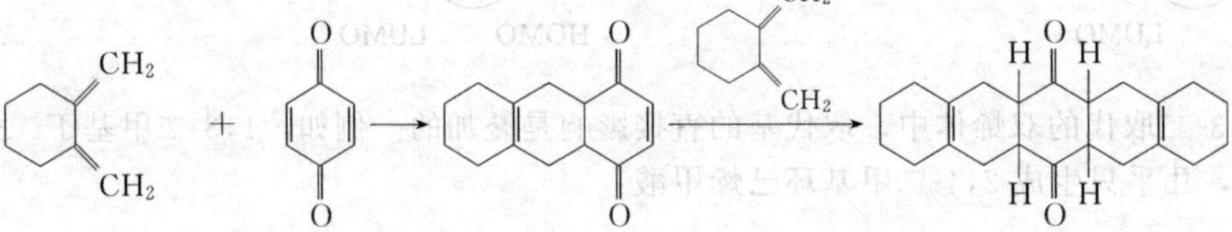

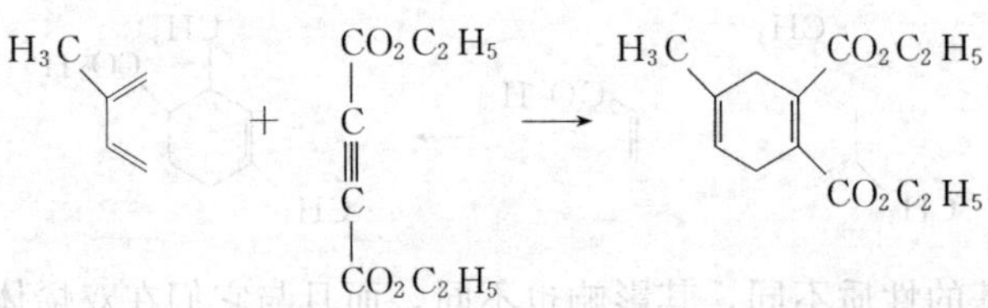

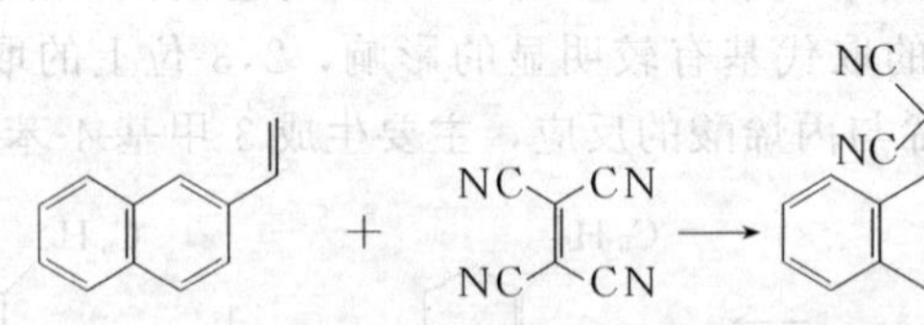

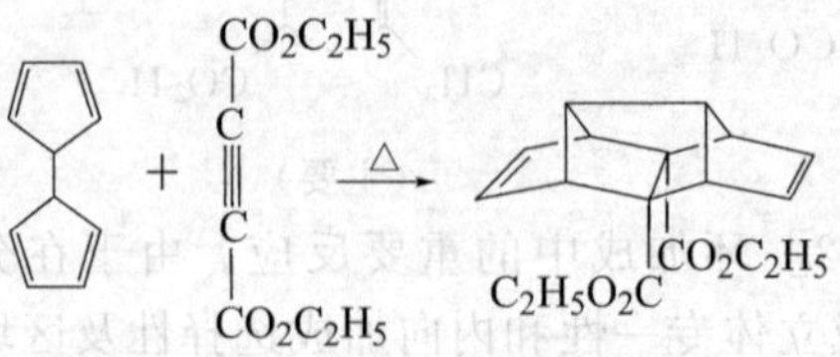

三、1,3-偶极［3+2］环加成

1,3-偶极化合物（见表18-6）是一个至少含有一个杂原子的3原子4π电子的共轭体系，即4个π电子离域在3个原子上（π_3^4），其电荷按1,3-分离为正负两极。由于1,3-偶极共轭体系与烯丙基负离子是等电子的，所以它们的HOMO为Ψ_2，LUMO为Ψ_3（见图18-17），可以与2π电子体系的亲偶极体（烯或炔及其他叁键基团如亚胺C═N的键等）的LUMO或HO-

MO 相互作用发生［3+2］环加成反应，生成五元杂环化合物，这一类型的加成反应称为 1,3-偶极环加成。

a
d
:b
c
e

表 18-6　某些偶极体结构

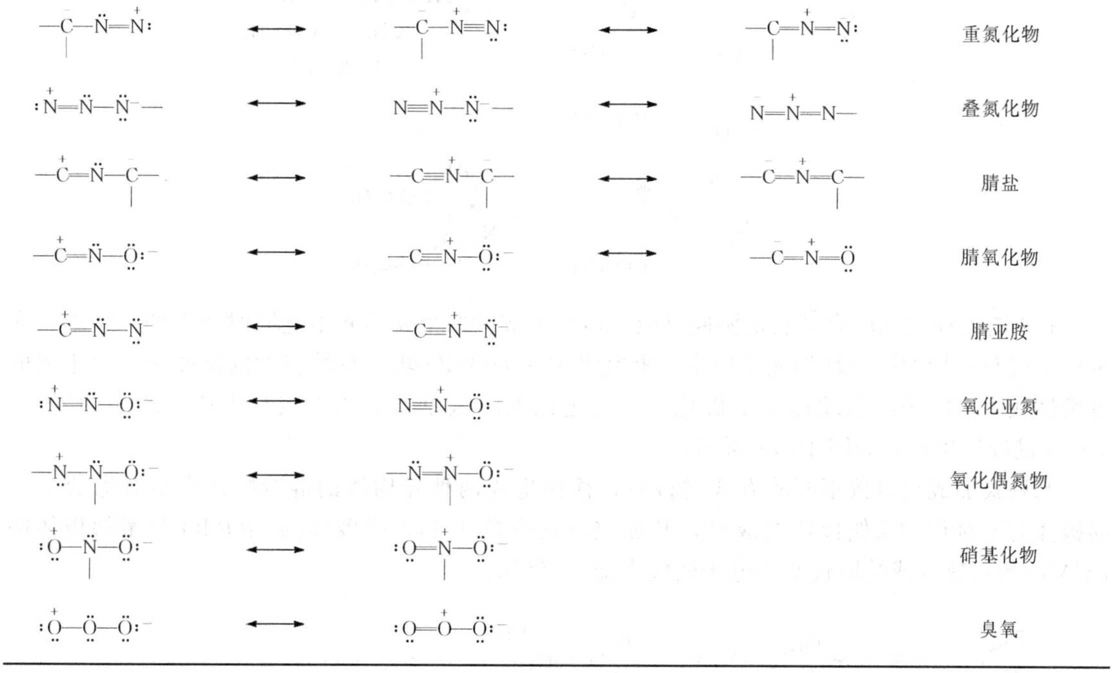

重氮化物
叠氮化物
腈盐
腈氧化物
腈亚胺
氧化亚氮
氧化偶氮物
硝基化物
臭氧

1,3-偶极环加成反应是经过五元环状过渡状态进行的 $4n+2$ π 电子的周环反应。在过渡状态中，5 个 2p 原子轨道中有 6 个 π 电子，和环戊二烯负离子是等共轭的，例如叠氮化物与烯类在基态（即在加热下）的环加成过渡状态，如图 18-17 所示。

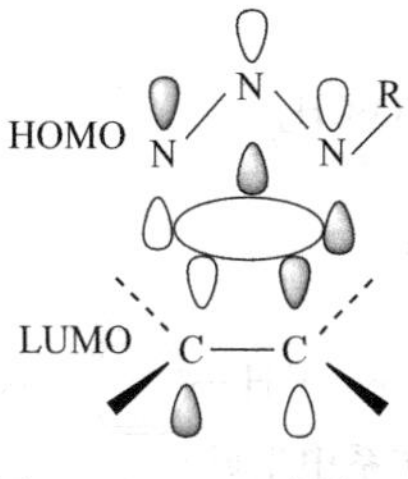

HOMO
LUMO
N
N
N
R
C
C

图 18-17　1,3-偶极环加成的过渡状态

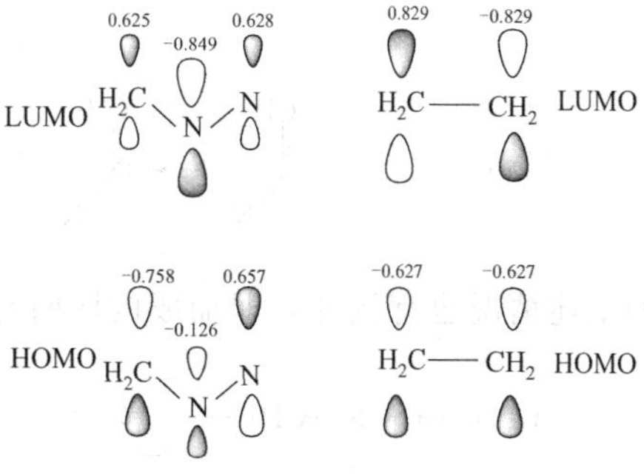

0.625
0.628
−0.849
LUMO
H2C
N
N
0.829
−0.829
H2C
CH2
LUMO
−0.758
0.657
−0.126
HOMO
H2C
N
N
−0.627
−0.627
H2C
CH2
HOMO

图 18-18　重氮甲烷与乙烯的 HOMO 和 LUMO

在上述过渡状态中，两组分以相平行的平面相互接近，然而，2p 轨道不是共平面排列的，但它们位于一个闭合环上。

1,3-偶极环加成与 Diels-Alder 反应一样，也可以发生逆向反应和具有顺式加成立体专一性（即亲偶极体中取代基的立体化学在加成产物中保持不变），例如：

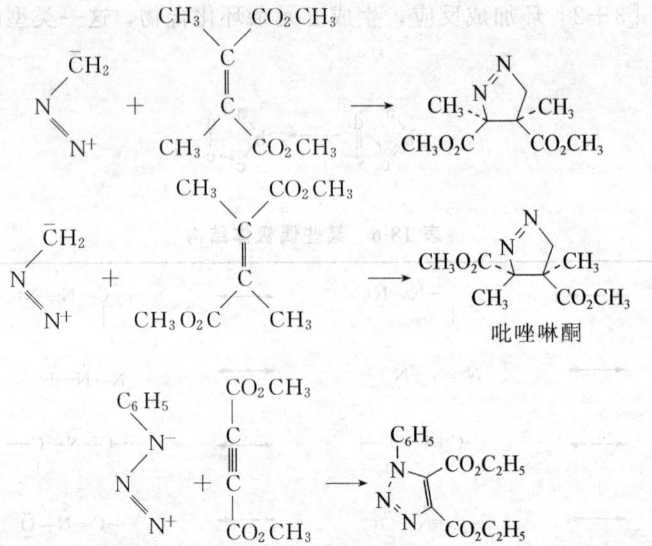

1,3-偶极环加成反应虽然是协同反应，但新生成的两个σ键并不是同时产生的。例如，在重氮甲烷与乙烯的偶极环加成反应中，重氮甲烷的HOMO轨道系数较大的碳原子（由于氮的电负性较大，电子向末端氮原子极化）上的键比末端氮原子上的键较早生成，即C—C键比C—N键较早生成，如图18-18所示。

当顺式加成可以按不同的方式进行时，往往生成两种异构体的混合物；当不对称的1,3-偶极体与不对称的亲偶极体加成时，其加成取向受控于1,3-偶极体的HOMO和亲偶极体的LUMO的系数（或受取代基的电子效应支配），例如：

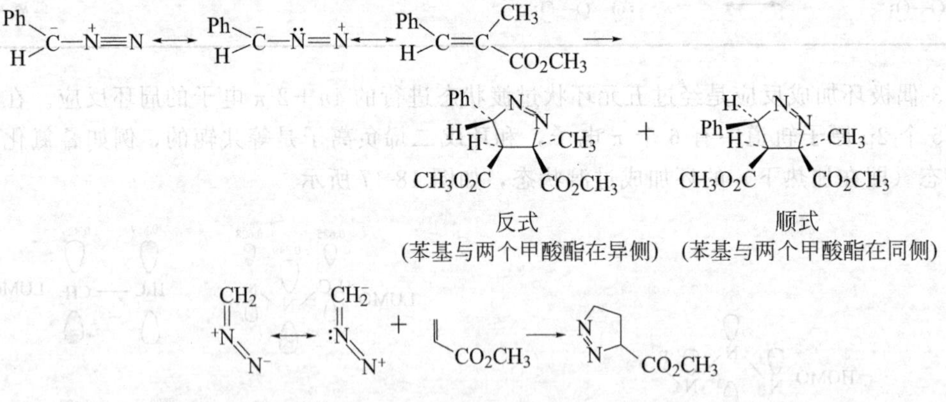

反式（苯基与两个甲酸酯在异侧）　顺式（苯基与两个甲酸酯在同侧）

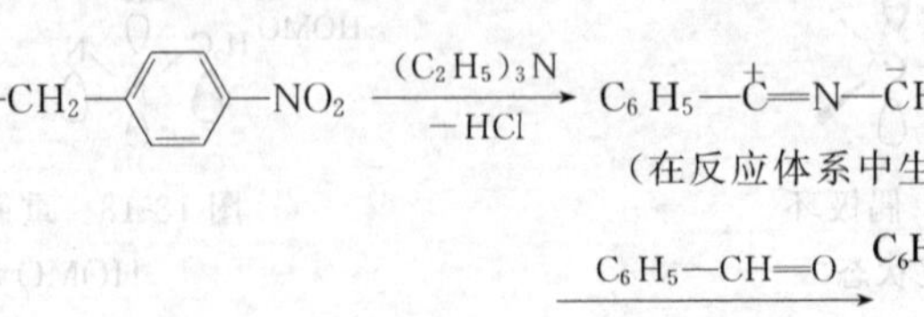

但上述情况也有例外，即加成的取向与预期的相反。例如：

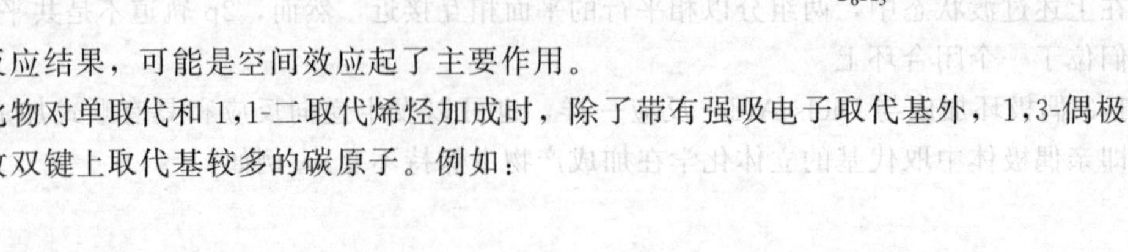
(在反应体系中生成)

这种反应结果，可能是空间效应起了主要作用。

腈氧化物对单取代和1,1-二取代烯烃加成时，除了带有强吸电子取代基外，1,3-偶极体的氧总是进攻双键上取代基较多的碳原子。例如：

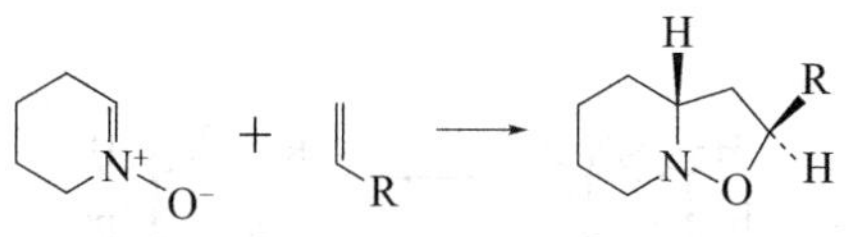

3,4,5,6-四氢吡啶-1-氧化物　　　R=CH_3或CO_2CH_3

1,3-偶极环加成反应是合成五元杂环化合物的重要方法。例如：

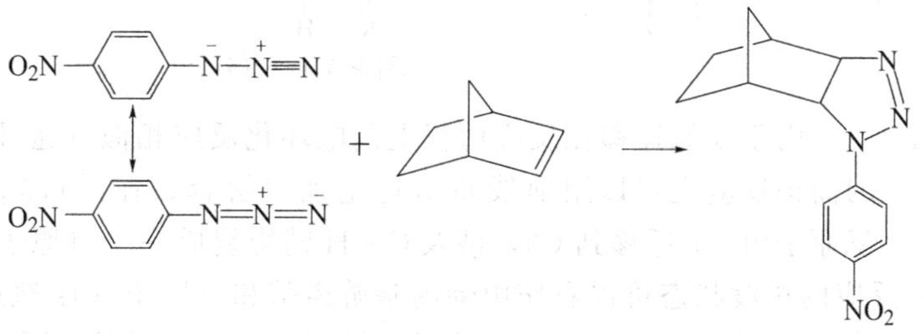

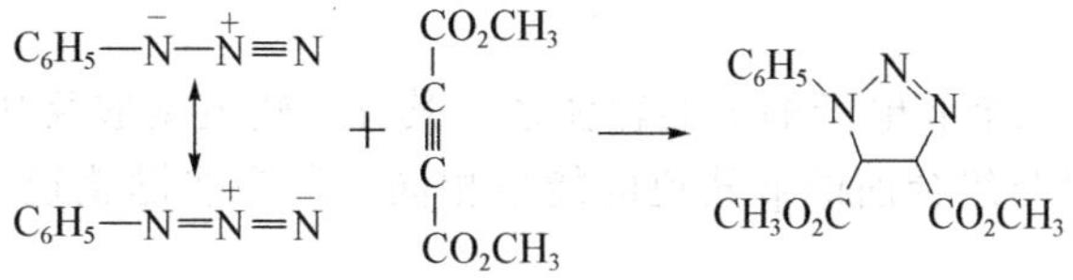

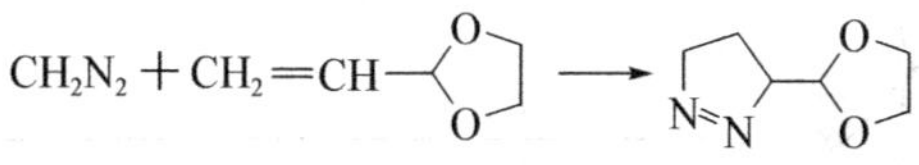

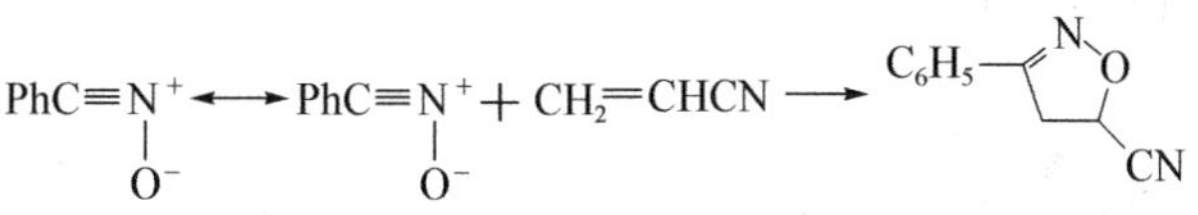

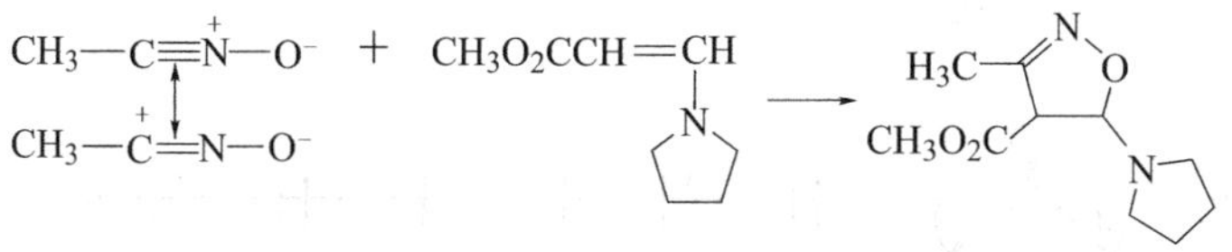

第五节　σ迁移反应

σ迁移反应可按σ键从π体系的一端迁移到另一端后，在π体系中的位置分为［1,*j*］迁移和［*i*,*j*］迁移。［1,*j*］表示σ键从π体系的1-位迁移到π体系编号为“*j*”的原子上（迁移终点），“1”不是迁移的起点；［*i*,*j*］表示在π体系两端的σ键迁移后σ键所连接的两个原子的位置。

一、［1,*j*］迁移

1. 氢的σ迁移

π体系中的氢及其σ键从π体系的一端迁移到另一端的协同反应，称为σ氢迁移反应。这类反应可用通式表示如下：

$$R_2\overset{H}{\overset{|}{C}}-(CH=CH)_n-CH=CR'_2 \longrightarrow R_2C=CH-(CH=CH)_n-\overset{H}{\overset{|}{C}}R'_2$$

在一个π体系的分子轨道中，最简单的σ氢迁移反应是［1,3］氢迁移（$n=0$），其立体途径可以有两种选择，即同面（在共轭面的同一侧）*s*（suprafacial）迁移和异面（在共轭面的两侧）a（antarafacial）迁移：

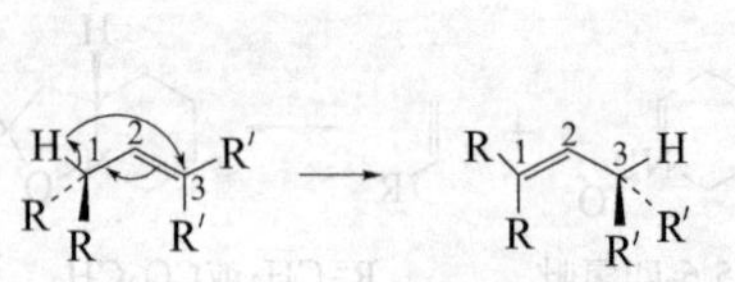

H 1 2 3 R′
R′ R
R 1 2 3 H
R R′ R′

[1,3]-氢同面迁移

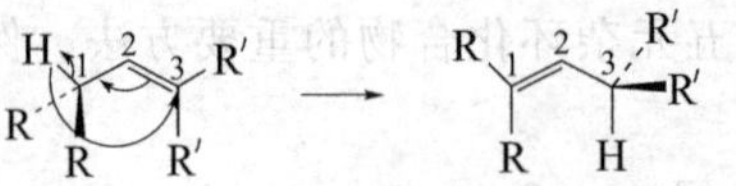

H 1 2 3 R′
R′ R R′
R′ 1 2 3 R′
R H

[1,3]-氢异面迁移

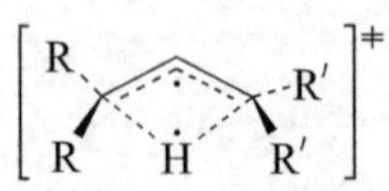

R R′
R H R′
‡

由于σ氢迁移在反应历程上同电环化反应相似（通过环状过渡状态），因而该反应也可以用前线轨道理论加以解释。在［1,3］氢迁移反应中，氢原子由C1迁移到C3，涉及C—H键均裂成一个氢原子的s轨道和一个碳原子的p轨道，反应的过渡状态可以看作由烯丙基游离基和氢原子（1s轨道中有一个电子）所组成，即被迁移的氢原子移动于三个π电子体系的烯丙基两端碳原子之间（实际上涉及四个电子体系）。

烯丙基是一个具有 三个p电子的π共轭体系，其分子轨道图形及其能量状态，如图18-19所示，其中的Ψ_2的能量与组合前的p轨道的能量相同，称为非键轨道，非键轨道在中心碳上有一个节面。

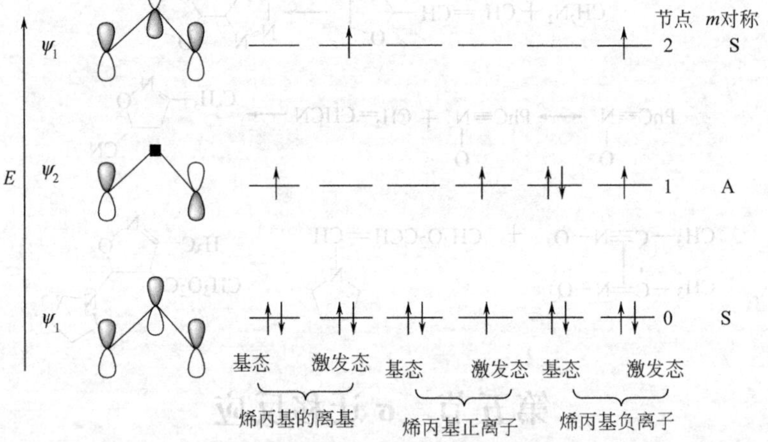

节点 m对称
2 S
1 A
0 S
E
基态
激发态
基态
激发态
基态
激发态
烯丙基的离基
烯丙基正离子
烯丙基负离子

图18-19　烯丙基型体系的分子轨道及其能量状态

烯丙基型游离基基态的HOMO与π骨架中碳的数目有关，其两个末端碳从烯丙基游离基→戊二烯基游离基→庚三烯基游离基等的对称性有规则地交替变化，如图18-20所示。

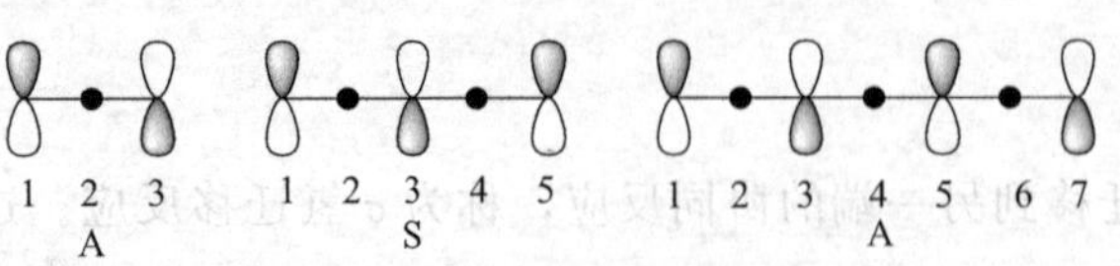

1 2 3
A
1 2 3 4 5
S
1 2 3 4 5 6 7
A

图18-20　烯丙基型游离基的HOMO

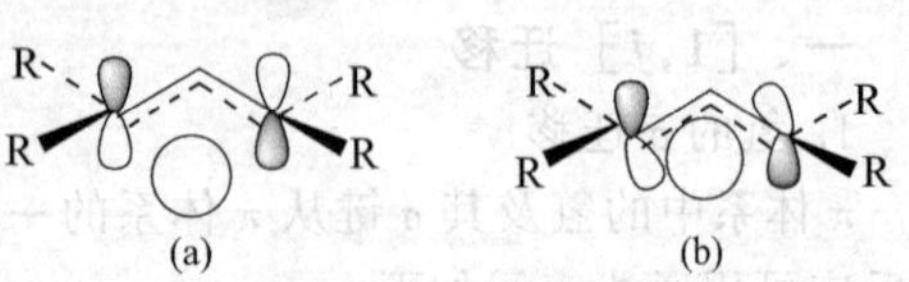

R R R R
(a)
R R R R
(b)

图18-21　［1,3］氢迁移的两种方式的过渡状态

（a）同面迁移，对称性禁阻；（b）异面迁移，对称性允许

根据前线轨道理论，在加热条件下（在基态时），烯丙基的HOMO是Ψ_2。根据分子轨道对称守恒原理，σ氢迁移的实现只有［1,3］异面迁移时轨道的对称性才是允许的［见图18-21

中的（b）]，而同面迁移则是对称性禁阻的，因为氢的 s 轨道需要和两个相反相 p 轨道瓣重叠，因此氢不能和两个碳成键［见图 18-21 中的（a）]。但在异面迁移的过渡状态中轨道被高度扭曲，这就需要较高的能量，是协同反应非加热所能活化的。实验表明，实际上并没有观察到这样的［1,3］异面迁移，因而［1,3］氢迁移在热反应条件下不能发生。

然而，在光反应条件下的［1,3］氢迁移的过渡状态所涉及的 HOMO 是激发态的 Ψ_3，其两端碳的位相是对称的，因此同面迁移是对称性允许的，如图 18-22 所示。

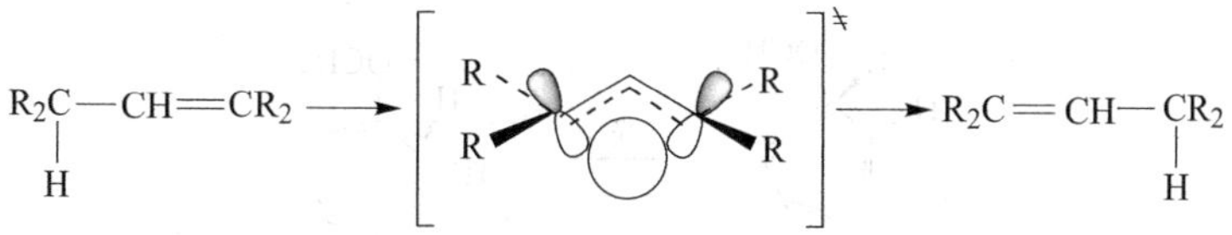

图 18-22　对称性允许的［1,3］氢同面迁移（光化学）

当 $n=1$，即 π 体系多一个 π 键时，氢原子迁移变为［1,5］迁移。根据前线轨道理论，基态时戊二烯基游离基 π 体系的 HOMO 为 Ψ_3（见图 18-20），同样上面的分析，氢原子的［1,5］迁移与［1,3］迁移正好相反，即在加热条件下同面迁移是对称性允许的（见图 18-23），而在光照下，异面［1,5］氢迁移是对称性允许的，但异面迁移反应是困难的。因此，在热反应条件下，［1,5］氢迁移是较常见的反应。

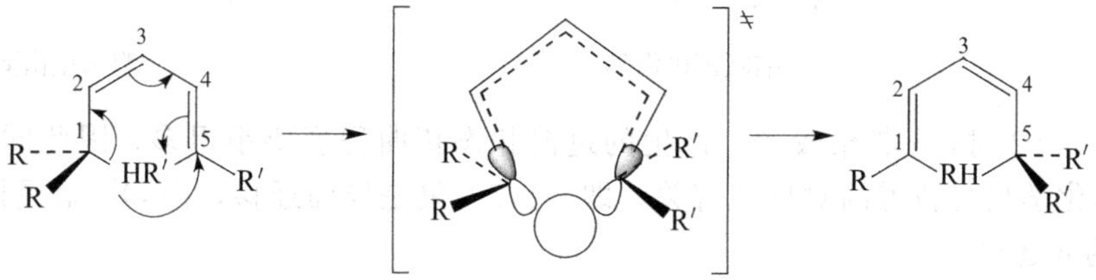

图 18-23　对称性允许的［1,5］氢同面迁移（热反应）

上例中的同面 σ 氢迁移虽然不能通过实验证明，但可以通过下式中的两个不同构象体加热生成的混合物的构型（经过仔细测定），来推测反应是同面的［1,5］氢迁移立体化学过程。

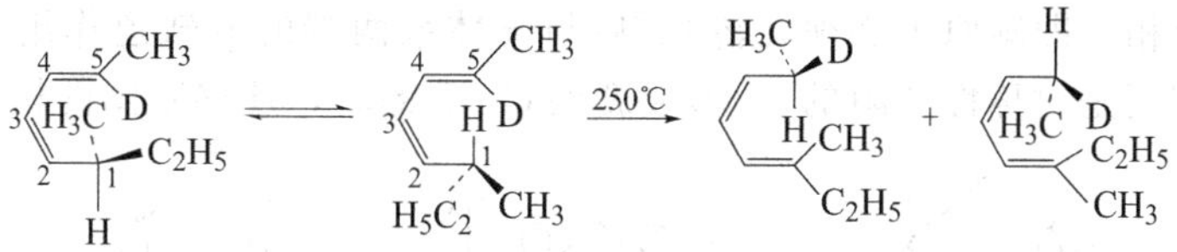

σ 氢迁移的重排反应是否发生，除分子轨道对称性的要求外，体系的几何形状也是一个决定因素。例如，［1,3］异面迁移和［1,5］异面迁移几乎不能发生，因为它们要求 π 骨架扭曲成一个非平面，结果造成体系能量的增高。因此，［1,3］σ 氢迁移和［1,5］σ 氢迁移反应仅限于同面迁移。

下面的 3-氘代茚在加热条件下重排生成 2-氘代茚，是经过氘的同面［1,5］迁移来实现的：

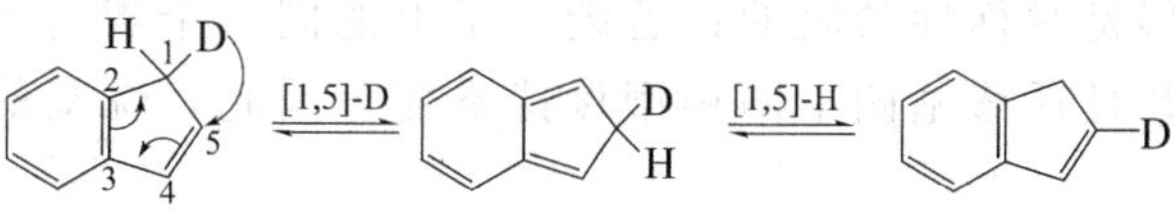

实验证明，［1,5］氢迁移优先于［1,3］氢迁移，因为在加热条件下，［1,5］氢迁移是同面的，而［1,3］氢迁移则是异面的，异面迁移是困难的。

由重氢标记的环庚三烯（$n=2$）在加热条件下发生[1,5]-D 迁移（同面），但未见［1,3］

或[1,7]-σ 迁移（异面）：

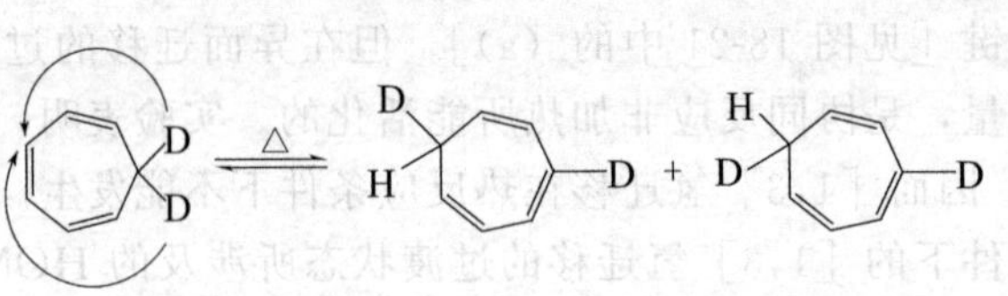

但在光照反应条件下，[1,7]-σ 迁移是允许的，因为是同面的：

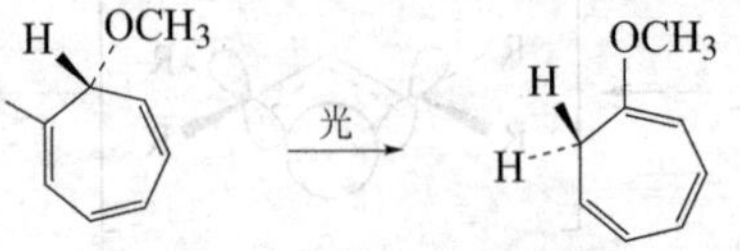

当 $n=2$ 时，在加热条件下，[1,7] 氢异面迁移也是可以实现的。例如 7-脱氢胆甾醇通过光照顺旋开环后再经加热，便发生异面的［1,7］氢迁移：

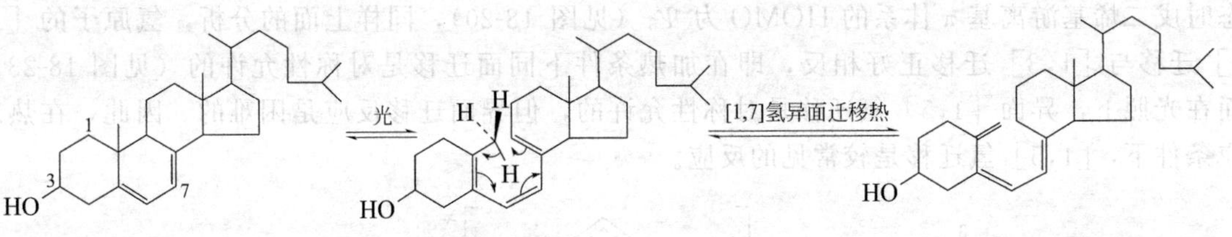

7-脱氢胆甾醇　　　　　　前胆钙化甾醇　　　　　　胆钙化甾醇(维生素D_3)

这是由于 $n=2$ 时，π 骨架较大，产生的过渡状态扭曲程度要小得多，因此同面迁移和异面迁移的立体化学只与轨道的对称性有关，即［1,7］氢是异面迁移，［1,9］氢是同面迁移。

2. 烷基的 σ 迁移

与氢的迁移类似，烷基也可以发生迁移。但碳原子的 σ 迁移比氢原子的 σ 迁移要复杂得多，即出现迁移基团立体化学问题。在烷基的［1,3］迁移中（见图 18-24），由于在过渡态中碳原子的 p 轨道的另一瓣与 C3 的 p 轨道同侧的一瓣位相相同，因此根据分子轨道对称守恒原理，在加热条件下（基态时），异面迁移是对称性允许的。当异面迁移时，必须改变 p 轨道的位相，即碳原子必须旋转 90°后与 π 体系两端的 p 轨道作用（p 轨道的同一个瓣与 π 体系两端作用是对称性禁阻的），形成新的 C—C 键时，迁移基团的构型发生转化。

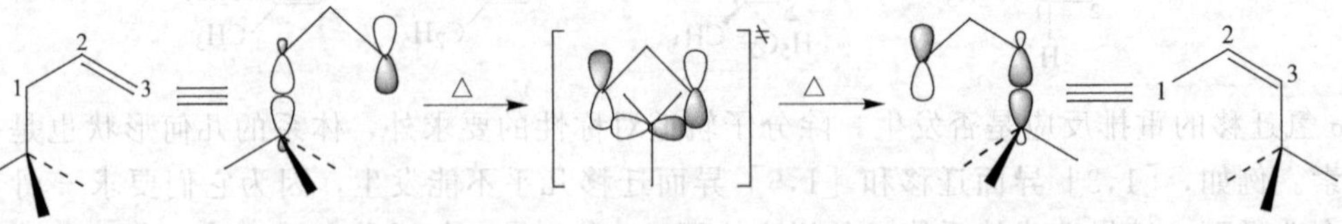

图 18-24　碳原子的[1,3]-迁移

在过渡状态中，碳原子旋转 90°后，其轨道的两半与 π 体系作用，再旋转 90°得到产物

在烷基的［1,5］迁移中（见图 18-25），若碳原子 p 轨道的两个不同的瓣与 π 体系的两端成键，则异面迁移是对称性禁阻的；若碳原子上的同一个瓣与 π 体系两端同面成键，则对称性是允许的，并且迁移基团中的构型保持不变。因此，烷基的［1,5］碳迁移必须保持原来的构型。

例如：氘标记的二环[3,2,0]-3-庚烯-6-醋酸酯在加热条件下，异面［1,3］碳迁移生成外型莰烯醋酸酯（外型-降冰片烯），在反应过程中，迁移的 C7 的构型发生了转化，即从 R 转化成 S。

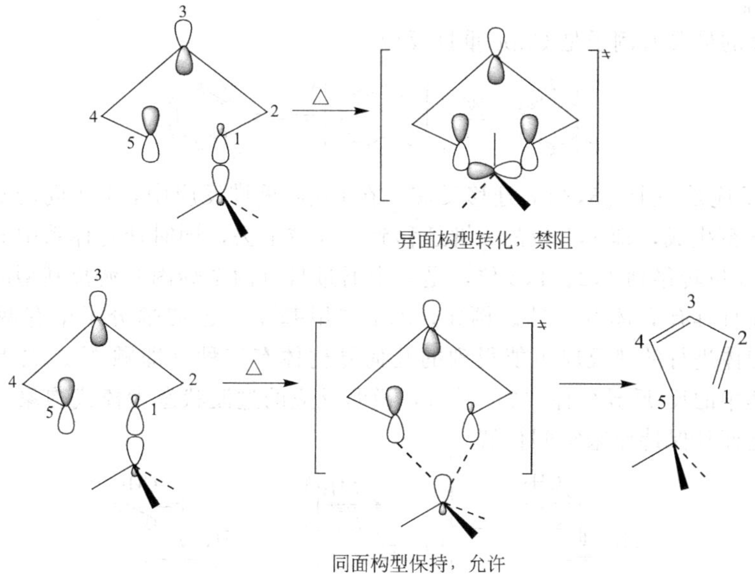
3
4
2
5
1
△
异面构型转化，禁阻
3
4
2
5
1
△
3
4
2
5
1
同面构型保持，允许

图 18-25　碳原子的［1,5］迁移

碳原子的构型转化对称性是禁阻的，碳原子的构型保持对称性是允许的

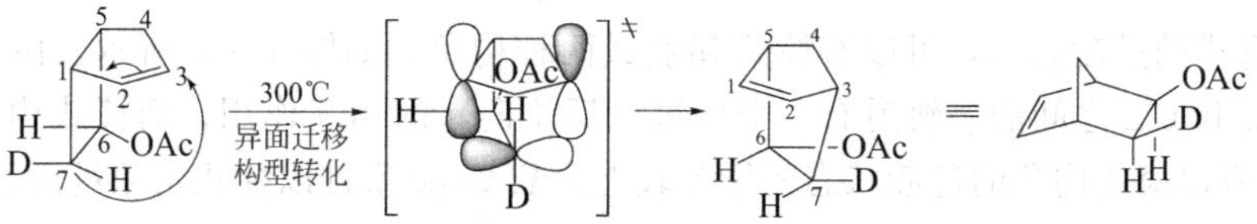
300℃
异面迁移
构型转化
OAc
D
H
OAc
D

下列热反应先是通过［1,5］碳迁移，然后再［1,5］氢迁移完成的（C6 构型保持不变）：

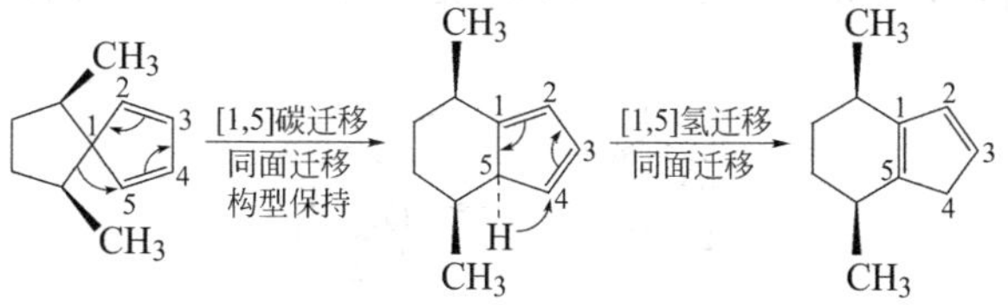
CH3
[1,5]碳迁移
同面迁移
构型保持
[1,5]氢迁移
同面迁移
CH3

综上所述，根据分子轨道对称守恒原理，［1,3］-σ 迁移、［1,5］-σ 迁移和［1,7］-σ 迁移反应的选择规律总结于表 18-7 中。

表 18-7　［1,3］、［1,5］和［1,7］-σ 迁移反应选择规律

迁移类型[1,*j*]	迁移原子	π 电子数	基态热化学反应	激发态光化学反应
［1,3］	氢	$4n$	异面迁移	同面迁移
	碳	$4n$	异面迁移(构型转化)	同面迁移(构型保持)
［1,5］	氢	$4n+2$	同面迁移	异面迁移
	碳	$4n+2$	同面迁移(构型保持)	异面迁移(构型转化)
［1,7］	氢	$4n$	异面	同面
	碳	$4n$	异面(构型转化)	同面(构型保持)

二、［*i*,*j*］迁移

最重要的［*i*,*j*］σ 迁移反应是人们所熟悉的 Cope 重排反应和 Claisen 重排反应，它们都属于［3,3］σ 热迁移反应。

1. Cope 重排

碳碳键迁移的最典型例子是Cope重排反应：

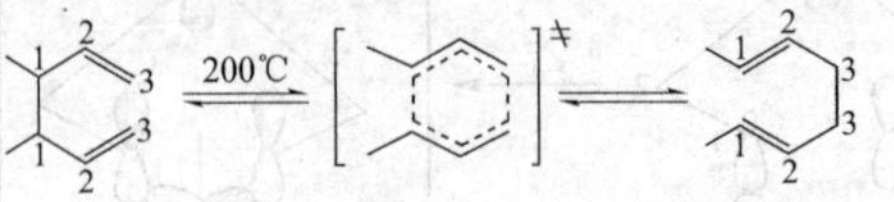

Cope重排反应是一个［3,3］-σ迁移反应。在Cope重排反应中，1,1间的C—C σ键断裂，3,3间的C—C σ键生成，即1,1位的σ键迁移到3,3位上去，同时伴随体系中π键的移位，即双键从2,3、2,3位转移到1,2、1,2位，是一个通过具有两个烯丙基游离基型的六元环过渡态的协同反应，并且具有立体专一性。例如，3,4-二甲基-1,5-己二烯分子中有两个相同的手性碳，它的内消旋体进行的热反应可能得到的几何异构体有三种（即顺-顺、顺-反、反-反），而实际上只得到其中的反-反异构体（97.3%），说明反应的过渡状态为椅式构象，并且分子内部重新调整各个键而且保持原来空间位置。

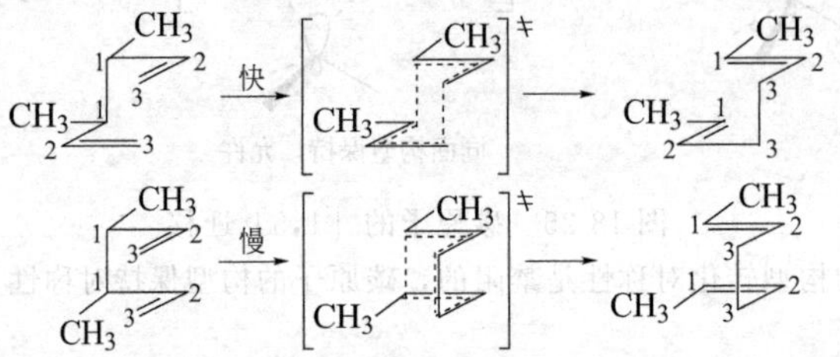

在Cope重排的过渡态中，可以有椅式和船式两种构象，如图18-26所示，由于船式构象的前线轨道在C2和C′2之间的p轨道有一个反键（反位向）的相互作用，而椅式构象的这两个轨道相距较远，所以椅式构象的过渡状态的能量较低，故Cope重排以椅式构象过渡态为优先构象。

2. Claisen 重排

Claisen重排与Cope重排相似，也是［3,3］迁移反应，所不同的是Claisen重排的碳链中含有氧原子：

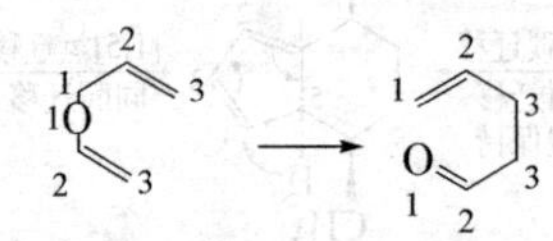

最著名的例子是烯丙基芳基醚加热时可以发生重排，生成邻烯丙基苯酚，即烯丙基迁移到邻位碳原子上。

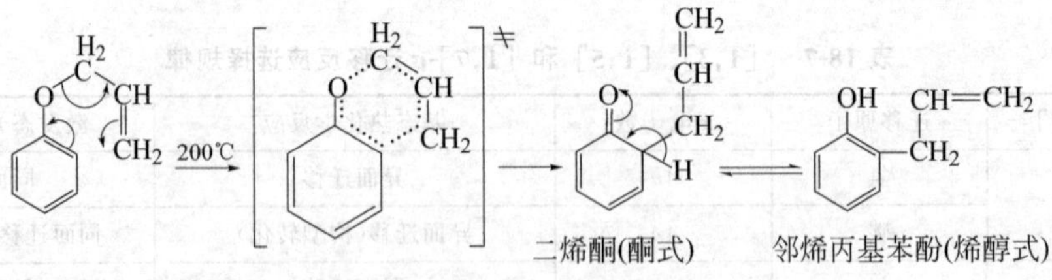

二烯酮(酮式)　　邻烯丙基苯酚(烯醇式)

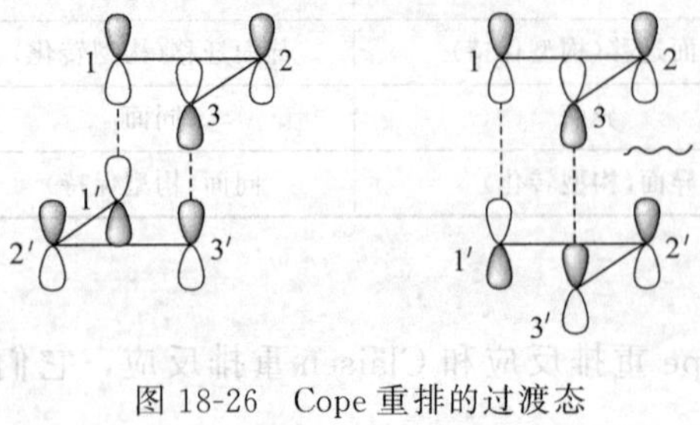

图 18-26　Cope 重排的过渡态

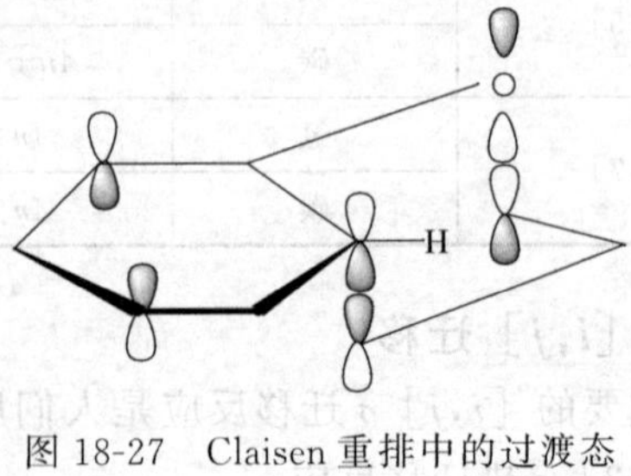

图 18-27　Claisen 重排中的过渡态

Claisen 重排反应也是一个协同过程，其中包括的过渡态（见图 18-27）也是椅式构象占优势的六元环。在过渡态中，两个前线分子轨道进行同面-同面相互作用，遵守分子轨道对称性守恒原理。

当苯环的两个邻位被取代基占据时，邻位烯醇化便不能发生，而得到对位酚化合物。此过程是由烯丙基两次连续重排通过［3,3］迁移来实现的，这可由烯丙基标记实验，即位置出现两次反转的现象得到证实：

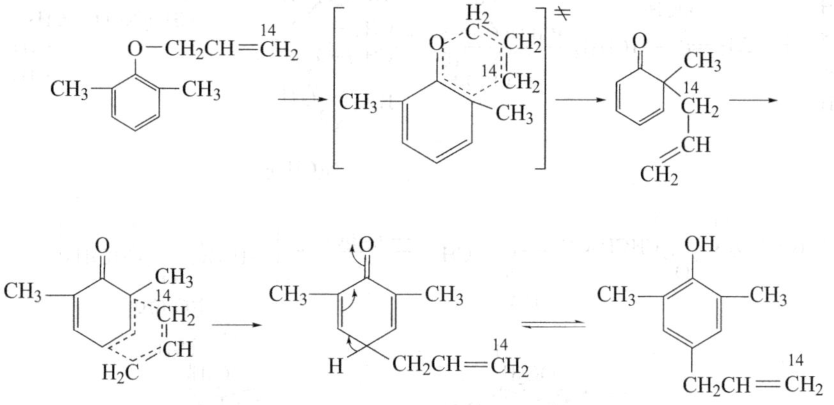

Claisen 重排的立体化学研究表明，新形成的双键具有反式的构型，不管原来的烯丙基双键是顺式的还是反式的。这是因为两种异构反应物在椅式过渡态中甲基倾向于平伏键取向，导致两者的产物的双键都是反式的。

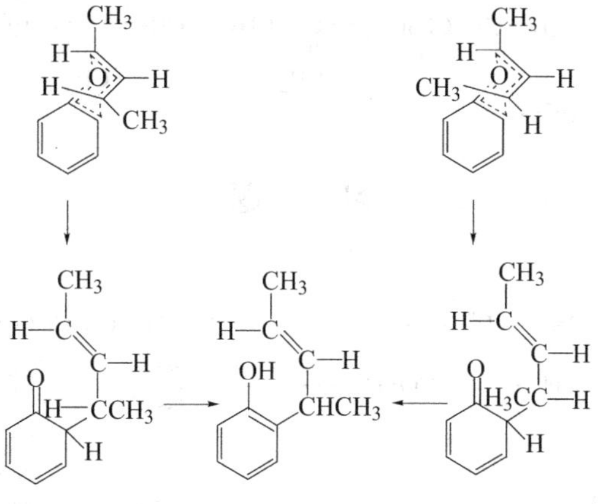

［i,j］迁移的选择规则见表 18-8。

表 18-8　［i,j］迁移的选择规则

［i,j］	π 电子数	热反应	光反应
［3,3］	$4n+2$	S—S A—A	S—A A—S

Claisen 重排反应为将烷基引到羰基官能团的 α-位提供了一个好的间接方法，在有机合成上具有重要意义。例如：

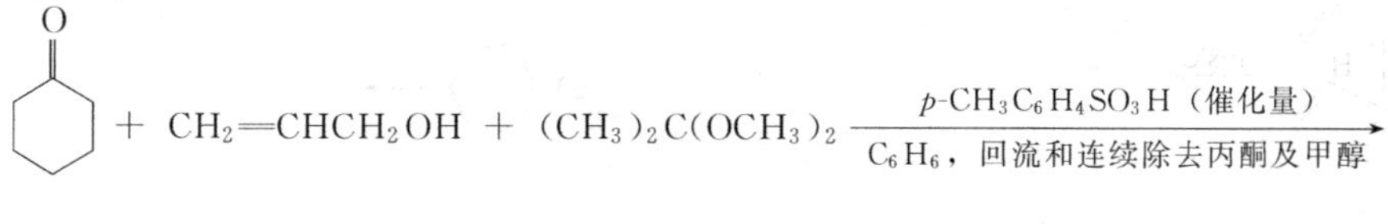

+ CH₂═CHCH₂OH + (CH₃)₂C(OCH₃)₂
p-CH₃C₆H₄SO₃H（催化量）
C₆H₆，回流和连续除去丙酮及甲醇

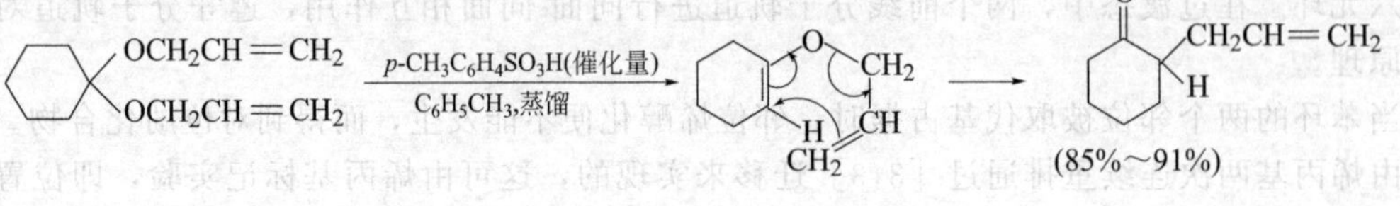

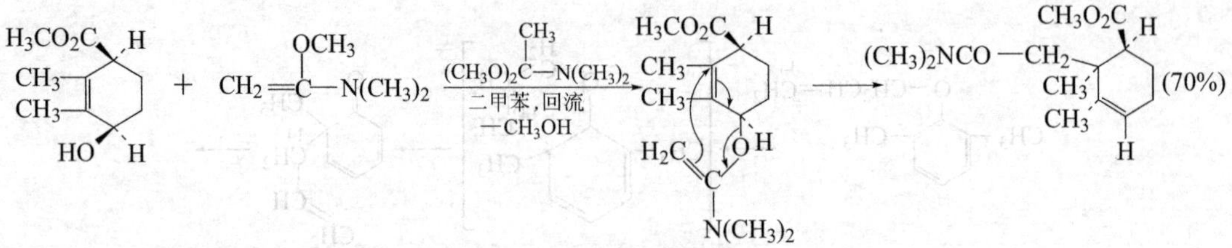

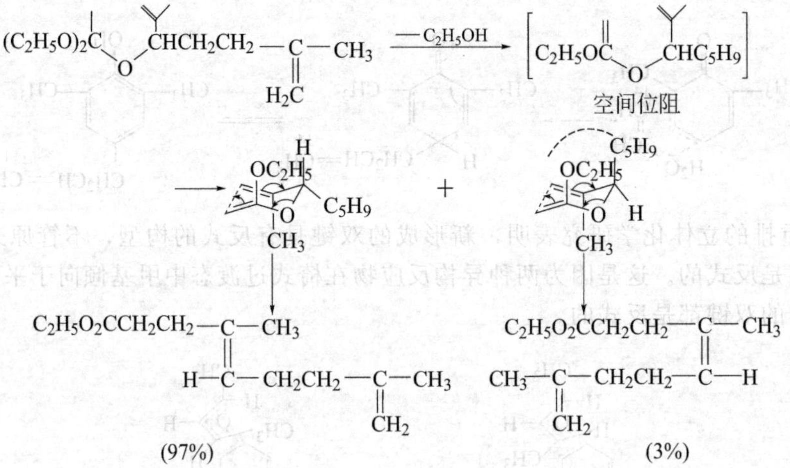

习　　题

1. 完成下列反应：

(1) $R-C\equiv\overset{+}{N}-\overset{-}{O} + R'-C\equiv C-R'' \longrightarrow$

(2) $H-C\equiv CCO_2CH_3 \xrightarrow{CH_2N_2}$

(3) $C_6H_5-C\equiv\overset{+}{N}-\overset{-}{O} + C_6H_5-C\equiv CCO_2H \longrightarrow$

(4) 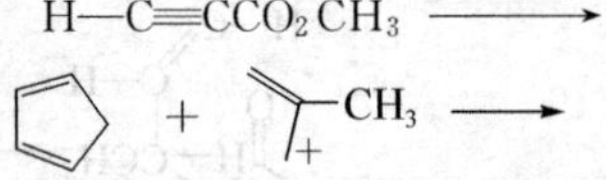

(5) 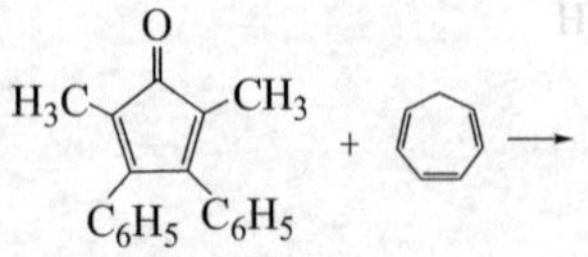

(6) 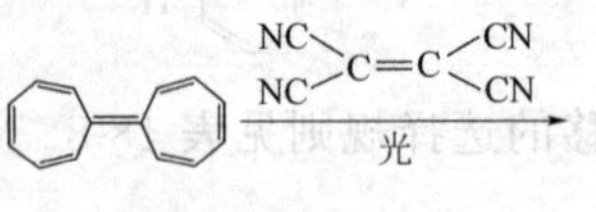

2. 写出下列产物的结构：

(1) 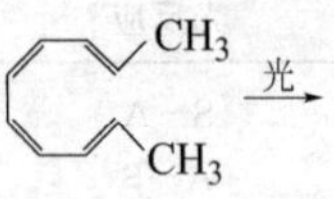

(2) 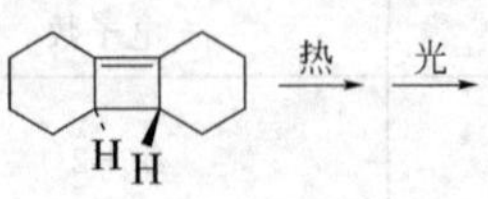

(3) 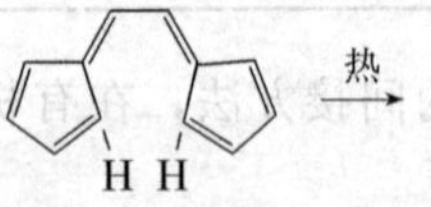

(4) 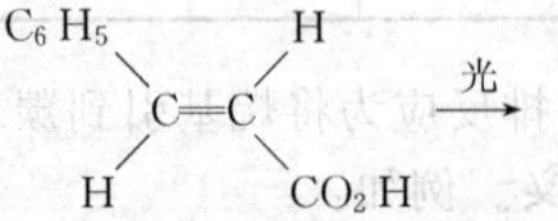

(5) 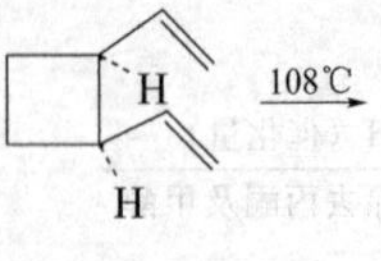

(6) 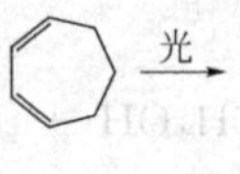

(7) 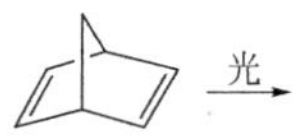

(8) 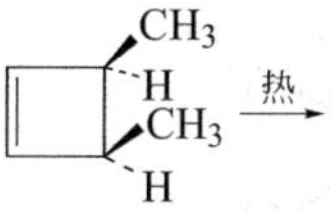

(9) 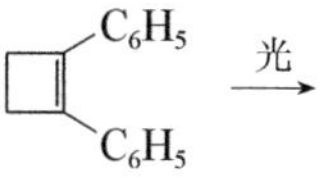

(10) 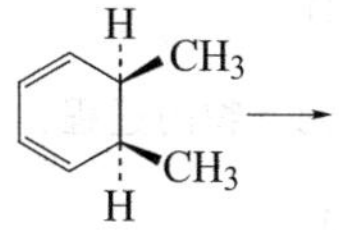

(11) 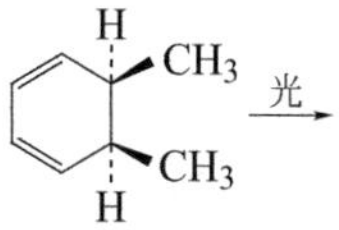

(12) 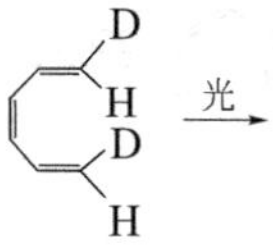

(13) 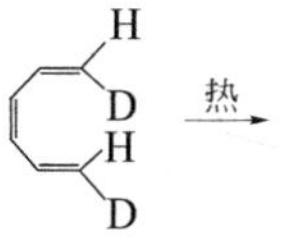

(14) 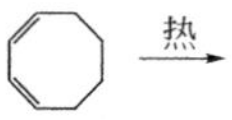

(15) 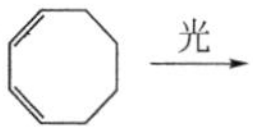

(16) 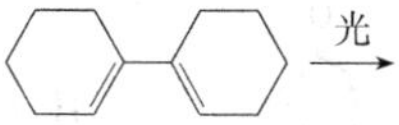

(17) 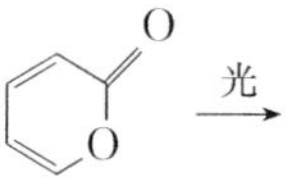

(18) 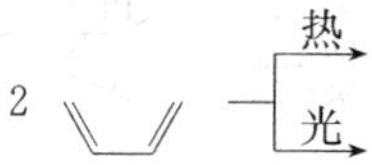

(19) 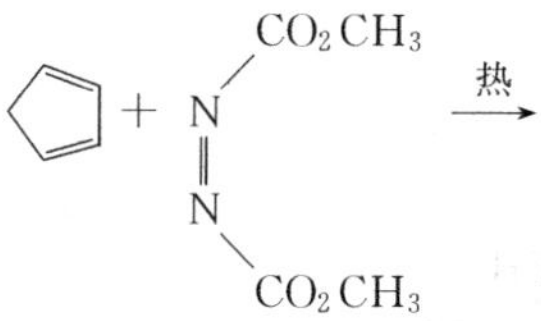

(20) 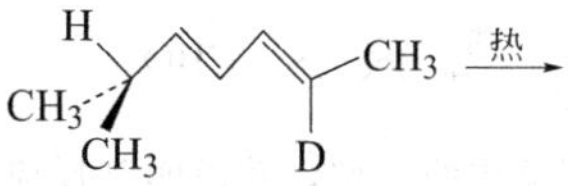

(21) 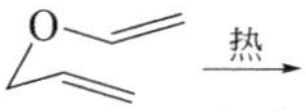

(22) 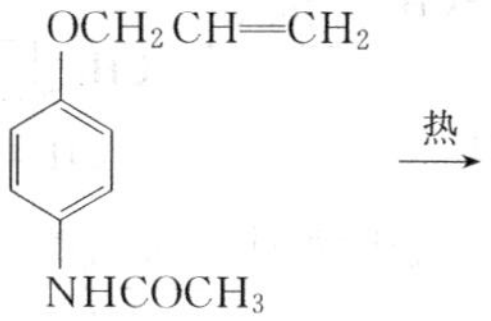

3. 请指出下列反应中化合物 A→D 的结构：

(1) 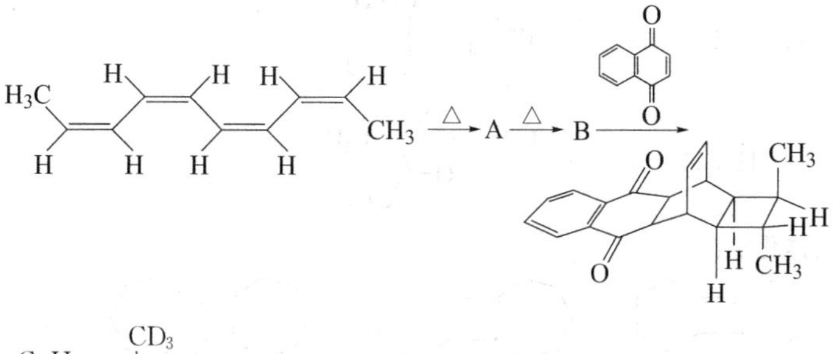

(2) 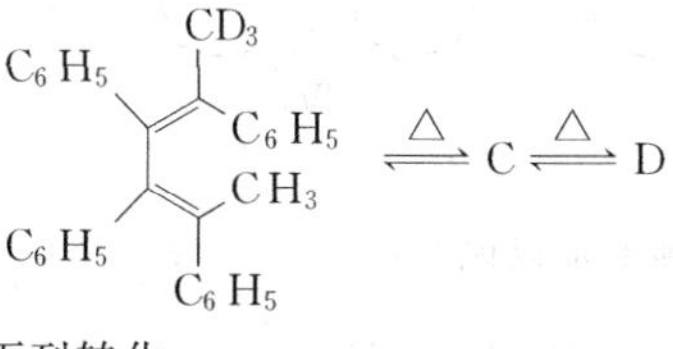

4. 完成下列转化：

(1) 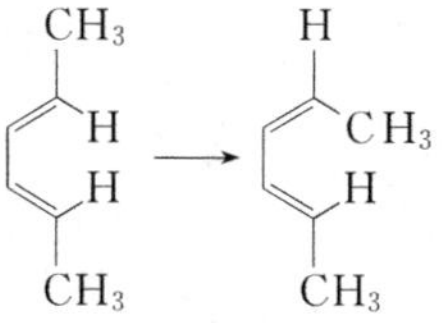

(2) 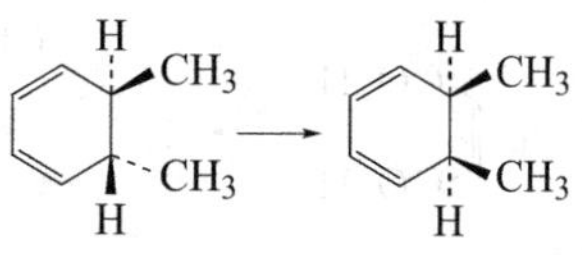

(3) 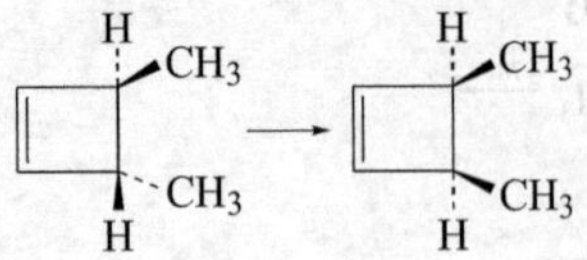

5. 试说明下列反应从反应物到产物的过程：

(1) 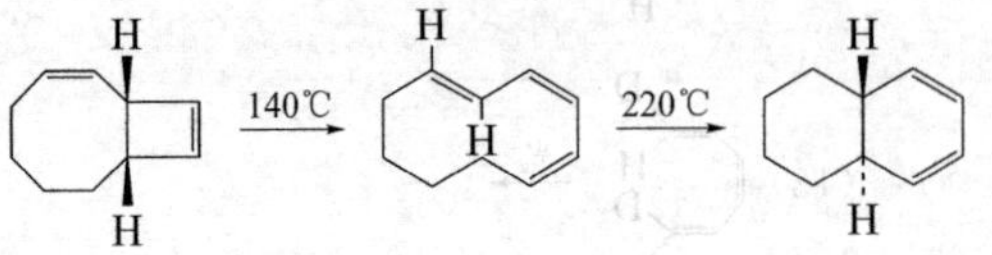

(2) 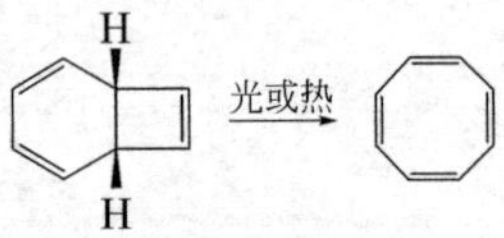

(3) 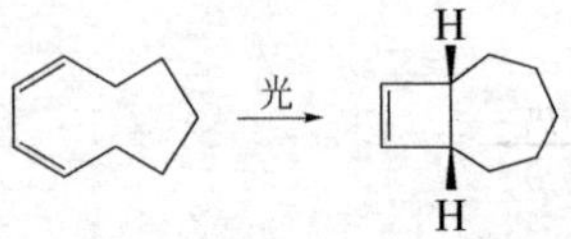

(4) 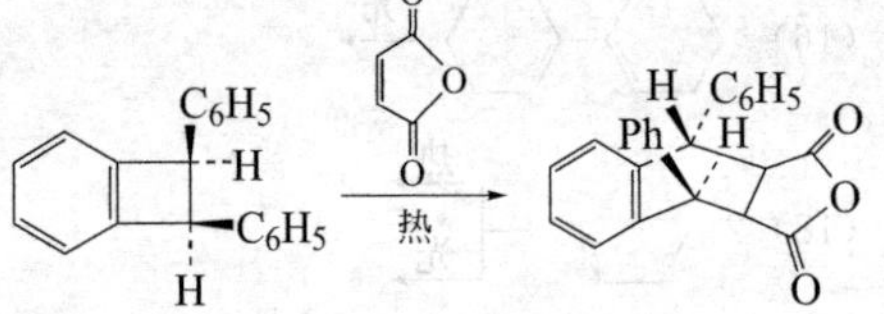

(5) 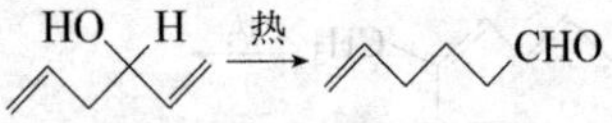

6. 指出下列周环反应的类型，并说明其反应规律：

(1) 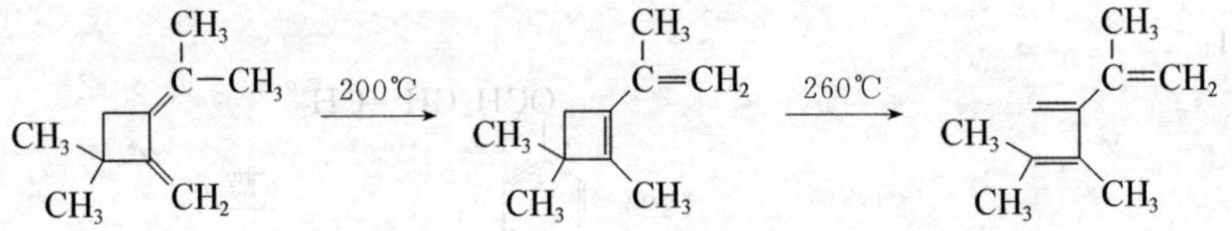

(2) 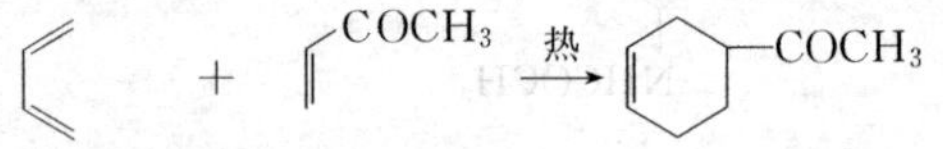

(3) 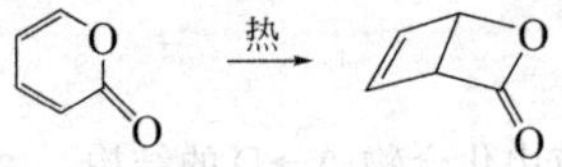

(4) 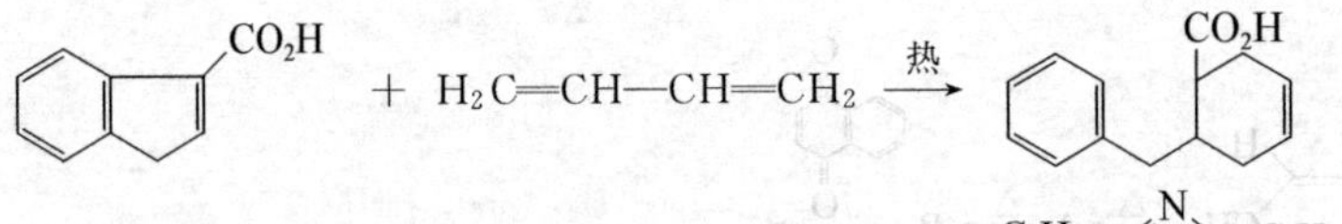

(5) 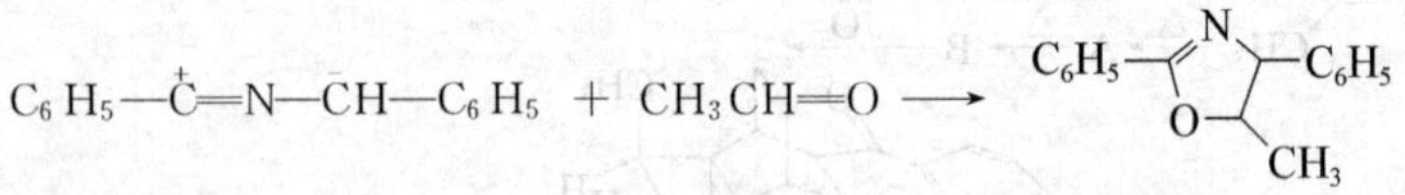

7. 预言下面热电环化反应的产物和立体化学：

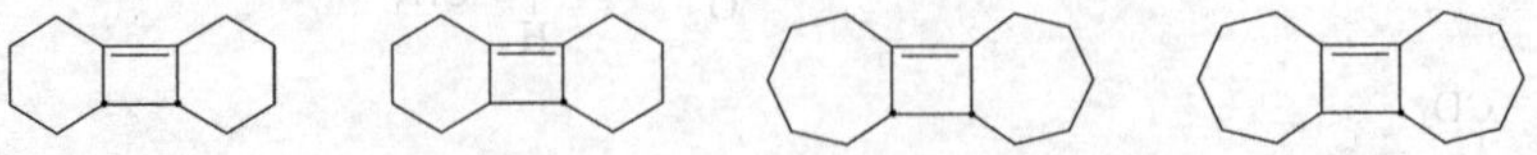

(Ⅰ)　　(Ⅱ)　　(Ⅲ)　　(Ⅳ)

为什么能得到以下的反应速率：(Ⅱ)，(Ⅳ) >> (Ⅰ)，(Ⅲ)？

8. 写出下列反应产物，并比较各组中反应物的反应活性大小，同时扼要加以说明：

(1) 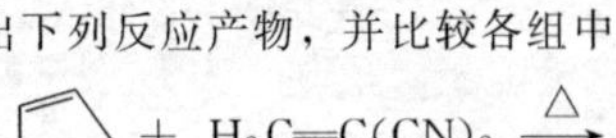

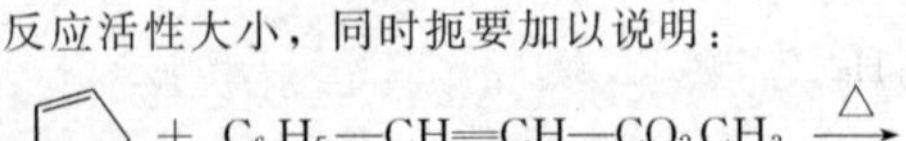

(2) 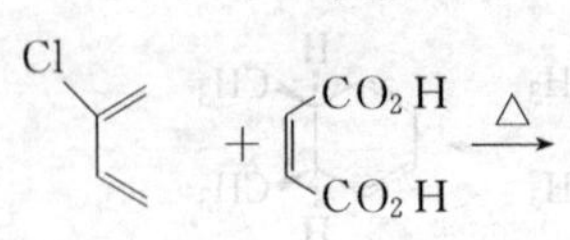

(A)

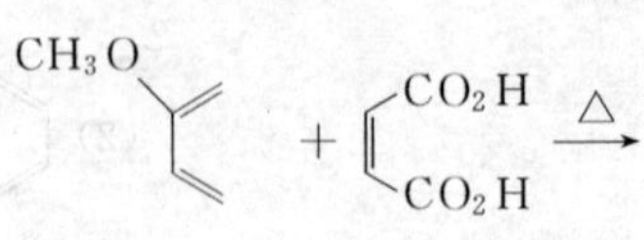

(B)

（3）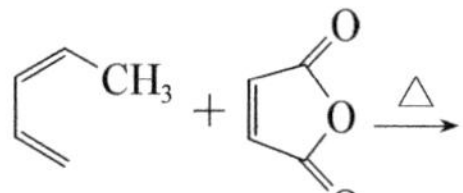
(A)

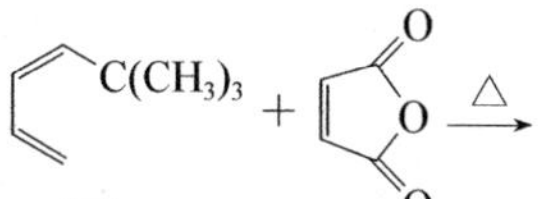
(B)

9. 写出下列反应产物的立体化学结构，并说明各反应所发生的过程：

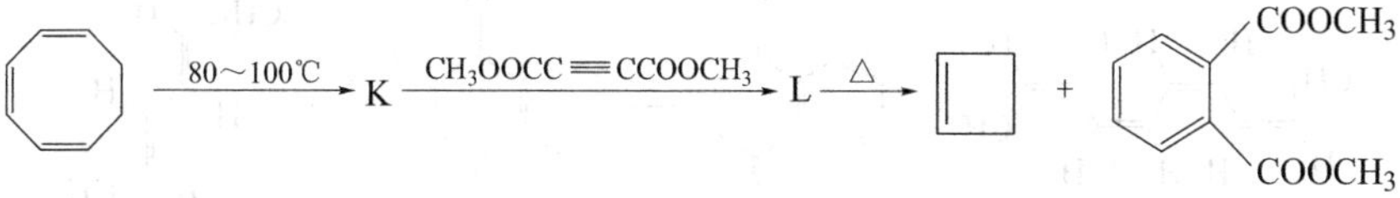

10. 试写出下面反应的机理：

（1）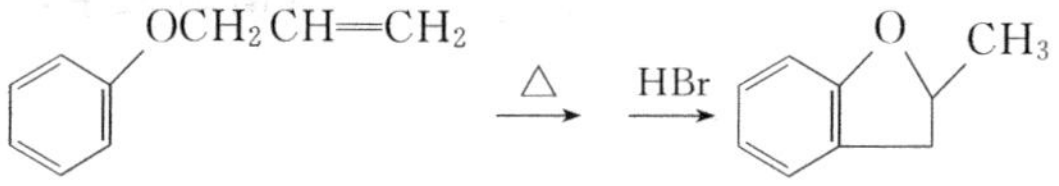

（2）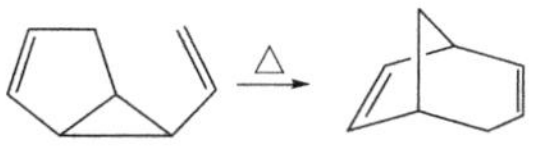

11. 试说明下面所示各转变所发生的协同反应类型：

（1）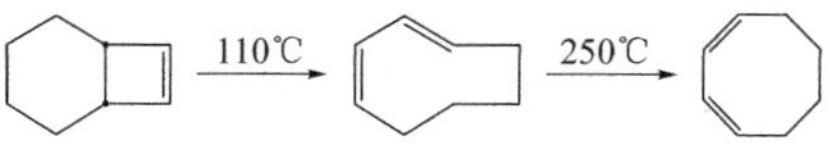

（2）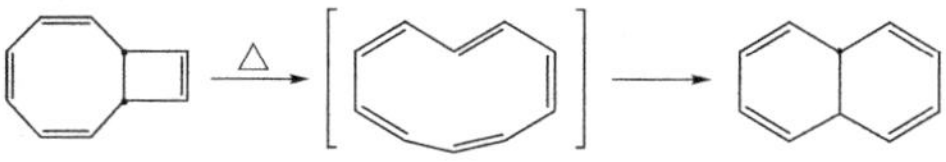

（3）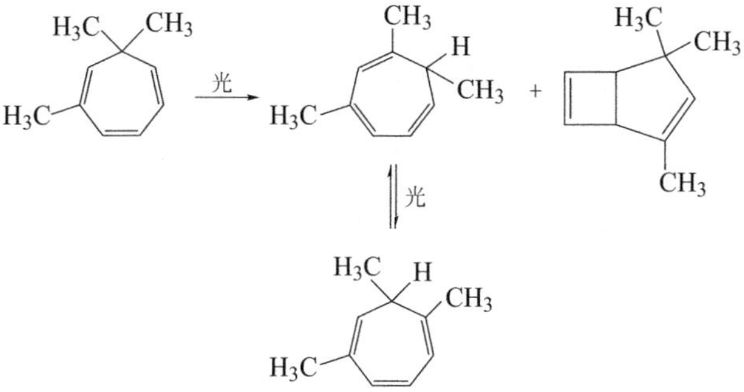

（4）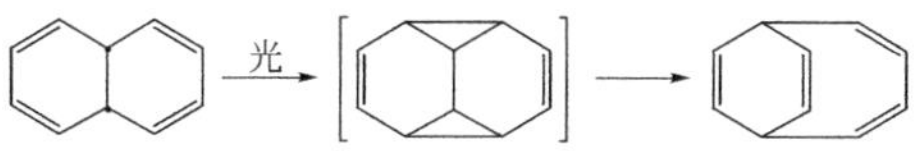

（5）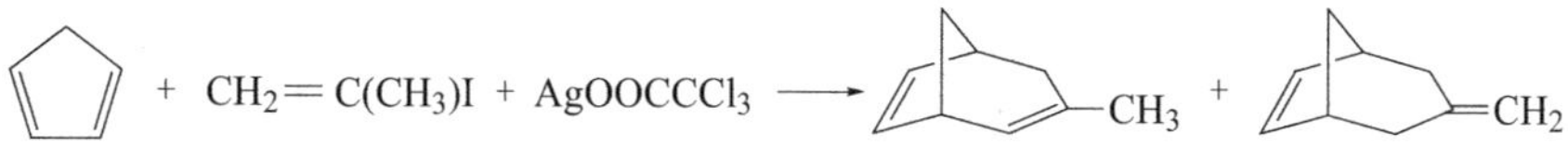

（6）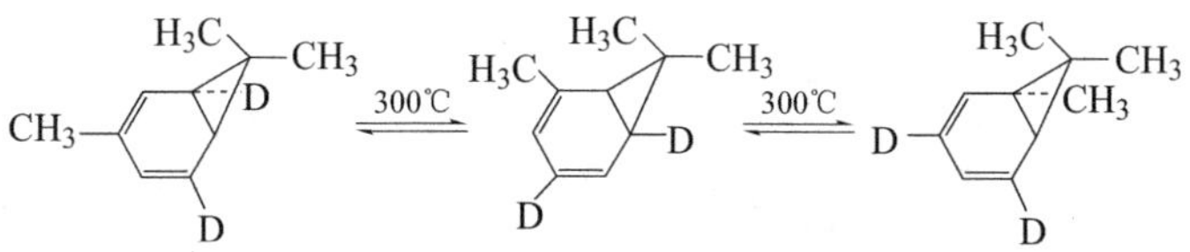

12. 试说明下列反应为什么具有高度的立体专一性或区域选择性？

（1）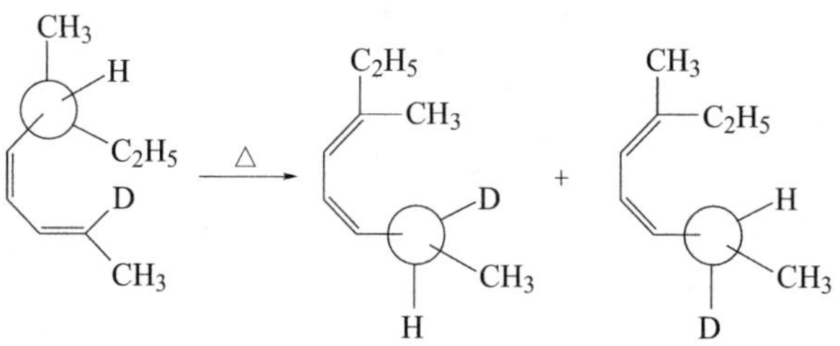

（2）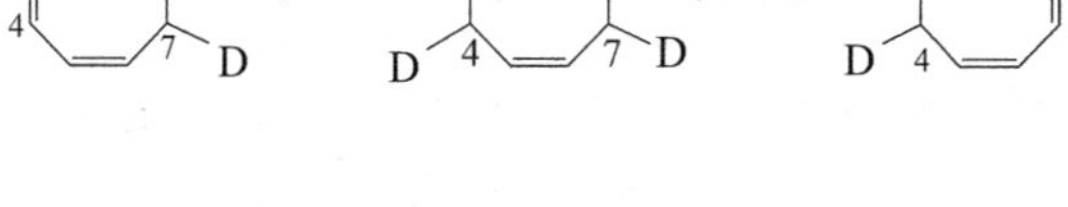

(3) 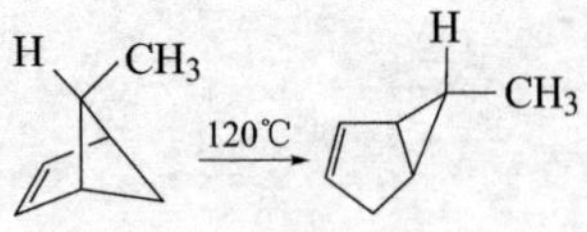

13. 说明下列反应的转化过程：

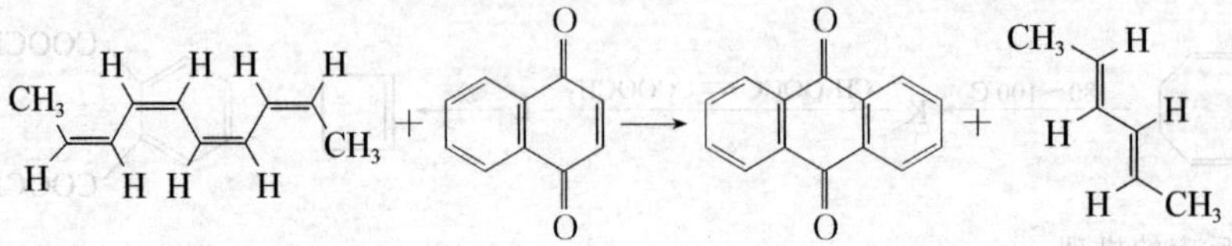

（南通大学，张湛赋）

第十九章 糖类和核酸

糖类（saccharide）化合物是指具有多羟基醛或多羟基酮结构的一大类化合物。糖类化合物是植物光合作用的初生产物，在自然界分布极广，存在于几乎所有动物、植物、微生物体内，是生物体重要的组成部分，其中以植物界最多，约占其干重的80%～90%。动物不能制造糖类，需从植物体摄取。在动物体内，糖类通过氧化而放出大量的能量，以满足生命活动的需要。常见的糖类化合物有葡萄糖、果糖、蔗糖、麦芽糖、淀粉、纤维素等。

在中草药中含有糖的成分是极其普遍的，有些甚至是主要活性成分。一些具有营养、强体功能的药物，如人参、灵芝、黄芪、香菇等都含有大量的糖类，糖类也是它们之中的有效成分。

糖类还是制备许多工业产品的原料，是一项极为丰富的自然资源。例如，玉米芯、高粱秆等农副产物所含的聚戊糖经过适当处理，可以制得大量的顺丁烯二酸酐、呋喃甲醛和四氢呋喃等重要工业原料。

糖由碳、氢、氧三种元素组成，其分子式通常以 $C_n(H_2O)_m$ 表示。由于一些糖分子的氢和氧原子数之比往往是2∶1，刚好与水的分子组成一样，过去误认为此类物质是碳与水的化合物。例如，葡萄糖的分子式 $C_6H_{12}O_6$ 可写成 $C_6(H_2O)_6$，蔗糖的分子式 $C_{12}H_{22}O_{11}$ 可写成 $C_{12}(H_2O)_{11}$，所以，糖类最早又称为"碳水化合物"（carbohydrate）。但是后来发现，有些化合物在结构和性质方面都和糖相似，包括多羟基醛或酮的结构，但是分子组成不完全符合 $C_n(H_2O)_m$ 通式，例如鼠李糖，分子式虽然为 $C_6H_{12}O_5$，然而属于糖类；另外有一些符合 $C_n(H_2O)_m$ 通式的化合物，从结构和性质上来看都不属于糖类，如乳酸，其分子式为 $C_3H_6O_3$，应当和糖区别开。所以严格地讲，把糖称为"碳水化合物"是不正确的，但是因为沿用已久，至今还在使用。

根据糖的结构和性质大致把糖分为以下三类。

（1）单糖（monosacchrides） 指不能水解成更小分子的糖。它们是结晶固体，能溶于水，大多数具有甜味。简单的单糖是包含3～6个碳原子的多羟基醛或酮，例如最简单的糖是含3个碳原子的甘油醛和二羟基丙酮。天然的单糖，主要含5～6个碳原子，称为戊糖和己糖。带醛基的称为醛糖；带羰基的称为酮糖。例如，葡萄糖称为己醛糖，果糖称为己酮糖，鼠李糖可称为甲基戊醛糖或者6-去氧己酮糖。

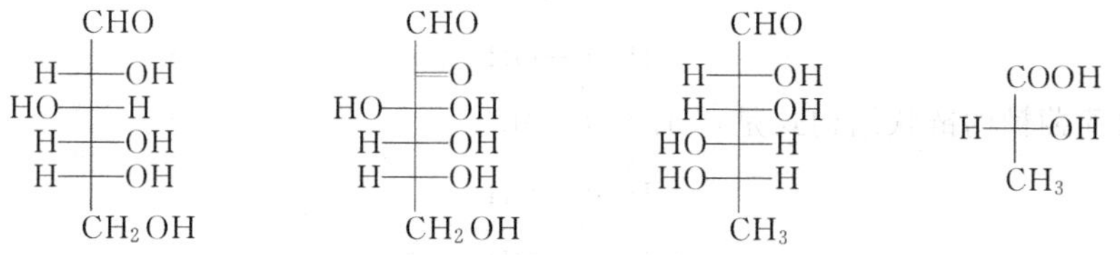

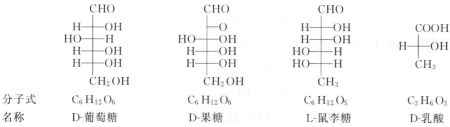

分子式	$C_6H_{12}O_6$	$C_6H_{12}O_6$	$C_6H_{12}O_5$	$C_3H_6O_3$
名称	D-葡萄糖	D-果糖	L-鼠李糖	D-乳酸

（2）低聚糖（oligosaccharides） 指水解时生成2～10分子单糖的化合物。生成两分子单糖的化合物叫二糖，生成三分子单糖的叫三糖，以此类推。麦芽糖和蔗糖属于二糖，可用作甜

味剂。更高的低聚糖（3～6 糖）还有许多其他的功能，如具有难消化性，低热量，可以替代蔗糖用于糖尿病人的甜味剂。

（3）多糖（polysaccharides） 指水解时生成单糖分子数在 10 个以上。多糖是无定形粉末，没有甜味，不溶于水，或在水中形成胶体溶液。淀粉、纤维素属于多糖。

糖类为多官能团化合物，它既有单独官能团的性质，也有官能团之间相互影响的表现。糖分子中含有多个不对称碳原子，必然具有旋光性和旋光异构体，因此，研究糖的特性，就是运用前面所学的官能团反应及立体化学基本概念来分析问题和解决问题的一个很好的结合点。

第一节 单 糖

单糖中最重要的、和人们关系最密切的是葡萄糖。现以葡萄糖为例，来讨论单糖的理化性质及其立体化学问题。葡萄糖可以游离形式存在于水果，蔬菜和血液中，也可以结合形式存在于麦芽糖、蔗糖、淀粉、糖原、纤维素及其他葡萄糖衍生物中。

一、葡萄糖的物理性质

由水中结晶出来的葡萄糖含一分子结晶水，分子式 $C_6H_{12}O_6 \cdot H_2O$；在无水甲醇中结晶出来的葡萄糖不含结晶水。无水葡萄糖的熔点为 147℃（分解）。葡萄糖在水中溶解度很大，1g 无水葡萄糖可溶解于 1.1mL 25℃的水中；易溶于甲醇、热的吡啶和醋酸，难溶于无水乙醇，不溶于醚。糖在热水中溶解度极大，这说明它具有多羟基化合物的特点。

糖溶液过饱和的倾向很大，在浓缩时，不易结晶，往往得到黏稠的糖浆。为解决糖的结晶问题，一般采用物理或化学的方法。物理方法即改变溶剂或冷冻、摩擦刺激、引入晶种等，同时往往要放置几天甚至更长的时间等候结晶长大。化学方法即转化成糖的衍生物，例如把羟基酰化，把醛基或酮基转化成缩醛、缩酮等衍生物，改变分子的结构及分子量，有利于结晶析出。

二、葡萄糖的结构及构型

葡萄糖的元素组成是 C、H、O，三者所占比例是：C 40%，H 6.7%，O 53.3%。根据三者的比例，并通过冰点降低或沸点升高法测得其相对分子质量为 180，从而推断分子式为 $C_6H_{12}O_6$。其分子内基团之间是怎样连接的呢？大量科学实验为解决这个问题提供了依据：①葡萄糖与醋酐反应，生成五乙酰葡萄糖，说明葡萄糖分子内有 5 个羟基。而两个羟基不可能同时连在一个碳原子上，因此 5 个羟基应分别连在 5 个碳原子上。②葡萄糖和羟胺、苯肼都能起反应，和斐林及托伦试剂也能起反应，说明葡萄糖有醛基。③葡萄糖经钠汞齐还原成一个具有 6 个羟基的山梨醇，而后者是由 6 个碳原子构成的直链醇，证明了葡萄糖的 6 个碳原子是连成一条直链的。

由此可知葡萄糖的链状结构式是：

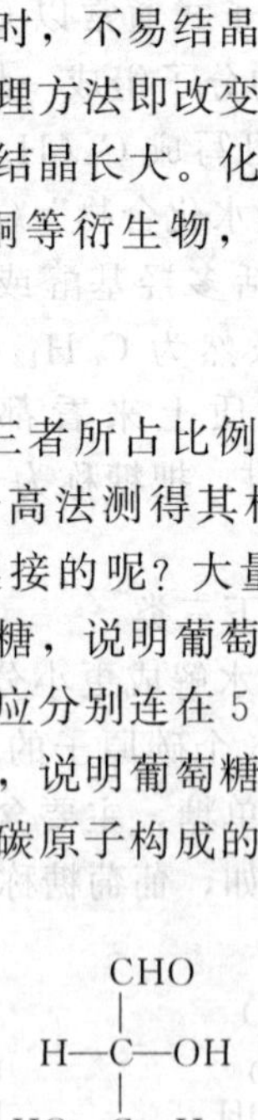

在 20 世纪初期还没有测定有机化合物绝对构型的方法，只能用相对构型来表示各种化合物构型之间的关系。相对构型以甘油醛为标准，人为规定一种构型式（OH 写在右边的）为右

旋甘油醛，另一种构型式（OH 写在左边的）为左旋甘油醛，并以大写的 D 和 L 表示两种构型。将单糖的构型与甘油醛比较，如编号最大的一个不对称的碳原子的构型与 D-(＋)-甘油醛相同（＋号表示右旋），就属于 D 型，如与 L-(－)-甘油醛的构型相同（－表示左旋），就属于 L 型。葡萄糖是己醛糖，己醛糖分子内含有 4 个手性碳原子，有 16 个旋光异构体，8 个为 D-构型，8 个为 L-构型，葡萄糖是 16 个立体异构体中的一个。20 世纪 50 年代以后，有了测定绝对构型的方法，证明了单糖的绝对构型正好同原来的任意规定的相对构型相符合。同样，对于三碳、四碳和五碳醛糖，分别含有一、二和三个手性碳原子，应分别具有 1、2 和 4 对旋光异构体。值得注意的是，D 和 L 仅仅是表示构型的一种方法，它与物质的旋光方向（＋或－）没有关系。

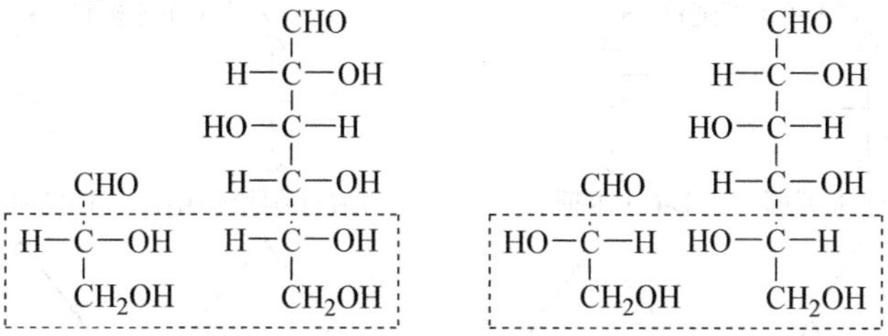

D-(＋)-甘油醛　D-(＋)-葡萄糖　　L-(－)-甘油醛　L-(－)-葡萄糖

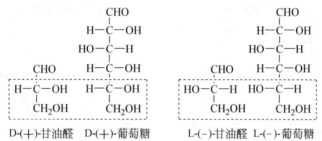

甘油醛和葡萄糖的 D-系和 L-系旋光异构体如下所示。为了简便，以“△”代表醛基，以“O”代表第一醇基，以“├”代表一个手性碳原子上的羟基在右边，以“—”代表羟基。

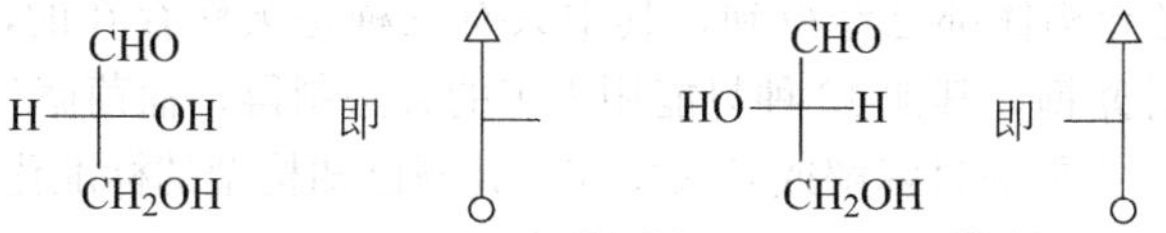

D-甘油醛　　L-甘油醛

D-系的单糖：

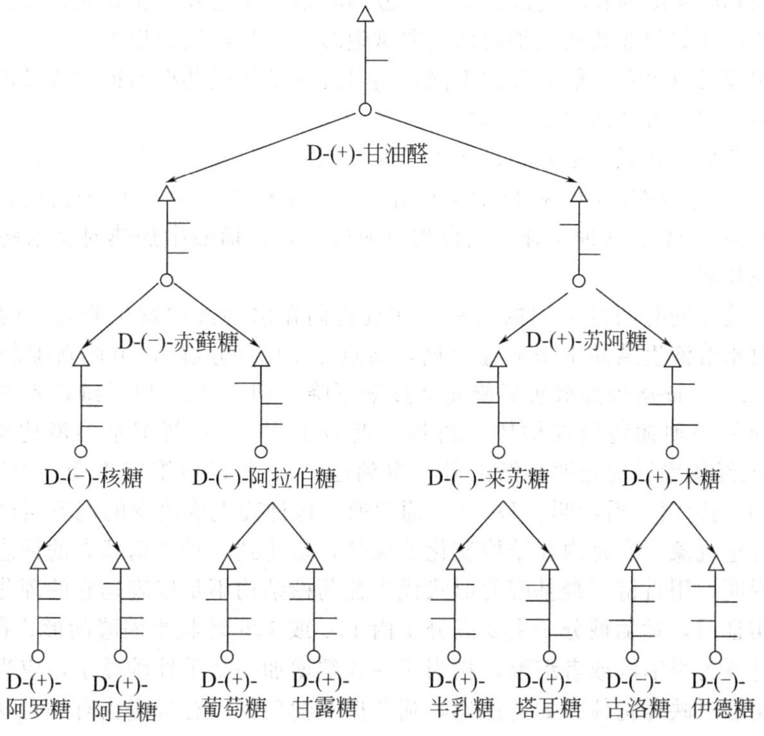
D-(+)-甘油醛
D-(−)-赤藓糖
D-(+)-苏阿糖
D-(−)-核糖
D-(−)-阿拉伯糖
D-(−)-来苏糖
D-(+)-木糖
D-(+)-阿罗糖
D-(+)-阿卓糖
D-(+)-葡萄糖
D-(+)-甘露糖
D-(+)-半乳糖
D-(+)-塔耳糖
D-(−)-古洛糖
D-(−)-伊德糖

L-系的单糖：

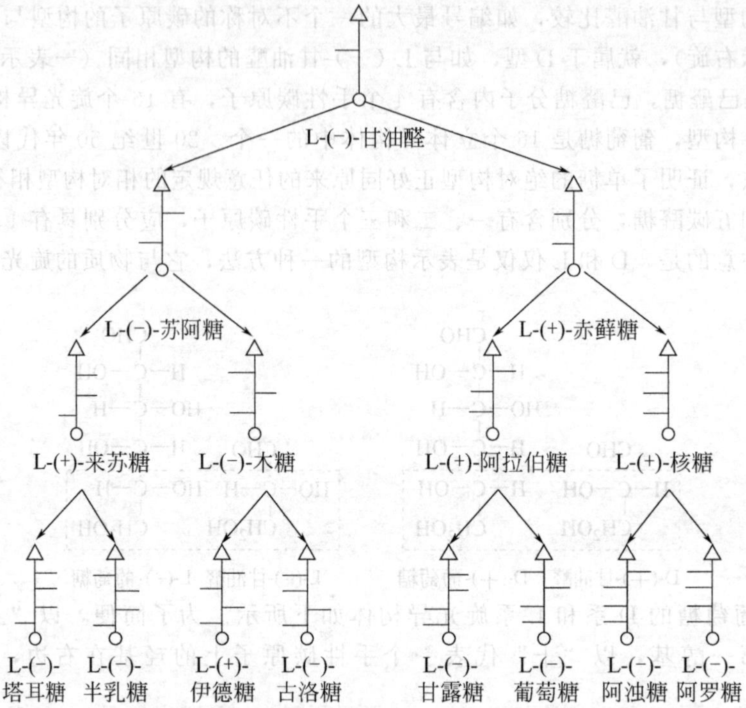
L-(−)-甘油醛
L-(−)-苏阿糖
L-(+)-赤藓糖
L-(+)-来苏糖
L-(−)-木糖
L-(+)-阿拉伯糖
L-(+)-核糖
L-(−)-塔耳糖
L-(−)-半乳糖
L-(+)-伊德糖
L-(−)-古洛糖
L-(−)-甘露糖
L-(−)-葡萄糖
L-(−)-阿洫糖
L-(−)-阿罗糖

己醛糖的 16 种旋光异构体都已经得到，其中只有三种是天然存在的，即 D-(＋)-葡萄糖、D-(＋)-半乳糖和 D-(＋)-甘露糖，其他 13 种只能用人工的方法制得。葡萄糖分子中四个手性碳原子相对构型的确定比较复杂，主要通过降解或升级反应，并与已知构型的标准化合物对照来确定。

三、葡萄糖的环状结构及 Haworth 透视式

进一步研究发现，葡萄糖的直链结构不能适当说明它的全部化学反应。葡萄糖除了能与 Fehling 试剂、Tollens 试剂和胺类试剂发生一般的醛基反应之外，在其他典型的醛反应中表现出很大的特异性，例如与亚硫酸氢钠的加成非常迟缓，和品红试剂根本不起反应，与无水甲醇在酸催化下的缩醛反应也和一般的醛类不同；而且红外及核磁共振谱证明醛基消失。葡萄糖的这些特殊性质不能用其直链结构正确解释。

实验发现，葡萄糖在无水甲醇中，通入干燥氯化氢，只导入一分子甲醇，得到两种产物称为甲基葡萄糖苷。一个称为 α-甲基-D-葡萄糖苷，另一个称为 β-甲基-D-葡萄糖苷，旋光度分别为 $[\alpha]_D = +159°$ 和 $-34°$。这种糖苷类化合物对碱稳定，在稀酸中加热时又水解回葡萄糖和甲醇，性质与缩醛相似。

人们还发现葡萄糖有两种不同的结晶，并且它们在水溶液中发生旋光度的特异变化。一般，在常温下由水溶液里结晶出来的葡萄糖，熔点 147℃（分解），由此新配的溶液其比旋光度 $[\alpha]_D = +113.4°$，此溶液经放置后旋光度逐渐下降，到 $+52.2°$ 以后维持不变。另外在高温下重结晶，得到另一种葡萄糖异构体，测其熔点为 150℃。其新配水溶液比旋光度 $[\alpha]_D = +17.5°$，此溶液经放置后旋光度逐渐上升，也到达 $+52.2°$ 以后维持不变。为区别两种结晶，前者叫 α-D-(＋)-葡萄糖，后者叫 β-D-(＋)-葡萄糖。这种旋光度改变的现象叫做变旋现象。变旋现象是糖的普遍现象，它是内在结构变化的反映，是达到一种平衡状态的标志。

以上事实说明，用直链五羟基醛的形式代表葡萄糖结构不足以表达它的理化性质和结构的关系。大量事实证明，葡萄糖分子主要以分子内 1,4-或 1,5-环状半缩醛的形式存在。

由一个醛基变为半缩醛或者缩醛，相当于在顶端增加一个手性碳原子，应当产生一对新的旋光异构体，是非对映异构体。如此推论，葡萄糖及葡萄糖甲苷都应当有一对这样的非对映异

构体。这已被事实所证明：

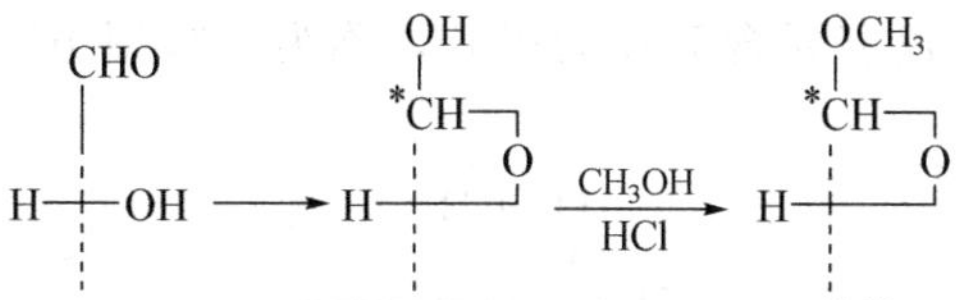

醛式　　　　半缩醛式　　　　甲基苷

葡萄糖溶液既可按照醛式结构发生反应（斐林、托伦、成肟反应等），又可以按照半缩醛结构发生反应（成苷反应及变旋现象等），说明在溶液中，三种不同的形式都存在，旋光度为+52.2°是互变平衡状态：

α-D-(+)-葡萄糖 $\rightleftharpoons$ 醛式葡萄糖 $\rightleftharpoons$ β-D-(+)-葡萄糖

+113.4°　　　　+19°

+52.2°

占 36%　　　　占 0.01%　　　　占 64%

经测定，在平衡体系中，α-D-(+)-葡萄糖占 36%，β-D-(+)-葡萄糖占 64%，而醛式只占少量。这样一个平衡混合物当受到不同试剂进攻时，以不同的形式参与反应。当强的亲核性试剂如羟胺、胺类进攻时，发生缩合反应；当与氧化试剂如斐林、托伦试剂作用时，发生氧化反应，不断消耗掉醛式，促使平衡不断由半缩醛式向醛式方向移动，继续反应到底。但是对可逆性的加成反应如 $NaHSO_3$、品红试剂等就不容易发生，因为游离醛式存在的浓度太低。

α-D-(+)-葡萄糖和 β-D-(+)-葡萄糖，α-D-(+)-甲基葡萄糖苷和 β-D-(+)-甲基葡萄糖苷是由于顶端碳原子构型不同而产生的非对映异构体，也叫“端基异构体”（anomer）。对 D 构型葡萄糖来说，α 和 β 的命名由半缩醛形成羟基的位置来决定。半缩醛羟基与 2 位羟基在同侧为 α-，半缩醛羟基与 2 位羟基在异侧为 β-。

余下的问题就是分子内半缩醛氧环的大小测定。预先将葡萄糖转化成甲苷，使环的大小固定，再利用高碘酸断裂邻二醇的反应，测定消耗的高碘酸分子数和产生的小分子产物，来测定环的大小。

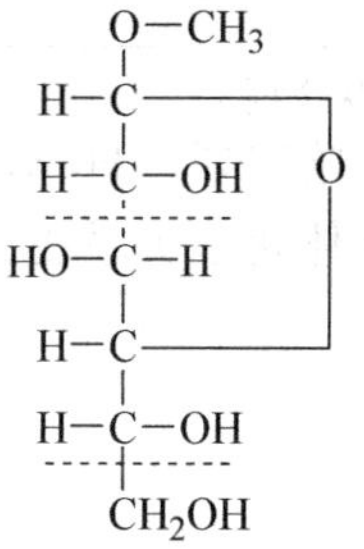

（Ⅰ）五元环

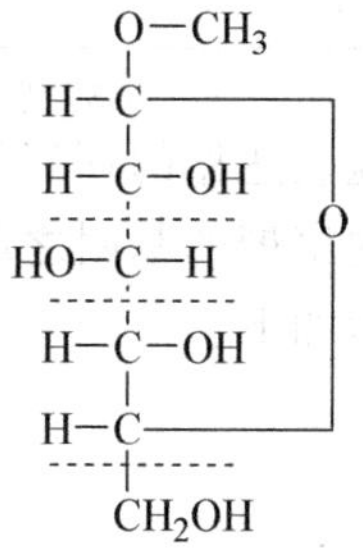

（Ⅱ）六元环

实验结果消耗两分子高碘酸，并生成一分子甲酸，这表明甲苷如（Ⅱ）所示，是六元环氧结构。

根据杂环化合物命名法，六元含氧环又称为吡喃环。因此六元环 α-和 β-甲基葡萄糖苷应称为甲基 α-D-(+)-吡喃葡萄糖苷和甲基 β-D-(+)-吡喃葡萄糖苷。未成苷的糖的命名也按同样方式。

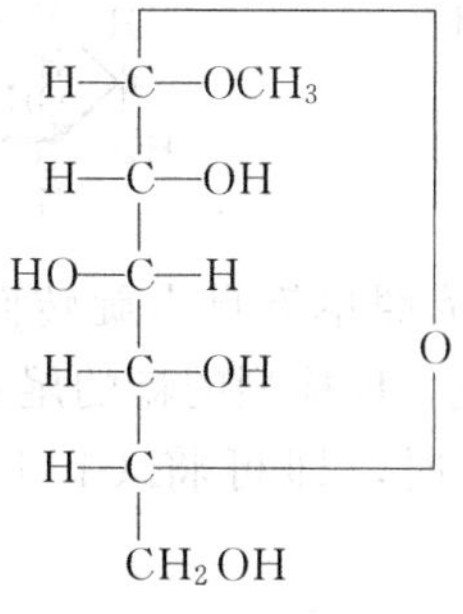

α-D-(+)-吡喃葡萄糖甲苷

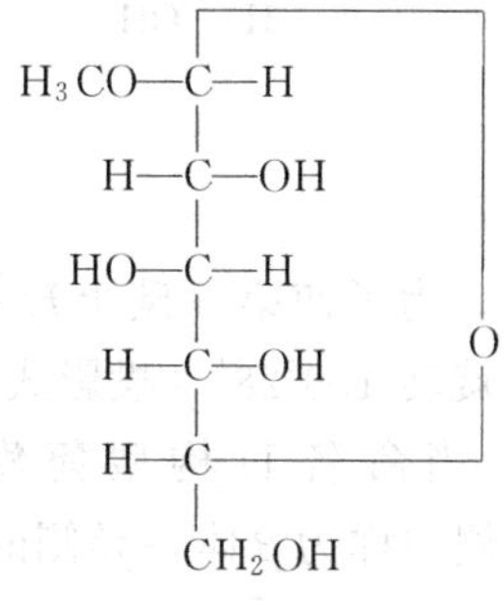

β-D-(+)-吡喃葡萄糖甲苷

比较活泼的五元环也是能够形成的，例如在很温和的条件下与无水甲醇-氯化氢反应，于25℃放置较长时间，能分离出五元含氧环的甲苷，称为呋喃型甲苷。这种甲苷遇稀酸容易水解，不如吡喃型稳定。

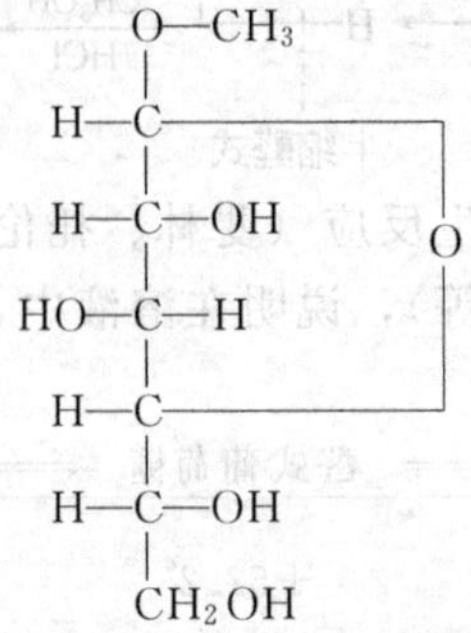

α(β)-D-(+)-呋喃葡萄糖甲苷

通过以上讨论可以看到，葡萄糖不仅是一个直链五羟基醛，而且在溶液中是以醛式和环状结构的动态平衡体系存在，并以环状结构占绝对优势的比例。

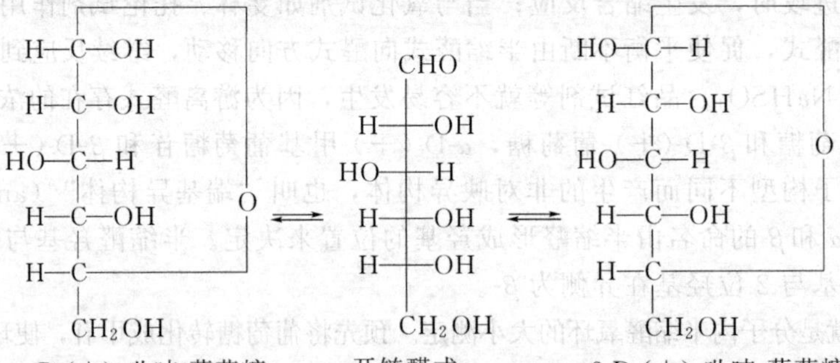

α-D-(+)-吡喃-葡萄糖　　开链醛式　　β-D-(+)-吡喃-葡萄糖

+113.4°　　　　+19°

+52.2°(平衡状态时)

为了更接近真实并形象地表达糖的环氧结构，哈武斯（Haworth）提出把直立的结构式改写成平面的环状来表示，对观察糖的基团之间的立体化学关系更为方便。现将费歇尔投影式改写成哈武斯透视式的过程表示如下：

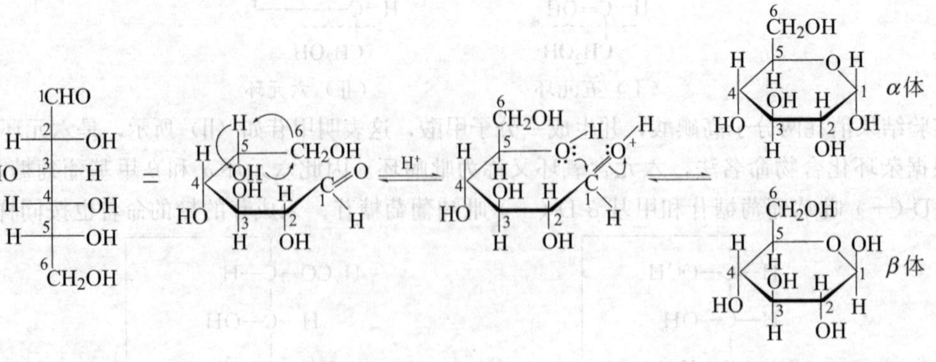
α体
β体

在成环的时候，为了使第 5 碳上羟基和醛基接近，依照单键自由旋转而不改变构型的原则，将第 5 碳原子旋转 109°28′（投影式旋转 120°）。因此，D 构型的糖的尾端羟甲基写在环的平面之上，这样，当命名 D 构型葡萄糖的 α-及 β-体时，即可将 C1 上的羟基与 C5 的—CH_2OH基在同侧的称为 β 体，异侧的称为 α 体。

下面列举几个重要单糖的环状结构：

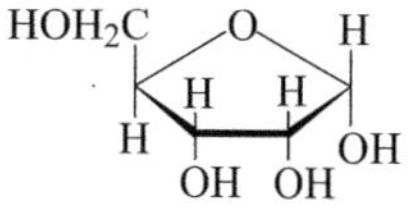
HOH$_2$C
O
H
H
H
H
OH
OH
OH

α-D-核糖

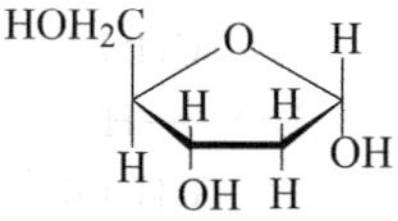
HOH$_2$C
O
H
H
H
H
OH
OH
H

α-D-2-去氧核糖

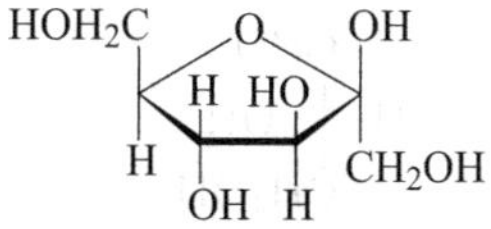
HOH$_2$C
O
OH
H
HO
H
CH$_2$OH
OH
H

β-D-呋喃-果糖

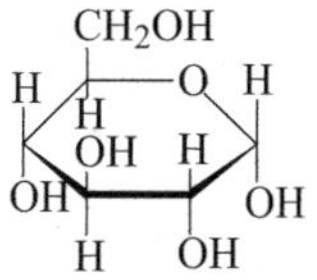
CH$_2$OH
H
O
H
H
OH
H
OH
OH
H
OH

α-D-吡喃-半乳糖

四、葡萄糖的优势构象

哈武斯透视式比费歇尔投影式能更合理地表达葡萄糖的存在形式，但是，简单地以一个平面表示吡喃氧环式还是不够的。与环已烷的构象相似，吡喃环也有船式和椅式两种构象，其中椅式的内能较低，为优势构象。与环已烷比较，吡喃环的不同之处在于：①氧原子代替了一个碳原子的位置，六元环不再是均匀的环，而且氧原子的电负性大，与环上取代基的作用比碳原子要强烈，对构象稳定性影响较大。②环已烷碳原子上连接的都是氢，而在糖分子中环上取代基各不相同，取代基相互之间空间效应和电性效应更加显著。由于这两点，糖和环已烷的构象有所不同，糖的船式构象极不稳定，大多以椅式构象存在。葡萄糖椅式构象有两种：N-式（Normal form）和 A-式（Alternative form）。

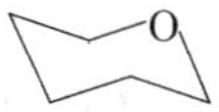
O

N-式

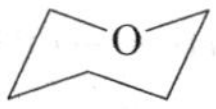
O

A-式

对于 D 系的糖来说，连在 C5 上的尾端羟甲基是最大的取代基，它如果处在 *a* 键与其他 C1、C3 位置的取代基相互排挤，很不稳定。相反此尾端羟甲基处在 *e* 键有利。

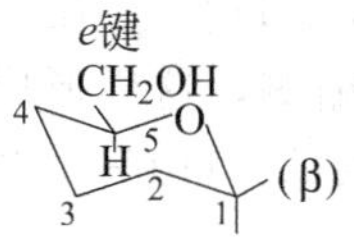
e键
CH$_2$OH
O
H
5
4
3
2
1
(β)

N-式(优势构象)

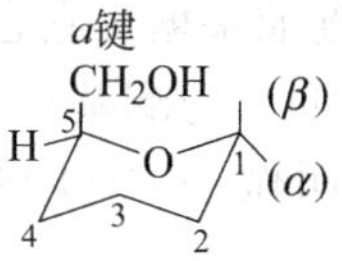
a键
CH$_2$OH
(β)
H
5
O
1
(α)
4
3
2

A-式

因此 D-葡萄糖应取 N-式构象而不取 A-式构象。再进一步观察 α-和 β-端基异构体的差别：

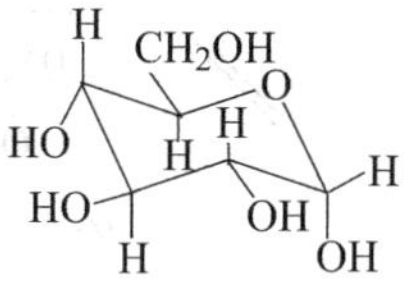
H
CH$_2$OH
O
HO
H
H
H
HO
OH
H
OH

α-D-(+)-吡喃-葡萄糖

(N-式)

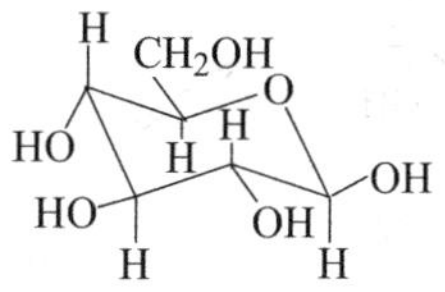
H
CH$_2$OH
O
HO
H
H
OH
HO
OH
H
H

β-D-(+)-吡喃-葡萄糖

(N-式)

β-体的环上所有比较大的基团都在 *e* 键，相互之间距离远，没有空间排斥效应。而 α-体 C1 位上羟基在 *a* 键，和 C3、C5 位上氢原子（*a* 键）有空间排斥效应。因此 β-体更稳定。

上面介绍了糖类结构的三种表示方法，虽然哈武斯透视式及构象式更接近于分子的真实形象，但在一般地讨论糖的化学性质时，Fischer 投影式也能客观地反映分子的情况，而且书写方便，简单明了，所以仍可采用。但要熟悉三种表示方法的相互关系。

五、几种重要的单糖

除葡萄糖外，还有几种其他重要的单糖，如丙醛糖、果糖、木糖、核糖。现简单介绍如下。

（一）丙醛糖

丙醛糖俗名甘油醛，学名为 2,3-二羟基丙醛，它是最简单的一个糖。它的重要性在于用它作为标准来确定单糖分子的构型。丙醛糖分子式为 $HOCH_2CHOHCHO$。分子中有一个手性碳原子，因此该分子就有两种构型，组成一对对映体或立体异构体。其 Fischer 投影式表示如下：

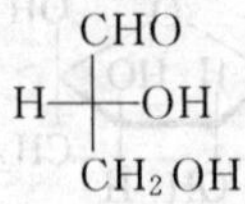

D-(＋)-甘油醛

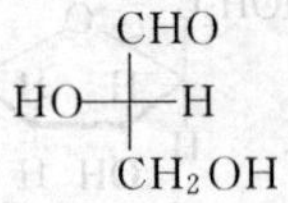

L-(－)-甘油醛

（二）果糖

果糖是2-己酮糖。2-己酮糖的分子式同葡萄糖一样也是$C_6H_{12}O_6$，分子中有三个手性碳原子，有$2^3=8$个立体异构体。果糖是其中的一个。天然果糖是左旋的，即（－)-果糖。在(－)-果糖分子中离羰基最远的手性碳原子的构型与D-(＋)-甘油醛的构型相同。所以，（－)-果糖的构型属D型，叫做D-(－)-果糖。其构型可用Fischer投影式表示如下：

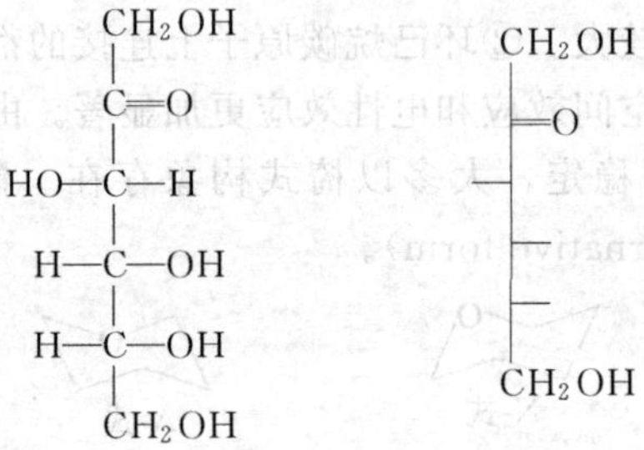

这是D-(－)-果糖的开链式结构。游离存在的D-(－)-果糖常以氧环式结构存在。D-(－)-果糖的氧环式有两类：一类是C6上羟基（—OH）与酮基形成半缩酮，这样形成的氧环式是六元环（δ氧环式），叫做D-(－)-吡喃果糖。它也存在α-D-(－)-吡喃果糖和β-D-(－)-吡喃果糖两种。另一类是C5上羟基（—OH）与酮基形成半缩酮，这样形成的氧环是五元环（γ氧环式），其氧环式骨架与呋喃环相似，叫做D-(－)-呋喃果糖。D-(－)-呋喃果糖也有α-D-(－)-呋喃果糖和β-D-(－)-呋喃果糖两种。

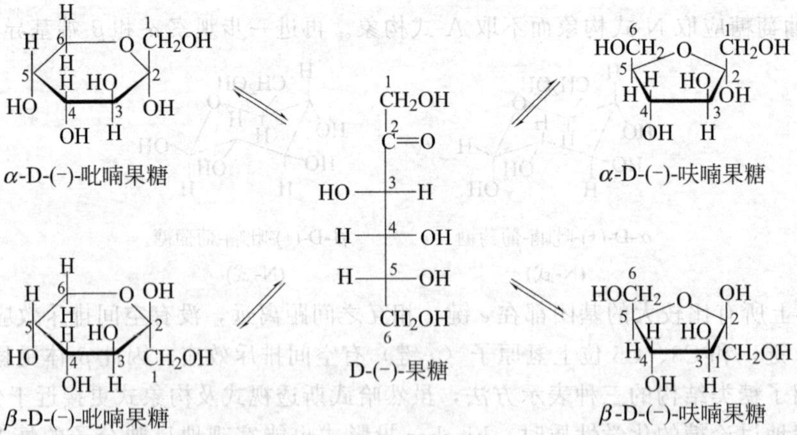
α-D-(-)-吡喃果糖
α-D-(-)-呋喃果糖
D-(-)-果糖
β-D-(-)-吡喃果糖
β-D-(-)-呋喃果糖

在D-(－)-果糖水溶液中既存在少量的开链式，也存在δ氧环式[α-D-(－)-吡喃果糖和β-D-(－)-吡喃果糖]和γ氧环式[α-D-(－)-呋喃果糖和β-D-(－)-呋喃果糖]。这五种通过开链式形成平衡混合物。

α和β-D-(－)-吡喃果糖的构象式表示如下：

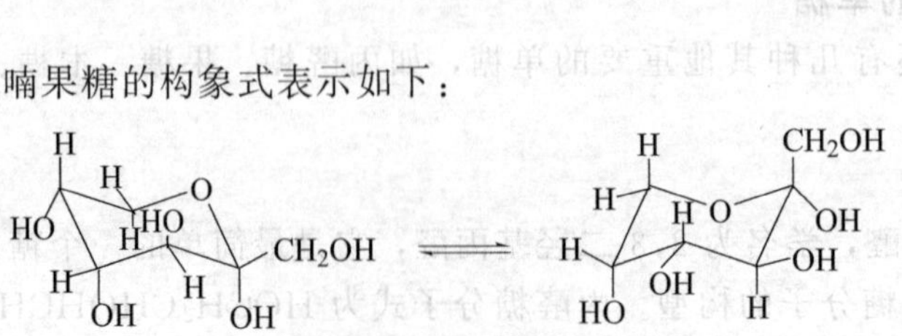

α-D-(-)-呋喃果糖

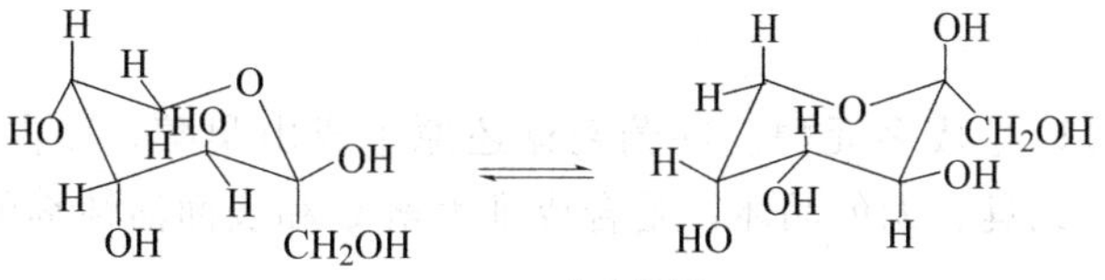

β-D-(-)-呋喃果糖

天然果糖是左旋的，又称左旋糖，是无色晶体，熔点104℃（分解），$d_4^{20}=1.60$。易溶于水、吡啶，可溶于乙醇（1g/15mL 乙醇），不溶于乙醚。果糖味甜，其甜味是蔗糖的1.5倍，是糖类中最甜的糖。果糖广泛存在于蜂蜜、水果和植物的种子中。果糖可用作食物和营养剂。

（三）木糖

木糖是戊醛糖。戊醛糖的分子式是$C_5H_{10}O_5$，分子中有三个手性碳原子，有$2^3=8$个立体异构体，木糖是其中的一个。木糖是右旋糖，即（＋）-木糖。木糖分子中离醛基最远的手性碳原子与D-（＋）-甘油醛相同，所以（＋）-木糖的构型为D型，叫做D-（＋）-木糖。其构型可用Fischer投影式表示如下：

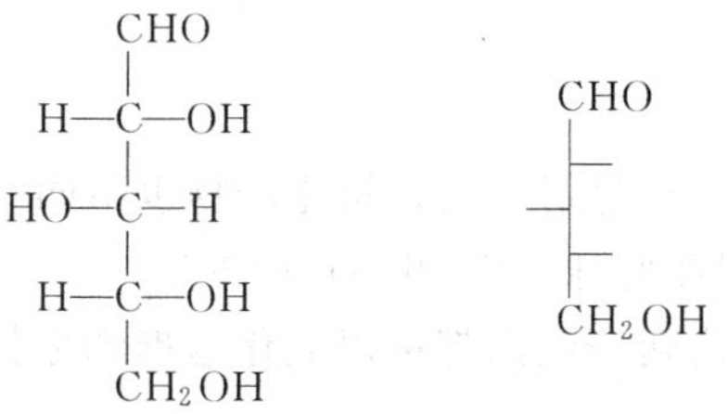

木糖是白色结晶粉末，熔点144℃，$d_4^{20}=1.525$，溶于水和乙醇。木糖以多糖形式存在于玉米芯、棉籽壳、谷类秸秆中，如用8%左右的硫酸处理这些原料，可得木糖，这是生产木糖的主要方法。木糖可用于染色和制革，也用作糖尿病人的甜料。

（四）核糖

天然的核糖是晶体，熔点87℃。核糖是戊醛糖异构体中重要的一种。其构型为D型，旋光方向是左旋的，叫做D-（－）-核糖。D-（－）-核糖C2上的羟基去掉氧原子后叫做2-脱氧-D-核糖。它们都是核酸的重要组成部分。这两种核糖均以β-D-呋喃环结构存在。

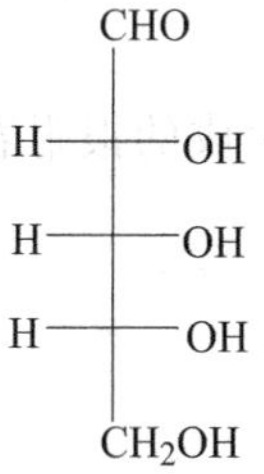

D-(-)-核糖

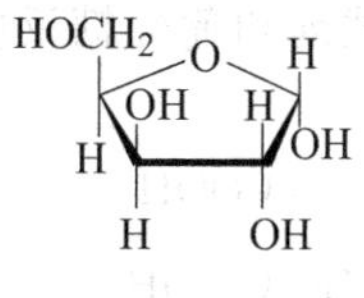

β-D-(+)-呋喃核糖

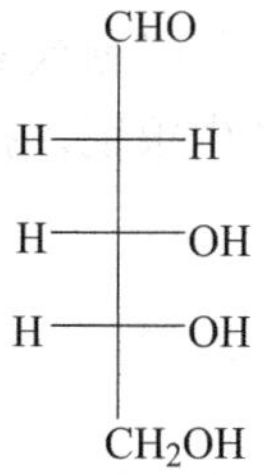

2-脱氧-D-核糖

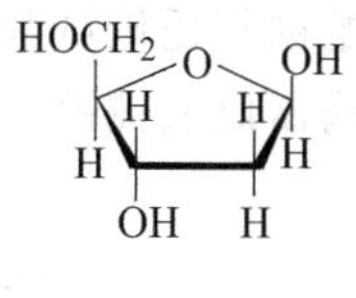

β-2-脱氧-D-呋喃核糖

习题 19-1 完成下列问题

（1）古罗糖是己醛糖的异构体之一，试用D，L标记法指出它是D型还是L型？并用R，S标记法标明其各手性碳原子的构型。

（2）写出β-D-呋喃型半乳糖的Haworth式。

（3）写出β-D-吡喃型甘露醇的构象式。

六、单糖的重要化学反应

（一）还原反应

醛糖或酮糖还原可以生成多元醇。D-葡萄糖还原生成山梨醇，L-古洛糖还原也生成山梨醇。山梨糖醇为无毒、无臭、无色晶体，是合成维生素C和表面活性剂的重要原料。

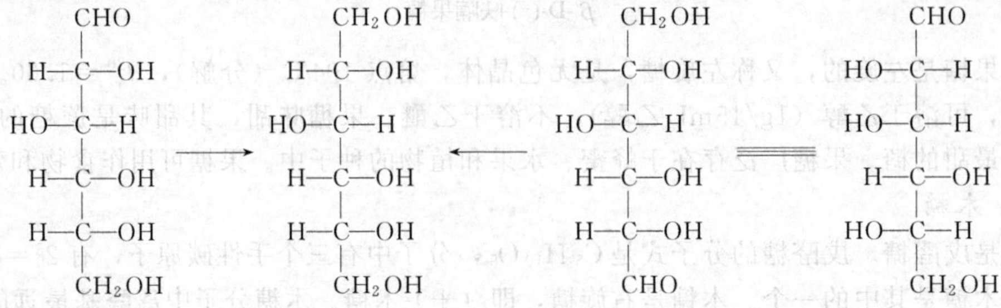

D-葡萄糖　　山梨醇　　L-古洛糖

在实验室常用硼氢化钠将糖还原成相应的多元醇。工业上则用镍作催化剂，在沸腾的乙醇溶液中加氢。

（二）氧化反应

单糖能被许多氧化剂氧化，氧化剂不同，氧化产物也不同。醛糖比酮糖更易被氧化。

1. 与托伦（Tollens）试剂和费林（Fehling）试剂反应

由于酮糖是α-羟酮，所以这两个试剂都可以氧化醛糖和酮糖。

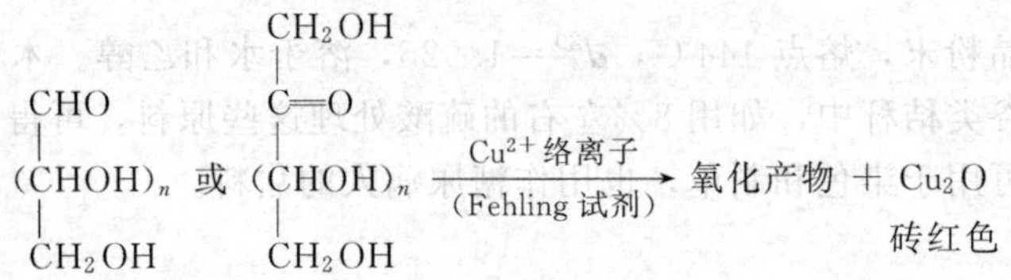

醛糖　　酮糖

费林试剂与醛糖或酮糖反应时，Cu^{2+}络离子的蓝色消失，产生砖红色Cu_2O沉淀。此反应常用来鉴别单糖和测定糖尿病患者中糖分的含量。本尼迪特（Benedict）试剂（由硫酸铜、柠檬酸和碳酸钠配制成的蓝色溶液）与醛糖或酮糖反应与费林试剂相同。

醛糖或酮糖与托伦试剂作用都产生银镜。托托试剂和葡萄糖反应，生成的银附着在玻璃制品上，使玻璃器皿上被镀上银。

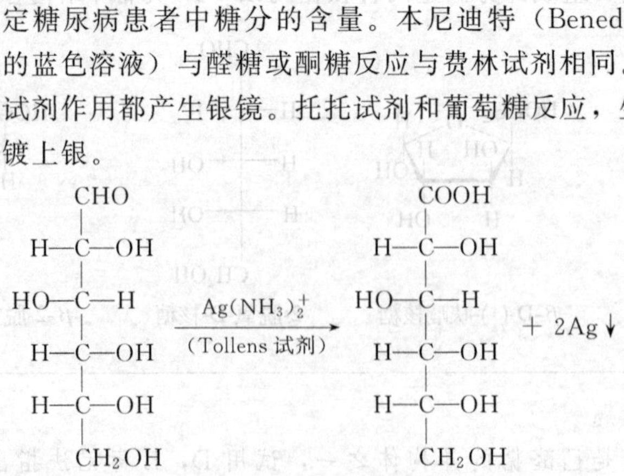

通常与托伦试剂或费林试剂呈正反应的糖叫做还原糖。

2. 与溴水反应

在pH=5时，溴水使己醛糖直接氧化成醛糖酸的内酯，机理尚不清楚。β-D-葡萄糖氧化的速率为α-D-葡萄糖的250倍，说明反应从进攻1位上的OH基开始。

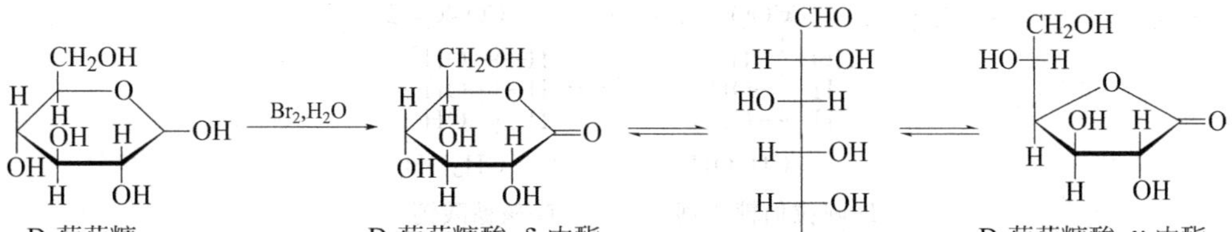

D-葡萄糖　　D-葡萄糖酸-δ-内酯　　D-葡萄糖酸-γ-内酯

3. 与硝酸反应

稀硝酸的氧化作用比溴水强，能使醛糖氧化成糖二酸。D-葡萄糖二酸是旋光的。醛糖氧化生成的糖二酸是否具有旋光性，可用于糖的构型测定。糖二酸也容易生成内酯。

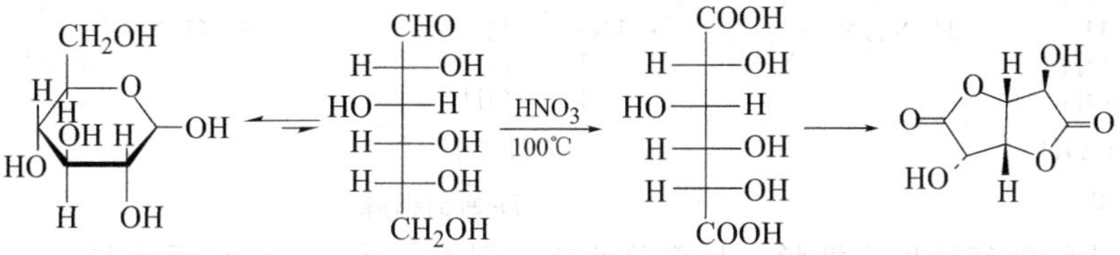

D-葡萄糖　　D-葡萄糖二酸

4. 与高碘酸反应

糖类用高碘酸氧化时，碳链发生断裂。D-葡萄糖氧化时，消耗5mol高碘酸，生成5mol甲酸和1mol甲醛：

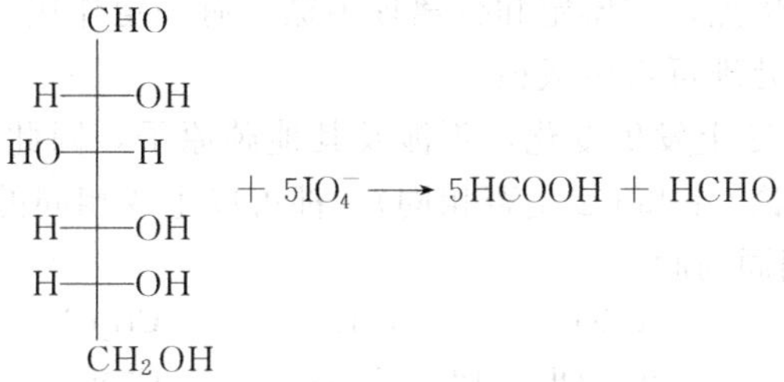

由于反应是定量进行的，常用于推断糖的结构。

（三）差向异构化

葡萄糖以稀碱溶液处理时，会有一部分变成果糖和甘露糖，成为混合物。这可能是通过碱催化下的两步1,3-重排（酮式和烯醇式的互变异构）来实现的，这种异构化叫做差向异构化。

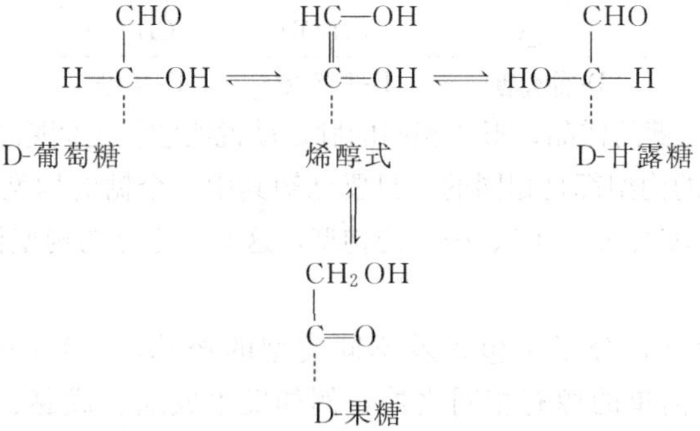

D-葡萄糖和D-甘露糖仅仅在C2位构型不同，它们互称为C2差向异构体。在含多个不对称碳原子的光学异构体之间，凡只有一个不对称碳原子的构型不同时，互称为差向异构体。

果糖是一种酮糖，但也能和斐林试剂起反应，可以认为是斐林试剂中的碱催化互变异构反应的结果。

差向异构化可应用于一些自然界难得的糖类的制备。如用阿拉伯糖制备核糖，利用糖酸盐在吡啶或喹啉（弱碱）的水溶液中加热时发生差向异构化作用。

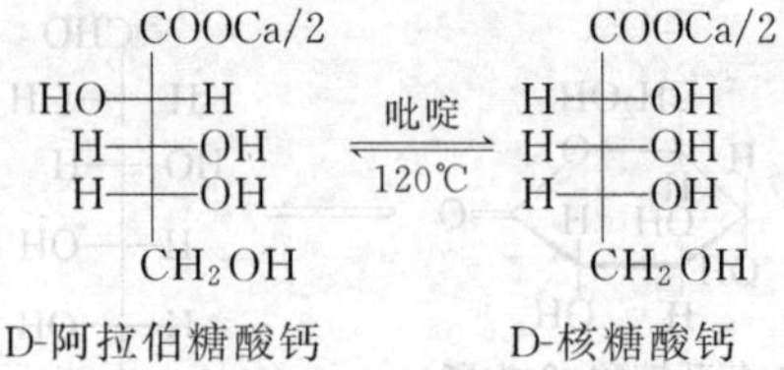

D-阿拉伯糖酸钙　　D-核糖酸钙

（四）糖脎反应

糖和苯肼的反应消耗三分子的苯肼，反应的产物叫作糖脎（Osazone）。

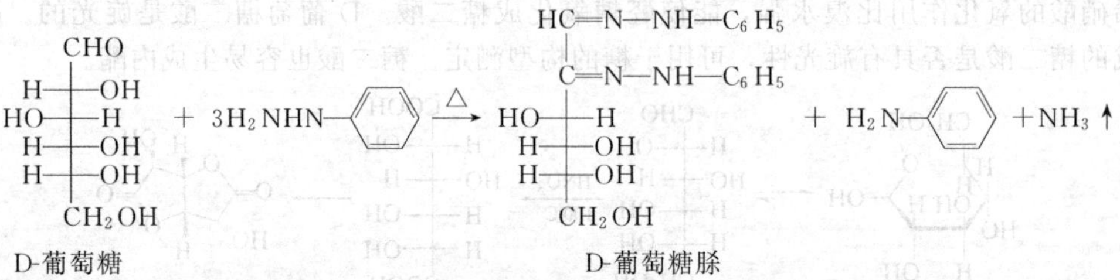

D-葡萄糖　　D-葡萄糖脎

无论醛糖或酮糖都能生成糖脎，与简单的醛、酮不一样，这可以看作是α-羟基醛或α-羟基酮的特有反应。

从葡萄糖变成糖脎，引入了两个苯肼基，分子量增长一倍以上，水溶性大大降低。因此很稀的糖溶液加入苯肼，加热，即可析出糖脎。脎是美丽的黄色结晶，各种不同的糖脎具有特征各异的结晶形状和特定的熔点，在鉴定和分离提纯糖中有一定作用。糖脎在酸性介质中水解得到二羰基化合物，经还原处理可再生成糖。

成脎反应只在C1和C2上发生变化，不涉及其他碳原子，因此，只要是C1和C2以外的碳原子构型相同的糖（无论C1和C2是否相同），都可以生成相同的脎。例如，D-葡萄糖、D-甘露糖和D-果糖都生成相同的脎。

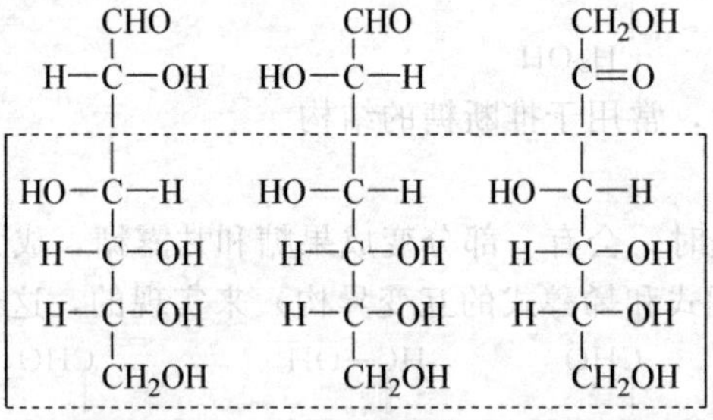

D-葡萄糖　　D-甘露糖　　D-果糖

反之，如果几个不同的糖的样品，形成相同的脎，就说明它们之间除了C1和C2以外，其他碳原子（C3、C4、C5、…）的构型都是相同的，只要已知其中一个糖的构型（C3、C4、C5、…），就可以确定其他糖的碳原子（C3、C4、C5、…）的构型，这对测定糖的构型很有价值。

（五）羟基的反应

糖主要以环状结构存在，分子中包含着不同类型的羟基，有半缩醛羟基、伯醇基及仲醇基，它们的反应性能既和简单的醇有相同之处，例如发生成酯、成醚、成缩醛等反应；又具有一些特殊性，反应活性受到分子的立体形态及反应条件的影响更显著。这里只简单介绍最典型和常用的反应。

1. 酰化反应（成酯反应）

葡萄糖和醋酐反应生成五乙酰葡萄糖。不同的催化剂对生成产物的立体形态有影响，例如用酸性催化剂（$HClO_4$或$ZnCl_2$），得α-五乙酰葡萄糖，用碱性催化剂（NaOAc）得β-五乙酰葡萄糖。这种酰化反应常用来保护羟基。

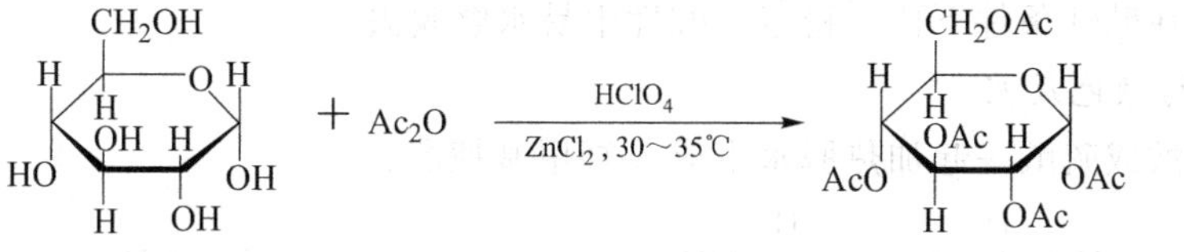

α-五乙酰葡萄糖(mp 113℃)

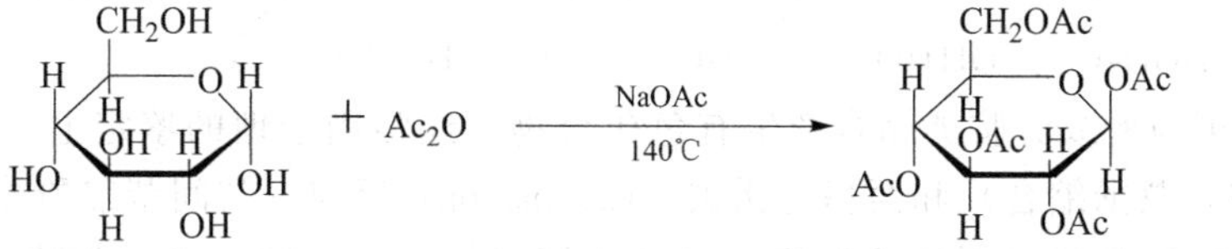

β-五乙酰葡萄糖(mp 132℃)

进一步用无水溴化氢处理α-或β-五乙酰葡萄糖，得到α-溴代四乙酰基葡萄糖，只有 C1 上酰基被取代，其他位置上酰基不受影响。

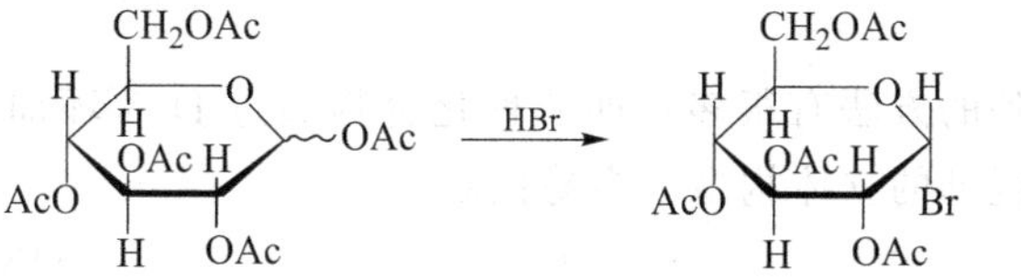

α-溴代四乙酰吡喃葡萄糖

α-溴代四乙酰葡萄糖是极为活泼的重要中间体，由它可以方便地制备苷类等衍生物。

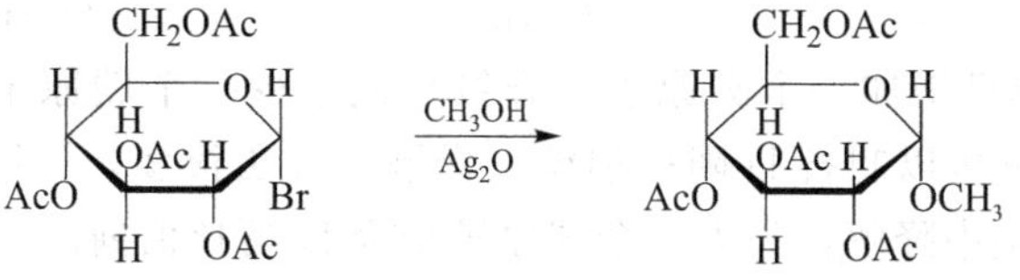

β-甲基四乙酰吡喃葡萄糖-甲苷

除了半缩醛羟基以外，伯醇基对酰化反应比仲醇基敏感，因此某些反应可以选择性地在伯醇基上发生。将α-D-吡喃型葡萄糖甲苷与对甲苯磺酰氯在吡啶催化下反应，在 C5 上引入对甲苯磺酰基。这可以认为是 C6 伯醇基所受空间位阻较小的缘故。利用这个反应可以选择性地保护 C6 羟基。

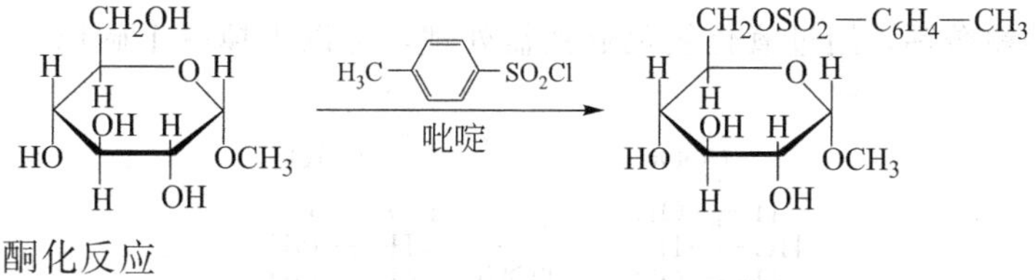

2. 缩醛或缩酮化反应

一分子羰基化合物可以和两分子的一元醇反应，生成缩醛或缩酮。在单糖分子中含有邻二醇结构，因此也能和羰基化合物形成缩醛或缩酮。例如丙酮和葡萄糖反应能生成二丙酮缩葡萄糖。

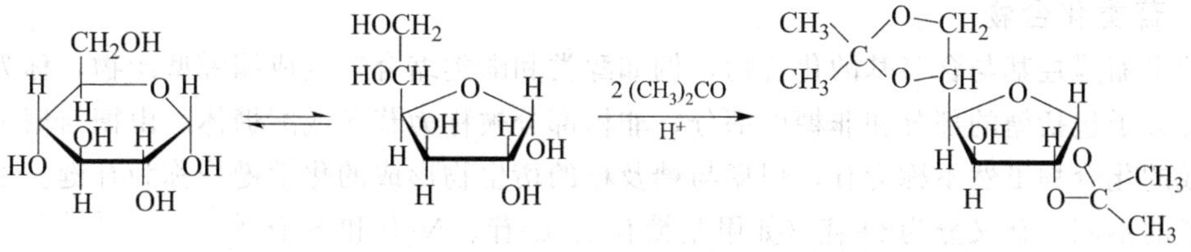

缩醛或缩酮在碱性条件下比较稳定，酸性中易水解脱去。

（六）单糖的颜色反应

葡萄糖和盐酸或硫酸一起加热脱水生成5-羟甲基糠醛：

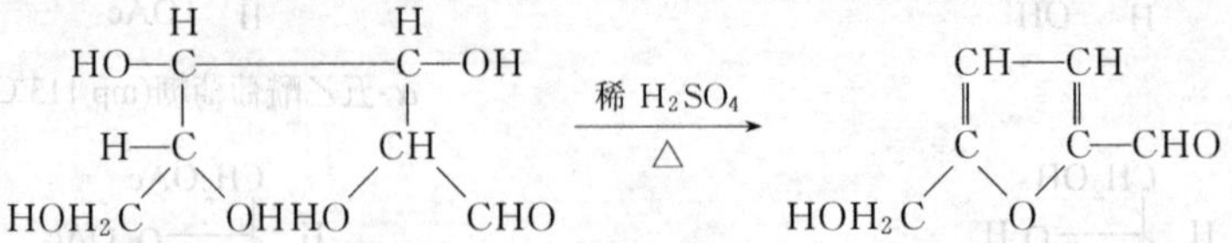

糠醛衍生物可与酚或芳胺类缩合产生有色化合物，经常用于糖的鉴定上。常用的反应有：Molish反应（与α-萘酚缩合）和西里瓦诺夫（Селиванов）反应（与间苯二酚缩合）。

去氧糖采用氯化铁-冰醋酸体系鉴别。去氧戊糖（如去氧核糖）和二苯胺在乙酸和硫酸的混合液中共同加热时呈蓝色反应（Discke反应）。

从制剂学的角度来看，葡萄糖的制剂在加热灭菌过程中易生成有色物质而变黄，也是由于生成了羟甲基糠醛即5-HMF（5-hydroxymethyl furfural），经聚合则得黄色或红色物质。

七、单糖的制备

有关糖类化合物制备的方法有很多，如非糖化合物通过D-A环加成反应得到吡喃环，再通过氧化双键得到糖，但糖的立体构型不容易控制。

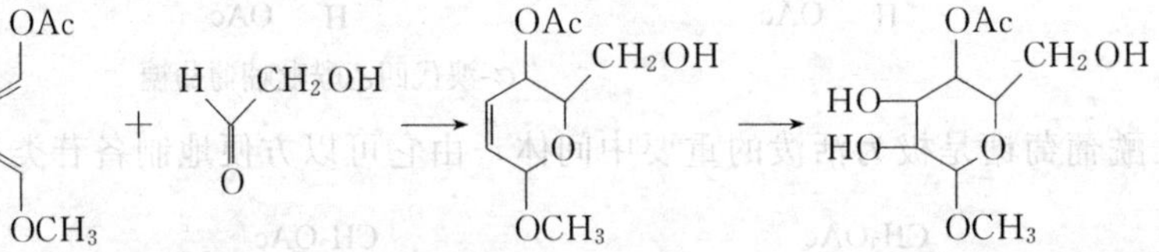

经典的方法是利用单糖增加一个碳原子（升级）或减少一个碳原子（降级）来制备新的糖。例如由D-葡萄糖降解可以制备D-阿拉伯糖。降解的方法很多，可以先制成糖肟，脱水成糖腈，然后在氯仿-甲醇钠中降解，失去一个碳原子变为D-阿拉伯糖。

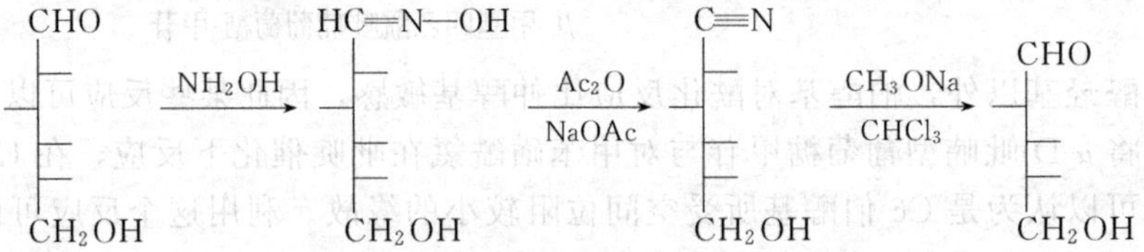

D-葡萄糖　　糖肟　　糖腈　　D-阿拉伯糖

也可以由葡萄糖酸钙，用过氧化氢及亚铁盐处理，可以去掉一个碳原子，直接得D-阿拉伯糖：

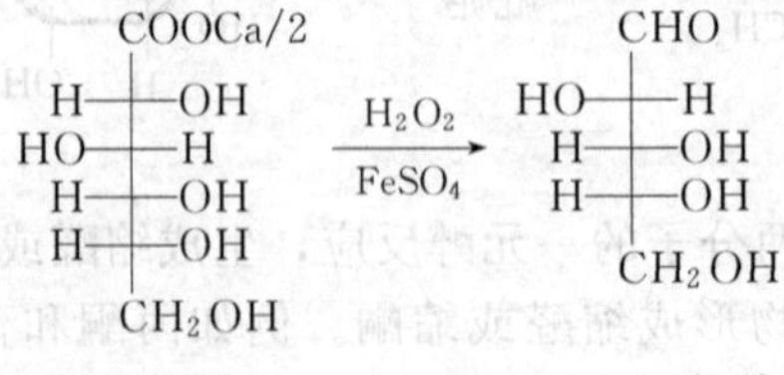

D-葡萄糖酸钙　　D-阿拉伯糖

八、苷类化合物

糖的半缩醛羟基与含羟基的化合物，例如醇类和酚类缩合，生成缩醛型产物，称为苷类化合物。苷分子包括糖的部分和非糖的部分，非糖部分被称为苷元或配糖体。由糖与糖及糖的衍生物组成的化合物虽然不称为苷，但糖与糖及糖的衍生物形成的化学键均称为苷键。根据形成苷键原子的不同，苷又分为*O*-苷（如甲基糖苷）、*C*-苷、*N*-苷和*S*-苷等。

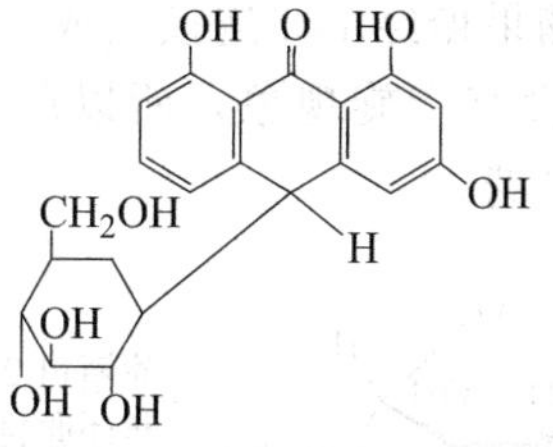

芦荟苷(*C*-苷)

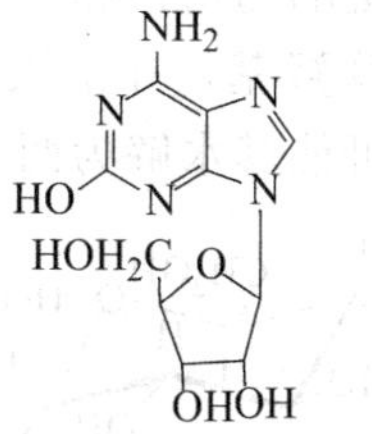

巴豆苷(*N*-苷)

苷类化合物广泛存在于植物中，天然存在的苷往往是β型，多为无色无臭，具有苦味的晶体，少数有颜色如黄酮苷、蒽醌苷呈黄色。由于糖的半缩醛羟基用于形成缩醛，不能回到醛式开链结构，所以苷类没有变旋光性质，不能被氧化，是非还原糖。用稀酸可以促使苷类水解，生成糖和苷元。如水杨苷在酸性条件下生成葡萄糖与水杨醇。以酶作为催化剂也可以使苷水解，如黑芥子苷在黑芥子酶作用下生成葡萄糖、异硫氰酸丙烯酯及硫酸氢钾。

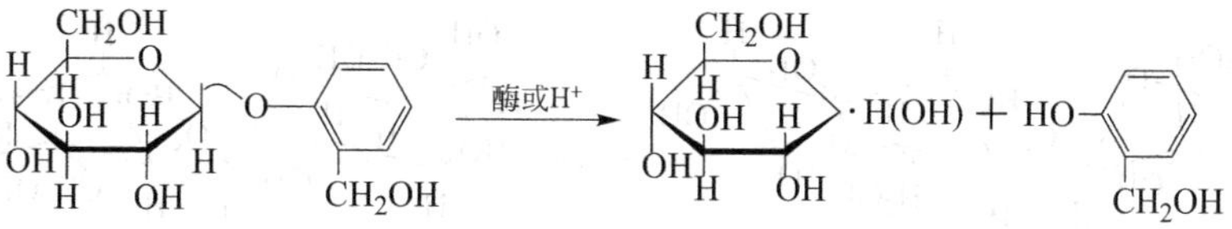

水杨苷(*O*-苷)　　D-葡萄糖　　水杨醇

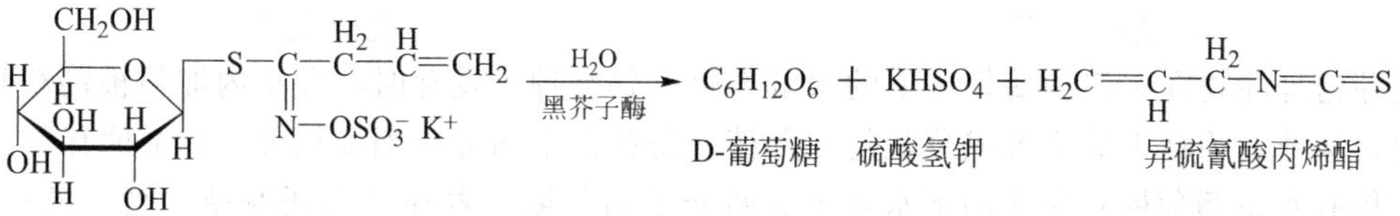

D-葡萄糖
硫酸氢钾
异硫氰酸丙烯酯

黑芥子苷(*S*-苷)

习题 19-2　写出核糖与下列试剂作用的反应式和产物的名称

(1) 甲醇（干燥 HCl）　(2) 苯肼　(3) 溴水

(4) 稀硝酸　(5) 苯甲酰氯　(6) HCN，水解

第二节　低　聚　糖

一、双糖

最简单的低聚糖是双糖，自然界存在的重要双糖有蔗糖、麦芽糖、乳糖和纤维二糖。除蔗糖外，其余均为还原糖。双糖仍然是具有甜味、易溶于水的物质。

蔗糖就是我们日常食用的白糖、砂糖或红糖，主要从甘蔗和甜菜中制取。它是一种右旋糖，比旋光度为+66.5°，熔点 186℃。

$$\underset{[\alpha]_D +66.5^\circ}{\text{蔗糖}} \xrightarrow{H_2O} \underbrace{\underset{[\alpha]_D +52^\circ}{\text{D-葡萄糖}} + \underset{[\alpha]_D -92^\circ}{\text{D-果糖}}}_{[\alpha]_D -20^\circ}$$

蔗糖是右旋的，水解后生成等量的葡萄糖和果糖的混合物则是左旋的，因此水解混合物又称为转化糖。在蜂蜜中大部分都是转化糖，由于有果糖存在，转化糖比单独的葡萄糖或蔗糖更甜。

蔗糖分子是由 α-D-吡喃葡萄糖和 β-D-呋喃果糖经 1,2 连接而成。由于半缩醛羟基用于糖的连接，没有游离的半缩醛羟基，在溶液中也没有变旋现象，所以蔗糖没有还原性，是非还原糖。弱酸、细菌及酶均可使其水解为两分子单糖。

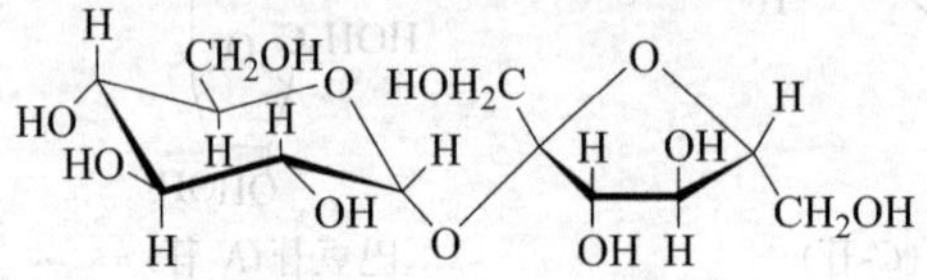

蔗糖(1,2连接)
非还原性糖

α-D-葡萄糖　　β-D-果糖

乳糖含在哺乳动物的乳汁中，人乳中含有 6%～7%，牛乳中含有 4%～5%。乳糖由一分子葡萄糖和一分子半乳糖经 1,4 糖苷键连接构成。由于葡萄糖的半缩醛羟基还保留着，可以和斐林，托伦试剂反应，是还原糖。在溶液中具有变旋光性，平衡时比旋光度为 +55.3°。含有一分子结晶水的乳糖熔点为 201℃。

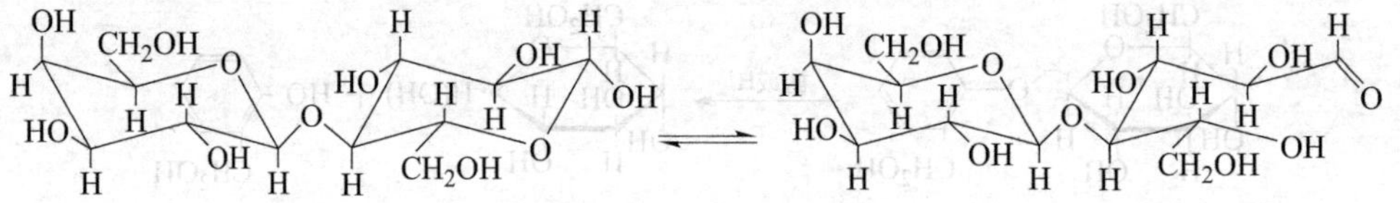

β-D-半乳糖　　α-D-葡萄糖

乳糖(环型)　　乳糖(醛型)

麦芽糖是淀粉在 α-淀粉酶作用下的水解产物。谷类种子发芽时，种子内淀粉被淀粉酶水解也产生麦芽糖。饴糖中的主要成分就是麦芽糖。麦芽糖由两分子葡萄糖经 α-1,4-糖苷键连接而成，在稀酸或 α-葡萄糖苷酶作用下水解生成两分子葡萄糖。麦芽糖为还原糖，是一种右旋糖，其比旋光度为 +136°，含一分子结晶水的麦芽糖熔点为 102℃。

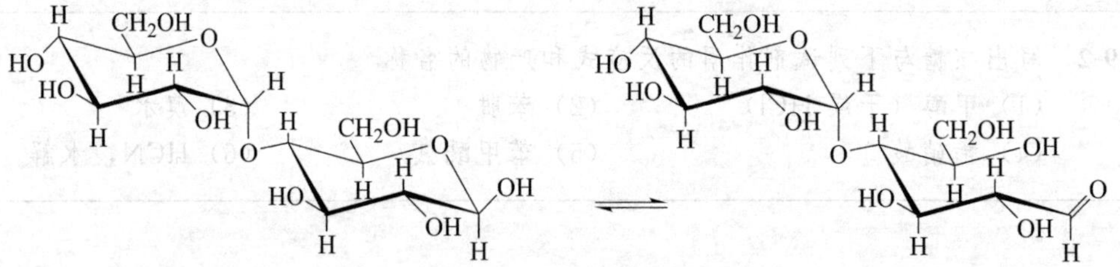

α-D-葡萄糖　　β-D-葡萄糖

麦芽糖(环型)　　麦芽糖(醛型)

纤维二糖是纤维素的部分水解产物，由两分子葡萄糖经 β-1,4 糖苷键连接构成，因而也具有还原性。纤维二糖和麦芽糖由于苷键构型的不同（一个 α 型，一个 β 型），在生理活性上有很大区别。高等动物体内的酶只能水解 α 构型连接的多糖，因此人类能消化淀粉而不能消化纤维素；而食草动物的体内有一些微生物，它们分泌能水解 β-苷键的酶，所以能够消化纤维素。

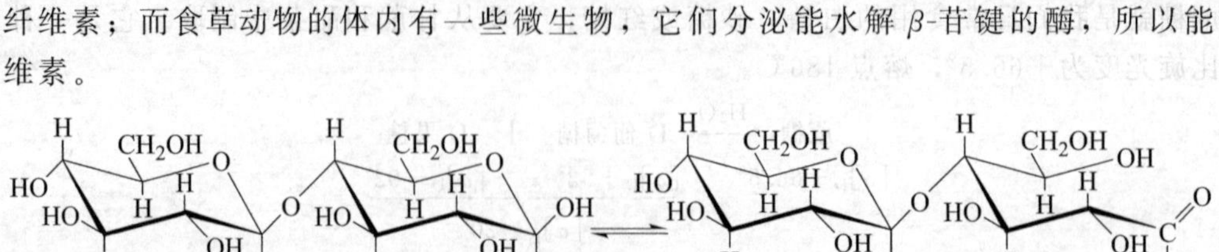

β-D-葡萄糖　　β-D-葡萄糖

纤维二糖(环型)　　纤维二糖(醛型)

链霉素是一种重要的抗结核药物，它属于双糖的苷类，其苷元部分称为链霉胍、双糖部分由链霉糖和2-甲氨基葡萄糖连接而成。

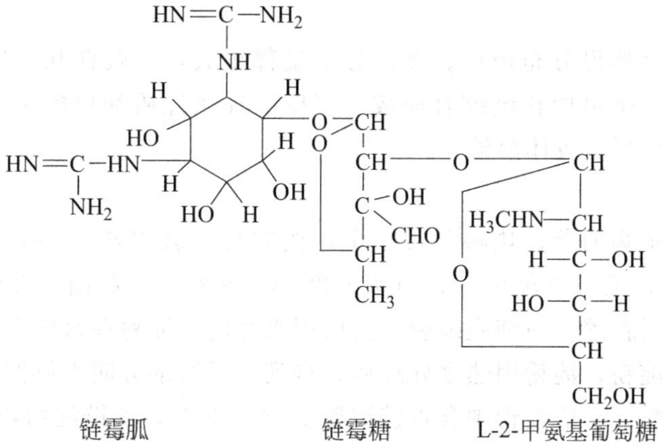
链霉胍
链霉糖
L-2-甲氨基葡萄糖

二、其他低聚糖

常见的其他低聚糖有麦芽低聚糖，大豆低聚糖和蔗果低聚糖（3～6个单糖分子聚合而成）。它们的主要生理功能表现在具有难消化性，低热量，可以替代蔗糖用于糖尿病人的甜味剂。它们是肠内双歧杆菌的活化增殖因子，在体内双歧杆菌一旦增殖即产生整肠作用，例如：产生有机酸，能使肠内pH值下降，同时会使维生素的合成增加，血中的胆固醇含量降低，并使人体的免疫性能得到改善，对防治便秘、改善胆固醇等脂质代谢有帮助。

由 *Bacillus macerans* 等菌产生的一种淀粉酶，可将淀粉水解成一种6～8个葡萄糖以1,4-环状结合的结晶性低聚糖，又称为环糊精。其中的六、七、八聚体分别称为 α-、β-、γ-环糊精。环糊精具有良好的水溶性，环状分子内侧具有疏水性，有包结脂溶性药物的性能，可增加难溶性药物的溶解度，并对药物的氧化分解具有一定的保护作用。此外，由于环糊精具有多个手性中心，还可以用于某些光学活性化合物的拆分。

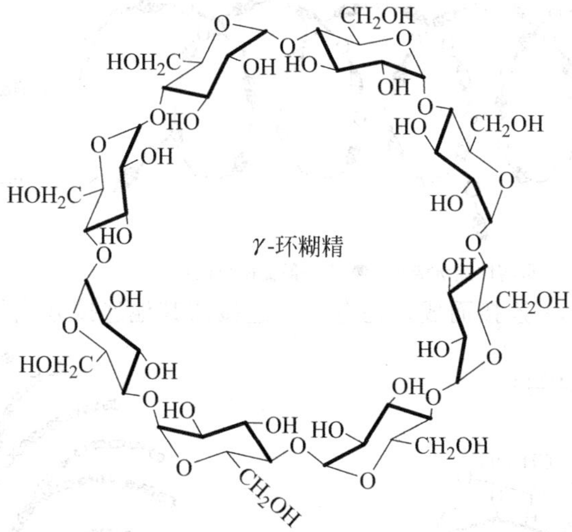
γ-环糊精

习题 19-3 完成下列问题

（1）乳糖有变旋光现象吗？它是还原糖还是非还原糖？画出乳糖的两个端基差向异构体。

（2）写出麦芽糖与托伦试剂的反应方程式。

第三节　多　　糖

多糖类化合物在自然界分布极广。多糖分子量都很大，一般在几万以上，水解后得到单糖。它们和双糖一样，是由糖苷键缩合而成。多糖的理化性质和单糖不同，多糖一般没有甜味，不溶于水或在水中形成胶体溶液。

一、淀粉

淀粉广泛存在于植物的茎、块根和种子中，例如马铃薯中含 20%，米中含 75%～80%，小麦中含 60%～65%，玉米中含 65%，白薯中含 13%～38%。我国工业用的淀粉主要从以上原料制取，将这些原料粉碎，使细胞破裂，然后用水冲洗，淀粉在水中混悬下沉，过滤以后在 25～30℃干燥即得到淀粉。淀粉用热水处理后，得到的可溶部分叫直链淀粉或可溶性淀粉。不溶而膨胀的叫支链淀粉。一般淀粉中含直链淀粉 10%～20%，支链淀粉约 80%～90%。

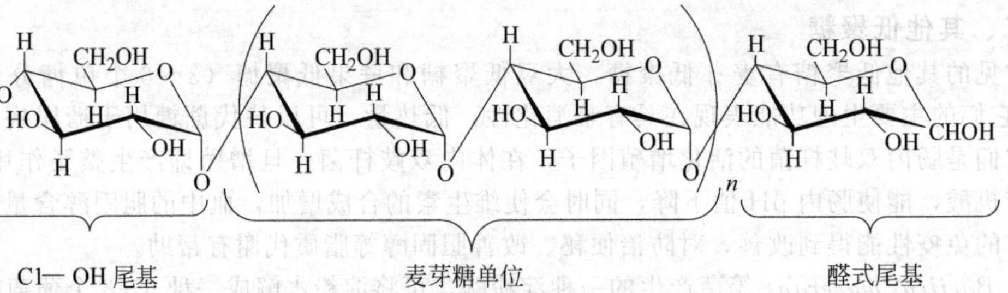
C1— OH 尾基
麦芽糖单位
醛式尾基

直链淀粉结构

直链淀粉由 α-D-葡萄糖经 1,4-连接而成，但不是以拉伸构象存在，而是以蛇形的盘绕构象存在，每一圈大约含有 6 个葡萄糖单位，此外，在主链上还连有少数分枝。

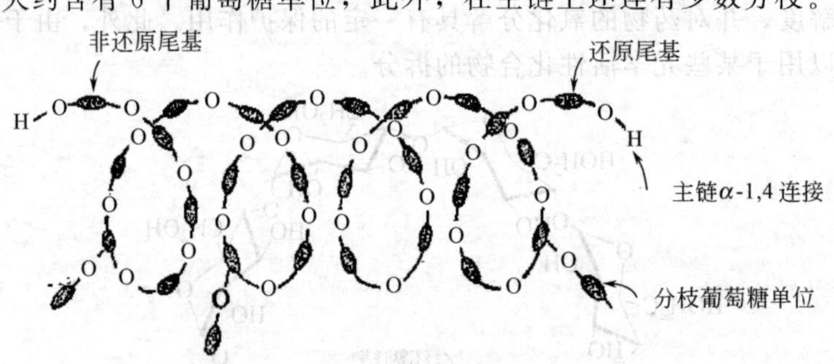
非还原尾基
还原尾基
主链α-1,4 连接
分枝葡萄糖单位

可溶性淀粉结构（● 代表葡萄糖单位）

支链淀粉的主链除 1,4-连接而成，还有 1,6-连接或其他连接方式的支链。

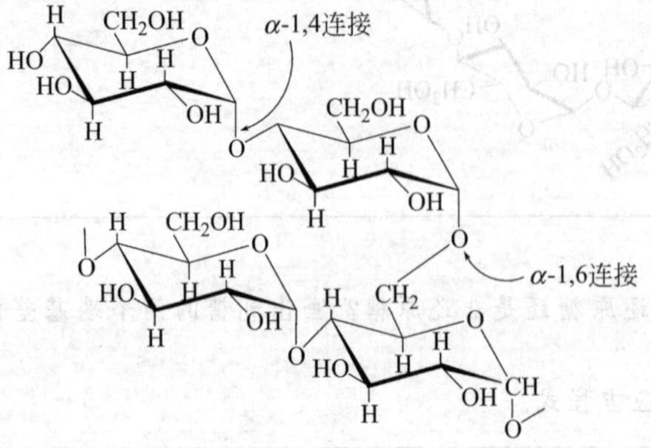
α-1,4连接
α-1,6连接

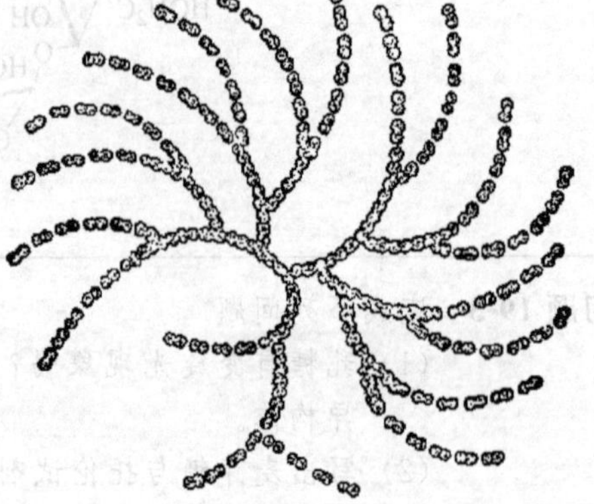

支链淀粉结构

淀粉在药品制剂上大量地用作赋型剂，还用作制备葡萄糖等药物的原料。

淀粉遇碘变成蓝色，分析化学中常用可溶性淀粉（淀粉的分子量较小的部分），配制淀粉指示剂。它和碘生成蓝色络合物的原理，是由于可溶淀粉的蛇形结构形成的通道正好适合碘分子，并且受范德华（Van der Waals）力吸引。

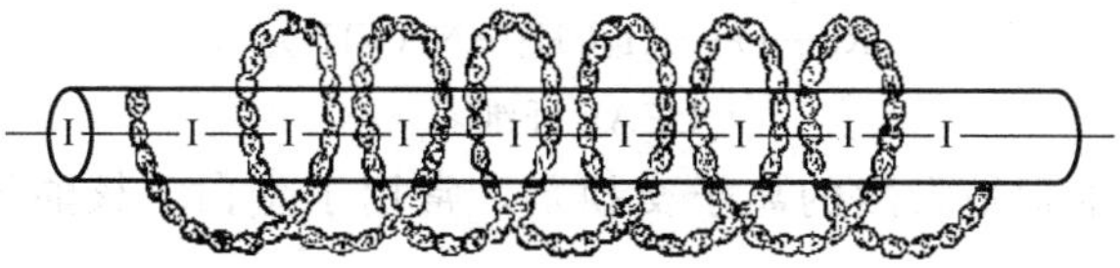
I
I
I
I
I
I
I
I
I

淀粉-碘络合物

淀粉在酸或淀粉酶作用下逐步水解成麦芽糖和葡萄糖。

$$\underset{\text{淀粉}}{(C_6H_{10}O_5)_x} \longrightarrow \underset{\text{糊精}}{(C_6H_{10}O_5)_y} \longrightarrow \underset{\text{麦芽糖}}{C_{12}H_{22}O_{11}} \longrightarrow \underset{\text{葡萄糖}}{C_6H_{12}O_6}$$

二、纤维素

纤维素是自然界分布最广的多糖化合物。植物的细胞膜大约50%是纤维素，棉花几乎是纯的纤维素，一般木材中含40%～50%的纤维素。纤维素是由几千个葡萄糖分子经β-1,4-糖苷键连接而成，而且排列成绳索状长链，因此表现出纤维的特性。

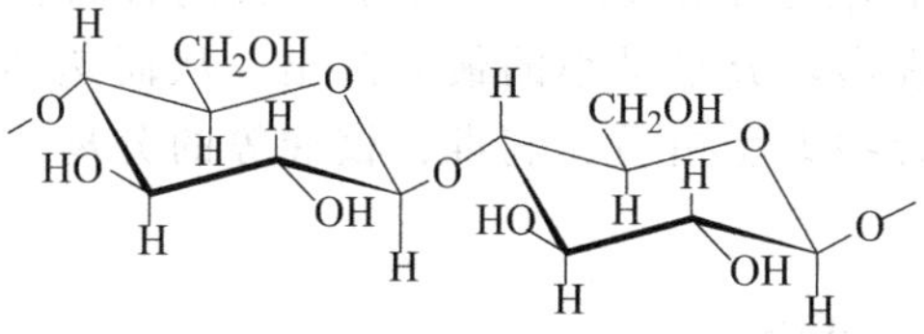
H
CH2OH
O
H
H
HO
OH
H
H
O
H
CH2OH
O
H
H
HO
OH
H
H
O

纤维素结构(β-1,4-连接)

绳索状纤维素链

纯粹的纤维素是白色物质，不溶于水，无还原性。它的水解比淀粉水解要困难些，在高温、高压下和无机酸同煮，才能水解成葡萄糖。在一定条件下，可得纤维双糖。

纤维素分子是由排列规则的微小结晶区域（约占分子组成的85%）和排列不规则的无定形区域（约占分子组成的15%）组成的，利用强酸水解除去杂乱的无定形区，保留规则的微小结晶区，就生成微晶纤维素。它是一种白色粉末，黏合力强，用作片剂的赋形剂，优点是可以不作颗粒，直接与药物混合就能压片。

纤维素分子中所含的多羟基可以被酯化。用醋酐和硫酸处理得到醋酸纤维，可以制成电影胶片，也可以作为某种塑料及人造丝。用浓硝酸和浓硫酸处理得到硝化纤维（纤维的硝酸酯俗称为硝化纤维），硝化程度高的用作火棉，制造无烟火药。硝化程度低的溶在乙醇和乙醚的混合物内可用作一种漆代用品。硝化纤维和樟脑共热处理后得到赛璐珞，可用来制造各种用具。把纤维素用二硫化碳和氢氧化钠处理，得到黄原酸纤维，是制造黏胶人造丝的原料。

$$\underset{\text{纤维素}}{-\overset{|}{\underset{|}{C}}-OH} \xrightarrow[-H_2O]{CS_2,\ NaOH} \underset{\text{纤维素黄原酸钠}}{-\overset{|}{\underset{|}{C}}-O-\underset{\underset{S}{\|}}{C}-S^- \ Na^+}$$

纤维素分子中的羟基也可以被醚化，例如纤维素用碱处理后再和氯乙酸钠反应，生成羧甲基纤维素钠，简称CM或CMC，药剂上用作乳化剂和延效剂等。

$$RC—ONa \xrightarrow{Cl—CH_2—COONa} RC—O—CH_2COONa$$

纤维碱　　　　　　　　　羧甲基纤维素钠

（R……为纤维素）

纤维素二乙氨基乙基醚简称为 DEAE 纤维素。

$$RC—O—CH_2CH_2—N(C_2H_5)_2$$

DEAE 纤维素

C. M. 和 DEAE 纤维素是天然的离子交换剂，常用于蛋白、核酸等复杂高分了化合物的分离。

三、半纤维素

半纤维素是一类不溶于水但能被稀碱溶出的酸性多糖，与纤维素、木质素共同组成了细胞壁，是植物的支持组织。半纤维素是多缩戊糖，在糖的支链上多连有糖醛酸，所以也是酸性多糖。

四、葡萄糖凝胶（葡聚糖）和琼脂糖凝胶

葡聚糖凝胶（dextran gel）是将右旋糖酐借助甘油醚键互相交联成的网状大分子化合物，控制网孔大小，成为一种分子筛。将葡聚糖凝胶溶胀后装在柱内，当不同分子量的化合物经过凝胶时，分子量小的进入凝胶网孔，分子量大的被排拒在外。在洗脱时，未进入网孔的大分子化合物先被洗出，分子量小的最后洗出，从而达到分离的目的。葡聚糖凝胶目前已广泛用于高分子化合物如蛋白质、病毒、核酸等的分离。使用时根据分离物质的分子量大小选择使用。

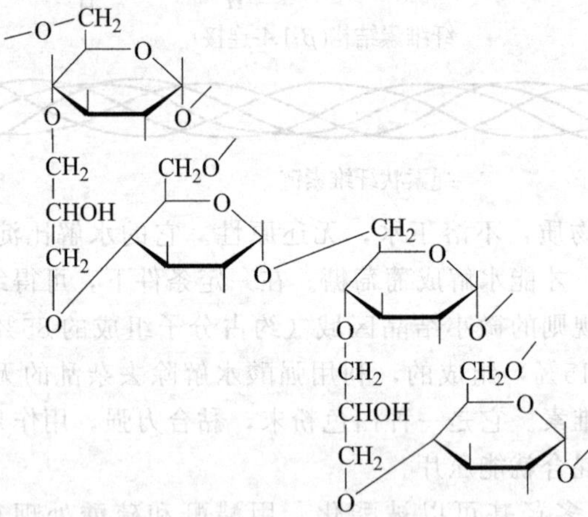

O—CH2
O
O
O
CH2
CHOH
CH2
CH2O
O
O
CH2
O
O
CH2
CHOH
CH2
CH2O
O
O
O

琼脂糖凝胶是由琼脂糖制成的胶状颗粒，商品名叫 sepharose。是由 D-半乳糖和 3，6-脱水-L-半乳糖相间结合的链状多糖：

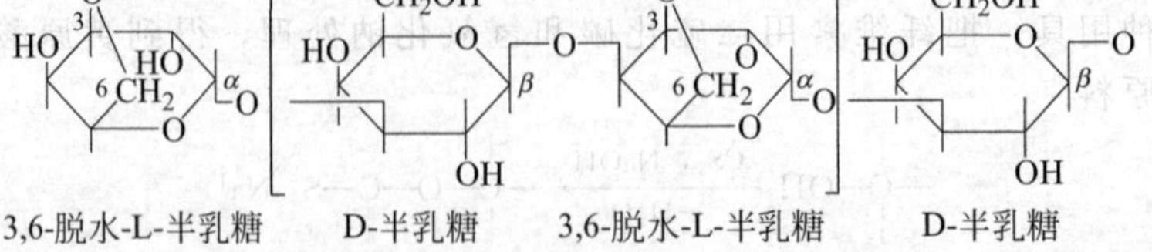

O
3
HO
HO
6
CH2
α
O
O
CH2OH
HO
β
O
OH
O
3
6
CH2
α
O
O
CH2OH
HO
β
O
OH

3,6-脱水-L-半乳糖　　D-半乳糖　　3,6-脱水-L-半乳糖　　D-半乳糖

由不同浓度的琼脂糖构成的凝胶，亲水性能好，物理和化学性质比较稳定，又具有很松的网状结构，也可起“过滤”大分子的作用，也用于高分子化合物的分离。它可分离分子量为 $(2\sim4)\times10^{7}$ 的化合物。

第四节 核　　酸

核酸（nucleic acids）是遗传物质，普遍存在于活细胞内，担负着贮存和复制遗传信息（genetic information）的功能。它们还和蛋白质的合成有密切联系，可使遗传信息表达出来。核酸是多聚体，组成核酸的基本单位是核苷酸（nucleotide）。核苷酸是由一个含氮碱基、一个五碳糖及一个磷酸三部分组成。碱基和糖组成核苷，核苷磷酸化则得核苷酸。核酸就是由许多个核苷酸单体以磷酸二酯键聚合在一起的大分子。核酸分为去氧核糖核酸（DNA）和核糖核酸（RNA），前者存在于细胞核中，而后者主要存在于细胞质中。就功能而言，DNA为遗传信息的所在，RNA与蛋白质的合成联结在一起，RNA从核中将遗传信息携带到细胞质中合成蛋白质。

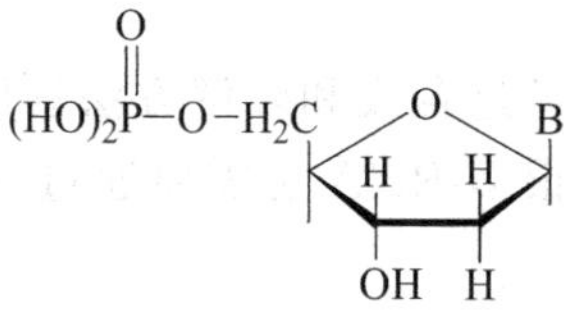

DNA中的单核苷酸　(B=碱基)

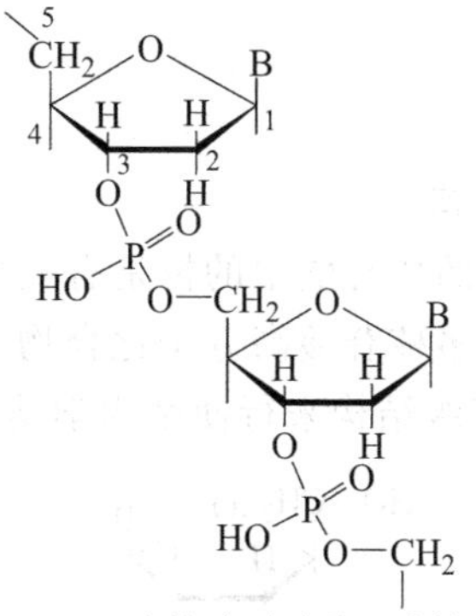

DNA中的3′,5′-磷酸双酯键

核酸作为生命现象和遗传现象的物质基础，其结构的阐明将有助于生物遗传和变异现象的解释，并可有效地控制严重危害人类生命的病毒、恶性肿瘤、放射病和遗传病等，在掌握发病机制等方面也会得到重要理论指导。

一、DNA的结构

DNA分子中的苷糖是去氧核糖，它和碱基组成β-氮苷（即用N代替了常见的氧苷中的氧原子）。磷酸则和5-位碳原子的羟基以酯键相连。DNA分子中的碱基主要有腺嘌呤、鸟嘌呤、胞嘧啶及胸腺嘧啶。

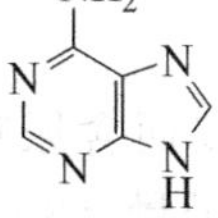

腺嘌呤

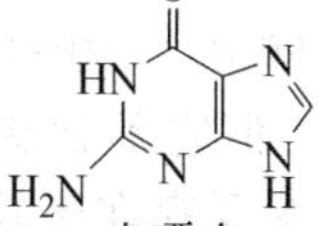

鸟嘌呤

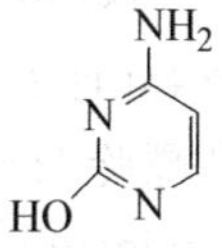

胞嘧啶

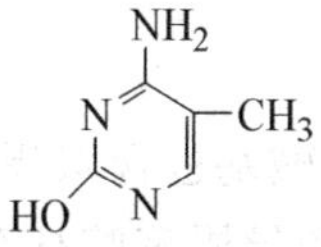

胸腺嘧啶

1953年，Waston与Crick提出DNA的双螺旋结构，是人类在分子水平上认知生命的里程碑。DNA的空间结构是由两股多核苷酸的双螺旋链组成，在两股螺旋状的多核苷酸链之间，由嘌呤碱和嘧啶碱通过氢键连接起来。

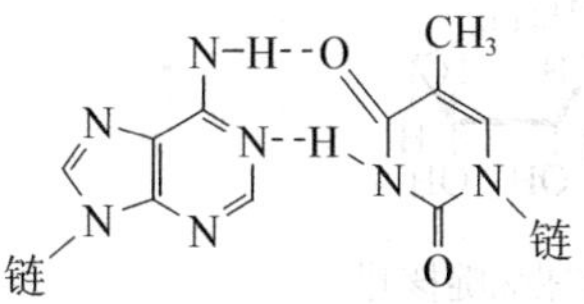

腺嘌呤-------- 胸腺嘧啶

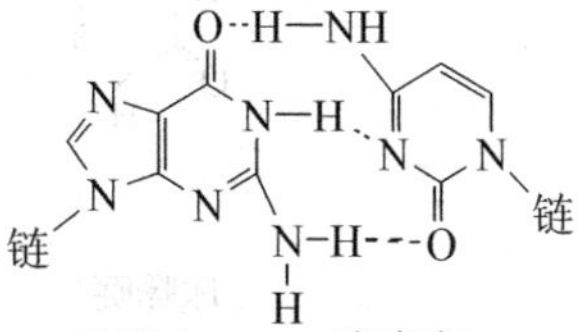

鸟嘌呤------ 胞嘧啶

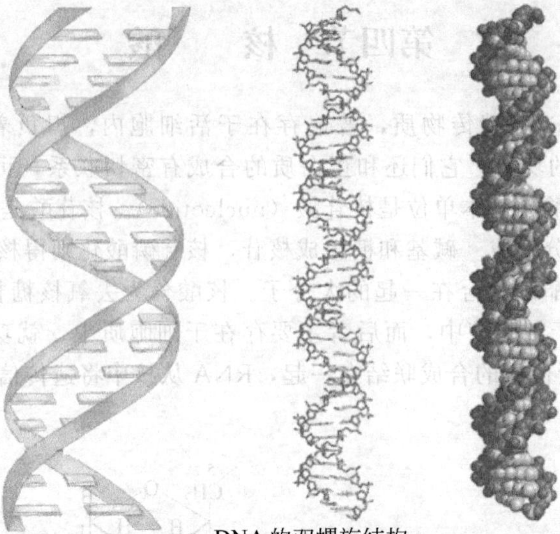

DNA 的双螺旋结构

二、RNA 的结构

构成 RNA 分子的核苷酸中的糖是有氧核糖。经过合成和降解方法证明 RNA 是一种直链的 3′,5′-磷酸双酯的多核苷酸高分子化合物，不过很多 RNA 也需要通过碱基配对原则形成一定的二级结构乃至三级结构来行使生物学功能。

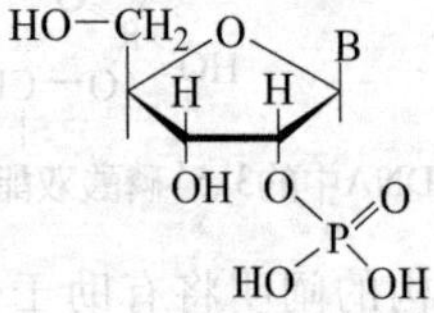

2′或3′-核苷酸　(B=碱基)

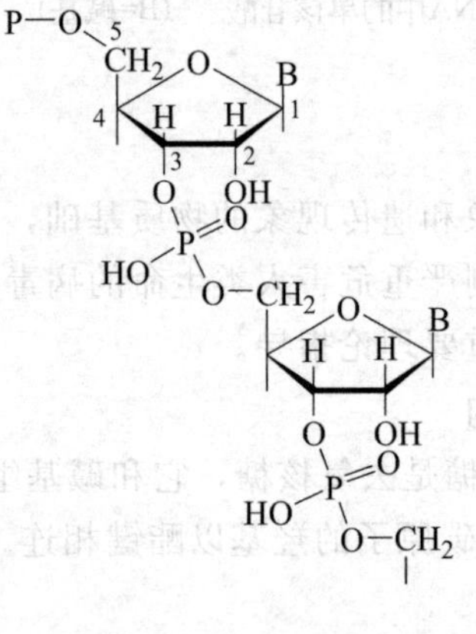

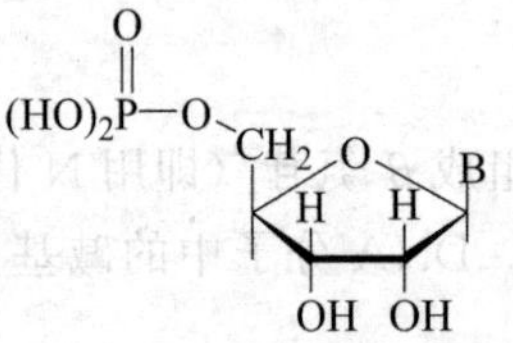

5′-核苷酸

RNA中的3′,5′-磷酸双酯键　(B=碱基)

RNA 中的碱基也含腺嘌呤、鸟嘌呤及胞嘧啶，但它不含胸腺嘧啶而含尿嘧啶。在 RNA 中还含有少量的异尿嘧啶核苷（pseudoridine），它主要存在于较低分子量（80000）的可溶性核酸中。

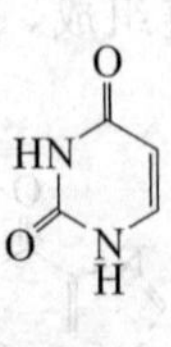

尿嘧啶

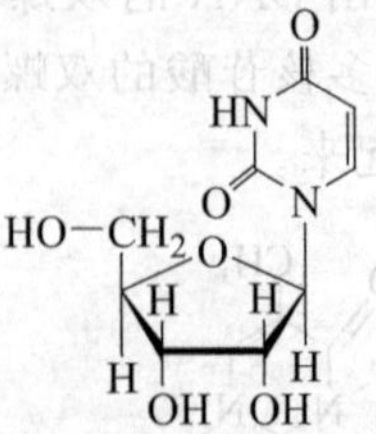

异尿嘧啶核苷

RNA 是存在于生物细胞以及部分病毒、类病毒中的遗传信息载体。在细胞中，RNA 根据结构功能的不同，主要分三类，即信使核糖核酸（mRNA）、核糖体核糖核酸（rRNA）和转移核糖核酸（tRNA）三种。mRNA是合成蛋白质的模板，内容按照细胞核中的DNA所转录；tRNA是mRNA上碱基序列（即遗传密码子）的识别者和氨基酸的转运者；rRNA是组成核糖体的组分，是蛋白质合成的工作场所。在病毒方面，很多病毒只以RNA作为其唯一的遗传信息载体（有别于细胞生物普遍用双链DNA作载体）。20世纪90年代以来，又发现了RNAi（RNA interference，RNA干扰）等现象，证明RNA在基因表达调控中起到重要作用。

三、核酸类药物

核酸参与生物体内蛋白质的合成，它和一切生命活动及各种代谢有密切的联系。因此，研究和发展核酸类药物对于医治和控制各种严重危害人民健康的疾病，是一个重要的途径。以下举几个这方面的例子来说明。

腺嘌呤核苷（adenosine）简称腺苷，具有降血脂作用，用于冠心病治疗。三磷酸腺苷（A. T. P）是高能化合物，它分解时放出能量供给人体活动所需；临床上用于改善各种器官的功能状态，提高细胞的活动能力达到治病的效果，例如心、肝病的辅助治疗。环磷腺苷（C-A. M. P）参与多方面代谢过程，目前用于冠心病、白血病、牛皮癣等病的治疗。它们属于正常核酸组分的药物。

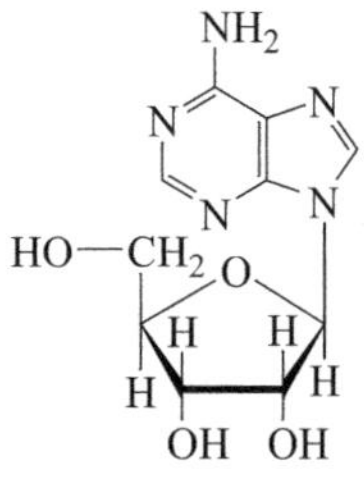

腺嘌呤核苷

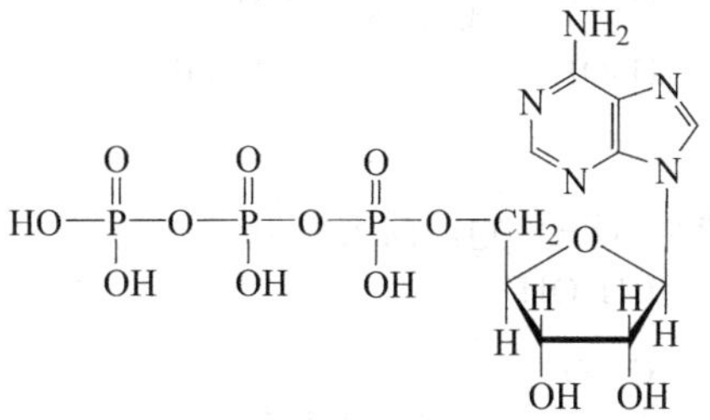

三磷酸腺苷(---高能键)

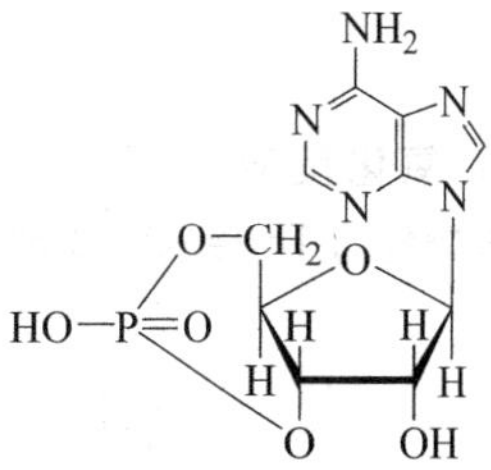

环磷腺苷

核酸组分的类似物，如阿胞糖苷（arabinosyl-cytidine）用于白血病治疗；5-氟尿苷用于治疗各种癌症；5-碘-2′-去氧尿苷用于治疗疱疹性结膜炎；嘌呤霉素用于治疗锥虫病。它们对正常的代谢过程起干扰和抑制的作用。

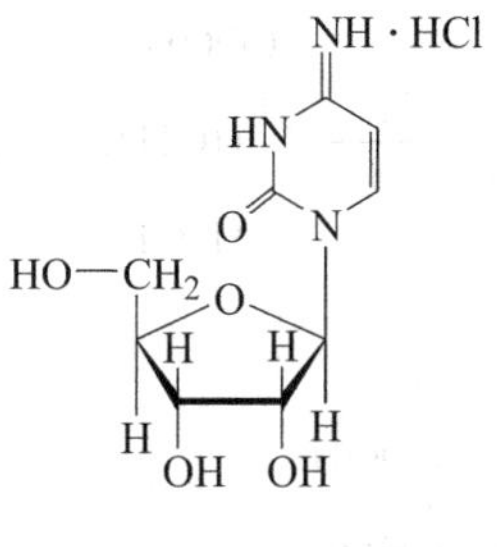

阿胞糖苷盐酸盐

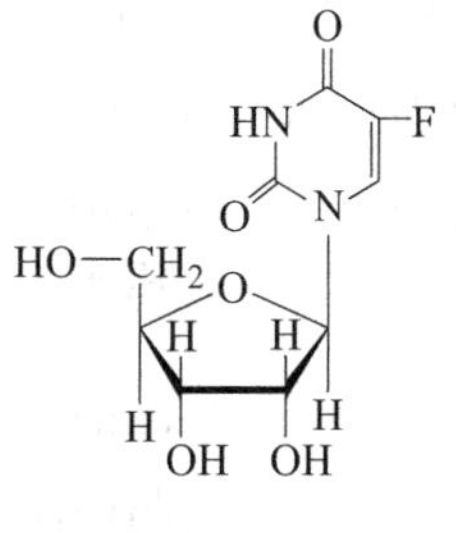

5-氟尿苷

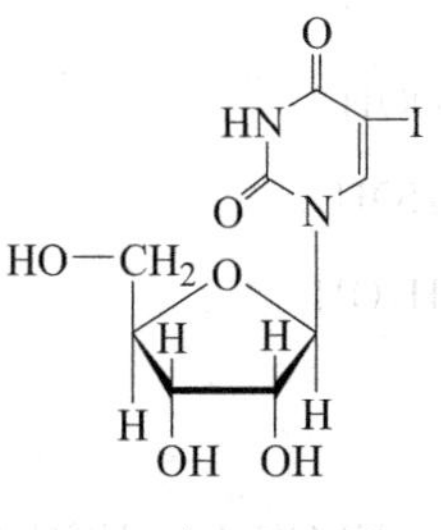

5-碘-2′-去氧尿苷

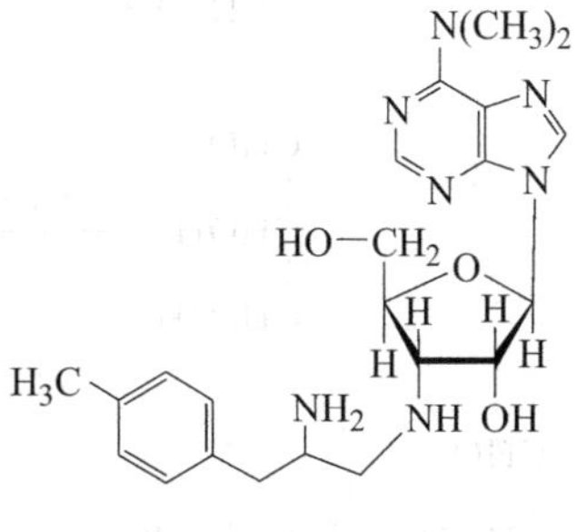

嘌呤霉素

从链菌霉属中获得的奥纳辛（oxanosine）和特博西啶（tubercidin），具有抗微生物和抗癌活性。

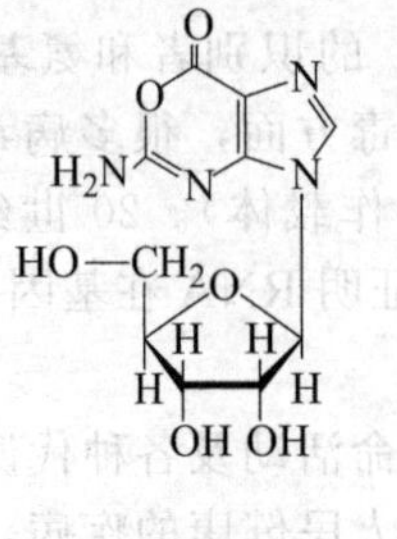

oxanosine

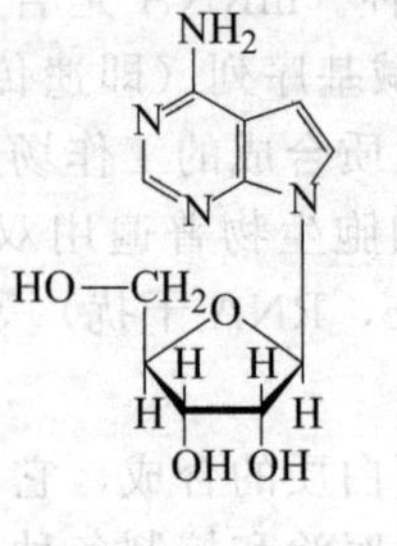

tubercidin

本章反应总结

单糖的重要化学反应

（一）还原反应

$$\begin{array}{l}CHO\\ |\\ (CHOH)_n\\ |\\ CH_2OH\end{array} \xrightarrow[\text{或 } H_2/Ni]{NaBH_4} \begin{array}{l}CH_2OH\\ |\\ (CHOH)_n\\ |\\ CH_2OH\end{array}$$

（二）氧化反应

1. 与托伦（Tollens）试剂和费林（Fehling）试剂反应

$$\underset{\text{醛糖}}{\begin{array}{l}CHO\\ |\\ (CHOH)_n\\ |\\ CH_2OH\end{array}} \text{ 或 } \underset{\text{酮糖}}{\begin{array}{l}CH_2OH\\ |\\ C{=}O\\ |\\ (CHOH)_n\\ |\\ CH_2OH\end{array}} \xrightarrow[\text{(Fehling 试剂)}]{Cu^{2+}\text{络离子}} \text{氧化产物} + \underset{\text{砖红色}}{Cu_2O}$$

$$\underset{\text{醛糖}}{\begin{array}{l}CHO\\ |\\ (CHOH)_n\\ |\\ CH_2OH\end{array}} \text{ 或 } \underset{\text{酮糖}}{\begin{array}{l}CH_2OH\\ |\\ C{=}O\\ |\\ (CHOH)_n\\ |\\ CH_2OH\end{array}} \xrightarrow[\text{(Tollens 试剂)}]{Ag(NH_3)_2^+} \begin{array}{l}COOH\\ |\\ (CHOH)_n\\ |\\ CH_2OH\end{array} + 2Ag\downarrow$$

2. 与溴水反应

$$\begin{array}{l}CHO\\ |\\ (CHOH)_n\\ |\\ CH_2OH\end{array} \xrightarrow[H_2O]{Br_2} \begin{array}{l}COOH\\ |\\ (CHOH)_n\\ |\\ CH_2OH\end{array}$$

3. 与硝酸反应

$$\begin{array}{l}CHO\\ |\\ (CHOH)_n\\ |\\ CH_2OH\end{array} \xrightarrow{HNO_3} \begin{array}{l}COOH\\ |\\ (CHOH)_n\\ |\\ CH_2OH\end{array}$$

4. 与高碘酸反应

$$\begin{array}{l}CHO\\ |\\ (CHOH)_n\\ |\\ CH_2OH\end{array} + (n+1)IO_4^- \longrightarrow (n+1)HCOOH + HCHO$$

（三）差向异构化

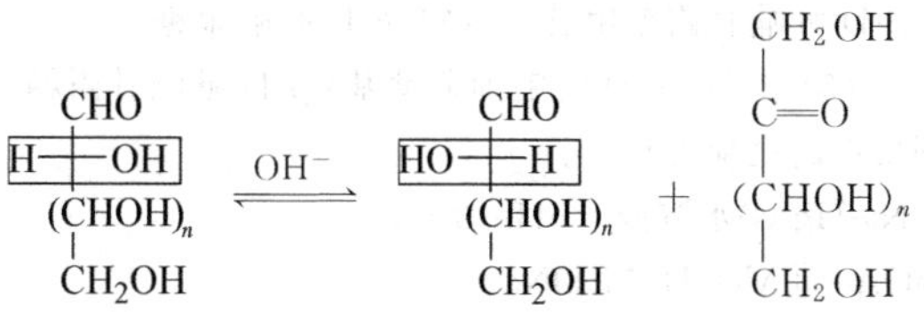

（四）糖脎反应

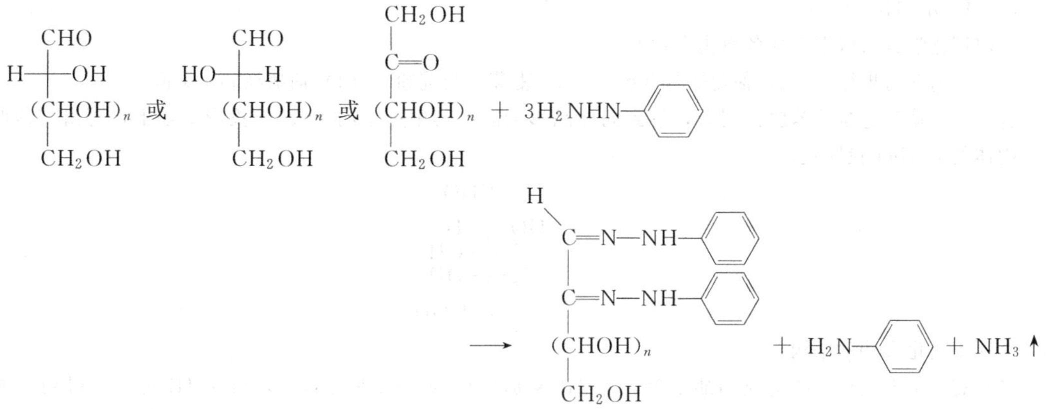

（五）羟基的反应

1. 酰化反应（成酯反应）

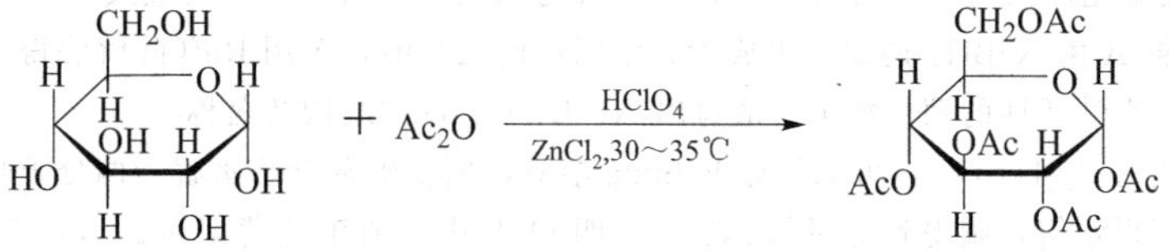

α-五乙酰葡萄糖 (mp 113℃)

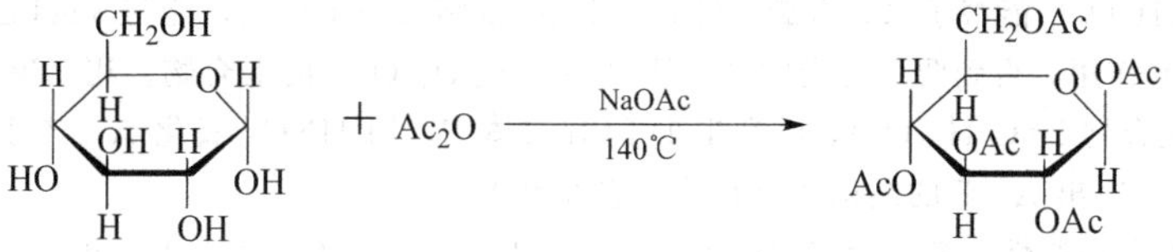

β-五乙酰葡萄糖 (mp 132℃)

2. 缩醛或缩酮化反应

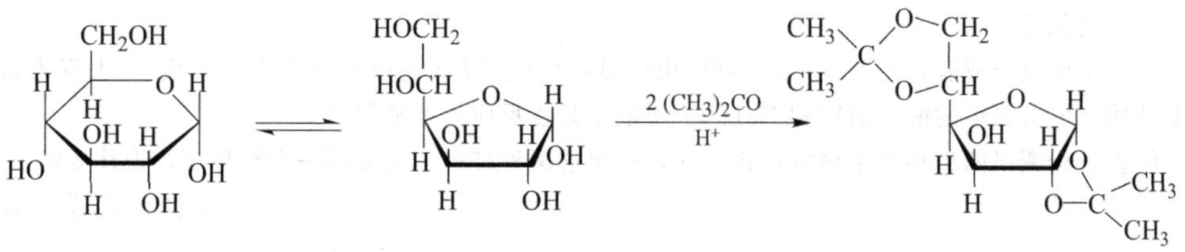

习 题

1. 解释下列名词

（1）变旋现象 （2）糖脎 （3）差向异构体 （4）端基异构体

（5）苷和苷元 （6）还原糖和非还原糖

2. 写出戊醛糖所有的立体异构体的 Fischer 投影式，并用 R/S 表示其手性碳原子的构型

3. 写出 D-戊醛糖的所有旋光异构体，并指出其中哪些糖的糖醇是相同的，哪些糖的糖醇是内消旋体？

4. 写出下列化合物的 Haworth 透视式及构象式：

(1) α-L-吡喃葡萄糖 (2) β-D-吡喃甘露糖甲苷 (3) β-D-呋喃果糖

(4) β-D-甲基呋喃半乳糖苷 (5) 4-氧-(α-D-吡喃葡萄糖基)-β-D-吡喃甘露糖

5. 写出 β-D-半乳糖与下列试剂反应的反应方程式：

(1) ①HCN ②H^+/H_2O ③Na-Hg ④水溶液（pH=3～5）

(2) ①NH_2OH ②Ac_2O/NaOAc ③MeOH/MeONa

(3) 吡啶/△ (4) $AgNO_3$ 的氨水溶液 (5) Br_2/H_2O (6) 稀 HNO_3 (7) $NaBH_4$

(8) EtOH/HCl（气）

6. 如何用化学方法区别下列各组化合物？

(1) 葡萄糖与果糖 (2) 葡萄糖与蔗糖 (3) 麦芽糖与淀粉 (4) 葡萄糖和山梨醇

7. 有三个单糖和过量的苯肼作用后，得到同样晶形的脎。其中一个的 Fischer 投影式如下，写出其他两个异构体的 Fischer 投影式。

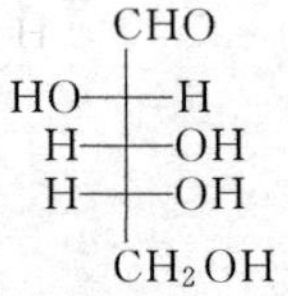

8. 推测下列化合物的结构：

(1) 有一个五碳糖，能生成四醋酸酯，与 HCN 加成后的产物进行水解，再用 HI 还原，得到的酸与由 $CH_3CH_2CH_2I$ 和 $CH_3CH(COOC_2H_5)_2$ 合成的产物相同，写出此五碳糖的结构式。

(2) 有两个 D-四碳醛糖 A 与 B，生成同样的糖脎，但将 A 与 B 用硝酸氧化时，A 生成旋光性的四碳二元羧酸，B 生成无旋光性的四碳二元羧酸，试写出 A 与 B 的结构及一系列反应式。

(3) 有一 D-己醛糖 A 用 $NaBH_4$ 还原，生成无光学活性的己六醇，A 用 Ruff 降解法得一戊醛糖 C，将 C 用硝酸氧化得一光学活性的糖二酸 D。试写出 A、B、C、D 的结构及名称。

(4) 某二糖分子式为 $C_{12}H_{22}O_{11}$，可以还原 Fehling 溶液，用 β-葡萄苷酶水解为两分子吡喃葡萄糖。若将此二糖甲基化后再水解，则得到等量的 2,3,4,6-四-*O*-甲基-D-吡喃葡萄糖和 2,3,4-三-*O*-甲基-D-吡喃葡萄糖，试推测该二糖的结构，并写出其稳定构象式。

(5) 化合物 A($C_4H_8O_4$) 能溶于水，有旋光性，与 Fehling 溶液呈正反应，能与 3mol 乙酰氯反应，A 与乙醇/HCl（气）作用，得到两个旋光的异构体 B 和 C($C_6H_{12}O_4$) 的混合物。用高碘酸分别处理 B 和 C，B 产生旋光化合物 D($C_6H_{10}O_4$)，C 产生 D 的对映体 E。用 HNO_3 氧化 A，产生无旋光的二元酸 F ($C_4H_6O_6$)。试写出 A～F 的结构式及有关反应方程式。

(6) 海藻糖是一种非还原性二糖，没有变旋光作用，不生成脎，也不能用溴水氧化成酸，用酸水解生成 D-葡萄糖，海藻糖可以用 α-葡萄糖苷酶水解，但不能用 β-葡萄糖苷酶水解，海藻糖甲基化后水解生成两分子的 2,3,4,6-四-*O*-甲基-D-海藻糖。试写出海藻糖的结构。

9. 简要回答下列问题

(1) 醛糖与苯肼反应成脎，与 Fehling 试剂作用后显正反应（有 Cu_2O 砖红色沉淀生成），表现为典型的醛基性质，但与典型的醛试剂饱和 $NaHSO_3$ 溶液不显正反应，使解释之。

(2) 5-羟基-2-庚酮以两种环状半缩醛形式存在，写出这两种结构，判断哪一个较稳定，为什么？

（扬州大学，颜朝国）

第二十章　氨基酸　蛋白质

蛋白质这个名词来自希腊文"Proteios"，即"第一"、"最原始的"或"最重要的"。后来科学家将这个名词运用于所有动植物细胞中所发现的复杂的有机含氮物质——蛋白质。动物躯体的大部分是由蛋白质构成，蛋白质使躯体各部分成为统一的有机体，并使之运转。它存在于所有细胞中，是皮肤、肌肉、腱、神经和血管等的主要组成部分，也是酶、抗体和许多激素的主要物质。

从化学观点看，蛋白质是一类重要的生物高分子，属于聚酰胺类，分子量大约为五千至几百万。氨基酸为其重复单位。一个蛋白质分子含有数百乃至数千个氨基酸单元。这些单元有 20 多种不同类型，通过肽键联结在一起。一个蛋白质可有一个或几个肽链组成。每个链大约含二十到几百个氨基酸残基，这些氨基酸单元间的不同组合的数目也就可能存在不同蛋白质分子的数目。不同蛋白质具有各种不同的生理功能。构成和运转一个动物躯体可能需要好几百种不同的蛋白质，而且一种动物的一组蛋白质和另一种动物所需的一组蛋白质也不同。组成蛋白质的基石是 α-氨基酸，因此研究蛋白质的组成、结构和性质需首先对氨基酸进行探讨。

第一节　氨　基　酸

一、氨基酸的结构和分类

已知结构的氨基酸有数百种，从天然蛋白质水解得到的氨基酸只有 20 种，它们的化学结构具有共同的特点，即羧基邻位 α-碳原子上都有一个氨基，因此这种氨基酸也称为 α-氨基酸。

各种 α-氨基酸的差别只在于连在 α-碳上的 R 基的性质不同。除少数 α-氨基酸（如甘氨酸）外，它们都是手性分子。天然存在的 α-氨基酸的手性碳属于 L 系列，与 L-甘油醛具有相同的构型，即 L 型。若以 R/S 构型命名，则天然存在的绝大多数氨基酸为 S 构型，但这种命名法并不常用。

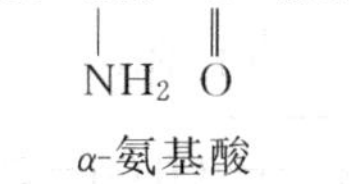

α-氨基酸

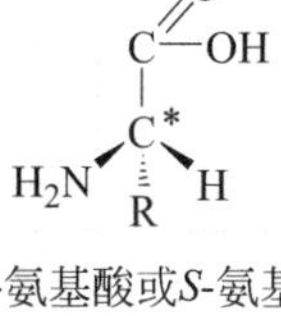

L-氨基酸或 S-氨基酸

α-氨基酸的命名一般不用系统命名法，而是根据其来源或性质采用俗名，如甘氨酸微具甜味，从蚕丝中得到的丝氨酸等。IUPAC 规定了 20 多种常见氨基酸的命名及通用缩写符号，即由 α-氨基酸英文名的前三个字母组成的，如 Gly、Ala 等来表示甘氨酸、丙氨酸等。这对表示蛋白质或多肽中 α-氨基酸的排列顺序颇为方便。

α-氨基酸的分类是根据 R 基的结构变换、性质不同而分的。有些氨基酸 R 基是烃基，有些在烃基上还带有其他官能团如—OH、—SH、—SCH_3、—COOH，或—NH_2 等，所以根据 R 基的性质而分为中性氨基酸、酸性氨基酸及碱性氨基酸（见表 20-1）。

表 20-1　组成蛋白质的 20 种氨基酸

名　　称	三字母及单字母缩写符号	结　构　式	p*I*
		中性氨基酸	
丙氨酸 alanine	Ala(A)	$CH_3-CH(NH_2)-COOH$	6.02
天冬酰胺 asparagine	Asn(N)	$NH_2-C(=O)-CH_2CH(NH_2)-COOH$	5.41
半胱氨酸 cysteine	Cys(C)	$HS-CH_2CH(NH_2)-COOH$	5.07
谷氨酰胺 glutamine	Gln(Q)	$NH_2-C(=O)-CH_2CH_2CH(NH_2)-COOH$	5.65
甘氨酸 glycine	Gly(G)	$CH_2(NH_2)-COOH$	5.97
异亮氨酸[①] isoleucine	Ile(I)	$CH_3CH_2CH(CH_3)-CH(NH_2)-COOH$	6.02
亮氨酸[①] leucine	Leu(L)	$CH_3CH(CH_3)CH_2CH(NH_2)-COOH$	5.98
蛋氨酸[①] methionine	Met(M)	$CH_3S-CH_2CH_2CH(NH_2)-COOH$	5.74
苯丙氨酸[①] phenylalanine	Phe(F)	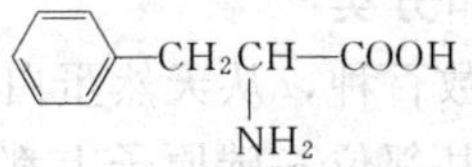	5.48
脯氨酸 proline	Pro(P)	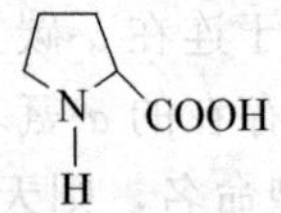	6.30
丝氨酸 serine	Ser(S)	$CH_2(OH)-CH(NH_2)-COOH$	5.68
苏氨酸[①] threonine	Thr(T)	$CH_3-CH(OH)-CH(NH_2)-COOH$	5.60
色氨酸[①] tryptophan	Trp(W)	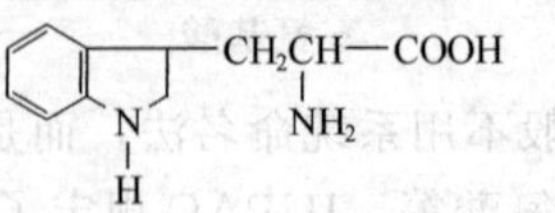	5.89
酪氨酸[①] tyrosine	Tyr(Y)	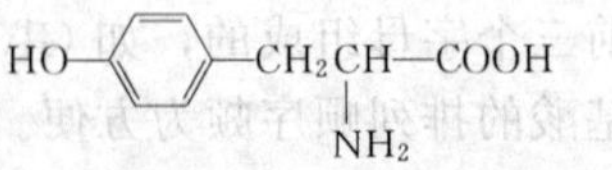	5.66
缬氨酸 valine	Val(V)	$(CH_3)_2CH-CH(NH_2)-COOH$	5.96

续表

名　称	三字母及单字母缩写符号	结 构 式	p*I*
碱性氨基酸			
精氨酸 arginine	Arg(R)	$NH_2—C(=NH)—NH(CH_2)_3CH(NH_2)—COOH$	10.76
组氨酸 histidine	His(H)	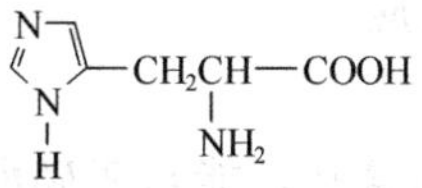	7.59
赖氨酸[①] lysine	Lys(K)	$NH_2(CH_2)_4CH(NH_2)—COOH$	9.74
酸性氨基酸			
天门冬氨酸 aspartic acid	Asp(D)	$HOOC—CH_2CH(NH_2)—COOH$	2.77
谷氨酸 glutamic acid	Glu(E)	$HOOC—CH_2CH_2CH(NH_2)—COOH$	3.22

① 这些氨基酸是必须氨基酸。

大多数氨基酸可以在生物体内通过转化得到，但不是所有的氨基酸在生物体内都能从另一氨基酸转化而来或由其他物质合成，必须从外界饮食中摄取得到的氨基酸称为必须氨基酸。

二、两性和等电点

氨基酸并不总是像一般有机化合物那样，它具有高于200℃的熔点，而一般相似分子量的其他有机物在室温时是液体物质。氨基酸易溶于水及其他极性溶剂中，但不溶于非极性溶剂如乙醚、苯等；它具有较大的偶极矩，而且它们的酸性比一般羧酸酸性小，碱性也比一般胺类碱性小。

$R—C(=O)—OH$　$pK_a \approx 5$　　　$H_2N—C(H)(COOH)(R)$　$pK_a \approx 10$　$pK_b \approx 12$

RNH_2　$pK_b \approx 4$

氨基酸出现这些不寻常的性质是由于在同一分子内既包含一个碱基，又包含一个羧基，经过内部酸碱反应产生一个偶极离子，也称为两性离子。由于产生离子电荷的缘故，氨基酸有盐的性质。甘氨酸是典型的、最简单的氨基酸。它既不是一个强酸，也不是一个强碱，甘氨酸在水溶液中以四种情况快速达到平衡。

$$\overset{+}{N}H_3—CH_2—COOH \underset{+H^+}{\overset{-H^+}{\rightleftharpoons}} \overset{+}{N}H_3—CH_2—CO_2^- \underset{+H^+}{\overset{-H^+}{\rightleftharpoons}} H_2N—CH_2—CO_2^-$$

pH=1　　　　偶极离子　　　　pH=12

$$\Updownarrow$$

$$H_2N—CH_2—CO_2H$$

中性甘氨酸

在低pH值的介质中，甘氨酸以阳离子形式存在，在高pH值的介质中，甘氨酸以阴离子形式存在。利用光谱测定中性甘氨酸和偶极离子间的平衡，说明有利于偶极离子的存在。因为偶极离子的$^+NH_3$将稳定CO_2^-端，同时CO_2^-基团将稳定$^+NH_3$端，在pH值介于 3～8 间，几乎所有的甘氨酸都是以偶极离子形式存在的，在此区域中心（即 pH＝6 时）$^{+}NH_3-CH_2-COOH$ 的浓度与 $H_2N-CH_2-CO_2^-$ 的浓度相等，在此溶液中既无净正电荷，也无净负电荷，此时氨基酸离子上的净电荷等于零，此时溶液的 pH 称为等电点，或称 pI。在等电点时氨基酸在电场中既不移向正极，也不移向负极。在等电点时，氨基酸的溶解度最小。甘氨酸的等电点近似于 6（5.97）。

三、氨基酸的化学反应

1. 与亚硝酸反应

氨基酸分子内有自由的氨基，能与亚硝酸反应放出 N_2。除亚氨基酸（脯氨酸、羟脯氨酸）外，α-氨基酸都能发生此反应：

$$R-\underset{\displaystyle NH_2}{\underset{|}{CH}}-COOH + HONO \longrightarrow R-\underset{\displaystyle OH}{\underset{|}{CH}}-COOH + N_2\uparrow + H_2O$$

反应是定量完成的，衡量 N_2 放出的体积，可以计算出氨基酸中氨基的含量。

2. 与水合茚三酮反应

茚三酮的醇溶液与氨基酸共热产生深蓝紫色。此反应对定性检定、定量估计氨基酸特别重要。方法简便，灵敏度高，可靠性强是其特点，故常作为氨基酸分析的方法。

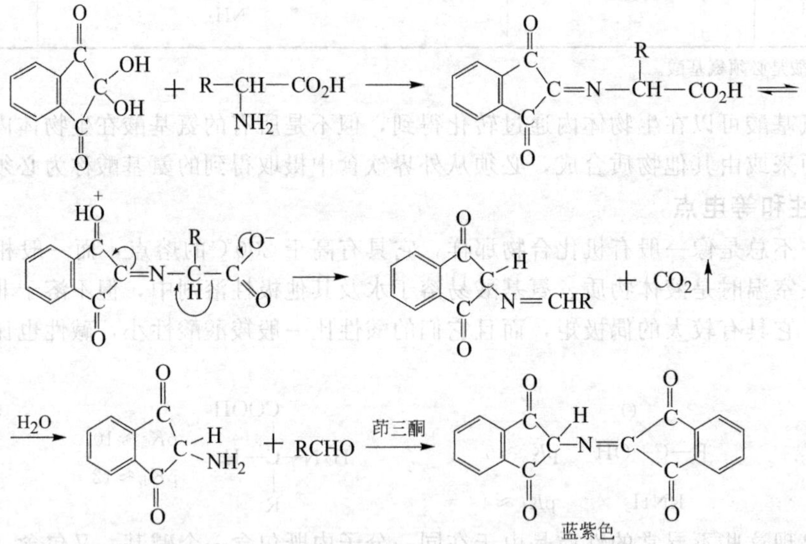
茚三酮
蓝紫色

大多数 α-氨基酸不论其结构如何（脯氨酸、羟脯氨酸除外）都显示相同的蓝紫色。脯氨酸与茚三酮生成黄色物质。

茚三酮反应广泛用于纸色谱、薄层色谱上以追踪氨基酸。茚三酮溶液喷在色谱图上，当加热时，有氨基酸处显示出由红色到紫色斑点。

习题 20-1　写出下列氨基酸在给定 pH 值的离子结构：

（1）半胱甘氨酸（pH 4.08）；（2）精氨酸（pH 10.95）

习题 20-2　下列氨基酸在 pH≈6 时，置于电场中，推测其移动方向。

（1）缬氨酸；（2）谷氨酸；（3）赖氨酸

---

3. 脱羧反应

氨基酸在 $Ba(OH)_2$ 存在下加热或在酶的存在下，可脱羧生成胺。如组氨酸脱羧后生成组胺（人体内组胺过多会产生过敏反应），赖氨酸脱羧后生成戊二胺（尸胺）。

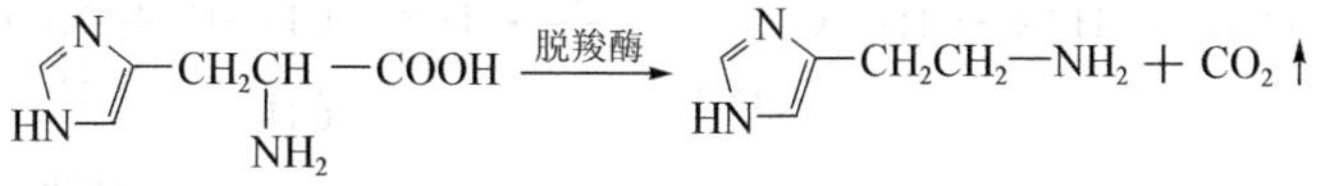

脱羧酶

组胺

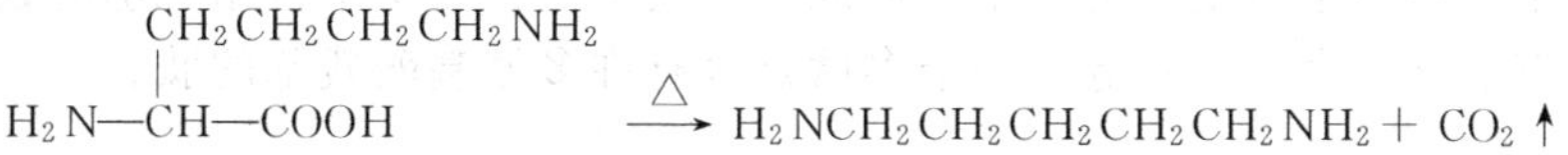

尸胺

4. 脱氨反应

α-氨基酸在生物体内经氨基酸氧化酶催化，通过氧化脱氢生成 α-亚氨基酸，经水解得到 α-酮酸和氨。

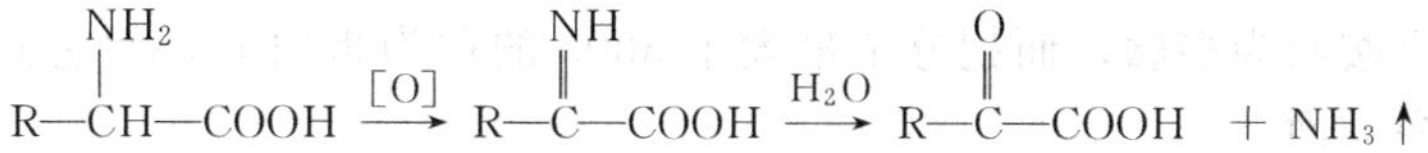

5. 成酯反应

氨基酸在酸的作用下与醇反应生成相应的酯。氨基酸在无水乙醇中通入干燥的氯化氢气体或加入氯化亚砜，反应后生成氨基酸乙酯的盐酸盐。

干燥 HCl

氨基酸的羧基转化成甲酯、乙酯或苄酯可以掩蔽羧基的反应活性，即将羧基保护起来。当氨基酸酯的盐酸盐用碱中和，将氨基游离后，可以发生一系列氨基的酰基化或烃基化反应。氨基酸酯是制备氨基酸的酰胺或酰肼的中间体。

6. 形成肽键的反应

两分子的 α-氨基酸通过分子间的羧基与氨基的脱水反应可以生成环状酰胺。两分子甘氨酸之间脱水后得到甘氨酸失水物，即 2,5-二酮哌嗪：

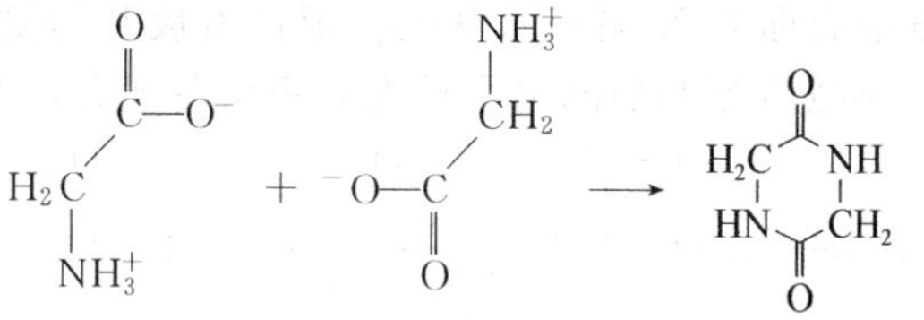

谷氨酸分子中的 γ-羧基与 α-氨基之间失去一分子水后生成分子内酰胺。即焦谷氨酸：

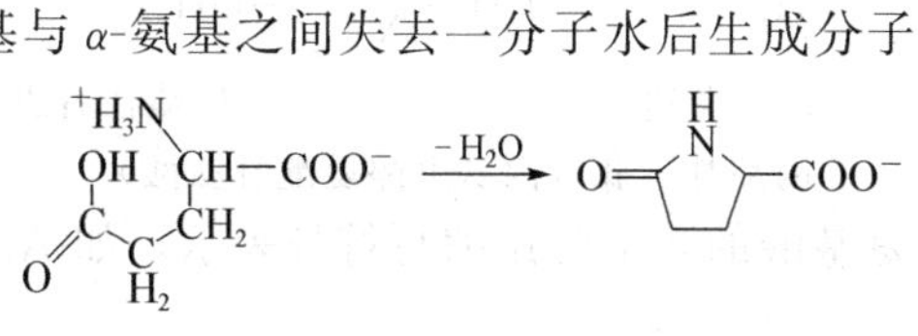

第二节　多　　肽

一、排列顺序与命名

由两个或多个 α-氨基酸通过酰胺键形成的聚酰胺称为肽。酰胺键是由一个 α-氨基酸的羧基和另一个 α-氨基酸的氨基形成的，$-\overset{\overset{O}{\|}}{C}-NH-$ 在肽链中称为肽键。由丙氨酸和甘氨酸形成的肽称为丙甘肽。

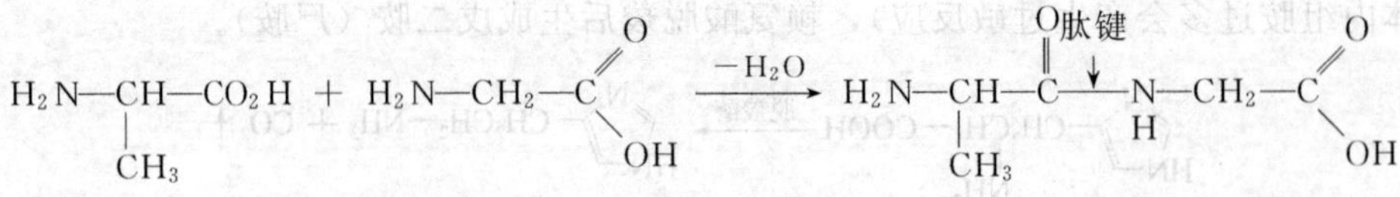

丙甘肽（二肽）

在肽分子中，每一个氨基称为一个单位或一个残基，在分子中根据氨基的数目可以是二肽（两个单位）、三肽（三个单位）等。一个多肽是含有许多氨基酸残基的肽。

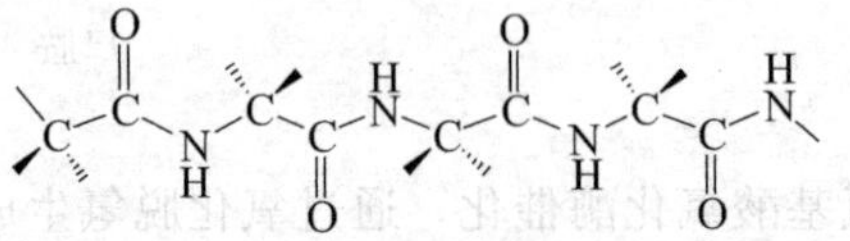

多肽和蛋白质的区别究竟是什么呢？确实这个界限不是完全清楚的，习惯上把少于 50 个氨基酸残基的聚酰胺归为多肽，而把分子量大于 5000 的称为蛋白质，而它们的主要区别可能在生理性质与构象方面。

前面列举的丙甘二肽分子中，丙氨酸残基有一个自由的氨基，甘氨酸单位有一个自由的羧基，丙氨酸和甘氨酸也可以另一种形式连接成甘丙二肽，在这个二肽分子中，甘氨酸单位有一个自由的氨基，丙氨酸单位有一个自由的羧基，所以丙氨酸与甘氨酸结合时可以生成两种二肽。

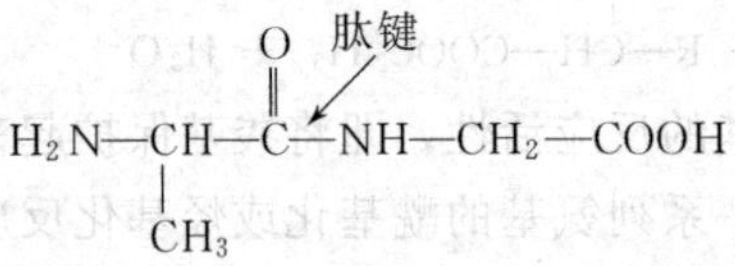

丙甘二肽

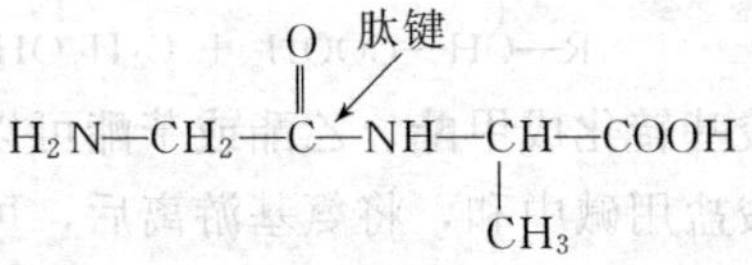

甘丙二肽

由三个不同的 α-氨基酸结合时可以有 6 种不同途径连接，形成 6 个三肽；10 个不同氨基酸可能形成很多的十肽。

为了研究方便，在书写肽的结构时，有一个统一的规定，一般将带有自由氨基的氨基酸放在结构的左端，把这个氨基酸称为 N 端基氨基酸，带自由羧基的氨基酸放在结构的右端，称为 C 端基氨基酸。肽的名字按着氨基酸的名字排列顺序从左到右，即从 N 端开始到 C 端命名。

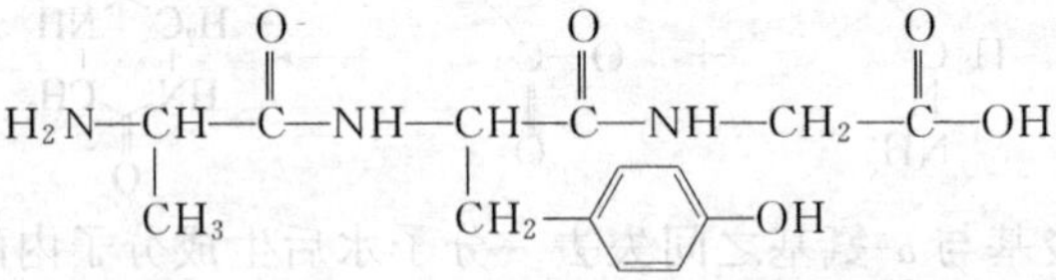

N 端在左边　　C 端在右边

丙酪甘三肽（丙氨酰酪氨酰甘氨酸）

为了方便和清楚起见，氨基酸的名字常用缩写符号表示，如 Ala-Tyr-Gly 即丙酪甘三肽。

二、肽结构的测定

对某一肽结构的测定，首先要知道这个肽分子是由哪些氨基酸残基组成，每种氨基酸数目有多少个及它们在肽链中的排列顺序。

将肽在酸性溶液中进行水解时，可以得到各种氨基酸的混合物，通过色谱法测出有哪几种氨基酸存在于肽中，或将各种氨基酸转变成甲酯，通过气相色谱法进行分析。从所得氨基酸的质量，通过计算物质的量能测得氨基酸残基在肽链中的相对数目。知道了氨基酸的种类及各类的数目后，便可以测定其排列顺序，即肽的结构。

端基测定法即测定肽链末端氨基酸残基的方法。

因为两端的氨基酸残基与肽链中的氨基酸残基有所不同，N 端有自由氨基，C 端有自由羧基，利用一些反应以分离鉴定。

桑格尔（Sanger）利用2,4-二硝基氟苯（DNFB）与肽中N端氨基酸残基的自由氨基进行反应，生成一个*N*-二硝基苯基衍生物，然后水解，这样端基氨基酸带有2,4-硝基苯基的标记，可与其他氨基酸分离鉴定。

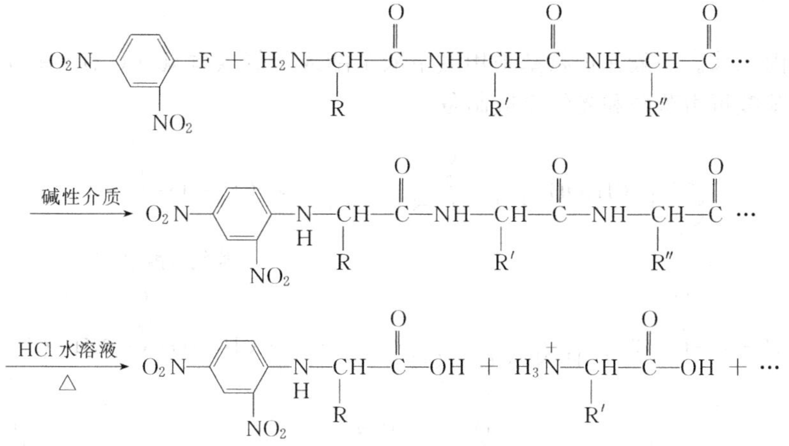

碱性介质
HCl 水溶液
△

（DNP 氨基酸）

艾德曼（Edman）用异硫氰酸苯酯与N端基残基的氨基反应，然后水解，并进行鉴定。此法的优点是只水解带标记的残基，其余部分完整的保留下来，这样可以逐一将肽链中的氨基酸残基按顺序进行分析鉴定。

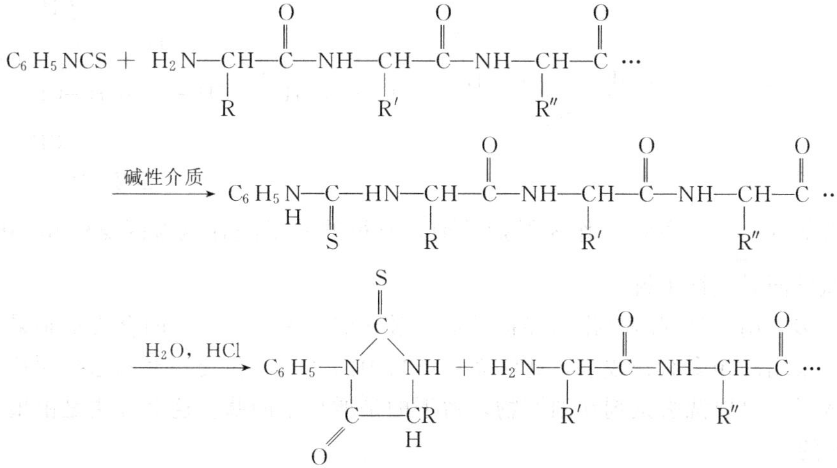

碱性介质
H₂O，HCl

苯基乙内酰硫脲衍生物

实际上在鉴定了大约40个残基后，这种积累的氨基酸对鉴定就有干扰了。

C端基残基测定最成功的方法是酶催化法，用羧肽酶可选择性的切除C端基残基，羧肽酶只断裂多肽链中与游离α羧基相邻的肽键，这样可以反复用于缩短的肽和测定新的C端残基。在实际工作中常将肽水解成碎片——二肽、三肽、四肽等，然后利用端基测定，最后得出肽中氨基酸的排列顺序。

习题 20-3 一三肽与2,4-二硝基氟苯作用后再水解得下列化合物：*N*-(2,4-二硝基苯基)甘氨酸，*N*-(2,4-二硝基苯基)甘氨酰丙氨酸，丙氨酰亮氨酸，丙氨酸，亮氨酸推测此三肽的结构式。

三、肽的合成

当一种氨基酸的羧基和另一种氨基酸的氨基进行反应时，必须防止同一种氨基酸中的羧基和氨基进行反应。关键问题是氨基的保护，例如制备甘氨酰丙氨酸二肽时，必须防止同时生成甘氨酰甘氨酸，因此需将甘氨酸的氨基保护起来，使甘氨酸的酰氯尽量与丙氨酸的自由氨基进行反应生成甘丙二肽。一般保护氨基采用氯甲酸苄酯或苄氧羰酰氯（$C_6H_5CH_2O-\overset{O}{\overset{\|}{C}}-Cl$）进行酰化，氯甲酸苄酯可由苄醇和光气反应制备。

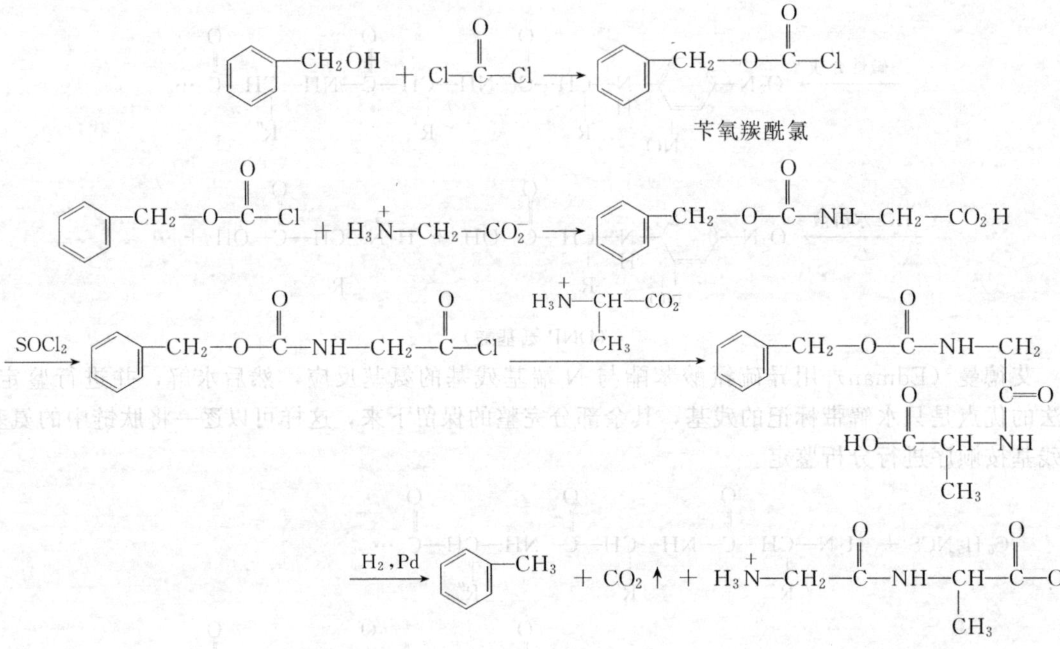
苄氧羰酰氯
SOCl₂
H₂,Pd

甘丙二肽

如果用苯甲酰氯（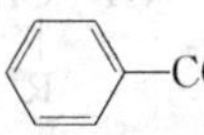）作为保护试剂，所得的苯甲酰甘氨酰丙氨酸用水解法除去苯甲酰基时，肽键同时也被水解。

合成多肽时，多采用苄氧羰酰氯作为保护试剂。激素催产素、胰岛素的合成都是采用这种合成方法。近年来采用固相多肽合成法，此法系将增长中的肽连接在交联聚苯乙烯颗粒上，每当一个新单元加入后，只要洗去试剂和副产物，留下的是增长中的肽。这个方法是由墨菲尔德(Merrifield)发展的。

习题 20-4 试写出合成苯丙-甘二肽和甘-丙-苯丙三肽的完整步骤。

第三节 蛋 白 质

蛋白质分为单纯蛋白质和结合蛋白质两大类。单纯蛋白质基本上是由氨基酸组成的那些蛋白质，而结合蛋白质则是由单纯蛋白质和非蛋白质基团结合而成的。单纯蛋白质又根据其溶解度的不同分为纤维蛋白和球蛋白两大类。例如丝、羊毛、皮肤、头发、角、爪甲、羽毛等都属于纤维蛋白质，酶、卵白蛋白、血清蛋白等都属于球蛋白。核蛋白、糖蛋白、脂蛋白、血红蛋白等皆属结合蛋白。例如血红蛋白是由辅基血红素与蛋白质相结合的结合蛋白，主要功能为参与呼吸，在血液中运送氧气。血红素是卟啉类化合物，高等动物的血红蛋白含铁，低等动物的血红蛋白含铜。

一、蛋白质的性质

蛋白质是由氨基酸组成的高聚物，其物理、化学性质一部分与氨基酸相似，如两性游离、等电点、显色反应、成盐反应等，但又有与氨基酸不同的性质，如高分子量、胶体性、沉淀、变性等。

1. 两性电离和等电点

蛋白质如同氨基酸那样，是两性电解质。它的电离基团除末端氨基和末端羧基外，还有侧链的电离基团，有的氨基酸残基能电离成正离子基团，有的残基是蛋白质的主要负离子基团。带电的颗粒在电场中可以移动，移动的方向取决于蛋白质分子所带的净电荷。蛋白质分子的净电荷取决于蛋白质组成中酸碱性氨基酸的含量，同时也受所在溶液 pH 的影响，在酸性溶液中，蛋白质的酸性电离度减小，蛋白质偏于带正电荷而向负极移动。当溶液碱性增大时，蛋白质的碱性基团电离度减小，蛋白质偏于带负电荷而向正极移动。当溶液处于某一 pH 时，蛋白质电离成正负离子的趋势相等，即成为两性离子，该蛋白质在电场中既不移向正极，也不移向负极。此时溶液的 pH 值称为蛋白质的等电点 pI。各种蛋白质所含碱性氨基酸和酸性氨基酸的数目不同，因而有各自的等电点。

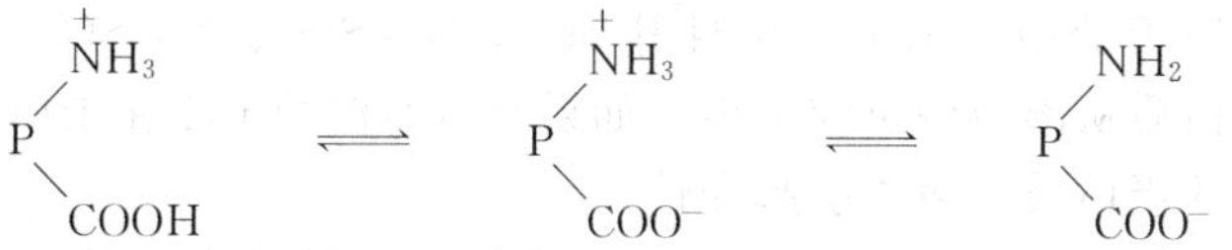

蛋白质的正离子（当 pH＜pI 时）　　蛋白质的两性离子（当 pH＝pI 时）　　蛋白质的负离子（当 pH＞pI 时）

在统一 pH 值溶液中，各种蛋白质所带电荷的性质数量不同，分子大小也不同，因此在电场中的移动速度也不同，利用这种性质可将不同蛋白质分离和分析，称为蛋白质电泳分析法。

2. 蛋白质的高分子性质

蛋白质是天然高聚物，其分子量大者可达数千万，小者也在一万以上。因此蛋白质颗粒已达胶粒范围。球状蛋白质具有亲水性质，它的亲水氨基酸残基位于颗粒表面，在水溶液中能与水起水合作用，蛋白质所形成的亲水胶体颗粒具有两个稳定因素，即颗粒表面的水化层和电荷，如果没有外加条件，蛋白质不会互相凝集，一旦除掉这两个稳定因素，蛋白质即刻凝结析出。利用这种性质来分离纯化蛋白质。

蛋白质溶液具有许多高分子溶液的性质，如扩散运动慢、黏度大、不能透过半透膜等。

（1）扩散运动慢　溶质放在可溶解的溶剂中，溶质分子在溶剂中向各个方向移动，最终达到均匀、分散，称为分子扩散。扩散速度与分子颗粒的大小和形状有关，分子量大的、颗粒大的扩散就慢。分子形状不对称的扩散也慢。蛋白质溶液基本上是均匀分布的，但若置于强大的离心力场中，蛋白质颗粒就会沉淀下来。与真溶液不同，不同的蛋白质沉淀所需离心力场强度不同，利用超离心法来分离蛋白质。

（2）黏度大　高分子的蛋白质溶液有较大的黏度，黏度随蛋白质水合颗粒容积增大或分子的不对称性增加而加大，当蛋白质变性时，肽链展开，分子不对称性增加，溶液的黏度比同浓度的天然蛋白质增大数倍。

（3）不透性　蛋白质分子一般不能透过半透膜，因此利用半透膜分离纯化蛋白质，这种方法称为透析。人体的细胞膜都具有半透膜的性质，可使蛋白质分别分布在细胞内外不同的部位。对维持细胞内外水分和电解质分布平衡，对物质代谢作用的调节都有重大意义。

3. 变性

蛋白质的变性是由于某些物理或化学因素的作用，使蛋白质严格的空间构象遭到破坏（肽链不断裂），而引起蛋白质物理、化学和生物学的若干性质改变。

影响蛋白质变性的因素很多，如紫外光的照射、加热煮沸、强酸、强碱、重金属和有机溶剂的外处理等。球蛋白变性后，溶解度降低。蛋白质变性后，失去原来的生理功能，例如失去酶、激素、抗体等生物活性，不对称性增加，分子构象趋向于纤维状，原来内向的分子基团转向分子表面，疏水性增强，变性的蛋白质易被蛋白酶催化水解。蛋白质的变性，实际上是原来的次级结构被破坏，即肽链间的氢键，硫硫键等的断裂，但氨基酸的排列顺序不被破坏，不涉及一级结构。在变性的初期，分子构象未被深度破坏，变性作用是可逆的，但变性过度就不能恢复其原有结构。蛋白质的变性作用有许多实际应用，如用酒精蒸煮消毒灭菌，食物煮熟后蛋白质易于消化等。但有些情况应避免变性作用，如有些蛋白质制剂如疫苗、免疫血清等应制止失去活性。

4. 沉淀

使蛋白质从溶液中析出的现象称为蛋白质沉淀。沉淀出来的蛋白质有时是变性的。如果控制实验条件，也可得到不变性的蛋白质沉淀。沉淀蛋白质的方法很多，其主要的方法如盐析法、重金属盐法、生物碱试剂法、有机溶剂法以及加热凝固法等。

盐析法是在蛋白质溶液中加入大量中性盐如$(NH_4)_2SO_4$、Na_2SO_4、NaCl等，以破坏蛋白质的胶体性而使蛋白质从溶液中沉淀析出。如果盐析时溶液pH在蛋白质的等电点时，其效果更好，盐析法沉淀的蛋白质一般不引起变性。

重金属盐法如Hg^{2+}、Pb^{2+}、Cu^{2+}、Ag^{+}等能与蛋白质结合成盐而沉淀，用这种方法沉淀的蛋白质往往是变性的，利用这种性质临床上常用以抢救误服重金属盐中毒的病人。给病人服大量蛋白质如牛奶、生鸡蛋，然后用催吐剂将结合的重金属盐呕出以解毒。

生物碱试剂如苦味酸、磷钨酸、磷钼酸、鞣酸、碘化钾、三氯乙酸等都能使生物碱沉淀的试剂也能使蛋白质沉淀。当蛋白质溶液pH小于等电点时，沉淀容易析出。

有机溶剂如甲醇、乙醇、丙酮等能破坏蛋白质胶体性质而使蛋白质沉淀，这种方法沉淀的蛋白质往往变性，酒精消毒灭菌就是利用这种性质。

加热凝固的方法是日常生活中常遇到的热凝，首先是加热使蛋白质变性，鸡蛋煮熟后易于消化即是蛋白质经加热后变性，变性后的蛋白质易于水解。平常加热灭菌也是使细菌蛋白质受热变性凝固，失去其生物活性，也是根据此原理。

蛋白质的变性、沉淀和凝固密切相关，但是蛋白质变性不一定沉淀，只在等电点附近才沉淀，沉淀的变性蛋白质也不一定凝固。

5. 蛋白质的颜色反应

蛋白质的颜色反应很多，现将常用于定性分析的几种主要反应介绍如下。

(1) 茚三酮反应　蛋白质溶液在pH＝5～7之间与茚三酮丙酮溶液加热煮沸时即出现蓝紫色，此反应可用于蛋白质的定性和定量上。具有自由氨基的伯胺、肽、氨基酸与茚三酮都呈阳性反应（在氨基酸的性质中已讨论过此反应的过程）。

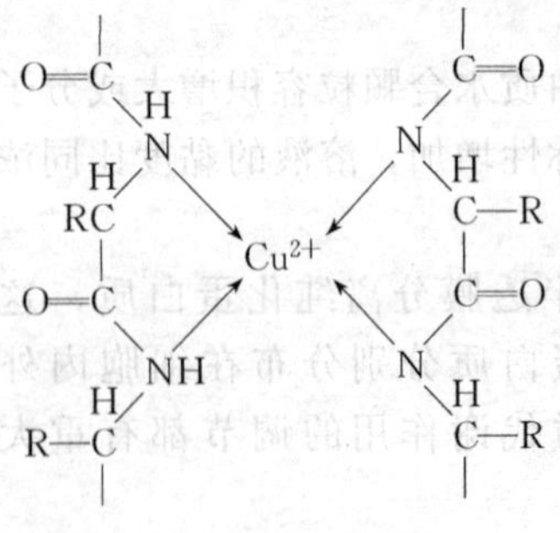

(2) 双缩脲反应　双缩脲$H_2N-\overset{O}{\overset{\|}{C}}-NH-\overset{O}{\overset{\|}{C}}-NH_2$与$CuSO_4$的碱性溶液反应呈紫色或紫红色。蛋白质与$CuSO_4$的碱性溶液反应也出现同样的颜色反应。因此称蛋白质的这个反应为双缩脲反应。蛋白质的双缩脲反应可能是由于分子中的肽键结构引起的。

肽键结构愈多颜色愈深，紫色反应产物可能是铜离子 Cu^{2+} 与四个肽键上的氮原子形成配位复合物。

（3）与酚试剂的反应　蛋白质分子中酪氨酸、色氨酸能与磷钨酸、磷钼酸的酚试剂反应，在碱性条件下，后者被还原成蓝色物质，蓝色的深浅与蛋白质（酪氨酸、色氨酸）的含量成正比，可作为蛋白质的比色测定方法。

二、蛋白质的分子结构

蛋白质是由 α-氨基酸通过肽键线型的结合组成的，称为蛋白质的多肽链。不同蛋白质多肽链的数量、长度差别很大，而且肽链中各种氨基酸排列顺序也不一样。这些肽链以特有的结构模式形成一定空间结构，有的是纤维状，有的是球状或椭球状。一般蛋白质往往不只一条肽链而是多条肽链组成的亚单位聚合起来的聚合体。还有些蛋白质除了肽链组分外，还有非氨基酸组分，如多糖、脂质、核酸等称为结合蛋白，蛋白质分子的结构是非常复杂的。

以各种氨基酸按一定的排列顺序构成的蛋白质肽链骨架是蛋白质的基本结构，一般称为蛋白质的一级结构，肽键是其基本结构键，由肽链盘曲成的空间结构则称为次级结构，肽链的盘曲和折叠主要由于一般较弱的非共价键如氢键、盐键等形成的。

1. 蛋白质分子的一级结构

纯化后的蛋白质经彻底水解后，测定各种氨基酸的百分率，根据蛋白质的分子量，初步测出蛋白质中氨基酸的组成。测定肽链的 N 端和 C 端。如果由多肽链组成的蛋白质则测得多个 N 端和多个 C 端。然后利用部分水解法水解成不同的肽段，逐个测定各肽段中氨基酸残基的顺序。综合各肽段的氨基酸残基的顺序，可以求得整个蛋白质分子的一级结构。

我国在 1965 年人工合成了牛胰岛素。胰岛素的一级结构是由 51 个氨基酸残基组成的两条肽链，一条 A 链有 21 个氨基酸残基，另一条 B 链有 30 个残基。A 链和 B 链通过 A_7 和 B_7，A_{20} 和 B_{19} 之间两个二硫键相连，另外在 A_6 和 A_{11} 之间的二硫键使 A 链部分环合，人的胰岛素和牛的胰岛素只有三个氨基酸不同，其结构如下：

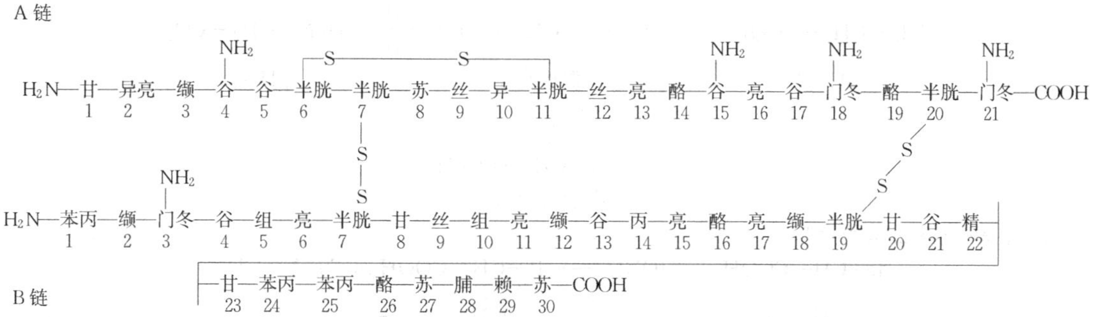
A链
H₂N—甘—异亮—缬—谷—谷—半胱—半胱—苏—丝—异—半胱—丝—亮—酪—谷—亮—谷—门冬—酪—半胱—门冬—COOH
1 2 3 4 5 6 7 8 9 10 11 12 13 14 15 16 17 18 19 20 21
NH₂ S S
H₂N—苯丙—缬—门冬—谷—组—亮—半胱—甘—丝—组—亮—缬—谷—丙—亮—酪—亮—缬—半胱—甘—谷—精—
1 2 3 4 5 6 7 8 9 10 11 12 13 14 15 16 17 18 19 20 21 22
—甘—苯丙—苯丙—酪—苏—脯—赖—苏—COOH
23 24 25 26 27 28 29 30
B链

各种天然蛋白质各有其生物学活性，决定每种蛋白质生物学活性的结构特点，首先在于其肽链的氨基酸顺序，即其一级结构。20 多种氨基酸的侧链不同，其理化性质和空间构象各不相同。因此不同氨基酸顺序组成的肽链的立体形状，物理、化学性质也是不同的，因此形成多种多样构象不同、生物学活性各异的蛋白质分子。

2. 蛋白质的二级结构

蛋白质分子的多肽链并不是以线型伸展的形式而是折叠和盘曲的，构成了特有的空间构象，折叠和盘曲的过程是在几个级别上进行的，即现在称为二级结构、三级结构和四级结构。

用 X 射线衍射技术观察蛋白质分子结构，发现蛋白质分子具有 α 型的结构和 β 型的结构。α 型的结构是肽链螺旋状的结构，称为 α-螺旋结构，β 型的结构是片层状结构称为 β 片层结构，两者都属于蛋白质分子的二级结构范畴。

(1) α-螺旋结构　由于肽链不是直线型的，价键之间有一定的角度，而且分子中又含有许多酰胺键，因此一条肽链可以通过一个酰胺键的羧基的氧与氨基的氢形成氢键而绕成螺旋形，肽链骨架中有些段落以每 3.6 个氨基酸残基为一圈盘成一个右手螺旋，称为 α 螺旋结构。

(2) β 片层结构　蛋白质的另一种二级结构是由链间的氢键将肽链拉在一起形成“片”状，叫做 β-折叠，可在两条或多条并列的多肽链间（顺向的和逆向的，也可以由一条多肽链回折的两肽段间借氢键形成片层结构）。

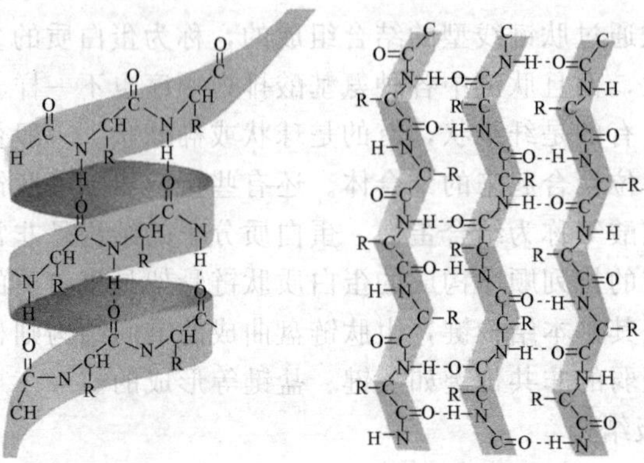

α-螺旋　　　　β-折叠

习题 20-5　不同等电点的蛋白质混合时常常发生沉淀，例如胰岛素和鱼精蛋白质的 pI 分别为 5.3 和 10 左右，两者混合于纯水中即有沉淀生成，为什么？

习题 20-6　说明蛋白质二级结构和三级结构的含义及维持它们的主要作用力。

本章反应总结

1. 氨基酸的两性

$$\overset{+}{N}H_3—CH_2—COOH \underset{+H^+}{\overset{-H^+}{\rightleftharpoons}} \overset{+}{N}H_3—CH_2—CO_2^- \underset{+H^+}{\overset{-H^+}{\rightleftharpoons}} H_2N—CH_2—CO_2^-$$

pH＝1　　　　偶极离子　　　　pH＝12

$$\Updownarrow$$

$$H_2N—CH_2—CO_2H$$

中性甘氨酸

2. 氨基酸与亚硝酸反应

$$R—\underset{NH_2}{\underset{|}{CH}}—COOH + HONO \longrightarrow R—\underset{OH}{\underset{|}{CH}}—COOH + N_2\uparrow + H_2O$$

3. 氨基酸与水合茚三酮反应

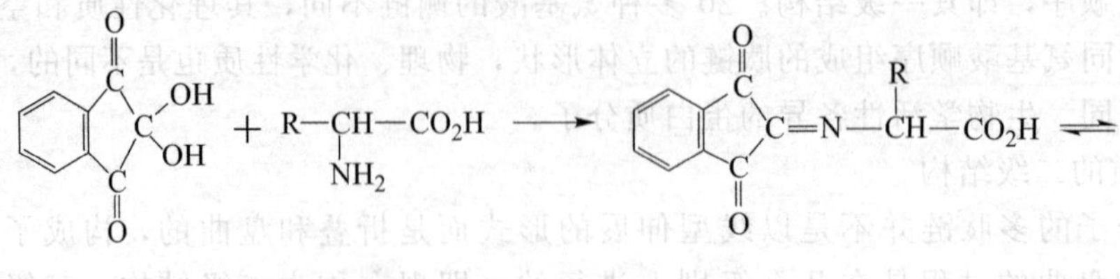

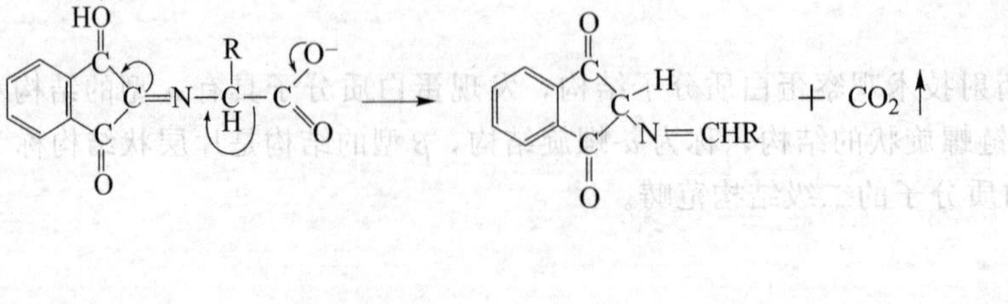

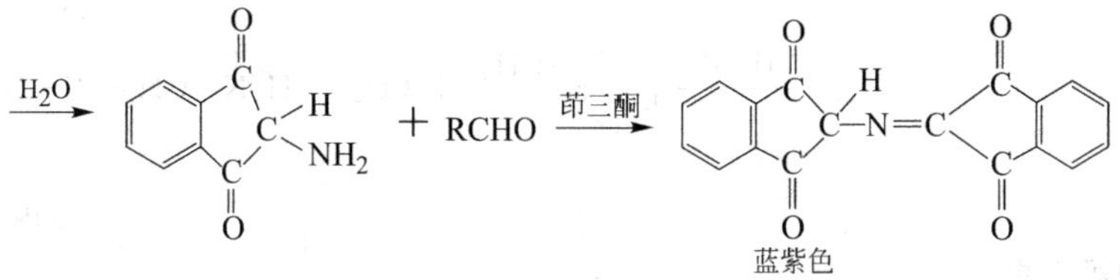

4. 桑格尔（Sanger）反应

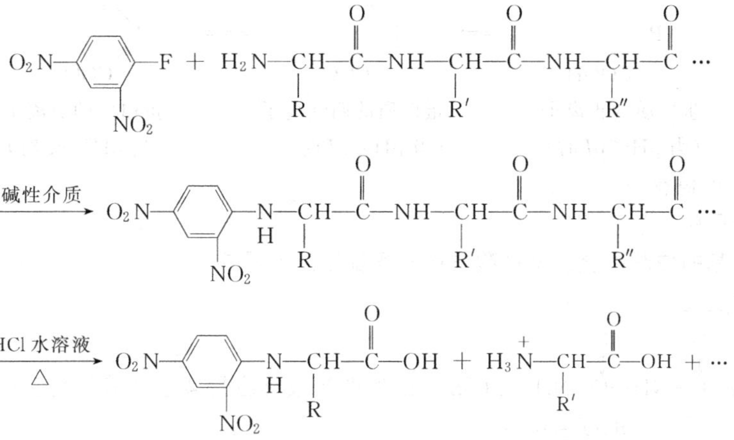

（DNP 氨基酸）

5. 艾德曼（Edman）反应

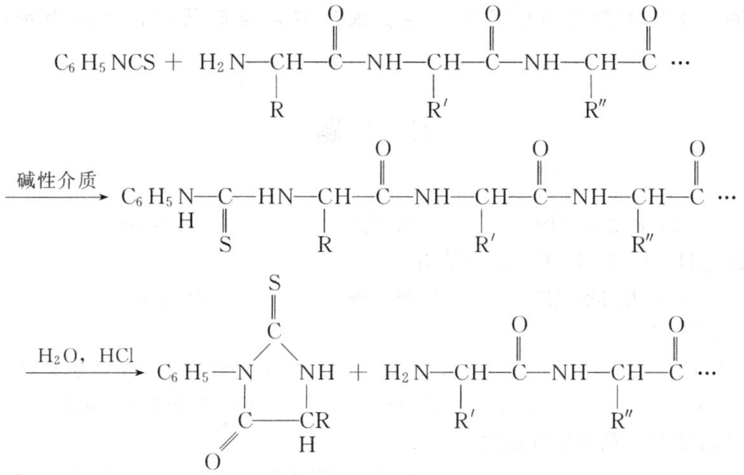

苯基乙内酰硫脲衍生物

6. 肽的合成

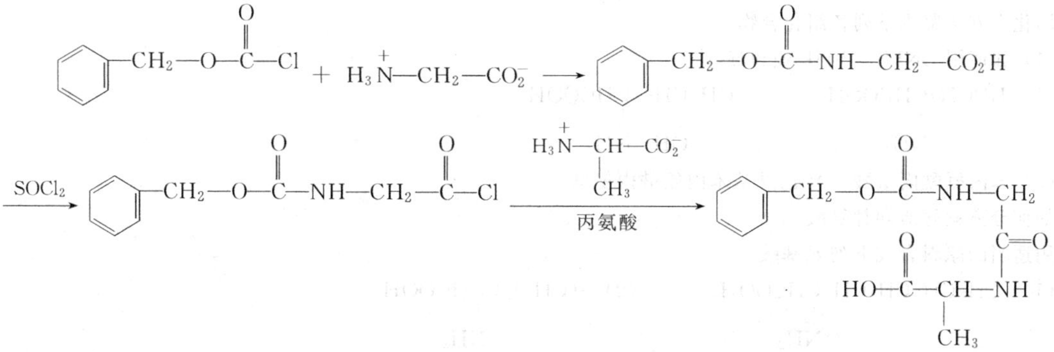

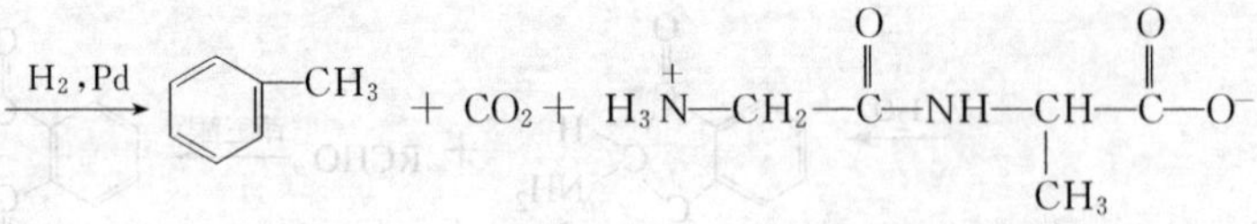

甘丙二肽

7. 蛋白质的等电点

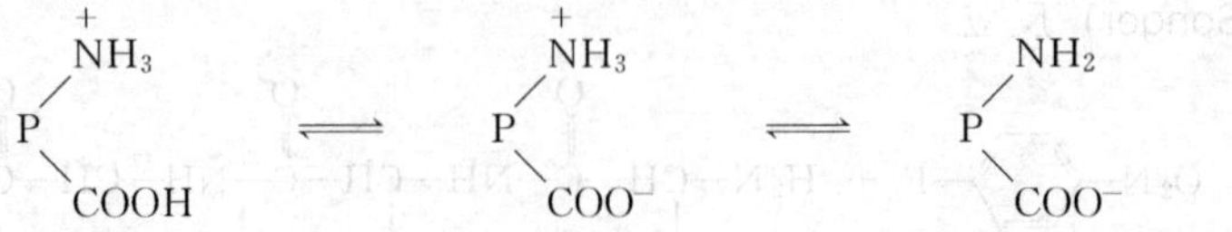

$$\text{蛋白质的正离子（当 pH<p} I \text{ 时）} \quad \rightleftharpoons \quad \text{蛋白质的两性离子（当 pH=p} I \text{ 时）} \quad \rightleftharpoons \quad \text{蛋白质的负离子（当 pH>p} I \text{ 时）}$$

8. 蛋白质的颜色反应

(1) 茚三酮反应

具有自由氨基的伯胺、肽、氨基酸与茚三酮都呈阳性反应

(2) 双缩脲反应

双缩脲 $H_2N-\overset{\overset{O}{\|}}{C}-NH-\overset{\overset{O}{\|}}{C}-NH_2$ 与 $CuSO_4$ 的碱性溶液反应呈紫色或紫红色。蛋白质与 $CuSO_4$ 的碱性溶液反应也出现同样的颜色反应。

(3) 与酚试剂的反应

蛋白质分子中酪氨酸、色氨酸能与磷钨酸、磷钼酸的酚试剂反应，在碱性条件下后者被还原成蓝色物质，蓝色的深浅与蛋白质（酪氨酸、色氨酸）的含量成正比，可作为蛋白质的比色测定方法。

习　题

1. 解释下列名词
   (1) 变性　　　　(2) α-螺旋结构　　(3) 脂蛋白　　　　(4) 三级结构　　　　(5) β-折叠

2. 写出下列氨基酸在 pH＝2、7、12 时的离子结构
   (1) 异亮氨酸　　(2) 天门冬氨酸　　(3) 赖氨酸　　　　(4) 丝氨酸

3. 写出下列化合物的结构式
   (1) 门冬酰门冬酰酪氨酸　　　　　(2) 谷胱甘肽（Glutathione，一种辅酶，生物还原剂）
   (3) 苯丙氨酰腺苷酸　　　　(4) 2′-去氧尿苷　　　　(5) 胸腺苷-5′-磷酸

4. 写出丝氨酸与下列试剂反应的反应方程式
   (1) 茚三酮　　　　(2) DNFB　　　　(3) 异硫氰酸苯酯　　(4) 氯甲酰苄酯
   (5) CH_3OH/HCl　(6) 邻苯二甲酸酐　(7) 三氟乙酸酐　　(8) 叔丁氧甲酰氯
   (9) (8)的产物＋DCC　　　　　(10) (9)的产物＋甘氨酸乙酯

5. 用化学方法鉴别下列各组化合物
   (1) 如何用 DNFB 区别甘-赖和赖-甘
   (2) $\underset{\quad NH_2}{HOCH_2CHCOOH}$　　　$\underset{\quad OH \quad NH_2}{CH_3CH-CHCOOH}$ 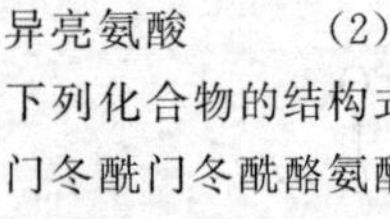 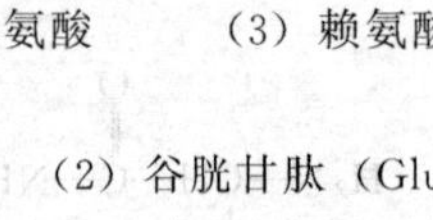
   (3) 苯丙氨酰丙氨酸　　N-乙酰基苯丙氨酰丙氨酸

6. 如何分离赖氨酸和甘氨酸？

7. 用适当的原料合成下列氨基酸
   (1) $\underset{\qquad\qquad NH_2}{CH_3CH_2CH_2CH_2CHCOOH}$　　　(2) $\underset{\qquad\quad NH_2}{(CH_3)_3CCHCOOH}$

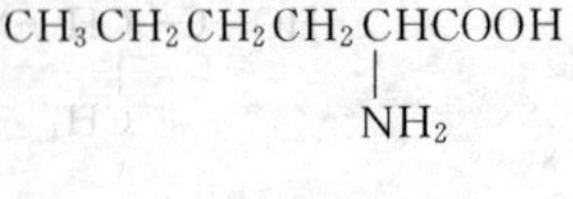

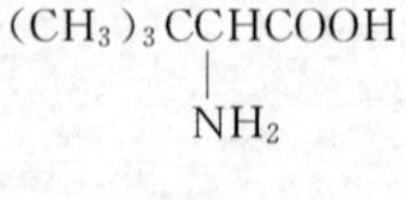

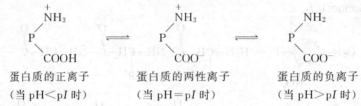

(3) 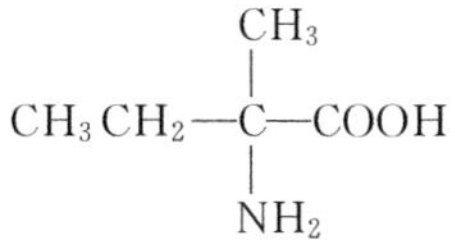

(4) 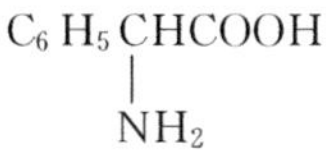

(5) HOOCCH$_2$CH$_2$CH$_2$COOH

(6) 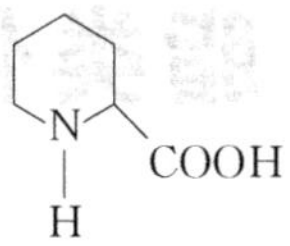

8. 用指定的原料及其他必要试剂合成下列氨基酸

(1) 对甲基苯甲醚合成酪氨酸

(2) 2-丁烯酸合成苏氨酸

(3) β-烷氧基乙醇合成丝氨酸

(4) 苯甲醇通过丙二酸酯法合成苯丙氨酸

9. 推测下列肽的结构

(1) 一个五肽完全水解得到：天门冬氨酸、组氨酸、蛋氨酸、缬氨酸、苯丙氨酸。运用端基分析和部分水解方法得知所生成的 4 个二肽为：缬-天门冬、蛋-组、天门冬-蛋、苯丙-缬。试推测该五肽的结构，并加以命名。

(2) 一个七肽是由甘氨酸、丝氨酸、二个丙氨酸、二个组氨酸和门冬氨酸构成的。运用端基分析和部分水解方法得知所生成的三个三肽为：甘-丝-门冬、组-丙酸-甘、门冬-组-丙。试推测该七肽的结构。

10. 简要回答下列问题

(1) 为什么一般氨基酸既能溶于酸，也能溶于碱；而对氨基苯磺酸却只溶于碱不溶于酸？

(2) 固体氨基酸的红外光谱在近 1400cm^{-1} 和 1600cm^{-1} 处有吸收峰，但在低的 pH 值的溶液中，发现在 1200cm^{-1} 处有原来没有的强吸收峰。为什么？

（扬州大学，韩莹）

第二十一章　脂类化合物（lipids）

有一类天然有机化合物，广泛存在于动物、植物等生物体细胞和组织中；它们的物态、物性与油脂相类似，用非极性有机溶剂可以分离出来，这类物质就叫做脂类（或类脂）化合物。

这些物质在化学成分和化学结构上有很大差异，但是它们都有一个共同的特征：即不溶于水，而易溶于乙醚、氯仿、苯、二硫化碳、热乙醇及其他非极性溶剂中。用这类溶剂可将脂类化合物从细胞和组织中提取出来。

脂类具有重要的生物学功能，它是构成生物膜的重要物质，几乎细胞所含有的全部磷脂类都集中在生物膜中。生物膜的许多特性，如柔软性、对极性分子的不可通透性、高电阻性等都与脂类有关。脂类是机体代谢所需燃料的贮存形式和运输形式。在机体表面的脂类，有防止机械损伤和防止热量散发等保护作用。脂类作为细胞表面物质，与细胞的识别、物种特异性和组织免疫等有密切关系。还有一些脂类的物质具有强烈的生物学活性，这些物质包括某些维生素（vitamins）和激素（hormones）等。

脂类的这种特性，主要是由构成它的碳氢结构成分决定的。

根据以上特点，脂类包括：

油脂（glycerides）＝甘油＋脂肪酸
（储存能量）

磷脂（phospholipids）＝甘油等＋脂肪酸＋磷酸＋其他
（生物膜主要结构成分）

蜡（waxes）＝R^1COOR^2，$R^1=C_{16}\sim C_{36}$，$R^2=C_{16}\sim C_{34}$
（保护及其他特殊功能）

类脂包括：

萜类（terpenes）(多种用途)

固醇类（steroids）(激素等功用)

根据构成脂类的主要成分，还可将脂类分为复杂脂类（complex lipids）和简单脂类（simple lipids）两大类。

复杂脂类包括脂肪酸与醇结合在一起的各种脂类，有酰基甘油酯（triacyl glycerols），俗称油脂磷酸甘油酯（phosphoglycerides），高碳脂肪酸与高碳醇形成的蜡（waxes）等。它们一般都能被酸或碱水解。

简单脂类其实都是复杂化合物，它们一般不能被酸或碱水解。简单脂类包括甾类化合物（steroids）、萜类（terpenes）等。

第一节　油脂（glycerides）

一、组成

油脂包括油和脂肪，主要成分是偶数碳原子的三（高级脂肪）酸的甘油酯。习惯上把室温下为液态的称为油，如菜籽油、花生油等；把室温下为固态、半固态的称为脂，如猪油、牛油等。油脂的通式为：

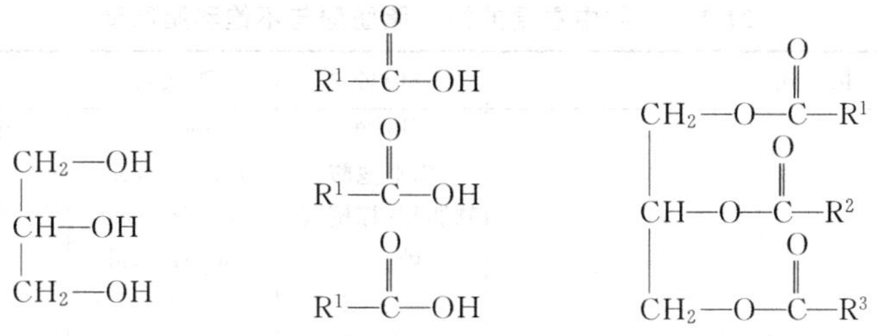

甘油　　　　脂肪酸　　　　甘油三酯

例如：

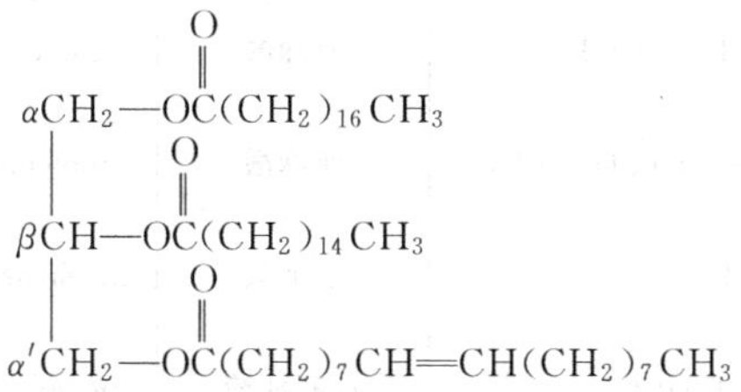

α-硬脂酸-β-软脂酸-α′-油酸甘油酯

天然油脂大多由不同结构的直链脂肪酸组成，有饱和的、不饱和的，也可能含有羟基，还可能有手性原子。天然油脂水解得到多种脂肪酸。

二、脂肪酸的结构特点

天然脂肪酸具有以下结构特点：

(1) 多数链长为 14～20 个碳原子，都是偶数。最常见的是 16 或 18 个碳原子。12 个碳以下的饱和脂肪酸主要存在于哺乳动物的乳脂中。

(2) 饱和脂肪酸中最普遍的是软脂酸和硬脂酸。可用一条锯齿形的碳氢链来表示其构型。脂肪酸分子中，非极性的碳氢链是“疏水”的，极性基团羧基是“亲水”的。由于疏水的碳氢链占有分子体积的绝大部分，因此，决定了分子的脂溶性。在水中不溶解的脂肪酸，由于分子中极性基团羧基的存在，仍能被水所润湿。

(3) 不饱和脂肪酸组分主要为十八碳烯酸，其中有 1 个双键的称为油酸，有 2 个双键的称为亚油酸，有 3 个双键的称为亚麻酸，不饱和脂肪酸中最普遍的是油酸（图 21-1)。在高等植物和低温生活的动物中，不饱和脂肪酸的含量高于饱和脂肪酸。

(4) 不饱和脂肪酸的熔点比同等链长的饱和脂肪酸的熔点低（表 21-1)。

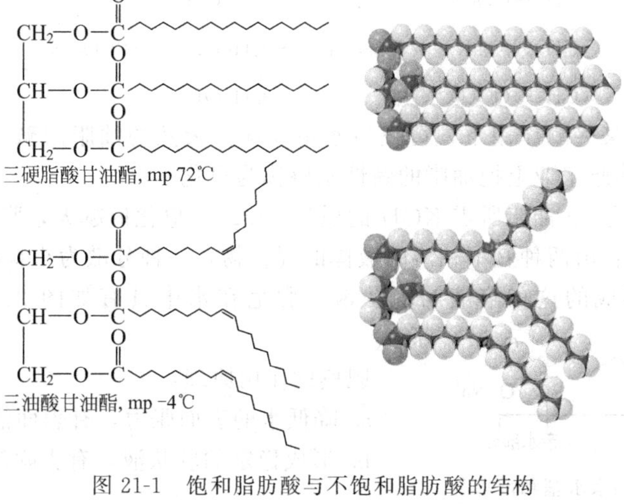
三硬脂酸甘油酯, mp 72℃
三油酸甘油酯, mp -4℃

图 21-1　饱和脂肪酸与不饱和脂肪酸的结构

表 21-1　油脂中重要的饱和脂肪酸与不饱和脂肪酸

结构式	俗名	英文名	系统名	熔点/℃
$CH_3(CH_2)_{10}COOH$	月桂酸	lauric acid	十二(烷)酸	44
$CH_3(CH_2)_{12}COOH$	肉豆蔻酸	myristic acid	十四(烷)酸	59
$CH_3(CH_2)_{14}COOH$	软脂酸(棕榈酸)	palmitic acid	十六(烷)酸	64
$CH_3(CH_2)_{16}COOH$	硬脂酸	stearic acid	十八(烷)酸	70
$CH_3(CH_2)_{18}COOH$	花生酸	arachidic acid	二十(烷)酸	76
$CH_3(CH_2)_5CH{=}CH(CH_2)_7COOH$	棕榈油酸	palmitoleic acid	(9*Z*)-十六碳烯酸	0.5
$CH_3(CH_2)_7CH{=}CH(CH_2)_7COOH$	油酸	oleic acid	(9*Z*)-十八碳烯酸	4
$CH_3(CH_2)_4CH{=}CHCH_2CH{=}CH(CH_2)_7COOH$	亚油酸	linoleic acid	(9*Z*,12*Z*)-十八碳二烯酸	−12
$CH_3CH_2CH{=}CHCH_2CH{=}CHCH_2CH{=}CH(CH_2)_7COOH$	亚麻酸	linolenic acid	(9*Z*,12*Z*,15*Z*)-十八碳三烯酸	−11.3
$CH_3(CH_2)_3(CH{=}CH)_3(CH_2)_7COOH$	桐油酸	eleostearic acid	(9*Z*,11*E*,13*E*)-十八碳三烯酸	49
$CH_3(CH_2)_5CH(OH)CH_2CH{=}CH(CH_2)_7COOH$	蓖麻油酸	ricinoleic acid	[*R*-(*Z*)]-12-羟基-9-十八碳烯酸	5.5

(5) 高等动植物的单不饱和脂肪酸（含有一个不饱和键的脂肪酸）的双键位置一般在 C9 和 C10 碳原子之间，多不饱和脂肪酸（含有一个以上不饱和键的脂肪酸）中的第一个双键也始于 C9。

(6) 高等动、植物的脂肪酸几乎均是顺式结构，只有极少数有顺反异构体。

三、油脂性质

油脂常温下呈液态或固态（半固态），比水轻，15℃时相对密度在 0.9～0.98 之间，不溶于水，易溶于乙醚、氯仿、苯及热的乙醇等有机溶剂中。

熔点和凝固点差别小，含不饱和脂肪酸的油脂熔点比同等链长的饱和脂肪酸的油脂熔点低。

油脂的化学性质与其脂肪酸结构密切相关。

1. 油脂的水解和皂化（saponification）

$$\begin{array}{l} CH_2{-}OOCR \\ | \\ CH{-}OOCR' \\ | \\ CH_2{-}OOCR'' \end{array} + H_2O \xrightarrow[4\sim5MPa]{280℃} \begin{array}{l} CH_2OH \\ | \\ CHOH \\ | \\ CH_2OH \end{array} + \begin{array}{l} RCOOH \\ R'COOH \\ R''COOH \end{array}$$

$$\begin{array}{l} CH_2{-}OOCR \\ | \\ CH{-}OOCR \\ | \\ CH_2{-}OOCR \end{array} + 3NaOH \xrightarrow{\triangle} \begin{array}{l} CH_2OH \\ | \\ CHOH \\ | \\ CH_2OH \end{array} + 3RCOONa$$

油脂在酸、碱或某些酶作用下，可发生水解反应。天然的油脂用碱水解，生成脂肪酸盐（肥皂）和甘油。在油脂工业上把油脂的碱性水解称为皂化。

皂化值指完全皂化 1g 油脂所需 KOH 的质量（mg）。皂化值越大，脂肪酸的分子量越小。

肥皂的乳化作用：由两种互不相溶的液体的混合物，一种分散为小颗粒状，而另一种则为连续状液体，肥皂形成的这种溶液叫乳状液。肥皂在水中具有如图 21-2 和图 21-3 所示的形式。

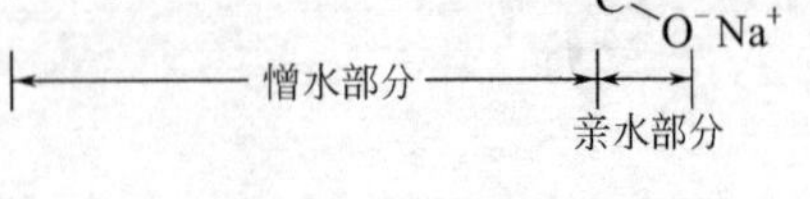
O
C
O⁻Na⁺
憎水部分
亲水部分

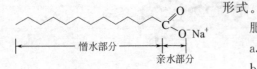

图 21-2　肥皂在水中的亲水基和憎水基

肥皂的作用原理：

a. 降低水的表面张力，有表面活性作用；

b. 形成稳定的乳状液，有去除油污作用。

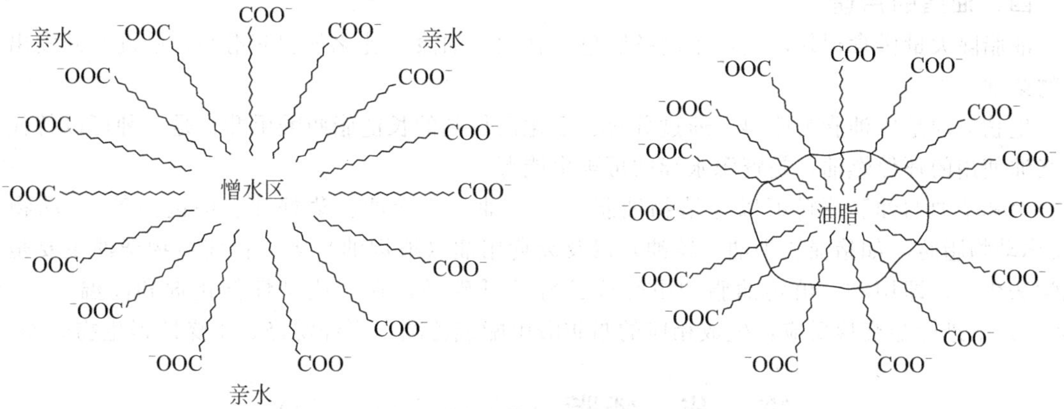
亲水
憎水区
亲水
亲水
油脂
COO^-
^-OOC

图 21-3　肥皂乳化作用示意图

肥皂的缺点：遇酸形成酸渣，遇硬水形成沉淀。合成去污剂（synthetic detergent）不存在上述沉淀问题。例如磺酸盐。

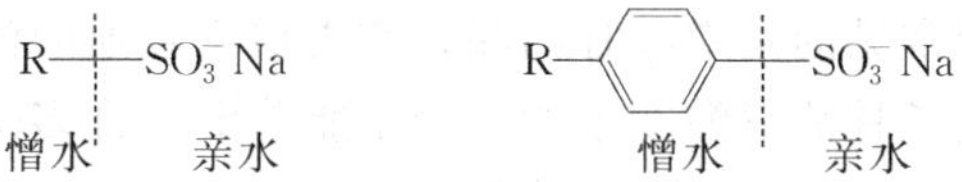
R
SO_3^- Na
憎水
亲水

2. 油脂的硬化

含不饱和脂肪酸的油脂通过催化加氢，使碳碳双键发生加氢作用，形态由液态向半固态转变。工业上用此法制造黄油。

$$\begin{array}{l} CH_2—OOCC_{17}H_{33} \\ | \\ CH—OOCC_{17}H_{33} \\ | \\ CH_2—OOCC_{17}H_{33} \end{array} + H_2 \xrightarrow[\substack{175\sim190℃ \\ 0.15\sim0.25MPa}]{Ni} \begin{array}{l} CH_2—OOCC_{17}H_{35} \\ | \\ CH—OOCC_{17}H_{35} \\ | \\ CH_2—OOCC_{17}H_{35} \end{array}$$

3. 油脂的干性

某些含共轭双键的油涂成薄层，在空气中可发生氧化、聚合反应，就逐渐变成了有韧性（弹性）、有光泽的固态薄膜。具备这种性质的油脂（如桐油）称干性油。干性油结膜快；半干性油结膜慢；不干性油不能结膜。

衡量油脂的不饱和性用碘值来表示。100g 油脂所能吸收碘的质量（g）称为碘值。碘值越高，油脂的不饱和性越大。干性油，碘值大于 130；半干性油，碘值为 100～130；不干性油，碘值小于 100。

4. 油脂的酸败（rancidity）

油脂在贮存期间，由于氧气、光照、温度和其他催化条件的影响，使不饱和脂肪酸水解、氧化，产生令人厌恶的酸臭味，导致油脂的酸败。油脂在高温下也可能发生如下反应：

$$油脂 \xrightarrow{250℃} \xrightarrow{分解，氧化} 小分子醛、酮（苦、臭味）$$

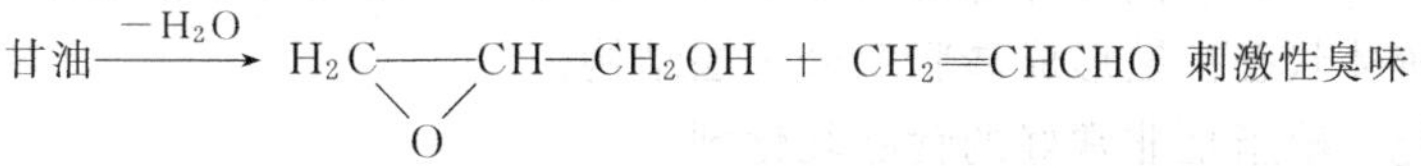
甘油
$-H_2O$
H_2C—CH—CH_2OH + CH_2═CHCHO 刺激性臭味
O

酸值指中和 1g 油脂中游离脂肪酸所需要 KOH 的质量（mg）。酸值越高，油脂的腐败程度越大，所以市售植物油都有保存期。

在油脂化学中常用分析脂肪皂化值高低的方法，来了解脂肪分子量的大小；依据碘价的高低，可以看出脂肪酸的不饱和程度；从酸值大小判断脂肪酸的腐败程度；还可以从乙酰价的高低，了解脂肪酸中所含羟基的量。

四、油脂的用途

油脂除大量供食用外，还用于制备肥皂、甘油、油漆、乳化剂和润滑剂，最近又开发出了生物柴油。

生物柴油是以油脂为原料，通过分解、酯化而得到的长链脂肪酸甲酯，是一种可以替代普通柴油使用的环保燃油，是资源永续的可再生能源。

生物柴油的油脂原料可以是植物油脂（大豆油、玉米油、菜籽油、棕榈油等）、动物油（又称动物脂肪，如猪油、牛油、羊油）以及废食用油（地沟油）等。目前生物柴油主要是用化学法生产，即用动、植物油脂和甲醇或乙醇等低碳醇，在酸或碱性催化剂和高温（230～250℃）下进行酯交换反应，生成相应的脂肪酸甲酯或乙酯，再经洗涤、干燥即得生物柴油。

第二节 磷脂（phospholipids）

一、来源

磷脂广泛存在于动物的脑、肝及蛋黄中，植物的种子及微生物内。大豆中含3%左右。磷脂含有磷酸酯基官能团，最常见的是磷酸甘油酯，它类似于普通的油脂。磷酸甘油酯通常含有一个磷酸酯官能团，它取代了甘油三酸酯中的一分子脂肪酸，许多磷脂都外接基团，形成二元磷脂。如脑磷脂外接氨基乙醇（酯）基，卵磷脂外接胆碱（酯）基。脑磷脂和卵磷脂具有重要的生理作用。

二、结构

卵磷脂、脑磷脂具有如下结构：

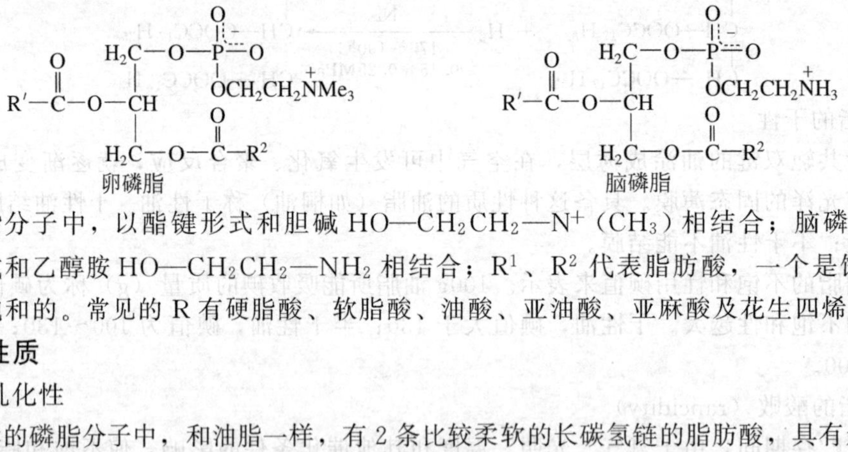

卵磷脂　　　　脑磷脂

卵磷脂分子中，以酯键形式和胆碱 HO—CH_2CH_2—$N^+(CH_3)$ 相结合；脑磷脂分子中，以酯键形式和乙醇胺 HO—CH_2CH_2—NH_2 相结合；R^1、R^2 代表脂肪酸，一个是饱和的，另一个是不饱和的。常见的 R 有硬脂酸、软脂酸、油酸、亚油酸、亚麻酸及花生四烯酸等。

三、性质

1. 可乳化性

在天然的磷脂分子中，和油脂一样，有2条比较柔软的长碳氢链的脂肪酸，具有亲脂性；亲水基团主要是磷酸酯基、胆碱基和乙醇氨基等，这种组织结构赋予了磷脂一些特性（图21-4）。

像肥皂一样，脑磷脂和卵磷脂含有一个极性的头部和两个非极性的烃类的尾部，分子中同时具有亲油基与亲水基，它们在外部的极性头部和内部的非极性尾部相互聚集，生成胶态离子和其他形式，以胶体状态扩散形成磷脂双分子层结构。

在水中可乳化。磷脂是非常好的食品乳化剂。

2. 可水解性

磷脂在碱性、酸性溶液中，可由酶选择性水解成脂肪酸、胆碱等。

3. 溶解性

根据溶解度的差别，脑磷脂、卵磷脂与胆固醇在有机溶剂中的溶解度不同，可以将以上几种物质有效地分开（表21-2）。

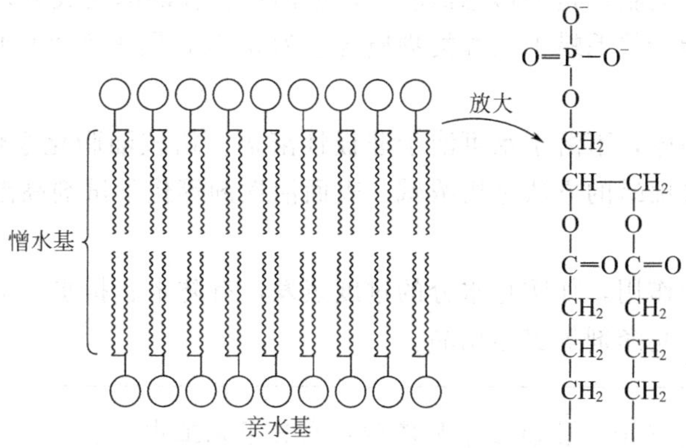
憎水基
亲水基
放大
O⁻
O=P—O⁻
O
CH₂
CH—CH₂
O O
C=O C=O
CH₂ CH₂
CH₂ CH₂
CH₂ CH₂

图 21-4 磷脂的双分子层结构

表 21-2 磷脂与胆固醇在有机溶剂中的溶解度比较

脂类	溶剂		
	乙醚	乙醇	丙酮
卵磷脂	溶	溶	不溶
脑磷脂	溶	不溶	不溶
胆固醇	溶	溶于热乙醇	溶

四、用途

卵磷脂具有抗动脉硬化、降低血胆固醇和总脂、护肝等作用，临床应用于动脉粥样硬化、脂肪肝、神经衰弱及营养不良。由于卵磷脂能维持胆汁中胆固醇的溶解度，可期待用于胆固醇结石的防治。还可以作食品的高级乳化剂。

脑磷脂能防止肝硬化、肝脂肪性病变及神经衰弱，还有止血作用。当然，不同来源的脑磷脂制剂有不同的疗效。

第三节 蜡（wax）

一、存在

蜡广泛存在于许多海洋生物（如鲸蜡），蜂的巢穴（如蜂蜡），动物的羽毛、毛皮、毛发（如羊毛蜡），植物的叶及果实的保护层（如棉蜡、棕榈蜡）中。

来自于石油的石蜡不是真正意义的脂，而是一种高分子量的烷烃混合物。

二、化学组成

蜡是含 16 个碳原子以上的（偶数碳原子）的羧酸和高级一元醇形成的酯。常见到的蜡见表 21-3。

表 21-3 重要的天然蜡

蜡的种类	主要成分	熔点/℃	皂化值	碘值
鲸蜡	$C_{15}H_{31}COOC_{16}H_{33}$	41～46	120～135	4
蜂蜡	$C_{15}H_{31}COOC_{30}H_{61}$	62～70	81～107	8～11
棕榈蜡	$C_{25}H_{51}COOC_{30}H_{61}$	84～90	79～88	5～13
棉蜡	$C_{17}H_{35}COOC_{30}H_{61}$	63～75	82～98	6～11
羊毛蜡	$C_{17}H_{35}COOC_{27}H_{55}$	31～43	77～130	15～29

羊毛蜡常被称为羊毛脂，是因形态似软脂，它们不含甘油酯的成分，它是硬（或软）脂酸和胆固醇形成的混合酯。羊毛蜡中固醇类物质含量为30%，属于不可皂化部分。

三、性质

蜡在常温下多为固体，不溶于水可溶于非极性溶剂。蜡较油脂化学性质稳定，不易变质，难于皂化。工业上除去棉蜡的方法是用浓碱、表面活性剂等化学试剂高温蒸煮除之。

四、用途

蜡对动植物有保护作用，如防止水分的过度蒸发，有防水、拒水、上光等作用。蜡的用途有：做蜡纸、防水剂、光泽剂等美容用品。

习题 21-1 脂类化合物（蜡、甘油三酯和磷脂）在日用化工中的应用实例？

习题 21-2 肥皂与洗衣粉合用好不好，为什么？

习题 21-3 为什么要注意摄取不饱和脂肪酸酯、饱和脂肪酸酯的量？

习题 21-4 脑磷脂和卵磷脂在生命体中的功能有哪些？

第四节 萜类（terpene）

萜类化合物广泛分布于动植物界，它们是用植物的叶、花、果用水蒸气蒸馏制得的。香精油的字面意思是来源于植物精华的油，它们通常有美妙的口味或香气，如香精、色素，广泛用于调味品、除臭剂和医学。

1818年，人们发现松节油（$C_{10}H_{16}$）中的C∶H比为5∶8，而且许多其他香精油都有类似的C∶H比。1887年，德国化学家Otto Wallach分析了几种香精油的结构，发现所有这些精油分别含有10、15、20、30、40个碳原子，碳架由两个或两个以上的5C的异戊二烯（2-甲基-1,3-丁二烯）组成，这种异戊二烯保持了异戊基的基本结构。因此，由若干个异戊二烯主要以首尾相连而成的化合物都叫做萜类化合物。这种结构特点叫做萜类化合物的异戊二烯规则。

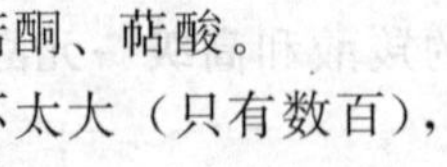

异戊二烯

isoprene

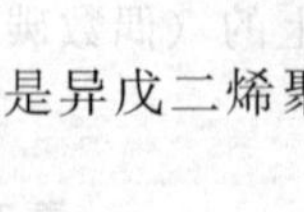
头
尾

异戊二烯单位

从结构上分析，萜类化合物可以是若干个异戊二烯单位头尾相连，尾尾相连，可以呈链状，也可以连接成环。此外许多萜系含有杂原子（如氧），常见官能团有羟基、羰基和羧基，常见的萜有萜醇、萜醛、萜酮、萜酸。

萜类化合物的分子量不太大（只有数百），而同样是异戊二烯聚合体的天然橡胶，分子量却很大（数万），不属于萜类。

根据萜类化合物分子中的异戊二烯单位的数目，萜类化合物可以分为：

（1）单萜　两个异戊二烯单位，C_{10}。

（2）倍半萜　三个异戊二烯单位，C_{15}。

（3）双萜　四个异戊二烯单位，C_{20}。

（4）三萜　六个异戊二烯单位，C_{30}。

（5）四萜　八个异戊二烯单位，C_{40}。

一、单萜（monoterpenes）

单萜类化合物是精油的主要成分，它们大多数以复杂的混合物形式存在于自然界中。通过水蒸气、溶剂提取或压榨等方法从许多植物的叶子、花、果皮、种子、树皮、木质等部分中，得到具有芳香气味易挥发的液体，通常称为精油。精油用途很广，可供药物和香料使用。单萜根据分子碳架的特点，可分为开链萜、单环萜和双环萜三类。

1. 开链萜

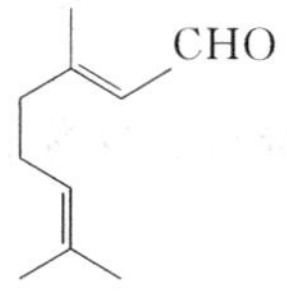
CHO

柠檬醛 a

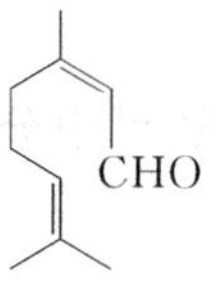
CHO

柠檬醛 b

柠檬醛 a 和柠檬醛 b 互为顺反异构体，它们存在于玫瑰油、橙花油、香茅油中，为无色的玫瑰香气的液体，都用来制造香料。

2. 单环萜（薄荷系列）

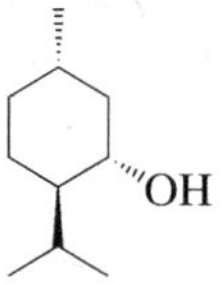
OH

薄荷醇

OH
H3C

薄荷醇的构象

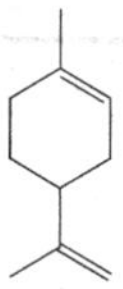

柠烯

薄荷醇（薄荷油的主要成分）有 3 个手性碳原子，8 个（四对）旋光异构体，自然界存在的是左旋体。薄荷醇具有清凉愉快的芳香气味，有杀菌和防腐的作用，是医药、食品、香料工业不可缺少的重要原料，用于制造清凉油、人丹、牙膏、糖果等。

柠烯（柠檬油、橘子油的主要成分）有一个手性碳原子，有一对旋光异构体。

3. 双环萜

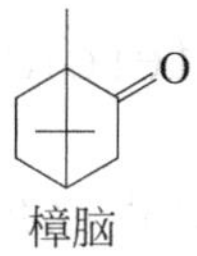
O

樟脑

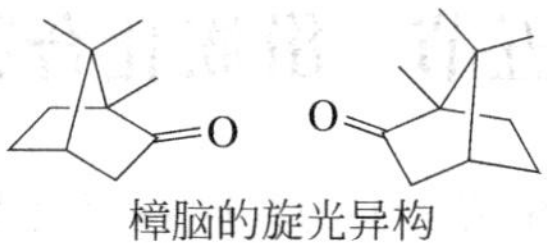
O
O

樟脑的旋光异构

樟脑有强心效能和愉快芳香味，是医药和化妆工业的重要原料。

二、倍半萜（sesquiterpenes）

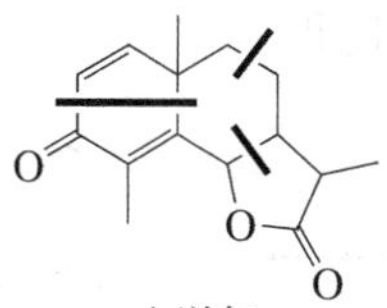
O
O
O

山道年

山道年（santonin）使蛔虫麻痹、不能吸附肠壁，用作驱蛔虫药。

三、二萜（diterpenes）

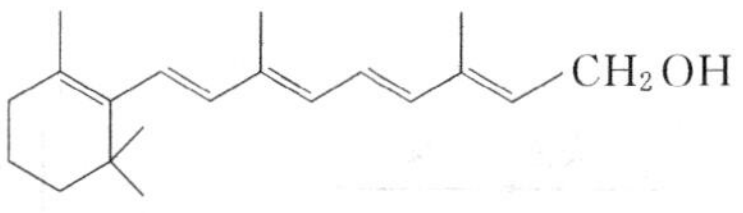
CH2OH

维生素 A

体内缺少维生素 A（vitamin A）会引起眼角膜硬化症，初期的症状就是夜盲，此外会引起生殖功能衰退、骨骼成长不良及生长发育受阻等症状。

四、三萜（triterpenes）

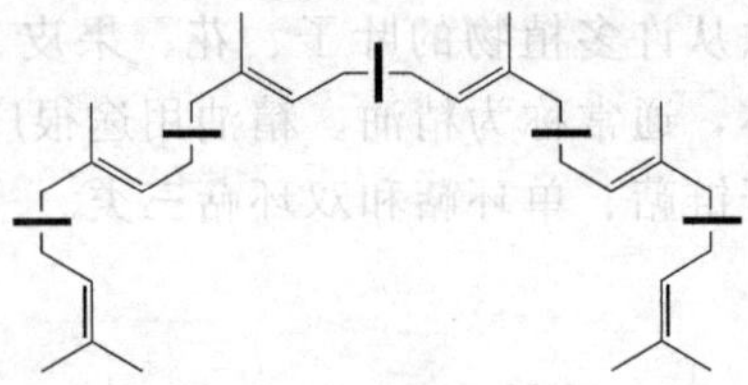

角鲨烯

角鲨烯（squalene）在自然界中分布很广，如酵母、麦芽、橄榄油、鲨鱼的肝中都含有。它的结构特点是中心对称的。

五、四萜（quadroterpenes）

四萜类化合物都是有颜色的物质，早期由胡萝卜中得到，故称胡萝卜素。它们在一定条件下可转化为维生素 A。它们大多数不溶于水，易溶于油脂；遇浓硫酸呈深蓝色。

α-胡萝卜素和 β-胡萝卜素的结构如下：

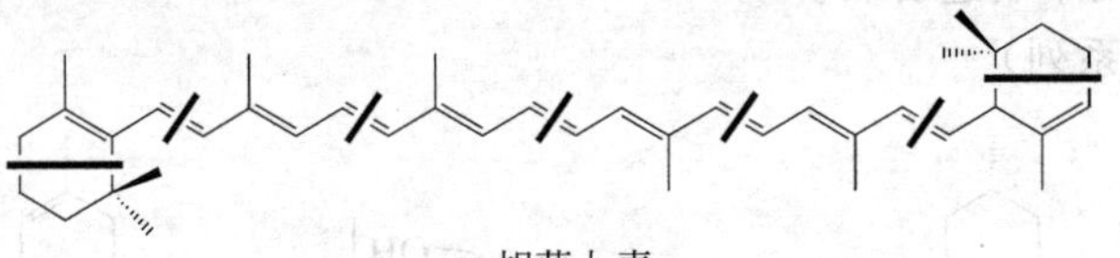

α-胡萝卜素

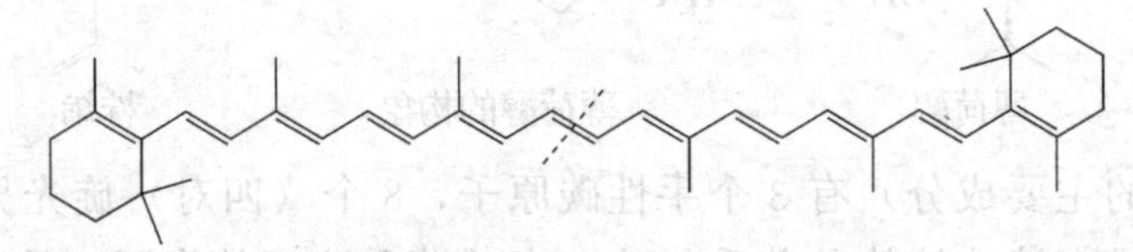

β-胡萝卜素

β-胡萝卜素在酶作用下可转化为维生素 A。事实表明，大量食用含有 β-胡萝卜素的蔬菜，可降低癌症的发病率。

第五节　甾族化合物（steroids）

甾族（固醇类）化合物在结构上的共同特点是都含有环戊烷并氢菲（甾核），是一种四环三萜。它是由 6 个异戊二烯单元失去 3 个 C 原子形成的，这六个异戊二烯单元除了一个尾尾相连以外，其余都是头尾相连。“甾”作为象形文字，形象地描述了该化合物的基本结构。下面就是角鲨烯、羊毛甾醇、胆甾醇的转化过程。

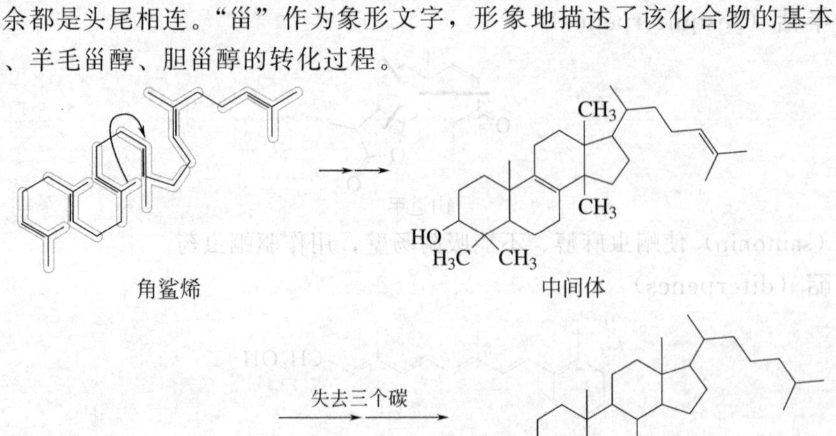
CH3
CH3
HO
H3C
CH3
角鲨烯
中间体
失去三个碳
HO
胆甾醇

一 、甾族化合物的基本骨架和构象式

在甾核上有A、B、C、D四个环，一般在三个位置即C10、C13、C17有侧链。

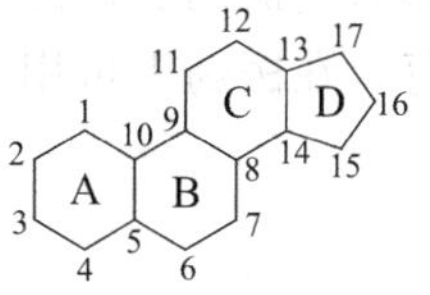
A
B
C
D
1
2
3
4
5
6
7
8
9
10
11
12
13
14
15
16
17

甾族化合物的基本骨架

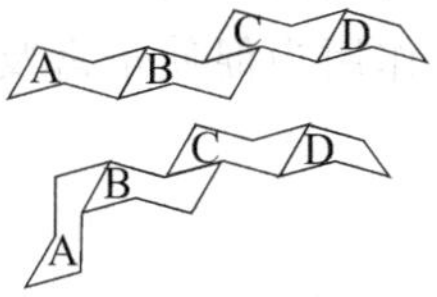
A
B
C
D

甾族化合物的顺、反异构

1. 顺、反异构

同顺、反十氢萘的构象一样，A、B环既可以反式相连，也可以顺式相连。B与C、C与D均以反式相连。所以甾族化合物的基本骨架只有两种构象式。以反式（如下图）为优势构象。

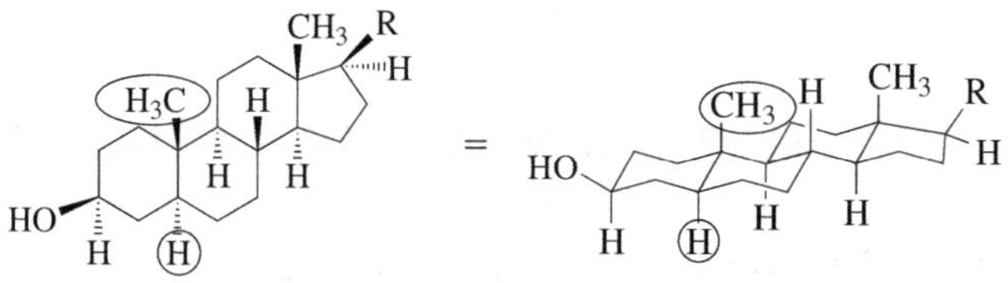
CH3
R
H
H3C
H
H
H
HO
H
H
=
CH3
H
CH3
R
HO
H
H
H
H
H

2. α，β构型

甾核上C10、C13处的甲基叫角甲基。以环之间的角甲基C10、C13为标准，把它安排在环系平面的上方，并用实线与环相连，其他的原子团，凡与这个甲基在环平面的同一边的，都用实线表示，称为β构型；不在同一边的，用虚线表示，称为α构型。上图的3-羟基为β构型。

二、胆固醇的结构和性质

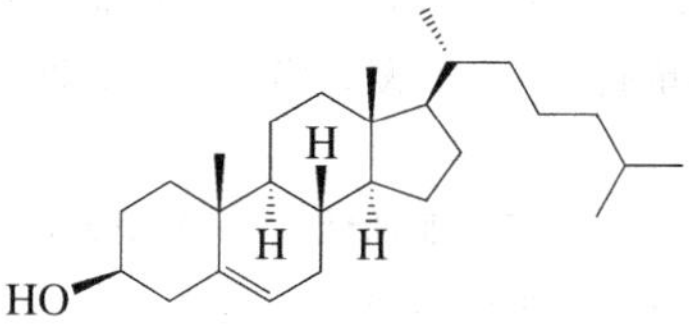
H
H
H
HO

胆固醇的结构

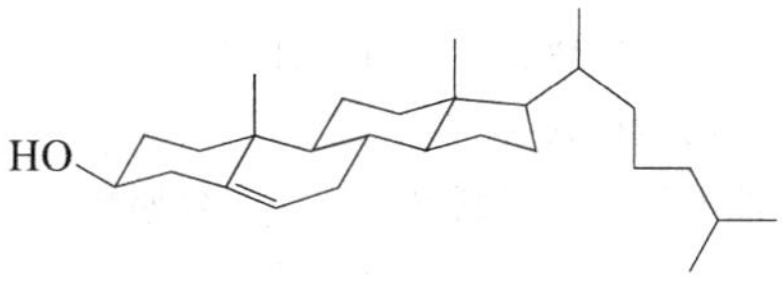
HO

胆固醇的构象式

胆固醇（cholesterol）学名为5-胆甾烯-3β-醇，胆固醇存在于动物的脊髓、脑、神经组织及血液中，是最早发现的甾醇类化合物之一，由于是于胆结石中发现的固体状醇，所以又叫做胆固醇。

胆固醇的分子式为$C_{27}H_{46}O$，相对分子质量为380.6，熔点为147～150℃。胆固醇的前体是角鲨烯。

胆固醇具有以下功能：

① 多种固醇类物质的合成前体，例如维生素D、胆酸、甾体激素等；

② 血液中脂类物质之一，构成细胞生物膜的基本成分；

③ 胆固醇含量过高，会导致动脉硬化；

④ 胆固醇含量过高，会导致胆石症；

⑤ 胆固醇广泛分布于人体全身，人体内胆固醇的总量为每公斤体重2g左右。

三、其他甾族化合物

还有一类甾族化合物叫激素（hormone）。能控制性生理活动的称为性激素，是高等动物

性腺的分泌物，可以分为雄性激素及雌性激素两类。雄性激素如睾丸酮是睾丸的分泌物，有促进雄性动物的发育、生长及维持雄性特征的作用。雌性激素如雌二醇为卵巢的分泌物，有促进雌性动物发育及维持雌性特性的作用。孕甾酮为排卵后生成的黄体的分泌物，为准备及维持妊娠与哺乳所必需，其主要作用为促使子宫及乳腺发育，在医药上可用来防止流产。它们的结构如下：

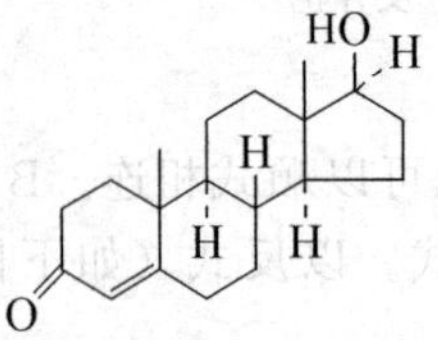

睾丸酮

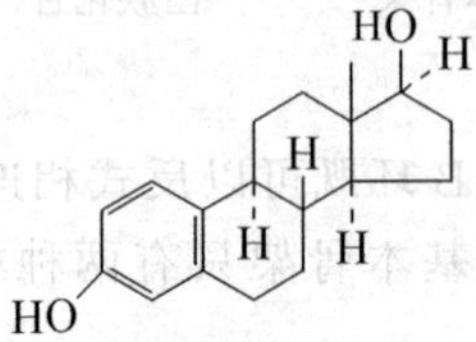

雌二醇

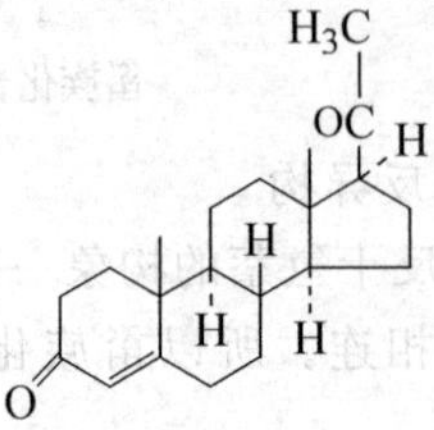

孕甾酮

本章要点

1. 脂类分类方法：广泛的分类（简单脂、复杂脂），精确分类（蜡、甘油三酯、脑磷脂、卵磷脂、类固醇、萜类）。

2. 预测脂肪、类固醇由它们的组织结构所决定的生理特性。

3. 拆分萜中的异戊二烯单元，并按照 C 原子对其进行分类（单、双、三萜等）。

4. 预测脂类与其他有机物反应所得到的产物。特别是脂肪酸的不饱和基团与羧基的反应。

5. 说明肥皂等清洁剂是如何工作的，指出它们的异同点。

习　题

1. 名词解释

（1）脂类　（2）油脂　（3）脂肪酸　（4）蜡　（5）肥皂　（6）清洁剂　（7）硬水　（8）类固醇
（9）胶态离子　（10）磷脂　（11）甘油三酯　（12）简单脂　（13）复杂脂　（14）萜类

2. 写出下列化合物的结构式

（1）三乙酸甘油酯　（2）硬脂酸　（3）软脂酸　（4）油酸　（5）亚油酸　（6）亚麻酸
（7）桐油酸　（8）樟脑　（9）薄荷醇　（10）胆固醇　（11）维生素 A

3. 划分出下列各化合物中的异戊二烯单位，并指出它们各属哪类萜（如单萜、双萜……）。

（1）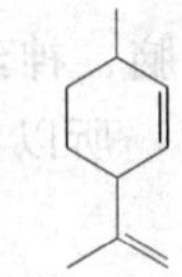

（2）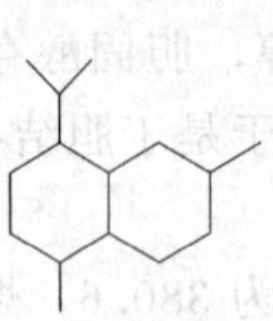

（3）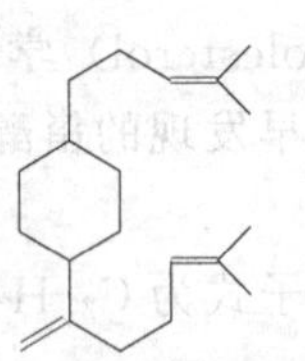

（4）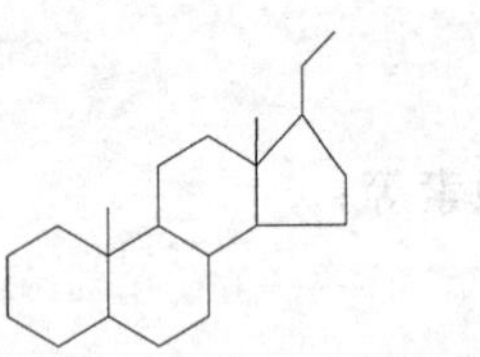

（5）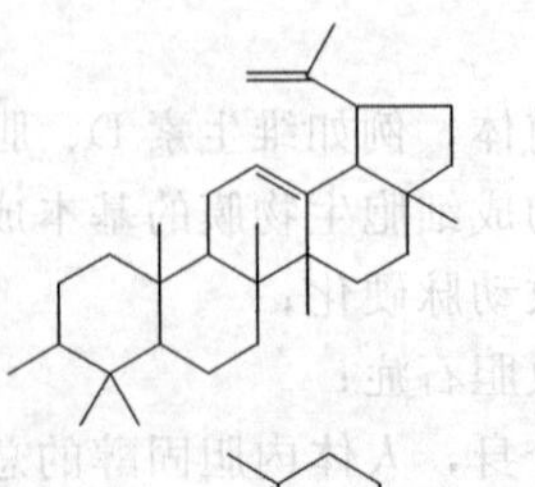

（6）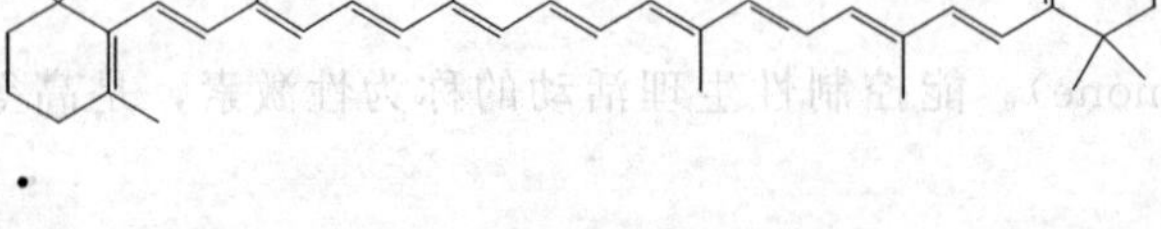

4. 写出薄荷醇的4个立体异构体的椅型构型（只写占优势的构象，不必写出对映体）。

5. 写出甾族化合物的基本骨架，并标出碳原子的编号顺序。

6. 用化学方法鉴别下列各组化合物。

（1）硬脂酸和鲸蜡　　（2）蜂蜡和石蜡　　（3）亚油酸和亚麻子油

（4）软脂酸钠和十六烷基硫酸钠　　（5）花生油和柴油

7. 写出由三棕榈油酸甘油酯制备表面活性剂十六烷基硫酸钠的反应式。

8. 在巧克力、冰淇淋等许多高脂肪含量的食品中，以及医药或化妆品中，常用卵磷脂来防止发生油和水分层的现象，这是根据卵磷脂的什么特性？

9. 写出甘油三油酸酯与下列试剂反应的反应方程式

（1）NaOH 的水溶液　（2）H_2/Ni　（3）Br_2 的 CCl_4 溶液　（4）$KMnO_4$（热）　（5）$LiAlH_4$

10. 写出柠檬油精（柠烯）与下列试剂反应的反应方程式

（1）HBr（过量）　（2）过氧化氢　（3）Br_2/CCl_4 溶液（过量）　（4）$KMnO_4$（热，浓）

（5）BH_3/THF，然后 $H_2O_2/NaOH$

11. 写出胆固醇与下列试剂反应的反应方程式（标出产物的构型）

（1）H_2/Pt　（2）BH_3/THF，然后 $H_2O_2/NaOH$　（3）$C_6H_5CO_3H$

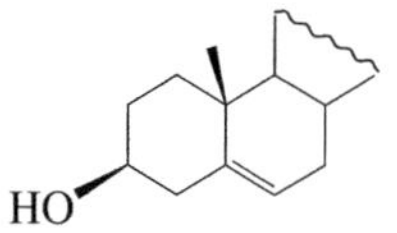
HO
胆固醇的结构简化式

12. 推测下列化合物的结构

（1）一未知结构的高级脂肪酸甘油酯，有旋光活性。将其皂化后再酸化，得到软脂酸及油酸，其物质的量比为2∶1。写出此甘油酯的结构式。

（2）将一种芹菜的提取物，经皂化和酸化后，产生一种P酸，其分子式为 $C_{18}H_{34}O_2$。P酸经氢化，可得纯的硬脂酸；当P酸遇到酸化了的 $KMnO_4$ 溶液，生成十二酸和另一脂肪酸A，A的核磁共振谱显示的质子比为1∶2∶2。试推测P酸的结构。

（3）某单萜A，分子式为 $C_{10}H_{18}$，催化氢化后得分子式为 $C_{10}H_{22}$ 的化合物。用高锰酸钾氧化A，得到 $CH_3COCH_2CH_2COOH$，CH_3COOH 及 CH_3COCH_3。推测A的结构。

（4）香茅醛的分子式为 $C_{18}H_{18}O$，它与托伦试剂作用得到香茅酸 $C_{10}H_{18}O_2$，以高锰酸钾氧化香茅醛得到丙酮与 $HOOCCH_2CH(CH_3)CH_2CH_2COOH$。写出香茅醛的结构式。

13. 完成下列反应

（1） 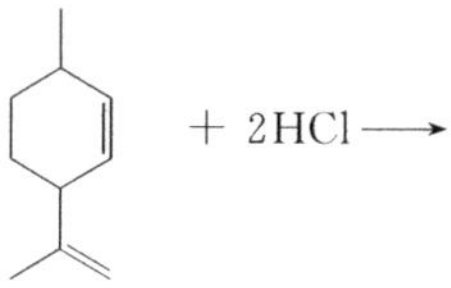
+ 2HCl

（2） 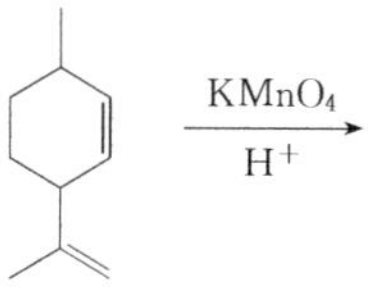
KMnO4
H+

（3） 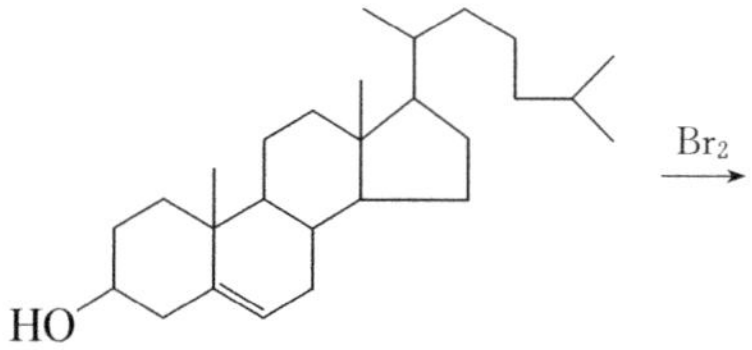
HO
Br2

（4） 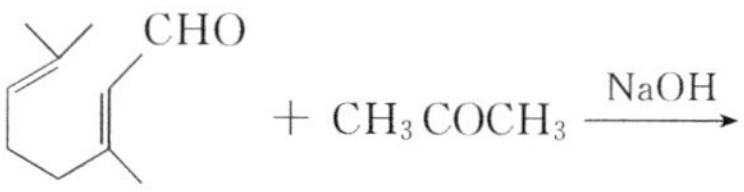
CHO
+ CH3COCH3
NaOH

（5） 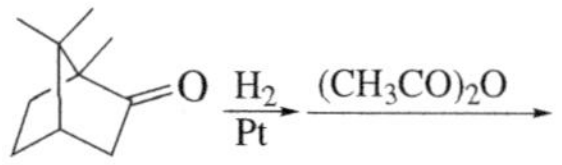
O
H2
Pt
(CH3CO)2O

14. 简要回答下列问题

（1）鲸蜡中的一个主要成分是十六酸十六醇酯，它可被用作肥皂及化妆品中的润滑剂。怎样以三软脂酸甘油酯为唯一的有机原料合成它？

（2）由某种树叶中取得的蜡的分子式为 $C_{40}H_{80}O_2$，它的结构应该是下列哪一个？

a. $CH_3CH_2CH_2COO(CH_2)_{35}CH_3$，　　b. $CH_3(CH_2)_{16}COO(CH_2)_{21}CH_3$

c. $CH_3(CH_2)_{15}COO(CH_2)_{22}CH_3$

（3）比较油脂、蜡和磷脂的结构特点，写出它们的一般结构式。它们属于哪一类有机化合物？

（4）维生素A与胡萝卜素有什么关系，它们各属哪一类萜？

(5) 解释下列两个化合物为什么发生氧化反应时会有速度差异？

3β-OH (慢)　　3α-OH (快)

（南通大学，陈建村）

第二十二章 合成高分子

人类从其诞生之日起就接触和利用高分子材料。首先，生物体本身是由蛋白质和核酸组成的，而核酸和蛋白质是天然高分子材料。人类的衣食住行也都离不开高分子材料，作为御寒和装饰用的棉、麻的主要成分是由为数众多的葡萄糖形成的高分子材料——纤维素组成，而御寒用的另一类材料蚕丝、毛、皮则是由氨基酸形成的高分子材料——蛋白质组成。人类食用的淀粉（是由葡萄糖形成的另一类高分子化合物）和蛋白质同样是高分子化合物。人类用于制造工具和建筑房屋的材料也是由生物高分子材料组成的。

人类对高分子材料的研究是近代才开始的。研究是从天然高分子材料的改性开始的。1839年，美国的Charles Goodyear发现将黏性的天然橡胶和硫黄一起加热，得到具有强度和弹性的硫化橡胶，才使其广泛应用于轮胎、雨鞋和雨衣。随后人们对天然纤维素进行改性得到硝酸纤维素（1868年）和乙酸纤维素（1924年），前者添加樟脑就变成赛璐珞（塑料）用于制作胶片等，后者用于制造人造丝。

1838年，人们初次发现氯乙烯在阳光照射下形成聚氯乙烯；1939年，经合成和提纯得到聚苯乙烯，但因为加工和稳定性问题，现在广泛使用的塑料当时并没有立即得到应用。最早应用的塑料是1909年投入工业化生产的酚醛树脂和塑料（电木）。1912年，甲基橡胶投入工业化生产。1938年，聚酰胺纤维尼龙-66投入工业化生产。

合成高分子材料经过150多年的发展，已成为我们生活中不可缺少的物质材料。事实上，我们生活在一个合成高分子材料包围的环境中，我们穿着由聚酯纤维和尼龙为原料的服装、行走在丙纶纤维制成的地毯上。驾驶的汽车从方向盘到轮胎都离不开合成高分子材料。高分子材料品种繁多、原料丰富、制造方便、成型简单、易于加工，具有质轻、强度大、弹性好、耐腐蚀、光电性能优良等特性，因而已广泛地用于工业、农业、国防、交通和民用等国民经济的各个部门。事实上合成高分子材料已经渗透到每一科学技术和经济领域。

习题 22-1 环视你的周围，想想有哪些高分子材料？

第一节 高分子的一般知识

一、高分子的定义

高分子化合物是由成千上万个原子通过化学键连接而成的、具有相当大的分子量（通常为1万以上）的化合物，简称为高分子或聚合物（因为合成高分子多是由简单分子通过聚合反应得到的产物）。高分子化合物可分为有机高分子和无机高分子，有机高分子又分为合成高分子和天然高分子；本章主要介绍人工合成的有机高分子。

二、高分子的基本概念

1. 单体

虽然高分子的分子量很大，构成的原子数成千上万，但每一个高分子大多由许多相同的简单的结构单元通过化学键重复连接而成的，所以说高分子的基本结构是比较简单的。

通常将形成高分子的低分子原料叫做单体。如聚氯乙烯的单体是氯乙烯。

2. 聚合度

$$\left[\underset{\large Cl}{\underset{|}{CH}}-CH_2 \right]_n$$

上式为聚氯乙烯的结构式，其中端基只占大分子中很少的一部分，略去不计。方括号中是聚氯乙烯的基本结构单元，简称结构单元。这个单元与所用原料氯乙烯相比，除了电子结构有所改变以外，原子的类型和个数以及原有原子间的碳胳完全相同，故又称为单体单元。高分子中含单体单元的个数称为聚合度，用 P 或 DP 表示。

如组成高分子的单体单元只有一种，则形成的高分子为均聚物，如高分子中含有两种或两种以上的单体单元，则为共聚物。

$$\left[\overset{\large O}{\overset{\|}{C}}(CH_2)_4\overset{\large O}{\overset{\|}{C}}NH(CH_2)_6NH \right]_n$$

重复单元又称链节，高分子中重复结构单元的数目称为链节数（聚合度），用 n 表示。

3. 高分子的分子量

高分子主要用作材料，而材料的最基本要求是强度。高分子的强度与其分子量有密切的关系（表 22-1）。初具强度的高分子有一个最低的临界分子量，低于这个分子量就不能称为高分子。高分子的强度随分子量的增加而提高，但高分子量分子融体的黏度过高将难以加工，因此合成高分子时往往使其达到一定的分子量，达到足够的强度后并不追求过高的分子量。

表 22-1 常用高分子材料的分子量

塑 料	分子量/万	纤 维	分子量/万	橡 胶	分子量/万
低压聚乙烯	6～30	涤纶	1.8～2.3	天然橡胶	20～40
聚氯乙烯	5～15	尼龙-66	1.2～1.8	丁苯橡胶	15～20
聚苯乙烯	10～30	维尼纶	6～7.5	顺丁橡胶	25～30
聚碳酸酯	2～6	腈纶	5～8	氯丁橡胶	10～12

低分子化合物一般有固定、均一的分子量，如水的相对分子质量为 18。但高分子却是分子量不等的同系物的混合物，如分子量为 10 万的聚氯乙烯，可能是分子量从 2 万到 20 万的不同大小的聚氯乙烯的高分子混合组成。因此高分子的分子量是一个平均值。而这个平均值因统计方式不同而存在多种分子量。常用的有数均分子量 $\overline{M}_n$（由渗透压、蒸气压等溶液依数性方法测定）、重均分子量 $\overline{M}_w$（由光散射法测定）、黏均分子量 $\overline{M}_v$（由黏度法测定）、Z 均分子量 $\overline{M}_z$（由超速离心测定）。

习题 22-2 按表 22-1 中的分子量计算相应高分子材料的聚合度。

---

4. 高分子的多分散性

高分子是分子量不等的同系物的混合物。这种高分子分子量大小不均一的特性，称为高分子的多分散性。分子量分布也是影响高分子性能的重要因素之一；不同的材料应有其合适的分子量分布，合成纤维的分子量分布宜窄，而合成橡胶的分子量分布可以较宽。高分子的多分散性可以用分子量分布曲线和分布指数 $\overline{M}_w/\overline{M}_n$ 来表示，分布指数越大分子量分布越宽。

三、高分子结构和性能的关系

（一）高分子的基本结构

高聚合的单个分子链的几何形状可以分为线型、支链型和交联型三种。

线型高分子为线型的长链高分子。如低压聚乙烯、聚苯乙烯、涤纶、尼龙、未经硫化的天然橡胶和硅橡胶等。

支链型高分子为主链上带有支链的高分子。如高压聚乙烯和接枝型的 ABS 树脂等。

交联型高分子是线型或支链型高分子以化学键交联形成的网状或体型结构的高分子。如硫化后的橡胶、固化了的酚醛塑料等。

习题 22-3 阐述单个高分子链的几种形态。

（二）高分子的性能

线型或支链型高分子所组成的高分子可以熔融和溶解。这两种高分子大多数是热塑性的，即加热可以塑化，冷却后又能凝固，并且该过程能反复进行。支链型高分子因分子间排列较为疏松，分子间作用力弱，它的柔软性、溶解度较线型高分子大，而密度、熔点和强度则低于线型高分子。

交联型高分子在交联程度较小时，有较好的弹性，受热可以软化，但不能熔融；加入适当溶剂后可溶胀，但不能溶解。当交联程度较大时，不能软化，难以溶胀；有较高的刚性、尺寸稳定性、耐热性和抗溶剂性能。

橡胶只能是线型结构或交联程度很小的网状的分子；纤维只能是线型结构的高分子；塑料则可以是线型的、支链型的和交联的高分子。

习题 22-4 线形高分子和体型结构高分子材料的性能有哪些明显差别？

（三）高分子的聚集状态

高分子的分子量很大，分子链很长，分子间作用力较强。因此，高分子的聚集态无法以气态存在，在室温下一般凝固成固体。根据高分子分子间的排列状况，固体高分子的聚集态可以分为结晶态和无定形态（非晶态）。高分子被加热时，都可以转变为黏性的液体。

高分子的性能不仅和高分子的相对分子量和分子结构有关，也和分子间的相互作用即聚集状态密切相关。同属线型结构的高分子有的具有弹性（如橡胶），而有的则表现出刚性（如聚苯乙烯），就是因为它们的聚集状态不同的缘故。即使是同一种高分子，由于聚集状态的不同，性能也会有很大差别。如缓慢冷却的涤纶薄膜由于结晶而呈脆性；迅速冷却并经双轴拉伸的涤纶薄膜却是韧性非常好的材料。

1. 高分子的结晶态

温度较高时，高分子处于熔融的黏流态，这时高分子链成卷曲的、杂乱的状态，随着温度的降低，分子运动逐渐减慢，最后被“冻结”。这时可能出现两种情况：一种是分子链就按熔融时的无序状态（实际上是远程无序和近程有序）固定下来成为无定型态，这些物质由熔融的黏流态凝固时基本上保持原来液体的结构。另一种可能的情况是分子在其相互作用力的影响下，按严格的次序有规律的排列起来，成为有序的结构，这一过程叫做结晶。不过完全结晶的高分子还没有制备出来，一般都得到结晶形和无定型两相共存的高分子。

结晶高分子的形态因结晶条件而异，主要有折叠链晶体、伸展链晶体、纤维状晶和串晶。

结晶使高分子链三维有序，紧密堆积，增强了分子链间的作用力，导致高分子的密度、强度、硬度、熔点、耐溶剂性、耐化学腐蚀性等物理力学性能的提高，从而改善了塑料的使用性能。如无规聚丙烯是一种不能结晶的黏稠液体或橡胶状高弹体，不能用作塑料；但由定向聚合制得的等规聚丙烯能结晶，不仅可用作塑料，而且能纺成纤维——丙纶。

结晶会使高弹性、断裂伸长率、抗张强度等性能下降。显然，结晶对以弹性和韧性为主要使用性能的材料是不利的，结晶会使橡胶失去弹性而爆裂。如在化工生产中，把聚三氟氯乙烯涂在容器表面以防腐蚀，为了保证它有足够的韧性，必须控制适当的结晶度，并要求在120℃以下工作。

2. 高分子的非晶态

线型高分子在冷却时可以得到另一种聚集状态——非晶态（无定形态）高分子在非晶态中以无规线团排列。线型非晶态高分子在恒定的外力作用下，由于温度改变可呈现三种力学状态，即玻璃态、高弹态和黏流态。

当温度很低时，分子间作用力较大，这时整个高分子的活动以及分子中链段的运动被冻结，分子的状态和分子的相对位置被固定，此时高分子处于玻璃态。在玻璃态时，施加外力，只能引起键长和键角的变化，其形变较小而且可逆，应变较快。当外力撤消后，高分子立即恢复原状。

当温度逐渐上升时，分子的内能增加，当高分子的内能增加到一定程度时，虽然整个高分子链不能移动，但高分子内的某些链段因为碳碳单键的旋转作用，可以产生相对运动，温度的升高，使得自由体积增大，也给高分子的链段运动提供了空间。在外力的作用下，卷曲的链段可沿外力的方向取向，使高分子被拉长，当外力撤消后形变也可恢复。这就是高弹形变。产生高弹形变所对应的状态为高弹态。

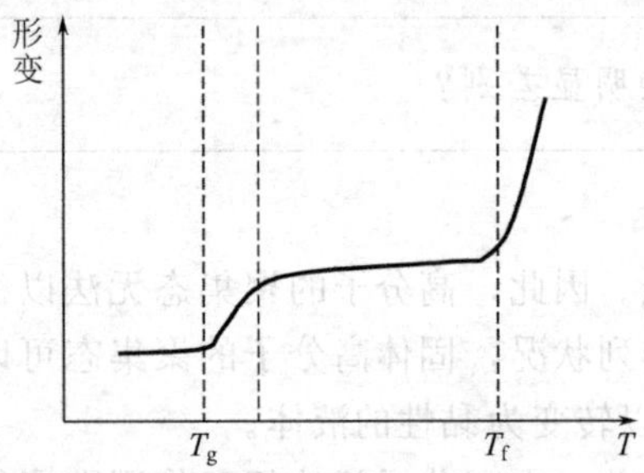
形变
T_g
T_f
T
图 22-1　非晶态高分子温度—形变曲线

当温度继续上升至某一温度时，高分子链和链段都可移动，高分子变成流动的黏性液体。此种状态为黏流态。在黏流态时，外力的作用将导致高分子间的相互滑动而产生分子重心的相对位移。当外力撤消后，不会恢复到原来的形状，产生不可逆形变。

从玻璃态向高弹态的转变温度为玻璃化温度 T_g（见图 22-1），由高弹态转变为黏流态的温度称为黏流温度 T_f。玻璃化温度在室温以上的可作为塑料，玻璃化温度在室温以下而黏流温度在室温以上的为橡胶。

四、高分子的命名和分类

1. 命名

高分子的命名主要采用通俗命名方法命名。

（1）在单体名称前面冠以“聚”字命名高分子　例如，由单体乙烯聚合得到的高分子称为聚乙烯；由单体苯乙烯聚合而成的高分子叫做聚苯乙烯；由己内酰胺聚合得到的高分子称为聚己内酰胺等。

（2）在单体名称或简名后缀“树脂”二字命名高分子　例如，由单体苯酚与甲醛形成的高分子叫做苯酚甲醛树脂（简称酚醛树脂）；由尿素与甲醛形成的高分子叫做尿素甲醛树脂（或脲醛树脂）；由环氧氯丙烷与双酚-A 形成的高分子简称环氧树脂。

（3）在单体的名称中取代表字后附“橡胶”二字命名　例如，由丁二烯与苯乙烯共聚得到的共聚物称为丁苯橡胶；由丁二烯与丙烯腈形成的共聚物简称丁腈橡胶；由二甲基二氯硅烷形成的聚二甲基硅氯烷简称硅橡胶。

(4) 以高分子的结构特征命名　例如，对苯二甲酸与乙二醇形成的高分子叫做聚对苯二甲酸二乙二醇酯；己二酸和己二胺形成的高分子称为聚己二酰己二胺；由聚乙烯醇和甲醛缩合得到产品称为聚乙烯醇缩甲醛（表 22-2）。

表 22-2　常见的高分子的名称、重复结构单元和缩写

名　称	结　　构	缩　写
聚乙烯	$-CH_2-CH_2-$	PE
聚丙烯	$-CH_2-CH(CH_3)-$	PP
聚苯乙烯	$-CH_2-CH(C_6H_5)-$	PS
聚氯乙烯	$-CH_2-CH(Cl)-$	PVC
聚偏二氯乙烯	$-CH_2-CCl_2-$	PVDC
聚四氟乙烯	$-CF_2-CF_2-$	PTFE
聚丙烯酸	$-CH_2-CH(COOH)-$	PAA
聚丙烯酰胺	$-CH_2-CH(CONH_2)-$	PAM
聚丙烯酸甲酯	$-CH_2-CH(CO_2CH_3)-$	PMA
聚甲基丙烯酸甲酯	$-CH_2-C(CH_3)(COOCH_3)-$	PMMA
聚丙烯腈	$-CH_2-CH(CN)-$	PAN
醋酸乙烯酯	$-CH_2-CH(OCOCH_3)-$	PVAC
聚乙烯醇	$-CH_2-CH(OH)-$	PVA
聚乙烯基烷基醚	$-CH_2-CH(OR)-$	—
聚乙烯醇缩甲醛	$-CH_2CHCH_2CH-$（两个 CH 上的 O 经 CH_2 相连：$O-CH_2-O$）	PVFM
聚丁二烯	$-CH_2-CH{=}CH-CH_2-$	PB
聚异戊二烯	$-CH_2-C(CH_3){=}CH-CH_2-$	PIB

续表

名　称	结　构	缩　写
聚氯丁二烯	$-CH_2-C(Cl)=CH-CH_2-$	PCB
聚甲醛	$-CH_2O-$	POM
聚环氧乙烷	$-CH_2CH_2O-$	PEOX
环氧树脂	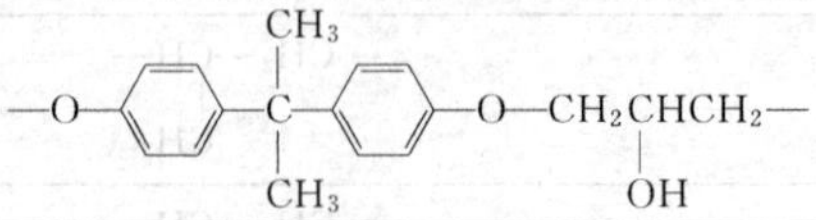	EP
酚醛树脂	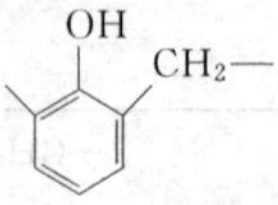	PF
聚对苯二甲酸乙二醇酯	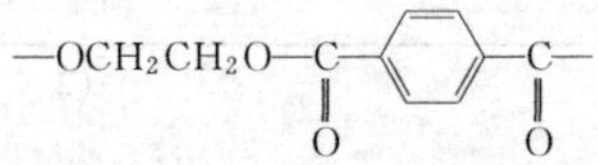	PET
聚碳酸酯	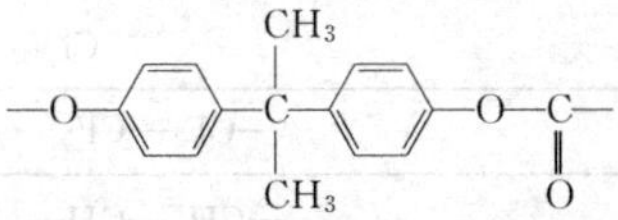	PC
聚己内酰胺	$-C(=O)-CH_2CH_2CH_2CH_2CH_2-NH-$	PA－6
聚己二酰己二胺	$-C(=O)-(CH_2)_4-C(=O)-NH-(CH_2)_6-NH-$	PA－66
聚氨基甲酸酯	$-C(=O)-NH-R-NH-C(=O)-O-R'-O-$	PU
聚芳砜	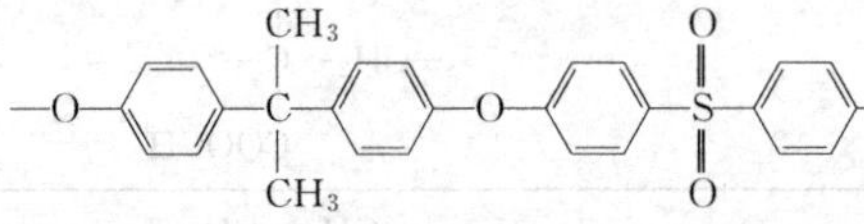	PASU

2. 分类

高分子的种类很多，主要分类方法有如下四种。

（1）按高分子的来源分类　可把高分子分成天然高分子和合成高分子。

（2）按材料的性能分类　可把高分子分成塑料、橡胶和纤维三大类。

塑料是指以高分子为主，加入助剂和填料而成的可塑性材料。塑料按其热熔性能又可分为热塑性塑料（在一定的温度范围内能反复加热软化和冷却成型，其在软化流动状态能用模塑、挤塑等方法加工，如聚乙烯、聚氯乙烯、聚酰胺、聚甲醛等）和热固性塑料（在特定的条件下固化成型，其成品为不溶不熔的制品，加工过程不可重复，如酚醛塑料、脲醛树脂、环氧树脂等）两大类。

橡胶是高弹性的高分子，主要用作弹性材料。根据来源分为天然橡胶和合成橡胶。

纤维是高抗张强度的线型高分子，用作纺织材料，根据来源分为天然纤维和化学纤维，化学纤维又分为人造纤维（天然纤维的再生）和合成纤维。

（3）按材料的用途分类　可分为通用高分子、工程材料高分子、功能高分子、仿生高分子、医用高分子、高分子药物、高分子试剂、高分子催化剂和生物高分子等。

塑料中的聚乙烯、聚丙烯、聚氯乙烯和聚苯乙烯，纤维中的锦纶、涤纶、腈纶和维纶，橡胶中的丁苯橡胶、顺丁橡胶、异戊橡胶和乙丙橡胶都是用途很广的高分子材料，为通用高分子。工程材料是指具有特种性能（如耐高温、耐辐射）的高分子材料。如聚甲醛、聚碳酸酯、聚酰亚胺、聚芳醚、聚芳酰胺和含氟高分子等都是较为成熟的品种，已广泛地用于工程中。离子交换树脂、感光性高分子、高分子试剂和高分子催化剂都属于功能高分子。

（4）按高分子主链的结构分类　可分为碳链高分子、杂链高分子和元素有机高分子。碳链高分子的主链是由碳原子联结而成的。杂链高分子的主链中除碳原子以外，还含有氧、氮、硫等其他杂原子。元素有机高分子的主链上一般不含有碳原子，而由硅、氧、铝、钛、硼等元素构成，但侧链是有机基团。

习题 22-5　从表 22-2 中找出 4 个碳链高分子和 4 个杂链高分子。

第二节　高分子合成反应

由低分子单体合成高分子的化学反应叫做聚合反应。合成高分子最基本的反应可分为两类：一类是不饱和化合物的加成聚合反应——加聚反应；另一类是双官能团化合物分子间相互缩合聚合的反应——缩聚反应。

一、加聚反应

加聚反应是指由一种或一种以上的不饱和化合物在催化剂的作用下，相互发生加成反应生成高分子的反应。

由两种或两种以上的单体共同聚合称为共聚反应。如由丙烯腈（A）、丁二烯（B）和苯乙烯（S）共聚得到一个很好的工程塑料 ABS 树脂。

高分子的生成是通过一连串的单体分子间的互相加成作用来实现的。生成的高分子与原料具有相同的化学组成，其相对分子量为原料相对分子量的整数倍。在绝大多数情况下，共聚物中各种单体的排列状况并无规则——即无规共聚。

根据加聚反应中所使用催化剂的不同，反应通过不同的活性中心进行反应。根据反应中活性中心的种类可分为自由基聚合、阳离子聚合、阴离子聚合和配位聚合。后三者又称为离子聚合。

（一）自由基聚合反应

自由基聚合反应是合成高分子的重要反应之一。许多高分子如高压聚乙烯、聚苯乙烯、聚氯乙烯、聚甲基丙烯酸甲酯、聚四氟乙烯、乙烯基咔唑、乙烯酯、聚甲基丙烯酸甲酯、聚丙烯腈、氯丁橡胶和丁苯橡胶等，都是自由基聚合反应合成的。

自由基聚合是单体在引发剂或光、热、辐射等物理能量激发下转化成自由基而引起的聚合反应。自由基聚合可以分为链引发、链增长、链终止和链转移等多个基元反应。

例如，聚苯乙烯在过氧化苯甲酰催化作用下生成聚苯乙烯的历程如下。

① 链引发：

$$(C_6H_5COO)_2 \xrightarrow{\triangle} C_6H_5COO \cdot \longrightarrow C_6H_5 \cdot$$

$$C_6H_5 \cdot + \begin{array}{c} CH_2{=}CH \\ | \\ C_6H_5 \end{array} \longrightarrow \begin{array}{c} C_6H_5{-}CH_2{-}CH \cdot \\ | \\ C_6H_5 \end{array}$$

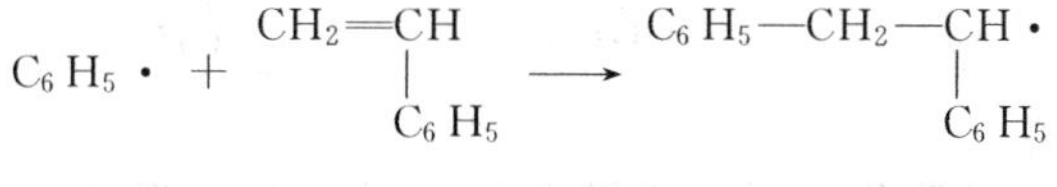

② 链增长：

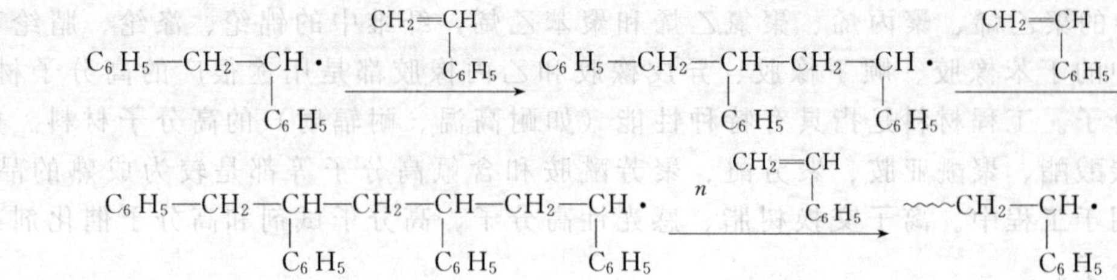

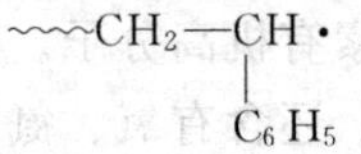 为高分子活性链。

③ 链终止：有偶合终止和歧化终止两种方式。

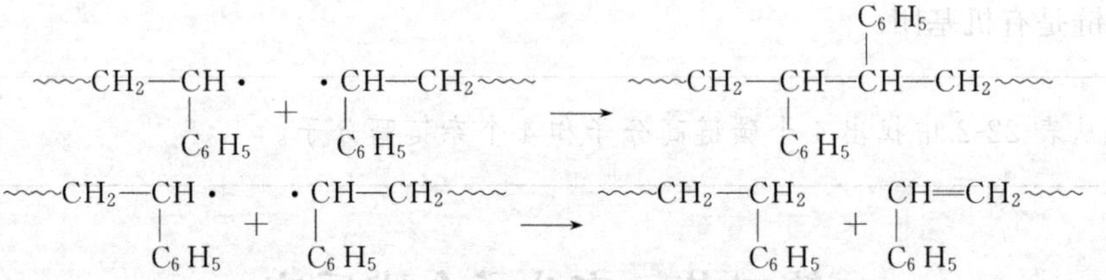

④ 链转移：方式有单体转移、向引发剂转移、向溶剂或分子量调节剂转移、向杂质转移和向高分子链转移等。向高分子链转移的结果是高分子产生支链的原因。

（二）阳离子聚合反应

阳离子聚合反应和自由基聚合过程相似，不同的是反应所用的催化剂和单体的种类不同。

能够进行阳离子聚合的单体是双键碳原子上有强的供电子取代基的烯烃（如异丁烯、乙烯基乙醚），共轭烯烃（如苯乙烯、α-甲基苯乙烯、丁二烯、异戊二烯），含氧、氮原子的不饱和化合物（如甲醛）和环状化合物（如四氢呋喃）等。

阳离子聚合反应所用的催化剂有三类：含氢酸（高氯酸、硫酸、三氯醋酸），Lewis 酸（三氟化硼、氯化铝、氯化铁、四氯化钛等），有机金属化合物（三乙基铝、二乙基氯化铝等）。在使用 Lewis 酸作为催化剂时，往往需要助催化剂。

以异丁烯在 BF_3-H_2O 引发体系下的聚合为例其反应历程如下。

链引发：

$$BF_3 + H_2O \rightleftharpoons H^+(BF_3OH)^-$$

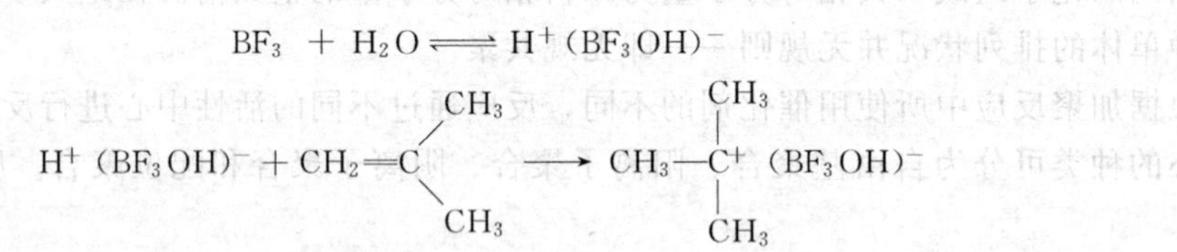

链增长：

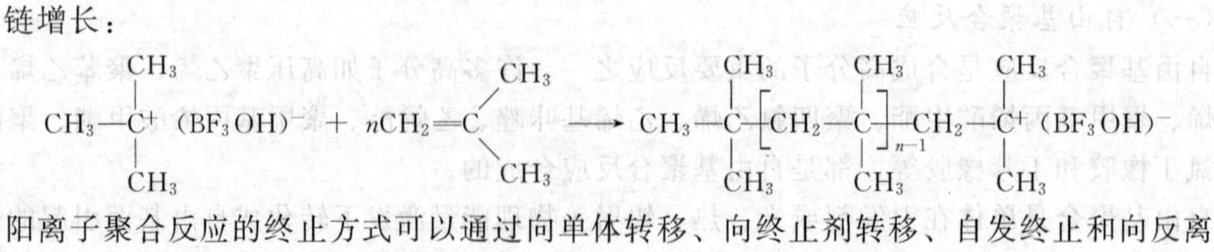

阳离子聚合反应的终止方式可以通过向单体转移、向终止剂转移、自发终止和向反离子中的部分阴离子作用终止。例如：

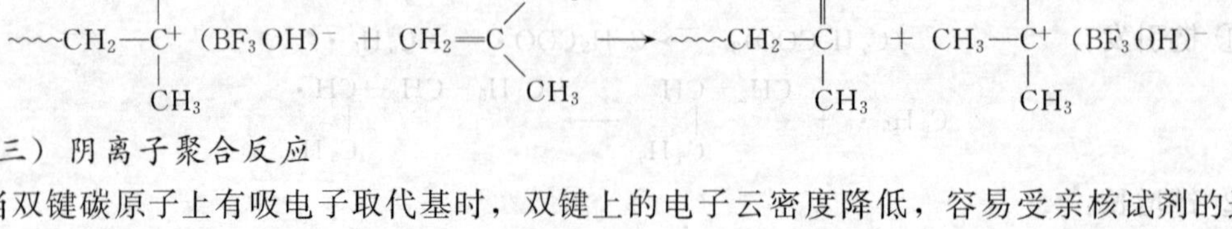

（三）阴离子聚合反应

当双键碳原子上有吸电子取代基时，双键上的电子云密度降低，容易受亲核试剂的进攻，产生碳负离子，新产生的碳负离子又可以作为亲核试剂进攻另一个双键，从而引起聚合反应。这便是阴离子聚合反应。

可以参加阴离子聚合的单体有：带有吸电子取代基的烯类、共轭烯烃、羰基化合物等。烯类单体中取代基的吸电子能力越强，越容易发生阴离子聚合反应。

阴离子聚合中使用的催化剂主要有三类：碱金属（锂、钠、钾等），碱金属的氨基化合物（氨基钠、氨基钾等），金属有机化合物（格氏试剂、三乙基铝等）。对于活性高的单体可用醇钠或氢氧化钠等作为催化剂。特别活泼的单体（如 α-氰基丙烯腈），甚至可用水作为催化剂。事实上，α-氰基丙烯酸酯在微量水（甚至在潮湿的空气中）催化下便可聚合。这是一种新型快速的黏合剂，可用于黏合伤口、骨骼和血管。

在四氢呋喃中，用金属钠-萘引发苯乙烯聚合的历程如下。

链引发：
$$Na + C_{10}H_8 \longrightarrow Na^+(C_{10}H_8)^-$$

$$Na^+(C_{10}H_8)^- + \underset{C_6H_5}{\overset{CH_2=CH}{|}} \longrightarrow \underset{C_6H_5}{\overset{Na^+ {}^-CH-CH_2 \cdot}{|}} + C_{10}H_8$$

$$2Na^+ \underset{C_6H_5}{\overset{{}^-CH-CH_2 \cdot}{|}} \longrightarrow Na^+ \underset{C_6H_5}{\overset{{}^-CH-CH_2-CH_2-CH^-}{|}} \underset{C_6H_5}{\overset{}{|}} Na^+$$

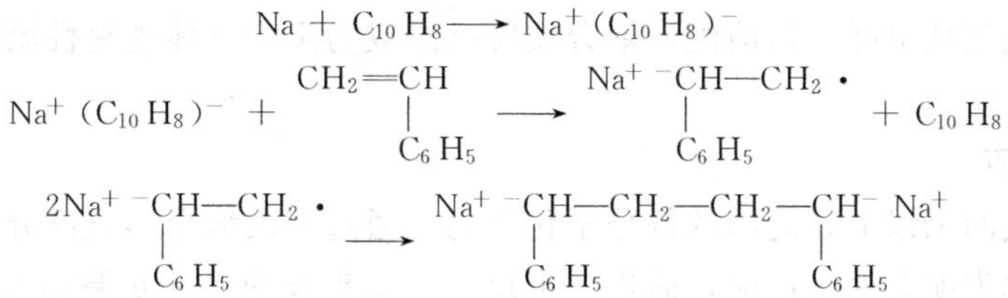

链增长：
$$(n+1)\underset{C_6H_5}{\overset{CH_2=CH}{|}} + Na^+ \underset{C_6H_5}{\overset{{}^-CH-CH_2-CH_2-CH^-}{|}} \underset{C_6H_5}{\overset{}{|}} Na^+ + (n+1)\underset{C_6H_5}{\overset{CH_2=CH}{|}}$$

$$\longrightarrow Na^+ \underset{C_6H_5}{\overset{{}^-CHCH_2}{|}} \left[\underset{C_6H_5}{\overset{CH-CH_2}{|}}\right]_n \underset{C_6H_5}{\overset{CHCH_2 \ CH_2}{|}} \left[\underset{C_6H_5}{\overset{CH-CH_2}{|}}\right]_n \underset{C_6H_5}{\overset{CH_2-CH^-}{|}} Na^+$$

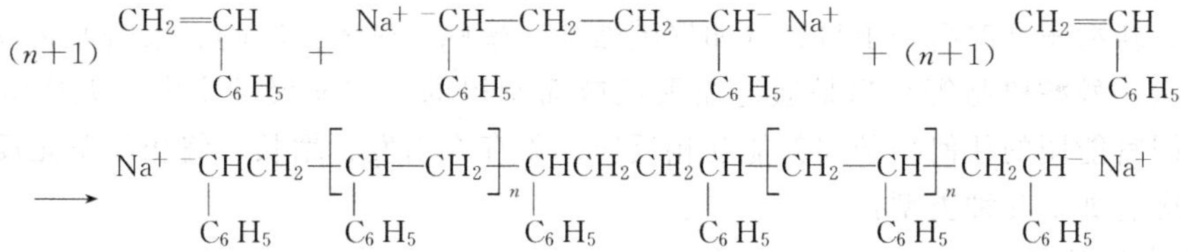

阴离子聚合可以通过异构化自发终止，也可以通过向单体、质子供体和外加物质的链转移终止。例如：

$$\sim\sim\sim\underset{C_6H_5}{\overset{CH_2CH^- \ Na^+}{|}} + H_2O \longrightarrow \sim\sim\sim\underset{C_6H_5}{\overset{CH_2CH_2}{|}} + OH^-$$

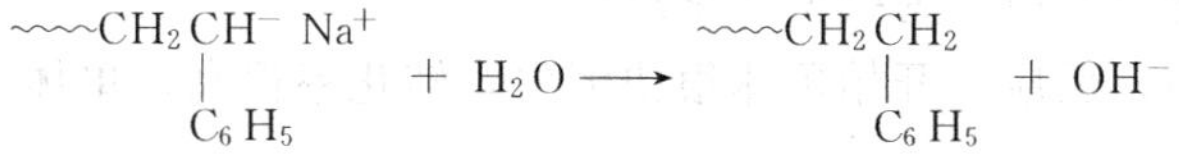

阴离子聚合的一个特点是：负离子活性中心特别稳定。当所用的单体、催化剂以及惰性溶剂都非常纯净时，通常无终止反应发生。因此负离子加聚反应一经引发，就一直反应到单体耗尽为止，在单体消耗结束后，高分子链仍具有活性被称为"活的高分子"。如再加入同一种或不同的单体，聚合反应仍可进行。

阴离子聚合提供了合成嵌段共聚物的方法。如先用苯乙烯聚合，当苯乙烯反应完全后，向体系中加入丁二烯便可得到一端是聚苯乙烯而另一端为聚丁二烯的共聚物。用这种方法多次进行便可合成苯乙烯和丁二烯的嵌段共聚物。

"活的高分子"可以用来引发聚合反应。"活的高分子"可以发生碳负离子所能发生的反应。所以"活的高分子"还可用来合成功能高分子。例如：

$$\sim\sim\sim\underset{C_6H_5}{\overset{CH_2CH^- \ Na^+}{|}} \overset{\overset{O}{\triangledown}}{\longrightarrow} \sim\sim\sim\underset{C_6H_5}{\overset{CH_2CHCH_2CH_2O^- \ Na^+}{|}}$$

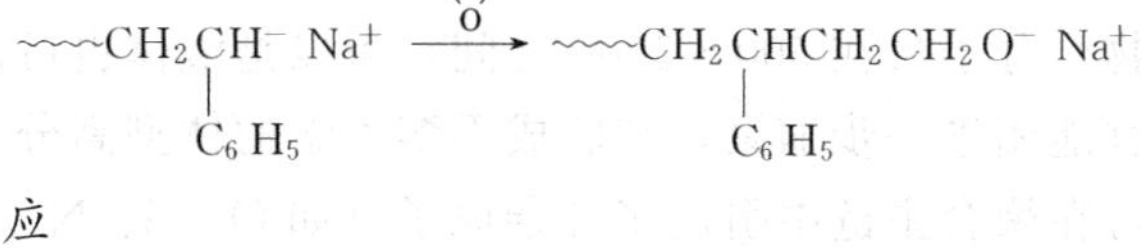

（四）配位聚合反应

从 20 世纪 50 年代开始，Ziegler 和 Natta 等人通过研制新的催化剂逐步发展起来一类重要的聚合反应——配位聚合反应。这类反应链的增长机理与自由基聚合或阴、阳离子聚合都不同，反应首先是由烯烃单体的碳碳双键与催化剂活性中心的过渡元素原子（如 Ti、V、Cr、Mo、Ni 等）的空 d 轨道进行配位，然后进一步发生移位，使单体插入到金属-碳键之间，此过程的重复可增长成高分子链。由于每一次增长反应必须首先进行配位，所以这类聚合反应称为配位聚合。

配位聚合中常用的催化剂是由过渡金属化合物和金属烷基化合物组成，通称为 Ziegler-Natta 催化剂［如 $Al(C_2H_5)_3$-$TiCl_4$、$Al(C_2H_5)_2Cl$-VCl_4 等］。

配位聚合有两个突出的优点：其一，由配位聚合得到的高分子是没有支链的线型分子；其二，配位聚合得到的高分子具有很好的立体规整性。如取代乙烯的配位聚合物中，取代基有规律地排列在高分子所在平面的两侧。所以配位聚合又称为定向聚合。

采用配位聚合能使乙烯在常压下聚合，得到基本上没有支链的低压聚乙烯。异戊橡胶和立体规整的聚丙烯均已在 50 年代实现工业化生产。从 60 年代开始，人们开始有意识地合成具有立体规整性的聚合物，许多过去一直认为难以聚合的烯烃，现在不但实现了工业规模的生产，而且产物的立体规整性很好。目前配位聚合反应已经成为生产立体规整性聚 α-烯烃、聚双烯烃的重要聚合反应。

二、缩聚反应

凡具有两个或两个以上官能团的低分子化合物，通过多次缩合形成高分子并伴随有小分子产物生成的反应称为缩合聚合反应，简称缩聚反应。缩聚反应是合成聚合物的重要类型之一。日常生活中，常见的合成纤维，如聚酯纤维（涤纶）、聚酰胺（锦纶）；许多具有优异力学性能的工程塑料、新型耐高温高分子材料（如聚碳酸酯、聚砜、聚苯并噻唑、聚酰亚胺以及环氧树脂、酚醛树脂、醇酸树脂等）都是通过缩聚反应而制得的。在缩聚反应中，无特定的活性分子，带有不同官能团的任何分子间都能互相反应。不存在引发、增长、终止等单元反应。

缩聚反应有如下几种类型：

1. 线型缩聚反应

参加缩聚反应的单体都只含有两个反应官能团，反应中分子沿着链端向两个方向增长，结果形成线型高分子，这类反应称为线型缩聚反应。

在逐步聚合反应中，反应一开始单体很快消失，转化率很高，单体通过分子间反应很快生成二聚体、三聚体等。

$$a—A—a \ + \ b—B—b \longrightarrow a—A—B—b \ + \ ab$$
$$a—A—B—b \ + \ a—A—a \longrightarrow a—A—B—A—b \ + \ ab$$
$$a—A—B—b \ + \ b—B—b \longrightarrow a—B—A—B—b \ + \ ab$$

生成的二聚体、三聚体本身相互反应，或之间相互反应，或与少量的单体生成低聚物，最后由低聚物相互进行缩聚反应形成高分子。

2. 体型缩聚反应

参加缩聚反应的单体之一含有多个反应官能团时，在反应中分子向几个方向增长，结果形成体型结构聚合物，这类反应称为体型缩聚反应。

体型缩聚反应一般分两阶段进行：第一阶段先预聚成聚合不完全的预聚物，预聚物一般是线性的或支链型的低聚物，分子量在 500～5000 之间，可以是液体也可能是固体；第二阶段是预聚物在受热后剩余的官能团进一步缩聚，交联成不溶不熔的体型高分子。

通过缩聚反应不仅可在聚合主链中引进多种杂原子（如 O、S、N、Si 等），而且可以合成环状、梯形状、网状、体形和氢键结构的高分子。为高分子带来优良的耐热性、尺寸稳定性、高模量和高强度等。所以缩聚反应为合成具有各种优异性能的高分子提供了一条重要的途径。随着新的合成方法的不断出现，由缩聚反应制备的高分子越来越多，从而为人类提供具有各种性能的高分子材料。

第三节　高分子材料

一、塑料

1. 聚乙烯

聚乙烯是由乙烯聚合得到的高分子，是高分子中分子结构最为简单的一种。

最早出现的聚乙烯是1939年工业化生产的低密度聚乙烯。低密度聚乙烯是在高温和特别高的压力下由乙烯通过典型的自由基聚合得到的，故又称为高压聚乙烯。由于聚合反应中的链转移反应，使得聚乙烯分子中存在大量的支链结构，这种结构的存在使得低密度聚乙烯具有透明、柔顺、易于挤压的特性。

1953年，Ziegler在较低的压力下，用钛化合物和烷基铝作催化剂，使乙烯通过离子聚合得到聚乙烯，故称低压聚乙烯。低压聚乙烯分子量较高、支链少而且短，因此密度较高，结晶度也较高。低压聚乙烯又称为高密度聚乙烯。

聚乙烯具有良好的光学性能、强度、柔顺性、封合性、无毒、无味，与石蜡的性质相似，呈化学惰性；因此具有良好的化学稳定性。聚乙烯具有较好的耐酸、耐碱性，用其制作的容器可用于盛放包括氢氟酸在内的酸和碱性介质；可用于包装食品、纺织品；可用作农用薄膜和收缩膜。聚乙烯用于中空吹塑和注塑生产容器。聚乙烯大量用于制造输油管、护套管、电线电缆等。高密度聚乙烯还可用于制造人工肺、气管、喉、肾、尿道、矫形外科材料和一次性医疗用品。

2. 聚氯乙烯

聚氯乙烯是仅次于聚乙烯处于第二位的塑料。聚氯乙烯是由氯乙烯在过氧化物、偶氮二异丁腈等引发剂作用下，或在光、热的作用下经自由基聚合反应机理聚合而成的。纯的聚氯乙烯是坚硬的热塑性材料，稳定性差，加工困难，因此很少有用纯的聚氯乙烯制成的塑料制品，通常需要加入增塑剂、热稳定剂、光学稳定剂、润滑剂和填料等。因此，与聚乙烯不同的是，聚氯乙烯制品都是多组分的塑料。

聚氯乙烯塑料可分为硬聚氯乙烯、软聚氯乙烯、聚氯乙烯糊。硬聚氯乙烯不含或仅含有少量增塑剂，可制成各种板材、管材、化工设备及零件。而软聚氯乙烯则含有较多的增塑剂，主要用于制造薄膜、软管、电线电缆的绝缘层，以及软质泡沫塑料。聚氯乙烯糊是由聚氯乙烯树脂与增塑剂、稳定剂等调成糊状，聚氯乙烯糊主要用于人造革、地板革、手套、玩具、防水材料、泡沫塑料和涂料。

3. 聚苯乙烯

聚苯乙烯质地坚硬，化学性能和电绝缘性能优良，易于成型和着色，可用于制造各类色彩鲜艳、表面光泽的制品，广泛用于电气、仪表和包装装潢以及日用品的制造。

苯乙烯经悬浮聚合得到可发性聚苯乙烯珠粒，其经加热加压渗入戊烷等发泡剂，用于制造泡沫塑料。聚苯乙烯泡沫塑料广泛用于建筑、冷藏、化工设备的隔热材料、防震材料和包装材料。

因为聚苯乙烯的缺点是耐热性差、质脆，现在更为普遍的是经过改性的聚苯乙烯，如用橡胶改性得到高抗冲聚苯乙烯、共聚物ABS、ACS、SAN等。

ABS树脂是由丙烯腈、丁二烯和苯乙烯共聚形成的三元共聚物，其制备方法有混练法、接枝共聚法。前者是将苯乙烯和丙烯腈形成的共聚物树脂和橡胶及其他添加剂混练；后者是苯乙烯在丁腈橡胶中接枝共聚。ABS树脂是具有塑料的刚性和橡胶的弹性的工程塑料，在工业民用上都具有广泛的用途，可用于生产管道和容器的材料，在电器上具有更为广泛的使用，如电话、音响设备、电视机、电冰箱的外壳，在汽车工业中用于仪表盘等内外部装饰材料。

4. 聚四氟乙烯

聚四氟乙烯是由单体四氟乙烯经自由基聚合得到。聚四氟乙烯具有优良的耐候性，使用温度为－200～260℃，甚至可以在300℃下使用，在室外环境中20年无变化。聚四氟乙烯因其化学惰性，耐腐蚀性能好具有塑料王之称。

聚四氟乙烯因具有良好的生物相容性、血适应性、化学稳定性好、对人体无害，而广泛应用于生物医学中，如制作人工血管、心、肺、气管等。

5. 有机玻璃

有机玻璃由2-甲基丙烯酸甲酯在热、光和引发剂作用下聚合得到。其聚合方法主要是本体聚合。

有机玻璃因其光学性能优异、透光率高（普通光线90%～92%，紫外线73%～76%），密度小，机械性能好、耐候性强，而广泛用作透明材料。经过双轴拉伸的有机玻璃用聚乙烯醇缩甲醛作为黏接剂可以制成多层有机玻璃用于制造飞机，特别是战斗机的驾驶舱罩。有机玻璃在仪器仪表工业、电器工业、日用品工业等方面具有广泛的用途。有机玻璃具有良好的生物相容性、耐生物老化性。医学上被用作颅骨修补材料、人工骨、人工关节、胸腔填充材料、人关节骨黏固剂、假牙、牙托。

6. 酚醛塑料

由酚类和醛类化合物经缩聚反应而制备得到的树脂叫酚醛树脂，酚醛树脂是合成树脂中开发最早的并最先工业化生产的品种，其中最重要的是由苯酚和甲醛缩聚得到的树脂，这就是普通酚醛塑料的基本成分。

苯酚、甲醛的缩聚反应因催化剂的性质和原料配比而异，所得产物的链结构也不同。苯酚与甲醛在酸的催化下，首先生成羟甲基苯酚，而后迅速和苯酚、甲醛进行缩合生成线型的长度不等的低聚物，这个低聚物称为热塑性酚醛树脂。

OH
OH
CH₂OH
CH₂O
OH
CH₂OH
OH
OH
CH₂
OH
OH
CH₂
OH
OH, CH₂O
OH
OH
OH
n

热塑性酚醛树脂分子中重复结构单元数一般为4～12，热塑性酚醛树脂不存在尚未反应的羟甲基，因此受热时仅熔化而不继续发生缩合反应，但在甲醛或六亚甲基四胺存在下受热就会转变为热固性酚醛树脂。进一步缩聚时则生成不溶不熔的制品。

热固性酚醛树脂是苯酚和甲醛在碱性介质中缩聚而成的，在反应中甲醛稍微过量，反应中首先生成羟甲基苯酚，然后羟甲基苯酚进一步缩聚，根据缩聚程度的不同得到不同的酚醛树脂，不同阶段的酚醛树脂具有不同用途，甲阶段树脂适合于制造清漆的胶黏剂；甲阶段和乙阶段的树脂都可与添加剂混合制成酚醛塑料模型粉，根据不同需要在塑模中加热、加压成形，即得体型丙阶段酚醛塑料。

酚醛塑料是一种优良的热固性塑料，有较高的耐热性、硬度和良好的尺寸稳定性，具有较好的隔热、耐腐蚀、防潮等性能。因此至今仍广泛地应用于多种工业和日常生活用品中，用以制造电器、开关、容器、仪器仪表外壳、汽车和火车的制动器、耐酸泵以及工业中的无声齿轮等。

7. 环氧树脂

环氧树脂是由环氧氯丙烷和双酚 A 在碱催化下聚合而成的。

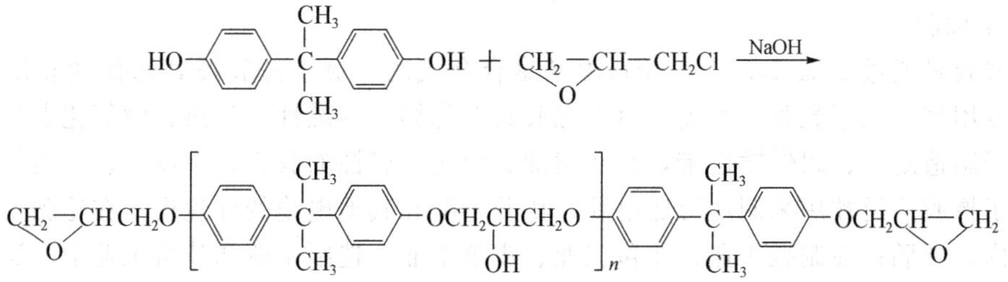

HO
OH
CH₃
C
CH₃
CH₂
CH
CH₂Cl
O
NaOH
CH₂
CH CH₂O
OCH₂CHCH₂O
OH
n
OCH₂CH
CH₂

上式 $n=0\sim12$，n 值的大小通过原料配比、加料次序和操作条件来控制。

软化点低于 50℃，$n\leqslant2$ 的环氧树脂称为低分子量树脂；软化点高于 50℃但低于 85℃，$2\leqslant n\leqslant5$ 的环氧树脂称为中等分子量树脂；软化点高于 100℃，n 大于 5 的称为高分子量树脂。

线形的环氧树脂外观为黄色至青铜色的黏稠液体或脆性固体，易溶解于有机溶剂中，但高分子量的环氧树脂不溶于乙醇和芳烃中。未加固化剂的环氧树脂具有热塑性，可以长期贮存而不变质。环氧树脂在使用时必须加入固化剂使之由线形结构变成体型结构。固化剂有胺类和酸酐类。实际上环氧树脂在使用时还加入稀释剂，增韧剂和填充料。

环氧树脂具有良好的胶黏性，用其制备的胶黏剂有万能胶之称。环氧树脂具有电绝缘性、耐化学腐蚀性以及在浇铸、灌注、密封、压制品和涂料方面的多适应性。在造船、化工、电子、国防、医疗和宇航等方面得到广泛的应用。相当多的环氧树脂用于制造涂料、胶黏剂和玻璃钢。

8. 聚氨酯

凡在分子主链中含有重复的氨基甲酸酯基团（—NHCOO—）的一类聚合物通称为聚氨基甲酸酯，简称聚氨酯。聚氨酯生产中的主要原料是多异氰酸酯、多元醇。由二异氰酸酯和二元醇通过逐步聚合制成线形分子的热塑性塑料用于合成革、弹性体、涂料、黏接剂等；而用二元和多元异氰酸酯和多元醇制成体型分子的热固性塑料用于制造各种软质、硬质、半硬质塑料。

多异氰酸酯总是含有 2 个或 2 个以上异氰酸基团，常见的有甲苯二异氰酸酯（TDI,2,4-甲苯二异氰酸酯和 2,6-甲苯二异氰酸酯的混合物）、二苯基甲烷二异氰酸酯和多次甲基多苯基多异氰酸酯。常用的多元醇是聚醚型多元醇和聚酯型多元醇。前者主要是由聚氧化丙烯醚二醇和聚四氢呋喃醚二醇得到的酯，后者是各种二元酸和二元醇反应得到的酯。

二、橡胶

1. 天然橡胶

尽管现在已经开发了几十种各具特色的合成橡胶，但却都不具有天然橡胶那样好的综合性能。所以天然橡胶的消耗量仍约占橡胶总消耗量的 40%。天然橡胶的主要成分是顺-1,4-聚异戊二烯的线型高分子，分子量在 3 万至 3000 万之间。

橡胶树上流出的新鲜胶乳经过加工处理制备成浓缩胶乳和干胶，浓缩胶乳主要用于制造各种乳胶制品。干胶则按照制造方式的不同，得到用于制造轮胎和其他一般橡胶制品的烟片胶、皱片胶和颗粒胶。

2. 丁苯橡胶

丁苯橡胶是产量和消耗量最大的合成橡胶，约占合成橡胶总消耗量的 60%，橡胶总消耗量的 35%。丁苯橡胶是丁二烯和苯乙烯的共聚物。丁苯橡胶是浅黄色的弹性体，略带有苯乙烯的气味，商品丁苯橡胶除生胶外，还含有多种助剂等非橡胶成分。丁苯橡胶具有良好的耐磨性、耐自然老化、耐水性、气密性，但不耐有机溶剂。

丁苯橡胶主要用于制造轮胎，也用于胶管、胶带、胶鞋和其他工业制品如鞋底、地板材料等。

3. 氯丁橡胶

氯丁橡胶是通过 2-氯-1,3-丁二烯自由基聚合合成的。氯丁橡胶按其选择性和用途可分为通用型、专用型和氯丁乳胶三大类。氯丁橡胶具有优异的耐燃性、耐热、耐氧化老化。氯丁橡胶广泛用于制造耐热、耐燃输送带，制造耐油、耐化学腐蚀的胶管、平皮带、三角带；在电缆工业中氯丁橡胶广泛被用来制造海底电缆、矿井电缆和其他电缆的外包皮；在轮胎工业中可以用作制造内、外胎；在制鞋工业、箱包工业、皮革工业、造纸工业和建筑工业中广泛用作胶黏剂。另外氯丁橡胶可用于制备密封器件，如门窗封条。

4. 硅橡胶

硅橡胶可能是一种分子链由硅氧原子组成的主链，在这个主链上含有侧链烷基，也可能是由硅、氧、碳组成的主链。主要有二甲基硅橡胶、甲基乙烯基硅橡胶、甲基乙烯基苯基橡胶、甲基乙烯基三氟丙基硅橡胶等。硅橡胶的力学性能较差，主要应用于电气工业的防震、防潮灌封料、建筑工业的密封剂、汽车工业的密封件以及医疗制品。

三、化学纤维

1. 涤纶

聚酯是主链上含有许多重复酯基的一大类高分子。由饱和二元酸与二元醇可制备热塑性的聚酯树脂。如用不饱和的二元酸混以一定量的饱和二元酸与二元醇反应，则可得到含有不饱和键的不饱和聚酯，它能在交联单体的存在下，进一步交联固化成体形聚合物。

饱和聚酯的典型代表是聚对苯二甲酯乙二醇酯（PET），PET 主要用于制造纤维、薄膜，也可用作塑料。PET 的生产可以由对苯二甲酸二甲酯与乙二醇通过酯交换反应制备对苯二甲酸双 β-羟乙酯，然后进行熔融缩聚；或由对苯二甲酸与乙二醇通过酯化反应直接缩聚；现在使用的工艺是由对苯二甲酸与环氧乙烷反应。

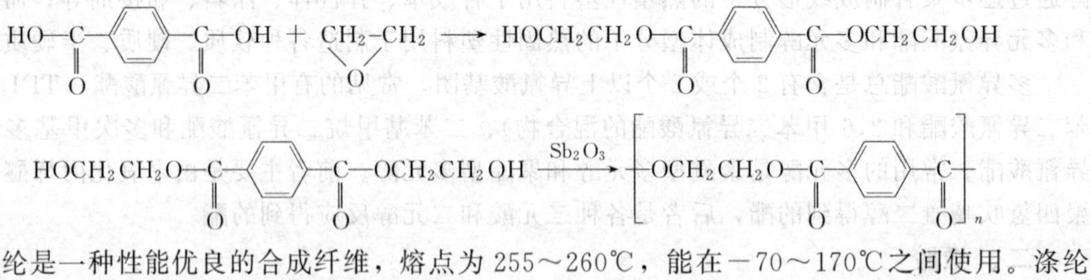

涤纶是一种性能优良的合成纤维，熔点为 255～260℃，能在 −70～170℃之间使用。涤纶的抗张强度是棉花的 2 倍，比羊毛高 3～4 倍；抗冲强度比锦纶高 4 倍，比黏胶纤维高 40 倍；耐磨性仅次于锦纶。涤纶还具有弹性好、耐皱折、耐日晒、耐化学腐蚀、不怕虫蛀、不易发生形变优良性能。可大量用于织造衣料和针织品，由涤纶制成的纺织品具有尺寸稳定、挺括美观、易洗快干，涤纶可纯纺、也可以与棉花、蚕丝、麻锦纶、腈纶、羊毛混纺。

PET 薄膜是最为坚韧的热塑性塑料，抗张强度为钢材的 1/3～1/2 倍。可与铝膜媲美；抗冲强度为其他塑料薄膜的 3～5 倍；可用于录音带、录像带、电影胶片的片基材料，绝缘薄膜、产品包装、表面材料等。

PET 塑料可制造各种聚酯瓶，还可作为工程塑料用以制造电器零件和一般的耐磨零件，如轴承、齿轮。事实上它是工程塑料的主要品种。

不饱和聚酯树脂也是聚酯中的一个重要品种，可以用作涂料、浇塑材料、胶黏剂等，但更重要的用途是作为玻璃钢的主要原料用于制造玻璃波纹板、下水管，玻璃钢船、玻璃钢冷却塔等。

以邻苯二甲酸酐和多元醇（如丙三醇、季戊四醇）为基础的聚酯树脂称为醇酸树脂，广泛应用于涂料工业。聚酯类的纺织物在医学上具有广泛的应用，可以用于制作缝线、创伤覆盖保护材料和人工器官的制造。

2. 尼龙

聚酰胺的主链上含有许多重复的酰胺基，用作塑料时称为尼龙，作为纤维时我国称为锦纶。聚酰胺可由二元胺和二元酸制备，也可以用 ω-氨基酸或环内酰胺来合成。根据二元胺和二元酸或氨基酸中所含碳原子的不同，可制备多种不同的聚酰胺，目前聚酰胺品种多达几十种，其中以聚酰胺-6（聚己内酰胺）、聚酰胺-66 和聚酰胺-610 的应用最为广泛。

聚酰胺主要用于合成纤维。其最为突出的优点是耐磨性能高于其他所有纤维，比棉花的耐磨性高 10 倍，比羊毛高 20 倍。在混纺织物中稍加入聚酰胺纤维，可以大大提高其耐磨性；当聚酰胺纤维拉伸到 3%～6%时，弹性回复率可达 100%；能经受上万次折挠而不断裂。聚酰胺纤维的强度比棉花高 1～2 倍、比羊毛高 4～5 倍，是黏胶纤维的 3 倍。但聚酰胺纤维的耐热性和耐光性较差，保型性也不佳，做成的衣服不如涤纶挺括。另外用于衣着的锦纶-66 和锦纶-6 都存在吸湿性和染色性差的缺点，为此开发了聚酰胺纤维的新品种——锦纶-3 和锦纶-4。

锦纶在民用上可以混纺或纯纺成各种衣料和针织品。锦纶长丝多用于针织及丝绸工业，如织单丝袜、弹力丝袜等各种耐磨结实的锦纶袜，锦纶纱巾、蚊帐等。锦纶短纤维大都用来与羊毛或其他化学纤维的毛型产品混纺，制成各种耐磨经穿的衣料。在工业上锦纶大量用来制造轮胎的帘子线、工业用布、缆绳、传送带、帐篷、渔网等。在国防上主要用作降落伞及其他军用织物。

尼龙作为塑料具有强韧性，耐磨、耐化学腐蚀、耐寒、易成型、自润滑无毒以及可在 100℃左右使用等性能，被广泛地用作工程塑料。尼龙用作塑料的主要品种有尼龙-6、尼龙-9、尼龙-12、尼龙-610、尼龙-1010 等。

尼龙-6 塑料制品可采用金属钠、氢氧化钠等为主催化剂，N-乙酰基己内酰胺为助催化剂，使己内酰胺直接在模型中通过阴离子聚合而制得，称为浇注尼龙（或称 MC 尼龙）。用这种方法便于制造大型塑料制件。

3. 聚丙烯腈

聚丙烯腈是合成纤维的主要品种之一，其主要原料为丙烯腈，次要成分为丙烯酸甲酯、丙烯磺酸钠等。第三组分的加入主要是提高纤维对相应染料的结合力。丙烯腈纤维中丙烯腈含量大于 85%的称为聚丙烯腈，丙烯腈含量小于 85%的称为改性聚丙烯腈。

聚丙烯腈主要用于纤维，我国称聚丙烯腈纤维为腈纶，其保暖性和手感与羊毛相似，故有合成羊毛之称。

4. 聚乙烯醇缩甲醛

聚乙烯醇缩甲醛是合成纤维的重要品种之一，商品名为维尼纶。聚乙烯醇缩甲醛的生产工艺包括：聚醋酸乙烯酯的聚合，聚醋酸乙烯酯的醇解，聚乙烯醇的纺丝和缩醛化处理。

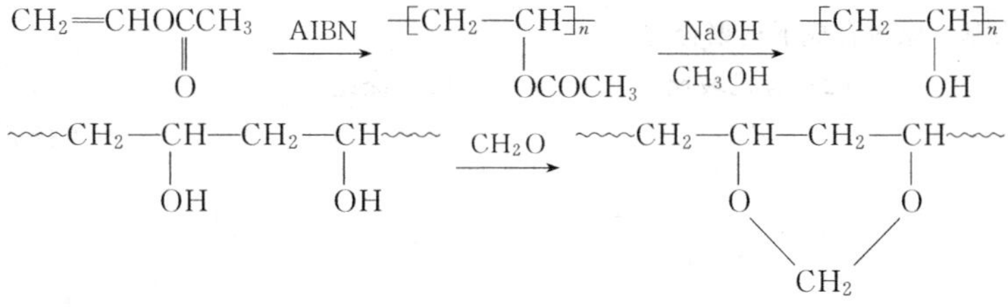

AIBN
NaOH
CH3OH
CH2O

聚乙烯醇缩甲醛原料易得、成本低廉，聚乙烯醇缩甲醛纤维的性能和棉花极为相似，和其他逐步合成纤维相比具有良好的吸水性和透气性，而强度比棉纤维要高。聚乙烯醇缩甲醛纤维能和棉、毛、人造纤维等混纺，而制成各种衣料。聚乙烯醇缩甲醛也可以用来制备长丝，因其强度高、延长率低、耐磨性好、耐老化和耐热性优良，而应用在国防工业、渔业中。

5. 聚丙烯

聚丙烯是由丙烯经配位聚合得到聚丙烯，聚丙烯可直接作为塑料，因具有良好的化学稳定性而广泛用于化学工业中，可以用其制造贮槽、管道甚至冷凝器。因为其使用温度在－25～130℃之间，而且无味、无毒，可以承受冰箱的低温和微波炉的高温，所以用聚丙烯制造的器具可以贮存食品。聚丙烯经纺丝得到聚丙烯纤维，商品名为丙纶。丙纶的密度小、强度高、耐酸、耐碱、耐磨、电学性能好，但其为非极性材料故着色性差，改善其着色性往往采用共聚改性或原液染色。

丙纶可与棉、毛、人造纤维等混纺制造纤维，用于制造衣料；丙纶纤维在化学工业中用于制作滤布，丙纶主要用于制作绳索、网具、帆布和尿不湿的基质；在医疗上用于制作纱布和手术衣。

习　题

1. 解释下列名词

(1) 单体　(2) 链节　(3) 链段　(4) 聚合度

(5) 加聚反应　(6) 缩聚反应　(7) 热塑性塑料　(8) 热固性塑料

2. 写出下列高分子材料的单体、重复结构单元与结构式

(1) 尼龙-6　(2) 涤纶　(3) 丙纶　(4) 聚苯乙烯

(5) 聚氯乙烯　(6) 有机玻璃　(7) 聚异戊二烯

3. 写出2-甲基丙烯酸甲酯在过氧化苯甲酰做催化剂的作用下聚合反应的各个单元反应。

4. 高密度聚乙烯和低密度聚乙烯的性质、结构及合成方法有何异同？

5. 简述环氧树脂的分类和用途。

6. 生产聚氨酯泡沫塑料的原料有哪些？除了聚氨酯泡沫塑料外，其他塑料可以制成泡沫塑料吗？

7. 合成纤维、天然纤维和再生纤维的定义，各举二例。

8. 简述维尼纶的合成方法和用途。

9. 为什么天然橡胶能够溶解于溶剂汽油，而经过硫化的橡胶则不能溶解于溶剂汽油。

10. 指出下表中各种高分子材料在室温下处于什么状态？可作什么材料使用。

聚合物	T_g/℃	T_f/℃
聚氯乙烯	75	175
聚苯乙烯	90	135
尼龙-66	48	265
天然橡胶	－73	122
聚异丁烯	－74	200

11. 用煤、石灰石和食盐为基本原料合成下列聚合物

(1) 聚氯乙烯　(2) 聚丙烯腈

12. 用石油裂解气为基本原料合成下列聚合物

(1) 尼龙-6　(2) 有机玻璃　(3) 涤纶

（扬州大学，李增光）

参 考 文 献

[1] 邢其毅，徐瑞秋，周政，裴伟伟编著．有机化学．第3版．北京：高等教育出版社，2005

[2] 王积涛，张宝申，王永梅，胡青眉编著．有机化学．第2版．天津：南开大学出版社，2003

[3] 胡宏纹主编．有机化学．第3版．北京：高等教育出版社，2006

[4] 高鸿宾主编．有机化学．第3版．北京：高等教育出版社，1999

[5] 曾昭琼主编．有机化学．第3版．北京：高等教育出版社，1993

[6] 徐寿昌主编．有机化学．第2版．北京：高等教育出版社，1993

[7] 颜朝国主编．有机化学．郑州：郑州大学出版社，2007

[8] 荣国斌，苏克曼编著．大学有机化学基础．上海：华东理工大学出版社，2007

[9] L. G. Wade. Organic Chemistry. 北京：高等教育出版社，2004